ADVANCED **Engineering Mathematics**

Dennis G. Zill

7판

공학수학 I

고형준 | 김기두 | 김미정 | 김선규 | 김용환 | 김현철
박준상 | 윤복식 | 이원구 | 전영록 | 정태건 | 한광희 공 역

TEXTBOOKS
텍스트북스

ORIGINAL ENGLISH LANGUAGE EDITION PUBLISHED BY

Jones & Bartlett Learning, LLC

5 Wall Street

Burlington, MA 01803 USA

Advanced Engineering Mathematics, Seventh Edition, Dennis G. Zill

옮긴이 소개

공학수학 I

고형준 연세대학교 / hjko@yonsei.ac.kr
김기두 국민대학교 / kdk@kookmin.ac.kr
김미정 고려대학교 / meejkim@korea.ac.kr
김선규 울산대학교 / skim@ulsan.ac.kr
김용환 충남대학교 / yonghkim@cnu.ac.kr
김현철 인제대학교 / mechkhc@inje.ac.kr
박준상 한라대학교 / jspark@halla.ac.kr
윤복식 홍익대학교 / bsyoon@hongik.ac.kr
이원구 경희대학교 / termylee@khu.ac.kr
전영록 경남대학교 / yrchun@kyungnam.ac.kr
정태건 건국대학교 / tgjeong@konkuk.ac.kr
한광희 한국공학대학교 / khhan@tukorea.ac.kr

공학수학 II

고형종 금오공과대학교 / kohj@kumoh.ac.kr
김남현 홍익대학교 / nhkim@hongik.ac.kr
김연미 홍익대학교 / yonmikim@hongik.ac.kr
김영대 전남대학교 / youngdae@chonnam.ac.kr
나승유 전남대학교 / syna@chonnam.ac.kr
남 산 고려대학교 / snahm@korea.ac.kr
박준구 경북대학교 / jgpark@knu.ac.kr
서동엽 KAIST / dysuh@kaist.ac.kr
윤태웅 고려대학교 / twy@cello.korea.ac.kr
이홍기 중앙대학교 / hglee@cau.ac.kr

공학수학 I 제7판

Advanced Engineering Mathematics, 7th Edition

발행일 2022년 2월 28일 제7판 1쇄
2026년 3월 1일 제7판 5쇄

지은이 Dennis G. Zill

옮긴이 고형준, 김기두, 김미정, 김선규, 김용환, 김현철, 박준상, 윤복식, 이원구, 전영록, 정태건, 한광희

발행인 임은정 발행처 (주)텍스트북스 주소 서울시 영등포구 양평로 30길 14, 세종앤까뮤스퀘어 1109호

전화 02-702-5725~6 팩스 02-702-5727 웹사이트 www.textbooks.co.kr

등록번호 제2022-000098호

ISBN 979-11-91679-07-6 94410

정가 37,000원

저자서문

과목내용이 거의 표준화되어 있는 '**미적분학(calculus)**'이나 '**미분방정식**'과는 달리 '**공학수학**(engineering mathematics)'이라는 명칭의 과목은 내용이 대학들 간에 상당한 차이가 있다. 따라서 **공학수학**(Advanced Engineering Mathematics)이라는 제목의 교재는 과학이나 공학 과목에서의 필요와 장래 직업에서의 유용성에 따라 느슨하게 연관되는 많은 수학적 주제들을 포함하게 된다. 즉, 이러한 교재에 포함될 수 있는 주제의 수는 문자 그대로 상한이 없다. 결과적으로 이 책은 현재 시점에서 무엇이 **공학수학**을 구성해야 하는가에 대한 저자의 견해를 반영한다.

교재의 내용

주제 선택을 유연하게 할 수 있도록 이 책은 다섯 부분으로 나누어져 있다. 각 부의 제목에서 명백히 드러나듯이 과학/공학에 관련된 수학의 중추는 상/편미분정식의 이론과 응용이라고 저자는 믿고 있다.

1부: 상미분방정식(1~6장)

1부의 여섯 장은 상미분방정식의 완전한 단기과정을 구성한다. 이 장들은 약간의 수정은 있지만 Dennis G. Zill의 책, **모형화 응용이 첨가된 미분방정식의 첫 과정**(*A First Course in Differential Equations with Modeling Applications, 11th Edition,* Cengage Learning)의 1, 2, 3, 4, 5, 6, 7, 9장에 해당한다. 2장에서 1계 미분방정식을 푸는 방법과 응용을 다루고 3장에서는 2계 선형미분방정식과 그 응용에 초점을 맞춘다. 4장은 그 자체로 중요한 라플라스 변환에 의한 미분방정식과 연립 미분방정식의 해법에 할당된다.

2부: 벡터, 행렬, 벡터 미적분학(7~9장)

7장 **벡터**와 9장 **벡터 미적분학**은 보통 미적분학 연속과정의 세 번째 학기에 다루어지는 표준적인 주제들 대부분, 즉 2차원 및 3차원 벡터, 벡터함수, 방향도함수, 선적분, 이중 및 삼중적분, 면적분, Green의 정리, Stokes의 정리, 발산정리를 포함한다. 7.6절에서 벡터의 개념이 일반화되는데, 벡터의 기하적인 해석은 상실되지만, 많은 성질들이 n차원 및 무한차원 벡터공간에서 유지됨을 보게 될 것이다. 8장 **행렬**에서는 선형 연립방정식, 행렬식, 행렬대수학이 연립 선형미분방정식을 푸는 데 유용한 행렬 형태에 특별히 주안점을 두어 소개된다. 암호기법, 오류정정코드, 최소제곱법, 이산격실모형에 관한 선택 절들이 행렬대수의 응용으로 제시된다.

3부: 연립 미분방정식(10장, 11장)

3부는 10장 **연립 선형 미분방정식**과 11장 **연립 비선형 미분방정식**의 두 장으로 구성되는데, 2부의 8장에서 제시된 행렬이론에 상당히 의존한다. 10장에서는 선형 1계 연립미분방정식이 고유값과 고유벡터의 개념, 대각화, 행렬 지수함수를 이용하여 해결된다. 11장에서는 자율 선형 및 비선형 시스템의 정성적인 측면이 심도 있게 논의된다.

4부: Fourier 급수와 편미분방정식(12~16장)

Fourier 급수와 경곗값 문제에 대한 핵심적인 내용은 Dennis G. Zill과 Warren S. Wright 의 **경곗값 문제와 미분방정식**(*Differential Equation with Boundary-Value Problems, 9th Edition,* Cengage Learning)에서 따왔다. 12장 **직교함수와 *Fourier* 급수**에서는 직교함수 집합과 어떤 함수를 직교함수들의 무한급수로 전개하는 것에 관련된 기본적 주제들이 제시된다. 이 내용들은 13, 14장에서 직교, 극, 원기둥, 구 좌표계에서의 경곗값 문제를 변수분리법을 이용하여 해결할 때 이용된다. 15장 **적분 변환법**에서는 경곗값 문제가 라플라스 변환과 Fourier 변환을 이용하여 해결된다.

5부: 복소해석(17~20장)

마지막 네 개 장은 복소수의 기본 개념부터 시작하여 Dirichlet 문제의 풀 때 등각사상을 응용하는 데까지의 복소해석학의 주제들을 다룬다. 이 내용들은 그 자체로 복소변수 개론의 한 쿼터 과정을 충분히 감당할 수 있는데, Dennis G. Zill과 Patrick D. Shanahan의 **복소해석학 및 응용**(*A First Course in Complex Analysis with Applications, 3rd Edition*, Jones & Bartlett Learning)에서 주로 따왔다.

교재의 디자인

이전 판을 사용하지 않은 강의자와 학생들을 위해 이 책의 디자인을 소개한다. 각 장은 자체의 목차와 논의되는 내용에 대한 간단한 소개로 시작한다. 이 교재에는 그림, 정의, 정리가 매우 많이 나오기 때문에 이중소수점을 사용하여 표시한다. 예를 들어 **그림 1.2.3**의 해석은 다음과 같다.

장 1장의 절
↓ ↓
1.2.3 ← 1.2절의 세 번째 그림

이런 형식의 표기는 뒤의 장, 절에서 언급될 때 정리나 그림들을 보다 찾기 쉽게 해 줄 것이다. 또한 그림을 본문과 보다 잘 연계시키기 위해 본문에서 처음으로 언급할 때 그림 번호와 똑같은 글씨체와 색을 사용하였다. 예를 들면 5.7절의 두 번째 그림의 첫 언급은 **그림 5.7.2**로 주어지지만 그 이후의 언급은 그냥 그림 5.7.2로 주어진다.

7판의 주요 특징

- 이번 수정본의 목적 중 하나는 교재 전반에 걸쳐 응용을 강조하는 것이다. 따라서 지난 판에서 기고된 다음의 응용 문제들이 그대로 유지되었다.

연습문제 2.7, 공기 교체
연습문제 2.9, 칼륨-40 붕괴
연습문제 2.9, 칼륨-알곤 연대측정
2장의 복습문제, 바다 두꺼비의 습격
연습문제 3.6, 용액의 온도
연습문제 3.9, 바람이 분다
3장의 복습문제, 파리 대포

- 15.5절 **유한 Fourier 변환**이 새롭게 추가되었다.
- 교재 전반에 걸쳐 새로운 예제들과 많은 새 문제(개념문제 및 응용문제)들이 추가되었다.
- 기존의 일부 문제와 논의를 강조하기 위해 새 그림과 사진이 추가되었다.
- 일부 절에 새로운 **참고**가 추가되었고 일부 **참고**는 보완되었다.
- 어떤 미분방정식과 문제에 연관된 한 인물의 올바른 이름 뒤에 간략한 역사가 추가되었다.
- 장 복습문제에 있던 몇몇 응용문제들이 적절한 절 연습문제로 옮겨졌다.
- 명확성을 높이기 위해 몇몇 절의 일부가 다시 쓰였다.
- 부록 A **적분을 통해 정의된 함수**가 새로 첨가되었다.
- 부록 C의 라플라스 변환표가 증대되었다.

보충자료

강의자를 위한 자료

- Warrean S. Wright와 Roberto Martinez의 완전한 해답집(CSM)
- 테스트 모음
- 파워포인트 자료
- 이미지 모음

강의자를 위한 자료는 자격있는 강의자에게만 허용되며 Jones & Bartlett Learning은 모든 자료 요청을 평가할 권리를 보유하고 있다. 상세한 정보와 자료 요청을 위해 go.jblearning.com/ZillAEM7e를 방문하기 바란다.

감사의 말

이러한 규모의 교재를 편찬하는 일은 매우 힘든 작업이다. 이번 수정작업에도 많은 사람들의 시간과 에너지가 투입되었다. 이 자리를 빌려 이 수정판의 편찬에 참여한 Jones & Bartlett Learning과 Aptara Inc의 모든 분들께 진심으로 감사를 표하고 싶다. 특히 편집자 Laura Pagluica와 제작담당 Jennifer Risden에게 커다란 퍼즐의 조각들을 모두 맞추는 안내자가 되어 준 데 대해 특별히 감사한다.

여러 해에 걸쳐 우리는 학생과 동료들로부터 청에 의한 또는 자발적인 조언을 받는 행운을 누렸다. 격려의 한마디도 항상 고맙게 생각하지만 매 판의 개선에 도움을 주는 것은 비판과 제안들이다. 따라서 이 자리에서 자신의 지식과 통찰을 공유해준 다음의 검토자들을 다시 한번 알리고 감사를 표하는 것이 합당할 것이다.

Raul M. Aguilar
Massachusetts Maritime Academy

A. Alton
Augustana University

Yuri Antipov
Louisiana State University

Victor Argueta
Alma College

Mahboub Baccouch
University of Nebraska at Omaha

Ken Bosworth
Idaho State University

Kristen Campbell
Elgin Community College

Han-Taw Chen
National Cheng Kung University

Larry Chien
Santa Clara University

John T. Van Cleve
Jacksonville State University

William Criminale
University of Washington

Juan F. Diaz, Jr.
Mount Aloysius College

Vlad Dobrushkin
University of Rhode Island

Jeff Dodd
Jacksonville State University

Victor Elias
University of Western Ontario

Robert E. Fennell
Clemson University

Seferino Fierroz
Oxbridge Academy

Franklin Fondjo Fotou
Langston University

Stan Freidlander
Bronx Community University

David Gilliam
Texas Tech University

Paul Goethals
United States Military Academy

Seckin Gokaltun
The College of New Jersey

Stewart Goldenberg
California Polytechnic State University

Herman Gollwitzer
Drexel University

Reinaldo J. Gonzalez
University of Houston

Ronald B. Gunther
Oregon State University

Daniel Hallinan, Jr.
Florida A&M University–Florida State University College of Engineering

Noel Harbetson
California State University

Angela Hare
Messiah College

Parameswar Harikumar
University of Tulsa

Donald Hartig
California Polytechnic State University

Sonia Henckel
Lawrence Technological University

Robert W. Hunt
Humbolt State University

David Keyes
Columbia University

Mario Klaric
Midlands Technical College

Vuryl Klassen
California State University, Fullerton

Cecilia Knoll
Florida Institute of Technology

Daniel Kraus
SUNY Oswego

Myren Krom
California State University, Sacramento

Jeffrey J. Leader
Rose-Human Institute of Technology

David O. Lomen
University of Arizona

Maria Ludu
Embry-Riddle Aeronautical University

Lewis D. Ludwig
Denison University

Tony Mastroberardino
Penn State Erie, The Behrend College

Osvaldo Mendez
University of Texas, El Paso

Kelley B. Mohrmann
U.S. Military Academy

James L. Moseley
West Virginia University

Dr. Lloyd Moyo
Henderson State University

Gregory E. Muleski
University of Missouri, Kansas City

Charles P. Neumann
Carnegie Mellon University

Evgeni Nikolaev
Rutgers University

Zulkifli Mohd Nopiah
University of Kebangsaan Malaysia

Justin Oelgoetz
Austin Peay State University

Bruce O'Neill
Milwaukee School of Engineering

Sang June Oh
California State University, Fullerton

Dale Peterson
US Air Force Academy

Christopher S. Raymond
University of Delaware

Geoffrey Recktenwald
Michigan State University

Thomas N. Roe
South Dakota State University

Gary Stout
Indiana University of Pennsylvania

Ahlam Tannouri
Morgan State University

Jeremy L. Thompson
US Air Force Academy

David Titley-Peloquin
McGill University

Benjamin Varela
Rochester Institute of Technology

Jun Xu
Tarleton State University

Tian-Shiang Yang
National Cheng Kung University

Bashkim Zendeli
Lawrence Technological University

많은 눈들이 이 교재의 수천 개의 기호와 수백 개의 식들을 점검했지만 틀림없이 오류들이 남아 있을 것이다. 이 점에 대해 미리 사과를 드리며 교재나 보충 참고자료에서 발견되는 오류에 대한 어떠한 지적도 감사히 받을 것이다. 오류 수정의 신속성을 위해 다음의 편집자와 접촉하기 바란다.

EHinman@jblearning.com

Dennis G. Zill

역자서문

공대생들이 대학 1학년에서 미적분학(calculus)를 배우고 2학년에 되면 **공학수학**(engineering mathematics)이라는 괴물이 기다리고 있다. 교재도 두껍고 포함된 내용도 방대하여 지레 겁에 질리는 학생들이 많다. 공학수학은 공학과 공학의 바탕이 되는 물리학의 여러 분야, 특히 역학(정역학, 동역학, 구조역학, 유체역학, 열역학 등등)과 전자기학 등을 이해하는 데 필요한 수학들로 구성되어 있다. 이 교재에서 포함하고 있는 미분방정식, 벡터해석학, 선형대수, 푸리에급수, 복소해석학, 수치해석들이 대략 그 범주에 들어갈 것이다. 주제가 다양하고 방대히여 당장은 지루하고 힘겨울 수 있지만 잘 배워두면 각자의 전공과 장래의 전문직업에 요긴한 밑거름이 될 것이다.

Zill의 이 교재는 1992년에 초판이 나왔을 때부터 예제의 참신함과 내용 구성의 적절함으로 세계적인 인기 교재 중 하나가 되었는데, 저자의 부지런함으로 2022년에 벌써 7판이 등장하였다. 7판은 6판에서 몇몇 절이 추가 및 보완되었고 각 장의 연습문제들이 보강되었다. 이 책의 장점은 무엇보다 일상에서 친숙한 응용문제들을 많이 발굴하여 흥미와 호기심을 유발하면서, 구체적이고 체계적인 설명을 통해 큰 어려움 없이 수학적 모델링과 분석에 동참하게 하고 있다는 점이다. 군더더기를 배제한 적절한 내용 구성과 친절하고 구체적인 설명, 적절한 그림을 동원한 읽기 쉬운 체재는 공학수학의 교재로서 큰 장점이 아닐 수 없다. 상세한 내용구성은 저자의 머리말과 목차를 참조하기 바란다.

원서 자체의 영문이 매끄럽고 어렵지 않아 충분히 읽을 만한데 이십여 분의 교수들이 힘들여 번역에 뛰어든 이유는 교육현장에서의 경험에서 기인한다. 수학에서는, 다른 분야도 마찬가지지만, 개념의 명확한 이해가 특히 중요한데, 대학 저학년에서 수학을 외국어 교재로 공부하다 보면 개념을 애매하게 또는 엉뚱하게 잘못 이해하는 경우를 흔히 보게 된다. 모국어로 잘 쓰인 책으로 공부하면 명확한 개념을 훨씬 빠르고 수월하게 파악하고 이해할 수 있다는 점은 부인할 수 없을 것이다. 물론 이 효과는 번역이 제대로 되었을 때 얻어진다. 이 책의 번역에서 직역위주로 하되 문맥이 매끄럽게, 원서의 분위기를 살려서, 용어를 통일하여, 한글 위주로, 애매할 때는 영문병기를 한다는 원칙을 세웠지만 무엇보다 학생들에게 익숙하고 쉬운 문장으로 정확히 원서의 내용을 전달하는 것이 궁극의 목표이다. 물론 이십여 분의 개성 있는 번역진이 참여하다보니 각 장에서 사소한 문체의 차이는 있을 것이다. 감수과정에서 되도록 원서의 문장의 특징을 일관되게 살리려고 노력하였고 용어의 통일성이 유지되도록 꾀하였지만 미비점이 없을 수 없다. 오류나 오타 기타 미비점에 대한 강호제현의 따끔한 정문일침을 언제나 환영하며 그런 지적을 밑거름으로 완벽함으로 수렴할 수 있기를 기대한다.

끝으로 이 책의 번역과 교정, 감수에 참여해 주신 교수님들의 노고에 다시 한번 감사드리고, 번역을 기획하고 편집, 제작하여 산뜻한 책으로 탄생하게 한 텍스트북스 출판사에 감사를 드린다. 걸러내지 못한 오타나 미비점에 대한 조언은 텍스트북스의 이메일(info@textbooks.co.kr)로 해 주시면 감사한 마음으로 받아 최대한 반영할 것을 약속드린다.

2022 벽두 와우정상에서
역자를 대표하여
윤복식

차례

5
20
1
12
18
9
4
14
13
11
6
8
10
16
15

공학수학 II 차례

PART 1

상미분방정식

Ordinary Differential Equations

미분방정식의 소개

Introduction to Differential Equations

이 장에서는 **미분방정식**에서 쓰이는 기본 용어들을 소개하고, 물리적 현상을 수학적 용어로 묘사하거나 **모형화**하는 과정에서 미분방정식이 어떻게 나타나는지에 대해 간단히 알아본다.

1.1 정의와 용어

소개 미분(differential)과 방정식(equation)이라는 단어는 도함수를 포함하는 어떤 종류의 방정식의 해법을 제안한다. 그러나 어떤 종류의 문제를 풀기 전에 먼저 그 문제에 대한 기본 정의와 용어를 알아야 한다.

정의 함수 $y = \phi(x)$의 도함수 dy/dx는 그 자체가 적절한 규칙에 의해 구할 수 있는 다른 함수 $\phi'(x)$이다. 예를 들면, 함수 $y = e^{0.1x^2}$은 구간$(-\infty, \infty)$에서 미분 가능하고, 그 도함수는 $dy/dx = 0.2xe^{0.1x^2}$이다. 여기서 $e^{0.1x^2}$은 y이므로 이 식은 다시 쓰면

$$\frac{dy}{dx} = 0.2xy \tag{1}$$

이 된다. 역으로 식 (1)로 표현된 **미분방정식**이 주어졌는데 그 식이 어떻게 만들어졌는지 모른다고 하자. '기호 y가 나타내는 함수가 무엇인가?'라고 누군가 묻는다면, 우리는 미분방정식 교과과정의 기본 문제 중의 한 문제인 다음과 같은 문제에 직면하게 된다.

그 방정식을 미지의 함수 $y = \phi(x)$에 대해 어떻게 풀 것인가?

이 문제는 이미 익숙한 미분계산의 역문제, 즉 주어진 도함수의 역도함수를 찾는 것과 대략 비슷한 것처럼 보인다.

더 나아가기 전에 미분방정식의 개념에 대한 좀더 정확한 정의를 알아보자.

정의 1.1.1 미분방정식

한 개 또는 그 이상의 종속변수를 한 개 또는 그 이상의 독립변수에 대해 미분한 도함수들을 포함하는 방정식을 **미분방정식**(DE: differential equation)이라 한다.

미분방정식에 관해 언급하기 위하여 미분방정식을 **유형**(type), **계수**(order), 그리고 **선형성**(linearity)에 의해 분류할 것이다.

유형에 의한 분류 만일 어떤 미분방정식이 단 하나의 독립변수를 갖는 한 개 또는 그 이상의 함수들과 그 함수들의 도함수(ordinary derivative)를 포함한다면 이 방정식을 **상미분방정식**(ODE: ordinary differential equation)이라 한다. 두 개 이상의 독립변수를 갖는 한 개 또는 그 이상의 함수들과 그들의 편도함수(partial derivative)를 포함하는 방정식을 **편미분방정식**(PDE: partial differential equation)이라 한다. 예제 1은 각 유형에 대한 몇 개의 예제를 보여준다.

예제 1 **미분방정식의 유형**

(a) 다음 방정식들은 상미분방정식의 예이다.

상미분방정식은 한 개 이상의 종속변수를 포함할 수 있다.

$$\frac{dy}{dx} + 6y = e^{-x}, \quad \frac{d^2y}{dx^2} + \frac{dy}{dx} - 12y = 0, \quad \text{and} \quad \frac{dx}{dt} + \frac{dy}{dt} = 3x + 2y \tag{2}$$

(b) 다음 방정식들은 편미분방정식의 예이다.

$$\frac{\partial^2 u}{\partial x^2} + \frac{\partial^2 u}{\partial y^2} = 0, \quad \frac{\partial^2 u}{\partial x^2} = \frac{\partial^2 u}{\partial t^2} - \frac{\partial u}{\partial t}, \quad \frac{\partial u}{\partial y} = -\frac{\partial v}{\partial x} \tag{3}$$

세 번째 편미분방정식은 두 개의 독립변수와 두 개의 종속변수를 가짐에 주목하자. 이는 u와 v는 두 개 이상의 독립변수를 갖는 함수라는 것을 의미한다. ≡

표기법 이 교재에서는 일반 도함수들을 dy/dx, d^2y/dx^2, d^3y/dx^3, . . . 와 같이 표기하는 **Leibniz 표기법**(Leibniz notation)이나 y', y'', y''', . . . 와 같이 표기하는 **프라임 표기법**(prime notation)을 쓸 것이다. 식 (2)의 처음 두 식은 $y' + 6y = e^{-x}$와 $y'' + y' - 12y = 0$과 같이 프라임 표기법으로 좀더 간단히 쓸 수 있다. 프라임 표기법은 세 번 미분한 함수, 즉 3계 도함수까지를 표현할 때 쓰고 네 번 미분한 함수에 대해서는 y'''' 대신 $y^{(4)}$을 쓴다. 일반적으로 n번 미분한 함수는 d^ny/dx^n나 $y^{(n)}$으로 표기한다. Leibniz 표기법은 쓰기에는 좀 복잡하지만 종속변수와 독립변수를 모두 나타내고 있다는 점에서 프라임 표기법에 비해 더 명확하다고 할 수 있다. 예를 들면 미분방정식 $d^2x/dt^2 + 16x = 0$에서 t는 독립변수인 반면 x는 종속변수임을 알 수 있다. 또한 물리학이나 공학에서 쓰이는 **Newton의 점 표기법**(dot notation, 혹자는 'flyspeck' 표기법이라 부름)은 시간 t에 관한 도함수들을 표현하는 데 종종 사용됨을 알아 두자. 미분방정식 $d^2s/dt^2 = -32$는 점 표기법으로는 $\ddot{s} = -32$로 표현된다. 편도함수들은 독립변수들을 아래첨자로 표기하는 **아래첨자 표기법**(subscript notation)으로 종종 표현된다. 예를 들면 식 (3)의 처음 두 식은 각각 $u_{xx} + u_{yy} = 0$과 $u_{xx} = u_{tt} - u_t$로 쓸 수 있다.

계수에 의한 분류 **한 미분방정식**(상미분방정식이나 편미분방정식)**의 계수**는 그 방정식에 포함된 가장 높은 도함수의 계수(order)이다.

예제 2 **미분방정식의 계수**

다음 미분방정식은 각각 2계 상미분방정식과 4계 편미분방정식의 예이다.

최고 계수 ↓   최고 계수 ↓

$$\frac{d^2y}{dx^2} + 5\left(\frac{dy}{dx}\right)^3 - 4y = e^x, \quad 2\frac{\partial^4 u}{\partial x^4} + \frac{\partial^2 u}{\partial t^2} = 0$$

≡

1계 미분방정식은 다음과 같은 **미분의 형태**(differential form)로 표현되기도 한다.

$$M(x, y)\,dx + N(x, y)\,dy = 0$$

예제 3 미분형태로 표현된 1계 상미분방정식

1계 상미분방정식에서 y가 독립변수라면 미분 dy는 $dy = y'dx$로 정의됨을 미적분학에서 배웠다.

(a) 방정식 $(y - x)dx + 4xdy = 0$의 양변을 dx로 나누면 다음과 같은 형태의 미분방정식을 얻는다.

$$y - x + 4x\frac{dy}{dx} = 0 \quad \text{또는} \quad 4x\frac{dy}{dx} + y = x$$

(b) 미분방정식

$$6xy\frac{dy}{dx} + x^2 + y^2 = 0$$

에 dx를 곱하면 다음과 미분형태의 방정식을 얻는다.

$$(x^2 + y^2)dx + 6xy\,dy = 0$$ ≡

종속변수가 한 개인 n계 상미분방정식은 다음과 같은 **일반형**(general form)으로 나타낼 수 있다.

$$F(x, y, y', \ldots, y^{(n)}) = 0 \tag{4}$$

여기서 F는 $n + 2$개의 변수들, 즉 $x, y, y', \ldots, y^{(n)}$로 표현되는 실함수이다. 실용적 및 이론적인 이유로 지금부터는 식 (4)형태의 상미분방정식에서의 최고계 도함수 $y^{(n)}$을 나머지 $n + 1$개의 변수들로 유일하게 풀 수 있다고 가정한다. 그러므로 식 (4)를 다시 표현하면 다음과 같이 쓸 수 있다.

$$\frac{d^ny}{dx^n} = f(x, y, y', \ldots, y^{(n-1)}) \tag{5}$$

여기서 f는 연속인 실함수이며 식 (5)는 식 (4)의 **정규형**(normal form)이라 한다. 그러므로 경우에 따라서 1계 및 2계 상미분방정식을 표현할 때

$$\frac{dy}{dx} = f(x, y) \quad \text{그리고} \quad \frac{d^2y}{dx^2} = f(x, y, y')$$

과 같은 정규형을 쓰기로 한다.

예제 4 정규형의 상미분방정식

(a) 1계 상미분방정식을 미분 dy/dx에 대해 풀면 정규형을 얻는다.

$$4x\frac{dy}{dx} + y = x\text{의 정규형은 } \frac{dy}{dx} = \frac{x - y}{4x}\text{이다.}$$

(b) 2계 상미분방정식을 2계 미분 y''에 대해 풀면 정규형을 얻는다.

$y'' - y' + 6y = 0$의 정규형은 $y'' = y' - 6y$이다. ≡

선형성에 의한 분류 n계 상미분방정식 (4)에서 F가 $y, y', \ldots, y^{(n)}$에 대해 선형이면 식 (4)는 **선형**(linear)이라 한다. n계 상미분방정식은 선형이라는 것은 식 (4)를 $a_n(x)y^{(n)} + a_{n-1}(x)y^{(n-1)} + \ldots + a_1(x)y' + a_0(x)y - g(x) = 0$ 또는

$$a_n(x)\frac{d^n y}{dx^n} + a_{n-1}(x)\frac{d^{n-1}y}{dx^{n-1}} + \cdots + a_1(x)\frac{dy}{dx} + a_0(x)y = g(x) \qquad (6)$$

식 (6)의 두 개의 중요하고 특별한 경우는 **1계 선형**(linear first-order)($n = 1$)과 **2계 선형**(linear second-order)($n = 2$) 상미분방정식이다.

$$a_1(x)\frac{dy}{dx} + a_0(x)y = g(x) \quad \text{그리고} \quad a_2(x)\frac{d^2y}{dx^2} + a_1(x)\frac{dy}{dx} + a_0(x)y = g(x) \qquad (7)$$

식 (6)의 등식 왼쪽 부분의 덧셈조합으로부터 다음과 같은 선형 상미분방정식의 두 특성을 알 수 있다.

선형 상미분방정식의 이 두 특성을 기억하라. ▶

- 종속변수 y와 그것의 모든 도함수들 $y', y'', \ldots, y^{(n)}$은 1차이다. 즉 y를 포함하는 각각의 항들은 1차 거듭제곱이다.
- $y', y'', \ldots, y^{(n)}$의 계수함수 $a_0, a_1, \ldots, a_n$들은 독립변수 x만의 함수이다.

비선형(nonlinear) 상미분방정식은 단순히 선형이 아닌 방정식을 말한다. 만일 방정식에서 $y, y', \ldots, y^{(n)}$의 계수함수들이 종속변수 y 또는 그것의 도함수를 포함하거나, $(y')^2$과 같은 $y, y', \ldots, y^{(n)}$의 거듭제곱의 항이 나타난다면 그 미분방정식은 비선형이다. 또한 선형방정식은 $\sin y$나 $e^{y'}$과 같은 종속변수, 또는 그것의 도함수의 비선형 함수를 포함해서는 안된다.

예제 5 선형과 비선형 미분방정식들

(a) 다음 방정식들은 차례로 1계, 2계, 3계 선형미분방정식들이다.

$$(y - x)dx + 4x\,dy = 0, \quad y'' - 2y' + y = 0, \quad x^3\frac{d^3y}{dx^3} + 3x\frac{dy}{dx} - 5y = e^x$$

첫 번째 방정식은 $4xy' + y = x$의 형태로 표현할 수 있으므로 y에 대하여 선형임을 알 수 있다.

(b) 다음 방정식들은 각각 1계, 2계, 4계 비선형 상미분방정식들이다.

비선형 항: 계수함수가 y를 포함 ↓ $(1 - y)y' + 2y = e^x$,

비선형 항: y의 비선형함수 ↓ $\dfrac{d^2y}{dx^2} + \sin y = 0$,

비선형 항: 거듭제곱이 1이 아님 ↓ $\dfrac{d^4y}{dx^4} + y^2 = 0$

(c) 이차방정식에 대한 근의 공식을 이용하면 비선형 1계 미분방정식 $(y')^2 + 2xy' - y = 0$은 다음과 같은 두 개의 비선형 1계 미분방정식의 정규형으로 표현할 수 있다.

$$y' = -x + \sqrt{x^2 + y} \qquad y' = -x - \sqrt{x^2 + y}$$ ≡

해 이미 언급한 바와 같이 이 교과의 목적 중의 하나는 미분방정식을 푸는 것, 즉 미분방정식의 해(solution)를 구하는 것이다. 상미분방정식의 해의 개념을 다음과 같이 정의한다.

정의 1.1.2 상미분방정식의 해

구간 I에서 정의된 함수 ϕ가 I에서 연속인 적어도 n계의 도함수 $\phi', \phi'', \ldots, \phi^{(n)}$을 갖고, n계 상미분방정식에 대입했을 때 그 방정식을 만족하면 ϕ를 그 구간 I에서의 그 미분방정식의 **해**라 한다.

다시 말하면, n계 상미분방정식 (4)의 해는 함수 ϕ로서 ϕ는 적어도 n계까지의 도함수들을 가지며 모든 $x \in I$에, 대해 다음 식이 성립해야 한다.

$$F(x, \phi(x), \phi'(x), \ldots, \phi^{(n)}(x)) = 0$$

그런 경우 ϕ는 구간 I에서 미분방정식을 **만족한다**고 한다. 여기서 해 ϕ는 실함수라고 가정한다. 이미 살펴본 바와 같이 $y = e^{0.1x^2}$은 구간 $(-\infty, \infty)$에서 $dy/dx = 0.2xy$의 해이다.

해를 대체 기호 $y(x)$로 표기하는 것이 편리할 때도 있다.

정의구간 한 상미분방정식의 해는 **구간**을 동시에 고려하지 않고는 생각할 수 없다. 정의 1.1.2에서의 구간 I는 **정의구간**, **존재구간**, **유효구간**, 또는 **해의 정의역** 등 여러 가지로 불리며 개구간 (a, b), 폐구간 $[a, b]$, 무한구간 (a, ∞) 등 여러 형태가 될 수 있다.

예제 6 해의 검증

오른쪽에 주어진 함수가 구간 $(-\infty, \infty)$에서 주어진 미분방정식의 해가 됨을 검증하라.

(a) $\dfrac{dy}{dx} = xy^{1/2}; \quad y = \frac{1}{16}x^4$ **(b)** $y'' - 2y' + y = 0; \quad y = xe^x$

풀이 주어진 함수가 해가 되는지를 검증하는 방법은 구간 내에 있는 모든 x에 대해 방정식의 양변에 그 함수를 대입했을 때 등식이 성립하는지를 보는 것이다.

(a) 등식 왼쪽: $\dfrac{dy}{dx} = 4 \cdot \dfrac{x^3}{16} = \dfrac{x^3}{4}$

등식 오른쪽: $xy^{1/2} = x \cdot \left(\dfrac{x^4}{16}\right)^{1/2} = x \cdot \dfrac{x^2}{4} = \dfrac{x^3}{4}$

위의 사실로부터 모든 실수 x에 대해 방정식의 양변은 같음을 알 수 있다. 그러므로 주어진 함수는 주어진 미분방정식의 해가 된다. 정의에 의하여 $y^{1/2} = \frac{1}{4}x^2$는 $\frac{1}{16}x^4$의 음수가 아닌 제곱근이다.

(b) 주어진 함수의 도함수들 $y' = xe^x + e^x$와 $y'' = xe^x + 2e^x$로부터 모든 실수 x에 대해 다음이 성립한다.

등식 왼쪽: $y'' - 2y' + y = (xe^x + 2e^x) - 2(xe^x + e^x) + xe^x = 0$

등식 오른쪽: 0 ≡

예제 6에서 모든 x, 즉 $-\infty < x < \infty$에 대해 상수해 $y = 0$은 각 미분방정식의 해가 됨을 주목하자. 0이 구간 I 상의 모든 x에 대해 미분방정식의 해가 되면 이 해를 **자명해**(trivial solution)라 한다.

해곡선 상미분방정식의 해 ϕ의 그래프를 **해곡선**(solution curve)이라 한다. ϕ는 미분 가능한 함수이므로 정의구간 I에서 연속이다. 함수 ϕ의 그래프와 해 ϕ의 그래프 간에는 차이점이 있을 수 있다. 즉 함수 ϕ의 정의역은 해 ϕ의 정의구간 I(또는 정의역)와 같을 필요는 없다는 것이다. 다음 예제는 그 차이점을 보여 주고 있다.

예제 7 함수 대 해

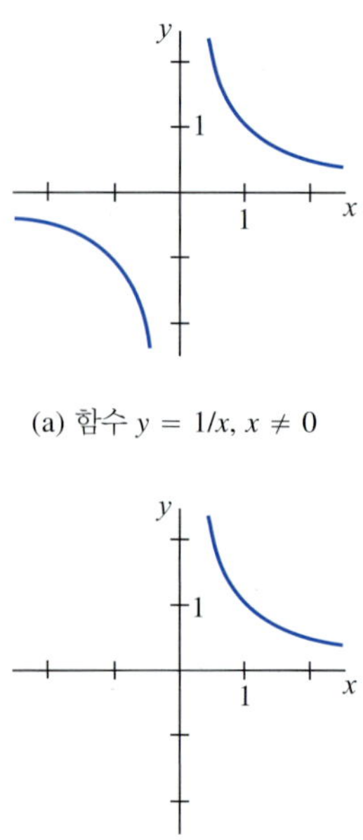

그림 1.1.1 예제 5는 함수 $y = 1/x$와 해 $y = 1/x$의 차이를 도시함

(a) 함수로서 $y = 1/x$의 정의역은 0을 제외한 실수이다. $y = 1/x$를 그릴 때 정의역에서 몇 개의 의미 있는 점을 택하여 대응하는 점을 xy 평면에 찍은 후 그 점들을 연결한다. 그림 1.1.1(a)에 도시된 바와 같이 유리함수 $y = 1/x$는 0에서 불연속이고, y축(즉 $x = 0$)은 그래프의 수직 점근선이므로 $y = 1/x$는 $x = 0$에서 미분 불가능하다.

(b) $y = 1/x$는 또한 1계 선형 미분방정식 $xy' + y = 0$의 해이기도 하다(검증해 보라). $y = 1/x$이 미분방정식의 해라 할 때 이는 그 함수가 정의되는 어떤 구간이 존재하고 그 구간에서 미분 가능하며, 주어진 미분방정식을 만족한다는 것을 의미한다. 즉 $y = 1/x$는 0을 포함하지 않는 어떤 구간에서도, 예를 들면 $(-3, -1)$, $(\frac{1}{2}, 10)$, $(-\infty, 0)$, 또는 $(0, \infty)$와 같은 구간에서 이 미분방정식의 해이다. 구간 $(-3, -1)$과 $(\frac{1}{2}, 10)$에서 $y = 1/x$에 의해 정의된 해곡선들은 각각 $(-\infty, 0)$과 $(0, \infty)$에서 $y = 1/x$에 의해 정의된 해곡선들의 일부분이므로 구간 I는 가능하면 크게 잡는 것은 의미가 있다. 그러므로 I는 $(-\infty, 0)$나 $(0, \infty)$로 택하는 것이 좋다. 구간 $(0, \infty)$에서의 해곡선은 그림 1.1.1(b)에 나타나 있다. ≡

양함수 해와 음함수 해 양함수와 음함수에 관해서는 미적분학 교과과정에서 다루었기 때문에 이 용어들은 이미 익숙할 것이다. 종속변수가 독립변수와 상수로만 표현되어 있는 해를 **양함수 해**(explicit solution)라 한다. 양함수 해는 일반적인 규칙에 의해 다룰 수 있고, 측정 가능하고, 직접 미분할 수 있는 구체적인 해로서 $y = \phi(x)$의 형태로 표현된다. 마지막 두 예제에서 본 바와 같이 $y = x^4/16$, $y = xe^x$, 그리고 $y = 1/x$는 각각 $dy/dx = xy^{1/2}$, $y'' - 2y' + y = 0$, 그리고 $xy' + y = 0$의 양함수 해이다. 또한 자명해 $y = 0$는 세 방정식 모두의 양함수 해이다. 어떤 상미분방정식을 실제로 풀었을 때 항상 양함수 해 $y = \phi(x)$를 바로 구할 수 있는 것은 아니다. 1계 비선형 미분방정식을 푸는 경우에 양함수 해를 직접 유도하는 것은 특히 더 그렇다. 해 ϕ를 어떤 관계식이나 음함수의 형태인 $G(x, y) = 0$의 형태로 표현하는 것으로 만족해야 할 때도 있다.

정의 1.1.3 상미분방정식의 음함수 해

구간 I에서 $G(x, y) = 0$ 및 상미분방정식 (4)를 만족하는 함수 ϕ가 적어도 하나 존재하면 $G(x, y) = 0$를 구간 I에서의 주어진 미분방정식의 **음함수 해**(implicit solution)라 한다.

어떤 조건하에서 $G(x, y) = 0$이 미분 가능한 함수 ϕ를 정의하는가 하는 문제는 이 교과과정의 범위를 벗어나므로 여기서는 다루지 않겠다. 그러므로 이 교과과정에서는 해를 구하는 과정에서 $G(x, y) = 0$의 관계가 유도되면 구간 I에서 그 관계, 즉 $G(x, \phi(x)) = 0$과 미분방정식 모두를 만족하는 ϕ가 적어도 하나 존재한다고 가정한다. 음함수 해 $G(x, y) = 0$이 간단하면 그 식으로부터 y를 x로 표현할 수 있을 것이며 한 개 이상의 양함수 해를 얻을 수 있을지도 모른다. 더 자세한 내용은 **참고** (*iv*)를 보라.

예제 8 음함수 해의 검증

$x^2 + y^2 = 25$는 구간 $-5 < x < 5$에서 다음 미분방정식의 음함수 해이다.

$$\frac{dy}{dx} = -\frac{x}{y} \tag{8}$$

식 $x^2 + y^2 = 25$를 음함수의 미분을 하면 다음 식을 얻는다.

$$\frac{d}{dx}x^2 + \frac{d}{dx}y^2 = \frac{d}{dx}25 \quad \text{또는} \quad 2x + 2y\frac{dy}{dx} = 0 \tag{9}$$

이제 식 (8)의 dy/dx에 관해 풀면 식 (9)를 얻는다. 또한 $x^2 + y^2 = 25$를 y에 관해 풀면 $y = \pm\sqrt{25 - x^2}$을 얻는데 이 두 함수 $y = \phi_1(x) = \sqrt{25 - x^2}$와 $y = \phi_2(x) = -\sqrt{25 - x^2}$는 각각 $x^2 + \phi_1^2 = 25$와 $x^2 + \phi_2^2 = 25$를 만족하고 구간 $-5 < x < 5$에서 정의되는 양함수 해이다. **그림 1.1.2(b)**와 (c)에 주어진 해곡선은 그림 1.1.2(a)에 주어진 음함수 해의 그래프의 일부분이다.

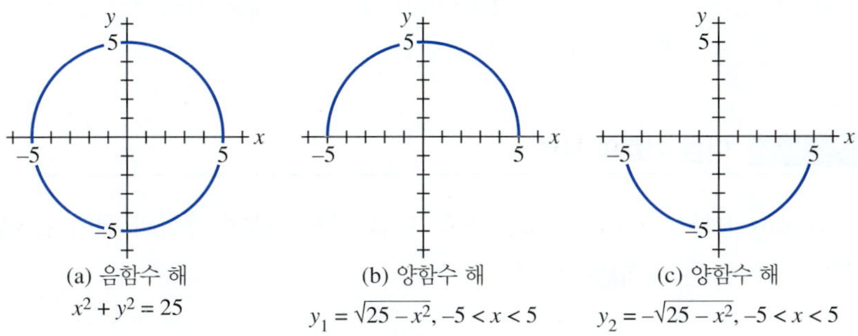

그림 1.1.2 예제 8의 한 음함수 해와 두 개의 양함수 해

$x^2 + y^2 - c = 0$ 형태의 모든 관계식은 어떤 상수 c에 대해서도 **형태상** 식 (8)을 만족한다. 그러나 그 관계식은 실수계에서 항상 타당한 식이어야 한다. 예를 들면 $x^2 + y^2 + 25 = 0$은 그 방정식의 음함수 해라 할 수 없다. 왜 해가 될 수 없는지를 생각해 보라.

양함수 해와 음함수 해의 차이점은 명백하게 구별되므로 항상 "이 해는 양함수 해(또는 음함수 해)이다"라고 언급하지는 않겠다.

해 모임 미분방정식의 학습은 적분의 학습과 유사하다. 어떤 교재에서는 해 ϕ를 방정식의 적분, 그리고 그 그래프를 적분곡선이라 하기도 한다. 미적분에서 역도함수나 부정적분을 계산할 때 그 적분에 상수 c를 사용한다. 유사하게 1계 미분방정식 $F(x, y, y') = 0$을 풀면, **보통** 임의의 상수 또는 매개변수 c를 포함하는 해를 얻는다. 임의의 상수 c를 포함하는 $G(x, y, c)$

= 0로 표현되는 해들의 집합을 **1-매개변수 해의 모임**(one-parameter family of solutions)이라 한다. n계 미분방정식 $F(x, y, y', \ldots, y^{(n)}) = 0$을 풀면 ***n*-매개변수 해의 모임** $G(x, y, c_1, \ldots, c_n) = 0$를 얻는다. 매개변수의 선택에는 어떤 제한도 없으므로 한 개의 미분방정식은 무한 개의 해를 가질 수 있다. 임의의 매개변수라는 제약이 없는, 즉 매개변수가 결정된 미분방정식의 해를 **특수해**(particular solution)라 한다.

예제 9 특수해

(a) 예를 들면 1-매개변수 모임 $y = cx - x \cos x$는 구간 $(-\infty, \infty)$에서 1계 선형 미분방정식

$$xy' - y = x^2 \sin x$$

의 양함수 해이다(검증해 보라). 소프트웨어를 사용하여 얻은 **그림 1.1.3**은 이 해 모임의 몇 개의 해의 그래프를 보여 주고 있다. 그림에서 푸른색 곡선인 해 $y = -x \cos x$는 $c = 0$에 대응하는 특수해이다.

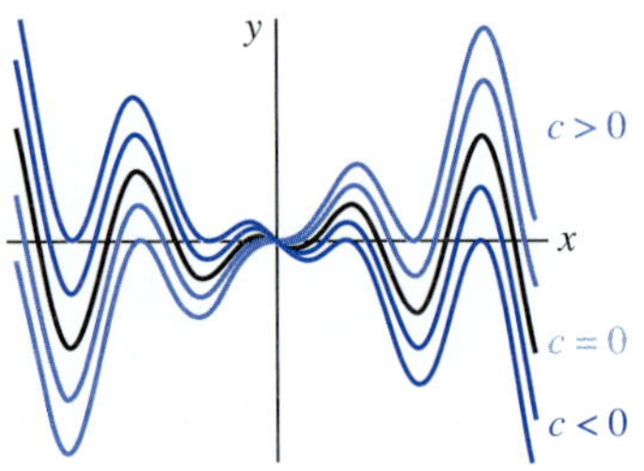

그림 1.1.3 예제 9(a)에 나타난 미분방정식의 몇 개의 해들

(b) 2-매개변수모임 $y = c_1e^x + c_2xe^x$는 예제 6 (b)에 주어진 2계 선형미분방정식 $y'' - 2y' + y = 0$의 양함수 해이다. **그림 1.1.4**는 이 매개변수 해모임에서 ∞와 $-\infty$로 가는 7개의 해를 보여주고 있다. 검은색, 하늘색, 그리고 파란색의 그래프는 각각 $y = 5xe^x$ $(c_1 = 0, c_2 = 5)$, $y = 3e^x$ $(c_1 = 3, c_2 = 0)$ 그리고 $y = 5e^x - 2x$ $(c_1 = 5, c_2 = -2)$인 특수해이다. ≡

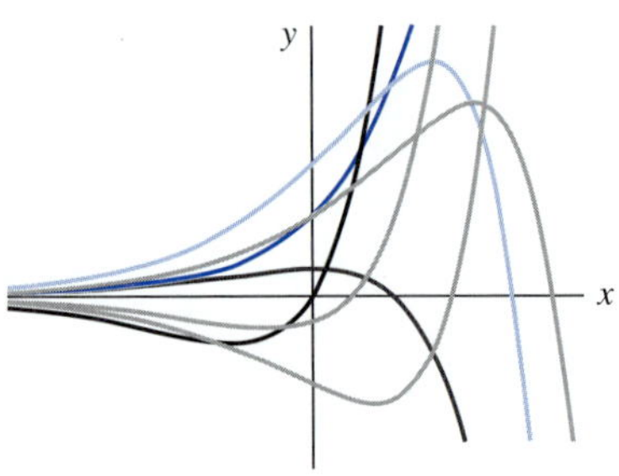

그림 1.1.4 예제 9(6)에 나타난 미분방정식의 몇 개의 해들

위에 제시된 예제들에서 x와 y는 각각 독립변수와 종속변수를 나타내는 데 사용되었다. 그러나 이러한 변수들을 다른 기호를 사용하여 표현하는 것에도 익숙해져야 한다. 예를 들면 t를 독립변수로, x를 종속변수로 사용할 수도 있다.

예제 10 다른 기호의 사용

함수 $x = c_1 \cos 4t$와 $x = c_2 \sin 4t$는 모두 다음 선형 미분방정식의 해이다. 여기서 c_1과 c_2는 임의의 상수 또는 매개변수이다.

$$x'' + 16x = 0$$

$x = c_1 \cos 4t$의 t에 관한 1계 및 2계 도함수는 각각 $x' = -4c_1 \sin 4t$와 $x'' = -16c_1 \cos 4t$이므로 주어진 미분방정식에 x''과 x을 대입하면

$$x'' + 16x = -16c_1 \cos 4t + 16(c_1 \cos 4t) = 0$$

을 얻는다. 또한 $x = c_2 \sin 4t$에 대해서도 $x'' = -16c_2 \sin 4t$이므로

$$x'' + 16x = -16c_2 \sin 4t + 16(c_2 \sin 4t) = 0$$

을 얻는다. 더 나아가 이 두 해의 1차 결합으로 이루어진 2-매개변수 모임 $x = c_1 \cos 4t + c_2 \sin 4t$도 미분방정식의 해가 됨을 알 수 있다. ≡

다음 예제는 미분방정식의 해가 조각별로 정의된(piecewise-defined) 함수일 수 있음을 보여 주고 있다.

예제 11 조각별로 정의된 해

1-매개변수 모임 $y = cx^4$은 구간 $(-\infty, \infty)$에서 미분방정식 $xy' - 4y = 0$의 1-매개변수 해의 모임임을 알 수 있다. **그림 1.1.5(a)**를 보라. 조각별로 다르게 정의된 미분 가능한 함수

$$y = \begin{cases} -x^4, & x < 0 \\ x^4, & x \geq 0 \end{cases}$$

는 방정식의 특수해이지만 $y = cx^4$의 모든 영역에서 c를 한 값으로 선택해서는 얻을 수 없다. 그 함수는 $x < 0$일 때는 $c = -1$, $x \geq 0$일 때는 $c = 1$을 선택함으로써 얻을 수 있는 해이며 이는 **그림 1.1.5(b)**에 나타나 있다. ≡

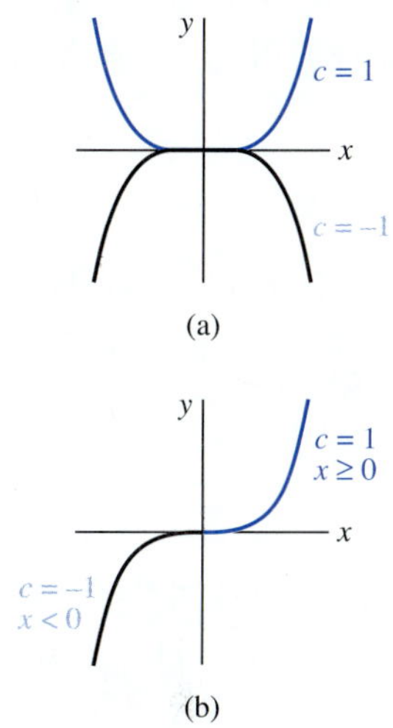

그림 1.1.5 예제 11의 $xy' - 4y = 0$의 해들

특이해 어떤 미분방정식은 그 미분방정식의 해 모임의 원소가 아닌 해를 가질 수도 있다. 즉, 해 모임에서 어떤 매개변수를 택해도 얻을 수 없는 해가 있을 수 있는데 이런 해를 **특이해**(singular solution)라 한다.*

예제 12 특이해

7~8쪽에서 두 함수 $y = \frac{1}{16}x^4$과 $y = 0$이 $(-\infty, \infty)$에서 정의되는 방정식 $dy/dx = xy^{1/2}$의 해가 됨을 보았다. 2.2절에서는 그 미분방정식을 실제로 풀어서 1-매개변수 해의 모임이 $y = (\frac{1}{4}x^2 + c)^2$, $c \geq 0$임을 보일 것이다. 해 중 하나인 $y = \frac{1}{16}x^4$는 1-매개변수 해의 모임에서 $c = 0$일 때의 특별해이다. 반면, 다른 해인 자명한 해 $y = 0$는 1-매개변수 해의 모임의 원소가 아니다. 즉, $y = (\frac{1}{4}x^2 + c)^2$에서 상수 c를 어떻게 선택해도 $y = 0$을 나타낼 수 없다. 따라서 $y = 0$은 특이해이다. ≡

연립 미분방정식 지금까지는 하나의 미지 함수를 포함하는 한 개의 미분방정식에 대해 알아보았다. 그러나 여러 응용분야 및 이론분야에서는 종종 연립 미분방정식을 다룰 필요가 있다. **연립 미분방정식**(a system of differential equations)은 한 개의 독립변수로 표현된 두 개 이상의 미지의 함수들의 도함수들을 포함하는 두 개 이상의 방정식으로 구성된다. 예를 들어 t를 독립변수, x와 y를 종속변수라 하면 두 개의 미분방정식으로 구성된 연립 미분방정식은

$$\begin{aligned} \frac{dx}{dt} &= f(t, x, y) \\ \frac{dy}{dt} &= g(t, x, y) \end{aligned} \tag{10}$$

로 주어진다. 식 (10)와 같은 연립방정식의 **해**는 공통구간 I에서 정의되고 이 구간에서 식 (10)에서 주어진 각각의 미분방정식을 만족하는 미분 가능한 함수의 쌍(pair) $x = \phi_1(t)$, $y = \phi_2(t)$이다. 연습문제 1.1의 문제 41과 42를 보라.

* 특이해에 대해서는 약간 더 자세한 정의가 있으나, 그 정의는 본 교재가 추구하는 목적의 수준을 넘어서므로 여기서는 생략한다.

참고

(*i*) $M(x, y)dx + N(x, y)dy = 0$의 형태로 쓰인 미분방정식에서는 어떤 기호가 종속변수를 나타내는지 알 수 없기 때문에 선형인지 비선형인지 명백하지 않을 수 있다. 연습문제 1.1의 문제 9와 10을 보라.

(*ii*) 다음 장들에서는 해가 **적분형태**를 포함하는 미분방정식들이 나올 것이다. 한 개의 변수 x로 함수 F를 정의하는 방법으로 다음과 같이 정적분을 정의하는 방법이 있다.

$$F(x) = \int_a^x g(t)\,dt \tag{11}$$

만일 식 (11)에서 피적분함수 g가 폐구간 $[a, b]$에서 연속이고 x가 $a \le x \le b$라 하자. 미적분학의 기본정리(Fundamental Theorem of Calculus)에 따르면 식 (11)로 정의된 함수 F는 개구간 (a, b)에서 미분가능하고 그 미분은 다음과 같다.

$$F'(x) = \frac{d}{dx}\int_a^x g(t)\,dt = g(x) \tag{12}$$

식 (11)에서의 피적분함수 g는 종종 **기본함수가 아니다**(nonelementary). 즉 g를 적분한 함수가 기본함수의 역도함수가 아닌 경우들이 있다. 미적분학에서 이미 배운 것처럼 다음과 같은 함수들

상수함수, 다항식, 유리함수, 지수함수, 로그함수, 삼각함수와 역삼각함수,

그리고 이 함수들의 유리 지수승으로 표현된 함수들과 이 함수들의 유한개의 조합으로 만들어진 함수들, 즉 이 함수들을 더하거나, 빼거나, 곱하거나, 나누거나, 더 나아가 합성해서 만들어진 함수들은 기본함수들이다. 예를 들면, e^{-t^2}, $\sqrt{1 + t^3}$ 그리고 $\cos t^2$는 기본함수들이다. 그러나 그들의 적분형태인 $\int e^{-t^2}\,dt$, $\int \sqrt{1 + t^3}\,dt$, 그리고 $\int \cos t^2$는 기본함수가 아니다. 연습문제 1.1의 문제 27~30을 보라.

(*iii*) 이 절에서는 해의 개념이 강조되었지만 미분방정식이 반드시 해를 가질 필요는 없다는 것에 주목하자. 연습문제 1.1의 문제 51을 보라. 해의 존재성에 관한 문제는 다음 절에서 다룰 것이다.

(*iv*) 미분방정식의 음함수 해에 관해 다음 몇 가지 사항을 고려하자. 예제 8에서 방정식 $x^2 + y^2 = 25$의 y를 x에 관해 풀어 식 (8)의 양함수 해 $\phi_1(x) = \sqrt{25 - x^2}$와 $\phi_2(x) = -\sqrt{25 - x^2}$을 얻을 수 있었다. 그러나 이 예 하나로 너무 많은 것을 보려 하지는 말라. 음함수 해 $G(x, y) = 0$을 양함수 해로 표현하는 것이 쉽거나, 명백하거나, 중요하거나, 또는 그렇게 하라고 하지 않는 한 x를 이용하여 y를 구체적으로 표현할 이유는 없다. 또한 정의 1.1.3 다음에 나오는 두 번째 문장을 잘못 해석하지 않기를 바란다. 음함수 해 $G(x, y) = 0$이 완벽하게 미분방정식의 해인 ϕ를 정의할 수는 있지만, $G(x, y) = 0$는 대수와 같은 해석적 방법으로 풀 수 없을 수도 있다. 해곡선 ϕ는 $G(x, y) = 0$ 그래프의 일부분이거나 조각일 수도 있다. 연습문제 1.1의 문제 49와 50을 보라.

(*v*) 구간 I에서 n계 상미분방정식 $F(x, y, y', \ldots, y^{(n)}) = 0$의 모든 해를 n-매개변수 모임 $G(x, y, c_1, \ldots, c_n) = 0$에서 매개변수 c_i, $i = 1, 2, \ldots, n$을 적절히 택하여 얻을 수 있다면 이 집합을 그 미분방정식의 **일반해**(general solution)라 한다. 선형 상미분방정식을 푸는 과정에서는 방정식의 계수(coefficient)에 대해 비교적 단순한 제약이 부과될 것이다. 이런 제약하에서 어떤 구간에서 해가 존재하는지뿐만 아니라 해 모임이 모든 가능한 해를 포함하고 있음을 확신할 수 있을 것이다. 비선형방정식의 경우에는 몇 개의 1계 미분방정식을 제외하면 x의 정수 거듭제곱들의 유한 결합, 제곱근, 지수함수와 로그함수, 삼각함수와 역삼각함수 등의 기본함수들로 보통 풀기 어렵거나 또는 풀 수 없을 수도 있다. 또한 비선형방정식의 해 모임을 얻었더라도 이 집합이 모든 해를 포함하는지는 명백하지 않다. 그러므로 실제로 '일반해'라는 용어는 선형 미분방정식에 국한되어 적용된다. 이 시점에서 이 개념을 더 이상 고려하지는 않겠으나 2.3절과 3장에서 다시 언급할 것이므로 일반해라는 용어를 기억하기 바란다.

1.1 연습문제

부록에 선택된 홀수 문제의 답이 있다.

문제 1~10에서는 주어진 상미분방정식의 계수를 알아보고 식 (6)과 비교하여 방정식이 선형인지 비선형인지를 알아보라.

1. $(1 - x)y'' - 4xy' + 5y = \cos x$
2. $x\dfrac{d^3y}{dx^3} - \left(\dfrac{dy}{dx}\right)^4 + y = 0$
3. $t^5y^{(4)} - t^3y'' + 6y = 0$
4. $\dfrac{d^2u}{dr^2} + \dfrac{du}{dr} + u = \cos(r + u)$
5. $\dfrac{d^2y}{dx^2} = \sqrt{1 + \left(\dfrac{dy}{dx}\right)^2}$
6. $\dfrac{d^2R}{dt^2} = -\dfrac{k}{R^2}$
7. $(\sin\theta)y''' - (\cos\theta)y' = 2$
8. $\ddot{x} - (1 - \frac{1}{3}\dot{x}^2)\dot{x} + x = 0$
9. $\sin\left(\dfrac{dy}{dx}\right) = y + x$
10. $\dfrac{dx}{dy} + y^3x = \sin y$

문제 11와 12에서는 주어진 1계 미분방정식이 식 (7)에 주어진 1계 미분방정식과 비교하여 오른쪽에 주어진 종속변수에 대해 선형인지 아닌지를 알아보라.

11. $(y^2 - 1)\,dx + x\,dy = 0$; x에 대해; y에 대해
12. $u\,dv + (v + uv - ue^u)\,du = 0$; v에 대해; u에 대해

문제 13~16에서는 오른쪽에 주어진 함수가 주어진 미분방정식의 양함수 해임을 검증하라. 각 해에 대해 적절한 정의구간 I를 가정하라.

13. $2y' + y = 0;\quad y = e^{-x/2}$
14. $\dfrac{dy}{dt} + 20y = 24;\quad y = \frac{6}{5} - \frac{6}{5}e^{-20t}$
15. $y'' - 6y' + 13y = 0;\quad y = e^{3x}\cos 2x$
16. $y'' + y = \tan x;\quad y = -(\cos x)\ln(\sec x + \tan x)$

문제 17~20에서는 오른쪽에 주어진 함수 $y = \phi(x)$가 주어진 1계 미분방정식의 양함수 해임을 검증하라. 예제 7과 같이 함수로서의 ϕ의 정의역 및 미분방정식의 해로서의 적어도 하나의 정의구간 I를 각각 결정하라.

17. $(y - x)y' = y - x + 8;\quad y = x + 4\sqrt{x + 2}$
18. $y' = 25 + y^2;\quad y = 5\tan 5x$
19. $y' = 2xy^2;\quad y = 1/(4 - x^2)$
20. $2y' = y^3\cos x;\quad y = (1 - \sin x)^{-1/2}$

문제 21와 22에서는 오른쪽에 주어진 식이 주어진 1계 미분방정식의 음함수 해임을 검증하라. 각각의 경우에 대해 적어도 하나의 양함수 해 $y = \phi(x)$를 찾아라. 소프트웨어를 이용하여 한 개의 양함수 해의 그래프를 그려 보라. 각 해 ϕ의 정의구간 I를 결정하라.

21. $\dfrac{dX}{dt} = (X - 1)(1 - 2X);\quad \ln\left(\dfrac{2X - 1}{X - 1}\right) = t$
22. $2xy\,dx + (x^2 - y)\,dy = 0;\quad -2x^2y + y^2 = 1$

문제 23~26에서는 오른쪽에 주어진 함수 모임이 주어진 미분방정식의 해임을 검증하라. 각 해에 대해 적절한 정의구간 I를 가정하라.

23. $\dfrac{dP}{dt} = P(1 - P);\quad P = \dfrac{c_1e^t}{1 + c_1e^t}$
24. $\dfrac{dy}{dx} + 4xy = 8x^3;\quad y = 2x^2 - 1 + c_1e^{-2x^2}$
25. $\dfrac{d^2y}{dx^2} - 4\dfrac{dy}{dx} + 4y = 0;\quad y = c_1e^{2x} + c_2xe^{2x}$
26. $x^3\dfrac{d^3y}{dx^3} + 2x^2\dfrac{d^2y}{dx^2} - x\dfrac{dy}{dx} + y = 12x^2;$
    $y = c_1x^{-1} + c_2x + c_3x\ln x + 4x^2$

문제 27~30에서는 식 (12)를 이용하여 오른쪽에 있는 함수가 주어진 미분방정식의 해가 됨을 검증하라. 각 해의 정의구간 I는 적절히 선택한다.

27. $x\dfrac{dy}{dx} - 3xy = 1;\quad y = e^{3x}\displaystyle\int_1^x \frac{e^{-3t}}{t}\,dt$
28. $2x\dfrac{dy}{dx} - y = 2x\cos x;\quad y = \sqrt{x}\displaystyle\int_4^x \frac{\cos t}{\sqrt{t}}\,dt$
29. $x^2\dfrac{dy}{dx} + xy = 10\sin x;\quad y = \dfrac{5}{x} + \dfrac{10}{x}\displaystyle\int_1^x \frac{\sin t}{t}\,dt$
30. $\dfrac{dy}{dx} + 2xy = 1;\quad y = e^{-x^2} + e^{-x^2}\displaystyle\int_0^x e^{t^2}\,dt$
31. 영역에 따라 다르게 정의된 함수

$$y = \begin{cases} -x^2, & x < 0 \\ x^2, & x \geq 0 \end{cases}$$

가 구간 $(-\infty, \infty)$에서 미분방정식 $xy' - 2y = 0$의 해가 됨을 검증하라.

32. 예제 8에서 $y = \phi_1(x) = \sqrt{25 - x^2}$과 $y = \phi_2(x) = -\sqrt{25 - x^2}$이 구간 $(-5, 5)$에서 $dy/dx = -x/y$의 해가 됨을 알았다. 영역에 따라 다르게 정의된 함수

$$y = \begin{cases} \sqrt{25 - x^2}, & -5 < x < 0 \\ -\sqrt{25 - x^2}, & 0 \le x < 5 \end{cases}$$

가 구간 $(-5, 5)$에서 그 미분방정식의 해가 될 수 없음을 설명하라.

문제 33~36에서는 함수 $y = e^{mx}$가 주어진 미분방정식의 해가 되기 위한 m을 찾아라.

33. $y' + 2y = 0$
34. $3y' = 4y$
35. $y'' - 5y' + 6y = 0$
36. $2y'' + 9y' - 5y = 0$

문제 37~40에서는 함수 $y = x^m$이 주어진 미분방정식의 해가 되기 위한 m을 찾아라.

37. $xy'' + 2y' = 0$
38. $4x^2y'' + y = 0$
39. $x^2y'' - 7xy' + 15y = 0$
40. $x^2y''' - 3xy'' + 3y' = 0$

문제 41~44에서는 모든 x, 즉 $-\infty < x < \infty$에 대하여 c가 상수함수일 필요충분조건이 $y' = 0$이라는 사실을 이용하여 주어진 미분방정식이 상수해를 갖는지의 여부를 결정하라.

41. $3xy' + 5y = 10$
42. $y' = y^2 + 2y - 3$
43. $(y - 1)y' = 1$
44. $y'' + 4y' + 6y = 10$

문제 45~48에서는 나타나 있는 1-매개변수모임이 주어진 미분방정식의 해임을 검증하라. 그 미분방정식에 대한 특이해를 적어도 한 개 이상 찾아보라.

45. $y = (x + c_1)^2; \quad \left(\dfrac{dy}{dx}\right)^2 = 4y$

46. $y = 3\sin(x + c_1); \quad \left(\dfrac{dy}{dx}\right)^2 = 9 - y^2$

47. $x - \sqrt{16 - y^2} = c_1; \quad y\dfrac{dy}{dx} + \sqrt{16 - y^2} = 0$

48. $y = x - (x - c_1)^2; \quad \left(\dfrac{dy}{dx}\right)^2 - 2\dfrac{dy}{dx} + 4y = 4x - 1$

문제 49과 50에서는 아래에 주어진 함수쌍이 구간 $(-\infty, \infty)$에서 주어진 연립 미분방정식의 해임을 검증하라.

49. $\dfrac{dx}{dt} = x + 3y$

$\dfrac{dy}{dt} = 5x + 3y;$

$x = e^{-2t} + 3e^{6t},$

$y = -e^{-2t} + 5e^{6t}$

50. $\dfrac{d^2x}{dt^2} = 4y + e^t$

$\dfrac{d^2y}{dt^2} = 4x - e^t;$

$x = \cos 2t + \sin 2t + \frac{1}{5}e^t,$

$y = -\cos 2t - \sin 2t - \frac{1}{5}e^t$

토의문제

51. 어떤 해도 갖지 않는 미분방정식을 찾아보라.

52. 자명해 $y = 0$만을 가질 것 같은 미분방정식을 찾아보고 그 이유를 설명하라.

53. 미적분학으로부터 1계 도함수가 그 함수 자신과 같은 함수를 알고 있는가? 1계 도함수가 원래 함수의 k 상수배인 경우를 알고 있는가? 각각을 1계 미분방정식의 형태와 그 해로 답하라.

54. 미적분학으로부터 2계 도함수가 그 함수 자신과 같은 함수(함수들)를 알고 있는가? 2계 도함수가 원래 함수의 부호와 반대 부호를 갖는 경우를 알고 있는가? 각각을 2계 미분방정식의 형태와 그 해로 답하라.

55. $y = \sin x$는 1계 미분방정식 $dy/dx = \sqrt{1 - y^2}$의 양함수 해라고 한다. 정의구간 I를 구하라.
[힌트: I는 구간 $-\infty < x < \infty$는 아니다.]

56. 선형 미분방정식 $y'' + 2y' + 4y = 5\sin t$가 $y = A\sin t + B\cos t$(A, B는 상수) 형태의 해를 갖는다고 가정하는 것이 직관적이라고 할 수 있는지에 대해 논하라. $y = A\sin t + B\cos t$가 미분방정식의 특수해가 되기 위한 상수 A와 B를 구체적으로 구하라.

문제 57과 58에 주어진 각각의 그래프는 미분방정식 $dy/dx = f(x, y)$의 음함수 해 $G(x, y) = 0$의 그래프이다. 각 경우에서 $G(x, y) = 0$는 주어진 미분방정식의 여러 해를 내재적으로 정의한다. 각 그림을 종이에 그대로 그리고 색연필을 이용하여 각 그래프에서 해 그래프에 대응하는 일부분 또는 조각들을 표시하라. 해 ϕ는 함수이고 미분 가능해야 함을 명심하라. 해곡선을 이용하여 각 해 ϕ의 정의구간 I를 추정하라.

57.

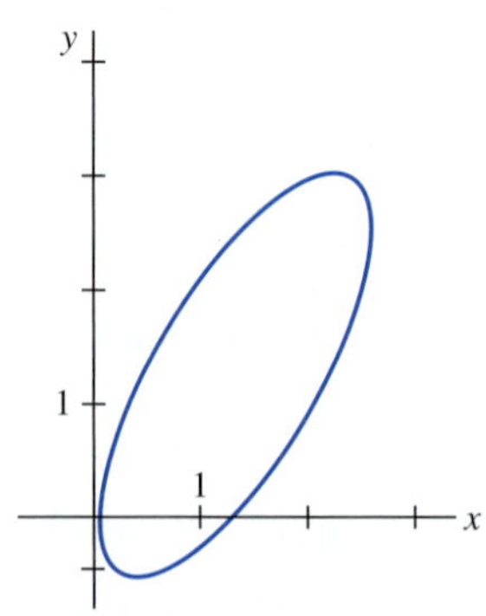

그림 1.1.6 문제 57의 그래프

58.

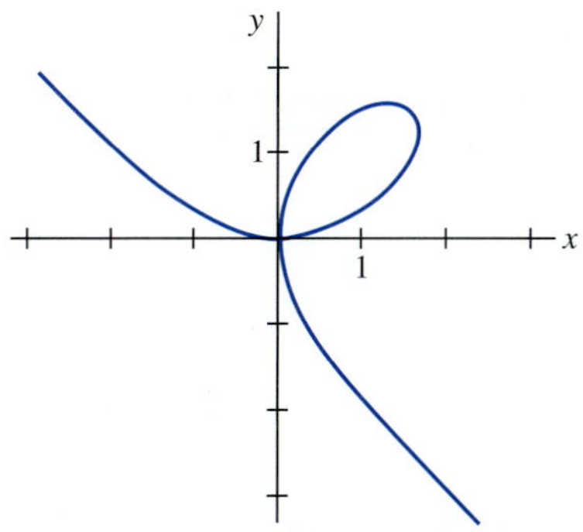

그림 1.1.7 문제 58의 그래프

59. 1-매개변수 모임 $x^3 + y^3 = 3cxy$에 속한 그래프들은 **데카르트의 엽선**(folia of Descartes)이라 불린다. 이 모임이 1계 미분방정식

$$\frac{dy}{dx} = \frac{y(y^3 - 2x^3)}{x(2y^3 - x^3)}$$

의 음함수 해임을 검증하라.

60. 그림 1.1.7의 그래프는 문제 59의 엽선 모임에서 $c = 1$일 때의 그래프이다. 다음에 대해서 논의하라: 문제 59의 미분방정식은 $x^3 + y^3 = 3xy$의 그래프에서 접선이 수직선인 점을 찾는 데 어떤 도움을 줄 수 있는가? 접선이 수직선인 점을 아는 것이 그 미분방정식의 해 ϕ의 정의구간 I를 결정하는 데 어떤 도움을 주는가? 자신의 생각을 피력하고 문제 58에서 측정한 구간과 비교해 보라.

61. 예제 8에서 양함수 해 $y = \phi_1(x)$와 $y = \phi_2(x)$가 정의되는 가장 큰 구간 I는 개구간 $(-5, 5)$이다. 정의구간 I가 폐구간 $[-5, 5]$가 될 수 없는 이유를 설명하라.

62. 문제 23에 미분방정식 $P' = P(1 - P)$의 1-매개변수 해의 모임이 주어져 있다. 점 $(0, 3)$을 지나는 해곡선은 있는가? 점 $(0, 1)$을 지나는 해곡선은 있는가?

63. $dy/dx = f(x)$와 $d^2y/dx^2 = f(x)$ 형태의 미분방정식을 어떻게 풀 수 있는지에 대해 논의하고 예를 들어 설명하라.

64. $x(y')^2 - 4y' - 12x^3 = 0$은 식 (4) 형태의 미분방정식이다. 이 방정식을 정규형 $dy/dx = f(x, y)$으로 표현할 수 있겠는가?

65. n계 미분방정식의 식 (4)와 식 (5)가 정확하게 같은 해를 가지면 정규형 식 (5)는 식 (4)와 동치(equivalent)라고 한다. $F(x, y, y') = 0$이 정규형 $dy/dx = f(x, y)$와 동치가 아닌 1계 미분방정식을 찾아보라.

66. $y = c_1x + c_2x^2$을 2-매개변수 해의 모임으로 갖는 2계 선형 미분방정식 $F(x, y, y', y'') = 0$을 구하라. 구한 방정식이 임의의 매개변수 c_1과 c_2에 무관함을 확인하라.

미분방정식의 해 $y = \phi(x)$에 관한 정성적인 정보는 간혹 방정식 자체로부터 얻을 수도 있다. 문제 67~70를 풀기 전에 도함수들 dy/dx와 d^2y/dx^2의 기하적 의미를 기억하자.

67. 미분방정식 $dy/dx = e^{-x^2}$에 관해 다음에 답하라.
   - **(a)** 이 미분방정식의 해는 x축의 어떤 구간에서도 증가함수임을 설명하라.
   - **(b)** $\lim_{x\to-\infty} dy/dx$와 $\lim_{x\to-\infty} dy/dx$는 무엇인가? 이 극한으로 미루어 보아 $x \to \pm\infty$일 때 해곡선에 대해 무엇을 말할 수 있는가?
   - **(c)** 해곡선이 볼록한 구간과 오목한 구간을 구하라.
   - **(d)** 이 방정식에 대해 (a)~(c)에 제시된 모양으로 해 $y = \phi(x)$의 그래프의 개형을 그려라.

68. 미분방정식 $dy/dx = 5 - y$에 관해 다음에 답하라.
   - **(a)** 추측 또는 문제 41~44에 제시된 방법을 이용하여 이 미분방정식의 상수해를 구하라.
   - **(b)** 이 미분방정식만을 이용하여 상수가 아닌 해 $y = \phi(x)$가 증가하는 y축 상의 구간을 구하라. $y = \phi(x)$가 감소하는 y축 상의 구간을 구하라.

69. 미분방정식 $dy/dx = y(a - by)$에 관해 다음에 답하라. 여기서 a와 b는 0보다 큰 상수이다.
   - **(a)** 추측 또는 문제 41~44에 제시된 방법을 이용하여 이 미분방정식의 두 개의 상수해를 구하라.
   - **(b)** 이 미분방정식만을 이용하여 상수가 아닌 해 $y = \phi(x)$가 증가하는 y축 상의 구간을 구하라. $y = \phi(x)$가 감소하는 y축 상의 구간을 구하라.
   - **(c)** 이 미분방정식만을 이용하여 상수가 아닌 해 $y = \phi(x)$의 그래프에서의 변곡점의 y 좌표가 $y = a/2b$임을 설명하라.
   - **(d)** 같은 좌표축에 (a)에서 구한 두 개의 상수해를 그려라. 이 상수해들은 xy 좌표계를 세 영역으로 나눈다. (b)와 (c)에 제시된 모양을 갖는 상수가 아닌 해 $y = \phi(x)$의 그래프의 개형을 각 영역에 그려라.

70. 미분방정식 $y' = y^2 + 4$에 관해 다음에 답하라.
   - **(a)** 이 미분방정식이 상수해를 갖지 않는 이유를 설명하라.
   - **(b)** 해 $y = \phi(x)$의 그래프를 도시하라. 해곡선은 상대극점을 가질 수 있는가?
   - **(c)** 해곡선의 변곡점의 y 좌표가 $y = 0$인 이유를 설명하라.
   - **(d)** 이 미분방정식에 대해 (a)~(c)에 제시된 모양을 갖는 해 $y = \phi(x)$의 그래프의 개형을 그려라.

컴퓨터 실습 과제

문제 71과 72에서는 CAS를 이용하여 모든 도함수들을 계산하고 주어진 함수가 주어진 미분방정식의 특수해임을 검증하라.

71. $y^{(4)} - 20y''' + 158y'' - 580y' + 841y = 0;$
$y = xe^{5x} \cos 2x$

72. $x^3y''' + 2x^2y'' + 20xy' - 78y = 0;$
$$y = 20\frac{\cos(5 \ln x)}{x} - 3\frac{\sin(5 \ln x)}{x}$$

1.2 초기값 문제

소개 미분방정식의 해를 구하는 문제에서는 종종 주어진 조건을 만족하는 해를 찾아야 하는 경우가 있다. 여기서의 조건은 미지의 함수 $y(x)$나 또는 그 함수의 도함수들에 관한 것이다. 이 절에서는 초기값 문제라 불리는 그런 문제들에 관해 다룬다.

초기값 문제 x_0를 포함하는 어떤 구간 I에서

$$\text{조건: } y(x_0) = y_0, y'(x_0) = y_1, \ldots, y^{(n-1)}(x_0) = y_{n-1}\text{하에서} \quad \frac{d^n y}{dx^n} = f(x, y, y', \ldots, y^{(n-1)}) \tag{1}$$

을 푸는 문제를 **초기값 문제**(IVP: initial-value problem)라 한다. 여기서 $y_0, y_1, \ldots, y_{n-1}$은 임의의 상수이며 $y(x)$와 $y(x)$의 처음 $n - 1$개 도함수들의 x_0에서의 값, 즉 $y(x_0) = y_0$, $y'(x_0) = y_1, \ldots, y^{(n-1)}(x_0) = y_{n-1}$을 **초기조건**(IC: initial condition)이라 한다.

1계와 2계 초기값 문제들 식 (1)에서의 문제는 ***n*계 초기값 문제**(nth-order initial-value problem)라고도 불린다. 예를 들면

$$\text{조건: } y(x_0) = y_0\text{에서} \quad \frac{dy}{dx} = f(x, y) \tag{2}$$

를 푸는 것과

$$\text{조건: } y(x_0) = y_0, y'(x_0) = y_1\text{에서} \quad \frac{d^2y}{dx^2} = f(x, y, y') \tag{3}$$

을 푸는 것은 각각 **1계**와 **2계 초기값 문제들**(first-and second-order initial-value problems)이다. 이 두 문제는 기하적 용어로 해석하는 것이 용이하다. 식 (2)는 x_0를 포함하는 구간 I에서 점 (x_0, y_0)를 지나는 미분방정식의 해를 구하는 것이다. **그림 1.2.1**을 보라. 식 (3)은 해의 그래프가 점 (x_0, y_0)를 지날 뿐 아니라 이 점에서의 접선의 기울기가 y_1이 되는 미분방정식의 해를 구하는 것이다. **그림 1.2.2**를 보라. 초기조건이라는 용어는 독립변수가 시간 t이고 $y(t_0) = y_0$와 $y'(t_0) = y_1$이 각각 초기시간 t_0에서의 어떤 물체의 위치와 속도를 나타내는 물리적 계(system)에서 도출되었다.

n계 초기값 문제를 푸는 것은 주어진 미분방정식의 n-매개변수 해의 모임을 이용하여 n개의 초기조건을 만족하는 n개의 특수한 상수를 찾아 방정식의 특수해를 구하는 것이다.

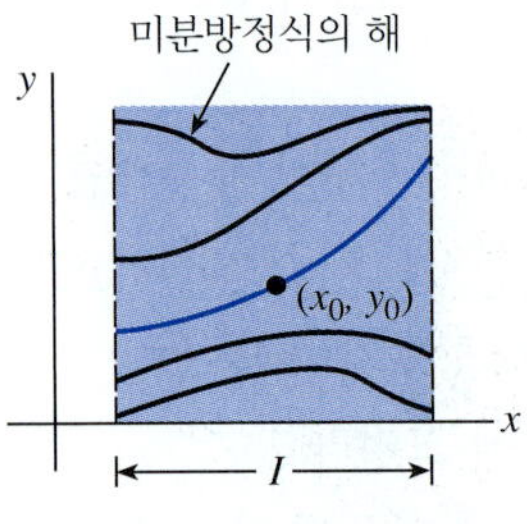

그림 1.2.1 1계 초기값 문제

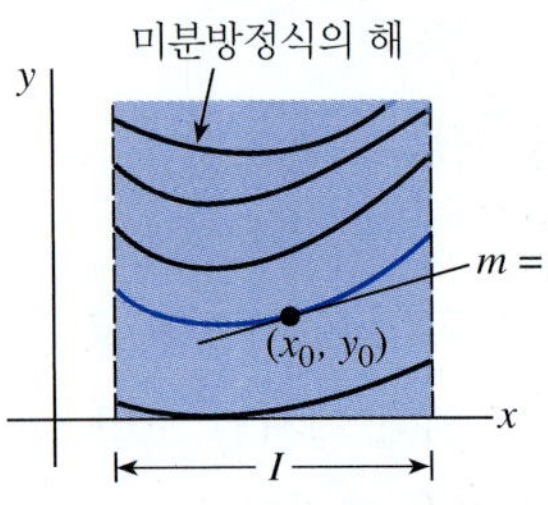

그림 1.2.2 2계 초기값 문제

예제 1 1계 초기값 문제

(a) $y = ce^x$는 구간 $(-\infty, \infty)$에서 간단한 1계 미분방정식 $y' = y$의 1-매개변수 해의 모임이라는 것을 쉽게 검증할 수 있다. 여기에 $y(0) = 3$과 같은 초기조건을 주면 해 모임에 $x = 0$, $y = 3$을 대입함으로써 상수 $3 = ce^0 = c$를 구할 수 있다. 그러므로 함수 $y = 3e^x$는 다음과 같은 초기값 문제의 해이다.

$$y' = y, \quad y(0) = 3$$

(b) (0, 3)이 아닌 (1, −2)를 지나는 미분방정식의 해를 구하면 $y(1) = -2$에 의해 $-2 = ce$ 또는 $c = -2e^{-1}$을 얻는다. 그러므로 함수 $y = -2e^{x-1}$은 다음과 같은 초기값 문제의 해이다.

$$y' = y, \quad y(1) = -2$$

이 두 함수의 그래프들은 **그림 1.2.3**에 푸른색 선으로 나타나 있다. ≡

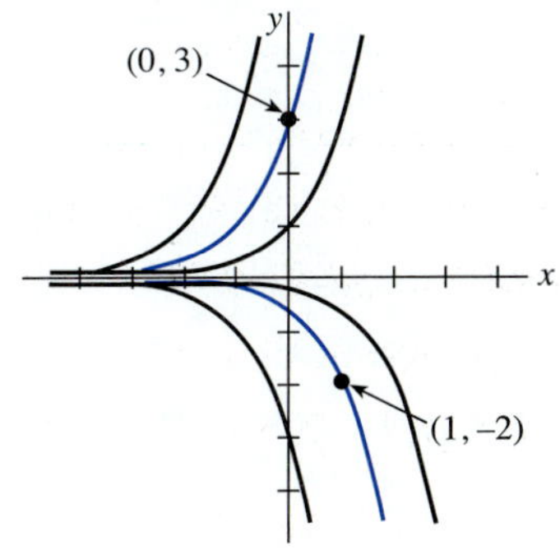

그림 1.2.3 예제 1의 초기값 문제의 해들

다음 예제는 또 다른 1계 초기값 문제를 보여 준다. 이 예제의 해 $y(x)$의 정의구간 I가 초기조건 $y(x_0) = y_0$에 어떻게 의존하는지를 주목하라.

예제 2 해의 정의구간 *I*

연습문제 2.2의 문제 6은 1-매개변수 해의 모임 $y = 1/(x^2 + c)$이 1계 미분방정식 $y' + 2xy^2 = 0$의 해 모임임을 증명하는 것이다. 여기에 초기조건 $y(0) = -1$이 주어졌다고 하면 $x = 0$와 $y = -1$을 해 모임에 대입하여 $-1 = 1/c$ 또는 $c = -1$을 얻을 수 있다. 그러므로 특수해는 $y = 1/(x^2 - 1)$이다. 여기에서 다음과 같은 3가지 차이점을 강조할 필요가 있다.

- $y = 1/(x^2 - 1)$을 **함수**로 보는 경우, 정의역은 $y(x)$가 정의되는 실수집합, 즉 $x = -1$과 $x = 1$을 제외한 모든 실수이다. **그림 1.2.4(a)**를 보라.
- $y = 1/(x^2 - 1)$을 **미분방정식** $y' + 2xy^2 = 0$의 해로 보는 경우, $y = 1/(x^2 - 1)$의 정의구간 I는 $y(x)$가 정의되고 미분 가능한 어떤 구간도 될 수 있다. 그림 1.2.4(a)에 나타난 바과 같이 $y = 1/(x^2 - 1)$가 해가 되는 가장 큰 구간들은 $-\infty < x < -1$, $-1 < x < 1$, 그리고 $1 < x < \infty$이다.
- $y = 1/(x^2 - 1)$을 **초기값 문제** $y' + 2xy^2 = 0$, $y(0) = -1$의 해로 보는 경우, $y(x)$가 정의되고 미분 가능하며 초기점 $x = 0$를 포함하는 어떤 구간도 $y = 1/(x^2 - 1)$의 정의구간 I가 될 수 있다. 이를 만족하는 가장 큰 구간은 $-1 < x < 1$이다. 그림 1.2.4(b)를 보라. ≡

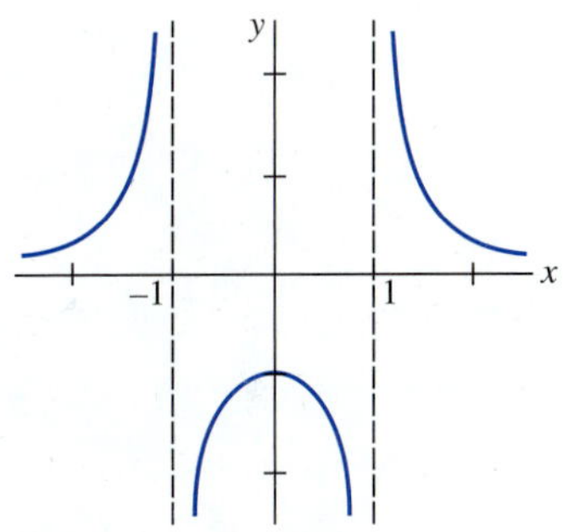

(a) $x = \pm 1$을 제외한 모든 점에서 정의된 함수

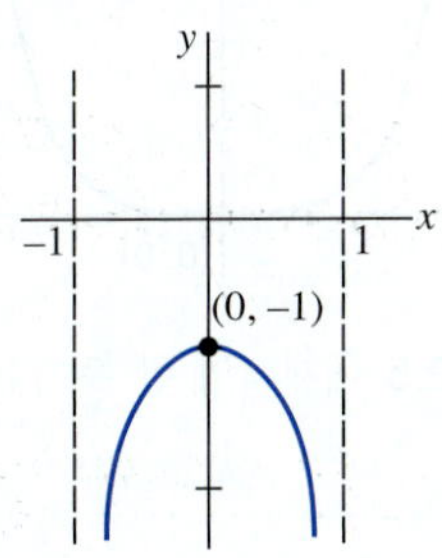

(b) $x = 0$를 포함하는 구간에서 정의된 해

그림 1.2.4 예제 2의 함수와 초기값 문제의 해의 그래프들

연습문제 1.2의 문제 3~6에서는 예제 2의 문제를 연속적으로 다루고 있다.

예제 3 2계 초기값 문제

1.1절의 예제 9에서 $x = c_1 \cos 4t + c_2 \sin 4t$가 $x'' + 16x = 0$의 2-매개변수 해의 모임임을 알았다. 다음 초기값 문제의 해를 구하라.

$$x'' + 16x = 0, \quad x(\pi/2) = -2, \quad x'(\pi/2) = 1 \tag{4}$$

풀이 해 모임에 $x(\pi/2) = -2$를 대입하면 $c_1 \cos 2\pi + c_2 \sin 2\pi = -2$를 얻는데 $\cos 2\pi = 1$이고 $\sin 2\pi = 0$이므로 $c_1 = -2$가 된다. 이제 $x'(\pi/2) = 1$를 $x(t) = -2 \cos 4t + c_2 \sin 4t$에 적용하자. $x(t)$를 미분한 후 $t = \pi/2$를 대입하면 $8 \sin 2\pi + 4c_2 \cos 2\pi = 1$을 얻고 이로부터 $c_2 = \frac{1}{4}$를 얻는다. 그러므로

$$x = -2 \cos 4t + \tfrac{1}{4} \sin 4t$$

가 식 (4)의 해가 된다. ≡

존재성과 유일성 초기값 문제를 고려함에 있어 다음과 같은 두 가지의 기본적인 문제에 직면하게 된다.

그 문제의 해는 존재하는가? 해가 존재한다면 그 해는 유일한가?

식 (2)와 같은 초기값 문제에 대해 다음과 같은 의문이 생긴다.

존재성 { 미분방정식 $dy/dx = f(x, y)$의 해는 존재하는가?
점 (x_0, y_0)를 지나는 해곡선은 존재하는가?

유일성 { 언제 점 (x_0, y_0)를 지나는 해곡선이 유일하게 존재하는가?

예제 1과 3에서 '그 해(the solution)'보다는 '어떤 해(a solution)'를 사용하였음에 주목하자. 부정관사 '어떤 (a)'는 다른 해가 존재할 수 있다는 가능성을 강조하기 위해 사용하였다. 지금까지 살펴 본 각각의 문제에서 단 하나의 해가 있다고 하지는 않았다. 다음 예제는 두 개의 해를 갖는 초기값 문제를 다루고 있다.

예제 4 초기값 문제는 여러 해를 가질 수 있다

함수 $y = 0$과 $y = \frac{1}{16}x^4$은 미분방정식 $dy/dx = xy^{1/2}$과 초기조건 $y(0) = 0$를 만족한다. 즉 초기값 문제 $dy/dx = xy^{1/2}$, $y(0) = 0$은 적어도 두 개의 해를 갖는다. **그림 1.2.5**에 나타난 바와 같이 두 함수의 그래프 모두 점 (0, 0)을 지난다. ≡

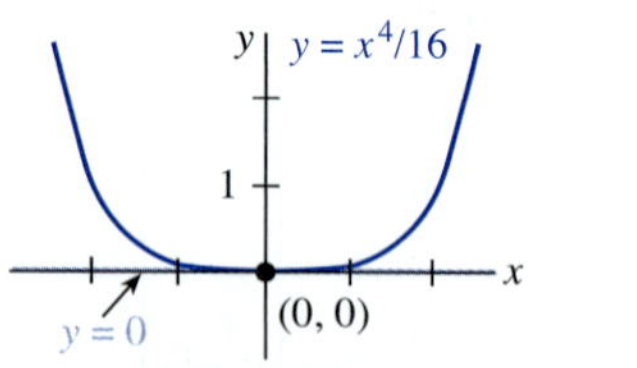

그림 1.2.5 예제 4의 한 초기값 문제의 두 해

미분방정식의 정규 교과과정 수준에서의 대부분의 미분방정식들은 해들을 가질 것이며 초기값 문제는 아마도 유일한 해를 가질 것이라 확신할 수 있다. 그러나 실생활에서 나타나는 문제는 그렇게 이상적이지 못하다. 그러므로 초기값 문제를 풀기 전에 해의 존재 여부와 존재하는 경우 유일한지를 알아보는 것이 바람직하다. 다음 두 장에서 1계 미분방정식을 다룰 것이기 때문에 이 장에서는 식 (2)에 주어진 1계 초기값 문제에서의 해의 존재성과 유일성을 보장하는 충분조건을 정리로 알아본다. 이 정리의 증명은 이 교과과정의 수준을 넘어서므로 증명은 하지 않기로 한다. 2계 초기값 문제에서의 해의 존재성과 유일성에 대해서는 3장에서 다룬다.

정리 1.2.1 유일한 해의 존재

xy 평면에서 점 (x_0, y_0)을 내부에 포함하는 직사각형 영역 $a \le x \le b$, $c \le y \le d$을 R이라 하자. $f(x, y)$와 $\partial f/\partial y$가 R 상에서 연속이면 $a \le x \le b$에 포함된 어떤 구간 I_0: $x_0 - h < x < x_0 + h$, $h > 0$가 존재하고 I_0에서 정의되며 초기값 문제 식 (2)의 해가 되는 함수 $y(x)$가 유일하게 존재한다.

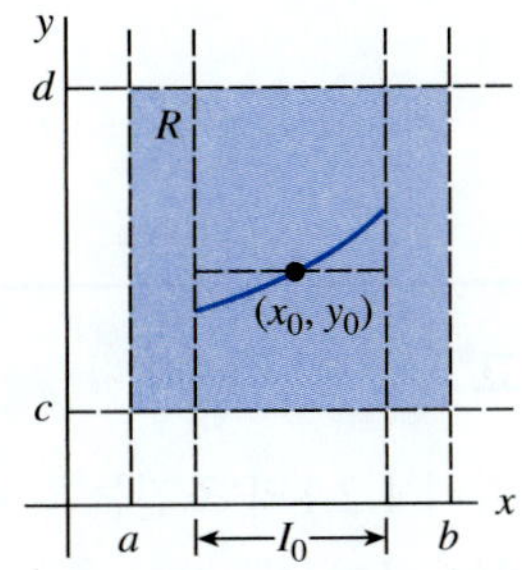

그림 1.2.6 직사각형 영역 R

$f(x, y)$와 $\partial f/\partial y$의 연속성은 쉽게 확인되므로 이 정리는 1계 미분방정식의 해의 존재성과 유일성 정리로 가장 많이 쓰인다. 정리 1.2.1의 기하적 의미는 **그림 1.2.6**에 나타나 있다.

예제 5 예제 4 다시 보기

예제 4에서 미분방정식 $dy/dx = xy^{1/2}$은 점 (0, 0)를 지나는 해를 적어도 2개는 가짐을 알았다. 여기서 함수

$$f(x, y) = xy^{1/2} \quad \text{그리고} \quad \frac{\partial f}{\partial y} = \frac{x}{2y^{1/2}}$$

는 $y > 0$로 정의되는 상반평면(upper-half plane)에서 연속임을 알 수 있다. 그러므로 정리 1.2.1에 의해 상반평면에 있는 임의의 점 (x_0, y_0), $y_0 > 0$에 대해 주어진 미분방정식이 유일한 해를 갖는 x_0를 중심으로 하는 어떤 구간이 존재함을 알 수 있다. 그러므로 초기값 문제 $dy/dx = xy^{1/2}$, $y(2) = 1$가 유일한 해를 갖도록 하는 2를 중심으로 하는 어떤 구간이 존재한다는 것을 이 문제를 풀지 않고도 알 수 있다. ≡

예제 1에서 정리 1.2.1은 초기값 문제 $y' = y$, $y(0) = 3$과 $y' = y$, $y(1) = -2$가 각각 $y = 3e^x$과 $y = -2e^{x-1}$ 외의 다른 해는 없다는 것을 보장한다. 이는 $f(x, y) = y$와 $\partial f/\partial y = 1$이 xy 평면 전체에서 연속이라는 사실로부터 알 수 있다. 또한 각 해가 정의되는 구간은 $(-\infty, \infty)$라는 것도 알 수 있다.

■ 존재 및 유일 구간 $y(x)$가 초기값 문제 식 (2)의 해라 하자. x축 상의 3개의 집합, 즉 함수 $y(x)$의 정의역, 해 $y(x)$가 정의되거나 존재하는 구간 I, 그리고 해가 유일하게 존재하는 구간 I_0는 같지 않을 수 있다. 우리는 이미 1.1절의 예제 7에서 함수의 정의역과 정의구간 I의 차이점을 알아보았다. 이제 (x_0, y_0)가 정리 1.2.1의 직사각형 영역 R의 내점이라고 하자. R 상에서 함수 $f(x, y)$의 연속성은 그 자체로, 어떤 구간 I에서 정의되고 $dy/dx = f(x, y)$, $y(x_0) = y_0$을 만족하는 해가 적어도 하나 존재한다는 것을 보장하기에 충분하다. 이런 초기값 문제의 정의구간 I는 보통 해 $y(x)$가 정의되고 미분 가능한, x_0를 포함하는 가장 큰 구간이 선택되며, $f(x, y)$와 초기조건 $y(x_0) = y_0$에 의해 결정된다. 연습문제 1.2의 문제 31~34를 보라. 편미분 $\partial f/\partial y$이 R에서 연속이라는 추가조건은 x_0를 포함하는 어떤 구간 I_0에서 해가 존재한다는 것뿐만 아니라 그 해가 $y(x_0) = y_0$를 만족하는 **유일한** 해라는 것을 보장해 준다. 그러나 정리 1.2.1은 구간 I와 I_0의 크기에 대해서는 어떤 정보도 주지 않는다. **정의구간 I는 영역 R만큼 넓을 필요가 없으며 해가 유일하게 존재하는 구간 I_0는 I만큼 크지 않을 수도 있다.** 구간 I_0: $x_0 - h < x < x_0 + h$를 정의하는 $h > 0$는 아주 작을 수도 있으므로 해 $y(x)$는 국소

적인 의미, 즉 점 (x_0, y_0)의 근방에서 정의된 해라는 의미에서 유일하다고 생각하는 것이 좋다. 연습문제 1.2의 문제 50을 보라.

참고

(*i*) 정리 1.2.1의 조건들은 충분조건이지 필요조건은 아니다. $f(x, y)$와 $\partial f/\partial y$가 직사각형 영역 R에서 연속이고 (x_0, y_0)가 내점이기만 하면 식 (2)의 해는 항상 유일하게 존재한다. 그러나 정리 1.2.1의 조건들이 성립하지 않으면 여러 경우가 가능하다. 즉 문제 식 (2)는 여전히 해를 가질 수 있고 그 해는 유일할 수 있거나, 여러 해를 가질 수 있거나, 또는 해가 전혀 존재하지 않을 수도 있다. 예제 4를 다시 보면 미분방정식 $dy/dx = xy^{1/2}$은 직선 $y = 0$ 상에서 정리 1.2.1의 가정이 성립하지 않으므로, 이 절의 예제 4에서 본 바와 같이 공통구간 $-h < x < h$에서 정의되고 $y(0) = 0$을 만족하는 해가 2개 존재한다는 것은 놀라운 일이 아니다. 반면에, 미분방정식 $dy/dx = |y - 1|$은 직선 $y = 1$ 상에서 정리 1.2.1의 가정이 성립하지 않음에도 불구하고 초기값 문제 $dy/dx = |y - 1|$, $y(0) = 1$의 해는 유일하게 존재하는 것을 볼 수 있다. 이 해를 추측해 보라.

(*ii*) 연습문제 1.2의 문제 49를 읽고, 생각해 보고, 풀어 보고, 기억하기를 바란다.

1.2 연습문제

부록에 선택된 홀수 문제의 답이 있다.

문제 1과 2에서 $y = 1/(1 + c_1e^{-x})$는 1계 미분방정식 $y' = y - y^2$의 1-매개변수 해의 모임이다. 이 해 모임에서 다음 초기조건을 만족하는 해를 구하라.

1. $y(0) = -\frac{1}{3}$ **2.** $y(-1) = 2$

문제 3~6에서 $y = 1/(x^2 + c)$는 1계 미분방정식 $y' + 2xy^2 = 0$의 1-매개변수 해의 모임이다. 이 해 모임에서 다음 초기조건을 만족하는 해 및 그 해가 정의되는 가장 큰 구간 I를 구하라.

3. $y(2) = \frac{1}{3}$ **4.** $y(-2) = \frac{1}{2}$

5. $y(0) = 1$ **6.** $y(\frac{1}{2}) = -4$

문제 7~10에서 $x = c_1 \cos t + c_2 \sin t$는 2계 미분방정식 $x'' + x = 0$의 2-매개변수 해의 모임이다. 이 해 모임에서 다음 초기조건을 만족하는 해를 구하라.

7. $x(0) = -1,\ x'(0) = -8$

8. $x(\pi/2) = 0,\ x'(\pi/2) = 1$

9. $x(\pi/6) = \frac{1}{2},\ x'(\pi/6) = 0$

10. $x(\pi/4) = \sqrt{2},\ x'(\pi/4) = 2\sqrt{2}$

문제 11~14에서 $y = c_1e^x + c_2e^{-x}$는 2계 미분방정식 $y'' - y = 0$의 2-매개변수 해의 모임이다. 이 해 모임에서 다음 초기조건을 만족하는 해를 구하라.

11. $y(0) = 1,\quad y'(0) = 2$

12. $y(1) = 0,\quad y'(1) = e$

13. $y(-1) = 5,\quad y'(-1) = -5$

14. $y(0) = 0,\quad y'(0) = 0$

문제 15와 16에서는 해의 형태를 추측하여 주어진 1계 초기값 문제의 해를 2개 이상 구하라.

15. $y' = 3y^{2/3},\quad y(0) = 0$

16. $xy' = 2y,\quad y(0) = 0$

문제 17~24에서는 주어진 미분방정식이 그 영역 내에 있는 점 (x_0, y_0)을 지나는 유일한 해를 갖기 위한 xy 평면에서의 영역을 결정하라.

17. $\dfrac{dy}{dx} = y^{2/3}$ **18.** $\dfrac{dy}{dx} = \sqrt{xy}$

19. $x\dfrac{dy}{dx} = y$ **20.** $\dfrac{dy}{dx} - y = x$

21. $(4 - y^2)y' = x^2$ **22.** $(1 + y^3)y' = x^2$

23. $(x^2 + y^2)y' = y^2$ **24.** $(y - x)y' = y + x$

문제 25~28에서는 미분방정식 $y' = \sqrt{y^2 - 9}$가 주어진 점을 지나는 유일한 해를 갖는 것이 정리 1.2.1에 의해 보장되는지 여부를 결정하라.

25. $(1, 4)$ **26.** $(5, 3)$

27. $(2, -3)$ **28.** $(-1, 1)$

29. **(a)** 해의 형태를 추측하여 미분방정식 $xy' = y$의 1-매개변수 해의 모임을 구하라. 이 해 모임의 각 원소가 초기값 문제 $xy' = y$, $y(0) = 0$의 해가 됨을 확인해 보라.

(b) 미분방정식 $xy' = y$이 영역 R의 내점 (x_0, y_0)을 지나는 유일한 해를 갖기 위한 xy 평면에서의 영역 R을 결정하고 이를 이용하여 (a)를 설명하라.

(c) 영역에 따라 다르게 정의된 함수

$$y = \begin{cases} 0, & x < 0 \\ x, & x \geq 0 \end{cases}$$

가 조건 $y(0) = 0$을 만족하는지 확인하라. 이 함수가 (a)에 주어진 초기값 문제의 해가 되는지도 알아보라.

30. **(a)** $y = \tan(x + c)$가 미분방정식 $y' = 1 + y^2$의 1-매개변수 해의 모임임을 검증하라.

(b) $f(x, y) = 1 + y^2$과 $\partial f/\partial y = 2y$는 xy 평면의 모든 점에서 연속이므로 정리 1.2.1의 영역 R은 xy 평면 전체가 될 수 있다. (a)에서의 해 모임을 이용하여 초기값 문제 $y' = 1 + y^2$, $y(0) = 0$의 양함수 해를 구하라. $x_0 = 0$이 구간 $-2 < x < 2$ 내에 있음에도 불구하고 이 해가 이 구간에서 정의되지 못하는 이유를 설명하라.

(c) (b)의 초기값 문제의 해에 대해 가장 큰 정의구간 I를 결정하라.

31. **(a)** $y = -1/(x + c)$가 미분방정식 $y' = y^2$의 1-매개변수 해의 모임임을 검증하라.

(b) $f(x, y) = y^2$과 $\partial f/\partial y = 2y$는 xy 평면의 모든 점에서 연속이므로 정리 1.2.1의 영역 R은 xy 평면 전체가 될 수 있다. (a)의 해 모임에서 $y(0) = 1$과 $y(0) = -1$을 만족하는 각각의 해를 찾아라. 각 초기값 문제의 각 해에 대한 가장 큰 정의구간을 결정하라.

32. **(a)** 문제 31의 해 모임에서 $y' = y^2$, $y(0) = y_0$, $y_0 \neq 0$를 만족하는 해를 찾아라. 이 해의 가장 큰 정의구간 I가 $-\infty < x < 1/y_0$ 또는 $1/y_0 < x < \infty$인 이유를 설명하라.

(b) 1계 초기값 문제 $y' = y^2$, $y(0) = 0$의 해의 가장 큰 정의구간 I를 결정하라.

33. **(a)** $3x^2 - y^2 = c$가 미분방정식 $y\,dy/dx = 3x$의 1-매개변수 해의 모임임을 검증하라.

(b) 음함수 해 $3x^2 - y^2 = 3$의 그래프의 개형을 그려 보라. (a)에 주어진 미분방정식의 해 중 $3x^2 - y^2 = 3$의 관계를 만족하는 양함수 해를 모두 구하라. 각 양함수 해의 정의구간 I를 결정하라.

(c) $(-2, 3)$은 $3x^2 - y^2 = 3$ 위의 점이다. (b)에서 구한 양함수 해 중 어떤 것이 $y(-2) = 3$을 만족하는지를 알아보라.

34. **(a)** 문제 33의 (a)에 나타난 해 모임을 이용하여 초기값 문제 $y\,dy/dx = 3x$, $y(2) = -4$의 음함수 해를 구하라. 이 문제의 양함수 해의 그래프를 그려 보고 정의구간 I를 구하라.

(b) $y\,dy/dx = 3x$의 양함수 해 중에 원점을 지나는 해가 있는지 살펴보라.

문제 35~38에서는 2계 미분방정식 $d^2y/dx^2 = f(x, y, y')$의 해 모임의 한 원소의 그래프가 주어져 있다. 다음 초기조건들 중 어느 조건이 주어진 그래프에 대응하는 조건인지 맞는 조건을 한 개 이상 찾아라.

(a) $y(1) = 1$, $y'(1) = -2$

(b) $y(-1) = 0$, $y'(-1) = -4$

(c) $y(1) = 1$, $y'(1) = 2$

(d) $y(0) = -1$, $y'(0) = 2$

(e) $y(0) = -1$, $y'(0) = 0$

(f) $y(0) = -4$, $y'(0) = -2$

35.

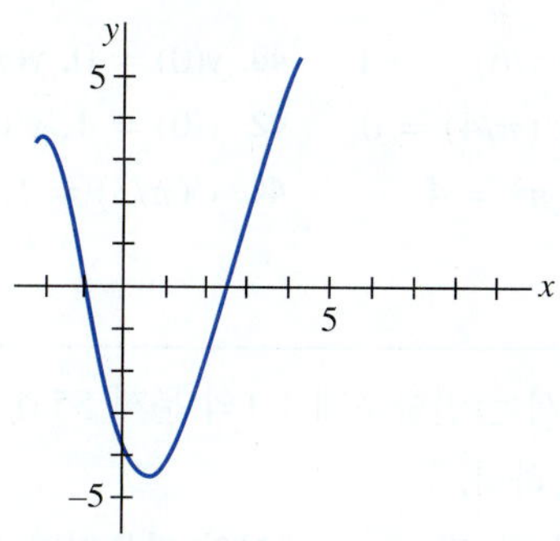

그림 1.2.7 문제 35의 그래프

36.

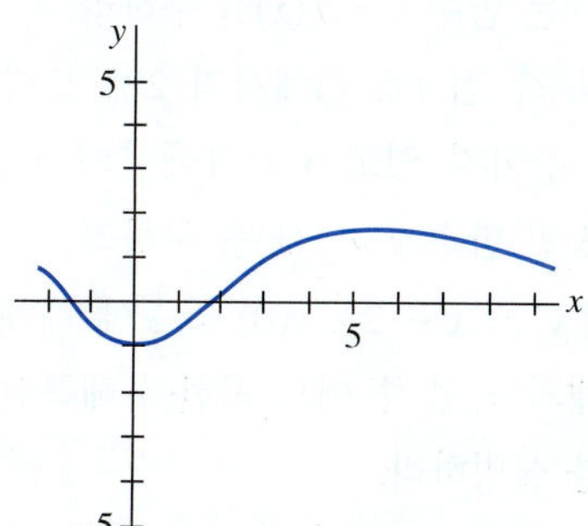

그림 1.2.8 문제 36의 그래프

37.

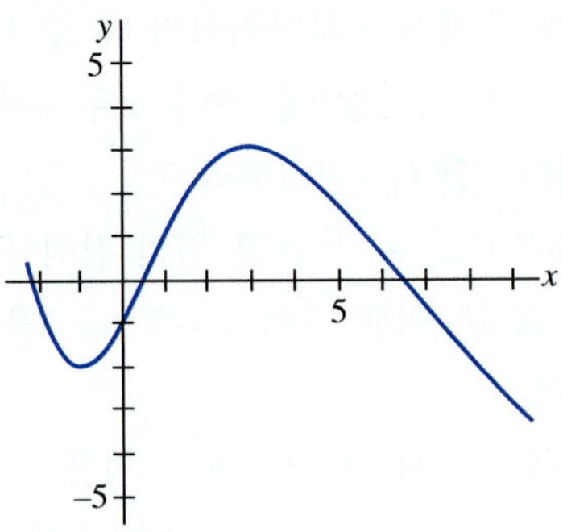

그림 1.2.9 문제 37의 그래프

38.

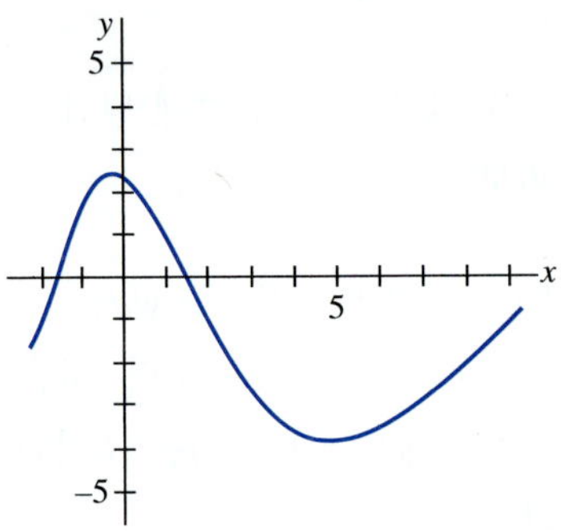

그림 1.2.10 문제 38의 그래프

문제 39~44에서는 $y = c_1 \cos 3x + c_2 \sin 3x$가 2계 미분방정식 $y'' + 9y = 0$의 2-매개변수 해의 모임이다. 가능하면, 주어진 조건을 만족하는 미분방정식의 한 해를 구하라. 두 개의 다른 점에서의 함수값으로 주어진 조건들은 경곗값 조건이라 불린다.

39. $y(0) = 0,\ y(\pi/6) = -1$　　**40.** $y(0) = 0,\ y(\pi) = 0$

41. $y'(0) = 0,\ y'(\pi/4) = 0$　　**42.** $y(0) = 1,\ y'(\pi) = 5$

43. $y(0) = 0,\ y(\pi) = 4$　　**44.** $y'(\pi/3) = 1,\ y'(\pi) = 0$

토의문제

문제 45와 46에서는 연습문제 1.1의 문제 55와 이 절의 식 (2)와 식 (3)을 이용하라.

45. 그래프 위의 각 점 (x, y)에서의 기울기가 $8e^{2x} + 6x$이고 $(0, 9)$를 지나는 함수 $y = f(x)$를 구하라.

46. 그래프 위의 각 점 (x, y)에서의 2계 도함수 y''이 $y'' = 12x - 2$로 주어져 있고 $x = 1$에서의 접선의 방정식이 $y = -x + 5$ 인 함수 $y = f(x)$를 구하라.

47. 초기값 문제 $y' = x - 2y,\ y(0) = \frac{1}{2}$에 대해 그림 1.2.11에 나타난 두 개의 곡선 중 어느 곡선이 해곡선인지를 결정하고 그 이유를 설명하라.

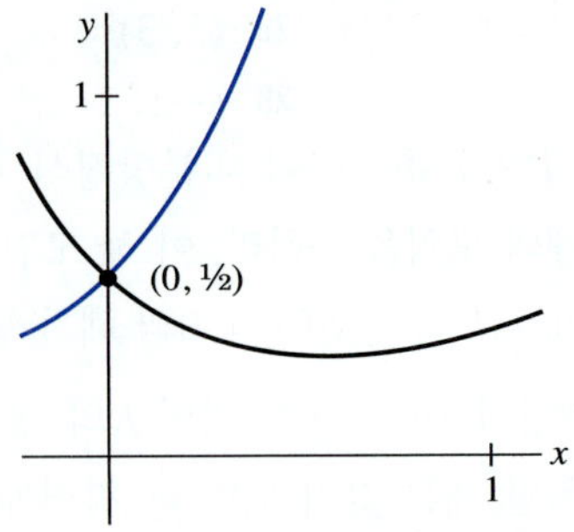

그림 1.2.11 문제 47의 그래프

48. 초기값 문제 $y' = x^2 + y^2,\ y(0) = 1$를 풀지 않고 $y'(0)$와 $y''(0)$를 구해보라.

49. 1계 미분방정식 $dy/dx = f(x, y)$는 1-매개변수 해의 모임을 가지며 $f(x, y)$는 xy 평면의 어떤 직사각형 영역 R에서 정리 1.2.1의 가정을 만족한다고 하자. 두 개의 다른 해곡선이 R의 내점 (x_0, y_0)에서 만나거나 접할 수 없는 이유를 설명하라.

50. 두 개의 다른 함수

$$y(x) = \tfrac{1}{16}x^4, \quad -\infty < x < \infty$$

과

$$y(x) = \begin{cases} 0, & x < 0 \\ \frac{1}{16}x^4, & x \ge 0 \end{cases}$$

는 같은 정의역을 갖고 있다. 그림 1.2.12의 (a)와 (b)를 보라. 이 두 함수가 구간 $(-\infty, \infty)$에서 초기값 문제 $dy/dx = xy^{1/2},\ y(2) = 1$의 해임을 보여라. 이 사실과 예제 5의 마지막 문장의 명백한 모순에 대해 설명하라.

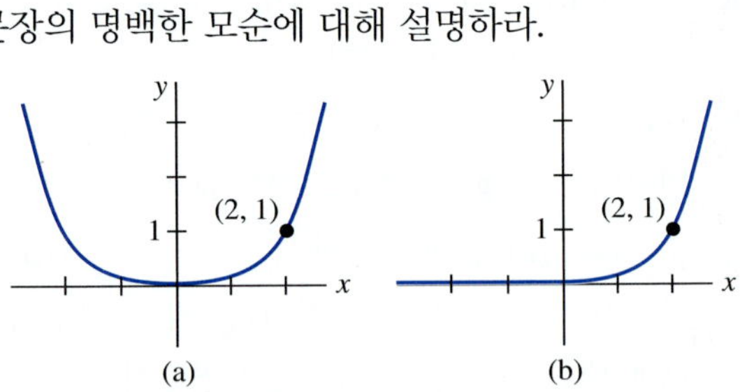

그림 1.2.12 문제 50의 초기값 문제의 두 해

51. 다음 초기값 문제

$$2\frac{d^2y}{dx^2} - 3y^2 = 0, \quad y(0) = 0,\ y'(0) = 1$$

의 해가

$$x = \int_0^y \frac{1}{\sqrt{t^3 + 1}}\,dt$$

임을 증명하라. $y \ge 0$을 가정하라.

[힌트: 해에 나타난 적분은 기본함수가 아니다. 1.1절의 마지막에 있는 참고의 (iv)를 보라.

1.3 수학적 모형으로서의 미분방정식

소개 이 절에서는 수학적 모형에 대해 소개한다. 대략적으로 말하면, 수학적 모형은 어떤 현상의 수학적 표현이다. 이 표현은 함수처럼 단순할 수 있다. 예를 들면, **Leonardo da Vinci** (1452~1519)는 일련의 관찰을 통하여 낙하하는 물체의 속도 v를 유추할 수 있었다. Leonardo는 흡인지로 싸인 두 개의 널빤지 사이에 일정한 시간 간격으로 물을 떨어뜨렸다. 용수철 장치가 풀리면 두 개의 판이 탁 부딪힌다. **그림 1.3.1**을 보라. 연속적인 물방울 자국을 주의 깊게 살핌으로써, Leonardo는 연속적인 물방울의 거리가 '연속적인 산술적 비율'로 증가한다는 것을 발견했다. 이러한 방식으로, 그는 $v = gt$라는 식을 발견했다.

많은 종류의 수학적 모형이 있겠지만, 이 절에서는 미분방정식으로 표현되는 수학적 모형에만 초점을 맞춰 생물학, 물리학, 그리고 화학에서 나타나는 몇 개의 특정한 형태를 갖는 미분방정식의 모형에 대해 논의하고자 한다. 2장과 3장에서 미분방정식의 해법을 공부한 후에 이 장에서 제시한 몇 개의 모형을 풀 것이다.

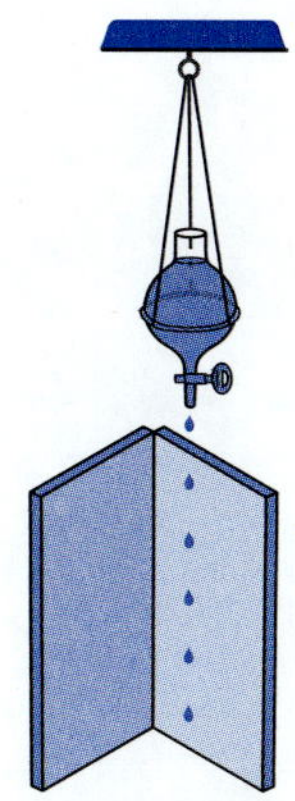

그림 1.3.1 낙하하는 물체의 속도를 결정하기 위하여 사용된 Da Vinci의 장치

수학적 모형들 물리적, 사회적, 심지어 경제적인 현상 등에서 나타나는 실생활에서의 계나 현상을 수학적 용어로 묘사하는 것은 종종 바람직하다. 어떤 계나 현상의 수학적 묘사는 **수학적 모형**(mathematical model)이라 불리며 특정한 목적을 위해 만들어진다. 예를 들면 어떤 생태계에서 일어나는 현상을 이해하기 위해 그 생태계에 속한 동물 수의 증가에 대해 연구하거나 또는 화석이나 화석이 발견된 지층의 방사성 물질의 붕괴량을 분석하여 그 화석의 연대를 추정할 수도 있다.

어떤 계의 수학적 모형을 만드는 것은 그 계를 변화시키는 **변수를 인식**함으로써 시작된다. 계를 변화시키는 모든 변수들을 한 번에 모형에 포함시키지 않을 수도 있다. 수학적 모형을 만드는 첫 단계로 우선 모형의 **결정수준**(level of resolution)을 구체화한 후 묘사하고자 하는 계에 관해 **타당한 가정**이나 가설을 세운다. 이런 가정에는 계에 적용할 수 있는 경험에서 나온 규칙들도 포함될 것이다.

경우에 따라서는 결정수준이 낮은 모형에 만족하는 것이 타당할 수도 있다. 예를 들면 초급 물리학 과정에서 지구 표면 가까이에서 떨어지는 물체의 운동을 모형화할 때 공기마찰의 저항력은 때때로 고려되지 않는다는 것을 이미 알고 있을 것이다. 그러나 장거리 발사에서 항로를 정확하게 예견해야 하는 과학자라면 공기저항이나 지구의 곡률과 같은 요인들은 반드시 고려해야만 한다.

한 계에 대해 만들어진 가정은 한 개 이상의 변수의 **변화율**을 자주 포함하기 때문에, 이러한 모든 가정의 수학적 묘사는 **도함수**들을 포함하는 한 개 이상의 방정식이 될 수도 있다. 즉 수학적 모형은 한 개의 미분방정식이거나 연립 미분방정식이 될 수도 있다.

그것이 한 개의 미분방정식이든 또는 여러 개의 방정식으로 구성된 연립 미분방정식이든 일단 수학적 모형을 구체화하면 그것을 풀어야 하는 중요한 문제에 직면하게 된다. 만일 그 방정식을 풀 수 있고 풀어서 얻은 해가 실험 데이터나 그 계의 움직임에 대해 알려진 사실과 일치하면 그 모형은 타당하다고 할 것이다. 그러나 해에 의해 만들어진 결과가 이미 알려진 사실과 일치하지 않으면 그 모형의 결정수준을 높이거나 그 계의 변화가 일어나는 과정에 대해 가정을 바꿀 수 있다. 이러한 모형화 과정의 단계는 **그림 1.3.2**에 나타난 바와 같이 원하는 결과를 얻을 때까지 반복된다.

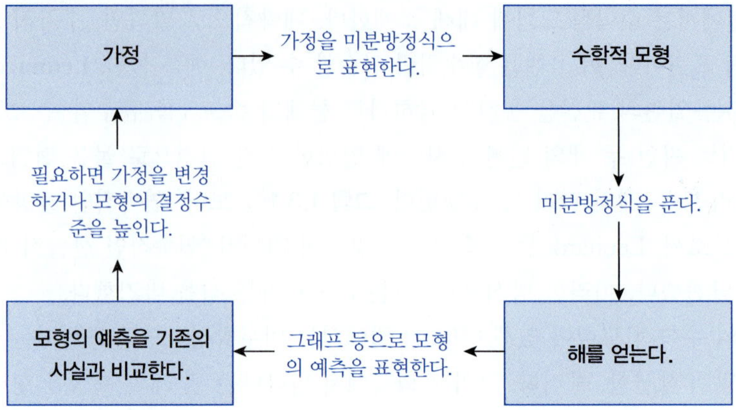

그림 1.3.2 모델링 과정의 단계들

물론 결과물의 정확도를 증가시키면 수학적 모형의 복잡도는 증가하며 따라서 양함수 해를 얻을 수 없을 가능성도 증가한다.

물리적 계의 수학적 모형은 종종 시간변수 t를 포함하며 이러한 모형의 해는 **계의 상태**(state of the system)를 나타낸다. 즉 적절한 값 t에 대해 종속변수(들)의 값은 그 계의 과거, 현재, 그리고 미래를 나타낸다.

인구역학 수학을 이용한 **인구증가**(population growth) 모형화는 1798년 영국의 경제학자 **Thomas Malthus** (1776~1834)가 최초로 시도하였다. 기본적으로 Malthusian 모형의 개념은 어떤 특정한 시간에 그 나라의 인구증가율은 그 시간의 전체 인구에 비례할 것이라는 가정이다.* 다시 말하면, 시간 t에 더 많은 사람이 있을수록 미래에 더 많은 사람이 있을 것이라는 뜻이다. 수학적 용어로 $P(t)$를 시간 t에서의 전체 인구수라 하면, 이 가정은 다음과 같이 표현될 수 있다.

$$\frac{dP}{dt} \propto P \text{ 또는 } \frac{dP}{dt} = kP \tag{1}$$

여기서 k는 비례상수이다. 인구수의 증가나 감소에 영향을 주는 이민자수와 같은 여러 요인을 고려하지 않은 이 간단한 모형은 1790년에서 1860년까지의 미국 인구의 예측에서 적절하다는 것이 판명되었다. 식 (1)에 묘사된 비율로 증가하는 인구는 드물지만 그럼에도 불구하고 식 (1)은 페트리 접시에서 자라는 박테리아의 증가 모형 같은 **단기간의 적은 개체수의 증가 모형**을 표현하는 데 여전히 사용되고 있다.

방사성 물질의 붕괴 원자의 핵은 양자와 중성자의 결합으로 이루어져 있다. 이러한 양자와 중성자의 결합은 대부분 불안정해서 원자가 자연붕괴하거나 다른 물질의 원자로의 변형이 일어난다. 그런 핵은 방사성이 있다고 한다. 예를 들면 높은 방사성을 가진 라듐 Ra-

* u와 v가 비례한다는 것은 $u \propto v$로 표시하고 이는 한 변수가 다른 변수의 상수배로 표시될 수 있다는 뜻이다: $u = kv$.

226은 시간이 지남에 따라 방사성 가스 라돈 Rn-222로 변형된다. 방사성 **물질의 붕괴**(radioactive decay) 현상의 모형화에서 물질의 핵의 붕괴율 dA/dt는 시간 t에서의 물질의 양 $A(t)$, 더 정확히 말하면 잔여 핵의 수에 비례한다고 한다.

$$\frac{dA}{dt} \propto A \text{ 또는 } \frac{dA}{dt} = kA \tag{2}$$

위에 나와 있는 바와 같이 식 (1)과 식 (2)는 똑같다. 유일한 차이점이라면 기호의 해석과 비례상수일 것이다. 식 (1)과 식 (2)에서 알 수 있듯이 성장과 붕괴에 대해 k는 각각 $k > 0$과 $k < 0$일 것이다.

성장모형 식 (1)은 연이율 r로 연속 복리에 의한 이자가 더해질 때의 자산 S의 증가를 나타내는 방정식 $dS/dt = rS$로 볼 수 있다. 붕괴모형 식 (2)는 배설이나 신진대사에 의해 50%의 약물이 몸에서 제거되는 데 걸리는 시간을 구하는 것과 같은 생물학적 현상에서 또한 볼 수 있다. 화학에서는 1차 화학반응의 수학적 표현을 붕괴모형 식 (2)로 나타낼 수 있다. 이를 요약하면 다음과 같다.

한 개의 미분방정식은 여러 가지 현상에 대한 수학적 모형으로 쓰일 수 있다.

수학적 모형은 어떤 부차적인 조건을 동반하기도 한다. 예를 들면 식 (1)과 식 (2)에서 각각 초기인구 P_0와 방사성 물질의 초기양 A_0가 주어져 있을 수도 있다. 시간의 초기값을 $t = 0$이라 하면 $P(0) = P_0$와 $A(0) = A_0$이므로 수학적 모형은 초기값 문제나 나중에 3.9절에서 다룰 경곗값 문제가 될 수 있다.

Newton의 냉각/가열 법칙 **Newton의 냉각/가열 법칙**(Newton's law of cooling/warming)에 따르면 체온의 변화율은 몸의 온도와 주변환경의 온도의 차에 비례한다고 한다. $T(t)$를 t시간의 체온, T_m을 주변의 온도, 그리고 dT/dt를 체온의 변화율이라 하면, Newton의 냉각/가열 법칙은 다음과 같은 수학적 용어로 표현된다.

$$\frac{dT}{dt} \propto T - T_m \text{ 또는 } \frac{dT}{dt} = k(T - T_m) \tag{3}$$

여기서 k는 비례상수이다. 냉각이나 가온 어느 경우든 T_m이 상수이면 $k < 0$이 된다.

병의 확산 감기 바이러스 같은 전염성이 있는 병은 다른 사람과의 접촉에 의해 전체 사회에 퍼진다. $x(t)$를 시간 t에 감염된 사람의 수, $y(t)$를 아직 감염되지 않은 사람의 수라 하자. 병의 전염률 dx/dt는 두 그룹의 사람들이 만나는 교류 횟수에 비례한다. 교류 횟수가 $x(t)$와 $y(t)$의 곱에 비례한다면 전염률은 다음과 같다.

$$\frac{dx}{dt} = kxy \tag{4}$$

여기서 k는 통상적인 비례상수이다. 한 작은 사회가 고정된 n명의 구성원으로 이루어져 있다고 하자. 만일 한 명의 감염자가 이 사회로 유입되었다면 $x(t)$와 $y(t)$ 사이에는 $x + y = n + 1$ 의 관계가 성립한다. 이 식을 이용하여 식 (4)에서 y를 소거하면 식 (4)는 다음과 같이 쓸 수 있다.

$$\frac{dx}{dt} = kx(n + 1 - x) \tag{5}$$

식 (5)의 초기값이 $x(0) = 1$이라는 것은 명백하다.

화학반응 미분방정식 (2)를 따르는 방사성 물질의 붕괴는 **1차반응**(first-order reaction)이라 한다. 화학에서 일부의 반응은 이와 똑같은 경험적 규칙을 따른다. 물질 A의 분자가 작은 분자들로 분해된다면 분해율은 변화되지 않은 물질의 양에 비례한다고 가정하는 것은 자연스럽다. 즉 $X(t)$를 시간 t에 남아 있는 물질 A의 양이라 하면 $dX/dt = kX$가 성립한다. 여기서 X는 감소함수이기 때문에 상수 k는 음수일 것이다. 1차 화학반응의 한 예로 다음과 같은 t-뷰틸 염화물[$(CH_3)_3CCl$]의 t-뷰틸 알코올[$(CH_3)_3COH$]로의 전환을 볼 수 있다.

$$(CH_3)_3CCl + NaOH \rightarrow (CH_3)_3COH + NaCl$$

이 반응에서는 t-뷰틸 염화물의 양만이 반응률을 제어한다. 그러나 다음 반응에서는

$$CH_3Cl + NaOH \rightarrow CH_3OH + NaCl$$

염화메틸(CH_3Cl)의 모든 분자에 대해 수산화나트륨($NaOH$) 한 분자가 소모되어 메탄올(CH_3OH) 한 분자와 염화나트륨($NaCl$) 한 분자가 된다. 이 경우 반응 진행률은 염화메틸과 수산화나트륨의 남은 양의 곱에 비례한다. X를 메탄올의 양이라 하고 α와 β를 처음 두 화학물질 A(염화메틸)와 B(수산화나트륨)의 초기양이라 하면 화학물질 C(메탄올)로 변화하지 않은 순간적인 양은 각각 $\alpha - X$와 $\beta - X$이다. 그러므로 화학물질 C의 변화율은 다음과 같이 주어진다.

$$\frac{dX}{dt} = k(\alpha - X)(\beta - X) \tag{6}$$

여기서 k는 비례상수이다. 모형 식 (6)으로 주어지는 반응을 **2차반응**(second-order reaction)이라 한다.

혼합물 다른 농도를 가진 두 소금물의 혼합은 물에 포함된 소금의 양에 대한 1계 미분방정식을 유도한다. 큰 혼합용기에 일정한 양의 소금이 녹아 있는 300갤런(gallon)의 소금물이 있다고 하자. 이 혼합용기에 갤런당 2파운드(lb)가 녹아 있는 소금물이 분당 3갤런의 비율로 유입되고 잘 섞이면서 동시에 같은 양의 소금물이 유출된다고 한다. **그림 1.3.3**를 보라. $A(t)$를 t시간에 용기에 녹아 있는 소금의 전체 양(단위: lb)이라 하면 $A(t)$의 변화율은 다음과 같다.

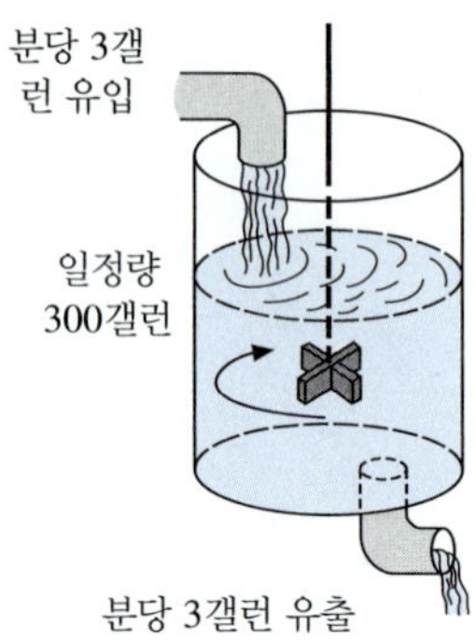

그림 1.3.3 혼합용기

$$\frac{dA}{dt} = \begin{pmatrix} \text{분당 유입되는} \\ \text{소금의 양} \end{pmatrix} - \begin{pmatrix} \text{분당 유출되는} \\ \text{소금의 양} \end{pmatrix} = R_{in} - R_{out} \tag{7}$$

분당 용기 내로 유입되는 소금의 총량 R_{in}은 갤런당 녹아 있는 소금의 양과 분당 유입되는 소금물의 양의 곱, 즉

$$R_{in} = \underset{\substack{\text{유입되는}\\\text{소금물의 농도}}}{(2 \text{ lb/gal})} \cdot \underset{\substack{\text{분당 유입되는}\\\text{소금물의 양}}}{(3 \text{ gal/min})} = \underset{\substack{\text{분당 유입되는}\\\text{소금의 총량}}}{(6 \text{ lb/min})}$$

이다. 들어오는 양과 같은 양의 소금물이 용기에서 유출되므로 용기 안의 소금물은 항상 300 갤런으로 일정하다. 그러므로 유출되는 소금물뿐만 아니라 용기 안의 소금물의 농도는 $c(t) = A(t)/300$ lb/gal이 된다. 그러므로 유출되는 소금의 총량은 다음과 같다.

$$R_{out} = \underset{\substack{\text{유출되는}\\\text{소금물의 농도}}}{\left(\frac{A(t)}{300} \text{ lb/gal}\right)} \cdot \underset{\substack{\text{분당 유출되는}\\\text{소금물의 양}}}{(3 \text{ gal/min})} = \underset{\substack{\text{분당 유출되는}\\\text{소금의 총량}}}{\frac{A(t)}{100} \text{ lb/min}}$$

그러므로 식 (7)의 순 변화율은

$$\frac{dA}{dt} = 6 - \frac{A}{100} \quad \text{또는} \quad \frac{dA}{dt} + \frac{1}{100}A = 6 \tag{8}$$

이 된다.

r_{in}과 r_{out}을 각각 분당 소금물의 유입량과 유출량이라 하면* $r_{in} = r_{out}$, $r_{in} > r_{out}$, 그리고 $r_{in} < r_{out}$의 3가지 경우가 가능하다. 식 (8)에서는 $r_{in} = r_{out}$을 가정했다. $r_{in} > r_{out}$ 나 $r_{in} < r_{out}$의 경우에는 소금물 총량의 순 변화량이 $r_{in} - r_{out}$이므로 소금물의 양이 각각 증가하거나 감소한다. 연습문제 1.3의 문제 10~12를 보라.

용기에서의 배수 **Galileo Galilei**의 제자인 **Evangelista Torricelli** (1608~1647)는 기압계를 발명한 이탈리아의 물리학자이다. 수력학에서 **Torricelli의 법칙**은 깊이 h만큼의 물이 들어 있는 용기에서 용기 바닥에 있는 구멍을 통해 물이 유출되는 속도 v는 h의 높이에 있는 어떤 물체(이 경우에는 물방울)가 자유낙하할 때의 속도와 같다는 것이다. 즉 속도는 $v = \sqrt{2gh}$을 만족한다는 것이다. 여기서 g는 중력가속도이다. 이 수식은 운동에너지 $\frac{1}{2}mv^2$과 위치에너지 mgh가 같다고 놓고 v에 관해 풀어서 얻은 식이다. 물이 가득 찬 용기에서 중력의 영향으로 구멍을 통해 물이 배수된다고 했을 때, 시간 t에 용기에 남은 물의 높이 h를 구한다고 하자. **그림 1.3.4**에 도시된 용기를 보라. 구멍의 면적을 A_h(단위: ft^2), 용기에서 빠져 나가는 물의 속도를 $v = \sqrt{2gh}$ (단위: ft/s)라 하면 초당 용기에서 배수되는 물의 부피는 $A_h\sqrt{2gh}$ (in ft^3/s)(단위: ft^3/s)이다. 그러므로 시간 t에서 용기 내의 물의 부피 $V(t)$는 다음과 같은 식을 만족한다.

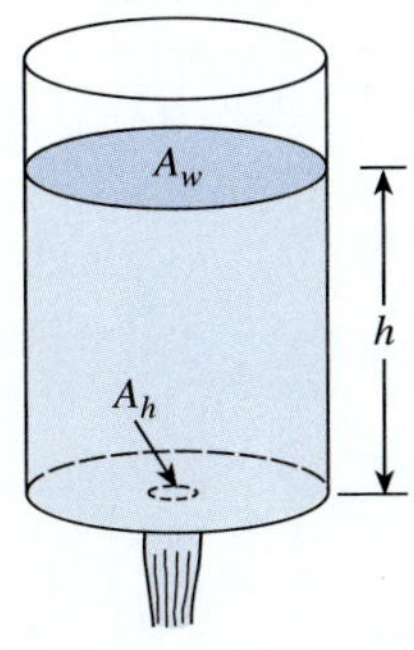

그림 1.3.4 용기로부터의 물의 배수

$$\frac{dV}{dt} = -A_h\sqrt{2gh} \tag{9}$$

여기서 음수 부호는 V가 감소함을 나타낸다. 이 식에서는 배수율을 감소시킬 수 있는 구멍에서의 마찰이 일어날 수 있는 가능성은 고려하지 않았다. 시간 t에서 용기 내의 물의 부피를 $V(t) = A_wh$라 쓸 수 있으면 $dV/dt = A_wdh/dt$가 성립한다. 여기서 A_w(단위: ft^2)는 물의 위 표면의 면적으로서 상수이다. 식 $dV/dt = A_wdh/dt$를 식 (9)에 대입하면 시간 t에서의 물의 높

* 유입 및 유출되는 소금의 양 R_{in} 및 R_{out}과 혼동하지 말라.

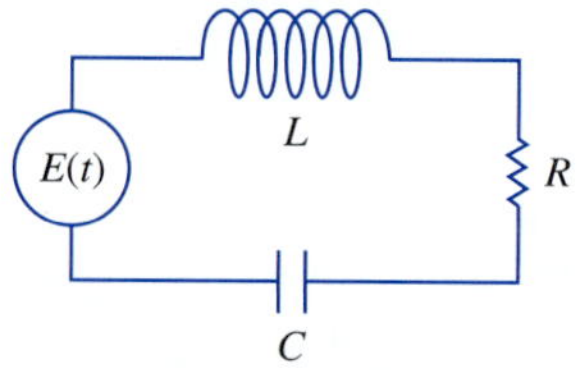

(a) *LRC* 직렬회로

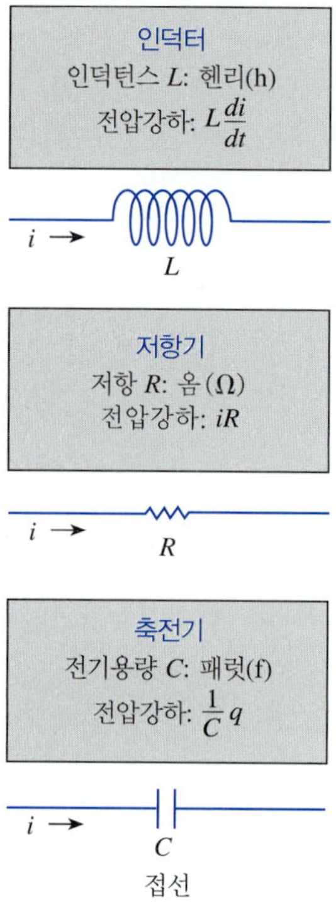

(b) 기호들과 전압강하

그림 1.3.5 전류 $i(t)$와 충전전류 $q(t)$는 각각 암페어(A)와 쿨롱(C)으로 측정됨

이에 관한 다음과 같은 미분방정식을 얻는다.

$$\frac{dh}{dt} = -\frac{A_h}{A_w}\sqrt{2gh} \tag{10}$$

A_w가 상수가 아닌 경우에도 식 (10)이 유효하다는 점에 주목하라. 그 경우에 물의 위 표면의 면적은 h의 함수, 즉 $A_w = A(h)$로 표현될 것이다. 연습문제 1.3의 문제 14를 보라.

직렬회로 전기회로와 네트워크의 수학적 분석은 독일의 물리학자 **Gustav Robert Kirchhoff** (1824~1887)가 학생이던 1845년에 공식화한 두 가지 법칙을 이용하면 비교적 직관적으로 알 수 있다. **그림 1.3.5(a)**에 주어진 인덕터(inductor), 저항기(resistor), 그리고 축전기(capacitor)로 구성된 단일루프 직렬회로(series circuit)를 고려하자. 스위치가 닫힌 후 시간 t에서의 회로의 전류를 $i(t)$, 축전기에서의 충전전류를 $q(t)$라 하자. L, C, 그리고 R은 각각 인덕턴스, 전기용량, 저항을 나타내는 기호로서 일반적으로 상수값을 갖는다. **Kirchhoff의 제2법칙**에 따르면 폐회로에서의 외부전압 $E(t)$는 회로 내의 전압강하들의 합과 같다고 한다. **그림 1.3.5(b)**는 기호들과 인덕터, 저항기, 그리고 축전기에서의 전압강하에 관한 식을 나타내고 있다. 전류 $i(t)$와 축전기에서의 충전전류 $q(t)$는 $i = dq/dt$의 관계가 성립하므로, 이 3개의 전압강하, 즉

인덕터	저항기	축전기
$L\dfrac{di}{dt} = L\dfrac{d^2q}{dt^2}$,	$iR = R\dfrac{dq}{dt}$,	$\dfrac{1}{C}q$

를 더한 후 그 합과 외부전압이 같다고 하면 다음과 같은 2계 미분방정식을 얻는다.

$$L\frac{d^2q}{dt^2} + R\frac{dq}{dt} + \frac{1}{C}q = E(t) \tag{11}$$

식 (11)과 유사한 미분방정식은 3.8절에서 자세히 다룰 것이다.

낙체(Falling Body) 역장에서 움직이는 물체의 운동에 관한 수학적 모형을 세우는 것은 Newton의 운동 제2법칙으로부터 종종 시작된다. 기본 물리학 교과과정에서 이미 외부에서 힘이 주어지지 않는 한 물체는 움직이지 않거나 일정한 속도로 계속 움직인다는 **Newton의 운동 제1법칙**을 배운 바 있다. 각각의 경우에서 이는 물체에 영향을 주는 힘들의 총합 $F = \Sigma F_k$이 0이면 그 물체의 가속도 a는 0이라는 것과 동일하다. **Newton의 운동 제2법칙**은 물체에 영향을 주는 총 힘이 0이 아니면 총 힘은 가속도 a에 비례한다는, 즉 더 정확히 말하면 $F = ma$가 성립한다는 것이다. 여기서 m은 물체의 질량이다.

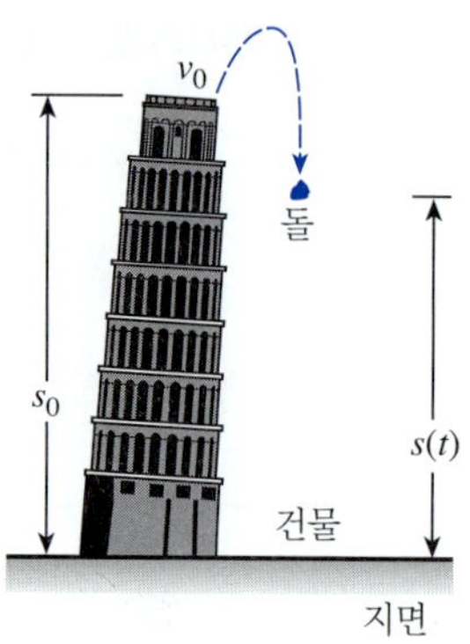

그림 1.3.6 지면으로부터의 돌의 위치

그림 1.3.6에 도시된 바와 같이 한 건물의 옥상에서 한 개의 돌이 위를 향해 던져졌다고 가정하자. 시간 t에서 지면으로부터 이 돌의 위치 $s(t)$는 어디인가? 그 돌의 가속도는 위치함수의 2계 도함수 d^2s/dt^2이다. 위 방향을 양의 방향이라고 하고 중력 이외의 다른 힘은 가해지지 않는다고 하면 Newton의 제2법칙은 다음과 같이 쓸 수 있다.

$$m\frac{d^2s}{dt^2} = -mg \quad 또는 \quad \frac{d^2s}{dt^2} = -g \tag{12}$$

다시 말하면, 총 힘은 단순히 지구표면 근처에서의 돌의 무게 $F = F_1 = -W$이다. m을 물체

의 질량, g를 중력가속도라 할 때 무게는 $W = mg$임을 상기하라. 돌의 무게는 양의 방향과 반대 방향인 아래쪽을 향하기 때문에 식 (12)에서 음수 부호를 쓰고 있다. 건물의 높이가 s_0이고 돌의 초기속도가 v_0이면 위치함수 s는 다음과 같은 2계 초기값 문제에 의해 결정된다.

$$\frac{d^2s}{dt^2} = -g, \quad s(0) = s_0, \quad s'(0) = v_0 \tag{13}$$

이렇게 만들어진 문제의 해를 강조하지는 않겠지만 식 (13)은 상수 $-g$를 t에 관해 두 번 적분함으로써 풀 수 있으며 초기조건은 적분과정 중에 생기는 두 개의 상수를 결정하는 데 쓰일 것이다. 기초물리학에서 식 (13)의 해가 $s(t) = -\frac{1}{2}gt^2 + v_0t + s_0$임을 배웠을 것이다.

낙체와 공기저항 피사의 사탑을 통한 **Galileo Galilei** (1564~1642)의 유명한 실험 이전부터 이미 포환과 같은 무거운 물체는 깃털과 같이 가벼운 물체가 자유낙하할 때보다 더 큰 가속도로 떨어진다고 일반적으로 믿고 있었다. 같은 높이에서 동시에 떨어뜨렸을 때 포환과 깃털이 다른 속도로 떨어질 것이라는 것은 명백하지만 그것은 포환이 더 무겁기 때문이 아니다. 다른 속도로 떨어지는 것은 공기저항 때문이다. 식 (13)에 주어진 모형에서는 공기저항은 고려되지 않았다. 어떤 환경하에서 깃털과 같이 엉성하고 불규칙한 모양을 갖는 질량 m의 떨어지는 물체는 순간속도 v에 비례하는 공기저항을 갖는다. 이 환경에서 아래 방향을 양의 방향이라 하면 그 물체에 작용하는 총 힘 F는 $F = F_1 + F_2 = mg - kv$로 주어진다. 여기서 물체의 무게 F_1, $F_1 = mg$은 양의 방향에 대한 힘이며 공기저항 F_2, $F_2 = -kv$는 반대 방향, 즉 위 방향으로의 힘으로 **점성감쇠**(viscous damping)라 불리는 힘이다. **그림 1.3.7**을 보라. v는 가속도 a와 $a = dv/dt$의 관계가 성립하므로 Newton의 제2법칙은 $F = ma = m\,dv/dt$가 된다. 총 힘과 이 형태의 Newton의 제2법칙의 식을 같다고 놓으면, 시간 t에서의 물체의 속도 $v(t)$에 관한 다음과 같은 1계 미분방정식을 얻는다.

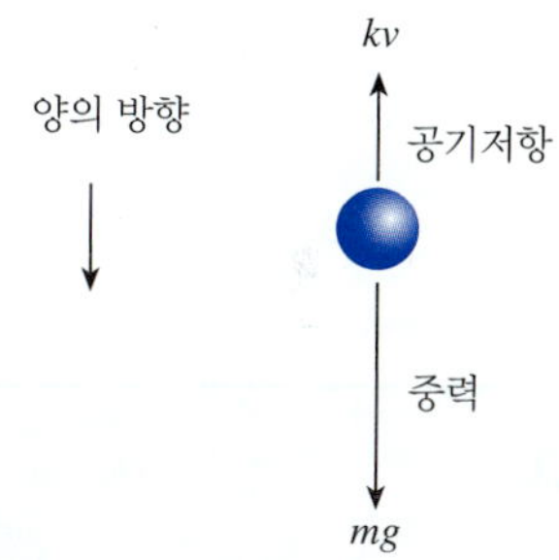

그림 1.3.7 질량 m인 낙체

$$m\frac{dv}{dt} = mg - kv \tag{14}$$

여기서 k는 **항력계수**(drag coefficient)라 불리는 비례상수로서 양수이다. 시작점에서 자유낙하하는 물체의 시간 t에서의 위치를 $s(t)$라 하면 $v = ds/dt$이고 $a = dv/dt = d^2s/dt^2$이다. 식 (14)를 s에 관한 2계 미분방정식으로 표현하면 다음과 같다.

$$m\frac{d^2s}{dt^2} = mg - k\frac{ds}{dt} \quad \text{또는} \quad m\frac{d^2s}{dt^2} + k\frac{ds}{dt} = mg \tag{15}$$

현수선 유연한 케이블, 전선, 또는 무거운 밧줄이 두 개의 수직기둥 사이에 걸려 있다고 하자. 이런 종류의 물리적 예제로는 **그림 1.3.8(a)**에 나타나 있는 것처럼 두 전봇대 사이에 걸린 긴 전화선이나 그림 1.3.8(b)에 나타나 있는 것처럼 현수교의 노반을 지지하고 있는 두 케이블 중의 한 케이블 등이 있다. 우리의 목적은 이러한 케이블의 형태를 묘사하는 수학적 모형을 만드는 것이다.

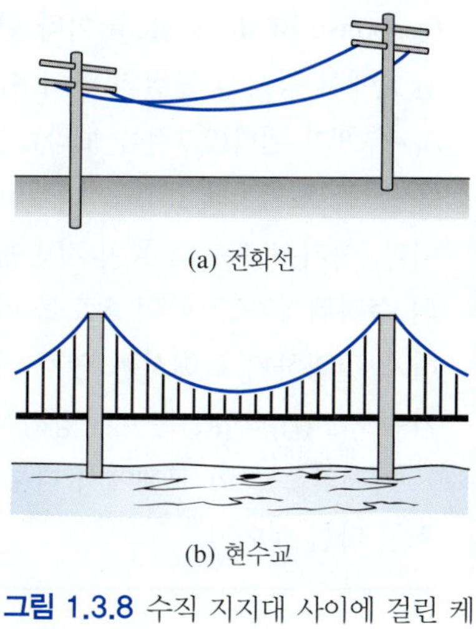

(a) 전화선

(b) 현수교

그림 1.3.8 수직 지지대 사이에 걸린 케이블

우선 케이블의 가장 낮은 점 P_1과 임의의 점 P_2 사이의 부분이나 성분만을 조사해 보자. **그림 1.3.9**에 푸른색으로 그려진 것처럼 케이블의 이 부분은 곡선의 가장 낮은 점 P_1이 y축을 지나고 P_1과 x축까지의 거리가 a인 (0, a)를 지나는 직교좌표계에서의 곡선이다. 이 케이블

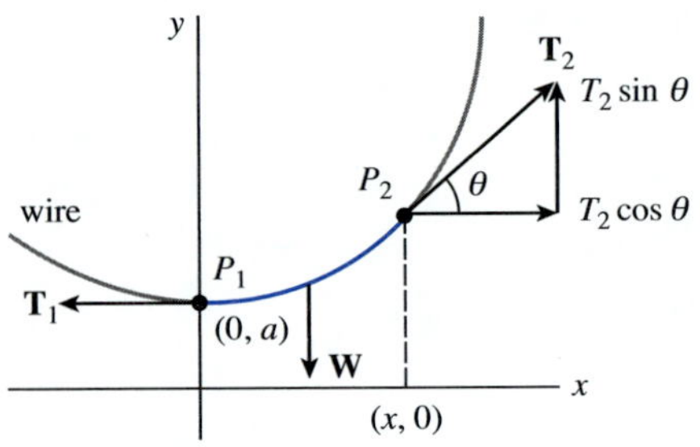

그림 1.3.9 케이블 성분

에는 케이블에 접하는 점 P_1과 P_2에서 케이블에서의 각각의 장력 $\mathbf{T_1}$과 $\mathbf{T_2}$, 그리고 P_1과 P_2 사이에서의 수직부하 $\mathbf{W}$의 세 힘이 영향을 주고 있다. $T_1 = |\mathbf{T}_1|$, $T_2 = |\mathbf{T}_2|$, 그리고 $W = |\mathbf{W}|$를 각각 이 벡터들의 크기라 하자. 장력 $\mathbf{T_2}$는 스칼라로 표현되는 $T_2 \cos\theta$와 $T_2 \sin\theta$의 수평성분과 수직성분으로 나뉜다. 이는 정지한 평형상태에서

$$T_1 = T_2 \cos\theta \quad \text{그리고} \quad W = T_2 \sin\theta$$

로 쓸 수 있다. 첫 번째 식으로 두 번째 식을 나누면 T_2는 소거되고 $\tan\theta = W/T_1$을 얻는다. $dy/dx = \tan\theta$이므로 이 식은 다음과 같이 쓸 수 있다.

$$\frac{dy}{dx} = \frac{W}{T_1} \tag{16}$$

이 간단한 식은 현수교의 노반을 지지하는 케이블의 형태나 그 자체의 무게로 걸려 있는 전화선과 같은 유연한 선의 형태 등에 대한 모형을 제공하는 1계 미분방정식이다. 연습문제 2.2와 3.11절에서 식 (16)을 다시 다룰 것이다.

참고

방정식 (16)을 제외하고, 이 절에서 사용된 미분방정식들은 시간이 지남에 따라 변화하거나 진화하는 시스템인 **동적 계**(dynamical system)로 묘사되었다. 동적 계의 연구는 현재 발전하는 추세에 있는 수학의 한 분야이므로 이제부터 나오는 설명에서는 그 분야의 용어들과 관련하여 설명할 것이다.

더 정확하게 말하면 **동적 계**는 시간에 의존하는 **상태변수**(state variable)라 불리는 변수들의 집합과 어떤 특정한 시간 t_0에서 미리 묘사된 상태를 이용하여 그 계의 상태를 (명확하게) 결정하는 규칙들로 구성된다. 여기서 계의 상태라 하는 것은 과거, 현재, 또는 미래의 상태가 될 수도 있다. 동적 계는 이산시간계와 연속시간계로 분류된다. 이 교과과정에서는 연속시간 동적 계, 즉 모든 변수들이 연속적인 시간의 범위에서만 정의되는 계에 관해서만 다룰 것이다. 연속시간 동적 계에서의 규칙이나 수학적 모형은 미분방정식이거나 연립 미분방정식이다. 시간 t에서 그 **계의 상태**는 그 시간에서의 상태변수의 값이다. 시간 t_0에서의 그 계의 특별한 상태는 단순히 수학적 모형을 동반하는 초기조건들이다. 초기값 문제의 해를 그 **계의 응답**(response of the system)이라 한다. 예를 들면 앞서 다룬 방사성 물질의 붕괴의 경우에 규칙은 $dA/dt = kA$이다. 특정한 시간 t_0에서 방사성 물질의 양이 $A(t_0) = A_0$로 알려져 있다고 할 때 그 규칙을 풀면 $t \geq t_0$인 t에 대해 그 계의 응답은 $A(t) = A_0 e^{(t-t_0)}$가 된다(2.7절을 보라). 응답 $A(t)$는 이 계의 단일한 상태변수이다. 건물의 옥상에서 던져진 돌의 예제에서는 그 계의 응답, 즉 초기상태 $s(0) = s_0$, $s'(0) = v_0$에서의 미분방정식 $d^2s/dt^2 = -g$의 해는 함수 $s(t) = -\frac{1}{2}gt^2 + v_0 t + s_0$, $0 \leq t \leq T$이다. 여기서 T는 그 돌이 지면에 떨어질 때의 시간이다. 상태변수들은 $s(t)$와 $s'(t)$이고 각각 시간 t에서의 지면으로부터의 돌의 수직위치와 그 돌의 속도를 나타낸다. 구간 $[t_0, T]$에 있는 임의의 시간 t에 대해 돌의 위치 $s(t)$와 속도 $s'(t) = v(t)$를 유일하게 결정하기 위해서는 단지 시간 t_0에서의 초기위치와 초기속도만이 필요하므로 가속도 $s''(t)$는 상태변수가 아니다. 물론 가속도 $s''(t) = a(t)$는 미분방정식 $s''(t) = -g$, $0 < t < T$에 의해 주어진다.

마지막으로 이 교재에서 다루는 모든 계가 동적 계는 아니라는 점을 강조하고자 한다. 모형이 미분방정식인 정적인 계도 또한 다룰 것이다.

1.3 연습문제

부록에 선택된 홀수 문제의 답이 있다.

인구역학

1. 식 (1)의 모형에서와 같은 가정하에서 개인은 상수비율 $r > 0$로 어느 나라로 이민 올 수 있다고 할 때 그 나라의 인구 $P(t)$의 증가를 표현하는 미분방정식을 세워라. 개인이 상수비율 $r > 0$로 이민갈 수 있다고 할 때 이 나라의 인구 $P(t)$에 대한 미분방정식은 무엇인가?
2. 식 (1)에 주어진 인구 모형에서는 사망이 고려되지 않았다. 즉 성장률은 출생률과 같다고 가정하였다. 한 사회의 인구변화의 다른 모형에서는 인구변화는 순 변화, 즉 그 사회에서의 출생률과 사망률의 차이에 따른 변화율을 고려한다. 출생률과 사망률 모두 현재 인구에 비례한다고 했을 때 시간 t에서의 인구 $P(t)$를 구하는 모형을 세워라.
3. 문제 2에 소개된 순 변화의 개념을 이용하여 출생률은 현재 인구에 비례하지만 사망률은 현재 인구의 제곱에 비례한다고 할 때 시간 t에서의 인구 $P(t)$를 구하는 미분방정식을 세워라.
4. 물고기가 상수 $h > 0$의 비율로 잡힌다고 했을 때 문제 3에 나타난 모형을 그 물고기의 순 변화율에 대한 모형으로 수정하라.

Newton의 냉각/가열 법칙

5. 한 잔의 커피가 식 (3)의 Newton의 냉각법칙에 따라 식는다고 하자. 그림 1.3.10에 주어져 있는 온도 $T(t)$에 관한 데이터를 이용하여 다음에 주어진 1계 미분방정식에서의 상수 T_m, T_0, 그리고 k를 구하라.

$$\frac{dT}{dt} = k(T - T_m), \quad T(0) = T_0$$

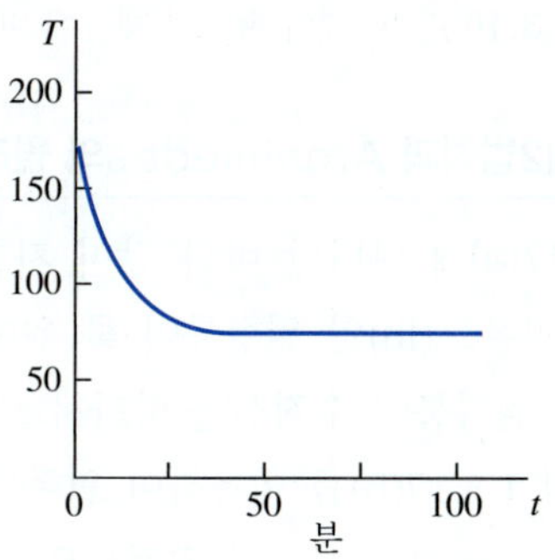

그림 1.3.10 문제 5의 냉각곡선

6. 식 (3)에서 주변온도 T_m은 시간 t의 함수일 수 있다. 인위적으로 제어되는 환경을 가정하고 $T_m(t)$는 그림 1.3.11에 주어진 것처럼 24시간 주기를 갖는 주기함수라 하자. 이 환경에서 물체의 온도 $T(t)$에 관한 수학적 모형을 만들어 보라.

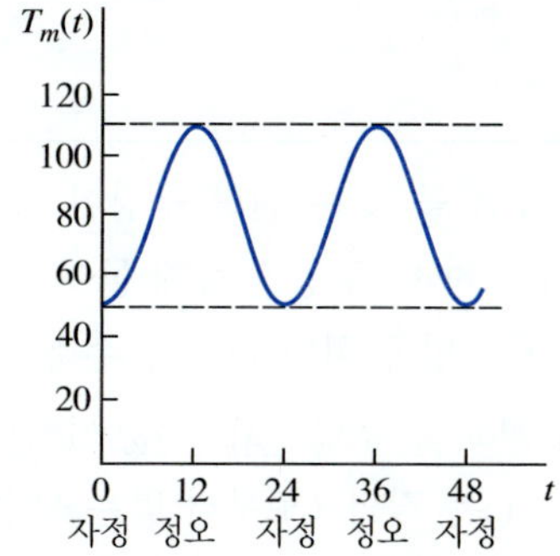

그림 1.3.11 문제 6의 주변 온도

병/기술의 확산

7. 학생수가 1000명인 외딴 대학에 한 학생이 독감 바이러스에 감염된 채 돌아왔다고 하자. 독감에 걸린 학생과 걸리지 않은 학생이 접촉하는 횟수에 비례해서 독감이 전염된다고 할 때, 독감에 걸린 학생의 수 $x(t)$를 구하는 미분방정식을 세워라.
8. 시간 $t = 0$에서 고정된 n명의 인구로 구성된 사회에 새로운 기술이 도입되었다. 그 사회에서 새 기술은 그 기술을 채택한 사람과 채택하지 않은 사람의 수의 곱에 비례해서 퍼진다고 할 때, 시간 t에서 그 새 기술을 채택한 사람의 수 $x(t)$를 구하는 미분방정식을 세워라.

혼합물

9. 큰 혼합용기에 50파운드(lb)의 소금이 녹아 있는 소금물 300갤런이 있다고 하자. 순수한 물이 분당 3갤런씩 용기 내로 유입되고 잘 섞인 후 동시에 같은 양의 소금물이 유출된다고 할 때 시간 t에서의 용기 내의 소금의 양 $A(t)$를 구하는 미분방정식을 세워라. $A(0)$는 얼마인가?
10. 큰 혼합용기에 50파운드(lb)의 소금이 녹아 있는 소금물 300갤런이 있다고 하자. 농도가 다른 소금물, 즉 갤런당 2파운드의 소금이 녹아 있는 소금물이 분당 3갤런씩 유입되고 잘 섞인 후 동시에 분당 2갤런의 소금물이 유출된다고 하자. 시간 t에서의 소금의 양 $A(t)$를 구하는 미분방정식을 세워라.
11. 문제 10에서 분당 3.5갤런의 소금물이 유출된다면 $A(t)$를 구하는 미분방정식은 무엇인가?

12. 큰 용기에 처음에 N_0 갤런의 소금물이 있다고 하자. r_{in}과 r_{out}은 각각 분당 유입 및 유출되는 소금물의 양이며 c_{in}은 유입되는 소금물의 농도이고 $c(t)$는 시간 t에 용기 내의 소금물의 농도라 한다. 시간 t에 용기 내의 소금의 양을 $A(t)$라 할 때 식 (8)에 주어진 모형을 일반화하라.

용기의 배수

13. 바닥에 면적 A_h를 갖는 원형 구멍이 있는 용기에서 물이 새어나간다고 하자. 구멍을 통해 물이 새어나갈 때 유출의 흐름에 따른 구멍 근처의 마찰과 수축은 용기로부터 유출되는 물의 부피를 초당 $cA_h\sqrt{2gh}$씩 감소시킨다. 여기서 $c(0 < c < 1)$는 경험으로부터 얻은 상수이다. **그림 1.3.12**에 나타난 정육면체 모양의 용기에 대해 시간 t에서의 물의 높이 h를 구하는 미분방정식을 세워라. 구멍의 반지름은 2인치(inch)이고 $g = 32\ \text{ft/s}^2$이다.

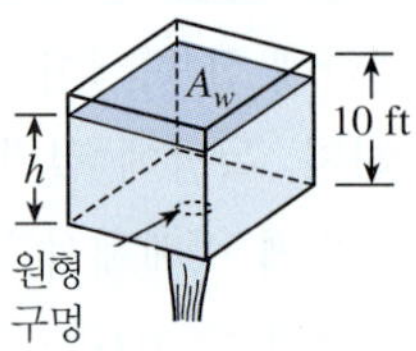

그림 1.3.12 문제 13의 정육면체 모양의 용기

14. **그림 1.3.13**에 도시된 것처럼 완전히 원형인 원추형 용기에서 그 용기 바닥에 있는 원형 구멍을 통해 물이 빠져 나간다고 하자. 구멍의 지름은 2인치, $g = 32\ \text{ft/s}^2$이고 문제 13에 소개된 마찰/수축 성분 c는 0.6이라 할 때, 시간 t에서의 물의 높이 h를 구하는 미분방정식을 세워라.

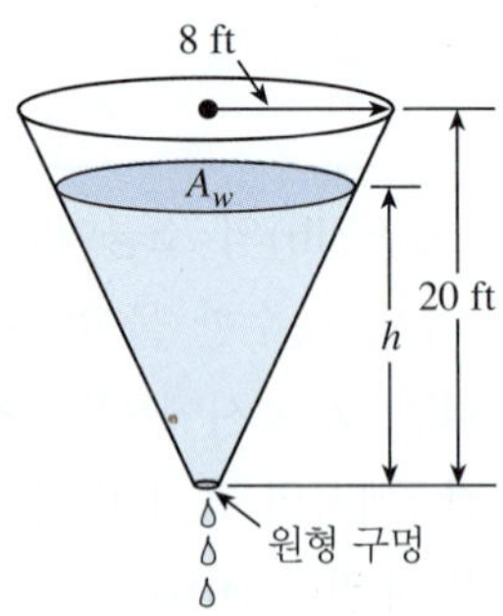

그림 1.3.13 문제 14의 원추형 용기

직렬회로

15. **그림 1.3.14**에 나타난 바와 같이 저항기와 인덕터를 포함하는 하나의 직렬회로가 있다. 저항이 R, 인덕턴스가 L이고 외부전압이 $E(t)$일 때, 전류 $i(t)$를 구하는 미분방정식을 세워라.

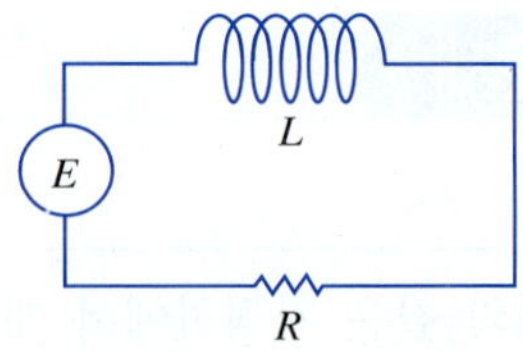

그림 1.3.14 문제 15의 LR 직렬회로

16. **그림 1.3.15**에 나타난 바와 같이 저항기와 축전기를 포함하는 하나의 직렬회로가 있다. 저항이 R, 전기용량이 C이고 외부전압이 $E(t)$일 때, 축전기에서의 충전전류 $q(t)$를 구하는 미분방정식을 세워라.

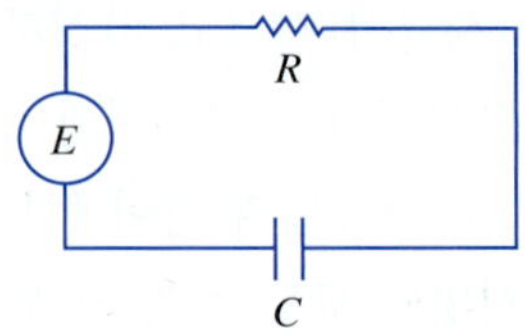

그림 1.3.15 문제 16의 RC 직렬회로

낙체와 공기저항

17. **그림 1.3.16**에 나타난 바와 같이 낙하산이 펴지기 전에 낙하하는 스카이다이버와 같은 공기 중에서의 고속운동에 대한 공기저항은 순간속도 $v(t)$의 어떤 거듭제곱에 보다 가깝다고 한다. 공기저항이 순간속도의 제곱에 비례한다고 할 때 질량 m인 낙체의 속도 $v(t)$를 구하는 미분방정식을 세워라.

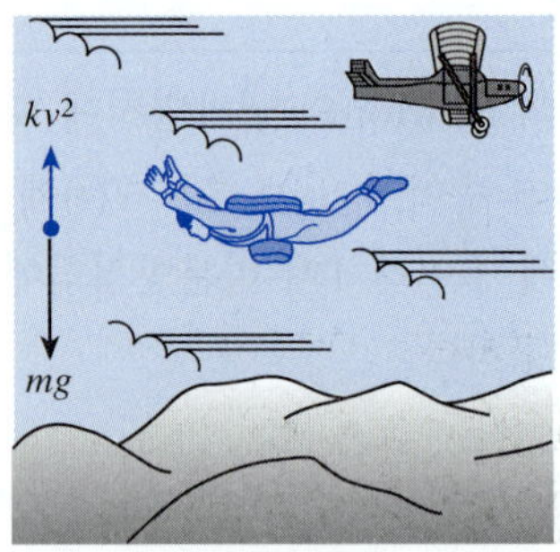

그림 1.3.16 문제 17의 속도의 제곱에 비례하는 공기저항

Newton의 제2법칙과 Archimedes의 원리

18. **그림 1.3.17(a)**에 나타난 바와 같이 지름이 s피트(ft)이고 무게가 w파운드(lb)인 원형통이 물 위에 떠 있다. 초기에 눌러 주면 원형통이 수직선을 따라서 오르락내리락한다고 한다. 그림 1.3.17(b)를 이용하여 원형통이 정지했을 때의 물의 표면을 수직축 상에서 원점으로 택할 경우 수직위치 $y(t)$를 구하는 미분방정식을 세워라. 아래쪽 방향이 양수이고, 물의 중량 밀도는 $62.4\ \text{lb/ft}^3$이며, 원형통과 물 사이

에 저항은 없다고 가정한다. **Archimedes의 원리**를 이용하라: 부력, 즉 원형통이 위로 올라가려는 힘은 밀려 나간 물의 무게와 같다. 아래 방향을 양의 방향이라 하고 물의 밀도는 62.4 lb/ft^{3}이며 원형통과 물 사이의 저항은 없다고 가정하라.

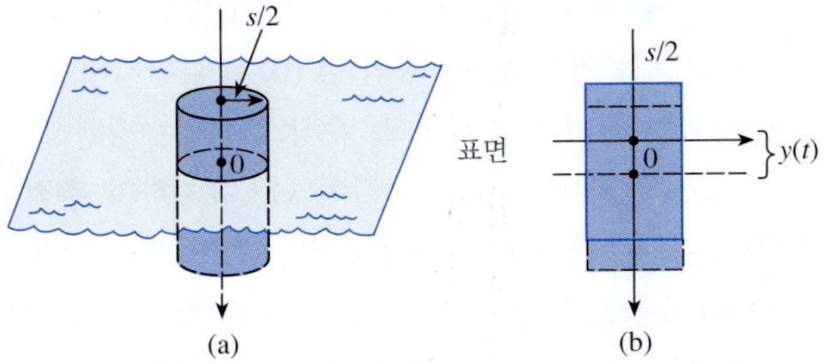

그림 1.3.17 문제 18의 떠 있는 원형통의 단발적인 운동

Newton의 제2법칙과 Hooke의 법칙

19. 질량 m인 물체를 스프링에 걸자 그림 1.3.18(b)에 도시된 바와 같이 길이가 s만큼 늘어난 후 평형상태가 되었다. 스프링/질량계를 잡아당긴 후 $x(t)$를 평형상태에서부터 움직인 거리라 하자. 그림 1.3.18(c)에 도시된 바와 같이 아래 방향을 양의 방향이라 하고 스프링/질량계는 물체의 무게 중심을 지나는 수직선을 따라 움직인다고 한다. 그 계에 작용하는 힘은 물체의 무게와 늘어난 스프링의 복원력뿐이라고 하자. 스프링의 복원력은 늘어난 길이에 비례한다는 **Hooke의 법칙**을 이용하여 시간 t에서의 위치 $x(t)$를 구하는 미분방정식을 세워라.

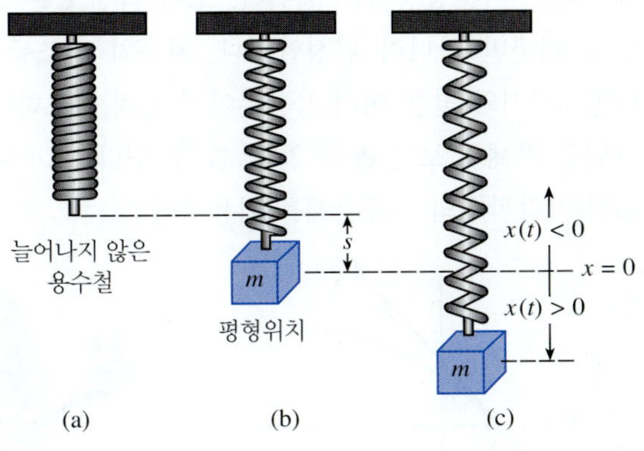

그림 1.3.18 문제 19의 스프링/질량계

20. 문제 19에서 스프링/질량계가 물질의 순간속도에 비례하고 물체의 움직임의 반대 방향으로 작용하는 감쇠력이 있는 상황하에서 움직인다고 할 때, 물체의 위치 $x(t)$를 구하는 미분방정식을 세워라.

Newton의 제2법칙과 변화하는 질량

역장에서 움직이는 물체의 질량 m을 변화시킨다면 **Newton의 제2법칙**은 다음과 같은 형태로 표현된다: 물체에 영향을 주는 총 힘이 0이 아니면 총 힘 F는 물체의 운동량의 시간에 대한 변화율과 같다. 즉 다음과 같은 식이 성립한다.

$$F = \frac{d}{dt}(mv)^* \tag{17}$$

여기서 mv는 운동량이다. 문제 21과 22에서는 이 형태의 Newton의 제2법칙을 이용하라.

21. 사진에 나타난 바와 같이 작은 1단 로켓이 수직으로 발사되었다고 하자. $m(t)$는 시간 t일 때 로켓의 총 질량이다. (총 질량은 일정한 질량의 탑재장비와 운송장비, 그리고 변하는 연료량의 합이다) 윗 방향을 양의 방향이라 하고, 공기저항은 로켓의 순간 속도 v와 비례한다고 하자. R을 추진계에 의해 생성된 윗 방향으로의 힘이라 할 때 식 (17)을 이용하여 로켓의 속도 $v(t)$에 대한 수학적 모형을 구하라.

문제 21의 로켓

22. 문제 21에 $m(t) = m_p + m_v + m_f(t)$라 하자. 여기서 m_p는 탑재장비의 질량, m_v는 운송장비의 질량, 그리고 $m_f(t)$는 시간에 따라 변하는 연료의 양이다.

(a) 로켓의 총 질량의 변화율은 연료의 질량 변화율과 같음을 보여라.

(b) 로켓이 일정한 비율 λ로 연료를 소비한다고 할 때 $m(t)$를 구하라. 문제 21의 미분방정식을 λ와 초기 총 질량 $m(0) = m_0$를 이용하여 다시 써 보라.

(c) (b)의 가정하에서 로켓의 연료소진시간 $t_b > 0$(또는 모든 연료가 소비된 시간)이 $t_b = m_f(0)/\lambda$임을 보여라. 여기서 $m_f(0)$는 연료의 초기 양이다.

---

* m이 상수일 때 이 식은 $F = ma$와 같다는 것을 주목하라.

Newton의 제2법칙과 만유인력의 법칙

23. Newton의 만유인력의 법칙(Newton's law of universal gravitation)에 의하면 그림 1.3.19에 주어진 위성과 같이 물체의 자유낙하 가속도 a는 상수 g가 아니다. 가속도 a는 지구의 중심으로부터의 거리 r의 제곱에 반비례, 즉 $a = k/r^2$이 된다. 여기서 k는 비례상수이다. 지구의 표면에서는 $r = R$이고 $a = g$라는 사실을 이용하여 k를 구하라. 위 방향을 양의 방향이라 할 때 Newton의 제2법칙과 만유인력의 법칙을 이용하여 거리 r에 관한 미분방정식을 세워라.

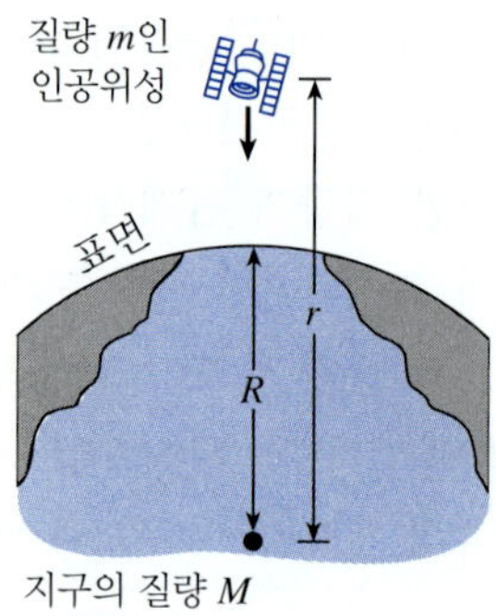

그림 1.3.19 문제 23의 인공위성

24. 그림 1.3.20에 나타난 바와 같이 지구 중심을 지나는 구멍을 뚫어 질량 m인 볼링공을 구멍으로 떨어뜨렸다고 하자. 시간 t에서 r, M, M_r 그리고 δ를 각각 지구의 중심으로부터 물체까지의 거리, 지구의 질량, 지구 중심에서 반지름 r까지 부분의 질량, 그리고 지구의 밀도상수라 할 때, 그 공의 움직임을 묘사하는 수학적 모형을 세워라.

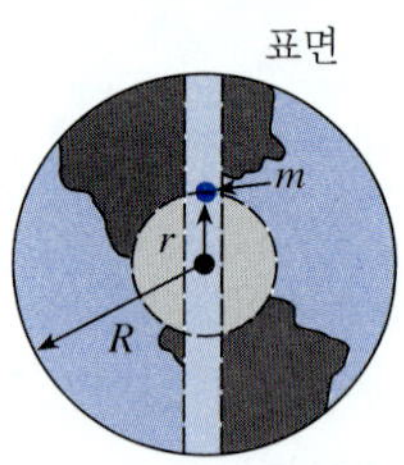

그림 1.3.20 문제 24의 지구를 통과하는 구멍

여러 가지 수학적 모형들

25. 학습이론 학습이론에서 한 대상이 기억되는 비율은 기억해야만 하는 양에 비례한다고 알려져 있다. M과 $A(t)$를 각각 기억되어야 하는 대상의 총량과 시간 t까지 기억된 양이라 하자. $A(t)$에 관한 미분방정식을 세워라.

26. 망각 문제 25에서 대상이 잊혀지는 비율은 시간 t까지의 기억된 양에 비례한다고 하자. 망각이 고려된 경우에 시간 t까지 기억된 양 $A(t)$를 구하는 미분방정식을 세워라.

27. 투약 약이 초당 r그램의 상수비율로 환자의 혈관으로 투약되며 동시에 시간 t에 혈액에 존재하는 약의 양 $x(t)$에 비례하여 제거된다고 하자. 시간 t에서의 혈관 내의 약의 총량 $x(t)$를 구하는 미분방정식을 세워라.

28. 추적선(tractrix) 그림 1.3.21에 도시된 바와 같이 모터보트가 원점에서 출발하여 x축의 양의 방향으로 움직인다. 모터보트는 처음에 y축 상의 점 $(0, s)$에 위치해 있는 수상스키어를 끌면서 움직이고, 수상스키어는 팽팽하게 당겨져 있는 상태에서 밧줄의 길이 s를 유지하며 **추적선**이라 불리는 단순곡선 C를 따라 움직인다고 한다. 시간 $t > 0$일 때 수상스키어의 위치를 $P(x, y)$라 할 때, 이 수상스키어의 이동경로 C에 관한 미분방정식을 구하라.

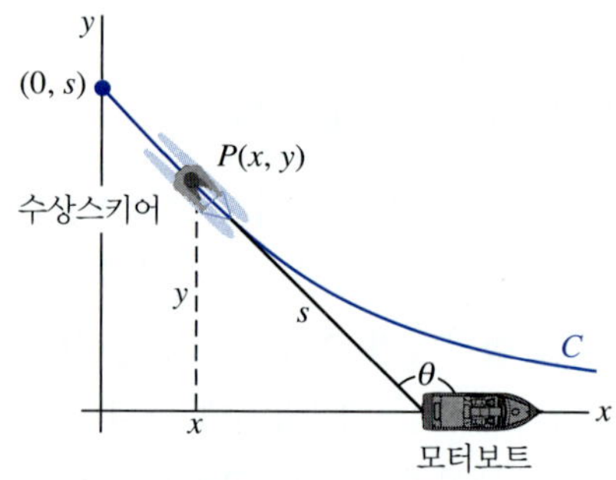

그림 1.3.21 문제 28의 추적선

29. 곡면반사 그림 1.3.22에 주어진 평면위의 곡선 C가 x축을 따라 회전할 때 생기는 회전면에 x축과 평행한 빛 L이 부딪치면 그 빛은 한 점 O(원점)에 반사된다고 한다. 입사각과 반사각이 같다는 사실을 이용하여 곡선 C의 모양을 묘사하는 미분방정식을 세워라. 그런 곡선 C는 망원경을 만들 때뿐만 아니라 위성안테나, 자동차 전조등, 그리고 태양집열기와 같은 여러 응용분야에 걸쳐 중요하다. [힌트: 그림을 자세히 보면 $\phi = 2\theta$라 쓸 수 있다. 그 이유는? 적절한 삼각함수의 항등관계를 이용하라.]

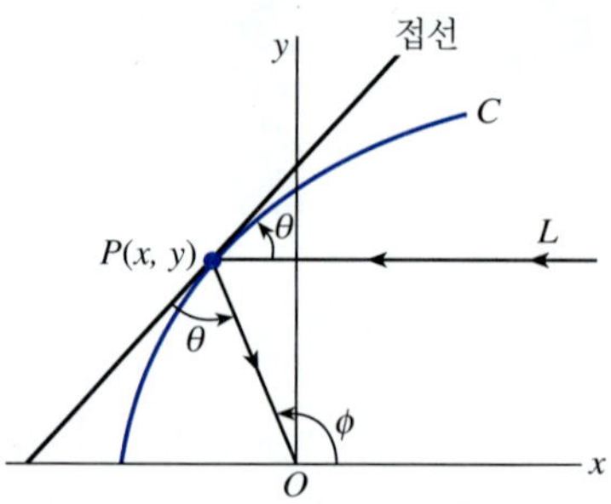

그림 1.3.22 문제 29의 곡면반사

위성 접시 안테나

토의문제

30. 연습문제 1.1의 문제 41을 다시 읽고 식 (1)의 양함수 해 $P(t)$를 구하라. 식 (1)의 1-매개변수 해의 모임도 구하라.

31. 식 (3) 다음에 나오는 문장을 다시 읽고 T_m은 양의 상수라 가정하라. 식 (3)에서 냉각과 가온 모두의 경우에서 $k < 0$임을 기대하는 이유에 대해 설명하라. $T(t) > T_m$를 도해적으로 해석하는 것으로 시작해도 된다.

32. 식 (8)의 앞에 주어진 설명을 다시 읽으라. 처음에 용기에 50파운드(lb)의 소금이 있다고 가정하면 $t > 0$에서 소금이 연속적으로 더해지므로 $A(t)$는 증가함수일 것이다. 실제로 미분방정식을 풀지 않고 긴 시간이 흐른 뒤에 용기에 몇 파운드의 소금이 있게 될지를 그 미분방정식으로부터 알아 낼 수 있는 방법에 대해 논하라.

33. 인구 모형 미분방정식 $dP/dt = (k \cos t)P$은 어떤 사회의 인구 $P(t)$에 관한 모형이고 여기서 k는 0보다 큰 상수이다. 이 식의 해에 관한 해석, 즉 이 미분방정식이 어떤 종류의 인구 모형을 묘사하는지에 대해 논하라.

34. 회전하는 유체 그림 1.3.23(a)에 도시된 바와 같이 용액이 조금 든 원형 실린더가 중심을 지나는 수직선 y축을 중심으로 상수 각속도 ω로 회전하고 있다. 회전하는 유체의 회전면은 S이다. S를 규명하기 위해 먼저 y축에 의해 결정되는 수직면과 y축에 수직인 x축으로 구성된 좌표계를 만들고 두 축의 교점(원점)이 표면 S의 가장 낮은 점이 되도록 한다. 그 다음에 표면 S와 수직좌표평면과의 교점들로 이루어진 교선 C를 나타내는 함수 $y = f(x)$를 구한다. 점 $P(x, y)$를 질량 m인 회전하는 유체의 한 입자의 좌표평면에서의 위치라 하자. 그림 1.3.23(b)를 보라.

(a) 점 P에는 용액의 다른 입자로 인해 생기는 회전면 S에 법선 방향인 크기가 F인 반응 힘이 있다. Newton의 제2법칙에 의하면 입자에 영향을 주는 순 힘의 크기는 $m\omega^2 x$라고 한다. 이 힘은 무엇인가? 그림 1.3.23(b)를 이용하여 다음 방정식의 특성과 근원에 대해 논하라.

$$F \cos \theta = mg, \qquad F \sin \theta = m\omega^2 x$$

(b) (a)를 이용하여 함수 $y = f(x)$를 정의하는 1계 미분방정식을 구하라.

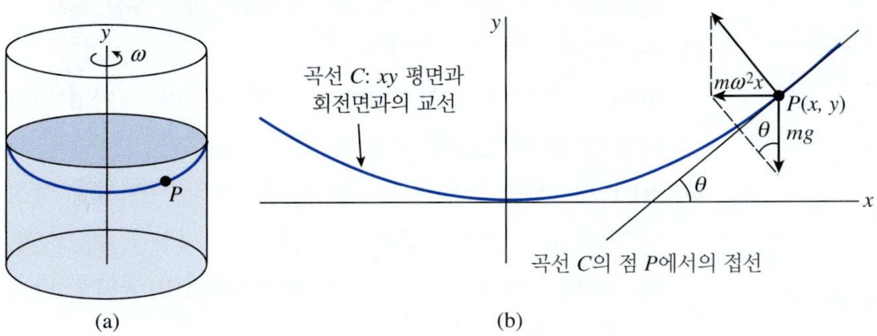

그림 1.3.23 문제 34의 회전하는 유체

35. 낙하하는 물체 문제 23에서 $r = R + s$라 하자. 여기서 s는 지구표면으로부터 낙하하는 물체까지의 거리이다. s가 R에 비해 매우 작다고 하면 문제 23에서 얻은 미분방정식은 어떻게 되는가?

36. 떨어지는 빗방울 기상학에서 미류운(virga)은 땅에 도달하기 전에 증발하는 떨어지는 빗방울이나 얼음조각을 지칭하는 용어이다. 전형적인 빗방울은 구의 모양이라 가정하자. $t = 0$으로 표시되는 어떤 특정한 시간에서 시작하여 반지름 r_0의 빗방울이 구름으로부터 떨어지면서 증발이 시작된다고 하자.

(a) 구 모양을 유지하며 빗방울이 증발한다는 것은 빗방울이 증발하는 증발률, 즉 줄어드는 질량의 비율이 표면적과 비례한다고 하는 것과 같다. 증발률이 표면적과 비례한다는 것이 빗방울의 반지름이 감소하는 비율이 상수라는 것을 의미함을 보여라. 시간 t에서의 빗방울의 반지름 $r(t)$를 구하라. [힌트: 연습문제 1.1의 문제 63을 보라.]

(b) 아래 방향을 양의 방향이라 할 때 시간 t에 떨어지는 빗방울의 속도 v에 대한 수학적 모형을 세워라. 공기저항은 고려하지 않는다. [힌트: 식 (17)의 Newton의 제2법칙을 이용하라.]

37. 눈 내림 고전적인 '제설기문제(snowplow problem)'는 많은 미분방정식 교재에서 다루었지만 Ralph Palmer Agnew에 의해 비로소 유명해졌다.

> "어느 날 심한 눈이 지속적으로 오기 시작했다. 제설기는 정오에 사용되기 시작했는데 처음 1시간 동안은 2마일, 그 후 1시간 동안은 1마일을 제설했다. 언제부터 눈이 오기 시작했을까?"

가능하다면 McGraw-Hill 출판사에서 출판한 Ralph Palmer Agnew의 Differential Equations라는 교재를 찾아보고 이 문제의 수학적 모형 및 그 해에 관해 토론해 보라.

© aetb/iStock/Thinkstock
문제 37의 제설기

38. 이 절을 다시 읽고 각각의 수학적 모형이 선형인지 비선형인지를 분류하라.

39. 인구역학 어떤 특정한 세포의 세포배양에서 세포의 증가에 대한 수학적 모형이 $P'(t) = 0.15\ P(t)$로 주어져 있다. 여기서 $P(t)$는 시간 t(단위: 시)에서의 배양의 크기로서 단위는 백만 세포이다. 배양의 크기가 2백만 세포가 되는 시간 t에서의 배양의 증가율을 구하라.

40. 방사성 물질의 붕괴 라듐 226의 붕괴에 대한 수학적 모형이

$$A'(t) = -0.0004332\,A(t)$$

으로 주어져 있다. 여기서 $A(t)$는 시간 t(단위: 연)에 남은 라듐의 양으로서 단위는 g이다. 표본으로 추출된 라듐이 1년에 0.002 g의 비율로 붕괴된다면 시간 t에 남아 있는 라듐의 양은 얼마인가?

1 복습문제

부록에 선택된 홀수 문제의 답이 있다.

문제 1과 2에서는 공란을 메우고 그 결과를 c_1에 무관하고 $dy/dx = f(x, y)$의 형태를 갖는 1계 선형 미분방정식으로 나타내라. c_1과 k는 상수이다.

1. $\dfrac{d}{dx}c_1e^{kx} =$ ______________

2. $\dfrac{d}{dx}(5 + c_1e^{-2x}) =$ ______________

문제 3과 4에서는 공란을 메우고 그 결과를 c_1과 c_2에 무관하고 $F(y, y'') = 0$의 형태를 갖는 2계 선형 미분방정식으로 나타내라. c_1, c_2, 그리고 k는 상수이다.

3. $\dfrac{d^2}{dx^2}(c_1 \cos kx + c_2 \sin kx) =$ ______________

4. $\dfrac{d^2}{dx^2}(c_1 \cosh kx + c_2 \sinh kx) =$ ______________

문제 5와 6에서는 y'과 y''을 계산하고, 이 도함수들과 y를 결합하여 c_1과 c_2에 무관한 $F(y, y', y'') = 0$의 형태를 갖는 2계 선형 미분방정식으로 나타내라. c_1과 c_2는 상수이다.

5. $y = c + e^x + c_2xe^x$

6. $y = c_1e^x \cos x + c_2e^x \sin x$

문제 7~12에서는 (a)~(d)에 주어진 해의 형태 중에서 주어진 미분방정식의 해를 1개 이상 찾아라.

(a) $y = 0$, **(b)** $y = 2$, **(c)** $y = 2x$, **(d)** $y = 2x^2$

7. $xy' = 2y$ **8.** $y' = 2$

9. $y' = 2y - 4$ **10.** $xy' = y$

11. $y'' + 9y = 18$ **12.** $xy'' - y' = 0$

문제 13과 14에서는 추측에 의해 주어진 미분방정식의 해를 적어도 하나 구하라.

13. $y'' = y'$

14. $y' = y(y - 3)$

문제 15와 16에서는 각각의 문장을 미분방정식으로 표현하라.

15. 그래프 $y = \phi(x)$ 위의 점 $P(x, y)$에서의 접선의 기울기는 점 $P(x, y)$와 원점 사이의 거리의 제곱이다.

16. 그래프 $y = \phi(x)$ 위의 점 $P(x, y)$에서의 x에 따른 기울기의 변화율은 $P(x, y)$에서의 접선의 기울기와 반대 부호이다.

17. **(a)** 함수 $y = x^{2/3}$의 정의역을 구하라.

(b) $y = x^{2/3}$이 미분방정식 $3xy' - 2y = 0$의 해이기 위한 가장 큰 정의구간 I를 구하라.

18. **(a)** 1-매개변수 모임 $y^2 - 2y = x^2 - x + c$이 미분방정식 $(2y - 2)y' = 2x - 1$의 음함수 해임을 검증하라.

(b) (a)의 1-매개변수 모임에서 초기조건 $y(0) = 1$를 만족하는 해를 구하라.

(c) (b)의 결과를 이용하여 $y(0) = 1$를 만족하는 양함수 $y = \phi(x)$를 구하라. ϕ의 정의역을 구하라. $y = \phi(x)$가 초기값 문제의 해인가? 그렇다면 정의구간 I를 구하고 그렇지 않다면 그 이유를 설명하라.

19. $y = -\dfrac{2}{x} + x$는 미분방정식 $xy' + y = 2x$의 해라 한다. $y(x)$가 초기값 문제

$$xy' + y = 2x, \qquad y(x_0) = 1$$

의 해가 되기 위한 x_0와 가장 큰 정의구간 I를 구하라.

20. $y(x)$는 초기값 문제 $y' = x^2 + y^2$, $y(1) = -1$의 해이며 $x = 1$에서 적어도 2계 도함수를 갖는다고 한다. 미분방정식을 이용하여 $x = 1$의 근방에서 $y(x)$가 증가하는지 또는 감소하는지를 알아보고 $y(x)$의 그래프가 볼록인지 오목인지를 알아보라.

21. 하나의 미분방정식이 한 개 이상의 해 모임을 가질 수 있다.

(a) 모임 $y = \phi_1(x) = x^2 + c_1$과 $y = \phi_2(x) = -x^2 + c^2$의 원소들을 그려라.

(b) $y = \phi_1(x)$와 $y = \phi^2(x)$가 각각 1계 비선형 미분방정식 $(y')^2 = 4x^2$의 해임을 검증하라.

(c) (b)의 비선형 미분방정식의 해는 되지만 (a)의 어느 해 모임에도 속하지 않는 조각별로 정의된 함수를 만들어 보라.

22. $y' = 6\sqrt{y} + 5x^3$의 해 중에서 점 $(-1, 4)$를 지나는 그래프의 접선의 기울기를 구하라.

문제 23~26에서는 오른쪽에 주어진 함수가 주어진 미분방정식의 특수해가 됨을 검증하라. 각 해의 정의구간을 구하라.

23. $y'' + y = 2\cos x - 2\sin x$; $y = x\sin x + x\cos x$

24. $y'' + y\sec x = 0$; $y = x\sin x + (\cos x)\ln(\cos x)$

25. $x^2y'' + xy' + y = 0$; $y = \sin(\ln x)$

26. $x^2y'' + xy' + y = \sec(\ln x)$;
$y = \cos(\ln x)\ln(\cos(\ln x)) + (\ln x)\sin(\ln x)$

27~30에서는 1.1절의 식 (12)를 이용하여 오른쪽에 주어진 식이 왼쪽에 주어진 미분방정식의 해임을 검증하라. 각 해에 대해서는 적절한 정의구간 I를 가정하라.

27. $\dfrac{dy}{dx} + (\sin x)y = x; \quad y = e^{\cos x}\displaystyle\int_0^x te^{-\cos t}\,dt$

28. $\dfrac{dy}{dx} - 2xy = e^x; \quad y = e^{x^2}\displaystyle\int_0^x e^{t-t^2}\,dt$

29. $x^2y'' + (x^2 - x)y' + (1 - x)y = 0; \quad y = x\displaystyle\int_1^x \frac{e^{-t}}{t}\,dt$

30. $y'' + y = e^{x^2}; \quad y = \sin x\displaystyle\int_0^x e^{t^2}\cos t\,dt - \cos x\int_0^x e^{t^2}\sin t\,dt$

문제 31~34에서는 오른쪽에 있는 방정식이 주어진 미분방정식의 음함수 해임을 검증하라.

31. $x\dfrac{dy}{dx} + y = \dfrac{1}{y^2}; \quad x^3y^3 = x^3 + 5$

32. $\left(\dfrac{dy}{dx}\right)^2 + 1 = \dfrac{1}{y^2}; \quad (x - 7)^2 + y^2 = 1$

33. $y'' = 2y(y')^3; \quad y^3 + 3y = 2 - 3x$

34. $(1 + xy)y' + y^2 = 0; \quad y = e^{-xy}$

35. $y = c_1 + \cos 3x$가 미분방정식 $y'' + 9y = 5$의 해가 되도록 상수 c_1을 구하라.

36. $y = c_1 + c_2x$가 미분방정식 $y' + 2y = 3x$의 해가 되도록 상수 c_1과 c_2를 구하라.

37. c가 임의의 상수일 때, $y = ce^{-x} + 4x - 6$이 해가 되는 미분방정식을 구하라. [힌트: 미분한 식과 원래의 식에서 c를 제거해 보라]

38. $(0, 0)$를 지나고 xy 평면 위의 점 (x, y)에서의 기울기가 $6 - 2x$인 함수 $y = f(x)$를 구하라.

39~42에서는 2계 미분방정식 $y'' - 2y' - 3y = -12x + 8$의 2-매개변수 모임이 $y = c_1e^{-3x} + c_2e^x + 4x$로 주어져 있다. 이 방정식과 주어진 해를 이용하여 다음 2계 초기값 문제의 하나의 해를 구하라.

39. $y(0) = 0, y'(0) = 0$

40. $y(0) = 5, y'(0) = -11$

41. $y(1) = -2, y'(1) = 4$

42. $y(-1) = 1, y'(-1) = 1$

문제 43~44에서는 정적분으로 정의된 함수가 주어진 미분방정식의 특수해임을 검증하라. 두 문제 모두에서, 적분의 도함수를 구하기 위해서 다음의 **Leibniz 공식**(Leibniz formula)을 사용하라.

$$\frac{d}{dx}\int_{u(x)}^{v(x)} F(x, t)\,dt = F(x, v(x))\frac{dv}{dx} - F(x, u(x))\frac{du}{dx} + \int_{u(x)}^{v(x)} \frac{\partial}{\partial x}F(x, t)\,dt$$

43. $y'' + 9y = f(x); \quad y(x) = \dfrac{1}{3}\displaystyle\int_0^x f(t)\sin 3(x - t)\,dt$

44. $xy'' + y' - xy = 0; \quad y = \displaystyle\int_0^{\pi} e^{x\cos t}\,dt$

[힌트: y'을 계산한 후 t에 대해 부분적분하라.]

45. 2계 초기값 문제 $d^2y/dx^2 = f(x, y, y')$, $y(2) = y_0$, $y'(2) = y_1$의 해곡선이 **그림 1.R.1**에 주어져 있다. 그래프를 이용하여 y_0와 y_1을 구하라.

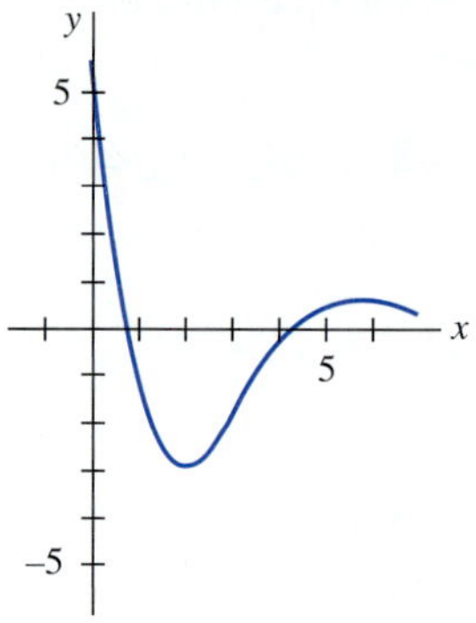

그림 1.R.1 문제 45의 그래프

46. 반지름이 2피트, 높이가 10피트인 원형 실린더 형태의 용기가 세워져 있다. 처음에 용기에 물이 가득 차 있다고 하고 용기 바닥에 있는 반지름 1/2인치인 원형 구멍으로 물이 새어나간다고 할 때 시간 t에서의 물의 높이 h를 구하는 미분방정식을 세워라. 구멍에서의 물의 마찰과 수축은 고려하지 않는다.

47. 10피트(ft) 길이의 균일한 무거운 밧줄이 지면 위에 느슨하게 감아져 놓여있다. **그림 1.R.2**에 도시된 바와 같이 밧줄의 한 끝이 5파운드(lb)의 일정한 힘에 의해 수직방향으로 올려지고 있다. 밧줄의 무게는 1 lb/ft이다. $x(t)$를 시간 t에서 지면으로부터 밧줄의 그 끝점까지의 높이라 하자. 연습문제 1.3의 식 (17)에 주어진 Newton의 두 번째 법칙을 이용하여 $x(t)$를 구하는 미분방식을 세워라. 위 방향을 양의 방향이라 가정하라.

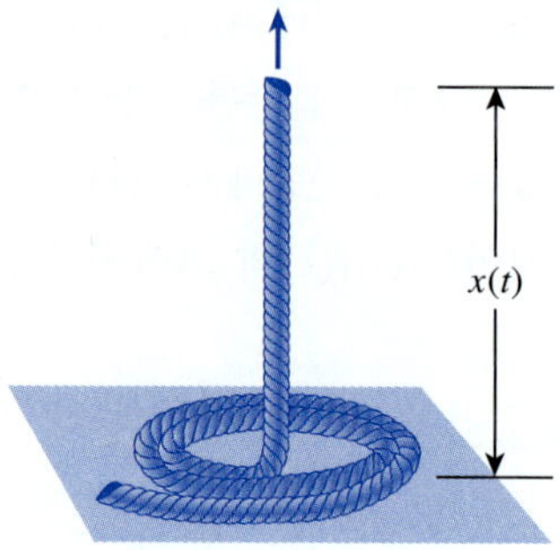

그림 1.R.2 문제 47의 위로 당겨진 밧줄

CHAPTER 2

1계 미분방정식

First-Order Differential Equations

1계 방정식을 가지고 미분방정식(differential equations: DE)을 시작하고자 한다. 이 장에서는 미분방정식을 풀 때의 세가지 방법인 정성적(2.1절), 분석적(2.2~2.5절) 및 수치적(2.6절) 방법을 설명한다. 이 장의 끝 부분(2.7~2.9절)에서는 미분방정식을 이용한 수학적 모델링을 소개하고자 한다.

2.1 해 없이 해곡선 그리기

소개 어떤 미분방정식은 해를 갖지 않는다. 예를 들어 $(y')^2 + 1 = 0$을 만족시키는 실함수는 없다. 어떤 미분방정식은 **해석적인**(analytic) 풀이로 얻어지는 함수형태 해나 비함수형태 해를 가진다. 이러한 풀이방법에는 치환법과 적분 등이 포함된다. 또한 어떤 미분방정식은 해는 가지나 해석적으로는 풀리지 않을 수도 있다. 즉 미분방정식의 해를 함수형태나 비함수형태로 풀 수 있는 방법이 반드시 존재하는 것은 아니다. 수학자들이 몇 세기 동안 특수한 방정식들에 대한 해법들을 고안해 왔기 때문에, 현재 많은 미분방정식을 해석적으로 풀이할 수 있다. 다음 절부터 1계 미분방정식에 대한 여러 가지 해법을 공부하게 되겠지만, 그 이전에 먼저 해석적으로 풀 수 없는 1계 미분방정식 $dy/dx = f(x, y)$를 가정하고 이를 정성적으로 분석해 보자. 함수형태 해나 비함수형태 해 등 수식으로 표현되는 해가 존재하지는 않지만, 미분방정식 자체에서 해의 특성에 대한 정보를 얻을 수 있기 때문에 생각만큼 어려운 것은 아니다. 1.2절에서는 $f(x, y)$와 $\partial f/\partial y$가 특정한 연속조건을 만족시키면, 해의 존재 여부나 그 유일성 등과 같은 **정성적인**(qualitative) 질문에 대한 답을 얻을 수 있었다. 이 절에서는 함수 f가 변수 y에만 의존할 때에는 다른 정성적인 의문들, 예를 들어 해가 $x = x_0$ 부근에서, 또는 $x \to \infty$일 때 어떻게 거동하는가? 등에 대한 답을 얻을 수 있을 것이다.

1계 미분방정식에 대한 공부를 두 가지 정성적인 해석방법으로부터 시작해 보자. 이 두 가지 방법은 방정식을 풀어 해를 구하지 않고서도 해곡선이 대략 어떤 모양인지를 알 수 있게 한다.

2.1.1 방향장

기울기 미적분학의 기본적인 개념에서 시작해 보자. 미분 가능한 함수 $y = y(x)$의 1계 도함수 dy/dx는 곡선 위의 점에서 그은 접선의 기울기를 나타낸다. 1계 미분방정식 $dy/dx = f(x, y)$의 해 $y = y(x)$는 정의구간 I에서 미분 가능한 함수이어야 하므로, 불연속점이 없이 연속이어야 하며 따라서 모든 점 $(x, y(x))$에서 접선을 가질 수 있다. 함수 f가 정의되는 영역 내의 어떤 점 (x, y)에서의 $f(x, y)$는 그 점에서의 접선의 기울기이며, 이 기울기를 가지는 작은 선분을 **선요소**(lineal element)라고 정의한다. 예를 들어 $f(x, y) = 0.2xy$인 방정식 $dy/dx = 0.2xy$를 생각하면, 점 $(2, 3)$에서 선요소의 기울기는 $f(2, 3) = 0.2(2)(3) = 1.2$가 된다. 그림 2.1.1(a)는 기울기 1.2로 점 (2, 3)을 통과하는 선분을 보여 주고, 그림 2.1.1(b)는 만일 미분방정식의 해곡선이 (2, 3)을 지날 경우에 해곡선이 이 선분에 접한다는 것을 보여 준다. 다시 말하면, 선요소는 미분방정식의 해곡선에 대한 소형접선이라 할 수 있다.

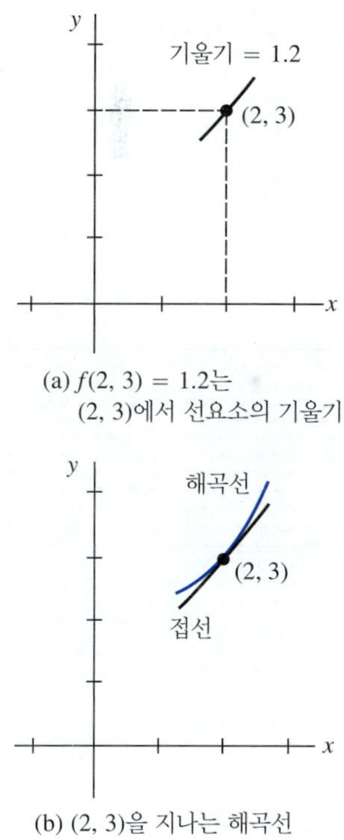

그림 2.1.1 해곡선은 (2, 3)에서 선요소와 접함

방향장 xy 평면에 격자선을 그린 후 각 격자점에서의 접선의 기울기 $f(x, y)$를 구하고 이로부터 선요소를 그릴 때, 이 선요소들의 집합을 미분방정식 $dy/dx = f(x, y)$의 **방향장**(direction field) 또는 **기울기장**(slope field)이라 한다. 방향장은 미분방정식의 해곡선을 직접 구하지 않고서도 그 전체적인 형태를 시각적으로 보여 주어 해의 특성을 파악하게 한다. 예를 들면 방향장으로부터 해가 예상하지 못한 움직임을 보이는 영역을 한눈에 알아 낼 수 있다. 방향장을 이루는 선요소는 접선의 기울기를 나타내므로, 방향장에 실제 해곡선을 그려

넣는다면 해곡선은 방향장의 흐름 패턴을 따르게 될 것이다. 해곡선이 격자점을 지난다면 그 점에서의 선요소와 당연히 접선을 이루게 된다.

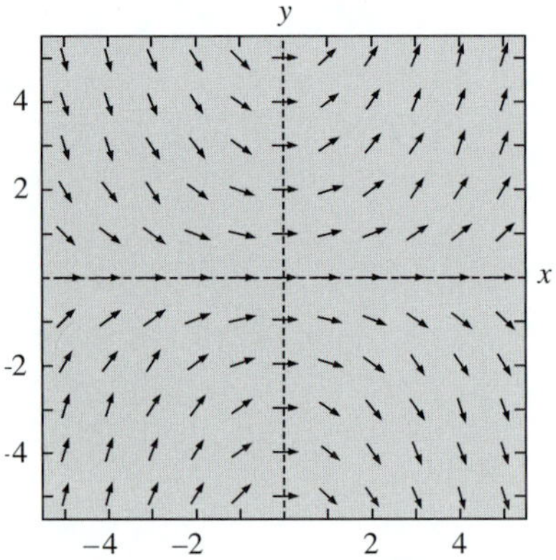

(a) $dy/dx = 0.2xy$의 방향장

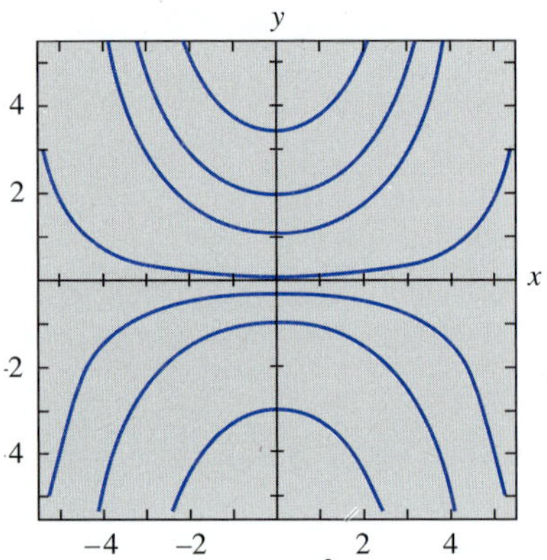

(b) 해곡선 $y = ce^{0.1x^2}$의 그래프

그림 2.1.2 예제 1에서 방향장과 해곡선

예제 1 방향장

컴퓨터를 이용하여 계산한 미분방정식 $dy/dx = 0.2xy$의 방향장을 **그림 2.1.2(a)**에 나타내었다. 선요소가 정의되는 격자점은 (mh, nh)이며, m, n은 $-5 \le m \le 5$, $-5 \le n \le 5$를 만족시키는 정수, 그리고 $h = 1$이다. 그림 2.1.2(a)에서 x축($y = 0$)과 y축($x = 0$) 위에 있는 격자점에서의 접선 기울기는 각각 $f(x, 0) = 0$과 $f(0, y) = 0$이므로 이 점에서의 선요소는 수평이다. 1사분면에서, 즉 $x > 0$, $y > 0$인 구간에서 선요소는 양의 기울기 $f(x, y) = 0.2xy > 0$을 가지며 x와 y가 함께 증가함에 따라 선요소는 거의 수직이 된다. 2사분면에서는 $|x|$와 y가 증가함에 따라 $|f(x, y)|$는 증가하고 따라서 선요소는 다시 거의 수직이 되지만, 이때는 음의 기울기 $f(x, y) = 0.2xy < 0$를 가진다. 2사분면의 한 점에서 출발한 해곡선은 아래쪽으로 급격하게 움직이다가 y축을 통과하면서 수평이 되고, 1사분면에 진입하면서 점점 급격하게 위를 향해 올라가게 되어 위로 오목한 말발굽과 비슷한 모양을 가진다. 따라서 $x \to \pm\infty$일 때 $y \to \infty$일 것으로 추측할 수 있다. 3, 4사분면에서는 각각 $f(x, y) = 0.2xy > 0$과 $f(x, y) = 0.2xy < 0$이기 때문에, 위에서 언급한 1, 2사분면의 상황과 반대가 된다. 즉 해곡선은 왼쪽에서 오른쪽으로 가면서 증가하다가 y축을 통과하면서 수평이 되고, 4사분면에 진입하면서 감소하는 경향을 가진다.

1.1절의 식 (1)에서 미분방정식 $dy/dx = 0.2xy$의 해는 $y = e^{0.1x^2}$임을 보았다. 그림 2.1.2(a)의 방향장을 방정식의 실제 해곡선과 비교하기 위해서 c 값을 달리하며 해 $y = ce^{0.1x^2}$의 해곡선을 그림 2.1.2(b)에 나타내었다. ≡

예제 2 방향장

방향장을 이용하여 초기값 문제 $dy/dx = \sin y$, $y(0) = -\frac{3}{2}$에 대한 개략적인 해곡선을 그려라.

풀이 $f(x, y) = \sin y$와 $\partial f/\partial y = \cos y$이 연속이므로 정리 1.2.1에 의해 어떤 점 (x_0, y_0)를 통과하는 유일 해곡선이 존재한다. 컴퓨터 소프트웨어를 이용하여 그린 방향장을 **그림 2.1.3**에 나타내었다. 격자점은 (mh, nh), m, n은 $-10 \le m \le 10$, $-10 \le n \le 10$을 만족시키는 정수, 그리고 $h = \frac{1}{2}$로 설정하였다. $dy/dx = \sin y$이므로 y 좌표가 0 또는 $\pm\pi$인 모든 점에서 $dy/dx = 0$이 되어 선요소는 수평하게 된다. 초기점 $(0, -\frac{3}{2})$을 지나는 해곡선을 그림에 푸른 선으로 표시하였다. ≡

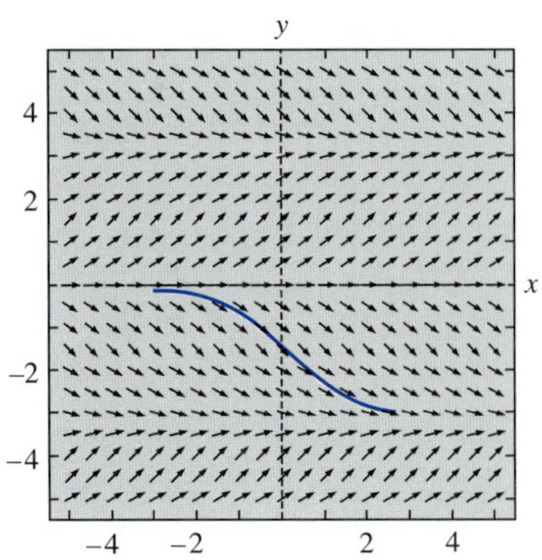

그림 2.1.3 예제 2에서 $dy/dx = \sin y$의 방향장

증가/감소 도함수 dy/dx는 선요소의 기울기를 알려 주어 방향장을 구성하는 데 중요한 역할을 한다. 1계 도함수로부터 알 수 있는 $y(x)$의 또 다른 성질은, 만약 구간 I의 모든 x에 대해서 $dy/dx > 0$(또는 $dy/dx < 0$)이면 함수 $y = y(x)$는 구간 I에서 증가(또는 감소)한다는 것이다.

참고

방향장을 손으로 직접 그릴 수 있으면 좋겠으나 시간이 너무 많이 소요되므로 컴퓨터 소프트웨어를 이용하는 것이 효율적이다. 계산기나 컴퓨터 소프트웨어가 나오기 이전에는 **등경사선 방법**(method of isocline)을 이용하여 방향장을 손으로 그렸다. 미분방정식 $dy/dx = f(x, y)$에서 $f(x, y) = c$(c는 상수)인 곡선을 **등경사선**(isocline)이라 부른다. 특정 등경사선, 예를 들어 $f(x, y) = c_1$ 상의 점에서 그려진 선요소들은 모두 같은 기울기 c_1을 가진다. 연습문제 2.1의 15번 문제에서 방향장을 손으로 그려볼 수 있을 것이다.

2.1.2 자율 1계 미분방정식

독립변수가 없는 미분방정식 1.1절에서 상미분방정식을 선형과 비선형이라는 두 가지 유형으로 나누었는데, 이 절에서는 정성적인 해석에 있어 매우 중요한 다른 분류방식을 이용할 것이다. 미분방정식에서 독립변수가 명확하게 나타나지 않는 것을 **자율 미분방정식**(autonomous differential equation)이라 한다. 만약 x가 독립변수이면, 자율 1계 미분방정식은 $F(y, y') = 0$ 또는 다음 식 (1)과 같은 정규형으로 쓸 수 있다.

$$\frac{dy}{dx} = f(y) \tag{1}$$

앞으로의 논의에서 식 (1)의 함수 f와 도함수 f'이 어떤 구간 I에서 y의 연속함수임을 가정할 것이다. 다음의 1계 미분방정식은 각각 자율적, 비자율적이다.

$$\frac{dy}{dx} = \overset{\overset{f(y)}{\downarrow}}{1 + y^2} \quad \text{그리고} \quad \frac{dy}{dx} = \overset{\overset{f(x,\,y)}{\downarrow}}{0.2xy}$$

시간에 따라 변하지 않는 물리법칙을 모형화(modeling)하는 데 사용되는 많은 미분방정식들은 자율적이다. 1.3절에서 이미 보았듯이 적용된 문맥에서, y 및 x 이외의 기호들은 종속 및 독립 변수를 나타내는 데 통상적으로 사용된다. 예를 들어 시간을 t라 하면, 아래의 미분방정식들은 각각 시간에 무관하며 따라서 자율적이다.

$$\frac{dA}{dt} = kA, \quad \frac{dx}{dt} = kx(n + 1 - x), \quad \frac{dT}{dt} = k(T - T_m), \quad \frac{dA}{dt} = 6 - \frac{1}{100}A$$

여기에서 k, n, T_m은 상수이다. 1.3절에서 소개되었던 모든 1계 미분방정식도 시간에 독립적이므로 자율 미분방정식이다.

임계점 식 (1)에서 함수 $f(c) = 0$이 되게 하는 실수 c를 자율 미분방정식의 **임계점**(critical point)이라고 한다. 임계점은 **평형점**(equilibrium point) 또는 **정지점**(stationary point)이라고도 불린다. 만약 $y(x) = c$를 식 (1)에 대입하면, 방정식의 양변은 0이 되며 그 의미는 다음과 같다.

만일 c가 식 (1)의 임계점이면, $y(x) = c$는 자율 미분방정식의 상수해이다.

상수해 $y(x) = c$는 **평형해**(equilibrium solution)라고 불린다. 평형해(들)은 식 (1)의 유일한 상수해(들)이다.

앞에서 언급한 것처럼, 식 (1)의 비상수해 $y = y(x)$가 증가 또는 감소하는지 도함수 dy/dx의 부호로 구별할 수 있다. 식 (1)의 경우에는 $f(y)$가 어떤 구간에서 양인지 음인지를 구별함으로써 해곡선의 증가와 감소를 판별할 수 있다.

예제 3 자율 미분방정식

아래의 식에서 a, b는 양수이며 식 (1)과 비교하면 $dP/dt = f(P) = P(a - bP)$의 형태를 가진 자율 미분방정식이다.

$$\frac{dP}{dt} = P(a - bP)$$

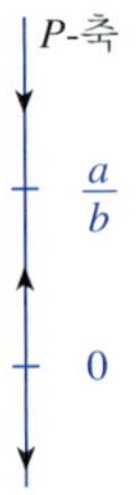

그림 2.1.4 예제 3의 위상도

$f(P) = P(a - bP) = 0$으로부터 $P = 0$, a/b가 임계점이 되는 것을 알 수 있고, 따라서 평형해는 $P(t) = 0$과 $P(t) = a/b$가 된다. 임계점을 경계로 하여 P축을 나타내는 수직선을 $-\infty < P < 0$, $0 < P < a/b$, $a/b < P < \infty$과 같이 세 구간으로 나눈다. **그림 2.1.4**의 화살표는 $f(P) = P(a - bP)$의 부호에 따라 비상수해 $P(t)$가 각 구간에서 증가 또는 감소하는지를 표시한다. 아래 표는 그림 2.1.4의 내용을 설명한다.

구간	$f(P)$의 부호	$P(t)$	화살표
$(-\infty, 0)$	음	감소	아래로
$(0, a/b)$	양	증가	위로
$(a/b, \infty)$	음	감소	아래로

그림 2.1.4를 미분방정식 $dP/dt = P(a - bP)$의 **1차원 위상도**(one-dimensional Phase Portrait) 또는 간단히 **위상도**(Phase Portrait)라고 하며, 수직선은 **위상선**(Phase line)이라고 부른다. ≡

해곡선 자율 미분방정식을 풀지 않고서도 미분방정식의 해곡선에 대해 많은 것을 알 수 있다. 식 (1)에서의 함수 f는 변수 x에 무관하므로, f를 $-\infty < x < \infty$ 또는 $0 \le x < \infty$인 구간에서 정의되는 함수로 생각할 수 있다. 또한 f와 그 도함수 f'은 y축의 어떤 구간 I에서 연속함수이다. 따라서 정리 1.2.1에 따라 **그림 2.1.5(a)**와 같이 I에 해당하는 xy 평면의 수평 띠 영역 R에서 점(x_0, y_0)을 지나는 식 (1)의 해곡선은 하나만 존재한다. 여기서 식 (1)이 2개의 임계점 c_1, $c_2(c_1 < c_2)$를 갖는다고 가정하자. 평형해 $y(x) = c_1$과 $y(x) = c_2$의 그래프는 수평선이고, 그림 2.1.5(b)와 같이 이 수평선들은 전체 영역 R을 R_1, R_2, R_3의 소영역으로 분할한다. 식 (1)의 비상수해 $y(x)$의 그래프에 대한 몇 가지 결론을 증명 없이 기술하면 다음과 같다.

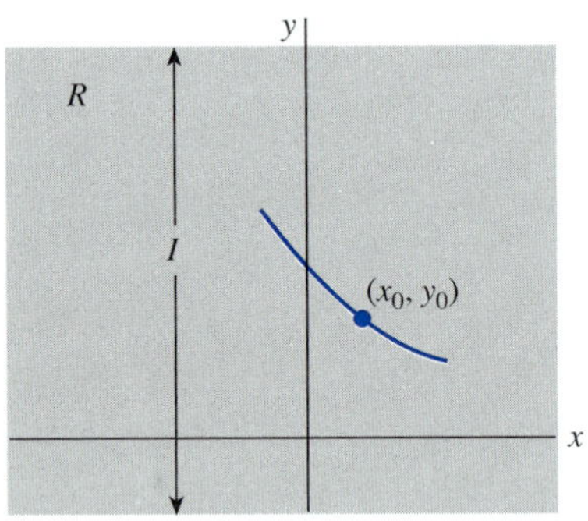

(a) 영역 R

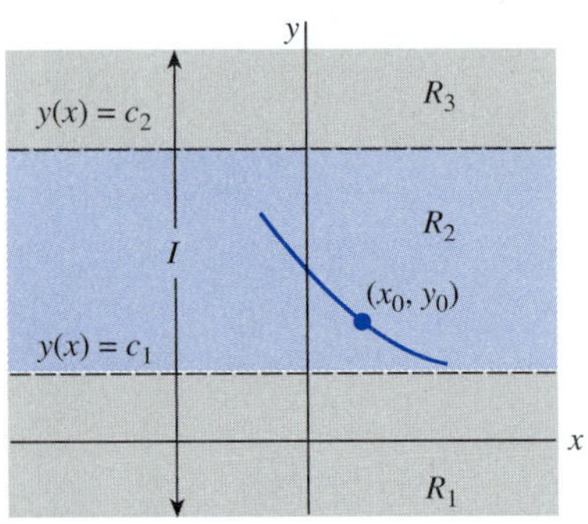

(b) 소영역 R_1, R_2, R_3

그림 2.1.5 직선 $y(x) = c_1$, $y(x) = c_2$가 영역 R을 3개의 소영역으로 분할

- 만약 (x_0, y_0)가 소영역 R_i, $i = 1, 2, 3$ 안에 있고 $y(x)$가 이 점을 통과하는 해라면, $y(x)$는 모든 x에 대하여 소영역 R_i 내부에 존재한다. 그림 2.1.5(b)와 같이 R_2에서의 해 $y(x)$는 c_1에서 c_2까지의 경계를 가진다. 즉 모든 x에 대해 $c_1 < y(x) < c_2$이다. 식 (1)의 비상수해 그래프가 평형해 $y(x) = c_1$ 또는 $y(x) = c_2$에 해당하는 수평선을 통과할 수 없

으므로, 해곡선은 R_2 내에 존재한다. 연습문제 2.1의 문제 33을 참조하라.

- 함수 f의 연속성에 의해서 소영역 R_i, $i = 1, 2, 3$ 안에서는 $f(y) > 0$ 또는 $f(y) < 0$ 둘 중 하나이어야 한다. 즉 소영역 내에서 $f(y)$의 부호가 변할 수 없다. 연습문제 2.1의 문제 33을 참조하라.
- $dy/dx = f(y(x))$가 소영역 R_i, $i = 1, 2, 3$에서 양이나 음의 값 둘 중의 하나를 가지므로 $y(x)$는 단조함수이다. 즉 $y(x)$는 소영역에서 계속 증가하거나 계속 감소한다는 것을 뜻한다. 따라서 $y(x)$는 진동하지 않고 상대 극값(극대 또는 극소)을 갖지 않는다. 연습문제 2.1의 문제 33을 보라.
- 만약 $y(x)$의 **위쪽 경계**가 임계점 c_1이라면[모든 x에 대해서 $y(x) < c_1$인 소영역 R_1에서처럼], $y(x)$의 그래프는 $x \to \infty$ 또는 $x \to -\infty$일 때 평형해 $y(x) = c_1$에 접근해야 한다. 만약 $y(x)$가 두 임계점에 의해서 **경계지어진다면**[모든 x에 대해서 $c_1 < y(x) < c_2$인 소영역 R_2에서처럼], $y(x)$의 그래프는 $x \to \infty$, $x \to -\infty$일 때 각각 평형해 $y(x) = c_1$, $y(x) = c_2$ 중 하나로(서로 다른 값으로) 접근해야 한다. 만일 $y(x)$가 임계점에 의해서 **아래쪽 경계**가 지어진다면[모든 x에 대해서 $c_2 < y(x)$인 소영역 R_3에서처럼], $x \to \infty$ 또는 $x \to -\infty$일 때 $y(x)$의 그래프는 평형해 $y(x) = c_2$의 그래프에 접근해야 한다. 연습문제 2.1의 문제 34를 참조하라.

앞의 내용을 상기하며, 예제 3의 미분방정식을 재검토하자.

예제 4 예제 3의 재검토

P축이나 위상선 상에서 임계점 $P = 0$, $P = a/b$에 의해서 결정되었던 3개의 구간은 이제 tP 평면의 3개의 소영역에 해당한다.

$$R_1\colon -\infty < P < 0, \qquad R_2\colon 0 < P < a/b, \qquad R_3\colon a/b < P < \infty$$

그림 2.1.4의 위상도는 $P(t)$가 R_1에서 감소, R_2에서는 증가, 그리고 R_3 구간에서는 감소한다는 것을 보여 준다. 만약 $P(0) = P_0$이 초기값이면, 구간 R_1, R_2, R_3에서 각각 다음과 같은 결과를 얻는다.

(*i*) 소영역 R_1에서 $P_0 < 0$이므로 $P(t)$는 위쪽에 경계가 있다. 위상도로부터 $P(t)$는 t가 증가할수록 계속 감소하므로 $t \to -\infty$일 때는 $P(t) \to 0$와 같이 위쪽 경계선으로 수렴해야 한다. 이것은 평형해 $P(t) = 0$의 그래프가 해곡선의 수평 점근선임을 의미한다.

(*ii*) $0 < P_0 < a/b$인 소영역 R_2에서 $P(t)$는 위, 아래 모두에 경계선을 가지고 있으며 위상도로부터 $P(t)$가 증가하므로, $t \to \infty$일 때 $P(t) \to a/b$로 수렴하고, $t \to -\infty$일 때는 $P(t) \to 0$으로 수렴하는 것을 알 수 있다. 따라서 이 소영역에서 출발하는 임의의 해곡선은 두 평형해의 그래프 $P(t) = 0$과 $P(t) = a/b$를 수평 점근선으로 갖게 된다.

(*iii*) $P_0 > a/b$인 소영역 R_3에서 $P(t)$는 아래에 경계가 있고 감소하는 함수이므로 $t \to \infty$일 때 $P(t) \to a/b$로 수렴한다. 따라서 평형해의 그래프 $P(t) = a/b$가 해곡선의 수평 점근선이 된다.

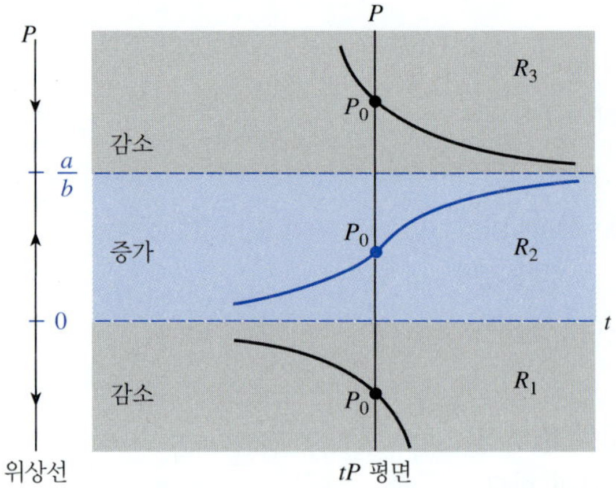

그림 2.1.6 예제 4에서 3개 소영역에서의 위상도와 해곡선

그림 2.1.6에서 위상선은 tP 평면의 P축이다. 이해를 돕기 위해서 그림 2.1.4의 원래 위상선을 tP 평면의 좌측에 나타내었다. 평형해 $P(t) = a/b$와 $P(t) = 0$의 그래프를 그림에 푸른 점선으로 표시하였다. 실선 그래프는 바로 앞에서 언급했던 세 가지 경우를 나타내는 $P(t)$의 그래프이다. ☰

예제 4에서 $P(t)$가 감소하고 아래쪽으로 경계가 없는 R_1과 같은 소영역에서는 반드시 $P(t) \to -\infty$이어야 한다. 이것은 반드시 $t \to \infty$일 때, $P(t) \to -\infty$라는 것은 아니다. $t \to T(T > 0)$일 때 $P(t) \to -\infty$인 경우가 있을 수도 있다. 즉 $P(t)$는 $t = T(\, > 0)$에서 수직 점근선을 가질 수 있는 것이다. 소영역 R_3에 대해서도 이와 유사하게 말할 수 있다.

예제 2의 $dy/dx = \sin y$는 자율 미분방정식이고, $y = n\pi$(n은 정수)에서 $\sin y = 0$이기 때문에 무한한 개수의 임계점을 갖는다. 이제 우리는 $(0, -\frac{3}{2})$를 지나는 해곡선 $y(x)$가 두 개의 연속적인 임계점에 의해서 위, 아래로 유계이며 $[-\pi < y(x) < 0]$이 소영역에서 감소하는 함수이므로($\sin y < 0$), $y(x)$의 그래프는 평형해가 수평 점근선인 것처럼 접근해야 한다는 것을 알 수 있다: 즉 $x \to \infty$일 때 $y(x) = -\pi$이고 $x \to -\infty$일 때 $y(x) = 0$이 된다.

예제 5　자율 미분방정식의 해곡선

자율 미분방정식 $dy/dx = (y - 1)^2$은 단일 임계점 1을 갖는다. **그림 2.1.7(a)**의 위상도에서, $-\infty < x < \infty$에서의 해 $y(x)$가 소영역 $-\infty < y < 1$과 $1 < y < \infty$에서 증가함수임을 알 수 있다. 초기조건 $y(0) = y_0 < 1$에 대해서는 해 $y(x)$가 증가하고 $y = 1$에 의해서 위쪽 경계를 가진다. 따라서 $x \to \infty$일 때 $y(x) \to 1$이 된다. $y(0) = y_0 > 1$인 경우에는 $y(x)$가 증가하며 위쪽 경계가 없다.

$y(x) = 1 - 1/(x + c)$는 이 미분방정식의 1-매개변수(one-parameter) 해의 모임이며 (연습문제 2.2의 문제 4 참조) 초기조건으로 c의 값을 얻을 수 있다. 예를 들어 초기조건이 $y(0) = -1 < 1$과 $y(0) = 2 > 1$의 경우에, $y(x) = 1 - 1/(x + \frac{1}{2})$과 $y(x) = 1 - 1/(x - 1)$을 얻는다. 그림 2.1.7(b)와 (c)에 나타난 것처럼 해곡선은 수직 점근선을 가진다. 다음과 같은 IVP(초기값 문제)의 경우

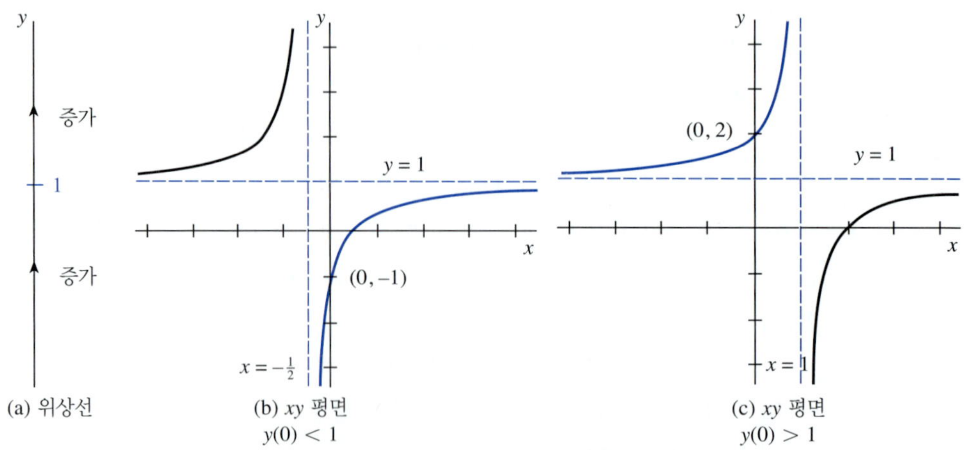

그림 2.1.7 예제 5에서 $y = 1$ 근처에서의 해의 모양 ☰

$$\frac{dy}{dx} = (y - 1)^2, y(0) = -1 \text{ 그리고 } \frac{dy}{dx} = (y - 1)^2, y(0) = 2$$

그 해들은 특정한 구간에서 정의되어 각각 다음과 같이 주어진다.

$$y(x) = 1 - \frac{1}{x + \frac{1}{2}}, \quad -\frac{1}{2} < x < \infty \text{ 그리고 } y(x) = 1 - \frac{1}{x - 1}, \quad -\infty < x < 1$$

그림 2.1.7(b)와 (c)에서 위 초기값 문제에 해당하는 해곡선은 푸른 실선으로 표시된 부분이다. 위상도에서 예측되었듯이 그림 2.1.7(b)의 해곡선은 $x \to \infty$일 때 $y(x) \to 1$이 되며 그림 2.1.7(c)에서는 왼쪽에서부터 $x \to 1$일 때 $y(x) \to \infty$임을 알 수 있다.

끌개과 밀개 $y(x)$가 식 (1)에 주어진 자율 미분방정식의 비상수해이며 c가 임계점이라고 가정하자. 임계점 부근에서 $y(x)$는 기본적으로 세 가지 형태의 모양을 보일 수 있다. **그림 2.1.8**을 보면 c가 네 개의 수직 위상선에 놓여 있다. 그림 2.1.8(a)에 나타난 바와 같이 임계점 c 양쪽의 화살표가 모두 c를 **향할** 때, c에서 충분히 가까운 초기점 (x_0, y_0)으로부터 시작하는 식 (1)의 모든 해 $y(x)$는 점근선 거동[$\lim_{x \to \infty} y(x) = c$]을 보인다. 이런 이유로 점 c는 **점근적으로 안정**(asymptotically stable)하다고 한다. 물리적 유사성을 이용하면 c 근처에서 시작하는 해는 반대 극성의 전하에 이끌리는 전하와 같아서 항상 c 쪽으로 당겨지므로 c를 **끌개**(attractor)라고 한다. 그림 2.1.8(b)와 같이 c 양쪽의 화살표가 점 c로부터 **멀어지는** 경우에는 초기점 (x_0, y_0)으로부터 시작하는 식 (1)의 모든 해 $y(x)$는 x가 증가할수록 c에서 멀어진다. 이런 경우 임계점 c를 **불안정**(unstable)하다고 하며, 불안정 임계점은 끌개의 반대 개념으로 **밀개**(repeller)라고도 한다. 그림 2.1.8(c)와 2.1.8(d)의 임계점 c는 밀개도 끌개도 아니다. 이 경우에 c를 기준으로 인력과 반발력 양쪽의 성격이 존재하므로, 이러한 임계점 c를 **준안정적**(semi-stable)이라고 한다. 예제 3에서 임계점 a/b는 점근적으로 안정적(끌개)이고 임계점 0은 불안정적(밀개)이다. 예제 5에서 임계점 1은 준안정적이다.

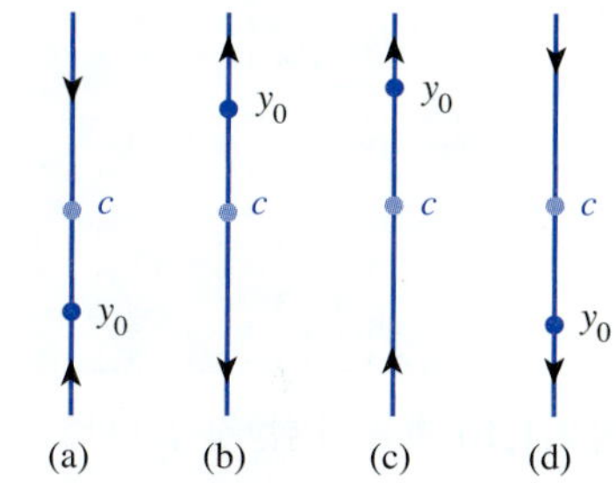

그림 2.1.8 임계점 c는 끌개(a), 밀개(b), 그리고 준안정적(c, d)임

예제 6 임계점 분류하기

$\dfrac{dy}{dx} = 4y - y^3$의 모든 임계점을 찾아 분류하라.

풀이 주어진 미분방정식을

$$\frac{dy}{dx} = y(4 - y^2) = y(2 - y)(2 + y)$$

으로 다시 쓰면

$y(2 - y)(2 + y) = 0$으로부터 $y = 0$, $y = 2$, $y = -2$가 주어진 미분방정식의 임계점임을 알 수 있다. 이제 임계점에 의해 결정된 y축의 간격에서 dy/dx의 대수 부호를 차례로 조사하여 **그림 2.1.9**의 위상도에서 다음을 알 수 있다.

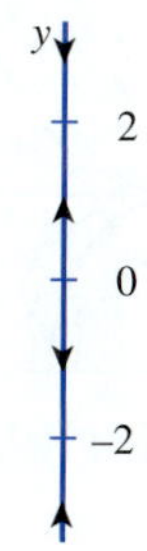

그림 2.1.9 예제 6에서 사용된 미분방정식의 임계점 위상도

$$\overbrace{(-\infty, -2)}^{dy/dx > 0}, \overbrace{(-2, 0)}^{dy/dx < 0}, \; y = -2\text{가 점근적으로 안정하다는 것을 의미한다(끌개)},$$

$$\overbrace{(-2, 0)}^{dy/dx < 0}, \overbrace{(0, 2)}^{dy/dx > 0}, \quad y = 0$$이 불안정하다는 것을 의미한다(밀개),

$$\overbrace{(0, 2)}^{dy/dx > 0}, \overbrace{(2, \infty)}^{dy/dx < 0}, \quad y = 2$$가 점근적으로 안정하다는 것을 의미한다(끌개).

연습문제 2.1의 문제 21~28번을 참조하라. ≡

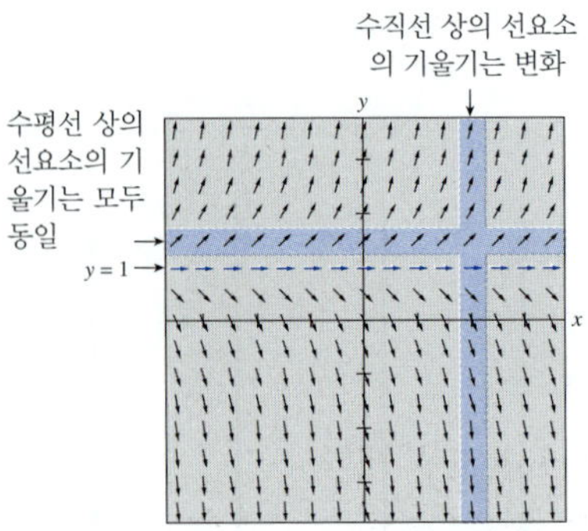

그림 2.1.10 자율 미분방정식의 방향장

자율 미분방정식과 방향장 만일 1계 미분방정식이 자율적이라면 $dy/dx = f(y)$의 우변으로부터 방향장 격자점들을 통과하는 선요소의 기울기가 오로지 각 점의 y 좌표에만 의존한다는 것을 알 수 있다. 다시 말하면, 어떤 수평선(y 좌표가 모두 같은) 위의 점들을 통과하는 선요소는 모두 같은 기울기를 가져야만 한다는 것이다. 수직선 상의 선요소 기울기는 물론 다를 것이다. 이 사실은 **그림 2.1.10**에서 푸른색으로 음영처리된 수평띠와 수직띠를 살펴보면 분명하게 나타난다. 그림은 자율 미분방정식 $dy/dx = 2(y - 1)$의 방향장이다. 이 내용을 염두에 두고 그림 2.1.3을 다시 살펴보자. 그림 2.1.10에서 $y = 1$일 때의 선요소의 기울기는 모두 0이다. 이는 평형해 $y = 1$의 그래프 위에 위치하기 때문에 당연하다.

이동 성질 함수 $y = f(x - k)$ (여기서 k는 상수)의 그래프는 $y = f(x)$의 그래프를 x축으로 평행하게 $|k|$만큼 이동한 것이다. 이때, $k > 0$이면 오른쪽, $k < 0$이면 왼쪽으로 이동한다.

식 (1) 이후에 서술된 내용에 의하여 자율 1계 미분방정식의 해곡선은 이동 개념과 관련이 있다. 이를 알아보자. 예제 3, 4에서 다룬 자율방정식의 특별한 경우로 미분방정식 $dy/dx = y(3 - y)$를 생각해 보자. $y = 0$, $y = 3$은 평형해이며 이들의 그래프는 xy 평면을 세 개의 세부영역 R_1, R_2, R_3으로 나눈다. 즉

$$R_1: -\infty < y < 0, \qquad R_2: 0 < y < 3, \qquad R_3: 3 < y < \infty$$

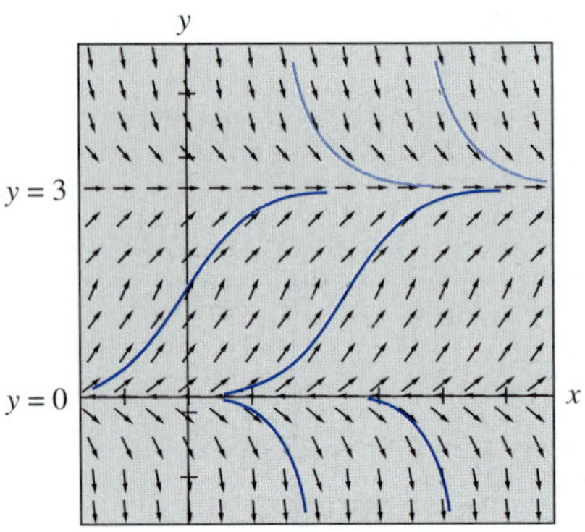

그림 2.1.11 자율 미분방정식의 이동된 해곡선들

그림 2.1.11은 방향장에 6개의 해곡선을 보여주는데 같은 세부영역 R_i에 놓인 해곡선은 매우 유사한 모양을 띠고 있다. 겹치지는 않지만 수평상에 있는 선요소는 모두 평행이다. 이로부터 자율 미분방정식의 **이동 성질**을 다음과 같이 말할 수 있다.

> $y(x)$가 자율 미분방정식 $dy/dx = f(y)$의 해이면 $y_1(x) = y(x - k)$ (여기서 k는 상수)도 역시 해이다.

따라서 초기값 문제 $dy/dx = f(y)$, $y(0) = y_0$의 한 해를 $y(x)$라면 $y_1(x) = y(y - x_0)$는 초기값 문제 $dy/dx = f(y)$, $y(x_0) = y_0$의 해이다. 예를 들어, $y(x) = e^x$, $-\infty < x < \infty$는 IVP $dy/dx = y$, $y(0) = 1$의 해임을 쉽게 보일 수 있다. 따라서 $dy/dx = y$, $y(4) = 1$의 해 $y_1(x)$는 $y(x) = e^x$를 오른쪽으로 4만큼 평행 이동한 해이다. 즉

$$y_1(x) = y(x - 4) = e^{x-4}, \ -\infty < x < \infty$$

2.1 연습문제

부록에 선택된 홀수 문제의 답이 있다.

2.1.1 방향장

문제 1~4에서는 컴퓨터로 얻어진 방향장을 이용하여, 주어진 점을 통과하는 해곡선을 손으로 그려라. 각각의 해곡선은 서로 다른 색으로 그려라.

1. $\dfrac{dy}{dx} = x^2 - y^2$

(a) $y(-2) = 1$ **(b)** $y(3) = 0$

(c) $y(0) = 2$ **(d)** $y(0) = 0$

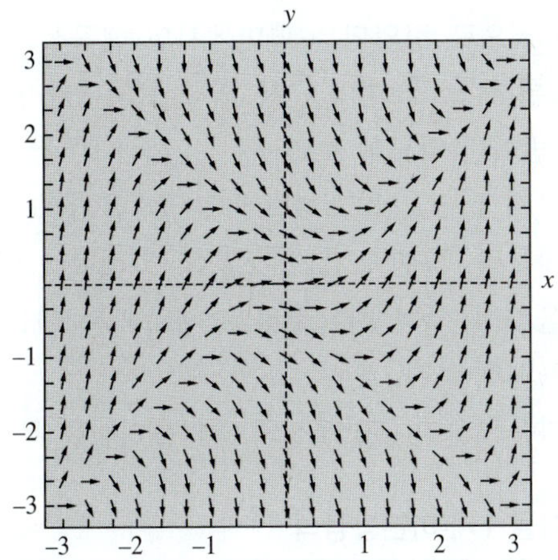

그림 2.1.12 문제 1의 방향장

2. $\dfrac{dy}{dx} = e^{-0.01xy^2}$

(a) $y(-6) = 0$ **(b)** $y(0) = 1$

(c) $y(0) = -4$ **(d)** $y(8) = -4$

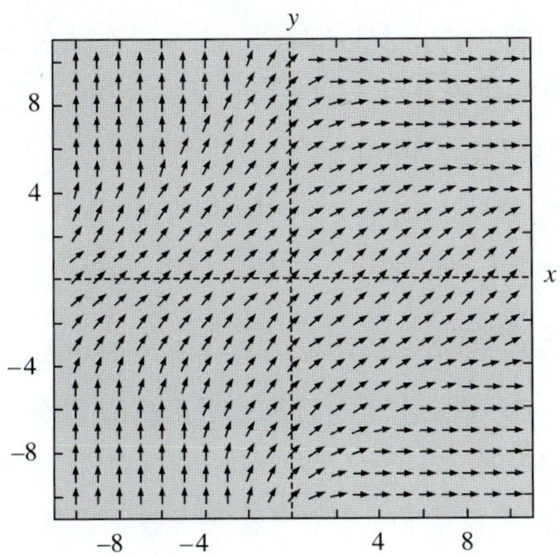

그림 2.1.13 문제 2의 방향장

3. $\dfrac{dy}{dx} = 1 - xy$

(a) $y(0) = 0$ **(b)** $y(-1) = 0$

(c) $y(2) = 2$ **(d)** $y(0) = -4$

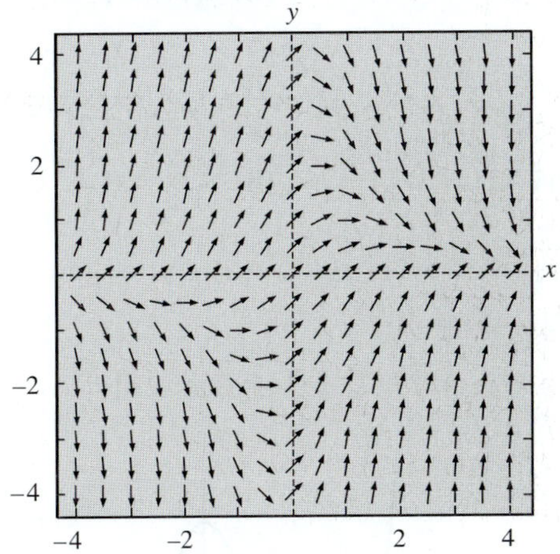

그림 2.1.14 문제 3의 방향장

4. $\dfrac{dy}{dx} = (\sin x)\cos y$

(a) $y(0) = 1$ **(b)** $y(1) = 0$

(c) $y(3) = 3$ **(d)** $y(0) = -\frac{5}{2}$

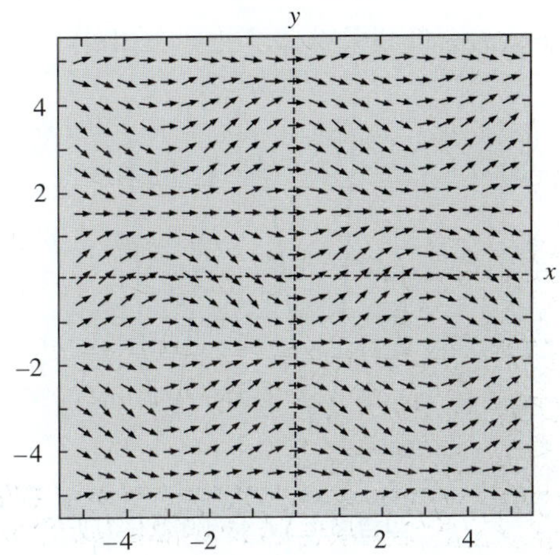

그림 2.1.15 문제 4의 방향장

문제 5~12에서는 컴퓨터 소프트웨어를 사용하여, 주어진 미분방정식의 방향장을 구하라. 그리고 주어진 점을 지나는 개략적인 해곡선을 손으로 그려라.

5. $y' = x$

(a) $y(0) = 0$

(b) $y(0) = -3$

6. $y' = x + y$

(a) $y(-2) = 2$

(b) $y(1) = -3$

7. $y\dfrac{dy}{dx} = -x$

(a) $y(1) = 1$

(b) $y(0) = 4$

8. $\dfrac{dy}{dx} = \dfrac{1}{y}$

(a) $y(0) = 1$

(b) $y(-2) = -1$

9. $\dfrac{dy}{dx} = 0.2x^2 + y$

10. $\dfrac{dy}{dx} = xe^y$

(a) $y(0) = \frac{1}{2}$ (a) $y(0) = -2$

(b) $y(2) = -1$ (b) $y(1) = 2.5$

11. $y' = y - \cos\frac{\pi}{2}x$ **12.** $\frac{dy}{dx} = 1 - \frac{y}{x}$

(a) $y(2) = 2$ (a) $y(-\frac{1}{2}) = 2$

(b) $y(-2) = 0$ (b) $y(\frac{3}{2}) = 0$

문제 13, 14에 주어진 그림은 각각 $f(y)$, $f(x)$이다. 적절히 격자선을 설정한 후에

13. $dy/dx = f(y)$의 방향장을 손으로 그려라.

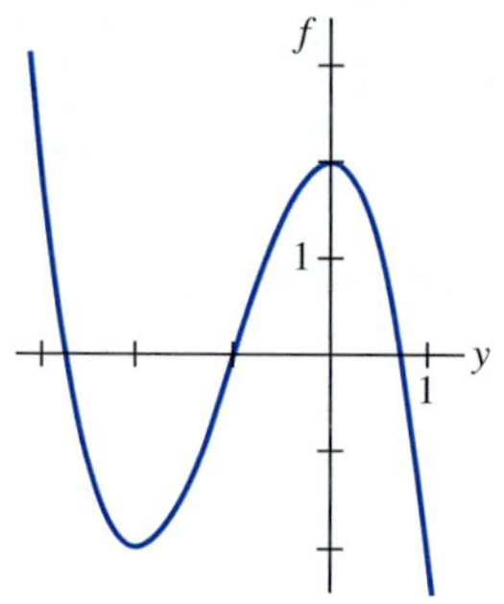

그림 2.1.16 문제 13의 그래프

14. $dy/dx = f(x)$의 방향장을 손으로 그려라.

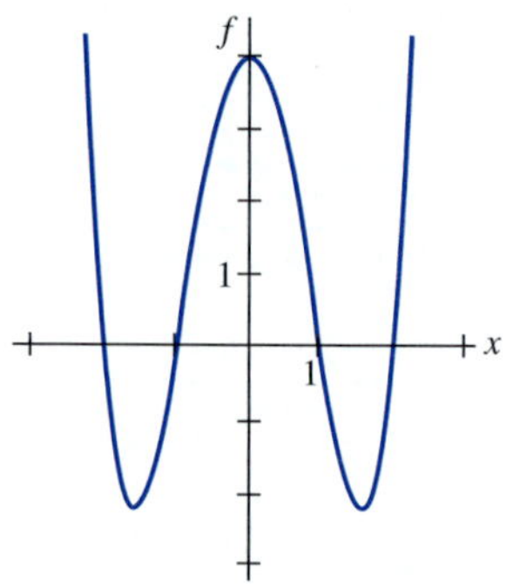

그림 2.1.17 문제 14의 그래프

15. (a), (b)에서는 지시된 c값에 따라 주어진 미분방정식의 **등경사선** $f(x, y) = c$를 그려라(2.1.1절의 **참고** 참조). 각 등경사선 상의 점들을 선정해서 적절한 기울기의 선요소들을 조심스럽게 그려서 격자선 상에 방향장을 구성하라. 주어진 DE와 초기조건 $y(0) = 1$로 구성된 IVP의 해곡선을 방향장을 이용하여 개략적으로 그려라.

(a) $dy/dx = x + y$; c는 $-5 \le c \le 5$를 만족시키는 정수

(b) $dy/dx = x^2 + y^2$; $c = \frac{1}{4}$ $c = 1$, $c = \frac{9}{4}$, $c = 4$

토의문제

16. (a) 미분방정식 $dy/dx = x(y - 4)^2 - 2$의 방향장을 컴퓨터를 이용하지 말고 생각해 보자. 직선 $x = 0$, $y = 3$, $y = 4$, $y = 5$ 위의 선요소들의 기울기에 대해서 말해 보라.

(b) 초기값 문제 $dy/dx = x(y - 4)^2 - 2$, $y(0) = y_0$, $y_0 < 4$를 생각해 보자. $x \to \infty$일 때 해 $y(x) \to \infty$인가? (a)에서 얻은 정보를 가지고 이를 토론하라.

17. 1계 미분방정식 $dy/dx = f(x, y)$에 대해서, $f(x, y) = 0$으로 정의되는 평면 상의 곡선은 이 미분방정식의 **영기울기선**(nullcline)으로 불린다. 그 곡선 상의 점에서 선요소의 기울기가 0이기 때문이다. 사각 격자선 위에 컴퓨터를 이용해서 $dy/dx = x^2 - 2y$의 방향장을 그리고, 그 위에 영기울기선 $y = \frac{1}{2}x^2$의 그래프를 겹쳐서 그려라. $y < \frac{1}{2}x^2$과 $y > \frac{1}{2}x^2$으로 정의되는 평면에서의 해곡선의 모양에 대해서 토론하라. 몇 개의 근사 해곡선을 그려라. 관찰한 결과의 일반화를 시도해 보라.

18. (a) 문제 1, 3 그리고 4번에서 영기울기선(문제 17)을 찾아보라. 그림 2.1.12, 2.1.14 그리고 2.1.15에서 영기울기선 상의 선요소라고 생각되는 것들에 색연필로 표시해 보라.

(b) 자율 1계 미분방정식의 영기울기선은 무엇인가?

2.1.2 자율 1계 미분방정식

19. 자율 1계 미분방정식 $dy/dx = y - y^3$과 초기조건 $y(0) = y_0$를 생각해 보자. y_0가 다음과 같이 주어질 때, 손으로 $y(x)$의 그래프를 그려라.

(a) $y_0 > 1$ (b) $0 < y_0 < 1$

(c) $-1 < y_0 < 0$ (d) $y_0 < -1$

20. 자율 1계 미분방정식 $dy/dx = y^2 - y^4$과 초기조건 $y(0) = y_0$를 생각해 보자. y_0가 다음과 같이 주어질 때, 손으로 $y(x)$의 그래프를 그려라.

(a) $y_0 > 1$ (b) $0 < y_0 < 1$

(c) $-1 < y_0 < 0$ (d) $y_0 < -1$

문제 21~28에서는 주어진 자율 1계 미분방정식의 임계점과 위상도를 찾아라. 각 임계점을 점근적으로 안정, 불안정, 그리고 준안정적인 3가지로 분류하라. 평형해의 그래프로 결정되는 xy 평면의 영역에서 전형적인 해곡선을 손으로 그려라.

21. $\frac{dy}{dx} = y^2 - 3y$ **22.** $\frac{dy}{dx} = y^2 - y^3$

23. $\frac{dy}{dx} = (y - 2)^4$ **24.** $\frac{dy}{dx} = 10 + 3y - y^2$

25. $\frac{dy}{dx} = y^2(4 - y^2)$ **26.** $\frac{dy}{dx} = y(2 - y)(4 - y)$

27. $\dfrac{dy}{dx} = y\ln(y + 2)$ **28.** $\dfrac{dy}{dx} = \dfrac{ye^y - 9y}{e^y}$

문제 29, 30에서는 그래프 f가 **그림 2.1.18, 2.1.19**와 같이 주어지는 자율 미분방정식 $dy/dx = f(y)$에 대해서 생각해 보자. 그래프를 이용하여 각 미분방정식의 임계점들을 구하라. 각 미분방정식의 위상도를 그려라. 평형해의 그래프에 의해서 결정되는 xy 평면의 소영역에서 해곡선들을 손으로 그려 보라.

29.

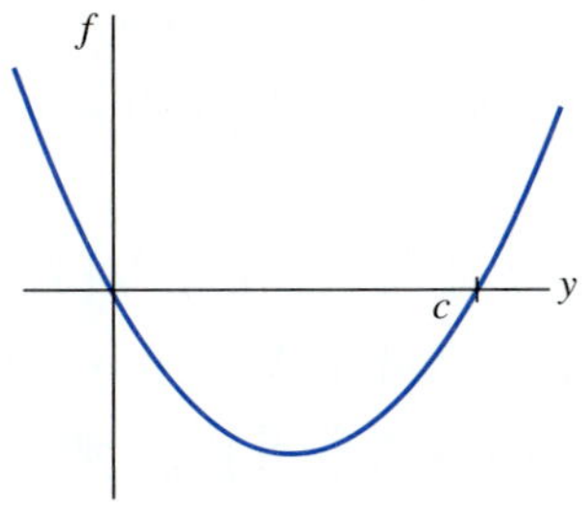

그림 2.1.18 문제 29의 그래프

30.

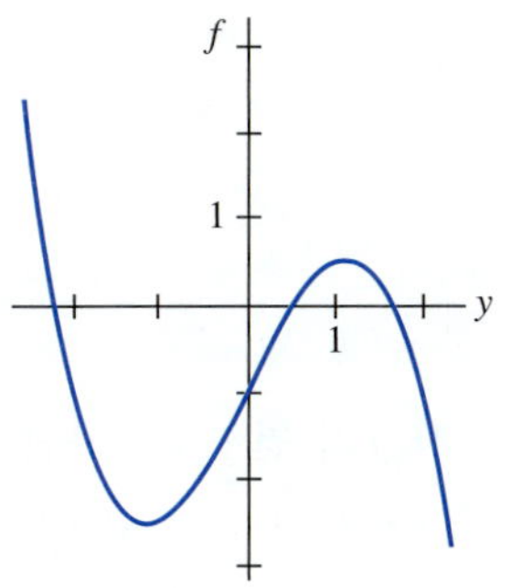

그림 2.1.19 문제 30의 그래프

토의문제

31. 자율 미분방정식 $dy/dx = (2/\pi)y - \sin y$를 생각해 보자. 이 방정식의 임계점을 구하고 위상도를 구할 수 있는 방법에 대해서 토론하라. 그리고 각 임계점들이 점근적으로 안정, 불안정, 그리고 준안정적인지 분류하라.

32. 자율 1계 미분방정식의 임계점 c가 있다고 할 때 만약 c를 포함하고 다른 임계점은 포함하지 않는 열린 구간이 존재한다면 이 임계점 c를 **고립되었다**(isolated)고 한다. 식 (1)의 형태를 띠고, 모든 임계점이 비고립된 자율 미분방정식이 존재하는가? 너무 깊게 생각하지는 말고 토론하라.

33. $y(x)$가 자율 1계 미분방정식 $dy/dx = f(y)$의 비상수해이고 c가 임계점이라 하자. 왜 $y(x)$의 그래프는 평형해 $y = c$의 그래프와 만나지 못하는가? 왜 $f(y)$는 2.1.2절의 해곡선 부분에서 논의되었던 소영역에서 부호를 바꿀 수 없는 것인가? 왜 $y(x)$는 진동하거나 극대값 또는 극소값을 가지지 못하는가?

34. $y(x)$가 자율 미분방정식 $dy/dx = f(y)$의 해이며, 그림 2.1.5(b)의 소영역 R_2에서처럼, $c_1 < c_2$인 연속적인 두 개의 임계점에 의해서 위, 아래로 유계라 하자. 만일 그 영역에서 $f(y) > 0$이면, $\lim_{x\to\infty} y(x) = c_2$이다. $\lim_{x\to\infty} y(x) = L$이 되게 하는 $L < c_2$인 실수 L이 왜 존재할 수 없는지를 토론하라. 토론의 한 부분으로 $x \to \infty$일 때, $y'(x)$는 어떻게 되는지 한번 생각해 보라.

35. 자율방정식 (1)을 사용해서, 해곡선의 변곡점을 어떻게 찾을 수 있는지를 토론하라.

36. 미분방정식 $dy/dx = y^2 - y - 6$을 생각해 보자. 문제 35의 아이디어를 이용하여 해곡선이 오목하거나 또는 볼록한 y축의 구간을 찾아라. 왜 구간 $-2 < y_0 < 3$에서 초기값 문제 $dy/dx = y^2 - y - 6$, $y(0) = y_0$의 해곡선들은 같은 y 좌표에서 변곡점을 갖는가? 그리고 그 y 좌표는 무엇인가? $y(0) = -1$의 조건을 갖는 해곡선을 손으로 그려 보라. $y(2) = 2$의 경우도 그려 보라.

37. 식 (1)의 자율 미분방정식이 임계점을 가지지 않는다고 하자. 이 방정식 해의 개형에 대해서 논하라.

수학적 모형

38. 인구 모형 예제 3의 미분방정식은 잘 알려진 인구 모형이다. 미분방정식을 다음과 같이 바꿔 써 보자.

$$\frac{dP}{dt} = P(aP - b)$$

여기서 a와 b는 양의 상수이다. 시간 t가 증가함에 따라 인구 P는 어떻게 되는지 토론하라.

39. 인구 모형 $h > 0$이고 $k > 0$인 정수들을 가지고 있는 아래와 같은 다른 인구 모형이 있다.

$$\frac{dP}{dt} = kP - h$$

어떤 초기값 $P(0) = P_0$일 때 이 모델은 인구가 멸종할 것이라고 예측하는가?

40. 종단속도(terminal velocity) 다음의 자율 미분방정식은 중력에 의해서 낙하하는 질량 m인 물체의 속도 v에 관한 모형이다.

$$m\frac{dv}{dt} = mg - kv$$

여기서 k는 항력(drag) 상수로 불리는 양수인 비례상수이며, g는 중력에 의한 중력가속도이다. 방정식에서 $-kv$ 항은 공기의 저항이므로 높은 곳에서 낙하하는 물체의 속도는 시간에 따라 무한히 증가하지는 않는다. 미분방정식의 위상도를 사용하여 신체의 한계속도(limiting velocity) 또는 종단속도(terminal velocity)를 구하라. 그 이유를 설명하라. 29쪽을 참고하라.

41. **종단속도**(terminal velocity) 1.3절 예제 17번에서, 우리는 물체의 고속 움직임의 경우, 공기의 저항은 그것의 순간속도 v의 파워(power)에 비례한다고 제시하였다. 만약, 공기의 저항이 v^2에 비례한다고 가정하면, 문제 40번에서의 낙하하는 질량 m인 물체의 순간 속도에 대한 수학적 모델은 아래와 같다.

$$m\frac{dv}{dt} = mg - kv^2$$

여기서 k는 0보다 크다. 위상도를 이용하여 물체의 종단속도를 구하고 추론 과정을 설명하라.

42. **화학반응** 어떤 화학물질들이 결합할 때, 새로운 화합물이 생성되는 비율은 다음 미분방정식에 의해서 결정된다.

$$\frac{dX}{dt} = k(\alpha - X)(\beta - X)$$

여기에서 $k > 0$은 비례상수이고, $\beta > \alpha > 0$이다. $X(t)$는 시간 t에서 생성된 화합물의 그램 수를 나타낸다. 1.3절을 참조하라.

(a) 미분방정식의 위상도를 이용하여 $t \to \infty$일 때 X의 개형을 예상하라.

(b) $\alpha = \beta$인 경우를 고려하자. 만약 $X(0) < \alpha$이면, $t \to \infty$일 때 X의 개형은 어떻게 될지 미분방정식의 위상도를 이용하여 예측해 보라. $X(0) > \alpha$일 경우는 어떻게 되겠는가?

(c) $k = 1$, $\alpha = \beta$일 때 미분방정식의 해가 $X(t) = \alpha - 1/(t + c)$임을 증명하라. $X(0) = \alpha/2$와 $X(0) = 2\alpha$를 만족시키는 해를 각각 구하고 두 해의 그래프를 그려라. $t \to \infty$일 때 해의 개형이 (b)에서 예상한 것과 일치하는가?

2.2 변수분리

소개 1계 미분방정식 $dy/dx = f(x, y)$를 생각해 보자. f가 변수 y에 무관할 때, 즉 $f(x, y) = g(x)$이면, 미분방정식

$$\frac{dy}{dx} = g(x) \tag{1}$$

은 적분에 의해서 풀린다. 만일 $g(x)$가 연속함수이면, 식 (1)의 양변을 적분하면 $y = \int g(x)\,dx = G(x) + c$, $G(x)$는 $g(x)$의 역도함수(부정적분)와 같은 해를 얻는다. 예를 들어 만일 $dy/dx = 1 + e^{2x}$라면 $y = \int (1 + e^{2x})dx$ 또는 $y = x + \frac{1}{2}e^{2x} + c$가 된다.

정의 식 (1)은 $dy/dx = f(x, y)$에서 f가 하나의 변수만으로 이루어진 함수들의 곱으로 표현되는 분리 가능한 방정식 중의 특수한 경우에 해당한다.

정의 2.2.1 분리 가능한 방정식

1계 미분방정식의 형태가

$$\frac{dy}{dx} = g(x)h(y)$$

와 같으면 이 방정식을 **분리 가능하다**(separable)고 하거나, **분리 가능한 변수**(separable variable)를 갖는다고 한다.

예를 들어 다음 두 미분방정식

$$\frac{dy}{dx} = x^2y^4e^{5x-3y} \text{ 그리고 } \frac{dy}{dx} = y + \cos x$$

중 하나는 분리가 가능하고 나머지는 그렇지 못하다. 먼저 첫 번째 식 $f(x, y) = x^2y^4e^{5x-3y}$는

$$f(x, y) = x^2y^4e^{5x-3y} = \overbrace{(x^2e^{5x})}^{g(x)}\overbrace{(y^4e^{-3y})}^{h(y)}$$

으로 쓸 수 있지만 두 번째 식에서 $y + \cos x$는 x나 y에 관한 함수의 곱으로 표현할 수 없다.

풀이방법 위의 분리 가능한 방정식을 함수 $h(y)$로 양변을 나누어 다음과 같이 쓸 수 있다.

$$p(y)\frac{dy}{dx} = g(x) \tag{2}$$

여기서 편의상 $1/h(y)$를 $p(y)$로 표시하였다. 식 (2)에서 $h(y) = 1$이면 식 (1)이 됨을 알 수 있다.

식 (2)의 해를 $y = \phi(x)$라 하면, $p(\phi(x))\phi'(x) = g(x)$이어야 하고, 양변을 적분하여 다음 식을 얻는다.

$$\int p(\phi(x))\phi'(x)\,dx = \int g(x)\,dx \tag{3}$$

그러나 $dy = \phi'(x)dx$이므로, 식 (3)을 다음과 같이 쓸 수 있다.

$$\int p(y)\,dy = \int g(x)\,dx \quad \text{or} \quad H(y) = G(x) + c \tag{4}$$

여기서 $H(y)$와 $G(x)$는 각각 $p(y) = 1/h(y)$와 $g(x)$의 역도함수이다.

식 (4)는 분리 가능한 미분방정식을 푸는 절차를 보여 준다. 보통 비함수의 형태로 주어지는 1-매개변수 해의 모임은 $p(y)dy = g(x)dx$의 양변을 적분함으로써 구해진다.

분리 가능한 방정식의 양변을 적분할 때 $H(y) + c_1 = G(x) + c_2$와 같이 2개의 적분상수를 사용할 필요는 없다. $H(y) = G(x) + c_2 - c_1 = G(x) + c$와 같이 하나의 상수로 대체해도 되기 때문이다. 다음 장을 비롯한 많은 예들에서 주어진 방정식에 대해 편리하다고 생각되는 대로 상수들을 바꾸어 표기할 것이다. 예를 들어 상수의 곱이나 상수의 결합 등을 종종 하나의 상수로 대체할 것이다.

◀ 1계 미분방정식을 풀 때는 하나의 상수만을 사용하라.

예제 1 분리 가능한 미분방정식의 풀이

$(1 + x)dy - y\,dx = 0$을 풀어라.

풀이 $(1 + x)y$로 나누면 $dy/y = dx/(1 + x)$로 쓸 수 있으며, 다음과 같이 된다.

$$\int \frac{dy}{y} = \int \frac{dx}{1+x}$$

$$\ln|y| = \ln|1+x| + c_1$$

$$|y| = e^{\ln|1+x|+c_1} = e^{\ln|1+x|} \cdot e^{c_1} \quad \leftarrow \text{지수법칙}$$

$$= |1+x|e^{c_1} \quad \leftarrow \begin{cases} |1+x| = 1+x, & x \geq -1 \\ |1+x| = -(1+x), & x < -1 \end{cases}$$

$$y = \pm e^{c_1}(1+x)$$

$\pm e^{c_1}$을 c로 고쳐 쓰면 $y = c(1+x)$를 얻을 수 있다$(-\infty, \infty)$. ≡

예제 1 풀이의 경우에서 각 적분의 결과가 로그함수로 나타나므로, 적분상수를 c보다 $\ln|c|$로 설정하면 편리해진다. 풀이의 두 번째 줄을 $\ln|y| = \ln|1+x| + \ln|c|$로 표시하면 $\ln|y| = \ln|c(1+x)|$이 되어 $y = c(1+x)$를 곧바로 얻을 수 있기 때문이다. 만일 모든 부정적분이 로그함수가 아닐지라도 여전히 $\ln|c|$를 사용하는 것이 유리할 수도 있다. 하지만 모든 경우에 꼭 맞는 절대 규칙이 있는 것은 아니다.

1.1절에서 해곡선은 해 $G(x, y) = 0$ 그래프의 선분(segment) 또는 호가 될 수 있음을 보인 바 있다.

예제 2 해곡선

초기값 문제 $\dfrac{dy}{dx} = -\dfrac{x}{y}$, $y(4) = -3$을 풀어라.

풀이 $y\,dy = -x\,dx$의 형태로 방정식을 고쳐서 풀면

$$\int y\,dy = -\int x\,dx \quad \text{그리고} \quad \frac{y^2}{2} = -\frac{x^2}{2} + c_1$$

이 된다. 상수 $2c_1$을 c^2으로 바꾸어서 해를 $x^2 + y^2 = c^2$와 같이 쓸 수 있으며 이는 원점을 중심으로 하는 동심원들을 나타낸다.

$x = 4$, $y = -3$일 때 $16 + 9 = 25 = c^2$이다. 따라서 문제의 해는 반지름이 5인 원 $x^2 + y^2 = 25$이다. 이로부터 초기조건을 만족시키는 해를 구하면, 1.1절의 예제 6에서 $y = -\sqrt{25 - x^2}$, $-5 < x < 5$가 됨을 알 수 있었다. 해곡선은 미분 가능한 함수의 그래프이다. **그림 2.2.1**에서 해곡선은 푸른색 선으로 표시된 아래쪽 반원으로, 점$(4, -3)$을 지난다. ≡

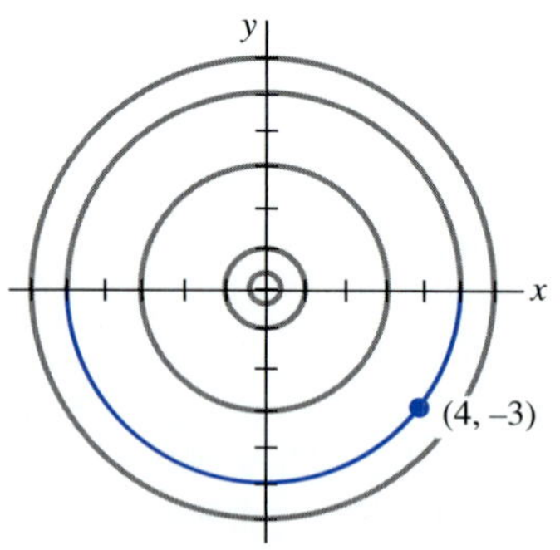

그림 2.2.1 예제 2 초기값 문제의 해곡선

예제 3 초기값 문제

주어진 미분방정식의 초기값 문제를 풀어라. $\dfrac{dy}{dx} = 1 + y^2$, 2, $y(0) = 0$.

풀이 주어진 방정식을 $\dfrac{dy}{1+y^2} = dx$ 으로 다시 쓰면,

$$\int \frac{dy}{1+y^2} = \int dx \text{은} \quad \tan^{-1} y = x + c$$

이 됨을 안다.

마지막 방정식에서 $y(0)$가 0일 때 $\tan^{-1} 0 = 0 + c$이 되어 c가 0이 된다. 해는 정의 구간 $(-\pi/2, \pi/2)$에서 $\tan^{-1} y = x$ 또는 $y = \tan x$이 된다. ≡

대부분 예제 3의 해 $\tan^{-1} y = x + c$를 $y = \tan(x + c)$로 적을지도 모른다. 하지만, 이렇게 적을 때에는 주의해야 한다. 왜냐하면 단순히 c 값을 지정할 경우, 해 $y = \tan(x + c)$는 무한한 정의 구간에 해당하는 무한 개의 특수해를 정의할 수 있기 때문이다.

예를 들어 c가 0일 때

$$\ldots y = \tan x, (-3\pi/2, -\pi/2), y = \tan x, (-\pi/2, \pi/2), y = \tan x, (\pi/2, 3\pi/2), \ldots$$

이 주어진 미분방정식의 해가 된다. **그림 2.2.2.**를 참조하라. 예제 3의 초기값문제 해는 회색 그래프만 해당됨을 알 수 있다.

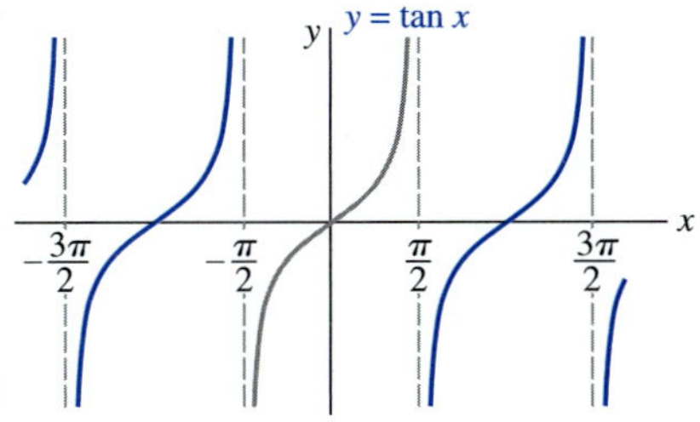

그림 2.2.2 예제 3의 미분방정식 해

없어지는 해 변수를 분리할 때 어떤 점에서 분모가 0이 될 수 있기 때문에 조심해야 한다. 만약 r이 함수 $h(y)$의 영점이면, $y = r$을 $dy/dx = g(x)h(y)$에 대입하면 양변이 0으로 된다. 즉 $y = r$은 이 미분방정식의 상수해이다. 그러나 변수분리 후에 $dy/h(y) = g(x)dx$의 좌변이 r에서 정의되지 않은 것을 보라[$h(r) = 0$이기 때문에]. 결론적으로 $y = r$은 적분하고 간략화한 후에 얻어지는 해의 모임에서는 나타나지 않을 수 있다. 이러한 해를 특이해(singular solution)라고 했던 것을 기억하라.

예제 4 없어지는 해

$\dfrac{dy}{dx} = y^2 - 4$를 풀어라.

풀이 주어진 식을 바꾸면 다음과 같다.

$$\frac{dy}{y^2 - 4} = dx \text{ 또는 } \left[\frac{\frac{1}{4}}{y - 2} - \frac{\frac{1}{4}}{y + 2}\right]dy = dx \tag{5}$$

식 (5)에서 두 번째 방정식은 첫 번째 방정식의 좌변을 부분분수로 전개한 것이다. 적분을 하고 로그함수의 성질을 적용하면

$$\frac{1}{4}\ln|y - 2| - \frac{1}{4}\ln|y + 2| = x + c_1 \text{ 또는 } \ln\left|\frac{y - 2}{y + 2}\right| = 4x + c_2 \text{ 또는 } \frac{y - 2}{y + 2} = e^{4x + c_2}$$

와 같다. 여기서는 $4c_1$을 c_2로 대체하였다. 마지막으로 e^{c_2}를 c로 대체하고 마지막 방정식을 y에 대해서 풀면 1-매개변수 해의 모임을 아래와 같이 얻는다.

$$y = 2\frac{1 + ce^{4x}}{1 - ce^{4x}} \tag{6}$$

주어진 미분방정식의 우변을 $dy/dx = (y - 2)(y + 2)$로 인수분해하면, 2.1절의 논의에 따라서 $y = 2$와 $y = -2$가 두 개의 상수(평형)해가 된다. $y = 2$는 식 (6)에서 정의된 해 모임의 원소 중 하나로 $c = 0$일 때 얻어지는 값이다. 그러나 $y = -2$는 특이해이다. 즉 식 (6)에서 매개변수 c를 어떻게 택하여도 얻어질 수 없다. 해 $y = -2$는 풀이과정에서 일찍

이 없어졌다. 식 (5)를 살펴보면 풀이과정에서 $y = \pm 2$는 제외시켜야만 했다는 것을 분명히 알 수 있다. ≡

예제 5 초기값문제

다음 초기값문제를 풀어라.

$$\cos x(e^{2y} - y)\frac{dy}{dx} = e^{y}\sin 2x, \quad y(0) = 0$$

풀이 위 방정식을 $e^y \cos x$으로 양변을 나누면 아래 식이 된다.

$$\frac{e^{2y} - y}{e^{y}}\,dy = \frac{\sin 2x}{\cos x}\,dx \tag{5}$$

적분전에 좌변은 분자를 항목 별로 나누고 우변은 삼각함수 항등식 $\sin 2x = 2\sin x\cos x$을 사용한다. 그러면 부분적분(integration by parts)에 의해서

$$\int (e^{y} - ye^{-y})\,dy = 2\int \sin x\,dx$$

는 아래 식이 된다.

$$e^{y} + ye^{-y} + e^{-y} = -2\cos x + c \tag{7}$$

초기 조건이 $y = 0(x = 0$일 때 $c = 4)$이면, 초기값 문제의 해는 아래 식이 된다.

$$e^{y} + ye^{-y} + e^{-y} = 4 - 2\cos x \tag{8}$$ ≡

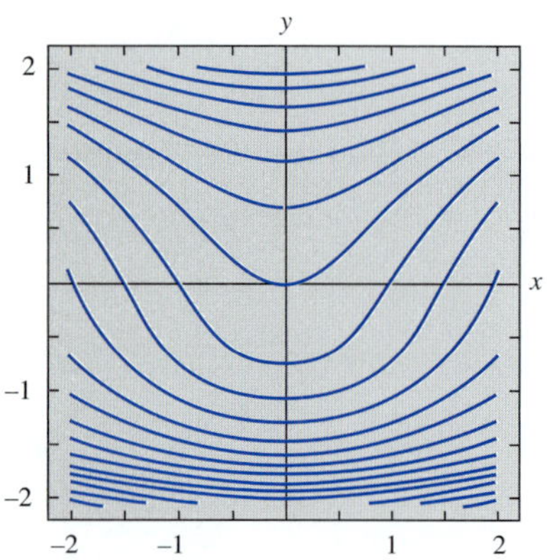

그림 2.2.3 $G(x, y) = c$의 등고선, $G(x, y) = e^{y} + ye^{-y} + e^{-y} + 2\cos x$

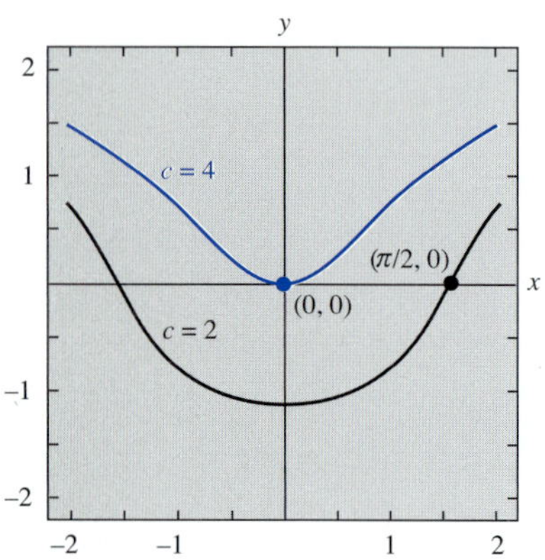

그림 2.2.4 $c = 2, c = 4$일 때의 등고선

컴퓨터의 이용 1.1절 마지막 부분의 **참고**에서 음함수 해 $G(x, y) = 0$을 사용하여 해 $y = \phi(x)$를 찾는 것이 어려울 수 있다는 것을 언급하였다. 식 (8)은 y를 x의 함수로 풀어 내어 해를 구하는 일이 대단히 어렵다는 것을 보여 준다. 식 (8)과 같은 함수식이 아닌 해는 그 그래프의 형태뿐 아니라, 어떤 구간에서 $y(0) = 0$을 만족시키는 해가 정의되는지조차 불분명하다. 이렇듯 파악이 어려운 함수식이 아닌 해가 어떻게 생겼는지 '보여 주는' 기술적인 방법들이 있는데 그 중 한 가지는 CAS 중 경로를 그려 주는 프로그램을 이용하는 것이다.* 두 변수를 가지는 함수 $z = G(x, y)$에 대하여 $G(x, y) = c$(c는 상수)로 정의되는 **2차원 곡선**을 이 함수의 **등고선**(level curve)이라 한다.

CAS의 도움으로 **그림 2.2.3**에 $G(x, y) = e^{y} + ye^{-y} + e^{-y} + 2\cos x$의 등고선을 몇 가지 나타내었다. 식 (7)로 정의된 해의 모임은 등고선 $G(x, y) = c$이다. **그림 2.2.4**에 그린 푸른색 등고선 $G(x, y) = 4$은 식 (8)의 특수해이다. 그림 2.2.3의 다른 곡선은 $G(x, y) = 2$의 등고선이고, 이는 해의 모임 $G(x, y) = c$ 중에서 $y(\pi/2) = 0$을 만족시키는 것이다.

1계 미분방정식 해의 모임 중에서 초기조건을 만족시키는 매개변수 c의 값을 찾아서 초기조건에 맞는 특수해를 얻는다면, 대부분의 학생(교수)은 긴장을 풀고 만족해할 것이다. 그러

* 2.6절에서 수치해법도구의 개념을 기초로 몇 가지 다른 방법에 대하여 논의한다.

나 초기값 문제의 해는 유일하지 않을 수 있다. 다음의 1.2절 예제 4의 초기값 문제는 적어도 두 개의 해($y = 0$과 $y = \frac{1}{16}x^4$)를 가지는 것을 보았다.

$$\frac{dy}{dx} = xy^{1/2}, \quad y(0) = 0 \tag{9}$$

$y^{-\frac{1}{2}}dy = x\,dx$의 수식을 변수 분리하고 적분하면, $2y^{\frac{1}{2}} = \frac{1}{2}x^2 + c_1$이 된다. y에 대하여 식을 정리하고 c를 $\frac{1}{2}c_1$에 대입하면 아래와 같은 결과가 나온다.

$$y = (\tfrac{1}{4}x^2 + c)^2 \tag{10}$$

c가 0보다 크거나 같을 때, $(-\infty, \infty)$ 구간에서 식 (10)에서 주어진 각 함수들은 식 (9)의 해이다. 2.2절 연습문제 56을 보라. 식 (10)에 $x = 0$과 $y = 0$을 대입하면, $c = 0$이 되는 것을 확인할 수 있다. 그러므로, $y = \frac{1}{16}x^4$이 IVP의 해이다. 자명해인 $y = 0$은 $y^{\frac{1}{2}}$로 나눠어지면서 없어진다. 초기값 문제 (9)는 $a \geq 0$을 만족시키는 어떠한 매개변수를 선택해도, 아래에 주어진 구분-정의 함수가 미분방정식과 초기조건을 만족하기 때문에, 실제로는 더 많은 해들을 가지고 있다.

$$y = \begin{cases} 0, & x < a \\ \frac{1}{16}(x^2 - a^2)^2, & x \geq a \end{cases}$$

그림 2.2.5를 보라.

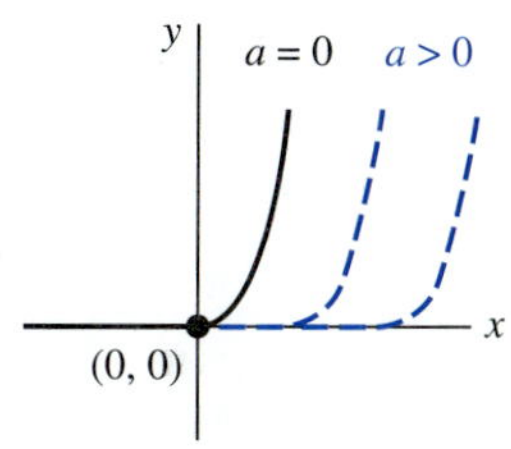

그림 2.2.5 조각별로 정의된 식 (9)의 해곡선

적분 정의함수 1.1절의 마지막 부분 **참고** (*ii*)에 따르면, 특정 종류의 미분방정식에 대한 해법은 적분 정의함수로 귀결된다고 언급되었다. 적분이 해결 방법이기 때문에, 이와 같은 내용은 분리가능한 미분방정식에 특히 해당된다. 예를 들어, 만약 g가 x_0과 x를 포함하고 있는 구간 I에서 연속적이라면, 간단한 초기값 문제 $dy/dx = g(x)$의 해, I에 정의되어 있는 $y(x_0) = y_0$은 다음과 같다.

$$y(x) = y_0 + \int_{x_0}^{x} g(t)\,dt$$

이와 같은 사실은 1.1절 (12)에서 $\int_{x_0}^{x_0} g(t)\,dt = 0$이 때문에, $dy/dx = g(x)$이고 $y(x_0) = y_0$임을 알 수 있었다. $\int g(t)$가 기본함수 용어들로 표현될 수 없는 비기본함수일 때, $y(x) = y_0 + \int_{x_0}^{x} g(t)\,dt$ 형태가 IVP의 양함수 해를 얻기 위한 최선의 방법일지도 모른다. 다음 예제에 잘 나타난다.

예제 6 초기값 문제

초기값 문제 $\dfrac{dy}{dx} = e^{-x^2}, \quad y(2) = 6$을 풀어라.

풀이 함수 $g(x) = e^{-x^2}$은 구간 $(-\infty, \infty)$에서 연속이지만 역도함수는 기본함수가 아니다. 문제를 해결하기 위하여 또 다른 변수 t를 사용하여 주어진 미분방정식 양변을 적분하여 보자.

$$\int_2^x \frac{dy}{dt}\,dt = \int_2^x e^{-t^2}\,dt$$

$$y(t)\Big]_2^x = \int_2^x e^{-t^2}\,dt$$

$$y(x) - y(2) = \int_2^x e^{-t^2}\,dt$$

$$y(x) = y(2) + \int_2^x e^{-t^2}\,dt$$

이제 초기조건 $y(2) = 6$을 사용하면 해

$$y(x) = 6 + \int_2^x e^{-t^2}\,dt.$$

를 얻는다. ≡

예제 6에서 사용한 방법을 일례로, $f(y)$는 기본 함수인 역도함수를 가지고, $g(x)$는 그렇지 않은 경우의 변수분리형 $dy/dx = g(x)f(y)$으로 적용할 수 있다. 연습문제 2.2에서 문제 31, 34을 보라.

참고

앞의 몇 가지 예에서 1계 미분방정식에 대한 1-매개변수 해의 상수는 상황에 맞게 바뀌었다. 또한 두 사람이 동일한 방정식을 맞게 풀어도 다른 형태의 답을 얻는 일이 쉽게 일어날 수 있다. 예를 들어 변수분리에 따라, $(1 + y^2)dx + (1 + x^2)dy = 0$에 대한 1-매개변수 해를 다음과 같이 서로 달라 보이는 두 가지 형태로 얻을 수 있다.

$$\arctan x + \arctan y = c \quad \text{또는} \quad \frac{x + y}{1 - xy} = c$$

뒤따르는 여러 절들에서도, 상수를 바꾸거나 삼각함수와 대수를 적용하여 어떤 해를 다른 형태의 해로 바꿀 수 있으면 이들은 서로 같은 해모임이라는 것을 기억하라. 연습문제 2.2의 문제 27과 28을 참조하라.

2.2 연습문제

부록에 선택된 홀수 문제의 답이 있다.

문제 1~22에서는 주어진 미분방정식을 변수분리법으로 풀어라.

1. $\dfrac{dy}{dx} = \sin 5x$

2. $\dfrac{dy}{dx} = (x + 1)^2$

3. $dx + e^{3x}dy = 0$

4. $dy - (y - 1)^2 dx = 0$

5. $x\dfrac{dy}{dx} = 4y$

6. $\dfrac{dy}{dx} + 2xy^2 = 0$

7. $\dfrac{dy}{dx} = e^{3x+2y}$

8. $e^x y\dfrac{dy}{dx} = e^{-y} + e^{-2x-y}$

9. $y \ln x\dfrac{dx}{dy} = \left(\dfrac{y + 1}{x}\right)^2$

10. $\dfrac{dy}{dx} = \left(\dfrac{2y + 3}{4x + 5}\right)^2$

11. $\csc y\,dx + \sec^2 x\,dy = 0$

12. $\sin 3x\,dx + 2y\cos^3 3x\,dy = 0$

13. $(e^y + 1)^2 e^{-y}dx + (e^x + 1)^3 e^{-x}dy = 0$

14. $x(1 + y^2)^{1/2}dx = y(1 + x^2)^{1/2}dy$

15. $\dfrac{dS}{dr} = kS$

16. $\dfrac{dQ}{dt} = k(Q - 70)$

17. $\dfrac{dP}{dt} = P - P^2$

18. $\dfrac{dN}{dt} + N = Nte^{t+2}$

19. $\dfrac{dy}{dx} = \dfrac{xy + 3x - y - 3}{xy - 2x + 4y - 8}$

20. $\dfrac{dy}{dx} = \dfrac{xy + 2y - x - 2}{xy - 3y + x - 3}$

21. $\dfrac{dy}{dx} = x\sqrt{1 - y^2}$

22. $(e^x + e^{-x})\dfrac{dy}{dx} = y^2$

문제 23~30에서는 주어진 초기값 문제의 함수형태 또는 비함수형태의 해를 구하라.

23. $\dfrac{dx}{dt} = 4(x^2 + 1), \quad x(\pi/4) = 1$

24. $\dfrac{dy}{dx} = \dfrac{y^2 - 1}{x^2 - 1}, \quad y(2) = 2$

25. $x^2\dfrac{dy}{dx} = y - xy, \quad y(-1) = -1$

26. $\dfrac{dy}{dt} + 2y = 1, \quad y(0) = \frac{5}{2}$

27. $\sqrt{1 - y^2}\,dx - \sqrt{1 - x^2}\,dy = 0, \quad y(0) = \sqrt{3}/2$

28. $(1 + x^4)\,dy + x(1 + 4y^2)\,dx = 0, \quad y(1) = 0$

29. $\dfrac{dy}{dx} = -y \ln y, \quad y(0) = e$

30. $x \sinh y \dfrac{dy}{dx} = \cosh y, \quad y(1) = 0$

예제 6과 같은 방법으로 초기값 문제 31~34의 해를 구하라.

31. $\dfrac{dy}{dx} = ye^{-x^2}, \quad y(4) = 1$

32. $\dfrac{dy}{dx} = y^2 \sin x^2, \quad y(-2) = \frac{1}{3}$

33. $\dfrac{dy}{dx} = (1 + y^2)\sqrt{1 + \cos x^3}, \quad y(1) = 1$

34. $\dfrac{dy}{dx} = \dfrac{e^{-2y}\sin x}{1 + x^2}, \quad y(0) = 0$

문제 35~38에서는 주어진 초기값 문제의 해를 구하라. 분석적 방법을 통하여 각 해의 정의된 정확한 범위 I를 정하라. 그래픽 도구를 이용하여 각 해의 그래프를 그려라.

35. $\dfrac{dy}{dx} = \dfrac{2x + 1}{2y}, \quad y(-2) = -1$

36. $(2y - 2)\dfrac{dy}{dx} = 3x^2 + 4x + 2, \quad y(1) = -2$

37. $e^y dx - e^{-x} dy = 0, \quad y(0) = 0$

38. $\sin x\, dx + y\, dy = 0, \quad y(0) = 1$

39. **(a)** 예제 3의 미분방정식과 초기조건 $y(0) = 2$, $y(0) = -2$, $y(\frac{1}{4}) = 1$으로 이루어지는 초기값 문제들의 해를 구하라.

(b) $\ln c_1$이 해의 왼쪽에서 적분상수로 사용되고, $4 \ln c_1$이 $\ln c$로 대체될 때, 예제 4의 미분방정식의 해를 구하라. 그리고 (a)와 똑같은 초기값 문제들을 풀어라.

40. 제시된 점을 지나는 미분방정식 $x\dfrac{dy}{dx} = y^2 - y$의 해를 구하라.

(a) $(0, 1)$ **(b)** $(0, 0)$ **(c)** $(\frac{1}{2}, \frac{1}{2})$ **(d)** $(2, \frac{1}{4})$

41. 문제 21과 22의 특이해를 구하라.

42. $2x \sin^2 y\, dx - (x^2 + 10) \cos y\, dy = 0$의 해는 $\ln(x^2 + 10) \csc y = c$로 주어짐을 보여라. 미분방정식의 상수해가 있다면 찾아보아라.

종종 초기조건이나 방정식 자체의 조그만 변화가 해를 근본적으로 바꾸는 경우가 있다. 문제 43~46에서는 주어진 초기값 문제의 해를 구하라. 그리고 컴퓨터 소프트웨어를 이용하여 각 해의 그래프를 그린 후, (0, 1) 근처에서 각 해곡선을 비교하라.

43. $\dfrac{dy}{dx} = (y - 1)^2, \quad y(0) = 1$

44. $\dfrac{dy}{dx} = (y - 1)^2, \quad y(0) = 1.01$

45. $\dfrac{dy}{dx} = (y - 1)^2 + 0.01, \quad y(0) = 1$

46. $\dfrac{dy}{dx} = (y - 1)^2 - 0.01, \quad y(0) = 1$

47. 모든 자율 1계 미분방정식 $dy/dx = f(y)$는 분리가 가능하다. 초기조건 $y_1(0) = 2$, $y_2(0) = \frac{1}{2}$, $y_3(0) = -\frac{1}{2}$, $y_4(0) = -2$를 각각 만족시키는 미분방정식 $dy/dx = y - y^3$의 해 $y_1(x)$, $y_2(x)$, $y_3(x)$, $y_4(x)$를 구하라. 소프트웨어를 이용하여 각각의 해곡선을 그리고 연습문제 2.1의 문제 19에서 예측한 그래프들과 비교하라. 각 해의 정확한 정의구간을 구하라.

48. **(a)** 자율 미분방정식 $dy/dx = 1/(y - 3)$은 임계점을 가지지 않는다. 그렇다 하더라도 3을 위상선 위에 놓고 위상도를 구하라. d^2y/dx^2를 계산하여 어느 구간에서 해곡선이 오목하고 볼록한지를 정하라(연습문제 2.1의 문제 35, 36을 참조). 위상도를 이용하여 몇 개의 해곡선을 손으로 그려 보라.

(b) 초기조건 $y_1(0) = 4$, $y_2(0) = 2$, $y_3(1) = 2$, $y_4(-1) = 4$를 만족시키는 미분방정식 $dy/dx = 1/(y - 3)$의 해 $y_1(x)$, $y_2(x)$, $y_3(x)$, $y_4(x)$를 구하라. 각각의 해곡선을 그리고, (a)에서 그린 것과 비교해 보라. 각 해의 정확한 정의구간을 구하라.

문제 49~54에서는 적분 또는 대입법을 이용하여 주어진 미분방정식 또는 초기값 문제의 양함수해(explicit solution)를 구하라.

49. $\dfrac{dy}{dx} = \dfrac{1}{1 + \sin x}$

50. $\dfrac{dy}{dx} = \dfrac{\sin\sqrt{x}}{\sqrt{y}}$

51. $(\sqrt{x} + x)\dfrac{dy}{dx} = \sqrt{y} + y$

52. $\dfrac{dy}{dx} = y^{2/3} - y$

53. $\dfrac{dy}{dx} = \dfrac{e^{\sqrt{x}}}{y}, \quad y(1) = 4$

54. $\dfrac{dy}{dx} = \dfrac{x\tan^{-1}x}{y}, \quad y(0) = 3$

토의문제

55. **(a)** 예제 2 초기값 문제의 해 $y(x) = \phi_2(x)$가 열린 구간 $(-5, 5)$에서 정의됨을 설명하라.

(b) x축을 지나는 해가 있는가? $x^2 + y^2 = 1$이 초기값 문제 $dy/dx = -x/y$, $y(1) = 0$의 해라고 생각하는가?

56. 2.2절에서 1차 미분방정식 $dy/dx = xy^{\frac{1}{2}}$의 해들의 한 매개변수 군이 $c \geq 0$일 때 $y = (\frac{1}{4}x^4 + c)^2$이라는 것을 보여주었다. 이 군의 각 해들은 $(-\infty, \infty)$의 구간에 정의되어 있다. c가 음수이면, 마지막 선언문은 거짓이 된다. $c = -1$일 때, 왜 $y = (\frac{1}{4}x^4 - 1)^2$이 $(-\infty, \infty)$에서의 미분방정식의 해가 아닌지 설명하라. 미분방정식의 해가 $y = (\frac{1}{4}x^4 - 1)^2$이 되는 정의구간 I를 구하라.

57. 문제 47, 48에서 모든 자율 1계 미분방정식 $dy/dx = f(y)$가 분리 가능한 것을 보았다. 이 사실이 초기값 문제 $\dfrac{dy}{dx} = \sqrt{1 + y^2}\sin^2 y$, $y(0) = \frac{1}{2}$의 해를 얻는 데 도움이 되는가를 토론하라. 그리고 해곡선을 손으로 그럴듯하게 그려 보라.

58. **(a)** 아래 두 초기값 문제를 구하라.

$$\frac{dy}{dx} = y,\ y(0) = 1, \qquad \frac{dy}{dx} = y + \frac{y}{x\ln x},\ \ y(e) = 1.$$

(b) (a)에서 두 해 곡선의 교차점의 y 좌표에 165만 자릿수가 있음을 보여라.

59. 함수의 제곱과 도함수의 제곱근을 더하면 1이 되는 함수를 찾아라.

60. **(a)** 문제 27의 미분방정식은 $|x| < 1$, $|y| < 1$에 의해 정의되는 xy 평면의 영역에서 다음과 동일하다.

$$\frac{dy}{dx} = \sqrt{\frac{1 - y^2}{1 - x^2}}$$

또한 $|x| > 1$, $|y| > 1$의 영역에서도 제곱근 안의 값은 음수가 아니다. 이 미분방정식이 실수해를 가지는 xy 평면 상의 모든 영역을 표시하라.

(b) $|x| > 1$, $|y| > 1$에 의해 정의되는 영역에서 (a)의 미분방정식을 풀어라. 그리고 $y(2) = 2$의 조건을 만족시키는 함수형태와 비함수형태를 구하라.

수학적 모형

61. **호킹 복사**(Hawking radiation) 영국 이론물리학자 **Stephen Hawking** (1942~2018)에 따르면 블랙홀의 질량 $m(t)$는 복사로 인해 시간이 지남에 따라 감소한다. 질량에 대한 모델은 다음과 같이 주어진다.

$$\frac{dm}{dt} = -\frac{k}{m^2}$$

$m(0)$가 m_0일 때, $m(t)$를 구하라.

62. **처진 사슬**(hanging chain) 유연한 강철 사슬이 자중에 의해 처져 있고 그 끝은 같은 높이에 붙어 있다고 가정한다. 아래 사진을 참조하라.

(a) 사슬의 모양을 결정할 때 먼저 아래 미분방정식을 풀어야 한다.

$$\frac{du}{dx} = a\sqrt{1 + u^2}$$

여기서 a는 상수이다. $u(0)$가 0일 때 $u(x)$에 대해 풀어라.

(b) (a)에서 찾은 함수 $u(x)$는 아래 미분방정식에 의해 사슬 $y(x)$의 모양과 관련이 있다.

$$\frac{dy}{dx} = u$$

$y(0)$가 $1/a$일 때 $y(x)$에 대해 풀어라. 처진 사슬의 모양을 규명하라.

문제 62의 처진 사슬

63. 토토크로네 문제(tautochrone problem) 일명 등시 곡선 문제라고도 하는 이 토토크로네 문제는 **그림 2.2.6**에 있는 곡선 C에서 마찰 없이 가장 낮은 지점까지 미끄러지는 구슬의 하강 시간이 시작점과 무관하다는 것으로, 그런 곡선 C를 찾는 문제이다. 만약 **그림 2.2.6**의 곡선 C가 동시성(tautochrone)이면 x 좌표의 x_1, x_2 및 x_3에 해당하는 서로 다른 위치에서 시작하는 세 개의 구슬이 동시에 원점(0, 0)에 도달할 것이다. 네덜란드의 수학자이자 천문학자인 **Christiaan Huygens** (1629~1695)는 1673년 최초로 토토크로네 문제의 해를 발표했다.

이러한 곡선을 결정하려면 다음 미분방정식을 풀어야 한다.

$$1 + \left(\frac{dx}{dy}\right)^2 = \frac{a}{y}$$

여기서 a는 상수이다. 다음 미분방정식을 풀어 곡선 C에 대한 매개변수 방정식을 구하라.

$$dx = \sqrt{\frac{a-y}{y}}\,dy$$

곡선 C에 대한 매개변수 방정식을 구하라.

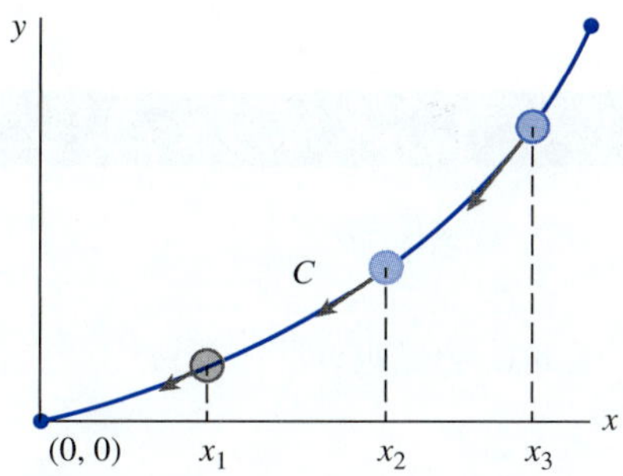

그림 2.2.6 문제 63의 토토토크로네

$y = a\sin^2\phi$ 치환법을 이용하라.

64. 화학 반응(chemical reaction) 단일 반응물을 포함하는 특정 2차 화학 반응에서 반응속도는 다음과 같이 주어진다.

$$\frac{dA}{dt} = k(A - x)^2$$

여기서 k와 A는 상수이고 $x(t)$는 시간 t에 형성된 새로운 화학물질의 그램 수이다. $x(0)$가 0일 때 $x(t)$를 풀어라.

65. 현수교 1.3절의 (16)에서 현수교의 수학적 모형이 다음과 같은 것을 보았다.

$$\frac{dy}{dx} = \frac{W}{T_1} \tag{11}$$

여기에서 W는 그림 1.3.9에서와 같이 두 점 P_1과 P_2 사이에 걸리는 수직부하이다. 미분방정식 (11)은 다음 조건에서 분리 가능하다.

그림 2.2.7과 같이 x축, y축이 설정되어 있다고 가정하자. 즉 x축은 수평축이며 현수교 케이블의 한 구간이 구간 $[-L/2, L/2]$에 걸쳐 있고, 이 구간에서 케이블의 높이가 가장 낮은 점 $(0, a)$를 y축이 지난다. 현수교의 경우에, 보통 식 (11)의 수직부하가 수평축을 따라서 균일하게 분포됨을 가정한다. 다시 말하면, 수평축의 단위길이당 무게는 상수 ρ로 동일한 것이다. 이 정보를 사용하여 현수교 케이블의 형태를 얻기 위한 적절한 초기값 문제를 설정하고 그 해를 구하라. 이 초기값 문제의 해를 케이블의 늘어진 길이 h와 수평축 길이 L로 표현하라. 그림 2.2.7을 보라.

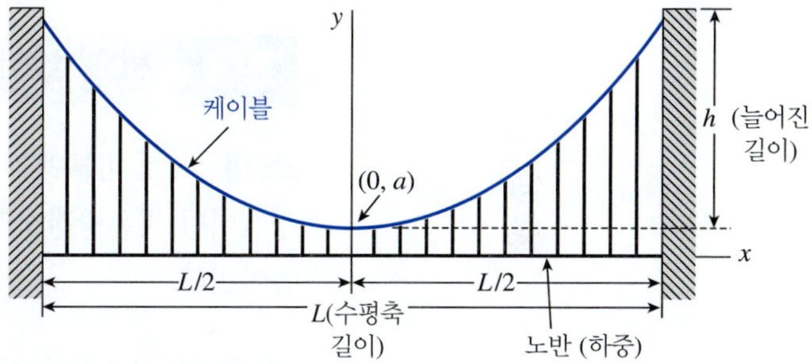

그림 2.2.7 문제 53의 케이블의 모양

컴퓨터 실습 과제

66. (a) 미분방정식 $\dfrac{dy}{dx} = -\dfrac{8x+5}{3y^2+1}$의 해모임 그래프를 그리기 위해 CAS와 등고선의 개념을 이용하라. $a \le x \le b$, $c \le y \le d$로 정의되는 다양한 사각영역과 다양한 수의 등고선을 가지고 실험해 보라.

(b) 다른 좌표축에 초기조건 $y(0) = -1$, $y(0) = 2$, $y(-1) = 4$, $y(-1) = -3$에 해당하는 특수해들의 그래프를 그려라.

67. (a) 다음 초기값 문제의 비함수형태의 해를 구하라.

$$(2y + 2)dy - (4x^3 + 6x)dx = 0, \quad y(0) = -3$$

(b) (a)의 결과를 이용하여 초기값 문제의 해 $y = \phi(x)$를 구하라.

(c) (b)에서의 결과를 함수로만 생각하라. CAS의 도움으로 이 함수를 그리고, 그 정의역을 추정하기 위해서 그래프를 사용하라.

(d) CAS의 근찾기 기능을 이용하여 (b)에서의 해 $y = \phi(x)$가 정의되는 가장 큰 구간 I를 결정하라. 이 영역에서 초기값 문제의 해곡선을 그리기 위해서 CAS나 그래픽 소프트웨어를 사용하라.

68. **(a)** 미분방정식 $\dfrac{dy}{dx} = \dfrac{x(1-x)}{y(-2+y)}$의 해모임 그래프를 그리기 위하여 CAS와 등고선의 개념을 이용하라. xy 평면 상의 다양한 사각영역과 서로 다른 수의 등고선을 이용하여 결과가 **그림 2.2.8**과 비슷해질 때까지 계속 실험하라.

(b) 다른 좌표축에 초기조건 $y(0) = \frac{3}{2}$에 해당하는 해의 그래프를 그려라. 색연필을 사용하여 해당 초기조건을 만족시키는 해곡선을 표시하라. CAS를 이용하여 해가 정의되는 가장 큰 구간 I를 결정하라.[힌트: (a)에서 접선이 수직선이 되는 해곡선 위의 점들을 먼저 찾아라.]

(c) 초기조건 $y(0) = -2$에 대해서 (b)를 반복하라.

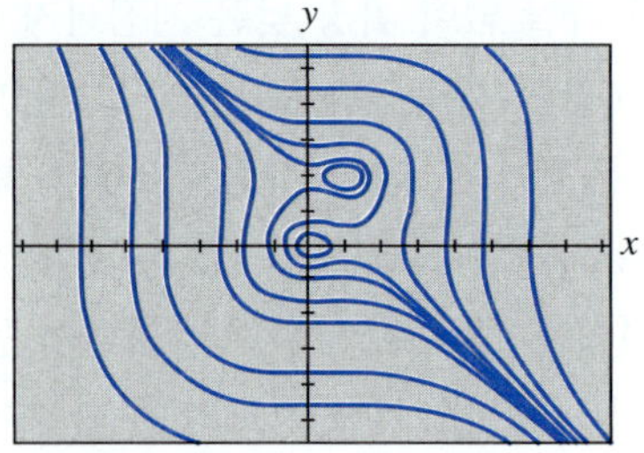

그림 2.2.8 문제 68의 등고선

2.3 선형방정식

소개 1계 미분방정식의 해를 선형방정식을 이용하여 구해 보자. 주어진 방정식이 선형방정식이면 미분방정식의 차수(1차 또는 고차)에 관계없이 해를 구할 수 있는 가능성이 크게 높아진다.

정의 1.1절의 식 (7)에서 선형 1계 미분방정식의 형태를 보았다. 편의를 위해서 1.1절의 식 (6)에서 $n = 1$일 때의 경우를 다시 쓰자.

정의 2.3.1 선형방정식

1계 미분방정식

$$a_1(x)\frac{dy}{dx} + a_0(x)y = g(x) \tag{1}$$

을 종속변수 y의 **선형방정식**(linear equation)이라 한다.

$g(x) = 0$일 때 식 (1)을 **제차방정식**(homogeneous equation), $g(x) \neq 0$이면 **비제차방정식**(nonhomogeneous equation)이라 한다.

표준형 계수 $a_1(x)$로 식 (1)의 양변을 나누면 보다 유용한 형태가 되며, 이것을 선형방정식의 **표준형**(standard form)이라 한다.

$$\frac{dy}{dx} + P(x)y = f(x) \tag{2}$$

함수 P와 f가 둘 다 연속인 구간 I에서 식 (2)의 해를 구할 것이다.

이후의 논의 과정에서 식 (2)의 해가 가지는 성질과 그 풀이과정을 논하고 해의 공식을 제시할 것이다. 해의 성질과 풀이과정은 고차의 선형방정식에도 적용되므로 공식보다 더 중요하다고 할 수 있다.

성질 미분방정식 (2)는 아래 식 (3)의 제차방정식의 해 y_c와 비제차방정식 (2)의 특수해 y_p를 더한 $y = y_c + y_p$를 해로 가지는 특징이 있다.

$$\frac{dy}{dx} + P(x)y = 0 \tag{3}$$

$y = y_c + y_p$를 식 (2)에 대입한 후, 정리한 다음 식을 관찰해 보면 이 사실을 알 수 있다.

$$\frac{d}{dx}[y_c + y_p] + P(x)[y_c + y_p] = \underbrace{\left[\frac{dy_c}{dx} + P(x)y_c\right]}_{0} + \underbrace{\left[\frac{dy_p}{dx} + P(x)y_p\right]}_{f(x)} = f(x)$$

제차 미분방정식 제차방정식 (3)은 분리 가능하며, 식 (3)을 다음과 같이 쓰고 적분하여 $y_c = ce^{-\int P(x)dx}$를 얻을 수 있다.

$$\frac{dy}{y} + P(x)\,dx = 0$$

편의상 $y_c = cy_1(x)$이라고 하고($y_1 = e^{-\int P(x)dx}$) 이를 식 (3)에 대입하면, $dy_1/dx + P(x)y_1 = 0$이 되는데 이 관계는 y_p를 결정하는 데에 사용될 것이다.

비제차 미분방정식 방정식 (2)의 특수해를 **매개변수변화법**(method of variation of parameters)으로 알려진 방법을 이용하여 구할 수 있다. 기본적인 원리는 $y_p = u(x)y_1(x) = u(x)e^{-\int P(x)dx}$가 식 (2)의 해가 되도록 함수 u를 구하는 것이다. 즉 y_p에 대한 가정은 상수 c를 u(변화 가능한 매개변수)로 바꾼 것만 빼면 $y_c = cy_1(x)$과 동일하다. $y_p = uy_1$을 식 (2)에 대입하면

$$\overset{\text{곱규칙}\downarrow}{u\frac{dy_1}{dx} + y_1\frac{du}{dx}} + P(x)uy_1 = f(x) \quad \text{또는} \quad u\overset{\text{영}\downarrow}{\left[\frac{dy_1}{dx} + P(x)y_1\right]} + y_1\frac{du}{dx} = f(x)$$

이고, 그 결과

$$y_1\frac{du}{dx} = f(x)$$

이다. 이것을 변수분리하고 적분하면 다음 식과 같이 된다.

$$du = \frac{f(x)}{y_1(x)}dx \quad \text{그리고} \quad u = \int \frac{f(x)}{y_1(x)}dx$$

$y_1(x)$의 정의로부터 $1/y_1(x) = e^{\int P(x)dx}$이고, 따라서

$$y_p = uy_1 = \left(\int \frac{f(x)}{y_1(x)}dx\right)e^{-\int P(x)\,dx} = e^{-\int P(x)\,dx}\int e^{\int P(x)\,dx}f(x)\,dx$$

이 되고

$$y = y_c + y_p = ce^{-\int P(x)\,dx} + e^{-\int P(x)\,dx}\int e^{\int P(x)\,dx}f(x)\,dx \tag{4}$$

을 얻는다. 따라서 식 (2)가 해를 가진다면 식 (4)의 형태가 되어야만 한다. 반대로 식 (4)가 방정식 (2)의 1-매개변수 해의 모임으로 구성되어 있다는 것을 미분해서 증명하는 것은 쉬운 일이다.

식 (4)로 주어진 공식을 기억할 필요는 없다. 식 (2)를 풀기 위한 더 쉬운 방법이 있기 때문이다. 식 (4)가 다음 식

$$e^{\int P(x)\,dx} \tag{5}$$

으로 곱해져서

$$e^{\int P(x)\,dx}y = c + \int e^{\int P(x)\,dx}f(x)\,dx \tag{6}$$

이 되고 미분하여

$$\frac{d}{dx}\left[e^{\int P(x)\,dx}y\right] = e^{\int P(x)\,dx}f(x) \tag{7}$$

과 같이 되면

$$e^{\int P(x)\,dx}\frac{dy}{dx} + P(x)e^{\int P(x)\,dx}y = e^{\int P(x)\,dx}f(x) \tag{8}$$

을 얻을 수 있다. 이 마지막 결과를 $e^{\int P(x)dx}$로 나누면 식 (2)를 얻을 수 있다.

풀이방법 식 (2)의 해법으로 추천된 방법은 실제로는 역순으로 수행되는 식 (6)~(8)로 구성된다. 즉 식 (2)에 식 (5)를 곱하면 식 (8)을 얻는다. (8)의 좌변은 $e^{\int P(x)dx}$와 y의 곱을 미분한 것과 같아서 식 (7)을 얻게 되며, 식 (7)의 양변을 적분하여 해 식 (6)을 얻는다. $e^{\int P(x)dx}$를 곱한 후에 적분하여 식 (2)를 풀기 때문에, 이를 미분방정식의 **적분인자**(integrating factor)라 한다. 편의상 이들 결과를 아래와 같이 요약한다. 다시 강조하지만 공식 (4)를 기억할 필요는 없지만 매번 다음 과정을 따라서 문제를 풀어야 한다.

선형 1계 미분방정식의 풀이 지침

(*i*) 식 (1) 형태의 선형방정식을 식 (2)의 표준형으로 바꾸고 $P(x)$와 적분인자 $e^{\int P(x)dx}$를 결정하라.

(*ii*) 적분인자를 식 (2)에 곱하라. 그러면 방정식의 좌변은 자동적으로 적분인자와 y의 곱을 미분한 함수가 된다. 그리고 아래와 같이 식을 쓰고

$$\frac{d}{dx}\left[e^{\int P(x)\,dx}y\right] = e^{\int P(x)\,dx}f(x)$$

이 방정식의 양변을 적분한 후 적분인자로 나누면 해를 구할 수 있다.

예제 1 **선형 미분방정식의 풀이**

$\dfrac{dy}{dx} - 3y = 6$을 풀어라.

풀이 이 선형방정식은 변수분리를 이용하여 풀 수 있다. 이 방정식은 이미 표준형 식 (2)의 형태이므로, 적분인자는 $e^{\int(-3)dx} = e^{-3x}$이다. 적분인자를 방정식에 곱하면

$$e^{-3x}\frac{dy}{dx} - 3e^{-3x}y = 6e^{-3x}, \text{ 즉 } \frac{d}{dx}[e^{-3x}y] = 6e^{-3x}$$

와 같음을 알 수 있고 양변을 적분하면 $e^{-3x}y = -2e^{-3x} + c$와 같이 된다. 이 식을 적분인자로 다시 나누면 구하는 미분방정식의 해는 $y = -2 + ce^{3x}, -\infty < x < \infty$이다. ≡

식 (1)에서 a_1, a_0, g가 상수일 때, 식 (1)은 자율 미분방정식이 된다. 예제 1에서, $dy/dx = 3(y + 2)$으로부터 -2가 임계점이고 불안정하여 밀개라는 것을 증명할 수 있다. 따라서 평형해 $y = -2$의 그래프 위 또는 아래에서 초기점을 가지는 해곡선은 x가 증가할수록 이 수평선과 멀어지게 된다.

적분상수 앞에서는 지수함수 $e^{\int P(x)dx}$의 부정적분 계산에서 적분상수를 무시하였다. 적분인자가 미분방정식의 양변에 곱해진다는 사실을 고려하고 지수법칙을 생각해 보면, 왜 $\int P(x)dx + c$와 같이 쓰는 것이 불필요한지 알 수 있을 것이다. 연습문제 2.3의 문제 55를 보라.

일반해 식 (2)에서 함수 P와 f가 공통구간 I에서 연속임을 다시 가정하자. 만일 식 (2)가 I에서 해를 가지면, 이는 반드시 식 (4)에서 주어진 형태이어야만 한다는 것을 보았다. 반대로, 식 (4)의 형태로 주어진 함수는 I에서 미분방정식 (2)의 해라는 것을 증명하는 것은 어렵지 않다. 즉 식 (4)는 방정식 (2)의 1-매개변수 해의 모임이며, I에서 정의된 식 (2)의 모든 해는 이 모임의 원소이다. 결과적으로 식 (4)를 구간 I에서의 미분방정식의 **일반해**(general solution)로 부를 수 있다. 식 (2)를 $y' = F(x, y)$로 쓰면 $F(x, y) = -P(x)y + f(x)$이 되고 $\partial F/\partial y = -P(x)$이 된다. 구간 I에서 P와 f의 연속성으로부터, F와 $\partial F/\partial y$ 역시 연속임을 알 수 있다. 정리 1.2.1을 바탕으로, x_0를 포함하는 어떤 구간 I_0에서 정의된 다음의 초기값 문제는 유일해를 가진다는 결론을 내릴 수 있다.

$$\frac{dy}{dx} + P(x)y = f(x), \quad y(x_0) = y_0 \tag{9}$$

그러나 x_0가 I 내에 있을 때 식 (9)의 해를 구한다는 것은 단순히 식 (4)에서 c의 적당한 값을 구하는 것과 같다. 즉 각 x_0에 대하여 서로 다른 c가 대응된다. 다시 말하면, 초기값 문제 식 (9)에 대한 유일해의 존재구간 I_0는 전구간 I이다.

예제 2 일반해

$x\dfrac{dy}{dx} - 4y = x^6e^x$을 풀어라.

풀이 x로 나누면, 다음의 표준형을 얻는다.

$$\frac{dy}{dx} - \frac{4}{x}y = x^5e^x \tag{10}$$

이로부터 $P(x) = -4/x$, $f(x) = x^5e^x$이 되고, 함수 P와 f가 구간 $(0, \infty)$에서 연속이라는 사

실을 알 수 있다. 따라서 적분인자는

$$\overset{x > 0\text{이므로 } \ln|x| \text{ 대신 사용}}{\downarrow}$$
$$e^{-4\int dx/x} = e^{-4\ln x} = e^{\ln x^{-4}} = x^{-4}$$

이다. 여기서 $b^{\log_b N} = N\ (N > 0)$을 사용하였고, x^{-4}을 식 (10)에 곱하면

$$x^{-4}\frac{dy}{dx} - 4x^{-5}y = xe^x,\ \text{즉}\ \frac{d}{dx}[x^{-4}y] = xe^x$$

을 얻을 수 있다. 양변을 적분하면 $x^{-4}y = xe^x - e^x + c$ 또는 $y = x^5e^x - x^4e^x + cx^4$와 같이 $(0, \infty)$에서 정의되는 일반해를 얻을 수 있다. ≡

특이점 계수 $a_1(x)$가 1인 경우를 제외하고는, 방정식 (1)을 식 (2)의 표준형으로 바꾸기 위해서는 $a_1(x)$로 나누는 것이 필요하다. $a_1(x) = 0$이 되는 x의 값을 그 방정식의 **특이점**(singular point)이라 하는데 이것은 잠재적으로 귀찮은 문젯거리가 된다. 특히 식 (2)에서 만일 $P(x)[a_0(x)$를 $a_1(x)$로 나눈 것]가 어떤 점에서 불연속이면, 불연속성은 미분방정식의 해로 옮겨질 수도 있다.

예제 3 일반해

$(x^2 - 9)\dfrac{dy}{dx} + xy = 0$의 일반해를 구하라.

풀이 미분방정식을 다음과 같은 표준형으로 고쳐 쓰면, $P(x) = x/(x^2 - 9)$이 된다.

$$\frac{dy}{dx} + \frac{x}{x^2 - 9}y = 0 \tag{11}$$

P가 구간 $(-\infty, -3)$, $(-3, 3)$, $(3, \infty)$에서 연속이더라도, 첫 번째와 세 번째 구간에서 방정식을 풀 것이다. 이 구간들에서 적분인자는

$$e^{\int x\,dx/(x^2-9)} = e^{\frac{1}{2}\int 2x\,dx/(x^2-9)} = e^{\frac{1}{2}\ln|x^2-9|} = \sqrt{x^2 - 9}$$

가 되고, 이를 식 (11)에 곱하면

$$\frac{d}{dx}\left[\sqrt{x^2 - 9}\,y\right] = 0$$

가 되고 이를 적분하여 $\sqrt{x^2 - 9}\,y = c$가 얻어진다. 따라서 구간 $x > 3$ 또는 $x < -3$에서 미분방정식의 일반해는 $y = c/\sqrt{x^2 - 9}$가 된다. ≡

앞의 예에서 $x = 3$, $x = -3$은 방정식의 특이점이고 일반해 $y = c/\sqrt{x^2 - 9}$의 모든 함수는 이들 점에서 불연속임을 유의하라. 한편, 예제 2에서 $x = 0$은 특이점이지만, 일반해 $y = x^5e^x - x^4e^x + cx^4$의 모든 함수가 $x = 0$에서 연속이어서 예제 2의 결과와는 달리 구간 $(-\infty, \infty)$에서 정의될 수 있다는 것은 주목할 필요가 있다. 그러나 $(-\infty, \infty)$에서 정의된 해의 모임 $y = x^5e^x - x^4e^x + cx^4$를 예제 2 미분방정식의 일반해로 생각할 수는 없다. 왜냐하면 특

이점 $x = 0$이 여전히 문제가 되기 때문이다. 연습문제 2.3의 문제 50, 51을 보라. 선형미분방정식의 특이점에 대하여 5.2절에서 깊이 있게 살펴보자.

예제 4 초기값 문제

초기값 문제 $\frac{dy}{dx} + y = x, y(0) = 4$를 풀어라.

풀이 함수 $P(x) = 1$ 및 $f(x) = x$는 $(-\infty, \infty)$에서 연속이다. 적분인자는 $e^{\int dx} = e^x$이고 이를 미분방정식에 곱하면

$$\frac{d}{dx}[e^x y] = xe^x$$

이 되고 양변을 적분하면 $e^x y = xe^x - e^x + c$가 얻어진다. 이 방정식을 y에 대해서 풀면 일반해 $y = x - 1 + ce^{-x}$가 얻어진다. 초기조건으로부터 $x = 0$일 때 $y = 4$이다. 일반해에 이를 대입하면 $c = 5$가 되어 구간 $(-\infty, \infty)$에 대해 문제의 해는 다음과 같다.

$$y = x - 1 + 5e^{-x} \tag{12}$$ ≡

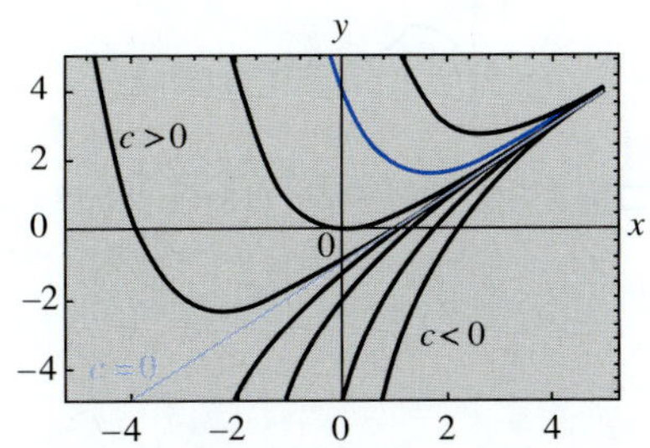

그림 2.3.1 예제 4 미분방정식의 몇 가지 해곡선

모든 선형 1계 미분방정식의 일반해는 특별한 두 개의 해[제차방정식 (3)의 일반해 y_c와 비제차방정식 (2)의 특수해 y_p의 합이라는 사실을 상기하자. 예제 4에서 $y_c = ce^{-x}$, $y_p = x - 1$임을 확인하였다. **그림 2.3.1**은 그래픽 도구를 이용하여 식 (12)를 $y = x - 1 + ce^{-x}$의 몇 가지 다른 해와 더불어 굵은 푸른색 선으로 그린 것이다. 흥미로운 것은 x가 커짐에 따라 모든 해곡선들이 그림 2.3.1에 가는 푸른색으로 그려진 $y_p = x-1$로 가까워진다는 사실이다. 이것은 $y_c = ce^{-x}$의 역할이 x가 증가함에 따라 작아져서 무시할 수 있기 때문이다. $x \to \infty$일 때 $y_c \to 0$이기 때문에 $y_c = ce^{-x}$를 **과도항**(transient term)이라 부른다. 이것은 선형방정식의 모든 일반해가 가지는 특성은 아니지만(예제 2를 보라), 과도 개념은 응용문제에 있어서 자주 중요한 역할을 한다.

조각별-선형 미분방정식(Piecewise-Linear Differential Equation) 수학적 모델 설계에 있어서(특히 생명과학과 공학에서), 미분방정식의 하나 또는 그 이상의 계수들은 부분 정의함수(piecewise-defined function)이다. 특히, 식 (2)에서 $P(x)$나 $f(x)$가 부분 정의 함수일 때, 방정식은 **조각별-선형 미분방정식**이라 정의된다. 다음 예제에서 볼 때, $f(x)$는 $x = 1$에서 단일 점프 불연속적이고, $[0, \infty)$ 범위에서 부분 연속적이다. 기본적인 개념은, $f(x)$가 정의된 두 범위에 해당하는 두 부분의 초기값 문제를 푸는 것과 같다. 각 부분은 이 절에서 언급된 방법에 의해 풀 수 있는 일차 방정식으로 구성되어 있다. 우리가 앞으로 보게 되듯이, $y(x)$가 $[0, \infty)$ 범위에서 연속할 수 있게 두 개의 해들을 $x = 1$에서 결합하는 것이 가능하다. 연습문제 2.3의 문제 33~ 38을 보라.

예제 5 초기값 문제

$\frac{dy}{dx} + y = f(x), y(0) = 0$을 풀어라. $f(x) = \begin{cases} 1, & 0 \le x \le 1 \\ 0, & x > 1 \end{cases}$이다.

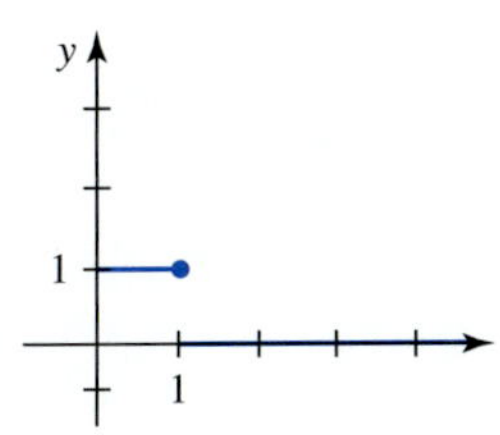

그림 2.3.2 예제 5의 불연속 함수 $f(x)$

풀이 불연속 함수 f의 그래프를 **그림 2.3.2**에 나타내었다. [0, 1] 구간에 대하여 $y(x)$에 대

한 미분방정식을 풀고 다음에는 $1 < x < \infty$ 구간에 대하여 푼다. $0 \le x \le 1$에서는

$$\frac{dy}{dx} + y = 1 \text{ 또는 } \frac{d}{dx}[e^x y] = e^x$$

이 된다. 마지막 식을 적분하고 y에 대해서 풀면 $y = 1 + c_1 e^{-x}$이 된다. 초기값 $y(0) = 0$을 대입하면 $c_1 = -1$이 되고, 따라서 $y = 1 - e^{-x}$, $0 \le x \le 1$이다. $x > 1$ 구간에서는 방정식이

$$\frac{dy}{dx} + y = 0$$

으로 되어 $y = c_2 e^{-x}$이 얻어진다. 이 두 가지 경우를 조합하여 미분방정식의 해를 다음과 같이 쓸 수 있다.

$$y = \begin{cases} 1 - e^{-x}, & 0 \le x \le 1 \\ c_2 e^{-x}, & x > 1 \end{cases}$$

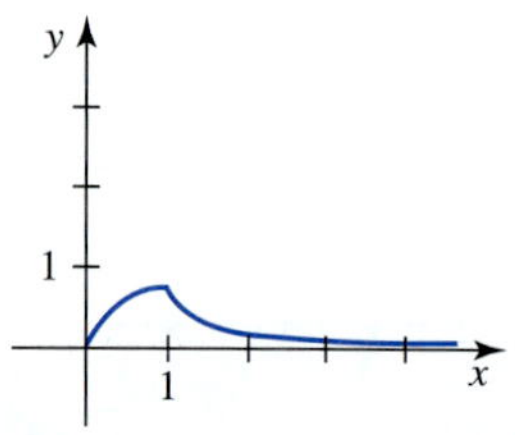

그림 2.3.3 예제 5에서 (13)의 그래프

한 점에서의 연속성 정의에 따라서 앞의 함수가 $x = 1$에서 연속이 되도록 c_2를 결정하는 것이 가능하다. $\lim_{x \to 1^+} y(x) = y(1)$이기 위한 조건은 $c_2 e^{-1} = 1 - e^{-1}$ 또는 $c_2 = e - 1$이다. 따라서 **그림 2.3.3**에서 처럼 함수 y는 다음과 같고 구간 $[0, \infty)$에서 연속이다.

$$y = \begin{cases} 1 - e^{-x}, & 0 \le x \le 1 \\ (e - 1)e^{-x}, & x > 1 \end{cases} \tag{13}$$ ≡

식 (13)과 그림 2.3.3을 생각해 보는 것은 의미가 있다. 연습문제 2.3의 문제 53을 읽고 풀어야 할 것이다.

오차함수 수학, 과학 그리고 공학에서, 몇몇 중요 함수들은 비기본(nonelementary) 적분들로 정의되어 있다. 이들 중 두 개의 특별한 함수들로 **오차함수**와 **여오차함수**가 있다.

부록 A를 참조하라. ▶

$$\text{erf}(x) = \frac{2}{\sqrt{\pi}}\int_0^x e^{-t^2}dt, \quad \text{erfc}(x) = \frac{2}{\sqrt{\pi}}\int_x^\infty e^{-t^2}dt \tag{14}$$

$\int_0^\infty e^{-t^2}dt = \sqrt{\pi}/2$라는 알려진 결과로부터, 우리는 $(2/\sqrt{\pi})\int_0^\infty e^{-t^2}dt = 1$이라 쓸 수 있다. 정적분 $\int_0^\infty = \int_0^x + \int_x^\infty$의 구간 덧셈 성질을 이용하여 마지막 결과를 다른 형식으로 다시 쓸 수 있다.

$$\frac{2}{\sqrt{\pi}}\int_0^\infty e^{-t^2}dt = \overbrace{\frac{2}{\sqrt{\pi}}\int_0^x e^{-t^2}dt}^{\text{erf}(x)} + \overbrace{\frac{2}{\sqrt{\pi}}\int_x^\infty e^{-t^2}dt}^{\text{erfc}(x)} = 1 \tag{15}$$

오차함수 $\text{erf}(x)$와 여오차함수 $\text{erfc}(x)$는 서로 항등식에 의해 연관되어 있음을 식 (15)로부터 알 수 있다.

$$\text{erf}(x) + \text{erfc}(x) = 1 \tag{16}$$

확률, 통계, 그리고 응용 편미분방정식에서 그 중요성 때문에, 오차함수는 광범위하게 사용

된다. erf(0) = 0이 하나의 분명한 함수 값이라는 것을 기억해야 한다. erf(x)의 수치는 *Mathematica* 같은 CAS를 이용하여 구할 수 있다.

만약 우리가 초기값 문제 (9)를 풀면서 식 (7)의 오른편 공식의 비정적분이 비기본 적분을 이끌어낼 것이라는 것을 이해한다면, 2.2절의 예제 5에서 보았듯이, $[x_0, x]$ 범위에서 정적분을 대신 사용하는 것이 편리함을 알 수 있다. 마지막 예제는 이러한 방법이 자동적으로 미분방정식의 해와 x_0일 때의 초기 조건을 접목시키는 것을 보여준다. 다시 말해서, 일반적인 해에서, 우리는 정수 c값을 굳이 찾을 필요가 없다.

예제 6 오차함수

초기값 문제 $\dfrac{dy}{dx} - 2xy = 2,\ y(0) = 1$을 풀어라.

풀이 미분방정식은 이미 일반적인 형식으로 되어 있고, 적분 계수가 $e^{\int(-2x\,dx)} = e^{-x^2}$이라는 것을 안다. 식의 양쪽을 다 이 계수로 곱해주면, $e^{-x^2}\dfrac{dy}{dx} - 2xe^{-x^2}y = 2e^{-x^2}$라는 결과가 나온다. 이 결과는 다음 식과 같다.

$$\frac{d}{dx}[e^{-x^2}y] = 2e^{-x^2} \tag{17}$$

식 (17)에서 양쪽의 비정적분이 비기본 적분 $\int e^{-x^2}\,dx$을 이끌어내서 $x_0 = 0$을 정의하고, $[0, x]$ 범위에서 정적분을 이용한다.

$$\int_0^x \frac{d}{dt}[e^{-t^2}y(t)]dt = 2\int_0^x e^{-t^2}\,dt \quad \text{or} \quad e^{-x^2}y(x) - y(0) = 2\int_0^x e^{-t^2}\,dt$$

초기 조건 $y(0) = 1$을 이용하면 마지막 식의 해는 다음과 같다.

$$y = e^{x^2} + 2e^{x^2}\int_0^x e^{-t^2}\,dt \tag{18}$$

$\sqrt{\pi}/\sqrt{\pi}$를 아래와 같은 방식으로 이 해에 대입하면,

$$y = e^{x^2} + 2e^{x^2}\int_0^x e^{-t^2}\,dt = e^{x^2}\left[1 + \sqrt{\pi}\overbrace{\left(\frac{2}{\sqrt{\pi}}\int_0^x e^{-t^2}\,dt\right)}^{\operatorname{erf}(x)}\right]$$

식 (14)로부터 식 (18)이 오차함수로 다시 쓰여질 수 있는 것을 알 수 있다.

$$y = e^{x^2}[1 + \sqrt{\pi}\operatorname{erf}(x)] \tag{19}$$

그림 2.3.4에 보이는 해 (19)의 그래프는 CAS의 도움을 받아 얻었다.

연습문제 2.3절의 문제 41~48를 보라.

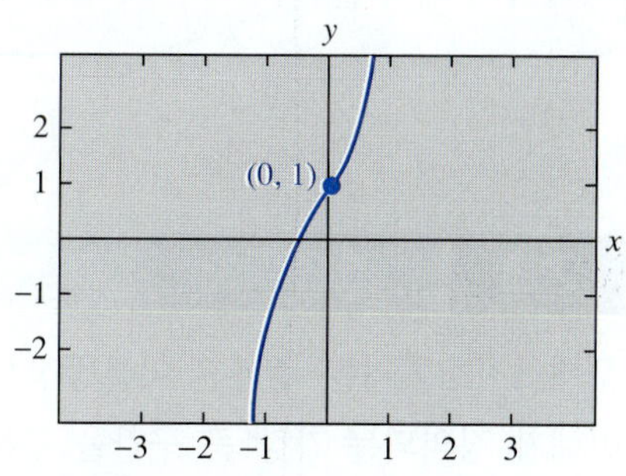

그림 2.3.4 예제 6 식 (19) 그래프

컴퓨터의 사용 컴퓨터 연산 두구로 일부 미분방정식의 양함수 해를 얻을 수 있다. 예를 들어 방정식 $y' + 2y = x$를 풀기 위한 입력 명령어는

DSolve[y′[x] + 2 y[x] == x, y[x], x] (*Mathematica* 사용시)

dsolve(diff(y(x), x) + 2*y(x) = x, y(x)); (*Maple* 사용시)

와 같고 이에 따른 각 프로그램의 출력은 동일하게

$$y = -\tfrac{1}{4} + \tfrac{1}{2}x + ce^{-2x}$$

와 같을 것이다.

참고

(*i*) 때때로 1계 미분방정식은 어떤 변수에서는 선형적이지 않고, 다른 변수에 대해서는 선형적이다. 예를 들어 미분방정식

$$\frac{dy}{dx} = \frac{1}{x + y^2}$$

은 변수 y에 대해 선형적이지 않다. 그러나 이것의 역(reciprocal)

$$\frac{dx}{dy} = x + y^2 \text{ 또는 } \frac{dx}{dy} - x = y^2$$

은 변수 x에 대해 선형적이다. 적분인자 $e^{\int(-1)dy} = e^{-y}$와 부분적분을 이용하여 $x = -y^2 - 2y - 2 + ce^y$와 같은 해를 얻을 수 있음을 확인하라.

(*ii*) 수학자들의 표현은 때때로 너무 서술적인 경향이 있기 때문에 어떤 단어들은 공학으로부터 '채택되었다'. 앞에서 사용된 **과도적**(transient)이라는 말이 하나의 예이다. 앞으로 **입력**(input)이나 **출력**(output)이라는 단어도 종종 나올 것이다. 식 (2)의 함수 f는 **입력**(input) 또는 **구동력**(driving function)이라 부른다. 입력에 따른 미분방정식의 해는 **출력**(output) 또는 **응답**(response)이라고도 부른다.

(*iii*) 예제 6쪽의 오차함수와 관련하여 언급된 **특수 함수**(special functions) 라는 용어는 연습문제 2.3의 문제 47과 48에서 소개된 사인(sine) 적분함수와 프레넬(Fresnel) 사인 적분함수에도 적용된다. "특수 함수"는 실제로 수학에서 잘 정의된 연구 분야이기도 하다. 프레넬 사인 적분 함수는 프랑스 엔지니어/물리학자인 **Augustin-Jean Fresnel** (1788~ 1827)이 그의 광학 연구에서 발견한 두 가지 특수 적분함수 중 하나이다. 더 많은 특수 함수들은 5.3절에서 공부하도록 하자.

2.3 연습문제

부록에 선택된 홀수 문제의 답이 있다.

문제 1~24에서는 주어진 미분방정식의 일반해를 구하라. 일반해가 정의되는 가장 큰 구간을 구하라. 일반해에 어떤 과도항이 포함되어 있는지 조사하라.

1. $\dfrac{dy}{dx} = 5y$

2. $\dfrac{dy}{dx} + 2y = 0$

3. $\dfrac{dy}{dx} + y = e^{3x}$

4. $3\dfrac{dy}{dx} + 12y = 4$

5. $y' + 3x^2y = x^2$

6. $y' + 2xy = x^3$

7. $x^2y' + xy = 1$

8. $y' = 2y + x^2 + 5$

9. $x\dfrac{dy}{dx} - y = x^2\sin x$

10. $x\dfrac{dy}{dx} + 2y = 3$

11. $x\dfrac{dy}{dx} + 4y = x^3 - x$

12. $(1 + x)\dfrac{dy}{dx} - xy = x + x^2$

13. $x^2y' + x(x+2)y = e^x$

14. $xy' + (1+x)y = e^{-x}\sin 2x$

15. $y\,dx - 4(x + y^6)\,dy = 0$

16. $y\,dx = (ye^y - 2x)\,dy$

17. $\cos x \dfrac{dy}{dx} + (\sin x)y = 1$

18. $\cos^2 x \sin x \dfrac{dy}{dx} + (\cos^3 x)y = 1$

19. $(x+1)\dfrac{dy}{dx} + (x+2)y = 2xe^{-x}$

20. $(x+2)^2 \dfrac{dy}{dx} = 5 - 8y - 4xy$

21. $\dfrac{dr}{d\theta} + r\sec\theta = \cos\theta$

22. $\dfrac{dP}{dt} + 2tP = P + 4t - 2$

23. $x\dfrac{dy}{dx} + (3x+1)y = e^{-3x}$

24. $(x^2 - 1)\dfrac{dy}{dx} + 2y = (x+1)^2$

문제 25~32에서는 주어진 초기값 문제를 풀고 해가 정의되는 가장 큰 구간 I를 구하라.

25. $xy' + y = e^x$, $y(1) = 2$

26. $y\dfrac{dx}{dy} - x = 2y^2$, $\quad y(1) = 5$

27. $L\dfrac{di}{dt} + Ri = E$; $i(0) = i_0$, L, R, E, i_0는 상수

28. $\dfrac{dT}{dt} = k(T - T_m)$; $\quad T(0) = T_0$, K, T_m, T_0는 상수

29. $(x+1)\dfrac{dy}{dx} + y = \ln x$, $\quad y(1) = 10$

30. $y' + (\tan x)y = \cos^2 x$, $\quad y(0) = -1$

31. $\left(\dfrac{e^{-2\sqrt{x}} - y}{\sqrt{x}}\right)\dfrac{dx}{dy} = 1$, $\quad y(1) = 1$

32. $(1+t^2)\dfrac{dx}{dt} + x = \tan^{-1}t$, $\quad x(0) = 4$

[힌트: $u = \tan^{-1}t$로 치환한다.]

문제 33~36에서는 주어지는 초기값 문제를 풀기 위하여 예제 5와 같이 하라. 연속함수 $y(x)$를 그리기 위해서 컴퓨터를 사용하라.

33. $\dfrac{dy}{dx} + 2y = f(x)$, $\quad y(0) = 0$, $\quad f(x) = \begin{cases} 1, & 0 \le x \le 3 \\ 0, & x > 3 \end{cases}$

34. $\dfrac{dy}{dx} + y = f(x)$, $\quad y(0) = 1$, $f(x) = \begin{cases} 1, & 0 \le x \le 1 \\ -1, & x > 1 \end{cases}$

35. $\dfrac{dy}{dx} + 2xy = f(x)$, $\quad f(x) = \begin{cases} x, & 0 \le x < 1 \\ 0, & x \ge 1 \end{cases}$

36. $(1+x^2)\dfrac{dy}{dx} + 2xy = f(x)$, $f(x) = \begin{cases} x, & 0 \le x < 1 \\ -x, & x \ge 1 \end{cases}$

문제 37과 38에서, 예제 5와 같은 방법을 이용해 주어진 초기값 문제들을 풀어라. 그래픽 도구를 이용하여 연속함수인 $y(x)$를 구하라.

37. $\dfrac{dy}{dx} + P(x)y = 4x$, $\quad y(0) = 3$, 여기서

$$P(x) = \begin{cases} 2, & 0 \le x \le 1 \\ -\dfrac{2}{x}, & x > 1 \end{cases}$$

38. $\dfrac{dy}{dx} + P(x)y = 0$, $\quad y(0) = 4$, 여기서

$$P(x) = \begin{cases} 1, & 0 \le x \le 2 \\ 5, & x > 2 \end{cases}$$

문제 39와 40에서 주어진 미분방정식은 y에서 선형이 아니다. 그럼에도 불구하고 비선형 방정식의 일반해를 구하라.

39. $dx = (x + y^2)\,dy$

40. $y\,dx + (2x + xy - 3)\,dy = 0$

문제 41와 42에서, 예제 6과 같은 방법으로 풀되, 문제 41에서는 erf(x)로 초기값 문제의 해를 표현하고, 문제 42에서는 erfc(x)로 초기값 문제의 해를 표현하라.

41. $\dfrac{dy}{dx} - 2xy = 1$, $\quad y(1) = 1$

42. $\dfrac{dy}{dx} - 2xy = 1$, $\quad y(0) = \sqrt{\pi}/2$

문제 43~46에서, 예제 6과 같은 방법으로 풀고, 적분 정의 함수로 초기값 문제의 해를 표현하라.

43. $\dfrac{dy}{dx} + e^x y = 1$, $\quad y(0) = 1$

44. $x^2\dfrac{dy}{dx} - y = x^3$, $\quad y(1) = 0$

45. $\dfrac{dy}{dx} + xy = \cos x$, $\quad y(0) = 2$

46. $\dfrac{dy}{dx} + (\sin x)y = 10x$, $\quad y(0) = 0$

47. **사인 적분함수**(sine integral function)는 아래와 같이 정의된다.

$$\mathrm{Si}(x) = \int_0^x \frac{\sin t}{t} dt$$

여기서 피적분함수는 $x = 0$일 때 1이다. 초기값 문제의 해를 $\mathrm{Si}(x)$로 표현하라.

$$x^3 \frac{dy}{dx} + 2x^2 y = 10 \sin x, \quad y(1) = 0$$

48. **프레넬 사인 적분함수**(Fresnel sine integral function)는 아래와 같이 정의된다.

$$S(x) = \int_0^x \sin\left(\frac{\pi}{2} t^2\right) dt$$

초기값 문제의 해를 $S(x)$로 표현하라.

$$\frac{dy}{dx} - (\sin x^2) y = 0, \quad y(0) = 5$$

토의문제

49. 예제 1의 내용을 다시 읽어 보라. $x \to \infty$일 때 모든 비상수해가 $y = 4$의 수평 점근선에 접근하는 선형 1계 미분방정식을 구성하라.

50. 예제 2를 다시 읽어 보라. 정리 1.2.1을 참조해서 $xy' - 4y = x^6 e^x$와 다음의 초기조건으로 이루어지는 초기값 문제의 해의 존재성과 유일성에 대해서 토론하라.

(a) $y(0) = 0$

(b) $y(0) = y_0, y_0 > 0$

(c) $y(x_0) = y_0, x_0 > 0, y_0 > 0$

51. 예제 3을 다시 읽고 구간 $(-3, 3)$에서의 미분방정식의 일반해를 구하라.

52. 예제 4에 뒤따르는 토론을 다시 읽고, $x \to \infty$일 때 모든 해가 $y = 3x - 5$에 접근하는 선형 1계 미분방정식을 구성하라.

53. 예제 5를 다시 읽고, 식 (13)의 함수가 구간 $[0, \infty)$에서 초기값 문제의 해라고 말하는 것이 기술적으로 왜 틀린 것인지를 토론하라.

54. **(a)** $y_c = c/x^3$이고 $y_p = x^3$인 $xy' + a_0(x)y = g(x)$ 형태의 선형 미분방정식을 구성하라. $y = x^3 + c/x^3$이 이 미분방정식의 일반해가 되는 구간을 구하라.

(b) (a)에서 얻어진 미분방정식의 해가 $y = x^3 - 1/x^3$가 되도록 초기조건 $y(x_0) = y_0$를 구하라. 해가 $y = x^3 + 2/x^3$인 경우는 어떠한가? 이들 각각의 해의 정의구간 I를 구하라. 해곡선을 그려라. 해가 $(-\infty, \infty)$ 구간에서 정의되는 초기값 문제가 존재하는가?

(c) (b)에서 얻어진 각 초기값 문제는 유일한가? 예를 들면 어떤 구간 I에서 $y = x^3 - 1/x^3$이 해가 되는 하나 이상의 초기값 문제가 존재할 수 있는가?

55. 적분인자 식 (5)를 구할 때, $\int P(x)dx$의 계산에서 적분상수를 사용하지 않았다. 왜 $\int P(x)dx + c$가 식 (2)의 해에 의미가 없는지를 설명하라.

수학적 모형

56. **방사성 붕괴 계열** 다음의 연립 미분방정식은 특별한 종류의 방사성 붕괴에 관한 연구에서 자주 사용한다.

$$\frac{dx}{dt} = -\lambda_1 x,$$
$$\frac{dy}{dt} = \lambda_1 x - \lambda_2 y$$

여기서 λ_1과 λ_2는 상수이다. $x(0) = x_0$, $y(0) = y_0$의 조건에 대해서 이 연립방정식을 어떻게 풀 것인지 토론하라.

57. **맥박조정기**(heart pacemaker) 맥박조정기는 스위치, E_0의 정전압을 내는 배터리, 정기용량 C를 가진 축전기, 그리고 고정된 저항값(R)을 가진 심장으로 구성된다. 스위치가 닫히면 축전기가 충전되고 스위치가 열리면 축전기는 방전하여 심장에 전기 자극신호를 보낸다. 심장이 자극을 받는 시간에는 심장에 가해지는 전압 E가 다음 선형 미분방정식을 만족시킨다.

$$\frac{dE}{dt} = -\frac{1}{RC} E$$

초기조건 $E(4) = E_0$에 대하여 미분방정식의 해를 구하라.

컴퓨터 실습 과제

58. **(a)** CAS를 이용하여 문제 42의 초기값 문제의 해곡선을 $(-\infty, \infty)$ 범위에서 그려라.

(b) 표 또는 CAS를 이용하여 $y(2)$ 값을 구하라.

59. **(a)** CAS를 이용하여 문제 47의 초기값 문제의 해곡선을 $[0, \infty)$ 범위에서 그려라.

(b) CAS를 이용하여 그 구간에서 $y(x)$ 해의 최대값의 절대값을 범위에서 찾으라.

60. **(a)** CAS를 이용하여 문제 48의 초기값 문제의 해곡선을 $(-\infty, \infty)$ 범위에서 그려라.

(b) $x \to \infty$일 때, $S(x) \to \frac{1}{2}$이고 $x \to -\infty$일 때, $S(x) \to -\frac{1}{2}$인 것으로 알려져 있다.

$x \to \infty$일 때 $y(x)$의 개형은? $x \to -\infty$일 때는?

(c) CAS를 이용하여 $y(x)$의 극대값과 극소값을 구하라.

2.4 완전방정식

소개 미분방정식 $ydx + xdy = 0$의 좌변이 x와 y의 곱의 미분과 같다는 것, 즉 $ydx + xdy = d(xy)$임을 이용하여 방정식의 양변을 적분함으로써 해 $xy = c$를 직접 얻을 수 있다.

2변수 함수의 미분 두 변수의 함수 $z = f(x, y)$가 xy 평면의 영역 R에서 연속인 1계 편도함수를 갖는 함수이면, 이 함수의 **미분**[또는 전미분(total differential)]은 다음 식과 같다.

$$dz = \frac{\partial f}{\partial x}dx + \frac{\partial f}{\partial y}dy \tag{1}$$

만일 $f(x, y) = c$이면, 식 (1)로부터 다음의 식을 얻을 수 있다.

$$\frac{\partial f}{\partial x}dx + \frac{\partial f}{\partial y}dy = 0 \tag{2}$$

다시 말하면, 1-매개변수 곡선의 모임 $f(x, y) = c$가 주어지면, 그 미분을 계산함으로써 1계 미분방정식을 만들 수 있다. 예를 들어 $x^2 - 5xy + y^3 = c$이면, 식 (2)로부터 다음 식이 주어진다.

$$(2x - 5y)\,dx + (-5x + 3y^2)\,dy = 0 \tag{3}$$

거꾸로 식 (3)과 같은 1계 DE가 주어지면 미분 $d(x^2 - 5xy + y^3) = 0$과 동등하다고 파악할 수 있어야 한다.

정의 2.4.1 완전방정식

$M(x, y)dx + N(x, y)dy$가 어떤 함수 $f(x, y)$의 미분과 같다면, 이를 xy 평면 내의 영역 R에서의 **완전 미분**(exact differential)이라고 한다. 또한 1계 미분방정식

$$M(x, y)\,dx + N(x, y)\,dy = 0$$

의 좌변이 완전 미분이라면 이를 **완전 미분방정식**이라 부른다.

예를 들어 방정식 $x^2y^3dx + x^3y^2dy = 0$은 좌변의 식이 $d(\frac{1}{3}x^3y^3) = x^2y^3dx + x^3y^2dy$이므로 완전 미분방정식이다. $M(x, y) = x^2y^3$, $N(x, y) = x^3y^2$이라고 하면 $\partial M/\partial y = 3x^2y^2 = \partial N/\partial x$가 된다. 정리 2.4.1은 이러한 편도함수들의 상등이 우연의 일치가 아님을 보여 준다.

정리 2.4.1 완전 미분의 판정기준

$M(x, y)$ 및 $N(x, y)$가 연속이고 $a < x < b$, $c < y < d$로 정의되는 사각 영역 R 내에서 연속인 1계 편도함수를 가진다고 하자. 그러면 $M(x, y)dx + N(x, y)dy$가 완전 미분이 되기 위한 필요충분조건은 다음과 같다.

$$\frac{\partial M}{\partial y} = \frac{\partial N}{\partial x} \tag{4}$$

증명 (필요조건의 증명) 간단히 하기 위해 $M(x, y)$ 및 $N(x, y)$가 모든 (x, y)에 대해 연속인 1계 편도함수를 갖는다고 하자. $M(x, y)dx + N(x, y)dy$가 완전 미분이면 R 내의 모든 x에 대해

$$M(x, y)\,dx + N(x, y)\,dy = \frac{\partial f}{\partial x}dx + \frac{\partial f}{\partial y}dy$$

를 만족시키는 함수 f가 존재한다. 따라서

$$M(x, y) = \frac{\partial f}{\partial x}, \quad N(x, y) = \frac{\partial f}{\partial y}$$

이고, 그리고

$$\frac{\partial M}{\partial y} = \frac{\partial}{\partial y}\left(\frac{\partial f}{\partial x}\right) = \frac{\partial^2 f}{\partial y\,\partial x} = \frac{\partial}{\partial x}\left(\frac{\partial f}{\partial y}\right) = \frac{\partial N}{\partial x}$$

로 된다. 혼합 편도함수의 등식은 1계 편도함수 $M(x, y)$ 및 $N(x, y)$의 연속성 때문에 성립한다. ≡

정리 2.4.1의 충분조건은 식 (4)가 성립할 때면 언제나 $\partial f/\partial x = M(x, y)$, $\partial f/\partial y = N(x, y)$를 만족시키는 함수 f가 존재한다는 것이다. 함수 f를 만드는 과정은 완전 미분방정식의 기본적인 풀이과정을 보여 준다.

풀이방법 미분방정식 $M(x, y)dx + N(x, y)dy = 0$이 주어지면, 등식 (4)가 성립되는지를 살펴본다. 만일 성립된다면, 아래의 식을 만족시키는 함수 f가 존재하는 것이다.

$$\frac{\partial f}{\partial x} = M(x, y)$$

이제 y는 상수로 보고, x에 관해 $M(x, y)$를 적분해서 f를 찾을 수 있다.

$$f(x, y) = \int M(x, y)\,dx + g(y) \tag{5}$$

여기서 임의의 함수 $g(y)$는 적분 '상수'이다. $\partial f/\partial y = N(x, y)$임을 가정하고, y에 대해 식 (5)를 미분하면

$$\frac{\partial f}{\partial y} = \frac{\partial}{\partial y}\int M(x, y)\,dx + g'(y) = N(x, y)$$

이 되며, 이것은 다시 아래 식과 같이 된다.

$$g'(y) = N(x, y) - \frac{\partial}{\partial y}\int M(x, y)\,dx \tag{6}$$

마지막으로 식 (6)을 y에 관해 적분하고 그 결과를 식 (5)에 대입하면 해 $f(x, y) = c$를 얻는다.

지금까지의 과정에서 두 가지 사실을 알 수 있다. 첫째는 식 (6)에 있는 $N(x, y) - (\partial/\partial y)\int M(x, y)\,dx$이 x에 무관한 함수라는 것이다. 이는 아래와 같이 x로 미분하면 항상 0인 것으

로 증명할 수 있다.

$$\frac{\partial}{\partial x}\left[N(x, y) - \frac{\partial}{\partial y}\int M(x, y)\, dx\right] = \frac{\partial N}{\partial x} - \frac{\partial}{\partial y}\left(\frac{\partial}{\partial x}\int M(x, y)\, dx\right) = \frac{\partial N}{\partial x} - \frac{\partial M}{\partial y} = 0$$

두 번째는 앞에서 언급한 절차를 $\partial f/\partial y = N(x, y)$라는 가정으로부터 출발할 수도 있다는 것이다. N을 y에 대해 적분한 후에 그 결과를 미분하면, 식 (5)와 식 (6)이 유사한 다음 식을 얻을 수 있을 것이다.

$$f(x, y) = \int N(x,y)\, dy + h(x) \text{ 그리고 } h'(x) = M(x, y) - \frac{\partial}{\partial x}\int N(x, y)\, dy$$

x에 관한 $\partial f/\partial x = M(x, y)$의 적분이 어려우면 $\partial f/\partial y = N(x, y)$를 y에 관하여 적분해 보자. 이들 공식은 기억하지 않아도 된다.

예제 1 완전 미분방정식의 풀이

$2xydx + (x^2 - 1)dy = 0$을 풀어라.

풀이 $M(x, y) = 2xy$, $N(x, y) = x^2 - 1$로 두면

$$\frac{\partial M}{\partial y} = 2x = \frac{\partial N}{\partial x}$$

을 얻는다. 따라서 이 방정식은 완전 미분이므로, 정리 2.4.1에 의하여

$$\frac{\partial f}{\partial x} = 2xy, \quad \frac{\partial f}{\partial y} = x^2 - 1$$

을 만족시키는 함수 $f(x, y)$가 존재한다. 첫 번째 식을 적분하면 다음의 식을 얻는다.

$$f(x, y) = x^2y + g(y)$$

이 식을 y에 대해 편미분하고, 그 결과를 $N(x, y)$와 같게 두면 다음과 같이 된다.

$$\frac{\partial f}{\partial y} = x^2 + g'(y) = x^2 - 1 \quad \leftarrow N(x, y)$$

$g'(y) = -1$이므로 $g(y) = -y$이고, 따라서 $f(x, y) = x^2y - y$이므로 음함수 형태의 해는 $x^2y - y = c$이다. 양함수 형태의 해는 $y = c/(1 - x^2)$로 쉽게 구해지고 $x = 1$ 또는 $x = -1$을 제외한 임의의 구간에서 정의된다. ≡

예제 1의 미분방정식의 해는 $f(x, y) = x^2 - y$가 아니라, $f(x, y) = c$이다. 적분상수가 좌변항으로 들어가 해를 $f(x, y) = 0$으로 쓸 수도 있다. 이 미분방정식은 변수분리에 의해서도 풀 수 있다.

◀ 해의 형태가 $f(x, y) = c$임을 주목하라.

예제 2 완전 미분방정식의 풀이

미분방정식 $(e^{2y} - y\cos xy)dx + (2xe^{2y} - x\cos xy + 2y)dy = 0$을 풀어라.

풀이 이 방정식은 다음 식에 의해서 완전 미분방정식임을 알 수 있다.

$$\frac{\partial M}{\partial y} = 2e^{2y} + xy\sin xy - \cos xy = \frac{\partial N}{\partial x}$$

따라서 다음 식을 만족시키는 함수 $f(x, y)$가 존재한다.

$$M(x, y) = \frac{\partial f}{\partial x} \text{ 그리고 } N(x, y) = \frac{\partial f}{\partial y}$$

앞의 예제와는 조금 다르게 풀기 위해서 $\partial f/\partial y = N(x, y)$로 가정하고 시작해 보자. 즉

$$\frac{\partial f}{\partial y} = 2xe^{2y} - x\cos xy + 2y$$

$$f(x, y) = 2x\int e^{2y}dy - x\int \cos xy\, dy + 2\int y\, dy + h(x)$$

이다. 여기서 x가 y에 대한 적분에서는 상수로 취급되기 때문에 적분기호 $\int$ 앞으로 나올 수 있다. 따라서

$$f(x, y) = xe^{2y} - \sin xy + y^2 + h(x)$$

$$\frac{\partial f}{\partial x} = e^{2y} - y\cos xy + h'(x) = e^{2y} - y\cos xy \leftarrow M(x, y)$$

로 되며, $h'(x) = 0$ 또는 $h(x) = c$이다. 결국 해의 모임은 다음과 같다.

$$xe^{2y} - \sin xy + y^2 + c = 0.$$ ≡

예제 3 초기값 문제

초기값 문제 $\dfrac{dy}{dx} = \dfrac{xy^2 - \cos x\sin x}{y(1 - x^2)}$, $y(0) = 2$를 풀어라.

풀이 미분방정식을

$$(\cos x \sin x - xy^2)\, dx + y(1 - x^2)\, dy = 0$$

와 같이 다시 쓰면

$$\frac{\partial M}{\partial y} = -2xy = \frac{\partial N}{\partial x}$$

이므로 완전 미분방정식임을 알 수 있다. 이제

$$\frac{\partial f}{\partial y} = y(1 - x^2) \text{ 이므로}$$

$$f(x,y) = \frac{y^2}{2}(1 - x^2) + h(x) \text{ 이고}$$

$$\frac{\partial f}{\partial x} = -xy^2 + h'(x) = \cos x\sin x - xy^2 \text{ 이다.}$$

마지막 식을 정돈하면 $h'(x) = \cos x \sin x$이다. 이것을 적분하면

$$h(x) = -\int (\cos x)(-\sin x\, dx) = -\frac{1}{2}\cos^2 x$$

따라서

$$\frac{y^2}{2}(1 - x^2) - \frac{1}{2}\cos^2 x = c_1 \text{ 또는 } y^2(1 - x^2) - \cos^2 x = c \tag{7}$$

이며, 여기서 $2c_1$은 c로 대체되었다. $x = 0$에서 $y = 2$인 초기조건을 사용하면 $c = 3$이 된다. 따라서 해는 $y^2(1 - x^2) - \cos^2 x = 3$이다. ≡

c 값을 달리하며 그린 해곡선 그래프를 **그림 2.4.1**에 나타내었고 위의 초기값 문제의 해곡선을 푸른색 선으로 표시하였다. 식 (7)에 주어진 1-매개변수 해모임의 그래프는 몇 가지 방법으로 얻을 수 있는데, 앞절에서 언급되었던 등고선을 그리는 소프트웨어를 이용하거나, 또는 $y^2 = (c + \cos^2 x)/(1 - x^2)$를 y에 관해 풀어서 다양한 c 값에 대한 양함수 그래프를 그리는 도구를 이용하면 된다.

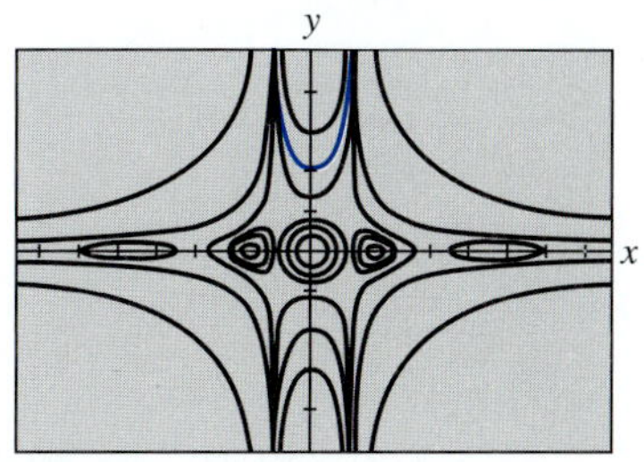

그림 2.4.1 예제 3의 몇 가지 해곡선 식 (7)

적분인자 앞 절에서 선형방정식 $y' + P(x)y = f(x)$에 적분인자를 곱하면 좌변이 어떤 함수의 도함수로 표현될 수 있었음을 상기하라. 이와 같은 기본원리가 가끔은 불완전 미분방정식 $M(x, y)dx + N(x, y)dy = 0$에도 적용된다. 즉 $\mu(x, y)$를 곱하여

$$\mu(x, y)M(x, y)\,dx + \mu(x, y)N(x, y)\,dy = 0 \tag{8}$$

의 좌변이 완전 미분이 되는 **적분인자** $\mu(x, y)$를 찾는 것이 가끔 가능할 수도 있다는 것이다. μ를 구하는 과정에서 정확성을 기하기 위해서 판정기준 식 (4)를 다시 보자. 식 (8)은 오로지 $(\mu M)_y = (\mu N)_x$일 때만 완전 미분방정식이 된다. 여기서 아래첨자는 편미분을 뜻한다. 미분의 곱규칙에 의해서 마지막 방정식은 $\mu M_y + \mu_y M = \mu N_x + \mu_x N$ 또는 다음 식과 같다.

$$\mu_x N - \mu_y M = (M_y - N_x)\mu. \tag{9}$$

M, N, M_y, N_x 등이 x와 y에 관한 알려진 함수들이지만 식 (9)에서 미지의 $\mu(x, y)$를 결정하는 어려움은 편미분방정식을 풀어야만 한다는 것이다. 아직 편미분방정식을 풀 준비가 되어 있지 않으므로, 간단히 하기 위해서 하나의 가정을 하자. μ가 x만의 함수라고 하자. 이 경우에 $\mu_x = d\mu/dx$이고 식 (9)는 다음과 같이 쓸 수 있다.

$$\frac{d\mu}{dx} = \frac{M_y - N_x}{N}\mu \tag{10}$$

$(M_y - N_x)/N$이 x와 y의 함수라면 여전히 어려운 상황이다. 그러나 만일 모든 대수적인 단순화 과정에 의해서 $(M_y - N_x)/N$가 오로지 x만의 함수가 된다면 식 (10)은 1계 상미분방정식이 된다. 그리하면 식 (10)은 변수분리가 가능하고 선형적이기 때문에 μ를 구할 수 있게 되는 것이다. 2.2 또는 2.3절에서 $\mu(x) = e^{\int ((My-Nx)/N)\,dx}$이었다. 같은 방식으로 식 (9)에서 μ가 y만의 함수라면, 다음 식과 같이 정리된다.

$$\frac{d\mu}{dy} = \frac{N_x - M_y}{M}\mu \tag{11}$$

이 경우에 만일 $(N_x - M_y)/M$이 오로지 y만의 함수라면 식 (11)을 풀어 μ를 구할 수 있다.

다음의 미분방정식이 주어졌을 때 적분인자에 대한 내용을 아래와 같이 정리할 수 있다.

$$M(x, y)\,dx + N(x, y)\,dy = 0 \tag{12}$$

- 만일 $(M_y - N_x)/N$이 x만의 함수라면, 방정식 (11)의 적분인자는 다음과 같다.

$$\mu(x) = e^{\int \frac{M_y - N_x}{N}dx} \tag{13}$$

- 만일 $(N_x - M_y)/M$이 y만의 함수라면, 방정식 (11)의 적분인자는 다음과 같다.

$$\mu(y) = e^{\int \frac{N_x - M_y}{M}dy} \tag{14}$$

예제 4 완전하게 만들어진 불완전 미분방정식

비선형 1계 미분방정식 $xydx + (2x^2 + 3y^2 - 20)dy = 0$은 완전하지 않다. $M = xy$, $N = 2x^2 + 3y^2 - 20$이므로 편미분 $M_y = x$이고 $N_x = 4x$이다. 식 (13)의 분수는 다음과 같이 x와 y의 함수이기 때문에 더 이상 풀이를 진행할 수 없다.

$$\frac{M_y - N_x}{N} = \frac{x - 4x}{2x^2 + 3y^2 - 20} = \frac{-3x}{2x^2 + 3y^2 - 20}$$

그러나 식 (14)에 따르면 분수 부분은 다음과 같이 y만의 함수가 된다.

$$\frac{N_x - M_y}{M} = \frac{4x - x}{xy} = \frac{3x}{xy} = \frac{3}{y}$$

따라서 적분인자는 $e^{\int 3/y\,dy} = e^{3\ln y} = e^{\ln y^3} = y^3$이 된다. 주어진 미분방정식에 $\mu(y) = y^3$을 곱하면 결과적으로 방정식은 다음과 같이 된다.

$$xy^4dx + (2x^2y^3 + 3y^5 - 20y^3)\,dy = 0.$$

이 마지막 방정식이 완전하다는 것을 증명하고 이 절에서 사용한 방법을 이용하여 해의 모임이 다음과 같다는 것을 보여야 한다.

$$\tfrac{1}{2}x^2y^4 + \tfrac{1}{2}y^6 - 5y^4 = c$$ ≡

참고

(i) 완전성을 검사할 때 정확히 $M(x, y)dx + N(x, y)dy = 0$의 형태로 놓아야 한다. 때로는 $G(x, y)dx = H(x, y)dy$ 형태로 방정식이 주어지는데, 이때 $G(x, y)dx - H(x, y)dy = 0$으로 고쳐서 $M(x, y) = G(x, y)$, $N(x, y) = -H(x, y)$로 놓고 식 (4)를 적용해야 한다.

(ii) 어떤 책에서는 완전 미분방정식이 선형 DE보다 먼저 다루어진다. 이 경우 바로 앞에서 배운 적분인자를 구하는 방법을

$y' + P(x)y = f(x)$에 적용할 수 있다. 이 방정식을 다시 $(P(x)y - f(x))\,dx + dy = 0$으로 쓰면

$$\frac{M_y - N_x}{N} = P(x)$$

이 됨을 알 수 있고, 식 (13)으로부터 이미 2.3절에서 사용된 낯익은 적분인자 $e^{\int P(x)dx}$를 얻을 수 있다.

2.4 연습문제

부록에 선택된 홀수 문제의 답이 있다.

문제 1~20에서 주어진 방정식이 완전 미분방정식인지 결정하고, 완전 미분방정식이면 그 해를 구하라.

1. $(2x - 1)\,dx + (3y + 7)\,dy = 0$

2. $(2x + y)\,dx - (x + 6y)\,dy = 0$

3. $(5x + 4y)\,dx + (4x - 8y^3)\,dy = 0$

4. $(\sin y - y\sin x)\,dx + (\cos x + x\cos y - y)\,dy = 0$

5. $(2xy^2 - 3)dx + (2x^2y + 4)dy = 0$

6. $\left(2y - \dfrac{1}{x} + \cos 3x\right)\dfrac{dy}{dx} + \dfrac{y}{x^2} - 4x^3 + 3y\sin 3x = 0$

7. $(x^2 - y^2)dx + (x^2 - 2xy)dy = 0$

8. $\left(1 + \ln x + \dfrac{y}{x}\right)dx = (1 - \ln x)\,dy$

9. $(x - y^3 + y^2\sin x)\,dx = (3xy^2 + 2y\cos x)\,dy$

10. $(x^3 + y^3)dx + 3xy^2dy = 0$

11. $(y\ln y - e^{-xy})\,dx + \left(\dfrac{1}{y} + x\ln y\right)dy = 0$

12. $(3x^2y + e^y)\,dx + (x^3 + xe^y - 2y)\,dy = 0$

13. $x\dfrac{dy}{dx} = 2xe^x - y + 6x^2$

14. $\left(1 - \dfrac{3}{y} + x\right)\dfrac{dy}{dx} + y = \dfrac{3}{x} - 1$

15. $\left(x^2y^3 - \dfrac{1}{1 + 9x^2}\right)\dfrac{dx}{dy} + x^3y^2 = 0$

16. $(5y - 2x)y' - 2y = 0$

17. $(\tan x - \sin x\sin y)\,dx + \cos x\cos y\,dy = 0$

18. $(2y\sin x\cos x - y + 2y^2e^{xy^2})\,dx = (x - \sin^2 x - 4xye^{xy^2})\,dy$

19. $(4t^3y - 15t^2 - y)dt + (t^4 + 3y^2 - t)dy = 0$

20. $\left(\dfrac{1}{t} + \dfrac{1}{t^2} - \dfrac{y}{t^2 + y^2}\right)dt + \left(ye^y + \dfrac{1}{t^2 + y^2}\right)dy = 0$

문제 21~26에서 초기값 문제를 풀어라.

21. $(x + y)^2\,dx + (2xy + x^2 - 1)\,dy = 0,\ y(1) = 1$

22. $(e^x + y)\,dx + (2 + x + ye^y)\,dy = 0,\ y(0) = 1$

23. $(4y + 2t - 5)dt + (6y + 4t - 1)dy = 0,\ y(-1) = 2$

24. $\left(\dfrac{3y^2 - t^2}{y^5}\right)\dfrac{dy}{dt} + \dfrac{t}{2y^4} = 0,\quad y(1) = 1$

25. $(y^2\cos x - 3x^2y - 2x)\,dx + (2y\sin x - x^3 + \ln y)\,dy = 0,\ y(0) = e$

26. $\left(\dfrac{1}{1 + y^2} + \cos x - 2xy\right)\dfrac{dy}{dx} = y(y + \sin x),\quad y(0) = 1$

문제 27, 28에서 주어진 미분방정식이 완전방정식이 되게 하는 k의 값을 결정하라.

27. $(y^3 + kxy^4 - 2x)\,dx + (3xy^2 + 20x^2y^3)\,dy = 0$

28. $(6xy^3 + \cos y)\,dx + (2kx^2y^2 - x\sin y)\,dy = 0$

문제 29~32에서 주어진 미분방정식이 완전하지 않음을 보여라. 미분방정식에 정해진 적분인자 $\mu(x, y)$를 곱하고 그 결과 방정식이 완전하게 되었음을 보여라. 그리고 해를 구하라.

29. $(-xy\sin x + 2y\cos x)\,dx + 2x\cos x\,dy = 0;$
$\mu(x, y) = xy$

30. $(x^2 + 2xy - y^2)\,dx + (y^2 + 2xy - x^2)\,dy = 0;$
$\mu(x, y) = (x + y)^{-2}$

31. $(x^3y^2 + y)\,dx + x\,dy = 0;\ \mu(x, y) = 1/x^2y^2$

32. $x\,dx + (y - x^2 - y^2)\,dy = 0;\ \mu(x, y) = 1/(x^2 + y^2)$

문제 33~38에서 예제 4에서처럼 적절한 적분인자를 구하여 미분방정식을 풀어라.

33. $(2y^2 + 3x)\,dx + 2xy\,dy = 0$

34. $y(x + y + 1)\,dx + (x + 2y)\,dy = 0$

35. $6xy\,dx + (4y + 9x^2)\,dy = 0$

36. $\cos x dx + \left(1 + \frac{2}{y}\right)\sin x dy = 0$

37. $(10 - 6y + e^{-3x})\, dx - 2\, dy = 0$

38. $(y^2 + xy^3)\, dx + (5y^2 - xy + y^3 \sin y)\, dy = 0$

문제 39, 40에서 예제 4에서처럼 적절한 적분인자를 구하고 초기값 문제를 풀어라.

39. $x\, dx + (x^2y + 4y)\, dy = 0,\ y(4) = 0$

40. $(x^2 + y^2 - 5)\, dx = (y + xy)\, dy,\ y(0) = 1$

41. **(a)** $(4xy + 3x^2)\, dx + (2y + 2x^2)\, dy = 0$의 1-매개변수 해모임이 $x^3 + 2x^2y + y^2 = c$임을 보여라.

(b) 초기조건 $y(0) = -2$와 $y(1) = 1$을 이용하면 같은 해를 얻게 됨을 보여라.

(c) $y_1(0) = -2,\ y_2(1) = 1$이 되도록 (a) 해 $y_1(x),\ y_2(x)$를 구하고 컴퓨터를 이용하여 그래프를 그려라.

토의문제

42. 문제 29~40에서 사용된 적분인자의 개념을 생각하자. 두 방정식 $M\, dx + N\, dy = 0$과 $\mu M\, dx + \mu N\, dy = 0$은 각각의 해가 다른 방정식의 해가 된다는 점에서 동등한 방정식으로 볼 수 있는가? 토론해 보라.

43. 예제 3을 다시 읽고 초기값 문제의 해(그림 2.4.1의 푸른색 선) 정의구간이 왜 $(-1, 1)$으로 되는지 토론하라.

44. 각 미분방정식이 완전할 수 있도록 두 함수 $M(x, y),\ N(x, y)$를 어떻게 구할 수 있을지 생각해 보라.

(a) $M(x, y)\, dx + \left(xe^{xy} + 2xy + \frac{1}{x}\right) dy = 0$

(b) $\left(x^{-1/2}y^{1/2} + \frac{x}{x^2 + y}\right) dx + N(x, y)\, dy = 0$

45. 미분방정식은 종종 참신한 아이디어를 가지고 풀 수 있다. 미분방정식 $(x - \sqrt{x^2 + y^2})\, dx + y dy = 0$은 완전하지 않지만, $\frac{x\, dx + y\, dy}{\sqrt{x^2 + y^2}} = dx$와 같이 정리하고 이것이 $\frac{1}{2}d(x^2 + y^2) = x\, dx + y\, dy$와 같음을 파악하면 해를 얻을 수 있음을 보여라.

46. 참인가 거짓인가: 모든 분리 가능한 1계 미분방정식 $dy/dx = g(x)h(y)$는 완전방정식이다.

수학적 모델

47. **낙하하는 사슬**(falling chain) 8 ft 길이의 균일한 체인의 일부가 높은 수평 플랫폼의 가장자리에 있는 못 주변에 느슨하게 감겨 있고 체인의 나머지 부분이 플랫폼 모서리에 걸려 있다. **그림 2.4.2**를 보라. 걸려 있는 체인의 길이가 3 ft이고, 무게는 2 lb/ft, 그리고 양의 방향은 아래쪽이라 가정하라. $t = 0$초일 때 시작함과 동시에, 걸려있는 부분의 무게가 테이블 위의 체인이 풀리면서 바닥으로 떨어진다. 만약 $x(t)$가 $t > 0$일 때의 테이블에 걸려있는 체인의 길이라고 한다면, 속도는 $v = dx/dt$이다. 모든 저항력을 무시한다면, v와 x의 수학적 모델은 다음과 같이 표현될 수 있다.

$$xv\frac{dv}{dx} + v^2 = 32x$$

(a) 미분 형태로 모델 식을 다시 써라. 문제 33~38과 같이 풀고 적절한 적분인자를 찾아 미분방정식을 풀어라. $v(x)$의 양함수 해를 구하라.

(b) 체인이 플랫폼을 벗어날 때의 속도를 구하라.

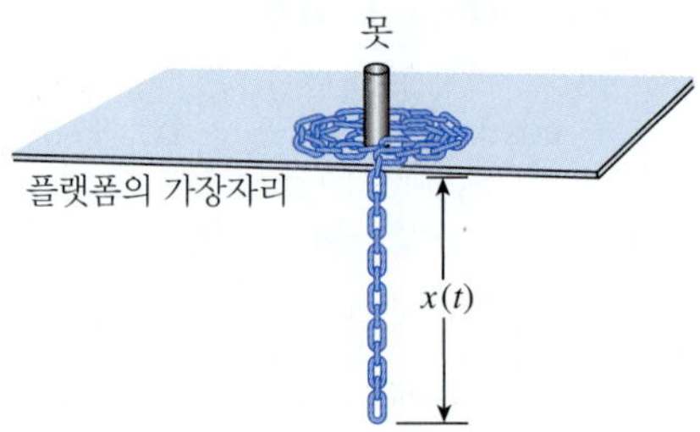

그림 2.4.2 문제 47의 꼬여있지 않은 체인

컴퓨터 실습 과제

48. **유선**(streamlines) **(a)** 미분방정식의

$$\frac{2xy}{(x^2 + y^2)^2}\, dx + \left[1 + \frac{y^2 - x^2}{(x^2 + y^2)^2}\right] dy = 0$$

의 해는 $x^2 + y^2 = 1$로 표현되는 둥근 물체 주변의 유체 흐름의 유선(streamline)으로 해석되는 곡선들이다. 이 미분방정식을 풀어서 $c = 0$일 때 해가 $f(x, y) = c$인 것을 확인하라.

(b) $c = 0,\ \pm0.2,\ \pm0.4,\ \pm0.6,\ \pm0.8$일 때의 유선을 CAS를 이용해서 3가지 방식으로 그려라. 첫째로 CAS의 **등고선그리기**(contourplot)를 사용하라. 둘째로 x를 변수 y로 표현하라. 주어진 c 값에 대한 y의 두 함수를 그리고, 그 두 그래프를 조합하라. 셋째로 CAS를 이용하여 y의 3차 방정식을 풀어 x로 표현하라.

2.5 치환법

소개 우리는 미분방정식이 어떤 종류(예를 들어 변수분리형)인지를 먼저 알아보고, 그에 맞는 수학적인 방법과 절차를 적용해서 미분방정식을 푼다. 그러나 종종 **치환법**(substitution)을 적용하여 일단 다른 미분방정식의 형태로 변환한 후 푸는 경우도 있다. 예를 들어 $y = g(x, u)$로 치환하여 1계 미분방정식 $dy/dx = f(x, y)$의 형태를 바꾼다고 가정하자. 여기서 u는 변수 x의 함수로 간주한다.

만약 g가 1계 편도함수를 가지면, 연쇄법칙에 의해서 다음 식이 주어진다.

$$\frac{dy}{dx} = g_x(x, u) + g_u(x, u)\frac{du}{dx}$$

dy/dx는 $f(x, y)$로, y는 $g(x, u)$로 바꾸어 새로운 1계 미분방정식을 얻을 수 있다.

$$f(x, g(x, u)) = g_x(x, u) + g_u(x, u)\frac{du}{dx}$$

이것은 du/dx를 풀면 $du/dx = F(x, u)$의 형태가 된다. 만약 이 두 번째 방정식의 해 $u = \phi(x)$를 얻을 수 있다면, 원래 미분방정식의 해는 $y = g(x, \phi(x))$이다.

■ **동차방정식** 함수 f가 어떤 실수 α에 대하여 $f(tx, ty) = t^{\alpha}f(x, y)$가 성립하면, 함수 f를 차수 α를 갖는 **동차함수**(homogeneous function)라 한다. 예를 들어 $f(x, y) = x^3 + y^3$이

$$f(tx, ty) = (tx)^3 + (ty)^3 = t^3(x^3 + y^3) = t^3f(x, y)$$

이므로 차수 3의 동차함수이다. 반면에 $f(x, y) = x^3 + y^3 + xy^2$은 동차함수가 아니다. 함수

$$f(x, y) = \frac{x - 2y}{3x + y} \text{와 } g(x, y) = \frac{1}{\sqrt{x^2 + y^2}}$$

은 각각 차수 0과 -1을 갖는 동차함수이다. 왜냐하면

$$f(tx, ty) = \frac{tx - 2ty}{3tx + ty} = \frac{t(x - 2y)}{t(3x + y)} = \frac{x - 2y}{3x + y} = t^0f(x, y)$$

이고,

$$g(tx, ty) = \frac{1}{\sqrt{t^2x^2 + t^2y^2}} = \frac{1}{t\sqrt{x^2 + y^2}} = t^{-1}\frac{1}{\sqrt{x^2 + y^2}} = t^{-1}g(x, y)$$

이기 때문이다. 만약 M, N이 같은 차수의 동차함수라 할 때, 다음과 같은 미분 형태를 갖는 1계 미분방정식은

$$M(x, y)\,dx + N(x, y)\,dy = 0 \tag{1}$$

을 **동차**(homogeneous)라 말한다. 다시 말하면, 만약

$$M(tx, ty) = t^{\alpha}M(x, y) \text{ 그리고 } N(tx, ty) = t^{\alpha}N(x, y)$$

라면 식 (1)은 동차이다. 여기서 **동차**라는 말은 선형 미분방정식에서 사용되는 의미와 같지

선형 1계 미분방정식 $a_1y' + a_0y = g(x)$는 $g(x) = 0$일 때 동차이다. ▶

않다. 2.3과 3.1절을 참조하라.

만일 M, N이 차수 α인 동차함수라면, 다음과 같이 쓸 수 있다.

$$M(x, y) = x^\alpha M(1, u) \text{ 그리고 } N(x, y) = x^\alpha N(1, u) \quad \text{여기서 } u = y/x \tag{2}$$

$$M(x, y) = y^\alpha M(v, 1) \text{ 그리고 } N(x, y) = y^\alpha N(v, 1) \quad \text{여기서 } v = x/y \tag{3}$$

연습문제 2.5의 문제 33을 보라. 식 (2)와 식 (3)은 동차 미분방정식을 푸는 데 사용할 수 있는 치환법을 제시한다. 특히 $y = ux$ 또는 $x = vy$ 중 어느 하나의 치환은(u, v는 새로운 종속변수) 동차방정식을 분리 가능한 1계 미분방정식으로 만들어 준다. 이를 보이기 위하여, 식 (2)의 결과로 동차방정식 $M(x, y)\,dx + N(x, y)\,dy = 0$이

$$x^\alpha M(1, u)\,dx + x^\alpha N(1, u)\,dy = 0 \text{ 또는 } M(1, u)\,dx + N(1, u)\,dy = 0$$

와 같이 표현됨을 보라. 여기서 $u = y/x$ 또는 $y = ux$이다. 최종 방정식에 $dy = udx + xdu$를 대입하고 항을 모으면, 변수 u와 x에 대한 분리 가능한 미분방정식을 다음과 같이 얻을 수 있다.

$$M(1, u)\,dx + N(1, u)[u\,dx + x\,du] = 0$$

$$[M(1, u) + uN(1, u)]\,dx + xN(1, u)\,du = 0$$

또는

$$\frac{dx}{x} + \frac{N(1, u)\,du}{M(1, u) + uN(1, u)} = 0$$

위의 공식을 암기할 필요는 없지만, 이 풀이과정은 매번 수행되어야 한다. $x = vy$와 $dx = vdy + ydv$를 대입하여도 역시 분리 가능한 미분방정식을 유도할 수 있다는 것을 식 (3)으로부터 같은 방법을 이용하여 증명할 수 있다.

예제 1 동차 미분방정식의 풀이

$(x^2 + y^2)\,dx + (x^2 - xy)\,dy = 0$을 풀어라.

풀이 $M(x, y) = x^2 + y^2$, $N(x, y) = x^2 - xy$라 하면, 차수가 2인 동차함수라는 것을 알 수 있다. $y = ux$라 놓으면 $dy = u\,dx + x\,du$이므로 이를 대입하면, 주어진 방정식은 다음과 같이 된다.

$$(x^2 + u^2x^2)\,dx + (x^2 - ux^2)[u\,dx + x\,du] = 0$$

$$x^2(1 + u)\,dx + x^3(1 - u)\,du = 0$$

$$\frac{1 - u}{1 + u}\,du + \frac{dx}{x} = 0$$

$$\left[-1 + \frac{2}{1 + u}\right]du + \frac{dx}{x} = 0 \qquad \leftarrow \text{정수부분 분리}$$

마지막 식을 적분하면

$$-u + 2\ln|1 + u| + \ln|x| = \ln|c|$$

$$-\frac{y}{x} + 2\ln\left|1 + \frac{y}{x}\right| + \ln|x| = \ln|c| \qquad \leftarrow u = y/x\text{로 다시 대입}$$

와 같이 되고, 로그함수의 성질을 이용하여 해를 쓰면 다음과 같다.

$$\ln\left|\frac{(x+y)^2}{cx}\right| = \frac{y}{x} \quad \text{또는} \quad (x+y)^2 = cxe^{y/x}$$ ≡

$y = ux$ 또는 $x = vy$ 중에 어떤 것이라도 모든 동차 미분방정식에 사용할 수 있으나, 함수 $M(x, y)$가 $N(x, y)$보다 간단할 때는 $x = vy$를 사용한다. 하나의 치환을 사용한 후에 계산하기 매우 어렵거나 불가능한 적분이 있는 경우, 다른 치환으로 바꾸면 보다 쉬운 문제로 만들 수 있다.

Bernoulli 방정식

$$\frac{dy}{dx} + P(x)y = f(x)y^n \tag{4}$$

과 같은 형태의 방정식(n은 임의의 실수)을 **Bernoulli 미분방정식**이라고 한다. 1695년경에 이 방정식을 연구했던 스위스 수학자 **Jacob Bernoulli** (1654~1705)의 이름을 따라 명명했다. $n = 0$ 및 $n = 1$이면, 식 (4)는 선형이다. 1696년 독일의 수학자인 **Gottfried Wilhelm Leibniz** (1646~1716)는 $n \neq 0$, $n \neq 1$이면, $u = y^{1-n}$로 치환하면 식 (4)와 같은 형태를 가지는 어떠한 미분방정식도 선형방정식으로 간단히 만들 수 있다고 증명하였다.

예제 2 Bernoulli 방정식 풀이

$x\dfrac{dy}{dx} + y = x^2y^2$을 풀어라.

풀이 식 (4)에 주어진 형태로 미분방정식을 x로 나누어 다시 쓰면

$$\frac{dy}{dx} + \frac{1}{x}y = xy^2$$

이다. $n = 2$로 두고, $y = u^{-1}$으로 치환하고

$$\frac{dy}{dx} = -u^{-2}\frac{du}{dx} \quad \leftarrow \text{연쇄법칙}$$

를 대입하여 단순화하면 결과는 다음 식과 같다.

$$\frac{du}{dx} - \frac{1}{x}u = -x$$

구간 $(0, \infty)$에서 이 선형방정식의 적분인자는

$$e^{-\int dx/x} = e^{-\ln x} = e^{\ln x^{-1}} = x^{-1}$$

이다.

$$\frac{d}{dx}[x^{-1}u] = -1$$

을 적분하면 $x^{-1}u = -x + c$ 또는 $u = -x^2 + cx$가 된다. $u = y^{-1}$이므로, $y = 1/u$을 얻

고 따라서 주어진 미분방정식의 해는 $y = 1/(-x^2 + cx)$이다. ≡

예제 2에서 $y = 0$이 미분방정식의 특이해이기 때문에 원래 비선형 미분방정식의 일반해를 구한 것은 아니라는 것을 주의하라.

변수분리형으로의 단순화

$$\frac{dy}{dx} = f(Ax + By + C) \tag{5}$$

위 형태의 미분방정식은 $u = Ax + By + C$, $B \neq 0$을 대입하여 항상 분리 가능한 미분방정식으로 만들 수 있다. 예제 3에서 이 방법을 설명한다.

예제 3 초기값 문제

다음의 초기값 문제를 풀어라.

$$\frac{dy}{dx} = (-2x + y)^2 - 7, \quad y(0) = 0$$

풀이 $u = -2x + y$로 치환하면, $du/dx = -2 + dy/dx$이다. 따라서 미분방정식은 다음 식과 같이 변환된다.

$$\frac{du}{dx} + 2 = u^2 - 7 \text{ 또는 } \frac{du}{dx} = u^2 - 9$$

마지막 식은 분리 가능하다. 부분분수를 사용하면

$$\frac{du}{(u-3)(u+3)} = dx \text{ 또는 } \frac{1}{6}\left[\frac{1}{u-3} - \frac{1}{u+3}\right] du = dx$$

을 얻고 이를 적분하면, 다음과 같이 된다.

$$\frac{1}{6}\ln\left|\frac{u-3}{u+3}\right| = x + c_1 \text{ 또는 } \frac{u-3}{u+3} = e^{6x+6c_1} = ce^{6x} \quad \leftarrow e^{6c_1}\text{로 } c\text{로 대체}$$

마지막 식을 u에 대하여 풀고 다시 대입을 하면

$$u = \frac{3(1 + ce^{6x})}{1 - ce^{6x}} \text{ 또는 } y = 2x + \frac{3(1 + ce^{6x})}{1 - ce^{6x}} \tag{6}$$

이 되며, 초기조건 $y(0) = 0$을 적용하면, $c = -1$을 얻는다. 그래프를 그리는 프로그램을 사용하여 **그림 2.5.1**에 특수해

$$y = 2x + \frac{3(1 - e^{6x})}{1 + e^{6x}}$$

를 다른 해곡선들 사이에 진한 푸른색 선으로 표시해 놓았다. ≡

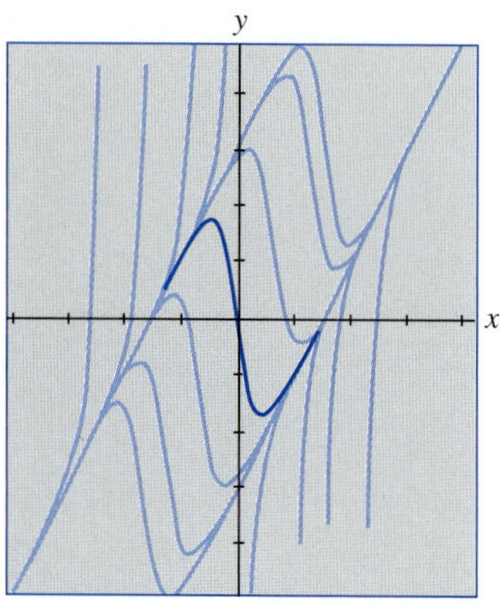

그림 2.5.1 예제 3에서의 미분방정식의 몇 가지 해곡선

2.5 연습문제

부록에 선택된 홀수 문제의 답이 있다.

문제 1~14의 미분방정식은 동차 미분방정식이다.

문제 1~10에서는 적절한 치환을 이용해서 주어진 미분방정식을 풀어라.

1. $(x - y)\,dx + x\,dy = 0$
2. $(x + y)\,dx + x\,dy = 0$
3. $x\,dx + (y - 2x)\,dy = 0$
4. $y\,dx = 2(x + y)\,dy$
5. $(y^2 + yx)\,dx - x^2\,dy = 0$
6. $(y^2 + yx)\,dx + x^2\,dy = 0$
7. $\dfrac{dy}{dx} = \dfrac{y - x}{y + x}$
8. $\dfrac{dy}{dx} = \dfrac{x + 3y}{3x + y}$
9. $-y\,dx + (x + \sqrt{xy})\,dy = 0$
10. $x\dfrac{dy}{dx} = y + \sqrt{x^2 - y^2}, x > 0$

문제 11~14에서는 초기값 문제를 풀어라.

11. $xy^2\dfrac{dy}{dx} = y^3 - x^3, \quad y(1) = 2$
12. $(x^2 + 2y^2)\dfrac{dx}{dy} = xy, \quad y(-1) = 1$
13. $(x + ye^{y/x})\,dx - xe^{y/x}\,dy = 0, y(1) = 0$
14. $y\,dx + x(\ln x - \ln y - 1)\,dy = 0, y(1) = e$

문제 15~22의 미분방정식은 Bernoulli 방정식이다.

문제 15~20에서 적절한 치환을 이용해서 미분방정식을 풀어라.

15. $x\dfrac{dy}{dx} + y = \dfrac{1}{y^2}$
16. $\dfrac{dy}{dx} - y = e^x y^2$
17. $\dfrac{dy}{dx} = y(xy^3 - 1)$
18. $x\dfrac{dy}{dx} - (1 + x)y = xy^2$
19. $t^2\dfrac{dy}{dt} + y^2 = ty$
20. $3(1 + t^2)\dfrac{dy}{dt} = 2ty(y^3 - 1)$

문제 21, 22에서는 주어진 초기값 문제를 풀어라.

21. $x^2\dfrac{dy}{dx} - 2xy = 3y^4, \quad y(1) = \dfrac{1}{2}$
22. $y^{1/2}\dfrac{dy}{dx} + y^{3/2} = 1, \quad y(0) = 4$

문제 23~30의 미분방정식은 식 (5)에서 주어진 형태이다.

문제 23~28에서 적절한 치환을 이용해서 주어진 미분방정식을 풀어라.

23. $\dfrac{dy}{dx} = (x + y + 1)^2$
24. $\dfrac{dy}{dx} = \dfrac{1 - x - y}{x + y}$
25. $\dfrac{dy}{dx} = \tan^2(x + y)$
26. $\dfrac{dy}{dx} = \sin(x + y)$
27. $\dfrac{dy}{dx} = 2 + \sqrt{y - 2x + 3}$
28. $\dfrac{dy}{dx} = 1 + e^{y-x+5}$

문제 29, 30에서는 초기값 문제를 풀어라.

29. $\dfrac{dy}{dx} = \cos(x + y), \quad y(0) = \pi/4$
30. $\dfrac{dy}{dx} = \dfrac{3x + 2y}{3x + 2y + 2}, \quad y(-1) = -1$

토의문제

일부 2계 미분방정식은 치환을 통해 1계 미분방정식으로 줄일 수 있다. 문제 31과 32에서 대입 $u = y'$를 이용하여 주어진 미분방정식을 1계 방정식으로 줄이고, 이 섹션에서 논의된 방법으로 해당 방정식을 풀어라. 그런 다음 $u = y'$를 다시 이용하여 주어진 방정식의 해 y를 구하라.

31. $y'' + (y')^2 = 0$
32. $y'' - 2y' = 4x$
33. **(a)** $M(x, y)dx + N(x, y)dy = 0$로 표현되는 동차 미분방정식을 아래와 같이 표현하는 것이 항상 가능함을 보여라.

$$\frac{dy}{dx} = F\left(\frac{y}{x}\right)$$

   (b) (a)의 마지막 미분방정식에 $u = y/x$로 치환하여 풀었을 때 변수분리가능한 방정식이 나옴을 보여라.

34. 동차 미분방정식

$$(5x^2 - 2y^2)\,dx - xy\,dy = 0$$

을 문제 33에서 주어진 형태로 표현하라.

35. **(a)** 문제 10의 미분방정식의 두 특이해를 결정하라.
   (b) 문제 10에서와 같이 초기조건이 $y(5) = 0$이라면, 해가 정의된 가장 큰 구간 I는? 초기값 문제의 해곡선을 컴퓨터를 이용하여 그려라.
36. 예제 3에서 해 $y(x)$는 $x \to \pm\infty$일 때, 경계가 지어지지 않는다. 그럼에도 불구하고 $y(x)$는 $x \to -\infty$일 때 어떤 곡선에 접근하고 $x \to \infty$일 때는 다른 곡선에 접근한다. 이들 곡선을 표현하는 방정식을 찾아라.

37. 미분방정식

$$\frac{dy}{dx} = P(x) + Q(x)y + R(x)y^2$$

은 **Riccati 방정식**이라고 알려져 있다. 이 유형의 여러 미분방정식을 풀 수 있었던 베네치아 법학자이자 수학자인 **Jacopo Francesco Riccati** (1676~1754)의 이름을 따라 명명했다.

(a) Riccati 방정식은 만일 방정식의 특수해 y_1을 알고 있다면 연속된 두 개의 치환으로 풀 수 있다. $y = y_1 + u$로 치환하여 Riccati 방정식을 식 (4)의 $n = 2$인 Bernoulli 방정식으로 간단히 만들 수 있음을 보여라. 이 Bernoulli 방정식은 $w = u^{-1}$으로 치환하며 선형방정식으로 변환할 수 있다.

(b) 다음 미분방정식의 1-매개변수 해모임을 구하라.

$$\frac{dy}{dx} = -\frac{4}{x^2} - \frac{1}{x}y + y^2$$

여기서 $y_1 = 2/x$는 알려진 해이다.

38. $xy' = y\ln(xy)$를 풀기 위한 적절한 치환을 고안하라.

수학적 모형

39. 개체수의 성장 개체수 역학에 관한 연구에서 제한된 개체수의 성장을 표현하는 가장 유명한 모형 중의 하나는 다음과 같은 **로지스틱 방정식**(logistic equation)이다.

$$\frac{dP}{dt} = P(a - bP)$$

여기에서 a, b는 양의 상수이다. 추후에 2.8절에서 다른 방법으로 풀겠지만, 여기에서는 일단 Bernoulli 방정식이라는 사실을 이용해서 미분방정식을 풀어라.

40. 낙하하는 사슬(falling chain) 연습문제 2.4의 문제 47에서 우리는 높은 수평 플랫폼의 가장자리에서 미끄러져 낙하하는 사슬의 속도 v에 대한 수학적 모델이 다음과 같은 것을 보았다.

$$xv\frac{dv}{dx} + v^2 = 32x$$

그 문제에서 적분인자를 이용하여 완전미분(exact differential)으로 변환하여 미분방정식을 풀었었다. 이번에는 그 방정식이 베르누이 방정식임을 이용하여 미분방정식을 풀어라.

2.6 수치해법

소개 2.1절에서 1계 미분방정식을 풀지 않고도 이에 관한 여러 가지 **정성적인** 정보를 얻을 수 있음을 보았다. 2.2~2.5절에서는 1계 미분방정식을 해석적으로 **분석하는**, 즉 해를 얻는 방법들을 공부하였다. 그러나 미분방정식이 해를 가지고 있어도 해석적으로 구해질 수 없는 경우가 많다. 이러한 경우에 해를 **근사화하는**(approximating) 알고리즘을 이용하여 미분방정식을 수치적으로 '풀게' 된다. 이런 알고리즘을 **수치해법**(numerical method)으로 부르고 근사해를 **수치해**, 그리고 수치해의 그래프를 **수치 해곡선**이라 한다.

이 절에서는 가장 간단한 경우의 수치해법만을 논할 것이며 6장에서 보다 자세하게 다룰 것이다.

접선의 이용

1계 초기값 문제

$$y' = f(x, y), \quad y(x_0) = y_0 \tag{1}$$

가 해를 가지고 있다고 가정하자. 근사해를 구하는 가장 쉬운 방법 중의 하나는 접선을 이용하는 것이다. 예를 들어 1계 초기값 문제 $y' = 0.1\sqrt{y} + 0.4x^2$, $y(2) = 4$의 해를 $y(x)$라고 하자. 이 비선형 미분방정식은 2.2, 2.4, 2.5절에서 고려한 방법들을 사용하면 바로 풀 수 없으나, 미지해 $y(x)$의 개략적인 수치값은 찾을 수 있다. 특별히 $y(2.5)$의 값을 알고 싶다고 가정해 보자. 이 IVP는 해를 가지고 있고, **그림 2.6.1(a)**에서 방향장의 흐름이 보여 주듯이 해곡선은 푸른색 선으로 표시된 곡선과 동일한 모양을 가져야만 한다.

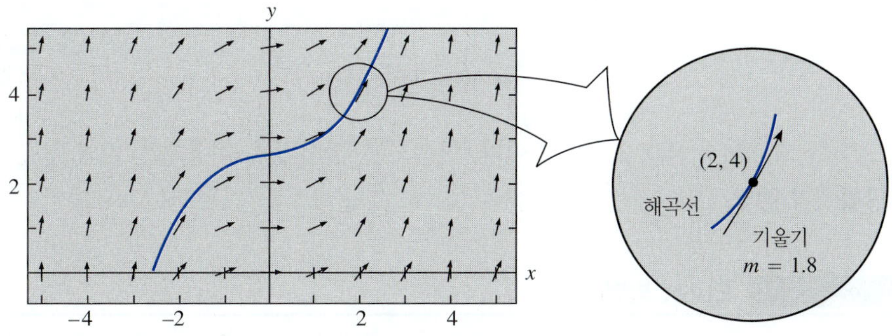

(a) $y \geq 0$일 때 방향장　　(b) (2, 4)에서의 선요소

그림 2.6.1 방향장과 점 (2, 4) 주변의 확대

그림 2.6.1(a)의 방향장은 선요소가 정수좌표로 이루어진 격자점을 지나도록 만들어졌다. 해곡선이 초기점 (2, 4)를 지날 때, 이 점에서의 선요소는 기울기가 $f(2, 4) = 0.1\sqrt{4} + 0.4(2)^2 = 1.8$로 주어지는 접선이다. 그림 2.6.1(a)와 이를 '확대한' 2.6.1(b)에서 분명히 나타나듯이, x가 2에 가까울 때, 해곡선 상의 점들은 접선(선요소) 상의 점들에 가깝다. 점 (2, 4)와 기울기 $f(2, 4) = 1.8$이 주어졌으므로 접선의 방정식 $y = L(x)$, $L(x) = 1.8x + 0.4$를 구할 수 있다. 이 마지막 방정식을 $x = 2$에서의 $y(x)$의 **선형화**(linearization)라고 하고, $x = 2$ 부근에서 $y(x)$의 근사해를 구하는 데 사용할 수 있다. 만일 $y_1 = L(x_1)$과 $y(x_1)$이 각각 x_1($x = 2$ 부근의)에서의 접선과 해곡선의 y 좌표라면, $y(x_1) \approx y_1$과 같다. 만일 $x_1 = 2.1$을 고른다면 $y_1 = L(2.1) = 1.8(2.1) + 0.4 = 4.18$이므로 $y(2.1) \approx 4.18$이 된다.

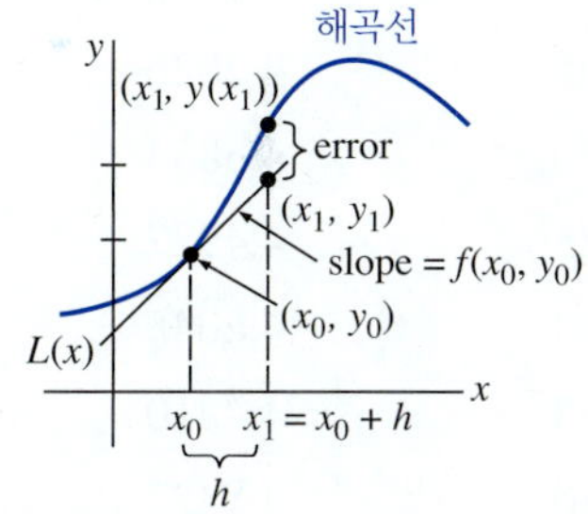

그림 2.6.2 접선을 이용한 $y(x_1)$의 근사값

Euler 방법 방금 예를 들었던 과정을 일반화하기 위해, $x = x_0$에서의 식 (1)의 미지해 $y(x)$의 선형화를 이용해 보자.

$$L(x) = f(x_0, y_0)(x - x_0) + y_0 \tag{2}$$

선형화 그래프는 점 (x_0, y_0)에서 $y = y(x)$에 접하는 직선이다. **그림 2.6.2**에서와 같이 h를 x축의 양의 증분이라 하고, 식 (2)에서 x를 $x_1 = x_0 + h$로 대체하여 다음을 구하였다.

$$L(x_1) = f(x_0, y_0)(x_0 + h - x_0) + y_0 \quad \text{또는} \quad y_1 = y_0 + hf(x_0, y_0)$$

여기서 $y_1 = L(x_1)$이다. 접선 위의 점 (x_1, y_1)은 해곡선 위의 점 $(x_1, y(x_1))$의 근사이다. $y_1 \approx y(x_1)$ 근사값의 정확성은 **증가단위**(step size) h의 크기에 많이 의존하므로 보통은 그 크기를 '충분히 작게' 해야 한다. 지금부터 (x_1, y_1)에서 두 번째 '접선'*을 이용하여 그 과정을 반복해 보자. 앞에서 했던 과정에서 (x_0, y_0)를 새 시작점 (x_1, y_1)으로 교체하고 x_0로부터 h의 2단계 크기만큼 떨어진 x 좌표, 즉 $x_2 = x_1 + h = x_0 + 2h$에 해당하는 근사값 $y_2 \approx y(x_2)$를 얻는다. 즉

$$y(x_2) = y(x_0 + 2h) = y(x_1 + h) \approx y_2 = y_1 + hf(x_1, y_1)$$

이다. 이런 방식으로 계속하면, $y_1, y_2, y_3, \ldots$가 아래의 일반식에 의해 귀납적으로 정의됨을

* (x_1, y_1)이 해곡선이 아닌 첫 번째 접선 상에 있으므로 이것은 실제로 접선은 아니다.

알 수 있다.

$$y_{n+1} = y_n + hf(x_n, y_n) \tag{3}$$

여기서 $x_n = x_0 + nh$, $n = 0, 1, 2, \ldots$이다. 연속되는 '접선'들을 이용하는 이와 같은 방법을 **Euler 방법**이라 한다.

예제 1 Euler 방법

초기값 문제 $y' = 0.1\sqrt{y} + 0.4x^2$, $y(2) = 4$를 고려하자. Euler 방법을 이용하여 $h = 0.1$, $h = 0.05$일 때 각각의 $y(2.5)$의 근사값을 구하라.

풀이 $f(x, y) = 0.1\sqrt{y} + 0.4x^2$이므로, 식 (3)은

$$y_{n+1} = y_n + h(0.1\sqrt{y_n} + 0.4x_n^2)$$

이 된다. 그러면 $h = 0.1$, $x_0 = 2$, $y_0 = 4$, $n = 0$에 대해 다음과 같이 $y(2.1)$의 근사값을 얻는다.

$$y_1 = y_0 + h(0.1\sqrt{y_0} + 0.4x_0^2) = 4 + 0.1(0.1\sqrt{4} + 0.4(2)^2) = 4.18$$

그러나 더 작은 증가단위 $h = 0.05$를 이용한다면, $x = 2.1$에 도달하는 데는 두 단계가 걸릴 것이며

$$y_1 = 4 + 0.05(0.1\sqrt{4} + 0.4(2)^2) = 4.09$$
$$y_2 = 4.09 + 0.05(0.1\sqrt{4.09} + 0.4(2.05)^2) = 4.18416187$$

와 같이 $y_1 \approx y(2.05)$ 그리고 $y_2 \approx y(2.1)$의 결과를 얻는다. 계산의 나머지 부분은 컴퓨터로 수행되었으며 그 결과를 표 2.6.1과 2.6.2에 나타내었다. 표 2.6.1과 2.6.2에 요약된 결과를 보면, $x = 2.5$를 얻기 위해서 $h = 0.1$일 때 다섯 단계, $h = 0.05$일 때 열 단계가 소요되는 것을 볼 수 있다. 각 숫자는 소수점 아래 4자리로 반올림되었다. ≡

표 2.6.1 $h = 0.1$

x_n	y_n
2.00	4.0000
2.10	4.1800
2.20	4.3768
2.30	4.5914
2.40	4.8244
2.50	5.0768

표 2.6.2 $h = 0.05$

x_n	y_n
2.00	4.0000
2.05	4.0900
2.10	4.1842
2.15	4.2826
2.20	4.3854
2.25	4.4927
2.30	4.6045
2.35	4.7210
2.40	4.8423
2.45	4.9686
2.50	5.0997

예제 2에서는 이미 해를 구해 둔 미분방정식에 Euler 방법을 적용한다. 각 단계에서의 근사값 y_n을 초기값 문제의 해 $y(x_n)$의 참값과 비교하기 위함이다.

예제 2 근사값과 참값의 비교

초기값 문제 $y' = 0.2xy$, $y(1) = 1$을 생각하자. Euler 방법을 이용하여 $h = 0.1$, $h = 0.05$일 때 $y(1.5)$의 근사값을 구하라.

풀이 $f(x, y) = 0.2xy$이므로 식 (3)은

$$y_{n+1} = y_n + h(0.2x_n y_n)$$

이 되며, 여기서 $x_0 = 1$, $y_0 = 1$이다. 컴퓨터를 이용하여 값을 얻고 표 2.6.3과 2.6.4에 나타내었다.

표 2.6.3 $h = 0.1$

x_n	y_n	참값	절대 오차	상대 오차(%)
1.00	1.0000	1.0000	0.0000	0.00
1.10	1.0200	1.0212	0.0012	0.12
1.20	1.0424	1.0450	0.0025	0.24
1.30	1.0675	1.0714	0.0040	0.37
1.40	1.0952	1.1008	0.0055	0.50
1.50	1.1259	1.1331	0.0073	0.64

표 2.6.4 $h = 0.05$

x_n	y_n	참값	절대 오차	상대 오차(%)
1.00	1.0000	1.0000	0.0000	0.00
1.05	1.0100	1.0103	0.0003	0.03
1.10	1.0206	1.0212	0.0006	0.06
1.15	1.0318	1.0328	0.0009	0.09
1.20	1.0437	1.0450	0.0013	0.12
1.25	1.0562	1.0579	0.0016	0.16
1.30	1.0694	1.0714	0.0020	0.19
1.35	1.0833	1.0857	0.0024	0.22
1.40	1.0980	1.1008	0.0028	0.25
1.45	1.1133	1.1166	0.0032	0.29
1.50	1.1295	1.1331	0.0037	0.32

≡

예제 1에서 참값은 이미 알고 있는 해 $y = e^{0.1(x^2-1)}$으로부터 계산되었다(증명하라). 또한 **절대오차**(absolute error)는 다음과 같이 정의된다.

$$|참값 - 근사값|$$

상대오차(relative error)와 **백분율 상대오차**(percentage relative error)는 다음과 같다.

$$\frac{절대오차}{|참값|}, \quad \frac{절대오차}{|참값|} \times 100$$

h가 작아짐에 따라 근사값의 정확성이 향상되는 것은 표 2.6.3과 2.6.4의 마지막 열을 비교하면 확실히 알 수 있다. 또한 백분율 상대오차가 각 단계마다 증가하기는 하지만 그리 나쁘지 않다는 것도 알 수 있다. 그러나 한 개의 예제로 결과를 단정지어서는 안 된다. 예제 2의 미분방정식에서 우변의 계수를 0.2에서 2로 바꾸면, $x_n = 1.5$에서의 백분율 상대오차가 극적으로 증가한다. 연습문제 2.6의 문제 4를 보라.

■ **경고** Euler의 방법은 미분방정식의 근사해를 구하는 많은 방법 중의 하나이다. 간단하기 때문에 매력적이지만 Euler 방법은 중요한 계산에서는 자주 사용되지 않는다. 여기에서는 단순히 수치해법에 대한 예를 들기 위해서 소개하였다. 6장에서의 **4계 Runge-Kutta (RK4) 방법**과 같은 훨씬 더 정확한 근사해를 구할 수 있는 방법을 추후에 자세히 논의할 것이다.

■ **수치해법도구** 함수형태 $y = f(x)$나 그렇지 않은 형태 $g = (x, y)$의 해를 실제로 찾을 수 있느냐에 관계없이, 만일 미분방정식의 해가 존재한다면, 직교좌표 평면에서 매끄러운 곡선으로 나타날 것이다. 상미분방정식을 위한 어떠한 수치해법도 기본적으로는 미리 선택된 x 값에 해당하는 y 값을 어떻게든 근사화하는 것에 기본을 두고 있다. 해곡선 위에 있는 (x_0, y_0)를 시작점으로 해서 점 $(x_1, y_1), (x_2, y_2), \ldots, (x_n, y_n)$을 차례차례 계산한다. 여기서 y 좌표 y_i는 미지의 해 $y(x)$의 그래프 위에 있는 점 $(x_1, y(x_1)), (x_2, y(x_2)), \ldots, (x_n, y(x_n))$의 y 좌표 $y(x_i)$를 근사화한 값이다. x 좌표를 서로 가깝게 택하고(즉 작은 h를 사용해서) 점 $(x_1, y_1), (x_2,$

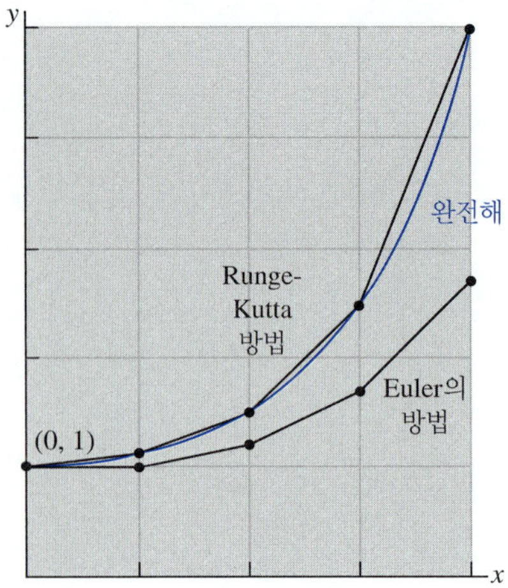

그림 2.6.3 수치해법의 비교

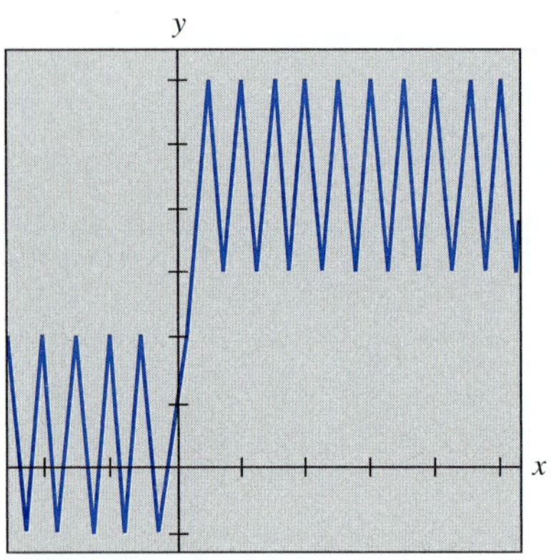

그림 2.6.4 별 도움 안 되는 수치해곡선

y_2), . . . , (x_n, y_n)을 짧은 선분으로 연결하여 실제 해곡선의 정성적인 특성에 가까운 다각형 곡선을 얻는다. 곡선을 그리는 것은 컴퓨터를 이용하는 것이 적합하다. 수치해석을 수행하거나 이 방법에 의해서 구한 수치에 근접한 해곡선을 시각적으로 표현하는 컴퓨터 프로그램을 **수치해법도구**(numerical solver)라고 하며, 많은 수치해법도구가 상용화되었다. 어떤 소프트웨어 패키지는 단순히 생성된 수치해석 근사값을 그리고, 어떤 것들은 수치값과 동시에 **수치해곡선**(numerical solution curve)을 근사화하여 보여 준다. 그림 2.6.3의 2개의 검은 그래프는 초기값 문제 $y' = 0.2xy$, $y(0) = 1$를 구간 [0, 4]에서 각각 Euler 방법과 RK4 방법으로 ($h = 1$) 풀어서 얻은 수치해곡선이다. 푸른색 선으로 표시한 매끄러운 곡선은 IVP의 완전해 $y = e^{0.1x^2}$의 그래프이다. 그림 2.6.3에서 증가단위가 $h = 1$로 너무 크게 설정되었으나, 그래도 RK4에 의한 결과는 실제 '해곡선'과 많이 비슷한 것을 알 수 있을 것이다. $h = 0.1$ 정도로 작은 증가단위를 사용하면 실제 해곡선과 거의 구별할 수 없는 곡선을 얻을 수 있다.

수치해법도구의 이용 수치해법도구를 사용하기 위해 다양한 수치해법을 알아야만 하는 것은 아니다. 수치해법도구는 $dy/dx = f(x, y)$와 같은 정규형태의 미분방정식을 필요로 한다. 해곡선만을 생성하는 수치해법도구는 보통 $f(x, y)$, 초기값 x_0, y_0, 그리고 사용할 수치해석 방법을 필요로 한다. 만약 $y(a)$의 값을 근사화하는 것이 목표라면, 수치해법도구는 추가로 h의 값을 요구하거나, 같은 얘기지만 $x = x_0$부터 $x = a$까지를 몇 단계로 나누기를 원하는지를 알려 줘야 한다. 예를 들어 그림 2.6.3에 그려진 IVP에서 $y(4)$를 근사화하고자 한다면 $h = 1$로 $x = 0$에서 $x = 4$에 도달하기까지 네 단계가 걸리며, $h = 0.1$일 때는 40단계가 소요된다. 여기에서 많은 문제를 집중적으로 탐구할 수는 없지만 최소한 수치해법도구가 어떤 점에서 제대로 동작하지 않거나, 어떤 1계 미분방정식에 적용될 경우 불완전하거나 오해가 생길 수 있는 그림을 만들 수 있다는 사실을 유념해야 한다. 그림 2.6.4는 Euler 방법을 이용하여 구한 어떤 1계 초기값 문제 $dy/dx = f(x, y)$, $y(0) = 1$의 수치해곡선을 보여 준다. 상용화된 3가지 서로 다른 수치해법도구를 이용하여 동일한 결과를 얻었는데, 그럴듯한 해곡선이라고 보기 힘들다(왜?). 어떤 수치해법도구를 사용하여 좋은 결과를 얻기가 어려울 때 사용할 수 있는 방법이 몇 가지 있는데, 그 중 확실한 세 가지 방법은, 증가단위 h의 크기를 작게 하든지, 다른 수치해석 방법을 이용하든지, 또는 다른 수치해법도구를 이용하는 것이다.

2.6 연습문제

부록에 선택된 홀수 문제의 답이 있다.

문제 1, 2에서는 Euler 방법을 이용하여 주어진 값을 소수점 이하 4자리까지 근사값을 구하라. $h = 0.1$, $h = 0.05$로 식 (3)의 과정을 손으로 풀어라.

1. $y' = 2x - 3y + 1$, $y(1) = 5$; $y(1.2)$

2. $y' = x + y^2$, $y(0) = 0$; $y(0.2)$

문제 3, 4에서는 Euler 방법을 이용하여 주어진 값을 소수점 이하 4자리까지 근사값을 구하라. 먼저 $h = 0.1$을, 그 다음에 $h = 0.05$를 이용하라. 각 초기값 문제에 대한 함수형태의 해를 구하고 표 2.6.3, 2.6.4와 같은 표를 만들어라.

3. $y' = y$, $y(0) = 1$; $y(1.0)$

4. $y' = 2xy$, $y(1) = 1$; $y(1.5)$

문제 5~10에서는 수치해법도구와 Euler 방법을 이용하여 주어진 값을 소수점 이하 4자리까지 근사값을 구하라. 먼저 $h = 0.1$을, 그 다음에 $h = 0.05$를 이용하라.

5. $y' = e^{-y}$, $y(0) = 0$; $y(0.5)$

6. $y' = x^2 + y^2$, $y(0) = 1$; $y(0.5)$

7. $y' = (x - y)^2$, $y(0) = 0.5$; $y(0.5)$

8. $y' = xy + \sqrt{y}$, $y(0) = 1$; $y(0.5)$

9. $y' = xy^2 - \dfrac{y}{x}$, $y(1) = 1$; $y(1.5)$

10. $y' = y - y^2$, $y(0) = 0.5$; $y(0.5)$

문제 11과 12에서는 수치해법도구를 이용하여 주어진 초기값 문제의 수치해곡선을 구하라. 먼저 Euler 방법을 이용하고, 다음에 RK4 방법을 이용하라. 각 경우에 $h = 0.25$를 이용하라. 두 해곡선을 같은 좌표축에 포개어 놓고, 가능하다면 각 곡선을 다른 색으로 나타내라. $h = 0.1$과 $h = 0.05$를 이용해서 반복하라.

11. $y' = 2(\cos x)y$, $y(0) = 1$

12. $y' = y(10 - 2y)$, $y(0) = 1$

토의문제

13. $y(x)$가 초기값 문제 $y' = 2xy^2$, $y(0) = 1$의 해일 때 수치해법도구와 Euler 방법을 이용하여 $y(1.0)$의 개략적인 값을 구하라. 처음에는 $h = 0.1$, 그 다음에는 $h = 0.05$를 이용하라. RK4 방법을 이용하여 반복하라. 왜 두 가지 방법에 의한 $y(1.0)$의 근사값이 크게 다른지를 토론하라.

2.7 선형 모형

소개 이 절에서는 1.3절에서 소개되었던 몇 가지의 선형 1계 모형을 풀 것이다.

성장과 감쇠

k를 비례상수로 하는 초기값 문제

$$\frac{dx}{dt} = kx, \quad x(t_0) = x_0 \tag{1}$$

은 **성장**(growth) 또는 **감쇠**(또는 붕괴, decay)를 포함하는 다양한 현상을 모형화하는 데 사용된다. 1.3절에서 짧은 기간 동안 개체수(예를 들어 박테리아나 작은 동물)의 증식속도가 시간 t에서의 개체수에 비례한다는 사실을 알 수 있었다. 만일 어떤 초기시간 t_0에서의 개체수가 알려져 있다면, 식 (1)은 미래의, 즉 $t > t_0$인 시간에서의 개체수를 추측하는 데 사용될 수 있다. 식 (1)의 비례상수 k는 어떤 시간 $t_1 > t_0$에서의 x 값을 측정함으로써, 초기값 문제의 해로부터 결정될 수 있다. 물리학과 화학에서 식 (1)은 1차반응(first-order reaction)의 형태로, 즉 반응의 속도 dx/dt가 반응체의 농도 x에 직접적으로 비례하는 형태로 나타난다. U-238(우라늄)이 분열하여 Th-234(토륨)로 되는 것이 1차반응의 한 예이다.

예제 1 박테리아의 증식

박테리아의 수가 처음에는 P_0이었으며 $t = 1$ h에서 그 수가 $\frac{3}{2}P_0$로 측정되었다. 박테리아의 증식속도가 시간 t에서의 수 $P(t)$에 비례한다면, 그 수가 3배로 증가하는 데 소요되는 시간은 얼마인가?

풀이 먼저 식 (1)의 x를 P로 바꾸자. 초기조건 $P(0) = P_0$이며 비례상수 k를 결정하기 위해서 조건 $P(1) = \frac{3}{2}P_0$를 사용한다.

미분방정식 $dP/dt = kP$는 분리 가능하며 동시에 선형임을 유의하자. 이를 선형 1계 미분방정식의 표준 형태로 바꾸면

$$\frac{dP}{dt} - kP = 0$$

적분인자가 e^{-kt}임을 알 수 있다. 미분방정식의 양변에 적분인자를 곱하면

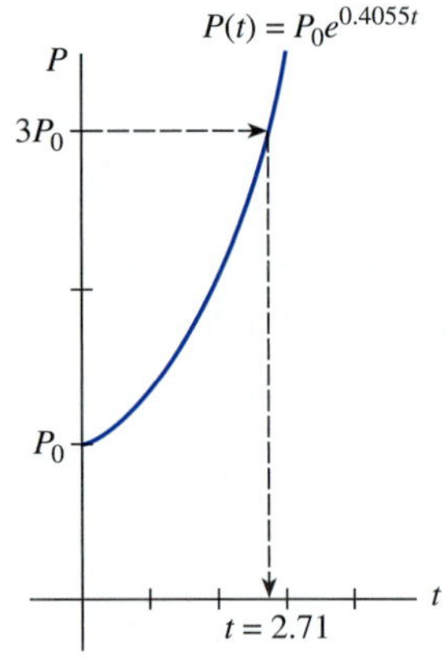

그림 2.7.1 예제 1에서 개체수가 3배가 되는 시간

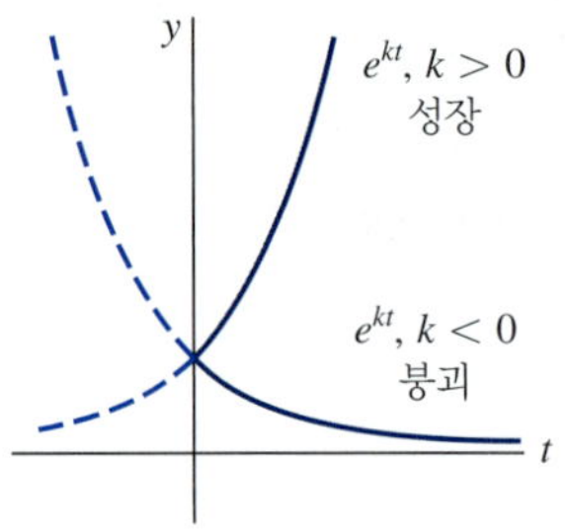

그림 2.7.2 성장($k > 0$)과 붕괴($k < 0$)

$$\frac{d}{dt}[e^{-kt}P] = 0$$

과 같이 되고, 양변을 적분하면 $e^{-kt}P = c$ 또는 $P(t) = ce^{kt}$을 얻는다. $t = 0$에서 $P_0 = ce^0 = c$이므로 $P(t) = P_0e^{kt}$이다. $t = 1$에서 $\frac{3}{2}P_0 = P_0e^k$ 또는 $e^k = \frac{3}{2}$을 얻고, 마지막 방정식으로부터 $k = \ln\frac{3}{2} = 0.4055$를 얻는다. 따라서 $P(t) = P_0e^{0.4055t}$이다. 박테리아의 수가 3배로 되는 시간 t를 구하기 위해 $3P_0 = P_0e^{0.4055t}$을 풀면, $0.4055t = \ln 3$이고

$$t = \frac{\ln 3}{0.4055} \approx 2.71\,\text{h}$$

를 얻게 된다. **그림 2.7.1**을 보라. ≡

예제 1에서 시간 $t = 0$에서의 박테리아의 수 P_0는 세균수가 3배로 되는 데 걸리는 시간을 결정하는 것과 아무런 관계도 없다. 박테리아의 초기 수가 100이든 100만이든 그 수가 3배로 되는 데 필요한 시간은 약 2.71시간이다.

그림 2.7.2에서와 같이 $k > 0$이면, 지수함수 e^{kt}은 t에 따라 증가하고, $k < 0$이면 감소한다. 따라서 인구, 박테리아, 자본과 같이 성장을 나타내는 문제에서는 k가 양의 값을 가지고, 방사능 물질의 분열과 같이 감쇠를 나타내는 문제에서는 k가 음의 값을 가진다. 따라서 k를 **성장상수**(growth constant, $k > 0$) 또는 **붕괴상수**(decay constant, $k < 0$)라 부른다.

반감기 물리학에서 **반감기**(half-life)는 방사능 물질의 안정성을 나타내는 척도이다. 반감기는 붕괴되거나 다른 원자로 변형되어 물질의 질량이 초기 A_0의 절반으로 줄어드는 데 걸리는 시간을 말한다. 반감기가 길수록 그 물질은 안정적이다. 예를 들어, 가장 흔하게 발생하는 우라늄 동위원소 U-238의 반감기는 약 4,500,000,000년이다. 약 45억년 동안 U-238 양의 절반이 납인 Pb-206으로 바뀐다. 대조적으로, 라듐의 동위원소 Ra-223은 11.4일의 반감기를 갖는다. 라듐의 33개 동위원소 중 Ra-226이 가장 안정하며 반감기가 약 1,600년이다. Ra-226 원자의 핵은 라돈 원자 Rn-222의 핵으로 변환된다. 라돈은 일반적으로 단열이 높은 신축 주택의 지하실에서 발생하는, 무색 무취의 무거운 고방사성 가스이다. 몇몇 의료기관에서는 흡연 다음으로 라돈 가스에 노출되는 것이 폐암의 두 번째 주요 원인이라고 주장한다. 반감기가 짧기 때문에 동위원소 Ra-223은 핵의학에서 암, 특히 전이성 골암 및 전이성 전립선암을 치료하는 데 자주 사용된다.

예제 2 플루토늄의 반감기

증식로는 비교적 안정한 우라늄 238을 동위원소인 플루토늄 239로 변환시킨다. 15년이 지나면 플루토늄 초기질량 A_0의 0.043%가 붕괴된다고 한다. 붕괴 속도가 잔량에 비례한다면, 이 동위원소의 반감기는 얼마인가?

풀이 $A(t)$를 임의의 시점에 남아 있는 플루토늄의 양이라 하자. 예제 1에서 다음과 같은 초기값 문제

$$\frac{dA}{dt} = kA, \quad A(0) = A_0 \tag{2}$$

의 해는 $A(t) = A_0e^{kt}$이다. 초기질량 A_0의 0.043%가 붕괴되었다면, 99.957%가 남게 되고, 붕괴상수 k를 구하기 위해서 $0.99957A_0 = A(15)$, $0.99957A_0 = A_0e^{15k}$의 식을 사용하자. k에 대해서 풀면 $k = \frac{1}{15}\ln 0.99957 = -0.00002867$이 되며 따라서 $\boldsymbol{A(t) = A_0e^{-0.00002867t}}$가 된다. 반감기는 $A(t) = A_0/2$을 만족시키는 시간이므로, $A_0/2 = A_0e^{-0.00002867t}$ 또는 $\frac{1}{2} = e^{-0.00002867t}$를 풀어 다음의 결과를 얻는다.

$$t = \frac{\ln 2}{0.00002867} \approx 24{,}180\text{년}$$ ≡

탄소 연대 측정 1950년 즈음에 화학자 **Willard Frank Libby** (1908~1980)가 이끄는 시카고 대학의 연구팀은 탄소계 화석물질의 연대를 개략적으로 측정하기 위한 수단으로 방사선 탄소 동위원소를 사용하는 방법을 고안하였다. 탄소 연대 측정(carbon dating)의 이론은 질소-14에 우주복사가 작용하면, 대기중에 방사선 동위원소인 탄소-14(C-14)가 생성된다는 사실에 근거한다. 대기중의 안정한 C-12와 C-14의 비율은 일정하며, 따라서 살아 있는 생명체 내부에 존재하는 동위원소의 비율은 대기중의 그것과 같다. 그러나 살아있는 유기체가 죽으면 호흡, 음식물 섭취 및 광합성을 통한 C-14의 흡수가 멈춘다. 따라서 화석에 있는 C-14의 비율을 일정한 대기중의 비율과 비교하면, 화석의 연대를 근사적으로 추정해 낼 수 있는 것이다. 이 방법은 C-14의 반감기에 기초하고 있다. C-14의 반감기에 대한 Libby의 계산은 대략 5600년이었고, 이를 **Libby 반감기**라 부른다. 오늘날 일반적으로 인정되는 C-14의 반감기는 **Cambridge 반감기**이며 5730년에 근접한다. 이 업적으로 Libby는 1960년에 노벨 화학상을 수상하게 되었다. Libby의 방법은 고대 이집트인의 무덤에서 발견된 목재 가구, 사해문서를 감싼 아마포 두루마리, 그리고 토리노 수의의 연대를 밝혀 내는 데도 이용된 바 있다.

Willard Frank Libby

예제 3 **화석의 연대**

뼈 화석이 원래 C-14의 0.1%에 해당하는 양을 포함하고 있다. 이 화석의 연대를 결정하라.

풀이 출발점은 다시 $A(t) = A_0e^{kt}$이다. 붕괴상수 k를 결정하기 위해서 $\frac{1}{2}A_0 = A(5730)$ 또는 $\frac{1}{2}A_0 = A_0e^{5730k}$를 사용한다. 마지막 식은 $5730k = \ln\frac{1}{2} = -\ln 2$을 의미하며 $k = -(\ln 2)/5730 = -0.00012097$을 얻는다. 따라서 $A(t) = A_0e^{-0.00012097t}$이다. $A(t) = 0.001/A_0$이므로 $0.001/A_0 = A_0e^{-0.00012097t}$와 $-0.00012097t = \ln(0.001) = -\ln 1000$을 얻는다.

$$t = \frac{\ln 1000}{0.00012097} \approx 57{,}103\text{년}$$ ≡

예제 3에서 구한 화석의 연대는 이 방법으로 구할 수 있는 정확도의 경계에 놓여 있다. 통상 C-14을 이용하는 기술은 동위원소가 10번 반감하는 기간, 또는 약 6만 년 이내의 기간에 대해서 제한적으로 사용될 수 있다. 그 한 가지 이유는 C-14 잔량의 정확한 측정에 필요한 화학적 분석이 0.001A0 근방에서 어렵게 되기 때문이다. 또한 이 방법은 다소 큰 시편을 파괴하여야 한다. 이를 피하기 위해서 시편의 실제 방사능 방출량을 기초로 간접적인 측정을 한다면, 화석에서의 방사와 정상적인 자연 방사를 구별하는 것이 대단히 어렵게 된다. 그러나 입자가속기를 사용하여 안정된 C-12로부터 C-14을 분리하는 것이 가능하게 되었다. 정

◀ 1988년 과학자로 구성된 연구팀이 튜린의 성의를 C-14를 사용하여 연대측정을 할 때, 샘플의 위치와 크기가 주된 어려움을 야기시켰다. 연습문제 2.7의 문제 14를 보자.

Ernest Rutherford

확한 C-12와 C-14의 비율이 계산되면 이 방법의 정밀도는 70,000~100,000년으로 확장될 수 있다. 이와 같은 이유와 C-14 연대측정은 유기물에 적용된다는 사실 때문에 이 방법은 주로 고고학자들이 사용한다. 한편, 암석의 연대나 지구의 나이에 관한 질문에 관심이 있는 지질학자들은 **방사분석 연대측정**(radiometric dating) 법을 사용한다. 방사분석 연대측정법은 물리학자이자 화학자인 **Ernest Rutherford** (1871~1937)가 1905년경에 창안하였다. 자연스럽게 발생하는 매우 긴 반감기를 가지고 있는 방사능 동위원소의 방사능 붕괴에 기초한 이론으로 붕괴된 동위원소의 측정된 양과 반감기를 알고 있는 붕괴 물질의 양을 비교한다. 칼륨–아르곤, 류비듐–스트론튬, 우라늄–납을 사용한 방사분석 연대측정법은 수십 억 년된 특정 종류의 암석들을 측정한다. 칼륨-아르곤을 이용한 연대측정 방법을 연습문제 2.9에서 문제 5, 6에서 다루었다.

Newton의 냉각법칙 1.3절의 식 (3)에서 보았듯이 Newton의 경험적 냉각법칙은 선형 1계 미분방정식으로 다음과 같이 주어진다.

$$\frac{dT}{dt} = k(T - T_m) \tag{3}$$

k는 비례상수이며 $T(t)$는 $t > 0$일 때 물체의 온도이고 T_m은 주변의 온도, 즉 물체를 둘러싸는 매질의 온도이다. 예제 4에서 T_m을 상수로 가정하였다.

예제 4 케이크의 온도

케이크를 오븐에서 꺼냈을 때 300°F이었고 3분 후에 200°F가 되었다. 케이크의 온도가 실온과 같은 70°F로 내려가려면 얼마나 걸릴까?

풀이 식 (3)으로부터 $T_m = 70$임을 알 수 있으며, 다음의 초기값 문제를 풀고 $T(3) = 200$으로 되게 하는 상수 k를 결정해야 한다.

$$\frac{dT}{dt} = k(T - 70), \quad T(0) = 300 \tag{4}$$

식 (4)는 선형이며 분리 가능이다. 변수를

$$\frac{dT}{T - 70} = k\,dt$$

와 같이 분리하면 $\ln|T - 70| = kt + c_1$이 되고, 따라서 $T = 70 + c_2e^{kt}$이다. $t = 0$, $T = 300$일 때, $300 = 70 + c_2$이므로 $c_2 = 230$이 되고, $T = 70 + 230e^{kt}$이다. 마지막으로 $T(3) = 200$으로부터 $e^{3k} = \frac{13}{23}$ 또는 $k = \frac{1}{3}\ln\frac{13}{23} = -0.19018$을 얻어

$$T(t) = 70 + 230e^{-0.19018t} \tag{5}$$

이 된다. $\lim_{t\to\infty} T(t) = 70$이므로 식 (5)는 $T(t) = 70$인 유한해를 제공하지는 않는다. 그러나 직관에 의해 충분한 시간이 경과되고 나면, 케이크의 온도가 실온과 같아질 것임을 예측할 수 있다. 얼마나 걸릴까? 물론 모형 식 (4)가 우리가 갖고 있는 물리적 직관과 일치하지 않는다고 해서 당황하지는 말자. **그림 2.7.3**의 (a)와 (b)는 약 30분이 경과하면 거의 실온에 도달하는 것을 보여 준다. ≡

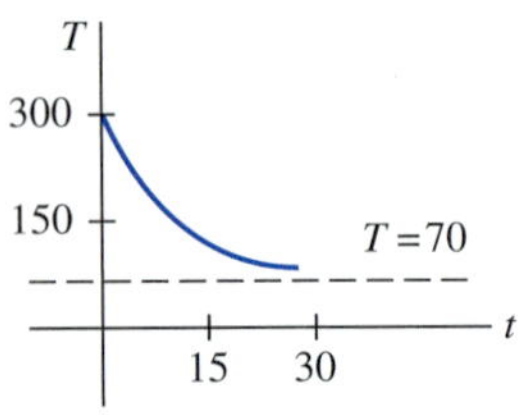

(a)

$T(t)$	t (min.)
75°	20.1
74°	21.3
73°	22.8
72°	24.9
71°	28.6
70.5°	32.3

(b)

그림 2.7.3 예제 4에서 냉각되는 케이크의 온도

혼합물 때때로 두 가지의 액체를 혼합하는 것은 선형 1계 미분방정식과 관계가 있다. 1.3절에서 두 소금물 용액을 섞는 것을 논의했을 때, 탱크 안의 소금의 양이 변하는 비율 $x'(t)$가 다음과 같은 순 비율임을 가정하였다.

$$\frac{dx}{dt} = \left(\begin{array}{c}\text{소금의}\\ \text{유입비율}\end{array}\right) - \left(\begin{array}{c}\text{소금의}\\ \text{유출비율}\end{array}\right) = R_{in} - R_{out} \tag{6}$$

예제 5에서 1.3절의 방정식 (8)을 푼다.

예제 5 두 소금 용액의 혼합

1.3절의 소금물 300갤런을 저장하는 큰 탱크를 다시 생각해 보자. 소금물이 3 gal/min의 비율로 탱크에 유입되어 그 안의 용액과 섞이고, 그 혼합액은 동일한 비율로 유출된다. 유입되는 용액의 농도가 2 lb/gal이므로, 소금의 양은 $R_{in} = (2\ \text{lb/gal}) \cdot (3\ \text{gal/min}) = 6\ \text{lb/min}$과 $R_{out} = (x/300\ \text{lb/gal}) \cdot (3\ \text{gal/min}) = x/100\ \text{lb/min}$의 비율로 각각 유입되고 배출된다. 이 수치와 식 (6)으로부터 1.3절의 방정식 (8)을 얻는다. 만일 원래 300갤런의 용액에 녹아 있던 소금의 양이 50파운드(lb)라면 오랜 시간이 지난 후에 탱크에 있는 소금의 양은 얼마가 되겠는가?

풀이 시간 t에서 탱크 내의 소금 양 $x(t)$를 알기 위해서는 다음과 같은 초기값 문제를 풀어야 한다.

$$\frac{dx}{dt} + \frac{1}{100}x = 6, \quad x(0) = 50$$

주어진 초기조건 $x(0) = 50$은 탱크 내부의 초기 소금 양이며 용액의 양이 아님을 주의하라. 선형 미분방정식의 적분인자가 $e^{t/100}$이므로 방정식을 써 보면

$$\frac{d}{dt}[e^{t/100}x] = 6e^{t/100}$$

와 같다. 이 식을 적분하고 x에 관해서 풀면 일반해 $x(t) = 600 + ce^{-t/100}$을 얻을 수 있고 $t = 0$, $x = 50$일 때, $c = -550$이 된다. 따라서 시간 t에서 탱크 내의 소금 양은 다음 식으로 주어진다.

$$x(t) = 600 - 550e^{-t/100} \tag{7}$$

식 (7)을 이용하여 **그림 2.7.4(b)**의 표를 만들었다. 또한 식 (7)과 그림 2.7.4(a)로부터 $t \to \infty$일 때 $x(t) \to 600$임을 보일 수 있다. 물론 이는 기대한 바와 같으며, 장시간 경과 후 용액 내의 소금 양은 (300 gal)(2 lb/gal) = 600 lb가 될 것이다. ☰

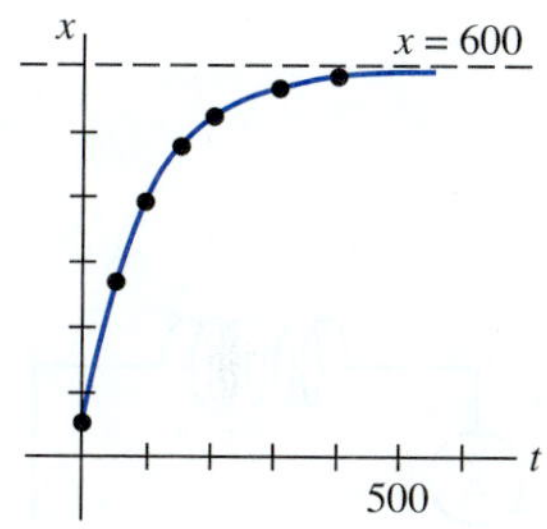

(a)

t (min)	x (lb)
50	266.41
100	397.67
150	477.27
200	525.57
300	572.62
400	589.93

(b)

그림 2.7.4 예제 5에서 간에 따른 탱크 내의 소금의 양(파운드)

예제 5에서, 용액이 유입되는 비율이 용액이 배출되는 비율과 같다고 가정하였다. 하지만 꼭 그럴 필요는 없다. 왜냐하면 혼합 소금물 용액은 유입되는 소금물 용액의 r_{in} 비율보다 느리거나 빠른 r_{out} 비율로 배출될 수 있기 때문이다.

예제 6 **예제 5의 재검토**

유입과 유출 비율이 같은 문제인 예제 5에서 $r_{out} = 2$ gal/min의 천천히 유출하면 탱크의 용액은 $r_{in} - r_{out} = (3 - 2)$ gal/min $= 1$ gal/min의 비율로 양이 증가한다. t분 후에 탱크에 있는 소금물은 $(300 + t)$ galon이다. 따라서 유출되는 농도는 $c(t) = x/(300 + t)$이고 소금의 유출비율 $R_{out} = c(t) \cdot r_{out}$ 또는

$$R_{out} = \left(\frac{x}{300 + t}\,\text{lb/gal}\right) \cdot (2\ \text{gal/min}) = \frac{2x}{300 + t}\,\text{lb/min}$$

이다. 따라서 식 (6)은 다음과 같다.

$$\frac{dx}{dt} = 6 - \frac{2x}{300 + t} \quad \text{또는} \quad \frac{dx}{dt} + \frac{2}{300 + t}x = 6$$

마지막 식에 적분인자를 곱하면

$$e^{\int \frac{2}{300+t}dt} = e^{\ln(300+t)^2} = (300 + t)^2$$

따라서

$$\frac{d}{dt}[(300 + t)^2 x] = 6(300 + t)^2$$

이제 초기조건 $x(0) = 50$을 사용하면 해는 $x(t) = 600 + 2t - (4.95 \times 10^7)(300 + t)^{-2}$이다. 1.3절의 식 (8), 연습문제 1.3의 문제 12, 그리고 연습문제 2.7의 문제 27~30을 참고해 보자. ≡

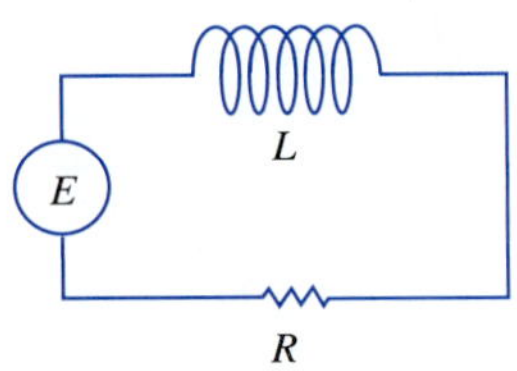

그림 2.7.5 *LR* 직렬회로

직렬회로 저항기와 인덕터(inductor)만을 포함하는 LR 직렬회로에서는 Kirchhoff의 전압법칙에 의해서 인덕터의 전압강하$[L(di/dt)]$와 저항기의 전압강하(iR)의 합이 회로에 인가되는 전압$[E(t)]$과 같다. **그림 2.7.5**를 보라.

따라서 전류 $i(t)$에 대해 얻을 수 있는 선형 미분방정식은

$$L\frac{di}{dt} + Ri = E(t) \tag{8}$$

이다. 여기서 L과 R은 각각 인덕턴스와 저항의 값으로 상수이다. 간혹 전류 $i(t)$를 시스템의 **응답**(response)이라고도 한다.

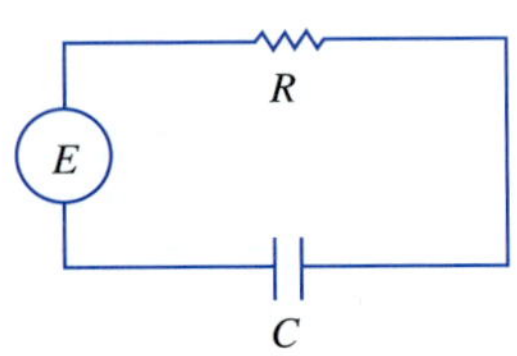

그림 2.7.6 *RC* 직렬회로

정전용량이 C인 축전기의 전압강하는 $q(t)/C$로 주어진다. 여기서 q는 축전기에 축적된 전하량이다. 따라서 **그림 2.7.6**의 직렬회로에 Kirchhoff의 전압법칙을 적용하면 다음의 식을 얻는다.

$$Ri + \frac{1}{C}q = E(t) \tag{9}$$

전류 i와 전하량 q는 $i = dq/dt$인 관계를 가지므로, 식 (9)는 다음과 같은 선형 미분방정식이 된다.

$$R\frac{dq}{dt} + \frac{1}{C}q = E(t) \tag{10}$$

예제 7 *LR* 직렬회로

12 V의 배터리가 인덕턴스가 $\frac{1}{2}$ H이고 저항이 10 Ω인 *LR* 직렬회로에 연결되어 있다. 초기전류가 0일 때 전류 i를 결정하라.

풀이 식 (8)로부터 초기조건 $i(0) = 0$를 갖는 다음 방정식을 풀어야만 한다.

$$\frac{1}{2}\frac{di}{dt} + 10i = 12$$

먼저 미분방정식에 2를 곱하고, 적분인자 e^{20t}을 곱하여 정리하면, 다음의 식을 얻는다.

$$\frac{d}{dt}[e^{20t}i] = 24e^{20t}$$

양변을 적분하고 i에 대해서 풀면 $i(t) = \frac{6}{5} + ce^{-20t}$이다. $i(0) = 0$으로부터 $c = -\frac{6}{5}$을 구하면, 최종적인 응답 $i(t) = \frac{6}{5} - \frac{6}{5}e^{-20t}$을 얻을 수 있다. ≡

2.3절의 식 (4)로부터 식 (8)의 일반적인 해를 다음과 같이 얻을 수 있다.

$$i(t) = \frac{e^{-(R/L)t}}{L}\int e^{(R/L)t}E(t)\,dt + ce^{-(R/L)t} \tag{11}$$

특히 $E(t) = E_0$이 상수일 때 식 (11)은 다음과 같다.

$$i(t) = \frac{E_0}{R} + ce^{-(R/L)t} \tag{12}$$

$t \to \infty$일 때 식 (12)의 두 번째 항은 0이다. 이런 항을 통상 **과도항**(transient term)이라 하며, 잔류하는 항을 해의 **정상상태**(steady-state) 부분이라 한다. 이 경우 E_0/R은 **정상상태 전류**(steady-state current)라고도 한다. 시간이 커지게 되면 회로의 전류는 단순히 옴의 법칙($E = iR$)을 따르는 것을 알 수 있다. **Georg Simon Ohm** (1789~1854)은 당시 신성 로마제국의 바이로이트 공국 에를랑겐에서 태어난 물리학자이자 수학자였다.

참고

예제 1에서 초기값 문제의 해 $P(t) = P_0e^{0.4055t}$는 $t \geq 0$인 시간에서의 박테리아 개체수를 표현하였다. 물론 $P(t)$는 구간 $P_0 \leq P < \infty$ 사이의 모든 실수를 가지는 연속함수이다. 그러나 개체수에 대해서 논하고 있으므로 상식적으로 P는 양의 정수값만을 가지게 될 것이다. 더욱이 개체수가 매초마다 계속적으로 증가하기를 기대할 수는 없다. 전혀 개체수가 증가하지 않는 구간 $[t_1, t_2]$도 존재할 것이다. 그렇다면 아마도 **그림 2.7.7(a)**의 그래프가 지수함수보다 P를 묘사하는 더욱 현실적인 그래프가 될 것이다. 그럼에도 연속적이지 않은 현상을 표현하기 위하여 연속함수를 사용하는 것은 정확도보다는 모형화의 편의성을 위한 것이다. 그러나 불연속함수라 하더라도 그림 2.7.7(b)나 (c)에서와 같이 거시적인 관점에서 보면 2.7.7(a)와 달리 만족스러울 수도 있다. 수학적 모형은 현실을 그대로 표현하지 않는다는 것을 명심해야 한다.

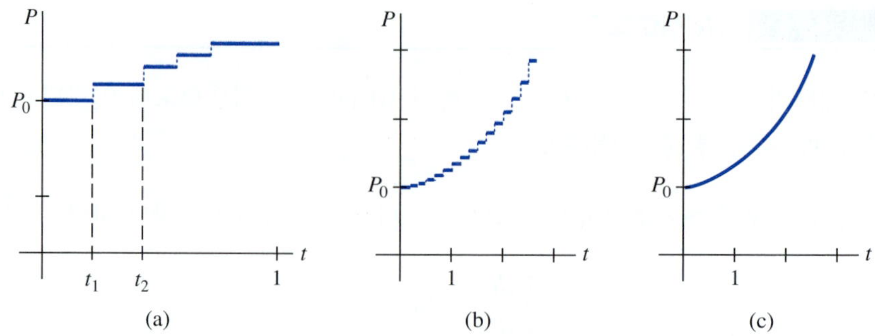

그림 2.7.7 인구의 성장은 연속적이 아님

2.7 연습문제

부록에 선택된 홀수 문제의 답이 있다.

성장과 감쇠

1. 시간 t에서 어느 지역사회의 인구는 그 지역 인구변화율에 비례하여 증가한다. 초기 인구 P_0가 5년 만에 2배로 증가했다면, 3배 및 4배로 증가하는 데 걸릴 시간은?

2. 문제 1의 인구가 3년 후에 1만 명이 되었다면, 초기 인구 P_0는 얼마였겠는가? 그리고 10년 후에는 인구가 얼마가 될 것인가? $t = 10$일 때 인구는 얼마나 빠르게 증가하는가?

3. 시간 t에서 어느 도시의 인구는 그 지역 인구변화율에 비례하여 증가한다. 초기 인구 500명이 10년 만에 15% 증가하였다. 30년 뒤의 인구는 얼마가 되겠는가? $t = 30$일 때 인구는 얼마나 빠르게 증가하는가?

4. 시간 t에서 어느 배양하는 박테리아의 수는 박테리아 수의 변화율에 비례하여 증가한다. 3시간 후 박테리아 수는 400마리가 되었다. 그리고 10시간 후에는 2000마리가 되었다. 박테리아의 초기 수는 얼마인가?

5. 방사성 동위원소 Pb-209는 임의시점 t에서의 질량에 비례하는 속도로 감소하며, 반감기는 3.3시간이다. 초기에 1그램이 있었다면 90%가 붕괴되는 데 걸리는 시간은 얼마인가?

6. 방사성 물질의 초기 양이 100밀리그램이었는데, 6시간 후 질량이 3% 감소했다. 감소율이 임의시점 t에서의 물질의 양에 비례한다면, 24시간 후 남게 되는 양은 얼마인가?

7. 문제 6에서 기술한 방사성 물질의 반감기를 구하라.

8. **(a)** 초기값 문제 $dA/dt = kA$, $A(0) = A_0$를 방사성 물질의 붕괴모형으로 생각해 보자. 일반적으로 이 물질의 반감기는 $T = -(\ln 2)/k$임을 보여라.

(b) (a)의 초기값 문제의 해가 $A(t) = A_0 2^{-t/T}$로 될 수 있음을 보여라.

(c) 만약 방사성 물질의 반감기가 (a)에 주어진 T라면, 초기질량 A_0가 $\frac{1}{8}A_0$로 붕괴하는 데 걸리는 시간은 얼마인가?

9. 임의의 시점에 남아있는 방사성 물질의 양 $A(t)$는 초기 물질 양 A_0와 시간 t_1(0보다 큼)에 존재하는 물질의 양 A_1으로부터 직접 결정할 수 있다. A(0)가 A_0일 때, $A(t)$가 아래와 같은 식임을 보여라.

$$A(t) = A_0\left(\frac{A_1}{A_0}\right)^{t/t_1}$$

10. 문제 9의 결과를 이용하여 방사성 물질의 반감기 T가 아래와 같음을 보여라.

$$T = \frac{t_1 \ln 2}{\ln A_0 - \ln A_1}$$

이 결과를 이용하여 문제 7의 반감기를 검증하라.

11. 수직 방향의 빛이 투명 매질을 통과할 때, 광의 세기 I가 감소하는 속도는 $I(t)$에 비례한다(t는 피트 단위의 매질 두께). 깨끗한 바닷물에서는 수면 3피트 아래의 빛의 세기가 I_0의 25%이다. 수면 15피트 아래에서의 빛의 세기는 얼마인가?

12. 이자가 복리로 계산될 때, 금액 S는 임의시점 t에서의 금액에 비례하는 속도로 증가한다. 즉 $dS/dt = rS$와 같으며, r은 연이자율이다.

(a) 복리 연이자율 $5\frac{3}{4}$%로 5000달러를 적립했을 때, 5년 뒤의 금액을 구하라.

(b) 몇 년이 지나야 초기 적립금액의 두 배가 되겠는가?

(c) (a)에서 얻어진 값을 계산기를 써서 $S = 5000(1 + \frac{1}{4}(0.0575))^{5(4)}$와 비교해 보라. 이 값은 이자가 매분기마다 복리로 계산될 때의 금액이다.

탄소 연대 측정

13. 고고학자들은 프랑스의 라스코 동굴의 벽과 천장에 그려져 있는 선사시대의 벽화 연대를 측정하기 위하여 타버린 나무 조각이나 숯을 사용하였다. 아래 그림을 보라. 만약 타버린 나무 조각에서 C-14의 85.5%가 감소하였다면 예제 3에 제공된 정보를 이용하여 나무의 연대를 결정하라.

문제 13의 동굴벽화

14. **튜린의 성의**는 십자가에 못박힌 예수를 감쌌던 수의라고 많은 사람들에 의해서 믿어지고 있다. 다음 페이지의 그림을 보라. 1988년에 바티칸은 수의의 탄소 연대 측정을 허락하였다. 세 군데의 독립된 실험실에서 각각 분석한 결과, 이 수의는 약 660년 된 것으로 추정되었는데* 이는 그것이 역사상 등장한 시점에 부합되는 결과이다. 이 연대를 이용하여 1988년에 수의에 몇 퍼센트의 C-14이 남아 있었는지 구하라.

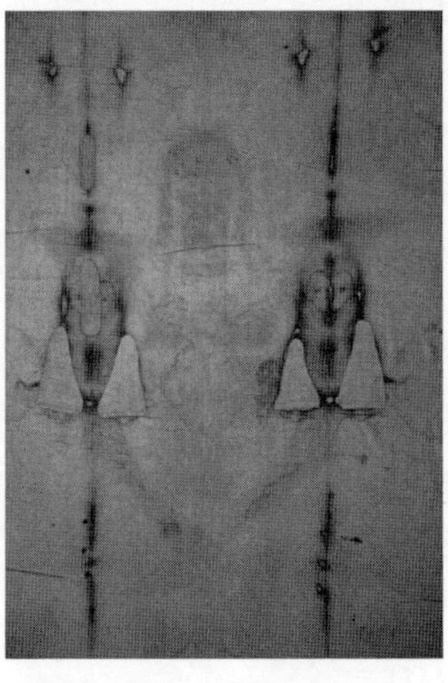

문제 14의 수의

Newton의 냉각/가열 법칙

15. 70°F의 실내에 있던 온도계를 10°F인 실외로 가지고 나왔다. 1/2분 후의 온도계 눈금이 50°F였다. 1분 후에는 얼마가 되겠는가? 온도계가 15°F에 도달하는 데는 얼마나 걸리겠는가?

16. 실내에 있던 온도계를 온도가 5°F인 실외로 가지고 나왔다. 1분 후의 온도계 눈금이 55°F였으며, 5분 후에는 30°F였다. 초기 실온은 얼마인가?

17. 초기 온도가 20°C인 금속 막대를 물이 끓고 있는 용기에 떨어뜨리면, 90°C에 도달하는 데 얼마의 시간이 걸리겠는가?(단 1초 만에 온도가 2°C 상승했다고 알려져 있다.) 또 금속 막대가 98°C에 도달하는 데는 얼마의 시간이 걸리겠는가?

18. 같은 크기의 용기 A, B가 다른 용액으로 채워져 있으며 그 온도는 각각 0°C, 100°C로 유지되고 있다. 초기 온도가 100°C인 작은 금속 막대를 용기 A에 담갔다. 1분 후에 막대의 온도는 90°C이다. 2분 후에 막대는 다른 용기로 옮겨졌다. 1분 후에 용기 B에서 막대의 온도는 10°C가 오른다. 전체 과정의 처음부터 얼마의 시간이 흐르면 막대의 온도가 99.9°C에 미치겠는가?

19. 70°F를 가리키는 온도계를 일정한 온도로 예열된 오븐에 넣었다. 오븐의 창을 통해 관찰해 본 결과 1/2분 후의 온도계 눈금이 110°F였으며, 1분 후에는 145°F였다. 오븐의 온도는 얼마인가?

20. $t = 0$에서 화학물질을 넣고 봉합한 시험관을 액체 수조에 집어넣었다. 시험관 내의 화학물질의 초기 온도는 80°F이다. 액체 수조의 온도는 $T_m(t) = 100 - 40e^{-0.1t}$, $t \geq 0$으로 주어진다(온도의 단위는 8°F이고 시간 t는 분 단위이다).

(a) 식 (2)에서 $k = -0.1$로 가정하라. 초기값 문제를 풀기 전에 짧은 시간 범위에서 화학물질의 온도 $T(t)$가 어떻게 될 것인지 말해 보라. 길게 보면 어떻게 변할지도 생각해 보라.

(b) 초기값 문제를 풀어라. 컴퓨터를 사용하여 다양한 시간 범위에서 $T(t)$의 그래프를 그려라. 그래프가 (a)에서 예측한 결과와 일치하는가?

21. 온도 70°F로 일정한 밀폐된 방 안에서 시체가 발견되었다. 발견 당시 시체 내부온도는 85°F로 측정되었다. 한 시간 후에 두 번째로 온도를 측정한 결과 시체 내부온도는 80°F였다. 사망 시간을 $t = 0$이라 하고, 그때 시체 내부온도가 98.6°F라 가정한다. 시체가 발견될 때까지 시간이 얼마나 흘렀는가?

---

* 어떤 학자들은 그 결과에 동의하지 않는다. 튜린의 성의의 신비에 관한 흥미 있는 정보는 홈페이지 http://www.shroud.com을 참조하라.

22. 죽은 사람이 사망 시에 102°F의 열이 있었다는 증거가 발견되었다고 가정하고 문제 21을 다시 하라.

혼합물

23. 소금 30그램이 녹아 있는 200리터의 용액이 탱크에 담겨 있다. 1리터당 소금 1그램이 들어간 소금물을 분당 4리터의 비율로 탱크에 유입시킨다. 잘 섞인 용액이 동일한 속도로 유출된다면, 임의의 시간 t에 탱크 내에 있는 소금의 그램 수 $A(t)$는 얼마인가?

24. 순수한 물이 유입되는 경우로 가정하고 문제 23을 풀어라.

25. 대형 탱크가 500갤런의 순수한 물로 채워져 있다. 갤런당 2파운드의 소금이 포함된 소금물을 5 gal/min의 비율로 탱크에 유입시킨다. 그리고 잘 섞인 용액은 동일한 속도로 유출된다. 임의의 시간 t에서 탱크 내에 있는 소금의 파운드 수 $A(t)$를 구하라.

26. 문제 25에서, 시간 t에서 탱크의 소금 농도 $c(t)$는 얼마인가? 시간이 5분 흘렀을 때에는? 아주 오랜 시간이 흘렀을 때는, 즉 $t \to \infty$일 때는? 어떤 시간에 탱크의 소금 농도가 이 최종 농도의 절반에 달하게 되는가?

27. 용액이 10 gal/min의 빠른 비율로 유출된다고 가정하고 문제 25를 풀어라. 탱크는 언제 비게 되는가?

28. 예제 5에서 유입되는 용액의 소금 농도가 $c_{in}(t) = 2 + \sin(t/4)$ lb/gal와 같이 시간에 따라 변할 때, 시간 t에서의 탱크 내의 소금 양을 정하라. 실제로 그래프를 그리지 말고 이 초기값 문제의 해곡선이 어떤 모양일지 추측해 보라. 그런 다음 컴퓨터를 이용하여 구간 [0, 300]에서 해곡선을 그려라. 구간 [0, 600]에 대해서 다시 그리고 이것을 그림 2.7.4(a)의 그림과 비교하라.

29. 대형 탱크에는 소금 10파운드가 녹아 있는 용액 100갤런이 채워져 있다. 갤런당 $\frac{1}{2}$파운드의 소금을 포함하는 용액을 6 gal/min의 비율로 탱크에 유입시킨다. 그리고 잘 섞인 용액은 4 gal/min의 느린 비율로 유출된다. 30분 후 탱크 내에 있는 소금의 파운드 수 $A(t)$를 구하라.

30. 예제 5에서 소금물이 녹아 있는 탱크의 크기는 주어지지 않았다. 유입되는 용액의 비율은 3 gal/min이지만 잘 섞인 혼합물이 유출되는 속도는 2 gal/min이다. 따라서 1 gal/min씩 소금물이 누적되어 결국에는 탱크가 넘쳐 흐르게 될 것이다. 탱크의 뚜껑이 열려 있고 탱크 용량이 400 gal이라고 가정하자.

(a) 언제 탱크가 넘치겠는가?

(b) 넘칠 당시 탱크에 있는 소금의 파운드 수는 얼마가 되겠는가?

(c) 탱크가 넘치는 순간에도 소금물의 유입비율은 3 gal/min이고 잘 섞인 혼합물의 유출속도는 2 gal/min라고 하자. $t = 150$ min일 때 탱크 내의 소금의 파운드 수를 알아 낼 수 있는 방법을 고안해 보라.

(d) $t \to \infty$일 때 탱크 내의 소금의 파운드 수는? 결과가 직관과 일치하는가?

(e) 그래프 소프트웨어를 이용하여 구간 [0, 500)에서 그래프 $A(t)$를 구하라.

직렬회로

31. 30 V의 기전력이 인덕턴스가 0.1헨리이고 저항이 50 Ω인 LR 직렬회로에 가해진다. 초기조건이 $i(0) = 0$일 때, 전류 $i(t)$를 구하라. 또한 $t \to \infty$일 때의 전류도 구하라.

32. $E(t) = E_0 \sin \omega t$, $i(0) = i_0$라는 가정 아래 식 (8)을 풀어라.

33. 100 V의 기전력이 저항이 200 Ω이고 전기용량이 10^{-4}패럿인 RC 회로에 가해진다. $q(0) = 0$일 때, 축전기의 전하량 $q(t)$를 구하라. 또한 전류 $i(t)$도 구하라.

34. 200 V의 기전력이 저항이 1000 Ω이고, 전기용량이 5×10^{-6}패럿인 RC 회로에 가해진다. $i(0) = 0.4$일 때, 축전기에 축적된 전하량 $q(t)$를 구하라. 또한 $t = 0.005$초에서의 전하량과 전류를 구하라. 그리고 $t \to \infty$일 때의 전하량을 구하라.

35. 기전력

$$E(t) = \begin{cases} 120, & 0 \le t \le 20 \\ 0, & t > 20 \end{cases}$$

이 인덕턴스가 20 H이고 저항이 2 Ω인 LR 회로에 가해진다. $i(0) = 0$일 때 전류 $i(t)$를 구하라.

36. LR 직렬회로는 다음과 같이 정의된 인덕턴스를 가지고 있는 가변 인덕터로 이루어져 있다.

$$L(t) = \begin{cases} 1 - \frac{1}{10}t, & 0 \le t < 10 \\ 0, & t > 10. \end{cases}$$

전류 초기값 $i(0) = 0$이고, 인가 전압이 $E(t) = 4$이며, 저항이 0.2 Ω일 때, 전류 $i(t)$를 구하라. $i(t)$를 그래프로 그려라.

기타 선형 모형

37. 공기저항 1.3절의 식 (14)에서 낙하하는 물체의 속도 v가 다음 미분방정식으로 표현되는 것을 보았다.

$$m\frac{dv}{dt} = mg - kv$$

여기서 k는 양의 비례상수이며 아래쪽 방향이 양의 방향이다.

(a) 초기조건이 $v(0) = v_0$일 때 미분방정식을 풀어라.

(b) (a)의 해를 이용하여 물체의 종단속도를 구하라. 연습문제 2.1의 문제 40에서 미분방정식을 풀지 않고도 종단속도를 구하는 것을 보았다.

(c) 낙하를 시작한 곳으로부터 측정한 거리 s가 속도 v와 $ds/dt = v$와 같은 관계에 있다면, $s(0) = 0$일 때 양함수 해 $s(t)$는 얼마인가?

38. 공기의 저항을 무시 무게가 16파운드인 포탄이 초기속도 $v_0 = 300$ ft/s로 수직으로 쏘아진다고 가정하자. "포탄이 얼마나 높이 올라갈까?"에 대한 답은 공기저항을 고려하는가에 따라 다르다.

(a) 만약 공기의 저항을 무시하고 위쪽을 양의 방향으로 정한다면, 포탄의 상태는 $d^2s/dt^2 = -g$[1.3절의 방정식 (12)]와 같이 주어진다. $ds/dt = v(t)$이므로 마지막 방정식은 $dv/dt = -g$와 같다($g = 32$ ft/s^2). 시간 t에서 포탄의 속도 $v(t)$를 구하라.

(b) (a)의 결과를 이용하여 바닥으로부터의 포탄의 높이 $s(t)$를 구하라. 포탄이 도달하는 최고의 높이를 구하라.

39. 선형적인 공기저항 문제 38을 반복하는데, 이번에는 공기의 저항이 순간속도에 비례한다고 가정하자. 그렇다면 포탄의 최고 높이는 문제 38(b)에서 구한 최고 높이에 미치지 못할 것이다. 비례상수 $k = 0.0025$일 때 높이를 구하라. [힌트: 문제 37의 미분방정식을 약간 수정하라.]

40. 스카이다이빙 스카이다이버의 몸무게가 125파운드이고 낙하산과 장비의 무게는 35파운드이다. 15,000피트의 고도에서 뛰어내린 후 15초 후에 낙하산을 펼쳤다(**그림 2.7.8**). 문제 37에서 보았던 모형에서의 비례상수가 자유낙하할 때는 $k = 0.5$이고 낙하산을 펼쳤을 때는 $k = 10$이라고 가정하자. 비행기에서 뛰어내릴 때의 초기속도는 0이라고 하자. 뛰어내리고 20초가 지난 후 스카이다이버의 속도는 얼마이고 그동안 낙하한 거리는 얼마인가? 20초 후의 속도를 낙하 종단속도와 비교해 보라. 지상에 도착하는 데는 얼마나 걸리는가? [힌트: 2개의 초기값 문제들로 생각해 보라.]

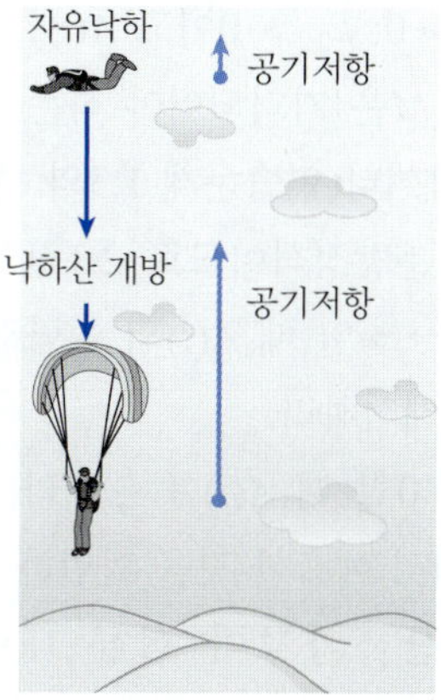

그림 2.7.8 문제 40의 스카이다이버

41. 증발하는 빗방울 빗방울은 떨어질 때 구의 형태를 유지하며 증발한다. 만약 빗방울의 증발이 표면적에 비례하고 공기의 저항을 무시한다면 빗방울의 속도를 다음과 같은 모형으로 설정할 수 있다.

$$\frac{dv}{dt} + \frac{3(k/\rho)}{(k/\rho)t + r_0}v = g$$

여기서 ρ는 물의 밀도이고 r_0는 $t = 0$에서 빗방울의 반경이다. $k < 0$은 비례상수이며, 낙하하는 아래 방향을 양의 방향으로 정한다.

(a) 빗방울의 초기속도가 0일 때 $v(t)$를 구하라.

(b) 연습문제 1.3의 문제 36을 다시 읽고 시간 t에서 빗방울의 반경이 $r(t) = (k/\rho)t + r_0$임을 보여라.

(c) 만약 $r_0 = 0.01$ ft이고,구름으로부터 빗방울이 떨어진 지 10초 후에 $r = 0.007$ ft라면 완전히 증발되기까지 걸리는 시간은 얼마인가?

42. 요동치는 개체수 미분방정식 $dP/dt = (k \cos t)P$은 계절적 변동이 있는 개체수에 대한 수학적 모형이다. 여기서 k는 양의 상수이다. 초기조건 $P(0) = P_0$에 대해서 방정식을 풀어라. 그래프 소프트웨어를 이용하여 서로 다른 P_0에 대한 해곡선을 그려라.

43. 인구 모형 변화하는 인구 $P(t)$의 모형에서 다음과 같이 가정한다.

$$\frac{dP}{dt} = \frac{dB}{dt} - \frac{dD}{dt}$$

여기에서 $dB/dt = dD/dt$는 각각 출생률과 사망률이다.

(a) $dB/dt = k_1P$, $dD/dt = k_2P$일 때 $P(t)$를 구하라.

(b) $k_1 > k_2$, $k_1 = k_2$, $k_1 < k_2$인 경우들을 해석하라.

44. 기억 건망증까지 고려할 때 기억력은 다음과 같이 주어진다.

$$\frac{dA}{dt} = k_1(M - A) - k_2A$$

여기서 $k_1 > 0$, $k_2 > 0$이고 $A(t)$는 시간 t 동안 기억되어야 하는 양, M은 기억되어야 하는 모든 양이고 $M - A$는 남아 있는 양이다(연습문제 1.3의 문제 25와 26을 보라).

(a) 자율 미분방정식이므로 2.1절의 위상도 개념을 사용하여 $t \to \infty$일 때 $A(t)$의 수렴값을 구하라. 그리고 그 결과를 해석하라.

(b) $A(0) = 0$일 때 $A(t)$를 구하라. $A(t)$의 그래프를 그리고 (a)에서 예측한 것을 확인하라.

45. 약물의 확산 약물이 혈류 내에서 퍼지는 속도는 $dx/dt = r - kx$와 같은 미분방정식에 의해 주어진다. 여기서 r과 k는 양의 상수이다. 함수 $x(t)$는 시간 t에서 혈류 내에 있는 약물의 농도를 나타낸다.

(a) 자율 미분방정식이므로 2.1절의 위상도를 사용하여 $t \to \infty$일 때 $x(t)$의 수렴값을 구하라.

(b) $x(0) = 0$일 때 미분방정식을 풀어라. $x(t)$의 그래프를 그리고 (a)에서 구한 것을 증명하라. 농도가 수렴값의 절반이 되는 시간은 언제인가?

46. 로켓 운동 전체 질량이 $m(t)$인 소형 일단 로켓이 수직으로 발사되고 로켓이 연료를 일정한 속도로 소모한다고 가정한다. 양의 방향이 위쪽이고 공기 저항이 선형이라 한다면, 로켓 속도에 대한 미분방정식은 다음과 같이 주어진다.

$$\frac{dv}{dt} + \frac{k - \lambda}{m_0 - \lambda t}v = -g + \frac{R}{m_0 - \lambda t}$$

여기서 k는 항력 계수, l는 연료가 소모되는 속도, R은 로켓의 추진력, m_0는 $t = 0$에서의 로켓의 총질량이고 g는 중력가속도이다(1.3절 문제 21을 참조하라).

(a) $m_0 = 200$ kg, $R = 2000$ N, $\lambda = 1$ kg/s, $g = 9.8$ m/s^2, $k = 3$ kg/s와 $v(0) = 0$일 때 로켓 속도 $v(t)$를 구하라.

(b) $ds/dt = v$와 (a)에서의 결과를 사용하여 시간 t에서의 로켓 높이 $s(t)$를 구하라.

47. 로켓 운동—계속 문제 46에서 로켓의 초기질량에서 50 kg이 연료라고 가정한다.

(a) 연료소진 시간 t_b, 즉 모든 연료가 소모되는 시간을 구하라(1.3절 문제 22를 참조하라).

(b) 연료소진 시의 로켓의 속도를 구하라.

(c) 연료소진 시의 로켓의 높이를 구하라.

(d) 로켓이 도달할 수 있는 고도가 왜 (b)에서 얻은 것보다 더 높으리라 기대하는가?

(e) 연료소진 후의 로켓 속도에 대한 수학적인 모델을 나타내라.

토의문제

48. 가열과 냉각 조그만 금속 막대를 300°F를 유지하고 있는 오븐에서 꺼낸 후 70°F인 실내로 옮겼다. 동시에 똑같은 금속 막대를 방에서 오븐으로 옮겼다. 시간은 분 단위로 측정된다면, 각 막대의 온도가 같아지는 시간이 있는가?

49. 맥박조정기 그림 2.7.9의 맥박조정기는 스위치, 배터리, 축전기, 그리고 저항으로 작용하는 심장으로 이루어진다. 스위치 S가 P의 위치에 있다면, 축전기가 충전된다. S가 Q의 위치에 있으면 축전기는 방전하며 전기자극을 심장으로 보낸다. 연습문제 2.3의 문제 57에서 전기자극이 심장으로 보내지는 시간 동안 심장에 가해지는 전압 E는 다음 식을 만족시키는 것을 보았다.

$$\frac{dE}{dt} = -\frac{1}{RC}E$$

(a) $0 < t < t_1$ 동안 스위치 S는 그림 2.7.9의 P의 위치에 있었으며 축전기가 충전되었다. 스위치가 t_1에서 Q로 옮겨졌을 때 축전기는 방전하며 $t_1 \le t < t_1 + t_2$ 동안 펄스신호를 심장으로 보낸다. 따라서 충전하고 방전하는 첫 주기 $0 < t < t_1 + t_2$ 동안 심장에 가해지는 전압의 모형은 조각별로 정의된 다음의 미분방정식으로 정의된다.

$$\frac{dE}{dt} = \begin{cases} 0, & 0 \le t < t_1 \\ -\dfrac{1}{RC}E, & t_1 \le t < t_1 + t_2 \end{cases}$$

스위치를 P와 Q 사이에서 옮기는 것을 반복하여 t_1과 t_2의 시간 동안 충전과 방전이 무한히 반복된다. $t_1 = 4$ s, $t_2 = 2$ s, $E_0 = 12$ V, $E(0) = 0$, $E(4) = 12$, $E(6) = 0$, $E(10) = 12$, $E(12) = 0$ 등의 조건을 가정할 경우 구간 $0 \le t \le 24$에서의 $E(t)$를 구하라.

(b) $R = C = 1$임을 가정하자. 컴퓨터를 사용하여 (a)의 초기값 문제의 해곡선을 구간 $0 \le t \le 24$에서 그려라.

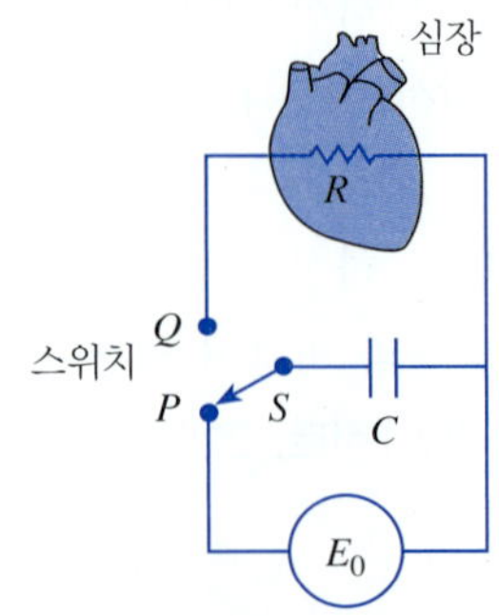

그림 2.7.9 문제 49의 심장 페이스메이커 모형

50. 미끄러지는 상자

(a) 무게 m인 상자가 그림 2.7.10처럼 수평축과 θ의 각을 이루는 경사면에서 미끄러진다. 다음 3가지 경우에 대해서 시간 t에서 상자의 속도 $v(t)$에 대한 미분방정식을 구하라.

(*i*) 바닥의 마찰력이 없고, 공기저항도 없는 경우
(*ii*) 마찰력은 있고, 공기저항이 없는 경우
(*iii*) 마찰력과 공기저항이 모두 있는 경우

(*ii*)와 (*iii*)의 경우에는 상자의 움직임을 방해하는 마찰력을 μN으로 가정하라. μ는 마찰계수이고 N은 상자 무게의 경사면에 수직인 성분이다. (*iii*)의 경우에는 공기저항이 순간속도에 비례한다고 가정하라.

(b) (a)에서 상자의 무게가 96파운드이고 경사면의 각도가 $\theta = 30°$이며, 마찰계수는 $\mu = \sqrt{3}/4$, 공기저항에 의한 반발력은 $\frac{1}{4}v$와 같다고 하자. 미분방정식을 각 3가지 경우에 대해서 풀어라. 상자는 바닥에서 50피트 떨어진 곳으로부터 정지한 상태에서 출발한다고 가정하라.

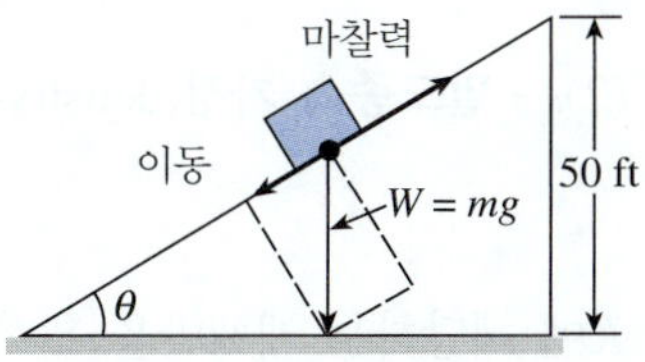

그림 2.7.10 문제 50의 경사면을 미끄러지는 상자

전문가 제공 문제

51. 공기 교체 체적이 2000 m^{3}인 큰 방이 있는데 이 방 공기의 이산화탄소(CO_2)가 0.25%차 있다. 아침 9시부터 이산화탄소 0.04%의 신선한 공기가 400 m^3/min의 속도로 유입되고 있다. 신선하지 않은 공기가 유입되고 있는 신선한 공기와 같은 속도로 방에서 배출되고 신선한 공기와 그렇지 않은 공기가 방에서 지체 없이 혼합된다고 가정하자. 그림 2.7.11을 보라

(a) 시간 t에서 방의 CO_2의 양(부피)을 $v(t)$로 표시하자. 이때 $v(0)$는 얼마인가? $v(t)$ $(t > 0)$를 구하라. 오전 9시 5분에 방에 있는 CO_2의 백분율은 얼마인가?

(b) 공기중에 CO_2의 양이 0.06%일 때는?

(c) 4분 이내에 CO_2 양을 0.08%로 줄이려면 신선한 공기의 유입률을 얼마로 해야 하는가?

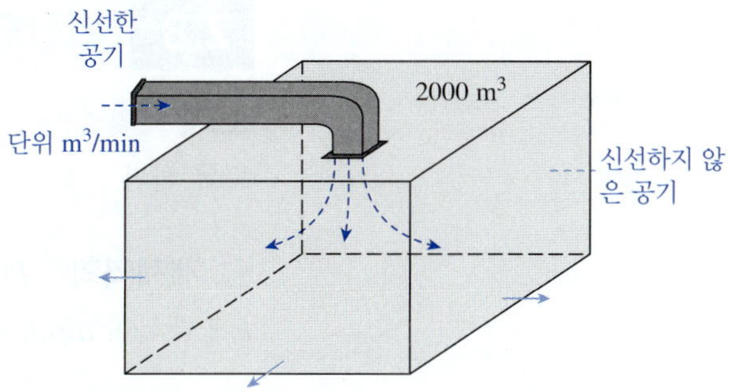

그림 2.7.11 문제 51의 공기 교체

컴퓨터 실습 과제

52. 미끄러지는 상자—계속

(a) 문제 50에서처럼 가장 높은 점에서부터 미끄러진 거리를 $s(t)$라 하자. 미분방정식 $ds/dt = v(t)$와 문제 50(b)의 3가지 경우에 대한 각각의 해를 이용하여 상자가 완전히 경사면을 미끄러져 내려오는 데 소요되는 시간을 구하라. CAS의 근을 구하는 기능이 유용할 것이다.

(b) 공기저항이 없고 마찰력은 있는 경우($\mu \neq 0$), 경사면의 각도 θ가 $\tan\theta \leq \mu$를 만족시킬 때, 높은 곳에 정지해 있던 상자가 미끄러져 내려오지 않는 이유를 설명하라.

(c) $\tan\theta \leq \mu$이더라도 초기속도 $v(0) = v_0 > 0$이면 상자는 미끄러질 것이다. $\mu = \sqrt{3}/4$, $\theta = 23°$라고 가정하자. $\tan\theta \leq \mu$임을 증명하라. $v_0 = 1$ ft/s라면 상자는 얼마나 멀리 미끄러질 것인가?

(d) $\mu = \sqrt{3}/4$, $\theta = 23°$일 때, 바닥면에서 50피트 높은 곳에서부터 시작해서 경사면을 완전히 내려올 수 있게 하는 가장 작은 초기속도 v_0를 구하라. 그리고 경사면을 내려오는 데 소요되는 시간을 구하라.

53. 위로 올라가는 물체

(a) 문제 38(a)과 같이 공기저항을 무시하는 모형은 포탄이 최대높이에 도달하는 시간 t_a가 최대높이에서 바닥으로 떨어지는 데 소요되는 시간 t_d와 동일하다고 예측한다. 게다가 바닥에 떨어지는 순간의 속도 v_i는 포탄의 초기속도 v_0와 같게 될 것이다. 이 두 가지 결과를 증명하라.

(b) 문제 39의 공기저항을 고려하는 모형을 이용해서 t_a와 t_d의 값을 비교하고, v_i와 v_0의 값을 비교하라. CAS의 근을 구하는 기능이 도움이 될 것이다.

2.8 비선형 모형

소개 몇몇 비선형 수학적 모형을 고찰함으로써 단일 1계 미분방정식에 대한 논의를 마치도록 하자.

개체역학

$P(t)$가 시간 t에서의 개체수라고 하면, 지수함수적 성장의 모형은 $k > 0$인 k에 대하여 $dP/dt = kP$라 가정함으로써 시작된다. 이 모형에서

$$\frac{dP/dt}{P} \tag{1}$$

로 정의된 **상대적 성장률**(relative growth rate) 또는 **구체적 성장률**(specific growth rate)은 상수 k로 가정한다. 오랜 시간에 걸친 지수함수적인 성장의 실제 예는 찾기 힘들다. 왜냐하면 자원이 제한되어 있기 때문에 어떤 시점에서 개체수의 증가가 억제될 것이기 때문이다. 그러므로 식 (1)은 P의 크기가 증가함에 따라 감소하리라고 기대된다.

개체수의 성장률(또는 감소율)이 오로지 현재의 개체수에만 의존하고 계절적 현상(연습문제 1.3의 문제 33 참조)과 같이 시간에 의존하는 메커니즘에는 관계가 없다고 가정하는 것을 식으로 나타내면 다음과 같다.

$$\frac{dP/dt}{P} = f(P) \quad \text{또는} \quad \frac{dP}{dt} = Pf(P) \tag{2}$$

동물의 개체수 모형으로 널리 사용되는 미분방정식 (2)는 **밀도종속 가정**(density-dependent hypothesis)이라 불린다.

로지스틱 방정식

환경이 전체 개체수 중에서 K에 해당하는 개체만을 유지할 수 있다고 가정하자. 이때 K를 환경의 **수용력**(carrying capacity)이라 한다. 식 (2)의 함수 f에 대해 $f(K) = 0$이므로, 간단히 $f(0) = r$이라 하자. 그림 2.8.1은 이 두 조건을 만족시키는 세 개의 함수 f를 나타낸다. 세울 수 있는 가장 간단한 가정은 $f(P)$가 선형, 즉 $f(P) = c_1P + c_2$라는 것이다. $f(0) = r$과 $f(K) = 0$의 조건을 이용하면, 차례로 $c_2 = r$, $c_1 = -r/K$를 얻을 수 있고, f는 $f(P) = r - (r/K)P$의 형태를 가진다. 방정식 (2)는 다음과 같이 된다.

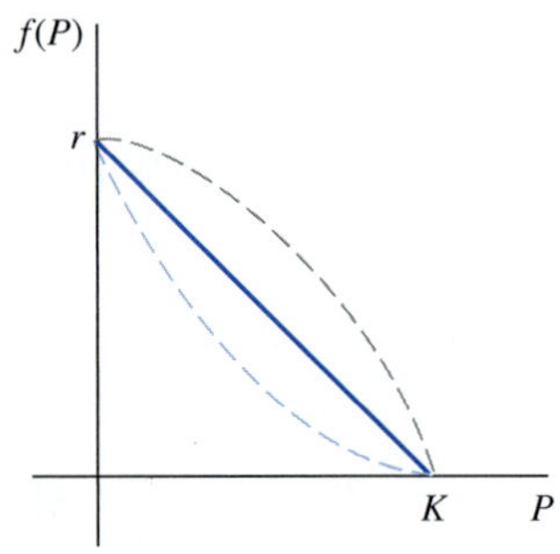

그림 2.8.1 가장 간단한 가정으로 $f(P)$가 직선임을 가정

$$\frac{dP}{dt} = P\left(r - \frac{r}{K}P\right) \tag{3}$$

상수를 바꾸면 비선형방정식 (3)은 다음과 같이 된다.

$$\frac{dP}{dt} = P(a - bP) \tag{4}$$

1840년경 벨기에의 수학자이자 생물학자인 **P. F. Verhulst** (1804~1849)는 인구를 예측하는 다양한 수학적 모형에 관심이 있었다. 그가 연구한 것 중 하나가 식 (4)이다($a > 0$, $b > 0$). 식 (4)는 **로지스틱 방정식**(logistic equation)으로 알려지게 되었으며, 그 해는 **로지스틱 함수**(logistic function), 그리고 그래프는 **로지스틱 곡선**(logistic curve)이라 불리게 되었다.

개체수가 대단히 많을 때, 선형 미분방정식 $dP/dt = kP$는 개체수의 변화를 아주 정확하게 예측할 수 없다. 인구가 과밀한 상황에서는 공해와 같은 유해한 환경과 음식 및 연료에 대한

과도한 수요가 인구 성장을 억제할 수 있기 때문이다. 이제 보게 되겠지만 식 (4)의 해는 $t \to \infty$일 때 경계가 제한된다. 식 (4)를 $6/dt = aP - bP^2$으로 다시 쓰면 비선형 항 $-bP^2 (b > 0)$은 '억제' 또는 '경쟁' 항으로 해석될 수 있다. 또한 대부분의 응용에 있어서 양의 상수 a는 상수 b보다 훨씬 크다.

로지스틱 곡선은 제한된 영역에서 박테리아, 원형생물, 물벼룩(*Daphnia*), 그리고 초파리(*Drosophila*) 등의 개체수 성장 유형을 예측하는 데 아주 정확한 것으로 알려져 있다.

로지스틱 방정식의 풀이 식 (4)를 푸는 방법은 변수분리를 이용하는 것이다. $dP/P(a - bP) = dt$의 좌변을 부분분수로 만들고 적분을 행하면 다음 식을 얻는다.

$$\left(\frac{1/a}{P} + \frac{b/a}{a - bP}\right) dP = dt$$

$$\frac{1}{a}\ln|P| - \frac{1}{a}\ln|a - bP| = t + c$$

$$\ln\left|\frac{P}{a - bP}\right| = at + ac$$

$$\frac{P}{a - bP} = c_1 e^{at}$$

마지막 식으로부터

$$P(t) = \frac{ac_1 e^{at}}{1 + bc_1 e^{at}} = \frac{ac_1}{bc_1 + e^{-at}}$$

을 얻는다. 만일 $P(0) = P_0$, $P_0 \neq a/b$이면, $c_1 = P_0/(a - bP_0)$가 되고 대입과 단순화 과정을 거쳐서 다음의 해가 얻어진다.

$$P(t) = \frac{aP_0}{bP_0 + (a - bP_0)e^{-at}} \tag{5}$$

$P(t)$의 그래프 로지스틱 함수 $P(t)$ 그래프의 기본적인 형태는 쉽게 얻을 수 있다. 통상적으로 변수 t는 시간을 나타내고, $t < 0$인 응용은 거의 관심 가질 일이 없지만, P의 그래프를 나타낼 때 이 구간을 포함시킬 필요가 있다. 식 (5)로부터

$$t \to \infty \text{ 일 때 } P(t) \to \frac{aP_0}{bP_0} = \frac{a}{b} \text{ 이고 } t \to -\infty\text{일 때 } P(t) \to 0$$

임을 알 수 있다. **그림 2.8.2**에 나타난 점선 $P = a/2b$는 로지스틱 곡선의 변곡점이다. 이를 증명하기 위해 식 (4)를 곱규칙에 따라 미분하면 다음과 같다.

$$\begin{aligned}\frac{d^2P}{dt^2} &= P\left(-b\frac{dP}{dt}\right) + (a - bP)\frac{dP}{dt} = \frac{dP}{dt}(a - 2bP)\\ &= P(a - bP)(a - 2bP)\\ &= 2b^2P\left(P - \frac{a}{b}\right)\left(P - \frac{a}{2b}\right)\end{aligned}$$

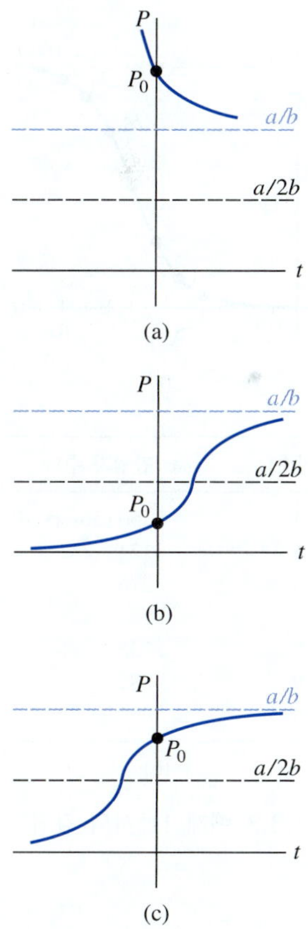

그림 2.8.2 다른 초기조건에 따른 로지스틱 곡선

미적분학으로부터 $d^2P/dt^2 = 0$인 점들이 변곡점이 될 가능성이 있으나, $P = 0$과 $P = a/b$는

$t \to \pm\infty$일 때의 함수값이므로 분명히 변곡점은 될 수 없다. 따라서 $P = a/2b$가 유일하게 변곡점일 가능성이 있다. $0 < P < a/2b$에서 $P'' > 0$이고, $a/2b < P < a/b$에서는 $P'' < 0$이다. 따라서 좌표의 좌측에서 우측으로 읽어 올 때, 그래프는 $P = a/2b$인 점에서 오목하다가 볼록하게 변화한다. 초기값이 $0 < P_0 < a/2b$를 만족시키면, $P(t)$의 그래프는 그림 2.8.2(b)에 나와 있는 바와 같이 S자형이라 가정한다. $a/2b < P_0 < a/b$일 때 그래프는 여전히 S자형이나, 그림 2.8.2(c)와 같이 t가 음인 값에서 변곡점이 발생한다.

우리는 식 (4)를 1.3절의 식 (5)에서 $dx/dt = kx(n + 1 - x)$, $k > 0$의 형태로 본 적이 있다. 이 미분방정식은 감염된 개인에 의해서 전체 인구로 전염병이 퍼져 나가는 것을 효과적으로 예측할 수 있는 모형이다. 이 방정식의 해 $x(t)$는 시간 t에서 감염된 개인의 수를 나타낸다.

예제 1 로지스틱 성장

감기 바이러스를 가진 한 학생이 1000명의 학생이 있는 캠퍼스 내로 들어왔다고 가정하자. 바이러스가 확산되는 속도가 감염 학생 수 x에 비례할 뿐만 아니라 감염되지 않은 학생 수에도 비례한다고 가정하면, 6일 후의 감염자 수는 얼마가 되겠는가? 단 4일 후의 감염자 수 $x(4) = 50$이다.

풀이 질병이 유행되는 동안 캠퍼스를 떠나는 학생이 한 명도 없다고 가정하면, 아래의 초기값 문제를 풀어야 한다.

$$\frac{dx}{dt} = kx(1000 - x), \quad x(0) = 1$$

$a = 1{,}000k$ 그리고 $b = k$이라 하면, 식 (5)에서 다음을 얻는다.

$$x(t) = \frac{1000k}{k + 999ke^{-1000kt}} = \frac{1000}{1 + 999e^{-1000kt}}$$

이제 $x(4) = 50$을 이용하여 k를 얻는다.

$$50 = \frac{1000}{1 + 999e^{-4000k}}$$

$-1000k = \frac{1}{4}\ln\frac{19}{999} = -0.9906$이므로

$$x(t) = \frac{1000}{1 + 999e^{-0.9906t}}$$

가 되고, 최종적으로

$$x(6) = \frac{1000}{1 + 999e^{-5.9436}} = 276 \text{ 명의 학생}$$

이 감염된다고 할 수 있다. $x(t)$에 대한 여러 값들을 **그림 2.8.3(b)**에 표시하였다. ≡

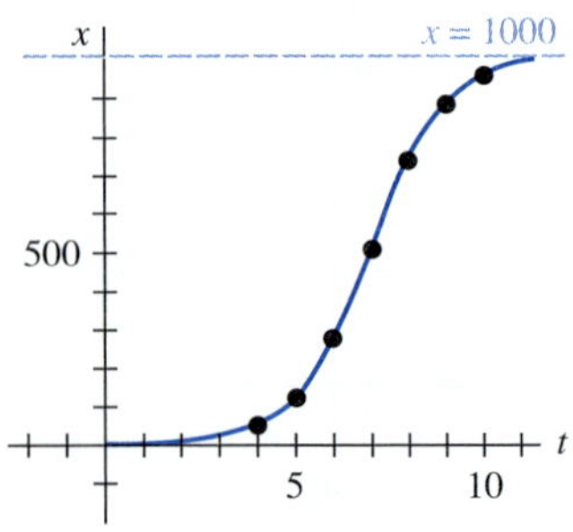

(a)

t (일수)	x (감염자 수)
4	50 (observed)
5	124
6	276
7	507
8	735
9	882
10	953

(b)

그림 2.8.3 예제 1에서의 감염된 학생의 수

로지스틱 방정식의 변형 로지스틱 방정식의 많은 변형들이 존재한다. 예를 들면 다음의 미분방정식은 양식장에서 h의 속도로 생선이 **출하**되거나 **반입**될 때, 양식장의 물고기 수

를 예측할 수 있다.

$$\frac{dP}{dt} = P(a - bP) - h \text{ 그리고 } \frac{dP}{dt} = P(a - bP) + h \tag{6}$$

h가 양의 상수일 때, 미분방정식 (6)은 쉽게 정성적으로 분석되거나 또는 변수분리에 의해 풀 수 있다. 방정식 (6)은 또한 이민으로 인한 인구의 증가와 감소를 예측하는 모형으로도 사용될 수 있다. 변화율 h는 시간 t의 함수일 수도 있고 인구에 의존하는 값일 수도 있다. 예를 들어 물고기의 출하를 정기적으로 할 수도 있고 시간 t에서의 개체수 P에 비례하는 빠르기로 할 수도 있다. 후자에 대한 모형은 $P' = P(a - aP) - cP$, $c > 0$과 같이 될 것이다. 공동체의 인구는 이주에 의해 변화하는데, 인구 P가 작을 때는 이주에 따른 변화가 크고, 인구 P가 클 때는 이주에 의한 변화가 작다. 따라서 인구에 대한 타당한 모형은 $P' = P(a - bP) + ce^{-kP}$, $c > 0$, $k > 0$이다. 식 (2)의 형태로 표현되는 다른 방정식은 다음과 같다.

$$\frac{dP}{dt} = P(a - b\ln P) \tag{7}$$

위 식은 **Gompertz 미분방정식**으로 알려진 로지스틱 방정식의 변형이다. 영국의 독학(self-educated) 수학자인 **Benjamin Gompertz** (1779~1865)의 이름을 딴 이 미분방정식은 때때로 인구의 증가나 감소, 종양의 성장, 보험통계의 예측 등에 관한 연구 모형으로 사용된다. 연습문제 2.8의 문제 5~10을 보라.

화학반응 a그램의 화합물 A와 b그램의 화합물 B가 결합한다고 가정하자. 만일 A의 M 부분과 B의 N 부분이 화학반응을 일으켜서 혼합물 C를 $X(t)$그램 생성한다면, 임의의 시간에 남아 있는 물질 A와 B의 그램 수는 각각 다음과 같다.

$$a - \frac{M}{M+N}X,\ b - \frac{N}{M+N}X$$

질량작용의 법칙으로부터, 반응 비율은 다음 관계를 만족시키게 된다.

$$\frac{dX}{dt} \propto \left(a - \frac{M}{M+N}X\right)\left(b - \frac{N}{M+N}X\right) \tag{8}$$

만약 첫 번째 인자에서 $M/(M+N)$을 괄호 밖으로 빼내고 두 번째 인자로부터 $N/(M+N)$을 빼면, 식 (8)은 다음과 같이 표현된다.

$$\frac{dX}{dt} = k(\alpha - X)(\beta - X) \tag{9}$$

여기서 $\alpha = a(M+N)/M$이고 $\beta = b(M+N)/N$이다. 1.3절의 식 (6)에서 비선형방정식 (9)에 의해서 지배되는 화학반응을 **2차반응**(second-order reaction)이라 불렀던 것을 기억하자.

예제 2 2차 화학반응

화합물 C는 두 화학물질 A와 B의 결합으로 생성된다. 두 화학물질의 반응은 A 1그램당 B는 4그램이 사용되는 형태로 진행된다. 이런 식으로 화합물 C가 30그램 생성되는 데 10분이 걸렸다. 만일 A와 B의 초기 양이 각각 50그램과 32그램이었고 반응 비율이 남아 있는 A와 B의 양에 비례한다면, 시간 t에서 화합물 C의 양은 얼마인가? 15분 후에 화합물 C의 양은 얼마인가? $t \to \infty$일 때도 생각해 보라.

풀이 $X(t)$를 어떤 시간 t에서의 화합물 C의 그램 수라고 하자. 분명히 $X(0) = 0$이며 $X(10) = 30$이다.

예를 들어 화합물 C가 2그램 생성되면, A의 A그램과 B의 B그램을 이용해 $a + b = 2$이며 $b = 4a$라는 사실을 알 수 있고, 따라서 A의 그램 수는 $a = \frac{2}{5} = 2(\frac{1}{5})$이고 B의 그램 수는 $b = \frac{8}{5} = 2(\frac{4}{5})$가 되어야만 한다. 그렇다면 일반적으로 X그램의 화합물 C에 대하여

$$A\text{를 } \frac{1}{5}X\text{ 그램과 } B\text{를 } \frac{4}{5}X\text{ 그램}$$

만큼을 사용해야만 한다. 따라서 임의의 시간에 A, B의 남아 있는 양은 각각

$$50 - \frac{1}{5}X \quad \text{그리고} \quad 32 - \frac{4}{5}X$$

가 된다.

이제 화합물 C가 생성되는 비율은 다음의 관계를 만족시킨다는 것을 알 수 있다.

$$\frac{dX}{dt} \propto \left(50 - \frac{1}{5}X\right)\left(32 - \frac{4}{5}X\right)$$

뒤따르는 대수학을 간단히 하기 위해 각 항의 계수를 괄호 밖으로 빼고 비례상수를 삽입하면

$$\frac{dX}{dt} = k(250 - X)(40 - X)$$

과 같이 된다.

변수분리와 부분분수를 이용해서 다시 써 보면

$$-\frac{\frac{1}{210}}{250 - X}dX + \frac{\frac{1}{210}}{40 - X}dX = k\,dt$$

이 되고 이를 적분하면 다음과 같다.

$$\ln\left|\frac{250 - X}{40 - X}\right| = 210kt + c_1 \quad \text{또는} \quad \frac{250 - X}{40 - X} = c_2e^{210kt} \tag{10}$$

$t = 0$이고 $X = 0$일 때, $c_2 = \frac{25}{4}$이다. $t = 10$에서 $X = 30$이라는 것을 이용하면, $210k = \frac{1}{10}\ln\frac{88}{25} = 0.1258$을 얻을 수 있다. 이것을 이용하여 X에 대하여 식 (10)을 푼다.

$$X(t) = 1000\frac{1 - e^{-0.1258t}}{25 - 4e^{-0.1258t}} \tag{11}$$

시간의 함수로서 X의 거동은 **그림 2.8.4**에 나타나 있다. 동반되는 표와 식 (11)로부터 $t \to \infty$에서 $X \to 40$이 되는 것을 알 수 있다. 이것은 40그램의 화합물 C가 형성되고 남아 있는 양은 다음과 같음을 의미한다.

$$A\text{는 } 50 - \frac{1}{5}(40) = 42\text{ g},\ B\text{는 } 32 - \frac{4}{5}(40) = 0\text{ g}$$

≡

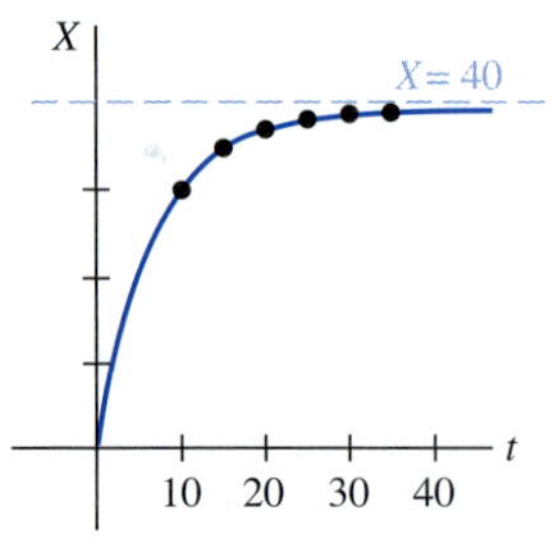

(a)

t (min)	X (g)
10	30 (측정됨)
15	34.78
20	37.25
25	38.54
30	39.22
35	39.59

(b)

그림 2.8.4 예제 2에서 화합물 C의 양

참고

부정적분 $\int \frac{du}{a^2 - u^2}$는 로그함수와 $\tanh^{-1}$, 그리고 cotanh^{-1}를 이용하여 표현할 수 있다. 예를 들어 다음의 두 식 중에서

$$\int \frac{du}{a^2 - u^2} = \frac{1}{a}\tanh^{-1}\frac{u}{a} + c, \qquad |u| < a \tag{12}$$

$$\int \frac{du}{a^2 - u^2} = \frac{1}{2a}\ln\left|\frac{a + u}{a - u}\right| + c, \qquad |u| \neq a \tag{13}$$

식 (12)는 연습문제 2.8의 문제 19, 31번에, 식 (13)은 문제 32에 더 유용하게 사용할 수 있을 것이다.

2.8 연습문제

부록에 선택된 홀수 문제의 답이 있다.

로지스틱 방정식

1. 전자계산 시스템이 있는 전국의 슈퍼마켓 수 $N(t)$는 다음의 초기값 문제로 주어진다.

$$\frac{dN}{dt} = N(1 - 0.0005N), \quad N(0) = 1$$

(a) 2.1절의 위상도 개념을 이용하여 오랜 시간 동안 전자계산 시스템을 도입할 것으로 예상되는 슈퍼마켓의 수를 예측해 보라. 그리고 초기값 문제의 해곡선을 손으로 그려 보라.

(b) 초기값 문제를 풀고 그래프 소프트웨어를 이용하여 (a)에서 그린 해곡선이 맞는지 확인해 보라. $t = 10$일 때, 새로운 기술을 도입할 것으로 기대되는 슈퍼마켓의 수는?

2. 어떤 지역에서 특정한 광고에 노출된 사람의 수 $N(t)$는 로지스틱 방정식에 의하여 결정된다. 초기값이 $N(0) = 500$이었고, $N(1) = 1,000$이다. 그 지역에서 광고를 볼 수 있는 사람의 최대수가 5만 명이라 가정할 때, $N(t)$를 계산하라.

3. 대도시 근교 교외지역의 인구 $P(t)$가 다음 초기값 문제로 주어진다.

$$\frac{dP}{dt} = P(10^{-1} - 10^{-7}P), \quad P(0) = 5000$$

여기서 t의 단위는 월(month)이다. 인구의 최대값은 얼마인가? 최대값의 절반에 달하는 데 걸리는 시간은?

4. (a) 1790년에서 1950년까지의 미국의 인구 데이터가 다음 표에 주어져 있다. 1790, 1850, 그리고 1910년의 데이터를 이용하여 로지스틱 인구 모형을 만들라.

연	인구(백만 명)
1790	3.929
1800	5.308
1810	7.240
1820	9.638
1830	12.866
1840	17.069
1850	23.192
1860	31.433
1870	38.558
1880	50.156
1890	62.948
1900	75.996
1910	91.972
1920	105.711
1930	122.775
1940	131.669
1950	150.697

(b) (a)에서 예측한 인구와 실제 인구 데이터를 비교한 표를 만들라. 그리고 각 단계마다 오차와 백분율 오차를 계산하여 표시하라.

로지스틱 방정식의 변형

5. 만약 단위 시간에 상수 h에 해당하는 수의 물고기가 출하된다면, 양식장 물고기의 개체수 $P(t)$는 다음과 같이 표현된다.

$$\frac{dP}{dt} = P(a - bP) - h, \quad P(0) = P_0$$

여기서 a, b, h와 P_0는 양의 상수이다. $a = 5$, $b = 1$, 그리고 $h = 4$라고 가정하자. 이 미분방정식이 아래 식이 됨을 보여라.

$$\frac{dP}{dt} = -(P - 4)(P - 1).$$

자율 미분방정식이므로, 2.1절의 위상도 개념을 이용하여 $P_0 > 4$, $1 < P_0 < 4$, 그리고
$0 < P_0 < 1$인 경우에 해당하는 해곡선을 그려라. 각 경우에 장기적인 개체수의 거동을 판단하라.

6. 문제 5의 초기값 문제를 풀어라. 컴퓨터로 $P(t)$의 그래프를 그리고 (a)에서 위상도를 사용하여 얻은 결과와 비교하라.

7. 문제 5와 문제 6에서의 정보를 이용하여 양식장의 물고기 수가 유한한 시간 내에 0이 될 수 있는지를 결정하라. 0이 될 수 있다면 소요되는 시간을 구하라.

8. 문제 5~7의 모형을 $a = 5$, $b = 1$, $h = \frac{25}{4}$일 때 정성적으로 그리고 분석적으로 조사해 보라. 양식장의 물고기 수가 유한한 시간 내에 0이 될 수 있는지를 결정하라. 0이 될 수 있다면 소요되는 시간을 구하라.

9. 문제 6을 $a = 5$, $b = 1$, $h = 7$인 조건으로 반복해 보라.

10. **(a)** Gompertz 미분방정식 (7)에서 $a = b = 1$이라고 가정한다. 자율 미분방정식이므로, 2.1절의 위상도 개념을 사용하여 $P_0 > e$, $0 < P_0 < e$인 경우에 대한 대표적인 해곡선들을 그려라.

(b) (7)에서 $a = 1$, $b = -1$일 때 새로운 위상도를 이용하여 $P_0 > e^{-1}$과 $0 < P_0 < e^{-1}$의 경우에 해당하는 대표적인 해곡선들을 그려 보라.

11. $P(0) = P_0$ 조건을 가지고 (7)에 대한 양함수 해를 찾아라.

12. **Allee효과** 로지스틱 모델 식 (3)에서 초기 개체수 $P_0 > K$가 되면 개체수는 그대로 유지되지 않고 시간에 따라 감소하지만, 생태계의 수용력 K 아래로 떨어질 수 없다. 또한 $0 < P_0 < K$가 되면 P_0가 아무리 작아도 시간에 따라 개체수는 증가하지만 수용력 K를 넘어설 수 없다. $K = a/b$인 그림 2.8.2를 보라. 미국의 생태학자인 **Warder Clyde Allee** (1885~1955)는 어떤 수준 이상으로 물고기를 잡아들이면 물고기는 원래의 개체수로 회복이 안된다는 것을 보였다. 식 (3)의 두 특성을 갖고 추가적으로 개체수가 A보다 작아지면 지탱을 못하고 멸종이 되어버리는 한계수준(threshold level) $A(0 < A < K)$를 갖는 개체수 $P(t)$를 모델링하기 위해서는 미분방정식 (3)을 어떻게 수정해야 하는가? [힌트: 조건에 따라 위상도를 그리고 미분방정식을 만들어 보라.]

화학반응

13. 두 화학물질 A와 B가 결합하여 혼합물 C가 된다. 반응의 속도는 혼합물 C로 변환되지 않은 A와 B의 순간량의 곱에 비례한다. 초기에 40그램의 A와 50그램의 B가 주어지며, A 2그램당 B 1그램이 반응한다. 5분 경과 후 10그램의 C가 생성된 것으로 관측되었다. 20분 경과 후 생성된 양은? 오랜 시간이 경과한 후 C의 최종값은? 오랜 시간이 경과한 후 남게 되는 물질 A와 B의 양은 얼마인가?

14. 물질 A의 초기 양이 100그램일 때 문제 13을 풀어라. 물질 C가 최종값의 절반만큼 생성되는 데 걸리는 시간은 얼마인가?

기타 비선형 모형

15. **새는 원통형 탱크** 원형 실린더 형태를 가진 탱크가 세워져 있는데 바닥의 원형 구멍을 통해 물이 새고 있다. 구멍에서의 물의 마찰과 수축을 무시할 때 1.3절의 식 (10)에서 본 것처럼, 탱크 안에 든 물의 높이 h를 다음과 같이 미분방정식으로 쓸 수 있다.

$$\frac{dh}{dt} = -\frac{A_h}{A_w}\sqrt{2gh}$$

여기서 A_w와 A_h는 각각 물과 구멍의 단면적이다.

(a) 만약 초기에 물의 높이가 H라면 미분방정식을 풀어 $h(t)$를 구하라. 손으로 해곡선을 그려라. 그리고 A_w와 A_h, H 등으로 정의구간 I를 구하라. $g = 32$ ft/s^{2}이다.

(b) 탱크의 높이가 10피트이고, 반경은 2피트이며, 원형 구멍의 반경은 $\frac{1}{2}$인치라고 가정하자. 만약 처음에 물이 가득 차 있다고 가정하면 탱크가 빌 때까지 시간은 얼마나 걸리겠는가?

16. **새는 원통형 탱크—계속** 구멍에서 일어나는 물의 마찰과 수축을 고려하여 문제 15의 모형을 다시 쓰면

$$\frac{dh}{dt} = -c\frac{A_h}{A_w}\sqrt{2gh}$$

와 같다. 여기서 $0 < c < 1$이다. 만약 $c = 0.6$이면 문제 15(b)의 탱크가 빌 때까지 걸리는 시간은 얼마인가? 연습문제 1.3의 문제 13을 보라.

17. 새는 원뿔형 탱크 원뿔형 탱크가 꼭지점을 아래로 해서 세워져 있고, 바닥의 원형 구멍을 통해 물이 새고 있다.

(a) 탱크의 높이가 20피트이고, 반경은 8피트이며, 원형 구멍의 반경은 2인치라고 가정하자. 연습문제 1.3의 문제 14에서 물의 높이 h에 관한 미분방정식은 다음과 같음을 보았다.

$$\frac{dh}{dt} = -\frac{5}{6h^{3/2}}$$

이 모형에서는 물의 마찰과 수축을 고려했고 $c = 0.6$, $g = 32$ ft/s^{2}을 사용하였다. 그림 1.3.13을 보라. 만약 처음에 물이 가득 차 있다고 하면 탱크가 빌 때까지 소요되는 시간은 얼마인가?

(b) 탱크 꼭지점의 각도는 60°이고 원형 구멍의 반경은 2인치라고 가정하자. 물의 높이 h에 대한 미분방정식을 결정하라. $c = 0.6$, $g = 32$ ft/s^{2}를 사용하라. 또 물의 초기 높이가 9피트라고 한다면 탱크가 빌 때까지 소요되는 시간은 얼마인가?

18. 뒤집어진 원뿔형 탱크 그림 2.8.5처럼 문제 17(a)의 원뿔형 탱크를 뒤집어 놓았다고 생각해 보자. 반경이 2인치인 바닥의 원형 구멍을 통해 물이 새고 있다. 물이 가득 차 있다고 하면 탱크가 빌 때까지 소요되는 시간은 꼭지점이 아래로 향한 경우와 같은가? 마찰/수축계수는 각각 $c = 0.6$, $g = 32$ ft/s^{2}이다.

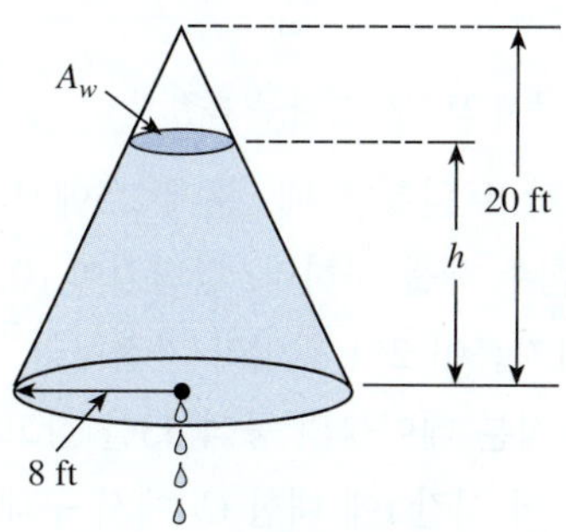

그림 2.8.5 문제 18의 뒤집어진 원뿔형 탱크

19. 공기저항 공기저항을 받으며 떨어지는 질량 m인 물체의 속도 v는 다음 미분방정식에 의해서 표현된다.

$$m\frac{dv}{dt} = mg - kv^2$$

여기서 $k > 0$은 비례상수이고, 양의 방향은 아래쪽이다.

(a) 초기조건 $v(0) = v_0$를 가지고 방정식을 풀어라.

(b) (a)의 결과를 이용하여 종단속도를 구하라. 연습문제 2.1의 문제 41에서 미분방정식을 풀지 않고도 종단속도를 구하는 방법을 보았었다.

(c) 물체가 떨어지기 시작한 점으로부터의 거리 s가 속도 v와 $ds/dt = v(t)$의 관계를 갖는다고 하자. $s(0) = 0$일 때 양함수 해 $s(t)$를 구하라.

20. 비선형 공기저항 연습문제 2.7의 문제 38, 39에서 수직으로 초기속도 $v_0 = 300$ ft/s로 쏘아 올렸던 포탄을 생각해 보자. 공기저항이 순간속도의 제곱에 비례한다면 포탄이 날아갈 수 있는 최고 높이는 얼마가 될 것인가? 양의 방향은 위쪽이고 $k = 0.0003$이다. [힌트: 문제 19의 미분방정식을 약간 변형하라.]

21. 가라앉는 물체

(a) 물에 가라앉는 질량 m인 물체의 속도 $v(t)$에 관한 미분방정식을 구하라. 물은 물체의 순간속도의 제곱에 비례하는 저항을 가지며, 위쪽으로 Archimedes의 원리에 의한 크기만큼의 부력을 발생시킨다. 연습문제 1.3의 문제 18을 보라. 양의 방향을 아래쪽으로 가정하라.

(b) (a)의 미분방정식을 풀어라.

(c) 가라앉는 물체의 종단속도를 구하라.

22. 태양열 수집기 다음의 미분방정식은 곡면경 C의 형태를 표현한다.

$$\frac{dy}{dx} = \frac{-x + \sqrt{x^2 + y^2}}{y}$$

C는 입사하는 모든 빛을 한 점으로 모을 수 있어서 반사망원경, 인공위성의 안테나, 또는 태양빛을 모으는 거울로 작용할 수 있다. 연습문제 1.3의 문제 29를 보라. 이 미분방정식을 푸는 여러 가지 방법이 있을 수 있다.

(a) 위의 미분방정식이 동차임을 증명하라(2.5절을 보라). $y = ux$를 대입하면 다음과 같이 되는 것을 보여라.

$$\frac{u\,du}{\sqrt{1 + u^2}\left(1 - \sqrt{1 + u^2}\right)} = \frac{dx}{x}$$

미분방정식의 좌변을 적분하기 위해서 CAS를 사용하라. 곡선 C가 초점이 원점이고 x축에 대해서 대칭인 포물선의 형태라는 것을 보여라.

(b) 첫 번째 미분방정식이 $u = x^2 + y^2$의 대입으로도 풀릴 수 있음을 보여라.

23. 쓰나미

(a) 쓰나미(해일)의 형태에 대한 간단한 모형은 다음과 같이 주어진다.

$$\frac{dW}{dx} = W\sqrt{4 - 2W}$$

여기에서 $W(x) > 0$은 파도의 높이를 나타내는 함수이다. 미분방정식의 모든 상수해를 찾아라.

(b) (a)의 미분방정식을 풀어라. CAS를 이용하면 적분을 쉽게 할 수 있을 것이다.

(c) 초기조건 $W(0) = 2$을 만족시키는 모든 해곡선을 컴퓨터 소프트웨어를 이용하여 그려라.

24. 증발 반구 형태의 인공 연못에 바닥의 유입구를 통해서 물을 채우려고 한다. 연못은 처음에 비어 있었으며 반경 $R = 10$ ft이고, 물이 유입되는 이율이 π ft^3/min이라 하자. **그림 2.8.6**을 보라. 연못이 채워짐에 따라, 증발에 의해 물이 손실된다. 증발은 물의 표면적 A에 비례하고 비례상수 k는 0.01이라 하자.

(a) 물의 체적변화율이 dV/dt일 때 시간 t에서 물의 높이 h의 미분방정식을 구하라. 그림에 나와 있는 물의 체적은 $V = \pi Rh^2 - \frac{1}{3}\pi h^3$이고 $R = 10$이다. 물의 표면적 $A = \pi r^2$을 h로 표현하라.

(b) (a)의 미분방정식을 풀고 해곡선을 그려라.

(c) 만약 증발이 없다면, 탱크가 가득 채워질 때까지의 시간은?

(d) 증발을 고려할 때 (c)에서 구한 시간에서의 물의 깊이를 구하라. 오랜 시간이 지나면 탱크는 채워질 것인가? 주장하는 답을 증명하라.

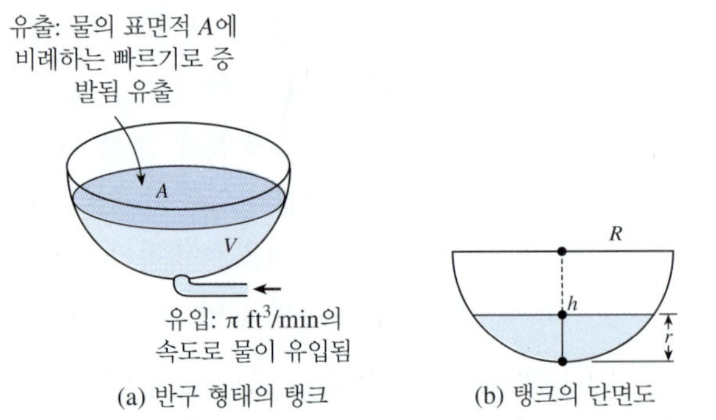

그림 2.8.6 문제 24의 연못

25. 나무 톱질 단면적이 같은 긴 **균일한** 통나무 조각(단면이 같다)이 톱날에 의해 나무 길이의 수직 방향으로 잘린다. **그림 2.8.7**을 보라. 톱날의 옆면과 톱날이 통과하는 나무 사이의 마찰은 무시할 수 있을 때, 톱날이 나무를 통과해 이동하는 속도가 절단면과 접촉하는 나무의 폭과 반비례한다고 가정할 수 있다. 톱날이 통나무를 통해 이동하며(왼쪽에서 오른쪽으로), 단면적의 폭은 음이 아닌 연속 함수 w에 따라 변한다. 통나무의 단면적은 $[a, b]$ 구간으로 정의된 xy 평면의 영역으로 묘사되며, 그림 2.8.7(c)에 나와있는 것처럼, 톱날의 위치 x는 시간 t의 함수이고, 톱날에 의해 만들어진 수직 절단은 수직선 분절(segment)로 나타낼 수 있다. 이 수직선의 길이는 그 시점에서 통나무의 폭 $w(x)$이다. 그러므로, 톱날의 위치 $x(t)$와 오른쪽으로 움직일 때의 비율 dx/dt는 $w(x)$와 연관된 다음과 같은 공식으로 쓸 수 있다.

$$w(x)\frac{dx}{dt} = k, \quad x(0) = a \tag{14}$$

여기서 k는 단위 시간당 톱날에 의해 제거된 재료의 제곱 단위의 수이다. 뒤에 나오는 문제들에서, $k = 1$이 되도록 톱을 설정하였다. 통나무 조각의 단면적이 삼각형이고, $y = x$, $x = 1$, $y = 0$ 그래프에 의해 둘러 쌓여있을 때, 초기값 문제(14)의 **양함수** 해 $x(t)$를 구하라. 또한 통나무 조각을 톱이 완전히 통과하는 데 걸리는 시간을 구하라.

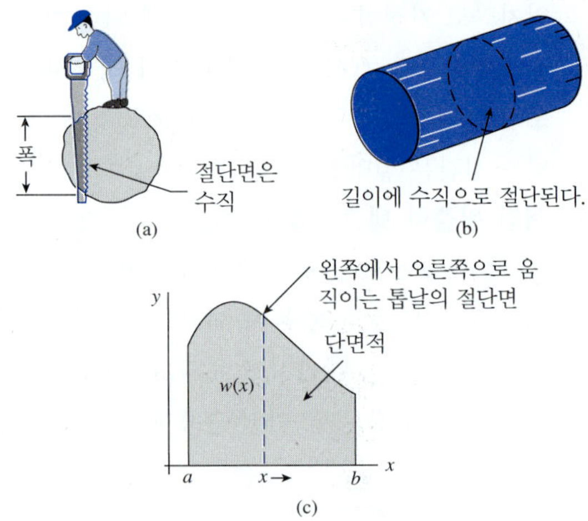

그림 2.8.7 문제 25에서 통나무 톱질

26. (a) 통나무 조각이 원형일 때, 문제 25에서 초기값 문제(14)의 **음함수** 해를 구하라. 단면적이 (0, 0)을 원점으로 하고 반지름이 2인 원이라 가정하라. [**힌트:** 부록 I에 주어진 적분 테이블의 공식 33을 참고하라.]

(b) x의 함수로서 시간 t에 대한 (b)에서 구해진 음함수 해를 풀어라. 그래프를 이용하여, 톱이 통나무 조각을 자르는 데 걸리는 시간의 근사값을 구하라. 그때의 정확한 시간을 구하라.

27. 통나무 조각의 단면적이 **그림 2.8.8**에 제시된 삼각형 면적일 때, 문제 25에서 초기값 문제 14를 풀어라. $k = 1$이라고 가정하라. 이 통나무 조각을 자르는 데 걸리는 시간을 구하라.

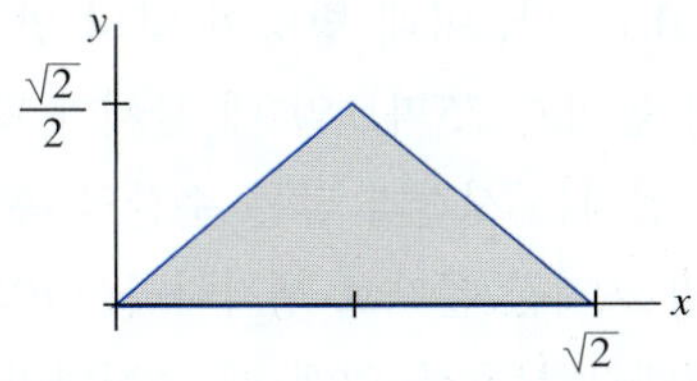

그림 2.8.8 문제 27번의 삼각 단면적

컴퓨터 실습 과제

28. 회귀선 CAS 설명서에서 **산포도**(scatterplot 또는 scatter diagram)과 **최소제곱 선맞춤**(least-squares linear fit) 부분을 읽어 보라. 한 세트의 데이터에 가장 잘 들어맞는 직선을 **회귀선**(regression line) 또는 **최소제곱선**(least squares line)이라고 부른다. 우리가 해야 할 일은 문제 4에 주어진 인구 데이터의 회귀선으로 $f(P)$를 정의하여 미국 인구에 대한 로지스틱 모형을 만드는 것이다. 이를 위한 한 가지 방법은 식 (2)의 첫 번째 방정식의 왼쪽 부분 $\frac{1}{P}\frac{dP}{dt}$에서 dP/dt 대신에 다음과 같이 분수를 삽입하여 근사화하는 것이다.

$$Q(t) = \frac{1}{P(t)}\frac{P(t+h) - P(t)}{h}$$

(a) t, $P(t)$, $Q(t)$의 값을 나타내는 표를 만들라. $t = 0, 10, 20, \ldots, 160$, $h = 10$을 사용하라. 예를 들어 표의 첫 번째 줄은 $t = 0$, $P(0)$, $Q(0)$를 포함해야만 한다. $P(0) = 3.929$, $P(10) = 5.308$을 이용하면

$$Q(0) = \frac{1}{P(0)}\frac{P(10) - P(0)}{10} = 0.035$$

가 된다. $Q(160)$은 1960년의 인구조사 $P(170)$에 의존한다는 것을 주목하라. 이 값을 찾아보라.

(b) CAS를 사용하여 (a)에서 계산된 $(P(t), Q(t))$의 산포도를 그려라. 또한 회귀선의 방정식을 구하고 이를 데이터가 표시된 화면에 중복해서 그려라.

(c) (b)에서 구해진 회귀선의 방정식이 $f(P)$일 때, 로지스틱 모형 $dP/dt = Pf(P)$를 구하라.

(d) (c)의 모형을 풀어라. 초기조건은 $P(0) = 3.929$이다.

(e) CAS를 이용하여 (a)의 표에서부터 $(t, P(t))$의 산포도를 그려라. 역시 CAS로 (d)의 해를 구하여 화면에 중첩하여 그려라.

(f) 1970, 1980, 그리고 1990년의 미국 인구조사 데이터를 찾아보라. 각 연도에 대해서 (c)에서의 로지스틱 모형이 예측한 인구는 얼마인가? $t \to \infty$일 때, 로지스틱 모형이 예측하는 미국 인구 $P(t)$는?

29. 이민 모형

(a) 2.1절의 예제 3, 4에서 식 (4)의 해 $P(t)$가 $P_0 > a/b$, $0 < P_0 < a/b$일 때 $t \to \infty$이면 $P(t) \to a/b$가 되는 점근적인 특성을 가지는 것을 보았다. 결론적으로 평형해 $P = a/b$는 끌개라고 불린다. CAS(또는 그래프 계산기)의 근을 구하는 기능을 이용하여 이민 모형

$$\frac{dP}{dt} = P(1 - P) + 0.3e^{-P}$$

의 평형해를 근사화하라.

(b) 그래프 소프트웨어를 이용해 함수 $F(P) = P(1 - P) + 0.3e^{-P}$를 그려라. 어떻게 이 그래프를 이용하여 (a)에서 얻은 수가 끌개임을 판별할 수 있는지를 설명하라.

(c) 수치해법도구를 이용하여 $P_0 = 0.2, 1.2$에 대한 다음 두 초기값 문제의 해곡선을 비교하라.

$$\frac{dP}{dt} = P(1 - P), \quad P(0) = P_0$$

$$\frac{dP}{dt} = P(1 - P) + 0.3e^{-P}, \quad P(0) = P_0$$

모든 곡선을 같은 좌표축 위에 중첩시켜 표시하라. 가능하다면 두 번째 초기값 문제의 곡선을 다른 색으로 표시하라. 오랜 시간이 지났다고 가정했을 때, 이민 모형으로 예측한 값을 로지스틱 모형과 비교하면 예측 값이 몇 퍼센트 증가하였는가?

30. 위로 올라가는 물체 문제 20에서 포탄이 최고 높이에 다다를 때까지 걸린 시간을 t_a라 하고, 최고 높이에서 바닥에 떨어지는 데 걸린 시간을 t_d라고 하자. t_a와 t_d를 비교하고 바닥에 떨어지기 직전의 종단속도 v_i와 초기속도 v_0를 비교하라. 연습문제 2.7의 문제 53을 보라. CAS의 근을 구하는 기능이 유용할 것이다. [힌트: 포탄이 떨어질 때는 문제 17의 모형을 사용하라.]

31. 스카이다이빙 스카이다이버는 초시계와 고도계를 가지고 있다. 2만 피트 상공에서 비행중인 비행기에서 뛰어내린 지 25초 후에 낙하산을 펼치고 고도를 보니 14,800피트였다. 공기저항이 순간속도의 제곱에 비례하고, 낙하의 초기속도는 0이며, $g = 32$ ft/s^{2}이다.

(a) 시간 t만큼 자유낙하하는 동안 스카이다이버가 비행한 거리 $s(t)$를 구하라. [힌트: 문제 19에 주어졌던 비례상수 k는 명확히 주어지지 않았다. IVP로부터 k를 제거하기 위하여 문제 19(b)에서 얻은 종단속도 v_t의 표현을 사용하라.]

(b) $t = 15$에서 스카이다이버는 얼마나 낙하했으며 속도는 얼마인가?

32. 바닥에 닿는 물체 액체(물이 아님)가 가득 찬 열린 탱크의 500피트 상공에서 헬리콥터가 날고 있다. 무게가 160 파운드인 단단한 물체가 헬리콥터로부터 떨어져 액체 속으로 들어갔다. 공기의 저항은 물체의 순간속도 v에 비례하고, 물체가 액체 속으로 들어가면 점성에 의한 저항은 v^2에 비례한다고 가정하자. 공기중에서 $k = \frac{1}{4}$이고, 액체 속에서 $k = 0.1$이다. 아래 방향이 양의 방향이라고 가정하자. 탱크의 높이가 75피트일 때 물체가 탱크의 바닥에 닿을 때까지 걸리는 시간과 닿는 순간의 속도를 구하라. [힌트: 두 개의 초기값 문제로 생각하라. 만약 식 (13)을 이용한다면, 절대값 부호를 없앨 때 조심하라. 물질이 액체에 부딪쳤을 때의 속도(두 번째 문제의 초기속도)와 액체를 통해 떨어져서 바닥에 닿을 때의 종단속도 v_t를 비교할 수 있을 것이다.]

2.9 연립 1계 미분방정식을 이용한 모형화

소개 이 절에서는 이전 두 절에서 논의한 주제들에 근거한 수학적인 모형을 얘기하고자 한다. 이 절은 수학적 모형으로서 연립 1계 미분방정식을 논의하기만 하고 그 모형을 풀지 않는다는 측면에서 1.3절과 동일하다. 이 시점에서 연립방정식을 풀지 않는 두 가지 이유가 있다. 첫째는 연립방정식을 풀 수 있는 수학적인 도구들을 아직 가지지 못했다는 것이고, 둘째로는 우리가 논의하는 어떤 연립방정식들은 해석적으로 풀릴 수 없다는 것이다. 10장에서 연립 선형 1계 미분방정식의 풀이를 공부할 것이고, 연립 선형 고차방정식에 대해서는 3장과 4장에서 다룰 것이다.

■ 연립방정식 지금까지 우리가 고려한 모든 수학적 모형들은 단일 미분방정식이었다. 단일 미분방정식은 한 환경에서의 단일 인구를 표현할 수 있다. 그러나 만약 같은 환경에서 상호작용하는 또는 경쟁적인 두 종족(예를 들어 토끼와 여우)이 있다면, 그들의 개체수 $x(t)$와 $y(t)$의 모형은 다음과 같이 연립 1계 미분방정식으로 표현될 수 있다.

$$\begin{aligned}\frac{dx}{dt} &= g_1(t, x, y)\\ \frac{dy}{dt} &= g_2(t, x, y)\end{aligned} \tag{1}$$

g_1과 g_2가 변수 x, y에 대해서 선형적이라면, 즉

$$g_1(t, x, y) = c_1x + c_2y + f_1(t) \qquad \text{그리고} \qquad g_2(t, x, y) = c_3x + c_4y + f_2(t)$$

이면, 식 (1)을 **선형계**(linear system)라고 한다. 선형이 아닌 연립 미분방정식은 **비선형**(nonlinear)이라 말한다.

■ 방사성 계열 1.3절과 2.7절에서 보았던 방사성 붕괴의 논의에서는 시간 t에 존재하는 물질 핵의 수 $A(t)$는 붕괴 비율에 비례한다고 가정하였다. 방사성에 의해 물질이 붕괴될 때, 안정한 물질로 바뀌어 붕괴과정이 멈추는 것이 아니라 다른 방사성 물질로 바뀌는 것이고, 다시 이 물질은 붕괴되어 또 다른 방사성 물질로 변환되는 과정이 반복된다. 이런 과정을 **방사성 붕괴 계열**(radioactive decay series)이라고 하며 이 과정은 안정된 물질에 도달할 때까지 계속된다. 예를 들어 우라늄 붕괴 계열은 U-238 → Th-234 → . . . → Pb-206이고 여기

서 Pb-206은 안정한 형태의 납 동위원소이다. 방사성 계열 내에 있는 다양한 원소의 반감기는 수십억 년(U-238의 경우 4.5×10^9년)으로부터 몇 분의 1초까지 다양하다. 방사성 계열이 $X \xrightarrow{-\lambda_1} Y \xrightarrow{-\lambda_2} Z$와 같이 표현될 수 있다고 가정하자. 여기서 $k_1 = -\lambda_1 < 0$과 $k_2 = -\lambda_2 < 0$은 방사성 물질 X, Y의 붕괴상수이고 Z는 안정된 물질이다. 그리고 $x(t)$, $y(t)$, $z(t)$는 시간 t에 남아 있는 물질 X, Y, Z의 양이다. 원소 X에 대한 붕괴는 다음과 같이 표현된다.

$$\frac{dx}{dt} = -\lambda_1 x$$

두 번째 원소 Y가 붕괴하는 빠르기는

$$\frac{dy}{dt} = \lambda_1 x - \lambda_2 y$$

와 같은데 X의 붕괴로부터는 원자를 얻고 동시에 자신의 붕괴에 의해서 원자를 잃기 때문이다. Z는 안정된 원소이므로, 이것은 원소 Y의 붕괴로부터 단순히 원자를 얻기만 한다.

$$\frac{dz}{dt} = \lambda_2 y$$

즉 세 가지 원소에 대한 방사성 붕괴 계열의 모형은 세 개의 연립 1계 미분방정식이다.

$$\begin{aligned} \frac{dx}{dt} &= -\lambda_1 x \\ \frac{dy}{dt} &= \lambda_1 x - \lambda_2 y \\ \frac{dz}{dt} &= \lambda_2 y \end{aligned} \tag{2}$$

■ **혼합물** **그림 2.9.1**에 그려진 2개의 탱크를 생각해 보자. 탱크 A는 소금 25파운드가 용해된 물 50갤런을 담고 있고, 탱크 B는 50갤런의 순수한 물을 담고 있다고 가정하자. 그림에 표시된 대로 액체는 탱크 안으로, 또 밖으로 펌프질되고 있다. 두 탱크에서 교환되는 혼합물과 탱크 B에서 밖으로 빠져 나오는 액체는 잘 섞여 있다고 가정한다. 시간 t에서 탱크 A와 탱크 B에 있는 소금의 파운드 수 $x_1(t)$와 $x_2(t)$를 표현할 수 있는 수학적 모형을 세우고자 한다.

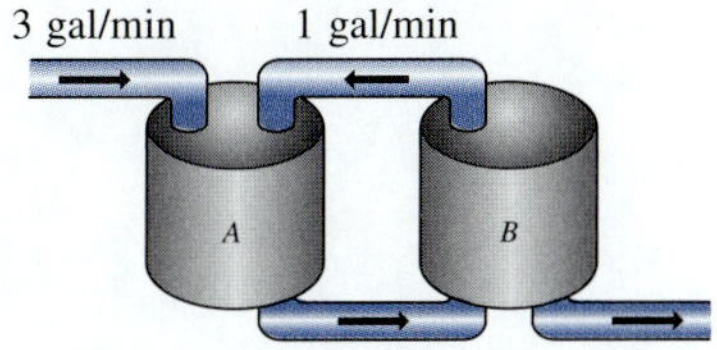

그림 2.9.1 연결된 혼합 탱크

1.3절과 2.7절의 예제 5번과 동일한 분석을 이용하여 탱크 A의 소금 양 $x_1(t)$의 변화율은 다음과 같다.

$$\begin{aligned} \frac{dx_1}{dt} &= \overbrace{(3\text{ gal/min})\cdot(0\text{ lb/gal}) + (1\text{ gal/min})\cdot\left(\frac{x_2}{50}\text{ lb/gal}\right)}^{\text{소금의 유입비율}} - \overbrace{(4\text{ gal/min})\cdot\left(\frac{x_1}{50}\text{ lb/gal}\right)}^{\text{소금의 유출비율}} \\ &= -\frac{2}{25}x_1 + \frac{1}{50}x_2 \end{aligned}$$

이와 동일하게, 탱크 B의 소금 양 $x_2(t)$의 변화율은 다음과 같다.

$$\frac{dx_2}{dt} = 4\cdot\frac{x_1}{50} - 3\cdot\frac{x_2}{50} - 1\cdot\frac{x_2}{50} = \frac{2}{25}x_1 - \frac{2}{25}x_2$$

결과적으로 다음의 선형계를 얻는다.

$$\begin{aligned}\frac{dx_1}{dt} &= -\frac{2}{25}x_1 + \frac{1}{50}x_2 \\ \frac{dx_2}{dt} &= \frac{2}{25}x_1 - \frac{2}{25}x_2\end{aligned} \tag{3}$$

앞의 시스템의 초기조건은 $x_1(0) = 25$, $x_2(0) = 0$이다.

포식자-먹이 모형 서로 다른 두 종류의 동물이 같은 환경 또는 생태계에서 상호작용한다고 가정하자. 첫 번째 종은 초식동물이고, 두 번째 종은 첫 번째 종만을 먹는다. 즉 한 종은 포식자이고 다른 종은 먹이이다. 예를 들어 이리는 초식동물인 순록을 잡아먹고, 상어는 작은 물고기를 먹는다. 흰 올빼미는 나그네쥐라고 불리는 북극의 설치동물을 쫓는다. 논의를 위하여 포식자를 여우라 하고 먹이를 토끼라 하자.

시간 t에서 여우와 토끼의 수를 각각 $x(t)$, $y(t)$라 하자. 만약 토끼가 없다면, 여우는 먹이가 부족하게 되어 그 수가 다음과 같이 감소하게 될 것이다.

$$\frac{dx}{dt} = -ax, \quad a > 0 \tag{4}$$

그러나 주변에 토끼가 있을 때, 단위시간 동안 이들이 마주치고 상호작용하는 횟수는 두 종의 수 x, y에 연결되어 비례, 즉 그 두 수의 곱 xy에 비례하게 된다. 따라서 토끼가 존재할 때 먹이의 공급이 있으므로 여우의 수는 bxy, $b > 0$의 빠르기로 증가한다. 이것을 식 (4)에 추가하면, 다음과 같은 여우 수 모형을 얻는다.

$$\frac{dx}{dt} = -ax + bxy \tag{5}$$

반면 여우가 없다면, 그리고 토끼의 먹이가 풍부하다고 가정하면, 토끼의 수는 시간 t에서의 토끼 수에 비례하는 빠르기로 증가할 것이다.

$$\frac{dy}{dt} = dy, \quad d > 0 \tag{6}$$

그러나 여우가 존재할 때, 토끼 수의 모형은 식 (6)이 cxy, $c > 0$에 의해 감소하는 것이 될 것이다. 즉 여우와 마주치는 동안에 토끼가 먹히는 빠르기에 의해서 감소할 것이다.

$$\frac{dy}{dt} = dy - cxy \tag{7}$$

식 (5)와 (7)은 비선형 연립방정식을 만든다.

$$\begin{aligned}\frac{dx}{dt} &= -ax + bxy = x(-a + by) \\ \frac{dy}{dt} &= dy - cxy = y(d - cx)\end{aligned} \tag{8}$$

여기서 a, b, c와 d는 양의 상수이다. 이 유명한 연립방정식을 **Lotka-Volterra 포식자-먹이 모형**(Lotka-Volterra predator-prey model)이라 한다.

두 상수해 $x(t) = 0$, $y(t) = 0$, 그리고 $x(t) = d/c$, $y(t) = a/b$를 제외하고, 비선형계 식 (8)은 기본함수를 이용해서 풀이될 수 없다. 그러나 이러한 시스템을 정량적, 정성적으로 분석할 수는 있다. 6장과 11장을 보라.

예제 1 포식자-먹이 모형

$$\frac{dx}{dt} = -0.16x + 0.08xy$$
$$\frac{dy}{dt} = 4.5y - 0.9xy$$

이 포식자-먹이 모형을 나타낸다고 가정하자. 개체수를 다루고 있기 때문에 $x(t) \geq 0$, $y(t) \geq 0$이다. 수치해법도구를 이용하여 얻어진 **그림 2.9.2**는 동일 좌표축에 중첩하여 전형적인 약탈자와 먹이의 개체수 곡선을 나타내고 있다. 초기조건은 $x(0) = 4$, $y(0) = 4$이다. 검은 선은 포식자(여우)의 수 $x(t)$이고, 푸른 선은 먹이(토끼)의 수 $y(t)$이다. 시간에 따라 두 개체수 $x(t)$와 $y(t)$가 주기적인 것을 볼 수 있다. 이것은 직관적으로 이해가 되는데, 먹이가 줄어듦에 따라 포식자의 수도 줄어들기 때문이다. 그러나 포식자의 수가 줄어들면 먹이의 수가 늘어난다. 이것은 다시 포식자의 수를 늘리며 결과적으로 먹이의 수를 다시 줄어들게 한다. ≡

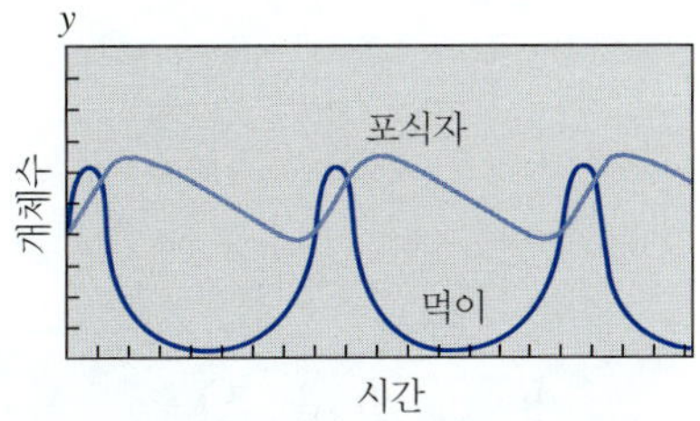

그림 2.9.2 예제 1에서 포식자의 수(검은색)와 먹이의 수(푸른색)가 주기적으로 나타남

경쟁모형 서로 다른 두 종류의 동물이 포식자와 먹이의 관계가 아니라 같은 자원(예를 들어 먹이나 서식 공간)에 대한 경쟁자로서 같은 생태계를 점하고 있다고 가정하자. 다른 종이 없을 때, 각 개체수가 증가하는 빠르기를 각각 다음과 같이 추정할 수 있다.

$$\frac{dx}{dt} = ax \text{ 와 } \frac{dy}{dt} = cy \tag{9}$$

두 개의 종이 서로 경쟁하기 때문에 다른 종이 존재하는 것만으로도 각 증가율은 감소한다고 가정할 수 있다. 따라서 두 개체수에 대한 모형은 다음과 같이 선형 연립방정식으로 주어진다.

$$\begin{aligned}\frac{dx}{dt} &= ax - by\\ \frac{dy}{dt} &= cy - dx\end{aligned} \tag{10}$$

여기서 a, b, c, 그리고 d는 양의 상수이다.

다른 한편으로 식 (5)에서와 마찬가지로 식 (9)의 각 증가율은 두 종 사이의 상호작용 횟수에 비례하는 빠르기로 감소해야 한다고 가정할 수도 있다.

$$\begin{aligned}\frac{dx}{dt} &= ax - bxy\\ \frac{dy}{dt} &= cy - dxy\end{aligned} \tag{11}$$

관찰해 보면 이 비선형계(비선형 연립방정식)는 Lotka-Volterra 포식자-먹이 모형과 동일한 것을 알 수 있다. 마지막으로 식 (9)에서 각 개체수가 지수함수적으로 증가한다는 것을 다음과 같이 오랜 시간이 지나면 그 수가 한정되는 형태로 바꾸는 것이 보다 현실적일 것이다.

$$\frac{dx}{dt} = a_1x - b_1x^2, \quad \frac{dy}{dt} = a_2y - b_2y^2 \tag{12}$$

이들 새로운 증가율이 상호작용의 횟수에 비례하는 비율로 감소할 때, 또 다른 비선형 모형을 얻을 수 있다.

$$\begin{aligned}\frac{dx}{dt} &= a_1x - b_1x^2 - c_1xy = x(a_1 - b_1x - c_1y)\\ \frac{dy}{dt} &= a_2y - b_2y^2 - c_2xy = y(a_2 - b_2y - c_2x)\end{aligned} \tag{13}$$

여기서 모든 계수는 양수이다. 선형계 식 (10)과 비선형계 식 (11), (13)을 **경쟁모형**(competition model)이라 한다.

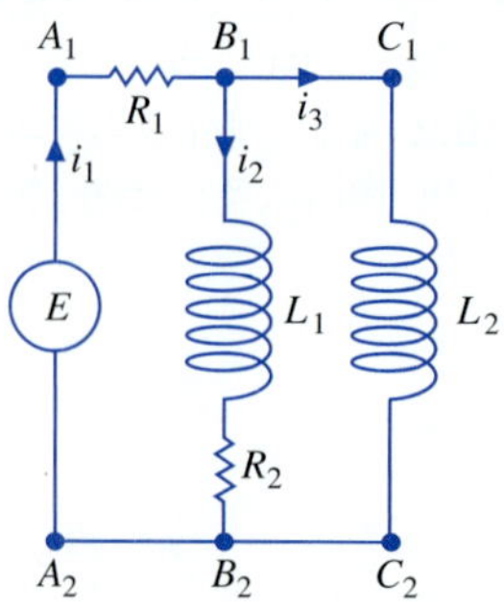

그림 2.9.3 식 (17)에서 본 네트워크 모형

전기회로 하나 이상의 루프(loop)를 갖는 전기회로는 동시에 여러 개의 미분방정식을 만든다. 그림 2.9.3에 나와 있는 것처럼, 전류 $i_1(t)$는 **분기점**(branch point)이라 불리는 점 B_1에서 갈라진다. Kirchhoff의 제1법칙에 따라 식을 쓰면

$$i_1(t) = i_2(t) + i_3(t) \tag{14}$$

와 같다. 여기에 덧붙여 각각의 루프에 **Kirchhoff의 제2법칙**(Kirchhoff's second law)을 적용할 수 있다. 루프 $A_1B_1B_2A_2A_1$에 대해, 각 부분의 전압강하를 더하면

$$E(t) = i_1R_1 + L_1\frac{di_2}{dt} + i_2R_2 \tag{15}$$

를 얻고 동일하게, 루프 $A_1B_1C_1C_2B_2A_2A_1$에 대해서 법칙을 적용하면 다음 식을 얻게 된다.

$$E(t) = i_1R_1 + L_2\frac{di_3}{dt} \tag{16}$$

식 (14)를 이용하여 식 (15)와 식 (16)에서 i_1을 소거하면, 전류 $i_2(t)$와 $i_3(t)$에 대한 두 개의 선형 1계 미분방정식을 얻는다.

$$\begin{aligned}L_1\frac{di_2}{dt} + (R_1 + R_2)i_2 + R_1i_3 &= E(t)\\ L_2\frac{di_3}{dt} + R_1i_2 + R_1i_3 &= E(t).\end{aligned} \tag{17}$$

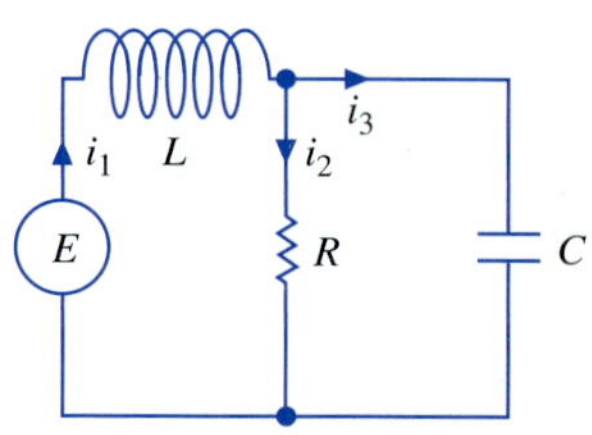

그림 2.9.4 네트워크 모형 (18)

그림 2.9.4의 저항기, 인덕터, 축전기를 포함하는 회로의 전류 $i_1(t)$와 $i_2(t)$가 다음과 같음을 증명하는 것은 연습으로 남겨 둔다(연습문제 2.9의 문제 16 참조).

$$\begin{aligned}L\frac{di_1}{dt} + Ri_2 &= E(t)\\ RC\frac{di_2}{dt} + i_2 - i_1 &= 0\end{aligned} \tag{18}$$

2.9 연습문제

부록에 선택된 홀수 문제의 답이 있다.

방사성 계열

1. 연립 1계 미분방정식을 풀 수 있는 방법을 논의하지는 않았지만, 식 (2)와 같은 연립방정식은 단일 미분방정식을 푸는 방법만 안다면 다른 지식 없이도 풀 수 있다. 초기조건이 $x(0) = x0$, $y(0) = 0$, $z(0) = 0$인 식 (2)의 해를 구하라.

2. 문제 1에서 시간 t의 단위가 일(day)이고, 붕괴상수 $k_1 = -0.138629$, $k_2 = -0.004951$이고 $x_0 = 20$임을 가정하자. 그래프 소프트웨어를 이용하여 동일 좌표축 위에 해곡선 $x(t)$, $y(t)$, $z(t)$를 그려라. 그래프를 이용하여 X와 Y 물질의 반감기를 추정하라.

3. 문제 2의 그래프를 이용하여 $x(t)$, $y(t)$가 같아지는 시간들, $x(t)$, $z(t)$가 같아지는 시간들, 그리고 $y(t)$, $z(t)$가 같아지는 시간들을 구하라. 왜 $y(t)$와 $z(t)$가 같아지는 시간이 직관적 의미가 있는가?

4. W, X, Y, Z 네 개 원소의 방사성 계열에 대한 수학적인 모형을 구하라. Z는 안정한 원소이다.

전문가 제공 문제

5. **칼륨-40 붕괴** 지구 지각 무게의 2%를 구성하는 무기물 칼륨은 여덟 번째로 많이 지구 지각에 포함되어 있으며, 자연상태에서 발생하는 동위 원소 K-40은 방사성물질이다. K-40의 방사성 붕괴는 각 원자가 서로 다른 원자핵의 붕괴반응을 통하여 두 가지 물질, 즉 무기질 칼슘-40 (Ca-40) 또는 가스 아르곤-40(Ar-40)으로 붕괴하기 때문에 탄소-14의 경우보다 복잡하다. 이 두 가지 붕괴 생성물 모두를 사용한 연대측정방법이 개발되어 있다. 각 경우에 샘플의 연대는 두 수의 비를 사용하여 계산된다. 이 수 수는 샘플에 있는 모 동위원소 K-40의 양과 모 동위원소의 **붕괴에서 생긴 물질**(radiogenic)인 딸 동위원소(Ca-40 또는 Ar-40)의 양이다.

© beboy/ShutterStock, Inc.
마그마가 응고된 화성암

샘플에서 K-40의 양은 쉽게 얻을 수 있다. K-40은 자연적으로 존재하는 칼륨의 1.17%를 구성하고 있고, 이 작은 비율은 매우 균일하게 분포되어 있다. 따라서 측정된 샘플의 칼륨 전체 양의 1.17%가 샘플에 있는 K-40의 양이다. 그러나 여러 이유에서 샘플의 Ca-40의 양 중에서 얼만큼이 방사성 붕괴에 의한 것인가를 결정하는 것은 복잡하고 때때로 문제거리가 된다. 이에 비하여, 화성암이 화산활동에 의하여 형성될 때, 그 이전에 암석에 들어있던 모든 아르곤 (그리고 다른) 가스는 강력한 열에 의하여 방출된다. 암석이 식고 응고되는 순간 암석에 내재한 가스는 대기와 같은 성분을 갖는다. 세 가지 안정된 알곤의 동위원소가 존재하는데 대기 중에 이들은 상대적으로 0.063%(Ar-38), 0.337%(Ar-36), 그리고 99.60%(Ar-40)로 존재한다. 이들 중 오직 Ar-36만 어떤 원소의 방사성 붕괴에 의해 만들어지지 않는다. 따라서 99.60/0.337 = 295.5에 Ar-36의 양을 곱한 값을 넘어서는 Ar-40은 방사성 붕괴에 의해 생긴 것이다. 그러므로 샘플에서 방사성 붕괴에 의해 생긴 Ar-40의 양은 샘플에서 측정된 Ar-38, Ar-36의 양에 의하여 결정된다.

K-40의 양과 방사성 붕괴에 의한 Ar-40의 양을 알고 있는 샘플 암석에 대하여 암석의 연대를 어떻게 측정할까? 암석이 생성된 이후 시간을 t(연)로 하여 P(t)를 K-40의 양, A(t)를 방사성 붕괴에 의한 Ar-40의 양, 그리고 $C(t)$를 방사성 붕괴에 의한 Ca-40의 양이라 하자. K-40의 붕괴에 관한 수학적 모델은 선형 1계 미분방정식의 계로 다음과 같이 쓸 수 있다.

$$\frac{dA}{dt} = \lambda_A P$$
$$\frac{dC}{dt} = \lambda_C P$$
$$\frac{dP}{dt} = -(\lambda_A + \lambda_C)P$$

여기서 $\lambda_A = 0.581 \times 10^{-10}$, $\lambda_C = 4.962 \times 10^{-10}$이다.

(a) $P(0) = P_0$로 놓고 연립미분방정식에서 $P(t)$를 구하여라.

(b) K-40의 반감기를 구하여라.

(c) $A(0) = 0$, $C(0) = 0$일 때, (a)에서 구한 $P(t)$를 이용하여 $A(t)$와 $C(t)$를 구하라.

(d) 위에서 구한 A(t)를 이용하여 매우 긴 기간에 걸쳐(즉, $t \to \infty$) Ar-40으로 붕괴하는 K-40의 초기값 P_0의 비

율을 결정하라. Ca-40으로 붕괴하는 P_0의 비율은 얼마인가?

6. **칼륨–알곤 연대측정** **(a)** 문제 5에서 구한 (a)와 (c)를 사용하여 다음을 보여라.

$$\frac{A(t)}{P(t)} = \frac{\lambda_A}{\lambda_A + \lambda_C}\left[e^{(\lambda_A + \lambda_C)t} - 1\right]$$

(b) (a)의 식에서 t를 $A(t)$, $P(t)$, λ_A, λ_C로 표현하라.

(c) 어떤 샘플 암석 1그램이 방사성 붕괴에 의한 Ar-40을 8.6×10^{-7}그램, 그리고 K-40을 5.3×10^{-6}그램 포함하고 있다고 가정하자. (b)에서 얻은 식을 이용하여 샘플 암석의 연대를 추정해 보자.

혼합물

7. 식 (3)에서와 같이 연립방정식으로 묘사되는, 액체가 유입되고 나오는 속도가 같은 탱크 A와 B를 생각해 보자. 만약 순수한 물 대신에 소금물(물 1갤런당 소금 2파운드)이 탱크 A에 유입되고 있다면 연립 미분방정식은 어떻게 되는가?

8. 그림 2.9.5의 정보를 이용하여 탱크 A, B, C에 들어 있는 소금의 파운드 $x_1(t)$, $x_2(t)$, $x_3(t)$를 구하는 수학적 모형을 만들라.

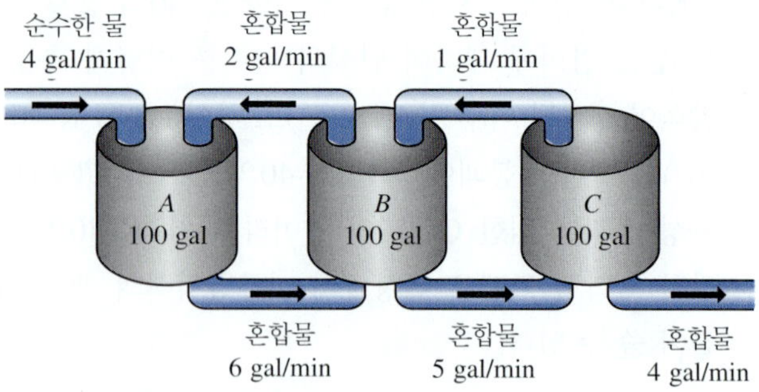

그림 2.9.5 문제 8의 혼합 탱크

9. 매우 큰 탱크 A와 B가 각각 소금물 100갤런을 담고 있다. 초기조건으로, 탱크 A에 소금이 100파운드 용해되어 있고, 탱크 B에는 소금이 50파운드 용해되어 있다. 계는 그림 2.9.6에서 보듯이 닫혀 있어서 잘 혼합된 용액이 두 탱크 사이에서만 펌프질된다.

(a) 그림에 주어진 정보를 이용하여, 시간 t에서 탱크 A, B의 소금 양 $x_1(t)$, $x_2(t)$의 수학적 모형을 만들라.

(b) 변수 $x_1(t)$와 $x_2(t)$의 관계를 찾아 내라. 왜 이 관계가 직관적인 판단을 가능하게 하는지 설명하라. 이 관계를 이용하여 $t = 30$ min일 때 탱크 B의 소금 양을 계산하라.

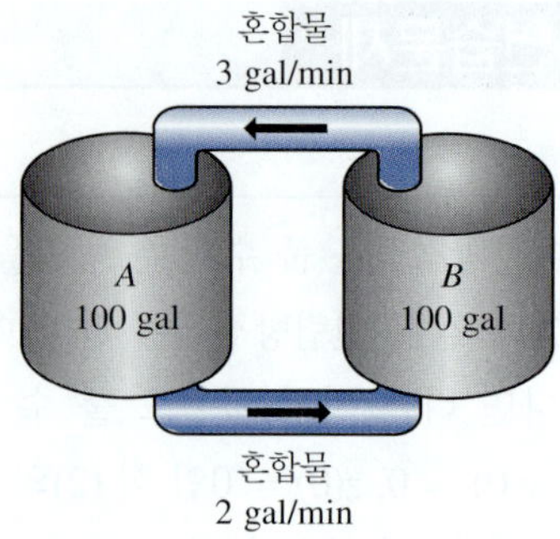

그림 2.9.6 문제 9의 혼합 탱크

10. 그림 2.9.7과 같이 세 개의 탱크가 소금물을 담고 있다. 그림의 정보를 이용하여 시간 t에서 탱크 A, B, C에 녹아 있는 소금 양 $x_1(t)$, $x_2(t)$, $x_3(t)$에 관한 수학적 모형을 만들라. 연립방정식을 풀지 말고 $t \to \infty$일 때 $x_1(t)$, $x_2(t)$, $x_3(t)$의 최종값들을 추측해 보라.

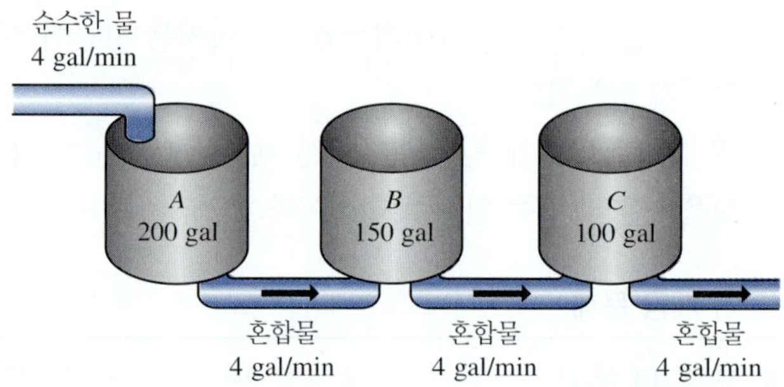

그림 2.9.7 문제 10의 혼합 탱크

포식자–먹이 모형

11. Lotka-Volterra 포식자–먹이 모형은 다음과 같이 표현된다.

$$\frac{dx}{dt} = -0.1x + 0.02xy$$
$$\frac{dy}{dt} = 0.2y - 0.025xy$$

여기서 포식자의 수 $x(t)$와 먹이의 수 $y(t)$의 단위는 1000이다. $x(0) = 6$, $y(0) = 6$이라고 가정하자. 수치해법도구를 이용하여 $x(t)$, $y(t)$를 그려라. 이 그래프를 이용하여 두 종의 개체수가 처음으로 같아지는 시간을 추정하라. 각 개체수의 주기를 그래프로부터 추정해 보라.

경쟁모형

12. 다음 방정식으로 정의된 경쟁모형을 생각해 보자.

$$\frac{dx}{dt} = x(2 - 0.4x - 0.3y)$$
$$\frac{dy}{dt} = y(1 - 0.1y - 0.3x)$$

여기서 개체수 $x(t)$, $y(t)$의 단위는 1000이고 시간 t의 단위는 연(year)이다. 수치해법도구를 이용하여 주어진 조건에서 긴 시간에 걸친 개체수의 변화를 분석하라.

(a) $x(0) = 1.5$, $y(0) = 3.5$

(b) $x(0) = 1$, $y(0) = 1$

(c) $x(0) = 2$, $y(0) = 7$

(d) $x(0) = 4.5$, $y(0) = 0.5$

13. 다음 방정식으로 정의된 경쟁모형을 생각해 보자.

$$\frac{dx}{dt} = x(1 - 0.1x - 0.05y)$$
$$\frac{dy}{dt} = y(1.7 - 0.1y - 0.15x)$$

여기서 개체수 $x(t)$, $y(t)$의 단위는 1000이고 시간 t의 단위는 연(year)이다. 수치해법도구를 이용하여 다음의 각 경우에 긴 시간에 걸친 개체수의 변화를 분석하라.

(a) $x(0) = 1$, $y(0) = 1$

(b) $x(0) = 4$, $y(0) = 10$

(c) $x(0) = 9$, $y(0) = 4$

(d) $x(0) = 5.5$, $y(0) = 3.5$

전기회로

14. 그림 2.9.8의 회로 전류 $i_2(t)$, $i_3(t)$를 표현하는 연립 미분방정식은 다음과 같이 주어짐을 보여라.

$$L\frac{di_2}{dt} + L\frac{di_3}{dt} + R_1 i_2 = E(t)$$
$$-R_1\frac{di_2}{dt} + R_2\frac{di_3}{dt} + \frac{1}{C}i_3 = 0.$$

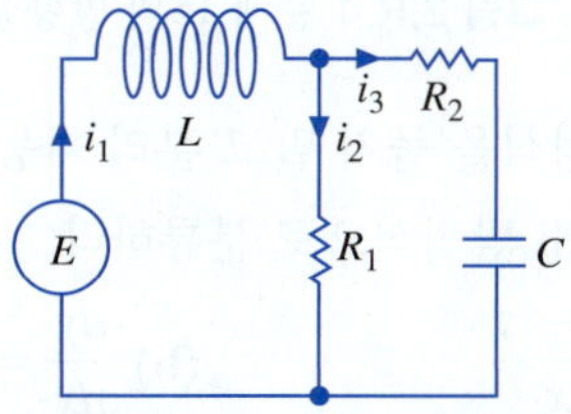

그림 2.9.8 문제 14의 네트워크

15. 그림 2.9.9의 회로 전류 $i_2(t)$, $i_3(t)$를 표현하는 연립 미분방정식을 구하라.

16. 식 (18)의 연립 미분방정식이 그림 2.9.4의 회로 전류 $i_1(t)$, $i_2(t)$를 표현하는 것을 보여라. [힌트: $dq/dt = i_3$.]

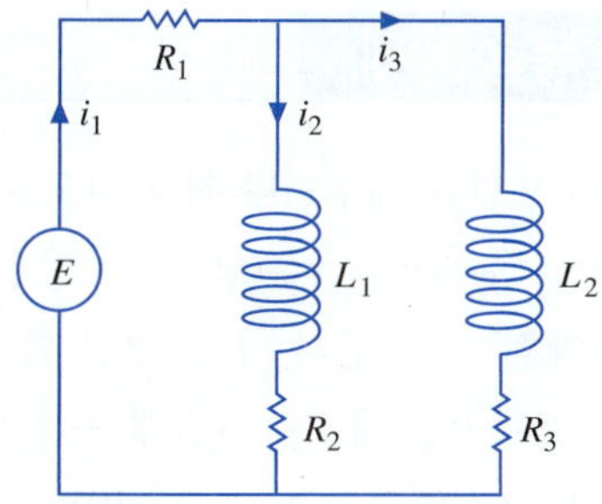

그림 2.9.9 문제 15의 네트워크

기타 수학적 모형

17. SIR 모형 고정된 n명의 인구를 갖는 작은 마을에서 전염병이 퍼진다. 초기조건으로 모든 사람이 전염병에 걸릴 수 있고, 병이 퍼지는 동안에는 아무도 마을을 떠나지 않는다고 가정하자. 시간 t에서 감염이 되지 않은 수를 $s(t)$, 감염된 수를 $i(t)$, 감염되었다가 회복된 수를 $r(t)$라고 하고 이들의 단위는 100이다. 이때 왜 다음과 같은 연립 미분방정식이 소집단에 퍼지는 전염병을 표현하는 합리적인 수학적 모형이 되는지 설명하라.

$$\frac{ds}{dt} = -k_1 si$$
$$\frac{di}{dt} = -k_2 i + k_1 si$$
$$\frac{dr}{dt} = k_2 i,$$

여기서 k_1(감염률)과 k_2(회복률)는 양의 상수이고, 이 연립방정식은 보통 **SIR 모형**이라고 불린다. 이 연립방정식에 대한 적절한 초기조건을 만들라. 위의 연립미분방정식은

$$\frac{d}{dt}(s + i + r) = 0$$

을 의미함을 보여라. 이 식이 가정과 일치함을 설명하라.

18. **(a)** 문제 17에서 왜 다음 2개의 미분방정식만을 해석해도 충분한지를 설명하라.

$$\frac{ds}{dt} = -k_1 si$$
$$\frac{di}{dt} = -k_2 i + k_1 si$$

(b) $k_1 = 0.2$, $k_2 = 0.7$, $n = 10$이라고 가정하자. $i(0) = i_0$, $0 < i_0 < 10$에서 여러 값을 선택하라. 수치해법도구를 이용하여 $s_0 > k_2/k_1$과 $s_0 \le k_2/k_1$의 두 가지 경우에 모형이 전염병에 대하여 예측하는 바가 무엇인지를 결정하라. 최종적으로 감염되는 사람의 수를 추정하라.

2 복습문제

부록에 선택된 홀수 문제의 답이 있다.

문제 1~10에서 빈칸을 채우거나 참/거짓으로 답하라.

1. 미분방정식 $y' - ky = A$는(k와 A는 상수) 자율적이다. 방정식의 임계점 _____은/는 $k > 0$일 때 _____(끌개 또는 밀개)이고, $k < 0$일 때 _____(끌개 또는 밀개)이다.
2. 초기값 문제 $x(dy/dx) - 4y = 0$, $y(0) = k$는 k가 ___일 때 무한한 수의 해를 갖고, k가 _____일 때 해를 갖지 않는다.
3. 검사에 의해, 미분방정식 $y' + |y| = 5$의 두 해는 _____이다.
4. 모든 자율(autonomous) 미분방정식 $y' = f(y)$는 변수분리 가능하다. _____
5. 선형 미분방정식 $y' + k_1y = k_2$는 k_1과 k_2과 0이 아닌 상수일 때, 상수 해를 갖는다. _____
6. 1계 미분방정식 $\dfrac{d\theta}{dr} = r\theta + r + \theta + 1$은 변수분리가능하지 않다. _____
7. $y' = e^x y$일 경우, 만족하는 해 y는 _____이다.
8. 선형 미분방정식 $a_1(x)y' + a_0(x)y = 0$은 역시 변수분리 가능하다. _____
9. 미분방정식 $y' + y^2 = 1$은 2계 방정식이다. _____
10. $y = e^{\cos x}\int_0^x te^{-\cos t}dt$는 선형 1계 미분방정식의 해이다. _____

문제 11과 12에서는 그림에 주어진 위상도를 보고 자율 1계 미분방정식 $dy/dx = f(y)$를 만들라.

11.

그림 2.R.1 문제 11의 위상도

12.

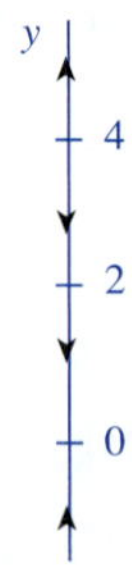

그림 2.R.2 문제 12의 위상도

13. 0은 자율 미분방정식 $dx/dt = x^n$의 임계점이다. 여기서 n은 양의 정수이다. n의 값이 무엇일 때 0이 점근적으로 안정되는가? 준안정인가? 또는 불안정인가? 미분방정식 $dx/dt = -x^n$에 대해서 위의 과정을 반복하라.
14. 아래의 미분방정식을 생각해 보자.

$$\frac{dP}{dt} = f(P), \text{ 여기서 } f(P) = -0.5P^3 - 1.7P + 3.4$$

그림 2.R.3에서처럼 함수 $f(P)$는 하나의 영점을 갖는다. 미분방정식을 풀려고 노력하지 말고 $\lim_{t\to\infty}P(t)$의 값을 생각해 보라.

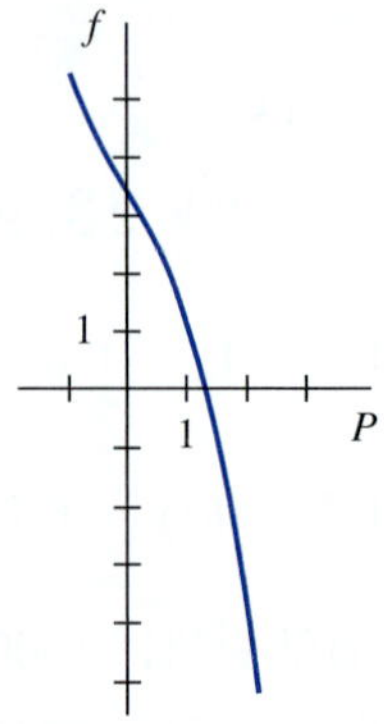

그림 2.R.3 문제 14의 그래프

15. 그림 2.R.4는 미분방정식 $dy/dx = f(x, y)$의 방향장의 한 부분이다. 손으로 두 개의 다른 해곡선을 그려 보라. 하나는 검은색 선요소의 접선을 이용하여, 다른 하나는 푸른색 선요소의 접선을 이용하여 그려라.

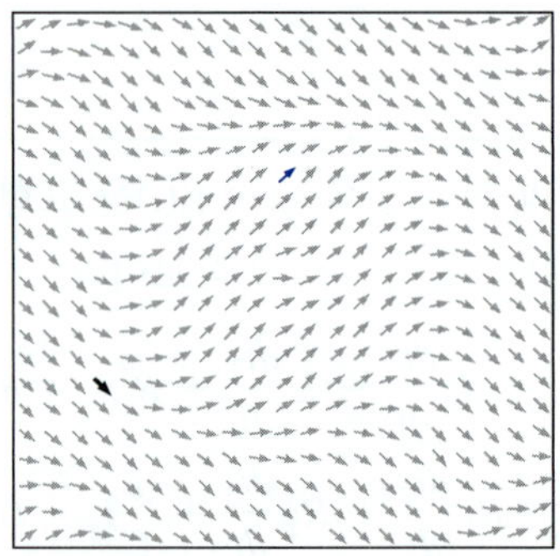

그림 2.R.4 문제 15의 방향장

16. 다음 미분방정식을 풀지 말고 분리 가능, 완전, 선형, 동차, 또는 Bernoulli 방정식으로 분류하라.

(a) $\dfrac{dy}{dx} = \dfrac{x - y}{x}$ **(b)** $\dfrac{dy}{dx} = \dfrac{1}{y - x}$

(c) $(x + 1)\dfrac{dy}{dx} = -y + 10$ **(d)** $\dfrac{dy}{dx} = \dfrac{1}{x(x - y)}$

(e) $\dfrac{dy}{dx} = \dfrac{y^2 + y}{x^2 + x}$ **(f)** $\dfrac{dy}{dx} = 5y + y^2$

(g) $ydx = (y - xy^2)\,dy$ **(h)** $x\dfrac{dy}{dx} = ye^{xy} - x$

(i) $xyy' + y^2 = 2x$ **(j)** $2xyy' + y^2 = 2x^2$

(k) $ydx + xdy = 0$

(l) $\left(x^2 + \dfrac{2y}{x}\right)dx = (3 - \ln x^2)\,dy$

(m) $\dfrac{dy}{dx} = \dfrac{x}{y} + \dfrac{y}{x} + 1$ **(n)** $\dfrac{y}{x^2}\dfrac{dy}{dx} + e^{2x^3+y^2} = 0$

문제 17~28에서는 주어진 미분방정식을 풀어라.

17. $(y^2 + 1)\,dx = y\sec^2 x dy$

18. $y(\ln x - \ln y)dx = (x\ln x - x\ln y - y)\,dy$

19. $(6x + 1)y^2\dfrac{dy}{dx} + 3x^2 + 2y^3 = 0$

20. $\dfrac{dx}{dy} = -\dfrac{4y^2 + 6xy}{3y^2 + 2x}$

21. $t\dfrac{dQ}{dt} + Q = t^4\ln t$

22. $(2x + y + 1)y' = 1$

23. $(x^2 + 4)dy = (2x - 8xy)\,dx$

24. $(2r^2\cos\theta\sin\theta + r\cos\theta)\,d\theta + (4r + \sin\theta - 2r\cos^2\theta)$ $dr = 0$

문제 25~28번에서, 적분 정의 함수로 주어진 초기값 문제의 해를 표현하라.

25. $2\dfrac{dy}{dx} + (4\cos x)y = x,\quad y(0) = 1$

26. $\dfrac{dy}{dx} - 4xy = \sin x^2,\quad y(0) = 7$

27. $x\dfrac{dy}{dx} + 2y = xe^{x^2},\quad y(1) = 3$

28. $x\dfrac{dy}{dx} + (\sin x)y = 0,\quad y(0) = 10$

문제 29~30번에서, 주어진 초기값 문제를 풀어라.

29. $\dfrac{dy}{dx} + y = f(x),\quad y(0) = 5$, 여기서

$$f(x) = \begin{cases} e^{-x}, & 0 \le x < 1 \\ 0, & x \ge 1 \end{cases}$$

30. $\dfrac{dy}{dx} + P(x)y = e^x,\quad y(0) = -1$, 여기서

$$P(x) = \begin{cases} 1, & 0 \le x < 1 \\ -1, & x \ge 1 \end{cases}$$

문제 31, 32에서는 주어진 초기값 문제를 풀고 해가 정의된 최대 구간 I를 구하라.

31. $\sin x\dfrac{dy}{dx} + (\cos x)y = 0,\quad y(7\pi/6) = -2$

32. $\dfrac{dy}{dt} + 2(t + 1)y^2 = 0,\quad y(0) = -\frac{1}{8}$

33. **(a)** 다음의 초기값 문제를 풀지 말고 $y_0 < 0$일 때 왜 해가 없는지를 설명하라.

$$\frac{dy}{dx} = \sqrt{y},\quad y(x_0) = y_0$$

(b) $y_0 > 0$일 때 (a)의 초기값 문제를 풀어라. 그리고 해가 정의될 수 있는 최대 구간 I를 찾아라.

34. **(a)** 다음 초기값 문제의 음함수 해를 구하라.

$$\frac{dy}{dx} = \frac{y^2 - x^2}{xy},\quad y(1) = -\sqrt{2}$$

(b) (a) 문제의 양함수 해를 구하고, 해가 정의되는 최대 구간 I를 찾아라. 그래프 소프트웨어가 유용할 것이다.

35. 1계 미분방정식 $dy/dx = f(x, y)$의 해모임 중 몇 개의 해곡선을 **그림 2.R.5**에 나타내었다. 점 $(1, -1)$ 과 $(-1, 3)$을 지나는 음함수 해 $G(x, y) = 0$의 해곡선이 푸른 선으로 표시되어 있다. $y_1(1) = -1$, $y_2(-1) = 3$의 조건에 의해서 음함수 해로 정의된 해곡선 $y = y_1(x)$, $y = y_2(x)$를 색연필로 그려라. 각 해가 정의된 구간 I를 구하라.

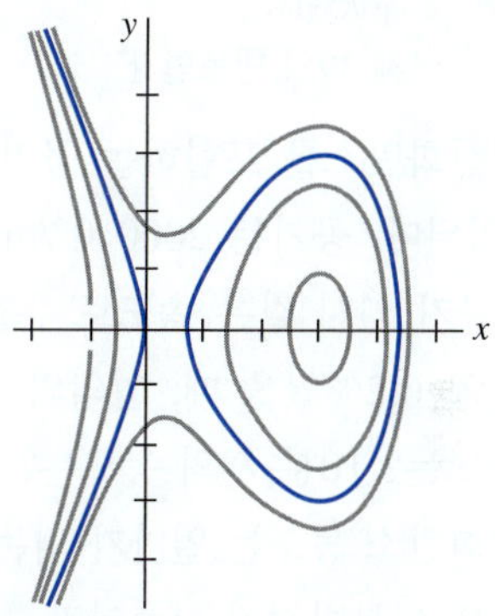

그림 2.R.5 문제 35의 그래프

36. Euler 방법을 이용하여($h = 0.1$) $y(1.2)$의 근사값을 구하라. $y(x)$는 초기값 문제 $y' = 1 + x\sqrt{y}$, $y(1) = 9$의 해이다.

37. 1976년 3월의 세계 인구는 40억 명이었다. 유명한 뉴스잡지에서 연평균 인구증가율이 1.8%라면 45년이 지난 후에는 인구가 80억이 된다고 예상하였다. 이 값을 증가속도가 임의 시점 t에서의 인구에 비례한다는 모형으로 예측한 값과 비교해 보라.

38. 요오드-131은 갑상선 암의 치료제로 사용되는 방사선 액이다. 하루 저장 후에 분석한 결과 시료 중의 초기 요오드-131의 양이 8.3% 감소한 것으로 나타났다.

(a) 8일이 지난 후에 시료 중에 남아있을 요오드-131의 양을 구하라.

(b) (a)에서 얻은 결과의 주요 의미는 무엇인가?

39. 1991년 등산객들이 오스트리아 알프스의 한 빙하에서 부분적으로 냉동 보존된 시체를 발견했다. 탄소연대특정법을 이용하여 Ötzi(냉동인간에게 붙여진 이름)의 시체에는 살아있는 인간에서 발견되는 C-14 양의 53%를 포함하고 있는 것으로 밝혀졌다.

(a) C-14에 대한 Cambridge 반감기를 이용하여 2011년을 기준으로 냉동인간의 사망 시점을 적절하게 예측하라.

(b) 2.7절의 예제 3에서 나타난 기법을 사용하여 대략적인 사망 시점을 계산하라.

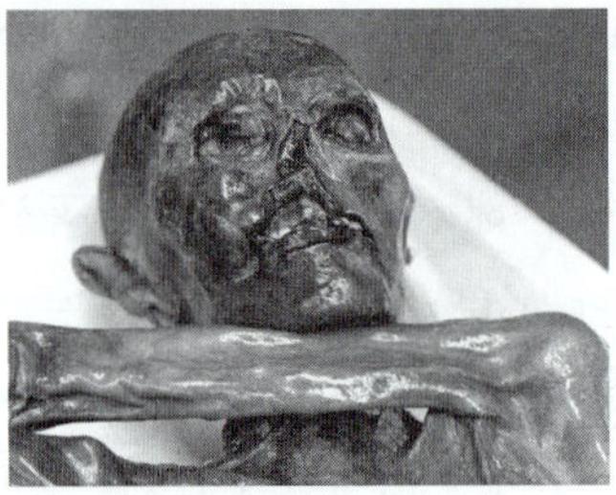

© dpa/Corbis

문제 39의 냉동인간

40. 0.06%의 이산화탄소를 포함하는 공기가 체적이 8000 ft^{3}인 방에 유입된다. 공기는 2000 ft^3/min의 속도로 유입되고, 순환된 공기 역시 같은 속도로 유출된다. 초기 이산화탄소의 농도가 0.2%였을 때, 임의의 시간에서 실내의 이산화탄소 농도는? 10분 후의 농도는? 안정 또는 평형상태에서의 이산화탄소 농도는 얼마가 되는가?

41. 다음 현수선의 미분방정식을 풀어라.

$$\frac{dy}{dx} = -\frac{y}{\sqrt{s^2 - y^2}}$$

연습문제 1.3의 문제 28을 보라. y축 상의 초기점은 (0, 10), 로프의 길이는 $x = 10$ ft로 가정하라.

42. 세포가 고정된 농도 C_s를 가지는 용액에 떠 있다고 가정하자. 그리고 세포는 일정한 체적 V를 가지며, 용액이 스며들 수 있는 박막의 면적을 A라고 하자. 독일의 의사이자 생리학자인 **Adolf Eugen Fick** (1829~1901)이 1855년 소개한 **Fick의 법칙**에 의해 세포의 질량 m의 변화율은 직접적으로 박막의 면적 A와 $C_s - C(t)$에 비례한다. $C(t)$는 시간 t에서 세포액의 농도이다. 만약 $m = V \cdot C(t)$, $C(0) = C_0$이라면 $C(t)$는 얼마인가? 그림 2.R.6을 보라.

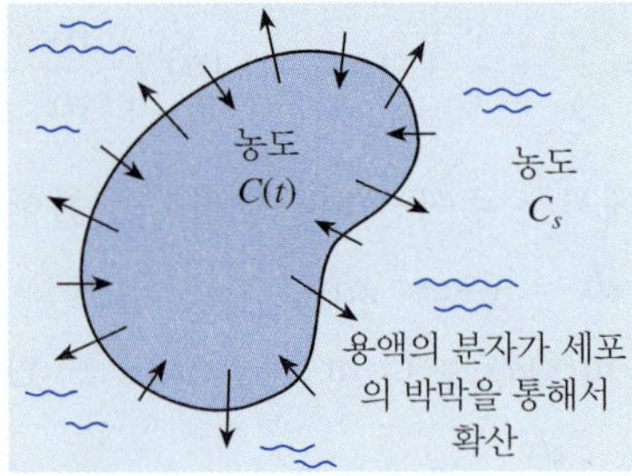

그림 2.R.6 문제 42의 세포

43. 어떤 물체가 냉각될 때, 이를 둘러싸고 있는 매질의 온도는 물체에서 손실된 열을 고스란히 흡수하기 때문에 상승한다고 가정하자. $T(t)$, $T_m(t)$를 각각 물체와 매질의 온도라고 하자. 만일 물체의 초기온도가 T_1이고, 매질의 초기온도가 T_2라면, Newton의 냉각법칙은 $dT/dt = k(T - T_m)$, $k < 0$, $T_m = T_2 + B(T_1 - T)$, $B > 0$과 같이 된다.

(a) 앞의 미분방정식은 자율적이다. 2.1절의 위상도 개념을 사용하여 $t \to \infty$일 때의 최종온도 $T(t)$를 구하라. $t \to \infty$일 때의 $T_m(t)$는 얼마인가?

(b) (a)에서의 답을 실제로 미분방정식을 풀어서 증명하라.

(c) (a)에서의 답에 대한 물리적인 해석을 토론하라.

44. Stefan의 방사법칙(Stefan's law of radiation)에 따라, 고정된 온도가 T_m인 매질 안에서 냉각되는 물체의 절대온도 T는 다음과 같이 주어진다.

$$\frac{dT}{dt} = k(T^4 - T_m^4)$$

여기서 k는 상수이다. 오스트리아 제국에서 태어난 수학자 **요제프 스테판**(Josef Stefan, 1835~1893)은 1879년 복사법칙을 발표했다. Stefan의 법칙은 Newton의 냉각법칙에 비해서 보다 넓은 온도 범위에서 사용될 수 있다.

(a) 미분방정식을 풀어라.

(b) $T - T_m$이 T_m에 비해서 작을 때 Newton의 냉각법칙이 Stefan의 법칙으로 근사화한다는 것을 보여라. [힌트: 미분방정식 우변의 이항식 계열을 생각하라.]

45. RC 직렬회로가 가변 저항이 있다고 가정하라. 시간 t일 때의 저항은 $R(t) = k_1 + k_2 t$로 정의되고, 여기서 k_1과 k_2는 알려진 양의 상수 값을 가진다. 이때 2.7절의 식 (10)에서 C가 상수인 미분방정식은 다음과 같게 된다.

$$(k_1 + k_2 t)\frac{dq}{dt} + \frac{1}{C}q = E(t)$$

만약 E_0와 q_0가 상수 값이고 $E(t)$가 E_0이고 $q(0)$가 q_0이라면, 그때의 전하 $q(t)$가 다음과 같음을 보여라.

$$q(t) = E_0C + (q_0 - E_0C)\left(\frac{k_1}{k_1 + k_2t}\right)^{1/Ck_2}$$

46. 중력의 영향 아래 구슬이 점 $A(0, 0)$에서 $B(x_1, y_1)$로 가장 빠른 시간에 미끄러질 수 있는 곡선 $\mathscr{C}$을 구하는 것은 미적분학의 고전적인 문제이다(단, $x_1 \neq 0$). **그림 2.R.7**을 보라. k가 상수일 때, 곡선 $y(x)$를 구하기 위한 비선형 미분방정식이 $y[1 + (y')^2] = k$임을 보일 수 있다. 먼저 y와 dy의 함수로 dx를 구하라. 그리고 $y = k\sin^2\theta$를 대입하여 해의 매개변수 형태를 얻으라. 답이 되는 곡선은 **사이클로이드**(cycloid)로 나타날 것이다.

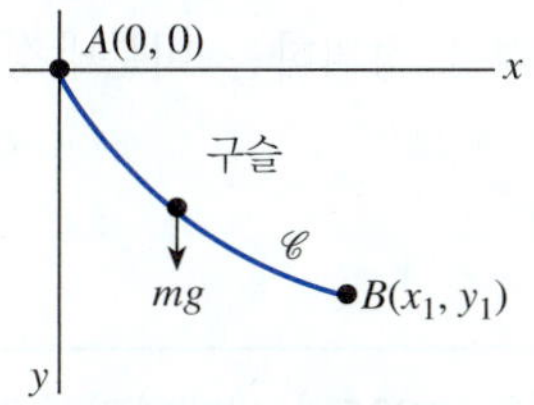

그림 2.R.7 문제 46의 미끄러지는 구슬

물시계(clepsydra)는 고대 이집트, 그리스, 로마, 그리고 중국 사람들에 의해서 사용된 시간을 측정하는 기구였다. 용기나 탱크의 바닥에 나 있는 조그만 구멍을 통해서 빠져나가는 물에 의한 높이변화를 관측하여 시간의 흐름을 측정한다. 문제 49~50에서는 다음의 미분방정식(연습문제 2.8의 문제 15~18 참조)을 탱크 내의 물의 높이 h의 모형으로 사용한다.

$$\frac{dh}{dt} = -c\frac{A_h}{A_w}\sqrt{2gh}$$

각 문제에서 $h(0) = 2$ ft가 탱크의 꼭대기까지 채워진 물을 나타내며, 바닥에 있는 둥근 구멍은 반경이 인치이고, $g = 32$ ft/s^2, 그리고 $c = 0.6$을 가정하라.

47. 탱크가 유리로 되어 있고 반지름이 1피트인 원통형이라고 가정하자. 물의 높이 $h(t)$를 구하라.

48. **그림 2.R.8**에서 보듯이, 문제 47의 탱크는 바닥으로부터 얼마만큼의 높이에 1시간에 해당하는 눈금을 그어야 하는가? 계속적으로 2시간, 3시간, . . . , 12시간에 해당하는 눈금을 어디에 그어야 하는지 결정하라. 이 눈금선들의 간격이 일정하지 않은 이유를 설명하라.

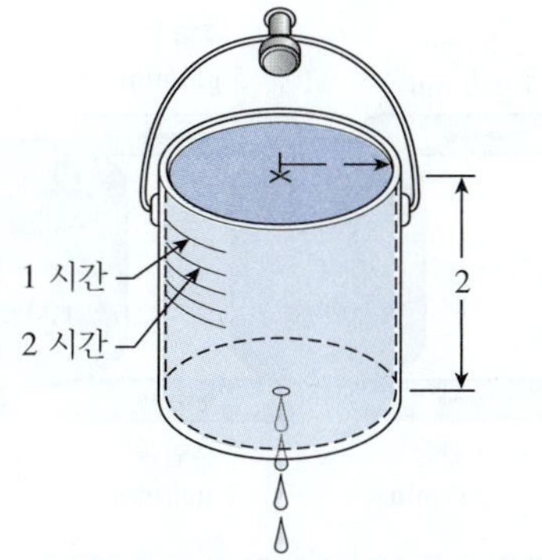

그림 2.R.8 문제 48의 물시계

49. **그림 2.R.9**와 같이 유리탱크가 원뿔의 형태를 가지고 있다고 가정하자. 이 물시계가 1시간 간격으로 12번의 시간을 측정할 수 있는가? 구체적 수식을 이용하여 설명하라.

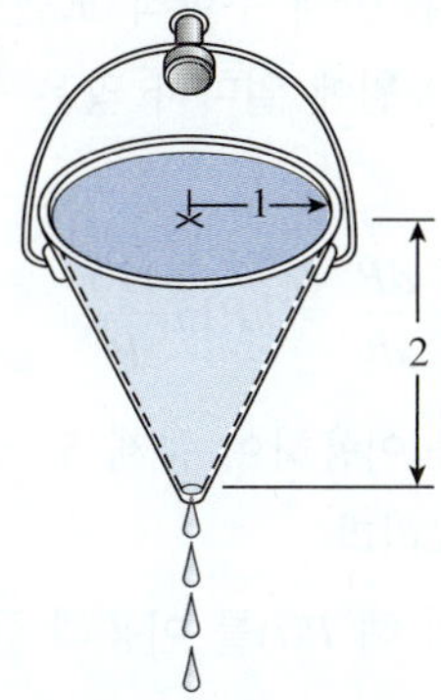

그림 2.R.9 문제 49의 물시계

50. $r = f(h)$가 시간선이 균일한 간격으로 그어진 물시계의 모양을 정의한다고 가정하자. 위의 미분방정식을 사용하여 $f(h)$를 구하고 r의 함수 h의 그래프를 그려라. 구멍의 단면적 A_h는 상수임을 가정하라. [힌트: 이 경우에는 $dh/dt = -a$, $a > 0$은 상수.]

51. 상호작용하는 두 가지 동물 개체수에 대한 모형이 다음과 같다.

$$\frac{dx}{dt} = k_1x(\alpha - x)$$

$$\frac{dy}{dt} = k_2xy$$

t의 함수로 x, y를 구하라.

52. 초기에 소금물 100갤런이 담겨 있는 탱크 A, B가 있다. 잘 섞인 액체는 **그림 2.R.10**에 나와 있는 것처럼 탱크 사이를 오고 간다. 그림에 주어진 정보를 이용하여 시간 t에서 탱크 A, B 내부의 소금의 파운드 수 $x_1(t)$, $x_2(t)$에 대한 수학적 모형을 구하라.

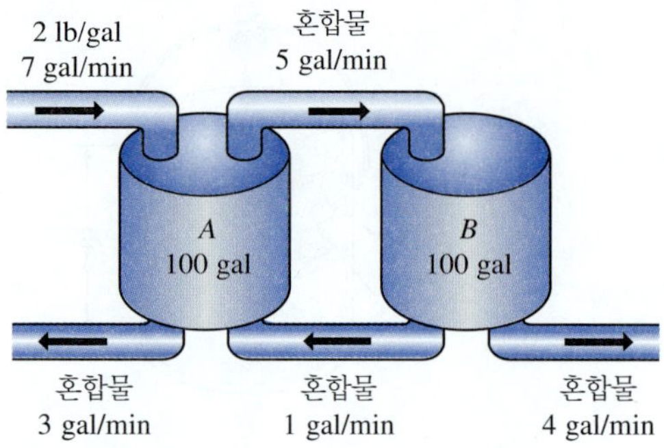

그림 2.R.10 문제 52의 혼합 탱크

53. 옐로우스톤 국립 공원의 생태계는 450마리의 회색 늑대를 유지할 수 있다고 추정된다. 1997년도에 초기 개체수로 40마리의 회색 늑대가 있었고, 그 후 개체수는 15년 후에 95마리로 증가했다. 아래 수학적 모델로 늑대들이 유입된 후 30년 후에 이 공원에 얼마나 많은 늑대가 존재할지 예측되는가?

$$\frac{dP}{dt} = kP\ln\frac{450}{P}$$

54. **(a)** 그래픽 도구를 이용하여 문제 53에서 찾아진 늑대 개체수 $P(t)$를 그려라.

(b) 문제 53에서의 해 $P(t)$를 이용해 극한값 $\lim_{t\to\infty} P(t)$를 찾아라.

(c) 문제 53에서의 미분방정식이 Gompertz의 공식(2.8절의 식(7))의 특수한 경우임을 보여라.

해모임 $G(x, y, c1) = 0$의 모든 곡선이 또 다른 해모임 $H(x, y, c2) = 0$의 모든 곡선에 직각으로 교차할 때, 두 해모임을 각각에 대한 **직교곡선**(orthogonal trajectory)이라고 말한다. **그림 2.R.11**을 보라. 만약 $dy/dx = f(x, y)$가 한 해모임의 미분방정식이면, 이 해모임의 직교절선에 대한 미분방정식은 $dy/dx = -1/f(x, y)$이다. 문제 55~58에 주어진 해모임의 미분방정식을 찾아라. 이 해모임의 직교절선을 찾아라. 컴퓨터를 이용하여 같은 좌표축 위에 두 해모임을 그려라.

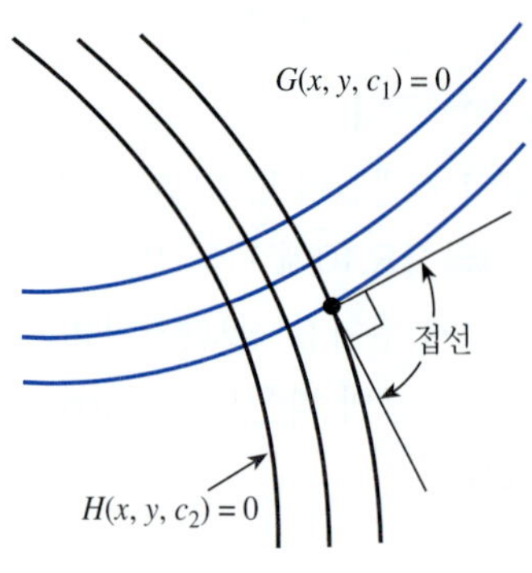

그림 2.R.11 직교곡선

55. $y = c_1x$ **56.** $x^2 - 2y^2 = c_1$

57. $y = -x - 1 + c_1e^x$ **58.** $y = \dfrac{1}{x + c_1}$

곡선 $G(x, y, c_1) = 0$의 한 매개변수족(parameter family)의 직교 궤적이 자기 자신일 때, 이 매개변수족을 **자기직교**(self-orthogonal)라고 말한다. 문제 59와 60에서 주어진 방법을 이용하여 공초점 포물선 $y^2 = 4c(x + c)$가 자기직교임을 보여라.

59. $y^2 = 4c(x + c)$족이 구분 정의되어 있다고 가정하자.

$y^2 = 4p(x + p), p > 0$ (오른쪽으로 열린 포물선),

$y^2 = -4q(x - q), q > 0$ (왼쪽으로 열린 포물선)

이 두 방정식으로 정의된 곡선의 교차점을 구하라. 그런 다음 접선들이 교차점에서 수직임을 보여라.

60. $y^2 = 4c(x + c)$ 족을 정의하는 미분방정식과 주어진 매개변수족의 직교 궤적을 정의하는 미분방정식이 서로 같음을 보여라.

전문가 제공 문제

61. **바다두꺼비의 습격*** 1935년 생태학자들의 충고에도 불구하고 독이 있는 미국 바다두꺼비(*Bufo marinus*)가 호주의 퀸즈랜드의 일부 해안가 사탕수수 지구에 사탕수수 딱정벌레를 퇴치할 목적으로 도입되었다. 상위포식자가 없고 풍부한 먹이로 인하여 두꺼비 수는 증가하였고 원래 지역에서 멀리 퍼져 나갔다. 아래 표에서 제시한 자료는 40년 동안 바다두꺼비가 그들의 영역을 얼마나 확장했는가를 보여준다. 이 문제의 목적은 $P(t_i)$ 형태의 개체수 모델을 구하려는 것인데 주어진 자료를 **가장** 잘 나타내는 모델을 세우려 한다. 다음 자료는 5년 주기로 **두꺼비의 개체수**를 제공하지 못하는데 그런 자료를 얻기는 사실상 불가능하기 때문이다.

(a) 계산을 쉽게 하기 위해, 평균적으로 1제곱킬로미터에 두꺼비 한 마리가 있다고 가정하자. 또한 두꺼비의 수는 천단위로 세고 시간 t는 연 단위로 하자. 물론 $t = 0$은 1939이다. 모델링의 한 방법으로 초기값을 $P_0 = 32.8$로 놓고 P_0e^{kt}의 그래프가 데이터와 잘 들어 맞도록 k를 구해 보자. 그래픽 계산기나 또는 CAS를 이용하여 P_0e^{kt}의 그래프가 $0 \le t \le 35$ 기간동안의 데이터와 잘 들어 맞도록 **출생률**(birth rate) k를 변화시키는 실험을 하라.

* 이 문제는 Paul Blanchard의 기고문 "Teaching Differential Equations with a Dynamic Systems Viewpoint"에 근거하고 있다. *The College Mathematics Journal* 25(1994) 385-395.

© Ryan M. Bolton/ShutterStock, Inc.
바다두꺼비(*Bufo Marinus*)

연	점유면적 (단위: km^2)
1939	32,800
1944	55,800
1949	73,600
1954	138,000
1959	202,000
1964	257,000
1969	301,000
1974	584,000

또는 계산에 의해 정확히 데이터의 두 점을 지나는 k를 구할 수도 있다. $P(5) = 55.8$을 만족하는 k를 구해 보라. $P(35) = 584$를 만족하는 또 다른 k를 구하여 보라.

(b) 실제로 수학적 모델은 실험적으로 얻은 모든 데이터 점들을 지나지는 않는다. 따라서 실험 데이터를 가장 잘 맞추기 위해서는 통계적 방법을 사용해야 한다. 우리는 특히 선형 회귀분석(linear regression)을 사용하여 주어진 데이터 점들을 나타낼 k를 구할 것이다.

- 주어진 표를 사용하여 새로운 데이터 $(t_i, \ln P(t_i))$ (여기서 $P(t_i)$는 시간 $t_1 = 0$, $t_2 = 5$, ...에 주어진 개체수)를 얻는다.
- 대부분의 그래픽 계산기는 최소제곱법(least square method)을 사용하여 주어진 점들을 직선 $\ln P(t) = mt + b$으로 나타내준다. 여기서 m은 기울기이고 b는 절편이다.(대부분의 계산기는 상관계수 값을 주는데 데이터가 얼마나 잘 직선으로 근사되는가를 나타낸다. 즉, 1 또는 -1의 상관계수는 완벽한 상관관계를 나타내며 0에 가까운 상관계수는 지수모형으로 기존 데이터를 맞출 수 없다는 것을 말한다.)
- $\ln P(t) = mt + b$로부터 $P(t) = e^{mt+b}$ 또는 $P(t) = e^b e^{mt}$를 얻으며 이를 $P_0 e^{kt}$와 비교하면 e^b는 근사적인 초기값이고 m은 주어진 데이터를 잘 대변하는 출생률이다.

(c) 지금까지 4개의 서로 다른 출생률 k를 얻었다. 여러분이 얻은 k 값들은 비슷한가? 그래야만 하는가? 4개 중에서 어느 것이 데이터가 있는 연도에서 바다두꺼비의 개체수 증가를 대변하는 최적의 모델인가? 이 출생률을 이용하여 2039년의 바다두꺼비의 영역을 예측하라. 호주의 면적은 7,619,000 km^2인데 자신의 예측을 얼마만큼 확신하는가? 추론을 설명하라.

62. 바다두꺼비의 습격—계속 문제 61의 (a)에서 1제곱 킬로미터당 평균 1마리의 바다두꺼비가 있다고 가정하였다. 이제 1제곱 킬로미터 당 평균 2마리의 바다두꺼비가 있다고 가정하자. 앞에서와 같이 한데로 정확히 2개의 데이터 점을 지나는 k 값을 구하여 보자. 특히, $P(0) = 65.6$을 가정하고 $P(5) = 111.6$인 k를 구하라. $P(35) = 1168$인 또 다른 k를 구하라. 이들 k의 값과 이전에 구한 값들은 어떻게 비교되는가? 이것은 우리에게 무엇을 말하는가? 바다두꺼비의 정확한 평균밀도 정보의 중요성에 대해 토론하여 보자.

CHAPTER 3

고계 미분방정식

Higher-Order Differential Equations

이 장에서는 2계 이상의 미분방정식을 다룬다. 처음 여섯 절에서는 선형 미분방정식에 관한 기초이론과 특별한 종류의 선형방정식의 해법에 관해 설명한다. 3.7절에서는 고계 비선형 미분방정식을 풀 때 어려운 점과 엄밀해(analytic solution)를 구하는 몇 가지 방법을 검토한다. 끝으로 고계 선형 및 비선형 수학적 모형들을 소개하고(3.8~3.9, 3.11절) 연립 선형 미분방정식의 여러 해법 중 첫 번째 방법을 다루면서(3.12절) 이 장을 마무리한다.

3.1 선형 미분방정식 이론

소개 지금부터 2계 이상의 미분방정식을 다룬다. 이 절에서는 선형 미분방정식에 관한 기초이론을 검토한다. 그리고 다음 다섯 절에서는 고계 선형 미분방정식의 해법에 대해 공부하게 된다.

3.1.1 초기값 및 경곗값 문제

초기값 문제 1.2절에서 일반적인 n계 미분방정식의 초기값 문제를 정의한 바 있다. 선형 미분방정식의 ***n*계 초기값 문제**(nth-order initial-value problem)는 다음과 같다.

$$\text{풀기:} \quad a_n(x)\frac{d^ny}{dx^n} + a_{n-1}(x)\frac{d^{n-1}y}{dx^{n-1}} + \cdots + a_1(x)\frac{dy}{dx} + a_0(x)y = g(x) \tag{1}$$

$$\text{조건:} \quad y(x_0) = y_0, \quad y'(x_0) = y_1, \ldots, \quad y^{(n-1)}(x_0) = y_{n-1}$$

이와 같은 문제를 푼다는 것은, 미분방정식과 x_0에서 지정된 n개의 초기조건 $y(x_0) = y_0$, $y'(x_0) = y_1, \ldots, y^{(n-1)}(x_0) = y_{n-1}$을 만족시키며, x_0를 포함하는 구간 I에서 정의되는 함수를 구하는 것임을 기억하라. 2계 초기값 문제에서 해곡선(solution curve)은 반드시 점 (x_0, y_0)를 지나며 그 점에서 기울기가 y_1이라는 것을 앞에서 이미 확인한 바 있다.

존재성과 유일성 1계 초기값 문제에서 해의 존재성과 유일성을 보장해 주는 조건들에 대한 정리를 1.2절에서 설명했다. 다음 정리는 식 (1)로 정의되는 문제에서 유일해가 존재하기 위한 충분조건을 제공한다.

정리 3.1.1 유일해의 존재

$a_n(x)$, $a_{n-1}(x), \ldots, a_1(x)$, $a_0(x)$와 $g(x)$가 구간 I에서 연속이고 이 구간 내의 모든 x에 대해 $a_n(x) \neq 0$이라 하자. 만약 $x = x_0$이 이 구간 내의 한 점이라면, 초기값 문제 식 (1)의 해 $y(x)$는 이 구간에서 유일하게 존재한다.

예제 1 초기값 문제의 유일해

$$3y''' + 5y'' - y' + 7y = 0, \quad y(1) = 0, \quad y'(1) = 0, \quad y''(1) = 0$$

은 자명해(trivial solution) $y = 0$을 갖는다. 이 3계 미분방정식은 상수계수를 갖고 선형이므로, 정리 3.1.1의 모든 조건이 충족된다. 따라서 $y = 0$은 $x = 1$을 포함하는 모든 구간에서 유일한 해이다. ≡

예제 2 초기값 문제의 유일해

먼저 함수 $y = 3e^{2x} + e^{-2x} - 3x$가 초기값 문제 $y'' - 4y = 12x$, $y(0) = 4$, $y'(0) = 1$의 해가 된다는 것을 확인하라. 그런데 미분방정식은 선형이고, $x = 0$을 포함하는 모든 구간 I에서 $g(x) = 12x$와 계수들은 연속이고, $a_2(x) = 1 \neq 0$이다. 정리 3.1.1에 따르면 주어진 함수는 I에서 유일해라는 결론을 얻게 된다. ≡

구간 I 안의 모든 x에 대해 $a_i(x)$, $i = 0, 1, 2, \ldots, n$이 연속이며 $a_n(x) \neq 0$이어야 한다는 정리 3.1.1의 요구조건은 둘 다 중요하다. 특히, 만일 구간 내의 어떤 x에 대해 $a_n(x) = 0$이면, 선형 초기값 문제의 해는 유일하지 않을 수 있으며 또는 심지어 존재하지 않을 수도 있다. 예를 들어 함수 $y = cx^2 + x + 3$은 매개변수 c를 어떻게 취하든 구간 $(-\infty, \infty)$에서 초기값 문제

$$x^2y'' - 2xy' + 2y = 6, \quad y(0) = 3, \quad y'(0) = 1$$

의 해가 됨을 증명할 수 있다. 다시 말하면 이 문제의 유일해는 존재하지 않는다. 정리 3.1.1의 대부분의 조건들이 만족된다하여도, $x = 0$에서 $a_2(x) = x^2$이 영이 된다는 점과 초기조건이 $x = 0$에서 부여된다는 점이 분명히 문제점을 발생시킨다.

경곗값 문제 또 다른 형태의 문제는 종속변수 y 또는 그 도함수가 서로 다른 점에서 지정되는 2계 이상의 선형 미분방정식을 푸는 것이다. 다음과 같은 문제를 **두점 경곗값 문제**(two-point boundary-value problem) 또는 그냥 **경곗값 문제**(BVP)라 한다.

$$\text{풀기:} \quad a_2(x)\frac{d^2y}{dx^2} + a_1(x)\frac{dy}{dx} + a_0(x)y = g(x)$$

$$\text{조건:} \quad y(a) = y_0, \quad y(b) = y_1$$

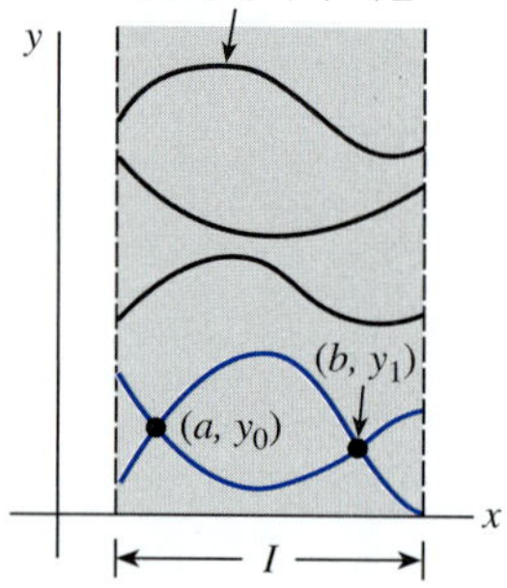

그림 3.1.1 푸른 곡선들이 경곗값 문제의 해임

지정된 값들 $y(a) = y_0$과 $y(b) = y_1$을 경계조건(boundary condition)이라 한다. 위와 같은 문제의 해는 a와 b를 포함하는 구간 I에서 미분방정식을 만족시키는 함수이고, 그 그래프는 두 점 (a, y_0)와 (b, y_1)을 지난다(**그림 3.1.1** 참조).

2계 미분방정식에 대해, 경계조건은 다음과 같은 쌍으로 주어질 수도 있다.

$$\begin{aligned} y'(a) &= y_0, \quad y(b) = y_1 \\ y(a) &= y_0, \quad y'(b) = y_1 \\ y'(a) &= y_0, \quad y'(b) = y_1 \end{aligned}$$

여기서 y_0와 y_1은 임의의 상수이다. 이 세 쌍의 조건들은 바로 다음과 같은 일반 경계조건의 특별한 경우에 해당된다.

$$\begin{aligned} A_1y(a) + B_1y'(a) &= C_1 \\ A_2y(b) + B_2y'(b) &= C_2 \end{aligned}$$

다음 예제는 정리 3.1.1의 조건들이 충족되더라도 경곗값 문제의 해가 (그림 3.1.1에 표시된 것처럼) 여럿이거나 아니면 유일하거나 아니면 아예 존재하지 않을 수 있다는 것을 보여준다.

예제 3 **경곗값 문제는 여러 해 또는 유일해를 가질 수 있고 해가 없을 수도 있다**

1.1절의 예제 9에서 미분방정식 $x'' + 16x = 0$의 2-매개변수 해의 군은 다음과 같았다.

$$x = c_1 \cos 4t + c_2 \sin 4t \qquad (2)$$

(a) 경계조건 $x(0) = 0$, $x(\pi/2) = 0$을 만족시키는 방정식의 해를 구해 보자. 첫 번째 조건

$0 = c_1 \cos 0 + c_2 \sin 0$은 $c_1 = 0$을 의미하므로 $x = c_2 \sin 4t$가 된다. 그러나 $t = \pi/2$일 때, $\sin 2\pi = 0$이므로 모든 c_2값에 대해 $0 = c_2 \sin 2\pi$가 충족된다. 따라서 경곗값 문제

$$x'' + 16x = 0, \quad x(0) = 0, \quad x(\pi/2) = 0 \tag{3}$$

는 무한히 많은 해를 갖게 된다. **그림 3.1.2**는 두 점 (0, 0)과 ($\pi/2$, 0)을 지나는 1-매개변수 모임 $x = c_2 \sin 4t$의 그래프들 중 몇 개를 그린 것이다.

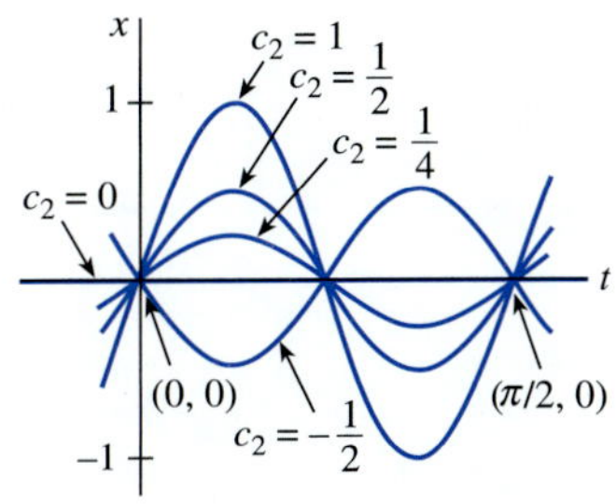

그림 3.1.2 예제 3의 경곗값 문제 식 (3)은 여러 해를 가질 수 있음

(b) 경곗값 문제 식 (3)을 다음과 같이 바꾸면

$$x'' + 16x = 0, \quad x(0) = 0, \quad x(\pi/8) = 0 \tag{4}$$

$x(0) = 0$은 여전히 해 식 (2)에서 $c_1 = 0$이 되도록 한다. 그러나 $x(\pi/8) = 0$을 $x = c_2 \sin 4t$에 적용시키면 $0 = c_2 \sin(\pi/2) = c_2 \cdot 1$이 된다. 따라서 $x = 0$은 이 새로운 경곗값 문제의 해가 된다. 실제로 $x = 0$은 식 (4)의 **유일해**라는 것을 증명할 수 있다.

(c) 마지막으로 다음과 같이 문제를 바꾸면

$$x'' + 16x = 0, \quad x(0) = 0, \quad x(\pi/2) = 1 \tag{5}$$

다시 $x(0) = 0$으로부터 $c_1 = 0$이 된다. 그러나 $x(\pi/2) = 1$을 $x = c_2 \sin 4t$에 적용시키면 $1 = c_2 \sin 2\pi = c_2 \cdot 0 = 0$과 같이 모순된 결과를 얻게 된다. 따라서 경곗값 문제 식 (5)는 해를 갖지 않는다. ≡

3.1.2 제차방정식

다음과 같은 형태의 선형 n계 미분방정식을 **제차**(homogeneous)라 한다.

$$a_n(x)\frac{d^n y}{dx^n} + a_{n-1}(x)\frac{d^{n-1} y}{dx^{n-1}} + \cdots + a_1(x)\frac{dy}{dx} + a_0(x)y = 0 \tag{6}$$

◀ $y = 0$은 항상 제차 선형방정식의 해가 됨에 주목하라.

반면에 다음 식과 같이 $g(x)$가 영이 아닌 미분방정식을 **비제차**(nonhomogeneous)라 한다.

$$a_n(x)\frac{d^n y}{dx^n} + a_{n-1}(x)\frac{d^{n-1} y}{dx^{n-1}} + \cdots + a_1(x)\frac{dy}{dx} + a_0(x)y = g(x) \tag{7}$$

예를 들면 $2y'' + 3y' - 5y = 0$는 제차 선형 2계 미분방정식인 반면에 $x^2y''' + 6y' + 10y = e^x$는 비제차 선형 3계 미분방정식이다. 여기서 **제차**라는 의미는 2.5절에서와 같이 제차함수인 계수를 지칭하지 않는다. 오히려 2.3절에서 사용했던 제차와 완전히 똑같은 의미를 갖는다.

앞으로 비제차 선형방정식 (7)을 풀기 위해서는 먼저 **연계**(associated) **제차방정식** (6)을 풀 수 있어야 한다는 것을 알게 될 것이다.

이 책의 나머지 부분에서 반복할 필요가 없도록, 선형방정식 (6)과 식 (7)에 관한 정의와 정리를 기술할 때마다 다음과 같은 중요한 가정을 할 것이다. 어떤 공통구간 I에서

- 계수들 $a_i(x)$, $i = 0, 1, 2, \ldots, n$은 연속이다.
- 우변항 $g(x)$는 연속이다.
- 그 구간 내의 모든 x에 대해 $a_n(x) \neq 0$이다.

◀ 이 장에서 정의와 정리를 다룰 때마다 이 가정들을 꼭 기억하라.

미분연산자 미적분학에서는 종종 대문자 D, 즉 $dy/dx = Dy$로 미분을 표시한다. 기호 D는 미분 가능한 함수를 또 다른 함수로 변환시키기 때문에 **미분연산자**(differential operator)라 한다. 예를 들면 $D(\cos 4x) = -4 \sin 4x$이고 $D(5x^3 - 6x^2) = 15x^2 - 12x$이다. 고계 미분은 다음과 같이 자연스럽게 D를 써서 표시할 수 있다.

$$\frac{d}{dx}\left(\frac{dy}{dx}\right) = \frac{d^2y}{dx^2} = D(Dy) = D^2y \quad \text{일반적으로} \quad \frac{d^ny}{dx^n} = D^ny$$

여기서 y는 충분히 미분 가능한 함수이다. D를 포함하는 다항식 표현들 $D + 3$, $D^2 + 3D - 4$, $5x^3D^3 - 6x^2D^2 + 4xD + 9$도 미분연산자이다. 일반적으로 ***n*계 미분연산자**(nth-order differential operator)는 다음과 같이 정의된다.

$$L = a_n(x)D^n + a_{n-1}(x)D^{n-1} + \cdots + a_1(x)D + a_0(x) \tag{8}$$

미분의 두 기본성질인 $D(cf(x)) = cDf(x)$(c는 상수) 및 $D\{f(x) + g(x)\} = Df(x) + Dg(x)$로 인하여 미분연산자 L은 **선형성**을 갖는다. 즉 두 미분 가능 함수의 일차결합에 대한 L 연산은 각 함수에 대한 L 연산의 일차결합과 같다. 선형성을 기호로 표시하면 다음과 같다.

$$L\{\alpha f(x) + \beta g(x)\} = \alpha L(f(x)) + \beta L(g(x)) \tag{9}$$

여기서 α와 β는 상수이다. 식 (9) 때문에 n계 미분연산자 L을 **선형연산자**(linear operator)라 부른다.

미분방정식 어떤 선형 미분방정식이든지 D 표시법을 사용해서 나타낼 수 있다. 예를 들면 미분방정식 $y'' + 5y' + 6y = 5x - 3$은 $D^2y + 5Dy + 6y = 5x - 3$ 또는 $(D^2 + 5D + 6)y = 5x - 3$으로 쓸 수 있다. 식 (8)을 사용해서 n계 선형 미분방정식 (6)과 식 (7)을 간결하게 표시하면 각각 다음과 같다.

$$L(y) = 0 \quad \text{그리고} \quad L(y) = g(x)$$

중첩의 원리 다음 정리는 제차 선형 미분방정식의 두 개 이상의 해의 합 또는 중첩(superposition)도 역시 해가 됨을 보여 준다.

정리 3.1.2 중첩의 원리—제차방정식

$y_1, y_2, \ldots, y_k$가 구간 I에서 제차 n계 미분방정식 (6)의 해라면 다음과 같은 일차결합도 역시 그 구간에서 해가 된다. 여기서 c_i, $i = 1, 2, \ldots, k$는 임의의 상수이다.

$$y = c_1y_1(x) + c_2y_2(x) + \cdots + c_ky_k(x)$$

증명 $k = 2$인 경우를 증명한다. 식 (8)로 정의되는 미분연산자를 L이라 하고 $y_1(x)$와 $y_2(x)$를 제차방정식 $L(y) = 0$의 해라 하자. 만약 $y = c_1y_1(x) + c_2y_2(x)$이면, L이 선형이므로 다음과 같이 된다.

$$L(y) = L\{c_1y_1(x) + c_2y_2(x)\} = c_1L(y_1) + c_2L(y_2) = c_1 \cdot 0 + c_2 \cdot 0 = 0 \qquad \equiv$$

정리 3.1.2의 따름정리

(a) 제차 선형 미분방정식 해 $y_1(x)$의 상수배 $y = c_1y_1(x)$도 역시 해이다.

(b) 제차 선형 미분방정식은 항상 자명해 $y = 0$을 갖는다.

예제 4 **중첩 — 제차 미분방정식**

함수 $y_1 = x^2$과 $y_2 = x^2 \ln x$는 모두 구간 $(0, \infty)$에서 제차 선형방정식 $x^3y''' - 2xy' + 4y = 0$의 해이다. 중첩의 원리에 따라 일차결합

$$y = c_1x^2 + c_2x^2 \ln x$$

역시 그 구간에서 방정식의 해이다. ≡

함수 $y = e^{7x}$는 $y'' - 9y' + 14y = 0$의 해이다. 미분방정식이 선형이고 제차이므로 그 상수배 $y = ce^{7x}$도 역시 해가 된다. 여러 c 값에 대한 $y = 9e^{7x}$, $y = 0$, $y = -\sqrt{5}e^{7x}$, . . .도 모두 해가 된다.

일차종속과 일차독립 다음 두 개념은 선형 미분방정식을 공부하는 데 기초가 된다.

정의 3.1.1 일차종속과 일차독립

만일 어떤 구간 I에서 모든 x에 대해

$$c_1f_1(x) + c_2f_2(x) + \cdots + c_nf_n(x) = 0$$

을 만족시키면서 그중 어느 하나라도 영이 아닌 상수 $c_1, c_2, \ldots, c_n$이 존재한다면, 함수 $f_1(x), f_2(x), \ldots, f_n(x)$의 집합을 그 구간에서 **일차종속**(linearly dependent)이라 한다. 만약 함수의 집합이 그 구간에서 일차종속이 아니면 **일차독립**(linearly independent)이라 한다.

다시 말해서, 만일 어떤 구간 내의 모든 x에 대해 다음 식

$$c_1f_1(x) + c_2f_2(x) + \cdots + c_nf_n(x) = 0$$

을 만족시키는 상수가 오직 $c_1 = c_2 = \ldots = c_n = 0$이라면, 그 함수들의 집합은 그 구간에서 일차독립이다.

두 함수 $f_1(x)$와 $f_2(x)$로 이루어진 경우를 고려하면 이 정의들을 쉽게 이해할 수 있다. 만일 이 함수들이 어떤 구간에서 일차종속이면, 그 구간의 모든 x에 대해 $c_1f_1(x) + c_2f_2(x) = 0$을 만족시키고 적어도 하나는 영이 아닌 상수 c_1과 c_2가 존재한다. 따라서 만일 $c_1 \neq 0$라고 가정하면, $f_1(x) = (-c_2/c_1)f_2(x)$가 된다. 즉

두 함수가 일차종속이면 한 함수는 다른 함수의 상수배가 될 뿐이다.

역으로 어떤 상수 c_2에 대해 $f_1(x) = c_2f_2(x)$이면, 어떤 구간의 모든 x에 대해 $(-1) \cdot f_1(x)$

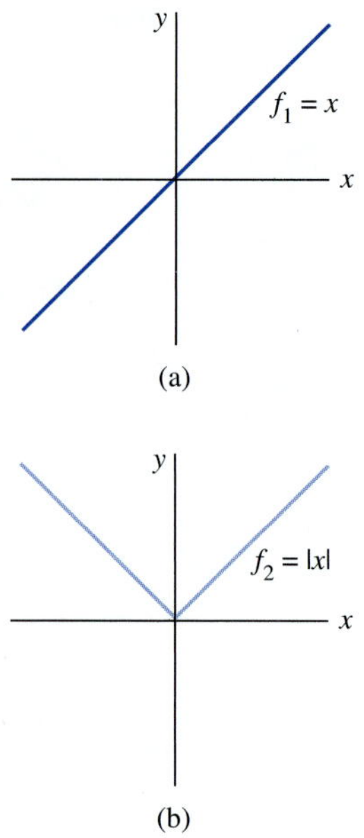

그림 3.1.3 f_1과 f_2의 집합은 구간 $(-\infty, \infty)$에서 일차독립임

$+ c_2 f_2(x) = 0$이 된다. 따라서 적어도 하나의 상수(여기서는 $c_1 = -1$)가 영이 아니므로 두 함수는 일차종속이다. 결론적으로 어떤 구간에서

어느 함수도 다른 함수의 상수배가 아니면 두 함수는 일차독립이다.

예를 들면 $f_1(x) = \sin 2x$와 $f_2(x) = \sin x \cos x$는 $f_1(x)$가 $f_2(x)$의 상수배이므로 구간 $(-\infty, \infty)$에서 일차종속이다. 사인 배각공식 $\sin 2x = 2 \sin x \cos x$을 상기하라. 반면에 $f_1(x) = x$와 $f_2(x) = |x|$는 구간 $(-\infty, \infty)$에서 일차독립이다. **그림 3.1.3**을 잘 살펴보면 어느 함수도 그 구간에서 다른 함수의 상수배가 되지 않음을 알 수 있다.

앞의 논의에 따르면 $f_1(x)$와 $f_2(x)$가 일차독립인 구간에서는 비 $f_2(x)/f_1(x)$는 상수가 아니다. 사소해 보이는 이 결과를 다음 절에서 사용할 것이다.

예제 5 일차종속 함수

함수 $f_1(x) = \cos^2 x$, $f_2(x) = \sin^2 x$, $f_3(x) = \sec^2 x$, $f_4(x) = \tan^2 x$는 구간 $(-\pi/2, \pi/2)$에서 일차종속이다. 그 이유는 $c_1 = c_2 = 1$, $c_3 = -1$, $c_4 = 1$일 때

$$c_1 \cos^2 x + c_2 \sin^2 x + c_3 \sec^2 x + c_4 \tan^2 x = 0$$

이기 때문이다. 여기서 $\cos^2 x + \sin^2 x = 1$과 $1 + \tan^2 x = \sec^2 x$를 사용했다. ≡

만약 어떤 구간에서 적어도 하나의 함수가 나머지 함수들의 일차결합으로 표시될 수 있다면, 함수 $f_1(x), f_2(x), \ldots, f_n(x)$의 집합은 그 구간에서 일차종속이다. 예를 들어, 세 함수 $f_1(x), f_2(x), f_3(x)$ 중 적어도 하나의 함수가 나머지 두 함수의 일차결합이면, 즉 구간 I에서 모든 x에 대해

$$f_3(x) = c_1 f_1(x) + c_2 f_2(x)$$

이면, 그 세 함수는 일차종속이다. 구간 I에서 n개의 함수 집합이 일차독립일 조건은 그 중 어느 하나의 함수도 나머지 함수들의 일차결합이 되지 말아야 한다.

예제 6 일차종속 함수

함수 $f_1(x) = \sqrt{x} + 5$, $f_2(x) = \sqrt{x} + 5x$, $f_3(x) = x - 1$, $f_4(x) = x^2$는 구간 $(0, \infty)$에서 일차종속이다. 그 이유는 f_2가 f_1, f_3, f_4의 일차결합으로 표시될 수 있기 때문이다. 구간 $(0, \infty)$에서 모든 x에 대해 다음과 같이 됨을 확인하라.

$$f_2(x) = 1 \cdot f_1(x) + 5 \cdot f_3(x) + 0 \cdot f_4(x)$$ ≡

미분방정식의 해 우리는 주로 일차독립 함수에 관심을 갖는다. 더 정확히 말하면 선형 미분방정식의 일차독립 해에 관심을 갖는다. 비록 어느 때나 정의 3.1.1을 직접 사용할 수 있지만, 제차 선형 n계 미분방정식 (6)의 n개의 해 $y_1, y_2, \ldots, y_n$이 일차독립인지 아닌지는 행렬식을 사용해서 어느 정도 기계적으로 판명할 수 있다는 것을 알게 된다.

정의 3.1.2 Wronskian

각 함수 $f_1(x), f_2(x), \ldots, f_n(x)$가 적어도 $n-1$개의 도함수를 가진다고 가정하자. 다음과 같은 행렬식을 함수들의 **Wronskian**이라 부른다. 여기서 프라임 기호는 미분을 표시한다.

$$W(f_1, f_2, \ldots, f_n) = \begin{vmatrix} f_1 & f_2 & \cdots & f_n \\ f_1' & f_2' & \cdots & f_n' \\ \vdots & \vdots & & \vdots \\ f_1^{(n-1)} & f_2^{(n-1)} & \cdots & f_n^{(n-1)} \end{vmatrix}$$

폴란드의 철학자이자 수학자인 **Jósef Maria Hoëné-Wronski** (1778~1853)의 이름을 따서 론스키안(Wronskian) 행렬식이라 부른다.

정리 3.1.3 일차독립 해의 판별기준

구간 I에서 제차 선형 n계 미분방정식 (6)의 n개의 해를 $y_1, y_2, \ldots, y_n$이라 하자. 그러면 이 해의 집합이 I에서 **일차독립**이 될 필요충분조건은 그 구간의 모든 x에 대해 $W(y_1, y_2, \ldots, y_n) \neq 0$이다.

정리 3.1.3에 따르면, $y_1, y_2, \ldots, y_n$이 구간 I에서 방정식 (6)의 n개 해라면, Wronskian $W(y_1, y_2, \ldots, y_n)$은 항상 영이든지 아니면 그 구간에서 절대로 영이 되지 않든지 둘 중의 하나이다. 따라서, 만일 구간 I에서 어떤 임의의 x_0에 대해 $W(y_1, y_2, \ldots, y_n) \neq 0$임을 보일 수 있다면, 그 해 $y_1, y_2, \ldots, y_n$은 I에서 일차독립이다. 예를 들어, 함수

$$y_1(x) = \frac{\cos(2\ln x)}{x^3}, \qquad y_2(x) = \frac{\sin(2\ln x)}{x^3}$$

는 구간 $(0, \infty)$에서 미분방정식

$$x^2y'' + 7xy' + 13y = 0$$

의 해이다. 계수 함수 $a_2(x) = x^2$, $a_1(x) = 7x$, $a_0(x) = 13$은 구간 $(0, \infty)$에서 연속이고 구간 내의 모든 값에 대해 $a_2(x) \neq 0$이다. Wronskian은 다음과 같다.

$$W(y_1(x), y_2(x)) = \begin{vmatrix} \dfrac{\cos(2\ln x)}{x^3} & \dfrac{\sin(2\ln x)}{x^3} \\ \dfrac{-2x^2\sin(2\ln x) - 3x^2\cos(2\ln x)}{x^6} & \dfrac{2x^2\cos(2\ln x) - 3x^2\sin(2\ln x)}{x^6} \end{vmatrix}$$

이 복잡한 행렬식을 전개할 필요 없이 구간 $(0, \infty)$에서 $x = 1$을 대입하면 다음 결과를 얻는다.

$$W(y_1(1), y_2(1)) = \begin{vmatrix} 1 & 0 \\ -3 & 2 \end{vmatrix} = 2$$

$W(y_1(1), y_2(1)) = 2 \neq 0$이라는 사실만으로도 $y_1(x)$와 $y_2(x)$가 구간 $(0, \infty)$에서 일차독립임이 충분히 입증된다.

제차 선형 n계 미분방정식의 n개의 일차독립 해의 집합은 다음과 같은 특별한 명칭을 가지게 된다.

정의 3.1.3 해의 기본집합

어떤 구간 I에서 제차 선형 n계 미분방정식 (6)의 임의의 n개 일차독립 해 $y_1, y_2, \ldots, y_n$ 집합을 그 구간의 **해의 기본집합**(fundamental set of solutions)이라 부른다.

선형방정식에 대해 해의 기본집합이 과연 존재하느냐는 기본적인 질문은 다음 정리로 답한다.

정리 3.1.4 기본집합의 존재

어떤 구간 I에서 제차 선형 n계 미분방정식 (6)의 해 기본집합은 항상 존재한다.

임의의 3차원 벡터를 **일차독립**인 벡터 **i**, **j**, **k**의 일차결합으로 나타낼 수 있다는 사실과 유사하게, 어떤 구간 I에서 n계 제차 선형 미분방정식의 임의의 해를 I에서 n개의 일차독립 해의 일차결합으로 표현할 수 있다. 다시 말하면, n개의 일차독립 해 $y_1, y_2, \ldots, y_n$은 그 방정식의 일반해를 구성하는 기본 구성요소이다.

정리 3.1.5 일반해—제차방정식

구간 I에서 제차 선형 n계 미분방정식 (6)의 해의 기본집합을 $y_1, y_2, \ldots, y_n$이라 하자. 그러면 그 구간에서 그 방정식의 **일반해**(general solution)는 다음과 같다. 여기서 c_i, $i = 1, 2, \ldots, n$은 임의의 상수이다.

$$y = c_1y_1(x) + c_2y_2(x) + \cdots + c_ny_n(x)$$

정리 3.1.5가 말해 주는 것은, 만약 $Y(x)$가 그 구간에서 방정식 (6)의 해이기만 하면, 다음 식을 만족시키는 상수 $C_1, C_2, \ldots, C_n$을 항상 구할 수 있다는 것이다.

$$Y(x) = C_1y_1(x) + C_2y_2(x) + \cdots + C_ny_n(x)$$

$n = 2$인 경우에 대한 증명은 다음과 같다.

증명 구간 I에서 $a_2y'' + a_1y' + a_0y = 0$의 어느 한 해를 Y라 하고 일차독립인 해를 y_1과 y_2라 하자. $W(y_1(t), y_2(t)) \neq 0$이 되는 I 상의 한 점을 $x = t$라 하자. 또 $Y(t) = k_1$, $Y'(t) = k_2$라 하자. 다음 식을 검토해 보면

$$\begin{aligned} C_1y_1(t) + C_2y_2(t) &= k_1 \\ C_1y_1'(t) + C_2y_2'(t) &= k_2 \end{aligned}$$

계수의 행렬식이 다음 식을 만족시킬 때, C_1과 C_2를 유일하게 결정할 수 있다는 것을 알 수 있다.

$$\begin{vmatrix} y_1(t) & y_2(t) \\ y_1'(t) & y_2'(t) \end{vmatrix} \neq 0$$

그러나 이 행렬식은 단지 $x = t$에서 계산한 Wronskian이고 가정에 따라 $W \neq 0$이다. 만일 $G(x) = C_1y_1(x) + C_2y_2(x)$로 정의한다면, $G(x)$는 알려진 두 해의 중첩이므로 미분방정식을 만족시킨다는 사실을 알 수 있다. 또 $G(x)$는 다음과 같이 초기조건을 만족시킨다.

$$G(t) = C_1y_1(t) + C_2y_2(t) = k_1 \quad \text{그리고} \quad G'(t) = C_1y_1'(t) + C_2y_2'(t) = k_2$$

$Y(x)$는 동일한 방정식을 만족시키고 동일한 초기조건을 만족시킨다. 그런데 이 선형 초기값 문제의 해는 유일하므로(정리 3.1.1), $Y(x) = G(x)$ 또는 $Y(x) = C_1y_1(x) + C_2y_2(x)$가 된다. ≡

예제 7 제차 미분방정식의 일반해

함수 $y_1 = e^{3x}$와 $y_2 = e^{-3x}$는 모두 구간 $(-\infty, \infty)$에서 제차 선형 미분방정식 $y'' - 9y = 0$의 해이다. 잘 검토해 보면, 이 해들은 x축 상에서 일차독립임을 알 수 있다. 이 사실은 모든 x에 대해 Wronskian이 다음과 같이 된다는 것으로부터도 확인할 수 있다.

$$W(e^{3x}, e^{-3x}) = \begin{vmatrix} e^{3x} & e^{-3x} \\ 3e^{3x} & -3e^{-3x} \end{vmatrix} = -6 \neq 0$$

결국 y_1과 y_2는 해의 기본집합을 구성하게 되고, 그 결과로 $y = c_1e^{3x} + c_2e^{-3x}$는 그 구간에서 방정식의 일반해가 된다. ≡

예제 8 일반해로부터 구한 해

함수 $y = 4 \sinh 3x - 5e^{-3x}$는 예제 7의 미분방정식의 해이다(이를 증명해 보라). 정리 3.1.5에 따르면, 이 해를 일반해 $y = c_1e^{3x} + c_2e^{-3x}$로부터 구할 수 있어야 한다. 만일 $c_1 = 2$와 $c_2 = -7$을 선택하면, $y = 2e^{3x} - 7e^{-3x}$는 다음과 같이 쓸 수 있다.

$$y = 2e^{3x} - 2e^{-3x} - 5e^{-3x} = 4\left(\frac{e^{3x} - e^{-3x}}{2}\right) - 5e^{-3x}$$

이 마지막 표현식은 $y = 4 \sinh 3x - 5e^{-3x}$로 쓸 수 있다. ≡

예제 9 제차 미분방정식의 일반해

함수 $y_1 = e^x$, $y_2 = e^{2x}$, $y_3 = e^{3x}$는 3계 미분방정식 $y''' - 6y'' + 11y' - 6y = 0$을 만족시킨다. 모든 실수값 x에 대해 다음 식이 충족되므로

$$W(e^x, e^{2x}, e^{3x}) = \begin{vmatrix} e^x & e^{2x} & e^{3x} \\ e^x & 2e^{2x} & 3e^{3x} \\ e^x & 4e^{2x} & 9e^{3x} \end{vmatrix} = 2e^{6x} \neq 0$$

함수 y_1, y_2, y_3는 $(-\infty, \infty)$에서 해의 기본집합을 구성한다. 결국 $y = c_1e^x + c_2e^{2x} + c_3e^{3x}$는 그 구간에서 미분방정식의 일반해이다. ≡

3.1.3 비제차방정식

비제차방정식 (7)을 만족시키고 임의의 매개변수를 포함하지 않는 모든 함수 y_p를 그 방정식의 **특수해**(particular solution)라 한다. 예를 들면 상수함수 $y_p = 3$이 비제차방정식 $y'' + 9y = 27$의 특수해가 된다는 것을 쉽게 확인할 수 있다.

만일 $y_1, y_2, \ldots, y_k$가 구간 I에서 식 (6)의 해이고 y_p가 I에서 식 (7)의 특수해라면, 일차결합

$$y = c_1y_1(x) + c_2y_2(x) + \cdots + c_ky_k(x) + y_p(x) \tag{10}$$

도 역시 비제차방정식 (7)의 해가 된다. 잘 생각해 보면 이는 당연한 사실이다. 즉 일차결합 $c_1y_1(x) + c_2y_2(x) + \ldots + c_ky_k(x)$는 연산자 $L = a_nD^n + a_{n-1}D^{n-1} + \ldots + a_1D + a_0$에 의해 0으로 사상(mapping)되는 반면에, y_p는 $g(x)$로 사상되기 때문이다. 만일 n계 방정식 (6)의 $k = n$개의 일차독립 해를 사용하면, 표현식 (10)은 식 (7)의 일반해가 된다.

정리 3.1.6 일반해—비제차방정식

구간 I에서 비제차 선형 n계 미분방정식 (7)의 특수해를 y_p라 하고, I에서 연계 제차 미분방정식 (6)의 해의 기본집합을 $y_1, y_2, \ldots, y_n$이라 하자. 그러면 그 구간에서 비제차 미분방정식의 **일반해**(general solution)는 다음과 같다. 여기서 c_i, $i = 1, 2, \ldots, n$은 임의의 상수이다.

$$y = c_1y_1(x) + c_2y_2(x) + \cdots + c_ny_n(x) + y_p(x)$$

증명 L을 식 (8)에서 정의된 미분연산자라 하고, $Y(x)$와 $y_p(x)$를 비제차방정식 $L(y) = g(x)$의 특수해라 하자. 만일 $u(x) = Y(x) - y_p(x)$로 정의한다면, L의 선형성에 따라 다음 식을 얻는다.

$$L(u) = L\{Y(x) - y_p(x)\} = L(Y(x)) - L(y_p(x)) = g(x) - g(x) = 0$$

이것은 $u(x)$가 제차방정식 $L(y) = 0$의 해가 된다는 것을 보여 준다. 따라서 정리 3.1.5에 의해 $u(x) = c_1y_1(x) + c_2y_2(x) + \ldots + c_ny_n(x)$가 되고 다음과 같은 결과를 얻는다.

$$Y(x) - y_p(x) = c_1y_1(x) + c_2y_2(x) + \cdots + c_ny_n(x)$$

또는

$$Y(x) = c_1y_1(x) + c_2y_2(x) + \cdots + c_ny_n(x) + y_p(x)$$ ≡

여함수 정리 3.1.6에 따르면 비제차 선형방정식의 일반해는 두 함수의 합으로 구성된다.

$$y = c_1y_1(x) + c_2y_2(x) + \cdots + c_ny_n(x) + y_p(x) = y_c(x) + y_p(x)$$

방정식 (6)의 일반해이기도 한 일차결합 $y_c(x) = c_1y_1(x) + c_2y_2(x) + \cdots + c_ny_n(x)$를 방정식 (7)의 **여함수**(complementary function)라 한다. 다시 말해, 비제차 선형 미분방정식을 풀기 위해서는 먼저 연계 제차방정식을 풀고 나서 비제차방정식의 특수해를 구한다. 그러면 비제차방정식의 일반해는 다음과 같이 된다.

$$\begin{aligned} y &= \text{여함수} + \text{특수해} \\ &= y_c + y_p. \end{aligned}$$

예제 10 비제차 미분방정식의 일반해

함수 $y_p = -\frac{11}{12} - \frac{1}{2}x$를 비제차방정식

$$y''' - 6y'' + 11y' - 6y = 3x \tag{11}$$

에 대입해 보면 이 함수가 특수해라는 것을 바로 알 수 있다. 식 (11)의 일반해를 구하려면, 연계 제차방정식

$$y''' - 6y'' + 11y' - 6y = 0$$

을 풀 수 있어야 한다. 구간 $(-\infty, \infty)$에서 이 방정식의 일반해가 $y_c = c_1e^x + c_2e^{2x} + c_3e^{3x}$라는 것을 예제 9에서 확인한 바 있다. 따라서 이 구간에서 식 (11)의 일반해는 다음과 같다.

$$y = y_c + y_p = c_1e^x + c_2e^{2x} + c_3e^{3x} - \frac{11}{12} - \frac{1}{2}x$$ ≡

■ 또 다른 중첩의 원리 이 절의 마지막 정리는 3.4절에서 비제차방정식의 특수해를 구하는 방법을 고려할 때 유용하게 사용될 것이다.

정리 3.1.7 중첩의 원리—비제차방정식

$y_{p_1}, y_{p_2}, \ldots, y_{p_k}$를 구간 I에서, 서로 다른 k개의 함수 $g_1, g_2, \ldots, g_k$에 차례로 대응되는, 비제차 선형 n계 미분방정식 (7)의 k개의 특수해라 하자. 즉 y_{p_i}는 대응되는 미분방정식

$$a_n(x)y^{(n)} + a_{n-1}(x)y^{(n-1)} + \cdots + a_1(x)y' + a_0(x)y = g_i(x) \tag{12}$$

의 특수해를 나타낸다고 하자. 여기서 $i = 1, 2, \ldots, k$이다. 그러면

$$y_p(x) = y_{p_1}(x) + y_{p_2}(x) + \cdots + y_{p_k}(x) \tag{13}$$

은 방정식

$$\begin{aligned} a_n(x)y^{(n)} + a_{n-1}(x)y^{(n-1)} + \cdots + a_1(x)y' + a_0(x)y \\ = g_1(x) + g_2(x) + \cdots + g_k(x). \end{aligned} \tag{14}$$

의 특수해가 된다.

증명 $k = 2$인 경우를 증명한다. L을 식 (8)에서 정의한 미분연산자라 하고 $y_{p1}(x)$와 $y_{p2}(x)$를 각각 비제차방정식 $L(y) = g_1(x)$와 $L(y) = g_2(x)$의 특수해라 하자. $y_p = y_{p1}(x) + y_{p2}(x)$로 정의하고 y_p가 $L(y) = g_1(x) + g_2(x)$의 특수해가 된다는 것을 보이면 된다. 그 결과는 다시 연산자 L의 선형성에 따라 다음과 같이 된다.

$$L(y_p) = L\{ y_{p_1}(x) + y_{p_2}(x)\} = L(y_{p_1}(x)) + L(y_{p_2}(x)) = g_1(x) + g_2(x)$$ ≡

예제 11 중첩—비제차 미분방정식

먼저 다음 내용을 확인하도록 한다.

$y_{p_1} = -4x^2$은 $y'' - 3y' + 4y = -16x^2 + 24x - 8$의 특수해이다.

$y_{p_2} = e^{2x}$는 $y'' - 3y' + 4y = 2e^{2x}$의 특수해이다.

$y_{p_3} = xe^x$는 $y'' - 3y' + 4y = 2xe^x - e^x$의 특수해이다.

정리 3.1.7에 따라 y_{p_1}, y_{p_2}, y_{p_3}의 중첩인

$$y = y_{p_1} + y_{p_2} + y_{p_3} = -4x^2 + e^{2x} + xe^x$$

은 다음 방정식의 해이다.

$$y'' - 3y' + 4y = \underbrace{-16x^2 + 24x - 8}_{g_1(x)} + \underbrace{2e^{2x}}_{g_2(x)} + \underbrace{2xe^x - e^x}_{g_3(x)}$$ ≡

이 문장은 정리 3.1.7을 일반화한 것이다. ▶

만일 y_{p_i}가 $i = 1, 2, \ldots, k$에 대한 식 (12)의 특수해이고, 방정식 (14)의 우변이 다음과 같은 일차결합으로 주어지면(여기서 c_i는 상수)

$$c_1g_1(x) + c_2g_2(x) + \cdots + c_kg_k(x)$$

일차결합

$$y_p = c_1y_{p_1} + c_2y_{p_2} + \cdots + c_ky_{p_k}$$

도 역시 방정식 (14)의 특수해가 된다.

제차 및 비제차 선형 미분방정식을 실제로 풀기 전에 먼저 다음 절에서 설명할 추가이론을 공부할 필요가 있다.

참고

여기서는 1.3절의 끝 부분에서 간단히 언급했던 동역학계(dynamical system)에 관한 간단한 논의를 계속한다.

그 법칙이나 수학적 모형이 선형 n계 미분방정식

$$a_n(t)y^{(n)} + a_{n-1}(t)y^{(n-1)} + \cdots + a_1(t)y' + a_0(t)y = g(t)$$

인 동역학계를 **선형계**(linear system)라 한다. 집합을 구성하는 n개의 시간종속 함수 $y(t)$, $y'(t)$, . . . , $y^{(n-1)}(t)$는 그 계의 **상**

태변수(state variable)이다. 어떤 시간 t에서의 값들은 **계의 상태**(state of the system)를 나타낸다는 것을 상기하라. 함수 g는 **입력함수**(input function), **강제함수**(forcing function), 또는 **가진함수**(excitation function)로 다양하게 부른다. 미분방정식의 해 $y(t)$는 **출력**(output) 또는 **계의 응답**(response of the system)이라 한다. 정리 3.1.1에서 기술한 조건하에서, 출력 또는 응답 $y(t)$는 입력과 시간 t_0에서 지정된 계의 상태, 즉 초기조건 $y(t_0)$, $y'(t_0)$, . . . , $y^{(n-1)}(t_0)$에 따라 유일하게 결정된다.

동역학계가 선형계가 되려면, 계에서 중첩의 원리(정리 3.1.7)가 성립해야 한다. 즉 중첩된 입력에 대한 계의 응답은 출력의 중첩이다. 우리는 이미 2.7절에서 간단한 선형계(선형 1계 방정식)를 검토한 바 있다. 3.8절에서는 그 수학 모형이 2계 미분방정식으로 표시되는 선형계를 고찰할 것이다.

3.1 연습문제

부록에 선택된 홀수 문제의 답이 있다.

3.1.1 초기값 및 경곗값 문제

문제 1~4에서는 주어진 함수군은 지정된 구간에서 미분방정식의 일반해이다. 함수군 중에서 초기값 문제의 해가 되는 것을 구하라.

1. $y = c_1e^x + c_2e^{-x}$, $(-\infty, \infty)$; $y'' - y = 0$, $y(0) = 0$, $y'(0) = 1$
2. $y = c_1e^{4x} + c_2e^{-x}$, $(-\infty, \infty)$; $y'' - 3y' - 4y = 0$, $y(0) = 1$, $y'(0) = 2$
3. $y = c_1x + c_2x \ln x$, $(0, \infty)$; $x^2y'' - xy' + y = 0$, $y(1) = 3$, $y'(1) = -1$
4. $y = c_1 + c_2 \cos x + c_3 \sin x$, $(-\infty, \infty)$; $y''' + y' = 0$, $y(\pi) = 0$, $y'(\pi) = 2$, $y''(\pi) = -1$
5. 구간 $(-\infty, \infty)$에서 $xy'' - y' = 0$의 해의 2-매개변수군은 $y = c_1 + c_2x^2$이다. 이 군에서 초기조건 $y(0) = 0$과 $y'(0) = 1$을 만족시키는 상수 c_1과 c_2를 구할 수 없다는 것을 보여라. 왜 이것이 정리 3.1.1에 위배되지 않는지 설명하라.
6. 문제 5의 해의 군 중에서 초기조건 $y(0) = 0$, $y'(0) = 0$을 만족시키는 해를 두 개 구하라.
7. 구간 $(-\infty, \infty)$에서 $x'' + \omega^2x = 0$의 일반해는 $x(t) = c_1 \cos \omega t + c_2 \sin \omega t$이다. 초기조건 $x(0) = x_0$, $x'(0) = x_1$을 만족하는 해가 다음과 같다는 것을 보여라.
$$x(t) = x_0 \cos \omega t + \frac{x_1}{\omega} \sin \omega t.$$
8. 문제 7에 주어진 $x'' + \omega^2x = 0$의 일반해를 사용해서, 초기조건 $x(t_0) = x_0$, $x'(t_0) = x_1$을 만족시키는 해는 다음과 같이 문제 7에 주어진 해를 다음과 같이 t_0만큼 이동시킨 것과 같다는 것을 보여라.
$$x(t) = x_0 \cos \omega (t - t_0) + \frac{x_1}{\omega} \sin \omega (t - t_0).$$

문제 9와 10에서 주어진 초기값 문제가 유일해를 갖도록 하는 구간($x = 0$ 포함)을 구하라.

9. $(x - 2)y'' + 3y = x$, $y(0) = 0$, $y'(0) = 1$
10. $y'' + (\tan x)y = e^x$, $y(0) = 1$, $y'(0) = 0$
11. **(a)** 문제 1의 함수군을 사용하여 경계조건 $y(0) = 0$, $y(1) = 1$을 만족하는 $y'' - y = 0$의 해를 구하라.
    (b) 구간 $(-\infty, \infty)$에서 (a)의 미분방정식의 다른 형태의 일반해는 $y = c_3 \cosh x + c_4 \sinh x$이다. 이 함수군을 사용하여 (a)의 경계조건을 만족시키는 해를 구하라.
    (c) 문제 (a)과 (b)에서 구한 해는 서로 동등하다는 것을 보여라.
12. 문제 5의 함수군을 사용하여 경계조건 $y(0) = 1$, $y'(1) = 6$을 만족시키는 $xy'' - y' = 0$의 해를 구하라.

문제 13과 14에서는 주어진 2-매개변수군은 구간 $(-\infty, \infty)$에서 지정된 미분방정식의 해이다. 경계조건을 만족시키는 해를 그 군에서 구할 수 있는지 여부를 판정하라.

13. $y = c_1e^x \cos x + c_2e^x \sin x$; $y'' - 2y' + 2y = 0$
    (a) $y(0) = 1$, $y'(\pi) = 0$　　**(b)** $y(0) = 1$, $y(\pi) = -1$
    (c) $y(0) = 1$, $y(\pi/2) = 1$　　**(d)** $y(0) = 0$, $y(\pi) = 0$
14. $y = c_1x^2 + c_2x^4 + 3$; $x^2y'' - 5xy' + 8y = 24$
    (a) $y(-1) = 0$, $y(1) = 4$　　**(b)** $y(0) = 1$, $y(1) = 2$
    (c) $y(0) = 3$, $y(1) = 0$　　**(d)** $y(1) = 3$, $y(2) = 15$

3.1.2 제차방정식

문제 15~22에서는 주어진 함수의 집합이 구간 $(-\infty, \infty)$에서 일차종속인지 일차독립인지 판정하라.

15. $f_1(x) = x$,　$f_2(x) = x^2$,　$f_3(x) = 4x - 3x^2$
16. $f_1(x) = 0$,　$f_2(x) = x$,　$f_3(x) = e^x$
17. $f_1(x) = 5$,　$f_2(x) = \cos^2 x$,　$f_3(x) = \sin^2 x$
18. $f_1(x) = \cos 2x$,　$f_2(x) = 1$,　$f_3(x) = \cos^2 x$
19. $f_1(x) = x$,　$f_2(x) = x - 1$,　$f_3(x) = x + 3$

20. $f_1(x) = 2 + x$, $f_2(x) = 2 + |x|$

21. $f_1(x) = 1 + x$, $f_2(x) = x$, $f_3(x) = x^2$

22. $f_1(x) = e^x$, $f_2(x) = e^{-x}$, $f_3(x) = \sinh x$

문제 23~30에서는 주어진 함수들이 지정된 구간에서 미분방정식의 해의 기본집합을 구성한다는 것을 증명하고 일반해를 구하라.

23. $y'' - y' - 12y = 0;\ e^{-3x}, e^{4x}, (-\infty, \infty)$

24. $y'' - 4y = 0;\ \cosh 2x, \sinh 2x, (-\infty, \infty)$

25. $y'' - 2y' + 5y = 0;\ e^x \cos 2x, e^x \sin 2x, (-\infty, \infty)$

26. $4y'' - 4y' + y = 0;\ e^{x/2}, xe^{x/2}, (-\infty, \infty)$

27. $x^2y'' - 6xy' + 12y = 0;\ x^3, x^4, (0, \infty)$

28. $x^2y'' + xy' + y = 0;\ \cos(\ln x), \sin(\ln x), (0, \infty)$

29. $x^3y''' + 6x^2y'' + 4xy' - 4y = 0;\ x, x^{-2}, x^{-2} \ln x, (0, \infty)$

30. $y^{(4)} + y'' = 0;\ 1, x, \cos x, \sin x, (-\infty, \infty)$

3.1.3 비제차방정식

문제 31~34에서는 주어진 2-매개변수 함수군이 지정된 구간에서 비제차 미분방정식의 일반해라는 것을 증명하라.

31. $y'' - 7y' + 10y = 24e^x$;
$y = c_1e^{2x} + c_2e^{5x} + 6e^x, (-\infty, \infty)$

32. $y'' + y = \sec x$;
$y = c_1 \cos x + c_2 \sin x + x \sin x + (\cos x) \ln(\cos x), (-\pi/2, \pi/2)$

33. $y'' - 4y' + 4y = 2e^{2x} + 4x - 12$;
$y = c_1e^{2x} + c_2xe^{2x} + x^2e^{2x} + x - 2, (-\infty, \infty)$

34. $2x^2y'' + 5xy' + y = x^2 - x$;
$y = c_1x^{-1/2} + c_2x^{-1} + \frac{1}{15}x^2 - \frac{1}{6}x, (0, \infty)$

35. **(a)** $y_{p_1} = 3e^{2x}$와 $y_{p_2} = x^2 + 3x$가 각각 $y'' - 6y' + 5y = -9e^{-x}$와 $y'' - 6y' + 5y = 5x^2 + 3x - 16$의 특수해라는 것을 증명하라.

(b) $y'' - 6y' + 5y = 5x^2 + 3x - 16 - 9e^{2x}$와 $y'' - 6y' + 5y = -10x^2 - 6x + 32 + e^{2x}$의 특수해를 (a)의 결과를 이용해서 구하라.

36. **(a)** $y'' + 2y = 10$의 특수해를 점검해서 구하라.

(b) $y'' + 2y = -4x$의 특수해를 점검해서 구하라.

(c) $y'' + 2y = -4x + 10$의 특수해를 구하라.

(d) $y'' + 2y = 8x + 5$의 특수해를 구하라.

토의문제

37. $n = 1, 2, 3, \ldots$ 이라 하자. 주어진 미분방정식의 일반해를 구하는 데 $D^nx^{n-1} = 0$과 $D^nx^n = n!$이라는 사실을 어떻게 사용할 수 있는지 논의하라.

(a) $y'' = 0$ **(b)** $y''' = 0$
(c) $y^{(4)} = 0$ **(d)** $y'' = 2$
(e) $y''' = 6$ **(f)** $y^{(4)} = 24$

38. $y_1 = e^x$와 $y_2 = e^{-x}$를 제차 선형 미분방정식의 두 해라 하자. 왜 $y_3 = \cosh x$와 $y_4 = \sinh x$도 그 방정식의 해가 되는지 설명하라.

39. **(a)** $y_1 = x^3$과 $y_2 = |x|^3$이 구간 $(-\infty, \infty)$에서 미분방정식 $x^2y'' - 4xy' + 6y = 0$의 일차독립 해가 된다는 것을 증명하라.

(b) 모든 실수 x에 대해 $W(y_1, y_2) = 0$이 됨을 보여라. 이 결과는 정리 3.1.3에 위배되는가? 그 이유를 설명하라.

(c) $Y_1 = x^3$과 $Y_2 = x^2$도 구간 $(-\infty, \infty)$에서 (a)의 미분방정식의 일차독립 해가 된다는 것을 증명하라.

(d) (a)와 (c)에서 y_1, y_2, Y_1, Y_2를 제외하고 $y(0) = 0$, $y'(0) = 0$을 만족하는 미분방정식의 해를 구하라.

(e) 중첩의 원리(정리 3.1.2)에 따르면 일차결합 $y = c_1y_1 + c_2y_2$와 $Y = c_1Y_1 + c_2Y_2$모두 미분방정식의 해가 된다. 이 일차결합 중 어느 하나만 구간 $(-\infty, \infty)$에서 미분방정식의 일반해가 되는지, 또는 둘 모두 되는지, 또는 아무것도 안 되는지에 대해 논의하라.

40. 함수 $f_1(x) = e^{x+2}$, $f_2(x) = e^{x-3}$의 집합은 구간 $(-\infty, \infty)$에서 일차종속인가 일차독립인가? 그 이유를 논의하라.

41. $y = e^{mx}$를 다음 미분방정식

$$\frac{d^4y}{dx^4} - 10\frac{d^2y}{dx^2} + 9y = 0$$

에 대입하여 네 개의 일차독립 해를 구하라.
$(-\infty, \infty)$에서 이 미분방정식의 일반해를 구하라.

42. $y_1, y_2, \ldots, y_k$를 구간 $(-\infty, \infty)$에서 상수계수의 제차 선형 n계 미분방정식의 k개의 일차독립 해라 하자. 정리 3.1.2에 따르면 $y_{k+1} = 0$도 역시 그 미분방정식의 해이다. 해 $y_1, y_2, \ldots, y_k, y_{k+1}$의 집합은 구간 $(-\infty, \infty)$에서 일차종속인가 일차독립인가? 그 이유를 논의하라.

43. $y_1, y_2, \ldots, y_k$는 상수계수의 제차 선형 n계 미분방정식의 k개의 비자명해(nontrivial solutions)이고 $k = n + 1$이라 하자. 함수 $y_1, y_2, \ldots, y_k$의 집합은 구간 $(-\infty, \infty)$에서 일차종속인가 일차독립인가? 그 이유를 논의하라.

44. 만일 y_{p_1}과 y_{p_2}가 비제차 선형 미분방정식 (7)의 특수해이면, 이 특수해들의 차 $y = y_{p_1} - y_{p_2}$는 연계 제차 미분방정식 (6)의 해임을 증명하라.

3.2 계수 낮추기

소개 3.1절에서 우리는 제차 선형 2계 미분방정식

$$a_2(x)y'' + a_1(x)y' + a_0(x)y = 0 \tag{1}$$

의 일반해는 일차결합 $y = c_1y_1 + c_2y_2$임을 확인한 바 있다. 여기서 y_1과 y_2는 어떤 구간 I에서 일차독립 집합을 구성하는 해이다. 다음 절에서는 미분방정식 (1)의 계수가 상수일 때 이 해를 구하는 방법에 대한 논의를 시작할 것이다. 이 방법은 직접 대수계산에 해당되며, 몇 가지 경우로 나뉘고 미분방정식의 하나의 해 y_1 하나만 얻을 수도 있다. 만약 우리가 미분방정식의 하나의 비자명해 y_1을 알고 있으면, 심지어 계수가 변수인 경우에도, 제차방정식 (1)의 두 번째 해 y_2를 구할 수 있게 된다. 알려진 해 y_1을 대입해서 선형 2계(second-order) 미분방정식 (1)을 선형 1계(first-order) 미분방정식으로 낮출 수 있다는 것이 이 절의 기본 개념이다. 이 1계 미분방정식을 풀면 식 (1)의 두 번째 해 y_2를 바로 구할 수 있다.

계수 낮추기 방정식 (1)의 알려진 해를 $y_1(x)$라 하자. 우리는 어떤 구간 I에서 y_1과 y_2가 일차독립이 되도록 식 (1)의 두 번째 해 $y_2(x)$를 구하고자 한다. y_1과 y_2가 일차독립이면 구간 I에서 그것들의 비 y_2/y_1는 상수가 아니라는 것을 기억하라. 즉 $y_2/y_1 = u(x)$ 또는 $y_2(x) = u(x)y_1(x)$이 된다. 이제 주어진 미분방정식에 $y_2(x) = u(x)y_1(x)$를 대입해서 $u(x)$를 구해내면 될 것이다. u를 구하기 위해 1계 방정식을 풀어야 하므로 이 방법을 **계수 낮추기**(reduction of order)이라 한다.

아래 예제는 이 방법의 기본 기법을 보여 준다.

예제 1 두 번째 해 구하기

구간 $(-\infty, \infty)$에서 $y'' - y = 0$의 한 해는 $y_1 = e^x$이다. 계수 낮추기를 사용하여 두 번째 해 y_2를 구하라.

풀이 만일 $y = u(x)y_1(x) = u(x)e^x$라면, y의 첫 두 도함수는 곱의 미분 규칙에 따라

$$y' = ue^x + e^xu', \quad y'' = ue^x + 2e^xu' + e^xu''$$

이 된다. y와 y''을 원래 미분방정식에 대입해서 간단히 정리하면 다음과 같이 된다.

$$y'' - y = e^x(u'' + 2u') = 0$$

여기서 $e^x \neq 0$이므로 마지막 식은 $u'' + 2u' = 0$이 되어야 한다. 이 u에 대한 선형 2계 방정식은 $w = u'$으로 치환하면, w에 대한 선형 1계 방정식인 $w' + 2w = 0$으로 된다. 적분인자 e^{2x}를 사용하면 $d/dx[e^{2x}w] = 0$으로 쓸 수 있다. 이 식을 적분하면 $w = c_1e^{-2x}$ 또는 $u' = c_1e^{-2x}$를 얻게 된다. 다시 한 번 적분하면 $u = -\frac{1}{2}c_1e^{-2x} + c_2$가 된다. 따라서

$$y = u(x)e^x = -\frac{c_1}{2}e^{-x} + c_2e^x \tag{2}$$

$c_2 = 0$, $c_1 = -2$를 선택하면 우리가 원하는 두 번째 해 $y_2 = e^{-x}$를 얻게 된다. 모든 x에 대해 $W(e^x, e^{-x}) \neq 0$이므로, 이 해는 $(-\infty, \infty)$에서 일차독립이다. ≡

$y_1 = e^x$와 $y_2 = e^{-x}$ 가 선형 2계 방정식의 일차독립 해라는 것이 밝혀졌으므로 표현식 (2)는 사실상 $(-\infty, \infty)$에서 $y'' - y = 0$의 일반해가 된다.

일반적인 경우 식 (1)을 $a_2(x)$로 나누면 다음과 같은 **표준형**(standard form)이 된다.

$$y'' + P(x)y' + Q(x)y = 0 \tag{3}$$

여기서 $P(x)$와 $Q(x)$는 어떤 구간 I에서 연속이다. $y_1(x)$는 구간 I에서 식 (3)의 알려진 한 해이고 그 구간의 모든 x에 대해 $y_1(x) \neq 0$이라 하자. $y = u(x)y_1(x)$로 정의하면 다음 결과를 얻는다.

$$y' = uy_1' + y_1u', \qquad y'' = uy_1'' + 2y_1'u' + y_1u''$$
$$y'' + Py' + Qy = u[\underbrace{y_1'' + Py_1' + Qy_1}_{0}] + y_1u'' + (2y_1' + Py_1)u' = 0$$

이 결과는 다음 식으로 표현된다.

$$y_1u'' + (2y_1' + Py_1)u' = 0 \quad \text{또는} \quad y_1w' + (2y_1' + Py_1)w = 0 \tag{4}$$

여기서 $w = u'$이다. 식 (4)의 마지막 식은 선형이고 분리 가능함에 주목하라. 변수를 분리하고 적분하면 다음과 같이 된다.

$$\frac{dw}{w} + 2\frac{y_1'}{y_1}dx + P\,dx = 0$$

$$\ln|wy_1^2| = -\int P\,dx + c \quad \text{또는} \quad wy_1^2 = c_1e^{-\int P dx}$$

마지막 식을 w에 대해 풀고, $w = u'$을 대입하고, 다시 적분하면 다음과 같이 된다.

$$u = c_1\int\frac{e^{-\int P dx}}{y_1^2}dx + c_2$$

$c_1 = 1$, $c_2 = 0$을 선택하면, $y = u(x)y_1(x)$로부터 방정식 (3)의 두 번째 해는 다음과 같다.

정리 3.2.1 계수 낮추기

제차 미분방정식 (3)의 구간 I에서의 한 해가 $y_1(x)$이고, 그 구간 I의 모든 x에 대해 $y_1(x) \neq 0$이면

$$y_2 = y_1(x)\int\frac{e^{-\int P(x)\,dx}}{y_1^2(x)}dx. \tag{5}$$

는 구간 I에서 식 (3)의 두 번째 해가 된다.

미분연습 삼아 식 (5)로 정의된 함수 $y_2(x)$가 식 (3)을 만족시킨다는 것을 확인하라. 게다가 만일 $y_2(x)$가 해이면, $y_1(x)$가 영이 아닌 임의의 구간 I에서 $y_1(x)$와 $y_2(x)$는 일차독립이 된다. 일차독립의 증명은 정리 3.1.3을 이용하면 된다. 이 함수들의 Wronskian은 다음과 같다.

$$W(y_1, y_2) = \begin{vmatrix} y_1(x) & y_2(x) \\ y_1'(x) & y_2'(x) \end{vmatrix} = \begin{vmatrix} y_1(x) & y_1(x)\displaystyle\int \frac{e^{-\int P(x)\,dx}}{y_1^2(x)}\,dx \\ y_1'(x) & \dfrac{e^{-\int P(x)\,dx}}{y_1(x)} + y_1'(x)\displaystyle\int \frac{e^{-\int P(x)\,dx}}{y_1^2(x)}\,dx \end{vmatrix} = e^{-\int P(x)\,dx} \neq 0$$

구간 I에서 (3)의 일반해는 일차결합 $y(x) = c_1y_1(x) + c_2y_2(x)$이다.

예제 2 공식 (5)로 구한 두 번째 해

함수 $y_1 = x^2$은 $x^2y'' - 3xy' + 4y = 0$의 한 해이다. 구간 $(0, \infty)$에서 일반해를 구하라.

풀이 방정식의 표준형은 다음과 같다.

$$y'' - \frac{3}{x}y' + \frac{4}{x^2}y = 0$$

식 (5)를 사용하면 다음을 얻는다.

$$y_2 = x^2\int \frac{e^{3\int dx/x}}{x^4}\,dx \quad \leftarrow e^{3\int dx/x} = e^{\ln x^3} = x^3$$

$$= x^2\int \frac{dx}{x} = x^2 \ln x$$

구간 $(0, \infty)$에서 일반해는 $y = c_1y_1 + c_2y_2$로 주어진다. 즉 $y = c_1x^2 + c_2x^2 \ln x$이다. ≡

참고

(*i*) 식 (5)는 다음 절과 5.2절에서 다시 사용될 것이므로, 이것을 유도하고 사용하는 방법을 설명했다. 원하는 결과를 구할 때, 우리는 단순히 시간을 절약하기 위해 식 (5)를 사용한다. 이 식을 암기해야 하는지 아니면 계수 낮추기의 기본 원리를 이해해야 하는지는 강의자에 따라 의견이 다를 수 있다.

(*ii*) 식 (5)의 적분이 매우 복잡할 수도 있다. 이 경우에는 피적분함수가 구간 $[x_0, x]$에서 연속이라고 가정하고 두 번째 해를 그냥 적분표시함수:

$$y_2(x) = y_1(x)\int_{x_0}^{x} \frac{e^{-\int P(t)\,dt}}{y_1^2(t)}\,dt$$

의 꼴로 표시한다. 연습문제 3.2의 문제 23, 24를 보라.

3.2 연습문제

부록에 선택된 홀수 문제의 답이 있다.

문제 1~18에서 지정된 함수 $y_1(x)$는 주어진 방정식의 한 해이다. 강의자의 방침에 따라 계수 낮추기 또는 식 (5)를 사용하여 두 번째 해 $y_2(x)$를 구하라.

1. $y'' - 4y' + 4y = 0$; $y_1 = e^{2x}$
2. $y'' + 2y' + y = 0$; $y_1 = xe^{-x}$
3. $y'' + 16y = 0$; $y_1 = \cos 4x$
4. $y'' + 9y = 0$; $y_1 = \sin 3x$
5. $y'' - y = 0$; $y_1 = \cosh x$
6. $y'' - 25y = 0$; $y_1 = e^{5x}$
7. $9y'' - 12y' + 4y = 0$; $y_1 = e^{2x/3}$
8. $6y'' + y' - y = 0$; $y_1 = e^{x/3}$
9. $x^2y'' - 7xy' + 16y = 0$; $y_1 = x^4$
10. $x^2y'' + 2xy' - 6y = 0$; $y_1 = x^2$
11. $xy'' + y' = 0$; $y_1 = \ln x$
12. $4x^2y'' + y = 0$; $y_1 = x^{1/2}\ln x$
13. $x^2y'' - xy' + 2y = 0$; $y_1 = x\sin(\ln x)$
14. $x^2y'' - 3xy' + 5y = 0$; $y_1 = x^2\cos(\ln x)$
15. $(1 - 2x - x^2)y'' + 2(1 + x)y' - 2y = 0$; $y_1 = x + 1$
16. $(1 - x^2)y'' + 2xy' = 0$; $y_1 = 1$
17. $xy'' - (2x + 1)y' + (x + 1)y = 0$; $y_1 = e^x$
18. $y'' + 2(\tan x)y' - y = 0$; $y_1 = \sin x$

문제 19~22에서 지정된 함수 $y_1(x)$는 연계 제차방정식의 한 해이다. 계수 낮추기를 사용하여 제차방정식의 두 번째 해 $y_2(x)$를 구하고 주어진 비제차방정식의 특수해를 구하라.

19. $y'' - 4y = 2$; $y_1 = e^{-2x}$
20. $y'' + y' = 1$; $y_1 = 1$
21. $y'' - 3y' + 2y = 5e^{3x}$; $y_1 = e^x$
22. $y'' - 4y' + 3y = x$; $y_1 = e^x$

문제 23, 24에서 함수 $y_1(x)$는 주어진 미분방정식의 한 해이다. 식 (5)를 사용하여 두 번째 해 $y_2(x)$를 적분표시함수로 표현하라. 이 절 마지막의 참고 (ii)를 보라.

23. $x^2y'' + (x^2 - x)y' + (1 - x)y = 0$; $y_1 = x$
24. $2xy'' - (2x + 1)y' + y = 0$; $y_1 = e^x$

토의문제

25. **(a)** a, b, c가 상수인 2계 방정식 $ay'' + by' + cy = 0$은 적어도 하나의 $y_1 = e^{m_1x}$(m_1은 상수) 형태의 해를 항상 갖는다는 것을 설득력 있게 입증하라.

(b) 앞의 미분방정식의 두 번째 해는 왜 반드시 $y_2 = e^{m_2x}$ 또는 $y_2 = xe^{m_1x}$ 형태로 되는지 설명하라. m_1과 m_2는 상수이다.

(c) 문제 1~8을 다시 검토하라. (a)와 (b)의 내용이 문제 3~5의 정답과 모순 되지 않는 이유를 설명할 수 있는가?

26. $y_1(x) = x$가 $xy'' - xy' + y = 0$의 해라는 것을 증명하라. 계수 낮추기을 사용하여 두 번째 해 $y_2(x)$를 무한급수 형태로 구하라. $y_2(x)$가 정의되는 구간을 추정하라.

컴퓨터 실습 과제

27. **(a)** $y_1(x) = e^x$가

$$xy'' - (x + 10)y' + 10y = 0$$

의 해라는 것을 증명하라.

(b) 공식 (5)를 사용하여 두 번째 해 $y_2(x)$를 구하라. 필요한 적분의 수행은 컴퓨터 연산 도구(CAS)를 사용하라.

(c) 정리 3.1.2의 따름정리 (A)를 사용하여, 두 번째 해를

$$y_2(x) = \sum_{n=0}^{10} \frac{1}{n!}x^n$$

으로 간결하게 쓸 수 있는 이유를 설명하라.

3.3 상수계수의 선형 미분방정식

소개 우리는 2장에서 선형 1계 미분방정식 $y' + ay = 0$이 구간 $(-\infty, \infty)$에서 지수함수해 $y = c_1e^{-ax}$를 갖는다는 것을 확인한 바 있다(여기서 a가 상수). 따라서 다음과 같은 제차 선형 고계 미분방정식이 지수함수해를 갖는지 여부를 알아보는 것은 자연스러운 일이다.

$$a_ny^{(n)} + a_{n-1}y^{(n-1)} + \cdots + a_1y' + a_0y = 0 \tag{1}$$

여기서 계수 a_i, $i = 0, 1, \ldots, n$은 실상수이고 $a_n \neq 0$이다. 놀랍게도 이 고계 방정식의 모든 해는 지수함수이거나 지수함수로부터 구성된다.

보조방정식 다음과 같은 특별한 경우의 2계 방정식을 고려하면서 논의를 시작한다.

$$ay'' + by' + cy = 0 \tag{2}$$

먼저 $y = e^{mx}$ 형태의 해를 시도해 보자. $y' = me^{mx}$와 $y'' = m^2e^{mx}$를 식 (2)에 대입하면 다음과 같은 결과를 얻는다.

$$am^2e^{mx} + bme^{mx} + ce^{mx} = 0 \quad \text{또는} \quad e^{mx}(am^2 + bm + c) = 0$$

x의 실수값에 대해 e^{mx}는 결코 영이 되지 않으므로, 이 지수함수가 미분방정식 (2)를 만족시킬 수 있는 유일한 방법은 m을 다음과 같은 2차방정식의 근이 되도록 취하는 것이다.

$$am^2 + bm + c = 0 \tag{3}$$

이 마지막 식을 미분방정식 (2)의 **보조방정식**(auxiliary equation)이라 한다. 식 (3)의 두 근이 $m_1 = (-b + \sqrt{b^2 - 4ac})/2a$와 $m_2 = (-b - \sqrt{b^2 - 4ac})/2a$이므로, 식 (1)의 일반해는 다음 세 경우에 해당되는 세 가지 형태를 가지게 된다.

- m_1과 m_2가 서로 다른 실수일 때($b^2 - 4ac > 0$)
- m_1과 m_2가 같은 실수일 때($b^2 - 4ac = 0$)
- m_1과 m_2가 켤레복소수일 때($b^2 - 4ac < 0$)

이 각각의 경우를 차례대로 논의한다.

경우 I: 서로 다른 실근 보조방정식 (3)이 서로 다른 실근 m_1과 m_2를 갖는다고 가정하면, 우리는 두 해 $y_1 = e^{m_1x}$와 $y_2 = e^{m_2x}$를 얻게 된다. 이 함수들은 $(-\infty, \infty)$에서 일차독립이므로 기본집합을 형성한다. 따라서 이 구간에서 식 (2)의 일반해는 다음과 같이 된다.

$$y = c_1e^{m_1x} + c_2e^{m_2x} \tag{4}$$

경우 II: 중근 $m_1 = m_2$이면 어쩔 수 없이 단 하나의 지수함수해 $y_1 = e^{m_1x}$를 갖게 된다. 이차방정식의 근의 공식으로부터 $m_1 = m_2$가 되는 유일한 경우는 $b^2 - 4ac = 0$이므로 $m_1 = -b/2a$가 되어야 한다. 3.2절의 논의로부터 이 방정식의 두 번째 해는 다음과 같이 된다.

$$y_2 = e^{m_1x}\int \frac{e^{2m_1x}}{e^{2m_1x}}\,dx = e^{m_1x}\int dx = xe^{m_1x} \tag{5}$$

식 (5)에서 $-b/a = 2m_1$이라는 사실을 사용했다. 끝으로 일반해는 다음과 같이 된다.

$$y = c_1e^{m_1x} + c_2xe^{m_1x} \tag{6}$$

경우 III: 켤레복소근 m_1과 m_2가 복소수이면, $m_1 = \alpha + i\beta$와 $m_2 = \alpha - i\beta$로 쓸 수 있다. 여기서 α와 β는 양의 실수이고 $i^2 = -1$이다. 형식상으로는 이 경우와 경우 I 사이

에 아무런 차이도 없다. 따라서 다음과 같이 된다.

$$y = C_1 e^{(\alpha + i\beta)x} + C_2 e^{(\alpha - i\beta)x}$$

그러나 실제로는 복소지수함수 대신 실함수를 사용하는 것이 편리하다. 이를 위해 **Euler 공식**

$$e^{i\theta} = \cos\theta + i\sin\theta$$

을 사용한다. 여기서 θ는 임의의 실수이다.* 이 공식을 사용하면 다음과 같이 된다.

$$e^{i\beta x} = \cos\beta x + i\sin\beta x \quad \text{그리고} \quad e^{-i\beta x} = \cos\beta x - i\sin\beta x \tag{7}$$

여기서 $\cos(-\beta x) = \cos\beta x$와 $\sin(-\beta x) = -\sin\beta x$를 사용했다. 식 (7)에서 두 식을 먼저 더하고 그 다음에 빼면 각각 다음과 같은 결과를 얻게 된다.

$$e^{i\beta x} + e^{-i\beta x} = 2\cos\beta x, \quad e^{i\beta x} - e^{-i\beta x} = 2i\sin\beta x$$

상수 C_1과 C_2를 어떻게 선택하든 $y = C_1 e^{(\alpha + i\beta)x} + C_2 e^{(\alpha - i\beta)x}$는 식 (2)의 해가 되므로, $C_1 = C_2 = 1$과 $C_1 = 1$, $C_2 = -1$을 차례로 선택하면, 두 해는 다음과 같이 된다.

$$y_1 = e^{(\alpha+i\beta)x} + e^{(\alpha-i\beta)x}, \quad y_2 = e^{(\alpha+i\beta)x} - e^{(\alpha-i\beta)x}$$

그러나

$$y_1 = e^{\alpha x}(e^{i\beta x} + e^{-i\beta x}) = 2e^{\alpha x}\cos\beta x$$

과

$$y_2 = e^{\alpha x}(e^{i\beta x} - e^{-i\beta x}) = 2ie^{\alpha x}\sin\beta x$$

이다. 따라서 정리 3.1.2의 따름정리 (A)로부터, 마지막 두 결과는 $e^{\alpha x}\cos\beta x$와 $e^{\alpha x}\sin\beta x$가 식 (2)의 실수해라는 사실을 보여 준다. 게다가 이 해들은 $(-\infty, \infty)$에서 기본집합을 형성한다. 결과적으로 일반해는 다음과 같이 된다.

$$y = c_1 e^{\alpha x}\cos\beta x + c_2 e^{\alpha x}\sin\beta x = e^{\alpha x}(c_1\cos\beta x + c_2\sin\beta x) \tag{8}$$

예제 1 2계 미분방정식

다음 미분방정식을 풀어라.

(a) $2y'' - 5y' - 3y = 0$ **(b)** $y'' - 10y' + 25y = 0$ **(c)** $y'' + 4y' + 7y = 0$

풀이 보조방정식, 근, 일반해는 다음과 같다.

---

* Euler 공식을 정식으로 유도하려면, Maclaurin 급수 $e^x = \sum_{n=0}^{\infty} x^n/n!$에 $x = i\theta$를 대입하고, $i^2 = -1$, $i^3 = -i, \ldots$를 적용한 후, 급수를 실수부와 허수부로 분리하면 된다. 이 결과로부터 $e^{i\theta}$를 $\cos\theta + i\sin\theta$로 정의할 수 있다.

(a) $2m^2 - 5m - 3 = (2m + 1)(m - 3)$, $m_1 = -\frac{1}{2}$, $m_2 = 3$

식 (4)로부터, $y = c_1e^{-x/2} + c_2e^{3x}$

(b) $m^2 - 10m + 25 = (m - 5)^2$, $m_1 = m_2 = 5$

식 (6)으로부터, $y = c_1e^{5x} + c_2xe^{5x}$

(c) $m^2 + 4m + 7 = 0$, $m_1 = -2 + \sqrt{3}i$, $m_1 = -2 - \sqrt{3}i$

$\alpha = -2$, $\beta = \sqrt{3}$을 대입한 식 (8)로부터,

$$y = e^{-2x}(c_1 \cos \sqrt{3}x + c_2 \sin \sqrt{3}x) \qquad \equiv$$

예제 2 초기값 문제

초기값 문제 $4y'' + 4y' + 17y = 0$, $y(0) = -1$, $y'(0) = 2$를 풀어라.

풀이 근의 공식을 사용해서, 보조방정식 $4m^2 + 4m + 17 = 0$의 근인 $m_1 = -\frac{1}{2} + 2i$, $m_2 = -\frac{1}{2} - 2i$를 구한다. 그러면 식 (8)로부터 $y = e^{-x/2}(c_1 \cos 2x + c_2 \sin 2x)$가 된다. 조건 $y(0) = -1$을 적용하면 $e^0(c_1 \cos 0 + c_2 \sin 0) = -1$이므로 $c_1 = -1$이다. $y = e^{-x/2}(-\cos 2x_1 + c_2 \sin 2x)$를 미분하고 $y'(0) = 2$를 적용하면 $2c_2 + \frac{1}{2} = 2$ 또는 $c_2 = \frac{3}{4}$이 된다. 따라서 초기값 문제의 해는 $y = e^{-x/2}(-\cos 2x + \frac{3}{4}\sin 2x)$이다. **그림 3.3.1**을 보면, 해는 진동하고 있지만 $x \to \infty$일 때는 $y \to 0$임을 알 수 있다. $\equiv$

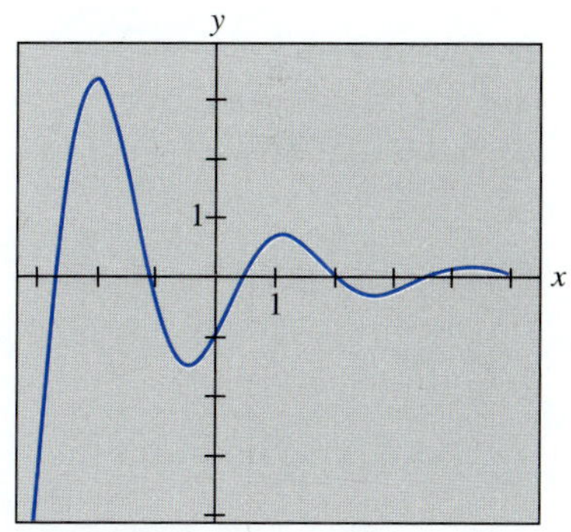

그림 3.3.1 초기값 문제인 예제 2의 해 그래프

알아 두어야 할 두 방정식

다음과 같은 두 미분방정식은 응용수학 분야에서 중요한 식이다.

$$y'' + k^2y = 0 \text{과} \quad y'' - k^2y = 0$$

여기서 k는 실수이다. $y'' + k^2y = 0$에 대한 보조방정식 $m^2 + k^2 = 0$은 허근 $m_1 = ki$와 $m_2 = -ki$를 갖는다. 식 (8)에 $\alpha = 0$, $\beta = k$를 대입하면, 미분방정식의 일반해는 다음과 같이 된다.

$$y = c_1 \cos kx + c_2 \sin kx \tag{9}$$

반면에 $y'' - k^2y = 0$에 대한 보조방정식 $m^2 - k^2 = 0$은 서로 다른 실근 $m_1 = k$와 $m_2 = -k$를 갖게 되므로 일반해는 다음과 같이 된다.

$$y = c_1e^{kx} + c_2e^{-kx} \tag{10}$$

만일 식 (10)에서 $c_1 = c_2 = \frac{1}{2}$과 $c_1 = \frac{1}{2}$, $c_2 = -\frac{1}{2}$을 선택하면, $y = \frac{1}{2}(e^{kx} + e^{-kx}) = \cosh kx$와 $y = \frac{1}{2}(e^{kx} - e^{-kx}) = \sinh kx$를 각각 얻게 된다. $\cosh kx$와 $\sinh kx$는 x축 상의 모든 구간에서 일차독립이므로, $y'' - k^2y = 0$의 또 다른 형태의 일반해는 다음과 같다.

$$y = c_1 \cosh kx + c_2 \sinh kx \tag{11}$$

연습문제 3.3의 문제 43, 44, 66를 참고하라.

고계 방정식 일반적으로 다음과 같은 n계 미분방정식을 풀려면

$$a_n y^{(n)} + a_{n-1} y^{(n-1)} + \cdots + a_2 y'' + a_1 y' + a_0 y = 0 \tag{12}$$

(여기서 a_i, $i = 0, 1, \ldots, n$은 실상수) 다음과 같은 n차 다항식을 풀어야 한다.

$$a_n m^n + a_{n-1} m^{n-1} + \cdots + a_2 m^2 + a_1 m + a_0 = 0 \tag{13}$$

만일 식 (13)의 모든 근이 서로 다른 실근이면, 식 (12)의 일반해는 다음과 같다.

$$y = c_1 e^{m_1 x} + c_2 e^{m_2 x} + \cdots + c_n e^{m_n x}$$

3차 이상의 보조방정식의 근은 여러 조합으로 나타나므로, 경우 II와 경우 III과 유사하게 요약하기는 다소 어렵다. 예를 들면 5차 방정식은 다섯 개의 서로 다른 실근, 세 개의 서로 다른 실근과 두 개의 복소근, 하나의 실근과 네 개의 복소근, 모두 같은 다섯 개의 실중근, 그중 두 개가 같은 다섯 개의 실근 등을 가질 수 있다. m_1이 n차 보조방정식의 중복도 k인 중근이면(즉 k개의 근이 m_1과 같으면), 선형독립 해는 다음과 같고

$$e^{m_1 x},\ xe^{m_1 x},\ x^2 e^{m_1 x}, \ldots,\ x^{k-1} e^{m_1 x}$$

일반해는 다음과 같은 일차결합을 포함해야 한다.

$$c_1 e^{m_1 x} + c_2 x e^{m_1 x} + c_3 x^2 e^{m_1 x} + \cdots + c_k x^{k-1} e^{m_1 x}$$

끝으로 기억해 둘 것은, 계수가 실수이면 보조방정식의 복소근은 항상 켤레복소수 쌍으로 나타난다는 점이다. 따라서 예를 들면 3차 다항식은 많아야 두 개의 복소근을 가질 수 있다.

예제 3 3계 미분방정식

$y''' + 3y'' - 4y = 0$을 풀어라.

풀이 보조방정식 $m^3 + 3m^2 - 4 = 0$을 잘 살펴보면 하나의 근이 $m_1 = 1$이라는 것이 명백하다. 따라서 $m - 1$이 $m^3 + 3m^2 - 4$의 인수가 된다. 그 인수로 나누면

$$m^3 + 3m^2 - 4 = (m-1)(m^2 + 4m + 4) = (m-1)(m+2)^2$$

을 얻게 되므로 나머지 근은 $m_2 = m_3 = -2$이다. 따라서 일반해는 다음과 같다.

$$y = c_1 e^x + c_2 e^{-2x} + c_3 x e^{-2x}$$ ≡

예제 4 4계 미분방정식

$\dfrac{d^4 y}{dx^4} + 2\dfrac{d^2 y}{dx^2} + y = 0$을 풀어라.

풀이 보조방정식 $m^4 + 2m^2 + 1 = (m^2 + 1)^2 = 0$의 근은 $m_1 = m_3 = i$와 $m_2 = m_4 = -i$이다. 경우 II로부터 해는 다음과 같다.

$$y = C_1 e^{ix} + C_2 e^{-ix} + C_3 x e^{ix} + C_4 x e^{-ix}$$

Euler 공식에 의하면 $C_1e^{ix} + C_2e^{-ix}$는 상수를 재정리해서 $c_1 \cos x + c_2 \sin x$로 쓸 수 있다. 마찬가지로 $x(C_3e^{ix} + C_4e^{-ix})$는 $x(c_3 \cos x + c_4 \sin x)$로 쓸 수 있다. 따라서 일반해는 다음과 같다.

$$y = c_1 \cos x + c_2 \sin x + c_3 x \cos x + c_4 x \sin x$$ ≡

복소 중근 예제 4는 보조방정식이 복소 중근을 갖는 특별한 경우를 예시한다. 일반적으로 $m_1 = \alpha + i\beta$, $\beta > 0$이 실계수 보조방정식의 중복도 k의 복소근이면, 그 켤레복소수 $m_2 = \alpha - i\beta$도 중복도 k의 복소근이다. 다음과 같은 $2k$개의 복소해로부터

$$\begin{array}{llll} e^{(\alpha+i\beta)x}, & xe^{(\alpha+i\beta)x}, & x^2e^{(\alpha+i\beta)x}, \ldots, & x^{k-1}e^{(\alpha+i\beta)x} \\ e^{(\alpha-i\beta)x}, & xe^{(\alpha-i\beta)x}, & x^2e^{(\alpha-i\beta)x}, \ldots, & x^{k-1}e^{(\alpha-i\beta)x} \end{array}$$

Euler 공식을 이용하면 대응되는 미분방정식의 일반해는 다음과 같은 $2k$개의 일차독립 실근의 일차결합을 포함해야 한다고 결론 내릴 수 있다.

$$\begin{array}{llll} e^{\alpha x}\cos\beta x, & xe^{\alpha x}\cos\beta x, & x^2e^{\alpha x}\cos\beta x, \ldots, & x^{k-1}e^{\alpha x}\cos\beta x \\ e^{\alpha x}\sin\beta x, & xe^{\alpha x}\sin\beta x, & x^2e^{\alpha x}\sin\beta x, \ldots, & x^{k-1}e^{\alpha x}\sin\beta x \end{array}$$

예제 4는 $k = 2$, $\alpha = 0$, $\beta = 1$인 경우이다.

유리근 물론 상수계수 미분방정식의 풀이에서 가장 어려운 부분은 3차 이상의 보조방정식의 근을 구하는 것이다. 우리가 시도해볼 수 있는 것은 보조방정식이 유리근을 갖는지 점검하는 것이다. 기초수학에서 공부한 바에 따르면, 만일 $m_1 = p/q$가 정수 계수의 다항방정식 $a_nm^n + \ldots + a_1m + a_0 = 0$의 (최저차 항으로 나타낸) 유리근이라면, 정수 p는 상수항 a_0의 인수이고 정수 q는 선행 계수 a_n의 인수이다.

예제 5 유리근 구하기

$3y''' + 5y'' + 10y' - 4y = 0$을 풀어라.

풀이 이 방정식을 풀려면 3차 보조방정식 $3m^3 + 5m^2 + 10m - 4 = 0$을 풀어야 한다. $a_0 = -4$와 $a_3 = 3$의 정수 인수는 각각, p: ±1, ±2, ±4와 q: ±1, ±3이므로 3차 방정식의 가능한 유리근은 다음과 같다.

$$\frac{p}{q}: \pm1, \pm2, \pm4, \pm\frac{1}{3}, \pm\frac{2}{3}, \pm\frac{4}{3}$$

이 숫자들 각각을 조립제법을 써서 시험해볼 수 있다. 이렇게 해서 근 $m_1 = \frac{1}{3}$을 찾고, 인수분해를 하면 다음 식을 얻는다.

$$3m^3 + 5m^2 + 10m - 4 = (m - \tfrac{1}{3})(3m^2 + 6m + 12)$$

이차방정식의 근의 공식을 $3m^2 + 6m + 12 = 0$에 적용해 나머지 두 근 $m_2 = -1 - \sqrt{3}i$와 $m_3 = -1 + \sqrt{3}i$를 얻는다. 따라서 주어진 미분방정식의 일반해는 $y = c_1e^{x/3} + e^{-x}(c_2 \cos\sqrt{3}x + c_3 \sin\sqrt{3}x)$이다. ≡

컴퓨터 활용 적당한 계산기나 컴퓨터 소프트웨어를 사용하면 다항식의 근 또는 근사값을 쉽게 구할 수 있게 된다. *Mathematica*나 *Maple*과 같은 컴퓨터 연산 도구(CAS: computer algebra system)를 사용하면 4차 이하의 다항식(1변수)을 대수식으로 풀 수 있다. 앞에서 예로 든 보조방정식을 풀기 위해 다음과 같은 명령어를 입력하면

Solve[3 m∧3 + 5 m∧2 + 10 m − 4 == 0, m] (in *Mathematica*)

solve(3*m∧3 + 5*m∧2 + 10*m − 4, m); (in *Maple*)

즉각 근 $\frac{1}{3}, -1+\sqrt{3}i, -1-\sqrt{3}i$.가 출력된다. 더 높은 차수의 보조방정식에 대해서는 *Mathematica*의 **NSolve**와 **FindRoot**와 같은 수치해석 명령어에 의존해야 한다. 다항식을 풀 수 있기 때문에, 컴퓨터 연산 도구가 제차 선형 상수계수 미분방정식의 양함수 해도 구할 수 있다는 것은 당연한 일이다. 예를 들어 다음과 같이 입력하면

DSolve [y″[x] + 2 y′[x] + 2 y[x] == 0, y[x], x] (in *Mathematica*)

dsolve(diff(y(x), x$2) + 2*diff(y(x), x) + 2*y(x) = 0, y(x)); (in *Maple*)

각각

$$\mathbf{y[x]} \;{-}{>}\; \frac{\mathbf{C[2]\ Cos\ [x]\ -\ C[1]\ Sin\ [x]}}{\mathbf{E^x}} \tag{14}$$

과

$$\mathbf{y(x) = \_C1\ exp(-x)\ sin(x) - \_C2\ exp(-x)\ cos(x)}$$

와 같은 결과를 얻게 된다. 이것은 $y = c_2e^{-x}\cos x + c_1e^{-x}\sin x$가 $y'' + 2y' + 2y = 0$의 해라는 것을 의미한다.

과거 유명한 교과서인 *Differential Equations**(Ralph Palmer Agnew 저, 저자가 학생시절에 사용함)에는 다음과 같은 말이 있다.

이 수업을 듣는 학생들이 다음과 같은 방정식

$$4.317\frac{d^4y}{dx^4} + 2.179\frac{d^3y}{dx^3} + 1.416\frac{d^2y}{dx^2} + 1.295\frac{dy}{dx} + 3.169y = 0 \tag{15}$$

을 효율적으로 풀기 위한 계산 실력과 도구를 갖기를 기대하는 것은 부적절하다.

그때 이후로 학생들의 계산 실력이 향상되었는지에 대해서는 논란의 여지가 있지만, 컴퓨터 기술은 분명히 향상되었다. 만일 컴퓨터 연산 도구를 사용할 수 있다면, 방정식 (15)는 충분히 풀어볼 만한 문제이다. *Mathematica*에서 출력을 간략화하고 약간 재정리하면 다음과 같은 근사 일반해를 구할 수 있다.

$$y = c_1e^{-0.728852x}\cos(0.618605x) + c_2e^{-0.728852x}\sin(0.618605x)$$
$$+ c_3e^{-0.476478x}\cos(0.759081x) + c_4e^{-0.476478x}\sin(0.759081x)$$

다른 CAS와 마찬가지로 *Mathematica*와 *Maple*에서 **DSolve**와 **dsolve** 명령어를 사용하는

* McGraw-Hill, New York, 1960.

데에는 제한이 있다.

끝으로, 예를 들어 4계 미분방정식으로 구성되는 초기값 문제를 풀 때, 미분방정식의 일반해를 네 개의 초기조건에 맞추기 위해 네 개의 미지수(일반해에 포함되는 c_1, c_2, c_3, c_4)에 대한 선형방정식을 풀어야 한다. 이 연립방정식을 풀기 위해 CAS를 사용하면 시간을 많이 절약할 수 있다. 연습문제 3.3의 문제 37, 38, 75, 76을 참고하라.

참고

궁금해 하는 사람을 위해 말하자면, 이 절에서 사용한 방법은 상수계수의 제차 선형 1계 미분방정식 $ay' + by = 0$를 풀 때에도 적용된다. 예를 들어 $2y' + 7y = 0$를 풀기 위해 $y = e^{mx}$를 미분방정식에 대입하면 보조방정식 $2m + 7 = 0$를 얻게 된다. $m = -\frac{7}{2}$이므로 미분방정식의 일반해는 $y = c_1e^{-7x/2}$가 된다.

3.3 연습문제

부록에 선택된 홀수 문제의 답이 있다.

문제 1~14에서 주어진 2계 미분방정식의 일반해를 구하라.

1. $4y'' + y' = 0$
2. $y'' - 36y = 0$
3. $y'' - y' - 6y = 0$
4. $y'' - 3y' + 2y = 0$
5. $y'' + 8y' + 16y = 0$
6. $y'' - 10y' + 25y = 0$
7. $12y'' - 5y' - 2y = 0$
8. $y'' + 4y' - y = 0$
9. $y'' + 9y = 0$
10. $3y'' + y = 0$
11. $y'' - 4y' + 5y = 0$
12. $2y'' + 2y' + y = 0$
13. $3y'' + 2y' + y = 0$
14. $2y'' - 3y' + 4y = 0$

문제 15~30에서 주어진 고계 미분방정식의 일반해를 구하라.

15. $y''' - 4y'' - 5y' = 0$
16. $y''' - y = 0$
17. $y''' - 5y'' + 3y' + 9y = 0$
18. $y''' + 3y'' - 4y' - 12y = 0$
19. $\dfrac{d^3u}{dt^3} + \dfrac{d^2u}{dt^2} - 2u = 0$
20. $\dfrac{d^3x}{dt^3} - \dfrac{d^2x}{dt^2} - 4x = 0$
21. $y''' + 3y'' + 3y' + y = 0$
22. $y''' - 6y'' + 12y' - 8y = 0$
23. $y^{(4)} + y''' + y'' = 0$
24. $y^{(4)} - 2y'' + y = 0$
25. $16\dfrac{d^4y}{dx^4} + 24\dfrac{d^2y}{dx^2} + 9y = 0$
26. $\dfrac{d^4y}{dx^4} - 7\dfrac{d^2y}{dx^2} - 18y = 0$
27. $\dfrac{d^5u}{dr^5} + 5\dfrac{d^4u}{dr^4} - 2\dfrac{d^3u}{dr^3} - 10\dfrac{d^2u}{dr^2} + \dfrac{du}{dr} + 5u = 0$
28. $2\dfrac{d^5x}{ds^5} - 7\dfrac{d^4x}{ds^4} + 12\dfrac{d^3x}{ds^3} + 8\dfrac{d^2x}{ds^2} = 0$
29. $\dfrac{d^6y}{dx^6} - 2\dfrac{d^5y}{dx^5} + 5\dfrac{d^4y}{dx^4} = 0$
30. $\dfrac{d^6y}{dx^6} - 3\dfrac{d^4y}{dx^4} + 3\dfrac{d^2y}{dx^2} - y = 0$

문제 31~38에서 주어진 초기값 문제를 풀어라.

31. $y'' + 16y = 0,\ y(0) = 2, y'(0) = -2$
32. $\dfrac{d^2y}{d\theta^2} + y = 0,\ y(\pi/3) = 0, y'(\pi/3) = 2$
33. $\dfrac{d^2y}{dt^2} - 4\dfrac{dy}{dt} - 5y = 0,\ y(1) = 0, y'(1) = 2$
34. $4y'' - 4y' - 3y = 0,\ y(0) = 1, y'(0) = 5$
35. $y'' + y' + 2y = 0,\ y(0) = y'(0) = 0$
36. $y'' - 2y' + y = 0,\ y(0) = 5, y'(0) = 10$
37. $y''' + 12y'' + 36y' = 0,\ y(0) = 0, y'(0) = 1, y''(0) = -7$
38. $y''' + 2y'' - 5y' - 6y = 0,\ y(0) = y'(0) = 0, y''(0) = 1$

문제 39~42에서 주어진 경곗값 문제를 풀어라.

39. $y'' - 10y' + 25y = 0,\ y(0) = 1, y(1) = 0$
40. $y'' + 4y = 0,\ y(0) = 0,\ y(\pi) = 0$
41. $y'' + y = 0,\ y'(0) = 0,\ y'(\pi/2) = 0$
42. $y'' - 2y' + 2y = 0,\ y(0) = 1, y(\pi) = 1$

문제 43과 44를 먼저 (10) 형태의 일반해를 사용해서 풀고, 식 (11) 형태를 사용해서 다시 풀어라.

43. $y'' - 3y = 0,\ y(0) = 1, y'(0) = 5$
44. $y'' - y = 0,\ y(0) = 1, y'(1) = 0$

문제 45, 46에서, 주어진 경곗값 문제가 비자명해(즉, 영이 아닌 해)를 갖도록 하는 $\alpha > 0$의 모든 값을 구하라.

45. $y'' + \alpha^2 y = 0,\ y(0) = 0,\ y(2) = 0$

46. $y'' + \alpha^2 y = 0,\ y'(0) = 0,\ y(4) = 0$

문제 47~52에서 각 그림은 다음 미분방정식의 한 특수해의 그래프를 나타낸다.

(a) $y'' - 3y' - 4y = 0$ **(b)** $y'' + 4y = 0$

(c) $y'' + 2y' + y = 0$ **(d)** $y'' + y = 0$

(e) $y'' + 2y' + 2y = 0$ **(f)** $y'' - 3y' + 2y = 0$

다음 해곡선과 주어진 미분방정식 중 하나를 짝지으라. 추론과정을 설명하라.

47.

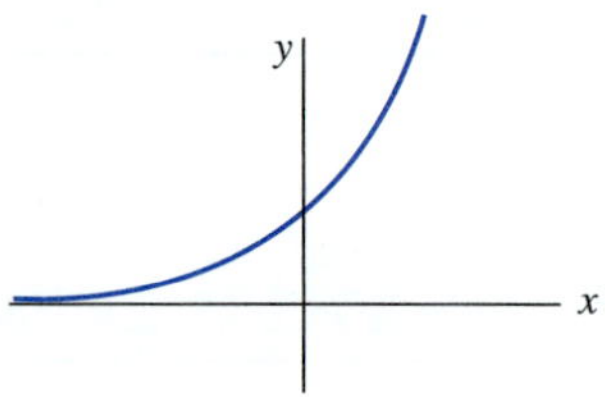

그림 3.3.2 문제 47의 그래프

48.

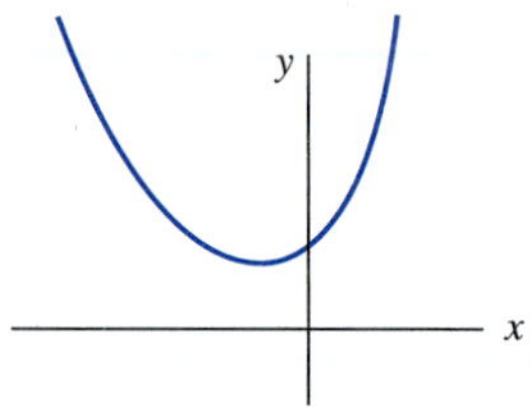

그림 3.3.3 문제 48의 그래프

49.

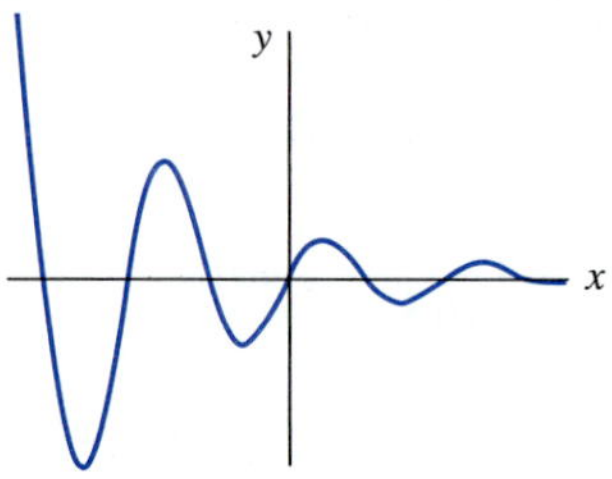

그림 3.3.4 문제 49의 그래프

50.

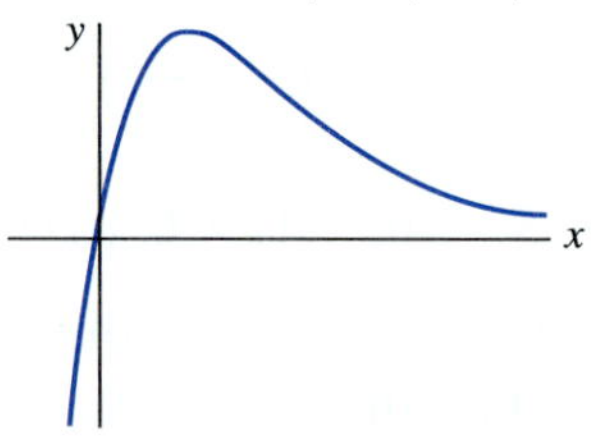

그림 3.3.5 문제 50의 그래프

51.

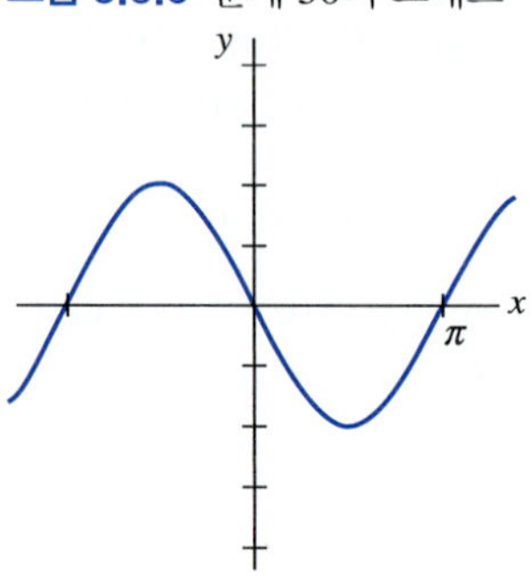

그림 3.3.6 문제 51의 그래프

52.

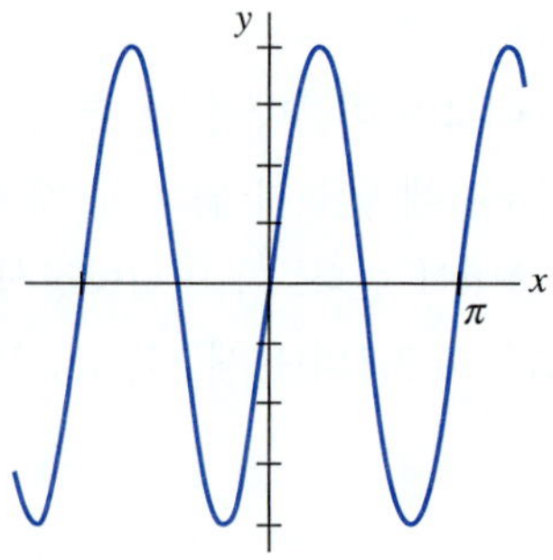

그림 3.3.7 문제 52의 그래프

문제 53~62에서는 일반해가 다음과 같이 되도록 상수계수의 제차 선형 미분방정식을 결정하라.

53. $y = c_1 e^{x} + c_2 e^{6x}$

54. $y = c_1 e^{-5x} + c_2 e^{-4x}$

55. $y = c_1 + c_2 e^{3x}$

56. $y = c_1 e^{-10x} + c_2 x e^{-10x}$

57. $y = c_1 \cos 8x + c_2 \sin 8x$

58. $y = c_1 \cosh \frac{1}{2}x + c_2 \sinh \frac{1}{2}x$

59. $y = c_1 e^{x} \cos x + c_2 e^{x} \sin x$

60. $y = c_1 + c_2 e^{-2x} \cos 5x + c_3 e^{-2x} \sin 5x$

61. $y = c_1 + c_2 x + c_3 e^{7x}$

62. $y = c_1 \cos x + c_2 \sin x + c_3 \cos 3x + c_4 \sin 3x$

토의문제

63. 실계수 3차 보조방정식의 두 근이 $m_1 = -\frac{1}{2}$과 $m_2 = 3 + i$이다. 여기에 대응하는 제차 선형 미분방정식을 구하라.

64. $y''' + 6y'' + y' - 34y = 0$의 한 해가 $y_1 = e^{-4x} \cos x$일 때, 일반해를 구하라.

65. $y^{(4)} + y = 0$을 풀려면 $m^4 + 1 = 0$의 근을 구해야 한다. CAS를 사용해서 쉽게 풀 수도 있지만, 복소수를 사용하여 손으로 계산할 수도 있다. $m^4 + 1 = (m^2 + 1)^2 - 2m^2$이 됨을 주목하라. 이 사실이 도움이 되는가? 미분방정식을 풀어라.

66. $y = \sinh x - 2 \cos(x + \pi/6)$가 $y^{(4)} - y = 0$의 한 해임을 확인하라. 이 해를 사용하여 미분방정식의 일반해를 구하라.

67. 복소수 $3 + 2i$는 상수계수를 갖는 제차 선형 6계 미분방정식의 3중근이다. 이 미분방정식의 일반해를 구하라.

68. 미분방정식

$$y^{(4)} - 8y''' + 18y'' - 8y' + y = 0$$

의 보조방정식이 다음과 같다.

$$m^4 - 8m^3 + 18m^2 - 8m + 1 = (m^2 - 4m + 1)^2 = 0.$$

일반해를 구하라.

69. 경곗값 문제 $y'' + \lambda y = 0$, $y(0) = 0$, $y(\pi/2) = 0$을 고려하자. 이 문제가 (a) 자명해, (b) 비자명해를 가지도록 λ 값을 결정할 수 있는지 토의하라.

70. 미적분학에서 적분기법을 공부할 때, $\int e^{ax} f(x)\, dx$ 형태의 특별한 부정적분의 계산은 부분적분을 두 번 수행하여 우변에 원래 적분을 회복하고, 원래 적분에 대해 풀어 좌변에 상수배 $k\int e^{ax} f(x)\, dx$를 얻은 다음, k로 나누어 적분값을 구하면 된다. 어떠한 종류의 함수 f에 대해 이 계산과정이 성립되는지 토의하라. 풀이는 미분방정식으로 귀결되어야 한다. 이 방정식을 조심스럽게 분석하고 f에 대해 풀어라.

컴퓨터 실습 과제

문제 71~74에서는 보조방정식을 풀거나 주어진 미분방정식의 일반해를 직접 구할 때 컴퓨터를 사용하라. 일반해를 구하기 위해 CAS를 사용한다면, 결과물을 간략하게 정리하고 필요하면 실함수로 해를 나타내라.

71. $y''' - 6y'' + 2y' + y = 0$

72. $6.11y''' + 8.59y'' + 7.93y' + 0.778y = 0$

73. $3.15y^{(4)} - 5.34y'' + 6.33y' - 2.03y = 0$

74. $y^{(4)} + 2y'' - y' + 2y = 0$

문제 75와 76에서는 보조방정식을 푸는 수단으로 CAS를 사용하여 미분방정식의 일반해를 구성하라. 그리고 초기조건을 일반해에 적용시켜 얻게 되는 연립방정식을 계수 c_i, $i = 1, 2, 3, 4$에 대해 풀 때 CAS를 사용하라.

75. $2y^{(4)} + 3y''' - 16y'' + 15y' - 4y = 0,$
$y(0) = -2,\ y'(0) = 6,\ y''(0) = 3,\ y'''(0) = \frac{1}{2}$

76. $y^{(4)} - 3y''' + 3y'' - y' = 0,$
$y(0) = y'(0) = 0,\ y''(0) = y'''(0) = 1$

3.4 미정계수법

소개 비제차 선형 미분방정식

$$a_n y^{(n)} + a_{n-1} y^{(n-1)} + \cdots + a_1 y' + a_0 y = g(x) \tag{1}$$

을 풀기 위해 우리는 다음 두 과정을 수행해야 한다: (*i*) 여함수(complementary function) y_c를 구한다; (*ii*) 비제차방정식의 특수해(particular solution) y_p를 하나 구한다. 그러면 3.1절에서 논의한 바와 같이, 구간 I에서 식 (1)의 일반해는 $y = y_c + y_p$이다.

여함수 y_c는 (1)의 연계 제차 미분방정식

$$a_n y^{(n)} + a_{n-1} y^{(n-1)} + \cdots + a_1 y' + a_0 y = 0$$

의 일반해이다. 바로 앞절에서 계수들이 상수일 때 이런 종류의 방정식의 해법을 알아보았다. 이제 이 절에서 우리의 목표는 특수해를 구하는 방법을 알아보는 것이다.

미정계수법 특수해 y_p를 구하기 위해 고려할 두 가지 방법 중에서 첫 번째 방법을 **미정계수법**(method of undetermined coefficients)이라 한다. 이 방법의 기본 아이디어는 입력함수 $g(x)$를 구성하는 함수의 종류에 의거해서 y_p의 형태에 관해 추측, 즉 경험에 의한 어림짐작을 하는 것이다. 이 일반적인 방법은 다음과 같은 범주에 속하는 식 (1)과 같은 비제차 선형 미분방정식에 한해 적용된다.

- 계수 a_i, $i = 0, 1, \ldots, n$은 상수이다.

- $g(x)$는 상수, 다항식, 지수함수 $e^{\alpha x}$, 사인함수 $\sin \beta x$, 코사인함수 $\cos \beta x$, 또는 이 함수들의 유한한 합과 곱이다.

상수 k는 차수가 영인 다항식이다. ▶

엄밀히 말해서, $g(x) = k$(상수)도 다항식(polynomial function)이다. 그러나 보통 다항식이라고 하면 아마도 먼저 상수함수를 떠올리지 않을 것이기 때문에, 강조하는 의미에서 계속 "상수함수, 다항식, . . ."라고 반복하여 말할 것이다.

다음 함수들은 이 논의에 적합한 형태의 입력 $g(x)$의 몇 가지 예이다.

$$g(x) = 10, \quad g(x) = x^2 - 5x, \quad g(x) = 15x - 6 + 8e^{-x}$$
$$g(x) = \sin 3x - 5x \cos 2x, \quad g(x) = xe^x \sin x + (3x^2 - 1)e^{-4x}$$

즉 $g(x)$는 다음과 같은 형태의 함수들의 일차결합이다.

$$P(x) = a_n x^n + a_{n-1} x^{n-1} + \cdots + a_1 x + a_0, \quad P(x)e^{\alpha x}, \quad P(x)e^{\alpha x} \sin \beta x, \text{ 그리고 } P(x)e^{\alpha x} \cos \beta x$$

여기서 n은 음이 아닌 정수이고 α, β는 실수이다. 그러나 $g(x)$가

$$g(x) = \ln x, \quad g(x) = \frac{1}{x}, \quad g(x) = \tan x, \quad g(x) = \sin^{-1} x$$

등과 같은 경우에는 식 (1)과 같은 형태의 미분방정식에 미정계수법을 적용할 수 없다. 이러한 종류의 입력 $g(x)$에 대한 미분방정식은 3.5절에서 고려할 것이다.

상수, 다항식, 지수함수 $e^{\alpha x}$, 사인함수, 코사인함수로 구성되는 함수들의 집합은 그들의 합과 곱의 미분이 다시 상수, 다항식, 지수함수 $e^{\alpha x}$, 사인함수, 코사인함수의 합과 곱이 되는 아주 유용한 성질을 가진다. 도함수의 일차결합 $a_n y_p^{(n)} + a_{n-1} y_p^{(n-1)} + \ldots + a_1 y_p' + a_0 y_p$이 $g(x)$가 되어야 하므로, y_p가 $g(x)$와 **같은 형태**라는 가정은 그럴듯해 보인다.

다음 두 예제에서 이 기본 방법을 예시한다.

예제 1 미정계수법에 의한 일반해

$$y'' + 4y' - 2y = 2x^2 - 3x + 6 \tag{2}$$

을 풀어라.

풀이 **1단계.** 먼저 연계 제차방정식 $y'' + 4y' - 2y = 0$을 푼다. 근의 공식을 써서 보조방정식 $m_2 + 4m - 2 = 0$의 근을 구하면 $m_1 = -2 - \sqrt{6}$, $m_2 = -2 + \sqrt{6}$이다. 따라서 여함수는 다음과 같다.

$$y_c = c_1 e^{-(2+\sqrt{6})x} + c_2 e^{(-2+\sqrt{6})x}$$

2단계. 함수 $g(x)$가 2차 다항식이므로, 특수해도 다음과 같은 형태의 2차 다항식이라고 가정하자.

$$y_p = Ax^2 + Bx + C$$

우리는 y_p가 식 (2)의 해가 되도록 **특정** 계수 A, B, C를 결정하고자 한다. y_p와 그 도함수 $y_p' = 2Ax + \text{B}$, $y_p'' = 2A$를 주어진 미분방정식 (2)에 대입하면 다음과 같이 된다.

$$y_p'' + 4y_p' - 2y_p = 2A + 8Ax + 4B - 2Ax^2 - 2Bx - 2C$$
$$= 2x^2 - 3x + 6$$

마지막 방정식이 항등식이 되어야 하므로, x의 동일 거듭제곱항의 계수가 같아야 한다.

같다

$$\boxed{-2A}\,x^2 + \boxed{8A - 2B}\,x + \boxed{2A + 4B - 2C} = 2x^2 - 3x + 6$$

즉

$$-2A = 2, \quad 8A - 2B = -3, \quad 2A + 4B - 2C = 6$$

이다. 이 연립방정식을 풀면 $A = -1$, $B = -\frac{5}{2}$, $C = -9$를 얻는다. 따라서 특수해는 다음과 같다.

$$y_p = -x^2 - \frac{5}{2}x - 9$$

3단계. 주어진 방정식의 일반해는 다음과 같다.

$$y = y_c + y_p = c_1e^{-(2+\sqrt{6})x} + c_2e^{(-2+\sqrt{6})x} - x^2 - \frac{5}{2}x - 9$$ ≡

예제 2 미정계수법에 의한 특수해

$y'' - y' + y = 2\sin 3x$의 특수해를 구하라.

풀이 처음에는 자연스럽게 $A\sin 3x$를 특수해로 가정할 수 있다. 그러나 $\sin 3x$를 연달아 미분하면 $\sin 3x$와 $\cos 3x$가 나오므로, 이 두 항을 모두 포함하는 특수해

$$y_p = A\cos 3x + B\sin 3x$$

로 가정해야 한다. y_p를 미분해서 미분방정식에 대입하고 재정리하면

$$y_p'' - y_p' + y_p = (-8A - 3B)\cos 3x + (3A - 8B)\sin 3x = 2\sin 3x$$

또는

같다

$$\boxed{-8A - 3B}\cos 3x + \boxed{3A - 8B}\sin 3x = 0\cos 3x + 2\sin 3x$$

이 된다. 다음 연립방정식으로부터

$$-8A - 3B = 0, \quad 3A - 8B = 2,$$

$A = \frac{6}{73}$과 $B = -\frac{16}{73}$을 얻는다. 방정식의 특수해는 다음과 같다.

$$y_p = \frac{6}{73}\cos 3x - \frac{16}{73}\sin 3x$$ ≡

앞에서 언급한 바와 같이, 우리가 특수해 y_p로 가정하는 형태는 경험에 의한 추측이지 무작정하는 추측이 아니다. 경험에 의한 추측은 $g(x)$를 구성하는 함수의 형태뿐만 아니라, 예제 4에서 보게 될 것처럼, 여함수 y_c를 구성하는 함수까지도 고려해야만 한다.

예제 3 중첩에 의한 y_p의 구성

$$y'' - 2y' - 3y = 4x - 5 + 6xe^{2x} \tag{3}$$

를 풀어라.

풀이 **1단계**. 먼저 연계 제차방정식 $y'' - 2y' - 3y = 0$의 해를 구하면 $y_c = c_1e^{-x} + c_2e^{3x}$이다.

2단계. 다음에 $g(x)$가 $4x - 5$를 포함하므로 특수해는 1차 다항식을 포함한다고 가정한다. 게다가 곱 xe^{2x}를 미분하면 $2xe^{2x}$와 e^{2x}가 나오므로, 특수해는 xe^{2x}와 e^{2x}도 모두 포함한다고 가정한다. 다시 말해, $g(x)$는 두 종류의 기본 함수의 합이다.

$$g(x) = g_1(x) + g_2(x) = \text{다항식} + \text{지수함수}$$

예제 3의 풀이에서 정리 3.1.7 이용하기. ▶

따라서 비제차방정식에 대한 중첩의 원리(정리 3.1.7)에 의해 다음과 같은 형태의 특수해를 구한다.

$$y_p = y_{p_1} + y_{p_2}$$

여기서 $y_{p_1} = Ax + B$, $y_{p_2} = Cxe^{2x} + Ee^{2x}$이다. 다음 식

$$y_p = Ax + B + Cxe^{2x} + Ee^{2x}$$

을 방정식 (3)에 대입하고 같은 항들을 모으면 다음과 같이 된다.

$$y_p'' - 2y_p' - 3y_p = -3Ax - 2A - 3B - 3Cxe^{2x} + (2C - 3E)e^{2x} = 4x - 5 + 6xe^{2x} \tag{4}$$

이 항등식에서 다음 네 방정식을 얻는다.

$$-3A = 4, \quad -2A - 3B = -5, \quad -3C = 6, \quad 2C - 3E = 0$$

이 연립방정식의 마지막 식은 식 (4)의 우변에서 e^{2x}의 계수가 0이라고 보아 얻어진 것이다. 연립방정식을 풀면 $A = -\frac{4}{3}$, $B = \frac{23}{9}$, $C = -2$, $E = -\frac{4}{3}$을 얻게 된다. 따라서 다음과 같이 된다.

$$y_p = -\frac{4}{3}x + \frac{23}{9} - 2xe^{2x} - \frac{4}{3}e^{2x}$$

3단계. 이 방정식의 일반해는 다음과 같다.

$$y = c_1e^{-x} + c_2e^{3x} - \frac{4}{3}x + \frac{23}{9} - \left(2x + \frac{4}{3}\right)e^{2x}$$ ≡

중첩의 원리(정리 3.1.7)를 사용하면 간단한 두 문제를 푸는 것으로 예제 3을 해결할 수도 있다. 다음과 같이

$$y_{p_1} = Ax + B\text{를} \quad y'' - 2y' - 3y = 4x - 5\text{에}$$

그리고

$$y_{p2} = Cxe^{2x} + Ee^{2x}\text{를} \quad y'' - 2y' - 3y = 6xe^{2x}$$

에 대입하면, 차례로 $y_{p_1} = -\frac{4}{3}x + \frac{23}{9}$과 $y_{p_2} = -(2x + \frac{4}{3})e^{2x}$를 얻는다. 그러면 식 (3)의 특수해는 $y_p = y_{p_1} + y_{p_2}$가 된다.

다음 예제는 y_p의 형태에 대한 '명백해' 보이는 가정이 때때로 틀린 가정이라는 것을 예시한다.

예제 4 미정계수법의 함정

$y'' - 5y' + 4y = 8e^x$를 풀어라.

풀이 e^x를 미분해도 새 함수가 생기지 않는다. 따라서 앞의 예제들에서 했던 것처럼, 무리 없이 $y_p = Ae^x$의 형태로 특수해를 가정할 수 있다. 그러나 이 식을 미분방정식에 대입하면, $0 = 8e^x$라는 모순된 결과를 얻게 된다. 따라서 y_p를 잘못 가정했다는 것이 분명하다.

여기서 문제점이 무엇인지는 여함수 $y_c = c_1e^x + c_2e^{4x}$를 관찰해 보면 쉽게 알 수 있다. 우리가 가정했던 Ae^x가 이미 y_c에 포함되어 있다는 점에 주목하라. 이것이 의미하는 것은, e^x가 연계 제차 미분방정식의 해이므로 상수배 Ae^x를 미분방정식에 대입하면 필연적으로 영이 된다는 것이다.

그러면 y_p는 어떤 형태가 되어야 하는가? 3.3절의 경우 II에서 힌트를 얻어 다음과 같은 형태로 특수해를 구할 수 있는지 살펴보자.

$$y_p = Axe^x$$

$y_p' = Axe^x + Ae^x$와 $y_p'' = Axe^x + 2Ae^x$를 미분방정식에 대입하고 간단히 정리하면 다음과 같이 된다.

$$y_p'' - 5y_p' + 4y_p = -3Ae^x = 8e^x$$

마지막 항등식에서 A의 값을 결정하여 $A = -\frac{8}{3}$을 얻는다. 따라서 주어진 방정식의 특수해는 $y_p = -\frac{8}{3}xe^x$이다. ≡

예제 1~3과 예제 4에서 사용된 방법의 차이점으로부터 다음 두 가지 경우를 생각해 볼 수 있다. 첫 번째 경우는 예제 1~3의 상황을 반영한다.

경우 I: 가정된 특수해가 연계 제차 미분방정식의 해를 포함하지 않는다.

표 3.4.1에서는 방정식 (1)에 나오는 $g(x)$의 특정한 예와 그에 대응하는 특수해의 형태를 예시한다. 물론 가정된 특수해 y_p에 포함되는 어떤 함수도 여함수 y_c에 나타나는 함수와 중복되지 않는다고 가정한다.

표 3.4.1 시도할 특수해

$g(x)$	y_p의 형태
1. 1 (any constant)	A
2. $5x + 7$	$Ax + B$
3. $3x^2 - 2$	$Ax^2 + Bx + C$
4. $x^3 - x + 1$	$Ax^3 + Bx^2 + Cx + E$
5. $\sin 4x$	$A \cos 4x + B \sin 4x$
6. $\cos 4x$	$A \cos 4x + B \sin 4x$
7. e^{5x}	Ae^{5x}
8. $(9x - 2)e^{5x}$	$(Ax + B)e^{5x}$
9. x^2e^{5x}	$(Ax^2 + Bx + C)e^{5x}$
10. $e^{3x} \sin 4x$	$Ae^{3x} \cos 4x + Be^{3x} \sin 4x$
11. $5x^2 \sin 4x$	$(Ax^2 + Bx + C) \cos 4x + (Ex^2 + Fx + G) \sin 4x$
12. $xe^{3x} \cos 4x$	$(Ax + B)e^{3x} \cos 4x + (Cx + E)e^{3x} \sin 4x$

예제 5 특수해의 형태—경우 I

다음 미분방정식의 특수해의 형태를 결정하라.

(a) $y'' - 8y' + 25y = 5x^3e^{-x} - 7e^{-x}$ **(b)** $y'' + 4y = x \cos x$

풀이 **(a)** $g(x) = (5x^3 - 7)e^{-x}$로 쓸 수 있다. 표 3.4.1의 항목 9를 모형으로 사용하여, 다음과 같은 형태의 특수해를 가정한다.

$$y_p = (Ax^3 + Bx^2 + Cx + E)e^{-x}$$

y_p의 항과 여함수 $y_c = e^{4x}(c_1 \cos 3x + c_2 \sin 3x)$의 항 사이에는 중복 항이 없다는 사실에 주목하라.

(b) 함수 $g(x) = x \cos x$는 표 3.4.1의 항목 11과 유사하다. 물론 2차 다항식 대신에 1차 다항식을 쓰고, $\cos 4x$와 $\sin 4x$ 대신에 $\cos x$와 $\sin x$를 써서 y_p의 형태를 다음과 같이 가정한다.

$$y_p = (Ax + B) \cos x + (Cx + E) \sin x$$

y_p와 $y_c = c_1 \cos 2x + c_2 \sin 2x$ 사이에 중복 항이 없다는 데 다시 한번 주목하라. ≡

만일 $g(x)$가 표에 나열된 m종류의 항의 합으로 구성된다면, 예제 3에서와 같이, 특수해 y_p는 이들 항에 대응하는 시도 형태 $y_{p_1}, y_{p_2}, \ldots, y_{p_m}$의 합으로 구성된다고 가정한다.

$$y_p = y_{p_1} + y_{p_2} + \cdots + y_{p_m}$$

앞 문장은 다음과 같이 표현될 수 있다.

경우 I에 대한 형태 규칙: y_p의 형태는 $g(x)$를 계속 미분해서 얻어지는 모든 일차독립 함수들의 일차결합이다.

예제 6 중첩에 의한 y_p의 형태 결정—경우 I

다음 미분방정식의 특수해의 형태를 결정하라.

$$y'' - 9y' + 14y = 3x^2 - 5 \sin 2x + 8xe^{6x}$$

풀이 식 $g(x) = 3x^2 - 5 \sin 2x + 8xe^{6x}$의 우변은 세 가지 형태의 함수 x^2, $\sin 2x$, xe^{6x}로 구성된다. 이 함수들의 도함수를 차례차례 구하면 x, 1; $\cos 2x$; e^{6x}를 얻게 된다. 따라서

x^2에 대응해서 $y_{p_1} = Ax^2 + Bx + C$로 가정한다.
$\sin 2x$에 대응해서 $y_{p_2} = E \cos 2x + F \sin 2x$로 가정한다.
xe^{6x}에 대응해서 $y_{p_3} = (Gx + H)e^{6x}$로 가정한다.

이 식을 미분하여 미분방정식에 대입하면 다음 결과를 얻는다. 그러면 특수해는 다음과 같이 가정된다.

$$y_p = y_{p_1} + y_{p_2} + y_{p_3} = Ax^2 + Bx + C + E \cos 2x + F \sin 2x + (Gx + H)e^{6x}$$

이 가정에 포함되는 어떤 항도 $y_c = c_1 e^{2x} + c_2 e^{7x}$의 항과 중복되지 않는다. ≡

경우 II: 가정된 특수해의 한 함수가 연계 제차 미분방정식의 해와 중복된다.

다음 예제는 예제 4와 비슷하다.

예제 7 특수해—경우 II

$y'' - 2y' + y = e^x$의 특수해를 구하라.

풀이 여함수는 $y_c = c_1 e^x + c_2 xe^x$이다. 예제 4에서와 같이, y_c를 보면 e_x가 연계 제차방정식 $y'' - 2y' + y = 0$의 해라는 것이 분명하므로, $y_p = Ae^x$로 가정하면 문제가 풀리지 않는다. 게다가 xe^x 항도 y_c의 항과 중복되므로 $y_p = Axe^x$ 형태의 특수해도 구할 수 없을 것이다. 그러면

$$y_p = Ax^2e^x$$

를 시도해 본다. 주어진 미분방정식에 대입하면 $2Ae^x = e^x$가 되므로 $A = \frac{1}{2}$을 얻는다. 따라서 특수해는 $y_p = \frac{1}{2}x^2e^x$이다. ≡

다시 한번 $g(x)$가 표 3.4.1에 주어진 m종류의 항으로 이루어진다고 하고, 특수해를 늘 하던 대로 다음과 같다고 가정하자.

$$y_p = y_{p_1} + y_{p_2} + \cdots + y_{p_m}$$

여기서 y_{p_i}, $i = 1, 2, \ldots, m$는 이들 항에 대응하는 시도 특수해이다. 경우 II에 기술된 상황 하에서 우리는 다음과 같은 일반규칙을 만들 수 있다.

경우 II에 대한 곱의 규칙: 어느 y_{p_i}든지 y_c에 있는 항과 중복되는 항을 가지게 되면, y_{p_i}에 x^n을 곱해야 한다. 여기서 n은 중복을 해결하는 가장 작은 자연수이다.

예제 8 초기값 문제

초기값 문제 $y'' + y = 4x + 10 \sin x$, $y(\pi) = 0$, $y'(\pi) = 2$를 풀어라.

풀이 연계 제차방정식 $y'' + y = 0$의 해는 $y_c = c_1 \cos x + c_2 \sin x$이다. $g(x) = 4x + 10$

sin x는 1차 다항식과 사인함수의 합이므로, y_p를 정상적으로 가정하면, 표 3.4.1의 항목 2와 5로부터, $y_{p_1} = Ax + B$와 $y_{p_2} = C\cos x + E\sin x$의 합이 될 것이다.

$$y_p = Ax + B + C\cos x + E\sin x \tag{5}$$

그러나 이 가정된 해에 나오는 cos x와 sin x 항은 여함수의 두 항과 명백하게 중복된다. 이 중복은 단지 y_{p2}에 x를 곱하면 해결된다. 식 (5) 대신에 다음과 같이 가정한다.

$$y_p = Ax + B + Cx\cos x + Ex\sin x.$$

이 식을 미분하여 미분방정식에 대입하면 다음 결과를 얻는다.

$$y_p'' + y_p = Ax + B - 2C\sin x + 2E\cos x = 4x + 10\sin x \tag{6}$$

그러면 $A = 4$, $B = 0$, $-2C = 10$, $2E = 0$이 된다. 이들 방정식의 해는 바로 $A = 4$, $B = 0$, $C = -5$, $E = 0$이 된다. 따라서 식 (6)으로부터 $y_p = 4x - 5x\cos x$이다. 주어진 방정식의 일반해는 다음과 같다.

$$y = y_c + y_p = c_1\cos x + c_2\sin x + 4x - 5x\cos x$$

이제 지정된 초기조건을 방정식의 일반해에 적용한다. 먼저 $y(\pi) = c_1\cos\pi + c_2\sin\pi + 4\pi - 5\pi\cos\pi = 0$에서 $\cos\pi = -1$, $\sin\pi = 0$이므로 $c_1 = 9\pi$가 된다. 다음에는 도함수

$$y' = -9\pi\sin x + c_2\cos x + 4 + 5x\sin x - 5\cos x$$

과

$$y'(\pi) = -9\pi\sin\pi + c_2\cos\pi + 4 + 5\pi\sin\pi - 5\cos\pi = 2$$

로부터 $c_2 = 7$이 된다. 따라서 초기값 문제의 해는 다음과 같다.

$$y = 9\pi\cos x + 7\sin x + 4x - 5x\cos x$$ ≡

예제 9 곱의 규칙 사용하기

$y'' - 6y' + 9y = 6x^2 + 2 - 12e^{3x}$를 풀어라.

풀이 여함수는 $y_c = c_1e^{3x} + c_2xe^{3x}$가 된다. 표 3.4.1의 항목 3과 7에 근거해서 통상적으로 특수해를 가정하면 다음과 같다.

$$y_p = \underbrace{Ax^2 + Bx + C}_{y_{p_1}} + \underbrace{Ee^{3x}}_{y_{p_2}}$$

이 함수를 살펴보면, y_{p_2}의 한 항이 y_c와 중복됨을 알 수 있다. 그런데 y_{p_2}에 x를 곱해도 여전히 xe^{3x} 항이 y_c와 겹친다. 그러나 y_{p_2}에 x^2을 곱하면 모든 중복이 사라진다. 따라서 제대로 된 특수해의 형태는 다음과 같다.

$$y_p = Ax^2 + Bx + C + Ex^2e^{3x}$$

이 마지막 식을 미분하여 미분방정식에 대입하고 같은 항으로 정리하면 다음과 같이 된다.

$$y_p'' - 6y_p' + 9y_p = 9Ax^2 + (-12A + 9B)x + 2A - 6B + 9C + 2Ee^{3x} = 6x^2 + 2 - 12e^{3x}$$

이 항등식으로부터 $A = \frac{2}{3}, B = \frac{8}{9}, C = \frac{2}{3}, E = -6$을 얻는다. 따라서 일반해 $y = y_c + y_p$는 다음과 같이 된다.

$$y = c_1e^{3x} + c_2xe^{3x} + \frac{2}{3}x^2 + \frac{8}{9}x + \frac{2}{3} - 6x^2e^{3x} \qquad \equiv$$

예제 10 3계 미분방정식—경우 I

$y''' + y'' = e^x \cos x$을 풀어라.

풀이 특성방정식 $m^3 + m^2 = 0$으로부터 $m_1 = m_2 = 0$과 $m_3 = -1$을 얻는다. 따라서 방정식의 여함수는 $y_c = c_1 + c_2x + c_3e^{-x}$이다. $g(x) = e^x \cos x$이므로 표 3.4.1의 항목 10에 따라 다음과 같이 가정해야 한다.

$$y_p = Ae^x \cos x + Be^x \sin x$$

y_p에 여함수와 중복되는 함수가 없으므로, 그냥 통상적으로 진행한다.

$$y_p''' + y_p'' = (-2A + 4B)e^x \cos x + (-4A - 2B)e^x \sin x = e^x \cos x$$

으로부터 $-2A + 4B = 1, -4A - 2B = 0$을 얻는다. 이 연립방정식을 풀면 $A = -\frac{1}{10}$과 $B = \frac{1}{5}$을 얻게 되므로 특수해는 $y_p = -\frac{1}{10}e^x \cos x + \frac{1}{5}e^x \sin x$가 된다. 이 방정식의 일반해는 다음과 같다.

$$y = y_c + y_p = c_1 + c_2x + c_3e^{-x} - \frac{1}{10}e^x \cos x + \frac{1}{5}e^x \sin x \qquad \equiv$$

예제 11 4계 미분방정식—경우 II

$y^{(4)} + y''' = 1 - x^2e^{-x}$의 특수해의 형태를 결정하라.

풀이 $y_c = c_1 + c_2x + c_3x^2 + c_4e^{-x}$와 통상적으로 가정한 특수해

$$y_p = \underbrace{A}_{y_{p_1}} + \underbrace{Bx^2e^{-x} + Cxe^{-x} + Ee^{-x}}_{y_{p_2}}$$

을 비교해 볼 때, y_c와 y_p 사이의 중복은 y_{p_1}에 x^3을 곱하고 y_{p_2}에 x를 곱하면 해결된다. 따라서 정확한 특수해의 형태는 다음과 같다.

$$y_p = Ax^3 + Bx^3e^{-x} + Cx^2e^{-x} + Exe^{-x} \qquad \equiv$$

참고

(*i*) 연습문제 3.4의 문제 27~36에서는 초기값 문제를 풀고, 문제 37~40에서는 경계값 문제를 풀게 될 것이다. 예제 8에 나와 있는 것처럼, 초기조건 또는 경계조건을 반드시 일반해 $y = y_c + y_p$에 적용해야 한다. 해에서 상수를 포함하는 부분이 여함수이기 때문에 학생들이 종종 이 조건을 여함수 y_c에 적용하는 실수를 범하게 된다.

(*ii*) 비제차 선형 미분방정식의 입력함수 $g(x)$가 이 절 앞부분에 푸른색으로 나열된 네 기본 형태와 다르게 주어질 때 미정계수법이 잘 적용되지 않는 이유는 "경우 I에 대한 형태 규칙"을 보면 알 수 있다. 만일 $P(x)$가 다항식이면, $P(x)e^{\alpha x}\sin\beta x$를 계속 미분해도 오직 유한한 개수의 함수(모두 같은 형태, 말하자면 다항식에 $e^{\alpha x}\sin\beta x$ 또는 $e^{\alpha x}\cos bx$를 곱한 형태)를 포함하는 독립 집합을 얻게 된다. 반면에 $g(x) = \ln x$ 또는 $g(x) = \tan^{-1}x$와 같은 입력함수를 계속 미분하면 무한한 개수의 함수를 포함하는 독립 집합을 얻게 된다.

$$\ln x\text{의 도함수들: } \frac{1}{x}, \frac{-1}{x^2}, \frac{2}{x^3}, \ldots,$$

$$\tan^{-1}x\text{의 도함수들: } \frac{1}{1+x^2}, \frac{-2x}{(1+x^2)^2}, \frac{-2+6x^2}{(1+x^2)^3}, \ldots.$$

3.4 연습문제

부록에 선택된 홀수 문제의 답이 있다.

문제 1~26에서 주어진 미분방정식을 미정계수법을 사용해서 풀어라.

1. $y'' + 3y' + 2y = 6$
2. $4y'' + 9y = 15$
3. $y'' - 10y' + 25y = 30x + 3$
4. $y'' + y' - 6y = 2x$
5. $\frac{1}{4}y'' + y' + y = x^2 - 2x$
6. $y'' - 8y' + 20y = 100x^2 - 26xe^x$
7. $y'' + 3y = -48x^2e^{3x}$
8. $4y'' - 4y' - 3y = \cos 2x$
9. $y'' - y' = -3$
10. $y'' + 2y' = 2x + 5 - e^{-2x}$
11. $y'' - y' + \frac{1}{4}y = 3 + e^{x/2}$
12. $y'' - 16y = 2e^{4x}$
13. $y'' + 4y = 3\sin 2x$
14. $y'' - 4y = (x^2 - 3)\sin 2x$
15. $y'' + y = 2x\sin x$
16. $y'' - 5y' = 2x^3 - 4x^2 - x + 6$
17. $y'' - 2y' + 5y = e^x\cos 2x$
18. $y'' - 2y' + 2y = e^{2x}(\cos x - 3\sin x)$
19. $y'' + 2y' + y = \sin x + 3\cos 2x$
20. $y'' + 2y' - 24y = 16 - (x + 2)e^{4x}$
21. $y''' - 6y'' = 3 - \cos x$
22. $y''' - 2y'' - 4y' + 8y = 6xe^{2x}$
23. $y''' - 3y'' + 3y' - y = x - 4e^x$
24. $y''' - y'' - 4y' + 4y = 5 - e^x + e^{2x}$
25. $y^{(4)} + 2y'' + y = (x - 1)^2$
26. $y^{(4)} - y'' = 4x + 2xe^{-x}$

문제 27~36에서는 주어진 초기값 문제를 풀어라.

27. $y'' + 4y = -2,\ \ y(\pi/8) = \frac{1}{2}, y'(\pi/8) = 2$
28. $2y'' + 3y' - 2y = 14x^2 - 4x - 11,$ $y(0) = 0, y'(0) = 0$
29. $5y'' + y' = -6x, y(0) = 0,\ \ y'(0) = -10$
30. $y'' + 4y' + 4y = (3 + x)e^{-2x},\ \ y(0) = 2, y'(0) = 5$
31. $y'' + 4y' + 5y = 35e^{-4x},\ \ y(0) = -3, y'(0) = 1$
32. $y'' - y = \cosh x,\ \ y(0) = 2, y'(0) = 12$
33. $\dfrac{d^2x}{dt^2} + \omega^2 x = F_0\sin\omega t,\ \ x(0) = 0, x'(0) = 0$
34. $\dfrac{d^2x}{dt^2} + \omega^2 x = F_0\cos\gamma t,\ \ x(0) = 0, x'(0) = 0$
35. $y''' - 2y'' + y' = 2 - 24e^x + 40e^{5x},\ \ y(0) = \frac{1}{2}, y'(0) = \frac{5}{2},$ $y''(0) = -\frac{9}{2}$
36. $y''' + 8y = 2x - 5 + 8e^{-2x},\ y(0) = -5, y'(0) = 3, y''(0) = -4$

문제 37~40에서는 주어진 경계값 문제를 풀어라.

37. $y'' + y = x^2 + 1,\ \ y(0) = 5, y(1) = 0$
38. $y'' - 2y' + 2y = 2x - 2,\ \ y(0) = 0, y(\pi) = \pi$

39. $y'' + 3y = 6x,\ y(0) = 0, y(1) + y'(1) = 0$

40. $y'' + 3y = 6x,\ y(0) + y'(0) = 0, y(1) = 0$

문제 41과 42에서 입력함수 $g(x)$가 불연속인 초기값 문제를 풀어라. [힌트: 두 구간에서 각 문제를 푼 후, y와 y'이 $x = \pi/2$(문제 41) 및 $x = \pi$(문제 42)에서 연속이 되도록 해서 해를 구한다.

41. $y'' + 4y = g(x),\ y(0) = 1, y'(0) = 2,$

$$g(x) = \begin{cases} \sin x, & 0 \le x \le \pi/2 \\ 0, & x > \pi/2 \end{cases}$$

42. $y'' - 2y' + 10y = g(x),\ y(0) = 0, y'(0) = 0,$

$$g(x) = \begin{cases} 20, & 0 \le x \le \pi \\ 0, & x > \pi \end{cases}$$

토의문제

43. 미분방정식 $ay'' + by' + cy = e^{kx}$을 고려하자. 여기서 a, b, c, k는 상수이다. 연계 제차방정식의 보조방정식은 다음과 같다.

$$am^2 + bm + c = 0.$$

(a) 만일 k가 보조방정식의 근이 아니면, $y_p = Ae^{kx}$의 형태로 특수해를 구할 수 있음을 보여라. 여기서 $A = 1/(ak^2 + bk + c)$이다.

(b) 만일 k가 보조방정식의 근이면, $y_p = Axe^{kx}$의 형태로 특수해를 구할 수 있음을 보여라. 여기서 $A = 1/(2ak + b)$이다. 어떻게 $k \ne -b/(2a)$가 되는지 설명하라.

(c) 만일 k가 보조방정식의 중근이면, $y_p = Ax^2e^{kx}$의 형태로 특수해를 구할 수 있음을 보여라. 여기서 $A = 1/(2a)$이다.

44. $y'' + y = \sin x \cos 2x$의 특수해를 구하는 데 이 절의 방법이 어떻게 사용될 수 있는지 설명하라. 그 절차대로 계산을 수행하라.

문제 45~48에서는, 실제로 미분방정식을 풀지 말고 각 그림과 같은 $y'' + y = f(x)$의 해곡선을 다음 함수들 중 하나와 짝지으라.

(*i*) $f(x) = 1,$	(*ii*) $f(x) = e^{-x},$
(*iii*) $f(x) = e^x,$	(*iv*) $f(x) = \sin 2x,$
(*v*) $f(x) = e^x \sin x,$	(*vi*) $f(x) = \sin x.$

이유를 간단히 설명하라.

45.

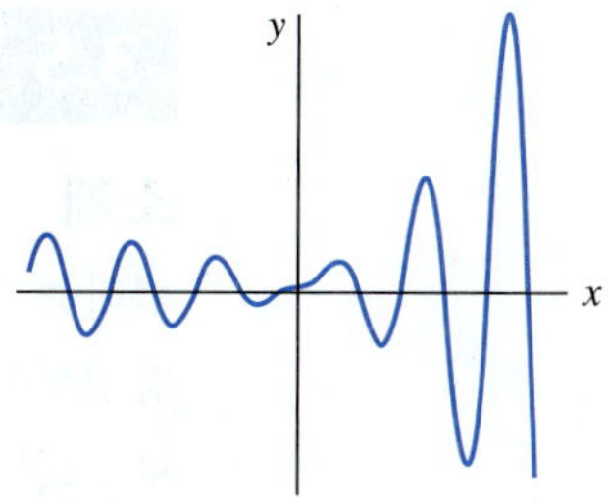

그림 3.4.1 문제 45의 그래프

46.

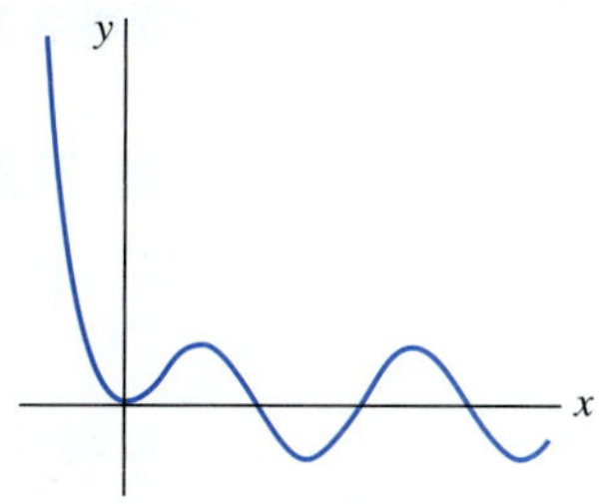

그림 3.4.2 문제 46의 그래프

47.

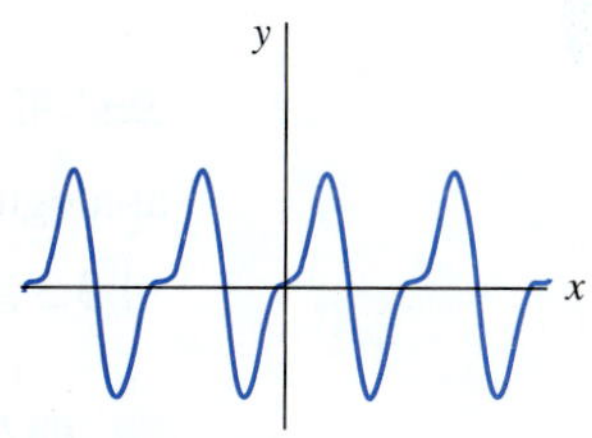

그림 3.4.3 문제 47의 그래프

48.

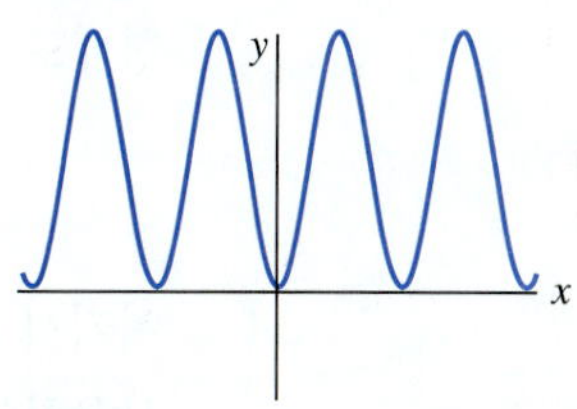

그림 3.4.4 문제 48의 그래프

컴퓨터 실습 과제

문제 49와 50에서 주어진 미분방정식의 특수해를 구하라. 미분, 항의 간략화, 대수연산을 CAS를 이용하여 수행하라.

49. $y'' - 4y' + 8y = (2x^2 - 3x)e^{2x} \cos 2x + (10x^2 - x - 1)e^{2x} \sin 2x$

50. $y^{(4)} + 2y'' + y = 2 \cos x - 3x \sin x$

3.5 매개변수 변화법

소개 3.4절의 마지막 참고에서, 미정계수법으로 여러 종류의 선형 미분방정식을 풀 때 발생하는 본질적인 한계점에 대해 언급한 바 있다. 미정계수법을 적용하려면 상수계수의 미분방정식이어야 하고 입력함수 는 표 3.4.1에 열거된 형태이어야 한다. 이 절에서는 이론적으로 그런 제한 없이 비제차 선형 미분방정식의 특수해 를 구하는 방법을 알아본다. 이탈리아의 천문학자 겸 수학자 **Joseph-Louis Lagrange** (1736~1813)에 의해 알려진 이 방법을 **매개변수 변화법**(variation of parameters)이라 한다.

가정 매개변수 변화법을 사용해서 선형 2계 미분방정식

$$a_2(x)y'' + a_1(x)y' + a_0(x)y = g(x) \tag{1}$$

을 풀기 위해, 3.2절에서 했던 것처럼 식 (1)을 맨 앞의 계수 $a_2(x)$로 나눠서 **표준형**

$$y'' + P(x)y' + Q(x)y = f(x) \tag{2}$$

으로 표시한다. 식 (2)는 선형 1계 방정식 $dy/dx + P(x)y = f(x)$의 2계 유사형(second-order analogue)이다. 식 (2)에서 $P(x)$, $Q(x)$, $f(x)$는 어떤 공통구간 I에서 연속이라고 가정한다. 이미 3.3절에서 본 것처럼, 계수가 상수이면 어렵지 않게 식 (2)의 여함수 y_c를 구할 수 있다.

매개변수 변화법 2.3절에서 $dy/dx + P(x)y = f(x)$의 특수해 y_p를 구하기 위해 $y_p = u_1(x)y_1(x)$를 대입했던 것에 대응해서, 선형 2계 미분방정식 (2)에 대해서 다음과 같은 형태로 해를 구한다.

$$y_p(x) = u_1(x)y_1(x) + u_2(x)y_2(x) \tag{3}$$

여기서 y_1과 y_2는 I에서 식 (1)의 연계 제차방정식의 해의 기본집합을 형성한다. 곱의 규칙을 사용하여 y_p를 두 번 미분하면 다음과 같이 된다.

$$\begin{aligned} y_p' &= u_1y_1' + y_1u_1' + u_2y_2' + y_2u_2' \\ y_p'' &= u_1y_1'' + y_1'u_1' + y_1u_1'' + u_1'y_1' + u_2y_2'' + y_2'u_2' + y_2u_2'' + u_2'y_2' \end{aligned}$$

식 (3)과 상술한 도함수들을 식 (2)에 대입하고 항을 정리하면 다음과 같이 된다.

$$\begin{aligned} y_p'' + P(x)y_p' + Q(x)y_p &= u_1\overbrace{[y_1'' + Py_1' + Qy_1]}^{\text{영}} + u_2\overbrace{[y_2'' + Py_2' + Qy_2]}^{\text{영}} \\ &\quad + y_1u_1'' + u_1'y_1' + y_2u_2'' + u_2'y_2' + P[y_1u_1' + y_2u_2'] + y_1'u_1' + y_2'u_2' \\ &= \frac{d}{dx}[y_1u_1'] + \frac{d}{dx}[y_2u_2'] + P[y_1u_1' + y_2u_2'] + y_1'u_1' + y_2'u_2' \\ &= \frac{d}{dx}[y_1u_1' + y_2u_2'] + P[y_1u_1' + y_2u_2'] + y_1'u_1' + y_2'u_2' = f(x) \end{aligned} \tag{4}$$

두 개의 미지 함수 u_1과 u_2를 결정해야 하므로 당연히 두 개의 방정식이 필요하다. 함수 u_1과 u_2가 $y_1u_1' + y_2u_2' = 0$를 만족시킨다고 추가로 가정하면 이 방정식들을 얻을 수 있다. 이 가정은 느닷없이 튀어나온 것이 아니고 식 (4)에서 처음 두 항을 고려해서 한 것이다. 그 이유

는 만일 $y_1u_1' + y_2u_2' = 0$이면, 식 (4)는 $y_1'u_1' + y_2'u_2' = f(x)$로 간단히 표현되기 때문이다. 도함수 u_1'과 u_2'에 관한 식이긴 하지만 어쨌든 필요한 두 식을 유도했다. Cramer의 규칙을 사용하여 다음 연립방정식

만일 Cramer의 규칙이 생소하면 8.7절을 참조하라.

$$\begin{aligned} y_1u_1' + y_2u_2' &= 0 \\ y_1'u_1' + y_2'u_2' &= f(x) \end{aligned}$$

의 해를 행렬식으로 표현하면 다음과 같이 된다.

$$u_1' = \frac{W_1}{W} = -\frac{y_2 f(x)}{W}, \quad u_2' = \frac{W_2}{W} = \frac{y_1 f(x)}{W} \tag{5}$$

여기서

$$W = \begin{vmatrix} y_1 & y_2 \\ y_1' & y_2' \end{vmatrix}, \quad W_1 = \begin{vmatrix} 0 & y_2 \\ f(x) & y_2' \end{vmatrix}, \quad W_2 = \begin{vmatrix} y_1 & 0 \\ y_1' & f(x) \end{vmatrix} \tag{6}$$

함수 u_1과 u_2는 식 (5)의 결과를 적분해서 구한다. 행렬식 W는 y_1과 y_2의 Wronskian이다. 구간 I에서 y_1과 y_2가 일차독립이므로, 그 구간의 모든 x에 대해 $W(y_1(x), y_2(x)) \neq 0$이다.

매개변수 변화법의 요약 절차를 이해하지 않고 공식을 암기하는 것은 대개 별로 좋은 생각이 아니다. 그러나 앞에서 설명한 절차는 미분방정식을 풀 때마다 매번 사용하기에는 너무 길고 복잡하다. 이 경우에는 단순히 식 (5)의 공식을 사용하는 것이 더 효율적이다. 즉 $a_2y'' + a_1y' + a_0y = g(x)$를 풀기 위해서는, 먼저 여함수 $y_c = c_1y_1 + c_2y_2$를 구하고, 그 다음에 Wronskian $W(y_1(x), y_2(x))$를 계산한다. $f(x)$를 구하기 위해 방정식을 a_2로 나누어 표준형 $y'' + Py' + Qy = f(x)$로 표시한다. $u_1' = W_1/W$와 $u_2' = W_2/W$를 적분해서 u_1과 u_2를 구한다. 여기서 W_1과 W_2는 식 (6)처럼 정의된다. 특수해는 $y_p = u_1y_1 + u_2y_2$이다. 그러면 이 방정식의 일반해는 $y = y_c + y_p$가 된다.

예제 1 매개변수 변화법에 의한 일반해

$y'' - 4y' + 4y = (x + 1)e^{2x}$를 풀어라.

풀이 보조방정식 $m^2 - 4m + 4 = (m - 2)^2 = 0$으로부터 $y_c = c_1e^{2x} + c_2xe^{2x}$을 얻는다. $y_1 = e^{2x}$와 $y_2 = xe^{2x}$로 두고, Wronskian을 계산한다.

$$W(e^{2x}, xe^{2x}) = \begin{vmatrix} e^{2x} & xe^{2x} \\ 2e^{2x} & 2xe^{2x} + e^{2x} \end{vmatrix} = e^{4x}$$

주어진 미분방정식이 이미 식 (2)의 형태이므로(즉 y''의 계수가 1), $f(x) = (x + 1)e^{2x}$가 된다. 식 (6)으로부터

$$W_1 = \begin{vmatrix} 0 & xe^{2x} \\ (x+1)e^{2x} & 2xe^{2x} + e^{2x} \end{vmatrix} = -(x+1)xe^{4x}, \quad W_2 = \begin{vmatrix} e^{2x} & 0 \\ 2e^{2x} & (x+1)e^{2x} \end{vmatrix} = (x+1)e^{4x}$$

이 되고 식 (5)로부터

$$u_1' = -\frac{(x+1)xe^{4x}}{e^{4x}} = -x^2 - x, \quad u_2' = \frac{(x+1)e^{4x}}{e^{4x}} = x + 1$$

위의 도함수들을 적분하면

$$u_1 = -\frac{1}{3}x^3 - \frac{1}{2}x^2 \text{ 과 } u_2 = \frac{1}{2}x^2 + x$$

를 얻게 되고, 따라서 식 (3)으로부터

$$y_p = \left(-\frac{1}{3}x^3 - \frac{1}{2}x^2\right)e^{2x} + \left(\frac{1}{2}x^2 + x\right)xe^{2x} = \frac{1}{6}x^3e^{2x} + \frac{1}{2}x^2e^{2x}$$

이고

$$y = y_c + y_p = c_1e^{2x} + c_2xe^{2x} + \frac{1}{6}x^3e^{2x} + \frac{1}{2}x^2e^{2x}$$

이 된다. ≡

예제 2　매개변수 변화법에 의한 일반해

$4y'' + 36y = \csc 3x$를 풀어라.

풀이　먼저 방정식을 4로 나누어 표준형 식 (2)로 표시하면 다음과 같다.

$$y'' + 9y = \frac{1}{4}\csc 3x$$

보조방정식 $m^2 + 9 = 0$의 근이 $m_1 = 3i$와 $m_2 = -3i$이므로, 여함수는 $y_c = c_1 \cos 3x + c_2 \sin 3x$이다. $y_1 = \cos 3x$, $y_2 = \sin 3x$, $f(x) = \frac{1}{4}\csc 3x$를 사용하면 다음 결과를 얻는다.

$$W(\cos 3x, \sin 3x) = \begin{vmatrix} \cos 3x & \sin 3x \\ -3\sin 3x & 3\cos 3x \end{vmatrix} = 3,$$

$$W_1 = \begin{vmatrix} 0 & \sin 3x \\ \frac{1}{4}\csc 3x & 3\cos 3x \end{vmatrix} = -\frac{1}{4}, \quad W_2 = \begin{vmatrix} \cos 3x & 0 \\ -3\sin 3x & \frac{1}{4}\csc 3x \end{vmatrix} = \frac{1}{4}\frac{\cos 3x}{\sin 3x}$$

다음 식

$$u_1' = \frac{W_1}{W} = -\frac{1}{12}, \quad u_2' = \frac{W_2}{W} = \frac{1}{12}\frac{\cos 3x}{\sin 3x}$$

으로부터

$$u_1 = -\frac{1}{12}x, \quad u_2 = \frac{1}{36}\ln|\sin 3x|$$

따라서 식 (3)으로부터 특수해는

$$y_p = -\frac{1}{12}x\cos 3x + \frac{1}{36}(\sin 3x)\ln|\sin 3x|$$

이 되고, 이 방정식의 일반해는 다음과 같이 된다.

$$y = y_c + y_p = c_1 \cos 3x + c_2 \sin 3x - \frac{1}{12} x \cos 3x + \frac{1}{36} (\sin 3x) \ln |\sin 3x| \quad (7)$$ ≡

식 (7)은 $(0, \pi/3)$ 등과 같은 구간에서의 미분방정식의 일반해를 나타낸다.

적분상수 u_1'과 u_2'의 부정적분을 계산할 때, 다음과 같은 이유로 어떠한 상수도 집어넣을 필요가 없다.

$$\begin{aligned} y = y_c + y_p &= c_1 y_1 + c_2 y_2 + (u_1 + a_1) y_1 + (u_2 + b_1) y_2 \\ &= (c_1 + a_1) y_1 + (c_2 + b_1) y_2 + u_1 y_1 + u_2 y_2 \\ &= C_1 y_1 + C_2 y_2 + u_1 y_1 + u_2 y_2. \end{aligned}$$

적분표시함수 앞 장과 절에서, 해법이 적분을 포함할 때 때때로 비기본 적분을 만나는 경우가 있었다. 다음 예제에서 보는 바와 같이, 선형 2계 미분방정식의 특수해를 구하는 데 기껏해야 다음과 같은 적분표시함수로 표현할 수밖에 없는 경우가 종종 있다.

$$u_1(x) = -\int_{x_0}^{x} \frac{y_2(t) f(t)}{W(t)} dt \quad \text{와} \quad u_2(x) = \int_{x_0}^{x} \frac{y_1(t) f(t)}{W(t)} dt$$

여기서 피적분함수는 구간 $[x_0, x]$에서 연속이라고 가정한다. 연습문제 3.5의 문제 27~30을 보라.

예제 3 매개변수 변화법에 의한 일반해

$y'' - y = 1/x$을 풀어라.

풀이 보조방정식 $m^2 - 1 = 0$으로부터 $m_1 = -1$과 $m_2 = 1$을 얻는다. 따라서 $y_c = c_1 e^x + c_2 e^{-x}$이다. $W(e^x, e^{-x}) = -2$이고

$$\begin{aligned} u_1' &= -\frac{e^{-x}(1/x)}{-2}, \quad & u_2' &= \frac{e^{-x}(1/x)}{-2} \\ u_1 &= \frac{1}{2}\int_{x_0}^{x} \frac{e^{-t}}{t} dt, \quad & u_2 &= -\frac{1}{2}\int_{x_0}^{x} \frac{e^{t}}{t} dt \end{aligned}$$

이다. 이들 적분은 기본적분이 아니므로 다음과 같이 쓸 수밖에 없다.

$$y_p = \frac{1}{2} e^x \int_{x_0}^{x} \frac{e^{-t}}{t} dt - \frac{1}{2} e^{-x} \int_{x_0}^{x} \frac{e^{t}}{t} dt$$

그리고

$$y = y_c + y_p = c_1 e^x + c_2 e^{-x} + \frac{1}{2} e^x \int_{x_0}^{x} \frac{e^{-t}}{t} dt - \frac{1}{2} e^{-x} \int_{x_0}^{x} \frac{e^{t}}{t} dt.$$ ≡

예제 3에서 원점을 포함하지만 않으면 어떤 구간 $[x_0, x]$에서든 적분을 수행할 수 있다. 3.10절의 예제 2와 3을 참조하라.

고계 방정식 앞에서 비제차 2계 미분방정식에 적용되었던 방법은 다음과 같이 표준형

$$y^{(n)} + P_{n-1}(x)y^{(n-1)} + \cdots + P_1(x)y' + P_0(x)y = f(x) \tag{8}$$

으로 표현하여 n계 방정식으로 일반화할 수 있다. 만일 $y_c = c_1y_1 + c_2y_2 + \ldots + c_ny_n$이 식 (8)의 여함수라면, 특수해는

$$y_p(x) = u_1(x)y_1(x) + u_2(x)y_2(x) + \cdots + u_n(x)y_n(x)$$

이 된다. 여기서 u_k', $k = 1, 2, \ldots, n$은 다음과 같은 n개의 방정식으로부터 결정된다.

$$\begin{aligned} y_1u_1' + \quad y_2u_2' + \cdots + \quad y_nu_n' &= 0 \\ y_1'u_1' + \quad y_2'u_2' + \cdots + \quad y_n'u_n' &= 0 \\ \vdots \qquad\qquad\qquad\qquad & \vdots \\ y_1^{(n-1)}u_1' + y_2^{(n-1)}u_2' + \cdots + y_n^{(n-1)}u_n' &= f(x) \end{aligned} \tag{9}$$

이 연립방정식에서 첫 $n - 1$ 방정식은, 식 (4)에서의 $y_1u_1' + y_2u_2' = 0$처럼, 식 (8)에 $y_p = u_1(x)y_1(x) + \ldots + u_n(x)y_n(x)$를 대입한 후에 결과식을 간단하게 하기 위한 가정들이다. 이 경우에 Cramer 법칙을 사용하면

$$u_k' = \frac{W_k}{W}, \qquad k = 1, 2, \ldots, n$$

을 얻는다. 여기서 W는 $y_1, y_2, \ldots, y_n$의 Wronskian이고 W_k는 Wronskian의 k번째 열을 식 (9)의 우변으로 구성되는 열, 즉 $(0, 0, \ldots, f(x))$로 대체해 얻는 행렬식이다. $n = 2$일 때, 식 (5)를 얻는다. $n = 3$일 때, 특수해는 $y_p = u_1y_1 + u_2y_2 + u_3y_3$이다. 여기서 y_1, y_2, y_3는 연계 제차 미분방정식의 해의 일차독립 집합을 구성하고, u_1, u_2, u_3는 다음 식으로부터 결정된다.

$$u_1' = \frac{W_1}{W}, \quad u_2' = \frac{W_2}{W}, \quad u_3' = \frac{W_3}{W} \tag{10}$$

$$W = \begin{vmatrix} y_1 & y_2 & y_3 \\ y_1' & y_2' & y_3' \\ y_1'' & y_2'' & y_3'' \end{vmatrix}, \quad W_1 = \begin{vmatrix} 0 & y_2 & y_3 \\ 0 & y_2' & y_3' \\ f(x) & y_2'' & y_3'' \end{vmatrix}, \quad W_2 = \begin{vmatrix} y_1 & 0 & y_3 \\ y_1' & 0 & y_3' \\ y_1'' & f(x) & y_3'' \end{vmatrix}, \quad W_3 = \begin{vmatrix} y_1 & y_2 & 0 \\ y_1' & y_2' & 0 \\ y_1'' & y_2'' & f(x) \end{vmatrix}$$

연습문제 3.5의 문제 33과 34을 참조하라.

비유일 특수해 연습문제 3.5에서 매개변수 변화법으로 구한 특수해 y_p의 형태는 가능하다면 얼마든지 간단히 바꿔도 된다. u_1'과 u_2'의 부정적분을 어떻게 구했느냐에 따라 모범답안에 주어진 것과 다른 y_p를 얻을 수도 있다. 예를 들어, 연습문제 3.5의 문제 3에서 $y_p = \frac{1}{2}\sin x - \frac{1}{2}x\cos x$와 $y_p = -\frac{1}{2}x\cos x$는 둘 다 미분방정식 $y'' + y = \sin x$의 특수해가 될 수 있다. 만일 첫 번째 특수해를 사용하면 일반해는 다음과 같다.

$$y = c_1\cos x + c_2\sin x + \tfrac{1}{2}\sin x - \tfrac{1}{2}x\cos x$$

그러나 $y = c_1\cos x + (c_2 + \frac{1}{2})\sin x - \frac{1}{2}x\cos x$로 쓰고 $c_3 = c_2 + \frac{1}{2}$라 정의하면 또 하나의 완벽한 일반해를 다음과 같이 쓸 수 있다.

$$y = c_1\cos x + c_3\sin x - \tfrac{1}{2}x\cos x$$

3.5 연습문제

부록에 선택된 홀수 문제의 답이 있다.

문제 1~20에서는 각각의 미분방정식을 매개변수 변화법으로 풀어라.

1. $y'' + y = \sec x$
2. $y'' + y = \tan x$
3. $y'' + y = \sin x$
4. $y'' + y = \sec\theta \tan\theta$
5. $y'' + y = \cos^2 x$
6. $y'' + y = \sec^2 x$
7. $y'' - y = \cosh x$
8. $y'' - y = \sinh 2x$
9. $y'' - 9y = \dfrac{9x}{e^{3x}}$
10. $4y'' - y = e^{x/2} + 3$
11. $y'' + y' = 3$
12. $y'' - 4y' + 3y = e^x$
13. $y'' + 3y' + 2y = \dfrac{1}{1 + e^x}$
14. $y'' - 2y' + y = \dfrac{e^x}{1 + x^2}$
15. $y'' + 3y' + 2y = \sin e^x$
16. $y'' - 2y' + y = e^t \arctan t$
17. $y'' + 2y' + y = e^{-t}\ln t$
18. $2y'' + y' = 6x$
19. $3y'' - 6y' + 6y = e^x \sec x$
20. $4y'' - 4y' + y = e^{x/2}\sqrt{1 - x^2}$

문제 21~26에서는 초기조건 $y(0) = 1$, $y'(0) = 0$을 만족하는 각각의 미분방정식을 매개변수 변화법으로 풀어라.

21. $4y'' - y = xe^{x/2}$
22. $y'' + y' = e^{-x}$
23. $y'' - 2y' + y = e^x \sec^2 x$
24. $2y'' + y' - y = x + 1$
25. $y'' + 2y' - 8y = 2e^{-2x} - e^{-x}$
26. $y'' - 4y' + 4y = (12x^2 - 6x)e^{2x}$

문제 27~30에서는 각각의 미분방정식을 예제 3과 같은 절차에 따라 매개변수 변화법으로 풀어라.

27. $y'' + y = e^{x^2}$
28. $y'' - 4y = \dfrac{e^{2x}}{x}$
29. $y'' + y' - 2y = \ln x$
30. $2y'' + 2y' + y = 4\sqrt{x}$

문제 31과 32에서 주어진 함수들은 구간 $(0, \infty)$에서 연계 제차 미분방정식의 일차독립 해이다. 주어진 비제차방정식의 일반해를 구하라.

31. $x^2y'' + xy' + (x^2 - \frac{1}{4})y = x^{3/2}$; $y_1 = x^{-1/2}\cos x$, $y_2 = x^{-1/2}\sin x$
32. $x^2y'' + xy' + y = \sec(\ln x)$; $y_1 = \cos(\ln x)$, $y_2 = \sin(\ln x)$

문제 33~36에서는 주어진 3계 미분방정식을 매개변수 변화법으로 풀어라.

33. $y''' + y' = \tan x$
34. $y''' + 4y' = \sec 2x$
35. $y''' - 2y'' - y' + 2y = e^{4x}$
36. $y''' - 3y'' + 2y' = \dfrac{e^{2x}}{1 + e^x}$

토의문제

문제 37과 38에서는 어떻게 미정계수법과 매개변수 변화법을 결합해서 주어진 미분방정식을 풀 수 있는지 논의하라. 논의한 바에 따라 계산을 수행하라.

37. $3y'' - 6y' + 30y = 15\sin x + e^x \tan 3x$
38. $y'' - 2y' + y = 4x^2 - 3 + x^{-1}e^x$
39. 문제 1, 7, 17, 20에서 일반해 정의구간을 구하라. 문제 32의 일반해 정의구간이 $(0, \infty)$가 아닌 이유를 논의하라.
40. 연계 제차방정식의 한 해가 $y_1 = x^2$으로 주어졌을 때, $x^4y'' + x^3y' - 4x^2y = 1$의 일반해를 구하라.

컴퓨터 실습 과제

문제 41과 42에서 식 (5)의 부정적분이 기본적분이 아니다. CAS를 이용하여 피적분함수의 Maclaurin 급수의 영이 아닌 처음 네 항을 구하고 그 결과를 적분하라. 주어진 미분방정식의 특수해를 구하라.

41. $y'' + y = \sqrt{1 + x^2}$
42. $4y'' - y = e^{x^2}$

3.6 Cauchy-Euler 방정식

© Colport/Alamy Stock Photo

Augustin-Louis Cauchy

소개 상수계수(constant coefficient)의 선형 고계 미분방정식의 양함수 해는 앞절에서 비교적 쉽게 구할 수 있었으나, 일반적으로 **변수계수**(variable coefficient)의 선형방정식에서는 사정이 다르다. 앞으로 5장에서 보게 되겠지만, 선형 미분방정식이 변수계수를 가지게 되면, 우리가 보통 기대할 수 있는 것은 기껏해야 무한급수 형태로 해를 구하는 것이다. 그러나 이 절에서 고려할 변수계수의 미분방정식의 형태는 항상 그 일반해가 x의 거듭제곱, 사인함수, 코사인함수, 로그함수, 지수함수의 항으로 표시될 수 있는 예외적인 경우이다. 게다가 그 해법은 상수계수에 대한 해법과 매우 비슷하다.

Cauchy-Euler 방정식 다음과 같은 형태의

$$a_nx^n\frac{d^ny}{dx^n}+a_{n-1}x^{n-1}\frac{d^{n-1}y}{dx^{n-1}}+\cdots+a_1x\frac{dy}{dx}+a_0y=g(x)$$

© Science History Images/Alamy Stock Photo

Leonhard Euler

계수 $a_n, a_{n-1}, \ldots, a_0$가 상수인 선형 미분방정식을 **Cauchy-Euler 방정식**(equidimensional equation)이라 한다. 이 미분방정식의 명칭은 역사상 가장 존경 받는 두 수학자 **Augustin-Louis Cauchy**(프랑스, 1789~1857)와 **Leonhard Euler**(스위스, 1707~1783)의 이름을 딴 것이다. 특히 Cauchy는 그들의 업적을 기리기 위해 에펠탑에 이름을 새긴 72명의 프랑스 수학자, 과학자, 공학자 중 하나이다. 이 방정식 형태에서 주목할 만한 특징은 각 단항식 계수(monomial coefficient) x^k의 차수 $k=n, n-1, \ldots, 1, 0$이 미분 d^ky/dx^k의 차수 k와 일치한다는 점이다.

같다 ↓ ↓   같다 ↓ ↓

$$a_nx^n\frac{d^ny}{dx^n}+a_{n-1}x^{n-1}\frac{d^{n-1}y}{dx^{n-1}}+\cdots$$

3.3절에서 했던 것처럼, 제차 2계 방정식

$$ax^2\frac{d^2y}{dx^2}+bx\frac{dy}{dx}+cy=0 \tag{1}$$

의 일반해의 형태를 자세히 검토하는 것으로부터 논의를 시작하자. 고계 방정식의 해는 비슷한 방법으로 구하면 된다. 또한 비제차방정식 $ax^2y''+bxy'+cy=g(x)$는 일단 여함수 $y_c(x)$를 구하면 매개변수 변화법으로 풀 수 있다.

$x=0$에서 선두 계수가 영이 되면 문제가 발생할 수 있다. ▶

d^2y/dx^2의 계수는 $x=0$에서 영이다. 따라서 정리 3.1.1의 기본 결과를 Cauchy-Euler 방정식에 적용하기 위해서는, 풀이과정을 구간 $(0, \infty)$에 대한 일반해를 구하는 것으로 한정시킨다. 구간 $(-\infty, 0)$에 대한 해는 $t=-x$를 미분방정식에 대입하면 구할 수 있다. 연습문제 3.6의 문제 49와 50을 참조하라.

해법 $y=x^m$형태의 해를 시험해 본다. 여기서 m은 앞으로 결정될 값이다. 상수계수의 선형방정식에 e^{mx}를 대입했을 때 벌어진 것과 유사하게, x^m을 대입하면 Cauchy-Euler 방정식의 각 항은 m의 다항식에 x^m을 곱한 꼴로 된다. 그 이유는 다음과 같다.

$$a_k x^k \frac{d^k y}{dx^k} = a_k x^k m(m-1)(m-2)\cdots(m-k+1)x^{m-k}$$
$$= a_k m(m-1)(m-2)\cdots(m-k+1)x^m$$

예를 들어 $y = x^m$을 2계 방정식에 대입하면 다음과 같이 된다.

$$ax^2 \frac{d^2y}{dx^2} + bx\frac{dy}{dx} + cy = am(m-1)x^m + bmx^m + cx^m = (am(m-1) + bm + c)x^m = 0$$

따라서 $y = x^m$이 미분방정식의 해가 되려면 반드시 m이 **보조방정식**(auxiliary equation)

$$am(m-1) + bm + c = 0 \quad \text{또는} \quad am^2 + (b-a)m + c = 0 \tag{2}$$

의 근이 되어야 한다. 이 2차 방정식의 근이 서로 다른 실수인지, 같은 실수인지, 복소수인지에 따라 세 가지 경우로 나누어 생각한다. 마지막 경우는 근이 켤레쌍으로 나타난다.

경우 I: 서로 다른 실근 식 (2)의 실근을 $m_1 \neq m_2$인 m_1과 m_2로 나타내자. 그러면 $y_1 = x^{m_1}$과 $y_2 = x^{m_2}$는 해의 기본집합을 구성한다. 따라서 일반해는 다음과 같다.

$$y = c_1 x^{m_1} + c_2 x^{m_2} \tag{3}$$

예제 1 서로 다른 실근

$x^2 \frac{d^2y}{dx^2} - 2x\frac{dy}{dx} - 4y = 0$을 풀어라.

풀이 단순히 방정식 (2)를 외우는 것보다는, 이 절의 새로운 형태의 보조방정식과 3.3절에서 구한 보조방정식의 출발점 및 차이점을 이해하기 위해 $y = x^m$을 해로 가정해서 몇 차례 풀어보는 것이 더 좋다. 두 번 미분하면

$$\frac{dy}{dx} = mx^{m-1}, \quad \frac{d^2y}{dx^2} = m(m-1)x^{m-2}$$

과 같고, 미분방정식에 다시 대입하면 다음과 같이 된다.

$$x^2\frac{d^2y}{dx^2} - 2x\frac{dy}{dx} - 4y = x^2 \cdot m(m-1)x^{m-2} - 2x \cdot mx^{m-1} - 4x^m$$
$$= x^m(m(m-1) - 2m - 4) = x^m(m^2 - 3m - 4) = 0$$

이 식은 $m^2 - 3m - 4 = 0$이면 충족된다. $(m+1)(m-4) = 0$으로부터 $m_1 = -1$, $m_2 = 4$가 되므로, 일반해로 $y = c_1x^{-1} + c_2x^4$을 얻게 된다. ≡

경우 II: 실중근 만일 식 (2)의 근이 중복되면(즉 $m_1 = m_2$), 우리는 단지 하나의 해(즉 $y = x^{m_1}$)만을 얻게 된다. 2차 방정식 $am^2 + (b-a)m + c = 0$의 근이 같을 때, 계수의 판별식은 반드시 영이 되어야 한다. 근의 공식으로부터 근은 $m_1 = -(b-a)/2a$이다.

이제 우리는 3.2절의 식 (5)를 사용해서 두 번째 해 y_2를 구성할 수 있다. 먼저 Cauchy-Euler 방정식을 표준형

$$\frac{d^2y}{dx^2} + \frac{b}{ax}\frac{dy}{dx} + \frac{c}{ax^2}y = 0$$

으로 표현하고, $P(x) = b/ax$이고 $\int(b/ax)dx = (b/a)\ln x$임을 확인하면 다음 결과를 얻는다.

$$\begin{aligned} y_2 &= x^{m_1}\int\frac{e^{-(b/a)\ln x}}{x^{2m_1}}dx \\ &= x^{m_1}\int x^{-b/a}\cdot x^{-2m_1}\,dx \qquad \leftarrow e^{-(b/a)\ln x} = e^{\ln x^{-(b/a)}} = x^{-b/a} \\ &= x^{m_1}\int x^{-b/a}\cdot x^{(b-a)/a}\,dx \qquad \leftarrow -2m_1 = (b-a)/a \\ &= x^{m_1}\int\frac{dx}{x} = x^{m_1}\ln x \end{aligned}$$

일반해는 다음과 같다.

$$y = c_1x^{m_1} + c_2x^{m_1}\ln x \tag{4}$$

예제 2 중근

$4x^2\dfrac{d^2y}{dx^2} + 8x\dfrac{dy}{dx} + y = 0$을 풀어라.

풀이 $y = x^m$을 대입하면

$$4x^2\frac{d^2y}{dx^2} + 8x\frac{dy}{dx} + y = x^m(4m(m-1) + 8m + 1) = x^m(4m^2 + 4m + 1) = 0$$

이므로 $4m^2 + 4m + 1 = 0$ 또는 $(2m+1)^2 = 0$이 된다. $m_1 = -\frac{1}{2}$이므로 일반해는 $y = c_1x^{-1/2} + c_2x^{-1/2}\ln x$이다. ≡

고계 방정식에서 m_1이 k중근이면

$$x^{m_1},\quad x^{m_1}\ln x,\quad x^{m_1}(\ln x)^2,\quad \ldots,\quad x^{m_1}(\ln x)^{k-1}$$

은 k개의 일차독립 해라는 것을 보일 수 있다. 따라서 미분방정식의 일반해는 이 k개 해의 일차결합을 포함해야 한다.

경우 III: 켤레복소근 만일 식 (2)의 근이 켤레쌍 $m_1 = \alpha + i\beta$, $m_2 = \alpha - i\beta$(α와 β는 양의 실수)이면, 해는 $y = C_1x^{\alpha+i\beta} + C_2x^{\alpha-i\beta}$이다. 그러나 보조방정식의 근이 복소수일 때에는, 상수계수의 방정식의 경우와 마찬가지로, 해를 실함수 꼴로 나타내는 것이 좋다. 다음 항등식

$$x^{i\beta} = (e^{\ln x})^{i\beta} = e^{i\beta\ln x}$$

은 Euler 공식을 사용하면 다음 식과 같다.

$$x^{i\beta} = \cos(\beta \ln x) + i \sin(\beta \ln x)$$

마찬가지로

$$x^{-i\beta} = \cos(\beta \ln x) - i \sin(\beta \ln x)$$

이다. 마지막 두 결과식을 더하고 빼면 각각 다음과 같이 된다.

$$x^{i\beta} + x^{-i\beta} = 2\cos(\beta \ln x), \qquad x^{i\beta} - x^{-i\beta} = 2i \sin(\beta \ln x)$$

어느 상수값에 대해서든 $y = C_1 x^{\alpha+i\beta} + C_2 x^{\alpha-i\beta}$가 해가 된다는 사실로부터, $C_1 = C_2 = 1$과 $C_1 = 1$, $C_2 = -1$인 경우에 대해 차례로

$$y_1 = x^{\alpha}(x^{i\beta} + x^{-i\beta}), \quad y_2 = x^{\alpha}(x^{i\beta} - x^{-i\beta})$$

또는

$$y_1 = 2x^{\alpha}\cos(\beta \ln x), \quad y_2 = 2ix^{\alpha}\sin(\beta \ln x)$$

도 해가 된다. 구간 $(0, \infty)$에서 $W(x^{\alpha}\cos(\beta \ln x), x^{\alpha}\sin(\beta \ln x)) = \beta x^{2\alpha-1} \neq 0$, $\beta > 0$이므로

$$y_1 = x^{\alpha}\cos(\beta \ln x), \qquad y_2 = x^{\alpha}\sin(\beta \ln x)$$

은 미분방정식의 실수해의 기본집합을 구성한다고 결론짓는다. 따라서 일반해는 다음과 같이 된다.

$$y = x^{\alpha}[c_1 \cos(\beta \ln x) + c_2 \sin(\beta \ln x)] \tag{5}$$

예제 3 초기값 문제

초기값 문제 $4x^2y'' + 17y = 0$, $y(1) = -1$, $y'(1) = -\frac{1}{2}$을 풀어라.

풀이 주어진 Cauchy-Euler 방정식에서 y' 항이 빠져 있다. 그래도 $y = x^m$을 대입하면

$$4x^2y'' + 17y = x^m(4m(m-1) + 17) = x^m(4m^2 - 4m + 17) = 0$$

이 되고 $4m^2 - 4m + 17 = 0$이면 충족된다. 2차 방정식의 근의 공식으로 두 근을 구하면 $m_1 = \frac{1}{2} + 2i$와 $m_2 = \frac{1}{2} - 2i$를 얻는다. $\alpha = \frac{1}{2}$과 $\beta = 2$이므로, 식 (5)로부터 미분방정식의 일반해는

$$y = x^{1/2}[c_1 \cos(2 \ln x) + c_2 \sin(2 \ln x)]$$

이 된다. 이 해에 초기조건 $y(1) = -1$, $y'(1) = -1/2$을 적용하고 $\ln 1 = 0$을 이용하면 차례대로 $c_1 = -1$과 $c_2 = 0$을 얻는다. 따라서 초기값 문제의 해는 $y = -x^{1/2}\cos(2 \ln x)$가 된다. 그림 3.6.1은 이 해의 그래프를 컴퓨터 소프트웨어를 사용해서 그린 것이다. 이 해는 진동하면서 $x \to \infty$에서 발산한다. ☰

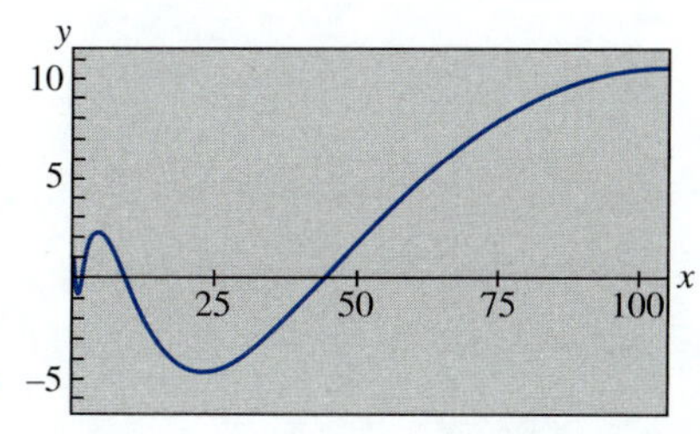

그림 3.6.1 예제 3 초기값 문제의 해 그래프

다음 예제는 3계 Cauchy-Euler 방정식의 해를 예시한다.

예제 4 **3계 방정식**

$x^3 \dfrac{d^3y}{dx^3} + 5x^2 \dfrac{d^2y}{dx^2} + 7x \dfrac{dy}{dx} + 8y = 0$을 풀어라.

풀이 $y = x^m$의 첫 세 도함수는

$$\frac{dy}{dx} = mx^{m-1}, \quad \frac{d^2y}{dx^2} = m(m-1)x^{m-2}, \quad \frac{d^3y}{dx^3} = m(m-1)(m-2)x^{m-3}$$

이므로 주어진 미분방정식은 다음과 같이 된다.

$$\begin{aligned} x^3\frac{d^3y}{dx^3} + 5x^2\frac{d^2y}{dx^2} + 7x\frac{dy}{dx} + 8y &= x^3m(m-1)(m-2)x^{m-3} + 5x^2m(m-1)x^{m-2} + 7xmx^{m-1} + 8x^m \\ &= x^m(m(m-1)(m-2) + 5m(m-1) + 7m + 8) \\ &= x^m(m^3 + 2m^2 + 4m + 8) = x^m(m+2)(m^2+4) = 0 \end{aligned}$$

이 경우에 $y = x^m$이 미분방정식의 해가 되려면 $m_1 = -2$, $m_2 = 2i$, $m_3 = -2i$이어야 한다. 따라서 일반해는 다음과 같이 된다.

$$y = c_1x^{-2} + c_2\cos(2\ln x) + c_3\sin(2\ln x)$$ ≡

비제차방정식 3.4절에서 설명한 미정계수법은 일반적으로 변수계수의 선형 미분방정식에는 적용되지 않는다. 따라서 다음 예제에서는 매개변수 변화법을 사용한다.

예제 5 **매개변수 변화법**

$x^2y'' - 3xy' + 3y = 2x^4e^x$를 풀어라.

풀이 비제차방정식이므로 먼저 연계 제차방정식을 풀어야 한다. 보조방정식 $(m-1)(m-3) = 0$으로부터 $y_c = c_1x + c_2x^3$을 구한다. 특수해 $y_p = u_1y_1 + u_2y_2$를 구하기 위해 매개변수 변화법을 사용하기 전에, 공식 $u_1' = W_1/W$과 $u_2' = W_2/W$(여기서 W_1, W_2, W는 3.5절에서 정의된 행렬식)는 미분방정식을 표준형 $y'' + P(x)y' + Q(x)y = f(x)$으로 놓는다는 가정하에 유도된 것이라는 점을 명심하라. 따라서 주어진 방정식을 x^2으로 나눈 식

$$y'' - \frac{3}{x}y' + \frac{3}{x^2}y = 2x^2e^x$$

으로부터 $f(x) = 2x^2e^x$임을 알 수 있다. 이제 $y_1 = x$와 $y_2 = x^3$, 그리고

$$W = \begin{vmatrix} x & x^3 \\ 1 & 3x^2 \end{vmatrix} = 2x^3, \quad W_1 = \begin{vmatrix} 0 & x^3 \\ 2x^2e^x & 3x^2 \end{vmatrix} = -2x^5e^x, \quad W_2 = \begin{vmatrix} x & 0 \\ 1 & 2x^2e^x \end{vmatrix} = 2x^3e^x$$

으로부터

$$u_1' = -\frac{2x^5e^x}{2x^3} = -x^2e^x, \quad u_2' = \frac{2x^3e^x}{2x^3} = e^x$$

를 구한다. u_2'의 적분은 금방 구할 수 있으나 u_1'의 적분은 부분적분을 두 번 해서 구한다. 그 결과는 $u_1 = -x^2e^x + 2xe^x - 2e^x$와 $u_2 = e^x$이다. 따라서

$$y_p = u_1y_1 + u_2y_2 = (-x^2e^x + 2xe^x - 2e^x)x + e^xx^3 = 2x^2e^x - 2xe^x$$

이고, 끝으로 일반해 $y = y_c + y_p = c_1x + c_2x^3 + 2x^2e^x - 2xe^x$를 얻는다. ≡

일반형 2계 미분방정식

$$a(x - x_0)^2 \frac{d^2y}{dx^2} + b(x - x_0)\frac{dy}{dx} + cy = 0 \tag{6}$$

은 식 (1)의 일반형이다. $x_0 = 0$이면 식 (6)은 식 (1)과 같다. 식 (6)과 같은 형태의 Cauchy-Euler 방정식의 풀이는 식 (1)의 풀이와 완전히 똑같다. 즉, 해를 $y = (x - x_0)^m$의 꼴로 추정하여 관계식

$$\frac{dy}{dx} = m(x - x_0)^{m-1} \quad \text{그리고} \quad \frac{d^2y}{dx^2} = m(m-1)(x - x_0)^{m-2}$$

을 이용하여 구하면 된다. 3.6절의 연습문제 39~42를 참고하라.

상수계수 전환 Cauchy-Euler 방정식과 상수계수의 선형방정식의 해가 서로 비슷한 것은 단순히 우연의 일치는 아니다. 예를 들어 $ay'' + by' + cy = 0$과 $ax^2y'' + bxy' + cy = 0$의 보조방정식이 서로 다른 실근을 가질 때, 일반해는 각각 다음과 같다.

$$y = c_1e^{m_1x} + c_2e^{m_2x} \quad \text{and} \quad y = c_1x^{m_1} + c_2x^{m_2}, \quad x > 0 \tag{7}$$

항등식 $e^{\ln x} = x\ (x > 0)$을 사용하면, 식 (7)에 주어진 두 번째 해는 첫 번째 해와 같은 형태로 표시될 수 있다.

$$y = c_1e^{m_1 \ln x} + c_2e^{m_2 \ln x} = c_1e^{m_1t} + c_2e^{m_2t}$$

여기서 $t = \ln x$이다. 이 마지막 결과는 모든 Cauchy-Euler 방정식은 $x = e^t$ 또는 $x = \ln x$로 치환하면 언제나 상수계수의 선형 미분방정식으로 다시 표현할 수 있다는 사실을 보여준다. 이는 변수 t에 관한 새로운 미분방정식을 이전 절의 방법을 사용해서 풀고, 일단 일반해를 구했으면 $x = e^t$ 또는 $t = \ln x$로 재치환한다는 발상이다.

마지막 예제에서 이 방법을 적용하려면 미분의 연쇄법칙이 필요하다.

예제 6 미분방정식의 상수계수 전환

$x^2\dfrac{d^2y}{dx^2} - x\dfrac{dy}{dx} + y = \ln x$를 풀어라.

풀이 $t = \ln x$를 대입하고 연쇄법칙과 곱의 미분을 적용하면 다음과 같이 된다.

$$\frac{dy}{dx} = \frac{dy}{dt}\frac{dt}{dx} = \frac{1}{x}\frac{dy}{dt}$$

$$\frac{d^2y}{dx^2} = \frac{1}{x}\frac{d}{dx}\left(\frac{dy}{dt}\right) + \frac{dy}{dt}\left(-\frac{1}{x^2}\right)$$

$$= \frac{1}{x}\left(\frac{d^2y}{dt^2}\frac{1}{x}\right) + \frac{dy}{dt}\left(-\frac{1}{x^2}\right)$$

$$= \frac{1}{x^2}\left(\frac{d^2y}{dt^2} - \frac{dy}{dt}\right)$$

위에서 구한 도함수들을 주어진 미분방정식에 대입하고 정리하면 다음과 같이 된다.

$$x^2\frac{1}{x^2}\left(\frac{d^2y}{dt^2} - \frac{dy}{dt}\right) - x\left(\frac{1}{x}\frac{dy}{dt}\right) + y = t$$

또는 $$\frac{d^2y}{dt^2} - 2\frac{dy}{dt} + y = t$$

마지막 방정식은 상수계수를 갖고 있으므로 그 보조방정식은 $m^2 - 2m + 1 = 0$ 또는 $(m - 1)^2 = 0$이다. 따라서 $y_c = c_1e^t + c_1te^t$.

그리고 미정계수법을 써서 $y_p = A + Bt$의 형태로 특수해를 가정하면 $-2B + A + Bt = t$를 얻게 되므로 $A = 2$, $B = 1$이 된다. $y = y_c + y_p$를 구하면 $y = c_1e^t + c_2te^t + 2 + t$가 된다. 다시 $e^t = x$와 $t = \ln x$를 대입하면, 구간 $(0, \infty)$에서 원래 미분방정식의 일반해는 $y = c_1x + c_2x \ln x + 2 + \ln x$가 된다. ≡

연습문제 3.6의 문제 43~48을 참조하라.

$x < 0$에 대한 해 앞의 논의에서 우리는 $x > 0$에 대해서 Cauchy-Euler 방정식을 풀었다. $x < 0$에 대해 Cauchy-Euler 방정식을 푸는 방법은 $t = -x$ 치환($t > 0$을 의미함)을 이용해 독립변수를 바꾸고 다음과 같이 연쇄법칙을 적용하는 것이다.

$$\frac{dy}{dx} = \frac{dy}{dt}\frac{dt}{dx} = -\frac{dy}{dt} \quad \text{그리고} \quad \frac{d^2y}{dx^2} = \frac{d}{dt}\left(-\frac{dy}{dt}\right)\frac{dt}{dx} = \frac{d^2y}{dt^2}$$

연습문제 3.6의 문제 49와 50을 참조하라.

3.6 연습문제

부록에 선택된 홀수 문제의 답이 있다.

문제 1~18에서는 주어진 미분방정식을 풀어라.

1. $x^2y'' - 2y = 0$
2. $4x^2y'' + y = 0$
3. $xy'' + y' = 0$
4. $xy'' - 3y' = 0$
5. $x^2y'' + xy' + 4y = 0$
6. $x^2y'' + 5xy' + 3y = 0$
7. $x^2y'' - 3xy' - 2y = 0$
8. $x^2y'' + 3xy' - 4y = 0$
9. $25x^2y'' + 25xy' + y = 0$
10. $4x^2y'' + 4xy' - y = 0$
11. $x^2y'' + 5xy' + 4y = 0$
12. $x^2y'' + 8xy' + 6y = 0$
13. $3x^2y'' + 6xy' + y = 0$
14. $x^2y'' - 7xy' + 41y = 0$
15. $x^3y''' - 6y = 0$
16. $x^3y''' + xy' - y = 0$
17. $xy^{(4)} + 6y''' = 0$
18. $x^4y^{(4)} + 6x^3y''' + 9x^2y'' + 3xy' + y = 0$

문제 19~24에서는 주어진 미분방정식을 매개변수 변화법을 사용해서 풀어라.

19. $xy'' - 4y' = x^4$ **20.** $2x^2y'' + 5xy' + y = x^2 - x$
21. $x^2y'' - xy' + y = 2x$ **22.** $x^2y'' - 2xy' + 2y = x^4e^x$
23. $x^2y'' + xy' - y = \ln x$ **24.** $x^2y'' + xy' - y = \dfrac{1}{x+1}$

문제 25~30에서는 주어진 초기값 문제를 풀어라. 적당한 그래프 소프트웨어를 써서 해곡선 그래프를 그려라.

25. $x^2y'' + 3xy' = 0,\ y(1) = 0, y'(1) = 4$
26. $x^2y'' - 5xy' + 8y = 0,\ y(2) = 32, y'(2) = 0$
27. $x^2y'' + xy' + y = 0,\ y(1) = 1, y'(1) = 2$
28. $x^2y'' - 3xy' + 4y = 0,\ y(1) = 5, y'(1) = 3$
29. $xy'' + y' = x,\ y(1) = 1, y'(1) = -\frac{1}{2}$
30. $x^2y'' - 5xy' + 8y = 8x^6,\ y(\frac{1}{2}) = 0, y'(\frac{1}{2}) = 0$

문제 31과 32에서는 주어진 경곗값 문제를 풀어라.

31. $xy'' - 7xy' + 12y = 0,\ y(0) = 0, y(1) = 0$
32. $x^2y'' - 3xy' + 5y = 0,\ y(1) = 0, y(e) = 1$

문제 33~38에서는 일반해가 다음과 같이 되도록 제차 Cauchy-Euler 미분방정식을 결정하라.

33. $y = c_1x^4 + c_2x^{-2}$
34. $y = c_1 + c_2x^5$
35. $y = c_1x^{-3} + c_2x^{-3}\ln x$
36. $y = c_1 + c_2x + c_3x\ln x$
37. $y = c_1\cos(\ln x) + c_2\sin(\ln x)$
38. $y = c_1x^{1/2}\cos(\frac{1}{2}\ln x) + c_2x^{1/2}\sin(\frac{1}{2}\ln x)$

문제 39~42에서는 $y = (x - x_0)^m$로 치환하여 주어진 방정식을 풀어라.

39. $(x+3)^2y'' - 8(x+3)y' + 14y = 0$
40. $(x-1)^2y'' - (x-1)y' + 5y = 0$
41. $(x+2)^2y'' + (x+2)y' + y = 0$
42. $(x-4)^2y'' - 5(x-4)y' + 9y = 0$

문제 43~48에서는 $x = e^t$로 치환하여 주어진 Cauchy-Euler 방정식을 상수계수의 미분방정식으로 변환하라. 이 새 방정식을 3.3~3.5절의 방법으로 풀어 봄으로써 원래 방정식을 풀어라.

43. $x^2y'' + 9xy' - 20y = 0$ **44.** $x^2y'' - 9xy' + 25y = 0$
45. $x^2y'' + 10xy' + 8y = x^2$ **46.** $x^2y'' - 4xy' + 6y = \ln x^2$
47. $x^2y'' - 3xy' + 13y = 4 + 3x$
48. $x^3y''' - 3x^2y'' + 6xy' - 6y = 3 + \ln x^3$

문제 49와 50에서는 구간 $(-\infty, 0)$에 대해서 $t = -x$로 치환하여 주어진 초기값 문제를 풀어라.

49. $4x^2y'' + y = 0,\ y(-1) = 2, y'(-1) = 4$
50. $x^2y'' - 4xy' + 6y = 0,\ y(-2) = 8, y'(-2) = 0$

수학적 모형

전문가 제공 문제

51. **용액의 온도** 매우 긴 원통형 용기가 서로 다른 반경의 동심 원기둥으로 이루어져 있다. 화학 용액이 그림 3.6.2에 진한 청색으로 표시된 것처럼 동심 원기둥 사이에 채워져 있다. 내부 원기둥의 반경은 1이고 단열되어 있다. 외부 원기둥의 반경은 2이고 일정한 온도 T_0로 유지된다. 용액 내부의 화학반응에 따른 열발생률은 T/r^2에 비례하는데 여기서 $T(r)$은 $1 < r < 2$로 정의되는 두 원기둥 사이 공간에서의 용액 온도를 나타낸다. 이와 같은 조건에서 용액의 온도는 다음과 같은 경곗값 문제로 정의된다:

$$\frac{d^2T}{dr^2} + \frac{1}{r}\frac{dT}{dr} = \frac{T}{r^2}, \quad 1 < r < 2,$$
$$\left.\frac{dT}{dr}\right|_{r=1} = 0, \quad T(2) = T_0$$

용액 내부의 온도분포 $T(r)$을 구하라.

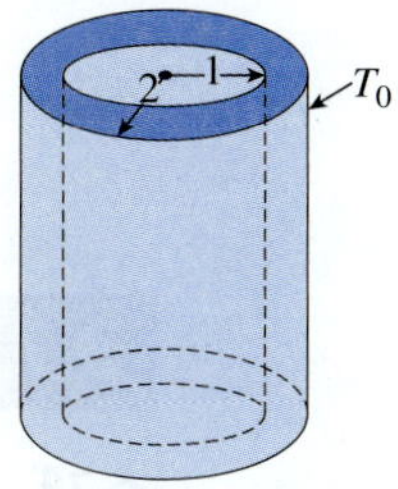

그림 3.6.2 문제 51의 원통형 용기

52. 문제 51에서 구간 $1 \le r \le 2$에 대해 $T(r)$의 최소값과 최대값을 구하라. 이 값들이 직관적으로 타당한 이유는 무엇인가?

53. **원판의 굽힘** 균일한 하중을 받고 있는 원판의 굽힘 해석에서 원판의 변형곡선 $w(r)$은 다음과 같은 3계 미분방정식을 만족시키게 된다.

$$\frac{d^3w}{dr^3} + \frac{1}{r}\frac{d^2w}{dr^2} - \frac{1}{r^2}\frac{dw}{dr} = \frac{q}{2D}r \tag{8}$$

여기서 q와 D는 상수이고, r은 원판 중심으로부터 어느 한 점까지의 반경 거리이다.

(a) 3.5절의 식 (10)으로 주어진 매개변수 변화법과 이 절에서 기술한 방법을 써서 식 (8)의 일반해를 구하라.

(b) 다음 경계조건을 만족하는 식 (8)의 해를 구하라.

$$w'(0) = 0,\ w(a) = 0,\ w'(a) = 0$$

여기서 $a > 0$는 원판의 반경이다. [힌트: $w'(0) = 0$는 타당한 조건이다. 이 조건을 써서 (a)에서 구한 식 (8)의 일반해의 상수 중 하나를 결정하라.]

54. 문제 53의 미분방정식이 나오는 공학교재에서는, 미분방정식을 바로 적분해서 풀 수 있다고 나와 있다. 맞는 말이지만 먼저 식 (8)을 다음과 같은 형태로 바꿔야 풀 수 있다.

(a) 미분방정식 (8)을 다음 식과 같이 쓸 수도 있음을 보이라.

$$\frac{d}{dr}\left[\frac{1}{r}\frac{d}{dr}\left(r\frac{dw}{dr}\right)\right] = \frac{q}{2D}r \tag{9}$$

(b) r에 대한 적분만으로 식 (9)를 풀어라. 그 결과가 문제 53(a)에서 얻은 해와 동등함을 보이라.

토의문제

55. 문제 42의 일반해가 정의되는 가장 큰 구간을 구하라.

56. 보조방정식의 두 근이 2와 $1 - i$라는 것을 알고 있을 때, 실수계수의 최저계(lowest order) Cauchy-Euler 미분방정식을 결정하라.

57. 초기조건 $y(0) = y_0$, $y'(0) = y_1$을 다음 각 미분방정식에 적용한다.

$$x^2y'' = 0,$$
$$x^2y'' - 2xy' + 2y = 0,$$
$$x^2y'' - 4xy' + 6y = 0$$

각 초기값 문제가 해를 가지게 되는 y_0와 y_1값을 구하라.

58. 그림 3.6.1에 나와 있는 해곡선의 x절편은 얼마인가? 구간 $0 < x < \frac{1}{2}$에서는 몇 개의 x절편이 존재하는가?

컴퓨터 실습 과제

문제 59~62에서는 컴퓨터 연산 도구(CAS)를 사용하여 보조방정식의 (근사)근을 찾음으로써 주어진 미분방정식을 풀어라.

59. $2x^3y''' - 10.98x^2y'' + 8.5xy' + 1.3y = 0$

60. $x^3y''' + 4x^2y'' + 5xy' - 9y = 0$

61. $x^4y^{(4)} + 6x^3y''' + 3x^2y'' - 3xy' + 4y = 0$

62. $x^4y^{(4)} - 6x^3y''' + 33x^2y'' - 105xy' + 169y = 0$

문제 63과 64에서는 CAS를 사용하여 보조방정식의 근을 계산하고 3.5절의 식 (10)으로 주어진 행렬식을 계산하고 적분을 수행하라.

63. $x^3y''' - x^2y'' - 2xy' + 6y = x^2$

64. $x^3y''' + 2x^2y'' - 8xy' + 12y = x^{-4}$

3.7 비선형 미분방정식

소개 고계 비선형(nonlinear) 미분방정식과 관련된 어려운 점과 엄밀해를 구할 수 있는 몇 가지 경우에 대해 검토한다.

차이점 선형과 비선형 미분방정식 사이에는 여러 가지 중요한 차이점이 있다. 3.1절에서 본 바와 같이, 2계 이상의 제차 선형 방정식은 해의 일차결합도 역시 해가 된다는 성질(정리 3.1.2)을 가지고 있다. 비선형방정식에는 이 중첩 원리가 적용되지 않는다. 예를 들면 구간 $(-\infty, \infty)$에서, $y_1 = e^x$, $y_2 = e^{-x}$, $y_3 = \cos x$, $y_4 = \sin x$는 비선형 2계 미분방정식 $(y'')^2 - y^2 = 0$의 네 개의 일차독립 해다. 그러나 $y = c_1e^x + c_3 \cos x$, $y = c_2e^{-x} + c_4 \sin x$, $y = c_1e^x + c_2e^{-x} + c_3 \cos x + c_4 \sin x$와 같은 일차결합들은 영이 아닌 임의의 상수 c_i에 대해 그 방정식의 해가 아니다. 연습문제 3.7의 문제 1을 참조하라.

2장에서 우리는 몇 가지 비선형 1계 미분방정식을 변수분리형, 완전미분형, 제차형, 또는 Bernoulli 방정식으로 인식하여 풀 수 있었다. 비록 이들 방정식의 해가 1-매개변수군의 형태였다 할지라도, 이 군은 대개 미분방정식의 일반해를 나타내지 않았다. 반면에, 선형 1계 방정식의 경우에는 어느 특정 연속조건에 유의하여 일반해를 구했다. 달리 말하면, 비선형 1계 미분방정식은 선형방정식과는 달리 특이해(singular solution)를 가질 수 있다. 그러나 2계 이상의 선형과 비선형 방정식에서 중요한 차이점은 해를 구할 수 있느냐에 있다. 선형방정식에 대해서는, 우리가 고찰할 수 있는 형태의 해, 양함수 해 또는 무한급수 형태의 해라도 구할 수 있는 가능성이 있다. 반면에, 비선형 고계 미분방정식에서는 사실상 해결이 안 된다. 이는 비선형 고계 미분방정식에 해가 없다는 뜻이 아니라 양함수 또는 음함수 해를 구할 수 있는 해석적인 방법이 없다는 뜻이다.

이것은 맥빠지는 소리로 들리지만, 그래도 우리가 할 수 있는 일은 여전히 있다. 언제든지 우리는 비선형 미분방정식을 정성적으로 또는 수치적으로 해석할 수 있다.

처음에 분명히 할 것은 비선형 고계 미분방정식이 중요하다는 사실, 심지어 선형방정식보다도 더 중요하다고 감히 말할 수 있다는 사실이다. 그 이유는 예를 들어 물리계의 수학적 모형을 정교하게 다듬다 보면 이 고정밀도 모형이 비선형으로 될 가능성이 커지기 때문이다.

때때로 특별한 종류의 비선형 2계 미분방정식의 양함수/음함수 해를 구할 수 있게 해주는 해석적 방법을 예시하는 것으로 논의를 시작한다.

계수 낮추기 비선형 2계 미분방정식 중에서 종속변수 y가 빠진 $F(x, y', y'') = 0$과 독립변수 x가 빠진 $F(y, y', y'') = 0$은 때때로 1계 방법으로 풀 수 있다. 각 방정식은 $u = y'$으로 치환해서 1계 방정식으로 낮출 수 있다.

종속변수가 없는 경우 다음 예제는 $F(x, y', y'') = 0$ 형태의 방정식에 대한 치환법을 예시한다. 만일 $u = y'$이면, 미분방정식은 $F(x, u, u') = 0$이 된다. 이 마지막 방정식을 u에 대해 풀 수 있다면, 적분을 해서 y를 구할 수 있다. 여기서는 2계 방정식을 풀고 있기 때문에 그 해는 두 개의 임의의 상수를 포함한다는 것에 주목하라.

예제 1 종속변수 y가 없는 경우

$y'' = 2x(y')^2$을 풀어라.

풀이 $u = y'$으로 두면, $du/dx = y''$이다. 치환을 하면 2계 방정식이 변수분리형 1계 방정식(독립변수는 x, 종속변수는 u)으로 낮춰진다.

$$\frac{du}{dx} = 2xu^2 \quad \text{또는} \quad \frac{du}{u^2} = 2x\,dx$$

$$\int u^{-2}du = \int 2x\,dx$$

$$-u^{-1} = x^2 + c_1^2$$

편의상 적분상수를 c_1^2으로 썼다. 그 이유는 다음 몇 단계에서 분명해진다. $u^{-1} = 1/y'$이므로 다음과 같이 된다.

$$\frac{dy}{dx} = -\frac{1}{x^2 + c_1^2}$$

따라서

$$y = -\int \frac{dx}{x^2 + c_1^2} \quad \text{or} \quad y = -\frac{1}{c_1}\tan^{-1}\frac{x}{c_1} + c_2$$

이 된다. ≡

독립변수가 없는 경우 다음으로 $F(y, y', y'') = 0$ 형태의 방정식을 푸는 방법을 설명한다. 또다시 $u = y'$으로 둔다. 그러나 독립변수 x가 없으므로, 이 치환은 주어진 미분방정식을 독립변수가 y이고 종속변수가 u인 방정식으로 변환시키는 데 사용된다. 이를 위해 y의 2차 도함수 계산에 연쇄법칙을 사용한다.

$$y'' = \frac{du}{dx} = \frac{du}{dy}\frac{dy}{dx} = u\frac{du}{dy}$$

이 경우에 이제 우리가 풀어야 하는 1계 방정식은 $F(y, u, u\, du/dy) = 0$이다.

예제 2 독립변수 x가 없는 경우

$yy'' = (y')^2$을 풀어라.

풀이 $u = y'$으로 치환하고, 앞에서 말한 연쇄법칙을 쓰고, 변수분리를 하면, 주어진 미분방정식은 다음과 같이 된다.

$$y\left(u\frac{du}{dy}\right) = u^2 \quad 또는 \quad \frac{du}{u} = \frac{dy}{y}$$

마지막 식을 적분하면 $\ln|u| = \ln|y| + c_1$이 되고, 이것은 다시 $u = c_2 y$가 된다. 여기서 상수 $\pm e^{c_1}$을 c_2로 바꿔 썼다. 이제 $u = dy/dx$로 재치환하고, 또다시 변수분리를 하고, 적분하고, 상수를 재정리하면 다음과 같이 된다.

$$\int\frac{dy}{y} = c_2\int dx \quad 또는 \quad \ln|y| = c_2 x + c_3 \quad 또는 \quad y = c_4 e^{c_2 x}$$ ≡

Taylor 급수의 사용 x_0에서 초기조건이 지정되는 비선형 초기값 문제의 해를 x_0 근방의 Taylor 급수를 사용해서 근사적으로 구할 수 있는 경우도 있다.

예제 3 초기값 문제의 Taylor 급수해

초기값 문제

$$y'' = x + y - y^2, \quad y(0) = -1, \quad y'(0) = 1 \tag{1}$$

의 해가 존재한다고 가정하자. 이 문제의 해 $y(x)$가 0에서 해석함수라고 추가로 가정하면, $y(x)$는 0 근방에서 테일러 급수 전개식(Taylor series expansion)으로 나타낼 수 있다.

$$y(x) = y(0) + \frac{y'(0)}{1!}x + \frac{y''(0)}{2!}x^2 + \frac{y'''(0)}{3!}x^3 + \frac{y^{(4)}(0)}{4!}x^4 + \frac{y^{(5)}(0)}{5!}x^5 + \cdots. \tag{2}$$

급수 식 (2)에서 첫 번째와 두 번째 항의 값은 그 값들이 지정된 초기조건 $y(0) = -1$, $y'(0) = 1$이므로 아는 값이다. 게다가 미분방정식 자체로 0에서 2차 도함수 값이 $y''(0) = 0 + y(0) - y(0)^2 = 0 + (-1) - (-1)^2 = -2$로 정의된다. 그러면 우리는 미분방정식을 계속 미분해서 고차 도함수 y''', $y^{(4)}$, . . . 의 표현식을 다음과 같이 구할 수 있다.

$$y'''(x) = \frac{d}{dx}(x + y - y^2) = 1 + y' - 2yy' \tag{3}$$

$$y^{(4)}(x) = \frac{d}{dx}(1 + y' - 2yy') = y'' - 2yy'' - 2(y')^2 \tag{4}$$

$$y^{(5)}(x) = \frac{d}{dx}(y'' - 2yy'' - 2(y')^2) = y''' - 2yy''' - 6y'y'' \tag{5}$$

이제 $y(0) = -1$, $y'(0) = 1$을 사용하면 식 (3)으로부터 $y'''(0) = 4$를 얻는다. $y(0) = -1$, $y'(0) = 1$, $y''(0) = -2$와 식 (4)로부터 $y^{(4)}(0) = -8$을 얻는다. $y'''(0) = 4$라는 추가정보와 식 (5)로부터 $y^{(5)}(0) = 24$를 얻는다. 따라서 식 (2)로부터, 초기값 문제 식 (1)의 급수해의 처음 여섯 항은 다음과 같다.

$$y(x) = -1 + x - x^2 + \frac{2}{3}x^3 - \frac{1}{3}x^4 + \frac{1}{5}x^5 + \cdots. \qquad \equiv$$

수치해석도구의 사용 Euler 방법 또는 Runger-Kutta 방법과 같은 수치해법은 오로지 1계 미분방정식에 대해서 개발된 것인데 연립 1계 방정식으로 적용범위를 넓힐 수 있다. n계 초기값 문제를 수치해석하려면 n계 상미분방정식을 n개의 1계 방정식으로 표현한다. 요컨대 2계 초기값 문제를 푸는 방법은 다음과 같다. 먼저 y''에 대해 풀고, 즉 미분방정식을 표준형 $y'' = f(x, y, y')$으로 바꾸고 $y' = u$로 치환한다. 예를 들어

$$\frac{d^2y}{dx^2} = f(x, y, y'), \qquad y(x_0) = y_0, \quad y'(x_0) = u_0 \tag{6}$$

에 $y' = u$을 대입하면, $y'' = u'$과 $y'(x_0) = u(x_0)$이 된다. 따라서 초기값 문제 식 (6)은

풀기: $\begin{cases} y' = u \\ u' = f(x, y, u) \end{cases}$

조건: $y(x_0) = y_0, \quad u(x_0) = u_0$

이 된다. 그러나 상용 수치해석도구(numerical solver)에서는 이와 같은 과정을 요구하지 않을 수도 있다는 점에 주목하라.*

예제 4 예제 3의 그래프 해석

앞서 말한 절차를 따르면, 예제 3의 2계 초기값 문제는 초기조건이 $y(0) = -1$, $u(0) = 1$인

$$\frac{dy}{dx} = u$$

$$\frac{du}{dx} = x + y - y^2$$

* 어떤 수치해석도구는 단지 2계 미분방정식이 표준형 $y'' = f(x, y, y')$으로 표현될 것만을 요구한다. 하나의 방정식을 두 개의 연립방정식으로 전환하는 것도, 첫 방정식은 항상 $y' = u$이고 두 번째 방정식은 $u' = f(x, y, u)$이므로, 컴퓨터 프로그램에 포함시킬 수 있다.

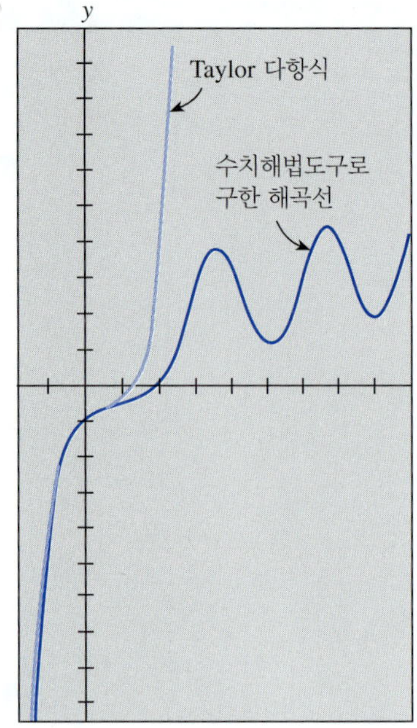

그림 3.7.1 예제 4의 근사해의 비교

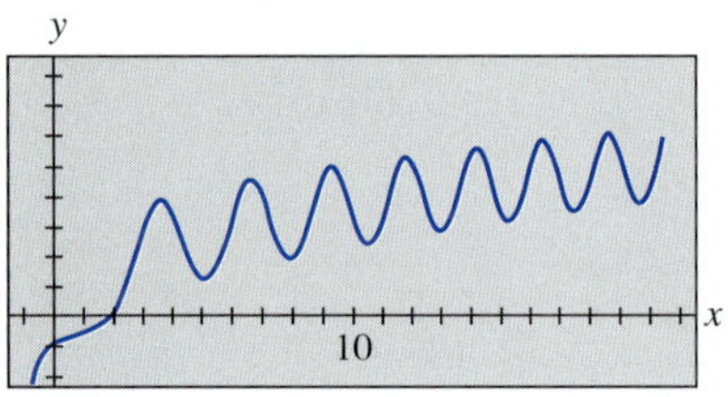

그림 3.7.2 예제 3의 초기값 문제 식 (1)에 대한 수치해곡선

과 동등한 문제이다. 수치해석도구를 사용해서 **그림 3.7.1**에 푸른색으로 표시된 해곡선을 얻는다. 비교하기 위해 옅은 색으로 표현한 곡선은 5차 Taylor 다항식 $T_5(x) = -1 + x - x^2 + \frac{2}{3}x^3 - \frac{1}{3}x^4 + \frac{1}{5}x^5$의 그래프이다. 비록 예제 3에서 구한 Taylor 급수의 수렴구간은 알 수 없지만, 원점 부근에서 두 곡선이 거의 일치한다는 사실은 이 거듭제곱 급수가 구간 $(-1, 1)$에서 수렴할 수도 있다는 것을 암시한다. ≡

정성적 질문 그림 3.7.1의 푸른색 그래프는 정성적인 성질에 대해 다음과 같은 의문을 제기한다. 원래의 초기값 문제의 해는 $x \to \infty$일 때 진동하는가? 더 큰 구간에서 수치해석도구로 작성한 그래프(**그림 3.7.2**)를 보면 그렇다고 암시하는 것 같다. 그러나 이 한 예로는 또는 심지어 여러 예로도, 미분방정식 $y'' = x + y - y^2$의 모든 해가 실제로 진동하는가 하는 기본 질문에 답할 수 없다. 또 x가 -1 근처에 있을 때 그림 3.7.2의 해곡선이 어떻게 되는가? $x \to -\infty$일 때, 미분방정식의 해의 거동은 어떤가? $x \to \infty$일 때, 해는 유계(bounded)인가? 일반적으로 비선형 2계 미분방정식의 경우에는 이와 같은 질문들에 답하기가 쉽지 않다. 그러나 어떤 종류의 2계 방정식은 그 자체로 체계적인 정성 해석이 가능하다. 이 방정식들은 2.1절에서 다루었던 1계 방정식들과 마찬가지로 독립변수에 양함수적으로 종속되지 않는 종류에 속한다. 다음과 같은 형태의 2계 상미분방정식

$$F(y, y', y'') = 0 \quad \text{또는} \quad \frac{d^2y}{dx^2} = f(y, y')$$

은 독립변수 x가 없는 방정식으로 **자율적**(autonomous)이라 부른다. 예제 2의 미분방정식은 자율적이고, 예제 3의 방정식은 우변에 x항이 있으므로 비자율적이다. 자율 2계 미분방정식의 안정성과 미분방정식의 자율계에 관한 자세한 설명은 11장을 참조하라.

3.7 연습문제

부록에 선택된 홀수 문제의 답이 있다.

문제 1과 2에서 y_1과 y_2는 주어진 미분방정식의 해가 되지만 $y = c_1y_1 + c_2y_2$는 일반적으로 해가 되지 않음을 증명하라.

1. $(y'')^2 = y^2$; $y_1 = e^x$, $y_2 = \cos x$

2. $yy'' = \frac{1}{2}(y')^2$; $y_1 = 1$, $y_2 = x^2$

문제 3~6에서는, 주어진 미분방정식에 종속변수 y가 빠져있다. 예제 1의 절차에 따라 $u = y'$으로 치환하여 방정식을 풀어라.

3. $y'' + (y')^2 + 1 = 0$

4. $y'' = 1 + (y')^2$

5. $x^2y'' + (y')^2 = 0$

6. $e^{-x}y'' = (y')^2$

문제 7~10에서는, 주어진 미분방정식에 독립변수 x가 빠져있다. 예제 2의 절차에 따라 $u = y'$으로 치환하여 방정식을 풀어라.

7. $yy'' + (y')^2 + 1 = 0$

8. $(y + 1)y'' = (y')^2$

9. $y'' + 2y(y')^3 = 0$

10. $y^2y'' = y'$

문제 11과 12에서는, 주어진 초기값 문제를 풀어라.

11. $2y'y'' = 1$, $y(0) = 2$, $y'(0) = 1$

12. $y'' + x(y')^2 = 0$, $y(1) = 4$, $y'(1) = 2$

13. 다음 초기값 문제를 고려하라.

$$y'' + yy' = 0, \quad y(0) = 1, \quad y'(0) = -1$$

(a) 미분방정식과 수치해석도구를 사용하여 해곡선의 그래프를 그려라.

(b) 초기값 문제의 양함수 해를 구하라. 적당한 컴퓨터 그래프 도구를 사용하여 이 해의 그래프를 그려라.

(c) 문제 (b)에서 구한 해에 대한 정의구간을 구하라.

14. 다음 초기값 문제의 두 해를 구하라.

$$(y'')^2 + (y')^2 = 1, \quad y(\pi/2) = \tfrac{1}{2}, \quad y'(\pi/2) = \sqrt{3}/2$$

컴퓨터 그래프 도구를 사용하여 해곡선의 그래프를 그려라.

문제 15와 16에서는 $u = y'$으로 치환하면 Bernoulli 방정식이 됨을 보여라. 그리고 방정식을 풀어라(2.5절 참조).

15. $xy'' = y' + (y')^3$ **16.** $xy'' = y' + x(y')^2$

문제 17~20에서는 예제 3과 같이 진행하여 주어진 초기값 문제의 0 근방의 Taylor 급수해의 영이 아닌 첫 여섯 항을 구하라. 수치해석도구와 컴퓨터 그래프 도구를 사용하여 해곡선을 Taylor 다항식의 그래프와 비교하라.

17. $y'' = x + y^2,\ y(0) = 1, y'(0) = 1$

18. $y'' + y^2 = 1,\ y(0) = 2, y'(0) = 3$

19. $y'' = x^2 + y^2 - 2y',\ y(0) = 1, y'(0) = 1$

20. $y'' = e^y,\ y(0) = 0, y'(0) = -1$

21. 미적분학에서, 함수 $y = f(x)$로 정의되는 곡선의 곡률은 다음과 같이 정의된다.

$$\kappa = \frac{y''}{[1 + (y')^2]^{3/2}}$$

$\kappa = 1$에 해당하는 $y = f(x)$를 구하라. [힌트: 적분상수를 무시하고 간단히 계산하라.]

토의문제

22. 문제 1에서 $\cos x$와 e^x는 비선형방정식 $(y'')^2 - y^2 = 0$의 해가 됨을 보았다. $\sin x$와 e^{-x}도 해가 됨을 보여라. 미분방정식을 풀려고 하지 말고, 어떻게 이들 양함수 해를 선형방정식에 대한 지식으로부터 구할 수 있는지 논의하라. 증명하려 하지 말고, 왜 일차결합 $y = c_1e^x + c_2e^{-x} + c_3 \cos x + c_4 \sin x$와 $y = c_2e^{-x} + c_4 \sin x$는 일반적으로 해가 아니지만 두 특별한 일차결합 $y = c_1e^x + c_2e^{-x}$와 $y = c_3 \cos x + c_4 \sin x$는 미분방정식을 만족시키는지 논의하라.

23. 이 절에서 고려한 계수 낮추기가 어떻게 3계 미분방정식 $y''' = \sqrt{1 + (y'')^2}$에 적용될 수 있는지 논의하라. 각자 나름대로 생각해서방정식을 풀어라.

24. 예제 1의 비선형 미분방정식 $y'' = 2x(y')^2$의 해의 2-매개변수군의 다른 형태를 구하라. [힌트: 적분상수로 $+c_1^2$ 대신에 $-c_1^2$을 사용하라.]

수학적 모형

25. 힘장에서의 운동 역제곱 힘장(inverse-square force field)에서 x축을 따라 직선운동하는 물체의 위치 $x(t)$에 관한 수학적 모형은 다음과 같다.

$$\frac{d^2x}{dt^2} = -\frac{k^2}{x^2}$$

$t = 0$일 때, 물체는 위치 $x = x_0,\ x_0 > 0$에서 정지상태로부터 출발한다. 시간 t에서 물체의 속도는 $v^2 = 2k^2(1/x - 1/x_0)$임을 보여라. 마지막 표현식과 CAS를 사용해서 적분을 수행하여 시간 t를 x의 항으로 표현하라.

26. 다음 방정식은 운동하는 물체의 위치 $x(t)$에 관한 수학적 모형이다.

$$\frac{d^2x}{dt^2} + \sin x = 0$$

수치해석도구를 사용해서 $x(0) = 0,\ x'(0) = x_1,\ x_1 \geq 0$을 만족하는 방정식의 해를 도식적으로 탐구하라. $t \geq 0$일 때 여러 x_1 값에 대해 물체의 운동을 논의하라. 동일한 방법으로 다음 방정식을 탐구하라.

$$\frac{d^2x}{dt^2} + \frac{dx}{dt} + \sin x = 0$$

dx/dt 항을 물리적으로 설명하라.

3.8 선형 모형: 초기값 문제

소개 이 절에서는 시간 t_0에서 지정된 초기조건을 갖는 상수계수의 선형 2계 미분방정식으로 표현되는 수학적 모형의 선형 동역학계(dynamical system) 몇 가지를 고려할 것이다.

$$a_2\frac{d^2y}{dt^2} + a_1\frac{dy}{dt} + a_0y = g(t), \quad y(t_0) = y_0, \quad y'(t_0) = y_1$$

함수 g는 계의 **입력**(input), **구동**(driving), 또는 **강제함수**(forcing function)임을 기억하라. 계의 **출력**(output) 또는 **응답**(response)은 t_0를 포함하는 구간 I에서 정의되고 그 구간에서 미분방정식과 초기조건을 모두 만족시키는 함수 $y(t)$이다.

3.8.1 스프링/질량계: 자유 비감쇠운동

Hooke의 법칙 신축성 있는 스프링이 고정 지지대에 수직으로 매달려 있고 그 자유단에 질량추 m이 부착된 스프링/질량계를 가정하자. 스프링이 늘어난 길이는 물론 질량추에 따라 결정된다. 질량추의 무게가 바뀌면 스프링의 변형량도 달라진다. 박식했던 영국의 자연철학자 **Robert Hooke** (1635~1703)가 1660년경에 창안한 **Hooke의 법칙**에 따르면, 스프링 자신은 변형량 s에 비례하는 복원력 F를 변형의 반대 방향으로 가하게 된다. $F = -ks$로 간단히 표시하고, 여기서 비례상수 $k > 0$를 **스프링 상수**(spring constant)라 한다. 본질적으로 스프링은 숫자 k로 그 특성이 정의된다. 예를 들어 무게 10 lb의 질량추가 어떤 스프링을 $\frac{1}{2}$ft만큼 변형시킨다면, $10 = k(\frac{1}{2})$로부터 $k = 20$ lb/ft가 된다. $|F| = k|s|$ 따라서 16 lb의 질량추는 같은 스프링을 단지 $\frac{4}{5}$ft만 변형시키게 된다.

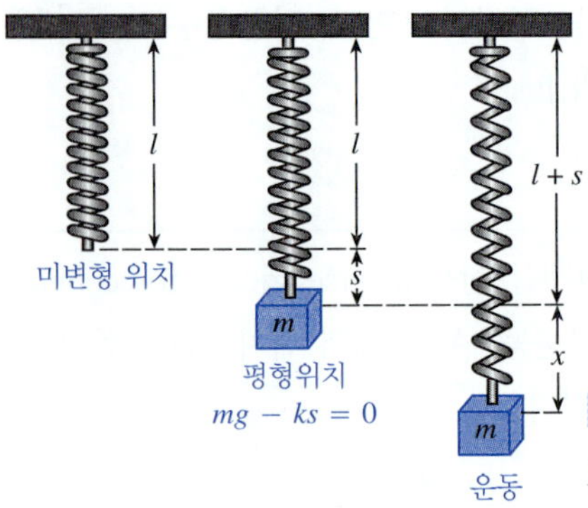

그림 3.8.1 스프링/질량계

Newton의 제2법칙 스프링에 매단 질량추가 스프링을 s만큼 변형시키고 평형위치에 도달하면 그 무게 W는 복원력 ks와 비기게 된다. 무게를 $W = mg$로 정의할 때, 질량을 슬러그(slug), 킬로그램(kg) 또는 그램(g)으로 표시하면 중력가속도 g는 각각 32 ft/s^2, 9.8 m/s^2 또는 980 cm/s^{2}이다. 그림 3.8.1(b)에 표시한 것처럼, 평형조건은 $mg = ks$ 또는 $mg - ks = 0$이다. 만일 질량추가 평형위치로부터 x만큼 이동되면, 스프링의 복원력은 $k(x + s)$이다. 계에 운동을 방해하는 힘이 작용하지 않는다고 가정하고, 다른 외력의 작용 없이 질량추가 진동한다고, 즉 **자유운동**(free motion)한다고 가정하면, 복원력과 무게의 알짜힘(net force), 즉 합력(resultant force)으로 Newton의 제2법칙을 다음과 같이 표현할 수 있다.

$$m\frac{d^2x}{dt^2} = -k(s + x) + mg = -kx + \underbrace{mg - ks}_{\text{영}} = -kx \tag{1}$$

식 (1)에서 음의 부호는 스프링의 복원력이 운동의 반대방향으로 작용한다는 것을 가리킨다. 게다가 우리는 평형위치에서 아래쪽으로 잰 변위를 양으로 하는 부호규약을 채택할 수 있다. 그림 3.8.2를 보라.

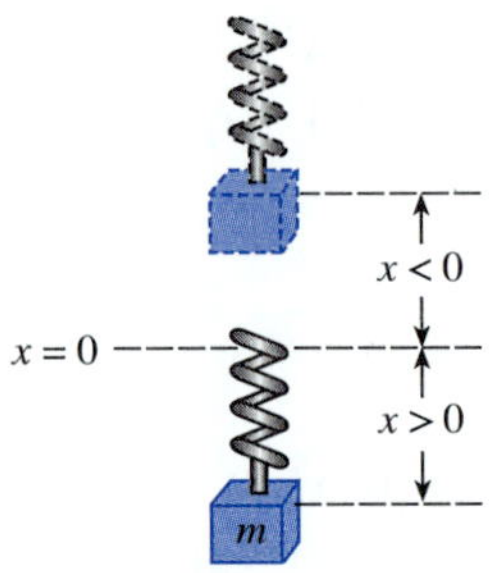

그림 3.8.2 평형위치 아래쪽이 양의 방향

자유 비감쇠운동의 미분방정식 식 (1)을 질량 m으로 나누면, 2계 미분방정식 $d^2x/dt^2 + (k/m)x = 0$, 즉

$$\frac{d^2x}{dt^2} + \omega^2 x = 0 \tag{2}$$

을 얻게 되고, 여기서 $\omega^2 = k/m$이다. 방정식 (2)는 **단순조화운동**(simple harmonic motion) 또는 **자유 비감쇠운동**(free undamped motion)을 기술한다. 식 (2)와 관련되는 두 가지 명백한 초기조건은 질량의 초기변위 $x(0) = x_0$과 초기속도 $x'(0) = x_1$이다. 예를 들어 만일 $x_0 > 0$, $x_1 < 0$이면, 질량은 평형위치 아래에 있는 점으로부터 상향 속도로 운동을 시작한다. $x_1 = 0$이면, 정지상태(rest)로부터 질량을 놓는다고 말한다. 예를 들어 만일 $x_0 < 0$, $x_1 = 0$이면, 평형위치에서 위로 $|x_0|$ 만큼 떨어진 점에서 정지상태로부터 운동이 시작된다.

해와 운동방정식 방정식 (2)를 풀기 위해, 보조방정식 $m^2 + \omega^2 = 0$의 근이 $m_1 = \omega i$, $m_2 = -\omega i$가 됨에 주목한다. 따라서 3.3절의 식 (8)로부터 식 (2)의 일반해는 다음과 같다.

$$x(t) = c_1 \cos \omega t + c_2 \sin \omega t \tag{3}$$

식 (3)으로 기술되는 **자유진동의 주기**(period)는 $T = 2\pi/\omega$이고, **진동수**(frequency)는 $f = 1/T = \omega/2\pi$이다. 예를 들어 $x(t) = 2\cos 3t - 4\sin 3t$에 대한 주기는 $2\pi/3$이고 진동수는 $3/2\pi$이다. 처음 숫자는 $x(t)$의 그래프가 $2\pi/3$ 단위마다 반복되는 것을 뜻한다. 나중 숫자는 그래프에서 2π 단위마다 3사이클이 있다는 것을 뜻한다. 이것은 단위시간당 $3/2\pi$ 사이클만큼 진동한다는 것과 마찬가지이다. 또한 주기 $2\pi/\omega$는 $x(t)$의 두 인접 최대점 사이의 시간 간격이라고 할 수 있다. $x(t)$의 최대값은 질량추가 평형위치 밑으로 최대 거리에 도달하는 것에 대응되는 양의 변위인 반면에 $x(t)$의 최소값은 질량추가 평형위치 위로 최대 높이에 도달하는 것에 대응되는 음의 변위이다. 이 두 경우를 질량추의 **최대변위**(extreme displacement)라 부른다. 끝으로, 초기조건을 사용해서 식 (3)의 상수 c_1과 c_2를 결정하여 구한 특정해 또는 응답을 **운동방정식**(equation of motion)이라 한다.

예제 1 자유 비감쇠운동

2파운드의 무게를 갖는 질량추 때문에 스프링이 6인치만큼 늘어난다. $t = 0$일 때, 질량추는 평형위치로부터 8인치 내려간 점에서 $\frac{4}{3}$ ft/s의 상향 속도를 갖는다. 자유운동 방정식을 구하라.

풀이 공학단위계를 사용하고 있으므로, 인치로 잰 측정값을 피트로 환산해야 한다. 즉 6 in $= \frac{1}{2}$ft, 8 in $= \frac{2}{3}$ft이다. 또 파운드로 주어진 무게 단위를 질량 단위로 환산해야 한다. $m = W/g$로부터 $m = \frac{2}{32} = \frac{1}{16}$ slug이다. Hooke의 법칙으로부터, $2 = k(\frac{1}{2})$이므로 스프링 상수는 $k = 4$ lb/ft이다. 따라서 식 (1)은 다음과 같이 된다.

$$\frac{1}{16}\frac{d^2x}{dt^2} = -4x \quad \text{또는} \quad \frac{d^2x}{dt^2} + 64x = 0$$

초기변위와 속도는 $x(0) = \frac{2}{3}$, $x'(0) = -\frac{4}{3}$이고, 여기서 마이너스 부호는 질량추가 음의 방향, 즉 상향 초기속도를 갖는다는 사실에 기인한 것이다.

이제 $\omega^2 = 64$, 즉 $\omega = 8$이므로 미분방정식의 일반해는 다음과 같다.

$$x(t) = c_1 \cos 8t + c_2 \sin 8t \tag{4}$$

$x(t)$와 $x'(t)$에 초기조건을 대입하면, $c_1 = \frac{2}{3}$, $c_2 = -\frac{1}{6}$을 얻는다. 따라서 운동방정식은 다음과 같이 된다.

$$x(t) = \frac{2}{3}\cos 8t - \frac{1}{6}\sin 8t \tag{5}$$ ≡

다른 형태로 표시한 $x(t)$ $c_1 \neq 0$과 $c_2 \neq 0$일 때, 자유진동의 실제 **진폭**(amplitude) A는 식 (3)을 봐서는 쉽게 알 수 없다. 예를 들어 예제 1에서 질량이 처음에는 질량추가 평형위치로부터 $\frac{2}{3}$피트만큼 떨어져 있지만 진동의 진폭은 $\frac{2}{3}$보다 큰 수이다. 따라서 식 (3)의 형태로 주어지는 단순조화운동 방정식을 위상이동 사인함수 식 (6) 또는 위상이동 코사인함수 식 (6′)의 형태로 변환하는 것이 편리한 경우가 종종 있다. 식 (6)과 식 (6′)에서 $A = \sqrt{c_1^2 + c_2^2}$는 **자유진동의 진폭**(amplitude)이고 ϕ는 **위상각**(phase angle)이다. ϕ는 식 (7)과 식 (7′)에서 약간 다르게 정의됨에 유의하라.

$$y = A\sin(\omega t + \phi) \tag{6}$$

여기서

$$\left.\begin{aligned} \sin\phi &= \frac{c_1}{A} \\ \cos\phi &= \frac{c_2}{A} \end{aligned}\right\} \tan\phi = \frac{c_1}{c_2} \tag{7}$$

$$y = A\cos(\omega t - \phi) \tag{6'}$$

여기서

$$\left.\begin{aligned} \sin\phi &= \frac{c_2}{A} \\ \cos\phi &= \frac{c_1}{A} \end{aligned}\right\} \tan\phi = \frac{c_2}{c_1} \tag{7'}$$

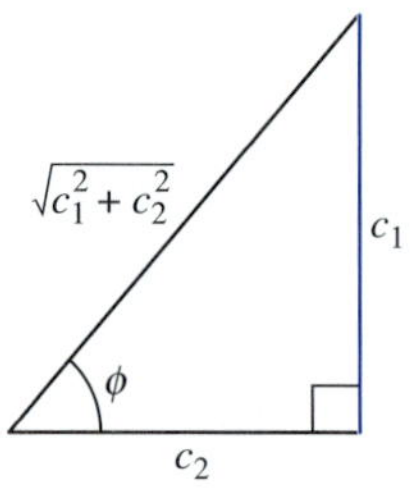

그림 3.8.3 $c_1 > 0$, $c_2 > 0$과 위상각 ϕ 사이의 관계

사인함수의 덧셈공식을 이용하여 $\sin(\omega t + \phi)$를 전개하면 식 (6)을 다음과 같이 검증할 수 있다.

$$A\sin(\omega t + \phi) = A\sin\omega t\cos\phi + A\cos\omega t\sin\phi = (A\sin\phi)\cos\omega t + (A\cos\phi)\sin\omega t \quad (8)$$

그림 3.8.3으로부터, 만일 ϕ가 다음과 같이 정의된다면

$$\sin\phi = \frac{c_1}{\sqrt{c_1^2 + c_2^2}} = \frac{c_1}{A}, \quad \cos\phi = \frac{c_2}{\sqrt{c_1^2 + c_2^2}} = \frac{c_2}{A}$$

식 (8)은 다음과 같이 된다.

$$A\frac{c_1}{A}\cos\omega t + A\frac{c_2}{A}\sin\omega t = c_1\cos\omega t + c_2\sin\omega t = x(t)$$

예제 2 해 (5)의 다른 형태

위상각 ϕ를 계산할 때는 주의하라. ▶

앞에서 논의한 것처럼, 해 식 (5)를 (6)이나 식 (6′)과 같이 다른 형태로 쓸 수 있다. 두 경우 모두 진폭은 $A = \sqrt{(\frac{2}{3})^2 + (-\frac{1}{6})^2} = \sqrt{\frac{17}{36}} \approx 0.69$ ft이다. 그러나 위상각 ϕ의 계산은 약간의 주의를 요한다.

(a) $c_1 = \frac{2}{3}$, $c_2 = -\frac{1}{6}$이면 식 (7)로부터 $\tan\phi = -4$이다. 그냥 계산기를 사용하면 $\tan^{-1}(-4) = -1.326$ rad을 얻게 된다. 그러나 이 값은 위상각이 아니다. 그 이유는 $\tan^{-1}(-4)$가 제4사분면에 위치하기 때문이고, $c_1 > 0$과 $c_2 < 0$으로부터 $\sin\phi > 0$과 $\cos\phi < 0$이어야 하는 사실에 위배된다. 따라서 ϕ가 제2사분면에 있도록 $\phi = \pi + (1.326) = 1.816$ rad이 되어야 하고 식 (6)은

$$x(t) = \frac{\sqrt{17}}{6}\sin(8t + 1.816) \tag{9}$$

이 된다. 이 함수의 주기는 $T = 2\pi/8 = \pi/4$이다.

(b) 이번엔 $c_1 = \frac{2}{3}$, $c_2 = -\frac{1}{6}$이면 식 (7′)으로부터 $\sin\phi < 0$, $\cos\phi > 0$이므로 ϕ는 제4사분면에 위치한다. 따라서 $\tan\phi = -\frac{1}{4}$이고 $\phi = \tan^{-1}(-\frac{1}{4}) = -0.245$ rad이다. 따라서 해 식 (5)의 두번째 다른 형태는 다음과 같다.

$$x(t) = \frac{\sqrt{17}}{6}\cos(8t - (-0.245)) \quad \text{또는} \quad x(t) = \frac{\sqrt{17}}{6}\cos(8t + 0.245) \tag{9'}$$ ≡

도식적 이해 **그림 3.8.4(a)**는 예제 2의 질량추의 대략 두 주기 운동을 보여준다. 그림에서 검은 점으로 표시된 다섯 개의 위치는 왼쪽에서 오른쪽으로 가면서 각각 다음과 같은 의

미를 갖고 있다.

- 평형위치 아래 초기위치 ($x = \frac{2}{3}$)에 있는 질량추
- 위로 올라가면서 처음으로 평형위치 ($x = 0$)를 통과하는 질량추
- 평형위치 위로 최대변위점 ($x = -\frac{\sqrt{17}}{6}$)에 도달한 질량추
- 아래로 내려가면서 두 번째로 평형위치 ($x = 0$)를 통과하는 질량추
- 평형위치 밑으로 최대변위점 ($x = \frac{\sqrt{17}}{6}$)에 도달한 질량추

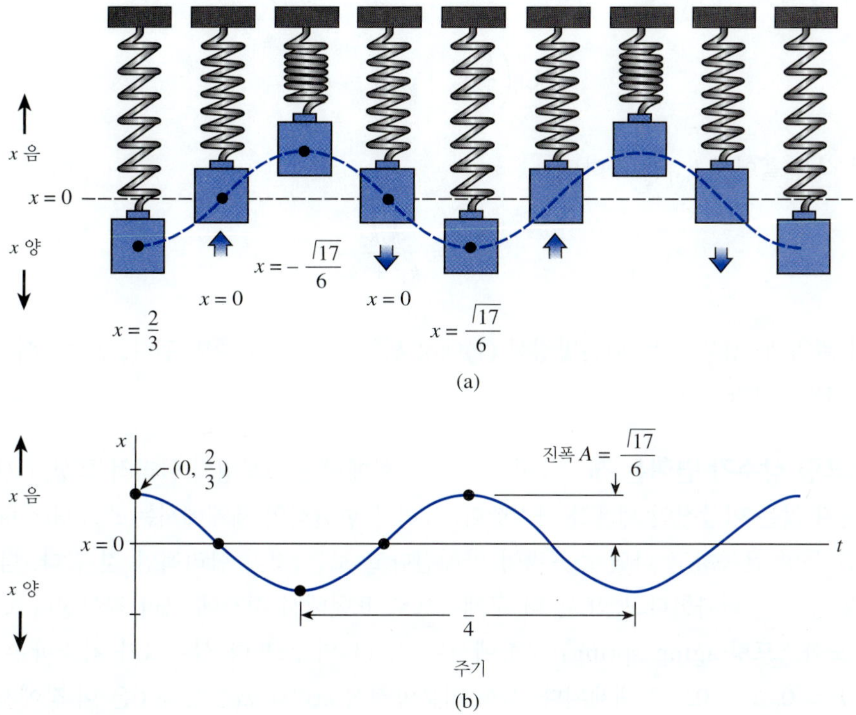

그림 3.8.4 단순조화운동

그림 3.8.4(b)에 표시한 식 (9)의 그래프 상의 점도 앞서 기술한 다섯 위치와 일치한다. 그러나 그림 3.8.4(b)에서 tx 평면의 양의 방향은 통상적인 위쪽이므로 그림 3.8.4(a)에 표시한 양의 방향과 반대라는 점에 주목하라. 따라서 그림 3.8.4(b)에서 질량추의 운동을 나타내는 푸른색 실선 그래프는 그림 3.8.4(a)의 푸른 점선 그래프의 t축에 대한 거울상이다.

식 (6)과 같은 형태로 표시하면 $x(t)$ 그래프가 양의 t축(직선 $x = 0$)을 통과하는 시간 값을 구하기 쉽기 때문에 매우 유용하다. $\omega t + \phi = n\pi$(여기서 n은 양의 정수)일 때 $\sin(\omega t + \phi) = 0$이다.

이중 스프링계 k_1, k_2 스프링 상수인 두 스프링이 공통 고정 지지대로부터 질량을 무시할 수 있는 철판에 **병렬로** 부착되어 있다고 하자. **그림 3.8.5**와 같은 이중스프링 배열에서 단일 질량추 m은 철판 가운데에 매달려 있다. 평형위치로부터 질량추가 움직이면 두 스프링의 변위 x는 동일하므로 식 (1)에서 스프링의 순복원력은 간단히 $-k_1x - k_2x = -(k_1 - k_2)x$이다. 이 계의 **유효 스프링 상수**(effective spring constant)는 다음과 같다.

$$k_{\text{eff}} = k_1 + k_2$$

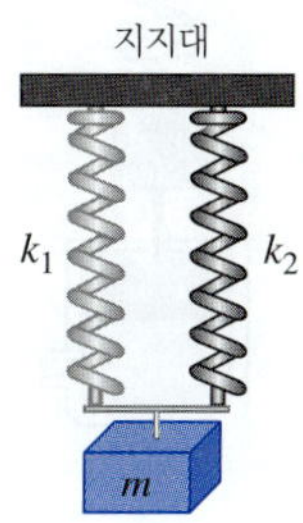

그림 3.8.5 병렬 스프링

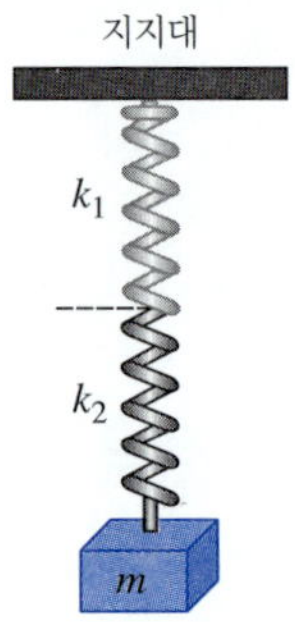

그림 3.8.6 직렬 스프링

반면에, 단일 질량추 m을 지지하는 두 스프링이 **직렬로** 연결되면, 즉, 그림 3.8.6과 같이 스프링이 끝과 끝으로 연결되면, 평형위치로부터 질량추의 변위는 각 스프링 변위 x_1, x_2의 합 $x = x_1 + x_2$로 주어진다. 그러나 복원력은 두 스프링에 동일하게 작용하므로 유효 스프링 상수 k_{eff}는 다음 식을 만족한다.

$$-k_{\text{eff}}(x_1 + x_2) = -k_1x_1 = -k_2x_2$$

$k_1x_1 = k_2x_2$이므로 $x_1 = (k_2/k_1)x_2$이고 따라서 $-k_{\text{eff}}\,(x_1 + x_2) = -k_2x_2$는 다음과 같이 쓸 수 있다.

$$k_{\text{eff}}\left(\frac{k_2}{k_1}x_2 + x_2\right) = k_2x_2$$

마지막 식을 풀어서 k_{eff}를 구하면

$$k_{\text{eff}} = \frac{k_1k_2}{k_1 + k_2}$$

따라서 위의 두 경우 모두 미분방정식 (1)에서 k를 k_{eff}로 바꿔주면 된다. 연습문제 3.8의 문제 13~18을 보라.

■ 스프링 상수가 변하는 계 앞서 논의한 모형에서는 스프링의 물리적 특성이 시간에 따라 변하지 않는 이상적인 세계를 가정했다. 그러나 현실적인 세계에서는 스프링/질량계가 오랜 기간 동안 운동하고 나면 스프링이 약해진다고 보는 것이 합리적인 것 같다. 다시 말해 '스프링 상수'가 변화한다고, 또는 더 구체적으로 표현해서 시간에 따라 작아진다고 보는 것이다. **노화스프링**(aging spring) 모형에서는 식 (1)의 스프링 상수 k가 감소함수 $K(t) = ke^{-\alpha t}$, $k > 0$, $\alpha > 0$으로 대체된다. 선형 미분방정식 $mx'' + ke^{-\alpha t}x = 0$은 이 장에서 공부한 방법으로는 풀 수 없다. 그러나 5장의 방법을 사용하면 두 일차독립 해를 구할 수 있다. 연습문제 3.8의 문제 19를 참조하라.

스프링/질량계가 급격히 온도가 내려가는 환경에 처해 있을 때에는, 상수 k를 시간에 대한 증가함수 $K(t) = kt$, $k > 0$으로 대체하는 것이 합리적일 수 있다. 그 결과 얻어지는 모형은 **Airy의 미분방정식**(Airy's differential equation) 형태인 $mx'' + ktx = 0$이다. 노화스프링에 대한 방정식과 마찬가지로 Airy의 방정식도 5장의 방법으로 풀 수 있다. 연습문제 3.8의 문제 20을 참조하라.

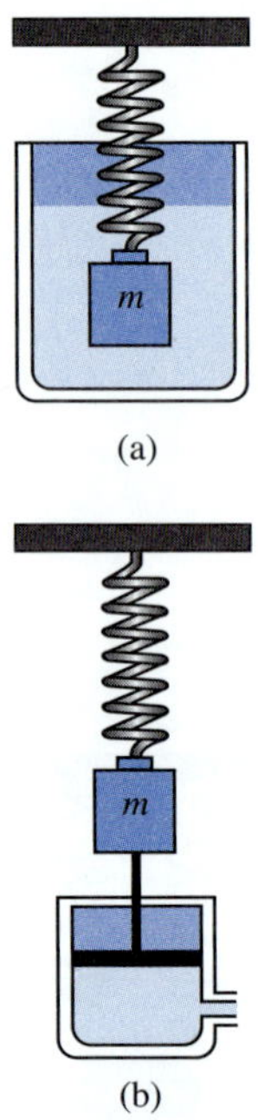

그림 3.8.7 감쇠기

3.8.2 스프링/질량계: 자유 감쇠운동

식 (1)로 기술되는 운동은 움직이는 질량추에 억제력이 작용하지 않는다고 가정한 것이므로 자유 조화운동 개념은 약간 비현실적이다. 질량이 완벽한 진공상태에서 매달려 있지 않는 한, 적어도 주변 매체로 인하여 발생되는 저항력이 생기게 될 것이다. 그림 3.8.7에 나와 있는 것처럼, 질량추가 점성유체 속에 매달려 있을 수도 있고 대시포트 감쇠기에 연결될 수도 있다.

■ 자유 감쇠운동의 미분방정식 역학에서 물체에 작용하는 감쇠력은 순간속도의 거듭제곱에 비례하는 것으로 간주된다. 특히, 앞으로 이어질 논의에서 이 힘은 dx/dt의 상수배로

주어진다고 가정할 것이다. 이 계에 다른 외력이 작용하지 않는다면, Newton의 제2법칙은 다음과 같이 된다.

$$m\frac{d^2x}{dt^2} = -kx - \beta\frac{dx}{dt} \tag{10}$$

여기서 β는 **감쇠상수**(damping constant)이고, 마이너스 부호는 감쇠력이 운동의 반대 방향으로 작용한다는 사실에 기인한다.

식 (10)을 질량 m으로 나누면, **자유 감쇠운동**(free damped motion)의 미분방정식은 $d^2x/dt^2 + (\beta/m)dx/dt + (k/m)x = 0$이 되거나 또는

$$\frac{d^2x}{dt^2} + 2\lambda\frac{dx}{dt} + \omega^2x = 0 \tag{11}$$

여기서

$$2\lambda = \frac{\beta}{m}, \quad \omega^2 = \frac{k}{m} \tag{12}$$

이다. 기호 2λ는 오직 대수계산상 편의 때문에 사용된다. 보조방정식이 $m^2 + 2\lambda m + \omega^2 = 0$이므로, 두 근은 다음과 같다.

$$m_1 = -\lambda + \sqrt{\lambda^2 - \omega^2}, \quad m_2 = -\lambda - \sqrt{\lambda^2 - \omega^2}$$

이제 우리는 $\lambda^2 - \omega^2$의 부호에 따라 세 가지 가능한 경우로 구분할 수 있다. 각각의 해는 모두 감쇠인자(damping factor) $e^{-\lambda t}$, $\lambda > 0$을 포함하고 있으므로, 오랜 시간이 경과하면 질량추의 변위는 무시할 만큼 작아지게 된다.

경우 I: $\lambda^2 - \omega^2 > 0$. 이 상황은 스프링 상수 k에 견주어 볼 때 감쇠계수 β가 크므로 **과감쇠**(overdamped)라 한다. 식 (11)의 해는 $x(t) = c_1e^{m_1t} + c_2e^{m_2t}$ 또는

$$x(t) = e^{-\lambda t}\left(c_1e^{\sqrt{\lambda^2-\omega^2}t} + c_2e^{-\sqrt{\lambda^2-\omega^2}t}\right) \tag{13}$$

이 식은 매끄러운 비진동운동을 나타낸다. 그림 3.8.8은 두 가지 가능한 $x(t)$의 그래프를 보여준다.

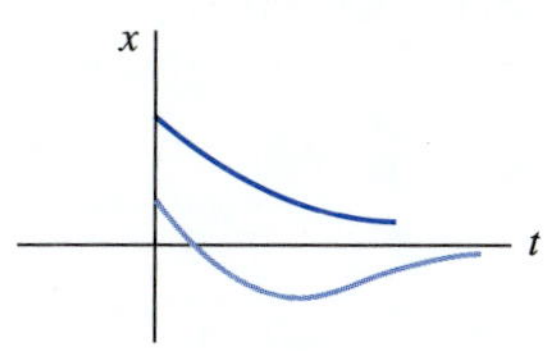

그림 3.8.8 과감쇠계의 운동

경우 II: $\lambda^2 - \omega^2 = 0$. 이 계는 감쇠력을 아주 조금만 감소시켜도 진동운동이 일어나므로 **임계감쇠**(critically damped)라 한다. 식 (11)의 일반해는 $x(t) = c_1e^{m_1t} + c_2te^{m_1t}$ 또는

$$x(t) = e^{-\lambda t}(c_1 + c_2t) \tag{14}$$

이다. 그림 3.8.9는 전형적인 임계감쇠운동의 그래프를 나타낸다. 운동이 과감쇠계와 아주 비슷하다는 것을 알 수 있다. 식 (14)를 보면, 질량추는 기껏해야 한 번 평형위치를 통과할 수 있다는 것을 알 수 있다.

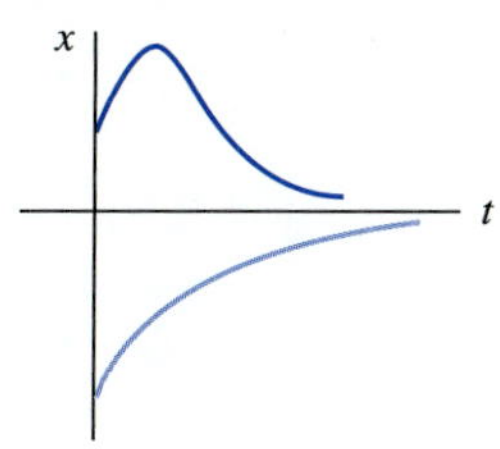

그림 3.8.9 임계감쇠계의 운동

경우 III: $\lambda^2 - \omega^2 < 0$. 이 경우 계는 스프링 상수에 견주어 감쇠계수가 작으므로 **저감쇠**(underdamped)라 한다. 두 근 m_1과 m_2는 복소수이다.

$$m_1 = -\lambda + \sqrt{\omega^2 - \lambda^2}i, \quad m_2 = -\lambda - \sqrt{\omega^2 - \lambda^2}i$$

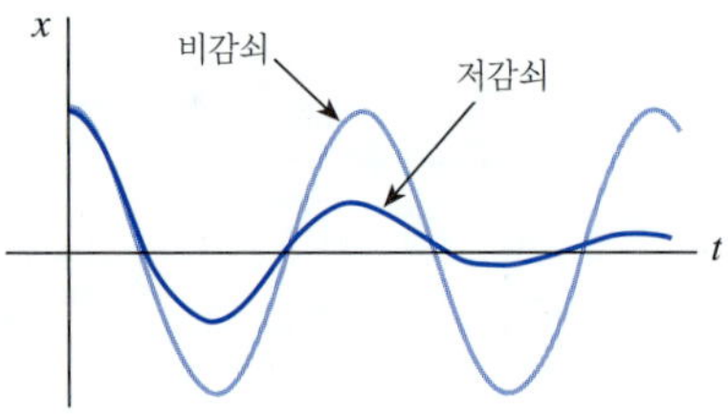

그림 3.8.10 저감쇠계의 운동

식 (11)의 일반해는 다음과 같다.

$$x(t) = e^{-\lambda t}(c_1 \cos \sqrt{\omega^2 - \lambda^2}t + c_2 \sin \sqrt{\omega^2 - \lambda^2}t) \tag{15}$$

그림 3.8.10에 표시한 것처럼, 식 (15)로 기술되는 운동은 진동이다. 그러나 계수 $e^{-\lambda t}$ 때문에 $t \to \infty$에 따라 진폭은 영으로 수렴한다.

예제 3 과감쇠운동

초기값 문제

$$\frac{d^2x}{dt^2} + 5\frac{dx}{dt} + 4x = 0, \quad x(0) = 1, \quad x'(0) = 1$$

의 해가

$$x(t) = \frac{5}{3}e^{-t} - \frac{2}{3}e^{-4t} \tag{16}$$

이라는 것은 바로 증명할 수 있다. 이 문제는 스프링에 연결된 질량추의 과감쇠운동을 나타내는 것으로 볼 수 있다. 질량추는 평형위치 아래 1 ft 위치로부터 1 ft/s의 하향 속도로 출발한다.

$x(t)$의 그래프를 그리기 위해 함수가 극값에 도달하는 t 값, 즉 1차 도함수(속도)가 영이 되는 시간 값을 구한다. 식 (16)을 미분하면 $x'(t) = -\frac{5}{3}e^{-t} + \frac{8}{3}e^{-4t}$가 되므로 $x'(t) = 0$은 $e^{3t} = \frac{8}{5}$ 또는 $t = \frac{1}{3}\ln\frac{8}{5} = 0.157$을 의미한다. 물리적 직관에 따르거나 1차 도함수를 점검하면 $x(0.157) = 1.069$ ft는 사실상 최대값이다. 다시 말해, 질량은 평형위치 밑으로 1.069 ft의 최대변위에 도달한다.

그래프가 t축을 통과하는지, 즉 질량추가 평형위치를 지나가는지도 점검해야 한다. 이 예에서는 $x(t) = 0$, 즉 $e^{3t} = \frac{2}{5}$의 해 $t = \frac{1}{3}\ln\frac{2}{5} = -0.305$가 물리적으로 타당하지 않으므로 그런 경우는 발생할 수 없다.

그림 3.8.11은 $x(t)$의 그래프와 관련 데이터를 보여준다. ≡

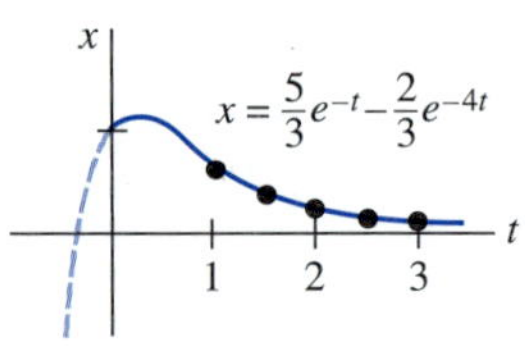

(a)

t	$x(t)$
1	0.601
1.5	0.370
2	0.225
2.5	0.137
3	0.083

(b)

그림 3.8.11 예제 3의 과감쇠계

예제 4 임계감쇠운동

8파운드의 질량추가 스프링을 2피트 늘어나게 한다. 순간속도의 두 배와 같은 크기의 감쇠력이 계에 작용한다고 가정하고, 추를 평형위치에서 3 ft/s의 상향 속도로 놓았을 때 운동방정식을 구하라.

풀이 Hooke의 법칙으로부터 $8 = k(2)$에서 $k = 4$ lb/ft이고, $W = mg$에서 $m = \frac{8}{32} = \frac{1}{4}$ slug이다. 그러면 운동의 미분방정식은 다음과 같이 된다.

$$\frac{1}{4}\frac{d^2x}{dt^2} = -4x - 2\frac{dx}{dt} \quad \text{또는} \quad \frac{d^2x}{dt^2} + 8\frac{dx}{dt} + 16x = 0. \tag{17}$$

식 (17)의 보조방정식은 $m^2 + 8m + 16 = (m + 4)^2 = 0$이므로 $m_1 = m_2 = -4$이다. 따라서 계는 임계감쇠이고 일반해는 다음과 같다.

$$x(t) = c_1 e^{-4t} + c_2 t e^{-4t} \tag{18}$$

초기조건 $x(0) = 0$와 $x'(0) = -3$을 적용하면 차례로 $c_1 = 0$와 $c_2 = -3$을 얻는다. 그러면 운동방정식은 다음과 같다.

$$x(t) = -3te^{-4t} \tag{19}$$

$x(t)$의 그래프를 그리기 위해 예제 3의 방법을 쓴다. $x'(t) = -3e^{-4t}(1 - 4t)$로부터 $t = \frac{1}{4}$일 때 $x'(t) = 0$임을 알 수 있다. 이에 따른 최대변위는 $x(\frac{1}{4}) = -3(\frac{1}{4})e^{-1} = -0.276$ ft이다. **그림 3.8.12**에 나와 있는 것처럼, 이 값은 질량추가 평형위치 위로 최대 높이 0.276 ft에 도달함을 의미한다. ≡

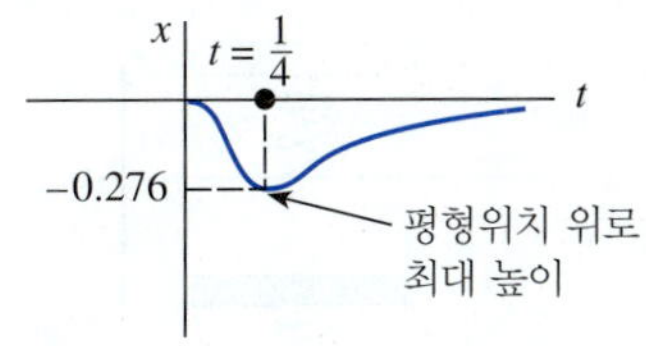

그림 3.8.12 예제 4의 임계감쇠계

예제 5 **저감쇠운동**

16파운드의 질량추가 5 ft 길이의 스프링에 매달려 있다. 평형상태에서 스프링을 재니 8.2 ft였다. 추를 밀어 올려 평형위치 위 2 ft 점에서 정지시켰다가 놓았다. 주변 매체가 순간속도와 같은 값의 저항력을 준다고 알려져 있을 때, 변위 $x(t)$를 구하라.

풀이 추를 매단 후 스프링의 변형은 $8.2 - 5 = 3.2$ ft이므로 Hooke의 법칙으로부터 $16 = k(3.2)$ 또는 $k = 5$ lb/ft이다. 또 $m = \frac{16}{32} = \frac{1}{2}$이므로 미분방정식은 다음과 같다.

$$\frac{1}{2}\frac{d^2x}{dt^2} = -5x - \frac{dx}{dt} \quad \text{또는} \quad \frac{d^2x}{dt^2} + 2\frac{dx}{dt} + 10x = 0. \tag{20}$$

계속해서 $m^2 + 2m + 10 = 0$의 두 근은 $m_1 = -1 + 3i$와 $m_2 = -1 - 3i$이므로 계는 저감쇠이고 일반해는 다음과 같다.

$$x(t) = e^{-t}(c_1 \cos 3t + c_2 \sin 3t) \tag{21}$$

끝으로, 초기조건 $x(0) = -2$와 $x'(0) = 0$으로 $c_1 = -2$와 $c_2 = -\frac{2}{3}$를 구하면 운동방정식은 다음과 같이 된다.

$$x(t) = e^{-t}\left(-2\cos 3t - \frac{2}{3}\sin 3t\right) \tag{22}$$ ≡

다른 형태로 표시한 *x(t)*

3.8.1절에서 사용된 과정과 똑같은 방법으로, 어떤 해

$$x(t) = e^{-\lambda t}(c_1 \cos\sqrt{\omega^2 - \lambda^2}t + c_2 \sin\sqrt{\omega^2 - \lambda^2}t)$$

이든지 다른 형태의 해

$$x(t) = Ae^{-\lambda t}\sin(\sqrt{\omega^2 - \lambda^2}t + \phi) \tag{23}$$

로 쓸 수 있다. 여기서 $A = \sqrt{c_1^2 + c_2^2}$이고 위상각 ϕ는 다음 식으로부터 결정된다.

$$\sin\phi = \frac{c_1}{A}, \quad \cos\phi = \frac{c_2}{A}, \quad \tan\phi = \frac{c_1}{c_2}$$

계수 $Ae^{-\lambda t}$를 진동의 **감쇠진폭**(damped amplitude)이라고도 한다. 식 (23)이 주기함수가 아니기 때문에, $2\pi/\sqrt{\omega^2 - \lambda^2}$ 를 **준주기**(quasi period)라 하고 $\sqrt{\omega^2 - \lambda^2}/2\pi$를 **준진동수**(quasi frequency)라 한다. 준주기는 $x(t)$에서 인접한 두 최대점 사이의 시간구간이다. 예제 5에서 운동방정식에 대해 $A = 2\sqrt{10}/3$과 $\phi = 4.391$이 됨을 꼭 증명해 보아야 한다. 따라서 식 (22)를 다른 형태로 표현하면 다음과 같다.

$$x(t) = \frac{2\sqrt{10}}{3} e^{-t} \sin(3t + 4.391)$$

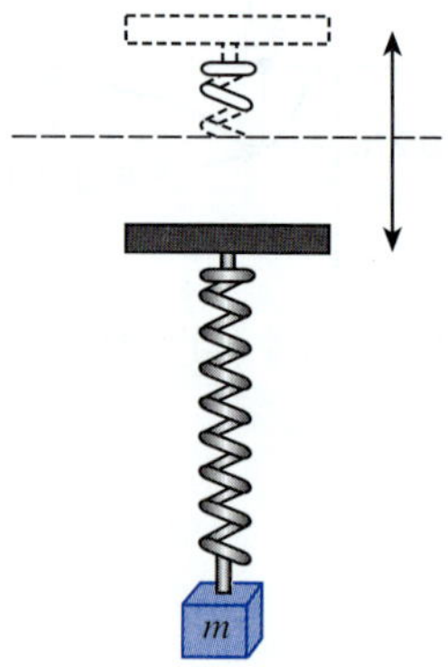

그림 3.8.13 수직으로 진동하는 지지대

3.8.3 스프링/질량계: 강제운동

감쇠가 있는 강제운동의 미분방정식 이제 스프링에 매달려서 진동하는 질량에 작용하는 외력 $f(t)$를 고려해 보자. 예를 들어 $f(t)$는 스프링 지지대가 수직으로 진동해서 발생되는 구동력을 나타낼 수 있다. 그림 3.8.13을 보라. Newton의 제2법칙을 수식화할 때 $f(t)$를 포함시키면 **강제운동**(driven or forced motion)의 미분방정식은 다음과 같이 된다.

$$m\frac{d^2x}{dt^2} = -kx - \beta\frac{dx}{dt} + f(t) \tag{24}$$

식 (24)를 m으로 나누면

$$\frac{d^2x}{dt^2} + 2\lambda\frac{dx}{dt} + \omega^2 x = F(t) \tag{25}$$

이 되고, 여기서 $F(t) = f(t)/m$, $2\lambda = \beta/m$, $\omega^2 = k/m$이다. 이 비제차방정식을 풀기 위해 미정계수법이나 매개변수 변화법을 사용할 수 있다.

예제 6 초기값 문제의 의미

다음 초기값 문제의 의미를 해석하고 풀어라.

$$\frac{1}{5}\frac{d^2x}{dt^2} + 1.2\frac{dx}{dt} + 2x = 5\cos 4t, \quad x(0) = \frac{1}{2}, \quad x'(0) = 0 \tag{26}$$

풀이 이 문제는 스프링(k = 2 lb/ft 또는 N/m)에 매달린 질량추($m = \frac{1}{5}$slug 또는 kg)으로 구성되는 진동계를 나타내는 것으로 볼 수 있다. 추는 평형위치 아래 $\frac{1}{2}$ 단위(ft 또는 m)에서 정지상태로부터 놓여진다. 운동은 감쇠되고($\beta = 1.2$), 주기적인($T = \pi/2$ s) 외력에 의한 구동이 $t = 0$에서 시작된다. 아무리 감쇠가 있다 하여도 강제함수가 '제거되기' 전까지는 계의 운동이 지속되리라는 것을 직관적으로 예상할 수 있다. 강제함수가 제거되면 진폭은 소멸하게 될 것이다. 그러나 문제에 주어진 것처럼, $f(t) = 5\cos 4t$는 영원히 지속된다.

먼저 식 (26)의 미분방정식에 5를 곱해서 구한

$$\frac{dx^2}{dt^2} + 6\frac{dx}{dt} + 10x = 0$$

을 통상적인 방법으로 푼다. $m_1 = -3 + i$, $m_2 = -3 - i$이므로, 다음 식을 얻는다.

$$x_c(t) = e^{-3t}(c_1 \cos t + c_2 \sin t)$$

미정계수법을 사용하는데 $x_p(t) = A \cos 4t + \mathrm{B} \sin 4t$의 형태로 특수해를 가정한다. $x_p(t)$를 미분하여 미분방정식에 대입하면 다음과 같이 된다.

$$x_p'' + 6x_p' + 10x_p = (-6A + 24B) \cos 4t + (-24A - 6B) \sin 4t = 25 \cos 4t$$

결과로 얻어지는 연립방정식

$$-6A + 24B = 25, \quad -24A - 6B = 0$$

을 풀면 $A = -\frac{25}{102}$와 $B = \frac{50}{51}$를 얻는다. 일반해는 다음과 같이 된다.

$$x(t) = e^{-3t}(c_1 \cos t + c_2 \sin t) - \frac{25}{102} \cos 4t + \frac{50}{51} \sin 4t \tag{27}$$

위 식에 $t = 0$을 대입하면, $c_1 = \frac{38}{51}$을 얻는다. 위 식을 미분하고 $t = 0$을 대입하면, $c_2 = -\frac{86}{51}$을 얻는다. 따라서 운동방정식은 다음과 같다.

$$x(t) = e^{-3t}\left(\frac{38}{51} \cos t - \frac{86}{51} \sin t\right) - \frac{25}{102} \cos 4t + \frac{50}{51} \sin 4t \tag{28}$$

≡

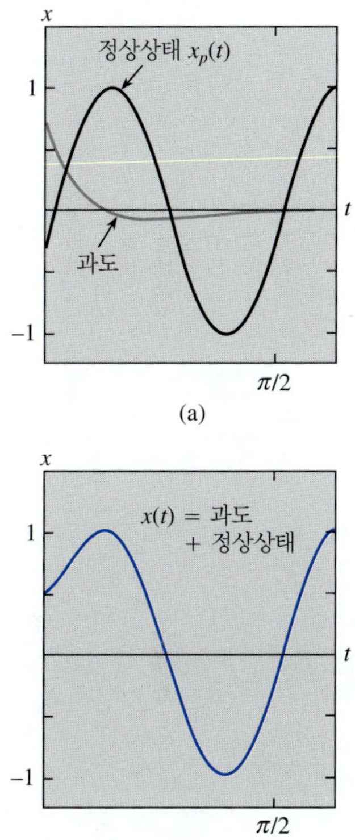

그림 3.8.14 예제 6의 해 (28)의 그래프

과도 및 정상상태 항 만일 F가 $F(t) = F_0 \sin \gamma t$ 또는 $F(t) = F_0 \cos \gamma t$와 같은 주기함수이면, $\lambda > 0$에 대한 식 (25)의 일반해는 비주기함수 $x_c(t)$와 주기함수 $x_p(t)$의 합이다. 게다가 $x_c(t)$는 시간이 증가함에 따라 소멸된다. 즉 $\lim_{t \to \infty} x_c(t) = 0$이다. 따라서 긴 시간이 지난 후 질량추의 변위는 특수해 $x_p(t)$로 정확히 근사화된다. 여함수 $x_c(t)$를 **과도항**(transient term) 또는 **과도해**(transient solution)라 하고, 해에서 시간이 경과한 후 잔류하는 부분인 함수 $x_p(t)$를 **정상상태 항**(steady-state term) 또는 **정상상태 해**(steady-state solution)라 한다. 따라서 F로 구동되는 스프링/질량계에 대한 초기조건의 효과는 과도적임을 명심하라. 특정해 식 (28)에서, $e^{-3t}(\frac{38}{51} \cos t - \frac{86}{51} \sin t)$는 과도항이고 $x_p(t) = -\frac{25}{102} \cos 4t + \frac{50}{51} \sin 4t$는 정상상태 항이다. 이 두 항의 그래프와 해 (28)의 그래프를 그림 3.8.14(a)와 3.8.14(b)에 각각 나타내었다.

예제 7 과도/정상상태 해

초기값 문제, 여기서 x_1은 상수

$$\frac{d^2x}{dt^2} + 2\frac{dx}{dt} + 2x = 4\cos t + 2\sin t, \quad x(0) = 0, \quad x'(0) = x_1$$

의 해는 다음과 같이 주어진다.

$$x(t) = \underbrace{(x_1 - 2)e^{-t} \sin t}_{\text{과도항}} + \underbrace{2 \sin t}_{\text{정상상태}}.$$

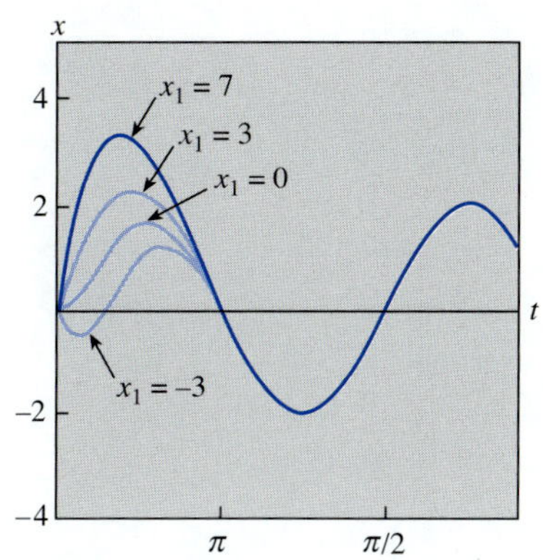

그림 3.8.15 여러 $x = 1$값에 대한 예제 7의 해 그래프

초기속도 x_1의 몇 가지 선택된 값에 대한 해곡선을 그림 3.8.15에 나타내었다. 이 그래프들은 대략 $t > 3\pi/2$에 대해 과도항의 영향을 무시할 수 있다는 것을 보여 준다. ≡

비감쇠 강제운동의 미분방정식 감쇠력이 없고 주기적인 외력이 작용하면 문제의 해에 과도항이 존재하지 않는다. 또한 주기적인 외력의 진동수가 자유 비감쇠진동의 진동수에 아주 근접하거나 같게 되면, 어느 진동계든지 심각한 문제가 발생할 수 있다.

예제 8 **비감쇠 강제운동**

다음과 같은 초기값 문제를 풀어라.

$$\frac{d^2x}{dt^2} + \omega^2 x = F_0 \sin \gamma t, \qquad x(0) = 0, \qquad x'(0) = 0 \tag{29}$$

여기서 F_0는 상수이고 $\gamma \neq \omega$이다.

풀이 여함수는 $x_c(t) = c_1 \cos \omega t + c_2 \sin \omega t$이다. 특수해를 얻기 위해 $x_p(t) = A \cos \gamma t + \mathrm{B} \sin \gamma t$로 가정하면 다음과 같이 된다.

$$x_p'' + \omega^2 x_p = A(\omega^2 - \gamma^2) \cos \gamma t + B(\omega^2 - \gamma^2) \sin \gamma t = F_0 \sin \gamma t$$

계수끼리 같게 하면 바로 $A = 0$과 $B = F_0/(\omega^2 - \gamma^2)$을 얻는다. 따라서

$$x_p(t) = \frac{F_0}{\omega^2 - \gamma^2} \sin \gamma t$$

이다. 주어진 초기조건을 일반해

$$x(t) = c_1 \cos \omega t + c_2 \sin \omega t + \frac{F_0}{\omega^2 - \gamma^2} \sin \gamma t$$

에 적용하면 $c_1 = 0$과 $c_2 = -\gamma F_0/\omega(\omega^2 - \gamma^2)$을 얻는다. 따라서 해는 다음과 같다.

$$x(t) = \frac{F_0}{\omega(\omega^2 - \gamma^2)} (-\gamma \sin \omega t + \omega \sin \gamma t), \qquad \gamma \neq \omega \tag{30}$$ ≡

완전공진 비록 식 (30)은 $\gamma = \omega$에 대해 정의되지 않지만, $\gamma \to \omega$에 대한 극한값을 L'Hôpital의 법칙을 사용해서 구할 수 있다는 사실은 흥미롭다. 이 극한 과정은 구동력의 진동수($\gamma/2\pi$)를 자유진동의 진동수($\omega/2\pi$)로 '조정해가는 것(tuning)'에 해당된다. 시간이 경과함에 따라 진폭이 상당히 증가하게 된다고 직관적으로 예측할 수 있다. $\gamma = \omega$에 대해서는 해를 다음과 같이 정의한다.

$$\begin{aligned} x(t) = \lim_{\gamma \to \omega} F_0 \frac{-\gamma \sin \omega t + \omega \sin \gamma t}{\omega(\omega^2 - \gamma^2)} &= F_0 \lim_{\gamma \to \omega} \frac{\dfrac{d}{d\gamma}(-\gamma \sin \omega t + \omega \sin \gamma t)}{\dfrac{d}{d\gamma}(\omega^3 - \omega\gamma^2)} \\ &= F_0 \lim_{\gamma \to \omega} \frac{-\sin \omega t + \omega t \cos \gamma t}{-2\omega\gamma} \\ &= F_0 \frac{-\sin \omega t + \omega t \cos \omega t}{-2\omega^2} \\ &= \frac{F_0}{2\omega^2} \sin \omega t - \frac{F_0}{2\omega} t \cos \omega t. \end{aligned} \tag{31}$$

예상했던 것처럼, $t \to \infty$이면 변위가 커진다. 사실 $t_n = n\pi/\omega$, $n = 1, 2, \ldots$ 일 때 $|x(t_n)| \to \infty$가 된다. 방금 기술한 현상을 **완전공진**(pure resonance)이라 한다. **그림 3.8.16**에 주어진 그래프는 이 경우의 전형적인 운동을 보여 준다.

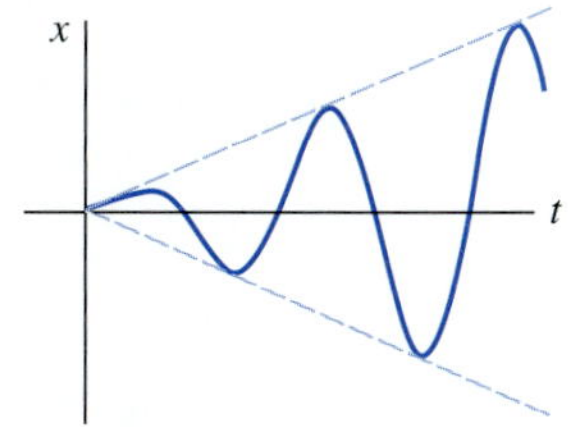

그림 3.8.16 완전공진을 나타내는 행 (31)의 그래프

그러나 결론적으로 말해서 $\gamma = \omega$에 대한 해를 구하기 위해 식 (30)에 극한 과정을 취할 필요가 없다는 것을 명심해야 한다. 그 대안으로 다음과 같은 초기값 문제를 통상적인 방법으로 직접 풀면 식 (31)을 얻게 된다.

$$\frac{d^2x}{dt^2} + \omega^2 x = F_0 \sin \omega t, \qquad x(0) = 0, \qquad x'(0) = 0$$

만일 스프링/질량계의 변위가 실제로 식 (31)과 같은 함수로 주어진다면, 그 계는 반드시 파괴될 것이다. 질량추가 크게 진동하면 언젠가는 스프링이 그 탄성한계를 벗어나게 될 것이다. 또 그림 3.8.16의 진동 모형은 항상 존재하게 마련인 감쇠력의 억제효과를 무시한 것이기 때문에 완전히 비현실적인 것이라고 주장할 수도 있다. 그러나 아무리 작은 양의 감쇠라도 고려되면 완전공진이 일어날 수 없다는 것은 사실이지만, 크고 파괴적인 진폭($t \to \infty$일 때 유한할지라도)은 발생할 수 있다. 연습문제 3.8의 문제 49를 참조하라.

3.8.4 직렬회로 유사계

LRC 직렬회로 이 장 서론에서 언급했던 것처럼, 다른 여러 물리계들도 다음과 같은 감쇠 강제운동의 미분방정식과 유사하게 선형 2계 미분방정식으로 나타낼 수 있다.

$$m\frac{d^2x}{dt^2} + \beta\frac{dx}{dt} + kx = f(t). \tag{32}$$

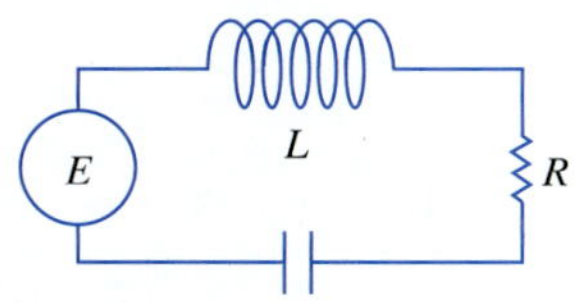

그림 3.8.17 *LRC*-직렬회로

만일 $i(t)$가 **그림 3.8.17**에 나와 있는 ***LRC* 직렬 전기회로**(LRC-series electrical circuit)에서 전류를 나타낸다면, 유도기, 저항기, 축전기에 걸쳐서 발생하는 전압강하는 그림 1.3.5에 나타낸 것과 같다. Kirchhoff의 제2법칙에 따르면, 이 전압들의 합은 회로에 가해진 전압 $E(t)$와 같다. 즉

$$L\frac{di}{dt} + Ri + \frac{1}{C}q = E(t) \tag{33}$$

이다. 그러나 축전기의 전하량 $q(t)$와 전류 $i(t)$ 사이에는 $i = dq/dt$의 관계가 있으므로 (33)은 다음과 같은 선형 2계 미분방정식이 된다.

$$L\frac{d^2q}{dt^2} + R\frac{dq}{dt} + \frac{1}{C}q = E(t) \tag{34}$$

회로해석에서 사용하는 용어체계는 스프링/질량계를 기술하기 위해 사용했던 것과 유사하다.

만일 $E(t) = 0$이면, 회로의 **전기진동**(electrical vibration)은 **자유**(free)라고 한다. 식 (34)의 보조방정식은 $Lm^2 + Rm + 1/C = 0$이므로, $R \neq 0$일 때 판별식 $R^2 - 4L/C$의 값에 따라 세 가지 형태의 해를 구할 수 있다. 우리는 회로가

$R^2 - 4L/C > 0$이면 **과감쇠**(overdamped)

$R^2 - 4L/C = 0$이면 **임계감쇠**(critically damped)

$$R^2 - 4L/C < 0\text{이면} \qquad \textbf{저감쇠}\text{(underdamped)}$$

라고 한다. 이 세 경우 각각 식 (34)의 일반해는 인자 $e^{-Rt/2L}$을 포함하므로, $t \to \infty$이면 $q(t) \to 0$이 된다. $q(0) = q_0$인 저감쇠의 경우, 축전기의 전하량은 진동하며 소멸된다. 다시 말해서 축전기는 $t \to \infty$에 따라 충전과 방전을 되풀이한다. $E(t) = 0$이고 $R = 0$이면, 비감쇠회로라 하고, t가 아무리 한없이 증가해도 전기진동이 영으로 수렴하지 않는다. 회로의 응답은 **단순조화**(simple harmonic)이다.

예제 9 저감쇠 직렬회로

$L = 0.25$헨리(h), $R = 10$옴(Ω), $C = 0.001$패럿(F), $E(t) = 0$볼트(V), $q(0) = q_0$쿨롱(C), $i(0) = 0$암페어(A)일 때, LRC 직렬회로에서 축전기의 전하량 $q(t)$를 구하라.

풀이 $1/C = 1000$이므로 식 (34)는 다음과 같이 된다.

$$\frac{1}{4}q'' + 10q' + 1000q = 0 \quad \text{또는} \quad q'' + 40q' + 4000q = 0$$

통상적인 방법으로 이 제차방정식을 풀면, 회로는 저감쇠라는 것과 $q(t) = e^{-20t}(c_1 \cos 60t + c_2 \sin 60t)$임을 알게 된다. 초기조건을 적용하면, $c_1 = q_0$와 $c_2 = q_0/3$을 얻는다. 따라서 $q(t) = q_0 e^{-20t}(\cos 60t + \frac{1}{3}\sin 60t)$이다. 식 (23)을 사용하면, 앞의 해를 다음과 같이 쓸 수 있다.

$$q(t) = \frac{q_0\sqrt{10}}{3}e^{-20t}\sin(60t + 1.249)$$

≡

회로에 인가전압 $E(t)$가 가해지면, 전기진동은 **강제되었다**(forced)고 한다. $R \neq 0$인 경우에, 식 (34)의 여함수 $q_c(t)$를 **과도해**(transient solution)라 한다. 만일 $E(t)$가 주기함수이거나 상수이면, 식 (34)의 특수해 $q_p(t)$는 **정상상태 해**(steady-state solution)라 한다.

예제 10 정상상태 전류

LRC 직렬회로에서 인가전압이 $E(t) = E_0 \sin \gamma t$일 때, 정상상태 해 $q_p(t)$와 **정상상태 전류**(steady-state current)를 구하라.

풀이 정상상태 해 $q_p(t)$는 다음 미분방정식의 특수해이다.

$$L\frac{d^2q}{dt^2} + R\frac{dq}{dt} + \frac{1}{C}q = E_0 \sin \gamma t.$$

미정계수법을 사용하려면 특수해를 $q_p(t) = A \sin \gamma t + B \cos \gamma t$의 형태로 가정한다. 이 표현식을 미분방정식에 대입하고 정리한 후 계수를 비교하면 다음 결과를 얻는다.

$$A = \frac{E_0\left(L\gamma - \dfrac{1}{C\gamma}\right)}{-\gamma\left(L^2\gamma^2 - \dfrac{2L}{C} + \dfrac{1}{C^2\gamma^2} + R^2\right)}, \quad B = \frac{E_0R}{-\gamma\left(L^2\gamma^2 - \dfrac{2L}{C} + \dfrac{1}{C^2\gamma^2} + R^2\right)}$$

A와 B를 새로운 기호로 표시하면 편리하다.

$$X = L\gamma - \frac{1}{C\gamma} \text{ 이면} \qquad X^2 = L^2\gamma^2 - \frac{2L}{C} + \frac{1}{C^2\gamma^2}.$$

$$Z = \sqrt{X^2 + R^2} \text{ 이면} \qquad Z^2 = L^2\gamma^2 - \frac{2L}{C} + \frac{1}{C^2\gamma^2} + R^2$$

따라서 $A = E_0X/(-\gamma Z^2)$과 $B = E_0R/(-\gamma Z^2)$이므로 정상상태 전하량은

$$q_p(t) = -\frac{E_0X}{\gamma Z^2}\sin\gamma t - \frac{E_0R}{\gamma Z^2}\cos\gamma t$$

이다. 이제 정상상태 전류는 $i_p(t) = q'_p(t)$으로 주어진다.

$$i_p(t) = \frac{E_0}{Z}\left(\frac{R}{Z}\sin\gamma t - \frac{X}{Z}\cos\gamma t\right) \tag{35}$$ ≡

예제 10에서 정의한 $X = L\gamma - 1/(C\gamma)$와 $Z = \sqrt{X^2 + R^2}$는 각각 회로의 **리액턴스**(reactance)와 **임피던스**(impedance)라 부른다. 리액턴스와 임피던스는 모두 옴으로 측정한다.

참고

(*i*) 당기기보다는 회전시키는 용도의 코일 스프링을 **비틀림 스프링(torsion spring)**이라 한다. 비틀림 스프링에 대한 이론은 인장 스프링의 경우와 기본적으로 동일하다. 미분방정식

$$I\frac{d^2\theta}{dt^2} + C\frac{d\theta}{dt} + k\theta = \tau(t) \tag{36}$$

은 식 (24)와 유사하다. 여기서 $\theta(t)$는 비틀림 각, $C\, d\theta/dt$는 비틀림 감쇠력, $k\theta$는 스프링에 의해 작용되는 토크(각도로 표현된 Hooke의 법칙), $\tau(t)$는 구동 토크를 나타낸다. 비틀림 스프링의 간단한 예로는 왼편 첫 번째 사진의 쥐덫에 설치된 스프링을 들 수 있다. 차고 문 개폐장치는 문의 무게에 따라 하나 또는 두 개의 비틀림 스프링을 사용한다. 문이 닫혔을 때 스프링은 비틀림 변형 상태에 있다. 따라서 문이 열릴 때 스프링이 풀리며 문을 들어 올리게 된다. 왼편 두 번째 사진을 보면 차고 문 창 위에 스프링이 설치되어 있다.

(*ii*) 음향 진동도 큰 기계적 진동만큼이나 파괴적일 수 있다. 재즈 가수의 목소리로 인해 얇은 와인 잔이 깨지는 경우도 있다. 왼편 세 번째 사진을 보라. 오르간과 피콜로 소리로 창문이 깨진 경우도 있다.

> 이에 백성은 외치고 제사장들은 나팔을 불매 백성이 나팔 소리를 듣는 동시에 크게 소리 질러 외치니 성벽이 무너져 내린지라 ... (여호수아 6장 20절)

정말 음향 공진의 힘이 여리고 성벽을 무너뜨렸을까? 이것은 몇몇 현대 음향학자들의 추측이다.

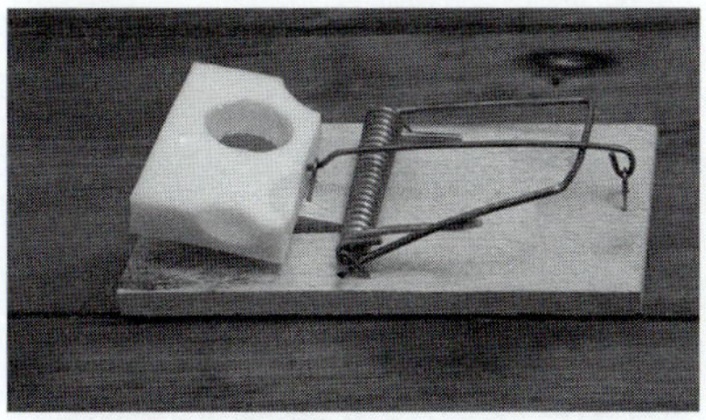

쥐덫

차고 문 개폐장치

박살 난 와인 잔

록히드 L-188 엘렉트라

(*iii*) 비행 중에 창밖을 내다보면 비행기 날개가 완전한 강체가 아니라는 것을 목격할 수 있다. 적당한 양의 변형 또는 펄럭임은 허용되어야 할 뿐만 아니라 날개가 박하사탕 조각처럼 깨지는 것을 방지하기 위해 필요하기도 하다. 1959년 말과 1960년 초에 발생한 두 여객기 추락 사고는 비교적 신형인 터보프롭 록히드 L-188 엘렉트라 기종과 관련되었는데 이 사고들은 큰 기계적 진동의 파괴적인 효과를 보여준다.

이 사고들의 특이한 점은 순항 중에 발생했다는 것이다. 공중 충돌을 제외하면, 순항 고도에 도달했을 때가 비행 중 가장 안전한 구간이다. 이륙이나 착륙 시와 같이 가장 조종하기 어려울 때, 비행기 사고가 날 위험이 가장 크다고 알려져 있다. 따라서 두 비행기가 순항 중에 단순 추락한 것은 단지 비극일 뿐만 아니라 항공업계를 당혹시켰고 특히 공기역학 엔지니어에게는 수수께끼 같은 문제가 되었다. 이런 종류의 추락에서는 즉각 구조적인 파손을 의심하게 된다. 대대적인 기술 검토를 통해 문제점을 추적해보니, 두 경우 모두 기체 외부 엔진 및 엔진 하우징으로 귀결됐다. 간단히 설명하자면, 각 비행기의 속력이 대략 시속 400마일인 임계속도를 넘어가면 프로펠러와 엔진이 요동치기 시작하면서 회전력이 발생하는데 엔진 하우징이 이것을 진정시키거나 감쇠시키지 못하는 것으로 판명되었다. 이 외부 가진력이 이미 진동하고 있던 날개로 전이되었다. 비행기 날개는 비정상적이고 과도한 힘에 의한 응력을 견뎌내도록 설계되어 있기 때문에 이 자체만으로는 파괴의 위험이 없다. (사실 문제가 된 날개는 엄청나게 강해서 개발기술자와 조종사가 모든 가능한 비행조건 하에서 어떻게 해서든지 날개를 부러뜨리려 했으나 실패한 바 있다.) 그러나 불운하게도 엔진이 급격하게 요동치고 난 후 얼마 지나지 않아 가진 진동수가 날개 펄럭임의 최대 진동수(초당 약 3사이클)까지 내려가서 최종적으로 일치하게 되었다. 결과적으로 개발기술자는 겪을 수 없었던 공진 상태에 최종적으로 도달하게 된 것이다. 즉, 날개 펄럭임의 진폭이 날개를 동강내기 충분할 정도로 커져버렸다. **그림 3.8.18**을 보라.

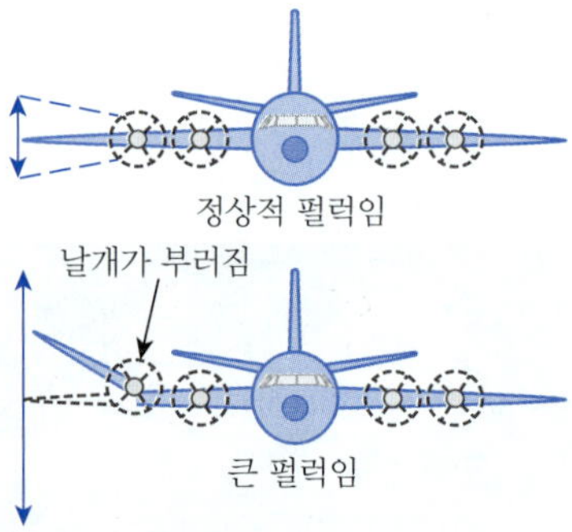

그림 3.8.18 두 동강 난 날개

이 문제는 두 단계로 해결되었다. 일단 이 기종의 모든 비행기들은 엔진 하우징을 충분히 강화하기 전까지는 시속 400마일보다 훨씬 낮은 속력으로 비행하도록 했다. 강화된 엔진 하우징은 예상 밖으로 엔진이 계속해서 요동친다 하더라도 위험한 공진현상을 방지할 수 있는 감쇠효과를 줄 수 있었다.

3.8 연습문제

부록에 선택된 홀수 문제의 답이 있다.

3.8.1 스프링/질량계: 자유 비감쇠운동

1. 무게가 4파운드인 질량추가 스프링 상수 16 lb/ft인 스프링에 매달려 있다. 단순조화운동의 주기를 구하라.
2. 스프링에 20 kg의 질량추가 매달려 있다. 단순조화운동의 진동수가 $2/\pi$ cycles/s일 때, 스프링 상수 k를 구하라. 원래 추를 80 kg의 추로 바꾸었을 때, 단순조화운동의 진동수를 구하라.
3. 스프링 끝에 매달린 무게 24파운드의 질량추가 스프링을 4인치 늘어나게 한다. 초기에 추는 평형위치 위 3인치 지점에서 정지상태로부터 움직이기 시작한다. 운동방정식을 구하라.
4. 문제 3에서 초기에 질량추가 평형위치에서 2 ft/s의 하향 속도로 움직이기 시작하는 경우에 운동방정식을 구하라.
5. 무게 20파운드의 질량추가 스프링을 6인치 늘어나게 한다. 초기에 추는 평형위치 아래 6인치 지점에서 정지상태로부터 움직이기 시작한다.

(a) 시간 $t = \pi/12, \pi/8, \pi/6, \pi/4, 9\pi/32$ s에서 추의 위치를 구하라.

(b) $t = 3\pi/16$ s일 때, 추의 속도를 구하라. 이 순간에 추은 어느 쪽을 향하는가?

(c) 질량추가 평형위치를 지나갈 때의 시간을 구하라.

6. 400 N의 힘이 스프링을 2 m만큼 늘어나게 한다. 스프링 끝에 매달려 있는 50 kg의 질량추는 초기에 평형위치에서 10 m/s의 상향 속도로 움직이기 시작한다. 운동방정식을 구하라.

7. 스프링 상수 20 N/m인 또 하나의 스프링이 문제 6의 스프링/질량계와 동일한 고정 지지대에 병렬로 매달려 있다. 두 번째 스프링에는 20 kg의 질량추가 매달려 있다. 두 질량추 모두 초기에 평형위치에서 10 m/s의 상향 속도로 움직이기 시작한다.

(a) 어느 질량추가 더 큰 운동진폭을 보이는가?

(b) $t = \pi/4$ s일 때, 어느 질량추가 더 빨리 움직이는가? $t = \pi/2$ s일 때는?

(c) 두 질량추가 같은 위치에 있게 되는 시간을 구하라. 이 때 추의 위치와 움직이는 방향을 구하라.

8. 무게 32파운드의 질량추가 스프링을 2 ft 늘어나게 한다.

(a) 초기에 질량추가 평형위치 위 1 ft 지점에서 2 ft/s의 상향속도로 움직이기 시작할 때, 운동의 진폭과 주기를 구하라.

(b) 4π초 동안 질량추는 몇 주기 운동을 하는가?

9. 무게 8파운드의 질량추가 스프링에 매달려 있다. 운동이 시작되면 스프링/질량 계는 단순조화운동을 하게 된다.

(a) 스프링 상수가 1 lb/ft이고 초기에 질량추가 평형위치 아래 6 inch 지점에서 $\frac{3}{2}$ ft/s의 하향속도로 움직이기 시작할 때, 운동방정식을 결정하라.

(b) 운동방정식을 식 (6)과 같이 이동 사인함수로 표시하라.

(c) 운동방정식을 식 (6′)과 같이 이동 코사인함수로 표시하라.

10. 무게 10 파운드의 질량추가 스프링을 $\frac{1}{4}$ ft 늘어나게 한다. 이 질량추를 1.6 slug의 질량추로 대체한다. 초기에 질량추가 평형위치 위 $\frac{1}{3}$ ft 지점에서 $\frac{5}{4}$ ft/s의 하향속도로 움직이기 시작한다.

(a) 운동방정식을 식 (6)과 같이 위상이동 사인함수로 표시하라.

(b) 운동방정식을 식 (6′)과 같이 위상이동 코사인함수로 표시하라.

(c) (a)와 (b)에서 구한 해 중 하나를 사용하여 질량추가 평형위치 아래로 진폭 지점에 도달하는 시간을 구하라.

11. 무게 64파운드의 질량추가 스프링을 0.32 ft 늘어나게 한다. 초기에 추는 평형위치 위 8인치 지점에서 5 ft/s의 하향속도로 움직이기 시작한다.

(a) 운동방정식을 구하라.

(b) 운동의 진폭과 주기를 구하라.

(c) 3π초 동안 추가 마치게 되는 완전한 사이클의 수를 구하라.

(d) 질량추가 두 번째로 평형위치를 내려가면서 통과하는 시간을 구하라.

(e) 질량추가 평형위치의 어느 쪽이든 최대변위에 도달하는 시간을 구하라.

(f) $t = 3$ s일 때, 질량추의 위치를 구하라.

(g) $t = 3$ s일 때, 질량추의 순간속도를 구하라.

(h) $t = 3$ s일 때, 질량추의 가속도를 구하라.

(i) 질량추가 평형위치를 통과할 때, 순간속도를 구하라.

(j) 질량추가 평형위치 아래 5인치에 있게 되는 시간을 구하라.

(k) 질량추가 위를 향하면서 평형위치 아래 5인치에 있게 되는 시간을 구하라.

12. 스프링 상수가 9 lb/ft인 스프링에 1 slug의 질량추가 매달려 있다. 초기에 추는 평형위치 위 1 ft 지점에서 $\sqrt{3}$ ft/s의 상향 속도로 움직이기 시작한다. 질량추가 3 ft/s의 하향 속도를 갖게 되는 시간을 구하라.

13. 20파운드의 질량추에 의해 한 스프링은 6인치 늘어나고 다른 스프링은 2인치 늘어난다. 두 스프링은 그림 3.8.5와 같이 공통 고정 지지대로부터 질량을 무시할 수 있는 철판에 부착되어 있다. 이중스프링 배열에서 질량추는 철판 가운데에 매달려 있다. 이 계의 유효 스프링 상수를 구하라. 질량추가 평형위치에서 2 ft/s의 하향속도를 갖는 초기조건에 대한 운동방정식을 구하라.

14. 어떤 질량추가 한 스프링을 $\frac{1}{3}$ ft, 다른 스프링을 $\frac{1}{2}$ ft 늘어나게 한다. 두 스프링은 문제 13과 그림 3.8.5에 표시한 것처럼 공통 고정 지지대에 부착되어 있다. 처음 추를 떼어 낸 후, 무게 8파운드인 추를 겹스프링 배열에 부착시키고 운동하게 한다. 운동주기가 $\pi/15$초라면, 처음 추의 무게를 구하라.

15. 두 스프링이 그림 3.8.6과 같이 직렬로 연결된 경우에 대해 문제 13을 풀어라.

16. 두 스프링이 그림 3.8.6과 같이 직렬로 연결된 경우에 대해 문제 14를 풀어라.

17. 그림 3.8.5의 병렬 스프링계에서 두 스프링의 상수가 동일하게 k인 경우에 대한 유효 스프링 상수를 구하라. 이 결과의 물리적 의미는 무엇인가?

18. 그림 3.8.6의 직렬 스프링계에서 두 스프링의 상수가 동일하게 k인 경우에 대한 유효 스프링 상수를 구하라. 이 결과의 물리적 의미는 무엇인가?

19. 어떤 스프링/질량계의 모형이 $4x'' + e^{-0.1t}x = 0$으로 주어진다. 미분방정식을 풀지 말고 단지 검토만 함으로써, 오랜 시간 경과 후의 계의 거동에 대해 논의하라.

20. 어떤 스프링/질량계의 모형이 $4x'' + tx = 0$으로 주어진다. 미분방정식을 풀지 말고 단지 검토만 함으로써, 오랜 시간 경과 후의 계의 거동에 대해 논의하라.

3.8.2 스프링/질량 계: 자유 감쇠운동

문제 21~24에 주어진 그림은 감쇠 스프링/질량계에 대한 운동방정식의 그래프를 나타낸다. 그래프를 이용해서 다음 질문에 답하라.

(a) 초기변위가 평형위치의 위쪽인가 아래쪽인가?

(b) 초기에 질량추가 정지상태로부터 움직이는가 아니면 상향 또는 하향 속도를 가지고 움직이는가?

21.

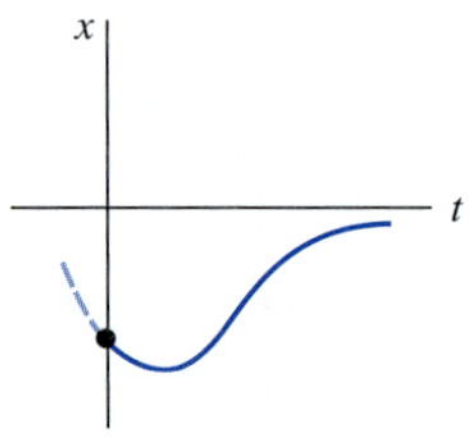

그림 3.8.19 문제 21의 그래프

22.

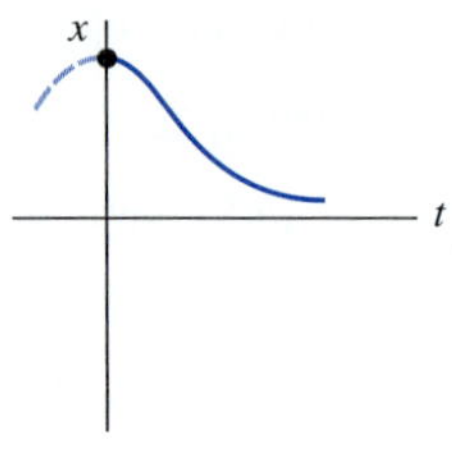

그림 3.8.20 문제 22의 그래프

23.

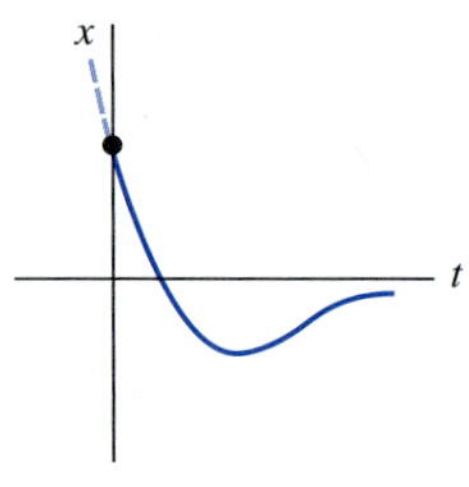

그림 3.8.21 문제 23의 그래프

24.

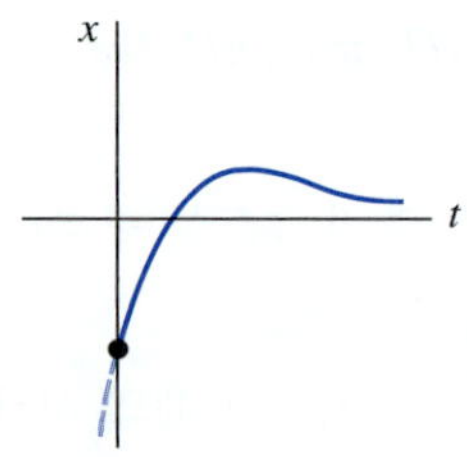

그림 3.8.22 문제 24의 그래프

25. 스프링 상수가 2 lb/ft인 스프링에 무게 4파운드의 질량추가 매달려 있다. 주변 매체로 인하여 순간속도와 같은 값의 감쇠력이 생긴다. 초기에 추는 평형위치 위 1 ft 지점에서 8 ft/s의 하향 속도로 움직이기 시작한다. 질량추가 평형위치를 통과할 때의 시간을 구하라. 질량추가 최대변위에 도달했을 때의 시간을 구하라. 이 순간 추의 위치를 구하라.

26. 원래 4 ft인 스프링에 무게 8파운드의 질량추를 부착하니 8 ft가 되었다. 질량추 주변의 매체는 순간속도의 $\sqrt{2}$배가 되는 감쇠력을 발생시킨다. 초기에 질량추가 평형위치에서 5 ft/s의 하향 속도로 움직이기 시작할 때, 운동방정식을 구하라. 질량추가 최대변위에 도달했을 때의 시간을 구하라. 이 순간 추의 위치를 구하라.

27. 스프링 상수가 16 N/m인 스프링에 1 kg의 질량추가 매달려 있다. 전체 계는 어떤 액체에 잠겨 있어서 순간속도의 10배에 해당하는 감쇠력이 작용된다. 다음과 같은 경우에 운동방정식을 구하라.

(a) 초기에 추는 평형위치 아래 1 m 지점에서 정지상태로부터 움직이기 시작한다.

(b) 초기에 추는 평형위치 아래 1 m 지점에서 12 m/s의 상향 속도로 움직이기 시작한다.

28. 문제 27의 (a), (b)에서 질량추가 평형위치를 통과하는지 여부를 결정하라. 각 경우에 질량추가 최대변위에 도달하는 시간을 구하라. 이 순간 추의 위치를 구하라.

29. 어떤 스프링에 2파운드의 힘을 가하면 1 ft 늘어난다. 그 스프링에 3.2파운드의 질량추가 매달려 있고, 주변 매체는 순간속도의 0.4배에 해당하는 감쇠력을 작용시킨다.

(a) 질량추가 평형위치 위 1 ft 지점에서 정지상태로부터 움직이기 시작할 때, 운동방정식을 구하라.

(b) 운동방정식을 식 (23)의 형태로 표현하라.

(c) 질량추가 최초로 위를 향하며 평형위치를 통과하는 시간을 구하라.

30. 원래 5 ft인 스프링에 무게 10파운드의 질량을 부착하니 7 ft가 되었다. 이 추를 떼어 내고 무게 8파운드의 다른 추를 매달았다. 주변 매체는 순간속도와 같은 값의 감쇠력을

작용시킨다.

(a) 질량추가 평형위치 아래 $\frac{1}{2}$ ft 지점에서 1 ft/s의 하향 속도로 움직이기 시작할 때, 운동방정식을 구하라.

(b) 운동방정식을 식 (23)의 형태로 표현하라.

(c) 질량추가 아래를 향하며 평형위치를 통과하는 시간을 구하라.

(d) 운동방정식의 그래프를 그려라.

31. 무게 10파운드의 질량추가 스프링을 2 ft 늘어나게 한다. 추는 순간속도의 β배($\beta > 0$)에 해당하는 감쇠력을 작용시키는 대시포트 감쇠기구에 부착되어 있다. 이어지는 운동이 (a) 과감쇠, (b) 임계감쇠, (c) 저감쇠가 되는 감쇠상수 β 값을 구하라.

32. 무게 24파운드의 질량추가 스프링을 4 ft 늘어나게 한다. 이어지는 운동은 순간속도의 β배($\beta > 0$)에 해당하는 감쇠력을 작용시키는 매체 안에서 일어난다. 초기에 추는 평형위치에서 2 ft/s의 상향 속도로 움직이기 시작한다면, $\beta > 3\sqrt{2}$일 때, 운동방정식이 다음과 같이 된다는 것을 보여라.

$$x(t) = \frac{-3}{\sqrt{\beta^2 - 18}} e^{-2\beta t/3} \sinh \frac{2}{3}\sqrt{\beta^2 - 18}\,t.$$

3.8.3 스프링/질량계: 강제운동

33. 무게 16파운드의 질량추가 스프링을 $\frac{8}{3}$ ft 늘어나게 한다. 초기에 추는 평형위치 아래 2 ft 지점에서 정지상태로부터 움직이기 시작한다. 이어지는 운동은 순간속도의 $\frac{1}{2}$에 해당하는 감쇠력을 발생시키는 매체 안에서 일어난다. 질량이 $f(t) = 10 \cos 3t$의 외력으로 구동될 때, 운동방정식을 구하라.

34. 스프링 상수가 5 lb/ft인 스프링에 1 slug의 질량추가 매달려 있다. 초기에 추는 평형위치 아래 1 ft 지점에서 5 ft/s의 하향 속도로 움직이기 시작한다. 이어지는 운동은 순간속도의 2배에 해당하는 감쇠력을 발생시키는 매체 안에서 일어난다.

(a) 질량추가 $f(t) = 12 \cos 2t + 3 \sin 2t$의 외력으로 구동될 때, 운동방정식을 구하라.

(b) 과도해와 정상상태 해의 그래프를 같은 좌표축 상에 그려라.

(c) 운동방정식의 그래프를 그려라.

35. 스프링에 매달린 1 slug의 질량추가 스프링을 2 ft 늘어나게 하고, 정지상태로 평형위치에 머물러 있다. $t = 0$에서 $f(t) = 8 \sin 4t$의 외력이 계에 작용하기 시작한다. 주변 매체가 순간속도의 8배에 해당하는 감쇠력을 작용시킬 때, 운동방정식을 구하라.

36. 문제 35에서 외력이 $f(t) = e^{-t} \sin 4t$인 경우, 운동방정식을 구하라. $t \to \infty$일 때, 변위를 분석하라.

37. 스프링 상수가 32 N/m인 스프링에 2 kg의 질량이 매달려서 정지상태로 평형위치에 머물러 있다. $t = 0$에서 $f(t) = 68e^{-2t} \cos 4t$의 외력이 계에 작용하기 시작한다. 감쇠력이 작용하지 않을 때, 운동방정식을 구하라.

38. 문제 37에서 $x(t) = A \sin(\omega t + \phi) + Be^{-2t} \sin(4t + \theta)$의 형태로 운동방정식을 표현하라. 오랜 시간이 경과 후 진폭은 얼마인가?

39. 질량 m인 질량추가 상수 k인 스프링에 매달려 있다. 질량추가 평형상태에 도달한 후, 지지대가 수평선 L을 중심으로 공식 $h(t)$에 따라 수직으로 진동하기 시작한다. h의 값은 L로부터 ft로 잰 거리를 나타낸다. **그림 3.8.23**을 참조하라.

(a) 전체 계가 $\beta(dx/dt)$와 같은 감쇠력을 작용시킬 때, 운동 미분방정식을 구하라.

(b) 스프링이 16파운드의 추에 의해 4 ft 늘어나고, $\beta = 2$, $h(t) = 5 \cos t$, $x(0) = x'(0) = 0$일 때, (a)에서 구한 미분방정식을 풀어라.

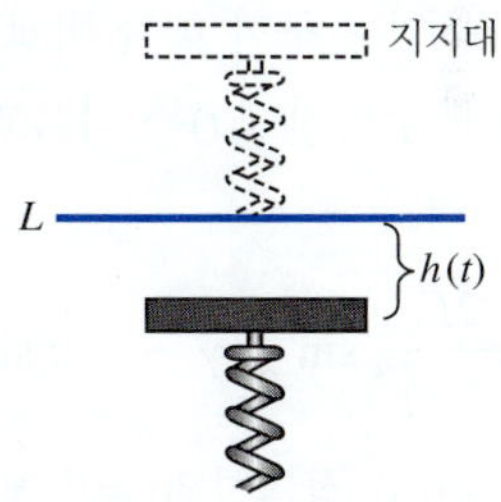

그림 3.8.23 문제 39의 진동 지지대

40. 스프링 상수가 1600 dynes/cm인 스프링에 100 g의 질량추가 매달려 있다. 질량추가 평형상태에 도달한 후, 지지대가 공식 $h(t) = \sin 8t$에 따라 진동한다. 여기서 h는 원래 위치로부터의 변위를 나타낸다. 문제 39와 그림 3.8.22를 참조하라.

(a) 감쇠력이 작용하지 않고, 질량추가 평형위치에서 정지상태로부터 움직이기 시작할 때, 운동방정식을 구하라.

(b) 질량추가 평형위치를 통과하는 시간을 구하라.

(c) 질량추가 극대변위에 도달하는 시간을 구하라.

(d) 최대 및 최소 변위를 구하라.

(e) 운동방정식의 그래프를 그려라.

문제 41과 42에서는 미분방정식으로 주어진 스프링/질량계를 말로 기술하라. 모든 상수는 양수라 가정한다.

41. $m\dfrac{d^2x}{dt^2} + \beta\dfrac{dx}{dt} + ke^{-\alpha t}x = f(t)$

42. $m\dfrac{d^2x}{dt^2} + \beta\dfrac{dx}{dt} + (k_1 + (k - k_1)e^{-\alpha t})x = A\cos(2\pi t),$
$0 < k_1 < k$

문제 43~44에서는 주어진 초기값 문제를 풀어라.

43. $\dfrac{d^2x}{dt^2} + 4x = -5\sin 2t + 3\cos 2t,\ x(0) = -1,\ x'(0) = 1$

44. $\dfrac{d^2x}{dt^2} + 9x = 5\sin 3t,\ x(0) = 2,\ x'(0) = 0$

45. **(a)** 다음과 같은 초기값 문제

$$\frac{d^2x}{dt^2} + \omega^2x = F_0\cos\gamma t,\ x(0) = 0,\ x'(0) = 0$$

의 해가

$$x(t) = \frac{F_0}{\omega^2 - \gamma^2}(\cos\gamma t - \cos\omega t)$$

임을 보여라.

(b) $\lim_{\gamma\to\omega}\dfrac{F_0}{\omega^2 - \gamma^2}(\cos\gamma t - \cos\omega t)$를 계산하라.

46. 문제 45(b)에서 구한 결과와 외력이 $F_0\cos\omega t$일 때 매개변수 변화법을 사용해서 구한 해를 비교하라.

47. **(a)** 문제 45(a)에 주어진 $x(t)$를 다음과 같은 형태로 쓸 수 있음을 보여라.

$$x(t) = \frac{-2F_0}{\omega^2 - \gamma^2}\sin\frac{1}{2}(\gamma - \omega)t\sin\frac{1}{2}(\gamma + \omega)t$$

(b) $\epsilon = \frac{1}{2}(\gamma - \omega)$로 정의하면, ϵ이 작을 때, 근사해가

$$x(t) = \frac{F_0}{2\epsilon\gamma}\sin\epsilon t\sin\gamma t.$$

임을 보여라. ϵ이 작을 때, 구동력의 진동수 $\gamma/2\pi$는 자유진동의 진동수 $\omega/2\pi$에 접근하게 된다. 이런 경우 운동은 **그림 3.8.24**에 나와 있는 것과 같게 된다. 이러한 종류의 진동을 **맥놀이**(beat)라 하는데 이것은 $\sin\epsilon t$의 진동수가 $\sin\gamma t$의 진동수에 견주어 매우 작기 때문에 일어난다. 단속선, 즉 $x(t)$ 그래프의 포락선(envelope)은 $\pm(F_0/2\epsilon\gamma)\sin\varepsilon t$의 그래프로부터 얻어진다. 그래프 소프트웨어를 사용해서 여러 F_0, ϵ, γ 값에 대한 그래프를 그려봄으로써 그림 3.8.24의 그래프를 확인하라.

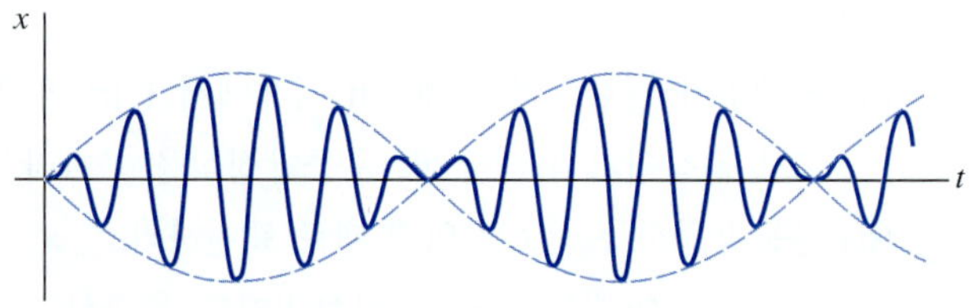

그림 3.8.24 문제 47의 맥놀이 현상

컴퓨터 실습 과제

48. 문제 45(a)의 모형에 감쇠력을 추가해도 맥놀이가 발생하는가? 다음 문제의 양함수 해로부터 그래프를 그리거나 수치해법도구를 사용하여 구한 해곡선들로부터 그래프를 그려서 자신의 주장을 입증하라.

$$\frac{d^2x}{dt^2} + 2\lambda\frac{dx}{dt} + \omega^2x = F_0\cos\gamma t,\quad x(0) = 0,\quad x'(0) = 0$$

49. **(a)** 미분방정식

$$\frac{d^2x}{dt^2} + 2\lambda\frac{dx}{dt} + \omega^2x = F_0\sin\gamma t$$

의 일반해가 다음과 같음을 보여라.

$$x(t) = Ae^{-\lambda t}\sin(\sqrt{\omega^2 - \lambda^2}t + \phi)$$
$$+ \frac{F_0}{\sqrt{(\omega^2 - \gamma^2)^2 + 4\lambda^2\gamma^2}}\sin(\gamma t + \theta),$$

여기서 $A = \sqrt{c_1^2 + c_2^2}$이고, 위상각 ϕ와 θ는 각각 $\sin\phi = c_1/A$와 $\cos\phi = c_2/A$, 그리고

$$\sin\theta = \frac{-2\lambda\gamma}{\sqrt{(\omega^2 - \gamma^2)^2 + 4\lambda^2\gamma^2}},$$

$$\cos\theta = \frac{\omega^2 - \gamma^2}{\sqrt{(\omega^2 - \gamma^2)^2 + 4\lambda^2\gamma^2}}.$$

으로 정의된다.

(b) 문제(a)에서 해는 $x(t) = x_c(t) + x_p(t)$의 형태이다. 이를 검토해 보면, $x_c(t)$는 과도해이므로, 오랜 시간이 경과한 후의 해는 근사적으로 $x_p(t) = g(\gamma)\sin(\gamma t + \theta)$이 된다. 여기서

$$g(\gamma) = \frac{F_0}{\sqrt{(\omega^2 - \gamma^2)^2 + 4\lambda^2\gamma^2}}.$$

비록 $x_p(t)$의 진폭 $g(\gamma)$가 $t\to\infty$에서 유계(bounded)라 할지라도, 진동의 최대값은 $\gamma_1 = \sqrt{\omega^2 - 2\lambda^2}$일 때 나타난다는 것을 증명하라. g의 최대값을 구하라.

$\sqrt{\omega^2 - 2\lambda^2}/2\pi$를 계의 **공진주파수**(resonance frequency)라 한다.

(c) $F_0 = 2$, $m = 1$, $k = 4$일 때, g는 다음과 같이 된다.

$$g(\gamma) = \frac{2}{\sqrt{(4 - \gamma^2)^2 + \beta^2\gamma^2}}$$

감쇠계수 $\beta = 2$, $\beta = 1$, $\beta = \frac{3}{4}$, $\beta = \frac{1}{2}$, $\beta = \frac{1}{4}$에 대한 γ_1과 $g(\gamma_1)$ 값의 표를 작성하라. 그래프 소프트웨어를 사용하여 이들 감쇠계수에 대한 g의 그래프를 그려라. 이 그래프의 군을 계의 **공진곡선**(resonance curve) 또는 **주파수응답곡선**(frequency response curve)이라 한다. $\beta \to 0$일 때, γ_1은 어디로 접근하는가? $\beta \to 0$일 때, 공진곡선은 어떻게 되는가?

50. 비감쇠 스프링/질량 강제진동계가 다음과 같이 초기값 문제로 주어진다.

$$\frac{d^2x}{dt^2} + \omega^2 x = F_0 \sin^n \gamma t, \;\; x(0) = 0, x'(0) = 0.$$

(a) $n = 2$일 때, 어째서 계가 단일 진동수 $\gamma_1/2\pi$로 완전공진하는지 설명하라.

(b) $n = 3$일 때, 어째서 계가 두 진동수 $\gamma_1/2\pi$과 $\gamma_2/2\pi$로 완전공진하는지 설명하라.

(c) $\omega = 1$, $F_0 = 1$이라 하자. (a)에서 $n = 2$, $\gamma = \gamma_1$인 경우에 초기값 문제의 해 그래프를 수치해석도구를 사용해서 그려라. 또 (b)에서 $n = 3$이고 차례대로 $\gamma = \gamma_1$, $\gamma = \gamma_2$인 경우에 초기값 문제의 해 그래프를 수치해석도구를 사용해서 그려라.

직렬회로 유사계

51. $L = 0.05$ h, $R = 2\ \Omega$, $C = 0.01$ F, $E(t) = 0$ V, $q(0) = 5$ C, $i(0) = 0$ A일 때, $t = 0.01$ s에서 LRC 직렬회로의 축전기 전하량을 구하라. 축전기 전하량이 처음으로 영이 되는 시간을 구하라.

52. $L = \frac{1}{4}$ h, $R = 20\ \Omega$, $C = \frac{1}{300}$ F, $E(t) = 0$ V, $q(0) = 4$ C, $i(0) = 0$ A일 때, LRC 직렬회로의 축전기 전하량을 구하라. 축전기 전하량이 언젠가 영이 될 수 있는가?

문제 53과 54에서는 주어진 LRC 직렬회로에 대해 축전기 전하량과 전류를 계산하라. 최대 축전기 전하량을 구하라.

53. $L = \frac{5}{3}$ h, $R = 10\ \Omega$, $C = \frac{1}{30}$ F, $E(t) = 300$ V, $q(0) = 0$ C, $i(0) = 0$ A

54. $L = 1$ h, $R = 100\ \Omega$, $C = 0.0004$ F, $E(t) = 30$ V, $q(0) = 0$ C, $i(0) = 2$ A

55. $L = 1$ h, $R = 2\ \Omega$, $C = 0.25$ F, $E(t) = 50 \cos t$ V일 때, LRC 직렬회로에서 정상상태 전하량과 정상상태 전류를 구하라.

56. 예제 10의 LRC 직렬회로에서 정상상태 전류 진폭이 E_0/Z가 됨을 보여라. 여기서 Z는 회로의 임피던스이다.

57. 문제 56을 이용하여, $L = \frac{1}{2}$ h, $R = 20\ \Omega$, $C = 0.001$ F, $E(t) = 100 \sin 60t$ V일 때, LRC 직렬회로에서 정상상태 전류가 $i_p(t) = (4.160) \sin (60t - 0.588)$임을 보여라.

58. $L = \frac{1}{2}$ h, $R = 20$ V, $C = 0.001$ F, $E(t) = 100 \sin 60t + 200 \cos 40t$ V일 때, LRC 직렬회로에서 정상상태 전류를 구하라.

59. $L = \frac{1}{2}$ h, $R = 10$ V, $C = 0.01$ F, $E(t) = 150\ \Omega$, $q(0) = 1$ C, $i(0) = 0$ A일 때, LRC 직렬회로에서 축전기 전하량을 구하라. 오랜 시간 경과 후 축전기 전하량을 구하라.

60. 만일 L, R, C, E_0가 상수라면, 예제 10에서 $\gamma = 1/\sqrt{LC}$일 때 정상상태 전류의 진폭이 최대가 됨을 증명하라. 최대 진폭은 얼마인가?

61. 만일 L, R, E_0, g가 상수라면, 축전기가 $C = 1/L\gamma^2$일 때 예제 10에서 정상상태 전류의 진폭이 최대가 됨을 증명하라.

62. $L = 0.1$ h, $C = 0.1$ F, $E(t) = 100 \sin \gamma t$ V, $q(0) = 0$ C, $i(0) = 0$ A일 때, LC 회로에서 축전기 전하량과 전류를 구하라.

63. $E(t) = E_0 \cos \gamma t$ V, $q(0) = q_0$ C, $i(0) = i_0$ A일 때, LC 회로에서 축전기 전하량과 전류를 구하라.

64. 문제 63에서 회로가 공진상태에 있을 때 전류를 구하라.

3.9 선형 모형: 경곗값 문제

소개 앞 절에서는 그 2계 수학적 모형이 지정된 초기조건(initial conditions)—즉 한 점에서 미지의 함수와 그 1차도함수에 지정된 부수조건(side conditions)—을 동반하는 계에 대해서 설명했다. 그러나 물리계를 수학적으로 기술하다 보면 종종 경계조건(boundary conditions)—즉 둘 또는 그 이상의 다른 점에서 미지의 함수 또는 그 도함수 중 하나 또는 심지어 미지의 함수와 그 도함수 중 하나의 일차결합에 규정된 조건—을 만족하는 제차 선형 미분방정식을 풀어야 할 경우도 생긴다. 대체로 지정된 경계조건의 수는 선형 미분방정식의 계수(order)와 일치한다. 이 절에서는 네 개의 경계조건과 연관된 비교적 간단한 선형 4계 미분방정식의 응용으로부터 논의를 시작한다.

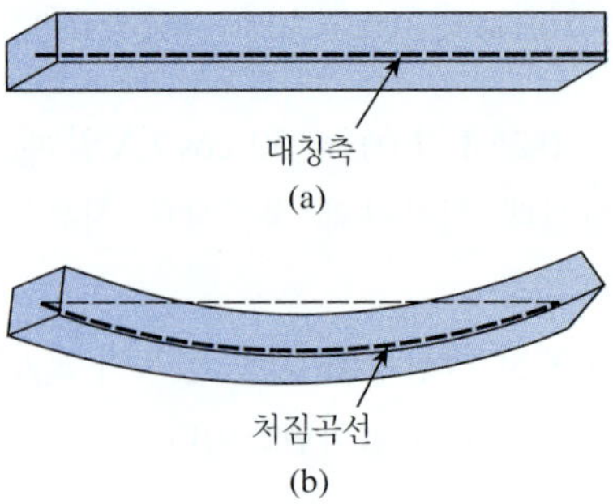

그림 3.9.1 균일 보의 휨

보의 처짐 많은 구조물들은 대들보(girder) 또는 보(beam)로 구성된다. 이 보들은 자중을 받거나 어떤 외력의 영향으로 휘거나 뒤틀리게 된다. 이제 곧 알게 되겠지만 이 처짐 $y(x)$는 비교적 간단한 선형 4계 미분방정식의 지배를 받는다.

길이 L의 보가 균일하고 그 길이방향으로 일정한 단면을 갖는다는 가정으로부터 논의를 시작하자. 보에 그 무게를 포함해서 아무런 외력도 작용하지 않는다면, 그 모든 단면의 중심을 연결하는 곡선은 직선이 되고 이것을 **대칭축**(axis of symmetry)이라 부른다. **그림 3.9.1(a)**를 보라. 대칭축을 포함하는 수직평면 상에서 보에 하중이 작용하면, 그림 3.9.1(b)에 나와 있는 것처럼 보는 뒤틀리게 되며 그 모든 단면의 도심을 연결하는 곡선을 **처짐곡선**(deflection curve) 또는 **탄성곡선**(elastic curve)이라 한다. 처짐곡선은 보의 형태에 가깝다. x축이 대칭축과 일치하고 이 축으로부터 잰 처짐 $y(x)$는 아래로 향할 때 양수라고 가정하자. 탄성이론에 따르면, 보를 따라 x 지점에서의 굽힘모멘트 $M(x)$와 단위길이당 하중 $w(x)$의 관계는 다음 식으로 표시된다.

$$\frac{d^2M}{dx^2} = w(x) \tag{1}$$

한편 굽힘모멘트 $M(x)$는 탄성곡선의 곡률 κ에 비례한다.

$$M(x) = EI\kappa \tag{2}$$

여기서 E와 I는 상수이다. E는 보의 재료의 영(Young)의 탄성계수(영률)이고 I는 보의 중립축(neutral axis)에 대한 단면 관성모멘트이다. 곱 EI는 보의 **굽힘강성**(flexural rigidity)이라 부른다.

미적분학에서 곡률은 $\kappa = y''/[1 + (y')^2]^{3/2}$로 주어진다. 처짐 $y(x)$가 작으면, 기울기 $y' \approx 0$이므로 $[1 + (y')^2]^{3/2} \approx 1$이 된다. 따라서 $\kappa \approx y''$으로 쓰면, 식 (2)는 $M = EIy''$가 된다. 이 식을 두 번 미분하면 다음과 같이 된다.

$$\frac{d^2M}{dx^2} = EI\frac{d^2}{dx^2}y'' = EI\frac{d^4y}{dx^4} \tag{3}$$

식 (1)에서 얻은 결과를 식 (3)의 d^2M/dx^2에 대입하면, 처짐 $y(x)$는 다음과 같은 4계 미분방정식을 만족한다.

$$EI\frac{d^4y}{dx^4} = w(x) \tag{4}$$

방정식 (4)에 수반되는 경계조건은 보의 양 끝이 어떻게 지지되는가에 따라 결정된다. 외팔보는 한쪽 끝에서 **삽입**(embedded) 또는 **고정**(clamped)되고 다른 쪽 끝에서는 **자유**(free)이다. 이 외팔보의 흔한 예로는 다이빙 보드, 쭉 뻗은 팔, 비행기 날개, 발코니 등이 있다. 심지어 나무, 깃대, 워싱턴 기념탑도 한쪽 끝이 박혀 있고 바람에 의한 굽힘력을 받으므로 외팔보로 볼 수 있다. 외팔보에 대해, 처짐 $y(x)$는 삽입단(embedded end) $x = 0$에서 다음 두 조건을 만족해야 한다.

- $y(0) = 0$ 처짐이 영이므로
- $y'(0) = 0$ 처짐곡선이 x축에 접하므로(다시 말하면, 처짐곡선의 기울기가 이 점에서 영)

$x = L$에서 자유단(free end) 조건은

- $y''(L) = 0$ 굽힘모멘트가 영이므로
- $y'''(L) = 0$ 전단력이 영이므로

함수 $F(x) = dM/dx = EId^3y/dx^3$을 전단력이라 한다. 만일 보의 끝이 **단순지지**(simply supported), **경첩**(hinged), 또는 **핀지지**(pin supported)로 되어 있으면, 그 끝에서 $y = 0$과 $y'' = 0$을 만족해야 한다. 표 3.9.1은 방정식 (4)에 수반되는 경계조건을 요약한 것이다. 그림 3.9.2를 보라.

표 3.9.1

보의 끝	경계조건
삽입	$y = 0, y = 0$
자유	$y'' = 0, y''' = 0$
단순지지 또는 경첩	$y = 0, y'' = 0$

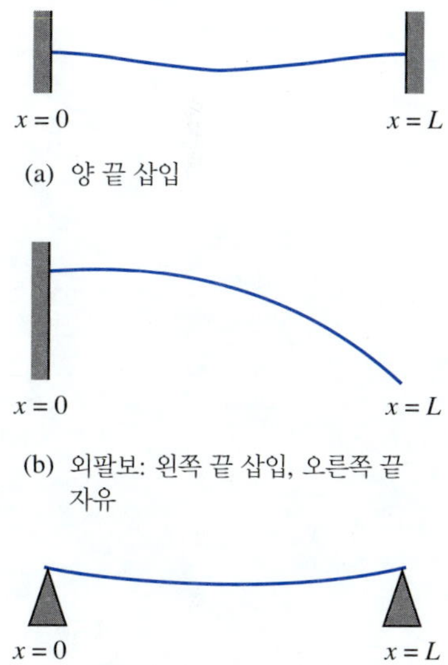

(a) 양 끝 삽입

(b) 외팔보: 왼쪽 끝 삽입, 오른쪽 끝 자유

(c) 양 끝 단순지지

그림 3.9.2 보의 여러 끝 조건

예제 1 삽입 보

길이 L인 보의 양 끝이 삽입되어 있다. 길이방향으로 균일하게 분포된 일정한 하중 w_0, 즉 $w(x) = w_0$, $0 < x < L$에 대해 보의 처짐을 구하라.

풀이 식 (4)로부터, 처짐 $y(x)$는 다음 식을 만족시킨다는 것을 알 수 있다.

$$EI\frac{d^4y}{dx^4} = w_0$$

보의 좌단($x = 0$)과 우단($x = L$) 모두 삽입되어 있으므로, 이들 점에서 수직변위는 영이고 처짐곡선은 수평이다. 따라서 경계조건은 다음과 같다.

$$y(0) = 0, \quad y'(0) = 0, \quad y(L) = 0, \quad y'(L) = 0$$

통상적인 방법($m = 0$이 보조방정식 $m^4 = 0$의 4중근임에 착안해서 y_c를 구하고, 미정계수법을 써서 특수해 y_p를 구한다)으로 비제차 미분방정식을 풀 수 있다. 또는 방정식 $d^4y/dx^4 = w_0/EI$을 그냥 네 번 연속해서 적분할 수도 있다. 어느 방법을 쓰든지 방정식의 일반해 $y = y_c + y_p$는 다음과 같다.

$$y(x) = c_1 + c_2x + c_3x^2 + c_4x^3 + \frac{w_0}{24EI}x^4$$

이제 조건 $y(0) = 0$과 $y'(0) = 0$으로부터 차례로 $c_1 = 0$과 $c_2 = 0$을 얻는다. 반면에 나머지 조건 $y(L) = 0$과 $y'(L) = 0$을 $y(x) = c_3x^2 + c_4x^3 + \frac{w_0}{24EI}x^4$에 적용해서 다음 연립방정식을 얻는다.

$$c_3L^2 + c_4L^3 + \frac{w_0}{24EI}L^4 = 0$$

$$3c_3L + 3c_4L^2 + \frac{w_0}{6EI}L^3 = 0$$

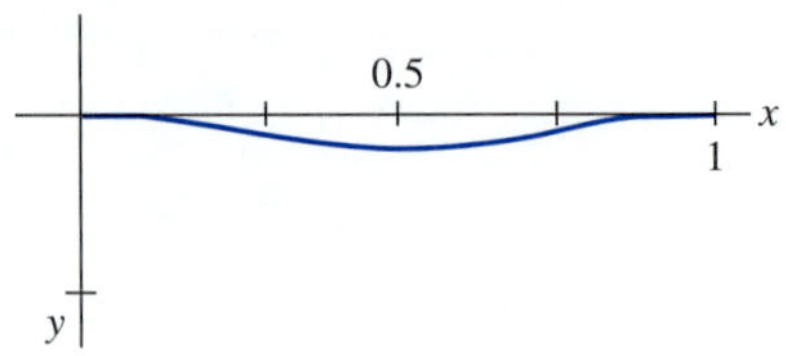

그림 3.9.3 예제 1의 처짐곡선

이것을 풀면, $c_3 = w_0L^2/24EI$와 $c_4 = -w_0L/12EI$를 얻는다. 따라서 처짐은

$$y(x) = \frac{w_0L^2}{24EI}x^2 - \frac{w_0L}{12EI}x^3 + \frac{w_0}{24EI}x^4$$

또는 $y(x) = \dfrac{w_0}{24EI}x^2(x - L)^2$이 된다. **그림 3.9.3**은 $w_0 = 24EI$와 $L = 1$일 때의 처짐곡선의 그래프를 보여 준다. ≡

비록 보에 관한 논의를 했지만, 2점 경곗값 문제로 기술되는 물리계는 보통 2계 미분방정식으로 표현된다. 따라서 이 절에서의 논의는 지금부터 다음과 같은 형태의 경곗값 문제로 진행하도록 한다.

$$\textbf{풀기:}\ a_2(x)\frac{d^2y}{dx^2} + a_1(x)\frac{dy}{dx} + a_0(x)y = g(x), \quad a < x < b \tag{5}$$

$$\textbf{조건:}\ \begin{aligned} A_1y(a) + B_1y'(a) &= C_1 \\ A_2y(b) + B_2y'(b) &= C_2. \end{aligned} \tag{6}$$

식 (5)에서 계수 $a_0(x)$, $a_1(x)$, $a_2(x)$와 $g(x)$는 구간 $[a, b]$에서 연속이고 그 구간의 모든 x에 대해 $a_2(x) \neq 0$이라고 가정한다. 식 (6)에서 A_1과 B_1은 동시에 영이 되지 않고 A_2와 B_2도 동시에 영이 되지 않는다고 가정한다. 구간 $[a, b]$의 모든 x에 대해 $g(x) = 0$이고 C_1과 C_2가 영이면 그 경곗값 문제를 **제차**(homogeneous)라고 한다. 그 밖의 경우는 **비제차**(nonhomogeneous)라고 한다. 예를 들어 경곗값 문제 $y'' + y = 0$, $y(0) = 0$, $y(\pi) = 0$는 제차이고, 경곗값 문제 $y'' + y = 1$, $y(0) = 0$, $y(2\pi) = 0$는 비제차이다.

고유값과 고유함수 제차 경곗값 문제의 응용문제 중에는 미분방정식 (5)의 하나 또는 그 이상의 계수가 상수 매개변수 λ로 표시되는 경우가 있다. 그러면 제차 미분방정식 (5)의 해 $y_1(x)$와 $y_2(x)$도 λ로 표시된다. 이와 같은 경곗값 문제가 **비자명해**(nontrivial solution)를 갖게 해주는 매개변수 값을 구해야 하는 경우가 종종 생긴다. 다음 예제는 이 점을 예시한다.

예제 2 경곗값 문제의 비자명해

다음 경곗값 문제를 풀어라.

$$y'' + \lambda y = 0, \qquad y(0) = 0, \qquad y(L) = 0$$

풀이 세 경우로 나누어 생각한다: $\lambda = 0$, $\lambda < 0$, $\lambda > 0$

경우 I: $\lambda = 0$에 대해, 미분방정식 $y'' = 0$의 해는 $y = c_1x + c_2$이다. 이 해에 경계조건 $y(0) = 0$와 $y(L) = 0$를 적용해서 차례대로 $c_2 = 0$과 $c_1 = 0$을 얻는다. 따라서 $\lambda = 0$인 경우에는 경곗값 문제의 유일한 해는 자명해 $y = 0$이다.

경우 II: $\lambda < 0$에 대해, 편의상 $\lambda = -\alpha^2$, $\alpha > 0$이라 한다. 이 새 표기법을 쓰면 보조방정식은 $m^2 - \alpha^2 = 0$이고, 두 근은 $m_1 = \alpha$와 $m_2 = -\alpha$이다. 우리의 관심 구간은 유한하므로, $y'' - \alpha^2y = 0$의 일반해를 쌍곡(hyperbolic) 형태 $y = c_1 \cosh \alpha x + c_2 \sinh \alpha x$로 선택한다. $y(0) = 0$으로부터

$$y(0) = c_1 \cosh 0 + c_2 \sinh 0 = c_1 \cdot 1 + c_2 \cdot 0 = c_1$$

이므로 $c_1 = 0$이다. 따라서 $y = c_2 \sinh \alpha x$이다. 두 번째 경계조건 $y(L) = 0$으로부터 $c_2 \sinh \alpha L = 0$이 되어야 한다. $\alpha \neq 0$이면 $\sinh \alpha L \neq 0$이고, 따라서 $c_2 = 0$이 되어야 한다. 이번에도 경곗값 문제의 유일한 해는 자명해 $y = 0$이다.

경우 III: $\lambda > 0$에 대해, $\lambda = \alpha^2$, $\alpha > 0$이라 한다. 보조방정식 $m^2 + \alpha^2 = 0$은 복소근 $m_1 = i\alpha$와 $m_2 = -i\alpha$를 갖는다. 따라서 미분방정식 $y'' + \alpha^2 y = 0$의 해는 $y = c_1 \cos \alpha x + c_2 \sin \alpha x$이다. 앞에서와 같이 $y(0) = 0$에서 $c_1 = 0$이 되므로 $y = c_2 \sin \alpha x$이다. $y(L) = 0$으로부터

$$c_2 \sin \alpha L = 0$$

이 된다. $c_2 = 0$이면 반드시 $y = 0$이 된다. 그러나 이번에는 αL이 π의 정수배이기만 하면 $\sin \alpha L = 0$이 만족되므로, $c_2 \neq 0$이 될 수 있다.

$$\alpha L = n\pi \quad \text{또는} \quad \alpha = \frac{n\pi}{L} \quad \text{또는} \quad \lambda_n = \alpha_n^2 = \left(\frac{n\pi}{L}\right)^2, \quad n = 1, 2, 3, \ldots$$

따라서 영이 아닌 실수 c_2에 대해, $y_n = c_2 \sin(n\pi x/L)$은 각각의 n에 대해 이 문제의 해가 된다. 미분방정식이 제차이므로, 해의 상수배 또한 해가 된다. 따라서 필요하면 간단하게 $c_2 = 1$을 택할 수 있다. 다시 말하면, 다음 수열

$$\lambda_1 = \frac{\pi^2}{L^2}, \quad \lambda_2 = \frac{4\pi^2}{L^2}, \quad \lambda_3 = \frac{9\pi^2}{L^2}, \ldots$$

의 각 수에 대응하는 함수 수열

$$y_1 = \sin\frac{\pi}{L}x, \quad y_2 = \sin\frac{2\pi}{L}x, \quad y_3 = \sin\frac{3\pi}{L}x, \ldots,$$

의 각 함수는 원 문제의 비자명해(nontrivial solution)이다. ≡

예제 2의 경곗값 문제가 비자명해를 갖게 하는 수 $\lambda_n = n^2\pi^2/L^2$, $n = 1, 2, 3, \ldots$를 **고유값**(eigenvalue)이라 한다. 이들 λ_n 값에 따라 결정되는 비자명해 $y_n = c_2 \sin(n\pi x/L)$ 또는 간단하게 $y_n = \sin(n\pi x/L)$을 **고유함수**(eigenfunction)라 한다. **그림 3.9.4**는 $n = 1, 2, 3, 4, 5$에 대한 고유함수의 그래프이다. 다섯 개의 그래프 모두 두 점 $(0, 0)$과 $(0, L)$을 지나감에 주목하라.

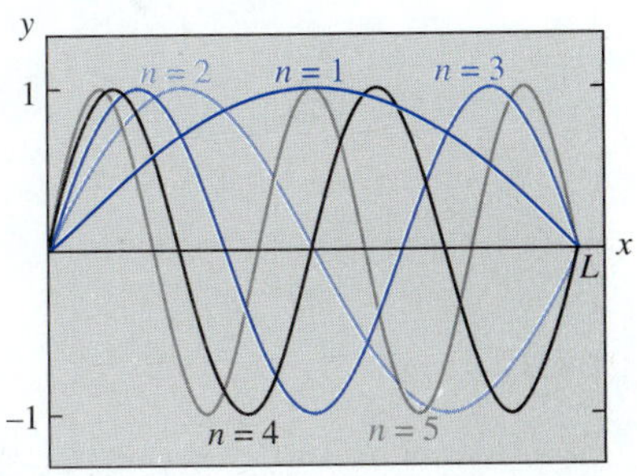

그림 3.9.4 $n = 1, 2, 3, 4, 5$에 대한 고유 함수 $y_n = \sin(n\pi x/L)$의 그래프

예제 3 예제 2의 재검토

예제 2에서 $L = \pi$로 선택하면, 문제

$$y'' + \lambda y = 0, \quad y(0) = 0, \quad y(\pi) = 0$$

의 고유값은 $\lambda_n = n^2$, $n = 1, 2, 3, \ldots$ 된다. 그러면 다음 경곗값 문제

$$y'' + 10y = 0, \quad y(0) = 0, \quad y(\pi) = 0$$

은 자명해 $y = 0$만을 갖게 된다. 그 이유는 10이 양의 정수의 제곱수가 아니어서 고유값이 될 수 없기 때문이다. ≡

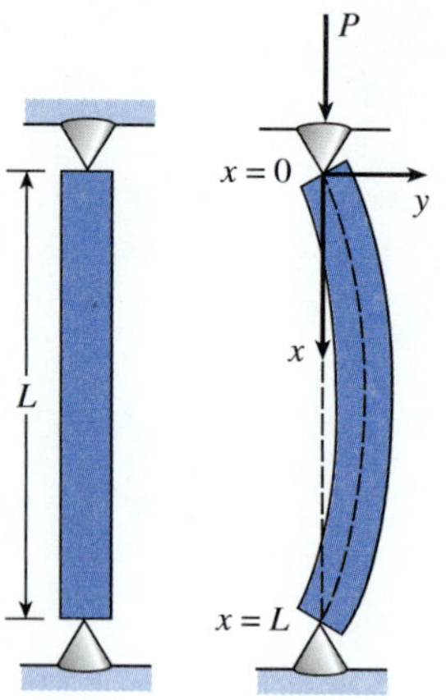

그림 3.9.5 압축력을 받아 좌굴되는 탄성 기둥

가는 수직 기둥의 좌굴 18세기에 Euler는 가는 탄성 기둥이 축방향의 압축력을 받을 때 어떻게 좌굴(buckling)이 일어나는지에 대해 최초로 연구했다.

길이는 L이고 일정한 단면을 갖는 가늘고 긴 수직 기둥을 고려한다. 일정한 수직 압축력 또는 하중 P가 **그림 3.9.5**처럼 기둥 꼭대기에 작용할 때, 기둥의 횡방향 처짐을 $y(x)$로 나타낸다. 기둥을 따라 어느 한 점에서 굽힘모멘트를 비교해서 다음 식을 얻는다.

$$EI\frac{d^2y}{dx^2} = -Py \quad \text{또는} \quad EI\frac{d^2y}{dx^2} + Py = 0 \tag{7}$$

여기서 E는 영률(Young' modulus)이고, I는 도심을 지나는 수직선에 대한 단면의 관성모멘트이다.

예제 4 Euler 하중

일정한 축방향 하중 P를 받는 길이 L의 가늘고 균일한 수직 기둥의 양 끝이 단순지지되어 있을 때, 기둥의 처짐을 구하라.

풀이 풀어야 할 경곗값 문제는 다음과 같다.

$$EI\frac{d^2y}{dx^2} + Py = 0, \quad y(0) = 0, \quad y(L) = 0.$$

먼저 $y = 0$이 이 문제의 완벽하고 좋은 해라는 데 주목하라. 얼핏보기에 이 해의 간단한 의미는 하중 P가 충분히 크지 않으면, 처짐이 생기지 않는다는 것이다. 그러면 다음과 같은 질문을 해보자. P의 값이 얼마일 때 기둥이 구부러지는가? 수학적으로 말하면, P의 값이 얼마일 때 주어진 경곗값 문제가 비자명해를 갖는가?

$\lambda = P/EI$로 쓰면

$$y'' + \lambda y = 0, \quad y(0) = 0, \quad y(L) = 0$$

은 예제 2의 문제와 같다는 것을 알게 된다. 그 문제의 경우 III으로부터, 고유값 $\lambda_n = P_n/EI = n^2\pi^2/L^2$, $n = 1, 2, 3, \ldots$ 에 대응하는 처짐곡선은 $y_n(x) = c_2 \sin(n\pi x/L)$임을 알 수 있다. 이것이 물리적으로 의미하는 것은 압축력이 $P_n = n^2\pi^2 EI/L^2$ 값들 중 하나일 때에만 기둥이 좌굴 또는 구부러진다는 것이다. 이 여러 힘들을 **임계하중**(critical load)이라 한다. **Euler 하중**이라 부르는 최소 임계하중 $P_1 = \pi^2 EI/L^2$에 대응하는 처짐곡선은 $y_1(x) = c_2 \sin(\pi x/L)$이고 **제1좌굴모드**(first buckling mode)로 알려져 있다. ≡

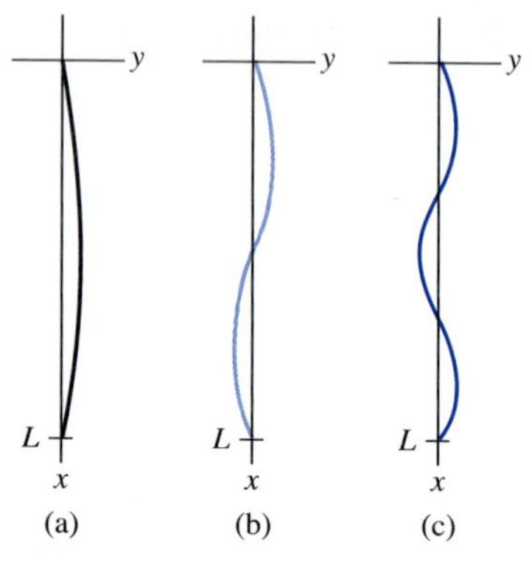

그림 3.9.6 압축력 P_1, P_2, P_3에 대한 처짐곡선

그림 3.9.6은 예제 3에서 $n = 1$, $n = 2$, $n = 3$에 대응하는 처짐곡선을 나타낸 것이다. 주목할 것은, 만일 $x = L/2$ 지점에서 기둥이 어떤 종류의 물리적 구속을 받는다면, 최소 임계하중은 $P_2 = 4\pi^2 EI/L^2$이 될 것이고, 그 처짐곡선은 그림 3.9.6(b)와 같이 될 것이다. 만일 $x = L/3$과 $x = 2L/3$ 지점에서 기둥이 구속된다면, 기둥은 임계하중 $P_3 = 9\pi^2 EI/L^2$이 작용할 때까지는 좌굴되지 않을 것이고, 그 처짐곡선은 그림 3.9.6(c)와 같이 될 것이다. 연습문제 3.9의 문제 25를 보라.

회전하는 줄 다음과 같은 간단한 선형 2계 미분방정식

$$y'' + \lambda y = 0 \tag{8}$$

은 수학적 모형으로 계속 등장하게 된다. 3.8절에서 스프링/질량계의 단순조화운동 모형인 $d^2x/dt^2 + (k/m)x = 0$의 형태, 또 직렬회로의 단순조화응답 모형인 $d^2q/dt^2 + (1/LC)q = 0$ 형태의 식 (8)을 만난 바 있다. 가는 기둥의 처짐에 대한 모형 (7)을 $d^2y/dx^2 + (P/EI)y = 0$으로 쓰면 역시 명백하게 식 (8)의 형태가 된다. 우리는 이 절에서 회전하는 줄이 만드는 처짐 곡선 또는 형상 $y(x)$를 정의하는 모형으로 기본방정식 (8)을 한 번 더 만나게 된다. 물리적 상황은 두 사람이 줄넘기 줄을 잡고 동시에 돌리는 것과 유사하다. **그림 3.9.7**의 (a)와 (b)를 보라.

길이 L, 일정한 선형밀도 ρ(단위길이당 질량)인 줄이, x축을 따라서 당겨지고, $x = 0$과 $x = L$에서 고정된다고 하자. 그 줄이 일정한 각속도 ω로 x축 주위로 회전한다고 하자. 구간 $[x, x + \Delta x]$에 해당하는 줄의 한 부분을 고려한다. 여기서 Δx는 매우 작다. 줄에 접하는 방향으로 작용하는 장력 $\mathbf{T}$의 크기 T가 줄을 따라 일정하다면, 원하는 미분방정식은 구간 $[x, x + \Delta x]$에서 줄에 작용하는 알짜힘의 두 가지 다른 표현을 같다고 놓고 유도할 수 있다. 먼저 그림 3.9.7(c)로부터 순 수직력은 다음과 같다.

$$F = T\sin\theta_2 - T\sin\theta_1 \tag{9}$$

라디안으로 잰 각도 θ_1과 θ_2가 매우 작으면, $\sin\theta_2 \approx \tan\theta_2$와 $\sin\theta_1 \approx \tan\theta_1$이 된다. 게다가 $\tan\theta_2$와 $\tan\theta_1$은 각각 벡터 $\mathbf{T}_2$와 $\mathbf{T}_1$을 포함하는 직선의 기울기와 같기 때문에 다음과 같이 쓸 수도 있다.

$$\tan\theta_2 = y'(x + \Delta x)\ , \quad \tan\theta_1 = y'(x).$$

따라서 식 (9)는 다음과 같이 된다.

$$F \approx T\,[\,y'(x + \Delta x) - y'(x)]. \tag{10}$$

두 번째로, 이 동일한 알짜힘의 다른 형태를 Newton의 법칙 $F = ma$를 써서 구할 수 있다. 여기서 이 구간의 줄의 질량은 $m = \rho\Delta x$이고 반지름 r인 원에서 각속도 ω로 회전하는 물체의 구심가속도는 $a = r\omega^2$이다. Δx가 작으므로 $r = y$로 놓는다. 그러면 순 수직력은 다음 식으로도 표현된다.

$$F \approx -(\rho\Delta x)y\omega^2 \tag{11}$$

여기서 음의 부호는 가속도가 양의 y 방향의 반대 방향을 향한다는 사실에 기인한다. 이제 식 (10)과 식 (11)을 같다고 하면 다음 결과를 얻는다.

$$T[y'(x + \Delta x) - y'(x)] = -(\rho\Delta x)y\omega^2 \quad \text{또는} \quad T\underbrace{\frac{y'(x + \Delta x) - y'(x)}{\Delta x}}_{\text{평균변화율}} + \rho\omega^2 y = 0 \tag{12}$$

Δx가 영에 접근하면, 식 (12)의 평균변화율(difference quotient)은 2차 도함수 d^2y/dx^2에 가까워진다. 결국 다음과 같은 모형에 도달한다.

$$T\frac{d^2y}{dx^2} + \rho\omega^2 y = 0 \tag{13}$$

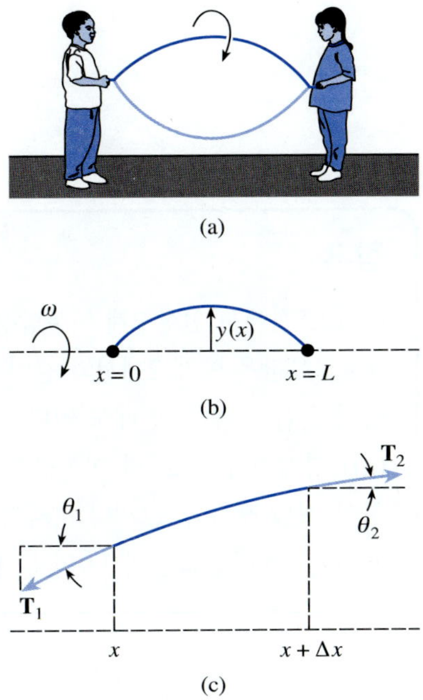

그림 3.9.7 회전하는 줄과 그 줄에 작용하는 힘

줄이 양끝 $x = 0$과 $x = L$에서 고정되어 있으므로, 방정식 (13)의 해 $y(x)$도 경계조건 $y(0) = 0$과 $y(L) = 0$을 만족해야만 한다.

참고

(*i*) 12.5절에서 선형 2계 미분방정식의 고유값과 고유함수에 관한 주제를 더 자세하게 다룰 것이다.

(*ii*) 고유값은 예제 2에서와 같이 항상 쉽게 구할 수 있는 것은 아니다. $\tan x = -x$ 또는 $\cos x \cosh x = 1$과 같은 방정식의 근사 근을 구해야 할 때도 있다. 연습문제 3.9의 32 또는 문제 38~42를 보라.

(*iii*) 경계조건으로부터 미분방정식의 일반해의 계수 c_i가 미지수인 제차 선형 연립방정식을 얻을 수 있다. 이 연립방정식은 항상 해를 갖는다. 그러나 비자명해를 갖기 위해서는(방정식의 수가 미지수의 수와 같은 경우) 계수의 행렬식이 반드시 영이 되어야 한다. 연습문제 3.9의 문제 21과 22를 보라.

3.9 연습문제

부록에 선택된 홀수 문제의 답이 있다.

보의 처짐

문제 1~5에서는 적절한 경계조건을 만족하는 방정식 (4)를 풀어라. 보의 길이는 L이고, w_0는 상수이다.

1. **(a)** 보의 좌단 삽입, 우단 자유이고, $w(x) = w_0$, $0 < x < L$.

(b) $w_0 = 24EI$와 $L = 1$일 때, 처짐곡선의 그래프를 그려라(그래프 도구 사용).

2. **(a)** 보의 양끝이 단순지지되고, $w(x) = w_0$, $0 < x < L$.

(b) $w_0 = 24EI$와 $L = 1$일 때, 처짐곡선의 그래프를 그려라(그래프 도구 사용).

3. **(a)** 보의 좌단 삽입, 우단 단순지지되고, $w(x) = w_0$, $0 < x < L$.

(b) $w_0 = 48EI$와 $L = 1$일 때, 처짐곡선의 그래프를 그려라(그래프 소프트웨어 사용).

4. **(a)** 보의 왼쪽 끝은 삽입, 오른쪽 끝은 단순지지되고, $w(x) = w_0 \sin(\pi x/L)$, $0 < x < L$.

(b) $w_0 = 2\pi^3 EI$와 $L = 1$일 때, 처짐곡선의 그래프를 그려라(그래프 소프트웨어 사용).

(c) 컴퓨터 연산 도구(CAS) 또는 그래픽 계산기를 사용하여, (b)에서 구한 그래프에서 최대처짐이 일어나는 점을 근사적으로 구하라. 그 최대처짐은 얼마인가?

5. **(a)** 보의 양끝이 단순지지되고, $w(x) = w_0 x$, $0 < x < L$.

(b) $w_0 = 36EI$와 $L = 1$일 때, 처짐곡선의 그래프를 그려라(그래프 소프트웨어 사용).

(c) 컴퓨터 연산 도구(CAS) 또는 그래픽 계산기를 사용하여, (b)에서 구한 그래프에서 최대처짐이 일어나는 점을 근사적으로 구하라. 그 최대처짐은 얼마인가?

6. **(a)** 문제 1의 외팔보에서 최대처짐을 구하라.

(b) 길이가 반인 보의 최대처짐을 (a)에서 구한 값과 비교하라.

(c) 문제 2의 단순지지보의 최대처짐을 구하라.

(d) (c)에서 구한 단순지지보의 최대처짐을 예제 1의 삽입보의 최대처짐과 비교하라.

7. 길이 L의 외팔보 우단이 삽입되어 있고, 좌단에 P파운드의 수평방향 인장력이 작용된다. 그림 3.9.8과 같이 자유단을 원점으로 잡으면, 보의 처짐 $y(x)$는 다음과 같은 미분방정식을 만족한다는 것을 보일 수 있다.

$$EIy'' = -Py - w(x)\frac{x}{2}.$$

$w(x) = w_0 x$, $0 < x < L$이고 $y(0) = 0$, $y'(L) = 0$일 때, 외팔보의 처짐을 구하라.

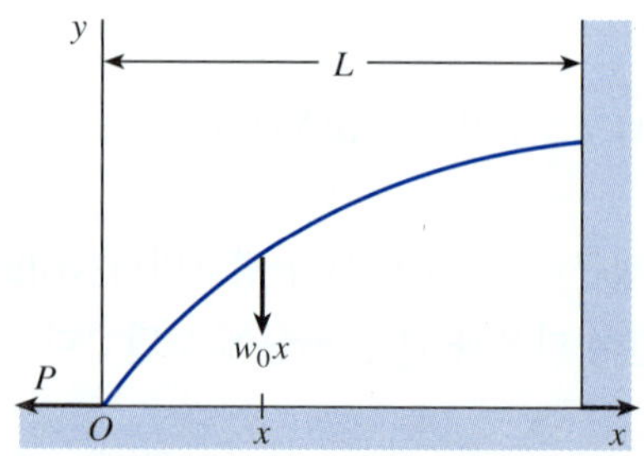

그림 3.9.8 문제 7의 외팔보의 처짐

8. 문제 7의 보의 자유단에 인장력 대신 압축력을 작용시킬 때, 처짐의 미분방정식은 다음과 같다.

$$EIy'' = Py - w(x)\frac{x}{2}$$

$w(x) = w_0x$, $0 < x < L$이고 $y(0) = 0$, $y'(L) = 0$일 때, 이 방정식을 풀어라.

전문가 제공 문제

9. 바람이 분다 1989년 9월, 허리케인 휴고가 최대 풍속 60.4 m/s(135 mi/h)로 남캐롤라이나주 해안을 강타했다. 수십억불의 피해액 중에서 대략 4억2천만불은 프란시스 매리언 국유림의 테다 소나무(*Pinus taeda*)의 제재목 가격으로부터 산출되었다. 그 폭풍의 한 장면은 매우 신기한 모습이다. 그 국유림과 주변 지역에서 수천 그루의 소나무들이 똑같은 방향으로 쓰러졌고, 모든 나무가 바닥으로부터 5~8 m 높이에서 부러졌다. 1996년 9월에는 북캐롤라이나주 동부를 강타한 허리케인 프랜 때문에 820만 에이커의 삼림이 파괴되었다. 7년 전과 마찬가지로 모든 테다 소나무들이 같은 높이에서 부러졌다. 이와 같이 조림된 지역의 나무들은 거의 같은 나이와 크기를 갖는다는 점에서 이 현상은 재현성을 가지고 있는 것으로 볼 수 있다.

Courtesy of Texas Forest Service

바람에 의한 테다 소나무의 파손

이 문제에서는 강풍에 따른 테다 소나무 굽힘 변형의 수학적 모델을 결정하고 그 모델을 사용해서 강풍이 불 때 나무가 부러지는 높이를 예측하려고 한다.*

나뭇가지에 부는 바람 때문에 나무줄기에 힘이 가해진다. 줄기를 길이 L의 큰 원기둥 보로 근사화하면, 나무의 변형 $y(x)$를 정적 보 방정식 $EIy^{(4)} = w(x)$ (이 절의 식 (4))로 모델링할 수 있다. 여기서 x는 바닥으로부터의 거리(m)이다. 나무는 땅에 뿌리를 박고 있으므로 경계조건으로는 외팔보 조건을 사용한다: 나무 바닥에서 $y(0) = 0$, $y'(0) = 0$, 나무 꼭대기에서 $y''(L) = 0$, $y'''(L) = 0$.

(a) 숲속 테다 소나무의 수관 (나뭇가지와 잎)의 대부분은 상부 50%에 몰려 있으므로 나무 하부에 작용하는 바람에 의한 힘은 무시한다. 또, 나무 수관에 부는 바람은 단위길이당 균일하중 w_0을 발생시킨다고 가정한다. 즉, 나무에 작용하는 하중은 다음과 같이 표현된다.

$$w(x) = \begin{cases} 0, & 0 \le x < L/2 \\ w_0, & L/2 \le x \le L \end{cases}$$

$EIy^{(4)} = w(x)$의 양변을 적분하면 $y(x)$를 구할 수 있다. 구간 $[0, L/2]$에서 $w(x)$를 적분하고 이어서 구간 $[L/2, L]$에서 적분하면 각 구간에 대해 $EIy'''(x)$를 구하게 된다. 구간 $[0, L/2]$에 대한 적분상수를 c_1, 구간 $[L/2, L]$에 대한 적분상수를 c_2라 하자. 경계조건 $y'''(L) = 0$을 적용해서 c_2를 구한다. 그리고 $x = L/2$ 지점에서 삼차 도함수 y'''의 연속조건으로부터 c_1을 구한다.

(b) (a)에서와 같은 절차를 거쳐 다음 식을 구하라.

$$EIy'(x) = \begin{cases} \dfrac{w_0}{8}(-2Lx^2 + 3L^2x), & 0 \le x \le L/2 \\ \dfrac{w_0}{48}(8x^3 - 24Lx^2 + 24L^2x - L^3), & L/2 \le x \le L \end{cases}$$

EIy'을 적분해서 변형 $y(x)$를 구하라.

(c) 이 모델에서 $y(L)$은 테다 소나무의 최대 굽힘량임을 기억하라. 문제에 제시된 매개변수를 사용하여 이 최대 굽힘량을 표현하라.

10. 바람이 분다—계속 수관의 잎 밀도에 대해 약간의 가정을 하면, 나무에 작용하는 전체 하중 F는 물리학 관계식 $F = \rho Av^2/6$으로부터 계산될 수 있다. 여기서, $\rho \approx 1.225$ kg/m^{3}는 공기 밀도, v는 풍속(m/s), A는 나무 수관 단면적이다. 수관을 대략 원기둥으로 가정하면, 그 단면은 면적 $A = (2R)(L/2) = RL$인 직사각형이다. 여기서 R은 원기둥의 평균 반지름이다. 그러면 **단위길이당** 전체하중은 $w_0 = F/(L/2) = 0.408Rv^2$이 된다.

균일 원기둥 보의 단면 관성모멘트는 $I = \frac{1}{4}\pi r^4$이고, r은 나무줄기의 반지름이다.

문제 9(c)의 결과와 위에서 설명한 내용에 따르면 테다 소나무의 굽힘 변형량은 다음 표의 각각의 매개변수에 의해 결정된다.

---

* 강풍에 의한 나무의 구부러짐에 관한 더 자세한 정보는 W. Kubinec (*Phys. Teachr*. March. 1990)이나 F. Mergen (*J. Forest*. 52(2). 1954)의 기고문을 참고하라.

기호	내용	전형적인 값
r	줄기 반경	0.15~0.25 m
R	수관 반경	3~4 m
L	소나무 키	15~20 m
E	탄성계수	11~14 N/m^2
v	휴고 풍속	40~60 m/s (90~135 mi/h)

(a) 각각의 변수들이 굽힘 변형에 미치는 영향을 수학적으로 기술하고 이 결과가 합당함을 물리적으로 설명하라. (예를 들면, E가 $y(L)$의 분모에 있으므로 E 값이 커지면 굽힘 변형이 감소한다. 이것은 참나무와 같이 단단한 나무가 야자나무와 같이 무른 나무보다 덜 굽혀짐을 의미한다.)

(b) 각 변수값의 평균값을 취함으로써 (예를 들면, $r = 0.2$, $R = 3.5$, 등등) '평균적인' 나무의 풍속 40 m/s에 대한 $y(x)$의 그래프를 그려라. 키가 큰 소나무 (다른 값들은 평균값)의 풍속 60 m/s에 대한 그래프를 그려라.

(c) 식 (4)의 보 방정식을 유도할 때 보의 변형이 작다고 가정한 바 있다. 주어진 표에서 모든 변수값을 취할 때, 이 모델로부터 구할 수 있는 $y(L)$의 최대값은 얼마인가? 이 결과는 현실적인가 아니면 이 범위의 변수값에 대해 수학적 모델이 더 이상 의미가 없는가?

(d) 보 방정식은 심지어 코끼리가 이쑤시개에 올라타는 경우와 같은 하중과 굽힘강성 조건에서도 언제나 보는 굽혀진다는 결과를 주게 된다. 언제 어디서 보가 부러지는지를 예측하기 위해서는 다른 방법을 써야 한다. 특히, 하중을 받고 있는 보는 응력함수 $y''(x)/I(x)$가 최대인 지점에서 부러지게 된다. 문제 9(b)의 함수를 미분해서 EIy''을 구하고 이것을 사용해서 응력 $y''(x)/I(x)$를 구하라.

(e) 실제 소나무 줄기는 균일한 폭을 가지지 않고 나무 끝으로 갈수록 점점 가늘어 진다. I 식에 $r(x) = 0.2 - x/(15L)$을 대입하고 일반적인 테다 소나무에 대해 응력을 높이의 함수로 나타내는 그래프를 그려라. 최대 응력은 어느 지점에서 발생하는가? 이 지점은 풍속의 영향을 받는가? 수관 반지름의 영향을 받는가? 소나무 높이의 영향을 받는가? 허리케인 휴고에서 관찰된 데이터와 이 모델을 비교하라.

(f) 가정에서의 작은 변화가 수학적 모델의 예측값을 크게 변화시키면 그 수학적 모델은 가정에 대해 민감하다고 한다. 소나무 줄기의 반지름을 표현하는 공식으로 $r(x) = 0.2 - x/(20L)$과 $r(x) = 0.2 - x/(10L)$을 사용하여 문제 (e)를 반복하라. 우리 모델은 이 공식의 선택에 대해 민감한가?

고유값과 고유함수

문제 11~20에서는 주어진 경곗값 문제의 고유값과 고유함수를 구하라.

11. $y'' + \lambda y = 0,\ y(0) = 0,\ y(\pi) = 0$

12. $y'' + \lambda y = 0,\ y'(0) = 0,\ y(\pi/4) = 0$

13. $y'' + \lambda y = 0,\ y'(0) = 0,\ y(L) = 0$

14. $y'' + \lambda y = 0,\ y(0) = 0,\ y'(\pi/2) = 0$

15. $y'' + \lambda y = 0,\ y'(0) = 0,\ y(\pi) = 0$

16. $y'' + \lambda y = 0,\ y(-\pi) = 0,\ y(\pi) = 0$

17. $y'' + 2y' + (\lambda + 1)y = 0,\ y(0) = 0,\ y(5) = 0$

18. $y'' + (\lambda + 1)y = 0,\ y'(0) = 0,\ y'(1) = 0$

19. $x^2y'' + xy' + \lambda y = 0,\ y(1) = 0,\ y(e^{\pi}) = 0$

20. $x^2y'' + xy' + \lambda y = 0,\ y'(e^{-1}) = 0,\ y(1) = 0$

문제 21과 22에서는 주어진 경곗값 문제의 고유값과 고유함수를 구하라. $\lambda = \alpha^4$, $a > 0$인 경우만 고려하라. [힌트: 참고의 (*iii*)항을 보라.]

21. $y^{(4)} - \lambda y = 0,\ y(0) = 0,\ y''(0) = 0,\ y(1) = 0,\ y''(1) = 0$

22. $y^{(4)} - \lambda y = 0,\ y'(0) = 0,\ y'''(0) = 0,\ y(\pi) = 0,\ y''(\pi) = 0$

가는 기둥의 좌굴

23. 그림 3.9.6을 보라. 임계하중이 P_4가 되게 하려면 기둥의 어느 지점에서 물리적 구속을 받아야 하는가? 이 하중에 대응하는 처짐곡선을 스케치하라.

24. 가는 기둥의 임계하중은 기둥의 끝조건에 따라 결정된다. 예제 4에서 Euler 하중 P_1의 값은 기둥 양 끝이 단순지지 되었다고 가정하여 구한 것이다. 가늘고 균일한 수직 기둥의 바닥($x = 0$)은 삽입되어 있고, 꼭대기($x = L$)는 자유상태이고, 그 자유단에 일정한 축방향 하중 P가 작용된다고 하자. 이 하중은 **그림 3.9.9**에 나와 있는 것처럼 작은 처짐 δ가 생기게 할 수도 있고 그런 처짐이 생기지 않게 할 수도 있다. 어느 경우든 처짐 $y(x)$에 대한 미분방정식은 다음과 같다.

$$EI\frac{d^2y}{dx^2} + Py = P\delta$$

(a) $\delta = 0$일 때 예상되는 처짐은 무엇인가?

(b) $\delta \neq 0$일 때, 이 기둥에 대한 Euler 하중이 예제 4의 단순지지 기둥에 대한 Euler 하중의 4분의 1이 된다는 것을 보여라.

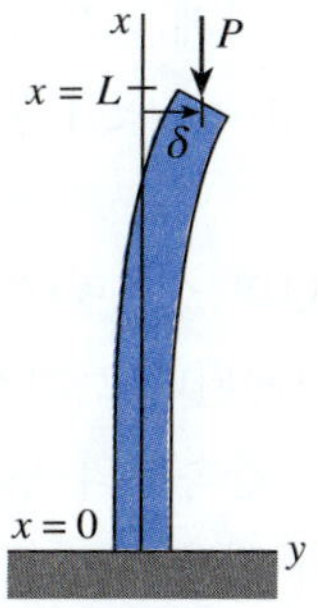

그림 3.9.9 문제 24의 수직 기둥의 처짐

25. 문제 24에서 언급한 대로 일정한 축방향 압축력 P를 받는 가는 탄성 기둥의 처짐 $y(x)$를 결정하는 미분방정식 (7)은 기둥의 양 끝이 단순지지된 경우에만 유효하다. 일반적으로 기둥의 휨을 결정하는 미분방정식은 다음과 같다.

$$\frac{d^2}{dx^2}\left(EI\frac{d^2y}{dx^2}\right) + P\frac{d^2y}{dx^2} = 0$$

기둥은 균일하고(EI가 상수), 양 끝이 단순지지된다고 가정하자. 경계조건 $y(0) = 0$, $y''(0) = 0$, $y(L) = 0$, $y''(L) = 0$을 만족시키면서 이 4계 미분방정식을 푸는 것은 예제 4의 풀이과정과 동등하다는 것을 보여라.

26. 가늘고 균일한 탄성 기둥의 한 끝 $x = 0$은 단순지지되고 다른 끝 $x = L$은 삽입되어 있다.

(a) 문제 25에서 기술한 4계 미분방정식을 사용하여 고유값 λ_n, 임계하중 P_n, Euler 하중 P_1, 휨 $y_n(x)$를 구하라.

(b) 제1좌굴모드의 그래프를 그려라(그래프 소프트웨어 사용).

회전하는 줄

27. 회전하는 줄의 모양에 대한 수학적 모형을 구성하면서 소개했던 경곗값 문제를 고려하자.

$$T\frac{d^2y}{dx^2} + \rho\omega^2 y = 0, \quad y(0) = 0, \quad y(L) = 0$$

일정한 T와 ρ에 대해, 이 경곗값 문제가 비자명해를 갖게 하는 ω의 값을 **임계속도** ω_n으로 정의하라. 임계속도 ω_n과 그에 대응하는 처짐 $y_n(x)$를 구하라.

28. 장력 T의 크기가 일정하지 않을 때, 회전하는 줄이 갖게 되는 처짐곡선 또는 형상 $y(x)$의수학적 모형은 다음과 같다.

$$\frac{d}{dx}\left[T(x)\frac{dy}{dx}\right] + \rho\omega^2 y = 0$$

$1 < x < e$이고 $T(x) = x^2$이라 하자.

(a) 만일 $y(1) = 0$, $y(e) = 0$이고 $\rho\omega^2 > 0.25$이면, 임계속도는 $\omega_n = \frac{1}{2}\sqrt{(4n^2\pi^2 + 1)/\rho}$이고 대응하는 처짐곡선은

$$y_n(x) = c_2 x^{-1/2}\sin(n\pi \ln x), \; n = 1, 2, 3, \ldots$$

이 됨을 보여라.

(b) 그래프 소프트웨어를 사용하여 $n = 1, 2, 3$에 대해 구간 $[1, e]$에서 처짐곡선의 그래프를 그려라. $c_2 = 1$로 선택하라.

각종 경곗값 문제

29. 구의 내부온도 반지름 $r = a$와 $r = b$, $a < b$인 두 동심구를 고려하자. 그림 3.9.10을 보라. 구 사이의 영역에서 온도 $u(r)$은 다음과 같은 경곗값 문제로부터 결정된다.

$$r\frac{d^2u}{dr^2} + 2\frac{du}{dr} = 0, \quad u(a) = u_0, \quad u(b) = u_1$$

여기서 u_0와 u_1은 상수이다. $u(r)$을 구하라.

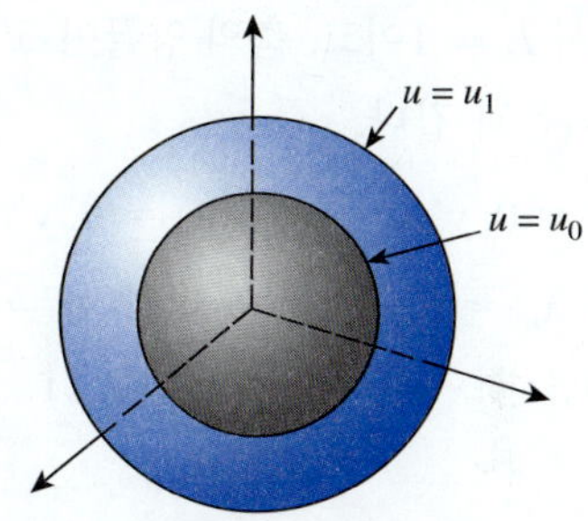

그림 3.9.10 문제 29의 동심 구

30. 고리의 내부온도 그림 3.9.11과 같은 원형고리 내부의 온도 $u(r)$은 다음과 같은 경곗값 문제로부터 결정된다.

$$r\frac{d^2u}{dr^2} + \frac{du}{dr} = 0, \quad u(a) = u_0, \quad u(b) = u_1$$

여기서 u_0와 u_1은 상수이다.

$$u(r) = \frac{u_0\ln(r/b) - u_1\ln(r/a)}{\ln(a/b)}$$

임을 보여라.

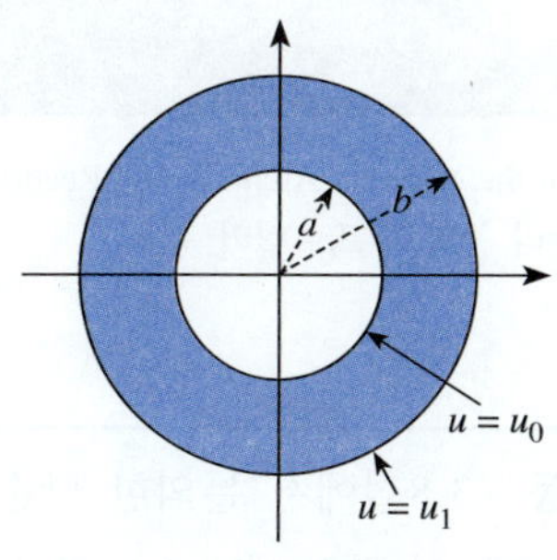

그림 3.9.11 문제 30의 원형고리

31. 축의 회전 구간 $[0, L]$의 x축을 선박의 프로펠러축과 같은 긴 직선축의 기하학적 중심이라고 하자. x축 주위로 일정한 각속도 ω로 회전하는 축의 처짐곡선 $y(x)$는 다음 미분방정식을 만족한다.

$$EI\frac{d^4y}{dx^4} - \rho\omega^2 y = 0$$

여기서 ρ는 단위길이당 밀도이다. 만일 축의 양끝이 단순 지지되어 있다면 경계조건은 다음과 같다.

$$y(0) = 0,\ y''(0) = 0,\ y(L) = 0,\ y''(L) = 0.$$

(a) $\lambda = \alpha^4 = \rho\omega^2/EI$라 하고 이 경곗값 문제의 고유값과 고유함수를 구하라.

(b) (a)에서 구한 λ_n을 사용하여 그에 대응되는 각속도 ω_n을 구하라. 이 ω_n 값을 **임계속도**(critical speed)라 한다. 특히 w_1 값을 **기초 임계속도**(fundamental critical speed)라 하는데, 예제 4처럼, $y = 0$이었던 축의 형상이 이 속도가 되면 $y_1(x)$로 주어지는 처짐곡선으로 바뀐다.

32. 문제 31에서 $L = 1$이고, 축의 양끝이 고정되어 있으면 경계조건은 다음과 같다.

$$y(0) = 0,\ y'(0) = 0,\ y(1) = 0,\ y'(1) = 0$$

(a) 고유값 $\lambda_n = \alpha_n^4$은 $\cos\alpha\cosh\alpha = 1$의 양의 근으로 정의됨을 보여라. [힌트: 문제 21, 22의 지시사항을 보라.]

(b) 고유함수는 다음과 같음을 보여라.

$$\begin{aligned}y_n(x) = &(-\sin\alpha_n + \sinh\alpha_n)(\cos\alpha_n x - \cosh\alpha_n x)\\ &+ (\cos\alpha_n - \cosh\alpha_n)(\sin\alpha_n x - \sinh\alpha_n x)\end{aligned}$$

Courtesy of the National Archives and Records Administration
USS 미주리 군함의 프로펠러 축

토의문제

33. 단순조화운동 3.8절에서 논의한 단순조화운동의 모형 $mx'' + kx = 0$은 이 절의 예제 2와 연관될 수 있다.

스프링 상수가 $k = 10$ lb/ft인 비감쇠 자유 스프링/질량계를 고려하자. 스프링에 매단 질량추가 $t = 0$일 때 평형위치에서 영이 아닌 속도 v_0로 운동을 시작했다가, $t = 1$초에 평형위치를 지나게 되도록 질량 m_n을 구하라. 각 질량 m_n은 시간구간 $0 < t < 1$ 동안 얼마나 여러 번 평형위치를 통과하는가?

34. 감쇠운동 문제 33의 스프링/질량계의 모형이 $mx'' + 2x' + kx = 0$으로 교체된다고 가정한다. 다시 말해서, 계는 자유진동하지만 순간속도의 두 배에 해당하는 감쇠력을 받는다. 문제 33과 같은 초기조건과 스프링 상수에 대해, $t = 1$초에 평형위치를 통과하는 질량 m을 구할 수 있는지 여부를 조사하라.

문제 35과 36에서는 주어진 경곗값 문제가 (a) 하나의 비자명해, (b) 여러 해, (c) 해 없음, (d) 자명해를 갖게 하는 y_0와 y_1의 값(문제 35) 또는 $L > 0$의 값(문제 36)을 구할 수 있는지 여부를 결정하라.

35. $y'' + 16y = 0,\ y(0) = y_0,\ y(\pi/2) = y_1$

36. $y'' + 16y = 0,\ y(0) = 1,\ y(L) = 1$

37. 다음과 같은 경곗값 문제가 있다.

$$y'' + \lambda y = 0,\ y(-\pi) = y(\pi),\ y'(-\pi) = y'(\pi)$$

(a) 여기에 지정된 형식과 같은 경계조건을 **주기적 경계조건**(periodic boundary condition)이라 한다. 이 경계조건의 기하학적 의미를 기술하라.

(b) 이 문제의 고유값과 고유함수를 구하라.

(c) 그래프 소프트웨어를 써서 고유함수의 그래프를 몇 개 그려보라. (a)에서 기술했던 경계조건의 기하학적 의미를 확인하라.

38. 경곗값 문제

$$y'' + \lambda y = 0,\quad y(0) = 0,\quad y(1) + y'(1) = 0$$

의 고유값과 고유함수는 각각 $\lambda_n = \alpha_n^2$과 $y_n = \sin\alpha_n x$임을 보여라. 여기서 α_n, $n = 1, 2, 3, \ldots$은 방정식 $\tan\alpha = -\alpha$의 인접한 양수 근이다.

컴퓨터 실습 과제

39. 컴퓨터 연산 도구(CAS)로 그래프를 그려서 문제 38의 방정식 $\tan\alpha = -\alpha$가 무한히 많은 수의 근을 갖는다는 것을 확인하라. 왜 방정식의 음의 근을 무시할 수 있는지 설명하라. 왜 $\alpha = 0$이 방정식 $\tan\alpha = -\alpha$의 명백한 해인데도 $\lambda = 0$이 고유값이 아닌지 설명하라.

40. CAS의 근탐색 기능을 사용하여 문제 38의 경곗값 문제의 처음 네 고유값 $\lambda_1, \lambda_2, \lambda_3, \lambda_4$를 근사적으로 계산하라.

41. CAS를 이용하여 다음 경곗값 문제의 고유값 $\lambda_1, \lambda_2, \lambda_3, \lambda_4$의 근사값을 구하라.

$$y'' + \lambda y = 0, y(0) = 0, y(1) - \tfrac{1}{2}y'(1) = 0.$$

고유값에 대응되는 근사 고유함수 $y_1(x), y_2(x), y_3(x), y_4(x)$를 구하라.

42. CAS를 이용하여 문제 32(a)의 방정식으로 정의되는 고유값 $\lambda_1, \lambda_2, \lambda_3, \lambda_4$의 근사값을 구하라.

3.10 Green 함수

소개 3.8절에서 다음과 같은 선형 2계 미분방정식

$$a_2(x)\frac{d^2y}{dx^2} + a_1(x)\frac{dy}{dx} + a_0(x)y = g(x) \tag{1}$$

이 응용분야에서 매우 중요하다는 것을 확인한 바 있다. 물리계를 수학적으로 해석할 때, 초기조건이나 경계조건을 갖는 식 (1)의 응답 또는 출력 $y(x)$를 강제함수(forcing function) 또는 입력 $g(x)$의 항으로 직접 표시하는 것이 바람직한 경우가 종종 있다. 이와 같이 하면 여러 강제함수에 대한 시스템 응답을 신속하게 해석할 수 있게 된다.

어떻게 이 과정을 수행하는지 보기 위해 미분방정식 (1)을 선행 계수 $a_2(x)$로 나눈 표준형

$$y'' + P(x)y' + Q(x)y = f(x) \tag{2}$$

의 초기값 문제의 해를 구해 보자. 또 이 절 전체에 대해 계수 함수 $P(x), Q(x), f(x)$가 어떤 공통구간 I에서 연속이라고 가정한다.

3.10.1 초기값 문제

세 종류의 초기값 문제 논의를 펼쳐감에 따라 2계 초기값 문제

$$y'' + P(x)y' + Q(x)y = f(x), \quad y(x_0) = y_0, \quad y'(x_0) = y_1 \tag{3}$$

의 해는 다음과 같이 두 해의 중첩으로 표현될 수 있다는 것을 알게 된다. 즉, 비제차 초기조건을 갖는 연계 제차 미분방정식

$$y'' + P(x)y' + Q(x)y = 0, \quad y(x_0) = y_0, \quad y'(x_0) = y_1 \tag{4}$$

◀ 여기서 y_0와 y_1 중 적어도 하나는 영이 아니라고 가정한다. 만일 y_0와 y_1 모두 영이면, 초기값문제의 해는 $y = 0$이다.

의 해 y_h와 제차 초기조건, 즉 영의 초기조건을 갖는 비제차 미분방정식

$$y'' + P(x)y' + Q(x)y = f(x), \quad y(x_0) = 0, \quad y'(x_0) = 0 \tag{5}$$

의 해 y_p의 합으로 표시된다.

앞 절들에서 본 바와 같이 P와 Q가 상수인 경우에는 어렵지 않게 초기값 문제 식 (4)의 해를 구할 수 있다. 즉, 3.3절의 방법을 써서 제차 미분방정식의 일반해를 구한 후 주어진 초기조건을 적용시켜 해의 두 적분상수를 결정한다. 따라서 앞으로 초기값 문제 식 (5)의 해에 주목할 것이다. 초기조건이 영이기 때문에 식 (5)의 해는 초기에 정지상태에 있던 물리계를

의미한다. 따라서 그 해를 **정지해**(rest solution)라 부른다.

Green 함수 구간 I에서 식 (2)의 연계 제차식 해의 기본집합이 $y_1(x)$과 $y_2(x)$라면, 구간 I에서 비제차 방정식의 특수해는 매개변수 변화법으로 구할 수 있다. 3.5절의 식 (3)으로부터 이 해의 형태는 다음과 같다.

$$y_p(x) = u_1(x)y_1(x) + u_2(x)y_2(x) \tag{6}$$

식 (6)의 변수계수 $u_1(x)$과 $u_2(x)$는 3.5절의 식 (5)를 이용하여 다음과 같이 정의된다.

$$u_1'(x) = -\frac{y_2(x)f(x)}{W}, \quad u_2'(x) = \frac{y_1(x)f(x)}{W} \tag{7}$$

구간 I에서 $y_1(x)$과 $y_2(x)$가 일차독립이면 구간 I의 모든 x에 대해 **Wronskian** $W = W(y_1(x), y_2(x)) \neq 0$임이 보장된다. 만일 x와 x_0이 구간 I 내의 수라면, 구간 $[x_0, x]$에서 식 (7)의 도함수를 적분하고 그 결과를 식 (6)에 대입해서 다음 식을 얻게 된다.

t에 대한 적분을 할 때 $y_1(x)$와 $y_2(x)$는 상수로 볼 수 있으므로 정적분 기호 안으로 넣을 수 있다. ▶

$$\begin{aligned} y_p(x) &= y_1(x)\int_{x_0}^{x}\frac{-y_2(t)f(t)}{W(t)}dt + y_2(x)\int_{x_0}^{x}\frac{y_1(t)f(t)}{W(t)}dt \\ &= \int_{x_0}^{x}\frac{-y_1(x)y_2(t)}{W(t)}f(t)\,dt + \int_{x_0}^{x}\frac{y_1(t)y_2(x)}{W(t)}f(t)\,dt \end{aligned} \tag{8}$$

여기서

$$W(t) = W(y_1(t), y_2(t)) = \begin{vmatrix} y_1(t) & y_2(t) \\ y_1'(t) & y_2'(t) \end{vmatrix}$$

정적분의 성질로부터 식 (8)의 두 번째 줄 적분은 다음과 같이 단일 적분으로 고쳐쓸 수 있다.

$$y_p(x) = \int_{x_0}^{x} G(x, t)\, f(t)\, dt \tag{9}$$

식 (9)에 있는 함수 $G(x, t)$는 다음과 같고

$$G(x, t) = \frac{y_1(t)y_2(x) - y_1(x)y_2(t)}{W(t)} \tag{10}$$

이 부분은 매우 중요하니 다시 한번 잘 읽어보라. ▶

이것을 미분방정식 (2)에 대한 **Green 함수**(Green's function)라 부른다.

Green 함수 식 (10)은 식 (2)에 대한 연계 제차 미분방정식의 기본 해 $y_1(x)$과 $y_2(x)$에 의해서만 결정되고 강제함수 $f(x)$와는 무관함에 주목하라. 따라서 동일한 좌변에 강제함수만 다른 모든 선형 2계 미분방정식 (2)는 동일한 Green 함수를 갖는다. 그래서 식 (10)의 다른 명칭은 **2계 미분연산자** $L = D^2 + P(x)D + Q(x)$**에 대한 Green 함수**이다.

예제 1 특수해

식 (9)와 (10)을 써서 $y'' - y = f(x)$의 특수해를 구하라.

풀이 연계 제차방정식 $y'' - y = 0$의 해는 $y_1 = e^x$, $y_2 = e^{-x}$이고 $W(y_1(t), y_2(t)) = -2$

이다. 식 (10)으로부터 Green 함수는

$$G(x, t) = \frac{e^t e^{-x} - e^x e^{-t}}{-2} = \frac{e^{x-t} - e^{-(x-t)}}{2} = \sinh(x - t) \tag{11}$$

이고, 식 (9)로부터 미분방정식의 특수해는 다음과 같다.

$$y_p(x) = \int_{x_0}^{x} \sinh(x - t) f(t)\, dt. \tag{12}$$ ≡

예제 2 일반해

다음 비제차 미분방정식의 일반해를 구하라.

(a) $y'' - y = 1/x$ **(b)** $y'' - y = e^{2x}$

풀이 예제 1로부터 두 미분방정식의 여함수는 모두 $y_c = c_1e^{-x} + c_2e^{x}$이다. 게다가 예제 1 바로 앞에서 지적한 것처럼 두 미분방정식의 Green 함수는 모두 식 (11)로 주어진다.

(a) $f(x) = 1/x$, 즉 $f(t) = 1/t$이므로 $y'' - y = 1/x$의 특수해는 식 (12)로부터 $y_p(x) = \int_{x_0}^{x} \frac{\sinh(x - t)}{t} dt$가 된다. 따라서 원점을 포함하지 않는 구간 $[x_0, x]$에서 미분방정식의 일반해 $y = y_c + y_p$는 다음과 같다.

$$y = c_1e^{x} + c_2e^{-x} + \int_{x_0}^{x} \frac{\sinh(x - t)}{t} dt. \tag{13}$$

여기서 구한 해와 3.5절의 예제 3에서 구한 해를 비교해 보라.

(b) 식 (12)에 $f(x) = e^{2x}$를 대입하면 $y'' - y = e^{2x}$의 특수해는 $y_p = \int_{x_0}^{x} \sinh(x - t)e^{2t}\, dt$가 되고 일반해 $y = y_c + y_p$는 다음과 같다.

$$y = c_1e^{x} + c_2e^{-x} + \int_{x_0}^{x} \sinh(x - t)\, e^{2t} dt. \tag{14}$$ ≡

이제 제차 초기조건을 갖는 특별한 초기값 문제 식 (5)를 고려하자. $f(x) \neq 0$일 때 이 문제를 푸는 방법은 이미 3.4절과 3.5절에서 설명했다. 그 방법은 비제차 미분방정식의 일반해에 초기조건 $y(x_0) = 0$, $y'(x_0) = 0$을 적용하는 것이었다. 그러나 식 (9)에서 정의한 함수를 통해 우리는 이미 이 초기값 문제의 해를 갖고 있으므로 실제로 위와 같이 할 필요가 없다.

정리 3.10.1 초기값 문제 (5)의 해

식 (9)로 정의되는 함수 $y_p(x)$는 초기값 문제 식 (5)의 해가 된다.

증명 식 (9)로 정의되는 함수 $y_p\ (x)$는 그 유도과정을 보면 비제차 미분방정식을 만족시킨다는 사실을 알 수 있다. 다음은 정적분의 성질 $\int_a^a = 0$으로부터

$$y_p(x_0) = \int_{x_0}^{x_0} G(x_0, t) f(t)\, dt = 0$$

임을 알 수 있다. 끝으로 $y_p'(x_0) = 0$을 증명하기 위해 적분의 도함수에 관한 라이프니즈 공식(Leibniz formula)*을 사용한다.

$$y'_p(x) = \overbrace{G(x, x)}^{\text{식 (10)으로부터 0}} f(x) + \int_{x_0}^{x} \frac{y_1(t)y'_2(x) - y'_1(x)y_2(t)}{W(t)} f(t)\, dt$$

따라서

$$y'_p(x_0) = \int_{x_0}^{x_0} \frac{y_1(t)y'_2(x_0) - y'_1(x_0)y_2(t)}{W(t)} f(t)\, dt = 0 \qquad \equiv$$

예제 3 예제 2 재논의

다음 초기값 문제를 풀어라.

(a) $y'' - y = 1/x, \quad y(1) = 0, \quad y'(1) = 0$ **(b)** $y'' - y = e^{2x}, \quad y(0) = 0, \quad y'(0) = 0$

풀이 **(a)** $x_0 = 1, f(t) = 1/t$이므로 예제 2의 식 (13)과 정리 3.10.1에 따르면 구간 $[1, x]$, $x > 0$에서 초기값 문제의 해는 다음과 같다.

$$y_p(x) = \int_1^x \frac{\sinh(x - t)}{t}\, dt.$$

(b) $x_0 = 0, f(t) = e^{2t}$이므로 식 (14)로부터 초기값 문제의 해는 다음과 같다.

$$y_p(x) = \int_0^x \sinh(x - t) e^{2t}\, dt \qquad (15) \qquad \equiv$$

예제 3의 (b)에서 식 (15)의 적분을 수행할 수 있으나 t에 관한 적분을 하는 동안 내내 x는 상수로 취급해야 한다.

$$\begin{aligned} y_p(x) &= \int_0^x \sinh(x - t) e^{2t}\, dt = \int_0^x \frac{e^{x-t} - e^{-(x-t)}}{2} e^{2t}\, dt \\ &= \frac{1}{2}e^x \int_0^x e^t\, dt - \frac{1}{2}e^{-x} \int_0^x e^{3t}\, dt \\ &= \frac{1}{3}e^{2x} - \frac{1}{2}e^x + \frac{1}{6}e^{-x} \end{aligned}$$

예제 4 초기값 문제

다음 초기값 문제를 풀어라.

---

* 1장 복습문제 43, 44를 참조하라.

$$y'' + 4y = x, \quad y(0) = 0, \quad y'(0) = 0.$$

풀이 주어진 미분방정식에 대한 Green 함수를 구하는 것으로 풀이를 시작한다. $y'' + 4y = 0$의 두 일차독립 해는 $y_1(x) = \cos 2x$와 $y_2(x) = \sin 2x$이다. 식 (10)에서 $W(\cos 2t, \sin 2t) = 2$이므로 다음 결과를 얻게 된다.

$$G(x, t) = \frac{\cos 2t \sin 2x - \cos 2x \sin 2t}{2} = \frac{1}{2}\sin 2(x - t).$$

$x_0 = 0$이므로 주어진 초기값 문제의 해는 다음과 같다.

$$y_p(x) = \frac{1}{2}\int_0^x t \sin 2(x - t)\,dt.$$

다음 결과를 얻는다.

$$y_p(x) = \frac{1}{2}\sin 2x\int_0^x t\cos 2t\,dt - \frac{1}{2}\cos 2x\int_0^x t\sin 2t\,dt$$

◀ 여기서 사용된 삼각함수 공식은 $\sin(2x - 2t) = \sin 2x \cos 2t - \cos 2x \sin 2t$이다.

부분적분을 수행하여 다음 결과를 얻는다.

$$y_p(x) = \frac{1}{2}\sin 2x\left[\frac{1}{2}t\sin 2t + \frac{1}{4}\cos 2t\right]_0^x - \frac{1}{2}\cos 2x\left[-\frac{1}{2}t\cos 2t + \frac{1}{4}\sin 2t\right]_0^x$$

또는

$$y_p(x) = \frac{1}{4}x - \frac{1}{8}\sin 2x$$ ≡

■ 초기값 문제—계속

이제 정리 3.10.1을 사용하면 초기값 문제 식 (3)의 해를 구할 수 있다.

정리 3.10.2 초기값 문제 식 (3)의 해

구간 I에서 초기값 문제 식 (4)의 해가 y_h이고 초기값 문제 식 (5)의 해가 식 (9)로 주어지는 y_p이면, 초기값 문제 식 (3)의 해는 다음과 같이 된다.

$$y = y_h + y_p \tag{16}$$

증명 y_h는 기본 해의 일차결합이므로 3.1절의 식 (10)으로부터 $y = y_h + y_p$는 비제차 미분방정식의 해가 된다. 게다가 y_h는 식 (4)의 초기조건을 만족하고 y_p는 식 (5)의 초기조건을 만족하므로 다음 식이 성립된다.

$$y(x_0) = y_h(x_0) + y_p(x_0) = y_0 + 0 = y_0$$
$$y'(x_0) = y'_h(x_0) + y'_p(x_0) = y_1 + 0 = y_1$$ ≡

식 (4)에는 강제함수가 없고 식 (5)에는 있으므로, 식 (16)에 따라 초기값 문제 식 (3)으로 기술되는 물리계의 응답 $y(x)$는 다음과 같이 다른 두 개의 응답으로 나눌 수 있다는 것을 알 수 있다.

$$y(x) = \underbrace{y_h(x)}_{\substack{\text{초기조건 } y(x_0) \\ y_0,\ y'(x_0) = y_1\text{에} \\ \text{대한 계의 응답}}} + \underbrace{y_p(x)}_{\substack{\text{강제함수 } f\text{에} \\ \text{대한 계의 응답}}} \tag{17}$$

다음 예제의 초기값 문제는 진동하는 스프링/질량계에 대한 완전공진 상황을 다른 형태의 식으로 나타낸다. 3.8.3절을 보라.

예제 5 정리 3.10.2의 응용

다음 초기값 문제를 풀어라.

$$y'' + 4y = \sin 2x, \quad y(0) = 1, \quad y'(0) = -2$$

풀이 초기값 문제를 두 번으로 나누어 푼다.

먼저, $y'' + 4y = 0$, $y(0) = 1$, $y'(0) = -2$를 푼다. 초기조건을 제차 미분방정식의 일반해 $y(x) = c_1 \cos 2x + c_2 \sin 2x$에 적용하여 $c_1 = 1$과 $c_2 = -1$을 계산한다. 즉 $y_h(x) = \cos 2x - \sin 2x$이다.

다음은 $y'' + 4y = \sin 2x$, $y(0) = 0$, $y'(0) = 0$을 푼다. 미분방정식의 좌변이 예제 4의 미분방정식과 동일하므로 Green 함수도 동일하다. 즉 $G(x, t) = \frac{1}{2}\sin 2(x - t)$이다. $f(t) = \sin 2t$이므로 두 번째 문제의 해는 식 (9)로부터 $y_p(x) = \frac{1}{2}\int_0^x \sin 2(x - t) \sin 2t\, dt$이다.

끝으로, 정리 3.10.2의 식 (16)에 따르면, 원 초기값 문제의 해는 다음과 같이 된다.

$$y(x) = y_h(x) + y_p(x) = \cos 2x - \sin 2x + \frac{1}{2}\int_0^x \sin 2(x - t) \sin 2t\, dt \tag{18}$$ ≡

필요하면, 다음 삼각함수 공식

$$\sin A \sin B = \frac{1}{2}[\cos(A - B) - \cos(A + B)]$$

에 $A = 2(x - t)$와 $B = 2t$를 대입해서 다음과 같이 식 (18)의 정적분을 계산할 수 있다.

$$\begin{aligned} y_p(x) &= \frac{1}{2}\int_0^x \sin 2(x - t) \sin 2t\, dt \\ &= \frac{1}{4}\int_0^x [\cos(2x - 4t) - \cos 2x]\, dt \\ &= \frac{1}{4}\left[-\frac{1}{4}\sin(2x - 4t) - t\cos 2x\right]_0^x \\ &= \frac{1}{8}\sin 2x - \frac{1}{4}x\cos 2x. \end{aligned} \tag{19}$$

따라서 식 (18)을 고쳐 쓰면 다음과 같이 된다.

$$y(x) = y_h(x) + y_p(x) = \cos 2x - \sin 2x + \left(\frac{1}{8}\sin 2x - \frac{1}{4}x\cos 2x\right)$$

또는

$$y(x) = \cos 2x - \frac{7}{8}\sin 2x - \frac{1}{4}x\cos 2x \tag{20}$$

해 $y(x) = y_h(x) + y_p(x)$에서 두 부분의 항을 결합해서 식 (20)을 구하면 식 (17)에 표시한 물리적 의미를 잃어버리게 된다는 사실에 유의하라.

식 (18)로 표시한 해의 장점은 초기조건이 그대로 이고 강제함수만 바뀌었을 때 계의 응답을 바로 구할 수 있다는 점이다. 예를 들어, 예제 5의 문제가 다음과 같이 바뀌면

$$y'' + 4y = x, \quad y(0) = 1, \quad y'(0) = -2,$$

단지 식 (18)에서 $\sin 2t$를 t로 대체해서 다음과 같이 해를 구한다.

$$\begin{aligned} y(x) &= y_h(x) + y_p(x) \\ &= \cos 2x - \sin 2x + \frac{1}{2}\int_0^x t\sin 2(x-t)\,dt \quad \leftarrow \text{예제 4를 보라.} \\ &= \frac{1}{4}x + \cos 2x - \frac{9}{8}\sin 2x. \end{aligned}$$

특수해 $y_p(x) = \int_{x_0}^{x} G(x,t)f(t)dt$에서 강제함수 f가 분리되어 있으므로 식 (16)으로 주어지는 해는 f가 여러 구간으로 나뉘어 정의될 때 유용하다. 다음 예제에서 이 점을 예시한다.

예제 6 초기값 문제

다음 초기값 문제를 풀어라.

$$y'' + 4y = f(x), \quad y(0) = 1, y'(0) = -2$$

강제함수 f는 다음과 같이 여러 구간으로 나뉘어 정의되어 있다.

$$f(x) = \begin{cases} 0, & x < 0 \\ \sin 2x, & 0 \le x \le 2\pi \\ 0, & x > 2\pi \end{cases}$$

풀이 식 (18)에서 $\sin 2t$를 $f(t)$로 대체하면 다음과 같이 쓸 수 있다.

$$y(x) = \cos 2x - \sin 2x + \frac{1}{2}\int_0^x \sin 2(x-t)f(t)\,dt.$$

f가 세 구간으로 나뉘어 정의되었으므로 정적분도 세 경우로 나누어 계산한다. $x < 0$에 대해

$$y_p(x) = \frac{1}{2}\int_0^x \sin 2(x-t)0\,dt = 0$$

$0 \le x \le 2\pi$에 대해

$$y_p(x) = \frac{1}{2}\int_0^x \sin 2(x-t)\sin 2t\,dt \quad \leftarrow \text{식 (19)의 적분 이용}$$

$$= \frac{1}{8}\sin 2x - \frac{1}{4}x\cos 2x$$

끝으로 $x > 2\pi$에 대해, 예제 5 다음에 나오는 적분을 이용할 수 있다.

$$y_p(x) = \frac{1}{2}\int_0^{2\pi} \sin 2(x-t)\sin 2t\,dt + \frac{1}{2}\int_{2\pi}^x \sin 2(x-t)\,0\,dt$$

$$= \frac{1}{2}\int_0^{2\pi} \sin 2(x-t)\sin 2t\,dt$$

$$= \frac{1}{4}\left[-\frac{1}{4}\sin(2x-4t) - t\cos 2x\right]_0^{2\pi} \quad \leftarrow \text{식 (19)의 적용 이용}$$

$$= -\frac{1}{16}\sin(2x-8\pi) - \frac{1}{2}\pi\cos 2x + \frac{1}{16}\sin 2x$$

$$= -\frac{1}{2}\pi\cos 2x$$

따라서 $y_p(x)$는 다음과 같다.

$$y_p(x) = \begin{cases} 0, & x < 0 \\ \frac{1}{8}\sin 2x - \frac{1}{4}x\cos 2x, & 0 \le x \le 2\pi \\ -\frac{1}{2}\pi\cos 2x, & x > 2\pi \end{cases}$$

그리고

$$y(x) = y_h(x) + y_p(x) = \cos 2x - \sin 2x + y_p(x)$$

모든 구간을 한데 모아 다음과 같이 쓸 수 있다.

$$y(x) = \begin{cases} \cos 2x - \sin 2x, & x < 0 \\ (1 - \frac{1}{4}x)\cos 2x - \frac{7}{8}\sin 2x, & 0 \le x \le 2\pi \\ (1 - \frac{1}{2}\pi)\cos 2x - \sin 2x, & x > 2\pi. \end{cases}$$

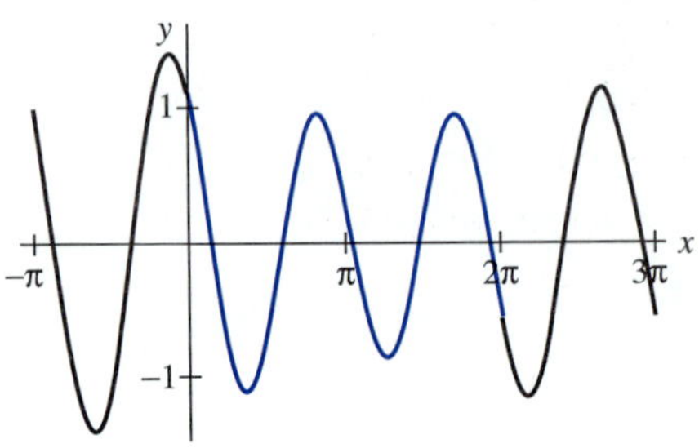

그림 3.10.1 예제 6의 $y(x)$의 그래프

그림 3.10.1은 $y(x)$의 그래프이다. ≡

다음에는 다른 종류의 Green 함수를 써서 경계값 문제를 푸는 방법을 알아본다.

3.10.2 경곗값 문제

2계 초기값 문제에서는 같은 점에 대해 $y(x)$와 $y'(x)$를 지정하는 데 반해 2계 미분방정식 경곗값 문제는 서로 다른 두 점 $x = a$와 $x = b$에 대해 $y(x)$와 $y'(x)$에 관한 조건을 지정한다.

다음과 같은 조건들은

$$y(a) = 0, y(b) = 0; \quad y(a) = 0, y'(b) = 0; \quad y'(a) = 0, \quad y'(b) = 0$$

더 일반적인 제차 경계조건

$$A_1 y(a) + B_1 y'(a) = 0 \tag{21}$$

과

$$A_2 y(b) + B_2 y'(b) = 0 \tag{22}$$

의 특별한 경우이다. 여기서 A_1, A_2, B_1, B_2는 상수이다. 구체적으로 말해서 우리의 목표는 다음과 같은 형태의 비제차 경곗값 문제에 대해 식 (9)와 유사한 적분해 $y_p(x)$를 구하는 것이다.

$$\begin{aligned} y'' + P(x)y' + Q(x)y &= f(x), \\ A_1 y(a) + B_1 y'(a) &= 0 \\ A_2 y(b) + B_2 y'(b) &= 0 \end{aligned} \tag{23}$$

$P(x)$, $Q(x)$, $f(x)$가 구간 $[a, b]$에서 연속이라는 통상적인 가정에 제차 문제

$$\begin{aligned} y'' + P(x)y' + Q(x)y &= 0, \\ A_1 y(a) + B_1 y'(a) &= 0 \\ A_2 y(b) + B_2 y'(b) &= 0 \end{aligned}$$

은 자명해 $y = 0$만을 갖는다는 가정을 덧붙인다. 이 나중 가정으로 식 (23)에 대한 유일해의 존재가 충분히 보장된다. 그 유일해는 적분 $y_p(x) = \int_a^b G(x, t)f(t)\,dt$로 주어지고 여기서 $G(x, t)$는 Green 함수이다.

$G(x, t)$를 유도하는 첫 단계는 역시 매개변수변화법 식 (6)과 (7)이다.

또 다른 Green 함수 식 (23)의 미분방정식에 대한 연계 제차방정식의 구간 $[a, b]$에서의 일차독립해를 $y_1(x)$와 $y_2(x)$라 하고, x는 구간 $[a, b]$ 내의 수라 하자. 식 (8)을 유도할 때에는 동일한 구간에서 식 (7)의 도함수들을 적분해서 시작했던 것과는 달리, 여기서는 식 (7)의 첫째 식을 구간 $[b, x]$에서 적분하고 식 (7)의 둘째 식을 구간 $[a, x]$에서 적분한다. 즉,

$$u_1(x) = -\int_b^x \frac{y_2(t)f(t)}{W(t)}dt, \quad u_2(x) = \int_a^x \frac{y_1(t)f(t)}{W(t)}dt. \tag{24}$$

$u_1'(x)$와 $u_2'(x)$를 다른 구간에서 적분하는 까닭은 곧 밝혀질 것이다. 식 (24)로부터 미분방정식의 특수해 $y_p(x) = u_1(x)y_1(x) + u_2(x)y_2(x)$는 다음과 같이 된다.

$$y_p(x) = y_1(x)\overbrace{\int_x^b \frac{y_2(t)f(t)}{W(t)}dt}^{\text{식 (24)의 }-\text{부호를 써서 적분구간을 뒤집었다.}} + y_2(x)\int_a^x \frac{y_1(t)f(t)}{W(t)}dt$$

또는

$$y_p(x) = \int_a^x \frac{y_2(x)y_1(t)}{W(t)} f(t)\,dt + \int_x^b \frac{y_1(x)y_2(t)}{W(t)} f(t)\,dt \tag{25}$$

식 (25)의 우변은 다음과 같이 단일적분으로 간단히 쓸 수 있다.

$$y_p(x) = \int_a^b G(x, t) f(t)\,dt \tag{26}$$

여기서 함수 $G(x, t)$는

$$G(x, t) = \begin{cases} \dfrac{y_1(t)y_2(x)}{W(t)}, & a \le t \le x \\ \dfrac{y_1(x)y_2(t)}{W(t)}, & x \le t \le b \end{cases} \tag{27}$$

구간정의된 함수 식 (27)을 경곗값 문제 식 (23)의 **Green 함수**(Green's function)라 한다. $G(x, t)$가 구간 $[a, b]$에서 x에 대해 연속함수라는 사실을 증명할 수 있다.

이제 식 (27)의 유도과정에서 사용된 해 $y_1(x)$와 $y_2(x)$를 선택할 때, $x = a$에서 $y_1(x)$가 $A_1y_1(a) + B_1y_1'(a) = 0$을 만족시키고 $x = b$에서 $y_2(x)$가 $A_2y_2(a) + B_2y_2'(a) = 0$을 만족시키도록 하면, 놀랍게도 식 (26)으로 정의된 y_p가 식 (23)의 제차 경계조건을 모두 만족하게 된다.

이를 확인하려면 다음 식이 필요하다.

$$y_p(x) = u_1(x)y_1(x) + u_2(x)y_2(x) \tag{28}$$

(29)의 마지막 줄은 $y_1(x)u_1'(x) + y_2(x)u_2'(x) = 0$을 적용한 결과이다. 3.5절의 식 (4) 뒤에 나오는 설명을 참조하라.

그리고

$$\begin{aligned} y_p'(x) &= u_1(x)y_1'(x) + y_1(x)u_1'(x) + u_2(x)y_2'(x) + y_2(x)u_2'(x) \\ &= u_1(x)y_1'(x) + u_2(x)y_2'(x) \end{aligned} \tag{29}$$

계속하기 전에, 식 (24)에서 $u_1(b) = 0$과 $u_2(a) = 0$임을 확인하라. 여기 두 번째 관계식으로부터, $y_1(x)$가 동일한 경계조건을 만족하기만 하면 언제나 $y_p(x)$가 식 (21)을 만족시킨다는 것을 보일 수 있다.

$$\begin{aligned} A_1y_p(a) + B_1y_p'(a) &= A_1[u_1(a)y_1(a) + \overbrace{u_2(a)}^{0}y_2(a)] + B_1[u_1(a)y_1'(a) + \overbrace{u_2(a)}^{0}y_2'(a)] \\ &= u_1(a)\underbrace{[A_1y_1(a) + B_1y_1'(a)]}_{\text{식 (21)로부터 } 0} = 0. \end{aligned}$$

마찬가지로 $u_1(b) = 0$은 $y_2(x)$가 식 (22)를 만족하면 $y_p(x)$도 그렇다는 것을 의미한다.

$$\begin{aligned} A_2y_p(b) + B_2y_p'(b) &= A_2[\overbrace{u_1(b)}^{0}y_1(b) + u_2(b)y_2(b)] + B_2[\overbrace{u_1(b)}^{0}y_1'(b) + u_2(b)y_2'(b)] \\ &= u_2(b)\underbrace{[A_2y_2(b) + B_2y_2'(b)]}_{\text{식 (22)로부터 } 0} = 0. \end{aligned}$$

이 결과를 다음 정리로 요약한다.

정리 3.10.3 경곗값 문제 (23)의 해

$y_1(x)$와 $y_2(x)$가 구간 $[a, b]$에서 $y'' + P(x)y' + Q(x)y = 0$의 일차독립 해이고, $y_1(x)$와 $y_2(x)$는 각각 식 (21)과 식 (22)을 만족한다고 가정한다. 그러면 식 (26)으로 정의되는 함수 $y_p(x)$는 경곗값 문제 식 (23)의 해가 된다.

예제 7 정리 3.10.3의 응용

다음 경곗값 문제를 풀어라.

$$y'' + 4y = 3, \quad y'(0) = 0, \quad y(\pi/2) = 0.$$

◀ 경계조건 $y'(0) = 0$은 (21)에서 $a = 0, A_1 = 0, B_1 = 1$인 특별한 경우이고, 경계조건 $y(\pi/2) = 0$은 (22)에서 $b = \pi/2, A_2 = 1, B_2 = 0$인 특별한 경우이다.

풀이 연계 제차방정식 $y'' + 4y = 0$의 해는 $y_1(x) = \cos 2x$, $y_2(x) = \sin 2x$이다. $y_1(x)$는 $y'(0) = 0$을 만족하고 $y_2(x)$는 $y(\pi/2) = 0$을 만족한다. **Wronskian**은 $W(y_1, y_2) = 2$이므로 (27)로부터 경곗값 문제의 Green 함수는 다음과 같다.

$$G(x, t) = \begin{cases} \frac{1}{2}\cos 2t \sin 2x, & 0 \le t \le x \\ \frac{1}{2}\cos 2x \sin 2t, & x \le t \le \pi/2. \end{cases}$$

정리 3.10.3으로부터 경곗값 문제의 해는 식 (26)에 $a = 0$, $b = \pi/2$, $f(t) = 3$을 대입해서 다음과 같이 구한다.

$$y_p(x) = 3\int_0^{\pi/2} G(x, t)\,dt$$

$$= 3\cdot\frac{1}{2}\sin 2x\int_0^x \cos 2t\,dt + 3\cdot\frac{1}{2}\cos 2x\int_x^{\pi/2} \sin 2t\,dt.$$

또는 정적분을 계산해서 $y_p(x) = \frac{3}{4} + \frac{3}{4}\cos 2x$를 얻는다. ≡

앞 예제로부터 $y_1(x)$가 식 (21)을 $y_2(x)$가 식 (22)를 만족한다는 요구조건이 유일하게 이 함수들을 정해준다고 결론짓지 말도록 하라. 다음 마지막 예제에서 보듯이 어느 정도는 임의로 이 함수들을 선택할 수 있다.

예제 8 경곗값 문제

다음 경곗값 문제를 풀어라.

$$x^2y'' - 3xy' + 3y = 24x^5, \quad y(1) = 0, \; y(2) = 0$$

풀이 주어진 미분방정식은 Cauchy-Euler 미분방정식이다.
보조방정식 $m(m-1) - 3m + 3 = (m-1)(m-3) = 0$으로부터 연계 제차방정식의 일반해는 $y = c_1x + c_2x^3$이다. 이 해에 $y(1) = 0$을 적용하면 $c_1 - c_2 = 0$ 또는 $c_1 = -c_2$

를 얻게 된다. $c_2 = -1$을 선택하면 $c_1 = 1$과 $y_1 = x - x^3$이 된다. 반면에 일반해에 $y(2) = 0$을 적용하면 $2c_1 + 8c_2 = 0$ 또는 $c_1 = -4c_2$를 얻게 된다. 여기서 $c_2 = -1$을 선택하면 $c_1 = 4$와 $y_2 = 4x - x^3$이 된다. 이 두 함수의 Wronskian은 다음과 같다.

$$W(y_1(x), y_2(x)) = \begin{vmatrix} x - x^3 & 4x - x^3 \\ 1 - 3x^2 & 4 - 3x^2 \end{vmatrix} = 6x^3$$

따라서 경곗값 문제의 Green 함수는 다음과 같다.

$$G(x, t) = \begin{cases} \dfrac{(t - t^3)(4x - x^3)}{6t^3}, & 1 \le t \le x \\ \dfrac{(x - x^3)(4t - t^3)}{6t^3}, & x \le t \le 2 \end{cases}$$

강제함수 f를 정확히 구하려면 미분방정식을 다음과 같이 표준형으로 써야 한다.

$$y'' - \frac{3}{x}y' + \frac{3}{x^2}y = 24x^3$$

이 식으로부터 $f(t) = 24t^3$임을 알 수 있으므로 식 (26)은 다음과 같이 된다.

$$\begin{aligned} y_p(x) &= 24\int_1^2 G(x, t)t^3 dt \\ &= 4(4x - x^3)\int_1^x (t - t^3)dt + 4(x - x^3)\int_x^2 (4t - t^3)dt \end{aligned}$$

직접 정적분을 수행하고 정리해서 해 $y_p(x) = 12x - 15x^3 + 3x^5$을 얻는다. ≡

3.10 연습문제

부록에 선택된 홀수 문제의 답이 있다.

3.10.1 초기값 문제

문제 1~6에서 주어진 미분방정식의 특수해 $y_p(x)$를 예제 1의 절차를 통해 적분형 (9)의 형태로 구하라.

1. $y'' - 16y = f(x)$
2. $y'' + 3y' - 10y = f(x)$
3. $y'' + 2y' + y = f(x)$
4. $4y'' - 4y' + y = f(x)$
5. $y'' + 9y = f(x)$
6. $y'' - 2y' + 2y = f(x)$

문제 7~12에서 주어진 미분방정식의 일반해를 예제 2의 절차를 통해 구하라. 문제 1~6에서 구한 결과를 사용하고 $y_p(x)$를 정의하는 적분을 수행하지 말라.

7. $y'' - 16y = xe^{-2x}$
8. $y'' + 3y' - 10y = x^2$
9. $y'' + 2y' + y = e^{-x}$
10. $4y'' - 4y' + y = \arctan x$
11. $y'' + 9y = x + \sin x$
12. $y'' - 2y' + 2y = \cos^2 x$

문제 13~18에서 주어진 초기값 문제의 해를 예제 3의 절차를 통해 구하라. $y_p(x)$를 정의하는 적분을 수행하라.

13. $y'' - 4y = e^{2x}, \quad y(0) = 0, y'(0) = 0$
14. $y'' - y' = 1, \quad y(0) = 0, y'(0) = 0$
15. $y'' - 10y' + 25y = e^{5x}, \quad y(0) = 0, y'(0) = 0$
16. $y'' + 6y' + 9y = x, \quad y(0) = 0, y'(0) = 0$

17. $y'' + y = \csc x \cot x, \quad y(\pi/2) = 0, y'(\pi/2) = 0$

18. $y'' + y = \sec^2 x, \quad y(\pi) = 0, y'(\pi) = 0$

문제 19~30에서 주어진 초기값 문제의 해를 예제 5의 절차를 통해 구하라.

19. $y'' - 4y = e^{2x}, \quad y(0) = 1, y'(0) = -4$

20. $y'' - y' = 1, \quad y(0) = 10, y'(0) = 1$

21. $y'' - 10y' + 25y = e^{5x}, \quad y(0) = -1, y'(0) = 1$

22. $y'' + 6y' + 9y = x, \quad y(0) = 1, y'(0) = -3$

23. $y'' + y = \csc x \cot x, \quad y(\pi/2) = -\pi/2, y'(\pi/2) = -1$

24. $y'' + y = \sec^2 x, \quad y(\pi) = \frac{1}{2}, y'(\pi) = -1$

25. $y'' + 3y' + 2y = \sin e^x, \quad y(0) = -1, y'(0) = 0$

26. $y'' + 3y' + 2y = \dfrac{1}{1 + e^x}, \quad y(0) = 0, y'(0) = 1$

27. $x^2y'' - 2xy' + 2y = x, \quad y(1) = 2, y'(1) = -1$

28. $x^2y'' - 2xy' + 2y = x \ln x, \quad y(1) = 1, y'(1) = 0$

29. $x^2y'' - 6y = \ln x, \quad y(1) = 1, y'(1) = 3$

30. $x^2y'' - xy' + y = x^2, \quad y(1) = 4, y'(1) = 3$

문제 31~34에서 구간정의된 강제함수에 대한 초기값 문제의 해를 예제 6의 절차를 통해 구하라.

31. $y'' - y = f(x), \quad y(0) = 8, y'(0) = 2,$

여기서 $f(x) = \begin{cases} -1, & x < 0 \\ 1, & x \geq 0 \end{cases}$

32. $y'' - y = f(x), \quad y(0) = 3, y'(0) = 2,$

여기서 $f(x) = \begin{cases} 0, & x < 0 \\ x, & x \geq 0 \end{cases}$

33. $y'' + y = f(x), \quad y(0) = 1, y'(0) = -1,$

여기서 $f(x) = \begin{cases} 0, & x < 0 \\ 10, & 0 \leq x \leq 3\pi \\ 0, & x > 3\pi \end{cases}$

34. $y'' + y = f(x), \quad y(0) = 0, y'(0) = 1,$

여기서 $f(x) = \begin{cases} 0, & x < 0 \\ \cos x, & 0 \leq x \leq 4\pi \\ 0, & x > 4\pi \end{cases}$

3.10.2 경곗값 문제

문제 35와 36에서, **(a)** 식 (25)와 (26)을 사용하여 경곗값 문제의 해를 구하고, **(b)** 함수 $y_p(x)$가 미분방정식과 두 경계조건을 모두 만족한다는 것을 증명하라.

35. $y'' = f(x), \quad y(0) = 0, y(1) = 0$

36. $y'' = f(x), \quad y(0) = 0, y(1) + y'(1) = 0$

37. 문제 35에서 $f(x) = 1$일 때 경곗값 문제의 해를 구하라.

38. 문제 36에서 $f(x) = x$일 때 경곗값 문제의 해를 구하라.

문제 39~44에서 주어진 경곗값 문제의 해를 예제 7과 8의 절차를 통해 구하라.

39. $y'' + y = 1, \quad y(0) = 0, y(1) = 0$

40. $y'' + 9y = 1, \quad y(0) = 0, y'(\pi) = 0$

41. $y'' - 2y' + 2y = e^x, \quad y(0) = 0, y(\pi/2) = 0$

42. $y'' - y' = e^{2x}, \quad y(0) = 0, y(1) = 0$

43. $x^2y'' + xy' = 1, \quad y(e^{-1}) = 0, y(1) = 0$

44. $x^2y'' - 4xy' + 6y = x^4, \quad y(1) - y'(1) = 0, y(3) = 0$

토의문제

45. 경곗값 문제

$$y'' + Py' + Qy = f(x), \quad y(a) = 0, y(b) = 0,$$

$a < b$의 해가 $y_p(x) = \int_a^b G(x, t)f(t)dt$라 하자. 여기서 $y_1(x)$와 $y_2(x)$는 $G(x, t)$의 유도과정에서 $y_1(a) = 0$과 $y_2(b) = 0$이 되도록 선택된 연계 제차 미분방정식의 해이다. 비제차 미분방정식과 비제차 경계조건을 갖는 경곗값 문제

$$y'' + Py' + Qy = f(x), \quad y(a) = A, y(b) = B$$

의 해가 다음과 같음을 증명하라.

$$y(x) = y_p(x) + \frac{B}{y_1(b)} y_1(x) + \frac{A}{y_2(a)} y_2(x)$$

[힌트: 증명과정에서 $y_1(b) \neq 0$과 $y_2(a) \neq 0$임을 보여줘야 할 것이다. 식 (23) 뒤에 나오는 가정들을 다시 읽어보라.]

46. 문제 45의 결과를 사용해서 다음 문제를 풀어라.

$$y'' + y = 1, \quad y(0) = 5, y(1) = -10$$

3.11 비선형 모형

소개 이 절에서는 몇몇 비선형 고계 수학적 모형을 고려한다. 이들 모형 중 일부는 3.7절에서 소개한 치환법을 써서 풀 수 있다. 풀 수 없는 모형 몇 경우에 대해, 어떻게 비선형 미분방정식이 **선형화**(linearization)라는 과정을 거쳐 선형 미분방정식으로 대체되는지 보여 준다.

비선형 스프링 3.8절의 식 (1)에서 수학적 모형은 다음과 같은 형태이다.

$$m\frac{d^2x}{dt^2} + F(x) = 0 \tag{1}$$

여기서 $F(x) = kx$이다. 평형위치로부터 질량추의 변위가 x로 표시되므로, $F(x) = kx$는 Hooke의 법칙이다. 즉 스프링이 가하는 힘은 질량추를 평형위치로 복원시키려 한다. 선형 복원력 $F(x) = kx$ 범위 내에서 작용하는 스프링을 자연스럽게 **선형 스프링**(linear spring)이라 한다. 그러나 어떠한 스프링도 결코 완전한 선형이 될 수 없다. 그 구조와 재료에 따라 스프링은 '무르고' 연한 것으로부터 '딱딱하고' 강한 것에 이를 수 있다. 따라서 그 복원력은 선형 법칙으로 주어진 것보다 낮은 값이나 높은 값을 가질 수도 있다. 자유운동의 경우, 만일 비시효(nonaging) 스프링이 약간의 비선형 특성을 갖는다고 가정한다면, 스프링의 복원력 $F(x)$가 평형위치로부터 질량추의 변위 x의 세제곱에 비례한다고 가정하거나 $F(x)$가 비선형 함수 $F(x) = kx + k_1x^3$으로 주어진 것처럼 변위의 거듭제곱의 일차결합이라고 가정하는 것이 합당할 수 있다. 그 수학적 모형이 다음과 같이 비선형 복원력을 포함하면,

$$m\frac{d^2x}{dt^2} + kx^3 = 0 \quad \text{또는} \quad m\frac{d^2x}{dt^2} + kx + k_1x^3 = 0 \tag{2}$$

그것을 **비선형 스프링**(nonlinear spring)이라 한다. 또 운동에 수반되는 감쇠가 순간속도 dx/dt에 비례하고 스프링의 복원력이 선형함수 $F(x) = kx$로 주어지는 수학적 모형을 검토한 바 있다. 그러나 그것은 단지 가정일 뿐이었다. 더 실제적인 상황에서 감쇠는 순간속도 dx/dt의 거듭제곱에 비례할 수도 있다. 비선형 미분방정식

$$m\frac{d^2x}{dt^2} + \beta\left|\frac{dx}{dt}\right|\frac{dx}{dt} + kx = 0 \tag{3}$$

은 감쇠가 속도의 제곱에 비례하는 자유 스프링/질량계의 한 모형이다. 이제 선형 감쇠와 비선형 복원력, 비선형 감쇠와 비선형 복원력 등과 같은 다른 종류의 모형도 생각해 볼 수 있다. 요점은 물리계의 비선형 특성은 비선형인 수학적 모형을 낳는다는 것이다.

식 (2)에서 $F(x) = kx^3$과 $F(x) = kx + k_1x^3$ 모두 x의 기함수임에 주목하라. 왜 x의 홀수승만 포함하는 다항함수가 복원력의 타당한 모형이 되는지 알아보기 위해, F를 평형위치 $x = 0$ 주위에서 멱급수로 표시해 보자.

$$F(x) = c_0 + c_1x + c_2x^2 + c_3x^3 + \cdots$$

변위 x가 작을 때, x^n 값들은 n이 충분히 커지면 무시할 수 있다. 멱급수를 네 번째 항까지만 쓰면 다음과 같이 된다.

$$F(x) = c_0 + c_1x + c_2x^2 + c_3x^3$$

$x > 0$일 때의 힘 $F(x) = c_0 + c_1x + c_2x^2 + c_3x^3$과 $-x < 0$일 때의 힘 $F(-x) = c_0 - c_1x + c_2x^2 - c_3x^3$이 크기는 같고 반대 방향으로 작용하려면, $F(-x) = -F(x)$가 되어야 한다. 이것은 F가 기함수라는 것을 의미하므로, $c_0 = 0$과 $c_2 = 0$이어야 하고 따라서 $F(x) = c_1x + c_3x^3$이다. 만일 급수에서 처음 두 항만 사용한다면, 똑같은 논의로 선형함수 $F(x) = c_1x$를 얻게 된다. 편의상 $c_1 = k$와 $c_2 = k_1$으로 쓰기로 한다. $F(x) = kx + k_1x^2$과 같은 거듭제곱이 섞인 복원력과 그에 대응하는 진동을 **비대칭**(unsymmetrical)이라 한다.

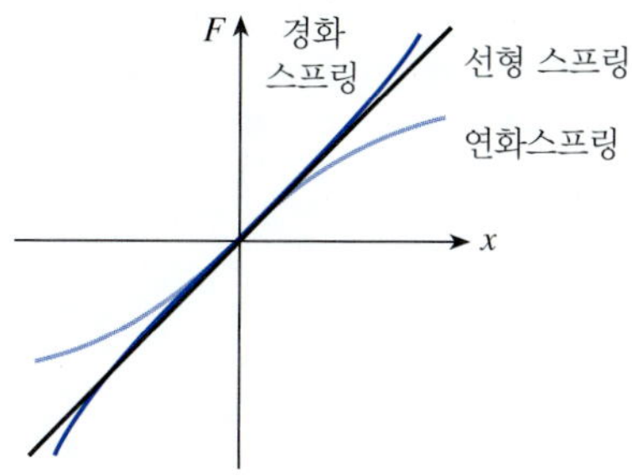

그림 3.11.1 경화스프링과 연화스프링

경화스프링과 연화스프링 복원력이 $F(x) = kx + k_1x^3$, $k > 0$으로 주어지는 경우에 방정식 (1)을 더 자세히 살펴보자. 만일 $k_1 > 0$이면 **경화스프링**(hard spring), $k_1 < 0$이면 **연화스프링**(soft spring)이라 한다. 그림 3.11.1은 세 종류의 복원력의 그래프를 나타낸다. 다음 예제는 미분방정식 $md^2x/dt^2 + kx + k_1x^3 = 0$, $m > 0$, $k > 0$에서 이 두 특별한 경우를 예시한다.

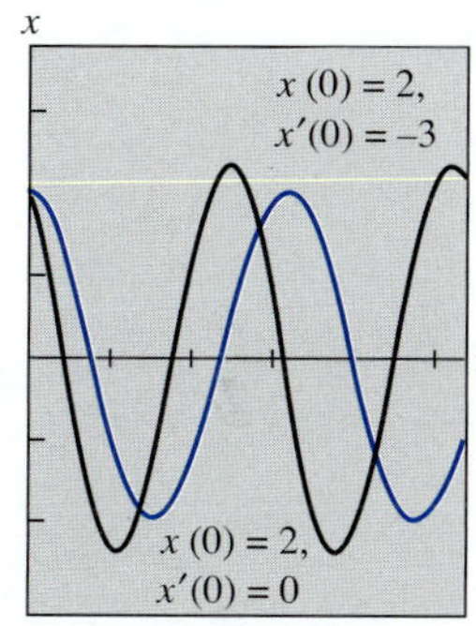

(a) 경화스프링

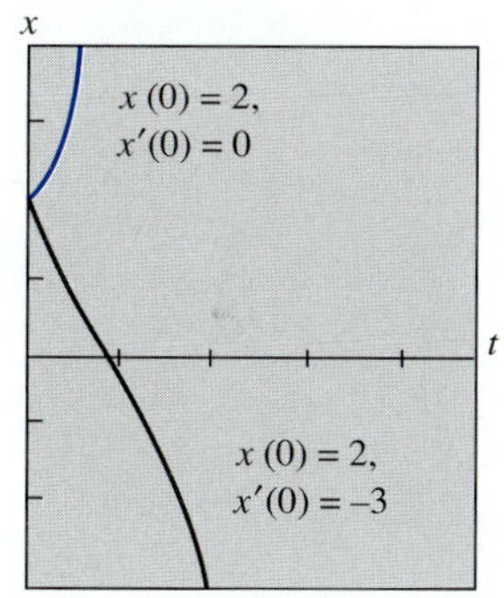

(b) 연화스프링

그림 3.11.2 수치해곡선

예제 1 경화스프링과 연화스프링의 비교

미분방정식

$$\frac{d^2x}{dt^2} + x + x^3 = 0 \tag{4}$$

과

$$\frac{d^2x}{dt^2} + x - x^3 = 0 \tag{5}$$

은 식 (2)의 특별한 경우로 각각 경화스프링과 연화스프링의 모형이다. 그림 3.11.2(a)와 (b)는 각각 수치해석도구로 구한 식 (4)와 식 (5)의 두 해를 보여 준다. 검은 곡선은 초기조건 $x(0) = 2$, $x'(0) = -3$을 만족하는 해이고, 푸른색 곡선은 초기조건 $x(0) = 2$, $x'(0) = 0$을 만족하는 해이다. 이 곡선들은 경화스프링에서 질량추의 운동은 진동이고 연화스프링에서 질량추의 운동은 진동이 아니라는 것을 분명히 나타낸다. 그러나 단지 두 해곡선에 근거해서 결론을 내릴 때에는 조심해야 한다. 이 두 방정식의 해의 성질에 관한 더 완전한 논의는 11장에서 논의할 정성적 해석에서 얻을 수 있다. ≡

비선형 진자 좌우로 흔들리는 모든 물체를 **물리적 진자**(physical pendulum)라 한다. **단진자**(simple pendulum)는 물리적 진자의 특별한 경우로 길이 l의 막대와 그 끝에 부착된 질량 m으로 구성된다. 수직면 상에서 단진자의 운동을 기술할 때, 막대의 질량은 무시할 만하고 외부감쇠나 구동력이 계에 작용하지 않는다고 가정해서 문제를 간단하게 한다. 그림 3.11.3에 나타낸 것처럼 수직선으로부터 잰 진자의 변위각 θ는 OP의 오른쪽으로 잴 때 양, OP의 왼쪽은 음으로 간주한다. 반지름 l인 원의 호 s와 중심각 θ의 관계는 공식 $s = l\theta$로 주어진다는 것을 기억하자. 따라서 각가속도는 다음과 같다.

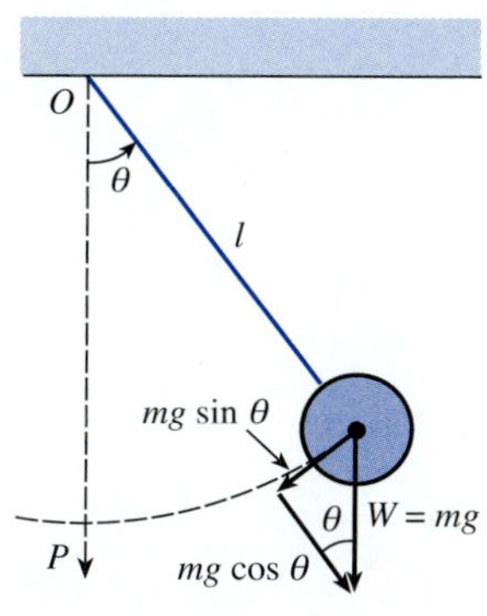

그림 3.11.3 단진자

$$a = \frac{d^2s}{dt^2} = l\frac{d^2\theta}{dt^2}$$

그러면 Newton의 제2법칙으로부터 다음 식을 얻는다.

$$F = ma = ml\frac{d^2\theta}{dt^2}$$

그림 3.11.3으로부터 무게 W에 의한 힘의 접선성분의 크기는 $mg \sin \theta$이다. 방향을 고려하면 이 힘은 $\theta > 0$일 때 왼쪽을 향하고 $\theta < 0$일 때 오른쪽을 향하므로 $-mg \sin \theta$이다. 접선력을 달리 표현한 두 식을 등식으로 연결하면 $ml\, d^2\theta/dt^2 = -mg \sin \theta$ 또는 다음 식을 얻는다.

$$\frac{d^2\theta}{dt^2} + \frac{g}{l}\sin\theta = 0 \tag{6}$$

선형화 $\sin \theta$가 있기 때문에, 식 (6)의 모형은 비선형이다. 비선형 고계 미분방정식의 해의 거동을 이해하기 위한 시도로, 이따금 비선형항을 어떤 근사항으로 대체함으로써 문제를 간단히 해 본다. 예를 들어 $\sin \theta$의 Maclaurin 급수는 다음과 같이 주어진다.

$$\sin\theta = \theta - \frac{\theta^3}{3!} + \frac{\theta^5}{5!} - \cdots$$

따라서 만일 근사식 $\sin \theta \approx \theta - \theta^3/6$을 사용하면, 식 (6)은 $d^2\theta/dt^2 + (g/l)\theta - (g/6l)\theta^3 = 0$이 된다. 이 마지막 방정식은 식 (2)의 둘째 비선형방정식에 $m = 1$, $k = g/l$, $k_1 = -g/6l$을 대입한 것과 같다. 그러나 만일 변위 θ가 충분히 작아서 $\sin \theta \approx \theta$로 대체할 수 있다면, 식 (6)은 다음과 같이 된다.

$$\frac{d^2\theta}{dt^2} + \frac{g}{l}\theta = 0 \tag{7}$$

연습문제 3.11의 문제 24를 보라. 만일 $\omega^2 = g/l$로 놓으면, 식 (7)은 선형 스프링/질량계의 자유 비감쇠 진동 모형인 3.8절의 미분방정식 (2)와 같다는 것을 알 수 있다. 다시 말해, 식 (7)은 3.9절에서 논의된 기본 선형방정식 $y'' + \lambda y = 0$이다. 결과적으로 방정식 (7)은 방정식 (6)을 **선형화**(linearization)한 것이다. 식 (7)의 일반해가 $\theta(t) = c_1 \cos \omega t + c_2 \sin \omega t$이므로, 이 선형화는 작은 진동을 유발하는 초기조건에 대해 식 (6)으로 기술되는 진자의 운동이 주기적일 것이라는 사실을 암시한다.

예제 2 두 초기값 문제

그림 3.11.4(a)는 수치해석도구로 그린 것으로 $\omega^2 = 1$일 때 방정식 (6)의 해곡선을 표시한다. 푸른 곡선은 초기조건 $\theta(0) = \frac{1}{2}$, $\theta'(0) = \frac{1}{2}$를 만족시키는 식 (6)의 해를 나타내는 반면 검은 곡선은 초기조건 $\theta(0) = \frac{1}{2}$, $\theta'(0) = 2$을 만족시키는 해이다. 푸른 곡선은 주기적 해를 나타낸다. 즉 진자는 그림 3.11.4(b)에서 보는 것과 같이 명백히 1보다 작은 진폭으로 좌우로 진동한다. 검은 곡선은 시간이 증가함에 따라 θ가 한없이 증가하는 것을 나타낸다. 이 경우 동일한 초기변위에서 출발한 진자는 초기속도가 충분히 커서 정점을 넘어가게 된

다. 다시 말해, 진자는 그림 3.11.4(c)에 나와 있는 것처럼 지지점을 중심으로 선회하고 있다. 감쇠가 없으면 각 경우에 운동은 끝없이 지속된다.

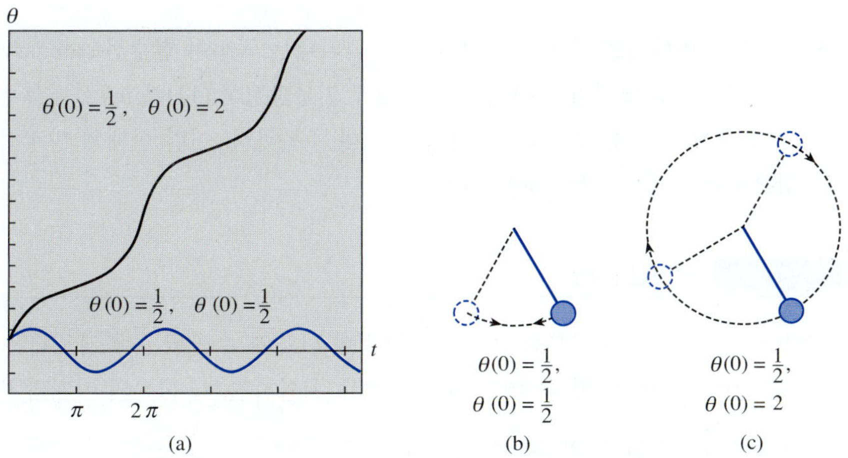

그림 3.11.4 예제 2의 (a) 수치해곡선, (b) 진동하는 진자, (c) 선회하는 진자

전깃줄 1.3절의 식 (16)은 다음과 같은 1계 미분방정식이다.

$$\frac{dy}{dx} = \frac{W}{T_1}$$

그림 1.3.9를 사용해서 유도한 이 미분방정식은 두 수직 지지대 사이에 걸쳐 있는 유연한 줄이 수직하중을 받고 있을 때의 형상에 대한 수학적 모형이다. 연습문제 2.2에서, 현수교의 케이블이 지지하는 수직하중은 x축을 따라 균일하게 분포되는 수평도로의 무게가 현수교의 케이블이 지지하는 수직하중이라고 가정하고 간단한 미분방정식을 풀어 봤을 것이다. 도로의 단위길이당 무게가 ρ이면 $W = \rho w$이고, 수직 지지대 사이의 케이블의 형상은 포물선 모양이 된다. 두 전봇대 사이에 걸쳐진 전깃줄처럼 자중에 의해 처진 유연한 균일 케이블의 형상을 결정해 보자. 이제 수직하중은 전선 그 자체이므로, ρ가 전선의 선밀도(말하자면 lb/ft로 측정된)이고 s가 그림 1.3.9에서 마디 P_1P_2의 길이라면, $W = \rho s$가 된다. 따라서

$$\frac{dy}{dx} = \frac{\rho s}{T_1} \tag{8}$$

점 P_1과 P_2 사이의 호의 길이는 다음과 같으므로

$$s = \int_0^x \sqrt{1 + \left(\frac{dy}{dx}\right)^2}\, dx \tag{9}$$

미적분학의 기본 정리로부터 식 (9)의 도함수는 다음과 같다.

$$\frac{ds}{dx} = \sqrt{1 + \left(\frac{dy}{dx}\right)^2} \tag{10}$$

© Tad Denson/Shutterstock

현수선 형상으로 걸쳐진 전깃줄

식 (8)을 x로 미분하고 식 (10)을 적용하면 다음과 같은 2계 방정식을 얻게 된다.

$$\frac{d^2y}{dx^2} = \frac{\rho}{T_1}\frac{ds}{dx} \qquad \text{또는} \qquad \frac{d^2y}{dx^2} = \frac{\rho}{T_1}\sqrt{1 + \left(\frac{dy}{dx}\right)^2} \tag{11}$$

다음 예제에서는 식 (11)을 풀어서 걸쳐진 줄이 나타내는 곡선이 **현수선**(catenary)이라는 것을 보여 준다. 다음으로 넘어가기 전에, 비선형 2계 미분방정식 (11)은 3.7절에서 논의했던 $F(x, y', y'') = 0$의 형태를 한 방정식 중 하나라는 데 주목하라. 이런 형태의 방정식은 $u = y'$으로 치환함으로써 풀 수 있다는 것을 기억하라.

예제 3 초기값 문제

그림 1.3.9에서 y축의 위치로부터 2계 미분방정식 (11)에 수반되는 초기조건은 명백히 $y(0) = a$와 $y'(0) = 0$임을 알 수 있다. $u = y'$으로 치환하면, 식 (11)의 마지막 방정식은 $\dfrac{du}{dx} = \dfrac{\rho}{T_1}\sqrt{1 + u^2}$ 이 된다. 변수를 분리하면

$$\int \frac{du}{\sqrt{1 + u^2}} = \frac{\rho}{T_1}\int dx \text{ 를 적분하여} \qquad \sinh^{-1}u = \frac{\rho}{T_1}x + c_1$$

을 얻는다. $y'(0) = 0$은 $u(0) = 0$과 마찬가지이다. $\sinh^{-1}0 = 0$이므로 $c_1 = 0$이고 따라서 $u = \sinh(\rho x/T_1)$이 된다. 끝으로

$$\frac{dy}{dx} = \sinh\frac{\rho}{T_1}x \text{ 의 양변을 적분하여} \quad y = \frac{T_1}{\rho}\cosh\frac{\rho}{T_1}x + c_2$$

를 얻는다. $y(0) = a$, $\cosh 0 = 1$을 사용하면, 마지막 식에서 $c_2 = a - T_1/\rho$가 된다. 따라서 늘어진 줄의 형상은 $y = (T_1/\rho)\cosh(\rho x/T_1) + a - T_1/\rho$가 되는 것을 알 수 있다. ≡

예제 3에서, 만약 우리가 충분히 영리해서 처음부터 $a = T_1/\rho$로 선택했다면, 이 문제의 해는 간단하게 쌍곡코사인 $y = (T_1/\rho)\cosh(\rho x/T_1)$이 되었을 것이다.

로켓운동 1.3절에서, 지표면 근처에서 자유낙하하는 질량 m인 물체의 미분방정식이 다음과 같았다.

$$m\frac{d^2s}{dt^2} = -mg \qquad \text{또는 간단히} \qquad \frac{d^2s}{dt^2} = -g$$

여기서 s는 지표면으로부터 물체까지의 거리를 나타내며 위로 올라갈 때를 양의 방향으로 정한다. 여기서는 물체까지의 거리 s가 지구의 반지름 R에 비해 작다고 가정한다. 다시 말해, 지구중심으로부터 물체까지의 거리 y는 근사적으로 R과 같다. 그러나 로켓이나 우주선과 같이 물체까지의 거리 y가 R에 비해 크면, Newton의 제2운동법칙과 만유인력의 법칙을 결합시켜 변수 y에 관한 미분방정식을 유도하게 된다.

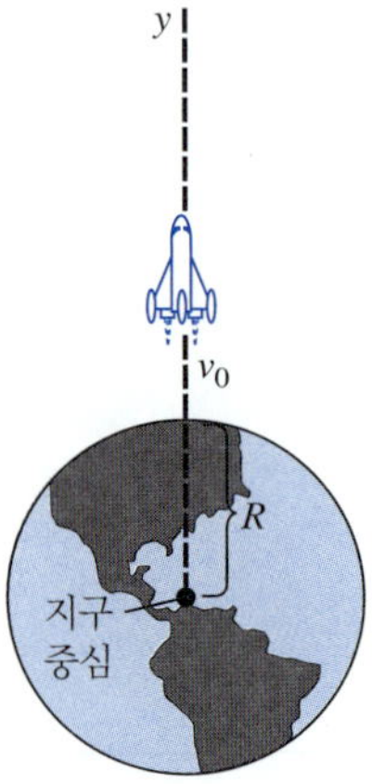

그림 3.11.5 로켓까지의 거리가 R에 비해 큰 경우

그림 3.11.5에 나와 있는 것처럼 로켓이 지상으로부터 수직으로 발사되었다고 가정하자. 양의 방향을 위로 하고 공기저항을 무시하면, 연료 소진 후의 운동 미분방정식은

$$m\frac{d^2y}{dt^2} = -k\frac{Mm}{y^2} \quad \text{또는} \quad \frac{d^2y}{dt^2} = -k\frac{M}{y^2} \tag{12}$$

이 된다. 여기서 k는 비례상수, y는 지구중심에서 로켓까지의 거리, M은 지구의 질량, m은 로켓의 질량이다. 상수 k를 결정하기 위해 $y = R$일 때 $kMm/R^2 = mg$ 또는 $k = gR^2/M$이라는 사실을 사용한다. 따라서 식 (12)의 마지막 식은 다음과 같이 된다.

$$\frac{d^2y}{dt^2} = -g\frac{R^2}{y^2} \tag{13}$$

연습문제 3.11의 문제 14를 보라.

가변 질량 바로 앞의 논의에서는 연료를 다 태워 버린 후의 로켓의 운동을 기술했기 때문에 질량 m이 일정하다고 가정했다. 물론 동력상승 중에는 연료가 소모됨에 따라 로켓의 총 질량이 변하게 된다. 원래 Newton이 제안한 운동의 제2법칙은 다음과 같다. 질량 m인 물체가 속도 v로 힘장(force field)을 통과할 때, 물체의 운동량 mv의 시간 변화율은 물체에 작용하는 작용력(applied force) 또는 알짜힘(net force) F와 같다.

$$F = \frac{d}{dt}(mv) \tag{14}$$

연습문제 1.3의 문제 21, 22를 참조하라. 만일 m이 일정하면, 식 (14)는 더 친숙한 형태인 $F = m\,dv/dt = ma$가 된다. 여기서 a는 가속도이다. 물체의 질량 m이 변하는 다음 예제에서는 식 (14)와 같은 형태로 Newton의 제2법칙을 사용한다.

예제 4 일정한 힘으로 로프를 끌어올림

10 ft 길이의 균일한 로프가 바닥에 느슨하게 감겨있다. 로프의 한 끝을 5 lb의 일정한 힘으로 수직으로 끌어올린다. 로프의 무게는 1 lb/ft이다. 시간 t일 때, 바닥으로부터 로프 끝까지의 높이 $x(t)$를 구하라. 1장 복습문제 43과 **그림 1.R.2**를 참조하라.

풀이 $x = x(t)$가 시간 t일 때 공중에서 로프 끝의 높이 나타내고, $v = dx/dt$이고, 위쪽이 양의 방향이라고 가정하자. 시간 t일 때 공중에 있는 부분에 대한 변수는 다음과 같다.

무게: $W = (x \text{ ft}) \cdot (1 \text{ lb/ft}) = x,$
질량: $m = W/g = x/32,$
알짜 힘: $F = 5 - W = 5 - x$

따라서 식 (14)로부터 다음 식을 얻는다.

$$\frac{d}{dt}\left(\frac{x}{32}v\right) = 5 - x \quad \text{또는} \quad \overset{\text{곱의 미분}\ \downarrow}{x\frac{dv}{dt} + v\frac{dx}{dt}} = 160 - 32x. \tag{15}$$

$v = dx/dt$이므로 마지막 방정식은 다음과 같이 된다.

$$x\frac{d^2x}{dt^2} + \left(\frac{dx}{dt}\right)^2 + 32x = 160 \tag{16}$$

비선형 2계 미분방정식 (16)은 3.7절에서 고려했던 계수 낮추기로 풀 수 있는 두 형태 중 두 번째 것인 $F(x, x', x'') = 0$의 형태이다. 식 (16)을 풀려면 식 (15)로 되돌아가 연쇄법칙과 함께 $v = x'$을 사용한다. $\frac{dv}{dt} = \frac{dv}{dx}\frac{dx}{dt} = v\frac{dv}{dx}$로부터 식 (15)의 두 번째 식은 다음과 같이 다시 쓸 수있다.

$$xv\frac{dv}{dx} + v^2 = 160 - 32x \tag{17}$$

겉으로 보기에는 2장에서 풀었던 1계 방정식의 어느 것과도 같지 않으므로 식 (17)은 풀기 어려워 보인다. 그러나 식 (17)을 $M(x, v)dx + N(x, v)dv = 0$의 미분형으로 다시 표현하면, 불완전방정식

$$(v^2 + 32x - 160)\,dx + xv\,dv = 0 \tag{18}$$

을 적분인자(integrating factor)*를 곱해서 완전방정식으로 변환할 수 있다. 식 (18)에 $m(x) = x$를 곱하면, 결과식은 완전형이 된다(증명하라). $\partial f/\partial x = xv^2 + 32x^2 - 160x$, $\partial f/\partial v = x^2v$로 놓고, 2.4절의 절차를 따르면, 다음 식을 얻게 된다.

$$\frac{1}{2}x^2v^2 + \frac{32}{3}x^3 - 80x^2 = c_1 \tag{19}$$

초기조건 $x(0) = 0$으로부터 $c_1 = 0$을 얻는다. 이제 $v = dx/dt > 0$에 대해 $\frac{1}{2}x^2v^2 + \frac{32}{3}x^3 - 80x^2 = 0$을 풀면 다음과 같은 미분방정식을 얻게 되고

$$\frac{dx}{dt} = \sqrt{160 - \frac{64}{3}x}$$

이것은 변수분리법으로 풀 수 있다. 다음 결과를 꼭 유도해 보라.

$$-\frac{3}{32}\left(160 - \frac{64}{3}x\right)^{1/2} = t + c_2 \tag{20}$$

이번에는 초기조건 $x(0) = 0$으로부터 $c_2 = -3\sqrt{10}/8$을 얻는다. 끝으로 식 (20)의 양변을 제곱하고 x에 관해 풀면 원하는 결과를 얻는다.

$$x(t) = \frac{15}{2} - \frac{15}{2}\left(1 - \frac{4\sqrt{10}}{15}t\right)^2 \tag{21}$$ ≡

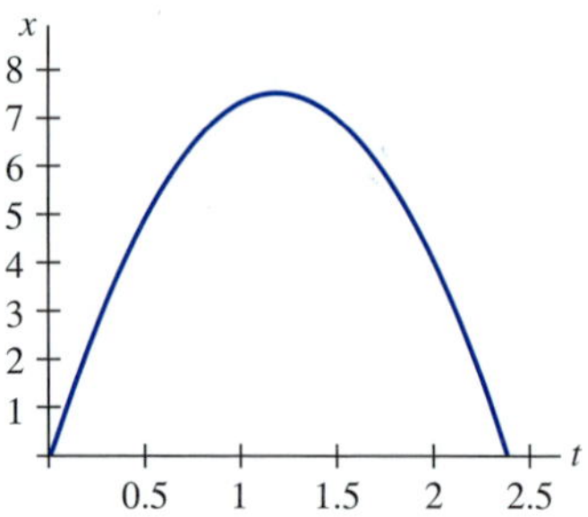

그림 3.11.6 예제 4의 식 (21)에 대한 그래프

그림 3.11.6에 있는 식 (21)의 그래프를 물리적인 근거에서 액면 그대로 받아들이지 말아야 한다. 3.11절의 문제 15, 16을 참조하라.

*2.4절을 참고하라.

3.11 연습문제

부록에 선택된 홀수 문제의 답이 있다.

강의자에게

문제 24와 25 외에도, 문제 1~6, 8~13, 18, 23의 전부 또는 일부를 컴퓨터 실습 과제로 할 수 있다.

비선형 스프링

문제 1~4에서는 주어진 미분방정식은 식 (1)의 복원력 $F(x)$가 비선형인 비감쇠 스프링/질량계의 모형이다. 각 방정식에 대해 수치해석도구를 사용하여 주어진 초기조건을 만족하는 해곡선을 그려라. 해가 주기적인 것처럼 보이면, 해곡선을 사용해서 진동주기 T를 구하라.

1. $\dfrac{d^2x}{dt^2} + x^3 = 0,$

$x(0) = 1,\ x'(0) = 1;\ x(0) = \frac{1}{2},\ x'(0) = -1$

2. $\dfrac{d^2x}{dt^2} + 4x - 16x^3 = 0,$

$x(0) = 1,\ x'(0) = 1;\ x(0) = -2,\ x'(0) = 2$

3. $\dfrac{d^2x}{dt^2} + 2x - x^2 = 0,$

$x(0) = 1, x'(0) = 1;\ x(0) = \frac{3}{2},\ x'(0) = -1$

4. $\dfrac{d^2x}{dt^2} + xe^{0.01x} = 0,$

$x(0) = 1, x'(0) = 1;\ x(0) = 3,\ x'(0) = -1$

5. 문제 3에서는 질량추가 초기위치 $x(0) = 1$에서 초기속도 $x'(0) = x_1$으로 운동을 시작한다고 가정한다. 수치해석도구를 사용해서 질량추가 비주기 운동을 하게 되는 $|x_1|$의 최소값을 구하라.

6. 문제 3에서는 질량추가 초기위치 $x(0) = x_0$에서 초기속도 $x'(0) = 1$로 운동을 시작한다고 가정한다. 수치해석도구를 사용해서 질량추가 주기 운동을 하게 되는 구간 $a \le x_0 \le b$를 구하라.

7. 문제 4의 미분방정식을 선형화하라.

8. $x'' + 8x - 6x^3 + x^5 = 0$으로 주어지는 비감쇠 비선형 스프링/질량계의 모형을 고려하자. 수치해석도구를 사용하여, 다음과 같은 초기조건에 대응하는 계의 진동 특성을 논의하라.

$x(0) = 1, x'(0) = 1;$	$x(0) = -2, x'(0) = \frac{1}{2};$
$x(0) = \sqrt{2}, x'(0) = 1;$	$x(0) = 2, x'(0) = \frac{1}{2};$
$x(0) = 2, x'(0) = 0;$	$x(0) = -\sqrt{2}, x'(0) = -1.$

문제 9와 10에서 주어진 미분방정식은 감쇠 비선형 스프링/질량계의 모형이다. $t \to \infty$에서 각 계의 거동을 예측하라. 각 식에 대해 수치해석도구를 사용하여 주어진 초기조건을 만족하는 해곡선을 구하라.

9. $\dfrac{d^2x}{dt^2} + \dfrac{dx}{dt} + x + x^3 = 0,$

$x(0) = -3,\quad x'(0) = 4;\quad x(0) = 0,\quad x'(0) = -8$

10. $\dfrac{d^2x}{dt^2} + \dfrac{dx}{dt} + x - x^3 = 0,$

$x(0) = 0,\quad x'(0) = \frac{3}{2};\quad x(0) = -1,\quad x'(0) = 1$

11. 주기적으로 구동되는 비감쇠 스프링/질량계의 모형 $mx'' + kx + k_1x^3 = F_0 \cos \omega t$를 독일의 공학자 **Georg Duffing** (1861~1944)의 이름을 따서 **Duffing 미분방정식**(Duffing's differential equation)이라 한다. 초기값 문제 $x'' + x + k_1x^3 = 5 \cos t,\ x(0) = 1,\ x'(0) = 0$을 고려하자. 수치해석도구를 사용하여, $k_1 = 0.01$에서 $k_1 = 100$에 이르는 $k_1 > 0$ 값에 대한 계의 거동을 조사하라. 여기서 얻은 결론을 기술하라.

12. **(a)** 문제 11에서 계가 진동하게 되는 $k_1 < 0$ 값을 구하라.

(b) 다음 초기값 문제를 고려하라.

$$x'' + x + k_1x^3 = \cos \tfrac{3}{2}t,\ x(0) = 0, x'(0) = 0$$

계가 진동하게 되는 $k_1 < 0$ 값을 구하라.

비선형 진자

13. 다음 식으로 주어지는 자유 감쇠 비선형 진자의 모형을 고려하자.

$$\frac{d^2\theta}{dt^2} + 2\lambda\frac{d\theta}{dt} + \omega^2 \sin\theta = 0$$

수치해석도구를 사용하여, $\lambda^2 - \omega^2 > 0$과 $\lambda^2 - \omega^2 < 0$의 두 경우가 3.8절에서 논의된 스프링/질량계의 과감쇠와 저감쇠의 경우에 각각 해당되는지 여부를 조사하라. 적당한 초기조건과 λ와 ω의 값을 선택하라.

로켓운동

14. **(a)** $v = dy/dt$를 (13)에 대입하고 풀어서 v를 y로 표현하라. 연소종료 시 로켓의 속도는 $v = v_0$이고 그때 $y \approx R$이면, 적분상수 c의 근사값이 $c = -gR + \frac{1}{2}v_0^2$이 됨을 보여라.

(b) 문제 (a)에서 구한 v에 대한 해를 사용해서, 로켓의 탈출속도(escape velocity)가 $v_0 = \sqrt{2gR}$이 됨을 보여라. [힌트: $y \to \infty$로 잡고 모든 시간 t에 대해 $v > 0$으로

가정하라.]

(c) 문제 (b)의 결과는 태양계의 모든 물체에 적용된다. $g = 32\ \text{ft/s}^2$과 $R = 4000$ mi 값을 사용해서 지구로부터의 탈출속도는 대략 $v_0 = 25{,}000$ mi/h가 됨을 보여라.

(d) 달에서 중력가속도가 0.165g이고 $R = 1080$ mi일 때, 탈출속도를 구하라.

가변 질량

15. **(a)** 예제 4의 방정식 (16)은 일정한 해 $x(t) = k > 0$을 가짐을 보여라.

(b) 왜 (a)에서의 k 값이 직관적으로 합당한가?

(c) 로프의 초기속도는 얼마인가?

16. **(a)** 예제 4의 식 (21)을 사용하여, 일정한 힘으로 끌어올려지는 로프의 최대 높이를 구하라.

(b) 이 문제 (a)에서 구한 답과 연습문제 15의 (a)에서 구한 답 사이의 차이점에 대해 설명하라.

(c) 예제 4의 해 $x(t)$가 변동적일 것으로 기대하는 이유는 무엇인가?

여러 가지 수학적 모형

17. **탄도 진자(Ballistic Pendulum)** 조립라인에서 생산되는 탄약의 품질관리를 위해서, 탄도 진자를 사용하여 총구속도, 즉 총신을 떠나는 순간의 총알속도를 알아내는 방법이 일반적으로 사용되어 왔다. 1742년에 영국의 수학자 겸 군사공학자인 **Benjamin Robins**(1707~1751)가 발명한 탄도 진자는 질량 m_w인 나무블록이 부착된 아주 가벼운 막대로 구성되는 단순한 평면 진자이다. 이 장치는 미지의 총구속도 v_b로 수평으로 발사된 총알의 충격을 받아 움직이게 된다. 충격이 일어나는 순간 ($t = 0$), 합쳐진 질량은 $m_w + m_b$이고, 여기서 m_b는 나무에 박힌 총알의 질량이다. 이 절의 작은 진폭에 대한 식 (7)과 같이, 그림 3.11.3의 평면 진자의 각변위 $\theta(t)$는 선형 미분방정식 $\theta'' + (g/l)\theta = 0$으로 주어지고, 여기서 $\theta > 0$은 수직선으로부터 오른쪽 운동에 해당된다. 총구속도 v_b는 **그림 3.11.7**에 보인 최대 각변위 θ_{max}에서 질량 $m_w + m_b$의 높이 h를 측정하면 구할 수 있다.

직관적으로, 충격 직후, 결합질량 $m_w + m_b$의 수평속도 V는 총구속도 v_b의 아주 작은 일부에 지나지 않는다. 즉,

$$V = \left(\frac{m_b}{m_w + m_b}\right)v_b$$

여기서 원호를 따라 움직이는 질점이 지나간 거리 s는 식 $s = l\theta$를 통해 반지름 l과 중심각 θ에 연관된다는 것을 상기하자. 이 식을 시간 t에 대해 미분하면, 질량의 각속도 ω와 선형 속도 v의 관계는 식 $v = l\omega$로 주어진다. 따라서 총알이 나무블록에 부딪히는 순간 ($v = 0$)의 초기각속도 ω_0는 식 $V = l\omega_0$를 통해 V와 연관된다. 즉,

$$\omega_0 = \left(\frac{m_b}{m_w + m_b}\right)\frac{v_b}{l}$$

(a) 다음 초기값 문제를 풀어라.

$$\frac{d^2\theta}{dt^2} + \frac{g}{l}\theta = 0, \quad \theta(0) = 0, \quad \theta'(0) = \omega_0.$$

(b) (a)에서 구한 결과를 이용하여 다음 식을 유도하라.

$$v_b = \left(\frac{m_w + m_b}{m_b}\right)\sqrt{lg}\,\theta_{max}$$

(c) 그림 3.11.7을 이용해 $\cos\theta_{max}$를 l과 h로 표시하라. 그 다음에 $\cos\theta$에 대한 Maclaurin 급수의 처음 두 항을 이용하여 θ_{max}를 l과 h로 표시하라. 최종적으로 v_b의 근사값은 다음 식으로 주어짐을 보여라.

$$v_b = \left(\frac{m_w + m_b}{m_b}\right)\sqrt{2gh}$$

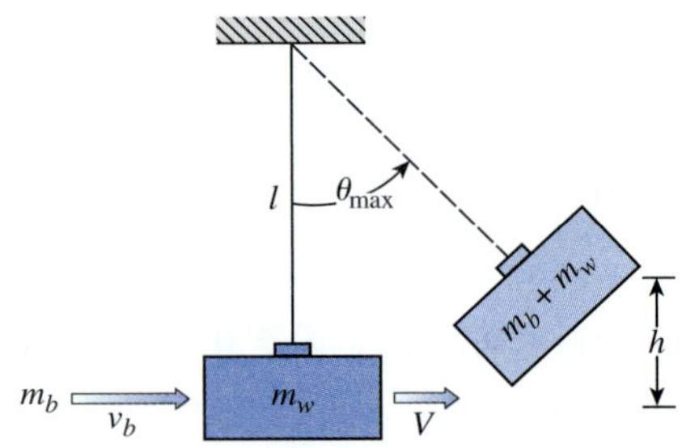

그림 3.11.7 문제 17의 탄도 진자

18. **탄도 진자—계속** 문제 17의 결과를 이용하여 $m_b = 5$ g, $m_w = 1$ kg, $h = 6$ cm인 경우에 총구속도 v_b를 계산하라.

19. **추적곡선** 해상 훈련에서, **그림 3.11.8**처럼 잠수함 S_2가 함정 S_1을 추적한다. 함정 S_1은 $t = 0$에서 점 (0, 0)을 출발하여, 일정한 속력 v_1으로 직선경로(y축)를 따라 진행한다. 잠수함 S_2는 일정한 속력 v_2로 곡선 C를 따라 운행할 때, 그림의 직선 L로 표시되는 것처럼 함정 S_1을 보면서 추적한다. S_2는 $t = 0$에서 점 $(a, 0)$, $a > 0$을 출발하고 L은 C에 접한다고 가정한다.

(a) 곡선 C를 나타내는 수학적 모형을 구하라.

[힌트: $\dfrac{dt}{dx} = \dfrac{dt}{ds}\dfrac{ds}{dx}$, 여기서 s는 C를 따라 잰 호의 길이.]

(b) 미분방정식의 양함수 해를 구하라. 편의상 $r = v_1/v_2$

로 정의하라.

(c) $r > 1$, $r < 1$, $r = 1$인 경우들을 고려하여 경로 S_1과 S_2가 과연 만나는지 여부를 결정하라.

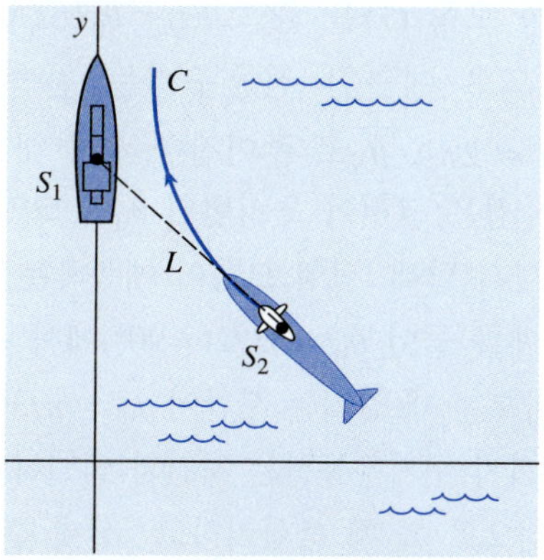

그림 3.11.8 문제 19의 추적곡선

20. 추적곡선 다른 해상 훈련에서, 구축함 S_1이 잠수함 S_2를 추적한다. x축 상의 점 (9, 0)에 있던 S_1이 점 (0, 0)에 있는 S_2를 탐지했고 동시에 S_2도 S_1을 탐지했다고 가정한다. 구축함 S_1의 함장은 잠수함이 곧 피할 것으로 생각했고, 그 새로운 경로는 **그림 3.11.9**에 표시한 직선일 것으로 예상했다. S_1이 점 (3, 0)에 도달했을 때, 원점을 향하는 직선 경로에서 벗어나 추적곡선 C로 이동한다. 구축함의 속력은 30 mi/h로 계속 일정하고, 잠수함의 속력은 15 mi/h로 계속 일정하다고 가정한다.

(a) 왜 함장이 S_1이 점 (3, 0)에 도달해서야 비로소 C로 경로를 바꾸라고 명령했는지 설명하라.

(b) 극좌표를 사용하여, 곡선 C에 대한 방정식 $r = f(\theta)$를 구하라.

(c) 최초 탐지로부터 구축함이 잠수함을 따라잡을 때까지의 시간을 T라 하고, T의 상한값(upper bound)을 구하라.

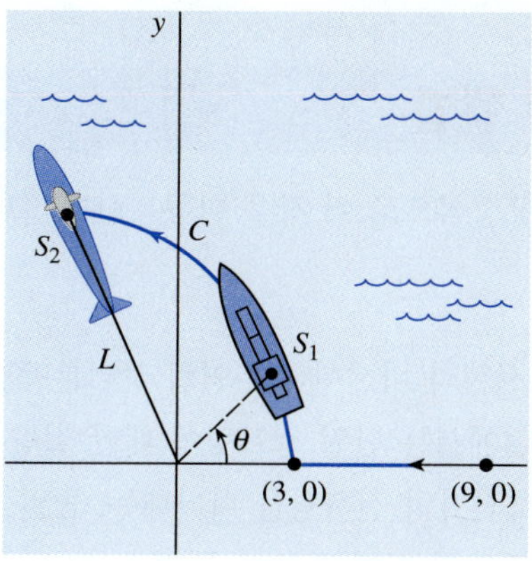

그림 3.11.9 문제 20의 추적곡선

토의문제

21. 왜 방정식 (3)에서 감쇠항을

$$\beta\left(\frac{dx}{dt}\right)^2 \quad \text{대신에} \quad \beta\left|\frac{dx}{dt}\right|\frac{dx}{dt}$$

로 쓰는지 설명하라.

22. (a) $\sin\theta \approx \theta$가 꽤 좋은 근사식이 되는 구간 $0 \le \theta < \theta_1$ (여기서 θ는 라디안)을 계산기를 사용해서 구하라. 그 다음에는 그래프 도구를 써서 $0 \le x \le \pi/2$에 대한 $y = x$와 $y = \sin x$의 그래프를 같은 좌표평면에 그려라. 그래프가 계산기로 구한 결과를 입증해 주는가?

(b) 수치해석도구를 사용하여 다음 초기값 문제

$$\frac{d^2\theta}{dt^2} + \sin\theta = 0, \quad \theta(0) = \theta_0, \quad \theta'(0) = 0$$

과

$$\frac{d^2\theta}{dt^2} + \theta = 0, \quad \theta(0) = \theta_0, \quad \theta'(0) = 0$$

의 해곡선을 (a)에서 구한 구간 $0 \le \theta < \theta_1$ 내의 여러 θ_0 값에 대해 그려라. 그 다음에는 $\theta_0 > \theta_1$이 되는 여러 θ_0 값에 대해 초기값 문제의 해곡선을 그려라.

23. (a) 진동이 (6)으로 정의되는 비선형 진자를 고려하라. 길이 l인 진자가 지구 또는 달 어디에서 더 빠르게 진동하는지 수치해석도구를 사용하여 결정하라. 동일한 초기조건을 사용하되, 진자가 진동하도록 초기조건을 정하라.

(b) 진자가 더 큰 진폭을 갖는 것은 (a)에서 어디인가?

(c) 선형 모형 (7)을 사용해도 (a)와 (b)에서 같은 결론을 얻게 되는가?

컴퓨터 실습 과제

24. 비선형 진자에 관한 초기값 문제

$$\frac{d^2\theta}{dt^2} + \sin\theta = 0, \quad \theta(0) = \frac{\pi}{12}, \quad \theta'(0) = -\frac{1}{3}$$

을 고려하자. 이 미분방정식을 풀 수 없으므로, 양함수 해를 구할 수는 없다. 그러나 그림 3.11.3의 진자가 오른쪽 초기위치에서 운동을 시작해서 OP 위치에 최초로 도달하는 시간 $t_1 > 0$을 결정한다고, 즉 $\theta(t) = 0$의 첫 양근을 구하기를 원한다고 가정하자. 이 문제와 다음 문제에서 여러 풀이방법을 검토한다.

(a) 다음 선형 문제를 풀어서 t_1의 근사값을 구하라.

$$\frac{d^2\theta}{dt^2} + \theta = 0, \quad \theta(0) = \frac{\pi}{12}, \quad \theta'(0) = -\frac{1}{3}$$

(b) 3.7절의 예제 3에서 예시한 방법을 사용하여, 비선형 초기값 문제에 대한 0 주위의 Taylor 급수해 $\theta(t)$에서 영이 아닌 처음 네 항을 구하라. 모든 계수의 엄밀한 값을 구하라.

(c) t_1의 근사값을 구하기 위해, (b)에서의 Taylor 급수의 처음 두 항을 사용하라.

(d) t_1의 근사값을 구하기 위해, (b)에서의 Taylor 급수의 처음 세 항을 사용하라.

(e) t_1의 근사값을 구하기 위해, (b)에서의 Taylor 급수의 처음 네 항과 컴퓨터 연산 도구(또는 그래픽 계산기)의 근탐색 기능을 사용하라.

(f) 여기서는 근 t_1의 근사값을 구해 주는 *Mathematica* 명령어를 따라 수행한다. 풀이과정은 $\theta(t) = 0$의 어느 근의 근사값이든 구할 수 있도록 쉽게 수정된다. (*Mathematica*가 없으면, 익숙한 CAS의 해당되는 명령어를 찾아 주어진 과정에 적합하도록 만든다.) 주어진 일련의 명령어를 정확히 입력하고 차례대로 한 줄씩 실행시킨다.

```
sol = NDSolve[{y″[t] + Sin[y[t]} == 0,
    y[0] == Pi/12, y′[0] == −1/3},
    y, { t, 0, 5} ]//Flatten
solution = y[t]/.sol
Clear[y]
y[t_]: = Evaluate[solution]
y[t]
gr1 = Plot[y[t], { t, 0, 5} ]
root = FindRoot[y[t] == 0, { t, 1} ]
```

(g) (f)의 명령어를 적절하게 수정해서 $\theta(t) = 0$의 다음 두 양근을 구하라.

25. 초기변위 θ_0 라디안에서 정지상태로부터 운동을 시작하는 진자를 고려하자. 초기조건 $\theta(0) = \theta_0$와 $\theta'(0) = 0$를 만족하는 선형 모형 (7)을 풀면 $\theta(t) = \theta_0 \cos\sqrt{g/l}\,t$를 얻는다. 이 모형으로 예측한 진동주기는 친숙한 공식 $T = 2\pi/\sqrt{g/l} = 2\pi\sqrt{l/g}$로 주어진다. T에 대한 이 공식에서 흥미로운 점은 그것이 초기변위 θ_0의 크기에 무관하다는 것이다. 다시 말해, 선형 모형이 예측하는 것은 진자가 초기변위, 예를 들어 $\theta_0 = \pi/2(=90°)$에서 $-\pi/2$로 갔다가 다시 돌아오는 데 걸리는 시간이 $\theta_0 = \pi/360$ $(=0.5°)$에서 $-\pi/360$까지 주기운동하는 시간과 엄밀하게 똑같다. 이것은 직관적으로 볼 때 불합리하고 실제 주기는 θ_0에 따라 바뀐다.

만일 $g = 32$ ft/s², $l = 32$ ft로 가정하면, 선형 모형의 진동주기는 $T = 2\pi$초이다. 이 결과를 $\theta_0 = \pi/4$일 때 비선형 모형으로 예측한 주기와 비교해 보자. 수치 데이터를 생성할 수 있는 수치해석도구를 사용하여

$$\frac{d^2\theta}{dt^2} + \sin\theta = 0, \quad \theta(0) = \frac{\pi}{4}, \quad \theta'(0) = 0$$

의 근사해를 $0 \le t \le 2$ 구간에서 구하라. 문제 24와 같이, 만일 t_1이 그림 3.11.3에서 진자가 OP 위치에 처음으로 도달하는 시간을 나타낸다고 하면, 비선형 진자의 주기는 $4t_1$이 된다. 여기서 방정식 $\theta(t) = 0$을 푸는 또 다른 방법을 소개한다. $t = 0$에서 $t = 2$까지 작은 간격으로 시간을 진행시키며 계산한 수치 데이터로부터, $\theta(t)$가 최초로 양에서 음으로 바뀌는 시간 t_1을 찾는다. 이 t_1 값을 사용해서 비선형 진자의 주기의 참값을 결정한다. $T = 2\pi$로 예측된 주기의 백분율 상대오차를 계산하라.

3.12 연립 선형 미분방정식의 해법

소개 2장에서 그랬던 것처럼 연립 미분방정식으로 이 장을 마무리한다. 그러나 2.9절과는 달리 여기서는 실제로 문제를 풀 것이다.

■ 연립계/연립 미분방정식 2.9절에서 선형과 비선형 1계 연립 상미분방정식으로 주어진 수학적 모형을 간단히 검토한 바 있다. 3.8절에서는 단일 스프링에 대한 질량추의 변위, 직렬회로에서의 전류, 그리고 직렬회로에서의 축전기의 전하량을 나타내는, **단일** 미분방정식으로 구성되는 수학적 모형을 보았다. 물리계가 결합되면-예를 들어 둘 또는 그 이상의 혼합탱크가 연결될 때, 둘 또는 그 이상의 스프링/질량계가 연결될 때, 회로가 결합되어 회로망을 형성할 때 그 계의 수학적 모형은 흔히 결합된 미분방정식의 집합, 즉 연립 미분방정식으로 구성된다.

2.9절에서 우리는 어떤 연립방정식도 풀려고 시도하지 않았다. 3.7절과 3.11절에서 언급했던 것, 즉 이러한 문제를 해석적으로 푼다는 것은 거의 불가능하다는 것은 연립 비선형 상미분방정식에도 적용된다. 그러나 상수계수의 **선형**(linear) 연립방정식은 풀 수 있다. 이 절에서 상수계수의 선형 연립방정식을 풀기 위해 사용할 방법은 단지 연립방정식의 결합을 풀어 각 종속변수에 대한 별개의 선형 상미분방정식으로 만드는 것이다. 따라서 이 절에서는 이 장의 앞에서 공부했던 내용을 복습할 기회를 준다.

논의를 진전시키기 전에, 3.8절과 같은 방식으로 스프링/질량계를 계속 고려한다. 그러나 이번에는 연립 스프링/질량계의 두 질량추의 수직변위를 기술하는 수학적 모형을 유도한다.

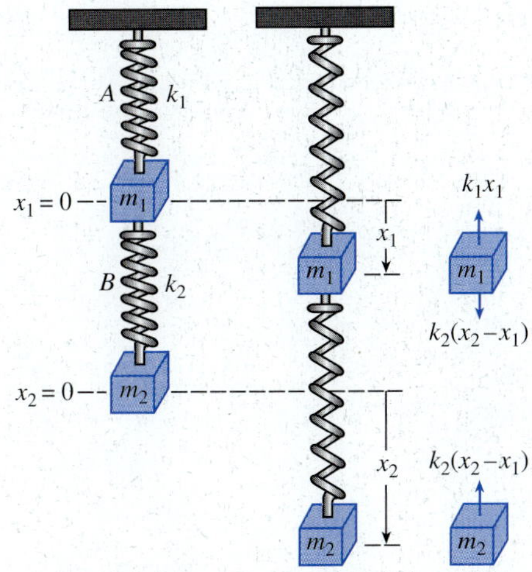

(a) 평형상태 (b) 운동상태 (c) 힘

그림 3.12.1 연립 스프링/질량계

연립 스프링/질량계 두 질량추 m_1과 m_2가 스프링 상수가 각각 k_1과 k_2인 질량을 무시할 수 있는 두 스프링 A와 B에 연결되어 있다. 그림 3.12.1(a)에 나와 있는 것처럼, 스프링 A는 고정 지지대에 부착되고, 스프링 B는 질량추 m_1의 아랫부분에 부착된다. 평형위치로부터 잰 질량추의 변위를 $x_1(t)$와 $x_2(t)$로 나타내자. 그림 3.12.1(b)처럼 계가 운동하면, 스프링 B는 인장과 압축을 동시에 받게 된다. 따라서 순 인장(net elongation)은 $x_2 - x_1$이다. Hooke의 법칙에 의하면 스프링 A와 B는 각각 $-k_1x_1$과 $k_2(x_2 - x_1)$의 힘을 m_1에 가한다. 만일 감쇠가 없고 계에 외력이 작용하지 않으면, m_1에 작용하는 알짜힘은 $-k_1x_1 + k_2(x_2 - x_1)$이다. Newton의 제2법칙에 따르면 다음과 같이 쓸 수 있다.

$$m_1 \frac{d^2x_1}{dt^2} = -k_1x_1 + k_2(x_2 - x_1)$$

마찬가지로 m_2에 작용하는 알짜힘은 스프링 B의 순 인장에 의해서만 결정되어 $2k_2(x_2 - x_1)$이 된다. 따라서 다음 식을 얻게 된다.

$$m_2 \frac{d^2x_2}{dt^2} = -k_2(x_2 - x_1)$$

다시 말해, 연립계의 운동은 다음과 같은 선형 2계 연립방정식으로 표현된다.

$$\begin{aligned} m_1x_1'' &= -k_1x_1 + k_2(x_2 - x_1) \\ m_2x_2'' &= -k_2(x_2 - x_1) \end{aligned} \tag{1}$$

먼저 이 절의 주요 개념을 예시한 후, 연립방정식 (1)을 풀이할 것이다.

체계적 소거법 상수계수의 선형 연립방정식을 푸는 **체계적 소거법**(systematic elimination)은 변수 소거의 대수학 원리에 기반을 두고 있다. 대수방정식에 상수를 곱하는 것은 상미분방정식에 어떤 도함수 조합의 미분연산을 하는 것과 유사하다. 각 방정식을 미분연산자 표시법을 사용하여 다시 표현하면, 소거과정이 신속하게 진행된다. 3.1절로부터 단일 선형방정식(여기서 a_i, $i = 0, 1, \ldots, n$은 상수)

$$a_ny^{(n)} + a_{n-1}y^{(n-1)} + \cdots + a_1y' + a_0y = g(t)$$

은 다음과 같이 쓸 수 있음을 기억하라.

$$(a_nD^n + a_{n-1}D^{n-1} + \cdots + a_1D + a_0)y = g(t)$$

만일 n계 미분연산자 $a_nD^n + a_{n-1}D^{n-1} + \ldots + a_1D + a_0$가 낮은 차수의 미분연산자로 인수분해되면, 그 인수들에 대해 교환법칙이 성립된다. 다음으로, 예를 들어 다음 연립방정식

$$x'' + 2x' + y'' = x + 3y + \sin t$$
$$x' + y' = -4x + 2y + e^{-t}$$

을 연산자 D로 다시 쓰기 위해, 먼저 종속변수를 포함하는 항을 모두 좌변으로 이항해서 같은 변수끼리 묶는다.

$$\begin{aligned} x'' + 2x' - x + y'' - 3y &= \sin t \\ x' + 4x + y' - 2y &= e^{-t} \end{aligned} \quad \text{따라서} \quad \begin{aligned} (D^2 + 2D - 1)x + (D^2 - 3)y &= \sin t \\ (D + 4)x + (D - 2)y &= e^{-t} \end{aligned}$$

연립방정식의 해 연립 미분방정식의 **해**(solution)는 어떤 공통구간 I에서 각 방정식을 만족하는 충분히 미분 가능한 함수 $x = \phi_1(t)$, $y = \phi_2(t)$, $z = \phi_3(t)$, . . . 의 집합이다.

해법 다음과 같이 간단한 선형 1계 연립방정식을 고려하자.

$$\begin{aligned} \frac{dx}{dt} &= 3y \\ \frac{dy}{dt} &= 2x \end{aligned} \quad \text{연산자로 표시하면} \quad \begin{aligned} Dx - 3y &= 0 \\ 2x - Dy &= 0. \end{aligned} \tag{2}$$

식 (2)의 첫째 식에 D 연산을 하고 둘째 식에 -3을 곱한 후 두 식을 더하면, y가 소거되어 $D^2x - 6x = 0$을 얻는다. 마지막 미분방정식의 보조방정식의 근이 $m_1 = \sqrt{6}$과 $m_2 = -\sqrt{6}$이므로, 다음 식을 얻는다.

$$x(t) = c_1e^{-\sqrt{6}t} + c_2e^{\sqrt{6}t} \tag{3}$$

식 (2)의 첫째 식에 2를 곱하고 둘째 식에 D 연산을 한 후 빼면, y에 관한 미분방정식 $D^2y - 6y = 0$을 얻는다. 그러면 바로 다음 식을 얻는다.

$$y(t) = c_3e^{-\sqrt{6}t} + c_4e^{\sqrt{6}t} \tag{4}$$

그런데 계 자체가, 해에서 임의로 선택할 수 있는 매개변수의 수를 제한하기 때문에, 식 (3)과 (4)는 모든 c_1, c_2, c_3, c_4 값에 대해 연립방정식 (2)를 만족시키지는 않는다. 이를 확인하기 위해, $x(t)$와 $y(t)$를 원래 연립방정식 (2)의 첫째 식에 대입한 후 간단하게 정리하면 다음과 같이 되는 데 주목하라.

이 점이 중요하다. ▶

$$(-\sqrt{6}c_1 - 3c_3)e^{-\sqrt{6}t} + (\sqrt{6}c_2 - 3c_4)e^{\sqrt{6}t} = 0$$

이 마지막 표현식이 모든 t 값에 대해 영이 되어야 하므로, $-\sqrt{6}c_1 - 3c_3 = 0$과 $\sqrt{6}c_2 - 3c_4 = 0$이 되어야 한다. 따라서 c_3를 c_1의 곱, c_4를 c_2의 곱으로 쓸 수 있다.

$$c_3 = -\frac{\sqrt{6}}{3}c_1 \quad \text{그리고} \quad c_4 = \frac{\sqrt{6}}{3}c_2 \tag{5}$$

따라서 연립방정식의 해는 결론적으로 다음과 같이 되어야 한다.

$$x(t) = c_1e^{-\sqrt{6}t} + c_2e^{\sqrt{6}t}, \quad y(t) = -\frac{\sqrt{6}}{3}c_1e^{-\sqrt{6}t} + \frac{\sqrt{6}}{3}c_2e^{\sqrt{6}t}$$

식 (3)과 (4)를 식 (2)의 두 번째 식에 대입해서 상수들 사이에 동일한 관계식 (5)가 성립함을 보여라.

예제 1 소거법에 의한 풀이

다음 연립방정식을 풀어라.

$$\begin{aligned} Dx + (D+2)y &= 0 \\ (D-3)x - \qquad 2y &= 0 \end{aligned} \tag{6}$$

풀이 첫째 식을 $D - 3$으로 연산하고 둘째 식을 D로 연산한 후에 빼면 x가 소거된다. 그러면 다음과 같이 y에 관한 미분방정식을 얻는다.

$$[(D-3)(D+2) + 2D]y = 0 \quad \text{또는} \quad (D^2 + D - 6)y = 0$$

마지막 미분방정식의 특성방정식이 $m^2 + m - 6 = (m-2)(m+3) = 0$이므로 다음 해를 얻게 된다.

$$y(t) = c_1e^{2t} + c_2e^{-3t} \tag{7}$$

같은 방법으로 y를 소거하면 $(D^2 + D - 6)\,x = 0$이 되므로 다음 해를 얻게 된다.

$$x(t) = c_3e^{2t} + c_4e^{-3t} \tag{8}$$

앞의 논의에서 본 것처럼, 식 (6)의 해는 네 개의 독립상수를 포함하지 않는다. 식 (7)과 식 (8)을 식 (6)의 첫째 식에 대입하면 다음과 같이 된다.

$$(4c_1 + 2c_3)e^{2t} + (-c_2 - 3c_4)e^{-3t} = 0$$

$4c_1 + 2c_3 = 0$와 $-c_2 - 3c_4 = 0$으로부터 $c_3 = -2c_1$과 $c_4 = -\frac{1}{3}c_2$를 얻는다. 따라서 방정식의 해는 다음과 같다.

$$x(t) = -2c_1e^{2t} - \frac{1}{3}c_2e^{-3t}, \quad y(t) = c_1e^{2t} + c_2e^{-3t}$$ ≡

c_3와 c_4를 c_1과 c_2로도 쉽게 표시할 수 있으므로, 예제 1의 해는 다음과 같이 쓸 수도 있다.

$$x(t) = c_3e^{2t} + c_4e^{-3t}, \quad y(t) = -\frac{1}{2}c_3e^{2t} - 3c_4e^{-3t}$$

연립방정식을 풀 때 문제를 잘 관찰하면 때때로 도움이 된다. 만일 위 문제를 먼저 x에 대해 푼다면, 식 (6)의 마지막 식에서 상수들 사이의 관계식과 함께 바로 y를 구할 수 있다. $y = \frac{1}{2}(Dx - 3x)$에 $x(t)$를 대입하면 $y = -\frac{1}{2}c_3e^{2t} - 3c_4e^{-3t}$가 되는 것을 꼭 확인해 보도록 하자.

◀ 지름길을 찾는 것이다.

예제 2 소거법에 의한 풀이

다음 연립방정식을 풀어라.

$$\begin{aligned} x' - 4x + y'' &= t^2 \\ x' + x + y' &= 0 \end{aligned} \tag{9}$$

풀이 먼저 연립방정식을 미분연산자로 표시한다.

$$\begin{aligned} (D - 4)x + D^2y &= t^2 \\ (D + 1)x + Dy &= 0 \end{aligned} \tag{10}$$

x를 소거하여

$$[(D + 1)D^2 - (D - 4)D]y = (D + 1)t^2 - (D - 4)0$$

또는

$$(D^3 + 4D)y = t^2 + 2t$$

을 얻는다. 보조방정식 $m(m^2 + 4) = 0$의 근이 $m_1 = 0$, $m_2 = 2i$, $m_3 = -2i$이므로, 여함수는 다음과 같이 된다.

$$y_c = c_1 + c_2 \cos 2t + c_3 \sin 2t$$

특수해 y_p를 결정하기 위해 $y_p = At^3 + Bt^2 + Ct$로 가정하여 미정계수법을 사용한다. 그러면

$$y_p' = 3At^2 + 2Bt + C, \quad y_p'' = 6At + 2B, \quad y_p''' = 6A,$$
$$y_p''' + 4y_p' = 12At^2 + 8Bt + 6A + 4C = t^2 + 2t$$

이 된다. 마지막 등식에서 $12A = 1$, $8B = 2$, $6A + 4C = 0$이므로 $A = \frac{1}{12}$, $B = \frac{1}{4}$, $C = -\frac{1}{8}$이 된다. 따라서

$$y = y_c + y_p = c_1 + c_2 \cos 2t + c_3 \sin 2t + \frac{1}{12}t^3 + \frac{1}{4}t^2 - \frac{1}{8}t \tag{11}$$

이다. 연립방정식 (9)에서 y를 소거하면 다음 식을 얻는다.

$$[(D - 4) - D(D + 1)]x = t^2 \quad \text{또는} \quad (D^2 + 4)x = -t^2$$

여함수는 명백하게 다음과 같이 되고

$$x_c = c_4 \cos 2t + c_5 \sin 2t$$

$x_p = At^2 + Bt + C$의 꼴로 특수해를 구하기 위해 미정계수법을 적용할 수 있다. 이 경우에 미분을 하고 대수계산을 하면 $x_p = -\frac{1}{4}t^2 + \frac{1}{8}$을 얻게 된다. 따라서

$$x = x_c + x_p = c_4 \cos 2t + c_5 \sin 2t - \frac{1}{4}t^2 + \frac{1}{8} \tag{12}$$

이다. 이제 식 (11)과 식 (12)를 식 (9)의 아무 식에나 대입하면 c_4와 c_5를 c_2와 c_3로 표현할 수 있다. 둘째 식을 사용하고 항을 묶어서 다음 식을 얻는다.

$$(c_5 - 2c_4 - 2c_2)\sin 2t + (2c_5 + c_4 + 2c_3)\cos 2t = 0$$

따라서 $c^5 - 2c_4 - 2c_2 = 0$과 $2c_5 + c_4 + 2c_3 = 0$이 된다. c_4와 c_5를 c_2와 c_3로 풀면 $c_4 = -\frac{1}{5}(4c_2 + 2c_3)$와 $c_5 = \frac{1}{5}(2c_2 - 4c_3)$이 된다. 끝으로 식 (9)의 해는 다음과 같이 된다.

$$x(t) = -\frac{1}{5}(4c_2 + 2c_3)\cos 2t + \frac{1}{5}(2c_2 - 4c_3)\sin 2t - \frac{1}{4}t^2 + \frac{1}{8},$$

$$y(t) = c_1 + c_2\cos 2t + c_3\sin 2t + \frac{1}{12}t^3 + \frac{1}{4}t^2 - \frac{1}{8}t$$

≡

예제 3 수학적 모형 재검토

2.9절의 식 (3)에서 선형 1계 연립 미분방정식은 두 탱크 사이로 소금물이 흐를 때 각 탱크의 소금의 양을 파운드로 표시한 값 $x_1(t)$와 $x_2(t)$를 기술한다. 그림 2.9.1을 보라. 그때는 연립방정식을 풀 수 없었다. 그러나 이제는 연립방정식을 미분연산자로 표시해서 풀어 본다.

$$\begin{aligned} \left(D + \frac{2}{25}\right)x_1 - \qquad \frac{1}{50}x_2 &= 0 \\ -\frac{2}{25}x_1 + \left(D + \frac{2}{25}\right)x_2 &= 0 \end{aligned}$$

첫째 식을 $D + \frac{2}{25}$로 연산하고 둘째 식에 $\frac{1}{50}$을 곱한 후, 더하고 간단히 정리하면 다음과 같이 된다.

$$(625D^2 + 100D + 3)x_1 = 0$$

보조방정식 $625m^2 + 100m + 3 = (25m + 1)(25m + 3) = 0$으로부터 바로 다음 식을 얻는다.

$$x_1(t) = c_1e^{-t/25} + c_2e^{-3t/25}$$

같은 방법으로 $(625D^2 + 100D + 3)x_2 = 0$을 얻게 되므로

$$x_2(t) = c_3e^{-t/25} + c_4e^{-3t/25}$$

$x_1(t)$와 $x_2(t)$를 연립방정식의 첫 식에 대입하면 다음과 같이 된다.

$$(2c_1 - c_3)e^{-t/25} + (-2c_2 - c_4)e^{-3t/25} = 0$$

이 마지막 방정식에서 $c_3 = -c_1$과 $c_4 = -2c_2$를 얻는다. 따라서 연립방정식의 해는

$$x_1(t) = c_1e^{-t/25} + c_2e^{-3t/25}, \qquad x_2(t) = 2c_1e^{-t/25} - 2c_2e^{-3t/25}$$

이다. 원래 문제에서 초기조건이 $x_1(0) = 25$, $x_2(0) = 0$이라고 가정한 바 있다. 해에 이 조건을 적용하면 $c_1 + c_2 = 25$와 $2c_1 - 2c_2 = 0$을 얻는다. 이 식을 연립해서 풀면 $c_1 = c_2 = \frac{25}{2}$가 된다. 즉 초기값 문제의 해는 다음과 같다.

$$x_1(t) = \frac{25}{2}e^{-t/25} + \frac{25}{2}e^{-3t/25}, \qquad x_2(t) = 25e^{-t/25} - 25e^{-3t/25}$$

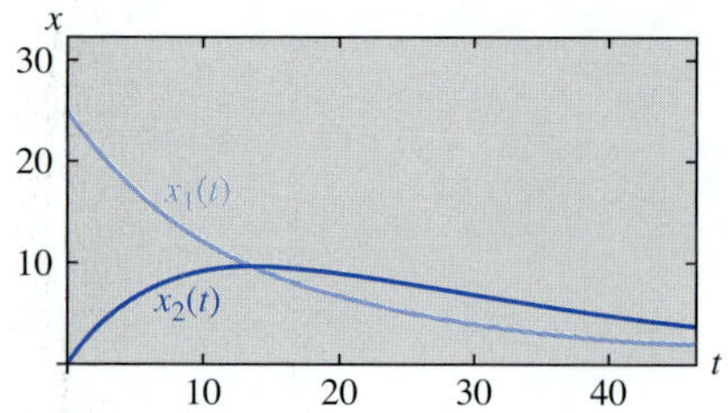

그림 3.12.2 예제 3에서 탱크에 들어있는 소금의 파운드 수

그림 3.12.2는 $x_1(t)$와 $x_2(t)$의 그래프를 보여준다. 탱크 B의 소금의 양 $x_2(t)$가 처음에 0 파운드에서 시작했어도 금방 증가해서 탱크 A의 소금의 양 $x_1(t)$를 넘어서는 것에 주목하라. ☰

다음 예제에서는 $k_1 = 6$, $k_2 = 4$, $m_1 = 1$, $m_2 = 1$로 가정하고 식 (1)을 푼다.

예제 4 연립방정식 (1)의 한 특별한 경우

다음 연립 미분방정식을 풀어라.

$$\begin{aligned} x_1'' + 10x_1 \quad -4x_2 &= 0 \\ -4x_1 + x_2'' + 4x_2 &= 0 \end{aligned} \tag{13}$$

단 $x_1(0) = 0$, $x_1'(0) = 1$, $x_2(0) = 0$, $x_2'(0) = -1$이다.

풀이 다음과 같이 표현된 동등한 연립방정식을 사용해서

$$\begin{aligned} (D^2 + 10)x_1 \quad - 4x_2 &= 0 \\ -4x_1 + (D^2 + 4)x_2 &= 0 \end{aligned}$$

에 대해 소거법을 사용해서 각각 다음 식을 만족하는 x_1과 x_2를 구한다.

$$(D^2 + 2)(D^2 + 12)x_1 = 0 \quad \text{and} \quad (D^2 + 2)(D^2 + 12)x_2 = 0$$

따라서 다음과 같이 된다.

$$\begin{aligned} x_1(t) &= c_1 \cos \sqrt{2}t + c_2 \sin \sqrt{2}t + c_3 \cos 2\sqrt{3}t + c_4 \sin 2\sqrt{3}t \\ x_2(t) &= c_5 \cos \sqrt{2}t + c_6 \sin \sqrt{2}t + c_7 \cos 2\sqrt{3}t + c_8 \sin 2\sqrt{3}t \end{aligned}$$

두 표현식을 식 (13)의 첫 식에 대입해서 간추리면 최종적으로 $c_5 = 2c_1$, $c_6 = 2c_2$, $c_7 = -\frac{1}{2}c_3$, $c_8 = -\frac{1}{2}c_4$를 얻게 된다. 따라서 식 (13)의 해는 다음과 같다.

$$\begin{aligned} x_1(t) &= c_1 \cos \sqrt{2}t + c_2 \sin \sqrt{2}t + c_3 \cos 2\sqrt{3}t + c_4 \sin 2\sqrt{3}t \\ x_2(t) &= 2c_1 \cos \sqrt{2}t + 2c_2 \sin \sqrt{2}t - \tfrac{1}{2}c_3 \cos 2\sqrt{3}t - \tfrac{1}{2}c_4 \sin 2\sqrt{3}t \end{aligned}$$

요구된 초기조건으로부터 $c_1 = 0$, $c_2 = -\sqrt{2}/10$, $c_3 = 0$, $c_4 = \sqrt{3}/5$를 얻는다. 그러면 초기값 문제의 해는

$$\begin{aligned} x_1(t) &= -\frac{\sqrt{2}}{10}\sin\sqrt{2}t + \frac{\sqrt{3}}{5}\sin 2\sqrt{3}t \\ x_2(t) &= -\frac{\sqrt{2}}{5}\sin\sqrt{2}t - \frac{\sqrt{3}}{10}\sin 2\sqrt{3}t \end{aligned} \tag{14}$$

이다. 그림 3.12.3의 x_1과 x_2의 그래프는 각 질량추의 복잡한 진동운동을 보여 준다. ☰

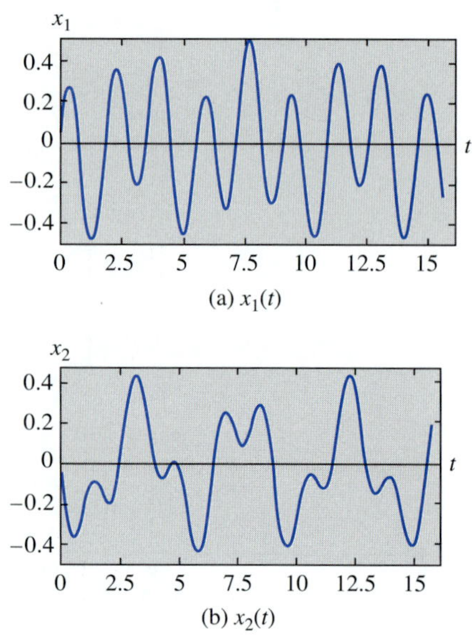

그림 3.12.3 예제 4의 두 질량추의 변위

앞으로 예제 4를 4.6절에서 다시 고려할 때에는 식 (13)을 Laplace 변환을 사용하여 풀 것이다.

3.12 연습문제

부록에 선택된 홀수 문제의 답이 있다.

문제 1~20에서 주어진 미분방정식을 체계적 소거법을 사용하여 풀어라.

1. $\dfrac{dx}{dt} = 2x - y$, $\dfrac{dy}{dt} = x$

2. $\dfrac{dx}{dt} = 4x + 7y$, $\dfrac{dy}{dt} = x - 2y$

3. $\dfrac{dx}{dt} = -y + t$, $\dfrac{dy}{dt} = x - t$

4. $\dfrac{dx}{dt} - 4y = 1$, $\dfrac{dy}{dt} + x = 2$

5. $(D^2 + 5)x - 2y = 0$
$-2x + (D^2 + 2)y = 0$

6. $(D + 1)x + (D - 1)y = 2$
$3x + (D + 2)y = -1$

7. $\dfrac{d^2x}{dt^2} = 4y + e^t$, $\dfrac{d^2y}{dt^2} = 4x - e^t$

8. $\dfrac{d^2x}{dt^2} + \dfrac{dy}{dt} = -5x$, $\dfrac{dx}{dt} + \dfrac{dy}{dt} = -x + 4y$

9. $Dx + D^2y = e^{3t}$
$(D + 1)x + (D - 1)y = 4e^{3t}$

10. $D^2x - Dy = t$
$(D + 3)x + (D + 3)y = 2$

11. $(D^2 - 1)x - y = 0$
$(D - 1)x + Dy = 0$

12. $(2D^2 - D - 1)x - (2D + 1)y = 1$
$(D - 1)x + Dy = -1$

13. $2\dfrac{dx}{dt} - 5x + \dfrac{dy}{dt} = e^t$, $\dfrac{dx}{dt} - x + \dfrac{dy}{dt} = 5e^t$

14. $\dfrac{dx}{dt} + \dfrac{dy}{dt} = e^t$, $-\dfrac{d^2x}{dt^2} + \dfrac{dx}{dt} + x + y = 0$

15. $(D - 1)x + (D^2 + 1)y = 1$
$(D^2 - 1)x + (D + 1)y = 2$

16. $D^2x - 2(D^2 + D)y = \sin t$
$x + Dy = 0$

17. $Dx = y$
$Dy = z$
$Dz = x$

18. $Dx + z = e^t$
$(D - 1)x + Dy + Dz = 0$
$x + 2y + Dz = e^t$

19. $\dfrac{dx}{dt} = 6y$, $\dfrac{dy}{dt} = x + z$, $\dfrac{dz}{dt} = x + y$

20. $\dfrac{dx}{dt} = -x + z$, $\dfrac{dy}{dt} = -y + z$, $\dfrac{dz}{dt} = -x + y$

문제 21과 22에서는 주어진 초기값 문제를 풀어라.

21. $\dfrac{dx}{dt} = -5x - y$, $\dfrac{dy}{dt} = 4x - y$
$x(1) = 0, y(1) = 1$

22. $\dfrac{dx}{dt} = y - 1$, $\dfrac{dy}{dt} = -3x + 2y$
$x(0) = 0, y(0) = 0$

수학적 모형

23. 발사체 운동 대포에서 발사된 포탄은 무게가 $w = mg$이고 운동경로에 접하는 속도 v를 갖는다. 자기 무게 외에 포탄에 작용하는 모든 힘과 공기저항을 무시하고, 운동경로를 나타내는 연립 미분방정식을 유도하라. **그림 3.12.4**를 참조하라. 유도된 방정식을 풀어라. [**힌트**: x와 y 방향의 운동에 대해 Newton의 제2법칙을 사용하라.]

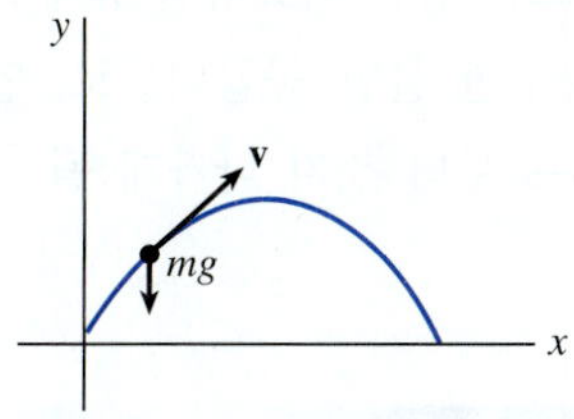

그림 3.12.4 문제 23의 발사체의 경로

24. 공기저항을 받는 발사체 운동 문제 23에서 발사체 경로에 접선방향으로 그리고 운동 반대 방향으로 작용하는 저항력 **k**(크기 k)가 생기는 경우, 운동경로를 나타내는 연립 미분방정식을 유도하라. **그림 3.12.5**를 참조하라. 연립방정식을 풀어라. [**힌트**: **k**는 속도의 상수배, 즉 β**v**이다.]

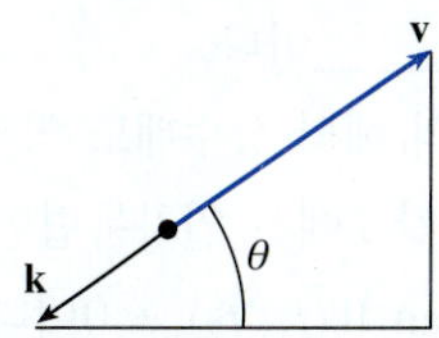

그림 3.12.5 문제 24의 힘

컴퓨터 실습 과제

25. 예제 3의 말미에 주어진 초기값 문제의 해 $x_1(t)$와 $x_2(t)$를 고려하자. 컴퓨터 연산 도구(CAS)를 사용해서 구간 [0, 100]에 대한 $x_1(t)$과 $x_2(t)$의 그래프를 같은 좌표평면 상에 그려라. 예제 3에서 $x_1(t)$는 시간 t에 탱크 A에 있는 소금의 양을 파운드로 나타내고, $x_2(t)$는 시간 t에 탱크 B에 있는 소금의 양을 나타낸다. 그림 2.9.1을 참조하라. 근탐색 기능을 사용하여 탱크 B가 탱크 A보다 더 많은 소금을 포

함하게 되는 시간을 결정하라.

26. **(a)** 연습문제 2.9의 문제 10을 다시 고려한다. 그 문제에서는 다음 연립 미분방정식

$$\frac{dx_1}{dt} = -\frac{1}{50}x_1$$
$$\frac{dx_2}{dt} = \frac{1}{50}x_1 - \frac{2}{75}x_2$$
$$\frac{dx_3}{dt} = \frac{2}{75}x_2 - \frac{1}{25}x_3$$

이 그림 2.9.7과 같이 서로 연결된 혼합탱크 A, B, C 안의 소금의 양에 대한 모형이라는 것을 요구한 바 있다. $x_1(0) = 15$, $x_2(0) = 10$, $x_3(0) = 5$를 만족하는 연립방정식을 풀어라.

(b) CAS를 사용해서 구간 [0, 200]에 대한 $x_1(t)$, $x_2(t)$, $x_3(t)$의 그래프를 같은 좌표평면 상에 그려라.

(c) 탱크 A에 순수한 물만 공급되므로, 언젠가는 소금이 세 탱크 모두로부터 씻겨 나가게 될 것이라고 판단할 수 있다. CAS의 근탐색 기능을 사용하여 각 탱크의 소금의 양이 0.5파운드보다 작거나 같아지게 되는 시간을 구하라. 언제 소금의 양 $x_1(t)$, $x_2(t)$, $x_3(t)$가 동시에 0.5파운드보다 작거나 같아지게 되는가?

27. **(a)** 체계적 소거법을 사용해서 결합된 스프링/질량계에 대한 연립방정식 (1)을 풀어라. 여기서 $k_1 = 4$, $k_2 = 2$, $m_1 = 2$, $m_2 = 1$이고, 초기조건은 $x_1(0) = 2$, $x_1'(0) = 1$, $x_2(0) = -1$, $x_2'(0) = 1$이다.

(b) CAS를 사용해서 tx 평면 상에서 $x_1(t)$와 $x_2(t)$의 그래프를 그려라. 이 문제의 질량추 m_1과 m_2의 운동과 그림 3.12.3에 표시된 질량추의 운동 사이의 근본적인 차이점은 무엇인가?

(c) $x_1(t)$와 $x_2(t)$를 매개변수 방정식으로 x_1x_2 평면에 그려라. 이 매개변수 방정식으로 정의되는 곡선을 **리사주** (Lissajous) **곡선**이라 한다.

3 복습문제

부록에 선택된 홀수 문제의 답이 있다.

교재를 보지 말고 문제 1~8에 답하라. 빈 칸을 채우거나 맞음/틀림으로 답하라.

1. 초기값 문제 $y'' + x^2y = 0$, $y(0) = 0$, $y'(0) = 0$의 유일한 해는 ______이다.
2. 미정계수법을 사용할 때, $y'' - y = 1 + e^x$의 특수해 y_p로 가정한 형태는 ______이다.
3. 선형 미분방정식의 해의 상수배도 역시 해이다.
4. 만일 f_1과 f_2가 구간 I에서 일차독립인 해라면, I의 모든 x에 대해 Wronskian $W(f_1, f_2) \neq 0$이다.
5. 무게 10파운드가 스프링을 2.5피트 늘어나게 한다면, 무게 32파운드는 ______피트 늘어나게 한다.
6. 스프링상수가 6.25 lb/ft인 스프링에 매달린 8파운드 추의 단순조화운동의 주기는 ______초이다.
7. 스프링에 매달린 질량의 운동을 기술하는 미분방정식이 $x'' + 16x = 0$이다. 만일 질량추가 $t = 0$에서 평형위치 위 1미터로부터 3 m/s의 하향 속도로 움직이기 시작한다면, 진동의 진폭은 ______미터이다.
8. 단순조화운동이 $(\sqrt{2}/2)\sin(2t + \phi)$에서, $x(0) = -\frac{1}{2}$과 $x'(0) = 1$일 때 위상각 ϕ는 ______이다.
9. $f_1(x) = x_2$과 $f_2(x) = x|x|$가 일차독립이 되는 구간을 정하라. 또 f_1과 f_2가 일차종속이 되는 구간을 정하라.
10. Wronskian을 쓰지 말고, 주어진 함수 집합이 지정된 구간에서 일차독립인지 일차종속인지 판정하라.
    (a) $f_1(x) = \ln x$, $f_2(x) = \ln x^2$, $(0, \infty)$
    (b) $f_1(x) = x^n$, $f_2(x) = x^{n+1}$, $n = 1, 2, \ldots$, $(-\infty, \infty)$
    (c) $f_1(x) = x$, $f_2(x) = x + 1$, $(-\infty, \infty)$
    (d) $f_1(x) = \cos(x + \pi/2)$, $f_2(x) = \sin x$, $(-\infty, \infty)$
    (e) $f_1(x) = 0$, $f_2(x) = x$, $(-5, 5)$
    (f) $f_1(x) = 2$, $f_2(x) = 2x$, $(-\infty, \infty)$
    (g) $f_1(x) = x^2$, $f_2(x) = 1 - x^2$, $f_3(x) = 2 + x^2$, $(-\infty, \infty)$
    (h) $f_1(x) = xe^{x+1}$, $f_2(x) = (4x - 5)e^x$, $f_3(x) = xe^x$, $(-\infty, \infty)$
11. $m_1 = 3$, $m_2 = -5$, $m_3 = 1$이 각각 중복도 1, 2, 3인 보조방정식의 근이라 가정한다. 다음 경우에 대해 대응하는 제차 선형 미분방정식의 일반해를 구하라.
    (a) 상수계수의 방정식
    (b) Cauchy-Euler 방정식
12. 다음 경우에 대한 Cauchy-Euler 방정식 $ax^2y'' + bxy' + cy = 0$을 찾아라. 여기서 a, b, c는 실상수이다.
    (a) $m_1 = 3$과 $m_2 = -1$이 보조방정식의 근
    (b) $m_1 = i$가 보조방정식의 한 복소근

문제 13과 14에서, 주어진 함수 $y_1(x)$가 미분방정식의 한 해라는 것을 보여라. 3.2절의 식 (5)를 이용해 구간 $(0, \infty)$에서 일반해를 구하라.

13. $y'' - 2xy' + 2y = 0;\ y_1(x) = x$

14. $x^2y'' + 3xy' + y = 0;\ y_1(x) = x^{-1}$

문제 15~30에서, 이 장에서 설명한 절차에 따라 각 미분방정식의 일반해를 구하라.

15. $y'' - 2y' - 2y = 0$

16. $2y'' + 2y' + 3y = 0$

17. $y''' + 10y'' + 25y' = 0$

18. $2y''' + 9y'' + 12y' + 5y = 0$

19. $3y''' + 10y'' + 15y' + 4y = 0$

20. $2y^{(4)} + 3y''' + 2y'' + 6y' - 4y = 0$

21. $y'' - 3y' + 5y = 4x^3 - 2x$

22. $y'' - 2y' + y = x^2e^x$

23. $y''' - 5y'' + 6y' = 8 + 2\sin x$

24. $y''' - y'' = 6$

25. $y'' - 2y' + 2y = e^x \tan x$

26. $y'' - y = \dfrac{2e^x}{e^x + e^{-x}}$

27. $6x^2y'' + 5xy' - y = 0$

28. $2x^3y''' + 19x^2y'' + 39xy' + 9y = 0$

29. $x^2y'' - 4xy' + 6y = 2x^4 + x^2$

30. $x^2y'' - xy' + y = x^3$

31. 주어진 미분방정식의 일반해 $y = y_c + y_p$의 형태를 $\omega \neq \alpha$와 $\omega = \alpha$ 두 경우에 대해 구하라. y_p의 계수는 결정하지 말라.

(a) $y'' + \omega^2y = \sin \alpha x$ **(b)** $y'' - \omega^2y = e^{\alpha x}$

32. **(a)** $y = \sin x$가 $y^{(4)} + 2y''' + 11y'' + 2y' + 10y = 0$의 한 해라 할 때, 계산기나 컴퓨터를 쓰지 말고 미분방정식의 일반해를 구하라.

(b) $y_1 = 1$과 $y_2 = e^{-x}$가 연계 제차방정식의 해이고 $y_p = \frac{1}{2}x^2 - x$가 비제차방정식의 특수해가 되는 상수계수의 선형 2계 미분방정식을 구하라.

33. **(a)** 4계 미분방정식 $y^{(4)} - 2y'' + y = 0$의 일반해를 쌍곡함수만으로 표현하라.

(b) $y^{(4)} - 2y'' + y = \sinh x$의 특수해의 형태를 표현하라.

34. 미분방정식 $x^2y'' - (x^2 + 2x)y' + (x + 2)y = x^3$을 고려하자. $y_1 = x$가 연계 제차방정식의 한 해임을 증명하라. 3.2절에서 논의한 계수 낮추기를 써서 제차방정식의 제2해 y_2와 비제차방정식의 특수해 y_p를 모두 구할 수 있음을 보여라. 구간 $(0, \infty)$에서 미분방정식의 일반해를 구하라.

문제 35~40에서는 지정된 초기조건을 만족시키도록 주어진 미분방정식을 풀어라.

35. $y'' - 2y' + 2y = 0,\ y(\pi/2) = 0,\ y(\pi) = -1$

36. $y'' + 2y' + y = 0,\ y(-1) = 0,\ y'(0) = 0$

37. $y'' - y = x + \sin x,\ y(0) = 2,\ y'(0) = 3$

38. $y'' + y = \sec^3x,\ y(0) = 1,\ y'(0) = \frac{1}{2}$

39. $y'y'' = 4x,\ y(1) = 5,\ y'(1) = 2$

40. $2y'' = 3y^2,\ y(0) = 1,\ y'(0) = 1$

41. **(a)** 컴퓨터 연산 도구(CAS)를 써서 $12y^{(4)} + 64y''' + 59y'' - 23y' - 12y = 0$에 대한 보조방정식의 근을 구하라. 이 방정식의 일반해를 구하라.

(b) 초기조건 $y(0) = -1,\ y'(0) = 2,\ y''(0) = 5,\ y'''(0) = 0$을 만족하는 (a)의 미분방정식의 해를 구하라. CAS를 써서 네 개의 미지수에 대한 네 개의 연립방정식을 풀어라.

42. $xy'' + y' + \sqrt{x} = 0$의 해의 군 중에서 그 그래프가 $x = 1$에서 x축에 접하는 해를 구하라. 그래프 소프트웨어를 써서 해곡선을 그려라.

문제 43~46에서는 주어진 연립방정식을 체계적 소거법으로 풀어라.

43. $\dfrac{dx}{dt} + \dfrac{dy}{dt} = 2x + 2y + 1$
$\dfrac{dx}{dt} + 2\dfrac{dy}{dt} = y + 3$

44. $\dfrac{dx}{dt} = 2x + y + t - 2$
$\dfrac{dy}{dt} = 3x + 4y - 4t$

45. $(D - 2)x \quad -y = -e^t$
$-3x + (D - 4)y = -7e^t$

46. $(D + 2)x + (D + 1)y = \sin 2t$
$5x + (D + 3)y = \cos 2t$

47. 자유 비감쇠 스프링/질량계가 3초의 주기로 진동한다. 이 계에서 8파운드를 제거하니 주기가 2초로 되었다. 원래 스프링에 달려 있던 질량추의 무게는 얼마인가?

48. 무게 12파운드인 질량추가 스프링을 2피트 늘어나게 한다. 그 추는 평형위치 아래 1피트에서 4 ft/s의 상향 속도로 움직이기 시작한다.

(a) 결과로 나타나는 단순조화운동을 기술하는 미분방정식을 구하라.

(b) 운동의 진폭, 주기, 진동수를 구하라.

(c) 질량추가 평형위치 아래 1피트 지점으로 되돌아오는 데 걸리는 시간을 구하라.

(d) 질량추가 평형위치를 위로 통과하는 시간을 구하라. 아래로 통과하는 시간도 구하라.

(e) $t = 3\pi/16$초에서 추의 속도를 구하라.

(f) 속도가 영이 되는 시간을 구하라.

49. 스프링상수 $k = 2$인 스프링이 순간속도의 4배에 해당하는 감쇠력을 가하는 액체 속에 매달려 있다. 질량추 m을 스프링에 매달았을 때, 자유운동이 비진동운동(nonoscillatory)이 되는 m의 값을 구하라.

50. 무게 32파운드인 질량추가 스프링을 6인치 늘어나게 한다. 이 추는 순간속도의 β배에 해당하는 감쇠력을 제공하는 매체 속에서 움직인다. 이 계가 진동운동을 하게 하는 β의 값을 구하라.

51. 직렬회로가 $L = 1$ h인 유도기와 $C = 10^{-4}$ F인 축전기로 구성되고 기전력 $E(t) = 100 \sin 50\,t$ V를 받고 있다. 처음에 전하량 q와 전류 i는 영이다.

(a) 시간 t에서 전하량에 대한 방정식을 구하라.

(b) 시간 t에서 전류에 대한 방정식을 구하라.

(c) 축전기의 전하량이 영이 되는 시간을 구하라.

52. LRC 직렬회로의 전류 $i(t)$가 다음 미분방정식을 만족시킨다는 것을 보여라.

$$L\frac{d^2i}{dt^2} + R\frac{di}{dt} + \frac{1}{C}i = E'(t)$$

여기서 $E'(t)$는 $E(t)$의 도함수이다.

53. 다음 경곗값 문제를 고려하자.

$$y'' + \lambda y = 0, \quad y(0) = y(2\pi), \quad y'(0) = y'(2\pi)$$

$\omega l = 0$인 경우를 제외하면, 각 고유값에 대해 두 독립 고유함수가 존재함을 보여라.

54. 미끄러지는 구슬 마찰 없이 매끄러운 길이 L의 막대를 따라 미끄러지면서 구속되는 구슬이 있다. 막대는 중심점에 있는 피벗 P를 중심으로 일정한 각속도 ω로 수직면 내에서 회전하고 있다. 그러나 피벗은 구슬이 막대 전체에 걸쳐 미끄러지도록 설계되어 있다. 그림 3.R.1에 나와 있는 것처럼, 이 회전좌표계에 대한 구슬의 상대위치를 $r(t)$로 표시하자. 이 회전좌표계에 Newton의 제2운동법칙을 적용하려면 구슬에 작용하는 알짜힘이 실제 힘(이 경우는 중력)과 관성력[코리올리(coriolis) 힘, 횡단력, 원심력]의 합이라는 사실을 사용해야 한다. 유도과정은 약간 복잡하므로, 결과식인 r에 대한 미분방정식만을 여기에 제시한다.

$$m\frac{d^2r}{dt^2} = m\omega^2 r - mg\sin(\omega t)$$

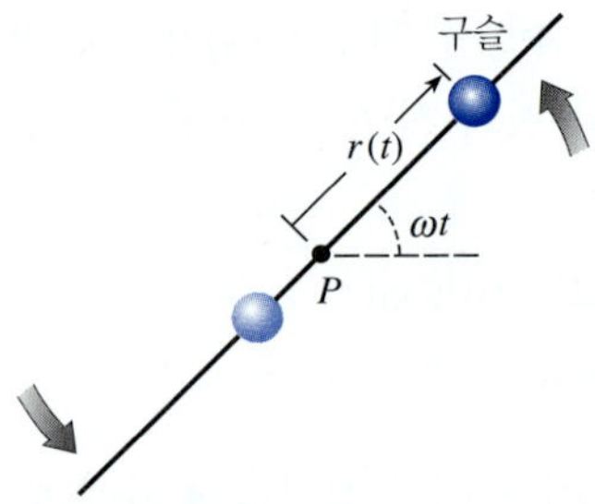

그림 3.R.1 문제 54의 회전 막대(구슬)

(a) 초기조건 $r(0) = r_0$, $r'(0) = v_0$에 대해 앞의 미분방정식을 풀어라.

(b) 구슬이 단순조화운동을 나타내도록 초기조건을 정하라. 구슬의 단순조화운동을 수용할 수 있는 막대의 최소길이 L을 구하라.

(c) 문제 (b)에서 구한 것과 다른 초기조건에 대해서는 구슬이 결국 막대로부터 벗어나게 된다. (a)에서 구한 해 $r(t)$를 사용하여 설명하라.

(d) $\omega = 1$ rad/s로 가정하자. 그래프 소프트웨어를 써서 초기조건 $r(0) = 0$, $r'(0) = v_0$에 대한 해 $r(t)$의 그래프를 그려라. 여기서 v_0는 0, 10, 15, 16, 16.1, 17이다.

(e) 막대의 길이를 $L = 40$ ft라 하자. (d)의 각 초기조건에 대해, 근탐색 기능을 사용하여 구슬이 막대에 머무는 총 시간을 구하라.

55. 건조하고 마찰이 없는 평면 위에 놓여 있는 질량추 m이 상수 k인 스프링의 자유단에 부착되어 있다고 하자. 그림 3.R.2(a)에서 질량추는 평형위치 $x = 0$에 있다. 즉 스프링은 인장되거나 압축되지 않은 상태이다. 그림 3.R.2(b)처럼 질량추의 변위 $x(t)$는 평형위치 오른쪽이 양, 왼쪽이 음이다. 질량추의 수평(미끄럼) 자유운동에 대한 미분방정식을 유도하라. 이 미분방정식의 유도과정과 3.8절에서 식 (1)을 얻는 과정의 차이점을 논하라.

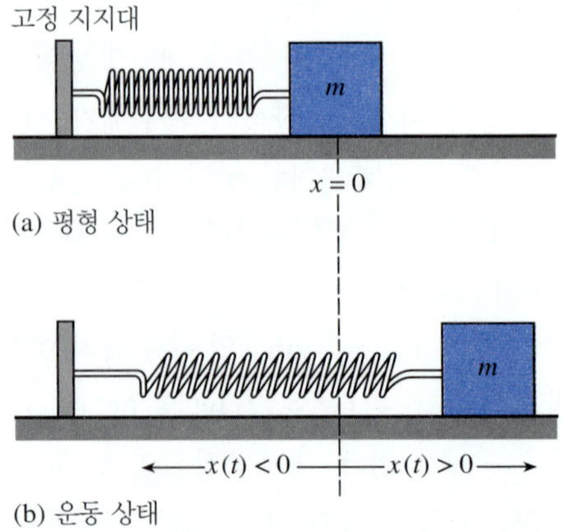

그림 3.R.2 문제 55의 미끄럼 스프링/질량계

56. 만일 운동마찰(그러나 다른 감쇠력은 없음)이 미끄럼 질량추에 작용한다면, 문제 55의 운동에 대한 미분방정식은 어떻게 되는가? [힌트: 운동마찰력의 크기를 $f_k = \mu mg$로 가정한다. 여기서 mg는 질량추의 무게이고 상수 $\mu > 0$는 운동마찰계수이다. $x' > 0$와 $x' < 0$ 두 경우를 고려하라. 각 경우의 의미를 물리적으로 설명하라.]

문제 57와 58에서, 주어진 초기값 문제를 Green 함수(Green's function)를 사용해서 풀어라.

57. $y'' + y = \tan x, \quad y(0) = 2, \quad y'(0) = -5$

58. $x^2y'' - 3xy + 4y = \ln x, \quad y(1) = 0, \quad y'(1) = 0$

59. **걸린 진자**(the caught pendulum) 3.11절에서 논의한 비선형 진자의 아주 가벼운 막대는 사실상 길이 l인 줄이라 봐도 된다. 줄 끝에 질량 m이 매달려 있고, 진자는 작은 각변위 $\theta_0 > 0$에서 정지상태로부터 놓여진다. 진자가 평형위치에 도달했을 때(**그림 3.R.3**의 점선), 줄은 못에 부딪히고 질량 위 $l/4$ 지점에서 걸리게 된다. 질량은 그림과 같이 이 새로운 중심점 주위로 진자운동 하게 된다.

(a) $0 \le t < T$ (여기서 T는 줄이 못에 부딪히는 시간) 구간에서 각변위 $\theta_1(t)$를 구하기 위한 선형 초기값 문제를 구하고 풀어라.

(b) (a)에서 시간 T를 구하라.

(c) $t \ge T$(여기서 T는 (a)에서 정의한 시간) 구간에서 각변위 $\theta_2(t)$를 구하기 위한 선형 초기값 문제를 구하고 풀어라. 여기서 구한 진폭과 주기를 (a)에서 구한 값과 비교하라.

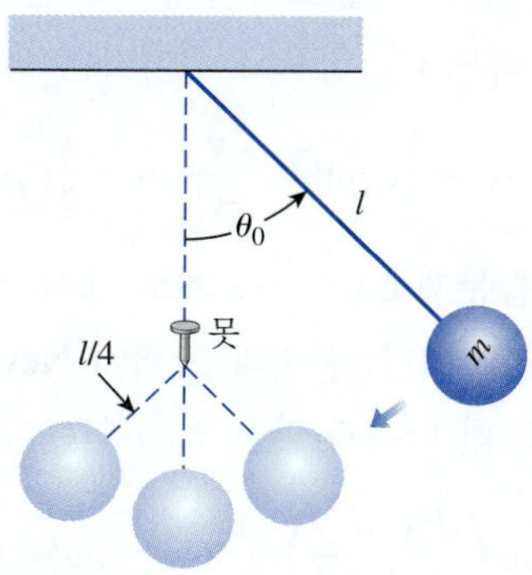

그림 3.R.3 문제 59의 진자

60. **걸린 진자—계속** **(a)** 문제 59의 (a)와 (c)에서 구한 각변위 $\theta_1(t)$과 $\theta_2(t)$의 그래프를 컴퓨터를 이용해서 그려라. $\theta_0 = 0.2$ rad, $l = 2$ ft로 가정하라.

(b) 수치해석 프로그램이나 CAS를 사용해서 비선형 초기값 문제의 해 $\theta_1(t)$과 $\theta_2(t)$를 구하고 (a)의 결과와 비교하라. $\theta_0 = 0.2$ rad, $l = 2$ ft로 가정하라.

(c) 선형 초기값 문제의 해와 비선형 초기값 문제의 해 사이에서 뚜렷한 차이가 나타날 때까지 θ_0 값을 증가시켜 보아라.

61. Maclaurin 급수를 이용하여 다음 초기값 문제

$$\frac{d^2\theta}{dt^2} + \frac{g}{l}\sin\theta = 0, \quad \theta(0) = \frac{\pi}{6}, \quad \theta'(0) = 0$$

의 멱급수 해를 구하면 다음과 같음을 보이라.

$$\theta(t) = \frac{\pi}{6} - \frac{g}{4l}t^2 + \frac{\sqrt{3}g^2}{96l^2}t^4 + \cdots.$$

[힌트: 3.7절의 예제 3을 보라.]

62. **스프링 진자** 회전에 관한 Newton의 제2법칙은 다음과 같다.

어느 한 점에 대한 각운동량의 시간 변화율은 합력의 모멘트(토크)와 같다.

감쇠나 그 밖에 다른 외력이 없는 경우에 3.11절의 식 (14)를 그림 3.11.3의 진자에 대해 쓰면 다음과 같다.

$$\frac{d}{dt}\left(ml^2\frac{d\theta}{dt}\right) = -mgl\sin\theta \tag{1}$$

(a) m과 l이 상수이면 식 (1)은 3.11절의 식 (6)과 같음을 보이라.

(b) 이제 그림 3.11.3의 막대를 질량을 무시할 수 있는 스프링으로 대치하자. 질량추 m을 스프링의 자유단에 매달면 스프링은 **그림 3.R.4**와 같이 수직 평형상태로 매달리고 그 길이는 l_0가 된다. 이 스프링 진자가 움직일 때, 그 운동은 수직 평면 내에서 일어나고 스프링 강성이 충분히 커서 굽혀지지 않는다고 가정한다. 그러면 $t > 0$에 대해 스프링의 길이는 $l(t) = l_0 + x(t)$가 되는데 여기서 x는 평형상태로부터의 변위이다. 식 (1)로 정의되는 변위각 $\theta(t)$의 미분방정식을 구하라.

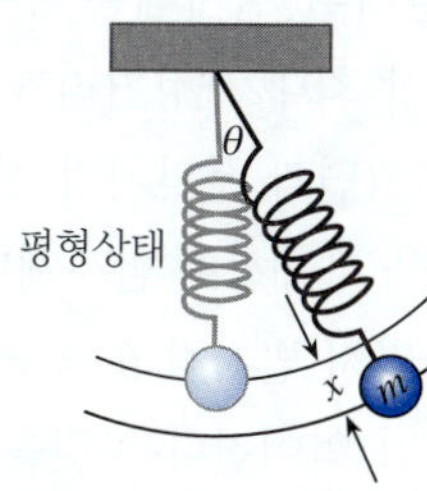

그림 3.R.4 문제 62의 스프링 진자

전문가 제공 문제

63. **파리 대포** 발사체 운동에 대한 최초의 정확한 수학적 이론은 **Galileo Galilei** (1564~1642)에 의해 처음으로 수식

화 되었고, 그의 젊은 공동 연구자 **Bonaventura Cavalieri** (1598~1647)와 **Evangelista Torricelli** (1608~1647)에 의해 분명하게 확장되었다. Galileo의 이론은 실험 관찰에 의해 제시된 두 가지 간단한 가설에 기초를 두고 있다. 그것은 발사체가 일정한 수평속도 및 일정한 하향 수직 가속도로 운동한다는 것이다. Galileo, Cavalieri, Torricelli는 미적분학을 제대로 몰랐기 때문에 그들의 논의는 주로 기하적인 데 머물렀다. 그러나 우리는 연립 미분방정식을 이용하여 그들의 결과를 재현할 수 있다. 한 발사체가 지상으로부터 수평선에 대해 θ의 각도로 그리고 크기 $\|\mathbf{v}_0\| = v_0$ m/s의 초기속도로 발사되었다고 하자. 지상으로부터 발사체의 높이를 y미터, 발사지점으로부터 수평거리를 x미터라 하고, 편의상 발사지점을 xy 평면의 원점으로 잡는다. 그러면 Galileo의 가설은 다음과 같은 초기값 문제로 표현될 수 있다.

$$\begin{aligned} \frac{d^2x}{dt^2} &= 0 \\ \frac{d^2y}{dt^2} &= -g \end{aligned} \tag{2}$$

여기서 $g = 9.8$ m/s^2, $x(0) = 0$, $y(0) = 0$, $x'(0) = v_0 \cos \theta$(초기속도의 x 성분), $y'(0) = v_0 \sin \theta$(초기속도의 y 성분). **그림 3.R.5**와 3.12절의 연습문제 23을 참조하라.

(a) 방정식 (2)은 서로 분리되어 있다. 즉, $x(t)$와 $y(t)$에 관한 별개의 미분방정식으로 구성된다. 게다가 각각의 미분방정식은 그냥 두 번 적분해서 풀 수 있다. 식 (1)을 풀어서 $x(t)$와 $y(t)$를 v_0와 θ를 사용한 양함수꼴로 표시하라. 그리고 t를 대수적으로 소거해서 xy 평면에서의 발사체의 궤적이 포물선임을 보여라.

(b) 탄도학의 역사에서 항상 중심되는 질문은 어떤 일정 초기속도 v_0로 발사된 발사체는 수평선에 대해 어느 각도로 발사되어야 최대 사정거리를 얻는가이다. 사정거리는 발사체가 지면과 부딪치기 전까지 날아간 수평거리이다. 식 (1)을 사용하여 발사체의 사정거리는 $(v_0^2/g) \sin 2\theta$이고 따라서 발사각 $\theta = \pi/4 = 45°$일 때 최대 사정거리 v_0^2/g가 얻어진다는 것을 보여라.

(c) 최대 사정거리를 얻기 위해 $\theta = 45°$로 발사될 때, 발사체의 최대 높이는 $v_0^2/(4g)$임을 보여라.

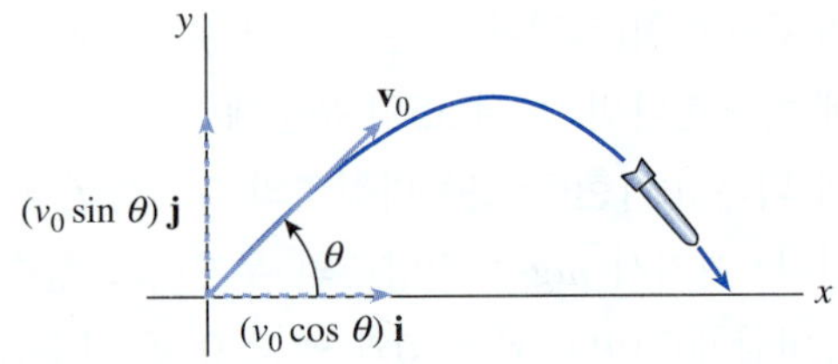

그림 3.R.5 문제 61의 탄도 발사체

64. 파리 대포—계속 연습문제 63의 Galileo 모델은 수학적으로는 완벽하다. 그러나 실제로는 그것이 기초하고 있는 가정이 맞아야만 정확하다. 실제 발사체의 운동은 어느 정도 공기에 의한 저항을 받는다. 이 영향이 크면 클수록 일정한 수평속도와 일정한 수직 가속도의 가설의 현실성은 떨어지게 되고 그 가설의 결과로 얻게 되는 x, y 방향의 발사체 운동의 독립성도 덜 현실적이 된다.

공기저항의 최초의 성공적인 모델은 네덜란드 과학자 **Christiaan Huygens** (1629~1695)와 **Issac Newton** (1643~1727)에 의해 수식화 되었다. 그 모델은 관련되는 기본적 물리학의 자세한 수학적 수식화를 바탕으로 만들어지지 않았고 그것은 그 당시로서는 아무도 할 수 없는 영역이었다. 오히려 물리적 직관과 혁신적인 실험에 기초했다. 오늘날 **Newton의 공기저항 법칙**(Newton's law of air resistance)으로 알려져 있는 Newton의 이론에 따르면, 어떤 저항하는 매질을 통과하는 물체에 작용하는 저항력 또는 **항력**(drag force)은 물체 운동방향의 반대방향으로 작용하고, 매질의 밀도 ρ, 운동방향에 수직으로 잰 물체의 단면적 A, 물체의 속력 $\|\mathbf{v}\|$의 제곱에 비례하는 크기로 작용한다. 현대의 벡터 표기법에 따르면, 항력은 다음과 같이 물체의 속도 $\mathbf{v}$의 항으로 주어지는 벡터 $\boldsymbol{f}_D$이다:

$$\boldsymbol{f}_D = -\frac{1}{2}C\rho A\|\mathbf{v}\|^2 \frac{\mathbf{v}}{\|\mathbf{v}\|} = -\frac{1}{2}C\rho A\|\mathbf{v}\|\,\mathbf{v}$$

여기서 연습문제 63의 좌표계로 표시한 속도는 벡터 $\mathbf{v} = \langle dx/dt,\ dy/dt \rangle$이다. 중력과 항력이 Newton의 운동 제2법칙과 결합되면 다음과 같은 식을 얻는다:

$$m\left\langle \frac{d^2x}{dt^2}, \frac{d^2y}{dt^2} \right\rangle = \langle 0, -mg \rangle + \boldsymbol{f}_D$$

그러면 초기값 문제 식 (2)은 다음 식으로 바뀐다:

$$\begin{aligned} m\frac{d^2x}{dt^2} &= -\tfrac{1}{2}C\rho A\left[\sqrt{\left(\frac{dx}{dt}\right)^2 + \left(\frac{dx}{dt}\right)^2}\,\right]\frac{dx}{dt} \\ m\frac{d^2y}{dt^2} &= -mg - \tfrac{1}{2}C\rho A\left[\sqrt{\left(\frac{dx}{dt}\right)^2 + \left(\frac{dx}{dt}\right)^2}\,\right]\frac{dy}{dt}, \end{aligned} \tag{3}$$

여기서 $x(0) = 0$, $y(0) = 0$, $x'(0) = v_0 \cos\theta$, $y'(0) = v_0 \sin\theta$.

Huygens는 항력이 항상 속력의 제곱에 비례한다고 믿었던 것 같다. 그러나 Newton은 여러 다른 물리적 효과가 항력에 기여하는데 그것들이 모두 속력의 제곱에 비례하지는 않는다고 생각했다. 결국은 Newton이 옳은 것으로 판명됐다. 예를 들면, 물체의 속력이 매질의 **점성**(유동에 대한 내부저항)과 비교될 정도로 충분히 낮으면, 항력은 속력의 제곱이 아니라 속력에 근사적으로 비례하게 된다. 이것을 **Stokes의 공기저항 법칙**(Stokes's law of air resistance)이라고 한다. 심지어 오늘날까지도 모든 조건에 대해 모든 물체의 항력을 계산할 수 있는 즉각적인 계산법은 없다. 공기저항의 모델링은 복잡하므로 사실상 이론과 실험을 겸비해서 수행되고 있다. 식 (3)의 계수 C는 **항력계수**(drag coefficient)라고 한다. 그것은 무차원 (즉, 질량, 거리, 시간을 재는 데 사용되는 단위에 상관없이 동일한 값)이고, 발사체의 형상에만 관계될 뿐 크기와는 상관없다고 보통 간주된다. 항력계수는 주어진 형상의 발사체가 받는 공기저항을 측정하는 데 매우 유용한 지표이기 때문에 항력의 항으로 정의하면 $2\|\mathbf{f}_D\|/(\rho A\|\mathbf{v}\|^2)$가 되는데 심지어 이 비가 일정하다고 여길 수 없을 때에도 사용된다. 예를 들면, Stokes의 공기저항 법칙에서 C는 속력의 역수에 비례할 것이다. 우리가 더 관심을 갖는 것은 공기 중에서 발사체의 항력계수가 그 속력이 음속(공기 중에서 약 340 m/s)에 접근함에 따라 급격히 증가하다가 더 속력이 커지면 서서히 감소하고 음속의 서너 배가 되는 속도에서는 다시 일정한 값을 갖는다는 사실이다. 이것은 무기 공학자 Benjamin Robins에 의해 처음 발견되었고, 그가 지은 책, 포격의 원리(Principles of Gunnery)는 대포와 일반적인 탄도과학의 현 시대를 연 것으로 여겨진다. 18, 19세기에 걸쳐 점점 더 큰 초기속도로 점점 더 멀리 발사체를 쏘게 되면서 속력과 항력계수의 관계는 점점 더 실질적으로 중요하게 되었다. 게다가 이 발사체가 점점 더 높이 날게 되면서 고도에 따른 공기밀도의 감소도 중요하게 되었다. 제1차 세계대전 무렵엔 공기밀도를 해발 고도 y미터의 함수로 보통 다음과 같이 모델링했다.

$$\rho(y) = 1.225e^{-0.00010361y}\ \text{kg/m}^3$$

그리고 무기 공학자들은 속도에 의존하는 C와 y에 의존하는 ρ를 식 (3)에 반영시키는 데 익숙해 있었다. 그러나 제1차 세계대전 중에 독일 공학자들이 마지막으로 터무니없는 실수를 했다. 이 이야기는 Gerald V. Bull의 책, *Paris Kanonen—the Paris Guns* (Wilhelmgeschuze) and Project HARP (Verlag E. S. Mittler & Sohn GmbH, Herford, 1988)에 근거한 것이다.

1914년 가을, 독일 해군은 프랑스 해안으로부터 영국 도버 항을 폭격할 수 있는 시스템(대포와 포탄)의 설계를 Friedrich Krupp 공업사에 맡겼다. 이것은 포탄을 약 37 km 거리로, 이제까지 성취된 것보다 약 16 km 더 멀리 발사해야 했다. Krupp는 이미 과거의 어느 포탄보다도 낮은 항력계수를 갖는 혁신적인 형상의 포탄을 설계, 제작할 수 있었으므로 이 주문에 바로 대처할 수 있었다. 이 포탄의 항력계수는 다음과 같은 구간 선형함수로 잘 근사화 시킬 수 있었다. 여기서 v는 속력(m/s)이다.

$$C(v) = \begin{cases} 0.2, & 0 < v < 306 \\ 0.2 + (v - 306)/340, & 306 \le v < 374, \\ 0.4 - (v - 374)/3230, & 374 \le v < 1020 \\ 0.2, & v > 1020 \end{cases}$$

게다가 Krupp의 기술자들은 535 kg의 포탄을 940 m/s의 초기속도로 쏠 수 있는 직경 35.5 cm의 포신을 갖는 시험용 대포를 이미 제작한 바 있었다. 그들의 계산에 따르면, 그 직경과 질량으로 신형 저 항력 포탄을 제작해서 이 대포로 수평선에 대해 43°의 각도로 발사하면 그 포탄의 사정거리는 약 39 km가 되어야 했다. 포탄이 제작되었고 1914년 10월 21일에 시험발사를 했다. 그 결과에 대해서는 그 당시 Krupp 사의 임원이었던 프리츠 Rausenberger 교수가 직접 얘기한 것을 인용하기로 한다(Bull의 책 24~25쪽).

> 최대 추진력 장전을 하고 43°의 발사각으로 첫 발사를 한 후, 우리는 모두 근심스럽게 비활성 포탄 탄착지점이 전화로 통보되는 탐지보고를 기다렸다. 이제까지 아무도 성취 못한 거리에 도달하려 할 때 당연히 수반되는 근심이었다. 그러나 탄착에 관한 탐지보고는 오지 않았다. 최대 사정거리를 따라 배치된 관측자 중 누구도 탄착을 목격하지 못했다...
>
> 40 km 표지점 너머로는 관측소가 배치되지 않았으므로, 그 영역 밖에서의 탄착은 모두 이웃 농장과 마을 사이에서 일반 전화회선을 사용하는 지역주민들에 의해 목격되고 통보될 수밖에 없었다. 따라서 몇 시간이 지나서야 포대로부터 약 49 km 떨어진 어느 집 정원에 (피해를 입히지 않고) 포탄이

떨어졌다는 통보를 받았다. 이것은 기대하지 않았던 좋은 결과였으나 어떻게 표준 탄도학 기술을 사용하여 예측한 것보다 25%나 더 멀리 갔는지 의문이 제기되었다... 사정거리 계산방법을 면밀히 검토해본 결과 계산에 사용된 일정한 공기밀도 평균값이 탄도를 따라 계산한 평균값보다 더 크다는 것이 밝혀졌다. 따라서 탄도를 따라 밀도 변화를 고려하도록 탄도 계산방법을 수정했다. 이것은 대기를 지표면으로부터 올라가면서 3 km 대역으로 나누어 고려했다. 각 대역에 대해 평균 공기밀도값을 구하고 그 값을 그 대역을 지나는 탄도에 적용했다. 포구에서 탄착점에 이르기까지 이와 같은 단계별 계산기법을 수행했다. 작은 구경의 발사시험으로부터 구한 항력계수를 사용한 탄도 계산결과는 10월 21일 Meppen 발사에서 얻은 실험결과와 잘 들어맞게 되었다.

Rausenberger가 잘못된 계산에서 평균적이고 일정한 공기밀도값으로 어떤 값을 사용했는지 또는 어떻게 그 값을 결정했는지는 얘기하고 있지 않다는 데 주목하라. 사실 여기서 논리적으로 문제가 되는 것은 탄도가 얼마나 높이 올라가는지도 모르는 상태에서 탄도궤적을 따라서 공기밀도가 얼마나 낮아지는지를 아는 것은 불가능하다는 점이다. 그럼에도 연구자들이 그들의 계산결과를 확신했다는 것은 단지 대략적인 사정거리만을 구하는 상황에서는 공기밀도를 중요한 변수로 생각하지 않았다는 것을 의미한다. (어찌 되었건 과거에 어떤 물체든 그와 같이 높이 쏘아 올린 적이 결코 없었다.)

(a) 구간 정의된 C와 지수 감소하는 ρ를 사용하여 식 (3)을 풀 수 있는 컴퓨터 프로그램을 작성하고 그 결과 궤적을 xy 평면에 그래프로 나타내라. (식 (3)을 1계 연립방정식으로 변환해야 할 수도 있다. 6.4절 참조) 단면적 A는 포탄 직경의 원으로부터 구할 수 있다. 연습문제 61에서 엄밀해를 구한 $\rho = 0$인 경우에 대해서 프로그램을 검증하라.

(b) 만일 우리가 최고높이 M을 계산하는 데 연습문제 61(c)의 결과를 사용한다면 그 값은 진공 상태($\rho = 0$)에서 포탄을 발사했을 때 얻게 되는 결과일 것이고, 실제 실험에서는 그 높이의 반 정도밖에 못 올라간다고 판단할 수 있다. 최종적으로 ρ의 일정한 평균값은 $(\rho(M/2) + \rho(0))/2$로 정한다. 계산된 탄도궤적을 그리고 그 결과가 1914년 10월 21일 실험에서 Krupp 연구자들이 예상한 사정거리와 기이할 정도로 잘 맞는다는 것을 보여라.

(c) 이 실험에서 발사각은 진공에서 최대 사정거리를 주는 45° 각도가 아니고 그보다 약간 작은 43°라는 데 주목하라. (b)에서 사용한 일정 공기밀도 가정 하에서는 이 작은 발사각이 더 먼 사정거리를 주게 되는가? 이 모델을 사용할 때, 최대 사정거리를 주는 발사각을 구하라.

(d) 적절하게 지수 감소하는 ρ를 사용하여 구한 탄도궤적을 그래프로 표시하라. 어떤 결과가 나왔는가? (그 결과를 평가할 때, 이 계산 모델에서 모든 것을 다 고려했다고 생각하지 않는 편이 좋을 것이다. 예를 들어, 대칭축에 대해 어떤 각도를 가지고 비행하는 미사일은 비행기를 띄우는 것과 같은 종류의 상당한 양력(lift force)을 받을 수 있다. 여기서 고려한 모델은 양력의 가능성, 지구의 곡률과 회전, 또는 그밖에 다른 많은 영향들을 고려하지 않은 것이다.)

Rausenberger의 언급에 따르면 지수 감소하는 ρ가 사정거리 계산에서 얼마나 중요한지를 깨닫고 난 후 일련의 계산을 해서 그 실험의 최대 사정거리는 사실상 50~55°의 발사각에서 얻어진다는 것을 알아냈다고 한다. 사후 검토에서 그들은 이 결과가 큰 발사각으로 포탄은 더 높이 날게 되고 그 결과 더 희박한 공기 중에서 날게 되기 때문이라는 것을 알게 됐다.

(e) 이 사실을 확인하기 위해 발사각을 43°에서 55°까지 2°씩 증가시키면서 지수 감소하는 ρ를 사용한 탄도 계산결과를 그래프로 표시하라. 어떤 사실을 발견했는가?

이 놀라운 결과를 얻은 후에 Krupp 기술자들은 더 먼 사정거리에 도전하려는 욕심을 품게 되었다. 이 목표를 추구하는 데 들어갈 수고와 비용을 독일 최고사령부에 설명하고 설득하기 위해 그들이 생각해낸 단 한 가지 방안은 독일 최전선 후방에서 파리를 폭격할 수 있다는 가능성이었고 그것은 약 120 km의 사정거리를 요구하는 것이었다. 독일 최고사령부는 이 제안을 즉각 승인했고 몇 년 후에 Krupp는 **파리 대포**(Paris Guns)로 알려진 것을 생산했다. 이 대포는 직경 216 mm, 질량 106 kg의 포탄을 1646 m/s의 초기속도로 발사하도록 설계되었다. 그 포탄은 50°의 발사각으로 120 km 이상을 날아갈 것으로 예측되었다.

파리 대포와 포탄

(f) 식 (2)와 지수 감소하는 ρ를 사용하여 파리 대포의 탄도궤적을 계산하라. (d)에서 언급한 모델링에 관한 주의사항을 염두에 두고 그 결과를 평가하라. 포탄은 얼마나 높이 올라가는가? 발사각을 50°에서 45°로 바꿔 보라. 어떤 결과를 얻게 되는가?

7대의 파리 대포가 제작되었지만 세 개만이 사용되었다. 1918년 3월 23일부터 8월 9일까지 총 351개의 포탄이 파리를 향해 발사되었다. 그 포탄 때문에 발생한 피해 및 사상자는 전술적으로 대단치 않았고 그럴 의도도 가지고 있지 않았다; 포탄을 정확히 파리의 어느 지역에 떨어뜨릴지에 대한 제어수단이 없었고, 각 포탄에 장착된 폭약의 양도 매우 적었다. 그보다는 오히려 위협의 형태인 '공포 전술'로 의도된 것이었다. 그러나 군사 역사가들에 따르면 그 대포는 그런 의미에서도 효과적이지 못했다고 한다. 그 중요성은 군사적인 점보다는 과학적인 점에 있는 것으로 판명되었다. 그들이 발사한 포탄은 인류가 제작한 물체가 최초로 성층권에 도달한 사례이고 드디어 탄도과학에서 우주시대가 개막된 것이다.

CHAPTER 4

Laplace 변환

The Laplace Transform

3장에서 다음과 같은 선형 수학적 모델을 풀었다: $mx'' + \beta x' + \kappa x = f(t)$와 $Lq'' + Rq' + q/C = E(t)$ 여기서 구동 함수 $f(t)$와 $E(t)$는 연속 함수이다. 그러나 실제로는 불연속 구동 함수를 흔히 접하게 된다. 2장에서 조각별 선형 DE를 풀었지만, 본 장에서 논의할 Laplace 변환은 이러한 방정식의 해를 간소하게 구하는 데 유용한 도구이다.

4.1 Laplace 변환의 정의

소개 미적분학에서 미분과 적분이 함수를 다른 함수로 변형하는 **변환**(transform)임을 배웠다. 예를 들면 함수 $f(x) = x^2$는 미분, 부정적분, 정적분에 의하여 다음과 같이 각각 선형 함수, 3차 다항식, 상수로 변환된다.

$$\frac{d}{dx}x^2 = 2x, \quad \int x^2\,dx = \frac{1}{3}x^3 + c, \quad \int_0^3 x^2\,dx = 9$$

또 이 변환들은 **선형성**(linearity property)을 갖는데, 선형성은 일차결합된 함수들의 변환은 함수의 변환들의 일차결합과 같다는 것을 의미한다. 즉 각각의 미분과 적분이 존재한다고 가정할 때, 상수 α, β에 대하여 다음의 식이 성립함을 의미한다.

$$\frac{d}{dx}[\alpha f(x) + \beta g(x)] = \alpha f'(x) + \beta g'(x)$$

$$\int [\alpha f(x) + \beta g(x)]\,dx = \alpha \int f(x)\,dx + \beta \int g(x)\,dx$$

$$\int_a^b [\alpha f(x) + \beta g(x)]\,dx = \alpha \int_a^b f(x)\,dx + \beta \int_a^b g(x)\,dx$$

이 절에서는 적분변환의 일종인 **Laplace 변환**을 공부하여 보자. Laplace 변환은 선형성과 더불어 선형 초기값 문제의 풀이에 효율적인 여러 성질을 갖고 있다.

적분 변환 함수 $f(x, y)$가 두 변수로 이루어진 함수일 때, 하나의 변수에 대한 f의 정적분은 나머지 하나의 변수로 이루어진 함수로 변한다. 예를 들어 y를 상수로 가정하면 $\int_1^2 2xy^2\,dx = 3y^2$가 된다. 마찬가지로 $\int_a^b K(s, t)f(t)dt$와 같은 정적분은 함수 $f(t)$를 변수 s에 관한 함수로 변환한다. 후자와 같은 정적분에서 적분구간이 무한구간인 $[0, \infty)$일 경우의 **적분변환**(integral transform)에 대하여 알아보자. 함수 $f(t)$가 $t \geq 0$에서 정의된다면, 이상적분 $\int_0^\infty K(s, t)f(t)dt$는

$$\int_0^\infty K(s, t)f(t)\,dt = \lim_{b\to\infty}\int_0^b K(s, t)f(t)\,dt \tag{1}$$

와 같이 극한으로 정의된다. 위 극한이 존재하면 적분은 존재한다(exist) 또는 **수렴한다**(convergent)고 말하고, 위 극한이 존재하지 않으면 적분은 존재하지 않는다 또는 **발산한다**(divergent)고 말한다. The limit in (1) will, in general, exist for only certain values of the variable s.

정의 식 (1)의 함수 $K(s, t)$는 변환의 **커널**(kernel)이라고 한다. 커널로 $K(s, t) = e^{-st}$를 선택하면 특히 중요한 적분 변환이 제공된다.

정의 4.1.1 Laplace 변환

f를 $[0, \infty)$에서 정의된 함수라 하면, f에 대한 **Laplace 변환** F는 식 (2)와 같이 나타낼 수 있다.

$$F(s) = \int_0^\infty e^{-st} f(t)\, dt \tag{2}$$

$F(s)$의 도메인은 식 (2)의 이상 적분(improper integral)이 수렴하기 위한 s 값의 집합이다.

함수 f의 Laplace 변환은 $\mathcal{L}\{f(t)\}$로도 표시된다. 일반적으로 변환하기 위한 시간함수를 소문자로 표시하고, Laplace 변환을 나타내기 위해 상응하는 대문자를 사용한다.

$$\mathcal{L}\{f(t)\} = F(s), \quad \mathcal{L}\{g(t)\} = G(s), \quad \mathcal{L}\{i(t)\} = I(s).$$

© ART Collection/Alamy Stock Photo

Pierre-Simon Marquis de Laplace

예를 들어, Laplace 변환은 확률 이론 연구에서 변환을 사용했던 프랑스 수학자이며 천문학자, 물리학자였던 **Pierre-Simon Marquis de Laplace** (1749~1827)의 이름을 따서 명명되었다. Laplace 변환은 Leonard Euler에 의해 발명되었을 가능성이 크다. 1814년 Napoleon Bonaparte가 몰락한 후 군주제를 재건하는 데 부르봉(Bourbons) 왕가에 기여한 공로로 루이 18세는 Laplace에게 후작 칭호를 수여했다.

일반적으로 변수 s는 복소수이나 이 장에서는 실수라고 가정한다. 다음 네 가지 예에서 볼 수 있듯이 $F(s)$의 영역 (domain)은 함수 $f(t)$에 좌우된다.

예제 1 정의 4.1.1의 사용

$\mathcal{L}\{1\}$을 구하라.

풀이 식 (2)로부터, $s > 0$일 경우

$$\mathcal{L}\{1\} = \int_0^\infty e^{-st}(1)\, dt = \lim_{b\to\infty}\int_0^b e^{-st}\, dt$$

$$= \lim_{b\to\infty} \frac{-e^{-st}}{s}\Big|_0^b = \lim_{b\to\infty}\frac{-e^{-sb}+1}{s} = \frac{1}{s}$$

이다. 다시 말하여, $s > 0$일 경우 $-sb < 0$이고 $b \to \infty$에 따라 $e^{-sb} \to 0$이 된다. $s < 0$일 경우는 발산한다. ≡

극한 기호의 사용은 다소 번거로우므로 앞으로는 $\lim_{b\to\infty}(\,)\big|_0^b$ 대신에 기호 $\big|_0^\infty$을 쓰기로 하자. 예를 들면

$$\mathcal{L}\{1\} = \int_0^\infty e^{-st}(1)dt = \frac{-e^{-st}}{s}\Big|_0^\infty = \frac{1}{s}, \quad s > 0$$

이다. 위 식의 상한에서 $s > 0$일 때 $t \to \infty$에 따라 $e^{-st} \to 0$임을 이해하라.

예제 2 정의 4.1.1의 사용

$\mathscr{L}\{t\}$을 구하라.

풀이 정의 4.1.1로부터 $\mathscr{L}\{t\} = \int_0^\infty e^{-st}t\,dt$임을 알 수 있고, 예제 1의 결과, 부분적분 그리고 $s > 0$일 때 $\lim_{t\to\infty} te^{-st} = 0$, $s > 0$임을 이용하여 다음 식을 얻을 수 있다.

$$\mathscr{L}\{t\} = \frac{-te^{-st}}{s}\bigg|_0^\infty + \frac{1}{s}\int_0^\infty e^{-st}dt = \frac{1}{s}\mathscr{L}\{1\} = \frac{1}{s}\left(\frac{1}{s}\right) = \frac{1}{s^2}$$ ≡

예제 3 정의 4.1.1 사용

계산하라. **(a)** $\mathscr{L}\{e^{-3t}\}$ **(b)** $\mathscr{L}\{e^{6t}\}$

풀이 각 항에 대하여 정의 4.1.1을 적용한다.

(a)
$$\mathscr{L}\{e^{-3t}\} = \int_0^\infty e^{-3t}e^{-st}dt = \int_0^\infty e^{-(s+3)t}dt$$
$$= \frac{-e^{-(s+3)t}}{s+3}\bigg|_0^\infty$$
$$= \frac{1}{s+3}$$

마지막 결과는 $s > -3$에서만 성립되는데, 그 이유는 $\lim_{t\to\infty} e^{-(s+3)t} = 0$을 만족하기 위해 $s + 3 > 0$ 또는 $s > -3$이 되어야 하기 때문이다.

(b)
$$\mathscr{L}\{e^{6t}\} = \int_0^\infty e^{6t}e^{-st}dt = \int_0^\infty e^{-(s-6)t}dt$$
$$= \frac{-e^{-(s-6)t}}{s-6}\bigg|_0^\infty$$
$$= \frac{1}{s-6}$$

위 결과는, (a)의 경우와 대조적으로 $s > 6$에서만 성립하는데, 그 이유는 $\lim_{t\to\infty}e^{-(s-6)t} = 0$을 만족하기 위해 $s - 6 > 0$ 또는 $s > 6$이 되어야 하기 때문이다. ≡

예제 4 정의 4.1.1의 사용

$\mathscr{L}\{\sin 2t\}$을 구하라.

풀이 정의 4.1.1과 부분적분을 이용하여

$$\mathscr{L}\{\sin 2t\} = \int_0^\infty e^{-st}\sin 2t\,dt = \frac{-e^{-st}\sin 2t}{s}\bigg|_0^\infty + \frac{2}{s}\int_0^\infty e^{-st}\cos 2t\,dt \tag{3}$$

$$= \frac{2}{s}\int_0^\infty e^{-st}\cos 2t\,dt, \quad s > 0 \tag{4}$$

$$\lim_{t\to\infty} e^{-st}\cos 2t = 0,\ s > 0 \qquad \text{sin } 2t\text{의 Laplace 변환}$$

$$= \frac{2}{s}\left[\frac{-e^{-st}\cos 2t}{s}\Bigg|_0^\infty - \frac{2}{s}\int_0^\infty e^{-st}\sin 2t\,dt\right]$$

$$= \frac{2}{s^2} - \frac{4}{s^2}\mathscr{L}\{\sin 2t\}$$

을 얻는다. 양변의 $\mathscr{L}\{\sin 2t\}$에 관해 정리하면

$$\mathscr{L}\{\sin 2t\} = \frac{2}{s^2+4}, \qquad s > 0$$ ≡

예제 4의 식 (4)에서의 적분은 cos 2t의 Laplace 변환이다. 따라서 식 (3)과 (4)로부터 sin 2t의 Laplace 변환이 cos 2t의 Laplace 변환의 배수임을 알 수 있다.

$$\mathscr{L}\{\sin 2t\} = \frac{2}{s}\mathscr{L}\{\cos 2t\}$$

따라서 추가 작업 없이 쉽게 결과를 얻을 수 있다.

$$\mathscr{L}\{\cos 2t\} = \frac{s}{2}\mathscr{L}\{\sin 2t\} = \frac{s}{2}\cdot\frac{2}{s^2+4} = \frac{s}{s^2+4}, \quad s > 0$$

Laplace 변환의 선형성 함수 f와 g가 각각 $s > c_1$와 $s > c_2$에서 Laplace 변환을 가진다고 가정하자. c가 c_1과 c_2 중 큰 값을 나타낸다면, $s > c$와 임의의 상수 α와 β에 대하여 다음과 같이 쓸 수 있다.

$$\int_0^\infty e^{-st}[\alpha f(t) + \beta g(t)]\,dt = \alpha\int_0^\infty e^{-st}f(t)\,dt + \beta\int_0^\infty e^{-st}g(t)\,dt$$

다시 말해,

$$\mathscr{L}\{\alpha f(t) + \beta g(t)\} = \alpha\mathscr{L}\{f(t)\} + \beta\mathscr{L}\{g(t)\} \tag{5}$$

식 (5)에 주어진 성질 때문에, $\mathscr{L}$은 **선형 변환**이다. 또한 정적분 성질에 의하여, 함수 $f_1(t)$, $f_2(t)$, . . . , $f_n(t)$의 유한 선형 결합에 대한 변환 결과는 각 변환에 대한 결과의 합과 같다. 이때 선형 조합의 변환이 존재하기 위한 s축 구간은 각 변환이 존재하기 위한 s축 구간의 공통 구간이 된다.

예제 5 Laplace 변환의 선형성

본 예제에서는 이전 예제들에서의 결과를 이용하여 Laplace 변환의 선형성을 설명한다.

(a) 예제 1과 예제 2로부터, $\mathscr{L}\{1\}$과 $\mathscr{L}\{t\}$는 $s > 0$인 영역에서 변환값이 존재한다. 따라서, $s > 0$ 조건에서 다음과 같이 계산할 수 있다.

$$\mathscr{L}\{1 + 5t\} = \mathscr{L}\{1\} + 5\mathscr{L}\{t\} = \frac{1}{s} + \frac{5}{s^2}$$

(b) 예제 3으로부터 $\mathscr{L}\{e^{6t}\}$ 값은 $s > 6$의 구간에서 존재하고, 예제 4로부터 $\mathscr{L}\{\sin 2t\}$ 값은 $s > 0$의 구간에서 존재한다는 것을 알고 있다. 따라서 두 함수의 조합에 대한 변환 값은, 각 해당 구간의 공통 구간인 $s > 6$에서 존재하므로 다음과 같이 구할 수 있다.

$$\mathscr{L}\{2e^{6t} - 15\sin 2t\} = 2\,\mathscr{L}\{e^{6t}\} - 15\,\mathscr{L}\{\sin 2t\} = \frac{2}{s-6} - \frac{15}{s^2+4}$$

(c) 예제 1, 2, 3으로부터 변환 값이 존재하기 위한 s의 공통 구간은 $s > 0$이므로,

$$\begin{aligned}\mathscr{L}\{10e^{-3t} - 5t + 8\} &= 10\,\mathscr{L}\{e^{-3t}\} - 5\mathscr{L}\{t\} + 8\,\mathscr{L}\{1\}\\ &= \frac{10}{s+3} - \frac{5}{s^2} + \frac{8}{s}\end{aligned}$$

≡

예제 6 Laplace 변환의 선형성

$\mathscr{L}\{\sinh t\}$를 구하라.

풀이 쌍곡선 사인(hyperbolic sine)의 정의는 다음과 같다.

$$\sinh t = \frac{e^t - e^{-t}}{2} = \frac{1}{2}e^t - \frac{1}{2}e^{-t}$$

이제 예제 3의 (a)와 (b) 부분을 수정하여 다음을 증명할 수 있다.

$$\mathscr{L}\{e^t\} = \frac{1}{s-1}, \quad \text{for } s > 1 \quad \text{and} \quad \mathscr{L}\{e^{-t}\} = \frac{1}{s+1}, \quad \text{for } s > -1$$

따라서 선형성 성질 (5)를 이용해 $s > 1$에 대하여 다음 식을 얻을 수 있다.

$$\mathscr{L}\{\sinh t\} = \frac{1}{2}\mathscr{L}\{e^t\} - \frac{1}{2}\mathscr{L}\{e^{-t}\} = \frac{1}{2}\left(\frac{1}{s-1} - \frac{1}{s+1}\right) = \frac{1}{s^2-1}$$

≡

다음 정리를 이용하여 위의 예제들을 일반화하여 보자. 또한 앞으로는 s의 범위에 관한 별도의 표기 없이 Laplace 변환이 수렴하도록 s가 충분히 제한되었다고 가정한다.

정리 4.1.1 기본함수의 변환

(a) $\mathscr{L}\{1\} = \dfrac{1}{s}$

(b) $\mathscr{L}\{t^n\} = \dfrac{n!}{s^{n+1}},\ n = 1, 2, 3, \ldots$ **(c)** $\mathscr{L}\{e^{at}\} = \dfrac{1}{s-a}$

(d) $\mathscr{L}\{\sin kt\} = \dfrac{k}{s^2+k^2}$ **(e)** $\mathscr{L}\{\cos kt\} = \dfrac{s}{s^2+k^2}$

(f) $\mathscr{L}\{\sinh kt\} = \dfrac{k}{s^2-k^2}$ **(g)** $\mathscr{L}\{\cosh kt\} = \dfrac{s}{s^2-k^2}$

정리 4.1.1의 (b) 결과는 부분 적분을 사용하여 양의 정수 n에 대해 정당화될 수 있으며 다음을 증명할 수 있다.

$$\mathscr{L}\{t^n\} = \frac{n}{s}\mathscr{L}\{t^{n-1}\}$$

그러면 $n = 1, 2, 3$에 대해 각각 다음과 같이 구할 수 있다.

$$\mathscr{L}\{t\} = \frac{1}{s} \cdot \mathscr{L}\{1\} = \frac{1}{s} \cdot \frac{1}{s} = \frac{1}{s^2}$$

$$\mathscr{L}\{t^2\} = \frac{2}{s} \cdot \mathscr{L}\{t\} = \frac{2}{s} \cdot \frac{1}{s^2} = \frac{2 \cdot 1}{s^3}$$

$$\mathscr{L}\{t^3\} = \frac{3}{s} \cdot \mathscr{L}\{t^2\} = \frac{3}{s} \cdot \frac{2 \cdot 1}{s^3} = \frac{3 \cdot 2 \cdot 1}{s^4}$$

이런 방식으로 계속한다면, 다음을 확신하게 된다.

$$\mathscr{L}\{t^n\} = \frac{n \cdots 3 \cdot 2 \cdot 1}{s^{n+1}} = \frac{n!}{s^{n+1}}$$

보다 다양한 함수와 상응하는 Laplace 변환 목록은 부록 C에 있다.

삼각 함수의 Laplace 변환은 종종 삼각 항등식과 정리 4.1.1의 (d)와 (e)를 사용하여 구할 수 있다.

예제 7 삼각함수 항등식을 사용

$\mathscr{L}\{\cos^2 t\}$를 구하라.

풀이 $\cos^2 t = \frac{1}{2}(1 + \cos 2t)$ 반각 공식, 선형성 성질 (5), 정리 4.1.1의 (a)와 (e)를 사용하면 $s > 0$에 대하여 다음 식을 얻을 수 있다

$$\mathscr{L}\{\cos^2 t\} = \mathscr{L}\left\{\frac{1}{2}(1 + \cos 2t)\right\} = \frac{1}{2}\mathscr{L}\{1\} + \frac{1}{2}\mathscr{L}\{\cos 2t\}$$

$$= \frac{1}{2}\left(\frac{1}{s}\right) + \frac{1}{2}\left(\frac{s}{s^2 + 4}\right) = \frac{s^2 + 2}{s(s^2 + 4)}$$ ≡

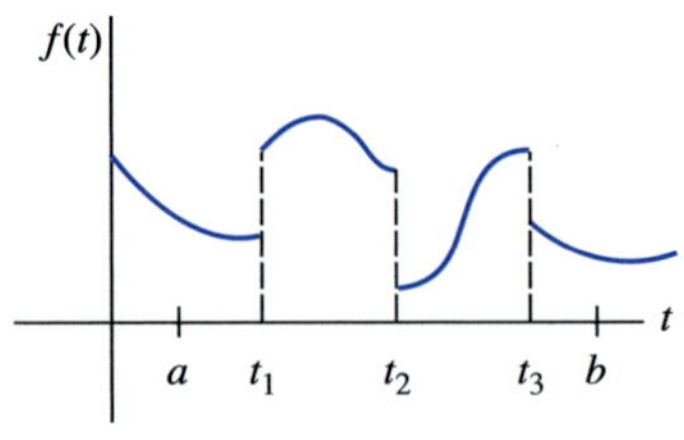

그림 4.1.1 조각별로 연속인 함수

$\mathscr{L}\{f(t)\}$가 존재하기 위한 충분조건 Laplace 변환을 정의하는 적분은 반드시 수렴할 필요는 없다. 예를 들면 $\mathscr{L}\{1/t\}$과 $\mathscr{L}\{e^{t^2}\}$은 존재하지 않는다. $\mathscr{L}\{f(t)\}$가 존재하기 위한 충분조건은 f가 $[0, \infty)$에서 조각별로 연속이고 f가 $t > T$에 대해 지수적 차수여야 한다. f가 $[0, \infty)$에서 조각별로 연속이라는 것은 어떤 임의의 구간 $0 \leq \alpha \leq t \leq b$에서 함수 f가 t_k에서 불연속하고 각각의 개구간 $t_{k-1} < t < t_k$에서 연속이고, 유한 개의 점 t_k, $k = 1, 2, \ldots, n(t_{k-1} < t_k)$들이 존재하는 것을 의미한다. **그림 4.1.1**을 참조하라. 지수적 차수는 다음과 같이 정의된다.

정의 4.1.2 지수적 차수

모든 $t > T$에 대하여 $|f(t)| \leq Me^{ct}$을 만족시키는 상수 c, $M > 0$, $T > 0$이 존재하면 함수 f는 **지수적 차수**(exponential order)라고 말한다.

간략하게 말해서, 함수 f가 증가함수이고 $t > T$이면 조건 $|f(t)| \leq Me^{ct}$는 구간 (T, ∞)에

서 함수 f의 그래프가 지수함수 Me^{ct}(c는 양의 상수)의 그래프보다 빨리 증가하지 않음을 의미한다. **그림 4.1.2**를 보라. 함수 $f(t) = t$, $f(t) = e^{-t}$, $f(t) = 2\cos t$는 각각 $t > 0$에 대하여 $c = 1$인 지수적 차수이다. 왜냐하면 각각

$$|t| \le e^t, \quad |e^{-t}| \le e^t, \quad |2\cos t| \le 2e^t$$

을 만족시키기 때문이다. 구간 $[0, \infty)$에서의 그래프 비교는 **그림 4.1.3**과 같다.

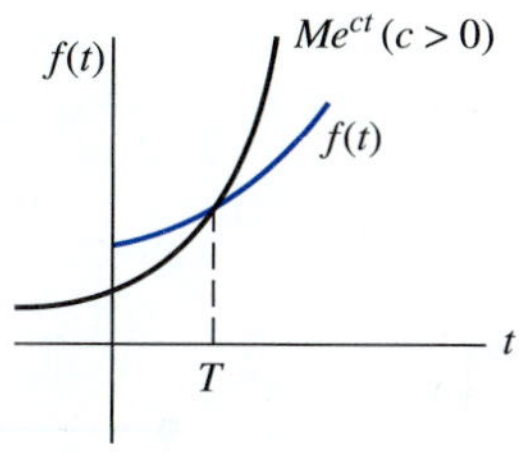

그림 4.1.2 지수적 차수인 함수 f

t의 양의 정수 거듭제곱은 언제나 지수적 차수를 갖는다. 왜냐하면 $c > 0$에 대해

$$|t^n| \le Me^{ct} \quad \text{또는} \quad \left|\frac{t^n}{e^{ct}}\right| \le M, \ t > T$$

를 보이는 것은 $n = 1, 2, 3, \ldots$에 대하여 $\lim_{t\to\infty} t^n/e^{ct}$가 유한함을 보이는 것과 같기 때문이다. 결과는 L'Hôpital의 규칙을 n번 적용함으로써 얻어진다. $f(t) = e^{t^2}$ 같은 함수는 지수 차수에 해당되지 않는데, 그 이유는 **그림 4.1.4**에 보인 것처럼 $t > c > 0$에 대하여 e^{t^2}이 지수 e의 어떤 양의 선형 차수 경우보다 빠르게 증가하기 때문이다. 이는 다음과 같이 증명될 수도 있다. $t \to \infty$일 때,

$$\left|\frac{e^{t^2}}{e^{ct}}\right| = e^{t^2 - ct} = e^{t(t-c)} \to \infty$$

위 식은 임의의 c 값에 대하여 성립하며, 같은 이유로 임의의 s 값에 대하여 $t \to \infty$일 때 $e^{-st}e^{t^2} \to \infty$가 된다. 따라서 이상 적분 $\int_0^\infty e^{-st}e^{t^2}$은 발산한다. 다시 말해 Laplace 변환 $\mathscr{L}\{e^{t^2}\}$ 값은 존재하지 않는다.

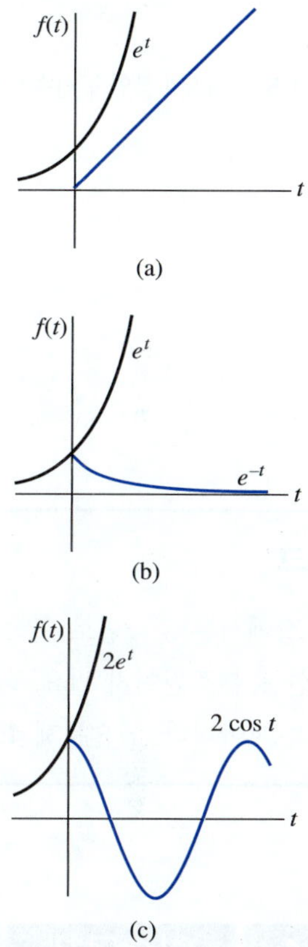

그림 4.1.3 푸른색 그래프로 표시된 지수적 차수인 함수

정리 4.1.2 $\mathscr{L}\{f(t)\}$가 존재하기 위한 충분조건

$f(t)$가 $[0, \infty)$에서 조각별로 연속이고 지수적 차수일 때, $s > c$에 대하여 $\mathscr{L}\{f(t)\}$가 존재한다.

증명 두 구간에 대한 적분합을 이용하여 다음과 같이 나타낼 수 있다.

$$\mathscr{L}\{f(t)\} = \int_0^T e^{-st}f(t)\,dt + \int_T^\infty e^{-st}f(t)\,dt = I_1 + I_2$$

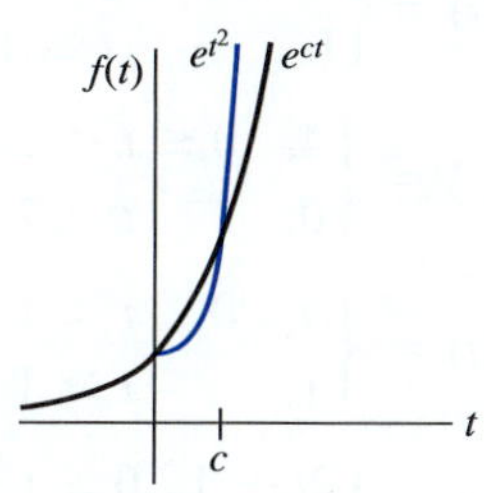

그림 4.1.4 푸른색 그래프로 표시된 지수적 차수인 함수

적분 I_1은 $e^{-st}f(t)$가 연속인 구간에서의 적분들의 합으로 쓸 수 있으므로, I_1은 존재한다. 또 f는 지수적 차수이므로 $t > T$에 대하여 $|f(t)| \le Me^{ct}$을 만족시키는 상수 c, $M > 0$, $T > 0$가 존재한다. 그러므로

$$|I_2| \le \int_T^\infty |e^{-st}f(t)|\,dt \le M\int_T^\infty e^{-st}e^{ct}\,dt = M\int_T^\infty e^{-(s-c)t}\,dt = M\frac{e^{-(s-c)T}}{s-c}$$

는 $s > c$에 대하여 성립한다. 위 식에서 $\int_T^\infty Me^{-(s-c)t}\,dt$가 수렴하므로 $\int_T^\infty |e^{-st}f(t)|\,dt$도 수렴함을 알 수 있다. 따라서 $s > c$에 대하여 I_2도 존재함을 알 수 있다. I_1과 I_2가 존재하므로, $s > c$에 대하여 $\mathscr{L}\{f(t)\} = \int_0^\infty e^{-st}f(t)\,dt$가 존재한다. ≡

예제 8 **조각별로 연속인 함수의 변환**

$f(t) = \begin{cases} 0, & 0 \le t < 3 \\ 2, & t \ge 3 \end{cases}$일 때 $\mathscr{L}\{f(t)\}$를 구하라.

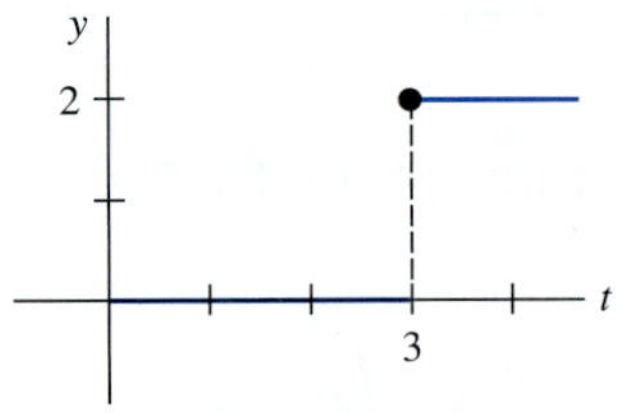

그림 4.1.5 예제 8의 불연속 연속적 함수

풀이 **그림 4.1.5**는 함수 f의 그래프이다. f가 두 구간에서 정의되었으므로 $\mathscr{L}\{f(t)\}$는 두 적분의 합으로 표현할 수 있다.

$$\mathscr{L}\{f(t)\} = \int_0^\infty e^{-st}f(t)\,dt = \int_0^3 e^{-st}(0)\,dt + \int_3^\infty e^{-st}(2)\,dt$$

$$= -\frac{2e^{-st}}{s}\bigg|_3^\infty$$

$$= \frac{2e^{-3s}}{s}, \quad s > 0$$

≡

이 장의 나머지 절에서는, 예제에서 s에 대한 제한 사항을 언급하지 않는다. s는 적절한 Laplace 변환의 수렴을 보장하기에 충분히 제한되어 있다고 이해한다.

참고

이 장에서는 조각별로 연속이고 지수적 차수인 함수를 주로 다루기로 한다. 하지만 위의 두 조건은 Laplace 변환이 존재하기 위한 충분조건이지 필요조건은 아님을 기억하라. 함수 $f(t) = t^{-1/2}$는 Laplace 변환은 존재하지만 구간 $[0, \infty)$에서 조각별로 연속은 아니다. 연습문제 4.1의 문제 47을 보라.

4.1 연습문제

부록에 선택된 홀수 문제의 답이 있다.

문제 1~18에서는 정의 4.1.1을 사용하여 $\mathscr{L}\{f(t)\}$를 구하라.

1. $f(t) = \begin{cases} -1, & 0 \le t < 1 \\ 1, & t \ge 1 \end{cases}$

2. $f(t) = \begin{cases} 4, & 0 \le t < 2 \\ 0, & t \ge 2 \end{cases}$

3. $f(t) = \begin{cases} t, & 0 \le t < 1 \\ 1, & t \ge 1 \end{cases}$

4. $f(t) = \begin{cases} 2t + 1, & 0 \le t < 1 \\ 0, & t \ge 1 \end{cases}$

5. $f(t) = \begin{cases} \sin t, & 0 \le t < \pi \\ 0, & t \ge \pi \end{cases}$

6. $f(t) = \begin{cases} \sin t, & 0 \le t < \pi/2 \\ 0, & t \ge \pi/2 \end{cases}$

7.

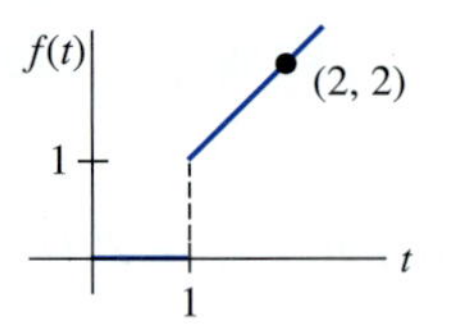

그림 4.1.6 문제 7의 그래프

8.

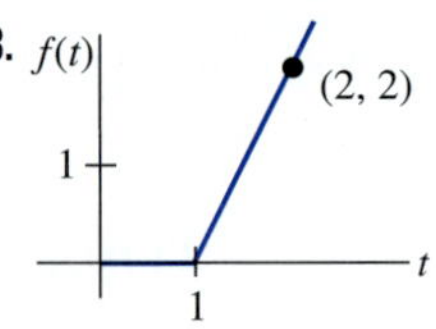

그림 4.1.7 문제 8의 그래프

9.

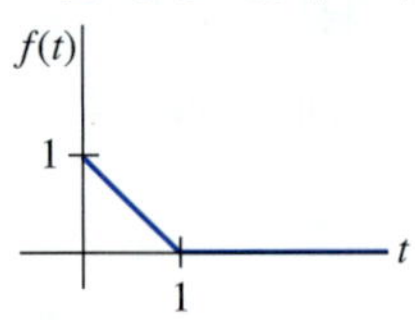

그림 4.1.8 문제 9의 그래프

10.

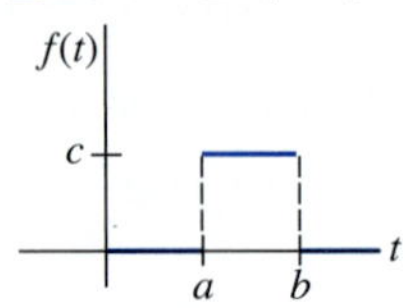

그림 4.1.9 문제 10의 그래프

11. $f(t) = e^{t+7}$

12. $f(t) = e^{-2t-5}$

13. $f(t) = te^{4t}$

14. $f(t) = t^2e^{-2t}$

15. $f(t) = e^{-t}\sin t$

16. $f(t) = e^t \cos t$

17. $f(t) = t\cos t$

18. $f(t) = t\sin t$

문제 19~38에서는 정리 4.1.1을 이용하여 $\mathscr{L}\{f(t)\}$를 구하라.

19. $f(t) = 2t^4$

20. $f(t) = t^5$

21. $f(t) = 4t - 10$

22. $f(t) = 7t + 3$

23. $f(t) = t^2 + 6t - 3$

24. $f(t) = -4t^2 + 16t + 9$

25. $f(t) = (t + 1)^3$

26. $f(t) = (2t - 1)^3$

27. $f(t) = 1 + e^{4t}$

28. $f(t) = t^2 - e^{-9t} + 5$

29. $f(t) = (1 + e^{2t})^2$

30. $f(t) = (e^t - e^{-t})^2$

31. $f(t) = 4t^2 - 5\sin 3t$

32. $f(t) = \cos 5t + \sin 2t$

33. $f(t) = \sinh kt$

34. $f(t) = \cosh kt$

35. $f(t) = e^t \sinh t$

36. $f(t) = e^{-t}\cosh t$

37. $f(t) = \cosh^2 kt$

38. $f(t) = \sinh^2 kt$

문제 39~44에서는 삼각함수의 항등식을 이용하여 $\mathscr{L}\{f(t)\}$를 구하라.

39. $f(t) = \cos^2 t - \sin^2 t$

40. $f(t) = 2\sin^2 \dfrac{t}{2}$

41. $f(t) = \sin 3t \cos 3t$

42. $f(t) = \sin^4 t$

43. $f(t) = \sqrt{2}\sin\left(2t + \dfrac{\pi}{4}\right)$

44. $f(t) = 10\cos\left(t - \dfrac{\pi}{6}\right)$

45. **감마 함수** $\Gamma(\alpha)$는 다음과 같이 이상 적분(improper integral) 형태로 정의될 수 있다.

$$\Gamma(\alpha) = \int_0^\infty t^{\alpha-1}e^{-t}dt, \quad \alpha > 0.$$

위 정의 식을 이용하여 $\Gamma(\alpha + 1) = \alpha\Gamma(\alpha)$가 성립함을 증명하라.

46. 문제 45 결과를 이용하여 다음 식을 증명하라.

$$\mathscr{L}\{t^\alpha\} = \frac{\Gamma(\alpha + 1)}{s^{\alpha+1}}, \quad \alpha > -1.$$

이 결과는 정리 4.1.1(b)를 일반화시킨 것이다.

문제 47~50에서는, 문제 45, 46의 결과와 $\Gamma(\frac{1}{2}) = \sqrt{\pi}$를 이용해 각 함수에 대한 Laplace 변환 값을 구하라.

47. $f(t) = t^{-1/2}$

48. $f(t) = t^{1/2}$

49. $f(t) = t^{3/2}$

50. $f(t) = 6t^{1/2} - 24t^{5/2}$

토의문제

51. 다음 방정식은 s의 어떤 값에 대해 참인가?

$$\mathscr{L}\{2e^{3t} - e^{-t} + 5\} = 2\mathscr{L}\{e^{3t}\} - \mathscr{L}\{e^{-t}\} + 5\mathscr{L}\{1\}$$

52. 그림 4.1.4는 함수 $f(t) = e^{t^2}$는 지수적 차수가 아님을 증명 없이 암시한다. $M > 0$이고 t가 충분히 클 때 임의의 c에 대해 $t^2 > \ln M + ct$은 어떻게 $e^{t^2} > Me^{ct}$을 유도하는가?

53. 정리 4.1.1의 (c)를 이용하여

$$\mathscr{L}\{e^{(a+ib)t}\} = \frac{s - a + ib}{(s - a)^2 + b^2}$$

을 보여라. 단 a와 b는 실수이고 $i^2 = -1$이다. 또 Euler의 공식(3.3절)을 이용하여 다음의 두 식을 유도하라.

$$\mathscr{L}\{e^{at}\cos bt\} = \frac{s - a}{(s - a)^2 + b^2}$$

$$\mathscr{L}\{e^{at}\sin bt\} = \frac{b}{(s - a)^2 + b^2}.$$

54. 어떤 조건에서 선형함수 $f(x) = mx + b$, $m \neq 0$가 선형 변환이 되는가?

55. 함수 $f(t) = 2te^{t^2}\cos e^{t^2}$은 지수 차수를 갖지 않지만 Laplace 변환 $\mathscr{L}\{2te^{t^2}\cos e^{t^2}\}$ 값이 존재함을 증명하라. [힌트: 부분 적분 사용]

56. 다음 함수가 구간 $[0, \infty]$에서 구분적 연속성이 성립하지 않는 이유를 설명하라.

$$f(t) = \begin{cases} t, & 0 \le t < 2 \\ 4, & 2 < t < 4 \\ 1/(t - 4), & t > 4 \end{cases}$$

57. 함수 $f(t)(= 1/t^2)$에 대하여 Laplace 변환이 적용될 수 없음을 증명하라. [힌트: $\mathscr{L}\{1/t^2\}$을 다음과 같이 두 개의 이상 적분으로 표현한 후, I_1이 발산한다는 것을 입증하라.]

$$\mathscr{L}\{1/t^2\} = \int_0^1 \frac{e^{-st}}{t^2}dt + \int_1^\infty \frac{e^{-st}}{t^2}dt = I_1 + I_2.$$

58. $\mathscr{L}\{f(t)\} = F(s)$이고 $a(>0)$가 상수일 때, 다음 변환을 증명하라

$$\mathscr{L}\{f(at)\} = \frac{1}{a}F\left(\frac{s}{a}\right).$$

이 결과를 **척도 변경 정리**라고 한다.

문제 59~62에서는, 주어진 Laplace 변환과 문제 58의 결과를 이용하여 지정된 Laplace 변환값을 구하라. 이때 a와 k는 양의 상수로 가정한다.

59. $\mathscr{L}\{e^t\} = \dfrac{1}{s - 1}$; $\mathscr{L}\{e^{at}\}$

60. $\mathscr{L}\{\cos t\} = \dfrac{s}{s^2 + 1}$; $\mathscr{L}\{\cos kt\}$

61. $\mathscr{L}\{t - \sin t\} = \dfrac{1}{s^2(s^2 + 1)}$; $\mathscr{L}\{kt - \sin kt\}$

62. $\mathscr{L}\{\cos t \sinh t\} = \dfrac{s^2 - 2}{s^4 + 4}$; $\mathscr{L}\{\cos kt \sinh kt\}$

4.2 역변환과 도함수의 변환

소개 이 절에서는 Laplace 변환이 특정 형태의 방정식을 풀기 위하여 어떻게 이용되는지 살펴본다. 역 Laplace 변환의 개념과 도함수의 변환을 살펴본 후 간단한 상미분방정식을 풀기 위하여 Laplace 변환을 사용해 보자.

4.2.1 역변환

역문제 $F(s)$가 함수 $\mathscr{L}\{f(t)\}$의 Laplace 변환, 즉 $\mathscr{L}\{f(t)\} = F(s)$이면 $f(t)$는 $F(s)$의 **역 Laplace 변환**(inverse Laplace transform)이라 하고 $f(t) = \mathscr{L}^{-1}\{F(s)\}$라 표기한다. 예를 들면 4.1절의 예제 1, 2, 3으로부터

$$1 = \mathscr{L}^{-1}\left\{\frac{1}{s}\right\}, \quad t = \mathscr{L}^{-1}\left\{\frac{1}{s^2}\right\}, \quad e^{-3t} = \mathscr{L}^{-1}\left\{\frac{1}{s+3}\right\}$$

임을 알 수 있다. 역변환에 대한 정리 4.1.1의 닮은 꼴은 다음과 같다.

정리 4.2.1 기본적인 역변환

$$\textbf{(a)}\quad 1 = \mathscr{L}^{-1}\left\{\frac{1}{s}\right\}$$

$$\textbf{(b)}\quad t^n = \mathscr{L}^{-1}\left\{\frac{n!}{s^{n+1}}\right\}, n = 1, 2, 3, \ldots \qquad \textbf{(c)}\quad e^{at} = \mathscr{L}^{-1}\left\{\frac{1}{s-a}\right\}$$

$$\textbf{(d)}\quad \sin kt = \mathscr{L}^{-1}\left\{\frac{k}{s^2+k^2}\right\} \qquad \textbf{(e)}\quad \cos kt = \mathscr{L}^{-1}\left\{\frac{s}{s^2+k^2}\right\}$$

$$\textbf{(f)}\quad \sinh kt = \mathscr{L}^{-1}\left\{\frac{k}{s^2-k^2}\right\} \qquad \textbf{(g)}\quad \cosh kt = \mathscr{L}^{-1}\left\{\frac{s}{s^2-k^2}\right\}$$

역변환을 구할 때 함수 $h(s)$가 표에 주어진 Laplace 변환과 **정확히** 일치하지 않는 경우도 자주 발생한다. 적당한 상수를 곱하고 나눔으로써 함수를 선택하는 것이 필요하기도 하다.

예제 1 정리 4.2.1의 적용

(a) $\mathscr{L}^{-1}\left\{\frac{1}{s^5}\right\}$ **(b)** $\mathscr{L}^{-1}\left\{\frac{1}{s^2+7}\right\}$을 구하라.

풀이 **(a)** 정리 4.2.1의 (b)를 이용하기 위해 $n + 1 = 5$를 택하고 $4!$을 곱하고 나눔으로써

$$\mathscr{L}^{-1}\left\{\frac{1}{s^5}\right\} = \frac{1}{4!}\mathscr{L}^{-1}\left\{\frac{4!}{s^5}\right\} = \frac{1}{24}t^4$$

을 얻는다.

(b) 정리 4.2.1의 (d)를 이용하기 위해 $k^2 = 7$, 즉 $k = \sqrt{7}$로 한다. $\sqrt{7}$을 곱하고 나눔으로써 아래의 식을 구한다.

$$\mathscr{L}^{-1}\left\{\frac{1}{s^2+7}\right\} = \frac{1}{\sqrt{7}}\mathscr{L}^{-1}\left\{\frac{\sqrt{7}}{s^2+7}\right\} = \frac{1}{\sqrt{7}}\sin\sqrt{7}t.$$

≡

역 Laplace 변환의 선형성 4.1절의 식 (5)와 유사하게 역 Laplace 변환도 선형 변환에 해당한다. 함수 $f(t) = \mathscr{L}^{-1}\{F(s)\}$와 $g(t) = \mathscr{L}^{-1}\{G(s)\}$가 $[0, \infty)$에서 조각별 연속이고 지수 차수를 가진다면, 상수 a와 b에 대해 다음 식과 같이 쓸 수 있다.

$$\mathscr{L}^{-1}\{\alpha F(s) + \beta G(s)\} = \alpha\mathscr{L}^{-1}\{F(s)\} + \beta\mathscr{L}^{-1}\{G(s)\} \tag{1}$$

4.1절의 식 (5)와 같이, 식 (1)은 Laplace 변환의 유한 선형 조합으로 확장된다.

예제 2 항별나누기와 선형성

$\mathscr{L}^{-1}\left\{\dfrac{-2s+6}{s^2+4}\right\}$을 구하라.

풀이 우선 주어진 s의 함수를 항별나누기하여 두 부분으로 변형하고 식 (1)을 이용하자. 그러면 다음과 같이 정리된다.

항별나누기 ↓ 선형성과 상수조정 ↓

$$\mathscr{L}^{-1}\left\{\frac{-2s+6}{s^2+4}\right\} = \mathscr{L}^{-1}\left\{\frac{-2s}{s^2+4} + \frac{6}{s^2+4}\right\} = -2\mathscr{L}^{-1}\left\{\frac{s}{s^2+4}\right\} + \frac{6}{2}\mathscr{L}^{-1}\left\{\frac{2}{s^2+4}\right\}$$

$$= -2\cos 2t + 3\sin 2t. \quad \leftarrow k = 2\text{일 때의 정리 4.3의 (e), (d)}$$

≡

부분분수 부분분수는 역 Laplace 변환을 구하는 데 중요한 역할을 한다. 2.2절에서 언급했듯이 유리식을 부분분수로 분할하는 것은 대부분의 컴퓨터 대수연산계에서 간단한 명령어로 쉽게 완성된다. 실제로 몇몇의 CAS들은 Laplace 변환과 역 Laplace 변환을 실행하는 체계를 갖고 있다. 그러나 소프트웨어에 액세스할 수 없는 사용자를 위해 이 장의 현재 절과 이후 절에서 Laplace 변환 $F(s)$의 분모가 포함하는 다음의 기본 기하학 일부를 검토하고자 한다. (*i*) 별개의 선형 요인, (*ii*) 반복되는 선형 인자, (*iii*) 실수 인자가 없는 2차 다항식.

이 장을 전개해 나가면서 이러한 각각의 경우를 검토할 것이지만, 이 이론에 대한 보다 포괄적인 검토를 위해서는 미적분학 교재 또는 대수학 교재를 참조하는 것이 바람직하다.

다음 예는 $F(s)$의 분모가 별개의 선형 요인으로 분해될 수 있는 경우에서의 부분 분수 분해를 보여준다.

예제 3 부분분수와 선형성

$\mathscr{L}^{-1}\left\{\dfrac{s^2+6s+9}{(s-1)(s-2)(s+4)}\right\}$을 구하라.

풀이 다음을 만족시키는 상수 A, B, C는 유일하다.

◀ 부분분수: 서로 다른 일차인자.

$$\frac{s^2+6s+9}{(s-1)(s-2)(s+4)} = \frac{A}{s-1} + \frac{B}{s-2} + \frac{C}{s+4}$$

$$= \frac{A(s-2)(s+4) + B(s-1)(s+4) + C(s-1)(s-2)}{(s-1)(s-2)(s+4)}$$

위 식에서 분모가 같으므로 분자도 같아야 한다.

$$s^2 + 6s + 9 = A(s-2)(s+4) + B(s-1)(s+4) + C(s-1)(s-2). \tag{3}$$

등식의 양변을 차수별로 계수를 비교하면 미지수 A, B, C로 이루어진 세 개의 연립방정식을 얻는다. 그러나 이 미지수들을 구하는 지름길을 생각해 보자. 식 (3)에 $s = 1$, $s = 2$, $s = -4$를 각각 대입하면*

$$16 = A(-1)(5), \quad 25 = B(1)(6), \quad 1 = C(-5)(-6)$$

$A = -\frac{16}{5}$, $B = \frac{25}{6}$, $C = \frac{1}{30}$을 얻는다. 그러므로 부분분수로 분리하면

$$\frac{s^2 + 6s + 9}{(s-1)(s-2)(s+4)} = -\frac{16/5}{s-1} + \frac{25/6}{s-2} + \frac{1/30}{s+4} \tag{4}$$

이고, $\mathscr{L}^{-1}$의 선형성과 정리 4.2.1의 (c)를 이용하여 다음의 식을 얻는다.

$$\begin{aligned}\mathscr{L}^{-1}\left\{\frac{s^2 + 6s + 9}{(s-1)(s-2)(s+4)}\right\} &= -\frac{16}{5}\mathscr{L}^{-1}\left\{\frac{1}{s-1}\right\} + \frac{25}{6}\mathscr{L}^{-1}\left\{\frac{1}{s-2}\right\} + \frac{1}{30}\mathscr{L}^{-1}\left\{\frac{1}{s+4}\right\} \\ &= -\frac{16}{5}e^{t} + \frac{25}{6}e^{2t} + \frac{1}{30}e^{-4t} \qquad (5)\end{aligned}$$ ≡

4.2.2 도함수의 변환

도함수의 변환 서론에서 언급했듯이 본 장의 목적은 Laplace 변환을 이용하여 미분방정식을 푸는 것이다. 그러기 위해서 $\mathscr{L}\{dy/dt\}$, $\mathscr{L}\{d^2y/dt^2\}$과 같은 변환을 구할 필요가 있다.

우선적으로 함수 f가 연속적이고 f'가 $[0, \infty)$에서 조각별 연속적이며, 두 함수가 정의 4.1.2에 명시된 바와 같이 지수 차수가 c인 경우를 고려한다. 단순화를 위해 f'는 구간 $[0, \infty)$에서 단일 불연속점 t_0을 갖는다고 가정한다. 그 다음 부분 적분을 적용한다.

$$\begin{aligned}\mathscr{L}\{f'(t)\} &= \int_0^{t_0} e^{-st}f'(t)\,dt + \int_{t_0}^{\infty} e^{-st}f'(t)\,dt \\ &= \left[e^{-st}f(t)\Big|_0^{t_0} + s\int_0^{t_0} e^{-st}f(t)\,dt\right] + \left[e^{-st}f(t)\Big|_{t_0}^{\infty} + s\int_{t_0}^{\infty} e^{-st}f(t)\,dt\right] \\ &= -f(0) + \lim_{t\to\infty} e^{-st}f(t) + s\left[\int_0^{t_0} e^{-st}f(t)\,dt + \int_{t_0}^{\infty} e^{-st}f(t)\,dt\right] \\ &= -f(0) + \lim_{t\to\infty} e^{-st}f(t) + s\int_0^{\infty} e^{-st}f(t)\,dt\end{aligned}$$

함수 f는 지수 차수를 가지므로, $s > c$에 대하여 $t \to \infty$일 때 $e^{-st}f(t) \to 0$이고, 마지막 항은 $\mathscr{L}\{f(t)\} = F(s)$로 인식된다. $\mathscr{L}\{f(t)\} = F(s)$를 이용하면 다음을 증명할 수 있다.

$$\mathscr{L}\{f'(t)\} = sF(s) - f(0) \tag{6}$$

* 1, 2, −4는 공통분모 $(s-1)(s-2)(s+4)$의 영점들이다.

식 (6)의 결과는 더 차수가 큰 도함수의 Laplace 변환을 찾기 위해 재귀적으로 사용될 수 있다. 예를 들어 $\mathscr{L}\{f'(t)\} = s\mathscr{L}\{f(t)\} - f(0)$에서 $f'(t)$와 $f(t)$를 $f''(t)$와 $f'(t)$로 대체하면 다음 식을 얻을 수 있다.

$$\mathscr{L}\{f''(t)\} = s\mathscr{L}\{f'(t)\} - f'(0) = s[s\mathscr{L}\{f(t)\} - f(0)] - f'(0)$$

또는

$$\mathscr{L}\{f''(t)\} = s^2F(s) - sf(0) - f'(0) \tag{7}$$

같은 방식으로, $\mathscr{L}\{f'''(t)\} = s\mathscr{L}\{f''(t)\} - f''(0)$ 은 식 (8)과 같이 나타낼 수 있다.

$$\mathscr{L}\{f'''(t)\} = s^3F(s) - s^2f(0) - sf'(0) - f''(0) \tag{8}$$

식 (6), (7), (8)의 결과는 다음 정리의 특별한 경우에 해당한다.

정리 4.2.2 도함수의 변환

$f, f', \ldots, f^{(n-1)}$가 구간 $[0, \infty)$에서 연속이고, $f^{(n)}$이 구간 $[0, \infty)$에서 조각별 연속이며, $f, f', \ldots, f^{(n-1)}, f^{(n)}$이 정의 4.1.2에 명시된 바와 같이 지수 차수 c를 갖는다고 가정하자. 그러면 $s > c$에 대하여

$$\mathscr{L}\{f^{(n)}(t)\} = s^nF(s) - s^{n-1}f(0) - s^{n-2}f'(0) - \cdots - f^{(n-1)}(0),$$

여기서 $F(s) = \mathscr{L}\{f(t)\}$이다.

선형 ODE의 풀이 정리 4.2.2에 의해 $\mathscr{L}\{d^ny/dt^n\}$은 $Y(s) = \mathscr{L}\{y(t)\}$와 $t = 0$에서 $y(t)$의 $n - 1$ 도함수들로 표현됨을 알 수 있다. 이 성질에 따라 Laplace 변환은 상수계수를 갖는 미분방정식의 선형 초기값 문제를 푸는 데 적합하다. 그러한 미분방정식은 $y, y', y'', \ldots, y^{(n)}$의 단순한 일차결합이다.

$$a_n\frac{d^ny}{dt^n} + a_{n-1}\frac{d^{n-1}y}{dt^{n-1}} + \cdots + a_0y = g(t),$$
$$y(0) = y_0, y'(0) = y_1, \ldots, y^{(n-1)}(0) = y_{n-1}$$

여기서 a_i, $i = 0, 1, \ldots, n$과 $y_0, y_1, \ldots, y_{n-1}$은 상수이다. 선형성에 의해 일차결합의 Laplace 변환은 Laplace 변환의 일차결합이다. 즉

$$a_n\mathscr{L}\left\{\frac{d^ny}{dt^n}\right\} + a_{n-1}\mathscr{L}\left\{\frac{d^{n-1}y}{dt^{n-1}}\right\} + \cdots + a_0\mathscr{L}\{y\} = \mathscr{L}\{g(t)\} \tag{9}$$

정리 4.2.2로부터 (9)는

$$\begin{aligned} &a_n[s^nY(s) - s^{n-1}y(0) - \cdots - y^{(n-1)}(0)] \\ &\quad + a_{n-1}[s^{n-1}Y(s) - s^{n-2}y(0) - \cdots - y^{(n-2)}(0)] + \cdots + a_0Y(s) = G(s) \end{aligned} \tag{10}$$

이 된다. 여기서 $\mathscr{L}\{y(t)\} = Y(s)$이고 $\mathscr{L}\{g(t)\} = G(s)$이다. 다시 말해서

상수계수를 갖는 선형 미분방정식의 Laplace 변환은 $Y(s)$에 관한 대수방정식이 된다.

$Y(s)$에 관해 일반적인 변환방정식 (10)을 풀면 우선 $P(s)Y(s) = Q(s) + G(s)$을, 다시

$$Y(s) = \frac{Q(s)}{P(s)} + \frac{G(s)}{P(s)} \tag{11}$$

와 같이 쓸 수 있다. 여기에서 $P(s) = a_n s^n + a_{n-1}s^{n-1} + \ldots + a_0$이고, $Q(s)$는 계수 a_i, $i = 1, \ldots, n$과 주어진 초기조건의 $y_0, y_1, \ldots, y_{n-1}$들의 다양한 곱으로 이루어진, $n - 1$ 이하의 차수를 갖는 s의 다항식이고, $G(s)$는 $g(t)$의 Laplace 변환이다.* 식 (11)의 두 항을 최소의 공통분모로 통분하여 결합하고 그 결과를 다시 두 개 또는 더 많은 부분분수로 분리한다. 분리된 항별로 역변환을 취하면, 주어진 초기값 문제의 해 $y(t) = \mathscr{L}^{-1}\{Y(s)\}$를 얻을 수 있다.

이 과정은 **그림 4.2.1**로 요약된다.

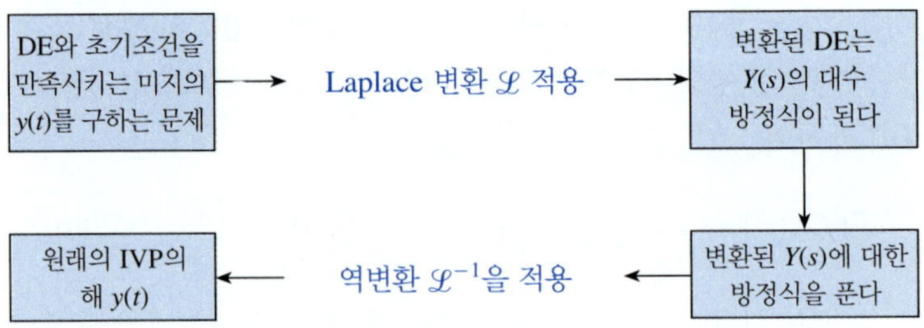

그림 4.2.1 Laplace 변환을 사용해 IVP를 푸는 순서

다음 예제는 DE를 푸는 위에서 제시된 방법을 보여 준다.

예제 4 1계 IVP 구하기

Laplace 변환을 이용하여 주어진 초기값 문제를 풀어라.

$$\frac{dy}{dt} + 3y = 13\sin 2t, \qquad y(0) = 6$$

풀이 우선 미분방정식의 각 항에 변환을 취한다.

$$\mathscr{L}\left\{\frac{dy}{dt}\right\} + 3\,\mathscr{L}\{y\} = 13\,\mathscr{L}\{\sin 2t\} \tag{12}$$

식 (6)으로부터 $\mathscr{L}\{dy/dt\} = sY(s) - y(0) = sY(s) - 6$이고 정리 4.1.1의 (d)에 의해 $\mathscr{L}\{\sin 2t\} = 2/(s^2 + 4)$이므로 (12)는

$$sY(s) - 6 + 3Y(s) = \frac{26}{s^2 + 4} \qquad \text{또는} \qquad (s + 3)Y(s) = 6 + \frac{26}{s^2 + 4}$$

* 다항식 $P(s)$는 통상적인 기초 m을 s로 대체하면 3.3절의 식 (13)의 n차 보조방정식과 동일하다.

이다. 마지막 식으로부터

$$Y(s) = \frac{6}{s+3} + \frac{26}{(s+3)(s^2+4)} = \frac{6s^2+50}{(s+3)(s^2+4)} \tag{13}$$

을 얻는다. 이차식 $s^2 + 4$는 실수를 이용한 인수가 없으므로 부분분수로 분해할 경우 분자는 s의 선형 다항식이 된다. 즉

◀ 부분분수: 실수 인수가 없는 이차 다항식

$$\frac{6s^2+50}{(s+3)(s^2+4)} = \frac{A}{s+3} + \frac{Bs+C}{s^2+4}$$

위 식의 우변을 공통분모로 정리하면 분자로부터 $6s^2 + 50 = A(s^2 + 4) + (Bs + C)(s + 3)$을 얻는다. $s = -3$을 대입하면 식으로부터 $A = 8$이다. 분모가 더 이상의 실근을 갖지 않으므로 s^2과 s의 계수를 비교하여 $6 = A + B$, $0 = 3B + C$를 얻는데 연립하여 풀면 $B = -2$, $C = 6$을 구할 수 있다. 그러므로

$$Y(s) = \frac{6s^2+50}{(s+3)(s^2+4)} = \frac{8}{s+3} + \frac{-2s+6}{s^2+4}$$

이다. 그러나 마지막 항이 두 분수로 분해되어야 하므로 완성되었다고 볼 수 없다. 위의 예제 2에서와 같이 항별로 분리하여 역변환을 취하면

$$y(t) = 8\mathscr{L}^{-1}\left\{\frac{1}{s+3}\right\} - 2\mathscr{L}^{-1}\left\{\frac{s}{s^2+4}\right\} + 3\mathscr{L}^{-1}\left\{\frac{2}{s^2+4}\right\}$$

이고, 정리 4.2.1 (c), (d), (e)에 의해 초기값 문제의 해는 $y(t) = 8e^{-3t} - 2\cos 2t + 3\sin 2t$ 이다. ≡

예제 5 2계 IVP 구하기

Laplace 변환을 이용하여 다음 초기값 문제를 풀어라.

$$y'' - 3y' + 2y = e^{-4t},\ y(0) = 1,\ y'(0) = 5$$

풀이 예제 4에서와 같이 우선 각 항의 변환을 취하자. 그리고 식 (6)과 식 (7), 주어진 초기조건, 정리 4.2.1의 (c)를 이용한다. 그리고 $Y(s)$에 관해 정리하고 $Y(s)$를 풀면 다음과 같이 전개된다.

$$\mathscr{L}\left\{\frac{d^2y}{dt^2}\right\} - 3\mathscr{L}\left\{\frac{dy}{dt}\right\} + 2\mathscr{L}\{y\} = \mathscr{L}\{e^{-4t}\}$$

$$s^2Y(s) - sy(0) - y'(0) - 3[sY(s) - y(0)] + 2Y(s) = \frac{1}{s+4}$$

$$(s^2 - 3s + 2)Y(s) = s + 2 + \frac{1}{s+4}$$

$$Y(s) = \frac{s+2}{s^2-3s+2} + \frac{1}{(s^2-3s+2)(s+4)} = \frac{s^2+6s+9}{(s-1)(s-2)(s+4)} \tag{14}$$

그리고 $y(t)$는 Laplace 역변환 $\mathscr{L}^{-1}\{Y(s)\}$을 통해 구한다. $Y(s)$를 부분분수로 분해하는 것은 예제 3에서 다루었으므로 생략하기로 한다. 식 (4)와 (5)를 보면 초기값 문제의 해는

$$y(t) = -\frac{16}{5}e^{t} + \frac{25}{6}e^{2t} + \frac{1}{30}e^{-4t}$$

임을 알 수 있다. ≡

예제 4와 5는 선형 초기값 문제를 풀기 위하여 Laplace 변환을 사용하는 기본과정을 예시한다. 그러나 2.4절과 3.3~3.6절에서 사용한 방법보다 더 좋은 방법이라 할 수는 없다. 그렇다고 해서 이 두 예제로부터 부정적인 견해를 가질 필요는 없다. Laplace 변환은 본질적으로 대수를 많이 사용하지만, 매개변수 변화법을 사용할 필요가 없고 미정계수 법에서의 경우 나누기나 방정식 풀기에 관해 걱정할 필요는 없다. 또한 이 방법은 초기조건을 해로 직접 결합시키므로 IVP의 특이해의 특정 상수를 찾기 위해 DE의 일반해 $y = c_1y_1 + c_2y_2 + \ldots + c_ny_n + y_p$에 초기조건을 적용하는 별도의 연산을 할 필요가 없다.

Laplace 변환은 많은 연산 성질을 갖고 있다. 다음 절에서 이러한 성질 중 몇 가지를 살펴보고 더욱 복잡한 문제를 푸는 데 어떻게 적용되는지 알아보기로 하자.

마지막으로 우리가 일반적으로 다룰 s의 함수 형태와 관련된 추가적인 이론을 약간 살펴보면서 이 절을 마치도록 하자. 다음의 정리는 모든 임의의 함수 $h(s)$가 지수적 차수이고 조각별로 연속인 함수의 Laplace 변환은 아니라는 것을 지적한다.

정리 4.2.3 $s \to \infty$에 따른 $F(s)$의 움직임

함수 f가 구간 $[0, \infty)$에서 조각별 연속이고, 정의 4.1.2에 명시된 바와 같이 지수 차수 c를 가지며, $F(s) = \mathscr{L}\{f(t)\}$라 하면 $\lim_{s\to\infty} F(s) = 0$이다.

증명 $f(t)$가 $0 \le t \le T$에서 조각별로 연속이므로 그 구간에서 유계이다. 즉 $|f(t)| \le M_1 = M_1e^{0t}$이다. 또한 지수적 차수를 가지므로 $t > T$에 대하여 $|f(t)| \le M_2e^{\gamma t}$을 만족시키는 상수 γ, $M_2 > 0$, $T > 0$가 존재한다. M이 M_1, M_2 중 최대값이고 c가 0, γ 중 최대값이면

$$|\mathscr{L}\{f(t)\}| \le \int_0^\infty e^{-st}|f(t)|\,dt \le M\int_0^\infty e^{-st}\cdot e^{ct}\,dt = -M\frac{e^{-(s-c)t}}{s-c}\bigg|_0^\infty = \frac{M}{s-c}$$

가 $s > c$에 대해 성립한다. $s \to \infty$에 따라 $|\mathscr{L}\{f(t)\}| \to 0$이고 따라서 $\mathscr{L}\{f(t)\} \to 0$이 된다. ≡

정리 4.2.3의 결과로, $F_1(s) = 1$과 $F_2(s) = s/(s+1)$은 지수적 차수이고 조각별로 연속인 함수의 Laplace 변환이 아님을 알 수 있다. 왜냐하면 $s \to \infty$에 따라 $F_1(s) \nrightarrow 0$이고 $F_2(s) \nrightarrow 0$ 이기 때문이다. 그러나 이로부터 "$F_1(s) = 1$와 $F_2(s) = s/(s+1)$가 Laplace 변환이 아니다"라고 결론지어서는 안 된다. 다른 종류의 함수가 있을 수 있기 때문이다.

참고

(*i*) 함수 $F(s)$의 역 Laplace 변환은 유일하지 않을 수 있다. 즉 $\mathscr{L}\{f_1(t)\} = \mathscr{L}\{f_2(t)\}$이지만 $f_1 \neq f_2$일 수 있다. 우리의 목적에 이것은 전혀 문제가 되지 않는다. f_1과 f_2가 지수적 차수이고 $[0, \infty)$에서 조각별로 연속이라면 f_1과 f_2는 본질적으로 같다. 연습문제 4.2의 문제 50을 보라. 그러나 f_1과 f_2가 $[0, \infty)$에서 연속이고 $\mathscr{L}\{f_1(t)\} = \mathscr{L}\{f_2(t)\}$이면 구간 $[0, \infty)$에서 $f_1 = f_2$이다.

(*ii*) 컴퓨터가 아닌 직접 부분분수로 분해하는 경우를 생각하자. $\mathscr{L}\{f(t)\} = F(s)$가 s의 유리함수이고 F의 분모가 서로 다른 일차인수의 곱으로 이루어진 특별한 경우에, 부분분수로 분해할 때의 계수를 결정하는 다른 방법이 있다. 예제 3을 다시 살펴봄으로써 설명해 보자. 분해된 식

$$\frac{s^2 + 6s + 9}{(s-1)(s-2)(s+4)} = \frac{A}{s-1} + \frac{B}{s-2} + \frac{C}{s+4} \tag{15}$$

의 양변에 $s - 1$을 곱하고 $s = 1$을 대입한다. 그러면 B와 C의 계수는 0이므로

$$\left.\frac{s^2 + 6s + 9}{(s-2)(s+4)}\right|_{s=1} = A \quad \text{또는} \quad A = -\frac{16}{5}$$

이고, 다른 방법으로 표현하면

$$\left.\frac{s^2 + 6s + 9}{\boxed{(s-1)}(s-2)(s+4)}\right|_{s=1} = -\frac{16}{5} = A$$

이다. 여기서 좌변에 $s - 1$을 곱할 때 약분으로 소거될 인수를 푸른색으로 표시하였다. B와 C를 구하기 위해 순차적으로 $s - 2$와 $s + 4$를 표시하면서 식 (15)의 좌변을 계산한다.

$$\left.\frac{s^2 + 6s + 9}{(s-1)\boxed{(s-2)}(s+4)}\right|_{s=2} = \frac{25}{6} = B, \quad \left.\frac{s^2 + 6s + 9}{(s-1)(s-2)\boxed{(s+4)}}\right|_{s=-4} = \frac{1}{30} = C$$

구하려는 분해식 (15)는 식 (4)에 주어져 있다. 이러한 계수결정 방법을 **은폐방법**(cover-up method)이라 부른다.

(*iii*) 동적 계의 용어에 대한 소개를 계속하자. 식 (9)와 식 (10)에 의해 Laplace 변환은 선형 동적계에 잘 적용된다. 식 (11)에서 다항식 $P(s) = a_n s^n + a_{n-1}s^{n-1} + \ldots + a_0$은 식 (10)의 $Y(s)$의 전체 계수이고, 미분방정식의 좌변에 있는 도함수 d^ky/dt^k를 간단히 s^k, $k = 0, 1, \ldots, n$으로 대체한 것이다. 일반적으로 $P(s)$의 역수, 이른바 $W(s) = 1/P(s)$는 계의 **전달함수**(transfer function)라고 불리며 식 (11)은

$$Y(s) = W(s)Q(s) + W(s)G(s) \tag{16}$$

와 같이 쓰일 수 있다. 이러한 방법으로 초기조건에 의한 응답의 효과[즉 $W(s)Q(s)$]와 입력함수 g에 의한 효과[즉 $W(s)G(s)$]를 더하기로 분리하였다. 식 (13)과 (14)를 보라. 그러므로 계의 응답 $y(t)$는 두 응답의 중첩이 된다.

$$y(t) = \mathscr{L}^{-1}\{W(s)Q(s)\} + \mathscr{L}^{-1}\{W(s)G(s)\} = y_0(t) + y_1(t).$$

입력이 $g(t) = 0$이면 문제의 해는 $y_0(t) = \mathscr{L}^{-1}\{W(s)Q(s)\}$이다. 이 해를 계의 **영입력 응답**(zero-input response)이라고 부른다. 반면에 함수 $y_1(t) = \mathscr{L}^{-1}\{W(s)G(s)\}$는 입력 $g(t)$로 인한 출력이다. 만약 계의 초기상태가 영상태(모든 초기조건이 0인 상태)라면 $Q(s) = 0$이고 초기값 문제의 유일한 해는 $y_1(t)$가 된다. 이러한 해를 계의 **영상태 응답**(zero-state response)이라고 부른다. $y_0(t)$와 $y_1(t)$는 특수해이다. 왜냐하면 $y_0(t)$는 주어진 초기조건을 갖는 제차방정식으로 구성된 IVP의 해이고 $y_1(t)$는 0 초기조건을 갖는 비제차방정식으로 구성된 IVP의 해이기 때문이다. 예제 5의 식 (14)에서 전달함수는
$W(s) = 1/(s^2 - 3s + 2)$이고 영입력 응답은

$$y_0(t) = \mathscr{L}^{-1}\left\{\frac{s+2}{(s-1)(s-2)}\right\} = -3e^t + 4e^{2t}$$

이고, 영상태 응답은

$$y_1(t) = \mathscr{L}^{-1}\left\{\frac{1}{(s-1)(s-2)(s+4)}\right\} = -\frac{1}{5}e^t + \frac{1}{6}e^{2t} + \frac{1}{30}e^{-4t}$$

임을 알 수 있다. $y_0(t)$와 $y_1(t)$의 합이 그 예제의 해 $y(t)$임을 보이고, 또 $y_1(0) = 0$, $y_1'(0) = 0$이고 $y_0(0) = 1$, $y_0'(0) = 5$임을 보여라.

4.2 연습문제

부록에 선택된 홀수 문제의 답이 있다.

4.2.1 역변환

문제 1~30에서는 정리 4.2.1을 이용하여 주어진 역변환을 구하라.

1. $\mathscr{L}^{-1}\left\{\frac{1}{s^3}\right\}$
2. $\mathscr{L}^{-1}\left\{\frac{1}{s^4}\right\}$
3. $\mathscr{L}^{-1}\left\{\frac{1}{s^2} - \frac{48}{s^5}\right\}$
4. $\mathscr{L}^{-1}\left\{\left(\frac{2}{s} - \frac{1}{s^3}\right)^2\right\}$
5. $\mathscr{L}^{-1}\left\{\frac{(s+1)^3}{s^4}\right\}$
6. $\mathscr{L}^{-1}\left\{\frac{(s+2)^2}{s^3}\right\}$
7. $\mathscr{L}^{-1}\left\{\frac{1}{s^2} - \frac{1}{s} + \frac{1}{s-2}\right\}$
8. $\mathscr{L}^{-1}\left\{\frac{4}{s} + \frac{6}{s^5} - \frac{1}{s+8}\right\}$
9. $\mathscr{L}^{-1}\left\{\frac{1}{4s+1}\right\}$
10. $\mathscr{L}^{-1}\left\{\frac{1}{5s-2}\right\}$
11. $\mathscr{L}^{-1}\left\{\frac{5}{s^2+49}\right\}$
12. $\mathscr{L}^{-1}\left\{\frac{10s}{s^2+16}\right\}$
13. $\mathscr{L}^{-1}\left\{\frac{4s}{4s^2+1}\right\}$
14. $\mathscr{L}^{-1}\left\{\frac{1}{4s^2+1}\right\}$
15. $\mathscr{L}^{-1}\left\{\frac{2s-6}{s^2+9}\right\}$
16. $\mathscr{L}^{-1}\left\{\frac{s+1}{s^2+2}\right\}$
17. $\mathscr{L}^{-1}\left\{\frac{1}{s^2+3s}\right\}$
18. $\mathscr{L}^{-1}\left\{\frac{s+1}{s^2-4s}\right\}$
19. $\mathscr{L}^{-1}\left\{\frac{s}{s^2+2s-3}\right\}$
20. $\mathscr{L}^{-1}\left\{\frac{1}{s^2+s-20}\right\}$
21. $\mathscr{L}^{-1}\left\{\frac{0.9s}{(s-0.1)(s+0.2)}\right\}$
22. $\mathscr{L}^{-1}\left\{\frac{s-3}{(s-\sqrt{3})(s+\sqrt{3})}\right\}$
23. $\mathscr{L}^{-1}\left\{\frac{s}{(s-2)(s-3)(s-6)}\right\}$
24. $\mathscr{L}^{-1}\left\{\frac{s^2+1}{s(s-1)(s+1)(s-2)}\right\}$
25. $\mathscr{L}^{-1}\left\{\frac{1}{s^3+5s}\right\}$
26. $\mathscr{L}^{-1}\left\{\frac{s}{(s+2)(s^2+4)}\right\}$
27. $\mathscr{L}^{-1}\left\{\frac{2s-4}{(s^2+s)(s^2+1)}\right\}$
28. $\mathscr{L}^{-1}\left\{\frac{1}{s^4-9}\right\}$
29. $\mathscr{L}^{-1}\left\{\frac{1}{(s^2+1)(s^2+4)}\right\}$
30. $\mathscr{L}^{-1}\left\{\frac{6s+3}{s^4+5s^2+4}\right\}$

문제 31과 32에서, 함수 f의 Laplace 변환을 구해 주어진 역 Laplace 변환을 구하라.

31. $\mathscr{L}^{-1}\left\{\frac{1}{(s^2+a^2)(s^2+b^2)}\right\}$; $f(t) = a\sin bt - b\sin at$
32. $\mathscr{L}^{-1}\left\{\frac{s}{(s^2+a^2)(s^2+b^2)}\right\}$; $f(t) = \cos bt - \cos at$

4.2.2 도함수의 변환

문제 33~46에서는 Laplace 변환을 이용하여 주어진 초기값 문제를 풀어라.

33. $\frac{dy}{dt} - y = 1, \quad y(0) = 0$
34. $2\frac{dy}{dt} + y = 0, \quad y(0) = -3$
35. $y' + 6y = e^{4t}, \quad y(0) = 2$
36. $y' - y = 2\cos 5t, \quad y(0) = 0$
37. $y'' + 5y' + 4y = 0, \quad y(0) = 1,\ y'(0) = 0$
38. $y'' - 4y' = 6e^{3t} - 3e^{-t}, \quad y(0) = 1,\ y'(0) = -1$
39. $y'' + y = \sqrt{2}\sin\sqrt{2}t, \quad y(0) = 10,\ y'(0) = 0$
40. $y'' + 9y = e^t, \quad y(0) = 0,\ y'(0) = 0$
41. $2y''' + 3y'' - 3y' - 2y = e^{-t}, \quad y(0) = 0,\ y'(0) = 0,\ y''(0) = 1$
42. $y''' + 2y'' - y' - 2y = \sin 3t, \quad y(0) = 0,\ y'(0) = 0,\ y''(0) = 1$
43. $y^{(4)} - y = 0, \quad y(0) = 0, y'(0) = 0, y''(0) = 0, y'''(0) = 2$
44. $y^{(4)} - 9y = 0, \quad y(0) = 1, y'(0) = 0, y''(0) = 3, y'''(0) = 0$

45. $y^{(4)} - y = 0,\ y(0) = 1, y'(0) = 0, y''(0) = 0, y'''(0) = 0$

46. $y^{(4)} + y'' = 1,\ y(0) = 0, y'(0) = 0, y''(0) = 0,\ y'''(0) = 0$

문제 47와 48에서, 문제 31과 32에서 구한 역 Laplace 변환 중 하나를 사용하여 주어진 초기값 문제를 풀어라.

47. $y'' + 4y = 10\cos 5t, \quad y(0) = 0, \quad y'(0) = 0$

48. $y'' + 2y = \sin t, \quad y(0) = 0, \quad y'(0) = 0$

연습문제 4.1의 문제 53의 결과의 역변환은

$$\mathscr{L}^{-1}\left\{\frac{s-a}{(s-a)^2+b^2}\right\} = e^{at}\cos bt$$

$$\mathscr{L}^{-1}\left\{\frac{b}{(s-a)^2+b^2}\right\} = e^{at}\sin bt$$

이다. 문제 49와 50에서는 Laplace 변환과 위의 역변환을 이용하여 주어진 초기값 문제를 풀어라.

49. $y' + y = e^{-3t}\cos 2t, \quad y(0) = 0$

50. $y'' - 2y' + 5y = 0, \quad y(0) = 1, \quad y'(0) = 3$

문제 51과 52에서, 부록 C의 Laplace 변환 표를 사용하여 주어진 초기값 문제를 풀어라.

51. $y^{(4)} + 16y = 0, y(0) = 0, y'(0) = 0, y''(0) = 1, y'''(0) = 0$

52. $y^{(4)} + 2y'' + y = 0, y(0) = 0, y'(0) = 1, y''(0) = 0, y'''(0) = 0$

토의문제

53. $F(s) = \mathscr{L}\{f(t)\}$를 사용하면, 식 (6)에서 본 것처럼

$$\mathscr{L}\{f'(t)\} = s\,\mathscr{L}\{f(t)\} - f(0)$$

와 같아진다. $f(t) = te^{at}$일 때, 정리 4.1.1의 (c)와 연계하여 위 결과가 $\mathscr{L}\{te^{at}\}$을 구하는 데 어떻게 이용되는지 논하라.

54. 53에서와 같이, $f(t) = t\sin kt$일 때 $\mathscr{L}\{t\sin kt\}$를 구하는 데 정리 4.1.1의 (d)와 (e)를 연계하여 (7)이 어떻게 이용되는지 논하라.

55. $f(t)$가 $t \geq 0$에서 연속적이고, 지수 차수를 갖는다고 가정한다. $g(t) = \int_0^t f(\tau)\,d\tau$이면 식(6)을 사용하여 다음을 증명하라. $\mathscr{L}\{\int_0^t f(\tau)\,d\tau\} = F(s)/s$, 여기서 $F(s) = \mathscr{L}\{f(t)\}$이다.

56. 같은 Laplace 변환을 갖는 다른 함수 f_1과 f_2를 구하라.

4.3 평행이동정리

소개 주어진 함수 $f(t)$의 Laplace 변환을 구할 때마다 정의 4.1.1을 이용하는 것은 불편하다. 예를 들어 $f(t) = e^t t^2 \sin 3t$와 같은 함수의 Laplace 변환을 구하는 데 필요한 부분적분은 직접 계산하기에는 매우 힘들다. 이 절과 다음 절에서는 Laplace 변환의 정의를 여러번 반복하여 사용하지 않고(부록 C 참조) 간편하게 사용할 수 있게 하는 몇몇 정리들을 공부하기로 하자.

4.3.1 s축 상의 평행이동

$\mathscr{L}\{t^3\}$와 $\mathscr{L}\{\cos 4t\}$를 알면 $\mathscr{L}\{e^{5t}t^3\}$와 $\mathscr{L}\{e^{-2t}\cos 4t\}$와 같은 변환을 구하는 것은 쉽다. 일반적으로 $\mathscr{L}\{f(t)\} = F(s)$를 안다면 함수 f와 지수곱의 Laplace 변환, 즉 $\mathscr{L}\{e^{at}f(t)\}$는 $F(s)$를 $F(s-a)$로 평행이동 또는 이동시키는 것만으로도 구할 수 있다. 이 결과를 **제1평행이동정리**(first translation theorem) 또는 **제1이동정리**(first shifting theorem)라고 한다.

정리 4.3.1 제1평행이동정리

$\mathscr{L}\{f(t)\} = F(s)$이고 a가 임의의 실수이면

$$\mathscr{L}\{e^{at}f(t)\} = F(s-a)$$

이다.

증명 정의 4.1.1에 의하여

$$\mathscr{L}\{e^{at}f(t)\} = \int_0^\infty e^{-st}e^{at}f(t)\,dt = \int_0^\infty e^{-(s-a)t}f(t)\,dt = F(s-a)$$

$F(s)$가 $s > c$에서 존재하므로, $F(s-a)$는 $s - a > c$ 또는 $s > a + c$에서 존재한다. 이 된다. ≡

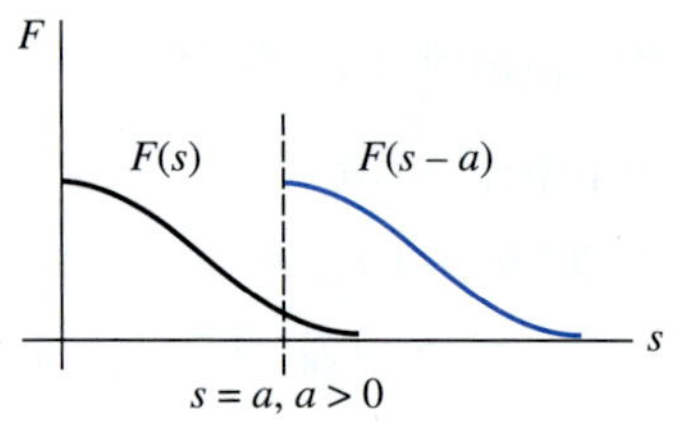

그림 4.3.1 s축 상의 이동

s가 실변수라면 $F(s-a)$의 그래프는 $F(s)$의 그래프를 s축으로 $|a|$만큼 이동한 것이다. $a > 0$이라면 $F(s)$의 그래프를 오른쪽으로 a만큼 이동하고 $a < 0$이면 왼쪽으로 $|a|$만큼 이동한 것이다. **그림 4.3.1**을 보라.

다음과 같은 기호를 쓰는 것은 때로는 유용하다.

$$\mathscr{L}\{e^{at}f(t)\} = \mathscr{L}\{f(t)\}_{s\to s-a}$$

위 식에서 $s \to s - a$는 $f(t)$의 Laplace 변환 $F(s)$에서 s를 $s - a$로 대치하는 것을 의미한다.

예제 1 제1 평행이동정리 사용

(a) $\mathscr{L}\{e^{5t}t^3\}$과 **(b)** $\mathscr{L}\{e^{-2t}\cos 4t\}$를 구하라.

풀이 정리 4.1.1과 4.3.1을 이용하면

$$\text{(a)}\quad \mathscr{L}\{e^{5t}t^3\} = \mathscr{L}\{t^3\}_{s\to s-5} = \left.\frac{3!}{s^4}\right|_{s\to s-5} = \frac{6}{(s-5)^4}$$

$$\text{(b)}\quad \mathscr{L}\{e^{-2t}\cos 4t\} = \mathscr{L}\{\cos 4t\}_{s\to s-(-2)} = \left.\frac{s}{s^2+16}\right|_{s\to s+2} = \frac{s+2}{(s+2)^2+16}$$

이다. ≡

정리 4.3.1의 역형태 $F(s-a)$의 역을 구하려면 $F(s)$를 알고 또 $F(s)$의 역 Laplace 변환을 취하여 $f(t)$를 구한 다음 $f(t)$와 지수함수 e^{at}를 곱한다. 이 과정은 다음과 같이 기호로 정리된다.

$$\mathscr{L}^{-1}\{F(s-a)\} = \mathscr{L}^{-1}\{F(s)|_{s\to s-a}\} = e^{at}f(t) \tag{1}$$

위에서 $f(t) = \mathscr{L}^{-1}\{F(s)\}$이다.

예제 2 부분분수와 완전제곱

부분분수: 반복되는 일차인수. ▶

(a) $\mathscr{L}^{-1}\left\{\dfrac{2s+5}{(s-3)^2}\right\}$와 **(b)** $\mathscr{L}^{-1}\left\{\dfrac{s/2+5/3}{s^2+4s+6}\right\}$을 구하라.

풀이 **(a)** 반복된 일차인수는 $(s-a)^n$로, a가 실수이고 n이 2 이상의 양의 정수이다. $(s-a)^n$는 유리식의 분모에 있으면 부분분수로 분해할 때 분모 $s-a, (s-a)^2, \ldots, (s-a)^n$과 상수인 분자로 이루어진 n개의 부분분수로 이루어짐을 기억하라. 여기서 $a = 3$이고 $n = 2$이므로

$$\frac{2s+5}{(s-3)^2}=\frac{A}{s-3}+\frac{B}{(s-3)^2}$$

이다. 우변을 공통분모로 정리하면 분자로부터 $2s+5=A(s-3)+B$를 얻고, 이 항등식으로부터 $A=2$, $B=11$을 얻는다. 그러므로

$$\frac{2s+5}{(s-3)^2}=\frac{2}{s-3}+\frac{11}{(s-3)^2} \tag{2}$$

와

$$\mathscr{L}^{-1}\left\{\frac{2s+5}{(s-3)^2}\right\}=2\mathscr{L}^{-1}\left\{\frac{1}{s-3}\right\}+11\mathscr{L}^{-1}\left\{\frac{1}{(s-3)^2}\right\} \tag{3}$$

이다. $1/(s-3)^2$는 $F(s)=1/s^2$를 오른쪽으로 3만큼 이동한 것이다. $\mathscr{L}^{-1}\{1/s^2\}=t$이므로 식 (1)로부터

$$\mathscr{L}^{-1}\left\{\frac{1}{(s-3)^2}\right\}=\mathscr{L}^{-1}\left\{\frac{1}{s^2}\bigg|_{s\to s-3}\right\}=e^{3t}t$$

이고, 식 (3)은

$$\mathscr{L}^{-1}\left\{\frac{2s+5}{(s-3)^2}\right\}=2e^{3t}+11e^{3t}t \tag{4}$$

가 된다.

(b) 이차 다항식 s^2+4s+6은 실근을 갖지 못하므로 실수를 이용한 일차인수를 갖지 못한다. 이러한 상황에서는 완전제곱을 이용해 보자.

$$\frac{s/2+5/3}{s^2+4s+6}=\frac{s/2+5/3}{(s+2)^2+2} \tag{5}$$

여기에서 위 식의 우변은 Laplace 변환 $F(s)$인데 s가 $s+2$로 대치되었다고 하자. 그러면 예제 1의 (b)를 거꾸로 푸는 것과 비슷해진다. 분모는 s^2+2의 형태인데 s가 $s+2$로 대치되었으므로 분자를 조절하여 형태를 바꾼다: $\frac{1}{2}s+\frac{5}{3}=\frac{1}{2}(s+2)+\frac{5}{3}-\frac{2}{2}=\frac{1}{2}(s+2)+\frac{2}{3}$.

부분분수로 나누고 $\mathscr{L}^{-1}$의 선형성과 정리 4.2.1의 (e)와 (d)를 이용하면 식 (1)로부터

$$\frac{s/2+5/3}{(s+2)^2+2}=\frac{(1/2)(s+2)+2/3}{(s+2)^2+2}=\frac{1}{2}\frac{s+2}{(s+2)^2+2}+\frac{2}{3}\frac{1}{(s+2)^2+2}$$

$$\begin{aligned}\mathscr{L}^{-1}\left\{\frac{s/2+5/3}{s^2+4s+6}\right\}&=\frac{1}{2}\mathscr{L}^{-1}\left\{\frac{s+2}{(s+2)^2+2}\right\}+\frac{2}{3}\mathscr{L}^{-1}\left\{\frac{1}{(s+2)^2+2}\right\}\\&=\frac{1}{2}\mathscr{L}^{-1}\left\{\frac{s}{s^2+2}\bigg|_{s\to s+2}\right\}+\frac{2}{3\sqrt{2}}\mathscr{L}^{-1}\left\{\frac{\sqrt{2}}{s^2+2}\bigg|_{s\to s+2}\right\}\\&=\frac{1}{2}e^{-2t}\cos\sqrt{2}t+\frac{\sqrt{2}}{3}e^{-2t}\sin\sqrt{2}t\end{aligned} \tag{6}$$

$$y''-6y'+9y=t^2e^{3t},\quad y(0)=2,\quad y'(0)=17 \tag{7}$$

을 얻는다. ≡

예제 3 초기값 문제

$y(0) = 2$, $y'(0) = 17$일 때 $y'' - 6y' + 9y = t^2e^{3t}$을 풀어라.

풀이 DE를 변환하기 전에 우변이 예제 1의 (a)의 함수와 유사함을 상기하라. 정리 4.3.1과 초기조건을 사용하고 간단히 한 후에 $Y(s) = \mathscr{L}\{f(t)\}$를 풀면 다음과 같다.

$$\mathscr{L}\{y''\} - 6\mathscr{L}\{y'\} + 9\mathscr{L}\{y\} = \mathscr{L}\{t^2e^{3t}\}$$

$$s^2Y(s) - sy(0) - y'(0) - 6[sY(s) - y(0)] + 9Y(s) = \frac{2}{(s-3)^3}$$

$$(s^2 - 6s + 9)Y(s) = 2s + 5 + \frac{2}{(s-3)^3}$$

$$(s-3)^2Y(s) = 2s + 5 + \frac{2}{(s-3)^3}$$

$$Y(s) = \frac{2s+5}{(s-3)^2} + \frac{2}{(s-3)^5}$$

마지막 식의 우변의 첫 항은 예제 2 (a)의 식 (2)에서 부분분수로 분해되었으므로

$$Y(s) = \frac{2}{s-3} + \frac{11}{(s-3)^2} + \frac{2}{(s-3)^5}$$

이다. 그러므로

$$y(t) = 2\mathscr{L}^{-1}\left\{\frac{1}{s-3}\right\} + 11\mathscr{L}^{-1}\left\{\frac{1}{(s-3)^2}\right\} + \frac{2}{4!}\mathscr{L}^{-1}\left\{\frac{4!}{(s-3)^5}\right\} \tag{8}$$

이다. 정리 4.3.1의 역형태 식 (1)로부터 마지막 두 항은

$$\mathscr{L}^{-1}\left\{\frac{1}{s^2}\bigg|_{s \to s-3}\right\} = te^{3t}, \quad \mathscr{L}^{-1}\left\{\frac{4!}{s^5}\bigg|_{s \to s-3}\right\} = t^4e^{3t}$$

이다. 따라서 식 (8)은 $y(t) = 2e^{3t} + 11te^{3t} + \frac{1}{12}t^4e^{3t}$이 된다. ≡

예제 4 초기값 문제

$y(0) = 0$, $y'(0) = 0$일 때 $y'' + 4y' + 6y = 1 + e^{-t}$을 풀어라.

풀이

$$\mathscr{L}\{y''\} + 4\mathscr{L}\{y'\} + 6\mathscr{L}\{y\} = \mathscr{L}\{1\} + \mathscr{L}\{e^{-t}\}$$

$$s^2Y(s) - sy(0) - y'(0) + 4[sY(s) - y(0)] + 6Y(s) = \frac{1}{s} + \frac{1}{s+1}$$

$$(s^2 + 4s + 6)Y(s) = \frac{2s+1}{s(s+1)}$$

$$Y(s) = \frac{2s+1}{s(s+1)(s^2+4s+6)}$$

분모에 있는 이차식이 실수를 이용한 일차인수로 인수분해가 되지 않으므로 $Y(s)$를 부분분수로 분해하면

$$Y(s) = \frac{1/6}{s} + \frac{1/3}{s+1} - \frac{s/2 + 5/3}{s^2 + 4s + 6}$$

이다. 역변환을 취하기 위한 과정으로 마지막 항을 예제 2의 (b)에서 필요한 형태로 변형을 하였다. 식 (6)과 식 (7)을 참고하여 다음을 얻을 수 있다.

$$y(t) = \frac{1}{6}\mathscr{L}^{-1}\left\{\frac{1}{s}\right\} + \frac{1}{3}\mathscr{L}^{-1}\left\{\frac{1}{s+1}\right\} - \frac{1}{2}\mathscr{L}^{-1}\left\{\frac{s+2}{(s+2)^2+2}\right\} - \frac{2}{3\sqrt{2}}\mathscr{L}^{-1}\left\{\frac{\sqrt{2}}{(s+2)^2+2}\right\}$$

$$= \frac{1}{6} + \frac{1}{3}e^{-t} - \frac{1}{2}e^{-2t}\cos\sqrt{2}t - \frac{\sqrt{2}}{3}e^{-2t}\sin\sqrt{}$$ ≡

4.3.2 *t*축 상의 평행이동

단위계단함수 공학에서 '오프(off)'이거나 '온(on)'인 함수들을 자주 접하게 된다. 예를 들면 기계에 작용하는 외부 힘이나 회로에 연결된 전압은 적정 시간 뒤에 꺼질(off) 수 있다. 그러면 어떤 시간 $t = a$까지는 0(off)이고 그 후로는 1(on)인 특별한 함수를 정의하는 것이 편리하다. 이 함수는 **단위계단 함수** 또는 **'Heaviside 함수'**로 불린다. 이 절의 끝에 있는 **참고**를 참조하라.

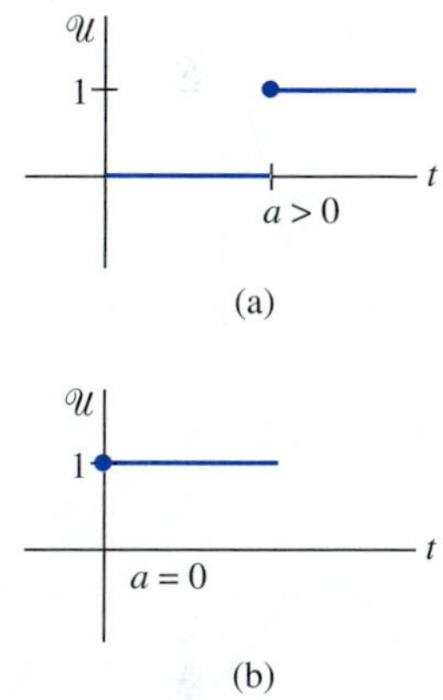

그림 4.3.2 단위계단함수의 그래프

정의 4.3.1 단위계단함수

단위계단함수 $\mathscr{U}(t-a)$는 다음과 같이 정의된다.

$$\mathscr{U}(t-a) = \begin{cases} 0, & 0 \le t < a \\ 1, & t \ge a \end{cases}$$

$\mathscr{U}(t-a)$는 t축의 0 이상에서 정의되었는데 이는 Laplace 변환에서 다루는 영역이기 때문이다. 넓은 의미로 $t < a$에서 $\mathscr{U}(t-a) = 0$이다. $\mathscr{U}(t-a)$의 그래프는 **그림 4.3.2**에 있다.

$t \ge 0$에서 정의된 함수 f가 $\mathscr{U}(t-a)$와 곱해지면 단위계단함수는 그 함수의 그래프의 한 부분을 '끈다'. 즉 작동하지 못하도록 한다. 예를 들어 함수 $f(t) = 2t - 3$을 고려해 보자. 그래프의 한 구간을, 이를테면 구간 $0 \le t < 1$에서 '끄려면' 곱 $(2t-3)\mathscr{U}(t-1)$을 만들면 된다. **그림 4.3.3**을 보라. 일반적으로 $f(t)\mathscr{U}(t-a)$의 그래프는 $0 \le t < a$에서 0(off)이고 $t \ge a$에서는 $f(t)$ 그래프 자체와 같다.

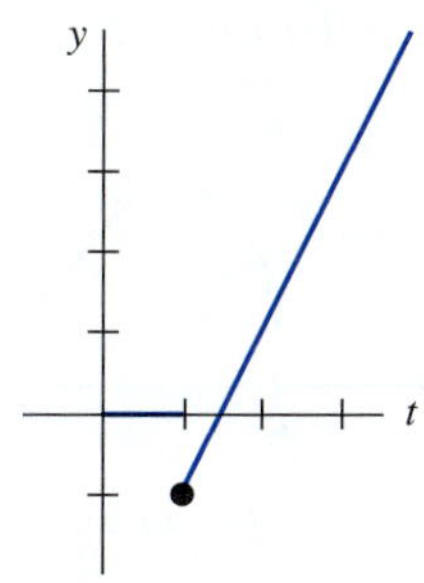

그림 4.3.3 함수 $f(t) = (2t-3)\mathscr{U}(t+1)$의 그래프

또 단위계단함수는 조각별로 정의된 함수를 간결한 형태로 정의할 수 있게 한다. 예를 들면 구간 $0 \le t < 2$, $2 \le t < 3$, $t \ge 3$과 $\mathscr{U}(t-2)$와 $\mathscr{U}(t-3)$의 값을 고려하면 **그림 4.3.4**에 있는 조각별로 정의된 함수는 $f(t) = t - 3\mathscr{U}(t-2) + \mathscr{U}(t-3)$과 같음을 알 수 있다. 일반적으로 아래와 같이 조각별로 정의된 함수

$$f(t) = \begin{cases} g(t), & 0 \le t < a \\ h(t), & t \ge a \end{cases} \tag{9}$$

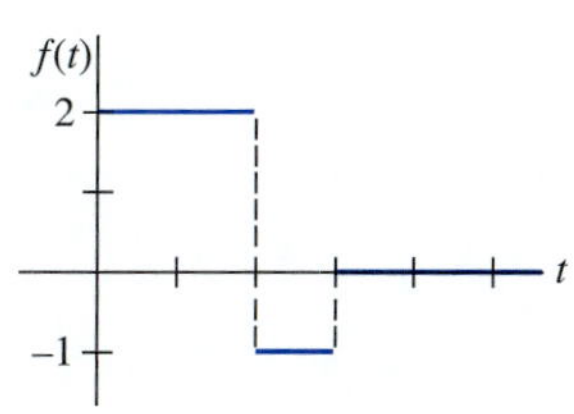

그림 4.3.4 함수 $f(t) = t - 3\mathscr{U}(t-2) + \mathscr{U}(t-3)$의 그래프

는 함수

$$f(t) = g(t) - g(t)\mathcal{U}(t-a) + h(t)\mathcal{U}(t-a) \tag{10}$$

와 같다. 마찬가지로 다음과 같은 함수

$$f(t) = \begin{cases} 0, & 0 \le t < a \\ g(t), & a \le t < b \\ 0, & t \ge b \end{cases} \tag{11}$$

은

$$f(t) = g(t)[\mathcal{U}(t-a) - \mathcal{U}(t-b)] \tag{12}$$

로 쓸 수 있다.

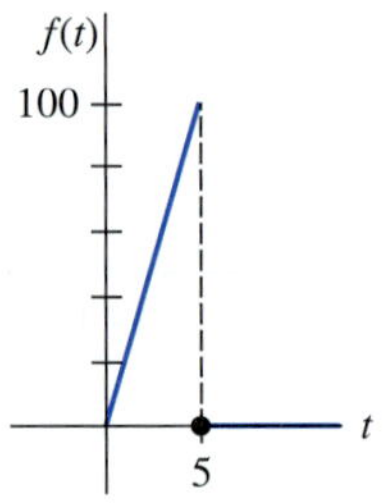

그림 4.3.5 예제 5의 함수

예제 5 조각별로 정의된 함수

$f(t) = \begin{cases} 20t, & 0 \le t < 5 \\ 0, & t \ge 5 \end{cases}$를 단위계단함수를 이용하여 표현하고 그래프를 그려라.

풀이 함수 $f(t)$의 그래프는 **그림 4.3.5**와 같다. 식 (9)와 식 (10)에서 $a = 5$, $g(t) = 20t$, $h(t) = 0$인 경우이므로 $f(t) = 20t - 20t\mathcal{U}(t-5)$을 얻을 수 있다. ≡

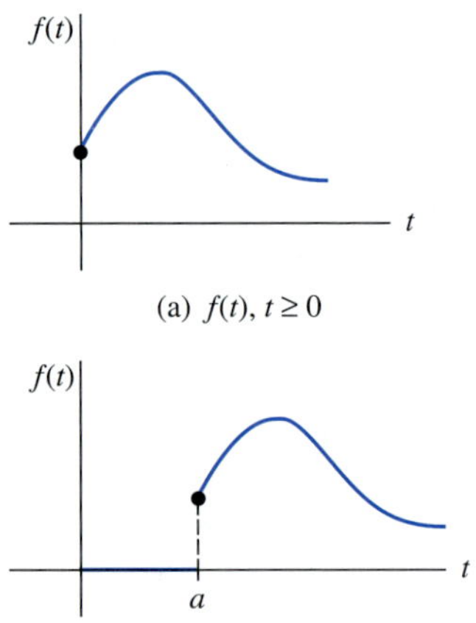

(a) $f(t), t \ge 0$

(b) $f(t-a)\mathcal{U}(t-a)$

그림 4.3.6 t축 상의 이동

$t \ge 0$에서 정의된 일반적인 함수 $y = f(t)$를 고려해 보자. 조각별로 정의된 함수

$$f(t-a)\mathcal{U}(t-a) = \begin{cases} 0, & 0 \le t < a \\ f(t-a), & t \ge a \end{cases} \tag{13}$$

는 다음 논의에 중요한 역할을 한다. 그리고 **그림 4.3.6**에 보듯이 $a > 0$일 때 함수 $y = f(t-a)\mathcal{U}(t-a)$의 그래프는 $t \ge a$에서 $y = f(t-a)$의 그래프[t축 상에서 오른쪽으로 a만큼 이동시킨 $y = f(t)$, $t \ge 0$의 전체 그래프]와 일치하고 $0 \le t < a$에서는 0이다.

정리 4.3.1에서 $f(t)$의 지수곱은 s축 상에서 변환 $F(s)$의 평행이동이었다. 다음 정리의 결과로 $F(s)$와 지수함수 e^{-as}, $a > 0$와 곱해진 $e^{-as}F(s)$의 역변환은 그림 4.3.6(b)에서 보는 것과 같이 t축으로 a만큼 이동된 f이다. 이 결과를 **제2평행이동정리**(second translation theorem) 또는 **제2이동정리**(second shifting theorem)라고 부른다.

정리 4.3.2 제2평행이동정리

$\mathcal{L}\{f(t)\} = F(s)$가 $s > c \ge 0$에서 존재하고 a가 양의 상수이면, $s > c$에 대하여

$$\mathcal{L}\{f(t-a)\mathcal{U}(t-a)\} = e^{-as}F(s)$$

이다.

증명 적분의 구간 덧셈성질에 의해 $\int_0^\infty e^{-st}f(t-a)\mathcal{U}(t-a)$는 두 적분의 합으로 쓸 수 있다.

$$\mathcal{L}\{f(t-a)\mathcal{U}(t-a)\} = \int_0^a e^{-st}f(t-a)\underbrace{\mathcal{U}(t-a)}_{0\le t<a\text{에서 }0}\,dt + \int_a^\infty e^{-st}f(t-a)\underbrace{\mathcal{U}(t-a)}_{t\ge a\text{에서 }1}\,dt$$

$$= \int_a^\infty e^{-st}f(t-a)\,dt.$$

마지막 적분에서 $v = t - a$, $dv = dt$로 하면

$$\mathcal{L}\{f(t-a)\mathcal{U}(t-a)\} = \int_0^\infty e^{-s(v+a)}f(v)\,dv$$

$$= e^{-as}\int_0^\infty e^{-sv}f(v)\,dv = e^{-as}\mathcal{L}\{f(t)\} = e^{-as}F(s) \qquad \equiv$$

예제 6 제2평행이동 정리를 사용

$\mathcal{L}\{\sin 4t\,\mathcal{U}(t-\pi/2)\}$를 구하라.

풀이 함수 $f(t) = \sin 4t$의 주기가 $\pi/2$이므로 다음과 같이 쓸 수 있다.

$$f(t) = \sin 4t = f(t-\pi/2) = \sin 4(t-\pi/2)$$

그러면 $a = \pi/2$일 때, 정리 4.3.2를 사용하면 다음과 같게 된다.

$$\mathcal{L}\{\sin 4t\,\mathcal{U}(t-\pi/2)\} = \mathcal{L}\{\sin 4(t-\pi/2)\,\mathcal{U}(t-\pi/2)\}$$

$$= e^{-\pi s/2}\mathcal{L}\{\sin 4t\} = e^{-\pi s/2}\frac{4}{s^2+16} \qquad \equiv$$

우리는 가끔 단위계단함수만의 Laplace 변환을 구하고자 한다. 이는 정의 4.1.1이나 정리 4.3.2로부터 찾을 수 있다. 정리 4.3.2에서 $f(t) = 1$이하면 $f(t-a) = 1$, $F(s) = \mathcal{L}\{1\} = 1/s$이고 따라서

$$\mathcal{L}\{\mathcal{U}(t-a)\} = \frac{e^{-as}}{s} \tag{14}$$

예제 7 그림 4.3.4 참조

그림 4.3.4에 나타난 그래프의 함수 f의 Laplace 변환을 구하라.

풀이 함수 f를 다음과 같이 단위 계단 함수로 표현하고,

$$f(t) = 2 - 3\,\mathcal{U}(t-2) + \mathcal{U}(t-3)$$

식 (14)의 결과를 이용하면 변환 값을 다음과 같이 구할 수 있다.

$$\mathscr{L}\{f(t)\} = 2\mathscr{L}\{1\} - 3\mathscr{L}\{\mathscr{U}(t-2)\} + \mathscr{L}\{\mathscr{U}(t-3)\}$$
$$= \frac{2}{s} - \frac{3e^{-2s}}{s} + \frac{e^{-3s}}{s}$$ ≡

정리 4.3.2의 역형태 $f(t) = \mathscr{L}^{-1}\{F(s)\}$이면, $a > 0$에서 정리 4.3.2의 역형태는

$$\mathscr{L}^{-1}\{e^{-as}F(s)\} = f(t-a)\mathscr{U}(t-a) \tag{15}$$

이다.

예제 8 **식 (15)의 적용**

(a) $\mathscr{L}^{-1}\left\{\dfrac{1}{s-4}e^{-2s}\right\}$와 (b) $\mathscr{L}^{-1}\left\{\dfrac{s}{s^2+9}e^{-\pi s/2}\right\}$을 구하라.

풀이 (a) $a = 2$, $F(s) = 1/(s-4)$, $\mathscr{L}^{-1}\{F(s)\} = e^{4t}$인 경우이므로 식 (15)로부터 다음을 얻는다.

$$\mathscr{L}^{-1}\left\{\frac{1}{s-4}e^{-2s}\right\} = e^{4(t-2)}\mathscr{U}(t-2)$$

(b) $a = \pi/2$, $F(s) = s/(s^2+9)$, $\mathscr{L}^{-1}\{F(s)\} = \cos 3t$이므로 식 (15)로부터

$$\mathscr{L}^{-1}\left\{\frac{s}{s^2+9}e^{-\pi s/2}\right\} = \cos 3(t-\pi/2)\,\mathscr{U}(t-\pi/2)$$

을 얻는다. 위 식의 우변은 코사인공식에 의해 더 간단히 할 수 있다. 그 결과는 $-\sin 3t\,\mathscr{U}(t-\pi/2)$이다. ≡

정리 4.3.2의 대용 형태 우리는 함수 g가 정리 4.3.2의 이동된 형태의 $f(t-a)$가 아닌데도 g와 단위계단함수 $\mathscr{U}(t-a)$의 곱의 Laplace 변환을 구하는 문제에 자주 직면한다. $g(t)\mathscr{U}(t-a)$의 Laplace 변환을 구하기 위해 $g(t)$를 필요한 형태인 $f(t-a)$로 대수적 조작에 의해 변형시킬 수 있다. 예를 들어 $t^2\mathscr{U}(t-2)$의 Laplace 변환을 구하기 위해 정리 4.3.2를 이용하려면 $g(t) = t^2$를 $f(t-2)$의 형태로 바꾸어야 한다. 세부적인 작업을 통해 다음이 동일함을 확인해야 한다.

$$t^2 = (t-2)^2 + 4(t-2) + 4$$

그러므로

$$\begin{aligned}\mathscr{L}\{t^2\mathscr{U}(t-2)\} &= \mathscr{L}\{(t-2)^2\mathscr{U}(t-2) + 4(t-2)\mathscr{U}(t-2) + 4\mathscr{U}(t-2)\}\\ &= \mathscr{L}\{(t-2)^2\mathscr{U}(t-2)\} + \mathscr{L}\{4(t-2)\mathscr{U}(t-2)\} + \mathscr{L}\{4\mathscr{U}(t-2)\}\\ &= e^{-2s}\mathscr{L}\{t^2\} + 4e^{-2s}\mathscr{L}\{t\} + 4e^{-2s}\mathscr{L}\{1\}\\ &= \frac{2e^{-2s}}{s^3} + \frac{4e^{-2s}}{s^2} + \frac{4e^{-2s}}{s}\end{aligned}$$

이고, 우변의 각 항은 정리 4.3.2에 의해 구할 수 있다. 그러나 계산은 복잡하고 때로는 명백

하지 않아서 정리 4.3.2의 대안을 고안하는 것이 더 간단하다. 정의 4.1.1과 $\mathcal{U}(t-a)$의 정의, $u = t - a$를 사용하면

$$\mathcal{L}\{g(t)\mathcal{U}(t-a)\} = \int_a^\infty e^{-st}g(t)\,dt = \int_0^\infty e^{-s(u+a)}g(u+a)\,du.$$

즉

$$\mathcal{L}\{g(t)\mathcal{U}(t-a)\} = e^{-as}\mathcal{L}\{g(t+a)\} \tag{16}$$

이다. $a = 2$와 $g(t) = t^2$를 적용하면 다음과 같다.

$$\begin{aligned}\mathcal{L}\{t^2\mathcal{U}(t-2)\} &= e^{-2s}\mathcal{L}\{(t+2)^2\}\\ &= e^{-2s}\mathcal{L}\{t^2+4t+4\}\\ &= e^{-2s}\left(\frac{2}{s^3}+\frac{4}{s^2}+\frac{4}{s}\right)\end{aligned}$$

예제 9 제2평행이동정리—대용 형태

$\mathcal{L}\{\cos t\,\mathcal{U}(t-\pi)\}$를 구하라.

풀이 $g(t) = \cos t$, $a = \pi$인 경우이므로 $g(t+\pi) = \cos(t+\pi) = -\cos t$는 cos의 덧셈공식에 의해 성립한다. 그러므로 식 (16)에 의해

$$\mathcal{L}\{\cos t\,\mathcal{U}(t-\pi)\} = -e^{-\pi s}\mathcal{L}\{\cos t\} = -\frac{s}{s^2+1}e^{-\pi s}$$

다음 두 예제에서 초기값 문제와 경곗값 문제를 풀어라. 두 문제 모두 조각별 선형 미분방정식을 포함한다. ≡

예제 10 초기값 문제

$f(t) = \begin{cases} 0, & 0 \le t < \pi \\ 3\cos t, & t \ge \pi \end{cases}$ 이고 $y(0) = 5$일 때, $y' + y = f(t)$를 풀어라.

풀이 함수 f는 $f(t) = 3\cos t\,\mathcal{U}(t-\pi)$로 쓸 수 있고 선형성, 예제 9, 부분분수법을 사용하면

$$\begin{aligned}\mathcal{L}\{y'\} + \mathcal{L}\{y\} &= 3\mathcal{L}\{\cos t\,\mathcal{U}(t-\pi)\}\\ sY(s) - y(0) + Y(s) &= -3\frac{s}{s^2+1}e^{-\pi s}\\ (s+1)Y(s) &= 5 - \frac{3s}{s^2+1}e^{-\pi s}\end{aligned}$$

$$Y(s) = \frac{5}{s+1} - \frac{3}{2}\left[-\frac{1}{s+1}e^{-\pi s} + \frac{1}{s^2+1}e^{-\pi s} + \frac{s}{s^2+1}e^{-\pi s}\right] \tag{17}$$

을 얻는다. 예제 8과 같이, 식 (15)로부터 $a = \pi$로 하면, 위 식의 [ ] 안의 각 항의 역변환은

$$\mathscr{L}^{-1}\left\{\frac{1}{s+1}e^{-\pi s}\right\} = e^{-(t-\pi)}\mathscr{U}(t-\pi), \quad \mathscr{L}^{-1}\left\{\frac{1}{s^2+1}e^{-\pi s}\right\} = \sin(t-\pi)\mathscr{U}(t-\pi),$$

$$\mathscr{L}^{-1}\left\{\frac{s}{s^2+1}e^{-\pi s}\right\} = \cos(t-\pi)\mathscr{U}(t-\pi)$$

이므로 식 (17)의 역변환은

$$\begin{aligned} y(t) &= 5e^{-t} + \frac{3}{2}e^{-(t-\pi)}\mathscr{U}(t-\pi) - \frac{3}{2}\sin(t-\pi)\mathscr{U}(t-\pi) - \frac{3}{2}\cos(t-\pi)\mathscr{U}(t-\pi) \\ &= 5e^{-t} + \frac{3}{2}\left[e^{-(t-\pi)} + \sin t + \cos t\right]\mathscr{U}(t-\pi) \quad \leftarrow \text{삼각함수의 항등식} \\ &= \begin{cases} 5e^{-t}, & 0 \le t < \pi \\ 5e^{-t} + \frac{3}{2}e^{-(t-\pi)} + \frac{3}{2}\sin t + \frac{3}{2}\cos t, & t \ge \pi \end{cases} \end{aligned} \tag{18}$$

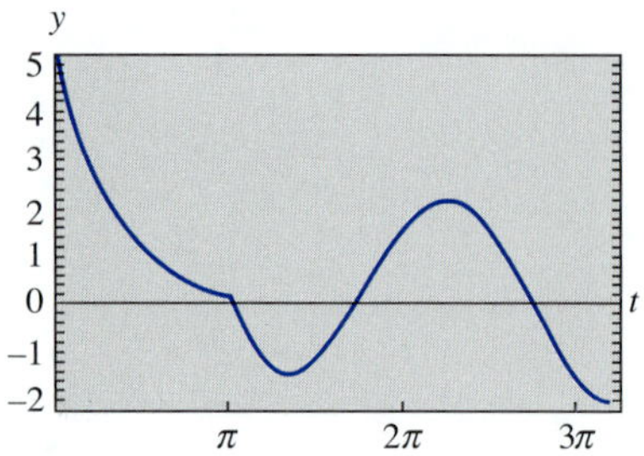

그림 4.3.7 식 (18)의 그래프

이 된다. 그래프 도구를 이용하면 식 (18)의 그래프는 **그림 4.3.7**과 같다. ≡

보 3.9절에서 단위길이당 하중 $w(x)$를 받는 길이 L인 균일 보(beam)의 정적인 처짐 $y(x)$는 다음의 선형 4계 미분방정식으로부터 구할 수 있음을 알았다.

$$EI\frac{d^4y}{dx^4} = w(x) \tag{19}$$

여기서 E는 Young의 탄성계수이고 I는 보의 횡단면의 관성모멘트이다. Laplace 변환은 $w(x)$가 조각별로 정의되었을 때 특히 유용하지만 변환을 이용하기 위해 $y(x)$와 $w(x)$가 $(0, L)$보다는 $(0, \infty)$에서 정의되었다고 가정하자. 다음 예제는 초기값 문제라기보다 경곗값 문제임을 기억하라.

예제 11 경곗값 문제

길이 L인 보가 **그림 4.3.8**과 같이 양 끝이 고정되어 있다. 하중이 아래와 같이 주어졌을 때 보의 처짐을 구하라.

$$w(x) = \begin{cases} w_0\left(1 - \dfrac{2}{L}x\right), & 0 < x \le L/2 \\ 0, & L/2 < x < L \end{cases}$$

단 w_0는 상수이다.

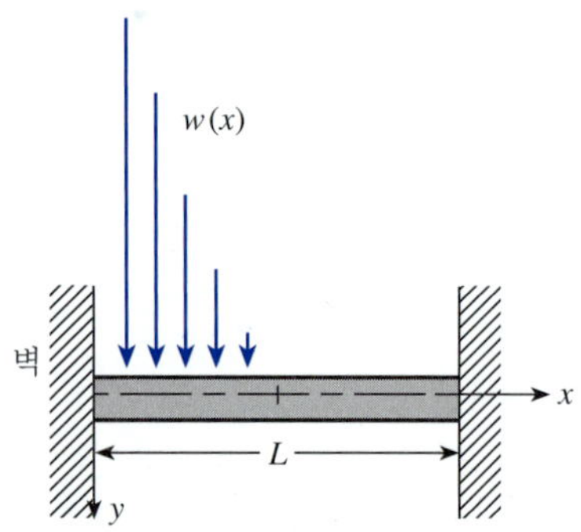

그림 4.3.8 하중이 작용하며 양 끝이 고정된 보

풀이 보의 양 끝이 고정되어 있으므로 경계조건은 $y(0) = 0$, $y'(0) = 0$, $y(L) = 0$, $y'(L) = 0$임을 알 수 있다. 식 (10)에 의해 $w(x)$를 단위계단함수를 이용하여 나타내면

$$\begin{aligned} w(x) &= w_0\left(1 - \frac{2}{L}x\right) - w_0\left(1 - \frac{2}{L}x\right)\mathscr{U}\left(x - \frac{L}{2}\right) \\ &= \frac{2w_0}{L}\left[\frac{L}{2} - x + \left(x - \frac{L}{2}\right)\mathscr{U}\left(x - \frac{L}{2}\right)\right] \end{aligned}$$

이다. 변수 x 에 관해 식 (19)를 변환하면

$$EI(s^4Y(s) - s^3y(0) - s^2y'(0) - sy''(0) - y'''(0)) = \frac{2w_0}{L}\left[\frac{L/2}{s} - \frac{1}{s^2} + \frac{1}{s^2}e^{-Ls/2}\right]$$

$$s^4Y(s) - sy''(0) - y'''(0) = \frac{2w_0}{EIL}\left[\frac{L/2}{s} - \frac{1}{s^2} + \frac{1}{s^2}e^{-Ls/2}\right]$$

이다. $c_1 = y''(0)$, $c_2 = y'''(0)$이면

$$Y(s) = \frac{c_1}{s^3} + \frac{c_2}{s^4} + \frac{2w_0}{EIL}\left[\frac{L/2}{s^5} - \frac{1}{s^6} + \frac{1}{s^6}e^{-Ls/2}\right]$$

이므로

$$\begin{aligned} y(x) &= \frac{c_1}{2!}\mathscr{L}^{-1}\left\{\frac{2!}{s^3}\right\} + \frac{c_2}{3!}\mathscr{L}^{-1}\left\{\frac{3!}{s^4}\right\} \\ &\quad + \frac{2w_0}{EIL}\left[\frac{L/2}{4!}\mathscr{L}^{-1}\left\{\frac{4!}{s^5}\right\} - \frac{1}{5!}\mathscr{L}^{-1}\left\{\frac{5!}{s^6}\right\} + \frac{1}{5!}\mathscr{L}^{-1}\left\{\frac{5!}{s^6}e^{-Ls/2}\right\}\right] \\ &= \frac{c_1}{2}x^2 + \frac{c_2}{6}x^3 + \frac{w_0}{60EIL}\left[\frac{5L}{2}x^4 - x^5 + \left(x - \frac{L}{2}\right)^5 \mathcal{U}\left(x - \frac{L}{2}\right)\right] \end{aligned}$$

이 된다. 마지막 결과에 $y(L) = 0$와 $y'(L) = 0$ 조건을 적용하면 다음과 같이 c_1과 c_2에 관한 연립방정식을 얻는다.

$$\begin{aligned} c_1\frac{L^2}{2} + c_2\frac{L^3}{6} + \frac{49w_0L^4}{1920EI} &= 0 \\ c_1L + c_2\frac{L^2}{2} + \frac{85w_0L^3}{960EI} &= 0. \end{aligned}$$

위를 풀면 $c_1 = 23w_0L^2/960EI$이고 $c_2 = -9w_0L/40EI$를 얻으므로 처짐은

$$y(x) = \frac{23w_0L^2}{1920EI}x^2 - \frac{3w_0L}{80EI}x^3 + \frac{w_0}{60EIL}\left[\frac{5L}{2}x^4 - x^5 + \left(x - \frac{L}{2}\right)^5 \mathcal{U}\left(x - \frac{L}{2}\right)\right]$$

이다. ≡

참고

이 장에 제시된 많은 결과는 영국의 전기전자 엔지니어 **Oliver Heaviside** (1850~1925)가 고안했으며 그가 1899년에 발표한 논문 **전자기 이론**(Electromagnetic Theory)에 설명되어 있다. Heaviside 연산 미적분은 전송선에 대한 조사에서 발생한 상수 계수를 갖는 선형 미분방정식을 푸는 수단으로 사용되었다. 그의 많은 결과에 공식적인 증거가 부족했기 때문에 Heaviside의 논문 내용은 처음에 당시 수학자들로부터 경멸을 받았다. 괴팍한 사람인 Heaviside는 이러한 그 당시 수학자들을 'woodenheaded'라고 불렀다. Heaviside가 그의 심볼릭(symbolic) 방법을 사용하여 당시 수학자들이 풀 수 없는

© The Picture Art Collection/Alamy Stock Photo
Oliver Heaviside

문제에 대한 답을 얻어냈을 때, 그들의 경멸은 비난으로 바뀌었고 그의 논문은 더 이상 수학 저널에 게재될 수 없게 되었다. 1902년 Heaviside는 상층 대기에 전파를 지구로 반사시키는 이온화된 가스층이 존재한다고 예측하였다. 1924년 이 층이 발견된 후 *Heaviside* 층이라고 불리게 되었다. Heaviside는 생애의 마지막 몇 년을 과학계에서 잊혀져 은둔자로 빈곤하게 살았다. 그는 1925년 난방이 되지 않는 집에서 생을 마감했다.

Heaviside의 연산 미적분을 기반으로 삼고자 하는 시도에서 수학자들은 그의 미적분학의 규칙이 Laplace 변환의 많은 속성과 일치한다는 것을 발견했다. 시간이 지남에 따라 Heaviside의 연산 미적분은 사라지고 Laplace 변환의 이론과 응용으로 대체되었다.

4.3 연습문제

부록에 선택된 홀수 문제의 답이 있다.

4.3.1 s축 상의 평행이동

문제 1~20에서는 지시된 대로 $F(s)$ 또는 $f(t)$를 구하라.

1. $\mathscr{L}\{te^{10t}\}$

2. $\mathscr{L}\{te^{-6t}\}$

3. $\mathscr{L}\{t^3e^{-2t}\}$

4. $\mathscr{L}\{t^{10}e^{-7t}\}$

5. $\mathscr{L}\{t(e^t + e^{2t})^2\}$

6. $\mathscr{L}\{e^{2t}(t-1)^2\}$

7. $\mathscr{L}\{e^t \sin 3t\}$

8. $\mathscr{L}\{e^{-2t}\cos 4t\}$

9. $\mathscr{L}\{(1 - e^t + 3e^{-4t})\cos 5t\}$

10. $\mathscr{L}\left\{e^{3t}\left(9 - 4t + 10\sin\frac{t}{2}\right)\right\}$

11. $\mathscr{L}^{-1}\left\{\frac{1}{(s+2)^3}\right\}$

12. $\mathscr{L}^{-1}\left\{\frac{1}{(s-1)^4}\right\}$

13. $\mathscr{L}^{-1}\left\{\frac{1}{s^2 - 6s + 10}\right\}$

14. $\mathscr{L}^{-1}\left\{\frac{1}{s^2 + 2s + 5}\right\}$

15. $\mathscr{L}^{-1}\left\{\frac{s}{s^2 + 4s + 5}\right\}$

16. $\mathscr{L}^{-1}\left\{\frac{2s+5}{s^2 + 6s + 34}\right\}$

17. $\mathscr{L}^{-1}\left\{\frac{s}{(s+1)^2}\right\}$

18. $\mathscr{L}^{-1}\left\{\frac{5s}{(s-2)^2}\right\}$

19. $\mathscr{L}^{-1}\left\{\frac{2s-1}{s^2(s+1)^3}\right\}$

20. $\mathscr{L}^{-1}\left\{\frac{(s+1)^2}{(s+2)^4}\right\}$

문제 21~24에서, 쌍곡선 함수를 지수 함수로 나타낸 후 정리 4.3.1을 사용하여 $F(s)$를 구하라.

21. $\mathscr{L}\{\sin kt \sinh kt\}$

22. $\mathscr{L}\{\sin kt \cosh kt\}$

23. $\mathscr{L}\{\cos kt \sinh kt\}$

24. $\mathscr{L}\{\cos kt \cosh kt\}$

문제 25~34에서는 Laplace 변환을 사용하여 주어진 초기값 문제를 풀어라.

25. $y' + 4y = e^{-4t}, \quad y(0) = 2$

26. $y' - y = 1 + te^t, \quad y(0) = 0$

27. $y'' + 2y' + y = 0, \quad y(0) = 1, \quad y'(0) = 1$

28. $y'' - 4y' + 4y = t^3e^{2t}, \quad y(0) = 0, \quad y'(0) = 0$

29. $y'' - 6y' + 9y = t, \quad y(0) = 0, \quad y'(0) = 1$

30. $y'' - 4y' + 4y = t^3, \quad y(0) = 1, \quad y'(0) = 0$

31. $y'' - 6y' + 13y = 0, \quad y(0) = 0, \quad y'(0) = -3$

32. $2y'' + 20y' + 51y = 0, \quad y(0) = 2, \quad y'(0) = 0$

33. $y'' - y' = e^t \cos t, \quad y(0) = 0, \quad y'(0) = 0$

34. $y'' - 2y' + 5y = 1 + t, \quad y(0) = 0, \quad y'(0) = 4$

문제 35, 36에서는 예제 10의 과정과 Laplace 변환을 사용하여 다음의 경곗값 문제를 풀어라.

35. $y'' + 2y' + y = 0, \quad y'(0) = 2, \quad y(1) = 2$

36. $y'' + 8y' + 20y = 0, \quad y(0) = 0, \quad y'(\pi) = 0$

37. 4 lb의 추는 스프링을 2 ft 늘인다. 추가 평형위치의 18인치 위에서 제거되고 감쇠력이 순간속도의 $\frac{7}{8}$배에 달하는 매개체에서 운동하고 있다. Laplace 변환을 이용하여 운동의 방정식 $x(t)$를 구하라.

38. *LRC* 직렬회로의 축전기의 순간 전하량 $q(t)$의 미분방정식은

$$L\frac{d^2q}{dt^2} + R\frac{dq}{dt} + \frac{1}{C}q = E(t) \tag{20}$$

임을 3.8절에서 공부했다. $L = 1$ h, $R = 20$ V, $C = 0.005$ F, $E(t) = 150$ V, $t > 0$, $q(0) = 0$, $i(0) = 0$일 때 Laplace 변환을 사용하여 $q(t)$를 구하라. 전류 $i(t)$는 무엇인가?

39. **그림 4.3.9**에 있는 축전기를 충전하는 상수 전압 E_0의 건전지를 생각해 보자. 식 (20)을 L로 나누고 $2\lambda = R/L$, $\omega^2 = 1/LC$로 정의하자. Laplace 변환을 사용하여 $q(0) = 0$, $i(0) = 0$인 $q'' + 2\lambda q' + \omega^2 q = E_0/L$의 해 $q(t)$가 다음과 같음을 증명하라.

$$q(t) = \begin{cases} E_0C\left[1 - e^{-\lambda t}\left(\cosh\sqrt{\lambda^2 - \omega^2}\,t + \dfrac{\lambda}{\sqrt{\lambda^2 - \omega^2}}\sinh\sqrt{\lambda^2 - \omega^2}\,t\right)\right], & \lambda > \omega \\ E_0C\left[1 - e^{-\lambda t}(1 + \lambda t)\right], & \lambda = \omega \\ E_0C\left[1 - e^{-\lambda t}\left(\cos\sqrt{\omega^2 - \lambda^2}\,t + \dfrac{\lambda}{\sqrt{\omega^2 - \lambda^2}}\sin\sqrt{\omega^2 - \lambda^2}\,t\right)\right], & \lambda < \omega \end{cases}$$

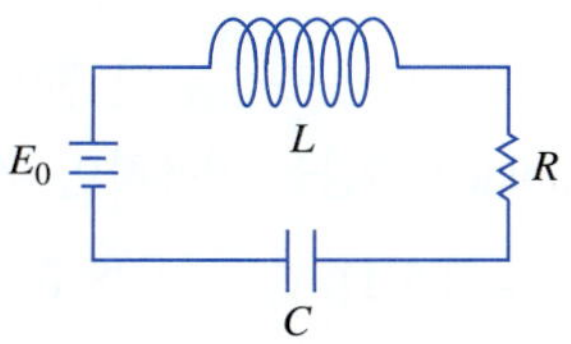

그림 4.3.9 문제 39의 회로

40. $q(0) = 0$, $E(t) = E_0e^{-kt}$, $k > 0$일 때 Laplace 변환을 이용하여 RC 직렬회로의 전하량 $q(t)$를 구하라. $k \neq 1/RC$와 $k = 1/RC$의 두 경우를 고려하라.

4.3.2 t축 상의 평행이동

문제 41~52에서는 지시된 대로 $F(s)$ 또는 $f(t)$를 구하라.

41. $\mathscr{L}\{(t-1)\mathscr{U}(t-1)\}$

42. $\mathscr{L}\{e^{2-t}\mathscr{U}(t-2)\}$

43. $\mathscr{L}\{t\,\mathscr{U}(t-2)\}$

44. $\mathscr{L}\{(3t+1)\mathscr{U}(t-1)\}$

45. $\mathscr{L}\{\cos 2t\,\mathscr{U}(t-\pi)\}$

46. $\mathscr{L}\{\sin t\,\mathscr{U}(t-\pi/2)\}$

47. $\mathscr{L}^{-1}\left\{\dfrac{e^{-2s}}{s^3}\right\}$

48. $\mathscr{L}^{-1}\left\{\dfrac{(1+e^{-2s})^2}{s+2}\right\}$

49. $\mathscr{L}^{-1}\left\{\dfrac{e^{-\pi s}}{s^2+1}\right\}$

50. $\mathscr{L}^{-1}\left\{\dfrac{se^{-\pi s/2}}{s^2+4}\right\}$

51. $\mathscr{L}^{-1}\left\{\dfrac{e^{-s}}{s(s+1)}\right\}$

52. $\mathscr{L}^{-1}\left\{\dfrac{e^{-2s}}{s^2(s-1)}\right\}$

문제 53~58에서는 각 문제의 그래프와 일치하는 함수를 (a)~(f) 중에서 택하라. $f(t)$의 그래프가 **그림 4.3.10**에 나와 있다.

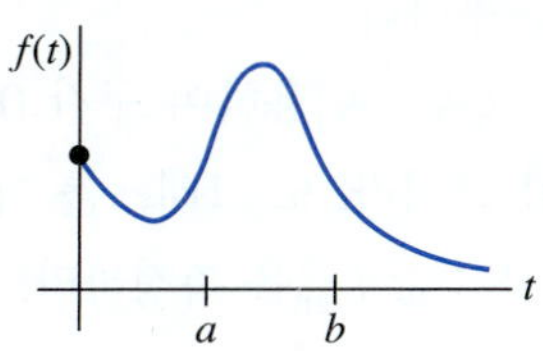

그림 4.3.10 문제 53~58을 위한 $f(t)$의 그래프

(a) $f(t) - f(t)\,\mathscr{U}(t-a)$

(b) $f(t-b)\,\mathscr{U}(t-b)$

(c) $f(t)\,\mathscr{U}(t-a)$

(d) $f(t) - f(t)\,\mathscr{U}(t-b)$

(e) $f(t)\,\mathscr{U}(t-a) - f(t)\,\mathscr{U}(t-b)$

(f) $f(t-a)\,\mathscr{U}(t-a) - f(t-a)\,\mathscr{U}(t-b)$

53.

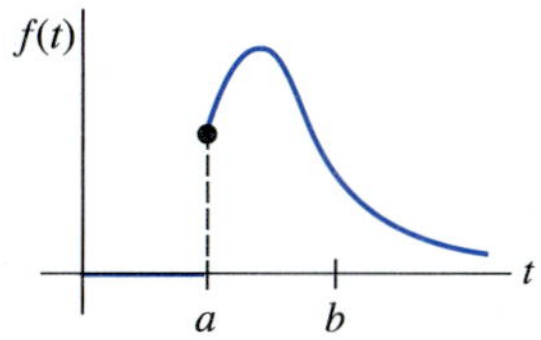

그림 4.3.11 문제 53의 그래프

54.

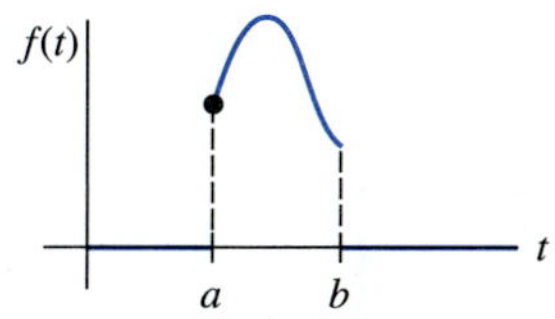

그림 4.3.12 문제 54의 그래프

55.

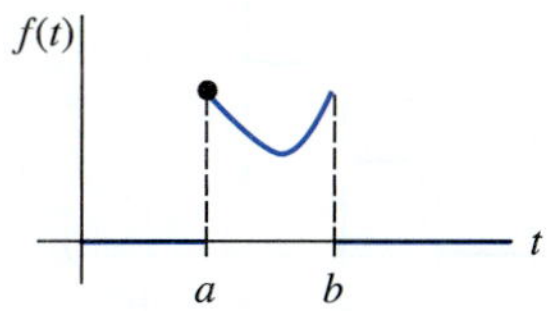

그림 4.3.13 문제 55의 그래프

56.

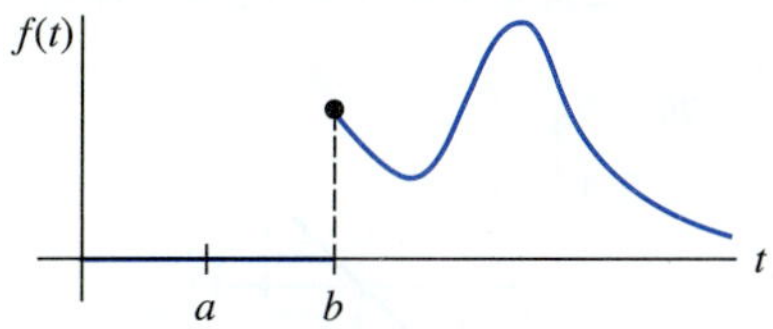

그림 4.3.14 문제 56의 그래프

57.

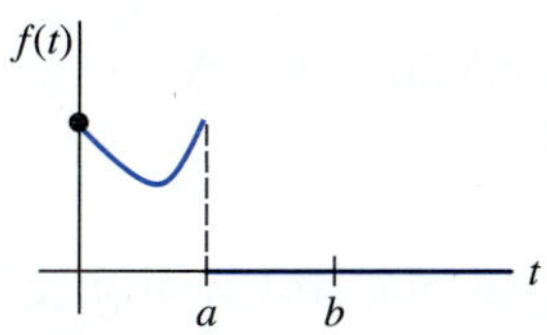

그림 4.3.15 문제 57의 그래프

58.

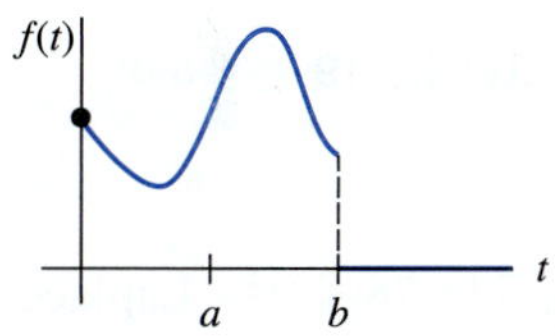

그림 4.3.16 문제 58의 그래프

문제 59~70에서는 각각의 함수를 단위계단함수를 이용하여 표현하라. 또 주어진 함수의 Laplace 변환을 구하라.

59. $f(t) = \begin{cases} 2, & 0 \le t < 3 \\ -2, & t \ge 3 \end{cases}$

60. $f(t) = \begin{cases} 1, & 0 \le t < 4 \\ 0, & 4 \le t < 5 \\ 1, & t \ge 5 \end{cases}$

61. $f(t) = \begin{cases} 0, & 0 \le t < 1 \\ t^2, & t \ge 1 \end{cases}$

62. $f(t) = \begin{cases} 0, & 0 \le t < 3\pi/2 \\ \sin t, & t \ge 3\pi/2 \end{cases}$

63. $f(t) = \begin{cases} t, & 0 \le t < 2 \\ 0, & t \ge 2 \end{cases}$

64. $f(t) = \begin{cases} \sin t, & 0 \le t < 2\pi \\ 0, & t \ge 2\pi \end{cases}$

65. $f(t) = \begin{cases} t, & 0 \le t < 1 \\ 0, & 1 \le t < 2 \\ \sin \pi t, & t \ge 2 \end{cases}$

66. $f(t) = \begin{cases} \sin t, & 0 \le t < 2\pi \\ 2 \sin t, & 2\pi \le t < 4\pi \\ 3 \sin t, & t \ge 4\pi \end{cases}$

67.

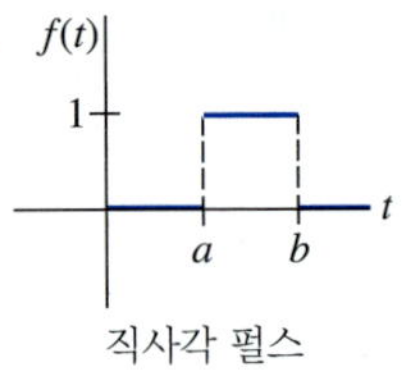

그림 4.3.17 문제 67의 그래프

68.

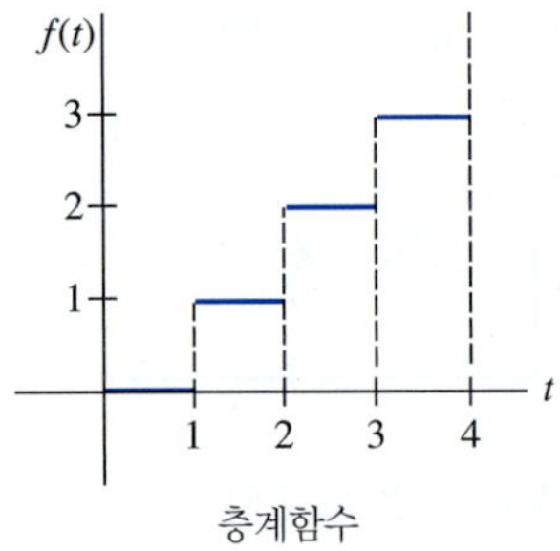

그림 4.3.18 문제 68의 그래프

69.

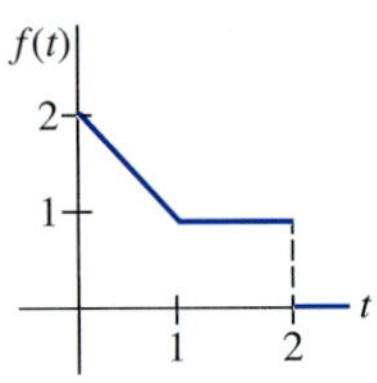

그림 4.3.19 문제 69의 그래프

70.

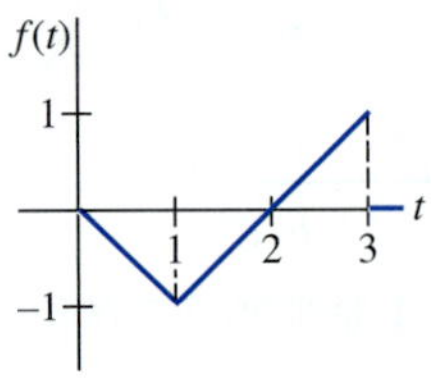

그림 4.3.20 문제 70의 그래프

문제 71~78에서는 Laplace 변환을 이용하여 주어진 초기값 함수를 구하라.

71. $y' + y = f(t), \quad y(0) = 0, \quad f(t) = \begin{cases} 0, & 0 \le t < 1 \\ 5, & t \ge 1 \end{cases}$

72. $y' + y = f(t), \quad y(0) = 0, \quad f(t) = \begin{cases} 1, & 0 \le t < 1 \\ -1, & t \ge 1 \end{cases}$

73. $y' + 2y = f(t), \quad y(0) = 0, \quad f(t) = \begin{cases} t, & 0 \le t < 1 \\ 0, & t \ge 1 \end{cases}$

74. $y'' + 4y = f(t), \quad y(0) = 0, \quad y'(0) = -1,$

$$f(t) = \begin{cases} 1, & 0 \le t < 1 \\ 0, & t \ge 1 \end{cases}$$

75. $y'' + 4y = \sin t\, \mathscr{U}(t - 2\pi), \quad y(0) = 1, \quad y'(0) = 0$

76. $y'' - 5y' + 6y = \mathscr{U}(t - 1), \quad y(0) = 0, \quad y'(0) = 1$

77. $y'' + y = f(t), \quad y(0) = 0, \quad y'(0) = 1,$

$$f(t) = \begin{cases} 0, & 0 \le t < \pi \\ 1, & \pi \le t < 2\pi \\ 0, & t \ge 2\pi \end{cases}$$

78. $y'' + 4y' + 3y = 1 - \mathscr{U}(t - 2) - \mathscr{U}(t - 4) + \mathscr{U}(t - 6),$ $y(0) = 0, \ y'(0) = 0$

79. 32 lb의 무게는 스프링을 2 ft 늘인다고 가정하자. 무게가 평형위치에서 제거되고 가해진 힘이 $0 \le t < 5$에서 $f(t) = 20t$로 작용하고 그 이후로는 제거될 때(예제 5 참조) 운동 $x(t)$의 방정식을 구하라. 이때 감쇠력은 무시하기로 한다. 또 그래프 도구를 사용하여 구간 [0, 10]에서 $x(t)$의 그래프를 그려라.

80. 가해진 힘이 $0 \le t < 2\pi$에서 $f(t) = \sin t$로 작용하고 그 이후로는 제거되는 경우에 문제 79을 풀어라.

문제 81, 82에서는 주어진 조건을 만족시키는 *RC* 직렬회로의 전하량 $q(t)$를 Laplace 변환을 이용하여 구하라.

81. $q(0) = 0$, $R = 2.5\ \Omega$, $C = 0.08$ F, $E(t)$는 **그림 4.3.21**에 주어짐

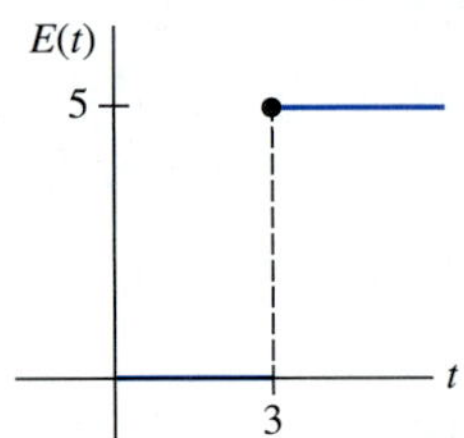

그림 4.3.21 문제 81의 $E(t)$

82. $q(0) = q_0$, $R = 10\ \Omega$, $C = 0.1$ F, $E(t)$는 **그림 4.3.22**에 주어짐

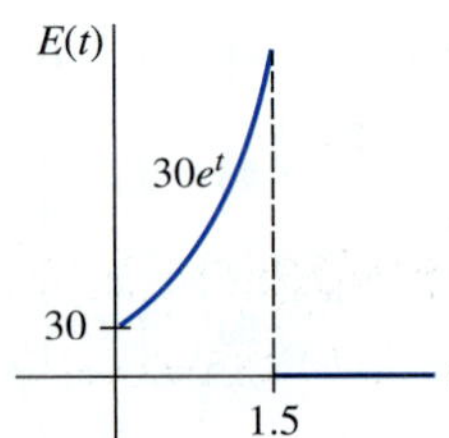

그림 4.4.22 문제 82의 $E(t)$

83. **(a)** Laplace 변환을 이용하여, $i(0) = 0$, $L = 1$ h, $R = 10\ \Omega$, $E(t)$는 **그림 4.3.23**에 주어졌을 때 단일 루프 *LR* 직렬회로의 전류 $i(t)$를 구하라.

(b) 컴퓨터 그래프 프로그램을 이용하여 구간 $0 \le t \le 6$에서 $i(t)$의 그래프를 그려라. 또 그래프를 이용하여 전류의 최대값 i_{max}와 최소값 i_{min}을 측정하라.

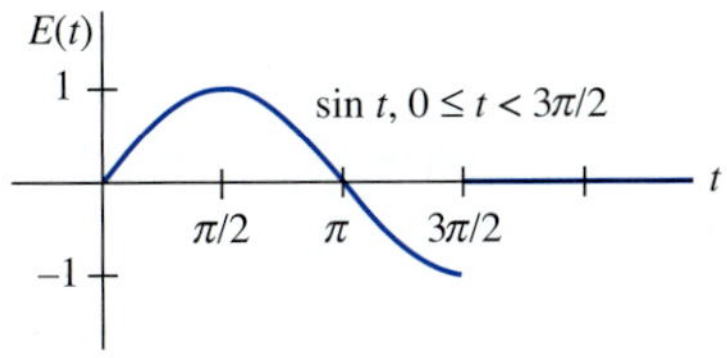

그림 4.4.23 문제 83의 $E(t)$

84. **(a)** Laplace 변환을 이용하여, $q(0) = 0$, $R = 50\ \Omega$, $C = 0.01$ F, $E(t)$는 그림 4.3.24에 주어졌을 때 RC 직렬회로의 전하량 $q(t)$를 구하라.

(b) $E_0 = 100$ V라 가정하자. 컴퓨터 그래프 프로그램을 이용하여 구간 $0 \le t \le 6$에서 $q(t)$의 그래프를 그려라. 또 그래프를 이용하여 전하량의 최대값 q_{max}를 측정하라.

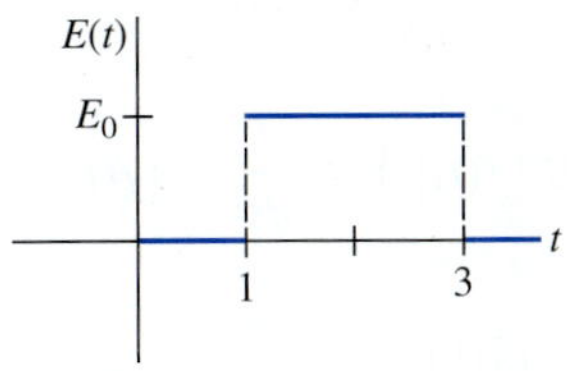

그림 4.4.24 문제 84의 $E(t)$

85. 외팔보가 왼쪽은 고정되어 있고 오른쪽은 자유롭다. 하중이 다음과 같이 주어질 때 Laplace 변환을 이용하여 처짐 $y(x)$를 구하라.

$$w(x) = \begin{cases} w_0, & 0 < x < L/2 \\ 0, & L/2 \le x < L \end{cases}$$

86. $w(x)$가 다음과 같이 주어졌을 때 문제 85를 풀어라.

$$w(x) = \begin{cases} 0, & 0 < x < L/3 \\ w_0, & L/3 \le x < 2L/3 \\ 0, & 2L/3 \le x < L \end{cases}$$

87. 하중이 예제 11과 같이 주어졌을 때, 왼쪽 끝이 고정되고 오른쪽 끝이 자유로운 외팔보의 처짐 $y(x)$를 구하라.

88. 보가 왼쪽 끝은 고정되어 있고 오른쪽 끝은 단순지지를 받고 있다. 하중이 문제 85와 같이 주어졌을 때 처짐 $y(x)$를 구하라.

89. **오븐 안의 케이크** 오븐에서 꺼낸 케이크의 냉각에 관하여 2.7절의 예제 4를 다시 보라.

(a) 다음의 가정을 토대로 하여 오븐 안의 케이크의 온도에 대한 수학적 모형을 구하라: $t = 0$에 케이크 반죽은 실온 70°에 있다. 오븐은 예열되지 않아서 케이크가 오븐에 넣어지는 때인 $t = 0$에 오븐 안의 온도는 70°이다. 오븐의 온도는 희망온도 300°에 도달하는 4분까지는 선형적으로 증가하고, 그 이후 $t \ge 4$에서는 300°를 유지한다.

(b) Laplace 변환을 이용하여 (a)의 초기값 문제를 풀어라.

토의문제

90. 주어진 Laplace 변환을 구하기 위해 정리 4.3.2가 즉시 사용될 수 있도록 다음의 함수를 어떻게 변형해야 하는지 논하라. (16)을 이용하여 답을 검토하라.

(a) $\mathscr{L}\{(2t+1)\mathscr{U}(t-1)\}$
(b) $\mathscr{L}\{e^t\mathscr{U}(t-5)\}$
(c) $\mathscr{L}\{\cos t\,\mathscr{U}(t-\pi)\}$
(d) $\mathscr{L}\{(t^2-3t)\mathscr{U}(t-2)\}$

91. 정리 4.3.1이 a가 ki (k는 실수, $i^2 = -1$)로 치환되어도 성립한다고 가정하자. $\mathscr{L}\{te^{kti}\}$가 다음을 유도함을 보여라.

$$\mathscr{L}\{t\cos kt\} = \frac{s^2-k^2}{(s^2+k^2)^2}$$

$$\mathscr{L}\{t\sin kt\} = \frac{2ks}{(s^2+k^2)^2}.$$

92. Laplace 변환을 이용하여 초기값 문제를 풀어라.

$x'' + \omega^2 x = \cos\omega t,\quad x(0) = 0,\ x'(0) = 0$

4.4 추가적인 연산의 성질

소개 이 절에서는 Laplace 변환의 여러 가지 연산 성질을 다루어 보자. 특히 단항식 t^n과 함수 $f(t)$의 곱의 변환, 특별한 적분의 변환, 주기함수의 변환을 어떻게 구하는지 알아보자. 마지막 두 변환 성질은 아직까지 접하지 않은 방정식은 예를 들어 Volterra 적분방정식, 미적분방정식, 입력함수가 주기적인 조각별로 정의된 함수인 상미분방정식 등을 풀도록 해준다.

4.4.1 변환의 도함수

t^n과 함수의 곱 t와 함수 $f(t)$의 곱의 변환은 $f(t)$의 변환을 미분함으로써 구할 수 있다. $F(s) = \mathscr{L}\{f(t)\}$이고 미분과 적분의 순서를 바꾸는 것이 가능하다면

$$\frac{d}{ds}F(s) = \frac{d}{ds}\int_0^\infty e^{-st}f(t)\,dt = \int_0^\infty \frac{\partial}{\partial s}[e^{-st}f(t)]\,dt = -\int_0^\infty e^{-st}tf(t)\,dt = -\mathscr{L}\{tf(t)\};$$

이다. 즉

$$\mathscr{L}\{tf(t)\} = -\frac{d}{ds}\mathscr{L}\{f(t)\}$$

이고, 마찬가지로

$$\begin{aligned}\mathscr{L}\{t^2f(t)\} &= \mathscr{L}\{t\cdot tf(t)\} = -\frac{d}{ds}\mathscr{L}\{tf(t)\}\\ &= -\frac{d}{ds}\left(-\frac{d}{ds}\mathscr{L}\{f(t)\}\right) = \frac{d^2}{ds^2}\mathscr{L}\{f(t)\}\end{aligned}$$

이다. 위 두 식은 $\mathscr{L}\{t^nf(t)\}$의 일반적 결과를 제시한다.

정리 4.4.1 변환의 도함수

함수 f가 $[0, \infty)$에서 조각별 연속이고 정의 4.1.2에 명시된 바와 같이 지수 차수가 c이며 $\mathscr{L}\{f(t)\} = F(s)$라면, $n = 1, 2, 3,$ 그리고 $s > c$에 대하여

$$\mathscr{L}\{t^nf(t)\} = (-1)^n\frac{d^n}{ds^n}F(s)$$

이다.

예제 1 정리 4.4.1의 이용

$\mathscr{L}\{t\sin kt\}$을 구하라.

풀이 $f(t) = \sin kt$, $F(s) = k/(s^2 + k^2)$, $n = 1$이라 하면 정리 4.4.1에 의해 다음을 얻는다.

$$\mathscr{L}\{t\sin kt\} = -\frac{d}{ds}\mathscr{L}\{\sin kt\} = -\frac{d}{ds}\left(\frac{k}{s^2+k^2}\right) = \frac{2ks}{(s^2+k^2)^2}$$ ≡

Laplace 변환 $\mathscr{L}\{t^2\sin kt\}$와 $\mathscr{L}\{t^3\sin kt\}$를 구하려면 예제 1에서 구한 $\mathscr{L}\{t\sin kt\}$의 s에 대한 도함수에 음수를 취하기만 하면 되고, 이어서 $\mathscr{L}\{t^2\sin kt\}$의 s에 대한 도함수에 음수를 취하면 된다.

$$\mathscr{L}\{t^2\sin kt\} = -\frac{d}{ds}\mathscr{L}\{t\sin kt\} = -\frac{d}{ds}\left(\frac{2ks}{(s^2+k^2)^2}\right) = \frac{6ks^2-2k^3}{(s^2+k^2)^3}$$

$$\mathscr{L}\{t^3 \sin kt\} = -\frac{d}{ds}\mathscr{L}\{t^2 \sin kt\} = -\frac{d}{ds}\left(\frac{6ks^2 - 2k^3}{(s^2 + k^2)^3}\right) = \frac{24ks^3 - 24k^3s}{(s^2 + k^2)^4}$$

함수 $t^n e^{at}$의 변환을 구하려면 제1평행이동정리 또는 정리 4.4.1을 이용할 수 있다. 예를 들면 다음과 같다.

$$\text{정리 4.3.1: } \mathscr{L}\{te^{3t}\} = \mathscr{L}\{t\}_{s \to s-3} = \left.\frac{1}{s^2}\right|_{s \to s-3} = \frac{1}{(s-3)^2}$$

$$\text{정리 4.4.1: } \mathscr{L}\{te^{3t}\} = -\frac{d}{ds}\mathscr{L}\{e^{3t}\} = -\frac{d}{ds}\frac{1}{s-3} = (s-3)^{-2} = \frac{1}{(s-3)^2}$$

◀ 두 정리 모두 사용할 수 있음에 주의하라.

예제 2 초기값 문제

$x'' + 16x = \cos 4t$, $x(0) = 0$, $x'(0) = 1$을 풀어라.

풀이 초기값 문제는 스프링에 매달린 질량의 강제, 무감쇠, 공명운동을 표현할 수 있다. 질량은 평형상태로부터 아래방향으로 초기속도 1 ft/s로 움직인다.

미분방정식을 변환하면

$$(s^2 + 16)X(s) = 1 + \frac{s}{s^2 + 16} \quad \text{또는} \quad X(s) = \frac{1}{s^2 + 16} + \frac{s}{(s^2 + 16)^2}$$

을 얻는다. 예제 1로부터 다음을 얻었으므로

$$\mathscr{L}^{-1}\left\{\frac{2ks}{(s^2 + k^2)^2}\right\} = t \sin kt \tag{1}$$

식 (1)에서 $k = 4$로 하고 정리 4.2.1의 (d)를 적용하면 다음과 같다.

$$\begin{aligned} x(t) &= \frac{1}{4}\mathscr{L}^{-1}\left\{\frac{4}{s^2 + 16}\right\} + \frac{1}{8}\mathscr{L}^{-1}\left\{\frac{8s}{(s^2 + 16)^2}\right\} \\ &= \frac{1}{4}\sin 4t + \frac{1}{8}t \sin 4t \end{aligned}$$

≡

정리 4.4.1은 단항식 at^m $(m = 0, 1, 2, \cdots)$인 가변 계수를 갖는 미분방정식의 초기값 문제를 푸는 데 유용하다. 예를 들어, 선형 2차 미분방정식에 $ty''(t)$ 항이 포함된 경우 정리 4.4.1에서 $n = 1$일 때 Laplace 변환은 다음과 같다.

$$\begin{aligned} \mathscr{L}\{ty''(t)\} &= -\frac{d}{ds}\mathscr{L}\{y''(t)\} \\ &= -\frac{d}{ds}(s^2Y(s) - sy(0) - y'(0)) \\ &= -s^2Y'(s) - 2sY(s) + y(0) \end{aligned} \tag{2}$$

식 (2)의 마지막 항의 효과는 t에 대한 2차 DE를 s에 대한 1차 DE로 변경하는 것이다. 다음 예는 그 과정을 보여준다.

예제 3 **초기값 정리**

미분방정식 $ty'' + y' = t^3 + 1, \quad y(0) = 0, \quad y'(0) = 1$을 풀어라.

풀이 위 식 (2)와 4.2절의 식 (7)을 사용하면 미분방정식의 Laplace 변환은 다음과 같다.

$$\mathscr{L}\{ty''\} + \mathscr{L}\{y'\} = \mathscr{L}\{t^3\} + \mathscr{L}\{1\}$$
$$-\frac{d}{ds}(s^2Y(s) - sy(0) - y'(0)) + (sY(s) - y(0)) = \frac{3!}{s^4} + \frac{1}{s}$$
$$-s^2Y'(s) - 2sY(s) + y(0) + sY(s) - y(0) = \frac{3!}{s^4} + \frac{1}{s}$$

간소화시키면, 다음과 같은 선형 1차 미분방정식을 얻게 된다.

$$sY'(s) + Y(s) = -\frac{6}{s^5} - \frac{1}{s^2} \quad \text{or} \quad \frac{d}{ds}[sY(s)] = -\frac{6}{s^5} - \frac{1}{s^2}$$

s에 대해 적분하고 $Y(s)$에 대해 풀게 되면 다음과 같다.

$$Y(s) = \frac{3}{2}\frac{1}{s^5} + \frac{1}{s^2} + \frac{c}{s}$$

Laplace 역변환을 구하면

$$y(t) = \frac{3}{2}\frac{1}{4!}\mathscr{L}^{-1}\left\{\frac{4!}{s^5}\right\} + \mathscr{L}^{-1}\left\{\frac{1}{s^2}\right\} + c\mathscr{L}^{-1}\left\{\frac{1}{s}\right\}$$
$$= \frac{1}{16}t^4 + t + c$$

주어진 초기 조건 $y(0) = 0$을 마지막 표현식에 적용하면 $c = 0$가 된다. IVP의 해는 $y = \frac{1}{16}t^4 + t$이다. ≡

4.4.2 적분의 변환

합성곱 함수 f와 g가 구간 $[0, \infty)$에서 조각별로 연속이면 $f * g$로 표기되는 **합성곱**(convolution) 다음과 같은 적분으로 정의된다.

$$f * g = \int_0^t f(\tau)g(t - \tau)\, d\tau \tag{3}$$

식 (3)에서 변수 τ에 대해 적분하기 때문에 합성곱 $f * g$는 t의 함수이다. 이 사실을 강조하기 위해 식 (3)을 $(f * g)(t)$로 쓰기도 한다.

예제 4 **두 함수의 합성곱**

두 함수의 합성곱 **(a)** $e^t * \sin t$ **(b)** $\mathscr{L}\{e^t * \sin t\}$를 계산하라.

풀이 **(a)** 다음 확인 과정을 거쳐

$$f(t) = e^t,\ g(t) = \sin t,\ f(\tau) = e^\tau,\ g(t - \tau) = \sin(t - \tau)$$

식 (2)를 사용하고 부분 적분을 구한다.

$$\begin{aligned} e^t * \sin t &= \int_0^t e^\tau \sin(t - \tau)\, d\tau \\ &= \frac{1}{2}[e^\tau \sin(t - \tau) + e^\tau \cos(t - \tau)]_0^t \\ &= \frac{1}{2}(-\sin t - \cos t + e^t) \end{aligned} \tag{4}$$

(b) 식 (3)과 정리 4.1.1의 (c), (d), (e)를 이용하면 다음과 같이 계산할 수 있다.

$$\begin{aligned} \mathscr{L}\{e^t * \sin t\} &= -\frac{1}{2}\mathscr{L}\{\sin t\} - \frac{1}{2}\mathscr{L}\{\cos t\} + \frac{1}{2}\mathscr{L}\{e^t\} \\ &= -\frac{1}{2}\frac{1}{s^2+1} - \frac{1}{2}\frac{s}{s^2+1} + \frac{1}{2}\frac{1}{s-1} \\ &= \frac{1}{(s-1)(s^2+1)} \end{aligned}$$

≡

합성곱의 속성 $f * g$ 표기에서 알 수 있듯이 합성곱 식 (3)은 종종 두 함수 f와 g의 일반화된 곱(generalized product)으로 해석된다. 실제로, 합성곱은 일반적인 곱셈과 유사한 몇 가지 속성을 가지고 있다. 함수 f, g, h가 $[0, \infty)$에 대한 조각별 연속 함수인 경우

$f * g = g * f$	(교환법칙)
$f * (g * h) = (f * g) * h$	(결합법칙)
$f * (g + h) = (f * g) + (f * h)$	(분배법칙)
$(cf) * g = f * (cg) = c(f * g)$	(c = 상수)

교환 법칙 $f * g = g * f$는 단순히 두 적분이 같다는 것을 의미한다. 이를 증명하려면 식 (3)에서 $u = t - \tau$, $du = -dt$로 변수 변환을 취하면 된다.

$$f * g = -\int_t^0 f(t-u)g(u)\, du = \int_0^t g(u)f(t-u)\, du = g * f$$

하지만 유의할 점이 있는데, 예를 들어, 점$(\cdot)$이 곱셈을 나타내고, 별표$(*)$가 합성곱을 나타낸다면 $f \cdot 1 = f$이지만 $f * 1 \neq f$이다.

합성곱 정리 f와 g가 모두 $t \geq 0$에서 조각별 연속이면, $f + g$의 Laplace 변환은 와 각각의 Laplace 변환의 합과 같다. 반면에 $f * g$ (f와 g의 곱)의 Laplace 변환은 각각의 Laplace 변환의 곱과 다르다. 다음 **합성곱 정리**에서 $f * g$의 Laplace 변환은 f와 g 각각의 Laplace 변환의 곱이라는 확인할 수 있다.

정리 4.4.2 합성곱 정리

함수 f와 g가 $[0, \infty)$에서 조각별 연속이고 정의 4.1.2에 명시된 바와 같은 c를 가진 지수적 차수이고 $\mathscr{L}\{f(t)\} = F(s)$, $\mathscr{L}\{g(t)\} = G(s)$라면, $s > c$에 대하여

$$\mathscr{L}\{f * g\} = \mathscr{L}\{f(t)\}\mathscr{L}\{g(t)\} = F(s)G(s)$$

증명

$$F(s) = \mathscr{L}\{f(t)\} = \int_0^\infty e^{-s\tau} f(\tau)\, d\tau\,, \quad G(s) = \mathscr{L}\{g(t)\} = \int_0^\infty e^{-s\beta} g(\beta)\, d\beta$$

이라 하면

$$\begin{aligned} F(s)G(s) &= \left(\int_0^\infty e^{-s\tau} f(\tau)\, d\tau\right)\left(\int_0^\infty e^{-s\beta} g(\beta)\, d\beta\right) \\ &= \int_0^\infty \int_0^\infty e^{-s(\tau+\beta)} f(\tau) g(\beta)\, d\tau\, d\beta \\ &= \int_0^\infty f(\tau)\, d\tau \int_0^\infty e^{-s(\tau+\beta)} g(\beta)\, d\beta \end{aligned}$$

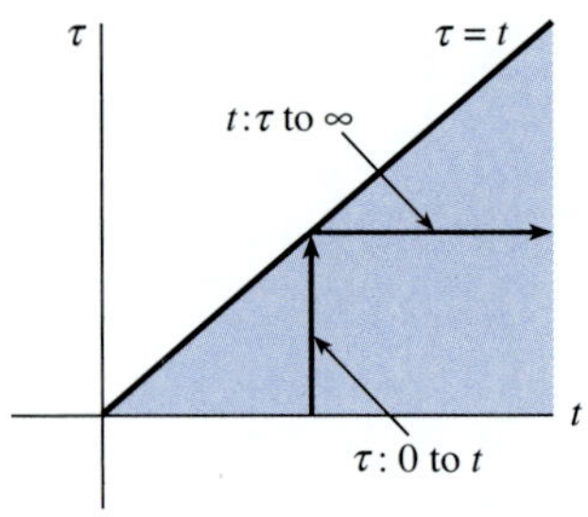

그림 4.4.1 적분의 순서를 t 우선에서 τ 우선으로 바꾸기

이다. τ를 고정하고 $t = \tau + \beta$, $dt = d\beta$라 하면

$$F(s)G(s) = \int_0^\infty f(\tau)\, d\tau \int_\tau^\infty e^{-st} g(t-\tau)\, dt$$

이다. $t\tau$ 평면에서 **그림 4.4.1**의 빗금 친 부분에서 적분을 한다. f와 g가 구간 $[0, \infty)$에서 조각별로 연속이고 지수적 차수이므로 적분의 순서를 바꿀 수 있어 다음을 얻는다.

$$F(s)G(s) = \int_0^\infty e^{-st}\, dt \int_0^t f(\tau) g(t-\tau)\, d\tau = \int_0^\infty e^{-st}\left\{\int_0^t f(\tau) g(t-\tau)\, d\tau\right\} dt = \mathscr{L}\{f * g\} \quad \equiv$$

정리 4.4.2는 (4)에서 했던 $\int_0^t f(\tau) g(t-\tau)\, d\tau$처럼 정적분을 실제로 계산하지 않고 두 함수의 합성곱 $f * g$의 Laplace 변환을 구할 수 있음을 보여준다.

예제 5 정리 4.4.2의 이용

$\mathscr{L}\left\{\int_0^t e^\tau \sin(t-\tau)\, d\tau\right\}$를 구하라.

풀이 이것은 예제 4의 (b)에서 구했던 $\mathscr{L}\{e^t * \sin t\}$와 동일하다. 이번에는 f와 g의 합성곱의 Laplace 변환이 각각의 Laplace 변환의 곱이 된다는 정리 4.4.2를 사용한다

$$\begin{aligned} \mathscr{L}\left\{\int_0^t e^\tau \sin(t-\tau)\, d\tau\right\} &= \mathscr{L}\{e^t * \sin t\} \\ &= \mathscr{L}\{e^t\} \cdot \mathscr{L}\{\sin t\} \\ &= \frac{1}{s-1} \cdot \frac{1}{s^2+1} \\ &= \frac{1}{(s-1)(s^2+1)} \end{aligned} \quad \equiv$$

정리 4.4.2의 역형태 합성곱 정리는 두 Laplace 변환의 곱에 대한 역 Laplace 변환을 찾는 데 유용하다. 정리 4.4.2로부터

$$\mathscr{L}^{-1}\{F(s)G(s)\} = f * g \tag{4}$$

을 얻는다. 부록 C의 Laplace 변환표의 많은 결과들은 식 (5)를 이용하여 유도되었다. 예를 들어 다음의 예는 도표의 25번 항에 있다.

$$\mathscr{L}\{\sin kt - kt\cos kt\} = \frac{2k^3}{(s^2+k^2)^2} \tag{5}$$

예제 6 합성곱으로서의 역변환

$\mathscr{L}^{-1}\left\{\dfrac{1}{(s^2+k^2)^2}\right\}$을 구하라.

풀이 이라 하면 $F(s) = G(s) = \dfrac{1}{s^2+k^2}$

$$f(t) = g(t) = \frac{1}{k}\mathscr{L}^{-1}\left\{\frac{k}{s^2+k^2}\right\} = \frac{1}{k}\sin kt$$

이다. 그러면 식 (5)로부터

$$\mathscr{L}^{-1}\left\{\frac{1}{(s^2+k^2)^2}\right\} = \frac{1}{k^2}\int_0^t \sin k\tau \sin k(t-\tau)\,d\tau \tag{7}$$

을 얻는다. 삼각함수에서

$$\sin A \sin B = \frac{1}{2}[\cos(A-B) - \cos(A+B)]$$

이므로 $A = k\tau$, $B = k(t-\tau)$라 하고 식 (7)의 적분을 하면 다음과 같다.

$$\begin{aligned}
\mathscr{L}^{-1}\left\{\frac{1}{(s^2+k^2)^2}\right\} &= \frac{1}{2k^2}\int_0^t [\cos k(2\tau - t) - \cos kt]\,d\tau \\
&= \frac{1}{2k^2}\left[\frac{1}{2k}\sin k(2\tau - t) - \tau\cos kt\right]_0^t \\
&= \frac{\sin kt - kt\cos kt}{2k^3}
\end{aligned}$$

위 해의 마지막 식의 양변에 $2k^3$을 곱하면 식 (6)의 역형태가 된다. ≡

적분의 변환 $g(t) = 1$, $\mathscr{L}\{g(t)\} = G(s) = 1/s$일 때, 합성곱 정리에 의하면 f의 적분의 Laplace 변환은 다음과 같다.

$$\mathscr{L}\left\{\int_0^t f(\tau)\,d\tau\right\} = \frac{F(s)}{s} \tag{8}$$

식 (8)의 역형태인

$$\int_0^t f(\tau)\,d\tau = \mathscr{L}^{-1}\left\{\frac{F(s)}{s}\right\} \tag{9}$$

은 s^n이 분모의 인수이고 $f(t) = \mathscr{L}^{-1}\{F(s)\}$가 적분하기 쉬울 때 부분분수 대신 사용될 수 있다. 예를 들어 $f(t) = \sin t$이면 $F(s) = 1/(s^2 + 1)$임을 알고 있다. 그러면 식 (8)에 의해

$$\mathscr{L}^{-1}\left\{\frac{1}{s(s^2+1)}\right\} = \mathscr{L}^{-1}\left\{\frac{1/(s^2+1)}{s}\right\} = \int_0^t \sin\tau\,d\tau = 1 - \cos t$$

$$\mathscr{L}^{-1}\left\{\frac{1}{s^2(s^2+1)}\right\} = \mathscr{L}^{-1}\left\{\frac{1/s(s^2+1)}{s}\right\} = \int_0^t (1 - \cos\tau)\,d\tau = t - \sin t$$

$$\mathscr{L}^{-1}\left\{\frac{1}{s^3(s^2+1)}\right\} = \mathscr{L}^{-1}\left\{\frac{1/s^2(s^2+1)}{s}\right\} = \int_0^t (\tau - \sin\tau)\,d\tau = \frac{1}{2}t^2 - 1 + \cos t$$

등이 된다.

Volterra 적분방정식 합성곱 정리와 식 (8)의 결과는 적분기호 안에 미지의 함수가 포함된 방정식을 푸는 데 유용하다. 다음의 예제에서 $f(t)$에 대한 **Volterra 적분방정식**(Volterra integral equation)

$$f(t) = g(t) + \int_0^t f(\tau)h(t-\tau)\,d\tau \tag{10}$$

을 풀기로 한다. 함수 $g(t)$와 $h(t)$는 알려져 있다. 식 (10)의 적분항은 합성곱 형태 식 (3)에서 g 대신에 h를 쓴 것임을 주목하라.

예제 7 적분방정식

$f(t) = 3t^2 - e^{-t} - \int_0^t f(\tau)e^{t-\tau}\,d\tau$ 에서 $f(t)$를 구하라.

풀이 적분에서 $h(t-\tau) = e^{t-\tau}$로 하면 $h(t) = e^t$가 된다. 각 항의 Laplace 변환을 취하면 적분의 변환은 정리 4.4.2에 의해 $\mathscr{L}\{f(t)\} = F(s)$와 $\mathscr{L}\{e^t\} = 1/(s-1)$의 곱이 되므로

$$F(s) = 3\cdot\frac{2}{s^3} - \frac{1}{s+1} - F(s)\cdot\frac{1}{s-1}$$

이 된다. 위의 식을 $F(s)$에 관해 정리하고 부분분수로 풀면

$$F(s) = \frac{6}{s^3} - \frac{6}{s^4} + \frac{1}{s} - \frac{2}{s+1}$$

이 되므로 역변환을 취하면 다음을 얻는다.

$$\begin{aligned} f(t) &= 3\mathscr{L}^{-1}\left\{\frac{2!}{s^3}\right\} - \mathscr{L}^{-1}\left\{\frac{3!}{s^4}\right\} + \mathscr{L}^{-1}\left\{\frac{1}{s}\right\} - 2\mathscr{L}^{-1}\left\{\frac{1}{s+1}\right\} \\ &= 3t^2 - t^3 + 1 - 2e^{-t} \end{aligned}$$

≡

직렬회로 단일 루프나 직렬회로에서 Kirchhoff의 제2법칙은 인덕터, 저항기, 축전기에서의 전압강하의 합은 가해진 전압 $E(t)$와 같다는 것이다. 인덕터, 저항기, 축전기에서의 전압강하는 각각

$$L\frac{di}{dt},\quad R\,i(t),\quad \frac{1}{C}\int_0^t i(\tau)\,d\tau$$

여기서 $i(t)$는 전류이고 $q(t)$는 커패시터의 전하이다. 상수 L, R, C는 각각 인덕턴스, 저항, 커패시턴스를 의미한다. 따라서 **그림 4.4.2(a)**와 같은 LR 직렬 회로에서 인덕턴스와 저항 양단의 전압 강하의 합은 미분방정식으로 표현된다.

$$L\frac{di}{dt} + Ri = E(t) \tag{11}$$

전류 $i(t)$에 대하여. 그림 4.4.2(b)의 RC 직렬 회로에 대한 저항과 커패시터 양단의 전압 강하의 합은 다음과 같다.

$$Ri + \frac{1}{C}q = E(t) \tag{12}$$

$i(t)$와 $q(t)$의 관계는 $dq/dt = i$이므로, $q = \int_0^t i(\tau)\,d\tau$로 쓸 수 있다. 이것을 식 (12)에 대입하면 $i(t)$에 대한 **미적분방정식**이 된다.

$$Ri + \frac{1}{C}\int_0^t i(\tau)\,d\tau = E(t) \tag{13}$$

그림 4.4.2(c)에 표시된 LC 직렬 회로의 경우 전압 강하의 합은 $i(t)$의 적분과 미분을 모두 포함하는 방정식이 된다.

$$L\frac{di}{dt} + \frac{1}{C}\int_0^t i(\tau)\,d\tau = E(t) \tag{14}$$

마지막으로 그림 4.42(d)의 LRC 직렬회로의 경우, $i(t)$에 대한 미적분방정식은 다음과 같다.

$$L\frac{di}{dt} + Ri + \frac{1}{C}\int_0^t i(\tau)\,d\tau = E(t) \tag{15}$$

식 (14) 및 (15)는 **미적분방정식**에 해당한다. 적분의 변환 식 (8)을 참조하여, Laplace 변환을 적용하면 식 (11), (13), (14) 및 (15)와 같은 방정식을 풀 수 있다.

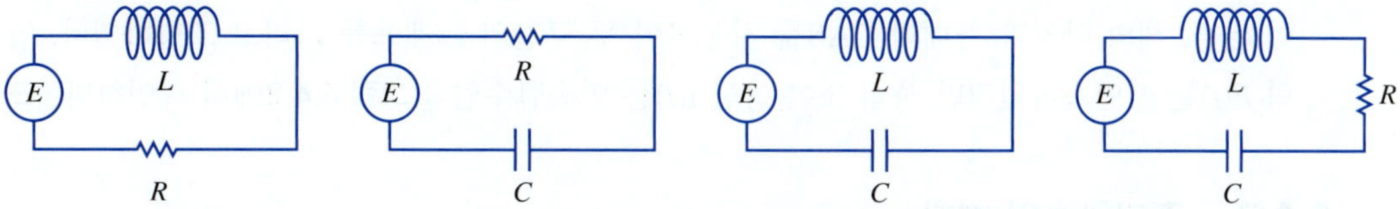

(a) LR-직렬회로 (b) RC-직렬회로 (c) LC-직렬회로 (d) LRC-직렬회로

그림 4.4.2 직렬 회로

예제 8 미적분방정식

$L = 0.1$ h, $R = 2\ \Omega$, $C = 0.1\ f$, $i(0) = 0$이고 가해진 전압이

$$E(t) = 120t - 120t\,\mathscr{U}(t-1)$$

일 때, 단일 루프 LRC 회로의 전류 $i(t)$를 구하라.

풀이 주어진 데이터를 이용하면 식 (15)는 다음과 같이 된다.

$$0.1\frac{di}{dt} + 2i + 10\int_0^t i(\tau)\,d\tau = 120t - 120t\,\mathscr{U}(t-1)$$

(8)에 의하여 $\mathscr{L}\{\int_0^t i(\tau)d\tau\} = I(s)/s$[단 $I(s) = \mathscr{L}\{i(t)\}$]이므로 미적분방정식의 Laplace 변환은 다음과 같다.

$$0.1sI(s) + 2I(s) + 10\frac{I(s)}{s} = 120\left[\frac{1}{s^2} - \frac{1}{s^2}e^{-s} - \frac{1}{s}e^{-s}\right] \leftarrow \text{4.3절의 (16)에 의해}$$

위 식에 $10s$를 곱하고, $s^2 + 20s + 100 = (s+10)^2$를 이용하여 $I(s)$에 대하여 풀면

$$I(s) = 1200\left[\frac{1}{s(s+10)^2} - \frac{1}{s(s+10)^2}e^{-s} - \frac{1}{(s+10)^2}e^{-s}\right]$$

을 얻는다. 부분분수를 이용하여 분해하면 다음과 같다.

$$I(s) = 1200\left[\frac{1/100}{s} - \frac{1/100}{s+10} - \frac{1/10}{(s+10)^2} - \frac{1/100}{s}e^{-s}\right.$$
$$\left. + \frac{1/100}{s+10}e^{-s} + \frac{1/10}{(s+10)^2}e^{-s} - \frac{1}{(s+10)^2}e^{-s}\right]$$

제2평행이동정리의 역형태인 4.3절의 식 (15)로부터

$$i(t) = 12[1 - \mathscr{U}(t-1)] - 12[e^{-10t} - e^{-10(t-1)}\mathscr{U}(t-1)]$$
$$- 120te^{-10t} - 1080(t-1)e^{-10(t-1)}\mathscr{U}(t-1)$$

을 얻고, 이를 조각별로 정의된 함수로 나타내면

$$i(t) = \begin{cases} 12 - 12e^{-10t} - 120te^{-10t}, & 0 \le t < 1 \\ -12e^{-10t} + 12e^{-10(t-1)} - 120te^{-10t} - 1080(t-1)e^{-10(t-1)}, & t \ge 1 \end{cases} \tag{16}$$

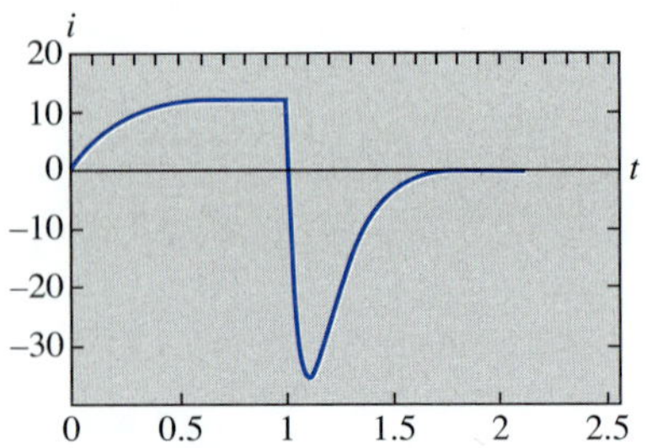

그림 4.4.3 예제 8에서 식 (16)의 전류 $i(t)$의 그래프

이 된다. 해의 마지막 형태와 CAS를 사용하여 두 구간의 그래프를 그리고 조합하였다. 입력 $E(t)$는 불연속이었지만 출력 또는 응답 $i(t)$는 연속함수임을 **그림 4.4.3**에서 확인하라. ≡

4.4.3 주기함수의 변환

주기함수 f가 주기 $T(T > 0)$를 가지면, $f(t + T) = f(t)$이다. 주기함수의 Laplace 변환은 한 주기에 대한 적분으로 구할 수 있다.

정리 4.4.3 주기함수의 변환

$f(t)$가 구간 $[0, \infty)$에서 조각별로 연속이고 지수적 차수를 갖고 또 주기 T를 가지면

$$\mathscr{L}\{f(t)\} = \frac{1}{1 - e^{-sT}} \int_0^T e^{-st} f(t)\, dt$$

이다.

증명 f의 Laplace 변환을 두 구간으로 써 보자.

$$\mathscr{L}\{f(t)\} = \int_0^T e^{-st} f(t)\, dt + \int_T^\infty e^{-st} f(t)\, dt$$

$t = u + T$라 놓으면 두 번째 적분은

$$\int_T^\infty e^{-st} f(t)\, dt = \int_0^\infty e^{-s(u+T)} f(u + T)\, du = e^{-sT} \int_0^\infty e^{-su} f(u) = e^{-sT} \mathscr{L}\{f(t)\}$$

이 된다. 그러므로

$$\mathscr{L}\{f(t)\} = \int_0^T e^{-st} f(t)\, dt + e^{-sT} \mathscr{L}\{f(t)\}$$

이다. $\mathscr{L}\{f(t)\}$에 대하여 정리하면 정리가 증명된다. ≡

예제 9 주기함수의 변환

그림 4.4.4에 있는 주기함수의 Laplace 변환을 구하라.

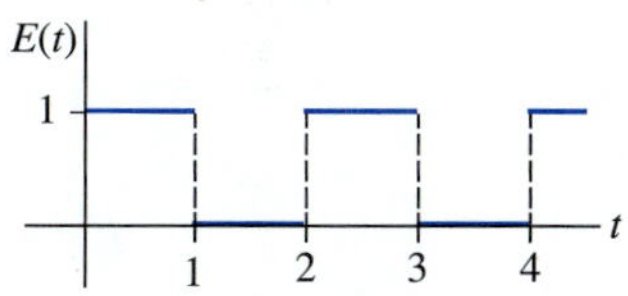

그림 4.4.4 예제 9에서의 네모파

풀이 그림에서의 함수 $f(t)$는 **네모파**라 불리며 주기는 $T = 2a$이다. 구간 $0 \le t < 2a$에서 $f(t)$는

$$f(t) = \begin{cases} 1, & 0 \le t < a \\ 0, & a \le t < 2a \end{cases}$$

으로 정의되며 그 외의 구간에서는 $f(t + 2a) = f(t)$로 정의된다. 정리 4.4.3으로부터 다음을 얻는다.

$$\begin{aligned} \mathscr{L}\{f(t)\} &= \frac{1}{1 - e^{-2sa}} \int_0^{2a} e^{-st} f(t)\, dt \\ &= \frac{1}{1 - e^{-2sa}} \int_0^a e^{-st} \cdot 1\, dt + \frac{1}{1 - e^{-2sa}} \int_a^{2a} e^{-st} \cdot 0\, dt \\ &= \frac{1}{1 - e^{-2sa}} \frac{1 - e^{-sa}}{s} \qquad \leftarrow 1 - e^{-2sa} = (1 + e^{-sa})(1 - e^{-sa}) \\ &= \frac{1}{s(1 + e^{-sa})}. \end{aligned} \tag{17}$$

≡

예제 10 주기적으로 가해진 전압

$i(0) = 0$이고 인가된 전압 $E(t)$가 주기 $T = 2$인 그림 4.4.4에 주어진 네모파 함수일 때, 단일 루프 LR 직렬 회로에서 전류 $i(t)$를 구하라.

풀이 전류 $i(t)$에 대한 미분방정식은 식 (11)에 주어진다. $a = 1$인 앞선 예제에서의 식 (17) 결과를 사용하면 DE의 Laplace 변환은 다음과 같다.

$$LsI(s) + RI(s) = \frac{1}{s(1 + e^{-s})} \quad \text{또는} \quad I(s) = \frac{1/L}{s(s + R/L)} \cdot \frac{1}{1 + e^{-s}} \tag{18}$$

이다. 함수 $I(s)$의 역 Laplace 변환을 구하기 위해 우선 기하급수를 이용한다. $x = e^{-s}$, $s > 0$라 놓으면 기하급수

$$\frac{1}{1 + x} = 1 - x + x^2 - x^3 + \cdots \text{는} \quad \frac{1}{1 + e^{-s}} = 1 - e^{-s} + e^{-2s} - e^{-3s} + \cdots$$

이 된다.

$$\frac{1}{s(s + R/L)} = \frac{L/R}{s} - \frac{L/R}{s + R/L}$$

로부터 식 (18)은 다음과 같이 다시 쓸 수 있다.

$$\begin{aligned} I(s) &= \frac{1}{R}\left(\frac{1}{s} - \frac{1}{s + R/L}\right)(1 - e^{-s} + e^{-2s} - e^{-3s} + \cdots) \\ &= \frac{1}{R}\left(\frac{1}{s} - \frac{e^{-s}}{s} + \frac{e^{-2s}}{s} - \frac{e^{-3s}}{s} + \cdots\right) - \frac{1}{R}\left(\frac{1}{s + R/L} - \frac{e^{-s}}{s + R/L} + \frac{e^{-2s}}{s + R/L} - \frac{e^{-3s}}{s + R/L} + \cdots\right) \end{aligned}$$

두 급수의 각 항에 제2평행이동정리를 적용하면

$$\begin{aligned} i(t) = &\frac{1}{R}\left(1 - \mathcal{U}(t - 1) + \mathcal{U}(t - 2) - \mathcal{U}(t - 3) + \cdots\right) \\ &- \frac{1}{R}\left(e^{-Rt/L} - e^{-R(t-1)/L}\mathcal{U}(t - 1) + e^{-R(t-2)/L}\mathcal{U}(t - 2) - e^{-R(t-3)/L}\mathcal{U}(t - 3) + \cdots\right) \end{aligned}$$

이다. 정리하면

$$i(t) = \frac{1}{R}(1 - e^{-Rt/L}) + \frac{1}{R}\sum_{n=1}^{\infty}(-1)^n(1 - e^{-R(t-n)/L})\mathcal{U}(t - n)$$

가 된다. 해를 설명하기 위해 $R = 1$, $L = 1$, $0 \le t < 4$라고 가정하자. 그러면

$$i(t) = 1 - e^{-t} - (1 - e^{t-1})\mathcal{U}(t - 1) + (1 - e^{-(t-2)})\mathcal{U}(t - 2) - (1 - e^{-(t-3)})\mathcal{U}(t - 3);$$

즉

$$i(t) = \begin{cases} 1 - e^{-t}, & 0 \le t < 1 \\ -e^{-t} + e^{-(t-1)}, & 1 \le t < 2 \\ 1 - e^{-t} + e^{-(t-1)} - e^{-(t-2)}, & 2 \le t < 3 \\ -e^{-t} + e^{-(t-1)} - e^{-(t-2)} + e^{-(t-3)}, & 3 \le t < 4 \end{cases} \tag{19}$$

이다. **그림 4.4.5**에 있는 구간 $0 \le t < 4$에서 $i(t)$의 그래프는 CAS를 사용하여 얻었다. ≡

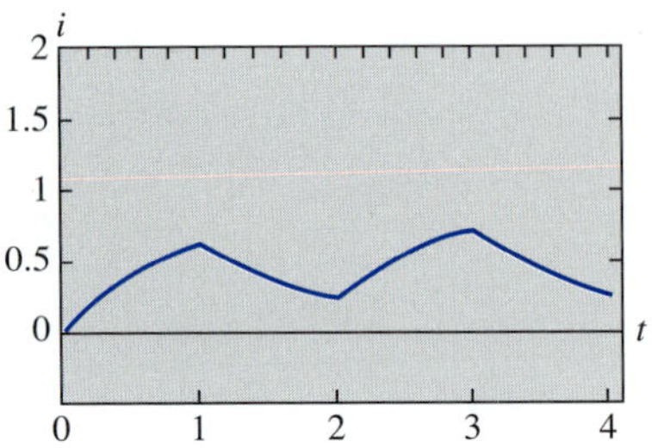

그림 4.4.5 예제 10에 주어진 해의 그래프

참고

$y(t) = e^{-t}\int_0^t e^{u^2+u}\,du$이 선형 초기값 문제 $y' + y = e^{t^2}$, $y(0) = 0$의 완벽한 해라는 것을 2.3절의 방법이나 미분방정식에 대입하여 검증해야 한다. 이제 Laplace 변환을 정식으로 적용하여 동일한 방정식을 푼다. $\mathscr{L}\{y(t)\} = Y(s)$ 및 $\mathscr{L}\{e^{t^2}\} = F(s)$를 상기하면 방정식의 변환은 다음과 같다.

$$sY(s) - y(0) + Y(s) = F(s) \quad \text{or} \quad Y(s) = \frac{F(s)}{s+1}$$

$\mathscr{L}^{-1}\{F(s)\} = e^{t^2}$ 및 $\mathscr{L}^{-1}\left\{\dfrac{1}{s+1}\right\} = e^{-t}$를 사용하면, 초기값 문제의 해는 다음과 같이 합성곱 정리의 역 형태인 식 (5)을 따른다.

$$y(t) = \mathscr{L}^{-1}\left\{F(s)\cdot\frac{1}{s+1}\right\} = \int_0^t e^{\tau^2}\cdot e^{-(t-\tau)}\,d\tau = e^{-t}\int_0^t e^{\tau^2+\tau}\,d\tau$$

τ가 u의 역할을 하는 경우, 이것이 처음 제공된 해가 된다.

불행히도, 전술한 초기값 문제의 Laplace 변환 '해결 방법'은 순전히 넌센스이다. 정리 4.1.2 이전의 논의를 읽고, 또한 연습 4.4의 문제 63을 참조하라.

4.4 연습문제

부록에 선택된 홀수 문제의 답이 있다.

4.4.1 변환의 도함수

문제 1~8에서는 정리 4.4.1을 이용하여 주어진 Laplace 변환을 구하라.

1. $\mathscr{L}\{te^{-10t}\}$

2. $\mathscr{L}\{t^3e^t\}$

3. $\mathscr{L}\{t\cos 2t\}$

4. $\mathscr{L}\{t\sinh 3t\}$

5. $\mathscr{L}\{t\sinh t\}$

6. $\mathscr{L}\{t^2\cos t\}$

7. $\mathscr{L}\{te^{2t}\sin 6t\}$

8. $\mathscr{L}\{te^{-3t}\cos 3t\}$

문제 9~14에서는 Laplace 변환을 이용하여 주어진 초기값 문제를 풀어라. 필요하면 부록 C의 Laplace 변환표를 이용하라.

9. $y' + y = t\sin t, \quad y(0) = 0$

10. $y' - y = te^t\sin t, \quad y(0) = 0$

11. $y'' + 9y = \cos 3t, \quad y(0) = 2,\ y'(0) = 5$

12. $y'' + y = \sin t, \quad y(0) = 1,\ y'(0) = -1$

13. $y'' + 16y = f(t)$, $y(0) = 0$, $y''(0) = 1$,

$$f(t) = \begin{cases} \cos 4t, & 0 \le t < \pi \\ 0, & t \ge \pi \end{cases}$$

14. $y'' + y = f(t)$, $y(0) = 1$, $y'(0) = 0$

$$f(t) = \begin{cases} 1, & 0 \le t < \pi/2 \\ \sin t, & t \ge \pi/2 \end{cases}$$

문제 15~16에서는 그래프 도구를 이용하여 지시된 해의 그래프를 그려라.

15. 구간 $0 \le t < 2\pi$에서 문제 13의 $y(t)$

16. 구간 $0 \le t < 3\pi$에서 문제 14의 $y(t)$

문제 17~20에서, 정리 4.4.1을 사용하여 변환된 함수 $Y(s) = \mathscr{L}\{y(t)\}$에서 주어진 미분을 선형 1차 DE로 줄여라. 1차 DE를 풀고 $y(t) = \mathscr{L}^{-1}\{Y(s)\}$를 구하라. 필요에 따라 부록 C의 Laplace 변환 표를 사용하라. 유의: 구한 해에 임의의 상수가 포함될 수 있다.

17. $ty'' - y' = 2t^2, \quad y(0) = 0, y'(0) = 0$

18. $ty'' - 4ty' - 4y = 0, \quad y(0) = 0, y'(0) = 5$

19. $ty'' - 2y' + ty = 0, \quad y(0) = 0, y'(0) = 0$

20. $ty'' + (t-3)y' + y = 0, \quad y(0) = 0, y'(0) = 0$

문제 21과 22에서, 주어진 미분방정식을 풀기 위해 문제 17~20과 같은 방식으로 진행하라. 그러나 이러한 각 문제에서 적분 상수 c를 포함하는 항을 제거하기 위해 $Y(s)$에 대한 정리 4.2.3을 사용해야 한다.

21. $2y'' + ty' - 2y = 10, \quad y(0) = 0, y'(0) = 0$

22. $y'' + ty' - 2y = 8, \quad y(0) = 0, y'(0) = 0$

4.4.2 적분의 변환

문제 23~26에 대하여 예제 4와 같이 수행하고 주어진 함수의 합성곱 $f * g$를 구하라. 또한 $f * g$의 Laplace 변환을 구하라.

23. $f(t) = 4t,\ g(t) = 3t^2$ **24.** $f(t) = t,\ g(t) = e^{-t}$

25. $f(t) = e^{-t},\ g(t) = e^t$ **26.** $f(t) = \cos 2t,\ g(t) = e^t$

문제 27~38에 대하여 예제 5와 같이 수행하고 정리 4.4.2를 사용하여 $f * g$의 Laplace 변환을 구하라. 변환 전에 합성곱 적분을 계산하지 마라.

27. $\mathscr{L}\{1 * t^3\}$ **28.** $\mathscr{L}\{t^2 * te^t\}$

29. $\mathscr{L}\{e^{-t} * e^t \cos t\}$ **30.** $\mathscr{L}\{e^{2t} * \sin t\}$

31. $\mathscr{L}\left\{\int_0^t e^{\tau}\, d\tau\right\}$ **32.** $\mathscr{L}\left\{\int_0^t \cos\tau\, d\tau\right\}$

33. $\mathscr{L}\left\{\int_0^t e^{-\tau}\cos\tau\, d\tau\right\}$ **34.** $\mathscr{L}\left\{\int_0^t \tau\sin\tau\, d\tau\right\}$

35. $\mathscr{L}\left\{\int_0^t \tau e^{t-\tau}\, d\tau\right\}$ **36.** $\mathscr{L}\left\{\int_0^t \sin\tau\cos(t-\tau)\, d\tau\right\}$

37. $\mathscr{L}\left\{t\int_0^t \sin\tau\, d\tau\right\}$ **38.** $\mathscr{L}\left\{t\int_0^t \tau e^{-\tau}\, d\tau\right\}$

문제 39~42에서는 (9)를 이용하여 다음의 역변환을 구하라.

39. $\mathscr{L}^{-1}\left\{\frac{1}{s(s-1)}\right\}$ **40.** $\mathscr{L}^{-1}\left\{\frac{1}{s^2(s-1)}\right\}$

41. $\mathscr{L}^{-1}\left\{\frac{1}{s^3(s-1)}\right\}$ **42.** $\mathscr{L}^{-1}\left\{\frac{1}{s(s-a)^2}\right\}$

문제 43과 44에서 식 (3)과 식 (5)를 사용하여 주어진 초기값 문제를 풀 수 있다. $\mathscr{L}\{f(t)\} = F(s)$라고 하자.

43. $y'' + y = f(t),\ y(0) = 1,\ y'(0) = 1$

44. $y'' - 4y' + 4y = f(t),\ y(0) = 0,\ y'(0) = 5$

45. 부록 C의 표는 다음의 식에 대한 항이 없다.

$$\mathscr{L}^{-1}\left\{\frac{8k^3 s}{(s^2+k^2)^3}\right\}$$

(a) 식 (6)과 함께 식 (5)를 이용하여 위의 역변환을 구하라. 합성곱의 적분을 구하는 도구로 CAS를 이용하라.

(b) (a)의 답을 검토하라. 다른 방법으로 결과를 구할 수 있었는가?

46. Laplace 변환과 문제 45의 결과를 이용하여 다음의 초기값 문제를 풀어라.

$$y'' + 9y = 3e^{-t^2},\quad y(0) = 0,\ y'(0) = 0$$

해의 그래프를 그래프 도구를 사용하여 그려라.

문제 47~58에서는 Laplace 변환을 이용하여 다음의 적분방정식 또는 미적분방정식을 풀어라.

47. $f(t) + \int_0^t (t-\tau)f(\tau)\, d\tau = t$

48. $f(t) = 2t - 4\int_0^t \sin\tau f(t-\tau)\, d\tau$

49. $f(t) = te^t + \int_0^t \tau f(t-\tau)\, d\tau$

50. $f(t) + 2\int_0^t f(\tau)\cos(t-\tau)\, d\tau = 4e^{-t} + \sin t$

51. $f(t) + \int_0^t f(\tau)\, d\tau = 1$

52. $f(t) = \cos t + \int_0^t e^{-\tau}f(t-\tau)\, d\tau$

53. $f(t) = 1 + t - \frac{8}{3}\int_0^t (\tau - t)^3 f(\tau)\, d\tau$

54. $t - 2f(t) = \int_0^t (e^{\tau} - e^{-\tau})f(t-\tau)\, d\tau$

55. $y'(t) = 1 - \sin t - \int_0^t y(\tau)\, d\tau,\quad y(0) = 0$

56. $\frac{dy}{dt} + 6y(t) + 9\int_0^t y(\tau)\, d\tau = 1,\quad y(0) = 0$

57. $\frac{dy}{dt} = 10 - \int_0^t e^{-4t}y(t-\tau)\, d\tau,\ y(0) = 5$

58. $\frac{dy}{dt} + 2y + \int_0^t y(\tau)\, d\tau = t^3e^{-t},\ y(0) = 0$

59. $i(0) = 0$ 일 때 아래 조건 하에서 식 (13)을 풀어라.

$R = 50\ \Omega,\ C = 0.01$ F,

$E(t) = 100\,[\mathscr{U}(t-1) - \mathscr{U}(t-3)]$

그래프 도구를 사용하여 $0 \le t \le 5$에서 해에 대한 그래프를 그려라.

60. $i(0) = 0$일 때 아래 조건 하에서 식 (14)를 풀어라.

$L = 1$ h, $C = 0.04$ F,

$E(t) = 100t - 100\,(t-1)\mathscr{U}(t-1) - 100\,\mathscr{U}(t-4)$

그래프 도구를 사용하여 $0 \le t \le 5$에서 해에 대한 그래프를 그려라.

문제 61~62에서는 $i(0) = 0$이고 $L, R, C, E(t)$는 다음과 같이 주어졌을 때 방정식 (10)을 풀어라. 또 그래프 프로그램을 사용하여 구간 $0 \le t \le 3$에서 해의 그래프를 그려라.

61. $L = 0.1$ h, $R = 3\ \Omega$, $C = 0.05$ F,
$E(t) = 100[\mathscr{U}(t-1) - \mathscr{U}(t-2)]$

62. $L = 0.005$ h, $R = 1\ \Omega$, $C = 0.02$ F,
$E(t) = 100[t - (t-1)\mathscr{U}(t-1)]$

63. Laplace 변환 $\mathscr{L}\{e^{-t^2}\}$은 존재하지만, 이를 구하지 않고 다음 초기값 문제를 해결하라.

$$y'' + 9y = 3e^{-t^2}, \quad y(0) = 0, \quad y'(0) = 0$$

64. 다음 적분방정식을 풀어라.

$$f(t) = e^t + e^t\int_0^t e^{-\tau}f(\tau)\,d\tau$$

4.4.3 주기함수의 변환

문제 65~70에서는 정리 4.4.3을 이용하여 주어진 주기함수의 Laplace 변환을 구하라.

65.

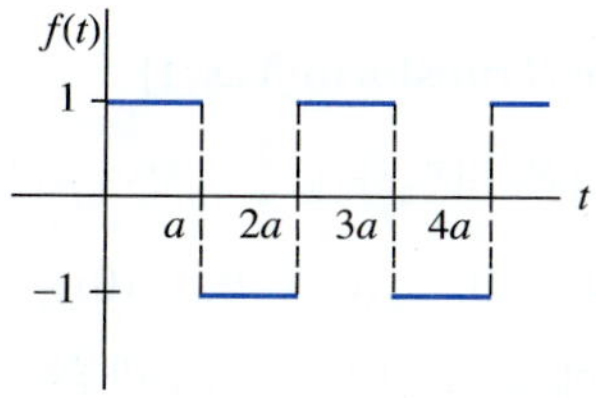

Meander 함수

그림 4.4.6 문제 65의 그래프

66.

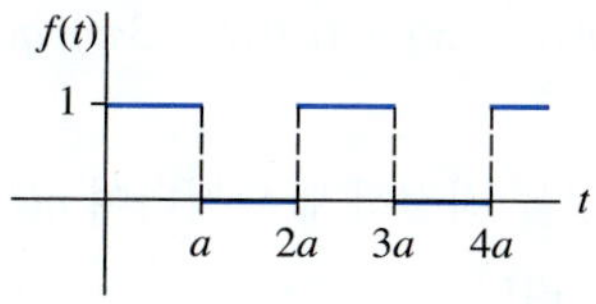

사각파

그림 4.4.7 문제 66의 그래프

67.

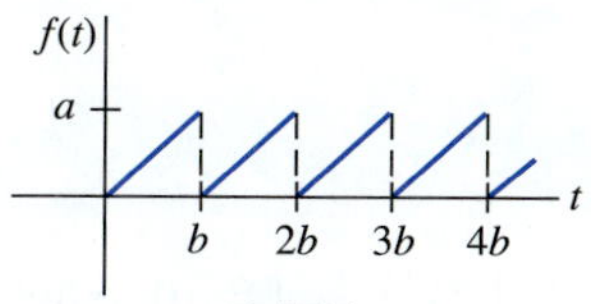

톱니함수

그림 4.4.8 문제 67의 그래프

68.

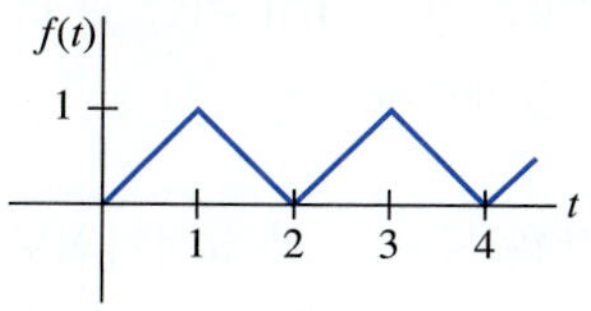

삼각파

그림 4.4.9 문제 68의 그래프

69.

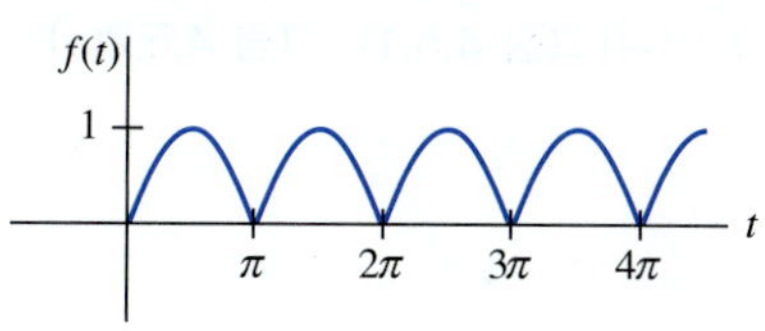

sin t의 완파정류

그림 4.4.10 문제 69의 그래프

70.

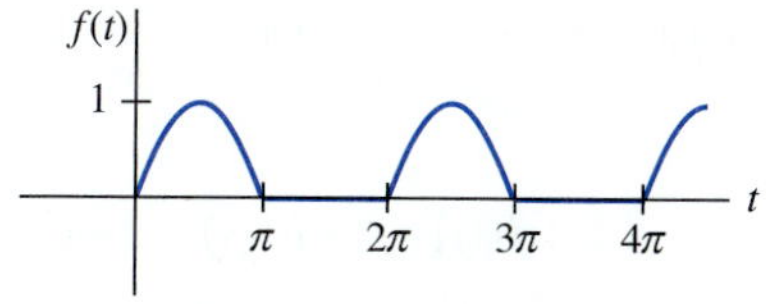

sin t의 반파정류

그림 4.4.11 문제 70의 그래프

문제 71~72에서는 $i(0) = 0$이고 $E(t)$는 다음과 같이 주어졌을 때 방정식 (11)을 풀어라. 또 그래프 프로그램을 사용하여 $L = 1$, $R = 1$일 때 구간 $0 \le t < 4$에서 해의 그래프를 그려라.

71. $E(t)$는 문제 65의 Meander 함수이고 진폭은 1이고 $a = 1$이다.

72. $E(t)$는 문제 67의 톱니함수이고 진폭은 1이고 $b = 1$이다.

문제 73~74에서는 다음과 같은 감쇠가 있는 강제 스프링/질량계의 모델을 풀어라.

$$m\frac{d^2x}{dt^2} + \beta\frac{dx}{dt} + kx = f(t), \quad x(0) = 0, \quad x'(0) = 0$$

여기서 구동력 f는 다음과 같다. 그래프 프로그램을 사용하여 주어진 구간에서 $x(t)$를 그려라.

73. $m = \frac{1}{2}$, $\beta = 1$, $k = 5$, f는 진폭이 10, $a = \pi$인 문제 65의 Meander 함수, $0 \le t < 2\pi$

74. $m = 1$, $\beta = 2$, $k = 1$, f는 진폭이 5, $a = \pi$인 그림 4.4.4의 네모파, $0 \le t < 4\pi$

토의문제

75. Laplace 변환을 이용해 이상 적분(improper integral) $\int_0^{\infty} te^{-2t}\sin 4t\,dt$ 의 수치 값을 구할 수 있음을 입증 하라.

76. 문제 63에서 $\mathscr{L}\{e^{-t^2}\}$를 계산하지 않고 초기값 문제를 해결할 수 있었다. 본 문제에서는 또 다른 초기값 문제를 해결함으로써 실제 변환 함수 $Y(s) = \mathscr{L}\{e^{-t^2}\}$를 구하고자 한다.

(a) $y = e^{-t^2}$일 때, y가 다음 초기값 문제의 해가 됨을 보여라.

$$\frac{dy}{dt} + 2ty = 0, \quad y(0) = 1$$

(b) (a)의 문제를 풀기 위한 Laplace 변환을 이용하여 $Y(s) = \mathscr{L}\{e^{-t^2}\}$를 구하라. [힌트: 2.3절을 다시 읽어 먼저 $Y(0)$를 먼저 구한 후, $Y(s)$의 선형 1계 미분방정식의 해에서 구간 $[0, s]$에서 적분하라. 임시(dummy) 변수를 사용해 적분하는 것이 도움이 된다.]

문제 77과 78에 대하여 정리 4.4.1에서 $n = 1$일 때, 즉 다음 식을 이용하여

$$\mathscr{L}\{tf(t)\} = -F'(s),$$

여기서 $\mathscr{L}\{f(t)\} = F(s)$ 주어진 함수에 대한 Laplace 역변환을 구하라.

77. $F(s) = \ln\left(\dfrac{s-3}{s+1}\right)$ **78.** $F(s) = \arctan\left(\dfrac{2}{s}\right)$

문제 79과 80에 대하여 아는 결과를 이용하여

$$\mathscr{L}\left\{\frac{f(t)}{t}\right\} = \int_s^\infty F(u)\,du,$$

여기서 $\mathscr{L}\{f(t)\} = F(s)$, 주어진 함수에 대한 Laplace 변환을 구하라. 기호 a와 k는 양의 상수이다.

79. $f(t) = \dfrac{\sin at}{t}$ **80.** $f(t) = \dfrac{2(1 - \cos kt)}{t}$

컴퓨터 실습 과제

81. 이 문제에서 *Mathematica*의 명령어를 통해 DE의 Laplace 변환을 구하고 그 역변환을 구함으로써 초기값 문제의 해를 구할 수 있다. *Mathematica*에서 함수 $y(t)$의 Laplace 변환은 **LaplaceTransform [y(t), t, s]**를 사용해여 얻어진다. 두 번째 줄에서 **LaplaceTransform [y(t), t, s]**를 기호 Y로 대체한다. (만일 *Mathematica*가 없는 경우 사용하는 CAS의 상응하는 명령어를 찾아 수행하라.)

다음과 같은 초기값 문제가 있다.

$$y'' + 6y' + 9y = t\sin t, \quad y(0) = 2,\ y'(0) = -1$$

정확히 따라 하여 주어진 명령어의 각 줄을 수행하라. 결과를 손으로 적거나 인쇄하라.

```
diffequat = y''[t] + 6y'[t] + 9y[t] == t Sin[t]
transformdeq = LaplaceTransform [diffequat, t, s]/.
  {y[0] - > 2, y'[0] - > -1,
  LaplaceTransform [y[t], t, s] - > Y}
soln = Solve[transformdeq, Y] // Flatten
Y = Y/. soln
InverseLaplaceTransform[Y, s, t]
```

82. 문제 81의 과정을 적절하게 수정하여 다음의 해를 구하라.

$$y''' + 3y' - 4y = 0, \quad y(0) = 0,\ y'(0) = 0,\ y''(0) = 1$$

83. LC 직렬회로에서 축전기의 전하량은 다음과 같이 주어졌다.

$$\frac{d^2q}{dt^2} + q = 1 - 4\mathscr{U}(t-\pi) + 6\mathscr{U}(t-3\pi),\ q(0) = 0,\ q'(0) = 0$$

문제 81의 과정을 적절하게 수정하여 $q(t)$를 구하라. 또 해의 그래프를 그려라.

4.5 Dirac 델타 함수

소개 4.2절의 참고에 앞서, 정리 4.2.3의 결과로서 $F(s) = 1$은 $[0, \infty)$에서 연속이고 지수적 차수인 함수 f의 Laplace 변환이 될 수 없음을 명시하였다. 이제 앞에서 공부했던 것과 전혀 다른 함수를 도입하도록 하자. Laplace 변환이 $F(s) = 1$이 되는 함수, 정확하게 말하면 일반화된 함수(generalized function)가 존재함을 알아보자.

그림 4.5.1 야구 방망이는 매우 짧은 시간 동안 공에 큰 힘을 가한다.

단위충격 역학계는 아주 짧은 순간에만 작용하는 큰 외력(전기회로에서는 기전력)에 의해 종종 작동된다. 예를 들면 비행기 날개에 벼락이 쳐서 흔들리거나, 스프링에 매달린 질량을 쇠망치로 가격하거나, 공(야구공, 골프공, 테니스공)이 클럽(야구방망이, 골프채, 테니스 라켓)으로 강타되었을 때 솟아오르는 것 등이다(그림 4.5.1). 그림 4.5.2(a)에 있는 조각별로 정의된 함수

$$\delta_a(t - t_0) = \begin{cases} 0, & 0 \le t < t_0 - a \\ \dfrac{1}{2a}, & t_0 - a \le t < t_0 + a \\ 0, & t \ge t_0 + a \end{cases} \tag{1}$$

$a > 0$, $t_0 > 0$는 외력의 모형이다. a가 아주 작으면 $\delta_a(t - t_0)$는 t_0 근방에서 아주 짧은

시간 동안만 '작용'하는 큰 양의 상수함수가 된다. $a \to 0$에 따라 $\delta_a(t - t_0)$의 특성은 그림 4.5.2(b)와 같이 나타난다. $\int_0^\infty \delta_a(t - t_0)\,dt = 1$이므로 $\delta_a(t - t_0)$를 **단위충격**(unit impulse)이라 부른다.

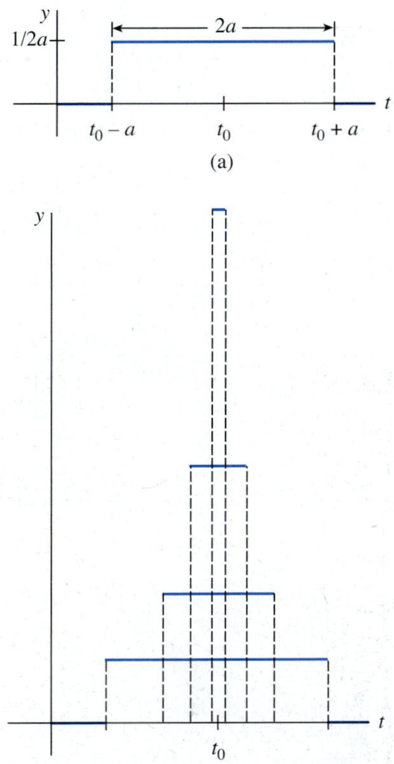

(b) $a \to 0$일 때의 δ_a의 거동

그림 4.5.2 단위충격

Dirac 델타 함수 실제로는 다른 종류의 단위충격을 이용하는 것이 편리한데 이는 $\delta_a(t - t_0)$에 근접하고 극한

$$\delta(t - t_0) = \lim_{a \to 0} \delta_a(t - t_0) \tag{2}$$

로 정의되는 '함수'이다. 식 (2)는 전혀 함수가 아니지만 다음의 두 속성으로 특징지어진다.

$$(i)\ \ \delta(t - t_0) = \begin{cases} \infty, & t = t_0 \\ 0, & t \neq t_0 \end{cases}, \qquad (ii)\ \ \int_0^\infty \delta(t - t_0)\,dt = 1$$

단위 임펄스 함수 $\delta(t - t_0)$는 영국의 발명가이며 이론 물리학자인 **Paul Adrien Maurice Dirac** (1902~1984)의 이름을 따서 **Dirac 델타 함수**라고 부른다. Dirac은 1933년 노벨 물리학상을 공동 수상했다.

다음과 같은 공식적 가정에 의해 디랙 델타 함수의 Laplace 변환을 얻는 것이 가능하다. $\mathscr{L}\{\delta(t - t_0)\} = \lim_{a \to 0} \mathscr{L}\{\delta_a(t - t_0)\}$.

정리 4.5.1 Dirac 델타 함수의 변환

$t_0 > 0$에 대해

$$\mathscr{L}\{\delta(t - t_0)\} = e^{-st_0} \tag{3}$$

이다.

증명 4.3절의 식 (11)과 (12)에 의해 $\delta_a(t - t_0)$는 단위계단함수를 이용하여

$$\delta_a(t - t_0) = \frac{1}{2a}\left[\mathscr{U}(t - (t_0 - a)) - \mathscr{U}(t - (t_0 + a))\right]$$

으로 쓸 수 있다. 선형성과 4.3절의 식 (14)에 의해 위 식에 Laplace 변환을 취하면

$$\mathscr{L}\{\delta_a(t - t_0)\} = \frac{1}{2a}\left[\frac{e^{-s(t_0 - a)}}{s} - \frac{e^{-s(t_0 + a)}}{s}\right] = e^{-st_0}\left(\frac{e^{sa} - e^{-sa}}{2sa}\right) \tag{4}$$

이 된다. 식 (4)는 $a \to 0$에 따라 0/0의 부정형이 되므로 L'Hôpital의 정리를 적용하여

$$\mathscr{L}\{\delta(t - t_0)\} = \lim_{a \to 0} \mathscr{L}\{\delta_a(t - t_0)\} = e^{-st_0} \lim_{a \to 0}\left(\frac{e^{sa} - e^{-sa}}{2sa}\right) = e^{-st_0}$$

을 얻는다. ≡

$t_0 = 0$일 때, 식 (3)으로부터

$$\mathscr{L}\{\delta(t)\} = 1$$

을 얻는다. 그러나 정리 4.2.3로부터 $s \to \infty$에 따라 $\mathscr{L}\{f(t)\} \to 0$이 되므로 $\delta(t)$는 우리가 이제까지 다루어 온 보통의 함수가 아님을 알 수 있다.

예제 1 두 개의 초기값 문제

다음의 조건 아래 $y'' + y = 4\delta(t - 2\pi)$을 풀어라.

(a) $y(0) = 1, \quad y'(0) = 0$ **(b)** $y(0) = 0, \quad y'(0) = 0$

두 개의 초기값 문제는 감쇠를 무시할 만한 매체에서 움직이는 스프링에 달린 질량의 운동을 표현하는 모형이 될 수 있다. $t = 2\pi$에서 질량은 충격을 받는다. (a)에서 질량은 평형위치보다 1단위 아래로부터 운동을 시작한다. (b)에서 질량은 평형위치에서 정지해 있다가 운동을 시작한다.

풀이 **(a)** 식 (3)으로부터 미분방정식의 Laplace 변환은

$$s^2Y(s) - s + Y(s) = 4e^{-2\pi s} \quad \text{또는} \quad Y(s) = \frac{s}{s^2 + 1} + \frac{4e^{-2\pi s}}{s^2 + 1}$$

이다. 4.3절의 식 (15)의 제2평행이동정리의 역형태를 이용하면

$$y(t) = \cos t + 4 \sin(t - 2\pi)\mathscr{U}(t - 2\pi)$$

이 된다. $\sin(t - 2\pi) = \sin t$이므로 앞의 해는 다음과 같이 다시 쓸 수 있다.

$$y(t) = \begin{cases} \cos t, & 0 \le t < 2\pi \\ \cos t + 4 \sin t, & t \ge 2\pi \end{cases} \tag{5}$$

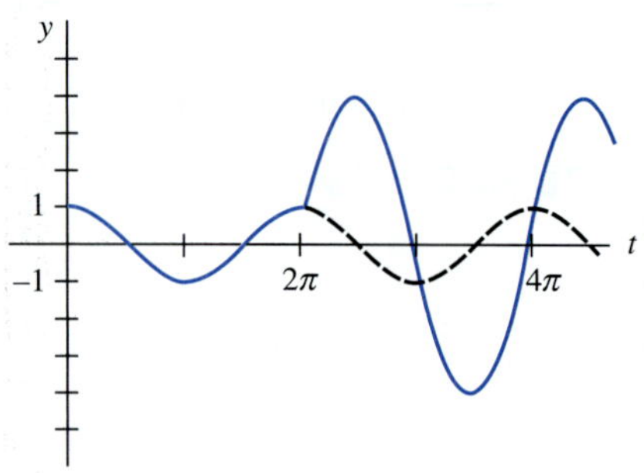

그림 4.5.3 질량은 $t_2 = 2\pi$에서 충격을 받음

그림 4.5.3에 있는 식 (5)의 그래프에서 질량은 $t = 2\pi$에서 충격을 받을 때까지 단순조화운동을 나타낸다. 단위충격의 영향으로 $t > 2\pi$에서 진폭이 $\sqrt{17}$까지 증가한다.

(b) 이 경우에 방정식의 변환은

$$Y(s) = \frac{4e^{-2\pi s}}{s^2 + 1}$$

이므로

$$\begin{aligned} y(t) &= 4 \sin(t - 2\pi)\mathscr{U}(t - 2\pi) \\ &= \begin{cases} 0, & 0 \le t < 2\pi \\ 4 \sin t, & t \ge 2\pi \end{cases} \end{aligned} \tag{6}$$

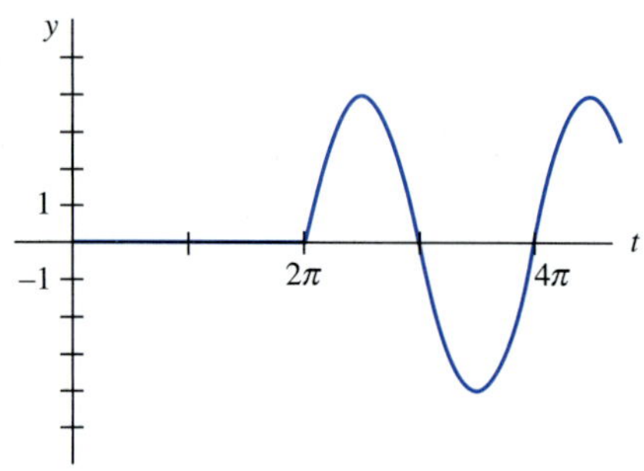

그림 4.5.4 질량은 $t = 2\pi$에서 충격을 받을 때 까지 운동이 없음

을 얻는다. 그림 4.5.4에 있는 식 (6)의 그래프로부터, 초기조건에서 예상할 수 있듯이, 질량은 $t = 2\pi$에서 충격을 받을 때까지는 운동이 없음을 알 수 있다. ≡

또 다른 정의 $\delta(t - t_0)$가 전통적인 의미의 함수인 경우, 257페이지의 속성 (i)는 $\int_0^\infty \delta(t - t_0)\,dt = 1$보다는 $\int_0^\infty \delta(t - t_0)\ dt = 0$을 의미한다.

Dirac 델타 함수는 일반 함수처럼 '동작'하지 않았기 때문에, 사용자가 올바른 결과를 생성했음에도 불구하고 처음에는 수학자로부터 큰 경멸을 받았다. 그러나 1940년대에 프랑스 수학자 **Laurent Schwartz** (1915~2002)는 그의 저서 *Theorie des distributions*에서 논쟁의 여지가 있는 Dirac의 함수를 기반으로 삼았고, 이는 **분포** 또는 **일반화 함수** 이론으로 알려진 완전히 새로운 수학 분야를 이끌어냈다. 이 이론에서 식 (2)는 $\delta(t - t_0)$의 허용된 정의가 아니며 값이 ∞ 또는 0인 값을 갖는 함수에 대한 언급도 아니다. 이 주제를 더 이상 다루지는 않겠지만 "Dirac 델타 함수는 다른 함수에 미치는 영향으로 가장 잘 특징지어진다"고 말하는 것으로 충분하다. f가 연속 함수인 경우, 다음 식은 $\delta(t - t_0)$의 정의로 받아들일 수 있다.

$$\int_0^{\infty} f(t)\,\delta(t - t_0)\,dt = f(t_0) \tag{7}$$

이 결과는 $[0, \infty)$에서 f 값 집합으로부터 $f(t_0)$ 값을 선별하는 효과가 있으므로 **선별 속성**(sifting property)으로 알려져 있다. $f(t_0) = 1$일 때 식 (7)은 다음과 같게 된다.

$$\int_0^{\infty} \delta(t - t_0)\,dt = 1. \tag{8}$$

유사하게, $f(t_0) = e^{-st}$이면, 식 (7)은 다음과 같게 된다.

$$\int_0^{\infty} e^{-st}\delta(t - t_0)\,dt = e^{-st_0}. \tag{9}$$

식 (8)과 (9)의 결과는 4.5절의 속성 (*ii*) 및 식 (3)과 일치한다. 연습 4.5의 문제 19와 20을 참조하라.

참고

4.2절의 **참고**에서 상수계수를 갖는 일반적인 선형 n계 미분방정식의 전달함수는 $W(s) = 1/P(s)$[여기서 $P(s) = a_n s^n + a_{n-1}s^{n-1} + \ldots + a_0$]임을 명시하였다. 전달함수는 선형계의 **가중함수**(weight function)인 $w(t)$의 Laplace 변환이다. 그러나 $w(t)$는 쉽게 특성화될 수 있다. $t = 0$에서 입력이 단위충격인 2계 선형계를 고려해 보자.

$$a_2 y'' + a_1 y' + a_0 y = \delta(t), \quad y(0) = 0, \quad y'(0) = 0$$

Laplace 변환을 적용하고 $\mathscr{L}\{\delta(t)\} = 1$을 이용하면 응답 y의 변환은 전달함수

$$Y(s) = \frac{1}{a_2 s^2 + a_1 s + a_0} = \frac{1}{P(s)} = W(s) \quad \text{그리고} \quad y = \mathscr{L}^{-1}\left\{\frac{1}{P(s)}\right\} = w(t)$$

임을 알 수 있다. 이로부터 일반적으로 n계 선형계의 가중함수 $y = w(t)$는 단위충격에 대한 영상태 응답임을 알 수 있다. 이러한 이유로 $w(t)$는 계의 **충격응답**(impulse response)이라고도 한다.

4.5 연습문제

부록에 선택된 홀수 문제의 답이 있다.

문제 1~14에서는 주어진 초기조건을 가정하고 Laplace 변환을 이용하여 다음의 미분방정식을 풀어라.

1. $y' - 3y = \delta(t-2), \quad y(0) = 0$
2. $y' + y = \delta(t-1), \quad y(0) = 2$
3. $y'' + y = \delta(t-2\pi), \quad y(0) = 0, y'(0) = 1$
4. $y'' + 16y = \delta(t-2\pi), \quad y(0) = 0, y'(0) = 0$
5. $y'' + y = \delta(t-\pi/2) + \delta(t-3\pi/2), \quad y(0) = 0, y'(0) = 0$
6. $y'' + y = \delta(t-2\pi) + \delta(t-4\pi), \quad y(0) = 1, y'(0) = 0$
7. $y'' + 2y' = \delta(t-1), \quad y(0) = 0, y'(0) = 1$
8. $y'' - 2y' = 1 + \delta(t-2), \quad y(0) = 0, y'(0) = 1$
9. $y'' + 4y' + 5y = \delta(t-2\pi), \quad y(0) = 0, y'(0) = 0$
10. $y'' + 2y' + y = \delta(t-1), \quad y(0) = 0, y'(0) = 0$
11. $y'' + 4y' + 13y = \delta(t-\pi) + \delta(t-3\pi), \quad y(0) = 1, y'(0) = 0$
12. $y'' - 7y' + 6y = e^t + \delta(t-2) + \delta(t-4), \quad y(0) = 0, y'(0) = 0$
13. $y'' + y = \mathscr{U}(t-1) + \delta(t-2) - \mathscr{U}(t-3), \quad y(0) = 0, y'(0) = 0$
14. $y'' + 2y' + y = (t-1)\mathscr{U}(t-1) + \delta(t-5), \quad y(0) = 0, y'(0) = 0$

문제 15과 16에서 Laplace 변환을 사용하여 주어진 초기값 문제를 풀어라. 또한 구간 $[0, 8\pi]$에서 구한 해를 그래프로 나타내라.

15. $y'' + y = \sum_{k=1}^{\infty} \delta(t-k\pi), \quad y(0) = 0, y'(0) = 1$
16. $y'' + y = \sum_{k=1}^{\infty} \delta(t-2k\pi), \quad y(0) = 0, y'(0) = 1$

문제 17와 18에서, 길이가 L인 균일한 빔(beam)이 $x = \frac{1}{2}L$에서 집중 하중을 받는다.

$$EI\frac{d^4y}{dx^4} = w_0\delta(x - \tfrac{1}{2}L), \; 0 < x < L,$$

주어진 경계조건 아래 다음 미분방정식을 풀어라.

17. $y(0)0, y(0) = 0, y''(L) = 0, y'''(L) = 0$이다.

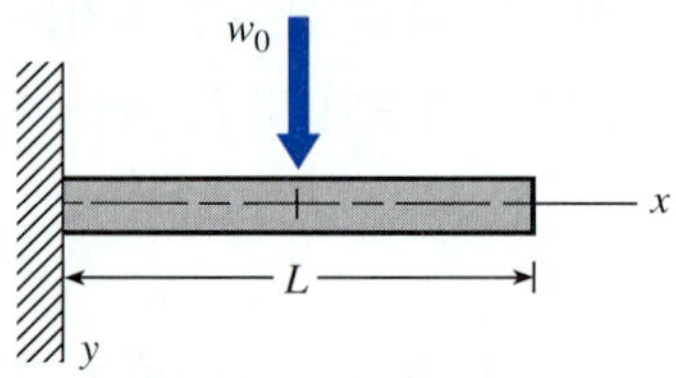

그림 4.5.5 왼쪽 끝은 삽입 고정되고 오른쪽 끝은 자유로운 빔

18. $y(0) = 0, y'(0) = 0, y(L) = 0, y'(L) = 0$

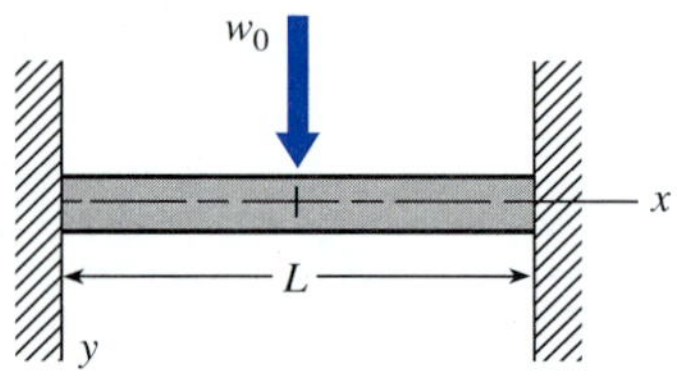

그림 4.5.6 양쪽 끝이 삽입 고정된 빔

문제 19와 20에서 Laplace 변환과 식 (7)을 사용하여 주어진 초기값 문제를 푼다. 그래프 도구를 사용하여 구한 해를 그래프로 나타내라.

19. $y'' + y = 2\cos t\,\delta(t-\pi) + 6\cos t\,\delta(t-2\pi), \quad y(0) = 1, y'(0) = 0$
20. $y'' + 4y' + 3y = e^t\delta(t-1), \quad y(0) = 0, y'(0) = 2$

4.6 연립 선형 미분방정식

소개 초기조건이 주어졌을 때 상수계수를 갖는 연립 선형 미분방정식에 Laplace 변환을 취하하면 변환된 함수의 연립 대수방정식으로 변형된다.

결합된 스프링 첫 번째 예제로 3.12절의 그림 3.12.1에 있는 결합된 스프링의 질량 m_1과 m_2의 운동을 표현하는 미분방정식을 풀기로 한다.

$$\begin{aligned} m_1x_1'' &= -k_1x_1 + k_2(x_2 - x_1) \\ m_2x_2'' &= -k_2(x_2 - x_1) \end{aligned} \tag{1}$$

예제 1 3.12절의 예제 4

Laplace 변환을 이용하여 연립 미분방정식을

$$\begin{aligned} x_1'' + 10x_1 - 4x_2 &= 0 \\ -4x_1 + x_2'' + 4x_2 &= 0 \end{aligned} \tag{2}$$

을 풀어라. 단 $x_1(0) = 0$, $x_1'(0) = 1$, $x_2(0) = 0$, $x_2'(0) = -1$이다. 위 식은 $k_1 = 6$, $k_2 = 4$, $m_1 = 1$, $m_2 = 1$인 경우의 식 (1)이다.

풀이 각 방정식의 변환은

$$\begin{aligned} s^2X_1(s) - sx_1(0) - x_1'(0) + 10X_1(s) - 4X_2(s) &= 0 \\ -4X_1(s) + s^2X_2(s) - sx_2(0) - x_2'(0) + 4X_2(s) &= 0 \end{aligned}$$

이다. 여기서 $X_1(s) = \mathscr{L}\{x_1(t)\}$이고 $X_2(s) = \mathscr{L}\{x_2(t)\}$이다. 앞의 식을 정리하면 다음과 같다.

$$\begin{aligned} (s^2 + 10)X_1(s) - 4X_2(s) &= 1 \\ -4X_1(s) + (s^2 + 4)X_2(s) &= -1 \end{aligned} \tag{3}$$

$X_1(s)$에 대해 식 (3)을 풀고 부분분수로 전개하면

$$X_1(s) = \frac{s^2}{(s^2 + 2)(s^2 + 12)} = -\frac{1/5}{s^2 + 2} + \frac{6/5}{s^2 + 12}$$

이고, 역 Laplace 변환을 이용하면

$$\begin{aligned} x_1(t) &= -\frac{1}{5\sqrt{2}}\mathscr{L}^{-1}\left\{\frac{\sqrt{2}}{s^2 + 2}\right\} + \frac{6}{5\sqrt{12}}\mathscr{L}^{-1}\left\{\frac{\sqrt{12}}{s^2 + 12}\right\} \\ &= -\frac{\sqrt{2}}{10}\sin\sqrt{2}t + \frac{\sqrt{3}}{5}\sin 2\sqrt{3}t \end{aligned}$$

이다. 식 (3)의 첫 번째 식에 $X_1(s)$를 대입하면

$$X_2(s) = -\frac{s^2 + 6}{(s^2 + 2)(s^2 + 12)} = -\frac{2/5}{s^2 + 2} - \frac{3/5}{s^2 + 12}$$

과

$$\begin{aligned} x_2(t) &= -\frac{2}{5\sqrt{2}}\mathscr{L}^{-1}\left\{\frac{\sqrt{2}}{s^2 + 2}\right\} - \frac{3}{5\sqrt{12}}\mathscr{L}^{-1}\left\{\frac{\sqrt{12}}{s^2 + 12}\right\} \\ &= -\frac{\sqrt{2}}{5}\sin\sqrt{2}t - \frac{\sqrt{3}}{10}\sin 2\sqrt{3}t \end{aligned}$$

을 얻는다. 그러므로 식 (2)의 해는 다음과 같다.

$$
\begin{aligned}
x_1(t) &= -\frac{\sqrt{2}}{10}\sin\sqrt{2}t + \frac{\sqrt{3}}{5}\sin 2\sqrt{3}t \\
x_2(t) &= -\frac{\sqrt{2}}{5}\sin\sqrt{2}t - \frac{\sqrt{3}}{10}\sin 2\sqrt{3}t
\end{aligned} \tag{4}
$$

해 식 (4)는 3.12절의 식 (14)와 같다. ≡

물론 n개의 질량 m_i, $i = 1, 2, \cdots, n$이 n개의 스프링에 연결되어 있으면 2차 미분 연립 방정식 (1)의 시스템은 다음과 같이 일반화된다.

$$
\begin{aligned}
m_1x_1'' &= -k_1x_1 + k_2(x_2 - x_1) \\
m_2x_2'' &= -k_2(x_2 - x_1) + k_3(x_3 - x_2) \\
m_3x_3'' &= -k_3(x_3 - x_2) + k_4(x_4 - x_3) \\
&\ \ \vdots \\
m_nx_n'' &= -k_n(x_n - x_{n-1})
\end{aligned} \tag{5}
$$

이 방정식 시스템은 또 다른 진동하는 물리적 시스템의 모델 역할을 한다. 이 절의 끝에 있는 참고를 참조하라.

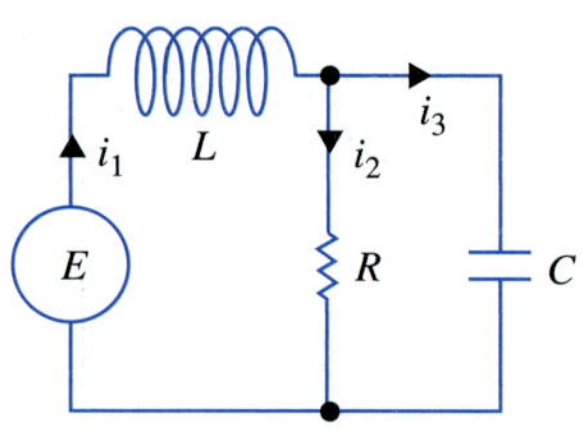

그림 4.6.1 전기회로망

회로망 2.9절의 식 (18)에서 인덕터, 저항기, 축전기를 포함하는 **그림 4.6.1** 회로망의 전류 $i_1(t)$와 $i_2(t)$는 다음과 같은 1계 미분방정식에 의해 표현됨을 배웠다.

$$
\begin{aligned}
L\frac{di_1}{dt} + Ri_2 &= E(t) \\
RC\frac{di_2}{dt} + i_2 - i_1 &= 0
\end{aligned} \tag{6}
$$

다음 예제에서 Laplace 변환을 이용하여 이 계를 풀기로 하자.

예제 2 전기회로망

$E(t) = 60$ V, $L = 1$ h, $R = 50\ \Omega$, $C = 10^{-4}$ F이고 i_1과 i_2의 초기값이 0인 조건하에서 식 (6)을 풀어라.

풀이 $i_1(0) = 0$, $i_2(0) = 0$인 조건하에

$$
\begin{aligned}
\frac{di_1}{dt} + 50i_2 &= 60 \\
50(10^{-4})\frac{di_2}{dt} + i_2 - i_1 &= 0
\end{aligned}
$$

을 풀자.

각 방정식에 Laplace 변환을 적용하고 단순화하면

$$
\begin{aligned}
sI_1(s) + \qquad 50I_2(s) &= \frac{60}{s} \\
-200I_1(s) + (s + 200)I_2(s) &= 0
\end{aligned}
$$

이다. 여기서 $I_1(s) = \mathscr{L}\{i_1(t)\}$이고 $I_2(s) = \mathscr{L}\{i_2(t)\}$이다. I_1과 I_2에 대해 정리하여 부분분수로 분해하면 다음과 같다.

$$I_1(s) = \frac{60s + 12{,}000}{s(s+100)^2} = \frac{6/5}{s} - \frac{6/5}{s+100} - \frac{60}{(s+100)^2}$$
$$I_2(s) = \frac{12{,}000}{s(s+100)^2} = \frac{6/5}{s} - \frac{6/5}{s+100} - \frac{120}{(s+100)^2}$$

역 Laplace 변환을 취하면 전류는 다음과 같다.

$$i_1(t) = \frac{6}{5} - \frac{6}{5}e^{-100t} - 60te^{-100t}$$
$$i_2(t) = \frac{6}{5} - \frac{6}{5}e^{-100t} - 120te^{-100t}$$

≡

예제 2의 $i_1(t)$와 $i_2(t)$는 $t \to \infty$에 따라 $E/R = \frac{6}{5}$로 각각 접근함을 주목하자. 더욱이 축전기를 흐르는 전류는 $i_3(t) = i_1(t) - i_2(t) = 60te^{-100t}$이므로 $t \to \infty$에 따라 $i_3(t) \to 0$임을 알 수 있다.

이중진자 **그림 4.6.2**에서 이중진자가 중력의 영향으로 수직평면에서 흔들리고 있다. 작은 변위 $\theta_1(t)$와 $\theta_2(t)$에 대하여 운동을 묘사하는 연립 미분방정식은 다음과 같다.

$$\begin{aligned}(m_1 + m_2)l_1^2\theta_1'' + m_2 l_1 l_2 \theta_2'' + (m_1 + m_2) l_1 g \theta_1 = 0 \\ m_2 l_2^2 \theta_2'' + m_2 l_1 l_2 \theta_1'' + m_2 l_2 g \theta_2 = 0\end{aligned} \tag{7}$$

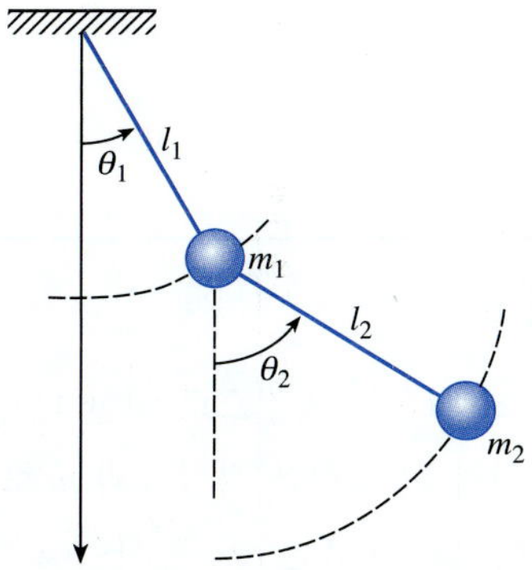

그림 4.6.2 이중진자

그림 4.6.2에 나와 있듯이 θ_1은 진자의 축에서 아래로 연장된 수직선으로부터 측정된 각도(단위는 라디안)이고 θ_2는 질량 m_1의 중심에서 아래로 연장된 수직선으로부터 측정된 각도이다. 오른쪽 방향은 양의 방향이고 왼쪽 방향은 음의 방향이다.

예제 3 이중진자전기회로망

$m_1 = 3$, $m_2 = 1$, $l_1 = l_2 = 16$, $g = 32$, $\theta_1(0) = 1$, $\theta_2(0) = -1$, $\theta_1'(0) = 0$, $\theta_2'(0) = 0$일 때, Laplace 변환을 이용하여 식 (6)을 푸는 상세과정은 연습문제로 남겨 두었다. 연습문제에서 다음의 식을 유도해 보자.

$$\begin{aligned}\theta_1(t) &= \frac{1}{4}\cos\frac{2}{\sqrt{3}}t + \frac{3}{4}\cos 2t \\ \theta_2(t) &= \frac{1}{2}\cos\frac{2}{\sqrt{3}}t - \frac{3}{2}\cos 2t\end{aligned} \tag{8}$$

CAS를 이용하면, $t = 0$에서와 다른 시각에서의 두 질량의 위치는 **그림 4.6.3**과 같이 나타난다. 연습문제 4.6의 문제 24를 보라.

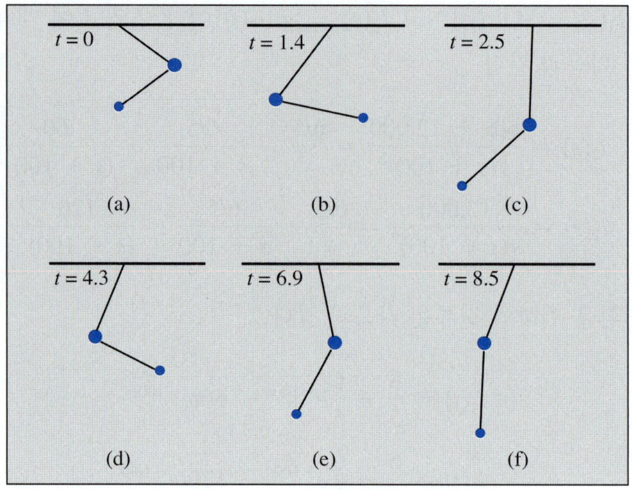

그림 4.6.3 예제 3에서 여러 시점에서의 질량의 위치

참고

시스템 (5)는 지진으로 인한 다층 건물의 연속적인 층의 수평 변위에 대한 수학적 모델로도 해석될 수 있다. i층 중심의 수평 위치와 그 질량을 각각 x_i와 m_i로 표기하면, $x_{i+1} - x_i$는 i층에 대한 $(i + 1)$층의 수평변위를 나타낸다. Hooke의 법칙이 성립한다고 가정하면, 두 층 사이의 복원력은 $k_i(x_{i+1} - x_i)$이며, 여기서 k_i는 상수이다.

3층 건물의 경우 변위는 3개의 2차 미분방정식 시스템에 의해 나타내진다.

$$\begin{aligned} m_1x_1'' &= -k_0x_1 + k_1(x_2 - x_1) \\ m_2x_2'' &= -k_1(x_2 - x_1) + k_2(x_3 - x_2) \\ m_3x_3'' &= -k_2(x_3 - x_2) \end{aligned} \tag{9}$$

그림 4.6.4를 참조하라.

© Nigel Spiers/Shutterstock

지진으로 붕괴된 건물

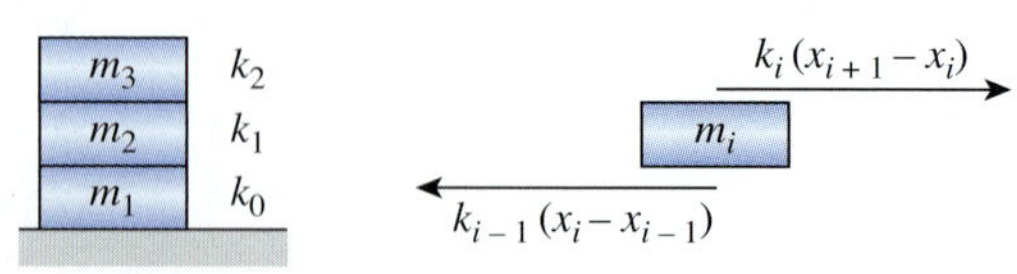

(a) 건물의 층 (b) 층에 작용하는 수평력

그림 4.6.4 3층 건물

4.6 연습문제

부록에 선택된 홀수 문제의 답이 있다.

문제 1~12에서는 Laplace 변환의 정의를 이용하여 $\mathscr{L}\{f(t)\}$를 구하라.

1. $\dfrac{dx}{dt} = -x + y$

$\dfrac{dy}{dt} = 2x$

$x(0) = 0,\ y(0) = 1$

2. $\dfrac{dx}{dt} = 2y + e^t$

$\dfrac{dy}{dt} = 8x - t$

$x(0) = 1,\ y(0) = 1$

3. $\dfrac{dx}{dt} = x - 2y$

$\dfrac{dy}{dt} = 5x - y$

$x(0) = -1,\ y(0) = 2$

4. $\dfrac{dx}{dt} + 3x + \dfrac{dy}{dt} = 1$

$\dfrac{dx}{dt} - x + \dfrac{dy}{dt} - y = e^t$

$x(0) = 0,\ y(0) = 0$

5. $2\dfrac{dx}{dt} + \dfrac{dy}{dt} - 2x = 1$

$\dfrac{dx}{dt} + \dfrac{dy}{dt} - 3x - 3y = 2$

$x(0) = 0,\ y(0) = 0$

6. $\dfrac{dx}{dt} + x - \dfrac{dy}{dt} + y = 0$

$\dfrac{dx}{dt} + \dfrac{dy}{dt} + 2y = 0$

$x(0) = 0,\ y(0) = 1$

7. $\dfrac{d^2x}{dt^2} + x - y = 0$

$\dfrac{d^2x}{dt^2} + y - x = 0$

$x(0) = 0,\ x'(0) = -2,$

$y(0) = 0,\ y'(0) = 1$

8. $\dfrac{d^2x}{dt^2} + \dfrac{dx}{dt} + \dfrac{dy}{dt} = 0$

$\dfrac{d^2y}{dt^2} + \dfrac{dy}{dt} - 4\dfrac{dx}{dt} = 0$

$x(0) = 1,\ x'(0) = 0,$

$y(0) = -1,\ y'(0) = 5$

9. $\dfrac{d^2x}{dt^2} + \dfrac{d^2y}{dt^2} = t^2$

$\dfrac{d^2x}{dt^2} - \dfrac{d^2y}{dt^2} = 4t$

$x(0) = 8,\ x'(0) = 0,$

$y(0) = 0,\ y'(0) = 0$

10. $\dfrac{dx}{dt} - 4x + \dfrac{d^3y}{dt^3} = 6\sin t$

$\dfrac{dx}{dt} + 2x - 2\dfrac{d^3y}{dt^3} = 0$

$x(0) = 0,\ y(0) = 0,$

$y'(0) = 0,\ y''(0) = 0$

11. $\dfrac{d^2x}{dt^2} + 3\dfrac{dy}{dt} + 3y = 0$

$\dfrac{d^2x}{dt^2} + 3y = te^{-t}$

$x(0) = 0,\ x'(0) = 2,$

$y(0) = 0$

12. $\dfrac{dx}{dt} = 4x - 2y + 2\mathscr{U}(t-1)$

$\dfrac{dy}{dt} = 3x - y + \mathscr{U}(t-1)$

$x(0) = 0,\ y(0) = \frac{1}{2}$

13. $k_1 = 3$, $k_2 = 2$, $m_1 = 1$, $m_2 = 1$이고 $x_1(0) = 0$, $x_1'(0) = 1$, $x_2(0) = 1$, $x_2'(0) = 0$일 때 식 (1)을 풀어라.

14. **그림 4.6.5**의 평형상태를 보이는 결합된 스프링의 직선 수직운동을 묘사하는 연립 미분방정식을 유도하라. $k_1 = 1$, $k_{2v} = 1$, $k_3 = 1$, $m_1 = 1$, $m_2 = 1$이고 $x_1(0) = 0$, $x_1'(0) = -1$, $x_2(0) = 0$, $x_2'(0) = 1$일 때 Laplace 변환을 이용하여 유도된 식을 풀어라.

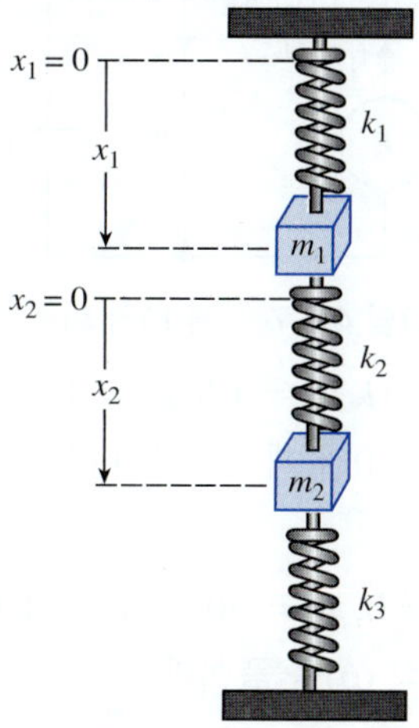

그림 4.6.5 문제 14의 결합된 스프링

15. **(a)** **그림 4.6.6**에 있는 전기회로의 전류 $i_2(t)$와 $i_3(t)$에 대한 미분방정식은 다음과 같음을 증명하라.

$$L_1\frac{di_2}{dt} + Ri_2 + Ri_3 = E(t)$$

$$L_2\frac{di_3}{dt} + Ri_2 + Ri_3 = E(t)$$

(b) $R = 5\ \Omega$, $L_1 = 0.01$ h, $L_2 = 0.0125$ h, $E = 100$ V, $i_2(0) = 0$, $i_3(0) = 0$일 때 (a)의 연립 미분방정식을 풀어라.

(c) 전류 $i_1(t)$를 구하라.

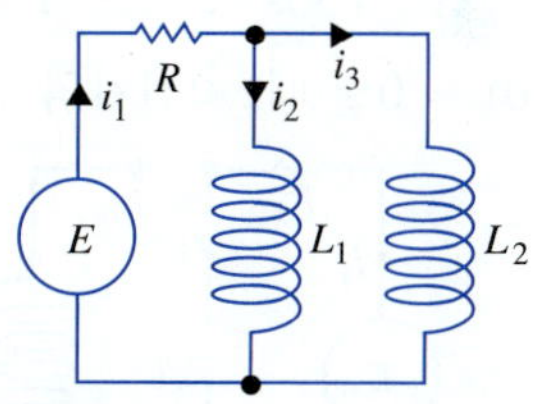

그림 4.6.6 문제 15의 회로

16. **(a)** 연습문제 2.9의 문제 14에서, **그림 4.6.7**에 있는 전기회로망의 전류 $i_2(t)$와 $i_3(t)$는 다음의 연립 미분방정식을 만족시킴을 보았다.

$$L\frac{di_2}{dt} + L\frac{di_3}{dt} + R_1 i_2 = E(t)$$

$$-R_1\frac{di_2}{dt} + R_2\frac{di_3}{dt} + \frac{1}{C}i_3 = 0$$

$R_1 = 10\ \Omega$, $R_2 = 5\ \Omega$, $L = 1$ h, $C = 0.2$ F일 때 주어진 시스템의 해를 구하라.

$$E(t) = \begin{cases} 120, & 0 \le t < 2 \\ 0, & t \ge 2 \end{cases}$$

이 문제에서 $i_2(0) = 0$이고, $i_3(0) = 0$이다.

(b) 전류 $i_1(t)$를 구하라.

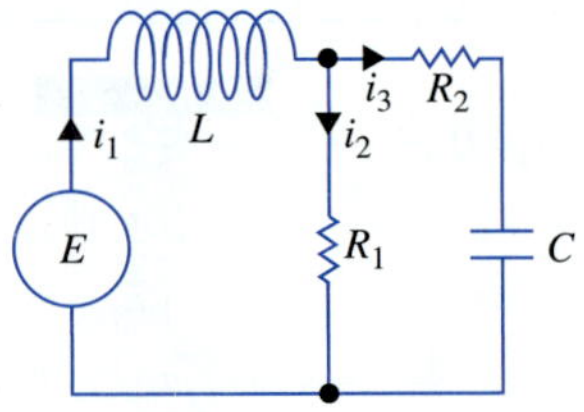

그림 4.6.7 문제 16의 회로

17. $R_1 = 6\ \Omega$, $R_2 = 5\ \Omega$, $L_1 = 1$ h, $L_2 = 1$ h, $E(t) = 50 \sin t$ V, $i_2(0) = 0$, $i_3(0) = 0$일 때, 2.9절의 (17)에 주어진 연립 미분방정식을 풀어라.

18. $E = 60$ V, $L = \frac{1}{2}$ h, $R = 50\ \Omega$, $C = 10^{-4}$ F, $i_1(0) = 0$, $i_2(0) = 0$일 때, 식 (6)을 풀어라.

19. $E = 60$ V, $L = 2$ h, $R = 50\ \Omega$, $C = 10^{-4}$ F, $i_1(0) = 0$, $i_2(0) = 0$일 때, 식 (6)을 풀어라.

20. **(a)** 그림 4.6.8에 있는 전기회로망의 전류 $i_3(t)$와 축전기 전하량 $q(t)$에 대한 연립 미분방정식은 다음과 같음을 보여라.

$$R_1 \frac{dq}{dt} + \frac{1}{C} q + R_1 i_3 = E(t)$$
$$L \frac{di_3}{dt} + R_2 i_3 - \frac{1}{C} q = 0.$$

(b) $R_1 = 1\ \Omega$, $R_2 = 1\ \Omega$, $L = 1$ h, $C = 1$ F,

$$E(t) = \begin{cases} 0, & 0 < t < 1 \\ 50e^{-t}, & t \geq 1 \end{cases}$$

$i_3(0) = 0$, $q(0) = 0$일 때, 축전기의 전하량을 구하라.

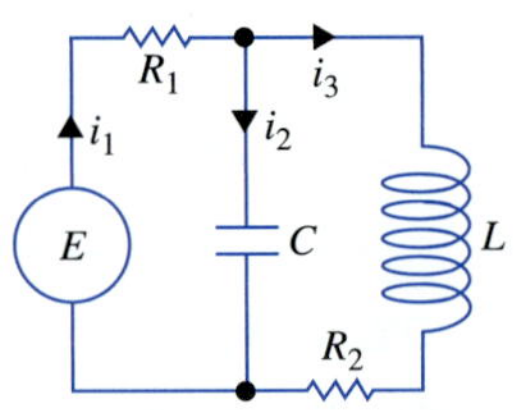

그림 4.6.8 문제 20의 회로

수학적 모델

21. **발사체의 사정거리—공기 저항 무시** 연습문제 3.12에서 23번 문제를 풀었다면, 무게 $w = mg$ 이외의 공기 저항 등 다른 힘들이 무시되었을 때, 탄도 발사체의 이동 경로는 대포탄알의 경우처럼 다음과 같은 선형 미분방정식으로 표현된다.

$$m \frac{d^2x}{dt^2} = 0$$
$$m \frac{d^2y}{dt^2} = -mg \tag{10}$$

(a) 발사체가 지상에서, 궤적(또는 이동 경로)에 접한 초기 속도 v_0로 발사되었다면, 시스템에 수반되는 초기 조건은 $x(0) = 0$, $x'(0) = v_0 \cos \theta$, $y(0) = 0$, $y'(0) = v_0 \sin \theta$이다. 이때 초기 속력 $v_0 = \|\mathbf{v}_0\|$는 상수이고, θ는 대포의 앙각(angle of elevation)을 나타낸다. 3장의 파리 대포 문제의 그림 3.R.5를 참조하고, Laplace 변환을 사용해 식 (10)의 문제를 해결하라.

(b) (a)항에서 시스템의 해인 $x(t)$와 $y(t)$는 발사체의 궤적에 대한 매개 방정식을 풀어 얻을 수 있다. $x(t)$를 사용해 $y(t)$에서 파라미터 t를 제거함으로써, 궤적이 포물선임을 증명하라.

(c) (b)항의 결과를 사용하여 발사체의 수평 거리 R이 다음 식 (11)과 같이 표현됨을 증명하라.

$$R = \frac{v_0^2}{g} \sin 2\theta \tag{11}$$

식 (11)로부터 $\theta = \pi/4$일 때 R이 최대가 되고, 두 여각(complementary angle) θ와 $\pi/2 - \theta$에서 동일한 값을 가짐을 알 수 있다. 그림 4.6.9를 참조하고 삼각함수의 항등관계를 이용하여 이 결과를 증명하라.

(d) 발사체의 최대 비행 높이 H는 다음과 같이 표현됨을 증명하라.

$$H = \frac{v_0^2}{2g} \sin^2 \theta \tag{12}$$

(e) $g = 32$ ft/s^2, $\theta = 38°$, $v_0 = 300$ ft/s일 때, 식 (11)과 (12)를 사용하여, 발사체의 비행 수평 거리와 최대 높이를 구하라. 또한 $\theta = 52°$, $v_0 = 300$ ft/s일 경우에도 반복하라.

(f) 식 (11)과 식 (12)는 모든 경우에 유효하지는 않기 때문에(문제 22 참조), 탄도체의 비행 거리와 최대 높이는, $y(t) = 0$과 $y'(t) = 0$을 풀어, $x(t)$와 $y(t)$로부터 직접 구할 수 있음을 기억하는게 좋다. 첫 번째 방정식을 풀면 발사체가 지상에 떨어지는 시간을 알아낼 수 있고, 두 번째 방정식을 풀면 $y(t)$가 최대가 되는 시간을 구할 수 있다. 이들 시간을 구해서, $\theta = 38°$이고 $v_0 = 300$ ft/s인 궤적에 대하여, (e)항에서 얻은 비행 거리와 최대 높이를 검증하라. $\theta = 52°$일 경우에 대해서도 반복하라.

(g) $g = 32$ ft/s^2, $\theta = 38°$, $v_0 = 300$ ft/s인 경우에, 그래프 작성도구나 CAS를 사용해 (a)항에서의 $x(t)$와 $y(t)$에 대한 매개 방정식으로 정의된 발사체의 궤적을 그려라. $\theta = 52°$에 대해서도 반복하고, 다른 색깔을 사용해 동일한 좌표계에서 두 개의 그래프를 함께 그려라.

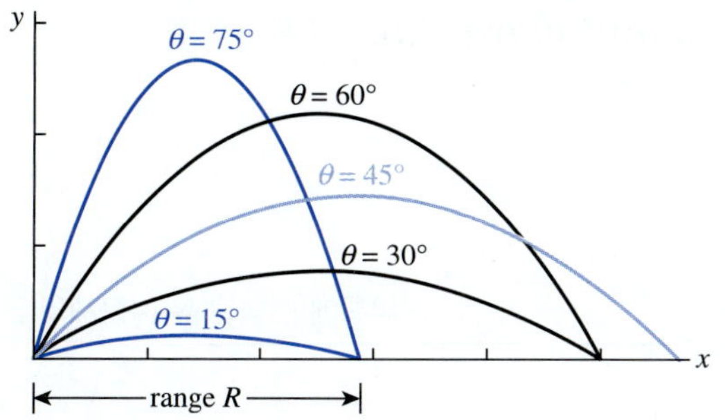

그림 4.6.9 문제 21에서의 탄도 궤적

22. 발사체의 사정거리—공기 저항 고려 3장의 파리 대포 문제에서, 비선형 공기 저항이 대포탄의 궤적에 미치는 영향을 수치적으로 살펴보았다. 본 문제에서는 선형 공기 저항이 발사체에 미치는 영향을 고려한다.

(a) 공기 저항은 발사체의 경로에 접선 방향인 억제력이고 움직임에 역으로 작동한다고 가정한다. 공기 저항을 발사체의 속도에 비례하도록 하면, 연습문제 3.12의 문제 24로부터, 발사체의 움직임은 다음과 같은 선형 미분방정식으로 표현될 수 있다.

$$m\frac{d^2x}{dt^2} = -\beta\frac{dx}{dt}$$
$$m\frac{d^2y}{dt^2} = -mg - \beta\frac{dy}{dt} \tag{13}$$

여기서 $\beta > 0$는 상수이다. Laplace 변환을 사용하여 문제 21(a)항에서의 초기 조건하에서 식 (11)의 해를 구하라.

(b) $m = \frac{1}{4}$ slug, $g = 32$ ft/s^2, $\beta = 0.02$, $\theta = 38°$, $v_0 = 300$ ft/s라 가정하자. 계산기 또는 CAS를 사용하여 발사체가 지상에 떨어지는 근사적 시간을 구하고, $x(t)$를 계산하여 상응하는 수평거리를 구하라.

(c) 문제 21 (c)항에서의 여각 성질은 공기 저항이 고려되면 성립하지 않는다. 이를 증명하기 위하여, 여각이 $u = 52°$일 때 (b)항 문제를 다시 풀고, (b)항에서 구한 수평거리와 비교하라.

(d) $m = \frac{1}{4}$ slug, $g = 32$ ft/s^2, $\beta = 0.02$, $\theta = 38°$, $v_0 = 300$ ft/s일 때, 그래프 유틸리티나 CAS를 사용해 $x(t)$와 $y(t)$에 대한 매개 방정식으로 정의된 발사체의 궤적을 그려라. $\theta = 52°$에 대해서도 반복하고, 다른 색깔을 사용해 두 개의 그래프를 동일한 좌표계에서 문제 21(g)항에서의 두 개의 그래프와 함께 그려라.

23. 용수철 결합 진자 **(a)** 두 개의 동일한 진자가 상수 k를 갖는 용수철에 의해 연결되어 있다고 가정한다. **그림 4.6.10**을 참조하라. 4.6절의 예제 3 논의에서 다룬 동일한 가정하에서, 변위 각도 $\theta_1(t)$ 및 $\theta_2(t)$가 작을 때 움직임을 기술하는 미분방정식 시스템은 다음과 같이 표시될 수 있다.

$$\theta_1'' + \frac{g}{l}\theta_1 = -\frac{k}{m}(\theta_1 - \theta_2)$$
$$\theta_2'' + \frac{g}{l}\theta_2 = \frac{k}{m}(\theta_1 - \theta_2)$$

Laplace 변환을 사용해 $\theta_1(0) = \theta_0$, $\theta_1'(0) = 0$, $\theta_2(0) = \psi_0$, $\theta_2'(0) = 0$일 때(여기서 θ_0와 ψ_0는 상수) 시스템의 해를 구하라. 편의상 $\omega^2 = g/l$, $K = k/m$로 한다.

(b) 초기조건이 $\theta_1(0) = \theta_0$, $\theta_1'(0) = 0$, $\theta_2(0) = \theta_0$, $\theta_2'(0) = 0$인 특별한 경우에 결합된 진자의 운동을 논의하기 위해 (a)에서 구한 해를 사용하라.

(c) 초기조건이 $\theta_1(0) = \theta_0$, $\theta_1'(0) = 0$, $\theta_2(0) = -\theta_0$, $\theta_2'(0) = 0$일때 (b)를 반복하라.

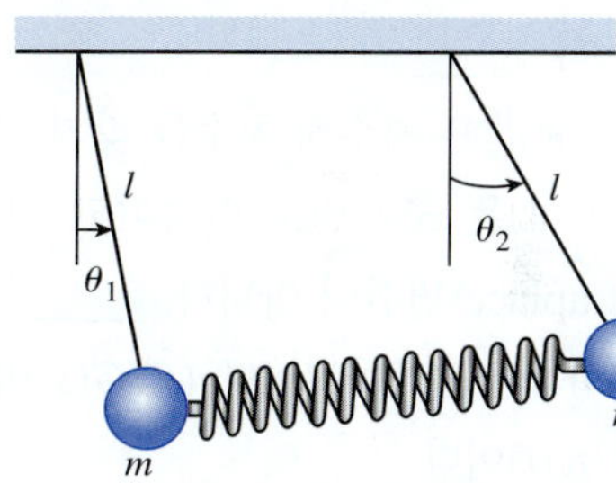

그림 4.6.10 문제 23에서의 결합 진자

컴퓨터 실습 과제

23. (a) 예제 3의 조건과 Laplace 변환을 이용하여 연립 미분방정식 (7)의 해인 식 (8)을 유도하라.

(b) 그래프 도구를 이용하여 $t\theta$ 평면에서 $\theta_1(t)$와 $\theta_2(t)$의 그래프를 그려라. 어떤 질량이 큰 양의 과도한 변위를 갖는가? 그래프를 이용하여 각 질량이 평형상태를 통과하는 최초의 시간을 추정하라. 진자의 운동이 주기적인지를 논하라.

(c) 매개방정식으로 $\theta_1\theta_2$ 평면에서 $\theta_1(t)$와 $\theta_2(t)$의 그래프를 그려라. 이 매개방정식으로 표현된 곡선을 **Lissajous 곡선**이라 한다.

(d) $t = 0$에서의 질량의 위치는 그림 4.6.3(a)에 주어졌다.

1라디안 ≈ 57.3°임을 기억하고 계산기나 CAS의 표를 이용하여 $t = 1, 2, \ldots, 10$초에서의 각 θ_1과 θ_2의 값을 표로 만들라. 또 그 시간들에서 질량의 위치를 도시하라.

(e) CAS를 이용하여 $\theta_1(t) = \theta_2(t)$이 되는 최초의 시간을 구하고 그때의 각을 계산하라. 이 시간들에서 질량의 위치를 도시하라.

(f) 그림 4.6.3에서와 같이 진자 줄을 모사하기 위해 CAS를 이용하여 적절한 선을 도시하라. 또 CAS의 애니메이션 기능을 이용하여 $t = 0$에서 $t = 10$까지 0.1초씩 증가시키면서 진자의 움직임을 '영화'로 만들라. [힌트: 질량 m_1과 m_2의 각각의 좌표 $((x_1(t), y_1(t))$와 $((x_2(t), y_2(t))$를 $\theta_1(t)$와 $\theta_2(t)$로 표현하라.]

4 복습문제

부록에 선택된 홀수 문제의 답이 있다.

문제 1~2에서는 Laplace 변환의 정의를 이용하여 $\mathscr{L}\{f(t)\}$를 구하라.

1. $f(t) = \begin{cases} t, & 0 \le t < 1 \\ 2 - t, & t \ge 1 \end{cases}$

2. $f(t) = \begin{cases} 0, & 0 \le t < 2 \\ 1, & 2 \le t < 4 \\ 0, & t \ge 4 \end{cases}$

문제 3~36에서는 빈 칸을 채우거나 참(T) 또는 거짓(F)을 명시하라.

3. f가 $[0, \infty)$에서 조각별로 연속이 아니라면 $\mathscr{L}\{f(t)\}$는 존재하지 않는다. _____

4. 함수 $f(t) = (e^t)^{10}$은 지수적 차수를 갖지 않는다. _____

5. $F(s)s^2/(s^2 + 4)$는 조각별로 연속이고 지수적 차수를 갖는 함수의 Laplace 변환이 아니다. _____

6. 만약 $\mathscr{L}\{f(t)\} = F(s)$이고 $\mathscr{L}\{g(t)\}G(s)$이면, $\mathscr{L}^{-1}\{F(s)G(s)\} = f(t)g(t)$이다. _____

7. $\mathscr{L}\{e^{-7t}\} =$ _____

8. $\mathscr{L}\{te^{-7t}\} =$ _____

9. $\mathscr{L}\{\sin 2t\} =$ _____

10. $\mathscr{L}\{e^{-3t}\sin 2t\} =$ _____

11. $\mathscr{L}\{t\sin 2t\} =$ _____

12. $\mathscr{L}\{\sin 2t\,\mathscr{U}(t-\pi)\} =$ _____

13. $\mathscr{L}\{\sin^2 t\} =$ _____

14. $\mathscr{L}\{\cosh 6t\} =$ _____

15. $\mathscr{L}\{\int_0^t e^{\tau}\sin(t-\tau)\,d\tau\} =$ _____

16. $\mathscr{L}\{\int_0^t (t-\tau)^2\cos\tau\,d\tau\} =$ _____

17. $\mathscr{L}\{e^{3(t-4)}\mathscr{U}(t-4)\} =$ _____

18. $\mathscr{L}\{1 - \delta(t-5)\} =$ _____

19. $\mathscr{L}^{-1}\left\{\dfrac{20}{s^6}\right\} =$ _____

20. $\mathscr{L}^{-1}\left\{\dfrac{1}{3s-1}\right\} =$ _____

21. $\mathscr{L}^{-1}\left\{\dfrac{1}{(s-5)^3}\right\} =$ _____

22. $\mathscr{L}^{-1}\left\{\dfrac{1}{s^2-5}\right\} =$ _____

23. $\mathscr{L}^{-1}\left\{\dfrac{1}{s^2+s}\right\} =$ _____

24. $\mathscr{L}^{-1}\left\{\dfrac{1}{s^2+s-2}\right\} =$ _____

25. $\mathscr{L}^{-1}\left\{\dfrac{s}{s^2-10s+29}\right\} =$ _____

26. $\mathscr{L}^{-1}\left\{\dfrac{1}{s^2-12\pi s+37\pi^2}\right\} =$ _____

27. $\mathscr{L}^{-1}\left\{\dfrac{4s-86}{s^2+2s+101}\right\} =$ _____

28. $\mathscr{L}^{-1}\left\{\dfrac{e^{-5s}}{s^2}\right\} =$ _____

29. $\mathscr{L}^{-1}\left\{\dfrac{s+\pi}{s^2+\pi^2}e^{-s}\right\} =$ _____

30. $\mathscr{L}^{-1}\left\{\dfrac{1}{L^2s^2+n^2\pi^2}\right\} =$ _____

31. $\mathscr{L}\{e^{-5}t\}$는 $s >$ _____에 대하여 존재한다.

32. $\mathscr{L}\{f(t)\} = F(s)$이면 $\mathscr{L}\{te^{8t}f(t)\} =$ _____이다.

33. $\mathscr{L}\{f(t)\} = F(s)$이고 $k > 0$이면 $\{e^{at}f(t-k)\mathscr{U}(t-k)\} =$ _____이다.

34. $\mathscr{L}\left\{\displaystyle\int_0^t e^{a\tau}f(\tau)\,d\tau\right\} =$ _____인 반면에 $\mathscr{L}\left\{e^{at}\displaystyle\int_0^t f(\tau)\,d\tau\right\} =$ _____이다.

35. $1*1 =$ _____

36. $t^2*t =$ _____

37. $\mathscr{L}^{-1}\left\{\dfrac{1}{s^2+3s+\frac{5}{2}}\right\} = 2e^{-3t/2}\sin\dfrac{t}{2}$일 때, 4.2절의 식 (6)을 사용하여 $\mathscr{L}^{-1}\left\{\dfrac{s}{s^2+3s+\frac{5}{2}}\right\}$를 구하라.

38. $\mathscr{L}^{-1}\left\{\dfrac{1}{s^2-7s+12}\right\} = e^{4t} - e^{3t}$일 때, 4.4절의 식 (9)를 사용하여 $\mathscr{L}^{-1}\left\{\dfrac{1}{s(s^2-7s+12)}\right\}$를 구하라.

문제 39~42에서는 **그림 4.R.1**에 주어진 그래프의 함수 $y = f(t)$와 관련하여 각 그래프의 함수를 단위계단함수를 사용하여 표현하라.

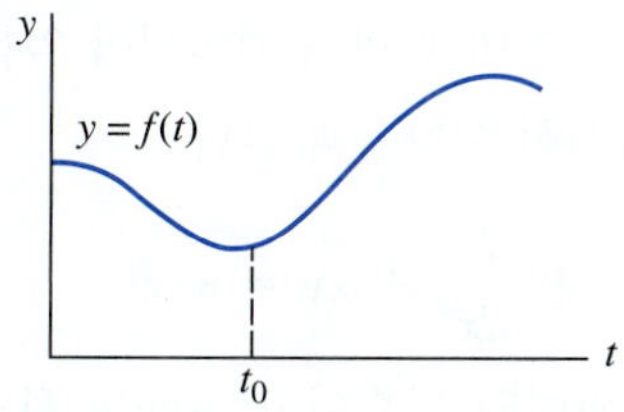

그림 4.R.1 문제 39~42에 대한 그래프

39.

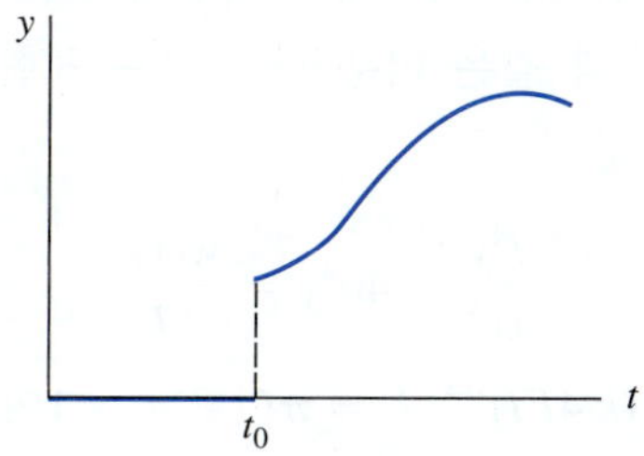

그림 4.R.2 문제 39의 그래프

40.

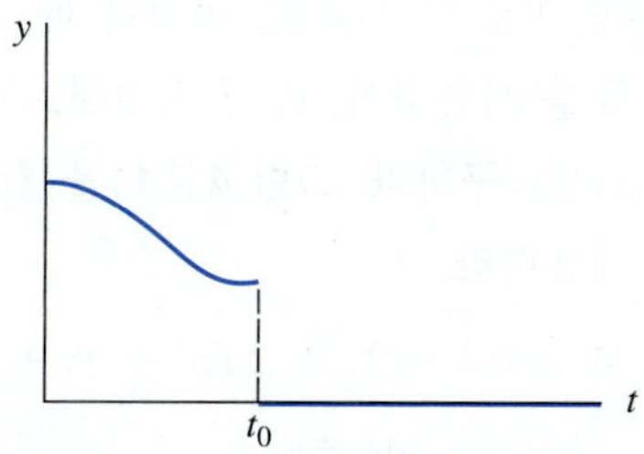

그림 4.R.3 문제 40의 그래프

41.

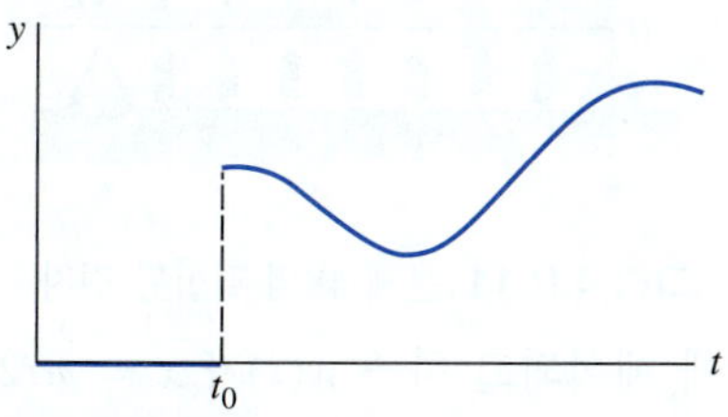

그림 4.R.4 문제 41의 그래프

42.

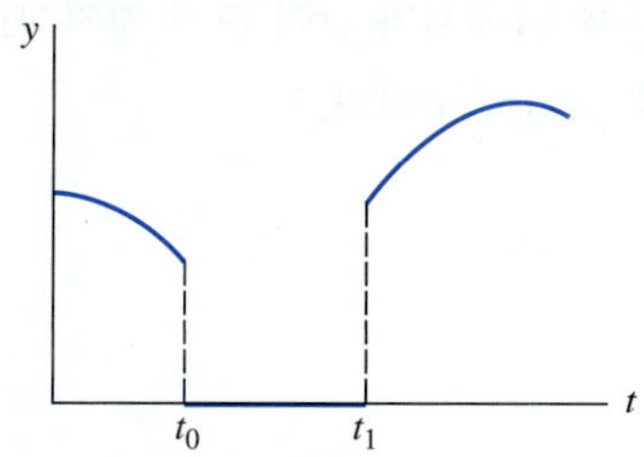

그림 4.R.5 문제 42의 그래프

문제 43~46에서는 f를 단위계단함수를 사용하여 표현하라. 또 $\mathscr{L}\{f(t)\}$와 $\mathscr{L}\{e^t f(t)\}$를 구하라.

43.

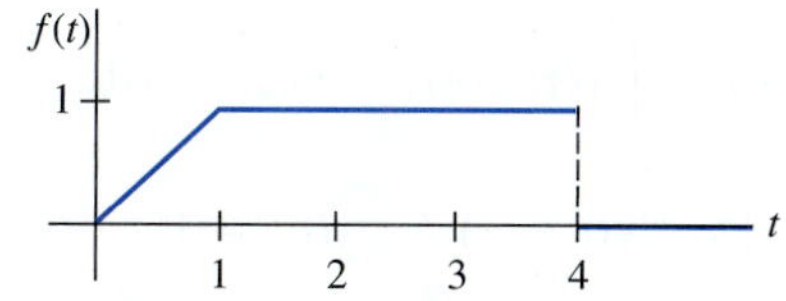

그림 4.R.6 문제 43의 그래프

44.

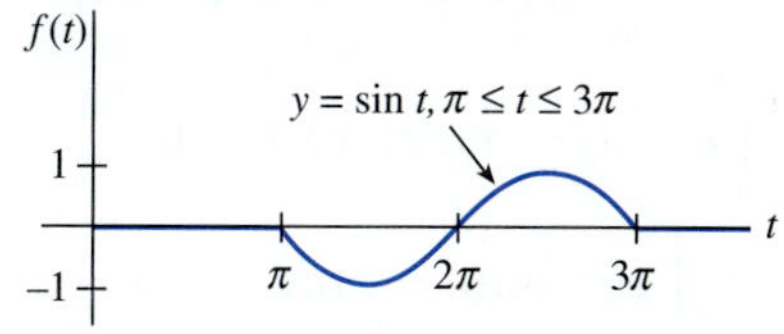

그림 4.R.7 문제 44의 그래프

45.

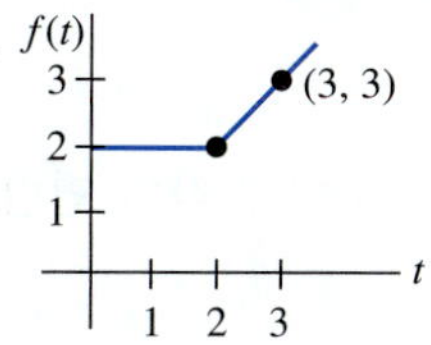

그림 4.R.8 문제 45의 그래프

46.

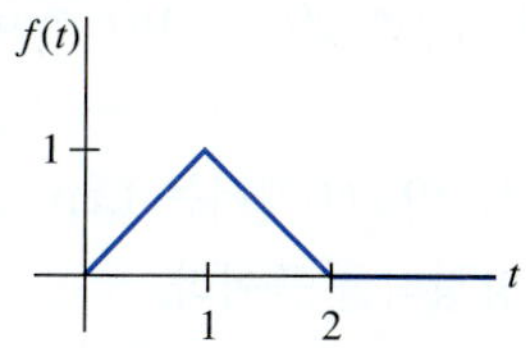

그림 4.R.9 문제 46의 그래프

문제 47과 48에서, 주어진 함수의 그래프를 그리고, $\mathscr{L}\{f(t)\}$를 구하라.

47. $f(t) = -1 + 2\sum_{k=1}^{\infty}(-1)^{k+1}\mathscr{U}(t-k)$

48. $f(t) = \sum_{k=0}^{\infty}(2k+1-t)[\mathscr{U}(t-2k) - \mathscr{U}(t-2k-1)]$

문제 49~58에서는 Laplace 변환을 이용하여 주어진 방정식을 풀어라.

49. $y'' - 2y' + y = e^t, \quad y(0) = 0, \quad y'(0) = 5$

50. $y'' - 8y' + 20y = te^t, \quad y(0) = 0, \quad y'(0) = 0$

51. $y'' + 6y' + 5y = t - t\mathscr{U}(t-2), \quad y(0) = 1, \quad y'(0) = 0$

52. $y' - 5y = f(t)$, where $f(t) = \begin{cases} t^2, & 0 \le t < 1 \\ 0, & t \ge 1 \end{cases}, \quad y(0) = 1$

53. $y' + 2y = f(t)$, $y(0) = 1$, 여기서 $f(t)$의 그래프는 **그림 4.R.10**에 나타나 있다.

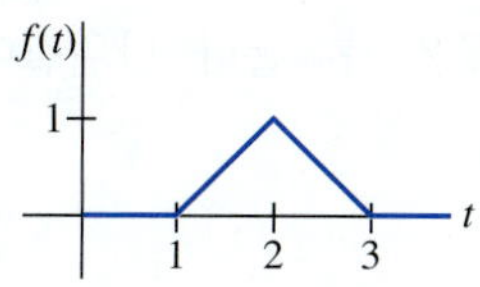

그림 4.R.10 문제 53에 대한 그래프

54. $y'' + 5y' + 4y = f(t)$, $y(0) = 0$, $y'(0) = 3$, 여기서

$$f(t) = 12\sum_{k=0}^{\infty}(-1)^k\mathscr{U}(t-k)$$

55. $y'(t) = \cos t + \int_0^t y(\tau)\cos(t-\tau)\,d\tau, \quad y(0) = 1$

56. $y' + y = \int_0^t e^{-\tau} y(t-\tau)\,d\tau, \; y(0) = 1$

55. $y'(t) = \cos t + \int_0^t y(\tau)\cos(t-\tau)\,d\tau, \quad y(0) = 1$

56. $y' + y = \int_0^t e^{-\tau} y(t-\tau)\,d\tau, \; y(0) = 1$

57. $y(t) = e^{2t} + \int_0^t y(\tau)\sin(t-\tau)\,d\tau$

58. $\int_0^t y(\tau)y(t-\tau)\,d\tau = 6t^3$

문제 59~60에서는 Laplace 변환을 이용하여 각각의 연립 미분방정식을 풀어라.

59. $x' + y = t$
$4x + y' = 0$
$x(0) = 1, \; y(0) = 2$

60. $x'' + y'' = e^{2t}$
$2x' + y'' = -e^{2t}$
$x(0) = 0, \; y(0) = 0$
$x'(0) = 0, \; y'(0) = 0$

61. RC 직렬회로의 전류 $i(t)$는 다음의 적분방정식으로 주어진다.

$$Ri + \frac{1}{C}\int_0^t i(\tau)\,d\tau = E(t),$$

단 $E(t)$는 가해진 전압이다. $R = 10\ \Omega$, $C = 0.5$ F, $E(t) = 2(t^2 + t)$일 때, 전류 $i(t)$를 구하라.

62. 직렬회로가 각각 $L = \frac{1}{2}$ h, $R = 10\ \Omega$, $C = 0.01$ F인 인덕터, 저항기, 축전기를 포함하고 있고 전압

$$E(t) = \begin{cases} 10, & 0 \le t < 5 \\ 0, & t \ge 5 \end{cases}$$

가 회로에 작용한다. $q(0) = 0$이고 $q'(0) = 0$일 때 $t > 0$에서 축전기의 순간 전하량 $q(t)$를 구하라

63. 길이가 L인 균일한 외팔보가 왼쪽 끝($x = 0$)은 고정되어 있고 오른쪽 끝은 자유롭다. 단위길이당 하중이 다음과 같을 때 처짐 $y(x)$를 구하라.

$$w(x) = \frac{2w_0}{L}\left[\frac{L}{2} - x + \left(x - \frac{L}{2}\right)\mathscr{U}\left(x - \frac{L}{2}\right)\right]$$

64. 균일 보가 탄성지지대에 의해 지지되어 있을 때, 처짐 $y(x)$에 대한 미분방정식은 다음과 같다.

$$EI\frac{d^4y}{dx^4} + ky = w(x)$$

여기서 k는 지지대의 계수이고 $-ky$는 하중 $w(x)$의 반대 방향으로 작용하는 지지대의 저항력이다. 대수학적 편의를 위해 다음과 같은 미분방정식으로 표현되었다고 가정한다.

$$\frac{d^4y}{dx^4} + 4a^4y = \frac{w(x)}{EI}$$

여기서 $a = (k/4EI)^{1/4}$. $L = \pi$이고 $a = 1$이라고 가정한다. 보가 양단에서 단순히 지지되고 하중 $w(x)$가 길이를 따라 균일하게 분포되어 상수 w_0로 일정할 때, 부록 C의 Laplace 변환 표를 사용하여, 탄성 지지대로 지지받는 보의 처짐 변형 $y(x)$를 구하라. **그림 4.R.11**을 참조하라. [**힌트**: 인수분해도 이용하라.

$$s^4 + 4 = (s^2 - 2s + 2)(s^2 + 2s + 2)]$$

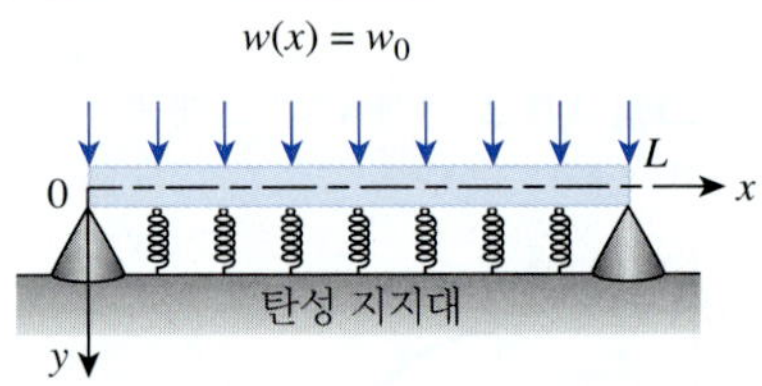

그림 4.R.11 문제 48의 결합된 진자

65. 보가 양단에 매설되고 하중 $w(x)$가 $x = \pi/2$에 집중된 상수 w_0일 때, Laplace 변환 및 부록 C의 Laplace 변환 표를 사용하여, 문제 64에서와 같이 탄성 지지대로 지지받는 보의 처짐 변형 $y(x)$를 구하라.

CHAPTER 5

선형 미분방정식의 급수해

Series Solutions of Linear Differential Equations

지금까지 주로 선형이면서 상수계수를 가진 2계, 또는 그 이상의 계수의 미분방정식을 풀었다. 실제 응용에서 변수계수를 갖는 선형 2계 미분방정식은 상수계수를 갖는 미분방정식 못지않게 중요하다. 지금까지 변수계수를 갖는 선형 방정식은 3.6절의 Cauchy-Euler 방정식만 고려하였다. 이 장에서 $y'' - xy = 0$과 같은 단순한 변수계수를 갖는 선형 2계 방정식조차 2계 Cauchy-Euler 방정식을 푸는 것만큼 쉽지 않다는 것을 알게 될 것이다. 이 미분방정식의 해가 **무한급수**로 정의되는 것을 볼 것이다.

5.1 보통점에 대한 해

소개 3.3절에서 **상수계수**를 갖는 제차 선형 미분방정식의 풀이는 기본적으로 대수 문제임을 보았다. 보조방정식의 근을 구함으로써 미분방정식의 일반해를 음이 아닌 정수 k에 대해 초등함수 x^k, $x^k e^{\alpha x}$, $x^k e^{\alpha x}\cos\beta x$, $x^k e^{\alpha x}\sin\beta x$의 일차결합의 꼴로 쓸 수 있었다. 하지만 3.6절의 서론에서 지적한 바처럼 대부분의 **변수계수**를 갖는 고계의 선형 미분방정식의 해는 초등함수의 항으로 표현되지 않는다. 이러한 종류의 방정식에 대한 보통의 방법은 해를 무한급수의 형태로 가정하고, 3.4절의 미정계수법과 유사한 방법을 적용하는 것이다. 이 절에서는 **거듭제곱급수**(power series, 또는 멱급수) 형태의 해를 갖는 변수계수를 가진 선형 2계 미분방정식을 다룬다.

5.1.1 거듭제곱급수에 대한 복습

대학수학에서 배운 것처럼 $x - a$에 대한 거듭제곱급수는

$$\sum_{n=0}^{\infty} c_n(x-a)^n = c_0 + c_1(x-a) + c_2(x-a)^2 + \cdots.$$

형태의 무한급수임을 기억하라. 이러한 급수를 중심이 a인 **거듭제곱급수**(power series centered at a)라 한다. 예를 들어 거듭제곱급수 $\sum_{n=0}^{\infty}(x+1)^n$의 중심은 $a = -1$이다. 이 절에서 주된 관심은 x에 대한 거듭제곱급수로, 예를 들어 $\sum_{n=1}^{\infty} 2^{n-1}x^n = x + 2x^2 + 4x^3 + \ldots$와 같이 거듭제곱급수의 중심이 $a = 0$인 경우이다. 다음은 거듭제곱급수에 대한 몇 가지 중요한 개념을 정리한 것이다.

- **수렴** 어떤 특정한 값 x에서 부분합 $\{S_N(x)\}$의 수열이 수렴한다면, 즉 $\lim_{N\to\infty} S_N(x) = \lim_{N\to\infty}\sum_{n=0}^{N} c_n(x-a)^n$이 존재한다면, 거듭제곱급수 $\sum_{n=0}^{\infty} c_n(x-a)^n$는 x에서 수렴한다. 만약 x에서 극한이 존재하지 않는다면 그 급수는 발산한다고 한다.
- **수렴 구간** 모든 거듭제곱급수는 수렴 구간을 가지고 있다. 수렴 구간은 급수가 수렴하는 모든 실수 x의 집합이다.
- **수렴 반경** 모든 거듭제곱급수는 수렴 반경 R을 갖는다. $R > 0$이면 $\sum_{n=0}^{\infty}|c_n(x-a)^n|$의 거듭제곱급수는 $|x-a| < R$에서 수렴하고, $|x-a| > R$에서 발산한다. 만약 급수가 단지 중심 a에서 수렴하면 $R = 0$이다. 만약 급수가 모든 x에 대해 수렴하면 $R = \infty$이다. 절대값의 부등식 $|x-a| < R$은 $a - R < x < a + R$과 동일하다는 것을 상기하라. 구간의 끝점 $a - R$과 $a + R$에서 거듭제곱급수는 수렴할 수도 있고 하지 않을 수도 있다. **그림 5.1.1**은 $R > 0$인 경우에 대해 4가지 가능한 수렴구간을 보여준다.
- **절대 수렴** 수렴 구간 내에서 거듭제곱급수는 절대적으로 수렴한다. 다시 말해 만약 x가 수렴 구간 안에 있고, 구간의 끝점이 아니라면 절대값의 급수 $\sum_{n=0}^{\infty}|c_n(x-a)^n|$은 수렴한다.
- **비판정법** 거듭제곱급수의 수렴은 보통 비판정법(ratio test)으로 결정될 수 있다. 모든 n에 대해 $c_n \neq 0$이고

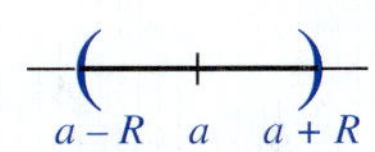

(a) $(a - R, a + R)$, 급수는 양 끝점에서 발산한다.

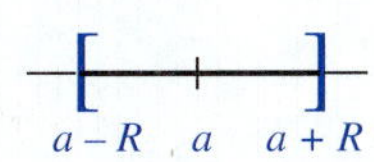

(b) $[a - R, a + R]$, 급수는 양 끝점에서 수렴한다.

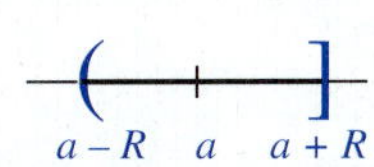

(c) $(a - R, a + R]$, 급수는 오른쪽 끝점에서 수렴하고 왼쪽 끝점에서 발산한다.

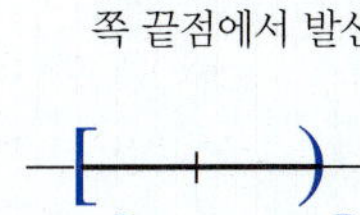

(d) $[a - R, a + R)$, 급수는 왼쪽 끝점에서 수렴하고 오른쪽 끝점에서 발산한다.

그림 5.1.1 $R > 0$인 경우에 대한 수렴 구간.

$$\lim_{n\to\infty}\left|\frac{c_{n+1}(x-a)^{n+1}}{c_n(x-a)^n}\right| = |x-a|\lim_{n\to\infty}\left|\frac{c_{n+1}}{c_n}\right| = L$$

이라 가정하자. 만약 $L < 1$이면 급수는 절대 수렴하고, $L > 1$이면 발산한다. $L = 1$이면 이 판정법으로 결정할 수 없다. 예를 들어 $\sum_{n=0}^{\infty}(x-3)^n/2^n n$의 거듭제곱급수에 비 판정법을 적용하면

$$\lim_{n\to\infty}\left|\frac{(x-3)^{n+1}/2^{n+1}(n+1)}{(x-3)^n/2^n n}\right| = |x-3|\lim_{n\to\infty}\frac{n}{2(n+1)} = \frac{1}{2}|x-3|$$

이 된다. 이 급수는 $\frac{1}{2}|x-3| < 1$ 또는 $|x-3| < 2$, 즉 $1 < x < 5$에서 절대 수렴한다. 이 마지막 구간은 수렴의 열린 구간과 관련된다. 이 급수는 $|x-3| > 2$, 즉 $x > 5$나 $x < 1$에서 발산한다. 수렴의 **열린** 구간의 왼쪽 끝점 $x = 1$에서 상수급수 $\sum_{n=1}^{\infty}((-1)^n/n)$은 교차 급수 판정법에 따라 수렴한다. 오른쪽 끝점 $x = 5$에서 급수 $\sum_{n=1}^{\infty}(1/n)$는 발산하는 조화급수(harmonic series)이다. 이 급수의 수렴 구간은 $[1, 5)$이고 수렴 반경은 $R = 2$이다.

- **거듭제곱급수에 의한 함수의 정의** 거듭제곱급수로 함수 $f(x) = \sum_{n=0}^{\infty}c_n(x-a)^n$를 정의할 수 있으며, 이 경우 함수의 영역은 급수의 수렴 구간이 된다. 만약 수렴 반경 $R > 0$이면, f는 구간$(a-R, a+R)$에서 연속이고, 미분 가능하며, 적분 가능하다. 또한 항별로 미분하거나 적분하여 $f'(x)$와 $\int f(x)\,dx$를 구할 수 있다. 끝점에서의 수렴은 미분에 의해 잃거나 적분을 통해 얻어질 수 있다. 만약 $y = \sum_{n=0}^{\infty}c_n x^n$이 x에 대한 거듭제곱급수라면 처음의 두 도함수는 $y' = \sum_{n=0}^{\infty}nx^{n-1}$과 $y'' = \sum_{n=0}^{\infty}n(n-1)x^{n-2}$이 된다. 1차 도함수의 첫 항과 2차 도함수의 처음 두 항이 0임을 주목하라. 이 0의 항을 제외하고 쓰면

$$\begin{aligned} y' &= \sum_{n=1}^{\infty}c_n n x^{n-1} = c_1 + 2c_2x + 3c_3x^2 + 4c_4x^3 + \cdots \\ y'' &= \sum_{n=2}^{\infty}c_n n(n-1)x^{n-2} = 2c_2 + 6c_3x + 12c_4x^2 + \cdots \end{aligned} \tag{1}$$

이 된다. 이 결과는 중요하고 곧 사용될 것이다.

- **동일성** 만약 수렴 구간 내의 모든 수 x에 대해서 $\sum_{n=0}^{\infty}c_n(x-a)^n = 0$, $R > 0$이면, 모든 n에 대해 $c_n = 0$이다.
- **해석적인 점** 함수 f를 양의 수렴 반경을 갖는 $x - a$의 거듭제곱급수로 나타낼 수 있으면 그 함수는 점 a에서 해석적이다. 미적분학에서 e^x, $\cos x$, $\sin x$, $\ln(1+x)$ 등의 함수가 Taylor 급수로 표현될 수 있음을 보았다.

$$\sum_{n=0}^{\infty}\frac{f^{(n)}(a)}{n!}(x-a)^n = f(a) + \frac{f'(a)}{1!}(x-a) + \frac{f''(a)}{2!}(x-a)^2 + \cdots$$

다음에 나오는 거듭제곱급수 중 일부를 기억할 것이다.

거듭제곱급수	수렴 구간
$e^x = 1 + \dfrac{x}{1!} + \dfrac{x^2}{2!} + \dfrac{x^3}{3!} + \cdots = \displaystyle\sum_{n=0}^{\infty} \frac{1}{n!} x^n$	$(-\infty, \infty)$
$\cos x = 1 - \dfrac{x^2}{2!} + \dfrac{x^4}{4!} - \dfrac{x^6}{6!} + \cdots = \displaystyle\sum_{n=0}^{\infty} \frac{(-1)^n}{(2n)!} x^{2n}$	$(-\infty, \infty)$
$\sin x = x - \dfrac{x^3}{3!} + \dfrac{x^5}{5!} - \dfrac{x^7}{7!} + \cdots = \displaystyle\sum_{n=0}^{\infty} \frac{(-1)^n}{(2n+1)!} x^{2n+1}$	$(-\infty, \infty)$
$\ln(1 + x) = x - \dfrac{x^2}{2} + \dfrac{x^3}{3} - \dfrac{x^4}{4} + \cdots = \displaystyle\sum_{n=1}^{\infty} \frac{(-1)^{n+1}}{n} x^n$	$(-1, 1]$
$\dfrac{1}{1 - x} = 1 + x + x^2 + x^3 + \cdots = \displaystyle\sum_{n=1}^{\infty} x^n$	$(-1, 1)$

(2)

$a = 0$에 중심을 둔 이러한 Taylor 급수를 또한 Maclaurin 급수라 부른다. (2)에 있는 5개의 함수가 $a = 0$에서 해석적임을 증명해 보라.

(2)의 결과는 다른 함수들을 거듭제곱급수로 표현하는 데에도 사용될 수 있다. 예를 들어, e^{x^2}를 Maclaurin 급수로 표현하려면 e^x의 Maclaurin 급수에 있는 x를 x^2로 바꾸기만 하면 된다.

$$e^{x^2} = 1 + \frac{x^2}{1!} + \frac{x^4}{2!} + \frac{x^6}{3!} + \cdots = \sum_{n=0}^{\infty} \frac{1}{n!} x^{2n}$$

마찬가지로 $\ln x$를 $a = 1$에 중심을 둔 Taylor 급수로 표현하기 위해서는 $\ln(1 + x)$에 대한 Maclaurin 급수에서 x를 $x - 1$로 대체한다.

$$\ln x = \ln(1 + (x - 1)) = (x - 1) - \frac{(x-1)^2}{2} + \frac{(x-1)^3}{3} - \frac{(x-1)^4}{4} + \cdots = \sum_{n=1}^{\infty} \frac{(-1)^{n+1}}{n} (x - 1)^n$$

e^{x^2}의 거듭제곱급수 표현에 대한 수렴 구간은 (2)의 e^x의 수렴 구간, 즉 $(-\infty, \infty)$과 같다. 하지만 $\ln x$에 대한 Taylor 급수의 수렴 구간은 $(0, 2]$이며, 이는 (2)에서 주어진 구간 $(-1, 1]$을 오른쪽으로 1 단위 만큼 이동한 것이다.

- **거듭제곱급수의 셈법** 거듭제곱급수는 덧셈, 곱셈, 그리고 나눗셈의 연산을 통해 결합될 수 있다. 거듭제곱급수의 계산과정은 2개의 다항식에서의 덧셈, 곱셈, 나눗셈과 유사하다. 즉 x의 같은 차수의 계수를 더하고, 분배법칙을 사용하여 같은 항을 모으고 계수를 정리한다. 예를 들어 식 (2)의 급수에서

$$\begin{aligned} e^x \sin x &= \left(1 + x + \frac{x^2}{2} + \frac{x^3}{6} + \frac{x^4}{24} + \cdots\right)\left(x - \frac{x^3}{6} + \frac{x^5}{120} - \frac{x^7}{5040} + \cdots\right) \\ &= (1)x + (1)x^2 + \left(-\frac{1}{6} + \frac{1}{2}\right)x^3 + \left(-\frac{1}{6} + \frac{1}{6}\right)x^4 + \left(\frac{1}{120} - \frac{1}{12} + \frac{1}{24}\right)x^5 + \cdots \\ &= x + x^2 + \frac{x^3}{3} - \frac{x^5}{30} - \cdots \end{aligned}$$

이 된다. e^x와 $\sin x$에 대한 거듭제곱급수는 $|x| < \propto$에서 수렴하기 때문에 곱해진 급수도 같은 구간에서 수렴한다. 거듭제곱급수의 곱셈이나 나눗셈을 포함하는 문제는 컴퓨

터 연산 도구를 사용하면 간단히 풀 수 있다.

합산 지수의 이동 이 장과 이 절의 나머지 부분에서, 각각 합산 기호 Σ로 표시된 둘 이상의 거듭제곱급수의 합을 단순화하는 것에 익숙해지는 것이 중요하다. 다음 예제가 보여주듯이, 둘 이상의 합산 기호를 하나의 합산 기호로 결합하는 것은 지수(index)의 새로매김, 즉 합산 기호에서 지수의 이동을 필요로 한다.

예제 1 2개의 거듭제곱급수 더하기

$\sum_{n=2}^{\infty} n(n-1)c_n x^{n-2} - \sum_{n=0}^{\infty} c_n x^{n+1}$을 하나의 거듭제곱급수로 쓰라.

중요하다. ▶ **풀이** 두 개의 급수를 결합하기 위해, 두 합산 기호의 지수가 같은 수로부터 시작하고, 각 급수에서 x의 거듭제곱이 '같은 위상'에 있어야 한다. 즉, 예를 들어 한 급수가 x의 1차 거듭제곱에서 시작한다면 다른 급수도 같은 거듭제곱에서 시작되도록 하여야 한다. 주어진 문제에서 첫 번째 급수는 x^0에서 시작하는 반면에 두 번째 급수는 x^1부터 시작함에 주의하라. 첫 번째 급수의 첫 항을 합산 기호의 밖으로 빼내면

$$\sum_{n=2}^{\infty} n(n-1)c_n x^{n-2} - \sum_{n=0}^{\infty} c_n x^{n+1} = 2\cdot 1 c_2 x^0 + \underbrace{\sum_{n=3}^{\infty} n(n-1)c_n x^{n-2}}_{n=3\text{일 때 } x\text{로부터 시작}} - \underbrace{\sum_{n=0}^{\infty} c_n x^{n+1}}_{n=0\text{일 때 } x\text{로부터 시작}}$$

이 되고, 여기서 우변의 두 급수가 같은 x의 거듭제곱, 즉 x^1로부터 시작함을 알 수 있다. 이제 동일한 합산 지수를 구하기 위해 x의 지수에 주목하여 첫 번째 급수에 대해 $k = n - 2$, 두 번째 급수에 대해 $k = n + 1$이라 한다. 그러면 우변은

$$2c_2 + \sum_{k=1}^{\infty}(k+2)(k+1)c_{k+2}x^k - \sum_{k=1}^{\infty} c_{k-1}x^k \tag{3}$$

(두 급수의 x^k가 같다; 두 합산 지수 $k=1$이 같다)

이 된다.

합산 지수는 '의미 없는(dummy)' 변수이며, 중요한 것은 합산 지수의 값이라는 점을 유념하면 한 경우의 $k = n - 1$과 다른 경우의 $k = n + 1$에 대해 혼동하지 않는다. n이 $k = n - 1$에 대해 $n = 2, 3, 4, \ldots$의 값을 갖고, $k = n + 1$에 대해서는 $n = 0, 1, 2, \ldots$의 값을 갖는다면 두 경우 모두 k는 연속적으로 같은 값 $k = 1, 2, 3, \ldots$을 갖는다. 이제 식 (3)의 급수를 항별로 더하면 다음과 같이 된다.

$$\sum_{n=2}^{\infty} n(n-1)c_n x^{n-2} - \sum_{n=0}^{\infty} c_n x^{n+1} = 2c_2 + \sum_{k=1}^{\infty}[(k+2)(k+1)c_{k+2} - c_{k-1}]x^k. \tag{4}$$ ≡

만약 식 (4)의 결과에 대해 확신할 수 없다면 등호의 양변에서 몇 개의 항을 전개해 보라.

5.1.2 거듭제곱급수 해

정의 선형 2계 미분방정식

$$a_2(x)y'' + a_1(x)y' + a_0(x)y = 0 \tag{5}$$

이 첫 번째 항의 계수 $a_2(x)$로 나뉘어

$$y'' + P(x)y' + Q(x)y = 0 \tag{6}$$

의 표준형으로 쓰였다고 가정하고, 다음과 같이 정의한다.

정의 5.1.1 보통점과 특이점

표준형 식 (6)에서 $P(x)$와 $Q(x)$ 모두가 x_0에서 해석적(analytic)이면 점 x_0를 미분방정식 (5)의 **보통점**(ordinary point)이라 한다. 보통점이 아닌 점을 방정식의 **특이점**(singular point)이라 한다.

x의 모든 유한한 값은 $y'' + (e^x)y' + (\sin x)y = 0$의 보통점이다. 특히 식 (2)에서 이미 보았듯이 e^x와 $\sin x$가 $x = 0$에서 해석적이기 때문에 이 점은 보통점이다. 정의 5.1.1의 두 번째 문장은 식 (6)의 $P(x)$와 $Q(x)$ 중 적어도 하나의 함수가 x_0에서 해석적이지 못하면, x_0가 특이점이라는 것을 의미한다. $Q(x) = \ln x$는 $x = 0$에서 불연속이고 따라서 x의 거듭제곱급수로 표현될 수 없기 때문에 $x = 0$은 미분방정식 $y'' + (e^x)y' + (\ln x)y = 0$의 특이점인 것에 주의하라.

다항식 계수 우리는 식 (5)가 다항식 계수를 갖는 경우에 주로 관심이 있다. 다항식은 모든 x에서 해석적이고, 유리함수는 분모가 0인 점만 제외하고 해석적이다. 만약 $a_2(x)$, $a_1(x)$, $a_0(x)$가 어떠한 공통 인수도 갖지 않는 다항식이라면, 유리함수 $P(x) = a_1(x)/a_2(x)$와 $Q(x) = a_0(x)/a_2(x)$는 $a_2(x) = 0$일 때를 제외하고는 모든 점에서 해석적이다.

따라서 $a_2(x_0) \neq 0$이면 점 $x = x_0$는 식 (5)의 보통점이고, $a_2(x_0) = 0$이면 특이점이 된다.

예를 들어 $(x^2 - 1)y'' + 2xy' + 6y = 0$의 특이점은 $x^2 - 1 = 0$의 해, 즉 $x = \pm 1$이다. x의 다른 모든 유한값*은 보통점이다. Cauchy-Euler 방정식 $ax^2y'' + bxy' + cy = 0$을 보면 $x = 0$에서 특이점을 갖는다는 것을 알 수 있다. 특이점이 실수일 필요는 없다. 식 $(x^2 + 1)y'' + xy' - y = 0$은 $x^2 + 1 = 0$의 해, 즉 $x = \pm i$에서 특이점을 갖는다. x의 다른 모든 값(실수 또는 복소수)은 보통점이다.

거듭제곱급수 해의 존재에 대한 다음의 정리를 증명 없이 기술한다.

* 우리의 목적상 보통점과 특이점은 항상 유한한 점만을 고려한다. 상미분방정식이 무한대에서 특이점을 갖는 것도 가능하다.

정리 5.1.1 거듭제곱급수 해의 존재성

만약 $x = x_0$가 미분방정식(5)의 보통점이라면 x_0가 중심인 거듭제곱급수 해, 즉 $y = \sum_{n=0}^{\infty} c_n(x - x_0)^n$의 형태를 갖는 두 개의 일차독립인 해를 구할 수 있다. 이러한 급수 해는 $|x - x_0| < R$인 구간에서 수렴하는데, 여기서 R은 x_0에서 가장 가까운 특이점과의 거리이다.

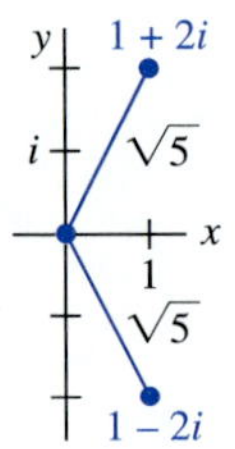

그림 5.1.2 보통점 0에서 특이점까지의 거리

$y = \sum_{n=0}^{\infty} c_n(x - x_0)^n$ 형태의 해는 **보통점 x_0에 대한 해**라 불린다. 정리 5.1.1에서 거리 R은 수렴 반경의 최소값 또는 **하한값**(lower bound)이다. 예를 들어 복소수 $1 \pm 2i$는 $(x^2 - 2x + 5)y'' + xy' - y = 0$의 특이점이다. 하지만 $x = 0$은 이 식의 보통점이기 때문에 정리 5.1.1은 우리가 0에 중심을 둔 두 개의 거듭제곱급수 해를 발견할 수 있다는 것을 보장한다. 즉 해는 $y = \sum_{n=0}^{\infty} c_n x^n$의 형태가 되고 실제로 해를 구하지 않더라도 이 급수가 적어도 $|x| < \sqrt{5}$에서 수렴한다는 것을 알 수 있다. 여기서 $R = \sqrt{5}$는 복소평면에서 0에서 $1 + 2i$나 $1 - 2i$까지의 거리이다. **그림 5.1.2**를 보라. 하지만 이 미분방정식은 x의 훨씬 더 큰 값에 대해서도 유효한 해를 갖는다. 두 해 중의 하나가 다항식임을 보일 수 있기 때문에 실제 이 해는 $(-\infty, \infty)$에서 유효하다.

모든 거듭제곱급수 해는 0에 중심을 둔다. ▶

문제를 단순화하기 위하여 예제 5.1과 마찬가지로 다음의 예제에서도 보통점 $x = 0$에 대해서만 거듭제곱급수 해를 구할 것이다. 만약 보통점 $x_0 \neq 0$에 대한 상미분방정식의 거듭제곱급수 해를 구하고자 한다면 식에서 $t = x - x_0$의 변수 변환(이는 $x = x_0$를 $t = 0$로 변환한다)을 하고 새로운 식에 대해 $y = \sum_{n=0}^{\infty} c_n t^n$ 형태의 해를 찾은 후 $t = x - x_0$를 다시 대입한다.

제차 선형 2계 상미분방정식의 거듭제곱급수 해를 구하는 것은 이 과정이 3.4절에서 행했던 것과 유사하기 때문에 정확하게 '급수의 미정계수법'으로 표현된다. $y = \sum_{n=0}^{\infty} c_n t^n$을 미분방정식에 대입하고 예제 1에서 한 것처럼 급수를 결합한다. 그런 다음 계수 c_n을 결정하기 위하여 모든 계수를 식의 우변과 동일하게 놓는다. 하지만 우변이 0이므로, 앞에서 기술된 동일성에 의해 마지막 단계에서는 모든 x의 계수를 0으로 놓아야 한다. 이것은 모든 계수가 0이라는 의미는 아니다. 정리 5.1.1이 2개의 해를 찾을 수 있다는 것을 보장하기 때문에 이것은 불합리하다. 예제 2는 $y = \sum_{n=0}^{\infty} c_n x^n = c_0 + c_1 x + c_2 x^2 + \cdots$라는 하나의 가정이 어떻게 보통점 $x = 0$에 대해 전개된 두 개의 서로 다른 거듭제곱급수 $y_1(x)$와 $y_2(x)$를 갖도록 2개의 계수를 만드는지를 예시한다. 미분방정식의 일반해는 $y = C_1 y_1(x) + C_2 y_2(x)$이다. 실제로 $y_1(0) = 1$, $y'_1(0) = 0$, $y_2(0) = 0$, $y'_2(0) = 1$이면 $C_1 = c_1$이고 $C_2 = c_1$인 것이 증명될 수 있다.

예제 2 거듭제곱급수 해

$y'' - xy = 0$을 풀어라.

풀이 유한한 특이점이 없으므로, 정리 5.1.1에 의해 $|x| < \infty$의 구간에서 수렴하고, 0에 중심을 둔 2개의 거듭제곱급수 해가 존재한다는 것이 보장된다. $y = \sum_{n=0}^{\infty} c_n x^n$과 2차 도함수 $y'' = \sum_{n=2}^{\infty} n(n-1)c_n x^{n-2}$를 미분방정식에 대입하면

$$y'' - xy = \sum_{n=2}^{\infty} c_n n(n-1)x^{n-2} - x\sum_{n=0}^{\infty} c_n x^n = \sum_{n=2}^{\infty} c_n n(n-1)x^{n-2} - \sum_{n=0}^{\infty} c_n x^{n+1} \tag{7}$$

이 된다. 예제 1에서 보인 합산 지수의 이동에 의해 식 (7)의 등호의 우변에 있는 2개의 급수를 더하였다. 식 (4)에 주어진 결과로부터

$$y'' - xy = 2c_2 + \sum_{k=1}^{\infty} [(k+1)(k+2)c_{k+2} - c_{k-1}]x^k = 0 \tag{8}$$

이 된다. 이제 동일성을 이용한다. 식 (8)은 항등적으로 0이므로 x의 각 거듭제곱의 계수는 0으로 놓여져야 한다. 즉 $2c_2 = 0$(x^0의 계수)과

$$(k+1)(k+2)c_{k+2} - c_{k-1} = 0, \quad k = 1, 2, 3, \ldots \tag{9}$$

이다. 여기서 $2c_2 = 0$은 분명히 $c_2 = 0$이 된다. 그러나 **되돌림 관계**(또는 점화 관계, recurrence relation)라 불리는 식 (9)의 표현은 0이 아닌 계수의 부분집합을 선택할 수 있도록 c_k를 결정해 준다. k의 모든 값에서 $(k+1)(k+2) \neq 0$이므로 c_{k-1}의 항으로 c_{k+2}에 대해 식 (9)를 풀 수 있다.

$$c_{k+2} = \frac{c_{k-1}}{(k+1)(k+2)}, \quad k = 1, 2, 3, \ldots \tag{10}$$

◀ 이 식은 2항 되돌림 관계라 불린다.

식 (10)에서 k를 연속적인 정수로 취하여 한 번에 하나씩 가정된 해의 연속적인 계수를 생성시키면

$$\begin{aligned}
k &= 1, & c_3 &= \frac{c_0}{2\cdot 3}\\
k &= 2, & c_4 &= \frac{c_1}{3\cdot 4}\\
k &= 3, & c_5 &= \frac{c_2}{4\cdot 5} = 0 \quad \leftarrow c_2\text{는 } 0\\
k &= 4, & c_6 &= \frac{c_3}{5\cdot 6} = \frac{1}{2\cdot 3\cdot 5\cdot 6}c_0\\
k &= 5, & c_7 &= \frac{c_4}{6\cdot 7} = \frac{1}{3\cdot 4\cdot 6\cdot 7}c_1\\
k &= 6, & c_8 &= \frac{c_5}{7\cdot 8} = 0 \quad \leftarrow c_5\text{는 } 0\\
k &= 7, & c_9 &= \frac{c_6}{8\cdot 9} = \frac{1}{2\cdot 3\cdot 5\cdot 6\cdot 8\cdot 9}c_0\\
k &= 8, & c_{10} &= \frac{c_7}{9\cdot 10} = \frac{1}{3\cdot 4\cdot 6\cdot 7\cdot 9\cdot 10}c_1\\
k &= 9, & c_{11} &= \frac{c_8}{10\cdot 11} = 0 \quad \leftarrow c_8\text{는 } 0
\end{aligned}$$

등이 된다. 얻어진 계수를 원래의 가정

$$y = c_0 + c_1x + c_2x^2 + c_3x^3 + c_4x^4 + c_5x^5 + c_6x^6 + c_7x^7 + c_8x^8 + c_9x^9 + c_{10}x^{10} + c_{11}x^{11} + \cdots$$

에 대입하면

$$y = c_0 + c_1 x + 0 + \frac{c_0}{2\cdot 3}x^3 + \frac{c_1}{3\cdot 4}x^4 + 0 + \frac{c_0}{2\cdot 3\cdot 5\cdot 6}x^6$$

$$+ \frac{c_1}{3\cdot 4\cdot 6\cdot 7}x^7 + 0 + \frac{c_0}{2\cdot 3\cdot 5\cdot 6\cdot 8\cdot 9}x^9 + \frac{c_1}{3\cdot 4\cdot 6\cdot 7\cdot 9\cdot 10}x^{10} + 0 + \cdots$$

을 얻는다. c_0를 포함한 항과 c_1을 포함한 항으로 분류하여 $y = c_0 y_1(x) + c_1 y_2(x)$의 형태로 정리하면

$$y_1(x) = 1 + \frac{1}{2\cdot 3}x^3 + \frac{1}{2\cdot 3\cdot 5\cdot 6}x^6 + \frac{1}{2\cdot 3\cdot 5\cdot 6\cdot 8\cdot 9}x^9 + \cdots = 1 + \sum_{k=1}^{\infty}\frac{1}{2\cdot 3\cdots(3k-1)(3k)}x^{3k}$$

$$y_2(x) = x + \frac{1}{3\cdot 4}x^4 + \frac{1}{3\cdot 4\cdot 6\cdot 7}x^7 + \frac{1}{3\cdot 4\cdot 6\cdot 7\cdot 9\cdot 10}x^{10} + \cdots = x + \sum_{k=1}^{\infty}\frac{1}{3\cdot 4\cdots(3k)(3k+1)}x^{3k+1}.$$

이다.

식 (10)을 반복적으로 사용해도 c_0와 c_1은 완전하게 미정인 상태로 남기 때문에 그들은 임의로 선택될 수 있다. 이 예제 이전에 언급된 것과 같이 실제로 일차결합 $y = c_0 y_1(x) + c_1 y_2(x)$는 미분방정식의 일반해를 나타낸다. 이미 각 급수해가 $|x| < \infty$에서 수렴하는 것을 정리 5.1.1로부터 알고 있지만 이 사실은 또한 비판정법으로 확인될 수 있다. ≡

예제 2의 미분방정식은 영국의 천문학자이며 수학자인 **George Biddell Airy 경**(1801~1892)의 이름을 따라 **Airy의 방정식**이라 불린다. Airy 방정식은 빛의 회절, 지구 표면 주위의 라디오파의 회절, 자중에 의해 구부러지는 균일한 가는 수직기둥의 처짐 문제에서 나타난다. 다른 일반적인 형태의 Airy 방정식으로는 $y'' + xy = 0$과 $y'' \pm \alpha^2 xy = 0$이 있다. 마지막 식의 응용으로 연습문제 5.3의 문제 47을 보라. 예제 2의 식 (10)에서 부호를 바꾸어보면 $y'' + xy = 0$의 일반해가 다음의 급수해로 표시되는 $y = c_0 y_1(x) + c_1 y_2(x)$가 됨이 분명해진다.

$$y_1(x) = 1 - \frac{1}{2\cdot 3}x^3 + \frac{1}{2\cdot 3\cdot 5\cdot 6}x^6 - \frac{1}{2\cdot 3\cdot 5\cdot 6\cdot 8\cdot 9}x^9 + \cdots = 1 + \sum_{k=1}^{\infty}\frac{(-1)^k}{2\cdot 3\cdots(3k-1)(3k)}x^{3k}$$

$$y_2(x) = x - \frac{1}{3\cdot 4}x^4 + \frac{1}{3\cdot 4\cdot 6\cdot 7}x^7 - \frac{1}{3\cdot 4\cdot 6\cdot 7\cdot 9\cdot 10}x^{10} + \cdots = x + \sum_{k=1}^{\infty}\frac{(-1)^k}{3\cdot 4\cdots(3k)(3k+1)}x^{3k+1}.$$

예제 3 거듭제곱급수 해

$(x^2 + 1)y'' + xy' - y = 0$을 풀어라.

풀이 5.1.2절에서 본 바와 같이 주어진 미분방정식은 $x = \pm i$에 특이점을 가지고 있고, 따라서 0에 중심을 둔 거듭제곱급수는 적어도 $|x| < 1$에서 수렴한다. 여기서 1은 복소평면에서 0으로부터 i 또는 $-i$ 까지의 거리이다. $y = \sum_{n=0}^{\infty} c_n x^n$의 가정과 처음 두 도함수의 꼴[식 (1)을 보라]로부터

$$(x^2+1)\sum_{n=2}^{\infty} n(n-1)c_n x^{n-2} + x\sum_{n=1}^{\infty} nc_n x^{n-1} - \sum_{n=0}^{\infty} c_n x^n$$

$$= \sum_{n=2}^{\infty} n(n-1)c_n x^n + \sum_{n=2}^{\infty} n(n-1)c_n x^{n-2} + \sum_{n=1}^{\infty} nc_n x^n - \sum_{n=0}^{\infty} c_n x^n$$

$$= 2c_2x^0 - c_0x^0 + 6c_3x + c_1x - c_1x + \underbrace{\sum_{n=2}^{\infty} n(n-1)c_n x^n}_{k=n}$$

$$+ \underbrace{\sum_{n=4}^{\infty} n(n-1)c_n x^{n-2}}_{k=n-2} + \underbrace{\sum_{n=2}^{\infty} nc_n x^n}_{k=n} - \underbrace{\sum_{n=2}^{\infty} c_n x^n}_{k=n}$$

$$= 2c_2 - c_0 + 6c_3x + \sum_{k=2}^{\infty}[k(k-1)c_k + (k+2)(k+1)c_{k+2} + kc_k - c_k]x^k$$

$$= 2c_2 - c_0 + 6c_3x + \sum_{k=2}^{\infty}[(k+1)(k-1)c_k + (k+2)(k+1)c_{k+2}]x^k = 0$$

이 된다. 마지막 등식에서 $2c_2 - c_0 = 0$, $6c_3 = 0$, 또는

$$(k+1)(k-1)c_k + (k+2)(k+1)c_{k+2} = 0$$

이 된다. 따라서

$$c_2 = \frac{1}{2}c_0, \qquad c_3 = 0,$$

$$c_{k+2} = \frac{1-k}{k+2}c_k, \qquad k = 2, 3, 4, \ldots$$

이다. 마지막 식에 $k = 2, 3, 4, \ldots$를 대입하면

$$c_4 = -\frac{1}{4}c_2 = -\frac{1}{2\cdot 4}c_0 = -\frac{1}{2^2 2!}c_0$$

$$c_5 = -\frac{2}{5}c_3 = 0 \quad \leftarrow c_3\text{는 } 0$$

$$c_6 = -\frac{3}{6}c_4 = \frac{3}{2\cdot 4\cdot 6}c_0 = \frac{1\cdot 3}{2^3 3!}c_0$$

$$c_7 = -\frac{4}{7}c_5 = 0 \quad \leftarrow c_5\text{는 } 0$$

$$c_8 = -\frac{5}{8}c_6 = -\frac{3\cdot 5}{2\cdot 4\cdot 6\cdot 8}c_0 = -\frac{1\cdot 3\cdot 5}{2^4 4!}c_0$$

$$c_9 = -\frac{6}{9}c_7 = 0 \quad \leftarrow c_7\text{는 } 0$$

$$c_{10} = -\frac{7}{10}c_8 = \frac{3\cdot 5\cdot 7}{2\cdot 4\cdot 6\cdot 8\cdot 10}c_0 = -\frac{1\cdot 3\cdot 5\cdot 7}{2^5 5!}c_0$$

등이 된다. 따라서

$$y = c_0 + c_1x + c_2x^2 + c_3x^3 + c_4x^4 + c_5x^5 + c_6x^6 + c_7x^7 + c_8x^8 + c_9x^9 + c_{10}x^{10} + \cdots$$
$$= c_0\left[1 + \frac{1}{2}x^2 - \frac{1}{2^2 2!}x^4 + \frac{1\cdot 3}{2^3 3!}x^6 - \frac{1\cdot 3\cdot 5}{2^4 4!}x^8 + \frac{1\cdot 3\cdot 5\cdot 7}{2^5 5!}x^{10} - \cdots\right] + c_1x$$
$$= c_0y_1(x) + c_1y_2(x)$$

이다. 주어진 미분방정식의 해는 다항식 $y_2(x) = x$와 거듭제곱급수

$$y_1(x) = 1 + \frac{1}{2}x^2 + \sum_{n=2}^{\infty}(-1)^{n-1}\frac{1\cdot 3\cdot 5\cdots(2n-3)}{2^n n!}x^{2n}, \quad |x| < 1$$

이다. ≡

예제 4 3항 되돌림 관계

미분방정식

$$y'' - (1 + x)y = 0,$$

에 대해 거듭제곱급수 해 $y = \sum_{n=0}^{\infty} c_n x^n$를 구하면, $c_2 = c_0/2$와 되돌림 관계

이 식은 3항 되돌림 관계라 불린다. ▶

$$c_{k+2} = \frac{c_k + c_{k-1}}{(k+1)(k+2)}, \qquad k = 1, 2, 3, \ldots.$$

을 얻는다. 이 식에서 계수 $c_3, c_4, c_5, \ldots$는 c_1과 c_0의 항으로 표현되며 또한 이를 위한 계산이 다소 복잡함을 알 수 있다. 간단하게 하기 위해 우선 $c_0 \neq 0$, $c_1 = 0$을 선택한다. 그러면 다음과 같이 하나의 해에 대해 전적으로 c_0의 항으로 표현된 연속된 계수가 구해진다. 다음에는 $c_0 = 0$, $c_1 \neq 0$을 선택하고, 다른 해의 계수들을 c_1의 항으로 표현한다. 두 경우 모두 $c_2 = \frac{1}{2}c_0$임을 이용하면 $k = 1, 2, 3, \ldots$ 대한 되돌림 관계는

$c_0 \neq 0,\ c_1 = 0$

$$c_2 = \frac{1}{2}c_0$$
$$c_3 = \frac{c_1 + c_0}{2\cdot 3} = \frac{c_0}{2\cdot 3} = \frac{1}{6}c_0$$
$$c_4 = \frac{c_2 + c_1}{3\cdot 4} = \frac{c_0}{2\cdot 3\cdot 4} = \frac{1}{24}c_0$$
$$c_5 = \frac{c_3 + c_2}{4\cdot 5} = \frac{c_0}{4\cdot 5}\left[\frac{1}{6} + \frac{1}{2}\right] = \frac{1}{30}c_0$$

$c_0 = 0,\ c_1 \neq 0$

$$c_2 = \frac{1}{2}c_0 = 0$$
$$c_3 = \frac{c_1 + c_0}{2\cdot 3} = \frac{c_1}{2\cdot 3} = \frac{1}{6}c_1$$
$$c_4 = \frac{c_2 + c_1}{3\cdot 4} = \frac{c_1}{3\cdot 4} = \frac{1}{12}c_1$$
$$c_5 = \frac{c_3 + c_2}{4\cdot 5} = \frac{c_1}{4\cdot 5\cdot 6} = \frac{1}{120}c_1$$

이 된다. 최종적으로 방정식의 일반해는 $y = c_0y_1(x) + c_1y_2(x)$임을 알 수 있다. 여기서

$$y_1(x) = 1 + \frac{1}{2}x^2 + \frac{1}{6}x^3 + \frac{1}{24}x^4 + \frac{1}{30}x^5 + \cdots$$

과

$$y_2(x) = x + \frac{1}{6}x^3 + \frac{1}{12}x^4 + \frac{1}{120}x^5 + \cdots$$

이다. 각각의 급수는 x의 모든 유한한 값에서 수렴한다. ≡

비다항식 계수 다음 예제는 미분방정식의 계수가 다항식이 아닐 때 보통점 $x_0 = 0$에 대한 거듭제곱급수 해를 찾는 방법을 보여 준다. 이 예제에서는 2개의 거듭제곱급수의 곱셈을 적용해 본다.

예제 5 비다항식 계수를 갖는 상미분방정식

$y'' + (\cos x)y = 0$을 풀어라.

풀이 앞에서 본 것처럼 $\cos x$는 $x = 0$에서 해석적이므로, 이 점은 방정식의 보통점이다. 통상적인 가정 $y = \sum_{n=0}^{\infty} c_n x^n$과 식 (2)에 주어진 $\cos x$의 Maclaurin 급수, 그리고 식 (1)의 결과를 사용하면

$$y'' + (\cos x)y = \sum_{n=2}^{\infty} n(n-1)c_n x^{n-2} + \left(1 - \frac{x^2}{2!} + \frac{x^4}{4!} - \frac{x^6}{6!} + \cdots\right)\sum_{n=0}^{\infty} c_n x^n$$

$$= 2c_2 + 6c_3 x + 12c_4 x^2 + 20c_5 x^3 + \cdots + \left(1 - \frac{x^2}{2!} + \frac{x^4}{4!} + \cdots\right)(c_0 + c_1 x + c_2 x^2 + c_3 x^3 + \cdots)$$

$$= 2c_2 + c_0 + (6c_3 + c_1)x + \left(12c_4 + c_2 - \frac{1}{2}c_0\right)x^2 + \left(20c_5 + c_3 - \frac{1}{2}c_1\right)x^3 + \cdots = 0$$

이 된다. 이로부터

$$2c_2 + c_0 = 0, \quad 6c_3 + c_1 = 0, \quad 12c_4 + c_2 - \frac{1}{2}c_0 = 0, \quad 20c_5 + c_3 - \frac{1}{2}c_1 = 0$$

등의 관계를 구해낼 수 있고, 결국 $c_2 = -\frac{1}{2}c_0, c_3 = -\frac{1}{6}c_1, c_4 = \frac{1}{12}c_0, c_5 = \frac{1}{30}c_1, \ldots$이 된다. 항들을 분류하여 일반해 $y = c_0 y_1(x) + c_1 y_2(x)$를 구할 수 있다. 여기서

$$y_1(x) = 1 - \frac{1}{2}x^2 + \frac{1}{12}x^4 - \cdots, \quad y_2(x) = x - \frac{1}{6}x^3 + \frac{1}{30}x^5 - \cdots$$

이다. 이 미분방정식은 유한한 특이점을 가지지 않으므로, 두 거듭제곱급수 모두 $|x| < \infty$에 대해 수렴한다. ≡

해곡선 거듭제곱급수 해 $y(x) = \sum_{n=0}^{\infty} c_n x^n$의 근사적인 그래프는 여러 방법으로 얻을 수 있다. 우선 급수의 부분합의 그래프를 그려 볼 수 있다(즉 다항식 $S_N(x) = \sum_{n=0}^{\infty} c_n x^n$의 그래프). N의 큰 값에 대해 $SN(x)$는 보통점 $x = 0$ 근처에서의 $y(x)$의 거동을 파악하게 해 준다. 또한 3.7절에서와 같이 수치해석 도구를 사용하여 근사적인 해곡선을 얻을 수 있다. 예를 들어 예제 2에서 Airy 방정식의 급수해를 주의 깊게 보면 $y_1(x)$와 $y_2(x)$는 다음의 초기값 문제의 해임을 알 수 있다.

$$\begin{aligned} &y'' - xy = 0, \quad y(0) = 1, \quad y'(0) = 0, \\ &y'' - xy = 0, \quad y(0) = 0, \quad y'(0) = 1. \end{aligned} \tag{11}$$

주어진 초기조건을 이용하여 $y = c_0 y_1(x) + c_1 y_2(x)$로부터 해 $y_1(x)$와 $y_2(x)$를 구할 수 있다.

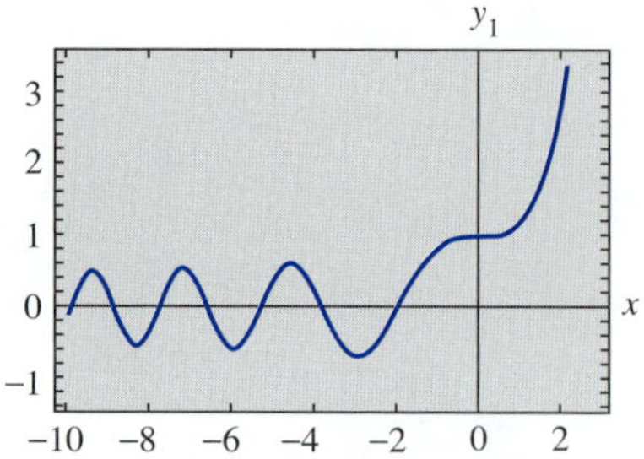

(a) x에 대한 $y_1(x)$의 그래프

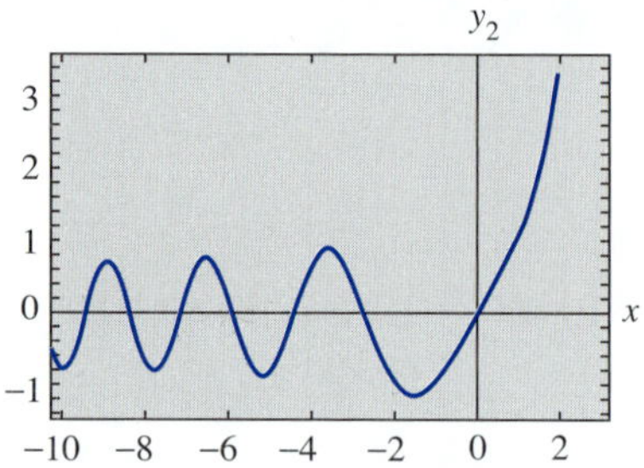

(b) x에 대한 $y_2(x)$의 그래프

그림 5.1.3 Airy 방정식의 해

이는 기본적인 급수에 대한 가정 $y = \sum_{n=0}^{\infty} c_n x^n$에서 $y(0) = c_0$과 $y'(0) = c_1$인 것이 분명하기 때문이다. 수치해석 도구에서 1계 연립방정식이 요구된다면 $y'' - xy = 0$에 $y' = u$을 대입하여 $y'' = u' = xy$를 얻는다. 따라서 Airy 방정식에 대응하는 2개의 1계 연립 미분방정식은

$$\begin{aligned} y' &= u \\ u' &= xy \end{aligned} \tag{12}$$

이 된다. 식 (12)의 계에 대한 초기조건은 식 (11)에서의 초기조건 두 쌍을 $y(0) = 1$, $u(0) = 0$와 $y(0) = 0$, $u(0) = 1$로 다시 쓴다. **그림 5.1.3**에 나와 있는 $y_1(x)$와 $y_2(x)$의 그래프는 4차 Runge-Kutta 방법을 이용한 수치해석 도구를 사용하여 얻어진 것이다. 이때 단계의 크기는 $h = 0.1$이다.

참고

(*i*) 다음의 문제에서 모든 경우에 해를 합산 기호의 항으로 쓰는 것을 기대하지 말라. 되돌림 관계를 사용하거나 예제 5에서처럼 곱셈에 의해 급수해 $y = \sum_{n=0}^{\infty} c_n x^n$에서 요구되는 만큼의 항을 구할 수 있지만, 계수 c_n에 대해 일반항으로 유도하는 것이 가능하지 않을 수도 있다. 예제 4와 5에서처럼 급수의 처음 몇 항을 쓰는 것으로 끝내야 할지도 모른다.

(*ii*) 만약 $P(x)$, $Q(x)$, $f(x)$가 x_0에서 해석적이면 점 x_0는 **비제차** 선형 2계 미분방정식 $y'' + P(x)y' + Q(x)y = f(x)$의 보통점이다. 또한 정리 5.1.1은 이러한 미분방정식에도 확장된다. 즉 비제차 선형 미분방정식에 대해서도 예제 2에서 5까지와 같은 방법으로 $y = \sum_{n=0}^{\infty} c_n(x - x_0)^n$ 형태의 급수해를 구할 수 있다. 연습문제 5.1의 문제 38을 보라.

5.1 연습문제

부록에 선택된 홀수 문제의 답이 있다.

5.1.1 거듭제곱급수에 대한 복습

문제 1~4에서는 주어진 거듭제곱급수에 대한 수렴 반경과 수렴 구간을 구하라.

1. $\displaystyle\sum_{n=1}^{\infty} \frac{2^n}{n} x^n$

2. $\displaystyle\sum_{n=0}^{\infty} \frac{(100)^n}{n!} (x + 7)^n$

3. $\displaystyle\sum_{k=1}^{\infty} \frac{(-1)^k}{10^k} (x - 5)^k$

4. $\displaystyle\sum_{k=0}^{\infty} k!(x - 1)^k$

문제 5와 6에서는 주어진 함수가 $x = 0$에서 해석적이다. x에 대한 거듭제곱급수의 처음 네 항을 구하라. 곱셈을 손으로 하거나 CAS를 사용하라.

5. $\sin x \cos x$

6. $e^{-x} \cos x$

문제 7과 8에서는 주어진 함수가 $x = 0$에서 해석적이다. x에 대한 거듭제곱급수의 처음 네 항을 구하라. 다항식의 나눗셈을 손으로 하거나 CAS를 사용하라. 수렴 열린 구간을 구하라.

7. $\dfrac{1}{\cos x}$

8. $\dfrac{1 - x}{2 + x}$

문제 9와 10에서는 주어진 거듭제곱급수를 일반항 x^k의 꼴로 변환하라.

9. $\sum_{n=1}^{\infty} nc_n x^{n+2}$ **10.** $\sum_{n=3}^{\infty} (2n - 1)c_n x^{n-3}$

문제 11과 12에서는 주어진 식을 일반항 x^k이 포함되는 하나의 거듭제곱급수 형태로 변환하라.

11. $\sum_{n=1}^{\infty} 2nc_n x^{n-1} + \sum_{n=0}^{\infty} 6c_n x^{n+1}$

12. $\sum_{n=2}^{\infty} n(n - 1)c_n x^n + 2\sum_{n=2}^{\infty} n(n - 1)c_n x^{n-2} + 3\sum_{n=1}^{\infty} nc_n x^n$

문제 13~16에서는 주어진 거듭제곱급수가 미분방정식의 특수해라는 것을 직접 대입에 의해 확인하라.

13. $y = \sum_{n=0}^{\infty} \frac{(-1)^n}{n!} x^{2n}, \quad y' + 2xy = 0$

14. $y = \sum_{n=0}^{\infty} (-1)^n x^{2n}, \quad (1 + x^2)y' + 2xy = 0$

15. $y = \sum_{n=1}^{\infty} \frac{(-1)^{n+1}}{n} x^n, \quad (x + 1)y'' + y' = 0$

16. $y = \sum_{n=0}^{\infty} \frac{(-1)^n}{2^{2n}(n!)^2} x^{2n}, \quad xy'' + y' + xy = 0$

5.1.2 거듭제곱급수 해

문제 17과 18에서는 주어진 미분방정식을 실제로 풀지 않고, 보통점 $x = 0$과 $x = 1$ 각각에 대한 거듭제곱급수 해의 수렴 반경의 하한값을 구하라.

17. $(x^2 - 25)y'' + 2xy' + y = 0$

18. $(x^2 - 2x + 10)y'' + xy' - 4y = 0$

문제 19~30에서는 보통점 $x = 0$에 대한 주어진 미분방정식의 두 거듭제곱급수 해를 구하라.

19. $y'' - 3xy = 0$

20. $y'' + x^2y = 0$

21. $y'' - 2xy' + y = 0$

22. $y'' - xy' + 2y = 0$

23. $y'' + x^2y' + xy = 0$

24. $y'' + 2xy' + 2y = 0$

25. $(x - 1)y'' + y' = 0$

26. $(x + 2)y'' + xy' - y = 0$

27. $y'' - (x + 1)y' - y = 0$

28. $(x^2 + 1)y'' - 6y = 0$

29. $(x^2 + 2)y'' + 3xy' - y = 0$

30. $(x^2 - 1)y'' + xy' - y = 0$

문제 31~34에서는 거듭제곱급수법을 사용하여 주어진 초기값 문제를 풀어라.

31. $(x - 1)y'' - xy' + y = 0, \ y(0) = -2, \ y'(0) = 6$

32. $(x + 1)y'' - (2 - x)y' + y = 0, \ y(0) = 2, \ y'(0) = -1$

33. $y'' - 2xy' + 8y = 0, \ y(0) = 3, \ y'(0) = 0$

34. $(x^2 + 1)y'' + 2xy' = 0, \ y(0) = 0, \ y'(0) = 1$

문제 35와 36에서는 예제 5에 예시된 과정을 이용하여 보통점 $x = 0$에 대한 주어진 미분방정식의 두 거듭제곱급수 해를 구하라.

35. $y'' + (\sin x)y = 0$ **36.** $y'' + e^x y' - y = 0$

토의문제

37. 미분방정식 $(\cos x)y'' + y' + 5y = 0$을 실제로 풀지 않고 보통점 $x = 0$과 $x = 1$ 각각에 대한 거듭제곱급수 해의 수렴 반경의 하한값을 구하라.

38. $y'' - xy = 1$과 $y'' - 4xy' - 4y = e^x$와 같은 **비제차** 방정식의 급수해를 구하는 데 이 절에서 설명한 방법을 어떻게 사용할 수 있는가? 본인의 생각에 따라 두 미분방정식을 풀어라.

39. $x = 0$은 미분방정식 $xy'' + (\sin x)y = 0$의 보통점인가 또는 특이점인가? 이유를 설명하라.

40. 문제의 목적상 그림 5.1.3에 주어진 그래프를 무시한다. Airy 미분방정식이 $y'' = xy$로 주어졌을 때, $x > 0$과 $y > 0$이면 해곡선의 모양에 대해 우리는 무엇을 말할 수 있는가? $x < 0, y > 0$이면? $x < 0, y < 0$이면?

컴퓨터 실습 과제

41. **(a)** $y'' + xy' + y = 0$의 두 급수해를 찾고 해 $y_1(x)$와 $y_2(x)$를 합산 기호로 표시하라.

(b) CAS를 이용하여 $y_1(x)$에 대해 부분합 $S_N(x)$의 그래프를 그려라. $N = 2, 3, 5, 6, 8, 10$을 사용하라. $y_2(x)$의 부분합 $S_N(x)$에 대해서도 동일한 작업을 수행하라.

(c) (b)에서 얻어진 곡선을 수치해석 도구를 사용하여 얻은 곡선과 비교하라. 초기조건은 $y_1(0) = 1, y_1'(0) = 0$과 $y_2(0) = 0, y_2'(0) = 1$이다.

(d) (a)에서 구한 해 $y_1(x)$를 재검토하라. 이 급수를 초등함수로 표현하라. 3.2절의 식 (5)를 사용하여 방정식의 두 번째 해를 구하라. 이 두 번째 해가 거듭제곱급수 해 $y_2(x)$와 같음을 확인하라.

42. **(a)** 예제 5에서 해 $y_1(x)$와 $y_2(x)$에 대해 각각 0이 아닌 하나의 추가 항을 구하라.

(b) 초기값 문제 $y'' + (\cos x)y = 0$, $y(0) = 1$, $y'(0) = 1$에서 급수해 $y(x)$를 구하라.

(c) CAS를 이용하여 (b)에서의 해 $y(x)$의 부분합 $S_N(x)$의 그래프를 그려라. $N = 2, 3, 4, 5, 6, 7$을 사용하라.

(d) (c)에서 얻은 그래프와 (b)의 초기값 문제를 수치해석 도구를 이용하여 구한 곡선과 비교하라.

5.2 특이점에 대한 해

소개 두 개의 미분방정식 $y'' + xy = 0$과 $xy'' + y = 0$의 유일한 유사점은 둘 다 변수계수를 가진 간단한 선형 2계 미분방정식의 예라는 점이다. $x = 0$이 첫 번째 방정식의 **보통점**이기 때문에 그 점에 중심을 둔 일차독립인 2개의 거듭제곱급수 해를 찾는 데 문제가 없다는 것을 앞절에서 보았다. 반면에 $x = 0$은 두 번째 미분방정식의 **특이점**이기 때문에, 그 점에 대하여 방정식의 2개의 무한급수 해를 찾는 것은 훨씬 어려운 일이 된다.

정의 선형 미분방정식

$$a_2(x)y'' + a_1(x)y' + a_0(x)y = 0 \tag{1}$$

의 특이점 $x = x_0$는 정칙(regular) 또는 비정칙(irregular) 가운데 하나로 분류된다. 그 분류는 표준형

$$y'' + P(x)y' + Q(x)y = 0 \tag{2}$$

에서의 함수 P와 Q에 좌우된다.

정의 5.2.1 정칙/비정칙 특이점

만약 함수 $p(x) = (x - x_0)P(x)$와 $q(x) = (x - x_0)^2Q(x)$가 둘 다 x_0에서 해석적이라면, 특이점 x_0를 미분방정식 (1)의 **정칙 특이점**(regular singular point)이라 한다. 정칙이 아닌 특이점을 그 방정식의 **비정칙 특이점**(irregular singular point)이라 한다.

정의 5.2.1의 두 번째 문장은 만약 $p(x) = (x - x_0)P(x)$와 $q(x) = (x - x_0)^2Q(x)$의 함수가 하나 혹은 둘 다 x_0에서 해석적이지 않다면, 그때 x_0는 비정칙 특이점이 된다는 것을 의미한다.

다항식 계수 5.1절에서와 같이 우리는 계수 $a_2(x)$, $a_1(x)$, 그리고 $a_0(x)$가 공통 인수를 갖지 않는 다항식인 경우의 선형방정식 (1)에 주된 관심이 있다. 만약 $a_2(x) = 0$이면 그때 표준형 식 (2)에서 유리함수 $P(x) = a_1(x)/a_2(x)$와 $Q(x) = a_0(x)/a_2(x)$ 중에 적어도 하나는 그 점에서 해석적이지 않기 때문에 $x = x_0$가 식 (1)의 특이점인 것을 보았다. 그러나 $a_2(x)$가 다항식이고 x_0가 영점의 하나이기 때문에 인수정리에 의해 $x - x_0$가 $a_2(x)$의 인수임을 알 수 있다. 이는 $a_1(x)/a_2(x)$와 $a_0(x)/a_2(x)$가 가장 낮은 차수로 정리된 후에도 인수 $x - x_0$가 어떤 양의 거듭제곱까지 하나나 두 분모에 남아 있음을 의미한다. 이제 $x = x_0$가 식 (1)의 특이점이고 함수 $p(x) = (x - x_0)P(x)$와 $q(x) = (x - x_0)^2Q(x)$ 모두가 x_0에서 해석적이라고 가정하자. $P(x)$에 $x - x_0$를 곱하고 $Q(x)$에 $(x - x_0)^2$을 곱하는 것은 $x - x_0$가 더 이상 어느 한쪽의 분모에 나타나지 않는 효과를 가진다는 결론에 이른다. 분모를 훑어보는 것으로 x_0가 정칙인지

아닌지를 결정할 수 있다.

> 만약 $x - x_0$가 $P(x)$의 분모에 많아야 1차 거듭제곱까지 나타나고 $Q(x)$의 분모에서도 최고 2차 거듭제곱까지만 나타난다면 그때 $x = x_0$는 정칙 특이점이다.

또한 만약 $x = x_0$가 정칙 특이점일 때 $(x - x_0)^2$을 식 (2)에 곱하면 원래의 미분방정식은

$$(x - x_0)^2 y'' + (x - x_0)p(x)y' + q(x)y = 0 \tag{3}$$

의 형태로 표현된다. 여기서 p와 q는 $x = x_0$에서 해석적이다.

예제 1 특이점의 분류

$x = 2$와 $x = -2$가

$$(x^2 - 4)^2 y'' + 3(x - 2)y' + 5y = 0$$

의 특이점이라는 것은 분명하다. 주어진 방정식을 $(x^2 - 4)^2 = (x - 2)^2(x + 2)^2$으로 나누고 최소항까지 계수를 줄이면

$$P(x) = \frac{3}{(x - 2)(x + 2)^2}, \quad Q(x) = \frac{5}{(x - 2)^2(x + 2)^2}$$

를 구할 수 있다. 각각의 특이점에서 $P(x)$와 $Q(x)$를 검사해 보자.

$x = 2$가 정칙 특이점이 되기 위해서는, 인수 $x - 2$가 $P(x)$의 분모에 최고 1차 거듭제곱까지 나타나고 $Q(x)$의 분모에 최고 2차 거듭제곱까지 나타나야 한다. $P(x)$와 $Q(x)$의 분모를 살펴보면 위의 두 조건이 충족되므로 $x = 2$는 정칙 특이점이다. 또한 두 개의 유리함수

$$p(x) = (x - 2)P(x) = \frac{3}{(x + 2)^2}, \quad q(x) = (x - 2)^2 Q(x) = \frac{5}{(x + 2)^2}$$

가 $x = 2$에서 해석적이라는 점에서 같은 결론을 얻을 수 있다.

이제 인수 $x - (-2) = x + 2$가 $P(x)$의 분모에 2차 거듭제곱으로 나타나기 때문에 $x = -2$가 방정식의 비정칙 특이점이라는 것을 바로 결론지을 수 있다. 이것은 또한 $p(x) = (x + 2)\, P(x) = 3/[(x + 2)(x - 2)]$가 $x = -2$에서 해석적이지 않다는 사실로부터 알 수 있다. ≡

예제 1에서 $x = 2$가 정칙 특이점이기 때문에 원래의 방정식은

$$(x - 2)^2 y'' + (x - 2)\underbrace{\frac{3}{(x + 2)^2}}_{p(x) = 2\text{에서 해석적}} y' + \underbrace{\frac{5}{(x + 2)^2}}_{q(x) = 2\text{에서 해석적}} y = 0$$

으로 쓸 수 있다.

다른 예로서 $x^3 y'' - 2xy' + 8y = 0$에 대해 $P(x) = -2/x^2$와 $Q(x) = 8/x^3$의 분모를 검사해 보면 $x = 0$이 비정칙 특이점이라는 것을 알 수 있다. 반면에 $xy'' - 2xy' + 8y = 0$의 방

정식에서 $x = 0$은 $x - 0$과 $(x - 0)^2$이 $P(x) = -2$와 $Q(x) = 8/x$의 각각의 분모에 나타나지 않기 때문에 정칙 특이점이다. 특이점 $x = x_0$에 대하여, $P(x)$와 $Q(x)$ 각각에 대해 분모에서 1보다 작고 음이 아닌(즉 0) $x - x_0$의 거듭제곱과 2보다 작고 음이 아닌(즉 0 또는 1) 거듭제곱은 x_0가 정칙 특이점임을 암시한다. 복소수도 특이점이 될 수 있다. $x = 3i$와 $x = -3i$가 모두 $(x^2 + 9)y'' - 3xy' + (1 - x)y = 0$의 두 개의 정칙 특이점인 것을 증명해 보도록 하라.

실수 상수 a, b, c를 갖는 2계 Cauchy-Euler 방정식 $ax^2y'' + bxy' + cy = 0$은 $x = 0$에서 정칙 특이점을 갖는다. $y_1 = x^2$과 $y^2 = x^2 \ln x$가 구간 $(0, \infty)$에서 Cauchy-Euler 방정식 $x^2y'' - 3xy' + 4y = 0$ 의 두 개의 해임을 각자 증명해 보도록 하라. 정칙 특이점 $x = 0$에 대하여 거듭제곱급수 해 $y = \sum_{n=0}^{\infty} c_n x^n$을 구해 보면 단지 다항식 해 $y_1 = x^2$만을 얻게 된다. $\ln x$와 $y_2 = x^2 \ln x$가 $x = 0$에서 해석적이지 않기 때문에 두 번째 해를 얻지 못한다는 것은 놀라운 사실이 아니다. y_2는 $x = 0$에 중심을 둔 Taylor 급수를 갖지 않는다.

Frobenius의 방법 미분방정식 (1)을 정칙 특이점에 대해 풀기 위해 저명한 독일의 수학자 **Ferdinand Georg Frobenius** (1849~1917)가 제안한 다음의 정리를 적용한다.

정리 5.2.1 Frobenius의 정리

만약 $x = x_0$가 미분방정식 (1)의 정칙 특이점이라면, 다음과 같은 형태의 해가 적어도 하나 존재한다.

$$y = (x - x_0)^r \sum_{n=0}^{\infty} c_n (x - x_0)^n = \sum_{n=0}^{\infty} c_n (x - x_0)^{n+r} \tag{4}$$

여기서 지수 r은 결정하여야 할 상수이다. 급수는 적어도 어떤 구간 $0 < x - x_0 < R$에서 수렴할 것이다.

정리 5.2.1의 첫 번째 문장에 있는 **적어도**라는 말에 유의하라. 이는 정리 5.1.1과는 달리, 식 (4)에 표시된 형태의 해가 둘이라고 보장할 수는 없다는 뜻이다. 정칙 특이점 x_0에 대한 급수해를 구하는 **Frobenius의 방법**은 $y = \sum_{n=0}^{\infty} c_n (x - x_0)^{n+r}$을 주어진 미분방정식에 대입하고 되돌림 관계에 의해서 미지의 계수 c_n을 결정한다는 점에서 앞절에서의 '급수의 미정계수법'과 유사하다. 그러나 이 경우 추가적인 일이 있다. 즉 계수를 결정하기 전에 미지의 지수 r을 우선 찾아야 한다. 만약 r이 음의 정수가 되면 대응하는 해 $y = \sum_{n=0}^{\infty} c_n (x - x_0)^{n+r}$은 거듭제곱급수가 아니다.

모든 해는 정칙 특이점 0에 대해 주어진다. ▶

보통점에 대한 해에 관한 논의에서와 마찬가지로 미분방정식의 풀이를 간단히 하기 위해 정칙 특이점은 항상 $x = 0$으로 가정한다.

예제 2 두 개의 급수해

$x = 0$이 미분방정식

$$3xy'' + y' - y = 0 \tag{5}$$

의 정칙 특이점이기 때문에 $y = \sum_{n=0}^{\infty} c_n x^{n+r}$ 형태의 해를 구하려고 한다. 이제

$$y' = \sum_{n=0}^{\infty}(n + r)c_n x^{n+r-1}, \quad y'' = \sum_{n=0}^{\infty}(n + r)(n + r - 1)c_n x^{n+r-2}$$

에서

$$\begin{aligned}
3xy'' + y' - y &= 3\sum_{n=0}^{\infty}(n + r)(n + r - 1)c_n x^{n+r-1} + \sum_{n=0}^{\infty}(n + r)c_n x^{n+r-1} - \sum_{n=0}^{\infty}c_n x^{n+r} \\
&= \sum_{n=0}^{\infty}(n + r)(3n + 3r - 2)c_n x^{n+r-1} - \sum_{n=0}^{\infty}c_n x^{n+r} \\
&= x^r\Bigg[r(3r - 2)c_0 x^{-1} + \underbrace{\sum_{n=1}^{\infty}(n + r)(3n + 3r - 2)c_n x^{n-1}}_{k=n-1} - \underbrace{\sum_{n=0}^{\infty}c_n x^n}_{k=n}\Bigg] \\
&= x^r\left[r(3r - 2)c_0 x^{-1} + \sum_{k=0}^{\infty}[(k + r + 1)(3k + 3r + 1)c_{k+1} - c_k]x^k\right] = 0
\end{aligned}$$

이 되며 이는 $r(3r - 2)c_0 = 0$

$$(k + r + 1)(3k + 3r + 1)c_{k+1} - c_k = 0, \quad k = 0, 1, 2, \ldots$$

을 의미한다. $c_0 = 0$이라 놓으면 아무것도 얻는 것이 없으므로

$$r(3r - 2) = 0 \tag{6}$$

과

$$c_{k+1} = \frac{c_k}{(k + r + 1)(3k + 3r + 1)}, \quad k = 0, 1, 2, \ldots \tag{7}$$

으로 놓아야 한다. 2차 방정식 (6)을 만족시키는 r의 두 값은 $r_1 = \frac{2}{3}$와 $r_2 = 0$이다. 이를 식 (7)에 대입하면 2개의 서로 다른 되돌림 관계가 구해진다. 즉

$$r_1 = \tfrac{2}{3}, \quad c_{k+1} = \frac{c_k}{(3k + 5)(k + 1)}, \quad k = 0, 1, 2, \ldots \tag{8}$$

$$r_2 = 0, \quad c_{k+1} = \frac{c_k}{(k + 1)(3k + 1)}, \quad k = 0, 1, 2, \ldots. \tag{9}$$

식 (8)로부터

$$c_1 = \frac{c_0}{5 \cdot 1}$$

$$c_2 = \frac{c_1}{8 \cdot 2} = \frac{c_0}{2!\, 5 \cdot 8}$$

$$c_3 = \frac{c_2}{11 \cdot 3} = \frac{c_0}{3!\, 5 \cdot 8 \cdot 11}$$

$$c_4 = \frac{c_3}{14 \cdot 4} = \frac{c_0}{4!\, 5 \cdot 8 \cdot 11 \cdot 14}$$

$$\vdots$$

$$c_n = \frac{c_0}{n!\, 5 \cdot 8 \cdot 11 \cdots (3n + 2)}$$

식 (9)로부터

$$c_1 = \frac{c_0}{1 \cdot 1}$$

$$c_2 = \frac{c_1}{2 \cdot 4} = \frac{c_0}{2!\, 1 \cdot 4}$$

$$c_3 = \frac{c_2}{3 \cdot 7} = \frac{c_0}{3!\, 1 \cdot 4 \cdot 7}$$

$$c_4 = \frac{c_3}{4 \cdot 10} = \frac{c_0}{4!\, 1 \cdot 4 \cdot 7 \cdot 10}$$

$$\vdots$$

$$c_n = \frac{(-1)^n c_0}{n!\, 1 \cdot 4 \cdot 7 \cdots (3n - 2)}$$

이다. 여기서 보통점에 대한 해를 얻을 때에는 일어나지 않았던 일이 생기게 된다. 즉 두 개의 다른 계수의 집합처럼 보이는 각각의 집합은 같은 곱 c_0를 포함한다. 이 항을 제거하면 급수해는

$$y_1(x) = x^{2/3}\left[1 + \sum_{n=1}^{\infty} \frac{1}{n!\,5 \cdot 8 \cdot 11 \cdots (3n+2)} x^n\right] \tag{10}$$

$$y_2(x) = x^{0}\left[1 + \sum_{n=1}^{\infty} \frac{1}{n!\,1 \cdot 4 \cdot 7 \cdots (3n-2)} x^n\right] \tag{11}$$

이 된다. 비판정법에 의하여 식 (10)과 식 (11) 모두는 x의 모든 유한값, 즉 $|x| < \infty$에 대하여 수렴함을 보일 수 있다. 또한 이 해들의 형태로부터 어느 급수도 다른 것의 상수배가 아닌 것이 분명하므로, $y_1(x)$와 $y_2(x)$는 전체 x축 상에서 일차독립이다. 따라서 중첩의 원리에 의해 $y = C_1y_1(x) + C_2y_2(x)$는 식 (5)의 또 다른 해이다. $(0, \infty)$와 같은, 원점을 포함하지 않는 임의의 구간에서 이 일차결합은 미분방정식의 일반해를 나타낸다. ≡

결정방정식 식 (6)을 문제의 **결정방정식**(indicial equation)이라 하고, 값 $r_1 = \frac{2}{3}$와 $r_2 = 0$을 특이점 $x = 0$의 **결정근**(indicial root) 또는 **지수**(exponent)라 한다. 일반적으로 $y = \sum_{n=0}^{\infty} c_n x^{n+r}$을 주어진 미분방정식에 대입하고 간단히 하면, 결정방정식은 r에 대한 2차 방정식이고 그것은 x의 최저차 거듭제곱의 계수의 합을 0으로 놓음으로써 구한 결과이다. 방정식을 풀어 r의 두 값을 구하고 이 값을 식 (7)과 같은 되돌림 관계에 대입한다. 정리 5.2.1는 가정한 급수 형태로 적어도 하나의 해를 구할 수 있다는 것을 보장한다.

$y = \sum_{n=0}^{\infty} c_n x^{n+r}$을 미분방정식에 대입하기 전에 결정방정식을 얻는 것이 가능하다. 만약 $x = 0$이 식 (1)의 정칙 특이점이면, 정의 5.2.1에 의해 식 (2)의 두 함수 $p(x) = xP(x)$와 $q(x) = x^2Q(x)$는 $x = 0$에서 해석적이다. 여기서 P와 Q는 표준형 식 (2)로 정의된다. 거듭제곱급수 전개

$$p(x) = xP(x) = a_0 + a_1x + a_2x^2 + \cdots, \quad q(x) = x^2Q(x) = b_0 + b_1x + b_2x^2 + \cdots \tag{12}$$

은 양의 값을 갖는 수렴 반경의 구간에서 성립한다. 식 (2)에 x^2을 곱함으로써, 식 (3)에 주어진 형태

$$x^2y'' + x[xP(x)]y' + [x^2Q(x)]y = 0 \tag{13}$$

을 얻는다. $y = \sum_{n=0}^{\infty} c_n x^{n+r}$과 식 (12)의 두 개의 급수를 식 (13)에 대입하고 급수의 곱을 수행하면 일반적인 결정방정식

$$r(r-1) + a_0r + b_0 = 0 \tag{14}$$

을 구할 수 있다. 여기서 a_0와 b_0는 식 (12)로 정의된다. 연습문제 5.2에서 문제 13과 14를 보라.

예제 3 두 개의 급수해

$2xy'' + (1 + x)y' + y = 0$을 풀어라.

풀이 주어진 식에 $y = \sum_{n=0}^{\infty} c_n x^{n+r}$을 대입하면

$$\begin{aligned}
2xy'' + (1+x)y' + y &= 2\sum_{n=0}^{\infty}(n+r)(n+r-1)c_n x^{n+r-1} + \sum_{n=0}^{\infty}(n+r)c_n x^{n+r-1} \\
&\quad + \sum_{n=0}^{\infty}(n+r)c_n x^{n+r} + \sum_{n=0}^{\infty} c_n x^{n+r} \\
&= \sum_{n=0}^{\infty}(n+r)(2n+2r-1)c_n x^{n+r-1} + \sum_{n=0}^{\infty}(n+r+1)c_n x^{n+r} \\
&= x^r\Bigg[r(2r-1)c_0 x^{-1} + \underbrace{\sum_{n=1}^{\infty}(n+r)(2n+2r-1)c_n x^{n-1}}_{k=n-1} + \underbrace{\sum_{n=0}^{\infty}(n+r+1)c_n x^n}_{k=n}\Bigg] \\
&= x^r\left[r(2r-1)c_0 x^{-1} + \sum_{k=0}^{\infty}[(k+r+1)(2k+2r+1)c_{k+1} + (k+r+1)c_k]x^k\right]
\end{aligned}$$

이다. 이것은

$$r(2r-1) = 0 \tag{15}$$

와

$$(k+r+1)(2k+2r+1)c_{k+1} + (k+r+1)c_k = 0, \quad k = 0, 1, 2, \ldots \tag{16}$$

을 의미한다. 식 (15)로부터 결정근은 $r_1 = \frac{1}{2}$과 $r_2 = 0$임을 알 수 있다.

$r_1 = \frac{1}{2}$에 대하여, 식 (16)을 $k + \frac{3}{2}$으로 나누어

$$c_{k+1} = \frac{-c_k}{2(k+1)}, \quad k = 0, 1, 2, \ldots \tag{17}$$

을 얻을 수 있고, $r_2 = 0$에 대하여 식 (16)은

$$c_{k+1} = \frac{-c_k}{2k+1}, \quad k = 0, 1, 2, \ldots \tag{18}$$

이 된다.

식 (17)로부터

$$c_1 = \frac{-c_0}{2\cdot 1}$$

$$c_2 = \frac{-c_1}{2\cdot 2} = \frac{c_0}{2^2\cdot 2!}$$

$$c_3 = \frac{-c_2}{2\cdot 3} = \frac{-c_0}{2^3\cdot 3!}$$

$$c_4 = \frac{-c_3}{2\cdot 4} = \frac{c_0}{2^4\cdot 4!}$$

$$\vdots$$

$$c_n = \frac{(-1)^n c_0}{2^n n!}$$

식 (18)로부터

$$c_1 = \frac{-c_0}{1}$$

$$c_2 = \frac{-c_1}{3} = \frac{c_0}{1\cdot 3}$$

$$c_3 = \frac{-c_2}{5} = \frac{-c_0}{1\cdot 3\cdot 5}$$

$$c_4 = \frac{-c_3}{7} = \frac{c_0}{1\cdot 3\cdot 5\cdot 7}$$

$$\vdots$$

$$c_n = \frac{(-1)^n c_0}{1\cdot 3\cdot 5\cdot 7\cdots(2n-1)}$$

따라서 결정근 $r_1 = \frac{1}{2}$에 대해 해

$$y_1(x) = x^{1/2}\left[1 + \sum_{n=1}^{\infty} \frac{(-1)^n}{2^n n!} x^n\right] = \sum_{n=0}^{\infty} \frac{(-1)^n}{2^n n!} x^{n+1/2}$$

을 구한다. 여기서 다시 c_0는 생략되었다. 이 급수는 $x \geq 0$에서 수렴한다. 주어진 바와 같이, $x^{1/2}$이 존재하기 때문에 급수는 음의 x 값에 대해서는 정의되지 않는다. $r_2 = 0$에 대하여 두 번째 해는

$$y_2(x) = 1 + \sum_{n=1}^{\infty} \frac{(-1)^n}{1 \cdot 3 \cdot 5 \cdot 7 \cdots (2n-1)} x^n, \quad |x| < \infty$$

가 된다. 구간 $(0, \infty)$에서 일반해는 $y = C_1y_1(x) + C_2y_2(x)$이다. ≡

예제 4 오직 하나의 급수해

$xy'' + y = 0$을 풀어라.

풀이 $xP(x) = 0$과 $x^2Q(x) = x$, 그리고 0과 x도 0에 중심을 둔 거듭제곱급수라는 사실로부터 $a_0 = 0$과 $b_0 = 0$이고, 따라서 식 (14)로부터 결정방정식이 $r(r-1) = 0$이 됨을 알 수 있다. 두 결정근 $r_1 = 1$과 $r_2 = 0$에 대응하는 두 되돌림 관계가 정확히 동일한 계수의 집합을 만들어 내는 것을 꼭 확인해 보라. 다시 말해서 이 경우에 Frobenius의 방법은 단지 하나의 급수해

$$y_1(x) = \sum_{n=0}^{\infty} \frac{(-1)^n}{n!(n+1)!} x^{n+1} = x - \frac{1}{2}x^2 + \frac{1}{12}x^3 - \frac{1}{144}x^4 + \cdots$$

을 생성한다. ≡

세 가지 경우 논의를 위하여, $x = 0$이 식 (1)의 정칙 특이점이고, 특이점의 결정근 r_1과 r_2는 실수이며 r_1이 가장 큰 근으로 가정한다. Frobenius의 방법을 사용할 때에, 결정근 r_1과 r_2의 성질에 따라 세 가지의 경우로 구분한다.

경우 I: 만약 r_1과 r_2가 서로 다르고, 그 차이가 정수가 아니라면, 식 (1)에 대해

$$y_1(x) = \sum_{n=0}^{\infty} c_n x^{n+r_1}, \quad y_2(x) = \sum_{n=0}^{\infty} b_n x^{n+r_2}$$

의 형태로 일차독립인 두 개의 해가 존재한다.
이것은 예제 2와 3에 예시된 경우이다.

다음 경우로 결정근의 차이 $r_1 - r_2$가 양의 정수일 때 두 번째 해는 로그항을 포함할 수 있다.

경우 II: 만약 $r_1 - r_2 = N$이면(여기서 N은 양의 정수), 미분방정식 (1)에 대해 다음과 같은 두 개의 일차독립인 해가 존재한다.

$$y_1(x) = \sum_{n=0}^{\infty} c_n x^{n+r_1}, \quad c_0 \neq 0 \tag{19}$$

$$y_2(x) = Cy_1(x)\ln x + \sum_{n=0}^{\infty} b_n x^{n+r_2}, \quad b_0 \neq 0 \tag{20}$$

여기서 C는 상수이며 0이 될 수도 있다.

마지막 경우로 결정근이 같은 경우 두 번째 해는 항상 로그항을 포함한다. 이 상황은 보조 방정식의 근이 같을 때 Cauchy-Euler 방정식의 해와 유사하다.

경우 III: 만약 $r_1 = r_2$이면, 방정식 (1)에 대해 다음과 같은 두 개의 일차독립인 해가 언제나 존재한다.

$$y_1(x) = \sum_{n=0}^{\infty} c_n x^{n+r_1}, \quad c_0 \neq 0 \tag{21}$$

$$y_2(x) = y_1(x)\ln x + \sum_{n=0}^{\infty} b_n x^{n+r_2} \tag{22}$$

두 번째 해의 발견 차이 $r_1 - r_2$가 양의 정수일 때(경우 II), $y = \sum_{n=0}^{\infty} c_n x^{n+r}$의 형태를 가지는 두 개의 해를 찾을 수도 있고 찾지 못할 수도 있다. 이는 미리 알 수 있는 사항이 아니고, 결정근을 찾고 계수 c_n을 정의하는 되돌림 관계를 주의 깊게 검토한 후에 결정되는 것이다. 운이 좋으면 단지 x의 거듭제곱만을 포함하는 두 개의 해, 즉 $y_1(x) = \sum_{n=0}^{\infty} c_n x^{n+r_1}$[식 (19)] 와 $y_2 = \sum_{n=0}^{\infty} b_n x^{n+r_2}$[식 (20)에서 $C = 0$]를 구할 수도 있다. 연습문제 5.2의 문제 31을 보라. 반면에 예제 4에서 결정근의 차이가 양의 정수이고 ($r_1 - r_2 = 1$), Frobenius의 방법이 두 번째 급수해를 구해 주지 못하는 것을 보았다. 이 경우에 $C \neq 0$이면 식 (20)에서 두 번째 해가 어떤 형태인지를 알 수 있다. 마지막으로 차이 $r_1 - r_2$가 0일 때에는(경우 III), Frobenius의 방법으로 두 번째의 급수해를 구하는 것이 불가능하다. 두 번째 해 식 (22)는 항상 로그항을 포함하며 실제로는 식 (20)에서 $C = 1$의 경우에 해당한다. 로그항을 가진 이 두 번째 해를 얻는 하나의 방법은, $y_1(x)$가 알려진 해일 때

$$y_2(x) = y_1(x)\int \frac{e^{-\int P(x)\,dx}}{y_1^2(x)}\,dx \tag{23}$$

◀ 이는 3.2절의 (5)이다.

도 또한 $y'' + P(x)\,y' + Q(x)y = 0$의 해라는 사실을 이용하는 것이다. 다음 예제에서 식 (23)을 어떻게 사용하는지를 보여 줄 것이다.

예제 5 예제 4를 다시—컴퓨터 연산 도구(CAS)의 사용

$xy'' + y = 0$의 일반해를 구하라.

풀이 예제 4에 주어진 아는 해

$$y_1(x) = x - \frac{1}{2}x^2 + \frac{1}{12}x^3 - \frac{1}{144}x^4 + \cdots$$

으로부터 식 (23)을 이용하여 두 번째 해 $y_2(x)$를 구성할 수 있다. 시간과 정력과 인내를 가진 사람은 급수의 제곱, 다항식의 나눗셈, 분수의 적분과 같은 고역을 손으로 할 수도 있다. 하지만 이 모든 계산은 CAS를 이용하여 보다 쉽게 행할 수 있다. 그 결과는

◀ 컴퓨터 연산 도구를 사용하는 것이 좋다.

$$y_2(x) = y_1(x)\int \frac{e^{-\int 0\,dx}}{[y_1(x)]^2}dx = y_1(x)\int \frac{dx}{\left[x - \frac{1}{2}x^2 + \frac{1}{12}x^3 - \frac{1}{144}x^4 + \cdots\right]^2}$$

$$= y_1(x)\int \frac{dx}{\left[x^2 - x^3 + \frac{5}{12}x^4 - \frac{7}{72}x^5 + \cdots\right]} \quad \leftarrow \text{제곱하여}$$

$$= y_1(x)\int \left[\frac{1}{x^2} + \frac{1}{x} + \frac{7}{12} + \frac{19}{72}x + \cdots\right]dx \quad \leftarrow \text{나눗셈하여}$$

$$= y_1(x)\left[-\frac{1}{x} + \ln x + \frac{7}{12}x + \frac{19}{144}x^2 + \cdots\right] \quad \leftarrow \text{적분하여}$$

$$= y_1(x)\ln x + y_1(x)\left[-\frac{1}{x} + \frac{7}{12}x + \frac{19}{144}x^2 + \cdots\right] \quad \leftarrow \text{꺼내어 곱하면}$$

또는

$$y_2(x) = y_1(x)\ln x + \left[-1 - \frac{1}{2}x + \frac{1}{2}x^2 + \cdots\right]$$

으로 주어진다. 구간 $(0, \infty)$에서 일반해는 $y = C_1y_1(x) + C_2y_2(x)$이다. ≡

참고

(*i*) 다양한 이론적 개념을 설명하기 위하여 선형 2계 미분방정식을 식 (1), (2), (3)의 세 가지 다른 형태로 표시하였다. 실제적으로 Frobenius의 방법을 사용하여 미분방정식을 풀 때는 식 (1)로 주어진 미분방정식의 형태로 작업하는 것이 바람직하다.

(*ii*) 결정근의 차이 $r_1 - r_2$가 양의 정수인 경우$(r_1 > r_2)$, 먼저 작은 근 r_2를 사용하여 되돌림 관계를 반복하는 것이 좋은 경우가 있다. 연습문제 5.2의 문제 31과 32를 보라.

(*iii*) 결정근 r이 2차 방정식의 해이기 때문에 복소수가 될 수도 있지만 이 경우에 대해서는 여기서 논의하지 않는다.

(*iv*) 만약 $x = 0$가 비정칙 특이점이라면 미분방정식에 대해 $y = \sum_{n=0}^{\infty} c_n x^{n+r}$형태의 어떤 해도 찾을 수 없을지 모른다.

5.2 연습문제

부록에 선택된 홀수 문제의 답이 있다.

문제 1~10에서는 주어진 미분방정식의 특이점을 결정하라. 각 특이점을 정칙 또는 비정칙으로 분류하라.

1. $x^3y'' + 4x^2y' + 3y = 0$

2. $x(x + 3)^2y'' - y = 0$

3. $(x^2 - 9)^2y'' + (x + 3)y' + 2y = 0$

4. $y'' - \dfrac{1}{x}y' + \dfrac{1}{(x - 1)^3}y = 0$

5. $(x^3 + 4x)y'' - 2xy' + 6y = 0$

6. $x^2(x - 5)^2y'' + 4xy' + (x^2 - 25)y = 0$

7. $(x^2 + x - 6)y'' + (x + 3)y' + (x - 2)y = 0$

8. $x(x^2 + 1)^2y'' + y = 0$
9. $x^3(x^2 - 25)(x - 2)^2y'' + 3x(x - 2)y' + 7(x + 5)y = 0$
10. $(x^3 - 2x^2 + 3x)^2y'' + x(x - 3)^2y' - (x + 1)y = 0$

문제 11과 12에서는 주어진 미분방정식을 각 정칙 특이점에 대한 식 (3)의 형태로 만들라. 함수 $p(x)$와 $q(x)$를 구하라.

11. $(x^2 - 1)y'' + 5(x + 1)y' + (x^2 - x)y = 0$
12. $xy'' + (x + 3)y' + 7x^2y = 0$

문제 13과 14에서 $x = 0$는 주어진 미분방정식의 정칙 특이점이다. 식 (14)의 일반적인 형태의 결정방정식을 이용하여 결정근을 구하라. 직접 풀지 않고 Frobenius의 방법을 사용할 때 예상되는 급수해의 개수를 구하라.

13. $x^2y'' + (\frac{5}{3}x + x^2)y' - \frac{1}{3}y = 0$
14. $xy'' + y' + 10y = 0$

문제 15~24에서 $x = 0$는 주어진 미분방정식의 정칙 특이점이다. 두 결정근의 차이가 정수가 아님을 보여라. Frobenius의 방법을 사용하여 $x = 0$에 대한 두 개의 일차독립인 급수해를 구하라. 구간 $(0, \infty)$에서의 일반해를 구성하라.

15. $2xy'' - y' + 2y = 0$
16. $2xy'' + 5y' + xy = 0$
17. $4xy'' + \frac{1}{2}y' + y = 0$
18. $2x^2y'' - xy' + (x^2 + 1)y = 0$
19. $3xy'' + (2 - x)y' - y = 0$
20. $x^2y'' - (x - \frac{2}{9})y = 0$
21. $2xy'' - (3 + 2x)y' + y = 0$
22. $x^2y'' + xy' + (x^2 - \frac{4}{9})y = 0$
23. $9x^2y'' + 9x^2y' + 2y = 0$
24. $2x^2y'' + 3xy' + (2x - 1)y = 0$

문제 25~30에서 $x = 0$는 주어진 미분방정식의 정칙 특이점이다. 두 결정근의 차이가 정수임을 보여라. Frobenius의 방법을 사용하여 $x = 0$에 대해 적어도 하나의 급수해를 구하라. 필요하면 (21)과 CAS를 이용하여 두 번째 해를 구하라. 구간 $(0, \infty)$에서의 일반해를 구성하라.

25. $xy'' + 2y' - xy = 0$
26. $x^2y'' + xy' + (x^2 - \frac{1}{4})y = 0$
27. $xy'' - xy' + y = 0$
28. $y'' + \dfrac{3}{x}y' - 2y = 0$
29. $xy'' + (1 - x)y' - y = 0$
30. $xy'' + y' + y = 0$

문제 31과 32에서 $x = 0$는 주어진 미분방정식의 정칙 특이점이다. 두 결정근의 차이가 정수임을 보여라. 먼저 결정근 중에 가장 큰 값 r_1을 가지고 Frobenius의 방법으로 구한 되돌림 관계를 사용하라. 몇 개의 해를 구할 수 있는가? 다음으로 작은 값 r_2를 가지고 되돌림 관계를 사용하라. 몇 개의 해를 구할 수 있는가?

31. $xy'' + (x - 6)y' - 3y = 0$
32. $x(x - 1)y'' + 3y' - 2y = 0$
33. (a) 미분방정식 $x^4y'' + y = 0$은 $x = 0$에서 비정칙 특이점을 갖는다. $t = 1/x$의 치환에 의해 미분방정식이

$$\frac{d^2y}{dt^2} + \frac{2}{t}\frac{dy}{dt} + \lambda y = 0$$

이 되고 이 식은 $t = 0$에서 정칙 특이점을 가짐을 증명하라.

(b) 이 절에서 사용된 방법을 이용하여 특이점 $t = 0$에 대해 (a)의 두 번째 식의 두 급수해를 구하라.

(c) 원래 방정식의 각각의 급수해를 초등함수의 꼴로 표시하라.

수학적 모형

34. **테이퍼형 기둥의 좌굴** 3.9절의 예제 4에서 일정한 수직 압축력 또는 하중 P가 균일한 단면적의 가는 기둥에 작용할 때, 처짐 $y(x)$는 경곗값 문제

$$EI\frac{d^2y}{dx^2} + Py = 0, \quad y(0) = 0, \quad y(L) = 0$$

을 만족시킴을 보았다. 이때 기둥은 양단에서 단순지지된다고 가정한다. 압축력이 임계하중 P_n일 때 기둥의 좌굴이 일어난다.

(a) 원형단면을 가진 길이 L의 기둥이 양 끝에서 단순지지되며, 그림 5.2.1(a)에 나와 있는 것처럼 테이퍼를 가졌다고 가정한다. 만약 기둥(끝이 잘린 원추형)이 그림 5.2.1(b)에 나와 있는 것처럼 선형적으로 테이퍼를 가졌다면($y = cx$), xy 평면에 수직인 축에 대한 단면의 관성 모멘트는 $I = \frac{1}{4}\pi r^4$이다. 여기서 $r = y$, $y = cx$이다. 따라서 $I(x) = I_0(x/b)^4$가 되며, 여기서 $I_0 = I(b) = \frac{1}{4}\pi(cb)^4$이다. $I(x)$를 미분방정식 (24)에 대입하면, 이 경우 처짐은 경곗값 문제

$$x^4\frac{d^2y}{dx^2} + \lambda y = 0, \quad y(a) = 0, \quad y(b) = 0$$

으로부터 결정된다. 여기서 $\lambda = Pb^4/EI_0$이다. 문제 33의

결과를 사용하여 테이퍼형 기둥의 임계하중 P_n을 구하라. 적절한 등가성을 이용하여 좌굴 모드 $y_n(x)$를 하나의 함수로 표현하라.

(b) $b = 11$, $a = 1$일 때 오일러 하중 P_1에 상응하는 첫 번째 좌굴 모드 $y_1(x)$의 그래프를 CAS를 이용하여 그려라.

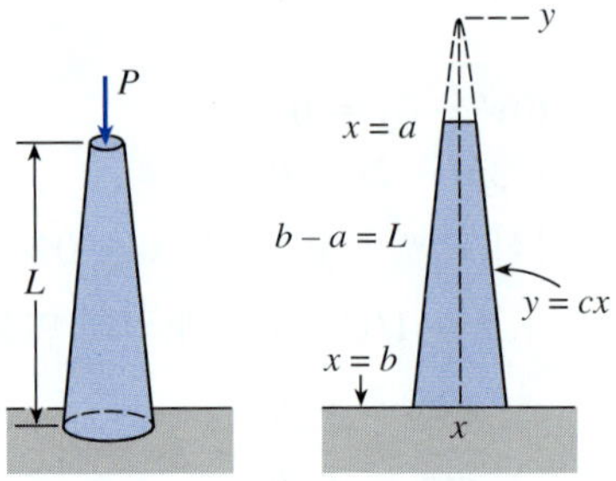

(a) (b)

그림 5.2.1 문제 34의 테이퍼형 기둥

토의문제

35. 선형 3계 미분방정식

$$a_3(x)y''' + a_2(x)y'' + a_1(x)y' + a_0(x)y = 0$$

의 정칙 특이점을 어떻게 정의할 수 있는지 토론하라.

36. 미분방정식

$$x^3y'' + y = 0, \quad x^2y'' + (3x-1)y' + y = 0$$

은 각각 $x = 0$에서 비정칙 특이점을 갖는다. $x = 0$에 대해 각 미분방정식의 급수해를 Frobenius의 방법으로 구할 수 있는지를 결정하고 토론하라.

37. 우리는 $x = 0$이 Cauchy–Euler 방정식 $ax^2y'' + bxy' + cy = 0$의 정칙 특이점임을 보았다. Cauchy–Euler 방정식에 대한 결정방정식 (14)와 그 보조방정식이 어떤 관계를 갖는지 토론하라.

38. Frobenius의 방법을 사용하여 $(0, \infty)$에서 미분방정식 $4xy'' + 2y' + y = 0$의 일반해가 $y = C_1 \sin\sqrt{x} + C_2 \cos\sqrt{x}$임을 증명하라.

5.3 특별한 함수

소개 두 개의 미분방정식

$$x^2y'' + xy' + (x^2 - \nu^2)y = 0 \tag{1}$$

$$(1 - x^2)y'' - 2xy' + n(n+1)y = 0 \tag{2}$$

Friedrich Wilhelm Bessel

은 응용수학, 물리학, 그리고 공학의 고등 학문에서 자주 등장한다. 식 (1)은 **차수 ν의 Bessel 방정식**이라 부르며, 최초로 태양에서 다른 별까지의 정확한 거리를 결정한 독일의 천문학자이자 수학자인 **Friedrich Wilhelm Bessel** (1784~1846)의 이름에서 따 왔다. Bessel은 타원형 행성 운동에 대한 그의 연구에서 방정식 (1)의 특수한 형태를 처음 접하게 되었고 결국에는 일반 방정식의 해의 특성에 대한 체계적인 연구를 수행하였다. 식 (2)는 **차수 n의 Legendre 방정식**으로 알려져 있으며 프랑스의 수학자 **Adrien-Marie Legendre** (1752~1833)의 이름에서 따 온 것이다. 식 (1)의 풀이에서는 $\nu \ge 0$이라고 가정하는 반면에 식 (2)에서는 n이 음이 아닌 정수일 때만 고려한다.

5.3.1 Bessel 함수

방정식의 해 $x = 0$이 Bessel 방정식의 정칙 특이점이기 때문에 $y = \sum_{n=0}^{\infty} c_n x^{n+r}$ 형태의 해가 적어도 하나 존재한다는 것을 알 수 있다. 이를 식 (1)에 대입하면

$$x^2y'' + xy' + (x^2 - \nu^2)y = \sum_{n=0}^{\infty} c_n(n + r)(n + r - 1)x^{n+r} + \sum_{n=0}^{\infty} c_n(n + r)x^{n+r} + \sum_{n=0}^{\infty} c_n x^{n+r+2} - \nu^2 \sum_{n=0}^{\infty} c_n x^{n+r}$$

$$= c_0(r^2 - r + r - \nu^2)x^r$$

$$+ x^r \sum_{n=1}^{\infty} c_n[(n + r)(n + r - 1) + (n + r) - \nu^2]x^n + x^r \sum_{n=0}^{\infty} c_n x^{n+2}$$

$$= c_0(r^2 - \nu^2)x^r + x^r \sum_{n=1}^{\infty} c_n[(n + r)^2 - \nu^2]x^n + x^r \sum_{n=0}^{\infty} c_n x^{n+2} \tag{3}$$

이 된다. 식 (3)에서 결정방정식은 $r^2 - \nu^2 = 0$이고, 결정근은 $r_1 = \nu$와 $r_2 = -\nu$가 된다. $r_1 = \nu$일 때 식 (3)은

$$x^{\nu} \sum_{n=1}^{\infty} c_n n(n + 2\nu)x^n + x^{\nu} \sum_{n=0}^{\infty} c_n x^{n+2}$$

$$= x^{\nu}\Bigg[(1 + 2\nu)c_1 x + \underbrace{\sum_{n=2}^{\infty} c_n n(n + 2\nu)x^n}_{k = n - 2} + \underbrace{\sum_{n=0}^{\infty} c_n x^{n+2}}_{k = n}\Bigg]$$

$$= x^{\nu}\Bigg[(1 + 2\nu)c_1 x + \sum_{k=0}^{\infty} [(k + 2)(k + 2 + 2\nu)c_{k+2} + c_k]x^{k+2}\Bigg] = 0$$

이다. 그러므로 앞에서와 마찬가지로 $(1 + 2\nu)c_1 = 0$으로 쓸 수 있고

$$(k + 2)(k + 2 + 2\nu)c_{k+2} + c_k = 0$$

또는

$$c_{k+2} = \frac{-c_k}{(k + 2)(k + 2 + 2\nu)}, \quad k = 0, 1, 2, \ldots. \tag{4}$$

식 (4)에서 $c_1 = 0$을 넣으면 $c_3 = c_5 = c_7 = \ldots = 0$이 된다. 그러므로 $k = 0, 2, 4, \ldots$에 대하여, $k + 2 = 2n$, $n = 1, 2, 3, \ldots$ 으로 놓으면

$$c_{2n} = -\frac{c_{2n-2}}{2^2 n(n + \nu)} \tag{5}$$

이 됨을 알 수 있다. 따라서

$$c_2 = -\frac{c_0}{2^2 \cdot 1 \cdot (1 + \nu)}$$

$$c_4 = -\frac{c_2}{2^2 \cdot 2(2 + \nu)} = \frac{c_0}{2^4 \cdot 1 \cdot 2(1 + \nu)(2 + \nu)}$$

$$c_6 = -\frac{c_4}{2^2 \cdot 3(3 + \nu)} = -\frac{c_0}{2^6 \cdot 1 \cdot 2 \cdot 3(1 + \nu)(2 + \nu)(3 + \nu)}$$

$$\vdots$$

$$c_{2n} = \frac{(-1)^n c_0}{2^{2n} n!(1 + \nu)(2 + \nu) \cdots (n + \nu)}, \quad n = 1, 2, 3, \ldots \tag{6}$$

이다. c_0를 특별한 값으로 택하는 것이 표준적인 방법이다. 즉

$$c_0 = \frac{1}{2^\nu \Gamma(1+\nu)}$$

로 놓는데, 여기서 $\Gamma(1+\nu)$는 감마함수이다(부록 A 참조). 이 함수는 $\Gamma(1+\alpha) = \alpha\Gamma(\alpha)$의 편리한 특성을 가지므로, 식 (6)의 분모에 있는 곱을 하나의 항으로 줄일 수 있다. 예를 들면

$$\Gamma(1+\nu+1) = (1+\nu)\Gamma(1+\nu)$$
$$\Gamma(1+\nu+2) = (2+\nu)\Gamma(2+\nu) = (2+\nu)(1+\nu)\Gamma(1+\nu)$$

이다. 여기서 $n = 0, 1, 2, \ldots$에 대해 식 (6)을 다음과 같이 쓸 수 있다.

$$c_{2n} = \frac{(-1)^n}{2^{2n+\nu} n!(1+\nu)(2+\nu)\cdots(n+\nu)\Gamma(1+\nu)} = \frac{(-1)^n}{2^{2n+\nu} n!\Gamma(1+\nu+n)}$$

제1종 Bessel 함수 급수해 $y = \sum_{n=0}^{\infty} c_{2n}x^{2n+\nu}$을 보통 $J_\nu(x)$로 나타낸다.

$$J_\nu(x) = \sum_{n=0}^{\infty} \frac{(-1)^n}{n!\Gamma(1+\nu+n)} \left(\frac{x}{2}\right)^{2n+\nu} \tag{7}$$

$\nu \geq 0$이면, 급수는 적어도 구간 $[0, \infty)$에서 수렴한다. 또한 두 번째 지수 $r_2 = -\nu$에 대해서도 똑같은 방법으로 급수해

$$J_{-\nu}(x) = \sum_{n=0}^{\infty} \frac{(-1)^n}{n!\Gamma(1-\nu+n)} \left(\frac{x}{2}\right)^{2n-\nu} \tag{8}$$

을 구한다. 함수 $J_\nu(x)$와 $J_{-\nu}(x)$를 각각 차수 ν와 $-\nu$의 **제1종 Bessel 함수**(Bessel function of the first kind)라 한다. ν의 값에 따라서 식 (8)은 x의 음의 거듭제곱을 포함할 수도 있고, 따라서 $(0, \infty)$에서 수렴한다.*

식 (1)의 일반해를 구하기 위하여 약간의 주의가 요구된다. $\nu = 0$일 때는 식 (7)과 (8)이 같은 것은 분명하다. 만일 $\nu > 0$이고, $r_1 - r_2 = \nu_2(-\nu) = 2\nu$가 양의 정수가 아니면, 5.2절의 경우 I로부터 $J_\nu(x)$와 $J_{-\nu}(x)$는 $(0, \infty)$에서 식 (1)의 일차독립인 해이고, 그 구간에서의 일반해는 $y = c_1J_\nu(x) + c_2J_{-\nu}(x)$이다. 그러나 5.2절의 경우 II로부터 $r_1 - r_2 = 2\nu$가 양의 정수이면, 식 (1)의 두 번째 급수해가 존재할 수도 있다. 이 두 번째 경우에는 두 가지의 가능성이 존재한다. $\nu = m =$ 양의 정수일 때는 식 (8)에서 정의된 $J_{-m}(x)$와 $J_m(x)$는 일차독립인 해가 아니다. J_{-m}은 J_m의 상수배로 표시할 수 있다[뒤에 나오는 특성 (i)을 참조하라]. 또한 ν가 홀수인 양의 정수의 절반일 때, $r_1 - r_2 = 2\nu$는 양의 정수가 될 수 있다. 후자의 경우 $J_\nu(x)$와 $J_{-\nu}(x)$가 일차독립이라는 것을 증명할 수 있다. 다시 말해서 $(0, \infty)$에서 식 (1)의 일반해는

$$y = c_1J_\nu(x) + c_2J_{-\nu}(x), \quad \nu \neq \text{정수} \tag{9}$$

이다.

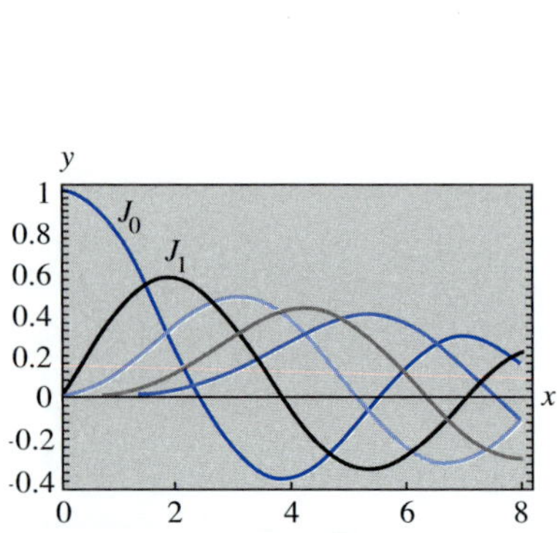

그림 5.3.1 $n = 0, 1, 2, 3, 4$에 대한 제1종 Bessel 함수.

그림 5.3.1에 $y = J_0(x)$와 $y = J_1(x)$의 그래프가 주어져 있다.

* x를 $|x|$로 대체하면 식 (7)과 (8)의 급수는 $0 < |x| < \infty$에서 수렴한다.

예제 1 **일반해: ν가 정수가 아닌 경우**

$\nu^2 = \frac{1}{4}$로 놓으면 $\nu = \frac{1}{2}$이다. 식 (9)로부터 $(0, \infty)$에서 방정식 $x^2y'' + xy' + (x^2 - \frac{1}{4})y = 0$의 일반해는 $y = c_1J_{1/2}(x) + c_2J_{-1/2}(x)$임을 알 수 있다. ≡

제2종 Bessel 함수 $\nu \neq$ 정수이면, 일차결합에 의하여 정의된 함수

$$Y_\nu(x) = \frac{\cos \nu\pi J_\nu(x) - J_{-\nu}(x)}{\sin \nu\pi} \tag{10}$$

와 함수 $J_\nu(x)$는 식 (1)의 일차독립인 해이다. 그러므로 식 (1)의 일반해의 또 다른 형은 $\nu \neq$ 정수인 경우 $y = c_1J_\nu(x) + c_2Y_\nu(x)$이다. $\nu \to m$(m은 정수)이면, 식 (10)은 부정형 0/0이 된다. 하지만 L'Hôpital의 법칙에 의하여 $\lim_{\nu\to m}Y_\nu(x)$가 존재함을 보일 수 있다. 더욱이 함수

$$Y_m(x) = \lim_{\nu\to m} Y_\nu(x)$$

와 $J_m(x)$는 $x^2y'' + xy' + (x^2 - m^2)y = 0$의 일차독립인 해이다. 그러므로 임의의 값 ν에 대하여, $(0, \infty)$에서의 식 (1)의 일반해는

$$y = c_1J_\nu(x) + c_2Y_\nu(x) \tag{11}$$

로 쓸 수 있다. $Y_\nu(x)$는 ν차의 **제2종 Bessel 함수**(Bessel function of the second kind)라 한다. 그림 5.3.2는 $Y_0(x)$와 $Y_1(x)$의 그래프를 보여 준다. ν차의 제2종 Bessel 함수가 독일의 수학자 **Carl Gottfried Neumann** (1832~1925)에 의해 1867년에 처음으로 소개되었기 때문에 이 함수는 ν차의 **Neumann 함수**라고도 불리며, 종종 N_ν로 표기하기도 한다.

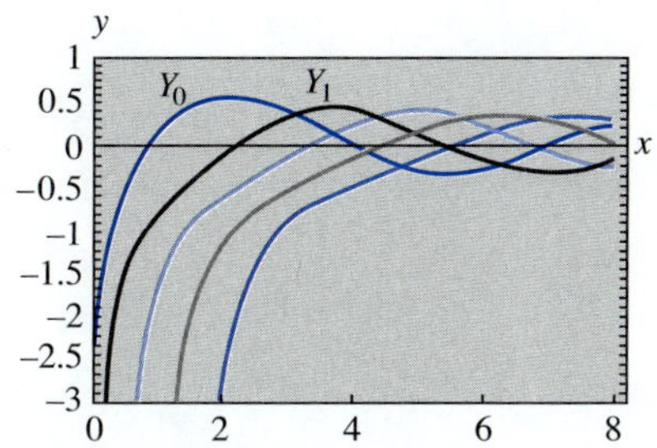

그림 5.3.2 $n = 0, 1, 2, 3, 4$에 대한 제2종 Bessel 함수

예제 2 **일반해: ν가 정수인 경우**

$\nu^2 = 9$로 놓으면 $\nu = 3$이다. 식 (11)로부터 $(0, \infty)$에서 방정식 $x^2y'' + xy' + (x^2 - 9)y = 0$의 일반해는 $y = c_1J_3(x) + c_2Y_3(x)$임을 알 수 있다. ≡

Bessel 함수로 풀 수 있는 미분방정식 때로 변수 변환을 통하여 주어진 미분방정식을 방정식 (1)로 바꾸는 것이 가능하다. 그때 원래 방정식의 일반해를 Bessel 함수의 항으로 표현할 수 있다. 예를 들어 식

$$x^2y'' + xy' + (\alpha^2x^2 - \nu^2)y = 0 \tag{12}$$

에서 $t = \alpha x$, $\alpha > 0$이라 하면, 연쇄법칙

$$\frac{dy}{dx} = \frac{dy}{dt}\frac{dt}{dx} = \alpha\frac{dy}{dt}, \quad \frac{d^2y}{dx^2} = \frac{d}{dt}\left(\frac{dy}{dx}\right)\frac{dt}{dx} = \alpha^2\frac{d^2y}{dt^2}$$

에 의해 식 (12)는

$$\left(\frac{t}{\alpha}\right)^2\alpha^2\frac{d^2y}{dt^2} + \left(\frac{t}{\alpha}\right)\alpha\frac{dy}{dt} + (t^2 - \nu^2)y = 0 \quad \text{또는} \quad t^2\frac{d^2y}{dt^2} + t\frac{dy}{dt} + (t^2 - \nu^2)y = 0$$

이 된다. 마지막 식은 해 $y = c_1J_\nu(t) + c_2Y_\nu(t)$를 갖는 ν차의 Bessel 방정식이다. 여기에 $t = \alpha x$를 대입하면 구간 $(0, \infty)$에서 식 (12)의 일반해는

$$y = c_1J_\nu(\alpha x) + c_2Y_\nu(\alpha x). \tag{13}$$

이 됨을 알 수 있다. 식 (12)는 **ν차의 매개변수 Bessel 방정식**(parametric Bessel equation of order ν)이라 하며, 그 일반해 (13)은 원기둥좌표계에서 표현된 편미분방정식과 관련된 경곗값 문제의 풀이에서 중요하게 사용된다.

수정 Bessel 함수 식 (1)과 유사한 형태의 다른 방정식은 **ν차의 수정 Bessel 방정식**(modified Bessel equation of order ν)

$$x^2y'' + xy' - (x^2 + \nu^2)y = 0 \tag{14}$$

으로 주어진다. 이 미분방정식은 식 (12)에 예시된 방법으로 풀 수 있다. 이번에는 $t = ix$, $i^2 = -1$이라 하면 식 (14)는

$$t^2\frac{d^2y}{dt^2} + t\frac{dy}{dt} + (t^2 - \nu^2)y = 0$$

이 된다. 이 미분방정식의 해는 $J_\nu(t)$와 $Y_\nu(t)$이므로, 식 (14)의 복소해는 $J_\nu(ix)$와 $Y_\nu(ix)$가 된다. 차수 ν의 **제1종 수정 Bessel 함수**(modified Bessel function of the first kind)라 불리는 실수해는 $J_\nu(ix)$의 항으로 다음과 같이 정의된다.

$$I_\nu(x) = i^{-\nu}J_\nu(ix)$$

연습문제 5.3의 문제 21을 보라. 식 (14)의 일반해는

$$y = c_1I_\nu(x) + c_2K_\nu(x),\ \nu \neq \text{정수} \tag{15}$$

가 된다. ν가 정수 n이면, 함수 $I_n(x)$와 $I_{-n}(x)$는 구간 $(0, \infty)$에서 일차 독립이 아니다. 따라서 식 (10)과 유사하게 정수가 아닌 차수 ν에 대한 **제2종 수정 Bessel 함수**(modified Bessel function of the second kind)는

$$K_\nu(x) = \frac{\pi}{2}\frac{I_{-\nu}(x) - I_\nu(x)}{\sin \nu\pi} \tag{16}$$

으로 정의되며, 정수 $\nu = n$에 대해서는

$$K_n(x) = \lim_{\nu\to n} K_\nu(x)$$

이 된다. I_ν와 K_ν는 구간 $(0, \infty)$에서 임의의 ν에 대해 일차독립이므로 식 (14)의 일반해는

$$y = c_1I_\nu(x) + c_2K_\nu(x) \tag{17}$$

이 된다.

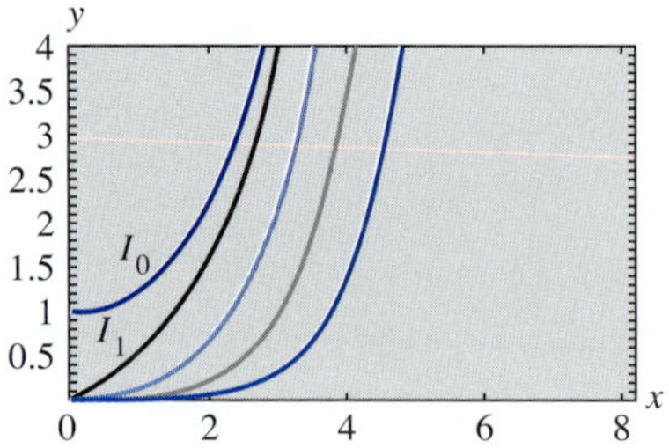

그림 5.3.3 $n = 0, 1, 2, 3, 4$에 대한 제1종 Bessel 함수

그림 5.3.3에 $I_0(x)$와 $I_1(x)$의 그래프가 **그림 5.3.4**의 $K_0(x)$와 $K_1(x)$의 그래프가 주어져 있다. 1종과 2종 Bessel 함수와 달리 수정 Bessel 함수의 그래프는 진동하지 않는다. 그림 5.3.3과 5.3.4 그래프는 $n = 0, 1, 2, \ldots$에 대해 수정 Bessel 함수 $I_n(x)$와 $K_n(x)$가 구간 $(0, \infty)$에서

영점(zero)을 갖지 않는다는 것을 보여준다. 또한 $x \to 0^+$이면 $K_n(x) \to \infty$임을 주목하라.

식 (12)와 (13)에서 한 것과 같은 방법으로 **매개변수 형식의 ν차 수정 Bessel 방정식**

$$x^2y'' + xy' - (\alpha^2x^2 + \nu^2)y = 0 \tag{18}$$

에 대한 구간 $(0, \infty)$에서의 일반해는 다음과 같다.

$$y = c_1I_\nu(\alpha x) + c_2K_\nu(\alpha x). \tag{19}$$

예제 3 매개변수 형식의 수정 Bessel 방정식

$\alpha^2 = 25$, $\nu^2 = 4$, $\alpha = 5$, $\nu = 2$로 놓으면, 식 (19)로부터 구간 $(0, \infty)$에서 방정식 $x^2y'' + xy' - (25x^2 + 4)y = 0$의 일반해는 $y = c_1I_2(5x) + c_2K_2(5x)$가 된다. ≡

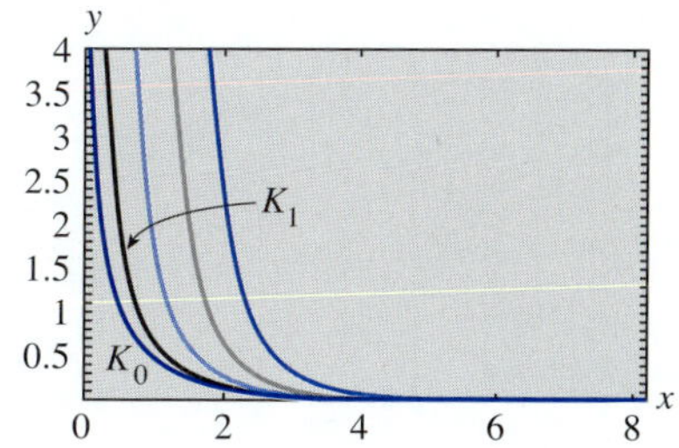

그림 5.3.4 $n = 0, 1, 2, 3, 4$에 대한 제2종 Bessel 함수

매개변수를 적절하게 선택하여 많은 미분방정식에 적용될 수 있는 중요한 또 다른 방정식은

$$y'' + \frac{1-2a}{x}y' + \left(b^2c^2x^{2c-2} + \frac{a^2 - p^2c^2}{x^2}\right)y = 0, \quad p \ge 0 \tag{20}$$

이다. 여기서 세부사항을 논의하지는 않지만, 식 (20)의 일반해

$$y = x^a[c_1J_p(bx^c) + c_2Y_p(bx^c)] \tag{21}$$

는 독립변수와 종속변수를 둘 다 $z = bx^c$, $y(x) = \left(\frac{z}{b}\right)^{a/c} w(z)$와 같이 변환하여 구할 수 있다. 만약 p가 정수가 아니면 식 (21)의 Y_p는 J_{-p}로 대체될 수 있다.

예제 4 식 (20)의 이용

$(0, \infty)$에서 $xy'' + 3y' + 9y = 0$의 일반해를 구하라.

풀이 주어진 미분방정식을

$$y'' + \frac{3}{x}y' + \frac{9}{x}y = 0$$

의 꼴로 쓰면 식 (18)과 비교하여

$$1 - 2a = 3, \quad b^2c^2 = 9, \quad 2c - 2 = -1, \quad a^2 - p^2c^2 = 0$$

이 됨을 알 수 있다. 첫 번째와 세 번째의 식에서 $a = -1$, $c = \frac{1}{2}$이다. 여기서 두 번째와 네 번째의 식은 $b = 6$과 $p = 2$에 의해 충족된다. 식 (21)로부터 구간 $[0, \infty)$에서 주어진 미분방정식의 일반해는 $y = x^{-1}[c_1J_2(6x^{1/2}) + c_2Y_2(6x^{1/2})]$이 된다. ≡

노화스프링과 Bessel 함수 3.8절에서 노화스프링에 달려있는 질량 m의 자유 비감쇠 운동에 대한 수학적 모델이 $mx'' + ke^{-\alpha t}x = 0$, $\alpha > 0$로 주어짐을 보았다. 이제 이 미분방정식의 일반해를 구하고자 한다.

예제 5 노화스프링 문제의 재검토

미분방정식 $mx'' + ke^{-\alpha t}x = 0$를 풀기 위해 $s = \dfrac{2}{\alpha}\sqrt{\dfrac{k}{m}}e^{-\alpha t/2}$의 치환을 사용한다.

풀이 연쇄법칙에 의해

$$\frac{dx}{dt} = \frac{dx}{ds}\frac{ds}{dt} = \frac{dx}{ds}\left[\frac{2}{\alpha}\sqrt{\frac{k}{m}}\left(-\frac{\alpha}{2}\right)e^{-\alpha t/2}\right] = \frac{dx}{ds}\left(-\sqrt{\frac{k}{m}}e^{-\alpha t/2}\right)$$

$$\begin{aligned}\frac{d^2x}{dt^2} &= \frac{d}{dt}\left(\frac{dx}{dt}\right) = \frac{dx}{ds}\left(\frac{\alpha}{2}\sqrt{\frac{k}{m}}e^{-\alpha t/2}\right) + \frac{d}{dt}\left(\frac{dx}{ds}\right)\left(-\sqrt{\frac{k}{m}}e^{-\alpha t/2}\right)\\ &= \frac{dx}{ds}\left(\frac{\alpha}{2}\sqrt{\frac{k}{m}}e^{-\alpha t/2}\right) + \frac{d^2x}{ds^2}\frac{ds}{dt}\left(-\sqrt{\frac{k}{m}}e^{-\alpha t/2}\right)\\ &= \left(\frac{k}{m}e^{-\alpha t}\right)\frac{d^2x}{ds^2} + \left(\frac{\alpha}{2}\sqrt{\frac{k}{m}}e^{-\alpha t/2}\right)\frac{dx}{ds}.\end{aligned}$$

따라서

$$m\frac{d^2x}{dt^2} + ke^{-\alpha t}x = ke^{-\alpha t}\frac{d^2x}{ds^2} + \frac{\alpha}{2}\sqrt{mk}e^{-\alpha t/2}\frac{dx}{ds} + ke^{-\alpha t}x = 0.$$

마지막 식에 $2^2/\alpha^2 m$을 곱하면

$$\left(\frac{2^2}{\alpha^2}\frac{k}{m}e^{-\alpha t}\right)\frac{d^2x}{ds^2} + \left(\frac{2}{\alpha}\sqrt{\frac{k}{m}}e^{-\alpha t/2}\right)\frac{dx}{ds} + \left(\frac{2^2}{\alpha^2}\frac{k}{m}e^{-\alpha t}\right)x = 0$$

또는

$$s^2\frac{d^2x}{ds^2} + s\frac{dx}{ds} + s^2x = 0.$$

이 된다.

마지막 식은 식 (1)에서 $\nu = 0$인 경우이고 기호 x와 s는 각각 y와 x의 역할을 한다. 따라서 식 (11)로부터 마지막 미분방정식의 일반해는 $x = c_1J_0(s) + c_2Y_0(s)$가 된다. 다시 s를 대입하면 $mx'' + ke^{-\alpha t}x = 0$의 일반해는

$$x(t) = c_1J_0\left(\frac{2}{\alpha}\sqrt{\frac{k}{m}}e^{-\alpha t/2}\right) + c_2Y_0\left(\frac{2}{\alpha}\sqrt{\frac{k}{m}}e^{-\alpha t/2}\right)$$

이 됨을 알 수 있다. ≡

5.1절에서 논의된 또 다른 스프링 모형은 그 특성이 시간에 따라 변화하는 것으로 $mx'' + ktx = 0$로 주어진다. m으로 양변을 나누어 이 식 $x'' + (k/m)tx = 0$이 Airy의 방정식 $y'' + \alpha^2xy = 0$의 꼴이 됨을 알 수 있다. 5.1절의 예제 2 다음의 토론을 보라. Airy 미분방정식의 일반해 역시 Bessel 함수의 항으로 쓰일 수 있다. 연습문제 5.3의 문제 34, 35, 46을 보라.

■ 특성 차수 $m(m = 0, 1, 2, \ldots)$인 Bessel 함수의 보다 유용한 몇 가지 특성은 다음과 같다.

(i) $J_{-m}(x) = (-1)^mJ_m(x)$ (ii) $J_m(-x) = (-1)^mJ_m(x)$

(iii) $J_m(0) = \begin{cases}0, & m > 0\\ 1, & m = 0\end{cases}$ (iv) $\lim_{x\to0^+} Y_m(x) = -\infty.$

특성 (*ii*)는 $J_m(x)$가 m이 짝수이면 우함수이고, m이 홀수이면 기함수인 것을 의미한다. 그림 5.3.2에서의 $Y_0(x)$와 $Y_1(x)$의 그래프는 특성 (*iv*)를 보여 준다. $Y_m(x)$는 원점에서 유계가 아니다(unbounded). 이 마지막 사실은 식 (10)으로부터는 분명하지 않다. 5.2절의 식 (21)에서의 $y_1(x)$와 식 (22)에서의 $y_2(x)$를 이용하여 차수 0인 Bessel 방정식의 해를 구할 수 있다. 5.2절의 식 (21)은 $y_1(x) = J_0(x)$이며, 식 (22)는

$$y_2(x) = J_0(x)\ln x - \sum_{k=1}^{\infty}\frac{(-1)^k}{(k!)^2}\left(1 + \frac{1}{2} + \cdots + \frac{1}{k}\right)\left(\frac{x}{2}\right)^{2k}$$

임을 보일 수 있다. 차수 0의 제2종 Bessel 함수 $Y_0(x)$는 $x > 0$에 대해 일차결합 $Y_0(x) = \frac{2}{\pi}(\gamma - \ln 2)\,y_1(x) + \frac{2}{\pi}y_2(x)$로 정의된다. 즉

$$Y_0(x) = \frac{2}{\pi}J_0(x)\left[\gamma + \ln\frac{x}{2}\right] - \frac{2}{\pi}\sum_{k=1}^{\infty}\frac{(-1)^k}{(k!)^2}\left(1 + \frac{1}{2} + \cdots + \frac{1}{k}\right)\left(\frac{x}{2}\right)^{2k}$$

이 되며, 여기서 $\gamma = 0.57721566...$은 **오일러 상수**라 한다. 로그항이 있기 때문에 $Y_0(x)$는 $x = 0$에서 불연속적이다.

수치값 $J_0(x)$, $J_1(x)$, $Y_0(x)$, $Y_1(x)$의 처음 다섯 개의 음이 아닌 영점(zero)이 표 5.3.1에 주어져 있다. 그리고 이 네 함수의 추가적인 함수 값이 표 5.3.2에 주어져 있다.

표 5.3.1 J_0, J_1, Y_0, Y_1의 영점

$J_0(x)$	$J_1(x)$	$Y_0(x)$	$Y_1(x)$
2.4048	0.0000	0.8936	2.1971
5.5201	3.8317	3.9577	5.4297
8.6537	7.0156	7.0861	8.5960
11.7915	10.1735	10.2223	11.7492
14.9309	13.3237	13.3611	14.8974

표 5.3.2 J_0, J_1, Y_0, Y_1의 수치값

x	$J_0(x)$	$J_1(x)$	$Y_0(x)$	$Y_1(x)$
0	1.0000	0.0000	—	—
1	0.7652	0.4401	0.0883	−0.7812
2	0.2239	0.5767	0.5104	−0.1070
3	−0.2601	0.3391	0.3769	0.3247
4	−0.3971	−0.0660	−0.0169	0.3979
5	−0.1776	−0.3276	−0.3085	0.1479
6	0.1506	−0.2767	−0.2882	−0.1750
7	0.3001	−0.0047	−0.0259	−0.3027
8	0.1717	0.2346	0.2235	−0.1581
9	−0.0903	0.2453	0.2499	0.1043
10	−0.2459	0.0435	0.0557	0.2490
11	−0.1712	−0.1768	−0.1688	0.1637
12	0.0477	−0.2234	−0.2252	−0.0571
13	0.2069	−0.0703	−0.0782	−0.2101
14	0.1711	0.1334	0.1272	−0.1666
15	−0.0142	0.2051	0.2055	0.0211

미분 되돌림 관계 서로 다른 차수의 Bessel 함수를 연결하는 되돌림 관계는 이론과 응용면에서 중요하다. 다음 예에서 **미분 되돌림 관계**(differential recurrence relation)를 유도한다.

예제 6 급수 정의를 사용한 유도

공식 $xJ'_\nu(x) = \nu J_\nu(x) - xJ_{\nu+1}(x)$를 유도하라.

풀이 식 (7)로부터 다음이 성립한다.

$$\begin{aligned} xJ'_\nu(x) &= \sum_{n=0}^{\infty} \frac{(-1)^n(2n+\nu)}{n!\Gamma(1+\nu+n)}\left(\frac{x}{2}\right)^{2n+\nu} \\ &= \nu\sum_{n=0}^{\infty} \frac{(-1)^n}{n!\Gamma(1+\nu+n)}\left(\frac{x}{2}\right)^{2n+\nu} + 2\sum_{n=0}^{\infty} \frac{(-1)^n n}{n!\Gamma(1+\nu+n)}\left(\frac{x}{2}\right)^{2n+\nu} \\ &= \nu J_\nu(x) + x\underbrace{\sum_{n=1}^{\infty} \frac{(-1)^n}{(n-1)!\Gamma(1+\nu+n)}\left(\frac{x}{2}\right)^{2n+\nu-1}}_{k=n-1} \\ &= \nu J_\nu(x) - x\sum_{k=0}^{\infty} \frac{(-1)^k}{k!\Gamma(2+\nu+k)}\left(\frac{x}{2}\right)^{2k+\nu+1} = \nu J_\nu(x) - xJ_{\nu+1}(x). \end{aligned}$$

≡

예제 6의 결과를 다른 형태로 쓸 수 있다. $xJ'_\nu(x) = \nu J_\nu(x) - xJ_{\nu+1}(x)$를 x로 나누면

$$J'_\nu(x) - \frac{\nu}{x}J_\nu(x) = -J_{\nu+1}(x)$$

이 되며, 이 마지막 표현은 $J_\nu(x)$에 대한 선형 1계 미분방정식이다. 등식의 양변에 적분인자 $x^{-\nu}$를 곱하면

$$\frac{d}{dx}[x^{-\nu}J_\nu(x)] = -x^{-\nu}J_{\nu+1}(x) \tag{22}$$

이 된다. 마찬가지로

$$\frac{d}{dx}[x^{\nu}J_\nu(x)] = x^{\nu}J_{\nu-1}(x) \tag{23}$$

임을 보일 수 있다. 연습문제 5.3의 문제 27을 보라. 미분 되돌림 관계 식 (22)와 (23)은 제2종 Bessel 함수 $Y_\nu(x)$에 대해서도 성립한다. $\nu = 0$일 때 식 (22)로부터 다음과 같이 표현됨을 확인하라.

$$\frac{d}{dx}J_0(x) = -J_1(x), \qquad \frac{d}{dx}Y_0(x) = -Y_1(x) \tag{24}$$

식 (24)와 유사한 결과가 차수 $\nu = 0$의 제1종과 제2종 수정 Bessel 함수에 대해서도 성립한다.

$$\frac{d}{dx}I_0(x) = I_1(x), \qquad \frac{d}{dx}K_0(x) = -K_1(x) \tag{25}$$

이 도함수의 응용을 위해 연습문제 5.3의 문제 43과 45를 보라.

반정수 차수(Half-Integral Order)의 Bessel 함수 차수 ν가 홀수의 반일 때, 즉 $\pm\frac{1}{2}, \pm\frac{3}{2}, \pm\frac{5}{2}, \ldots$, 1종과 2종의 Bessel 함수는 초등함수인 $\sin x$, $\cos x$와 x의 거듭제곱의 항

으로 표시할 수 있다. 이를 확인하기 위해 $\nu = \frac{1}{2}$인 경우를 고려해 보자. 식 (7)로부터

$$J_{1/2}(x) = \sum_{n=0}^{\infty} \frac{(-1)^n}{n!\Gamma(1 + \frac{1}{2} + n)} \left(\frac{x}{2}\right)^{2n+1/2}$$

이다. 특성 $\Gamma(1 + \alpha) = \alpha\Gamma(\alpha)$와 $\Gamma(\frac{1}{2}) = \sqrt{\pi}$라는 사실로부터 $n = 0, 1, 2, 3$에 대한 $\Gamma(1 + \frac{1}{2} + n)$의 값은 각각

◀ 부록 A를 보라.

$$\Gamma(\tfrac{3}{2}) = \Gamma(1 + \tfrac{1}{2}) = \tfrac{1}{2}\Gamma(\tfrac{1}{2}) = \frac{1}{2}\sqrt{\pi}$$

$$\Gamma(\tfrac{5}{2}) = \Gamma(1 + \tfrac{3}{2}) = \tfrac{3}{2}\Gamma(\tfrac{3}{2}) = \frac{3}{2^2}\sqrt{\pi}$$

$$\Gamma(\tfrac{7}{2}) = \Gamma(1 + \tfrac{5}{2}) = \tfrac{5}{2}\Gamma(\tfrac{5}{2}) = \frac{5 \cdot 3}{2^3}\sqrt{\pi} = \frac{5 \cdot 4 \cdot 3 \cdot 2 \cdot 1}{2^3 4 \cdot 2}\sqrt{\pi} = \frac{5!}{2^5 2!}\sqrt{\pi}$$

$$\Gamma(\tfrac{9}{2}) = \Gamma(1 + \tfrac{7}{2}) = \tfrac{7}{2}\Gamma(\tfrac{7}{2}) = \frac{7 \cdot 5!}{2^6 2!}\sqrt{\pi} = \frac{7 \cdot 6 \cdot 5!}{2^6 \cdot 6 \cdot 2!}\sqrt{\pi} = \frac{7!}{2^7 3!}\sqrt{\pi}$$

이 된다. 일반적으로

$$\Gamma(1 + \tfrac{1}{2} + n) = \frac{(2n+1)!}{2^{2n+1} n!}\sqrt{\pi}$$

이다. 따라서

$$J_{1/2}(x) = \sum_{n=0}^{\infty} \frac{(-1)^n}{n!\dfrac{(2n+1)!}{2^{2n+1}n!}\sqrt{\pi}} \left(\frac{x}{2}\right)^{2n+1/2} = \sqrt{\frac{2}{\pi x}} \sum_{n=0}^{\infty} \frac{(-1)^n}{(2n+1)!} x^{2n+1}$$

이다. 마지막 줄의 무한급수가 $\sin x$에 대한 Maclaurin 급수이므로

$$J_{1/2}(x) = \sqrt{\frac{2}{\pi x}} \sin x \tag{26}$$

임을 알 수 있다.

$$J_{-1/2}(x) = \sqrt{\frac{2}{\pi x}} \cos x \tag{27}$$

의 증명은 연습문제로 남겨둔다. 연습문제 5.3의 문제 31과 32를 보라.

만약 n이 정수이면 차수 $\nu = n + \frac{1}{2}$은 홀수의 반이 된다. $\cos(n + \frac{1}{2})\pi = 0$, $\sin(n + \frac{1}{2})\pi = \cos n\pi = (-1)^n$이므로, 식 (10)으로부터

$$Y_{n+1/2}(x) = (-1)^{n+1} J_{-(n+1/2)}(x) \tag{28}$$

가 됨을 알 수 있다. 마지막 식에서 $n = 0$과 $n = 1$에 대해 $Y_{1/2}(x) = -J_{-1/2}(x)$과 $Y_{-1/2}(x) = -J_{1/2}(x)$을 얻는다. 식 (26)과 (27)를 보면 이 결과는

$$Y_{1/2}(x) = -\sqrt{\frac{2}{\pi x}} \cos x \tag{29}$$

과

$$Y_{-1/2}(x) = \sqrt{\frac{2}{\pi x}}\sin x \tag{30}$$

와 같게 된다.

구면 Bessel 함수 반정수 차수의 Bessel 함수는 다음의 두 개의 중요한 함수를 정의하는데 사용된다.

$$j_n(x) = \sqrt{\frac{\pi}{2x}}J_{n+1/2}(x), \qquad y_n(x) = \sqrt{\frac{\pi}{2x}}Y_{n+1/2}(x) \tag{31}$$

함수 $j_n(x)$는 **제1종 구면 Bessel 함수**(spherical Bessel function of the first kind)라 하고, 함수 $y_n(x)$는 **제2종 구면 Bessel 함수**(spherical Bessel function of the second kind)라 한다. 예를 들어 식 (26)과 (29)를 이용하여 $n = 0$일 때 식 (31)의 표현이

$$j_0(x) = \sqrt{\frac{\pi}{2x}}J_{1/2}(x) = \sqrt{\frac{\pi}{2x}}\sqrt{\frac{2}{\pi x}}\sin x = \frac{\sin x}{x}$$

와

$$y_0(x) = \sqrt{\frac{\pi}{2x}}Y_{1/2}(x) = -\sqrt{\frac{\pi}{2x}}\sqrt{\frac{2}{\pi x}}\cos x = -\frac{\cos x}{x}$$

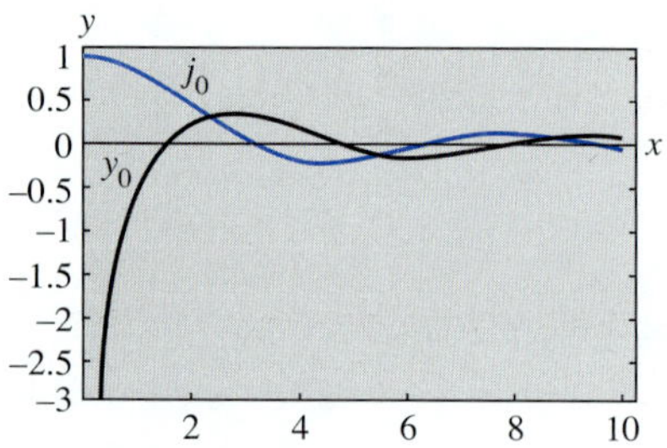

그림 5.3.5 구면 Bessel 함수 $j_0(x)$와 $y_0(x)$

가 됨을 알 수 있다. $j_n(x)$와 $y_n(x)$의 그래프는 그림 5.3.1과 그림 5.3.2의 그림과 매우 유사하다. 즉 두 함수 모두 진동하며 $y_n(x)$은 $x \to 0^+$이면 무한대가 된다. 그림 5.3.5에 $j_0(x)$와 $y_0(x)$의 그래프가 주어져 있다. 연습문제 5.3의 문제 39와 40을 보라.

구면 Bessel 함수는 구면좌표계에서 표현되는 특별한 편미분방정식의 해에서 나타난다. 연습문제 5.3의 문제 41과 42, 연습문제 14.3의 문제 14를 보라.

5.3.2 Legendre 함수

방정식의 해 $x = 0$은 Legendre 방정식 식 (2)의 보통점이므로, 거듭제곱급수 $y = \sum_{k=0}^{\infty} c_k x^k$을 대입하고, 합산 지수를 변화시키고, 급수를 조합하면

$$(1 - x^2)y'' - 2xy' + n(n+1)y = [n(n+1)c_0 + 2c_2] + [(n-1)(n+2)c_1 + 6c_3]x + \sum_{j=2}^{\infty}[(j+2)(j+1)c_{j+2} + (n-j)(n+j+1)c_j]x^j = 0$$

을 얻는다. 이는

$$n(n+1)c_0 + 2c_2 = 0$$
$$(n-1)(n+2)c_1 + 6c_3 = 0$$
$$(j+2)(j+1)c_{j+2} + (n-j)(n+j+1)c_j = 0$$

또는

$$c_2 = -\frac{n(n+1)}{2!}c_0$$

$$c_3 = -\frac{(n-1)(n+2)}{3!}c_1$$

$$c_{j+2} = -\frac{(n-j)(n+j+1)}{(j+2)(j+1)}c_j, \quad j = 2, 3, 4, \ldots \tag{32}$$

을 의미한다. j의 값으로 2, 3, 4, . . .를 취하면 되돌림 관계 식 (32)는

$$c_4 = -\frac{(n-2)(n+3)}{4\cdot 3}c_2 = \frac{(n-2)n(n+1)(n+3)}{4!}c_0$$

$$c_5 = -\frac{(n-3)(n+4)}{5\cdot 4}c_3 = \frac{(n-3)(n-1)(n+2)(n+4)}{5!}c_1$$

$$c_6 = -\frac{(n-4)(n+5)}{6\cdot 5}c_4 = -\frac{(n-4)(n-2)n(n+1)(n+3)(n+5)}{6!}c_0$$

$$c_7 = -\frac{(n-5)(n+6)}{7\cdot 6}c_5 = -\frac{(n-5)(n-3)(n-1)(n+2)(n+4)(n+6)}{7!}c_1$$

등이 된다. 그러므로 최소한 $|x| < 1$에서 다음의 2개의 일차독립인 거듭제곱급수 해를 얻는다.

$$\begin{aligned} y_1(x) &= c_0\left[1 - \frac{n(n+1)}{2!}x^2 + \frac{(n-2)n(n+1)(n+3)}{4!}x^4 \right. \\ &\qquad \left. - \frac{(n-4)(n-2)n(n+1)(n+3)(n+5)}{6!}x^6 + \cdots\right] \\ y_2(x) &= c_1\left[x - \frac{(n-1)(n+2)}{3!}x^3 + \frac{(n-3)(n-1)(n+2)(n+4)}{5!}x^5 \right. \\ &\qquad \left. - \frac{(n-5)(n-3)(n-1)(n+2)(n+4)(n+6)}{7!}x^7 + \cdots\right] \end{aligned} \tag{33}$$

만일 n이 짝수이면 처음 급수는 끝이 나고, 반면에 $y_2(x)$는 무한급수가 된다. 예를 들어 $n = 4$이면

$$y_1(x) = c_0\left[1 - \frac{4\cdot 5}{2!}x^2 + \frac{2\cdot 4\cdot 5\cdot 7}{4!}x^4\right] = c_0\left[1 - 10x^2 + \frac{35}{3}x^4\right]$$

이다. 마찬가지로 n이 홀수이면, $y_2(x)$에 대한 급수는 x^n으로 끝난다. 즉 n이 음이 아닌 정수일 때, Legendre 방정식의 n차 다항식 해를 얻는다.

Legendre 방정식의 해의 상수배 또한 해이므로, n이 짝수 또는 홀수인 양의 정수에 따라 c_0와 c_1의 값을 각각 특별한 값으로 택하는 것이 일반적이다. $n = 0$에 대해 $c_0 = 1$로 택하고 $n = 2, 4, 6, \ldots$ 에 대해

$$c_0 = (-1)^{n/2}\frac{1\cdot 3\cdots(n-1)}{2\cdot 4\cdots n}$$

으로 선택한다. 반면에 $n = 1$에 대해 $c_1 = 1$로 택하고 $n = 3, 5, 7, \ldots$에 대해

$$c_1 = (-1)^{(n-1)/2} \frac{1 \cdot 3 \cdots n}{2 \cdot 4 \cdots (n-1)}$$

을 선택한다. 예를 들어 $n = 4$일 때

$$y_1(x) = (-1)^{4/2} \frac{1 \cdot 3}{2 \cdot 4}\left[1 - 10x^2 + \frac{35}{3}x^4\right] = \frac{1}{8}(35x^4 - 30x^2 + 3)$$

이 된다.

Legendre 다항식 이들 특별한 n차 다항식 해를 Legendre 다항식이라 하고 $P_n(x)$로 표기한다. $y_1(x)$와 $y_2(x)$에 대한 급수와 위에서 선택한 c_0와 c_1으로부터 처음 몇 개의 Legendre 방정식을 구하면

$$\begin{aligned} &P_0(x) = 1, && P_1(x) = x, \\ &P_2(x) = \frac{1}{2}(3x^2 - 1), && P_3(x) = \frac{1}{2}(5x^3 - 3x), \\ &P_4(x) = \frac{1}{8}(35x^4 - 30x^2 + 3), && P_5(x) = \frac{1}{8}(63x^5 - 70x^3 + 15x) \end{aligned} \tag{34}$$

이다. $P_0(x), P_1(x), P_2(x), P_3(x), \ldots$은 차례로 다음 미분방정식의 특수해임을 기억하라.

$$\begin{aligned} n = 0:&\quad (1 - x^2)y'' - 2xy' = 0 \\ n = 1:&\quad (1 - x^2)y'' - 2xy' + 2y = 0 \\ n = 2:&\quad (1 - x^2)y'' - 2xy' + 6y = 0 \\ n = 3:&\quad (1 - x^2)y'' - 2xy' + 12y = 0 \\ &\quad\vdots \qquad\qquad \vdots \end{aligned} \tag{35}$$

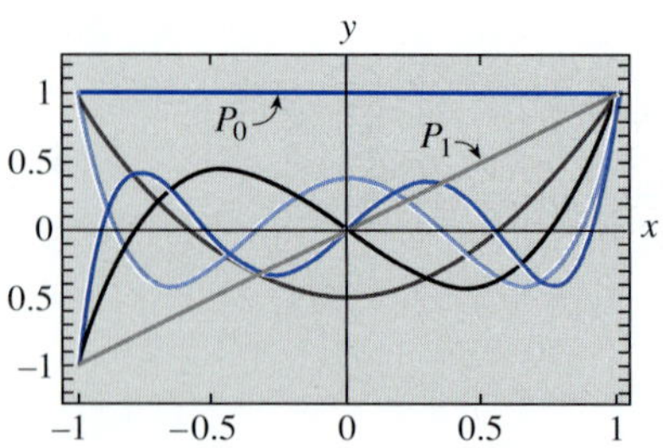

그림 5.3.6 $n = 0, 1, 2, 3, 4, 5$에 대한 Legendre 다항식

구간 $-1 \le x \le 1$에서 식 (34)의 6개의 Legendre 다항식의 그래프가 **그림 5.3.6**에 그려져 있다.

특성 식 (34)에서 Legendre 다항식을 사용하여 다음 특성들을 검증해 보도록 한다.

$$(i)\ \ P_n(-x) = (-1)^n P_n(x)$$

$$(ii)\ \ P_n(1) = 1 \qquad (iii)\ \ P_n(-1) = (-1)^n$$

(iv) $P_n(0) = 0$, n은 홀수 (v) $P'_n(0) = 0$, n은 짝수

특성 (i)은 그림 5.3.6에 분명히 나타나 있듯이 n이 짝수 또는 홀수임에 따라 $P_n(x)$가 우함수나 기함수가 됨을 표시한다.

되돌림 관계 다른 차수의 Legendre 다항식을 연결짓는 되돌림 관계도 응용의 측면에서 중요하다. 증명 없이 다음 3항 되돌림 관계를 기술한다.

$$(k + 1)P_{k+1}(x) - (2k + 1)xP_k(x) + kP_{k-1}(x) = 0 \tag{36}$$

이 식은 $k = 1, 2, 3, \ldots$에 대해 성립한다. 식 (34)에서 처음 6개의 Legendre 다항식을 보여 주었다. 만약 $P_6(x)$를 구하고자 하면 식 (36)에서 $k = 5$를 사용한다. 이 식은 $P_6(x)$를 $P_4(x)$와 $P_5(x)$의 항으로 표현한다. 연습문제 5.3의 문제 51을 보라.

비록 되돌림 관계식은 아니지만 Legendre 다항식을 미분에 의해 구할 수 있다.

$$P_n(x) = \frac{1}{2^n n!}\frac{d^n}{dx^n}(x^2 - 1)^n, \quad n = 0, 1, 2, \ldots \tag{37}$$

(37)에 주어진 공식은 1815년 프랑스 수학자 **Benjamin Olinde Rodrigues** (1795~1851)의 박사 학위 논문에 처음 등장했다. 그래서 자연스럽게 식 (37)은 Rodrigues의 공식이라고 불린다. 변수계수를 갖는 미분방정식의 다항식 해를 생성하기 위한 여러 도함수 공식이 있다. 5장 복습문제의 문제 29와 30을 보라.

참고

비록 Legendre 미분방정식

$$(1 - x^2)y'' - 2xy' + n(n + 1)y = 0$$

에서 변수 n을 음이 아닌 정수로 가정했었지만 보다 일반적으로 n을 임의의 실수로 놓을 수 있다. 만약 n이 음이 아닌 정수가 아니라면 식 (33)에 주어진 Legendre 함수 $y_1(x)$와 $y_2(x)$는 개구간 $-1 < x < 1$에서 수렴하고 $x = \pm 1$에서 발산하는 무한급수가 된다. 만약 n이 음이 아닌 정수라면 식 (33)의 Legendre 함수 설명에서 보았듯이 하나는 다항식이고 다른 하나는 $-1 < x < 1$에서 수렴하는 무한급수가 된다. Legendre 방정식은 오직 $n = 0, 1, 2, \ldots$ 인 경우에 한해 **폐구간** $[-1, 1]$에서 유계인 해를 갖는다는 사실을 명심하라. 또한 폐구간 $[-1, 1]$에서 유계인 Legendre 함수는 단지 Legendre 다항식 $P_n(x)$이거나 이 다항식에 상수를 곱한 것뿐이다. 연습문제 5.3의 문제 53과 5장 복습문제 24를 보라.

5.3 연습문제

부록에 선택된 홀수 문제의 답이 있다.

5.3.1 Bessel 함수

문제 1~6에서는 식(1)을 이용하여 $(0, \infty)$에서 주어진 미분방정식의 일반해를 구하라.

1. $x^2y'' + xy' + (x^2 - \frac{1}{9})y = 0$

2. $x^2y'' + xy' + (x^2 - 1)y = 0$

3. $4x^2y'' + 4xy' + (4x^2 - 25)y = 0$

4. $16x^2y'' + 16xy' + (16x^2 - 1)y = 0$

5. $xy'' + y' + xy = 0$

6. $\frac{d}{dx}[xy'] + \left(x - \frac{4}{x}\right)y = 0$

문제 7~8에서는 식 (12)를 이용하여 $(0, \infty)$에서 주어진 미분방정식의 일반해를 구하라.

7. $x^2y'' + xy' + (9x^2 - 4)y = 0$

8. $x^2y'' + xy' + (36x^2 - \frac{1}{4})y = 0$

문제 9~10에서는 식 (18)을 이용하여 $(0, \infty)$에서 주어진 미분방정식의 일반해를 구하라.

9. $x^2y'' + xy' - (16x^2 + \frac{4}{9})y = 0$

10. $x^2y'' + xy' - (2x^2 + 64)y = 0$

문제 11과 12에서는 제시된 변수 변환을 이용하여 $(0, \infty)$에서 주어진 미분방정식의 일반해를 구하라.

11. $x^2y'' + 2xy' + \alpha^2x^2y = 0$; $y = x^{-1/2}u(x)$

12. $x^2y'' + (\alpha^2x^2 - \nu^2 + \frac{1}{4})y = 0$; $y = \sqrt{x}u(x)$

문제 13~20에서는 식 (20)을 이용하여 $(0, \infty)$에서 주어진 미분방정식의 일반해를 구하라.

13. $xy'' + 2y' + 4y = 0$ **14.** $xy'' + 3y' + xy = 0$

15. $xy'' - y' + xy = 0$ **16.** $xy'' - 5y' + xy = 0$

17. $x^2y'' + (x^2 - 2)y = 0$ **18.** $4x^2y'' + (16x^2 + 1)y = 0$

19. $xy'' + 3y' + x^3y = 0$

20. $9x^2y'' + 9xy' + (x^6 - 36)y = 0$

21. 식 (7)의 급수를 사용하여 $I_\nu(x) = i^{-\nu}J_\nu(ix)$가 실수함수임을 증명하라.

22. 식 (20)의 b가 순허수($\beta = \beta i$, $b > 0$, $i^2 = -1$)라 하자. 이 가정을 이용하여 주어진 미분방정식의 일반해를 수정 Bessel 함수 I_n과 K_n의 꼴로 표시하라.

(a) $y'' - x^2y = 0$**(b)** $xy'' + y' - 7x^3y = 0$

문제 23~26에서는 우선 식 (20)을 이용하여 주어진 미분방정식의 일반해를 Bessel 함수의 꼴로 표현하라. 다음으로 식 (26)과 (27)를 이용하여 초등함수의 꼴로 표현하라.

23. $y'' + y = 0$

24. $x^2y'' + 4xy' + (x^2 + 2)y = 0$

25. $16x^2y'' + 32xy' + (x^4 - 12)y = 0$

26. $4x^2y'' - 4xy' + (16x^2 + 3)y = 0$

27. (a) 예제 6에서처럼

$$xJ'_\nu(x) = -\nu J_\nu(x) + xJ_{\nu-1}(x).$$

을 증명하라. [힌트: $2n + \nu = 2(n + \nu) - \nu$를 이용하라.]

(b) (a)의 결과를 이용하여 식 (23)을 유도하라.

28. 문제 27의 (a)와 예제 6에서 얻은 공식을 이용하여 되돌림 관계를 유도하라.

$$2\nu J_\nu(x) = xJ_{\nu+1}(x) + xJ_{\nu-1}(x).$$

문제 29와 30에서는 식 (22)나 (23)을 이용하여 주어진 결과를 얻으라.

29. $\int_0^x rJ_0(r)\,dr = xJ_1(x)$ **30.** $J'_0(x) = J_{-1}(x) = -J_1(x)$

31. (a) 식 (26)을 얻는 과정과 유사하게 식 (27)의 $J_{-1/2}(x)$를 기본함수의 꼴로 유도하라.

(b) 식 (26), (27)과 문제 28의 되돌림 관계에서 $\nu = -\frac{1}{2}$인 경우를 이용하여 $J_{-3/2}(x)$를 $\sin x$, $\cos x$와 x의 거듭제곱의 항으로 표현하라.

(c) 그래픽 도구를 사용하여 $J_{-3/2}(x)$의 그래프를 그려라.

32. (a) 문제 28의 되돌림 관계를 이용하여 $J_{3/2}(x)$, $J_{5/2}(x)$, $J_{7/2}(x)$를 $\sin x$, $\cos x$와 x의 거듭제곱의 항으로 표현하라.

(b) 그래픽 도구를 이용하여 $J_{3/2}(x)$, $J_{5/2}(x)$, $J_{7/2}(x)$의 그래프를 동일 좌표면에 그려라.

33. 예제 5에서 구한 노화스프링 방정식 $mx'' + ke^{-\alpha t}x = 0$의 해를 사용하여 다음 세 가지 경우에 대해 $t \to \infty$에 따른 $x(t)$의 거동을 논의하라.

(a) $c_1 \neq 0, c_2 = 0$

(b) $c_1 = 0, c_2 \neq 0$

(c) $c_1 \neq 0, c_2 \neq 0$

34. w가 제시된 Bessel 방정식의 해이면 $y = x^{1/2}w(\frac{2}{3}\alpha x^{3/2})$가 주어진 형태의 Airy 미분방정식의 해임을 보여라. [힌트: 미분, 치환, 단순화한 다음 $t = \frac{2}{3}\alpha x^{3/2}$으로 놓으라.]

(a) $y'' + \alpha^2xy = 0, x > 0; t^2w'' + tw' + (t^2 - \frac{1}{9})w = 0, t > 0$

(b) $y'' - \alpha^2xy = 0, x > 0; t^2w'' + tw' - (t^2 + \frac{1}{9})w = 0, t > 0$

35. 문제 34의 (a)와 (b)의 결과를 이용하여 두 가지 형태의 Airy 방정식에 대해 $(0, \infty)$에서의 일반해를 Bessel 함수의 항으로 표시하라.

36. 표 5.3.1을 이용하여 다음의 경곗값 문제에 대해 처음 세 개의 양의 고유값과 그에 상응하는 고유함수를 구하라.

$$xy'' + y + \lambda xy = 0,$$

$y(x)$, $y'(x)$는 $x \to 0^+$에 대해 유계, $y(2) = 0$

[힌트: $\lambda = \alpha^2$이라 놓으면 주어진 미분방정식은 차수 0의 매개변수 Bessel 방정식이 된다.]

37. (a) 식 (20)을 이용하여 구간 $(0, \infty)$에서 미분방정식 $xy'' + \lambda y = 0$의 일반해가

$$y = c_1\sqrt{x}J_1(2\sqrt{\lambda x}) + c_2\sqrt{x}Y_1(2\sqrt{\lambda x})$$

임을 증명하라.

(b) $\lambda = 1$인 경우 $y = \sqrt{x}J_1(2\sqrt{x})$가 주어진 미분방정식의 특수해임을 직접대입으로 검증하라.

38. $I_\nu(x) = i^{-\nu}J_\nu(ix)$과 식 (7), (8)을 이용하여 다음을 증명하라.

(a) $I_{1/2}(x) = \sqrt{\dfrac{2}{\pi x}}\sinh x$

(b) $I_{-1/2}(x) = \sqrt{\dfrac{2}{\pi x}}\cosh x$

(c) 식 (16)을 이용하여 $K_{1/2}(x)$를 초등함수들의 항으로 표현하라.

39. (a) 식 (31)의 첫 번째 식을 이용하여 구면 Bessel 함수 $j_1(x)$, $j_2(x)$, $j_3(x)$를 구하라.

(b) 그래픽 도구를 이용하여 $j_1(x)$, $j_2(x)$, $j_3(x)$의 그래프를 동일 좌표면에 그려라.

40. (a) 식 (31)의 두 번째 식을 이용하여 구면 Bessel 함수 $y_1(x)$, $y_2(x)$, $y_3(x)$를 구하라.

(b) 그래픽 도구를 이용하여 $y_1(x)$, $y_2(x)$, $y_3(x)$의 그래프를 동일 좌표면에 그려라.

41. n이 정수일 때, $R(x) = (\alpha x)^{-1/2}\, Z(x)$의 치환을 이용하여 미분방정식

$$x^2\frac{d^2R}{dx^2} + 2x\frac{dR}{dx} + [\alpha^2x^2 - n(n+1)]R = 0 \qquad (38)$$

이

$$x^2\frac{d^2Z}{dx^2} + x\frac{dZ}{dx} + [\alpha^2x^2 - (n+\tfrac{1}{2})^2]Z = 0 \qquad (39)$$

이 됨을 증명하라.

42. (a) 문제 41에서 식 (39)의 미분방정식에 대해 $(0, \infty)$ 구간에서의 일반해를 구하라.

(b) (a)를 이용하여 식 (38)의 미분방정식에 대해 $(0, \infty)$ 구간에서의 일반해를 구하라.

(c) (b)를 이용하여 식 (38)의 일반해를 식 (31)에서 정의된 제1종과 2종 구면 Bessel 함수의 꼴로 표현하라.

수학적 모형

43. 냉각 핀 냉각핀은 기계나 전자 장치에서 열이 주변 매체(예: 공기)로 방출 될 수 있게 하는 외부 돌출부이다. 주어진 사진을 보라. 환형(annular)이나 링 모양의 냉각 핀은 일반적으로 원형 가열 파이프와 같은 원통형 표면에 사용된다. **그림 5.3.7**을 보라. 후자의 경우에 대해, r은 파이프의 중심선으로부터 측정된 반경 방향 거리이고, T는 $r_0 \le r \le r_1$에 대해 정의된 핀 내의 온도라 하자. $T(r)$이 미분방정식

$$\frac{d}{dr}\left(r\frac{dT}{dr}\right) = a^2r(T - T_m)$$

을 만족하는 것을 증명할 수 있다. 여기서 a^2은 상수이며, T_m은 일정한 공기 온도이다. $r_0 = 1$, $r_1 = 3$, $T_m = 70$이라 가정한다. $w(r) = T(r) - 70$으로 대체하여 경계조건 $T(r) = 160$, $T'(3) = 0$ 대한 주어진 미분방정식의 해가

$$T(r) = 70 + 90\frac{K_1(3a)I_0(ar) + I_1(3a)K_0(ar)}{K_1(3a)I_0(a) + I_1(3a)K_0(a)}$$

이 됨을 증명하라. 여기서 $I_0(x)$와 $K_0(x)$는 1, 2종 수정 Bessel 함수이다. 식 (25)에 주어진 도함수를 이용하라.

오토바이 엔진의 냉각 핀

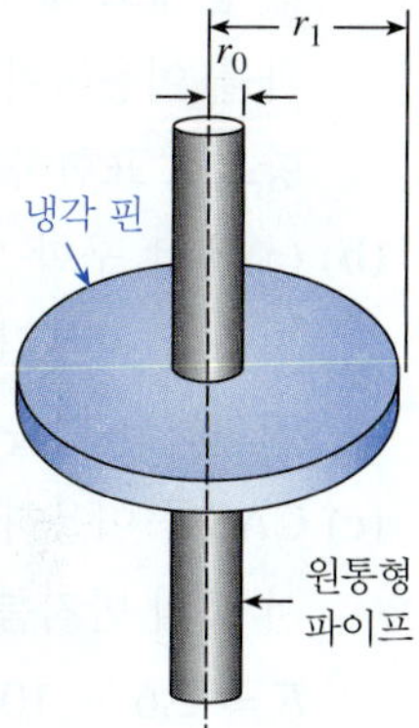

그림 5.3.7 환형 냉각핀

44. 주어진 경계조건에 대해 문제 43의 미분방정식을 풀어라.

$$T(1) = 160, \quad T(3) = 90.$$

컴퓨터 실습 과제

45. (a) 예제 5에 주어진 일반해를 이용하여 초기값 문제

$$4x'' + e^{-0.1t}x = 0, \quad x(0) = 1, \quad x'(0) = -\tfrac{1}{2}$$

을 풀어라. 또한 표 5.3.1이나 CAS, 그리고 $J_0'(x) = -J_1(x)$와 $Y_0'(x) = -Y_1(x)$임을 이용하여 계수 값을 구하라.

(b) CAS를 이용하여 구간 $0 \le t < \infty$에 대해 (a)에서 얻어진 해의 그래프를 그려라.

46. (a) 문제 35에서 얻은 일반해를 이용하여 초기값 문제

$$4x'' + tx = 0, \quad x(0.1) = 1, \quad x'(0.1) = -\tfrac{1}{2}$$

을 풀어라. CAS를 이용하여 계수의 값을 구하라.

(b) CAS를 이용하여 구간 $0 \le t \le 200$에 대해 (a)에서 얻어진 해의 그래프를 그려라.

47. 자중에 의해 굽힘을 받는 기둥 한쪽 끝이 파묻힌 길이 L의 균일한 가는 수직 기둥은 그 길이나 높이가 어떤 임계값보다 크면 자중의 영향을 받아 수직으로부터 처지거나 구부러질 것이다. 점 $P(x)$에서 수직으로부터 기둥의 처짐각 $\theta(x)$가 경곗값 문제

$$EI\frac{d^2\theta}{dx^2} + \delta g(L - x)\theta = 0, \quad \theta(0) = 0, \quad \theta'(L) = 0,$$

의 해임을 증명할 수 있다. 여기서 E는 Young의 탄성계수, I는 단면의 관성 모멘트, δ는 상수로 주어진 선형 밀도, x는 바닥으로부터 기둥을 따라 측정한 거리이다. 그림 5.3.8을 보라. 이 경곗값 문제가 비자명해(nontrivial solution)를 가질 때에만 구부러진다.

(a) 변수 변환 $t = L - x$을 이용하여 새로운 형태의 경곗값 문제로 대체하라. 그런 다음 앞에 나왔던 문제의 결과를 이용하여 미분방정식의 일반해를 Bessel 함수의 항으로 표현하라.

(b) (a)에서 구한 일반해를 이용하여 경곗값 문제의 해와 기둥이 구부러지기 시작하는 최소값인 임계길이 L을 정의하는 식을 구하라.

(c) CAS를 이용하여 강철봉의 임계길이 L을 구하라. 여기서 봉의 반지름 $r = 0.05$ in., $\delta g = 0.28\,A$ lb/in., $E = 2.6 \times 10^7$ lb/in.^{2}, $A = \pi r^2$, $I = \frac{1}{4}\pi r^4$이다.

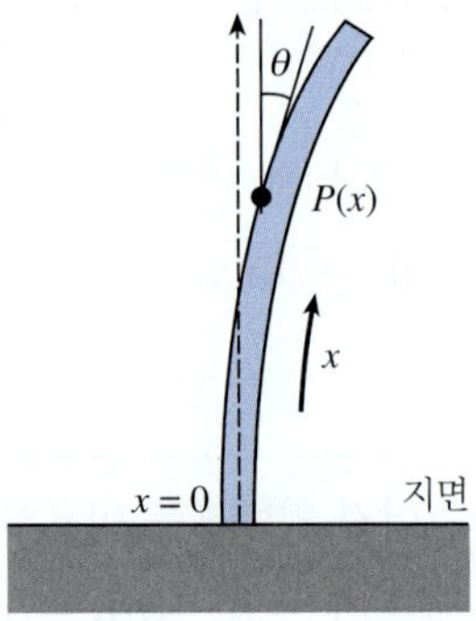

그림 5.3.8 문제 47의 봉

48. 가는 수직기둥의 좌굴 3.9절의 예제 4에서 양단이 단순 지지되고 있는, 균일 단면적을 갖는 가는 기둥에 일정한 수직 압축력 또는 하중 P가 작용할 때 변위 $y(x)$는 경곗값 문제

$$EI\frac{d^2y}{dx^2} + Py = 0, \quad y(0) = 0, \quad y(L) = 0$$

의 해임을 보았다.

(a) 만약 굽힘 강성계수 EI가 x에 비례한다면 $EI(x) = kx$이다. 여기서 k는 비례상수이다. $EI(L) = kL = M$이 최대 강성계수라면 $k = M/L$과 $EI(x) = Mx/L$이 된다. 문제 37에서의 정보를 이용하여

$$M\frac{x}{L}\frac{d^2y}{dx^2} + Py = 0, \quad y(0) = 0, \quad y(L) = 0$$

해를 구하라. 여기서 $x = 0$에서 $\sqrt{x}Y_1(2\sqrt{\lambda x})$는 0이 아니다.

(b) 표 5.3.1을 이용하여 기둥에 대한 오일러 하중 P_1을 구하라.

(c) CAS를 이용하여 오일러 하중 P_1에 상응하는 첫 번째 좌굴 모드 $y_1(x)$의 그래프를 그려라. 간단하게 $c_1 = 1$과 $L = 1$로 가정한다.

49. 길이가 변하는 진자 3.11절에 기술된 단순 진자에 대해 질량 m을 지지하는 막대기가 유연한 줄로 대체되고 그 줄이 그림 5.3.9의 지지점 O의 바퀴에 걸려 있다고 가정하자. 이러한 방법으로 질량 m은 수직평면상의 운동 중에 들어올려지거나 내려질 수 있다. 다시 말해서 진자의 길이 $l(t)$가 시간에 따라 변한다. 3.11절의 식 (6)과 관련된 동일한 가정하에서 3장 복습문제의 식 (1)로부터 변위각 $\theta(t)$에 대한 미분방정식이

$$l\frac{d^2\theta}{dt^2} + 2\frac{dl}{dt}\frac{d\theta}{dt} + g\sin\theta = 0.$$

가 된다.

(a) 만약 l이 일정한 비율 v로 증가하고 $l(0) = l_0$일 때, 앞의 미분방정식을 선형화하면

$$(l_0 + vt)\frac{d^2\theta}{dt^2} + 2v\frac{d\theta}{dt} + g\theta = 0. \qquad (40)$$

이 됨을 증명하라.

(b) 변수 변환 $x = (l_0 + vt)/v$를 이용하여 식 (40)이

$$\frac{d^2\theta}{dx^2} + \frac{2}{x}\frac{d\theta}{dx} + \frac{g}{vx}\theta = 0$$

이 됨을 증명하라.

(c) (b)와 (20)을 이용하여 식 (40)의 일반해를 Bessel 함수의 꼴로 나타내라.

(d) (c)에서 얻어진 일반해를 이용하여 식 (40)과 초기조건 $\theta(0) = \theta_0$, $\theta'(0) = 0$로 이루어진 초기값 문제를 풀어라. [힌트: 계산을 간단하게 하기 위하여 변수 변환 $u = \frac{2}{v}\sqrt{g(l_0 + vt)} = 2\sqrt{\frac{g}{v}}x^{1/2}$을 이용하라. 식 (22)가 $J_1(u)$와 $Y_1(u)$에 대해서도 성립함을 기억하라. 마지막으로 등식 $J_1(u)Y_2(u) - J_2(u)Y_1(u) = -\frac{2}{\pi u}$를 이용하라.]

(e) CAS를 이용하여 (d)의 초기값 문제의 해 $\theta(t)$의 그래프를 그려라. $l_0 = 1$ ft, $\theta_0 = \frac{1}{10}$ radian, $v = \frac{1}{60}$ ft/s로 하라. [0, 10], [0, 30] 등과 같이 서로 다른 구간에 대해 그래프를 확인하라.

(f) 그래프에서 줄의 길이 l이 시간에 따라 증가할 때 변위각 $\theta(t)$는 어떻게 변하는가?

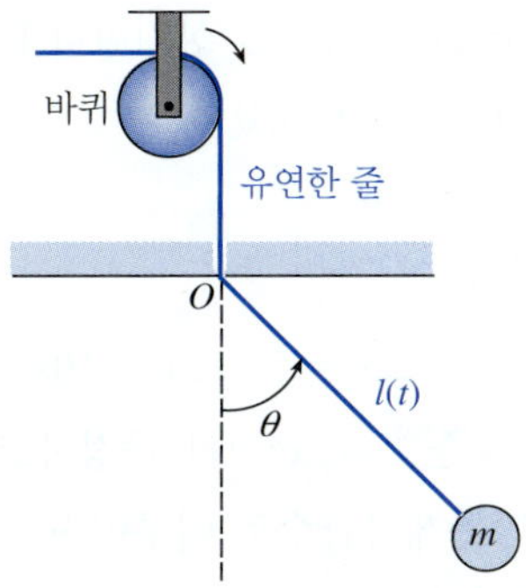

그림 5.3.9 문제 49의 길이가 변하는 진자

5.3.2 Legendre 함수

50. **(a)** 식 (33)에 주어진 Legendre 방정식의 양함수 해 $y_1(x)$와 $y_2(x)$, 그리고 적당히 선택한 c_0와 c_1을 이용하여 Legendre 다항식 $P_6(x)$와 $P_7(x)$를 구하라.

(b) $P_6(x)$와 $P_7(x)$를 특수해로 갖는 미분방정식을 쓰라.

51. 되돌림 관계 식 (36)과 $P_0(x) = 1$, $P_1(x) = x$를 이용하여 다음 6개의 Legendre 다항식을 만들라.

52. 미분방정식

$$\sin\theta \frac{d^2y}{d\theta^2} + \cos\theta \frac{dy}{d\theta} + n(n+1)(\sin\theta)y = 0$$

을 $x = \cos\theta$로 치환하면 Legendre 방정식으로 변환시킬 수 있음을 보여라.

53. 다음의 문제가 비자명해를 갖게 되는 양수 λ의 처음 세 값을 구하라.

$$(1 - x^2)y'' - 2xy' + \lambda y = 0,$$

$$y(0) = 0,\ y(x),\ y'(x)\text{는 구간 } [-1, 1]\text{에서 유계}$$

54. 미분방정식

$$(1 - x^2)y'' - 2xy' + \left[n(n+1) - \frac{m^2}{1 - x^2}\right]y = 0$$

은 **연계 Legendre 방정식**(associated Legendre equation)으로 알려져 있다. 이 식은 $m = 0$일 때 Legendre 방정식 (2)로 변환된다. 연계 방정식의 해는

$$P_n^m(x) = (1 - x^2)^{m/2} \frac{d^m}{dx^m} P_n(x)$$

이며, 여기서 $P_n(x)$, $n = 0, 1, 2, \ldots$는 식 (34)에 주어진 Legendre 다항식이다. $m = 0, 1, 2, \ldots$에 대해 $P_n^m(x)$를 **연계 Legendre 함수**라 한다.

(a) 연계 Legendre 함수 $P_0^0(x)$, $P_1^0(x)$, $P_1^1(x)$, $P_2^1(x)$, $P_2^2(x)$, $P_3^1(x)$, $P_3^2(x)$, $P_3^3(x)$를 구하라.

(b) m이 음이 아닌 짝수이면 $P_n^m(x)$는 어떻게 되는가?

(c) m이 음이 아닌 정수이면서 $m > n$이면 $P_n^m(x)$는 어떻게 되는가?

(d) $y = P_1^1(x)$가 $n = 1$, $m = 1$인 경우의 연계 Legendre 방정식을 만족함을 보여라.

컴퓨터 실습 과제

55. 문제의 목적상 본문에 주어진 Legendre 다항식과 그림 5.3.6에 주어진 그래프는 무시한다. Rodrigue 공식 (37)를 이용하여 $P_1(x)$, $P_2(x)$, . . . , $P_7(x)$를 생성하라. CAS를 이용하여 미분과 단순화를 하라.

56. CAS를 이용하여 구간 $[-1, 1]$에 대해 $P_1(x)$, $P_2(x)$, . . . , $P_7(x)$의 그래프를 그려라.

57. 근찾기 도구를 이용하여 $P_1(x)$, $P_2(x)$, . . . , $P_7(x)$의 영점을 구하라. Legendre 다항식이 자신의 CAS에 내장된 함수인지를 확인하고 그 경우 그 이상 차수의 Legendre 다항식의 영점을 구하라. 임의의 Legendre 다항식 $P_n(x)$의 영점의 위치를 추측하고 그것이 맞는지를 검사하라.

5 복습문제

부록에 선택된 홀수 문제의 답이 있다.

문제 1과 2에 대해 교재를 참고하지 말고 참인지 거짓인지 답하라.

1. $x^2y'' + xy' + (x^2 - 1)y = 0$의 일반해는 $y = c_1J_1(x) + c_2J_{-1}(x)$이다. ______

2. $x = 0$는 $x^3y'' - xy' + y = 0$의 비정칙 특이점이기 때문에 이 미분방정식은 $x = 0$에서 해석적인 해를 갖지 않는다. ______

3. $y'' + \ln(x+1)y' + y = 0$에 대해 보통점 $x = 0$에 중심을 둔 두 급수해 모두가 모든 x에 대해 수렴이 보장되는 구간은 다음 중 어떤 것인가?

(a) $(-\infty, \infty)$ **(b)** $(-1, \infty)$
(c) $[-\frac{1}{2}, \frac{1}{2}]$ **(d)** $[-1, 1]$

4. $x = 0$가 어떤 선형 미분방정식의 보통점이라 하자. 가정된 해 $\sum_{n=0}^{\infty} c_n x^n$을 미분방정식에 대입하고 x^0, x^1, x^2, x^3의

계수를 0으로 놓았더니 다음의 대수식이 구해졌다.

$$\begin{aligned} 2c_2 + 2c_1 + \quad c_0 &= 0 \\ 6c_3 + 4c_2 + \quad c_1 &= 0 \\ 12c_4 + 6c_3 + \quad c_2 - \tfrac{1}{3}c_1 &= 0 \\ 20c_5 + 8c_4 + \quad c_3 - \tfrac{2}{3}c_2 &= 0 \end{aligned}$$

c_0와 c_1이 임의의 값이라는 것을 고려하여 미분방정식의 두 급수해의 처음 5개 항을 쓰라.

5. 거듭제곱급수 $\sum_{n=0}^{\infty} c_k(x-4)^k$는 -2에서 수렴하고 13에서 발산한다고 가정한다. -7, 0, 7, 10, 11에서 급수가 수렴하는지 여부를 논의하라. **수렴**, **발산**, 또는 **불명확**으로 답하라.

6. sin x와 cos x의 Maclaurin 급수와 다항식의 나눗셈을 이용하여 함수 $f(x) = \dfrac{\sin x}{\cos x}$의 x에 대한 거듭제곱급수의 영이 아닌 처음 세 항을 구하라.

문제 7과 8에서는 주어진 성질을 갖는 선형 2계 미분방정식을 구성하라.

7. $x = 1$에서 정칙 특이점, $x = 0$에서 비정칙 특이점

8. $x = 1$과 $x = -3$에서 정칙 특이점

문제 9~14에서는 $x = 0$에 대한 적절한 무한급수법을 이용하여 주어진 미분방정식의 두 해를 구하라.

9. $2xy'' + y' + y = 0$ **10.** $y'' - xy' - y = 0$

11. $(x-1)y'' + 3y = 0$ **12.** $y'' - x^2y' + xy = 0$

13. $xy'' - (x+2)y' + 2y = 0$ **14.** $(\cos x)y'' + y = 0$

문제 15와 16에서는 주어진 초기값 문제를 풀어라.

15. $y'' + xy' + 2y = 0,\ y(0) = 3,\ y'(0) = -2$

16. $(x+2)y'' + 3y = 0,\ y(0) = 0,\ y'(0) = 1$

17. 미분방정식 $(1 - 2\sin x)y'' + xy = 0$을 직접 풀지 않고, 보통점 $x = 0$에 대한 거듭제곱급수 해의 수렴 반경의 하한값을 구하라.

18. 초기값 문제

$$y'' + xy' + y = 0, \quad y(1) = -6, \quad y'(1) = 3$$

을 푸는 데 있어 비록 $x = 0$가 미분방정식의 보통점이지만 $y = \sum_{n=0}^{\infty} c_n x^n$의 형태로 해를 구하는 것이 좋은 생각이 아님을 설명하라. 거듭제곱급수를 이용하여 문제를 풀기 위한 더 좋은 방법을 구하라.

문제 19와 20에서는 $x = 0$이 주어진 미분방정식의 보통점인지, 특이점인지 또는 비정칙 특이점인지를 조사하라. [힌트: cos x와 e^x에 대한 Maclaurin 급수를 상기하라.]

19. $xy'' + (1 - \cos x)y' + x^2y = 0$

20. $(e^x - 1 - x)y'' + xy = 0$

21. $x = 0$은 미분방정식

$$y'' + x^2y' + 2xy = 5 - 2x + 10x^3$$

의 보통점이다. $y = \sum_{n=0}^{\infty} c_n x^n$이라 가정하고, $x = 0$에 중심을 둔 세 개의 거듭제곱급수로 이루어진 일반해 $y = y_c + y_p$를 구하라.

22. 1차 미분방정식 $dy/dx = x^2 + y^2$은 초등함수의 항으로 풀 수 없다. 그러나 하나의 해는 Bessel 함수의 항으로 표현될 수 있다.

(a) $y = -\dfrac{1}{u}\dfrac{du}{dx}$의 치환이 식을 $u'' + x^2u = 0$로 바꾸어 줌을 보여라.

(b) 5.3절의 식 (20)을 이용하여 $u'' + x^2u = 0$의 일반해를 구하라.

(c) 5.3절의 식 (22)와 (23)의 다른 형태인

$$J'_\nu(x) = \frac{\nu}{x}J_\nu(x) - J_{\nu+1}(x)$$

과

$$J'_\nu(x) = -\frac{\nu}{x}J_\nu(x) + J_{\nu-1}(x)$$

을 이용하여 $dy/dx = x^2 + y^2$의 해의 1-매개변수 모임이

$$y = x\,\frac{J_{3/4}(\frac{1}{2}x^2) - cJ_{-3/4}(\frac{1}{2}x^2)}{cJ_{1/4}(\frac{1}{2}x^2) + J_{-1/4}(\frac{1}{2}x^2)}$$

임을 보여라.

23. 구간 $(0, \infty)$에서 주어진 미분방정식의 일반해를 Bessel 함수의 꼴로 표현하라.

(a) $4x^2y'' + 4xy' + (64x^2 - 9)y = 0$

(b) $x^2y'' + xy' + (36x + 19)y = 0$

24. **(a)** 5.3절의 식 (34)과 (35)로부터 $y = P_0(x) = 1$이 $n = 0$일 때의 Legendre 미분방정식 $(1 - x^2)y'' - 2xy' = 0$의 해임을 알 수 있다. 3.2절의 식 (5)를 이용하여 구간 $(-1, 1)$에서 미분방정식을 만족시키는 두 번째 Legendre 함수가

$$y = \frac{1}{2}\ln\left(\frac{1+x}{1-x}\right)$$

임을 증명하라.

(b) 5.3절의 식 (34)과 (35)로부터 $y = P_1(x) = x$는 $n = 1$일 때의 Legendre 미분방정식 $(1 - x^2)y'' - 2xy' + 2y = 0$의 해임을 알 수 있다. 3.2절의 식 (5)를 이용하

여 구간 $(-1, 1)$에서 미분방정식을 만족시키는 두 번째 Legendre 함수가

$$y = \frac{x}{2}\ln\left(\frac{1+x}{1-x}\right) - 1$$

임을 증명하라.

(c) 그래픽 도구를 사용하여 (a)와 (b)에 주어진 로고 Legendre 함수의 그래프를 그려라.

25. 이항급수(binomial series)를 이용하여

$$(1 - 2xt + t^2)^{-1/2} = \sum_{n=0}^{\infty} P_n(x)\, t^n$$

임을 증명하라.

26. 식 (25)에서 얻어진 결과를 이용하여 $P_n(1) = 1$과 $P_n(-1) = (-1)^n$임을 증명하라. 5.3.2절의 특성 (*ii*)와 (*iii*)를 보라.

27. 미분방정식

$$y'' - 2xy' + 2\alpha y = 0$$

은 프랑스의 수학자 **Charles Hermite** (1822~1901)의 이름을 따라 **차수 α의 Hermite 방정식**이라고 알려져 있다. 이 방정식의 일반해가 $y(x) = c_0 y_1(x) + c_1 y_2(x)$임을 증명하라. 여기서

$$y_1(x) = 1 + \sum_{k=1}^{\infty}(-1)^k \frac{2^k\alpha(\alpha-2)\cdots(\alpha-2k+2)}{(2k)!}x^{2k}$$

$$y_2(x) = x + \sum_{k=1}^{\infty}(-1)^k \frac{2^k(\alpha-1)(\alpha-3)\cdots(\alpha-2k+1)}{(2k+1)!}x^{2k+1}$$

은 보통점 0에 중심을 둔 거듭제곱급수 해이다.

28. **(a)** $\alpha = n$이 음이 아닌 정수이면 Hermite 미분방정식은 항상 n차 다항식을 해로 갖는다. 문제 27에 주어진 $y_1(x)$를 이용하여 $n = 0$, $n = 2$, $n = 4$일 때의 다항식 해를 구하라. 또한 문제 27에 주어진 $y_2(x)$를 이용하여 $n = 1$, $n = 3$, $n = 5$일 때의 다항식 해를 구하라.

(b) **Hermite 다항식** $H_n(x)$는 Hermite 미분방정식의 n차 다항식 해에 $H_n(x)$의 x^n 항의 계수가 2^n이 되도록 하는 적당한 상수의 곱으로 정의된다. (a)에서 구한 다항식 해를 이용하여 처음 6개의 Hermite 다항식임을 증명하라.

$$H_0(x) = 1$$
$$H_1(x) = 2x$$
$$H_2(x) = 4x^2 - 2$$
$$H_3(x) = 8x^3 - 12x$$
$$H_4(x) = 16x^4 - 48x^2 + 12$$
$$H_5(x) = 32x^5 - 160x^3 + 120x$$

29. Hermite 다항식에 대한 Rodrigues의 공식은 다음과 같다.

$$H_n(x) = (-1)^n e^{x^2}\frac{d^n}{dx^n}e^{-x^2}$$

이 공식을 사용하여 문제 28의 (b)에 제시된 6개의 Hermite 다항식을 구하라.

30. 미분방정식

$$xy'' + (1-x)y' + ny = 0$$

은 프랑스의 수학자 **Edmond Laguerre** (1834~1886)의 이름을 따라 **Laguerre 방정식**이라고 알려져 있다. n이 음이 아닌 정수일 때 이 미분방정식은 다항식 해를 갖는 것으로 알려져 있다. 이러한 해는 자연스럽게 **Laguerre 다항식**이라 불리며 하며 $L_n(x)$로 표시된다. Laguerre 다항식에 대한 Rodrigues의 공식은 다음과 같다.

$$L_n(x) = \frac{e^x}{n!}\frac{d^n}{dx^n}x^n e^{-x}$$

이 공식을 사용하여 $n = 0, 1, 2, 3, 4$에 해당하는 Laguerre 다항식을 구하라.

31. 매개변수 α에 대해 미분방정식

$$(1-x^2)y'' - xy' + \alpha^2 y = 0$$

은 러시아의 수학자 **Pafnuty Chebyshev** (1821~1894)의 이름을 따라 **Chebyshev 방정식**이라고 알려져 있다. 이 방정식의 일반해 $y(x) = c_0 y_1(x) + c_1 y_2(x)$를 구하라. 여기서 $y_1(x)$와 $y_2(x)$는 보통점 0에 중심을 둔 거듭제곱급수 해로 각각 x의 짝수 차수와 홀수 차수의 항만을 갖는다.

32. **(a)** $\alpha = n$이 음이 아닌 정수이면 Chebyshev 미분방정식은 항상 n차 다항식을 해로 갖는다. 문제 29에서 구한 $y_1(x)$를 이용하여 $n = 0$, $n = 2$, $n = 4$일 때의 다항식 해를 구하라. 또한 문제 29에 구한 $y_2(x)$를 이용하여 $n = 1$, $n = 3$, $n = 5$일 때의 다항식 해를 구하라.

(b) **Chebyshev 다항식** $T_n(x)$는 Chebyshev 방정식의 n차 다항식 해에 n이 짝수면 상수 $(-1)^{n/2}$을, n이 홀수면 상수 $(-1)^{(n-1)/2}$을 곱한 것으로 정의된다. (a)에서 구한 해를 이용하여 처음 6개의 Hermite 다항식 $T_0(x)$, $T_1(x)$, . . . $T_5(x)$를 구하라.

CHAPTER 6

상미분방정식의 수치해법

Numerical Solutions of Ordinary Differential Equations

미분방정식이 반드시 해를 가질 필요는 없다. 그러나 해가 존재하더라도, 그 해를 음함수 또는 양함수 형태로 나타낼 수 없어서, **근사해**로 만족해야만 하는 경우도 있다. 이 장에서는 2.6절에서 소개한 기본 아이디어, 즉 해곡선 위 점들의 좌표의 근사값을 구하기 위한 알고리즘을 만들기 위해 미분방정식을 활용하는 방식을 계속 진행한다.

6.1 Euler 방법과 오차 분석

소개 2.6절에서 1계 초기값 문제 $y' = f(x, y)$, $y(x_0) = y_0$의 근사해를 구하는 가장 간단한 수치적 방법 중의 하나를 고찰했다. 이미 알고 있듯이 **Euler 방법**의 주요 공식은

$$y_{n+1} = y_n + hf(x_n, y_n) \tag{1}$$

이다. 여기서 f는 미분방정식 $y' = f(x, y)$에서 얻은 함수이다. $n = 0, 1, 2, \ldots$에 대해 식 (1)을 반복해서 적용하면 $h = x_{n+1} - x_n$일 때 $x_1, x_2, x_3, \ldots, x_n = x_0 + nh$에서 해곡선 위의 연속적인 '접선'상의 y 좌표 $y_1, y_2, y_3, \ldots$을 얻을 수 있다. $y_1, y_2, y_3, \ldots$은 $x_1, x_2, x_3, \ldots$에서 초기값 문제의 해 $y(x)$의 근사값이다. 그러나 식 (1)은 간단하지만 오차가 크다는 단점이 있다.

비교 연습문제 2.6의 문제 4는 Euler 방법에 의해 초기값 문제 $y' = 2xy$, $y(1) = 1$의 근사해 $y(1.5)$를 구하도록 하고 있다. 이 경우 해석적 해 $y = e^{x^2-1}$을 얻을 수 있고 그 결과는 표 6.1.1 및 6.1.2와 유사하다.

표 6.1.1 $h = 0.1$인 Euler 방법

x_n	y_n	참값	절대 오차	상대 오차 (%)
1.00	1.0000	1.0000	0.0000	0.00
1.10	1.2000	1.2337	0.0337	2.73
1.20	1.4640	1.5527	0.0887	5.71
1.30	1.8154	1.9937	0.1784	8.95
1.40	2.2874	2.6117	0.3244	12.42
1.50	2.9278	3.4903	0.5625	16.12

표 6.1.2 $h = 0.05$인 Euler 방법

x_n	y_n	참값	절대 오차	상대 오차 (%)
1.00	1.0000	1.0000	0.0000	0.00
1.05	1.1000	1.1079	0.0079	0.72
1.10	1.2155	1.2337	0.0182	1.47
1.15	1.3492	1.3806	0.0314	2.27
1.20	1.5044	1.5527	0.0483	3.11
1.25	1.6849	1.7551	0.0702	4.00
1.30	1.8955	1.9937	0.0982	4.93
1.35	2.1419	2.2762	0.1343	5.90
1.40	2.4311	2.6117	0.1806	6.92
1.45	2.7714	3.0117	0.2403	7.98
1.50	3.1733	3.4903	0.3171	9.08

여기서 $h = 0.1$일 때 $y(1.5)$의 근사값의 상대오차가 16%인데, 이는 받아들이기 어렵다. $h = 0.05$로 하면 계산 횟수가 배로 늘어나는 반면 정확도는 다소 개선된다.

수치적 방법에서의 오차 수치적 방법으로 초기값 문제의 해를 구하는 경우 오차의 원인이 다양하다. 어떤 계산에서 오차의 누적은 계산 자체를 쓸모없게 만들 만큼 근사값의 정확도를 낮게 만들 수도 있다. 한편 수치해의 용도에 따라서는 극도의 정확성이 첨가되는 비용과 복잡성을 상쇄할 만큼의 가치가 없을 수도 있다.

계산할 때 항상 동반되는 오차는 **반올림오차**(round-off error)이다. 계산기나 컴퓨터가 유한한 자릿수만을 나타낼 수 있기 때문에 이런 오차가 생긴다. 예를 들어 십진법으로 4자리까지 계산하는 계산기가 있다고 하자. $\frac{1}{3}$은 이 계산기로 0.3333이고 $\frac{1}{9}$은 0.1111이다. 이 계산기로 $x = 0.3334$일 때 $(x^2 - \frac{1}{9})/(x - \frac{1}{3})$은

$$\frac{(0.3334)^2 - 0.1111}{0.3334 - 0.3333} = \frac{0.1112 - 0.1111}{0.3334 - 0.3333} = 1$$

이 된다. 그러나 대수적으로는

$$\frac{x^2 - \frac{1}{9}}{x - \frac{1}{3}} = \frac{(x - \frac{1}{3})(x + \frac{1}{3})}{x - \frac{1}{3}} = x + \frac{1}{3}$$

이므로 $x = 0.3334$일 때 $(x^2 - \frac{1}{9})/(x - \frac{1}{3}) \approx 0.3334 + 0.3333 = 0.6667$이다. 이 예를 통해서 반올림오차의 영향은 꽤 심각해서 어떤 조치를 취해야 함을 알 수 있다. 반올림오차를 줄이기 위한 한 가지 방법은 계산 횟수를 최소화하는 것이다. 또 다른 방법은 배정도(double-precisim) 계산법을 쓰는 것이다. 일반적으로 반올림오차는 예견할 수 없으며 분석하기도 어려워서 앞으로의 오차 분석에서 더 이상 고려하지 않고, 해의 근사값을 구하기 위한 공식이나 알고리즘을 사용할 때 나타나는 오차를 집중적으로 조사할 것이다.

Euler 방법에서의 절단오차 식 (1)에서 얻어진 $y_1, y_2, y_3, \ldots$에서 보통 y_1은 $y(x_1)$과 같지 않다. 알고리즘은 해의 직선 근사만 주기 때문이다. 그림 2.6.2를 보라. 이 오차를 **국소절단오차**(local truncation error), **공식오차**(formula error), 또는 **이산화오차**(discretization error)라 한다. 이 오차는 매 단계마다 생긴다. 즉 y_n이 정확하다고 가정해도 y_{n+1}은 국소절단오차를 갖는다.

Euler 방법에서의 국소절단오차를 구하기 위한 공식을 만들기 위해 나머지 항을 가진 Taylor 공식을 쓰자. 만약 $y(x)$가 $k + 1$번 미분 가능하고 a와 x를 포함하는 개구간에서 연속이면

$$y(x) = y(a) + y'(a)\frac{x - a}{1!} + \cdots + y^{(k)}(a)\frac{(x - a)^k}{k!} + y^{(k+1)}(c)\frac{(x - a)^{k+1}}{(k + 1)!}$$

이다. 단 $c \in (a, x)$이다. $k = 1$, $a = x_n$, $x = x_{n+1} = x_n + h$라 놓으면

$$y(x_{n+1}) = y(x_n) + y'(x_n)\frac{h}{1!} + y''(c)\frac{h^2}{2!} \quad \text{또는} \quad y(x_{n+1}) = \underbrace{y_n + hf(x_n, y_n)}_{y_{n+1}} + y''(c)\frac{h^2}{2!}$$

이다. Euler 방법 식 (1)은 후자의 공식에서 마지막 항이 없다. 그러므로 $y = y_{n+1}$에서의 국소절단오차는

$$y''(c)\frac{h^2}{2!} \quad \text{여기서} \quad x_n < c < x_{n+1}$$

이다. 값 c는 보통 알려져 있지 않으며(이론적으로는 존재), 그래서 오차는 정확히 계산될 수 없으나 오차의 절대값의 한계는

$$M\frac{h^2}{2!} \quad \text{여기서} \quad M = \max_{x_n<x<x_{n+1}} |y''(x)|$$

이다.

수치적 방법에서 생기는 오차를 논할 때 $O(h^n)$ 기호를 쓰면 편리하다. 이 개념을 정의하기 위해 $e(h)$가 h에 따른 오차라 하자. 충분히 작은 h에 대해 $|e(h)| \le Ch^n$을 만족시키는 상수 C와 양의 정수 n이 존재할 때 $e(h)$는 h^n의 급이라 하며 $O(h^n)$이라 표시한다. 그러므로 Euler 방법에서 국소적 단절오차는 $O(h^2)$이다. 일반적으로 수치적 방법에서 $e(h)$가 h^n의 급일 때 h를 이등분하면 새로운 오차는 거의 $C(h/2)^n = Ch^n/2^n$이다. 즉 오차가 $(\frac{1}{2})^n$로 줄어든다.

예제 1 국소절차오차의 한계

$y' = 2xy$, $y(1) = 1$에서 Euler 방법에 의해 근사해를 구할 때 생기는 국소절단오차의 한계를 구하라.

풀이 해 $y = e^{x^2-1}$으로부터 $y'' = (2 + 4x^2)e^{x^2-1}$을 얻는다. 국소절단오차는

$$y''(c)\frac{h^2}{2} = (2+4c^2)e^{(c^2-1)}\frac{h^2}{2}$$

이며 $c \in (x_n, x_n + h)$이다. 특히 $h = 0.1$일 때 $c = 1.1$이라 하면 y_1의 국소절단오차의 한계는

$$[2 + (4)(1.1)^2]e^{((1.1)^2-1)}\frac{(0.1)^2}{2} = 0.0422$$

이다. 표 6.1.1에서 첫 단계에서의 오차는 0.0337이고 이것은 오차한계보다 작다.

마찬가지로 표 6.1.1에서 $c = 1.5$로 놓고 주어진 다섯 단계에서 국소절단오차의 한계를 구할 수 있다[이 c는 모든 단계에서 $y''(c)$의 가장 큰 값을 주는데 처음 몇 단계에 대해서는 너무 클 수도 있다]. 결국

$$[2 + (4)(1.5)^2]e^{((1.5)^2-1)}\frac{(0.1)^2}{2} = 0.1920 \tag{2}$$

이 각 단계에서 국소절단오차의 상한이다. ≡

예제 1에서 h가 반으로 줄어 0.05가 되면 오차의 한계가 0.0480이 되므로 식 (2)에서의 1/4이다. Euler 방법에서의 국소절단오차가 $O(h^2)$이므로 이것은 예상했던 대로이다.

위의 분석에서 y_{n+1}을 계산할 때 y_n이 정확하다고 가정했다. 그러나 이 값은 이전 단계에서의 국소절단오차를 가지고 있다. 그러므로 y_{n+1}에서의 전체 오차는 앞의 각 단계에서 누적된 오차이다. 이 전체 오차를 **전체절단오차**(global truncation error)라 한다. 전체절단오차에 대한 완전한 분석은 이 교재의 수준을 넘지만, Euler 방법에서의 전체절단오차는 $O(h)$임을 보일 수 있다.

Euler 방법에서 만약 각 단계의 크기를 이등분하면 오차도 거의 1/2로 되리라고 기대할 수 있다. 이것은 표 6.1.1과 6.1.2에서 입증된다. $h = 0.1$일 때 $x = 1.50$에서의 절대오차는 0.5625이고 $h = 0.05$일 때는 0.3171이어서 거의 1/2임을 관찰할 수 있다.

일반적으로 미분방정식의 수치해를 구하기 위한 어느 방법에서 국소절단오차가 $O(h^{\alpha+1})$이라면 전체절단오차는 $O(h^{\alpha})$임을 보일 수 있다.

이 절의 남은 부분과 다음 절에서 Euler 방법보다 훨씬 정확도가 나은 방법에 대해 고찰할 것이다.

개선된 Euler 방법 수치적 방법의 공식

$$y_{n+1} = y_n + h\frac{f(x_n, y_n) + f(x_{n+1}, y^*_{n+1})}{2} \tag{3}$$

$$y^*_{n+1} = y_n + hf(x_n, y_n) \tag{4}$$

은 **개선된 Euler 방법**(improved Euler's method)이다. $n = 0, 1, 2, \ldots$에 대해 y_{n+1}을 계산하기 위해 식 (3)으로부터 각 단계에서 먼저 초기 추정값 y^*_{n+1}을 Euler 방법 식 (4)로 구해야 한다. 예를 들어 $n = 0$일 때 식 (4)에서 $y^*_1 = y_0 + hf(x_0, y_0)$이고, 식 (3)에 의해 $x_1 = x_0 + h$일 때 $y_1 = y_0 + h(f(x_0, y_0)) + (f(x_1, y^*_1))/2$, $x_1 = x_0 + h$이다. 이 방정식들은 쉽게 그래프로 나타낼 수 있다. **그림 6.1.1**에서 $m_0 = f(x_0, y_0)$과 $m_1 = f(x_1, y^*_1)$은 점 (x_0, y_0)과 (x_1, y^*_1)을 지나는 실선으로 표시된 직선의 기울기이다. 이들의 평균값 $m_{\text{ave}} = (f(x_0, y_0) + f(x_1, y^*_1))/2$은 비스듬한 파선으로 된 두 직선의 기울기이다. 첫 단계에서 기울기가 $m_0 = f(x_0, y_0)$인 직선을 Euler 방법으로 얻은 세로 좌표 y^*_1까지 끌어올리고, 그 다음에 기울기가 m_{ave}이고 (x_0, y_0)을 지나는 직선을 따라 x 좌표가 x_1이 될 때까지 끌어올린다. y_1이 y^*_1 보다 개선된 값임을 그림으로부터 알 수 있다.

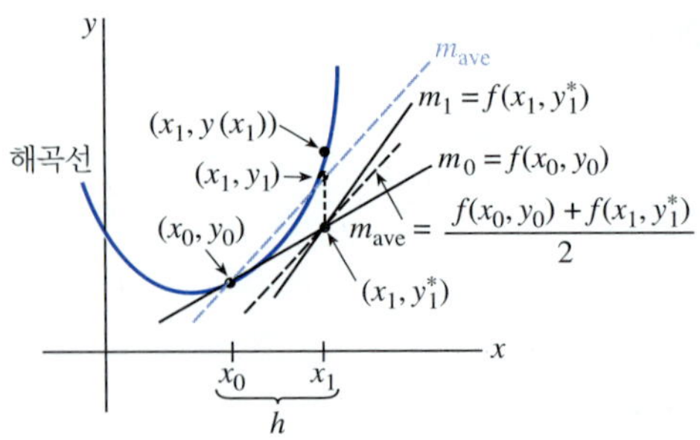

그림 6.1.1 기울기 m_{ave}는 m_0와 m_1의 평균임

일반적으로 개선된 Euler 방법은 **예측자–수정자 방법**(predictor-corrector method)의 한 예이다. 식 (4)에 주어진 값 y^*_{n+1}은 $y(x_n)$을 **예측**하며, 공식 (3)에 정의된 값 y_{n+1}은 이 추정값을 **수정**한다.

예제 2 개선된 Euler 방법

개선된 Euler 방법을 사용하여 초기값 문제 $y' = 2xy$, $y(1) = 1$의 해에서 $y(1.5)$의 근사값을 구하라. 그리고 $h = 0.1$, $h = 0.05$ 일 때의 결과를 비교하라.

풀이 $x_0 = 1$, $y_0 = 1$, $f(x_n, y_n) = 2x_ny_n$, $n = 0$, $h = 0.1$일 때 식 (4)에서

$$y^*_1 = y_0 + (0.1)(2x_0y_0) = 1 + (0.1)2(1)(1) = 1.2$$

를 얻고, $x_1 = 1 + h = 1 + 0.1 = 1.1$일 때 식 (3)에서

$$y_1 = y_0 + (0.1)\frac{2x_0y_0 + 2x_1y^*_1}{2} = 1 + (0.1)\frac{2(1)(1) + 2(1.1)(1.2)}{2} = 1.232$$

를 얻는다. $h = 0.1$과 $h = 0.05$일 때 계산된 값은 표 6.1.3과 6.1.4에 주어져 있다.

표 6.1.3 $h = 0.1$인 개선된 Euler 방법

x_n	y_n	참값	절대 오차	상대 오차 (%)
1.00	1.0000	1.0000	0.0000	0.00
1.10	1.2320	1.2337	0.0017	0.14
1.20	1.5479	1.5527	0.0048	0.31
1.30	1.9832	1.9937	0.0106	0.53
1.40	2.5908	2.6117	0.0209	0.80
1.50	3.4509	3.4904	0.0394	1.13

표 6.1.4 $h = 0.05$인 개선된 Euler 방법

x_n	y_n	참값	절대 오차	상대 오차 (%)
1.00	1.0000	1.0000	0.0000	0.00
1.05	1.1077	1.1079	0.0002	0.02
1.10	1.2332	1.2337	0.0004	0.04
1.15	1.3798	1.3806	0.0008	0.06
1.20	1.5514	1.5527	0.0013	0.08
1.25	1.7531	1.7551	0.0020	0.11
1.30	1.9909	1.9937	0.0029	0.14
1.35	2.2721	2.2762	0.0041	0.18
1.40	2.6060	2.6117	0.0057	0.22
1.45	3.0038	3.0117	0.0079	0.26
1.50	3.4795	3.4904	0.0108	0.31

≡

여기서 잠깐 주목하자. 모든 y_n^*을 먼저 계산해서 공식 (3)에 이들 값을 대입할 수 없다. 다시 말해서 표 6.1.3의 값을 얻기 위해 표 6.1.1의 값을 사용할 수 없다. 왜 안 되는가?

◀ 모든 y_n^*을 먼저 계산할 수 없음을 유의하라.

개선된 Euler 방법에서의 절단오차 개선된 Euler 방법에서의 국소절단오차는 $O(h^3)$이다. 이 결과를 유도하는 방법은 Euler 방법의 국소절단오차의 유도 과정과 흡사하다. 개선된 Euler 방법에서의 국소절단오차가 $O(h^3)$이므로 전체절단오차는 $O(h^2)$이다. 이것은 예제 2에서 단계 크기를 $h = 0.1$에서 $h = 0.05$로 이등분했을 때 확인되었으며 $x = 1.50$일 때 절대오차는 0.0394에서 0.0108로 줄어든다. 이것은 대략 $(\frac{1}{2})^2 = \frac{1}{4}$로 감소된 것이다.

6.1 연습문제

부록에 선택된 홀수 문제의 답이 있다.

문제 1~10에서는 주어진 초기값 문제에서 개선된 Euler 방법을 이용하여 지시된 값의 소수 넷째 자리까지의 근사값을 구하라. $h = 0.1$, $h = 0.05$를 이용하라.

1. $y' = 2x + 3y + 1$, $y(1) = 5$; $y(1.5)$
2. $y' = 4x - 2y$, $y(0) = 2$; $y(0.5)$
3. $y' = 1 + y^2$, $y(0) = 0$; $y(0.5)$
4. $y' = x^2 + y^2$, $y(0) = 1$; $y(0.5)$
5. $y' = e^{-y}$, $y(0) = 0$; $y(0.5)$
6. $y' = x + y^2$, $y(0) = 0$; $y(0.5)$
7. $y' = (x + y)^2$, $y(0) = 0.5$; $y(0.5)$
8. $y' = xy + \sqrt{y}$, $y(0) = 1$; $y(0.5)$
9. $y' = xy^2 - \dfrac{y}{x}$, $y(1) = 1$; $y(1.5)$
10. $y' = y - y^2$, $y(0) = 0.5$; $y(0.5)$
11. 초기값 문제 $y' = (x + y - 1)^2$, $y(0) = 2$를 고려하자. $h = 0.1$, $h = 0.05$일 때 개선된 Euler 방법을 이용하여 $x = 0.5$에서의 근사해를 구하라. 각 단계에서 해의 근사값과 해석적 해의 정확한 값을 비교하라.
12. 미분방정식을 보아서는 분명하지 않더라도, $y(x)$의 근사값을 구하고자 하는 점 x 근방에서 해가 '나쁘게 거동'할 수 있다. 이 점 근방에서 수치적 과정은 아주 엉뚱한 결과를 가져올 수도 있다. $y(x)$를 초기값 문제 $y' = x^2 + y^3$, $y(1) = 1$의 해라 하자.
   (a) 구간 [1, 1.4]에서 수치해법도구를 이용하여 해의 그래프를 그려라.

(b) 단계 크기 $h = 0.1$을 이용하여 $y(1.4)$의 근사해를 구할 때 Euler 방법과 개선된 Euler 방법의 결과를 비교하라.

13. 초기값 문제 $y' = 2y$, $y(0) = 1$을 살펴보자. 그 해석적 해는 $y = e^{2x}$이다.

(a) 첫 번째 단계에서 Euler 방법으로 $y(0.1)$의 근사값을 구하라.

(b) y_1에서 국소절단오차의 한계를 구하라.

(c) y_1의 실제 오차와 (b)를 비교하라.

(d) 두 번째 단계에서 Euler 방법으로 $y(0.1)$의 근사값을 구하라.

(e) (a)와 (d)에서의 오차와 비교하여 Euler 방법의 전체 절단오차가 $O(h)$임을 검증하라.

14. 개선된 Euler 방법으로 문제 13을 반복하라. 전체절단오차는 $O(h^2)$이다.

15. 초기값 문제 $y' = x - 2y$, $y(0) = 1$에 대하여 문제 13을 반복하라. 해석적 해는 $y = \frac{1}{2}x - \frac{1}{4} + \frac{5}{4}e^{-2x}$이다.

16. 개선된 Euler 방법으로 문제 15를 반복하라. 전체절단오차는 $O(h^2)$이다.

17. 초기값 문제 $y' = 2x - 3y + 1$, $y(1) = 5$를 고려하라. 해석적 해는 $y(x) = \frac{1}{9} + \frac{2}{3}x + \frac{38}{9}e^{-3(x-1)}$이다.

(a) Euler 방법으로 n 단계에서 국소절단오차를 구하기 위한 공식을 c와 h가 포함되도록 구하라.

(b) $h = 0.1$에서의 근사값 $y(1.5)$를 계산할 때 각 단계에서의 국소절단오차의 한계를 구하라.

(c) Euler 방법에서 $h = 0.1$, $h = 0.05$일 때 $y(1.5)$의 근사값을 각각 구하라. 연습문제 2.6의 문제 1을 보라.

(d) (c)에서의 오차를 구하고 Euler 방법에서의 전체절단오차가 $O(h)$임을 검증하라.

18. 개선된 Euler 방법으로 문제 17을 반복하라. 이때의 전체절단오차는 $O(h^2)$이다. 문제 1을 보라. 오차의 급이 감소하는 효과를 보기 위해 네 자리 이상의 소수점을 사용해야 할 수도 있다.

19. 초기값 문제 $y' = e^{-y}$, $y(0) = 0$에 대하여 문제 17을 반복하라. 해석적 해는 $y(x) = \ln(x + 1)$이다. $y(0.5)$의 근사값을 구하라. 연습문제 2.6의 문제 5를 보라.

20. 개선된 Euler 방법으로 문제 19를 반복하라. 전체절단오차는 $O(h^2)$이다. 문제 5를 보라. 오차의 급이 감소하는 효과를 보기 위해 네 자리 이상의 소수점을 사용해야 할 수도 있다.

토의문제

21. 예제 2의 뒷부분에 기술된 "왜 안 되는가?"의 이유를 말하라.

6.2 Runge-Kutta 방법

소개 초기값 문제 $y' = f(x, y)$, $y(x_0) = y_0$의 근사해를 얻기 위해 널리 쓰이는 상당히 정확한 수치해법 중의 하나는 **4차 Runge-Kutta 방법**이다. 이 방법은 1890년대 후반에 독일의 응용 수학자 **Carl David Runge** (1856~1927)와 **Martin Wilhelm Kutta** (1867~1944)가 고안하였다. 명칭이 암시하듯, 다른 차(order)의 Runge-Kutta 방법도 있다.

Runge-Kutta 방법 근본적으로 모든 Runge-Kutta 방법은 6.1절의 기본적인 Euler 공식 (1)을 일반화한 것으로 기울기 함수 f를 구간 $x_n \le x \le x_{n+1}$에 걸쳐 측정된 평균 기울기로 바꾼 것이다. 즉

$$y_{n+1} = y_n + h\overbrace{(w_1k_1 + w_2k_2 + \cdots + w_mk_m)}^{\text{가중평균}} \tag{1}$$

이다. 여기서 가중치 w_i, $i = 1, 2, \ldots, m$은 상수이고 일반적으로 $w_1 = w_2 + \ldots + w_m = 1$이고 각각의 k_i, $i = 1, 2, \ldots, m$은 $x_n \le x \le x_{n+1}$에 대하여 선택된 점 (x, y)에서 계산한 함수 f이다. k_i는 되풀이(recursively) 해서 정의됨을 알게 될 것이다. 수 m은 **차**(order)라고 한다. $m = 1$, $w_1 = 1$, 그리고 $k_1 = f(x_n, y_n)$으로 취하면 익숙한 Euler 공식 $y_{n+1} = y_n +$

$hf(x_n, y_n)$을 얻게 됨을 주목하라. 그래서 Euler 방법을 **1차 Runge-Kutta 방법**이라 한다.

식 (1)에서 평균이 대충 형성된 것은 아니다. 그러나 매개변수는 식 (1)이 m차의 Taylor 다항식과 일치하도록 선택된다. 바로 전 절에서 보았듯이 함수 $y(x)$가 $k+1$번 미분 가능하고 도함수들이 a와 x를 포함하는 열린구간에서 연속일 때

$$y(x) = y(a) + y'(a)\frac{x-a}{1!} + y''(a)\frac{(x-a)^2}{2!} + \cdots + y^{(k+1)}(c)\frac{(x-a)^{k+1}}{(k+1)!}$$

이다[단 $c \in (a, x)$]. a를 x_n으로, x를 $x_{n+1} = x_n + h$로 바꾸면 이 공식은

$$y(x_{n+1}) = y(x_n + h) = y(x_n) + hy'(x_n) + \frac{h^2}{2!}y''(x_n) + \cdots + \frac{h^{k+1}}{(k+1)!}y^{(k+1)}(c)$$

가 된다[단 $c \in (x_n, x_{n+1})$]. 이 경우 $k = 1$이고 나머지 $\frac{1}{2}h^2y''(c)$가 작다면 $y(x)$가 $y' = f(x, y)$의 해일 때, 일차의 Taylor 다항식 $y(x_{n+1}) = y(x_n) + hy'(x_n)$은 Euler 방법의 근사공식

$$y_{n+1} = y_n + hy_n' = y_n + hf(x_n, y_n)$$

과 일치한다.

2차 Runge-Kutta 방법 식 (1)을 자세히 설명하기 위해 이제 **2차 Runge-Kutta 방법**을 고찰하자. 이것의 공식은 다음과 같다.

$$y_{n+1} = y_n + h(w_1k_1 + w_2k_2) \tag{2}$$

여기서

$$k_1 = f(x_n, y_n),$$
$$k_2 = f(x_n + \alpha h, y_n + \beta hk_1)$$

이다. 이것이 2차 Taylor 다항식과 일치하도록 상수 w_1, w_2, α, β를 구해야 한다. 이것은 상수가

$$w_1 + w_2 = 1, \quad w_2\alpha = \frac{1}{2} \text{ 그리고 } w_2\beta = \frac{1}{2} \tag{3}$$

를 만족시킬 때 충족됨을 증명해 보일 수 있다. 이것은 미지수가 4개인 3개의 방정식으로 된 대수 연립방정식으로, 다음과 같은 무한 개의 해가 존재한다.

$$w_1 = 1 - w_2, \quad \alpha = \frac{1}{2w_2} \text{ 그리고 } \beta = \frac{1}{2w_2} \tag{4}$$

여기서 $w_2 \neq 0$이다. 예를 들어 $w_2 = \frac{1}{2}$이면, $w_1 = \frac{1}{2}$, $\alpha = 1$, $\beta = 1$이 되어 식 (2)는 다음과 같이 된다.

$$y_{n+1} = y_n + \frac{h}{2}(k_1 + k_2)$$

여기서

$$k_1 = f(x_n, y_n) \text{ 그리고 } k_2 = f(x_n + h, y_n + hk_1)$$

이다. $x_n + h = x_{n+1}$이고 $y_n + hk_1 = y_n + hf(x_n, y_n)$이므로 앞의 결과는 6.1절의 식 (3)과 (4)에 요약된 개선된 Euler 방법으로 파악할 수 있다.

식 (4)에서 $w_2 \neq 0$이 임의로 선택될 수 있다는 사실로부터 여러 가능한 2차 Runge-Kutta 방법이 있다. 연습문제 6.2의 문제 2를 보라.

이 절에서의 중심 주제로 가기 위해 3차 방법의 논의는 생략한다.

4차 Runge-Kutta 방법

4차 Runge-Kutta 과정은 다음 공식

$$y_{n+1} = y_n + h(w_1k_1 + w_2k_2 + w_3k_3 + w_4k_4), \tag{5}$$

$$\begin{aligned} k_1 &= f(x_n, y_n) \\ k_2 &= f(x_n + \alpha_1 h, y_n + \beta_1 hk_1) \\ k_3 &= f(x_n + \alpha_2 h, y_n + \beta_2 hk_1 + \beta_3 hk_2) \\ k_4 &= f(x_n + \alpha_3 h, y_n + \beta_4 hk_1 + \beta_5 hk_2 + \beta_6 hk_3) \end{aligned}$$

이 4차 Taylor 다항식과 일치하도록 적당한 매개변수를 찾는 것이다. 이것은 13개의 미지수와 11개의 방정식으로 된 연립방정식으로 귀결되며, 가장 많이 쓰이는 매개변수 값을 대입하면

$$\begin{aligned} y_{n+1} &= y_n + \frac{h}{6}(k_1 + 2k_2 + 2k_3 + k_4) \\ k_1 &= f(x_n, y_n) \\ k_2 &= f(x_n + \tfrac{1}{2}h, y_n + \tfrac{1}{2}hk_1) \\ k_3 &= f(x_n + \tfrac{1}{2}h, y_n + \tfrac{1}{2}hk_2) \\ k_4 &= f(x_n + h, y_n + hk_3) \end{aligned} \tag{6}$$

이 얻어진다. 다른 4차 공식도 쉽게 유도되지만, 식 (6)에 요약된 알고리즘은 광범위하게 사용되며 유용한 계산도구로 인식되어 4차 Runge-Kutta 방법 또는 **고전적 Runge-Kutta 방법**으로 자주 언급된다. 이후로 줄여서 'RK4 방법'이라 쓸 때는 식 (6)을 지칭하는 것이다.

공식 (6)을 주의 깊게 보라. k_2는 k_1에 의해, k_3는 k_2에 의해, k_4는 k_3에 의해 결정된다. 또한 k_2와 k_3는 구간 $x_n \le x \le x_{n+1}$의 중점 $x_n + \frac{1}{2}h$에서 기울기의 근사값을 포함한다.

예제 1 RK4 방법

RK4 방법으로 $h = 0.1$일 때 $y' = 2xy$, $y(1) = 1$의 근사해 $y(1.5)$를 구하라.

풀이 $n = 0$일 때 식 (6)으로부터

$$\begin{aligned} k_1 &= f(x_0, y_0) = 2x_0y_0 = 2 \\ k_2 &= f(x_0 + \tfrac{1}{2}(0.1), y_0 + \tfrac{1}{2}(0.1)2) \\ &= 2(x_0 + \tfrac{1}{2}(0.1))(y_0 + \tfrac{1}{2}(0.2)) = 2.31 \\ k_3 &= f(x_0 + \tfrac{1}{2}(0.1), y_0 + \tfrac{1}{2}(0.1)2.31) \\ &= 2(x_0 + \tfrac{1}{2}(0.1))(y_0 + \tfrac{1}{2}(0.231)) = 2.34255 \\ k_4 &= f(x_0 + (0.1), y_0 + (0.1)2.34255) \\ &= 2(x_0 + 0.1)(y_0 + 0.234255) = 2.715361 \end{aligned}$$

이며, 따라서

$$y_1 = y_0 + \frac{0.1}{6}(k_1 + 2k_2 + 2k_3 + k_4)$$
$$= 1 + \frac{0.1}{6}(2 + 2(2.31) + 2(2.34255) + 2.715361) = 1.23367435$$

이다. 나머지 계산은 표 6.2.1에 요약되어 있으며 소수 넷째 자리로 반올림했다. ≡

표 6.2.1 $h = 0.1$인 RK4 방법

x_n	y_n	참값	절대 오차	상대 오차(%)
1.00	1.0000	1.0000	0.0000	0.00
1.10	1.2337	1.2337	0.0000	0.00
1.20	1.5527	1.5527	0.0000	0.00
1.30	1.9937	1.9937	0.0000	0.00
1.40	2.6116	2.6117	0.0001	0.00
1.50	3.4902	3.4904	0.0001	0.00

표 6.2.1에서 4차 Runge-Kutta 방법이 왜 그토록 널리 쓰이는지 알 수 있다. 만약 소수 넷째 자리의 정확도가 우리가 원하는 것이라면 단계 크기를 더 작게 할 필요는 없다. 표 6.2.2에 초기값 문제 $y' = 2xy$, $y(1) = 1$에 적용된 Euler, 개선된 Euler, 4차 Runge-Kutta 방법의 결과를 비교해 놓았다(표 6.1.1~6.1.4를 보라).

표 6.2.2 $y' = 2xy$, $y(1) = 1$

$h = 0.1$일 때의 수치해법들의 비교					$h = 0.05$일 때의 수치해법들의 비교				
x_n	Euler	개선된 Euler	RK4	참값	x_n	Euler	개선된 Euler	RK4	참값
1.00	1.0000	1.0000	0.0000	0.00	1.00	1.0000	1.0000	1.0000	1.0000
1.10	1.2337	1.2337	0.0000	0.00	1.05	1.1000	1.1077	1.1079	1.1079
1.20	1.5527	1.5527	0.0000	0.00	1.10	1.2155	1.2332	1.2337	1.2337
1.30	1.9937	1.9937	0.0000	0.00	1.15	1.3492	1.3798	1.3806	1.3806
1.40	2.6116	2.6117	0.0001	0.00	1.20	1.5044	1.5514	1.5527	1.5527
1.50	3.4902	3.4904	0.0001	0.00	1.25	1.6849	1.7531	1.7551	1.7551
					1.30	1.8955	1.9909	1.9937	1.9937
					1.35	2.1419	2.2721	2.2762	2.2762
					1.40	2.4311	2.6060	2.6117	2.6117
					1.45	2.7714	3.0038	3.0117	3.0117
					1.50	3.1733	3.4795	3.4903	3.4904

RK4 방법에서의 절단오차 6.1절에서 Euler 방법과 개선된 Euler 방법에서의 전체절단오차가 $O(h)$와 $O(h^2)$임을 보았다. 식 (6)의 처음 방정식은 4차 Taylor다항식과 일치하므로 이것의 절단오차는 $y^{(5)}(c)h^5/5!$ 또는 $O(h^5)$이며 전체절단오차는 $O(h^4)$이다. Euler 방법, 개선된 Euler 방법과 식 (6)을 왜 1차, 2차, 그리고 4차 Runge-Kutta 방법이라 하는지 분명해진다.

예제 2 국소절단오차의 한계

$y' = 2xy$, $y(1) = 1$에 적용된 RK4 방법의 국소절단오차의 한계를 구하라.

풀이 알려진 해 $y(x) = e^{x^2-1}$의 5계 도함수를 구하면

$$y^{(5)}(c)\frac{h^5}{5!} = (120c + 160c^3 + 32c^5)e^{c^2-1}\frac{h^5}{5!} \tag{7}$$

이다. 그러므로 $c = 0.5$, 식 (7)에서 $h = 0.1$일 때, 다섯 단계의 국소절단오차의 한계는 0.00028이다. 표 6.2.1에서 y_1의 실제 오차는 이 한계보다 훨씬 작다.

표 6.2.3에는 RK4 방법에 의한 $x = 1.5$에서의 초기값 문제의 근사해가 주어져 있다. $x = 1.5$에서 해석적 해를 계산함으로써 이들 근사해의 오차를 알 수 있다. 이 방법이 상당히 정확하기 때문에, 단계 크기를 $h = 0.1$에서 $h = 0.05$로 이등분했을 때의 효과를 알아보기 위해 많은 자릿수의 소수를 썼다. $h = 0.1$에서 $h = 0.05$로 이등분하면 예상했던 대로 오차가 약 $2^4 = 16$이다.

표 6.2.3 RK4 방법

h	근사해	오차
0.1	3.49021064	$1.32321089 \times 10^{-4}$
0.05	3.49033382	$9.13776090 \times 10^{-6}$

≡

수정된 방법 미분방정식의 근사해를 구하기 위한 수치적 방법에서 단계 크기 h를 작게 함으로써 정확도를 높일 수 있음을 알았다. 물론 향상된 정확도는 보통 대가를 치르고 얻어진다. 즉 계산 시간과 반올림오차가 증가한다. 일반적으로 근사값의 구간에서 원하는 범위 내에 절단오차를 유지시키기 위해 단계 크기가 상대적으로 큰 부분 구간과 작은 단계 크기가 필요한 부분 구간이 있을 수 있다. 다양한 단계의 크기를 사용하는 수치적 방법을 **수정된 방법**(adaptive method)이라 한다. 널리 쓰이는 수정된 방법 중 하나로 **Runge-Kutta-Fehlberg 방법**이 있다. 독일 수학자 **Erwin Fehlberg** (1911~1990)가 4차, 5차의 Runge-Kutta 방법을 사용했기 때문에, 이 알고리즘을 **RKF45 방법**으로 표기하기도 한다.*

* RKF45에 사용된 4계 Runge-Kutta 방법은 식 (6)과 같지는 않다.

6.2 연습문제

부록에 선택된 홀수 문제의 답이 있다.

1. $x = 0.5$에서 초기값 문제 $y' = (x + y - 1)^2$, $y(0) = 2$의 근사해를 $h = 0.1$일 때 RK4 방법으로 구하라. 연습문제 6.1의 문제 11에서 구한 정확한 값과 비교하라.
2. 식 (4)에서 $w_2 = \frac{3}{4}$이라 가정하자. 2차 Runge-Kutta 방법을 이용하여 $y(0.5)$의 근사값을 구하라. 단 $y(x)$는 문제 1의 초기값 문제의 해이다. 연습문제 6.1의 문제 11에서 구한 근사값과 비교하라.

문제 3~12에서는 $h = 0.1$일 때 RK4 방법을 이용하여 지시된 값의 소수 넷째 자리까지 근사값을 구하라.

3. $y' = 2x - 3y + 1$, $y(1) = 5$; $y(1.5)$
4. $y' = 4x - 2y$, $y(0) = 2$; $y(0.5)$
5. $y' = 1 + y^2$, $y(0) = 0$; $y(0.5)$
6. $y' = x^2 + y^2$, $y(0) = 1$; $y(0.5)$
7. $y' = e^{-y}$, $y(0) = 0$; $y(0.5)$
8. $y' = x + y^2$, $y(0) = 0$; $y(0.5)$
9. $y' = (x - y)^2$, $y(0) = 0.5$; $y(0.5)$
10. $y' = xy + \sqrt{y}$, $y(0) = 1$; $y(0.5)$
11. $y' = xy^2 - \dfrac{y}{x}$, $y(1) = 1$; $y(1.5)$
12. $y' = y - y^2$, $y(0) = 0.5$; $y(0.5)$
13. 만약 공기저항이 순간속도의 제곱에 비례한다면 높이 h에서 떨어지는 질량 m인 물체의 속도 v는

$$m\frac{dv}{dt} = mg - kv^2, \ k > 0$$

으로 결정된다. $v(0) = 0$, $k = 0.125$, $m = 5$ slugs, $g = 32$ ft/s^{2}이라 하자.

(a) $h = 1$일 때 RK4 방법을 이용하여 속도 $v(5)$의 근사값을 구하라.

(b) 수치해법도구를 이용하여 구간 [0, 6]에서 초기값 문제의 해의 그래프를 그려라.

(c) 변수분리법으로 초기값 문제를 풀고 $v(5)$의 참값을 구하라.

14. 박테리아 집단(*B. dendroides*)이 거주하는 넓이 $A(\text{cm}^2)$에 대한 수학적 모형이

$$\frac{dA}{dt} = A(2.128 - 0.0432A)$$

로 주어진다. 초기 넓이가 0.24 cm^2라 하자.

(a) RK4 방법을 이용하여 다음 표를 완성하라.

t(일)	1	2	3	4	5
A(관측값)	2.78	13.53	36.30	47.50	49.40
A(근사값)					

(b) 수치해법도구를 사용하여 초기값 문제의 해의 그래프를 그려라. 그 그래프를 이용하여 $A(1)$, $A(2)$, $A(3)$, $A(4)$, $A(5)$를 추정하라.

(c) 변수분리법으로 초기값 문제를 풀고, $A(1)$, $A(2)$, $A(3)$, $A(4)$, $A(5)$를 계산하라.

15. 초기값 문제 $y' = x^2 + y^3$, $y(1) = 1$를 고려하자. 연습문제 6.1의 문제 12를 보라.

(a) $h = 0.1$, $h = 0.05$일 때 구간 [1, 1.4]에서 RK4 방법을 이용하여 얻어진 결과들을 비교하라.

(b) 구간 [1, 1.4]에서 수치해법도구를 사용하여 초기값 문제의 해의 그래프를 그려라.

16. 초기값 문제 $y' = 2y$, $y(0) = 1$을 고려하자. 해석적 해는 $y(x) = e^{2x}$이다.

(a) RK4 방법으로 한 단계 진행하여 $y(0.1)$의 근사값을 구하라.

(b) y_1에서 국소절차오차의 한계를 구하라.

(c) y_1에서 실제 오차와 (b)를 비교하라.

(d) RK4 방법으로 두 단계 진행하여 $y(0.1)$의 근사값을 구하라.

(e) (a)와 (d)의 오차를 비교하여 RK4 방법의 전체절차오차가 $O(h^4)$임을 검증하라.

17. 초기값 문제 $y' = -2y + x$, $y(0) = 1$에 대해 문제 16을 반복하라. 해석적 해는 다음과 같다.

$$y(x) = \tfrac{1}{2}x - \tfrac{1}{4} + \tfrac{5}{4}e^{-2x}$$

18. 초기값 문제 $y' = 2x - 3y + 1$, $y(1) = 5$를 고려하자. 해석적 해는 다음과 같다.

$$y(x) = \tfrac{1}{9} + \tfrac{2}{3}x + \tfrac{38}{9}e^{-3(x-1)}$$

(a) RK4 방법으로 n단계에서 국소절단오차가 c와 h를 포함하도록 공식을 유도하라.

(b) $h = 0.1$일 때 근사값 $y(1.5)$를 구하는 각 단계에서의 국소절단오차의 한계를 구하라.

(c) $h = 0.1$, $h = 0.05$일 때 RK4 방법으로 $y(1.5)$의 근사값을 구하라. 문제 3을 보라. 단계 크기를 줄였을 때의 효과를 알기 위해 소수 자릿수가 6자리 이상 필요할 수도 있다.

19. 초기값 문제 $y' = e^{-y}$, $y(0) = 0$에 대해 문제 18을 반복하라. 해석적 해는 $y(x) = \ln(x + 1)$이다. $y(0.5)$의 근사값을 구하라. 문제 7을 보라.

토의문제

20. 초기값 문제 $y' = f(x, y)$, $y(x_0) = y_0$를 풀기 위해 사용된 함수 f 값의 계산 개수는 수치 방법에서 계산의 복잡성의 기준으로 이용된다. Euler, 개선된 Euler, RK4 방법의 각 단계에서 요구되는 f 값의 계산 개수를 구하라. 몇 개의 구체적인 예를 고찰함으로써 이들 방법의 정확도를 비교하라.

컴퓨터 실습 과제

21. 구간 $[a, b]$ 상에서 초기값 문제를 RK4 방법을 이용하여 푼다는 것은 정확한 해의 그래프 상의 점들을 근사화하는 유한 개의 점들의 집합을 구하는 것이다. 이 이산점들의 집합을 확장하여 구간 $[a, b]$ 상의 모든 점들에서 정의되는 근사해를 구하기 위해 **보간함수**(interpolating function)를 사용한다. 이것은 대부분의 컴퓨터 대수연산계에서 지원되는 함수로서, 주어진 자료와 정확히 일치하며 자료로 주어진 점들 사이에 매끄러운 이동을 가정한다. 이 보간함수는 다항식이나 매끄럽게 연결된 다항식들의 집합이 될 수 있다. *Mathematica*에서 명령어 **y = Interpolation [data]**는 자료로 주어진 점들 **data** = $\{\{x_0, y_0\}, \{x_1, y_1\}, \ldots, \{x_n, y_n\}\}$을 지나는 보간함수를 구하는 데 쓰인다. 보간함수 **y[x]**는 컴퓨터 대수연산계에 내재된 다른 함수처럼 취급될 수 있다.

(a) [0, 2] 상에서 초기값 문제 $y' = -y + 10 \sin 3x$, $y(0) = 0$의 정확한 해를 구하라. 이것을 그래프로 그리고 그것의 양의 근을 구하라.

(b) $h = 0.1$일 때 RK4 방법을 사용하여 (a)의 초기값 문제의 근사해를 구하라. 보간함수를 구하고 그것을 그래프로 그려라. [0, 2] 상에서 보간함수의 양의 근을 구하라.

6.3 다단계 방법

소개 Euler, 개선된 Euler와 Runge-Kutta 방법은 **일단계**(single-step) 또는 **시작 방법**(starting method)이다. 이들 방법에서는 각각의 연속적인 y_{n+1}의 값들이 y_n에 의해서만 계산되었다. 반면에 **다단계**(multistep) 또는 **연속 방법**(continuing method)에서는 y_{n+1}을 얻기 위해 여러 단계에 걸쳐 계산된 값들을 이용한다. 미분방정식의 근사해를 얻기 위해 사용될 수 있는 다단계 공식들이 많이 있다. 그러나 수치해법의 광범위한 분야를 조사하는 것이 우리의 목적은 아니기 때문에 여기서는 이들 중 한 방법만을 고찰할 것이다.

Adams-Bashforth-Moulton 방법 이 절에서 논의할 다단계 방법은 4차 **Adams-Bashforth-Moulton 방법** 또는 **Adams-Bashforth/Adams-Moulton 방법**이다. 이것은 개선된 Euler 방법처럼 예측자 · 수정자 방법이다. 즉 하나의 공식이 y^*_{n+1}을 예측하고, 이것은 수정된 y_{n+1}을 얻는 데 사용된다. 이 방법에서 예측자는 Adams-Bashforth 공식

$$y^*_{n+1} = y_n + \frac{h}{24}(55y'_n - 59y'_{n-1} + 37y'_{n-2} - 9y'_{n-3}), \tag{1}$$

$$\begin{aligned} y'_n &= f(x_n, y_n) \\ y'_{n-1} &= f(x_{n-1}, y_{n-1}) \\ y'_{n-2} &= f(x_{n-2}, y_{n-2}) \\ y'_{n-3} &= f(x_{n-3}, y_{n-3}) \end{aligned}$$

이며 여기서 $n \geq 3$이다. 이때 y^*_{n+1}의 값은 수정자 Adams-Moulton 공식

$$y_{n+1} = y_n + \frac{h}{24}(9y'_{n+1} + 19y'_n - 5y'_{n-1} + y'_{n-2}), \tag{2}$$

$$y'_{n+1} = f(x_{n+1}, y^*_{n+1})$$

에 대입된다.

공식 (1)에서 y_4를 구하기 위해 y_0, y_1, y_2, y_3의 값을 알아야 한다. 물론 y_0의 값은 주어진 초기조건이다. Adams-Bashforth/Adams-Moulton 방법에서 국소절단오차가 $O(h^5)$이므로, y_1, y_2, y_3의 값은 일반적으로 같은 오차의 성질을 갖는 4차 Runge-Kutta 공식과 같은 방법에 의해 계산된다.

예제 1 Adams-Bashforth-Moulton 방법

$h = 0.2$일 때 Adams-Bashforth-Moulton 방법에 의해

$$y' = x + y - 1, \quad y(0) = 1$$

의 해에 대한 $y(0.8)$의 근사값을 구하라.

풀이 $h = 0.2$일 때 $y(0.8)$의 근사값으로 RK4 방법에 의해

$$y_1 = 1.02140000, \quad y_2 = 1.09181796, \quad y_3 = 1.22210646$$

을 얻는다. $x_0 = 0$, $x_1 = 0.2$, $x_2 = 0.4$, $x_3 = 0.6$, $f(x, y) = x + y - 1$이 되어

$$y_0' = f(x_0, y_0) = (0) + (1) - 1 = 0$$
$$y_1' = f(x_1, y_1) = (0.2) + (1.02140000) - 1 = 0.22140000$$
$$y_2' = f(x_2, y_2) = (0.4) + (1.09181796) - 1 = 0.49181796$$
$$y_3' = f(x_3, y_3) = (0.6) + (1.22210646) - 1 = 0.82210646$$

이다. 이들을 예측자 식 (1)에 대입하면

$$y_4^* = y_3 + \frac{0.2}{24}(55y_3' - 59y_2' + 37y_1' - 9y_0') = 1.42535975$$

이다. 수정자 식 (2)를 이용하기 위해 먼저

$$y_4' = f(x_4, y_4^*) = 0.8 + 1.42535975 - 1 = 1.22535975$$

을 구하면 식 (2)에 의해

$$y_4 = y_3 + \frac{0.2}{24}(9y_4' + 19y_3' - 5y_2' + y_1') = 1.42552788$$

이 된다. ≡

예제 1에서 $y(0.8)$의 정확한 값은 $y(0.8) = 1.42554093$임을 확인해 보라.

수치해법의 안정성 초기값 문제의 근사해를 구하기 위한 수치적 방법들 중 가장 중요하게 고려해야 할 것은 그 방법의 안정성 문제이다. 초기조건에서의 작은 변화가 계산된 해에서 오직 작은 변화만을 가져올 때 수치적 방법이 **안정**하다고 한다. 안정되지 않은 경우를 **불안정**하다고 한다. 안정성이 중요한 이유는 수치적 방법에서 첫 단계 이후의 각 단계에서 앞단계에서 계산된 근사값을 초기조건으로 하는 새로운 초기값 문제를 다시 시작하기 때문이다. 반올림오차가 있기 때문에 이 값은 실제 값과 적어도 아주 작게라도 다를 것이다. 반올림오차뿐만 아니라 초기조건 그 자체에서 오차가 발생하기도 한다. 물리적 응용에 있어서 자료가 자주 부정확한 측정에 의해 얻어진다.

특수한 초기값 문제의 수치해에서 안정성을 가늠하기 위한 한 가지 방법은 단계 크기를 작게 해서 얻어진 근사해들을 비교하는 것이다. 만약 수치적 방법이 불안정하면 단계 크기를 더 작게 했을 때 오차가 커질 수도 있다. 안정성을 확인하기 위한 또 다른 방법은 초기조건을 약간만 다르게 주고 해에 나타나는 오차를 관찰하는 것이다[예를 들어 $y(0) = 1$을 $y(0) = 0.999$로 바꾼다].

안정성에 대해 더 자세한 것은 수치해석 교재를 참조하라. 일반적으로 이 장에서 논의한 모든 방법들은 좋은 안정성을 갖는다.

다단계의 장단점 미분방정식을 수치적으로 풀기 위한 적합한 방법을 선택하기 위해서는 많은 고찰이 필요하다. 일단계 방법, 특히 RK4 방법은 정확성이 높고 프로그램을 짜기가 쉽다. 그러나 각 단계마다 미분방정식의 우변의 값을 여러 번 계산해야 한다는 큰 단점이 있다. 예를 들어 4차 Runge-Kutta 방법은 각 단계마다 4개의 함수값이 필요하다. 반면에 이전 단계에서 계산된 함수값이 저장되어 있는 다단계 방법은 각 단계에서 새로운 함수값 하나만 계산하면 된다. 이것은 시간과 경비를 많이 줄여 준다.

한 예로 $y' = f(x, y)$, $y(x_0) = y_0$을 RK4 방법을 이용하여 n 단계에 의해 수치적으로 푸는 데는 $4n$개의 함수값이 필요하다. Adams-Bashforth 다단계 방법은 Runge-Kutta 4차로 출발하면서 16개의 함수값이 필요하고 Adams-Bashforth n 단계에서 $n - 4$개가 필요하므로 총 $n + 12$개의 함수값이 필요하다. 일반적으로 Adams-Bashforth 다단계 방법은 RK4 방법에서 필요로 하는 함수값 수의 1/4보다 약간 많다. 만약 $f(x, y)$의 값이 복잡하면 다단계 방법은 더욱 효과적일 것이다.

다단계 방법이 가지고 있는 또 하나의 쟁점은 각 단계에서 Adams-Moulton 수정자 공식을 몇 번 반복해야 하는가이다. 이 방법은 매번 수정자가 사용될 때마다 새로운 함수값을 계산해야 하기 때문에 정확성은 높아지지만 반면에 다단계 방법의 (계산을 줄이는) 이점을 잃게 된다. 실제로 수정자를 한 번 계산하고 나서 만약 y_{n+1}의 값이 크게 변한다면 단계 크기를 더 작게 하여 전체 문제를 다시 시작한다. 이 방식이 변동하는 단계 크기를 사용하는(수정된) 방법의 기초가 된다. 이에 대한 논의는 이 교재의 범위를 넘어선다.

6.3 연습문제

부록에 선택된 홀수 문제의 답이 있다.

1. 예제 1의 초기값 문제의 해석적 해를 구하라. 근사값 y_1, y_2, y_3, y_4와 참값 $y(0.2)$, $y(0.4)$, $y(0.6)$, $y(0.8)$의 값을 비교하라.

2. Adams-Bashforth-Moulton 방법에 대한 컴퓨터 프로그램을 만들라.

문제 3과 4에서는 Adams-Bashforth-Moulton 방법을 사용하여 $y(0.8)$의 근사값을 구하라. 단 $y(x)$는 주어진 초기값 문제의 해이다. $h = 0.2$로 놓고 y_1, y_2, y_3는 RK4 방법으로 계산하라.

3. $y' = 2x - 3y + 1$, $y(0) = 1$

4. $y' = 4x - 2y$, $y(0) = 2$

문제 5~8에서는 Adams-Bashforth-Moulton 방법을 사용하여 $y(0.1)$의 근사값을 구하라. 단 $y(x)$는 초기값 문제의 해이다. $h = 0.2$, $h = 0.1$을 사용하여 RK4 방법으로 초기값 y_1, y_2, y_3를 계산하라.

5. $y' = 1 + y^2$, $y(0) = 0$

6. $y' = y + \cos x$, $y(0) = 1$

7. $y' = (x - y)^2$, $y(0) = 0$

8. $y' = xy + \sqrt{y}$, $y(0) = 1$

6.4 고계 방정식과 연립방정식

소개 지금까지 1계 초기값 문제 $y' = f(x, y)$, $y(x_0) = y_0$의 근사해를 구하기 위해 사용될 수 있는 수치적 방법에 대해 논의하였다. 2계 초기값 문제의 근사해를 구하기 위해 2계 미분방정식을 두 개의 1계 미분방정식의 연립방정식으로 나타내야 한다. 이를 위해 2계 미분방정식을 정규형으로, 즉 y''을 x, y, y'의 함수로 나타낸다.

2계 초기값 문제

2계 초기값 문제

$$y'' = f(x, y, y'), \qquad y(x_0) = y_0, \qquad y'(x_0) = u_0 \tag{1}$$

은 초기값 문제로서 1계 미분방정식의 연립으로 표시될 수 있다. $y' = u$라 놓으면 미분방정식 (1)은

$$y' = u$$
$$u' = f(x, y, u) \tag{2}$$

가 된다. $y'(x_0) = u(x_0)$이므로 식 (2)에 대응하는 초기조건은 $y(x_0) = y_0$, $u(x_0) = u_0$이다. 연립방정식 (2)는 각각의 1계 미분방정식에 특정한 수치적 방법을 적용하여 수치적으로 풀 수 있다. 예를 들어 **Euler 방법**을 식 (2)에 적용하면

$$y_{n+1} = y_n + hu_n$$
$$u_{n+1} = u_n + hf(x_n, y_n, u_n) \tag{3}$$

이 되고, **4차 Runge-Kutta 방법** 또는 **RK4 방법**을 적용하면 다음과 같이 된다.

$$y_{n+1} = y_n + \frac{h}{6}(m_1 + 2m_2 + 2m_3 + m_4)$$
$$u_{n+1} = u_n + \frac{h}{6}(k_1 + 2k_2 + 2k_3 + k_4) \tag{4}$$

여기서

$$m_1 = u_n \qquad k_1 = f(x_n, y_n, u_n)$$
$$m_2 = u_n + \tfrac{1}{2}hk_1 \qquad k_2 = f(x_n + \tfrac{1}{2}h, y_n + \tfrac{1}{2}hm_1, u_n + \tfrac{1}{2}hk_1)$$
$$m_3 = u_n + \tfrac{1}{2}hk_2 \qquad k_3 = f(x_n + \tfrac{1}{2}h, y_n + \tfrac{1}{2}hm_2, u_n + \tfrac{1}{2}hk_2)$$
$$m_4 = u_n + hk_3 \qquad k_4 = f(x_n + h, y_n + hm_3, u_n + hk_3)$$

이다.

일반적으로 n계 미분방정식

$$y^{(n)} = f(x, y, y', \ldots, y^{(n-1)})$$

을 $y = u_1$, $y' = u_2$, $y'' = u_3$, . . . , $y^{(n-1)} = u_n$에 대입하여 n개의 연립 1계 미분방정식으로 나타낼 수 있다.

예제 1 Euler 방법

Euler 방법에 의해 $y(0.2)$의 근사값을 구하라. 단 $y\,(x)$는 초기값 문제

$$y'' + xy' + y = 0, \quad y(0) = 1, \quad y'(0) = 2 \tag{5}$$

의 해이다.

풀이 $y' = u$를 대입하면 방정식은 연립방정식

$$y' = u$$
$$u' = -xu - y$$

가 된다. 식 (3)으로부터

$$y_{n+1} = y_n + hu_n$$
$$u_{n+1} = u_n + h[-x_n u_n - y_n]$$

을 얻는다. $h = 0.1$일 때 $y_0 = 1$, $u_0 = 2$이므로

$$y_1 = y_0 + (0.1)u_0 = 1 + (0.1)2 = 1.2$$
$$u_1 = u_0 + (0.1)[-x_0u_0 - y_0] = 2 + (0.1)[-(0)(2) - 1] = 1.9$$
$$y_2 = y_1 + (0.1)u_1 = 1.2 + (0.1)(1.9) = 1.39$$
$$u_2 = u_1 + (0.1)[-x_1u_1 - y_1] = 1.9 + (0.1)[-(0.1)(1.9) - 1.2] = 1.761$$

을 얻는다. $y(0.2) \approx 1.39$이고 $y'(0.2) \approx 1.761$이다. ≡

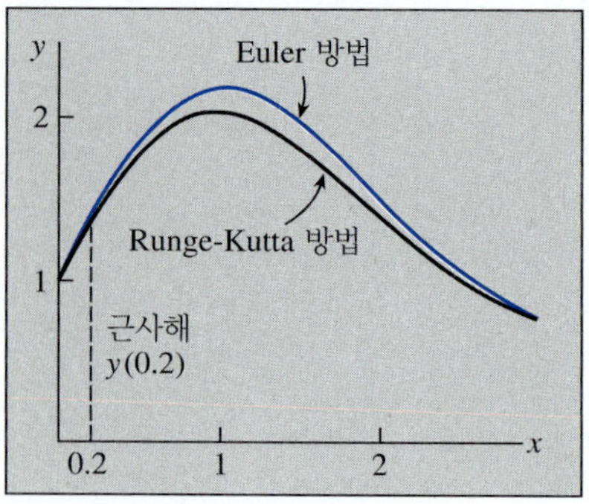

(a) Euler 방법(파란색)
Runge-Kutta 방법(검은색)

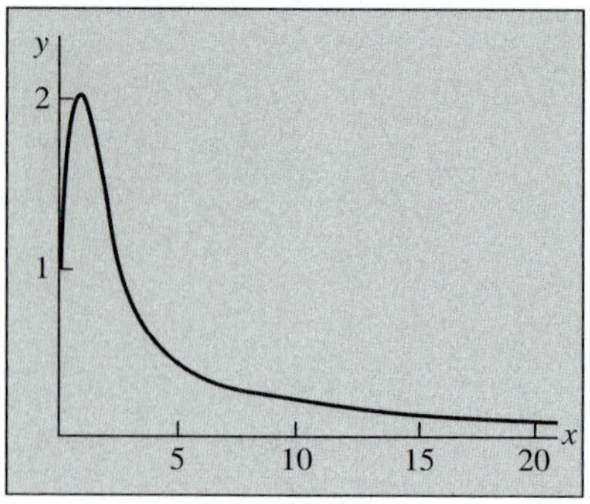

(b) Runge-Kutta

그림 6.4.1 수치해곡선

수치해법도구를 이용하여 구간 [0, 3]에서 $h = 0.1$일 때 Euler 방법에 의한 해곡선과 RK4 방법에 의한 해곡선을 **그림 6.4.1(a)**에 비교해 놓았다. 그림 6.4.1(b)로부터 식 (4)의 해 $y(x)$는 $x \to \infty$일 때 $y(x) \to 0$이라고 추측된다.

1계 연립방정식으로 낮춰진 연립방정식 이제까지 논의한 것과 흡사하게 연립 고계 미분방정식을 연립 1계 미분방정식으로 낮출 수 있다. 먼저 각 종속변수의 가장 고계인 도함수에 대해 풀고 낮은 계수의 도함수를 적절히 대체하여 1계 연립 미분방정식으로 만든다.

예제 2 1계 연립방정식으로 고쳐진 연립방정식

$$x'' - x' + 5x + 2y'' = e^t$$
$$-2x + y'' + 2y = 3t^2$$

을 연립 1계 미분방정식으로 나타내라.

풀이 위 식을

$$x'' + 2y'' = e^t - 5x + x'$$
$$y'' = 3t^2 + 2x - 2y$$

로 쓰고 두 번째 식에 2를 곱하여 빼서 y''을 제거하면

$$x'' = -9x + 4y + x' + e^t - 6t^2$$

이 된다. 두 번째 식은 이미 y의 최고차 도함수가 나머지 함수들의 합으로 표현되어 있으므로 새로운 변수를 도입할 준비가 되었다. $x' = u$, $y' = v$라 하면 x''과 y''은 각각

$$u' = x'' = -9x + 4y + u + e^t - 6t^2$$
$$v' = y'' = 2x - 2y + 3t^2$$

이 된다. 그러므로 처음의 연립 미분방정식은

$$x' = u$$
$$y' = v$$
$$u' = -9x + 4y + u + e^t - 6t^2$$
$$v' = 2x - 2y + 3t^2$$

의 형태로 다시 쓸 수 있다. 예제 2에서처럼 축소하는 것이 언제나 가능한 것은 아니다. ≡

연립방정식의 수치해 연립 미분방정식

$$\frac{dx_1}{dt} = g_1(t, x_1, x_2, \ldots, x_n)$$
$$\frac{dx_2}{dt} = g_2(t, x_1, x_2, \ldots, x_n)$$
$$\vdots \qquad \vdots$$
$$\frac{dx_n}{dt} = g_n(t, x_1, x_2, \ldots, x_n)$$

은 Euler, Runge-Kutta, 또는 Adams-Bashforth-Moulton 방법에 의해 근사해를 구할 수 있다. 예를 들어 **RK4 방법**을 연립방정식

$$\begin{aligned} x' &= f(t, x, y) \\ y' &= g(t, x, y) \\ x(t_0) &= x_0, \quad y(t_0) = y_0 \end{aligned} \tag{6}$$

에 적용하면 다음을 얻는다.

$$\begin{aligned} x_{n+1} &= x_n + \frac{h}{6}(m_1 + 2m_2 + 2m_3 + m_4) \\ y_{n+1} &= y_n + \frac{h}{6}(k_1 + 2k_2 + 2k_3 + k_4) \end{aligned} \tag{7}$$

단

$$\begin{aligned} m_1 &= f(t_n, x_n, y_n) & k_1 &= g(t_n, x_n, y_n) \\ m_2 &= f(t_n + \tfrac{1}{2}h, x_n + \tfrac{1}{2}hm_1, y_n + \tfrac{1}{2}hk_1) & k_2 &= g(t_n + \tfrac{1}{2}h, x_n + \tfrac{1}{2}hm_1, y_n + \tfrac{1}{2}hk_1) \\ m_3 &= f(t_n + \tfrac{1}{2}h, x_n + \tfrac{1}{2}hm_2, y_n + \tfrac{1}{2}hk_2) & k_3 &= g(t_n + \tfrac{1}{2}h, x_n + \tfrac{1}{2}hm_2, y_n + \tfrac{1}{2}hk_2) \\ m_4 &= f(t_n + h, x_n + hm_3, y_n + hk_3) & k_4 &= g(t_n + h, x_n + hm_3, y_n + hk_3) \end{aligned} \tag{8}$$

이다.

예제 3 RK4 방법

초기값 문제

$$\begin{aligned} x' &= 2x + 4y \\ y' &= -x + 6y \\ x(0) &= -1, \quad y(0) = 6 \end{aligned}$$

을 고려하자. RK4 방법으로 근사값 $x(0.6)$과 $y(0.6)$을 구하라. $h = 0.2$와 $h = 0.1$일 때의 결과를 비교하라.

풀이 $h = 0.2$일 때 x_1과 y_1을 계산한다. $f(t, x, y) = 2x + 4y$, $g(t, x, y) = -x + 6y$, $t_0 = 0$, $x_0 = -1$, $y_0 = 6$이라 두자. 식 (8)로부터

$$m_1 = f(t_0, x_0, y_0) = f(0, -1, 6) = 2(-1) + 4(6) = 22$$
$$k_1 = g(t_0, x_0, y_0) = g(0, -1, 6) = -1(-1) + 6(6) = 37$$
$$m_2 = f(t_0 + \tfrac{1}{2}h, x_0 + \tfrac{1}{2}hm_1, y_0 + \tfrac{1}{2}hk_1) = f(0.1, 1.2, 9.7) = 41.2$$
$$k_2 = g(t_0 + \tfrac{1}{2}h, x_0 + \tfrac{1}{2}hm_1, y_0 + \tfrac{1}{2}hk_1) = g(0.1, 1.2, 9.7) = 57$$
$$m_3 = f(t_0 + \tfrac{1}{2}h, x_0 + \tfrac{1}{2}hm_2, y_0 + \tfrac{1}{2}hk_2) = f(0.1, 3.12, 11.7) = 53.04$$
$$k_3 = g(t_0 + \tfrac{1}{2}h, x_0 + \tfrac{1}{2}hm_2, y_0 + \tfrac{1}{2}hk_2) = g(0.1, 3.12, 11.7) = 67.08$$
$$m_4 = f(t_0 + h, x_0 + hm_3, y_0 + hk_3) = f(0.2, 9.608, 19.416) = 96.88$$
$$k_4 = g(t_0 + h, x_0 + hm_3, y_0 + hk_3) = g(0.2, 9.608, 19.416) = 106.888$$

이 주어지므로 식 (7)로부터

$$\begin{aligned} x_1 &= x_0 + \frac{0.2}{6}(m_1 + 2m_2 + 2m_3 + m_4) \\ &= -1 + \frac{0.2}{6}(2.2 + 2(41.2) + 2(53.04) + 96.88) = 9.2453 \\ y_1 &= y_0 + \frac{0.2}{6}(k_1 + 2k_2 + 2k_3 + k_4) \\ &= 6 + \frac{0.2}{6}(37 + 2(57) + 2(67.08) + 106.888) = 19.0683 \end{aligned}$$

을 얻는다. 단 계산된 값은 소수 넷째 자리로 반올림되었다. $x_1 \approx x(0.2)$, $y_1 \approx y(0.2)$이다. 표 6.4.1과 6.4.2에서 컴퓨터에 의해 계산된 값들을 볼 수 있다.

표 6.4.1 $h = 0.2$

t_n	x_n	y_n
0.00	−1.0000	6.0000
0.20	9.2453	19.0683
0.40	46.0327	55.1203
0.60	158.9430	150.8192

표 6.4.2 $h = 0.1$

t_n	x_n	y_n
0.00	−1.0000	6.0000
0.10	2.3840	10.8883
0.20	9.3379	19.1332
0.30	22.5541	32.8539
0.40	46.5103	55.4420
0.50	88.5729	93.3006
0.60	160.7563	152.0025

≡

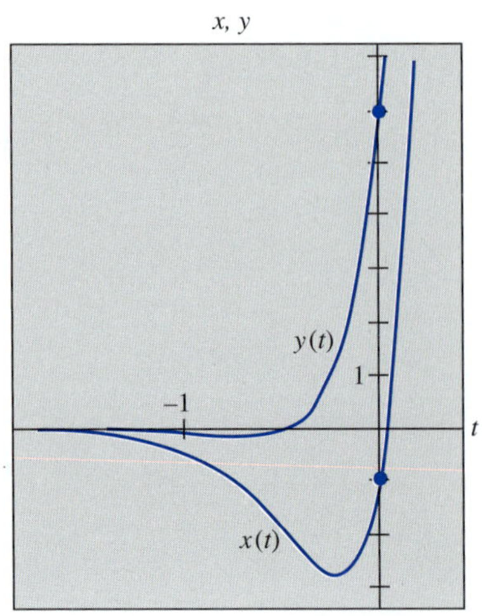

그림 6.4.2 예제 3의 초기값 문제의 수치해곡선

예제 3의 초기값 문제의 해가 $x(t) = (26t - 1)e^{4t}$, $y(t) = (13 + 6)e^{4t}$임을 확인하라. 이때 참값은 $x(0.6) = 160.9384$, $y(0.6) = 152.1198$ 이다. 표 6.4.2의 마지막 줄과 비교하라. **그림 6.4.2**는 $t = 0$ 근방에서 $h = 0.1$일 때 Runge-Kutta 방법에 의해 수치해법도구로부터 구한 해의 그래프이다.

끝으로 연립방정식 (6)에 대한 **Euler 방법**은

$$x_{n+1} = x_n + hf(t_n, x_n, y_n)$$
$$y_{n+1} = y_n + hg(t_n, x_n, y_n)$$

임을 덧붙인다.

6.4 연습문제

부록에 선택된 홀수 문제의 답이 있다.

1. Euler 방법으로 근사값 $y(0.2)$를 구하라. 단 $y(x)$는 초기값 문제

$$y'' - 4y' + 4y = 0, \quad y(0) = -2, \ y'(0) = 1$$

의 해이다. $h = 0.1$을 사용하라. 정확한 해를 구하고 $y(0.2)$의 정확한 값과 y_2를 비교하라.

2. Euler 방법으로 근사값 $y(1.2)$를 구하라. 단 $y(x)$는 초기값 문제

$$x^2y'' - 2xy' + 2y = 0, \quad y(1) = 4, \ y'(1) = 9$$

$x > 0$의 해이다. $h = 0.1$을 사용하라. 해석적 해를 구하고 $y(1.2)$의 정확한 값과 y_2를 비교하라.

문제 3과 4에서는 $h = 0.2$, $h = 0.1$일 때 RK4 방법으로 제시된 문제를 반복하라.

3. 문제 1 **4.** 문제 2

5. RK4 방법으로 근사값 $y(0.2)$를 구하라. 단 $y(x)$는 초기값 문제

$$y'' - 2y' + 2y = e^t \cos t, \quad y(0) = 1, \ y'(0) = 2$$

의 해이다. $h = 0.2$, $h = 0.1$을 사용하라.

6. $E = 100$ V, $R = 10$ Ω, $L = 1$ h이다. **그림 6.4.3**의 전기 회로망에서 전류 $i_1(t)$와 $i_3(t)$에 관한 연립 미분방정식이

$$\frac{di_1}{dt} = -20i_1 + 10i_3 + 100$$

$$\frac{di_3}{dt} = 10i_1 - 20i_3$$

이다. 단 $i_1(0) = 0$, $i_3(0) = 0$이다. RK4 방법으로 $t = 0.1$, 0.2, 0.3, 0.4, 0.5에서 근사값 $i_1(t)$, $i_3(t)$를 구하라. $h = 0.1$을 사용하라. 수치해법도구를 이용하여 $0 \le t \le 5$에서 해 $i_1(t)$와 $t_3(t)$의 그래프를 그려라. 그래프를 보고 $t \to \infty$일 때 $i_1(t)$와 $t_3(t)$를 예측하라.

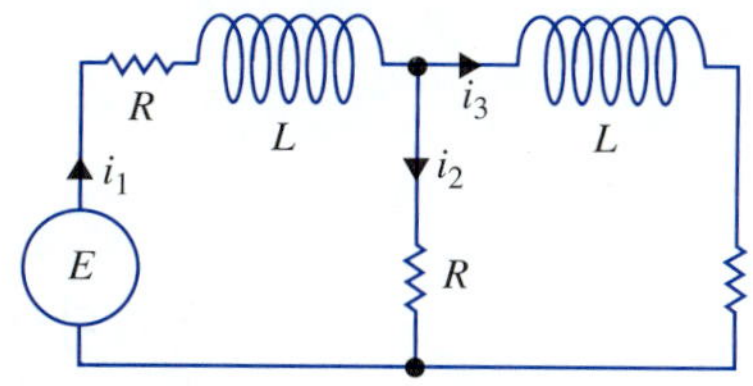

그림 6.4.3 문제 6의 회로도

문제 7~12에서는 Runge-Kutta 방법에 의해 근사값 $x(0.2)$, $y(0.2)$를 구하라. $h = 0.2$ 그리고 $h = 0.1$을 사용하라. 수치해법도구를 이용하여 $h = 0.1$일 때 $t = 0$ 근방에서 해의 그래프를 구하라.

7. $x' = 2x - y$
$y' = x$
$x(0) = 6$, $y(0) = 2$

8. $x' = x + 2y$
$y' = 4x + 3y$
$x(0) = 1$, $y(0) = 1$

9. $x' = -y + t$
$y' = x - t$
$x(0) = -3$, $y(0) = 5$

10. $x' = 6x + y + 6t$
$y' = 4x + 3y - 10t + 4$
$x(0) = 0.5$, $y(0) = 0.2$

11. $x' + 4x - y' = 7t$
$x' + y' - 2y = 3t$
$x(0) = 1$, $y(0) = -2$

12. $x' + y' = 4t$
$-x' + y' + y = 6t^2 + 10$
$x(0) = 3$, $y(0) = -1$

6.5 2계 경곗값 문제

소개 6.4절에서 2계 초기값 문제 $y'' = f(x, y, y')$, $y(x_0) = y_0$, $y'(x_0) = u_0$을 연립 1계 미분방정식으로 나타내 근사해를 구하는 방법을 생각했다. 이제 2계 경곗값 문제 $y'' = f(x, y, y')$, $y(a) = \alpha$, $y(b) = \beta$의 근사해를 구하기 위해 두 가지 방법을 검토하고자 한다. 2계 초기값 문제와 달리, 2계 경곗값 문제는 1계 연립방정식으로 고쳐서 풀지 않는다.

유한차분 근사값 함수 $y(x)$의 점 a에서 Taylor 급수 전개는

$$y(x) = y(a) + y'(a)\frac{x - a}{1!} + y''(a)\frac{(x - a)^2}{2!} + y'''(a)\frac{(x - a)^3}{3!} + \cdots$$

이다. $h = x - a$라 놓으면

$$y(x) = y(a) + y'(a)\frac{h}{1!} + y''(a)\frac{h^2}{2!} + y'''(a)\frac{h^3}{3!} + \cdots$$

이고, 이것을

$$y(x+h) = y(x) + y'(x)h + y''(x)\frac{h^2}{2} + y'''(x)\frac{h^3}{6} + \cdots \tag{1}$$

그리고

$$y(x-h) = y(x) - y'(x)h + y''(x)\frac{h^2}{2} - y'''(x)\frac{h^3}{6} + \cdots \tag{2}$$

으로 다시 쓸 수 있다. 만약 h가 작다면 $h^4, h^5, \ldots$은 무시할 수 있다. 실제로 h^2와 그 이상의 항을 무시하면 식 (1)과 (2)에서 $y'(x)$의 근사값

$$y'(x) \approx \frac{1}{h}[y(x+h) - y(x)] \tag{3}$$

$$y'(x) \approx \frac{1}{h}[y(x) - y(x-h)] \tag{4}$$

를 얻는다. 식 (1)에서 식 (2)를 빼면

$$y'(x) \approx \frac{1}{2h}[y(x+h) - y(x-h)] \tag{5}$$

이 얻어지고, 반면에 h^3과 그 이상의 항을 무시하고 식 (1)과 (2)를 더하면 $y''(x)$의 근사값

$$y''(x) \approx \frac{1}{h^2}[y(x+h) - 2y(x) + y(x-h)] \tag{6}$$

이 얻어진다. 식 (3), (4), (5), (6)의 우변을 **차분계수**(difference quotient)라 한다.

$$y(x+h) - y(x), \quad y(x) - y(x-h), \quad y(x+h) - y(x-h)$$

와

$$y(x+h) - 2y(x) + y(x-h)$$

는 **유한차분**(finite difference)이라 한다. 특별히 $y(x+h) - y(x)$는 **전진차분**(forward difference), $y(x) - y(x-h)$는 **후진차분**(backward difference), $y(x+h) - y(x-h)$와 $y(x+h) - 2y(x) + y(x-h)$를 **중앙차분**(central difference)이라 한다. 식 (5)와 (6)은 y'과 y''에 대한 **중앙차분근사**(central difference approximation)라고 한다.

유한차분 방법 이제 선형 2계 경곗값 문제

$$y'' + P(x)y' + Q(x)y = f(x), \quad y(a) = \alpha, \quad y(b) = \beta \tag{7}$$

를 고려하자. $a = x_0 < x_1 < x_2 < \ldots < x_{n-1} < x_n = b$는 구간 $[a, b]$를 등분한 것이라 하자. 즉 $x_i = a + ih$, $i = 0, 1, 2, \ldots, n$이고 $h = (b-a)/n$이다. 점들

$$x_1 = a + h, \quad x_2 = a + 2h, \quad \ldots, \quad x_{n-1} = a + (n-1)h$$

를 구간 $[a, b]$의 **내부 그물코점**(interior mesh point)이라 한다. 이제

$$y_i = y(x_i), \quad P_i = P(x_i), \quad Q_i = Q(x_i), \quad f_i = f(x_i)$$

라 하고, 식 (7)에서 y''과 y'을 중앙차분 근사값 식 (5)와 (6)으로 바꾸면

$$\frac{y_{i+1} - 2y_i + y_{i-1}}{h^2} + P_i \frac{y_{i+1} - y_{i-1}}{2h} + Q_i y_i = f_i$$

이거나, 간단히 하면

$$\left(1 + \frac{h}{2}P_i\right) y_{i+1} + (-2 + h^2 Q_i)\, y_i + \left(1 - \frac{h}{2}P_i\right) y_{i-1} = h^2 f_i \tag{8}$$

가 된다. 이것을 **유한차분 방정식**(finite difference equation)이라 하는데, 미분방정식의 근사 모형이다. 이것은 구간 $[a, b]$의 내부 그물코점 $x_1, x_2, \ldots, x_{n-1}$에서 식 (7)의 해 $y(x)$의 근사값을 구할 수 있게 해 준다. 식 (8)에서 $i = 1, 2, \ldots, n-1$로 하면 $y_1, y_2, \ldots, y_{n-1}$의 $n-1$개의 미지수를 갖는 $n-1$개의 방정식을 얻는다. 여기서 y_0와 y_n은 경계조건 $y_0 = y(x_0) = y(a) = \alpha$와 $y_n = y(x_n) = y(b) = \beta$에서 주어짐을 기억하라.

예제 1에서는 양함수 해를 알 수 있어 근사값과 정확한 값을 비교할 수 있는 경곗값 문제를 고려해 본다.

예제 1 유한차분 방법 이용

$n = 4$일 때 차분방정식 (8)을 이용하여 경곗값 문제

$$y'' - 4y = 0, \quad y(0) = 0, \quad y(1) = 5$$

의 근사해를 구하라.

풀이 식 (8)을 이용하기 위해 $P(x) = 0$, $Q(x) = -4$, $f(x) = 0$, $h = (1-0)/4 = 1/4$이라 하자. 차분방정식은

$$y_{i+1} - 2.25y_i + y_{i-1} = 0 \tag{9}$$

이 된다. 내부점(interior point) $x_1 = 0 + \frac{1}{4}$, $x_2 = 0 + \frac{2}{4}$, $x_3 = 0 + \frac{3}{4}$과 $i = 1, 2, 3$에 대해, 식 (9)에서

$$\begin{aligned} y_2 - 2.25y_1 + y_0 &= 0 \\ y_3 - 2.25y_2 + y_1 &= 0 \\ y_4 - 2.25y_3 + y_2 &= 0 \end{aligned}$$

을 얻는다. 이것은 경계조건 $y_0 = 0$, $y_4 = 5$에 의해

$$\begin{aligned} -2.25y_1 + \quad y_2 \qquad\qquad &= 0 \\ y_1 - 2.25y_2 + \quad y_3 &= 0 \\ y_2 - 2.25y_3 &= -5 \end{aligned}$$

가 된다. 이 연립방정식을 풀면 $y_1 = 0.7256$, $y_2 = 1.6327$, $y_3 = 2.9479$이다.

주어진 미분방정식의 일반해는 $y = c_1 \cosh 2x + c_2 \sinh 2x$이다. 조건 $y(0) = 0$에서 $c_1 = 0$이다. 다른 경계조건에서 c_2가 결정된다. 이렇게 해서 경계조건 문제의 양함수 해는 $y(x) = (5 \sinh 2x)/\sinh 2$이다.

그러므로 내부점에서 이 해의 정확한 값(소수 넷째 자리로 반올림한) $y(0.25) = 0.7184$, $y(0.5) = 1.6201$, $y(0.75) = 2.9354$이다. ≡

예제 1에서 근사값의 정확성은 h를 더 작게 하면 개선될 수 있다. 물론 h를 작게 하면 더 큰 연립방정식을 풀어야 하므로 적절한 선택이 필요하다. $h = \frac{1}{8}$일 때 근사값 $y(0.25) = 0.7202$, $y(0.5) = 1.6233$, $y(0.75) = 2.9386$임을 보이는 것은 연습문제로 남긴다. 연습문제 6.5의 문제 11을 보라.

예제 2 유한차분 방법 이용

$n = 10$일 때 차분방정식 (8)을 이용하여 다음의 근사해를 구하라.

$$y'' + 3y' + 2y = 4x^2, \qquad y(1) = 1, \qquad y(2) = 6$$

풀이 이 경우 $P(x) = 3$, $Q(x) = 2$, $f(x) = 4x^2$, $h = (2 + 1)/10 = 0.1$이다. 식 (8)은

$$1.15y_{i+1} - 1.98y_i + 0.85y_{i-1} = 0.04x_i^2 \tag{10}$$

이다. 내부점들은 $x_1 = 1.1$, $x_2 = 1.2$, $x_3 = 1.3$, $x_4 = 1.4$, $x_5 = 1.5$, $x_6 = 1.6$, $x_7 = 1.7$, $x_8 = 1.8$, $x_9 = 1.9$이다. $y_0 = 1$이고 $y_{10} = 6$이며 $i = 1, 2, \ldots, 9$에 대해 식 (10)은 9개의 미지수를 갖는 9개 방정식으로 된 연립방정식

$$\begin{aligned}
1.15y_2 - 1.98y_1 &= -0.8016\\
1.15y_3 - 1.98y_2 + 0.85y_1 &= 0.0576\\
1.15y_4 - 1.98y_3 + 0.85y_2 &= 0.0676\\
1.15y_5 - 1.98y_4 + 0.85y_3 &= 0.0784\\
1.15y_6 - 1.98y_5 + 0.85y_4 &= 0.0900\\
1.15y_7 - 1.98y_6 + 0.85y_5 &= 0.1024\\
1.15y_8 - 1.98y_7 + 0.85y_6 &= 0.1156\\
1.15y_9 - 1.98y_8 + 0.85y_7 &= 0.1296\\
-1.98y_9 + 0.85y_8 &= -6.7556
\end{aligned}$$

이 된다. Gauss 소거법이나 컴퓨터 대수연산계를 이용하여 이 연립방정식을 풀 수 있다. 그 결과 $y_1 = 2.4047$, $y_2 = 3.4432$, $y_3 = 4.2010$, $y_4 = 4.7469$, $y_5 = 5.1359$, $y_6 = 5.4124$, $y_7 = 5.6117$, $y_8 = 5.7620$, $y_9 = 5.8855$이다. ≡

사격법 경곗값 문제 $y'' = f(x, y, y')$, $y(a) = \alpha$, $y(b) = \beta$의 근사해를 구하는 또 다른 방법으로 **사격법**(shooting method)이 있다. 이 방법은 경곗값 문제를 초기값 문제

$$y'' = f(x, y, y'), \qquad y(a) = \alpha, \qquad y'(a) = m_1 \tag{11}$$

로 대체하는 것으로 시작한다. 여기서 m_1은 해곡선 상의 주어진 점 $(a, y(a))$에서 알려지지

않은 기울기를 추측한 값이다. 이제 2계 방정식 (11)에 단계별 수치적 방법을 적용해 $y(b)$ 의 근사값 β_1을 구한다. 만약 β_1이 미리 정해진 어느 정도의 허용 범위에서 주어진 $y(b) = \beta$와 일치한다면 멈춘다. 그렇지 않으면 $y'(a) = m_2$라고 추측하고 계산을 반복하여 $y(b)$의 근사값 β_2를 얻는다. 시행착오를 거치면서 계속해서 이 방법을 실행하거나 어떤 체계적인 방법으로 기울기 $m_3, m_4, \ldots$.을 조절할 수도 있다. 미분방정식 (11)이 선형이면 선형보간법이 특히 효과적이다. 이 과정은 표적 $y(b)$에 맞을 때까지 목표물을 겨냥하여 쏘는 것과 흡사하다(여기서 '겨냥'은 초기 기울기의 선택이다). 연습문제 6.5의 문제 14를 보라.

물론 이러한 수치적 방법들에서는 해의 존재를 이미 가정하고 있지만, 경곗값 문제의 해의 존재성이 언제나 보장되지는 않는다.

참고

유한차분을 이용하는 근사값 방법은 경곗값 문제로 확장될 수 있으며 1차 미분이 경계에서 주어진다. 예를 들어 $y'' = f(x, y, y')$, $y'(a) = \alpha$, $y(b) = \beta$와 같은 문제이다. 연습문제 6.5의 문제 13을 보라.

6.5 연습문제

부록에 선택된 홀수 문제의 답이 있다.

문제 1~10에서는 제시된 n을 사용한 유한차분 방법에 의해 주어진 경곗값 문제의 근사해를 구하라.

1. $y'' + 9y = 0$, $y(0) = 4$, $y(2) = 1$; $n = 4$

2. $y'' - y = x^2$, $y(0) = 0$, $y(1) = 0$; $n = 4$

3. $y'' + 2y' + y = 5x$, $y(0) = 0$, $y(1) = 1$; $n = 5$

4. $y'' - 10y' + 25y = 1$, $y(0) = 1$, $y(1) = 0$; $n = 5$

5. $y'' - y' + 4y = (x + 1)e^{2x}$, $y(0) = 3$, $y(1) = 0$; $n = 6$

6. $y'' + 5y' = 4\sqrt{x}$, $y(1) = 1$, $y(2) = -1$; $n = 6$

7. $x^2y'' + 3xy' + 3y = 0$, $y(1) = 5$, $y(2) = 0$; $n = 8$

8. $x^2y'' - xy' + y = \ln x$, $y(1) = 0$, $y(2) = -2$; $n = 8$

9. $y'' + (1 - x)y' + xy = x$, $y(0) = 0$, $y(1) = 2$; $n = 10$

10. $y'' + xy' + y = x$, $y(0) = 1$, $y(1) = 0$; $n = 10$

11. $n = 8$일 때 예제 1을 풀어라.

12. 반지름이 $r = 1$, $r = 4$인 두 동심구 사이의 정전기의 전하 u는

$$\frac{d^2u}{dr^2} + \frac{2}{r}\frac{du}{dr} = 0, \quad u(1) = 50, \quad u(4) = 100$$

으로부터 정해진다. $n = 6$일 때 이 절의 방법에 의해 경곗값 문제의 근사해를 구하라.

13. 경곗값 문제

$$y'' + xy = 0, \quad y'(0) = 1, \quad y(1) = -1$$

을 고려하라.

(a) 미분방정식에 대응하는 차분방정식을 구하라. $i = 0, 1, 2, \ldots, n - 1$에 대해 차분방정식은 $n + 1$개의 미지수 $y_{-1}, y_0, y_1, y_2, \ldots, y_{n-1}$을 갖는 n개 방정식이다. y_{-1}은 외부점 $x = -h$에서 y의 근사값이고 y_0는 $x = 0$에서 정해져 있지 않으므로 y_{-1}과 y_0는 미지수이다.

(b) 중앙차분근사 식 (5)에 의해 $y_1 - y_{-1} = 2h$임을 보여라. 이 방정식을 이용하여 (a)의 연립방정식에서 y_{-1}을 제거하라.

(c) $n = 5$일 때 (a)와 (b)에서 얻은 연립방정식을 사용하여 원래 경곗값 문제의 근사해를 구하라.

컴퓨터 실습 과제

14. 경곗값 문제 $y'' = y' - \sin(xy)$, $y(0) = 1$, $y(1) = 1.5$를 관찰하라. 사격법을 이용하여 이 문제의 근사해를 구하라. (실제 근사값은 수치적 방법, 예를 들면 $h = 0.1$일 때 4차 Runge–Kutta 방법 등에 의해 얻는다. *Mathematica*와 *Maple* 같은 CAS에서는 **NDSolve** 함수를 이용할 수 있다.)

6 복습문제

부록에 선택된 홀수 문제의 답이 있다.

문제 1~4에서는 Euler 방법, 개선된 Euler 방법, RK4 방법을 사용하여 제시된 $y(x)$의 값을 비교하는 표를 만들라. 반올림하여 소수 넷째 자리까지 계산하라. $h = 0.1$과 $h = 0.05$이다.

1. $y' = 2 \ln xy$, $y(1) = 2$;
$y(1.1)$, $y(1.2)$, $y(1.3)$, $y(1.4)$, $y(1.5)$

2. $y' = \sin x^2 + \cos y^2$, $y(0) = 0$;
$y(0.1)$, $y(0.2)$, $y(0.3)$, $y(0.4)$, $y(0.5)$

3. $y' = \sqrt{x + y}$, $y(0.5) = 0.5$;
$y(0.6)$, $y(0.7)$, $y(0.8)$, $y(0.9)$, $y(1.0)$

4. $y' = xy + y^2$, $y(1) = 1$;
$y(1.1)$, $y(1.2)$, $y(1.3)$, $y(1.4)$, $y(1.5)$

5. Euler 방법을 사용하여 $y(0.2)$의 근사값을 구하라. 단 $y(x)$는 초기값 문제 $y'' - (2x + 1)y = 1$, $y(0) = 3$, $y'(0) = 1$의 해이다. 먼저 $h = 0.2$로 놓고 한 단계를 사용하라. 그리고 $h = 0.1$로 놓고 두 단계를 사용하여 계산을 반복하라.

6. Adams-Bashforth-Moulton 방법에 의해 $y(0.4)$의 근사값을 구하라. 단 $y(x)$는 초기값 문제 $y' = 4x - 2y$, $y(0) = 2$의 해이다. RK4 방법에 의해 $h = 0.1$일 때 y_1, y_2, y_3의 값을 구하라.

7. Euler 방법에 의해 $h = 0.1$일 때 $x(0.2)$와 $y(0.2)$의 근사값을 구하라. 단 $x(t)$, $y(t)$는 초기값 문제

$$x' = x + y$$
$$y' = x - y$$
$$x(0) = 1, \quad y(0) = 2$$

의 해이다.

8. $n = 10$인 유한차분 방법에 의해 경곗값 문제 $y'' + 6.55\,(1 + x)y = 1$, $y(0) = 0$, $y(1) = 0$의 근사해를 구하라.

PART 2

벡터, 행렬, 벡터 미적분학

Vectors, Matrices, and Vector Calculus

CHAPTER 7

벡터

Vectors

우리는 이미 물리학이나 공학 과목에서뿐만 아니라 미적분학에서 **벡터**의 개념을 익혔다. 이 장에서는 내적과 벡터곱같이 대부분의 독자들에게 익숙한 주제들을 복습하고, 7.6절에서는 **벡터 개념에 대한 추상화**를 고찰한다.

7.1 2차원 좌표공간에서의 벡터

소개 과학, 수학, 그리고 공학 등에서는 두 개의 중요한 양인 **스칼라**(scalar)와 **벡터**(vector)를 구별한다. 스칼라는 단순히 말하면 실수 또는 **크기**를 갖는 양이다. 예를 들면 길이, 온도, 그리고 혈압은 각각 80 m, 20℃, 그리고 심장 수축 이완비 120/80과 같이 표현된다. 반면에 벡터는 보통 **크기**와 **방향**을 갖는 양으로 표현된다.

기하적 벡터 기하적 벡터들은 유향선분—화살표—으로 나타내고 굵은 활자 **v** 또는 $\vec{u}$ 또는 $\overrightarrow{AB}$와 같이 쓴다. 그림 7.1.1에서 벡터의 예는 무게 **w**, 속도 **v**, 그리고 마찰인력 $\mathbf{F}_f$이다.

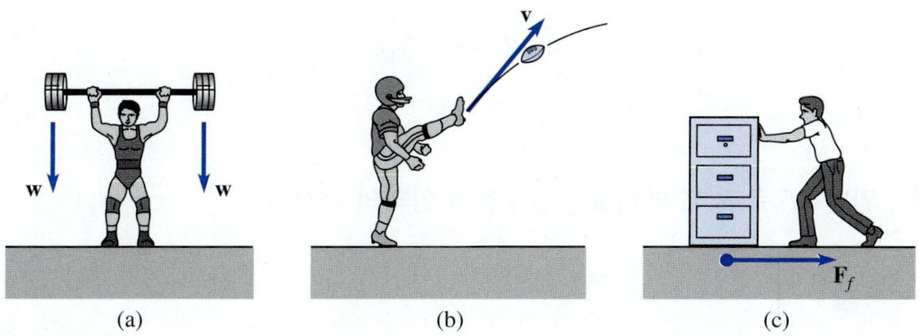

그림 7.1.1 벡터의 예들

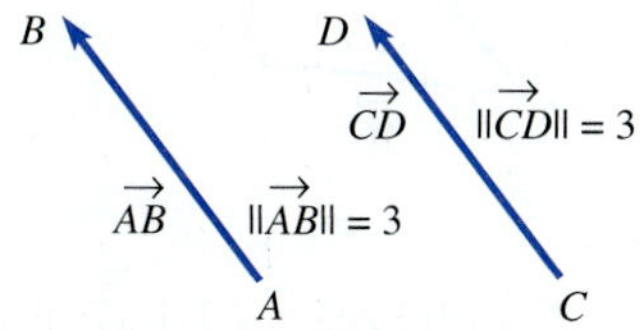

그림 7.1.2 벡터들은 동일하다

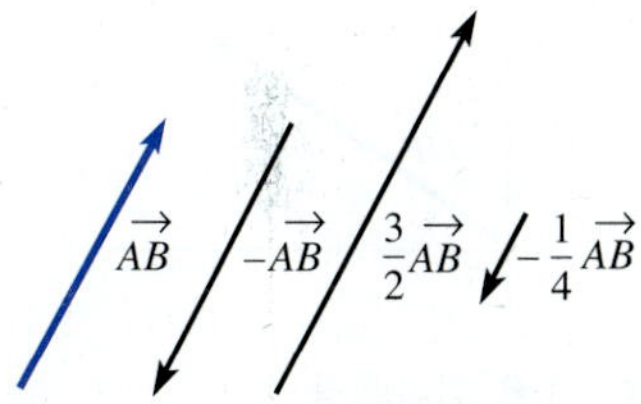

그림 7.1.3 평행인 벡터들

기호와 용어 시점이 A, 종점이 B인 벡터는 $\overrightarrow{AB}$로 쓰고 크기는 $\|\overrightarrow{AB}\|$로 표시한다. 크기와 방향이 같은 두 벡터는 **같다**(equal)고 한다. 따라서 그림 7.1.2에서는 $\overrightarrow{AB} = \overrightarrow{CD}$이다. 벡터의 크기와 방향은 변하지 않고 한 위치에서 다른 위치로 움직일 수 있는 벡터를 **자유벡터**(free vector)라고 한다. 벡터 $\overrightarrow{AB}$와 크기는 같고 방향이 반대인 벡터를 $\overrightarrow{AB}$의 **음벡터**(negative vector)라 하고, $-\overrightarrow{AB}$로 표시한다. $k \neq 0$이 스칼라일 때, 벡터의 **스칼라배**(scalar multiple) $k\overrightarrow{AB}$는 $\overrightarrow{AB}$의 크기의 $|k|$배와 같은 벡터이다. $k > 0$일 때 $k\overrightarrow{AB}$의 방향은 $\overrightarrow{AB}$의 방향과 같고, $k < 0$이면 $k\overrightarrow{AB}$의 방향은 $\overrightarrow{AB}$의 방향과 반대이다. $k = 0$이면 $0\overrightarrow{AB} = \mathbf{0}$을 **영벡터**(zero vector)라 한다. 하나의 벡터가 다른 벡터의 0이 아닌 스칼라배이면 두 벡터는 **평행**(parallel)하다고 한다. 그림 7.1.3을 보라.

◀ **0**벡터의 방향이 무엇인가에 대한 질문은 보통 모든 방향으로 지정될 수 있다고 답할 수 있다. 더해서, **0**벡터는 벡터 연산을 위해 필요하다.

덧셈과 뺄셈 그림 7.1.4(a)에서와 같이 두 벡터는 공통인 시점 A를 갖도록 할 수 있다. 따라서 평행이 아닌 벡터 $\overrightarrow{AB}$와 $\overrightarrow{AC}$가 그림 7.1.4(b)에서와 같이 평행사변형의 두 변이면 주대각선 벡터 $\overrightarrow{AD}$는 $\overrightarrow{AB}$와 $\overrightarrow{AC}$의 **합**(sum)이라 하고 다음과 같이 쓴다.

$$\overrightarrow{AD} = \overrightarrow{AB} + \overrightarrow{AC}$$

두 벡터의 **차**(difference)는

$$\overrightarrow{AB} - \overrightarrow{AC} = \overrightarrow{AB} + (-\overrightarrow{AC})$$

로 정의한다. 그림 7.1.5(a)에 나와 있는 바와 같이, 차 $\overrightarrow{AB} - \overrightarrow{AC}$는 두 변이 $\overrightarrow{AB}$와 $-\overrightarrow{AC}$인 평행사변형의 주대각선이라 할 수 있다. 그러나 그림 7.1.5(b)에 나와 있는 바와 같이 그 벡터 차는 두 변이 $\overrightarrow{AB}$와 $\overrightarrow{AC}$인 삼각형의 나머지 한 변이라고도 할 수 있다. 이 두 번째 설명에서

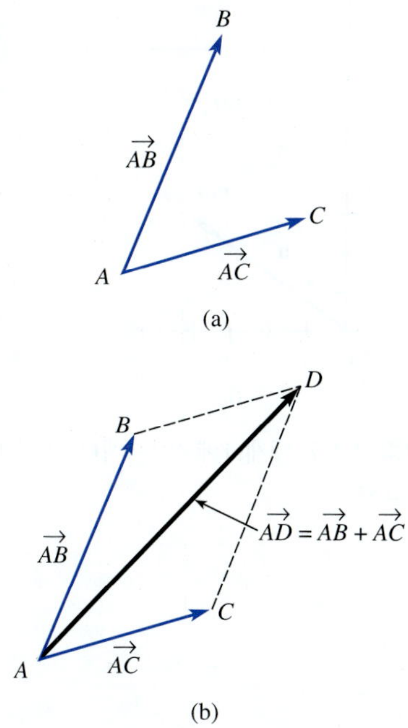

그림 7.1.4 벡터 $\overrightarrow{AD}$는 $\overrightarrow{AB}$와 $\overrightarrow{AC}$의 합

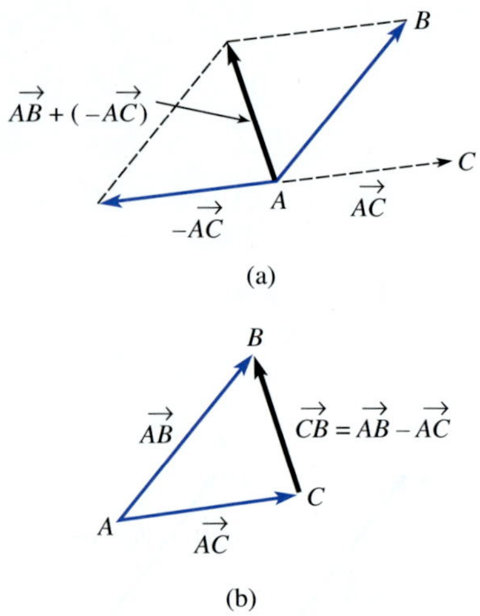

그림 7.1.5 벡터 $\overrightarrow{CB}$는 $\overrightarrow{AB}$와 $\overrightarrow{AC}$의 차

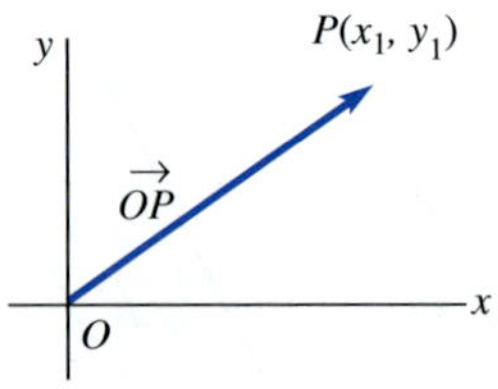

그림 7.1.6 위치벡터

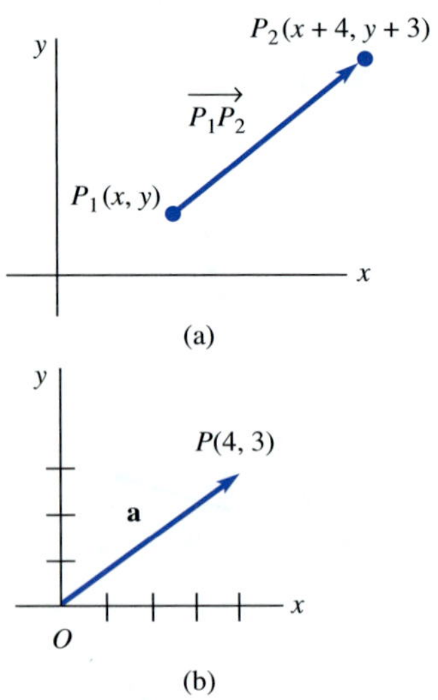

그림 7.1.7 예제 1에 있는 벡터들의 그래프들

벡터차 $\overrightarrow{CB} = \overrightarrow{AB} - \overrightarrow{AC}$는 빼는 벡터의 종점에서 빼어지는 벡터의 종점으로 향함을 주목하라. 두 벡터에 대하여 $\overrightarrow{AB} = \overrightarrow{AC}$이면

$$\overrightarrow{AB} - \overrightarrow{AC} = \mathbf{0}$$

이다.

좌표평면에서의 벡터 벡터를 해석적으로 나타내기 위하여 이 절의 나머지 부분에서는 모든 벡터가 2차원 좌표공간 또는 간단히 **2-공간**(2-space)에 있다고 하자. 2-공간 내에 있는 모든 벡터들의 집합을 R^2으로 표시하자. 시점이 원점 O이고 종점이 $P(x_1, y_1)$인 **그림 7.1.6**의 벡터를 점 P의 **위치벡터**(position vector)라 하고

$$\overrightarrow{OP} = \langle x_1, y_1 \rangle$$

로 쓴다.

성분 일반적으로 R^2의 벡터 $\mathbf{a}$는 실수들의 임의의 순서쌍

$$\mathbf{a} = \langle a_1, a_2 \rangle$$

이다. 수 a_1와 a_2를 벡터 $\mathbf{a}$의 **성분**(component)이라고 한다.

첫 번째 예제에서 보겠지만 벡터 $\mathbf{a}$가 반드시 위치벡터일 필요는 없다.

예제 1 위치벡터

그림 7.1.7(a)의 점 (x, y)와 점 $(x + 4, y + 3)$ 사이의 변위(displacement)를 $\langle 4, 3\rangle$으로 쓴다. 그림 7.1.7(b)에 나와 있는 바와 같이 $\langle 4, 3\rangle$의 위치벡터는 원점에서 시작하여 점 $P(4, 3)$을 종점으로 하는 벡터이다. ≡

벡터의 덧셈, 뺄셈, 벡터의 스칼라곱 등은 벡터의 성분별로 정의된다.

정의 7.1.1 덧셈, 스칼라곱, 상등

$\mathbf{a} = \langle a_1, a_2 \rangle$와 $\mathbf{b} = \langle b_1, b_2 \rangle$를 R^2의 벡터라 하자.

(i) 덧셈(addition): $\mathbf{a} + \mathbf{b} = \langle a_1 + b_1, a_2 + b_2 \rangle$ (1)

(ii) 스칼라곱(scalar multiplication): $k\mathbf{a} = \langle ka_1, ka_2 \rangle$ (2)

(iii) 상등(equality): $\mathbf{a} = \mathbf{b} \Leftrightarrow a_1 = b_1, a_2 = b_2$ (3)

뺄셈 식 (2)를 이용하여 벡터 $\mathbf{b}$의 **음벡터** $-\mathbf{b}$를

$$-\mathbf{b} = (-1)\mathbf{b} = \langle -b_1, -b_2 \rangle$$

로 정의한다. 그러면 두 벡터의 **차**는

$$\mathbf{a} - \mathbf{b} = \mathbf{a} + (-\mathbf{b}) = \langle a_1 - b_1, a_2 - b_2 \rangle \tag{4}$$

로 정의할 수 있다. **그림 7.1.8(a)**에서는 두 벡터 $\overrightarrow{OP_1}$과 $\overrightarrow{OP_2}$의 합을 설명하고 있다. 그림

7.1.8(b)에서는 시점이 P_1, 종점이 P_2인 벡터 $\overrightarrow{P_1P_2}$는 위치벡터들의 차

$$\overrightarrow{P_1P_2} = \overrightarrow{OP_2} - \overrightarrow{OP_1} = \langle x_2 - x_1, y_2 - y_1 \rangle$$

이다. 그림 7.1.8(b)에 나와 있는 바와 같이 벡터 $\overrightarrow{P_1P_2}$는 $\overrightarrow{OP_1}$의 종점에서 시작하여 $\overrightarrow{OP_2}$의 종점에서 끝나도록 그리든지 또는 종점의 좌표가 $(x_2 - x_1, y_2 - y_1)$인 위치벡터 $\overrightarrow{OP}$로 그릴 수 있다. $\overrightarrow{OP}$와 $\overrightarrow{P_1P_2}$는 크기와 방향이 같으므로 같은 벡터로 생각할 수 있음을 기억하라.

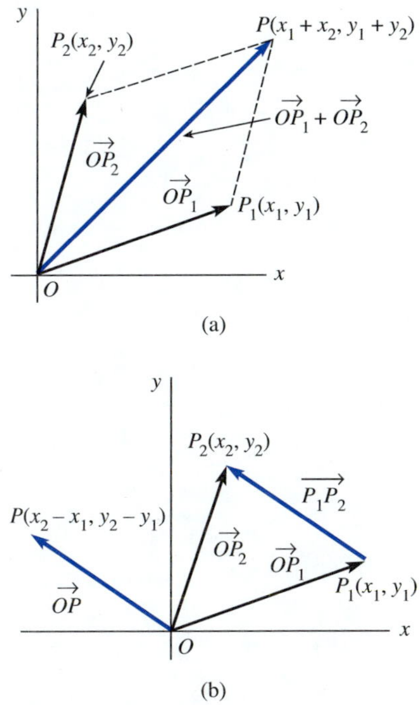

그림 7.1.8 (b)에서 $\overrightarrow{OP}$와 $\overrightarrow{P_1P_2}$는 같은 벡터이다

예제 2 두 벡터의 덧셈과 뺄셈

$\mathbf{a} = \langle 1, 4 \rangle$, $\mathbf{b} = \langle -6, 3 \rangle$일 때, $\mathbf{a} + \mathbf{b}$, $\mathbf{a} - \mathbf{b}$, $2\mathbf{a} + 3\mathbf{b}$를 구하라.

풀이 식 (1), (2), (4)에 의하여 다음을 얻는다.

$$\begin{aligned} \mathbf{a} + \mathbf{b} &= \langle 1 + (-6), 4 + 3 \rangle = \langle -5, 7 \rangle \\ \mathbf{a} - \mathbf{b} &= \langle 1 - (-6), 4 - 3 \rangle = \langle 7, 1 \rangle \\ 2\mathbf{a} + 3\mathbf{b} &= \langle 2, 8 \rangle + \langle -18, 9 \rangle = \langle -16, 17 \rangle \end{aligned}$$

≡

성질 벡터의 성분 정의를 이용하면 R^2의 벡터들의 **성질**(property)을 증명할 수 있다.

정리 7.1.1 벡터의 성질

(*i*) $\mathbf{a} + \mathbf{b} = \mathbf{b} + \mathbf{a}$ ←교환법칙

(*ii*) $\mathbf{a} + (\mathbf{b} + \mathbf{c}) = (\mathbf{a} + \mathbf{b}) + \mathbf{c}$ ←결합법칙

(*iii*) $\mathbf{a} + 0 = \mathbf{a}$ ←덧셈에 관한 항등원

(*iv*) $\mathbf{a} + (-\mathbf{a}) = \mathbf{0}$ ←덧셈에 관한 역원

(*v*) $k(\mathbf{a} + \mathbf{b}) = k\mathbf{a} + k\mathbf{b}$ ←k는 스칼라

(*vi*) $(k_1 + k_2)\mathbf{a} = k_1\mathbf{a} + k_2\mathbf{a}$ k_1과 k_2는 스칼라

(*vii*) $k_1(k_2\mathbf{a}) = (k_1k_2)\mathbf{a}$ k_1과 k_2는 스칼라

(*viii*) $1\mathbf{a} = \mathbf{a}$

(*ix*) $0\mathbf{a} = \mathbf{0}$ ←영벡터

성질 (*iii*), (*iv*), (*ix*)에서의 **영벡터 0**은 다음과 같이 정의된다.

$$\mathbf{0} = \langle 0, 0 \rangle$$

크기 벡터 $\mathbf{a}$의 **크기**(magnitude), **길이**(length), 또는 **놈**(norm)은 $\|\mathbf{a}\|$로 표시한다. **그림 7.1.9**와 Pythagoras 정리에 근거하여 벡터 $\mathbf{a}$의 크기는

$$\mathbf{a} = \langle a_1, a_2 \rangle \quad \text{일 때} \quad \|\mathbf{a}\| = \sqrt{a_1^2 + a_2^2}$$

로 정의한다. 임의의 벡터 $\mathbf{a}$에 대하여 명백히 $\|\mathbf{a}\| \geq 0$이고 $\|\mathbf{a}\| = 0 \Leftrightarrow \mathbf{a} = \mathbf{0}$이다. 예를 들어 $\mathbf{a} = \langle 6, -2 \rangle$이면 $\|\mathbf{a}\| = \sqrt{6^2 + (-2)^2} = \sqrt{40} = 2\sqrt{10}$ 이다.

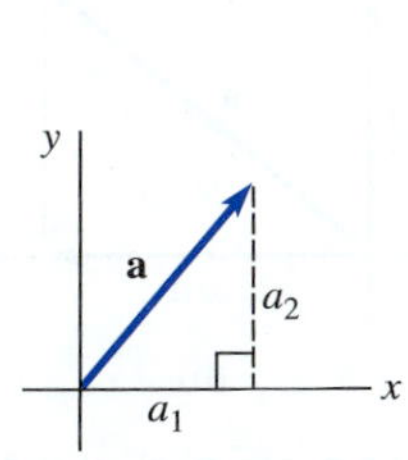

그림 7.1.9 직각삼각형

단위벡터 크기가 1인 벡터를 **단위벡터**(unit vector)라 한다. **0**이 아닌 벡터 $\mathbf{a}$와 같은

방향의 단위벡터 **u**는 **a**의 크기의 역수($k = 1/\|\mathbf{a}\|$)를 a에 곱하여 얻을 수 있다. 이 경우 $\mathbf{u} = (1/\|\mathbf{a}\|)\,\mathbf{a}$를 벡터 **a**의 **정규화**(normalization)라고 하고, 벡터 **a**의 정규화는 다음과 같이 단위벡터가 된다.

$$\|\mathbf{u}\| = \left\|\frac{1}{\|\mathbf{a}\|}\mathbf{a}\right\| = \frac{1}{\|\mathbf{a}\|}\|\mathbf{a}\| = 1$$

참고: 일반적으로 $\mathbf{u} = (1/\|\mathbf{a}\|)\,\mathbf{a}$는 $\mathbf{u} = \dfrac{\mathbf{a}}{\|\mathbf{a}\|}$처럼 쓴다.

예제 3 단위벡터

$\mathbf{a} = \langle 2, -1\rangle$일 때, **a**와 같은 방향과 반대 방향의 단위벡터를 구하라.

풀이 벡터 **a**의 크기는 $\|\mathbf{a}\| = \sqrt{2^2 + (-1)^2} = \sqrt{5}$이다. **a**와 같은 방향의 단위벡터는

$$\mathbf{u} = \frac{1}{\sqrt{5}}\mathbf{a} = \frac{1}{\sqrt{5}}\langle 2, -1\rangle = \left\langle \frac{2}{\sqrt{5}}, \frac{-1}{\sqrt{5}}\right\rangle$$

이고, **a**와 반대 방향의 단위벡터는 다음과 같다.

$$-\mathbf{u} = \left\langle -\frac{2}{\sqrt{5}}, \frac{1}{\sqrt{5}}\right\rangle$$

≡

a, **b**가 벡터이고 c_1, c_2가 스칼라일 때, 식 $c_1\mathbf{a} + c_2\mathbf{b}$를 **a**와 **b**의 **일차결합**(linear combination)이라 한다. R^2의 모든 벡터는 두 개의 특별한 벡터의 일차결합으로 쓸 수 있음을 다음에서 알 수 있다.

i, j벡터들 정의 7.1.1의 식 (1), (2)에 의하여 임의의 벡터 $\mathbf{a} = \langle a_1, a_2\rangle$는 합

$$\langle a_1, a_2\rangle = \langle a_1, 0\rangle + \langle 0, a_2\rangle = a_1\langle 1, 0\rangle + a_2\langle 0, 1\rangle \tag{5}$$

로 쓸 수 있다. 단위벡터 $\langle 1, 0\rangle$과 $\langle 0, 1\rangle$은 특수기호 **i**, **j**로 그림 7.1.10(a)에서와 같이 표시한다. 그리고

$$\mathbf{i} = \langle 1, 0\rangle, \qquad \mathbf{j} = \langle 0, 1\rangle$$

이면 식 (5)는 다음과 같이 된다.

$$\mathbf{a} = a_1\mathbf{i} + a_2\mathbf{j} \tag{6}$$

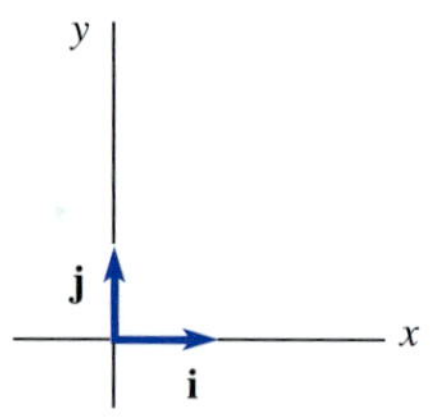

(a)

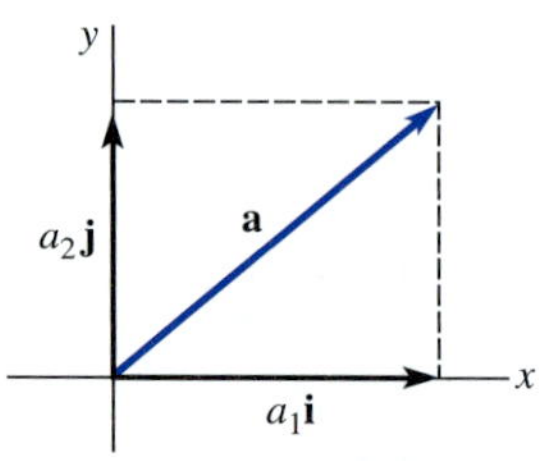

(b)

그림 7.1.10 **i**, **j**는 R^2의 기저를 형성

임의의 벡터 **a**가 **i**와 **j**의 일차결합으로 유일하게 표현될 때 2차원 벡터들의 모임에서 단위벡터 **i**와 **j**는 **기저**(basis)를 이룬다고 한다. $\mathbf{a} = a_1\mathbf{i} + a_2\mathbf{j}$가 위치벡터이면 그림 7.1.10(b)에 나와 있는 바와 같이 **a**는 원점을 공통 시점으로 하고 각각 x축과 y축 위에 있는 벡터 $a_1\mathbf{i}$와 $a_2\mathbf{j}$의 합이다. 스칼라 a_1을 **a**의 **수평성분**(horizontal component), a_2를 **a**의 **수직성분**(vertical component)이라 한다.

예제 4 i, j를 이용한 벡터 연산

(a) $\langle 4, 7\rangle = 4\mathbf{i} + 7\mathbf{j}$

(b) $(2\mathbf{i} - 5\mathbf{j}) + (8\mathbf{i} + 13\mathbf{j}) = 10\mathbf{i} + 8\mathbf{j}$

(c) $\|\mathbf{i} + \mathbf{j}\| = \sqrt{2}$

(d) $10(3\mathbf{i} - \mathbf{j}) = 30\mathbf{i} - 10\mathbf{j}$

(e) $\mathbf{b} = 9\mathbf{i} + 6\mathbf{j}$는 $\mathbf{a} = 6\mathbf{i} + 4\mathbf{j}$의 $\frac{3}{2}$배이므로, $\mathbf{a}$와 $\mathbf{b}$는 평행이다. ≡

예제 5　벡터 합/차의 그래프

$\mathbf{a} = 4\mathbf{i} + 2\mathbf{j}$, $\mathbf{b} = -2\mathbf{i} + 5\mathbf{j}$일 때 $\mathbf{a} + \mathbf{b}$와 $\mathbf{a} - \mathbf{b}$의 그래프를 그려라.

풀이　$\mathbf{a} + \mathbf{b} = 2\mathbf{i} + 7\mathbf{j}$와 $\mathbf{a} - \mathbf{b} = 6\mathbf{i} - 3\mathbf{j}$의 그래프는 각각 그림 7.1.11(a)와 (b)이다.

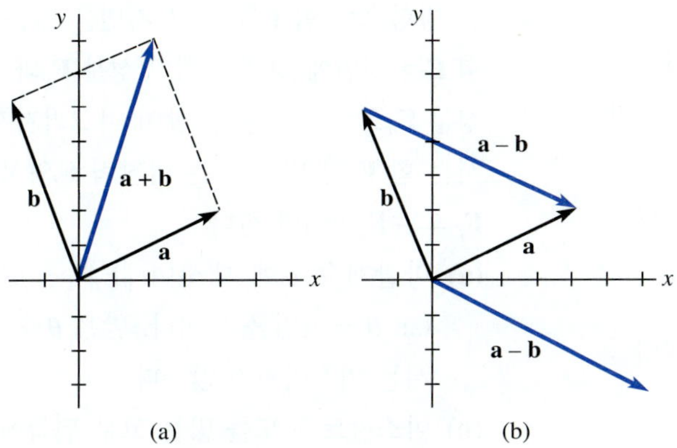

그림 7.1.11 예제 5에 있는 벡터들의 그래프들 ≡

7.1 연습문제

부록에 선택된 홀수 문제의 답이 있다.

문제 1~8에서는 (a) $3\mathbf{a}$, (b) $\mathbf{a} + \mathbf{b}$, (c) $\mathbf{a} - \mathbf{b}$, (d) $\|\mathbf{a} + \mathbf{b}\|$와 (e) $\|\mathbf{a} - \mathbf{b}\|$를 구하라.

1. $\mathbf{a} = 2\mathbf{i} + 4\mathbf{j}$, $\mathbf{b} = -\mathbf{i} + 4\mathbf{j}$
2. $\mathbf{a} = \langle 1, 1\rangle$, $\mathbf{b} = \langle 2, 3\rangle$
3. $\mathbf{a} = \langle 4, 0\rangle$, $\mathbf{b} = \langle 0, -5\rangle$
4. $\mathbf{a} = \frac{1}{6}\mathbf{i} - \frac{1}{6}\mathbf{j}$, $\mathbf{b} = \frac{1}{2}\mathbf{i} + \frac{5}{6}\mathbf{j}$
5. $\mathbf{a} = -3\mathbf{i} + 2\mathbf{j}$, $\mathbf{b} = 7\mathbf{j}$
6. $\mathbf{a} = \langle 1, 3\rangle$, $\mathbf{b} = -5\mathbf{a}$
7. $\mathbf{a} = -\mathbf{b}$, $\mathbf{b} = 2\mathbf{i} - 9\mathbf{j}$
8. $\mathbf{a} = \langle 7, 10\rangle$, $\mathbf{b} = \langle 1, 2\rangle$

문제 9~14에서는 (a) $4\mathbf{a} - 2\mathbf{b}$와 (b) $-3\mathbf{a} - 5\mathbf{b}$를 구하라.

9. $\mathbf{a} = \langle 1, -3\rangle$, $\mathbf{b} = \langle -1, 1\rangle$
10. $\mathbf{a} = \mathbf{i} + \mathbf{j}$, $\mathbf{b} = 3\mathbf{i} - 2\mathbf{j}$
11. $\mathbf{a} = \mathbf{i} - \mathbf{j}$, $\mathbf{b} = -3\mathbf{i} + 4\mathbf{j}$
12. $\mathbf{a} = \langle 2, 0\rangle$, $\mathbf{b} = \langle 0, -3\rangle$
13. $\mathbf{a} = \langle 4, 10\rangle$, $\mathbf{b} = -2\langle 1, 3\rangle$
14. $\mathbf{a} = \langle 3, 1\rangle + \langle -1, 2\rangle$, $\mathbf{b} = \langle 6, 5\rangle - \langle 1, 2\rangle$

문제 15~18에서는 벡터 $\overrightarrow{P_1P_2}$를 구하라. $\overrightarrow{P_1P_2}$의 그래프를 그리고 그에 대응하는 위치벡터를 구하라.

15. $P_1(3, 2)$, $P_2(5, 7)$
16. $P_1(-2, -1)$, $P_2(4, -5)$
17. $P_1(3, 3)$, $P_2(5, 5)$
18. $P_1(0, 3)$, $P_2(2, 0)$
19. 시점이 $(-3, 10)$인 벡터 $\overrightarrow{P_1P_2} = 4\mathbf{i} + 8\mathbf{j}$의 종점을 구하라.
20. 종점이 $\langle 4, 7\rangle$인 벡터 $\overrightarrow{P_1P_2} = \langle -5, -1\rangle$의 시점을 구하라.
21. $\mathbf{a} = 4\mathbf{i} + 6\mathbf{j}$와 평행인 벡터를 찾아라.
    (a) $-4\mathbf{i} - 6\mathbf{j}$　**(b)** $-\mathbf{i} - \frac{3}{2}\mathbf{j}$
    (c) $10\mathbf{i} + 15\mathbf{j}$　**(d)** $2(\mathbf{i} - \mathbf{j}) - 3(\frac{1}{2}\mathbf{i} - \frac{5}{12}\mathbf{j})$
    (e) $8\mathbf{i} + 12\mathbf{j}$　**(f)** $(5\mathbf{i} + \mathbf{j}) - (7\mathbf{i} + 4\mathbf{j})$
22. $\mathbf{a} = 3\mathbf{i} + c\mathbf{j}$와 $\mathbf{b} = -\mathbf{i} + 9\mathbf{j}$가 평행이 되도록 스칼라 c를 정하라.

문제 23과 24에서는 주어진 벡터에 대하여 $\mathbf{a} + (\mathbf{b} + \mathbf{c})$를 구하라.

23. $\mathbf{a} = \langle 5, 1\rangle$, $\mathbf{b} = \langle -2, 4\rangle$, $\mathbf{c} = \langle 3, 10\rangle$
24. $\mathbf{a} = \langle 1, 1\rangle$, $\mathbf{b} = \langle 4, 3\rangle$, $\mathbf{c} = \langle 0, -2\rangle$

문제 25~28에서는 **(a)** **a**와 같은 방향, **(b)** **a**와 반대 방향의 단위벡터를 구하라.

25. $\mathbf{a} = \langle 2, 2 \rangle$ **26.** $\mathbf{a} = \langle -3, 4 \rangle$

27. $\mathbf{a} = \langle 0, -5 \rangle$ **28.** $\mathbf{a} = \langle 1, -\sqrt{3} \rangle$

문제 29와 30에서는 $\mathbf{a} = \langle 2, 8 \rangle$, $\mathbf{b} = \langle 3, 4 \rangle$일 때, 주어진 벡터와 같은 방향의 단위벡터를 구하라.

29. $\mathbf{a} + \mathbf{b}$ **30.** $2\mathbf{a} - 3\mathbf{b}$

문제 31과 32에서는 주어진 벡터와 평행이고 제시한 크기를 갖는 벡터 **b**를 찾아라.

31. $\mathbf{a} = 3\mathbf{i} + 7\mathbf{j}$, $\|\mathbf{b}\| = 2$ **32.** $\mathbf{a} = \frac{1}{2}\mathbf{i} - \frac{1}{2}\mathbf{j}$, $\|\mathbf{b}\| = 3$

33. $\mathbf{a} = \langle 4, 10 \rangle$과 반대 방향이고 크기가 **a**의 $\frac{3}{4}$인 벡터를 찾아라.

34. $\mathbf{a} = \langle 1, 1 \rangle$, $\mathbf{b} = \langle -1, 0 \rangle$일 때, $\mathbf{a} + \mathbf{b}$와 방향이 같고 크기가 5배인 벡터를 찾아라.

문제 35와 36에서는 주어진 그림을 이용하여 제시한 벡터를 나타내라.

35. $3\mathbf{b} - \mathbf{a}$ **36.** $\mathbf{a} + (\mathbf{b} + \mathbf{c})$

그림 7.1.12 문제 35의 벡터들

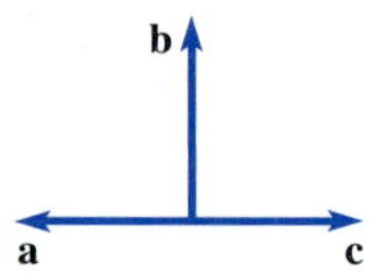

그림 7.1.13 문제 36의 벡터들

문제 37과 38에서는 벡터 **x**를 벡터 **a**와 **b**로 표현하라.

37.

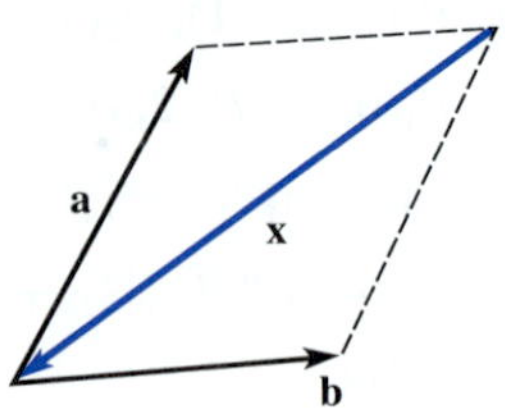

그림 7.1.14 문제 37의 벡터들

38.

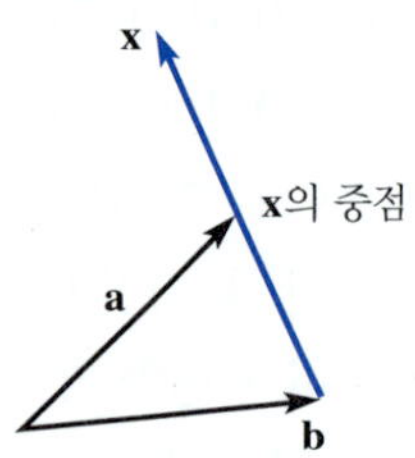

그림 7.1.15 문제 38의 벡터들

문제 39와 40에서는 주어진 그림을 이용하여 제시된 결과를 증명하라.

39. $\mathbf{a} + \mathbf{b} + \mathbf{c} = \mathbf{0}$ **40.** $\mathbf{a} + \mathbf{b} + \mathbf{c} + \mathbf{d} = \mathbf{0}$

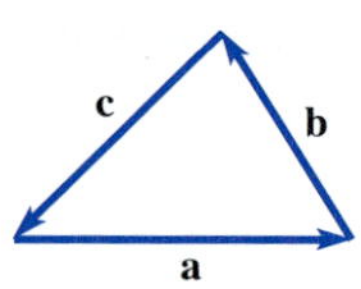

그림 7.1.16 문제 39의 벡터들

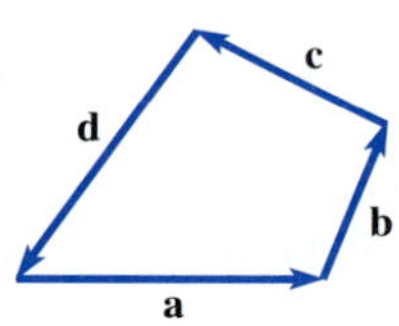

그림 7.1.17 문제 40의 벡터들

문제 41과 42에서는 벡터 $\mathbf{a} = 2\mathbf{i} + 3\mathbf{j}$를 주어진 벡터 **b**와 **c**의 일차결합으로 나타내라.

41. $\mathbf{b} = \mathbf{i} + \mathbf{j}$, $\mathbf{c} = \mathbf{i} - \mathbf{j}$

42. $\mathbf{b} = -2\mathbf{i} + 4\mathbf{j}$, $\mathbf{c} = 5\mathbf{i} + 7\mathbf{j}$

한 벡터가 곡선 위의 한 점에서 접선과 평행하면 그 벡터는 그 점에서 곡선에 접한다고 한다. 문제 43과 44에서는 제시한 점에서 주어진 곡선에 대한 단위접선벡터를 구하라.

43. $y = \frac{1}{4}x^2 + 1$, $(2, 2)$ **44.** $y = -x^2 + 3x$, $(0, 0)$

45. 사람이 걸을 때, 그의 발은 지면의 수선으로부터 각 θ가 되는 방향으로 힘 **F**를 갖고 지면을 밟는다. 그림 7.1.18에서 힘 **F**는 지면에 평행인 벡터 성분 $\mathbf{F}_g$와 지면에 수직인 벡터 성분 $\mathbf{F}_n$으로 분해된다. 발이 미끄러지지 않도록 하기 위해서는 힘 $\mathbf{F}_g$가 반대 되는 마찰력 $\mathbf{F}_f$와 상쇄되어야 한다. 즉 $\mathbf{F}_f = -\mathbf{F}_g$이어야 한다.

(a) 마찰계수 μ에 대하여 $\|\mathbf{F}_f\| = \mu\|\mathbf{F}_n\|$임을 이용하여 $\tan\theta = \mu$임을 보여라. 발은 θ와 같거나 작은 각도에서는 미끄러지지 않는다.

(b) 아스팔트 보도를 밟는 고무 뒤축에 대하여 $\mu = 0.6$으로 주어질 때, '미끄러지지 않는' 각을 구하라.

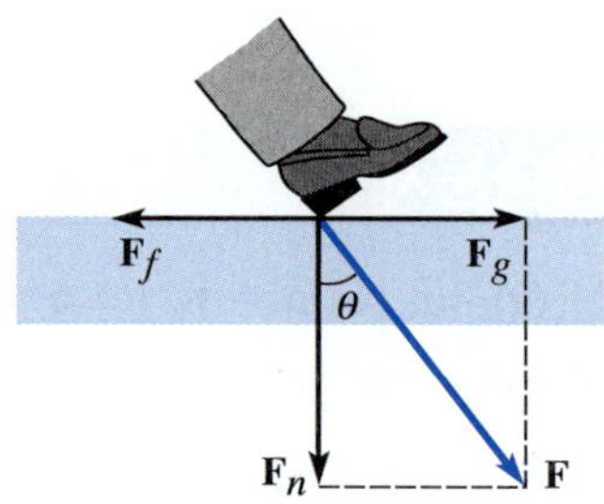

그림 7.1.18 문제 45의 벡터 **F**

46. 두 전선에 의하여 지탱되고 있는 200파운드 무게의 교통 신호등이 평형을 이루면서 매달려 있다. 그림 7.1.19(b)에 나와 있는 바와 같이 신호등의 무게를 **w**, 두 전선이 받는 힘을 각각 $\mathbf{F}_1$, $\mathbf{F}_2$라 하자. 그림 7.1.19(c)로부터 평형 조건은

$$\mathbf{w} + \mathbf{F}_1 + \mathbf{F}_2 = \mathbf{0} \qquad (7)$$

임을 안다. 문제 39를 참조하라.

$$\mathbf{w} = -200\mathbf{j}$$
$$\mathbf{F}_1 = (\|\mathbf{F}_1\|\cos 20^\circ)\mathbf{i} + (\|\mathbf{F}_1\|\sin 20^\circ)\mathbf{j}$$
$$\mathbf{F}_2 = -(\|\mathbf{F}_2\|\cos 15^\circ)\mathbf{i} + (\|\mathbf{F}_2\|\sin 15^\circ)\mathbf{j},$$

일 때, (7)을 이용하여 $\mathbf{F}_1$과 $\mathbf{F}_2$의 크기를 구하라. [힌트: 정의 7.1.1의 (*iii*)을 참조하라.]

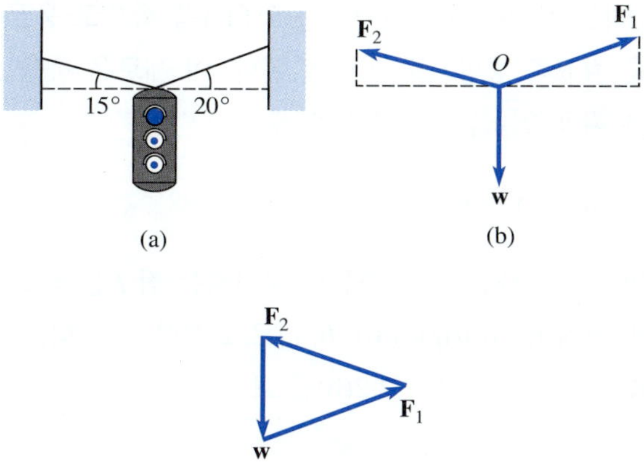

그림 7.1.19 문제 46의 세 개의 힘벡터

47. 전하 Q가 $y = -a$와 $y = a$ 사이의 y축을 따라 고르게 분포되어 있다고 한다. **그림 7.1.20**을 보라. 전하 Q에 의하여 x축 위의 전하 q에 영향을 미치는 전체적인 힘은 $\mathbf{F} = F_x\mathbf{i} + F_y\mathbf{j}$이다. 여기서

$$F_x = \frac{qQ}{4\pi\varepsilon_0}\int_{-a}^{a}\frac{L\,dy}{2a(L^2 + y^2)^{3/2}}$$

$$F_y = -\frac{qQ}{4\pi\varepsilon_0}\int_{-a}^{a}\frac{y\,dy}{2a(L^2 + y^2)^{3/2}}$$

이다. $\mathbf{F}$를 구하라.

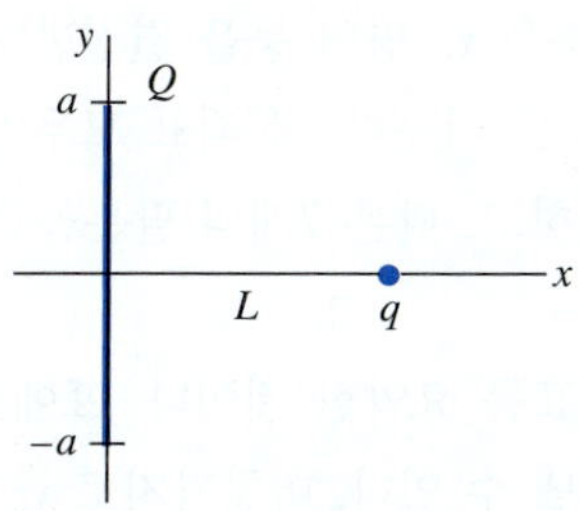

그림 7.1.20 문제 47에 있는 x축 위의 전하

48. 벡터를 이용하여 평행사변형의 대각선은 서로 2등분됨을 보여라. [**힌트:** M을 한 대각선의 중점이라 하고, N을 다른 대각선의 중점이라 하라.]

49. 벡터를 이용하여 삼각형의 두 변의 중점을 잇는 선분은 나머지 변에 평행이고 길이가 반이 됨을 보여라.

50. 비행기가 원점 O에 위치한 비행장을 출발하여 A 도시를 향하여 북동쪽 20° 방향으로 150마일 날아가고 나서, B 도시를 향하여 북서쪽 23° 방향으로 200마일을 날아간다. B에서 이 비행기는 C 도시를 향하여 남서쪽 10° 방향으로 240마일을 날아간다. **그림 7.1.21**에 나와 있는 것과 같이 C 도시의 위치를 벡터 $\mathbf{r}$로 나타내라. O에서 C까지의 거리를 구하라.

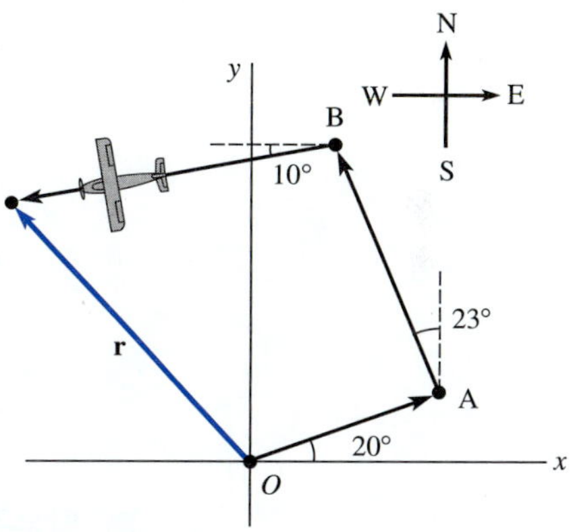

그림 7.1.21 문제 50의 비행기

7.2 3차원 좌표공간에서의 벡터

소개 평면 혹은 2-공간에서 점 P의 위치를 나타내는 한 가지 방법은 x축과 y축이라 불리는 서로 수직인 두 좌표축에 관한 좌표들을 지정하는 것이다. P가 (x축에 수직인) 직선 $x = a$와 (y축에 수직인) 직선 $y = b$의 교점이면, **순서쌍**(ordered pair) (a, b)를 그 점의 **직교좌표**(rectangular coordinate) 또는 **데카르트 좌표**(Cartesian coordinate)라고 한다. **그림 7.2.1**을 보라. 이 절에서는 데카르트 좌표와 벡터에 관한 개념을 3차원으로 확장해 본다.

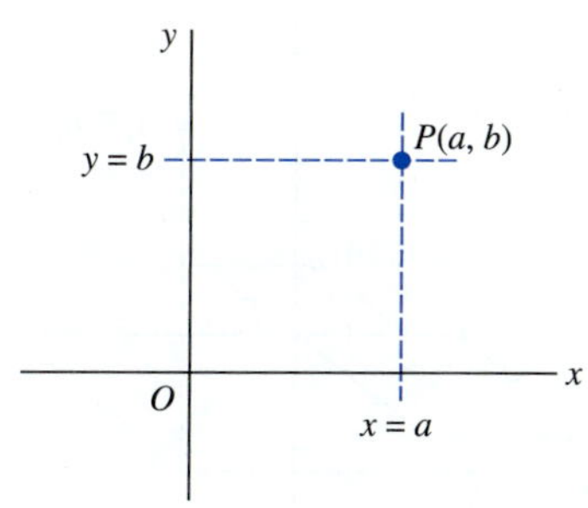

그림 7.2.1 2-공간에서의 직교좌표

3차원에서의 직교좌표계 3차원 또는 **3-공간**(3-space)에서 직교좌표계는 서로 수직인 세 좌표축을 이용하여 만들 수 있다. 이 좌표축들이 만나는 점을 원점 O라 하고, **그림 7.2.2(a)**에 나와 있는 바와 같이 이 좌표축들은 소위 **오른손법칙**(right-hand rule)에 따라 이

름을 붙인다. 양의 x축 방향으로 향하는 오른손의 손가락들을 양의 y축 쪽으로 둥글게 감으면 엄지는 xy 평면에 수직인 새로운 좌표축 방향으로 향하게 된다. 이 새로운 축을 z축이라 한다. 그림 7.2.2(a)의 점선들은 음의 좌표축들을 나타낸다. 이제

$$x = a, \quad y = b, \quad z = c$$

가 각각 x축, y축, z축에 수직인 평면들이라 하면, 이 평면들이 교차하는 점 P는 **직교** 또는 **데카르트 좌표**라 부르는 **순서 있는 세 짝**(ordered triple) (a, b, c)로 표시할 수 있다. 수 a, b, c를 각각 점 $P(a, b, c)$의 $\boldsymbol{x}$, $\boldsymbol{y}$, $\boldsymbol{z}$ **좌표**라고 한다. 그림 7.2.2(b)를 보라.

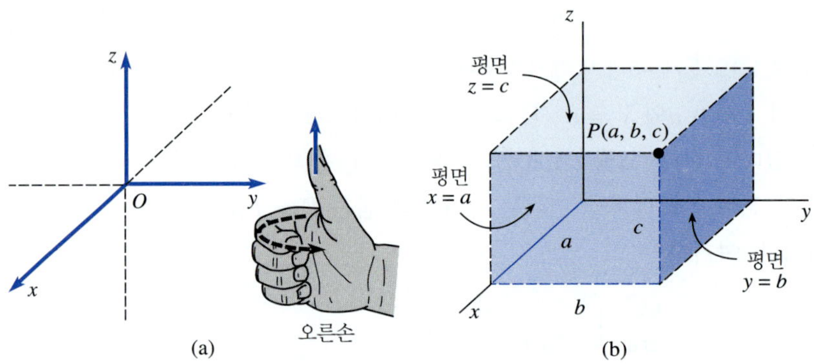

그림 7.2.2 3-공간에서의 직교좌표

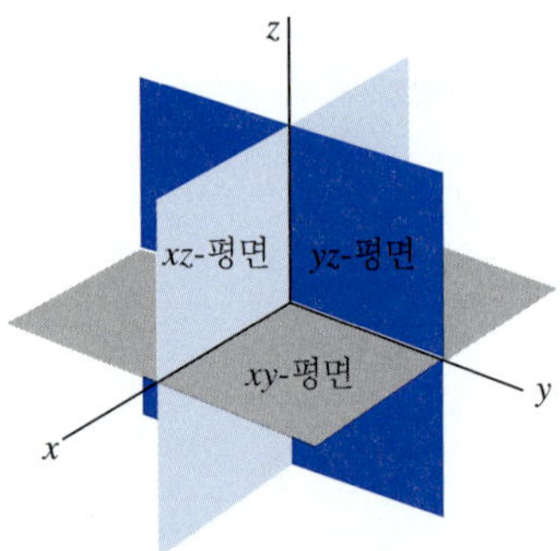

그림 7.2.3 팔분공간

■ **팔분공간** 두 개의 좌표축은 **좌표평면**(coordinate plane)을 결정한다. **그림 7.2.3**에 나와 있는 바와 같이 x축과 y축은 xy 평면을, x축과 z축은 xz 평면 등을 결정한다. 좌표평면들은 3-공간을 **팔분공간**(octant)이라 부르는 8개 부분으로 나눈다. 세 좌표 모두가 양인 점들로 이루어진 팔분공간을 **제1팔분공간**(first octant)이라 하고, 다른 7개의 팔분공간에 이름을 붙이는 것에 대해서는 합의된 바가 없다.

다음 표는 좌표축 또는 좌표평면에 있는 점의 좌표를 요약한 것이다. 표에서 알 수 있는 바와 같이, xy 평면은 간단한 방정식 $z = 0$으로 나타낼 수 있다. 마찬가지로 xz 평면은 $y = 0$이고 yz 평면은 $x = 0$이다.

축	좌표	평면	좌표
x	$(a, 0, 0)$	xy	$(a, b, 0)$
y	$(0, b, 0)$	xz	$(a, 0, c)$
z	$(0, 0, c)$	yz	$(0, b, c)$

예제 1 **세 점의 그래프**

점 $(4, 5, 6)$, $(3, -3, -1)$, $(-2, -2, 0)$의 그래프를 그려라.

풀이 **그림 7.2.4**에 나와 있는 세 점 중에서 점 $(4, 5, 6)$만이 제1팔분공간에 있고, 점 $(-2, -2, 0)$은 xy 평면에 있다. ☰

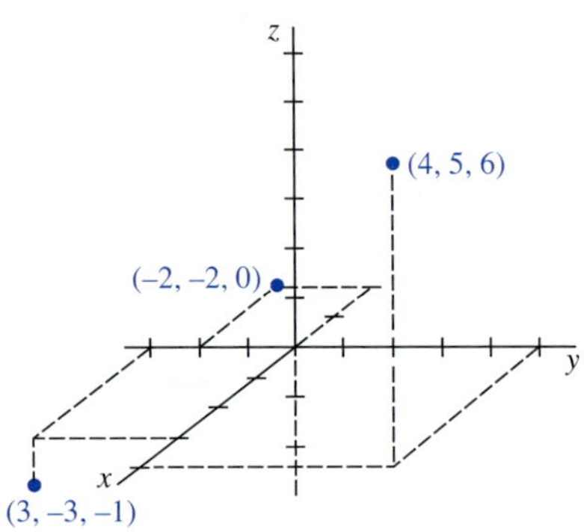

그림 7.2.4 예제 1의 점

■ **거리 공식** 3-공간에서 두 점 $P_1(x_1, y_1, z_1)$과 $P_2(x_2, y_2, z_2)$ 사이의 **거리**(distance)를 구

하기 위하여, 먼저 이 점들을 xy 평면 위에 사영시키자. **그림 7.2.5**에서와 같이 $(x_1, y_1, 0)$과 $(x_2, y_2, 0)$ 사이의 거리는 평면에서의 보통 거리 공식인 $\sqrt{(x_2 - x_1)^2 + (y_2 - y_1)^2}$으로 구한다. P_3의 좌표가 (x_2, y_2, z_1)이면 직각삼각형 $P_1P_2P_3$에 Pythagoras 정리를 적용하여

$$[d(P_1, P_2)]^2 = [\sqrt{(x_2 - x_1)^2 + (y_2 - y_1)^2}]^2 + |z_2 - z_1|^2$$

또는

$$d(P_1, P_2) = \sqrt{(x_2 - x_1)^2 + (y_2 - y_1)^2 + (z_2 - z_1)^2} \tag{1}$$

을 얻는다.

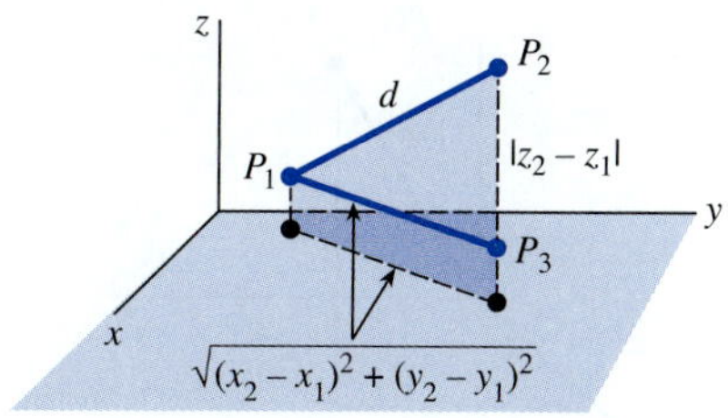

그림 7.2.5 3-공간에서 두 점 사이의 거리 d

예제 2 **두 점 사이의 거리**

$(2, -3, 6)$과 $(-1, -7, 4)$ 사이의 거리를 구하라.

풀이 P_2를 $(2, -3, 6)$, P_1을 $(-1, -7, 4)$로 택하여 식 (1)을 이용하면

$$d = \sqrt{(2 - (-1))^2 + (-3 - (-7))^2 + (6 - 4)^2} = \sqrt{29}$$

이다. ≡

중점 공식 3-공간에서 두 점 사이의 선분의 중점은 2-공간에서와 비슷한 방법으로 구한다. $P_1(x_1, y_1, z_1)$, $P_2(x_2, y_2, z_2)$가 서로 다른 점이면, 이 두 점 사이의 선분의 **중점좌표**(coordinate of a midpoint)는

$$\left(\frac{x_1 + x_2}{2}, \frac{y_1 + y_2}{2}, \frac{z_1 + z_2}{2}\right) \tag{2}$$

이다.

예제 3 **중점좌표**

예제 2의 두 점 사이의 선분의 중점을 구하라.

풀이 식 (2)로부터

$$\left(\frac{2 + (-1)}{2}, \frac{-3 + (-7)}{2}, \frac{6 + 4}{2}\right) \quad \text{또는} \quad \left(\tfrac{1}{2}, -5, 5\right)$$

이다. ≡

3-공간에서의 벡터 **3-공간에서의 벡터 a**는 순서 있는 실수들의 세 짝

$$\mathbf{a} = \langle a_1, a_2, a_3 \rangle$$

이다. 여기서 a_1, a_2, a_3는 벡터 **a**의 **성분**들이다. 3-공간에 있는 모든 벡터들의 집합을 기호 R^3으로 표시한다. 공간의 점 $P(x_1, y_1, z_1)$의 **위치벡터**는 시점을 O, 종점을 P로 하는 벡터

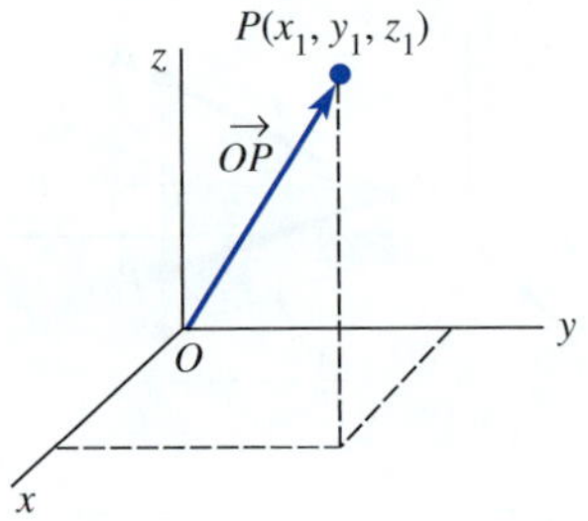

그림 7.2.6 위치벡터

$\overrightarrow{OP} = \langle x_1, y_1, z_1 \rangle$이다. **그림 7.2.6**을 보라.

덧셈, 뺄셈, 스칼라곱 등의 성분에 의한 정의는 R^2의 벡터에 대하여 주어진 정의를 자연스럽게 일반화하여 얻어진다. 또한, R^2의 벡터는 정의 7.1.1에서 나열된 모든 속성을 가진다.

정의 7.2.1 3-공간에서 성분에 의한 정의

$\mathbf{a} = \langle a_1, a_2, a_3 \rangle$과 $\mathbf{b} = \langle b_1, b_2, b_3 \rangle$을 R^3의 벡터라 하자.

(*i*) 덧셈: $\mathbf{a} + \mathbf{b} = \langle a_1 + b_1, a_2 + b_2, a_3 + b_3 \rangle$

(*ii*) 스칼라곱: $k\mathbf{a} = \langle ka_1, ka_2, ka_3 \rangle$

(*iii*) 상등: $\mathbf{a} = \mathbf{b} \Leftrightarrow a_1 = b_1, a_2 = b_2, a_3 = b_3$

(*iv*) 역벡터: $-\mathbf{b} = (-1)\,\mathbf{b} = \langle -b_1, -b_2, -b_3 \rangle$

(*v*) 뺄셈: $\mathbf{a} - \mathbf{b} = \mathbf{a} + (-\mathbf{b}) = \langle a_1 - b_1, a_2 - b_2, a_3 - b_3 \rangle$

(*vi*) 영벡터: $\mathbf{0} = \langle 0, 0, 0 \rangle$

(*vii*) 크기: $\|\mathbf{a}\| = \sqrt{a_1^2 + a_2^2 + a_3^2}$

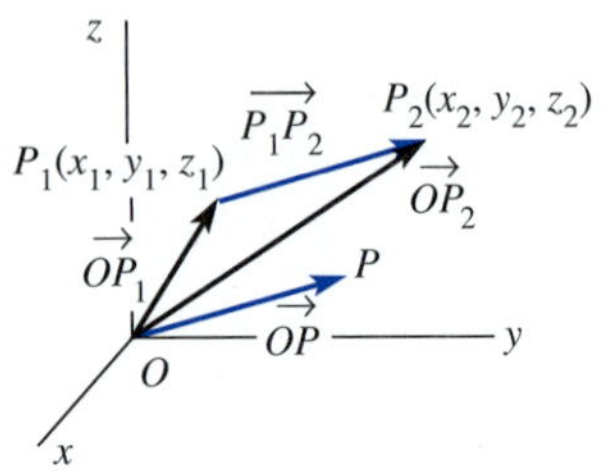

그림 7.2.7 $\overrightarrow{OP}$와 $\overrightarrow{P_1P_2}$는 같은 벡터

$\overrightarrow{OP_1}$과 $\overrightarrow{OP_2}$가 점 $P_1(x_1, y_1, z_1)$과 $P_2(x_2, y_2, z_2)$의 위치벡터이면, 벡터 $\overrightarrow{P_1P_2}$는

$$\overrightarrow{P_1P_2} = \overrightarrow{OP_2} - \overrightarrow{OP_1} = \langle x_2 - x_1, y_2 - y_1, z_2 - z_1 \rangle \tag{3}$$

로 주어진다. 2-공간에서와 같이 $\overrightarrow{P_1P_2}$는 시점을 P_1, 종점을 P_2로 하는 벡터, 또는 종점을

$$P(x_2 - x_1, y_2 - y_1, z_2 - z_1)$$

로 하는 위치벡터 $\overrightarrow{OP}$로 그릴 수 있다. **그림 7.2.7**을 보라.

예제 4 **두 점 사이의 벡터**

점 $P_1(4, 6, -2)$와 $P_2(1, 8, 3)$ 사이의 벡터 $\overrightarrow{P_1P_2}$를 구하라.

풀이 점 P_1과 P_2의 위치벡터가 $\overrightarrow{OP_1} = \langle 4, 6, -2 \rangle$와 $\overrightarrow{OP_2} = \langle 1, 8, 3 \rangle$이라 하면, 식 (3)으로부터

$$\overrightarrow{P_1P_2} = \overrightarrow{OP_2} - \overrightarrow{OP_1} = \langle 1 - 4, 8 - 6, 3 - (-2) \rangle = \langle -3, 2, 5 \rangle$$

이다. ≡

예제 5 **단위벡터**

$\mathbf{a} = \langle -2, 3, 6 \rangle$의 방향 단위벡터를 구하라.

풀이 단위벡터 길이는 1, 먼저 $\mathbf{a}$의 크기를 찾고 $\mathbf{a}/\|\mathbf{a}\|$가 방향 $\mathbf{a}$의 단위벡터라는 점을 이용하라. 그러면 $\mathbf{a}$의 크기는

$$\|\mathbf{a}\| = \sqrt{(-2)^2 + 3^2 + 6^2} = \sqrt{49} = 7$$

$\mathbf{a}$의 방향 단위벡터는

$$\frac{\mathbf{a}}{\|\mathbf{a}\|} = \frac{1}{7}\langle -2, 3, 6\rangle = \left\langle -\frac{2}{7}, \frac{3}{7}, \frac{6}{7}\right\rangle$$ ≡

i, j, k 벡터 앞절에서 단위벡터 $\mathbf{i} = \langle 1, 0\rangle$과 $\mathbf{j} = \langle 0, 1\rangle$은 2-공간의 임의의 벡터 $\mathbf{a}$에 대하여 $\mathbf{i}$와 $\mathbf{j}$의 일차결합 $\mathbf{a} = a_1\mathbf{i} + a_2\mathbf{j}$로 쓸 수 있으므로 2차원 벡터들의 체계에서 기저를 이룬다는 것을 알았다. 3-공간의 임의의 벡터 $\mathbf{a} = \langle a_1, a_2, a_3\rangle$은 단위벡터의 일차결합으로 표현할 수 있다.

$$\mathbf{i} = \langle 1, 0, 0\rangle, \quad \mathbf{j} = \langle 0, 1, 0\rangle, \quad \mathbf{k} = \langle 0, 0, 1\rangle$$

정의 7.2.1의 (*i*)와 (*ii*)를 이용하면

$$\begin{aligned}\langle a_1, a_2, a_3\rangle &= \langle a_1, 0, 0\rangle + \langle 0, a_2, 0\rangle + \langle 0, 0, a_3\rangle \\ &= a_1\langle 1, 0, 0\rangle + a_2\langle 0, 1, 0\rangle + a_3\langle 0, 0, 1\rangle\end{aligned}$$

즉

$$\mathbf{a} = a_1\mathbf{i} + a_2\mathbf{j} + a_3\mathbf{k}$$

로 표시된다. 벡터 $\mathbf{i}, \mathbf{j}, \mathbf{k}$는 그림 7.2.8(a)에 예시되어 있다. 그림 7.2.8(b)에서 위치벡터 $\mathbf{a} = a_1\mathbf{i} + a_2\mathbf{j} + a_3\mathbf{k}$는 원점을 시점으로 하고 좌표축에 놓여 있는 벡터 $a_1\mathbf{i}$, $a_2\mathbf{j}$, $a_3\mathbf{k}$의 합임을 알 수 있다.

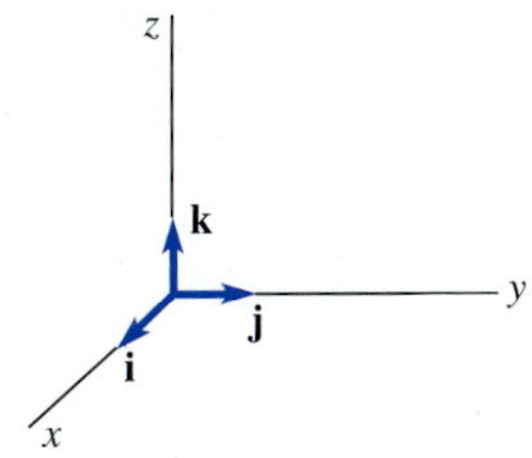

(a)

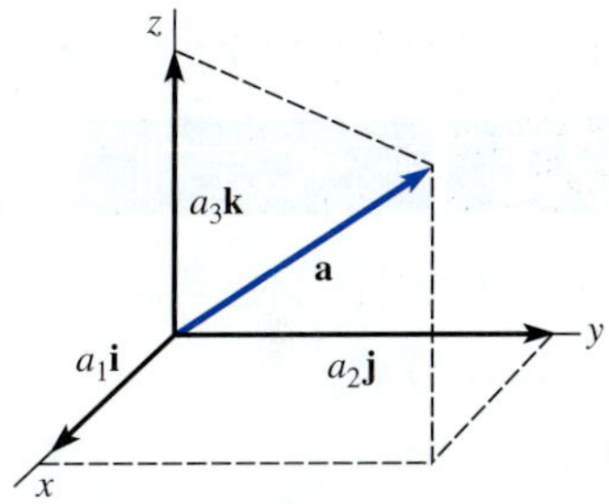

(b)

그림 7.2.8 $\mathbf{i}, \mathbf{j}, \mathbf{k}$는 R^3의 기저를 형성함

예제 6 i, j, k로 표현된 벡터

벡터 $\mathbf{a} = \langle 7, -5, 13\rangle$은 $\mathbf{a} = 7\mathbf{i} - 5\mathbf{j} + 13\mathbf{k}$이다. ≡

xy 평면에 있는 벡터들은 3차원 벡터로 생각하면 좌표평면 $z = 0$에 있는 3차원의 벡터로 볼 수 있다. 벡터 $\langle a_1, a_2\rangle$와 벡터 $\langle a_1, a_2, 0\rangle$이 기술적으로 같다고 할 수는 없지만 그 차이점을 무시하기로 하자. 그 이유는 $\langle 1, 0\rangle$이나 $\langle 1, 0, 0\rangle$은 모두 같은 기호 $\mathbf{i}$로 표시할 수 있기 때문이다. 그러나 혼란을 피하기 위하여 지금부터 벡터는 항상 3차원 벡터라고 생각하기로 하고 기호 $\mathbf{i}$와 $\mathbf{j}$는 각각 $\langle 1, 0, 0\rangle$과 $\langle 0, 1, 0\rangle$을 나타낸다고 하자. 마찬가지로 *xy* 평면이나 *xz* 평면에 있는 벡터는 한 개의 0성분을 가져야 한다. *yz* 평면의 벡터

$$\mathbf{b} = \langle 0, b_2, b_3\rangle\text{은} \qquad \mathbf{b} = b_2\mathbf{j} + b_3\mathbf{k}.$$

로 쓰고, *xz* 평면의 벡터

$$\mathbf{c} = \langle c_1, 0, c_3\rangle\text{은} \qquad \mathbf{c} = c_1\mathbf{i} + c_3\mathbf{k}$$

와 같다.

예제 7 *xz* 평면의 벡터

(a) 벡터 $\mathbf{a} = 5\mathbf{i} + 3\mathbf{k} = 5\mathbf{i} + 0\mathbf{j} + 3\mathbf{k}$는 *xz* 좌표평면에 있고, $\mathbf{a} = \langle 5, 0, 3\rangle$으로 쓸 수 있다.

(b) $\|5\mathbf{i} + 3\mathbf{k}\| = \sqrt{5^2 + 0^2 + 3^2} = \sqrt{25 + 9} = \sqrt{34}$ 이다. ≡

예제 8 일차결합

$\mathbf{a} = 3\mathbf{i} - 4\mathbf{j} + 8\mathbf{k}$, $\mathbf{b} = \mathbf{i} - 4\mathbf{k}$일 때, $5\mathbf{a} - 2\mathbf{b}$를 구하라.

풀이 $\mathbf{b}$를 3차원 벡터로 간주하여 $\mathbf{b} = \mathbf{i} + 0\mathbf{j} - 4\mathbf{k}$로 쓰자.

$$5\mathbf{a} = 15\mathbf{i} - 20\mathbf{j} + 40\mathbf{k} \qquad \text{그리고} \qquad 2\mathbf{b} = 2\mathbf{i} + 0\mathbf{j} - 8\mathbf{k}$$

로부터

$$\begin{aligned} 5\mathbf{a} - 2\mathbf{b} &= (15\mathbf{i} - 20\mathbf{j} + 40\mathbf{k}) - (2\mathbf{i} + 0\mathbf{j} - 8\mathbf{k}) \\ &= 13\mathbf{i} - 20\mathbf{j} + 48\mathbf{k} \end{aligned}$$

이다. ≡

7.2 연습문제

부록에 선택된 홀수 문제의 답이 있다.

문제 1~6에서는 같은 좌표계에 다음 점들을 그려 넣으라.

1. $(1, 1, 5)$ **2.** $(0, 0, 4)$
3. $(3, 4, 0)$ **4.** $(6, 0, 0)$
5. $(6, -2, 0)$ **6.** $(5, -4, 3)$

문제 7~10에서는 주어진 조건을 만족시키는 모든 점 $P(x, y, z)$을 기하적으로 설명하라.

7. $z = 5$ **8.** $x = 1$
9. $x = 2, y = 3$ **10.** $x = 4, y = -1, z = 7$

11. 변이 좌표평면과 평면 $x = 2$, $y = 5$, $z = 8$로 이루어진 직육면체의 꼭지점의 좌표를 구하라.

12. 그림 7.2.9에서 각 변이 좌표평면에 평행인 직육면체의 두 꼭지점이 주어져 있다. 나머지 6개 꼭지점의 좌표를 구하라.

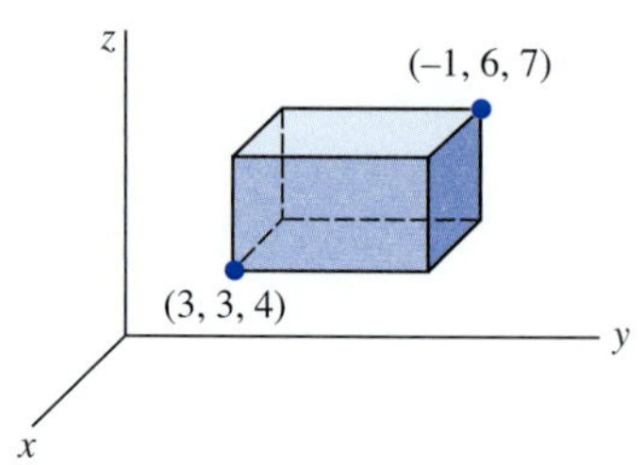

그림 7.2.9 문제 12의 직육면체

13. 점 $P(-2, 5, 4)$에 대하여

(a) P에서 좌표평면에 수직인 직선을 그었을 때, 각 수선의 발의 좌표는 무엇인가?

(b) P에서 평면 $z = -2$에 직선을 그을 때, 그 수선의 발의 좌표는 무엇인가?

(c) P에서 가장 가까운 거리에 있는 평면 $x = 3$ 위의 점을 찾아라.

14. 주어진 두 쌍의 점을 포함하고 좌표평면에 평행한 평면의 방정식을 정하라.

(a) $(3, 4, -5), (-2, 8, -5)$

(b) $(1, -1, 1), (1, -1, -1)$

(c) $(-2, 1, 2), (2, 4, 2)$

문제 15~20에서는 주어진 방정식을 만족시키는 점 $P(x, y, z)$의 자취를 그려라.

15. $xyz = 0$ **16.** $x^2 + y^2 + z^2 = 0$
17. $(x + 1)^2 + (y - 2)^2 + (z + 3)^2 = 0$
18. $(x - 2)(z - 8) = 0$
19. $z^2 - 25 = 0$ **20.** $x = y = z$

문제 21과 22에서는 주어진 점들 사이의 거리를 구하라.

21. $(3, -1, 2), (6, 4, 8)$ **22.** $(-1, -3, 5), (0, 4, 3)$

23. 점 $(7, -3, -4)$에서 **(a)** yz 평면과 **(b)** x축까지의 거리를 구하라.

24. 점 $(-6, 2, -3)$에서 **(a)** xz 평면과 **(b)** 원점까지의 거리를 구하라.

문제 25~28에서는 주어진 세 점이 삼각형을 이룬다. 직각삼각형과 이등변삼각형을 찾아라.

25. $(0, 0, 0), (3, 6, -6), (2, 1, 2)$
26. $(0, 0, 0), (1, 2, 4), (3, 2, 2\sqrt{2})$
27. $(1, 2, 3), (4, 1, 3), (4, 6, 4)$
28. $(1, 1, -1), (1, 1, 1), (0, -1, 1)$

문제 29와 30에서는 거리 공식을 이용하여 주어진 점들이 동일 직선 위에 있음을 증명하라.

29. $P_1(1, 2, 0)$, $P_2(-2, -2, -3)$, $P_3(7, 10, 6)$

30. $P_1(2, 3, 2)$, $P_2(1, 4, 4)$, $P_3(5, 0, -4)$

문제 31과 32에서는 미지수를 구하라.

31. $P_1(x, 2, 3)$, $P_2(2, 1, 1)$; $d(P_1, P_2) = \sqrt{21}$

32. $P_1(x, x, 1)$, $P_2(0, 3, 5)$; $d(P_1, P_2) = 5$

문제 33과 34에서는 주어진 두 점을 잇는 선분의 중점좌표를 구하라.

33. $(1, 3, \frac{1}{2})$, $(7, -2, \frac{5}{2})$

34. $(0, 5, -8)$, $(4, 1, -6)$

35. 점 $P_1(x_1, y_1, z_1)$과 $P_2(2, 3, 6)$을 잇는 선분의 중점좌표가 $(-1, -4, 8)$이다. P_1의 좌표를 구하라.

36. $P_1(-3, 4, 1)$과 $P_2(-5, 8, 3)$을 잇는 선분의 중점을 P_3이라 하자. **(a)** P_1와 P_3, **(b)** P_3과 P_2를 잇는 선분의 중점좌표를 구하라.

문제 37~40에서는 벡터 $\overrightarrow{P_1P_2}$를 구하라.

37. $P_1(3, 4, 5)$, $P_2(0, -2, 6)$

38. $P_1(-2, 4, 0)$, $P_2(6, \frac{3}{2}, 8)$

39. $P_1(0, -1, 0)$, $P_2(2, 0, 1)$

40. $P_1(\frac{1}{2}, \frac{3}{4}, 5)$, $P_2(-\frac{5}{2}, -\frac{9}{4}, 12)$

문제 41~48에서는 $\mathbf{a} = \langle 1, -3, 2\rangle$, $\mathbf{b} = \langle -1, 1, 1\rangle$, $\mathbf{c} = \langle 2, 6, 9\rangle$일 때 제시한 벡터나 스칼라를 구하라.

41. $\mathbf{a} + (\mathbf{b} + \mathbf{c})$

42. $2\mathbf{a} - (\mathbf{b} - \mathbf{c})$

43. $\mathbf{b} + 2(\mathbf{a} - 3\mathbf{c})$

44. $4(\mathbf{a} + 2\mathbf{c}) - 6\mathbf{b}$

45. $\|\mathbf{a} + \mathbf{c}\|$

46. $\|\mathbf{c}\|\,\|2\mathbf{b}\|$

47. $\left\|\dfrac{\mathbf{a}}{\|\mathbf{a}\|}\right\| + 5\left\|\dfrac{\mathbf{b}}{\|\mathbf{b}\|}\right\|$

48. $\|\mathbf{b}\|\mathbf{a} + \|\mathbf{a}\|\mathbf{b}$

49. $\mathbf{a} = \langle 10, -5, 10\rangle$과 반대 방향의 단위벡터를 구하라.

50. $\mathbf{a} = \mathbf{i} - 3\mathbf{j} + 2\mathbf{k}$와 같은 방향의 단위벡터를 구하라.

51. $\mathbf{a} = \mathbf{i} - \mathbf{j} + \mathbf{k}$와 방향이 같고 크기가 네 배인 벡터 $\mathbf{b}$를 구하라.

52. $\mathbf{a} = \langle -6, 3, -2\rangle$와 평행하지만 반대 방향이고 크기 $\|\mathbf{b}\| = \frac{1}{2}$이 되는 벡터 $\mathbf{b}$를 구하라.

53. 그림 7.2.10에 나와 있는 벡터 $\mathbf{a}$와 $\mathbf{b}$를 이용하여 '평균벡터' $\frac{1}{2}(\mathbf{a} + \mathbf{b})$를 그려라.

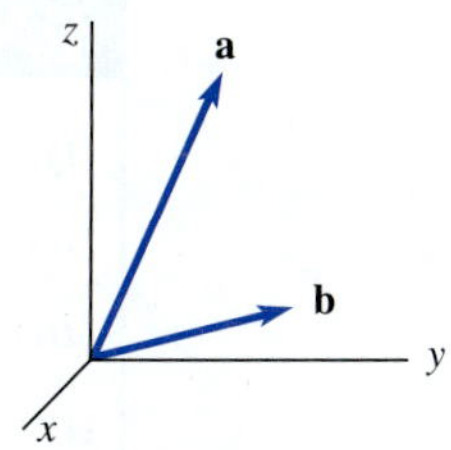

그림 7.2.10 문제 53의 벡터들

7.3 내적

소개 이 절과 다음 절에서는 역학, 전기학과 자기학의 연구에서 시작된 벡터들 사이의 두 종류의 곱에 대하여 생각해 보자. 먼저, 이 절에서는 **내적**(dot product)으로 알려진 곱에 대하여 공부하게 된다.

내적의 성분 형식

내적(dot product)은 **스칼라곱**(scalar product, inner product)로 알려져 있다. 두 벡터 $\mathbf{a}$와 $\mathbf{b}$의 내적은 $\mathbf{a}\cdot\mathbf{b}$로 나타내며 벡터들의 성분들의 항으로 정의된 실수 또는 스칼라이다.

정의 7.3.1 두 벡터의 내적

2-공간에서 두 벡터 $\mathbf{a} = \langle a_1, a_2\rangle$와 $\mathbf{b} = \langle b_1, b_2\rangle$의 **내적**은

$$\mathbf{a}\cdot\mathbf{b} = a_1b_1 + a_2b_2 \tag{1}$$

3-공간에서 두 벡터 $\mathbf{a} = \langle a_1, a_2, a_3\rangle$와 $\mathbf{b} = \langle b_1, b_2, b_3\rangle$의 **내적**은

$$\mathbf{a}\cdot\mathbf{b} = a_1b_1 + a_2b_2 + a_3b_3 \tag{2}$$

예제 1 (2)를 이용한 내적

$\mathbf{a} = 10\mathbf{i} + 2\mathbf{j} - 6\mathbf{k}$, $\mathbf{b} = -\frac{1}{2}\mathbf{i} + 4\mathbf{j} - 3\mathbf{k}$이면, 식 (2)로부터

$$\mathbf{a} \cdot \mathbf{b} = (10)(-\tfrac{1}{2}) + (2)(4) + (-6)(-3) = 21$$ ≡

예제 2 기저 벡터들의 내적

$\mathbf{i} = \langle 1, 0, 0\rangle$, $\mathbf{j} = \langle 0, 1, 0\rangle$, $\mathbf{k} = \langle 0, 0, 1\rangle$이므로, 식 (2)로부터

$$\mathbf{i}\cdot\mathbf{j} = \mathbf{j}\cdot\mathbf{i} = 0, \quad \mathbf{j}\cdot\mathbf{k} = \mathbf{k}\cdot\mathbf{j} = 0, \quad \mathbf{k}\cdot\mathbf{i} = \mathbf{i}\cdot\mathbf{k} = 0 \tag{3}$$

유사하게, 식 (2)에 의하여

$$\mathbf{i}\cdot\mathbf{i} = 1, \quad \mathbf{j}\cdot\mathbf{j} = 1, \quad \mathbf{k}\cdot\mathbf{k} = 1 \tag{4}$$ ≡

성질 내적은 다음과 같은 성질을 갖는다.

정리 7.3.1 내적의 성질

(*i*) $\mathbf{a}\cdot\mathbf{b} = 0$ if $\mathbf{a} = \mathbf{0}$ or $\mathbf{b} = \mathbf{0}$

(*ii*) $\mathbf{a}\cdot\mathbf{b} = \mathbf{b}\cdot\mathbf{a}$ ←교환법칙

(*iii*) $\mathbf{a}\cdot(\mathbf{b}+\mathbf{c}) = \mathbf{a}\cdot\mathbf{b} + \mathbf{a}\cdot\mathbf{c}$ ←분배법칙

(*iv*) $\mathbf{a}\cdot(k\mathbf{b}) = (k\mathbf{a})\cdot\mathbf{b} = k(\mathbf{a}\cdot\mathbf{b})$, k는 스칼라

(*v*) $\mathbf{a}\cdot\mathbf{a} \ge 0$

(*vi*) $\mathbf{a}\cdot\mathbf{a} = \|\mathbf{a}\|^2$

증명 모든 성질은 식 (2)로부터 증명된다. (*iii*)와 (*iv*)를 증명하여 설명해 보자.
(*iii*)은 증명하기 위해 $\mathbf{a} = \langle a_1, a_2, a_3\rangle$, $\mathbf{b} = \langle b_1, b_2, b_3\rangle$와 $\mathbf{c} = \langle c_1, c_2, c_3\rangle$라고 두자. 그러면

$$\begin{aligned}
\mathbf{a}\cdot(\mathbf{b}+\mathbf{c}) &= \langle a_1, a_2, a_3\rangle \cdot (\langle b_1, b_2, b_3\rangle + \langle c_1, c_2, c_3\rangle)\\
&= \langle a_1, a_2, a_3\rangle \cdot \langle b_1 + c_1, b_2 + c_2, b_3 + c_3\rangle\\
&= a_1(b_1 + c_1) + a_2(b_2 + c_2) + a_3(b_3 + c_3)\\
&= a_1b_1 + a_1c_1 + a_2b_2 + a_2c_2 + a_3b_3 + a_3c_3\\
&= (a_1b_1 + a_2b_2 + a_3b_3) + (a_1c_1 + a_2c_2 + a_3c_3)\\
&= \mathbf{a}\cdot\mathbf{b} + \mathbf{a}\cdot\mathbf{c}.
\end{aligned}$$

← 실수의 곱은 덧셈에 대해 분배 가능하므로

(*vi*)를 증명하기 위해

$$\mathbf{a}\cdot\mathbf{a} = \langle a_1, a_2, a_3\rangle \cdot \langle a_1, a_2, a_3\rangle = a_1^2 + a_2^2 + a_3^2 = \|\mathbf{a}\|^2$$ ≡

임에 유의하여 정리 7.3.1의 (*vi*)는 벡터의 **크기**를 내적으로 쓸 수 있음에 주의하라.

$$\|\mathbf{a}\| = \sqrt{\mathbf{a}\cdot\mathbf{a}} = \sqrt{a_1^2 + a_2^2 + a_3^2}$$

다른 형식 벡터 **a**와 **b**의 내적은 벡터의 길이와 그 둘 사이의 각으로 표현될 수 있다.

만약 벡터 **a**, **b**의 시점을 일치시키면, 벡터 **a**, **b** 사이의 각을 $0 \le \theta \le \pi$를 만족하는 각 θ로 정의한다.

정리 7.3.2 내적의 다른 형식

두 벡터 **a**와 **b**의 내적은

$$\mathbf{a} \cdot \mathbf{b} = \|\mathbf{a}\|\|\mathbf{b}\|\cos\theta \tag{5}$$

이다. 여기서 θ는 두 벡터 사이의 각이다.

◀ 이와 같은 좀 더 기하적 형식은 일반적으로 물리학에서 내적의 정의로 쓰여진다.

증명 $\mathbf{a} = a_1\mathbf{i} + a_2\mathbf{j} + a_3\mathbf{k}$와 $\mathbf{b} = b_1\mathbf{i} + b_2\mathbf{j} + b_3\mathbf{k}$ 사이의 각이라 하면, 벡터

$$\mathbf{c} = \mathbf{b} - \mathbf{a} = (b_1 - a_1)\mathbf{i} + (b_2 - a_2)\mathbf{j} + (b_3 - a_3)\mathbf{k}$$

는 **그림 7.3.1**에서 제시한 삼각형의 제3변이다. 코사인 법칙에 의하면

$$\|\mathbf{c}\|^2 = \|\mathbf{b}\|^2 + \|\mathbf{a}\|^2 - 2\|\mathbf{a}\|\|\mathbf{b}\|\cos\theta \quad \text{또는} \quad \|\mathbf{a}\|\|\mathbf{b}\|\cos\theta = \frac{1}{2}(\|\mathbf{b}\|^2 + \|\mathbf{a}\|^2 - \|\mathbf{c}\|^2) \tag{6}$$

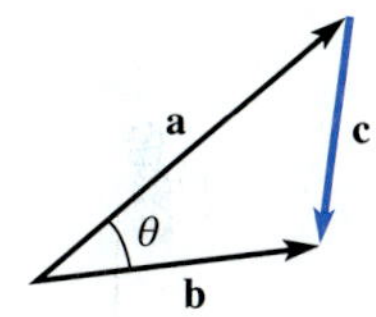

그림 7.3.1 벡터 **c**는 정리 7.3.2의 증명에 있음

으로 쓸 수 있다. 식 (6)의 둘째 방정식의 우변은

$$\|\mathbf{a}\|^2 = a_1^2 + a_2^2 + a_3^2, \qquad \|\mathbf{b}\|^2 = b_1^2 + b_2^2 + b_3^2,$$

$$\|\mathbf{c}\|^2 = \|\mathbf{b} - \mathbf{a}\|^2 = (b_1 - a_1)^2 + (b_2 - a_2)^2 + (b_3 - a_3)^2$$

을 이용하면 $a_1b_1 + a_2b_2 + a_3b_3$으로 간단히 할 수 있다. 마지막 식은 정의 7.3.1의 식 (2)이므로, $\|\mathbf{a}\|\|\mathbf{b}\|\cos\theta = \mathbf{a} \cdot \mathbf{b}$임을 알 수 있다. ≡

직교벡터 만약 **a**, **b**가 0이 아닌 벡터라면, $\|\mathbf{a}\|$와 $\|\mathbf{b}\|$는 둘 다 양수이다. 이 경우 식 (5)로부터 내적 $\mathbf{a} \cdot \mathbf{b}$의 부호는 $\cos\theta$의 부호와 같아진다. **그림 7.3.2**에 사이각 θ가 $0 \le \theta \le \pi$ 범위를 갖는 두 벡터의 다양한 방향들이 표시되어 있고, 그림 7.3.2와 식 (5)로부터 다음을 알 수 있다. (a) $\theta = 0$ S $\mathbf{a} \cdot \mathbf{b} > 0$, (b) θ가 예각 S $\mathbf{a} \cdot \mathbf{b} > 0$, (c) $\theta = \pi/2$ S $\mathbf{a} \cdot \mathbf{b} = 0$, (d) θ가 둔각 S $\mathbf{a} \cdot \mathbf{b} < 0$, (e) $\theta = \pi$ S $\mathbf{a} \cdot \mathbf{b} < 0$. $\theta = \pi/2$인 특별한 경우의 두 벡터를 **직교**(orthogonal) 혹은 **수직**(perpendicular)이라 한다. 또한, $\mathbf{a} \cdot \mathbf{b} = 0$이 경우는 $0 \le \theta \le \pi$ 범위 내에서 $\theta = \pi/2$가 유일하다. 이로부터 다음의 정리를 얻을 수 있다.

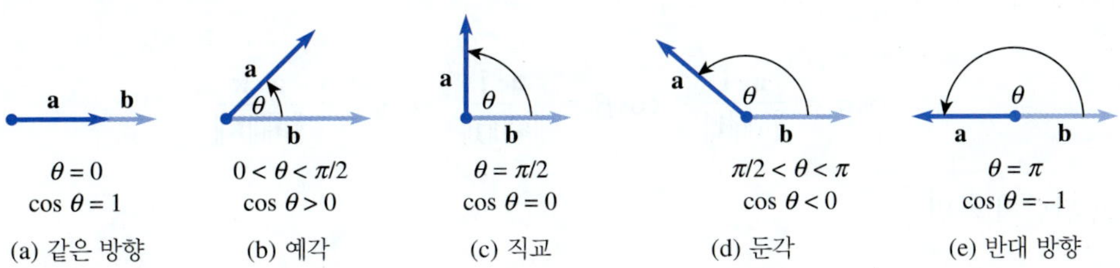

그림 7.3.2 두 벡터 **a**, **b** 사이의 각도들

정리 7.3.3 직교벡터의 판정

영벡터가 아닌 두 벡터 **a**와 **b**가 직교하기 위한 필요충분조건은 $\mathbf{a} \cdot \mathbf{b} = 0$이다.

임의의 벡터 $\mathbf{b}$에 대해 $\mathbf{0} \cdot \mathbf{b} = \langle 0, 0, 0 \rangle \cdot \langle b_1, b_2, b_3 \rangle = 0(b_1) + 0(b_2) + 0(b_3) = 0$이므로 영벡터는 모든 벡터에 직교한다고 간주된다.

예제 3 직교벡터

$\mathbf{a} = -3\mathbf{i} - \mathbf{j} + 4\mathbf{k}$, $\mathbf{b} = -\mathbf{i} + 14\mathbf{j} + 5\mathbf{k}$라 하면

$$\mathbf{a} \cdot \mathbf{b} = (-3)(2) + (-1)(14) + (4)(5) = 0$$

이므로 정리 7.3.3에 의하여 $\mathbf{a}$와 $\mathbf{b}$는 직교한다. ≡

예제 1에서 $\mathbf{a} \cdot \mathbf{b} \neq 0$으로부터 $\mathbf{a} = 10\mathbf{i} + 2\mathbf{j} - 6\mathbf{k}$와 $\mathbf{b} = -\frac{1}{2}\mathbf{i} + 4\mathbf{j} - 3\mathbf{k}$는 직교가 아니라고 결론내릴 수 있다. 예제 2의 식 (3)으로부터 단위벡터 $\mathbf{i}, \mathbf{j}, \mathbf{k}$는 서로 직교함을 그림 7.2.8에서 명확하게 알 수 있다.

두 벡터 사이의 각 내적의 두 식 (2)와 (5)를 같게 하면

$$\cos\theta = \frac{a_1b_1 + a_2b_2 + a_3b_3}{\|\mathbf{a}\|\|\mathbf{b}\|} \tag{7}$$

으로부터 **두 벡터 사이의 각**을 정의할 수 있다.

예제 4 두 벡터 사이의 각

$\mathbf{a} = 2\mathbf{i} + 3\mathbf{j} + \mathbf{k}$와 $\mathbf{b} = -1\mathbf{i} + 5\mathbf{j} + \mathbf{k}$ 사이의 각을 구하라.

풀이 $\|\mathbf{a}\| = \sqrt{14}$, $\|\mathbf{b}\| = \sqrt{27}$, $\mathbf{a} \cdot \mathbf{b} = 14$와 (7)로부터

$$\cos\theta = \frac{14}{\sqrt{14}\sqrt{27}} = \frac{\sqrt{42}}{9}$$

이므로 $\theta = \cos^{-1}(\sqrt{42}/9) \approx 0.77$ radian 또는 $\theta \approx 43.9°$이다. ≡

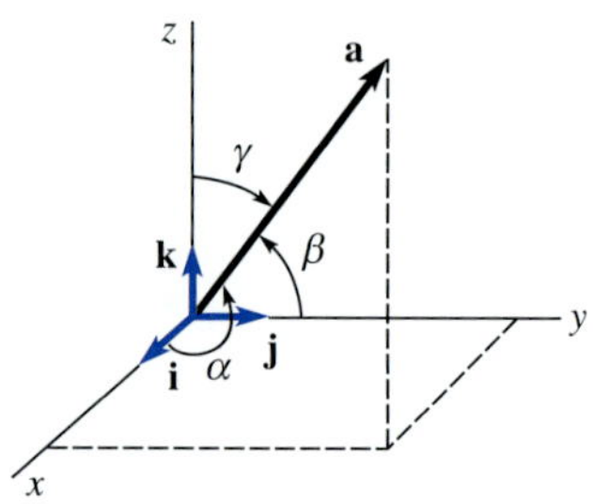

그림 7.3.3 방향각들 α, β, γ

방향 코사인 3-공간에서 $\mathbf{0}$이 아닌 벡터 $\mathbf{a} = a_1\mathbf{i} + a_2\mathbf{j} + a_3\mathbf{k}$에 대하여 $\mathbf{a}$와 각각의 단위벡터 $\mathbf{i}, \mathbf{j}, \mathbf{k}$ 사이의 각 α, β, γ를 $\mathbf{a}$의 **방향각**(direction angle)이라 한다. 그림 7.3.3을 보라. 식 (7)에 의하여

$$\cos\alpha = \frac{\mathbf{a} \cdot \mathbf{i}}{\|\mathbf{a}\|\|\mathbf{i}\|}, \quad \cos\beta = \frac{\mathbf{a} \cdot \mathbf{j}}{\|\mathbf{a}\|\|\mathbf{j}\|}, \quad \cos\gamma = \frac{\mathbf{a} \cdot \mathbf{k}}{\|\mathbf{a}\|\|\mathbf{k}\|}$$

이고, 간단히 하면

$$\cos\alpha = \frac{a_1}{\|\mathbf{a}\|}, \quad \cos\beta = \frac{a_2}{\|\mathbf{a}\|}, \quad \cos\gamma = \frac{a_3}{\|\mathbf{a}\|}$$

이다. $\cos\alpha$, $\cos\beta$, $\cos\gamma$를 $\mathbf{a}$의 **방향 코사인**(direction cosine)이라 한다. $\mathbf{0}$이 아닌 벡터 $\mathbf{a}$의 방향 코사인들은 간단히 단위벡터 $(1/\|\mathbf{a}\|)\,\mathbf{a}$의 성분들이다.

$$\frac{1}{\|\mathbf{a}\|}\mathbf{a} = \frac{a_1}{\|\mathbf{a}\|}\mathbf{i} + \frac{a_2}{\|\mathbf{a}\|}\mathbf{j} + \frac{a_3}{\|\mathbf{a}\|}\mathbf{k} = (\cos\alpha)\,\mathbf{i} + (\cos\beta)\,\mathbf{j} + (\cos\gamma)\,\mathbf{k}$$

$(1/\|\mathbf{a}\|)\,\mathbf{a}$의 크기가 1이므로 마지막 방정식으로부터

$$\cos^2\alpha + \cos^2\beta + \cos^2\gamma = 1$$

이 된다.

예제 5 방향 코사인/각

벡터 $\mathbf{a} = 2\mathbf{i} + 5\mathbf{j} + 4\mathbf{k}$의 방향 코사인과 방향각을 구하라.

풀이 $\|\mathbf{a}\| = \sqrt{2^2 + 5^2 + 4^2} = \sqrt{45} = 3\sqrt{5}$로부터, 방향 코사인은

$$\cos\alpha = \frac{2}{3\sqrt{5}},\ \cos\beta = \frac{5}{3\sqrt{5}},\ \cos\gamma = \frac{4}{3\sqrt{5}}$$

이고, 방향각은

$$\alpha = \cos^{-1}\left(\frac{2}{3\sqrt{5}}\right) \approx 1.27 \text{ radians} \qquad \text{또는} \qquad \alpha \approx 72.7°$$

$$\beta = \cos^{-1}\left(\frac{5}{3\sqrt{5}}\right) \approx 0.73 \text{ radian} \qquad \text{또는} \qquad \beta \approx 41.8°$$

$$\gamma = \cos^{-1}\left(\frac{4}{3\sqrt{5}}\right) \approx 0.93 \text{ radian} \qquad \text{또는} \qquad \gamma \approx 53.4°$$

이다. ≡

예제 5에서

$$\cos^2\alpha + \cos^2\beta + \cos^2\gamma = \frac{4}{45} + \frac{25}{45} + \frac{16}{45} = 1$$

임을 주목하라.

b에서의 a의 성분 분배법칙과 식 (3)에 의하여 벡터 $\mathbf{a} = a_1\mathbf{i} + a_2\mathbf{j} + a_3\mathbf{k}$의 성분들은 내적으로 표현할 수 있다.

$$a_1 = \mathbf{a}\cdot\mathbf{i}, \quad a_2 = \mathbf{a}\cdot\mathbf{j}, \quad a_3 = \mathbf{a}\cdot\mathbf{k} \tag{8}$$

$\mathbf{a}$의 성분들을 기호로

$$\text{comp}_{\mathbf{i}}\mathbf{a} = \mathbf{a}\cdot\mathbf{i}, \quad \text{comp}_{\mathbf{j}}\mathbf{a} = \mathbf{a}\cdot\mathbf{j}, \quad \text{comp}_{\mathbf{k}}\mathbf{a} = \mathbf{a}\cdot\mathbf{k} \tag{9}$$

와 같이 쓴다. 식 (9)에서 제시한 결과는 **임의의 벡터 b에서의 a의 성분**을 구하는 데 이용된다. 그림 7.3.4에 나와 있는 두 경우 중 어느 경우에나

$$\text{comp}_{\mathbf{b}}\mathbf{a} = \|\mathbf{a}\|\cos\theta \tag{10}$$

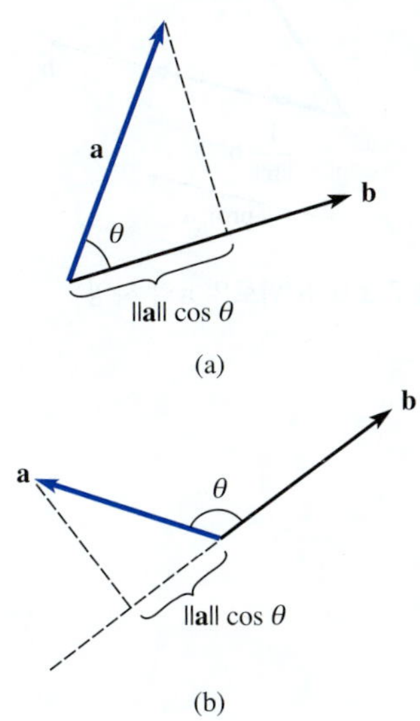

그림 7.3.4 b에서의 a의 성분

가 됨을 유의하라. 그림 7.3.4(b)에서 $\pi/2 < \theta \leq \pi$이므로 $\text{comp}_{\mathbf{b}}\mathbf{a} < 0$이다. 식 (10)을

$$\text{comp}_{\mathbf{b}}\mathbf{a} = \frac{\|\mathbf{a}\|\,\|\mathbf{b}\|\cos\theta}{\|\mathbf{b}\|} = \frac{\mathbf{a}\cdot\mathbf{b}}{\|\mathbf{b}\|}$$

로 쓰면

$$\text{comp}_{\mathbf{b}}\mathbf{a} = \mathbf{a}\cdot\left(\frac{1}{\|\mathbf{b}\|}\mathbf{b}\right) = \frac{\mathbf{a}\cdot\mathbf{b}}{\|\mathbf{b}\|} \tag{11}$$

임을 알 수 있다. 다시 말하면,

벡터 b에서의 a의 성분을 구하려면, b 방향의 단위벡터와 a의 내적을 구하면 된다.

예제 6 한 벡터에서의 다른 벡터의 성분

$\mathbf{a} = 2\mathbf{i} + 3\mathbf{j} - 4\mathbf{k}$, $\mathbf{b} = \mathbf{i} + \mathbf{j} + 2\mathbf{k}$일 때, $\text{comp}_{\mathbf{b}}\mathbf{a}$와 $\text{comp}_{\mathbf{a}}\mathbf{b}$를 구하라.

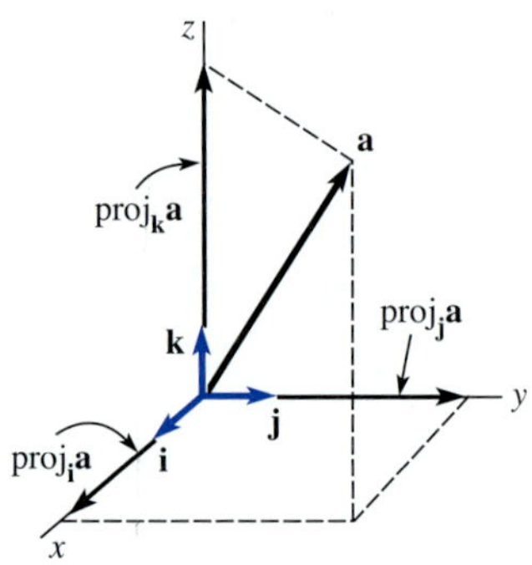

그림 7.3.5 **i**, **j**, **k** 위로의 **a**의 사영

풀이 **b** 방향의 단위벡터는

$$\|\mathbf{b}\| = \sqrt{6}, \quad \frac{1}{\|\mathbf{b}\|}\mathbf{b} = \frac{1}{\sqrt{6}}(\mathbf{i} + \mathbf{j} + 2\mathbf{k})$$

이다. 따라서 식 (11)으로부터

$$\text{comp}_{\mathbf{b}}\mathbf{a} = (2\mathbf{i} + 3\mathbf{j} - 4\mathbf{k})\cdot\frac{1}{\sqrt{6}}(\mathbf{i} + \mathbf{j} + 2\mathbf{k}) = -\frac{3}{\sqrt{6}}$$

이다. 따라서 식 (11)을 이용하면

$$\text{comp}_{\mathbf{a}}\mathbf{b} = \mathbf{b}\cdot\left(\frac{1}{\|\mathbf{a}\|}\mathbf{a}\right)$$

$$\|\mathbf{a}\| = \sqrt{29}, \quad \frac{1}{\|\mathbf{a}\|}\mathbf{a} = \frac{1}{\sqrt{29}}(2\mathbf{i} + 3\mathbf{j} - 4\mathbf{k})$$

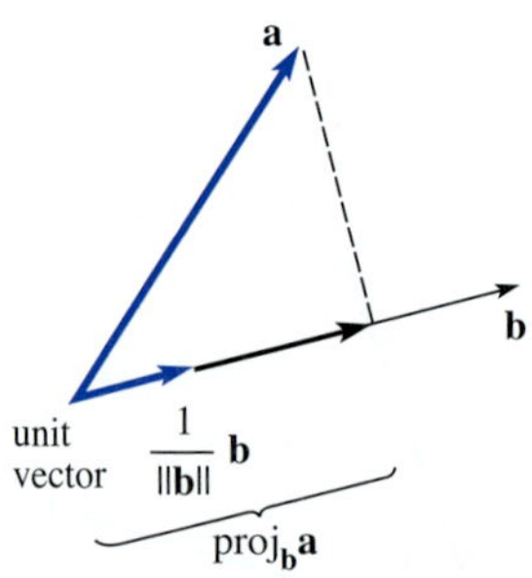

그림 7.3.6 **b** 위로의 **a**의 사영

이고

$$\text{comp}_{\mathbf{a}}\mathbf{b} = (\mathbf{i} + \mathbf{j} + 2\mathbf{k})\cdot\frac{1}{\sqrt{29}}(2\mathbf{i} + 3\mathbf{j} - 4\mathbf{k}) = -\frac{3}{\sqrt{29}}$$

이다. ≡

b 위로의 a의 사영 그림 7.3.5에 예시한 바와 같이, **i**, **j**, **k**에 의하여 정해진 임의의 한 방향으로의 벡터 **a**의 **사영**(projection)은 주어진 방향의 단위벡터와 주어진 방향의 **a**의 성분을 곱하여 얻어진 벡터이다. 예를 들면

$$\text{proj}_{\mathbf{i}}\mathbf{a} = (\text{comp}_{\mathbf{i}}\mathbf{a})\mathbf{i} = (\mathbf{a}\cdot\mathbf{i})\mathbf{i} = a_1\mathbf{i}$$

등이다. 그림 7.3.6은 **b 위로의 a의 사영**(projection of **a** onto **b**)

$$\text{proj}_{\mathbf{b}}\mathbf{a} = (\text{comp}_{\mathbf{b}}\mathbf{a})\left(\frac{1}{\|\mathbf{b}\|}\mathbf{b}\right) = \left(\frac{\mathbf{a}\cdot\mathbf{b}}{\mathbf{b}\cdot\mathbf{b}}\right)\mathbf{b} \tag{12}$$

의 일반적인 경우를 보여 준다.

예제 7 한 벡터의 다른 벡터 위로의 사영

벡터 $\mathbf{b} = 2\mathbf{i} + 3\mathbf{j}$ 위로의 $\mathbf{a} = 4\mathbf{i} + \mathbf{j}$의 사영을 구하고 그래프를 그려라.

풀이 먼저 **a**와 **b**의 성분을 구한다. $\|\mathbf{b}\| = \sqrt{13}$이므로, 식 (11)로부터

$$\text{comp}_{\mathbf{b}}\mathbf{a} = (4\mathbf{i} + \mathbf{j}) \cdot \frac{1}{\sqrt{13}}(2\mathbf{i} + 3\mathbf{j}) = \frac{11}{\sqrt{13}}$$

이며, 식 (12)로부터

$$\text{proj}_{\mathbf{b}}\mathbf{a} = \left(\frac{11}{\sqrt{13}}\right)\left(\frac{1}{\sqrt{13}}\right)(2\mathbf{i} + 3\mathbf{j}) = \frac{22}{13}\mathbf{i} + \frac{33}{13}\mathbf{j}$$

이다. 이 벡터의 그래프는 **그림 7.3.7**에 나타내었다. ≡

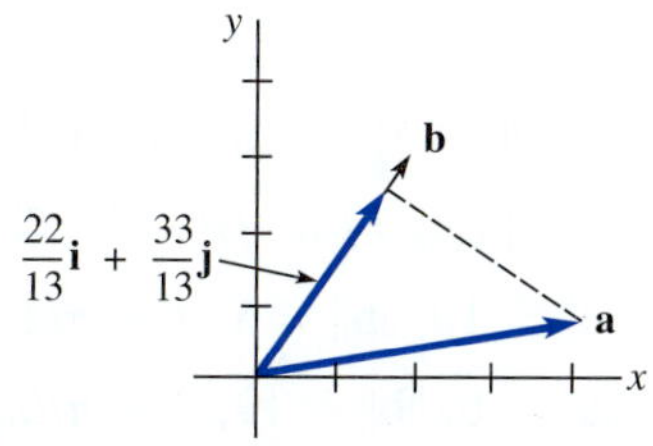

그림 7.3.7 예제 9의 **b** 위로의 **a**의 사영

내적의 물리적 해석 크기가 F인 일정한 힘이 한 물체를 이 힘과 같은 방향으로 거리 d만큼 움직일 때, 행한 일은 간단히 $W = Fd$이다. 그러나 물체에 작용한 일정한 힘 **F**와 움직인 방향과의 각이 θ이면, **F**가 한 일은 변위 방향으로의 **F**의 성분과 물체가 움직인 거리 $\|\mathbf{d}\|$와의 곱

$$W = (\|\mathbf{F}\| \cos\theta)\,\|\mathbf{d}\| = \|\mathbf{F}\|\,\|\mathbf{d}\| \cos\theta$$

로 정의한다. **그림 7.3.8**을 보라. **F**가 물체의 변위 **d**를 야기한다면, **F**가 한 일은

$$W = \mathbf{F}\cdot\mathbf{d} \tag{13}$$

이다.

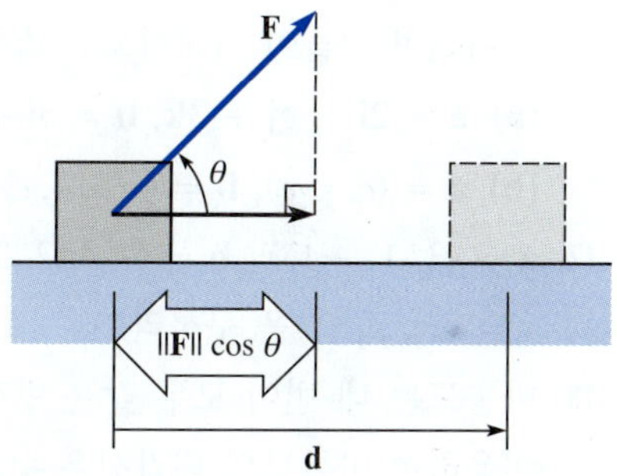

그림 7.3.8 힘 **F**에 의해 한 일

예제 8 일정한 힘이 한 일

일정한 힘 $\mathbf{F} = 2\mathbf{i} + 4\mathbf{j}$가 블록에 작용하여 블록이 점 $P_1(1, 1)$에서 $P_2(4, 6)$으로 이동할 때, **F**가 한 일을 구하라. $\|\mathbf{F}\|$와 $\|\mathbf{d}\|$의 단위는 각각 N(뉴턴)과 m(미터)이다.

풀이 블록의 변위는

$$\mathbf{d} = \overrightarrow{P_1P_2} = \overrightarrow{OP_2} - \overrightarrow{OP_1} = 3\mathbf{i} + 5\mathbf{j}$$

로 주어진다. 식 (13)로부터 한 일은

$$W = (2\mathbf{i} + 4\mathbf{j}) \cdot (3\mathbf{i} + 5\mathbf{j}) = 26 \text{ N-m}$$

이다. ≡

7.3 연습문제

부록에 선택된 홀수 문제의 답이 있다.

문제 1~12에서는 $\mathbf{a} = \langle 2, -3, 4\rangle$, $\mathbf{b} = \langle -1, 2, 5\rangle$, $\mathbf{c} = \langle 3, 6, -1\rangle$일 때, 제시한 스칼라 또는 벡터를 구하라.

1. $\mathbf{a}\cdot\mathbf{b}$
2. $\mathbf{b}\cdot\mathbf{c}$
3. $\mathbf{a}\cdot\mathbf{c}$
4. $\mathbf{a}\cdot(\mathbf{b}+\mathbf{c})$
5. $\mathbf{a}\cdot(4\mathbf{b})$
6. $\mathbf{b}\cdot(\mathbf{a}-\mathbf{c})$
7. $\mathbf{a}\cdot\mathbf{a}$
8. $(2\mathbf{b})\cdot(3\mathbf{c})$
9. $\mathbf{a}\cdot(\mathbf{a}+\mathbf{b}+\mathbf{c})$
10. $(2\mathbf{a})\cdot(\mathbf{a}-2\mathbf{b})$
11. $\left(\dfrac{\mathbf{a}\cdot\mathbf{b}}{\mathbf{b}\cdot\mathbf{b}}\right)\mathbf{b}$
12. $(\mathbf{c}\cdot\mathbf{b})\mathbf{a}$

문제 13과 14에서는 $\mathbf{a}$와 $\mathbf{b}$ 사이에 이루어진 작은 각이 다음과 같이 주어졌을 때 $\mathbf{a}\cdot\mathbf{b}$를 구하라.

13. $\|\mathbf{a}\| = 10$, $\|\mathbf{b}\| = 5$, $\theta = \pi/4$
14. $\|\mathbf{a}\| = 6$, $\|\mathbf{b}\| = 12$, $\theta = \pi/6$
15. 다음 벡터들 중에서 직교하는 쌍들을 정하라.
    (a) $\langle 2, 0, 1\rangle$　(b) $3\mathbf{i}+2\mathbf{j}-\mathbf{k}$
    (c) $2\mathbf{i}-\mathbf{j}-\mathbf{k}$　(d) $\mathbf{i}-4\mathbf{j}+6\mathbf{k}$
    (e) $\langle 1, -1, 1\rangle$　(f) $\langle -4, 3, 8\rangle$
16. 주어진 벡터들이 직교하도록 스칼라 c를 정하라.
    (a) $\mathbf{a} = 2\mathbf{i}-c\mathbf{j}+3\mathbf{k}$, $\mathbf{b} = 3\mathbf{i}+2\mathbf{j}+4\mathbf{k}$
    (b) $\mathbf{a} = \langle c, \frac{1}{2}, c\rangle$, $\mathbf{b} = \langle -3, 4, c\rangle$
17. $\mathbf{a} = \langle 3, 1, -1\rangle$과 $\mathbf{b} = \langle -3, 2, 2\rangle$ 모두에 직교하는 벡터 $\mathbf{v} = \langle x_1, y_1, 1\rangle$을 구하라.
18. 마름모는 네 변이 모두 같은 빗각 평행사변형이다. 내적을 이용하여 마름모의 대각선은 수직임을 보여라.
19. 벡터
$$\mathbf{c} = \mathbf{b} - \frac{\mathbf{a}\cdot\mathbf{b}}{\|\mathbf{a}\|^2}\mathbf{a}$$
는 $\mathbf{a}$에 직교함을 증명하라.
20. $\mathbf{a} = \mathbf{i}+c\mathbf{j}$와 $\mathbf{b} = \mathbf{i}+\mathbf{j}$가 이루는 각이 45°가 되도록 스칼라 c를 정하라.

문제 21~24에서는 주어진 벡터들 사이의 각을 구하라.

21. $\mathbf{a} = 3\mathbf{i}-\mathbf{k}$, $\mathbf{b} = 2\mathbf{i}+2\mathbf{k}$
22. $\mathbf{a} = 2\mathbf{i}+\mathbf{j}$, $\mathbf{b} = -3\mathbf{i}-4\mathbf{j}$
23. $\mathbf{a} = \langle 2, 4, 0\rangle$, $\mathbf{b} = \langle -1, -1, 4\rangle$
24. $\mathbf{a} = \langle \frac{1}{2}, \frac{1}{2}, \frac{3}{2}\rangle$, $\mathbf{b} = \langle 2, -4, 6\rangle$

문제 25~28에서는 주어진 벡터들의 방향 코사인과 방향각을 구하라.

25. $\mathbf{a} = \mathbf{i}+2\mathbf{j}+3\mathbf{k}$
26. $\mathbf{a} = 6\mathbf{i}+6\mathbf{j}-3\mathbf{k}$
27. $\mathbf{a} = \langle 1, 0, -\sqrt{3}\rangle$
28. $\mathbf{a} = \langle 5, 7, 2\rangle$
29. 그림 7.3.9에 나와 있는 정육면체의 대각선 $\overrightarrow{AD}$와 변 AB 사이의 각을 구하라. 정육면체의 대각선 $\overrightarrow{AD}$와 대각선 $\overrightarrow{AC}$ 사이의 각을 구하라.

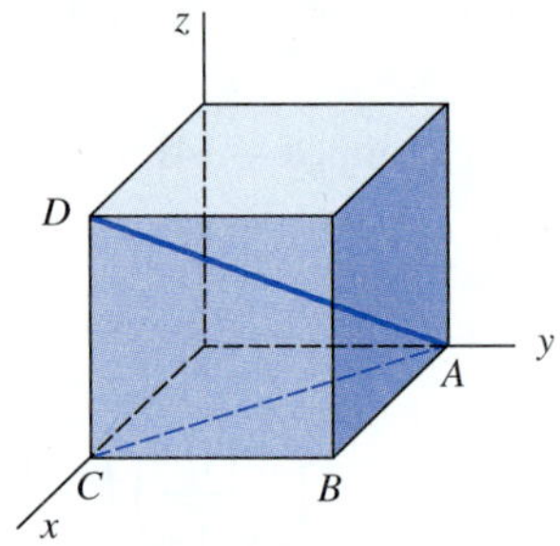

그림 7.3.9 문제 29에 있는 대각선

30. 0이 아닌 벡터 $\mathbf{a}$와 $\mathbf{b}$가 직교하면, 그들의 방향 코사인은
$$\cos\alpha_1\cos\alpha_2 + \cos\beta_1\cos\beta_2 + \cos\gamma_1\cos\gamma_2 = 0$$
을 만족시킴을 보여라.
31. 비행기가 그림 7.3.10에서와 같이 한 공항의 동쪽 7 km, 남쪽 5 km, 높이 4 km에 위치해 있다. 이 비행기의 방향각을 구하라.

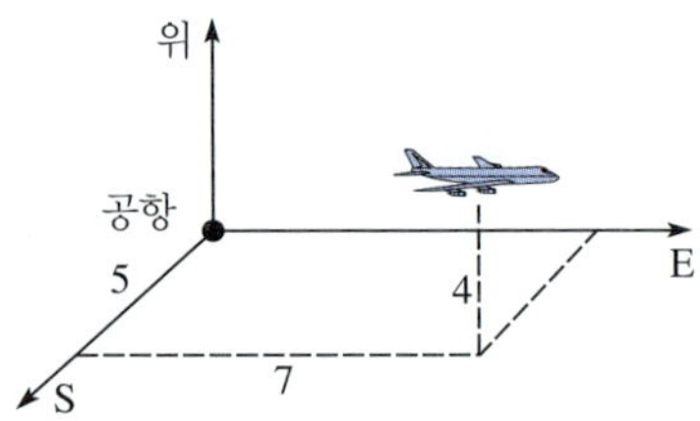

그림 7.3.10 문제 31의 비행기

32. 세 좌표축에 관하여 방향각들이 모두 같은 단위벡터를 정하라.

문제 33~36에서는 $\mathbf{a} = \langle 1, -1, 3\rangle$, $\mathbf{b} = \langle 2, 6, 3\rangle$이다. 지시된 값을 구하라.

33. $\text{comp}_{\mathbf{b}}\mathbf{a}$
34. $\text{comp}_{\mathbf{a}}\mathbf{b}$
35. $\text{comp}_{\mathbf{a}}(\mathbf{b}-\mathbf{a})$
36. $\text{comp}_{2\mathbf{b}}(\mathbf{a}+\mathbf{b})$

문제 37과 38에서는 원점에서 제시된 점 방향으로 주어진 벡터의 성분을 구하라.

37. $\mathbf{a} = 4\mathbf{i}+6\mathbf{j}$, $P(3, 10)$
38. $\mathbf{a} = \langle 2, 1, -1\rangle$, $P(1, -1, 1)$

문제 39~42에서는 $\text{proj}_{\mathbf{b}}\mathbf{a}$를 구하라.

39. $\mathbf{a} = -5\mathbf{i} + 5\mathbf{j}$, $\mathbf{b} = -3\mathbf{i} + 4\mathbf{j}$

40. $\mathbf{a} = 4\mathbf{i} + 2\mathbf{j}$, $\mathbf{b} = -3\mathbf{i} + \mathbf{j}$

41. $\mathbf{a} = -\mathbf{i} - 2\mathbf{j} + 7\mathbf{k}$, $\mathbf{b} = 6\mathbf{i} - 3\mathbf{j} - 2\mathbf{k}$

42. $\mathbf{a} = \langle 1, 1, 1\rangle$, $\mathbf{b} = \langle -2, 2, -1\rangle$

문제 43과 44에서는 $\mathbf{a} = 4\mathbf{i} + 3\mathbf{j}$, $\mathbf{b} = -\mathbf{i} + \mathbf{j}$일 때, 지시된 벡터를 구하라.

43. $\text{proj}_{(\mathbf{a}+\mathbf{b})}\mathbf{a}$　　**44.** $\text{proj}_{(\mathbf{a}-\mathbf{b})}\mathbf{b}$

45. 썰매 앞에 달린 끈으로 썰매를 얼음 위로 수평이 되게 끈다고 한다. 수평과 각이 60°가 되게 작용하는 20 lb의 힘이 썰매를 100 ft 움직였다고 한다. 한 일을 구하라.

46. 일정한 힘 $\mathbf{F} = 4\mathbf{i} + 3\mathbf{j} + 5\mathbf{k}$가 어느 한 물체에 작용하여 점 $P_1(3, 1, -2)$에서 $P_2(2, 4, 6)$으로 움직일 때 한 일을 구하라. $\|\mathbf{F}\|$는 뉴턴으로 그리고 $\|\mathbf{d}\|$는 미터로 측정된다고 가정한다.

47. 무게 $\mathbf{w}$인 블록이 벡터 $\mathbf{d}$로 주어진 방향으로 크기 30뉴턴의 일정한 힘 $\mathbf{F}$에 의하여 마찰이 없는 수평한 표면을 따라 끌어당겨진다. 그림 7.3.11을 보라. $\|\mathbf{d}\|$는 미터로 측정된다고 가정한다.

(a) 무게 $\mathbf{w}$가 한 일은 얼마인가?

(b) $\mathbf{d} = 4\mathbf{i} + 3\mathbf{j}$일 때, 힘 $\mathbf{F}$가 한 일은 얼마인가?

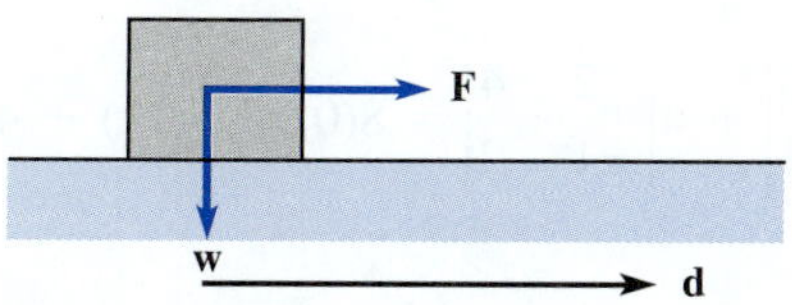

그림 7.3.11 문제 47의 블록

48. 크기 3 lb의 일정한 힘 $\mathbf{F}$가 그림 7.3.12에 나와 있는 바와 같이 블록에 작용한다. $\mathbf{F}$는 벡터 $\mathbf{a} = 3\mathbf{i} + 4\mathbf{j}$와 같은 방향을 갖는다. 블록이 $P_1(3, 1)$에서 $P_2(9, 3)$으로 움직일 때, 이 운동 방향으로 한 일을 구하라. 거리의 단위는 피트(feet)이다.

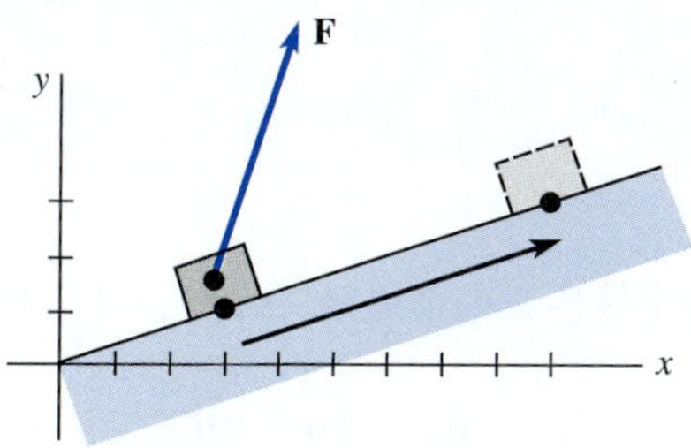

그림 7.3.12 문제 48의 블록

49. 메탄 분자 CH_4에서 수소 원자는 정사면체의 네 꼭지점에 위치해 있다. 그림 7.3.13을 보라. 수소 원자 중심과 탄소 원자 중심 사이의 거리는 1.10옹스트롬(1옹스트롬 $= 10^{-10}$ 미터)이고, 수소-탄소-수소 결합각은 $\theta = 109.5°$이다. 벡터 방법만을 이용하여, 두 수소 원자 사이의 거리를 구하라.

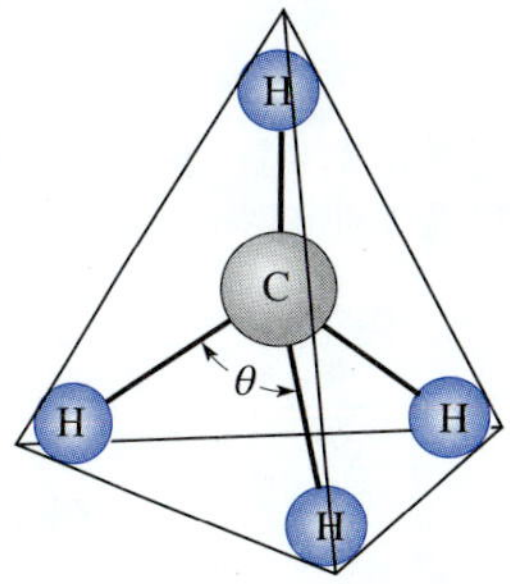

그림 7.3.13 문제 49의 분자

토의문제

50. 내적을 이용해 Cauchy-Schwarz 부등식 $|\mathbf{a}\cdot\mathbf{b}| \le \|\mathbf{a}\|\,\|\mathbf{b}\|$를 증명하라.

51. 내적을 이용하여 삼각부등식 $\|\mathbf{a} + \mathbf{b}\| \le \|\mathbf{a}\| + \|\mathbf{b}\|$를 증명하라. [힌트: 내적의 성질 (*vi*)를 참고하라.]

52. 벡터 $\mathbf{n} = a\mathbf{i} + b\mathbf{j}$가 방정식이 $ax + by + c = 0$인 직선에 수직임을 증명하라. [힌트: $P_1(x_1, y_1)$과 $P_2(x_2, y_2)$를 이 직선 위의 서로 다른 점이라고 생각하라.]

53. 문제 52의 결과와 그림 7.3.14를 이용하여, 한 점 $P_1(x_1, y_1)$에서 직선 $ax + by + c = 0$까지의 거리 d는

$$d = \frac{|ax_1 + by_1 + c|}{\sqrt{a^2 + b^2}}$$ 임을 증명하라.

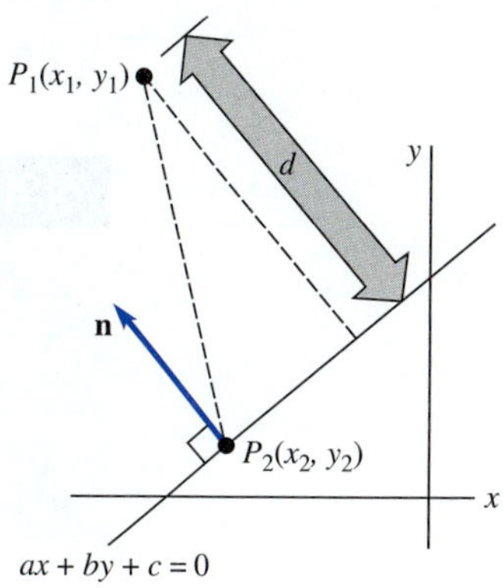

그림 7.3.14 문제 53의 거리 d

7.4 외적

소개 앞 절에서 소개된 내적은 2차원과 3차원 공간에서 작용하고 결과는 수(number)이다. 한편, 이 절에서 소개되는 **외적**(cross product)은 3-공간에서의 벡터들에서만 정의되고 결과는 3-공간에서의 또 다른 벡터이다.

진행하기 전에 우리는 행렬식의 정리로부터 나오는 다음과 같은 두 결과가 필요하다.

행렬식의 완전한 논의는 8.4절과 8.5절을 보라. ▶

행렬식의 복습 **2차 행렬식**은

$$\begin{vmatrix} a_1 & a_2 \\ b_1 & b_2 \end{vmatrix} = a_1b_2 - a_2b_1 \tag{1}$$

인 수이며, **3차 행렬식**은 3개의 3차 행렬식으로 정의된 수:

$$\begin{vmatrix} a_1 & a_2 & a_3 \\ b_1 & b_2 & b_3 \\ c_1 & c_2 & c_3 \end{vmatrix} = a_1\begin{vmatrix} b_2 & b_3 \\ c_2 & c_3 \end{vmatrix} - a_2\begin{vmatrix} b_1 & b_3 \\ c_1 & c_3 \end{vmatrix} + a_3\begin{vmatrix} b_1 & b_2 \\ c_1 & c_2 \end{vmatrix} \tag{2}$$

이다. 이는 1행을 따라서 **전개된 행렬식**(expanding the determinant)이라 부른다. 예를 들어, 식 (1)로부터

$$\begin{vmatrix} -4 & -2 \\ 5 & 3 \end{vmatrix} = (-4)3 - (-2)5 = -2$$

이고, 식 (2)으로부터

$$\begin{vmatrix} 8 & 5 & 4 \\ 2 & 4 & 6 \\ -1 & 2 & 3 \end{vmatrix} = 8\begin{vmatrix} 4 & 6 \\ 2 & 3 \end{vmatrix} - 5\begin{vmatrix} 2 & 6 \\ -1 & 3 \end{vmatrix} + 4\begin{vmatrix} 2 & 4 \\ -1 & 2 \end{vmatrix} = 8(0) - 5(12) + 4(8) = -28$$

외적의 성분형식 내적의 논의처럼 두 벡터 **a**와 **b**의 **외적**(cross product)을 벡터의 구성성분으로 정의한다.

정의 7.4.1 두 벡터의 외적

두 벡터 $\mathbf{a} = \langle a_1, a_2, a_3 \rangle$와 $\mathbf{b} = \langle b_1, b_2, b_3 \rangle$의 외적은

$$\mathbf{a} \times \mathbf{b} = (a_2b_3 - a_3b_2)\mathbf{i} - (a_1b_3 - a_3b_1)\mathbf{j} + (a_1b_2 - a_2b_1)\mathbf{k} \tag{3}$$

이다.

식 (3)에서 기저벡터(basis vector)의 계수들은 2차 행렬식으로 다음과 같이 쓸 수 있다.

$$\mathbf{a} \times \mathbf{b} = \begin{vmatrix} a_2 & a_3 \\ b_2 & b_3 \end{vmatrix}\mathbf{i} - \begin{vmatrix} a_1 & a_3 \\ b_1 & b_3 \end{vmatrix}\mathbf{j} + \begin{vmatrix} a_1 & a_2 \\ b_1 & b_2 \end{vmatrix}\mathbf{k} \tag{4}$$

식 (4)를 식 (2)와 비교하면 외적은 형식상 1행의 각 항목이 단위벡터 **i**, **j**, **k**이고, 2행의 항목이 벡터 **a**의 구성성분이며, 3행의 항목이 벡터 **b**의 구성성분인 3차 행렬식으로 표현될 수 있다.

$$\mathbf{a}\times\mathbf{b}=\begin{vmatrix}\mathbf{i} & \mathbf{j} & \mathbf{k}\\ a_1 & a_2 & a_3\\ b_1 & b_2 & b_3\end{vmatrix} \tag{5}$$

예제 1 식 (5)를 이용한 외적

$\mathbf{a}=4\mathbf{i}-2\mathbf{j}+5\mathbf{k}$, $\mathbf{b}=3\mathbf{i}+\mathbf{j}-\mathbf{k}$라 할 때 $\mathbf{a}\times\mathbf{b}$를 구하라.

풀이 식 (5)를 이용하고, 1행을 따라서 행렬식을 전개하여

$$\mathbf{a}\times\mathbf{b}=\begin{vmatrix}\mathbf{i} & \mathbf{j} & \mathbf{k}\\ 4 & -2 & 5\\ 3 & 1 & -1\end{vmatrix}=\begin{vmatrix}-2 & 5\\ 1 & -1\end{vmatrix}\mathbf{i}-\begin{vmatrix}4 & 5\\ 3 & -1\end{vmatrix}\mathbf{j}+\begin{vmatrix}4 & -2\\ 3 & 1\end{vmatrix}\mathbf{k}$$

$$=-3\mathbf{i}+19\mathbf{j}+10\mathbf{k}$$

을 얻는다. ≡

예제 2 두 기저벡터의 외적

$\mathbf{i}=\langle 1, 0, 0\rangle$, $\mathbf{j}=\langle 0, 1, 0\rangle$이면 식 (5)로부터,

$$\mathbf{i}\times\mathbf{j}=\begin{vmatrix}\mathbf{i} & \mathbf{j} & \mathbf{k}\\ 1 & 0 & 0\\ 0 & 1 & 0\end{vmatrix}=\begin{vmatrix}0 & 0\\ 1 & 0\end{vmatrix}\mathbf{i}-\begin{vmatrix}1 & 0\\ 0 & 0\end{vmatrix}\mathbf{j}+\begin{vmatrix}1 & 0\\ 0 & 1\end{vmatrix}\mathbf{k}=\mathbf{k}$$

이고

$$\mathbf{i}\times\mathbf{i}=\begin{vmatrix}\mathbf{i} & \mathbf{j} & \mathbf{k}\\ 1 & 0 & 0\\ 1 & 0 & 0\end{vmatrix}=\begin{vmatrix}0 & 0\\ 0 & 0\end{vmatrix}\mathbf{i}-\begin{vmatrix}1 & 0\\ 1 & 0\end{vmatrix}\mathbf{j}+\begin{vmatrix}1 & 0\\ 1 & 0\end{vmatrix}\mathbf{k}=\mathbf{0}$$

≡

예제 2처럼

$$\mathbf{i}\times\mathbf{j}=\mathbf{k},\qquad \mathbf{j}\times\mathbf{k}=\mathbf{i},\qquad \mathbf{k}\times\mathbf{i}=\mathbf{j} \tag{6}$$

$$\mathbf{j}\times\mathbf{i}=-\mathbf{k},\qquad \mathbf{k}\times\mathbf{j}=-\mathbf{i},\qquad \mathbf{i}\times\mathbf{k}=-\mathbf{j} \tag{7}$$

이고

$$\mathbf{i}\times\mathbf{i}=\mathbf{0},\qquad \mathbf{j}\times\mathbf{j}=\mathbf{0},\qquad \mathbf{k}\times\mathbf{k}=\mathbf{0} \tag{8}$$

임을 바로 알 수 있다. 식 (6)의 결과는 **그림 7.4.1**에 기술된 순환적인 그림 표현으로 나타낼 수 있다. 식 (7)에서 그림 7.4.1에서 볼 때 반대방향으로 두 벡터를 외적시키면 식 (6)에서의 음의 벡터를 얻게 된다. 식 (6), (7), (8)은 정리 7.4.1에서의 (*ii*)와 (*vi*)의 특별한 경우들이다.

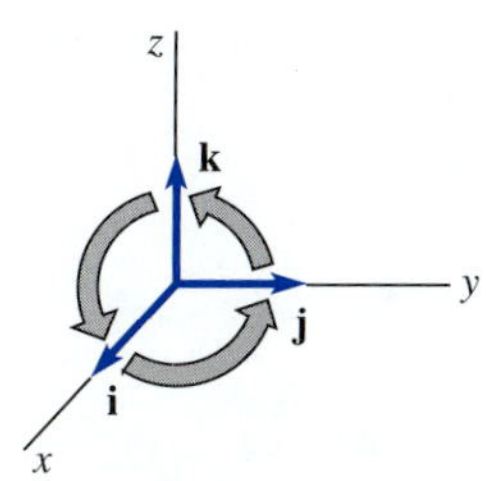

그림 7.4.1 벡터 **i**, **j**, **k**를 포함하는 외적에 대한 기억을 돕는 그림

■ **성질** 다음 정리는 외적의 중요한 성질을 요약한 것이다.

정리 7.4.1 외적의 성질

(*i*) $\mathbf{a} = \mathbf{0}$ 또는 $\mathbf{b} = \mathbf{0}$이면 $\mathbf{a} \times \mathbf{b} = \mathbf{0}$

(*ii*) $\mathbf{a} \times \mathbf{b} = -\mathbf{b} \times \mathbf{a}$

(*iii*) $\mathbf{a} \times (\mathbf{b} + \mathbf{c}) = (\mathbf{a} \times \mathbf{b}) + (\mathbf{a} \times \mathbf{c})$ ←분배법칙

(*iv*) $(\mathbf{a} + \mathbf{b}) \times \mathbf{c} = (\mathbf{a} \times \mathbf{c}) + (\mathbf{b} \times \mathbf{c})$ ←분배법칙

(*v*) $\mathbf{a} \times (k\mathbf{b}) = (k\mathbf{a}) \times \mathbf{b} = k(\mathbf{a} \times \mathbf{b})$, k는 스칼라

(*vi*) $\mathbf{a} \times \mathbf{a} = \mathbf{0}$

(*vii*) $\mathbf{a} \cdot (\mathbf{a} \times \mathbf{b}) = 0$

(*viii*) $\mathbf{b} \cdot (\mathbf{a} \times \mathbf{b}) = 0$

증명 모든 성질은 식 (4)와 (5)부터 증명될 수 있다. (*i*)을 증명하기 위해, $\mathbf{a} = \langle 0, 0, 0\rangle = \mathbf{0}$, $\mathbf{b} = \langle b_1, b_2, b_3\rangle$라 하자. 그러면 식 (5)로부터

$$\mathbf{a} \times \mathbf{b} = \begin{vmatrix} \mathbf{i} & \mathbf{j} & \mathbf{k} \\ 0 & 0 & 0 \\ b_1 & b_2 & b_3 \end{vmatrix} = \begin{vmatrix} 0 & 0 \\ b_2 & b_3 \end{vmatrix}\mathbf{i} - \begin{vmatrix} 0 & 0 \\ b_1 & b_3 \end{vmatrix}\mathbf{j} + \begin{vmatrix} 0 & 0 \\ b_1 & b_2 \end{vmatrix}\mathbf{k}$$

$$= [0(b_3) - 0(b_2)]\mathbf{i} - [0(b_3) - 0(b_1)]\mathbf{j} + [0(b_2) - 0(b_1)]\mathbf{k}$$

$$= 0\mathbf{i} + 0\mathbf{j} + 0\mathbf{k} = \mathbf{0}.$$

(*iii*)을 증명하기 위해 $\mathbf{a} = \langle a_1, a_2, a_3\rangle$, $\mathbf{b} = \langle b_1, b_2, b_3\rangle$, $\mathbf{c} = \langle c_1, c_2, c_3\rangle$라고 두면

$$\mathbf{a} \times (\mathbf{b} + \mathbf{c}) = \begin{vmatrix} a_2 & a_3 \\ b_2 + c_2 & b_3 + c_3 \end{vmatrix}\mathbf{i} - \begin{vmatrix} a_1 & a_3 \\ b_1 + c_1 & b_3 + c_3 \end{vmatrix}\mathbf{j} + \begin{vmatrix} a_1 & a_2 \\ b_1 + c_1 & b_2 + c_2 \end{vmatrix}\mathbf{k}$$

$$\begin{aligned} &= [(a_2b_3 + a_2c_3) - (a_3b_2 + a_3c_2)]\mathbf{i} - [(a_1b_3 + a_1c_3) - (a_3b_1 + a_3c_1)]\mathbf{j} \\ &\quad + [(a_1b_2 + a_1c_2) - (a_2b_1 + a_2c_1)]\mathbf{k} \\ &= (a_2b_3 - a_3b_2)\mathbf{i} - (a_1b_3 - a_3b_1)\mathbf{j} + (a_1b_2 - a_2b_1)\mathbf{k} \\ &\quad + (a_2c_3 - a_3c_2)\mathbf{i} - (a_1c_3 - a_3c_1)\mathbf{j} + (a_1c_2 - a_2c_1)\mathbf{k} \\ &= (\mathbf{a} \times \mathbf{b}) + (\mathbf{a} \times \mathbf{c}) \end{aligned}$$

≡

정리 7.4.1의 (*i*)이 외적은 교환법칙이 성립하지 않음을 나타내므로 정리 (*iii*)과 (*iv*)에서 두 개의 배분법칙이 존재한다.

정리 7.4.1의 (*vii*)와 (*viii*)는 특별히 주의할 만하다. 정리 7.3.3의 안정에서 (*vii*)과 (*viii*)은 벡터 $\mathbf{a} \times \mathbf{b}$는 $\mathbf{a}$와 직교하고 $\mathbf{a} \times \mathbf{b}$는 $\mathbf{b}$와 직교함을 의미한다. 벡터 $\mathbf{a}$, $\mathbf{b}$가 영벡터가 아니면 $\mathbf{a} \times \mathbf{b}$는 벡터 $\mathbf{a}$와 벡터 $\mathbf{b}$를 포함하는 평면상의 모든 벡터와 직교이다. 다시 말하면,

$\mathbf{a} \times \mathbf{b}$는 $\mathbf{a}$와 $\mathbf{b}$를 포함하는 평면에 직교이다. (9)

그림 7.4.1에서 보듯이 식 (6)에서 $\mathbf{i} \times \mathbf{j}$는 $\mathbf{i}$와 $\mathbf{j}$의 평면, 즉 xy-평면에 직교이고, $\mathbf{j} \times \mathbf{k}$는 yz-평면에 직교이며, $\mathbf{k} \times \mathbf{i}$는 xz-평면에 직교이다.

식 (6)과 (7)의 결과는 벡터 $\mathbf{a} \times \mathbf{b}$가 가리키는 방향에 대한 단서를 제공한다.

오른손법칙 벡터 $\mathbf{a}$, $\mathbf{b}$, $\mathbf{a} \times \mathbf{b}$는 **오른손 체계**(right-handed system 또는 right-handed triple)을 형성한다. 이는 $\mathbf{a} \times \mathbf{b}$가 **오른손법칙**(right-hand rule)에 의해 주어진 방향을 가리킨다는 것을 의미한다.

오른손 손가락들이 벡터 $\mathbf{a}$를 향한 다음 벡터 $\mathbf{b}$쪽으로 감아쥘 때, 엄지는 $\mathbf{a} \times \mathbf{b}$의 방향을 나타낸다. (10)

그림 7.4.2(a)를 보라. 그림 7.4.2(b)에서 오른손법칙은 $\mathbf{b} \times \mathbf{a}$의 방향을 보여준다.

$\mathbf{a} \times \mathbf{b}$는 벡터이므로 크기 $\|\mathbf{a} \times \mathbf{b}\|$는 정의 7.2.1의 (*vii*)로부터 알 수 있다. 다음 정리에서 보듯이, $\|\mathbf{a} \times \mathbf{b}\|$는 벡터 $\mathbf{a}$와 $\mathbf{b}$의 사이각 항목으로 표현될 수 있다.

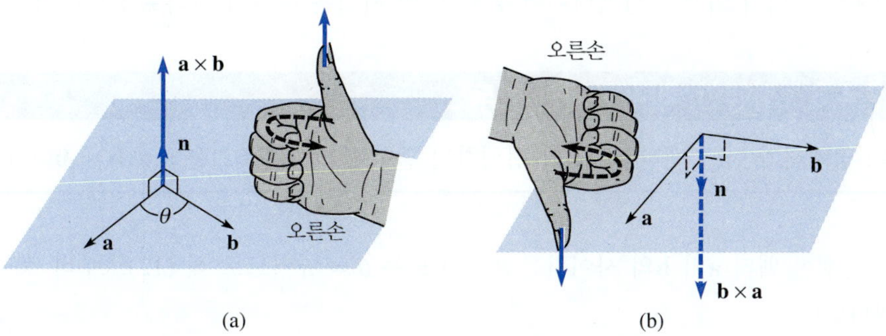

그림 7.4.2 오른손법칙

정리 7.4.2 외적의 크기

영벡터가 아닌 벡터 $\mathbf{a}$와 $\mathbf{b}$에 대하여, 만약 θ는 $\mathbf{a}$와 $\mathbf{b}$의 사이각 $(0 \le \theta \le \pi)$라면

$$\|\mathbf{a} \times \mathbf{b}\| = \|\mathbf{a}\|\,\|\mathbf{b}\| \sin\theta \tag{11}$$

증명 식 (11)의 좌변과 우변의 제곱을 따로 계산한다. $\mathbf{a}$와 $\mathbf{b}$의 구성성분 형태를 이용해

$$\begin{aligned}\|\mathbf{a} \times \mathbf{b}\|^2 &= (a_2b_3 - a_3b_2)^2 + (a_1b_3 - a_3b_1)^2 + (a_1b_2 - a_2b_1)^2 \\ &= a_2^2b_3^2 - 2a_2b_3a_3b_2 + a_3^2b_2^2 + a_1^2b_3^2 - 2a_1b_3a_3b_1 + a_3^2b_1^2 \\ &\quad + a_1^2b_2^2 - 2a_1b_2a_2b_1 + a_2^2b_1^2,\end{aligned}$$

$$\begin{aligned}(\|\mathbf{a}\|\,\|\mathbf{b}\|\sin\theta)^2 &= \|\mathbf{a}\|^2\|\mathbf{b}\|^2\sin^2\theta = \|\mathbf{a}\|^2\|\mathbf{b}\|^2(1 - \cos^2\theta) \\ &= \|\mathbf{a}\|^2\|\mathbf{b}\|^2 - \|\mathbf{a}\|^2\|\mathbf{b}\|^2\cos^2\theta = \|\mathbf{a}\|^2\|\mathbf{b}\|^2 - (\mathbf{a}\cdot\mathbf{b})^2 \\ &= (a_1^2 + a_2^2 + a_3^2)(b_1^2 + b_2^2 + b_3^2) - (a_1b_1 + a_2b_2 + a_3b_3)^2 \\ &= a_2^2b_3^2 - 2a_2b_2a_3b_3 + a_3^2b_2^2 + a_1^2b_3^2 - 2a_1b_1a_3b_3 + a_3^2b_1^2 \\ &\quad + a_1^2b_2^2 - 2a_1b_1a_2b_2 + a_2^2b_1^2\end{aligned}$$

양변이 같은 값을 가지므로

$$\|\mathbf{a} \times \mathbf{b}\|^2 = (\|\mathbf{a}\|\,\|\mathbf{b}\|\sin\theta)^2$$

마지막으로, 양변의 제곱근을 취하고, $\sin\theta \ge 0 (0 \le \theta \le \pi)$이므로 $\sqrt{\sin^2\theta} = \sin\theta$임을 이

용하여 $\|\mathbf{a} \times \mathbf{b}\| = \|\mathbf{a}\|\,\|\mathbf{b}\| \sin\theta$를 얻는다. ≡

다른 형식 식 (9), (10)과 정리 7.4.2를 결합하여, R^3에서 두 벡터 $\mathbf{a}$와 $\mathbf{b}$에 대하여 외적의 다른 형식

기하적 형식은 일반적으로 물리학에서 외적의 정의로 쓰여진다. ▶

$$\mathbf{a} \times \mathbf{b} = (\|\mathbf{a}\|\,\|\mathbf{b}\| \sin\theta)\,\mathbf{n} \tag{12}$$

여기서, $\mathbf{n}$은 벡터 $\mathbf{a}$와 $\mathbf{b}$의 평면과 수직인 오른손법칙에 의해 주어진 단위벡터이다.

평행한 벡터 7.1절에서 영벡터가 아닌 두 개의 벡터가 평행일 필요충분조건은 한 벡터가 다른 벡터의 영이 아닌 스칼라배일 때 임을 보았다. 정리 7.4.1에서 (*v*)와 (*vi*)의 성질에 의해, 평행한 벡터의 외적은 영벡터이어야 한다. 이 사실은 다음의 정리로 요약된다.

정리 7.4.3 평행한 벡터에 대한 척도

두 개의 영벡터가 아닌 벡터 $\mathbf{a}$와 $\mathbf{b}$가 평행하기 위한 필요충분조건은 $\mathbf{a} \times \mathbf{b} = \mathbf{0}$이다.

물론, 평행한 벡터 $\mathbf{a}$와 $\mathbf{b}$의 사이각은 $\theta = 0$ 또는 $\theta = \pi$이므로 식 (12)로부터 정리 7.4.3은 잘 나타난다.

예제 3 평행한 벡터

벡터 $\mathbf{a} = 2\mathbf{i} + \mathbf{j} - \mathbf{k}$, $\mathbf{b} = -6\mathbf{i} - 3\mathbf{j} + 3\mathbf{k}$가 평행한 벡터인지를 결정하라.

풀이 외적으로부터

$$\mathbf{a} \times \mathbf{b} = \begin{vmatrix} \mathbf{i} & \mathbf{j} & \mathbf{k} \\ 2 & 1 & -1 \\ -6 & -3 & 3 \end{vmatrix} = \begin{vmatrix} 1 & -1 \\ -3 & 3 \end{vmatrix}\mathbf{i} - \begin{vmatrix} 2 & -1 \\ -6 & 3 \end{vmatrix}\mathbf{j} + \begin{vmatrix} 2 & 1 \\ -6 & -3 \end{vmatrix}\mathbf{k}$$

$$= 0\mathbf{i} - 0\mathbf{j} + 0\mathbf{k} = \mathbf{0}$$

이고, 정리 7.4.3으로부터 $\mathbf{a}$와 $\mathbf{b}$는 평행한 벡터임을 결론지을 수 있다. ≡

특수한 곱 벡터 $\mathbf{a}$, $\mathbf{b}$, $\mathbf{c}$의 **스칼라삼중곱**(scalar triple product)은 $\mathbf{a} \cdot (\mathbf{b} \times \mathbf{c})$이다. 내적과 외적의 정의들의 구성성분형태를 이용하여

$$\mathbf{a} \cdot (\mathbf{b} \times \mathbf{c}) = (a_1\mathbf{i} + a_2\mathbf{j} + a_3\mathbf{k}) \cdot \left[\begin{vmatrix} b_2 & b_3 \\ c_2 & c_3 \end{vmatrix}\mathbf{i} - \begin{vmatrix} b_1 & b_3 \\ c_1 & c_3 \end{vmatrix}\mathbf{j} + \begin{vmatrix} b_1 & b_2 \\ c_1 & c_2 \end{vmatrix}\mathbf{k} \right]$$

$$= a_1\begin{vmatrix} b_2 & b_3 \\ c_2 & c_3 \end{vmatrix} - a_2\begin{vmatrix} b_1 & b_3 \\ c_1 & c_3 \end{vmatrix} + a_3\begin{vmatrix} b_1 & b_2 \\ c_1 & c_2 \end{vmatrix}$$

이다. 그러므로 스칼라삼중곱은 위수 3인 행렬식으로 쓸 수 있음을 알 수 있다.

$$\mathbf{a} \cdot (\mathbf{b} \times \mathbf{c}) = \begin{vmatrix} a_1 & a_2 & a_3 \\ b_1 & b_2 & b_3 \\ c_1 & c_2 & c_3 \end{vmatrix} \tag{13}$$

7.3절의 식 (4), (5)와 식 (2)를 이용하여

$$\mathbf{a} \cdot (\mathbf{b} \times \mathbf{c}) = (\mathbf{a} \times \mathbf{b}) \cdot \mathbf{c} \tag{14}$$

임을 보일 수 있다. 7.4절 연습문제 61을 보라.

세 벡터 **a**, **b**와 **c**의 **벡터삼중곱**(vector triple product)은

$$\mathbf{a} \times (\mathbf{b} \times \mathbf{c})$$

이다. 벡터삼중곱은 다음과 같이 내적과 관련되어 있다.

$$\mathbf{a} \times (\mathbf{b} \times \mathbf{c}) = (\mathbf{a} \cdot \mathbf{c})\mathbf{b} - (\mathbf{a} \cdot \mathbf{b})\mathbf{c} \tag{15}$$

7.4절 연습문제 59를 보라.

면적 0이 아니고 평행하지 않은 두 벡터 **a**와 **b**는 평행사변형의 변들이라고 생각할 수 있다. **평행사변형의 면적 A**는 A = (밑변)(높이)이다. 또는 그림 7.4.3(a)에서

$$A = \|\mathbf{a} \times \mathbf{b}\| \tag{16}$$

이다. 그림 7.4.3(b)에서도 마찬가지로 변 **a**와 **b**를 갖는 **삼각형**은

$$A = \frac{1}{2}\|\mathbf{a} \times \mathbf{b}\| \tag{17}$$

이다.

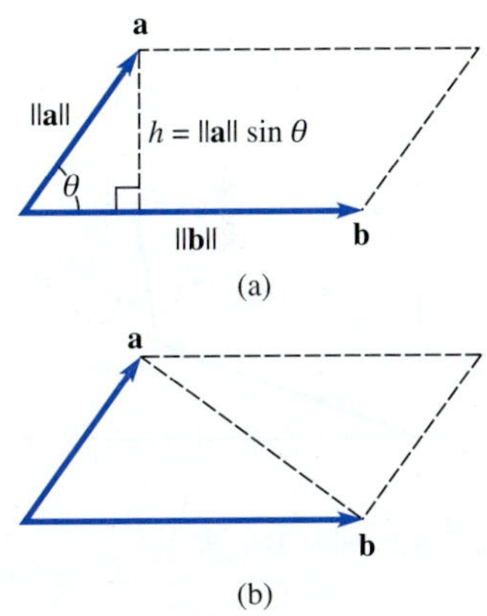

그림 7.4.3 (a)에서의 평행사변형의 면적, (b)에서의 삼각형의 면적

예제 4 삼각형의 면적

점 $P_1(1, 1, 1)$, $P_2(2, 3, 4)$와 $P_3(3, 0, -1)$에 의하여 결정되는 삼각형의 면적을 구하라.

풀이 벡터 $\overrightarrow{P_1P_2}$와 $\overrightarrow{P_2P_3}$는 삼각형의 두 변으로 취급할 수 있다. $\overrightarrow{P_1P_2} = \mathbf{i} + 2\mathbf{j} + 3\mathbf{k}$, $\overrightarrow{P_2P_3} = \mathbf{i} - 3\mathbf{j} - 5\mathbf{k}$이므로

$$\overrightarrow{P_1P_2} \times \overrightarrow{P_2P_3} = \begin{vmatrix} \mathbf{i} & \mathbf{j} & \mathbf{k} \\ 1 & 2 & 3 \\ 1 & -3 & -5 \end{vmatrix} = \begin{vmatrix} 2 & 3 \\ -3 & -5 \end{vmatrix}\mathbf{i} - \begin{vmatrix} 1 & 3 \\ 1 & -5 \end{vmatrix}\mathbf{j} + \begin{vmatrix} 1 & 2 \\ 1 & -3 \end{vmatrix}\mathbf{k}$$

$$= -\mathbf{i} + 8\mathbf{j} - 5\mathbf{k}$$

이다. 식 (17)로부터 면적은

$$A = \frac{1}{2}\|-\mathbf{i} + 8\mathbf{j} - 5\mathbf{k}\| = \frac{3}{2}\sqrt{10}$$

이다. ≡

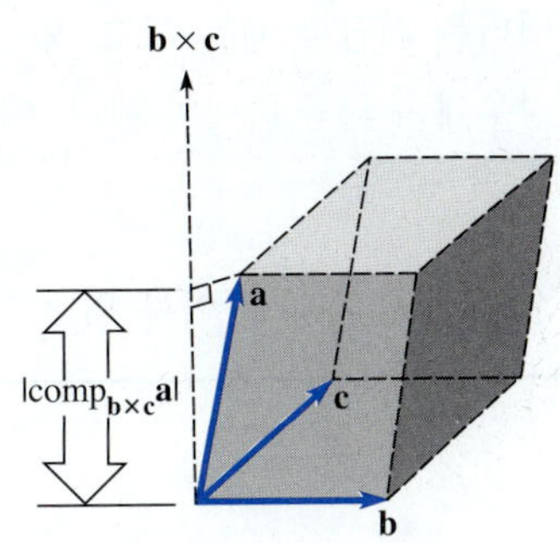

그림 7.4.4 평행육면체의 부피

평행육면체의 부피 만약 벡터 **a**, **b**와 **c**가 같은 평면에 있지 않으면, 그림 7.4.4에 나와 있는 것처럼 **a**, **b**와 **c**를 모서리로 갖는 **평행육면체의 부피**(volume of the parallelepiped)는

$$\begin{aligned} V &= (\text{ 밑면의 넓이 })(\text{ 높이}) \\ &= \|\mathbf{b}\times\mathbf{c}\|\,|\text{comp}_{\mathbf{b}\times\mathbf{c}}\mathbf{a}| \\ &= \|\mathbf{b}\times\mathbf{c}\|\left|\mathbf{a}\cdot\left(\frac{1}{\|\mathbf{b}\times\mathbf{c}\|}\mathbf{b}\times\mathbf{c}\right)\right| \end{aligned}$$

또는

$$V = |\mathbf{a}\cdot(\mathbf{b}\times\mathbf{c})| \tag{18}$$

이다. 마지막 결과 때문에 스칼라삼중곱은 때때로 **a**, **b**와 **c**의 **상자곱**(box product)이라고도 한다.

동일 평면 위의 벡터 같은 평면에 놓인 점들은 **동일 평면 위**(coplanar)에 있다고 한다. 벡터 **a**, **b**와 **c**가 동일 평면 위에 있지 않으면, **a**, **b**와 **c**를 모서리로 하는 평행육면체의 체적은 0이 아니므로 반드시 $\mathbf{a}\cdot(\mathbf{b}\times\mathbf{c}) \neq 0$이다. 대우명제로 말하면, 이것은 $\mathbf{a}\cdot(\mathbf{b}\times\mathbf{c}) = 0$일 때 **a**, **b**와 **c**가 동일 평면 위에 있다는 뜻이다. 이 마지막 명제의 역도 참이므로

$$\mathbf{a}\cdot(\mathbf{b}\times\mathbf{c}) = 0 \Leftrightarrow \mathbf{a}, \mathbf{b}, \mathbf{c}\text{가 동일 평면 위에 있다}$$

라는 성질을 갖는다.

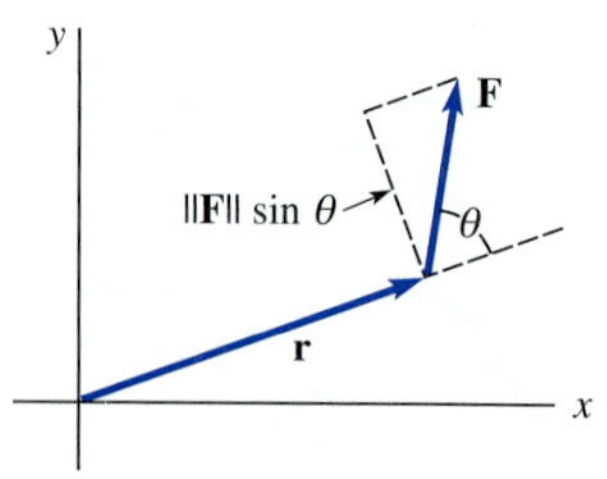

그림 7.4.5 예제 1의 벡터들

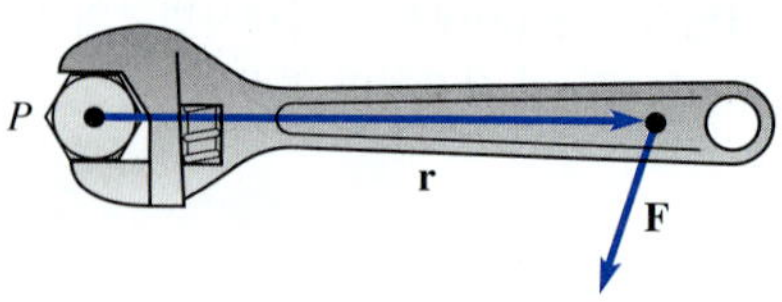

그림 7.4.6 예제 1의 벡터들

외적에 대한 물리적 해석 그림 7.4.5에 나와 있는 바와 같이 물리학에서 위치벡터 **r**의 끝에 작용하는 힘 **F**는 $\boldsymbol{\tau} = \mathbf{r}\times\mathbf{F}$로 정의한 **토크**(torque) $\boldsymbol{\tau}$를 산출한다고 한다. 예를 들어 $\|\mathbf{F}\| = 20$ N, $\|\mathbf{r}\| = 3.5$ m, $\theta = 30°$이면, (11)로부터 $\|\boldsymbol{\tau}\| = (3.5)(20)\sin 30° = 35$ N-m이다. **F**와 **r**이 이 책 지면의 평면에 있으면, 오른손법칙은 $\boldsymbol{\tau}$의 방향이 이 지면에 수직이 되게 밖으로(독자 쪽으로) 향한다는 것을 의미한다.

그림 7.4.6에 나와 있는 바와 같이, 힘 **F**가 렌치에 작용하면 토크 $\boldsymbol{\tau}$의 크기는 회전축(pivot) 점 P 둘레로 돌리는 효과의 크기이고, 벡터 $\boldsymbol{\tau}$는 나사 방향이다. 이 경우에 $\boldsymbol{\tau}$는 이 지면에서 안쪽으로 향한다.

참고

벡터를 취급할 때는 기호 ·와 ×를 보통의 곱셈 기호와 혼용하지 않도록 하고, 특히 괄호를 사용할 경우 또는 사용하지 않을 경우에 주의를 하여야 한다. 예를 들어

$$\mathbf{a}\times\mathbf{b}\times\mathbf{c} \qquad \mathbf{a}\cdot\mathbf{b}\times\mathbf{c} \qquad \mathbf{a}\cdot\mathbf{b}\cdot\mathbf{c} \qquad \mathbf{a}\cdot\mathbf{bc}$$

와 같은 식들은 아무 의미도 없거나 잘 정의되지 않은 것이다.

7.4 연습문제

부록에 선택된 홀수 문제의 답이 있다.

문제 1~10에서는 $\mathbf{a} \times \mathbf{b}$를 구하라.

1. $\mathbf{a} = \mathbf{i} - \mathbf{j}$, $\mathbf{b} = 3\mathbf{j} + 5\mathbf{k}$

2. $\mathbf{a} = 2\mathbf{i} + \mathbf{j}$, $\mathbf{b} = 4\mathbf{i} - \mathbf{k}$

3. $\mathbf{a} = \langle 1, -3, 1 \rangle$, $\mathbf{b} = \langle 2, 0, 4 \rangle$

4. $\mathbf{a} = \langle 1, 1, 1 \rangle$, $\mathbf{b} = \langle -5, 2, 3 \rangle$

5. $\mathbf{a} = 2\mathbf{i} - \mathbf{j} + 2\mathbf{k}$, $\mathbf{b} = -\mathbf{i} + 3\mathbf{j} - \mathbf{k}$

6. $\mathbf{a} = 4\mathbf{i} + \mathbf{j} - 5\mathbf{k}$, $\mathbf{b} = 2\mathbf{i} + 3\mathbf{j} - \mathbf{k}$

7. $\mathbf{a} = \langle \frac{1}{2}, 0, \frac{1}{2} \rangle$, $\mathbf{b} = \langle 4, 6, 0 \rangle$

8. $\mathbf{a} = \langle 0, 5, 0 \rangle$, $\mathbf{b} = \langle 2, -3, 4 \rangle$

9. $\mathbf{a} = \langle 2, 2, -4 \rangle$, $\mathbf{b} = \langle -3, -3, 6 \rangle$

10. $\mathbf{a} = \langle 8, 1, -6 \rangle$, $\mathbf{b} = \langle 1, -2, 10 \rangle$

문제 11과 12에서는 $\overrightarrow{P_1P_2} \times \overrightarrow{P_1P_3}$을 구하라.

11. $P_1(2, 1, 3)$, $P_2(0, 3, -1)$, $P_3(-1, 2, 4)$

12. $P_1(0, 0, 1)$, $P_2(0, 1, 2)$, $P_3(1, 2, 3)$

문제 13과 14에서는 $\mathbf{a}$와 $\mathbf{b}$ 모두에 수직인 벡터를 구하라.

13. $\mathbf{a} = 2\mathbf{i} + 7\mathbf{j} - 4\mathbf{k}$, $\mathbf{b} = \mathbf{i} + \mathbf{j} - \mathbf{k}$

14. $\mathbf{a} = \langle -1, -2, 4 \rangle$, $\mathbf{b} = \langle 4, -1, 0 \rangle$

문제 15와 16에서는 $\mathbf{a} \cdot (\mathbf{a} \times \mathbf{b}) = 0$이고 $\mathbf{b} \cdot (\mathbf{a} \times \mathbf{b}) = 0$임을 증명하라.

15. $\mathbf{a} = \langle 5, -2, 1 \rangle$, $\mathbf{b} = \langle 2, 0, -7 \rangle$

16. $\mathbf{a} = \frac{1}{2}\mathbf{i} - \frac{1}{4}\mathbf{j}$, $\mathbf{b} = 2\mathbf{i} - 2\mathbf{j} + 6\mathbf{k}$

문제 17과 18에서 (a) $\mathbf{b} \times \mathbf{c}$를 계산하고 그 다음에 $\mathbf{a} \times (\mathbf{b} \times \mathbf{c})$를 계산하라. (b) 이 절의 식 (15)를 이용하여 (a)의 결과를 증명하라.

17. $\mathbf{a} = \mathbf{i} - \mathbf{j} + 2\mathbf{k}$
$\mathbf{b} = 2\mathbf{i} + \mathbf{j} + \mathbf{k}$
$\mathbf{c} = 3\mathbf{i} + \mathbf{j} + \mathbf{k}$

18. $\mathbf{a} = 3\mathbf{i} - 4\mathbf{k}$
$\mathbf{b} = \mathbf{i} + 2\mathbf{j} - \mathbf{k}$
$\mathbf{c} = -\mathbf{i} + 5\mathbf{j} + 8\mathbf{k}$

문제 19~36에서는 식 (5), (13), 또는 식 (15)을 사용하지 말고, 제시한 스칼라와 벡터를 구하라.

19. $(2\mathbf{i}) \times \mathbf{j}$

20. $\mathbf{i} \times (-3\mathbf{k})$

21. $\mathbf{k} \times (2\mathbf{i} - \mathbf{j})$

22. $\mathbf{i} \times (\mathbf{j} \times \mathbf{k})$

23. $[(2\mathbf{k}) \times (3\mathbf{j})] \times (4\mathbf{j})$

24. $(2\mathbf{i} - \mathbf{j} + 5\mathbf{k}) \times \mathbf{i}$

25. $(\mathbf{i} + \mathbf{j}) \times (\mathbf{i} + 5\mathbf{k})$

26. $\mathbf{i} \times \mathbf{k} - 2(\mathbf{j} \times \mathbf{i})$

27. $\mathbf{k} \cdot (\mathbf{j} \times \mathbf{k})$

28. $\mathbf{i} \cdot [\mathbf{j} \times (-\mathbf{k})]$

29. $\|4\mathbf{j} - 5(\mathbf{i} \times \mathbf{j})\|$

30. $(\mathbf{i} \times \mathbf{j}) \cdot (3\mathbf{j} \times \mathbf{i})$

31. $\mathbf{i} \times (\mathbf{i} \times \mathbf{j})$

32. $\mathbf{i} \times (\mathbf{j} \times \mathbf{i})$

33. $(\mathbf{i} \times \mathbf{i}) \times \mathbf{j}$

34. $(\mathbf{i} \cdot \mathbf{i})(\mathbf{i} \times \mathbf{j})$

35. $2\mathbf{j} \cdot [\mathbf{i} \times (\mathbf{j} - 3\mathbf{k})]$

36. $(\mathbf{i} \times \mathbf{k}) \times (\mathbf{j} \times \mathbf{i})$

문제 37~44에서 $\mathbf{a} \times \mathbf{b} = 4\mathbf{i} - 3\mathbf{j} + 6\mathbf{k}$이고 $\mathbf{c} = 2\mathbf{i} + 4\mathbf{j} - \mathbf{k}$이다. 제시한 스칼라 또는 벡터를 구하라.

37. $\mathbf{a} \times (3\mathbf{b})$

38. $\mathbf{b} \times \mathbf{a}$

39. $(-\mathbf{a}) \times \mathbf{b}$

40. $\|\mathbf{a} \times \mathbf{b}\|$

41. $(\mathbf{a} \times \mathbf{b}) \times \mathbf{c}$

42. $(\mathbf{a} \times \mathbf{b}) \cdot \mathbf{c}$

43. $\mathbf{a} \cdot (\mathbf{b} \times \mathbf{c})$

44. $(4\mathbf{a}) \cdot (\mathbf{b} \times \mathbf{c})$

문제 45와 46에서는 (a) 주어진 사변형이 평행사변형임을 증명하고, (b) 평행사변형의 면적을 구하라.

45.

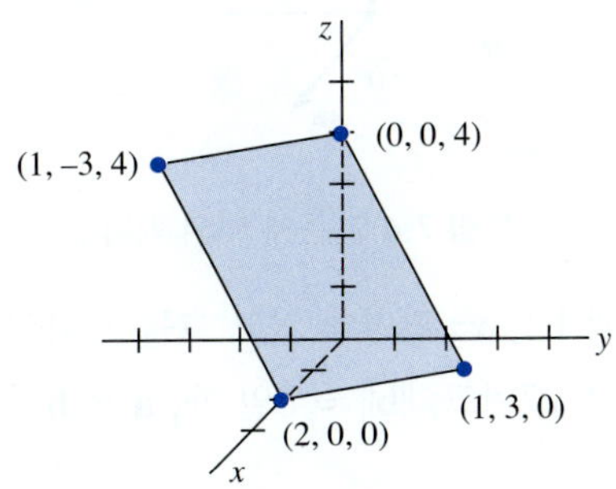

그림 7.4.7 문제 45의 평행사변형

46.

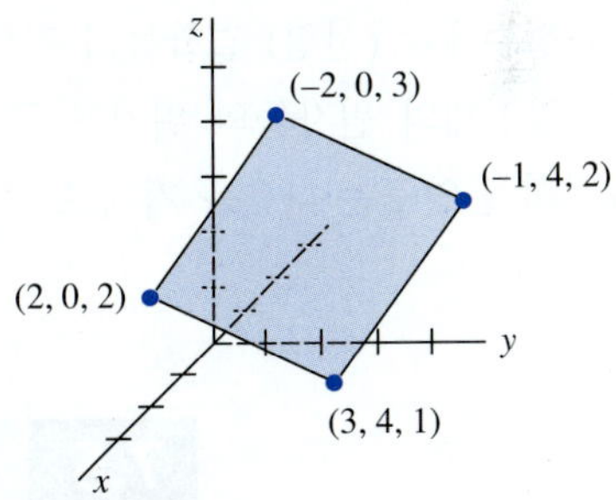

그림 7.4.8 문제 46의 평행사변형

문제 47~50에서는 주어진 점들에 의하여 정해진 삼각형의 면적을 구하라.

47. $P_1(1, 1, 1)$, $P_2(1, 2, 1)$, $P_3(1, 1, 2)$

48. $P_1(0, 0, 0)$, $P_2(0, 1, 2)$, $P_3(2, 2, 0)$

49. $P_1(1, 2, 4)$, $P_2(1, -1, 3)$, $P_3(-1, -1, 2)$

50. $P_1(1, 0, 3)$, $P_2(0, 0, 6)$, $P_3(2, 4, 5)$

문제 51과 52에서는 주어진 벡터가 세 모서리인 평행육면체의 부피를 구하라.

51. $\mathbf{a} = \mathbf{i} + \mathbf{j}$, $\mathbf{b} = -\mathbf{i} + 4\mathbf{j}$, $\mathbf{c} = 2\mathbf{i} + 2\mathbf{j} + 2\mathbf{k}$

52. $\mathbf{a} = 3\mathbf{i} + \mathbf{j} + \mathbf{k}$, $\mathbf{b} = \mathbf{i} + 4\mathbf{j} + \mathbf{k}$, $\mathbf{c} = \mathbf{i} + \mathbf{j} + 5\mathbf{k}$

53. $\mathbf{a} = 4\mathbf{i} + 6\mathbf{j}$, $\mathbf{b} = -2\mathbf{i} + 6\mathbf{j} - 6\mathbf{k}$, $\mathbf{c} = \frac{5}{2}\mathbf{i} + 3\mathbf{j} + \frac{1}{2}\mathbf{k}$가 동일 평면 위에 있는지를 결정하라.

54. $P_1(1, 1, -2)$, $P_2(4, 0, -3)$, $P_3(1, -5, 10)$, $P_4(-7, 2, 4)$의 네 점이 같은 평면에 있는지를 결정하라.

55. 그림 7.4.9에 나와 있는 바와 같이, 벡터 **a**는 xy 평면에 있고 벡터 **b**는 양의 z축 위에 있다. 그들의 크기는 $\|\mathbf{a}\| = 6.4$이고 $\|\mathbf{b}\| = 5$이다.

(a) 정리 7.4.2를 이용하여 $\|\mathbf{a} \times \mathbf{b}\|$를 구하라.

(b) 오른손법칙을 이용하여 $\mathbf{a} \times \mathbf{b}$의 방향을 구하라.

(c) (b)를 이용하여 $\mathbf{a} \times \mathbf{b}$를 단위벡터 **i**, **j**, **k**로 나타내라.

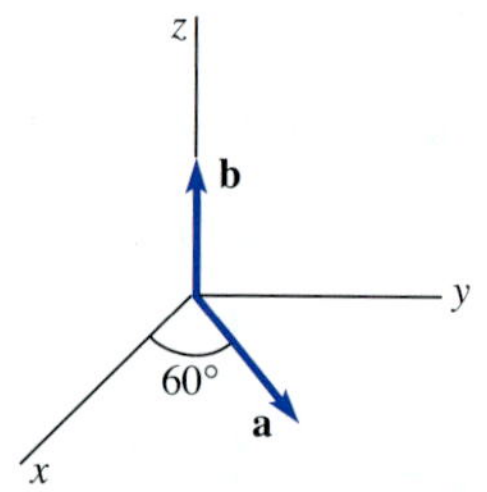

그림 7.4.9 문제 55의 벡터들

56. 두 벡터 **a**와 **b**는 xz 평면에 있고 그들 사이의 각은 120°이다. $\|\mathbf{a}\| = \sqrt{27}$이고, $\|\mathbf{b}\| = 8$일 때, $\mathbf{a} \times \mathbf{b}$의 모든 가능한 값을 구하라.

57. 3차원 격자는 동일 평면 위에 있지 않은 세 기저(basis)벡터 **a**, **b**, **c**의 정수계수 (선형) 결합들의 집합이다. 결정학에서 격자는 결정체의 원자들의 위치를 규정할 수 있다. 결정체의 X선회절 연구는 다음을 기저로 갖는 '역격자(reciprocal lattice)'를 이용한다.

$$\mathbf{A} = \frac{\mathbf{b} \times \mathbf{c}}{\mathbf{a} \cdot (\mathbf{b} \times \mathbf{c})}, \quad \mathbf{B} = \frac{\mathbf{c} \times \mathbf{a}}{\mathbf{b} \cdot (\mathbf{c} \times \mathbf{a})}, \quad \mathbf{C} = \frac{\mathbf{a} \times \mathbf{b}}{\mathbf{c} \cdot (\mathbf{a} \times \mathbf{b})}$$

(a) 어떤 격자가 기저벡터 $\mathbf{a} = \mathbf{i}$, $\mathbf{b} = \mathbf{j}$, 그리고 $\mathbf{c} = \frac{1}{2}(\mathbf{i} + \mathbf{j} + \mathbf{k})$를 가진다. 역격자의 기저벡터를 구하라.

(b) 역격자의 단위 셀(cell)은 **A**, **B**, **C**를 모서리로 하는 평행육면체이고 원래 격자의 단위 셀은 **a**, **b**, **c**를 모서리로 하는 평행육면체이다. 역격자의 단위 셀의 부피는 본래 격자의 단위 셀의 부피의 역수임을 보여라. [힌트: $\mathbf{B} \times \mathbf{C}$로 시작하고 (15)를 이용하라.]

토의문제

58. 식 (4)를 이용하여 벡터곱의 성질 (*iii*)을 증명하라.

59. $\mathbf{a} \times (\mathbf{b} \times \mathbf{c}) = (\mathbf{a} \cdot \mathbf{c})\mathbf{b} - (\mathbf{a} \cdot \mathbf{b})\mathbf{c}$를 증명하라.

60. $\mathbf{a} \times (\mathbf{b} \times \mathbf{c}) = (\mathbf{a} \times \mathbf{b}) \times \mathbf{c}$를 증명 또는 반증하라.

61. $\mathbf{a} \cdot (\mathbf{b} \times \mathbf{c}) = (\mathbf{a} \times \mathbf{b}) \cdot \mathbf{c}$를 증명하라.

62. $\mathbf{a} \times (\mathbf{b} \times \mathbf{c}) + \mathbf{b} \times (\mathbf{c} \times \mathbf{a}) + \mathbf{c} \times (\mathbf{a} \times \mathbf{b}) = \mathbf{0}$을 증명하라.

63. **Lagrange의 항등식**(Lagrange's identity)인 다음 식을 증명하라.

$$\|\mathbf{a} \times \mathbf{b}\|^2 = \|\mathbf{a}\|^2\|\mathbf{b}\|^2 - (\mathbf{a} \cdot \mathbf{b})^2$$

64. $\mathbf{a} \times \mathbf{b} = \mathbf{a} \times \mathbf{c}$이면 $\mathbf{b} = \mathbf{c}$인가?

65. $(\mathbf{a} + \mathbf{b}) \times (\mathbf{a} - \mathbf{b}) = 2\mathbf{b} \times \mathbf{a}$임을 증명하라.

7.5 3차원 좌표공간에서의 직선과 평면

소개 이 절에서는 3-공간에 있는 직선과 평면의 다양한 방정식을 어떻게 구하는지 알아본다.

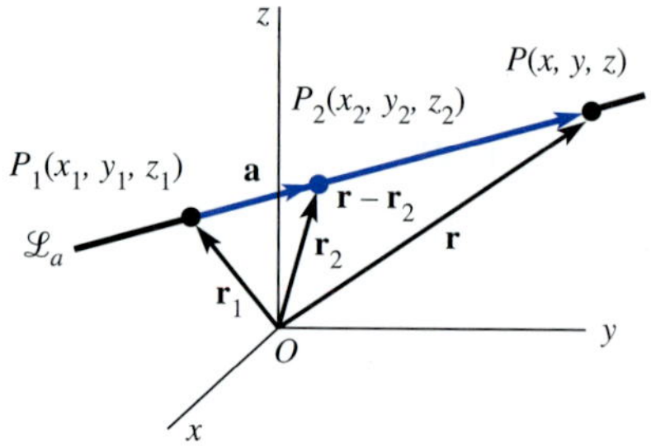

그림 7.5.1 3-공간에서의 서로 다른 점을 지나는 선

직선: 벡터방정식 평면에서와 같이 3-공간에 있는 임의의 서로 다른 두 점은 그들을 잇는 유일한 직선을 결정한다. $P_1(x_1, y_1, z_1)$과 $P_2(x_2, y_2, z_2)$를 지나는 직선의 방정식을 구하기 위하여 $P(x, y, z)$를 구하려는 직선 위의 임의의 점이라 하자. 그림 7.5.1에서 $\mathbf{r} = \overrightarrow{OP}$, $\mathbf{r}_1 = \overrightarrow{OP_1}$, $\mathbf{r}_2 = \overrightarrow{OP_2}$라 하면, 벡터 $\mathbf{a} = \mathbf{r}_2 - \mathbf{r}_1$은 벡터 $\mathbf{r} - \mathbf{r}_2$에 평행이다. 따라서

$$\mathbf{r} - \mathbf{r}_2 = t(\mathbf{r}_2 - \mathbf{r}_1) \tag{1}$$

이다.

$$\mathbf{a} = \mathbf{r}_2 - \mathbf{r}_1 = \langle x_2 - x_1, y_2 - y_1, z_2 - z_1 \rangle = \langle a_1, a_2, a_3 \rangle \tag{2}$$

으로 나타내면, 식 (1)은 직선 $\mathscr{L}_a$에 대한 **벡터방정식**(vector equation)

$$\mathbf{r} = \mathbf{r}_2 + t\mathbf{a}$$

스칼라 t를 **매개변수**(parameter), 0이 아닌 벡터 **a**를 직선의 **방향벡터**(direction vector)라 한다. 그리고, 방향벡터 a의 성분인 a_1, a_2, a_3를 그 직선의 **방향수**(direction number)라고 한다.

$\mathbf{r} - \mathbf{r}_1$은 또한 $\mathscr{L}_a$에 평행하므로 그 직선에 대한 다른 벡터방정식은 $\mathbf{r} = \mathbf{r}_1 + t\mathbf{a}$이다. 실제로 $\mathbf{r} = \mathbf{r}_1 + t(-\mathbf{a})$와 $\mathbf{r} = \mathbf{r}_1 + t(k\mathbf{a})$($k$는 0이 아닌 스칼라)도 역시 $\mathscr{L}_a$에 대한 방정식이다.

◀ 벡터방정식의 다른 형식

예제 1 직선의 벡터방정식

(2, −1, 8)과 (5, 6, −3)을 지나는 벡터방정식을 구하라.

풀이 $\mathbf{a} = \langle 2-5, -1-6, 8-(-3)\rangle = \langle -3, -7, 11\rangle$이라고 정의하자. 다음 식은 직선에 대한 세 가지 가능한 벡터방정식이다.

$$\langle x, y, z\rangle = \langle 2, -1, 8\rangle + t\langle -3, -7, 11\rangle \tag{3}$$
$$\langle x, y, z\rangle = \langle 5, 6, -3\rangle + t\langle -3, -7, 11\rangle \tag{4}$$
$$\langle x, y, z\rangle = \langle 5, 6, -3\rangle + t\langle 3, 7, -11\rangle. \tag{5}$$ ≡

■ 매개방정식 식 (1)을

$$\begin{aligned}\langle x, y, z\rangle &= \langle x_2 + t(x_2 - x_1), y_2 + t(y_2 - y_1), z_2 + t(z_2 - z_1)\rangle \\ &= \langle x_2 + a_1t, y_2 + a_2t, z_2 + a_3t\rangle\end{aligned}$$

로 나타내고 성분을 같게 하면

$$x = x_2 + a_1t, \quad y = y_2 + a_2t, \quad z = z_2 + a_3t \tag{6}$$

을 얻는다. 식 (6)의 방정식을 P_1과 P_2를 지나는 직선에 대한 **매개방정식**(parametric equation)이라 한다. 매개변수 t는 $-\infty$에서 ∞까지 증가하므로, 점 $P(x, y, z)$는 전 직선 위를 움직인다고 생각할 수 있다. 매개변수 t를 폐구간 $[t_0, t_1]$에 제한시키면, $P(x, y, z)$는 t_0에 대응하는 점을 출발하여 t_1에 대응하는 점에서 끝나는 **선분**(line segment)을 그린다. 예를 들면 그림 7.5.1에서 $-1 \le t \le 0$이면, $P(x, y, z)$는 $P_1(x_1, y_1, z_1)$을 시점으로 하고 $P_2(x_2, y_2, z_2)$를 종점으로 하는 선분을 그린다.

예제 2 직선의 매개방정식

예제 1의 직선에 대한 매개방정식을 구하라.

풀이 식 (3)에서

$$x = 2 - 3t, \quad y = -1 - 7t, \quad z = 8 + 11t \tag{7}$$

가 나온다. 매개방정식의 다른 집합은 식 (5)로부터

$$x = 5 + 3t, \quad y = 6 + 7t, \quad z = -3 - 11t \tag{8}$$

으로 얻을 수 있다. ≡

식 (7)에서 값 $t = 0$이면 $(2, -1, 8)$이 되지만, 식 (8)에서는 $t = -1$일 때 그 점을 얻게 되는 데 유의하라.

예제 3 **직선에 평행한 벡터**

매개방정식이 $x = 4 + 9t$, $y = -14 + 5t$, $z = 1 - 3t$인 직선 $\mathscr{L}_a$에 평행한 벡터 $\mathbf{a}$를 구하라.

풀이 각 방정식에서 매개변수의 계수들은 직선에 평행한 벡터의 성분이다. 그러므로 $\mathbf{a} = 9\mathbf{i} + 5\mathbf{j} - 3\mathbf{k}$는 $\mathscr{L}_a$에 평행하고 직선의 방향벡터이다. ≡

대칭방정식 식 (6)에서 세 수 a_1, a_2와 a_3가 0이 아니면

$$t = \frac{x - x_2}{a_1} = \frac{y - y_2}{a_2} = \frac{z - z_2}{a_3}$$

로 써서 매개변수를 없앨 수 있다는 것을 관찰하라. 이 결과로 나온 방정식

$$\frac{x - x_2}{a_1} = \frac{y - y_2}{a_2} = \frac{z - z_2}{a_3} \tag{9}$$

를 P_1과 P_2를 지나는 직선에 대한 **대칭방정식**(symmetric equation)이라 한다.

예제 4 **직선의 대칭방정식**

$(4, 10, -6)$과 $(7, 9, 2)$를 지나는 직선에 대한 대칭방정식을 구하라.

풀이 $a_1 = 7 - 4 = 3$, $a_2 = 9 - 10 = -1$ 및 $a_3 = 2 - (-6) = 8$이라고 하자. 식 (9)로부터 직선에 대한 대칭방정식은 아래와 같다.

$$\frac{x - 7}{3} = \frac{y - 9}{-1} = \frac{z - 2}{8}$$ ≡

식 (6)에서 a_1, a_2, a_3 중 어느 하나가 0이면, 나머지 두 방정식을 이용하여 매개변수 t를 소거한다. 예를 들어 $a_1 = 0$, $a_2 \neq 0$, $a_3 \neq 0$이면 식 (6)은

$$x = x_2 \qquad \text{그리고} \qquad t = \frac{y - y_2}{a_2} = \frac{z - z_2}{a_3}$$

가 된다. 이 경우에

$$x = x_2, \qquad \frac{y - y_2}{a_2} = \frac{z - z_2}{a_3}$$

는 직선에 대한 대칭방정식이다.

예제 5 **직선의 대칭방정식**

$(5, 3, 1)$과 $(2, 1, 1)$을 지나는 직선에 대한 대칭방정식을 구하라.

풀이 $a_1 = 5 - 2 = 3$, $a_2 = 3 - 1 = 2$와 $a_3 = 1 - 1 = 0$이라 하자. 앞의 논의로부터 직선에 대한 대칭방정식은

$$\frac{x-5}{3} = \frac{y-3}{2}, \quad z = 1$$

이 된다. 다시 말하면 대칭방정식은 평면 $z = 1$ 위에서 직선을 나타낸다. ≡

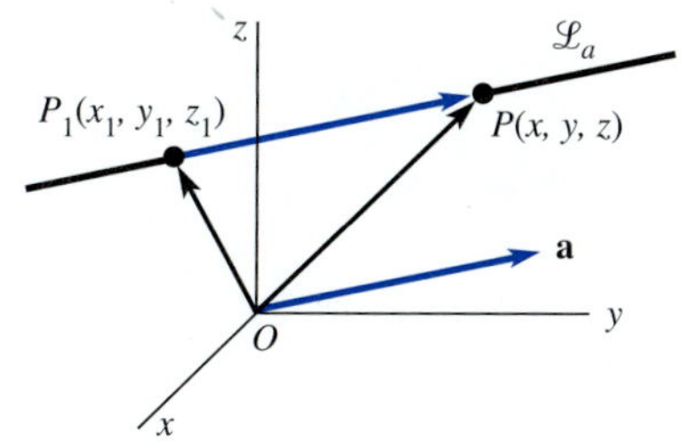

그림 7.5.2 점 P와 벡터 $\mathbf{a}$에 의해 결정되는 선

공간에서의 직선도 점 $P_1(x_1, y_1, z_1)$과 $\mathbf{0}$이 아닌 방향벡터 $\mathbf{a}$를 지칭함으로써 결정된다. 점 P_1을 지나고 주어진 벡터에 평행인 직선 $\mathscr{L}_a$는 단 하나뿐이다. $P(x, y, z)$는 **그림 7.5.2**에 나와 있는 직선 $\mathscr{L}_a$위의 점이라 하면, 앞에서와 같이

$$\overrightarrow{OP} - \overrightarrow{OP_1} = t\mathbf{a} \qquad \text{또는} \qquad \mathbf{r} = \mathbf{r}_1 + t\mathbf{a}$$

이다.

예제 6 벡터에 평행한 직선

$(4, 6, -3)$을 지나고 $\mathbf{a} = 5\mathbf{i} - 10\mathbf{j} + 2\mathbf{k}$에 평행한 직선에 대한 벡터방정식, 매개방정식, 대칭방정식을 구하라.

풀이 $a_1 = 5$, $a_2 = -10$, $a_3 = 2$라 놓으면, 곧 다음 방정식을 얻는다.

벡터방정식: $\langle x, y, z\rangle = \langle 4, 6, -3\rangle + t\langle 5, -10, 2\rangle$

매개방정식: $x = 4 + 5t,\ y = 6 - 10t,\ z = -3 + 2t$

대칭방정식: $\dfrac{x-4}{5} = \dfrac{y-6}{-10} = \dfrac{z+3}{2}$ ≡

■ 평면: 벡터방정식 **그림 7.5.3(a)**는 주어진 한 점 $P_1(x_1, y_1, z_1)$을 지나는 평면은 무한히 많다는 사실을 설명한다. 그러나 그림 7.5.3(b)에서와 같이, 점 P_1과 벡터 $\mathbf{n}$이 정해지면 P_1을 포함하고 평면에 수직인 벡터, 즉 **법선벡터**(normal vector) $\mathbf{n}$을 갖는 평면 $\mathscr{P}$는 단 하나만 존재한다. 또한 $P(x, y, z)$가 평면 $\mathscr{P}$ 위의 임의의 점이고, $\mathbf{r} = \overrightarrow{OP}$, $\mathbf{r}_1 = \overrightarrow{OP_1}$이면, 그림 7.5.3(c)에서와 같이 $\mathbf{r} - \mathbf{r}_1$은 평면 위에 있게 된다. 따라서 그 평면의 **벡터방정식**(vector equation)은 다음과 같다.

$$\mathbf{n} \cdot (\mathbf{r} - \mathbf{r}_1) = 0 \tag{10}$$

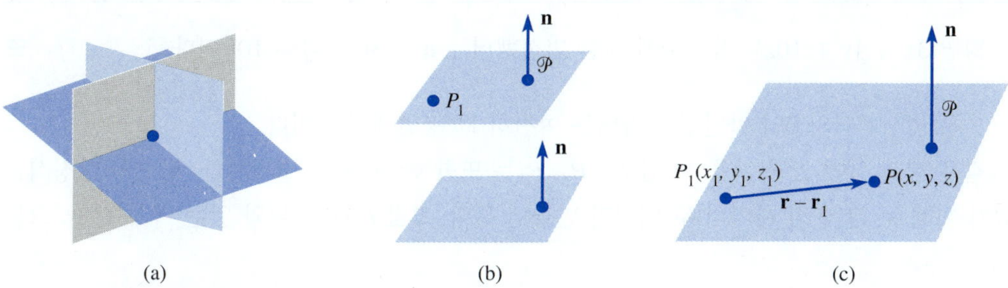

그림 7.5.3 평면에 수직인 벡터 $\mathbf{n}$

데카르트 방정식 특히 법선벡터가 $\mathbf{n} = a\mathbf{i} + b\mathbf{j} + c\mathbf{k}$이면, 식 (10)으로부터 $P_1(x_1, y_1, z_1)$을 포함하는 평면의 **데카르트 방정식**(Cartesian equation)은

$$a(x - x_1) + b(y - y_1) + c(z - z_1) = 0 \tag{11}$$

이 된다. 방정식 (11)은 평면방정식의 **점-법선형**이라 불린다.

예제 7 벡터에 수직인 평면

점 (4, −1, 3)을 포함하고 벡터 $\mathbf{n} = 2\mathbf{i} + 8\mathbf{j} - 5\mathbf{k}$에 수직인 평면의 방정식을 구하라.

풀이 식 (11)로부터 구하는 방정식은 다음과 같다.

$$2(x - 4) + 8(y + 1) - 5(z - 3) = 0 \quad \text{또는} \quad 2x + 8y - 5z + 15 = 0$$ ≡

방정식 (11)은 항상 $d = -ax_1 - by_1 - cz_1$로 놓으면, $ax + by + cz + d = 0$으로 표시할 수 있다. 역으로 이제 임의의 선형 방정식

$$ax + by + cz + d = 0, \qquad a, b, c \text{ 모두는 0이 아님} \tag{12}$$

이 평면이 됨을 증명하자.

정리 7.5.1 법선벡터를 갖는 평면

임의의 방정식 $ax + by + cz + d = 0$(a, b, c 모두는 0이 아니다)의 그래프는 $\mathbf{n} = a\mathbf{i} + b\mathbf{j} + c\mathbf{k}$를 법선벡터로 갖는 평면이다.

증명 x_0, y_0와 z_0를 주어진 방정식을 만족시키는 수들이라 가정하면, $ax_0 + by_0 + cz_0 + d = 0$은 $d = -ax_0 - by_0 - cz_0$임을 의미한다. 원래 방정식의 d 대신에 이 마지막 값을 대입하여 간단히 하면, $a(x - x_0) + b(y - y_0) + c(z - z_0) = 0$이다. 이것을 벡터로 나타내면

$$[a\mathbf{i} + b\mathbf{j} + c\mathbf{k}] \cdot [(x - x_0)\mathbf{i} + (y - y_0)\mathbf{j} + (z - z_0)\mathbf{k}] = 0$$

이다. 마지막 식은 $a\mathbf{i} + b\mathbf{j} + c\mathbf{k}$가 점 (x_0, y_0, z_0)와 벡터 $(x - x_0)\mathbf{i} + (y - y_0)\mathbf{j} + (z - z_0)\mathbf{k}$를 포함하는 평면에 대한 법선벡터임을 의미한다. ≡

예제 8 평면의 법선벡터

평면 $3x - 4y + 10z - 8 = 0$에 대한 법선벡터는 $\mathbf{n} = 3\mathbf{i} - 4\mathbf{j} + 10\mathbf{k}$이다. ≡

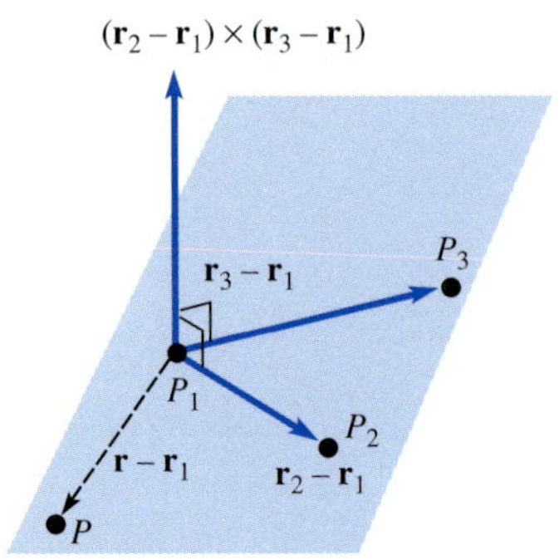

그림 7.5.4 평면에 있는 벡터들 $\mathbf{r}_2 - \mathbf{r}_1$과 $\mathbf{r}_3 - \mathbf{r}_1$의 외적은 평면에 수직임

물론 법선벡터의 0이 아닌 스칼라배는 여전히 그 평면에 수직이다.

같은 직선 상에 있지 않은 세 점 P_1, P_2, P_3는 또한 한 평면*을 결정한다. 평면의 방정식을 얻기 위해 두 쌍의 점 사이의 두 벡터만 만들면 된다. **그림 7.5.4**에 나와 있는 바와 같이, 그들

* 만일 다리가 넷인 삐걱거리는 탁자에 앉아 본 적이 있다면, 다리가 셋인 탁자로 바꾸는 것을 고려해 보았을 것이다.

의 외적은 이들 벡터를 포함하는 평면에 대한 법선벡터이다. $P(x, y, z)$가 평면의 임의의 점이라 하고, $\mathbf{r} = \overrightarrow{OP}$, $\mathbf{r}_1 = \overrightarrow{OP_1}$, $\mathbf{r}_2 = \overrightarrow{OP_2}$, $\mathbf{r}_3 = \overrightarrow{OP_3}$이라고 하면, $\mathbf{r} - \mathbf{r}_1$(또는 그 문제에 대하여 $\mathbf{r} - \mathbf{r}_2$ 또는 $\mathbf{r} - \mathbf{r}_3$)은 그 평면 내에 있다. 따라서

$$[(\mathbf{r}_2 - \mathbf{r}_1) \times (\mathbf{r}_3 - \mathbf{r}_1)] \cdot (\mathbf{r} - \mathbf{r}_1) = 0 \tag{13}$$

은 평면의 벡터방정식이다. 마지막 공식을 암기하지는 말아라. 그 과정은 평면에 대한 법선벡터 $\mathbf{n}$을 벡터곱으로 구한 것을 제외하고는 식 (10)과 똑같다.

예제 9 평면을 결정하는 세 점

$(1, 0, -1)$, $(3, 1, 4)$와 $(2, -2, 0)$을 포함하는 평면의 방정식을 구하라.

풀이 세 벡터가 필요한데, 아래에 나타낸 바와 같이 왼쪽의 두 점은 오른쪽의 한 벡터를 결정한다. 빼는 순서는 관계가 없다.

$$\left.\begin{matrix}(1, 0, -1)\\(3, 1, 4)\end{matrix}\right\} \mathbf{u} = 2\mathbf{i} + \mathbf{j} + 5\mathbf{k}, \quad \left.\begin{matrix}(3, 1, 4)\\(2, -2, 0)\end{matrix}\right\} \mathbf{v} = \mathbf{i} + 3\mathbf{j} + 4\mathbf{k}, \quad \left.\begin{matrix}(2, -2, 0)\\(x, y, z)\end{matrix}\right\} \mathbf{w} = (x - 2)\mathbf{i} + (y + 2)\mathbf{j} + z\mathbf{k}.$$

이제

$$\mathbf{u} \times \mathbf{v} = \begin{vmatrix} \mathbf{i} & \mathbf{j} & \mathbf{k} \\ 2 & 1 & 5 \\ 1 & 3 & 4 \end{vmatrix} = -11\mathbf{i} - 3\mathbf{j} + 5\mathbf{k}$$

는 주어진 점들을 포함하는 평면에 대한 법선벡터이다. 따라서 평면의 벡터방정식은 $(\mathbf{u} \times \mathbf{v}) \cdot \mathbf{w} = 0$이다. 마지막 방정식은

$$-11(x - 2) - 3(y + 2) + 5z = 0 \quad \text{또는} \quad -11x - 3y + 5z + 16 = 0$$

이다. ≡

그래프 하나 또는 두 변수가 빠져도 식 (12)의 그래프는 여전이 평면이다. 예를 들어 7.2절에서

$$x = x_0, \quad y = y_0, \quad z = z_0$$

은 각각 x축, y축, z축에 수직인 평면들이라는 것을 알았다(여기서 x_0, y_0, z_0는 상수). 일반적으로 평면의 그래프를 그리기 위하여

(*i*) x 절편, y 절편, z 절편과
(*ii*) 필요하면, 각 좌표평면에서의 평면의 자취

를 구해야 한다. 하나의 좌표평면에서의 평면의 **자취**(trace)는 좌표평면과 평면과의 교선이다.

예제 10 평면의 그래프

방정식 $2x + 3y + 6z = 18$의 그래프를 그려라.

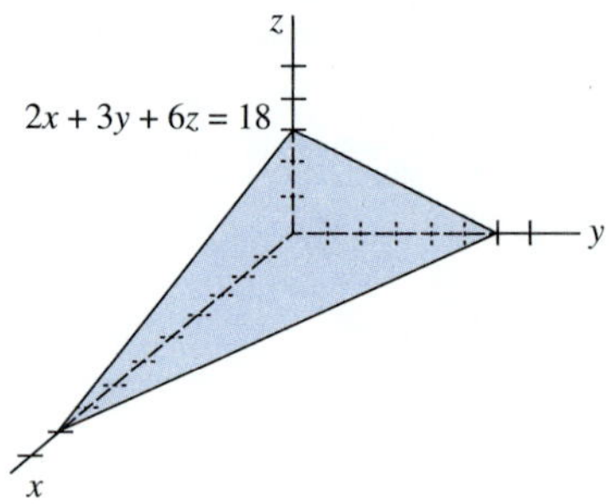

그림 7.5.5 예제 10의 평면

풀이 $y = 0,\ z = 0$이면 $x = 9$
$x = 0,\ z = 0$이면 $y = 6$
$x = 0,\ y = 0$이면 $z = 3$

이다. **그림 7.5.5**에서와 같이, 점 (9, 0, 0), (0, 6, 0), (0, 0, 3)을 이용하여 제1팔분공간에서의 평면의 그래프를 그린다. ☰

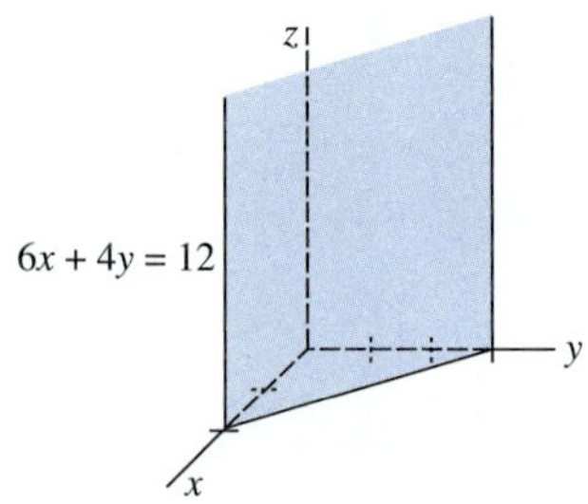

그림 7.5.6 예제 11의 평면

예제 11 평면의 그래프

방정식 $6x + 4y = 12$의 그래프를 그려라.

풀이 2차원에서 이 방정식의 그래프는 x 절편이 (2, 0), y 절편이 (3, 0)인 직선이다. 그러나 3차원에서 이 직선은 xy 좌표평면에서 평면의 자취이다. z는 주어지지 않았으므로 이것은 임의의 실수일 수 있다. 다시 말하면 x와 y가 주어진 방정식을 만족시키면 (x, y, z)는 그 평면 위의 점이다. **그림 7.5.6**에 나와 있는 바와 같이, 그 그래프는 z축에 평행한 평면이다. ☰

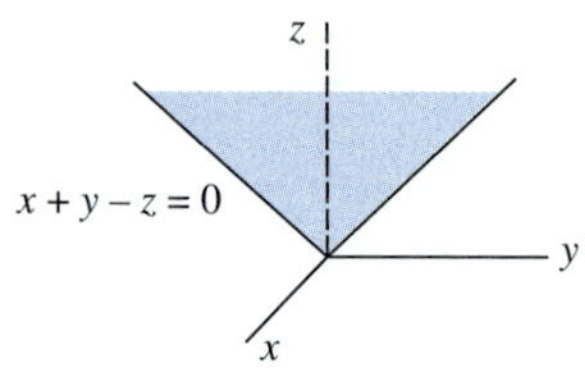

그림 7.5.7 예제 12의 평면

예제 12 평면의 그래프

방정식 $x + y - z = 0$의 그래프를 그려라.

풀이 먼저 평면은 원점 (0, 0, 0)을 지남을 알 수 있다. 그러므로 xz 평면($y = 0$)에서의 평면의 자취는 $z = x$이고, 한편 yz 평면($x = 0$)에서의 자취는 $z = y$이다. 이들 두 직선을 그리면 **그림 7.5.7**과 같다. ☰

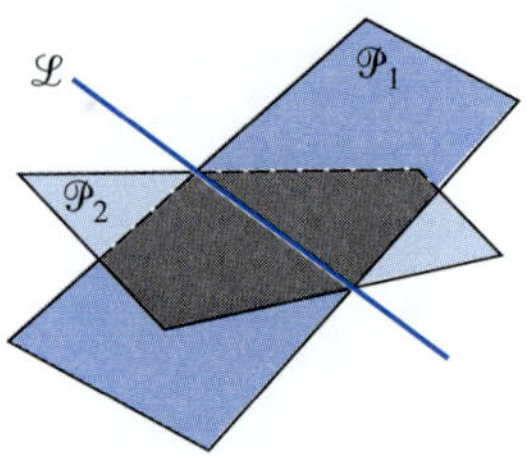

그림 7.5.8 한 직선에 평면들이 교차함

평행하지 않은 두 평면 $\mathscr{P}_1$과 $\mathscr{P}_2$는 직선 $\mathscr{L}$에서 만나야 한다. **그림 7.5.8**을 보라. 예제 13은 교선에 대한 매개방정식을 구하는 한 방법을 예시한다. 예제 14에서는 평면 $\mathscr{P}$와 직선 $\mathscr{L}$의 교점 (x_0, y_0, z_0)를 구하는 방법을 알아본다. **그림 7.5.9**를 보라.

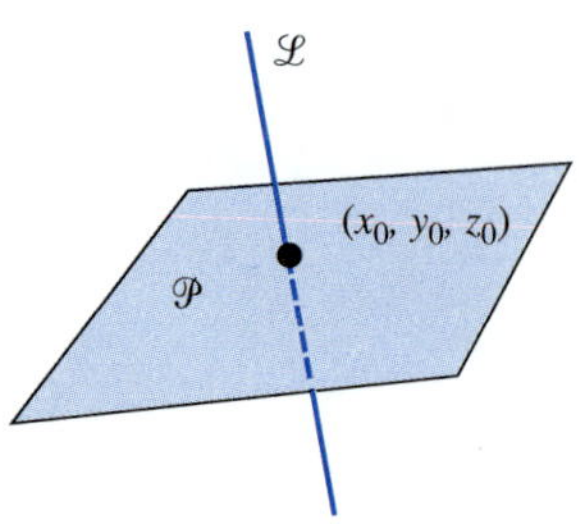

그림 7.5.9 한 평면과 한 직선의 교점

예제 13 두 평면의 교선

두 평면

$$\begin{aligned} 2x - 3y + 4z &= 1 \\ x - y - z &= 5 \end{aligned}$$

의 교선에 대한 매개방정식을 구하라.

풀이 위의 미지수가 세 개인 2차 연립방정식에서 임의로 한 변수, 말하자면 $z = t$를 택하여

$$\begin{aligned} 2x - 3y &= 1 - 4t \\ x - \ \ y &= 5 + t \end{aligned}$$

에서 x와 y에 대하여 풀자. 그러면 $x = 14 + 7t,\ y = 9 + 6t,\ z = t$를 얻는다. 이들이 주어진 평면들의 교선에 대한 매개방정식이다. ☰

예제 14 **평면과 직선의 교점**

평면 $3x - 2y + z = -5$와 직선 $x = 1 + t$, $y = -2 + 2t$, $z = 4t$의 교점을 구하라.

풀이 (x_0, y_0, z_0)이 교점을 나타낸다고 하면, $3x_0 - 2y_0 + z_0 = -5$이고, 적당한 수 t_0에 대하여 $x_0 = 1 + t_0$, $y_0 = -2 + 2t_0$, $z_0 = 4t_0$이어야 한다. 마지막 방정식을 평면의 방정식에 대입하면

$$3(1 + t_0) - 2(-2 + 2t_0) + 4t_0 = -5 \qquad \text{또는} \qquad t_0 = -4$$

이다. 직선의 매개방정식으로부터 $x_0 = -3$, $y_0 = -10$과 $z_0 = -16$을 얻는다. 교점은 $(-3, -10, -16)$이다. ≡

참고

일상적인 대화에서 직교(orthogonal), 수직(perpendicular), 법선(normal)은 두 객체가 90° 각도로 만나거나 교차한다는 의미로 혼용해 사용한다. 그러나 근래에 이 용어들을 세세한 수학적 의미에서 구분해 사용하는 명문화되지 않은 관례가 생기고 있다. 일반적으로 두 벡터가 직교하고, 두 직선(또는 두 평면)은 수직이고, 벡터는 평면의 법선이라고 말한다.

7.5 연습문제

부록에 선택된 홀수 문제의 답이 있다.

문제 1~6에서는 주어진 점들을 지나는 직선에 대한 벡터방정식을 구하라.

1. $(1, 2, 1)$, $(3, 5, -2)$

2. $(0, 4, 5)$, $(-2, 6, 3)$

3. $(\frac{1}{2}, -\frac{1}{2}, 1)$, $(-\frac{3}{2}, \frac{5}{2}, -\frac{1}{2})$

4. $(10, 2, -10)$, $(5, -3, 5)$

5. $(1, 1, -1)$, $(-4, 1, -1)$

6. $(3, 2, 1)$, $(\frac{5}{2}, 1, -2)$

문제 7~12에서는 주어진 점을 지나는 직선에 대한 매개방정식을 구하라.

7. $(2, 3, 5)$, $(6, -1, 8)$

8. $(2, 0, 0)$, $(0, 4, 9)$

9. $(1, 0, 0)$, $(3, -2, -7)$

10. $(0, 0, 5)$, $(-2, 4, 0)$

11. $(4, \frac{1}{2}, \frac{1}{3})$, $(-6, -\frac{1}{4}, \frac{1}{6})$

12. $(-3, 7, 9)$, $(4, -8, -1)$

문제 13~18에서는 주어진 점을 지나는 직선에 대한 대칭방정식을 구하라.

13. $(1, 4, -9)$, $(10, 14, -2)$

14. $(\frac{2}{3}, 0, -\frac{1}{4})$, $(1, 3, \frac{1}{4})$

15. $(4, 2, 1)$, $(-7, 2, 5)$

16. $(-5, -2, -4)$, $(1, 1, 2)$

17. $(5, 10, -2)$, $(5, 1, -14)$

18. $(\frac{5}{6}, -\frac{1}{4}, \frac{1}{5})$, $(\frac{1}{3}, \frac{3}{8}, -\frac{1}{10})$

문제 19~22에서는 주어진 점을 지나고 주어진 벡터에 평행한 직선에 대한 매개방정식과 대칭방정식을 구하라.

19. $(4, 6, -7)$, $\mathbf{a} = \langle 3, \frac{1}{2}, -\frac{3}{2} \rangle$

20. $(1, 8, -2)$, $\mathbf{a} = -7\mathbf{i} - 8\mathbf{j}$

21. $(0, 0, 0)$, $\mathbf{a} = 5\mathbf{i} + 9\mathbf{j} + 4\mathbf{k}$

22. $(0, -3, 10)$, $\mathbf{a} = \langle 12, -5, -6 \rangle$

23. $(6, 4, -2)$를 지나고 직선 $x/2 = (1 - y)/3 = (z - 5)/6$에 평행한 직선에 대한 매개방정식을 구하라.

24. $(4, -11, -7)$을 지나고 직선 $x = 2 + 5t$, $y = -1 + \frac{1}{3}t$, $z = 9 - 2t$에 평행인 직선에 대한 대칭방정식을 구하라.

25. $(2, -2, 15)$를 지나고 xz 평면과 xy 평면에 평행인 직선에

대한 매개방정식을 구하라.

26. (1, 2, 8)을 지나고 (**a**) y축에 평행인, (*b*) xy 평면에 수직인 직선들은 동일함을 보여라.

27. $\mathbf{r} = t\langle 1, 1, 1\rangle$과 $\mathbf{r} = \langle 6, 6, 6\rangle + t\langle -3, -3, -3\rangle$으로 주어진 직선들은 동일함을 보여라.

28. $\mathscr{L}_a$와 $\mathscr{L}_b$는 각각 방향벡터 **a**와 **b**를 갖는 직선이라 하자. **a**와 **b**가 직교하면 $\mathscr{L}_a$와 $\mathscr{L}_b$는 직교하고, **a**와 **b**가 평행하면 $\mathscr{L}_a$와 $\mathscr{L}_b$도 평행하다. 다음 직선들 중에서 어느 것이 서로 직교하고 평행한지를 결정하라.

(**a**) $\mathbf{r} = \langle 1, 0, 2\rangle + t\langle 9, -12, 6\rangle$

(**b**) $x = 1 + 9t, y = 12t, z = 2 - 6t$

(**c**) $x = 2t, y = -3t, z = 4t$

(**d**) $x = 5 + t,\ y = 4t,\ z = 3 + \frac{5}{2}t$

(**e**) $x = 1 + t,\ y = \frac{3}{2}t,\ z = 2 - \frac{3}{2}t$

(**f**) $\dfrac{x+1}{-3} = \dfrac{y+6}{4} = \dfrac{z-3}{-2}$

문제 29와 30에서는 주어진 직선과 세 좌표평면들과의 교점을 구하라.

29. $x = 4 - 2t, y = 1 + 2t, z = 9 + 3t$

30. $\dfrac{x-1}{2} = \dfrac{y+2}{3} = \dfrac{z-4}{2}$

문제 31~34에서는 주어진 직선들이 만나는지를 판단하라. 만나면 교점을 구하라.

31. $x = 4 + t, y = 5 + t, z = -1 + 2t$

$x = 6 + 2s, y = 11 + 4s, z = -3 + s$

32. $x = 1 + t, y = 2 - t, z = 3t$

$x = 2 - s, y = 1 + s, z = 6s$

33. $x = 2 - t, y = 3 + t, z = 1 + t$

$x = 4 + s, y = 1 + s, z = 1 - s$

34. $x = 3 - t, y = 2 + t, z = 8 + 2t$

$x = 2 + 2s, y = -2 + 3s, z = -2 + 8s$

직선 $\mathscr{L}_a$와 $\mathscr{L}_b$ 사이의 각은 곧 그들의 방향벡터 **a**와 **b** 사이의 각이다. 문제 35와 36에서는 주어진 직선들 사이의 각을 구하라.

35. $x = 4 - t, y = 3 + 2t, z = -2t$

$x = 5 + 2s, y = 1 + 3s, z = 5 - 6s$

36. $\dfrac{x-1}{2} = \dfrac{y+5}{7} = \dfrac{z-1}{-1};\quad \dfrac{x+3}{-2} = y - 9 = \dfrac{z}{4}$

문제 37과 38에서는 주어진 직선들이 같은 평면 내에 있다. 제시된 점을 지나고 이 평면에 수직인 직선에 대한 매개방정식을 구하라.

37. $x = 3 + t, y = -2 + t, z = 9 + t$

$x = 1 - 2s, y = 5 + s, z = -2 - 5s$; (4, 1, 6)

38. $\dfrac{x-1}{3} = \dfrac{y+1}{2} = \dfrac{z}{4}$

$\dfrac{x+4}{6} = \dfrac{y-6}{4} = \dfrac{z-10}{8}$; (1, −1, 0)

문제 39~44에서는 주어진 점을 포함하고 제시한 벡터에 수직인 평면의 방정식을 구하라.

39. (3, 5, 2); $2\mathbf{i} - 3\mathbf{j} + 4\mathbf{k}$

40. (1, 2, 5); $4\mathbf{i} - 2\mathbf{j}$

41. (6, 10, −7); $-5\mathbf{i} + 3\mathbf{k}$

42. (0, 0, 0); $6\mathbf{i} - \mathbf{j} + 3\mathbf{k}$

43. $(\frac{1}{2}, \frac{3}{4}, -\frac{1}{2})$; $6\mathbf{i} + 8\mathbf{j} - 4\mathbf{k}$

44. (−1, 1, 0); $-\mathbf{i} + \mathbf{j} - \mathbf{k}$

문제 45~50에서는 가능하면 주어진 점들을 포함하는 평면의 방정식을 구하라.

45. (3, 5, 2), (2, 3, 1), (−1, −1, 4)

46. (0, 1, 0), (0, 1, 1), (1, 3, −1)

47. (0, 0, 0), (1, 1, 1), (3, 2, −1)

48. (0, 0, 3), (0, −1, 0), (0, 0, 6)

49. (1, 2, −1), (4, 3, 1), (7, 4, 3)

50. (2, 1, 2), (4, 1, 0), (5, 0, −5)

문제 51~60에서는 주어진 조건들을 만족시키는 평면의 방정식을 구하라.

51. (2, 3, −5)를 포함하고, $x + y - 4z = 1$에 평행

52. 원점을 포함하고, $5x - y + z = 6$

53. (3, 6, 12)를 포함하고, xy 평면에 평행

54. (−7, −5, 18)을 포함하고, y축에 수직

55. 직선들 $x = 1 + 3t, y = 1 - t, z = 2 + t$; $x = 4 + 4s$, $y = 2s, z = 3 + s$를 포함

56. 직선들 $\dfrac{x-1}{2} = \dfrac{y+1}{-1} = \dfrac{z-5}{6}$; $\mathbf{r} = \langle 1, -1, 5\rangle + t\langle 1, 1, -3\rangle$을 포함

57. 평행한 직선들 $x = 1 + t, y = 1 + 2t, z = 3 + t$; $x = 3 + s, y = 2s, z = -2 + s$를 포함

58. 점 (4, 0, −6)과 직선 $x = 3t, y = 2t, z = -2t$를 포함

59. (2, 4, 8)을 포함하고 직선 $x = 10 - 3t, y = 5 + t,$

$z = 6 - \frac{1}{2}t$에 수직

60. (1, 1, 1)을 포함하고 (2, 6, −3)과 (1, 0, −2)를 지나는 직선에 수직

61. $\mathscr{P}_1$과 $\mathscr{P}_2$를 각각 법선벡터 $\mathbf{n}_1$과 $\mathbf{n}_2$를 갖는 평면이라 하자. $\mathbf{n}_1$과 $\mathbf{n}_2$가 직교하면, $\mathscr{P}_1$과 $\mathscr{P}_2$가 직교하고, $\mathbf{n}_1$과 $\mathbf{n}_2$가 평행하면 $\mathscr{P}_1$과 $\mathscr{P}_2$도 평행하다. 다음 평면 중에서 어느 것이 직교하고 평행한지를 정하라.

(a) $2x - y + 3z = 1$ **(b)** $x + 2y + 2z = 9$

(c) $x + y - \frac{3}{2}z = 2$ **(d)** $-5x + 2y + 4z = 0$

(e) $-8x - 8y + 12z = 1$ **(f)** $-2x + y - 3z = 5$

62. (−4, 1, 7)을 포함하고 평면 $-7x + 2y + 3z = 1$에 수직인 직선의 매개방정식을 구하라.

63. 다음 평면 중 어느 것이 직선 $x = 4 - 6t$, $y = 1 + 9t$와 $z = 2 + 3t$에 수직인지를 정하라.

(a) $4x + y + 2z = 1$ **(b)** $2x - 3y + z = 4$

(c) $10x - 15y - 5z = 2$ **(d)** $-4x + 6y + 2z = 9$

64. 다음 평면 중 어느 것이 직선 $(1 - x)/2 = (y + 2)/4 = z - 5$에 평행한지 정하라.

(a) $x - y + 3z = 1$ **(b)** $6x - 3y = 1$

(c) $x - 2y + 5z = 0$ **(d)** $-2x + y - 2z = 7$

문제 65~68에서는 주어진 평면들의 교선에 대한 매개방정식을 구하라.

65. $5x - 4y - 9z = 8$
$x + 4y + 3z = 4$

66. $x + 2y - z = 2$
$3x - y + 2z = 1$

67. $4x - 2y - z = 1$
$x + y + 2z = 1$

68. $2x - 5y + z = 0$
$y = 0$

문제 69~72에서는 주어진 평면과 직선의 교점을 구하라.

69. $2x - 3y + 2z = -7$; $x = 1 + 2t$, $y = 2 - t$, $z = -3t$

70. $x + y + 4z = 12$; $x = 3 - 2t$, $y = 1 + 6t$, $z = 2 - \frac{1}{2}t$

71. $x + y - z = 8$; $x = 1$, $y = 2$, $z = 1 + t$

72. $x - 3y + 2z = 0$; $x = 4 + t$, $y = 2 + t$, $z = 1 + 5t$

문제 73과 74에서는 제시한 점을 지나고 주어진 평면에 평행한 직선에 대한 매개방정식을 구하라.

73. $x + y - 4z = 2$
$2x - y + z = 10$; (5, 6, −12)

74. $2x + z = 0$
$-x + 3y + z = 1$; (−3, 5, −1)

문제 75와 76에서는 주어진 직선을 포함하고 제시한 평면에 직교하는 평면의 방정식을 구하라.

75. $x = 4 + 3t$, $y = -t$, $z = 1 + 5t$; $x + y + z = 7$

76. $\dfrac{2 - x}{3} = \dfrac{y + 2}{5} = \dfrac{z - 8}{2}$; $2x - 4y - z + 16 = 0$

문제 77~82에서는 주어진 방정식의 그래프를 그려라.

77. $5x + 2y + z = 10$ **78.** $3x + 2z = 9$

79. $-y - 3z + 6 = 0$ **80.** $3x + 4y - 2z - 12 = 0$

81. $-x + 2y + z = 4$ **82.** $x - y - 1 = 0$

7.6 벡터공간

소개 앞절에서는 2-공간과 3-공간에 있는 점과 벡터에 대하여 다루었다. 19세기에 들어서서 수학자들, 특히 영국 수학자 **Arthur Cayley** (1821~1895)와 **James Joseph Sylvester** (1814~1897), 그리고 아일랜드 수학자 **William Rowan Hamilton** (1805~1865)은 점과 벡터의 개념을 일반화할 수 있고, 벡터를 기하적 특성보다는 해석적 특성에 의하여 기술하고 정의할 수 있음을 규명하였는데, 이것은 수학사에 있어서 참으로 중대하고 획기적인 진전이었다. 이제 3차원에만 그칠 필요가 없다. 실수들의 4중 순서쌍 $\langle a_1, a_2, a_3, a_4\rangle$와 5중 순서쌍 $\langle a_1, a_2, a_3, a_4, a_5\rangle$, n중 순서쌍 $\langle a_1, a_2, \ldots, a_n\rangle$은 순서쌍 $\langle a_1, a_2\rangle$와 3중 순서쌍 $\langle a_1, a_2, a_3\rangle$와 마찬가지로 곧바로 벡터로 생각할 수 있다. 단지 차이점이라고 할 수 있는 것은 유향선분과 화살 표시를 4차원, 5차원, 또는 n차원 공간에서는 보일 수 없다는 것이다.

***n*-공간** 정식 용어로 ***n*-공간의 벡터**는 **a**의 성분들이라 부르는 실수들로 된 임의의 n중 순서쌍 $\langle a_1, a_2, \ldots, a_n\rangle$이다. n-공간의 모든 벡터들의 집합을 R^n으로 표시한다. 벡터의 덧셈,

스칼라곱, 상등 등의 개념은 정의 7.2.1에 수록한 것을 자연스럽게 R^n으로 옮길 수 있다. 예를 들어 $\mathbf{a} = \langle a_1, a_2, \ldots, a_n \rangle$, $\mathbf{b} = \langle b_1, b_2, \ldots, b_n \rangle$이라 하면, n-공간에서 덧셈과 스칼라곱은

$$\mathbf{a} + \mathbf{b} = \langle a_1 + b_1, a_2 + b_2, \ldots, a_n + b_n \rangle \quad \text{또는} \quad k\mathbf{a} = \langle ka_1, ka_2, \ldots, ka_n \rangle \tag{1}$$

으로 정의된다. R^n에서의 **영벡터**는 $\langle 0, 0, \ldots, 0 \rangle$이다. 그리고 n-공간에서의 벡터 $\mathbf{a} = \langle a_1, a_2, \ldots, a_n \rangle$의 **크기** 또는 **길이**의 개념은 2-공간과 3-공간에서의 개념을 곧바로 확장한 것이다.

$$\|\mathbf{a}\| = \sqrt{a_1^2 + a_2^2 + \cdots + a_n^2}$$

벡터의 길이를 **놈**(norm)이라 부른다. **단위벡터**(unit vector)는 놈이 1인 벡터이다. 0이 아닌 벡터 $\mathbf{a}$에 대하여 놈의 역수를 곱하여 단위벡터 $\mathbf{u}$ 즉 $\mathbf{u} = \frac{1}{\|\mathbf{a}\|}\mathbf{a}$를 구성하는 과정을 **a를 정규화**(normalizing a)한다고 말한다. 예를 들어 만약 벡터 $\mathbf{a} = \langle 3, 1, 2, -1 \rangle$이면 $\|\mathbf{a}\| = \sqrt{3^2 + 1^2 + 2^2 + (-1)^2} = \sqrt{15}$이고 단위벡터는 다음과 같다.

$$\mathbf{u} = \frac{1}{\sqrt{15}}\mathbf{a} = \left\langle \frac{3}{\sqrt{15}}, \frac{1}{\sqrt{15}}, \frac{2}{\sqrt{15}}, -\frac{1}{\sqrt{15}} \right\rangle$$

Euclid 내적(Euclidean inner product) 또는 두 개의 n-벡터인 $\mathbf{a} = \langle a_1, a_2, \ldots, a_n \rangle$과 $\mathbf{b} = \langle b_1, b_2, \ldots, b_n \rangle$의 내적으로 알려진 **표준내적**(standard inner product)은

$$\mathbf{a} \cdot \mathbf{b} = \langle a_1, a_2, \ldots, a_n \rangle \cdot \langle b_1, b_2, \ldots, b_n \rangle = a_1b_1 + a_2b_2 + \cdots + a_nb_n \tag{2}$$

으로 정의된 실수이다. R^n의 0이 아닌 두 벡터 $\mathbf{a}$와 $\mathbf{b}$가 **직교**(orthogonal)할 필요충분조건은 $\mathbf{a} \cdot \mathbf{b} = 0$이다. 예를 들면 $\mathbf{a} = \langle 3, 4, 1, -6 \rangle$과 $\mathbf{b} = \langle 1, \frac{1}{2}, 1, 1 \rangle$은 R^4에서 직교한다. 왜냐하면 $\mathbf{a} \cdot \mathbf{b} = 3 \cdot 1 + \frac{1}{2} + 1 \cdot 1 + (-6) \cdot 1 = 0$이기 때문이다.

■ 벡터공간 벡터의 개념은 R^n에서의 n중 순서쌍을 뛰어넘어 생각할 수도 있다. 원하는 어떤 것이든지 n중 순서쌍, 수, 또는 함수까지도 벡터라고 정의할 수 있다. 그러나 우리의 관심은 **벡터공간**(vector space)이라 부르는 특별한 집합의 원소들인 벡터에 있다. 벡터공간의 개념에 대한 기본이 되는 것은, **벡터**와 **스칼라**인 두 가지 대상과 식 (1)에 주어진 것과 유사한 두 개의 대수적 연산이다. 벡터들의 어떤 집합에서 두 벡터를 더할 수 있게 하고 벡터와 스칼라를 곱할 수 있게 하여, 얻어진 새 벡터들이 이 동일한 집합 안에 포함되기를 원한다. 어떤 대상들의 집합이 벡터공간이냐 하는 것은 이 집합이 두 개의 대수적 연산자와 함께 다른 성질들을 갖고 있느냐에 달려 있다. 벡터공간의 **공리**(axiom)들인 이 성질들은 다음에 주어진다.

정의 7.6.1 벡터공간

V를 **벡터 덧셈**, **스칼라곱**(scalar multiplication)이라 하는 두 연산들이 정의된 집합이라 하자. 이때 다음 10개의 성질들을 만족시키는 V를 **벡터공간**이라 한다.

벡터 덧셈에 대한 공리

(*i*) **x**와 **y**가 V 안에 있으면, $\mathbf{x} + \mathbf{y}$는 V 안에 있다.

(*ii*) V 안에 있는 모든 **x**, **y**에 대하여, $\mathbf{x} + \mathbf{y} = \mathbf{y} + \mathbf{x}$이다. ←교환법칙

(*iii*) V 안에 있는 모든 **x**, **y**, **z**에 대하여, ←결합법칙
$\mathbf{x} + (\mathbf{y} + \mathbf{z}) = (\mathbf{x} + \mathbf{y}) + \mathbf{z}$이다.

(*iv*) V 안에 있는 모든 **x**에 대하여, $\mathbf{0} + \mathbf{x} = \mathbf{x} + \mathbf{0} = \mathbf{0}$인 ←영벡터
유일한 벡터 **0**이 V 안에 존재한다.

(*v*) V 안에 있는 각 **x**에 대하여, $\mathbf{x} + (-\mathbf{x}) = (-\mathbf{x}) + \mathbf{x} = \mathbf{0}$인 ←음벡터
벡터 $-\mathbf{x}$가 존재한다.

스칼라곱에 대한 공리

(*vi*) k가 임의의 스칼라이고 **x**가 V 안에 있으면,
$k\mathbf{x}$는 V 안에 있다.

(*vii*) $k(\mathbf{x} + \mathbf{y}) = k\mathbf{x} + k\mathbf{y}$ ←분배법칙

(*viii*) $(k_1 + k_2)\mathbf{x} = k_1\mathbf{x} + k_2\mathbf{x}$ ←분배법칙

(*ix*) $k_1(k_2\mathbf{x}) = (k_1k_2)\mathbf{x}$

(*x*) $1\mathbf{x} = \mathbf{x}$

추상적인 벡터에 대한 이 간단한 소개에 있어서, 정의 7.6.1에서의 스칼라들은 실수들로 취급하기로 하자. 자세히 다루지는 않겠지만, 이 경우에 V를 **실벡터공간**이라 한다. 스칼라가 복소수라고 할 때는 **복소벡터공간**을 얻는다. 7.1절의 성질 (*i*)~(*viii*)은 정의 7.6.1의 공리에 대한 원형들이므로, 명확히 R^2은 벡터공간이다. 더욱이 R^3와 R^n의 벡터들은 같은 성질들을 가지므로, R^3와 R^n 도 벡터공간이다. 공리 (*i*)과 (*vi*)을 **닫힘공리**(closure axiom)라 하고, 벡터공간 V는 벡터 덧셈과 스칼라곱에 대하여 닫혀 있다고 한다. 길이와 내적 같은 개념들은 벡터공간의 공리적 구조의 일부가 아님을 주의하라.

예제 1 닫힘공리의 검사

집합 **(a)** $V = \{1\}$과 **(b)** $V = \{0\}$은 보통 덧셈과 실수에 의한 곱에 대하여 벡터공간인지를 정하라.

풀이 **(a)** 한 원소로 이루어진 이 집합에 대해서는 많은 공리가 위배된다. 특히 닫힘공리 (*i*)과 (*vi*)이 충족되지 않는다. 합 $1 + 1 = 2$도, $k \neq 1$에 대하여 스칼라곱 $k \cdot 1 = k$도 V 안에 없다. 따라서 V는 벡터공간이 아니다.

(b) 이 경우에는 $0 + 0 = 0$이고 임의의 실수 k에 대하여 $k \cdot 0 = 0$이므로 닫힘공리가 충족된다. $0 + 0 = 0 + 0$이고 $0 + (0 + 0) = (0 + 0) + 0$이므로 교환과 결합공리도 충족된다. 이런 방법으로 나머지 공리들도 충족됨을 증명할 수 있다. 따라서 V는 벡터공간이다. ≡

벡터공간 $V = \{0\}$은 주로 **자명한**(trivial) **벡터공간** 또는 **영벡터공간**(zero vector space)이라 한다.

독자는 벡터 덧셈과 스칼라곱이라는 명칭을 글자 그대로 받아들이지 말아야 한다. 이들 연산은 **정의되는** 것이고, 학생들은 이들 연산이 말하자면 R, R^2, R^3, 또는 R^n에서의 보통 덧셈과 곱셈의 통상적 지식과 전혀 닮지 않았더라도 그들 연산을 액면 그대로 받아들여야 한다. 예를 들어 두 벡터 $\mathbf{x}$와 $\mathbf{y}$의 덧셈은 $\mathbf{x} - \mathbf{y}$일 수 있다. 여기에 주의해서 다음 예제를 살펴보자.

예제 2 벡터공간의 예

x와 y가 양의 실수이면 V 안에 있는 벡터들을 $\mathbf{x} = x$와 $\mathbf{y} = y$라고 쓴다. 덧셈이

$$\mathbf{x} + \mathbf{y} = xy$$

로 정의되고 스칼라곱은

$$k\mathbf{x} = x^k$$

으로 정의된 양의 실수들의 집합 V를 생각하자. V가 벡터공간인지 판단하라.

풀이 정의 7.6.1의 10개의 공리를 모두 검토해 보자.

(*i*) $\mathbf{x} = x > 0$, $\mathbf{y} = y > 0$이므로 $\mathbf{x} + \mathbf{y} = xy > 0$이다. 따라서 $\mathbf{x} + \mathbf{y}$는 V 안에 있으므로 V는 덧셈에 대하여 닫혀 있다.

(*ii*) 양의 실수들의 곱은 교환적이므로, V 안에 있는 모든 $\mathbf{x} = x$와 $\mathbf{y} = y$에 대하여 $\mathbf{x} + \mathbf{y} = xy = yx = \mathbf{y} + \mathbf{x}$이다. 따라서 덧셈은 교환적이다.

(*iii*) V 안에 있는 모든 $\mathbf{x} = x$, $\mathbf{y} = y$, $\mathbf{z} = z$에 대하여

$$\mathbf{x} + (\mathbf{y} + \mathbf{z}) = x(yz) = (xy)z = (\mathbf{x} + \mathbf{y}) + \mathbf{z}$$

이다. 따라서 덧셈은 결합적이다.

(*iv*) $1 + \mathbf{x} = 1x = x = \mathbf{x}$이고 $\mathbf{x} + 1 = x1 = x = \mathbf{x}$이므로 영벡터 $\mathbf{0}$은 $\mathbf{1} = 1$이다.

(*v*) $-\mathbf{x} = \dfrac{1}{x}$이라고 정의하면

$$\mathbf{x} + (-\mathbf{x}) = x\frac{1}{x} = 1 = \mathbf{1} = \mathbf{0} \qquad \text{그리고} \qquad (-\mathbf{x}) + \mathbf{x} = \frac{1}{x}x = 1 = \mathbf{1} = \mathbf{0}$$

이 되어 음의 벡터는 그 수의 역수이다.

(*vi*) k가 임의의 스칼라이고 $\mathbf{x} = x > 0$이 임의의 벡터이면, $k\mathbf{x} = x^k > 0$이다. 따라서 V는 스칼라곱에 대하여 닫혀 있다.

(*vii*) k를 임의의 스칼라라 하면

$$k(\mathbf{x} + \mathbf{y}) = (xy)^k = x^k y^k = k\mathbf{x} + k\mathbf{y}$$

(*viii*) 스칼라 k_1, k_2에 대하여

$$(k_1 + k_2)\mathbf{x} = x^{(k_1 + k_2)} = x^{k_1} x^{k_2} = k_1\mathbf{x} + k_2\mathbf{x}$$

(*ix*) 스칼라 k_1, k_2에 대하여

$$k_1(k_2\mathbf{x}) = (x^{k_2})^{k_1} = x^{k_1k_2} = (k_1k_2)\mathbf{x}$$

(x) $1\mathbf{x} = x^1 = x = \mathbf{x}$

정의 7.6.1의 모든 공리를 만족시키므로, V는 벡터공간이 된다. ≡

다음은 몇 개의 중요한 벡터공간이다. 이때 벡터 덧셈과 스칼라곱의 연산은 주어진 집합에서 행해지는 통상적인 연산들이다.

- 실수들의 집합 R
- 2중 순서쌍의 집합 R^2
- 3중 순서쌍의 집합 R^3
- n중 순서쌍의 집합 R^n
- n차 이하의 다항식들의 집합 P_n
- 모든 다항식의 집합 P
- 전체 수직선 위에서 정의된 실함수 f들의 집합
- 폐구간 $a \le x \le b$에서 연속인 실함수 f들의 집합 $C[a, b]$
- 전체 수직선 위에서 연속인 실함수 f들의 집합 $C(-\infty, \infty)$
- 구간 $[a, b]$에서 $f, f', \ldots, f^{(n)}$이 존재하고 연속인 모든 실함수 f들의 집합 $C^n[a, b]$

부분공간 벡터공간 V의 벡터들로 된 부분집합 W는 그 자체로 벡터공간이 될 수 있다.

정의 7.6.2 부분공간

벡터공간 V의 부분집합 W가 그 자체로 V 위에서 정의된 벡터 덧셈과 스칼라곱에 대하여 벡터공간이 되면, W를 V의 **부분공간**(subspace)이라 한다.

모든 벡터공간 V는 적어도 두 개의 부분공간, 즉 V 자신과 영부분공간 $\{\mathbf{0}\}$을 갖는다. 영벡터는 모든 벡터공간의 원소이어야 하므로 $\{\mathbf{0}\}$은 부분공간이다.

벡터공간 V의 부분공간 W가 부분공간이라는 것을 보이기 위하여 10개의 모든 공리를 만족시킴을 증명할 필요는 없다. W에 있는 모든 벡터는 또한 V에 있으므로 이 벡터들은 (ii)와 (iii)과 같은 공리들을 만족시켜야 한다. 다시 말하면, W는 V로부터 대부분의 벡터공간의 성질들을 물려받는다. 실제로 부분집합 W가 부분공간임을 보이기 위하여 단지 두 개의 닫힘공리만 조사하면 된다.

정리 7.6.1 부분공간에 대한 판정 기준

벡터공간 V의 공집합이 아닌 부분집합 W가 부분공간이 되기 위한 필요충분조건은 W가 V에서 정의된 벡터 덧셈과 스칼라곱에 대해 닫혀 있을 때이다.

(i) $\mathbf{x}$와 $\mathbf{y}$가 W 안에 있을 때, $\mathbf{x} + \mathbf{y}$도 W 안에 있다.

(ii) $\mathbf{x}$가 W 안에 있고, k가 임의의 스칼라이면, $k\mathbf{x}$는 W 안에 있다.

예제 3 부분공간

f와 **g**가 전체 수직선 위에서 정의된 연속 실함수라 가정하자. 이때 미적분학에서 **f** + **g**와 임의의 실수 k에 대하여 k**f**는 연속 실함수라는 것을 알고 있다. 이것으로부터 $C(-\infty, \infty)$는 수직선 위에서 정의된 실함수들로 된 벡터공간의 부분공간이라는 것을 알 수 있다. ≡

예제 4 부분공간

n차 이하의 다항식의 집합 P_n은 수직선 위에서 정의된 실함수들로 된 벡터공간 $C(-\infty, \infty)$의 부분공간이다. ≡

벡터공간과 부분공간을 구체적으로 볼 수 있도록 형상화(visualization)하는 것은 항상 좋은 일이다. 벡터로 된 벡터공간 R^3의 부분공간은 벡터를 점 (a_1, a_2, a_3)로 생각하면 쉽게 상상할 수 있다. 물론 R^3과 $\{\mathbf{0}\}$은 부분공간이고, 다른 부분공간은 원점을 지나는 모든 직선과 원점을 지나는 모든 평면들이다. 영벡터 $\mathbf{0} = (0, 0, 0)$은 각 부분공간의 원소이어야 하므로, 직선과 평면은 반드시 원점을 지나야 한다.

정의 3.3.1과 비슷하게 일차독립인 벡터를 아래와 같이 정의할 수 있다.

정의 7.6.3 일차독립

다음 조건을 만족시키는 벡터 $\{\mathbf{x}_1, \mathbf{x}_2, \ldots, \mathbf{x}_n\}$으로 된 집합을 **일차독립**(linearly independent)이라 한다. 방정식

$$k_1\mathbf{x}_1 + k_2\mathbf{x}_2 + \cdots + k_n\mathbf{x}_n = \mathbf{0} \tag{3}$$

을 만족시키는 유일한 상수들은 $k_1 = k_2 = \cdots = k_n = 0$이다. 벡터들의 집합이 일차독립이 아니면, **일차종속**(linearly dependent)이라 한다.

R^3에서 방정식 $k_1\mathbf{i} + k_2\mathbf{j} + k_3\mathbf{k} = \mathbf{0}$은

$$k_1\langle 1, 0, 0\rangle + k_2\langle 0, 1, 0\rangle + k_3\langle 0, 0, 1\rangle = \langle 0, 0, 0\rangle \qquad \text{또는} \qquad \langle k_1, k_2, k_3\rangle = \langle 0, 0, 0\rangle$$

과 같으므로, 벡터 $\mathbf{i} = \langle 1, 0, 0\rangle$, $\mathbf{j} = \langle 0, 1, 0\rangle$과 $\mathbf{k} = \langle 0, 0, 1\rangle$은 일차독립이다. 정의 7.2.1의 벡터의 상등성 (*iii*)에 의하여 $k_1 = 0$, $k_2 = 0$, $k_3 = 0$이라는 결론이 나온다. 정의 7.6.3에서 일차종속이라는 것은 $k_1\mathbf{x}_1 + k_2\mathbf{x}_2 + \cdots + k_n\mathbf{x}_n = \mathbf{0}$을 만족시키는 모두가 0이 아닌 상수 k_1, $k_2, \ldots, k_n$이 존재한다는 뜻이다. 따라서 벡터 $\mathbf{a} = \langle 1, 1, 1\rangle$, $\mathbf{b} = \langle 2, -1, 4\rangle$와 $\mathbf{c} = \langle 5, 2, 7\rangle$은

$$3\langle 1, 1, 1\rangle + \langle 2, -1, 4\rangle - \langle 5, 2, 7\rangle = \langle 0, 0, 0\rangle \qquad \text{또는} \qquad 3\mathbf{a} + \mathbf{b} - \mathbf{c} = \mathbf{0}$$

즉 $k_1 = 3$, $k_2 = 1$이고 $k_3 = -1$일 때 식 (3)을 만족시키기 때문에 일차종속이다. 서로 다른 것의 상수배가 아닌 두 벡터는 일차독립임을 알 수 있다.

기저 R^3에 있는 임의의 벡터는 일차독립인 벡터 **i**, **j**와 **k**의 일차결합으로 나타낼 수 있다. 7.2절에서 이런 벡터들은 3차원 벡터로 된 체계에 대한 **기저**(basis)를 이룬다고 말했다.

정의 7.6.4 벡터공간에 대한 기저

벡터공간 V 안에 있는 벡터들로 된 집합 $B = \{\mathbf{x}_1, \mathbf{x}_2, \ldots, \mathbf{x}_n\}$을 생각하자. 집합 B가 일차독립이고, V의 모든 벡터들이 이 벡터(B의 벡터)들의 일차결합으로 표시될 수 있다면, 집합 B를 V에 대한 **기저**라고 말한다.

표준기저 모든 벡터공간이 기저를 갖는다는 것을 이 과정에서는 증명할 수가 없다. n차 이하의 임의의 벡터(다항식) $p(x)$는 다음과 같은 일차결합, 즉 $p(x) = c_nx^n + \cdots + c_2x^2 + c_1x + c_0$으로 나타낼 수 있으므로, n이하의 차수를 갖는 모든 다항식들로 된 벡터공간 P_n의 기저는 $\{1, x, x^2, \ldots, x^n\}$으로 이루어진다. 벡터공간은 많은 기저를 가질 수 있다. 앞에서 언급한 바와 같이, 벡터들의 집합 $\{\mathbf{i}, \mathbf{j}, \mathbf{k}\}$는 R^3에 대한 한 기저이다. 그러나

$$\mathbf{u}_1 = \langle 1, 0, 0\rangle, \quad \mathbf{u}_2 = \langle 1, 1, 0\rangle, \quad \mathbf{u}_3 = \langle 1, 1, 1\rangle$$

은 일차독립(연습문제 7.6의 문제 23 참고)을 증명할 수 있고, 또한 모든 벡터 $\mathbf{a} = \langle a_1, a_2, a_3\rangle$ 은 $\{\mathbf{u}_1, \mathbf{u}_2, \mathbf{u}_3\}$의 일차결합 $\mathbf{a} = c_1\mathbf{u}_1 + c_2\mathbf{u}_2 + c_3\mathbf{u}_3$으로 표시할 수 있음을 증명할 수 있다. 따라서 벡터들의 집합 $\{\mathbf{u}_1, \mathbf{u}_2, \mathbf{u}_3\}$는 R^3에 대한 다른 기저를 이룬다. 실제로 일차독립인 세 벡터로 된 임의의 집합은 그 공간에 대한 기저를 이룬다. 특히 벡터들의 집합 $\{\mathbf{i}, \mathbf{j}, \mathbf{k}\}$를 R^3의 **표준기저**(standard basis)라 한다. 공간 P_n에 대한 표준기저는 $\{1, x, x^2, \ldots, x^n\}$이고, 벡터 R^n에 대한 **표준기저**는 n개의 벡터

$$\mathbf{e}_1 = \langle 1, 0, 0, \ldots, 0\rangle,\ \mathbf{e}_2 = \langle 0, 1, 0, \ldots, 0\rangle,\ \ldots,\ \mathbf{e}_n = \langle 0, 0, 0, \ldots, 1\rangle \tag{4}$$

이다. 만약 B가 벡터공간 V의 기저라면, V에 속한 각 벡터 $\mathbf{v}$에 대하여 적절한 스칼라 c_i, $i = 1, 2, \ldots, n$이 존재하여

$$\mathbf{v} = c_1\mathbf{x}_2 + c_2\mathbf{x}_2 + \cdots + c_n\mathbf{x}_n \tag{5}$$

이 된다. 일차결합식 식 (5)에서의 스칼라들인 c_i, $i = 1, 2, \ldots, n$은 **기저 B에 관한 $\mathbf{v}$의 좌표**(coordinate)라 부른다. R^n에서 벡터 $\mathbf{a}$에 대한 n중 순서쌍(n-tuple) 기호 $\langle a_1, a_2, \ldots, a_n\rangle$은 실수들 $a_1, a_2, \ldots, a_n$이 식 (4)에 주어진 **표준기저 $\mathbf{e}_i$들에 관련된 $\mathbf{a}$**의 좌표들이다.

◀ 마지막 문장을 반복해서 읽어 보라.

차원 만약 벡터공간 V가 n개의 벡터들로 구성된 기저 B를 가지면 그 벡터공간에 관한 모든 기저는 n개의 벡터로 구성되어야 한다. 이는 다음의 정의를 유도한다.

정의 7.6.5 벡터공간의 차원

벡터공간의 기저에 있는 벡터의 수를 그 공간의 **차원**(dimension)이라 한다.

예제 5 벡터공간의 차원

(a) 직관에 따라 벡터공간 R, R^2, R^3과 R^n의 차원은 차례로 1, 2, 3과 n이다.

(b) 표준기저 $B = \{1, x, x^2, \ldots, x^n\}$에는 $n + 1$개의 벡터가 있으므로, n 이하의 차수인 다항식들로 된 벡터공간 P_n의 차원은 $n + 1$이다.

(c) 영벡터공간 $\{\mathbf{0}\}$은 특별히 고찰해야 한다. 이 공간은 $\mathbf{0}$만으로 되어 있고, $\{\mathbf{0}\}$은 일차종속이므로 기저가 아니다. 이 경우에는 기저를 공집합으로 택하는 것이 관례적이고 $\{\mathbf{0}\}$의 차원은 0으로 정의한다. ≡

벡터공간의 기저가 유한 개의 벡터를 포함하면 그 벡터공간은 **유한차원**(finite dimensional)이라 하고, 그렇지 않으면 **무한차원**(infinite dimensional)이라 한다. 구간 I 위에서 n번 연속적으로 미분 가능한 함수로 된 함수공간 $C^n(I)$는 무한차원 벡터공간의 한 예이다.

선형 미분방정식 구간 I에서 계수가 연속함수이고 이 구간에 있는 모든 x에 대하여 $a_n(x) \neq 0$인 제차 선형 n계 미분방정식

$$a_n(x)\frac{d^n y}{dx^n} + a_{n-1}(x)\frac{d^{n-1}y}{dx^{n-1}} + \cdots + a_1(x)\frac{dy}{dx} + a_0(x)y = 0 \tag{6}$$

을 살펴보자. 식 (6)의 하나의 해 y_1은 반드시 벡터공간 $C^n(I)$ 안에 있는 벡터이다. 게다가 3.1절에서 검토한 이론으로부터 y_1과 y_2가 식 (6)의 해들이며, 합 $y_1 + y_2$와 임의의 상수배 ky_1도 해가 된다는 것을 안다. 해집합은 덧셈과 스칼라곱에 대하여 닫혀 있으므로 정리 7.6.1로부터 식 (6)의 해집합은 $C^n(I)$의 부분공간이 된다. 따라서 식 (6)의 해집합을 미분방정식의 **해공간**(solution space)이라 부를 가치가 있다. 또한 $\{y_1, y_2, \ldots, y_n\}$은 식 (6)의 일차독립인 해라 하면, 그것의 일반해는

$$y = c_1y_1(x) + c_2y_2(x) + \cdots + c_ny_n(x)$$

이다. 방정식의 어떠한 해도 이 일반해에서 상수 $c_1, c_2, \ldots, c_n$을 정함으로써 구할 수 있다. 따라서 일차독립인 해집합 $\{y_1, y_2, \ldots, y_n\}$은 그 해공간의 기저를 이룬다. 이 해공간의 차원은 n이다.

예제 6 해공간의 차원

제차 선형 2계 미분방정식 $y'' + 25y = 0$의 일반해는 $y = c_1 \cos 5 + c_2 \sin 5x$이다. 해공간의 기저는 일차독립인 벡터 $\cos 5x$와 $\sin 5x$로 이루어진다. 그 해공간은 2차원이다. ≡

비제차 선형 미분방정식의 해집합은 벡터공간이 아니다. 벡터공간의 몇 가지 공리들이 충족되지 않는다. 더욱 주목할 만한 것은 이 해집합은 영벡터를 포함하지 않는다는 점이다. 다시 말하면 $y = 0$은 비제차 선형 미분방정식의 해가 아니다.

생성 S가 벡터공간 V의 임의의 벡터들 $\mathbf{x}_1, \mathbf{x}_2, \ldots, \mathbf{x}_n$의 집합이라 하면, 스칼라들 $k_1, \ldots, k_n$에 대하여

$$\{k_1\mathbf{x}_1 + k_2\mathbf{x}_2 + \cdots + k_n\mathbf{x}_n\}$$

의 형태의 합을 $\mathbf{x}_1, \mathbf{x}_2, \ldots, \mathbf{x}_n$의 일차결합이라 부른다. 벡터들 $\mathbf{x}_1, \mathbf{x}_2, \ldots, \mathbf{x}_n$의 모든 일차결합들의 집합을 그 벡터들의 **생성**(span)이라 하고 Span(S) 또는 Span($\mathbf{x}_1, \mathbf{x}_2, \ldots, \mathbf{x}_n$)으로 나타낸다. Span($S$)가 벡터공간 V의 부분공간이 됨을 보이는 것은 연습문제로 남겨 둔다. 연습문제 7.6의 문제 33을 보라. Span(S)는 벡터들 $\mathbf{x}_1, \mathbf{x}_2, \ldots, \mathbf{x}_n$에 의하여 **생성된**(spanned) 부

분공간이라 한다. 벡터공간 V의 모든 벡터를 S에 있는 벡터들의 일차결합으로 쓸 수 있으면 즉, $V = \text{Span}(S)$이면, S를 V의 **생성집합**(spanning set)이라 부른다. 예를 들면 세 집합

$$\{\mathbf{i}, \mathbf{j}, \mathbf{k}\}, \quad \{\mathbf{i}, \mathbf{i}+\mathbf{j}, \mathbf{i}+\mathbf{j}+\mathbf{k}\}, \quad \{\mathbf{i}, \mathbf{j}, \mathbf{k}, \mathbf{i}+\mathbf{j}, \mathbf{i}+\mathbf{j}+\mathbf{k}\}$$

각각이 벡터공간 R^3의 생성집합이다. 그렇지만 처음 두 집합은 일차독립이고 세 번째 집합은 일차종속임에 주의하라. 이 새로운 개념으로 정의 7.6.4와 7.6.5를 다음과 같이 바꾸어 말할 수 있다.

> 벡터공간 V의 벡터들 $\{\mathbf{x}_1, \mathbf{x}_2, \ldots, \mathbf{x}_n\}$의 집합 S가 V의 생성집합이고 일차독립이면 S는 V의 **기저**(basis)이다. 이 생성집합 S에 있는 벡터의 개수는 V의 **차원**(dimension)이다.

참고

(i) V가 임의의 실수 벡터공간이라 하자. 만약 V에서 정의된 내적이 있으면 R^n에서 정의된 표준 또는 Euclid 내적과 유사한지 살펴볼 필요가 있다. 12장에서 정적분으로 정의된 내적을 가지고 연구할 것이다. Euclid 내적이 아닌 내적을 기호로 $(\mathbf{u}, \mathbf{v})$라고 쓴다. 연습문제 7.6에 있는 문제 30, 31, 그리고 38(b)를 보라.

(ii) 내적이 정의된 벡터공간 V는 **내적공간**(inner product space)이라 부른다. 벡터공간 V는 한 개 이상의 내적을 포함할 수 있다. 예를 들면 R^2에서 정의된 비 Euclid 내적은 $(\mathbf{u}, \mathbf{v}) = u_1v_1 + 4u_2v_2$, 여기서 $\mathbf{u} = \langle u_1, u_2\rangle$이고 $\mathbf{v} = \langle v_1, v_2\rangle$이다. 연습문제 7.6에 있는 문제 37과 38(a)를 보라.

(iii) 이 책의 뒤에 나오는 장에 있는 많은 연구는 **무한차원 벡터공간**(infinite-dimensional vector space)에서 일어난다. 정의 7.6.3에 주어진 벡터들의 유한집합 $S = \{\mathbf{x}_1, \mathbf{x}_2, \ldots, \mathbf{x}_n\}$의 일차독립에 대한 정의를 다음과 같이 무한집합으로 확장시킬 필요가 있다. 즉,

> 무한 벡터집합 $S = \{\mathbf{x}_1, \mathbf{x}_2, \ldots\}$에서 S의 모든 유한 부분집합이 일차독립이면 **일차독립**(linearly independent)이라 한다. S가 일차독립이 아니면 S는 **일차종속**(linearly dependent)이다.

S가 일차종속인 부분집합을 포함하면 전체집합 S는 일차종속이다.

모든 다항식들로 이루어진 벡터공간 P는 표준기저 $B = \{1, x, x^2, \ldots\}$을 가진다. 무한집합 B는 일차독립이다.

7.6 연습문제

부록에 선택된 홀수 문제의 답이 있다.

문제 1~10에서는 주어진 집합이 벡터공간인지를 판단하라. 아니면, 충족되지 않는 공리를 하나 이상 쓰라. 따로 설명이 없는 한 벡터 덧셈과 스칼라곱은 그 집합에서 정의된 통상적인 연산이라고 가정하자.

1. 벡터 $\langle a_1, a_2\rangle$들의 집합, 여기서 $a_1 \geq 0$, $a_2 \geq 0$

2. 벡터 $\langle a_1, a_2\rangle$들의 집합, 여기서 $a_2 = 3a_1 + 1$

3. 스칼라곱이 $k\langle a_1, a_2\rangle = \langle ka_1, 0\rangle$으로 정의된 벡터 $\langle a_1, a_2\rangle$들의 집합

4. 벡터 $\langle a_1, a_2\rangle$들의 집합, 여기서 $a_1 + a_2 = 0$

5. 벡터 $\langle a_1, a_2, 0\rangle$들의 집합

6. 덧셈과 스칼라곱이

$$\langle a_1, a_2\rangle + \langle b_1, b_2\rangle = \langle a_1 + b_1 + 1, a_2 + b_2 + 1\rangle$$
$$k\langle a_1, a_2\rangle = \langle ka_1 + k - 1, ka_2 + k - 1\rangle$$

로 정의된 벡터 $\langle a_1, a_2\rangle$들의 집합

7. 덧셈이 $\mathbf{x} + \mathbf{y} = x - y$로 정의된 실수집합

8. 덧셈과 스칼라곱이

$$(a_1 + b_1 i) + (a_2 + b_2 i) = (a_1 + a_2) + (b_1 + b_2)i$$
$$k(a + bi) = ka + kbi,\ k\text{는 실수}$$

로 정의된 복소수 $a + bi$들의 집합(여기서 $i^2 = -1$)

9. 덧셈과 스칼라곱이

$$\begin{pmatrix} a_{11} & a_{12} \\ a_{21} & a_{22} \end{pmatrix} + \begin{pmatrix} b_{11} & b_{12} \\ b_{21} & b_{22} \end{pmatrix} = \begin{pmatrix} a_{12} + b_{12} & a_{11} + b_{11} \\ a_{22} + b_{22} & a_{21} + b_{21} \end{pmatrix}$$

$$k\begin{pmatrix} a_{11} & a_{12} \\ a_{21} & a_{22} \end{pmatrix} = \begin{pmatrix} ka_{11} & ka_{12} \\ ka_{21} & ka_{22} \end{pmatrix}$$

로 정의된 실수들의 행렬 $\begin{pmatrix} a_{11} & a_{12} \\ a_{21} & a_{22} \end{pmatrix}$의 집합

10. 2차 다항식의 집합

문제 11~16에서는 주어진 집합이 벡터공간 $C(-\infty, \infty)$의 부분공간인지 아닌지를 정하라.

11. $f(1) = 0$인 모든 함수 f들

12. $f(1) = 1$인 모든 함수 f들

13. 음이 아닌 모든 함수 f들

14. $f(-x) = f(x)$인 모든 함수 f들

15. 미분 가능한 모든 함수 f들

16. $f(x) = c_1 e^x + c_2 x e^x$인 모든 함수 f들

문제 17~20에서는 주어진 집합이 제시된 벡터공간의 부분공간인지 아닌지를 판단하라.

17. $p(x) = c_3 x^3 + c_1 x$ 형태의 다항식들; P_3

18. $x - 2$로 나누어 떨어지는 다항식 p들; P_2

19. 모든 단위벡터들; R^3

20. $\int_b^a f(x)\,dx = 0$인 함수 f들; $C[a, b]$

21. 3-공간에서 원점을 지나는 직선은 $S = \{(x, y, z) | x = at, y = bt, z = ct(a, b, c\text{는 실수})\}$로 나타낼 수가 있다. 벡터 $\langle x, y, z\rangle$에서와 같은 덧셈과 스칼라곱으로 S는 R^3의 부분공간임을 보여라.

22. 3-공간에서 원점을 지나는 평면은 $S = \{(x, y, z) | ax + by + cz = 0(a, b, c\text{는 실수})\}$으로 나타낼 수 있다. S는 R^3의 부분공간임을 보여라.

23. 벡터 $\mathbf{u}_1 = \langle 1, 0, 0\rangle$, $\mathbf{u}_2 = \langle 1, 1, 0\rangle$과 $\mathbf{u}_3 = \langle 1, 1, 1\rangle$은 벡터공간 R^3의 기저를 이룬다.

(a) $\mathbf{u}_1$, $\mathbf{u}_2$와 $\mathbf{u}_3$는 일차독립임을 보여라.

(b) 벡터 $\mathbf{a} = \langle 3, -4, 8\rangle$을 $\mathbf{u}_1$, $\mathbf{u}_2$와 $\mathbf{u}_3$의 일차결합으로 나타내라.

24. 벡터 $p_1(x) = x + 1$, $p_2(x) = x - 1$은 벡터공간 P_1의 기저를 이룬다.

(a) $p_1(x)$와 $p_2(x)$는 일차독립임을 보여라.

(b) 벡터 $p(x) = 5x + 2$를 $p_1(x)$와 $p_2(x)$의 일차결합으로 나타내라.

문제 25~28에서는 주어진 벡터가 일차독립인지 또는 일차종속인지를 정하라.

25. R^2에서 $\langle 4, -8\rangle$, $\langle -6, 12\rangle$

26. R^2에서 $\langle 1, 1\rangle$, $\langle 0, 1\rangle$, $\langle 2, 5\rangle$

27. P_2에서 1, $(x + 1)$, $(x + 1)^2$

28. P_2에서 1, $(x + 1)$, $(x + 1)^2$, x^2

29. $f(x) = \dfrac{x}{x^2 + 4x + 3}$는 $C[0, 3]$에서의 벡터이나, $C[-3, 0]$에서는 벡터가 아닌 이유를 설명하라.

30. 내적이 정의되어 있는 벡터공간을 **내적공간**이라 한다. 벡터공간 $C[a, b]$에 대한 내적이

$$(f, g) = \int_a^b f(x)g(x)\,dx$$

로 주어졌다. $C[0, 2\pi]$에서 $(x, \sin x)$를 계산하라.

31. 내적공간에 있어서 벡터의 **놈**(norm)은 내적으로 정의된다. 문제 30에 주어진 내적에 대하여 벡터의 놈은 $\|f\| = \sqrt{(f, f)}$으로 주어진다. $C[0, 2\pi]$에서 $\|x\|$와 $\|\sin x\|$를 계산하라.

32. $\dfrac{d^4y}{dx^4} - 2\dfrac{d^3y}{dx^3} + 10\dfrac{d^2y}{dx^2} = 0$의 해공간에 대한 기저를 구하라.

33. $\mathbf{x}_1, \mathbf{x}_2, \ldots, \mathbf{x}_n$이 벡터공간 V의 벡터들일 때, $\text{Span}(\mathbf{x}_1, \mathbf{x}_2, \ldots, \mathbf{x}_n)$은 V의 부분공간임을 보여라.

토의문제

34. 토의: R^2는 R^3의 부분공간인가? R^2와 R^3는 R^4의 부분공간인가?

35. 문제 9에서 실수들로 정렬된 2×2 **행렬**들의 집합 M_{22}

$$M_{22} = \left\{\begin{pmatrix} a_{11} & a_{12} \\ a_{21} & a_{22} \end{pmatrix}\right\}$$

는 그 문제에서 정의된 벡터합과 스칼라곱에 의하여 벡터공간임을 증명하라. M_{22}의 기저를 구하라. M_{22}의 차원은 무엇인가?

36. R^n에서 영벡터가 아닌 벡터들의 유한직교집합 $\{\mathbf{v}_1, \mathbf{v}_2, \ldots, \mathbf{v}_k\}$을 고려하라. 토의: 이 집합은 일차독립인가 일차종속인가?

37. $\mathbf{u}$, $\mathbf{v}$, $\mathbf{w}$가 벡터공간 V의 벡터들이면 내적 $(\mathbf{u}, \mathbf{v})$의 공리들은

(i) $(\mathbf{u}, \mathbf{v}) = (\mathbf{v}, \mathbf{u})$

(*ii*) $(k\mathbf{u}, \mathbf{v}) = k(\mathbf{u}, \mathbf{v})$, k는 스칼라

(*iii*) $\mathbf{u} = 0$이면 $(\mathbf{u}, \mathbf{u}) = 0$이고 $\mathbf{u} \neq 0$이면 $(\mathbf{u}, \mathbf{u}) > 0$

(*iv*) $(\mathbf{u}, \mathbf{v} + \mathbf{w}) = (\mathbf{u}, \mathbf{v}) + (\mathbf{u}, \mathbf{w})$이다.

$\mathbf{u} = \langle u_1, u_2\rangle$이고 $\mathbf{v} = \langle v_1, v_2\rangle$일 때 $(\mathbf{u}, \mathbf{v}) = u_1v_1 + 4u_2v_2$는 R^2에서 내적인가?

38. **(a)** R^2에서 표준 또는 Euclid 내적 $\mathbf{u} \cdot \mathbf{v}$에 대해서는 직교하지 않으나 문제 37에서의 내적 $(\mathbf{u}, \mathbf{v})$에 대해서는 직교하는 영벡터가 아닌 벡터 $\mathbf{u}$와 $\mathbf{v}$를 찾아라.

(b) $C[0, 2\pi]$에서 문제 30에 주어진 내적 (f, g)에 대해서 직교하는 영이 아닌 함수 f와 g를 찾아라.

7.7 Gram-Schmidt 직교화 과정

소개 7.6절에서 벡터공간 V는 많은 다양한 기저를 가질 수 있다는 것을 보았다. 돌이켜보건대 벡터공간 V의 기저 $B = \{\mathbf{x}_1, \mathbf{x}_2, \ldots, \mathbf{x}_n\}$의 성질을 정의하는 것은

- 집합 B가 일차독립, 그리고
- 집합 B가 공간을 생성한다

는 것이다. 이와 같은 맥락에서 **생성**(span)한다는 것은 공간에서 각각의 모든 벡터는 벡터 $\mathbf{x}_1, \mathbf{x}_2, \ldots, \mathbf{x}_n$들의 일차결합으로 표현될 수 있다는 것을 의미한다. 예를 들어 R^n의 모든 벡터 $\mathbf{u}$는 표준기저 $B = \{\mathbf{e}_1, \mathbf{e}_2, \ldots, \mathbf{e}_n\}$의 벡터들의 일차결합이라고 쓸 수 있다. 여기서

$$\mathbf{e}_1 = \langle 1, 0, 0, \ldots, 0\rangle, \quad \mathbf{e}_2 = \langle 0, 1, 0, \ldots, 0\rangle, \quad \ldots, \quad \mathbf{e}_n = \langle 0, 0, 0, \ldots, 1\rangle$$

이다. 표준기저 $B = \{\mathbf{e}_1, \mathbf{e}_2, \ldots, \mathbf{e}_n\}$는 $\mathbf{e}_i$, $i = 1, 2, \ldots, n$들이 서로 수직이고 단위벡터들, 즉

$$\mathbf{e}_i \cdot \mathbf{e}_j = 0, i \neq j \qquad \text{그리고} \qquad \|\mathbf{e}_i\| = 1, i = 1, 2, \ldots, n$$

인 **정규직교기저**(orthonormal basis)의 한 예이다.

이 절에서는 R^n의 정규직교기저에 대하여 집중적으로 논의하고, R^n의 임의의 기저를 정규직교기저로 변경하는 과정을 고찰한다.

예제 1 R^3의 정규직교기저

다음의 세 벡터의 집합

$$\mathbf{w}_1 = \left\langle \frac{1}{\sqrt{3}}, \frac{1}{\sqrt{3}}, \frac{1}{\sqrt{3}} \right\rangle, \mathbf{w}_2 = \left\langle -\frac{2}{\sqrt{6}}, \frac{1}{\sqrt{6}}, \frac{1}{\sqrt{6}} \right\rangle, \mathbf{w}_3 = \left\langle 0, \frac{1}{\sqrt{2}}, -\frac{1}{\sqrt{2}} \right\rangle \qquad (1)$$

은 R^3에서 일차독립이므로 $B = \{\mathbf{w}_1, \mathbf{w}_2, \mathbf{w}_3\}$는 R^3의 기저이다. 표준내적을 이용하면

$$\mathbf{w}_1 \cdot \mathbf{w}_2 = 0, \mathbf{w}_1 \cdot \mathbf{w}_3 = 0, \mathbf{w}_2 \cdot \mathbf{w}_3 = 0, \qquad \text{그리고} \qquad \|\mathbf{w}_1\| = 1, \|\mathbf{w}_2\| = 1, \|\mathbf{w}_3\| = 1$$

이다. 그러므로 B는 정규직교기저이다. ≡

R^n의 기저 B는 직교이거나 단위벡터일 필요는 없다. 사실 n개의 일차독립인 벡터의 집합은 n차원 벡터공간 R^n의 기저가 될 수 있다. 예를 들면 다음의 세 벡터

$$\mathbf{u}_1 = \langle 1, 0, 0 \rangle, \qquad \mathbf{u}_2 = \langle 1, 1, 0 \rangle, \qquad \mathbf{u}_3 = \langle 1, 1, 1 \rangle$$

은 R^3에서 일차독립이므로 $B = \{\mathbf{u}_1, \mathbf{u}_2, \mathbf{u}_3\}$는 R^3의 기저이다. 그러나 B는 직교기저는 아님에 주목하라.

일반적으로, 벡터 공간 V의 정규직교기저는 V의 가장 편리한 기저임을 알 수 있다. 정규직교기저가 R^n의 다른 어떤 기저에 비해 좋은 점은 그 기저에 관한 벡터 $\mathbf{u}$의 좌표를 비교적 쉽게 구할 수 있다는 것이다.

정리 7.7.1 정규직교기저에 관한 좌표

$B = \{\mathbf{w}_1, \mathbf{w}_2, \ldots, \mathbf{w}_n\}$이 R^n의 정규직교기저라 하자. $\mathbf{u}$가 R^n의 임의의 벡터이면 다음과 같이 된다.

$$\mathbf{u} = (\mathbf{u} \cdot \mathbf{w}_1)\mathbf{w}_1 + (\mathbf{u} \cdot \mathbf{w}_2)\mathbf{w}_2 + \cdots + (\mathbf{u} \cdot \mathbf{w}_n)\mathbf{w}_n$$

증명 $\mathbf{u}$는 R^n의 원소이고 따라서 Span(B)의 원소이다. 따라서 적절한 실수 스칼라 k_i, $i = 1, 2, \ldots, n$이 존재하여 $\mathbf{u}$를 일차결합

$$\mathbf{u} = k_1\mathbf{w}_1 + k_2\mathbf{w}_2 + \cdots + k_n\mathbf{w}_n$$

으로 표현할 수 있다. 스칼라 k_i들은 기저 B에 관련한 $\mathbf{u}$의 좌표들이다. 이 좌표들은 각 기저벡터들과 $\mathbf{u}$의 내적으로 얻어진다.

$$\mathbf{u} \cdot \mathbf{w}_i = (k_1\mathbf{w}_1 + k_2\mathbf{w}_2 + \cdots + k_n\mathbf{w}_n) \cdot \mathbf{w}_i = k_1(\mathbf{w}_1 \cdot \mathbf{w}_i) + k_2(\mathbf{w}_2 \cdot \mathbf{w}_i) + \cdots + k_n(\mathbf{w}_n \cdot \mathbf{w}_i) \quad (2)$$

B가 정규직교이므로 $\mathbf{w}_i$는 $\mathbf{w}_i$ 자신을 제외하고 B에 있는 모든 벡터들과 직교이다. 즉 $\mathbf{w}_i \cdot \mathbf{w}_j = 0$, $i \neq j$이고 $\mathbf{w}_i \cdot \mathbf{w}_i = \|\mathbf{w}_i\|^2 = 1$이다. 그러므로 식 (2)로부터 $k_i = (\mathbf{u} \cdot \mathbf{w}_i)$, $i = 1, 2, \ldots, n$을 얻게 된다. ≡

예제 2 R^3에서 벡터의 좌표들

예제 1의 식 (1)에 주어진 R^3에 대한 정규직교기저 B에 관한 벡터 $\mathbf{u} = \langle 3, -2, 9 \rangle$의 좌표들을 구하라. $\mathbf{u}$를 기저 B의 항으로 쓰라.

풀이 정리 7.7.1로부터 예제 1의 식 (1)에서의 기저 B에 관한 $\mathbf{u}$의 좌표들은 간단히

$$\mathbf{u} \cdot \mathbf{w}_1 = \frac{10}{\sqrt{3}}, \quad \mathbf{u} \cdot \mathbf{w}_2 = \frac{1}{\sqrt{6}}, \quad \mathbf{u} \cdot \mathbf{w}_3 = -\frac{11}{\sqrt{2}}$$

이다. 그러므로

$$\mathbf{u} = \frac{10}{\sqrt{3}}\mathbf{w}_1 + \frac{1}{\sqrt{6}}\mathbf{w}_2 - \frac{11}{\sqrt{2}}\mathbf{w}_3$$

으로 쓸 수 있다. ≡

Gram-Schmidt 직교화 과정 **Gram-Schmidt 직교화 과정**(Gram-Schmidt orthogonalization process)은 R^n의 주어진 기저 $B = \{\mathbf{u}_1, \mathbf{u}_2, \ldots, \mathbf{u}_n\}$으로부터 직교기저 $B' = \{\mathbf{v}_1,$

$\mathbf{v}_2, \ldots, \mathbf{v}_n\}$을 형성하는 알고리즘이다. 그리고 직교기저 B'에 있는 벡터들을 정규화하여 정규직교기저 $B'' = \{\mathbf{w}_1, \mathbf{w}_2, \ldots, \mathbf{w}_n\}$을 만들게 된다. 직교화 과정에 있어서의 요점은 벡터사영이며 그래서 7.3절에 있는 그 개념을 복습할 것을 제안한다. 또한 이 과정의 기하적 통찰을 위해 우리는 R^2와 R^3에서 시작할 것이다.

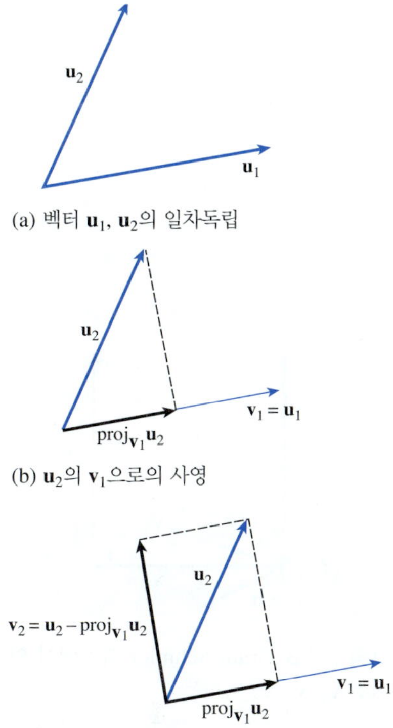

(a) 벡터 $\mathbf{u}_1$, $\mathbf{u}_2$의 일차독립

(b) $\mathbf{u}_2$의 $\mathbf{v}_1$으로의 사영

(c) $\mathbf{v}_1$과 $\mathbf{v}_2$는 직교

그림 7.7.1 직교벡터들 $\mathbf{v}_1$과 $\mathbf{v}_2$는 $\mathbf{u}_1$과 $\mathbf{u}_2$에 의하여 정의됨

R^2의 직교기저 구성 R^n의 Gram-Schmidt 직교화 과정은 단계적으로 되어 있다. 각 단계에서는 앞 단계에서 나온 벡터에 수직인 벡터 $\mathbf{v}_i$를 구성한다. R^2의 기저 $B = \{\mathbf{u}_1, \mathbf{u}_2\}$의 직교기저 $B' = \{\mathbf{v}_1, \mathbf{v}_2\}$로의 변형은 두 단계로 구성된다. **그림 7.7.1(a)**의 일차독립인 벡터 $\mathbf{u}_1$과 $\mathbf{u}_2$를 보라. 첫 단계는 간단하다. 단순히 B에서 $\mathbf{u}_1$이라는 벡터 하나를 선택하고 $\mathbf{v}_1$이라 새로 이름 붙인다. 다음은 그림 7.7.1(b)에 나와 있는 바와 같이, B에 남아 있는 벡터 $\mathbf{u}_2$를 벡터 $\mathbf{v}_1$으로 사영시켜 두 번째 벡터인 $\mathbf{v}_2 = \mathbf{u}_2 - \mathrm{proj}_{\mathbf{v}_1}\mathbf{u}_2$를 정의한다. 7.3절의 식 (12)로부터 $\mathrm{proj}_{\mathbf{v}_1}\mathbf{u}_2 = \left(\dfrac{\mathbf{u}_2 \cdot \mathbf{v}_1}{\mathbf{v}_1 \cdot \mathbf{v}_1}\right)\mathbf{v}_1$을 상기하라. 그림 7.7.1(c)에 나와 있는 바와 같이 벡터들

$$\begin{aligned} \mathbf{v}_1 &= \mathbf{u}_1 \\ \mathbf{v}_2 &= \mathbf{u}_2 - \left(\frac{\mathbf{u}_2 \cdot \mathbf{v}_1}{\mathbf{v}_1 \cdot \mathbf{v}_1}\right)\mathbf{v}_1 \end{aligned} \tag{3}$$

은 직교한다. 만약 이를 확신하지 못한다면 $\mathbf{v}_1 \cdot \mathbf{v}_2 = 0$임을 보임으로써 $\mathbf{v}_1$과 $\mathbf{v}_2$의 직교성을 확인해 보자.

예제 3 R^2에서의 Gram-Schmidt 과정

집합 $B = \{\mathbf{u}_1, \mathbf{u}_2\}$, 여기서 $\mathbf{u}_1 = \langle 3, 1\rangle$, $\mathbf{u}_2 = \langle 1, 1\rangle$은 R^2의 기저이다. B를 정규직교기저 $B'' = \{\mathbf{w}_1, \mathbf{w}_2\}$로 변형하라.

풀이 $\mathbf{u}_1$은 $\mathbf{v}_1$으로 선택한다: $\mathbf{v}_1 = \langle 3, 1\rangle$. 그러면 식 (3)의 두 번째 식과 $\mathbf{u}_2 \cdot \mathbf{v}_1 = 4$, $\mathbf{v}_1 \cdot \mathbf{v}_1 = 10$로부터

$$\mathbf{v}_2 = \langle 1, 1\rangle - \frac{4}{10}\langle 3, 1\rangle = \left\langle -\frac{1}{5}, \frac{3}{5}\right\rangle$$

을 얻는다. 집합 $B' = \{\mathbf{v}_1, \mathbf{v}_2\} = \{\langle 3, 1\rangle, \langle -\frac{1}{5}, \frac{3}{5}\rangle\}$는 R^2의 직교기저이다. 벡터들 $\mathbf{v}_1$과 $\mathbf{v}_2$를 정규화하여

$$\mathbf{w}_1 = \frac{1}{\|\mathbf{v}_1\|}\mathbf{v}_1 = \left\langle \frac{3}{\sqrt{10}}, \frac{1}{\sqrt{10}}\right\rangle \quad \text{그리고} \quad \mathbf{w}_2 = \frac{1}{\|\mathbf{v}_2\|}\mathbf{v}_2 = \left\langle -\frac{1}{\sqrt{10}}, \frac{3}{\sqrt{10}}\right\rangle$$

을 얻게 된다. 기저 B는 **그림 7.7.2(a)**에 나와 있는 바와 같고, 새로운 정규직교기저 $B'' = \{\mathbf{w}_1, \mathbf{w}_2\}$는 그림 7.7.2(b)에 있다. ≡

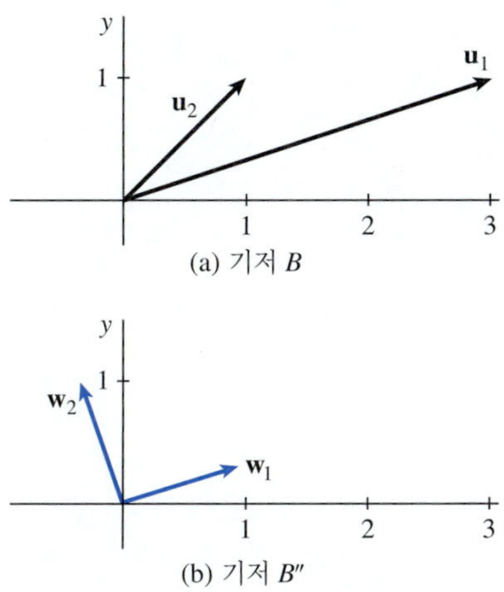

(a) 기저 B

(b) 기저 B''

그림 7.7.2 예제 3에 있는 두 기저

예제 3에서 $B = \{\mathbf{u}_1, \mathbf{u}_2\}$에 있는 어떤 벡터를 $\mathbf{v}_1$으로 선택해도 좋다. 그러나 $\mathbf{v}_1 = \mathbf{u}_2 = \langle 1, 1\rangle$으로 선택함으로써, 우리는 다른 정규직교기저, 즉 $B'' = \{\mathbf{w}_1, \mathbf{w}_2\}$, 여기서 $\mathbf{w}_1 = \langle 1/\sqrt{2}, 1/\sqrt{2}\rangle$이고, $\mathbf{w}_2 = \langle 1/\sqrt{2}, -1/\sqrt{2}\rangle$을 얻게 된다. 연습문제 7.7에 있는 문제 5~8을 보라.

R^3의 직교기저 구성 $B = \{\mathbf{u}_1, \mathbf{u}_2, \mathbf{u}_3\}$를 R^3의 기저라 하자. 그러면 집합 $B' = \{\mathbf{v}_1, \mathbf{v}_2, \mathbf{v}_3\}$

$$\begin{aligned} \mathbf{v}_1 &= \mathbf{u}_1 \\ \mathbf{v}_2 &= \mathbf{u}_2 - \left(\frac{\mathbf{u}_2 \cdot \mathbf{v}_1}{\mathbf{v}_1 \cdot \mathbf{v}_1}\right)\mathbf{v}_1 \\ \mathbf{v}_3 &= \mathbf{u}_3 - \left(\frac{\mathbf{u}_3 \cdot \mathbf{v}_1}{\mathbf{v}_1 \cdot \mathbf{v}_1}\right)\mathbf{v}_1 - \left(\frac{\mathbf{u}_3 \cdot \mathbf{v}_2}{\mathbf{v}_2 \cdot \mathbf{v}_2}\right)\mathbf{v}_2 \end{aligned} \tag{4}$$

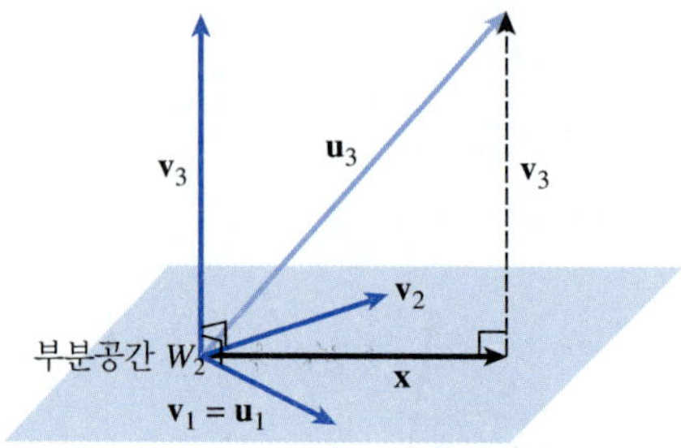

그림 7.7.3 Gram-Schmidt 과정에서 얻어진 $\mathbf{v}_1$, $\mathbf{v}_2$, $\mathbf{v}_3$ 벡터들

는 R^3의 직교기저이다. $\mathbf{v}_1 \cdot \mathbf{v}_2$, $\mathbf{v}_1 \cdot \mathbf{v}_3$, 그리고 $\mathbf{v}_2 \cdot \mathbf{v}_3$를 계산하여 확인해 보자.

식 (4)에서 $\mathbf{v}_1$과 $\mathbf{v}_2$는 직교하도록 구성되었으므로 집합 $\{\mathbf{v}_1, \mathbf{v}_2\}$는 일차독립이어야 한다(연습문제 7.6의 문제 36을 보라). 그러므로 $W_2 = \text{Span}(\mathbf{v}_1, \mathbf{v}_2)$는 R^3의 2차원 부분공간이다. 이제 벡터 $\mathbf{x} = \left(\frac{\mathbf{u}_3 \cdot \mathbf{v}_1}{\mathbf{v}_1 \cdot \mathbf{v}_1}\right)\mathbf{v}_1 + \left(\frac{\mathbf{u}_3 \cdot \mathbf{v}_2}{\mathbf{v}_2 \cdot \mathbf{v}_2}\right)\mathbf{v}_2$는 $\mathbf{v}_1$과 $\mathbf{v}_2$의 일차결합이므로 W_2의 벡터이다. 벡터 $\mathbf{x}$는 부분공간 W_2로의 $\mathbf{u}_3$의 **정사영**(orthogonal projection)이라 부르며, 보통 $\mathbf{x} = \text{proj}_{W_2}\mathbf{u}_3$로 쓴다. **그림 7.7.3**을 보면 벡터 $\mathbf{x}$는 부분공간 W_2에서의 굵은 검은색 벡터이다. 벡터 $\mathbf{x}$는 두 사영의 합임에 주목하라. 7.3절의 식 (12)를 이용하여

$$\mathbf{x} = \text{proj}_{W_2}\mathbf{u}_3 = \overbrace{\left(\frac{\mathbf{u}_3 \cdot \mathbf{v}_1}{\mathbf{v}_1 \cdot \mathbf{v}_1}\right)\mathbf{v}_1}^{\text{proj}_{\mathbf{v}_1}\mathbf{u}_3} + \overbrace{\left(\frac{\mathbf{u}_3 \cdot \mathbf{v}_2}{\mathbf{v}_2 \cdot \mathbf{v}_2}\right)\mathbf{v}_2}^{\text{proj}_{\mathbf{v}_2}\mathbf{u}_3} \tag{5}$$

로 쓸 수 있다. $\mathbf{v}_3 = \mathbf{u}_3 - \mathbf{x}$는 $\mathbf{x}$에 수직이다. 사실 $\mathbf{v}_3$는 $\mathbf{v}_1$과 $\mathbf{v}_2$에 수직이고 W_2의 모든 벡터에 수직이다. 이는 식 (3)의 생각과 정확히 일치한다. 마찬가지로 $\mathbf{v}_2 = \mathbf{u}_2 - \mathbf{x}$이고 여기서 벡터 $\mathbf{x}$는 R^2의 1차원 부분공간 $W_1 = \text{Span}(\mathbf{v}_1)$로의 $\mathbf{u}_2$의 사영이다. 식 (5)와 유사하게

$$\mathbf{x} = \text{proj}_{W_1}\mathbf{u}_2 = \overbrace{\left(\frac{\mathbf{u}_2 \cdot \mathbf{v}_1}{\mathbf{v}_1 \cdot \mathbf{v}_1}\right)\mathbf{v}_1}^{\text{proj}_{\mathbf{v}_1}\mathbf{u}_2} \tag{6}$$

을 얻는다.

예제 4 R^3에서의 Gram-Schmidt 직교화 과정

집합 $B = \{\mathbf{u}_1, \mathbf{u}_2, \mathbf{u}_3\}$, 여기서

$$\mathbf{u}_1 = \langle 1, 1, 1 \rangle, \mathbf{u}_2 = \langle 1, 2, 2 \rangle, \mathbf{u}_3 = \langle 1, 1, 0 \rangle$$

는 R^3의 기저이다. B를 정규직교기저 B''으로 변환하라.

풀이 $\mathbf{u}_1$으로 $\mathbf{v}_1$을 선택한다: $\mathbf{v}_1 = \langle 1, 1, 1 \rangle$. 그러면 $\mathbf{u}_2 \cdot \mathbf{v}_1 = 5$이고 $\mathbf{v}_1 \cdot \mathbf{v}_1 = 3$인 사실과 식 (4)의 두 번째 방정식으로부터

$$\mathbf{v}_2 = \langle 1, 2, 2 \rangle - \frac{5}{3}\langle 1, 1, 1 \rangle = \left\langle -\frac{2}{3}, \frac{1}{3}, \frac{1}{3} \right\rangle$$

을 얻는다. 이제 $\mathbf{u}_3 \cdot \mathbf{v}_1 = 2$, $\mathbf{v}_1 \cdot \mathbf{v}_1 = 3$, $\mathbf{u}_3 \cdot \mathbf{v}_2 = -\frac{1}{3}$, $\mathbf{v}_2 \cdot \mathbf{v}_2 = \frac{2}{3}$인 것과 식 (4)의 세 번째 식으로부터

$$\begin{aligned}\mathbf{v}_3 &= \langle 1, 1, 0\rangle - \frac{2}{3}\langle 1, 1, 1\rangle + \frac{1}{2}\left\langle -\frac{2}{3}, \frac{1}{3}, \frac{1}{3}\right\rangle \\ &= \langle 1, 1, 0\rangle + \left\langle -\frac{2}{3}, -\frac{2}{3}, -\frac{2}{3}\right\rangle + \left\langle -\frac{1}{3}, \frac{1}{6}, \frac{1}{6}\right\rangle \\ &= \left\langle 0, \frac{1}{2}, -\frac{1}{2}\right\rangle\end{aligned}$$

을 얻는다. 집합 $B' = \{\mathbf{v}_1, \mathbf{v}_2, \mathbf{v}_3\} = \{\langle 1, 1, 1\rangle, \langle -\frac{2}{3}, \frac{1}{3}, \frac{1}{3}\rangle, \langle 0, \frac{1}{2}, -\frac{1}{2}\rangle\}$는 R^3의 직교기저이다. 예제 3에서처럼 B'의 각 벡터를 정규화하여 작업을 마무리한다. $\|\mathbf{v}_1\| = \sqrt{3}$, $\|\mathbf{v}_2\| = \sqrt{6}/3$, $\|\mathbf{v}_3\| = \sqrt{2}/2$, 그리고 $\mathbf{w}_i = \frac{1}{\|\mathbf{v}_i\|}\mathbf{v}_i$, $i = 1, 2, 3$을 이용하면 R^3의 정규직교기저는 $B'' = \{\mathbf{w}_1, \mathbf{w}_2, \mathbf{w}_3\}$, 여기서

$$\mathbf{w}_1 = \left\langle \frac{1}{\sqrt{3}}, \frac{1}{\sqrt{3}}, \frac{1}{\sqrt{3}}\right\rangle, \quad \mathbf{w}_2 = \left\langle -\frac{2}{\sqrt{6}}, \frac{1}{\sqrt{6}}, \frac{1}{\sqrt{6}}\right\rangle, \quad \mathbf{w}_3 = \left\langle 0, \frac{1}{\sqrt{2}}, -\frac{1}{\sqrt{2}}\right\rangle$$

이다. 집합 B''은 예제 1에서의 R^3 정규직교기저로 인식된다. ≡

우리는 R^n의 Gram-Schmidt 과정의 일반적인 경우를 정리로 요약하면서 이 절을 결론짓는다. 직교화 과정은 어떠한 일차독립인 집합 S에도 사용될 수 있어서 R^n의 부분공간에 대한 정규직교기저를 찾는 데 이용할 수 있다.

정리 7.7.2 Gram-Schmidt 정규직교화 과정

$B = \{\mathbf{u}_1, \mathbf{u}_2, \ldots, \mathbf{u}_m\}$, $m \le n$이 R^n의 부분공간 W_m의 기저라 하자. 그러면 $\{\mathbf{v}_1, \mathbf{v}_2, \ldots, \mathbf{v}_m\}$, 여기서

$$\begin{aligned}\mathbf{v}_1 &= \mathbf{u}_1 \\ \mathbf{v}_2 &= \mathbf{u}_2 - \left(\frac{\mathbf{u}_2 \cdot \mathbf{v}_1}{\mathbf{v}_1 \cdot \mathbf{v}_1}\right)\mathbf{v}_1 \\ \mathbf{v}_3 &= \mathbf{u}_3 - \left(\frac{\mathbf{u}_3 \cdot \mathbf{v}_1}{\mathbf{v}_1 \cdot \mathbf{v}_1}\right)\mathbf{v}_1 - \left(\frac{\mathbf{u}_3 \cdot \mathbf{v}_2}{\mathbf{v}_2 \cdot \mathbf{v}_2}\right)\mathbf{v}_2 \\ &\vdots \\ \mathbf{v}_m &= \mathbf{u}_m - \left(\frac{\mathbf{u}_m \cdot \mathbf{v}_1}{\mathbf{v}_1 \cdot \mathbf{v}_1}\right)\mathbf{v}_1 - \left(\frac{\mathbf{u}_m \cdot \mathbf{v}_2}{\mathbf{v}_2 \cdot \mathbf{v}_2}\right)\mathbf{v}_2 - \cdots - \left(\frac{\mathbf{u}_m \cdot \mathbf{v}_{m-1}}{\mathbf{v}_{m-1} \cdot \mathbf{v}_{m-1}}\right)\mathbf{v}_{m-1}\end{aligned} \tag{7}$$

은 W_m의 직교기저이다. W_m의 정규직교기저는 다음과 같다.

$$B'' = \{\mathbf{w}_1, \mathbf{w}_2, \ldots, \mathbf{w}_m\} = \left\{\frac{1}{\|\mathbf{v}_1\|}\mathbf{v}_1, \frac{1}{\|\mathbf{v}_2\|}\mathbf{v}_2, \ldots, \frac{1}{\|\mathbf{v}_m\|}\mathbf{v}_m\right\}$$

참고

비록 우리가 R^n 상에서 직교화 과정을 논의하였으나 정리 7.7.2의 식 (7)로 요약되는 직교화 과정은 내적 $(\mathbf{u}, \mathbf{v})$가 정의되는 모든 벡터공간에서 성립한다. 이 경우 식 (7)에 나오는 기호 R^n을 '내적공간 V'로, 각 내적 기호 $\mathbf{u} \cdot \mathbf{v}$를 $(\mathbf{u}, \mathbf{v})$로 대체한다. 연습문제 7.7에 있는 문제 17과 18을 보라.

7.7 연습문제

부록에 선택된 홀수 문제의 답이 있다.

문제 1과 2에서는 주어진 벡터공간의 기저가 정규직교임을 확인하라. 정리 7.7.1를 이용하여 기저 B에 대한 벡터 $\mathbf{u}$의 좌표를 구하라. 이때 $\mathbf{u}$를 기저벡터의 일차결합으로 쓰라.

1. $B = \left\{\left\langle \frac{12}{13}, \frac{5}{13}\right\rangle, \left\langle \frac{5}{13}, -\frac{12}{13}\right\rangle\right\}, \quad R^2; \quad \mathbf{u} = \langle 4, 2\rangle$

2. $B = \left\{\left\langle \frac{1}{\sqrt{3}}, \frac{1}{\sqrt{3}}, -\frac{1}{\sqrt{3}}\right\rangle, \left\langle 0, -\frac{1}{\sqrt{2}}, -\frac{1}{\sqrt{2}}\right\rangle, \left\langle -\frac{2}{\sqrt{6}}, \frac{1}{\sqrt{6}}, -\frac{1}{\sqrt{6}}\right\rangle\right\}, \quad R^3; \quad \mathbf{u} = \langle 5, -1, 6\rangle$

문제 3과 4에서는 주어진 벡터공간의 기저 B가 직교임을 확인하라. 정리 7.7.1을 이용하여 기저 B에 대한 벡터 $\mathbf{u}$의 좌표를 구하라. 이때 $\mathbf{u}$를 기저벡터의 일차결합으로 쓰라.

3. $B = \{\langle 1, 0, 1\rangle, \langle 0, 1, 0\rangle, \langle -1, 0, 1\rangle, R^3;$ $\mathbf{u} = \langle 10, 7, -13\rangle$

4. $B = \{\langle 2, 1, -2, 0\rangle, \langle 1, 2, 2, 1\rangle, \langle 3, -4, 1, 3\rangle, \langle 5, -2, 4, -9\rangle\}, R^4; \mathbf{u} = \langle 1, 2, 4, 3\rangle$

문제 5~8에서는 Gram-Schmidt 직교화 과정 식 (3)을 사용하여 R^2의 주어진 기저 $B = \{\mathbf{u}_1, \mathbf{u}_2\}$를 직교기저 $B' = \{\mathbf{v}_1, \mathbf{v}_2\}$로 바꾸라. 그 다음 정규직교기저 $B'' = \{\mathbf{w}_1, \mathbf{w}_2\}$을 만들라.

(a) 먼저 $\mathbf{v}_1$, $\mathbf{u}_1$을 이용하여 B''을 구성하라.

(b) 그러고 나서 $\mathbf{v}_1$과 $\mathbf{u}_2$를 이용하여 B''을 구성하라.

(c) B와 B''의 기저를 스케치하라.

5. $B = \{\langle -3, 2\rangle, \langle -1, -1\rangle\}$

6. $B = \{\langle -3, 4\rangle, \langle -1, 0\rangle\}$

7. $B = \{\langle 1, 1\rangle, \langle 1, 0\rangle\}$

8. $B = \{\langle 5, 7\rangle, \langle 1, -2\rangle\}$

문제 9~12에서는 Gram-Schmidt 직교화 과정 식 (4)를 이용하여 R^3의 주어진 기저 $B = \{\mathbf{u}_1, \mathbf{u}_2, \mathbf{u}_3\}$를 직교기저 $B' = \{\mathbf{v}_1, \mathbf{v}_2, \mathbf{v}_3\}$로 바꾸라. 그 다음 $B'' = \{\mathbf{w}_1, \mathbf{w}_2, \mathbf{w}_3\}$를 형성하라.

9. $B = \{\langle 1, 1, 0\rangle, \langle 1, 2, 2\rangle, \langle 2, 2, 1\rangle\}$

10. $B = \{\langle -3, 1, 1\rangle, \langle 1, 1, 0\rangle, \langle -1, 4, 1\rangle\}$

11. $B = \{\langle \frac{1}{2}, \frac{1}{2}, 1\rangle, \langle -1, 1, -\frac{1}{2}\rangle, \langle -1, \frac{1}{2}, 1\rangle\}$

12. $B = \{\langle 1, 1, 1\rangle, \langle 9, -1, 1\rangle, \langle -1, 4, -2\rangle\}$

문제 13과 14에서는 주어진 벡터들이 R^3의 부분공간 W를 생성한다. Gram-Schmidt 직교화 과정을 부분공간의 정규직교기저를 구성하는 데 이용하라.

13. $\mathbf{u}_1 = \langle 1, 5, 2\rangle$, $\mathbf{u}_2 = \langle -2, 1, 1\rangle$

14. $\mathbf{u}_1 = \langle 1, 2, 3\rangle$, $\mathbf{u}_2 = \langle 3, 4, 1\rangle$

문제 15와 16에서는 주어진 벡터들이 R^4의 부분공간 W를 생성한다. Gram-Schmidt 직교화 과정을 이용하여 부분공간의 정규직교기저를 구성하라.

15. $\mathbf{u}_1 = \langle 1, -1, 1, -1\rangle$, $\mathbf{u}_2 = \langle 1, 3, 0, 1\rangle$

16. $\mathbf{u}_1 = \langle 4, 0, 2, -1\rangle$, $\mathbf{u}_2 = \langle 2, 1, -1, 1\rangle$, $\mathbf{u}_3 = \langle 1, 1, -1, 0\rangle$

문제 17과 18에서는 2차 이하의 다항식으로 이루어진 벡터공간 P_2에서 정의된 내적이

$$(p, q) = \int_{-1}^{1} p(x)q(x)\,dx$$

로 주어진다. Gram-Schmidt 직교화 과정을 이용하여 P_2의 주어진 기저 B를 직교기저 B'으로 변환하라.

17. $B = \{1, x, x^2\}$

18. $B = \{x^2 - x, x^2 + 1, 1 - x^2\}$

문제 17과 18에서는 P_2 상에 정의된 내적 (p, q)에 대하여 다항식 p의 놈(norm) $\|p(x)\|$가

$$\|p(x)\|^2 = (p, p) = \int_{-1}^{1} p^2(x)\,dx$$

로 정의된다. 문제 19와 20에서 이 놈을 이용하라.

19. 문제 17에서 얻어진 B'으로부터 정규직교기저 B''을 구성하라.

20. 문제 18에서 얻어진 B'으로부터 정규직교기저 B''을 구성하라.

문제 21과 22에서는 $p(x) = 9x^2 - 6x + 5$를 P_2에서의 벡터라 하자. 정리 7.7.1과 언급한 정규직교기저 B''을 이용하여 B''에 대한 $p(x)$의 좌표를 구하라. 그런 다음 기저벡터의 일차결합으로 $p(x)$를 쓰라.

21. 문제 19의 B'' **22.** 문제 20의 B''

토의문제

23. 벡터들의 집합 $\{\mathbf{u}_1, \mathbf{u}_2, \mathbf{u}_3\}$, 여기서

$\mathbf{u}_1 = \langle 1, 1, 3\rangle$, $\mathbf{u}_2 = \langle 1, 4, 1\rangle$ 그리고 $\mathbf{u}_3 = \langle 1, 10, -3\rangle$

은 $\mathbf{u}_3 = -2\mathbf{u}_1 + 3\mathbf{u}_2$이므로 R^3에서 일차종속이다. 식 (4)의 Gram-Schmidt 직교화 과정이 이들 벡터에 적용되는지 논의하고 직교화 과정을 수행하라.

7 복습문제

부록에 선택된 홀수 문제의 답이 있다.

교재를 보지 말고 문제 1~30에 답하라. 빈 칸을 채우거나 참/거짓으로 답하라.

1. 벡터 $\langle -4, -6, 10\rangle$과 $\langle -10, -15, 25\rangle$는 평행이다. _____

2. 3-공간에서 임의의 세 점은 평면을 결정한다. _____

3. 직선 $x = 1 + 5t$, $y = 1 - 2t$, $z = 4 + t$와 평면 $2x + 3y - 4z = 1$은 수직이다. _____

4. $\mathbf{a} \times \mathbf{b} = \mathbf{0}$이면, $\mathbf{0}$이 아닌 벡터 $\mathbf{a}$와 $\mathbf{b}$는 평행이다. _____

5. 두 벡터 $\mathbf{a}$, $\mathbf{b}$ 사이의 각이 둔각이면, $\mathbf{a}\cdot\mathbf{b} < 0$이다. _____

6. $\mathbf{a}$가 단위벡터이면, $\mathbf{a}\cdot\mathbf{a} = 1$이다. _____

7. 두 벡터의 벡터곱은 교환법칙이 성립하지 않는다. _____

8. 벡터 $\mathbf{a} - \mathbf{b}$의 종점은 $\mathbf{a}$의 종점에 있다. _____

9. $(\mathbf{a}\times\mathbf{b})\cdot\mathbf{c} = \mathbf{a}\cdot(\mathbf{b}\times\mathbf{c})$ _____

10. $\mathbf{a}$, $\mathbf{b}$, $\mathbf{c}$와 $\mathbf{d}$가 $\mathbf{0}$이 아닌 동일 평면 위에 있는 벡터이면, $(\mathbf{a}\times\mathbf{b})\times(\mathbf{c}\times\mathbf{d}) = \mathbf{0}$이다. _____

11. $3\mathbf{i} + 4\mathbf{j} + 5\mathbf{k}$와 $6\mathbf{i} - 2\mathbf{j} - 3\mathbf{k}$의 합은 _____이다.

12. $\mathbf{a}\cdot\mathbf{b} = 0$이면, $\mathbf{0}$이 아닌 벡터 $\mathbf{a}$와 $\mathbf{b}$는 _____이다.

13. $(-\mathbf{k})\times(5\mathbf{j}) =$ _____

14. $\mathbf{i}\cdot(\mathbf{i}\times\mathbf{j}) =$_____

15. $\|-12\mathbf{i} + 4\mathbf{j} + 6\mathbf{k}\| =$ _____

16. $\begin{vmatrix} \mathbf{i} & \mathbf{j} & \mathbf{k} \\ 2 & 1 & 5 \\ 0 & 4 & -1 \end{vmatrix} =$ _____

17. 평면 $-6x + y - 7z + 10 = 0$에 대한 법선벡터는 _____이다.

18. 평면 $x + 3y - z = 5$는 점 (1, −2, _____)을/를 포함한다.

19. 직선 $x - 1 = (y + 2)/3 = (z + 1)/2$과 평면 $x + 2y - z = 13$의 교점은 _____이다.

20. $\mathbf{a} = 4\mathbf{i} + 3\mathbf{j} - 5\mathbf{k}$의 반대 방향을 갖는 단위벡터는 _____이다.

21. $\overrightarrow{P_1P_2} = \langle 3, 5, -4\rangle$이고 P_1의 좌표가 (2, 1, 7)일 때, P_2의 좌표는 _____이다.

22. 점 $P_1(4, 3, 10)$과 $P_2(6, -2, -5)$ 사이의 선분의 중점은 _____이다.

23. $\|\mathbf{a}\| = 7.2$, $\|\mathbf{b}\| = 10$이고 $\mathbf{a}$와 $\mathbf{b}$ 사이의 각이 135°일 때, $\mathbf{a}\cdot\mathbf{b} =$ _____이다.

24. $\mathbf{a} = \langle 3, 1, 0\rangle$, $\mathbf{b} = \langle -1, 2, 1\rangle$, $\mathbf{c} = \langle 0, -2, 2\rangle$일 때, $\mathbf{a}\cdot(2\mathbf{b} + 4\mathbf{c}) =$ _____이다.

25. 평면 $2x - 3y + 4z = 24$의 x 절편, y 절편과 z 절편은 각각 _____이다.

26. 벡터 $\mathbf{a} = \mathbf{i} + \mathbf{j}$와 $\mathbf{b} = \mathbf{i} - \mathbf{k}$ 사이의 각 θ는 _____이다.

27. $\mathbf{a} = \langle 1, 3, -1\rangle$과 $\mathbf{b} = \langle 2, -1, 2\rangle$로 주어진 두 변을 갖는 삼각형의 면적은 _____이다.

28. $(3, 6, -2)$를 포함하고 법선벡터 $\mathbf{n} = 3\mathbf{i} + \mathbf{k}$를 갖는 평면의 방정식은 _____이다.

29. 평면 $y = -5$에서 점 $(4, -3, 1)$에 이르는 거리는 _____이다.

30. 벡터 $\langle 1, 3, c\rangle$와 $\langle -2, -6, 5\rangle$는 $c =$ _____일 때 평행이고 $c =$ _____일 때 직교한다.

31. $\mathbf{a} = \mathbf{i} + \mathbf{j}$와 $\mathbf{b} = \mathbf{i} - 2\mathbf{j} + \mathbf{k}$에 수직인 단위벡터를 구하라.

32. $\mathbf{a} = \frac{1}{2}\mathbf{i} + \frac{1}{2}\mathbf{j} - \frac{1}{4}\mathbf{k}$의 방향 코사인과 방향각을 구하라.

문제 33~36에서는 $\mathbf{a} = \langle 1, 2, -2\rangle$, $\mathbf{b} = \langle 4, 3, 0\rangle$이라 하자. 제시한 수 또는 벡터를 구하라.

33. $\text{comp}_{\mathbf{b}}\mathbf{a}$ **34.** $\text{proj}_{\mathbf{a}}\mathbf{b}$

35. $\text{proj}_{\mathbf{a}}(\mathbf{a} + \mathbf{b})$ **36.** $\text{proj}_{\mathbf{b}}(\mathbf{a} - \mathbf{b})$

37. $\mathbf{r}$을 동점 $P(x, y, z)$의 위치벡터라 하고 $\mathbf{a}$를 일정한 벡터라 하자. **(a)** $(\mathbf{r} - \mathbf{a}) \cdot \mathbf{r} = 0$과 **(b)** $(\mathbf{r} - \mathbf{a}) \cdot \mathbf{a} = 0$이 그리는 곡면을 정하라.

38. 내적을 이용하여 점 $(4, 2, -2)$, $(2, 4, -3)$ 과 $(6, 7, -5)$가 직각삼각형의 꼭지점인지를 판단하라.

39. 점 $(7, 3, -5)$를 지나고 $(x - 3)/4 = (y + 4)/(-2) = (z - 9)/6$에 평행한 직선에 대한 대칭방정식을 구하라.

40. 점 $(5, -9, 3)$을 지나고 평면 $8x + 3y - 4z = 13$에 수직인 직선에 대한 매개방정식을 구하라.

41. 직선 $x = 1 - 2t$, $y = 3t$, $z = 1 + t$와 $x = 1 + 2s$, $y = -4 + s$, $z = -1 + s$가 수직으로 만남을 보여라.

42. 점 $(0, 0, 0)$, $(2, 3, 1)$, $(1, 0, 2)$를 포함하는 평면의 방정식을 구하라.

43. 직선 $x = t$, $y = 4t$, $z = -2t$와 $x = 1 + t$, $y = 1 + 4t$, $z = 3 - 2t$를 포함하는 평면의 방정식을 구하라.

44. $(1, 7, -1)$을 포함하고, $-x + y - 8z = 4$와 $3x - y + 2z = 0$의 교선에 수직인 평면의 방정식을 구하라.

45. $\mathbf{a} = \mathbf{i} + \mathbf{j}$의 방향으로 10 N의 일정한 힘이 마찰이 없는 곡면을 따라 $P_1(4, 1, 0)$에서 $P_2(7, 4, 0)$까지 블록을 움직인다. 거리를 미터로 측정한다고 하자. 한 일을 구하라.

46. 문제 45에서 $\mathbf{b} = \mathbf{i}$의 방향으로 50 N의 다른 일정한 힘이 원래의 힘과 동시에 작용하여, 같은 점 사이로 블록을 움직일 때에 한 일을 구하라.

47. 소화 호스에서 뿜어 나오는 물은 크기 200 lb의 수평 힘 $\mathbf{F}_1$을 발휘한다. **그림 7.R.1**을 보라. 소방수가 수평에서 45°의 각으로 호스를 잡기 위해 가해야 할 힘 $\mathbf{F}_3$의 크기는 얼마인가?

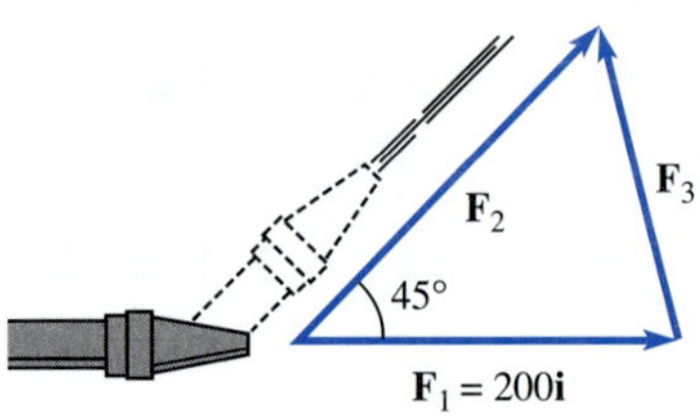

그림 7.R.1 문제 47의 소화 호스

48. 무게 50 lb의 균일한 공은 **그림 7.R.2**에 나와 있는 바와 같이 두 개의 마찰이 없는 평면에 의해 지지되고 있다. 지지 평면 $\mathscr{P}_1$이 공에 가한 힘을 $\mathbf{F}_1$, 평면 $\mathscr{P}_2$가 가한 힘을 $\mathbf{F}_2$라 하자. 공이 평형을 이루고 있으므로, $\mathbf{w} + \mathbf{F}_1 + \mathbf{F}_2 = \mathbf{0}$이어야 한다. 여기서 $\mathbf{w} = -50\mathbf{j}$이다. 힘 $\mathbf{F}_1$과 $\mathbf{F}_2$의 크기를 구하라. [힌트: 힘 $\mathbf{F}_1$과 $\mathbf{F}_2$는 각각 평면 $\mathscr{P}_1$과 $\mathscr{P}_2$에 대한 법선벡터이고, 공의 중심 C를 지나는 직선을 따라 작용한다고 가정하라. C에 2차원 좌표계의 원점을 놓는다.]

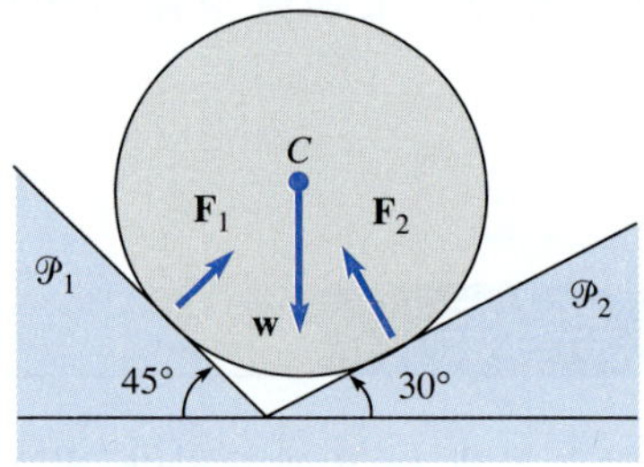

그림 7.R.2 문제 48의 공

49. 덧셈과 스칼라곱이

$$\langle a_1, 0, a_3\rangle + \langle b_1, 0, b_3\rangle = \langle a_1 + b_1, 0, a_3 + b_3\rangle$$
$$k\langle a_1, 0, a_3\rangle = \langle ka_1, 0, a_3\rangle$$

으로 정의된 벡터 $\langle a_1, 0, a_3\rangle$의 집합은 벡터공간인지를 판별하라.

50. 벡터 $\langle 1, 1, 2\rangle$, $\langle 0, 2, 3\rangle$, 그리고 $\langle 0, 1, -1\rangle$은 R^3에서 일차독립인지를 판별하라.

51. 조건 $d^2p/dx^2 = 0$을 만족시키는 P_n 안의 다항식들의 집합은 P_n의 부분공간인지를 판별하라. 그렇다면 그 부분공간에 대한 기저를 구하라.

52. 두 집합 W_1과 W_2의 교집합은 양 집합에 공통인 원소들의 집합이고, W_1과 W_2의 합집합은 W_1 또는 W_2 중 어느 하나에 있는 원소들의 집합임을 상기하자. W_1과 W_2를 벡터공간 V의 부분공간이라 하자. 다음 정리를 증명하거나 반증하라.

(a) $W_1 \cap W_2$는 V의 부분공간이다.

(b) $W_1 \cup W_2$는 V의 부분공간이다.

CHAPTER 8

행렬

Matrices

수학에서 숫자나 함수의 배열을 다루어야 하는 문제를 자주 접하게 된다. 이와 같은 배열을 **행렬**(matrix)이라 한다. 행렬이론은 영국의 저명한 수학자인 **Arthur Cayley** (1821~1895)가 창안하였다.

8.1 행렬 대수

소개 7장의 마지막 절에서 R^n에서의 벡터는 n-짝(n-tuple) 순서쌍$(x_1, x_2, \ldots, x_n)$임을 보았다. 벡터는 흔히 쉼표 없이 가로 혹은 세로 배열로 표시한다.

$$(x_1 \quad x_2 \quad \cdots \quad x_n) \quad \text{or} \quad \begin{pmatrix} x_1 \\ x_2 \\ \vdots \\ x_n \end{pmatrix} \tag{1}$$

식 (1)의 배열을 **행렬**(matrix)이라 부른다. 이 절에서는 이러한 배열의 대수에 관해 알아본다.

정의 식 (1)의 배열은 다음의 정의 식 (2)의 특수한 경우이다.

정의 8.1.1 행렬

행렬은 숫자나 함수의 직사각형 배열이다.

$$\begin{pmatrix} a_{11} & a_{12} & \cdots & a_{1n} \\ a_{21} & a_{22} & \cdots & a_{2n} \\ \vdots & & & \vdots \\ a_{m1} & a_{m2} & \cdots & a_{mn} \end{pmatrix} \tag{2}$$

배열의 숫자 혹은 함수를 행렬의 **요소**(entry) 혹은 **원소**(element)라고 부른다. 어떤 행렬이 m개의 행과 n개의 열을 가지고 있는 경우 이 행렬의 크기는 $m \times n$이다. 크기 $n \times n$인 행렬을 **정방**(square)행렬 혹은 ***n*차**(order n) 행렬이라고 한다.

1×1인 행렬은 하나의 상수 혹은 한 개의 함수이다. 예를 들면 $\mathbf{A} = \begin{pmatrix} 1 & 2 & 5 \\ 6 & 9 & 3 \end{pmatrix}$는 2×3 행렬이다.

$$\mathbf{B} = \begin{pmatrix} 9 & 7 & 0 & 8 \\ \frac{1}{2} & -2 & 6 & 1 \\ 0 & 0 & -1 & 6 \\ 5 & \sqrt{3} & \pi & -4 \end{pmatrix} \tag{3}$$

은 4×4 정방행렬 혹은 4차 행렬이다. 이 교재에서 행렬은 대문자 굵은체로 **A**, **B**, **C**, **X**와 같이 표현하기로 한다.

행렬 **A**의 i번째 행과 j번째 열의 요소는 a_{ij}로 나타낸다. $m \times n$ 행렬 **A**는 줄여서 $\mathbf{A} = (a_{ij})_{m \times n}$로 쓴다. $n \times n$ 정방행렬에서 $a_{11}, a_{22}, \ldots, a_{nn}$ 요소들을 **주대각요소**(main diagonal entry)라 한다. 식 (3)의 행렬 **B**의 주 대각요소들은 9, -2, -1, -4이다.

정의 8.1.2 열벡터와 행벡터

$$\begin{pmatrix} a_1 \\ a_2 \\ \vdots \\ a_n \end{pmatrix}$$

은 **열벡터**(column vector)라 한다. $1 \times n$ 행렬

$$(a_1 \quad a_2 \quad \cdots \quad a_n)$$

은 **행벡터**(row vector)라 한다.

정의 8.1.3 행렬의 상등

모든 두 개의 $m \times n$ 행렬 $\mathbf{A}$와 $\mathbf{B}$에 대해서 $a_{ij} = b_{ij}$(모든 i, j)이면 $\mathbf{A}$와 $\mathbf{B}$는 서로 **같다**.

두 행렬이 서로 크기가 같고 대응하는 요소가 모두 같은 경우 두 행렬은 서로 같다.

예제 1 상등

(a) 행렬 $\begin{pmatrix} 1 & 1 \\ 1 & 1 \end{pmatrix}$과 $\begin{pmatrix} 1 & 1 & 1 \\ 1 & 1 & 1 \end{pmatrix}$는 첫 행렬의 크기는 2×2이고 두 번째 행렬의 크기는 2×3이므로 서로 상등이 아니다.

(b) 행렬 $\begin{pmatrix} 1 & 2 \\ 3 & 4 \end{pmatrix}$와 $\begin{pmatrix} 1 & 2 \\ 4 & 3 \end{pmatrix}$는 두 행렬의 대응 요소들이 서로 같지 않으므로 서로 상등이 아니다. ≡

행렬의 덧셈 두 개의 행렬 $\mathbf{A}$와 $\mathbf{B}$가 같은 크기를 가질 때 대응 요소들을 더하여 행렬의 덧셈을 한다.

정의 8.1.4 행렬의 덧셈

$\mathbf{A}$와 $\mathbf{B}$가 $m \times n$ 행렬인 경우, **합**(sum)은 아래와 같다.

$$\mathbf{A} + \mathbf{B} = (a_{ij} + b_{ij})_{m \times n}$$

예제 2 두 행렬의 덧셈

(a) 행렬 $\mathbf{A} = \begin{pmatrix} 2 & -1 & 3 \\ 0 & 4 & 6 \\ -6 & 10 & -5 \end{pmatrix}$와 행렬 $\mathbf{B} = \begin{pmatrix} 4 & 7 & -8 \\ 9 & 3 & 5 \\ 1 & -1 & 2 \end{pmatrix}$의 합은 아래와 같다.

$$\mathbf{A} + \mathbf{B} = \begin{pmatrix} 2+4 & -1+7 & 3+(-8) \\ 0+9 & 4+3 & 6+5 \\ -6+1 & 10+(-1) & -5+2 \end{pmatrix} = \begin{pmatrix} 6 & 6 & -5 \\ 9 & 7 & 11 \\ -5 & 9 & -3 \end{pmatrix}$$

(b) 행렬 $\mathbf{A} = \begin{pmatrix} 1 & 2 & 3 \\ 4 & 5 & 6 \end{pmatrix}$와 $\mathbf{B} = \begin{pmatrix} 1 & 0 \\ 1 & 0 \end{pmatrix}$의 합은 행렬 **A**의 크기와 행렬 **B**의 크기가 다르므로 정의할 수 없다. ≡

정의 8.1.5 행렬의 스칼라 곱

실수 k에 대해서 행렬 **A**의 **스칼라 곱**(scalar multiple)은 아래와 같다.

$$k\mathbf{A} = \begin{pmatrix} ka_{11} & ka_{12} & \cdots & ka_{1n} \\ ka_{21} & ka_{22} & \cdots & ka_{2n} \\ \vdots & & & \vdots \\ ka_{m1} & ka_{m2} & \cdots & ka_{mn} \end{pmatrix} = (ka_{ij})_{m\times n}$$

$k\mathbf{A}$는 행렬 **A**의 각 요소에 k를 곱하여 얻은 행렬이다. 예를 들어,

$$5\begin{pmatrix} 2 & -3 \\ 4 & -1 \end{pmatrix} = \begin{pmatrix} 5\cdot 2 & 5\cdot(-3) \\ 5\cdot 4 & 5\cdot(-1) \end{pmatrix} = \begin{pmatrix} 10 & -15 \\ 20 & -5 \end{pmatrix}$$

이다. 어떤 행렬 **A**에 대한 스칼라 곱 $k\mathbf{A}$와 $\mathbf{A}k$는 동일하다는 것에 주의하라.

두 개의 $m \times n$ 행렬의 **차**(difference)는 $\mathbf{A} - \mathbf{B} = \mathbf{A} + (-\mathbf{B})$, $-\mathbf{B} = (-1)\mathbf{B}$로 정의한다.

다음의 정리는 행렬의 덧셈과 스칼라 곱에 대한 몇 가지 성질을 요약한 것이다. 이 정리는 정의 8.1.4와 정의 8.1.5를 이용하여 증명할 수 있다.

정리 8.1.1 행렬의 덧셈과 스칼라 곱의 성질

A, **B**, **C**는 $m \times n$ 행렬이고, k_1과 k_2는 스칼라인 경우 다음 식이 성립한다.

(i) $\mathbf{A} + \mathbf{B} = \mathbf{B} + \mathbf{A}$ ←덧셈의 교환법칙

(ii) $\mathbf{A} + (\mathbf{B} + \mathbf{C}) = (\mathbf{A} + \mathbf{B}) + \mathbf{C}$ ←덧셈의 결합법칙

(iii) $(k_1k_2)\mathbf{A} = k_1(k_2\mathbf{A})$

(iv) $1\mathbf{A} = \mathbf{A}$

(v) $k_1(\mathbf{A} + \mathbf{B}) = k_1\mathbf{A} + k_1\mathbf{B}$ ←분배법칙

(vi) $(k_1 + k_2)\mathbf{A} = k_1\mathbf{A} + k_2\mathbf{A}$ ←분배법칙

행렬의 곱셈 앞에서 모든 행렬 **A**에 스칼라를 곱할 수 있다는 것을 알았다. 두 개 행렬을 서로 곱할 수 있을까? 다음 정의에서 답을 찾을 수 있다.

정의 8.1.6 행렬의 곱셈

행렬 **A**는 m개의 행과 p개의 열을 가지고, 행렬 **B**는 p행과 n열을 가진다고 하자. 행렬 **A**와 **B**의 **곱**(product)은 $m \times n$ 크기의 행렬로써 다음 식으로 얻는다.

$$\mathbf{AB} = \begin{pmatrix} a_{11} & a_{12} & \cdots & a_{1p} \\ a_{21} & a_{22} & \cdots & a_{2p} \\ \vdots & & & \vdots \\ a_{m1} & a_{m2} & \cdots & a_{mp} \end{pmatrix}\begin{pmatrix} b_{11} & b_{12} & \cdots & b_{1n} \\ b_{21} & b_{22} & \cdots & b_{2n} \\ \vdots & & & \vdots \\ b_{p1} & b_{p2} & \cdots & b_{pn} \end{pmatrix}$$

$$= \begin{pmatrix} a_{11}b_{11} + a_{12}b_{21} + \cdots + a_{1p}b_{p1} & \cdots & a_{11}b_{1n} + a_{12}b_{2n} + \cdots + a_{1p}b_{pn} \\ a_{21}b_{11} + a_{22}b_{21} + \cdots + a_{2p}b_{p1} & \cdots & a_{21}b_{1n} + a_{22}b_{2n} + \cdots + a_{2p}b_{pn} \\ \vdots & & \vdots \\ a_{m1}b_{11} + a_{m2}b_{21} + \cdots + a_{mp}b_{p1} & \cdots & a_{m1}b_{1n} + a_{m2}b_{2n} + \cdots + a_{mp}b_{pn} \end{pmatrix}$$

$$= \left(\sum_{k=1}^{p} a_{ik}b_{kj}\right)_{m\times n}$$

정의 8.1.6은 행렬의 곱 $\mathbf{C} = \mathbf{AB}$는 행렬 $\mathbf{A}$의 열의 수가 행렬 $\mathbf{B}$의 행의 수와 같을 때만 정의되었음에 주의하라. 두 행렬의 곱의 크기는 다음 식으로부터 결정된다.

행렬 **A**의 열의 개수는 행렬 **B**의 행의 개수와 같아야 한다. ▶

$$\mathbf{A}_{m\times p}\mathbf{B}_{p\times n} = \mathbf{C}_{m\times n}$$

또한 행렬 $\mathbf{A}$의 i행(벡터)과 행렬 $\mathbf{B}$의 각 열(벡터들)과의 내적(dot product)이 행렬 $\mathbf{C} = \mathbf{AB}$의 i번째 행의 요소들을 구성한다는 것을 알 수 있다.

예제 3 행렬의 곱셈

아래 두 개 행렬의 곱 **AB**를 구하라.

$$\textbf{(a)}\ \mathbf{A} = \begin{pmatrix} 4 & 7 \\ 3 & 5 \end{pmatrix},\ \mathbf{B} = \begin{pmatrix} 9 & -2 \\ 6 & 8 \end{pmatrix} \qquad \textbf{(b)}\ \mathbf{A} = \begin{pmatrix} 5 & 8 \\ 1 & 0 \\ 2 & 7 \end{pmatrix},\ \mathbf{B} = \begin{pmatrix} -4 & -3 \\ 2 & 0 \end{pmatrix}$$

풀이 정의 8.1.6으로부터 다음을 얻는다.

$$\textbf{(a)}\ \mathbf{AB} = \begin{pmatrix} 4\cdot 9 + 7\cdot 6 & 4\cdot(-2) + 7\cdot 8 \\ 3\cdot 9 + 5\cdot 6 & 3\cdot(-2) + 5\cdot 8 \end{pmatrix} = \begin{pmatrix} 78 & 48 \\ 57 & 34 \end{pmatrix}$$

$$\textbf{(b)}\ \mathbf{AB} = \begin{pmatrix} 5\cdot(-4) + 8\cdot 2 & 5\cdot(-3) + 8\cdot 0 \\ 1\cdot(-4) + 0\cdot 2 & 1\cdot(-3) + 0\cdot 0 \\ 2\cdot(-4) + 7\cdot 2 & 2\cdot(-3) + 7\cdot 0 \end{pmatrix} = \begin{pmatrix} -4 & -15 \\ -4 & -3 \\ 6 & -6 \end{pmatrix}$$ ≡

행렬 덧셈과 달리 행렬 곱셈은 교환법칙이 성립하지 않는다. 즉, $\mathbf{BA} \neq \mathbf{AB}$이다. 예제 3의 (a)에서 $\mathbf{BA} = \begin{pmatrix} 30 & 53 \\ 48 & 82 \end{pmatrix}$이고, (b)에서 **BA**는 첫 번째 행렬 **B**의 열 개수와 두 번째 행렬 **A**의 행 개수가 같지 않으므로 정의되지 않는다.

$m \times n$ 행렬과 $n \times 1$ 열벡터와의 곱은 $m \times 1$ 열벡터이다. 예를 들어,

$$\begin{pmatrix} -4 & 2 \\ 3 & 8 \end{pmatrix}\begin{pmatrix} x_1 \\ x_2 \end{pmatrix} = \begin{pmatrix} -4x_1 + 2x_2 \\ 3x_1 + 8x_2 \end{pmatrix} \tag{4}$$

이다. 하나의 열벡터를 두 개 혹은 그 이상의 열벡터의 합으로 나타내는 것이 편리할 때가 있다. 정의 8.1.4와 8.1.5로부터 식 (4)는 다음과 같이 쓸 수 있다.

$$\begin{pmatrix} -4x_1 + 2x_2 \\ 3x_1 + 8x_2 \end{pmatrix} = x_1\begin{pmatrix} -4 \\ 3 \end{pmatrix} + x_2\begin{pmatrix} 2 \\ 8 \end{pmatrix}$$

결합법칙 행렬 곱셈은 증명하지는 않겠지만 행렬의 곱셈은 결합법칙이 성립한다. $m \times p$ 행렬 $\mathbf{A}$, $p \times r$ 행렬 $\mathbf{B}$, $r \times n$ 행렬 $\mathbf{C}$의 곱은 $m \times n$인 행렬로써 다음이 성립한다.

$$\mathbf{A}(\mathbf{BC}) = (\mathbf{AB})\mathbf{C}$$

분배법칙 $\mathbf{B}$와 $\mathbf{C}$가 모두 $r \times n$ 행렬이고, $\mathbf{A}$가 $m \times r$ 행렬인 경우 다음의 **분배법칙**(distributive law)이 성립한다.

$$\mathbf{A}(\mathbf{B} + \mathbf{C}) = \mathbf{AB} + \mathbf{AC}$$

또한 $(\mathbf{B} + \mathbf{C})\mathbf{A}$가 정의되면 다음과 같은 분배법칙이 성립한다.

$$(\mathbf{B} + \mathbf{C})\mathbf{A} = \mathbf{BA} + \mathbf{CA}$$

정의 8.1.7 행렬의 전치

식 (2)와 같은 $m \times n$ 행렬의 **전치**(transpose) $\mathbf{A}^T$은 $n \times m$ 행렬로 다음과 같다.

$$\mathbf{A}^T = \begin{pmatrix} a_{11} & a_{21} & \cdots & a_{m1} \\ a_{12} & a_{22} & \cdots & a_{m2} \\ \vdots & & & \vdots \\ a_{1n} & a_{2n} & \cdots & a_{mn} \end{pmatrix}$$

다시 말하면, 행렬 $\mathbf{A}$의 행이 행렬 $\mathbf{A}^T$의 열이 된다.

예제 4 정의 8.1.7 사용

(a) $\mathbf{A} = \begin{pmatrix} 9 & 0 & 4 \\ 3 & 7 & 5 \end{pmatrix}$이면, $\mathbf{A}^T = \begin{pmatrix} 9 & 3 \\ 0 & 7 \\ 4 & 5 \end{pmatrix}$

(b) $\mathbf{B} = \begin{pmatrix} 3 & 2 & -1 \\ 6 & 5 & 8 \\ 1 & -2 & 4 \end{pmatrix}$이면, $\mathbf{B}^T = \begin{pmatrix} 3 & 6 & 1 \\ 2 & 5 & -2 \\ -1 & 8 & 4 \end{pmatrix}$

(c) $\mathbf{C} = (7 \quad 2)$이면, $\mathbf{C}^T = \begin{pmatrix} 7 \\ 2 \end{pmatrix}$ ≡

다음 정리는 전치의 중요한 성질을 나타낸 것이다.

정리 8.1.2 전치의 성질

만약 $\mathbf{A}$와 $\mathbf{B}$가 행렬이고 k가 스칼라이면 다음의 성질이 성립한다.

(i) $(\mathbf{A}^T)^T = \mathbf{A}$ ←전치의 전치

(ii) $(\mathbf{A} + \mathbf{B})^T = \mathbf{A}^T + \mathbf{B}^T$ ←합의 전치

(iii) $(\mathbf{AB})^T = \mathbf{B}^T\mathbf{A}^T$ ←곱의 전치

(iv) $(k\mathbf{A})^T = k\mathbf{A}^T$ ←스칼라 곱의 전치

물론 정리 8.1.2의 (*ii*), (*iii*)에서 행렬 $\mathbf{A}$와 $\mathbf{B}$의 합과 곱은 정의되었다고 가정한다. 정리의

(*iii*)을 살펴보면 곱의 전치는 전치의 순서를 바꾸어 곱한 것임을 알 수 있다. 또한 (*ii*), (*iii*)은 유한 개수의 행렬들의 합이나 곱의 경우로 확장된다. 예를 들어 3개 행렬의 경우, 다음의 관계를 얻는다.

$$(\mathbf{A}+\mathbf{B}+\mathbf{C})^T = \mathbf{A}^T + \mathbf{B}^T + \mathbf{C}^T, \qquad (\mathbf{ABC})^T = \mathbf{C}^T\mathbf{B}^T\mathbf{A}^T$$

특수 행렬 행렬이론에서는 특별한 성질을 가지고 있기 때문에 중요하게 다루어지는 특수한 행렬들이 있다.

- 행렬의 모든 요소가 0인 행렬을 **영행렬**(zero matrix)이라고 하고 **0**으로 표현한다. 다음의 행렬은 영행렬이다.

$$\mathbf{0} = \begin{pmatrix} 0 \\ 0 \end{pmatrix}, \quad \mathbf{0} = \begin{pmatrix} 0 & 0 \\ 0 & 0 \end{pmatrix}, \quad \mathbf{0} = \begin{pmatrix} 0 & 0 \\ 0 & 0 \\ 0 & 0 \end{pmatrix}$$

  A와 **0**이 $m \times n$ 행렬인 경우 다음이 성립한다.

$$\mathbf{A} + \mathbf{0} = \mathbf{A} \tag{5}$$

  또한

$$\mathbf{A} + (-\mathbf{A}) = \mathbf{0} \tag{6}$$

- $n \times n$행렬 **A**의 주대각 요소 위 또는 아래의 모든 요소가 모두 0인 행렬을 **삼각행렬**(triangular matrix)이라 한다. 즉, 정방행렬 $\mathbf{A} = (a_{ij})_{n\times n}$은 $i < j$인 모든 i, j에서 $a_{ij} = 0$이거나 $i > j$인 모든 i, j에서 $a_{ij} = 0$이면 삼각행렬이다. 앞의 삼각행렬을 **아래 삼각행렬**, 뒤의 삼각행렬을 **위 삼각행렬**이라 한다. 다음의 두 행렬은 삼각행렬이다.

$$\underbrace{\begin{pmatrix} -5 & 0 & 0 & 0 & 0 \\ 1 & 6 & 0 & 0 & 0 \\ 8 & 9 & 3 & 0 & 0 \\ 1 & 1 & -1 & 2 & 0 \\ 13 & 0 & 4 & 7 & -2 \end{pmatrix}}_{\text{아래 삼각행렬}} \quad \underbrace{\begin{pmatrix} 1 & 2 & 3 & 1 \\ 0 & 2 & 1 & 5 \\ 0 & 0 & -1 & 4 \\ 0 & 0 & 0 & 8 \end{pmatrix}}_{\text{위 삼각행렬}}$$

- $n \times n$ 행렬 **A**의 주대각요소가 아닌 모든 요소들이 영인 경우 **대각행렬**(diagonal matrix)이라 한다. 이를 식으로 표현하면 정방행렬 $\mathbf{A} = (a_{ij})_{n\times n}$에 대해서 $i \neq j$일 때 $a_{ij} = 0$이면 **A**는 대각행렬이다. 다음은 대각행렬이다.

$$\begin{pmatrix} 7 & 0 & 0 \\ 0 & \frac{1}{2} & 0 \\ 0 & 0 & 1 \end{pmatrix}$$

- 대각행렬 **A**의 요소 a_{ii}가 모두 같은 경우 **스칼라행렬**(scalar matrix)이라고 한다. 예를 들어 $\begin{pmatrix} 5 & 0 \\ 0 & 5 \end{pmatrix}$는 스칼라행렬이다. $n \times n$ 스칼라행렬은 주대각요소들이 모두 1인 대각

행렬에 스칼라 값을 곱한 것이다. 예를 들면 $\begin{pmatrix} 5 & 0 \\ 0 & 5 \end{pmatrix} = 5\begin{pmatrix} 1 & 0 \\ 0 & 1 \end{pmatrix}$이다. 일반적으로 다음과 같은 $n \times n$ 행렬을 기호 $\mathbf{I}$로 표현한다(행렬의 차수를 강조할 필요가 있을 때는 $\mathbf{I}_n$과 같이 아래첨자 n을 붙인다).

$$\begin{pmatrix} 1 & 0 & 0 & \cdots & 0 \\ 0 & 1 & 0 & \cdots & 0 \\ \vdots & & & & \vdots \\ 0 & 0 & 0 & \cdots & 1 \end{pmatrix}$$

$m \times n$ 행렬 $\mathbf{A}$에 대해서 $\mathbf{I}_m\mathbf{A} = \mathbf{A}\mathbf{I}_n = \mathbf{A}$임을 바로 확인할 수 있다. 이 성질은 모든 실수 a에 대하여 $1 \cdot a = a \cdot 1 = a$가 성립하는 것과 유사하므로 행렬 $\mathbf{I}$를 **단위행렬**(identity matrix)이라 한다.

- $n \times n$ 행렬 $\mathbf{A}$에 대해서 $\mathbf{A}^T = \mathbf{A}$인 경우 행렬 $\mathbf{A}$를 **대칭행렬**(symmetric matrix)이라고 한다. 즉, 모든 i와 j에 대하여 $a_{ij} = a_{ji}$인 경우 $\mathbf{A}$는 대칭행렬이다. 대칭행렬의 요소들이 행렬의 주대각선에 대하여 대칭이라는 의미이다. 예를 들어, 아래 행렬은 대칭행렬임을 쉽게 알 수 있다.

$$\mathbf{A} = \begin{pmatrix} 1 & 2 & 7 \\ 2 & 5 & 6 \\ 7 & 6 & 4 \end{pmatrix}$$

또한 $\mathbf{A}$의 전치를 취해 보면 아래와 같이 원래 행렬과 같은 것을 알 수 있다.

$$\mathbf{A}^T = \begin{pmatrix} 1 & 2 & 7 \\ 2 & 5 & 6 \\ 7 & 6 & 4 \end{pmatrix} = \mathbf{A}$$

참고

기호 $M_{m,\,n}$이 행렬의 덧셈과 스칼라 곱셈 연산이 정의되는 모든 $m \times n$ 행렬의 집합을 나타낸다고 할 때, 집합 $M_{m,\,n}$에 속한 모든 $\mathbf{A}$와 $\mathbf{B}$와 모든 스칼라 k에 대하여

$$\mathbf{A} + \mathbf{B}\text{는 } M_{m,n}\text{에 속하며 } k\mathbf{A}\text{는 } M_{m,n}\text{에 속한다.} \tag{7}$$

즉, $M_{m,\,n}$은 행렬의 덧셈과 스칼라 곱에 대하여 닫혀 있다. 식 (7)과 성질들과 정리 8.1.1 (5), (6)의 성질들을 결합하면 $M_{m,\,n}$은 벡터공간이 된다. 실제적으로 벡터공간 $M_{1,\,n}$(행벡터)과 벡터공간 $M_{n,\,1}$(열벡터)은 벡터공간 R^n과 구별되지 않는다.

8.1 연습문제

부록에 선택된 홀수 문제의 답이 있다.

문제 1~6. 주어진 행렬의 크기를 적어라.

1. $\begin{pmatrix} 1 & 2 & 3 & 9 \\ 5 & 6 & 0 & 1 \end{pmatrix}$ **2.** $\begin{pmatrix} 0 & 2 \\ 8 & 4 \\ 5 & 6 \end{pmatrix}$ **3.** $\begin{pmatrix} 1 & 2 & -1 \\ 0 & 7 & -2 \\ 0 & 0 & 5 \end{pmatrix}$ **4.** $(5 \quad 7 \quad -15)$

5. $\begin{pmatrix} 1 & 5 & -6 & 0 \\ 7 & -10 & 2 & 12 \\ 0 & 9 & 2 & -1 \end{pmatrix}$ 6. $\begin{pmatrix} 1 \\ 5 \\ -6 \\ 0 \\ 7 \\ -10 \\ 2 \\ 12 \end{pmatrix}$

문제 7~10. 주어진 두 행렬이 서로 같은지 여부를 결정하라.

7. $\begin{pmatrix} 1 & 2 & 3 \\ 4 & 5 & 6 \end{pmatrix}$, $\begin{pmatrix} 1 & 2 \\ 3 & 4 \\ 5 & 6 \end{pmatrix}$ 8. $\begin{pmatrix} 1 & 2 \\ 0 & 1 \end{pmatrix}$, $\begin{pmatrix} 1 & 0 \\ 2 & 1 \end{pmatrix}$

9. $\begin{pmatrix} \sqrt{(-2)^2} & 1 \\ 2 & \frac{2}{8} \end{pmatrix}$, $\begin{pmatrix} -2 & 1 \\ 2 & \frac{1}{4} \end{pmatrix}$

10. $\begin{pmatrix} \frac{1}{8} & \frac{1}{5} \\ \sqrt{2} & 1 \end{pmatrix}$, $\begin{pmatrix} 0.125 & 0.2 \\ 1.414 & 1 \end{pmatrix}$

문제 11, 12. 두 행렬이 같아지도록 x와 y의 값을 결정하라.

11. $\begin{pmatrix} 1 & x \\ y & -3 \end{pmatrix}$, $\begin{pmatrix} 1 & y-2 \\ 3x-2 & -3 \end{pmatrix}$

12. $\begin{pmatrix} x^2 & 1 \\ y & 5 \end{pmatrix}$, $\begin{pmatrix} 9 & 1 \\ 4x & 5 \end{pmatrix}$

문제 13, 14. 행렬 $\mathbf{C} = 2\mathbf{A} - 3\mathbf{B}$의 요소 c_{23}, c_{12}를 구하라.

13. $\mathbf{A} = \begin{pmatrix} 2 & 3 & -1 \\ -1 & 6 & 0 \end{pmatrix}$, $\mathbf{B} = \begin{pmatrix} 4 & -2 & 6 \\ 1 & 3 & -3 \end{pmatrix}$

14. $\mathbf{A} = \begin{pmatrix} 1 & -1 & 1 \\ 2 & 2 & 1 \\ 0 & -4 & 1 \end{pmatrix}$, $\mathbf{B} = \begin{pmatrix} 2 & 0 & 5 \\ 0 & 4 & 0 \\ 3 & 0 & 7 \end{pmatrix}$

15. $\mathbf{A} = \begin{pmatrix} 4 & 5 \\ -6 & 9 \end{pmatrix}$, $\mathbf{B} = \begin{pmatrix} -2 & 6 \\ 8 & -10 \end{pmatrix}$일 때,
(a) $\mathbf{A} + \mathbf{B}$, **(b)** $\mathbf{B} - \mathbf{A}$, **(c)** $2\mathbf{A} + 3\mathbf{B}$를 구하라.

16. $\mathbf{A} = \begin{pmatrix} -2 & 0 \\ 4 & 1 \\ 7 & 3 \end{pmatrix}$, $\mathbf{B} = \begin{pmatrix} 3 & -1 \\ 0 & 2 \\ -4 & -2 \end{pmatrix}$일 때,
(a) $\mathbf{A} - \mathbf{B}$, **(b)** $\mathbf{B} - \mathbf{A}$, **(c)** $2(\mathbf{A} + \mathbf{B})$를 구하라.

17. $\mathbf{A} = \begin{pmatrix} 2 & -3 \\ -5 & 4 \end{pmatrix}$, $\mathbf{B} = \begin{pmatrix} -1 & 6 \\ 3 & 2 \end{pmatrix}$일 때,
(a) $\mathbf{AB}$, **(b)** $\mathbf{BA}$, **(c)** $\mathbf{A}^2 = \mathbf{AA}$, **(d)** $\mathbf{B}^2 = \mathbf{BB}$를 구하라.

18. $\mathbf{A} = \begin{pmatrix} 1 & 4 \\ 5 & 10 \\ 8 & 12 \end{pmatrix}$, $\mathbf{B} = \begin{pmatrix} -4 & 6 & -3 \\ 1 & -3 & 2 \end{pmatrix}$일 때,
(a) $\mathbf{AB}$, **(b)** $\mathbf{BA}$를 구하라.

19. $\mathbf{A} = \begin{pmatrix} 1 & -2 \\ -2 & 4 \end{pmatrix}$, $\mathbf{B} = \begin{pmatrix} 6 & 3 \\ 2 & 1 \end{pmatrix}$, $\mathbf{C} = \begin{pmatrix} 0 & 2 \\ 3 & 4 \end{pmatrix}$일 때,
(a) $\mathbf{BC}$, **(b)** $\mathbf{A}(\mathbf{BC})$, **(c)** $\mathbf{C}(\mathbf{BA})$, **(d)** $\mathbf{A}(\mathbf{B} + \mathbf{C})$를 구하라.

20. $\mathbf{A} = (5 \quad -6 \quad 7)$, $\mathbf{B} = \begin{pmatrix} 3 \\ 4 \\ -1 \end{pmatrix}$, $\mathbf{C} = \begin{pmatrix} 1 & 2 & 4 \\ 0 & 1 & -1 \\ 3 & 2 & 1 \end{pmatrix}$일 때, **(a)** $\mathbf{AB}$, **(b)** $\mathbf{BA}$, **(c)** $(\mathbf{BA})\mathbf{C}$, **(d)** $(\mathbf{AB})\mathbf{C}$를 구하라.

21. $\mathbf{A} = \begin{pmatrix} 4 \\ 8 \\ -10 \end{pmatrix}$, $\mathbf{B} = (2 \quad 4 \quad 5)$일 때,
(a) $\mathbf{A}^T\mathbf{A}$, **(b)** $\mathbf{B}^T\mathbf{B}$, **(c)** $\mathbf{A} + \mathbf{B}^T$를 구하라.

22. $\mathbf{A} = \begin{pmatrix} 1 & 2 \\ 2 & 4 \end{pmatrix}$, $\mathbf{B} = \begin{pmatrix} -2 & 3 \\ 5 & 7 \end{pmatrix}$일 때,
(a) $\mathbf{A} + \mathbf{B}^T$, **(b)** $2\mathbf{A}^T - \mathbf{B}^T$, **(c)** $\mathbf{A}^T(\mathbf{A} - \mathbf{B})$를 구하라.

23. $\mathbf{A} = \begin{pmatrix} 3 & 4 \\ 8 & 1 \end{pmatrix}$, $\mathbf{B} = \begin{pmatrix} 5 & 10 \\ -2 & -5 \end{pmatrix}$일 때,
(a) $(\mathbf{AB})^T$, **(b)** $\mathbf{B}^T\mathbf{A}^T$를 구하라.

24. $\mathbf{A} = \begin{pmatrix} 5 & 9 \\ -4 & 6 \end{pmatrix}$, $\mathbf{B} = \begin{pmatrix} -3 & 11 \\ -7 & 2 \end{pmatrix}$일 때,
(a) $\mathbf{A}^T + \mathbf{B}$, **(b)** $2\mathbf{A} + \mathbf{B}^T$를 구하라.

문제 25~28. 합을 열행렬로 표현하라.

25. $4\begin{pmatrix} -1 \\ 2 \end{pmatrix} - 2\begin{pmatrix} 2 \\ 8 \end{pmatrix} + 3\begin{pmatrix} -2 \\ 3 \end{pmatrix}$

26. $3\begin{pmatrix} 2 \\ 1 \\ -1 \end{pmatrix} + 5\begin{pmatrix} -1 \\ -1 \\ 3 \end{pmatrix} - 2\begin{pmatrix} 3 \\ 4 \\ -5 \end{pmatrix}$

27. $\begin{pmatrix} 2 & -3 \\ 1 & 4 \end{pmatrix}\begin{pmatrix} -2 \\ 5 \end{pmatrix} - \begin{pmatrix} -1 & 6 \\ -2 & 3 \end{pmatrix}\begin{pmatrix} -7 \\ 2 \end{pmatrix}$

28. $\begin{pmatrix} 1 & -3 & 4 \\ 2 & 5 & -1 \\ 0 & -4 & -2 \end{pmatrix}\begin{pmatrix} 3 \\ 2 \\ -1 \end{pmatrix} + \begin{pmatrix} -1 \\ 1 \\ 4 \end{pmatrix} - \begin{pmatrix} 2 \\ 8 \\ -6 \end{pmatrix}$

문제 29, 30. 행렬의 곱이 성립하도록 하는 행렬 $\mathbf{A}$의 크기를 정하라.

29. $\begin{pmatrix} 2 & 1 & 3 & 3 \\ 9 & 6 & 7 & 0 \end{pmatrix}\mathbf{A}\begin{pmatrix} 0 \\ 5 \\ 7 \\ 9 \\ 2 \end{pmatrix}$

30. $\begin{pmatrix} 2 & 1 & 3 \\ 3 & 9 & 6 \\ 7 & 0 & -1 \end{pmatrix}\mathbf{A}\begin{pmatrix} 0 & 1 \\ 7 & 4 \end{pmatrix}$

문제 31~34. $\mathbf{A} = \begin{pmatrix} 2 & 4 \\ -3 & 2 \end{pmatrix}$, $\mathbf{B} = \begin{pmatrix} 4 & 10 \\ 2 & 5 \end{pmatrix}$일 때, 다음 등식들의 오른쪽과 왼쪽 값을 계산하여 주어진 성질이 성립함을 확인하라.

31. $(\mathbf{A}^T)^T = \mathbf{A}$ **32.** $(\mathbf{A} + \mathbf{B})^T = \mathbf{A}^T + \mathbf{B}^T$

33. $(\mathbf{AB})^T = \mathbf{B}^T\mathbf{A}^T$ **34.** $(6\mathbf{A})^T = 6\mathbf{A}^T$

35. $\mathbf{A} = \begin{pmatrix} 2 & 1 \\ 6 & 3 \\ 2 & 5 \end{pmatrix}$일 때, 행렬 $\mathbf{B} = \mathbf{AA}^T$가 대칭임을 확인하라.

36. $\mathbf{A}$가 $m \times n$ 행렬일 때, $\mathbf{AA}^T$가 대칭행렬임을 보여라.

37. 행렬이론에서는 실수계의 많은 성질들이 성립하지 않는다. a, b가 실수일 때 $ab = 0$은 $a = 0$ 혹은 $b = 0$임을 의미한다. $\mathbf{AB} = \mathbf{0}$일 때 $\mathbf{A} \neq \mathbf{0}$, $\mathbf{B} \neq \mathbf{0}$인 두 행렬 $\mathbf{A}$, $\mathbf{B}$를 찾아라.

38. a, b, c가 실수이고 $c \neq 0$일 때, $ac = bc$는 $a = b$임을 의미한다. 행렬의 경우 $\mathbf{AC} = \mathbf{BC}$, $\mathbf{C} \neq \mathbf{0}$가 $\mathbf{A} = \mathbf{B}$임을 의미하지는 않는다. 이 사실을 3개의 행렬로 확인하라.

$$\mathbf{A} = \begin{pmatrix} 2 & 1 & 4 \\ 3 & 2 & 1 \\ 1 & 3 & 2 \end{pmatrix}, \mathbf{B} = \begin{pmatrix} 5 & 1 & 6 \\ 9 & 2 & -3 \\ -1 & 3 & 7 \end{pmatrix},$$

$$\mathbf{C} = \begin{pmatrix} 0 & 0 & 0 \\ 2 & 3 & 4 \\ 0 & 0 & 0 \end{pmatrix}$$

문제 39, 40. $\mathbf{A}$와 $\mathbf{B}$가 $n \times n$ 행렬일 때 다음의 공식은 일반적으로 성립하지 않는 이유를 설명하라.

39. $(\mathbf{A} + \mathbf{B})^2 = \mathbf{A}^2 + 2\mathbf{AB} + \mathbf{B}^2$

40. $(\mathbf{A} + \mathbf{B})(\mathbf{A} - \mathbf{B}) = \mathbf{A}^2 - \mathbf{B}^2$

41. $\begin{pmatrix} a_{11} & a_{12} \\ a_{21} & a_{22} \end{pmatrix}\begin{pmatrix} x_1 \\ x_2 \end{pmatrix} = \begin{pmatrix} b_1 \\ b_2 \end{pmatrix}$를 방정식으로 적어라.

42. $\mathbf{X}$와 $\mathbf{B}$가 열벡터일 때, 아래 연립 방정식을 $\mathbf{AX} = \mathbf{B}$ 꼴로 쓰라.

$$\begin{aligned} 2x_1 + 6x_2 + x_3 &= 7 \\ x_1 + 2x_2 - x_3 &= -1 \\ 5x_1 + 7x_2 - 4x_3 &= 9 \end{aligned}$$

43. 2차 식 $ax^2 + bxy + cy^2$가 다음 식과 동일함을 확인하라.

$$(x \quad y)\begin{pmatrix} a & \frac{1}{2}b \\ \frac{1}{2}b & c \end{pmatrix}\begin{pmatrix} x \\ y \end{pmatrix}$$

44. 벡터장 $\mathbf{F} = P\mathbf{i} + Q\mathbf{j} + R\mathbf{k}$의 회전(curl)을 다음과 같이 쓸 수 있음을 확인하라.

$$\text{curl } \mathbf{F} = \begin{pmatrix} 0 & -\partial/\partial x & \partial/\partial x \\ \partial/\partial x & 0 & -\partial/\partial x \\ -\partial/\partial y & \partial/\partial x & 0 \end{pmatrix}\begin{pmatrix} P \\ Q \\ R \end{pmatrix}$$

(벡터장의 회전 개념에 익숙하지 않은 독자들은 9.7절을 참고하라.)

R^2상의 벡터 $\mathbf{a} = \overrightarrow{OP} = \langle x, y \rangle$를 원점을 중심으로 반시계방향으로 각도 u로 회전시킨다면 결과 벡터 $\mathbf{b} = \overrightarrow{OP_1} = \langle x_1, y_1 \rangle$의 성분은 $\mathbf{B} = \mathbf{MA}$가 된다. 단

$$\mathbf{A} = \begin{pmatrix} x \\ y \end{pmatrix}, \mathbf{B} = \begin{pmatrix} x_1 \\ y_1 \end{pmatrix}, \quad \mathbf{M} = \begin{pmatrix} \cos\theta & -\sin\theta \\ \sin\theta & \cos\theta \end{pmatrix}$$

이때 2×2행렬 $\mathbf{M}$을 **회전행렬**(rotation matrix)이라 부른다. 그림 8.1.1 참조하라.

문제 45~48에서 주어진 벡터 $\mathbf{a} = \overrightarrow{OP} = \langle x, y \rangle$를 지시한 각도로 회전시킨다고 할 때, 결과 벡터 $\mathbf{b}$를 구하라.

45. $\mathbf{a} = \langle 1, 1 \rangle, \theta = \pi/2$ **46.** $\mathbf{a} = \langle -2, 4 \rangle, \theta = \pi/6$

47. $\mathbf{a} = \langle \sqrt{2}, \sqrt{2} \rangle, \theta = 3\pi/4$ **48.** $\mathbf{a} = \langle 1, -1 \rangle, \theta = 2\pi/3$

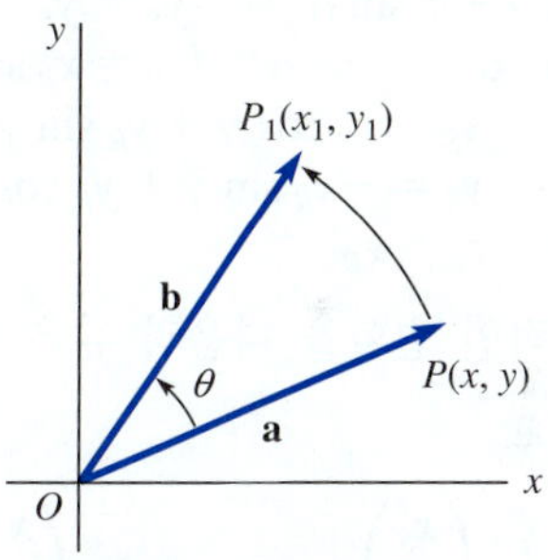

그림 8.1.1 문제 45~48의 벡터 회전

문제 49, 50. $\mathbf{A} = \begin{pmatrix} x \\ y \end{pmatrix}$, $\mathbf{B} = \begin{pmatrix} x_1 \\ y_1 \end{pmatrix}$라 두자. 문제에 주어진 축에 대해서 $\mathbf{B} = \mathbf{MA}$가 벡터 $\mathbf{a} = \overrightarrow{OP} = \langle x, y \rangle$의 반사(reflection)가 되도록 하는 2×2행렬 $\mathbf{M}$을 구하라.

49. $y-$축

50. $x-$축

51. 그림 8.1.2(a)와 같이 우주선은 3개의 축에 대하여 **상하요동**(pitch), **좌우요동**(roll), **회전요동**(yaw)을 한다. 점 P의 좌표는 2개의 좌표계를 사용하여 표현한다. 하나는 P를 (x, y, z)로 표현하는 3차원 카테시안 좌표계이고, 다른 하나는 특수하게 회전하며 움직이는 우주선좌표계이다. 그림 8.1.2(b)는 회전요동을 나타낸 것으로 지면에 수직인 z축을 중심으로 한 회전이다. 회전요동 후의 우주선 좌표 (x_Y, y_Y, z_Y)는 고정좌표계의 점 (x, y, z)와 다음과 같은 관계가 있다.

$$x_Y = x\cos\gamma + y\sin\gamma$$
$$y_Y = -x\sin\gamma + y\cos\gamma$$
$$z_Y = z$$

여기서 γ는 회전각이다.

(a) 위의 방정식을 다음과 같이 행렬식으로 나타낼 수 있는지 확인하라.

$$\begin{pmatrix} x_Y \\ y_Y \\ z_Y \end{pmatrix} = \mathbf{M}_Y \begin{pmatrix} x \\ y \\ z \end{pmatrix}$$

여기서

$$\mathbf{M}_Y = \begin{pmatrix} \cos\gamma & \sin\gamma & 0 \\ -\sin\gamma & \cos\gamma & 0 \\ 0 & 0 & 1 \end{pmatrix}$$

이다.

(b) 우주선이 α, β, γ의 각도로 상하요동, 좌우요동, 회전요동할 때 우주선좌표계의 점 P의 최종 좌표(x_S, y_S, z_S)는 다음과 같은 순서의 변환을 통해 얻을 수 있다.

$$x_P = x \qquad x_R = x_P\cos\beta - z_P\sin\beta$$
$$y_P = y\cos\alpha + z\sin\alpha \qquad y_R = y_P$$
$$z_P = -y\sin\alpha + z\cos\alpha; \qquad z_R = x_P\sin\beta + z_P\cos\beta;$$
$$x_S = x_R\cos\gamma + y_R\sin\gamma$$
$$y_S = -x_R\sin\gamma + y_R\cos\gamma$$
$$z_S = z_R$$

위의 순차적인 변환을 다음과 같은 행렬 방정식으로 적어라.

$$\begin{pmatrix} x_S \\ y_S \\ z_S \end{pmatrix} = \mathbf{M}_Y\mathbf{M}_R\mathbf{M}_P \begin{pmatrix} x \\ y \\ z \end{pmatrix}$$

행렬 $\mathbf{M}_Y$는 (a)에서와 같다. $\mathbf{M}_R$과 $\mathbf{M}_P$를 적어라.

(c) 고정좌표계에서 한 점의 좌표는 (1, 1, 1)이다. 우주선이 $\alpha = 30°$, $\beta = 45°$, $\gamma = 60°$의 상하요동, 좌우요동, 회전요동 운동을 순차적으로 수행할 때, 우주선좌표계에서의 고정점(1, 1, 1)의 좌표를 결정하라.

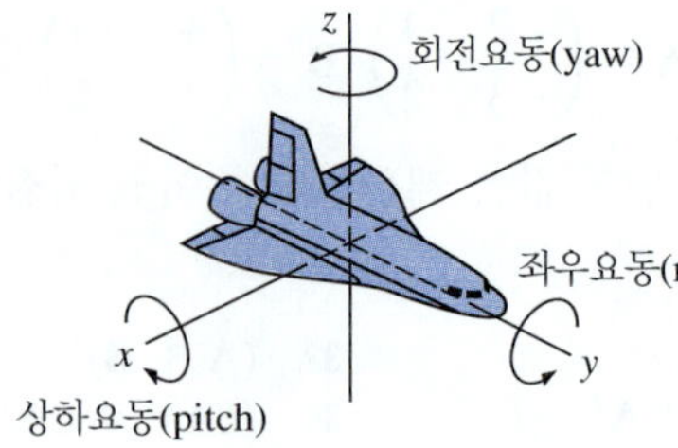

(a)

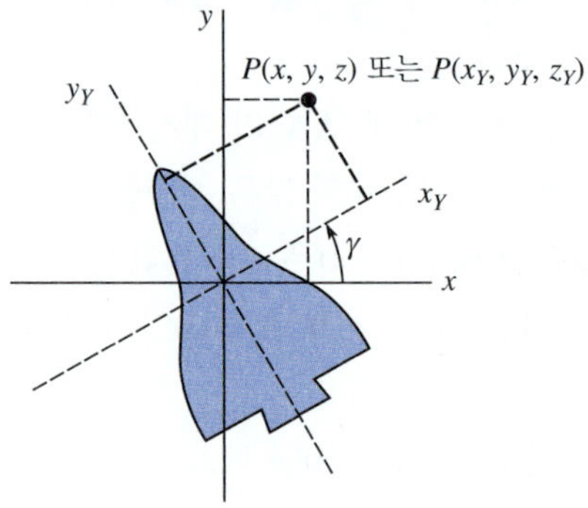

(b)

그림 8.1.2 문제 51의 우주선

52. 프로젝트 (a) 행렬 **A**는 부분행렬로 **분할**(partition)될 수 있다. 예를 들어, 다음의 3×5 행렬 **A**와 5×2 행렬 **B**는

$$\mathbf{A} = \left(\begin{array}{ccc|cc} 3 & 2 & -1 & 2 & 4 \\ 1 & 6 & 3 & -1 & 5 \\ \hline 0 & 4 & 6 & -2 & 3 \end{array}\right), \quad \mathbf{B} = \left(\begin{array}{cc} 3 & 4 \\ 0 & 7 \\ -4 & 1 \\ \hline -2 & -1 \\ 2 & 5 \end{array}\right)$$

$$\mathbf{A} = \begin{pmatrix} A_{11} & A_{12} \\ A_{21} & A_{22} \end{pmatrix}, \quad \mathbf{B} = \begin{pmatrix} B_1 \\ B_2 \end{pmatrix}$$

로 다시 쓸 수 있다. 여기서 A_{11}은 왼쪽 위 부분행렬이다. A_{12}는 오른쪽 위 부분행렬이고, 나머지도 같은 방법으로 표현된다. **AB**의 곱을 부분행렬로 분할하여 계산하라.

(b) 대형 행렬에 대한 행렬 계산을 컴퓨터로 수행할 때, 분해 행렬의 분할을 어떻게 유용하게 활용하는지에 대해서 조사하라.

8.2 연립 선형대수방정식

소개 a, b, c가 실수일 때 $ax + by = c$ 꼴의 방정식을 변수 x와 y의 **선형방정식**(linear equation)이라 하였다. 변수가 두 개인 선형방정식의 그래프는 직선이다. 실수 a, b, c, d에 대하여 $ax + by + cz = d$는 변수 x, y, z를 갖는 선형방정식이고, 3차원 공간에서 평면의 방정식이다. 일반적으로 n개의 변수 $x_1, x_2, \ldots, x_n$을 갖는 선형방정식은 다음 식으로 표현된다.

$$a_1x_1 + a_2x_2 + \cdots + a_nx_n = b_n$$

여기서 $a_1, a_2, \ldots, a_n$과 b_n은 실수이다.

이 절에서는 **선형연립방정식**(system of linear equation)에 대하여 다룬다. 선형연립방정식을 **선형시스템**(linear system)이라고 부르기도 한다.

일반형 n개의 미지수를 갖는 m개 선형연립방정식은 아래와 같은 일반형을 갖는다.

$$\begin{aligned} a_{11}x_1 + a_{12}x_2 + \cdots + a_{1n}x_n &= b_1 \\ a_{21}x_1 + a_{22}x_2 + \cdots + a_{2n}x_n &= b_2 \\ \vdots \qquad\qquad & \quad \vdots \\ a_{m1}x_1 + a_{m2}x_2 + \cdots + a_{mn}x_n &= b_m \end{aligned} \tag{1}$$

식 (1)의 선형시스템에 포함된 미지의 **계수**(coefficient)를 a_{ij}라고 표현한다. 여기서 i는 계수가 포함된 행을 나타내고 j는 계수가 포함된 열을 나타낸다. 예를 들어, a_{23}은 두 번째 행과 세 번째 열(즉 x_3)에 있는 미지의 계수이다. 그러므로 $i = 1, 2, 3, \ldots, m$, $j = 1, 2, 3, \ldots, n$이다. 숫자 $b_1, b_2, \ldots, b_m$은 선형시스템의 **상수**(constant)라고 부른다. 모든 상수가 영인 경우에 **제차**(혹은 **동차**, homogeneous)시스템이라 하고, 영이 아닌 상수가 있는 경우에 **비제차**(혹은 **비동차**, nonhomogeneous)시스템이라 한다. 아래 식에서 좌측 식은 제차이고 우측 식은 비제차이다.

제차시스템 ↓

$$\begin{aligned} 5x_1 - 9x_2 + x_3 &= 0 \\ x_1 + 3x_2 \qquad &= 0 \\ 4x_1 + 6x_2 - x_3 &= 0 \end{aligned}$$

비제차시스템 ↓

$$\begin{aligned} 2x_1 + 5x_2 + 6x_3 &= 1 \\ 4x_1 + 3x_2 - x_3 &= 9 \end{aligned}$$

해 선형시스템 식 (1)의 **해**(solution)는 시스템의 각 방정식을 만족시키는 n개 변수값 $x_1, x_2, \ldots, x_n$이다. 예를 들면, $x_1 = 3$, $x_2 = -1$은 아래 시스템의 해이다.

$$\begin{aligned} 3x_1 + 6x_2 &= 3 \\ x_1 - 4x_2 &= 7 \end{aligned}$$

x_1에 3을 대입하고, x_2에 -1을 대입하면 다음과 같이 됨을 확인할 수 있다.

$$3(3) + 6(-1) = 9 - 6 = 3 \qquad \text{그리고} \qquad 3 - 4(-1) = 3 + 4 = 7$$

선형시스템의 해는 또한 n-짝 순서쌍 $(x_1, x_2, \ldots, x_n)$으로 표현된다. 위의 선형시스템의 해는 순서쌍 $(3, -1)$이 된다.

선형방정식 시스템이 적어도 한 개의 해를 가지면 **해를 갖는**(consistent) 연립방정식이고, 해가 존재하지 않으면 **해가 없는**(inconsistent) 연립방정식이다. 선형시스템이 해를 가지는 경우 다음 두 가지 경우 중의 하나이다.

- 유일한 해(즉 하나의 해) 혹은
- 무수히 많은 해

따라서 선형방정식시스템은 몇 개의 해만 가질 수는 없다(예를 들어, 3개).

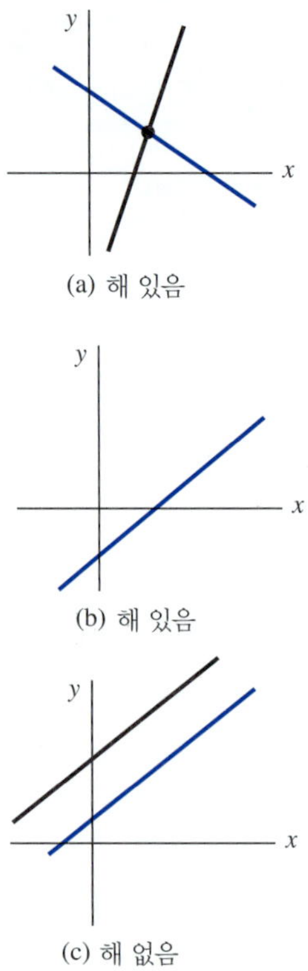

그림 8.2.1 2차원 공간의 선으로 해석한 두 변수, 두 방정식의 선형시스템

두 개 변수를 갖는 두 개 방정식의 선형시스템은 평면 또는 2차원 공간에서 두 선으로 표현할 수 있으며, 그림 8.2.1(a)와 같이 한 점에서 만나거나(유일해), 그림 8.2.1(b)와 같이 두 선이 일치하거나(무한히 많은 해), 그림8.2.1(c)와 같이 평행하게 된다(해가 없음).

세 개 변수를 갖는 세 개 방정식의 선형시스템에서 각 방정식은 3차원 공간의 평면을 나타낸다. **그림 8.2.2**는 이 선형시스템이 있는 여러 가지 경우를 나타낸 것이다.

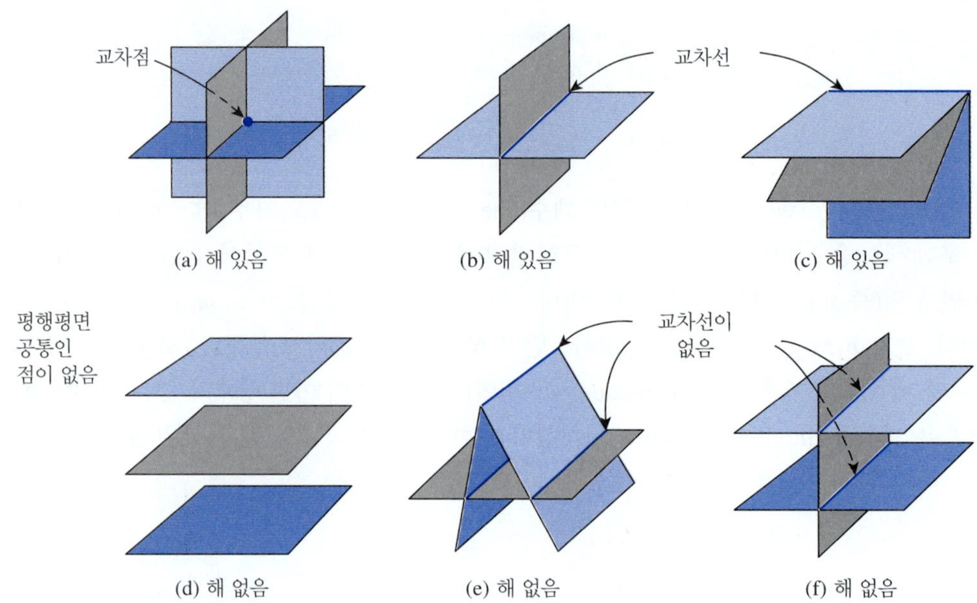

그림 8.2.2 3차원 공간의 평면으로 해석한 세 변수, 세 방정식의 선형시스템

예제 1 해의 검증

t가 임의의 실수일 때, $x_1 = 14 + 7t$, $x_2 = 9 + 6t$, $x_3 = t$는 아래 시스템의 해임을 보여라.

$$\begin{aligned} 2x_1 - 3x_2 + 4x_3 &= 1 \\ x_1 - \ x_2 - \ x_3 &= 5 \end{aligned}$$

풀이 x_1, x_2, x_3에 순서대로 $14 + 7t$, $9 + 6t$, t를 대입하면

$$\begin{aligned} 2(14 + 7t) - 3(9 + 6t) + 4t &= 1 \\ 14 + 7t - \ (9 + 6t) - \ t &= 5 \end{aligned}$$

임을 알 수 있다. 이 시스템은 실수 t의 값에 따라 여러가지 다른 해를 얻을 수 있다. 다시 말해 이 시스템은 무수히 많은 수의 해를 갖는다. 예를 들어 $t = 0$, $t = 4$, $t = -2$인 경우 다음의 세 가지 해를 얻을 수 있다.

$$\begin{aligned} &x_1 = 14, \quad x_2 = 9, \quad x_3 = 0, \\ &x_1 = 42, \quad x_2 = 33, \quad x_3 = 4, \\ &x_1 = 0, \quad x_2 = -3, \quad x_3 = -2 \end{aligned}$$

기하적으로 선형시스템의 각 방정식은 R^3에서 한 평면을 나타낸다. 이 경우에 평면들은

그림 8.2.2(b)와 같이 하나의 선에서 교차한다. 이 선의 매개방정식은 $x_1 = 14 + 7t$, $x_2 = 9 + 6t$, $x_3 = t$이다. 또한 이 해는 3짝 순서쌍 (x_1, x_2, x_3) 또는 $(14 + 7t, 9 + 6t, t)$으로 표현할 수 있다. ≡

연립선형방정식의 풀이 선형방정식 시스템은 아래의 **기본 연산**을 사용하여 동등한 시스템(즉 같은 해를 갖는 시스템)으로 변환할 수 있다.

(*i*) 방정식에 영이 아닌 상수를 곱한다.
(*ii*) 시스템에 포함된 방정식들의 위치를 교환한다.
(*iii*) 하나의 방정식에 영이 아닌 상수를 곱하여 다른 방정식에 더한다.

다음의 예는 기본 연산을 사용하여 방정식에서 미지수를 체계적으로 제거할 수 있음을 보여준다.

예제 2 선형연립방정식의 풀이

다음 연립방정식을 풀어라.

$$\begin{aligned} 2x_1 + 6x_2 + x_3 &= 7 \\ x_1 + 2x_2 - x_3 &= -1 \\ 5x_1 + 7x_2 - 4x_3 &= 9 \end{aligned}$$

풀이 첫 행과 둘째 행을 서로 교환한다.

$$\begin{aligned} x_1 + 2x_2 - x_3 &= -1 \\ 2x_1 + 6x_2 + x_3 &= 7 \\ 5x_1 + 7x_2 - 4x_3 &= 9 \end{aligned}$$

두 번째 방정식과 세 번째 방정식에서 변수 x_1을 제거한다. 첫 방정식에 -2를 곱하여 두 번째 방정식에 더하면 다음의 동등한 연립방정식을 얻는다.

$$\begin{aligned} x_1 + 2x_2 - x_3 &= -1 \\ 2x_2 + 3x_3 &= 9 \\ 5x_1 + 7x_2 - 4x_3 &= 9 \end{aligned}$$

첫 방정식에 -5를 곱하여 세 번째 방정식에 더하면 다음의 새로운 동등한 연립방정식을 얻는다.

$$\begin{aligned} x_1 + 2x_2 - x_3 &= -1 \\ 2x_2 + 3x_3 &= 9 \\ -3x_2 + x_3 &= 14 \end{aligned}$$

두 번째 방정식을 사용하여 첫 번째 방정식과 세 번째 방정식에서 변수 x_2를 제거해 보자. 먼저 두 번째 방정식에 $\frac{1}{2}$을 곱한다.

$$\begin{aligned} x_1 + 2x_2 - \quad x_3 &= -1 \\ x_2 + \frac{3}{2}x_3 &= \frac{9}{2} \\ -3x_2 + \quad x_3 &= 14 \end{aligned}$$

두 번째 방정식에 -2를 곱하여 첫 번째 방정식에 더한다.

$$\begin{aligned} x_1 \qquad - 4x_3 &= -10 \\ x_2 + \frac{3}{2}x_3 &= \frac{9}{2} \\ -3x_2 + \quad x_3 &= 14 \end{aligned}$$

다음에는 두 번째 방정식에 3을 곱하여 세 번째 방정식에 더한다.

$$\begin{aligned} x_1 \qquad - 4x_3 &= -10 \\ x_2 + \frac{3}{2}x_3 &= \frac{9}{2} \\ \frac{11}{2}x_3 &= \frac{55}{2} \end{aligned}$$

이제 첫 번째와 두 번째 방정식에서 변수 x_3를 제거하기 위해 세 번째 방정식을 이용하자. 세 번째 방정식에 $\frac{2}{11}$를 곱하여 x_3를 얻는다.

$$\begin{aligned} x_1 \qquad - 4x_3 &= -10 \\ x_2 + \frac{3}{2}x_3 &= \frac{9}{2} \\ x_3 &= 5 \end{aligned}$$

이 단계에서 **역대입법**(back-substitution)을 사용할 수 있다. 즉, $x_3 = 5$를 나머지 방정식에 대입하여 x_1과 x_2 값을 결정한다. 그러나 여기서는 위에서 제시한 체계적인 제거 방법을 사용한다. 세 번째 방정식에 $-\frac{3}{2}$을 곱하여 두 번째 방정식에 더하여 x_2의 값을 얻는다.

$$\begin{aligned} x_1 \qquad - 4x_3 &= -10 \\ x_2 \qquad &= -3 \\ x_3 &= 5 \end{aligned}$$

마지막으로 세 번째 방정식에 4를 곱하여 첫 번째 방정식에 더하면 다음의 결과를 얻는다.

$$\begin{aligned} x_1 \qquad &= 10 \\ x_2 \qquad &= -3 \\ x_3 &= 5 \end{aligned}$$

즉, $x_1 = 10$, $x_2 = -3$, $x_3 = 5$가 선형연립방정식의 해이다. 3짝 순서쌍으로 표현한 해답 $(10, -3, 5)$는 시스템의 세 방정식이 나타내는 평면이 그림 8.2.2(a)와 같이 한 점에서 교차하는 것을 의미한다. ≡

첨가행렬 예제 2에서 다룬 선형시스템의 해는 변수가 어떤 기호이든지 관계없음을 알 수 있다. 즉, 예제 2의 연립방정식은 다음 두 연립방정식과 같다.

$$\begin{aligned} 2x + 6y + z &= 7 \\ x + 2y - z &= -1 \\ 5x + 7y - 4z &= 9 \end{aligned} \qquad \text{그리고} \qquad \begin{aligned} 2u + 6v + w &= 7 \\ u + 2v - w &= -1 \\ 5u + 7v - 4w &= 9 \end{aligned}$$

다시 말해, 선형시스템의 해법에서 변수를 나타내는 기호는 중요하지 않다. 시스템의 해를 결정하는 것은 변수의 계수들과 상수들이다. 실제로 식 (1)의 시스템에서는 변수를 모두 제거하고 상수들과 계수들로 이루어진 다음의 행렬에 대해 기본 행연산을 수행하여 해를 구할 수 있다.

$$\left(\begin{array}{cccc|c} a_{11} & a_{12} & \cdots & a_{1n} & b_1 \\ a_{21} & a_{22} & \cdots & a_{2n} & b_2 \\ \vdots & & & \vdots & \vdots \\ a_{m1} & a_{m2} & \cdots & a_{mn} & b_m \end{array}\right) \tag{2}$$

이와 같은 배열을 시스템의 **첨가행렬**(augmented matrix) 또는 **시스템** 식 (1)의 **행렬**이라고 부른다.

예제 3 첨가행렬

(a) 첨가행렬 $\left(\begin{array}{ccc|c} 1 & -3 & 5 & 2 \\ 4 & 7 & -1 & 8 \end{array}\right)$은 다음 선형시스템을 나타낸다.

$$\begin{aligned} x_1 - 3x_2 + 5x_3 &= 2 \\ 4x_1 + 7x_2 - x_3 &= 8 \end{aligned}$$

(b) 왼쪽의 선형시스템은 오른쪽의 선형시스템과 동일하다.

$$\begin{aligned} x_1 - 5x_3 &= -1 \\ 2x_1 + 8x_2 &= 7 \\ x_2 + 9x_3 &= 1 \end{aligned} \qquad \begin{aligned} x_1 + 0x_2 - 5x_3 &= -1 \\ 2x_1 + 8x_2 + 0x_3 &= 7 \\ 0x_1 + x_2 + 9x_3 &= 1 \end{aligned}$$

따라서 시스템의 행렬은 다음과 같다.

$$\left(\begin{array}{ccc|c} 1 & 0 & -5 & -1 \\ 2 & 8 & 0 & 7 \\ 0 & 1 & 9 & 1 \end{array}\right)$$

≡

기본 행연산 첨가행렬의 행들은 선형시스템의 방정식들을 표현하고 있으므로, 선형시스템에 대하여 앞에서 나열한 세 가지 기본 연산과 다음 행렬의 **기본 행연산**(elementary row operation)과 동등하다.

(*i*) 영이 아닌 상수를 행에 곱한다.
(*ii*) 두 개의 행을 교환한다.
(*iii*) 하나의 행에 영이 아닌 수를 곱하여 다른 행에 더한다.

물론 어떤 행의 몇 배를 다른 행에 더하는 것은 행의 각 요소들을 더하는 것이다. 하나의 행렬에 대해서 일련의 기본 행연산을 통해 다른 행렬을 얻을 때, 두 개 행렬은 **행동치**(row equivalent)라 한다. 행동치 행렬을 얻기 위한 기본 행연산을 수행하는 절차를 **행축소**(row reduction)라고 한다.

소거법 첨가행렬을 사용하여 식 (1)과 같은 시스템의 해를 구하기 위하여 **Gauss 소거법**(Gaussian elimination) 혹은 **Gauss-Jordan 소거법**을 사용한다. 앞의 방법에서는 첨가행렬이 다음의 성질을 갖는 **행사다리꼴**(row-echelon form)의 행동치 첨가행렬이 될 때까지 행축소를 수행한다.

(*i*) 영이 아닌 행에서 첫 번째 나타나는 영이 아닌 요소는 1이다.

(*ii*) 이어지는 영이 아닌 행들에서 아래 행에서의 처음으로 나타나는 1은 위 행의 1의 오른쪽에 나타난다.

(*iii*) 모든 요소가 영인 행은 행렬의 맨 아랫부분에 있다.

Gauss-Jordan 법에서는 **기약 행사다리꼴**(reduced row-echelon form)인 첨가행렬을 얻을 때까지 행 연산을 수행한다. 기약 행사다리 행렬은 앞의 세 가지 성질에 더하여 다음의 성질을 갖는다.

(*iv*) 첫 요소 1을 포함하는 열의 다른 요소는 모두 영이다.

예제 4 사다리꼴 행렬

(a) 아래의 첨가행렬은 행사다리꼴 형태이다.

$$\left(\begin{array}{ccc|c} 1 & 5 & 0 & 2 \\ 0 & 1 & 0 & -1 \\ 0 & 0 & 0 & 0 \end{array}\right), \quad \left(\begin{array}{ccccc|c} 0 & 0 & 1 & -6 & 2 & 2 \\ 0 & 0 & 0 & 0 & 1 & 4 \end{array}\right)$$

이들 행렬이 행사다리꼴의 세 가지 기준에 충족되는지 확인해 보기 바란다.

(b) 아래의 첨가행렬은 기약 행사다리꼴 형태이다.

$$\left(\begin{array}{ccc|c} 1 & 0 & 0 & 7 \\ 0 & 1 & 0 & -1 \\ 0 & 0 & 0 & 0 \end{array}\right), \quad \left(\begin{array}{ccccc|c} 0 & 0 & 1 & -6 & 0 & -6 \\ 0 & 0 & 0 & 0 & 1 & 4 \end{array}\right)$$

첫 요소가 1인 열의 나머지 요소들은 모두 영인 것에 주의하라. ≡

주의: 행 연산은 다른 행사다리꼴을 줄 수도 있다. ▶

Gauss 소거법에서는 행사다리꼴인 첨가행렬을 얻은 시점에서 연산을 중지한다. 그러므로 다른 순서로 행 연산을 적용하면 다른 행사다리꼴을 얻을 수도 있다. 이 방법으로 시스템의 해를 얻기 위해서는 역대입법을 사용한다. Gauss-Jordan 소거법에서는 기약 행사다리꼴인 첨가행렬을 얻을 때까지 연산을 수행한다. 그러므로 어떤 순서로 행 연산을 하든지 항상 동일한 기약 행사다리꼴의 첨가행렬을 얻는다. 이 방법에서는 역대입법을 사용할 필요가 없다. 시스템의 해는 최종의 기약 행사다리꼴 첨가행렬에서 쉽게 확인할 수 있다. 두 방법의 목표는 원래의 연립방정식에서 첫 방정식*의 변수 x_1의 계수를 1로 만들고, 이 방정식에 적절한

* 방정식의 위치를 교환하여, 첫 방정식이 항상 변수 x_1을 포함하도록 만들 수 있다.

수를 곱하여 다른 방정식에서 x_1을 소거하는 것이다. 이 과정을 다른 변수들에 대하여 반복한다.

첨가행렬에 사용한 행 연산 과정을 나타내기 위해서는 아래와 같은 표기법을 사용한다.

기호	의미
$R_i \leftrightarrow R_j$	행 i와 j를 교환한다.
cR_i	i번째 행에 0이 아닌 상수 c를 곱한다.
$cR_i + R_j$	i번째 행에 0이 아닌 상수 c를 곱하고 j번째 행에 더한다.

예제 5 소거법과 첨가행렬

예제 2에 있는 선형시스템을 **(a)** Gauss 소거법과 **(b)** Gauss-Jordan 소거법을 사용하여 풀어라.

풀이 **(a)** 시스템의 첨가행렬에 행 연산을 적용하면 다음과 같다.

$$\left(\begin{array}{ccc|c} 2 & 6 & 1 & 7 \\ 1 & 2 & -1 & -1 \\ 5 & 7 & -4 & 9 \end{array}\right) \overset{R_1 \leftrightarrow R_2}{\Rightarrow} \left(\begin{array}{ccc|c} 1 & 2 & -1 & -1 \\ 2 & 6 & 1 & 7 \\ 5 & 7 & -4 & 9 \end{array}\right)$$

$$\overset{\substack{-2R_1+R_2 \\ -5R_1+R_3}}{\Rightarrow} \left(\begin{array}{ccc|c} 1 & 2 & -1 & -1 \\ 0 & 2 & 3 & 9 \\ 0 & -3 & 1 & 14 \end{array}\right) \overset{\frac{1}{2}R_2}{\Rightarrow} \left(\begin{array}{ccc|c} 1 & 2 & -1 & -1 \\ 0 & 1 & \frac{3}{2} & \frac{9}{2} \\ 0 & -3 & 1 & 14 \end{array}\right)$$

$$\overset{3R_2+R_3}{\Rightarrow} \left(\begin{array}{ccc|c} 1 & 2 & -1 & -1 \\ 0 & 1 & \frac{3}{2} & \frac{9}{2} \\ 0 & 0 & \frac{11}{2} & \frac{55}{2} \end{array}\right) \overset{\frac{2}{11}R_3}{\Rightarrow} \left(\begin{array}{ccc|c} 1 & 2 & -1 & -1 \\ 0 & 1 & \frac{3}{2} & \frac{9}{2} \\ 0 & 0 & 1 & 5 \end{array}\right)$$

마지막 행렬은 행사다리꼴이고, 다음의 시스템을 나타낸다.

$$\begin{aligned} x_1 + 2x_2 - x_3 &= -1 \\ x_2 + \frac{3}{2}x_3 &= \frac{9}{2} \\ x_3 &= 5 \end{aligned}$$

두 번째 방정식에 $x_3 = 5$를 대입하면 $x_2 = -3$을 얻는다. 두 값을 첫 번째 방정식에 대입하면 최종적으로 $x_1 = 10$을 얻게 된다.

(b) 위의 마지막 행렬에서 시작하자. 둘째와 셋째 식의 첫 요소들은 1이므로 둘째와 셋째 열의 나머지 요소를 아래와 같이 0으로 만든다.

$$\left(\begin{array}{ccc|c} 1 & 2 & -1 & -1 \\ 0 & 1 & \frac{3}{2} & \frac{9}{2} \\ 0 & 0 & 1 & 5 \end{array}\right) \overset{-2R_2+R_1}{\Rightarrow} \left(\begin{array}{ccc|c} 1 & 0 & -4 & -10 \\ 0 & 1 & \frac{3}{2} & \frac{9}{2} \\ 0 & 0 & 1 & 5 \end{array}\right) \overset{\substack{-4R_3+R_1 \\ -\frac{3}{2}R_3+R_2}}{\Rightarrow} \left(\begin{array}{ccc|c} 1 & 0 & 0 & 10 \\ 0 & 1 & 0 & -3 \\ 0 & 0 & 1 & 5 \end{array}\right)$$

마지막 행렬은 기약 행사다리꼴이다. 이 행렬을 연립방정식으로 표현하면 시스템의 해는 $x_1 = 10, x_2 = -3, x_3 = 5$라는 것을 쉽게 알 수 있다. ☰

예제 6 Gauss-Jordan 소거법

Gauss-Jordan 소거법을 사용하여 아래 방정식의 해를 구하라.

$$\begin{aligned} x_1 + 3x_2 - 2x_3 &= -7 \\ 4x_1 + x_2 + 3x_3 &= 5 \\ 2x_1 - 5x_2 + 7x_3 &= 19 \end{aligned}$$

풀이

$$\left(\begin{array}{ccc|c} 1 & 3 & -2 & -7 \\ 4 & 1 & 3 & 5 \\ 2 & -5 & 7 & 19 \end{array}\right) \overset{\substack{-4R_1+R_2 \\ -2R_1+R_3}}{\Longrightarrow} \left(\begin{array}{ccc|c} 1 & 3 & -2 & -7 \\ 0 & -11 & 11 & 33 \\ 0 & -11 & 11 & 33 \end{array}\right)$$

$$\overset{-\frac{1}{11}R_3}{\Longrightarrow} \left(\begin{array}{ccc|c} 1 & 3 & -2 & -7 \\ 0 & 1 & -1 & -3 \\ 0 & 1 & -1 & -3 \end{array}\right) \overset{\substack{-3R_2+R_1 \\ -R_2+R_3}}{\Longrightarrow} \left(\begin{array}{ccc|c} 1 & 0 & 1 & 2 \\ 0 & 1 & -1 & -3 \\ 0 & 0 & 0 & 0 \end{array}\right)$$

이 경우 기약 행사다리꼴 형태인 마지막 행렬로부터 알 수 있는 것은 3개의 미지수를 가진 3개의 방정식으로 이루어진 원래의 시스템은 실제로는 2개의 방정식과 동등하다는 것이다. 이 경우에는 x_3만이 0이 아닌 두 방정식에 공통으로 포함되어 있으므로 임의 값을 할당할 수 있다. $x_3 = t$라 하면(여기서 t는 임의의 실수) 시스템은 무한히 많은 해를 갖는다는 것을 알 수 있다. 즉, $x_1 = 2 - t$, $x_2 = -3 + t$, $x_3 = t$이다. 기하적으로 이 방정식들은 평면 $x_1 + 0x_2 + x_3 = 2$와 $0x_1 + x_2 - x_3 = -3$이 교차하는 직선의 매개방정식이다. ≡

예제 7 해가 없는 시스템

아래 방정식을 풀어라.

$$\begin{aligned} x_1 + x_2 &= 1 \\ 4x_1 - x_2 &= -6 \\ 2x_1 - 3x_2 &= 8 \end{aligned}$$

풀이 이 시스템의 첨가행렬에 Gauss-Jordan 소거법을 적용하면 다음과 같다.

$$\left(\begin{array}{cc|c} 1 & 1 & 1 \\ 4 & -1 & -6 \\ 2 & -3 & 8 \end{array}\right) \overset{\text{행 연산}}{\Longrightarrow} \left(\begin{array}{cc|c} 1 & 0 & -1 \\ 0 & 1 & 2 \\ 0 & 0 & 16 \end{array}\right)$$

마지막 행렬의 세 번째 행은 $0x_1 + 0x_2 = 16$(또는 $0 = 16$)이다. x_1과 x_2에 어떤 수를 넣어도 만족시킬 수 없으므로 시스템은 해가 없다고 결론짓는다. ≡

기억해 두라.

▶ n개 미지수를 갖는 m개 선형방정식에서 해가 없는 시스템(inconsistent system)은 항상 예제 7에서 예시한 것과 같은 형태가 된다. 즉, 첨가행렬의 기약 행사다리꼴 형태에서 첫 번째 n개 요소들은 모두 0이고, $(n + 1)$번째 요소가 영이 아닌 행이 존재한다.

회로망 전기회로망의 가지에 흐르는 전류들은 Kirchhoff 점과 루프 규칙(Kirchhoff's point and loop rules)을 사용하여 결정할 수 있다.

점 규칙(point rule): 임의의 가지 점을 향하는 전류들의 산술합은 0이다.

루프 규칙(loop rule): 임의의 루프 안에서 전위차의 산술합은 0이다.

어떤 루프가 시계 방향이든 반시계 방향이든 선택된 방향으로 진행하는 경우, 2에서 1로 지나가면 기전력(emf)은 양이고 +에서 −로 지나면 음이다. iR 곱은 가정한 전류가 저항을 통과하는 방향이 가정한 전류의 방향과 반대이면 양을 취하고, 같은 방향이면 음을 취한다.

그림 8.2.3에서 회로망의 가지 점은 A와 B, 루프는 L_1과 L_2, 각 루프에서의 진행 방향은 시계 방향이다. 이 회로망에 앞의 규칙들을 적용하면 식 (3)과 같은 비제차 선형방정식 시스템을 얻는다.

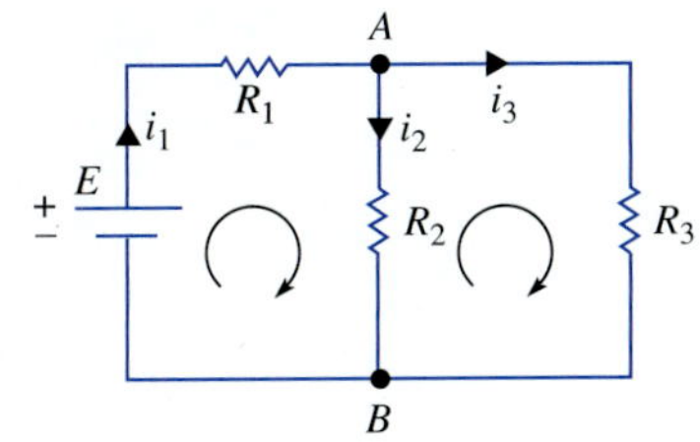

그림 8.2.3 전기회로망

$$\begin{aligned} i_1 - i_2 - i_3 &= 0 \\ E - i_1R_1 - i_2R_2 &= 0 \\ i_2R_2 - i_3R_3 &= 0 \end{aligned} \quad \text{또는} \quad \begin{aligned} i_1 \quad - i_2 \quad - i_3 \quad &= 0 \\ i_1R_1 + i_2R_2 \qquad &= E \\ i_2R_2 - i_3R_3 &= 0 \end{aligned} \tag{3}$$

예제 8 회로망의 전류

저항값(ohm)이 $R_1 = 10$, $R_2 = 20$, $R_3 = 10$이고 기전력은 $E = 12$ V일 때 식 (3)의 시스템을 Gauss-Jordan 소거법을 사용하여 풀어라.

풀이 시스템은 다음과 같이 표현할 수 있다.

$$\begin{aligned} i_1 - \quad i_2 - \quad i_3 &= 0 \\ 10i_1 + 20i_2 \qquad &= 12 \\ 20i_2 - 10i_3 &= 0 \end{aligned}$$

위의 시스템에 대응하는 첨가행렬에 Gauss-Jordan 소거법을 적용하면 다음과 같은 결과를 얻는다.

$$\left(\begin{array}{ccc|c} 1 & -1 & -1 & 0 \\ 10 & 20 & 0 & 12 \\ 0 & 20 & -10 & 0 \end{array}\right) \xrightarrow{\text{행 연산}} \left(\begin{array}{ccc|c} 1 & 0 & 0 & \frac{18}{25} \\ 0 & 1 & 0 & \frac{6}{25} \\ 0 & 0 & 1 & \frac{12}{25} \end{array}\right)$$

따라서 3개 가지에 흐르는 전류(암페어, A)는 $i_1 = \frac{18}{25} = 0.72$, $i_2 = \frac{6}{25} = 0.24$, $i_3 = \frac{12}{25} = 0.48$이다. ≡

제차계 앞에서 예시한 모든 시스템은 비제차시스템이다. 비제차시스템은 해가 있든지 없든지 둘 중 하나이다. 이와는 대조적으로 다음과 같은 제차시스템은 **항상 해가 존재한다**. $x_1 = 0$, $x_2 = 0$, . . . , $x_n = 0$은 항상 모든 방정식을 만족시키므로 하나의 해가 된다.

$$\begin{aligned} a_{11}x_1 + a_{12}x_2 + \cdots + a_{1n}x_n &= 0 \\ a_{12}x_1 + a_{22}x_2 + \cdots + a_{2n}x_n &= 0 \\ \vdots \qquad\qquad\quad & \quad \vdots \\ a_{m1}x_1 + a_{m2}x_2 + \cdots + a_{mn}x_n &= 0 \end{aligned} \tag{4}$$

모두 영으로 구성된 해를 **자명해**(trivial solution)라고 한다. 이제 식 (4) 형태의 시스템이 일부 x_i, $i = 1, 2, \ldots, n$이 영이 아닌 해를 가지는 경우에 대해서 살펴보자. 이와 같은 해를 **비자명해**(nontrivial solution)라고 한다. 제차계는 오직 자명해만을 가지든지, 아니면 자명해와 함께 무한히 많은 비자명해들을 갖는다. 다음 정리는 비자명해의 존재성에 대한 충분조건이다(증명 생략).

정리 8.2.1 비자명해들의 존재성

식 (4)의 형태인 제차시스템에서는 미지수의 개수 n보다 방정식의 개수 m이 작은 경우 ($m < n$) 비자명해를 갖는다.

예제 9 제차시스템의 풀이

다음 방정식을 풀어라.

$$\begin{aligned} 2x_1 - 4x_2 + 3x_3 &= 0 \\ x_1 + x_2 - 2x_3 &= 0 \end{aligned}$$

풀이 방정식의 개수가 미지수의 개수보다 작으므로, 정리 8.2.1에 의해 영이 아닌 해가 존재한다. Gauss-Jordan 소거법을 사용하면 다음과 같이 행사다리꼴을 얻는다.

$$\left(\begin{array}{ccc|c} 2 & -4 & 3 & 0 \\ 1 & 1 & -2 & 0 \end{array}\right) \overset{R_1 \leftrightarrow R_2}{\Rightarrow} \left(\begin{array}{ccc|c} 1 & 1 & -2 & 0 \\ 2 & -4 & 3 & 0 \end{array}\right) \overset{-2R_1 + R_2}{\Rightarrow} \left(\begin{array}{ccc|c} 1 & 1 & -2 & 0 \\ 0 & -6 & 7 & 0 \end{array}\right)$$

$$\overset{-\frac{1}{6}R_2}{\Rightarrow} \left(\begin{array}{ccc|c} 1 & 1 & -2 & 0 \\ 0 & 1 & -\frac{7}{6} & 0 \end{array}\right) \overset{-R_2 + R_1}{\Rightarrow} \left(\begin{array}{ccc|c} 1 & 0 & -\frac{5}{6} & 0 \\ 0 & 1 & -\frac{7}{6} & 0 \end{array}\right)$$

예제 6에서와 같이 $x_3 = t$라 두 시스템의 해는 $x_1 = \frac{5}{6}t$, $x_2 = \frac{7}{6}t$, $x_3 = t$가 된다. $t = 0$으로 두면 자명해 $x_1 = 0$, $x_2 = 0$, $x_3 = 0$를 얻는다. $t \neq 0$인 경우에는 0이 아닌 해를 얻는다. 예를 들어 $t = 6$, $t = -12$, $t = 3$의 경우에 대응하는 해는 각각 $x_1 = 5$, $x_2 = 7$, $x_3 = 6$; $x_1 = -10$, $x_2 = -14$, $x_3 = -12$; $x_1 = \frac{5}{2}$, $x_2 = \frac{7}{2}$, $x_3 = 3$이다. ≡

화학 방정식 다음의 예제는 제차시스템을 화학분야에 적용한 것이다.

예제 10 화학방정식의 균형 맞추기

화학방정식 $C_2H_6 + O_2 \rightarrow CO_2 + H_2O$의 균형을 맞추라.

풀이 다음의 화학방정식이 성립하도록 양의 정수 x_1, x_2, x_3, x_4의 값을 찾아보자.

$$x_1C_2H_6 + x_2O_2 \to x_3CO_2 + x_4H_2O$$

화학방정식에서 양변에 있는 각 원소의 원자수는 동일해야 하므로 아래의 관계식이 성립된다.

탄소(C): $2x_1 = x_3$		$2x_1 + 0x_2 - x_3 + 0x_4 = 0$
수소(H): $6x_1 = 2x_4$	또는	$6x_1 + 0x_2 + 0x_3 - 2x_4 = 0$
산소(O): $2x_2 = 2x_3 + x_4$		$0x_1 + 2x_2 - 2x_3 - x_4 = 0$

Gauss-Jordan 소거법을 적용하면

$$\left(\begin{array}{cccc|c} 2 & 0 & -1 & 0 & 0 \\ 6 & 0 & 0 & -2 & 0 \\ 0 & 2 & -2 & -1 & 0 \end{array}\right) \overset{\text{행 연산}}{\Rightarrow} \left(\begin{array}{cccc|c} 1 & 0 & 0 & -\frac{1}{3} & 0 \\ 0 & 1 & 0 & -\frac{7}{6} & 0 \\ 0 & 0 & 1 & -\frac{2}{3} & 0 \end{array}\right)$$

과 같이 되어 4개의 미지수 값은 $x_1 = \frac{1}{3}t, x_2 = \frac{7}{6}t, x_3 = \frac{2}{3}t, x_4 = t$이다. 이 경우 t는 x_1, x_2, x_3가 양의 정수가 되도록 적절히 정해야 한다. $t = 6$인 경우 $x_1 = 2,\ x_2 = 7,\ x_3 = 4,\ x_4 = 6$로서 모두 양의 정수이다. 그러므로 균형이 맞춰진 화학 방정식은 다음과 같다.

$$2C_2H_6 + 7O_2 \to 4CO_2 + 6H_2O$$ ≡

표기법 행렬 **A**, **X**, **B**를

$$\mathbf{A} = \begin{pmatrix} a_{11} & a_{12} & \cdots & a_{1n} \\ a_{21} & a_{22} & \cdots & a_{2n} \\ \vdots & \vdots & & \vdots \\ a_{m1} & a_{m2} & \cdots & a_{mn} \end{pmatrix}, \quad \mathbf{X} = \begin{pmatrix} x_1 \\ x_2 \\ \vdots \\ x_n \end{pmatrix}, \quad \mathbf{B} = \begin{pmatrix} b_1 \\ b_2 \\ \vdots \\ b_m \end{pmatrix}$$

로 정의하면 8.1절의 행렬 곱셈과 상등을 고려하면 선형시스템 식 (1)은 행렬방정식

$$\begin{pmatrix} a_{11} & a_{12} & \cdots & a_{1n} \\ a_{21} & a_{22} & \cdots & a_{2n} \\ \vdots & \vdots & & \vdots \\ a_{m1} & a_{m2} & \cdots & a_{mn} \end{pmatrix} \begin{pmatrix} x_1 \\ x_2 \\ \vdots \\ x_n \end{pmatrix} = \begin{pmatrix} b_1 \\ b_2 \\ \vdots \\ b_m \end{pmatrix}$$

으로 표현할 수 있다. 더 간결하게

$$\mathbf{AX} = \mathbf{B}$$

로 쓸 수 있다. 이때 행렬 **A**를 **계수행렬**이라 부른다. 선형시스템 $\mathbf{AX} = \mathbf{B}$를 흔히 첨가행렬 $(\mathbf{A}|\mathbf{B})$로 표기한다. 제차 선형시스템은 $\mathbf{AX} = \mathbf{0}$으로 표현된다. 이 표기를 사용하면 선형시스템에 대한 논의와 관련 정리의 증명이 더 편하다.

정리 8.2.2 제차 선형시스템의 두 가지 성질

$\mathbf{AX} = \mathbf{0}$를 제차 선형시스템이라 할 때

(*i*) $\mathbf{X}_1$이 $\mathbf{AX} = \mathbf{0}$의 해이면, 어떤 상수 c에 대해서 $c\mathbf{X}_1$도 해이다.

(*ii*) $\mathbf{X}_1$과 $\mathbf{X}_2$가 $\mathbf{AX} = \mathbf{0}$의 해이면, $\mathbf{X}_1 + \mathbf{X}_2$도 해이다.

증명 (*i*) $\mathbf{X}_1$이 해이므로 $\mathbf{AX}_1 = \mathbf{0}$이다. 따라서

$$\mathbf{A}(c\mathbf{X}_1) = c(\mathbf{AX}_1) = c\mathbf{0} = \mathbf{0}$$

이다. 이 결과는 제차 선형시스템의 해에 상수를 곱한 값도 해가 된다는 것을 보여 준다.
(*ii*) $\mathbf{X}_1$과 $\mathbf{X}_2$가 해이므로 $\mathbf{AX}_1 = \mathbf{0}$, $\mathbf{AX}_2 = \mathbf{0}$이다. 따라서

$$\mathbf{A}(\mathbf{X}_1 + \mathbf{X}_2) = \mathbf{AX}_1 + \mathbf{AX}_2 = \mathbf{0} + \mathbf{0} = \mathbf{0}$$

이 되므로 $\mathbf{X}_1 + \mathbf{X}_2$는 $\mathbf{AX} = \mathbf{0}$의 해이다. ≡

정리 8.2.2의 (*i*)과 (*ii*)를 결합하면 $\mathbf{X}_1$과 $\mathbf{X}_2$가 $\mathbf{AX} = \mathbf{0}$의 해이면 선형결합

$$c_1\mathbf{X}_1 + c_2\mathbf{X}_2$$

도 $\mathbf{AX} = \mathbf{0}$의 해라고 할 수 있다. 여기서 c_1, c_2는 상수이다. 또한 이 **중첩의 원리**는 세 개 이상의 해에 대해서도 마찬가지로 적용된다.

예제 11 예제 9 재검토

예제 9의 마지막 분에서 주어진 제차선형시스템의 서로 다른 세 개의 해

$$\mathbf{X}_1 = \begin{pmatrix} 5 \\ 7 \\ 6 \end{pmatrix}, \quad \mathbf{X}_2 = \begin{pmatrix} -10 \\ -14 \\ -12 \end{pmatrix}, \quad \mathbf{X}_3 = \begin{pmatrix} \frac{5}{2} \\ \frac{7}{2} \\ 3 \end{pmatrix}$$

를 얻었다. 앞의 논의를 따르면

$$\mathbf{X} = \mathbf{X}_1 + \mathbf{X}_2 + \mathbf{X}_3 = \begin{pmatrix} 5 \\ 7 \\ 6 \end{pmatrix} + \begin{pmatrix} -10 \\ -14 \\ -12 \end{pmatrix} + \begin{pmatrix} \frac{5}{2} \\ \frac{7}{2} \\ 3 \end{pmatrix} = \begin{pmatrix} -\frac{5}{2} \\ -\frac{7}{2} \\ -3 \end{pmatrix}$$

또한 제차 선형시스템의 해가 된다. 확인하라. ≡

용어 n개 변수를 갖는 m개 방정식의 선형시스템을 가정하자. 방정식의 수가 변수의 수보다 많은 경우, 즉 $m > n$이면 이 시스템은 **과도 결정**되었다고 한다. 방정식의 수가 변수의 수보다 적은 경우, 즉 $m < n$이면 이 시스템은 **과소 결정**되었다고 한다. 과도 결정된 선형시스템은 변수에 지나치게 많은 제약을 가한 것으로 항상 그런 것은 아니지만 대개 해가 존재하지 않는다. 예제 7의 선형시스템은 과도결정된 것으로 해가 존재하지 않는다. 반면에 과소 결정된 시스템은 항상 그런 것은 아니지만 해가 존재한다. 예제 9와 10의 시스템은 과소 결정된 것으로 해가 존해한다. 해가 존재하면서 불충분 결정된 시스템은 유일해의 경우가 될 수 없음에 주의해야 한다. $m < n$으로 가정하고 이를 확인해 보자. 이 시스템의 해를 찾기 위해 가우스소거법을 적용하면 첨가행렬과 행동치인 행사다리꼴은 $r \le m < n$인 r개의 0이 아닌 행을 가질 것이다. 따라서 r개 변수에 대한 해를 $n - r > 0$개의 매개변수의 식으로 구할 수 있다. 과소 결정된 시스템이 해를 가지면 남아있는 $n - r$개 변수를 임의로 선택할 수 있으므로 무한히 많은 해를 갖게 된다.

참고

(*i*) 대형 선형방정식 시스템의 해를 구하기 위하여 컴퓨터가 필요하다는 것은 두말할 필요가 없다. 이 절에서 사용한 두 가지 방법은 매우 체계적이기 때문에 쉽게 프로그램할 수 있다. 그러나 영이 아닌 각 행이 1로 시작되어야 하는 요건 때문에 매우 작은 수로 나누어야 하는 경우가 발생하며, 이때 문제가 발생할 수 있다. 대형 시스템의 경우에는 **Gauss-Seidel 반복법**(Gauss-Seidel iteration) 같은 근사 기법을 사용하여 간접적으로 해를 구하기도 한다. 16.1절을 참고하라.

(*ii*) Gauss-Jordan 소거법은 역대입을 적용하지 않아도 해를 구할 수 있으므로 두 가지 방법 중에 보다 효율적인 방법처럼 보일 수 있으나 실제로는 그렇지 않다. 대형 시스템의 경우에 Gauss-Jordan 소거법이 Gauss 소거법보다 50% 이상 많은 연산을 필요로 하는 것이 밝혀졌다.

(*iii*) 해가 존재하는 비제차 선형시스템 $\mathbf{AX} = \mathbf{B}$, $\mathbf{B} \neq \mathbf{0}$은 비제차 선형 미분방정식이 갖는 성질을 동일하게 갖는다. $\mathbf{X}_h$가 연계 제차 선형시스템 $\mathbf{AX} = \mathbf{0}$의 해이고, $\mathbf{X}_p$가 비제차 선형시스템 $\mathbf{AX} = \mathbf{B}$의 특수해이면 $\mathbf{X}_h + \mathbf{X}_p$도 비제차 선형시스템 $\mathbf{AX} = \mathbf{B}$의 해가 된다. 이것은 행렬 곱셈의 분배법칙에 의해 다음과 같이 쉽게 증명된다.

$$\mathbf{A}(\mathbf{X}_h + \mathbf{X}_p) = \mathbf{AX}_h + \mathbf{AX}_p = \mathbf{0} + \mathbf{B} = \mathbf{B}$$

(*iv*) n개 변수를 갖는 m개 방정식의 제차 선형시스템의 모든 해벡터 $\mathbf{X}$의 집합

$$S = \{\mathbf{X} | \mathbf{AX} = \mathbf{0}\}$$

를 행렬 $\mathbf{A}$의 **영공간**(null-space)이라 한다. 7.6절의 결과로부터 S는 벡터공간 R^n의 **부분공간**이다. 이 사실은 정리 7.6.1과 8.2.2로부터 바로 얻는다.

8.2 연습문제

부록에 선택된 홀수 문제의 답이 있다.

문제 1~20. Gauss 소거법 혹은 Gauss-Jordan 소거법을 사용하여 시스템의 해를 구하거나 해가 없음을 증명하라.

1. $\begin{aligned} x_1 - x_2 &= 11 \\ 4x_1 + 3x_2 &= -5 \end{aligned}$

2. $\begin{aligned} 3x_1 - 2x_2 &= 4 \\ x_1 - x_2 &= -2 \end{aligned}$

3. $\begin{aligned} 9x_1 + 3x_2 &= -5 \\ 2x_1 + x_2 &= -1 \end{aligned}$

4. $\begin{aligned} 10x_1 + 15x_2 &= 1 \\ 3x_1 + 2x_2 &= -1 \end{aligned}$

5. $\begin{aligned} x_1 - x_2 - x_3 &= -3 \\ 2x_1 + 3x_2 + 5x_3 &= 7 \\ x_1 - 2x_2 + 3x_3 &= -11 \end{aligned}$

6. $\begin{aligned} x_1 + 2x_2 - x_3 &= 0 \\ 2x_1 + x_2 + 2x_3 &= 9 \\ x_1 - x_2 + x_3 &= 3 \end{aligned}$

7. $\begin{aligned} x_1 + x_2 + x_3 &= 0 \\ x_1 + x_2 + 3x_3 &= 0 \end{aligned}$

8. $\begin{aligned} x_1 + 2x_2 - 4x_3 &= 9 \\ 5x_1 - x_2 + 2x_3 &= 1 \end{aligned}$

9. $\begin{aligned} x_1 - x_2 - x_3 &= 8 \\ x_1 - x_2 + x_3 &= 3 \\ -x_1 + x_2 + x_3 &= 4 \end{aligned}$

10. $\begin{aligned} 3x_1 + x_2 &= 4 \\ 4x_1 + 3x_2 &= -3 \\ 2x_1 - x_2 &= 11 \end{aligned}$

11. $\begin{aligned} 2x_1 + 2x_2 \qquad &= 0 \\ -2x_1 + x_2 + x_3 &= 0 \\ 3x_1 + \qquad x_3 &= 0 \end{aligned}$

12. $\begin{aligned} x_1 - x_2 - 2x_3 &= 0 \\ 2x_1 + 4x_2 + 5x_3 &= 0 \\ 6x_1 - \qquad 3x_3 &= 0 \end{aligned}$

13. $\begin{aligned} x_1 + 2x_2 + 2x_3 &= 2 \\ x_1 + x_2 + x_3 &= 0 \\ x_1 - 3x_2 - x_3 &= 0 \end{aligned}$

14. $\begin{aligned} x_1 - 2x_2 + x_3 &= 2 \\ 3x_1 - x_2 + 2x_3 &= 5 \\ 2x_1 + x_2 + x_3 &= 1 \end{aligned}$

15. $\begin{aligned} x_1 + x_2 + x_3 &= 3 \\ x_1 - x_2 - x_3 &= -1 \\ 3x_1 + x_2 + x_3 &= 5 \end{aligned}$

16. $\begin{aligned} x_1 - x_2 - 2x_3 &= -1 \\ -3x_1 - 2x_2 + x_3 &= -7 \\ 2x_1 + 3x_2 + x_3 &= 8 \end{aligned}$

17. $\begin{aligned} x_1 + \qquad x_3 - x_4 &= 1 \\ 2x_2 + x_3 + x_4 &= 3 \\ x_1 - x_2 + \qquad x_4 &= -1 \\ x_1 + x_2 + x_3 + x_4 &= 2 \end{aligned}$

18. $\begin{aligned} 2x_1 + x_2 + x_3 \qquad &= 3 \\ 3x_1 + x_2 + x_3 + x_4 &= 4 \\ x_1 + 2x_2 + 2x_3 + 3x_4 &= 3 \\ 4x_1 + 5x_2 - 2x_3 + x_4 &= 16 \end{aligned}$

19. $\begin{aligned} x_2 + x_3 - x_4 &= 4 \\ x_1 + 3x_2 + 5x_3 - x_4 &= 1 \\ x_1 + 2x_2 + 5x_3 - 4x_4 &= -2 \\ x_1 + 4x_2 + 6x_3 - 2x_4 &= 6 \end{aligned}$

20. $\begin{aligned} x_1 + 2x_2 + \qquad x_4 &= 0 \\ 4x_1 + 9x_2 + x_3 + 12x_4 &= 0 \\ 3x_1 + 9x_2 + 6x_3 + 21x_4 &= 0 \\ x_1 + 3x_2 + x_3 + 9x_4 &= 0 \end{aligned}$

문제 21, 22. 계산기를 사용하여 다음 시스템의 해를 구하라.

21. $\begin{aligned} x_1 + x_2 + x_3 &= 4.280 \\ 0.2x_1 - 0.1x_2 - 0.5x_3 &= -1.978 \\ 4.1x_1 + 0.3x_2 + 0.12x_3 &= 1.686 \end{aligned}$

22. $$\begin{aligned} 2.5x_1 + 1.4x_2 + 4.5x_3 &= 2.6170 \\ 1.35x_1 + 0.95x_2 + 1.2x_3 &= 0.7545 \\ 2.7x_1 + 3.05x_2 - 1.44x_3 &= -1.4292 \end{aligned}$$

문제 23~28. 예제 10의 절차를 사용하여 화학방정식의 균형을 맞추라.

23. $Na + H_2O \to NaOH + H_2$
24. $KClO_3 \to KCl + O_2$
25. $Fe_3O_4 + C \to Fe + CO$
26. $C_5H_8 + O_2 \to CO_2 + H_2O$
27. $Cu + HNO_3 \to Cu(NO_3)_2 + H_2O + NO$
28. $Ca_3(PO_4)_2 + H_3PO_4 \to Ca(H_2PO_4)_2$

문제 29, 30. 주어진 회로망의 가지에서 전류에 대한 연립방정식을 세우고 해를 구하라.

29.

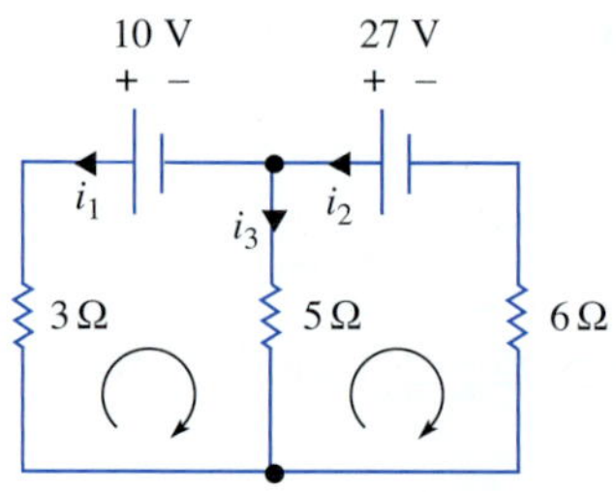

그림 8.2.4 문제 29의 회로망

30.

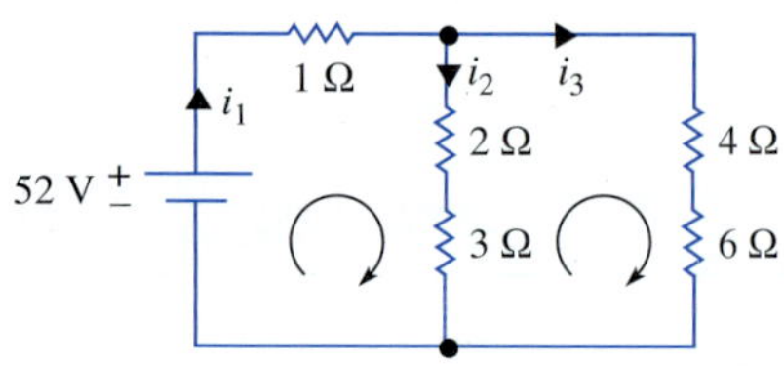

그림 8.2.5 문제 30의 회로망

문제 31, 32. 제차 선형연립방정식을 **AX** = **0**의 형식으로 적고, 행렬의 곱을 사용하여 주어진 행렬 **X**가 c_1의 값과 관계없이 이 연립방정식의 해가 됨을 보여라.

31. $\begin{cases} x_1 + x_2 + x_3 = 0 \\ 5x_1 - 2x_2 + 2x_3 = 0, \\ 8x_1 + x_2 + 5x_3 = 0 \end{cases}$ $\mathbf{X} = c_1\begin{pmatrix} 4 \\ 3 \\ -7 \end{pmatrix}$

32. $\begin{cases} x_1 + x_2 + x_3 + x_4 = 0 \\ -x_1 + x_2 - x_3 + x_4 = 0 \\ x_1 + x_2 - x_3 - x_4 = 0, \\ 3x_1 + x_2 + x_3 - x_4 = 0 \end{cases}$ $\mathbf{X} = c_1\begin{pmatrix} 1 \\ -1 \\ -1 \\ 1 \end{pmatrix}$

문제 33, 34. 비제차 선형연립방정식을 **AX** = **B**의 형식으로 적고, 행렬의 곱을 사용하여 주어진 행렬 **X**가 c_1, c_2의 값과 관계없이 이 연립방정식의 해가 됨을 보여라.

33. $\begin{cases} 2x_1 - 3x_2 + x_3 = -12 \\ x_1 + x_2 - x_3 = 1 \\ 4x_1 - x_2 - x_3 = -10 \end{cases}$, $\mathbf{X} = \begin{pmatrix} -1 \\ 4 \\ 2 \end{pmatrix} + c_1\begin{pmatrix} 2 \\ 3 \\ 5 \end{pmatrix}$

34. $\begin{cases} x_1 + 2x_2 - 3x_3 = 2 \\ 2x_1 + 4x_2 - 6x_3 = 4, \\ 3x_1 + 6x_2 - 9x_3 = 6 \end{cases}$ $\mathbf{X} = \begin{pmatrix} 2 \\ 0 \\ 0 \end{pmatrix} + c_1\begin{pmatrix} 1 \\ 1 \\ 1 \end{pmatrix} + c_2\begin{pmatrix} -2 \\ 1 \\ 0 \end{pmatrix}$

문제 35~38. **기본행렬**(elementry matrix) **E**는 단위행렬 **I**에 단 한 번의 행연산을 적용하여 얻는 행렬이다. 주어진 행렬이 기본행렬인 것을 검증하라.

35. $\begin{pmatrix} 0 & 1 & 0 \\ 1 & 0 & 0 \\ 0 & 0 & 1 \end{pmatrix}$

36. $\begin{pmatrix} 1 & 0 & 0 \\ 0 & 1 & 0 \\ 0 & 0 & c \end{pmatrix}$

37. $\begin{pmatrix} 1 & 0 & 0 \\ 0 & 1 & 0 \\ 0 & c & 1 \end{pmatrix}$

38. $\begin{pmatrix} 1 & 0 & 0 & 1 \\ 0 & 1 & 0 & 0 \\ 0 & 0 & 1 & 0 \\ 0 & 0 & 0 & 1 \end{pmatrix}$

문제 39~42. 3 × 3인 임의의 행렬 **A**에 대하여 주어진 곱셈을 계산하라(행렬 **A** 앞에 기본행렬 **E**를 곱한다면, 곱 **EA**는 **A**에 **E**로 기호화된 기본 행 연산을 수행하여 얻어지는 행렬이 된다).

39. $\begin{pmatrix} 0 & 1 & 0 \\ 1 & 0 & 0 \\ 0 & 0 & 1 \end{pmatrix}\mathbf{A}$

40. $\begin{pmatrix} 1 & 0 & 0 \\ 0 & 1 & 0 \\ 0 & 0 & c \end{pmatrix}\mathbf{A}$

41. $\begin{pmatrix} 1 & 0 & 0 \\ 0 & 1 & 0 \\ 0 & c & 1 \end{pmatrix}\mathbf{A}$

42. $\begin{pmatrix} 0 & 1 & 0 \\ 1 & 0 & 0 \\ 0 & 0 & 1 \end{pmatrix}\begin{pmatrix} 1 & 0 & 0 \\ 0 & 1 & 0 \\ 0 & c & 1 \end{pmatrix}\mathbf{A}$

컴퓨터 실습 과제

문제 43~46. CAS를 사용하여 시스템의 해를 구하라.

43. $$\begin{aligned} 1.567x_1 - 3.48x_2 + 5.22x_3 &= 1.045 \\ 3.56x_1 + 4.118x_2 + 1.57x_3 &= -1.625 \end{aligned}$$

44. $$\begin{aligned} x_1 + 2x_2 - 2x_3 &= 0 \\ 2x_1 - 2x_2 + x_3 &= 0 \\ 3x_1 - 6x_2 + 4x_3 &= 0 \\ 4x_1 + 14x_2 - 13x_3 &= 0 \end{aligned}$$

45. $$\begin{aligned} 1.2x_1 + 3.5x_2 - 4.4x_3 + 3.1x_4 &= 1.8 \\ 0.2x_1 - 6.1x_2 - 2.3x_3 + 5.4x_4 &= -0.6 \\ 3.3x_1 - 3.5x_2 - 2.4x_3 - 0.1x_4 &= 2.5 \\ 5.2x_1 + 8.5x_2 - 4.4x_3 - 2.9x_4 &= 0 \end{aligned}$$

46. $$\begin{aligned} x_1 - x_2 - x_3 + 2x_4 - x_5 &= 5 \\ 6x_1 + 9x_2 - 6x_3 + 17x_4 - x_5 &= 40 \\ 2x_1 + x_2 - 2x_3 + 5x_4 - x_5 &= 12 \\ x_1 + 2x_2 - x_3 + 3x_4 &= 7 \\ x_1 + 2x_2 + x_3 + 3x_4 &= 1 \end{aligned}$$

8.3 행렬의 계수

소개 일반적인 $m \times n$ 행렬에서

$$\mathbf{A} = \begin{pmatrix} a_{11} & a_{12} & \cdots & a_{1n} \\ a_{21} & a_{22} & \cdots & a_{2n} \\ \vdots & & & \vdots \\ a_{m1} & a_{m2} & \cdots & a_{mn} \end{pmatrix}$$

에서 행

$$\mathbf{u}_1 = (a_{11}\ a_{12}\ \ldots\ a_{1n}), \quad \mathbf{u}_2 = (a_{21}\ a_{22}\ \ldots\ a_{2n}), \quad \ldots, \quad \mathbf{u}_m = (a_{m1}\ a_{m2}\ \ldots\ a_{mn})$$

를 $\mathbf{A}$의 **행벡터**(row vector)라 하고, 열

$$\mathbf{v}_1 = \begin{pmatrix} a_{11} \\ a_{21} \\ \vdots \\ a_{m1} \end{pmatrix}, \quad \mathbf{v}_2 = \begin{pmatrix} a_{12} \\ a_{22} \\ \vdots \\ a_{m2} \end{pmatrix}, \ldots, \quad \mathbf{v}_n = \begin{pmatrix} a_{1n} \\ a_{2n} \\ \vdots \\ a_{mn} \end{pmatrix}$$

를 $\mathbf{A}$의 **열벡터**(column vector)라 한다.

정의 벡터 집합 $\mathbf{u}_1, \mathbf{u}_2, \ldots \mathbf{u}_m$은 일차독립이거나 일차종속이다. 다음 정의를 보자.

정의 8.3.1 행렬의 계수

$m \times n$인 행렬 $\mathbf{A}$의 **계수**(rank)는 $\mathbf{A}$ 안에 있는 일차독립인 행벡터들의 최대 개수이고, $\text{rank}(\mathbf{A})$라고 표기한다.

예제 1 3×4 행렬의 계수

3×4 행렬 $\mathbf{A}$를 고려한다.

$$\mathbf{A} = \begin{pmatrix} 1 & 1 & -1 & 3 \\ 2 & -2 & 6 & 8 \\ 3 & 5 & -7 & 8 \end{pmatrix} \tag{1}$$

풀이 행벡터 $\mathbf{u}_1 = (1\quad 1\quad -1\quad 3)$, $\mathbf{u}_2 = (2\quad -2\quad 6\quad 8)$, $\mathbf{u}_3 = (3\quad 5\quad -7\quad 8)$에서 $4\mathbf{u}_1 - \frac{1}{2}\mathbf{u}_2 - \mathbf{u}_3 = \mathbf{0}$이 되므로, 정의 7.6.3의 관점에서 보면 $\mathbf{u}_1, \mathbf{u}_2, \mathbf{u}_3$는 일차종속이다. 반면에 행벡터의 집합 $\mathbf{u}_1$과 $\mathbf{u}_2$는 일차독립이다. 그러므로 정의 8.3.1에 따라 $\text{rank}(\mathbf{A}) = 2$이다. ≡

행공간 앞 장에서 정의된 용어를 사용하면 행렬 식 (1)의 행벡터 $\mathbf{u}_1, \mathbf{u}_2, \mathbf{u}_3$는 벡터공간 R^4의 벡터 집합이다. 벡터 $\mathbf{u}_1, \mathbf{u}_2, \mathbf{u}_3$의 모든 일차결합의 집합인 $R_\mathbf{A} = \text{Span}(\mathbf{u}_1, \mathbf{u}_2, \mathbf{u}_3)$가 R^4의 부분공간이므로 $R_\mathbf{A}$는 $\mathbf{A}$의 **행공간**(row space)이다. $\mathbf{u}_1, \mathbf{u}_2$는 일차독립이고, $R_\mathbf{A}$를 생성한다. 다시 말해, 집합 $\mathbf{u}_1, \mathbf{u}_2$는 행공간 $R_\mathbf{A}$의 기저(basis)이다. 행공간 $R_\mathbf{A}$의 차원(기저 벡터의

◀ 7.6절을 참조하라.

수)은 2이고 이는 rank(**A**)와 같다.

행축소를 통한 계수 예제 1에도 불구하고, 행렬의 계수를 간단한 검사로 결정하는 것은 쉬운 일이 아니다. 기계적으로 rank(**A**)를 결정하는 몇 가지 방법이 존재하지만, 여기서는 앞 절에서 소개한 기본 행 연산법으로 구하는 방법을 소개한다. **구체적으로 말하면, 행렬 A의 계수는 A의 행을 행사다리꼴 행렬 B로 축소하여 찾을 수 있다.** 먼저 **A**의 행에 대해 기본 행 연산을 적용하여 **B**의 행들을 얻은 경우 $m \times n$ 행렬 **B**가 $m \times n$ 행렬 **A**와 행동치라는 것을 상기한다. **A**의 두 행을 교환하여 **B**를 얻은 경우 **A**의 행공간 $R_{\mathbf{A}}$와 **B**의 행공간 $R_{\mathbf{B}}$는 같다. 왜냐하면 **A**, **B**의 행벡터는 같기 때문이다. **B**의 행벡터들이 **A**의 행들의 일차결합일 때, **A**의 행공간 $R_{\mathbf{A}}$ 안에 **B**의 행벡터들이 있게 되어 $R_{\mathbf{B}}$는 $R_{\mathbf{A}}$의 부분집합이 된다. 이를 $R_{\mathbf{B}} \subseteq R_{\mathbf{A}}$라고 쓴다. 역으로 **A**는 **B**와 행동치이다. 왜냐하면 **B**를 행 연산하여 **A**를 얻을 수 있기 때문이다. 여기서 **A**의 행들은 **B**의 행들의 일차결합이 되고, 따라서 $R_{\mathbf{A}}$는 $R_{\mathbf{B}}$의 부분집합이 된다. 즉, $R_{\mathbf{A}} \subseteq R_{\mathbf{B}}$이다. $R_{\mathbf{B}} \subseteq R_{\mathbf{A}}$와 $R_{\mathbf{A}} \subseteq R_{\mathbf{B}}$로부터 $R_{\mathbf{A}} = R_{\mathbf{B}}$라고 결론짓는다. 최종적으로 **A**의 행을 축소하여 행사다리꼴 행렬 **B**로 만들면 0이 아닌 **B**의 행들은 일차독립이다. 0이 아닌 **B**의 행들은 행공간 $R_{\mathbf{A}}$에 대한 기저를 형성하고, 따라서 **A**의 행공간의 차원은 **A**의 계수가 된다. 즉, rank(**A**) = $R_{\mathbf{A}}$의 차원이다.

다음의 정리는 이를 요약한 것이다.

정리 8.3.1 행축소에 의한 행렬의 계수

행렬 **A**가 행사다리꼴 형태인 **B**와 행동치라면 아래와 같은 관계가 성립한다.

(*i*) **A**의 행공간 = **B**의 행공간

(*ii*) 영이 아닌 **B**의 행들은 **A**의 행공간에 대한 기저를 형성한다.

(*iii*) rank(**A**) = 영이 아닌 **B**의 행들의 개수

예제 2 행축소에 의한 계수—예제 1의 재현

Gauss 소거법을 사용하여 시스템의 해를 구할 때, 첨가행렬을 행축소하여 사다리꼴로 만드는 것과 정확하게 같은 방법으로 **A**의 행을 축소하여 행사다리꼴 행렬 **B**로 만든다. 예제 1의 행렬 식 (1)에 대하여 기본 행연산을 수행하면 다음과 같다.

$$\mathbf{A} = \begin{pmatrix} 1 & 1 & -1 & 3 \\ 2 & -2 & 6 & 8 \\ 3 & 5 & -7 & 8 \end{pmatrix} \overset{\substack{-2R_1+R_2 \\ -3R_1+R_3}}{\Longrightarrow} \begin{pmatrix} 1 & 1 & -1 & 3 \\ 0 & -4 & 8 & 2 \\ 0 & 2 & -4 & -1 \end{pmatrix} \overset{\substack{\frac{1}{2}R_2+R_3 \\ -\frac{1}{4}R_2}}{\Longrightarrow} \begin{pmatrix} 1 & 1 & -1 & 3 \\ 0 & 1 & -2 & -\frac{1}{2} \\ 0 & 0 & 0 & 0 \end{pmatrix}$$

마지막 행렬은 행사다리꼴이고 영이 아닌 행을 2개 가지고 있으므로, 정리 8.3.1의 (*iii*)에 따라서 **A**의 계수는 2이다. ≡

예제 3 일차독립/종속

3차원 공간 R^3의 벡터 $\mathbf{u}_1 = \langle 2, 1, 1 \rangle$, $\mathbf{u}_2 = \langle 0, 3, 0 \rangle$, $\mathbf{u}_3 = \langle 3, 1, 2 \rangle$의 집합이 일차독립 또는 일차종속인지를 판정하라.

풀이 주어진 벡터를 행으로 하여 행렬 **A**를 구성하고, **A**를 계수 3인 행사다리꼴 B로 행렬을 축소하면, 벡터 집합이 일차독립인 것을 확인할 수 있다. 만약 rank(**A**) < 3이면, 벡터 집합은 일차종속이다. 이 경우 다음과 같이 쉽게 기약 행사다리꼴로 행축소를 할 수 있다.

$$\mathbf{A} = \begin{pmatrix} 2 & 1 & 1 \\ 0 & 3 & 0 \\ 3 & 1 & 2 \end{pmatrix} \overset{\text{행 연산}}{\Longrightarrow} \begin{pmatrix} 1 & 0 & 0 \\ 0 & 1 & 0 \\ 0 & 0 & 1 \end{pmatrix}$$

rank(**A**) = 3이므로 $\mathbf{u}_1$, $\mathbf{u}_2$, $\mathbf{u}_3$는 일차독립이다. ≡

위에서 언급한 바와 같이 행렬 **A**의 행사다리꼴에서 행벡터들은 행렬 **A**의 행공간의 기저가 될 수 있다. 예제 3에서 **A**의 행공간의 기저는 3차원 공간 R^3의 기본 기저 ⟨1, 0, 0⟩, ⟨0, 1, 0⟩, ⟨0, 0, 1⟩이다.

계수와 선형시스템 계수의 개념은 대수방정식들의 선형시스템의 해의 존재 가능성과 관련지을 수 있다. **AX** = **B**는 선형시스템이라 하고, (**A**|**B**)는 시스템의 첨가행렬을 나타낸다고 하자. 8.2절의 예제 7에서 다음의 시스템은 해가 없음을 알았다.

$$\begin{aligned} x_1 + x_2 &= 1 \\ 4x_1 - x_2 &= -6 \\ 2x_1 - 3x_2 &= 8 \end{aligned}$$

시스템의 해가 없음은 첨가행렬 (**A**|**B**)를 행축소하여 얻은 행동치 행렬의 마지막 행이 0이 아니라는 사실로부터 알 수 있다.

$$\left(\begin{array}{cc|c} 1 & 1 & 1 \\ 4 & -1 & -6 \\ 2 & -3 & 8 \end{array}\right) \overset{\text{행 연산}}{\Longrightarrow} \left(\begin{array}{cc|c} 1 & 0 & 1 \\ 0 & 1 & 2 \\ 0 & 0 & 16 \end{array}\right) \overset{\text{행 연산}}{\Longrightarrow} \left(\begin{array}{cc|c} 1 & 0 & 0 \\ 0 & 1 & 0 \\ 0 & 0 & 1 \end{array}\right) \tag{2}$$

식 (2)의 결과에서 rank(**A**|**B**) = 3임을 알 수 있으나 rank(**A**) = 2이다. 다음을 보면서 확인하기 바란다.

$$\begin{pmatrix} 1 & 1 \\ 4 & -1 \\ 2 & -3 \end{pmatrix} \overset{\text{행 연산}}{\Longrightarrow} \begin{pmatrix} 1 & 0 \\ 0 & 1 \\ 0 & 0 \end{pmatrix}$$

이 예는 다음 정리의 특별한 경우이다.

정리 8.3.2 AX = B의 해의 존재성

방정식들의 선형시스템 **AX** = **B**가 해를 가질 필요충분조건은 첨가행렬 (**A**|**B**)의 계수와 행렬 **A**의 계수가 같은 것이다.

8.2절의 예제 6에서 다음의 시스템은 해가 존재하고, 무수히 많은 수의 해가 존재함을 보았다.

$$\begin{aligned} x_1 + 3x_2 - 2x_3 &= -7 \\ 4x_1 + x_2 + 3x_3 &= 5 \\ 2x_1 - 5x_2 + 7x_3 &= 19 \end{aligned} \tag{3}$$

2개의 미지수 x_1과 x_2를 나머지 미지수 x_3의 식으로 풀었고, 다시 x_3는 매개변수 t로 표기하였다. 시스템의 해가 갖는 매개변수의 수는 계수행렬 **A**의 계수와 관련이 있다.

정리 8.3.3 해에서 매개변수의 수

m개의 방정식과 n개의 미지수를 가진 선형시스템 $\mathbf{AX} = \mathbf{B}$가 해를 가진다고 가정하자. 계수행렬 **A**가 계수 r을 갖는다면 이 시스템의 해는 $n - r$개의 매개변수를 갖는다.

식 (3)의 시스템에서 행축소하면 $\text{rank}(\mathbf{A}) = \text{rank}(\mathbf{A}|\mathbf{B}) = 2$이므로, 시스템은 정리 8.3.2에 따라 해가 존재하는 것을 알 수 있다. 또한 $n = 3$이므로 정리 8.3.3에 의해 해의 매개변수 수는 $3 - 2 = 1$임을 알 수 있다.

$$\left(\begin{array}{ccc|c} 1 & 3 & -2 & -7 \\ 4 & 1 & 3 & 5 \\ 2 & -5 & 7 & 19 \end{array}\right) \xRightarrow{\text{행 연산}} \left(\begin{array}{ccc|c} 1 & 0 & 1 & 2 \\ 0 & 1 & -1 & -3 \\ 0 & 0 & 0 & 0 \end{array}\right)$$

그림 8.3.1에는 행렬 계수의 개념과 선형시스템의 해 사이의 관계를 요약한 것이다.

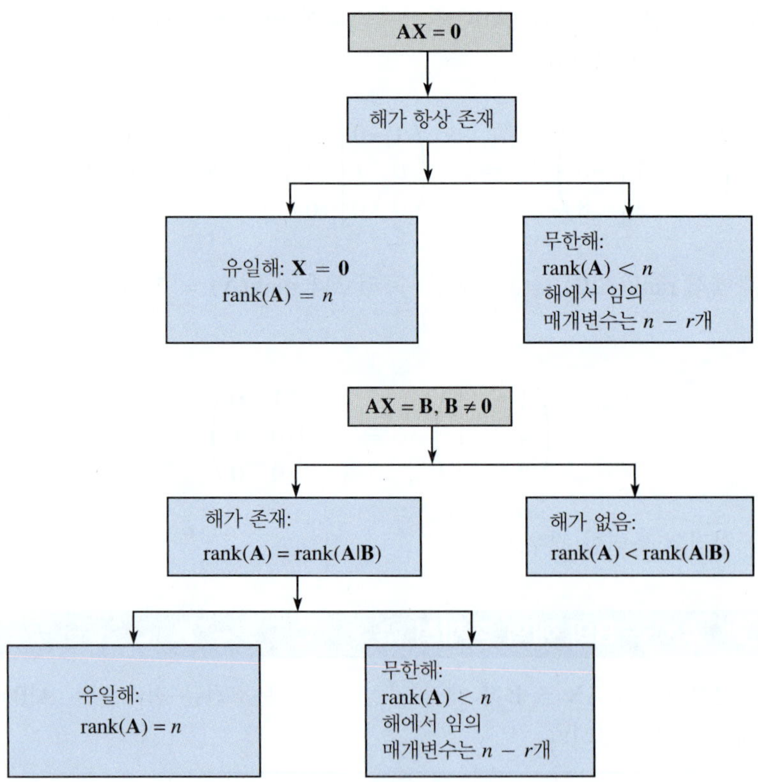

그림 8.3.1 n개 변수를 갖는 m개 방정식의 선형시스템 $\mathbf{AX} = \mathbf{B}$. 두 가지 경우: $\mathbf{B} = \mathbf{0}$, $\mathbf{B} \neq \mathbf{0}$. $\text{rank}(\mathbf{A}) = r$로 둠

참고

행렬 $\mathbf{A}$의 열과 $\mathbf{A}$의 계수의 관계를 언급하지 않았다. 행렬 $\mathbf{A}$가 가질 수 있는 독립 열의 최대 개수는 그 행렬의 독립 행의 최대 개수와 같아야 함이 밝혀졌다. 벡터공간 용어로 말하면 행렬 $\mathbf{A}$의 행공간 $R_{\mathbf{A}}$는 열공간 $C_{\mathbf{A}}$와 동일한 차원(dimension)을 갖는다. 예를 들어, 식 (1)의 행렬의 전치를 행사다리꼴로 축소하면 다음과 같다.

$$\mathbf{A}^T = \begin{pmatrix} 1 & 2 & 3 \\ 1 & -2 & 5 \\ -1 & 6 & -7 \\ 3 & 8 & 8 \end{pmatrix} \overset{\text{행 연산}}{\Longrightarrow} \begin{pmatrix} 1 & 2 & 3 \\ 0 & 1 & -\frac{1}{2} \\ 0 & 0 & 0 \\ 0 & 0 & 0 \end{pmatrix}$$

여기서 $\mathbf{A}^T$의 일차독립인 행의 최대 개수가 2이므로 $\mathbf{A}$의 일차독립인 열의 최대 개수는 2이다.

8.3 연습문제

부록에 선택된 홀수 문제의 답이 있다.

문제 1~10. 정리 8.3.1의 (*iii*)을 이용하여 주어진 행렬의 계수를 구하라.

1. $\begin{pmatrix} 3 & -1 \\ 1 & 3 \end{pmatrix}$

2. $\begin{pmatrix} 2 & -2 \\ 0 & 0 \end{pmatrix}$

3. $\begin{pmatrix} 2 & 1 & 3 \\ 6 & 3 & 9 \\ -1 & -\frac{1}{2} & -\frac{3}{2} \end{pmatrix}$

4. $\begin{pmatrix} 1 & 1 & 2 \\ -1 & 2 & 4 \\ -1 & 0 & 3 \end{pmatrix}$

5. $\begin{pmatrix} 1 & 1 & 1 \\ 1 & 0 & 4 \\ 1 & 4 & 1 \end{pmatrix}$

6. $\begin{pmatrix} 3 & -1 & 2 & 0 \\ 6 & 2 & 4 & 5 \end{pmatrix}$

7. $\begin{pmatrix} 1 & -2 \\ 3 & -6 \\ 7 & -1 \\ 4 & 5 \end{pmatrix}$

8. $\begin{pmatrix} 1 & -2 & 3 & 4 \\ 1 & 4 & 6 & 8 \\ 0 & 1 & 0 & 0 \\ 2 & 5 & 6 & 8 \end{pmatrix}$

9. $\begin{pmatrix} 0 & 2 & 4 & 2 & 2 \\ 4 & 1 & 0 & 5 & 1 \\ 2 & 1 & \frac{2}{3} & 3 & \frac{1}{3} \\ 6 & 6 & 6 & 12 & 0 \end{pmatrix}$

10. $\begin{pmatrix} 1 & -2 & 1 & 8 & -1 & 1 & 1 & 6 \\ 0 & 0 & 1 & 3 & -1 & 1 & 1 & 5 \\ 0 & 0 & 1 & 3 & -1 & 2 & 10 & 8 \\ 0 & 0 & 0 & 0 & 0 & 1 & 1 & 3 \\ 1 & -2 & 1 & 8 & -1 & 1 & 2 & 6 \end{pmatrix}$

문제 11~14. 주어진 벡터의 집합이 일차독립인지 일차종속인지를 판정하라.

11. $\mathbf{u}_1 = \langle 1, 2, 3 \rangle, \mathbf{u}_2 = \langle 1, 0, 1 \rangle, \mathbf{u}_3 = \langle 1, -1, 5 \rangle$

12. $\mathbf{u}_1 = \langle 2, 6, 3 \rangle, \mathbf{u}_2 = \langle 1, -1, 4 \rangle, \mathbf{u}_3 = \langle 3, 2, 1 \rangle, \mathbf{u}_4 = \langle 2, 5, 4 \rangle$

13. $\mathbf{u}_1 = \langle 1, -1, 3, -1 \rangle, \mathbf{u}_2 = \langle 1, -1, 4, 2 \rangle, \mathbf{u}_3 = \langle 1, -1, 5, 7 \rangle$

14. $\mathbf{u}_1 = \langle 2, 1, 1, 5 \rangle, \mathbf{u}_2 = \langle 2, 2, 1, 1 \rangle, \mathbf{u}_3 = \langle 3, -1, 6, 1 \rangle,$ $\mathbf{u}_4 = \langle 1, 1, 1, -1 \rangle$

15. $\mathbf{AX} = \mathbf{B}$의 해가 존재하고 $\mathbf{A}$가 5×8인 행렬이며 $\text{rank}(\mathbf{A}) = 3$이라 할 때 이 시스템의 해가 갖는 매개변수는 몇 개인가?

16. $\mathbf{A}$가 영행렬이 아닌 4×6인 행렬이라 하자.

(a) $\mathbf{A}$가 가질 수 있는 최대 계수는 얼마인가?

(b) $\text{rank}(\mathbf{A}|\mathbf{B}) = 2$인 경우, $\text{rank}(\mathbf{A})$가 얼마일 때 $\mathbf{AX} = \mathbf{B}$이고 $\mathbf{B} \neq \mathbf{0}$인 계의 해가 존재하겠는가? 존재하지 않겠는가?

(c) $\text{rank}(\mathbf{A}) = 3$인 경우, $\mathbf{AX} = \mathbf{0}$의 해는 몇 개의 매개변수를 갖겠는가?

17. $\mathbf{v}_1, \mathbf{v}_2, \mathbf{v}_3$는 다음 행렬 $\mathbf{A}$의 1, 2, 3번째 열벡터이다.

$$\mathbf{A} = \begin{pmatrix} 2 & 1 & 7 \\ 1 & 0 & 2 \\ -1 & 5 & 13 \end{pmatrix}$$

$2\mathbf{v}_1 + 3\mathbf{v}_2 - \mathbf{v}_3 = \mathbf{0}$인 경우 $\text{rank}(\mathbf{A})$에 대해서 어떤 결론을 내릴 수 있는가?

[힌트: 이 절의 끝에 있는 참고를 읽어 보라.]

토의문제

18. $\mathbf{AX} = \mathbf{B}$의 해가 존재하고 $\mathbf{A}$가 6×3인 행렬이라고 가정한다. $\mathbf{A}$의 일차독립 행들의 최대 수는 3이라고 가정한다. 이 시스템의 해가 유일한지에 대하여 논하라.

19. 다음의 열벡터들이 일차독립인지를 판정하려고 한다.

$$\mathbf{v}_1 = \begin{pmatrix} 4 \\ 3 \\ 2 \\ 1 \end{pmatrix}, \quad \mathbf{v}_2 = \begin{pmatrix} 1 \\ 2 \\ 2 \\ 1 \end{pmatrix}, \quad \mathbf{v}_3 = \begin{pmatrix} -1 \\ 1 \\ 1 \\ 1 \end{pmatrix},$$

$$\mathbf{v}_4 = \begin{pmatrix} 2 \\ 3 \\ 4 \\ 1 \end{pmatrix}, \quad \mathbf{v}_5 = \begin{pmatrix} 1 \\ 7 \\ -5 \\ 1 \end{pmatrix}$$

정의 7.6.3에 따라 다음 식 (4)가 $c_1 = 0$, $c_2 = 0$, $c_3 = 0$, $c_4 = 0$, $c_5 = 0$일 때만 성립하면 벡터 집합은 일차독립이다.

$$c_1\mathbf{v}_1 + c_2\mathbf{v}_2 + c_3\mathbf{v}_3 + c_4\mathbf{v}_4 + c_5\mathbf{v}_5 = \mathbf{0} \tag{4}$$

그렇지 않으면 일차종속이다. 식 (4)는 다음 시스템과 동일하다.

$$\begin{aligned} 4c_1 + c_2 - c_3 + 2c_4 + c_5 &= 0 \\ 3c_1 + 2c_2 + c_3 + 3c_4 + 7c_5 &= 0 \\ 2c_1 + 2c_2 + c_3 + 4c_4 - 5c_5 &= 0 \\ c_1 + c_2 + c_3 + c_4 + c_5 &= 0 \end{aligned}$$

추가 작업을 하지 말고, 왜 이 벡터 집합을 일차종속이라고 할 수 있는지에 대해서 설명하라.

컴퓨터 실습 과제

20. CAS는 행렬을 행사다리꼴로 행축소하는 데 사용할 수 있다. CAS를 사용하여 다음의 첨가행렬 $(\mathbf{A}|\mathbf{B})$의 계수와 행렬 $\mathbf{A}$의 계수를 결정하라.

$$\begin{aligned} x_1 + 2x_2 - 6x_3 + x_4 + x_5 + x_6 &= 2 \\ 5x_1 + 2x_2 - 2x_3 + 5x_4 + 4x_5 + 2x_6 &= 3 \\ 6x_1 + 2x_2 - 2x_3 + x_4 + x_5 + 3x_6 &= -1 \\ -x_1 + 2x_2 + 3x_3 + x_4 - x_5 + 6x_6 &= 0 \\ 9x_1 + 7x_2 - 2x_3 + x_4 + 4x_5 \qquad &= 5 \end{aligned}$$

이 시스템은 해를 갖는가? 갖지 않는가? 해가 있는 경우에 해를 구하라.

8.4 행렬식

소개 $\mathbf{A}$를 $n \times n$ 행렬이라 하자. $\mathbf{A}$는 $\mathbf{A}$의 **행렬식**(determinant)이라는 수(det $\mathbf{A}$로 표기)를 갖는다. 기호로는 행렬 $\mathbf{A}$와 행렬식 $\mathbf{A}$를 괄호 대신에 수직 막대로 바꾸어서 구별한다.

$$\mathbf{A} = \begin{pmatrix} a_{11} & a_{12} & \cdots & a_{1n} \\ a_{21} & a_{22} & \cdots & a_{2n} \\ \vdots & & & \vdots \\ a_{n1} & a_{n2} & \cdots & a_{nn} \end{pmatrix} \quad \text{그리고} \quad \det \mathbf{A} = \begin{vmatrix} a_{11} & a_{12} & \cdots & a_{1n} \\ a_{21} & a_{22} & \cdots & a_{2n} \\ \vdots & & & \vdots \\ a_{n1} & a_{n2} & \cdots & a_{nn} \end{vmatrix}$$

$n \times n$ 행렬의 행렬식은 ***n*차 행렬식**(determinant of order n)이라 한다. 1×1, 2×2, 3×3 행렬의 행렬식을 정의하여 보자.

정의 1×1 행렬 $\mathbf{A} = (a)$에 대하여 $\det \mathbf{A} = |a| = a$이다. 예를 들어 $\mathbf{A} = (-5)$이면 $\det \mathbf{A} = |-5| = -5$이다. 이때 수직 막대가 그 수의 절대값을 의미하는 것은 아니다.

정의 8.4.1 2×2 행렬의 행렬식

$\mathbf{A} = \begin{pmatrix} a_{11} & a_{12} \\ a_{21} & a_{22} \end{pmatrix}$의 행렬식은 다음과 같다.

$$\det \mathbf{A} = \begin{vmatrix} a_{11} & a_{12} \\ a_{21} & a_{22} \end{vmatrix} = a_{11}a_{22} - a_{12}a_{21} \tag{1}$$

기억하기 쉽게 2차 행렬은 주대각선 원소들의 곱에서 다른 대각선 원소들의 곱을 뺀 것으로 생각한다.

곱하다 곱하다 빼다

$$\begin{vmatrix} a_{11} & a_{12} \\ a_{21} & a_{22} \end{vmatrix} = a_{11}a_{22} - a_{12}a_{21} \tag{2}$$

예를 들어 $\mathbf{A} = \begin{pmatrix} 6 & -3 \\ 5 & 9 \end{pmatrix}$이면, 행렬식 $\mathbf{A} = \begin{vmatrix} 6 & -3 \\ 5 & 9 \end{vmatrix} = 6(9) - (-3)(5) = 69$이다.

정의 8.4.2 3 × 3 행렬의 행렬식

$\mathbf{A} = \begin{pmatrix} a_{11} & a_{12} & a_{13} \\ a_{21} & a_{22} & a_{23} \\ a_{31} & a_{32} & a_{33} \end{pmatrix}$의 행렬식은 아래와 같다.

$$\det \mathbf{A} = \begin{vmatrix} a_{11} & a_{12} & a_{13} \\ a_{21} & a_{22} & a_{23} \\ a_{31} & a_{32} & a_{33} \end{vmatrix} = a_{11}a_{22}a_{33} + a_{12}a_{23}a_{31} + a_{13}a_{21}a_{32} - a_{13}a_{22}a_{31} - a_{11}a_{23}a_{32} - a_{12}a_{21}a_{33} \tag{3}$$

식 (3)을 보다 쉽게 알아보도록 써 보자. 우선 인수분해하면 아래 꼴과 같다.

$$\det \mathbf{A} = a_{11}(a_{22}a_{33} - a_{23}a_{32}) + a_{12}(-a_{21}a_{33} + a_{23}a_{31}) + a_{13}(a_{21}a_{32} - a_{22}a_{31})$$

식 (1)을 이용하면 괄호 안의 각 항들은 2×2 행렬의 행렬식으로 볼 수 있다.

$$\det \mathbf{A} = a_{11}\begin{vmatrix} a_{22} & a_{23} \\ a_{32} & a_{33} \end{vmatrix} + a_{12}\left(-\begin{vmatrix} a_{21} & a_{23} \\ a_{31} & a_{33} \end{vmatrix}\right) + a_{13}\begin{vmatrix} a_{21} & a_{22} \\ a_{31} & a_{32} \end{vmatrix} \tag{4}$$

식 (4)의 각 행렬식은 행렬 **A**의 **부분행렬**의 행렬식과 대응하는 각 계수는 다음과 같은 방법으로 정한다. a_{11}은 **A**의 1행과 1열을 제거하여 구한 부분행렬의 행렬식 계수이고, a_{12}는 **A**의 1행과 2열을 제거하여 구한 부분행렬의 행렬식 계수이며, 마지막으로 a_{13}은 **A**의 1행과 3열을 제거하여 구한 부분행렬의 행렬식 계수이다. 다시 말해 식 (4)의 계수는 A의 1행 원소들이다. det **A**는 **1행에 따라 여인수들로 전개**(expanded by cofactors along the first row)되었다고 말한다. 여기서 a_{11}, a_{12}, a_{13}의 여인수는 각각 다음과 같다.

$$C_{11} = \begin{vmatrix} a_{22} & a_{23} \\ a_{32} & a_{33} \end{vmatrix} \qquad C_{12} = -\begin{vmatrix} a_{21} & a_{23} \\ a_{31} & a_{33} \end{vmatrix} \qquad C_{13} = \begin{vmatrix} a_{21} & a_{22} \\ a_{31} & a_{32} \end{vmatrix}$$

따라서 식 (4)는 다음 식으로 쓸 수 있다.

$$\det \mathbf{A} = a_{11}C_{11} + a_{12}C_{12} + a_{13}C_{13} \tag{5}$$

일반적으로 a_{ij}의 **여인수**(cofactor)는 다음의 행렬식이다.

$$C_{ij} = (-1)^{i+j}M_{ij} \tag{6}$$

여기서 M_{ij}는 **A**의 i번째 행과 j번째 열을 제거하여 구한 부분행렬의 행렬식이다. 행렬식 M_{ij}

를 **소행렬식**(minor determinant)이라고 부른다. 여인수는 **부호**가 붙은 소행렬식이다. 즉, $i + j$가 짝수이면 $C_{ij} = M_{ij}$이고, $i + j$가 홀수이면 $C_{ij} = -M_{ij}$이다.

3×3 행렬은 다음과 같이 9개의 여인수들을 가진다.

$$\begin{array}{lll} C_{11} = M_{11} & C_{12} = -M_{12} & C_{13} = M_{13} \\ C_{21} = -M_{21} & C_{22} = M_{22} & C_{23} = -M_{23} \\ C_{31} = M_{31} & C_{32} = -M_{32} & C_{33} = M_{33} \end{array}$$

위의 배열을 조사하면 여인수에 대응하는 부호인수 +1 또는 −1은 다음의 서양장기판 패턴으로부터 구할 수 있다.

$$\begin{array}{ccc} + & - & + \\ - & + & - \\ + & - & + \end{array} \tag{7}$$

3 × 3 행렬

이제 식 (3)은 다음과 같이 재배열하여 다시 인수분해할 수 있다.

$$\begin{aligned} \det \mathbf{A} &= -a_{12}(a_{21}a_{33} - a_{23}a_{31}) + a_{22}(a_{11}a_{33} - a_{13}a_{31}) - a_{32}(a_{11}a_{23} - a_{13}a_{21}) \\ &= a_{12}\left(-\begin{vmatrix} a_{21} & a_{23} \\ a_{31} & a_{33} \end{vmatrix}\right) + a_{22}\begin{vmatrix} a_{11} & a_{13} \\ a_{31} & a_{33} \end{vmatrix} + a_{32}\left(-\begin{vmatrix} a_{11} & a_{13} \\ a_{21} & a_{23} \end{vmatrix}\right) \\ &= a_{12}C_{12} + a_{22}C_{22} + a_{32}C_{32} \end{aligned} \tag{8}$$

위는 2열에 따라 전개한 det **A**의 여인수 전개식이다. det **A**는 또한 3열에 따라 여인수들로 전개할 수 있음을 보이는 것을 연습문제로 남긴다.

$$\det \mathbf{A} = a_{31}C_{31} + a_{32}C_{32} + a_{33}C_{33} \tag{9}$$

식 (5), (8), (9)로부터 다음과 같은 일반적인 결과를 얻을 수 있다.

3 × 3 행렬의 행렬식은 임의의 행과 열에 따라 det **A**를 여인수로 전개하여 구할 수 있다.

예제 1 첫 행에 따라 여인수 전개

다음 행렬의 행렬식을 구하라.

$$\mathbf{A} = \begin{pmatrix} 2 & 4 & 7 \\ 6 & 0 & 3 \\ 1 & 5 & 3 \end{pmatrix}$$

풀이 첫 행에 따라 여인수 전개를 이용하면 다음과 같다.

$$\det \mathbf{A} = \begin{vmatrix} 2 & 4 & 7 \\ 6 & 0 & 3 \\ 1 & 5 & 3 \end{vmatrix} = 2C_{11} + 4C_{12} + 7C_{13}$$

$\mathbf{A}$의 첫 행에 있는 원소들의 여인수들은 다음과 같다.

$$C_{11} = (-1)^{1+1}\begin{vmatrix} 2 & 4 & 7 \\ 6 & 0 & 3 \\ 1 & 5 & 3 \end{vmatrix} = (-1)^{1+1}\begin{vmatrix} 0 & 3 \\ 5 & 3 \end{vmatrix}$$

$$C_{12} = (-1)^{1+2}\begin{vmatrix} 2 & 4 & 7 \\ 6 & 0 & 3 \\ 1 & 5 & 3 \end{vmatrix} = (-1)^{1+2}\begin{vmatrix} 6 & 3 \\ 1 & 3 \end{vmatrix}$$

$$C_{13} = (-1)^{1+3}\begin{vmatrix} 2 & 4 & 7 \\ 6 & 0 & 3 \\ 1 & 5 & 3 \end{vmatrix} = (-1)^{1+3}\begin{vmatrix} 6 & 0 \\ 1 & 5 \end{vmatrix}$$

여기서 파선은 제거된 행과 열을 나타낸다. 그러므로 행렬식은 다음과 같다.

$$\det \mathbf{A} = 2(-1)^{1+1}\begin{vmatrix} 0 & 3 \\ 5 & 3 \end{vmatrix} + 4(-1)^{1+2}\begin{vmatrix} 6 & 3 \\ 1 & 3 \end{vmatrix} + 7(-1)^{1+3}\begin{vmatrix} 6 & 0 \\ 1 & 5 \end{vmatrix}$$

$$= 2[0(3) - 3(5)] - 4[6(3) - 3(1)] + 7[6(5) - 0(1)] = 120$$ ≡

행렬이 여러 개의 영원소를 포함하는 행(또는 열)을 가지는 경우 해당 행(또는 열)을 따라 여인수 전개를 하여 행렬식의 값을 계산하면 편하다. 따라서 예제 1에서 두 번째 행에 따라 여인수를 써서 $\mathbf{A}$의 행렬식을 전개하면 아래와 같은 결과를 얻는다.

$$\det \mathbf{A} = 6C_{21} + 0C_{22} + 3C_{23} = 6C_{21} + 3C_{23}$$

$$= 6(-1)^{2+1}\begin{vmatrix} 4 & 7 \\ 5 & 3 \end{vmatrix} + 3(-1)^{2+3}\begin{vmatrix} 2 & 4 \\ 1 & 5 \end{vmatrix}$$

$$= -6(-23) - 3(6) = 120$$

예제 2 3열에 따라 여인수 전개

다음 행렬의 행렬식의 값을 구하라.

$$\mathbf{A} = \begin{pmatrix} 6 & 5 & 0 \\ -1 & 8 & -7 \\ -2 & 4 & 0 \end{pmatrix}$$

풀이 3열에 0이 2개 있으므로, 이 열에 따라 여인수를 전개한다.

$$\det \mathbf{A} = \begin{vmatrix} 6 & 5 & 0 \\ -1 & 8 & -7 \\ -2 & 4 & 0 \end{vmatrix} = 0C_{13} + (-7)C_{23} + 0C_{33}$$

$$= (-7)(-1)^{2+3}\begin{vmatrix} 6 & 5 & 0 \\ -1 & 8 & -7 \\ -2 & 4 & 0 \end{vmatrix} = (-7)(-1)^{2+3}\begin{vmatrix} 6 & 5 \\ -2 & 4 \end{vmatrix}$$

$$= 7[6(4) - 5(-2)] = 238$$ ≡

위의 발상을 확장하면, 4 × 4 행렬의 행렬식은 한 행(한 열)의 원소들과 그에 대응하는 여인수들을 곱하고 더하여 계산할 수 있다. 이 경우 각 여인수는 해당 3 × 3 부분행렬의 소행렬식으로 부호를 갖고 있다. 다음 정리는 $n \times n$ 행렬의 행렬식은 **A** 여인수를 사용하여 계산할 수 있음을 기술하고 있다(증명 생략).

정리 8.4.1 행렬식의 여인수 전개

$\mathbf{A} = (a_{ij})_{n \times n}$이 $n \times n$인 행렬이라 하자. ***i*번째 행을 따라 여인수 전개한 det A**는 다음과 같다($1 \le i \le n$).

$$\det \mathbf{A} = a_{i1}C_{i1} + a_{i2}C_{i2} + \cdots + a_{in}C_{in}$$

***j*번째 열에 따라 여인수 전개한 det A**는 다음과 같다($1 \le j \le n$).

$$\det \mathbf{A} = a_{1j}C_{1j} + a_{2j}C_{2j} + \cdots + a_{nj}C_{nj}$$

식 (7)에서 보인 3차 행렬의 여인수의 부호인수 패턴은 3차 이상의 행렬에도 확장된다.

$$\begin{matrix} + & - & + & - \\ - & + & - & + \\ + & - & + & - \\ - & + & - & + \end{matrix} \qquad\qquad \begin{matrix} + & - & + & - & + & \cdots \\ - & + & - & + & - & \cdots \\ + & - & + & - & + & \cdots \\ - & + & - & + & - & \cdots \\ + & - & + & - & + & \cdots \\ \vdots & \vdots & \vdots & \vdots & \vdots & \end{matrix}$$

4 × 4 행렬 **$n \times n$ 행렬**

예제 3 4행에 따라 여인수 전개

다음 행렬의 행렬식을 구하라.

$$\mathbf{A} = \begin{pmatrix} 5 & 1 & 2 & 4 \\ -1 & 0 & 2 & 3 \\ 1 & 1 & 6 & 1 \\ 1 & 0 & 0 & -4 \end{pmatrix}$$

풀이 이 행렬은 4번째 행에 영이 2개 있으므로, 이 행을 따라 det **A** 여인수로 전개한다.

$$\det \mathbf{A} = \begin{vmatrix} 5 & 1 & 2 & 4 \\ -1 & 0 & 2 & 3 \\ 1 & 1 & 6 & 1 \\ 1 & 0 & 0 & -4 \end{vmatrix} = (1)C_{41} + 0C_{42} + 0C_{43} + (-4)C_{44} \tag{10}$$

여기서 여인수는 다음과 같다.

$$C_{41} = (-1)^{4+1}\begin{vmatrix} 1 & 2 & 4 \\ 0 & 2 & 3 \\ 1 & 6 & 1 \end{vmatrix}, \qquad C_{44} = (-1)^{4+4}\begin{vmatrix} 5 & 1 & 2 \\ -1 & 0 & 2 \\ 1 & 1 & 6 \end{vmatrix}$$

그리고 이들 행렬식들을 2번째 행에 따라 여인수로 전개하여 구한다.

$$C_{41} = (-1)\begin{vmatrix} 1 & 2 & 4 \\ 0 & 2 & 3 \\ 1 & 6 & 1 \end{vmatrix} = -\left(0(-1)^{2+1}\begin{vmatrix} 2 & 4 \\ 6 & 1 \end{vmatrix} + 2(-1)^{2+2}\begin{vmatrix} 1 & 4 \\ 1 & 1 \end{vmatrix} + 3(-1)^{2+3}\begin{vmatrix} 1 & 2 \\ 1 & 6 \end{vmatrix}\right)$$

$$= 18$$

$$C_{44} = \begin{vmatrix} 5 & 1 & 2 \\ -1 & 0 & 2 \\ 1 & 1 & 6 \end{vmatrix} = (-1)(-1)^{2+1}\begin{vmatrix} 1 & 2 \\ 1 & 6 \end{vmatrix} + 0(-1)^{2+2}\begin{vmatrix} 5 & 2 \\ 1 & 6 \end{vmatrix} + 2(-1)^{2+3}\begin{vmatrix} 5 & 1 \\ 1 & 1 \end{vmatrix}$$

$$= -4$$

따라서 식 (10)은 다음과 같다.

$$\det \mathbf{A} = \begin{vmatrix} 5 & 1 & 2 & 4 \\ -1 & 0 & 2 & 3 \\ 1 & 1 & 6 & 1 \\ 1 & 0 & 0 & -4 \end{vmatrix} = (1)(18) + (-4)(-4) = 34$$

위 결과는 2번째 열을 따라 여인수 전개하여 검산할 수 있다. ≡

주의: 식 (11)에 예시된 방법은 $n > 3$인 행렬식에는 적용할 수 없다.

참고

앞의 식 (2)와 유사하게 3차 행렬식을 계산하기 위하여 아래와 같은 기억 연상표를 쓸 수 있다.

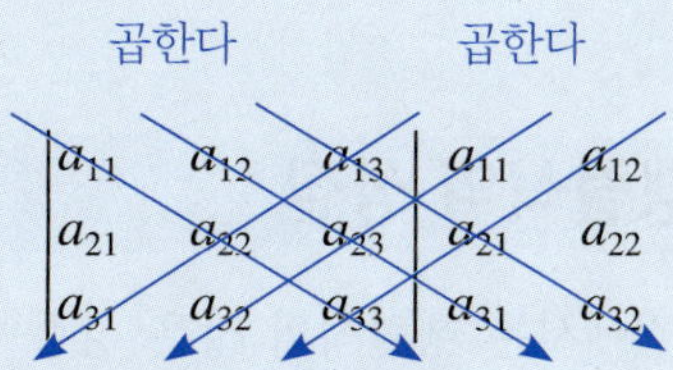

(11)

(*i*) 왼쪽에서 오른쪽으로 가는 화살표 위에 있는 원소들의 곱을 더한다.
(*ii*) (*i*)에서 구한 수에서 반대 방향 화살표 위에 있는 원소들의 곱의 합을 뺀다.

여기서 주의할 점이 있다. 식 (11)에 주어진 공식은 3 × 3보다 큰 행렬에 쉽게 적용할 수 있지만, 올바른 결과를 주지 않는다. 4차 이상인 행렬식의 계산을 쉽게 기억할 수 있는 연상방법은 없다.

8.4 연습문제

부록에 선택된 홀수 문제의 답이 있다.

문제 1~4.

$$\mathbf{A} = \begin{pmatrix} 2 & 3 & 4 \\ 1 & -1 & 2 \\ -2 & 3 & 5 \end{pmatrix}$$

라 하자. 지시된 소행렬식 또는 여인수의 값을 구하라.

1. M_{12} **2.** M_{32} **3.** C_{13} **4.** C_{22}

문제 5~8.

$$\mathbf{A} = \begin{pmatrix} 0 & 2 & 4 & 0 \\ 1 & 2 & -2 & 3 \\ 5 & 1 & 0 & -1 \\ 1 & 1 & 1 & 2 \end{pmatrix}$$

라 하자. 지시된 소행렬식과 여인수의 값을 구하라.

5. M_{33} **6.** M_{41} **7.** C_{34} **8.** C_{23}

문제 9~14. 주어진 행렬의 행렬식 값을 구하라.

9. (-7)

10. (2)

11. $\begin{pmatrix} 3 & 5 \\ -1 & 4 \end{pmatrix}$

12. $\begin{pmatrix} \frac{1}{4} & \frac{1}{2} \\ \frac{1}{3} & -\frac{4}{3} \end{pmatrix}$

13. $\begin{pmatrix} 1-\lambda & 3 \\ 2 & 2-\lambda \end{pmatrix}$

14. $\begin{pmatrix} -3-\lambda & -4 \\ -2 & 5-\lambda \end{pmatrix}$

문제 15~28. 주어진 행렬의 행렬식을 여인수 전개로 계산하라.

15. $\begin{pmatrix} 0 & 2 & 0 \\ 3 & 0 & 1 \\ 0 & 5 & 8 \end{pmatrix}$

16. $\begin{pmatrix} 5 & 0 & 0 \\ 0 & -3 & 0 \\ 0 & 0 & 2 \end{pmatrix}$

17. $\begin{pmatrix} 3 & 0 & 2 \\ 2 & 7 & 1 \\ 2 & 6 & 4 \end{pmatrix}$

18. $\begin{pmatrix} 1 & -1 & -1 \\ 2 & 2 & -2 \\ 1 & 1 & 9 \end{pmatrix}$

19. $\begin{pmatrix} 4 & 5 & 3 \\ 1 & 2 & 3 \\ 1 & 2 & 3 \end{pmatrix}$

20. $\begin{pmatrix} \frac{1}{4} & 6 & 0 \\ \frac{1}{3} & 8 & 0 \\ \frac{1}{2} & 9 & 0 \end{pmatrix}$

21. $\begin{pmatrix} -2 & -1 & 4 \\ -3 & 6 & 1 \\ -3 & 4 & 8 \end{pmatrix}$

22. $\begin{pmatrix} 3 & 5 & 1 \\ -1 & 2 & 5 \\ 7 & -4 & 10 \end{pmatrix}$

23. $\begin{pmatrix} 1 & 1 & 1 \\ x & y & z \\ 2 & 3 & 4 \end{pmatrix}$

24. $\begin{pmatrix} 1 & 1 & 1 \\ x & y & z \\ 2+x & 3+y & 4+z \end{pmatrix}$

25. $\begin{pmatrix} 1 & 1 & -3 & 0 \\ 1 & 5 & 3 & 2 \\ 1 & -2 & 1 & 0 \\ 4 & 8 & 0 & 0 \end{pmatrix}$

26. $\begin{pmatrix} 2 & 1 & -2 & 1 \\ 0 & 5 & 0 & 4 \\ 1 & 6 & 1 & 0 \\ 5 & -1 & 1 & 1 \end{pmatrix}$

27. $\begin{pmatrix} 3 & 2 & 0 & 1 & -1 \\ 0 & 1 & 4 & 2 & 3 \\ 0 & 0 & 2 & -1 & 1 \\ 0 & 0 & 0 & 4 & 3 \\ 0 & 0 & 0 & 0 & 2 \end{pmatrix}$

28. $\begin{pmatrix} 2 & 2 & 0 & 0 & -2 \\ 1 & 1 & 6 & 0 & 5 \\ 1 & 0 & 2 & -1 & -1 \\ 2 & 0 & 1 & -2 & 3 \\ 0 & 1 & 0 & 0 & 1 \end{pmatrix}$

문제 29~30. 주어진 방정식을 만족시키는 λ의 값을 구하라.

29. $\begin{vmatrix} -3-\lambda & 10 \\ 2 & 5-\lambda \end{vmatrix} = 0$

30. $\begin{vmatrix} 1-\lambda & 0 & -1 \\ 1 & 2-\lambda & 1 \\ 3 & 3 & -\lambda \end{vmatrix} = 0$

8.5 행렬식의 성질

소개 이 절에서는 행렬식의 많은 성질 중 몇 가지에 대해서 다룬다. 이들 성질은 여인수 전개를 대신하여 행렬식을 구하는 도구를 개발하는 데 사용한다.

성질

첫째 성질은 $n \times n$ 행렬과 그것의 전치행렬의 행렬식은 동일하다는 것이다.

정리 8.5.1 전치행렬의 행렬식

$\mathbf{A}^T$이 $n \times n$ 행렬 $\mathbf{A}$의 전치이면, $\det \mathbf{A}^T = \det \mathbf{A}$이다.

예를 들어 행렬 $\mathbf{A}^T = \begin{pmatrix} 5 & 3 \\ 7 & -4 \end{pmatrix}$에 대하여, $\mathbf{A} = \begin{pmatrix} 5 & 7 \\ 3 & -4 \end{pmatrix}$이다.

$$\det \mathbf{A} = \begin{vmatrix} 5 & 7 \\ 3 & -4 \end{vmatrix} = -41 \quad \text{그리고} \quad \det \mathbf{A}^T = \begin{vmatrix} 5 & 3 \\ 7 & -4 \end{vmatrix} = -41$$

임을 확인하라.

행렬의 전치는 주어진 행렬의 행과 열을 서로 바꾸는 것이다. 정리 8.5.1의 의미는 주어진 행렬에서 행렬식과 행에 관한 설명은 '행'을 '열'로 바꾸어도 그대로 성립한다는 것이다.

정리 8.5.2 2개의 같은 행

$n \times n$ 행렬 $\mathbf{A}$의 어떤 두 행(또는 열)이 같으면, $\det \mathbf{A} = 0$이다.

예제 1 2개의 같은 열을 가진 행렬

$\mathbf{A} = \begin{pmatrix} 6 & 2 & 2 \\ 4 & 2 & 2 \\ 9 & 2 & 2 \end{pmatrix}$는 두 번째 열과 세 번째 열이 같으므로 정리 8.5.2로부터 행렬식은 0이다. 즉,

$$\det \mathbf{A} = \begin{vmatrix} 6 & 2 & 2 \\ 4 & 2 & 2 \\ 9 & 2 & 2 \end{vmatrix} = 0$$

여인수로 행렬식을 전개하여 이 결과를 검증해 보라. ≡

정리 8.5.3 영 행 또는 영 열

$n \times n$ 행렬 $\mathbf{A}$의 한 행(열)에 있는 모든 원소가 0이면, $\det \mathbf{A} = 0$이다.

증명 $\mathbf{A}$의 i행이 모두 0이므로 i행에 따라 여인수로 전개할 때, $\det \mathbf{A}$의 전개식에 있는 모든 곱들은 0이다. 결국 $\det \mathbf{A} = 0$이다. ≡

정리 8.5.3으로부터 바로 다음을 얻는다.

$$\text{영 행} \rightarrow \begin{vmatrix} 0 & 0 \\ 7 & -6 \end{vmatrix} = 0 \text{ 그리고 } \begin{vmatrix} 4 & 6 & 0 \\ 1 & 5 & 0 \\ 8 & -1 & 0 \end{vmatrix} = 0 \quad (\text{영 열}\downarrow)$$

정리 8.5.4 행의 교환

$\mathbf{B}$가 $n \times n$ 행렬 $\mathbf{A}$의 임의의 두 행(또는 열)을 서로 교환하여 얻은 행렬이라 하면, $\det \mathbf{B} = -\det \mathbf{A}$이다.

예를 들어 행렬 **B**가 행렬 $\mathbf{A} = \begin{pmatrix} 4 & -1 & 9 \\ 6 & 0 & 7 \\ 2 & 1 & 3 \end{pmatrix}$의 첫째 행과 셋째 행을 교환하여 얻은 것이라면, 정리 8.5.4로부터 행렬식은 다음과 같다.

$$\det \mathbf{B} = \begin{vmatrix} 2 & 1 & 3 \\ 6 & 0 & 7 \\ 4 & -1 & 9 \end{vmatrix} = -\begin{vmatrix} 4 & -1 & 9 \\ 6 & 0 & 7 \\ 2 & 1 & 3 \end{vmatrix} = -\det \mathbf{A}$$

두 행렬식을 계산하여 이를 검증해 보라.

정리 8.5.5 행의 상수 배

B가 $n \times n$ 행렬 **A**의 한 행(또는 열)에 0이 아닌 실수 k를 곱하여 얻어진 행렬이라 하면, $\det \mathbf{B} = k \det \mathbf{A}$이다.

증명 **A**의 i행에 있는 원소에 수 k를 곱하였다고 하자. 그 결과 얻은 행렬을 **B**라 하자. det **B**를 i행에 따라 여인수로 전개하면 다음과 같다.

$$\begin{aligned} \det \mathbf{B} &= ka_{i1}C_{i1} + ka_{i2}C_{i2} + \cdots + ka_{in}C_{in} \\ &= k\underbrace{(a_{i1}C_{i1} + a_{i2}C_{i2} + \cdots + a_{in}C_{in})}_{i\text{번째 행을 따라 여인수로 } \det \mathbf{A}\text{를 전개}} = k \det \mathbf{A} \end{aligned}$$

≡

예제 2 정리 8.5.5와 정리 8.5.2

(a) 첫째 열에서 ↓, 둘째 열에서 ↓, 둘째 행에서 ↓

$$\begin{vmatrix} 5 & 8 \\ 20 & 16 \end{vmatrix} = 5\begin{vmatrix} 1 & 8 \\ 4 & 16 \end{vmatrix} = 5 \cdot 8\begin{vmatrix} 1 & 1 \\ 4 & 2 \end{vmatrix} = 5 \cdot 8 \cdot 2\begin{vmatrix} 1 & 1 \\ 2 & 1 \end{vmatrix} = 80(1 - 2) = -80$$

(b) 둘째 열에서 ↓, 정리 8.5.2에서 ↓

$$\begin{vmatrix} 4 & 2 & -1 \\ 5 & -2 & 1 \\ 7 & 4 & -2 \end{vmatrix} = (-2)\begin{vmatrix} 4 & -1 & -1 \\ 5 & 1 & 1 \\ 7 & -2 & -2 \end{vmatrix} = (-2) \cdot 0 = 0$$

≡

정리 8.5.6 행렬곱의 행렬식

A와 **B**가 모두 $n \times n$ 행렬이면, $\det \mathbf{AB} = \det \mathbf{A} \cdot \det \mathbf{B}$이다.

다시 말하면 두 $n \times n$ 행렬의 곱의 행렬식은 두 행렬식의 곱과 같다.

예제 3 행렬곱의 행렬식

$\mathbf{A} = \begin{pmatrix} 2 & 6 \\ 1 & -1 \end{pmatrix}$, $\mathbf{B} = \begin{pmatrix} 3 & -4 \\ -3 & 5 \end{pmatrix}$라면, $\mathbf{AB} = \begin{pmatrix} -12 & 22 \\ 6 & -9 \end{pmatrix}$이다. $\det \mathbf{AB} = -24$, $\det \mathbf{A} = -8$, $\det \mathbf{B} = 3$이므로 다음의 결과를 얻을 수 있다.

$$\det \mathbf{A} \cdot \det \mathbf{B} = (-8)(3) = -24 = \det \mathbf{AB}.$$

≡

정리 8.5.7 행렬식은 변하지 않는다

$\mathbf{B}$가 $n \times n$ 행렬 $\mathbf{A}$의 한 행(또는 열)에 0이 아닌 실수 k를 곱하고 이 결과를 다른 행(또는 열)에 더하여 얻은 행렬이라 하자. 그러면 $\det \mathbf{B} = \det \mathbf{A}$이다.

예제 4 행의 상수곱을 다른 행에 더함

$\mathbf{A} = \begin{pmatrix} 5 & 1 & 2 \\ 3 & 0 & 7 \\ 4 & -1 & 4 \end{pmatrix}$라 하고, 행렬 $\mathbf{B}$는 아래와 같은 기본 행연산에 의하여 $\mathbf{A}$에서 얻은 행렬이라고 하자.

$$\mathbf{A} = \begin{pmatrix} 5 & 1 & 2 \\ 3 & 0 & 7 \\ 4 & -1 & 4 \end{pmatrix} \overset{-3R_1 + R_3}{\Longrightarrow} \begin{pmatrix} 5 & 1 & 2 \\ 3 & 0 & 7 \\ -11 & -4 & -2 \end{pmatrix} = \mathbf{B}$$

2열에 따라 여인수로 전개하면, $\det \mathbf{A} = 45$와 $\det \mathbf{B} = 45$를 얻는다. 이 결과를 검증해 보라. ≡

정리 8.5.8 삼각행렬의 행렬식

$\mathbf{A}$를 $n \times n$ 삼각행렬(위 삼각 또는 아래 삼각)이라 하면, 행렬식은 아래와 같다.

$$\det \mathbf{A} = a_{11}a_{22} \cdots a_{nn}$$

여기서 $a_{11}, a_{12}, \ldots, a_{nn}$은 $\mathbf{A}$의 주대각선 상의 원소이다.

증명 3×3인 하삼각행렬 $\mathbf{A}$에 대하여 이 결과를 증명하자.

$$\mathbf{A} = \begin{pmatrix} a_{11} & 0 & 0 \\ a_{21} & a_{22} & 0 \\ a_{31} & a_{32} & a_{33} \end{pmatrix}$$

$\det \mathbf{A}$를 1행에 따라 여인수로 전개하면 다음과 같다.

$$\det \mathbf{A} = a_{11}\begin{vmatrix} a_{22} & 0 \\ a_{32} & a_{33} \end{vmatrix} = a_{11}(a_{22}a_{33} - 0 \cdot a_{32}) = a_{11}a_{22}a_{33}$$

≡

예제 5 삼각행렬의 행렬식

(a) 하삼각행렬 $\mathbf{A} = \begin{pmatrix} 3 & 0 & 0 & 0 \\ 2 & 6 & 0 & 0 \\ 5 & 9 & -4 & 0 \\ 7 & 2 & 4 & -2 \end{pmatrix}$의 행렬식은 아래와 같다.

$$\det \mathbf{A} = \begin{vmatrix} 3 & 0 & 0 & 0 \\ 2 & 6 & 0 & 0 \\ 5 & 9 & -4 & 0 \\ 7 & 2 & 4 & -2 \end{vmatrix} = 3 \cdot 6 \cdot (-4) \cdot (-2) = 144$$

(b) 대각행렬 $\mathbf{A} = \begin{pmatrix} -3 & 0 & 0 \\ 0 & 6 & 0 \\ 0 & 0 & 4 \end{pmatrix}$의 행렬식은 아래와 같다.

$$\det \mathbf{A} = \begin{vmatrix} -3 & 0 & 0 \\ 0 & 6 & 0 \\ 0 & 0 & 4 \end{vmatrix} = (-3) \cdot 6 \cdot 4 = -72$$

≡

■ 행축소 $n \times n$ 행렬의 행렬식의 값을 여인수 전개 방법으로 구하는 것은 행렬의 차수가 클 때 많은 노력이 필요하다. 0이 아닌 원소를 갖는 5×5 행렬의 행렬식을 전개하기 위하여, 4×4 부분행렬의 행렬식인 5개의 여인수의 값을 구할 필요가 있다. 뒤이어 이들 각각은 3×3 부분행렬의 행렬식인 4개의 여인수가 필요하고, 계속 이와 같이 된다. 행렬의 행렬식의 값을 구하는 더 실용적인(또한 프로그램 가능한) 방법이 있다. 이 방법은 행렬을 행 연산에 의하여 삼각행렬로 **축소**(reducing)할 수 있고 삼각행렬의 행렬식은 쉽게 구할 수 있다는 사실에 기초하고 있다(정리 8.5.8을 보라).

예제 6 삼각꼴로 축소한 행렬식

$\mathbf{A} = \begin{pmatrix} 6 & 2 & 7 \\ -4 & -3 & 2 \\ 2 & 4 & 8 \end{pmatrix}$의 행렬식의 값을 구하라.

풀이

$$\det \mathbf{A} = \begin{vmatrix} 6 & 2 & 7 \\ -4 & -3 & 2 \\ 2 & 4 & 8 \end{vmatrix}$$

$$= 2\begin{vmatrix} 6 & 2 & 7 \\ -4 & -3 & 2 \\ 1 & 2 & 4 \end{vmatrix} \qquad \leftarrow \text{2는 셋째 행의 공통인수: 정리 8.5.5}$$

$$= -2\begin{vmatrix} 1 & 2 & 4 \\ -4 & -3 & 2 \\ 6 & 2 & 7 \end{vmatrix} \qquad \leftarrow \text{첫 행과 셋째 행의 교환: 정리 8.5.4}$$

$$= -2\begin{vmatrix} 1 & 2 & 4 \\ 0 & 5 & 18 \\ 6 & 2 & 7 \end{vmatrix}$$ ← 첫 행에 4배하여 둘째 행에 더함: 정리 8.5.7

$$= -2\begin{vmatrix} 1 & 2 & 4 \\ 0 & 5 & 18 \\ 0 & -10 & -17 \end{vmatrix}$$ ← 첫 행을 −6배하여 셋째 행에 더함: 정리 8.5.7

$$= -2\begin{vmatrix} 1 & 2 & 4 \\ 0 & 5 & 18 \\ 0 & 0 & 19 \end{vmatrix}$$ ← 둘째 행을 2배하여 셋째 행에 더함: 정리 8.5.7

$$= (-2)(1)(5)(19) = -190$$ ← 정리 8.5.8 ≡

마지막 정리는 여인수에 관한 것이다. 8.4절에서 $n \times n$ 행렬 $\mathbf{A}$의 행렬식 det $\mathbf{A}$는 임의의 행(또는 열)에 따라 여인수 전개로 값을 구할 수 있음을 보았다. 이것은 한 행(열)의 n개의 원소 a_{ij}에 각각 대응하는 여인수 C_{ij}를 곱하고 이들 n개의 곱을 더하여 행렬식을 구한다는 것을 의미한다. 그러나 $\mathbf{A}$의 한 행의 원소 a_{ij}(한 열의 a_{ij})에 다른 행의 여인수 C_{kj}(다른 열의 C_{ik})를 곱하면, 이들 n개의 곱의 합은 0이다.

정리 8.5.9 여인수의 성질

$\mathbf{A}$가 $n \times n$ 행렬이라 하자. $a_{i1}, a_{i2}, \ldots, a_{in}$이 i행의 원소라 하고 $C_{k1}, C_{k2}, \ldots, C_{kn}$이 k행의 원소들의 여인수라 하면

$$a_{i1}C_{k1} + a_{i2}C_{k2} + \cdots + a_{in}C_{kn} = 0 \quad \text{단, } i \neq k$$

이다. $a_{1j}, a_{2j}, \ldots, a_{nj}$가 j열의 원소이고 $C_{1k}, C_{2k}, \ldots, C_{nk}$가 k열에 있는 원소들의 여인수라 하면

$$a_{1j}C_{1k} + a_{2j}C_{2k} + \cdots + a_{nj}C_{nk} = 0 \quad \text{단, } j \neq k$$

이다.

증명 행들에 대한 결과를 증명하자. $\mathbf{B}$를 $\mathbf{A}$의 i행의 원소를 k행의 원소와 같게 놓아 $\mathbf{A}$로부터 얻은 행렬이라 하자. 즉, $a_{i1} = a_{k1}, a_{i2} = a_{k2}, \ldots, a_{in} = a_{kn}$이다. $\mathbf{B}$는 같은 두 행을 가지므로 정리 8.5.2로부터 det $\mathbf{B} = 0$이다. 이때 k행에 따라 여인수 전개를 하면 원하는 결과가 나온다.

$$\begin{aligned} 0 = \det \mathbf{B} &= a_{k1}C_{k1} + a_{k2}C_{k2} + \cdots + a_{kn}C_{kn} \\ &= a_{i1}C_{k1} + a_{i2}C_{k2} + \cdots + a_{in}C_{kn} \end{aligned}$$ ≡

예제 7 **세 번째 열의 여인수/첫 번째 열의 원소**

행렬 $\mathbf{A} = \begin{pmatrix} 6 & 2 & 7 \\ -4 & -3 & 2 \\ 2 & 4 & 8 \end{pmatrix}$을 생각하자. 1행의 원소들과 3행의 여인수들을 곱하고 그 결

과를 더하면 다음과 같은 결과가 나타난다.

$$a_{11}C_{31} + a_{12}C_{32} + a_{13}C_{33} = 6\begin{vmatrix} 2 & 7 \\ -3 & 2 \end{vmatrix} + 2\left(-\begin{vmatrix} 6 & 7 \\ -4 & 2 \end{vmatrix}\right) + 7\begin{vmatrix} 6 & 2 \\ -4 & -3 \end{vmatrix}$$

$$= 6(25) + 2(-40) + 7(-10) = 0$$

≡

8.5 연습문제

부록에 선택된 홀수 문제의 답이 있다.

문제 1~10. 주어진 등식이 옳음을 증명하는 적당한 정리를 이 절에서 찾아라. 행렬식을 여인수로 전개하지 말아라.

1. $\begin{vmatrix} 1 & 2 \\ 3 & 4 \end{vmatrix} = -\begin{vmatrix} 3 & 4 \\ 1 & 2 \end{vmatrix}$ **2.** $\begin{vmatrix} 1 & 2 \\ 3 & 4 \end{vmatrix} = \begin{vmatrix} 1 & 2 \\ 4 & 6 \end{vmatrix}$

3. $\begin{vmatrix} -5 & 6 \\ 2 & -8 \end{vmatrix} = \begin{vmatrix} 1 & 6 \\ -6 & -8 \end{vmatrix}$ **4.** $\begin{vmatrix} 1 & 0 & 0 \\ 0 & 0 & 2 \\ 0 & 1 & 0 \end{vmatrix} = -2\begin{vmatrix} 1 & 0 & 0 \\ 0 & 1 & 0 \\ 0 & 0 & 1 \end{vmatrix}$

5. $\begin{vmatrix} 1 & 2 & 3 \\ 4 & 2 & 18 \\ 5 & 9 & -12 \end{vmatrix} = 6\begin{vmatrix} 1 & 2 & 1 \\ 2 & 1 & 3 \\ 5 & 9 & -4 \end{vmatrix}$

6. $\begin{vmatrix} 1 & 2 & 3 \\ 4 & 2 & 18 \\ 5 & 9 & -12 \end{vmatrix} = \begin{vmatrix} 4 & 2 & 18 \\ 5 & 9 & -12 \\ 1 & 2 & 3 \end{vmatrix}$

7. $\begin{vmatrix} 0 & 5 & 0 & 6 \\ 2 & 1 & 0 & 8 \\ 0 & 2 & 0 & -9 \\ 0 & 6 & 0 & 4 \end{vmatrix} = 0$ **8.** $\begin{vmatrix} 3 & 2 & 1 \\ 2 & 6 & 3 \\ 5 & -8 & -4 \end{vmatrix} = 0$

9. $\begin{vmatrix} 1 & 2 & 3 \\ 4 & 5 & 6 \\ 7 & 8 & 9 \end{vmatrix} = \begin{vmatrix} 1 & 4 & 7 \\ 2 & 5 & 8 \\ 3 & 6 & 9 \end{vmatrix}$

10. $\begin{vmatrix} 1 & 0 & 0 & 0 \\ 0 & 2 & 0 & 0 \\ 0 & 0 & 3 & 0 \\ 0 & 0 & 0 & 4 \end{vmatrix} = \begin{vmatrix} 0 & 0 & 0 & 1 \\ 0 & 0 & 2 & 0 \\ 0 & 3 & 0 & 0 \\ 4 & 0 & 0 & 0 \end{vmatrix}$

문제 11~16. 다음의 결과

$$\begin{vmatrix} a_1 & a_2 & a_3 \\ b_1 & b_2 & b_3 \\ c_1 & c_2 & c_3 \end{vmatrix} = 5$$

를 이용하여 주어진 행렬의 행렬식 값을 구하라.

11. $\mathbf{A} = \begin{pmatrix} a_3 & a_2 & a_1 \\ b_3 & b_2 & b_1 \\ c_3 & c_2 & c_1 \end{pmatrix}$ **12.** $\mathbf{B} = \begin{pmatrix} 2a_1 & a_2 & a_3 \\ 6b_1 & 3b_2 & 3b_3 \\ 2c_1 & c_2 & c_3 \end{pmatrix}$

13. $\mathbf{C} = \begin{pmatrix} -a_1 & -a_2 & -a_3 \\ b_1 & b_2 & b_3 \\ c_1 - a_1 & c_2 - a_2 & c_3 - a_3 \end{pmatrix}$

14. $\mathbf{D} = \begin{pmatrix} a_1 & b_1 & c_1 \\ a_2 & b_2 & c_2 \\ a_3 & b_3 & c_3 \end{pmatrix}$

15. $\begin{vmatrix} a_1 - 2b_1 + 3c_1 & a_2 - 2b_2 + 3c_2 & a_3 - 2b_3 + 3c_3 \\ b_1 & b_2 & b_3 \\ c_1 & c_2 & c_3 \end{vmatrix}$

16. $\begin{vmatrix} 4a_1 - 2a_3 & a_2 & a_3 \\ 4b_1 - 2b_3 & b_2 & b_3 \\ 2c_1 - c_3 & \frac{1}{2}c_2 & \frac{1}{2}c_3 \end{vmatrix}$

문제 17~20. 여인수로 전개하지 말고 주어진 행렬의 행렬식 값을 구하라.

17. $\mathbf{A} = \begin{pmatrix} 6 & 1 & 8 & 10 \\ 0 & \frac{2}{3} & 7 & 2 \\ 0 & 0 & -4 & 9 \\ 0 & 0 & 0 & -5 \end{pmatrix}$ **18.** $\mathbf{B} = \begin{pmatrix} 0 & 0 & a_{13} \\ 0 & a_{22} & a_{23} \\ a_{31} & a_{32} & a_{33} \end{pmatrix}$

19. $\mathbf{C} = \begin{pmatrix} -5 & 0 & 0 \\ 0 & 7 & 0 \\ 0 & 0 & 3 \end{pmatrix}$ **20.** $\mathbf{D} = \begin{pmatrix} 0 & 7 & 0 \\ 4 & 0 & 0 \\ 0 & 0 & -2 \end{pmatrix}$

문제 21과 22. 주어진 행렬 **A**에 대해 $\det \mathbf{A} = \det \mathbf{A}^T$을 검증하라.

21. $\mathbf{A} = \begin{pmatrix} 1 & 2 & 1 \\ 4 & 1 & -1 \\ 1 & 2 & -1 \end{pmatrix}$ **22.** $\mathbf{A} = \begin{pmatrix} 2 & 3 & 4 \\ 1 & 0 & 5 \\ 7 & 2 & -1 \end{pmatrix}$

23. 행렬

$$\mathbf{A} = \begin{pmatrix} 2 & -1 & 1 \\ 3 & 1 & -1 \\ 0 & 2 & 2 \end{pmatrix}, \quad \mathbf{B} = \begin{pmatrix} 2 & 1 & 5 \\ 4 & 3 & 8 \\ 0 & -1 & 0 \end{pmatrix}$$

에서 $\det \mathbf{AB} = \det \mathbf{A} \cdot \det \mathbf{B}$임을 검증하라.

24. $n \times n$행렬 **A**에 대해서, $\mathbf{A}^2 = \mathbf{I}$이면, $\det \mathbf{A} = \pm 1$임을 보

여라.

25. $n \times n$행렬 $\mathbf{A}$에 대해서, $\mathbf{A}^2 = \mathbf{A}$이면, $\det \mathbf{A} = 0$ 또는 $\det \mathbf{A} = 1$임을 보여라.

26. $n \times n$행렬 $\mathbf{A}$, $\mathbf{B}$에 대해서, $\det \mathbf{AB} = \det \mathbf{BA}$임을 증명하거나 틀렸음을 입증하라.

27. 행렬

$$\mathbf{A} = \begin{pmatrix} a & a+1 & a+2 \\ b & b+1 & b+2 \\ c & c+1 & c+2 \end{pmatrix}$$

의 행렬식 $\det \mathbf{A}$를 구하라.

28. 행렬

$$\mathbf{A} = \begin{pmatrix} 1 & 1 & 1 \\ x & y & z \\ y+z & x+z & x+y \end{pmatrix}$$

에 대해서 $\det \mathbf{A} = 0$임을 전개는 하지 않고 보여라.

문제 29~36. 예제 6에 예시된 절차를 이용하여 주어진 행렬의 행렬식 값을 구하라.

29. $\begin{pmatrix} 1 & 1 & 5 \\ 4 & 3 & 6 \\ 0 & -1 & 1 \end{pmatrix}$

30. $\begin{pmatrix} 2 & 4 & 5 \\ 4 & 2 & 0 \\ 8 & 7 & -2 \end{pmatrix}$

31. $\begin{pmatrix} -1 & 2 & 3 \\ 4 & -5 & -2 \\ 9 & -9 & 6 \end{pmatrix}$

32. $\begin{pmatrix} -2 & 2 & -6 \\ 5 & 0 & 1 \\ 1 & -2 & 2 \end{pmatrix}$

33. $\begin{pmatrix} 1 & -2 & 2 & 1 \\ 2 & 1 & -2 & 3 \\ 3 & 4 & -8 & 1 \\ 3 & -11 & 12 & 2 \end{pmatrix}$

34. $\begin{pmatrix} 0 & 1 & 4 & 5 \\ 2 & 5 & 0 & 1 \\ 1 & 2 & 2 & 0 \\ 3 & 1 & 3 & 2 \end{pmatrix}$

35. $\begin{pmatrix} 1 & 2 & 3 & 4 \\ 1 & 3 & 5 & 7 \\ 2 & 3 & 6 & 7 \\ 1 & 5 & 8 & 20 \end{pmatrix}$

36. $\begin{pmatrix} 2 & 9 & 1 & 8 \\ 1 & 3 & 7 & 4 \\ 0 & 1 & 6 & 5 \\ 3 & 1 & 4 & 2 \end{pmatrix}$

37. 예제 6의 절차에 따라 다음이 성립함을 보여라.

$$\begin{vmatrix} 1 & 1 & 1 \\ a & b & c \\ a^2 & b^2 & c^2 \end{vmatrix} = (b-a)(c-a)(c-b)$$

38. $\begin{vmatrix} 1 & 1 & 1 & 1 \\ a & b & c & d \\ a^2 & b^2 & c^2 & d^2 \\ a^3 & b^3 & c^3 & d^3 \end{vmatrix}$의 값을 구하라. [힌트: 문제 37을 보라.]

문제 39와 40. 주어진 행렬에 대하여 $a_{21}C_{11} + a_{22}C_{12} + a_{23}C_{13}$과 $a_{13}C_{12} + a_{23}C_{22} + a_{33}C_{32}$ 값을 구하여 정리 8.5.9를 검증하라.

39. $\mathbf{A} = \begin{pmatrix} 1 & 1 & 2 \\ -1 & 2 & 1 \\ 4 & -2 & 1 \end{pmatrix}$

40. $\mathbf{A} = \begin{pmatrix} 3 & 0 & 5 \\ -2 & 3 & -1 \\ 2 & 2 & -3 \end{pmatrix}$

41. $\mathbf{A} = \begin{pmatrix} 3 & -4 \\ 1 & 2 \end{pmatrix}$, $\mathbf{B} = \begin{pmatrix} 7 & 4 \\ -1 & -5 \end{pmatrix}$라 하자.

$\det(\mathbf{A} + \mathbf{B}) \neq \det \mathbf{A} + \det \mathbf{B}$임을 보여라.

42. $\mathbf{A}$가 $\det \mathbf{A} = -7$인 5×5 행렬이라 하자. $\det(2\mathbf{A})$의 값은 얼마인가?

43. $\mathbf{A}^T = -\mathbf{A}$인 $n \times n$ 행렬 $\mathbf{A}$를 **반대칭**(skew-symmetric)이라 한다. $\mathbf{A}$가 5×5 반대칭행렬이라 하면, $\det \mathbf{A} = 0$임을 보여라.

44. $n \times n$ 행렬의 행렬식 값을 구하기 위해 여인수에 의한 전개를 이용하면 약 $n!$번 곱셈을 하고, 예제 6에서 제시한 행 축소법을 사용하면 약 $n^3/3$번 연산을 행한다. 25×25 행렬에 사용하는 두 방법에 대한 연산의 수를 비교하라.

8.6 역행렬

소개 $n \times n$ 혹은 정방행렬의 행렬식 개념은 이 절과 다음 절에서 중요한 역할을 할 것이다.

8.6.1 역행렬 구하기

실수계에서 a가 0이 아닌 실수이면, $ab = ba = 1$인 실수 b가 존재한다. 이때 수 b를 수 a의 곱셈에 대한 역원(multiplicative inverse)이라 하고, a^{-1}으로 표기한다. 정방행렬 $\mathbf{A}$에 대해서도 $\mathbf{AB} = \mathbf{BA} = \mathbf{I}$인 같은 차수의 다른 정방행렬 $\mathbf{B}$를 구할 수 있는지 여부를 아는 것은 중요하다. 다음 정의를 생각해 보자.

정의 8.6.1 역행렬

$\mathbf{A}$를 $n \times n$ 행렬이라 하자.

$$\mathbf{AB} = \mathbf{BA} = \mathbf{I} \tag{1}$$

인 $n \times n$ 행렬 $\mathbf{B}$가 존재하면, 행렬 $\mathbf{A}$를 **정칙행렬**(nonsingular matrix) 또는 **가역행렬**(invertible matrix)이라 한다. 행렬 $\mathbf{B}$를 $\mathbf{A}$의 **역행렬**(inverse of a matrix)이라 한다.

예를 들어, 행렬 $\mathbf{A} = \begin{pmatrix} 2 & 1 \\ 1 & 1 \end{pmatrix}$는 역행렬 $\mathbf{B} = \begin{pmatrix} 1 & -1 \\ -1 & 2 \end{pmatrix}$를 가지므로 정칙행렬 혹은 가역행렬이다. 이를 검증하기 위하여

$$\mathbf{AB} = \begin{pmatrix} 2 & 1 \\ 1 & 1 \end{pmatrix}\begin{pmatrix} 1 & -1 \\ -1 & 2 \end{pmatrix} = \begin{pmatrix} 1 & 0 \\ 0 & 1 \end{pmatrix} = \mathbf{I}$$

이고

$$\mathbf{BA} = \begin{pmatrix} 1 & -1 \\ -1 & 2 \end{pmatrix}\begin{pmatrix} 2 & 1 \\ 1 & 1 \end{pmatrix} = \begin{pmatrix} 1 & 0 \\ 0 & 1 \end{pmatrix} = \mathbf{I}$$

실수계에서 0이 아닌 모든 수 a는 곱셈에 대한 역원을 갖는 것과 달리 행렬계에서는 $\mathbf{0}$ 행렬이 아닌 경우에도 $n \times n$ 행렬이 항상 역행렬을 갖는 것은 아니다.

예제 1 역행렬을 갖지 않는 행렬

행렬 $\mathbf{A} = \begin{pmatrix} 1 & 1 \\ 0 & 0 \end{pmatrix}$은 역원을 갖지 않는다. $\mathbf{B} = \begin{pmatrix} b_{11} & b_{12} \\ b_{21} & b_{22} \end{pmatrix}$라 두면

$$\mathbf{AB} = \begin{pmatrix} 1 & 1 \\ 0 & 0 \end{pmatrix}\begin{pmatrix} b_{11} & b_{12} \\ b_{21} & b_{22} \end{pmatrix} = \begin{pmatrix} b_{11} + b_{21} & b_{12} + b_{22} \\ 0 & 0 \end{pmatrix}$$

이 된다. 맨 뒤의 행렬에서 $b_{11}, b_{12}, b_{21}, b_{22}$가 어떤 값을 갖더라도 두 번째 행, 두 번째 열의 값은 1이 될 수 없으므로 2×2 단위행렬을 얻을 수 없다. 즉, $\mathbf{AB}$가 단위행렬이 되도록 하는 행렬 B가 존재하지 않으므로 행렬 $\mathbf{A} = \begin{pmatrix} 1 & 1 \\ 0 & 0 \end{pmatrix}$는 역행렬을 갖지 않는다. ≡

역행렬을 갖지 않는 $n \times n$ 행렬을 **특이행렬**(singular matrix)이라 한다. $\mathbf{A}$가 **정칙행렬**이면, 역행렬은 $\mathbf{B} = \mathbf{A}^{-1}$으로 표기한다.

중요하다. ▶ $\mathbf{A}^{-1}$에서 -1은 지수가 아니다. 다시 말하면 $\mathbf{A}^{-1}$은 역수가 아니다. 또한 $\mathbf{A}$가 정칙이면, 역행렬은 유일하다.

■ **성질** 다음 정리는 역행렬의 몇 가지 성질을 열거한 것이다.

정리 8.6.1 역행렬의 성질

A, B를 정칙행렬이라 하자.

(*i*) $(\mathbf{A}^{-1})^{-1} = \mathbf{A}$

(*ii*) $(\mathbf{AB})^{-1} = \mathbf{B}^{-1}\mathbf{A}^{-1}$

(*iii*) $(\mathbf{A}^{T})^{-1} = (\mathbf{A}^{-1})^{T}$

증명 (*i*)은 A가 정칙행렬이면 $\mathbf{A}^{-1}$도 정칙이고 $\mathbf{A}^{-1}$의 역행렬은 $\mathbf{A}$가 됨을 의미한다. $\mathbf{A}^{-1}$이 정칙임을 증명하기 위해 $\mathbf{A}^{-1}\mathbf{B} = \mathbf{B}\mathbf{A}^{-1} = \mathbf{I}$인 행렬 $\mathbf{B}$를 구할 수 있음을 보여야 한다. 그러나 $\mathbf{A}$는 정칙이라 가정하였으므로, 식 (1)로부터 $\mathbf{A}\mathbf{A}^{-1} = \mathbf{A}^{-1}\mathbf{A} = \mathbf{I}$이고 다시 쓰면 $\mathbf{A}^{-1}\mathbf{A} = \mathbf{A}\mathbf{A}^{-1} = \mathbf{I}$이다. 마지막 행렬 방정식은 원하는 행렬인 $\mathbf{A}^{-1}$의 역행렬이 $\mathbf{B} = \mathbf{A}$임을 나타낸다. 따라서 $(\mathbf{A}^{-1})^{-1} = \mathbf{A}$이다. ≡

정리 8.6.1(*ii*)는 유한 개의 정칙행렬의 경우에

$$(\mathbf{A}_1\mathbf{A}_2\cdots\mathbf{A}_k)^{-1} = \mathbf{A}_k^{-1}\mathbf{A}_{k-1}^{-1}\cdots\mathbf{A}_1^{-1}$$

에까지 확장된다. 즉, 정칙행렬의 곱의 역행렬은 역행렬들을 반대 순서로 곱한 것과 같다.

다음은 정칙행렬 $\mathbf{A}$에 대하여 $\mathbf{A}^{-1}$을 구하는 두 가지 다른 방법에 대해서 논의한다. 첫째 방법은 행렬식을 활용하는 것이고, 둘째 방법은 8.2절에서 소개한 기본 행 연산을 사용하는 것이다.

딸림행렬법 8.4절 식 (6)에서 $n \times n$ 행렬 $\mathbf{A}$의 원소 a_{ij}의 여인수 C_{ij}는 $C_{ij} = (-1)^{i+j}M_{ij}$이었음을 상기하라. 여기서 M_{ij}는 a_{ij}의 소행렬식, 즉 $\mathbf{A}$의 i행과 j열을 제거하여 얻은 $(n-1) \times (n-1)$ 부분행렬의 행렬식이다.

정의 8.6.2 딸림행렬

$\mathbf{A}$를 $n \times n$인 행렬이라 하자. $\mathbf{A}$의 원소들에 대응하는 여인수들로 된 행렬의 전치행렬

$$\begin{pmatrix} C_{11} & C_{12} & \cdots & C_{1n} \\ C_{21} & C_{22} & \cdots & C_{2n} \\ \vdots & & & \vdots \\ C_{n1} & C_{n2} & \cdots & C_{nn} \end{pmatrix}^T = \begin{pmatrix} C_{11} & C_{21} & \cdots & C_{n1} \\ C_{12} & C_{22} & \cdots & C_{n2} \\ \vdots & & & \vdots \\ C_{1n} & C_{2n} & \cdots & C_{nn} \end{pmatrix}$$

을 $\mathbf{A}$의 **딸림행렬**(adjoint matrix)이라 하고 이것을 adj $\mathbf{A}$로 표시한다.

다음 정리는 정칙행렬의 역행렬을 그 행렬의 딸림행렬로 나타내는 공식이다. 그러나 이 방법은 행렬식을 포함하고 있기 때문에 $n \geq 4$일 때는 계산량이 너무 많다는 문제가 있다.

정리 8.6.2 역행렬 구하기

$\mathbf{A}$가 $n \times n$ 행렬이라 하자. $\det \mathbf{A} \neq 0$이면, 역행렬은 다음과 같다.

$$\mathbf{A}^{-1} = \left(\frac{1}{\det \mathbf{A}}\right) \operatorname{adj} \mathbf{A}. \tag{2}$$

증명 간단하게 하기 위해 $n = 3$인 경우를 증명하자. $\det \mathbf{A} = a_{i1}C_{i1} + a_{i2}C_{i2} + a_{i3}C_{i3}$, $i = 1, 2, 3$은 1, 2, 3행에 따라 $\det \mathbf{A}$를 여인수로 전개한 식이고, 정리 8.5.9에 의하여

$$\begin{aligned} a_{11}C_{21} + a_{12}C_{22} + a_{13}C_{23} &= 0 & \qquad a_{11}C_{31} + a_{12}C_{32} + a_{13}C_{33} &= 0 \\ a_{21}C_{11} + a_{22}C_{12} + a_{23}C_{13} &= 0 & \qquad a_{21}C_{31} + a_{22}C_{32} + a_{23}C_{33} &= 0 \\ a_{31}C_{11} + a_{32}C_{12} + a_{33}C_{13} &= 0 & \qquad a_{31}C_{21} + a_{32}C_{22} + a_{33}C_{23} &= 0 \end{aligned}$$

이므로

$$\begin{aligned} \mathbf{A}(\text{adj }\mathbf{A}) &= \begin{pmatrix} a_{11} & a_{12} & a_{13} \\ a_{21} & a_{22} & a_{23} \\ a_{31} & a_{32} & a_{33} \end{pmatrix}\begin{pmatrix} C_{11} & C_{21} & C_{31} \\ C_{12} & C_{22} & C_{32} \\ C_{13} & C_{23} & C_{33} \end{pmatrix} \\ &= \begin{pmatrix} \det \mathbf{A} & 0 & 0 \\ 0 & \det \mathbf{A} & 0 \\ 0 & 0 & \det \mathbf{A} \end{pmatrix} \end{aligned} \tag{3}$$

이다. 따라서 식 (3)은

$$\mathbf{A}(\text{adj }\mathbf{A}) = (\det \mathbf{A})\begin{pmatrix} 1 & 0 & 0 \\ 0 & 1 & 0 \\ 0 & 0 & 1 \end{pmatrix} = (\det \mathbf{A})\mathbf{I}$$

또는 $\mathbf{A}((1/\det \mathbf{A})\text{ adj }\mathbf{A}) = \mathbf{I}$이다. 같은 방식으로 $((1/\det \mathbf{A})\text{ adj }\mathbf{A})\mathbf{A} = \mathbf{I}$임을 보일 수 있다. 따라서 역행렬의 정의에 의하여 $\mathbf{A}^{-1} = (1/\det \mathbf{A})\text{ adj }\mathbf{A}$이다. ≡

2×2 정칙행렬

$$\mathbf{A} = \begin{pmatrix} a_{11} & a_{12} \\ a_{21} & a_{22} \end{pmatrix}$$

의 경우에 여인수는 $C_{11} = a_{22}$, $C_{12} = -a_{21}$, $C_{21} = -a_{12}$, $C_{22} = a_{11}$이다. 이 경우

$$\text{adj }\mathbf{A} = \begin{pmatrix} C_{11} & C_{12} \\ C_{21} & C_{22} \end{pmatrix}^T = \begin{pmatrix} a_{22} & -a_{21} \\ -a_{12} & a_{11} \end{pmatrix}^T = \begin{pmatrix} a_{22} & -a_{12} \\ -a_{21} & a_{11} \end{pmatrix}$$

이다. 따라서 식 (2)로부터

$$\mathbf{A}^{-1} = \frac{1}{\det \mathbf{A}}\begin{pmatrix} a_{22} & -a_{12} \\ -a_{21} & a_{11} \end{pmatrix} \tag{4}$$

이다. 3×3 정칙행렬

$$\mathbf{A} = \begin{pmatrix} a_{11} & a_{12} & a_{13} \\ a_{21} & a_{22} & a_{23} \\ a_{31} & a_{32} & a_{33} \end{pmatrix}$$

$$C_{11} = \begin{vmatrix} a_{22} & a_{23} \\ a_{32} & a_{33} \end{vmatrix} \qquad C_{12} = -\begin{vmatrix} a_{21} & a_{23} \\ a_{31} & a_{33} \end{vmatrix} \qquad C_{13} = \begin{vmatrix} a_{21} & a_{22} \\ a_{31} & a_{32} \end{vmatrix}$$

등으로 구할 수 있다. $\mathbf{A}$의 딸림행렬로부터 $\mathbf{A}$의 역행렬은 다음과 같다.

$$\mathbf{A}^{-1} = \frac{1}{\det \mathbf{A}}\begin{pmatrix} C_{11} & C_{21} & C_{31} \\ C_{12} & C_{22} & C_{32} \\ C_{13} & C_{23} & C_{33} \end{pmatrix} \tag{5}$$

예제 2 **역행렬**

$\mathbf{A} = \begin{pmatrix} 1 & 4 \\ 2 & 10 \end{pmatrix}$의 역행렬을 구하라.

풀이 $\det \mathbf{A} = 10 - 8 = 2$이므로, 식 (4)로부터 다음을 얻는다.

$$\mathbf{A}^{-1} = \frac{1}{2}\begin{pmatrix} 10 & -4 \\ -2 & 1 \end{pmatrix} = \begin{pmatrix} 5 & -2 \\ -1 & \frac{1}{2} \end{pmatrix}$$

검산

$$\mathbf{A}\mathbf{A}^{-1} = \begin{pmatrix} 1 & 4 \\ 2 & 10 \end{pmatrix}\begin{pmatrix} 5 & -2 \\ -1 & \frac{1}{2} \end{pmatrix} = \begin{pmatrix} 5-4 & -2+2 \\ 10-10 & -4+5 \end{pmatrix} = \begin{pmatrix} 1 & 0 \\ 0 & 1 \end{pmatrix}$$

$$\mathbf{A}^{-1}\mathbf{A} = \begin{pmatrix} 5 & -2 \\ -1 & \frac{1}{2} \end{pmatrix}\begin{pmatrix} 1 & 4 \\ 2 & 10 \end{pmatrix} = \begin{pmatrix} 5-4 & 20-20 \\ -1+1 & -4+5 \end{pmatrix} = \begin{pmatrix} 1 & 0 \\ 0 & 1 \end{pmatrix}$$

≡

예제 3 **역행렬**

$\mathbf{A} = \begin{pmatrix} 2 & 2 & 0 \\ -2 & 1 & 1 \\ 3 & 0 & 1 \end{pmatrix}$의 역행렬을 구하라.

풀이 $\det \mathbf{A} = 12$이므로 식 (5)로부터 $\mathbf{A}^{-1}$을 구할 수 있다. $\mathbf{A}$의 원소에 대응하는 여인수들은

$$C_{11} = \begin{vmatrix} 1 & 1 \\ 0 & 1 \end{vmatrix} = 1 \quad C_{12} = -\begin{vmatrix} -2 & 1 \\ 3 & 1 \end{vmatrix} = 5 \quad C_{13} = \begin{vmatrix} -2 & 1 \\ 3 & 0 \end{vmatrix} = -3$$

$$C_{21} = -\begin{vmatrix} 2 & 0 \\ 0 & 1 \end{vmatrix} = -2 \quad C_{22} = \begin{vmatrix} 2 & 0 \\ 3 & 1 \end{vmatrix} = 2 \quad C_{23} = -\begin{vmatrix} 2 & 2 \\ 3 & 0 \end{vmatrix} = 6$$

$$C_{31} = \begin{vmatrix} 2 & 0 \\ 1 & 1 \end{vmatrix} = 2 \quad C_{32} = -\begin{vmatrix} 2 & 0 \\ -2 & 1 \end{vmatrix} = -2 \quad C_{33} = \begin{vmatrix} 2 & 2 \\ -2 & 1 \end{vmatrix} = 6$$

이다. 따라서 식 (5)로부터 $\mathbf{A}^{-1}$은 다음과 같이 얻는다.

$$\mathbf{A}^{-1} = \frac{1}{12}\begin{pmatrix} 1 & -2 & 2 \\ 5 & 2 & -2 \\ -3 & 6 & 6 \end{pmatrix} = \begin{pmatrix} \frac{1}{12} & -\frac{1}{6} & \frac{1}{6} \\ \frac{5}{12} & \frac{1}{6} & -\frac{1}{6} \\ -\frac{1}{4} & \frac{1}{2} & \frac{1}{2} \end{pmatrix}$$

$\mathbf{A}\mathbf{A}^{-1} = \mathbf{A}^{-1}\mathbf{A} = \mathbf{I}$를 검증해 보기 바란다. ≡

이제 $n \times n$ 행렬 $\mathbf{A}$가 역행렬을 가질 필요충분조건에 대해서 알아보자.

정리 8.6.3 정칙행렬과 det A

$n \times n$ 행렬 $\mathbf{A}$가 정칙일 필요충분조건은 $\det \mathbf{A} \neq 0$이다.

증명 먼저 충분조건을 증명하자. $\det \mathbf{A} \neq 0$이라 가정하면, $\mathbf{A}^{-1}$은 정리 8.6.2로부터 구할 수 있으므로 $\mathbf{A}$는 정칙이다. 필요조건을 증명하기 위해 $\mathbf{A}$가 정칙이라 가정하고 $\det \mathbf{A} \neq 0$을 증명하여야 한다. 정리 8.5.6으로부터 $\mathbf{A}\mathbf{A}^{-1} = \mathbf{A}^{-1}\mathbf{A} = \mathbf{I}$는

$$(\det \mathbf{A})(\det \mathbf{A}^{-1}) = (\det \mathbf{A}^{-1})(\det \mathbf{A}) = \det \mathbf{I}$$

를 의미한다. 그러나 $\det \mathbf{I} = 1$이므로, 곱 $(\det \mathbf{A})(\det \mathbf{A}^{-1}) = 1 \neq 0$은 $\det \mathbf{A} \neq 0$임을 의미한다. ≡

강조를 위해 정리 8.6.3을 다음과 같이 다른 방식으로 표현할 수 있다.

$n \times n$행렬 $\mathbf{A}$가 비정칙이면 $\det(\mathbf{A}) = 0$이고, $\det(\mathbf{A}) = 0$이면 $\mathbf{A}$는 비정칙이다. (6)

예제 4 식 (6)의 이용

2×2 행렬 $\mathbf{A} = \begin{pmatrix} 2 & 2 \\ 3 & 3 \end{pmatrix}$은 역행렬을 갖지 않는다. 즉, $\mathbf{A}$는 특이행렬이다. 왜냐하면 $\det \mathbf{A} = 6 - 6 = 0$이기 때문이다. ≡

행렬식의 차수가 큰 경우에는 계산해야 할 행렬식들의 수가 많으므로 앞의 방법으로 역행렬을 계산하는 것은 매우 지루한 일이다. 3×3 또는 그보다 큰 행렬의 경우에는 다음 방법으로 $\mathbf{A}^{-1}$을 구하는 것이 더 효과적이다.

행 연산법 증명은 이 책의 범위를 넘어서지만 다음 결과를 이용할 것이다.

정리 8.6.4 역행렬 구하기

$n \times n$ 행렬 $\mathbf{A}$가 일련의 기본 행 연산에 의하여 $n \times n$ 단위행렬 $\mathbf{I}$로 변환될 수 있으면, $\mathbf{A}$는 정칙행렬이다. $\mathbf{A}$를 단위행렬 $\mathbf{I}$로 변환시키는 것과 동일한 일련의 기본 행 연산은 $\mathbf{I}$를 $\mathbf{A}^{-1}$로 변환시킨다.

$\mathbf{A}$에 단위행렬 $\mathbf{I}$를 첨가하여 얻어지는 $n \times 2n$ 행렬을 이용하여 $\mathbf{A}$와 $\mathbf{I}$에 동시에 행 연산을 수행하면 편하다.

$$(\mathbf{A}|\mathbf{I}) = \left(\begin{array}{cccc|cccc} a_{11} & a_{12} & \cdots & a_{1n} & 1 & 0 & \cdots & 0 \\ a_{21} & a_{22} & \cdots & a_{2n} & 0 & 1 & \cdots & 0 \\ \vdots & & & \vdots & \vdots & & & \vdots \\ a_{n1} & a_{n2} & \cdots & a_{nn} & 0 & 0 & \cdots & 1 \end{array}\right)$$

로 놓고 $\mathbf{A}^{-1}$을 구하는 과정은 다음 도표와 같다.

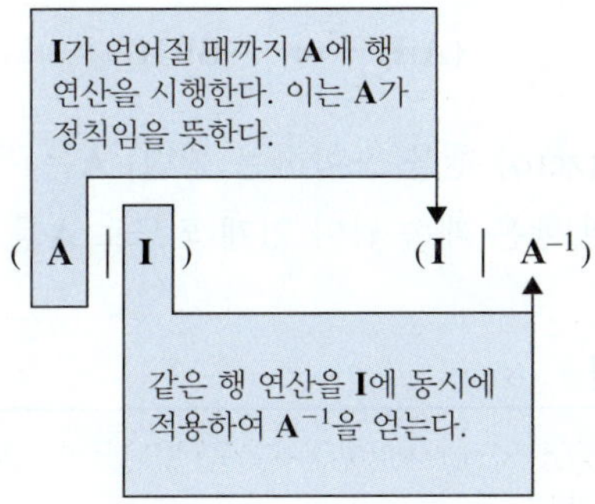

예제 5 기본 행 연산에 의한 역행렬

$\mathbf{A} = \begin{pmatrix} 2 & 0 & 1 \\ -2 & 3 & 4 \\ -5 & 5 & 6 \end{pmatrix}$의 역행렬을 구하라.

풀이 8.2절에서 사용한 것과 같은 표기를 사용하여 첨가행렬을 기약 행사다리꼴로 변환한다.

$$\left(\begin{array}{rrr|rrr} 2 & 0 & 1 & 1 & 0 & 0 \\ -2 & 3 & 4 & 0 & 1 & 0 \\ -5 & 5 & 6 & 0 & 0 & 1 \end{array}\right) \overset{\frac{1}{2}R_1}{\Longrightarrow} \left(\begin{array}{rrr|rrr} 1 & 0 & \frac{1}{2} & \frac{1}{2} & 0 & 0 \\ -2 & 3 & 4 & 0 & 1 & 0 \\ -5 & 5 & 6 & 0 & 0 & 1 \end{array}\right)$$

$$\overset{\substack{2R_1+R_2 \\ 5R_1+R_3}}{\Longrightarrow} \left(\begin{array}{rrr|rrr} 1 & 0 & \frac{1}{2} & \frac{1}{2} & 0 & 0 \\ 0 & 3 & 5 & 1 & 1 & 0 \\ 0 & 5 & \frac{17}{2} & \frac{5}{2} & 0 & 1 \end{array}\right)$$

$$\overset{\substack{\frac{1}{3}R_2 \\ \frac{1}{5}R_3}}{\Longrightarrow} \left(\begin{array}{rrr|rrr} 1 & 0 & \frac{1}{2} & \frac{1}{2} & 0 & 0 \\ 0 & 1 & \frac{5}{3} & \frac{1}{3} & \frac{1}{3} & 0 \\ 0 & 1 & \frac{17}{10} & \frac{1}{2} & 0 & \frac{1}{5} \end{array}\right)$$

$$\overset{-R_2+R_3}{\Longrightarrow} \left(\begin{array}{rrr|rrr} 1 & 0 & \frac{1}{2} & \frac{1}{2} & 0 & 0 \\ 0 & 1 & \frac{5}{3} & \frac{1}{3} & \frac{1}{3} & 0 \\ 0 & 0 & \frac{1}{30} & \frac{1}{6} & -\frac{1}{3} & \frac{1}{5} \end{array}\right)$$

$$\overset{30R_3}{\Longrightarrow} \left(\begin{array}{rrr|rrr} 1 & 0 & \frac{1}{2} & \frac{1}{2} & 0 & 0 \\ 0 & 1 & \frac{5}{3} & \frac{1}{3} & \frac{1}{3} & 0 \\ 0 & 0 & 1 & 5 & -10 & 6 \end{array}\right)$$

$$\overset{\substack{-\frac{1}{2}R_3+R_1 \\ -\frac{5}{3}R_3+R_2}}{\Longrightarrow} \left(\begin{array}{rrr|rrr} 1 & 0 & 0 & -2 & 5 & -3 \\ 0 & 1 & 0 & -8 & 17 & -10 \\ 0 & 0 & 1 & 5 & -10 & 6 \end{array}\right)$$

$\mathbf{I}$가 수직 선분의 왼쪽에 있으므로, 오른쪽에 있는 행렬은 $\mathbf{A}$의 역행렬이다. 즉,

$$\mathbf{A}^{-1} = \begin{pmatrix} -2 & 5 & -3 \\ -8 & 17 & -10 \\ 5 & -10 & 6 \end{pmatrix}$$

≡

$(\mathbf{A}|\mathbf{I})$의 행축소가 영(zero) 행을 포함하는 행렬 $\mathbf{B}$가 되는 경우, 즉

$$(\mathbf{A}|\mathbf{I}) \overset{\text{행 연산}}{\Rightarrow} (\mathbf{B}|\mathbf{C})$$

인 경우[여기서 행렬 $\mathbf{B}$는 영(zero) 행을 포함하는 행렬] $\mathbf{A}$는 특이행렬이 된다. 따라서 $\mathbf{B}$에 대한 축소를 더 진행하여도 영 행은 계속 남아 있게 되므로 $\mathbf{A}$를 $\mathbf{I}$로 변환할 수 없다.

예제 6 **특이행렬**

행렬 $\mathbf{A} = \begin{pmatrix} 1 & -1 & -2 \\ 2 & 4 & 5 \\ 6 & 0 & -3 \end{pmatrix}$는 역행렬을 갖지 않는다. $(\mathbf{A}|\mathbf{I})$에 대해 행 연산을 수행하면

$$\left(\begin{array}{ccc|ccc} 1 & -1 & -2 & 1 & 0 & 0 \\ 2 & 4 & 5 & 0 & 1 & 0 \\ 6 & 0 & -3 & 0 & 0 & 1 \end{array}\right) \overset{-2R_1+R_2}{\Rightarrow} \left(\begin{array}{ccc|ccc} 1 & -1 & -2 & 1 & 0 & 0 \\ 0 & 6 & 9 & -2 & 1 & 0 \\ 6 & 0 & -3 & 0 & 0 & 1 \end{array}\right)$$

$$\overset{-6R_1+R_3}{\Rightarrow} \left(\begin{array}{ccc|ccc} 1 & -1 & -2 & 1 & 0 & 0 \\ 0 & 6 & 9 & -2 & 1 & 0 \\ 0 & 6 & 9 & -6 & 0 & 1 \end{array}\right)$$

$$\overset{-R_2+R_3}{\Rightarrow} \left(\begin{array}{ccc|ccc} 1 & -1 & -2 & 1 & 0 & 0 \\ 0 & 6 & 9 & -2 & 1 & 0 \\ 0 & 0 & 0 & -4 & -1 & 1 \end{array}\right)$$

로서 수직 선분의 왼쪽에 있는 행렬은 영 행을 가지므로 행 연산을 종료하고 $\mathbf{A}$가 특이행렬임을 판정한다. ≡

8.6.2 역행렬을 이용한 연립방정식 해법

n개의 미지수 $x_1, x_2, \ldots, x_n$에 관한 m개의 선형 연립방정식

$$\begin{aligned} a_{11}x_1 + a_{12}x_2 + \cdots + a_{1n}x_n &= b_1 \\ a_{21}x_1 + a_{22}x_2 + \cdots + a_{2n}x_n &= b_2 \\ \vdots \qquad\qquad\qquad & \quad \vdots \\ a_{m1}x_1 + a_{m2}x_2 + \cdots + a_{mn}x_n &= b_m \end{aligned} \tag{7}$$

은 행렬 방정식 $\mathbf{AX} = \mathbf{B}$로 쓸 수 있음을 보았다. 여기서

$$\mathbf{A} = \begin{pmatrix} a_{11} & a_{12} & \cdots & a_{1n} \\ a_{21} & a_{22} & \cdots & a_{2n} \\ \vdots & & & \vdots \\ a_{m1} & a_{m2} & \cdots & a_{mn} \end{pmatrix}, \quad \mathbf{X} = \begin{pmatrix} x_1 \\ x_2 \\ \vdots \\ x_n \end{pmatrix}, \quad \mathbf{B} = \begin{pmatrix} b_1 \\ b_2 \\ \vdots \\ b_m \end{pmatrix}$$

이다.

특별한 경우 계수행렬 $\mathbf{A}$가 $n \times n$이 되도록 식 (7)에서 $m = n$이라고 하자. 특히 $\mathbf{A}$가 정칙행렬이면, 연립방정식 $\mathbf{AX} = \mathbf{B}$는 방정식의 양변에 $\mathbf{A}^{-1}$을 곱하여 풀 수 있다. $\mathbf{A}^{-1}(\mathbf{AX}) = \mathbf{A}^{-1}\mathbf{B}$로부터 $(\mathbf{A}^{-1}\mathbf{A})\mathbf{X} = \mathbf{A}^{-1}\mathbf{B}$를 얻을 수 있다. $\mathbf{A}^{-1}\mathbf{A} = \mathbf{I}$이고 $\mathbf{IX} = \mathbf{X}$이므로 다음을 얻는다.

$$\mathbf{X} = \mathbf{A}^{-1}\mathbf{B} \tag{8}$$

예제 7 식 (8)을 이용한 시스템의 풀이

계수행렬의 역행렬을 사용하여 해를 구하라.

$$\begin{aligned} 2x_1 - 9x_2 &= 15 \\ 3x_1 + 6x_2 &= 16 \end{aligned}$$

풀이 주어진 시스템은

$$\begin{pmatrix} 2 & -9 \\ 3 & 6 \end{pmatrix}\begin{pmatrix} x_1 \\ x_2 \end{pmatrix} = \begin{pmatrix} 15 \\ 16 \end{pmatrix}$$

으로 쓸 수 있다. $\begin{vmatrix} 2 & -9 \\ 3 & 6 \end{vmatrix} = 39 \neq 0$이므로, 계수행렬은 정칙이다. 따라서 식 (4)로부터

$$\begin{pmatrix} 2 & -9 \\ 3 & 6 \end{pmatrix}^{-1} = \frac{1}{39}\begin{pmatrix} 6 & 9 \\ -3 & 2 \end{pmatrix}$$

을 얻고, 식 (8)로부터

$$\begin{pmatrix} x_1 \\ x_2 \end{pmatrix} = \frac{1}{39}\begin{pmatrix} 6 & 9 \\ -3 & 2 \end{pmatrix}\begin{pmatrix} 15 \\ 16 \end{pmatrix} = \frac{1}{39}\begin{pmatrix} 234 \\ -13 \end{pmatrix} = \begin{pmatrix} 6 \\ -\frac{1}{3} \end{pmatrix}$$

이다. 따라서 $x_1 = 6$이고 $x_2 = -\frac{1}{3}$이다. ≡

예제 8 식 (8)을 이용한 시스템의 풀이

계수행렬의 역행렬을 사용하여 계의 해를 구하라.

$$\begin{aligned} 2x_1 + \phantom{3x_2 + {}} x_3 &= 2 \\ -2x_1 + 3x_2 + 4x_3 &= 4 \\ -5x_1 + 5x_2 + 6x_3 &= -1 \end{aligned}$$

풀이 예제 5에서 계수행렬

$$\mathbf{A} = \begin{pmatrix} 2 & 0 & 1 \\ -2 & 3 & 4 \\ -5 & 5 & 6 \end{pmatrix}$$

의 역행렬을 구하였다. 따라서 식 (8)로부터

$$\begin{pmatrix} x_1 \\ x_2 \\ x_3 \end{pmatrix} = \begin{pmatrix} 2 & 0 & 1 \\ -2 & 3 & 4 \\ -5 & 5 & 6 \end{pmatrix}^{-1} \begin{pmatrix} 2 \\ 4 \\ -1 \end{pmatrix} = \begin{pmatrix} -2 & 5 & -3 \\ -8 & 17 & -10 \\ 5 & -10 & 6 \end{pmatrix} \begin{pmatrix} 2 \\ 4 \\ -1 \end{pmatrix} = \begin{pmatrix} 19 \\ 62 \\ -36 \end{pmatrix}$$

이다. 따라서 $x_1 = 19$, $x_2 = 62$, $x_3 = -36$이다. ≡

유일성 $\det \mathbf{A} \neq 0$일 때, 연립방정식(계) $\mathbf{AX} = \mathbf{B}$의 해는 유일하다. 그렇지 않은 경우, 즉 $\det \mathbf{A} \neq 0$이고 $\mathbf{X}_1$과 $\mathbf{X}_2$가 서로 다른 해벡터라면, $\mathbf{AX}_1 = \mathbf{B}$와 $\mathbf{AX}_2 = \mathbf{B}$는 $\mathbf{AX}_1 = \mathbf{AX}_2$를 의미한다. $\mathbf{A}$는 정칙이므로 $\mathbf{A}^{-1}$이 존재하고, $\mathbf{A}^{-1}(\mathbf{AX}_1) = \mathbf{A}^{-1}(\mathbf{AX}_2)$이고, $(\mathbf{A}^{-1}\mathbf{A})\mathbf{X}_1 = (\mathbf{A}^{-1}\mathbf{A})\mathbf{X}_2$이다. 이것은 $\mathbf{IX}_1 = \mathbf{IX}_2$, 즉 $\mathbf{X}_1 = \mathbf{X}_2$를 나타내며, 이것은 $\mathbf{X}_1$과 $\mathbf{X}_2$가 서로 다른 해벡터라는 가정에 모순이다.

제차 연립방정식 제차시스템은 $\mathbf{AX} = \mathbf{0}$과 같이 쓸 수 있다. 제차는 항상 자명해 $\mathbf{X} = \mathbf{0}$을 갖고 무한히 많은 해를 가질 수 있는 가능성이 있음을 상기하자. 다음 정리에서 $\mathbf{A}$가 정칙일 때, n개의 미지수에 관한 n개의 제차 방정식은 오직 자명해만을 갖는다는 것을 알게 된다.

정리 8.6.5 자명해만 존재

n개의 미지수에 관한 n개의 선형 제차 연립방정식 $\mathbf{AX} = \mathbf{0}$이 오직 자명해만을 갖기 위한 필요충분조건은 $\mathbf{A}$가 정칙인 것이다.

증명 정리의 충분조건 부분을 증명하자. $\mathbf{A}$가 정칙이면, 식 (8)에 의하여 유일해 $\mathbf{X} = \mathbf{A}^{-1}\mathbf{0} = \mathbf{0}$을 갖는다. ≡

다음 정리는 n개의 미지수에 관한 n개의 선형 제차 방정식이 언제 비자명해를 갖는가라는 문제에 답할 것이다. 제차 방정식이 1개의 비자명해를 가지면, 이 방정식은 무한히 많은 해를 가지게 됨을 명심하라.

정리 8.6.6 비자명해의 존재

n개의 미지수에 관한 n개의 선형 제차 연립방정식 $\mathbf{AX} = \mathbf{0}$이 비자명해를 갖기 위한 필요충분조건은 $\mathbf{A}$가 특이행렬인 것이다.

정리 8.6.6에 의하여, n개의 미지수에 관한 n개의 선형 방정식의 제차계 $\mathbf{AX} = \mathbf{0}$은 아래 두 가지 경우의 해를 갖는다.

- 자명해만을 가질 필요충분조건은 $\det \mathbf{A} \neq 0$이고,
- 비자명해를 가질 필요충분조건은 $\det \mathbf{A} = 0$이다.

위의 마지막 결과는 8.8절에서 사용하게 될 것이다.

참고

(*i*) n개의 미지수에 관한 n개의 선형 방정식(계)의 해를 구하는 실제적인 방법으로 역행렬을 이용하는 것은 8.2절의 방법보다 나은 점이 거의 없다. 그러나 응용에 연립방정식 $\mathbf{AX} = \mathbf{B}$를 여러 번 풀어야 할 경우가 있다. 즉, 계수행렬 $\mathbf{A}$는 같게 두고 여러 다른 입력벡터 $\mathbf{B}$에 대응하는 연립방정식의 해를 조사할 필요가 있을 수 있다. 이 경우에 $\mathbf{A}^{-1}$은 단 한 번 계산하고 행렬곱셈 $\mathbf{A}^{-1}\mathbf{B}$를 통하여 빠르게 해를 구할 수 있다.

(*ii*) 정의 8.6.1에서 $\mathbf{A}$가 $n \times n$ 행렬이고 또 다른 $n \times n$ 행렬 $\mathbf{B}$가 존재하여

$$\mathbf{AB} = \mathbf{I} \qquad \text{그리고} \qquad \mathbf{BA} = \mathbf{I} \tag{9}$$

와 같이 $\mathbf{A}$와 $\mathbf{B}$가 교환 가능하고 곱이 단위행렬이 되면 $\mathbf{B}$는 $\mathbf{A}$의 역행렬이다. 행렬의 곱은 일반적으로 교환법칙이 성립하지 않으므로, 식 (9)의 조건을 약간 느슨하게 할 수 있다. $\mathbf{AB} = \mathbf{I}$인 $n \times n$ 행렬 $\mathbf{B}$를 찾으면, 동시에 $\mathbf{BA} = \mathbf{I}$임을 증명할 수 있으므로 $\mathbf{B}$는 $\mathbf{A}$의 역행렬이다. 이 결과로부터 이 장의 후속 절에서 $\mathbf{B}$가 주어진 행렬 $\mathbf{A}$의 역행렬임을 증명할 때는 $\mathbf{AB} = \mathbf{I}$인 것만 보여도 충분하다. $\mathbf{B}$가 $\mathbf{A}$와 가환이어서 $\mathbf{BA} = \mathbf{I}$가 되는 것을 증명할 필요는 없다.

8.6 연습문제

부록에 선택된 홀수 문제의 답이 있다.

8.6.1 역행렬 구하기

문제 1과 2. 행렬 $\mathbf{B}$가 $\mathbf{A}$의 역행렬임을 검증하라.

1. $\mathbf{A} = \begin{pmatrix} 1 & \frac{1}{2} \\ 2 & \frac{3}{2} \end{pmatrix}$, $\mathbf{B} = \begin{pmatrix} 3 & -1 \\ -4 & 2 \end{pmatrix}$

2. $\mathbf{A} = \begin{pmatrix} 1 & -1 & 0 \\ 3 & 0 & 2 \\ 1 & 1 & 1 \end{pmatrix}$, $\mathbf{B} = \begin{pmatrix} 2 & -1 & 2 \\ 1 & -1 & 2 \\ -3 & 2 & -3 \end{pmatrix}$

문제 3~14. 정리 8.6.3을 이용하여 주어진 행렬이 특이인지 또는 정칙인지를 결정하라. 정칙이면 정리 8.6.2를 이용하여 역행렬을 구하라.

3. $\begin{pmatrix} 5 & -1 \\ 4 & 1 \end{pmatrix}$

4. $\begin{pmatrix} \frac{1}{3} & -1 \\ 4 & 3 \end{pmatrix}$

5. $\begin{pmatrix} 6 & 0 \\ -3 & 2 \end{pmatrix}$

6. $\begin{pmatrix} -2\pi & -\pi \\ -\pi & \pi \end{pmatrix}$

7. $\begin{pmatrix} 1 & 3 & 5 \\ 2 & 4 & 4 \\ 1 & -1 & 1 \end{pmatrix}$

8. $\begin{pmatrix} 2 & 3 & 0 \\ 0 & 11 & 14 \\ -1 & 4 & 7 \end{pmatrix}$

9. $\begin{pmatrix} 1 & 2 & 3 \\ 0 & -4 & 2 \\ -1 & 5 & 1 \end{pmatrix}$

10. $\begin{pmatrix} 2 & -1 & 5 \\ 3 & 0 & -2 \\ 1 & 4 & 0 \end{pmatrix}$

11. $\begin{pmatrix} 3 & 0 & 0 \\ 0 & 6 & 0 \\ 0 & 0 & -2 \end{pmatrix}$

12. $\begin{pmatrix} 0 & 2 & 0 \\ 0 & 0 & 1 \\ 8 & 0 & 0 \end{pmatrix}$

13. $\begin{pmatrix} 0 & -1 & 1 & 4 \\ 3 & 2 & -2 & 1 \\ 0 & 4 & 0 & 1 \\ 1 & 0 & -1 & 1 \end{pmatrix}$

14. $\begin{pmatrix} 1 & 2 & 1 & 1 \\ 0 & 0 & 3 & 0 \\ 3 & 1 & 2 & 0 \\ 1 & 1 & 1 & 0 \end{pmatrix}$

문제 15~26. 정리 8.6.4를 이용하여 주어진 행렬의 역행렬을 구하라. 역행렬을 구할 수 없는 경우 역행렬이 존재하지 않음을 보여라.

15. $\begin{pmatrix} 6 & -2 \\ 0 & 4 \end{pmatrix}$

16. $\begin{pmatrix} 8 & 0 \\ 0 & \frac{1}{2} \end{pmatrix}$

17. $\begin{pmatrix} 1 & 3 \\ 5 & 3 \end{pmatrix}$

18. $\begin{pmatrix} 2 & -3 \\ -2 & 4 \end{pmatrix}$

19. $\begin{pmatrix} 1 & 2 & 3 \\ 4 & 5 & 6 \\ 7 & 8 & 9 \end{pmatrix}$

20. $\begin{pmatrix} 1 & 0 & -1 \\ 0 & -2 & 1 \\ 2 & -1 & 3 \end{pmatrix}$

21. $\begin{pmatrix} 4 & 2 & 3 \\ 2 & 1 & 0 \\ -1 & -2 & 0 \end{pmatrix}$

22. $\begin{pmatrix} 2 & 4 & -2 \\ 4 & 2 & -2 \\ 8 & 10 & -6 \end{pmatrix}$

23. $\begin{pmatrix} -1 & 3 & 0 \\ 1 & -2 & 1 \\ 0 & 1 & 2 \end{pmatrix}$ **24.** $\begin{pmatrix} 1 & 2 & 3 \\ 0 & 1 & 4 \\ 0 & 0 & 8 \end{pmatrix}$

25. $\begin{pmatrix} 1 & 2 & 3 & 1 \\ -1 & 0 & 2 & 1 \\ 2 & 1 & -3 & 0 \\ 1 & 1 & 2 & 1 \end{pmatrix}$ **26.** $\begin{pmatrix} 1 & 0 & 0 & 0 \\ 0 & 0 & 1 & 0 \\ 0 & 0 & 0 & 1 \\ 0 & 1 & 0 & 0 \end{pmatrix}$

문제 27과 28. 주어진 행렬을 이용하여 $(\mathbf{AB})^{-1}$을 구하라.

27. $\mathbf{A}^{-1} = \begin{pmatrix} \frac{1}{2} & -\frac{5}{2} \\ -\frac{1}{2} & \frac{3}{2} \end{pmatrix}$, $\mathbf{B}^{-1} = \begin{pmatrix} \frac{2}{3} & \frac{4}{3} \\ -\frac{1}{3} & \frac{5}{2} \end{pmatrix}$

28. $\mathbf{A}^{-1} = \begin{pmatrix} 1 & 3 & -15 \\ 0 & -1 & 5 \\ -1 & -2 & 11 \end{pmatrix}$, $\mathbf{B}^{-1} = \begin{pmatrix} -1 & 1 & 0 \\ 2 & 0 & 0 \\ 1 & 1 & -2 \end{pmatrix}$

29. $\mathbf{A}^{-1} = \begin{pmatrix} 4 & 3 \\ 3 & 2 \end{pmatrix}$일 때, **A**는 무엇인가?

30. **A**가 정칙행렬일 때 $(\mathbf{A}^T)^{-1} = (\mathbf{A}^{-1})^T$이다. $\mathbf{A} = \begin{pmatrix} 1 & 4 \\ 2 & 10 \end{pmatrix}$에 대하여 이를 검증하라.

31. 행렬 $\mathbf{A} = \begin{pmatrix} 4 & -3 \\ x & -4 \end{pmatrix}$가 자신의 역행렬이 되는 x의 값은?

32. 회전행렬 $\mathbf{M} = \begin{pmatrix} \cos\theta & -\sin\theta \\ \sin\theta & \cos\theta \end{pmatrix}$은 연습문제 8.1의 문제 45~48에서 중요한 역할을 한다. 이들 문제의 맥락에서 $\mathbf{A} = \mathbf{M}^{-1}\mathbf{B}$가 나타내는 것은 무엇인가?

33. 정칙행렬 **A**가 $\mathbf{A}^{-1} = \mathbf{A}^T$을 만족시키면 **직교행렬**이라고 한다.

(a) 문제 32의 행렬이 직교행렬임을 증명하라.

(b) 다음 행렬이 직교행렬임을 증명하라.

$$\mathbf{A} = \begin{pmatrix} 1/\sqrt{3} & 0 & -2/\sqrt{6} \\ 1/\sqrt{3} & 1/\sqrt{2} & 1/\sqrt{6} \\ 1/\sqrt{3} & -1/\sqrt{2} & 1/\sqrt{6} \end{pmatrix}$$

34. **A**가 직교행렬이면(문제 33을 보라) $\det \mathbf{A} = \pm 1$임을 보여라.

35. **A**와 **B**가 정칙 $n \times n$ 행렬이라 할 때, **AB**가 정칙임을 보여라.

36. $n \times n$행렬 **A**, **B**에 대해서, **A** 또는 **B**가 특이행렬이면, **AB**가 특이행렬이 됨을 보여라.

37. 행렬 **A**가 정칙행렬이면, $\det \mathbf{A}^{-1} = 1/\det \mathbf{A}$임을 보여라.

38. $\mathbf{A}^2 = \mathbf{A}$이면, $\mathbf{A} = \mathbf{I}$이거나 **A**는 특이행렬임을 보여라.

39. $n \times n$행렬 **A**, **B**에 대해서 **A**가 정칙행렬이고, $\mathbf{AB} = \mathbf{0}$이면, $\mathbf{B} = \mathbf{0}$임을 보여라.

40. $n \times n$행렬 **A**, **B**에 대해서 **A**가 정칙행렬이고, $\mathbf{AB} = \mathbf{AC}$이면, $\mathbf{B} = \mathbf{C}$임을 보여라.

41. $n \times n$행렬 **A**, **B**가 정칙행렬이라 하자. $\mathbf{A} + \mathbf{B}$는 필연적으로 정칙행렬이 되는가?

42. **A**가 정칙 행렬이면 $\mathbf{A}^T$ 가 정칙행렬임을 보여라.

43. 행렬 **A**, **B**가 $n \times n$ 비영행렬(nonzero matrix)이고, $\mathbf{AB} = \mathbf{0}$이면, **A**와 **B**는 모두 특이행렬이 됨을 보여라.

44. 3×3 대각행렬

$$\mathbf{A} = \begin{pmatrix} a_{11} & 0 & 0 \\ 0 & a_{22} & 0 \\ 0 & 0 & a_{33} \end{pmatrix}$$

을 생각하자. **A**가 정칙행렬일 조건을 정하라. **A**가 정칙행렬이면, $\mathbf{A}^{-1}$을 구하라. 이 결과를 $n \times n$ 대각행렬에까지 일반화하라.

8.6.2 역행렬을 이용하여 연립방정식 풀기

문제 45~52. 역행렬을 이용하여 주어진 시스템의 해를 구하라.

45. $x_1 + x_2 = 4$
$2x_1 - x_2 = 14$

46. $x_1 - x_2 = 2$
$2x_1 + 4x_2 = -5$

47. $4x_1 - 6x_2 = 6$
$2x_1 + x_2 = 1$

48. $x_1 + 2x_2 = 4$
$3x_1 + 4x_2 = -3$

49. $x_1 + x_3 = -4$
$x_1 + x_2 + x_3 = 0$
$5x_1 - x_2 = 6$

50. $x_1 - x_2 + x_3 = 1$
$2x_1 + x_2 + 2x_3 = 2$
$3x_1 + 2x_2 - x_3 = -3$

51. $x_1 + 2x_2 + 2x_3 = 1$
$x_1 - 2x_2 + 2x_3 = -3$
$3x_1 - x_2 + 5x_3 = 7$

52. $x_1 - x_3 = 2$
$x_2 + x_3 = 1$
$-x_1 + x_2 + 2x_3 + x_4 = -5$
$x_3 - x_4 = 3$

문제 53과 54. 주어진 시스템을 $\mathbf{AX} = \mathbf{B}$의 꼴로 쓰라. $\mathbf{X} = \mathbf{A}^{-1}\mathbf{B}$를 이용하여 각 **B**에 대한 연립방정식의 해를 구하라.

53. $7x_1 - 2x_2 = b_1$
$3x_1 - 2x_2 = b_2$,

$\mathbf{B} = \begin{pmatrix} 5 \\ 4 \end{pmatrix}$, $\mathbf{B} = \begin{pmatrix} 10 \\ 50 \end{pmatrix}$, $\mathbf{B} = \begin{pmatrix} 0 \\ -20 \end{pmatrix}$

54. $x_1 + 2x_2 + 5x_3 = b_1$
$2x_1 + 3x_2 + 8x_3 = b_2$
$-x_1 + x_2 + 2x_3 = b_3$,

$\mathbf{B} = \begin{pmatrix} -1 \\ 4 \\ 6 \end{pmatrix}$, $\mathbf{B} = \begin{pmatrix} 3 \\ 3 \\ 3 \end{pmatrix}$, $\mathbf{B} = \begin{pmatrix} 0 \\ -5 \\ 4 \end{pmatrix}$

문제 55~58. 해를 구하지 말고, 주어진 제차 연립방정식이 자명해만을 갖는지 또는 비자명해를 갖는지를 결정하라.

55. $x_1 + 2x_2 - x_3 = 0$
$4x_1 - x_2 + x_3 = 0$
$5x_1 + x_2 - 2x_3 = 0$

56. $x_1 + x_2 + x_3 = 0$
$x_1 - 2x_2 + x_3 = 0$
$-2x_1 + x_2 - 2x_3 = 0$

57. $x_1 + x_2 - x_3 + x_4 = 0$
$5x_2 + 2x_4 = 0$
$x_1 + x_3 - x_4 = 0$
$3x_1 + 2x_2 - x_3 + x_4 = 0$

58. $x_1 + x_2 - x_3 + x_4 = 0$
$x_1 + x_2 + x_3 - x_4 = 0$
$2x_2 + x_3 + x_4 = 0$
$x_2 - x_3 - x_4 = 0$

59. 그림 8.6.1의 회로에서 전류 i_1, i_2 및 i_3에 대한 연립방정식은 다음과 같다.

$$\begin{aligned} i_1 + i_2 + i_3 &= 0 \\ -R_1 i_1 + R_2 i_2 &= E_2 - E_1 \\ -R_2 i_2 + R_3 i_3 &= E_3 - E_2 \end{aligned}$$

여기서 R_k 및 $E_k(k = 1, 2, 3)$는 상수이다.

(a) 연립방정식을 행렬방정식 $\mathbf{AX} = \mathbf{B}$로 나타내라.

(b) 계수행렬 $\mathbf{A}$는 정칙임을 증명하라.

(c) $\mathbf{X} = \mathbf{A}^{-1}\mathbf{B}$를 이용하여 전류를 구하라.

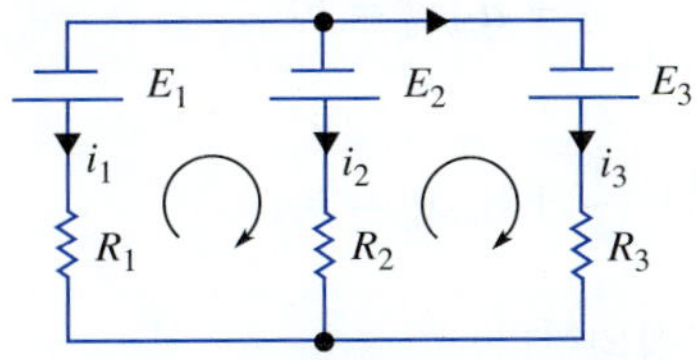

그림 8.6.1 문제 59의 회로망

60. 그림 8.6.2의 정사각판의 각변은 제시한 것과 같은 온도를 갖는다. 어떤 상황에서 점 P_1, P_2, P_3과 P_4에서의 근사 온도 u_1, u_2, u_3과 u_4가 각각 다음과 같이 주어짐을 보일 수 있다.

$$u_1 = \frac{u_2 + u_4 + 100 + 100}{4}$$

$$u_2 = \frac{200 + u_3 + u_1 + 100}{4}$$

$$u_3 = \frac{200 + 100 + u_4 + u_2}{4}$$

$$u_4 = \frac{u_3 + 100 + 100 + u_1}{4}$$

(a) 위의 연립방정식은 행렬방정식

$$\begin{pmatrix} -4 & 1 & 0 & 1 \\ 1 & -4 & 1 & 0 \\ 0 & 1 & -4 & 1 \\ 1 & 0 & 1 & -4 \end{pmatrix} \begin{pmatrix} u_1 \\ u_2 \\ u_3 \\ u_4 \end{pmatrix} = \begin{pmatrix} -200 \\ -300 \\ -300 \\ -200 \end{pmatrix}$$

으로 쓸 수 있음을 보여라.

(b) 계수행렬의 역행렬을 구하여 (a)의 연립방정식의 해를 구하라.

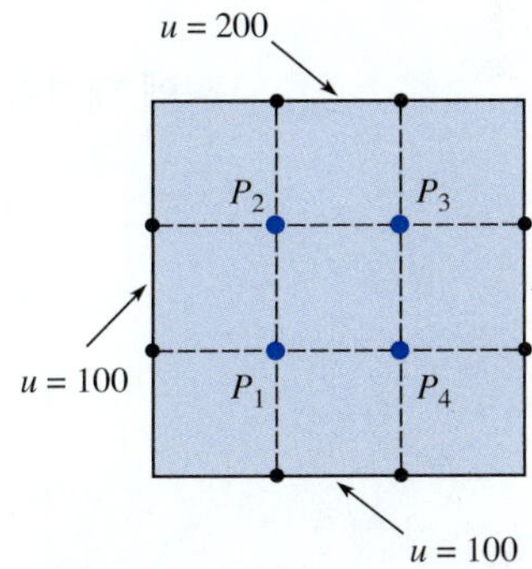

그림 8.6.2 문제 60의 판

8.7 Cramer의 규칙

소개 앞절의 끝에서 det $\mathbf{A} \neq 0$이면, n개의 미지수에 관한 n개의 선형 연립방정식 $\mathbf{AX} = \mathbf{B}$는 단 하나의 해를 갖는다는 것을 알았다. 이 절에서는 이 해를 행렬식으로 나타낼 수 있음을 보게 될 것이다. 예를 들어 $a_{11}a_{22} - a_{12}a_{21} \neq 0$일 때, 두 미지수에 관한 2개의 선형방정식으로 구성된 연립방정식

$$\begin{aligned} a_{11}x_1 + a_{12}x_2 &= b_1 \\ a_{21}x_1 + a_{22}x_2 &= b_2 \end{aligned} \tag{1}$$

의 해는

$$x_1 = \frac{b_1 a_{22} - a_{12} b_2}{a_{11}a_{22} - a_{12}a_{21}} \quad \text{그리고} \quad x_2 = \frac{a_{11} b_2 - b_1 a_{21}}{a_{11}a_{22} - a_{12}a_{21}} \tag{2}$$

이다. 식 (2)의 분자와 분모는 행렬식으로 나타낼 수 있다. 즉, 계수행렬의 행렬식이

$\begin{vmatrix} a_{11} & a_{12} \\ a_{21} & a_{22} \end{vmatrix} \neq 0$이면, 연립방정식 식 (3)의 유일한 해는

$$x_1 = \frac{\begin{vmatrix} b_1 & a_{12} \\ b_2 & a_{22} \end{vmatrix}}{\begin{vmatrix} a_{11} & a_{12} \\ a_{21} & a_{22} \end{vmatrix}}, \quad x_2 = \frac{\begin{vmatrix} a_{11} & b_1 \\ a_{21} & b_2 \end{vmatrix}}{\begin{vmatrix} a_{11} & a_{12} \\ a_{21} & a_{22} \end{vmatrix}} \tag{3}$$

이다.

행렬식을 사용한 연립방정식 풀이 n개의 미지수에 대하여 n개의 선형방정식으로 된 연립방정식

$$\begin{aligned} a_{11}x_1 + a_{12}x_2 + \cdots + a_{1n}x_n &= b_1 \\ a_{21}x_1 + a_{22}x_2 + \cdots + a_{2n}x_n &= b_2 \\ \vdots \qquad\qquad & \quad \vdots \\ a_{n1}x_1 + a_{n2}x_2 + \cdots + a_{nn}x_n &= b_n \end{aligned} \tag{4}$$

에 대하여, $n \times n$인 행렬 $\mathbf{A}_k$를 다음과 같이 정의한다.

$$\mathbf{A}_k = \begin{pmatrix} a_{11} & a_{12} & \cdots & a_{1\,k-1} & b_1 & a_{1\,k+1} & \cdots & a_{1n} \\ a_{21} & a_{22} & \cdots & a_{2\,k-1} & b_2 & a_{2\,k+1} & \cdots & a_{2n} \\ \vdots & & & & \vdots & & & \vdots \\ a_{n1} & a_{n2} & \cdots & a_{n\,k-1} & b_n & a_{n\,k+1} & \cdots & a_{nn} \end{pmatrix} \tag{5}$$

(b 열 위: k번째 열 ↓)

즉, $\mathbf{A}_k$는 $\mathbf{A}$의 k열 대신에 열행렬

$$\mathbf{B} = \begin{pmatrix} b_1 \\ b_2 \\ \vdots \\ b_n \end{pmatrix}$$

넣은 것 외에는 행렬 $\mathbf{A}$와 동일하다. 공식 (3)을 일반화한 **Cramer의 규칙**(Cramer's rule)은 다음 정리와 같다. 제네바공화국(Republic of Geneva)에서 태어난 수학자 **Gabriel Cramer** (1704~1752)는 1759년에 행렬식을 사용한 선형시스템해법을 발표하였다.

정리 8.7.1 Cramer의 규칙

A를 연립방정식 (4)의 계수행렬이라 하자. $\det \mathbf{A} \neq 0$이면, 식 (4)의 해는

$$x_1 = \frac{\det \mathbf{A}_1}{\det \mathbf{A}}, \quad x_2 = \frac{\det \mathbf{A}_2}{\det \mathbf{A}}, \quad \ldots, \quad x_n = \frac{\det \mathbf{A}_n}{\det \mathbf{A}} \tag{6}$$

이다. 여기서 $\mathbf{A}_k$, $k = 1, 2, \ldots, n$은 식 (5)와 같다.

증명 먼저 식 (4)를 $\mathbf{AX} = \mathbf{B}$로 쓰자. $\det \mathbf{A} \neq 0$이므로 $\mathbf{A}^{-1}$은 존재하고

$$\mathbf{X} = \mathbf{A}^{-1}\mathbf{B} = \frac{1}{\det \mathbf{A}}\begin{pmatrix} C_{11} & C_{21} & \cdots & C_{n1} \\ C_{12} & C_{22} & \cdots & C_{n2} \\ \vdots & & & \vdots \\ C_{1n} & C_{2n} & \cdots & C_{nn} \end{pmatrix}\begin{pmatrix} b_1 \\ b_2 \\ \vdots \\ b_n \end{pmatrix}$$

$$= \frac{1}{\det \mathbf{A}}\begin{pmatrix} b_1C_{11} + b_2C_{21} + \cdots + b_nC_{n1} \\ b_1C_{12} + b_2C_{22} + \cdots + b_nC_{n2} \\ \vdots \\ b_1C_{1n} + b_2C_{2n} + \cdots + b_nC_{nn} \end{pmatrix}$$

이다. 이제 마지막 행렬의 k행에 있는 원소는

$$x_k = \frac{b_1C_{1k} + b_2C_{2k} + \cdots + b_nC_{nk}}{\det \mathbf{A}} \tag{7}$$

이다. 그러나 $b_1C_{1k} + b_2C_{2k} + \ldots + b_nC_{nk}$는 k열에 따라 전개한 $\det \mathbf{A}_k$의 여인수 전개식이다. 여기서 $\mathbf{A}_k$는 식 (5)에 주어진 행렬이다. 따라서 $k = 1, 2, \ldots, n$에 대하여 $x_k = \det \mathbf{A}_k/\det \mathbf{A}$이다. ≡

예제 1 Cramer의 규칙을 이용하여 연립방정식 풀기

Cramer의 규칙을 이용하여 아래 연립방정식을 풀어라.

$$\begin{aligned} 3x_1 + 2x_2 + x_3 &= 7 \\ x_1 - x_2 + 3x_3 &= 3 \\ 5x_1 + 4x_2 - 2x_3 &= 1 \end{aligned}$$

풀이 해는 다음과 같은 4개의 행렬식의 계산을 요구한다.

$$\det \mathbf{A} = \begin{vmatrix} 3 & 2 & 1 \\ 1 & -1 & 3 \\ 5 & 4 & -2 \end{vmatrix} = 13, \quad \det \mathbf{A}_1 = \begin{vmatrix} 7 & 2 & 1 \\ 3 & -1 & 3 \\ 1 & 4 & -2 \end{vmatrix} = -39$$

$$\det \mathbf{A}_2 = \begin{vmatrix} 3 & 7 & 1 \\ 1 & 3 & 3 \\ 5 & 1 & -2 \end{vmatrix} = 78, \quad \det \mathbf{A}_3 = \begin{vmatrix} 3 & 2 & 7 \\ 1 & -1 & 3 \\ 5 & 4 & 1 \end{vmatrix} = 52$$

이제 식 (6)으로부터 다음과 같은 해를 얻는다.

$$x_1 = \frac{\det \mathbf{A}_1}{\det \mathbf{A}} = -3, \quad x_2 = \frac{\det \mathbf{A}_2}{\det \mathbf{A}} = 6, \quad x_3 = \frac{\det \mathbf{A}_3}{\det \mathbf{A}} = 4$$

≡

참고

앞 절의 방법과 같이, Cramer의 규칙은 n개의 미지수에 관한 n개의 선형방정식으로 된 연립방정식을 푸는 데 실용적인 방법은 아니다. $n \geq 4$에 대하여 행렬식의 값을 구해야 하는 일은 만만치 않다. 그러나 3.5절에서 살펴본 것처럼, Cramer의 규칙은 때때로 유용하고 이론적인 중요성이 있다.

Cramer의 법칙의 응용에서 지름길을 택할 수 있다. 예를 들어, 예제 1에서 일단 x_1과 x_2를 구하면 x_3의 값은 그 계의 방정식 중 어느 하나를 이용하여 구할 수 있으므로, 실제로 $\det \mathbf{A}_3$은 계산할 필요가 없다.

8.7 연습문제

부록에 선택된 홀수 문제의 답이 있다.

문제 1~10. Cramer의 규칙을 이용하여 주어진 연립방정식을 풀어라.

1. $\begin{aligned} -3x_1 + x_2 &= 3 \\ 2x_1 - 4x_2 &= -6 \end{aligned}$

2. $\begin{aligned} x_1 + x_2 &= 4 \\ 2x_1 - x_2 &= 2 \end{aligned}$

3. $\begin{aligned} 0.1x_1 - 0.4x_2 &= 0.13 \\ x_1 - x_2 &= 0.4 \end{aligned}$

4. $\begin{aligned} 0.21x_1 + 0.57x_2 &= 0.369 \\ 0.1x_1 + 0.2x_2 &= 0.135 \end{aligned}$

5. $\begin{aligned} 2x + y &= 1 \\ 3x + 2y &= -2 \end{aligned}$

6. $\begin{aligned} 5r + 4s &= -1 \\ 10r - 6s &= 5 \end{aligned}$

7. $\begin{aligned} x_1 - 2x_2 - 3x_3 &= 3 \\ x_1 + x_2 - x_3 &= 5 \\ 3x_1 + 2x_2 \qquad &= -4 \end{aligned}$

8. $\begin{aligned} x_1 - x_2 + 6x_3 &= -2 \\ -x_1 + 2x_2 + 4x_3 &= 9 \\ 2x_1 + 3x_2 - x_3 &= \tfrac{1}{2} \end{aligned}$

9. $\begin{aligned} u + 2v + w &= 8 \\ 2u - 2v + 2w &= 7 \\ u - 4v + 3w &= 1 \end{aligned}$

10. $\begin{aligned} 4x + 3y + 2z &= 8 \\ -x + \qquad 2z &= 12 \\ 3x + 2y + z &= 3 \end{aligned}$

11. Cramer의 규칙을 이용하여 다음 연립방정식의 해를 정하라.

$$(2 - k)x_1 + kx_2 = 4$$
$$kx_1 + (3 - k)x_2 = 3$$

k의 값이 얼마일 때 연립방정식은 해를 갖지 않는가?

12. 다음 연립방정식

$$x_1 + x_2 = 1$$
$$x_1 + \varepsilon x_2 = 2$$

를 생각하자. ε이 1에 가까울 때, 연립방정식을 이루는 직선들은 거의 평행이다.

(a) Cramer의 규칙을 이용하여

$$x_1 = 1 - \frac{1}{\varepsilon - 1}, \quad x_2 = \frac{1}{\varepsilon - 1}$$

임을 보여라.

(b) 위의 시스템은 **불량조건**(ill-conditioned)으로 되었다고 한다. 왜냐하면 입력자료(예, 계수)의 작은 변화가 출력 또는 해에 심각하거나 큰 변화를 일으키기 때문이다. (a)를 이용하여 $\varepsilon = 1.01$과 $\varepsilon = 0.99$에 대해 해를 구하여 이 사실을 확인하라.

13. 그림 8.7.1의 지지선에 있는 장력의 크기 T_1과 T_2는 방정식

$$(\cos 25°)T_1 - (\cos 15°)T_2 = 0$$
$$(\sin 25°)T_1 + (\sin 15°)T_2 = 300$$

을 만족시킨다. Cramer의 규칙을 이용하여 T_1과 T_2의 값을 구하라.

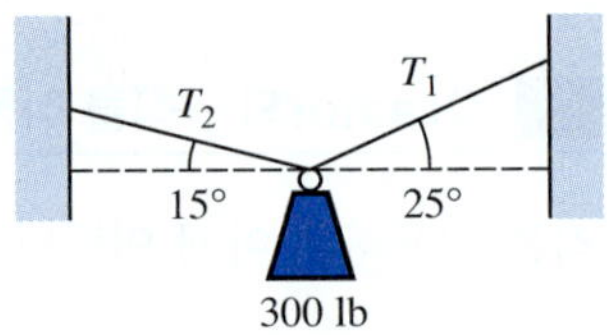

그림 8.7.1 문제 13의 지지선

14. 그림 8.7.2에서 400 lb의 블록이 마찰과 크기 F인 최소의 힘에 의하여 미끄러짐이 억제되고 있다. 블록과 경사면 사이의 마찰계수가 0.5일 때, 마찰력의 크기는 $0.5N$이다. 여기서 N은 블록의 면에 가하는 법선력의 크기이다. 이 시스템이 평형상태에 있다는 사실로부터 F와 N에 대한 연립방정식을 세워라. Cramer 규칙을 이용하여 F와 N을 구하라.

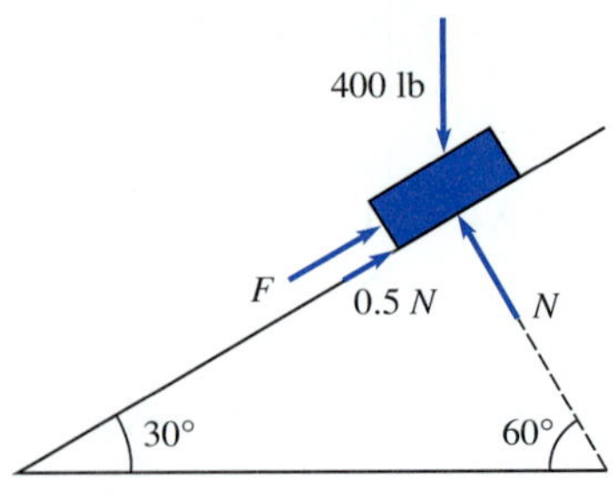

그림 8.7.2 문제 14의 경사면

15. 그림 8.7.3에 나와 있는 것처럼 내부 저항이 r_1과 r_2인 두 배터리가 1개의 저항과 병렬로 연결되어 있다. Cramer의 규칙을 이용하여 저항을 지나는 전류 i는

$$i = \frac{r_1E_2 + r_2E_1}{r_1R + r_2R + r_1r_2}$$

로 주어짐을 보여라.

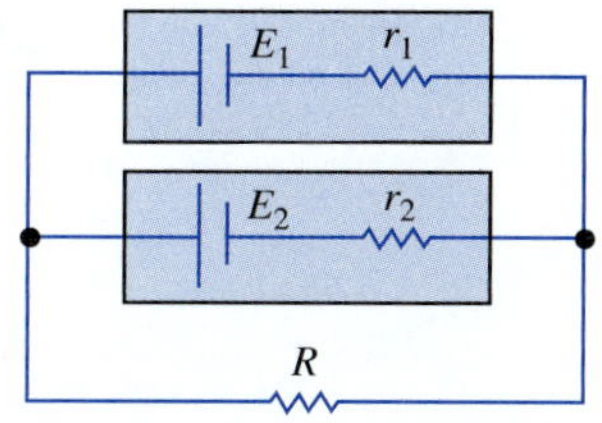

그림 8.7.3 문제 15의 회로

8.8 고유값 문제

소개 **A**가 $n \times n$인 행렬이고, **K**가 $n \times 1$인 행렬(벡터)이면 **AK**는 $n \times 1$ 행렬이 된다. 벡터곱 **AK**가 **K** 자신에 상수 λ를 곱한 값과 같게 되는 영이 아닌 $n \times 1$ 행렬 **K**가 존재하는지 판정하는 것은 많은 응용 분야에서 중요하다. 영이 아닌 벡터 **K**에 대하여 $\mathbf{AK} = \lambda\mathbf{K}$를 푸는 문제를 행렬 **A**에 대한 **고유값 문제**(eigenvalue problem)라고 한다.

정의 서론에서 기술한 내용을 다음 정의에서 요약한다.

정의 8.8.1 고유값과 고유벡터

A가 $n \times n$ 행렬이라 하자. 선형시스템(연립방정식)

$$\mathbf{AK} = \lambda\mathbf{K} \tag{1}$$

의 0이 아닌 해벡터 **K**가 존재할 때 λ를 **A**의 **고유값**(eigenvalue)이라 하고, 대응하는 해벡터 **K**를 고유값 λ의 **고유벡터**(eigenvector)라 한다.

'*eigenvalue*'라는 단어는 독일어 *eigenwert*에서 유래한 독일어와 영어의 합성어이다. 고유값과 고유벡터는 또한 **특성값**(characteristic value)과 **특성벡터**(characteristic vector)라고도 한다.

8.2절에서 소개된 Gauss-Jordan 소거법은 정방행렬 **A**의 **고유벡터**들을 구하는 데 이용할 수 있다.

예제 1 고유벡터의 검증

$\mathbf{K} = \begin{pmatrix} 1 \\ -1 \\ 1 \end{pmatrix}$는 행렬

$$\mathbf{A} = \begin{pmatrix} 0 & -1 & -3 \\ 2 & 3 & 3 \\ -2 & 1 & 1 \end{pmatrix}$$

의 고유벡터임을 검증하라.

풀이 곱셈 **AK**를 취하면 다음과 같다.

$$\mathbf{AK} = \begin{pmatrix} 0 & -1 & -3 \\ 2 & 3 & 3 \\ -2 & 1 & 1 \end{pmatrix}\begin{pmatrix} 1 \\ -1 \\ 1 \end{pmatrix} = \begin{pmatrix} -2 \\ 2 \\ -2 \end{pmatrix} = (-2)\begin{pmatrix} 1 \\ -1 \\ 1 \end{pmatrix} = \underset{\text{고유값}}{(-2)}\mathbf{K}$$

따라서 정의 8.8.1로부터 $\lambda = -2$는 **A**의 고유값임을 알 수 있다. ≡

행렬대수의 성질을 이용하여 식 (1)을 다른 형태

$$(\mathbf{A} - \lambda\mathbf{I})\mathbf{K} = \mathbf{0} \tag{2}$$

으로 나타낼 수 있다. 여기서 **I**는 단위행렬로 곱셈에 대한 항등원이다.

$$\mathbf{K} = \begin{pmatrix} k_1 \\ k_2 \\ \vdots \\ k_n \end{pmatrix}$$

으로 놓으면, 식 (2)는 식 (3)과 같다.

$$\begin{aligned} (a_{11} - \lambda)k_1 + \quad a_{12}k_2 + \cdots + \quad a_{1n}k_n &= 0 \\ a_{21}k_1 + (a_{22} - \lambda)k_2 + \cdots + \quad a_{2n}k_n &= 0 \\ \vdots \qquad\qquad\qquad &\vdots \\ a_{n1}k_1 + \quad a_{n2}k_2 + \cdots + (a_{nn} - \lambda)k_n &= 0 \end{aligned} \tag{3}$$

식 (3)의 자명해는 $k_1 = 0, k_2 = 0, \ldots, k_n = 0$이지만, 여기서는 비자명해를 구한다. 정리 8.6.5로부터 n개의 미지수에 관한 n개의 선형제차 연립방정식이 비자명해를 갖기 위한 필요충분조건은 계수행렬의 행렬식이 0인 것이다. 따라서 식 (2)에 대한 0이 아닌 해 **K**를 구하기 위해서는

$$\det(\mathbf{A} - \lambda\mathbf{I}) = 0 \tag{4}$$

이어야 한다. 식 (4)는 $\det(\mathbf{A} - \lambda\mathbf{I})$를 여인수로 전개하여 λ에 관한 n차 다항식으로 표현된다. 방정식 (4)를 **A**의 **특성방정식**(characteristic equation)이라 한다. 따라서 **A의 고유값은 특성방정식의 근**이다. 고유값 λ에 대응하는 고유벡터를 구하려면 Gauss-Jordan 소거법을 첨가행렬 $(\mathbf{A} - \lambda\mathbf{I})\mathbf{K} = \mathbf{0}$에 적용하여 연립방정식 $(\mathbf{A} - \lambda\mathbf{I}|\mathbf{0})$을 풀어야 한다.

예제 2 고유값과 고유벡터 구하기

다음 행렬의 고유값과 고유벡터를 구하라.

$$\mathbf{A} = \begin{pmatrix} 1 & 2 & 1 \\ 6 & -1 & 0 \\ -1 & -2 & -1 \end{pmatrix} \tag{5}$$

풀이

$$\det(\mathbf{A} - \lambda\mathbf{I}) = \begin{vmatrix} 1-\lambda & 2 & 1 \\ 6 & -1-\lambda & 0 \\ -1 & -2 & -1-\lambda \end{vmatrix} = 0$$

에서의 행렬식은 2행의 여인수를 이용하여 구한다. 특성방정식은

$$-\lambda^3 - \lambda^2 + 12\lambda = 0 \qquad \text{또는} \qquad \lambda(\lambda + 4)(\lambda - 3) = 0$$

이 되므로 고유값은 $\lambda_1 = 0$, $\lambda_2 = -4$, $\lambda_3 = 3$이다. 고유벡터는 $(\mathbf{A} - \lambda\mathbf{I}|\mathbf{0})$을 3개의 서로 다른 고유값에 대응시키고, 축소를 통해 구한다.

$\lambda_1 = 0$일 때

$$(\mathbf{A} - 0\mathbf{I}|\mathbf{0}) = \left(\begin{array}{ccc|c} 1 & 2 & 1 & 0 \\ 6 & -1 & 0 & 0 \\ -1 & -2 & -1 & 0 \end{array}\right) \overset{\substack{-6R_1+R_2 \\ R_1+R_3}}{\Longrightarrow} \left(\begin{array}{ccc|c} 1 & 2 & 1 & 0 \\ 0 & -13 & -6 & 0 \\ 0 & 0 & 0 & 0 \end{array}\right)$$

$$\overset{-\frac{1}{13}R_2}{\Longrightarrow} \left(\begin{array}{ccc|c} 1 & 2 & 1 & 0 \\ 0 & 1 & \frac{6}{13} & 0 \\ 0 & 0 & 0 & 0 \end{array}\right) \overset{-2R_2+R_1}{\Longrightarrow} \left(\begin{array}{ccc|c} 1 & 0 & \frac{1}{13} & 0 \\ 0 & 1 & \frac{6}{13} & 0 \\ 0 & 0 & 0 & 0 \end{array}\right)$$

에서 $k_1 = -\frac{1}{13}k_3$, $k_2 = -\frac{6}{13}k_3$임을 알 수 있고, $k_3 = -13$으로 하면 고유벡터는 다음과 같다.

$$\mathbf{K}_1 = \begin{pmatrix} 1 \\ 6 \\ -13 \end{pmatrix}$$

$\lambda_2 = -4$일 때

$$(\mathbf{A} + 4\mathbf{I}|\mathbf{0}) = \left(\begin{array}{ccc|c} 5 & 2 & 1 & 0 \\ 6 & 3 & 0 & 0 \\ -1 & -2 & 3 & 0 \end{array}\right) \overset{\substack{-R_3 \\ R_1 \leftrightarrow R_3}}{\Longrightarrow} \left(\begin{array}{ccc|c} 1 & 2 & -3 & 0 \\ 6 & 3 & 0 & 0 \\ 5 & 2 & 1 & 0 \end{array}\right)$$

$$\overset{\substack{-6R_1+R_2 \\ -5R_1+R_3}}{\Longrightarrow} \left(\begin{array}{ccc|c} 1 & 2 & -3 & 0 \\ 0 & -9 & 18 & 0 \\ 0 & -8 & 16 & 0 \end{array}\right) \overset{\substack{-\frac{1}{9}R_2 \\ -\frac{1}{8}R_3}}{\Longrightarrow} \left(\begin{array}{ccc|c} 1 & 2 & -3 & 0 \\ 0 & 1 & -2 & 0 \\ 0 & 1 & -2 & 0 \end{array}\right)$$

$$\overset{\substack{-2R_2+R_1 \\ -R_2+R_3}}{\Longrightarrow} \left(\begin{array}{ccc|c} 1 & 0 & 1 & 0 \\ 0 & 1 & -2 & 0 \\ 0 & 0 & 0 & 0 \end{array}\right)$$

에서 $k_1 = -k_3$, $k_2 = 2k_3$가 되고, $k_3 = 1$로 택하면 다음과 같이 두 번째 고유벡터를 얻는다.

$$\mathbf{K}_2 = \begin{pmatrix} -1 \\ 2 \\ 1 \end{pmatrix}$$

마지막으로 $\lambda_3 = 3$에 대해서 Gauss-Jordan 소거법은

$$(\mathbf{A}-3\mathbf{I}|\mathbf{0}) = \left(\begin{array}{ccc|c} -2 & 2 & 1 & 0 \\ 6 & -4 & 0 & 0 \\ -1 & -2 & -4 & 0 \end{array}\right) \overset{\text{행 연산}}{\Rightarrow} \left(\begin{array}{ccc|c} 1 & 0 & 1 & 0 \\ 0 & 1 & \frac{3}{2} & 0 \\ 0 & 0 & 0 & 0 \end{array}\right)$$

에서 $k_1 = -k_3$이고 $k_2 = -\frac{3}{2}k_3$이고, $k_3 = -2$를 선택하면 세 번째 고유벡터는

$$\mathbf{K}_3 = \begin{pmatrix} 2 \\ 3 \\ -2 \end{pmatrix}$$

가 된다. ≡

그림 8.3.1을 보고 정리 8.2.2(i)를 다시 읽어보라. ▶

예제 2로부터 고유벡터는 하나의 값으로 결정되지 않는다는 것은 명백하다. 예를 들어, $\mathbf{K}_2$를 얻을 때 k_3를 특정의 값으로 선택하지 않으면 제차시스템 $(\mathbf{A}+4\mathbf{I})\mathbf{K} = \mathbf{0}$의 해는

$$\mathbf{K}_2 = \begin{pmatrix} -k_3 \\ 2k_3 \\ k_3 \end{pmatrix} = k_3\begin{pmatrix} -1 \\ 2 \\ 1 \end{pmatrix}$$

로 쓸 수 있다. 이 식의 $\mathbf{K}_2$가 나타내는 것은 다음과 같다.

어떤 고유벡터에 0이 아닌 상수를 곱한 것도 고유벡터가 된다.

예를 들어, $\lambda = 7$, $\mathbf{K} = \begin{pmatrix} -\frac{1}{2} \\ \frac{1}{3} \end{pmatrix}$ 또한 행렬 $\mathbf{A} = \begin{pmatrix} 5 & -3 \\ -4 & 1 \end{pmatrix}$의 고유값과 대응하는 고유벡터이다. 실제에서는 다음과 같이 정수값을 원소로 갖는 고유벡터가 더 다루기 편하다.

$$\mathbf{K}_1 = 6\mathbf{K} = 6\begin{pmatrix} -\frac{1}{2} \\ \frac{1}{3} \end{pmatrix} = \begin{pmatrix} -3 \\ 2 \end{pmatrix}$$

$\mathbf{K}$와 $\mathbf{K}_1$이 행렬 $\mathbf{A}$의 고유벡터가 됨을 다음과 같이 확인할 수 있다.

$$\mathbf{AK} = \begin{pmatrix} 5 & -3 \\ -4 & 1 \end{pmatrix}\begin{pmatrix} -\frac{1}{2} \\ \frac{1}{3} \end{pmatrix} = \begin{pmatrix} -\frac{7}{2} \\ \frac{7}{3} \end{pmatrix} = 7\begin{pmatrix} -\frac{1}{2} \\ \frac{1}{3} \end{pmatrix} = \lambda\mathbf{K}$$

$$\mathbf{AK}_1 = \begin{pmatrix} 5 & -3 \\ -4 & 1 \end{pmatrix}\begin{pmatrix} -3 \\ 2 \end{pmatrix} = \begin{pmatrix} -21 \\ 14 \end{pmatrix} = 7\begin{pmatrix} -3 \\ 2 \end{pmatrix} = \lambda\mathbf{K}_1$$

$n \times n$ 행렬 $\mathbf{A}$가 서로 다른 고유값 $\lambda_1, \lambda_2, \ldots, \lambda_n$을 가질 때, n개의 일차독립인 고유벡터 $\mathbf{K}_1, \mathbf{K}_2, \ldots, \mathbf{K}_n$의 집합을 구할 수 있음을 증명할 수 있다. 그러나 특성방정식이 다중근을 가질 때는 $\mathbf{A}$에 대하여 n개의 일차독립인 고유벡터를 구하기가 불가능할 수도 있다.

예제 3 고유값과 고유벡터 구하기

다음 행렬의 고유값과 고유벡터를 구하라.

$$\mathbf{A} = \begin{pmatrix} 3 & 4 \\ -1 & 7 \end{pmatrix}$$

풀이 특성방정식

$$\det(\mathbf{A} - \lambda\mathbf{I}) = \begin{vmatrix} 3-\lambda & 4 \\ -1 & 7-\lambda \end{vmatrix} = (\lambda - 5)^2 = 0$$

으로부터 $\lambda_1 = \lambda_2 = 5$는 중복도 2인 고유값이다. 2×2 행렬의 경우에는 Gauss-Jordan 소거법을 이용할 필요가 없다. $\lambda_1 = 5$에 대응하는 고유벡터를 구하기 위해 연립방정식 $(\mathbf{A} - 5\mathbf{I}|\mathbf{0})$과 동치인

$$\begin{aligned} -2k_1 + 4k_2 &= 0 \\ -k_1 + 2k_2 &= 0 \end{aligned}$$

로부터 명백히 $k_1 = 2k_2$이다. 따라서 $k_2 = 1$로 택하면, 유일한 고유벡터 $\mathbf{K}_1 = \begin{pmatrix} 2 \\ 1 \end{pmatrix}$을 얻는다. ≡

예제 4 고유값과 고유벡터 구하기

$\mathbf{A} = \begin{pmatrix} 9 & 1 & 1 \\ 1 & 9 & 1 \\ 1 & 1 & 9 \end{pmatrix}$의 고유값과 고유벡터를 구하라.

풀이 특성방정식

$$\det(\mathbf{A} - \lambda\mathbf{I}) = \begin{vmatrix} 9-\lambda & 1 & 1 \\ 1 & 9-\lambda & 1 \\ 1 & 1 & 9-\lambda \end{vmatrix} = -(\lambda - 11)(\lambda - 8)^2 = 0$$

으로부터 $\lambda_1 = 11$과 $\lambda_2 = \lambda_3 = 8$은 중복도 2인 고유값임을 알 수 있다.

$\lambda_1 = 11$에 대해서는 Gauss-Jordan 소거법으로부터

$$(\mathbf{A} - 11\mathbf{I}|\mathbf{0}) = \left(\begin{array}{ccc|c} -2 & 1 & 1 & 0 \\ 1 & -2 & 1 & 0 \\ 1 & 1 & -2 & 0 \end{array}\right) \overset{\text{행 연산}}{\Longrightarrow} \left(\begin{array}{ccc|c} 1 & 0 & -1 & 0 \\ 0 & 1 & -1 & 0 \\ 0 & 0 & 0 & 0 \end{array}\right)$$

이다. 따라서 $k_1 = k_3$이고 $k_2 = k_3$이다. $k_3 = 1$이면 고유벡터는

$$\mathbf{K}_1 = \begin{pmatrix} 1 \\ 1 \\ 1 \end{pmatrix}$$

이다. $\lambda_2 = 8$에 대해서

$$(\mathbf{A} - 8\mathbf{I}|\mathbf{0}) = \left(\begin{array}{ccc|c} 1 & 1 & 1 & 0 \\ 1 & 1 & 1 & 0 \\ 1 & 1 & 1 & 0 \end{array}\right) \overset{\text{행 연산}}{\Longrightarrow} \left(\begin{array}{ccc|c} 1 & 1 & 1 & 0 \\ 0 & 0 & 0 & 0 \\ 0 & 0 & 0 & 0 \end{array}\right)$$

이다. 방정식 $k_1 + k_2 + k_3 = 0$에서 두 변수는 임의로 자유롭게 택할 수 있다. $k_2 = 1$,

$k_3 = 0$과 $k_2 = 0$, $k_3 = 1$을 택하면 단 하나의 고유값에 대응하는 2개의 일차독립인 고유벡터

$$\mathbf{K}_2 = \begin{pmatrix} -1 \\ 1 \\ 0 \end{pmatrix} \quad \text{그리고} \quad \mathbf{K}_3 = \begin{pmatrix} -1 \\ 0 \\ 1 \end{pmatrix}$$

를 얻을 수 있다. ≡

복소 고유값 행렬 **A**는 **복소 고유값**(complex eigenvalue)을 가질 수 있다.

정리 8.8.1 복소 고유값과 고유벡터

A가 실수 원소를 갖는 정방행렬이라고 하자. $\lambda = \alpha + i\beta$, $\beta \neq 0$이 **A**의 복소 고유값이면, 켤레 복소수 $\overline{\lambda} = \alpha - i\beta$ 도 **A**의 고유값이다. **K**가 λ에 대응하는 고유벡터이면, 켤레 $\overline{\mathbf{K}}$는 $\overline{\lambda}$에 대응하는 고유벡터이다.

증명 **A**는 실수를 원소로 갖는 행렬이므로, 특성방정식 $\det(\mathbf{A} - \lambda\mathbf{I}) = 0$은 실수를 계수로 하는 다항방정식이다. 대수학에서 이런 방정식의 복소근들은 쌍으로 나온다는 것을 알고 있다. 다시 말하면 $\lambda = \alpha + i\beta$가 근이면 $\overline{\lambda} = \alpha - i\beta$도 근이다. 이제 **K**가 λ에 대응하는 **A**의 고유벡터라 하자. 정의에 의하여 $\mathbf{AK} = \lambda\mathbf{K}$이다. 이 방정식에 복소 켤레를 취하면, **A**는 실행렬이므로

$$\overline{\mathbf{A}}\,\overline{\mathbf{K}} = \overline{\lambda}\,\overline{\mathbf{K}} \qquad \text{또는} \qquad \mathbf{A}\overline{\mathbf{K}} = \overline{\lambda}\,\overline{\mathbf{K}}$$

이다. 마지막 방정식은 $\overline{\mathbf{K}}$가 $\overline{\lambda}$에 대응하는 고유벡터임을 나타낸다. ≡

예제 5 복소 고유값과 고유벡터

$\mathbf{A} = \begin{pmatrix} 6 & -1 \\ 5 & 4 \end{pmatrix}$의 고유값과 고유벡터를 구하라.

풀이 특성방정식은

$$\det(\mathbf{A} - \lambda\mathbf{I}) = \begin{vmatrix} 6-\lambda & -1 \\ 5 & 4-\lambda \end{vmatrix} = \lambda^2 - 10\lambda + 29 = 0$$

이다. 2차 방정식의 공식으로부터 $\lambda_1 = 5 + 2i$와 $\lambda_2 = \overline{\lambda}_1 = 5 - 2i$를 얻는다.

$\lambda_1 = 5 + 2i$에 대해서는

$$\begin{aligned} (1 - 2i)k_1 - \qquad\quad k_2 &= 0 \\ 5k_1 - (1 + 2i)k_2 &= 0 \end{aligned}$$

을 풀어야 한다. $k_2 = (1 - 2i)k_1$*이므로, $k_1 = 1$을 택하면 고유벡터는 다음과 같다.

* 두 번째 식은 첫 번째 식에 $1 + 2i$를 곱한 것이다.

$$\mathbf{K}_1 = \begin{pmatrix} 1 \\ 1 - 2i \end{pmatrix}$$

정리 8.8.1에서 $\lambda_2 = \overline{\lambda}_1 = 5 - 2i$에 대응하는 고유벡터는

$$\mathbf{K}_2 = \overline{\mathbf{K}}_1 = \begin{pmatrix} 1 \\ 1 + 2i \end{pmatrix}$$

임을 알 수 있다. ≡

고유값과 특이행렬 $n \times n$ 행렬 $\mathbf{A}$가 고유값으로 0을 가지면 n개 변수, n개 방정식의 제차 선형시스템

$$\overset{\lambda = 0}{\downarrow}$$
$$\mathbf{AK} = 0\mathbf{K} = \mathbf{0}$$

은 정의 8.8.1에 의해 비자명해벡터 $\mathbf{K}$를 가져야 한다. 이 사실은 행렬 $\mathbf{A}$에 대해 중요한 사실을 말해 준다. 정리 8.6.6에 의해 n개 변수, n개 방정식의 제차 선형시스템은 계수 행렬 $\mathbf{A}$가 비정칙일 경우에만 비자명해를 갖는다. 이 결과는 다음의 정리로 요약된다.

정리 8.8.2 고유값 0과 특이행렬

$\mathbf{A}$를 $n \times n$ 행렬이라 할 때, $\lambda = 0$이 $\mathbf{A}$의 고유값이면 $\mathbf{A}$는 특이행렬이고, $\mathbf{A}$가 특이행렬이면 $\mathbf{A}$는 고유값 $\lambda = 0$를 갖는다.

다른 방식으로 다음과 같이 표현할 수 있다.

행렬 $\mathbf{A}$가 정칙이면 $\mathbf{A}$는 고유값으로 0을 갖지 않으며, $\mathbf{A}$가 고유값으로 0을 갖지 않으면 $\mathbf{A}$는 정칙 행렬이다. (6)

예제 2를 다시 살펴보면 3×3 행렬 식 (5)는 고유값 $\lambda_1 = 0$을 갖는다. 따라서 정리 8.8.2로부터 행렬 식 (5)는 특이행렬, 즉 역행렬을 갖지 않는 행렬이라고 할 수 있다. 반면에 예제 3과 4의 행렬은 고유값으로 0을 갖지 않으므로 식 (6)에 의해 정칙 행렬이다.

$n \times n$행렬 $\mathbf{A}$의 고유값은 $\det \mathbf{A}$와 관계가 있다. 특성방정식 $\det(\mathbf{A} - \lambda\mathbf{I}) = 0$는 n차 다항방정식이므로 중근과 복소근을 포함하면 n개의 근 $\lambda_1, \lambda_2, \lambda_3, \ldots, \lambda_n$을 가져야 한다. 대수학의 인수정리에 의해 특성다항식 $\det(\mathbf{A} - \lambda\mathbf{I})$는 다음과 같이 적을 수 있다.

$$\det(\mathbf{A} - \lambda\mathbf{I}) = (\lambda_1 - \lambda)(\lambda_2 - \lambda)(\lambda_3 - \lambda)\cdots(\lambda_n - \lambda) \tag{7}$$

식 (7)에서 $\lambda = 0$이라 두면

$$\det \mathbf{A} = \lambda_1\lambda_2\lambda_3\cdots\lambda_n \tag{8}$$

가 된다. 즉

행렬$\mathbf{A}$의 행렬식은 행렬$\mathbf{A}$의 고유값들의 곱이다.

정리 8.8.2에 대한 다른 증명: 식 (8)에서 만일, $\lambda_1 = 0$이라 하면, $\det \mathbf{A} = 0$이 된다. 반대로 $\det \mathbf{A} = 0$이면, $\lambda_1\lambda_2\lambda_3 \ldots \lambda_n = 0$이고 이는 **A**의 고유값 중에서 최소 하나는 0임을 의미한다.

예제 6 예제 4와 5 재검토

(a) 예제 4에서 행렬

$$\mathbf{A} = \begin{pmatrix} 9 & 1 & 1 \\ 1 & 9 & 1 \\ 1 & 1 & 9 \end{pmatrix}$$

의 고유값은 $\lambda_1 = 11$, $\lambda_2 = \lambda_3 = 8$임을 보았다. 추가적인 작업없이 $\mathbf{A} = 11 \cdot 8 \cdot 8 = 704$이다. $\det \mathbf{A} \neq 0$이므로 행렬 **A**는 정칙행렬이다.

(b) 예제 5에서 2×2행렬 $\mathbf{A} = \begin{pmatrix} 6 & -1 \\ 5 & 4 \end{pmatrix}$의 행렬식은

$$\det \mathbf{A} = \begin{vmatrix} 6 & -1 \\ 5 & 4 \end{vmatrix} = 29$$

로 쉽게 얻는다. 또한 두 복소고유값 $\lambda_1 = 5 + 2i$, $\lambda_2 = 5 - 2i$를 사용하면
$\det \mathbf{A} = \lambda_1\lambda_2 = (5 + 2i)(5 - 2i) = 5^2 + 2^2 = 29$가 된다. ≡

$\mathbf{A}^{-1}$의 고유값과 고유벡터 $n \times n$ 행렬 **A**가 정칙이면 $\mathbf{A}^{-1}$이 존재하고, **A**는 고유값으로 0을 갖지 않는다. λ를 **A**의 고유값이라 하고, **K**를 대응하는 고유벡터라 하자. 방정식 $\mathbf{AK} = \lambda\mathbf{K}$의 양변에 $\mathbf{A}^{-1}$을 곱하면 다음과 같다.

$$\mathbf{A}^{-1}(\mathbf{AK}) = \lambda\mathbf{A}^{-1}\mathbf{K}$$
$$(\mathbf{A}^{-1}\mathbf{A})\mathbf{K} = \lambda\mathbf{A}^{-1}\mathbf{K}$$
$$\mathbf{IK} = \lambda\mathbf{A}^{-1}\mathbf{K}$$

또는

$$\mathbf{A}^{-1}\mathbf{K} = \frac{1}{\lambda}\mathbf{K} \tag{9}$$

식 (9)의 결과를 식 (1)과 비교하면 다음의 결론을 얻는다.

정리 8.8.3 $\mathbf{A}^{-1}$의 고유값과 고유벡터

A를 정칙행렬이라 하자. λ가 **A**의 고유값이고, 대응하는 고유벡터가 **K**이면, $1/\lambda$는 $\mathbf{A}^{-1}$의 고유값이고, 대응하는 고유벡터는 **K**로 λ의 고유벡터와 동일하다.

예제 7 역행렬의 고유값

행렬 $\mathbf{A} = \begin{pmatrix} 4 & 0 \\ 2 & 3 \end{pmatrix}$은 서로 다른 고유값 $\lambda_1 = 4$, $\lambda_2 = 3$과 대응하는 고유벡터 $\mathbf{K}_1 = \begin{pmatrix} 1 \\ 2 \end{pmatrix}$,

$\mathbf{K}_2 = \begin{pmatrix} 0 \\ 1 \end{pmatrix}$을 갖는다. 0이 $\mathbf{A}$의 고유값이 아니므로 $\mathbf{A}$는 정칙 행렬이다. 따라서 정리 8.8.3으로부터 역수

$$\lambda_3 = \frac{1}{\lambda_1} = \frac{1}{4}, \quad \lambda_4 = \frac{1}{\lambda_2} = \frac{1}{3}$$

은 $\mathbf{A}^{-1}$의 고유값이고, 대응하는 고유벡터는 각각 $\mathbf{K}_1 = \begin{pmatrix} 1 \\ 2 \end{pmatrix}$, $\mathbf{K}_2 = \begin{pmatrix} 0 \\ 1 \end{pmatrix}$이다. 이 결과는 $\mathbf{A}^{-1} = \begin{pmatrix} \frac{1}{4} & 0 \\ -\frac{1}{6} & \frac{1}{3} \end{pmatrix}$을 사용하여 다음과 같이 쉽게 보일 수 있다.

$$\mathbf{A}^{-1}\mathbf{K}_1 = \begin{pmatrix} \frac{1}{4} & 0 \\ -\frac{1}{6} & \frac{1}{3} \end{pmatrix}\begin{pmatrix} 1 \\ 2 \end{pmatrix} = \begin{pmatrix} \frac{1}{4} \\ \frac{1}{2} \end{pmatrix} = \tfrac{1}{4}\begin{pmatrix} 1 \\ 2 \end{pmatrix} = \frac{1}{\lambda_1}\mathbf{K}_1 = \lambda_3\mathbf{K}_1$$

$$\mathbf{A}^{-1}\mathbf{K}_2 = \begin{pmatrix} \frac{1}{4} & 0 \\ -\frac{1}{6} & \frac{1}{3} \end{pmatrix}\begin{pmatrix} 0 \\ 1 \end{pmatrix} = \begin{pmatrix} 0 \\ \frac{1}{3} \end{pmatrix} = \tfrac{1}{3}\begin{pmatrix} 0 \\ 1 \end{pmatrix} = \frac{1}{\lambda_2}\mathbf{K}_2 = \lambda_4\mathbf{K}_2$$

≡

다음의 마지막 정리는 삼각행렬, 아래 삼각행렬, 대각행렬의 행렬식은 주대각요소의 곱이라는 사실로부터 나온다. 정리 8.5.8을 보라.

정리 8.8.4 삼각행렬과 대각행렬

위 삼각행렬, 아래 삼각행렬과 대각행렬의 고유값은 주대각요소들이다.

예제 7에서 행렬 $\mathbf{A} = \begin{pmatrix} 4 & 0 \\ 2 & 3 \end{pmatrix}$은 아래 삼각행렬이고, 고유값 $\lambda_1 = 4$, $\lambda_2 = 3$은 행렬 $\mathbf{A}$의 주대각 원소가 됨에 주의하라.

8.8 연습문제

부록에 선택된 홀수 문제의 답이 있다.

문제 1~6. 주어진 열벡터 중 어느 것이 행렬 $\mathbf{A}$의 고유벡터인지 정하라. 그에 대응하는 고유값은 얼마인가?

1. $\mathbf{A} = \begin{pmatrix} 4 & 2 \\ 5 & 1 \end{pmatrix}$; $\mathbf{K}_1 = \begin{pmatrix} 5 \\ -2 \end{pmatrix}$, $\mathbf{K}_2 = \begin{pmatrix} 2 \\ 5 \end{pmatrix}$, $\mathbf{K}_3 = \begin{pmatrix} -2 \\ 5 \end{pmatrix}$

2. $\mathbf{A} = \begin{pmatrix} 2 & -1 \\ 2 & -2 \end{pmatrix}$; $\mathbf{K}_1 = \begin{pmatrix} 1 \\ 2-\sqrt{2} \end{pmatrix}$, $\mathbf{K}_2 = \begin{pmatrix} 2+\sqrt{2} \\ 2 \end{pmatrix}$, $\mathbf{K}_3 = \begin{pmatrix} \sqrt{2} \\ -\sqrt{2} \end{pmatrix}$

3. $\mathbf{A} = \begin{pmatrix} 6 & 3 \\ 2 & 1 \end{pmatrix}$; $\mathbf{K}_1 = \begin{pmatrix} 3 \\ -2 \end{pmatrix}$, $\mathbf{K}_2 = \begin{pmatrix} 1 \\ 0 \end{pmatrix}$, $\mathbf{K}_3 = \begin{pmatrix} -5 \\ 10 \end{pmatrix}$

4. $\mathbf{A} = \begin{pmatrix} 2 & 8 \\ -1 & -2 \end{pmatrix}$; $\mathbf{K}_1 = \begin{pmatrix} 0 \\ 0 \end{pmatrix}$, $\mathbf{K}_2 = \begin{pmatrix} 2+2i \\ -1 \end{pmatrix}$, $\mathbf{K}_3 = \begin{pmatrix} 2+2i \\ 1 \end{pmatrix}$

5. $\mathbf{A} = \begin{pmatrix} 1 & -2 & 2 \\ -2 & 1 & -2 \\ 2 & 2 & 1 \end{pmatrix}$; $\mathbf{K}_1 = \begin{pmatrix} 0 \\ 1 \\ 1 \end{pmatrix}$, $\mathbf{K}_2 = \begin{pmatrix} 4 \\ -4 \\ 0 \end{pmatrix}$, $\mathbf{K}_3 = \begin{pmatrix} -1 \\ 1 \\ 1 \end{pmatrix}$

6. $\mathbf{A} = \begin{pmatrix} -1 & 1 & 0 \\ 1 & 2 & 1 \\ 0 & 3 & -1 \end{pmatrix}$; $\mathbf{K}_1 = \begin{pmatrix} -1 \\ 4 \\ 3 \end{pmatrix}$, $\mathbf{K}_2 = \begin{pmatrix} 1 \\ 4 \\ 3 \end{pmatrix}$, $\mathbf{K}_3 = \begin{pmatrix} 3 \\ 1 \\ 4 \end{pmatrix}$

문제 7~22. 주어진 행렬의 고유값과 고유벡터를 구하라. 정리 8.8.2 또는 식 (6)을 사용하여 행렬이 정칙인지 비정칙인지를 판별하라.

7. $\begin{pmatrix} -1 & 2 \\ -7 & 8 \end{pmatrix}$

8. $\begin{pmatrix} 2 & 1 \\ 2 & 1 \end{pmatrix}$

9. $\begin{pmatrix} -8 & -1 \\ 16 & 0 \end{pmatrix}$

10. $\begin{pmatrix} 1 & 1 \\ \frac{1}{4} & 1 \end{pmatrix}$

11. $\begin{pmatrix} -1 & 2 \\ -5 & 1 \end{pmatrix}$

12. $\begin{pmatrix} 1 & -1 \\ 1 & 1 \end{pmatrix}$

13. $\begin{pmatrix} 4 & 8 \\ 0 & -5 \end{pmatrix}$

14. $\begin{pmatrix} 7 & 0 \\ 0 & 13 \end{pmatrix}$

15. $\begin{pmatrix} 5 & -1 & 0 \\ 0 & -5 & 9 \\ 5 & -1 & 0 \end{pmatrix}$

16. $\begin{pmatrix} 3 & 0 & 0 \\ 0 & 2 & 0 \\ 4 & 0 & 1 \end{pmatrix}$

17. $\begin{pmatrix} 0 & 4 & 0 \\ -1 & -4 & 0 \\ 0 & 0 & -2 \end{pmatrix}$

18. $\begin{pmatrix} 1 & 6 & 0 \\ 0 & 2 & 1 \\ 0 & 1 & 2 \end{pmatrix}$

19. $\begin{pmatrix} 0 & 0 & -1 \\ 1 & 0 & 0 \\ 1 & 1 & -1 \end{pmatrix}$

20. $\begin{pmatrix} 2 & -1 & 0 \\ 5 & 2 & 4 \\ 0 & 1 & 2 \end{pmatrix}$

21. $\begin{pmatrix} 1 & 2 & 3 \\ 0 & 5 & 6 \\ 0 & 0 & -7 \end{pmatrix}$

22. $\begin{pmatrix} 0 & 0 & 0 \\ 0 & 0 & 0 \\ 0 & 0 & 1 \end{pmatrix}$

문제 23~26. 주어진 정칙 행렬 $\mathbf{A}$의 고유값과 고유벡터를 구하라. 그런 다음에는 $\mathbf{A}^{-1}$을 구하지 말고 $\mathbf{A}^{-1}$의 고유값과 대응하는 고유벡터를 구하라.

23. $\mathbf{A} = \begin{pmatrix} 5 & 1 \\ 1 & 5 \end{pmatrix}$

24. $\mathbf{A} = \begin{pmatrix} 4 & 2 \\ 7 & -1 \end{pmatrix}$

25. $\mathbf{A} = \begin{pmatrix} 4 & 2 & -1 \\ 0 & 3 & -2 \\ 0 & 0 & 5 \end{pmatrix}$

26. $\mathbf{A} = \begin{pmatrix} 1 & 2 & -1 \\ 1 & 0 & 1 \\ 4 & -4 & 5 \end{pmatrix}$

토의문제

27. 8.1절의 위 삼각행렬, 아래 삼각행렬, 대각행렬의 정의를 복습하라. 이들 행렬의 주대각 원소가 행렬의 고유값이 되는 이유를 설명하라.

28. 명제 'λ가 $n \times n$행렬 $\mathbf{A}$의 고유값이면 행렬 $\mathbf{A} - \lambda\mathbf{I}$는 비정칙이다.'가 참인지 거짓인지 답하라. 이유를 설명하라.

29. λ를 $n \times n$ 행렬 $\mathbf{A}$의 고유값, $\mathbf{K}$를 대응하는 고유벡터라 하자.

(a) $\mathbf{A}^2 = \mathbf{AA}$이면, $\mathbf{A}^2\mathbf{K} = \lambda^2\mathbf{K}$임을 보여라. 이 방정식의 의미를 설명하라.

(b) 다음의 행렬을 이용하여 (a)에서 얻은 결과가 만족됨을 보여라.

$$\mathbf{A} = \begin{pmatrix} 2 & 3 \\ 5 & 4 \end{pmatrix}$$

(c) (a)의 결과를 일반화하라.

30. $\mathbf{A}$, $\mathbf{B}$를 $n \times n$행렬이라 하자. $\mathbf{B} = \mathbf{S}^{-1}\mathbf{AS}$를 만족하는 정칙행렬 $\mathbf{S}$가 존재할 때 행렬 $\mathbf{B}$는 행렬 $\mathbf{A}$와 닮음이라 한다. 행렬 $\mathbf{B}$가 행렬 $\mathbf{A}$의 닮음이면, $\mathbf{A}$는 $\mathbf{B}$의 닮음이 됨을 보여라.

31. 행렬 $\mathbf{A}$와 $\mathbf{B}$는 닮음행렬(similar matrices)이라 하면, $\mathbf{A}$와 $\mathbf{B}$는 동일한 교유값을 가짐을 보여라. 문제 30을 보라. [힌트: 정리 8.5.6과 연습문제 8.6의 문제 37을 재검토하라.]

컴퓨터 실습 과제

32. 행렬의 모든 원소가 양수이고 각 행의 원소의 합(또는 열의 원소의 합)이 1인 정방행렬 $\mathbf{A}$를 **확률행렬**(stochastic matrix)이라 한다. 확률행렬은 확률이론에서 중요하다. 다음 두 행렬이 확률행렬임을 보여라.

(a)

$$\mathbf{A} = \begin{pmatrix} p & 1-p \\ q & 1-q \end{pmatrix}, \quad 0 \le p \le 1, 0 \le q \le 1$$

과

$$\mathbf{A} = \begin{pmatrix} \frac{1}{2} & \frac{1}{4} & \frac{1}{4} \\ \frac{1}{3} & \frac{1}{3} & \frac{1}{3} \\ \frac{1}{6} & \frac{1}{3} & \frac{1}{2} \end{pmatrix}$$

(b) 선형 대수 소프트웨어나 CAS를 이용해 (a)의 3×3 행렬 $\mathbf{A}$의 고유값과 고유벡터를 구하라. 적어도 6개 이상의 다양한 크기(2×2, 3×3, 4×4, 5×5)의 확률행렬을 만들라. 그리고 각 행렬의 고유값과 고유벡터를 구하라. 패턴을 구별해 냈다면, 가설을 세우고 증명을 시도해 보라.

(c) (a)에서 3×3 행렬 $\mathbf{A}$에 대해 소프트웨어를 사용하여 $\mathbf{A}^2$, $\mathbf{A}^3$, $\mathbf{A}^4$, . . . 구하라. (b)에서 만든 행렬도 그와 같이 반복해 보라. 패턴을 구별해 냈다면, 가설을 세우고 증명을 시도해 보라.

8.9 행렬의 거듭제곱

소개 $n \times n$ 행렬 $\mathbf{A}$에 대해서 $\mathbf{A}^m$(m은 양의 정수)을 빠르게 계산하는 것이 중요하다.

$$\mathbf{A}^m = \underbrace{\mathbf{AAA} \cdots \mathbf{A}}_{m\text{개의 인자들}}$$

물론 $\mathbf{A}^m$은 응용 소프트웨어나 간단한 컴퓨터 프로그램을 써서 계산할 수 있지만, 이 경우에도 반복되는 곱을 계산해 내는 데 단순히 곱하는 것은 효과적이지 않다는 것을 알아야 한다 [$\mathbf{A}^2 = \mathbf{AA}$, $\mathbf{A}^3 = \mathbf{AA}^2$, $\mathbf{A}^4 = \mathbf{AAAA} = \mathbf{A}(\mathbf{A}^3) = \mathbf{A}^2\mathbf{A}^2$ 등].

$\mathbf{A}^m$의 계산 Cayley-Hamilton 정리로 알려진 정리를 이용하여 $\mathbf{A}^m$을 구하는 방법을 설명한다.

정리 8.9.1 Cayley-Hamilton 정리

$n \times n$ 행렬 $\mathbf{A}$는 자신의 특성방정식을 만족시킨다.

$(-1)^n\lambda^n + c_{n-1}\lambda^{n-1} + \ldots + c_1\lambda + c_0 = 0$이 행렬 $\mathbf{A}$의 특성방정식인 경우 정리 8.9.1은 다음과 같다.

$$(-1)^n\mathbf{A}^n + c_{n-1}\mathbf{A}^{n-1} + \cdots + c_1\mathbf{A} + c_0\mathbf{I} = \mathbf{0} \tag{1}$$

2차 행렬 2×2 행렬 $\mathbf{A} = \begin{pmatrix} -2 & 4 \\ -1 & 3 \end{pmatrix}$의 특성방정식은 $\lambda^2 - \lambda - 2 = 0$이고, $\mathbf{A}$의 고유값은 $\lambda_1 = -1$과 $\lambda_2 = 2$이다. 정리 8.9.1은 $\mathbf{A}^2 - \mathbf{A} - 2\mathbf{I} = \mathbf{0}$, 또는 $\mathbf{A}$의 최대거듭제곱에 대해 풀면 다음을 얻는다.

$$\mathbf{A}^2 = 2\mathbf{I} + \mathbf{A} \tag{2}$$

이제 식 (2)에 $\mathbf{A}$를 곱하면 $\mathbf{A}^3 = 2\mathbf{A} + \mathbf{A}^2$을 얻게 되고, 새 식의 오른쪽에 있는 $\mathbf{A}^2$을 소거하기 위해 식 (2)를 이용하면, 다음 식을 얻는다.

$$\mathbf{A}^3 = 2\mathbf{A} + \mathbf{A}^2 = 2\mathbf{A} + (2\mathbf{I} + \mathbf{A}) = 2\mathbf{I} + 3\mathbf{A}$$

이와 같은 방법을 반복하면, 다시 말해 마지막 결과에 $\mathbf{A}$를 곱하고 $\mathbf{A}^2$을 소거하기 위해 식 (2)를 사용하는 경우, 오로지 단위행렬 $\mathbf{I}$와 $\mathbf{A}$로 표현되는 $\mathbf{A}$의 연속 거듭제곱을 얻을 수 있다.

$$\begin{aligned} \mathbf{A}^4 &= 6\mathbf{I} + 5\mathbf{A} \\ \mathbf{A}^5 &= 10\mathbf{I} + 11\mathbf{A} \\ \mathbf{A}^6 &= 22\mathbf{I} + 21\mathbf{A} \end{aligned} \tag{3}$$

등등(검증하라). 예를 들면

$$\mathbf{A}^6 = 22\begin{pmatrix} 1 & 0 \\ 0 & 1 \end{pmatrix} + 21\begin{pmatrix} -2 & 4 \\ -1 & 3 \end{pmatrix} = \begin{pmatrix} -20 & 84 \\ -21 & 85 \end{pmatrix} \tag{4}$$

이다.

이제 식 (3)과 같은 반복적인 곱이나 재대입을 실제로 하지 않고도 c_k를 결정할 수 있다. 첫째로 행렬 $\mathbf{A} = \begin{pmatrix} -2 & 4 \\ -1 & 3 \end{pmatrix}$의 특성방정식은 $\lambda^2 = \lambda + 2$로 쓸 수 있으므로 식 (3)과 비슷한 결과는 고유값 $\lambda_1 = -1$과 $\lambda_2 = 2$에 대해서도 역시 성립해야 한다. 즉 $\lambda_3 = 2 + 3\lambda$, $\lambda^4 = 6 + 5\lambda$, $\lambda^5 = 10 + 11\lambda$, $\lambda^6 = 22 + 21\lambda, \ldots$ 이다. 그러면 방정식

$$\mathbf{A}^m = c_0\mathbf{I} + c_1\mathbf{A}, \qquad \lambda^m = c_0 + c_1\lambda \tag{5}$$

는 같은 상수의 짝 c_0와 c_1에 대해서도 성립한다. 상수 c_0와 c_1은 마지막 방정식 (5)에 $\lambda = -1$과 $\lambda = 2$를 대입하고 2개의 미지수로 된 두 방정식의 연립방정식을 풀어서 얻을 수 있다. 방정식의 해는

$$(-1)^m = c_0 + c_1(-1)$$
$$2^m = c_0 + c_1(2)$$

에서 $c_0 = \frac{1}{3}[2^m + 2(-1)^m]$, $c_1 = \frac{1}{3}[2^m - (-1)^m]$이다. 이제 이 계수들을 식 (5)의 첫 번째 방정식에 대입하여 2개의 행렬을 더하고 각 원소를 간단히 하여

$$\mathbf{A}^m = \begin{pmatrix} \frac{1}{3}[-2^m + 4(-1)^m] & \frac{4}{3}[2^m - (-1)^m] \\ -\frac{1}{3}[2^m - (-1)^m] & \frac{1}{3}[2^{m+2} - (-1)^m] \end{pmatrix} \tag{6}$$

을 얻는다. 식 (4)의 결과를 식 (6)에서 $m = 6$으로 놓아서 검증해 보도록 하자. $\mathbf{A}^0 = \mathbf{I}$이고 $\mathbf{A}^1 = \mathbf{A}$이므로 $m \geq 0$에 대하여 식 (5)와 (6)이 유효하다.

n차 행렬 행렬 $\mathbf{A}$가 3×3 행렬이면 특성방정식 (1)은 3차 다항식이고, 식 (2)와 비슷하게 $\mathbf{A}^3$을 $\mathbf{I}$, $\mathbf{A}$, 그리고 $\mathbf{A}^2$으로 표현할 수 있다. 어떤 거듭제곱 $\mathbf{A}^m$도 이와 같이 $\mathbf{I}$, $\mathbf{A}$, 그리고 $\mathbf{A}^2$으로 쓰도록 확장할 수 있다. 일반적으로 $n \times n$ 행렬 $\mathbf{A}$는

$$\mathbf{A}^m = c_0\mathbf{I} + c_1\mathbf{A} + c_2\mathbf{A}^2 + \cdots + c_{n-1}\mathbf{A}^{n-1}$$

으로 쓸 수 있고 각각의 계수 c_k, $k = 0, 1, \ldots, n-1$은 m 값에 영향을 받는다.

예제 1 3×3 행렬의 $\mathbf{A}^m$

$\mathbf{A} = \begin{pmatrix} 1 & 1 & -2 \\ -1 & 2 & 1 \\ 0 & 1 & -1 \end{pmatrix}$의 $\mathbf{A}^m$을 계산하라.

풀이 $\mathbf{A}$의 특성방정식은 $-\lambda^3 + 2\lambda^2 + \lambda - 2 = 0$ 또는 $\lambda^3 = -2 + \lambda + 2\lambda^2$이고 고유값은 $\lambda_1 = -1$, $\lambda_2 = 1$, $\lambda_3 = 2$이다. 앞의 논의로부터 다음 두 식은 같은 계수를 가짐을 알 수 있다.

$$\mathbf{A}^m = c_0\mathbf{I} + c_1\mathbf{A} + c_2\mathbf{A}^2, \qquad \lambda^m = c_0 + c_1\lambda + c_2\lambda^2 \tag{7}$$

마지막 식에서 차례로 $\lambda = -1$, $\lambda = 1$, $\lambda = 2$로 놓음으로써 3개의 미지수가 있는 3개의 방정식을 얻는다.

$$\begin{aligned} (-1)^m &= c_0 - \ \ c_1 + \ \ c_2 \\ 1 &= c_0 + \ \ c_1 + \ \ c_2 \\ 2^m &= c_0 + 2c_1 + 4c_2 \end{aligned} \tag{8}$$

식 (8)을 풀면 c_0, c_1, c_2는 다음과 같다.

$$\begin{aligned} c_0 &= \tfrac{1}{3}[3 + (-1)^m - 2^m], \\ c_1 &= 2[1 - (-1)^m], \\ c_2 &= \tfrac{1}{6}[-3 + (-1)^m + 2^{m+1}] \end{aligned}$$

$\mathbf{A}^2$을 계산한 후 이 계수들을 식 (7)의 처음 식에 대입하고, 얻어진 행렬의 원소를 간단히 하면 다음과 같다.

$$\mathbf{A}^m = \begin{pmatrix} \frac{1}{6}[9 - 2^{m+1} - (-1)^m] & \frac{1}{3}[2^m - (-1)^m] & \frac{1}{6}[-9 + 2^{m+1} + 7(-1)^m] \\ 1 - 2^m & 2^m & 2^m - 1 \\ \frac{1}{6}[3 - 2^{m+1} - (-1)^m] & \frac{1}{3}[2^m - (-1)^m] & \frac{1}{6}[-3 + 2^{m+1} + 7(-1)^m] \end{pmatrix}$$

예를 들어 $m = 10$이면

$$\mathbf{A}^{10} = \begin{pmatrix} -340 & 341 & 341 \\ -1023 & 1024 & 1023 \\ -341 & 341 & 342 \end{pmatrix}$$

이다. ≡

■ **역행렬 구하기** **A**가 정칙행렬이라고 가정하자. **A**가 자신의 특성방정식을 만족시킨다는 사실은 $\mathbf{A}^{-1}$을 **A**의 거듭제곱들의 일차결합으로 계산하는 데 이용할 수 있다. 예를 들어, 정칙행렬 $\mathbf{A} = \begin{pmatrix} -2 & 4 \\ -1 & 3 \end{pmatrix}$은 $\mathbf{A}^2 - \mathbf{A} - 2\mathbf{I} = \mathbf{0}$을 만족시킴을 알고 있다. 단위행렬에 대해 풀면 $\mathbf{I} = \frac{1}{2}\mathbf{A}^2 - \frac{1}{2}\mathbf{A}$가 주어진다. 마지막 결과에 $\mathbf{A}^{-1}$을 곱하면 $\mathbf{A}^{-1} = \frac{1}{2}\mathbf{A}^2 - \frac{1}{2}\mathbf{I}$가 된다. 다시 말해서

$$\begin{pmatrix} -2 & 4 \\ -1 & 3 \end{pmatrix}^{-1} = \frac{1}{2}\begin{pmatrix} -2 & 4 \\ -1 & 3 \end{pmatrix} - \frac{1}{2}\begin{pmatrix} 1 & 0 \\ 0 & 1 \end{pmatrix} = \begin{pmatrix} -\frac{3}{2} & 2 \\ -\frac{1}{2} & 1 \end{pmatrix} \tag{9}$$

가 된다.

참고

앞에서 설명했던 $\mathbf{A}^m$을 구하는 방법에는 몇 가지 명백한 문제가 있다. 예를 들어 예제 1의 행렬이 중복도 2인 고유값을 갖는다면, 식 (8)과 같이 3개의 미지수와 3개의 방정식 대신에 세 개의 미지수로 된 2개의 방정식만을 갖게 된다. 그렇다면 어떻게 유일한 계수 c_0, c_1, 그리고 c_2를 구할 것인가? 연습문제 8.9의 문제 11~14를 보라. 또한 큰 행렬의 경우 비록 서로 다른 고유값을 가지고 있다고 해도, $c_0, c_1, c_2, \ldots, c_{n-1}$을 구하기 위해 큰 연립방정식을 손으로 푸는 것은 너무 귀찮은 일이다.

8.9 연습문제

부록에 선택된 홀수 문제의 답이 있다.

문제 1과 2. 주어진 행렬이 자신의 특성방정식을 만족시킴을 검증하라.

1. $\mathbf{A} = \begin{pmatrix} 1 & -2 \\ 4 & 5 \end{pmatrix}$

2. $\mathbf{A} = \begin{pmatrix} 0 & 1 & 2 \\ 1 & 0 & 3 \\ 0 & 1 & 1 \end{pmatrix}$

문제 3~10. 이 절에서 설명한 방법을 이용하여 $\mathbf{A}^m$을 계산하라. 이 결과를 사용하여 행렬 $\mathbf{A}$의 지시된 거듭제곱을 구하라.

3. $\mathbf{A} = \begin{pmatrix} -1 & 3 \\ 2 & 4 \end{pmatrix}$; $m = 3$

4. $\mathbf{A} = \begin{pmatrix} 5 & -3 \\ -3 & 5 \end{pmatrix}$; $m = 4$

5. $\mathbf{A} = \begin{pmatrix} 8 & 5 \\ 4 & 0 \end{pmatrix}$; $m = 5$

6. $\mathbf{A} = \begin{pmatrix} -1 & 2 \\ 0 & -3 \end{pmatrix}$; $m = 6$

7. $\mathbf{A} = \begin{pmatrix} 1 & 1 & 1 \\ 0 & 1 & 2 \\ 0 & 1 & 0 \end{pmatrix}$; $m = 10$

8. $\mathbf{A} = \begin{pmatrix} 0 & 1 & 1 \\ 0 & -1 & 1 \\ 1 & 1 & 0 \end{pmatrix}$; $m = 6$

9. $\mathbf{A} = \begin{pmatrix} 2 & 2 & 0 \\ 4 & 0 & 0 \\ 1 & 2 & 1 \end{pmatrix}$; $m = 10$

10. $\mathbf{A} = \begin{pmatrix} 0 & -\frac{1}{2} & 0 \\ -1 & \frac{1}{2} & 0 \\ 2 & -\frac{1}{2} & -2 \end{pmatrix}$; $m = 8$

문제 11과 12. 주어진 행렬이 중복도 2인 고유값 λ_1을 가짐을 보여라. 결과적으로 방정식 $\lambda^m = c_0 + c_1\lambda$(문제 11)와 $\lambda^m = c_0 + c_1\lambda + c_2\lambda^2$(문제 12)은 계수 c_i를 결정하기 위한 연립방정식을 구성하기에 충분한 독립된 방정식들을 제공하지 않는다. 연립방정식을 구성하기 위해 필요한 여분의 방정식으로서 이 각각의 방정식들의 도함수(λ에 대한)를 λ_1에서 값을 매겨 이용하라. $\mathbf{A}^m$을 계산하고 이 결과를 이용하여 행렬 $\mathbf{A}$의 지시된 거듭제곱을 계산하라.

11. $\mathbf{A} = \begin{pmatrix} 7 & 3 \\ -3 & 1 \end{pmatrix}$; $m = 6$

12. $\mathbf{A} = \begin{pmatrix} -2 & 2 & -1 \\ 2 & 1 & -2 \\ -3 & -6 & 0 \end{pmatrix}$; $m = 5$

13. $\lambda = 0$이 각 행렬의 고유값임을 보여라. 이 경우 특성방정식 (1)에서 계수 c_0는 0이다. 각 경우 $\mathbf{A}^m$을 계산하라. (a)와 (b)에서 $\mathbf{A}^m$을 결정함에 있어서 계수 c_i를 구하기 위해 연립방정식을 풀지 않아도 되는 이유를 설명하라.

(a) $\mathbf{A} = \begin{pmatrix} 1 & 1 \\ 3 & 3 \end{pmatrix}$

(b) $\mathbf{A} = \begin{pmatrix} 1 & -1 \\ 1 & -1 \end{pmatrix}$

(c) $\mathbf{A} = \begin{pmatrix} 2 & 1 & 1 \\ 1 & 0 & -2 \\ 1 & 1 & 3 \end{pmatrix}$

14. *Fibonacci*로 알려져 있는 **Leonardo** (1170~c.1250)는 피사공화국 출신의 이탈리아 수학자이다. 1202년에 출판한 수학책 *Liber Abaci*에서 그는 인도-아라비아 수 체계(Hindu~Arabic numerical system)의 가치와 실사용을 강력히 지지했다. Leonardo Fibonacci는 1202년 발표된 그의 연구 *Liber Abaci*에서 토끼의 번식에 대해 추측했다.

한 쌍의 토끼는 생후 두 번째 달부터 생식능력을 갖게 되고, 매달 한 쌍의 토끼를 생산한다고 할때 한 쌍의 토끼는 1년 후에 몇 쌍의 토끼가 될까?

이 물음의 답은 Fibonacci 수열로 알려진 수열에 들어 있다.

매달 후에													
시작 $n =$	0	1	2	3	4	5	6	7	8	9	10	11	12
어미 쌍	1	1	2	3	5	8	13	21	…				
새끼 쌍	0	1	1	2	3	5	8	13	…				
전체 쌍	1	2	3	5	8	13	21	34	…				

토끼의 쌍을 보여 주는 3개의 열은 각각 Fibonacci 수열이고 **2계 차분방정식** $x_n = x_{n-2} + x_{n-1}$, $n = 2, 3, \ldots$ (x_0와 x_1은 각 행에 따라 다름)에 의해 순환적으로 정의한다. 예를 들어, 어미 토끼의 쌍을 나타내는 첫 번째 열에서 $x_0 = 1$, $x_1 = 1$이다.

(a) $y_{n-1} = x_{n-2}$라 두면 $y_n = x_{n-1}$이고, 차분방정식은 다음과 같이 연립 1계 차분방정식으로 쓸 수 있다.

$$x_n = x_{n-1} + y_{n-1}$$
$$y_n = x_{n-1}$$

이 방정식을 행렬 형태 $\mathbf{X}_n = \mathbf{A}\mathbf{X}_{n-1}$($n = 2, 3, \ldots$)로 적어라.

(b)

$$\mathbf{A}^m = \begin{pmatrix} \dfrac{\lambda_2\lambda_1^m - \lambda_1\lambda_2^m + \lambda_2^m - \lambda_1^m}{\lambda_2 - \lambda_1} & \dfrac{\lambda_2^m - \lambda_1^m}{\lambda_2 - \lambda_1} \\ \dfrac{\lambda_2^m - \lambda_1^m}{\lambda_2 - \lambda_1} & \dfrac{\lambda_2\lambda_1^m - \lambda_1\lambda_2^m}{\lambda_2 - \lambda_1} \end{pmatrix}$$

또는

$$\mathbf{A}^m = \frac{1}{2^{m+1}\sqrt{5}}\begin{pmatrix} (1+\sqrt{5})^{m+1} - (1-\sqrt{5})^{m+1} & 2(1+\sqrt{5})^m - 2(1-\sqrt{5})^m \\ 2(1+\sqrt{5})^m - 2(1-\sqrt{5})^m & (1+\sqrt{5})(1-\sqrt{5})^m - (1-\sqrt{5})(1+\sqrt{5})^m \end{pmatrix}$$

임을 보여라. 여기서 $\lambda_1 = \frac{1}{2}(1 - \sqrt{5})$, $\lambda_2 = \frac{1}{2}(1 + \sqrt{5})$는 $\mathbf{A}$의 서로 다른 고유값이다.

(c) (a)의 결과를 이용하여 $\mathbf{X}_n = \mathbf{A}^{n-1}\mathbf{X}_1$임을 보여라. 이 결과와 (b)의 결과를 이용하여 12개월 후의 어미 토끼 쌍, 새끼 토끼 쌍, 그리고 전체 토끼 쌍을 구하라.

문제 15와 16. 식 (9)에서 예시한 절차를 이용하여 $\mathbf{A}^{-1}$을 구하라.

15. $\mathbf{A} = \begin{pmatrix} 2 & -4 \\ 1 & 3 \end{pmatrix}$

16. $\mathbf{A} = \begin{pmatrix} 1 & 1 & -2 \\ -1 & 2 & 1 \\ 0 & 1 & -1 \end{pmatrix}$

17. 0이 아닌 $n \times n$ 행렬 $\mathbf{A}$에 대해서 $\mathbf{A}^m = \mathbf{0}$이 되는 가장 작은 양의 정수가 m일 때, $\mathbf{A}$를 **지표 m의 거듭제곱영 행렬**(nilpotent of index m)이라 부른다. 다음 행렬들 중 어느 것이 거듭제곱영 행렬이겠는가? 그것의 지표는 얼마인가?

(a) $\begin{pmatrix} 1 & 0 \\ -1 & 0 \end{pmatrix}$ **(b)** $\begin{pmatrix} 2 & 2 \\ -2 & -2 \end{pmatrix}$

(c) $\begin{pmatrix} 0 & 0 & 0 \\ 1 & 0 & 0 \\ 2 & 3 & 0 \end{pmatrix}$ **(d)** $\begin{pmatrix} 0 & 0 & 5 \\ 0 & 0 & 0 \\ 0 & 0 & 0 \end{pmatrix}$

(e) $\begin{pmatrix} 0 & 0 & 0 & 0 \\ -1 & 0 & 0 & 1 \\ 0 & 1 & 0 & 1 \\ -1 & 0 & 0 & 0 \end{pmatrix}$ **(f)** $\begin{pmatrix} 0 & 0 & 0 & 0 \\ 1 & 0 & 0 & 0 \\ 3 & 1 & 0 & 0 \\ 2 & 2 & 1 & 0 \end{pmatrix}$

18. **(a)** 거듭제곱영 행렬 $\mathbf{A}$가 항상 특이행렬이 되는 이유를 설명하라. [힌트: 8.5절을 다시 보라.]

(b) 거듭제곱영 행렬 $\mathbf{A}$의 모든 고유값은 0임을 보여라. [힌트: 8.8절의 식 (1)을 보라.]

8.10 직교행렬

소개 이 절에서는 **복소수**(complex number)의 몇 가지 기본 성질들을 이용할 것이다. $z = a + ib$는 복소수이다. a와 b는 실수이고 $i^2 = -1$일 때 $\bar{z} = a - ib$를 z의 **켤레 복소수**라 하면, 등식 $z = \bar{z}$ 또는 $a + ib = a - ib$이면 $b = 0$이다. 다시 말해 $z = \bar{z}$인 경우 z는 실수이다. 더욱이 복소수 z와 켤레 복소수 $\bar{z}$의 곱은 실수 $z\bar{z} = a^2 + b^2$임을 쉽게 보일 수 있다. z의 **크기**(magnitude)는 실수 $|z| = \sqrt{a^2 + b^2}$으로 정의한다. z의 크기는 곱 $z\bar{z}$, 즉 $|z| = \sqrt{a^2 + b^2} = |z\bar{z}|$ 또는 $|z|^2 = z\bar{z}$으로 나타낼 수 있다. 복소수에 관한 자세한 논의는 17.1절에서 다룬다.

특수한 형태의 행렬이 여러 가지 있으나 여기서는 자주 응용되는 두 가지 형태, 즉 대칭행렬(8.1절)과 직교행렬(8.6절)에 대해서 좀더 상세히 다루기로 한다.

대칭행렬

대칭행렬의 정의를 다시 생각하면서 시작하자.

정의 8.10.1 대칭행렬

$n \times n$ 행렬 $\mathbf{A}$에 대해서 $\mathbf{A} = \mathbf{A}^T$이면 $\mathbf{A}$는 **대칭행렬**(symmetric matrix)이다. 여기서 $\mathbf{A}^T$는 $\mathbf{A}$의 전치행렬이다.

다음 정리의 증명은 위에서 논의한 복소수의 기본 성질을 이용한다.

정리 8.10.1 실고유값

$\mathbf{A}$가 실수 원소를 갖는 대칭행렬인 경우 $\mathbf{A}$의 고유값은 실수이다.

증명 $\mathbf{K}$를 $\mathbf{A}$의 고유값 λ에 대응하는 고유벡터라 하면, $\mathbf{AK} = \lambda\mathbf{K}$이다. 이 방정식의 켤레는

$$\overline{\mathbf{A}}\,\overline{\mathbf{K}} = \bar{\lambda}\overline{\mathbf{K}} \tag{1}$$

이다. $\mathbf{A}$의 원소가 실수이므로 $\mathbf{A} = \overline{\mathbf{A}}$이고, 따라서 식 (1)은

$$\mathbf{A}\overline{\mathbf{K}} = \bar{\lambda}\overline{\mathbf{K}} \tag{2}$$

이다. 이제 $\mathbf{A}$가 대칭이라는 사실을 이용하여 식 (2)의 양변에 전치를 취하고, 그 결과로 나온 방정식의 오른쪽에 $\mathbf{K}$를 곱하자.

$$\overline{\mathbf{K}}^T\mathbf{AK} = \bar{\lambda}\overline{\mathbf{K}}^T\mathbf{K} \tag{3}$$

이제 $\mathbf{AK} = \mathbf{K}$의 왼쪽에 $\lambda\overline{\mathbf{K}}$를 곱하면

$$\overline{\mathbf{K}}^T\mathbf{AK} = \lambda\overline{\mathbf{K}}^T\mathbf{K} \tag{4}$$

를 얻는다. 식 (3)에서 식 (4)를 빼면

$$0 = (\bar{\lambda} - \lambda)\overline{\mathbf{K}}^T\mathbf{K} \tag{5}$$

가 된다. 이제 $\overline{\mathbf{K}}^T$는 $1 \times n$ 행렬이고 $\mathbf{K}$는 $n \times 1$ 행렬이므로, 곱 $\overline{\mathbf{K}}^T\mathbf{K}$는 1×1 행렬 $\overline{\mathbf{K}}^T\mathbf{K} = (|k_1|^2 + |k_2|^2 + \cdots + |k_n|^2)$이다. 정의에 의하여 $\mathbf{K} \neq \mathbf{0}$이므로, 마지막 식은 양이다. 그러므로 식 (5)로부터 $\bar{\lambda} - \lambda = 0$ 또는 $\bar{\lambda} = \lambda$이어야 한다. 따라서 λ는 실수이다. ≡

■ **내적** R^n상의 두 벡터 $\mathbf{x} = (x_1, x_2, \ldots, x_n)$과 $\mathbf{y} = (y_1, y_2, \ldots, y_n)$의 **내적**(dot product 또는 inner product)은

$$\mathbf{x} \cdot \mathbf{y} = x_1y_1 + x_2y_2 + \cdots + x_ny_n \tag{6}$$

으로 주어진다. 이제 $\mathbf{X}$와 $\mathbf{Y}$가 $n \times 1$ 열벡터 $\mathbf{X} = \begin{pmatrix} x_1 \\ x_2 \\ \vdots \\ x_n \end{pmatrix}$와 $\mathbf{Y} = \begin{pmatrix} y_1 \\ y_2 \\ \vdots \\ y_n \end{pmatrix}$이라 하면, 식 (6)과 유사한 행렬 표현은

$$\mathbf{X} \cdot \mathbf{Y} = \mathbf{X}^T\mathbf{Y} = (x_1y_1 + x_2y_2 + \cdots + x_ny_n)^* \tag{7}$$

* 1×1 행렬은 단순히 스칼라이므로, 앞으로는 괄호를 지우고 $\mathbf{X}^T\mathbf{Y} = x_1y_1 + x_2y_2 + \ldots + x_ny_n$과 같이 쓴다.

이다. 물론 열벡터가 주어지면, $\mathbf{Y}^T\mathbf{X} = \mathbf{X}^T\mathbf{Y}$이다. 열벡터 $\mathbf{X}$의 **놈**(norm)은 다음과 같이 주어진다.

$$\|\mathbf{X}\| = \sqrt{\mathbf{X}\cdot\mathbf{X}} = \sqrt{\mathbf{X}^T\mathbf{X}} = \sqrt{x_1^2 + x_2^2 + \cdots + x_n^2}$$

정리 8.10.2 직교 고유벡터

$\mathbf{A}$가 $n \times n$ 대칭행렬일 때, 서로 다른 고유값들에 대응하는 고유벡터들은 서로 직교한다.

증명 λ_1과 λ_2를 각각 고유벡터 $\mathbf{K}_1$과 $\mathbf{K}_2$에 대응하는 $\mathbf{A}$의 서로 다른 두 고유값이라 할 때 $\mathbf{K}_1 \cdot \mathbf{K}_2 = \mathbf{K}_1^T\mathbf{K}_2 = 0$임을 보이자.

정의에 의하여

$$\mathbf{AK}_1 = \lambda_1\mathbf{K}_1 \qquad \text{그리고} \qquad \mathbf{AK}_2 = \lambda_2\mathbf{K}_2 \tag{8}$$

첫 번째 방정식에 전치를 취하고, 양변의 오른쪽에 $\mathbf{K}_2$를 곱하면 $\mathbf{A} = \mathbf{A}^T$이므로 다음의 결과를 얻는다.

$$\mathbf{K}_1^T\mathbf{AK}_2 = \lambda_1\mathbf{K}_1^T\mathbf{K}_2 \tag{9}$$

식 (8)의 두 번째 방정식의 양변의 왼쪽에 $\mathbf{K}_1^T$를 곱하면 다음의 결과를 얻는다.

$$\mathbf{K}_1^T\mathbf{AK}_2 = \lambda_2\mathbf{K}_1^T\mathbf{K}_2 \tag{10}$$

식 (9)에서 식 (10)을 빼면

$$0 = \lambda_1\mathbf{K}_1^T\mathbf{K}_2 - \lambda_2\mathbf{K}_1^T\mathbf{K}_2 \qquad \text{또는} \qquad 0 = (\lambda_1 - \lambda_2)\mathbf{K}_1^T\mathbf{K}_2$$

가 된다. $\lambda_1 \neq \lambda_2$이므로 $\mathbf{K}_1^T\mathbf{K}_2 = 0$로써 $\mathbf{K}_1$과 $\mathbf{K}_2$는 직교한다. ≡

예제 1 직교 고유벡터

대칭행렬 $\mathbf{A} = \begin{pmatrix} 0 & -1 & 0 \\ -1 & -1 & 1 \\ 0 & 1 & 0 \end{pmatrix}$의 고유값은 $\lambda_1 = 0$, $\lambda_2 = 1$과 $\lambda_3 = -2$이다. 대응하는 고유 벡터는 차례로

$$\mathbf{K}_1 = \begin{pmatrix} 1 \\ 0 \\ 1 \end{pmatrix}, \quad \mathbf{K}_2 = \begin{pmatrix} -1 \\ 1 \\ 1 \end{pmatrix}, \quad \mathbf{K}_3 = \begin{pmatrix} 1 \\ 2 \\ -1 \end{pmatrix}$$

이다. 이들 고유값이 서로 다르므로 정리 8.10.2에 의해 고유벡터들은 서로 직교한다. 즉,

$$\mathbf{K}_1^T\mathbf{K}_2 = (1 \;\; 0 \;\; 1)\begin{pmatrix} -1 \\ 1 \\ 1 \end{pmatrix} = 1 \cdot (-1) + 0 \cdot 1 + 1 \cdot 1 = 0$$

$$\mathbf{K}_1^T\mathbf{K}_3 = (1\ \ 0\ \ 1)\begin{pmatrix} 1 \\ 2 \\ -1 \end{pmatrix} = 1 \cdot 1 + 0 \cdot 2 + 1 \cdot (-1) = 0$$

$$\mathbf{K}_2^T\mathbf{K}_3 = (-1\ \ 1\ \ 1)\begin{pmatrix} 1 \\ 2 \\ -1 \end{pmatrix} = (-1) \cdot 1 + 1 \cdot 2 + 1 \cdot (-1) = 0$$ ≡

8.8절의 예제 3에서 $n \times n$ 행렬 $\mathbf{A}$가 중복인 고유값을 갖는 경우에는 n개의 일차독립인 고유벡터를 구하는 것이 가능하지 않을 수도 있음을 설명하였다. 그러나 대칭행렬의 경우에는 그렇지 않다. 대칭행렬 $\mathbf{A}$에 대하여 몇 개의 중복되는 고유값이 존재하더라도 n개의 일차독립인 고유벡터들의 집합을 구할 수 있다는 것을 증명할 수 있다(8.8절의 예제 4를 보라).

R^n에 대한 내적은 7.6절의 식 (2)를 보라. ▶

7.6절 식 (2)에서 본 바와 같이 R^n 내에 있는 벡터집합 $\mathbf{x}_1, \mathbf{x}_2, \ldots, \mathbf{x}_n$은 모든 벡터의 쌍이 직교하고 벡터가 모두 단위벡터이면 **정규직교**(orthonormal)라고 한다. 정규직교 벡터를 내적으로 표현하면 다음과 같다.

$$\mathbf{x}_i \cdot \mathbf{x}_j = 0, \quad i \neq j, \quad i, j = 1, 2, \ldots, n \qquad \text{그리고} \qquad \mathbf{x}_i \cdot \mathbf{x}_i = 1, \quad i = 1, 2, \ldots, n$$

뒤의 조건은 $\|\mathbf{x}_i\| = \sqrt{\mathbf{x}_i \cdot \mathbf{x}_i} = 1, i = 1, 2, \ldots, n$으로 표현할 수 있다.

직교행렬 벡터들의 정규직교 집합의 개념은 다음 유형의 행렬에서 중요한 역할을 한다.

정의 8.10.2 직교행렬

$\mathbf{A}^{-1} = \mathbf{A}^T$이면 $n \times n$ 정칙행렬 $\mathbf{A}$를 **직교행렬**(orthogonal matrix)이라 한다.

다시 말하면 $\mathbf{A}^T\mathbf{A} = \mathbf{I}$이면 $\mathbf{A}$는 직교행렬이다.

예제 2 직교행렬

(a) $n \times n$ 단위행렬 $\mathbf{I}$는 직교행렬이다. 예를 들어 3×3 단위행렬

$$\mathbf{I} = \begin{pmatrix} 1 & 0 & 0 \\ 0 & 1 & 0 \\ 0 & 0 & 1 \end{pmatrix}$$

의 경우에는 $\mathbf{I}^T = \mathbf{I}$이고, $\mathbf{I}^T\mathbf{I} = \mathbf{II} = \mathbf{I}$임을 알고 있다.

(b) 행렬

$$\mathbf{A} = \begin{pmatrix} \frac{1}{4} & -\frac{2}{3} & \frac{2}{3} \\ \frac{2}{3} & \frac{2}{3} & \frac{1}{3} \\ -\frac{2}{3} & \frac{1}{3} & \frac{2}{3} \end{pmatrix}$$

는 직교이다. 이것을 확인하기 위해서는 $\mathbf{A}^T\mathbf{A} = \mathbf{I}$임을 증명하면 된다.

$$\mathbf{A}^T\mathbf{A} = \begin{pmatrix} \frac{1}{3} & \frac{2}{3} & -\frac{2}{3} \\ -\frac{2}{3} & \frac{2}{3} & \frac{1}{3} \\ \frac{2}{3} & \frac{1}{3} & \frac{2}{3} \end{pmatrix}\begin{pmatrix} \frac{1}{3} & -\frac{2}{3} & \frac{2}{3} \\ \frac{2}{3} & \frac{2}{3} & \frac{1}{3} \\ -\frac{2}{3} & \frac{1}{3} & \frac{2}{3} \end{pmatrix} = \begin{pmatrix} 1 & 0 & 0 \\ 0 & 1 & 0 \\ 0 & 0 & 1 \end{pmatrix}$$ ≡

정리 8.10.3 직교행렬의 판단기준

$n \times n$ 행렬 $\mathbf{A}$가 직교일 필요충분조건은 열벡터의 집합 $\mathbf{X}_1, \mathbf{X}_2, \ldots, \mathbf{X}_n$이 정규직교이다.

부분 증명 $\mathbf{A}$가 열 $\mathbf{X}_1, \mathbf{X}_2, \ldots, \mathbf{X}_n$을 갖는 $n \times n$ 직교행렬이라 가정하자. 따라서 $\mathbf{A}^T$의 행은 $\mathbf{X}_1^T, \mathbf{X}_2^T, \ldots, \mathbf{X}_n^T$이다. $\mathbf{A}$가 직교이므로 $\mathbf{A}^T\mathbf{A} = \mathbf{I}$, 즉

$$\mathbf{A}^T\mathbf{A} = \begin{pmatrix} \mathbf{X}_1^T\mathbf{X}_1 & \mathbf{X}_1^T\mathbf{X}_2 & \cdots & \mathbf{X}_1^T\mathbf{X}_n \\ \mathbf{X}_2^T\mathbf{X}_1 & \mathbf{X}_2^T\mathbf{X}_2 & \cdots & \mathbf{X}_2^T\mathbf{X}_n \\ \vdots & & & \vdots \\ \mathbf{X}_n^T\mathbf{X}_1 & \mathbf{X}_n^T\mathbf{X}_2 & \cdots & \mathbf{X}_n^T\mathbf{X}_n \end{pmatrix} = \begin{pmatrix} 1 & 0 & \cdots & 0 \\ 0 & 1 & \cdots & 0 \\ \vdots & & & \vdots \\ 0 & 0 & \cdots & 1 \end{pmatrix}$$

이다. 행렬의 상등의 정의로부터

$$\mathbf{X}_i^T\mathbf{X}_j = 0, \quad i \neq j, \quad i, j = 1, 2, \ldots, n \quad \text{그리고} \quad \mathbf{X}_i^T\mathbf{X}_i = 1, \quad i = 1, 2, \ldots, n$$

이므로 직교행렬의 열은 n개의 벡터로 된 정규직교 집합이다. ≡

예제 2의 (b)에 있는 행렬의 열을

$$\mathbf{X}_1 = \begin{pmatrix} \frac{1}{3} \\ \frac{2}{3} \\ -\frac{2}{3} \end{pmatrix}, \quad \mathbf{X}_2 = \begin{pmatrix} -\frac{2}{3} \\ \frac{2}{3} \\ \frac{1}{3} \end{pmatrix}, \quad \mathbf{X}_3 = \begin{pmatrix} \frac{2}{3} \\ \frac{1}{3} \\ \frac{2}{3} \end{pmatrix}$$

이라 두면 이 벡터들은 직교이다. 즉,

$$\mathbf{X}_1^T\mathbf{X}_2 = \left(\tfrac{1}{3} \quad \tfrac{2}{3} \quad -\tfrac{2}{3}\right)\begin{pmatrix} -\frac{2}{3} \\ \frac{2}{3} \\ \frac{1}{3} \end{pmatrix} = -\frac{2}{9} + \frac{4}{9} - \frac{2}{9} = 0$$

$$\mathbf{X}_1^T\mathbf{X}_3 = \left(\tfrac{1}{3} \quad \tfrac{2}{3} \quad -\tfrac{2}{3}\right)\begin{pmatrix} \frac{2}{3} \\ \frac{1}{3} \\ \frac{2}{3} \end{pmatrix} = \frac{2}{9} + \frac{2}{9} - \frac{4}{9} = 0$$

$$\mathbf{X}_2^T\mathbf{X}_3 = \left(-\tfrac{2}{3} \quad \tfrac{2}{3} \quad \tfrac{1}{3}\right)\begin{pmatrix} \frac{2}{3} \\ \frac{1}{3} \\ \frac{2}{3} \end{pmatrix} = -\frac{4}{9} + \frac{2}{9} + \frac{2}{9} = 0$$

이고, 또한 단위벡터이다.

$$\mathbf{X}_1^T\mathbf{X}_1 = \left(\tfrac{1}{3} \quad \tfrac{2}{3} \quad -\tfrac{2}{3}\right)\begin{pmatrix} \frac{1}{3} \\ \frac{2}{3} \\ -\frac{2}{3} \end{pmatrix} = \frac{1}{9} + \frac{4}{9} + \frac{4}{9} = 1$$

$$\mathbf{X}_2^T\mathbf{X}_2 = (-\tfrac{2}{3} \quad \tfrac{2}{3} \quad \tfrac{1}{3})\begin{pmatrix} -\frac{2}{3} \\ \frac{2}{3} \\ \frac{1}{3} \end{pmatrix} = \frac{4}{9} + \frac{4}{9} + \frac{1}{9} = 1$$

$$\mathbf{X}_3^T\mathbf{X}_3 = (\tfrac{2}{3} \quad \tfrac{1}{3} \quad \tfrac{2}{3})\begin{pmatrix} \frac{2}{3} \\ \frac{1}{3} \\ \frac{2}{3} \end{pmatrix} = \frac{4}{9} + \frac{1}{9} + \frac{4}{9} = 1$$

직교행렬 만들기 $n \times n$ 실수대칭행렬 $\mathbf{A}$가 n개의 서로 다른 고유값 $\lambda_1, \lambda_2, \ldots, \lambda_n$을 갖는 경우, 정리 8.10.2로부터 대응하는 고유벡터 $\mathbf{K}_1, \mathbf{K}_2, \ldots, \mathbf{K}_n$은 서로 직교한다. 각 벡터에 해당 벡터의 놈의 역수를 곱하면, 서로 직교인 단위벡터들의 집합, 즉 정규직교 집합을 얻는다. 이때 $\mathbf{A}$의 정규화된 고유벡터들을 열로 하는 $n \times n$ 행렬 $\mathbf{P}$는 직교행렬이 된다.

예제 3 직교행렬 만들기

예제 1에서 주어진 대칭행렬의 고유벡터

$$\mathbf{K}_1 = \begin{pmatrix} 1 \\ 0 \\ 1 \end{pmatrix}, \quad \mathbf{K}_2 = \begin{pmatrix} -1 \\ 1 \\ 1 \end{pmatrix}, \quad \mathbf{K}_3 = \begin{pmatrix} 1 \\ 2 \\ -1 \end{pmatrix}$$

은 직교임을 증명하였다. 이제 이 고유벡터들의 놈은

$$\|\mathbf{K}_1\| = \sqrt{\mathbf{K}_1^T\mathbf{K}_1} = \sqrt{2}, \quad \|\mathbf{K}_2\| = \sqrt{\mathbf{K}_2^T\mathbf{K}_2} = \sqrt{3}, \quad \|\mathbf{K}_3\| = \sqrt{\mathbf{K}_3^T\mathbf{K}_3} = \sqrt{6}$$

이다. 따라서 벡터들의 정규직교 집합은

$$\begin{pmatrix} \frac{1}{\sqrt{2}} \\ 0 \\ \frac{1}{\sqrt{2}} \end{pmatrix}, \quad \begin{pmatrix} -\frac{1}{\sqrt{3}} \\ \frac{1}{\sqrt{3}} \\ \frac{1}{\sqrt{3}} \end{pmatrix}, \quad \begin{pmatrix} \frac{1}{\sqrt{6}} \\ \frac{2}{\sqrt{6}} \\ -\frac{1}{\sqrt{6}} \end{pmatrix}$$

이다. 이들 벡터를 열로 사용하면, 다음과 같은 직교행렬을 얻는다.

$$\mathbf{P} = \begin{pmatrix} \frac{1}{\sqrt{2}} & -\frac{1}{\sqrt{3}} & \frac{1}{\sqrt{6}} \\ 0 & \frac{1}{\sqrt{3}} & \frac{2}{\sqrt{6}} \\ \frac{1}{\sqrt{2}} & \frac{1}{\sqrt{3}} & -\frac{1}{\sqrt{6}} \end{pmatrix}$$

$\mathbf{P}^T = \mathbf{P}^{-1}$임을 검증해 보라. ≡

대칭행렬의 고유벡터로부터 직교행렬을 만드는 기법은 다음 절에서 활용한다.

정리 8.10.2를 잘못 해석하면 안 된다. $n \times n$ 실수대칭행렬 $\mathbf{A}$에 대해서는 항상 n개의 일차독립인 고유벡터를 구할 수 있다. 그러나 이 정리에서 **모든** 고유벡터들이 서로 직교한다고 하지는 않았다. 고유값이 서로 다른 경우에 대응하는 고유벡터는 직교한다. 그러나 중복 고유값에 대응하는 고유벡터들은 서로 직교하지 않을 수도 있다. 다음 예제의 대칭행렬을 살펴보자.

예제 4 Gram-Schmidt 과정의 사용

대칭행렬 $\mathbf{A}$에 대해서

$$\mathbf{A} = \begin{pmatrix} 7 & 4 & -4 \\ 4 & -8 & -1 \\ -4 & -1 & -8 \end{pmatrix}$$

고유값은 $\lambda_1 = \lambda_2 = -9$, 그리고 $\lambda_3 = 9$이다. 8.8절과 같이 처리하면, $\lambda_1 = \lambda_2 = -9$에 대해서

$$(\mathbf{A} + 9\mathbf{I}|\mathbf{0}) = \left(\begin{array}{ccc|c} 16 & 4 & -4 & 0 \\ 4 & 1 & -1 & 0 \\ -4 & -1 & 1 & 0 \end{array}\right) \overset{\text{행 연산}}{\Longrightarrow} \left(\begin{array}{ccc|c} 1 & \frac{1}{4} & -\frac{1}{4} & 0 \\ 0 & 0 & 0 & 0 \\ 0 & 0 & 0 & 0 \end{array}\right)$$

이다. 마지막 행렬로부터 $k_1 = -\frac{1}{4}k_2 + \frac{1}{4}k_3$이다. $k_2 = 1$, $k_3 = 1$로 두고 고유벡터를 하나 구하고, $k_2 = -4$, $k_3 = 0$으로 두고 고유벡터를 하나 구하면 $\lambda_1 = \lambda_2 = -9$에 대응하는 다음의 고유벡터를 얻는다.

$$\mathbf{K}_1 = \begin{pmatrix} 0 \\ 1 \\ 1 \end{pmatrix} \qquad \text{그리고} \qquad \mathbf{K}_2 = \begin{pmatrix} 1 \\ -4 \\ 0 \end{pmatrix}$$

그리고 $\lambda_1 = 9$에 대해서

$$(\mathbf{A} - 9\mathbf{I}|\mathbf{0}) = \left(\begin{array}{ccc|c} -2 & 4 & -4 & 0 \\ 4 & -17 & -1 & 0 \\ -4 & -1 & -17 & 0 \end{array}\right) \overset{\text{행 연산}}{\Longrightarrow} \left(\begin{array}{ccc|c} 1 & 0 & 4 & 0 \\ 0 & 1 & 1 & 0 \\ 0 & 0 & 0 & 0 \end{array}\right)$$

로부터 고유벡터 $\mathbf{K}_3 = \begin{pmatrix} 4 \\ 1 \\ -1 \end{pmatrix}$를 얻는다.

정리 8.10.2에 따라서 벡터 $\mathbf{K}_3$는 $\mathbf{K}_1$과 $\mathbf{K}_2$에 대해서 직교한다. 그러나 중복 고유값 $\lambda_1 = -9$에 해당하는 고유벡터 $\mathbf{K}_1$과 $\mathbf{K}_2$는 $\mathbf{K}_1 \neq \mathbf{K}_2 = -4 \neq 0$이므로 직교가 아니다.

$\{\mathbf{K}_1, \mathbf{K}_2\}$ 집합을 직교 집합으로 변환하기 위하여 Gram-Schmidt 직교화 과정(7.7절 참조)을 사용한다. $\mathbf{V}_1 = \mathbf{K}_1$이라고 하면

$$\mathbf{V}_2 = \mathbf{K}_2 - \left(\frac{\mathbf{K}_2 \cdot \mathbf{V}_1}{\mathbf{V}_1 \cdot \mathbf{V}_1}\right)\mathbf{V}_1 = \begin{pmatrix} 1 \\ -2 \\ 2 \end{pmatrix}$$

이다. 집합 $\{\mathbf{V}_1, \mathbf{V}_2\}$는 직교 벡터의 집합이다(검증하라). 더구나 집합 $\{\mathbf{V}_1, \mathbf{V}_2, \mathbf{K}_3\}$는 고유벡터의 직교 집합이다. 놈 $\|\mathbf{V}_1\| = \sqrt{2}$, $\|\mathbf{V}_2\| = 3$, 그리고 $\|\mathbf{K}_3\| = 3\sqrt{2}$를 사용하면, 다음과 같은 정규직교 벡터집합을 얻는다.

$$\begin{pmatrix} 0 \\ \frac{1}{\sqrt{2}} \\ \frac{1}{\sqrt{2}} \end{pmatrix}, \quad \begin{pmatrix} \frac{1}{3} \\ -\frac{2}{3} \\ \frac{2}{3} \end{pmatrix}, \quad \begin{pmatrix} \frac{4}{3\sqrt{2}} \\ \frac{1}{3\sqrt{2}} \\ -\frac{1}{3\sqrt{2}} \end{pmatrix}$$

그리고 행렬

$$\mathbf{P} = \begin{pmatrix} 0 & \frac{1}{3} & \frac{4}{3\sqrt{2}} \\ \frac{1}{\sqrt{2}} & -\frac{2}{3} & \frac{1}{3\sqrt{2}} \\ \frac{1}{\sqrt{2}} & \frac{2}{3} & -\frac{1}{3\sqrt{2}} \end{pmatrix}$$

은 직교이다. ≡

참고

중복 고유값을 가지는 실수 $n \times n$ 대칭행렬에 대해 서로 직교하는 고유벡터들을 기존의 고유벡터들로부터 구축하지 않고 직접 찾는 것이 항상 가능하다. 달리 말하면, Gram-Schmidt 과정을 꼭 사용할 필요는 없다. 연습문제 8.10의 문제 23을 보라.

8.10 연습문제

부록에 선택된 홀수 문제의 답이 있다.

문제 1~4. **(a)** 제시된 열벡터가 주어진 대칭행렬의 고유벡터임을 증명하라. **(b)** 대응하는 고유값을 구하라. **(c)** 열벡터들이 직교함을 검증하라.

1. $\begin{pmatrix} 0 & 0 & -4 \\ 0 & -4 & 0 \\ -4 & 0 & 15 \end{pmatrix}$; $\begin{pmatrix} 0 \\ 1 \\ 0 \end{pmatrix}$, $\begin{pmatrix} 4 \\ 0 \\ 1 \end{pmatrix}$, $\begin{pmatrix} 1 \\ 0 \\ -4 \end{pmatrix}$

2. $\begin{pmatrix} 1 & -1 & -1 \\ -1 & 1 & -1 \\ -1 & -1 & 1 \end{pmatrix}$; $\begin{pmatrix} -2 \\ 1 \\ 1 \end{pmatrix}$, $\begin{pmatrix} 0 \\ 1 \\ -1 \end{pmatrix}$, $\begin{pmatrix} 1 \\ 1 \\ 1 \end{pmatrix}$

3. $\begin{pmatrix} 5 & 13 & 0 \\ 13 & 5 & 0 \\ 0 & 0 & -8 \end{pmatrix}$

$\begin{pmatrix} \frac{\sqrt{2}}{2} \\ \frac{\sqrt{2}}{2} \\ 0 \end{pmatrix}$, $\begin{pmatrix} \frac{\sqrt{3}}{3} \\ -\frac{\sqrt{3}}{3} \\ \frac{\sqrt{3}}{3} \end{pmatrix}$, $\begin{pmatrix} \frac{\sqrt{6}}{6} \\ -\frac{\sqrt{6}}{6} \\ -\frac{\sqrt{6}}{3} \end{pmatrix}$

4. $\begin{pmatrix} 3 & 2 & 2 \\ 2 & 2 & 0 \\ 2 & 0 & 4 \end{pmatrix}$; $\begin{pmatrix} -2 \\ 2 \\ 1 \end{pmatrix}$, $\begin{pmatrix} 1 \\ 2 \\ -2 \end{pmatrix}$, $\begin{pmatrix} 2 \\ 1 \\ 2 \end{pmatrix}$

문제 5~10. 주어진 행렬이 직교인지 아닌지를 판정하라.

5. $\begin{pmatrix} 0 & 1 & 0 \\ 1 & 0 & 0 \\ 0 & 0 & 1 \end{pmatrix}$

6. $\begin{pmatrix} \frac{1}{2} & 0 & \frac{1}{2} \\ 0 & 1 & 0 \\ \frac{1}{2} & 0 & -\frac{1}{2} \end{pmatrix}$

7. $\begin{pmatrix} 0 & 0 & 1 \\ -\frac{12}{13} & \frac{5}{13} & 0 \\ \frac{5}{13} & \frac{12}{13} & 0 \end{pmatrix}$

8. $\begin{pmatrix} 0 & 0 & 0 \\ 0 & 0 & 0 \\ 0 & 0 & 0 \end{pmatrix}$

9. $\begin{pmatrix} 1 & -1 & 1 \\ 1 & -1 & -1 \\ 1 & 2 & 0 \end{pmatrix}$

10. $\begin{pmatrix} 0 & \frac{8}{17} & 0 & -\frac{15}{17} \\ 0 & 0 & 1 & 0 \\ 1 & 0 & 0 & 0 \\ 0 & \frac{15}{17} & 0 & \frac{8}{17} \end{pmatrix}$

문제 11~18. 예제 3에서와 같은 방법으로 주어진 대칭행렬의 고유벡터로부터 직교행렬을 만들어라(답은 유일하지 않다).

11. $\begin{pmatrix} 1 & 9 \\ 9 & 1 \end{pmatrix}$

12. $\begin{pmatrix} 7 & 0 \\ 0 & 4 \end{pmatrix}$

13. $\begin{pmatrix} 1 & 3 \\ 3 & 9 \end{pmatrix}$

14. $\begin{pmatrix} 1 & 1 \\ 1 & 0 \end{pmatrix}$

15. $\begin{pmatrix} 1 & 0 & 1 \\ 0 & 1 & 0 \\ 1 & 0 & 1 \end{pmatrix}$

16. $\begin{pmatrix} 0 & 1 & 1 \\ 1 & 1 & 1 \\ 1 & 1 & 0 \end{pmatrix}$

17. $\begin{pmatrix} -8 & 5 & 4 \\ 5 & 3 & 1 \\ 4 & 1 & 0 \end{pmatrix}$

18. $\begin{pmatrix} 2 & 8 & -2 \\ 8 & -4 & 10 \\ -2 & 10 & -7 \end{pmatrix}$

문제 19와 20. 정리 8.10.3을 이용하여 주어진 행렬이 직교가 되도록 a와 b를 정하라.

19. $\begin{pmatrix} \frac{3}{5} & a \\ \frac{4}{5} & b \end{pmatrix}$

20. $\begin{pmatrix} 1/\sqrt{5} & b \\ a & 1/\sqrt{5} \end{pmatrix}$

문제 21과 22. **(a)** 제시된 열벡터가 주어진 대칭행렬의 고유벡터임을 확인하라. **(b)** 대응하는 고유값을 구하라. **(c)** 예제 4와 같은 방법으로 Gram-Schmidt 과정을 이용하여 고유벡터들로부터 직교행렬 **P**를 만들라.

21. $\mathbf{A} = \begin{pmatrix} 0 & 2 & 2 \\ 2 & 0 & 2 \\ 2 & 2 & 0 \end{pmatrix}$; $\mathbf{K}_1 = \begin{pmatrix} 1 \\ -1 \\ 0 \end{pmatrix}$,

$\mathbf{K}_2 = \begin{pmatrix} 1 \\ 0 \\ -1 \end{pmatrix}$, $\mathbf{K}_3 = \begin{pmatrix} 1 \\ 1 \\ 1 \end{pmatrix}$

22. $\mathbf{A} = \begin{pmatrix} 1 & 1 & 1 & 1 \\ 1 & 1 & 1 & 1 \\ 1 & 1 & 1 & 1 \\ 1 & 1 & 1 & 1 \end{pmatrix}$; $\mathbf{K}_1 = \begin{pmatrix} -1 \\ 0 \\ 0 \\ 1 \end{pmatrix}$,

$\mathbf{K}_2 = \begin{pmatrix} -1 \\ 0 \\ 1 \\ 0 \end{pmatrix}$, $\mathbf{K}_3 = \begin{pmatrix} -1 \\ 1 \\ 0 \\ 0 \end{pmatrix}$, $\mathbf{K}_4 = \begin{pmatrix} 1 \\ 1 \\ 1 \\ 1 \end{pmatrix}$

23. 예제 4에서 방정식 $k_1 = -\frac{1}{4}k_2 + \frac{1}{4}k_3$을 사용하여, 두 고유벡터 $\mathbf{K}_1$과 $\mathbf{K}_2$가 직교하도록 (k_2, k_3)의 값을 두 개 정하라.

24. 다음 행렬의 고유벡터들로부터 직교행렬을 만들라.

$$\mathbf{A} = \begin{pmatrix} 1 & 2 & 0 & 0 \\ 2 & 1 & 0 & 0 \\ 0 & 0 & 1 & 2 \\ 0 & 0 & 2 & 1 \end{pmatrix}$$

25. **A**, **B**가 $n \times n$직교행렬이면, **AB**가 직교행렬임을 보여라.

26. **A**가 직교행렬이면, $\mathbf{A}^2$은 직교행렬인가?

27. **A**가 직교행렬이면, $\mathbf{A}^{-1}$가 직교행렬이 됨을 보여라.

28. **A**가 직교행렬이면, $\det \mathbf{A} = \pm 1$임을 보여라.

29. **A**가 $\mathbf{A}^2 = \mathbf{I}$인 직교행렬이면, $\mathbf{A}^T = \mathbf{A}$임을 보여라.

30. 회전행렬

$$\mathbf{A} = \begin{pmatrix} \cos\theta & -\sin\theta \\ \sin\theta & \cos\theta \end{pmatrix}$$

가 직교행렬임을 보여라.

8.11 고유값의 근사화

소개 행렬 **A**의 고유값을 구하기 위해서는 다항방정식 $p(\lambda) = \det(\mathbf{A} - \lambda\mathbf{I}) = 0$을 풀어야 했음을 상기하자. 행렬 **A**의 크기가 큰 경우, 특성방정식을 얻기 위해 많은 양의 계산을 해야 한다. 또한 정확한 특성방정식을 찾은 다음에도 근을 구하기 위해서 수치적 방법을 사용해야 할 가능성이 높다. 고유값과 대응하는 고유벡터를 근사적으로 구하는 데 사용할 수 있는 수치적 방법이 있다. 이 절에서는 **우세 고유값**(dominant eigenvalue)을 갖는 행렬에 대해서 다룬다.

정의 정방행렬 **A**의 우세 고유값은 절대값이 나머지 고유값들의 절대값보다 더 큰 고유값이다.

정의 8.11.1 우세 고유값

$\lambda_1, \lambda_2, \ldots, \lambda_k, \ldots, \lambda_n$을 $n \times n$ 행렬 **A**의 고유값이라고 하자. 만약

$$|\lambda_k| > \lambda_i, \quad i = 1, 2, \ldots, n, \quad i \neq k$$

인 경우 고유값 λ_k는 **A**의 **우세 고유값**이라고 한다. 그리고 λ_k에 대응하는 고유벡터를 **A**의 **우세 고유벡터**(dominant eigenvector)라 한다.

8.8절의 예제 2에서

$$\mathbf{A} = \begin{pmatrix} 1 & 2 & 1 \\ 6 & -1 & 0 \\ -1 & -2 & -1 \end{pmatrix}$$

행렬의 고유값은 $\lambda_1 = 0$, $\lambda_2 = -4$와 $\lambda_3 = 3$이다. $|-4| > 0$이고 $|-4| > 3$이므로, $\lambda_2 = -4$는 **A**의 우세 고유값이라는 것을 알 수 있다.

예제 1 우세 고유값이 없는 행렬

(a) 행렬 $\mathbf{A} = \begin{pmatrix} 2 & 0 \\ 0 & -2 \end{pmatrix}$는 고유값 $\lambda_1 = -2$와 $\lambda_2 = 2$를 갖는다. $|\lambda_1| = |\lambda_2| = 2$이므로, 우세 고유값이 없다.

(b) 다음 행렬의 고유값은 $\lambda_1 = 2$, $\lambda_2 = \lambda_3 = 5$이다. 따라서 이 행렬도 우세 고유값이 없다.

$$\mathbf{A} = \begin{pmatrix} 2 & 0 & 0 \\ 0 & 5 & 1 \\ 0 & 0 & 5 \end{pmatrix}$$

≡

거듭제곱법 $n \times n$ 행렬 **A**가 우세 고유값 λ_1을 갖는다고 하자. 대응하는 우세 고유벡터를 근사화하기 위한 반복적인 방법은 독일의 수학자 **Richard Von Mises** (1883~1953)에 의해 제안된 것으로, **거듭제곱법**(power method)이라 불린다. 이 방법의 기본 발상은 우세 고유벡터의 근사값을 다음과 같이 순차적으로 계산하는 것이다.

$$\mathbf{X}_i = \mathbf{A}\mathbf{X}_{i-1}, \quad i = 1, 2, 3, \ldots \tag{1}$$

여기서 $\mathbf{X}_0$는 0이 아닌 $n \times 1$ 벡터로 초기 추측값이거나 또는 찾고 있는 고유벡터에 대한 근사값이다. 식 (1)의 반복식으로부터 다음을 얻는다.

$$\begin{aligned} \mathbf{X}_1 &= \mathbf{A}\mathbf{X}_0 \\ \mathbf{X}_2 &= \mathbf{A}\mathbf{X}_1 = \mathbf{A}^2\mathbf{X}_0 \\ &\vdots \\ \mathbf{X}_m &= \mathbf{A}\mathbf{X}_{m-1} = \mathbf{A}^m\mathbf{X}_0 \end{aligned} \tag{2}$$

특정 상황하에서 m이 큰 경우에 $\mathbf{X}^m = \mathbf{A}^m\mathbf{X}_0$으로 정의한 벡터는 우세 고유벡터의 근사값이다. 이것을 확인하기 위하여 행렬 $\mathbf{A}$에 대해 다음과 같이 가정하자. $\mathbf{A}$의 고유값들이

$$|\lambda_1| > |\lambda_2| \geq |\lambda_3| \geq \cdots \geq |\lambda_n|$$

이라 가정하고, 각각에 대응하는 n개의 고유벡터 $\mathbf{K}_1, \mathbf{K}_2, \ldots, \mathbf{K}_n$은 일차독립이라고 가정하자. 마지막 가정은 $\mathbf{K}_1, \mathbf{K}_2, \ldots, \mathbf{K}_n$이 R^n의 기저가 될 수 있음을 의미한다(7.6절을 보라). 따라서 임의의 0이 아닌 $n \times 1$ 벡터 $\mathbf{X}_0$에 대해 다음을 만족시키는 상수들 $c_1, c_2, \ldots, c_n$이 존재한다.

$$\mathbf{X}_0 = c_1\mathbf{K}_1 + c_2\mathbf{K}_2 + \cdots + c_n\mathbf{K}_n \tag{3}$$

$c_1 \neq 0$이 되도록 $\mathbf{X}_0$를 정한다고 가정한다. 식 (3)에 $\mathbf{A}$를 곱하면

$$\mathbf{A}\mathbf{X}_0 = c_1\mathbf{A}\mathbf{K}_1 + c_2\mathbf{A}\mathbf{K}_2 + \cdots + c_n\mathbf{A}\mathbf{K}_n$$

이다. $\mathbf{A}\mathbf{K}_1 = \lambda_1\mathbf{K}_1$, $\mathbf{A}\mathbf{K}_2 = \lambda_2\mathbf{K}_2, \ldots, \mathbf{A}\mathbf{K}_n = \lambda_n\mathbf{K}_n$이므로, 마지막 식은 다음과 같이 된다.

$$\mathbf{A}\mathbf{X}_0 = c_1\lambda_1\mathbf{K}_1 + c_2\lambda_2\mathbf{K}_2 + \cdots + c_n\lambda_n\mathbf{A}\mathbf{K}_n \tag{4}$$

식 (4)에 $\mathbf{A}$를 곱하면

$$\begin{aligned}\mathbf{A}^2\mathbf{X}_0 &= c_1\lambda_1\mathbf{A}\mathbf{K}_1 + c_2\lambda_2\mathbf{A}\mathbf{K}_2 + \cdots + c_n\lambda_n\mathbf{A}\mathbf{K}_n \\ &= c_1\lambda_1^2\mathbf{K}_1 + c_2\lambda_2^2\mathbf{K}_2 + \cdots + c_n\lambda_n^2\mathbf{K}_n\end{aligned}$$

이다. 이러한 방식으로 계속하면 다음을 발견한다.

$$\mathbf{A}^m\mathbf{X}_0 = c_1\lambda_1^m\mathbf{K}_1 + c_2\lambda_2^m\mathbf{K}_2 + \cdots + c_n\lambda_n^m\mathbf{K}_n \tag{5}$$

$$= \lambda_1^m\left(c_1\mathbf{K}_1 + c_2\left(\frac{\lambda_2}{\lambda_1}\right)^m\mathbf{K}_2 + \cdots + c_n\left(\frac{\lambda_n}{\lambda_1}\right)^m\mathbf{K}_n\right) \tag{6}$$

$|\lambda_1| > |\lambda_i|(i = 2, 3, \ldots, n)$이기 때문에, $|\lambda_i/\lambda_1| < 1$이고 $\lim_{m\to\infty}(\lambda_i/\lambda_1)^m = 0$을 얻는다. 따라서 $m \to \infty$일 때, 식 (6)으로부터

$$\mathbf{A}^m\mathbf{X}_0 \approx \lambda_1^m c_1\mathbf{K}_1 \tag{7}$$

이다. 고유벡터에 0이 아닌 상수를 곱한 것도 고유벡터이기 때문에, 식 (7)로부터 큰 값 m과 앞의 가정하에서 $n \times 1$ 행렬 $\mathbf{X}_m = \mathbf{A}^m\mathbf{X}_0$은 우세 고유값 λ_1에 대응하는 우세 고유벡터의 근사 벡터이다. 이 방법이 수렴하는 속도는 λ_2/λ_1의 비율에 의존한다. $|\lambda_2/\lambda_1|$이 매우 작으면 수렴이 급격하고, 반대로 $|\lambda_2/\lambda_1|$이 1에 가까우면 완만하게 수렴한다. 물론 이러한 정보는 일반적으로 고유값을 미리 알 수 없으므로 그다지 유용하지는 않다.

이제 우세 고유값 자신을 근사화하는 방법에 대해서 살펴보자. 우세 고유값의 근사는 내적을 이용하여 해결할 수 있다. $\mathbf{K}$가 행렬 $\mathbf{A}$의 고유값 λ에 대응하는 고유벡터라면, $\mathbf{A}\mathbf{K} = \lambda\mathbf{K}$이므로 $\mathbf{A}\mathbf{K} \cdot \mathbf{K} = \lambda\mathbf{K} \cdot \mathbf{K}$이다. $\mathbf{A}\mathbf{K} \cdot \mathbf{K}$와 $\mathbf{K} \cdot \mathbf{K}$는 스칼라이므로 마지막 식을 λ에 대해 풀면

$$\lambda = \frac{\mathbf{A}\mathbf{K} \cdot \mathbf{K}}{\mathbf{K} \cdot \mathbf{K}}$$

이다. $\mathbf{X}_m = \mathbf{A}^m\mathbf{X}_0$이 식 (1)의 반복을 통해 얻은 우세 고유벡터의 근사 벡터라면, 우세 고유값 λ_1은 다음 식으로 구한다.

$$\lambda_1 \approx \frac{\mathbf{AX}_m \cdot \mathbf{X}_m}{\mathbf{X}_m \cdot \mathbf{X}_m} \tag{8}$$

식 (8)을 흔히 **Rayleigh 계수**(Rayleigh quotient)라고도 한다.

예제 2 거듭제곱법의 이용

행렬 $\mathbf{A} = \begin{pmatrix} 4 & 2 \\ 3 & -1 \end{pmatrix}$의 우세 고유값의 근사값과 대응하는 우세 고유벡터를 거듭제곱법을 이용하여 구하라.

풀이 고유값과 고유벡터를 모르기 때문에 $\mathbf{X}_0 = \begin{pmatrix} 1 \\ 1 \end{pmatrix}$로 놓는다. 먼저 식 (1)에 의해 정의한 벡터들의 처음 두 항은

$$\mathbf{X}_1 = \mathbf{AX}_0 = \begin{pmatrix} 4 & 2 \\ 3 & -1 \end{pmatrix}\begin{pmatrix} 1 \\ 1 \end{pmatrix} = \begin{pmatrix} 6 \\ 2 \end{pmatrix}$$

$$\mathbf{X}_2 = \mathbf{AX}_1 = \begin{pmatrix} 4 & 2 \\ 3 & -1 \end{pmatrix}\begin{pmatrix} 6 \\ 2 \end{pmatrix} = \begin{pmatrix} 28 \\ 16 \end{pmatrix}$$

이다. 이와 같은 방법으로 구한 다음 다섯 개의 벡터들은 다음 표와 같다.

i	3	4	5	6	7
$\mathbf{X}_i$	$\begin{pmatrix} 144 \\ 68 \end{pmatrix}$	$\begin{pmatrix} 712 \\ 364 \end{pmatrix}$	$\begin{pmatrix} 3576 \\ 1772 \end{pmatrix}$	$\begin{pmatrix} 17,848 \\ 8956 \end{pmatrix}$	$\begin{pmatrix} 89,304 \\ 44,588 \end{pmatrix}$

표의 벡터들을 살펴보면 벡터들의 요소는 무한히 증가하므로, 얻고자 하는 것이 나타나지 않을 수 있다. 그러나 식 (7)은 벡터의 상수곱을 얻은 것임을 기억하라. 거듭제곱법이 수렴하는 경우, $\mathbf{X}_m$(m은 큰 값)의 각 원소들 중에서 절대값이 최대인 요소로 다른 요소들을 나누어 우세 고유벡터의 합리적인 근사값을 얻을 수 있다.

$$\mathbf{X}_7 = 89,304\begin{pmatrix} 1 \\ 0.4933 \end{pmatrix} \tag{9}$$

식 (9)는 벡터들이 $\begin{pmatrix} 1 \\ 0.5 \end{pmatrix}$의 스칼라 곱에 접근하고 있음을 나타낸다.

이제 우세 고유값 λ_1의 근사값을 구하기 위해 식 (8)을 이용한다. 먼저 다음과 같이 식의 값을 계산하라.

$$\mathbf{AX}_7 = \begin{pmatrix} 4 & 2 \\ 3 & -1 \end{pmatrix}\begin{pmatrix} 1 \\ 0.4993 \end{pmatrix} = \begin{pmatrix} 4.9986 \\ 2.5007 \end{pmatrix}$$

$$\mathbf{AX}_7 \cdot \mathbf{X}_7 = \begin{pmatrix} 4.9986 \\ 2.5007 \end{pmatrix}^T\begin{pmatrix} 1 \\ 0.4993 \end{pmatrix} = 6.2472$$

$$\mathbf{X}_7 \cdot \mathbf{X}_7 = \begin{pmatrix} 1 \\ 0.4993 \end{pmatrix}^T \begin{pmatrix} 1 \\ 0.4993 \end{pmatrix} = 1.2493$$

따라서 식 (8)로부터

$$\lambda_1 \approx \frac{\mathbf{AX}_7 \cdot \mathbf{X}_7}{\mathbf{X}_7 \cdot \mathbf{X}_7} = \frac{6.2472}{1.2493} = 5.0006$$

이다. 8.7절의 과정을 이용해 $\mathbf{A}$의 고유값과 고유벡터가 $\lambda_1 = 5,\ \lambda_2 = -2,\ \mathbf{K}_1 = \begin{pmatrix} 1 \\ 0.5 \end{pmatrix}$, $\mathbf{K}_2 = \begin{pmatrix} 1 \\ -3 \end{pmatrix}$임을 확인하라. ≡

크기조정(Scaling) 식 (1)의 반복법은 흔히 요소의 절대값이 매우 큰 벡터가 되도록 한다. 컴퓨터를 사용하여 수많은 반복계산을 할 때 큰 수는 여러가지 문제를 일으킨다. 식 (9)의 결과는 이러한 문제를 피해갈 수 있는 한 가지 방법을 암시하다. 즉, 반복의 각 단계에서 **축소**(scaled-down)벡터를 사용하는 것으로 벡터 $\mathbf{AX}_0$에 절대값이 가장 큰 요소의 역수를 곱한다. 즉,

$$\mathbf{AX}_0 = \begin{pmatrix} x_1 \\ \vdots \\ x_n \end{pmatrix}\text{에}\quad \frac{1}{\max\{|x_1|, |x_2|, \ldots, |x_n|\}}\text{를 곱한다.}$$

로 한다. 요소가 1보다 작거나 같은데, 이를 $\mathbf{X}_1$이라 표기한다. 이 과정을 벡터 $\mathbf{AX}_1$에 적용하여 다시 축소벡터 $\mathbf{X}_2$를 얻고 이와 같이 계속한다.

예제 3 예제 2의 반복

축소벡터를 이용하여 예제 2를 다시 검토하라.

풀이 $\mathbf{AX}_0 = \begin{pmatrix} 4 & 2 \\ 3 & -1 \end{pmatrix}\begin{pmatrix} 1 \\ 1 \end{pmatrix} = \begin{pmatrix} 6 \\ 2 \end{pmatrix}$로부터

$$\mathbf{X}_1 = \frac{1}{6}\begin{pmatrix} 6 \\ 2 \end{pmatrix} = \begin{pmatrix} 1 \\ 0.3333 \end{pmatrix}$$

을 정의한다. $\mathbf{AX}_1 = \begin{pmatrix} 4 & 2 \\ 3 & -1 \end{pmatrix}\begin{pmatrix} 1 \\ 0.3333 \end{pmatrix} = \begin{pmatrix} 4.6666 \\ 2.6667 \end{pmatrix}$로부터

$$\mathbf{X}_2 = \frac{1}{4.6666}\begin{pmatrix} 4.6666 \\ 2.6667 \end{pmatrix} = \begin{pmatrix} 1 \\ 0.5714 \end{pmatrix}$$

를 정의한다. 이러한 방법을 반복하여 다음의 표를 얻는다.

i	3	4	5	6	7
$\mathbf{X}_i$	$\begin{pmatrix} 1 \\ 0.4722 \end{pmatrix}$	$\begin{pmatrix} 1 \\ 0.5112 \end{pmatrix}$	$\begin{pmatrix} 1 \\ 0.4955 \end{pmatrix}$	$\begin{pmatrix} 1 \\ 0.5018 \end{pmatrix}$	$\begin{pmatrix} 1 \\ 0.4993 \end{pmatrix}$

예제 2의 표와 비교해 보면 이 표로부터 벡터들이 $\begin{pmatrix} 1 \\ 0.5 \end{pmatrix}$에 접근하는 것을 확인할 수 있다. ≡

수축법 행렬 $\mathbf{A}$의 우세 고유값 λ_1을 찾은 다음에는 우세하지 않은 고유값을 구해야 한다. 다음에 다룰 방법은 거듭제곱법의 변형으로 **수축법**(method of deflation)이라 불리는 것이다. 이 논의에서는 행렬 $\mathbf{A}$가 **대칭**행렬인 경우로 제한한다.

λ_1과 $\mathbf{K}_1$를 대칭행렬 $\mathbf{A}$의 우세 고유값과 이에 대응하는 **정규화**된 고유벡터*(즉 $\|\mathbf{K}_1\| = 1$)라 하자. 또한 $\mathbf{A}$의 고유값은 다음과 같다고 가정하자.

$$|\lambda_1| > |\lambda_2| > |\lambda_3| \geq \cdots \geq |\lambda_n|$$

행렬

$$\mathbf{B} = \mathbf{A} - \lambda_1 \mathbf{K}_1 \mathbf{K}_1^T \tag{10}$$

이 고유값 $0, \lambda_2, \lambda_3, \ldots, \lambda_n$을 가지고 $\mathbf{B}$의 고유벡터는 또한 $\mathbf{A}$의 고유벡터임을 증명할 수 있다. 이때 λ_2는 $\mathbf{B}$의 우세 고유값임을 주목하라. λ_2와 대응하는 고유벡터를 근사화하기 위하여 $\mathbf{B}$에 거듭제곱법을 적용한다.

예제 4 수축법의 이용

수축법을 사용하여 다음 행렬의 고유값을 구하라.

$$\mathbf{A} = \begin{pmatrix} 1 & 2 & -1 \\ 2 & 1 & 1 \\ -1 & 1 & 0 \end{pmatrix}$$

풀이 $\mathbf{A}$의 우세 고유값과 대응하는 고유벡터를 구하기 위해 크기조정과 거듭제곱법을 이용한다. $\mathbf{X}_0 = \begin{pmatrix} 1 \\ 1 \\ 1 \end{pmatrix}$을 택하여 다음을 얻는다.

$$\mathbf{AX}_0 = \begin{pmatrix} 1 & 2 & -1 \\ 2 & 1 & 1 \\ -1 & 1 & 0 \end{pmatrix}\begin{pmatrix} 1 \\ 1 \\ 1 \end{pmatrix} = \begin{pmatrix} 2 \\ 4 \\ 0 \end{pmatrix} \quad \text{따라서} \quad \mathbf{X}_1 = \frac{1}{4}\begin{pmatrix} 2 \\ 4 \\ 0 \end{pmatrix} = \begin{pmatrix} 0.5 \\ 1 \\ 0 \end{pmatrix}$$

$$\mathbf{AX}_1 = \begin{pmatrix} 1 & 2 & -1 \\ 2 & 1 & 1 \\ -1 & 1 & 0 \end{pmatrix}\begin{pmatrix} 0.5 \\ 1 \\ 0 \end{pmatrix} = \begin{pmatrix} 2.5 \\ 2 \\ 0.5 \end{pmatrix} \quad \text{따라서} \quad \mathbf{X}_2 = \frac{1}{2.5}\begin{pmatrix} 2.5 \\ 2 \\ 0.5 \end{pmatrix} = \begin{pmatrix} 1 \\ 0.8 \\ 0.2 \end{pmatrix}$$

축소된 벡터들 $\mathbf{X}_3$에서 $\mathbf{X}_{10}$까지가 다음 표에 주어진다.

i	3	4	5	6	7	8	9	10
$\mathbf{X}_i$	$\begin{pmatrix} 0.8 \\ 1 \\ -0.0667 \end{pmatrix}$	$\begin{pmatrix} 1 \\ 0.8837 \\ 0.0698 \end{pmatrix}$	$\begin{pmatrix} 0.9134 \\ 1 \\ -0.0394 \end{pmatrix}$	$\begin{pmatrix} 1 \\ 0.9440 \\ 0.0293 \end{pmatrix}$	$\begin{pmatrix} 0.9614 \\ 1 \\ -0.0188 \end{pmatrix}$	$\begin{pmatrix} 1 \\ 0.9744 \\ 0.0129 \end{pmatrix}$	$\begin{pmatrix} 0.9828 \\ 1 \\ -0.0086 \end{pmatrix}$	$\begin{pmatrix} 1 \\ 0.9885 \\ 0.0058 \end{pmatrix}$

* 8.10절의 예제 3을 참조하라.

$\mathbf{X}_{10}$과 식 (8)을 이용하여

$$\lambda_1 \approx \frac{\mathbf{AX}_{10} \cdot \mathbf{X}_{10}}{\mathbf{X}_{10} \cdot \mathbf{X}_{10}} = 2.9997$$

을 얻는다. 이는 우세 고유값과 대응 고유벡터가 $\lambda_1 = 3$, $\mathbf{K} = \begin{pmatrix} 1 \\ 1 \\ 0 \end{pmatrix}$임을 나타낸다.

다음 작업은 식 (10)에 의해 정의되는 행렬 $\mathbf{B}$를 구하는 것이다. $\|\mathbf{K}\| = \sqrt{2}$이며 정규화된 고유벡터는 $\mathbf{K}_1 = \begin{pmatrix} 1/\sqrt{2} \\ 1/\sqrt{2} \\ 0 \end{pmatrix}$이다. 그러므로

$$\begin{aligned} \mathbf{B} &= \begin{pmatrix} 1 & 2 & -1 \\ 2 & 1 & 1 \\ -1 & 1 & 0 \end{pmatrix} - 3\begin{pmatrix} 1/\sqrt{2} \\ 1/\sqrt{2} \\ 0 \end{pmatrix}(1/\sqrt{2} \quad 1/\sqrt{2} \quad 0) \\ &= \begin{pmatrix} 1 & 2 & -1 \\ 2 & 1 & 1 \\ -1 & 1 & 0 \end{pmatrix} - \begin{pmatrix} \frac{3}{2} & \frac{3}{2} & 0 \\ \frac{3}{2} & \frac{3}{2} & 0 \\ 0 & 0 & 0 \end{pmatrix} = \begin{pmatrix} -0.5 & 0.5 & -1 \\ 0.5 & -0.5 & 1 \\ -1 & 1 & 0 \end{pmatrix} \end{aligned}$$

이다. $\mathbf{B}$의 우세 고유값을 구하기 위하여 크기조정과 거듭제곱법을 이용한다. $\mathbf{X}_0 = \begin{pmatrix} 1 \\ 1 \\ 1 \end{pmatrix}$으로 다시 시작하면, 그 결과는 다음 표와 같이 요약된다.

i	1	2	3	4	5	6	7
$\mathbf{X}_i$	$\begin{pmatrix} -1 \\ 1 \\ 0 \end{pmatrix}$	$\begin{pmatrix} 0.5 \\ -0.5 \\ 1 \end{pmatrix}$	$\begin{pmatrix} -1 \\ 1 \\ -0.6667 \end{pmatrix}$	$\begin{pmatrix} 0.8333 \\ -0.8333 \\ 1 \end{pmatrix}$	$\begin{pmatrix} -1 \\ 1 \\ -0.9091 \end{pmatrix}$	$\begin{pmatrix} 0.9545 \\ -0.9545 \\ 1 \end{pmatrix}$	$\begin{pmatrix} -1 \\ 1 \\ -0.9767 \end{pmatrix}$

$\mathbf{X}_7$과 식 (8)을 이용하면

$$\lambda_2 \approx \frac{\mathbf{AX}_7 \cdot \mathbf{X}_7}{\mathbf{X}_7 \cdot \mathbf{X}_7} = -1.9996$$

을 얻는다. 따라서 $\mathbf{B}$의 우세 고유값과 대응 고유벡터가 $\lambda_2 = -2$와 $\mathbf{K} = \begin{pmatrix} -1 \\ 1 \\ -1 \end{pmatrix}$이다.

$\mathbf{A}$의 마지막 고유값을 구하기 위해, 구하는 축소과정을 반복한다.

$$\mathbf{C} = \mathbf{B} - \lambda_2 \mathbf{K}_2 \mathbf{K}_2^T = \begin{pmatrix} 0.1667 & -0.1667 & -0.3333 \\ -0.1667 & 0.1667 & 0.3333 \\ -0.3333 & 0.3333 & 0.6667 \end{pmatrix}$$

여기서 $\mathbf{K}_2 = \begin{pmatrix} -1/\sqrt{3} \\ 1/\sqrt{3} \\ -1/\sqrt{3} \end{pmatrix}$을 이용하였다. 앞의 과정을 사용하여 $\lambda_3 = 1$임을 확인하라.

≡

예제 4는 다소 인위적인 것으로 행렬의 고유값이 3, −2, 그리고 1과 같은 '좋은' 수로만 되지는 않는다. 더구나 행렬 **B**와 **C**를 구성하는 데 우세 고유값 λ_1, λ_2를 정확한 값으로 사용하였다. 물론 실제에 있어서 **A**의 우세 고유값 λ_1과 대응하는 정규의 우세 고유벡터 $\mathbf{K}_1$의 근사값으로 계산하는 것으로 만족해야 할 것이다. 만일 이들 근사값이 식 (10)에서 사용되었다면, 행렬 **B**의 계산에서 오차가 생겼을 것이고, 더 큰 오차가 우세 고유값 λ_2와 우세 고유벡터 $\mathbf{K}_2$의 계산에 발생했을 것이다. λ_2와 $\mathbf{K}_2$가 행렬 **C**를 생성하는 데 사용되었다면, 오차가 들어 있다고 봐야 한다. 다시 말해서 수축법은 고유값을 많이 계산할수록 부정확성이 증가하게 된다.

8.8절의 식 (6), 정리 8.8.2와 8.8.3을 복습하라. ▶

역거듭제곱법 어떤 응용에서는 행렬 **A**의 우세 고유값으로의 근사보다는 절대값이 제일 작은 고유값으로의 근사가 더 흥미로운 경우가 있다. **A**가 정칙이면 **A**의 고유값은 0이 아니고(이를 증명하라), $\lambda_1, \lambda_2, \ldots, \lambda_n$이 **A**의 고유값이면 $1/\lambda_1, 1/\lambda_2, \ldots, 1/\lambda_n$은 $\mathbf{A}^{-1}$의 고유값이다. 마지막 사실은 방정식 $\mathbf{AK} = \lambda\mathbf{K}$, $\lambda \neq 0$에 $\mathbf{A}^{-1}$과 $1/\lambda$을 곱하여 $\mathbf{A}^{-1}\mathbf{K} = (1/\lambda)\mathbf{K}$를 구하여 보일 수 있다. **A**의 고유값을 다음과 같은 순서로 정리할 수 있는 경우,

$$|\lambda_1| \geq |\lambda_2| \geq |\lambda_3| \geq \cdots \geq |\lambda_{n-1}| > |\lambda_n|$$

$1/\lambda_n$은 $\mathbf{A}^{-1}$의 우세 고유값임을 알 수 있다. $\mathbf{A}^{-1}$에 거듭제곱법을 적용하여 가장 큰 고유값을 근사화할 수 있고, 그것의 역수를 취하여 가장 작은 크기의 **A**의 고유값을 구한다. 이 방법을 **역거듭제곱법**(inverse power method)이라 한다. 연습문제 8.11의 문제 11~13을 보라.

8.11 연습문제

부록에 선택된 홀수 문제의 답이 있다.

강사와 학생에게: 행렬 계산이 가능한 계산기 또는 CAS가 다음 문제들을 푸는 데 유용하다.

문제 1~10의 각 행렬은 우세 고유값을 갖는다.

문제 1과 2. 예제 3에서 예시한 것과 같이 거듭제곱법을 이용하여 주어진 행렬의 우세 고유값과 그 대응하는 우세 고유벡터를 구하라.

1. $\begin{pmatrix} 1 & 1 \\ 2 & 0 \end{pmatrix}$

2. $\begin{pmatrix} -7 & 2 \\ 8 & -1 \end{pmatrix}$

문제 3~6. 크기조정과 거듭제곱법을 이용하여 주어진 행렬의 우세한 고유값과 대응하는 고유벡터를 구하라.

3. $\begin{pmatrix} 2 & 4 \\ 3 & 13 \end{pmatrix}$

4. $\begin{pmatrix} -1 & 2 \\ -2 & 7 \end{pmatrix}$

5. $\begin{pmatrix} 5 & 4 & 2 \\ 4 & 5 & 2 \\ 2 & 2 & 2 \end{pmatrix}$

6. $\begin{pmatrix} 3 & 1 & 1 \\ 0 & 1 & 1 \\ 0 & 0 & 2 \end{pmatrix}$

문제 7~10. 수축법을 이용하여 주어진 행렬의 고유값을 구하라.

7. $\begin{pmatrix} 3 & 2 \\ 2 & 6 \end{pmatrix}$

8. $\begin{pmatrix} 1 & 3 \\ 3 & 9 \end{pmatrix}$

9. $\begin{pmatrix} 3 & -1 & 0 \\ -1 & 2 & -1 \\ 0 & -1 & 3 \end{pmatrix}$

10. $\begin{pmatrix} 0 & 0 & -4 \\ 0 & -4 & 0 \\ -4 & 0 & 15 \end{pmatrix}$

문제 11~12. 역거듭제곱법을 이용하여 주어진 행렬의 최소 크기의 고유값을 구하라.

11. $\begin{pmatrix} 1 & 1 \\ 3 & 4 \end{pmatrix}$

12. $\begin{pmatrix} -0.2 & 0.3 \\ 0.4 & -0.1 \end{pmatrix}$

13. 3.9절의 예제 4에서 하중 P가 가해진 얇은 기둥의 처짐곡선이 다음과 같은 경곗값 문제로 정의됨을 보았다.

$$EI\frac{d^2y}{dx^2} + Py = 0, \quad y(0) = 0, \quad y(L) = 0$$

이 문제에서 최소 임계하중을 계산하기 위해 행렬의 기법을 응용하는 방법을 알아보자.

간격 $[0, L]$을 길이 $h = L/n$인 n개의 부분간격으로 나누고 $x_i = ih$, $i = 0, 1, \ldots, n$으로 두자. h의 작은 값에

대해 6.5절의 식 (6)으로부터 다음을 얻는다.

$$\frac{d^2y}{dx^2} \approx \frac{y_{i+1} - 2y_i + y_{i-1}}{h^2}$$

여기서 $y_i = y(x_i)$이다.

(a) 미분방정식이 다음의 차분방정식으로 대체됨을 보여라.

$$EI(y_{i+1} - 2y_i + y_{i-1}) + Ph^2y_i = 0,\ i = 1, 2, \ldots, n-1$$

(b) $n = 4$에 대하여 (a)의 방정식이 다음의 선형 연립방정식으로 됨을 보여라.

$$\begin{pmatrix} 2 & -1 & 0 \\ -1 & 2 & -1 \\ 0 & -1 & 2 \end{pmatrix}\begin{pmatrix} y_1 \\ y_2 \\ y_3 \end{pmatrix} = \frac{PL^2}{16EI}\begin{pmatrix} y_1 \\ y_2 \\ y_3 \end{pmatrix}$$

이 연립방정식은 고유값 문제의 $\mathbf{AY} = \lambda\mathbf{Y}$ 형태를 갖는다($\lambda = PL^2/16EI$).

(c) $\mathbf{A}^{-1}$을 구하라.

(d) 역거듭제곱법을 이용하여 최소 크기의 $\mathbf{A}$의 고유값을 소수점 두 자리까지 구하라.

(e) (d)의 결과를 이용하여 최소 임계하중의 근사값을 구하라. 3.9절에 주어진 값을 비교하라.

14. 문제 13에서 기둥이 테이퍼형으로 되어 단면 I의 관성모멘트가 $I(0) = I_0 = 0.002$에서 $I(L) = I_L = 0.001$로 선형적으로 변한다고 가정하자.

(a) 문제 13의 (a)에서 $n = 4$로 한 차분방정식을 이용하여 (b)에 주어진 것과 유사한 연립방정식을 세워라.

(b) 문제 13에서와 같은 방법을 이용하여 최소 임계하중의 근사값을 구하라.

컴퓨터 실습 과제

15. 8.9절에서 $n \times n$ 행렬 $\mathbf{A}$의 $\mathbf{A}^m$을 구하는 방법을 알았다. $\mathbf{A}^m$을 구하기 위한 CAS 명령어를 찾아 보라(*Mathematica*에서 명령은 **MatrixPower[A, m]**). 행렬

$$\mathbf{A} = \begin{pmatrix} 5 & -2 & 0 \\ -2 & 3 & -1 \\ 0 & -1 & 1 \end{pmatrix}$$

은 우세 고유값을 갖는다.

(a) CAS를 이용하여 $\mathbf{A}^{10}$을 구하라.

(b) 식 (2)를 이용하여 $\mathbf{X}_{10}$을 구하라. 이때 $\mathbf{X}_m = \mathbf{A}^m\mathbf{X}_0$, $m = 10$이고, $\mathbf{X}_0 = \begin{pmatrix} 1 \\ 0 \\ 0 \end{pmatrix}$이다. 같은 방식으로 $\mathbf{X}_{12}$를 구하라. 식 (9)와 같은 절차를 사용하여 우세 고유벡터 $\mathbf{K}$의 근사값을 구하라.

(c) $\mathbf{K}$가 $\mathbf{A}$의 우세한 고유벡터라면, $\mathbf{AK} = \lambda\mathbf{K}$이다. 이 정의와 (b)의 결과를 이용하여 우세한 고유값을 구하라.

8.12 대각화

소개 10장에서 고유값, 고유벡터, 직교행렬과 이 절의 논제인 대각화가 선형연립 1계 미분방정식의 풀이에 중요한 역할을 한다는 사실을 알게 될 것이다. 이 절에서 생각할 기본적인 질문은 다음과 같다.

$n \times n$ 행렬 $\mathbf{A}$에 대해서 $\mathbf{P}^{-1}\mathbf{AP} = \mathbf{D}$가 대각행렬이 되는 정칙행렬 $\mathbf{P}$를 구할 수 있을까?

■ 특별한 표기법 두 $n \times n$ 행렬들의 곱에 대한 간략한 표기법을 소개하는 것으로 시작한다. 이 표기법은 이 절의 중요한 정리를 증명하는 데 유용할 것이다. 예를 들어 $\mathbf{A}$와 $\mathbf{B}$가 2×2 행렬이라 하자. 그러면

$$\mathbf{AB} = \begin{pmatrix} a_{11} & a_{12} \\ a_{21} & a_{22} \end{pmatrix}\begin{pmatrix} b_{11} & b_{12} \\ b_{21} & b_{22} \end{pmatrix} = \begin{pmatrix} a_{11}b_{11} + a_{12}b_{21} & a_{11}b_{12} + a_{12}b_{22} \\ a_{21}b_{11} + a_{22}b_{21} & a_{21}b_{12} + a_{22}b_{22} \end{pmatrix} \tag{1}$$

1열 2열

이다. 행렬 B의 열들을 벡터 $\mathbf{X}_1 = \begin{pmatrix} b_{11} \\ b_{21} \end{pmatrix}$, $\mathbf{X}_2 = \begin{pmatrix} b_{12} \\ b_{22} \end{pmatrix}$로 쓰면, 식 (1)에서의 1열과 2열은 $\mathbf{AX}_1$과 $\mathbf{AX}_2$로 표시할 수 있다. 즉,

$$\mathbf{AB} = (\underset{1\text{열}}{\mathbf{AX}_1} \quad \underset{2\text{열}}{\mathbf{AX}_2})$$

이다. 일반적으로 두 개의 $n \times n$ 행렬의 경우

$$\mathbf{AB} = \mathbf{A}(\mathbf{X}_1\ \mathbf{X}_2 \ldots\ \mathbf{X}_n) = (\mathbf{AX}_1\ \mathbf{AX}_2 \ldots\ \mathbf{AX}_n) \tag{2}$$

여기에서 $\mathbf{X}_1, \mathbf{X}_2, \ldots, \mathbf{X}_n$은 $\mathbf{B}$의 열들이다.

대각화 가능 행렬 $\mathbf{P}^{-1}\mathbf{AP} = \mathbf{D}$가 대각행렬이 되는 정칙행렬 $\mathbf{P}$를 구할 수 있는 경우, $n \times n$ 행렬 $\mathbf{A}$는 **대각화 가능하다**(diagonalizable)라 하고 $\mathbf{P}$는 $\mathbf{A}$를 **대각화한다**(diagonalize)라고 한다.

$\mathbf{A}$가 3×3 대각화 가능 행렬이라 하고, 행렬을 대각화하는 방법을 찾아보자. $\mathbf{A}$가 대각화 가능 행렬이면 $\mathbf{P}^{-1}\mathbf{AP} = \mathbf{D}$ 또는 $\mathbf{AP} = \mathbf{PD}$인 3×3 정칙행렬 $\mathbf{P}$가 존재한다. 여기서 $\mathbf{D}$는 대각행렬

$$\mathbf{D} = \begin{pmatrix} d_{11} & 0 & 0 \\ 0 & d_{22} & 0 \\ 0 & 0 & d_{33} \end{pmatrix}$$

이다. $\mathbf{P}_1, \mathbf{P}_2, \mathbf{P}_3$가 $\mathbf{P}$의 열들이라 하면, 식 (2)로부터 방정식 $\mathbf{AP} = \mathbf{PD}$는

$$(\mathbf{AP}_1\ \ \mathbf{AP}_2\ \ \mathbf{AP}_3) = (d_{11}\mathbf{P}_1\ \ d_{22}\mathbf{P}_2\ \ d_{33}\mathbf{P}_3)$$

즉,

$$\mathbf{AP}_1 = d_{11}\mathbf{P}_1, \quad \mathbf{AP}_2 = d_{22}\mathbf{P}_2, \quad \mathbf{AP}_3 = d_{33}\mathbf{P}_3$$

이다. 정의 8.8.1에 의하여 d_{11}, d_{22}와 d_{33}은 고유벡터 $\mathbf{P}_1$, $\mathbf{P}_2$와 $\mathbf{P}_3$에 대응된 $\mathbf{A}$의 고유값이다. 또한 이들 고유벡터는 $\mathbf{P}$가 정칙행렬이라 가정했으므로 일차독립이다.

$\mathbf{A}$가 대각화 가능한 특수한 행렬의 경우에 대각화하는 행렬 $\mathbf{P}$의 열들은 $\mathbf{A}$의 일차독립인 고유벡터로 이루어진다는 것을 알 수 있다. 행렬의 대각화를 위해서는 마지막 문장의 역이 타당한지에 관심이 있다. 다시 말하면 $n \times n$ 행렬 $\mathbf{A}$의 n개의 일차독립인 고유벡터를 열로 하는 $n \times n$ 행렬 $\mathbf{P}$를 만들 수 있으면, 행렬 $\mathbf{P}$는 $\mathbf{A}$를 대각화하는가? 그 답은 '그렇다'이고 다음 정리에서 증명할 것이다.

정리 8.12.1 대각화 가능성의 충분조건

$n \times n$ 행렬 $\mathbf{A}$가 n개의 일차독립인 고유벡터 $\mathbf{K}_1, \mathbf{K}_2, \ldots, \mathbf{K}_n$을 갖는다면, $\mathbf{A}$는 대각화가 가능하다.

증명 $\mathbf{A}$가 3×3 행렬인 경우에 정리를 증명하자. $\mathbf{K}_1$, $\mathbf{K}_2$와 $\mathbf{K}_3$를 고유값 λ_1, λ_2와 λ_3에 대응하는 일차독립인 고유벡터라 하자. 즉

$$\mathbf{AK}_1 = \lambda_1\mathbf{K}_1, \quad \mathbf{AK}_2 = \lambda_2\mathbf{K}_2, \quad \text{그리고} \quad \mathbf{AK}_3 = \lambda_3\mathbf{K}_3 \tag{3}$$

다음으로 열벡터 $\mathbf{K}_1$, $\mathbf{K}_2$ 및 $\mathbf{K}_3$를 갖는 3×3 행렬 $\mathbf{P} = (\mathbf{K}_1\mathbf{K}_2\mathbf{K}_3)$를 만들자. 가정에 의하여

고유벡터는 일차독립이므로 **P**는 정칙이다. 이제 식 (2)와 (3)을 이용하여 곱 **AP**를

$$\mathbf{AP} = (\mathbf{AK}_1\ \mathbf{AK}_2\ \mathbf{AK}_3) = (\lambda_1\mathbf{K}_1\ \lambda_2\mathbf{K}_2\ \lambda_3\mathbf{K}_3)$$

$$= (\mathbf{K}_1\ \mathbf{K}_2\ \mathbf{K}_3)\begin{pmatrix} \lambda_1 & 0 & 0 \\ 0 & \lambda_2 & 0 \\ 0 & 0 & \lambda_3 \end{pmatrix} = \mathbf{PD}$$

로 쓸 수 있다. 마지막 방정식 왼쪽에 $\mathbf{P}^{-1}$을 곱하면 $\mathbf{P}^{-1}\mathbf{AP} = \mathbf{D}$가 된다. ≡

정리 8.12.1의 증명에서 대각화된 행렬의 원소는 **A**의 고유값이고, **D**의 대각선에 나오는 수의 순서는 행렬 **P**에서 열로 사용된 고유벡터의 순서에 대응한다는 것에 주의하라.

정리 8.12.1의 앞부분에 있는 동기부여적인 논의의 관점에서 다음과 같은 일반적인 결과를 얻을 수 있다.

정리 8.12.2 대각화 가능성의 판정기준

$n \times n$ 행렬 **A**가 대각화 가능하기 위한 필요충분조건은 **A**가 n개의 일차독립인 고유벡터를 갖는 것이다.

8.8절에서 $n \times n$ 행렬 **A**가 n개의 서로 다른 고유값을 가질 때 **A**는 항상 n개의 일차독립인 고유벡터를 갖는 것을 보았다.

정리 8.12.3 대각화 가능성에 대한 충분조건

$n \times n$ 행렬 **A**가 n개의 서로 다른 고유값을 가지면 **A**는 대각화가 가능하다.

예제 1 행렬의 대각화

대각화가 가능한 경우에 $\mathbf{A} = \begin{pmatrix} -5 & 9 \\ -6 & 10 \end{pmatrix}$을 대각화하라.

풀이 먼저 **A**의 고유값을 구한다. 특성방정식은

$$(\mathbf{A} - \lambda\mathbf{I}) = \begin{vmatrix} -5 - \lambda & 9 \\ -6 & 10 - \lambda \end{vmatrix} = \lambda^2 - 5\lambda + 4 = (\lambda - 1)(\lambda - 4) = 0$$

이다. 고유값은 $\lambda_1 = 1$과 $\lambda_2 = 4$이다. 고유값은 서로 다르므로, 정리 8.12.3으로부터 **A**는 대각화가 가능하다.

다음 $\lambda_1 = 1$과 $\lambda_2 = 4$에 각각 대응하는 고유벡터는

$$\mathbf{K}_1 = \begin{pmatrix} 3 \\ 2 \end{pmatrix} \qquad \text{그리고} \qquad \mathbf{K}_2 = \begin{pmatrix} 1 \\ 1 \end{pmatrix}$$

이다. 이 벡터를 열로 이용하면, **A**를 대각화하는 정칙행렬 P는

$$\mathbf{P} = (\mathbf{K}_1\ \mathbf{K}_2) = \begin{pmatrix} 3 & 1 \\ 2 & 1 \end{pmatrix}$$

이고

$$\mathbf{P}^{-1} = \begin{pmatrix} 1 & -1 \\ -2 & 3 \end{pmatrix}$$

이다. 곱셈을 취하면

$$\mathbf{P}^{-1}\mathbf{AP} = \begin{pmatrix} 1 & -1 \\ -2 & 3 \end{pmatrix}\begin{pmatrix} -5 & 9 \\ -6 & 10 \end{pmatrix}\begin{pmatrix} 3 & 1 \\ 2 & 1 \end{pmatrix} = \begin{pmatrix} 1 & 0 \\ 0 & 4 \end{pmatrix} = \mathbf{D}$$

이다. ≡

예제 1에서 $\mathbf{P}$의 열을 교환하면, 즉 $\mathbf{P} = \begin{pmatrix} 1 & 3 \\ 1 & 2 \end{pmatrix}$이면, 대각행렬은 $\mathbf{D} = \begin{pmatrix} 4 & 0 \\ 0 & 1 \end{pmatrix}$이 될 것이다.

예제 2 행렬의 대각화

행렬 $\mathbf{A} = \begin{pmatrix} 1 & 2 & 1 \\ 6 & -1 & 0 \\ -1 & -2 & -1 \end{pmatrix}$을 생각하자. 8.8절의 예제 2에서 고유값과 대응하는 고유벡터는

$$\lambda_1 = 0,\quad \lambda_2 = -4,\quad \lambda_3 = 3,\quad \mathbf{K}_1 = \begin{pmatrix} 1 \\ 6 \\ -13 \end{pmatrix},\quad \mathbf{K}_2 = \begin{pmatrix} -1 \\ 2 \\ 1 \end{pmatrix},\quad \mathbf{K}_3 = \begin{pmatrix} 2 \\ 3 \\ -2 \end{pmatrix}$$

임을 알고 있다. 고유값이 서로 다르므로 $\mathbf{A}$는 대각화가 가능하다. 행렬 $\mathbf{P}$를

$$\mathbf{P} = (\mathbf{K}_1\ \mathbf{K}_2\ \mathbf{K}_3) = \begin{pmatrix} 1 & -1 & 2 \\ 6 & 2 & 3 \\ -13 & 1 & -2 \end{pmatrix}$$

라 하고, $\mathbf{P}$를 구성하는 고유벡터가 나오는 순서대로 고유값을 대응시키면 대각행렬은

$$\mathbf{D} = \begin{pmatrix} 0 & 0 & 0 \\ 0 & -4 & 0 \\ 0 & 0 & 3 \end{pmatrix}$$

가 됨을 알 수 있다. 이제 8.6절의 방법 중 어느 하나로부터

$$\mathbf{P}^{-1} = \begin{pmatrix} -\frac{1}{12} & 0 & -\frac{1}{12} \\ -\frac{9}{28} & \frac{2}{7} & \frac{3}{28} \\ \frac{8}{21} & \frac{1}{7} & \frac{2}{21} \end{pmatrix}$$

를 구하면

$$\mathbf{P}^{-1}\mathbf{AP} = \begin{pmatrix} -\frac{1}{12} & 0 & -\frac{1}{12} \\ -\frac{9}{28} & \frac{2}{7} & \frac{3}{28} \\ \frac{8}{21} & \frac{1}{7} & \frac{2}{21} \end{pmatrix}\begin{pmatrix} 1 & 2 & 1 \\ 6 & -1 & 0 \\ -1 & -2 & -1 \end{pmatrix}\begin{pmatrix} 1 & -1 & 2 \\ 6 & 2 & 3 \\ -13 & 1 & -2 \end{pmatrix}$$

$$= \begin{pmatrix} 0 & 0 & 0 \\ 0 & -4 & 0 \\ 0 & 0 & 3 \end{pmatrix} = \mathbf{D}$$

이다. ≡

$n \times n$ 행렬 **A**가 n개의 서로 다른 고유값을 갖는다는 조건은 **A**가 대각화가 가능하다는 것의 충분조건, 즉 대각화 가능성을 보장하는 것이다. 그러나 n개의 서로 다른 고유값이 존재한다는 조건은 **A**가 대각화 가능하기 위한 필요조건은 아니다. 다시 말하면 행렬 **A**가 n개의 서로 다른 고유값을 갖지 않는 경우에 행렬 A는 대각화가 될 수도 또는 안 될 수도 있다.

◀ 중복 고유값을 갖는 행렬도 대각화가 가능할 수 있다.

예제 3 대각화가 가능하지 않은 행렬

8.8절의 예제 3에서 행렬 $\mathbf{A} = \begin{pmatrix} 3 & 4 \\ -1 & 7 \end{pmatrix}$은 중복 고유값 $\lambda_1 = \lambda_2 = 5$를 가진다. 이에 대해 단 하나의 고유벡터 $\mathbf{K}_1 = \begin{pmatrix} 2 \\ 1 \end{pmatrix}$를 구할 수 있다. 따라서 이 경우에는 정리 8.12.2로부터 대각화 가능하지 않다는 결론을 얻는다. ≡

예제 4 중복 고유값에서의 대각화 가능

행렬 $\mathbf{A} = \begin{pmatrix} 0 & 1 & 0 \\ 1 & 0 & 0 \\ 0 & 0 & 1 \end{pmatrix}$의 고유값은 $\lambda_1 = -1$과 $\lambda_2 = \lambda_3 = 1$이다. $\lambda_1 = -1$에 대하여 $\mathbf{K}_1 = \begin{pmatrix} 1 \\ -1 \\ 0 \end{pmatrix}$을 구한다. 중복 고유값 $\lambda_2 = \lambda_3 = 1$에 대해서는 Gauss-Jordan 소거법에 의하여

$$(\mathbf{A} - \mathbf{I}|\mathbf{0}) = \begin{pmatrix} -1 & 1 & 0 \\ 1 & -1 & 0 \\ 0 & 0 & 0 \end{pmatrix} \overset{\text{행 연산}}{\Longrightarrow} \begin{pmatrix} 1 & -1 & 0 \\ 0 & 0 & 0 \\ 0 & 0 & 0 \end{pmatrix}$$

이다. 마지막 행렬로부터 $k_1 - k_2 = 0$이다. k_3는 마지막 행렬에서 결정되지 않으므로 그 값은 임의로 택할 수 있다. $k_2 = 1$을 선택하면 $k_1 = 1$이 된다. $k_3 = 0$을 택하면 그 고유벡터는

$$\mathbf{K}_2 = \begin{pmatrix} 1 \\ 1 \\ 0 \end{pmatrix}$$

이다. 또한 $k_2 = 0$으로 선택하면, $k_1 = 0$이다. $k_3 = 1$이라 하면 $\lambda_2 = \lambda_3 = 1$에 대응하는 다른 고유벡터는

$$\mathbf{K}_3 = \begin{pmatrix} 0 \\ 0 \\ 1 \end{pmatrix}$$

이다. 고유벡터 $\mathbf{K}_1$, $\mathbf{K}_2$와 $\mathbf{K}_3$는 일차독립이므로, $\mathbf{A}$를 대각화하는 행렬은

$$\mathbf{P} = \begin{pmatrix} 1 & 1 & 0 \\ -1 & 1 & 0 \\ 0 & 0 & 1 \end{pmatrix}$$

이다. 고유값을 $\mathbf{P}$에서의 고유벡터와 대응시키면 $\mathbf{P}^{-1}\mathbf{AP} = \mathbf{D}$이다. 여기서

$$\mathbf{D} = \begin{pmatrix} -1 & 0 & 0 \\ 0 & 1 & 0 \\ 0 & 0 & 1 \end{pmatrix}$$

이다. ≡

대칭행렬 실수 원소로 된 $n \times n$ 대칭행렬 $\mathbf{A}$는 항상 대각화할 수 있다. 이것은 실수대칭행렬에 대하여 n개의 일차독립인 고유벡터를 항상 구할 수 있다는 사실에 기인한 결과이다. 더욱이 n개의 서로 직교인 고유벡터를 구할 수 있으므로, 직교행렬 $\mathbf{P}$를 이용하여 $\mathbf{A}$를 대각화할 수 있다. 대칭행렬은 **직교 대각화 가능**(orthogonally diagonalizable)하다고 한다.

정리 8.12.4 직교 대각화 가능성의 판정기준

$n \times n$ 행렬 $\mathbf{A}$가 직교 대각화 가능하기 위한 필요충분조건은 $\mathbf{A}$가 대칭인 것이다.

부분 증명 정리의 필요부분을 증명하자. $n \times n$ 행렬 $\mathbf{A}$가 직교적으로 대각화 가능하다고 가정하자. 그러면 직교행렬 $\mathbf{P}$가 존재하여 $\mathbf{P}^{-1}\mathbf{AP} = \mathbf{D}$ 또는 $\mathbf{A} = \mathbf{PDP}^{-1}$가 된다. $\mathbf{P}$가 직교하므로 $\mathbf{P}^{-1} = \mathbf{P}^T$이고 결론적으로 $\mathbf{A} = \mathbf{PDP}^T$이다. 그러나 정리 8.1.2의 (*i*), (*iii*)과 대각행렬은 대칭이라는 사실로부터

$$\mathbf{A}^T = (\mathbf{PDP}^T)^T = (\mathbf{P}^T)^T\mathbf{D}^T\mathbf{P}^T = \mathbf{PDP}^T = \mathbf{A}$$

를 얻는다. 따라서 $\mathbf{A}$는 대칭이다. ≡

예제 5 대칭행렬의 대각화

대칭행렬 $\mathbf{A} = \begin{pmatrix} 9 & 1 & 1 \\ 1 & 9 & 1 \\ 1 & 1 & 9 \end{pmatrix}$를 생각하자. 8.8절의 예제 4에서 고유값과 대응하는 고유벡터는

$$\lambda_1 = 11, \quad \lambda_2 = \lambda_3 = 8, \quad \mathbf{K}_1 = \begin{pmatrix} 1 \\ 1 \\ 1 \end{pmatrix}, \quad \mathbf{K}_2 = \begin{pmatrix} -1 \\ 1 \\ 0 \end{pmatrix}, \quad \mathbf{K}_3 = \begin{pmatrix} -1 \\ 0 \\ 1 \end{pmatrix}$$

이다. 고유벡터 $\mathbf{K}_1$, $\mathbf{K}_2$와 $\mathbf{K}_3$는 일차독립이지만, 중복되는 고유값 $\lambda_2 = \lambda_3 = 8$에 대응하는 벡터 $\mathbf{K}_2$와 $\mathbf{K}_3$가 직교가 아니므로, 서로 직교가 아님을 유의하라. $\lambda_2 = \lambda_3 = 8$에 대해서는 Gauss-Jordan 소거법에 의해 고유벡터

◀ 뒤에 나오는 참고를 보라.

$$(\mathbf{A} - 8\mathbf{I}|\mathbf{0}) = \begin{pmatrix} 1 & 1 & 1 \\ 1 & 1 & 1 \\ 1 & 1 & 1 \end{pmatrix} \overset{\text{행 연산}}{\Rightarrow} \begin{pmatrix} 1 & 1 & 1 \\ 0 & 0 & 0 \\ 0 & 0 & 0 \end{pmatrix}$$

을 얻는다. 이것은 $k_1 + k_2 + k_3 = 0$을 의미한다. 변수 중 2개가 임의의 것이므로 $k_2 = 1$, $k_3 = 0$을 택하면 $\mathbf{K}_2$를 얻고, $k_2 = 0$, $k_3 = 1$을 택하면 $\mathbf{K}_3$을 얻는다. 이제 $k_2 = 1$, $k_3 = 1$과 $k_2 = 1$, $k_3 = -1$을 택하면, 전적으로 다르지만 직교인 두 개의 고유벡터

$$\mathbf{K}_2 = \begin{pmatrix} -2 \\ 1 \\ 1 \end{pmatrix}, \quad \mathbf{K}_3 = \begin{pmatrix} 0 \\ 1 \\ -1 \end{pmatrix}$$

을 얻는다. 따라서 서로 직교인 고유벡터들의 새로운 집합은 다음과 같다.

$$\mathbf{K}_1 = \begin{pmatrix} 1 \\ 1 \\ 1 \end{pmatrix}, \quad \mathbf{K}_2 = \begin{pmatrix} -2 \\ 1 \\ 1 \end{pmatrix}, \quad \mathbf{K}_3 = \begin{pmatrix} 0 \\ 1 \\ -1 \end{pmatrix}$$

이들 벡터에 차례로 $\|\mathbf{K}_1\| = \sqrt{3}$, $\|\mathbf{K}_2\| = \sqrt{6}$ 및 $\|\mathbf{K}_3\| = \sqrt{2}$ 의 역수를 곱하면, 정규직교 벡터집합

$$\begin{pmatrix} \frac{1}{\sqrt{3}} \\ \frac{1}{\sqrt{3}} \\ \frac{1}{\sqrt{3}} \end{pmatrix}, \quad \begin{pmatrix} -\frac{2}{\sqrt{6}} \\ \frac{1}{\sqrt{6}} \\ \frac{1}{\sqrt{6}} \end{pmatrix}, \quad \begin{pmatrix} 0 \\ \frac{1}{\sqrt{2}} \\ -\frac{1}{\sqrt{2}} \end{pmatrix}$$

을 얻는다. 이 벡터를 열로 사용하면 $\mathbf{A}$를 대각화하는 직교행렬은

$$\mathbf{P} = \begin{pmatrix} \frac{1}{\sqrt{3}} & -\frac{2}{\sqrt{6}} & 0 \\ \frac{1}{\sqrt{3}} & \frac{1}{\sqrt{6}} & \frac{1}{\sqrt{2}} \\ \frac{1}{\sqrt{3}} & \frac{1}{\sqrt{6}} & -\frac{1}{\sqrt{2}} \end{pmatrix}$$

이 된다. $\mathbf{P}$에 나오는 고유벡터의 순서대로 대응하는 $\mathbf{A}$의 고유값을 원소로 하는 대각행렬은

$$\mathbf{D} = \begin{pmatrix} 11 & 0 & 0 \\ 0 & 8 & 0 \\ 0 & 0 & 8 \end{pmatrix}$$

이다. 이것은 다음으로부터 확인할 수 있다.

$$\mathbf{P}^{-1}\mathbf{A}\mathbf{P} = \mathbf{P}^T\mathbf{A}\mathbf{P} = \begin{pmatrix} \frac{1}{\sqrt{3}} & \frac{1}{\sqrt{3}} & \frac{1}{\sqrt{3}} \\ -\frac{2}{\sqrt{6}} & \frac{1}{\sqrt{6}} & \frac{1}{\sqrt{6}} \\ 0 & \frac{1}{\sqrt{2}} & -\frac{1}{\sqrt{2}} \end{pmatrix} \begin{pmatrix} 9 & 1 & 1 \\ 1 & 9 & 1 \\ 1 & 1 & 9 \end{pmatrix} \begin{pmatrix} \frac{1}{\sqrt{3}} & -\frac{2}{\sqrt{6}} & 0 \\ \frac{1}{\sqrt{3}} & \frac{1}{\sqrt{6}} & \frac{1}{\sqrt{2}} \\ \frac{1}{\sqrt{3}} & \frac{1}{\sqrt{6}} & -\frac{1}{\sqrt{2}} \end{pmatrix}$$

$$= \begin{pmatrix} 11 & 0 & 0 \\ 0 & 8 & 0 \\ 0 & 0 & 8 \end{pmatrix} = \mathbf{D}$$ ≡

2차 형식

2차 형식 다음과 같은 형태의 대수적인 표현

$$ax^2 + bxy + cy^2 \tag{4}$$

을 **2차 형식**(quadratic form)이라 한다. $\mathbf{X} = \begin{pmatrix} x \\ y \end{pmatrix}$라 하면, 식 (4)는 행렬의 곱

$$\mathbf{X}^T\mathbf{A}\mathbf{X} = (x \quad y)\begin{pmatrix} a & \frac{1}{2}b \\ \frac{1}{2}b & c \end{pmatrix}\begin{pmatrix} x \\ y \end{pmatrix} \tag{5}$$

로 쓸 수 있다. 행렬 $\mathbf{A} = \begin{pmatrix} a & \frac{1}{2}b \\ \frac{1}{2}b & c \end{pmatrix}$는 대칭행렬임에 주목하라.

미적분학에서 좌표축을 적당히 회전하면, 방정식

$$ax^2 + bxy + cy^2 + dx + ey + f = 0$$

에서 xy 항을 제거시킬 수 있음을 알았다.

다음 예제에서 보는 바와 같이, 삼각함수를 사용하지 않고도 직교행렬과 대각화에 의하여 xy 항을 제거할 수 있다.

예제 6 원뿔곡선의 식별

방정식이 $2x^2 + 4xy - y^2 = 1$인 원뿔곡선을 찾아라.

풀이 식 (5)로부터 주어진 방정식은

$$(x \quad y)\begin{pmatrix} 2 & 2 \\ 2 & -1 \end{pmatrix}\begin{pmatrix} x \\ y \end{pmatrix} = 1 \qquad \text{또는} \qquad \mathbf{X}^T\mathbf{A}\mathbf{X} = 1 \tag{6}$$

로 쓸 수 있다. 여기서 $\mathbf{A} = \begin{pmatrix} 2 & 2 \\ 2 & -1 \end{pmatrix}$이고 $\mathbf{X} = \begin{pmatrix} x \\ y \end{pmatrix}$이다. 이제 $\mathbf{A}$의 고유값과 이에 대응하는 고유벡터는

$$\lambda_1 = -2, \quad \lambda_2 = 3, \quad \mathbf{K}_1 = \begin{pmatrix} 1 \\ -2 \end{pmatrix}, \quad \mathbf{K}_2 = \begin{pmatrix} 2 \\ 1 \end{pmatrix}$$

이다. $\mathbf{K}_1$과 $\mathbf{K}_2$는 직교임을 확인하라. 더욱이 $\|\mathbf{K}_1\| = \|\mathbf{K}_2\| = \sqrt{5}$이므로 벡터

$$\begin{pmatrix} \dfrac{1}{\sqrt{5}} \\ -\dfrac{2}{\sqrt{5}} \end{pmatrix} \quad \text{그리고} \quad \begin{pmatrix} \dfrac{2}{\sqrt{5}} \\ \dfrac{1}{\sqrt{5}} \end{pmatrix}$$

은 정규직교이다. 따라서 행렬

$$\mathbf{P} = \begin{pmatrix} \dfrac{1}{\sqrt{5}} & \dfrac{2}{\sqrt{5}} \\ -\dfrac{2}{\sqrt{5}} & \dfrac{1}{\sqrt{5}} \end{pmatrix}$$

은 직교행렬이다. 변수 변환식을 $\mathbf{X} = \mathbf{PX}'$, 여기서 $\mathbf{X}' = \begin{pmatrix} X \\ Y \end{pmatrix}$로 정의하면 2차 형식 $2x^2 + 4xy - y^2$은 다음과 같이 쓸 수 있다.

$$\mathbf{X}^T\mathbf{AX} = (\mathbf{X}')^T\mathbf{P}^T\mathbf{APX}' = (\mathbf{X}')^T(\mathbf{P}^T\mathbf{AP})\mathbf{X}'$$

$\mathbf{P}$는 대칭행렬 $\mathbf{A}$를 직교 대각화하므로 마지막 방정식은

$$\mathbf{X}^T\mathbf{AX} = (\mathbf{X}')^T\mathbf{DX}' \tag{7}$$

와 같다. 식 (7)을 이용하면 식 (6)은 아래와 같이 된다.

$$(X \quad Y)\begin{pmatrix} -2 & 0 \\ 0 & 3 \end{pmatrix}\begin{pmatrix} X \\ Y \end{pmatrix} = 1 \qquad \text{또는} \qquad -2X^2 + 3Y^2 = 1$$

이 마지막 방정식은 쌍곡선의 표준형으로 알려져 있다. 고유벡터들의 xy 좌표는 $(1, -2)$와 $(2, 1)$이다. $\mathbf{X}' = \mathbf{P}^{-1}\mathbf{X} = \mathbf{P}^T\mathbf{X}$에 $\mathbf{X} = \mathbf{PX}'$를 대입하면, 이들 두 점의 XY 좌표는 각각 $(\sqrt{5}, 0)$과 $(0, \sqrt{5})$가 나온다. X축과 Y축은 **그림 8.12.1**에 나와 있는 것과 같다. 이 그림에서 검은색으로 표시된 고유벡터는 새로운 축을 따라 놓여 있다. X 축과 Y 축을 원뿔곡선의 **주축**(principal axis)이라 한다.

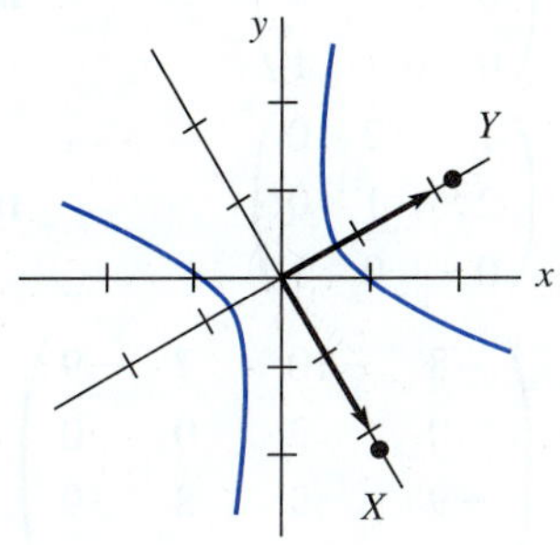

그림 8.12.1 예제 6의 X축과 Y축

참고

예제 5의 행렬 $\mathbf{A}$는 대칭이고, 서로 다른 고유값에 대응하는 고유벡터들은 직교한다. 예제에서 $\lambda_1 = 11$에 대응하는 고유벡터 $\mathbf{K}_1$은 $\mathbf{K}_2$와 $\mathbf{K}_3$ 모두에 직교함에 주의하라. 고유값 $\lambda_2 = \lambda_3 = 8$에 대응하는 고유벡터 $\mathbf{K}_2 = \begin{pmatrix} -1 \\ 1 \\ 0 \end{pmatrix}$, $\mathbf{K}_3 = \begin{pmatrix} -1 \\ 0 \\ 1 \end{pmatrix}$은 직교하지 않는다. 이 중복 고유값에 대한 직교 고유벡터를 찾기 위해 Gauss-Jordan 소거를 한 번 더 사용하는 대신에, Gram-Schmidt 직교화 과정을 사용하여 집합 $\{\mathbf{K}_2, \mathbf{K}_3\}$를 직교집합으로 변환시킬 수 있다. 7.7절과 8.10절의 예제 4를 보라.

8.12 연습문제

부록에 선택된 홀수 문제의 답이 있다.

문제 1~20. 주어진 행렬 $\mathbf{A}$가 대각화 가능한지를 결정하라. 대각화가 가능한 경우에 $\mathbf{A}$를 대각화하는 행렬 $\mathbf{P}$를 구하고 $\mathbf{D} = \mathbf{P}^{-1}\mathbf{AP}$인 대각행렬 $\mathbf{D}$를 구하라.

1. $\begin{pmatrix} 2 & 3 \\ 1 & 4 \end{pmatrix}$

2. $\begin{pmatrix} -4 & -5 \\ 8 & 10 \end{pmatrix}$

3. $\begin{pmatrix} 0 & 1 \\ -1 & 2 \end{pmatrix}$

4. $\begin{pmatrix} 0 & 5 \\ 1 & 0 \end{pmatrix}$

5. $\begin{pmatrix} -9 & 13 \\ -2 & 6 \end{pmatrix}$

6. $\begin{pmatrix} -5 & -3 \\ 5 & 11 \end{pmatrix}$

7. $\begin{pmatrix} \frac{1}{2} & \frac{1}{6} \\ \frac{1}{6} & \frac{1}{2} \end{pmatrix}$

8. $\begin{pmatrix} -2 & -1 \\ 1 & -4 \end{pmatrix}$

9. $\begin{pmatrix} 0 & 1 \\ -1 & 0 \end{pmatrix}$

10. $\begin{pmatrix} 1 & 2 \\ -\frac{1}{2} & 1 \end{pmatrix}$

11. $\begin{pmatrix} 1 & 0 & 1 \\ 0 & -1 & 3 \\ 0 & 0 & 2 \end{pmatrix}$

12. $\begin{pmatrix} 1 & 2 & 2 \\ 2 & 3 & -2 \\ -5 & 3 & 8 \end{pmatrix}$

13. $\begin{pmatrix} 1 & -1 & 1 \\ 0 & 1 & 0 \\ 1 & -1 & 1 \end{pmatrix}$

14. $\begin{pmatrix} 0 & -9 & 0 \\ 1 & 0 & 0 \\ 0 & 0 & 1 \end{pmatrix}$

15. $\begin{pmatrix} 1 & 3 & -1 \\ 0 & 2 & 4 \\ 0 & 0 & 1 \end{pmatrix}$

16. $\begin{pmatrix} 1 & 1 & 0 \\ 0 & 2 & 0 \\ 0 & 0 & 3 \end{pmatrix}$

17. $\begin{pmatrix} 1 & 2 & 0 \\ 2 & -1 & 0 \\ 0 & 0 & 1 \end{pmatrix}$

18. $\begin{pmatrix} 0 & 0 & 1 \\ 1 & 0 & -3 \\ 0 & 1 & 3 \end{pmatrix}$

19. $\begin{pmatrix} -8 & -10 & 7 & -9 \\ 0 & 2 & 0 & 0 \\ -9 & -9 & 8 & -9 \\ 1 & 1 & -1 & 2 \end{pmatrix}$

20. $\begin{pmatrix} 4 & 2 & -1 & 4 \\ 0 & 2 & 0 & 0 \\ 1 & 3 & 2 & 1 \\ 0 & 0 & 0 & 2 \end{pmatrix}$

문제 21~30. 주어진 행렬 $\mathbf{A}$는 대칭이다. $\mathbf{A}$를 대각화하는 직교행렬 $\mathbf{P}$를 구하고 $\mathbf{D} = \mathbf{P}^T\mathbf{AP}$인 대각행렬 $\mathbf{D}$를 구하라.

21. $\begin{pmatrix} 1 & 1 \\ 1 & 1 \end{pmatrix}$

22. $\begin{pmatrix} 3 & 2 \\ 2 & 0 \end{pmatrix}$

23. $\begin{pmatrix} 5 & \sqrt{10} \\ \sqrt{10} & 8 \end{pmatrix}$

24. $\begin{pmatrix} 1 & -2 \\ -2 & 1 \end{pmatrix}$

25. $\begin{pmatrix} 0 & 1 & 0 \\ 1 & 0 & 0 \\ 0 & 0 & 1 \end{pmatrix}$

26. $\begin{pmatrix} 1 & -2 & 2 \\ -2 & 1 & -2 \\ 2 & -2 & 1 \end{pmatrix}$

27. $\begin{pmatrix} 5 & -2 & 0 \\ -2 & 6 & -2 \\ 0 & -2 & 7 \end{pmatrix}$

28. $\begin{pmatrix} 3 & 0 & 1 \\ 0 & 1 & 0 \\ 1 & 0 & 1 \end{pmatrix}$

29. $\begin{pmatrix} 1 & 0 & 7 \\ 0 & 1 & 0 \\ 7 & 0 & 1 \end{pmatrix}$

30. $\begin{pmatrix} 0 & 1 & 0 & 1 \\ 1 & 0 & 1 & 0 \\ 0 & 1 & 0 & 1 \\ 1 & 0 & 1 & 0 \end{pmatrix}$

문제 31~34. 예제 6에서 제시한 과정을 이용하여 주어진 원뿔곡선을 찾아라. 그래프를 그려라.

31. $5x^2 - 2xy + 5y^2 = 24$

32. $13x^2 - 10xy + 13y^2 = 288$

33. $-3x^2 + 8xy + 3y^2 = 20$

34. $16x^2 + 24xy + 9y^2 - 3x + 4y = 0$

35. 고유값 $\lambda_1 = 2$와 $\lambda_2 = 3$을 갖고, 대응하는 고유벡터

$$\mathbf{K}_1 = \begin{pmatrix} 1 \\ 2 \end{pmatrix}, \quad \mathbf{K}_2 = \begin{pmatrix} 1 \\ 1 \end{pmatrix}$$

을 갖는 2×2 행렬을 구하라.

36. 고유값 $\lambda_1 = 1$, $\lambda_2 = 3$, $\lambda_3 = 5$와 대응하는 고유벡터

$$\mathbf{K}_1 = \begin{pmatrix} 1 \\ -1 \\ 1 \end{pmatrix}, \mathbf{K}_2 = \begin{pmatrix} 1 \\ 0 \\ -1 \end{pmatrix}, \quad \mathbf{K}_3 = \begin{pmatrix} 1 \\ 2 \\ 1 \end{pmatrix}$$

을 갖는 3×3 대칭행렬을 구하라.

37. $\mathbf{A}$가 $n \times n$ 대각화 가능한 행렬이면, $\mathbf{D} = \mathbf{P}^{-1}\mathbf{AP}$이다. 여기서 $\mathbf{D}$는 대각행렬이다. m이 양의 정수이면 $\mathbf{A}^m = \mathbf{PD}^m\mathbf{P}^{-1}$임을 보여라.

38. 대각행렬

$$\mathbf{D} = \begin{pmatrix} a_{11} & 0 & \cdots & 0 \\ 0 & a_{22} & \cdots & 0 \\ \vdots & & & \vdots \\ 0 & 0 & \cdots & a_{nn} \end{pmatrix}$$

의 m제곱은

$$\mathbf{D}^m = \begin{pmatrix} a_{11}^m & 0 & \cdots & 0 \\ 0 & a_{22}^m & \cdots & 0 \\ \vdots & & & \vdots \\ 0 & 0 & \cdots & a_{nn}^m \end{pmatrix}$$

이다. 이 결과를 이용하여

$$\begin{pmatrix} 2 & 0 & 0 & 0 \\ 0 & 3 & 0 & 0 \\ 0 & 0 & -1 & 0 \\ 0 & 0 & 0 & 5 \end{pmatrix}^4$$

을 계산하라.

문제 39와 40. 문제 37과 38의 결과를 이용하여 주어진 행렬의 지시된 거듭제곱을 구하라.

39. $\mathbf{A} = \begin{pmatrix} 1 & 1 \\ 2 & 0 \end{pmatrix}$, $\mathbf{A}^5$ **40.** $\mathbf{A} = \begin{pmatrix} 6 & -10 \\ 3 & -5 \end{pmatrix}$, $\mathbf{A}^{10}$

41. 행렬 $\mathbf{A}$가 정칙의 대각화 가능 행렬이면, $\mathbf{A}^{-1}$이 대각화 가능행렬임을 보여라.

42. 행렬 $\mathbf{A}$가 정칙의 대각화 가능 행렬이면, $\mathbf{A}$를 대각화하는 행렬 $\mathbf{P}$는 유일한가?

8.13 LU-인수분해

소개 양의 정수와 다항식이 인수분해되는 것과 마찬가지로 행렬도 다른 행렬로 인수분해될 수 있다. 예를 들어, 앞절에서 $n \times n$행렬 $\mathbf{A}$가 대각화 가능하면 $\mathbf{P}^{-1}\mathbf{AP} = \mathbf{D}$인 정칙행렬 $\mathbf{P}$와 대각행렬 $\mathbf{D}$가 존재한다는 것을 보았다. 방정식 $\mathbf{P}^{-1}\mathbf{AP} = \mathbf{D}$를 $\mathbf{A} = \mathbf{PDP}^{-1}$로 표현하면 $\mathbf{A}$는 세 개의 행렬로 **인수분해** 또는 **분해**되었다고 할 수 있다. $n \times n$행렬 $\mathbf{A}$를 인수분해하는 방법은 많이 있으나 이 절에서는 삼각행렬을 포함하는 특별한 유형의 인수분해에 대해서 다루기로 한다.

◀ 삼각행렬은 8.1절에 소개되어 있다.

LU-인수분해 삼각행렬은 정방행렬로서 **아래 삼각행렬**과 **위 삼각행렬**이 있다. 아래 삼각행렬은 주대각 요소 위쪽의 요소가 모두 0인 행렬이고, 위 삼각행렬은 주대각 요소 아래쪽의 요소가 모두 0인 행렬이다.

$$\underbrace{\begin{pmatrix} l_{11} & 0 & 0 & \cdots & 0 \\ l_{21} & l_{22} & 0 & \cdots & 0 \\ l_{31} & l_{32} & l_{33} & \cdots & 0 \\ \vdots & \vdots & \vdots & & \vdots \\ l_{n1} & l_{n2} & l_{n3} & \cdots & l_{nn} \end{pmatrix}}_{\text{아래 삼각행렬}} \qquad \underbrace{\begin{pmatrix} u_{11} & u_{12} & u_{13} & \cdots & u_{1n} \\ 0 & u_{22} & u_{23} & \cdots & u_{2n} \\ 0 & 0 & u_{23} & \cdots & u_{3n} \\ \vdots & \vdots & \vdots & & \vdots \\ 0 & 0 & 0 & \cdots & u_{nn} \end{pmatrix}}_{\text{위 삼각행렬}} \tag{1}$$

아래 삼각행렬과 위 삼각행렬은 여러 가지의 계산법에서 매우 중요하게 사용되지만 이 절에서는 선형시스템 $\mathbf{AX} = \mathbf{B}$의 해를 구하는 데 사용되는 것으로 한정할 것이다. 향후 아래 삼각행렬을 $\mathbf{L}$, 위 삼각행렬을 $\mathbf{U}$로 나타내기로 한다.

정의 8.13.1 LU-인수분해

$\mathbf{A}$를 $n \times n$행렬이라 하자. $\mathbf{A}$를 아래 삼각행렬 $\mathbf{L}$과 위 삼각행렬 $\mathbf{U}$의 곱 $\mathbf{A} = \mathbf{LU}$로 쓸 수 있으면 $\mathbf{A} = \mathbf{LU}$를 $\mathbf{A}$의 **LU-인수분해**(LU-factorization)라 한다.

행렬 $\mathbf{A}$의 **LU-인수분해**를 행렬 $\mathbf{A}$의 **LU-분해**(LU-decomposition)라고 부르기도 한다.

예제 1 LU-인수분해

$\mathbf{A} = \begin{pmatrix} 1 & 1 & 1 \\ 3 & 1 & 2 \\ 1 & -1 & 1 \end{pmatrix}$라 할 때, 아래 삼각행렬 $\mathbf{L} = \begin{pmatrix} 1 & 0 & 0 \\ 3 & 1 & 0 \\ 1 & 1 & 1 \end{pmatrix}$과 위 삼각행렬

$\mathbf{U} = \begin{pmatrix} 1 & 1 & 1 \\ 0 & -2 & -1 \\ 0 & 0 & 1 \end{pmatrix}$가 행렬 **A**의 LU-인수분해가 된다는 것은 두 행렬을 곱하여 쉽게 확인할 수 있다.

$$\mathbf{LU} = \begin{pmatrix} 1 & 0 & 0 \\ 3 & 1 & 0 \\ 1 & 1 & 1 \end{pmatrix}\begin{pmatrix} 1 & 1 & 1 \\ 0 & -2 & -1 \\ 0 & 0 & 1 \end{pmatrix} = \begin{pmatrix} 1 & 1 & 1 \\ 3 & 1 & 2 \\ 1 & -1 & 1 \end{pmatrix} = \mathbf{A} \quad (2)$$ ≡

LU–인수분해 구하기 당연히 나올 수 있는 질문은 '주어진 행렬 **A**의 LU-인수분해를 어떻게 구하는가?'이다. 이 절에서 논의하는 절차는 모든 차수의 정방행렬에 적용 가능하지만 논의의 편의를 위해 **A**를 3 × 3 행렬이라 가정하자. 우리는 **A** = **LU**, 즉

$$\overbrace{\begin{pmatrix} a_{11} & a_{12} & a_{13} \\ a_{21} & a_{22} & a_{23} \\ a_{31} & a_{32} & a_{33} \end{pmatrix}}^{\mathbf{A}} = \overbrace{\begin{pmatrix} l_{11} & 0 & 0 \\ l_{21} & l_{22} & 0 \\ l_{31} & l_{32} & l_{33} \end{pmatrix}}^{\mathbf{L}}\overbrace{\begin{pmatrix} u_{11} & u_{12} & u_{13} \\ 0 & u_{22} & u_{23} \\ 0 & 0 & u_{33} \end{pmatrix}}^{\mathbf{U}} \quad (3)$$

인 3 × 3 행렬 **L**과 **U**를 구하고 싶다. 식 (3)의 우변항에 대해서 곱을 수행하고 각 요소를 좌변항의 요소 a_{ij}와 동일하게 하면 l_{ij}와 u_{ij}의 12개 변수를 갖는 9개의 방정식을 얻는다. 이 시스템은 **과소결정계**이고, 만일 해가 존재하면 무수히 많은 해를 갖는다. 이 결과는 LU-인수분해에서 행렬 **L**과 **U**는 유일하게 결정되는 않는다는 것을 의미한다. 다시 말하면

8.2절 참고 ▶

- $n \times n$ 행렬 **A**는 몇 개의 서로 다른 LU-인수분해를 가질 수 있다.

결국 사용된 방법에 따라 LU-인수분해는 다르게 나타난다.

Doolittle법(Doolittle's Method) 식 (3)의 변수 l_{ij}와 u_{ij}에 대해 3개의 조건을 부과하면 **L**과 **U**를 유일하게 결정할 수 있다. 이 예제에서 사용하는 방법은 미국의 수학자 **Myrick H. Doolittle** (1830~1913)이 사용하여 **Doolittle법**이라 부른다. 이 방법은 식 (3)의 **L**의 주대각 요소 l_{ii}를 모두 1로 지정한다. 다음 예제에서는 남은 9개 변수의 값을 구하는 방법을 보인다.

예제 2 예제 1 재검토

Doolittle법을 사용하여 행렬

$$\mathbf{A} = \begin{pmatrix} 1 & 1 & 1 \\ 3 & 1 & 2 \\ 1 & -1 & 1 \end{pmatrix}$$

의 LU-인수분해를 구하라.

풀이 행렬 **A**는 예제 1에서 다루었던 행렬이다. 이제 식 (2)의 인수분해를 구하는 방법을 보일 것이다. 식 (3)에서 아래 삼각행렬 **L**의 주대각 원소가 $l_{ii} = 1$, $i = 1, 2, 3$임을 이용하면

$$\begin{pmatrix}1 & 1 & 1\\ 3 & 1 & 2\\ 1 & -1 & 1\end{pmatrix} = \overbrace{\begin{pmatrix}1 & 0 & 0\\ l_{21} & 1 & 0\\ l_{31} & l_{32} & 1\end{pmatrix}}^{\mathbf{L}}\overbrace{\begin{pmatrix}u_{11} & u_{12} & u_{13}\\ 0 & u_{22} & u_{23}\\ 0 & 0 & u_{33}\end{pmatrix}}^{\mathbf{U}} = \begin{pmatrix}u_{11} & u_{12} & u_{13}\\ l_{21}u_{11} & l_{21}u_{12}+u_{22} & l_{21}u_{13}+u_{23}\\ l_{31}u_{11} & l_{31}u_{12}+l_{32}u_{22} & l_{31}u_{13}+l_{32}u_{23}+u_{33}\end{pmatrix} \quad (4)$$

로 쓸 수 있다. 그러면 행렬 상등의 정의에 의해 다음 식이 만족되어야 한다.

$$\begin{aligned} &1 = u_{11}, && 1 = u_{12}, && 1 = u_{13},\\ &3 = l_{21}u_{11}, && 1 = l_{21}u_{12} + u_{22}, && 2 = l_{21}u_{13} + u_{23},\\ &1 = l_{31}u_{11}, && -1 = l_{31}u_{12} + l_{32}u_{22}, && 1 = l_{31}u_{13} + l_{32}u_{23} + u_{33} \end{aligned} \quad (5)$$

얼핏 보면 식 (5)의 해를 구하는 것이 다소 어려워 보이지만 사실은 그렇지 않다. 사실 식 (5)는 연립방정식이라기보다는 변수가 1개인 선형방정식 9개를 나열한 것이다. 식 (5)의 첫 번째 행의 첫 방정식에서 한 변수의 값을 구하고, 오른쪽으로 가며 각 방정식에서 한 변수의 값을 구한다. 두 개 이상의 변수를 가진 방정식은 한 변수를 제외한 나머지 변수 값은 앞의 방정식에서 값을 이미 구한 것이므로 변수 값을 쉽게 구할 수 있다. 식 (5)의 각 방정식에 해당 방정식에 의해 결정되는 변수를 푸른색으로 표시하였다. 첫 행의 세 방정식으로부터 얻은 값 $u_{11} = 1$, $u_{12} = 1$, $u_{13} = 1$를 두 번째 행의 방정식에 대입하여 순서대로 $l_{21} = 3$, $u_{22} = -2$, $u_{23} = -1$을 얻는다. u_{22}를 구하기 위해 $l_{21} = 3$을 사용해야 한다는 것에 주의하라. 또한 세 번째 행의 세 방정식에서 $l_{31} = 1$, $l_{32} = 1$, $u_{33} = 1$을 얻는다. 이들 값을 식 (4)의 삼각행렬에 대입하면 다음의 LU-인수분해를 얻는다.

$$\mathbf{A} = \begin{pmatrix}1 & 1 & 1\\ 3 & 1 & 2\\ 1 & -1 & 1\end{pmatrix} = \overbrace{\begin{pmatrix}1 & 0 & 0\\ 3 & 1 & 0\\ 1 & 1 & 1\end{pmatrix}}^{\mathbf{L}}\overbrace{\begin{pmatrix}1 & 1 & 1\\ 0 & -2 & -1\\ 0 & 0 & 1\end{pmatrix}}^{\mathbf{U}}$$

≡

알고리즘 Doolittle법은 *Mathematica*, *MATLAB*과 같은 컴퓨터 소프트웨어로 쉽게 프로그램할 수 있어 매우 잘 알려져 있다. 예제 2에서 보인 것과 같이 대입법으로 해를 구하는 대신에 가우스소거법으로 행렬 **A**의 상삼각행렬 **U**를 만들 때 사용했던 기본 행연산을 사용하여 Doolittle법을 수행할 수도 있다. 이 과정에서는 특별히 0이 아닌 수를 행렬 **A**의 한 행에 곱하여 다른 행에 더하는 **행 덧셈 연산**을 사용한다. 8.2절에서 행 덧셈 연산 $cR_i + R_j$는 행렬 **A**의 i번째 행의 각 요소에 0이 아닌 상수 c를 곱하여 j번째 행의 대응하는 요소에 더하는 연산을 의미하였음을 상기하라. 다음의 Doolittle법을 수행하는 2단계 알고리즘을 증명없이 기술하기로 한다. **A**는 LU-인수분해를 갖는 행렬로 가정한다.

(*i*) 행 덧셈 연산을 사용하여 행렬 **A**의 주대각 요소 아래쪽이 모두 0이 되는 위 삼각행렬 **U**를 생성한다. 3 × 3 행렬의 경우에는 다음과 같이 된다.

$$\mathbf{A} = \begin{pmatrix}a_{11} & a_{12} & a_{13}\\ a_{21} & a_{22} & a_{23}\\ a_{31} & a_{32} & a_{33}\end{pmatrix} \overset{\text{행 덧셈 연산}}{\Longrightarrow} \begin{pmatrix}a_{11} & a_{12} & a_{13}\\ 0 & a'_{23} & a'_{23}\\ 0 & 0 & a''_{33}\end{pmatrix} = \mathbf{U} \quad (6)$$

(*ii*) (*i*) 단계의 각 행 덧셈 연산에서 사용했던 승수 c의 부호를 반대로 하여 동일한 크기의

단위행렬 **I**의 대응 위치에 값을 넣어 기록한다. 행 덧셈 $cR_i + R_j$를 수행한 경우, $-c$를 **I**의 j행, i열 요소로 기록한다. 예를 들어, 식 (6)의 행렬 **A**에 대해서 둘째 행, 첫째 열의 요소를 0으로 만들기 위해 $5R_1 + R_2$를 수행했다면 3×3 단위행렬 **I**의 둘째 행, 첫째 열의 0을 -5로 교체한다.

$$\begin{pmatrix} 1 & 0 & 0 \\ -5 & 1 & 0 \\ 0 & 0 & 1 \end{pmatrix}$$

행렬 **A**가 **U**로 완전히 축소되면 행 덧셈 연산에서 사용했던 승수의 부호를 바꾸어 기록한 **I** 행렬은 행렬 **U**의 (주대각 요소 아래쪽) 0의 위치와 정확히 동일한 위치에 $-c$ 값이 기록되므로 아래 삼각행렬 **L**이 된다.

예제 3 행 덧셈 연산

행렬 **A**의 LU-인수분해를 구하라.

$$\mathbf{A} = \begin{pmatrix} 2 & -8 \\ 3 & 0 \end{pmatrix}$$

풀이 행렬 **A**는 단 한 번의 행 덧셈 연산으로 위 삼각행렬 **U**가 된다. 동시에 2×2 단위행렬 **I**를 사용하여 **L**을 생성한다.

$$\begin{aligned} \mathbf{A} &= \begin{pmatrix} 2 & -8 \\ 3 & 0 \end{pmatrix} \overset{-\frac{3}{2}R_1 + R_2}{\Longrightarrow} \begin{pmatrix} 2 & -8 \\ 0 & 12 \end{pmatrix} \\ \mathbf{I} &= \begin{pmatrix} 1 & 0 \\ 0 & 1 \end{pmatrix} \overset{\frac{3}{2}\text{을 기록}}{\Longrightarrow} \begin{pmatrix} 1 & 0 \\ \frac{3}{2} & 1 \end{pmatrix} \end{aligned} \tag{7}$$

식 (7)로부터

$$\mathbf{U} = \begin{pmatrix} 2 & -8 \\ 0 & 12 \end{pmatrix} \quad \text{그리고} \quad \mathbf{L} = \begin{pmatrix} 1 & 0 \\ \frac{3}{2} & 1 \end{pmatrix}$$

이다. 따라서 **A**의 LU-인수분해는 다음과 같이 된다.

$$\mathbf{A} = \begin{pmatrix} 2 & -8 \\ 3 & 0 \end{pmatrix} = \begin{pmatrix} 1 & 0 \\ \frac{3}{2} & 1 \end{pmatrix} \begin{pmatrix} 2 & -8 \\ 0 & 12 \end{pmatrix}$$ ≡

예제 4 행 덧셈 연산

행렬 **A**의 LU-인수분해를 구하라.

$$\mathbf{A} = \begin{pmatrix} -1 & 2 & -4 \\ 2 & -5 & 10 \\ 3 & 1 & 6 \end{pmatrix}$$

풀이 이 경우에는 행렬 **A**에 세 번의 행 덧셈 연산을 수행하여 **U**를 얻는다. 3 × 3 단위 행렬 **I**의 요소에 행 덧셈 연산에 사용한 승수의 부호를 바꾼 값을 기록한다.

$$\mathbf{A} = \begin{pmatrix} -1 & 2 & -4 \\ 2 & -5 & 10 \\ 3 & 1 & 6 \end{pmatrix} \xrightarrow[3R_1+R_3]{2R_1+R_2} \begin{pmatrix} -1 & 2 & -4 \\ 0 & -1 & 2 \\ 0 & 7 & -6 \end{pmatrix} \xrightarrow{7R_2+R_3} \begin{pmatrix} -1 & 2 & -4 \\ 0 & -1 & 2 \\ 0 & 0 & 8 \end{pmatrix}$$
$$\mathbf{I} = \begin{pmatrix} 1 & 0 & 0 \\ 0 & 1 & 0 \\ 0 & 0 & 1 \end{pmatrix} \xrightarrow[-3\text{을 기록}]{-2\text{를 기록}} \begin{pmatrix} 1 & 0 & 0 \\ -2 & 1 & 0 \\ -3 & 0 & 1 \end{pmatrix} \xrightarrow{-7\text{을 기록}} \begin{pmatrix} 1 & 0 & 0 \\ -2 & 1 & 0 \\ -3 & -7 & 1 \end{pmatrix} \tag{8}$$

식 (8)로부터

$$\mathbf{U} = \begin{pmatrix} -1 & 2 & -4 \\ 0 & -1 & 2 \\ 0 & 0 & 8 \end{pmatrix} \quad \text{그리고} \quad \mathbf{L} = \begin{pmatrix} 1 & 0 & 0 \\ -2 & 1 & 0 \\ -3 & -7 & 1 \end{pmatrix}$$

이 된다. 따라서 **A**의 LU-인수분해는 다음과 같다.

$$\mathbf{A} = \begin{pmatrix} -1 & 2 & -4 \\ 2 & -5 & 10 \\ 3 & 1 & 6 \end{pmatrix} = \begin{pmatrix} 1 & 0 & 0 \\ -2 & 1 & 0 \\ -3 & -7 & 1 \end{pmatrix}\begin{pmatrix} -1 & 2 & -4 \\ 0 & -1 & 2 \\ 0 & 0 & 8 \end{pmatrix}$$ ≡

선형시스템의 해법 **AX** = **B**가 n개 변수, n개 방정식의 선형시스템이라 하자. 이 시스템의 $n \times n$ 계수 행렬 **A**가 LU-인수분해 **A** = **LU**를 가지면 **AX** = **B**는 (**LU**)**X** = **B** 또는 **L**(**UX**) = **B**와 동일하다. 이 마지막의 시스템의 해는 다음의 2단계 절차로 구할 수 있다.

(*i*) **Y** = **UX**라 두면 **L**(**UX**) = **B**는 **LY** = **B**가 된다. 이 선형시스템을 전진대입법으로 풀어 **Y**를 구한다.

(*ii*) **UX** = **Y**를 후진대입법으로 풀어 **X**를 구한다.

예제 5 예제 1 재검토

다음 선형시스템의 해를 구하라.

$$\begin{aligned} x_1 + x_2 + x_3 &= 0 \\ 3x_1 + x_2 + 2x_3 &= 1 \\ x_1 - x_2 + x_3 &= 4 \end{aligned}$$

풀이 행렬 표기 **AX** = **B**로 나타내면 이 선형시스템은

$$\begin{pmatrix} 1 & 1 & 1 \\ 3 & 1 & 2 \\ 1 & -1 & 1 \end{pmatrix}\begin{pmatrix} x_1 \\ x_2 \\ x_3 \end{pmatrix} = \begin{pmatrix} 0 \\ 1 \\ 4 \end{pmatrix} \tag{9}$$

와 같다. 식 (9)의 계수 행렬 **A**는 예제 1의 행렬과 같다. 예제 1의 식 (2)에 주어진 **A**의 LU-인수분해를 사용하면 식 (9)는

$$\overbrace{\begin{pmatrix} 1 & 0 & 0 \\ 3 & 1 & 0 \\ 1 & 1 & 1 \end{pmatrix}}^{\mathbf{L}} \overbrace{\begin{pmatrix} 1 & 1 & 1 \\ 0 & -2 & -1 \\ 0 & 0 & 1 \end{pmatrix}\begin{pmatrix} x_1 \\ x_2 \\ x_3 \end{pmatrix}}^{\mathbf{UX}} = \overbrace{\begin{pmatrix} 0 \\ 1 \\ 4 \end{pmatrix}}^{\mathbf{B}} \tag{10}$$

식 (10)에서 $\mathbf{UX} = \mathbf{Y}$,

$$\mathbf{Y} = \begin{pmatrix} y_1 \\ y_2 \\ y_3 \end{pmatrix} \tag{11}$$

로 놓으면, 식 (10)은 다음과 같이 $\mathbf{LY} = \mathbf{B}$꼴로 표현된다.

$$\begin{pmatrix} 1 & 0 & 0 \\ 3 & 1 & 0 \\ 1 & 1 & 1 \end{pmatrix}\begin{pmatrix} y_1 \\ y_2 \\ y_3 \end{pmatrix} = \begin{pmatrix} 0 \\ 1 \\ 4 \end{pmatrix} \quad \text{또는} \quad \begin{aligned} y_1 \qquad\qquad &= 0 \\ 3y_1 + y_2 \qquad &= 1 \\ y_1 + y_2 + y_3 &= 4 \end{aligned} \tag{12}$$

이제 식 (12)의 두 번째 수식을 전진대입으로 푼다. 즉, 식 (12)의 첫 번째 방정식에서 얻은 $y_1 = 0$을 두 번째 식에 대입하여 $y_2 = 1$을 얻는다. 이 두 값을 식 (12)의 세 번째 방정식에 대입하면 $y_3 = 3$을 얻는다. 열벡터 $\mathbf{Y}$를 결정했으므로 이제 $\mathbf{UX} = \mathbf{Y}$, 즉

$$\begin{pmatrix} 1 & 1 & 1 \\ 0 & -2 & -1 \\ 0 & 0 & 1 \end{pmatrix}\begin{pmatrix} x_1 \\ x_2 \\ x_3 \end{pmatrix} = \begin{pmatrix} 0 \\ 1 \\ 3 \end{pmatrix} \quad \text{또는} \quad \begin{aligned} x_1 + x_2 + x_3 &= 0 \\ -2x_2 - x_3 &= 1 \\ x_3 &= 3 \end{aligned} \tag{13}$$

의 해를 구한다. 식 (13)의 두 번째 수식을 후진대입법으로 푼다. 즉, 식 (13)의 세 번째 방정식에서 얻음 $x_3 = 3$을 두 번째 방정식에 대입하여 $x_2 = -2$를 얻는다. 이들 두 값을 식 (13)의 첫 번째 방정식에 대입하면 $x_1 = -1$을 얻는다. 따라서 원래 시스템의 해는 $x_1 = -1$, $x_2 = -2$, $x_3 = 3$이 된다. ≡

정리 8.5.6 참고.

▶ **행렬식과의 관계** $n \times n$ 행렬 $\mathbf{A}$가 LU-인수분해 $\mathbf{A} = \mathbf{LU}$를 가지면 $\det \mathbf{A}$는 행렬식의 성질에 의해 $\det \mathbf{A} = \det \mathbf{L} \cdot \det \mathbf{U}$가 된다.

예제 6 인수분해된 행렬의 행렬식

예제 4의 행렬 $\mathbf{A}$의 행렬식을 구하라.

풀이 예제 4에서 LU-인수분해 $\mathbf{A} = \mathbf{LU}$는

$$\mathbf{A} = \begin{pmatrix} -1 & 2 & -4 \\ 2 & -5 & 10 \\ 3 & 1 & 6 \end{pmatrix} = \begin{pmatrix} 1 & 0 & 0 \\ -2 & 1 & 0 \\ -3 & -7 & 1 \end{pmatrix}\begin{pmatrix} -1 & 2 & -4 \\ 0 & -1 & 2 \\ 0 & 0 & 8 \end{pmatrix}$$

이므로

$$\det \mathbf{A} = \det\begin{pmatrix} 1 & 0 & 0 \\ -2 & 1 & 0 \\ -3 & -7 & 1 \end{pmatrix} \det\begin{pmatrix} -1 & 2 & -4 \\ 0 & -1 & 2 \\ 0 & 0 & 8 \end{pmatrix} \tag{14}$$

이다. 여기에 이 기법의 묘미가 있다. 정리 8.5.8로 되돌아가면 삼각행렬의 행렬식은 주 대각요소의 곱이라는 것을 알고 있다. 그러므로 추가적인 작업 없이 곧바로 식 (14)는

$$\det \mathbf{A} = \overbrace{(1\cdot 1\cdot 1)}^{\substack{\mathbf{L}\text{의}\\ \text{대각 원소}}}\overbrace{((-1)\cdot(-1)\cdot 8)}^{\substack{\mathbf{U}\text{의}\\ \text{대각 원소}}} = 8$$

가 된다. ≡

참고

(*i*) 모든 $n \times n$ 행렬 **A**가 LU-인수분해를 가지는 것은 아니다. 예를 들어, 2×2 행렬 $\mathbf{A} = \begin{pmatrix} 0 & 2 \\ 1 & 1 \end{pmatrix}$은 LU-인수분해를 갖지 않는다. 예제 2의 방법으로 시행해 보고 무슨 일이 발생하는지 살펴보라. 일반적으로 예제 3과 4에서 사용한 방법으로 **U**를 구할 때 행 교환을 해야 하는 경우에는 LU-인수분해가 존재하지 않는다.

(*ii*) 선형시스템 $\mathbf{AX} = \mathbf{B}$에서 계수 행렬 **A**는 변하지 않고 열벡터 **B**만 변하는 경우에 가우스소거법으로 해를 구하면 매번 동일한 절차를 반복해야 한다. 예제 5에서 보인 해법은 선형시스템 $\mathbf{AX} = \mathbf{B}$에서 열벡터 **B**가 $\mathbf{B}_i$, $i = 1, 2, \ldots, n$으로 서로 다른 값에 대해서 해를 구해야 하는 경우에 특히 유용하다. 행렬 **A**의 LU-인수분해 $\mathbf{A} = \mathbf{LU}$의 행렬 **L**과 **U**가 변하지 않으므로 컴퓨터 프로그램에 값을 저장해 두고 열벡터 **B**만 바꾸어 해를 얻는다. 연습문제 8.13의 문제 31~34를 보라.

(*iii*) 행렬 **A**의 주대각 원소 아래쪽에 이미 0이 있으면 행 덧셈 연산을 수행할 필요가 없다.

$$\mathbf{A} = \begin{pmatrix} 1 & 4 & 5 \\ 2 & 1 & 3 \\ 0 & 4 & 6 \end{pmatrix}$$

위의 행렬 **A**의 3행 1열에 대해서는 행 덧셈 연산을 하지 않는다. 따라서 행 덧셈 연산의 승수에 부호를 바꾼 값을 기록하는 행렬 **I**의 3행 1열 값을 그대로 0이다.

(*iv*) 식 (3)의 **U**의 주대각 요소 u_{ii}를 모두 1의 값으로 지정하면 3×3 행렬 **A**의 LU-인수분해는 다음과 같이 된다.

$$\mathbf{A} = \overbrace{\begin{pmatrix} l_{11} & 0 & 0 \\ l_{21} & l_{22} & 0 \\ l_{31} & l_{32} & l_{33} \end{pmatrix}}^{\mathbf{L}}\overbrace{\begin{pmatrix} 1 & u_{12} & u_{13} \\ 0 & 1 & u_{23} \\ 0 & 0 & 1 \end{pmatrix}}^{\mathbf{U}} = \begin{pmatrix} l_{11} & l_{11}u_{12} & l_{11}u_{13} \\ l_{21} & l_{21}u_{12} + l_{22} & l_{21}u_{13} + l_{22}u_{23} \\ l_{31} & l_{31}u_{12} + l_{32} & l_{31}u_{13} + l_{32}u_{23} + l_{33} \end{pmatrix} \tag{15}$$

이 방법은 미국의 수학자 **Preston D. Crout** (1907~1984)가 고안하여 **Crout법**(Crout's method)이라 한다. Doolittle법과 마찬가지로 크라우트법도 행렬 **A**의 유일한 LU-인수분해를 제공한다. 연습문제 8.13의 문제 41, 42를 보라.

(*v*) **Cholesky법**(Cholesky's method)은 프랑스의 육군장교이며 수학자인 **André Louis Cholesky** (1875~1918)가 발견한 방법으로 행렬 **A**가 $\mathbf{A} = \mathbf{A}^T$로서 대칭행렬일 경우에 LU-인수분해를 구하는 방법이다. 3×3 대칭행렬에 대한 인수분해 형태는 $\mathbf{A} = \mathbf{LU} = \mathbf{LL}^T$로서

$$\mathbf{A} = \overbrace{\begin{pmatrix} l_{11} & 0 & 0 \\ l_{21} & l_{22} & 0 \\ l_{31} & l_{32} & l_{33} \end{pmatrix}}^{\mathbf{L}}\overbrace{\begin{pmatrix} l_{11} & l_{21} & l_{31} \\ 0 & l_{22} & l_{32} \\ 0 & 0 & l_{33} \end{pmatrix}}^{\mathbf{U} = \mathbf{L}^T} = \begin{pmatrix} l_{11}^2 & l_{11}l_{21} & l_{11}l_{31} \\ l_{21}l_{11} & l_{21}^2 + l_{22}^2 & l_{21}l_{31} + l_{22}l_{32} \\ l_{31}l_{11} & l_{31}l_{21} + l_{32}l_{22} & l_{31}^2 + l_{32}^2 + l_{33}^2 \end{pmatrix} \tag{16}$$

이다. 연습문제 8.13의 문제 43과 44를 보라.

8.13 연습문제

부록에 선택된 홀수 문제의 답이 있다.

문제 1~10. 예제 2에서 보인 절차를 사용하여 주어진 행렬의 LU-인수분해를 구하라.

1. $\begin{pmatrix} 2 & -2 \\ 1 & 2 \end{pmatrix}$ **2.** $\begin{pmatrix} 6 & 2 \\ 4 & 1 \end{pmatrix}$ **3.** $\begin{pmatrix} -1 & 4 \\ 2 & 2 \end{pmatrix}$ **4.** $\begin{pmatrix} 5 & -4 \\ 15 & 2 \end{pmatrix}$

5. $\begin{pmatrix} 4 & -2 & 1 \\ -4 & 1 & 2 \\ 12 & 1 & 3 \end{pmatrix}$ **6.** $\begin{pmatrix} -3 & 2 & 1 \\ 9 & 3 & 2 \\ 3 & 1 & -1 \end{pmatrix}$

7. $\begin{pmatrix} 1 & 2 & 7 \\ 2 & 5 & 6 \\ 7 & 6 & 4 \end{pmatrix}$ **8.** $\begin{pmatrix} -4 & 2 & -10 \\ 4 & 1 & 4 \\ 6 & 6 & -8 \end{pmatrix}$

9. $\begin{pmatrix} 1 & -2 & 1 \\ 0 & 1 & 2 \\ 2 & 6 & 1 \end{pmatrix}$ **10.** $\begin{pmatrix} 1 & 0 & 1 \\ 1 & 9 & 1 \\ 1 & 0 & -1 \end{pmatrix}$

문제 11~20. 예제 3과 4에서 보인 절차를 사용하여 주어진 행렬의 LU-인수분해를 구하라.

11. $\begin{pmatrix} 3 & 9 \\ 1 & 11 \end{pmatrix}$ **12.** $\begin{pmatrix} -2 & 10 \\ 1 & -4 \end{pmatrix}$

13. $\begin{pmatrix} -4 & -2 \\ -1 & -3 \end{pmatrix}$ **14.** $\begin{pmatrix} 0.2 & 0.3 \\ 0.8 & 3.5 \end{pmatrix}$

15. $\begin{pmatrix} 1 & 1 & 1 \\ 3 & 1 & 2 \\ 1 & -1 & 1 \end{pmatrix}$ **16.** $\begin{pmatrix} -1 & 2 & -4 \\ 2 & -5 & 10 \\ 3 & 1 & 6 \end{pmatrix}$

17. $\begin{pmatrix} 4 & 2 & 12 \\ 2 & 26 & -4 \\ 12 & -4 & 56 \end{pmatrix}$ **18.** $\begin{pmatrix} 16 & 4 & 20 \\ 4 & 5 & 3 \\ 20 & 3 & 29 \end{pmatrix}$

19. $\begin{pmatrix} 1 & -2 & 1 & 0 \\ -2 & 3 & -2 & 1 \\ 1 & 2 & 4 & 3 \\ 5 & 1 & -1 & 1 \end{pmatrix}$ **20.** $\begin{pmatrix} 1 & -1 & 3 & 2 \\ 3 & -5 & 19 & 3 \\ 2 & -2 & 3 & 10 \\ -1 & 5 & -5 & -2 \end{pmatrix}$

문제 21~30. 주어진 선형연립방정식에 대해서 문제 1-10에서 구한 LU-인수분해를 사용하여 예제 5와 같은 방법으로 해를 구하라.

21. $\begin{pmatrix} 2 & -2 \\ 1 & 2 \end{pmatrix}\begin{pmatrix} x_1 \\ x_2 \end{pmatrix} = \begin{pmatrix} 1 \\ -2 \end{pmatrix}$ **22.** $\begin{pmatrix} 6 & 2 \\ 4 & 1 \end{pmatrix}\begin{pmatrix} x_1 \\ x_2 \end{pmatrix} = \begin{pmatrix} 12 \\ 2 \end{pmatrix}$

23. $\begin{pmatrix} -1 & 4 \\ 2 & 2 \end{pmatrix}\begin{pmatrix} x_1 \\ x_2 \end{pmatrix} = \begin{pmatrix} 15 \\ 5 \end{pmatrix}$ **24.** $\begin{pmatrix} 5 & -4 \\ 15 & 2 \end{pmatrix}\begin{pmatrix} x_1 \\ x_2 \end{pmatrix} = \begin{pmatrix} 1 \\ 7 \end{pmatrix}$

25. $\begin{pmatrix} 4 & -2 & 1 \\ -4 & 1 & 2 \\ 12 & 1 & 3 \end{pmatrix}\begin{pmatrix} x_1 \\ x_2 \\ x_3 \end{pmatrix} = \begin{pmatrix} 7 \\ 7 \\ 28 \end{pmatrix}$

26. $\begin{pmatrix} -3 & 2 & 1 \\ 9 & 3 & 2 \\ 3 & 1 & -1 \end{pmatrix}\begin{pmatrix} x_1 \\ x_2 \\ x_3 \end{pmatrix} = \begin{pmatrix} 15 \\ 3 \\ -24 \end{pmatrix}$

27. $\begin{pmatrix} 1 & 2 & 7 \\ 2 & 5 & 6 \\ 7 & 6 & 4 \end{pmatrix}\begin{pmatrix} x_1 \\ x_2 \\ x_3 \end{pmatrix} = \begin{pmatrix} 109 \\ 109 \\ 218 \end{pmatrix}$

28. $\begin{pmatrix} -4 & 2 & -10 \\ 4 & 1 & 4 \\ 6 & 6 & -8 \end{pmatrix}\begin{pmatrix} x_1 \\ x_2 \\ x_3 \end{pmatrix} = \begin{pmatrix} -20 \\ 14 \\ -18 \end{pmatrix}$

29. $\begin{pmatrix} 1 & -2 & 1 \\ 0 & 1 & 2 \\ 2 & 6 & 1 \end{pmatrix}\begin{pmatrix} x_1 \\ x_2 \\ x_3 \end{pmatrix} = \begin{pmatrix} 14 \\ -42 \\ 7 \end{pmatrix}$

30. $\begin{pmatrix} 1 & 0 & 1 \\ 1 & 9 & 1 \\ 1 & 0 & -1 \end{pmatrix}\begin{pmatrix} x_1 \\ x_2 \\ x_3 \end{pmatrix} = \begin{pmatrix} 18 \\ 27 \\ -12 \end{pmatrix}$

문제 31~34. LU-인수분해

$$\mathbf{A} = \begin{pmatrix} 1 & 1 & 1 \\ 1 & 2 & 2 \\ 1 & 2 & 3 \end{pmatrix} = \begin{pmatrix} 1 & 0 & 0 \\ 1 & 1 & 0 \\ 1 & 1 & 1 \end{pmatrix}\begin{pmatrix} 1 & 1 & 1 \\ 0 & 1 & 1 \\ 0 & 0 & 1 \end{pmatrix}$$

를 사용하여 주어진 열벡터 $\mathbf{B}_i$, $i = 1, 2, 3, 4$에 대해서 선형시스템 $\mathbf{AX} = \mathbf{B}_i$의 해를 구하라.

31. $\mathbf{B}_1 = \begin{pmatrix} 2 \\ 4 \\ 1 \end{pmatrix}$ **32.** $\mathbf{B}_2 = \begin{pmatrix} -4 \\ 7 \\ 10 \end{pmatrix}$

33. $\mathbf{B}_3 = \begin{pmatrix} \frac{1}{2} \\ \frac{3}{4} \\ -\frac{1}{2} \end{pmatrix}$ **34.** $\mathbf{B}_4 = \begin{pmatrix} 30 \\ -42 \\ -18 \end{pmatrix}$

문제 35~40. 지시한 행렬 $\mathbf{A}$의 행렬식 det $\mathbf{A}$를 LU-인수분해를 사용하여 예제 6과 같이 진행하여 구하라.

35. 문제 15의 행렬 $\mathbf{A}$

36. 문제 16의 행렬 $\mathbf{A}$

37. 문제 17의 행렬 $\mathbf{A}$

39. 문제 18의 행렬 $\mathbf{A}$

39. 문제 19의 행렬 $\mathbf{A}$

40. 문제 20의 행렬 $\mathbf{A}$

문제 41과 42. 지시한 행렬 $\mathbf{A}$의 LU-인수분해를 참고 (*iv*)에서 논의한 크라우트법을 사용하여 구하라.

41. 문제 15의 행렬 **A**

42. 문제 16의 행렬 **A**

문제 43과 44. 지시한 행렬 **A**의 LU-인수분해를 참고 (v)에서 논의한 촐레스키법을 사용하여 구하라.

43. 문제 17의 행렬 **A**

44. 문제 18의 행렬 **A**

8.14 암호기법

소개 암호기법(cryptography)이란 단어는 두 개의 그리스어 *crypto*('감춰진' 또는 '비밀의')와 *grapho*('씀')의 합성어이다. 그래서 암호기법은 '비밀문장' 또는 **암호**(code)를 만드는 학문이다.

이 절에서는 메시지의 암호화와 해독의 체계와 관련하여 메시지 송신자와 메시지 수신자가 알아야 하는 다음 사항에 대해서 고찰한다.

- 기호들의 집합(메시지를 구성하는 알파벳 문자 또는 구두점 등)과 정수 집합 사이에 규정된 대응규칙
- 규정된 정칙행렬 **A**

암호화/해독 처음 27개의 음이 아닌 정수와 알파벳 문자와 공란(단어를 분리하기 위한) 사이의 자연스런 대응이 다음과 같이 주어진다.

0	1	2	3	4	5	6	7	8	9	10	11	12	13	14	15	16	17	18	19	20	21	22	23	24	25	26
space	a	b	c	d	e	f	g	h	i	j	k	l	m	n	o	p	q	r	s	t	u	v	w	x	y	z

(1)

식 (1)로부터 전문

SEND THE DOCUMENT TODAY

의 수치적 동의어는

$$19\ 5\ 14\ 4\ 0\ 20\ 8\ 5\ 0\ 4\ 15\ 3\ 21\ 13\ 5\ 14\ 20\ 0\ 20\ 15\ 4\ 1\ 25 \tag{2}$$

이다. 발신자는 정칙행렬 **A**에 의하여 메시지를 **암호화**(encode)할 것이고, 곧 알게 되겠지만 암호화된 메시지의 수신자는 (유일한) 행렬 $\mathbf{A}^{-1}$에 의하여 그 전문을 **해독**(decode)할 것이다. 수치적인 메시지 식 (2)는 이제 행렬로 표시된다. 메시지에는 23개의 부호들이 있으므로 최소한 24개의 원소($m \times n$ 행렬은 mn개의 원소를 갖는다)들을 수용할 행렬이 필요하다. 식 (2)를 3×8 행렬

$$\mathbf{M} = \begin{pmatrix} 19 & 5 & 14 & 4 & 0 & 20 & 8 & 5 \\ 0 & 4 & 15 & 3 & 21 & 13 & 5 & 14 \\ 20 & 0 & 20 & 15 & 4 & 1 & 25 & 0 \end{pmatrix} \tag{3}$$

으로 쓰기로 하자. 전문행렬 **M**에 있는 마지막 원소(a_{38})는 0으로 대응되는 공란(space)으로 채워 넣은 것임에 유의하라. 물론 식 (2)를 6×4 또는 4×6 행렬로 쓸 수 있으나, 이 경우

에는 더 큰 암호화 행렬을 필요로 할 것이다. 3×8 행렬은 3×3 행렬을 사용하여 메시지를 암호화할 수 있도록 해 준다. 사용한 행렬들의 크기는 컴퓨터를 쓰지 않고 수작업으로 암호화와 해독을 할 경우에 발생하는 문제이다.

암호화 행렬 **A**는

- **A**가 정칙행렬이고,
- **A**가 정수 원소만을 갖고,
- $\mathbf{A}^{-1}$이 정수 원소만을 갖도록

선택되거나 만들어진다. 마지막 기준을 만족시키는 것이 특별히 어려운 것은 아니다. $\det \mathbf{A} = \pm 1$이 되도록 **A**의 정수 원소를 택하면 된다. 2×2 또는 3×3 행렬에 대하여 $\mathbf{A}^{-1}$은 8.6절의 식 (4)와 (5)에 있는 공식들을 사용하여 구할 수 있다. **A**가 정수 원소를 가지면 여인수 C_{11}, C_{12} 등도 모두 정수이다. 논의를 쉽게 하기 위해

$$\mathbf{A} = \begin{pmatrix} -1 & 0 & -1 \\ 2 & 3 & 4 \\ 2 & 4 & 5 \end{pmatrix} \tag{4}$$

를 선택하자. $\det \mathbf{A} = -1$임을 검증해 보라.

원래의 메시지는 메시지 행렬 **M** 앞에 **A**를 곱하여 암호화한다. 즉, 메시지는 행렬

$$\mathbf{B} = \mathbf{AM} = \begin{pmatrix} -1 & 0 & -1 \\ 2 & 3 & 4 \\ 2 & 4 & 5 \end{pmatrix}\begin{pmatrix} 19 & 5 & 14 & 4 & 0 & 20 & 8 & 5 \\ 0 & 4 & 15 & 3 & 21 & 13 & 5 & 14 \\ 20 & 0 & 20 & 15 & 4 & 1 & 25 & 0 \end{pmatrix} \tag{5}$$

$$= \begin{pmatrix} -39 & -5 & -34 & -19 & -4 & -21 & -33 & -5 \\ 118 & 22 & 153 & 77 & 79 & 83 & 131 & 52 \\ 138 & 26 & 188 & 95 & 104 & 97 & 161 & 66 \end{pmatrix}$$

으로 보내진다.

A를 모른다면 식 (5)를 해독하는 어려움이 얼마나 클까 상상해 보라. 그러나 암호화된 메시지 **B**의 수신자는 **A**와 그 역행렬을 알고 있으므로 해독은 $\mathbf{A}^{-1}$을 **B**의 앞에 곱하는 계산으로 바로 이루어진다. 즉,

$$\mathbf{AM} = \mathbf{B}\text{은 } \mathbf{M} = \mathbf{A}^{-1}\mathbf{B}\text{를 의미한다.}$$

행렬 식 (4)에 대하여 8.6절의 식 (5)로부터

$$\mathbf{A}^{-1} = \begin{pmatrix} 1 & 4 & -3 \\ 2 & 3 & -2 \\ -2 & -4 & 3 \end{pmatrix}$$

이 구해진다. 따라서 해독된 메시지는

$$\mathbf{M} = \begin{pmatrix} 1 & 4 & -3 \\ 2 & 3 & -2 \\ -2 & -4 & 3 \end{pmatrix}\begin{pmatrix} -39 & -5 & -34 & -19 & -4 & -21 & -33 & -5 \\ 118 & 22 & 153 & 77 & 79 & 83 & 131 & 52 \\ 138 & 26 & 188 & 95 & 104 & 97 & 161 & 66 \end{pmatrix}$$

$$= \begin{pmatrix} 19 & 5 & 14 & 4 & 0 & 20 & 8 & 5 \\ 0 & 4 & 15 & 3 & 21 & 13 & 5 & 14 \\ 20 & 0 & 20 & 15 & 4 & 1 & 25 & 0 \end{pmatrix}$$

또는

$$19\ 5\ 14\ 4\ 0\ 20\ 8\ 5\ 0\ 4\ 15\ 3\ 21\ 13\ 5\ 14\ 20\ 0\ 20\ 15\ 4\ 1\ 25\ 0$$

이다. 또한 본래의 대응 식 (1)을 이해함으로써, 수신자는 그 수를

SEND_THE_DOCUMENT_TODAY

로 해석한다. 여기서 공란은 선으로 표시했다.

이제 몇 가지 사실에 대해서 살펴보자. 대응 또는 사상(mapping) 식 (1)은 알파벳 문자(쉼표와 마침표 같은 구두점 기호도 포함할 수 있다)와 정수 사이에 부여할 수 있는 많은 대응 중의 하나이다. 알파벳의 26개 문자와 공란을 이용하여, 이런 대응을 27!개 만들 수 있다. (왜?) 더욱이 식 (2)를 암호화하기 위해 2 × 2를 이용할 수 있다. 이때 메시지 행렬 **M**의 크기는 메시지의 23개 원소를 포함하도록 하기 위해서는 적어도 2 × 12이어야 한다. 예를 들어,

$$\mathbf{A} = \begin{pmatrix} 1 & 2 \\ 0 & 1 \end{pmatrix} \quad \text{그리고} \quad \mathbf{M} = \begin{pmatrix} 19 & 5 & 14 & 4 & 0 & 20 & 8 & 5 & 0 & 4 & 15 & 3 \\ 21 & 13 & 5 & 14 & 20 & 0 & 20 & 15 & 4 & 1 & 25 & 0 \end{pmatrix}$$

이면

$$\mathbf{B} = \mathbf{AM} = \begin{pmatrix} 61 & 31 & 24 & 32 & 40 & 20 & 48 & 35 & 8 & 6 & 65 & 3 \\ 21 & 13 & 5 & 14 & 20 & 0 & 20 & 15 & 4 & 1 & 25 & 0 \end{pmatrix}$$

이다. $\mathbf{A}^{-1} = \begin{pmatrix} 1 & -2 \\ 0 & 1 \end{pmatrix}$을 이용하여, 앞에서와 같이

$$\mathbf{M} = \mathbf{A}^{-1}\mathbf{B} = \begin{pmatrix} 1 & -2 \\ 0 & 1 \end{pmatrix}\begin{pmatrix} 61 & 31 & 24 & 32 & 40 & 20 & 48 & 35 & 8 & 6 & 65 & 3 \\ 21 & 13 & 5 & 14 & 20 & 0 & 20 & 15 & 4 & 1 & 25 & 0 \end{pmatrix}$$

$$= \begin{pmatrix} 19 & 5 & 14 & 4 & 0 & 20 & 8 & 5 & 0 & 4 & 15 & 3 \\ 21 & 13 & 5 & 14 & 20 & 0 & 20 & 15 & 4 & 1 & 25 & 0 \end{pmatrix}$$

을 얻는다. 수치적인 메시지 식 (2)를 행렬 식 (3)에서와 같이 행(1×8 벡터)으로 분해해 놓아야 할 특별한 이유는 없다. 대신 식 (2)는 행렬

$$\begin{pmatrix} 19 & 4 & 8 & 4 & 21 & 14 & 20 & 1 \\ 5 & 0 & 5 & 15 & 13 & 20 & 15 & 25 \\ 14 & 20 & 0 & 3 & 5 & 0 & 4 & 0 \end{pmatrix}$$

에서 보인 바와 같이 열(3 × 1 벡터)로 분리해 놓을 수도 있다. 마지막으로, 수보다는 오히려 알파벳 문자로 암호화된 메시지를 보내는 것이 바람직할 수 있다. 연습문제 8.14의 문제

13에서 SEND THE DOCUMENT TODAY를

OVTHWFUVJVRWYBWYCZZNWPZL

과 같이 암호화하여 전송하는 방법을 보일 것이다.

8.14 연습문제

부록에 선택된 홀수 문제의 답이 있다.

문제 1~6. **(a)** 행렬 **A**와 대응 식 (1)을 이용하여 주어진 메시지를 암호화하라. **(b)** (a)에서 암호화한 메시지를 해독하여 결과를 확인하라.

1. $\mathbf{A} = \begin{pmatrix} 1 & 2 \\ 1 & 1 \end{pmatrix}$; SEND HELP

2. $\mathbf{A} = \begin{pmatrix} 3 & 5 \\ 1 & 2 \end{pmatrix}$; THE MONEY IS HERE

3. $\mathbf{A} = \begin{pmatrix} 3 & 5 \\ 2 & 3 \end{pmatrix}$; PHONE HOME

4. $\mathbf{A} = \begin{pmatrix} 1 & 2 & 3 \\ 1 & 1 & 2 \\ 0 & 1 & 2 \end{pmatrix}$; MADAME X HAS THE PLANS

5. $\mathbf{A} = \begin{pmatrix} 2 & 1 & 1 \\ 1 & 1 & 1 \\ -1 & 1 & 0 \end{pmatrix}$; GO NORTH ON MAIN ST

6. $\mathbf{A} = \begin{pmatrix} 5 & 3 & 0 \\ 4 & 3 & -1 \\ 5 & 2 & 2 \end{pmatrix}$; DR JOHN IS THE SPY

문제 7~10. 행렬 **A**와 대응 식 (1)을 이용하여 주어진 메시지를 해독하라.

7. $\mathbf{A} = \begin{pmatrix} 8 & 3 \\ 5 & 2 \end{pmatrix}$; $\mathbf{B} = \begin{pmatrix} 152 & 184 & 171 & 86 & 212 \\ 95 & 116 & 107 & 56 & 133 \end{pmatrix}$

8. $\mathbf{A} = \begin{pmatrix} 2 & -1 \\ 1 & -1 \end{pmatrix}$;

$$\mathbf{B} = \begin{pmatrix} 46 & -7 & -13 & 22 & -18 & 1 & 10 \\ 23 & -15 & -14 & 2 & -18 & -12 & 5 \end{pmatrix}$$

9. $\mathbf{A} = \begin{pmatrix} 1 & 0 & 1 \\ 0 & 1 & 0 \\ 1 & 0 & 0 \end{pmatrix}$; $\mathbf{B} = \begin{pmatrix} 31 & 21 & 21 & 22 & 20 & 9 \\ 19 & 0 & 9 & 13 & 16 & 15 \\ 13 & 1 & 20 & 8 & 0 & 9 \end{pmatrix}$

10. $\mathbf{A} = \begin{pmatrix} 2 & 1 & 1 \\ 0 & 0 & -1 \\ 1 & 1 & 1 \end{pmatrix}$;

$$\mathbf{B} = \begin{pmatrix} 36 & 32 & 28 & 61 & 26 & 56 & 10 & 12 \\ -9 & -2 & -18 & -1 & -18 & -25 & 0 & 0 \\ 23 & 27 & 23 & 41 & 26 & 43 & 5 & 12 \end{pmatrix}$$

11. 대응 식 (1)을 이용하여 아래의 메시지를 2×2 행렬로 암호화하였다.

$$\begin{pmatrix} 17 & 16 & 18 & 5 & 34 & 0 & 34 & 20 & 9 & 5 & 25 \\ -30 & -31 & -32 & -10 & -59 & 0 & -54 & -35 & -13 & -6 & -50 \end{pmatrix}$$

첫 번째 두 문자가 DA이고 마지막 두 문자가 AY라고 할 때 메시지를 해독하라.

12. **(a)** 다음 대응을 이용하여

1	2	3	4	5	6	7	8	9	10	11	12	13	14	15	16	17	18	19	20	21	22	23	24	25	26	27
j	k	l	n	m	s	t	u	w	x	g	h	i	o	p	q	r	v	y	z	a	b	c	d	e	f	space

메시지

BUY ALL AVAILABLE STOCK AT MARKET

와 동등한 숫자들을 구하라.

(b) 메시지 행렬 **M**의 뒤쪽에 다음을 곱하여 메시지를 암호화하라.

$$\mathbf{A} = \begin{pmatrix} 1 & 1 & 0 \\ 1 & 0 & 1 \\ 1 & 1 & -1 \end{pmatrix}$$

(c) (b)에서 암호화한 메시지를 해독하여 결과를 확인하라.

13. 식 (4)와 (5)에서 각각 정의된 행렬 **A**와 **B**를 고려하자.

(a) 27을 법으로 하는 정수*들을 이용하여 **B**를 **B**′으로 다시 쓰라.

(b) 문자로 보내진 암호화된 전문이

OVTHWFUVJVRWYBWYCZZNWPZL

임을 확인하라.

(c) $\mathbf{A}^{-1}\mathbf{B}'$를 계산하여 암호화된 메시지를 해독하고 27을 법으로 하는 정수를 이용하여 그 결과를 쓰라.

---

* 정수 a와 b에 대하여, a를 27로 나누었을 때 b가 나머지($0 \le b < 27$)이면, $a = b(\text{mod } 27)$로 쓴다. 예를 들어 $33 = 6(\text{mod } 27)$, $28 = 1(\text{mod } 27)$ 등이다. 음의 정수는 다음 방법으로 다룬다. $27 = 0(\text{mod } 27)$일 때, 예를 들어 $25 + 2 = 0(\text{mod } 27)$이므로, $-25 = 2(\text{mod } 27)$이고 $-2 = 25(\text{mod } 27)$이다. 또한 $30 + 24(=54) = 0(\text{mod } 27)$이므로 $-30 = 24(\text{mod } 27)$이다.

8.15 오류 정정 코드

소개 앞 절과는 달리 이 절에서 사용할 **코드**(code)라는 단어 속에는 비밀이라는 뜻은 들어 있지 않다. 디지털 통신의 개념, 예를 들어 인공위성과 컴퓨터 사이의 통신을 간단히 조사해 보자. 이 경우에는 이진수, 즉 0과 1을 원소로 하는 행렬만을 다룬다. 이러한 행렬을 더하고 곱할 때, **법 2의 셈**(arithmetic modulo 2)을 사용한다. 이 셈은 다음의 덧셈과 곱셈표에 의해서 정의된다.

$$\begin{array}{c|cc} + & 0 & 1 \\ \hline 0 & 0 & 1 \\ 1 & 1 & 0 \end{array} \qquad \begin{array}{c|cc} \times & 0 & 1 \\ \hline 0 & 0 & 0 \\ 1 & 0 & 1 \end{array}$$

교환법칙과 결합법칙 같은 기본 성질들이 이 체계에서 성립한다. 두드러진 예외는 $1 + 1 = 0$뿐이다.

이진 문자열 디지털 통신에서 **메시지**(message) 또는 **단어**(word)들은 이진의 n-짝(tuple), 즉 0과 1 또는 **비트**(bit)로만 구성된 n-짝으로 되어 있다. n비트의 단어는 **길이**(length) n인 **이진 문자열**(string)이라 한다.

예제 1 이진 문자열

(a) 순서가 있는 4-짝 (0, 1, 0, 1)은 4비트 단어 또는 길이 4의 문자열이다.

(b) 수 39의 이진(즉, 기저 2) 표현은 1 0 0 1 1 1, 또는 6-짝 (1, 0, 0, 1, 1, 1)로 표현된다.

(c) 문자 Z에 대한 아스키코드(ASCII, American Standard Code for Information Interchange) 단어는 길이 8의 문자열 (1, 0, 0, 1, 1, 0, 1, 0)이다.

편의상 길이 n의 단어는 $1 \times n$ 행렬, 즉 행벡터로 나타낼 것이다. 예를 들어, 예제 1에서의 4비트 단어는 1×4 행렬 $\mathbf{W} = (0\ 1\ 0\ 1)$로 나타낸다.

코드 메시지를 **부호화**(encoding)한다는 것은 길이 n의 단어 $\mathbf{W}$를 **패리티 검사 비트**(parity check bit)라 부르는 m개의 비트를 $\mathbf{W}$에 첨가하여 길이 $n + m$의 다른 단어 $\mathbf{C}$로 변환하는 과정을 의미한다. 부호화된 단어를 **부호어**(code word)라 한다. 수신된 전문을 **복호화**(decoding)한다는 것은 복호화된 메시지를 주든가 또는 전송 중 오류가 발생한 것을 알려 주는 또 하나의 과정을 의미한다. 부호화와 복호화 체계를 **코드**라 한다.

가장 간단한 코드 중 하나는 **패리티 검사 코드**이다. 이 코드에서 단어는 다음과 같은 규칙을 따라 부호화된다.

단어에 있는 1의 수가 → 짝수: 단어에 0을 더한다.
단어에 있는 1의 수가 → 홀수: 단어에 1을 더한다. (1)

패리티(parity)란 말은 단어에 있는 1의 수가 짝수인가 홀수인가를 말한다. 식 (1)에서 주어진 부호화 규칙은 부호어의 패리티가 항상 짝수가 되게 만든다.

예제 2 단어의 부호화

패리티 검사 코드를 이용하여 단어

(a) $\mathbf{W} = (1\ \ 0\ \ 0\ \ 0\ \ 1\ \ 1)$ (b) $\mathbf{W} = (1\ \ 1\ \ 1\ \ 0\ \ 0\ \ 1)$

를 부호화하라.

풀이 **(a)**에 있는 1의 수가 홀수이므로, 단어 **W**의 끝에 여분의 비트 1을 추가한다. 이때 부호어는 $\mathbf{C} = (1\ \ 0\ \ 0\ \ 0\ \ 1\ \ 1\ \ 1)$이다. **(b)** 이 경우에 1의 수는 짝수이므로 그 단어에 추가한 비트는 0이다. 따라서 부호화된 부호어는 $\mathbf{C} = (1\ \ 1\ \ 1\ \ 0\ \ 0\ \ 1\ \ 0)$이다. ≡

디지털 통신에서 전송되는 것은 부호화된 단어 **C**이다. 그러나 전송 회로에서 몇 가지의 방해나 잡음 때문에 **C**에 포함된 한 개 이상의 비트가 바뀔 수 있다. 따라서 전송한 전문이 항상 수신된 전문이라고는 할 수 없다. **그림 8.15.1**을 보라.

패리티 검사 코드는 복호하는 자가 단순 오류를 검출할 수 있게 한다. **R**을 수신된 메시지라 하자. **R**에 있는 단순 오류란 하나의 비트가 0에서 1로 또는 1에서 0으로 변했다는 뜻이다. 어느 경우나 그 단어 **R**의 패리티는 홀수가 된다.

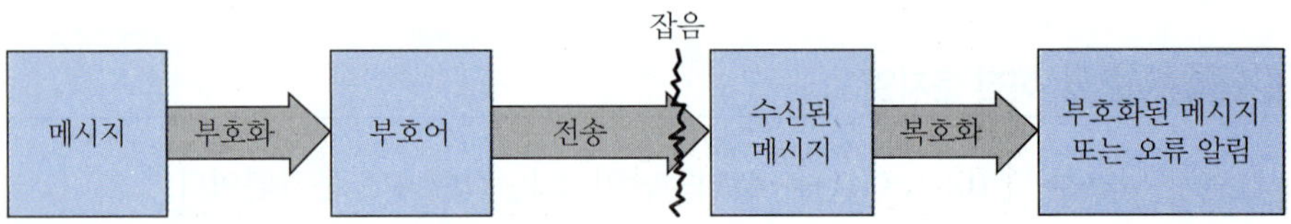

그림 8.15.1 잡음 때문에 변화된 부호화된 단어의 비트

예제 3 복호화 단어

패리티 검사 코드를 이용하여 단어

(a) $\mathbf{R} = (1\ \ 1\ \ 0\ \ 0\ \ 1\ \ 0\ \ 1)$ (b) $\mathbf{R} = (1\ \ 0\ \ 1\ \ 1\ \ 0\ \ 0\ \ 0)$

을 복호화하라.

풀이 **(a)** **R**의 패리티는 짝수이다. 마지막 비트를 없애면 복호화 전문은 $(1\ \ 1\ \ 0\ \ 0\ \ 1\ \ 0)$이다. **(b)** **R**의 패리티는 홀수이다. 이 경우에는 '패리티 오류'로 복호화한다. ≡

컴퓨터 내부의 통신과 같은 일부의 디지털 통신에서는 패리티 검사 코드는 적절할 것이다. 그러나 예제 2에서 코드에 관련된 중요한 함정이 있음을 명확히 알 수 있다. 즉, 오류가 일어나면 어느 비트가 틀렸는지 모르므로 '수정하는 방법을 모른다'는 것이다. 더욱이 중복된 오류가 전송중에 나타날 수도 있다. 말하자면 전송 중에 두 개의 1이 0으로 바뀌었다면, 수신된 전문은 아직 짝수의 패리티를 갖게 되어 마지막 비트를 버리고 정상적으로 복호화함으로써 오류가 일어난다. 이 경우에 복호화된 전문에 있는 비트 중 적어도 하나의 비트가 오류이다.

Hamming 코드 패리티 검사 코드는 오류 검출 코드의 한 예이지만 오류 정정 코드는 아니다. 이 논의의 나머지 부분에서는 **Hamming (7, 4)** 코드라 부르는 오류 검출-정정 코드

에 대해서 논의한다. 이 코드는 널리 쓰이는 코드 집합 중 하나로써 1950년대 Bell 연구소에서 수학자 **Richard W. Hamming** (1915~1998)이 창안한 것이다. 이 코드는 수신된 메시지에 포함된 단 한 개의 오류의 존재를 검출할 수 있고, 어느 비트를 수정해야 하는지를 말해 줄 수 있는 부호화/복호화 체계이다. (7, 4) 코드에서 부호화 과정은 4비트 단어 $\mathbf{W} = (w_1\ w_2\ w_3\ w_4)$를 7비트 코드단어

$$\mathbf{C} = (c_1\quad c_2\quad w_1\quad c_3\quad w_2\quad w_3\quad w_4)$$

로 변환하는 것으로 되어 있다. 여기서 c_1, c_2, c_3는 패리티 검사 비트를 표시한다(4비트보다 긴 단어는 길이 4의 단어들의 배열로 쪼갤 수 있다).

부호화 Hamming (7, 4) 코드에서 패리티 검사 비트 c_1, c_2, c_3는 정보 비트 w_1, w_2, w_3, w_4로 다음과 같이 정의된다.

$$\begin{aligned} c_1 &= w_1 + w_2 + w_4 \\ c_2 &= w_1 + w_3 + w_4 \\ c_3 &= w_2 + w_3 + w_4 \end{aligned} \tag{2}$$

여기서 셈은 법 2로 행한다. 행렬을 이용하면 식 (2)는 다음과 같은 곱으로 쓸 수 있다.

$$\begin{pmatrix} c_1 \\ c_2 \\ c_3 \end{pmatrix} = \begin{pmatrix} 1 & 1 & 0 & 1 \\ 1 & 0 & 1 & 1 \\ 0 & 1 & 1 & 1 \end{pmatrix} \begin{pmatrix} w_1 \\ w_2 \\ w_3 \\ w_4 \end{pmatrix} \tag{3}$$

예제 4 단어의 부호화

단어 $\mathbf{W} = (1\ 0\ 1\ 1)$을 부호화하라.

풀이 식 (3)으로부터 $w_1 = 1$, $w_2 = 0$, $w_3 = 1$, $w_4 = 1$이므로

$$\begin{pmatrix} c_1 \\ c_2 \\ c_3 \end{pmatrix} = \begin{pmatrix} 1 & 1 & 0 & 1 \\ 1 & 0 & 1 & 1 \\ 0 & 1 & 1 & 1 \end{pmatrix} \begin{pmatrix} 1 \\ 0 \\ 1 \\ 1 \end{pmatrix} = \begin{pmatrix} 1\cdot 1 + 1\cdot 0 + 0\cdot 1 + 1\cdot 1 \\ 1\cdot 1 + 0\cdot 0 + 1\cdot 1 + 1\cdot 1 \\ 0\cdot 1 + 1\cdot 0 + 1\cdot 1 + 1\cdot 1 \end{pmatrix} = \begin{pmatrix} 0 \\ 1 \\ 0 \end{pmatrix}$$

즉 $c_1 = 0$, $c_2 = 1$, $c_3 = 0$이므로, 여기에 대응하는 코드어는 $\mathbf{C} = (0\quad 1\quad 1\quad 0\quad 0\quad 1\quad 1)$이다. ≡

전문을 복호화하는 방법을 자세히 살펴보기 전에 특수한 행렬을 소개할 필요가 있다. 먼저 법 2로 셈을 하면 음의 정수는 존재하지 않는다는 사실, 즉 1의 덧셈 역원은 1이지 −1은 아니라는 사실을 관찰할 수 있다. 이것을 염두에 두면 연립방정식 (2)를 다음과 같은 동치인 꼴로 쓸 수 있다.

$$\begin{aligned} c_3 + w_2 + w_3 + w_4 &= 0 \\ c_2 + w_1 + w_3 + w_4 &= 0 \\ c_1 + w_1 + w_2 + w_4 &= 0 \end{aligned} \tag{4}$$

식 (4)를 **패리티 검사 방정식**(parity check equation)이라 한다. 이 식은 각 c_i가 원래 단어에 있는 3자리의 패리티 검사라는 의미이다. 예를 들어 3자리 w_2, w_3, w_4에 있는 1의 개수가 홀수이면, 앞에서 논의했던 패리티 검사 코드에서와 같이 $c_1 = 1$을 택할 것이다. 행렬의 곱을 이용하여 식 (4)는 다음과 같이 쓸 수 있다.

$$\begin{pmatrix} 0 & 0 & 0 & 1 & 1 & 1 & 1 \\ 0 & 1 & 1 & 0 & 0 & 1 & 1 \\ 1 & 0 & 1 & 0 & 1 & 0 & 1 \end{pmatrix} \begin{pmatrix} c_1 \\ c_2 \\ w_1 \\ c_3 \\ w_2 \\ w_3 \\ w_4 \end{pmatrix} = \begin{pmatrix} 0 \\ 0 \\ 0 \end{pmatrix} \tag{5}$$

식 (5)에 있는 3×7 행렬

$$\mathbf{H} = \begin{pmatrix} 0 & 0 & 0 & 1 & 1 & 1 & 1 \\ 0 & 1 & 1 & 0 & 0 & 1 & 1 \\ 1 & 0 & 1 & 0 & 1 & 0 & 1 \end{pmatrix}$$

을 **패리티 검사 행렬**(parity check matrix)이라 한다. 식 (5)에서 보여 준 이진 코드어 $\mathbf{C} = (c_1\ c_2\ w_1\ c_3\ w_2\ w_3\ w_4)$는 행렬 방정식

$$\mathbf{HC}^T = \mathbf{0} \tag{6}$$

을 만족시킨다. $\mathbf{H}$를 더 자세히 조사하면 놀라운 사실, 즉 $\mathbf{H}$의 열들은 왼쪽에서 오른쪽으로, 수 1부터 7까지의 수를 이진수로 표시하고 있음이 나타난다. 예를 들어 열 $\begin{pmatrix} 1 \\ 1 \\ 0 \end{pmatrix}$을 1 1 0으로 나타내면, 이것은 6의 이진수 표현임을 알게 된다.

$\mathbf{R}$을 수신된 메시지를 표시하는 1×7 행렬이라 하자. $\mathbf{H}$는 3×7 행렬이고 $\mathbf{R}^T$은 7×1 행렬이므로, 곱

$$\mathbf{S} = \mathbf{HR}^T \tag{7}$$

은 3×1 행렬인데, 이것을 $\mathbf{R}$의 **신드롬**(syndrome)이라 한다.

복호화 수신된 전문 $\mathbf{R}$의 신드롬이

$$\mathbf{S} = \mathbf{HR}^T = \mathbf{0}$$

이라면, 식 (6)의 결과의 관점에서 $\mathbf{R}$은 코드단어라는 결론을 내고, 전송이 올바르고 $\mathbf{R}$은 본래 부호화한 메시지 $\mathbf{C}$와 같다고 가정한다. 전문의 복호화는 간단히 $\mathbf{R}$에 있는 3개의 검사 비트를 빼버림으로써 완성된다.

예제 5 신드롬

(a) $\mathbf{R} = (1\ 1\ 0\ 1\ 0\ 0\ 1)$ 및 **(b)** $\mathbf{R} = (1\ 0\ 0\ 1\ 0\ 1\ 0)$의 신드롬을 계산하라.

풀이 **(a)** 식 (7)로부터

$$\mathbf{S} = \begin{pmatrix} 0 & 0 & 0 & 1 & 1 & 1 & 1 \\ 0 & 1 & 1 & 0 & 0 & 1 & 1 \\ 1 & 0 & 1 & 0 & 1 & 0 & 1 \end{pmatrix} \begin{pmatrix} 1 \\ 1 \\ 0 \\ 1 \\ 0 \\ 0 \\ 1 \end{pmatrix} = \begin{pmatrix} 0 \\ 0 \\ 0 \end{pmatrix}$$

이므로 $\mathbf{R}$이 코드단어라는 결론이 나온다. (1 1 0 1 0 0 1)에 있는 1, 2, 4번째 비트를 빼버림으로써, 복호화된 전문 (0 0 0 1)을 얻는다.

(b) 식 (7)에서 $\mathbf{S} = \begin{pmatrix} 0 & 0 & 0 & 1 & 1 & 1 & 1 \\ 0 & 1 & 1 & 0 & 0 & 1 & 1 \\ 1 & 0 & 1 & 0 & 1 & 0 & 1 \end{pmatrix} \begin{pmatrix} 1 \\ 0 \\ 0 \\ 1 \\ 0 \\ 1 \\ 0 \end{pmatrix} = \begin{pmatrix} 0 \\ 1 \\ 1 \end{pmatrix}$

이다. $\mathbf{S} \neq \mathbf{0}$이므로 수신된 전문은 코드단어가 아니다. ≡

앞에서 언급한 바와 같이, Hamming (7, 4) 코드는 메시지 $\mathbf{R}$에 있는 단일 오류를 검출하고 정정하게 해 준다. 이제 $\mathbf{C}$를 코드단어라 하고 $\mathbf{E} = (e_1\ e_2\ e_3\ e_4\ e_5\ e_6\ e_7)$을 전송 중 $\mathbf{C}$에 추가된 단일 오류 잡음 단어라 하자. $\mathbf{E}$의 원소들은 다음과 같이 정의된다.

$$e_i = \begin{cases} 1, & \text{잡음이 } i\text{번째 비트를 바꿀 때} \\ 0, & \text{잡음이 } i\text{번째 비트를 바꾸지 않을 때} \end{cases}$$

이때 수신된 전문은 $\mathbf{R} = \mathbf{C} + \mathbf{E}$이다. 성질 $\mathbf{R}^T = \mathbf{C}^T + \mathbf{E}^T$과 분배법칙으로 $\mathbf{R}$의 신드롬은 $\mathbf{E}$의 신드롬과 같음을 알 수 있다.

$$\mathbf{HR}^T = \mathbf{H}(\mathbf{C}^T + \mathbf{E}^T) = \mathbf{HC}^T + \mathbf{HE}^T = \mathbf{0} + \mathbf{HE}^T = \mathbf{HE}^T$$

행렬 덧셈의 정의에서 $\mathbf{E}$의 신드롬

$$\mathbf{HE}^T = \begin{pmatrix} e_4 + e_5 + e_6 + e_7 \\ e_2 + e_3 + e_6 + e_7 \\ e_1 + e_3 + e_5 + e_7 \end{pmatrix}$$

를 오류 발생 가능 비트의 위치를 나타내는 계수를 갖는 $\mathbf{H}$의 열벡터들의 합

$$\mathbf{HE}^T = e_1\begin{pmatrix} 0 \\ 0 \\ 1 \end{pmatrix} + e_2\begin{pmatrix} 0 \\ 1 \\ 0 \end{pmatrix} + e_3\begin{pmatrix} 0 \\ 1 \\ 1 \end{pmatrix} + e_4\begin{pmatrix} 1 \\ 0 \\ 0 \end{pmatrix} + e_5\begin{pmatrix} 1 \\ 0 \\ 1 \end{pmatrix} + e_6\begin{pmatrix} 1 \\ 1 \\ 0 \end{pmatrix} + e_7\begin{pmatrix} 1 \\ 1 \\ 1 \end{pmatrix} \quad (8)$$

으로 쓸 수 있음을 간단히 보일 수 있다.

이제 이진수로 된 원소를 갖는 3 × 1 열벡터들의 집합을 생각하자. 세 원소들을 택하는 방법은 각각 2가지 뿐이므로 $2^3 = 8$개의 벡터가 존재한다. 7개의 0이 아닌 벡터는 **H**의 열들, 즉 식 (8)에서 나열한 열벡터들이다. 수신된 전문 **R**의 신드롬 **S**는 이진수로 된 원소를 갖는 3 × 1 열벡터이다. 따라서 $\mathbf{S} \neq \mathbf{0}$이면, **S**는 **H**의 열벡터 중 하나여야 한다. **R**이 단일 오류를 가지면 $\mathbf{S} \neq \mathbf{0}$이고, **E**의 원소들은 1의 값을 갖는 한 원소를 제외하고는 모두 0이므로, 식 (8)로부터 신드롬 자체가 어느 비트가 오류인지를 나타낸다는 것을 알 수 있다. 실제로는 식 (8)을 사용하지 않고 바로 수신된 전문 **R**의 신드롬 **S**를 계산한다. **S**는 **H**의 한 열이고, 오류인 비트의 이진수가 된다.

예제 6 단어의 복호어

예제 5의 (b)에서 메시지 $\mathbf{R} = (1\ \ 0\ \ 0\ \ 1\ \ 0\ \ 1\ \ 0)$의 신드롬은 $\mathbf{S} = \begin{pmatrix} 0 \\ 1 \\ 1 \end{pmatrix}$이었음을 보았다. 이것은 **H**의 셋째 열(또는 숫자 3의 이진수 표현)이므로 **R**에 있는 세 번째 비트는 부정확하다는 결론을 내린다. 여기서 0을 1로 바꾸면, 코드어는 $\mathbf{C} = (1\ 0\ 1\ 1\ 0\ 1\ 0)$이 된다. 따라서 **C**에서 첫 번째, 두 번째 비트와 네 번째 비트를 빼버림으로써, 복호화한 전문은 (1 0 1 0)이 된다. ≡

지금까지의 암호기법과 부호 이론에 대한 간략한 기술은 이들 주제들의 겉핥기에도 미치지 못하는 수준이다. 이 절의 목적은 행렬이 수학과 전산학의 여러 분야에서 자연스런 작업도구로 어떻게 사용되는지를 보여주는 것이었다.

참고

Hamming (7, 4) 코드는 두 개 쌍의 오류를 검출할 수는 있으나 정정할 수는 없다. 이 부호 이론에 대해 더 자세히 알고 싶은 학생은 더 전문적인 교재를 찾아 공부해야 한다.

8.15 연습문제

부록에 선택된 홀수 문제의 답이 있다.

문제 1~6. 패리티 검사 코드를 이용하여 주어진 단어를 부호화하라.

1. (0 1 1) **2.** (1 1 1)
3. (0 0 0 1) **4.** (1 0 1 0)
5. (1 0 1 0 1 0 0) **6.** (0 1 1 0 1 0 1)

문제 7~12. 패리티 검사 코드를 이용하여 주어진 전문을 복호화하라.

7. (1 0 0 1) **8.** (0 0 1 1)
9. (1 1 1 0 0) **10.** (1 0 1 0 0)
11. (1 0 0 1 1 1) **12.** (1 0 0 1 0 1)

문제 13~18. Hamming (7, 4) 코드를 이용하여 주어진 단어를 부호화하라.

13. (1 1 1 0) **14.** (0 0 1 1)
15. (0 1 0 1) **16.** (0 0 0 1)
17. (0 1 1 0) **18.** (1 1 0 0)

문제 19~28. 다음 전문이 Hamming (7, 4) 코드에 있는 코드단어인지를 판정하라. Hamming (7, 4) 코드단어인 경우에는 복호화하라. 그렇지 않은 경우에는 단일 오류를 정정한 메시지로 복호화하라.

19. (0 0 0 0 0 0 0)
20. (1 1 0 0 0 0 0)
21. (1 1 0 1 1 0 1)
22. (0 1 0 1 0 1 0)
23. (1 1 1 1 1 1 1)
24. (1 1 0 0 1 1 0)
25. (0 1 1 1 0 0 1)
26. (1 0 0 1 0 0 1)
27. (1 0 1 1 0 1 1)
28. (0 0 1 0 0 1 1)

29. **(a)** 이진법으로 된 원소로 구성된 7-짝의 총 개수를 구하라.

(b) Hamming (7, 4) 코드 내에 7짝 코드단어는 몇 개가 있는가?

(c) Hamming (7, 4) 코드 내에 있는 모든 코드단어를 열거하라.

30. (a) Hamming (8, 4) 코드에서 길이 4의 단어

$$\mathbf{W} = (w_1\, w_2\, w_3\, w_4)$$

는 길이 8의 코드단어

$$\mathbf{C} = (c_1\, c_2\, c_3\, w_1\, c_4\, w_2\, w_3\, w_4)$$

가 된다. 이때 패리티 검사 방정식은 다음과 같다.

$$\begin{aligned} c_4 + w_2 + w_3 + w_4 &= 0 \\ c_3 + w_1 + w_3 + w_4 &= 0 \\ c_2 + w_1 + w_2 + w_4 &= 0 \\ c_1 + c_2 + c_3 + w_1 + c_4 + w_2 + w_3 + w_4 &= 0 \end{aligned}$$

단어 (0 1 1 0)을 부호화하라.

(b) (a)에 있는 연립방정식에서 패리티 검사 행렬 **H**를 정하라.

(c) (b)의 행렬 **H**를 이용하여, 수신된 전문

$$\mathbf{R} = (0\ 0\ 1\ 1\ 1\ 1\ 0\ 0)$$

의 신드롬을 계산하라.

8.16 최소제곱법

소개 실험을 행할 때 각 x_i가 서로 다른 순서쌍 $(x_1, y_1), (x_2, y_2), \ldots, (x_n, y_n)$의 형태로 된 자료를 표로 자주 만든다. 자료가 주어지면 수학적인 모형, 즉 자료에 가깝거나 '알맞은' 함수를 구하여 x에서 y를 추정하거나 예측할 수 있게 하는 것이 바람직하다. 다시 말하면

$$f(x_1) \approx y_1, \quad f(x_2) \approx y_2, \quad \ldots, \quad f(x_n) \approx y_n$$

인 함수 $f(x)$를 원한다. 당연히 아무런 함수가 아니라, 될 수 있는 대로 자료에 가까운 함수를 원하는 것이다.

다음 논의에서 자료 $(x_1, y_1), (x_2, y_2), \ldots, (x_n, y_n)$에 '가장 적합한' 선형 다항식 $f(x) = ax + b$ 또는 직선을 구하는 문제에 주의를 집중하자. 이 선형 함수를 구하는 과정은 **최소제곱법**(method of least squares)으로 알려져 있다.

예제부터 시작한다.

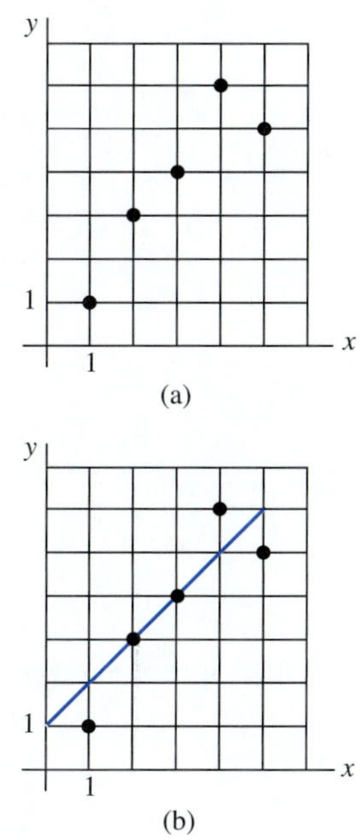

그림 8.16.1 예제 1의 자료와 직선

예제 1 가장 적합한 직선

그림 8.16.1(a)에 나와 있는 자료 (1, 1), (2, 3), (3, 4), (4, 6), (5, 5)를 생각하자. 그림을 보고 그림 8.16.1(b)의 직선 $y = x + 1$이 자료 중의 두 점을 지난다는 사실로부터, 이 직선은 자료에 가장 적합한 직선이라고 생각할 수도 있다. ≡

명백히 예제 1에서와 같이, 선형 함수 $y = f(x)$를 결정하기 위해서는 시각적인 추측보다 좀 더 나은 방법이 필요하다. 즉, '가장 적합' 또는 '적합도'를 정의하는 기준이 필요하다.

자료 점들에 함수 $f(x) = ax + b$를 맞추려고 하면, 연립방정식

$$\begin{aligned} y_1 &= ax_1 + b \\ y_2 &= ax_2 + b \\ &\vdots \\ y_n &= ax_n + b \end{aligned} \tag{1}$$

또는

$$\mathbf{Y} = \mathbf{AX} \qquad \text{여기서} \qquad \mathbf{Y} = \begin{pmatrix} y_1 \\ y_2 \\ \vdots \\ y_n \end{pmatrix}, \ \mathbf{A} = \begin{pmatrix} x_1 & 1 \\ x_2 & 1 \\ \vdots & \vdots \\ x_n & 1 \end{pmatrix}, \ \mathbf{X} = \begin{pmatrix} a \\ b \end{pmatrix} \tag{2}$$

를 만족시키는 a와 b를 구해야 한다. 불행히도 식 (1)은 과도 결정된 연립방정식이고 자료 점들은 모두 같은 직선 위에 있지 않으면 해를 갖지 않는다. 따라서 우변 **AX**가 좌변 **Y**에 근접하도록 벡터 $\mathbf{X} = \begin{pmatrix} a \\ b \end{pmatrix}$를 구하는 것으로 만족하자.

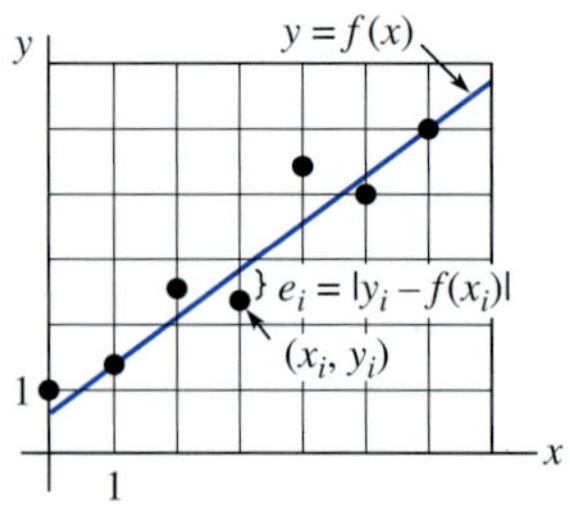

그림 8.16.2 e_i는 y_i를 $f(x_i)$로 근사화하는 오차임

최소제곱선 자료 점들이 $(x_1, y_1), (x_2, y_2), \ldots, (x_n, y_n)$이면, 선형 함수 $f(x) = ax + b$가 자료에 얼마나 잘 맞느냐를 결정하는 한 방법은 점들과 f의 그래프 사이의 수직 거리

$$e_i = |y_i - f(x_i)|, \qquad i = 1, 2, \ldots, n$$

를 측정하는 것이다. 즉, e_i는 자료값 y_i를 함수 $f(x_i)$로 근사화하는 데 따른 오차로 생각할 수 있다. 그림 8.16.2를 보라. 직관적으로 모든 e_i의 값들의 합이 최소이면, 함수 f는 자료에 잘 맞을 것이라는 것을 알 수 있다. 실제로 그 문제에 더욱 손쉽게 접근하는 방법은 모든 e_i의 값들의 제곱의 합을 최소가 되게 하는 선형 함수를 구하는 것이다. 연립방정식 (1)의 해를 계수 a와 b가 식 $E = e_1^2 + e_2^2 + \ldots + e_n^2$, 즉

$$\begin{aligned} E &= [y_1 - f(x_1)]^2 + [y_2 - f(x_2)]^2 + \cdots + [y_n - f(x_n)]^2 \\ &= [y_1 - (ax_1 + b)]^2 + [y_2 - (ax_2 + b)]^2 + \cdots + [y_n - (ax_n + b)]^2 \end{aligned}$$

또는

$$E = \sum_{i=1}^{n} [y_i - ax_i - b]^2 \tag{3}$$

을 최소화하도록 정의하자. 식 E를 **오차제곱합**(sum of square errors)이라 한다. 제곱오차의 합 식 (3)을 최소화하는 직선 $y = ax + b$는 **최적선**(line of best fit)이라 정의하고, 자료 $(x_1, y_1), (x_2, y_2), \ldots, (x_n, y_n)$에 대한 **최소제곱선**(least squares line)이라 한다.

식 (3)이 최소가 되도록 a와 b를 어떻게 구하는가 하는 문제가 남아 있다. 그 답은 미적분학에서 찾을 수 있다. 식 (3)을 두 변수 a와 b의 함수로 생각하면, E의 최소값을 구한다는 것은 1계 편도함수가 0이 되도록 다음과 같이 놓는 것이다.

편미분은 9.4절에서 복습한다. ▶

$$\frac{\partial E}{\partial a} = 0, \qquad \frac{\partial E}{\partial b} = 0$$

마지막 두 조건은 차례로

$$-2\sum_{i=1}^{n} x_i[y_i - ax_i - b] = 0$$
$$-2\sum_{i=1}^{n} [y_i - ax_i - b] = 0 \tag{4}$$

이 된다. 합을 전개하고 $\sum_{i=1}^{n} b = nb$를 이용하면, 연립방정식 (4)는

$$\left(\sum_{i=1}^{n} x_i^2\right)a + \left(\sum_{i=1}^{n} x_i\right)b = \sum_{i=1}^{n} x_i y_i$$
$$\left(\sum_{i=1}^{n} x_i\right)a + nb = \sum_{i=1}^{n} y_i \tag{5}$$

와 같다. 자세히 다루지는 않겠지만, 연립방정식 (5)를 만족시키는 a와 b의 값은 E의 최소값을 산출한다.

행렬에서 식 (5)와 같이 동치의 꼴로 쓸 수 있다.

$$\mathbf{A}^T\mathbf{A}\mathbf{X} = \mathbf{A}^T\mathbf{Y} \tag{6}$$

여기서 **A**, **Y**와 **X**는 식 (2)에서 정의되었다. **A**는 $n \times 2$ 행렬이고 $\mathbf{A}^T$은 $2 \times n$ 행렬이므로, 행렬 $\mathbf{A}^T\mathbf{A}$는 2×2 행렬이다. 더욱이 자료 점이 모두 같은 수직선 위에 있지 않으면, 행렬 $\mathbf{A}^T\mathbf{A}$는 정칙이다. 따라서 식 (6)은 유일해

$$\mathbf{X} = (\mathbf{A}^T\mathbf{A})^{-1}\mathbf{A}^T\mathbf{Y} \tag{7}$$

를 갖는다. 이때 **X**는 과도 결정된 연립방정식 (1)의 **최소제곱해**라 한다.

예제 2 최소제곱선

예제 1의 자료에 대한 최소제곱선을 구하라. 이 직선과 직선 $y = x + 1$에 대한 제곱오차의 합 E를 계산하라.

풀이 함수 $f(x) = ax + b$에 대하여, 자료 (1, 1), (2, 3), (3, 4), (4, 6), (5, 5)는 과도 결정된 연립방정식

$$\begin{aligned} a + b &= 1 \\ 2a + b &= 3 \\ 3a + b &= 4 \\ 4a + b &= 6 \\ 5a + b &= 5 \end{aligned} \tag{8}$$

가 되게 한다. 이제

$$\mathbf{Y} = \begin{pmatrix} 1 \\ 3 \\ 4 \\ 6 \\ 5 \end{pmatrix} \text{와} \quad \mathbf{A} = \begin{pmatrix} 1 & 1 \\ 2 & 1 \\ 3 & 1 \\ 4 & 1 \\ 5 & 1 \end{pmatrix} \text{에서} \quad \mathbf{A}^T\mathbf{A} = \begin{pmatrix} 55 & 15 \\ 15 & 5 \end{pmatrix}$$

따라서 식 (7)은

$$\mathbf{X} = \begin{pmatrix} 55 & 15 \\ 15 & 5 \end{pmatrix}^{-1} \begin{pmatrix} 1 & 1 \\ 2 & 1 \\ 3 & 1 \\ 4 & 1 \\ 5 & 1 \end{pmatrix}^T \begin{pmatrix} 1 \\ 3 \\ 4 \\ 6 \\ 5 \end{pmatrix} = \frac{1}{50}\begin{pmatrix} 5 & -15 \\ -15 & 55 \end{pmatrix}\begin{pmatrix} 1 & 2 & 3 & 4 & 5 \\ 1 & 1 & 1 & 1 & 1 \end{pmatrix}\begin{pmatrix} 1 \\ 3 \\ 4 \\ 6 \\ 5 \end{pmatrix}$$

$$= \frac{1}{50}\begin{pmatrix} 5 & -15 \\ -15 & 55 \end{pmatrix}\begin{pmatrix} 68 \\ 19 \end{pmatrix} = \begin{pmatrix} 1.1 \\ 0.5 \end{pmatrix}$$

가 된다. 그러므로 식 (8)의 최소제곱해는 $a = 1.1$과 $b = 0.5$이고, 최소제곱선은 $y = 1.1x + 0.5$이다. 이 직선에 대하여 제곱오차들의 합은

$$E = [1 - f(1)]^2 + [3 - f(2)]^2 + [4 - f(3)]^2 + [6 - f(4)]^2 + [5 - f(5)]^2$$
$$= [1 - 1.6]^2 + [3 - 2.7]^2 + [4 - 3.8]^2 + [6 - 4.9]^2 + [5 - 6]^2 = 2.7$$

이다. 최적이라고 추측했던, 자료 점들 중에서 두 점을 지나는 직선 $y = x + 1$에 대해서는 $E = 3.0$이다.

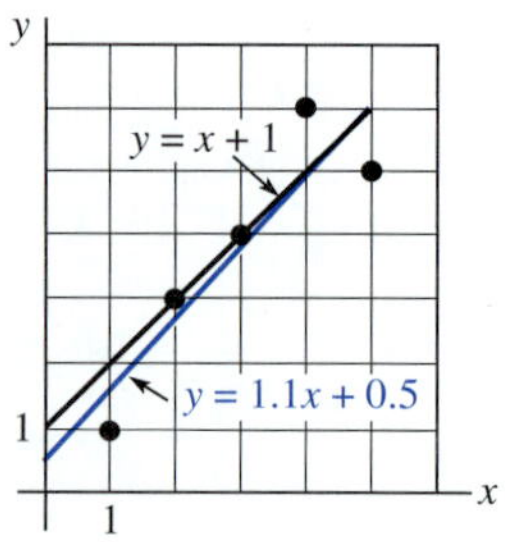

그림 8.16.3 예제 2의 최소제곱선(푸른색)

비교를 위해 **그림 8.16.3**에 자료 점, 직선 $y = x + 1$과 최소제곱선 $y = 1.1x + 0.5$를 나타냈다. ≡

최소제곱 포물선 예제 2에 설명된 과정은 최소제곱 포물선을 찾기 위해 쉽게 수정된다.

예제 3 최소제곱포물선

데이터 (1, 1), (2, 4), (3, 7), (4, 5)에 대한 최소제곱포물선을 구하라.

풀이 이차함수 $f(x) = ax^2 + bx + c$에 4개의 데이터 점들을 대입하면 식 (8)과 같은 형태의 선형방정식을 얻는다.

$$\begin{aligned} a + b + c &= 1 \\ 4a + 2b + c &= 4 \\ 9a + 3b + c &= 7 \\ 16a + 4b + c &= 5 \end{aligned}$$

이 식으로부터 행렬 **A**는 3개의 열을 가지게 됨을 알 수 있다. 그러므로

$$\mathbf{Y} = \begin{pmatrix} 1 \\ 4 \\ 7 \\ 5 \end{pmatrix}, \quad \mathbf{A} = \begin{pmatrix} 1 & 1 & 1 \\ 4 & 2 & 1 \\ 9 & 3 & 1 \\ 16 & 4 & 1 \end{pmatrix} \quad \text{그리고} \quad \mathbf{A}^T\mathbf{A} = \begin{pmatrix} 354 & 100 & 30 \\ 100 & 30 & 10 \\ 30 & 10 & 4 \end{pmatrix}$$

를 이용하면, 식 (7)로부터

$$\mathbf{X} = \begin{pmatrix} 354 & 100 & 30 \\ 100 & 30 & 10 \\ 30 & 10 & 4 \end{pmatrix}^{-1} \begin{pmatrix} 1 & 1 & 1 \\ 4 & 2 & 1 \\ 9 & 3 & 1 \\ 16 & 4 & 1 \end{pmatrix}^T \begin{pmatrix} 1 \\ 4 \\ 7 \\ 5 \end{pmatrix}$$

$$= \frac{1}{20}\begin{pmatrix} 5 & -25 & 25 \\ -25 & 129 & -135 \\ 25 & -135 & 155 \end{pmatrix} \begin{pmatrix} 1 & 4 & 9 & 16 \\ 1 & 2 & 3 & 4 \\ 1 & 1 & 1 & 1 \end{pmatrix} \begin{pmatrix} 1 \\ 4 \\ 7 \\ 5 \end{pmatrix}$$

$$= \frac{1}{20}\begin{pmatrix} 5 & -25 & 25 \\ -25 & 129 & -135 \\ 25 & -135 & 155 \end{pmatrix} \begin{pmatrix} 160 \\ 50 \\ 17 \end{pmatrix} = \begin{pmatrix} -1.25 \\ 7.75 \\ -5.75 \end{pmatrix}$$

이다. 즉, $a = -1.25$, $b = 7.75$, $c = -5.75$이므로 최소제곱포물선 방정식은 $f(x) = -1.25x^2 + 7.75x - 5.75$이다. **그림 8.16.4**는 데이터를 나타내는 점들과 이차함수식 f를 나타낸 것이다.

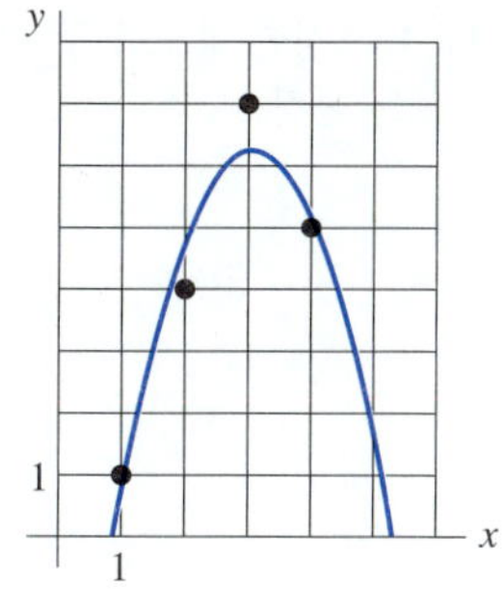

그림 8.16.4 예제 3의 최소제곱포물선

8.16 연습문제

부록에 선택된 홀수 문제의 답이 있다.

문제 1~6. 주어진 자료에 대하여 최소제곱선을 구하라.

1. (2, 1), (3, 2), (4, 3), (5, 2)
2. (0, −1), (1, 3), (2, 5), (3, 7)
3. (1, 1), (2, 1.5), (3, 3), (4, 4.5), (5, 5)
4. (0, 0), (2, 1.5), (3, 3), (4, 4.5), (5, 5)
5. (0, 2), (1, 3), (2, 5), (3, 5), (4, 9), (5, 8), (6, 10)
6. (1, 2), (2, 2.5), (3, 1), (4, 1.5), (5, 2), (6, 3.2), (7, 5)
7. 한 실험에서 어떤 첨가제를 넣은 유류의 온도 T(단위: ℃)와 운동학적 점도 ν[단위: 센티 스토크스(CS, centistokes)] 사이에 다음 대응이 얻어졌다. 최소제곱선 $\nu = aT + b$를 구하라. 이 직선을 이용하여 $T = 140$과 $T = 160$에서의 유류의 점도를 산정하라.

T	20	40	60	80	100	120
ν	220	200	180	170	150	135

8. 한 실험에서 온도 T(단위: ℃)와 전기저항 R(단위: $M\Omega$) 사이에 다음 대응이 발견되었다. 최소제곱선 $R = aT + b$를 구하라. 이 직선을 이용하여 $T = 700$에서의 저항을 산정하라.

T	400	450	500	550	600	650
R	0.47	0.90	2.0	3.7	7.5	15

문제 9, 10. 주어진 데이터에 대해서 예제 3과 같이 진행하여 최소제곱포물선을 구하라.

9. (1, 1), (2, 1), (3, 2), (4, 5)
10. (−2, 1), (−1, 1), (1, 2), (2, 3)

8.17 이산격실 모형

소개 소금물이 탱크의 안과 밖으로 흐르고 있는 두 개의 연결된 탱크에서의 소금의 파운드 양을 설명한 2.9절의 식 (3)에서의 수학적 모형의 구성은 **격실 분석**(compartmental analysis)의 한 예이다. 2.9절의 논의에서 격실 모형은 미분방정식이었다. 이 절에서는 이산수학 모형을 도입한다.

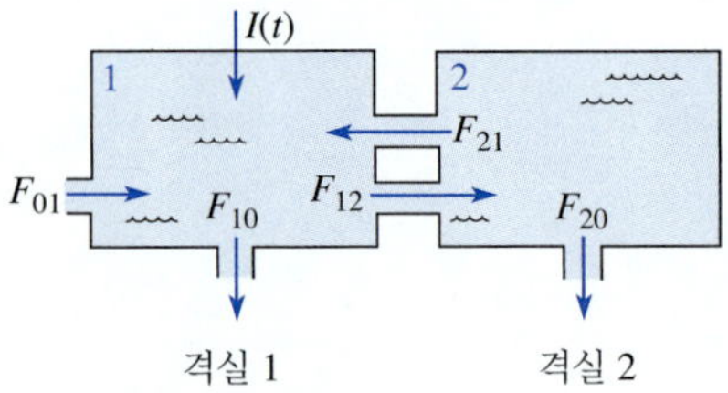

그림 8.17.1 특정한 속도로 두 격실 사이에서 흐르는 물질

일반적인 두 개의 격실 모형 어떤 물질이 부피가 V_1과 V_2인 두 개의 탱크 사이를 흐른다고 가정하자. **그림 8.17.1**에 나와 있는 F_{01}, F_{12}, F_{21}, F_{10}과 F_{20}은 흐름률을 적은 것이다. F_{ij}의 아래첨자는 탱크 i에서 탱크 j로의 흐름률을 적은 것이다. 다음에 **추적자**(tracer)라고 부르는 두 번째 물질이 격실 1에 $I(t)$로 알려진 속도로 스며든다. 2.9절에서 했던 것과 같이, 추적자는 모든 시간 t에서 두 격실에서 완전히 섞인다고 가정한다. $x(t)$가 격실 1에서의 추적자의 양이고 $y(t)$는 격실 2에서의 추적자의 양이라고 하면, 농도는 $c_1(t) = x(t)/V_1$와 $c_2(t) = y(t)/V_2$이다. 일반적인 두 개의 격실 모형은 다음과 같다.

$$\begin{aligned}\frac{dx}{dt} &= -(F_{12} + F_{10})c_1(t) + F_{21}c_2(t) + I(t)\\ \frac{dy}{dt} &= F_{21}c_1(t) - (F_{21} + F_{20})c_2(t)\end{aligned} \tag{1}$$

식 (1)의 모형은 두 격실 사이를 흐르는 추적자의 양을 나타낸다. 유체와 추적자로 구성되는 물질은 끊임없이 교환된다. 다음에 단위시간 Δt마다 격실의 내용물을 추적하는 모형을 만들고 오직 Δt, $2\Delta t$, . . . , $n\Delta t$에서만 계가 변한다고 하자. 물론 Δt를 매우 작게 하여 연속적인 경우를 근사화할 수 있다.

이산격실 모형 물리계에서 격실 모형을 구성함에 있어, 우리는 개념적으로 계를 서로 다른 번호를 갖는 작은 성분으로 분리하고, 그들 사이에 물질이 이동하게 한다. 격실은 공간적으로 달라야 할 필요는 없으나(2.9절에서 사용한 탱크와 같이) 어떤 기준에 따라 구별할 수 있어야 한다. 다음은 몇 가지 예이다.

- 산성비(예를 들어 스트론튬 90이 포함된)가 목장에 침전된다. 격실은 목초, 토양, 개울, 깔짚이다.
- 수중 생태계에서의 에너지의 흐름을 연구하기 위해 식물성 플랑크톤, 동물성 플랑크톤, 플랑크톤을 식용으로 하는 동물, 해초, 작은 육식동물, 큰 육식동물, 부패유기물로 나눈다.
- 추적자가 피의 흐름 속으로 주입되었다. 특별한 기관의 신진대사와 배설에 의하여 몸에서 빠져나간다. 적합한 격실은 동맥의 피, 정맥의 피, 기관, 소변이다.

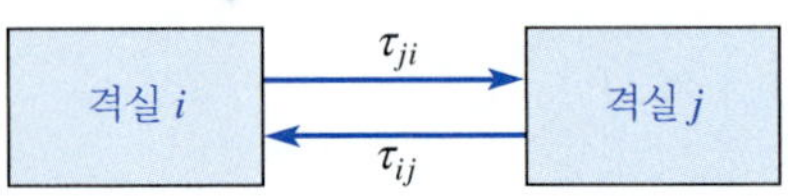

그림 8.17.2 격실 사이의 물질의 교환

시스템이 n개의 격실로 구분되고, 각 단위시간 Δt 후에 물질이 격실 사이에서 교환된다고 가정하자. 격실 j의 내용물이 고정된 비율 τ_{ij}가 **그림 8.17.2**에서 나타난 것과 같이 단위시간 Δt 동안 격실 i로 이동한다고 가정하자. 이러한 가정은 **선형 제공자조절 가설**(linear donor-controlled hypothesis)로 알려져 있다.

$n \times 1$ 행렬 $\mathbf{X}$에서 원소 x_i는 격실 i의 추적자의 양을 나타낸다고 하면

$$\mathbf{X} = \begin{pmatrix} x_1 \\ x_2 \\ \vdots \\ x_n \end{pmatrix}, \quad \mathbf{Y} = \begin{pmatrix} y_1 \\ y_2 \\ \vdots \\ y_n \end{pmatrix} \tag{2}$$

에서 $\mathbf{X}$는 **시스템의 상태**를 표시한다고 말한다. $n \times 1$ 행렬 $\mathbf{Y}$는 단위시간 Δt 후에 시스템의 상태이다. $\mathbf{X}$와 $\mathbf{Y}$가 행렬 방정식 $\mathbf{Y} = \mathbf{TX}$에 의해 관계됨을 알 것이다. 여기서 $\mathbf{T}$는 **전달계수**

(transfer coefficient) τ_{ij}에 의해 결정되는 $n \times n$ 행렬이다. $\mathbf{T}$를 구하기 위해 예를 들어 다음을 관찰하라.

$$\begin{aligned} y_1 &= x_1 + (1\text{로 들어오는 추적자의 양}) - (1\text{에서 나가는 추적자의 양}) \\ &= x_1 + (\tau_{12}x_2 + \tau_{13}x_3 + \cdots + \tau_{1n}x_n) - (\tau_{21} + \tau_{31} + \cdots + \tau_{n1})x_1 \\ &= (1 - \tau_{21} - \tau_{31} - \cdots - \tau_{n1})x_1 + \tau_{12}x_2 + \cdots + \tau_{1n}x_n \end{aligned}$$

$\tau_{11} = 1 - \tau_{21} - \tau_{31} - \ldots - \tau_{n1}$이라고 하면, τ_{11}은 1에 남겨진 격실 1의 내용물의 비율이다.

일반적으로 $\tau_{ii} = 1 - \Sigma_{j \neq i}\tau_{ji}$라 하면 다음을 얻는다.

$$\begin{aligned} y_1 &= \tau_{11}x_1 + \tau_{12}x_2 + \cdots + \tau_{1n}x_n \\ y_2 &= \tau_{21}x_1 + \tau_{22}x_2 + \cdots + \tau_{2n}x_n \\ &\vdots \\ y_n &= \tau_{n1}x_1 + \tau_{n2}x_2 + \cdots + \tau_{nn}x_n \end{aligned} \quad \text{또는} \quad \begin{pmatrix} y_1 \\ y_2 \\ \vdots \\ y_n \end{pmatrix} = \begin{pmatrix} \tau_{11} & \tau_{12} & \cdots & \tau_{1n} \\ \tau_{21} & \tau_{22} & \cdots & \tau_{2n} \\ \vdots & & & \vdots \\ \tau_{n1} & \tau_{n2} & \cdots & \tau_{nn} \end{pmatrix} \begin{pmatrix} x_1 \\ x_2 \\ \vdots \\ x_n \end{pmatrix} \quad (3)$$

식 (3)의 행렬 방정식은 $\mathbf{Y} = \mathbf{TX}$이다. 행렬 $\mathbf{T} = (\tau_{ij})_{n \times n}$은 **전달행렬**(transfer matrix)이라고 부른다. 임의의 열의 원소들의 합은, 즉 전달계수들의 합은 1임을 주목하라.

◀ 주의: 전달행렬은 확률행렬의 예이다. 연습문제 8.8의 문제 32를 보라.

이산격실 모형은 다음 두 개의 예에서 설명된다.

예제 1 전달행렬

그림 8.17.3에서 세 개의 상자는 세 개의 격실을 나타낸다. 시간 t에서 각 격실의 내용물은 각 상자에 나타나 있다. 전달계수들은 격실에 연결된 화살표를 통해 나타난다.

(a) 전달행렬 $\mathbf{T}$를 구하라.

(b) Δt가 1일이라고 하자. 1일 후에 시스템 $\mathbf{Y}$의 상태를 구하라.

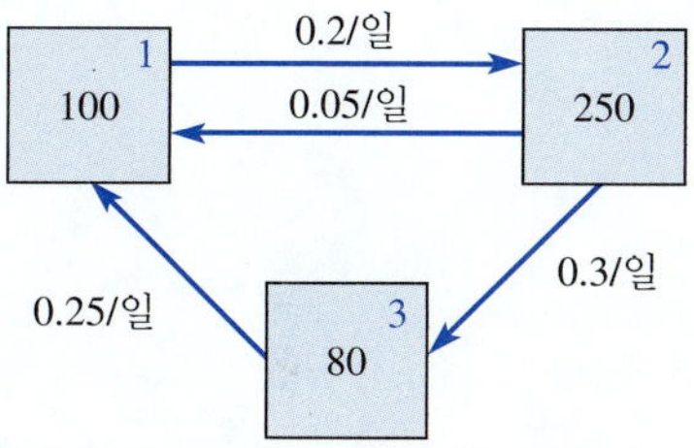

그림 8.17.3 예제 1의 격실과 전달계수

풀이 **(a)** $t = 0$에서의 시스템의 상태는 $\mathbf{X} = \begin{pmatrix} 100 \\ 250 \\ 80 \end{pmatrix}$이다.

τ_{ij}가 격실 j로부터 격실 i로의 전달률을 나타냄을 기억하라. 그래서 $\tau_{21} = 0.2$, $\tau_{12} = 0.05$, $\tau_{32} = 0.3$, $\tau_{23} = 0$, $\tau_{13} = 0.25$, $\tau_{31} = 0$을 얻는다. 이 수들로부터 행렬 $\mathbf{T}$는 다음과 같다.

$$\mathbf{T} = \begin{pmatrix} \_ & 0.05 & 0.25 \\ 0.2 & \_ & 0 \\ 0 & 0.3 & \_ \end{pmatrix} \quad (4)$$

그러나 열의 원소들의 합이 1이어야 하기 때문에, 식 (4)의 빈 칸을 채울 수 있다.

$$\mathbf{T} = \begin{pmatrix} 0.8 & 0.05 & 0.25 \\ 0.2 & 0.65 & 0 \\ 0 & 0.3 & 0.75 \end{pmatrix}$$

(b) 1일 후의 시스템의 상태는 다음과 같다.

$$\mathbf{Y} = \mathbf{TX} = \begin{pmatrix} 0.8 & 0.05 & 0.25 \\ 0.2 & 0.65 & 0 \\ 0 & 0.3 & 0.75 \end{pmatrix} \begin{pmatrix} 100 \\ 250 \\ 80 \end{pmatrix} = \begin{pmatrix} 112.5 \\ 182.5 \\ 135 \end{pmatrix}$$

≡

$\mathbf{X}_0$가 이 시스템의 초기상태라면, 단위시간 $n(\Delta t)$ 후의 상태는 다음과 같다.

$$\mathbf{X}_1 = \mathbf{T}\mathbf{X}_0,\quad \mathbf{X}_2 = \mathbf{T}\mathbf{X}_1,\quad \mathbf{X}_3 = \mathbf{T}\mathbf{X}_2, \ldots,\quad \mathbf{X}_{n+1} = \mathbf{T}\mathbf{X}_n$$

$$\mathbf{X}_2 = \mathbf{T}(\mathbf{T}\mathbf{X}_0) = \mathbf{T}^2\mathbf{X}_0,\quad \mathbf{X}_3 = \mathbf{T}(\mathbf{T}^2\mathbf{X}_0) = \mathbf{T}^3\mathbf{X}_0, \ldots$$

이기 때문에 보통

$$\mathbf{X}_n = \mathbf{T}^n\mathbf{X}_0,\quad n = 1, 2, \ldots \tag{5}$$

이다. 물론 $\mathbf{T}^n$을 계산하기 위해 8.9절에서 설명한 방법을 사용할 수 있다. 그러나 계산기나 CAS의 도움으로 되돌림 공식 $\mathbf{X}_{n+1} = \mathbf{T}\mathbf{X}_n (n = 0, 1, \ldots)$을 이용하는 것이 아주 쉽다.

예제 2 생태계의 상태

스트론튬 90이 강우에 의해 목장에 유입된다. 생태계를 통해 이 물질이 어떻게 순환하는지를 알아보기 위해, 그림 8.17.4와 같이 그 계를 격실로 나누었다. Δt = 1개월이고 그림에 나와 있는 전달계수들은 (실험적으로 평가된) 비율(fraction)/달(month)로 측정되었다 하자(스트론튬 90의 방사성 붕괴에 의한 손실은 무시한다). 강우에 의해 스트론튬 90이 침전되어 $\mathbf{X}_0 = \begin{pmatrix} 20 \\ 60 \\ 15 \\ 20 \end{pmatrix}$이 얻어졌다고 하자(이때 단위는 헥타르당 그램수 등이 될 수 있다). 다음 12개월 동안의 생태계의 상태를 구하라.

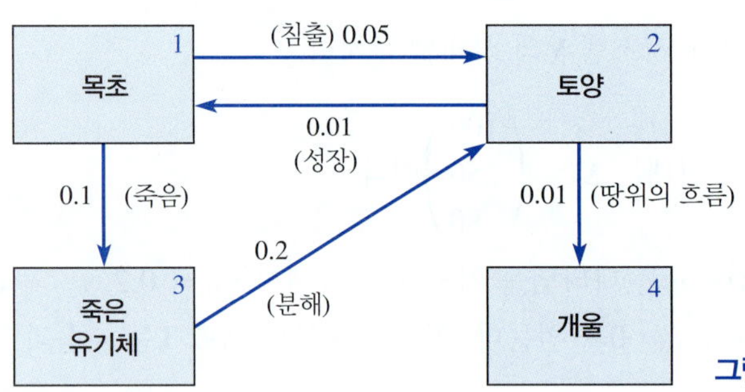

그림 8.17.4 예제 2의 생태계

표 8.17.1

월	목초	토양	죽은 유기체	개울
0	20.00	60.00	15.00	20.00
1	17.60	62.80	14.00	20.60
2	15.59	65.22	12.96	21.23
3	13.90	67.29	11.93	21.88
4	12.49	69.03	10.93	22.55
5	11.31	70.46	9.99	23.24
6	10.32	71.61	9.13	23.95
7	9.48	72.52	8.33	24.66
8	8.79	73.21	7.61	25.39
9	8.20	73.71	6.97	26.12
10	7.71	74.04	6.40	26.86
11	7.29	74.22	5.89	27.60
12	6.94	74.28	5.44	28.34

풀이 그림 8.17.4의 자료로부터 행렬 $\mathbf{T}$는

$$\mathbf{T} = \begin{pmatrix} 0.85 & 0.01 & 0 & 0 \\ 0.05 & 0.98 & 0.2 & 0 \\ 0.1 & 0 & 0.8 & 0 \\ 0 & 0.01 & 0 & 1 \end{pmatrix}$$

이다. 이제 $\mathbf{X}_1, \mathbf{X}_2, \ldots, \mathbf{X}_{12}$를 구해야 한다. 처음 한 달 후의 생태계의 상태는

$$\mathbf{X}_1 = \mathbf{T}\mathbf{X}_0 = \begin{pmatrix} 0.85 & 0.01 & 0 & 0 \\ 0.05 & 0.98 & 0.2 & 0 \\ 0.1 & 0 & 0.8 & 0 \\ 0 & 0.01 & 0 & 1 \end{pmatrix}\begin{pmatrix} 20 \\ 60 \\ 15 \\ 20 \end{pmatrix} = \begin{pmatrix} 17.6 \\ 62.8 \\ 14.0 \\ 20.6 \end{pmatrix}$$

이다. CAS와 되돌림 공식 $\mathbf{X}_{n+1} = \mathbf{T}\mathbf{X}_n (n = 1, 2, ... 11)$으로 계산된 나머지 상태들은 표 8.17.1에 주어져 있다. ☰

8.17 연습문제

부록에 선택된 홀수 문제의 답이 있다.

1. **(a)** 그림 8.17.5의 격실 그림 자료를 이용하여 전달행렬 $\mathbf{T}$와 초기 시스템의 상태 $\mathbf{X}_0$를 결정하라.

(b) 1일 후의 시스템의 상태를 구하라. 2일 후의 상태도 구하라.

(c) 시스템은 궁극적으로 $\mathbf{T}\hat{\mathbf{X}} = \hat{\mathbf{X}}$를 만족시키는 평형상태에 도달하게 된다. $\hat{\mathbf{X}} = \begin{pmatrix} x_1 \\ x_2 \end{pmatrix}$을 구하라.

[힌트: $x_1 + x_2 = 150$]

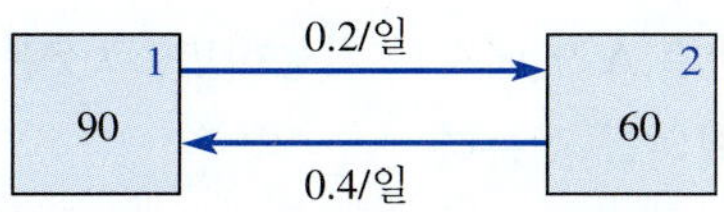

그림 8.17.5 문제 1에 대한 격실

2. **(a)** 그림 8.17.6의 격실 그림 자료를 이용하여 전달행렬 $\mathbf{T}$와 초기 시스템의 상태 $\mathbf{X}_0$를 결정하라.

(b) 1일 후의 시스템의 상태를 구하라. 2일 후의 상태도 구하라.

(c) 시스템은 궁극적으로 $\mathbf{T}\hat{\mathbf{X}} = \hat{\mathbf{X}}$를 만족시키는 평형상태에 도달하게 된다. $\hat{\mathbf{X}} = \begin{pmatrix} x_1 \\ x_2 \\ x_3 \end{pmatrix}$을 구하라. [힌트: 문제 1(c)의 힌트와의 유사성은 무엇인가?]

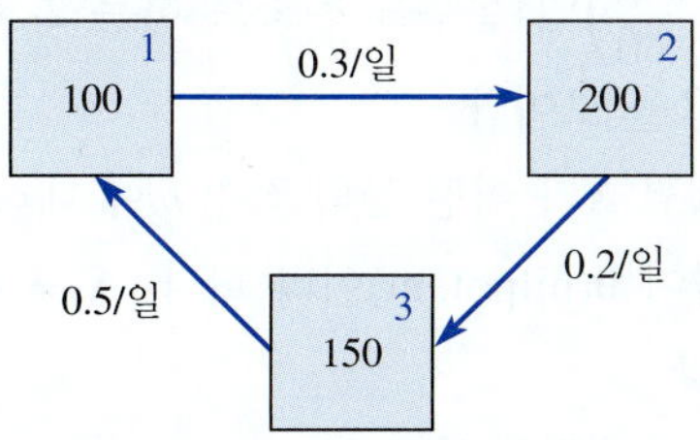

그림 8.17.6 문제 2에 대한 격실

3. **(a)** 그림 8.17.7의 격실 그림 자료를 이용하여 적합한 전달행렬 $\mathbf{T}$와 초기 시스템의 상태 $\mathbf{X}_0$를 결정하라.

(b) 1일 후의 시스템의 상태를 구하라. 2일 후의 상태도 구하라.

(c) 시스템은 궁극적으로 $\mathbf{T}\hat{\mathbf{X}} = \hat{\mathbf{X}}$를 만족시키는 평형상태에 도달하게 된다. $\hat{\mathbf{X}} = \begin{pmatrix} x_1 \\ x_2 \\ x_3 \end{pmatrix}$을 구하라.

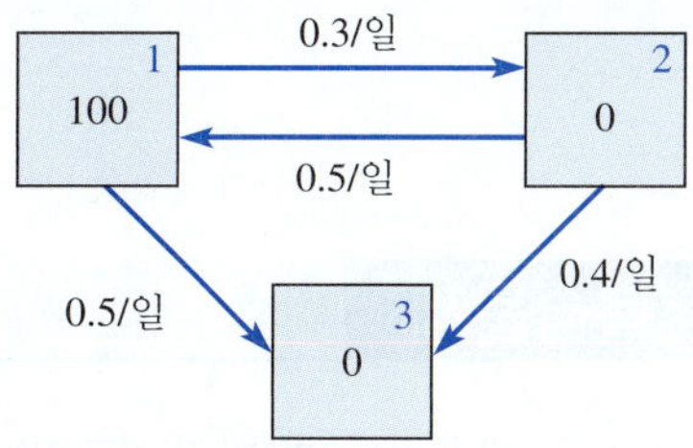

그림 8.17.7 문제 3에 대한 격실

4. 들판이 불에 의해 완전히 황폐화되었다. 초목의 두 종류인 풀과 작은 관목이 먼저 자라기 시작한다. 그러나 작은 관목은 풀이 먼저 자란 곳에서만 자랄 수 있다. 그림 8.17.8에서 전달계수 0.3은 여름 말기까지 이전의 빈 공간의 30%가 풀에 점유됨을 나타낸다.

(a) 전달행렬 $\mathbf{T}$를 구하라.

(b) $\mathbf{X} = \begin{pmatrix} 10 \\ 0 \\ 0 \end{pmatrix}$이고 면적은 에어커로 측정되었다고 하자.

계산기나 CAS를 통해 되돌림 형태 $\mathbf{X}_{n+1} = \mathbf{T}\mathbf{X}_n$를 이용하여, 다음 6년 동안의 매해 토지 구성을 구하라.

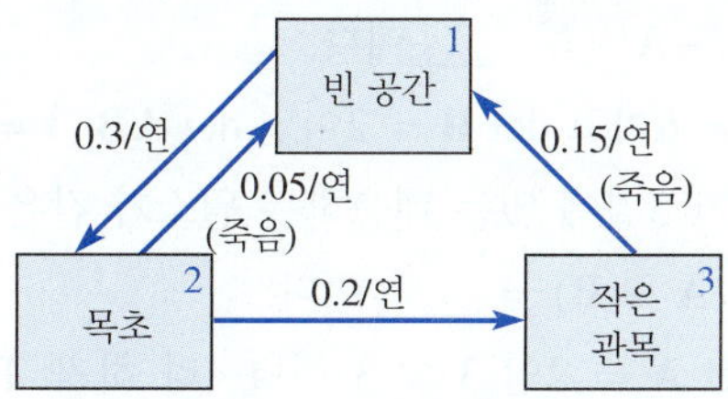

그림 8.17.8 문제 4에 대한 격실

토의문제

5. 문제 1~3의 (c)에서의 벡터 $\hat{\mathbf{X}}$의 특성을 8.8절의 주요 개념 중 하나를 이용하여 파악해 보라.

컴퓨터 실습 과제

6. 방사성 동위원소(인 32나 탄소 14와 같은)는 먹이사슬에서 영양소의 이동을 연구하는 데 이용된다. 그림 8.17.9는 간단한 수중 먹이사슬의 격실 표현이다. 100 단위의 추적자(예를 들어 마이크로퀴리 단위)가 식물성 플랑크톤과 동물성 플랑크톤이 포함된 수족관의 물에 용해된다.

(a) 전달행렬 $\mathbf{T}$의 초기상태 $\mathbf{X}_0$를 구하라.

(b) 순환 형태 대신에 $\mathbf{X}_n = \mathbf{T}^n\mathbf{X}_0(n = 1, 2, \ldots, 12)$를 이용하여 12개월 후의 시스템의 상태를 예측하라. CAS와 행렬의 거듭제곱(*Mathematica*에서 **MatrixPower [T, n]**)을 이용하여 $\mathbf{T}^2, \mathbf{T}^3, \ldots, \mathbf{T}^{12}$을 구하라.

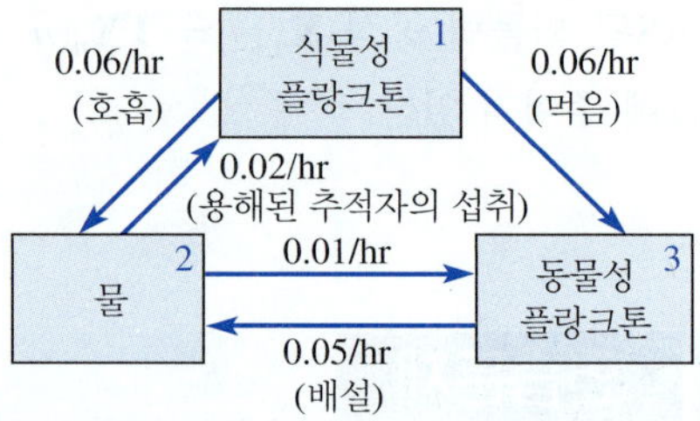

그림 8.17.9 문제 6의 수중 먹이사슬

8 복습문제

부록에 선택된 홀수 문제의 답이 있다.

문제 1~20. 빈 칸을 채우거나 참/거짓으로 답하라.

1. $\mathbf{A} = (a_{ij})_{4\times3}$인 행렬 $a_{ij} = i + j$는 _____(으)로 주어진다.

2. $\mathbf{A}$가 4×7 행렬이고 $\mathbf{B}$가 7×3 행렬이면, $\mathbf{AB}$의 크기는 _____이다.

3. $\mathbf{A} = \begin{pmatrix} 1 \\ 2 \end{pmatrix}$이고 $\mathbf{B} = (3\ 4)$이면 $\mathbf{AB} =$ _____이고 $\mathbf{BA} =$ _____이다.

4. $\mathbf{A} = \begin{pmatrix} 1 & 2 \\ 3 & 4 \end{pmatrix}$이면 $\mathbf{A}^{-1} =$ _____이다.

5. $\mathbf{A}$와 $\mathbf{B}$가 $n \times n$ 정칙행렬이면, $\mathbf{A} + \mathbf{B}$는 반드시 정칙행렬이다. _____

6. $\mathbf{A}$가 $\mathbf{AB} = \mathbf{AC}$인 정칙행렬이면 $\mathbf{B} = \mathbf{C}$이다. _____

7. $\mathbf{A}$가 $\det \mathbf{A} = 5$인 3×3 행렬이면, $\det(\mathbf{A}/2) =$ _____이고 $\det(-\mathbf{A}^T) =$ _____이다.

8. $\det \mathbf{A} = 6$이고 $\det \mathbf{B} = 2$이면 $\det \mathbf{AB}^{-1} =$ _____이다.

9. $\mathbf{A}$와 $\mathbf{B}$가 3열에 있는 대응하는 원소가 같은 $n \times n$ 행렬이면 $\det(\mathbf{A} - \mathbf{B}) =$ _____이다.

10. $\mathbf{A}$가 $\det \mathbf{A} = 2$인 3×3 행렬이라 하자. $\mathbf{B} = 10\,\mathbf{A}$이고 $\mathbf{C} = -\mathbf{B}^{-1}$이면, $\det \mathbf{C} =$ _____이다.

11. $\mathbf{A}$가 $n \times n$ 행렬이라 하자. $\mathbf{A}$의 고유값은 $\det(\mathbf{A} - \lambda\mathbf{I}) = 0$의 영이 아닌 해이다. _____

12. 고유벡터의 0이 아닌 스칼라 곱도 같은 고유값에 대응하는 고유벡터이다. _____

13. 모든 원소가 0인 $n \times 1$ 열벡터 $\mathbf{K}$는 $n \times n$ 행렬 $\mathbf{A}$의 고유벡터가 절대 아니다. _____

14. $\mathbf{A}$가 실수를 원소로 갖는 $n \times n$ 행렬이라 하자. λ가 복소 고유값이면, $\bar{\lambda}$도 $\mathbf{A}$의 고유값이다. _____

15. $n \times n$ 행렬 $\mathbf{A}$는 항상 n개의 일차독립인 고유벡터를 갖는다. _____

16. 첨가행렬 $\left(\begin{array}{ccc|c} 1 & 1 & 1 & 2 \\ 0 & 1 & 0 & 3 \\ 0 & 0 & 0 & 0 \end{array}\right)$은 기약 행사다리꼴이다. _____

17. 3×3 행렬 $\mathbf{A}$가 대각화 가능하면, 그것은 3개의 일차독립인 고유벡터를 갖는다. _____

18. 직교대각화 가능한 유일한 행렬은 대칭행렬이다. _____

19. 행렬 $\mathbf{A} = \begin{pmatrix} 1 & -1 \\ -1 & 1 \end{pmatrix}$은 그 열들이 직교벡터이므로 직교행렬이다. _____

20. 실수를 원소로 하는 대칭행렬의 고유값은 항상 실수이다. _____

21. $n \times n$ 행렬 $\mathbf{B}$는 $\mathbf{B}^T = \mathbf{B}$일 때 대칭이고, $n \times n$ 행렬 C는 $\mathbf{C}^T = -C$일 때 교대이다. 등식 $2\mathbf{A} = \mathbf{A} + \mathbf{A}^T + \mathbf{A} - \mathbf{A}^T$임을 알고, $n \times n$ 행렬 $\mathbf{A}$는 대칭행렬과 교대행렬의 합으로 표시될 수 있음을 보여라.

22. $\mathbf{A}^2 = \begin{pmatrix} 0 & 1 \\ 1 & 0 \end{pmatrix}$인 실수를 원소로 하는 2×2 행렬은 존재하지 않음을 보여라.

23. $n \times n$ 행렬 $\mathbf{A}$가 어떤 양의 정수 m에 대하여 $\mathbf{A}^m = \mathbf{0}$이면, 거듭제곱이 $\mathbf{0}$(nilpotent)이라 한다. $\mathbf{A} \neq \mathbf{0}$인 2×2 행렬을 구하라.

24. **(a)** $n \times n$ 행렬 $\mathbf{A}$와 $\mathbf{B}$가 $\mathbf{AB} = -\mathbf{BA}$이면, 이를 **반가환**(anticommute)이라 한다. 다음의 **Pauli 스핀 행렬**(Pauli spin matrix)

$$\boldsymbol{\sigma}_x = \begin{pmatrix} 0 & 1 \\ 1 & 0 \end{pmatrix} \quad \boldsymbol{\sigma}_y = \begin{pmatrix} 0 & -i \\ i & 0 \end{pmatrix} \quad \boldsymbol{\sigma}_z = \begin{pmatrix} 1 & 0 \\ 0 & -1 \end{pmatrix}$$

이 서로 반가환임을 보여라. 여기서 $i^2 = -1$이다. Pauli 스핀 행렬은 양자역학에서 사용한다. **Wolfgang Ernst Pauli** (1900~1958)는 오스트리아 출생의 이론물리학자로서 양자물리학의 선구자이다. 1945년 노벨 물리학상을 수상했다.

(b) 행렬 $\mathbf{C} = \mathbf{AB} - \mathbf{BA}$를 $n \times n$ 행렬 $\mathbf{A}$와 $\mathbf{B}$의 **교환자**(commutator)라 한다. σ_x와 σ_y, σ_y와 σ_z, σ_z와 σ_x의 교환자를 구하라.

문제 25와 26. Gauss-Jordan 소거법으로 주어진 연립방정식을 풀어라.

25. $\begin{pmatrix} 5 & -1 & 1 \\ 2 & 4 & 0 \\ 1 & 1 & 5 \end{pmatrix}\mathbf{X} = \begin{pmatrix} -9 \\ 27 \\ 9 \end{pmatrix}$

26. $\begin{aligned} x_1 + x_2 + x_3 &= 6 \\ x_1 - 2x_2 + 3x_3 &= 2 \\ 2x_1 - \quad 3x_3 &= 3 \end{aligned}$

27. 전개하지 말고 $\begin{vmatrix} 1 & 1 & 1 \\ \frac{1}{a} & \frac{1}{b} & \frac{1}{c} \\ bc & ac & ab \end{vmatrix} = 0$임을 보여라.

28. $\begin{vmatrix} y & x^2 & x & 1 \\ 2 & 1 & 1 & 1 \\ 3 & 4 & 2 & 1 \\ 5 & 9 & 3 & 1 \end{vmatrix} = 0$은 세 점 (1, 2), (2, 3) 및 (3, 5)를 지나는 포물선의 방정식임을 보여라.

문제 29와 30. 주어진 행렬의 행렬식을 구하라.

29. $\begin{pmatrix} 4 & 0 & 0 & 0 & 0 & 0 \\ 0 & -2 & 0 & 0 & 0 & 0 \\ 0 & 0 & 3 & 0 & 0 & 0 \\ 0 & 0 & 0 & -1 & 0 & 0 \\ 0 & 0 & 0 & 0 & 2 & 0 \\ 0 & 0 & 0 & 0 & 0 & 5 \end{pmatrix}$

30. $\begin{pmatrix} -3 & 0 & 0 & 0 \\ 4 & 6 & 0 & 0 \\ 1 & 3 & 9 & 0 \\ 6 & 4 & 2 & 1 \end{pmatrix}$

문제 31과 32. 식을 풀지 말고 주어진 제차방정식이 유일한 자명해를 갖는지 또는 무한히 많은 해를 갖는지 말하라.

31. $\begin{aligned} x_1 - x_2 + x_3 &= 0 \\ 5x_1 + x_2 - x_3 &= 0 \\ x_1 + 2x_2 + x_3 &= 0 \end{aligned}$

32. $\begin{aligned} x_1 - x_2 - x_3 &= 0 \\ 5x_1 + x_2 - x_3 &= 0 \\ x_1 + 2x_2 + x_3 &= 0 \end{aligned}$

문제 33과 34. Gauss-Jordan 소거법을 이용하여 화학균형식을 만들라.

33. $I_2 + HNO_3 \rightarrow HIO_3 + NO_2 + H_2O$

34. $Ca + H_3PO_4 \rightarrow Ca_3P_2O_8 + H_2$

문제 35와 36. 주어진 연립방정식을 Cramer의 규칙을 사용하여 풀어라.

35. $\begin{aligned} x_1 + 2x_2 - 3x_3 &= -2 \\ 2x_1 - 4x_2 + 3x_3 &= 0 \\ 4x_2 + 6x_3 &= 5 \end{aligned}$

36. $\begin{aligned} x_1 + \quad x_3 &= 4 \\ 2x_1 + 3x_2 + 4x_3 &= 5 \\ x_1 + 4x_2 + 5x_3 &= 0 \end{aligned}$

37. Cramer 규칙을 이용하여 연립방정식을 풀어라.

$$X = x\cos\theta + y\sin\theta$$
$$Y = -x\sin\theta + y\cos\theta$$

38. (a) 그림 8.R.1에 주어진 회로망의 가지의 전류에 대한 연립방정식을 세워라.

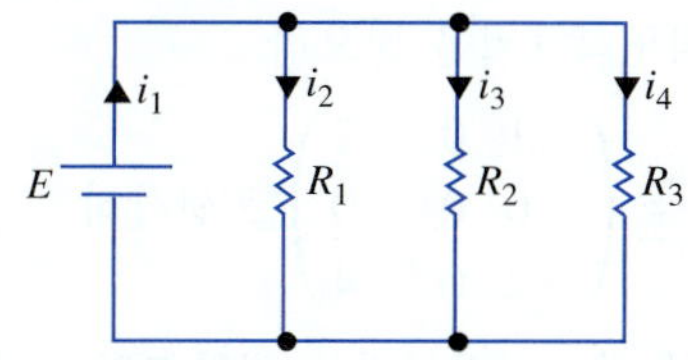

그림 8.R.1 문제 38의 회로망

(b) Cramer 규칙을 이용하여 다음을 보여라.

$$i_1 = E\left(\frac{1}{R_1} + \frac{1}{R_2} + \frac{1}{R_3}\right)$$

39. 연립방정식

$$\begin{aligned} 2x_1 + 3x_2 - x_3 &= 6 \\ x_1 - 2x_2 \quad &= -3 \\ -2x_1 + \quad x_3 &= 9 \end{aligned}$$

를 행렬 방정식으로 써서 풀고, 계수행렬의 역행렬을 구하라.

40. 행렬 $\mathbf{A}$의 역행렬을 이용하여 연립방정식 $\mathbf{AX} = \mathbf{B}$를 풀어라. 여기서

$$\mathbf{A} = \begin{pmatrix} 1 & 2 & 3 \\ 2 & 3 & 0 \\ 0 & 1 & 2 \end{pmatrix}$$

이고, 벡터 $\mathbf{B}$는 **(a)** $\begin{pmatrix} 1 \\ 1 \\ 1 \end{pmatrix}$과 **(b)** $\begin{pmatrix} -2 \\ 1 \\ 3 \end{pmatrix}$으로 주어졌다.

문제 41~46. 주어진 행렬의 고유값과 고유벡터를 구하라.

41. $\begin{pmatrix} 1 & 2 \\ 4 & 3 \end{pmatrix}$

42. $\begin{pmatrix} 0 & 0 \\ 4 & 0 \end{pmatrix}$

43. $\begin{pmatrix} 3 & 2 & 4 \\ 2 & 0 & 2 \\ 4 & 2 & 3 \end{pmatrix}$

44. $\begin{pmatrix} 7 & -2 & 0 \\ -2 & 6 & 2 \\ 0 & 2 & 5 \end{pmatrix}$

45. $\begin{pmatrix} -2 & 2 & -3 \\ 2 & 1 & -6 \\ -1 & -2 & 0 \end{pmatrix}$

46. $\begin{pmatrix} 0 & 0 & 0 \\ 0 & 0 & 1 \\ 2 & 2 & 1 \end{pmatrix}$

47. 행렬

$$\begin{pmatrix} \square & -\frac{1}{\sqrt{2}} & \frac{1}{\sqrt{3}} \\ \square & 0 & \frac{1}{\sqrt{3}} \\ \square & \frac{1}{\sqrt{2}} & \frac{1}{\sqrt{3}} \end{pmatrix}$$

이 직교가 되도록 1열을 넣으라.

48. 대칭행렬 $\mathbf{A} = \begin{pmatrix} 1 & 0 & -2 \\ 0 & 0 & 0 \\ -2 & 0 & 4 \end{pmatrix}$를 생각하자.

(a) 행렬 **A**를 직교대각화하는 행렬 **P**와 $\mathbf{P}^{-1}$를 구하라.

(b) 실제로 곱셈 $\mathbf{P}^{-1}\mathbf{AP}$를 하여 대각행렬을 구하라.

49. 원뿔곡선 $x^2 + 3xy + y^2 = 1$을 식별하라.

50. 다음 인구 자료를 생각하자.

연도	1890	1900	1910	1920	1930
인구(백만)	63	76	92	106	123

1940년의 실제 인구는 1억 3200만 명이었다. 이 양과 주어진 자료에 대한 최소제곱선으로 예측한 인구를 비교하라.

문제 51과 52. 행렬 $\mathbf{A} = \begin{pmatrix} 10 & 1 \\ 9 & 1 \end{pmatrix}$을 이용하여 주어진 메시지를 암호화하라. 8.14절의 대응 식 (1)을 이용하라.

51. SATELLITE LAUNCHED ON FRI

52. SEC AGNT ARRVS TUES AM

문제 53과 54. 행렬 $\mathbf{A} = \begin{pmatrix} 0 & 1 & 0 \\ 1 & 1 & 1 \\ 1 & -1 & 2 \end{pmatrix}$를 이용하여 주어진 메시지를 해독하라. 8.14절의 대응 식 (1)을 이용하라.

53. $\mathbf{B} = \begin{pmatrix} 19 & 0 & 15 & 14 & 0 & 20 \\ 35 & 10 & 27 & 53 & 1 & 54 \\ 5 & 15 & -3 & 48 & 2 & 39 \end{pmatrix}$

54. $\mathbf{B} = \begin{pmatrix} 5 & 2 & 21 \\ 27 & 17 & 40 \\ 21 & 13 & -2 \end{pmatrix}$

55. 패리티 검사 코드를 이용하여 다음 메시지를 복호화하라.

(a) (1 1 0 0 1 1) **(b)** (0 1 1 0 1 1 1 0)

56. Hamming (7, 4) 코드를 이용하여 단어 (1 0 0 1)을 부호화하라.

문제 57과 58, LU-인수분해를 사용하여 주어진 선형연립방정식의 해를 구하라.

57. 문제 26의 시스템

58. 문제 36의 시스템

59. 데이터 (1, −2), (2, 0), (3, 5), (4, −1)에 대해서 최소제곱선을 구하라.

60. 문제 59에 주어진 데이터에 대해서 최소제곱포물선을 구하라.

벡터 미적분학

Vector Calculus

7장에서 2차원 평면 및 3차원 공간 벡터의 성질에 대하여 공부하였다. 이 장에서는 벡터의 개념과 미분, 적분 이론의 개념을 결합한다.

9.1 벡터함수

소개 xy 평면의 **곡선** C는 순서쌍 (x, y)의 집합이다. 곡선 C 위의 한 점의 x, y 좌표가 구간 $a \le t \le b$에서 연속인 함수 $x = f(t)$와 $y = g(t)$로 정의될 때 곡선 C를 **매개곡선**(parametric curve)이라고 한다. 매개곡선의 이러한 개념을 3차원 공간에 대해서도 그대로 확장할 수 있는데, **공간 상의 매개곡선** 또는 **공간곡선**(space curve) C는 순서쌍 (x, y, z)의 집합이고, 여기서

$$x = f(t), \qquad y = g(t), \qquad z = h(t) \tag{1}$$

는 구간 $a \le t \le b$에서 연속인 성분함수(component function)이다. 이 절에서는 이러한 매개곡선과 벡터를 결합한다.

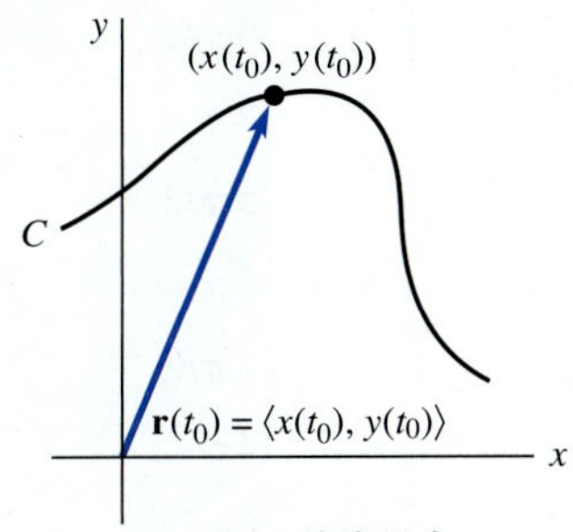

(a) 2차원 공간

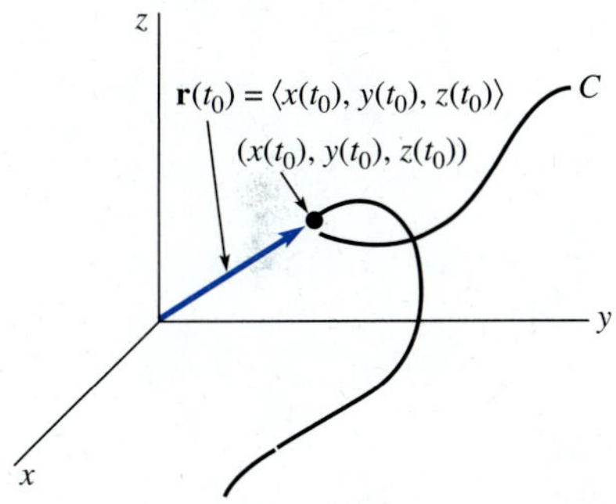

(b) 3차원 공간

그림 9.1.1 벡터함수로 정의되는 곡선

벡터값을 갖는 함수 자연과학 및 공학에서 벡터의 성분이 매개변수 t의 함수로 나타나는 벡터 $\mathbf{r}$을 도입하는 경우가 많은데

$$\mathbf{r}(t) = \langle f(t), g(t)\rangle = f(t)\mathbf{i} + g(t)\mathbf{j}$$

와

$$\mathbf{r}(t) = \langle f(t), g(t), h(t)\rangle = f(t)\mathbf{i} + g(t)\mathbf{j} + h(t)\mathbf{k}$$

를 **벡터값을 갖는 함수**(vector-valued function) 또는 간단히 **벡터함수**(vector function)라고 한다. 그림 9.1.1에 나와 있듯이 주어진 매개변수 t_0에 대해 $\mathbf{r}(t_0)$는 곡선 C의 한 점 P를 나타내는 위치벡터(position vector)이다. 다시 말해 t가 변할 때 벡터 $\mathbf{r}(t)$의 끝점이 그리는 궤적이 곡선 C를 나타내는 것이다.

우리는 이미 7.5절에서 3차원 공간에 위치하는 직선을 설명하면서 공간곡선을 나타내는 벡터함수와 매개방정식의 예를 보았다.

예제 1 원나선

벡터함수

$$\mathbf{r}(t) = 2\cos t\,\mathbf{i} + 2\sin t\,\mathbf{j} + t\mathbf{k}, \quad t \ge 0$$

가 나타내는 곡선의 그래프를 그려라.

풀이 곡선의 매개방정식이 $x = 2\cos t$, $y = 2\sin t$, $z = t$이므로 처음 두 식에서

$$x^2 + y^2 = (2\cos t)^2 + (2\sin t)^2 = 2^2$$

이다. 따라서 곡선의 점들은 원기둥 $x^2 + y^2 = 4$ 위에 존재하며 그림 9.1.2와 표에 나와 있듯이 t가 증가함에 따라 위 방향으로 진행하는 **원나선**(circular helix)을 그리게 된다.

t	x	y	z
0	2	0	0
$\pi/2$	0	2	$\pi/2$
π	-2	0	π
$3\pi/2$	0	-2	$3\pi/2$
2π	2	0	2π
$5\pi/2$	0	2	$5\pi/2$
3π	-2	0	3π
$7\pi/2$	0	-2	$7\pi/2$
4π	2	0	4π
$9\pi/2$	0	2	$9\pi/2$

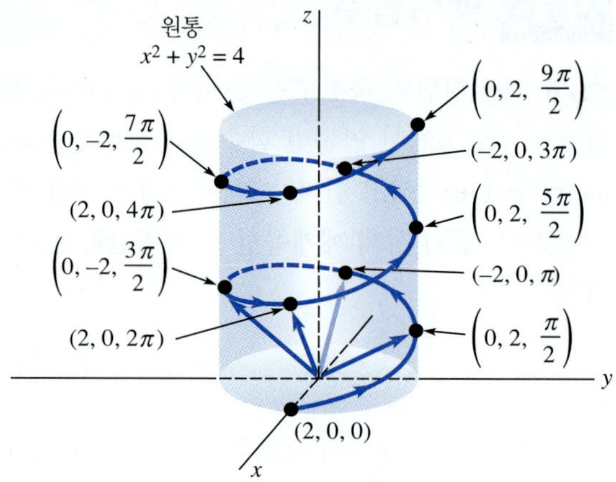

그림 9.1.2 예제 1의 원나선

일반적인 **타원나선**(elliptical helix)을 나타내는 벡터함수는

$$\mathbf{r}(t) = a\cos t\,\mathbf{i} + b\sin t\,\mathbf{j} + ct\,\mathbf{k}, \quad a > 0, \quad b > 0, \quad c > 0$$

이다. 예제 1의 곡선은 $a = b$로 원나선이 되는 특수한 경우이다. 나선의 **피치**(pitch)는 $2\pi c$로 정의하며, 연습문제 9.1의 문제 9와 10에서 다른 종류의 나선에 대하여 공부한다.

예제 2 평면 위의 원

벡터함수

$$\mathbf{r}(t) = 2\cos t\,\mathbf{i} + 2\sin t\,\mathbf{j} + 3\,\mathbf{k}$$

가 나타내는 곡선의 그래프를 그려라.

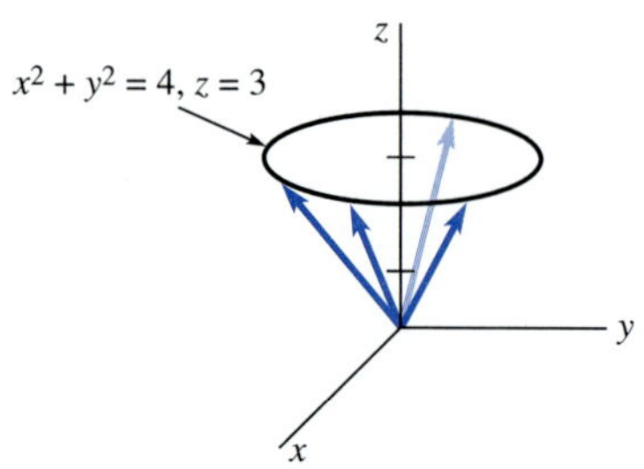

그림 9.1.3 예제 2의 곡선

풀이 매개방정식이 $x = 2\cos t$, $y = 2\sin t$, $z = 3$이므로 예제 1에서와 마찬가지로 곡선의 점들은 원기둥 $x^2 + y^2 = 4$ 위에 존재한다. 하지만 곡선 위의 모든 점은 일정한 값 $z = 3$을 z 성분으로 가지므로 그림 9.1.3과 같이 벡터함수 $\mathbf{r}(t)$는 xy 평면으로부터 높이가 3인 평면 위의 원을 나타낸다. ☰

예제 3 곡면의 교선

평면 $y = 2x$와 포물면(paraboloid) $z = 9 - x^2 - y^2$의 교선(intersection) C를 그리는 벡터함수를 구하라.

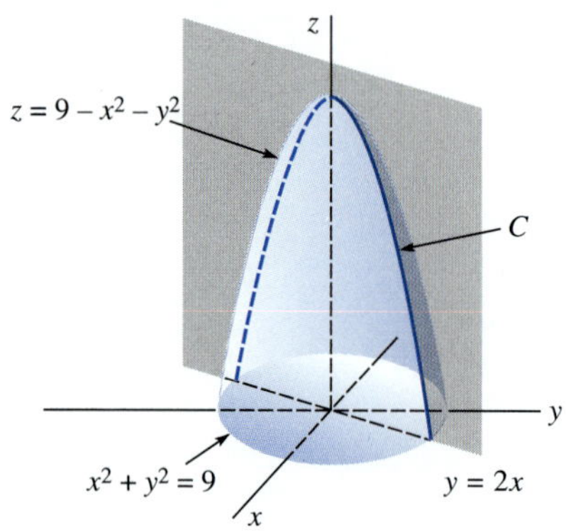

그림 9.1.4 예제 3의 곡선

풀이 먼저 $x = t$로 놓고 곡선을 매개화한다. $y = 2t$이고 $z = 9 - t^2 - (2t)^2 = 9 - 5t^2$이므로 곡선 C를 나타내는 벡터함수는 $\mathbf{r}(t) = t\mathbf{i} + 2t\mathbf{j} + (9 - 5t^2)\mathbf{k}$이다. 그림 9.1.4를 참고하라. ☰

극한, 연속, 도함수 벡터함수 $\mathbf{r}(t) = \langle f(t), g(t), h(t)\rangle$의 **극한**(limit)을 성분함수의 극한으로 정의한다.

정의 9.1.1 벡터함수의 극한

$\lim_{t\to a} f(t)$, $\lim_{t\to a} g(t)$, $\lim_{t\to a} h(t)$가 존재하면

$$\lim_{t\to a} \mathbf{r}(t) = \left\langle \lim_{t\to a} f(t), \lim_{t\to a} g(t), \lim_{t\to a} h(t) \right\rangle$$

이다.

정의 9.1.1에서 $t \to a$라는 표현은 $t \to a^+$, $t \to a^-$, $t \to \infty$, 또는 $t \to -\infty$ 등으로 대치될 수도 있다.

정의 9.1.1의 결과로 다음을 얻을 수 있다.

정리 9.1.1 극한의 성질

$\lim_{t\to a} \mathbf{r}_1(t) = \mathbf{L}_1$, $\lim_{t\to a} \mathbf{r}_2(t) = \mathbf{L}_2$이면

(*i*) $\lim_{t\to a} c\mathbf{r}_1(t) = c\mathbf{L}_1$, c는 스칼라

(*ii*) $\lim_{t\to a} [\mathbf{r}_1(t) + \mathbf{r}_2(t)] = \mathbf{L}_1 + \mathbf{L}_2$

(*iii*) $\lim_{t\to a} \mathbf{r}_1(t) \cdot \mathbf{r}_2(t) = \mathbf{L}_1 \cdot \mathbf{L}_2$

이다.

정의 9.1.2 벡터함수의 연속

(*i*) $\mathbf{r}(a)$가 정의되고, (*ii*) $\lim_{t\to a} \mathbf{r}(t)$가 존재하며, (*iii*) $\lim_{t\to a} \mathbf{r}(t) = \mathbf{r}(a)$이면 벡터함수 $\mathbf{r}$은 $t = a$에서 **연속**이다.

동일한 의미로 성분함수 f, g, h가 $t = a$에서 연속이면 $\mathbf{r}(t)$는 $t = a$에서 연속이고, 그 역도 성립한다.

정의 9.1.3 벡터함수의 도함수

벡터함수 $\mathbf{r}$의 **도함수**는 극한이 존재하는 모든 t에 대해

$$\mathbf{r}'(t) = \lim_{\Delta t\to 0} \frac{1}{\Delta t} [\mathbf{r}(t + \Delta t) - \mathbf{r}(t)] \qquad (2)$$

이다.

$\mathbf{r}$의 도함수는 $d\mathbf{r}/dt$로도 쓴다. 다음 정리는 벡터함수의 도함수가 그 성분함수의 도함수를 성분으로 갖는 벡터함수임을 나타낸다.

정리 9.1.2 성분함수의 미분

미분 가능한 함수 f, g, h에 대해 $\mathbf{r}(t) = \langle f(t), g(t), h(t)\rangle$이면

$$\mathbf{r}'(t) = \langle f'(t), g'(t), h'(t)\rangle$$

이다.

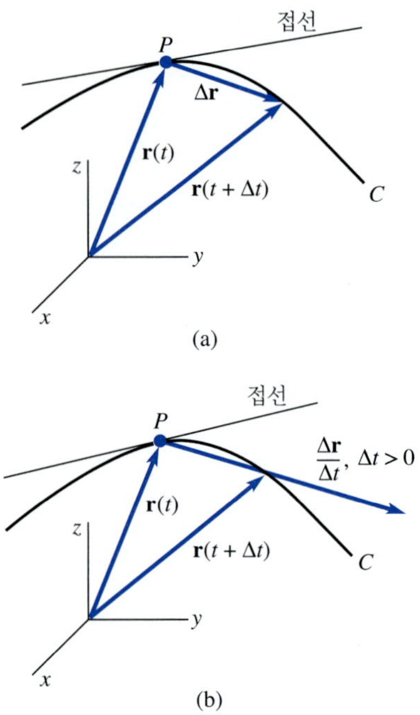

그림 9.1.5 벡터 $\mathbf{r}'(t)$는 점 P에서 곡선 C의 접선

증명 식 (2)에서

$$\mathbf{r}'(t) = \lim_{\Delta t\to 0}\frac{1}{\Delta t}\Big[\langle f(t+\Delta t), g(t+\Delta t), h(t+\Delta t)\rangle - \langle f(t), g(t), h(t)\rangle\Big]$$

$$= \lim_{\Delta t\to 0}\left\langle \frac{f(t+\Delta t)-f(t)}{\Delta t}, \frac{g(t+\Delta t)-g(t)}{\Delta t}, \frac{h(t+\Delta t)-h(t)}{\Delta t}\right\rangle$$

이고 각 성분의 극한을 취하면 원하는 결과를 얻는다. ≡

매끄러운 곡선 벡터함수 $\mathbf{r}$의 성분함수들이 연속인 1계 도함수를 갖고, 열린 구간 (a, b)의 모든 t에 대하여 $\mathbf{r}'(t) \neq \mathbf{0}$일 때, $\mathbf{r}$을 **매끄러운 함수**(smooth function)라 하고 $\mathbf{r}$에 의하여 그려지는 곡선을 **매끄러운 곡선**(smooth curve)이라 한다.

$\mathbf{r}'(t)$의 기하적 해석 벡터 $\mathbf{r}'(t)$가 점 P에서 $\mathbf{0}$이 아니라면 P에서 곡선에 접하는 접선을 그릴 수 있을 것이다. **그림 9.1.5**에 나와 있듯이 벡터

$$\Delta\mathbf{r} = \mathbf{r}(t+\Delta t) - \mathbf{r}(t) \qquad \text{그리고} \qquad \frac{\Delta\mathbf{r}}{\Delta t} = \frac{1}{\Delta t}[\mathbf{r}(t+\Delta t) - \mathbf{r}(t)]$$

는 평행하다. 만약 $\lim_{\Delta t\to 0}\Delta\mathbf{r}/\Delta t$가 존재한다면 $\Delta t \to 0$일 때 $\mathbf{r}(t)$와 $\mathbf{r}(t+\Delta t)$는 한없이 가까워지고, 결론적으로 벡터 $\Delta\mathbf{r}/\Delta t$의 극한은 점 P에서의 접선이 된다는 결론은 매우 합리적이다. 실제로 P에서의 접선을 $\mathbf{r}'(t)$에 평행하고 P를 지나는 직선으로 정의한다.

예제 4 접선벡터

$\mathbf{r}(t) = \cos 2t\mathbf{i} + \sin t\mathbf{j}$, $0 \le t \le 2\pi$에 의해 위치가 정해지는 점 P에 의해 그려지는 곡선 C의 그래프를 그려라. $\mathbf{r}'(0)$과 $\mathbf{r}'(\pi/6)$를 표시하라.

풀이 매개방정식 $x = \cos 2t$, $y = \sin t$, $0 \le t \le 2\pi$로부터 매개변수를 소거하면 C는 포물선 $x = 1 - 2y^2$, $-1 \le x \le 1$이 된다. $\mathbf{r}'(t) = -2\sin 2t\mathbf{i} + \cos t\mathbf{j}$로부터

$$\mathbf{r}'(0) = \mathbf{j} \qquad \text{그리고} \qquad \mathbf{r}'\left(\frac{\pi}{6}\right) = -\sqrt{3}\,\mathbf{i} + \frac{\sqrt{3}}{2}\mathbf{j}$$

이고, **그림 9.1.6**에서와 같이 이러한 벡터들은 각각 $(1, 0)$과 $(\frac{1}{2}, \frac{1}{2})$에서 곡선 C에 접한다. ≡

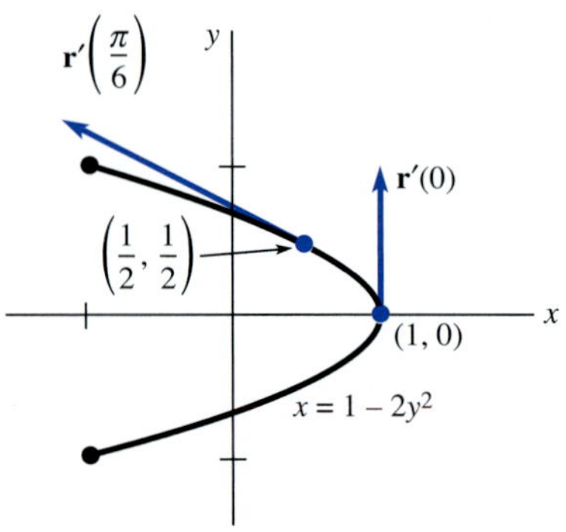

그림 9.1.6 예제 4의 접선벡터

예제 5 접선

매개방정식이 $x = t^2$, $y = t^2 - t$, $z = -7t$인 곡선 C에 대해 $t = 3$에서 접선의 매개방정식을 구하라.

풀이 곡선 위의 점 P의 위치를 나타내는 벡터함수는 $\mathbf{r}(t) = t^2\mathbf{i} + (t^2 - t)\mathbf{j} - 7t\mathbf{k}$이다. 따라서

$$\mathbf{r}'(t) = 2t\mathbf{i} + (2t - 1)\mathbf{j} - 7\mathbf{k} \qquad \text{그리고} \qquad \mathbf{r}'(3) = 6\mathbf{i} + 5\mathbf{j} - 7\mathbf{k}$$

는 위치벡터가

$$\mathbf{r}(3) = 9\mathbf{i} + 6\mathbf{j} - 21\mathbf{k}$$

인, 즉 점 $P(9, 6, -21)$에서 곡선의 접선이다. $\mathbf{r}'(3)$의 성분들을 사용하면 접선의 매개방정식이 $x = 9 + 6t$, $y = 6 + 5t$, $z = -21 - 7t$가 됨을 알 수 있다. ≡

고계 도함수 벡터함수의 고계 도함수(higher-order derivative)는 성분함수를 연속적으로 미분하여 얻는다. **2계 도함수**(second derivative)의 경우

$$\mathbf{r}''(t) = \langle f''(t), g''(t), h''(t)\rangle = f''(t)\mathbf{i} + g''(t)\mathbf{j} + h''(t)\mathbf{k}$$

이다.

예제 6 벡터함수의 도함수

$\mathbf{r}(t) = (t^3 - 2t^2)\mathbf{i} + 4t\mathbf{j} + e^{-t}\mathbf{k}$이면

$$\mathbf{r}'(t) = (3t^2 - 4t)\mathbf{i} + 4\mathbf{j} - e^{-t}\mathbf{k} \qquad \text{그리고} \qquad \mathbf{r}''(t) = (6t - 4)\mathbf{i} + e^{-t}\mathbf{k}$$

이다. ≡

정리 9.1.3 연쇄법칙

$\mathbf{r}$이 미분 가능한 벡터함수이고, $s = u(t)$는 미분 가능한 스칼라 함수이면 $\mathbf{r}(s)$의 t에 대한 도함수는

$$\frac{d\mathbf{r}}{dt} = \frac{d\mathbf{r}}{ds}\frac{ds}{dt} = \mathbf{r}'(s)u'(t)$$

이다. 이를 벡터함수의 연쇄법칙(chain rule)이라 한다.

예제 7 연쇄법칙

$\mathbf{r}(s) = \cos 2s\mathbf{i} + \sin 2s\mathbf{j} + e^{-3s}\mathbf{k}$, $s = t^4$이면

$$\frac{d\mathbf{r}}{dt} = [-2\sin 2s\,\mathbf{i} + 2\cos 2s\,\mathbf{j} - 3e^{-3s}\mathbf{k}]4t^3$$
$$= -8t^3\sin(2t^4)\mathbf{i} + 8t^3\cos(2t^4)\mathbf{j} - 12t^3e^{-3t^4}\mathbf{k}$$

이다. ≡

다음 정리에 대한 상세한 증명은 연습문제로 넘긴다.

정리 9.1.4 벡터함수 미분의 성질

벡터함수 $\mathbf{r}_1$, $\mathbf{r}_2$가 미분 가능하고 $u(t)$가 미분 가능한 스칼라 함수일 때 다음이 성립한다.

(*i*) $\frac{d}{dt}[\mathbf{r}_1(t) + \mathbf{r}_2(t)] = \mathbf{r}_1'(t) + \mathbf{r}_2'(t)$

(*ii*) $\frac{d}{dt}[u(t)\mathbf{r}_1(t)] = u(t)\mathbf{r}_1'(t) + u'(t)\mathbf{r}_1(t)$

(*iii*) $\frac{d}{dt}[\mathbf{r}_1(t)\cdot\mathbf{r}_2(t)] = \mathbf{r}_1(t)\cdot\mathbf{r}_2'(t) + \mathbf{r}_1'(t)\cdot\mathbf{r}_2(t)$

(*iv*) $\frac{d}{dt}[\mathbf{r}_1(t)\times\mathbf{r}_2(t)] = \mathbf{r}_1(t)\times\mathbf{r}_2'(t) + \mathbf{r}_1'(t)\times\mathbf{r}_2(t)$

주의하라. ▶ 벡터의 외적(cross product)에 대해서는 교환법칙이 성립하지 않으므로 정리 9.1.4 (*iv*)에서 $\mathbf{r}_1$과 $\mathbf{r}_2$의 순서는 엄격히 지켜져야 한다.

벡터함수의 적분 f, g, h가 적분 가능할 때 벡터함수 $\mathbf{r}(t) = f(t)\mathbf{i} + g(t)\mathbf{j} + h(t)\mathbf{k}$의 부정적분과 정적분을 각각

$$\int \mathbf{r}(t)\,dt = \left[\int f(t)\,dt\right]\mathbf{i} + \left[\int g(t)\,dt\right]\mathbf{j} + \left[\int h(t)\,dt\right]\mathbf{k}$$
$$\int_a^b \mathbf{r}(t)\,dt = \left[\int_a^b f(t)\,dt\right]\mathbf{i} + \left[\int_a^b g(t)\,dt\right]\mathbf{j} + \left[\int_a^b h(t)\,dt\right]\mathbf{k}$$

로 정의한다. $\mathbf{r}$의 부정적분은 또 다른 벡터함수 $\mathbf{R} + \mathbf{c}$가 되는데, 여기서 $\mathbf{R}'(t) = \mathbf{r}(t)$이고 $\mathbf{c}$는 상수벡터이다.

예제 8 벡터함수의 적분

$\mathbf{r}(t) = 6t^2\mathbf{i} + 4e^{-2t}\mathbf{j} + 8\cos 4t\mathbf{k}$이면

$$\int \mathbf{r}(t)\,dt = \left[\int 6t^2\,dt\right]\mathbf{i} + \left[\int 4e^{-2t}\,dt\right]\mathbf{j} + \left[\int 8\cos 4t\,dt\right]\mathbf{k}$$
$$= [2t^3 + c_1]\mathbf{i} + [-2e^{-2t} + c_2]\mathbf{j} + [2\sin 4t + c_3]\mathbf{k}$$
$$= 2t^3\mathbf{i} - 2e^{-2t}\mathbf{j} + 2\sin 4t\mathbf{k} + \mathbf{c}$$

이고, 여기서 $\mathbf{c} = c_1\mathbf{i} + c_2\mathbf{j} + c_3\mathbf{k}$이다. ≡

공간곡선의 길이 $\mathbf{r}(t) = f(t)\mathbf{i} + g(t)\mathbf{j} + h(t)\mathbf{k}$가 매끄러운 함수이면 $\mathbf{r}$에 의하여 그려지는 매끄러운 곡선의 길이는 다음과 같다.

$$s = \int_a^b \sqrt{[f'(t)]^2 + [g'(t)]^2 + [h'(t)]^2}\,dt = \int_a^b \|\mathbf{r}'(t)\|\,dt \tag{3}$$

매개변수로서 호의 길이 평면 또는 공간의 곡선은 호의 길이 s로 매개화될 수 있다.

예제 9 **예제 1의 재고**

예제 1의 원나선을 다시 생각해 보자. $\|\mathbf{r}'(t)\| = \sqrt{5}$이므로 식 (3)으로부터 $\mathbf{r}(0)$에서 임의의 점 $\mathbf{r}(t)$까지의 곡선의 길이는

$$s = \int_0^t \sqrt{5}\,du = \sqrt{5}t$$

이고, 여기서 적분을 위한 가변수(dummy variable) u를 사용하였다. $t = s/\sqrt{5}$이므로 원형 나선의 벡터 방정식을 호의 길이 s의 함수로 나타내면

$$\mathbf{r}(s) = 2\cos\frac{s}{\sqrt{5}}\mathbf{i} + 2\sin\frac{s}{\sqrt{5}}\mathbf{j} + \frac{s}{\sqrt{5}}\mathbf{k} \tag{4}$$

가 된다. 따라서 원형 나선의 매개방정식은

$$f(s) = 2\cos\frac{s}{\sqrt{5}}, \quad g(s) = 2\sin\frac{s}{\sqrt{5}}, \quad h(s) = \frac{s}{\sqrt{5}}$$

이다. ≡

$\mathbf{r}'(t)$는 벡터함수 $\mathbf{r}(t)$가 그리는 곡선의 접선벡터이다. 하지만 곡선이 호의 길이 s에 의해 매개화되면, $\mathbf{r}'(s)$는 단위접선벡터가 된다. 이를 보이기 위해 먼저 곡선을 $\mathbf{r}(s)$로 나타내고 식 (3)을 이용하면 $\mathbf{r}(0)$에서 $\mathbf{r}(s)$까지 곡선의 길이는 $s = \int_0^s \|\mathbf{r}'(u)\|\,du$가 되는데, 마지막 식의 양변을 s에 관하여 미분하면 $\|\mathbf{r}'(s)\| = 1$을 얻는다.

9.1 연습문제

부록에 선택된 홀수 문제의 답이 있다.

문제 1~10에서는 주어진 벡터함수에 의하여 그려지는 곡선을 그려라.

1. $\mathbf{r}(t) = 2\sin t\mathbf{i} + 4\cos t\mathbf{j} + t\mathbf{k};\ t \geq 0$

2. $\mathbf{r}(t) = \cos t\mathbf{i} + t\mathbf{j} + \sin t\mathbf{k};\ t \geq 0$

3. $\mathbf{r}(t) = t\mathbf{i} + 2t\mathbf{j} + \cos t\mathbf{k};\ t \geq 0$

4. $\mathbf{r}(t) = 4\mathbf{i} + 2\cos t\mathbf{j} + 3\sin t\mathbf{k}$

5. $\mathbf{r}(t) = <t, e^{2t}>$

6. $\mathbf{r}(t) = \cosh t\mathbf{i} + 3\sinh t\mathbf{j}$

7. $\mathbf{r}(t) = \langle\sqrt{2}\sin t, \sqrt{2}\sin t, 2\cos t\rangle;\ 0 \leq t \leq \pi/2$

8. $\mathbf{r}(t) = t\mathbf{i} + t^3\mathbf{j} + t\mathbf{k}$

9. $\mathbf{r}(t) = e^t\cos t\mathbf{i} + e^t\sin t\mathbf{j} + e^t\mathbf{k}$

10. $\mathbf{r}(t) = <\cos t, t\sin t, t^2>$

문제 11~14에서는 주어진 두 곡면의 교선 C를 나타내는 벡터함수를 구하고 곡선 C를 그려라. 주어진 매개변수를 사용하라.

11. $z = x^2 + y^2,\ y = x;\ x = t$

12. $x^2 + y^2 - z^2 = 1$, $y = 2x$; $x = t$

13. $x^2 + y^2 = 9$, $z = 9 - x^2$; $x = 3\cos t$

14. $z = x^2 + y^2$, $z = 1$; $x = \sin t$

15. $\mathbf{r}(t) = \dfrac{\sin 2t}{t}\mathbf{i} + (t-2)^5\mathbf{j} + t\ln t\mathbf{k}$일 때 $\lim_{t\to 0^+}\mathbf{r}(t)$를 구하라.

16. $\lim_{t\to a}\mathbf{r}_1(t) = \mathbf{i} - 2\mathbf{j} + \mathbf{k}$, $\lim_{t\to a}\mathbf{r}_2(t) = 2\mathbf{i} + 5\mathbf{j} + 7\mathbf{k}$일 때 다음을 구하라.

(a) $\lim\limits_{t\to a}[-4\mathbf{r}_1(t) + 3\mathbf{r}_2(t)]$

(b) $\lim\limits_{t\to a}\mathbf{r}_1(t)\cdot\mathbf{r}_2(t)$

문제 17~20에서는 주어진 벡터함수에 대해 $\mathbf{r}'(t)$와 $\mathbf{r}''(t)$를 구하라.

17. $\mathbf{r}(t) = \ln t\mathbf{i} + \mathbf{j}$, $t > 0$

18. $\mathbf{r}(t) = \langle t\cos t - \sin t,\ t + \cos t\rangle$

19. $\mathbf{r}(t) = \langle t e^{2t},\ t^3,\ 4t^2 - t\rangle$

20. $\mathbf{r}(t) = t^2\mathbf{i} + t^3\mathbf{j} + \tan^{-1}t\mathbf{k}$

문제 21~24에서는 $\mathbf{r}$이 나타내는 곡선 C를 그리고 주어진 t에서 $\mathbf{r}'$을 표시하라.

21. $\mathbf{r}(t) = 2\cos t\mathbf{i} + 6\sin t\mathbf{j}$; $t = \pi/6$

22. $\mathbf{r}(t) = t^3\mathbf{i} + t^2\mathbf{j}$; $t = -1$

23. $\mathbf{r}(t) = 2\mathbf{i} + t\mathbf{j} + \dfrac{4}{1+t^2}\mathbf{k}$; $t = 1$

24. $\mathbf{r}(t) = 3\cos t\mathbf{i} + 3\sin t\mathbf{j} + 2t\mathbf{k}$; $t = \pi/4$

문제 25, 26에서는 주어진 곡선과 t 값에 대하여 접선의 매개방정식을 구하라.

25. $x = t,\ y = \frac{1}{2}t^2,\ z = \frac{1}{3}t^3$; $t = 2$

26. $x = t^3 - t,\ y = \dfrac{6t}{t+1},\ z = (2t+1)^2$; $t = 1$

문제 27~32에서는 도함수를 구하라. 모든 벡터함수는 미분 가능하다고 가정한다.

27. $\dfrac{d}{dt}[\mathbf{r}(t)\times\mathbf{r}'(t)]$

28. $\dfrac{d}{dt}[\mathbf{r}(t)\cdot(t\mathbf{r}(t))]$

29. $\dfrac{d}{dt}[\mathbf{r}(t)\cdot(\mathbf{r}'(t)\times\mathbf{r}''(t))]$

30. $\dfrac{d}{dt}[\mathbf{r}_1(t)\times(\mathbf{r}_2(t)\times\mathbf{r}_3(t))]$

31. $\dfrac{d}{dt}\left[\mathbf{r}_1(2t) + \mathbf{r}_2\left(\dfrac{1}{t}\right)\right]$

32. $\dfrac{d}{dt}[t^3\mathbf{r}(t^2)]$

문제 33~36에서는 적분을 계산하라.

33. $\displaystyle\int_{-1}^{2}(t\mathbf{i} + 3t^2\mathbf{j} + 4t^3\mathbf{k})\,dt$

34. $\displaystyle\int_{0}^{4}(\sqrt{2t+1}\mathbf{i} - \sqrt{t}\mathbf{j} + \sin\pi t\mathbf{k})\,dt$

35. $\displaystyle\int(te^t\mathbf{i} - e^{-2t}\mathbf{j} + te^{t^2}\mathbf{k})\,dt$

36. $\displaystyle\int\frac{1}{1+t^2}(\mathbf{i} + t\mathbf{j} + t^2\mathbf{k})\,dt$

문제 37~40에서는 주어진 조건을 만족시키는 벡터함수 $\mathbf{r}$을 구하라.

37. $\mathbf{r}'(t) = 6\mathbf{i} + 6t\mathbf{j} + 3t^2\mathbf{k}$; $\mathbf{r}(0) = \mathbf{i} - 2\mathbf{j} + \mathbf{k}$

38. $\mathbf{r}'(t) = t\sin t^2\mathbf{i} - \cos 2t\mathbf{j}$; $\mathbf{r}(0) = \frac{3}{2}\mathbf{i}$

39. $\mathbf{r}''(t) = 12t\mathbf{i} - 3t^{-1/2}\mathbf{j} + 2\mathbf{k}$; $\mathbf{r}'(1) = \mathbf{j}$, $\mathbf{r}(1) = 2\mathbf{i} - \mathbf{k}$

40. $\mathbf{r}''(t) = \sec^2 t\mathbf{i} + \cos t\mathbf{j} - \sin t\mathbf{k}$;
$\mathbf{r}'(0) = \mathbf{i} + \mathbf{j} + \mathbf{k}$, $\mathbf{r}(0) = -\mathbf{j} + 5\mathbf{k}$

문제 41~44에서는 주어진 구간에서 벡터함수에 의하여 그려지는 곡선의 길이를 구하라.

41. $\mathbf{r}(t) = a\cos t\mathbf{i} + a\sin t\mathbf{j} + ct\mathbf{k}$; $0 \le t \le 2\pi$

42. $\mathbf{r}(t) = t\mathbf{i} + t\cos t\mathbf{j} + t\sin t\mathbf{k}$; $0 \le t \le \pi$

43. $\mathbf{r}(t) = e^t\cos 2t\mathbf{i} + e^t\sin 2t\mathbf{j} + e^t\mathbf{k}$; $0 \le t \le 3\pi$

44. $\mathbf{r}(t) = 3t\mathbf{i} + \sqrt{3}t^2\mathbf{j} + \frac{2}{3}t^3\mathbf{k}$; $0 \le t \le 1$

45. 원의 벡터 방정식 $\mathbf{r}(t) = a\cos t\mathbf{i} + a\sin t\mathbf{j}$를 호의 길이 s의 함수로 나타내라. $\mathbf{r}'(s)$가 단위벡터임을 보여라.

46. $\mathbf{r}(s)$가 식 (4)로 주어지는 벡터함수일 때 $\mathbf{r}'(s)$가 단위벡터임을 보여라.

47. $\mathbf{r}$이 모든 t에 대하여 $\|\mathbf{r}(t)\| = c$인 미분 가능한 벡터함수라고 가정할 때 접선벡터 $\mathbf{r}'(t)$가 모든 t에 대하여 위치벡터 $\mathbf{r}(t)$에 수직임을 보여라.

48. 문제 47에서 $\|\mathbf{r}(t)\| = c$를 만족시키는 곡선 C를 기하적으로 기술하라.

보조문제

49. 정리 9.1.4(*i*)를 증명하라.

50. 정리 9.1.4(*iii*)을 증명하라.

51. 정리 9.1.4(*iv*)를 증명하라.

52. $\mathbf{v}$가 상수벡터이고 $\mathbf{r}$이 구간 $[a, b]$에서 적분 가능하면 $\int_a^b \mathbf{v}\cdot\mathbf{r}(t)\,dt = \mathbf{v}\cdot\int_a^b \mathbf{r}(t)\,dt$임을 증명하라.

9.2 곡선운동

소개 앞절에서 벡터함수 $\mathbf{r}(t) = \langle f(t), g(t), h(t)\rangle = f(t)\mathbf{i} + g(t)\mathbf{j} + h(t)\mathbf{k}$의 1계 또는 2계 도함수는 성분함수 f, g, h를 미분하여 얻을 수 있음을 배웠다. 이 절에서는 벡터 $\mathbf{r}'(t)$, $\mathbf{r}''(t)$의 물리적 의미에 대해 공부한다.

속도와 가속도 곡선 C를 따라 움직이는 물체 또는 입자의 시간 t에서의 위치가 벡터함수 $\mathbf{r}(t) = f(t)\mathbf{i} + g(t)\mathbf{j} + h(t)\mathbf{k}$로 주어진다고 하자. 성분함수 f, g, h가 1계 및 2계 도함수를 갖는다면 벡터함수

$$\mathbf{v}(t) = \mathbf{r}'(t) = f'(t)\mathbf{i} + g'(t)\mathbf{j} + h'(t)\mathbf{k}$$

$$\mathbf{a}(t) = \mathbf{r}''(t) = f''(t)\mathbf{i} + g''(t)\mathbf{j} + h''(t)\mathbf{k}$$

를 각각 물체의 **속도**(velocity)와 **가속도**(acceleration)라고 한다. 스칼라 함수 $\|\mathbf{v}(t)\|$는 물체의 **속력**(speed)이다.

$$\|\mathbf{v}(t)\| = \left\|\frac{d\mathbf{r}}{dt}\right\| = \sqrt{\left(\frac{dx}{dt}\right)^2 + \left(\frac{dy}{dt}\right)^2 + \left(\frac{dz}{dt}\right)^2}$$

이므로 속력은 호의 길이 s와 $s'(t) = \|\mathbf{v}(t)\|$의 관계를 갖는다. 다시 말하면 호의 길이는 $s = \int_{t_0}^{t_1} \|\mathbf{v}(t)\|\, dt$이다. 9.1절의 논의에 의하면 점 $P(x_1, y_1, z_1)$가 시간 t_1에서 곡선 C 위의 물체의 위치라면 $\mathbf{v}(t_1)$은 점 P에서 곡선 C의 접선이다. 벡터함수 $\mathbf{r}(t) = f(t)\mathbf{i} + g(t)\mathbf{j}$로 나타나는 평면곡선에 대해서도 마찬가지이다.

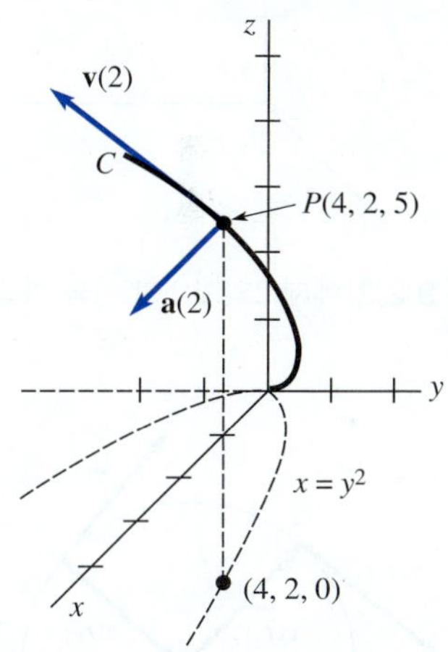

그림 9.2.1 예제 1의 속도벡터와 가속도 벡터

예제 1 속도벡터와 가속도벡터

움직이는 물체의 위치가 $\mathbf{r}(t) = t^2\mathbf{i} + t\mathbf{j} + \frac{5}{2}t\mathbf{k}$로 주어진다. $\mathbf{r}(t)$로 정의되는 곡선을 그리고 벡터 $\mathbf{v}(2)$와 $\mathbf{a}(2)$를 함께 나타내라.

풀이 $x = t^2$, $y = t$이므로 물체의 경로는 포물선 $x = y^2$이다. $t = 2$일 때 위치벡터 $\mathbf{r}(2) = 4\mathbf{i} + 2\mathbf{j} + 5\mathbf{k}$는 물체가 점 $P(4, 2, 5)$에 위치한다는 것을 나타낸다.

$$\mathbf{v}(t) = \mathbf{r}'(t) = 2t\,\mathbf{i} + \mathbf{j} + \frac{5}{2}\mathbf{k} \qquad \text{그리고} \qquad \mathbf{a}(t) = \mathbf{r}''(t) = 2\mathbf{i}$$

이므로 $\mathbf{v}(2) = 4\mathbf{i} + \mathbf{j} + \frac{5}{2}\mathbf{k}$, $\mathbf{a}(2) = 2\mathbf{i}$이고 이들은 **그림 9.2.1**에 나와 있다. ≡

만약 물체가 일정한 속력 c로 움직인다면 가속도벡터는 속도벡터 $\mathbf{v}$에 수직이어야 한다. 이를 증명해 보자. 속력이 일정하므로 $\|\mathbf{v}\| = c$이고, 양변을 제곱하면 $\|\mathbf{v}\|^2 = c^2$ 또는 $\mathbf{v}\cdot\mathbf{v} = c^2$이다. 마지막 식의 양변을 t에 관하여 미분하면 정리 9.1.4(*iii*)에 의해

$$\frac{d}{dt}(\mathbf{v}\cdot\mathbf{v}) = \mathbf{v}\cdot\frac{d\mathbf{v}}{dt} + \frac{d\mathbf{v}}{dt}\cdot\mathbf{v} = 2\mathbf{v}\cdot\frac{d\mathbf{v}}{dt} = 0.$$

따라서 모든 t에 대하여

$$\frac{d\mathbf{v}}{dt} \cdot \mathbf{v} = 0$$

또는

$$\mathbf{a}(t) \cdot \mathbf{v}(t) = 0$$

이 성립한다.

예제 2 **속도벡터와 가속도벡터**

9.1절 예제 2의 벡터함수는 원형 궤도를 움직이는 물체의 위치를 나타낸다. $t = \pi/4$에서 속도와 가속도를 그려라.

풀이 $\mathbf{r}(t) = 2\cos t\mathbf{i} + 2\sin t\mathbf{j} + 3\mathbf{k}$는 평면 $z = 3$ 위에서 반지름 2인 원형 궤도를 따라 움직이는 물체의 위치벡터이다. $t = \pi/4$일 때 물체는 점 $P(\sqrt{2}, \sqrt{2}, 3)$에 위치하며

$$\mathbf{v}(t) = \mathbf{r}'(t) = -2\sin t\,\mathbf{i} + 2\cos t\,\mathbf{j}$$
$$\mathbf{a}(t) = \mathbf{r}''(t) = -2\cos t\,\mathbf{i} - 2\sin t\,\mathbf{j}$$

이다. 모든 t에 대하여 $\|\mathbf{v}(t)\| = 2$이므로 $\mathbf{a}(t)$는 $\mathbf{v}(t)$에 수직이다(검증하라). 벡터

$$\mathbf{v}\left(\frac{\pi}{4}\right) = -2\sin\frac{\pi}{4}\mathbf{i} + 2\cos\frac{\pi}{4}\mathbf{j} = -\sqrt{2}\mathbf{i} + \sqrt{2}\mathbf{j}$$

$$\mathbf{a}\left(\frac{\pi}{4}\right) = -2\cos\frac{\pi}{4}\mathbf{i} - 2\sin\frac{\pi}{4}\mathbf{j} = -\sqrt{2}\mathbf{i} - \sqrt{2}\mathbf{j}$$

가 그림 9.2.2의 점 P에 그려져 있다. 벡터 $\mathbf{v}(\pi/4)$는 원형 궤도에 접하고 $\mathbf{a}(\pi/4)$는 원의 중심을 향하는 반지름 방향을 가리킨다. ≡

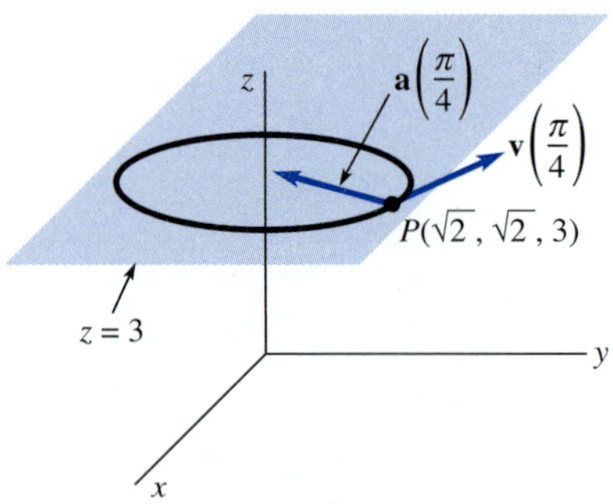

그림 9.2.2 예제 2의 속도벡터와 가속도 벡터

구심가속도 평면 위의 원운동은 상수 r_0, ω에 대해 $\mathbf{r}(t) = r_0\cos\omega t\mathbf{i} + r_0\sin\omega t\mathbf{j}$로 나타나며 $\mathbf{r}'' = -\omega^2\mathbf{r}$임이 명백하다. 이는 가속도벡터 $\mathbf{a}(t) = \mathbf{r}''(t)$가 위치벡터 $\mathbf{r}(t)$와 반대 방향임을 의미하는데, 이러한 $\mathbf{a}(t)$를 **구심가속도**(centripetal acceleration)라 한다. 그림 9.2.3을 보자. $v = \|\mathbf{v}(t)\|$, $a = \|\mathbf{a}(t)\|$일 때, $a = v^2/r_0$임을 보이는 것은 연습문제로 남긴다.

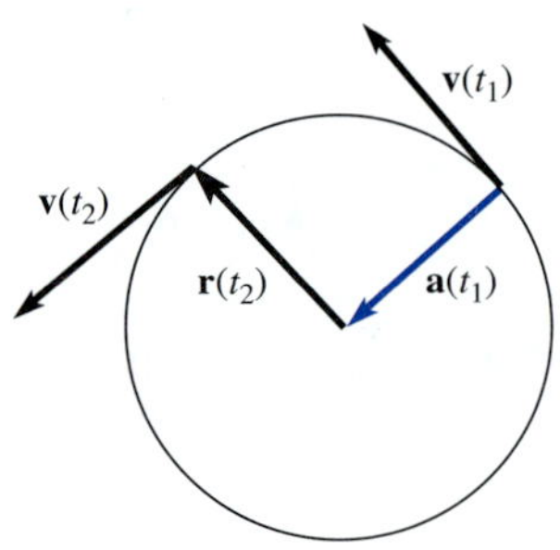

그림 9.2.3 원운동

평면 위의 곡선운동 벡터함수의 중요한 응용이 평면 위의 곡선운동과 연관되어 자주 나타나는데 행성 운동, 발사체 운동이 그 예이다.

단거리 탄도 발사체 운동*을 분석할 때는 중력가속도를 벡터 형태의 가속도 $\mathbf{a}(t) = -g\mathbf{j}$로 놓고 시작한다.

그림 9.2.4와 같이, 발사체가 초기 높이 $\mathbf{s}_0 = s_0\mathbf{j}$에서 초기 속도 $\mathbf{v}_0 = v_0\cos\theta\mathbf{i} + v_0\sin\theta\mathbf{j}$로 발사되었다면

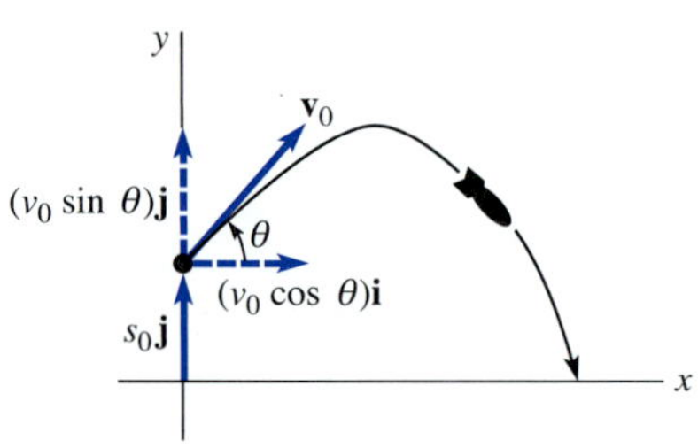

그림 9.2.4 발사체의 궤적

* 여기서 발사체는 자가추진(self-propelled)되는 것이 아니고 쏘아지는(shot or hurled) 것을 의미한다. 장거리 탄도 운동의 경우는 지구의 곡률이 고려되어야 한다.

$$\mathbf{v}(t) = \int (-g\,\mathbf{j})\,dt = -gt\,\mathbf{j} + \mathbf{c}_1$$

이고, $\mathbf{v}(0) = \mathbf{v}_0$에서 $\mathbf{c}_1 = \mathbf{v}_0$이다. 따라서

$$\mathbf{v}(t) = (v_0 \cos\theta)\,\mathbf{i} + (-gt + v_0 \sin\theta)\,\mathbf{j}$$

가 된다. 이를 다시 적분하고 $\mathbf{r}(0) = \mathbf{s}_0$임을 이용하면

$$\mathbf{r}(t) = (v_0 \cos\theta)t\,\mathbf{i} + \left[-\frac{1}{2}gt^2 + (v_0 \sin\theta)t + s_0\right]\mathbf{j} \tag{1}$$

를 얻는다. 따라서 발사체 궤적의 매개방정식은

$$x(t) = (v_0 \cos\theta)t, \quad y(t) = -\frac{1}{2}gt^2 + (v_0 \sin\theta)t + s_0 \tag{2}$$

이다.

발사체가 도달하는 최고 높이, 발사체가 이동하는 최대 수평 거리 등을 구할 수도 있는데, 이 값들은 각각 그림 9.2.5와 같이 $y(t)$와 $x(t)$의 최대값이다.

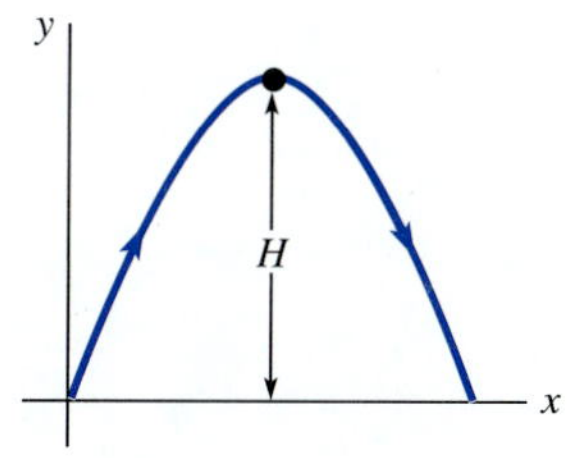

(a) **최고 높이 H**: $y'(t_1) = 0$인 t_1을 구하면 $H = y_{max} = y(t_1)$

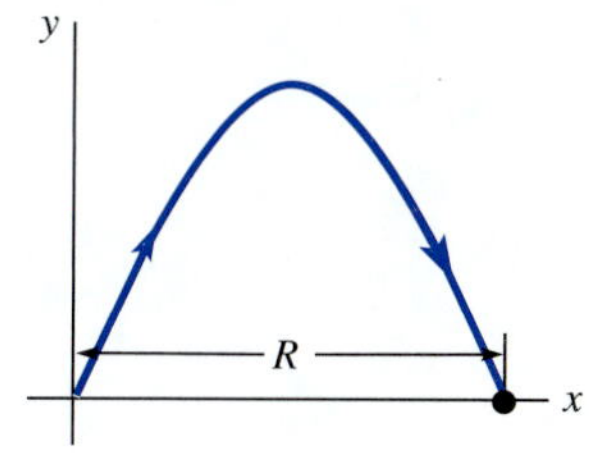

(b) **이동 거리 R**: $y(t_1) = 0$인 $t_1 > 0$을 구하면 $R = x_{max} = x(t_1)$

그림 9.2.5 발사체의 최고 높이와 이동 거리

예제 3 포탄의 탄도

포탄이 지면에서 초기 속력 $v_0 = 768$ ft/s을 가지고 수평방향에 대해 30°의 각도로 발사된다. **(a)** 포탄의 탄도를 나타내는 벡터 함수와 매개방정식 **(b)** 포탄이 도달하는 최고 높이 **(c)** 포탄의 이동하는 수평거리 **(d)** 다시 지면에 떨어질 때의 속력을 구하라.

풀이

(a) 초기 높이와 속도는 각각 $\mathbf{s}_0 = \mathbf{0}$과

$$\mathbf{r}'(0) = \mathbf{v}_0 = (768 \cos 30°)\mathbf{i} + (768 \sin 30°)\mathbf{j} = 384\sqrt{3}\mathbf{i} + 384\mathbf{j} \tag{3}$$

이다. $\mathbf{a}(t) = -32\mathbf{j}$를 적분하고 식 (3)을 이용하면

$$\mathbf{v}(t) = (384\sqrt{3})\mathbf{i} + (-32t + 384)\mathbf{j} \tag{4}$$

를 얻는다. 식 (4)를 적분하여 $\mathbf{r}(0) = \mathbf{s}_0 = \mathbf{0}$을 이용하면 탄도를 나타내는 벡터함수

$$\mathbf{r}(t) = (384\sqrt{3})t\,\mathbf{i} + (-16t^2 + 384t)\mathbf{j}$$

를 얻는다. 이 벡터함수의 성분들

$$x(t) = (384\sqrt{3})t, \quad y(t) = -16t^2 + 384t \tag{5}$$

은 탄도의 매개방정식이다.

(b) 식 (5)에서 $-32t + 384 = 0$, 즉 $t = 12$초일 때 $y'(t) = 0$이다. 포탄의 최고 높이는

$$H = y(12) = -16(12)^2 + 384(12) = 2304 \text{ ft}$$

(c) 식 (5)에서 $-16t^2 + 384t = -16t(t - 24) = 0$이므로 포탄이 지면에 도달하는 시간은 $t = 24$초이고 대응하는 수평거리는

$$R = x(24) = 384\sqrt{3}(24) \approx 15{,}963 \text{ ft}$$

(d) 식 (4)에서 $\mathbf{v}(24) = (384\sqrt{3})\mathbf{i} + (-384)\mathbf{j}$이므로 포탄이 지면에 떨어진 때 속력은

$$\|\mathbf{v}(24)\| = \sqrt{(384\sqrt{3})^2 + (-384)^2} = 768 \text{ ft/s}$$

이다. ≡

예제 3에서 지면에 떨어질 때 속력과 초기 속력 $v_0 = 768$ ft/s은 같음을 주목하라. 앙각을 50°와 같이 바꿔서 발사해도 같은 결과를 얻음을 확인하라. 연습문제 9.2의 문제 16을 참고하라.

참고

호의 길이 변화율 ds/dt은 속력 $\|\mathbf{v}(t)\| = \|\mathbf{r}'(t)\|$과 같다는 것을 배웠다. 그러나 다음에서 알겠지만 **스칼라 가속력** d^2s/dt^2은 $\|\mathbf{a}(t)\| = \|\mathbf{r}''(t)\|$와는 같아지지 않는다. 연습문제 9.2의 문제 24를 참고하라.

9.2 연습문제

부록에 선택된 홀수 문제의 답이 있다.

문제 1~8에서는 $\mathbf{r}(t)$는 움직이는 물체의 위치벡터이다. $\mathbf{r}(t)$가 나타내는 곡선을 그리고 주어진 시간에서 속도와 가속도를 구하라. 또 이때의 속력을 구하라.

1. $\mathbf{r}(t) = t^2\mathbf{i} + \frac{1}{4}t^4\mathbf{j};\ t = 1$
2. $\mathbf{r}(t) = t^2\mathbf{i} + \dfrac{1}{t^2}\mathbf{j};\ t = 1$
3. $\mathbf{r}(t) = -\cosh 2t\mathbf{i} + \sinh 2t\mathbf{j};\ t = 0$
4. $\mathbf{r}(t) = 2\cos t\mathbf{i} + (1 + \sin t)\mathbf{j};\ t = \pi/3$
5. $\mathbf{r}(t) = 2\mathbf{i} + (t - 1)^2\mathbf{j} + t\mathbf{k};\ t = 2$
6. $\mathbf{r}(t) = t\mathbf{i} + t\mathbf{j} + t^3\mathbf{k};\ t = 2$
7. $\mathbf{r}(t) = t\mathbf{i} + t^2\mathbf{j} + t^3\mathbf{k};\ t = 1$
8. $\mathbf{r}(t) = t\mathbf{i} + t^3\mathbf{j} + t\mathbf{k};\ t = 1$
9. 물체의 위치벡터가 $\mathbf{r}(t) = t^2\mathbf{i} + (t^3 - 2t)\mathbf{j} + (t^2 - 5t)\mathbf{k}$이다. 어느 시점에 물체가 xy 평면을 지나는가? 그 시점에서 물체의 속도와 가속도는 얼마인가?
10. 모든 시간 t에 대하여 $\mathbf{a}(t) = \mathbf{0}$인 물체가 공간을 움직인다. 물체가 움직이는 경로를 구하라.
11. 포탄이 지표면에서 수평 방향에 대해 30°의 각도로 초기 속도 480 ft/s로 발사되었다. 다음을 구하라.
    (a) 포탄 경로의 벡터 방정식과 매개방정식
    (b) 포탄의 최고 높이
    (c) 포탄이 이동하는 수평 거리
    (d) 지표면에 떨어질 때의 속력
12. 높이가 1600 ft인 절벽 위에서 포탄이 발사되었다고 가정하여 문제 11을 다시 풀어라.
13. 높이가 81 ft인 수직 해안 절벽에서 중고차를 4 ft/s의 속도로 바다로 밀었다. 이 차가 물에 떨어질 때의 속력을 구하라.
14. 작은 발사체가 지표면에서 98 m/s의 초기 속력으로 발사되었다. 발사체의 이동 거리가 490 m가 되려면 수평 방향에 대하여 몇 도의 각도로 발사되어야 하는가?
15. 미식축구 쿼터백이 수평 방향에 대해 45°의 각도로 공을 던져 100 yd 보냈다. 공의 초기속력은 얼마인가?
16. 포탄이 지면에서 발사되면 초기 조건들은 $\mathbf{r}(0) = \mathbf{0}$,

$\mathbf{r}'(0) = \mathbf{v}_0 = (v_0 \cos\theta)\mathbf{i} + (v_0 \sin\theta)\mathbf{j}$이고 벡터함수(1)은

$$\mathbf{r}(t) = (v_0 \cos\theta)t\mathbf{i} + [-\tfrac{1}{2}gt^2 + (v_0 \sin\theta)t]\mathbf{j} \qquad (6)$$

가 된다. 이 함수는 같은 초기 조건 아래서 연습문제 4.6의 문제 21의 선형미분방정식계 식 (8)의 해 $x(t)$, $y(t)$와 동치이다. 앞의 논의와 식 (1)에서는 포탄이 공기 저항을 받지 않는다는 가정을 하고 있다. 식 (6)을 이용해 포탄이 지면에 떨어질 때 속력은 임의의 앙각 θ, $0° < \theta < 90°$에 대하여 초기 속력 $\|\mathbf{r}'(0)\| = \|\mathbf{v}_0\| = v_0$와 같음을 보여라.

17. 연습문제 4.6의 문제 21에서 공기저항이 무시되어, 지면 ($\mathbf{r}(0) = \mathbf{0}$)에서 앙각 $0° < \theta < 90°$로 포탄이 발사되면 포탄이 이동하는 수평거리와 최고 높이는 각각

$$R = \frac{v_0^2}{g}\sin 2\theta \qquad \text{와} \qquad H = \frac{v_0^2}{2g}\sin^2\theta$$

가 된다. 첫째 공식으로부터 포탄이 두 여각으로 발사될 때 수평거리는 같아지고, 앙각이 45°이면 수평거리는 최대가 된다. 그러나 포탄이 초기 위치 $s_0 > 0$일 때 발사하면 앞의 공식들과 명제들은 유효하지 않게 된다.

(a) $v_0 = 480$ ft/s, $s_0 = 1600$ ft일 때 문제 12를 다시 풀어라. 단, 여기서는 여앙각 $\theta = 60°$를 이용하라. 그리고 포탄의 최고 높이, 수평 이동거리, 지면에 떨어질 때의 속력을 문제 12의 (b), (c), (d)의 답과 비교하라.

(b) 그래프 도구나 CAS를 이용하여 문제 12(a)에서 매개방정식 $x(t)$와 $y(t)$에 의해 정의된 포탄의 탄도를 그려라. 이 문제 (a)의 매개방정식으로 정의된 탄도를 그려라. 같은 좌표계에서 두 곡선을 겹쳐 그려라.

18. 문제 17에서 언급한 것처럼, 포탄이 초기 높이 $s_0 > 0$에서 발사되면 $\theta = 45°$의 앙각을 이용하여 최대 수평 이동거리를 얻지 못한다.

(a) 포탄이 $v_0 = 480$ ft/s, $s_0 = 1600$ ft에서 앙각 $\theta = 45°$로 발사된다. 계산기나 CAS를 이용하여 포탄이 지면에 도달하는 시간과 수평 이동거리를 구하라.

(b) (a)에서 앙각 $\theta = 39.76°$로 변하면 수평 이동거리가 (a)에서보다 큼을 보여라.

(c) 그래프 도구나 CAS를 이용하여 (a)와 (b)에서의 포탄의 탄도를 그려라. 같은 좌표계에서 두 곡선을 겹쳐 그려라.

19. 포탄이 지면에서 발사되면, 초기 조건은 $\mathbf{r}(0) = \mathbf{0}$, $\mathbf{r}'(0) = \mathbf{v}_0 = (v_0 \cos\theta)\mathbf{i} + (v_0 \sin\theta)\mathbf{j}$이다. 선형 공기 저항을 고려하면, 식 (1)과 유사한 벡터 함수는 다음과 같다

$$\mathbf{r}(t) = \frac{mv_0\cos\theta}{\beta}(1 - e^{-\beta t/m})\mathbf{i} + \left[\left(\frac{mv_0\sin\theta}{\beta} + \frac{m^2 g}{\beta^2}\right)(1 - e^{-\beta t/m}) - \frac{mg}{\beta}t\right]\mathbf{j}$$

이 함수는 같은 초기 조건에서 연습문제 4.6의 문제 22에서 선형미분방정식계 (11)의 해 $x(t)$, $y(t)$와 같다. 여기서 $\beta > 0$는 공기 저항 또는 항력에 관한 비례 상수이다. $m = \frac{1}{4}$ slug, $g = 32$ ft/s^2, $\beta = 0.02$, $v_0 = 300$ ft/s, $\theta = 38°$일 때 계산기 또는 CAS를 이용하여 포탄이 지면에 도달할 때의 속력을 구하라. 연습문제 4.6의 문제 22 (b)를 보라.

20. 문제 19에서 포탄의 앙각이 $\theta = 52°$로 변화되면 지면에 도달할 때의 속력이 작아지는지, 커지는지, 아니면 같아지는지를 밝히라.

21. 대포가 목표물을 향해 포탄을 발사하고 동시에 목표물은 정지상태에서 낙하한다. 포탄이 떨어지는 목표물에 명중함을 보여라. **그림 9.2.6**을 참조하라. [힌트: 대포의 포구를 원점, 발사각을 θ라 한다. 포탄과 목표물의 위치벡터를 각각 $\mathbf{r}_p$와 $\mathbf{r}_t$라고 할 때 $\mathbf{r}_p = \mathbf{r}_t$가 되는 시간이 존재하는가?]

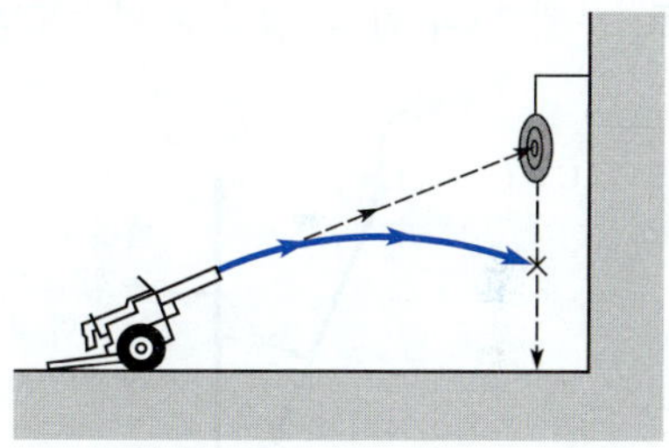

그림 9.2.6 문제 21의 대포

22. 전쟁 상황에서 저공을 저속으로 이동하는 비행기로부터 장비와 보급품들이 공급되는 경우가 있다. 수송기가 고도 1024 ft에서 수평 방향으로 일정한 속력 180 mph로 비행한다. 식 (1)을 사용하여 보급품이 낙하 지점에서 목표 지점까지 이동하는 수평 거리를 구하라. **그림 9.2.7**을 참조하여 보급품을 목표 지점에 정확히 도달하게 하는 각도 α를 구하라.

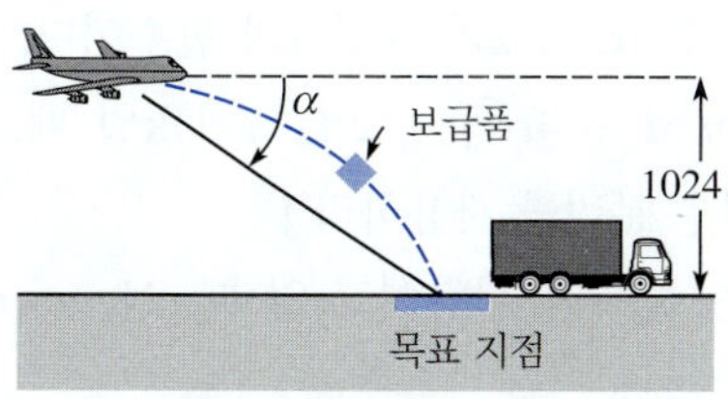

그림 9.2.7 문제 22의 수송기

23. xy 평면 위의 반지름이 r_0인 원 위를 움직이는 물체의 위치벡터는 $\mathbf{r}(t) = r_0 \cos\omega t\,\mathbf{i} + r_0 \sin\omega t\,\mathbf{j}$이다. $\|\mathbf{v}(t)\| = v$

이면 구심가속도의 크기는 $a = \|\mathbf{a}(t)\| = v^2/r_0$임을 보여라.

24. 공간에서 물체의 운동이

$$\mathbf{r}(t) = b\cos t\,\mathbf{i} + b\sin t\,\mathbf{j} + ct\,\mathbf{k}, \quad t \geq 0$$

로 기술된다.

(a) $\|\mathbf{v}(t)\|$를 계산하라.

(b) $s = \int_0^t \|\mathbf{v}(t)\|\,dt$를 계산하고 ds/dt가 (a)의 결과와 같음을 보여라.

(c) $d^2s/dt^2 \neq \|\mathbf{a}(t)\|$임을 보여라.

25. 지구의 적도에서 질량 m의 **유효 무게**(effective weight)를 $w_e = mg - ma$로 정의하는데, 여기서 a는 문제 23에서 보인 바 있는 구심가속도의 크기이다. 지구의 반지름이 4000 mi, $g = 32$ ft/s^2, $v = 1530$ ft/s일 때 체중이 192 lb인 사람의 유효 무게를 구하라.

26. 반지름 r_0인 평평한 원형 트랙을 달리는 자전거를 생각하자. 사람과 자전거 질량의 합이 m, 자전거가 넘어지지 않도록 유지되어야 하는 방향을 나타내는 합력 벡터가 $\mathbf{U}$일 때, 그림 9.2.8의 빈 칸을 채우라. 자전거의 속도가 44 ft/s, 트랙의 반지름이 60 ft일 때 유지해야 하는 각도 ϕ를 구하라. [힌트: 문제 23과 힘 = 질량 × 가속도임을 사용하라.]

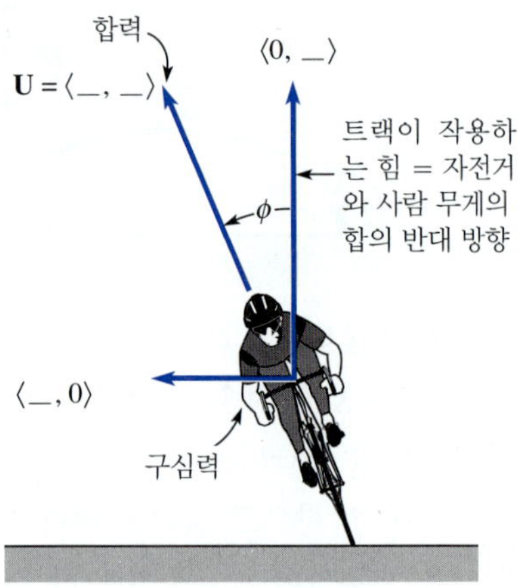

그림 9.2.8 문제 26의 자전거

27. 유체 안에서 움직이는 입자의 속도는 **속도장**(velocity field) $\mathbf{v} = v_1\mathbf{i} + v_2\mathbf{j} + v_3\mathbf{k}$로 기술되는데, 여기서 성분 v_1, v_2, v_3는 x, y, z와 시간 t의 함수이다. 입자의 속도가 $\mathbf{v}(t) = 6t^2x\mathbf{i} - 4ty^2\mathbf{j} + 2t(z+1)\mathbf{k}$일 때, $\mathbf{r}(t)$를 구하라. [힌트: 변수 분리를 사용하라.]

28. 움직이는 물체의 질량이 m일 때, Newton의 제2운동법칙을

$$\mathbf{F} = m\mathbf{a} = \frac{d}{dt}(m\mathbf{v}) = \frac{d\mathbf{p}}{dt}$$

와 같은 벡터형으로 나타낼 수 있다. 여기서 $\mathbf{p} = m\mathbf{v}$는 **선형 운동량**(linear momentum)이다. 물체의 각운동량(angular momentum)은 원점에 대해 $\mathbf{L} = \mathbf{r} \times \mathbf{p}$로 정의되는데, 여기서 $\mathbf{r}$은 위치벡터이다. 물체의 토크(torque)가 원점에 대해 $\boldsymbol{\tau} = \mathbf{r} \times \mathbf{F} = \mathbf{r} \times d\mathbf{p}/dt$일 때, $\boldsymbol{\tau}$가 각운동량의 시간 변화율임을 보여라.

29. 태양이 원점에 위치한다. 질량 M인 태양에 의해 질량 m인 행성에 작용하는 중력(gravitational force) $\mathbf{F}$는

$$\mathbf{F} = -k\frac{Mm}{r^2}\mathbf{u}$$

이다. 여기서 $\mathbf{F}$는 **중심력**(central force), 즉 행성의 위치벡터를 따라 작용하는 힘, k는 중력상수, $r = \|\mathbf{r}\|$, $\mathbf{u} = \mathbf{r}/r$은 $\mathbf{r}$ 방향의 단위벡터이다. 음의 부호는 $\mathbf{F}$가 인력(attractive force), 즉 태양을 향하는 힘임을 나타낸다. 그림 9.2.9를 보라.

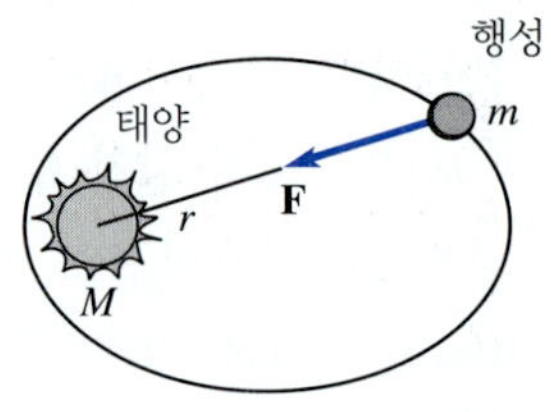

그림 9.2.9 문제 29의 힘 F

(a) 문제 28을 이용하여 중심력에 의해 행성에 작용하는 토크가 $\mathbf{0}$임을 보여라.

(b) 행성의 각운동량 $\mathbf{L}$이 일정한 이유를 설명하라.

토의문제

30. 이 문제에서 학생들은 **Kepler의 행성운동 제1법칙**(Kepler's first law of planetary motion)을 증명하기 위하여 7.4절과 9.1절에서 배운 내용을 이용한다. 행성의 궤도는 태양을 하나의 초점으로 갖는 타원이다. 질량이 M인 태양은 원점에 위치하며, 태양의 인력에 따라 움직이는 질량이 m인 행성의 위치벡터는 $\mathbf{r}$이고, $\mathbf{u} = \mathbf{r}/r$은 $\mathbf{r}$ 방향의 단위벡터이다.

(a) 문제 29와 Newton의 제2운동법칙 $\mathbf{F} = m\mathbf{a}$를 이용하여

$$\frac{d^2\mathbf{r}}{dt^2} = -kM\frac{\mathbf{u}}{r^2}$$

이 성립함을 보여라.

(b) (a)를 이용하여 $\mathbf{r} \times \mathbf{r}'' = \mathbf{0}$임을 보여라.

(c) (b)를 이용하여 $\dfrac{d}{dt}(\mathbf{r} \times \mathbf{v}) = \mathbf{0}$임을 보여라.

(d) $\mathbf{c}$가 상수벡터일 때, (c)로부터 $\mathbf{r} \times \mathbf{v} = \mathbf{c}$임을 알 수 있

다. 여기서 $\mathbf{c} = r^2(\mathbf{u} \times \mathbf{u}')$임을 보여라.

(e) $\dfrac{d}{dt}(\mathbf{u} \cdot \mathbf{u}) = 0$이고 따라서 $\mathbf{u} \cdot \mathbf{u}' = 0$임을 보여라.

(f) (a), (e), (d)를 사용하여

$$\frac{d}{dt}(\mathbf{v} \times \mathbf{c}) = kM\frac{d\mathbf{u}}{dt}$$

임을 보여라.

(g) (f)의 결과를 t에 대해 적분하여 $\mathbf{v} \times \mathbf{c} = kM\mathbf{u} + \mathbf{d}$를 얻는다. 여기서 $\mathbf{d}$는 또 다른 상수벡터이다. 양변에 벡터 $\mathbf{r} = r\mathbf{u}$를 내적하고 연습문제 7.4의 문제 61을 이용하여

$$r = \frac{c^2/kM}{1 + (d/kM)\cos\theta}$$

임을 보여라. 여기서 $c = \|\mathbf{c}\|$, $d = \|\mathbf{d}\|$, θ는 $\mathbf{d}$와 $\mathbf{r}$의 사이각이다.

(h) (g)의 결과가 Kepler의 제1법칙을 증명하는 이유를 설명하라.

(i) 행성이 태양에 가장 근접한 궤도상의 점인 근일점에서 벡터 $\mathbf{r}$과 $\mathbf{v}$는 수직이고 크기는 각각 r_0와 v_0이다. 이 사실과 (d), (g)를 이용해 $c = r_0v_0$와 $d = r_0v_0^2 - kM$임을 보여라.

31. 포탄이 초기 높이 s_0에서 앙각 θ로 발사된다. 공기 저항을 무시하면 수평 이동거리는

$$R = \frac{v_0\cos\theta}{g}\left(v_0\sin\theta + \sqrt{v_0^2\sin^2\theta + 2s_0g}\right)$$

임을 보여라. $s_0 = 0$일 때 이 공식은 연습문제 17에서의 수평거리 R이 됨을 주목하라.

32. 문제 31의 공식을 일 변수 θ의 함수로 생각하자. 초기 높이 s_0에서 발사한 포탄의 수평 이동 거리는 앙각

$$\theta = \cos^{-1}\sqrt{\frac{2s_0g + v_0^2}{2s_0g + 2v_0^2}}$$

일 때 최대가 됨을 보여라. $s_0 = 0$일 때 이 공식은 문제 17에서의 주어진 값 $\theta = \pi/4$ 또는 45°가 됨을 주목하라. 이 공식을 이용하여 문제 18(b)에서 이용한 앙각을 검증하라.

9.3 곡률

소개 벡터함수 $\mathbf{r}(t)$에 의하여 2차원 또는 3차원 공간에서 그려지는 매끄러운 곡선을 C라 하자. 이 절에서는 앞절에서 소개한 가속도벡터 $\mathbf{a}(t) = \mathbf{r}''(t)$에 대해 더 자세하게 고찰한다. 먼저 곡선의 **곡률**(curvature)이라 불리는 스칼라 양에 대해 알아보자.

정의 우리는 $\mathbf{r}'(t)$가 곡선 C의 접선벡터임을 알고 있다. 따라서

$$\mathbf{T}(t) = \frac{\mathbf{r}'(t)}{\|\mathbf{r}'(t)\|} \tag{1}$$

는 **단위접선벡터**이다. 9.1절 뒷부분 설명에 의하면, 만약 곡선 C가 호의 길이 s로 매개화되면 단위접선벡터는 $d\mathbf{r}/ds$이고 식 (1)의 $\|\mathbf{r}'(t)\|$는 호의 길이 s와 $ds/dt = \|\mathbf{r}'(t)\|$의 관계를 갖는다. 곡선 C가 매끄러우므로 $ds/dt > 0$이고 연쇄법칙에 의하여

$$\frac{d\mathbf{r}}{dt} = \frac{d\mathbf{r}}{ds}\frac{ds}{dt} \quad \text{따라서} \quad \frac{d\mathbf{r}}{ds} = \frac{d\mathbf{r}/dt}{ds/dt} = \frac{\mathbf{r}'(t)}{\|\mathbf{r}'(t)\|} = \mathbf{T}(t) \tag{2}$$

이다. 곡선 C가 **그림 9.3.1**과 같다고 하자. s가 증가함에 따라 $\mathbf{T}$는 길이는 변하지 않고(길이는 항상 1이다) 방향만 변하면서 C를 따라 움직인다. P_1과 P_2 사이의 곡선 부분에서 접선벡터 $\mathbf{T}$는 방향이 거의 변하지 않는 반면에 곡선 C가 많이 굽은 P_2와 P_3 사이의 구간에서는 $\mathbf{T}$의 방향 변화가 뚜렷하다. 우리는 단위접선벡터 $\mathbf{T}$의 호의 길이에 대한 방향 변화율을 매끄러운 곡선 C의 곡률의 지표로 정한다.

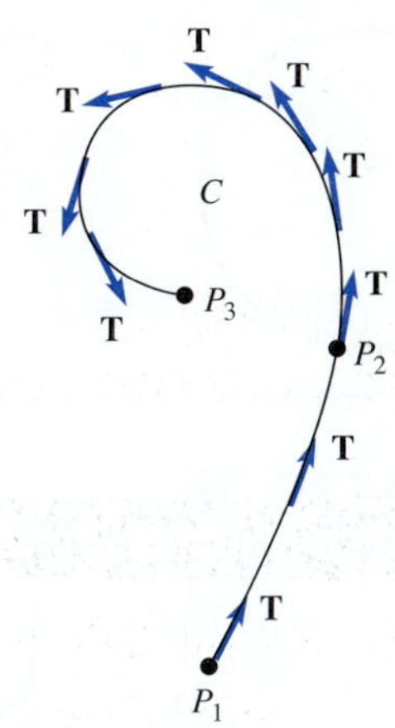

그림 9.3.1 단위접선벡터

정의 9.3.1 곡률

$\mathbf{r}(t)$가 매끄러운 곡선 C를 정의하는 벡터함수이고 s가 호의 길이, $\mathbf{T} = d\mathbf{r}/ds$가 곡선의 단위접선벡터이면, 곡선 C의 한 점에서의 **곡률**은

$$\kappa = \left\| \frac{d\mathbf{T}}{ds} \right\| \tag{3}$$

이다.

식 (3)의 기호 κ는 그리스 문자 **카파**(kappa)이다. 일반적으로 곡선이 호의 길이에 관하여 매개화되어 있지 않으므로, 식 (3)을 일반적인 변수 t에 관하여 표시하는 것이 편리하다. 연쇄법칙을 다시 사용하면 식 (3)을

$$\frac{d\mathbf{T}}{dt} = \frac{d\mathbf{T}}{ds}\frac{ds}{dt} \qquad \text{따라서} \qquad \frac{d\mathbf{T}}{ds} = \frac{d\mathbf{T}/dt}{ds/dt}$$

로 쓸 수 있다. 결론적으로 곡률은

$$\kappa(t) = \frac{\|\mathbf{T}'(t)\|}{\|\mathbf{r}'(t)\|} \tag{4}$$

로 나타난다.

예제 1 원의 곡률

반지름 a인 원의 곡률을 구하라.

풀이 원은 벡터함수 $\mathbf{r}(t) = a\cos t\mathbf{i} + a\sin t\mathbf{j}$로 기술된다. $\mathbf{r}'(t) = -a\sin t\mathbf{i} + a\cos t\mathbf{j}$와 $\|\mathbf{r}'(t)\| = a$로부터

$$\mathbf{T}(t) = \frac{\mathbf{r}'(t)}{\|\mathbf{r}'(t)\|} = -\sin t\,\mathbf{i} + \cos t\,\mathbf{j} \qquad \text{그리고} \qquad \mathbf{T}'(t) = -\cos t\,\mathbf{i} - \sin t\,\mathbf{j}$$

를 얻는다. 따라서 식 (4)로부터 곡률은

$$\kappa(t) = \frac{\|\mathbf{T}'(t)\|}{\|\mathbf{r}'(t)\|} = \frac{\sqrt{\cos^2 t + \sin^2 t}}{a} = \frac{1}{a} \tag{5}$$

이다. 식 (5)의 결과는 원 위의 한 점에서의 곡률은 원의 반지름의 역수이고 이는 우리의 직관, 즉 반지름이 작은 원이 반지름이 큰 원보다 많이 굽어 있다는 사실을 나타낸다. **그림 9.3.2**를 보자. ≡

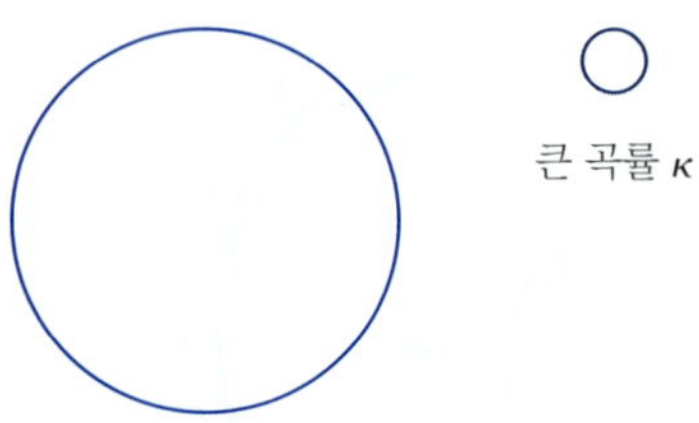

그림 9.3.2 원의 곡률

가속도의 접선성분과 법선성분 물체가 벡터함수 $\mathbf{r}(t)$로 나타나는 매끄러운 곡선 C 위를 따라 2차원 또는 3차원 공간에서 움직인다고 가정하자. 이때 물체의 속도는 $\mathbf{v}(t) = \mathbf{r}'(t)$, 속력은 $v = ds/dt = \|\mathbf{v}(t)\|$이다. 따라서 식 (1)은 $\mathbf{v}(t) = v\mathbf{T}$를 의미하며 양변을 t에 관하여 미분하여 가속도

$$\mathbf{a}(t) = v\frac{d\mathbf{T}}{dt} + \frac{dv}{dt}\mathbf{T} \tag{6}$$

를 얻는다. $\mathbf{T} \cdot \mathbf{T} = 1$의 양변을 미분하면 정리 9.1.4(*iii*)에 의해 $\mathbf{T} \cdot d\mathbf{T}/dt = 0$이 되는데, 이는 C 위의 점 P에서 벡터 $\mathbf{T}$와 $d\mathbf{T}/dt$가 서로 수직임을 의미한다. $\|d\mathbf{T}/dt\| \neq 0$이면

$$\mathbf{N}(t) = \frac{d\mathbf{T}/dt}{\|d\mathbf{T}/dt\|} \tag{7}$$

는 곡선 C 위의 점 P에서 $d\mathbf{T}/dt$ 방향의 단위법선벡터가 된다. 이러한 벡터 $\mathbf{N}$을 **주법선**(principal normal)이라고도 부른다. 여기서 곡률이 $\kappa = \dfrac{\|d\mathbf{T}/dt\|}{v}$이므로 식 (7)에서 $d\mathbf{T}/dt = \kappa v\mathbf{N}$이고 따라서 식 (6)은

$$\mathbf{a}(t) = \kappa v^2\mathbf{N} + \frac{dv}{dt}\mathbf{T} \tag{8}$$

가 된다. 식 (8)을

$$\mathbf{a}(t) = a_N\mathbf{N} + a_T\mathbf{T} \tag{9}$$

와 같이 나타내면 그림 9.3.3과 같이 움직이는 물체의 가속벡터 $\mathbf{a}$가 두 개의 서로 수직인 벡터 $a_N\mathbf{N}$과 $a_T\mathbf{T}$의 합이 됨을 알 수 있다. 스칼라 함수 $a_T = dv/dt$와 $a_N = \kappa v^2$은 각각 **가속도의 접선성분과 법선성분**이다. 가속도의 접선성분은 속도 $\mathbf{v}$의 크기의 변화, 가속도의 법선성분은 $\mathbf{v}$의 방향의 변화로부터 기인한다.

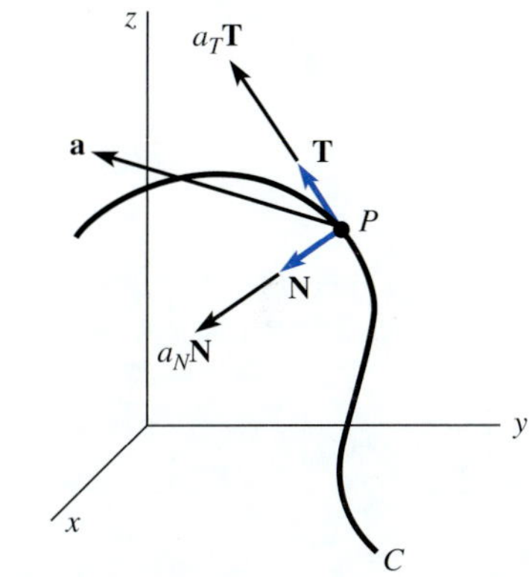

그림 9.3.3 가속도의 성분

종법선

제3의 단위벡터

$$\mathbf{B}(t) = \mathbf{T}(t) \times \mathbf{N}(t)$$

을 **종법선**(binormal)이라고 한다. 여기서 세 개의 단위벡터 $\mathbf{T}$, $\mathbf{N}$, $\mathbf{B}$는 그림 9.3.4와 같이 **움직이는 삼면체**(moving trihedral)라 불리는 서로 수직인 벡터들의 오른손 좌계표 집합이다. $\mathbf{T}$와 $\mathbf{N}$이 생성하는 평면을 **접촉평면**(osculating plane)*, $\mathbf{N}$과 $\mathbf{B}$가 생성하는 평면을 **법평면**(normal plane), $\mathbf{T}$와 $\mathbf{B}$가 생성하는 평면을 전직평면(rectifying plane)이라 한다.

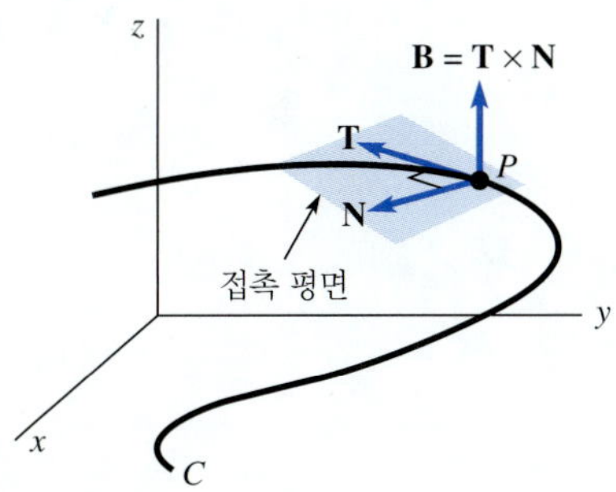

그림 9.3.4 접촉평면

서로 수직인 세 개의 단위벡터 $\mathbf{T}$, $\mathbf{N}$, $\mathbf{B}$는

$$\mathbf{B}(t) = \mathbf{T}(t) \times \mathbf{N}(t), \qquad \mathbf{N}(t) = \mathbf{B}(t) \times \mathbf{T}(t), \qquad \mathbf{T}(t) = \mathbf{N}(t) \times \mathbf{B}(t)$$

가 성립되므로 움직이는 오른손 좌표계를 이루며, 이를 **TNB-좌표계**(TNB-frame)라 부른다.

예제 2 접선, 법선, 종법선 벡터

움직이는 물체의 위치가 $\mathbf{r}(t) = 2\cos t\mathbf{i} + 2\sin t\mathbf{j} + 3t\mathbf{k}$로 주어진다. 벡터 $\mathbf{T}$, $\mathbf{N}$, $\mathbf{B}$와 곡률을 구하라.

풀이 $\mathbf{r}'(t) = -2\sin t\mathbf{i} + 2\cos t\mathbf{j} + 3\mathbf{k}$, $\|\mathbf{r}'(t)\| = \sqrt{13}$ 이므로 식 (1)에서 단위접선벡터는

* 글자 그대로 '키스하는' 평면을 의미한다.

$$\mathbf{T}(t) = -\frac{2}{\sqrt{13}}\sin t\,\mathbf{i} + \frac{2}{\sqrt{13}}\cos t\,\mathbf{j} + \frac{3}{\sqrt{13}}\mathbf{k}$$

이고

$$\frac{d\mathbf{T}}{dt} = -\frac{2}{\sqrt{13}}\cos t\,\mathbf{i} - \frac{2}{\sqrt{13}}\sin t\,\mathbf{j} \qquad \text{그리고} \qquad \left\|\frac{d\mathbf{T}}{dt}\right\| = \frac{2}{\sqrt{13}}$$

이므로 식 (7)에서 주법선

$$\mathbf{N}(t) = -\cos t\,\mathbf{i} - \sin t\,\mathbf{j}$$

를 얻는다. 종법선은

$$\mathbf{B}(t) = \mathbf{T}(t) \times \mathbf{N}(t) = \begin{vmatrix} \mathbf{i} & \mathbf{j} & \mathbf{k} \\ -\frac{2}{\sqrt{13}}\sin t & \frac{2}{\sqrt{13}}\cos t & \frac{3}{\sqrt{13}} \\ -\cos t & -\sin t & 0 \end{vmatrix}$$

$$= \frac{3}{\sqrt{13}}\sin t\,\mathbf{i} - \frac{3}{\sqrt{13}}\cos t\,\mathbf{j} + \frac{2}{\sqrt{13}}\mathbf{k}$$

이다. 마지막으로 $\|d\mathbf{T}/dt\| = 2/\sqrt{13}$, $\|\mathbf{r}'(t)\| = \sqrt{13}$ 이므로 식 (4)에서 임의의 점에서의 곡률은 일정한 값

$$\kappa = \frac{2/\sqrt{13}}{\sqrt{13}} = \frac{2}{13}$$

이다. ≡

예제 2에서 곡률이 일정하다는 사실은 놀라운 일이 아니다. 왜냐하면 $\mathbf{r}(t)$에 의하여 정의된 곡선이 원형 나선이기 때문이다.

예제 3 접촉평면, 법평면, 전직평면

예제 2의 원나선 곡선위의 $t = \pi/2$에 대응하는 점에서 **(a)** 접촉평면, **(b)** 법평면, **(c)** 전직평면의 방정식을 구하라.

풀이 $\mathbf{r}(\pi/2) = \langle 0, 2, 3\pi/2\rangle$에서 대응하는 점 P는 $(0, 2, 3\pi/2)$이다.

(a) 점 P에서 접촉평면의 법선벡터는

$$\mathbf{B}(\pi/2) = \mathbf{T}(\pi/2) \times \mathbf{N}(\pi/2) = \frac{3}{\sqrt{13}}\mathbf{i} + \frac{2}{\sqrt{13}}\mathbf{k}$$

평면의 방정식을 구하는 데는 단위 법선벡터가 요구되지 않아 $\mathbf{B}(\pi/2)$ 대신에 $\langle 3, 0, 2\rangle$를 이용하는 것이 더 간단하다. 7.5절의 식 (11)로부터 접촉평면의 방정식은

$$3(x - 0) + 0(y - 2) + 2\left(z - \frac{3\pi}{2}\right) = 0 \quad \text{또는} \quad 3x + 2z = 3\pi$$

이다.

(b) 점 P에서 벡터 $\mathbf{T}(\pi/2) = \frac{1}{\sqrt{13}}\langle -2, 0, 3\rangle$ 또는 $\langle -2, 0, 3\rangle$은 $\mathbf{N}(\pi/2)$와 $\mathbf{B}(\pi/2)$를 포함하는 평면에 수직이다. 따라서 법평면의 방정식은

$$-2(x-0) + 0(y-2) + 3\left(z - \frac{3\pi}{2}\right) = 0 \quad \text{또는} \quad -4x + 6z = 9\pi$$

이다.

(c) 점 P에서 벡터 $\mathbf{N}(\pi/2) = \langle 0, -1, 0\rangle$은 $\mathbf{T}(\pi/2)$와 $\mathbf{B}(\pi/2)$를 포함하는 평면에 수직이다. 전직평면의 방정식은

$$0(x-0) + (-1)(y-2) + 0\left(z - \frac{3\pi}{2}\right) = 0 \quad \text{또는} \quad y = 2$$

이다. ≡

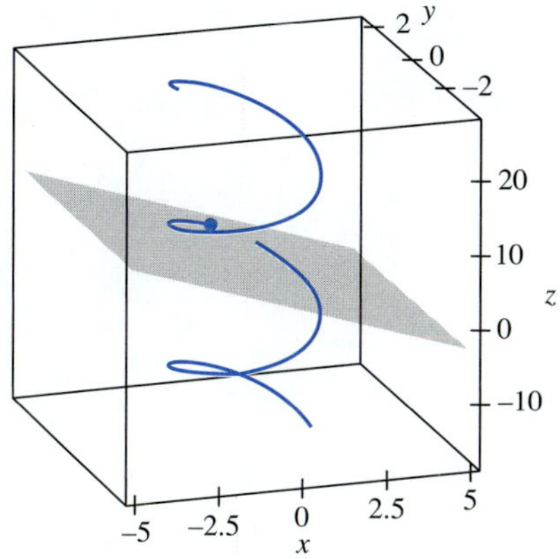

그림 9.3.5 예제 3의 나선과 접촉평면

*Mathematica*의 도움으로 예제 3의 원나선과 접촉평면의 부분을 그림 9.3.5에 보였다. 점 $(0, 2, 3\pi/2)$는 그림에서 파란점으로 표시되었다.

a_T, a_N과 곡률에 관한 공식 $\mathbf{v} = v\mathbf{T}$와 식 (9)를 내적하거나 외적함으로써 가속도의 접선성분, 법선성분, 곡률을 $\mathbf{r}$, $\mathbf{r}'$, $\mathbf{r}''$으로 나타내는 공식을 구할 수 있다.

$$\mathbf{v}\cdot\mathbf{a} = a_N\underbrace{(v\mathbf{T}\cdot\mathbf{N})}_{0} + a_T\underbrace{(v\mathbf{T}\cdot\mathbf{T})}_{1} = a_T v$$

에서 가속도의 접선성분은

$$a_T = \frac{dv}{dt} = \frac{\mathbf{v}\cdot\mathbf{a}}{\|\mathbf{v}\|} = \frac{\mathbf{r}'(t)\cdot\mathbf{r}''(t)}{\|\mathbf{r}'(t)\|} \tag{10}$$

이다. 한편

$$\mathbf{v}\times\mathbf{a} = a_N\underbrace{(v\mathbf{T}\times\mathbf{N})}_{\mathbf{B}} + a_T\underbrace{(v\mathbf{T}\times\mathbf{T})}_{\mathbf{0}} = a_N v\mathbf{B}$$

와 $\|\mathbf{B}\| = 1$에서 가속도의 법선성분은

$$a_N = \kappa v^2 = \frac{\|\mathbf{v}\times\mathbf{a}\|}{\|\mathbf{v}\|} = \frac{\|\mathbf{r}'(t)\times\mathbf{r}''(t)\|}{\|\mathbf{r}'(t)\|} \tag{11}$$

이다. 마지막으로 식 (11)을 곡률에 대하여 풀면

$$\kappa(t) = \frac{\|\mathbf{v}\times\mathbf{a}\|}{\|\mathbf{v}\|^3} = \frac{\|\mathbf{r}'(t)\times\mathbf{r}''(t)\|}{\|\mathbf{r}'(t)\|^3} \tag{12}$$

를 얻는다.

예제 4 뒤틀린 3차곡선의 곡률

벡터 $\mathbf{r}(t) = t\mathbf{i} + \frac{1}{2}t^2\mathbf{j} + \frac{1}{3}t^3\mathbf{k}$가 그리는 곡선을 '뒤틀린 3차곡선(twisted cubic)'이라고 한다.

움직이는 물체의 위치벡터가 $\mathbf{r}(t)$일 때 임의의 t에 대하여 가속도의 접선성분, 법선성분, 곡률을 구하라.

풀이 $\mathbf{v}(t) = \mathbf{r}'(t) = \mathbf{i} + t\mathbf{j} + t^2\mathbf{k}$, $\mathbf{a}(t) = \mathbf{r}''(t) = \mathbf{j} + 2t\mathbf{k}$이다. $\mathbf{v} \cdot \mathbf{a} = t + 2t^3$, $\|\mathbf{v}\| = \sqrt{1 + t^2 + t^4}$이므로 식 (10)에서

$$a_T = \frac{dv}{dt} = \frac{t + 2t^3}{\sqrt{1 + t^2 + t^4}}$$

이다. 한편

$$\mathbf{v} \times \mathbf{a} = \begin{vmatrix} \mathbf{i} & \mathbf{j} & \mathbf{k} \\ 1 & t & t^2 \\ 0 & 1 & 2t \end{vmatrix} = t^2\mathbf{i} - 2t\mathbf{j} + \mathbf{k}$$

에서 $\|\mathbf{v} \times \mathbf{a}\| = \sqrt{t^4 + 4t^2 + 1}$이므로 (11)에서

$$a_N = \kappa v^2 = \frac{\sqrt{t^4 + 4t^2 + 1}}{\sqrt{1 + t^2 + t^4}} = \sqrt{\frac{t^4 + 4t^2 + 1}{t^4 + t^2 + 1}}$$

이다. 뒤틀린 3차곡선의 곡률은 식 (12)로부터

$$\kappa(t) = \frac{(t^4 + 4t^2 + 1)^{1/2}}{(t^4 + t^2 + 1)^{3/2}}$$

임을 알 수 있다. ≡

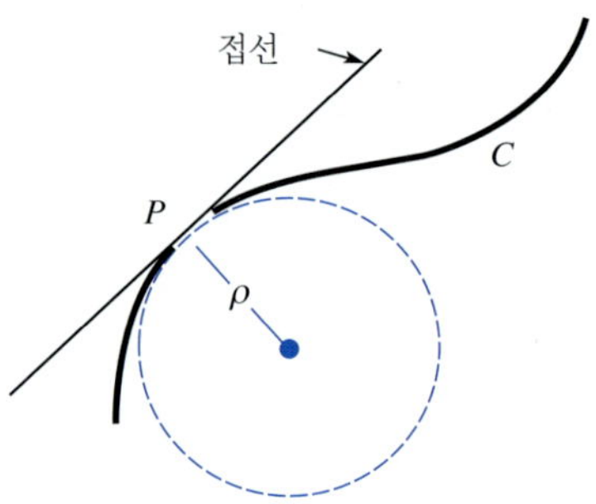

그림 9.3.6 곡률반지름

곡률반지름 곡률의 역수 $\rho = 1/\kappa$을 **곡률반지름**(radius of curvature)이라고 한다. 곡선 C 위의 점 P에서의 곡률반지름은 다른 어떤 원보다 그 점에서의 곡선에 일치하는 원의 반지름이다. 점 P에서의 원을 **곡률원**(circle of curvature), 그 중심을 **곡률중심**(center of curvature)이라고 한다. 점 P에서 곡률원과 곡선 C는 동일한 접선을 갖고, 곡률중심은 C의 오목한 쪽에 위치한다. 예를 들면 그림 9.3.6과 같이 곡선 주로를 달리는 자동차가 어느 순간에 반지름이 ρ인 원 위를 움직인다고 생각할 수 있다. 따라서 가속도의 법선성분 $a_N = \kappa v^2$은 구심가속도의 크기 $a = v^2/\rho$과 같아야 한다. 따라서 $\kappa = 1/\rho$ 또는 $\rho = 1/\kappa$이다. 곡률반지름을 알면 자동차가 미끄러지지 않고 경사진 곡선을 통과하는 속력 v를 구할 수 있다(연습문제 9.2의 문제 26 참조.)

참고

식 (6)을

$$\mathbf{a}(t) = \frac{ds}{dt}\frac{d\mathbf{T}}{dt} + \frac{d^2s}{dt^2}\mathbf{T}$$

로 나타내면 앞의 참고에서 인용된 스칼라 가속력 d^2s/dt^2은 가속도의 접선성분 a_T임을 알 수 있다.

9.3 연습문제

부록에 선택된 홀수 문제의 답이 있다.

문제 1, 2에서는 주어진 위치함수에 대하여 단위접선벡터를 구하라.

1. $\mathbf{r}(t) = (t\cos t - \sin t)\mathbf{i} + (t\sin t + \cos t)\mathbf{j} + t^2\mathbf{k};\ t > 0$
2. $\mathbf{r}(t) = e^t\cos t\,\mathbf{i} + e^t\sin t\,\mathbf{j} + \sqrt{2}e^t\mathbf{k}$
3. 예제 2에서 소개한 과정을 사용하여 일반적인 원형 나선 운동 $\mathbf{r}(t) = a\cos t\mathbf{i} + a\sin t\mathbf{j} + ct\mathbf{k}$에 대하여 $\mathbf{T}$, $\mathbf{N}$, $\mathbf{B}$와 κ를 구하라.
4. 예제 2에서 소개한 과정을 사용하여 예제 4의 뒤틀린 3차 곡선에 대해 $t = 1$일 때

$$\mathbf{T} = \frac{1}{\sqrt{3}}(\mathbf{i} + \mathbf{j} + \mathbf{k}),\quad \mathbf{N} = -\frac{1}{\sqrt{2}}(\mathbf{i} - \mathbf{k}),$$

$$\mathbf{B} = -\frac{1}{\sqrt{6}}(-\mathbf{i} + 2\mathbf{j} - \mathbf{k}),\quad \kappa = \frac{\sqrt{2}}{3}$$

가 됨을 보여라.

문제 5, 6에서는 주어진 t 값에 대응하는 점에서 주어진 공간곡선의 접촉평면의 방정식을 구하라.

5. 예제 2의 원형 나선: $t = \pi/4$
6. 예제 4의 뒤틀린 3차곡선: $t = 1$

문제 7~16에서는 $\mathbf{r}(t)$는 움직이는 물체의 위치벡터이다. 임의의 t에 대하여 가속도의 접선성분과 법선성분을 구하라.

7. $\mathbf{r}(t) = \mathbf{i} + t\mathbf{j} + t^2\mathbf{k}$
8. $\mathbf{r}(t) = 3\cos t\mathbf{i} + 2\sin t\mathbf{j} + t\mathbf{k}$
9. $\mathbf{r}(t) = t^2\mathbf{i} + (t^2 - 1)\mathbf{j} + 2t^2\mathbf{k}$
10. $\mathbf{r}(t) = t^2\mathbf{i} - t^3\mathbf{j} + t^4\mathbf{k}$
11. $\mathbf{r}(t) = 2t\mathbf{i} + t^2\mathbf{j}$
12. $\mathbf{r}(t) = \tan^{-1}t\mathbf{i} + \frac{1}{2}\ln(1 + t^2)\mathbf{j}$
13. $\mathbf{r}(t) = 5\cos t\mathbf{i} + 5\sin t\mathbf{j}$
14. $\mathbf{r}(t) = \cosh t\mathbf{i} + \sinh t\mathbf{j}$
15. $\mathbf{r}(t) = e^{-t}(\mathbf{i} + \mathbf{j} + \mathbf{k})$
16. $\mathbf{r}(t) = t\mathbf{i} + (2t - 1)\mathbf{j} + (4t + 2)\mathbf{k}$
17. 타원형 나선 $\mathbf{r}(t) = a\cos t\mathbf{i} + b\sin t\mathbf{j} + ct\mathbf{k}$, $a > 0$, $b > 0$, $c > 0$의 곡률을 구하라.
18. **(a)** 타원 궤도 $\mathbf{r}(t) = a\cos t\mathbf{i} + b\sin t\mathbf{j} + c\mathbf{k}$, $a > 0$, $b > 0$, $c > 0$의 곡률을 구하라.
    (b) $a = b$인 원 궤도의 곡률은 상수 $\kappa = 1/a$임을 보여라.
19. 직선의 곡률은 상수 $\kappa = 0$임을 보여라. [힌트: 7.5절의 식 (2)를 사용하라.]
20. 굴렁쇠선(cycloid)은

$$\mathbf{r}(t) = a(t - \sin t)\mathbf{i} + a(1 - \cos t)\mathbf{j},\ a > 0$$

으로 나타난다. $t = \pi$에서의 곡률을 구하라.

21. C는 $\mathbf{r}(t) = f(t)\mathbf{i} + g(t)\mathbf{j}$로 주어지는 평면곡선이고, f와 g는 2계 도함수를 갖는다. 한 점에서의 곡률이

$$\kappa = \frac{|f'(t)g''(t) - g'(t)f''(t)|}{([f'(t)]^2 + [g'(t)]^2)^{3/2}}$$

임을 보여라.

22. $y = F(x)$이면, 문제 21의 κ의 공식이

$$\kappa = \frac{|F''(x)|}{[1 + (F'(x))^2]^{3/2}}$$

이 됨을 보여라.

문제 23, 24에서는 문제 22의 결과를 사용하여 주어진 점에서 곡선의 곡률과 곡률반지름을 구하라. 어느 점에서 곡선이 '더 많이 휘는가'?

23. $y = x^2$; $(0, 0)$, $(1, 1)$
24. $y = x^3$; $(-1, -1)$, $(\frac{1}{2}, \frac{1}{8})$

토의문제

25. $y = F(x)$의 변곡점(point of inflection) 근처에서의 곡률에 대하여 논하라.
26. $\|\mathbf{a}(t)\|^2 = a_N^2 + a_T^2$이 됨을 보여라.

9.4 편도함수

소개 이 절에서는 둘 또는 그 이상의 변수를 갖는 함수와 이러한 함수들에 대하여 각 변수에 대한 순간 변화율, 즉 도함수를 구하는 방법을 소개한다.

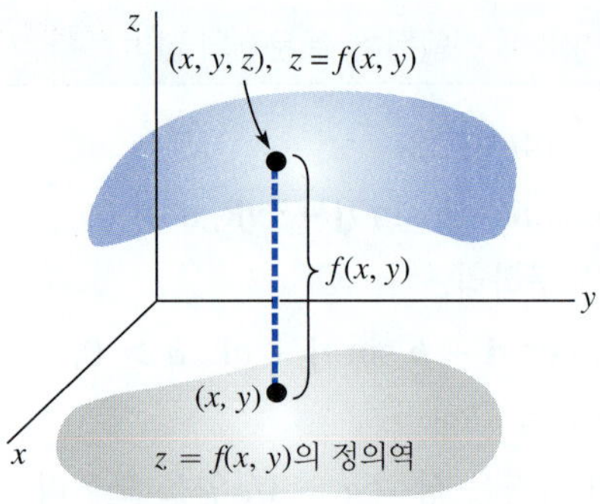

그림 9.4.1 2변수 함수

■ **2변수 함수** 우리는 미적분학에서 **2변수 함수**(function of two variables)는 xy 평면의 부분집합에 속하는 각 실수의 순서쌍 (x, y)에 실수의 집합 R에 속하는 단 하나의 수 z를 지정하는 대응규칙이라고 배웠다. 여기서 순서쌍 (x, y)의 집합을 함수의 **정의역**(domain)이라 하고, 이에 대응하는 z의 집합을 **치역**(range)이라 한다. 2변수 함수는 보통 $z = f(x, y)$로 나타내며 변수 x, y를 함수의 **독립변수**(independent variable)라 하고, z를 **종속변수**(dependent variable)라 한다. 함수 $z = f(x, y)$의 **그래프**는 **그림 9.4.1**과 같이 3차원 공간의 곡면이다.

■ **등위곡선** 함수 $z = f(x, y)$와 적당한 상수 c에 대하여 $f(x, y) = c$로 정의되는 곡선을 f의 **등위곡선**[또는 **등고선**(level curve)]이라 부른다. 등위(level)라는 말은 방정식 $f(x, y) = c$가 곡면 $z = f(x, y)$와 수평면(또는 등위면) $z = c$의 교선을 xy 평면에 정사영한 것이라는 사실에 기인한다. **그림 9.4.2**를 보라.

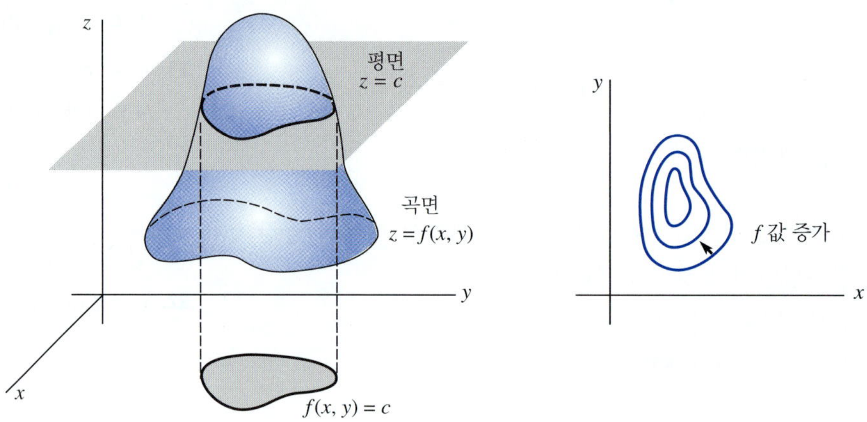

(a) 곡면 (b) 등위곡선

그림 9.4.2 곡면과 등위곡선

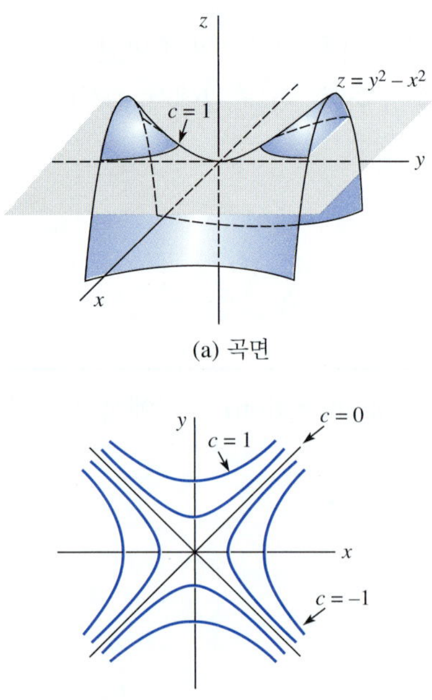

(b) 등위곡선

그림 9.4.3 예제 1의 곡면과 등위곡선

예제 1 **등위곡선**

함수 $f(x, y) = y^2 - x^2$의 등위곡선은 $y^2 - x^2 = c$이다. **그림 9.4.3**과 같이 $c > 0$ 또는 $c < 0$일 때 이러한 곡선의 모임(곡선군)은 쌍곡선이며 $c = 0$이면 직선 $y = x$와 $y = -x$를 얻는다. ≡

■ **셋 또는 그 이상의 변수에 대한 함수** 셋 또는 그 이상의 변수에 대한 함수를 2변수 함수와 유사하게 정의한다. 예를 들면 **3변수 함수**(function of three variables)는 3차원 공간의 부분집합에 속하는 세 실수의 순서쌍 (x, y, z)에 실수의 집합 R에 속하는 단 하나의 수 w를 지정하는 대응규칙이며 이를 $w = F(x, y, z)$로 쓴다.

■ **등위곡면** 3변수 함수 $w = F(x, y, z)$의 그래프는 그릴 수가 없지만, 적당한 c 값에 대하여 $F(x, y, z) = c$로 정의되는 곡면은 그릴 수 있는데 이러한 곡면을 **등위곡면**(level surface)이라 한다. 등위곡면이라는 표현이 일반적이긴 하지만 이는 잘못된 언어 선택이다. 왜냐하면 등위곡면이 보통 **평평하지는**(level) 않기 때문이다.

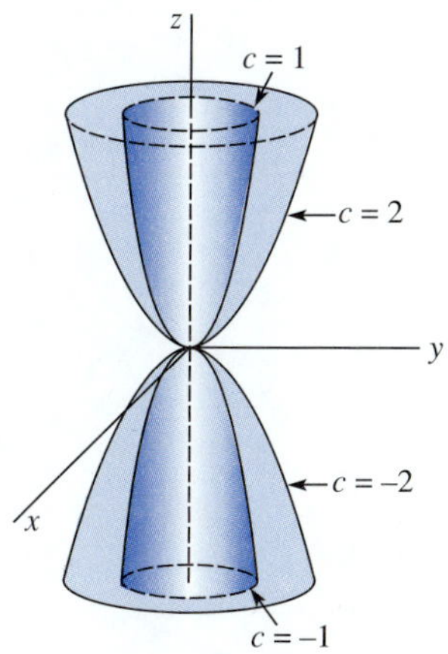

그림 9.4.4 예제 2의 등위곡면

예제 2 등위곡면

함수 $F(x, y, z) = (x^2 + y^2)/z$의 등위곡면을 구하라.

풀이 $c \neq 0$에 대하여 등위곡면은

$$\frac{x^2 + y^2}{z} = c \qquad \text{또는} \qquad x^2 + y^2 = cz$$

이며, 이는 포물면(paraboloid)이다. 곡면군 중 몇 개가 **그림 9.4.4**에 나와 있다. ≡

편도함수 1변수 함수 $y = f(x)$의 도함수는

$$\frac{dy}{dx} = \lim_{\Delta x \to 0} \frac{f(x + \Delta x) - f(x)}{\Delta x}$$

이다. 이와 같은 방법으로 2변수 함수의 각 변수에 관한 도함수를 정의할 수 있다. 2변수 함수 $z = f(x, y)$에 대하여 다음의 각 극한이 존재하면 ***x*에 관한 편도함수**는

$$\frac{\partial z}{\partial x} = \lim_{\Delta x \to 0} \frac{f(x + \Delta x, y) - f(x, y)}{\Delta x} \tag{1}$$

로 정의하고, ***y*에 관한 편도함수**는

$$\frac{\partial z}{\partial y} = \lim_{\Delta y \to 0} \frac{f(x, y + \Delta y) - f(x, y)}{\Delta y} \tag{2}$$

로 정의한다.

식 (1)에서 변수 y는 극한을 취하는 과정에서 변하지 않고 고정된다. 마찬가지로 식 (2)에서는 변수 x가 고정된다. 두 편도함수 식 (1)과 (2)는 각각 x와 y에 관한 f의 변화율을 나타낸다. 실질적으로 편도함수를 구할 때

$\partial z/\partial x$를 계산할 때는 y를 상수로 생각하고 일반적인 미분법칙을 사용한다.
$\partial z/\partial y$를 계산할 때는 x를 상수로 생각하고 일반적인 미분법칙을 사용한다.

와 같이 생각하면 편리하다.

예제 3 편도함수

$z = 4x^3y^2 - 4x^2 + y^6 + 1$에 대하여 $\partial z/\partial x$와 $\partial z/\partial y$를 구하라.

풀이 y를 고정하여 상수로 생각하면

$$\frac{\partial z}{\partial x} = 12x^2y^2 - 8x$$

이고, 마찬가지로 x를 상수로 생각하면

$$\frac{\partial z}{\partial y} = 8x^3y + 6y^5$$

이다. ≡

편도함수의 다른 표기 편도함수 $\partial z/\partial x$와 $\partial z/\partial y$는 흔히 다른 기호로 나타내기도 하는데 $z = f(x, y)$일 때

$$\frac{\partial z}{\partial x} = \frac{\partial f}{\partial x} = z_x = f_x \qquad \text{그리고} \qquad \frac{\partial z}{\partial y} = \frac{\partial f}{\partial y} = z_y = f_y$$

등이다.

고계 및 혼합 편도함수 2변수 함수 $z = f(x, y)$의 편도함수 $\partial z/\partial x$, $\partial z/\partial y$는 자체로 x와 y의 함수이다. 따라서 지속적으로 **2계**(second-order) 및 고계 **편도함수**(higher-order partial derivative)를 구할 수 있다. 실제로 $\partial z/\partial x$의 y에 관한 편도함수와 $\partial z/\partial y$의 x에 관한 편도함수도 구할 수 있는데 이러한 형태의 도함수를 **혼합 편도함수**(mixed partial derivative)라고 부른다. 요약하면 $z = f(x, y)$에 대하여

2계 편도함수:

$$\frac{\partial^2 z}{\partial x^2} = \frac{\partial}{\partial x}\left(\frac{\partial z}{\partial x}\right) \qquad \text{그리고} \qquad \frac{\partial^2 z}{\partial y^2} = \frac{\partial}{\partial y}\left(\frac{\partial z}{\partial y}\right)$$

3계 편도함수:

$$\frac{\partial^3 z}{\partial x^3} = \frac{\partial}{\partial x}\left(\frac{\partial^2 z}{\partial x^2}\right) \qquad \text{그리고} \qquad \frac{\partial^3 z}{\partial y^3} = \frac{\partial}{\partial y}\left(\frac{\partial^2 z}{\partial y^2}\right)$$

혼합 2계 편도함수:

$$\frac{\partial^2 z}{\partial x \partial y} = \frac{\partial}{\partial x}\left(\frac{\partial z}{\partial y}\right) \qquad \text{그리고} \qquad \frac{\partial^2 z}{\partial y \partial x} = \frac{\partial}{\partial y}\left(\frac{\partial z}{\partial x}\right)$$

등이다.

고계 편도함수의 다른 표기 2계 및 3계 편도함수를 f_{xx}, f_{yy}, f_{xxx} 등으로 표기한다. 혼합 2계 편도함수에 대한 하첨자 표기는 f_{xy} 또는 f_{yx}인데

$$f_{xy} = (f_x)_y = \frac{\partial}{\partial y}\left(\frac{\partial z}{\partial x}\right) = \frac{\partial^2 z}{\partial y \partial x} \qquad \text{그리고} \qquad f_{yx} = \frac{\partial^2 z}{\partial x \partial y}$$

임에 주목하자. 여기서 증명하지는 않겠지만 함수 f가 연속인 2계 편도함수를 가지면 혼합 2계 편도함수는 미분 순서에 관계없이 같다. 즉

$$f_{xy} = f_{yx} \tag{3}$$

이다.

셋 또는 그 이상의 변수의 함수 3변수 함수 $w = F(x, y, z)$의 x, y, z 방향의 변화율은 각각 $\partial w/\partial x$, $\partial w/\partial y$, $\partial w/\partial z$이다. 편도함수의 계산은 2변수 함수의 경우와 유사한데, 예를 들어 $\partial w/\partial x$를 계산할 때는 y와 z를 상수로 생각하고 x에 대해서만 미분하여 구한다. 이러한 편도함수 계산법은 함수의 변수의 개수가 몇 개이든지 동일하다.

예제 4 편도함수

$F(x, y, t) = e^{-3\pi t} \cos 4x \sin 6y$의 x, y, t에 대한 편도함수는 각각

$$F_x(x, y, t) = -4e^{-3\pi t} \sin 4x \sin 6y,$$
$$F_y(x, y, t) = 6e^{-3\pi t} \cos 4x \cos 6y,$$
$$F_t(x, y, t) = -3\pi e^{-3\pi t} \cos 4x \sin 6y$$

이다. ≡

연쇄법칙 $y = f(u)$가 u에 대해 미분 가능한 함수이고 $u = g(x)$가 x에 대해 미분 가능한 함수이면, 합성함수 $y = f(x)$의 x에 대한 미분은 1변수 함수의 연쇄법칙에 의해

$$\frac{dy}{dx} = \frac{dy}{du}\frac{du}{dx} \tag{4}$$

이다. 한편 $u = g(x, y)$, $v = h(x, y)$일 때 2변수 합성함수 $z = f(u, v)$에 대해 $\partial z/\partial x$, $\partial z/\partial y$를 계산할 수 있는데 식 (4)와 유사한 2변수 함수의 **연쇄법칙**은 다음과 같다.

정리 9.4.1 연쇄법칙

$z = f(u, v)$가 미분 가능하고 $u = g(x, y)$, $v = h(x, y)$에 대해 연속인 1계 편도함수가 존재하면

$$\frac{\partial z}{\partial x} = \frac{\partial z}{\partial u}\frac{\partial u}{\partial x} + \frac{\partial z}{\partial v}\frac{\partial v}{\partial x}, \qquad \frac{\partial z}{\partial y} = \frac{\partial z}{\partial u}\frac{\partial u}{\partial y} + \frac{\partial z}{\partial v}\frac{\partial v}{\partial y} \tag{5}$$

이다.

예제 5 연쇄법칙

$z = u^2 - v^3$이고 $u = e^{2x-3y}$, $v = \sin(x^2 - y^2)$일 때 $\partial z/\partial x$, $\partial z/\partial y$를 구하라.

풀이 $\partial z/\partial u = 2u$, $\partial z/\partial v = -3v^2$이므로 식 (5)에서

$$\frac{\partial z}{\partial x} = 2u(2e^{2x-3y}) - 3v^2[2x\cos(x^2 - y^2)] = 4ue^{2x-3y} - 6xv^2\cos(x^2 - y^2) \tag{6}$$

$$\frac{\partial z}{\partial y} = 2u(-3e^{2x-3y}) - 3v^2[(-2y)\cos(x^2 - y^2)] = -6ue^{2x-3y} + 6yv^2\cos(x^2 - y^2) \tag{7}$$

이다. ≡

예제 5에서 z를 x와 y로 나타내어 직접 편도함수를 계산하여 식 (6)과 (7)을 x와 y로만 나타낼 수도 있다.

■ **특수한 경우** $z = f(u, v)$가 미분 가능하고 $u = g(t)$, $v = h(t)$가 단일 변수 t에 대해 미분 가능한 함수이면 정리 9.4.1는 상미분 dz/dt가

$$\frac{dz}{dt} = \frac{\partial z}{\partial u}\frac{du}{dt} + \frac{\partial z}{\partial v}\frac{dv}{dt} \tag{8}$$

가 됨을 의미한다.

■ **일반화** 식 (5)와 (8) 결과는 변수 개수에 관계없이 일반화된다. 만약 $z = f(u_1, u_2, \ldots, u_n)$이 미분 가능하고 각 변수 $u_1, u_2, \ldots, u_n$이 $x_1, x_2, \ldots, x_k$의 함수이면 정리 9.4.1에서와 같은 가정 아래

$$\frac{\partial z}{\partial x_i} = \frac{\partial z}{\partial u_1}\frac{\partial u_1}{\partial x_i} + \frac{\partial z}{\partial u_2}\frac{\partial u_2}{\partial x_i} + \cdots + \frac{\partial z}{\partial u_n}\frac{\partial u_n}{\partial x_i} \tag{9}$$

가 성립한다. 여기서 $i = 1, 2, \ldots, k$이다. 마찬가지로 u_i, $i = 1, 2, \ldots, n$이 단일 변수 t에 대해 미분 가능한 함수이면

$$\frac{dz}{dt} = \frac{\partial z}{\partial u_1}\frac{du_1}{dt} + \frac{\partial z}{\partial u_2}\frac{du_2}{dt} + \cdots + \frac{\partial z}{\partial u_n}\frac{du_n}{dt} \tag{10}$$

이다.

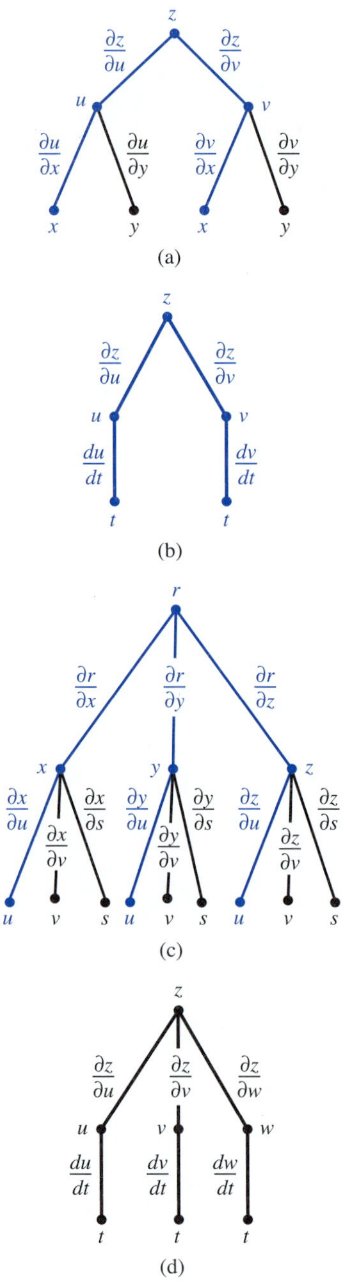
그림 9.4.5 수형도

■ **수형도** 식 (5)의 결과를 **수형도**(tree diagram)를 사용하여 기억할 수 있다. 그림 9.4.5(a) 첫 번째 수형도에서 연이어 나타나는 점들은 z가 u와 v에 종속되고 u와 v는 다시 x와 y에 종속됨을 의미한다. 예를 들어 $\partial z/\partial x$를 계산하려면 z와 x를 연결하는 푸른색 경로를 따라 왼쪽에서 오른쪽으로 읽어 가며 각 경로의 편도함수를 곱한 다음 두 경로에서의 결과를 더하는 것이다. 식 (8)의 결과는 그림 9.4.5(b) 두 번째 수형도에 나타난다.

다음 두 개의 예제에서 식 (9)와 (10)의 특수한 경우를 나타내는 수형도를 사용한다.

예제 6 **수형도 사용**

$r = x^2 + y^5z^3$이고 $x = uve^{2s}$, $y = u^2 - v^2s$, $z = \sin(uvs^2)$일 때 $\partial r/\partial s$를 구하라.

풀이 그림 9.4.5(c)의 수형도의 푸른색 경로를 이용하면

$$\begin{aligned}\frac{\partial r}{\partial s} &= \frac{\partial r}{\partial x}\frac{\partial x}{\partial s} + \frac{\partial r}{\partial y}\frac{\partial y}{\partial s} + \frac{\partial r}{\partial z}\frac{\partial z}{\partial s} \\ &= 2x(2uve^{2s}) + 5y^4z^3(-v^2) + 3y^5z^2(2uvs\cos(uvs^2))\end{aligned}$$

이다. ≡

예제 7 **수형도 사용**

$z = u^2v^3w^4$이고 $u = t^2$, $v = 5t - 8$, $w = t^3 + t$일 때 dz/dt를 구하라.

풀이 그림 9.4.5(d)의 수형도에 의해

$$\begin{aligned}\frac{dz}{dt} &= \frac{\partial z}{\partial u}\frac{du}{dt} + \frac{\partial z}{\partial v}\frac{dv}{dt} + \frac{\partial z}{\partial w}\frac{dw}{dt}\\ &= 2uv^3w^4(2t) + 3u^2v^2w^4(5) + 4u^2v^3w^3(3t^2 + 1)\end{aligned}$$

이다.

다른 풀이 z를 직접 t로 나타내어 $z = t^4(5t - 8)^3(t^3 + t)^4$를 미분하라. ≡

참고

$w = F(x, y, z)$가 연속인 임의의 계수의 편도함수를 가지면 식 (3)에서와 같이 그 혼합 도함수들이 같다. 즉

$$F_{xyz} = F_{yzx} = F_{zyx}, \quad F_{xxy} = F_{yxx} = F_{xyx}$$

등이 성립한다.

9.4 연습문제

부록에 선택된 홀수 문제의 답이 있다.

문제 1~6에서는 주어진 함수의 등위곡선을 몇 개씩 그려라.

1. $f(x, y) = x + 2y$
2. $f(x, y) = y^2 - x$
3. $f(x, y) = \sqrt{x^2 - y^2 - 1}$
4. $f(x, y) = \sqrt{36 - 4x^2 - 9y^2}$
5. $f(x, y) = e^{y-x^2}$
6. $f(x, y) = \tan^{-1}(y - x)$

문제 7~10에서는 주어진 함수의 등위곡면을 기술하라.(그래프는 그리지 말 것.)

7. $F(x, y, z) = \dfrac{x^2}{9} + \dfrac{z^2}{4}$
8. $F(x, y, z) = x^2 + y^2 + z^2$
9. $F(x, y, z) = x^2 + 3y^2 + 6z^2$
10. $F(x, y, z) = 4y - 2z + 1$
11. $F(x, y, z) = x^2 + y^2 - z^2$일 때 $c = 0$, $c > 0$, $c < 0$에 대하여 등위곡면을 그려라.
12. $F(x, y, z) = \dfrac{x^2}{16} + \dfrac{y^2}{4} + \dfrac{z^2}{9}$에 대하여 점 $(-4, 2, -3)$을 지나는 등위곡면과 x축, y축, z축과의 교점을 구하라.

문제 13~32에서는 주어진 함수의 1계 편도함수를 구하라.

13. $z = x^2 - xy^2 + 4y^5$
14. $z = -x^3 + 6x^2y^3 + 5y^2$
15. $z = 5x^4y^3 - x^2y^6 + 6x^5 - 4y$
16. $z = \tan(x^3y^2)$
17. $z = \dfrac{4\sqrt{x}}{3y^2 + 1}$
18. $z = 4x^3 - 5x^2 + 8x$
19. $z = (x^3 - y^2)^{-1}$
20. $z = (-x^4 + 7y^2 + 3y)^6$
21. $z = \cos^2 5x + \sin^2 5y$
22. $z = e^{x^2\tan^{-1}y^2}$
23. $f(x, y) = xe^{x^3y}$
24. $f(\theta, \phi) = \phi^2 \sin\dfrac{\theta}{\phi}$
25. $f(x, y) = \dfrac{3x - y}{x + 2y}$
26. $f(x, y) = \dfrac{xy}{(x^2 - y^2)^2}$
27. $g(u, v) = \ln(4u^2 + 5v^3)$
28. $h(r, s) = \dfrac{\sqrt{r}}{s} - \dfrac{\sqrt{s}}{r}$
29. $w = 2\sqrt{xy} - ye^{y/z}$
30. $w = xy\ln(xz)$
31. $F(u, v, x, t) = u^2w^2 - uv^3 + vw\cos(ut^2) + (2x^2t)^4$
32. $G(p, q, r, s) = (p^2q^3)^{r^4s^5}$

문제 33, 34에서는 주어진 함수가 **Laplace 방정식**

$$\frac{\partial^2 z}{\partial x^2} + \frac{\partial^2 z}{\partial y^2} = 0$$

을 만족시킴을 검증하라.

33. $z = \ln(x^2 + y^2)$ **34.** $z = e^{x^2-y^2} \cos 2xy$

문제 35, 36에서는 주어진 함수가 **파동방정식**(wave equation)

$$a^2\frac{\partial^2 u}{\partial x^2} = \frac{\partial^2 u}{\partial t^2}$$

을 만족시킴을 검증하라.

35. $u = \cos at \sin x$

36. $u = \cos(x + at) + \sin(x - at)$

37. 액체의 분자 농도 $C(x, t)$가 $C(x, t) = t^{-1/2} e^{-x^2/kt}$로 나타난다. 이 함수가 **확산방정식**(diffusion equation)

$$\frac{k}{4}\frac{\partial^2 C}{\partial x^2} = \frac{\partial C}{\partial t}$$

을 만족시킴을 검증하라.

38. 밀폐된 이상기체에 의해 가해지는 압력 P는 $P = k(T/V)$로 주어진다. 여기서 k는 상수, T는 온도, V는 부피이다. 다음을 구하라.

(a) P의 V에 대한 변화율

(b) V의 T에 대한 변화율

(c) T의 P에 대한 변화율

문제 39~48에서는 연쇄법칙을 이용하여 제시된 편도함수를 구하라.

39. $z = e^{uv^2};\ u = x^3,\ v = x - y^2;\ \frac{\partial z}{\partial x}, \frac{\partial z}{\partial y}$

40. $z = u^2 \cos 4v;\ u = x^2y^3,\ v = x^3 + y^3;\ \frac{\partial z}{\partial x}, \frac{\partial z}{\partial y}$

41. $z = 4x - 5y^2;\ x = u^4 - 8v^3,\ y = (2u - v)^2;\ \frac{\partial z}{\partial u}, \frac{\partial z}{\partial v}$

42. $z = \frac{x - y}{x + y};\ x = \frac{u}{v},\ y = \frac{v^2}{u};\ \frac{\partial z}{\partial u}, \frac{\partial z}{\partial v}$

43. $w = (u^2 + v^2)^{3/2}; u = e^{-t} \sin\theta, v = e^{-t}\cos\theta;\ \frac{\partial w}{\partial t}, \frac{\partial w}{\partial \theta}$

44. $w = \tan^{-1}\sqrt{uv};\ u = r^2 - s^2, v = r^2s^2;\ \frac{\partial w}{\partial r}, \frac{\partial w}{\partial s}$

45. $R = rs^2t^4;\ r = ue^{v^2},\ s = ve^{-u^2},\ t = e^{u^2v^2};\ \frac{\partial R}{\partial u}, \frac{\partial R}{\partial v}$

46. $Q = \ln(pqr);\ p = t^2 \sin^{-1} x,\ q = \frac{x}{t^2},\ r = \tan^{-1}\frac{x}{t};\ \frac{\partial Q}{\partial x}, \frac{\partial Q}{\partial t}$

47. $w = \sqrt{x^2 + y^2};\ x = \ln(rs + tu),$

$y = \frac{t}{u}\cosh rs;\ \frac{\partial w}{\partial t}, \frac{\partial w}{\partial r}, \frac{\partial w}{\partial u}$

48. $s = p^2 + q^2 - r^2 + 4t; p = \phi e^{3\theta}, q = \cos(\phi + \theta), r = \phi\theta^2,$

$t = 2\phi + 8\theta;\ \frac{\partial s}{\partial \phi}, \frac{\partial s}{\partial \theta}$

문제 49~52에서는 식 (8)을 이용하여 제시된 편도함수를 구하라.

49. $z = \ln(u^2 + v^2); u = t^2, v = t^{-2};\ \frac{dz}{dt}$

50. $z = u^3v - uv^4; u = e^{-5t}, v = \sec 5t;\ \frac{dz}{dt}$

51. $w = \cos(3u + 4v); u = 2t + \frac{\pi}{2}, v = -t - \frac{\pi}{4};\ \left.\frac{dw}{dt}\right|_{t=\pi}$

52. $w = e^{xy}; x = \frac{4}{2t + 1}, y = 3t + 5;\ \left.\frac{dw}{dt}\right|_{t=0}$

53. $u = f(x, y)$이고 $x = r\cos\theta$, $y = r\sin\theta$일 때 **Laplace 방정식** $\partial^2u/^2x^2 + \partial^2u/\partial y^2 = 0$이

$$\frac{\partial^2 u}{\partial r^2} + \frac{1}{r}\frac{\partial u}{\partial r} + \frac{1}{r^2}\frac{\partial^2 u}{\partial \theta^2} = 0$$

로 변환됨을 보여라.

54. 실제 기체 CO_2의 Van der Waals 상태방정식은

$$P = \frac{0.08T}{V - 0.0427} - \frac{3.6}{V^2}$$

이다. dT/dt와 dV/dt가 각각 온도와 부피의 시간 변화율이라면 연쇄법칙을 사용하여 dP/dt를 구하라.

55. 열역학계의 상태방정식이 $F(P, V, T) = 0$로 나타난다. 여기서 P, V, T는 각각 압력, 부피, 온도이다. 방정식이 V를 P와 T의 함수로, 또한 T를 V와 P로 정의한다면

$$\frac{\partial V}{\partial T} = -\frac{\dfrac{\partial F}{\partial T}}{\dfrac{\partial F}{\partial V}} = -\frac{1}{\dfrac{\partial T}{\partial V}}$$

이 성립함을 보여라.

56. 도체 양단의 전압 E는 2 volts/min로 증가하고 저항 R은 1 ohm/min로 증가한다. $R = 50$ ohm, $E = 60$ volts일 때 $I = E/R$과 연쇄법칙을 이용하여 도체를 지나는 전류의 변화율을 구하라.

57. 그림 9.4.6의 삼각형에서 변 x의 길이, 변 y의 길이, 각 θ가 각각 0.3 cm/s, 0.5 cm/s, 0.1 rad/s로 증가한다. 연쇄법칙을 사용하여 $x = 10$ cm, $y = 8$ cm, $\theta = \pi/6$인 순간에 삼각형 넓이의 증가율을 구하라.

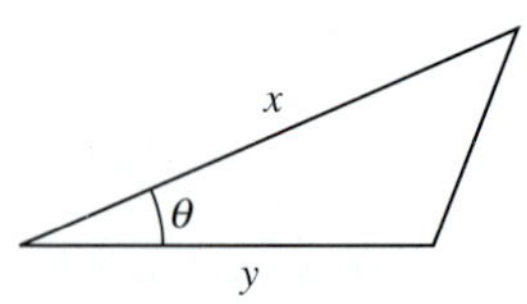

그림 9.4.6 문제 57의 삼각형

58. 어떤 물체가 임의의 시간 t에서 좌표가 $x = 4\cos t$, $y = 4\sin t$, $z = 5t$, $t \geq 0$이 되도록 3차원 공간에서 움직인다. 연쇄법칙을 사용하여 $t = 5\pi/2$초에서 물체가 원점으로부터 떨어진 거리

$$w = \sqrt{x^2 + y^2 + z^2}$$

의 변화율을 계산하라.

9.5 방향도함수

소개 앞절에서 두 개의 변수 x, y의 함수 $z = f(x, y)$의 편도함수 $\partial z/\partial x$와 $\partial z/\partial y$는 각각 곡면 $z = f(x, y)$와 x축 및 y축에 평행한 수직 평면과의 교선의 접선의 기울기를 나타낸다고 하였다. 마찬가지로 편도함수 $\partial z/\partial x$는 함수 f의 벡터 $\mathbf{i}$ 방향의 변화율, $\partial z/\partial y$는 함수 f의 벡터 $\mathbf{j}$ 방향의 변화율이다. 하지만 우리의 관심을 이러한 두 방향에 대해서만 한정할 필요는 없을 것이다. 이 절에서는 미분 가능한 함수의 **임의의 방향**에 대한 변화율을 구하게 된다. **그림 9.5.1**을 보자.

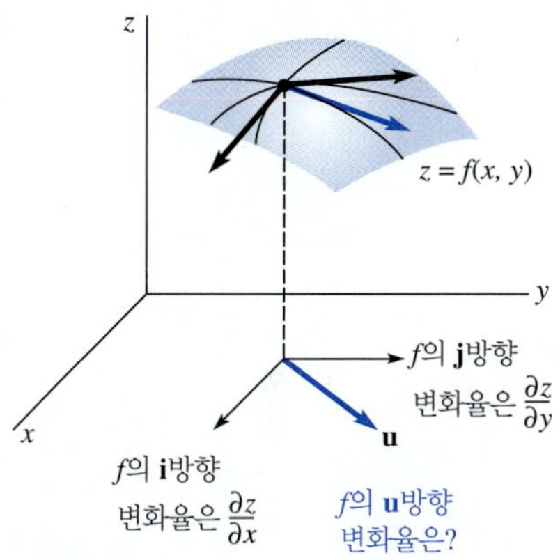

그림 9.5.1 벡터 $\mathbf{u}$로 나타나는 임의의 방향

함수의 기울기

이제 편미분에 근거한 새로운 벡터를 소개한다. **벡터미분연산자**(vector differential operator)

$$\nabla = \mathbf{i}\frac{\partial}{\partial x} + \mathbf{j}\frac{\partial}{\partial y} \qquad \text{또는} \qquad \nabla = \mathbf{i}\frac{\partial}{\partial x} + \mathbf{j}\frac{\partial}{\partial y} + \mathbf{k}\frac{\partial}{\partial z}$$

을 미분 가능한 함수 $z = f(x, y)$ 또는 $w = F(x, y, z)$에 적용하면

$$\nabla f(x, y) = \frac{\partial f}{\partial x}\mathbf{i} + \frac{\partial f}{\partial y}\mathbf{j} \tag{1}$$

$$\nabla F(x, y, z) = \frac{\partial F}{\partial x}\mathbf{i} + \frac{\partial F}{\partial y}\mathbf{j} + \frac{\partial F}{\partial z}\mathbf{k} \tag{2}$$

가 되는데 이들을 각 함수의 **기울기 벡터**(gradient vector)라고 한다. ∇는 그리스 문자 '델타(delta)'를 거꾸로 놓은 기호로 '델(del)' 또는 '나블라(nabla)'라 부르고 벡터 ∇f를 'grad f'로 읽는다.

예제 1 기울기 벡터

$f(x, y) = 5y - x^3y^2$일 때 $\nabla f(x, y)$를 구하라.

풀이 식 (1)에서 $\nabla f(x, y) = \frac{\partial}{\partial x}(5y - x^3y^2)\mathbf{i} + \frac{\partial}{\partial y}(5y - x^3y^2)\mathbf{j}$, 즉

$$\nabla f(x, y) = -3x^2y^2\mathbf{i} + (5 - 2x^3y)\mathbf{j}$$

이다. ≡

예제 2 **한 점에서의 기울기 벡터**

$F(x, y, z) = xy^2 + 3x^2 - z^3$일 때 점 $(2, -1, 4)$에서 $\nabla F(x, y, z)$를 구하라.

풀이 식 (2)에서 $\nabla F(x, y, z) = (y^2 + 6x)\mathbf{i} + 2xy\mathbf{j} - 3z^2\mathbf{k}$, 즉

$$\nabla F(2, -1, 4) = 13\mathbf{i} - 4\mathbf{j} - 48\mathbf{k}$$

이다. ≡

편도함수의 일반화 xy 평면에서 점 $(x, y, 0)$와 점 $(x + \Delta x, y + \Delta y, 0)$을 연결하는 벡터 $\mathbf{v}$와 평행하며 양의 x축과 각 θ를 이루는 단위벡터를 $\mathbf{u} = \cos\theta\mathbf{i} + \sin\theta\mathbf{j}$라고 하면 $h = \sqrt{(\Delta x)^2 + (\Delta y)^2} > 0$일 때 $\mathbf{v} = h\mathbf{u}$이다. 그림 9.5.2와 같이 xy 평면에 수직이고 벡터 $\mathbf{v}$를 포함하는 평면과 곡면 $z = f(x, y)$의 교선을 C라 할 때 점 P: $(x, y, f(x, y))$에서 C의 $\mathbf{v}$ 방향 접선의 기울기는 얼마일까?

$\Delta x = h\cos\theta$, $\Delta y = h\sin\theta$이므로 그림에 나타난 할선의 기울기는

$$\frac{f(x + \Delta x, y + \Delta y) - f(x, y)}{h} = \frac{f(x + h\cos\theta, y + h\sin\theta) - f(x, y)}{h} \tag{3}$$

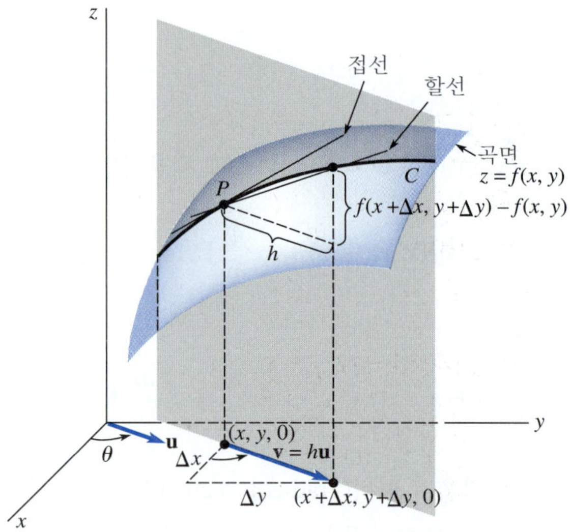

그림 9.5.2 C는 곡면과 벡터 $\mathbf{v}$로 결정되는 평면의 교선

이다.

따라서 점 P에서 접선의 기울기는 $h \to 0$일 때 식 (3)의 극한이며 이 접선의 기울기는 점 P에서 함수 f의 단위벡터 $\mathbf{u}$ 방향의 변화율과 같다. 다음의 정의를 보자.

정의 9.5.1 방향도함수

함수 $z = f(x, y)$의 단위벡터 $\mathbf{u} = \cos\theta\mathbf{i} + \sin\theta\mathbf{j}$ 방향의 **방향도함수**(directional derivative)는 다음 극한이 존재할 때

$$D_{\mathbf{u}}f(x, y) = \lim_{h\to 0}\frac{f(x + h\cos\theta, y + h\sin\theta) - f(x, y)}{h} \tag{4}$$

이다.

식 (4)의 방향도함수는 편도함수를 일반화한 개념이다. 왜냐하면

$$\theta = 0\text{은}\quad D_{\mathbf{i}}f(x, y) = \lim_{h\to 0}\frac{f(x + h, y) - f(x, y)}{h} = \frac{\partial z}{\partial x}\text{을 의미하고}$$

$$\theta = \frac{\pi}{2}\text{은}\quad D_{\mathbf{j}}f(x, y) = \lim_{h\to 0}\frac{f(x, y + h) - f(x, y)}{h} = \frac{\partial z}{\partial y}\text{을 의미}$$

하기 때문이다.

방향도함수의 계산 함수의 방향도함수 $D_{\mathbf{u}}f(x, y)$를 식 (4)로 구할 수 있지만 좀더 편리한 방법을 소개한다. 다음 정리는 함수의 기울기가 방향도함수를 계산하는 데 얼마나 중요한 역할을 하는가를 보여 준다.

정리 9.5.1 방향도함수의 계산

함수 $z = f(x, y)$가 미분 가능하고 $\mathbf{u} = \cos\theta\mathbf{i} + \sin\theta\mathbf{j}$이면

$$D_{\mathbf{u}}f(x, y) = \nabla f(x, y)\cdot\mathbf{u} \tag{5}$$

이다.

증명 고정된 x, y, θ에 대하여 $g(t) = f(x + t\cos\theta, y + t\sin\theta)$는 1변수 함수이다. 우리는 두 가지 다른 방법으로 $g'(0)$을 계산하여 비교하려 한다. 먼저 도함수의 정의에 의해

$$g'(0) = \lim_{h\to 0}\frac{g(0 + h) - g(0)}{h} = \lim_{h\to 0}\frac{f(x + h\cos\theta, y + h\sin\theta) - f(x, y)}{h} \tag{6}$$

이다. 두 번째는 9.4절의 연쇄법칙 식 (8)에 의하여

$$\begin{aligned} g'(t) &= f_1(x + t\cos\theta, y + t\sin\theta)\frac{d}{dt}(x + t\cos\theta) + f_2(x + t\cos\theta, y + t\sin\theta)\frac{d}{dt}(x + t\sin\theta) \\ &= f_1(x + t\cos\theta, y + t\sin\theta)\cos\theta + f_2(x + t\cos\theta, y + t\sin\theta)\sin\theta \end{aligned} \tag{7}$$

가 되는데 여기서 하첨자 1과 2는 각각 $f(x + t\cos\theta, y + t\sin\theta)$의 $x + t\cos\theta$와 $y + t\sin\theta$에 대한 편미분을 의미한다. $t = 0$일 때 $x + t\cos\theta$와 $y + t\sin\theta$는 단순히 x와 y이므로 식 (7)은

$$g'(0) = f_x(x, y)\cos\theta + f_y(x, y)\sin\theta \tag{8}$$

가 된다. 식 (4), (6), (8)을 비교하면

$$\begin{aligned} D_{\mathbf{u}} f(x, y) &= f_x(x, y)\cos\theta + f_y(x, y)\sin\theta \\ &= [f_x(x, y)\mathbf{i} + f_y(x, y)\mathbf{j}] \cdot (\cos\theta\,\mathbf{i} + \sin\theta\,\mathbf{j}) \\ &= \nabla f(x, y) \cdot \mathbf{u} \end{aligned}$$

가 성립한다. ≡

예제 3 **방향도함수**

$f(x, y) = 2x^2y^3 + 6xy$에 대하여 점 (1, 1)에서 양의 x축과 $\pi/6$를 이루는 단위벡터 방향의 방향도함수를 계산하라.

풀이 $\dfrac{\partial f}{\partial x} = 4xy^3 + 6y$, $\dfrac{\partial f}{\partial y} = 6x^2y^2 + 6x$이므로

$$\nabla f(x, y) = (4xy^3 + 6y)\mathbf{i} + (6x^2y^2 + 6x)\mathbf{j} \qquad \text{그리고} \qquad \nabla f(1, 1) = 10\mathbf{i} + 12\mathbf{j}$$

이다. 한편 $\theta = \pi/6$일 때 $\mathbf{u} = \cos\theta\mathbf{i} + \sin\theta\mathbf{j}$는 $\mathbf{u} = \dfrac{\sqrt{3}}{2}\mathbf{i} + \dfrac{1}{2}\mathbf{j}$이므로

$$D_{\mathbf{u}} f(1, 1) = \nabla f(1, 1)\cdot\mathbf{u} = (10\mathbf{i} + 12\mathbf{j})\cdot\left(\frac{\sqrt{3}}{2}\mathbf{i} + \frac{1}{2}\mathbf{j}\right) = 5\sqrt{3} + 6$$

이다. ≡

예제 4 **방향도함수**

xy 평면에 수직이고 점 $P(2, 1)$과 점 $Q(3, 2)$를 지나는 평면과 곡면 $f(x, y) = 4x^2 + y^2$의 교선이 있다. 점 (2, 1, 17)에서 이 교선의 접선의 기울기를 구하라.

풀이 벡터 $\overrightarrow{PQ} = \mathbf{i} + \mathbf{j}$ 방향의 $D_{\mathbf{u}} f(2, 1)$을 구하면 되는데 $\overrightarrow{PQ}$를 단위벡터 $\mathbf{u} = (1/\sqrt{2})\mathbf{i} + (1/\sqrt{2})\mathbf{j}$로 나타내면

$$\nabla f(x, y) = 8x\mathbf{i} + 2y\mathbf{j} \qquad \text{그리고} \qquad \nabla f(2, 1) = 16\mathbf{i} + 2\mathbf{j}$$

이므로 구하려는 기울기는

$$D_{\mathbf{u}} f(2, 1) = (16\mathbf{i} + 2\mathbf{j})\cdot\left(\frac{1}{\sqrt{2}}\mathbf{i} + \frac{1}{\sqrt{2}}\mathbf{j}\right) = 9\sqrt{2}$$

이다. ≡

3변수 함수 함수 $w = F(x, y, z)$에 대한 방향도함수를

$$D_{\mathbf{u}} F(x, y, z) = \lim_{h\to 0} \frac{F(x + h\cos\alpha, y + h\cos\beta, z + h\cos\gamma) - F(x, y, z)}{h}$$

로 정의하는데, 여기서 α, β, γ는 $\mathbf{u}$의 방향각으로 각각 $\mathbf{u}$가 양의 x, y, z축과 이루는 각이다.*

* 식 (4)의 분자는 $\beta = (\pi/2) - \alpha$일 때 $f(x + h\cos\alpha, y + h\cos\beta) - f(x, y)$로 쓸 수 있다.

3변수 함수에 대한 방향도함수 역시 앞에서와 같이

$$D_{\mathbf{u}}F(x, y, z) = \nabla F(x, y, z) \cdot \mathbf{u} \tag{9}$$

로 계산됨을 보일 수 있다. **u**가 단위벡터이므로 7.3절 식 (10)에서

$$D_{\mathbf{u}}f(x, y) = \text{comp}_{\mathbf{u}}\nabla f(x, y) \qquad \text{그리고} \qquad D_{\mathbf{u}}F(x, y, z) = \text{comp}_{\mathbf{u}}\nabla F(x, y, z)$$

이다. 더욱이 식 (9)에서

$$D_{\mathbf{k}}F(x, y, z) = \frac{\partial w}{\partial z}$$

임을 알 수 있다.

예제 5 방향도함수

$F(x, y, z) = xy^2 - 4x^2y + z^2$에 대해 점 $(1, -1, 2)$에서 $6\mathbf{i} + 2\mathbf{j} + 3\mathbf{k}$ 방향의 방향도함수를 구하라.

풀이 $\dfrac{\partial F}{\partial x} = y^2 - 8xy,\ \dfrac{\partial F}{\partial y} = 2xy - 4x^2,\ \dfrac{\partial F}{\partial z} = 2z$에서

$$\nabla F(x, y, z) = (y^2 - 8xy)\mathbf{i} + (2xy - 4x^2)\mathbf{j} + 2z\mathbf{k}$$

$$\nabla F(1, -1, 2) = 9\mathbf{i} - 6\mathbf{j} + 4\mathbf{k}$$

이다. $\|6\mathbf{i} + 2\mathbf{j} + 3\mathbf{k}\| = 7$ 이므로 $\mathbf{u} = \frac{6}{7}\mathbf{i} + \frac{2}{7}\mathbf{j} + \frac{3}{7}\mathbf{k}$가 주어진 방향의 단위벡터이다. 따라서 (9)로부터

$$D_{\mathbf{u}}F(1, -1, 2) = (9\mathbf{i} - 6\mathbf{j} + 4\mathbf{k}) \cdot \left(\frac{6}{7}\mathbf{i} + \frac{2}{7}\mathbf{j} + \frac{3}{7}\mathbf{k}\right) = \frac{54}{7}$$

이다. ≡

방향도함수의 최대값 함수 f가 2변수 또는 3변수 함수일 때 식 (5)와 (9)는 방향도함수를 벡터의 내적으로 표시한다. 정의 7.3.2에 의하면

$$D_{\mathbf{u}}f = \|\nabla f\|\,\|\mathbf{u}\|\cos\phi = \|\nabla f\|\cos\phi, \quad (\|\mathbf{u}\| = 1)$$

이다. 여기서 ϕ는 ∇f와 **u**가 이루는 각으로 $0 \le \phi \le \pi$이므로 $-1 \le \cos\phi \le 1$이고 따라서 $-\|\nabla f\| \le D_{\mathbf{u}}f \le \|\nabla f\|$ 이다. 다시 말하면

방향도함수의 최대값은 $\|\nabla f\|$ 이고
u와 ∇f의 방향이 같을 때 발생한다($\cos\phi = 1$). (10)

방향도함수의 최소값은 $-\|\nabla f\|$이고
u와 ∇f의 방향이 반대일 때 발생한다($\cos\phi = -1$). (11)

예제 6 방향도함수의 최대/최소

예제 5에서 F의 $(1, -1, 2)$에서의 방향도함수 $D_{\mathbf{u}}F(1, -1, 2)$의 최대값은 $\|\nabla F(1, -1, 2)\| = \sqrt{133}$이고 최소값은 $-\sqrt{133}$이다. ≡

함수 f가 가장 급격히 증가하는 방향 식 (10)과 (11)을 다음과 같이 표현할 수 있다.

기울기 벡터 ∇f는 f가 가장 급격히 증가하는 방향을 가리키며
$-\nabla f$는 f가 가장 급격히 감소하는 방향을 가리킨다.

예제 7 경사가 가장 급한 방향

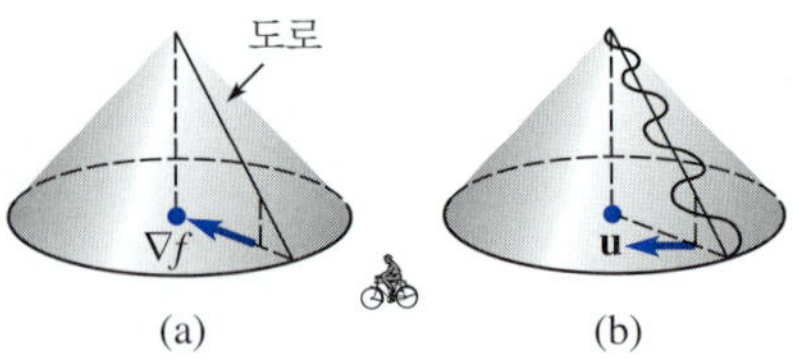

그림 9.5.3 예제 7의 언덕 모형

매년 로스앤젤레스에서는 경사가 급한 언덕을 오르는 자전거 경주대회가 열린다. 최소한의 상식이 있는 자전거 선수라면 언덕길을 지그재그(zigzag)로 오를 것이다. 이를 이해해 보도록 하자. **그림 9.5.3(a)**와 같은 $f(x, y) = 4 - \frac{2}{3}\sqrt{x^2 + y^2}$, $0 \le z \le 4$의 그래프를 언덕의 수학적 모형(mathematical model)이라고 하면 f의 기울기 벡터는

$$\nabla f(x, y) = \frac{2}{3}\left[\frac{-x}{\sqrt{x^2 + y^2}}\mathbf{i} + \frac{-y}{\sqrt{x^2 + y^2}}\mathbf{j}\right] = \frac{\frac{2}{3}}{\sqrt{x^2 + y^2}}\mathbf{r}$$

이고, 여기서 $\mathbf{r} = -x\mathbf{i} - y\mathbf{j}$는 언덕의 원형 바닥의 중심을 향하는 벡터이다.

즉 언덕 정상을 향하는 경사가 가장 급한 도로는 xy 평면에 대한 그림자가 원형 바닥의 반지름과 같은 도로이다. $D_{\mathbf{u}}f = \text{comp}_{\mathbf{u}}\, \nabla f$이므로 자전거 선수는 경사도를 줄이기 위해 지그재그 또는 ∇f의 방향이 아닌 다른 방향을 택하게 되는 것이다. ≡

예제 8 온도가 가장 급격히 감소하는 방향

직육면체 상자 내부의 온도가

$$T(x, y, z) = xyz(1 - x)(2 - y)(3 - z), \quad 0 \le x \le 1, \quad 0 \le y \le 2, \quad 0 \le z \le 3$$

으로 주어진다. 만약 점 $(\frac{1}{2}, 1, 1)$에 위치한 모기 한 마리가 온도가 가장 급격히 감소하는 방향으로 이동하려면 어느 방향으로 가야 하는가?

풀이 T의 기울기 벡터가이므로

$$\nabla T(x, y, z) = yz(2 - y)(3 - z)(1 - 2x)\mathbf{i} + xz(1 - x)(3 - z)(2 - 2y)\mathbf{j} + xy(1 - x)(2 - y)(3 - 2z)\mathbf{k}$$

$\nabla T(\frac{1}{2}, 1, 1) = \frac{1}{4}\mathbf{k}$이다. 따라서 모기는 $-\frac{1}{4}\mathbf{k}$ 방향으로 이동해야 한다. 즉 $T(x, y, 0) = 0$인 상자의 바닥을 향해야 한다. ≡

9.5 연습문제

부록에 선택된 홀수 문제의 답이 있다.

문제 1~4에서는 함수의 기울기 벡터를 계산하라.

1. $f(x, y) = x^2 - x^3y^2 + y^4$ **2.** $f(x, y) = y - e^{-2x^2y}$

3. $F(x, y, z) = \dfrac{xy^2}{z^3}$ **4.** $F(x, y, z) = xy \cos yz$

문제 5~8에서는 주어진 점에서 함수의 기울기 벡터를 계산하라.

5. $f(x, y) = x^2 - 4y^2$; $(2, 4)$

6. $f(x, y) = \sqrt{x^3y - y^4}$; $(3, 2)$

7. $F(x, y, z) = x^2z^2 \sin 4y$; $(-2, \pi/3, 1)$

8. $F(x, y, z) = \ln(x^2 + y^2 + z^2)$; $(-4, 3, 5)$

문제 9, 10에서는 정의 9.5.1을 이용하여 $D_\mathbf{u} f(x, y)$를 계산하라. θ는 $\mathbf{u}$와 양의 x축이 이루는 각이다.

9. $f(x, y) = x^2 + y^2$; $\theta = 30°$

10. $f(x, y) = 3x^2 - y^2$; $\theta = 45°$

문제 11~20에서는 함수의 주어진 점에서 주어진 방향의 방향도함수를 구하라.

11. $f(x, y) = 5x^3y^6$; $(-1, 1)$, $\theta = \pi/6$

12. $f(x, y) = 4x + xy^2 - 5y$; $(3, -1)$, $\theta = \pi/4$

13. $f(x, y) = \tan^{-1} \dfrac{y}{x}$; $(2, -2)$, $\mathbf{i} - 3\mathbf{j}$

14. $f(x, y) = \dfrac{xy}{x + y}$; $(2, -1)$, $6\mathbf{i} + 8\mathbf{j}$

15. $f(x, y) = (xy + 1)^2$; $(3, 2)$, $(5, 3)$ 방향

16. $f(x, y) = x^2 \tan y$; $(\frac{1}{2}, \pi/3)$, 음의 x축 방향

17. $F(x, y, z) = x^2y^2(2z + 1)^2$; $(1, -1, 1)$, $\langle 0, 3, 3\rangle$

18. $F(x, y, z) = \dfrac{x^2 - y^2}{z^2}$; $(2, 4, -1)$, $\mathbf{i} - 2\mathbf{j} + \mathbf{k}$

19. $F(x, y, z) = \sqrt{x^2y + 2y^2z}$; $(-2, 2, 1)$, 음의 z축 방향

20. $F(x, y, z) = 2x - y^2 + z^2$; $(4, -4, 2)$, 원점 방향

문제 21, 22에서는 주어진 곡면과 P와 Q를 포함하고 xy 평면에 수직인 평면의 교선에 대하여 주어진 점에서 접선의 기울기를 구하라.

21. $f(x, y) = (x - y)^2$; $P(4, 2)$, $Q(0, 1)$; $(4, 2, 4)$

22. $f(x, y) = x^3 - 5xy + y^2$; $P(1, 1)$, $Q(-1, 6)$; $(1, 1, -3)$

문제 23~26에서는 주어진 함수가 주어진 점에서 가장 급격히 증가하는 방향을 나타내는 벡터를 구하라. 그때의 최대 변화율도 구하라.

23. $f(x, y) = e^{2x} \sin y$; $(0, \pi/4)$

24. $f(x, y) = xye^{x-y}$; $(5, 5)$

25. $F(x, y, z) = x^2 + 4xz + 2yz^2$; $(1, 2, -1)$

26. $F(x, y, z) = xyz$; $(3, 1, -5)$

문제 27~30에서는 주어진 함수가 주어진 점에서 가장 급격히 감소하는 방향을 나타내는 벡터를 구하라. 그 때의 최소 변화율도 구하라.

27. $f(x, y) = \tan(x^2 + y^2)$; $(\sqrt{\pi/6}, \sqrt{\pi/6})$

28. $f(x, y) = x^3 - y^3$; $(2, -2)$

29. $F(x, y, z) = \sqrt{xze^y}$; $(16, 0, 9)$

30. $F(x, y, z) = \ln\left(\dfrac{xy}{z}\right)$; $(\frac{1}{2}, \frac{1}{6}, \frac{1}{3})$

31. 점 $(3, 4)$에서 $f(x, y) = x + y^2$의 방향도함수를 점 $(2, 1)$에서 $2x^2 + y^2 = 9$의 접선벡터 방향에 대하여 구하라.

32. $f(x, y) = x^2 + xy + y^2 - x$에 대하여 $\mathbf{u} = (1/\sqrt{2})(\mathbf{i} + \mathbf{j})$ 방향의 $D_\mathbf{u}f(x, y)$가 0이 되는 모든 점을 구하라.

33. $\nabla f(a, b) = 4\mathbf{i} + 3\mathbf{j}$이다. 다음을 만족시키는 단위벡터 $\mathbf{u}$를 구하라.

(a) $D_\mathbf{u}f(a, b) = 0$

(b) $D_\mathbf{u}f(a, b)$가 최대

(c) $D_\mathbf{u}f(a, b)$가 최소

34. $D_\mathbf{u}f(a, b) = 6$이다. $D_{-\mathbf{u}}f(a, b)$ 의 값은 얼마인가?

35. **(a)** $f(x, y) = x^3 - 3x^2y^2 + y^3$일 때 점 (x, y)에서 $\mathbf{u} = (1/\sqrt{10})(3\mathbf{i} + \mathbf{j})$ 방향의 방향도함수를 구하라.

(b) 문제 (a)에서 $F(x, y) = D_\mathbf{u}f(x, y)$일 때 $D_\mathbf{u}F(x, y)$를 구하라.

36. 중력 포텐셜(gravitational potential)

$$U(x, y) = \frac{-Gm}{\sqrt{x^2 + y^2}}$$

에서 G와 m은 상수이다. U의 가장 급격한 증가 또는 감소는 원점을 지나는 직선을 따라 발생함을 보여라.

37. $f(x, y) = x^3 - 12x + y^2 - 10y$일 때 $\|\nabla f\| = 0$인 모든 점을 구하라.

38.

$$D_\mathbf{u} f(a, b) = 7, \quad D_\mathbf{v} f(a, b) = 3$$

$$\mathbf{u} = \frac{5}{13}\mathbf{i} - \frac{12}{13}\mathbf{j}, \quad \mathbf{v} = \frac{5}{13}\mathbf{i} + \frac{12}{13}\mathbf{j}$$

일 때 $\nabla f(a, b)$를 구하라.

39. 그림 9.5.4의 직사각 평면을 생각하자. 평면의 점 (x, y)에서 온도는 $T(x, y) = 5 + 2x^2 + y^2$이다. 점 (4, 2)에 위치하는 곤충이 가장 빨리 시원해지려면 어느 방향으로 이동해야 하는가?

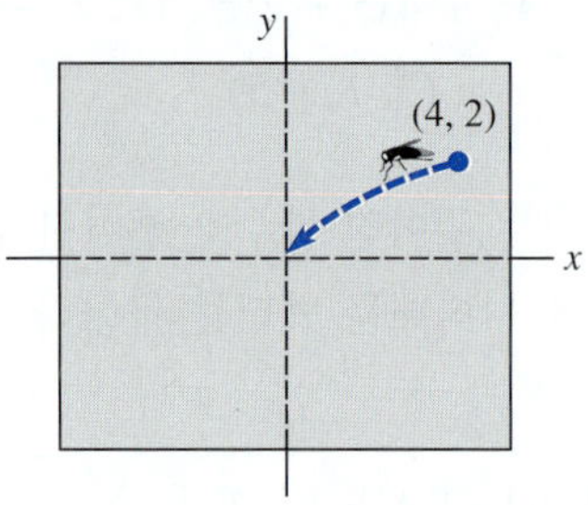

그림 9.5.4 문제 39의 곤충

40. 문제 39에서는 원점이 가장 차가운 점이다. 차가운 곳을 좋아하는 곤충이 (4, 2)에서 출발해 원점을 향하는 경로를 구하라. 경로의 벡터방정식이 $\langle(t), y(t)\rangle$이며 $-\nabla T(x, y) = \langle x'(t), y'(t)\rangle$이다. 이유를 설명하라. [힌트: 변수분리법 사용.]

41. 직사각형 금속판의 점 (x, y)에서 온도는

$$T(x, y) = 100 - 2x^2 - y^2$$

이다. 점 (3, 4)에서 출발하여 온도가 가장 급격히 증가하는 방향을 따라 움직이는 물체의 경로를 구하라.

42. 공간의 점 (x, y, z)에서 온도 T는 (x, y, z)에서 원점까지의 거리 제곱에 반비례한다. $T(0, 0, 1) = 500$일 때 (2, 3, 3)에서 (3, 1, 1) 방향의 T의 변화율을 구하라. (2, 3, 3)에서 어느 방향으로 T가 가장 급격히 증가하는가? (2, 3, 3)에서 T의 최대 변화율은 얼마인가?

43. 다음을 만족시키는 f를 구하라.

$$\nabla f = (3x^2 + y^3 + ye^{xy})\mathbf{i} + (-2y^2 + 3xy^2 + xe^{xy})\mathbf{j}$$

44. f_x, f_y, f_{xy}, f_{yx}가 연속이고 $\mathbf{u}$와 $\mathbf{v}$가 단위벡터일 때 $D_\mathbf{u} D_\mathbf{v} f = D_\mathbf{v} D_\mathbf{u} f$임을 보여라.

문제 45~48에서는 f와 g가 미분 가능한 2변수 함수일 때 다음이 성립함을 보여라.

45. $\nabla(cf) = c\,\nabla f$

46. $\nabla(f + g) = \nabla f + \nabla g$

47. $\nabla(fg) = f\,\nabla g + g\nabla f$

48. $\nabla\left(\dfrac{f}{g}\right) = \dfrac{g\nabla f - f\nabla g}{g^2}$

49. $\mathbf{F}(x, y, z) = f_1(x, y, z)\mathbf{i} + f_2(x, y, z)\mathbf{j} + f_3(x, y, z)\mathbf{k}$이고

$$\nabla = \mathbf{i}\frac{\partial}{\partial x} + \mathbf{j}\frac{\partial}{\partial y} + \mathbf{k}\frac{\partial}{\partial z}$$

일 때

$$\nabla \times \mathbf{F} = \left(\frac{\partial f_3}{\partial y} - \frac{\partial f_2}{\partial z}\right)\mathbf{i} + \left(\frac{\partial f_1}{\partial z} - \frac{\partial f_3}{\partial x}\right)\mathbf{j} + \left(\frac{\partial f_2}{\partial x} - \frac{\partial f_1}{\partial y}\right)\mathbf{k}$$

임을 보여라.

9.6 접평면과 법선

소개 앞절에서 **두 개** 또는 그 이상의 변수를 갖는 함수의 방향도함수가 함수의 기울기 벡터(gradient)에 의해 계산됨을 알았다. 이 절에서는 함수의 기울기 벡터를 기하학적으로 이해해 보자.

기울기 벡터의 기하적 해석—2변수 함수 점 $P(x_0, y_0)$를 지나는 곡선 $f(x, y) = c$가 미분 가능한 함수 $z = f(x, y)$의 등위곡선이면 $f(x_0, y_0) = c$이다.

이 등위곡선이 $x_0 = g(t_0)$, $y_0 = h(t_0)$인 미분 가능한 함수

$$x = g(t),\ y = h(t) \qquad \text{이므로} \qquad x_0 = g(t_0),\ y_0 = h(t_0)$$

로 매개화되면 $f(g(t), h(t)) = c$의 t에 관한 도함수는

$$\frac{\partial f}{\partial x}\frac{dx}{dt} + \frac{\partial f}{\partial y}\frac{dy}{dt} = 0 \tag{1}$$

이다. 벡터

$$\nabla f(x, y) = \frac{\partial f}{\partial x}\mathbf{i} + \frac{\partial f}{\partial y}\mathbf{j} \qquad \text{그리고} \qquad \mathbf{r}'(t) = \frac{dx}{dt}\mathbf{i} + \frac{dy}{dt}\mathbf{j}$$

를 도입하면 식 (1)은 $\nabla f \cdot \mathbf{r}' = 0$이며, 특히 $t = t_0$에서

$$\nabla f(x_0, y_0) \cdot \mathbf{r}'(t_0) = 0 \tag{2}$$

이다. 따라서 만약 $\mathbf{r}'(t_0) \neq 0$이면, 벡터 $\nabla f(x_0, y_0)$는 $P(x_0, y_0)$에서의 접선벡터 $\mathbf{r}'(t_0)$에 수직이다. 즉 **그림 9.6.1**에서와 같이 ∇f는 점 P에서 등위곡선에 수직이다.

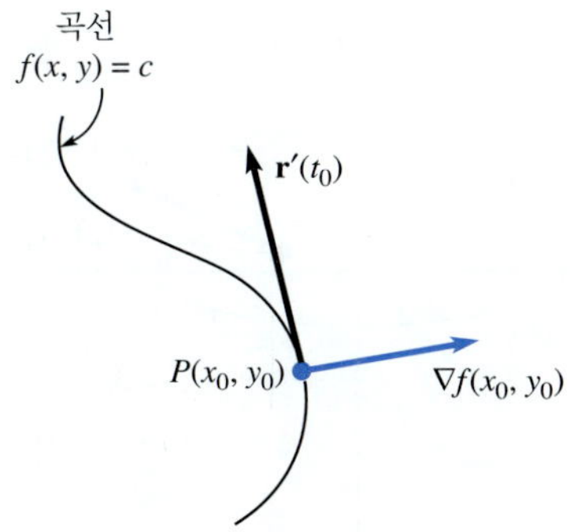

그림 9.6.1 기울기 벡터는 점 P에서 등위곡선에 수직

예제 1 한 점에서의 기울기 벡터

점 (2, 3)을 지나는 $f(x, y) = -x^2 + y^2$의 등위곡선을 구하라. 그 점에서의 기울기 벡터를 그려라.

풀이 $f(2, 3) = -4 + 9 = 5$이므로, 등위곡선은 쌍곡선 $-x^2 + y^2 = 5$이다.

$$\nabla f(x, y) = -2x\mathbf{i} + 2y\mathbf{j} \qquad \text{그리고} \qquad \nabla f(2, 3) = -4\mathbf{i} + 6\mathbf{j}$$

이고, **그림 9.6.2**는 등위곡선과 $\nabla f(2, 3)$을 보여 준다. ≡

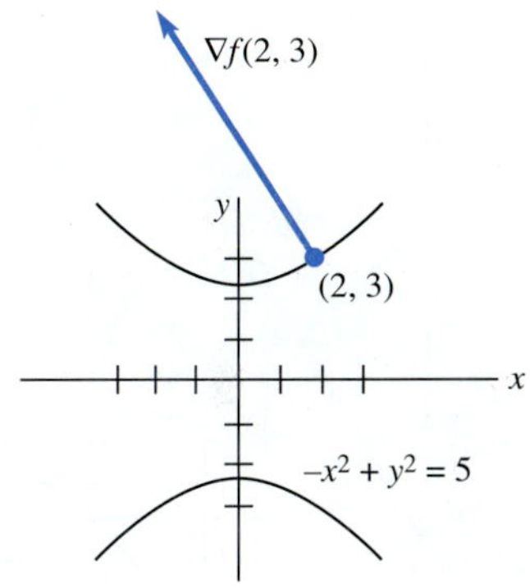

그림 9.6.2 예제 1의 기울기 벡터

기울기 벡터의 기하적 해석—3변수 함수 앞에서와 같이 $F(x, y, z) = c$는 점 $P(x_0, y_0, z_0)$를 지나며 미분 가능한 함수 $w = F(x, y, z)$의 **등위곡면**이라 하자. 미분 가능한 함수 $x = f(t)$, $y = g(t)$, $z = h(t)$가 $x_0 = f(t_0)$, $y_0 = g(t_0)$, $z_0 = h(t_0)$를 만족시키는 곡면 위의 곡선 C의 매개방정식이면, $F(f(t), g(t), h(t)) = c$의 도함수는

$$\frac{\partial F}{\partial x}\frac{dx}{dt} + \frac{\partial F}{\partial y}\frac{dy}{dt} + \frac{\partial F}{\partial z}\frac{dz}{dt} = 0$$

또는

$$\left(\frac{\partial F}{\partial x}\mathbf{i} + \frac{\partial F}{\partial y}\mathbf{j} + \frac{\partial F}{\partial z}\mathbf{k}\right) \cdot \left(\frac{dx}{dt}\mathbf{i} + \frac{dy}{dt}\mathbf{j} + \frac{dz}{dt}\mathbf{k}\right) = 0 \tag{3}$$

을 의미한다. 특히 $t = t_0$일 때 식 (3)은

$$\nabla F(x_0, y_0, z_0) \cdot \mathbf{r}'(t_0) = 0 \tag{4}$$

이 되고 $\mathbf{r}'(t_0) \neq 0$일 때, 벡터 $\nabla F(x_0, y_0, z_0)$은 접선벡터 $\mathbf{r}'(t_0)$에 수직이다. 이는 곡면 위의 점 $P(x_0, y_0, z)$를 지나는 미분 가능한 모든 곡선에 대하여 성립하고, 따라서 ∇F는 점 P에서 등위곡면에 수직이다. **그림 9.6.3**을 보라.

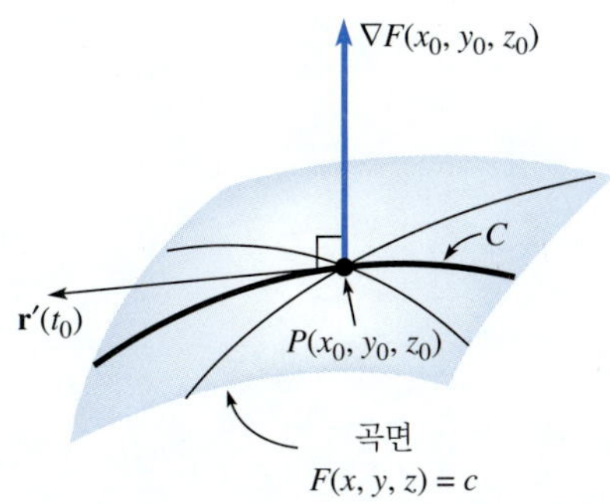

그림 9.6.3 기울기 벡터는 점 P에서 등위곡면에 수직

예제 2 한 점에서의 기울기 벡터

점 (1, 1, 1)을 지나는 $F(x, y, z) = x^2 + y^2 + z^2$의 등위곡면을 구하라. 이 점에서의 기울기 벡터를 그려라.

풀이 $F(1, 1, 1) = 3$이므로, 점 (1, 1, 1)을 지나는 등위곡면은 구 $x^2 + y^2 + z^2 = 3$이다. 함수의 기울기 벡터는

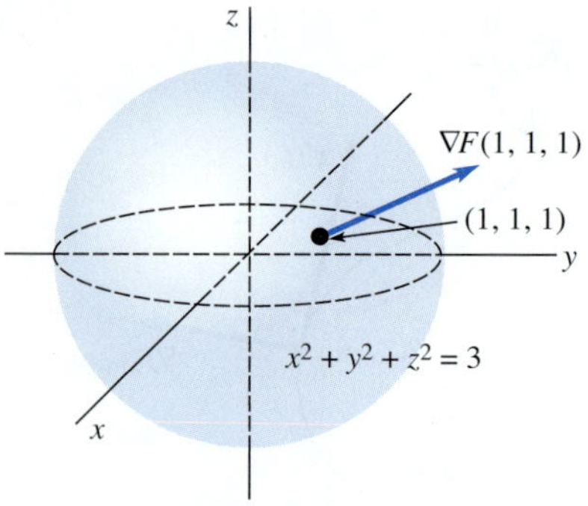

그림 9.6.4 예제 2의 기울기 벡터

$$\nabla F(x, y, z) = 2x\mathbf{i} + 2y\mathbf{j} + 2z\mathbf{k}$$

이고, 주어진 점에서 $\nabla F(1, 1, 1) = 2\mathbf{i} + 2\mathbf{j} + 2\mathbf{k}$이다. 등위곡면과 $\nabla F(1, 1, 1)$이 그림 9.6.4에 나와 있다. ≡

■ **접평면** 미분학에서 함수의 그래프에 접하는 접선(tangent line)의 방정식을 구하는 것이 기본적인 문제이었다. 3차원 공간에서 이와 유사한 문제는 곡면의 **접평면**(tangent plane)의 방정식을 구하는 것이다. 또다시 미분 가능한 함수 $w = F(x, y, z)$와 곡면 $F(x, y, z) = c$를 생각하자.

정의 9.6.1 접평면

점 $P(x_0, y_0, z_0)$는 ∇F가 $\mathbf{0}$이 안 되는 **곡면** $F(x, y, z) = c$ 위의 점이라 하자. 점 P에서의 접평면은 점 P에서 계산된 ∇F에 수직인, P를 지나는 평면이다.

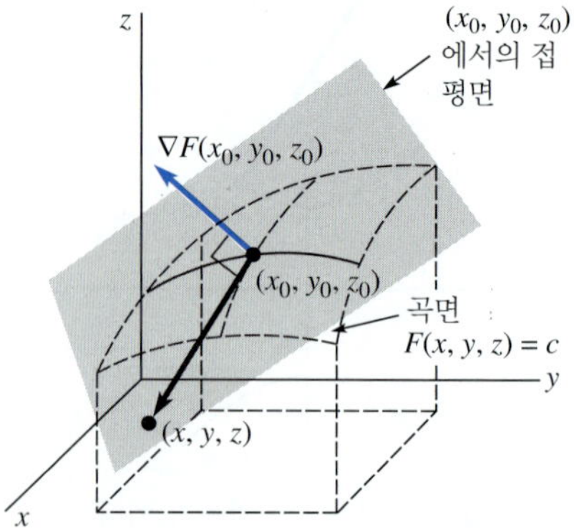

그림 9.6.5 접평면은 점 P에서 기울기 벡터에 수직

따라서 점 $P(x, y, z)$와 점 $P(x_0, y_0, z_0)$가 접평면 위의 점이고 $\mathbf{r}$과 $\mathbf{r}_0$는 이들 점에 대응하는 위치벡터이면 접평면의 벡터방정식은 $\nabla F(x_0, y_0, z_0) \cdot (\mathbf{r} - \mathbf{r}_0) = 0$이다. 그림 9.6.5를 보라. 이 결과를 요약하면 다음과 같다.

정리 9.6.1 접평면의 방정식

점 $P(x_0, y_0, z_0)$는 ∇F가 $\mathbf{0}$이 안되는 그래프 $F(x, y, z) = c$ 위의 점일 때 점 P에서의 접평면의 방정식은

$$F_x(x_0, y_0, z_0)(x - x_0) + F_y(x_0, y_0, z_0)(y - y_0) + F_z(x_0, y_0, z_0)(z - z_0) = 0 \quad (5)$$

이다.

예제 3 접평면의 방정식

$x^2 - 4y^2 + z^2 = 16$의 점 (2, 1, 4)에서 접평면의 방정식을 구하라.

풀이 $F(x, y, z) = x^2 - 4y^2 + z^2$로 정의하면 점 (2, 1, 4)를 지나는 등위곡면은 $F(x, y, z) = F(2, 1, 4) = 16$이다. $F_x(x, y, z) = 2x$, $F_y(x, y, z) = -8y$, $F_z(x, y, z) = 2z$이므로

$$\nabla F(x, y, z) = 2x\mathbf{i} - 8y\mathbf{j} + 2z\mathbf{k} \qquad \text{그리고} \qquad \nabla F(2, 1, 4) = 4\mathbf{i} - 8\mathbf{j} + 8\mathbf{k}$$

이다. 식 (5)로부터 접평면의 방정식은

$$4(x - 2) - 8(y - 1) + 8(z - 4) = 0 \qquad \text{또는} \qquad x - 2y + 2z = 8$$

이다. ≡

■ **$z = f(x, y)$로 나타나는 곡면** 미분 가능한 함수 $z = f(x, y)$로 주어지는 곡면에 대하여, $F(x, y, z) = f(x, y) - z$ 또는 $F(x, y, z) = z - f(x, y)$로 정의하면 점 (x_0, y_0, z_0)가 곡면

$z = f(x, y)$ 위에 존재한다는 것과 등위곡면 $F(x, y, z) = 0$ 위에 존재한다는 것은 같은 의미이다. 왜냐하면 $F(x_0, y_0, z_0) = f(x_0, y_0) - z_0 = 0$이기 때문이다.

예제 4 접평면의 방정식

$z = \frac{1}{2}x^2 + \frac{1}{2}y^2 + 4$에 대해 점 $(1, -1, 5)$에서 접평면의 방정식을 구하라.

풀이 $F(x, y, z) = \frac{1}{2}x^2 + \frac{1}{2}y^2 - z + 4$로 정의하면 $F(x, y, z) = F(1, -1, 5) = 0$이다. $F_x = x$, $F_y = y$, $F_z = -1$이므로

$$\nabla F(x, y, z) = x\mathbf{i} + y\mathbf{j} - \mathbf{k} \qquad \text{그리고} \qquad \nabla F(1, -1, 5) = \mathbf{i} - \mathbf{j} - \mathbf{k}$$

이고, 따라서 (5)로부터 구하는 방정식은

$$(x - 1) - (y + 1) - (z - 5) = 0 \qquad \text{또는} \qquad x - y - z = 3$$

이다. 그림 9.6.6을 보라. ≡

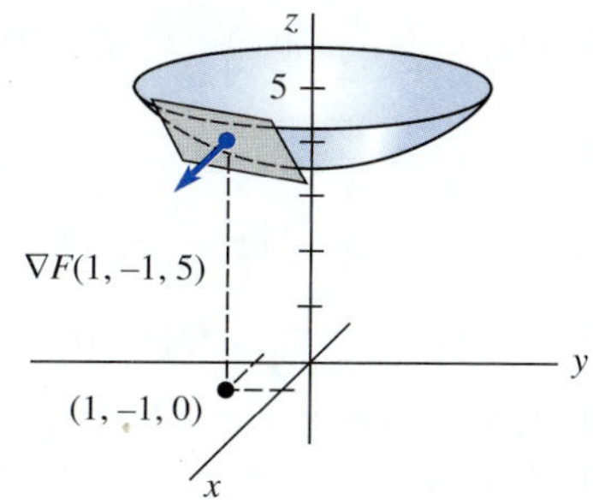

그림 9.6.6 예제 4의 접평면

법선 ∇F가 $\mathbf{0}$이 안 되는 점 $P(x_0, y_0, z_0)$가 $F(x, y, z) = c$의 그래프 위의 점이라 하자. $\nabla F(x_0, y_0, z_0)$에 평행하고 점 $P(x_0, y_0, z_0)$를 지나는 직선을 점 P에서의 곡면의 **법선**(normal line)이라 한다. 법선은 점 P에서 곡면의 접평면에 수직이다.

예제 5 곡면의 법선

예제 4의 곡면에 대하여 점 $(1, -1, 5)$에서 법선의 매개방정식을 구하라.

풀이 점 $(1, -1, 5)$에서 법선의 방향벡터는 $\nabla F(1, -1, 5) = \mathbf{i} - \mathbf{j} - \mathbf{k}$이다. 그러므로 법선의 매개방정식은 $x = 1 + t$, $y = -1 - t$, $z = 5 - t$이다. ≡

곡면 $F(x, y, z) = c$ 위의 점 $P(x_0, y_0, z_0)$에서 법선을 대칭 방정식으로 나타내면

$$\frac{x - x_0}{F_x(x_0, y_0, z_0)} = \frac{y - y_0}{F_y(x_0, y_0, z_0)} = \frac{z - z_0}{F_z(x_0, y_0, z_0)}$$

이다. 예제 5의 법선 방정식이

$$x - 1 = \frac{y + 1}{-1} = \frac{z - 5}{-1}$$

임을 보일 수 있다.

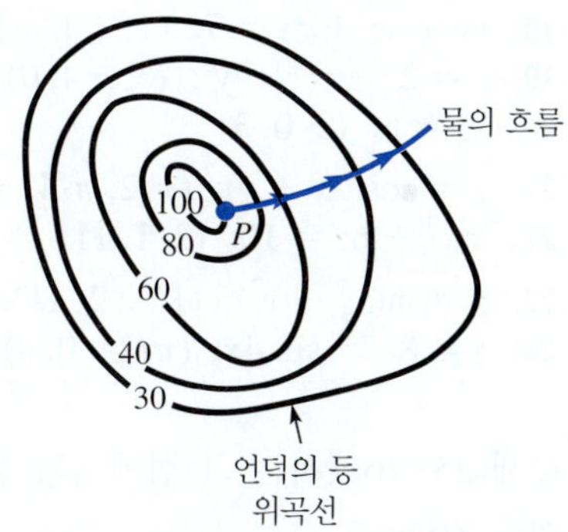

그림 9.6.7 물의 흐름은 등위곡선에 수직

참고

언덕 아래로 흐르는 물은 고도가 가장 크게 감소하는 방향을 따라 흐른다. 그림 9.6.7은 언덕의 등위곡선 또는 등고선을 나타내는데 P에서 출발한 물은 등위곡선에 수직인 경로를 따라 흐르게 된다. 9.5절과 9.6절을 공부한 학생들은 그 이유를 설명할 수 있어야 할 것이다.

9.6 연습문제

부록에 선택된 홀수 문제의 답이 있다.

문제 1~12에서는 주어진 점을 지나는 등위곡선 또는 등위곡면을 그려라. 이 점에서의 기울기 벡터를 그려라.

1. $f(x, y) = x - 2y;\ (6, 1)$

2. $f(x, y) = \dfrac{y + 2x}{x};\ (1, 3)$

3. $f(x, y) = y - x^2;\ (2, 5)$

4. $f(x, y) = x^2 + y^2;\ (-1, 3)$

5. $f(x, y) = \dfrac{x^2}{4} + \dfrac{y^2}{9};\ (-2, -3)$

6. $f(x, y) = \dfrac{y^2}{x};\ (2, 2)$

7. $f(x, y) = (x - 1)^2 - y^2;\ (1, 1)$

8. $f(x, y) = \dfrac{y - 1}{\sin x};\ (\pi/6, \frac{3}{2})$

9. $F(x, y, z) = y + z;\ (3, 1, 1)$

10. $F(x, y, z) = x^2 + y^2 - z;\ (1, 1, 3)$

11. $F(x, y, z) = \sqrt{x^2 + y^2 + z^2};\ (3, 4, 0)$

12. $F(x, y, z) = x^2 - y^2 + z;\ (0, -1, 1)$

문제 13, 14에서는 그 점에서의 기울기 벡터가 주어진 벡터에 평행이 되는 주어진 곡면 상의 점(들)을 구하라.

13. $z = x^2 + y^2;\ 4\mathbf{i} + \mathbf{j} + \frac{1}{2}\mathbf{k}$

14. $x^3 + y^2 + z = 15;\ 27\mathbf{i} + 8\mathbf{j} + \mathbf{k}$

문제 15~24에서는 주어진 방정식의 그래프의 주어진 점에서 접평면의 방정식을 구하라.

15. $x^2 + y^2 + z^2 = 9;\ (-2, 2, 1)$

16. $5x^2 - y^2 + 4z^2 = 8;\ (2, 4, 1)$

17. $x^2 - y^2 - 3z^2 = 5;\ (6, 2, 3)$

18. $xy + yz + zx = 7;\ (1, -3, -5)$

19. $z = 25 - x^2 - y^2;\ (3, -4, 0)$

20. $xz = 6;\ (2, 0, 3)$

21. $z = \cos(2x + y);\ (\pi/2, \pi/4, -1/\sqrt{2})$

22. $x^2y^3 + 6z = 10;\ (2, 1, 1)$

23. $z = \ln(x^2 + y^2);\ (1/\sqrt{2}, 1/\sqrt{2}, 0)$

24. $z = 8e^{-2y}\sin 4x;\ (\pi/24, 0, 4)$

문제 25, 26에서는 그 점에서의 접평면이 주어진 평면인 곡면 위의 점(들)을 구하라.

25. $x^2 + y^2 + z^2 = 7;\ 2x + 4y + 6z = 1$

26. $x^2 - 2y^2 - 3z^2 = 33;\ 8x + 4y + 6z = 5$

27. 곡면 $x^2 + 4x + y^2 + z^2 - 2z = 11$의 접평면이 수평이 되는 곡면 위의 점(들)을 구하라.

28. $x^2 + 3y^2 + 4z^2 - 2xy = 16$의 접평면이 다음에 평행이 되는 곡면 위의 점들을 구하라.

(a) xz 평면, **(b)** yz 평면, **(c)** xy 평면

문제 29, 30에서는 첫 번째 방정식 위의 점 (x_0, y_0, z_0)에서 접평면의 방정식이 두 번째 방정식이 됨을 보여라.

29. $\dfrac{x^2}{a^2} + \dfrac{y^2}{b^2} + \dfrac{z^2}{c^2} = 1;\ \dfrac{xx_0}{a^2} + \dfrac{yy_0}{b^2} + \dfrac{zz_0}{c^2} = 1$

30. $\dfrac{x^2}{a^2} - \dfrac{y^2}{b^2} + \dfrac{z^2}{c^2} = 1;\ \dfrac{xx_0}{a^2} - \dfrac{yy_0}{b^2} + \dfrac{zz_0}{c^2} = 1$

31. $z^2 = x^2 + y^2$의 모든 접평면은 원점을 지남을 보여라.

32. $\sqrt{x} + \sqrt{y} + \sqrt{z} = \sqrt{a},\ a > 0$의 모든 접평면에 대하여 x, y, z축과의 교점들의 합이 a임을 보여라.

문제 33, 34에서는 주어진 점에서 곡면의 법선의 매개방정식을 구하라. 문제 35, 36에서는 주어진 점에서 곡면의 법선의 대칭방정식을 구하라.

33. $x^2 + 2y^2 + z^2 = 4;\ (1, -1, 1)$

34. $z = 2x^2 - 4y^2;\ (3, -2, 2)$

35. $z = 4x^2 + 9y^2 + 1;\ (\frac{1}{2}, \frac{1}{3}, 3)$

36. $x^2 + y^2 - z^2 = 0;\ (3, 4, 5)$

37. $x^2 + y^2 + z^2 = a^2$의 모든 법선이 원점을 지남을 보여라.

38. 두 곡면의 교선 위의 한 점 P에서 법선이 서로 수직이면 두 곡면은 점 P에서 **수직**이라 한다. 곡면 $F(x, y, z) = 0$과 $G(x, y, z) = 0$ 이 P에서 수직이기 위한 필요충분조건이 $F_xG_x + F_yG_y + F_zG_z = 0$임을 보여라.

문제 39, 40에서는 문제 38의 결과를 이용하여 주어진 곡면들이 교선 위의 한 점에서 수직임을 보여라.

39. $x^2 + y^2 + z^2 = 25;\ -x^2 + y^2 + z^2 = 0$

40. $x^2 - y^2 + z^2 = 4;\ z = 1/xy^2$

9.7 회전과 발산

소개 9.1절에서 1변수 벡터함수의 개념을 소개했다. 이 절에서는 2변수와 3변수 벡터함수에 대하여 알아보자.

벡터장 2변수 또는 3변수 벡터함수

$$\mathbf{F}(x, y) = P(x, y)\mathbf{i} + Q(x, y)\mathbf{j}$$

$$\mathbf{F}(x, y, z) = P(x, y, z)\mathbf{i} + Q(x, y, z)\mathbf{j} + R(x, y, z)\mathbf{k}$$

를 **벡터장**(vector field)이라고 부른다. 예를 들면 바람 또는 유체의 운동이 **속도장**(velocity field)으로 기술될 수 있는데 이는 **그림 9.7.1**의 (a)와 (b)에 나와 있듯이 각각의 벡터가 각 점에서의 입자의 속도를 나타내기 때문이다. 그림 9.7.1의 (c)와 (d)에서와 같은 **힘장**(force field)의 개념은 역학, 전기, 자기 분야에서 중요한 역할을 한다.

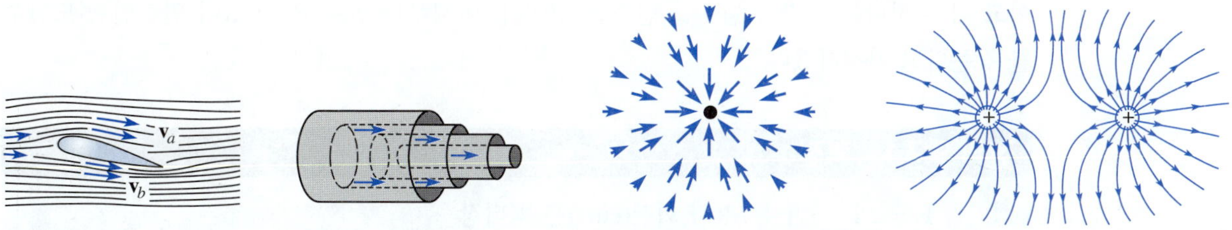

(a) 익형(비행기 날개) 주위의 공기 흐름

(b) 동맥 내부 혈액의 흐름, 혈액의 원통형 층은 혈관 중앙에서 빠름

(c) 거리의 제곱에 반비례하는 힘장, 인력의 크기는 입자에 가까울수록 큼

(d) 두 개의 같은 크기의 양전하 주위의 힘장

그림 9.7.1 여러 가지 벡터장

예제 1 2차원 벡터장

2차원 벡터장 $\mathbf{F}(x, y) = -y\mathbf{i} + x\mathbf{j}$을 그려라.

풀이 한 가지 방법은 xy 평면의 한 점을 선택하고 그 점에서 벡터 $\mathbf{F}$를 그리는 것이다. 예를 들면 (1, 1)에서는 벡터 $\mathbf{F}(1, 1) = -\mathbf{i} + \mathbf{j}$를 그릴 수 있다.

주어진 벡터장에 대하여 같은 크기를 갖는 벡터를 보다 체계적으로 그릴 수 있다. $\|\mathbf{F}\| = \sqrt{x^2 + y^2}$이므로 같은 크기 k를 갖는 벡터들은 $\sqrt{x^2 + y^2} = k$로 정의되는 곡선을 따라 위치한다. 즉 원 $x^2 + y^2 = k^2$ 위의 임의의 점에서 벡터는 크기가 k인 것이다. 쉬운 예로 원 위의 점이 정수 좌표를 갖도록 원을 선택한다. 예를 들면 $k = 1$, $k = \sqrt{2}$, $k = 2$에 대하여

$x^2 + y^2 = 1$: 점 (1, 0), (0, 1), (−1, 0), (0, −1)에 대응하는 벡터 $\mathbf{j}$, $-\mathbf{i}$, $-\mathbf{j}$, $\mathbf{i}$는 같은 크기 1을 갖는다.

$x^2 + y^2 = 2$: 점 (1, 1), (−1, 1), (−1, −1), (1, −1)에 대응하는 벡터 $-\mathbf{i} + \mathbf{j}$, $-\mathbf{i} - \mathbf{j}$, $\mathbf{i} - \mathbf{j}$, $\mathbf{i} + \mathbf{j}$는 같은 크기 $\sqrt{2}$를 갖는다.

$x^2 + y^2 = 4$: 점 (2, 0), (0, 2), (−2, 0), (0, −2)에 대응하는 벡터 $2\mathbf{j}$, $-2\mathbf{i}$, $-2\mathbf{j}$, $2\mathbf{i}$는 같은 크기 2를 갖는다.

이 점들에서의 벡터들이 **그림 9.7.2**에 나와 있다.

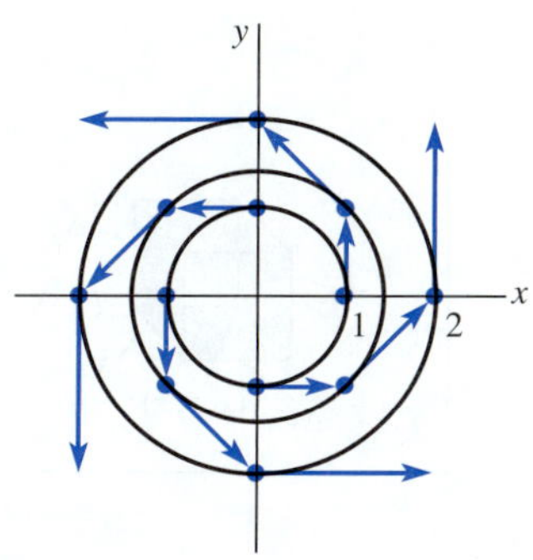

그림 9.7.2 예제 1의 벡터장

9.5절에서 델(del) 연산자

$$\nabla = \frac{\partial}{\partial x}\mathbf{i} + \frac{\partial}{\partial y}\mathbf{j} + \frac{\partial}{\partial z}\mathbf{k}$$

가 스칼라 함수 $\phi(x, y, z)$와 결합하여 **$\boldsymbol{\phi}$의 기울기 벡터**(gradient)라 부르는 벡터장

$$\mathbf{F}(x, y, z) = \nabla\phi = \frac{\partial\phi}{\partial x}\mathbf{i} + \frac{\partial\phi}{\partial y}\mathbf{j} + \frac{\partial\phi}{\partial z}\mathbf{k}$$

를 생성함을 보았다. 이러한 델 연산자는 두 가지 다른 방법으로도 벡터장 $F(x, y, z) = P(x, y, z)\mathbf{i} + Q(x, y, z)\mathbf{j} + R(x, y, z)\mathbf{k}$와 결합할 수 있는데, 하나는 다른 벡터장을 만드는 것이고 다른 하나는 스칼라 함수를 만드는 것이다. 이제부터 함수 P, Q, R이 연속인 편도함수를 갖는다고 가정하겠다.

정의 9.7.1 회전

벡터장 $\mathbf{F} = P\mathbf{i} + Q\mathbf{j} + R\mathbf{k}$의 **회전**(curl)은 벡터장

$$\text{curl } \mathbf{F} = \left(\frac{\partial R}{\partial y} - \frac{\partial Q}{\partial z}\right)\mathbf{i} + \left(\frac{\partial P}{\partial z} - \frac{\partial R}{\partial x}\right)\mathbf{j} + \left(\frac{\partial Q}{\partial x} - \frac{\partial P}{\partial y}\right)\mathbf{k}$$

이다.

실제로 curl $\mathbf{F}$는 델 연산자와 벡터 $\mathbf{F}$의 외적(cross product)으로 계산할 수 있다.

$$\text{curl } \mathbf{F} = \nabla \times \mathbf{F} = \begin{vmatrix} \mathbf{i} & \mathbf{j} & \mathbf{k} \\ \frac{\partial}{\partial x} & \frac{\partial}{\partial y} & \frac{\partial}{\partial z} \\ P & Q & R \end{vmatrix} \tag{1}$$

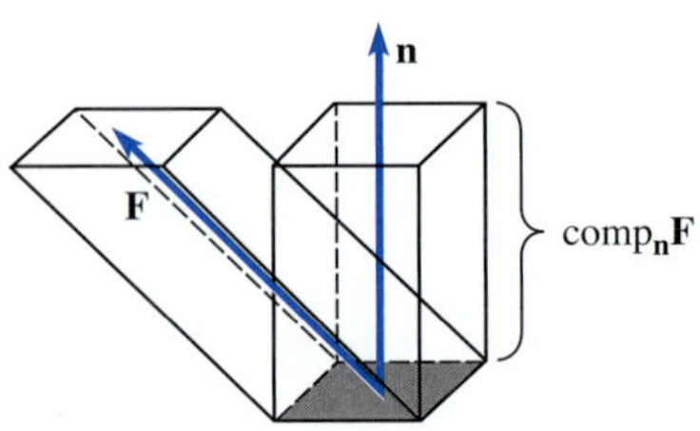

그림 9.7.3 넓이 ΔS를 통과하는 유체의 흐름

과학 및 공학 분야에서 자주 나타나는 것으로 벡터장의 성분함수들에 대한 편도함수의 또 다른 형태의 결합이 있다. 이러한 결합을 정의하기 전에 필요성에 대해 먼저 생각해 보자.

어떤 유체의 속도장이 $\mathbf{F}(x, y, z) = P(x, y, z)\mathbf{i} + Q(x, y, z)\mathbf{j} + R(x, y, z)\mathbf{k}$로 나타난다. 그림 9.7.3에 나와 있는 바와 같이 단위시간당 곡면의 넓이 ΔS를 통과하는 유체의 부피[즉 넓이 ΔS를 통과하는 벡터장 $\mathbf{F}$의 **선다발**(flux)]는

$$(\text{높이})(\text{밑면의 넓이}) = (\text{comp}_\mathbf{n}\mathbf{F})\,\Delta S = (\mathbf{F}\cdot\mathbf{n})\,\Delta S \tag{2}$$

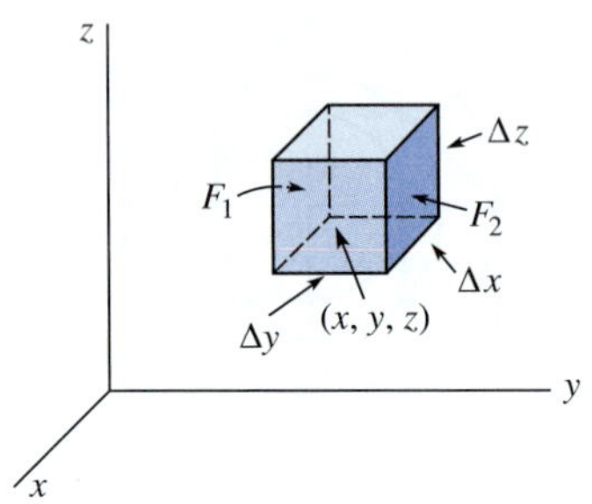

그림 9.7.4 직육면체 요소를 통과하는 벡터장의 전체 선다발은 얼마일까?

로 근사화되고, 여기서 $\mathbf{n}$은 곡면에 수직인 단위벡터이다. 이제 그림 9.7.4와 같은 직육면체를 생각하자. 6개의 면을 통하여 밖으로 향하는 $\mathbf{F}$의 전체 선다발을 계산하기 위하여 먼저 서로 평행한 면들로부터 유출되는 선다발을 계산한다. 면 F_1의 넓이는 $\Delta x\Delta z$이고 면의 바깥 방향의 단위법선벡터는 $-\mathbf{j}$이므로 식 (2)에 의해 면 F_1을 지나는 $\mathbf{F}$의 선다발은 근사적으로

$$\mathbf{F}\cdot(-\mathbf{j})\,\Delta x\,\Delta z = -Q(x, y, z)\,\Delta x\,\Delta z$$

이다. 마찬가지로 바깥 방향 단위법선벡터가 $\mathbf{j}$인 면 F_2로부터 나오는 선다발은

$$(\mathbf{F}\cdot\mathbf{j})\,\Delta x\,\Delta z = Q(x, y+\Delta y, z)\,\Delta x\,\Delta z$$

으로 근사화된다. 결과적으로 평행한 면 F_1과 F_2에서 나오는 전체 선다발은

$$Q(x, y+\Delta y, z)\,\Delta x\,\Delta z + (-Q(x, y, z)\,\Delta x\,\Delta z) = [Q(x, y+\Delta y, z) - Q(x, y, z)]\,\Delta x\,\Delta z \tag{3}$$

이다. 식 (3)에 $\Delta y/\Delta y$를 곱하고 편도함수의 정의를 이용하면, 작은 Δy에 대하여

$$\frac{Q(x, y+\Delta y, z) - Q(x, y, z)}{\Delta y}\,\Delta x\,\Delta y\,\Delta z \approx \frac{\partial Q}{\partial y}\,\Delta x\,\Delta y\,\Delta z$$

이 된다. 마찬가지로 yz 평면에 평행한 두 면과 xy 평면에 평행한 두 면으로부터 유출되는 선다발은 각각

$$\frac{\partial P}{\partial x}\,\Delta x\,\Delta y\,\Delta z \qquad \text{그리고} \qquad \frac{\partial R}{\partial z}\,\Delta x\,\Delta y\,\Delta z$$

이 됨을 알 수 있다. 이를 모두 더하면 직육면체로부터 유출되는 순수한 **F**의 선다발은 근사적으로

$$\left(\frac{\partial P}{\partial x} + \frac{\partial Q}{\partial y} + \frac{\partial R}{\partial z}\right)\Delta x\,\Delta y\,\Delta z$$

이다. 마지막 식을 $\Delta x\Delta y\Delta z$으로 나누면 단위부피당 **F**의 바깥 방향 선다발(outward flux)이

$$\frac{\partial P}{\partial x} + \frac{\partial Q}{\partial y} + \frac{\partial R}{\partial z}$$

이 되며, 이러한 편도함수의 결합은 다음과 같은 특수한 이름을 갖는다.

정의 9.7.2 발산

벡터장 $\mathbf{F} = P\mathbf{i} + Q\mathbf{j} + R\mathbf{k}$의 **발산**(divergence)은 스칼라 함수

$$\operatorname{div}\mathbf{F} = \frac{\partial P}{\partial x} + \frac{\partial Q}{\partial y} + \frac{\partial R}{\partial z}$$

이다.

델 연산자를 사용하면 div **F**를

$$\operatorname{div}\mathbf{F} = \nabla\cdot\mathbf{F} = \frac{\partial}{\partial x}P(x, y, z) + \frac{\partial}{\partial y}Q(x, y, z) + \frac{\partial}{\partial z}R(x, y, z) \tag{4}$$

로 나타낼 수 있다.

예제 2 **회전과 발산**

$\mathbf{F} = (x^2y^3 - z^4)\mathbf{i} + 4x^5y^2z\mathbf{j} - y^4z^6\mathbf{k}$에 대해 **(a)** curl **F**, **(b)** div **F**, **(c)** div(curl **F**)를 구하라.

풀이 (a) 식 (1)에서

$$\text{curl}\,\mathbf{F} = \nabla \times \mathbf{F} = \begin{vmatrix} \mathbf{i} & \mathbf{j} & \mathbf{k} \\ \dfrac{\partial}{\partial x} & \dfrac{\partial}{\partial y} & \dfrac{\partial}{\partial z} \\ x^2y^3 - z^4 & 4x^5y^2z & -y^4z^6 \end{vmatrix}$$

$$= (-4y^3z^6 - 4x^5y^2)\mathbf{i} - 4z^3\mathbf{j} + (20x^4y^2z - 3x^2y^2)\mathbf{k}$$

(b) 식 (4)에서

$$\text{div}\,\mathbf{F} = \nabla \cdot \mathbf{F} = \frac{\partial}{\partial x}(x^2y^3 - z^4) + \frac{\partial}{\partial y}(4x^5y^2z) + \frac{\partial}{\partial z}(-y^4z^6)$$

$$= 2xy^3 + 8x^5yz - 6y^4z^5$$

(c) 정의 9.7.2와 (a)에서

$$\text{div}(\text{curl}\,\mathbf{F}) = \frac{\partial}{\partial x}(-4y^3z^6 - 4x^5y^2) + \frac{\partial}{\partial y}(-4z^3) + \frac{\partial}{\partial z}(20x^4y^2z - 3x^2y^2)$$

$$= 0 - 20x^4y^2 + 0 + 20x^4y^2 = 0$$ ≡

두 가지 중요한 성질을 증명해 보자. 스칼라 함수 f가 연속인 2계 편도함수를 가지면

$$\text{curl}(\text{grad}\,f) = \nabla \times \nabla f = \mathbf{0} \tag{5}$$

이 성립하고, 한편 벡터장 **F**가 연속인 2계 편도함수를 가지면

$$\text{div}(\text{curl}\,\mathbf{F}) = \nabla \cdot (\nabla \times \mathbf{F}) = 0 \tag{6}$$

이 성립한다. 예제 2의 (c)와 연습문제 9.7의 문제 29와 30을 보자.

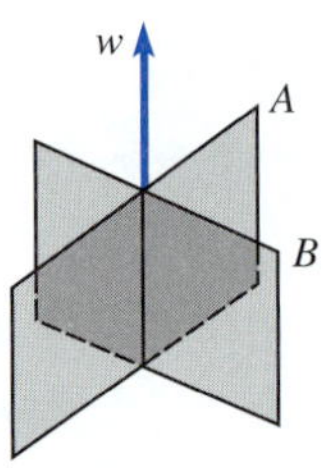

그림 9.7.5 패들

■ **물리적 해석** 단어 *curl*은 **James Clerk Maxwell** (1831~1879)의 전자기장 연구에서 유래되었다. 그러나 curl은 유체의 흐름과 관련하여 보다 쉽게 이해된다. 흐르는 유체 속에 위치하는 **그림 9.7.5**와 같은 패들(paddle)에 대하여 속도장 **F**의 curl은 패들에 수직인 회전축 w를 중심으로 유체가 패들을 회전시키려는 경향의 척도이다. 만약 curl **F** = **0**이면 유체는 **비회전성**(irrotational)이고 패들을 회전시키는 소용돌이(whirlpool) 또는 와류(vortex)가 없다는 뜻이다.* **그림 9.7.6**에서 패들의 회전축 w는 지면에 수직인 방향이다.

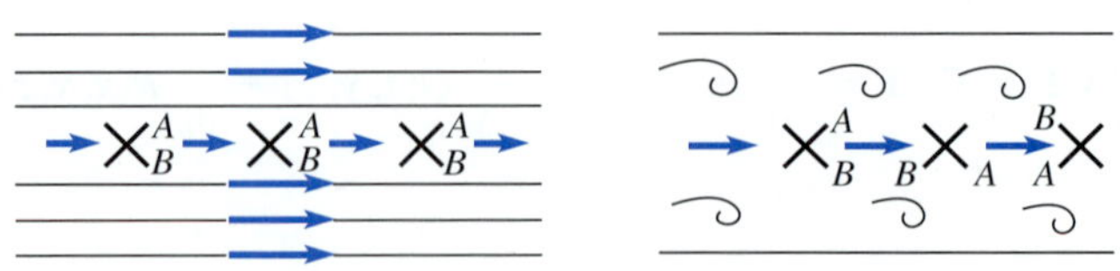

(a) 비회전성 흐름 (b) 회전성 흐름

그림 9.7.6 (a) 비회전성 흐름, (b) 회전성 흐름

* 과학교과서는 *curl*(회전) 대신에 *rotation*(회전)을 가끔 사용하고, curl **F** 자리에 rot **F**가 대신한다.

발산에 대한 정의 9.7.2에 관한 설명에서 속도장 $\mathbf{F}$의 발산은 점 $P(x, y, z)$ 주위에서 단위 부피당 유체의 선다발(flux)이라고 하였다. $\text{div}\,\mathbf{F}(P) > 0$이면 점 P 주위에서 유체가 밖으로 유출되는 것이므로 P는 $\mathbf{F}$의 **원천**(source)이다. 그리고 $\text{div}\,\mathbf{F}(P) < 0$이면 점 P 주위에서 유체가 안으로 유입됨을 뜻하므로 점 P는 $\mathbf{F}$의 **흡입**(sink)이다. 만약 $\text{div}\,\mathbf{F}(P) = 0$이면 P 근방에서 원천이나 흡입이 없음을 의미한다. 그림 9.7.7을 보라.

벡터장의 발산은 한 점에서 유체 밀도의 변화율로도 해석된다. 다시 말해서 $\text{div}\,\mathbf{F}$는 유체의 압축성을 나타내는 척도이다. 만약 $\nabla \cdot \mathbf{F} = 0$이면 유체는 **비압축성**(incompressible)이다. 전자기학에서 $\nabla \cdot \mathbf{F} = 0$이면 벡터장 $\mathbf{F}$는 **솔레노이달**(solenoidal)하다고 한다.

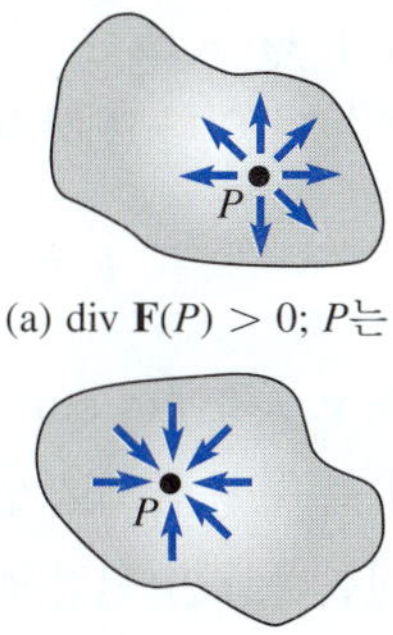

(a) $\text{div}\,\mathbf{F}(P) > 0$; P는 원천

(b) $\text{div}\,\mathbf{F}(P) < 0$; P는 흡입

그림 9.7.7 (a) 원천, (b) 흡입

9.7 연습문제

부록에 선택된 홀수 문제의 답이 있다.

문제 1~6에서는 주어진 벡터장의 대표적인 벡터를 몇 개 그려라.

1. $\mathbf{F}(x, y) = x\mathbf{i} + y\mathbf{j}$
2. $\mathbf{F}(x, y) = -x\mathbf{i} + y\mathbf{j}$
3. $\mathbf{F}(x, y) = y\mathbf{i} + x\mathbf{j}$
4. $\mathbf{F}(x, y) = x\mathbf{i} + 2y\mathbf{j}$
5. $\mathbf{F}(x, y) = y\mathbf{j}$
6. $\mathbf{F}(x, y) = x\mathbf{j}$

문제 7~16에서는 주어진 벡터장의 회전과 발산을 구하라.

7. $\mathbf{F}(x, y, z) = xz\,\mathbf{i} + yz\,\mathbf{j} + xy\,\mathbf{k}$
8. $\mathbf{F}(x, y, z) = 10yz\,\mathbf{i} + 2x^2z\,\mathbf{j} + 6x^3\,\mathbf{k}$
9. $\mathbf{F}(x, y, z) = 4xy\,\mathbf{i} + (2x^2 + 2yz)\,\mathbf{j} + (3z^2 + y^2)\,\mathbf{k}$
10. $\mathbf{F}(x, y, z) = (x - y)^3\,\mathbf{i} + e^{-yz}\,\mathbf{j} + xye^{2y}\,\mathbf{k}$
11. $\mathbf{F}(x, y, z) = 3x^2y\,\mathbf{i} + 2xz^3\,\mathbf{j} + y^4\,\mathbf{k}$
12. $\mathbf{F}(x, y, z) = 5y^3\,\mathbf{i} + (\frac{1}{2}x^3y^2 - xy)\,\mathbf{j} - (x^3yz - xz)\,\mathbf{k}$
13. $\mathbf{F}(x, y, z) = xe^{-z}\,\mathbf{i} + 4yz^2\,\mathbf{j} + 3ye^{-z}\,\mathbf{k}$
14. $\mathbf{F}(x, y, z) = yz\ln x\,\mathbf{i} + (2x - 3yz)\,\mathbf{j} + xy^2z^3\,\mathbf{k}$
15. $\mathbf{F}(x, y, z) = xye^x\,\mathbf{i} - x^3yze^z\,\mathbf{j} + xy^2e^y\,\mathbf{k}$
16. $\mathbf{F}(x, y, z) = x^2\sin yz\,\mathbf{i} + z\cos xz^3\,\mathbf{j} + ye^{5xy}\,\mathbf{k}$

문제 17~24에서는 $\mathbf{a}$는 상수벡터이고 $\mathbf{r} = x\mathbf{i} + y\mathbf{j} + z\mathbf{k}$일 때 주어진 등식이 성립함을 보여라.

17. $\text{div}\,\mathbf{r} = 3$
18. $\text{curl}\,\mathbf{r} = \mathbf{0}$
19. $(\mathbf{a} \times \nabla) \times \mathbf{r} = -2\mathbf{a}$
20. $\nabla \times (\mathbf{a} \times \mathbf{r}) = 2\mathbf{a}$
21. $\nabla \cdot (\mathbf{a} \times \mathbf{r}) = 0$
22. $\mathbf{a} \times (\nabla \times \mathbf{r}) = \mathbf{0}$
23. $\nabla \times [(\mathbf{r} \cdot \mathbf{r})\mathbf{a}] = 2(\mathbf{r} \times \mathbf{a})$
24. $\nabla \cdot [(\mathbf{r} \cdot \mathbf{r})\mathbf{a}] = 2(\mathbf{r} \cdot \mathbf{a})$

문제 25~32에서는 주어진 등식이 성립함을 보여라. 모든 편도함수들이 연속이라고 가정한다.

25. $\nabla \cdot (\mathbf{F} + \mathbf{G}) = \nabla \cdot \mathbf{F} + \nabla \cdot \mathbf{G}$
26. $\nabla \times (\mathbf{F} + \mathbf{G}) = \nabla \times \mathbf{F} + \nabla \times \mathbf{G}$
27. $\nabla \cdot (f\mathbf{F}) = f(\nabla \cdot \mathbf{F}) + \mathbf{F} \cdot \nabla f$
28. $\nabla \times (f\mathbf{F}) = f(\nabla \times \mathbf{F}) + (\nabla f) \times \mathbf{F}$
29. $\text{curl}(\text{grad}\,f) = \mathbf{0}$
30. $\text{div}(\text{curl}\,\mathbf{F}) = 0$
31. $\text{div}(\mathbf{F} \times \mathbf{G}) = \mathbf{G} \cdot \text{curl}\,\mathbf{F} - \mathbf{F} \cdot \text{curl}\,\mathbf{G}$
32. $\text{curl}(\text{curl}\,\mathbf{F} + \text{grad}\,f) = \text{curl}(\text{curl}\,\mathbf{F})$

33. 다음이 성립함을 보여라.

$$\nabla \cdot \nabla f = \frac{\partial^2 f}{\partial x^2} + \frac{\partial^2 f}{\partial y^2} + \frac{\partial^2 f}{\partial z^2}$$

이는 **라플라시안**(Laplacian)으로 $\nabla^2 f$로 나타낸다.

34. $\nabla \cdot (f\nabla f) = f\,\nabla^2 f + \|\nabla f\|^2$임을 보여라. 여기서 $\nabla^2 f$는 문제 33에서 정의된 라플라시안이다. [힌트: 문제 27을 보라.]

35. 벡터장 $\mathbf{F} = xy\mathbf{i} + 4yz^2\mathbf{j} + 2xz\mathbf{k}$에 대하여 $\text{curl}(\text{curl}\,\mathbf{F})$를 구하라.

36. **(a)** 모든 편도함수가 연속이라 가정하고

$$\text{curl}(\text{curl}\,\mathbf{F}) = -\nabla^2 F + \text{grad}(\text{div}\,\mathbf{F})$$

임을 보여라. 여기서

$$\nabla^2\mathbf{F} = \nabla^2(P\mathbf{i} + Q\mathbf{j} + R\mathbf{k}) = \nabla^2 P\mathbf{i} + \nabla^2 Q\mathbf{j} + \nabla^2 R\mathbf{k}$$

이다.

(b) (a)의 등식을 사용하여 문제 35의 결과를 구하라.

37. $\nabla^2 f = 0$을 만족시키는 스칼라 함수 f를 **조화함수**라고 한다. 원점을 제외할 때 $f(x, y, z) = (x^2 + y^2 + z^2)^{-1/2}$가 조화함수임을 증명하라. $\nabla^2 f = 0$을 **Laplace 방정식**이라 한다.

38. 2변수 함수

$$f(x, y) = \arctan\left(\frac{2y}{x^2 + y^2 - 1}\right), \quad x^2 + y^2 \neq 1$$

은 2변수 Laplace 방정식

$$\nabla^2 f = \frac{\partial^2 f}{\partial x^2} + \frac{\partial^2 f}{\partial y^2} = 0$$

을 만족시킴을 보여라.

39. $\mathbf{r} = x\mathbf{i} + y\mathbf{j} + z\mathbf{k}$는 질량 m_1의 위치벡터이고 질량 m_2는 원점에 놓여 있다고 하자. 중력

$$\mathbf{F} = -\frac{Gm_1m_2}{\|\mathbf{r}\|^3}\mathbf{r}$$

에 대해 $\mathbf{r} \neq \mathbf{0}$에서 curl $\mathbf{F} = \mathbf{0}$, div $\mathbf{F} = 0$임을 보여라.

40. 물체가 축을 중심으로 일정한 각속도(angular velocity) $\boldsymbol{\omega}$로 회전한다. $\mathbf{r}$이 원점으로부터 물체의 점 P의 위치벡터이면, 회전에 의한 선속도는 $\mathbf{v} = \boldsymbol{\omega} \times \mathbf{r}$이다. 그림 9.7.8을 보라. $\mathbf{r} = x\mathbf{i} + y\mathbf{j} + z\mathbf{k}$, $\boldsymbol{\omega} = \omega_1\mathbf{i} + \omega_2\mathbf{j} + \omega_3\mathbf{k}$일 때 $\boldsymbol{\omega} = \frac{1}{2}$ curl $\mathbf{v}$임을 보여라.

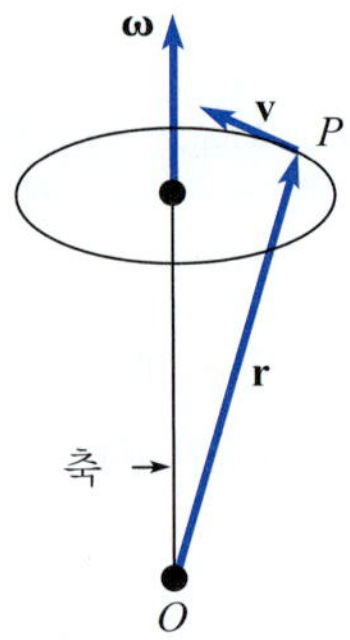

그림 9.7.8 문제 40의 회전하는 물체

문제 41, 42에서는 f와 g가 연속인 2계 편도함수를 가지면 주어진 벡터장이 솔레노이달임을 보여라. [힌트: 문제 31을 보라.]

41. $\mathbf{F} = \nabla f \times \nabla g$

42. $\mathbf{F} = \nabla f \times (f\nabla g)$

43. 원기둥 주위를 통과하는 2차원 이상 유체(ideal fluid)의 속도 벡터장은 적당한 양의 상수 A에 대하여

$$\mathbf{F}(x, y) = A\left[\left(1 - \frac{x^2 - y^2}{(x^2 + y^2)^2}\right)\mathbf{i} - \frac{2xy}{(x^2 + y^2)^2}\mathbf{j}\right]$$

로 주어진다. 그림 9.7.9를 보라.

(a) 점 (x, y)가 원점으로부터 멀어질 때 $\mathbf{F}(x, y) \approx A\mathbf{i}$ 임을 보여라.

(b) $\mathbf{F}$가 비회전성임을 보여라.

(c) $\mathbf{F}$가 비압축성임을 보여라.

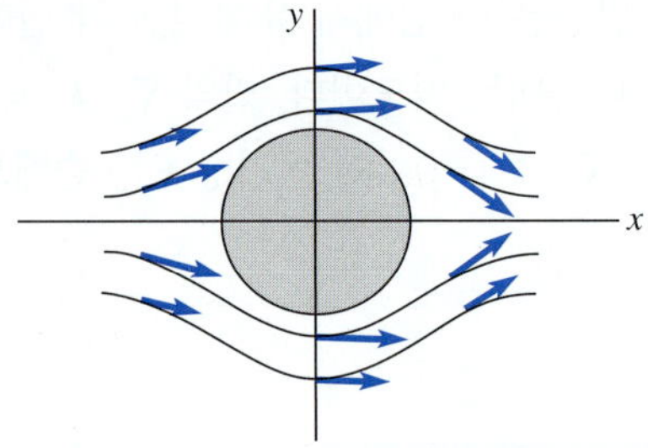

그림 9.7.9 문제 43의 벡터장

44. 빈 공간에서 $\mathbf{E} = \mathbf{E}(x, y, z, t)$와 $\mathbf{H} = \mathbf{H}(x, y, z, t)$가 각각 전기장(electric Field)과 자기장(magnetic Field)이면, Maxwell 방정식은

$$\text{div}\,\mathbf{E} = 0, \quad \text{curl}\,\mathbf{E} = -\frac{1}{c}\frac{\partial \mathbf{H}}{\partial t},$$

$$\text{div}\,\mathbf{H} = 0, \quad \text{curl}\,\mathbf{H} = \frac{1}{c}\frac{\partial \mathbf{E}}{\partial t}$$

이고, 여기서 c는 빛의 속도이다. 문제 36(a)의 등식을 이용하여 $\mathbf{E}$와 $\mathbf{H}$가

$$\nabla^2\mathbf{E} = \frac{1}{c^2}\frac{\partial^2 \mathbf{E}}{\partial t^2}, \quad \nabla^2\mathbf{H} = \frac{1}{c^2}\frac{\partial^2 \mathbf{H}}{\partial t^2}$$

을 만족시킴을 보여라.

45. 벡터장 $\mathbf{F} = x^2yz\mathbf{i} - xy^2z\mathbf{j} + (z + 5x)\mathbf{k}$에 대하여 $\mathbf{F}$가 다른 벡터장 $\mathbf{G}$의 curl이 될 수 없는 이유를 설명하라.

9.8 선적분

소개 정적분 $\int_a^b f(x)\,dx$, 즉 구간에서 정의된 함수의 적분이 곡선에서 정의된 함수의 적분으로 일반화될 수 있다. 이를 위해 곡선에 대한 몇 가지 용어를 소개한다.

■ 용어 C는 $x = f(t)$, $y = g(t)$, $a \leq t \leq b$로 매개화된 곡선이고 양 끝점 A와 B는 각각 $(f(a), g(a))$와 $(f(b), g(b))$라고 가정하자.

(i) f'과 g'이 폐구간 $[a, b]$에서 연속이고 개구간 (a, b)에서 동시에 0이 아닐 때 C는 **매끄러운 곡선**(smooth curve)이라 한다.

(ii) C가 끝과 끝이 연결된 유한 개의 매끄러운 곡선 $C_1, C_2, \ldots, C_n$으로 이루어져 있으면, 즉 $C = C_1 \cup C_2 \cup \ldots \cup C_n$이면, C는 **구간별로 매끄러운 곡선**(piecewise smooth curve)이라 한다.

(*iii*) $A = B$이면 C는 **폐곡선**(closed curve)이라 한다.

(*iv*) $A = B$이고 곡선이 교차하지 않으면 C는 **단순 폐곡선**(simple closed curve)이라 한다.

(*v*) C가 폐곡선이 아닐 때 t 값이 증가하는 방향을 곡선 C의 **양의 방향**(positive direction)이라 한다.

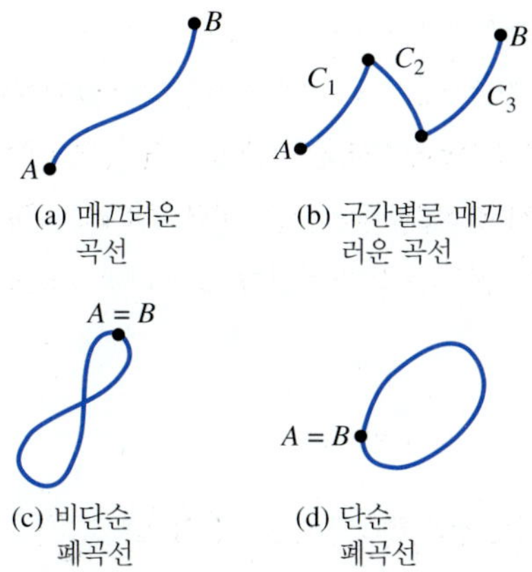

그림 9.8.1 여러 가지 곡선

그림 9.8.1은 (*i*)~(*iv*)로 정의된 곡선의 형태를 보여 준다.

이러한 용어는 공간의 곡선에 대해서도 마찬가지로 적용된다. 예를 들면 $x = f(t)$, $y = g(t)$, $z = h(t)$, $a \le t \le b$로 정의된 곡선 C는 f', g', h'이 $[a, b]$에서 연속이고 (a, b)에서 동시에 0이 아닐 때 매끄럽다.

정적분 곡선에 대한 적분을 정의하기 전에 정적분의 정의에 대해 다섯 단계를 복습하자.

1. $y = f(x)$는 폐구간 $[a, b]$에서 정의된다.
2. 구간 $[a, b]$를 길이 $\Delta x_k = x_k - x_{k-1}$인 n개의 부분구간 $[x_{k-1}, x_k]$로 분할한다. 이를[그림 9.8.2(a)] 분할 P라고 한다.
3. $\|P\|$는 가장 긴 부분구간의 길이이다. $\|P\|$를 분할 P의 놈(norm)이라 한다[그림 9.8.2(b)].
4. 각 부분구간 안에서 x_k^*를 선택한다.
5. 합 $\sum_{k=1}^{n} f(x_k^*)\Delta x_k$를 구성한다.

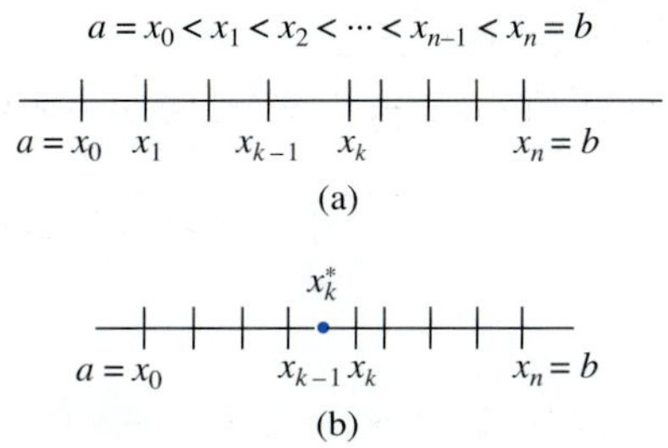

그림 9.8.2 k번째 구간의 점

1변수 함수의 정적분은 위에서 구한 합의 극한

$$\int_a^b f(x)\,dx = \lim_{\|P\|\to 0} \sum_{k=1}^{n} f(x_k^*)\Delta x_k$$

로 정의한다.

평면의 선적분 위에서와 같이 다음의 다섯 단계는 평면에서 세 가지 형태의 선적분(line integral)*을 정의한다.

1. $z = G(x, y)$는 $x = f(t)$, $y = g(t)$, $a \le t \le b$로 정의되는 매끄러운 곡선 C를 포함하는 영역에서 정의된다.
2. C를 $[a, b]$의 분할 $a = t_0 < t_1 < t_2 < \cdots, t_n = b$에 따라 길이 Δs_k인 n개의 부분호(subarc)로 분할한다. 부분호의 x축, y축에 대한 정사영의 길이는 각각 Δx_k, Δy_k이다.
3. $\|P\|$는 분할의 **놈**(norm)으로 가장 긴 부분호의 길이이다.
4. 각 부분호 위에서 (x_k^*, y_k^*)를 선택한다.[그림 9.8.3]
5. 합

$$\sum_{k=1}^{n} G(x_k^*, y_k^*)\,\Delta x_k,\quad \sum_{k=1}^{n} G(x_k^*, y_k^*)\,\Delta y_k,\quad \sum_{k=1}^{n} G(x_k^*, y_k^*)\,\Delta s_k$$

를 구성한다.

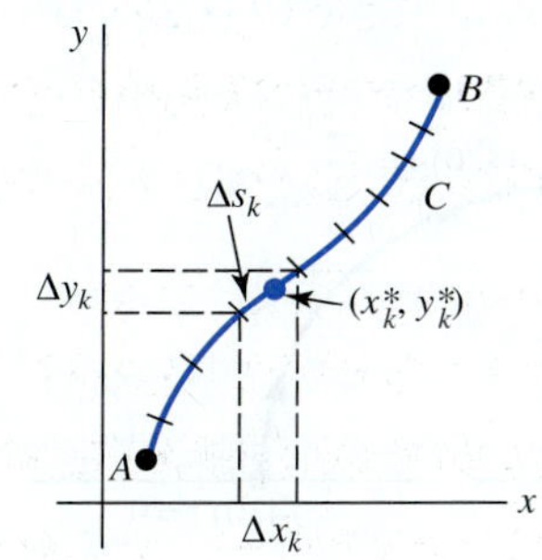

그림 9.8.3 k번째 부분호의 점

* 선적분을 line integral이라 하는 것은 적절하지 않다. 의미상으로 **곡선적분**(curve integral)이 적절하다.

정의 9.8.1 평면의 선적분

G가 매끄러운 곡선 C를 포함하는 평면 영역에서 정의되는 x와 y의 함수일 때

(*i*) **A에서 B까지 곡선 C 위에서 x에 대한 G의 선적분은**

$$\int_C G(x, y)\, dx = \lim_{\|P\|\to 0} \sum_{k=1}^{n} G(x_k^*, y_k^*)\, \Delta x_k$$

(*ii*) **A에서 B까지 곡선 C 위에서 y에 대한 G의 선적분은**

$$\int_C G(x, y)\, dy = \lim_{\|P\|\to 0} \sum_{k=1}^{n} G(x_k^*, y_k^*)\, \Delta y_k$$

(*iii*) **A에서 B까지 곡선 C 위에서 호의 길이 s에 대한 G의 선적분은**

$$\int_C G(x, y)\, ds = \lim_{\|P\|\to 0} \sum_{k=1}^{n} G(x_k^*, y_k^*)\, \Delta s_k$$

이다.

$G(x, y)$가 C에서 연속이면, (*i*), (*ii*), (*iii*)으로 정의되는 적분들이 존재하는 것은 증명될 수 있다. 이후로는 당연히 G의 연속성을 가정한다.

계산 방법—매개변수로 정의되는 곡선 정의 9.8.1의 선적분은 곡선 C가 매개변수로 정의되느냐 또는 양함수(explicit function)로 정의되느냐에 따라 두 가지 방법으로 계산된다. 하지만 어떤 경우라도 기본적인 아이디어는 선적분을 하나의 변수에 대한 정적분으로 바꾸어 계산하는 것이다. 만약 C가 $x = f(t)$, $y = g(t)$, $a \le t \le b$로 매개화된 매끄러운 곡선이면 단순히 선적분의 x와 y를 함수 $f(t)$와 $g(t)$로, 미분 dx, dy, ds를 $f'(t)\, dt$, $g'(t)\, dt$, $\sqrt{[f'(t)]^2 + [g'(t)]^2}\, dt$로 대체한다. 여기서 $ds = \sqrt{[f'(t)]^2 + [g'(t)]^2}\, dt$를 **호의 길이**(arc length)**의 미분**이라고 부른다. 변환된 정적분은 변수 t에 관하여 보통의 방법으로 계산한다.

$$\int_C G(x, y)\, dx = \int_a^b G(f(t), g(t))\, f'(t)\, dt \tag{1}$$

$$\int_C G(x, y)\, dy = \int_a^b G(f(t), g(t))\, g'(t)\, dt \tag{2}$$

$$\int_C G(x, y)\, ds = \int_a^b G(f(t), g(t)) \sqrt{[f'(t)]^2 + [g'(t)]^2}\, dt \tag{3}$$

예제 1 선적분의 계산

곡선 C가 $x = 4\cos t$, $y = 4\sin t$, $0 \le t \le \pi/2$로 정의되는 4분원일 때 **(a)** $\int_C xy^2\, dx$, **(b)** $\int_C xy^2\, dy$, (c) $\int_C xy^2\, ds$를 계산하라. **그림 9.8.4**를 보라.

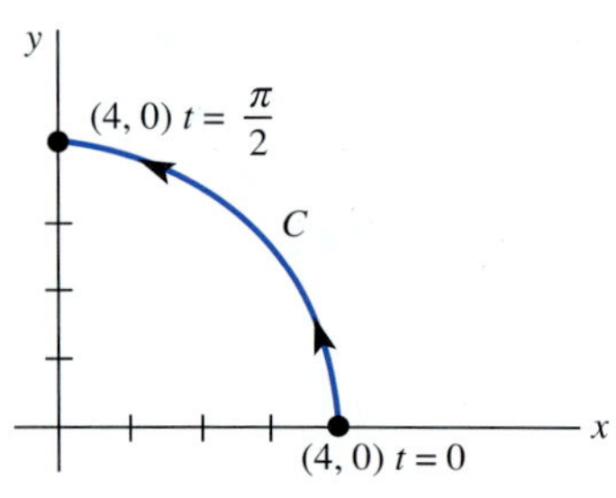

그림 9.8.4 예제 1의 곡선 C

풀이 **(a)** 식 (1)에서

$$\int_C xy^2\,dx = \int_0^{\pi/2} \overbrace{(4\cos t)}^{x}\overbrace{(16\sin^2 t)}^{y^2}\overbrace{(-4\sin t\,dt)}^{dx}$$

$$= -256\int_0^{\pi/2} \sin^3 t\cos t\,dt$$

$$= -256\left[\frac{1}{4}\sin^4 t\right]_0^{\pi/2} = -64$$

(b) 식 (2)에서

$$\int_C xy^2\,dy = \int_0^{\pi/2} \overbrace{(4\cos t)}^{x}\overbrace{(16\sin^2 t)}^{y^2}\overbrace{(4\cos t\,dt)}^{dy}$$

$$= 256\int_0^{\pi/2} \sin^2 t\cos^2 t\,dt$$

$$= 256\int_0^{\pi/2} \frac{1}{4}\sin^2 2t\;dt \qquad \leftarrow \text{삼각함수 공식}$$

$$= 64\int_0^{\pi/2} \frac{1}{2}(1 - \cos 4t)\,dt$$

$$= 32\left[t - \frac{1}{4}\sin 4t\right]_0^{\pi/2} = 16\pi$$

(c) 식 (3)에서

$$\int_C xy^2\,ds = \int_0^{\pi/2} \overbrace{(4\cos t)}^{x}\overbrace{(16\sin^2 t)}^{y^2}\overbrace{\sqrt{16(\cos^2 t + \sin^2 t)}\,dt}^{ds}$$

$$= 256\int_0^{\pi/2} \sin^2 t\cos t\,dt$$

$$= 256\left[\frac{1}{3}\sin^3 t\right]_0^{\pi/2} = \frac{256}{3}$$

이다. ≡

계산 방법—양함수로 정의되는 곡선 C가 양함수 $y = f(x)$, $a \le x \le b$로 정의되면 매개변수로 x를 사용할 수 있다. $dy = f'(x)\,dx$와 $ds = \sqrt{1 + [f'(x)]^2}\,dx$이므로 앞의 선적분은

$$\int_C G(x, y)\,dx = \int_a^b G(x, f(x))\,dx \tag{4}$$

$$\int_C G(x, y)\,dy = \int_a^b G(x, f(x))f'(x)\,dx \tag{5}$$

$$\int_C G(x, y)\, ds = \int_a^b G(x, f(x))\sqrt{1 + [f'(x)]^2}\, dx \tag{6}$$

이 된다.

구간별로 매끄러운 곡선들의 합집합인 곡선 C 위에서 선적분은 각 매끄러운 곡선위에서 선적분의 **합**으로 정의한다. 예를 들어 C가 매끄러운 곡선 C_1과 C_2로 이루어지면

$$\int_C G(x, y)\, ds = \int_{C_1} G(x, y)\, ds + \int_{C_2} G(x, y)\, ds$$

이다.

표기법 때에 따라 선적분은

$$\int_C P(x, y)\, dx + \int_C Q(x, y)\, dy$$

와 같은 합의 형태로 나타난다. 이러한 경우 보통 괄호 없이 한 개의 적분으로

$$\int_C P(x, y)\, dx + Q(x, y)\, dy \quad \text{또는 단순히} \quad \int_C P\, dx + Q\, dy \tag{7}$$

로 나타낸다. 특히 **폐곡선** C에 대한 선적분은

$$\oint_C P\, dx + Q\, dy$$

로 쓴다.

예제 2 양함수로 정의되는 곡선

C가 $y = x^3$, $-1 \le x \le 2$일 때 $\int_C xydx + x^2\, dy$를 계산하라.

풀이 곡선 C는 **그림 9.8.5**와 같고 양함수 $y = x^3$에 의하여 정의되므로 x를 매개변수로 사용한다. $dy = 3x^2dx$이므로

$$\int_C xy\, dx + x^2\, dy = \int_{-1}^2 x\overbrace{(x^3)}^{y}\, dx + x^2\overbrace{(3x^2\, dx)}^{dy}$$

$$= \int_{-1}^2 4x^4\, dx$$

$$= \frac{4}{5}x^5\Big]_{-1}^2 = \frac{132}{5}$$

이다. ≡

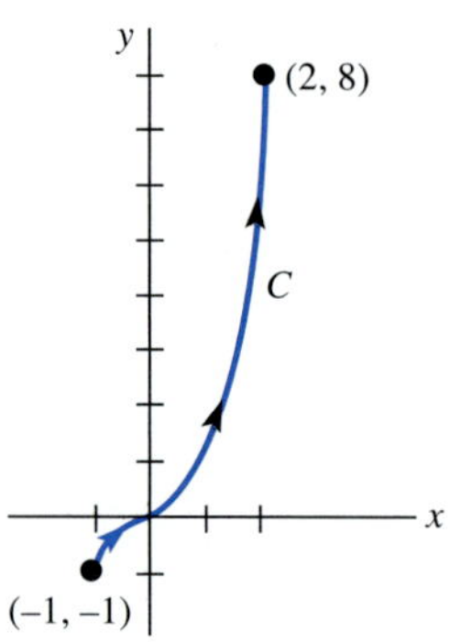

그림 9.8.5 예제 2의 곡선 C

예제 3 매개변수로 정의되는 곡선

C가 원 $x = \cos t,\ y = \sin t,\ 0 \le t \le 2\pi$일 때 $\oint_C x\, dx$를 계산하라.

풀이 식 (1)에서

$$\oint_C x\, dx = \int_0^{2\pi} \cos t\,(-\sin t\, dt) = \frac{1}{2}\cos^2 t\Big]_0^{2\pi} = \frac{1}{2}[1 - 1] = 0$$

이다. ≡

예제 4 폐곡선

폐곡선 C가 **그림 9.8.6(a)**와 같이 주어졌을 때 $\oint_C y^2\, dx - x^2\, dy$를 계산하라.

풀이 C가 구간별 매끄러운 곡선이므로, 주어진 선적분을 구간별 선적분의 합으로 나타낸다. 즉 C_1, C_2, C_3가 그림 9.8.6(b)의 곡선일 때

$$\oint_C = \int_{C_1} + \int_{C_2} + \int_{C_3}$$

이 된다. C_1에서는 매개변수로 x를 사용하며 $y = 0,\ dy = 0$이므로

$$\int_{C_1} y^2\, dx - x^2\, dy = \int_0^2 0\, dx - x^2(0) = 0$$

이다. C_2에서는 매개변수로 y를 사용하며 $x = 2,\ dx = 0$이므로

$$\int_{C_2} y^2\, dx - x^2\, dy = \int_0^4 y^2(0) - 4\, dy$$

$$= -\int_0^4 4\, dy = -4y\Big]_0^4 = -16$$

이다. 마지막으로 C_3에서는 매개변수로 x를 사용하는데 $y = x^2,\ dy = 2x\, dx$이므로

$$\int_{C_3} y^2\, dx - x^2\, dy = \int_2^0 x^4\, dx - x^2(2x\, dx)$$

$$= \int_2^0 (x^4 - 2x^3)\, dx$$

$$= \left(\frac{1}{5}x^5 - \frac{1}{2}x^4\right)\Big]_2^0 = \frac{8}{5}$$

이다. 따라서

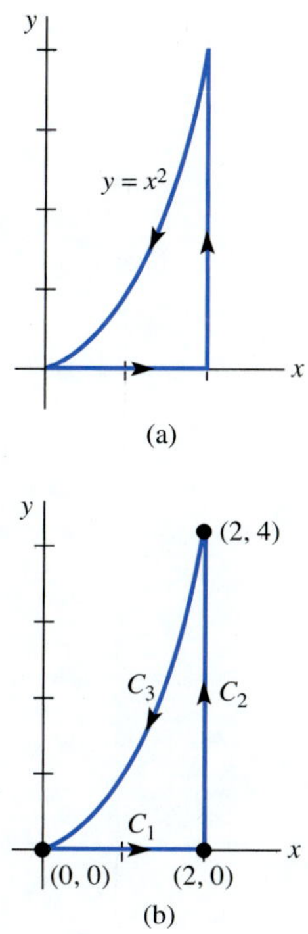

그림 9.8.6 예제 4의 곡선 C

$$\int_C y^2\,dx - x^2\,dy = 0 - 16 + \frac{8}{5} = -\frac{72}{5}$$

이다. ≡

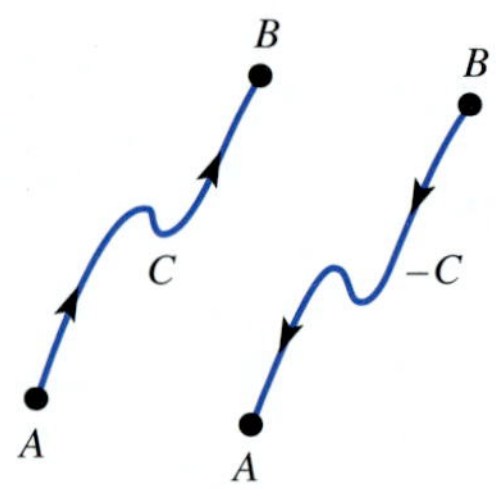

그림 9.8.7 방향이 반대인 곡선

C를 정의하는 여러 매개방정식들이 곡선 C의 방향을 정확히 나타내고 있으면 곡선 C를 어떻게 매개화하더라도 선적분은 같은 값을 갖는다. 연습문제 9.8의 문제 37을 보라. 또한 정적분에서 $\int_b^a f(x)\,dx = -\int_a^b f(x)\,dx$이 성립하는 것과 같이 선적분에서도 유사한 성질을 갖는다. **그림 9.8.7**에 나와 있는 바와 같이 $-C$가 C와 방향이 반대인 곡선을 나타낸다면

$$\int_{-C} P\,dx + Q\,dy = -\int_C P\,dx + Q\,dy$$

또는

$$\int_{-C} P\,dx + Q\,dy + \int_C P\,dx + Q\,dy = 0 \tag{8}$$

이다. 예를 들면 예제 1의 (a)에서 $\int_{-C} xy^2\,dx = 64$이다.

공간의 선적분 3변수 함수 G의 세 가지 선적분 $\int_C G(x, y, z)\,dx$, $\int_C G(x, y, z)\,dy$, $\int_C G(x, y, z)\,ds$는 정의 9.8.1과 유사하지만, **C가 공간의 곡선이므로 네 번째로 z에 대한 선적분**

$$\int_C G(x, y, z)\,dz = \lim_{\|P\|\to 0} \sum_{k=1}^{n} G(x_k^*, y_k^*, z_k^*)\,\Delta z_k \tag{9}$$

를 추가해야 한다.

계산 방법 만약 C가 매개방정식 $x = f(t)$, $y = g(t)$, $z = h(t)$, $a \le t \le b$로 정의되는 3차원 공간의 매끄러운 곡선이면 식 (9)의 선적분은

$$\int_C G(x, y, z)\,dz = \int_a^b G(f(t), g(t), h(t))\,h'(t)\,dt$$

로 계산한다. 적분 $\int_C G(x, y, z)\,dx$와 $\int_C G(x, y, z)\,dy$도 유사한 방법으로 계산하며, 호의 길이에 대한 선적분은

$$\int_C G(x, y, z)\,ds = \int_a^b G(f(t), g(t), h(t))\sqrt{[f'(t)]^2 + [g'(t)]^2 + [h'(t)]^2}\,dt$$

이다.

식 (7)에서와 같이, 3차원 공간에서는

$$\int_C P(x, y, z)\,dx + Q(x, y, z)\,dy + R(x, y, z)\,dz$$

와 같은 합 형식의 선적분이 나타난다.

예제 5 3차원 공간의 선적분

C가 원형 나선 $x = 2\cos t,\ y = 2\sin t,\ z = t,\ 0 \le t \le 2\pi$일 때 $\int_C y\,dx + x\,dy + z\,dz$를 계산하라.

풀이 x, y, z를 t로 나타내면 $dx = -2\sin t\,dt,\ dy = 2\cos t\,dt,\ dz = dt$이므로

$$\int_C y\,dx + x\,dy + z\,dz = \int_0^{2\pi} \underbrace{(-4\sin^2 t + 4\cos^2 t)}_{\text{배각공식}}\,dt + t\,dt$$

$$= \int_0^{2\pi} (4\cos 2t + t)\,dt$$

$$= \left(2\sin 2t + \frac{t^2}{2}\right)\Big]_0^{2\pi} = 2\pi^2$$

이다. ≡

선적분을 단순한 형태로 표현하기 위해 다변수 벡터함수를 사용할 수 있다. 예를 들어 벡터함수 $\mathbf{F}(x, y) = P(x, y)\mathbf{i} + Q(x, y)\mathbf{j}$가 곡선 C: $x = f(t),\ y = g(t),\ a \le t \le b$를 따라 정의되고 $\mathbf{r}(t) = f(t)\mathbf{i} + g(t)\mathbf{j}$는 C 위의 점의 위치벡터라고 가정하자. 그러면 $\mathbf{r}(t)$의 도함수

$$\frac{d\mathbf{r}}{dt} = f'(t)\,\mathbf{i} + g'(t)\,\mathbf{j} = \frac{dx}{dt}\mathbf{i} + \frac{dy}{dt}\mathbf{j}$$

에서 $d\mathbf{r} = \dfrac{d\mathbf{r}}{dt}dt = dx\mathbf{i} + dy\mathbf{j}$이므로 $\mathbf{F}(x, y) \cdot d\mathbf{r} = P(x, y)dx + Q(x, y)dy$이다. 따라서

$$\int_C P(x, y)\,dx + Q(x, y)\,dy = \int_C \mathbf{F} \cdot d\mathbf{r} \tag{10}$$

로 나타낼 수 있고, 공간 곡선의 선적분에 대해서도

$$\int_C P(x, y, z)\,dx + Q(x, y, z)\,dy + R(x, y, z)\,dz = \int_C \mathbf{F} \cdot d\mathbf{r} \tag{11}$$

이 되는데, 여기서 $\mathbf{F}(x, y, z) = P(x, y, z)\mathbf{i} + Q(x, y, z)\mathbf{j} + R(x, y, z)\mathbf{k}$이고 $d\mathbf{r} = dx\mathbf{i} + dy\mathbf{j} + dz\mathbf{k}$이다.

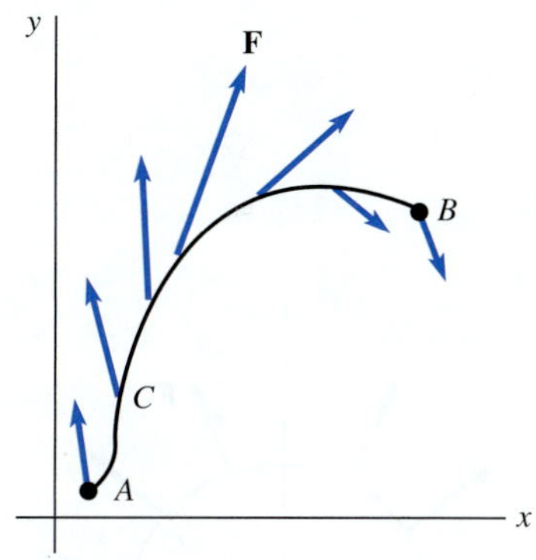

(a)

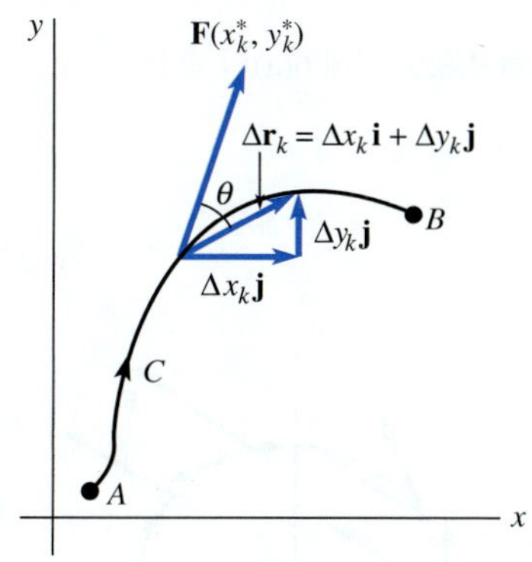

(b)

그림 9.8.8 곡선 C를 따라 변하는 힘장 $\mathbf{F}$

일 7.3절에서 일정한 힘 F에 의하여 물체에 직선 변위(straight-line displacement) $\mathbf{d}$가 발생하면 이때 물체에 가해진 일(work)은 $W = \mathbf{F} \cdot \mathbf{d}$라고 하였다. 또한 미적분학이나 물리학의 기초 과정에서는 방향은 변하지 않고 크기만 변하는 힘 $F(x)$가 물체를 $x = a$에서 $x = b$까지 이동시키면 이때 한 일은 정적분 $W = \int_a^b F(x)\,dx$로 나타나는 것도 알고 있다. 일반적으로 매끄러운 곡선 C: $x = f(t),\ y = g(t),\ a \le t \le b$를 따라 작용하는 힘장(force field) $\mathbf{F}(x, y) = P(x, y)\mathbf{i} + Q(x, y)\mathbf{j}$는 곡선 위의 위치에 따라 크기와 방향이 모두 변한다. 그림 9.8.8(a)를 보자. A와 B가 각각 점 $(f(a), g(a))$와 $(f(b), g(b))$일 때, 힘 $\mathbf{F}$의 작용점이 A에서 B까지 곡선 C를 따라 움직일 때 이 힘에 의한 일은 얼마일까? 이 질문에 답하기 위해 먼저 C를 길이 Δs_k인 n개의 부분호로 분할하고 각 부분호에서는 힘 $\mathbf{F}(x_k^*, y_k^*)$가 일정하다고 가정한다. 그림

9.8.8(b)에 나와 있는 것처럼 벡터 $\Delta\mathbf{r}_k = (x_k - x_{k-1})\mathbf{i} + (y_k - y_{k-1})\mathbf{j} = \Delta x_k\mathbf{i} + \Delta y_k\mathbf{j}$의 크기는 k번째 부분호의 길이를 근사하므로, 부분호 k에서 $\mathbf{F}$가 한 일은

$$\left(\|\mathbf{F}(x_k^*, y_k^*)\| \cos\theta\right)\|\Delta\mathbf{r}_k\| = \mathbf{F}(x_k^*, y_k^*)\cdot\Delta\mathbf{r}_k$$
$$= P(x_k^*, y_k^*)\,\Delta x_k + Q(x_k^*, y_k^*)\,\Delta y_k$$

이다. 각 부분호에서 한 일을 모두 더하고 부분호의 개수를 무한으로 놓으면 결국 **C를 따라 $\mathbf{F}$가 한 일**은 선적분

$$W = \int_C P(x, y)\,dx + Q(x, y)\,dy \qquad \text{또는} \qquad W = \int_C \mathbf{F}\cdot d\mathbf{r} \tag{12}$$

로 정의된다. 물론 식 (12)를 공간 곡선에 작용하는 힘장에 의한 일을 나타내는 선적분으로 확장할 수 있는데 이 경우에는 일 $\int_C \mathbf{F}\cdot d\mathbf{r}$을 식 (11)로 정의한다.

이제 일의 다른 표현을 생각해 보자.

$$\frac{d\mathbf{r}}{dt} = \frac{d\mathbf{r}}{ds}\frac{ds}{dt}$$

이므로, $\mathbf{T} = d\mathbf{r}/ds$가 C의 단위접선벡터일 때 $d\mathbf{r} = \mathbf{T}ds$이다. 따라서

$$W = \int_C \mathbf{F}\cdot d\mathbf{r} = \int_C \mathbf{F}\cdot\mathbf{T}\,ds = \int_C \text{comp}_{\mathbf{T}}\mathbf{F}\,ds \tag{13}$$

가 되는데, 이는 곡선 C를 따라 힘 $\mathbf{F}$가 한 일이 전적으로 힘 $\mathbf{F}$의 접선성분에 기인함을 뜻한다.

예제 6 힘이 한 일

$t = 0$에서 $t = \pi$까지 $\mathbf{r}(t) = \cos t\mathbf{i} + \sin t\mathbf{j}$에 의하여 그려지는 곡선 C를 따라 **(a)** $\mathbf{F} = x\mathbf{i} + y\mathbf{j}$와 **(b)** $\mathbf{F} = \frac{3}{4}\mathbf{i} + \frac{1}{2}\mathbf{j}$가 한 일을 구하라.

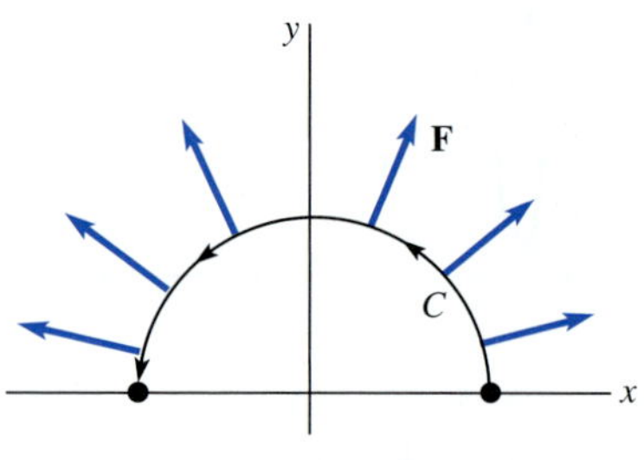

그림 9.8.9 예제 6(a)의 힘장

풀이 **(a)** 벡터함수 $\mathbf{r}(t)$는 매개방정식 $x = \cos t$, $y = \sin t$, $0 \le t \le \pi$를 나타내며, 이는 반원이다. **그림 9.8.9**에 나와 있는 바와 같이 힘 $\mathbf{F}$는 모든 점에서 C에 수직이다. 즉 $\mathbf{F}$의 접선성분이 0이므로 C를 따라 한 일은 0이 되어야 한다. 실제로 식 (12)에서

$$W = \int_C \mathbf{F}\cdot d\mathbf{r} = \int_C (x\mathbf{i} + y\mathbf{j})\cdot d\mathbf{r}$$
$$= \int_0^{\pi} (\cos t\,\mathbf{i} + \sin t\,\mathbf{j})\cdot(-\sin t\,\mathbf{i} + \cos t\,\mathbf{j})\,dt$$
$$= \int_0^{\pi} (-\cos t\sin t + \sin t\cos t)\,dt = 0$$

이 된다.

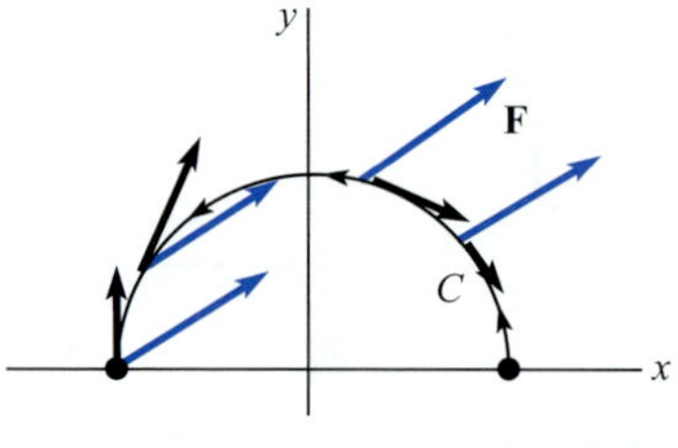

그림 9.8.10 예제 6(b)의 힘장

(b) **그림 9.8.10**에서 검은색으로 표시된 벡터는 $\mathbf{F}$의 단위접선벡터로의 정사영이다. $\mathbf{F}$가 한 일은

$$W = \int_C \mathbf{F} \cdot d\mathbf{r} = \int_C \left(\frac{3}{4}\mathbf{i} + \frac{1}{2}\mathbf{j}\right) \cdot d\mathbf{r}$$

$$= \int_0^\pi \left(\frac{3}{4}\mathbf{i} + \frac{1}{2}\mathbf{j}\right) \cdot (-\sin t\,\mathbf{i} + \cos t\,\mathbf{j})\, dt$$

$$= \int_0^\pi \left(-\frac{3}{4}\sin t + \frac{1}{2}\cos t\right) dt$$

$$= \left(\frac{3}{4}\cos t + \frac{1}{2}\sin t\right)\Big]_0^\pi = -\frac{3}{2}$$

이다. 일의 단위는 $\|\mathbf{F}\|$의 단위와 거리의 단위에 의존한다. ≡

순환 단순 폐곡선 C를 따라서 벡터장 $\mathbf{F}$를 선적분한 것을 C를 따라서 $\mathbf{F}$의 **순환**(circulation)이라고 한다. 즉

$$\text{순환} = \oint_C \mathbf{F} \cdot d\mathbf{r} = \oint_C \mathbf{F} \cdot \mathbf{T}\, ds$$

이다. 특히 $\mathbf{F}$가 유체의 속도장이면, 순환은 유체가 곡선 C를 회전시키는 정도를 나타내는 척도가 된다. 예를 들어 $\mathbf{F}$가 C의 모든 (x, y)에서 $\mathbf{T}$에 수직이면 $\int_C \mathbf{F} \cdot \mathbf{T}\, ds = 0$이 되어 곡선은 회전하지 않는다. 한편 $\int_C \mathbf{F} \cdot \mathbf{T}\, ds > 0$과 $\int_C \mathbf{F} \cdot \mathbf{T}\, ds < 0$은 각각 유체가 C를 반시계 방향과 시계 방향으로 회전시킨다는 것을 의미한다. **그림 9.8.11**을 보라.

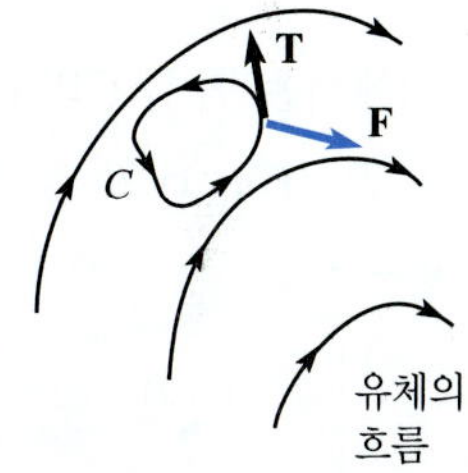

그림 9.8.11 속도장이 곡선 C를 회전시키는가?

참고

2변수 선적분의 경우, C에서 $G(x, y) \geq 0$일 때 호의 길이에 대한 선적분 $\int_C G(x, y)\, ds$의 기하적 의미를 생각해 보자. 정의 9.8.1에서 기호 Δs_k는 곡선 C의 k번째 부분호의 길이이며, 이는 근사적으로 $\Delta s_k = \sqrt{(\Delta x_k)^2 + (\Delta y_k)^2}$이다. 따라서 **그림 9.8.12(a)**와 같이 곱 $G(x_k^*, y_k^*)\,\Delta s_k$는 높이가 $G(x_k^*, y_k^*)$, 폭이 Δs_k인 수직 직사각형의 넓이가 되고 결국 선적분 $\int_C G(x, y)\, ds$는 C의 점 (x, y)에 대응하는 $G(x, y)$의 그래프를 높이로 하여 xy 평면의 곡선 C를 따라 펼쳐지는 '울타리(fence)' 또는 '커튼(curtain)'의 한 면의 넓이를 나타낸다. 그림 9.8.12(b)를 보라.

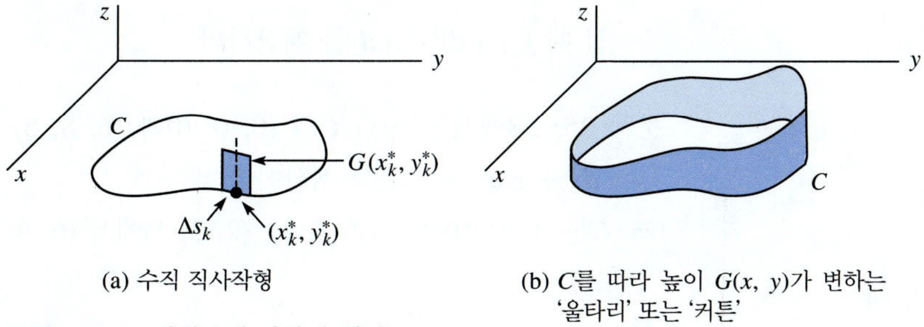

그림 9.8.12 선적분의 기하적 해석

9.8 연습문제

부록에 선택된 홀수 문제의 답이 있다.

문제 1~4에서는 곡선 C에 대해 $\int_C G(x, y)\,dx$, $\int_C G(x, y)\,dy$, $\int_C G(x, y)\,ds$를 계산하라.

1. $G(x, y) = 2xy;\ x = 5\cos t,\ y = 5\sin t,\ 0 \le t \le \pi/4$

2. $G(x, y) = x^3 + 2xy^2 + 2x;\ x = 2t,\ y = t^2,\ 0 \le t \le 1$

3. $G(x, y) = 3x^2 + 6y^2;\ y = 2x + 1,\ -1 \le x \le 0$

4. $G(x, y) = x^2/y^3;\ 2y = 3x^{2/3},\ 1 \le x \le 8$

문제 5, 6에서는 곡선 C에 대해 $\int_C G(x, y, z)\,dx$, $\int_{C\ G}(x, y, z)\,dy$, $\int_C G(x, y, z)\,dz$, $\int_C G(x, y, z)\,ds$를 계산하라.

5. $G(x, y, z) = z;\ x = \cos t,\ y = \sin t,\ z = t,\ 0 \le t \le \pi/2$

6. $G(x, y, z) = 4xyz;\ x = \frac{1}{3}t^3,\ y = t^2,\ z = 2t,\ 0 \le t \le 1$

문제 7~10에서는 곡선 C의 $(-1, 2)$와 $(2, 5)$ 사이에서 $\int_C$C $(2x + y)\,dx + xy\,dy$를 계산하라.

7. $y = x + 3$

8. $y = x^2 + 1$

9.

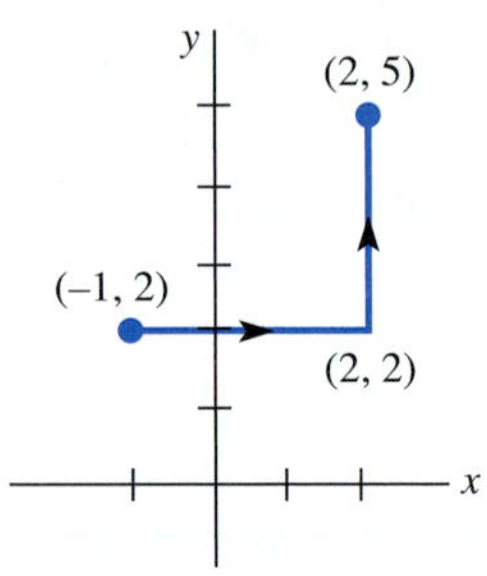

그림 9.8.13 문제 9의 곡선

10.

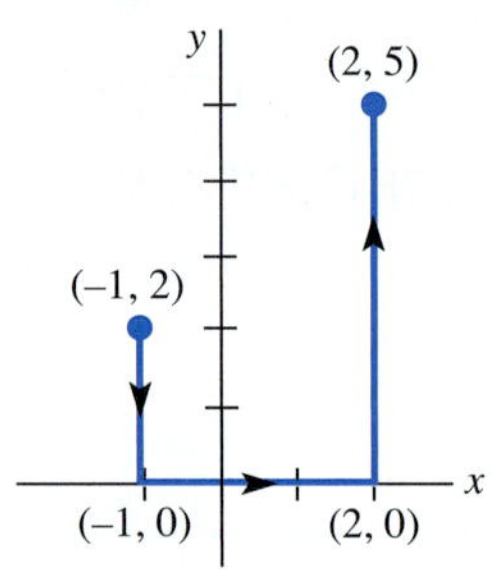

그림 9.8.14 문제 10의 곡선

문제 11~14에서는 곡선 C의 $(0, 0)$과 $(1, 1)$ 사이에서 $\int_C y\,dx + x\,dy$를 계산하라.

11. $y = x^2$

12. $y = x$

13. C는 $(0, 0)$에서 $(0, 1)$, $(0, 1)$에서 $(1, 1)$까지의 선분

14. C는 $(0, 0)$에서 $(1, 0)$, $(1, 0)$에서 $(1, 1)$까지의 선분

15. C가 $x = \sqrt{t},\ y = t,\ 4 \le t \le 9$일 때 $\int_C (6x^2 + 2y^2)\,dx + 4xy\,dy$를 계산하라.

16. C가 $x = 2t,\ y = t^3,\ 0 \le t \le 2$일 때 $\int_C -y^2\,dx + xy\,dy$를 계산하라.

17. C가 $x = y^2$의 $(1, -1)$에서 $(1, 1)$까지일 때 $\int_C 2x^3y\,dx + (3x + y)\,dy$를 계산하라.

18. C가 $x = y^3 + 1$의 $(0, -1)$에서 $(9, 2)$까지일 때 $\int_C 4x\,dx + 2y\,dy$를 계산하라.

문제 19, 20에서는 폐곡선 C에 대해 $\oint_C (x^2 + y^2)\,dx - 2xy\,dy$를 계산하라.

19.

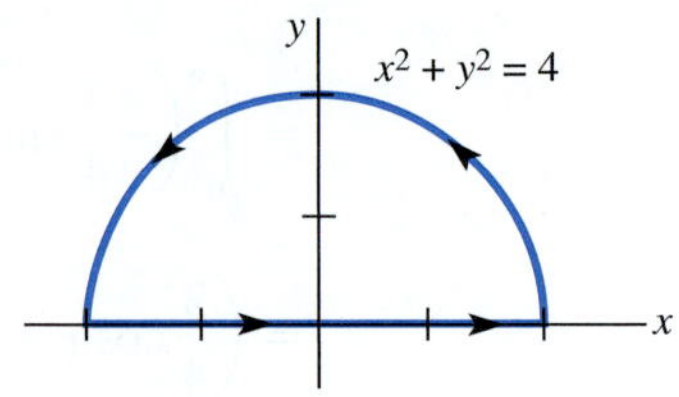

그림 9.8.15 문제 19의 폐곡선

20.

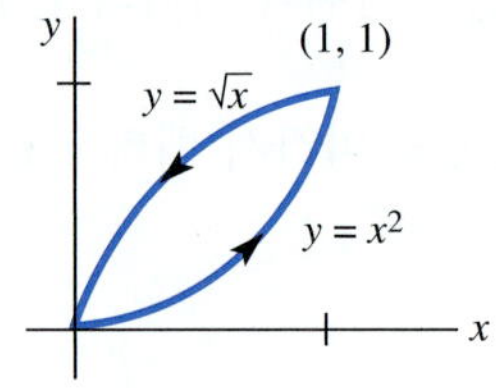

그림 9.8.16 문제 20의 폐곡선

문제 21, 22에서는 폐곡선 C에 대해 $\oint_C x^2y^3\,dx - xy^2\,dy$를 계산하라.

21.

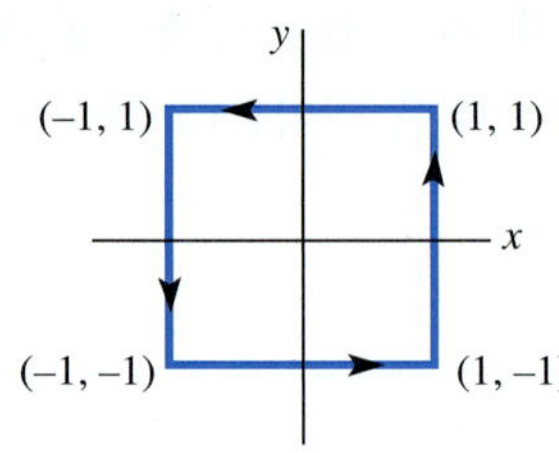

그림 9.8.17 문제 21의 폐곡선

22.

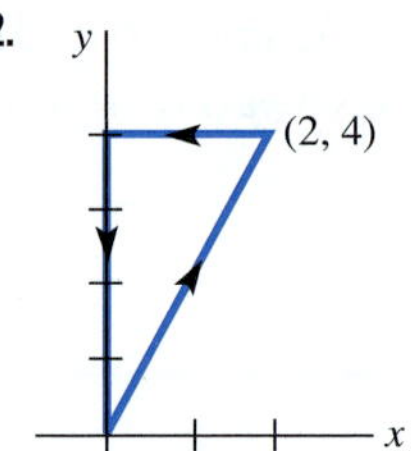

그림 9.8.18 문제 22의 폐곡선

23. C가

$$x = 5\cos t,\quad y = 5\sin t,\quad 0 \le t \le 2\pi$$

일 때 $\oint_C (x^2 - y^2)\,ds$를 계산하라.

24. C가

$$x = 2\cos t,\quad y = 3\sin t,\quad 0 \le t \le \pi$$

일 때 $\int_{-C} y\,dx - x\,dy$를 계산하라.

문제 25~28에서는 곡선 C의 $(0, 0, 0)$과 $(6, 8, 5)$ 사이에서 $\int_C y\,dx + z\,dy + x\,dz$를 계산하라.

25. C는 $(0, 0, 0)$에서 $(2, 3, 4)$, $(2, 3, 4)$에서 $(6, 8, 5)$까지의 선분

26. $x = 3t,\ y = t^3,\ z = \frac{5}{4}t^2,\quad 0 \le t \le 2$

27.

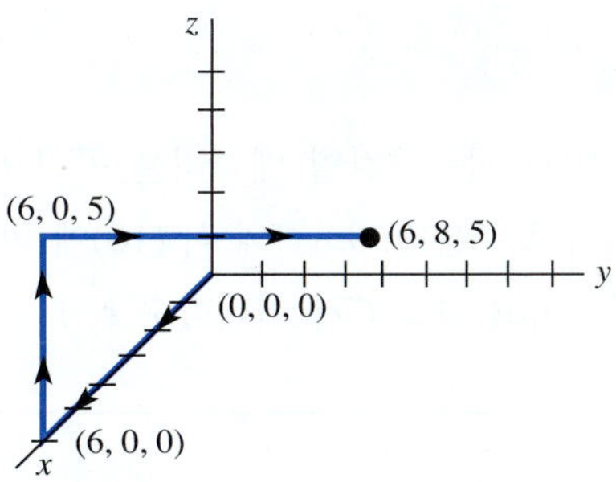

그림 9.8.19 문제 27의 곡선

28.

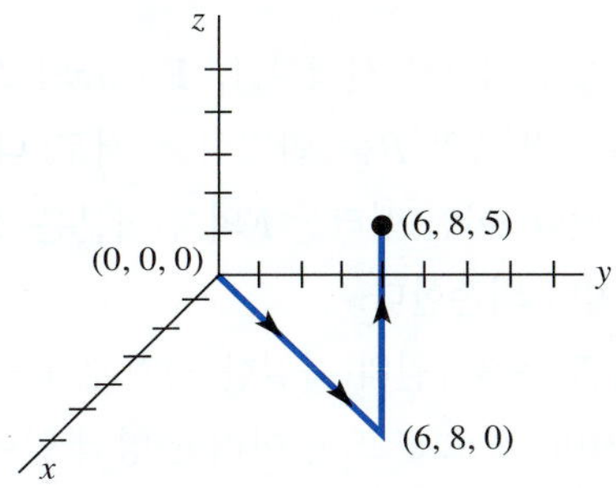

그림 9.8.20 문제 28의 곡선

문제 29, 30에서는 $\int_C \mathbf{F} \cdot d\mathbf{r}$을 계산하라.

29. $\mathbf{F}(x, y) = y^3\mathbf{i} - x^2y\mathbf{j}$; $\mathbf{r}(t) = e^{-2t}\mathbf{i} + e^t\mathbf{j}$, $0 \le t \le \ln 2$

30. $\mathbf{F}(x, y, z) = e^x\mathbf{i} + xe^{xy}\mathbf{j} + xye^{xyz}\mathbf{k}$; $\mathbf{r}(t) = t\mathbf{i} + t^2\mathbf{j} + t^3\mathbf{k}$, $0 \le t \le 1$

31. 힘 $\mathbf{F}(x, y) = y\mathbf{i} + x\mathbf{j}$가 $y = \ln x$를 따라 $(1, 0)$에서 $(e, 1)$까지 한 일을 구하라.

32. 힘 $\mathbf{F}(x, y) = 2xy\mathbf{i} + 4y^2\mathbf{j}$가 $(-2, 2)$에서 $(0, 0)$, $(0, 0)$에서 $(2, 3)$까지의 선분으로 이루어진 구간별로 매끄러운 곡선을 따라 한 일을 구하라.

33. 힘 $\mathbf{F}(x, y) = (x + 2y)\mathbf{i} + (6y^2 - 2x)\mathbf{j}$가 꼭지점이 $(1, 1)$, $(3, 1)$, $(3, 2)$인 삼각형을 반시계 방향으로 이동하며 한 일을 구하라.

34. 힘 $\mathbf{F}(x, y, z) = yz\mathbf{i} + xz\mathbf{j} + xy\mathbf{k}$가 $t = 1$에서 $t = 3$까지 $\mathbf{r}(t) = t^3\mathbf{i} + t^2\mathbf{j} + t\mathbf{k}$로 주어진 곡선을 따라 한 일을 구하라.

35. 일정한 힘 $\mathbf{F}(x, y) = a\mathbf{i} + b\mathbf{j}$가 원 $x^2 + y^2 = 9$를 반시계 방향으로 한 바퀴 돌며 한 일을 구하라.

36. c가 상수이고 $\mathbf{r} = x\mathbf{i} + y\mathbf{j} + z\mathbf{k}$일 때 역제곱 힘장* $\mathbf{F} = c\mathbf{r}/\|\mathbf{r}\|^3$이 $(1, 1, 1)$에서 $(3, 3, 3)$까지 직선을 따라 입자를 이동시키며 한 일을 구하라.

37. 선적분 $\int_C y^2\,dx + xy\,dy$가 다음 매개변수 곡선에 대하여 같은 값을 가짐을 보여라.

$C: x = 2t + 1,$	$y = 4t + 2,$	$0 \le t \le 1$
$C: x = t^2,$	$y = 2t^2,$	$1 \le t \le \sqrt{3}$
$C: x = \ln t,$	$y = 2\ln t,$	$e \le t \le e^3$

38. $(0, 0)$과 $(2, 4)$ 사이의 세 곡선

$C_1: x = t,$	$y = 2t,$	$0 \le t \le 2$
$C_2: x = t,$	$y = t^2,$	$0 \le t \le 2$
$C_3: x = 2t - 4,$	$y = 4t - 8,$	$2 \le t \le 3$

에 대해 $\int C_1\, xy\, ds = \int C_3\, xy\, ds$이지만 $\int C_1\, xy\, ds \ne \int C_2\, xy\, ds$임을 보이고 이유를 설명하라.

39. 벡터함수 $\mathbf{r}(t)$, $a \le t \le b$로 주어지는 매끄러운 곡선 C를 생각하자. 가속도, 속도, 속력은 각각 $\mathbf{a} = d\mathbf{v}/dt$, $\mathbf{v} = d\mathbf{r}/dt$, $v = \|\mathbf{v}\|$이다. 마찰이 없다고 가정하고 Newton 제2법칙 $\mathbf{F} = m\mathbf{a}$를 사용하여 $t = a$ 인 점 A로부터 $t = b$인 점 B까지 일정한 질량 m을 이동시킬 때 F가 한 일이 운동에너지의 변화

$$K(B) - K(A) = \frac{1}{2}m[v(b)]^2 - \frac{1}{2}m[v(a)]^2$$

와 같음을 보여라. [힌트: $\frac{d}{dt}v^2 = \frac{d}{dt}\mathbf{v} \cdot \mathbf{v}$]

40. $\rho(x, y)$가 선밀도(단위길이당 질량)라면 $m = \int_C \rho(x, y)\,ds$는 선의 질량이다. 선밀도가 y축으로부터의 거리에 비례한다면, 반원 $x = 1 + \cos t$, $y = \sin t$, $0 \le t \le \pi$의 형태를 갖는 선의 밀도를 구하라.

41. 변하는 밀도를 갖는 선의 질량 중심의 좌표는 $\bar{x} = M_y/m$, $\bar{y} = M_x/m$이고, 여기서

$$m = \int_C \rho(x, y)\,ds, \quad M_x = \int_C y\,\rho(x, y)\,ds$$

$$M_y = \int_C x\,\rho(x, y)\,ds$$

이다. 문제 40의 선의 질량 중심을 구하라.

42. 힘장 $\mathbf{F}(x, y)$가 그림 9.8.21과 같이 C_1, C_2, C_3의 합집합인 곡선 C의 각 점에 작용한다. $\|\mathbf{F}\|$의 단위는 파운드(pound), 길이의 단위는 피트(feet)이다. 힘장을 대표하는 푸른색 벡터들을 사용하여 $\mathbf{F}$가 C를 따라 한 일의 근사값을 구하라. [힌트: $W = \int_C \mathbf{F} \cdot \mathbf{T}\,ds$ 사용]

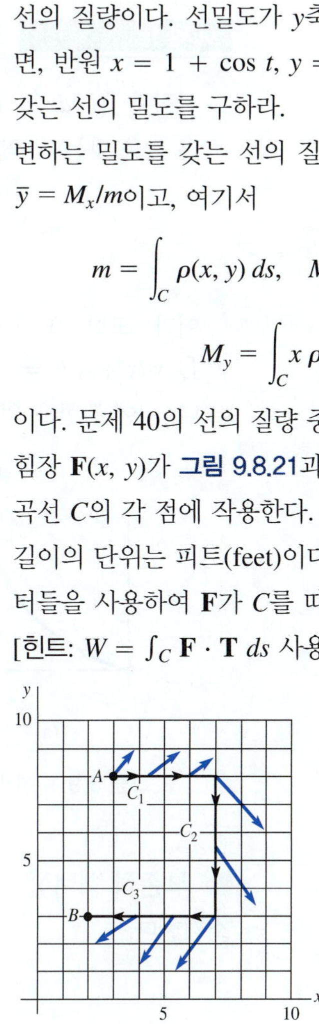

그림 9.8.21 문제 42의 힘장

* $\mathbf{F}$의 크기는 $\|\mathbf{r}\|^2$에 반비례한다.

9.9 선적분의 경로 무관성

소개 이 절에서는 시작점 A와 끝점 B를 연결하는 구간별 매끄러운 곡선 C를 **적분경로**(path of integration) 또는 단순히 **경로**(path)라고 부른다. 9.8절의 식 (10)에 의하면 $F(x, y) = P(x, y)\mathbf{i} + Q(x, y)\mathbf{j}$가 2차원 벡터장이고 경로 C가 벡터함수 $\mathbf{r}(t) = f(t)\mathbf{i} + g(t)j$, $a \le t \le b$로 나타날 때 선적분을

$$\int_C P\,dx + Q\,dy = \int_C \mathbf{F} \cdot d\mathbf{r}$$

로 쓸 수 있다. 여기서, $d\mathbf{r} = dx\mathbf{i} + dy\mathbf{j}$이다. 일반적으로 선적분 $\int_C \mathbf{F} \cdot d\mathbf{r}$의 값은 적분경로에 의존한다. 다시 말해서 만약 C_1, C_2가 두 점 A와 B를 연결하는 서로 다른 경로이면 $\int_{C_1} \mathbf{F} \cdot d\mathbf{r} \neq \int_{C_2} \mathbf{F} \cdot d\mathbf{r}$이다. 그러나 예외는 있다. 어떤 벡터장 $\mathbf{F}$의 선적분은 경로에 관계없이 점 $A = (f(a), g(a))$와 점 $B = (f(b), g(b))$에만 의존한다.

주의: 불필요한 반복을 피하기 위해 2차원 또는 3차원의 적절한 영역에서 벡터장 $\mathbf{F}$의 성분함수가 연속이고, 연속인 1계 도함수를 가지며, 경로 C 또한 이러한 영역 안에 존재한다고 가정한다.

예제 1 경로 무관성

선적분 $\int_C y dx + x dy$는 **그림 9.9.1**의 (0, 0)과 (1, 1)을 연결하는 모든 적분경로에 대해 같은 값을 갖는다. 연습문제 9.8의 문제 11~14의 모든 경로에 대해

$$\int_C y\,dx + x\,dy = 1$$

이다. 또한 (0, 0)과 (1, 1)을 연결하는 곡선 $y = x^3$, $y = x^4$, $y = \sqrt{x}$ 등에 대해서도 $\int_C y dx + x dy = 1$이다. 이는 $\int_C y dx + x dy$가 두 점을 연결하는 경로에 무관함을 시사한다. 이에 관한 논의는 예제 2와 예제 3에서 계속될 것이다.

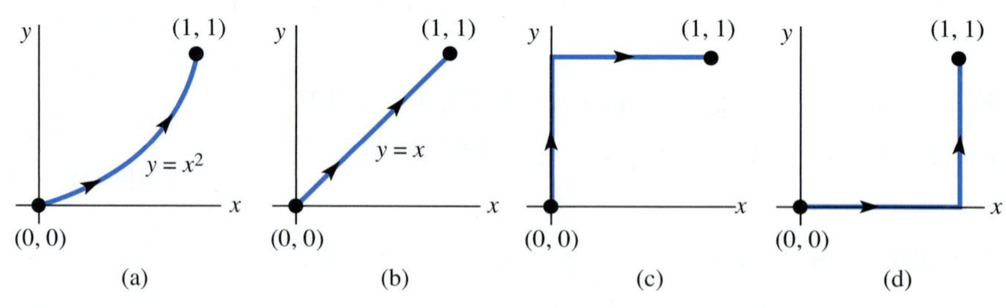

그림 9.9.1 예제 1의 선적분은 서로 다른 네 가지 경로에 대해 동일하다.

보존적 벡터장 먼저 **보존장**(conservative field)이라 불리는 특수한 종류의 벡터장 $\mathbf{F}$를 소개한다.

정의 9.9.1 보존적 벡터장

2차원 또는 3차원 벡터함수 **F**가 스칼라함수 ϕ의 기울기벡터로 나타나면 **F**를 **보존적**(conservative)이라 하고, 이때 스칼라함수 ϕ를 **F**의 **포텐셜 함수**(potential function)라고 부른다.

다시 말해 $\mathbf{F} = \nabla\phi$를 만족하는 함수 ϕ가 존재하면 벡터 **F**는 보존적이다. 보존적 벡터장을 **기울기 벡터장**(gradient vector field)이라 부르기도 한다.

예제 2 보존적 벡터장

예제 1의 적분을 경로 C에 대한 벡터장 **F**의 선적분으로 해석할 수 있다. $\mathbf{F}(x, y) = y\mathbf{i} + x\mathbf{j}$로 놓으면 $\int_C y\,dx + x\,dy = \int_C \mathbf{F} \cdot d\mathbf{r}$이고, 여기서 $d\mathbf{r} = dx\mathbf{i} + dy\mathbf{j}$이다. 스칼라함수 $\phi(x, y) = xy$에 대해

$$\nabla\phi = \frac{\partial\phi}{\partial x}\mathbf{i} + \frac{\partial\phi}{\partial y}\mathbf{j} = y\mathbf{i} + x\mathbf{j}$$

즉 $\nabla\phi = \mathbf{F}(x, y)$이므로 $\mathbf{F}(x, y) = y\mathbf{i} + x\mathbf{j}$는 보존적 벡터장이고 ϕ는 **F**의 포텐셜 함수이다. ≡

물론 모든 벡터장이 보존적인 것은 아니지만 물리학에서 취급하는 많은 벡터장이 보존장이며, 선적분에서 보존장의 중요성은 매우 크다.

■ 경로 무관성 A와 B를 연결하는 **모든** 곡선에 대해 선적분이 같은 값을 가질 때 선적분이 **경로에 무관하다** 또는 **경로에 독립적이다**(path-independent)라고 말한다. 다시 말해 A와 B 사이의 어떠한 두 경로 C_1, C_2에 대해서도 $\int_{C_1} \mathbf{F} \cdot d\mathbf{r} = \int_{C_2} \mathbf{F} \cdot d\mathbf{r}$이면 선적분 $\int_C \mathbf{F} \cdot d\mathbf{r}$은 경로에 무관하다.

■ 기본정리 다음 정리는 선적분 $\int_C \mathbf{F} \cdot d\mathbf{r}$의 값과 이의 적분경로 C가 보존적 벡터장 **F** 안에 위치한다는 사실과의 중요한 연관성을 제시한다. 더욱이 이러한 선적분을 미적분학의 기본정리

$$\int_a^b f'(x)\,dx = f(b) - f(a) \tag{1}$$

와 유사한 방법으로 계산할 수 있음을 의미한다. **선적분의 기본 정리**라고 불리는 다음 정리에서는 스칼라함수 ϕ의 기울기 벡터 $\nabla\phi$가 식 (1)에서 $f'(x)$의 역할을 한다.

정리 9.9.1 선적분의 기본정리

2차원 열린영역 R에 위치하는 경로 C가 $\mathbf{r}(t) = x(t)\mathbf{i} + y(t)\mathbf{j}$, $a \le t \le b$로 나타날 때, $\mathbf{F}(x, y) = P(x, y)\mathbf{i} + Q(x, y)\mathbf{j}$가 R에서 보존적 벡터장이고 ϕ가 **F**의 포텐셜 함수이면

$$\int_C \mathbf{F} \cdot d\mathbf{r} = \int_C \nabla\phi \cdot d\mathbf{r} = \phi(B) - \phi(A) \tag{2}$$

이다. 여기서 $A = (x(a), y(a))$, $B = (x(b), y(b))$이다.

증명 매끄러운 경로 C에 대해 정리를 증명한다. ϕ가 $\mathbf{F}$의 포텐셜 함수이므로

$$\mathbf{F} = \nabla\phi = \frac{\partial\phi}{\partial x}\mathbf{i} + \frac{\partial\phi}{\partial y}\mathbf{j}$$

이고, $\mathbf{r}'(t) = (dx/dt)\mathbf{i} + (dy/dt)\mathbf{j}$이므로 경로 C에 대한 $\mathbf{F}$의 선적분을

$$\int_C \mathbf{F}\cdot d\mathbf{r} = \int_C \mathbf{F}\cdot\mathbf{r}'(t)\,dt = \int_a^b \left(\frac{\partial\phi}{\partial x}\frac{dx}{dt} + \frac{\partial\phi}{\partial y}\frac{dy}{dt}\right)dt$$

로 쓸 수 있다. 연쇄법칙[9.4절 식 (8)]에 의하면

$$\frac{d\phi}{dt} = \frac{\partial\phi}{\partial x}\frac{dx}{dt} + \frac{\partial\phi}{\partial y}\frac{dy}{dt}$$

이므로

$$\begin{aligned}\int_C \mathbf{F}\cdot d\mathbf{r} &= \int_a^b \frac{d\phi}{dt}\,dt = \phi(x(t), y(t))\Big]_a^b \\ &= \phi(x(b), y(b)) - \phi(x(a), y(a)) \\ &= \phi(B) - \phi(A)\end{aligned}$$

이다. ≡

구간별 매끄러운 곡선에 대해서는 위의 증명을 곡선 C를 구성하는 각각의 부분호에 적용할 수 있다.

정리 9.9.1은 $\mathbf{F}$가 2차원 또는 3차원 열린영역에서 보존적 벡터장이면 $\int_C \mathbf{F}\cdot d\mathbf{r}$은 경로 C에 관계없이 시작점 A와 끝점 B에만 의존함을 보인다. 이러한 적분을 종종

$$\int_A^B \mathbf{F}\cdot d\mathbf{r} = \int_A^B \nabla\phi\cdot d\mathbf{r} \tag{3}$$

로 표현하기도 한다.

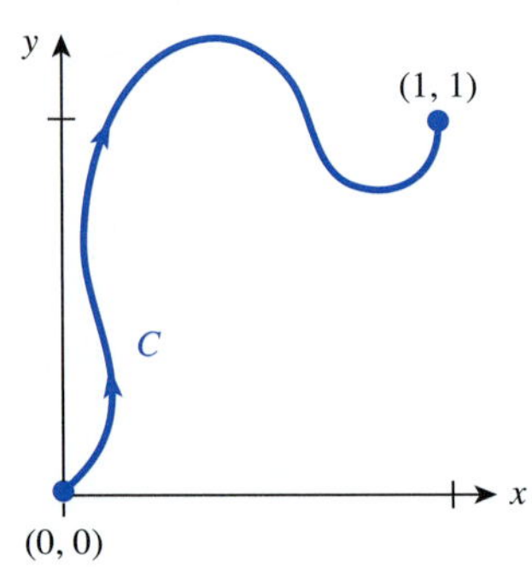

그림 9.9.2 예제 3의 구간별 매끄러운 곡선

예제 3 정리 9.9.1을 이용한 예제 1의 풀이

시작점 (0, 0)과 끝점 (1, 1)을 연결하는 C에 대해 $\int_C y\,dx + x\,dy$를 계산하라.

풀이 그림 9.9.2의 경로 C는 (0, 0)과 (1, 1)을 연결하는 임의의 구간별 매끄러운 곡선이다. 예제 2에서 $\mathbf{F} = y\mathbf{i} + x\mathbf{j}$가 xy 평면의 모든 점에서 보존적 벡터장이고 $\phi(x, y) = xy$가 포텐셜 함수임을 이미 보였다. 따라서 정리 9.9.1의 식 (2)와 (3)에 의해

$$\int_C y\,dx + x\,dy = \int_{(0,0)}^{(1,1)} \mathbf{F}\cdot d\mathbf{r} = \int_{(0,0)}^{(1,1)} \nabla\phi\cdot d\mathbf{r}$$

$$= xy\Big]_{(0,0)}^{(1,1)}$$

$$= 1\cdot 1 - 0\cdot 0 = 1$$

이다. ≡

미적분학의 기본정리 식 (1)에서 $f'(x)$의 부정적분으로 $f(x) + K$ (K는 임의의 상수) 형태의 어떤 함수도 사용할 수 있었다. 마찬가지로 예제 2에서 포텐셜 함수로 $\phi(x, y) = xy + K$를 사용할 수 있는데 정리 9.9.1의 식 (2)를 사용할 때 상수는 무시해도 좋다. 왜냐하면

$$\int_A^B \mathbf{F}\cdot d\mathbf{r} = (\phi(B) + K) - (\phi(A) + K) = \phi(B) - \phi(A)$$

이기 때문이다.

용어 설명 평면 또는 공간의 영역 내의 임의의 두 점 A와 B가 곡선 전체가 영역 안에 위치하는 구간별 매끄러운 곡선에 의해 연결될 수 있으면 그 영역은 **연결**(connected)되었다고 한다. 평면 연결영역 R에서 전체가 영역 안에 포함된 임의의 단순 폐곡선(simple closed curve)이 R을 벗어나지 않으며 영역의 한 점으로 수축될 수 있으면 R은 **단순연결**(simply connected)되었다고 한다. 이 조건은 R에 위치하는 임의의 단순 폐곡선의 내부 또한 R에 포함됨을 의미한다. 그림 9.9.3(a)는 단순 연결영역을 보인다. 그림 9.9.3(b)의 영역은 두 점 A와 B가 영역을 벗어나지 않는 구간별 매끄러운 곡선 C로 연결되지 않으므로 연결되지 않은 영역, 즉 **비연결**(disconnected) 영역이다. 그림 9.9.3(c)의 영역은 연결되어 있지만 영역 내부에 구멍(hole)이 존재하여 단순연결 영역이 아니다. 구멍을 둘러싸고 있는 곡선이 영역을 벗어나지 않고 한 점으로 수축될 수 없기 때문이다. 이러한 영역은 **다중연결**(multiply connected)되었다고 한다. 마지막으로 어떤 영역이 경계점(boundary point)을 포함하지 않을 때 **열렸다**(open)라고 한다.

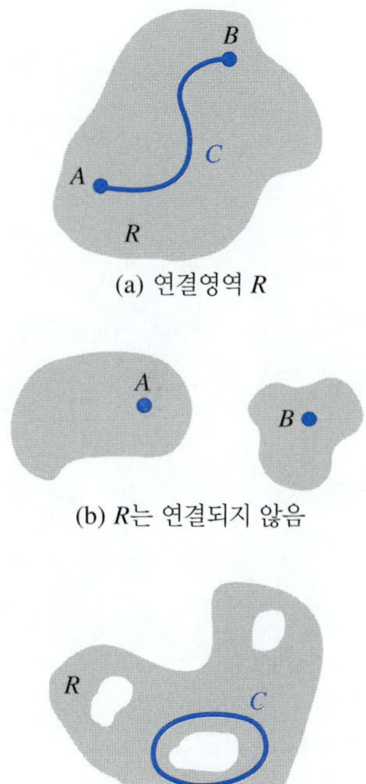

(a) 연결영역 R

(b) R는 연결되지 않음

(c) 다중 연결영역 R

그림 9.9.3 평면에서의 영역

열린 연결영역 R에서는 선적분의 경로 무관성과 보존적 벡터장이 동일한 개념이다. 즉 $\mathbf{F}$가 보존적이면 $\int_C \mathbf{F}\cdot d\mathbf{r}$이 C에 무관하고, 역으로 $\int_C \mathbf{F}\cdot d\mathbf{r}$이 경로에 무관하면 $\mathbf{F}$가 보존적이다.

이에 관한 정리는 다음과 같다.

정리 9.9.2 등가 개념

열린 연결영역 R에서 벡터장 $\mathbf{F}$가 보존적이면 $\int_C \mathbf{F}\cdot d\mathbf{r}$이 경로에 무관하며, 이의 역도 성립한다.

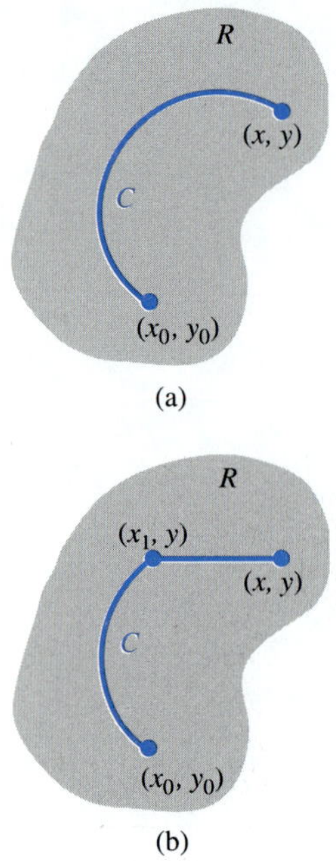

그림 9.9.4 정리 9.9.2의 증명에 나타나는 영역 R

증명 영역 R에서 $\mathbf{F}$가 보존적이면 $\int_C \mathbf{F} \cdot d\mathbf{r}$이 경로에 무관하다는 것은 정리 9.9.1의 결과로 알 수 있다.

편의상 평면영역 R에 대해 이의 역을 증명하자. 영역 R에서 $\int_C \mathbf{F} \cdot d\mathbf{r}$이 경로에 무관하고 (x_0, y_0)와 (x, y)가 영역 R의 임의의 두 점이라고 가정한다. 두 점 (x_0, y_0)와 (x, y)를 연결하는 R 위의 임의의 경로를 C [**그림 9.9.4(a)**], $\mathbf{F} = P\mathbf{i} + Q\mathbf{j}$라 하고

$$\phi(x, y) = \int_{(x_0, y_0)}^{(x, y)} \mathbf{F} \cdot d\mathbf{r}$$

인 함수 $\phi(x, y)$를 정의한다. R 위에 $x_1 \neq x$인 또 다른 점 (x_1, y)를 선택하면[그림 9.9.4(b)] 경로 무관성에 의해

$$\phi(x, y) = \int_{(x_0, y_0)}^{(x_1, y)} \mathbf{F} \cdot d\mathbf{r} + \int_{(x_1, y)}^{(x, y)} \mathbf{F} \cdot d\mathbf{r}$$

이 성립하고, 우변의 첫 번째 적분은 x에 의존하지 않으므로

$$\frac{\partial \phi}{\partial x} = 0 + \frac{\partial}{\partial x} \int_{(x_1, y)}^{(x, y)} P\,dx + Q\,dy$$

이다. 점 (x_1, y)와 (x, y)를 연결하는 직선 구간에서는 y가 일정하므로$(dy = 0)$ $\int_{(x_1, y)}^{(x, y)} P\,dx + Q\,dy = \int_{(x_1, y)}^{(x, y)} P\,dx$이고, 도함수 형태의 미적분학 기본정리에 의해

$$\frac{\partial \phi}{\partial x} = \frac{\partial}{\partial x} \int_{(x_1, y)}^{(x, y)} P(x, y)\,dx = P(x, y)$$

이다. 유사한 방법을 사용하면 $\partial\phi/\partial y = Q(x, y)$이므로

$$\nabla \phi = \frac{\partial \phi}{\partial x}\mathbf{i} + \frac{\partial \phi}{\partial y}\mathbf{j} = P\mathbf{i} + Q\mathbf{j} = \mathbf{F}(x, y)$$

가 되고, 이는 $\mathbf{F}$가 보존적임을 증명한다 ≡

폐곡선에 대한 적분 9.8절에서 시작점 A와 끝점 B가 동일한 곡선 C를 폐곡선이라고 하였다. 만약 C가 벡터함수 $\mathbf{r}(t)$, $a \leq t \leq b$로 나타난 매개 곡선이면 $A = B$, 즉 $\mathbf{r}(a) = \mathbf{r}(b)$일 때 **폐곡선**이다. 따라서, 다음 정리는 9.9.1의 결과이다.

정리 9.9.3 등가 개념

열린 연결영역 R에서 $\int_C \mathbf{F} \cdot d\mathbf{r}$이 경로에 무관하면 R의 모든 폐곡선 C에 대하여 $\int_C \mathbf{F} \cdot d\mathbf{r} = 0$이고, 이의 역도 성립한다.

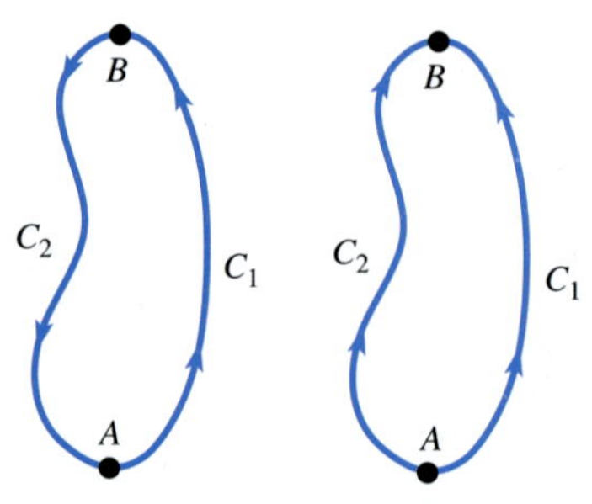

(a) $C = C_1 \cup C_2$ (b) $C = C_1 \cup (-C_2)$

그림 9.9.5 정리 9.9.3의 증명에 나타나는 경로

증명 먼저 $\int_C \mathbf{F} \cdot d\mathbf{r}$이 경로에 무관하면 영역 R의 모든 폐곡선 C에 대해 $\int_C \mathbf{F} \cdot d\mathbf{r} = 0$임을 증명하자. **그림 9.9.5(a)**와 같이 $C = C_1 \cup C_2$인 폐곡선 C 위에 임의의 두 점 A, B를 가정한다. C_1은 A에서 B를 연결하는 경로, C_2는 B에서 A를 연결하는 경로, $-C_2$는 C_2와 방향이 반대인 경로다.

$$\int_C \mathbf{F}\cdot d\mathbf{r} = \int_{C_1} \mathbf{F}\cdot d\mathbf{r} + \int_{C_2} \mathbf{F}\cdot d\mathbf{r} = \int_{C_1} \mathbf{F}\cdot d\mathbf{r} - \int_{-C_2} \mathbf{F}\cdot d\mathbf{r} \tag{4}$$

로 쓸 수 있고, 경로 무관성에 의하여 $\int_{C_1} \mathbf{F}\cdot d\mathbf{r} = \int_{-C_2} \mathbf{F}\cdot d\mathbf{r}$이므로 식 (4)에서는 $\int_C \mathbf{F}\cdot d\mathbf{r} = 0$이다.

다음으로 영역 R의 모든 폐곡선 C에 대해 $\int_C \mathbf{F}\cdot d\mathbf{r} = 0$이면 $\int_C \mathbf{F}\cdot d\mathbf{r}$이 경로에 무관함을 증명하자. 그림 9.9.5(b)와 같이 A에서 B를 연결하는 임의의 두 곡선 C_1, C_2에 대해 $C = C_1 \cup (-C_2)$인 폐곡선 C를 가정한다. $\int_C \mathbf{F}\cdot d\mathbf{r} = 0$이므로

$$0 = \int_C \mathbf{F}\cdot d\mathbf{r} = \int_{C_1} \mathbf{F}\cdot d\mathbf{r} + \int_{-C_2} \mathbf{F}\cdot d\mathbf{r} = \int_{C_1} \mathbf{F}\cdot d\mathbf{r} - \int_{C_2} \mathbf{F}\cdot d\mathbf{r}$$

에서 $\int_{C_1} \mathbf{F}\cdot d\mathbf{r} = \int_{C_2} \mathbf{F}\cdot d\mathbf{r}$이므로 임의의 C에 대해 $\int_C \mathbf{F}\cdot d\mathbf{r}$은 경로에 무관하다. ≡

F가 열린 연결영역에서 정의되는 보존적 벡터장이고 C가 영역 안에 위치하는 폐곡선일 때 앞의 정리들을 다음과 같이 나타낼 수 있다.

$$\text{보존장 } \mathbf{F} \Leftrightarrow \text{경로에 무관} \Leftrightarrow \int_C \mathbf{F}\cdot d\mathbf{r} = 0 \tag{5}$$

여기서 '⇔'는 필요충분조건을 나타내는 기호이다.

보존장의 확인 식 (5)는 선적분 $\int_C \mathbf{F}\cdot d\mathbf{r}$이 경로에 무관하지 않으면 벡터장 **F**가 보존적이 아님을 의미한다. 그러나 **F**가 보존장임을 확인하는 보다 쉬운 방법이 있다. 다음 정리는 **F**의 성분함수의 편도함수를 이용하여 보존장을 확인하는 방법이다.

정리 9.9.4 보존장의 확인

열린영역 R에서 $\mathbf{F}(x, y) = P(x, y)\mathbf{i} + Q(x, y)\mathbf{j}$가 보존적 벡터장이고 P와 Q가 연속이며 연속인 1계 편도함수를 가지면, R의 모든 (x, y)에서

$$\frac{\partial P}{\partial y} = \frac{\partial Q}{\partial x} \tag{6}$$

가 성립한다. 역으로 단순 연결영역 R의 모든 (x, y)에서 식 (6)이 성립하면 $\mathbf{F} = P\mathbf{i} + Q\mathbf{j}$는 R에서 보존적이다.

부분 증명 여기서는 정리의 처음 부분만 증명한다. **F**가 보존적이므로

$$\mathbf{F} = P\mathbf{i} + Q\mathbf{j} = \nabla\phi = \frac{\partial\phi}{\partial x}\mathbf{i} + \frac{\partial\phi}{\partial y}\mathbf{j}$$

인 포텐셜 함수 f가 존재한다. 따라서 $P = \partial\phi/\partial x$, $Q = \partial\phi/\partial x$이다.

$$\frac{\partial P}{\partial y} = \frac{\partial}{\partial y}\left(\frac{\partial\phi}{\partial x}\right) = \frac{\partial^2\phi}{\partial y\partial x} \quad \text{그리고} \quad \frac{\partial Q}{\partial x} = \frac{\partial}{\partial x}\left(\frac{\partial\phi}{\partial y}\right) = \frac{\partial^2\phi}{\partial x\partial y}$$

이고, 편도함수의 연속성에 의해 두 결과는 같으므로 $\partial P/\partial y = \partial Q/\partial x$가 성립한다. ≡

예제 4 정리 9.9.4의 이용

예제 2의 보존장 $\mathbf{F} = y\mathbf{i} + x\mathbf{j}$의 성분함수는 전체 xy 평면으로 이루어진 열린영역 R에서 연속이고, 연속인 1계 편도함수를 갖는다. $P = y$, $Q = x$이므로 정리 9.9.4의 식 (6)에서

$$\frac{\partial P}{\partial y} = 1 = \frac{\partial Q}{\partial x}$$

이다. ≡

예제 5 정리 9.9.4의 이용

벡터장 $\mathbf{F}(x, y) = (x^2 - 2y^3)\mathbf{i} + (x + 5y)\mathbf{j}$의 보존성을 판단하라.

풀이 $P = x^2 - 2y^3$, $Q = x + 5y$에서

$$\frac{\partial P}{\partial y} = -6y^2 \quad \text{그리고} \quad \frac{\partial Q}{\partial x} = 1$$

이고, $\partial P/\partial y \neq \partial Q/\partial x$이므로 정리 9.9.4로부터 **F**는 보존적이 아니다. ≡

예제 6 정리 9.9.4의 이용

벡터장 $\mathbf{F}(x, y) = -ye^{-xy}\mathbf{i} - xe^{-xy}\mathbf{j}$의 보존성을 판단하라.

풀이 $P = -ye^{-xy}$, $Q = -xe^{-xy}$에서

$$\frac{\partial P}{\partial y} = xye^{-xy} - e^{-xy} = \frac{\partial Q}{\partial x}$$

이다. 또한 **F**의 성분함수가 연속이고, 연속인 1계 편도함수를 갖는다. 따라서 단순 연결영역인 전체 xy 평면에서 식 (6)이 성립하므로 정리 9.9.4에 의해 **F**는 보존적이다. ≡

한 가지 더 중요한 의문이 남아 있다.

$$\textbf{F}\text{가 보존적 벡터장이면 }\textbf{F}\text{의 포텐셜 함수 }\phi\text{는 어떻게 구하는가?} \tag{7}$$

다음 예에서 식 (7)에 대한 답을 얻을 수 있다.

예제 7 경로에 무관한 선적분

(a) $\mathbf{F}(x, y) = (y^2 - 6xy + 6)\mathbf{i} + (2xy - 3x^2 - 2y)\mathbf{j}$일 때 $\int_C \mathbf{F} \cdot d\mathbf{r}$이 경로에 무관함을 보여라.

(b) **F**의 포텐셜 함수 ϕ를 구하라.

(c) $\displaystyle\int_{(-1,0)}^{(3,4)} \mathbf{F} \cdot d\mathbf{r}$을 계산하라.

풀이 **(a)** $P = y^2 - 6xy + 6$, $Q = 2xy - 3x^2 - 2y$에서

$$\frac{\partial P}{\partial y} = 2y - 6x = \frac{\partial Q}{\partial x}$$

이다. 전체 xy 평면에서 식 (6)이 성립하므로 벡터장 $\mathbf{F}$는 보존장이고, 따라서 $\int_C \mathbf{F} \cdot d\mathbf{r}$은 평면 위의 임의의 두 점을 연결하는 경로에 무관하다.

(b) $\mathbf{F}$가 보존장이므로

$$\frac{\partial \phi}{\partial x} = y^2 - 6xy + 6 \quad \text{그리고} \quad \frac{\partial \phi}{\partial y} = 2xy - 3x^2 - 2y \tag{8}$$

를 만족하는 포텐셜 함수 ϕ가 존재한다. 식 (8)의 첫 번째 식을 편적분(partial integration)하면

◀ x에 대한 편적분은 변수 y가 상수가 되고, y에 대한 편적분은 x가 상수가 된다.

$$\phi = \int (y^2 - 6xy + 6)\,dx = xy^2 - 3x^2y + 6x + g(y) \tag{9}$$

이다. 여기서 $g(y)$는 1변수 함수의 적분에서 나타나는 '상수'에 해당한다. 식 (9)를 다시 y로 편미분하여 식 (8)의 두 번째 식과 비교하면

$$\frac{\partial \phi}{\partial y} = 2xy - 3x^2 + g'(y) = 2xy - 3x^2 - 2y$$

에서 $g'(y) = -2y$ 또는 $g(y) = -y^2 + C$ (C는 상수)를 얻는다. 따라서 식 (9)에 의해

$$\phi = xy^2 - 3x^2y + 6x - y^2 + C \tag{10}$$

를 구할 수 있다.

(c) 선적분을 계산하기 위해 정리 9.9.2와 상수 C를 제거한 식 (10)을 이용하면

$$\int_C \mathbf{F} \cdot d\mathbf{r} = \int_{(-1,0)}^{(3,4)} \mathbf{F} \cdot d\mathbf{r} = (xy^2 - 3x^2y + 6x - y^2)\Big]_{(-1,0)}^{(3,4)}$$

$$= (48 - 108 + 18 - 16) - (-6) = -52$$

이다. ≡

참고: 경로에 무관한 예제 7의 선적분을 포텐셜 함수를 구하지 않고 계산할 수도 있다. 두 점을 연결하는 임의의 편리한 곡선, 예를 들어 곡선 $y = x + 1$을 택하여 x에 대한 정적분으로 계산하면 다음과 같다.

$$\int_C \mathbf{F} \cdot d\mathbf{r} = \int_C (y^2 - 6xy + 6)\,dx + (2xy - 3x^2 - 2y)\,dy$$

$$= \int_{-1}^{3} [(x+1)^2 - 6x(x+1) + 6]\,dx + [2x(x+1) - 3x^2 - 2(x+1)]\,dx$$

$$= \int_{-1}^{3} (-6x^2 - 4x + 5)\,dx = -52$$

3차원 보존적 벡터장 3차원 보존적 벡터장 $\mathbf{F}(x, y, z)$와 구간별 매끄러운 공간곡선 $\mathbf{r}(t) = x(t)\mathbf{i} + y(t)\mathbf{j} + z(t)\mathbf{k}$, $a \le t \le b$에 대해서도 식 (2)를 동일하게 적용한다.

$$\int_C \mathbf{F} \cdot d\mathbf{r} = \int_C \nabla\phi \cdot d\mathbf{r} = \phi(x(b), y(b), z(b)) - \phi(x(a), y(a), z(a)) = \phi(B) - \phi(A) \quad (11)$$

C가 공간곡선이고 3차원 벡터장

$$\mathbf{F}(x, y, z) = P(x, y, z)\mathbf{i} + Q(x, y, z)\mathbf{j} + R(x, y, z)\mathbf{k}$$

가 보존장이면 선적분 $\int_C \mathbf{F} \cdot d\mathbf{r}$은 경로에 무관하다. 다음은 정리 9.9.4의 3차원 형태이다. $\mathbf{F}$가 보존장이고, 3차원 열린영역에서 P, Q, R이 연속이고, 연속인 1계 편도함수를 가지면

$$\frac{\partial P}{\partial y} = \frac{\partial Q}{\partial x}, \quad \frac{\partial P}{\partial z} = \frac{\partial R}{\partial x}, \quad \frac{\partial Q}{\partial z} = \frac{\partial R}{\partial y} \quad (12)$$

가 성립하고, 역으로 적절한 공간영역에서 식 (12)를 만족하는 $\mathbf{F}$는 보존장이다.

$\mathbf{F}$가 보존장이면 $\mathbf{F} = \nabla\phi$이고 9.7절의 식 (5)에 의해 $\text{curl}\,\mathbf{F} = \text{curl}(\text{grad}\,\mathbf{F}) = \mathbf{0}$을 만족한다. 따라서

$$\text{curl}\,\mathbf{F} = \left(\frac{\partial R}{\partial y} - \frac{\partial Q}{\partial z}\right)\mathbf{i} + \left(\frac{\partial P}{\partial z} - \frac{\partial R}{\partial x}\right)\mathbf{j} + \left(\frac{\partial Q}{\partial x} - \frac{\partial P}{\partial y}\right)\mathbf{k} = \mathbf{0}$$

의 각 벡터 성분을 0으로 놓으면 식 (12)가 된다.

예제 8 경로에 무관한 적분(3차원)

(a) $\mathbf{F}(x, y, z) = (y + yz)\mathbf{i} + (x + 3z^3 + xz)\mathbf{j} + (9yz^2 + xy - 1)\mathbf{k}$일 때 선적분 $\int_C \mathbf{F} \cdot d\mathbf{r}$이 (1, 1, 1)에서 (2, 1, 4)까지 경로 C에 무관함을 보여라.

(b) $\int_{(1,1,1)}^{(2,1,4)} \mathbf{F} \cdot d\mathbf{r}$을 계산하라.

풀이 **(a)** $\mathbf{F}(x, y, z) = (y + yz)\mathbf{i} + (x + 3z^3 + xz)\mathbf{j} + (9yz^2 + xy - 1)\mathbf{k}$

$$P = y + yz,\ Q = x + 3z^3 + xz,\ R = 9yz^2 + xy - 1$$

로 놓으면, 3차원 전체 공간에서

$$\frac{\partial P}{\partial y} = 1 + z = \frac{\partial Q}{\partial x}, \quad \frac{\partial P}{\partial z} = y = \frac{\partial R}{\partial x}, \quad \frac{\partial Q}{\partial z} = 9z^2 + x = \frac{\partial R}{\partial y}$$

가 성립한다. 따라서 식 (12)에 의해 $\mathbf{F}$는 보존장이고 이의 선적분은 경로에 무관하다.

(b) 그림 9.9.6은 (1,1,1)과 (2,1,4)를 연결하는 임의의 경로를 나타낸다. 3차원 포텐셜 함수를 이용하여 선적분을 계산하자.

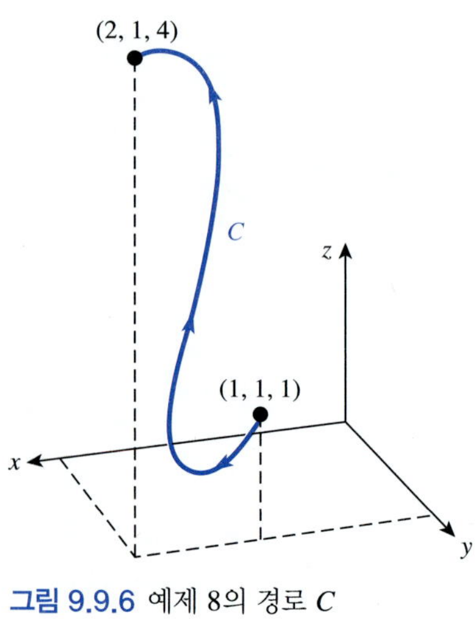

그림 9.9.6 예제 8의 경로 C

$$\frac{\partial \phi}{\partial x} = P, \quad \frac{\partial \phi}{\partial y} = Q, \quad \frac{\partial \phi}{\partial z} = R$$

인 함수 $\phi(x, y, z)$가 존재한다. 첫 번째 식을 x에 대해 편적분하면

$$\phi = xy + xyz + g(y, z)$$

이고, 이것의 y에 관한 편도함수는 Q와 같아야 한다. 즉,

$$\frac{\partial \phi}{\partial y} = x + xz + \frac{\partial g}{\partial y} = x + 3z^3 + xz$$

에서

$$\frac{\partial g}{\partial y} = 3z^3 \qquad \text{또는} \qquad g = 3yz^3 + h(z)$$

이다. 따라서

$$\phi = xy + xyz + 3yz^3 + h(z)$$

이다. 마지막 식의 z에 관한 편도함수는 R과 같아야 하므로

$$\frac{\partial \phi}{\partial z} = xy + 9yz^2 + h'(z) = 9yz^2 + xy - 1$$

에서 $h'(z) = -1$, $h(z) = -z + K$를 구한다. 여기서 K를 무시하면

$$\phi = xy + xyz + 3yz^3 - z \tag{13}$$

이다. 결과적으로 적분값은 (11)과 포텐셜 함수 식 (13)을 이용하여

$$\int_{(1,1,1)}^{(2,1,4)} (y + yz)\,dx + (x + 3z^3 + xz)\,dy + (9yz^2 + xy - 1)\,dz$$

$$= (xy + xyz + 3yz^3 - z)\Big]_{(1,1,1)}^{(2,1,4)} = 198 - 4 = 194$$

이 된다. ≡

에너지 보존 보존적 힘장(conservative force field) **F** 안에서는 물체가 점 A에서 점 B로 움직이는 동안 힘이 한 일의 양은 두 점을 연결하는 경로에 무관하다. 특히 경로가 폐곡선인 경우의 일은 0이다. 연습문제 9.9의 문제 29를 보자. 이런 이유로 위와 같은 힘장을 **보존적**(conservative)이라고 한다. 즉 보존장 **F** 내에서는

보존적 힘장 안의 경로를 따라 움직이는 물체에 대해서는
운동 에너지 + 위치 에너지 = 일정

하다는 **역학적 에너지 보존법칙**(law of conservation of mechanical energy)이 성립한다. 연습문제 9.9의 문제 31을 보자.

공기 저항과 같은 마찰력은 **비보존적**(nonconservative)이다. 비보존적인 힘이 작용하면 위치 에너지의 증가 없이도 운동 에너지가 감소하므로 에너지가 소산적(dissipative)이다. 다시 말해 일의 양 $\int_C \mathbf{F} \cdot d\mathbf{r}$이 경로에 의존하면, **F**는 비보존적이다.

9.9 연습문제

부록에 선택된 홀수 문제의 답이 있다.

문제 1~10에서는 적분이 경로에 무관함을 보이고 다음 두 가지 방법으로 적분을 계산하라. **(a)** 포텐셜 함수 ϕ를 구하고 정리 9.9.1을 사용하라. **(b)** 두 점을 잇는 임의의 편리한 경로를 따라 적분하라.

1. $\displaystyle\int_{(0,0)}^{(2,2)} x^2\,dx + y^2\,dy$

2. $\displaystyle\int_{(1,1)}^{(2,4)} 2xy\,dx + x^2\,dy$

3. $\displaystyle\int_{(1,0)}^{(3,2)} (x + 2y)\,dx + (2x - y)\,dy$

4. $\displaystyle\int_{(0,0)}^{(\pi/2,0)} \cos x \cos y\,dx + (1 - \sin x \sin y)\,dy$

5. $\displaystyle\int_{(4,1)}^{(4,4)} \frac{-y\,dx + x\,dy}{y^2}$: x축을 지나지 않는 경로

6. $\displaystyle\int_{(1,0)}^{(3,4)} \frac{x\,dx + y\,dy}{\sqrt{x^2 + y^2}}$: 원점을 지나지 않는 경로

7. $\displaystyle\int_{(1,2)}^{(3,6)} (2y^2x - 3)\,dx + (2yx^2 + 4)\,dy$

8. $\displaystyle\int_{(-1,1)}^{(0,0)} (5x + 4y)\,dx + (4x - 8y^3)\,dy$

9. $\displaystyle\int_{(0,0)}^{(2,8)} (y^3 + 3x^2y)\,dx + (x^3 + 3y^2x + 1)\,dy$

10. $\displaystyle\int_{(-2,0)}^{(1,0)} (2x - y \sin xy - 5y^4)\,dx - (20xy^3 + x \sin xy)\,dy$

문제 11~16에서는 벡터장이 보존장인지 아닌지를 결정하라. 보존장이면 **F**의 포텐셜 함수 ϕ를 구하라.

11. $\mathbf{F}(x, y) = (4x^3y^3 + 3)\mathbf{i} + (3x^4y^2 + 1)\mathbf{j}$

12. $\mathbf{F}(x, y) = 2xy^3\mathbf{i} + 3y^2(x^2 + 1)\mathbf{j}$

13. $\mathbf{F}(x, y) = y^2 \cos xy^2\mathbf{i} - 2xy \sin xy^2\mathbf{j}$

14. $\mathbf{F}(x, y) = (x^2 + y^2 + 1)^{-2}(x\mathbf{i} + y\mathbf{j})$

15. $\mathbf{F}(x, y) = (x^3 + y)\mathbf{i} + (x + y^3)\mathbf{j}$

16. $\mathbf{F}(x, y) = -e^{2y}\mathbf{i} + xe^{2y}\mathbf{j}$

문제 17, 18에서는 곡선을 따라 힘 $\mathbf{F}(x, y) = (2x + e^{-y})\mathbf{i} + (4y - xe^{-y})\mathbf{j}$가 한 일을 구하라.

17.

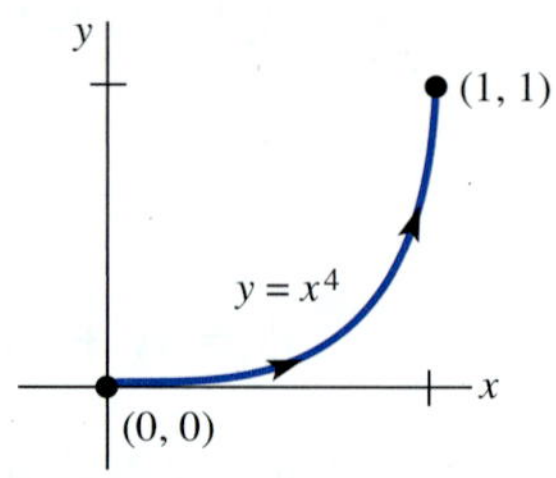

그림 9.9.7 문제 17의 곡선

18.

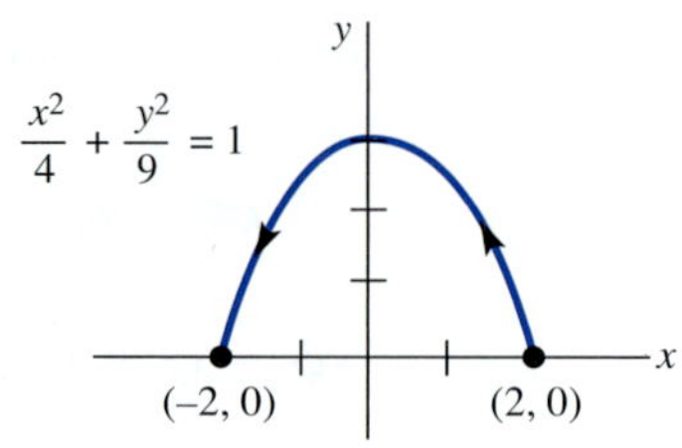

그림 9.9.8 문제 18의 곡선

문제 19~24에서는 적분이 경로에 무관함을 보여라. 적분을 계산하라.

19. $\displaystyle\int_{(1,1,1)}^{(2,4,8)} yz\,dx + xz\,dy + xy\,dz$

20. $\displaystyle\int_{(0,0,0)}^{(1,1,1)} 2x\,dx + 3y^2\,dy + 4z^3\,dz$

21. $\displaystyle\int_{(1,0,0)}^{(2,\pi/2,1)} (2x \sin y + e^{3z})\,dx + x^2 \cos y\,dy + (3xe^{3z} + 5)\,dz$

22. $\displaystyle\int_{(1,2,1)}^{(3,4,1)} (2x + 1)\,dx + 3y^2\,dy + \frac{1}{z}\,dz$

23. $\displaystyle\int_{(1,1,\ln 3)}^{(2,2,\ln 3)} e^{2z}\,dx + 3y^2\,dy + 2xe^{2z}\,dz$

24. $\displaystyle\int_{(-2,3,1)}^{(0,0,0)} 2xz\,dx + 2yz\,dy + (x^2 + y^2)\,dz$

문제 25, 26에서는 $\int_C \mathbf{F} \cdot d\mathbf{r}$을 계산하라.

25. $\mathbf{F}(x, y, z) = (y - yz \sin x)\mathbf{i} + (x + z \cos x)\mathbf{j} + y \cos x\mathbf{k}$; $\mathbf{r}(t) = 2t\mathbf{i} + (1 + \cos t)^2\mathbf{j} + 4 \sin^3 t\mathbf{k}$, $0 \le t \le \pi/2$

26. $\mathbf{F}(x, y, z) = (-2e^z)\mathbf{i} + (2y - 1)\mathbf{j} + (-2xe^z)\mathbf{k}$; $\mathbf{r}(t) = t\mathbf{i} + t^2\mathbf{j} + t^3\mathbf{k}$, $(-1, 1, -1)$에서 $(2, 4, 8)$까지

27. 질량 m_1과 m_2 사이 중력은 역제곱 법칙 $\mathbf{F} = -Gm_1m_2\mathbf{r}/\|\mathbf{r}\|^3$로 주어지고, 여기서 $\mathbf{r} = x\mathbf{i} + y\mathbf{j} + z\mathbf{k}$이다. $\mathbf{F}$가 보존적임을 보여라. $\mathbf{F}$의 포텐셜 함수 ϕ를 구하라.

28. 힘 $\mathbf{F}(x, y, z) = 8xy^3z\mathbf{i} + 12x^2y^2z\mathbf{j} + 4x^2y^3\mathbf{k}$에 의해 $(2, 0, 0)$에서 $(1, \sqrt{3}, \pi/3)$까지 원형나선 $\mathbf{r}(t) = 2\cos t\mathbf{i} + 2\sin t\mathbf{j} + t\mathbf{k}$를 따라 가해진 일을 구하라. $(2, 0, 0)$에서 $(0, 2, \pi/2)$까지도 구하라. [힌트: $\mathbf{F}$가 보존적임을 보여라.]

29. $\mathbf{F}$가 보존적 힘장이면, 단순 폐곡선을 따라 가해진 일이 0임을 보여라.

30. 평면에 있는 물체에 대해 원점 방향으로 인력 $\mathbf{F} = \|\mathbf{r}\|^n\mathbf{r}$이 작용한다. 여기서 n은 양의 정수이고 $\mathbf{r} = x\mathbf{i} + y\mathbf{j}$는 물체의 위치벡터이다. $\mathbf{F}$가 보존적임을 보여라. (x_1, y_1)에서 (x_2, y_2)로 물체를 이동시킬 때 한 일을 구하라.

31. $\mathbf{F}$가 포텐셜 함수가 ϕ인 보존장이면 물리학에서 $\pi = -\phi$를 **위치에너지**(또는 포텐셜에너지, potential energy)라고 한다. $\mathbf{F} = -\nabla p$이므로 Newton의 제2법칙은

$$m\mathbf{r}'' = -\nabla p \quad \text{또는} \quad m\frac{d\mathbf{v}}{dt} + \nabla p = \mathbf{0}$$

이 된다. 마지막 식의 양변에 $\dfrac{d\mathbf{r}}{dt}$를 내적한 식 $m\dfrac{d\mathbf{v}}{dt} \cdot \dfrac{d\mathbf{r}}{dt} + \nabla p \cdot \dfrac{d\mathbf{r}}{dt} = 0$을 t에 관하여 적분하여 역학적 에너지 보존 법칙 $\frac{1}{2}mv^2 + p = C$(C는 상수)를 증명하라. [힌트: 연습문제 9.8의 문제 39를 보라.]

32. C는 점 $A(t = a)$와 점 $B(t = b)$를 잇는 매끄러운 곡선이고, p는 문제 31에서 정의된 위치에너지라고 하자. $\mathbf{F}$가 보존적 힘장이고 $K = \frac{1}{2}mv^2$이 운동에너지일 때, $p(B) + K(B) = p(A) + K(A)$임을 보여라.

9.10 이중적분

소개 9.8절에서 정적분 $\int_a^b f(x)\,dx$를 다섯 단계로 정의하였다. 2변수 함수 f의 **이중적분**(double integral)으로 알려진 2차원 정적분도 마찬가지로 다섯 단계로 정의하겠다.

1. $z = f(x, y)$는 2차원 공간상의 닫힌 유계 영역(closed and bounded region) R에서 정의된다.
2. 좌표축에 평행한 수직선과 수평선의 격자에 의하여, 영역 R의 분할(partition) P는 R 안에 완전히 포함되는 넓이 ΔA_k인 n개의 직사각형 부분영역 R_k를 형성한다.
3. $\|P\|$는 분할의 **놈**(norm), 즉 R_k들의 가장 긴 대각선 길이이다.
4. 각 부분영역 R_k에서 점 (x_k^*, y_k^*)를 선택한다(그림 9.10.1).
5. 합 $\sum_{k=1}^{n} f(x_k^*, y_k^*)\,\Delta A_k$를 구성한다.

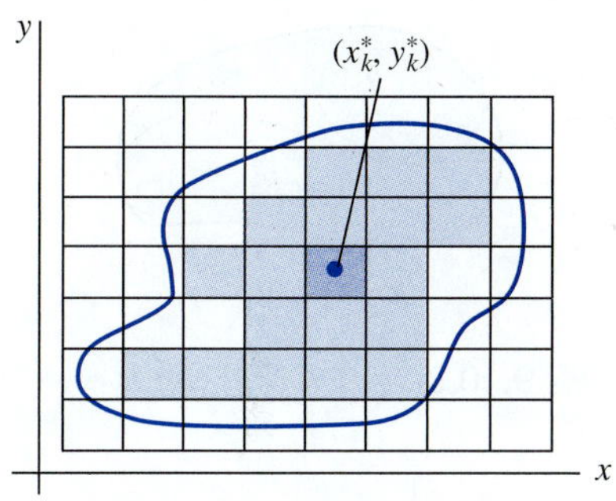

그림 9.10.1 k번째 직사각형 안의 점

위의 단계를 통해 다음 정의를 얻는다.

정의 9.10.1 이중적분

함수 f가 닫힌 영역 R에서 정의된 2변수 함수이면 **R에 대한 f의 이중적분**은

$$\iint_R f(x, y)\,dA = \lim_{\|P\|\to 0} \sum_{k=1}^{n} f(x_k^*, y_k^*)\,\Delta A_k \tag{1}$$

이다.

적분 가능성 식 (1)의 극한이 존재하면, f는 R에서 **적분 가능**(integrable)이라 하고 R을 **적분 영역**(region of integration)이라 한다. f가 R에서 연속이면, f는 R에서 적분 가능하다.

넓이 영역 R에서 $f(x, y) = 1$이면 $\lim_{\|P\|\to 0} \sum_{k=1}^{n} \Delta A_k$는 영역의 **넓이** A를 나타낸다. 즉

$$A = \iint_R dA \tag{2}$$

이다.

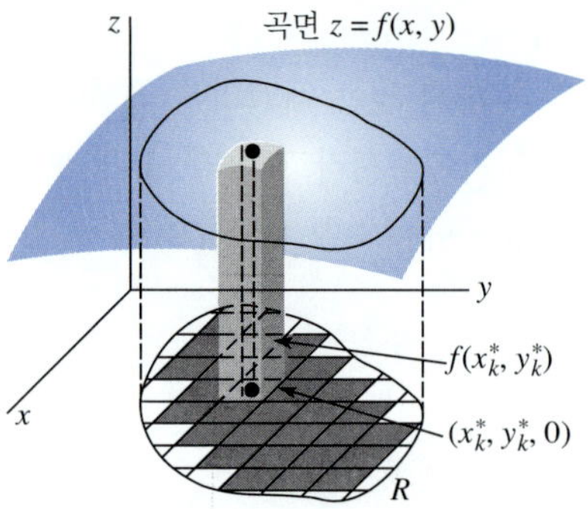

그림 9.10.2 곡면 아래의 부피

부피 영역 R에서 $f(x, y) \geq 0$이면 **그림 9.10.2**와 같이 곱 $f(x_k^*, y_k^*)\Delta A_k$는 높이가 $f(x_k^*, y_k^*)$이고 밑넓이가 ΔA_k인 직사각 기둥의 부피가 된다. 따라서 부피의 합 $\sum_{k=1}^{n} f(x_k^*, y_k^*)\ \Delta A_k$는 영역 R의 위, 곡면 $z = f(x, y)$의 아래에 위치하는 입체의 **부피** V의 근사값이다. $\|P\| \to 0$일 때 이 합의 극한이 존재하면 이는 입체의 정확한 부피이다. 즉 f가 R에서 음이 아니면

$$V = \iint_R f(x, y)\, dA \tag{3}$$

이다.

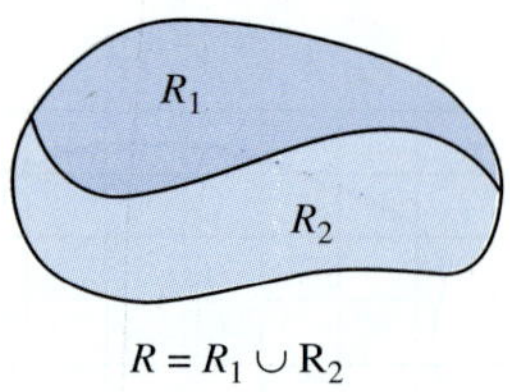

그림 9.10.3 두 영역의 합집합 R

성질 이중적분은 다음 성질을 갖는다.

정리 9.10.1 이중적분의 성질

f와 g가 영역 R에서 적분 가능한 2변수 함수이면

(*i*) $\displaystyle\iint_R kf(x, y)\, dA = k\iint_R f(x, y)$ k는 상수

(*ii*) $\displaystyle\iint_R [f(x, y) \pm g(x, y)]\, dA = \iint_R f(x, y)\, dA \pm \iint_R g(x, y)\, dA$

(*iii*) $\displaystyle\iint_R f(x, y)\, dA = \iint_{R_1} f(x, y)\, dA + \iint_{R_2} f(x, y)$ R_1, R_2는 서로 중복되지 않는 R의 부분영역이고 $R = R_1 \cup R_2$이다.

정리 9.10.1의 (*iii*)은 정적분의 성질 $\int_a^b f(x)\, dx = \int_a^c f(x)\, dx + \int_c^b f(x)\, dx$를 2차원으로 확장한 형태이다. **그림 9.10.3**은 영역 R이 $R = R_1 \cup R_2$인 부분영역 R_1과 R_2로 나누어짐을 보여 준다. 여기서 R_1과 R_2는 공통경계를 제외하면 공유하는 점을 갖지 않아야 한다. 정리 9.10.1의 (*iii*)은 합집합이 R이 되는 임의의 개수의 부분영역으로 확장할 수 있다.

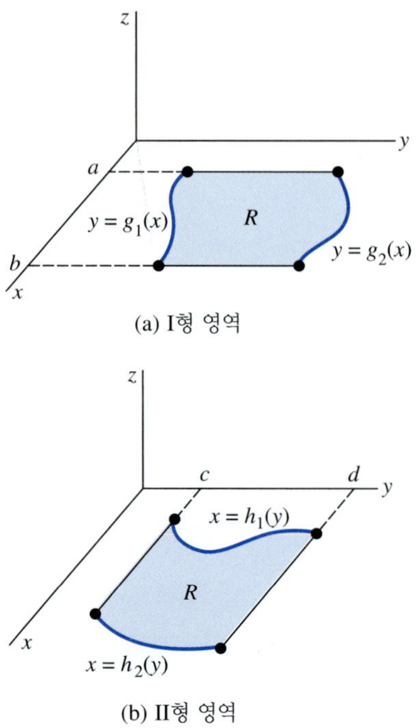

그림 9.10.4 적분 영역

적분 영역의 구분 **그림 9.10.4(a)**와 같이 영역 R의 y 좌표 경계를 나타내는 함수 g_1과 g_2가 연속일 때 영역

$$R\colon a \leq x \leq b, \quad g_1(x) \leq y \leq g_2(x)$$

를 **I형 영역**(region of Type I)이라고 하자. 반면에 **그림 9.10.4(b)**에서와 같이 영역 R의 x 좌

표 경계를 나타내는 함수 h_1과 h_2가 연속일 때 영역

$$R: c \le y \le d, \quad h_1(y) \le x \le h_2(y)$$

는 **II형 영역**(region of Type II)이라 부르자.

반복적분 적분 $\int_{g_1(x)}^{g_2(x)} f(x, y)\,dy$는 x만의 함수이므로, 이를 다시 x에 대하여 적분할 수 있다. 만약 f가 I형의 적분 영역에서 연속이면 이 영역에서 f의 **반복적분**(iterated integral)을

$$\int_a^b \int_{g_1(x)}^{g_2(x)} f(x, y)\,dy\,dx = \int_a^b \left[\int_{g_1(x)}^{g_2(x)} f(x, y)\,dy\right] dx \tag{4}$$

로 정의한다. 식 (4)는 두 번의 **연속적인 적분**을 나타내는데 피적분함수 $f(x, y)$는 괄호 안의 첫 번째 적분에 의해 x의 함수가 되고, 이에 대한 두 번째 적분은 $x = a$에서 $x = b$까지의 보통 정적분으로 두 번 적분의 최종 결과는 실수가 된다. 유사한 방법으로 II형의 적분 영역에서 연속함수 f의 반복적분을

$$\int_c^d \int_{h_1(y)}^{h_2(y)} f(x, y)\,dx\,dy = \int_c^d \left[\int_{h_1(y)}^{h_2(y)} f(x, y)\,dx\right] dy \tag{5}$$

로 정의한다.

이중적분의 계산 위에서 정의한 반복적분은 I형 또는 II형의 적분 영역 또는 이러한 유한 개의 부분영역들의 합으로 표현되는 적분 영역에서의 이중적분 $\iint_R f(x, y)\,dA$를 계산하는 방법이다: 이탈리아 수학자 **Guido Fubini** (1879~1943)에 의해 다음 정리가 수립되었다.

정리 9.10.2 Fubini 정리

f가 영역 R에서 연속이면 다음이 성립한다.

(*i*) R이 I형일 때

$$\iint_R f(x, y)\,dA = \int_a^b \int_{g_1(x)}^{g_2(x)} f(x, y)\,dy\,dx \tag{6}$$

(*ii*) R이 II형일 때

$$\iint_R f(x, y)\,dA = \int_c^d \int_{h_1(y)}^{h_2(y)} f(x, y)\,dx\,dy \tag{7}$$

정리 9.10.2는 미적분학의 기본 정리를 이중적분에 적용한 것으로 해석할 수 있다. 정리 9.10.2의 증명은 쉽지 않으나 입체의 부피를 이용하여 정리에 대한 직관은 얻을 수 있다. R은 I형의 영역이고 $z = f(x, y)$는 R에서 연속이고 음이 아니라고 하자. **그림 9.10.5**에 나와 있듯이 곡면 $z = f(x, y)$가 평면 x = 상수와 만나 생기는 교선 아래의 수직 평면의 넓이 A는

$$A(x) = \int_{g_1(x)}^{g_2(x)} f(x, y)\,dy$$

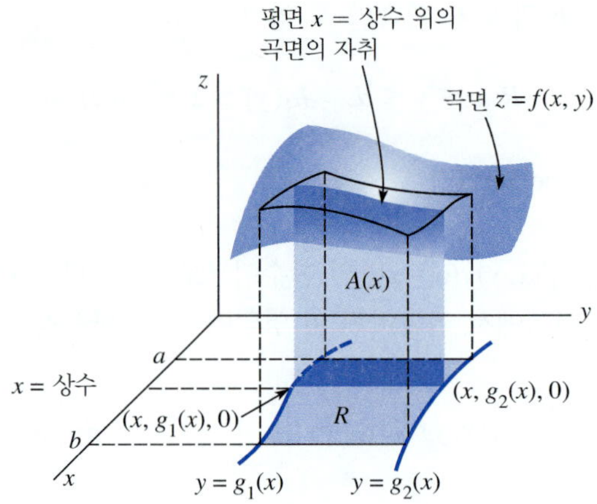

그림 9.10.5 식 (6)의 기하적 해석

이다. 이 넓이를 $x = a$에서부터 $x = b$까지 더하여 R의 위, 곡면의 아래에 위치하는 입체의 부피 V

$$V = \int_a^b A(x)\,dx = \int_a^b \int_{g_1(x)}^{g_2(x)} f(x, y)\,dy\,dx$$

를 얻게 되는데, 이는 이미 식 (3)에서 보았듯이 이중적분

$$V = \iint_R f(x, y)\,dA$$

와 같다.

예제 1 이중적분의 계산

$y = 1$, $y = 2$, $y = x$, $y = -x + 5$로 둘러싸인 영역 R에서 이중적분 $\iint_R e^{x+3y}\,dA$를 계산하라.

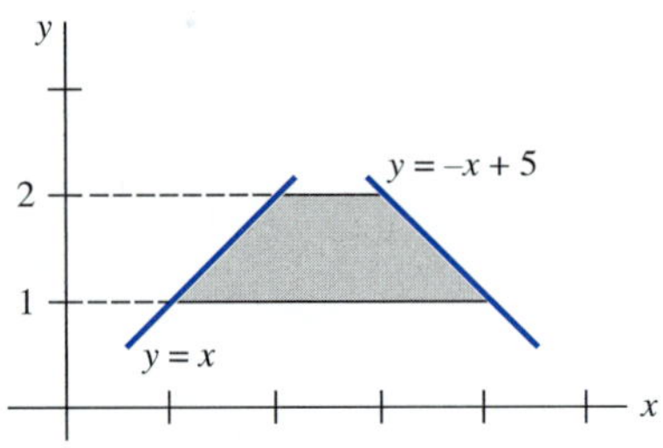

그림 9.10.6 예제 1의 적분 영역

풀이 **그림 9.10.6**에서와 같이 영역은 II형이다. 따라서 식 (7)에 의하여 먼저 왼쪽 경계 $x = y$에서 오른쪽 경계 $x = 5 - y$까지 x에 관하여 적분한다.

$$\iint_R e^{x+3y}\,dA = \int_1^2 \int_y^{5-y} e^{x+3y}\,dx\,dy$$

$$= \int_1^2 e^{x+3y}\Big]_y^{5-y} dy$$

$$= \int_1^2 (e^{5+2y} - e^{4y})\,dy = \left[\frac{1}{2}e^{5+2y} - \frac{1}{4}e^{4y}\right]_1^2$$

$$= \frac{1}{2}e^9 - \frac{1}{4}e^8 - \frac{1}{2}e^7 + \frac{1}{4}e^4 \approx 2771.64. \quad \equiv$$

이중적분을 정확한 적분 구간에 대해 반복적분으로 계산하기 위해서는 앞의 설명과 같이 이중적분을 이중합의 과정으로 가시화하는 것이 유용하다. I형 영역에서의 반복적분 $\int_a^b\int_{g_1(x)}^{g_2(x)} f(x, y)\,dy\,dx$는 먼저 y 방향의 합을 계산한다. 이는 **그림 9.10.7(a)**의 수직 화살표로 표시되는데 화살표 안에 표시된 직사각형 하나의 넓이는 $dy\,dx$이다. dx의 앞에 놓인 dy는 직사각형 위에 세워진 직사각 기둥의 '부피' $f(x, y)\,dy\,dx$를 아래 경계곡선 g_1에서 위의 경계곡선 g_2까지 y에 관하여 수직 방향으로 합한다는 것을 의미한다. dy의 다음에 있는 dx는 수직 방향으로 합한 결과를 왼쪽($x = a$)에서부터 오른쪽($x = b$)까지 x에 관하여 수평으로 합한다는 것을 의미한다. 유사한 설명이 II형 영역의 이중적분에 대해서도 성립한다. 그림 9.10.7(b)를 보자. 식 (2)로부터 $f(x, y) = 1$일 때 이중적분 $A = \iint_R dA$는 영역의 넓이를 나타낸다. 따라서 그림 9.10.7(a)는 $\int_a^b\int_{g_1(x)}^{g_2(x)} dy\,dx$가 직사각형 넓이들을 수직방향으로 더하고 다시 수평 방향으로 더하는 것을 보이며 그림 9.10.7(b)는 $\int_c^d\int_{h_1(y)}^{h_2(y)} dx\,dy$가 직사각형 넓이들을 수평 방향으로 더하고 나서 수직 방향으로 더하는 것을 보여 준다.

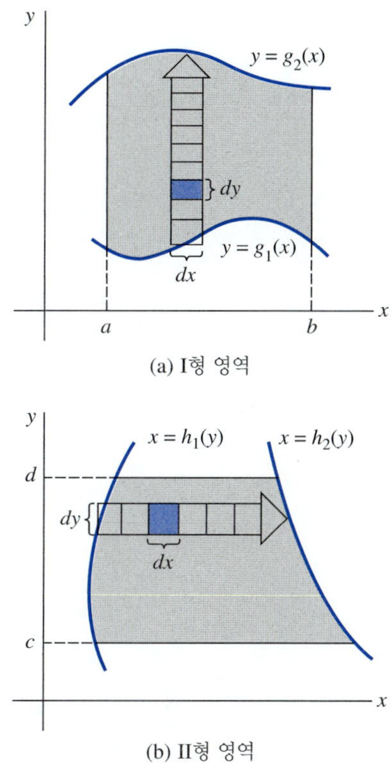

(a) I형 영역

(b) II형 영역

그림 9.10.7 (a) y 방향의 합 (b) x 방향의 합

적분 순서 변경

문제에 따라 이중적분의 적분 순서가 **바뀔** 때 계산이 용이해질 수 있으며, 계산이 불가능한 반복적분이 적분의 순서를 바꿈으로써 계산될 수도 있다.

예제 2 적분 순서 변경

제1사분면에서 $y = x^2$, $x = 0$, $y = 4$로 둘러싸인 영역이 R일 때 $\iint_R xe^{y^2}\,dA$를 계산하라.

풀이 영역을 I형으로 보면 **그림 9.10.8(a)**에서 $0 \le x \le 2$, $x^2 \le y \le 4$이므로

$$\iint_R xe^{y^2} dA = \int_0^2\int_{x^2}^4 xe^{y^2}\,dy\,dx$$

이다. 하지만 여기서 적분 $\int_{x^2}^4 xe^{y^2}\,dy$는 계산이 불가능하다. 왜냐하면 e^{y^2}의 y에 대한 역도함수(antiderivative)가 기본 함수로 나타나지 않기 때문이다. 그러나 주어진 영역을 그림 9.10.8(b)와 같이 $0 \le y \le 4, 0 \le x \le \sqrt{y}$로 정의되는 II형으로 생각하면 식 (7)에서

$$\begin{aligned}\iint_R xe^{y^2} dA &= \int_0^4\int_0^{\sqrt{y}} xe^{y^2}\,dx\,dy \\ &= \int_0^4 \frac{x^2}{2}e^{y^2}\Big]_0^{\sqrt{y}} dy \\ &= \int_0^4 \frac{1}{2}ye^{y^2}dy = \frac{1}{4}e^{y^2}\Big]_0^4 = \frac{1}{4}(e^{16} - 1)\end{aligned}$$

이다. ≡

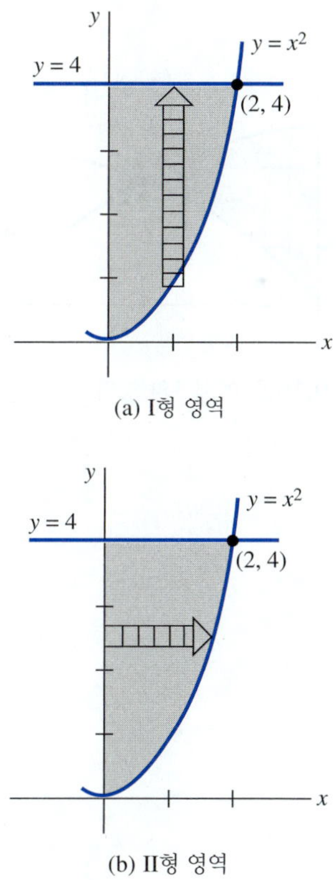

(a) I형 영역

(b) II형 영역

그림 9.10.8 예제 2의 적분 순서 변경

변하는 밀도를 갖는 얇은 판—질량중심

밀도 ρ(면밀도: 단위면적당 질량)가 일정하면, $y = f(x)$, x축, 직선 $x = a$와 $x = b$로 둘러싸인 영역(얇은 판)의 질량은

$$m = \lim_{\|P\|\to 0}\sum_{k=1}^{n}\rho f(x_k^*)\,\Delta x_k = \int_a^b \rho f(x)\,dx \tag{8}$$

이다. 영역 R로 나타나는 얇은 판의 밀도가 음이 아니고 R에서 연속인 **변하는 밀도** $\rho(x, y)$이면, 그 **질량**(mass)은 식 (8)과 유사하게 이중적분

$$m = \lim_{\|P\| \to 0} \sum_{k=1}^{n} \rho(x_k^*, y_k^*)\, \Delta A_k = \iint_R \rho(x, y)\, dA \tag{9}$$

로 정의한다. 얇은 판의 **질량중심**(center of mass)의 좌표는

$$\bar{x} = \frac{M_y}{m}, \quad \bar{y} = \frac{M_x}{m} \tag{10}$$

이고, 여기서

$$M_y = \iint_R x\rho(x, y)\, dA \qquad \text{그리고} \qquad M_x = \iint_R y\rho(x, y)\, dA \tag{11}$$

는 각각 y축과 x축에 대한 판의 **모멘트**(moment) 또는 능률이다. 질량중심은 판의 질량이 집중되는 점이며 $\rho(x, y) =$ 상수이면, 질량중심은 판의 **중심**(centroid)과 같다.

예제 3 질량중심

얇은 판의 모양이 제1사분면의 $x = 0$과 $x = \pi/4$ 사이에서 $y = \sin x$와 $y = \cos x$로 둘러싸인 영역이다. 밀도 $\rho(x, y) = y$일 때 질량중심을 구하라.

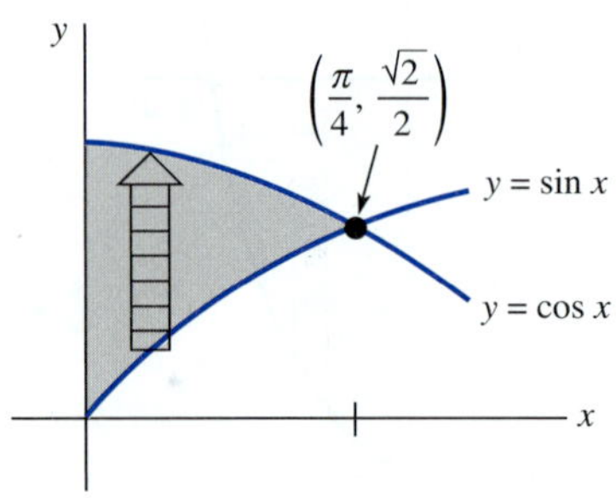

그림 9.10.9 예제 3의 영역

풀이 그림 9.10.9에서

$$\begin{aligned} m &= \iint_R y\, dA = \int_0^{\pi/4} \int_{\sin x}^{\cos x} y\, dy\, dx \\ &= \int_0^{\pi/4} \frac{y^2}{2}\Big]_{\sin x}^{\cos x} dx \\ &= \frac{1}{2}\int_0^{\pi/4} (\cos^2 x - \sin^2 x)\, dx \quad \leftarrow \text{배각공식} \\ &= \frac{1}{2}\int_0^{\pi/4} \cos 2x\, dx = \frac{1}{4}\sin 2x\Big]_0^{\pi/4} = \frac{1}{4} \end{aligned}$$

이다.

$$\begin{aligned} M_y &= \iint_R xy\, dA = \int_0^{\pi/4} \int_{\sin x}^{\cos x} xy\, dy\, dx \\ &= \int_0^{\pi/4} \frac{1}{2}xy^2\Big]_{\sin x}^{\cos x} dx \end{aligned}$$

$$= \frac{1}{2}\int_0^{\pi/4} x\cos 2x\,dx \quad \leftarrow \text{부분적분}$$

$$= \left[\frac{1}{4}x\sin 2x + \frac{1}{8}\cos 2x\right]_0^{\pi/4} = \frac{\pi - 2}{16}$$

이고, 이와 유사하게

$$M_x = \iint_R y^2\,dA = \int_0^{\pi/4}\int_{\sin x}^{\cos x} y^2\,dy\,dx$$

$$= \frac{1}{3}\int_0^{\pi/4} (\cos^3 x - \sin^3 x)\,dx$$

$$= \frac{1}{3}\int_0^{\pi/4} [\cos x(1 - \sin^2 x) - \sin x(1 - \cos^2 x)]\,dx$$

$$= \frac{1}{3}\left[\sin x - \frac{1}{3}\sin^3 x + \cos x - \frac{1}{3}\cos^3 x\right]_0^{\pi/4} = \frac{5\sqrt{2} - 4}{18}$$

이므로 식 (10)에서

$$\bar{x} = \frac{M_y}{m} = \frac{(\pi - 2)/16}{1/4} \approx 0.29 \qquad \text{그리고} \qquad \bar{y} = \frac{M_x}{m} = \frac{(5\sqrt{2} - 4)/18}{1/4} \approx 0.68$$

을 얻는다. 즉 질량중심의 좌표는 근사적으로 (0.29, 0.68)이다. ≡

관성모멘트 식 (11)의 모멘트 M_x와 M_y는 각각 x축과 y축에 대한 판의 **1차 모멘트**(first moment)라고도 불린다. x축과 y축에 대한 판의 **2차 모멘트**(second moment) 또는 **관성모멘트**(moment of inertia)를 각각 이중적분

$$I_x = \iint_R y^2\rho(x, y)\,dA \qquad \text{그리고} \qquad I_y = \iint_R x^2\rho(x, y)\,dA \tag{12}$$

로 정의한다. 관성모멘트는 회전체에 대한 질량의 개념이다. 병진운동(translational motion)에서 질량이 m이고 선속력(linear speed)이 v인 물체의 운동에너지는 $K = \frac{1}{2}mv^2$이다. 한편 회전축으로부터 거리 r에서 각속력(angular speed) ω로 회전하는 질량 m인 물체의 운동에너지는 $K = \frac{1}{2}mv^2 = \frac{1}{2}m(r\omega)^2 = \frac{1}{2}(mr^2)\omega^2 = \frac{1}{2}I\omega^2$이 되는데, 여기서 $I = mr^2$을 질량 m의 회전축에 대한 관성모멘트라고 한다.

예제 4 관성모멘트

그림 9.10.10과 같이 질량이 m인 얇은 균질성(homogeneous) 원판의 y축에 대한 관성모멘트를 구하라.

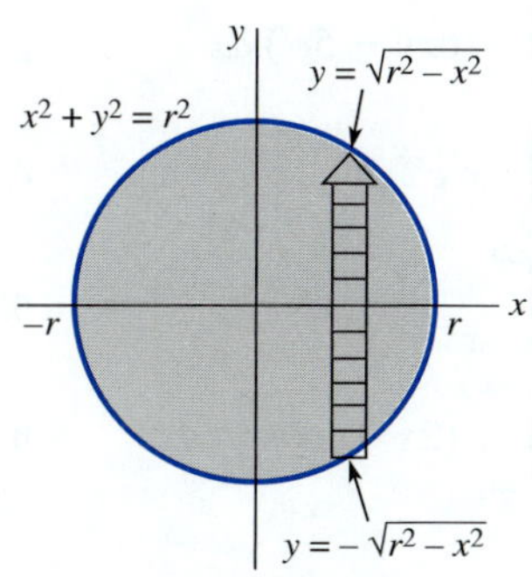

그림 9.10.10 예제 4의 원판

풀이 원판이 균질성이므로 밀도는 상수로 $\rho(x, y) = m/\pi r^2$이다. 따라서 식 (12)에서

$$\begin{aligned} I_y &= \iint_R x^2\left(\frac{m}{\pi r^2}\right) dA = \frac{m}{\pi r^2}\int_{-r}^{r}\int_{-\sqrt{r^2-x^2}}^{\sqrt{r^2-x^2}} x^2\, dy\, dx \\ &= \frac{2m}{\pi r^2}\int_{-r}^{r} x^2\sqrt{r^2 - x^2}\, dx \qquad \leftarrow x = r\sin\theta \text{로 치환} \\ &= \frac{2mr^2}{\pi}\int_{-\pi/2}^{\pi/2} \sin^2\theta\cos^2\theta\, d\theta \\ &= \frac{mr^2}{2\pi}\int_{-\pi/2}^{\pi/2} \sin^2 2\theta\, d\theta \\ &= \frac{mr^2}{4\pi}\int_{-\pi/2}^{\pi/2} (1 - \cos 4\theta)\, d\theta = \frac{1}{4}mr^2 \end{aligned}$$

이다. ≡

회전반지름 질량이 m이고 회전축에 대한 관성모멘트가 I인 얇은 판의 **회전반지름**(radius of gyration)을

$$R_g = \sqrt{\frac{I}{m}} \tag{13}$$

로 정의한다. 식 (13)에서 $I = mR_g^2$이므로, 회전반지름은 판을 점 질량으로 생각할 때 회전관성을 변화시키지 않고 회전할 수 있는 회전축으로부터의 거리이다. 예제 4에서 회전반지름은 $R_g = \sqrt{I_y/m} = \sqrt{(mr^2/4)/m} = r/2$이다.

9.10 연습문제

부록에 선택된 홀수 문제의 답이 있다.

문제 1~8에서는 편적분을 계산하라.

1. $\int_{-1}^{3} (6xy - 5e^y)\, dx$
2. $\int_{1}^{2} \tan xy\, dy$
3. $\int_{1}^{3x} x^3 e^{xy}\, dy$
4. $\int_{\sqrt{y}}^{y^3} (8x^3y - 4xy^2)\, dx$
5. $\int_{0}^{2x} \frac{xy}{x^2 + y^2}\, dy$
6. $\int_{x^3}^{x} e^{2y/x}\, dy$
7. $\int_{\tan y}^{\sec y} (2x + \cos y)\, dx$
8. $\int_{\sqrt{y}}^{1} y\ln x\, dx$

문제 9~12에서는 반복적분의 적분 영역을 그려라.

9. $\int_{0}^{2}\int_{1}^{2x+1} f(x, y)\, dy\, dx$
10. $\int_{1}^{4}\int_{-\sqrt{y}}^{\sqrt{y}} f(x, y)\, dx\, dy$
11. $\int_{-1}^{3}\int_{0}^{\sqrt{16-y^2}} f(x, y)\, dx\, dy$
12. $\int_{-1}^{2}\int_{-x^2}^{x^2+1} f(x, y)\, dy\, dx$

문제 13~22에서는 주어진 방정식의 그래프로 둘러싸인 영역 R에 대해 이중적분을 계산하라. 가장 편리한 적분 순서를 택하라.

13. $\iint_R x^3y^2\, dA;\ y = x,\ y = 0,\ x = 1$
14. $\iint_R (x + 1)\, dA;\ y = x,\ x + y = 4,\ x = 0$
15. $\iint_R (2x + 4y + 1)\, dA;\ y = x^2,\ y = x^3$

16. $\iint_R xe^y\, dA$; R은 문제 13과 같다.

17. $\iint_R 2xy\, dA$; $y = x^3$, $y = 8$, $x = 0$

18. $\iint_R \dfrac{x}{\sqrt{y}}\, dA$; $y = x^2 + 1$, $y = 3 - x^2$

19. $\iint_R \dfrac{y}{1 + xy}\, dA$; $y = 0$, $y = 1$, $x = 0$, $x = 1$

20. $\iint_R \sin\dfrac{\pi x}{y}\, dA$; $x = y^2$, $x = 0$, $y = 1$, $y = 2$

21. $\iint_R \sqrt{x^2 + 1}\, dA$; $x = y$, $x = -y$, $x = \sqrt{3}$

22. $\iint_R x\, dA$; $y = \tan^{-1}x$, $y = 0$, $x = 1$

23. **그림 9.10.11**과 같이 $x^2 + y^2 = 4$, $z = 4 - y$, $z = 0$으로 둘러싸인 입체를 생각하자. 이 입체의 부피 V를 나타내는 적분을 선택하고 계산하라.

(a) $4\displaystyle\int_0^2 \int_0^{\sqrt{4-x^2}} (4 - y)\, dy\, dx$

(b) $2\displaystyle\int_{-2}^2 \int_0^{\sqrt{4-x^2}} (4 - y)\, dy\, dx$

(c) $2\displaystyle\int_{-2}^2 \int_0^{\sqrt{4-y^2}} (4 - y)\, dx\, dy$

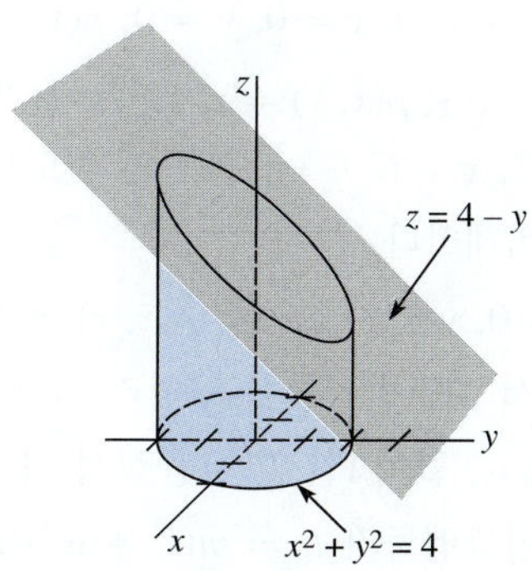

그림 9.10.11 문제 23의 입체

24. $x^2 + y^2 = 4$와 $y^2 + z^2 = 4$로 둘러싸인 입체를 생각하자. 입체의 1/8이 **그림 9.10.12**에 나와 있다. 입체의 부피 V를 나타내는 적분을 선택하여 계산하라.

(a) $4\displaystyle\int_{-2}^2 \int_{-\sqrt{4-x^2}}^{\sqrt{4-x^2}} (4 - y^2)^{1/2}\, dy\, dx$

(b) $8\displaystyle\int_0^2 \int_0^{\sqrt{4-y^2}} (4 - y^2)^{1/2}\, dx\, dy$

(c) $8\displaystyle\int_0^2 \int_0^{\sqrt{4-x^2}} (4 - x^2)^{1/2}\, dy\, dx$

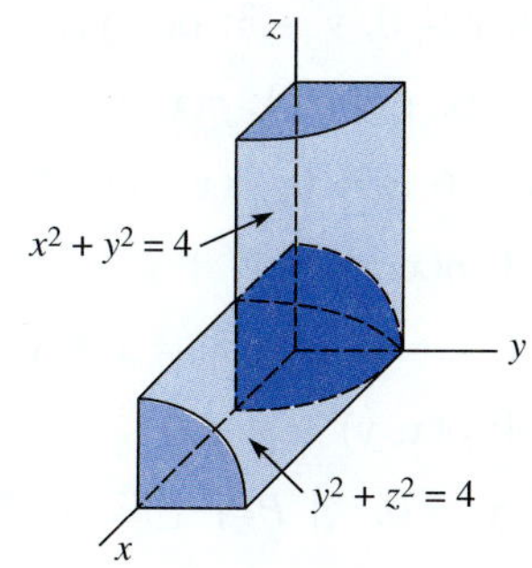

그림 9.10.12 문제 24의 입체

문제 25~34에서는 주어진 방정식들의 그래프로 둘러싸인 입체의 부피를 구하라.

25. $2x + y + z = 6$, $x = 0$, $y = 0$, $z = 0$, 제1팔분공간

26. $z = 4 - y^2$, $x = 3$, $x = 0$, $y = 0$, $z = 0$, 제1팔분공간

27. $x^2 + y^2 = 4$, $x - y + 2z = 4$, $x = 0$, $y = 0$, $z = 0$, 제1팔분공간

28. $y = x^2$, $y + z = 3$, $z = 0$

29. $z = 1 + x^2 + y^2$, $3x + y = 3$, $x = 0$, $y = 0$, $z = 0$, 제1팔분공간

30. $z = x + y$, $x^2 + y^2 = 9$, $x = 0$, $y = 0$, $z = 0$, 제1팔분공간

31. $yz = 6$, $x = 0$, $x = 5$, $y = 1$, $y = 6$, $z = 0$

32. $z = 4 - x^2 - \frac{1}{4}y^2$, $z = 0$

33. $z = 4 - y^2$, $x^2 + y^2 = 2x$, $z = 0$

34. $z = 1 - x^2$, $z = 1 - y^2$, $x = 0$, $y = 0$, $z = 0$, 제1팔분공간

문제 35~40에서는 적분 순서를 바꾸어 반복적분을 계산하라.

35. $\displaystyle\int_0^1 \int_x^1 x^2\sqrt{1 + y^4}\, dy\, dx$

36. $\displaystyle\int_0^1 \int_{2y}^2 e^{-y/x}\, dx\, dy$

37. $\displaystyle\int_0^2 \int_{y^2}^4 \cos\sqrt{x^3}\, dx\, dy$

38. $\displaystyle\int_{-1}^1 \int_{-\sqrt{1-x^2}}^{\sqrt{1-x^2}} x\sqrt{1 - x^2 - y^2}\, dy\, dx$

39. $\displaystyle\int_0^1 \int_x^1 \frac{1}{1 + y^4}\, dy\, dx$

40. $\displaystyle\int_0^4 \int_{\sqrt{y}}^2 \sqrt{x^3 + 1}\, dx\, dy$

문제 41~50에서는 주어진 모양과 밀도를 갖는 얇은 판의 질량중심을 구하라.

41. $x = 0, x = 4, y = 0, y = 3;\ \rho(x, y) = xy$

42. $x = 0, y = 0, 2x + y = 4;\ \rho(x, y) = x^2$

43. $y = x, x + y = 6, y = 0;\ \rho(x, y) = 2y$

44. $y = |x|, y = 3;\ \rho(x, y) = x^2 + y^2$

45. $y = x^2, x = 1, y = 0;\ \rho(x, y) = x + y$

46. $x = y^2, x = 4;\ \rho(x, y) = y + 5$

47. $y = 1 - x^2, y = 0$; 점 P의 밀도는 x축과의 거리에 비례한다.

48. $y = \sin x, 0 \le x \le \pi, y = 0$; 점 P의 밀도는 y축과의 거리에 비례한다.

49. $y = e^x, x = 0, x = 1, y = 0;\ \rho(x, y) = y^3$

50. $y = \sqrt{9 - x^2}, y = 0;\ \rho(x, y) = x^2$

문제 51~54에서는 주어진 모양과 밀도를 갖는 얇은 판의 x축에 대한 관성모멘트를 구하라.

51. $x = y - y^2, x = 0;\ \rho(x, y) = 2x$

52. $y = x^2,\ y = \sqrt{x};\ \rho(x, y) = x^2$

53. $y = \cos x, -\pi/2 \le x \le \pi/2, y = 0;\ \rho(x, y) = k$(상수)

54. $y = \sqrt{4 - x^2}, x = 0, y = 0$, 제1사분면; $\rho(x, y) = y$

문제 55~58에서는 주어진 모양과 밀도를 갖는 얇은 판의 y축에 대한 관성모멘트를 구하라.

55. $y = x^2, x = 0, y = 4$, 제1사분면; $\rho(x, y) = y$

56. $y = x^2,\ y = \sqrt{x};\ \rho(x, y) = x^2$

57. $y = x, y = 0, y = 1, x = 3;\ \rho(x, y) = 4x + 3y$

58. 문제 47의 R과 밀도

문제 59, 60에서는 주어진 모양과 밀도를 갖는 얇은 판의 주어진 축에 대한 회전반지름을 구하라.

59. $x = \sqrt{a^2 - y^2}, x = 0;\ \rho(x, y) = x$; y축

60. $x + y = a, a > 0, x = 0, y = 0;\ \rho(x, y) = k$(상수); x축

61. 얇은 판이 타원 $x^2/a^2 + y^2/b^2 = 1$에 의해 둘러싸인 영역의 모양을 가지고 밀도가 $\rho(x, y) = 1$일 때 다음을 구하라.

(a) x축에 대한 관성모멘트

(b) y축에 대한 관성모멘트

(c) x축에 대한 회전반지름 [힌트: 타원의 넓이는 πab]

(d) y축에 대한 회전반지름

62. 실험용 비행기 날개의 단면은 그림 9.10.13과 같다. 호 ABC는 타원이고, 호 AD와 호 CD는 포물선이다. 밀도가 $\rho(x, y) = 1$일 때 단면의 x축에 대한 관성모멘트를 구하라. 판의 원점에 대한 **극관성모멘트**(polar moment of inertia)를

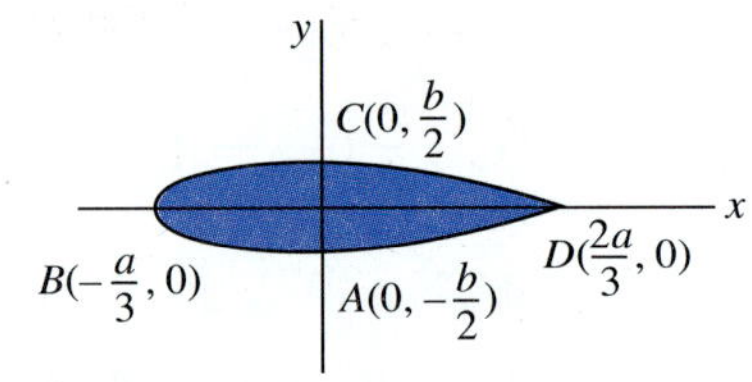

그림 9.10.13 문제 62의 날개

$$I_0 = \iint_R (x^2 + y^2)\rho(x, y)\, dA = I_x + I_y$$

로 정의한다.

문제 63~66에서는 주어진 모양과 밀도를 갖는 판에 대해 극관성모멘트를 구하라.

63. $x + y = a, a > 0, x = 0, y = 0;\ \rho(x, y) = k$(상수)

64. $y = x^2, y = \sqrt{x};\ \rho(x, y) = x^2$ [힌트: 문제 52와 56을 보라.]

65. $x = y^2 + 2, x = 6 - y^2$; 점 P의 밀도는 원점과의 거리의 제곱에 반비례한다.

66. $y = x, y = 0, y = 3, x = 4;\ \rho(x, y) = k$(상수)

67. 문제 63에서 회전반지름을 구하라.

68. 질량 m, 폭 w, 길이 l인 얇은 균질성 직사각형 판의 중심에 대한 극관성모멘트가 $I_0 = m(l^2 + w^2)/12$임을 보여라.

9.11 극좌표계에서의 이중적분

소개 xy 직각좌표계에서 계산이 어렵거나 불가능한 이중적분이 다른 좌표계에서는 계산이 용이한 경우가 있다. 이 절에서는 $r\theta$-극좌표계에서의 이중적분에 대해 공부한다.

극사각형 R이 극방정식(polar equation) $r = g_1(\theta)$, $r = g_2(\theta)$와 사선(ray) $\theta = \alpha$, $\theta = \beta$로 둘러싸인 영역이고 f는 R에서 연속인 r과 θ의 함수라고 가정하자. R에 대한 f의 이중적

분을 정의하기 위해 영역을 사선과 동심원을 사용하여 **극사각형**(polar rectangle) 또는 부분 영역 R_k의 격자로 분할한다. **그림 9.11.1**의 (a)와 (b)를 보자. 그림 9.11.1(c)와 같은 부분 영역 R_k의 넓이 ΔA_k는 두 부채꼴 넓이의 차, 즉 $\Delta A_k = \frac{1}{2}r_{k+1}^2\Delta\theta_k - \frac{1}{2}r_k^2\Delta\theta_k$이다. 따라서

$$\Delta A_k = \tfrac{1}{2}(r_{k+1}^2 - r_k^2)\Delta\theta_k = \tfrac{1}{2}(r_{k+1} + r_k)(r_{k+1} - r_k)\Delta\theta_k = r_k^*\Delta r_k\Delta\theta_k$$

이 되는데, 여기서 $\Delta r_k = r_{k+1} - r_k$이고 $r_k^* = \frac{1}{2}(r_{k+1} + r_k)$는 평균 반지름을 나타낸다. 각 R_k에서 (r_k^*, θ_k^*)를 선택하면 R에 대한 f의 이중적분은

$$\lim_{\|P\|\to 0}\sum_{k=1}^{n} f(r_k^*, \theta_k^*)r_k^*\,\Delta r_k\,\Delta\theta_k = \iint_R f(r, \theta)\,dA$$

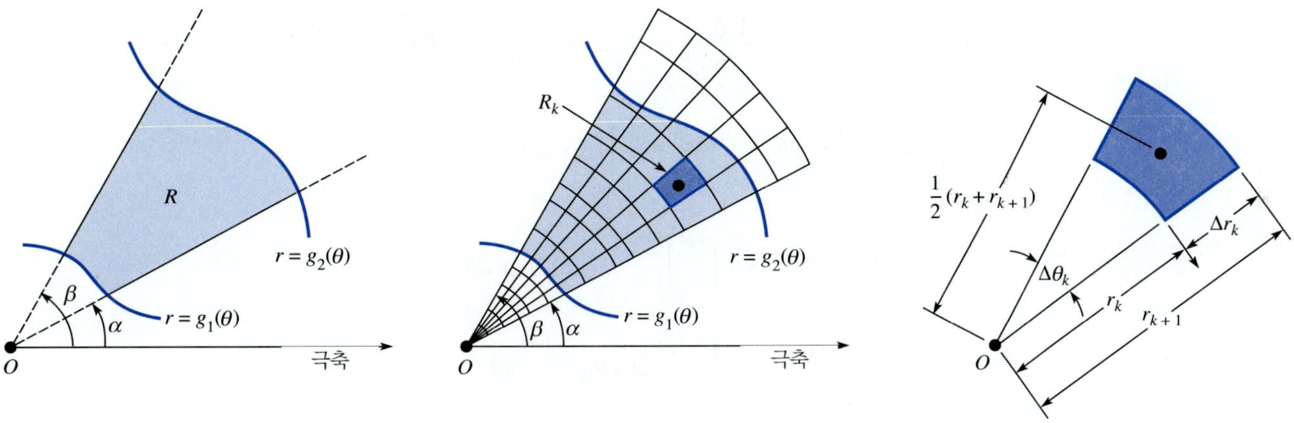

(a) 영역 R이 극방정식의 그래프와 사선으로 제한됨

(b) R_k 부분영역

(c) R_k의 확대

그림 9.11.1 (b)와 (c)의 R_k를 극사각형이라 함

이며 반복적분

$$\iint_R f(r, \theta)\,dA = \int_\alpha^\beta \int_{g_1(\theta)}^{g_2(\theta)} f(r, \theta)\,r\,dr\,d\theta \tag{1}$$

로 계산한다. 한편 영역 R이 **그림 9.11.2**와 같이 주어지면 R에 대한 f의 이중적분은

$$\iint_R f(r, \theta)\,dA = \int_a^b \int_{h_1(r)}^{h_2(r)} f(r, \theta)\,r\,d\theta\,dr \tag{2}$$

이다.

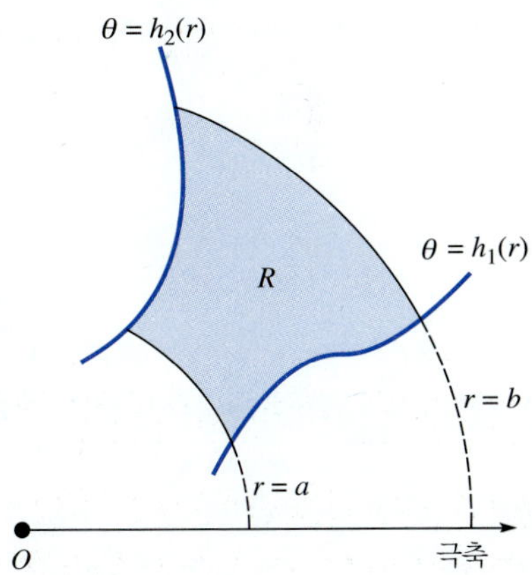

그림 9.11.2 극방정식의 그래프와 원호로 제한되는 R

예제 1 질량중심

점 P의 밀도가 극점으로부터의 거리에 비례할 때 제1사분면에서 장미 한 잎 $r = 2\sin 2\theta$로 둘러싸인 영역에 대응하는 얇은 판의 질량중심을 구하라.

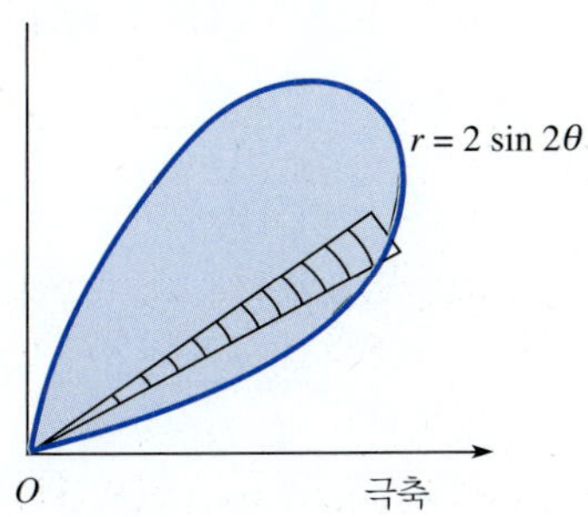

그림 9.11.3 예제 1의 판

풀이 θ를 0에서부터 $\pi/2$까지 변화시키면 **그림 9.11.3**의 그래프를 얻는다. 문제의 설명에 의하면 $d(O, P) = |r|$일 때 $\rho(r, \theta) = k|r|$(k는 비례상수)이다. 따라서 9.10절의 식 (9)에서

$$\begin{aligned} m &= \iint_R k|r|\,dA \\ &= k\int_0^{\pi/2}\int_0^{2\sin 2\theta} (r)r\,dr\,d\theta \\ &= k\int_0^{\pi/2} \frac{r^3}{3}\bigg]_0^{2\sin 2\theta} d\theta \\ &= \frac{8}{3}k\int_0^{\pi/2} \sin^3 2\theta\,d\theta \qquad \leftarrow \sin^2 2\theta = 1 - \cos^2 2\theta \\ &= \frac{8}{3}k\int_0^{\pi/2} (1 - \cos^2 2\theta)\sin 2\theta\,d\theta \\ &= \frac{8}{3}k\left[-\frac{1}{2}\cos 2\theta + \frac{1}{6}\cos^3 2\theta\right]_0^{\pi/2} = \frac{16}{9}k \end{aligned}$$

이다. $x = r\cos\theta$이므로 $M_y = k\iint_R x|r|\,dA$로 쓰면

$$\begin{aligned} M_y &= k\int_0^{\pi/2}\int_0^{2\sin 2\theta} r^3\cos\theta\,dr\,d\theta \\ &= k\int_0^{\pi/2} \frac{r^4}{4}\cos\theta\bigg]_0^{2\sin 2\theta} d\theta \\ &= 4k\int_0^{\pi/2} \sin^4 2\theta\cos\theta\,d\theta \qquad \leftarrow \text{배각공식} \\ &= 4k\int_0^{\pi/2} 16\sin^4\theta\cos^4\theta\cos\theta\,d\theta \\ &= 64k\int_0^{\pi/2} \sin^4\theta\cos^5\theta\,d\theta \\ &= 64k\int_0^{\pi/2} \sin^4\theta(1 - \sin^2\theta)^2\cos\theta\,d\theta \\ &= 64k\int_0^{\pi/2} (\sin^4\theta - 2\sin^6\theta + \sin^8\theta)\cos\theta\,d\theta \\ &= 64k\left[\frac{1}{5}\sin^5\theta - \frac{2}{7}\sin^7\theta + \frac{1}{9}\sin^9\theta\right]_0^{\pi/2} = \frac{512}{315}k \end{aligned}$$

이다. 유사한 방법으로 $y = r\sin\theta$이므로

$$M_x = k\int_0^{\pi/2}\int_0^{2\sin 2\theta} r^3\sin\theta\,dr\,d\theta = \frac{512}{315}k$$

를 구한다.* 따라서 질량중심의 직교좌표는

* 판의 모양과 밀도함수가 사선 $\theta = \pi/4$에 대해 대칭이므로 $M_x = M_y$, $\bar{x} = \bar{y}$이 성립한다.

$$\bar{x} = \bar{y} = \frac{512k/315}{16k/9} = \frac{32}{35}$$

이다. ≡

변수 변환: 직교좌표를 극좌표로 변환 직교좌표를 사용하는 이중적분 $\iint_R f(x, y)\, dA$의 계산이 어렵거나 불가능한 경우에 변수 변환을 하면 쉽게 계산될 수도 있다. f가 영역 R에서 연속이고 R이 극좌표계에서 $0 \le g_1(\theta) \le r \le g_2(\theta)$, $\alpha \le \theta \le \beta$, $0 < \beta - \alpha \le 2\pi$로 나타나면 변수 변환에 의해

$$\iint_R f(x, y)\, dA = \int_\alpha^\beta \int_{g_1(\theta)}^{g_2(\theta)} f(r\cos\theta, r\sin\theta) r\, dr\, d\theta \tag{3}$$

로 계산한다. 식 (3)은 f가 식 $x^2 + y^2$을 포함하면 특히 유용한데, 이는 극좌표계에서

$$x^2 + y^2 = r^2, \quad \sqrt{x^2 + y^2} = r$$

이기 때문이다.

예제 2 이중적분의 극좌표계 변환

극좌표계를 사용하여

$$\int_0^2 \int_x^{\sqrt{8-x^2}} \frac{1}{5 + x^2 + y^2}\, dy\, dx$$

를 계산하라.

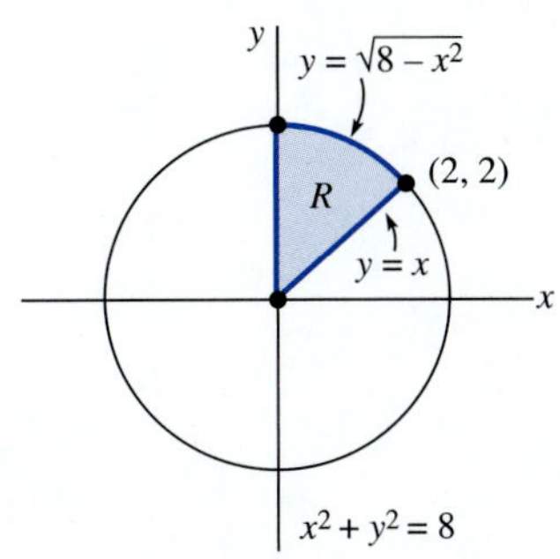

그림 9.11.4 예제 2의 영역 R

풀이 $x \le y \le \sqrt{8 - x^2}$, $0 \le x \le 2$로부터 적분 영역 R은 그림 9.11.4와 같다. $x^2 + y^2 = r^2$이므로 원 $x^2 + y^2 = 8$에 대한 극방정식은 $r = \sqrt{8}$이다. 따라서 극좌표계에서 영역 R은 $0 \le r \le \sqrt{8}$, $\pi/4 \le \theta \le \pi/2$이고 $1/(5 + x^2 + y^2) = 1/(5 + r^2)$이므로

$$\begin{aligned}
\int_0^2 \int_x^{\sqrt{8-x^2}} \frac{1}{5 + x^2 + y^2}\, dy\, dx &= \int_{\pi/4}^{\pi/2} \int_0^{\sqrt{8}} \frac{1}{5 + r^2} r\, dr\, d\theta \\
&= \frac{1}{2} \int_{\pi/4}^{\pi/2} \int_0^{\sqrt{8}} \frac{2r\, dr}{5 + r^2}\, d\theta \\
&= \frac{1}{2} \int_{\pi/4}^{\pi/2} \ln(5 + r^2) \Big]_0^{\sqrt{8}}\, d\theta \\
&= \frac{1}{2} (\ln 13 - \ln 5) \int_{\pi/4}^{\pi/2} d\theta \\
&= \frac{1}{2} (\ln 13 - \ln 5) \left(\frac{\pi}{2} - \frac{\pi}{4}\right) = \frac{\pi}{8} \ln \frac{13}{5}
\end{aligned}$$

이다. ≡

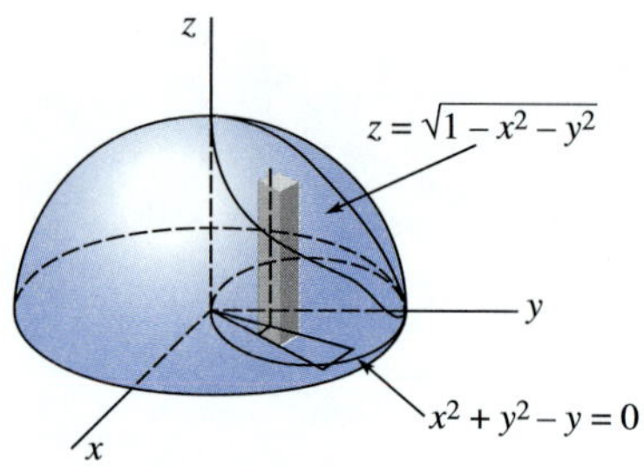

그림 9.11.5 예제 3의 입체

예제 3 부피

반구 $z = \sqrt{1 - x^2 - y^2}$의 아래, 원 $x^2 + y^2 - y = 0$의 위로 제한되는 입체의 부피를 구하라.

풀이 그림 9.11.5에서 $V = \iint_R \sqrt{1 - x^2 - y^2}\, dA$임을 알 수 있다. 극좌표계에서 반구와 원의 방정식은 각각 $z = \sqrt{1 - r^2}$과 $r = \sin\theta$가 된다. 대칭성을 이용하면

$$V = \iint_R \sqrt{1 - r^2}\, dA = 2\int_0^{\pi/2}\int_0^{\sin\theta} (1 - r^2)^{1/2} r\, dr\, d\theta$$

$$= 2\int_0^{\pi/2} \left[-\frac{1}{3}(1 - r^2)^{3/2}\right]_0^{\sin\theta} d\theta$$

$$= \frac{2}{3}\int_0^{\pi/2} [1 - (1 - \sin^2\theta)^{3/2}]\, d\theta$$

$$= \frac{2}{3}\int_0^{\pi/2} [1 - (\cos^2\theta)^{3/2}]\, d\theta$$

$$= \frac{2}{3}\int_0^{\pi/2} [1 - \cos^3\theta]\, d\theta$$

$$= \frac{2}{3}\int_0^{\pi/2} [1 - (1 - \sin^2\theta)\cos\theta]\, d\theta$$

$$= \frac{2}{3}\left[\theta - \sin\theta + \frac{1}{3}\sin^3\theta\right]_0^{\pi/2} = \frac{\pi}{3} - \frac{4}{9} \approx 0.60$$

이다. ≡

넓이 식 (1)에서 $f(r, \theta) = 1$이면 그림 9.11.1(a)의 영역 R의 **넓이**는

$$A = \iint_R dA = \int_\alpha^\beta \int_{g_1(\theta)}^{g_2(\theta)} r\, dr\, d\theta$$

이 된다. $f(r, \theta) = 1$일 때 식 (2)와 그림 9.11.2에 대해서도 마찬가지이다.

참고

예제 3을 다시 생각해 보자. 원 $r = \sin\theta$의 그래프는 θ를 0에서 π까지 변화시켜 얻을 수 있다. 하지만 반복적분

$$V = \int_0^{\pi}\int_0^{\sin\theta} (1 - r^2)^{1/2} r\, dr\, d\theta$$

를 계산하면 그 해는 $\pi/3$이고 이는 올바른 답이 아니다. 무엇이 잘못되었을까?

9.11 연습문제

부록에 선택된 홀수 문제의 답이 있다.

문제 1~4에서는 극좌표의 이중적분을 사용하여 주어진 극방정식의 그래프로 둘러싸인 영역의 넓이를 구하라.

1. $r = 3 + 3\sin\theta$
2. $r = 2 + \cos\theta$
3. $r = 2\sin\theta$, $r = 1$, 공통 면적
4. $r = 8\sin 4\theta$, 한 잎

문제 5~10에서는 주어진 방정식의 그래프로 둘러싸인 입체의 부피를 구하라.

5. $r = 5\cos 3\theta$의 한 잎, $z = 0$, $z = 4$
6. $x^2 + y^2 = 4$, $z = \sqrt{9 - x^2 - y^2}$, $z = 0$
7. $x^2 + y^2 = 1$과 $x^2 + y^2 = 9$, $z = \sqrt{16 - x^2 - y^2}$, $z = 0$ 의 사이
8. $z = \sqrt{x^2 + y^2}$, $x^2 + y^2 = 25$, $z = 0$
9. $r = 1 + \cos\theta$, $z = y$, $z = 0$, 제1팔분공간
10. $r = \cos\theta$, $z = 2 + x^2 + y^2$, $z = 0$

문제 11~16에서는 주어진 모양과 밀도를 갖는 판의 질량중심을 구하라.

11. $r = 1$, $r = 3$, $x = 0$, $y = 0$, 제1사분면; $\rho(r, \theta) = k$(상수)
12. $r = \cos\theta$, 점 P의 밀도는 극점으로부터의 거리에 비례
13. $y = \sqrt{3}x$, $y = 0$, $x = 3$; $\rho(r, \theta) = r^2$
14. $r = 4\cos 2\theta$, 극축 위의 잎; $\rho(r, \theta) = k$(상수)
15. $r = 2$의 바깥, $r = 2 + 2\cos\theta$의 안, $y = 0$, 제1사분면; 점 P의 밀도는 극점으로부터의 거리에 반비례
16. $r = 2 + 2\cos\theta$, $y = 0$, 제1사분면과 제2사분면; $\rho(r, \theta) = k$(상수)

문제 17~20에서는 주어진 모양과 밀도를 갖는 판의 관성모멘트를 구하라.

17. $r = a$; $\rho(r, \theta) = k$(상수); I_x
18. $r = a$; $\rho(r, \theta) = \dfrac{1}{1 + r^4}$; I_x
19. $r = a$의 바깥, $r = 2a\cos\theta$의 안; 점 P의 밀도는 극점으로부터의 거리의 세제곱에 반비례; I_y
20. $r = 1$의 바깥, $r = 2\sin 2\theta$의 안; 제1사분면; $\rho(r, \theta) = \sec^2\theta$; I_y

문제 21~24에서는 주어진 모양과 밀도를 갖는 얇은 판의 **극관성모멘트**를 구하라.

$$I_0 = \iint_R r^2\rho(r, \theta)\,dA = I_x + I_y$$

21. $r = a$; $\rho(r, \theta) = k$(상수) [힌트: 문제 17과 $I_x = I_y$를 이용.]
22. $r = \theta$, $0 \le \theta \le \pi$, $y = 0$; 점 P의 밀도는 극점으로부터의 거리에 비례
23. $r\theta = 1$, $\frac{1}{3} \le \theta \le 1$, $r = 1$, $r = 3$, $y = 0$; 점 P의 밀도는 극점으로부터의 거리에 반비례 [힌트: θ에 관하여 먼저 적분.]
24. $r = 2a\cos\theta$, $\rho(r, \theta) = k$(상수)

문제 25~32에서는 극좌표계로 바꾸어 반복적분을 계산하라.

25. $\displaystyle\int_{-3}^{3}\int_{0}^{\sqrt{9-x^2}} \sqrt{x^2 + y^2}\,dy\,dx$
26. $\displaystyle\int_{0}^{\sqrt{2}/2}\int_{0}^{\sqrt{1-y^2}} \frac{y^2}{\sqrt{x^2 + y^2}}\,dx\,dy$
27. $\displaystyle\int_{0}^{1}\int_{0}^{\sqrt{1-y^2}} e^{x^2+y^2}\,dx\,dy$
28. $\displaystyle\int_{-\sqrt{\pi}}^{\sqrt{\pi}}\int_{0}^{\sqrt{\pi-x^2}} \sin(x^2 + y^2)\,dy\,dx$
29. $\displaystyle\int_{0}^{1}\int_{\sqrt{1-x^2}}^{\sqrt{4-x^2}} \frac{x^2}{x^2 + y^2}\,dy\,dx + \int_{1}^{2}\int_{0}^{\sqrt{4-x^2}} \frac{x^2}{x^2 + y^2}\,dy\,dx$
30. $\displaystyle\int_{0}^{1}\int_{0}^{\sqrt{2y-y^2}} (1 - x^2 - y^2)\,dx\,dy$
31. $\displaystyle\int_{-5}^{5}\int_{0}^{\sqrt{25-x^2}} (4x + 3y)\,dy\,dx$
32. $\displaystyle\int_{0}^{1}\int_{0}^{\sqrt{1-y^2}} \frac{1}{1 + \sqrt{x^2 + y^2}}\,dx\,dy$
33. 우주 왕복선의 액체 수소탱크는 각 끝이 반타원면 모양인 원기둥 형태이다. 탱크의 원기둥 부분의 반지름이 4.2 m일 때 **그림 9.11.6**에 나와 있는 탱크의 부피를 구하라.

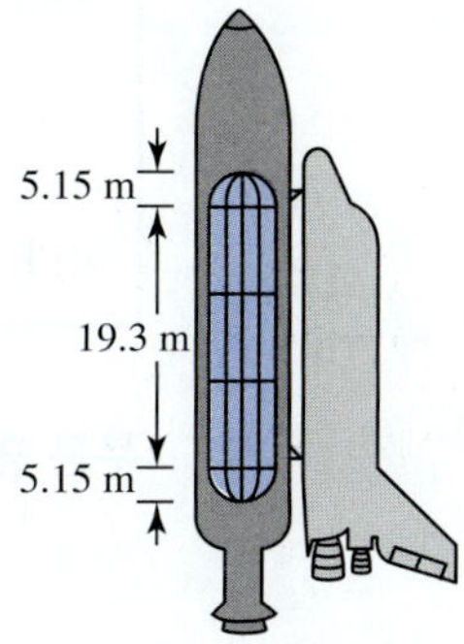

그림 9.11.6 문제 33의 연료탱크

34. 그림 9.11.7의 영역에 대하여 $\iint_R (x+y)\,dA$를 계산하라.

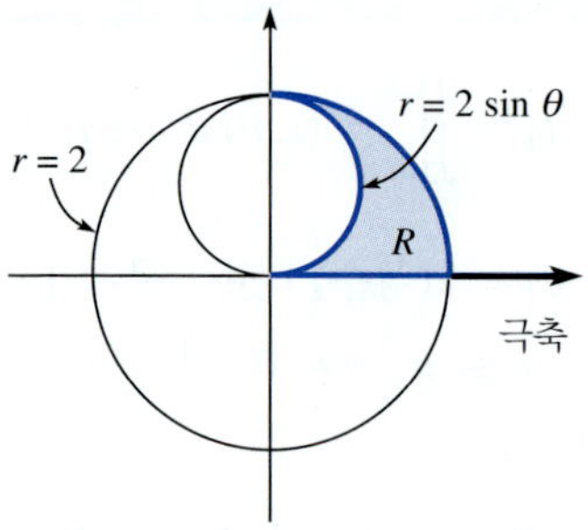

그림 9.11.7 문제 34의 영역 R

토의문제

35. 이상적분(improper integral) $\int_0^\infty e^{-x^2}\,dx$는 확률, 통계, 기타 응용수학 분야의 이론에서 매우 중요하다. 구하려는 적분을 I로 놓으면

$$I = \int_0^\infty e^{-x^2}\,dx, \qquad I = \int_0^\infty e^{-y^2}\,dy$$

이고 결과적으로

$$I^2 = \left(\int_0^\infty e^{-x^2}dx\right)\left(\int_0^\infty e^{-y^2}dy\right) = \int_0^\infty\int_0^\infty e^{-(x^2+y^2)}\,dx\,dy$$

이 된다. 극좌표계를 사용하여 마지막 적분을 계산하여 I의 값을 구하라.

9.12 Green 정리

소개 벡터 적분학에서 가장 중요한 정리의 하나가 구간별 매끄러운 단순 폐곡선에 대한 선적분과 그 곡선으로 둘러싸인 영역에 대한 이중적분의 관계에 대한 정리이다.

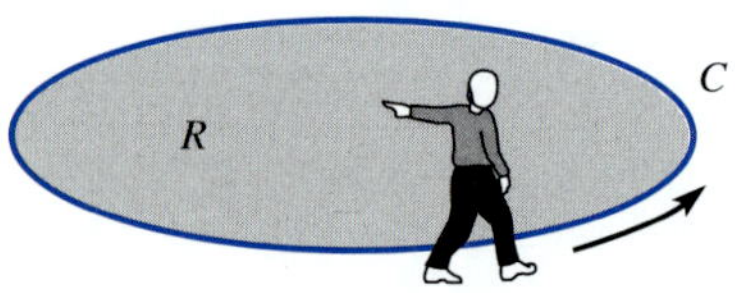

(a) 양의 방향

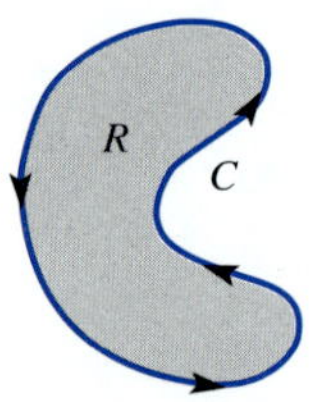

(b) 양의 방향

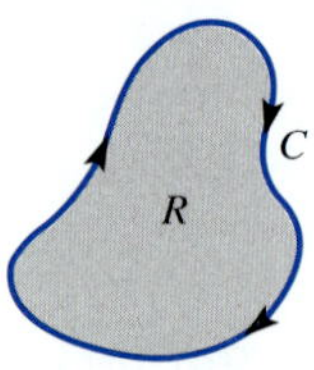

(c) 음의 방향

그림 9.12.1 곡선 C의 방향

단순 폐곡선에 대한 선적분 단순 폐곡선(simple closed curve) C의 **양의 방향**은 곡선 위에서 한 점이 움직이거나 또는 사람이 C 위를 걸을 때 C로 둘러싸인 영역 R을 왼쪽으로 유지하는 방향이다. 그림 9.12.1(a)를 보라. 간단히 말해서 그림 9.12.1(b)와 그림 9.12.1(c)에서와 같이 곡선의 양의 방향과 음의 방향은 각각 반시계 방향과 시계 방향을 말한다. 단순 폐곡선에 대한 선적분은

$$\oint_C P(x,y)\,dx + Q(x,y)\,dy, \quad \oint_C P(x,y)\,dx + Q(x,y)\,dy, \quad \oint_C F(x,y)\,ds$$

등으로 쓴다. 기호 $\oint_C$와 $\oint_C$는 각각 양의 방향과 음의 방향의 선적분을 나타낸다.

정리 9.12.1 Green 정리—평면

C가 영역 R을 둘러싸는 구간별 매끄러운 단순 폐곡선이고 P, Q, $\partial P/\partial y$, $\partial Q/\partial x$가 R에서 연속이면

$$\oint_C P\,dx + Q\,dy = \iint_R \left(\frac{\partial Q}{\partial x} - \frac{\partial P}{\partial y}\right) dA \tag{1}$$

이다.

부분 증명 영역 R이 I형과 II형

$$R: g_1(x) \le y \le g_2(x), \qquad a \le x \le b$$
$$R: h_1(y) \le x \le h_2(y), \qquad c \le y \le d$$

인 경우에 대해 식 (1)을 증명해 보자. **그림 9.12.2(a)**에서

$$\begin{aligned} -\iint_R \frac{\partial P}{\partial y}\,dA &= -\int_a^b \int_{g_1(x)}^{g_2(x)} \frac{\partial P}{\partial y}\,dy\,dx \\ &= -\int_a^b [P(x, g_2(x)) - P(x, g_1(x))]\,dx \\ &= \int_a^b P(x, g_1(x))\,dx + \int_b^a P(x, g_2(x))\,dx \\ &= \oint_C P(x, y)\,dx \end{aligned} \tag{2}$$

이고, 유사한 방법을 사용하면 **그림 9.12.2(b)**에서

$$\begin{aligned} \iint_R \frac{\partial Q}{\partial x}\,dA &= \int_c^d \int_{h_1(y)}^{h_2(y)} \frac{\partial Q}{\partial x}\,dx\,dy \\ &= \int_c^d [Q(h_2(y), y) - Q(h_1(y), y)]\,dy \\ &= \int_c^d Q(h_2(y), y)\,dy + \int_d^c Q(h_1(y), y)\,dy \\ &= \oint_C Q(x, y)\,dy \end{aligned} \tag{3}$$

이다. 식 (2)와 (3)의 결과를 더하면 식 (1)을 얻는다. ≡

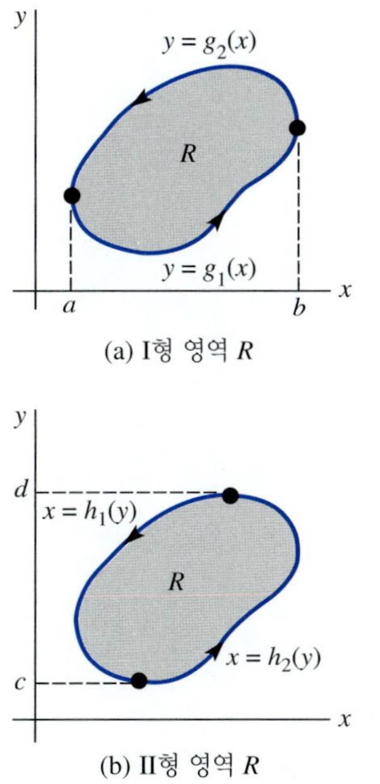

(a) I형 영역 R

(b) II형 영역 R

그림 9.12.2 정리 9.12.1의 영역 R

식 (1)의 결과는 영국의 수학자 겸 물리학자 George Green (1793~1841)의 이름을 따서 명명한 것이다. 정리에서 **평면에서의**는 3차원 공간으로 일반화할 수 있음을 암시하고 있다. 계속 공부해 나가보자.

복잡한 영역에 대해서는 위의 증명이 타당하지 않다. 하지만 Green 정리는 **그림 9.12.3**과 같이 복잡한 영역에 대해서도 적용할 수 있는데 영역 R을 식 (1)을 적용할 수 있는 유한 개의 부분영역으로 나누어 각각의 부분영역에 Green 정리를 적용하고 그 결과를 더하여 증명할 수 있다.

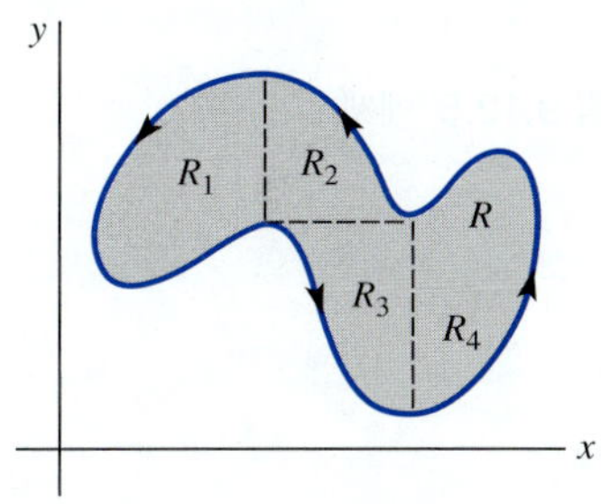

그림 9.12.3 R의 부분영역

예제 1 Green 정리 사용

C가 $y = x^2$과 $y = x^3$으로 둘러싸인 제1사분면의 영역의 경계일 때, $\oint_C (x^2 - y^2)\,dx + (2y - x)\,dy$를 계산하라.

풀이 $P(x, y) = x^2 - y^2$, $Q(x, y) = 2y - x$이면, $\partial P/\partial y = -2y$이고 $\partial Q/\partial x = -1$이다. 식 (1)과 **그림 9.12.4**에서

$$\oint_C (x^2 - y^2)\,dx + (2y - x)\,dy = \iint_R (-1 + 2y)\,dA$$

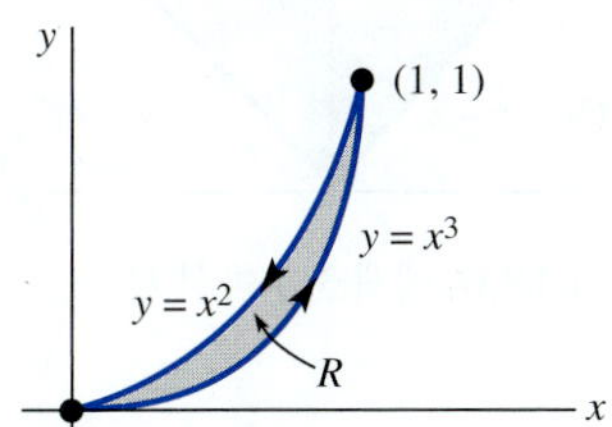

그림 9.12.4 예제 1의 곡선 C

$$= \int_0^1 \int_{x^3}^{x^2} (-1 + 2y)\, dy\, dx$$

$$= \int_0^1 (-y + y^2) \Big]_{x^3}^{x^2} dx$$

$$= \int_0^1 (-x^6 + x^4 + x^3 - x^2)\, dx = -\frac{11}{420}$$

이다. ≡

예제 1의 선적분 x를 매개변수로 하여 직접 계산할 수도 있음을 기억하라. 그러나 다음 예제에서는 통상적인 방법으로 선적분을 계산하는 것을 시도해 보라.

예제 2 Green 정리 사용

C가 원 $(x-1)^2 + (y-5)^2 = 4$일 때 $\oint_C (x^5 + 3y)\, dx + (2x - e^{y^3})\, dy$를 계산하라.

풀이 $P(x, y) = x^5 + 3y$와 $Q(x, y) = 2x - e^{y^3}$이라 하면 $\partial P/\partial y = 3$이고 $\partial Q/\partial x = 2$이다. 따라서 식 (1)에서

$$\oint_C (x^5 + 3y)\, dx + (2x - e^{y^3})\, dy = \iint_R (2 - 3)\, dA = -\iint_R dA$$

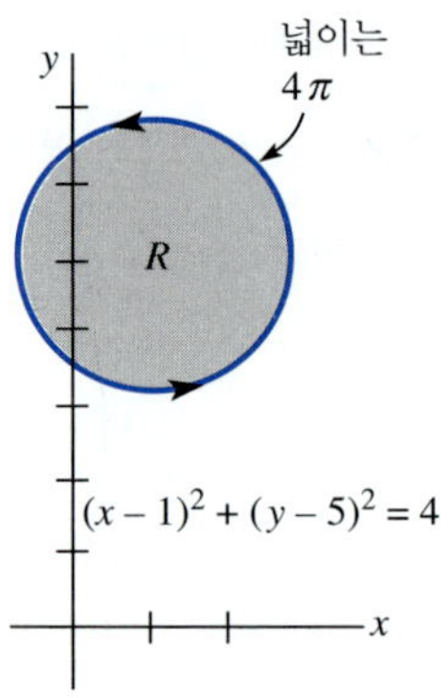

그림 9.12.5 예제 2의 원 C

이다. 이중적분 $\iint_R dA$는 그림 9.12.5에 나와 있듯이 반지름 2인 원에 의하여 둘러싸인 영역 R의 넓이가 $\pi 2^2 = 4\pi$이므로

$$\oint_C (x^5 + 3y)\, dx + (2x - e^{y^3})\, dy = -4\pi$$

이다. ≡

예제 3 힘이 한 일

그림 9.12.6의 단순 폐곡선 C를 따라 힘 $\mathbf{F} = (-16y + \sin x^2)\mathbf{i} + (4e^y + 3x^2)\mathbf{j}$가 한 일을 구하라.

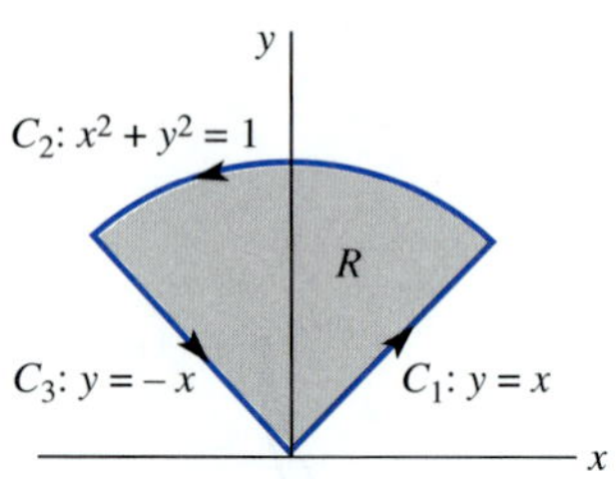

그림 9.12.6 예제 3의 곡선 C

풀이 9.8절의 식 (12)로부터 $\mathbf{F}$에 의한 일은

$$W = \oint_C \mathbf{F} \cdot d\mathbf{r} = \oint_C (-16y + \sin x^2)\, dx + (4e^y + 3x^2)\, dy$$

이고, Green 정리에 의해 $W = \iint_R (6x + 16)\, dA$이다. 영역 R의 형태로 보아 극좌표계를 사용하는 것이 편리하므로 R을 $0 \le r \le 1$, $\pi/4 \le \theta \le 3\pi/4$로 나타내면

$$W = \int_{\pi/4}^{3\pi/4} \int_0^1 (6r\cos\theta + 16)\, r\, dr\, d\theta$$

$$= \int_{\pi/4}^{3\pi/4} (2r^3 \cos\theta + 8r^2)\Big]_0^1 d\theta$$

$$= \int_{\pi/4}^{3\pi/4} (2\cos\theta + 8)\, d\theta = 4\pi$$

가 된다. ≡

예제 4 Green 정리가 적용되지 않는 경우

C가 **그림 9.12.7**의 4개의 선분 C_1, C_2, C_3, C_4로 구성된 폐곡선이라 하자. 이때는 선적분

$$\oint_C \frac{-y}{x^2+y^2}dx + \frac{x}{x^2+y^2}dy$$

에 Green 정리를 적용할 수 없다. 왜냐하면 P, Q, $\partial P/\partial y$와 $\partial Q/\partial x$가 영역에 포함되는 원점에서 연속이 아니기 때문이다. ≡

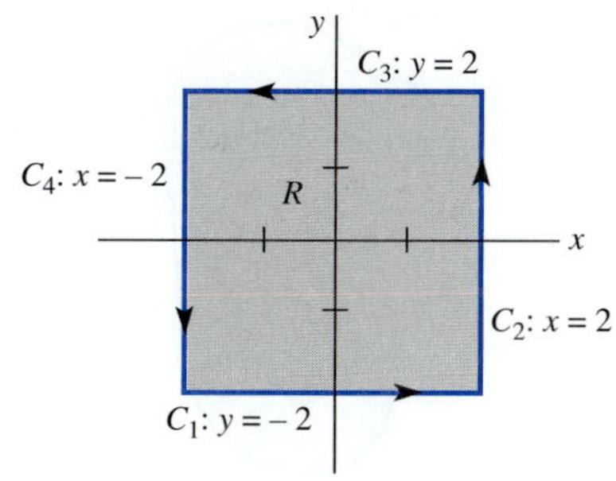

그림 9.12.7 예제 4의 곡선 C

구멍이 포함된 영역 Green정리는 '구멍'이 포함된 영역, 즉 두 개 이상의 구간별 매끄러운 단순 폐곡선 사이의 영역에 대해 확장될 수 있다. **그림 9.12.8(a)**는 두 개의 단순 폐곡선 C_1과 C_2로 이루어진 곡선 $C = C_1 \cup C_2$로 둘러싸인 영역 R을 나타낸다. 곡선 C는 양의 방향을 갖는데 이는 C_1을 따라 반시계 방향으로, C_2를 따라 시계 방향으로 이동할 때 영역 R이 항상 왼쪽에 위치하기 때문이다. 그림 9.12.8(b)와 같이 두 곡선을 잇는 선을 추가하여 영역 R을 두 개의 부분영역 R_1과 R_2로 분할하고 각각의 부분영역에 Green 정리를 적용하면

$$\iint_R \left(\frac{\partial Q}{\partial x} - \frac{\partial P}{\partial y}\right) dA = \iint_{R_1} \left(\frac{\partial Q}{\partial x} - \frac{\partial P}{\partial y}\right) dA + \iint_{R_2} \left(\frac{\partial Q}{\partial x} - \frac{\partial P}{\partial y}\right) dA$$

$$= \oint_{C_1} P\,dx + Q\,dy + \oint_{C_2} P\,dx + Q\,dy \qquad (4)$$

$$= \oint_C P\,dx + Q\,dy$$

가 된다. 위 식의 마지막 결과에는 원래의 영역에 추가된 선에 대한 선적분이 (서로 방향이 반대인 적분 경로가 되므로) 서로 상쇄되는 사실을 이용한다. 9.8절의 식 (8)을 참조하라.

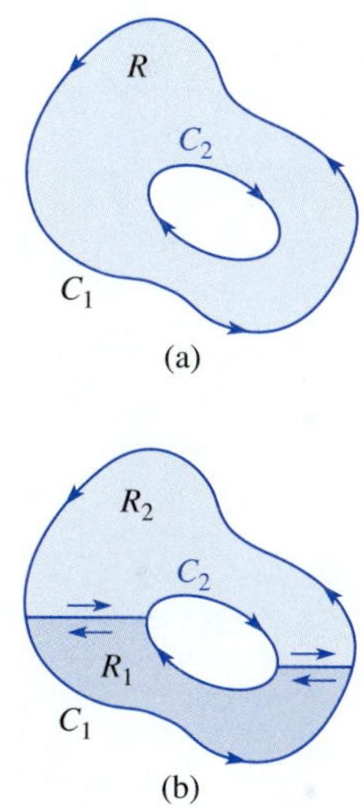

그림 9.12.8 R의 경계 $C = C_1 \cup C_2$

예제 5 구멍이 포함된 영역

$\oint_C \frac{-y}{x^2+y^2}dx + \frac{x}{x^2+y^2}dy$를 계산하라. 여기서 $C = C_1 \cup C_2$는 **그림 9.12.9**에서 어둡게 칠해진 영역의 경계이다.

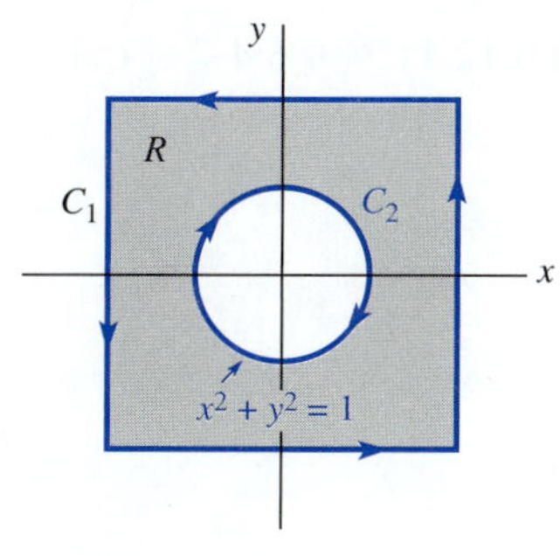

그림 9.12.9 예제 5의 경계 C

풀이

$$P(x, y) = \frac{-y}{x^2+y^2}, \qquad Q(x, y) = \frac{x}{x^2+y^2}$$

$$\frac{\partial P}{\partial y} = \frac{y^2 - x^2}{(x^2+y^2)^2}, \qquad \frac{\partial Q}{\partial x} = \frac{y^2 - x^2}{(x^2+y^2)^2}$$

이 C가 경계인 영역 R에서 연속이기 때문에, Green 정리가 성립하므로

$$\oint_C \frac{-y}{x^2+y^2}\,dx + \frac{x}{x^2+y^2}\,dy = \iint_R \left[\frac{y^2-x^2}{(x^2+y^2)^2} - \frac{y^2-x^2}{(x^2+y^2)^2}\right] dA = 0$$

이다. ≡

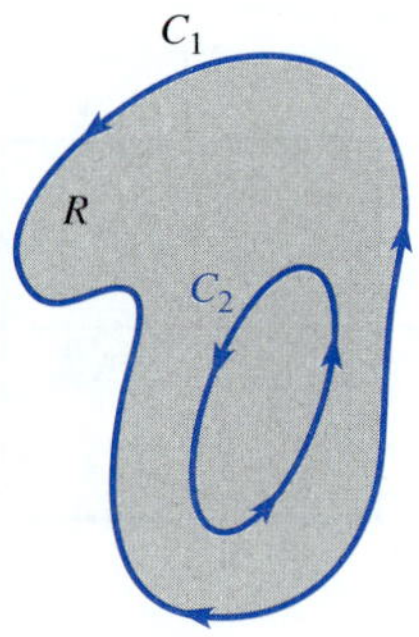

그림 9.12.10 식 (5)의 곡선 C_1과 C_2

예제 5 앞의 구멍이 포함된 영역에 대한 설명을 이용하면, 적절한 조건하에서 복잡한 폐곡선에 대한 선적분을 간단한 폐곡선에 대한 선적분으로 바꿀 수 있다. **그림 9.12.10**과 같이 C_1, C_2가 서로 교차하지 않고 반시계 방향을 갖는 구간별 매끄러운 단순 폐곡선이라고 하자. C_1, C_2가 경계인 영역 R에서 P와 Q는 연속인 1계 편도함수를 가지며

$$\frac{\partial P}{\partial y} = \frac{\partial Q}{\partial x}$$

가 성립한다고 가정하자. 그러면 식 (4)와 9.8절의 식 (8)로부터

$$\oint_{C_1} P\,dx + Q\,dy + \oint_{-C_2} P\,dx + Q\,dy = 0$$

또는

$$\oint_{C_1} P\,dx + Q\,dy = \oint_{C_2} P\,dx + Q\,dy \tag{5}$$

가 성립한다.

예제 6 다시 보는 예제 4

예제 4의 선적분을 계산하라.

풀이 선적분을 계산하기 위해서는

$$\oint_C = \int_{C_1} + \int_{C_2} + \int_{C_3} + \int_{C_4}$$

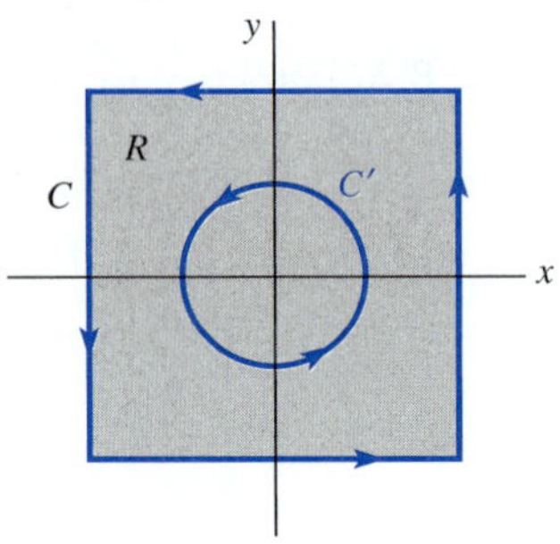

그림 9.12.11 예제 6의 곡선 C와 C'

로 쓰고 각각의 직선 경로 C_1, C_2, C_3, C_4에 대해 선적분을 계산하여야 한다. 여기서는 다른 방법을 사용한다. 원 C': $x^2 + y^2 = 1$이 완전히 C 안에 놓이므로(**그림 9.12.11**) 예제 5로부터 C와 C'이 경계가 되는 영역 R에서 $P = -y/(x^2 + y^2)$와 $Q = x/(x^2 + y^2)$는 연속인 1계 편도함수를 가지며 또한

$$\frac{\partial P}{\partial y} = \frac{y^2-x^2}{(x^2+y^2)^2} = \frac{\partial Q}{\partial x}$$

이 성립한다. 따라서 식 (5)로부터

$$\oint_C \frac{-y}{x^2+y^2}\,dx + \frac{x}{x^2+y^2}\,dy = \oint_{C'} \frac{-y}{x^2+y^2}\,dx + \frac{x}{x^2+y^2}\,dy$$

가 되고, 새로운 곡선 C'의 매개방정식 $x = \cos t,\ y = \sin t,\ 0 \le t \le 2\pi$를 이용하면

$$\oint_C \frac{-y}{x^2+y^2}\,dx + \frac{x}{x^2+y^2}\,dy = \int_0^{2\pi} [-\sin t(-\sin t) + \cos t(\cos t)]\,dt$$
$$= \int_0^{2\pi} (\sin^2 t + \cos^2 t)\,dt \tag{6}$$
$$= \int_0^{2\pi} dt = 2\pi$$

이다. ≡

식 (6)의 결과, 즉

$$\oint_C \frac{-y}{x^2+y^2}\,dx + \frac{x}{x^2+y^2}\,dy = 2\pi$$

는 내부에 원점을 포함하는 모든 구간별 매끄러운 단순 폐곡선 C에 대하여 성립한다. 이를 보이기 위해 $x^2 + y^2 = a^2$인 C'을 선택하는 것이 필요한데, 여기서 a는 원이 C 안에 완전히 놓일 만큼 충분히 작아야 한다.

9.12 연습문제

부록에 선택된 홀수 문제의 답이 있다.

문제 1~4에서는 양변의 적분을 계산하여 Green정리가 성립함을 확인하라.

1. $\oint_C (x - y)\,dx + xy\,dy = \iint_R (y + 1)\,dA$, C: 꼭지점이 (0, 0), (1, 0), (1, 3)인 삼각형

2. $\oint_C 3x^2y\,dx + (x^2 - 5y)\,dy = \iint_R (2x - 3x^2)\,dA$, C: 꼭지점이 (−1, 0), (1, 0), (1, 1), (−1, 1)인 사각형

3. $\oint_C -y^2\,dx + x^2\,dy = \iint_R (2x + 2y)\,dA$, C: 원 $x = 3\cos t,\ y = 3\sin t,\ 0 \le t \le 2\pi$

4. $\oint_C -2y^2\,dx + 4xy\,dy = \iint_R 8y\,dA$, C: $y = 0,\ y = \sqrt{x}$, $y = -x + 2$로 둘러싸인 제1사분면 영역의 경계

문제 5~14에서는 Green정리를 사용하여 선적분을 계산하라.

5. $\oint_C 2y\,dx + 5x\,dy$, C: 원 $(x - 1)^2 + (y + 3)^2 = 25$

6. $\oint_C (x + y^2)\,dx + (2x^2 - y)\,dy$, C: $y = x^2,\ y = 4$로 둘러싸인 영역의 경계

7. $\oint_C (x^4 - 2y^3)\,dx + (2x^3 - y^4)\,dy$, C: 원 $x^2 + y^2 = 4$

8. $\oint_C (x - 3y)\,dx + (4x + y)\,dy$, C: 꼭지점이 (−2, 0), (3, 0), (3, 2), (−2, 2)인 사각형

9. $\oint_C 2xy\,dx + 3xy^2\,dy$, C: 꼭지점이 (1, 2), (2, 2), (2, 4)인 삼각형

10. $\oint_C e^{2x}\sin 2y\,dx + e^{2x}\cos 2y\,dy$, C: 타원 $9(x - 1)^2 + 4(y - 3)^2 = 36$

11. $\oint_C xy\,dx + x^2\,dy$, C: $x = 0,\ x^2 + y^2 = 1,\ x \ge 0$로 둘러싸인 영역의 경계

12. $\oint_C e^{x^2}\,dx + 2\tan^{-1} x\,dy$, C: 꼭지점이 (0, 0), (0, 1), (−1, 1)인 삼각형

13. $\oint_C \frac{1}{3}y^3\,dx + (xy + xy^2)\,dy$, C: $y = 0,\ x = y^2,\ x = 1 - y^2$로 둘러싸인 제1사분면 영역의 경계

14. $\oint_C xy^2\,dx + 3\cos y\,dy$, C: $y = x^2,\ y = x^3$로 둘러싸인 제1사분면 영역의 경계

문제 15, 16에서는 주어진 선적분을 임의의 구간별 매끄러운 단순 폐곡선 C에 대해 계산하라.

15. $\oint_C ay\,dx + bx\,dy$

16. $\oint_C P(x)\,dx + Q(y)\,dy$

문제 17, 18에서는 R이 구간별 매끄러운 단순 폐곡선 C에 의해 둘러싸인 영역일 때 다음을 증명하라.

17. $\oint_C x\,dy = -\oint_C y\,dx = R$의 넓이

18. $\frac{1}{2}\oint_C -y\,dx + x\,dy = R$의 넓이

문제 19, 20에서는 문제 17과 18의 결과를 이용하여 주어진 폐곡선으로 둘러싸인 영역의 넓이를 구하라.

19. 안쪽 굴렁쇠선(hypocycloid) $x = a\cos^3 t$, $y = a\sin^3 t$, $a > 0$, $0 \le t \le 2\pi$

20. 타원(ellipse) $x = a\cos t$, $y = b\sin t$, $a > 0$, $b > 0$, $0 \le t \le 2\pi$

21. **(a)**

$$\oint_C -y\,dx + x\,dy = x_1y_2 - x_2y_1$$

이 성립함을 보여라. 여기서 C는 점 (x_1, y_1), (x_2, y_2)를 잇는 직선 구간이다.

(b) (a)와 문제 18을 이용하여, 반시계 방향으로 (x_1, y_1), (x_2, y_2), . . . , (x_n, y_n)을 꼭지점으로 갖는 다각형의 넓이 A가

$$A = \frac{1}{2}(x_1y_2 - x_2y_1) + \frac{1}{2}(x_2y_3 - x_3y_2) + \cdots + \frac{1}{2}(x_{n-1}y_n - x_ny_{n-1}) + \frac{1}{2}(x_ny_1 - x_1y_n)$$

임을 보여라.

22. 문제 21의 (b)를 이용하여 꼭지점이 $(-1, 3)$, $(1, 1)$, $(4, 2)$, $(3, 5)$인 사변형의 넓이를 구하라.

문제 23, 24에서는 $C = C_1 \cup C_2$가 그늘진 영역 R의 경계일 때 선적분을 계산하라.

23. $\oint_C (4x^2 - y^3)\,dx + (x^3 + y^2)\,dy$

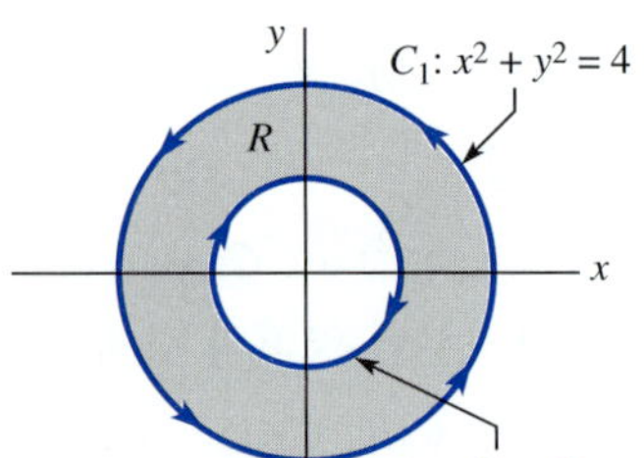

그림 9.12.12 문제 23의 경계 C

24. $\oint_C (\cos x^2 - y)\,dx + \sqrt{y^2 + 1}\,dy$

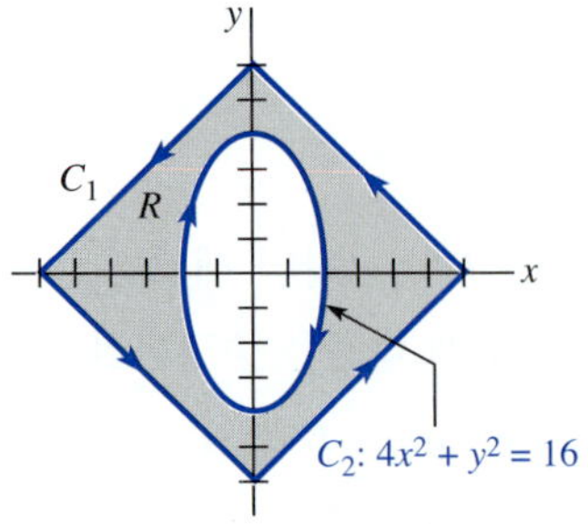

그림 9.12.13 문제 24의 경계 C

문제 25, 26에서는 예제 6에서와 같은 방법으로 선적분을 계산하라.

25. $\displaystyle\oint_C \frac{-y^3dx + xy^2dy}{(x^2 + y^2)^2}$, C: 타원 $x^2 + 4y^2 = 4$

26. $\displaystyle\oint_C \frac{-y}{(x + 1)^2 + 4y^2}\,dx + \frac{x + 1}{(x + 1)^2 + 4y^2}\,dy$, C: 원 $x^2 + y^2 = 16$

문제 27, 28에서는 Green 정리를 사용하여 주어진 이중적분을 선적분으로 계산하라. [힌트: 적절한 P와 Q를 정하라.]

27. $\iint_R x^2\,dA$, R: 타원 $x^2/9 + y^2/4 = 1$로 둘러싸인 영역

28. $\iint_R [1 - 2(y - 1)]\,dA$, R: 원 $x^2 + (y - 1)^2 = 1$과 $x = 0$으로 둘러싸인 제1사분면의 영역

문제 29, 30에서는 Green 정리를 사용하여 그림 9.12.14의 폐곡선을 따라 힘 $\mathbf{F}$가 한 일을 구하라.

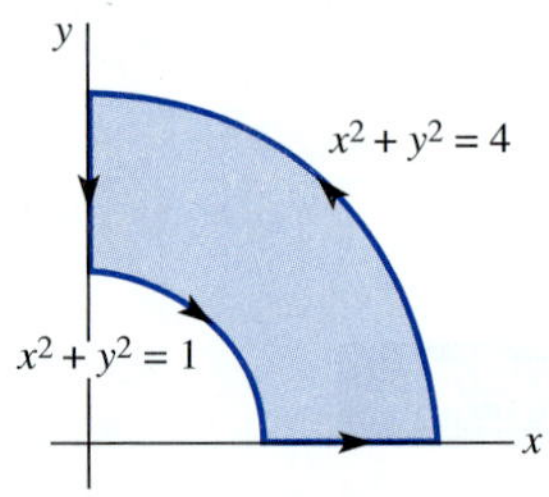

그림 9.12.14 문제 29, 30의 곡선

29. $\mathbf{F} = (x - y)\mathbf{i} + (x + y)\mathbf{j}$

30. $\mathbf{F} = -xy^2\mathbf{i} + x^2y\mathbf{j}$

31. P와 Q가 xy 평면의 단순연결 영역에서 연속이고 연속인 1계 편도함수를 갖는다고 가정하자. $\int_A^B P\,dx + Q\,dy$가 적분 경로에 무관하면, 이 영역의 모든 구간별 매끄러운 단순 폐곡선 C에 대해 $\oint_C P\,dx + Q\,dy = 0$임을 보여라.

32. R이 구간별 매끄러운 단순 폐곡선 C로 둘러싸인 영역이라 하자. 이 영역의 중심이

$$\bar{x} = \frac{1}{2A}\oint_C x^2\,dy, \quad \bar{y} = -\frac{1}{2A}\oint_C y^2\,dx$$

임을 보여라.

33. 심장형(cardioid) $r = 1 + \cos\theta$를 따라 힘 $\mathbf{F} = -y\mathbf{i} + x\mathbf{j}$가 한 일을 구하라.

9.13 면적분

소개 xy 평면에서 $y = f(x)$ 그래프의 $x = a$에서 $x = b$까지 호의 길이는 정적분

$$s = \int_a^b \sqrt{1 + \left(\frac{dy}{dx}\right)^2}\, dx \tag{1}$$

로 계산한다. 2차원 호의 길이 문제에 상응하는 3차원 문제는 xy 평면의 닫힌 영역 R에서 연속인 1계 편도함수를 갖는 함수 $z = f(x, y)$로 주어지는 곡면 S의 넓이 $A(s)$를 구하는 것이다. 우리는 이와 같은 곡면을 **매끄러운**(smooth)이라 한다.

곡면의 넓이 그림 9.13.1(a)에 나와 있는 바와 같이, R의 분할 P는 x축과 y축에 나란한 직선들로 형성된다. P는 넓이 $\Delta A_k = \Delta x_k \Delta y_k$인 n개의 직사각형 R_k로 구성되며 이는 모두 R에 포함된다. 점 $(x_k, y_k, 0)$는 R_k 안의 임의의 점이다. 그림 9.13.1(a)에 나와 있듯이 R_k의 네 변을 위로 사영시켰을 때 곡면 $z = f(x, y)$와 만나는 곡선으로 둘러싸인 부분곡면 S_k와 점 $(x_k, y_k, f(x_k, y_k))$에서 이에 대응하는 부분 접평면 T_k를 생각할 수 있을 것이다. 물론 R_k의 넓이 ΔA_k가 작아질수록 T_k의 넓이 ΔT_k는 S_k의 넓이 ΔS_k와 같아질 것이다.

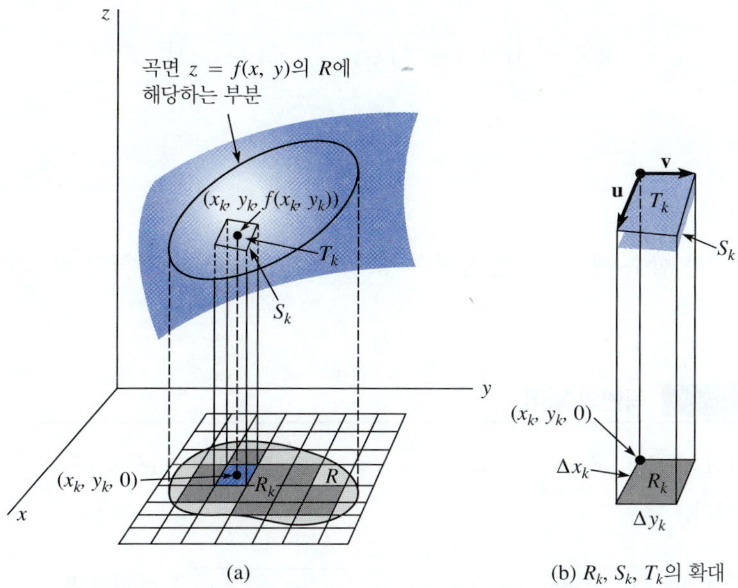

그림 9.13.1 R 위의 곡면의 넓이는 얼마인가?

T_k의 넓이를 구하기 위하여, 그림 9.13.1(b)에 나와 있는 바와 같이 R_k의 한 모서리 점 $(x_k, y_k, 0)$를 선택하자. T_k의 두 변을 이루는 벡터 $\mathbf{u}$와 $\mathbf{v}$는

$$\mathbf{u} = \Delta x_k \mathbf{i} + f_x(x_k, y_k)\, \Delta x_k \mathbf{k},$$
$$\mathbf{v} = \Delta y_k \mathbf{j} + f_y(x_k, y_k)\, \Delta y_k \mathbf{k}$$

이고, 여기서 $f_x(x_k, y_k)$와 $f_y(x_k, y_k)$는 각각 $\mathbf{u}$와 $\mathbf{v}$를 포함하는 직선의 기울기이다. 7.4절의 식 (16)에서 $\Delta T_k = \|\mathbf{u} \times \mathbf{v}\|$이므로

$$\mathbf{u} \times \mathbf{v} = \begin{vmatrix} \mathbf{i} & \mathbf{j} & \mathbf{k} \\ \Delta x_k & 0 & f_x(x_k, y_k)\Delta x_k \\ 0 & \Delta y_k & f_y(x_k, y_k)\Delta y_k \end{vmatrix} = [-f_x(x_k, y_k)\mathbf{i} - f_y(x_k, y_k)\mathbf{j} + \mathbf{k}]\Delta x_k\, \Delta y_k$$

에서

$$\begin{aligned} \Delta T_k &= \sqrt{[f_x(x_k, y_k)]^2 + [f_y(x_k, y_k)]^2 + 1}\, \Delta x_k\, \Delta y_k \\ &= \sqrt{1 + [f_x(x_k, y_k)]^2 + [f_y(x_k, y_k)]^2}\, \Delta A_k \end{aligned}$$

이다. 따라서 R에 해당하는 곡면의 전체 넓이는 근사적으로

$$\sum_{k=1}^{n} \sqrt{1 + [f_x(x_k, y_k)]^2 + [f_y(x_k, y_k)]^2}\, \Delta A_k$$

이며, 이에 대하여 $\|P\| \to 0$일 때 극한을 취하면 다음이 성립한다.

정의 9.13.1 곡면의 넓이

f가 1계 편도함수 f_x와 f_y가 닫힌 영역 R에서 연속인 함수이면 ***R* 위에서** f가 그리는 **곡면의 넓이**(surface area)는

$$A(S) = \iint_R \sqrt{1 + [f_x(x, y)]^2 + [f_y(x, y)]^2}\, dA \qquad (2)$$

이다.

식 (1)의 1변수 함수 형태를 2변수 함수 형태로 자연스럽게 확장하면 식 (2)가 됨을 추측해 보자.

예제 1 곡면의 넓이

xy 평면 위의 원기둥 $x^2 + y^2 = b^2$, $0 < b < a$ 안에 있는 구 $x^2 + y^2 + z^2 = a^2$의 곡면 넓이를 구하라.

풀이 구가 나타내는 곡면을 $z = f(x, y) = \sqrt{a^2 - x^2 - y^2}$로 정의하면

$$f_x(x, y) = \frac{-x}{\sqrt{a^2 - x^2 - y^2}} \qquad \text{그리고} \qquad f_y(x, y) = \frac{-y}{\sqrt{a^2 - x^2 - y^2}}$$

이고

$$1 + [f_x(x, y)]^2 + [f_y(x, y)]^2 = \frac{a^2}{a^2 - x^2 - y^2}$$

이다. 따라서 식 (2)는

$$A(S) = \iint_R \frac{a}{\sqrt{a^2 - x^2 - y^2}}\, dA$$

이고, 여기서 R은 그림 9.13.2에 나와 있는 영역이다. 마지막 이중적분을 극좌표계로 바꾸어 계산하면

$$\begin{aligned} A(S) &= a\int_0^{2\pi}\int_0^{b}(a^2 - r^2)^{-1/2}r\,dr\,d\theta \\ &= a\int_0^{2\pi}\Big[-(a^2 - r^2)^{1/2}\Big]_0^{b}d\theta = a(a - \sqrt{a^2 - b^2})\int_0^{2\pi}d\theta \\ &= 2\pi a(a - \sqrt{a^2 - b^2}) \end{aligned}$$

이다.

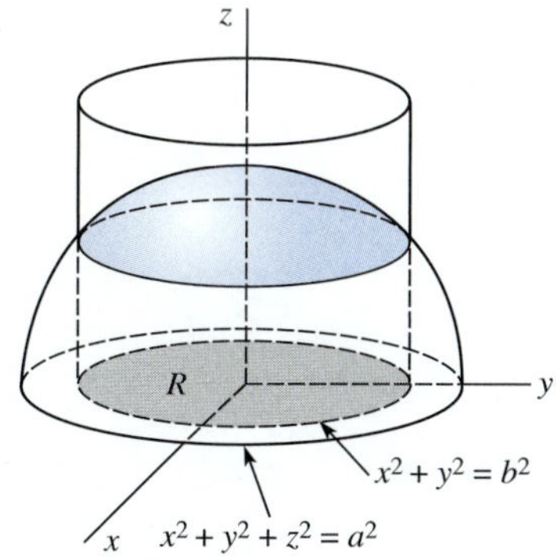

그림 9.13.2 예제 1의 구의 일부분

곡면 넓이의 미분 함수

$$dS = \sqrt{1 + [f_x(x, y)]^2 + [f_y(x, y)]^2}\,dA \tag{3}$$

를 **곡면 넓이 미분**(differential of surface area)이라 부르며 이어지는 설명에서 자주 사용된다.

면적분 앞에서 보았듯이 이중적분

$$\iint_R f(x, y)\,dA$$

는 정적분 $\int_a^b f(x)\,dx$의 일반화이다. 곡면의 넓이를 계산하는 적분 식 (2)는 호의 길이를 계산하는 적분 식 (1)을 일반화한 것이다. 이제는 선적분 $\int_C G(x, y)\,ds$를 일반화하려 하는데 이를 **면적분**(surface integral)이라 한다.

1. $w = G(x, y, z)$가 $z = f(x, y)$의 그래프인 곡면 S를 포함하는 3차원 영역에서 정의되고, 곡면의 xy 평면에 대한 정사영 R이 I형 또는 II형 영역이라 하자.
2. 곡면을 넓이가 ΔS_k인 n개의 부분곡면으로 분할한다. 여기서 곡면의 분할은 xy 평면의 영역 R을 넓이가 ΔA_k인 n개의 직사각형 R_k로 나누는 분할 P에 대응한다.
3. $\|P\|$는 분할의 **놈**(norm), 즉 R_k들의 가장 긴 대각선 길이이다.
4. 각 부분곡면에서 점 (x_k^*, y_k^*, z_k^*)를 선택한다(그림 9.13.3).
5. 합 $\sum_{k=1}^{n} G(x_k^*, y_k^*, z_k^*)\,\Delta S_k$를 구성한다.

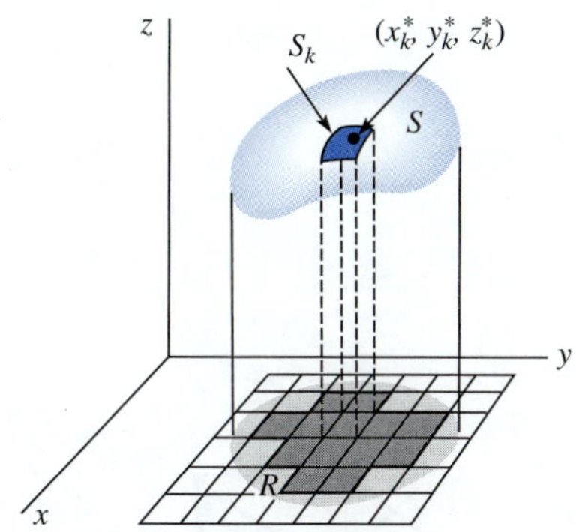

그림 9.13.3 k번째 면 위의 점

정의 9.13.2 면적분

G를 곡면 S를 포함하는 공간에서 정의되는 3변수 함수라 하자. **S에 대한 G의 면적분**은

$$\iint_S G(x, y, z)\,dS = \lim_{\|P\|\to 0}\sum_{k=1}^{n} G(x_k^*, y_k^*, z_k^*)\,\Delta S_k \tag{4}$$

이다.

계산 방법 G, f, f_x와 f_y가 S를 포함하는 영역에서 연속이면, 식 (4)는 이중적분을 사용하여 계산할 수 있다. 식 (3)에서 식 (4)의 좌변은

$$\iint_S G(x, y, z)\, dS = \iint_R G(x, y, f(x, y))\sqrt{1 + [f_x(x, y)]^2 + [f_y(x, y)]^2}\, dA \tag{5}$$

가 된다.

$G = 1$일 때, 식 (5)는 곡면의 넓이에 대한 공식 (2)가 된다.

S의 다른 평면 위로의 사영 $y = g(x, z)$가 xz 평면의 영역 R 위로 사영되는 곡면 S의 방정식이면

$$\iint_S G(x, y, z)\, dS = \iint_R G(x, g(x, z), z)\sqrt{1 + [g_x(x, z)]^2 + [g_z(x, z)]^2}\, dA \tag{6}$$

이다.

마찬가지로 $x = h(y, z)$가 yz 평면 위로 사영되는 곡면의 방정식이면, 식 (5)는

$$\iint_S G(x, y, z)\, dS = \iint_R G(h(y, z), y, z)\sqrt{1 + [h_y(y, z)]^2 + [h_z(y, z)]^2}\, dA \tag{7}$$

가 된다.

곡면의 질량 $\rho(x, y, z)$가 곡면의 임의의 점에서 곡면의 밀도(단위 곡면적당 질량)이면 곡면의 **질량** m은

$$m = \iint_S \rho(x, y, z)\, dS \tag{8}$$

이다.

예제 2 곡면의 질량

제1팔분공간에 위치하는 포물면(paraboloid) $z = 1 + x^2 + y^2$, $1 \le z \le 5$의 질량을 구하라. 단 곡면 위의 점 P의 밀도는 xy 평면으로부터의 거리에 비례한다.

풀이 문제의 곡면과 xy 평면 위로의 사영은 **그림 9.13.4**와 같다. $\rho(x, y, z) = kz$이고 $z = 1 + x^2 + y^2$이므로, 식 (8)과 (5)에서

$$m = \iint_S kz\, dS = k\iint_R (1 + x^2 + y^2)\sqrt{1 + 4x^2 + 4y^2}\, dA$$

이다. 극좌표계를 사용하면

$$m = k\int_0^{\pi/2}\int_0^2 (1 + r^2)\sqrt{1 + 4r^2}\, r\, dr\, d\theta$$

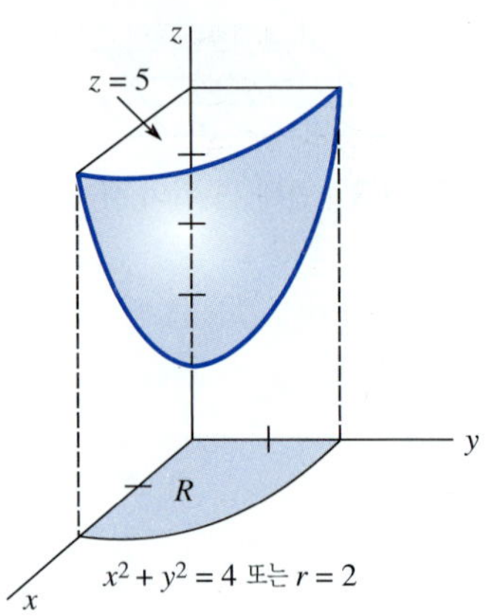

그림 9.13.4 예제 2의 곡면

$$= k\int_0^{\pi/2}\int_0^2 [r(1 + 4r^2)^{1/2} + r^3(1 + 4r^2)^{1/2}]\, dr\, d\theta \quad \leftarrow \text{부분적분}$$

$$= k\int_0^{\pi/2} \left[\frac{1}{12}(1 + 4r^2)^{3/2} + \frac{1}{12}r^2(1 + 4r^2)^{3/2} - \frac{1}{120}(1 + 4r^2)^{5/2}\right]_0^2 d\theta$$

$$= \frac{k\pi}{2}\left[\frac{5(17)^{3/2}}{12} - \frac{17^{5/2}}{120} - \frac{3}{40}\right] \approx 30.16\, k$$

이다. ≡

예제 3 면적분의 계산

$\iint_S xz^2\, dS$를 계산하라. 여기서 S는 포물면 기둥 $y = 2x^2 + 1$의 일부분으로 제1팔분공간에서 $x = 0$, $x = 2$, $z = 4$, $z = 8$의 내부로 제한된다.

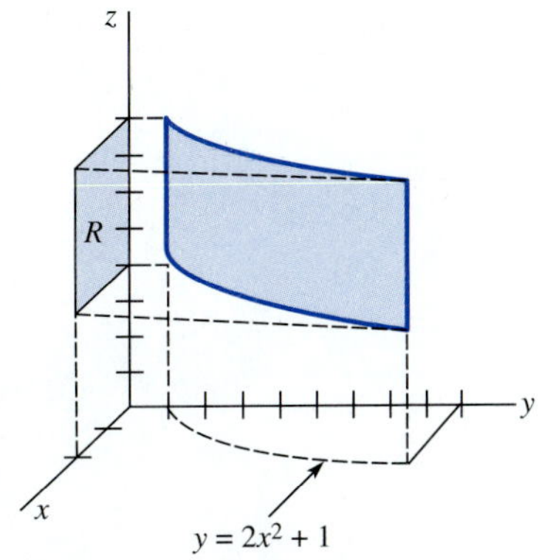

그림 9.13.5 예제 3의 곡면

풀이 $g(x, z) = 2x^2 + 1$과 **그림 9.13.5**와 같은 xz 평면의 직사각형 영역 R에 대해 식 (6)을 사용한다. $g_x(x, z) = 4x$이고 $g_z(x, z) = 0$이므로

$$\iint_S xz^2\, dS = \int_0^2\int_4^8 xz^2\sqrt{1 + 16x^2}\, dz\, dx$$

$$= \int_0^2 \frac{z^3}{3}x\sqrt{1 + 16x^2}\Big]_4^8 dx = \frac{448}{3}\int_0^2 x(1 + 16x^2)^{1/2}\, dx$$

$$= \frac{28}{9}(1 + 16x^2)^{3/2}\Big]_0^2 = \frac{28}{9}[65^{3/2} - 1] \approx 1627.3$$

이다. ≡

■ **방향성 곡면** 다음에 나올 예제 5에서 벡터장에 대한 면적분을 계산할 것이다. 이러한 면적분을 계산하기 위해서는 **방향성 곡면**(orientable surface)의 개념을 이해하여야 한다. **그림 9.13.6(a)**와 같이 방향성 곡면 S는 서로 다른 색을 칠할 수 있는 두 면을 갖는다. 반면에 그림 9.13.6(b)와 같은 Möbius 띠*는 하나의 면만 가지므로 방향성 곡면이 아니다. Möbius띠의 면 위의 한 점에서 색을 칠하기 시작하면 전체 면을 칠하고 다시 출발점으로 되돌아오게 된다.

곡면 위의 점 (x, y, z)에서 정의되는 연속인 단위법선벡터 함수(unit normal vector function) $\mathbf{n}$이 존재할 때 이러한 곡면을 **방향적**(orientable) 또는 **방향성 곡면**이라 하고, 벡터장 $\mathbf{n}(x, y, z)$를 S의 **방향**(orientation)이라고 한다. 점 (x, y, z)에서 곡면 S의 단위법선이 $\mathbf{n}(x, y, z)$ 또는 $-\mathbf{n}(x, y, z)$가 될 수 있으므로 방향성 곡면은 두 개의 방향을 갖는다. **그림 9.13.7**의 (a)~(c)를 보라. 그림 9.13.7(d)와 같은 Möbius 띠는 방향성 곡면이 아니다. 왜냐하면 단위법선벡터 $\mathbf{n}$이 곡면 위의 점 P에서 출발하여 곡선 위의 띠를 따라 한 바퀴 이동하여 다시 P에 도달하면 법선벡터의 방향이 원래의 방향과 반대가 되기 때문이다. $z = f(x, y)$로 정의되는 곡면에 대해 그림 9.13.7(b)와 같이 단위법선벡터가 위로 향할 때, 즉 양의 $\mathbf{k}$ 성분을 가질 때

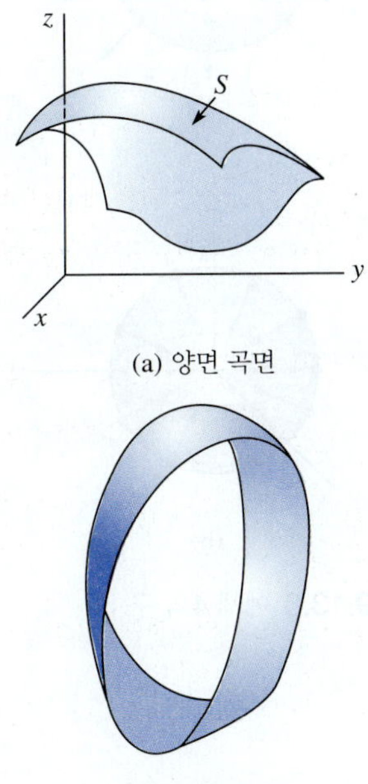

(a) 양면 곡면

(b) 단면 곡면

그림 9.13.6 (a)의 방향성 곡면과 (b)의 비방향성 곡면

* Möbius 띠는 종이 띠의 한 끝을 반 바퀴 뒤튼 후에 양 끝을 붙여 만들 수 있다.

곡면이 **위 방향**(upward orientation)이라 하고 그림 9.13.7(c)와 같이 단위법선벡터가 아래로 향할 때, 즉 음의 **k** 성분을 가질 때 곡면이 **아래 방향**(downward orientation)이라고 한다.

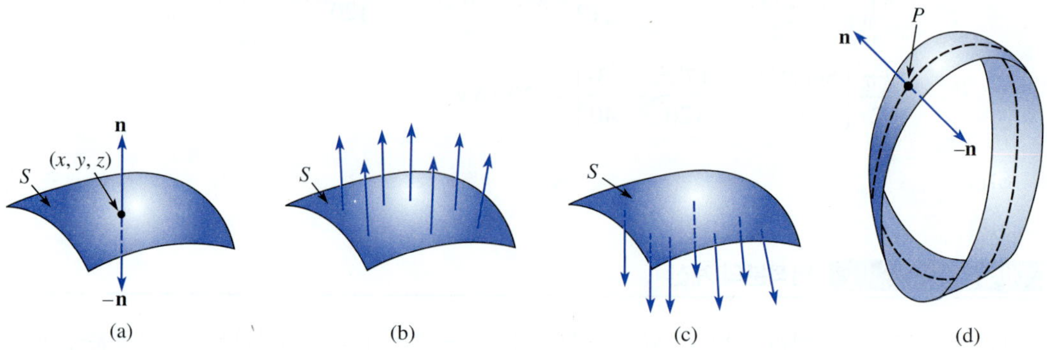

그림 9.13.7 (b)의 위 방향과 (c)의 아래 방향 곡면

매끄러운 곡면 S가 $g(x, y, z) = 0$으로 정의되면, 단위법선벡터는

$$\mathbf{n} = \frac{1}{\|\nabla g\|}\nabla g \tag{9}$$

이고, 여기서 $\nabla g = \dfrac{\partial g}{\partial x}\mathbf{i} + \dfrac{\partial g}{\partial y}\mathbf{j} + \dfrac{\partial g}{\partial z}\mathbf{k}$는 g의 기울기 벡터이다. S가 $z = f(x, y)$로 정의되면, S의 방향에 따라 $g(x, y, z) = z - f(x, y) = 0$ 또는 $g(x, y, z) = f(x, y) - z = 0$을 사용할 수 있다.

다음 예제에서 알 수 있듯이 방향성 폐곡면은 **바깥쪽 방향**(outward orientation)과 **안쪽 방향**(inward orientation)의 두 가지 방향을 갖는다.

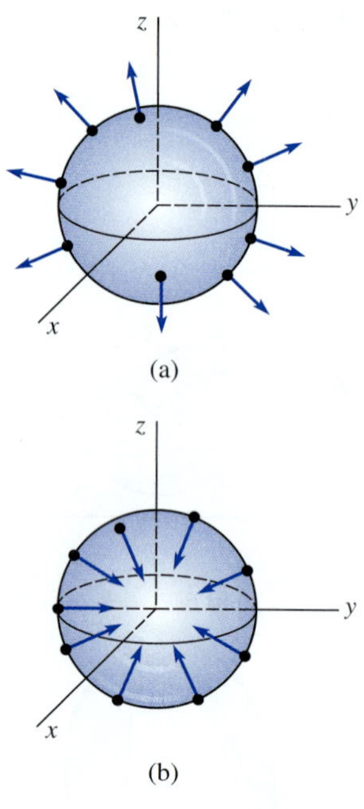

그림 9.13.8 예제 4의 구

예제 4 곡면의 방향성

반지름 $a > 0$인 구 $x^2 + y^2 + z^2 = a^2$을 생각하자. $g(x, y, z) = x^2 + y^2 + z^2 - a^2$으로 정의하면

$$\nabla g = 2x\mathbf{i} + 2y\mathbf{j} + 2z\mathbf{k} \qquad \text{그리고} \qquad \|\nabla g\| = \sqrt{4x^2 + 4y^2 + 4z^2} = 2a$$

이다. 따라서 곡면의 두 방향은

$$\mathbf{n} = \frac{x}{a}\mathbf{i} + \frac{y}{a}\mathbf{j} + \frac{z}{a}\mathbf{k} \qquad \text{그리고} \qquad \mathbf{n}_1 = -\mathbf{n} = -\frac{x}{a}\mathbf{i} - \frac{y}{a}\mathbf{j} - \frac{z}{a}\mathbf{k}$$

이다. 여기서 벡터장 **n**은 바깥쪽 방향을 나타내는 반면에 $\mathbf{n}_1 = -\mathbf{n}$은 안쪽 방향을 나타낸다. 그림 9.13.8을 보자. ≡

벡터장의 적분 $\mathbf{F}(x, y, z) = P(x, y, z)\mathbf{i} + Q(x, y, z)\mathbf{j} + R(x, y, z)\mathbf{k}$가 유체의 속도장이면, 그림 9.7.3과 같이 단위시간당 곡면 ΔS를 통과하는 유체의 부피는

$$(\text{높이})(\text{밑면의 넓이}) = (\text{comp}_{\mathbf{n}}\mathbf{F})\,\Delta S = (\mathbf{F}\cdot\mathbf{n})\,\Delta S$$

로 근사화되며, 여기서 $\mathbf{n}$은 곡면의 단위법선벡터이다. 그림 9.13.9를 보라. 단위시간당 전체 곡면 S를 통과하는 유체의 총 부피를 **S를 통과하는 유량**(또는 선다발, flux)이라 하고

$$\text{flux} = \iint_S (\mathbf{F} \cdot \mathbf{n})\, dS \tag{10}$$

로 주어진다. 폐곡면의 경우에는 $\mathbf{n}$이 바깥쪽(안쪽)을 향하는 법선벡터이면 식 (10)은 단위시간당 S를 통하여 유출(유입)되는 유체의 부피이다.

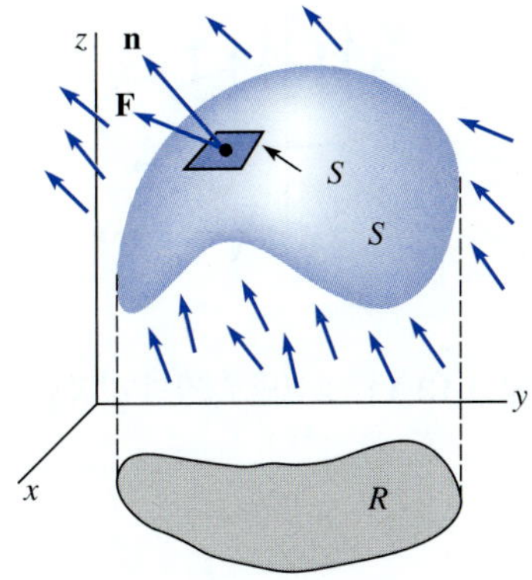

그림 9.13.9 (10)의 곡면 S

예제 5 곡면을 통과하는 유량

$\mathbf{F}(x, y, z) = z\mathbf{j} + z\mathbf{k}$가 액체의 흐름을 나타낸다. 제1팔분공간에서 $z = 6 - 3x - 2y$로 주어지고 위 방향을 갖는 평면 S를 통과하는 $\mathbf{F}$의 유량(flux)을 구하라.

풀이 벡터장과 곡면은 그림 9.13.10과 같다. 평면을 $\mathbf{k}$ 성분이 양이 되도록 $g(x, y, z) = 3x + 2y + z - 6 = 0$으로 정의하면 단위법선벡터는

$$\mathbf{n} = \frac{\nabla g}{\|\nabla g\|} = \frac{3}{\sqrt{14}}\mathbf{i} + \frac{2}{\sqrt{14}}\mathbf{j} + \frac{1}{\sqrt{14}}\mathbf{k}$$

이고, 따라서 구하려는 유량은

$$\text{유량} = \iint_S (\mathbf{F} \cdot \mathbf{n})\, dS = \frac{1}{\sqrt{14}} \iint_S 3z\, dS$$

이다. 곡면의 xy 평면 위로의 사영 R을 이용하면 식 (10)에서

$$\begin{aligned}\text{유량} &= \frac{1}{\sqrt{14}} \iint_R 3(6 - 3x - 2y)(\sqrt{14}\, dA) \\ &= 3\int_0^2 \int_0^{3-3x/2} (6 - 3x - 2y)\, dy\, dx = 18\end{aligned}$$

이다. ≡

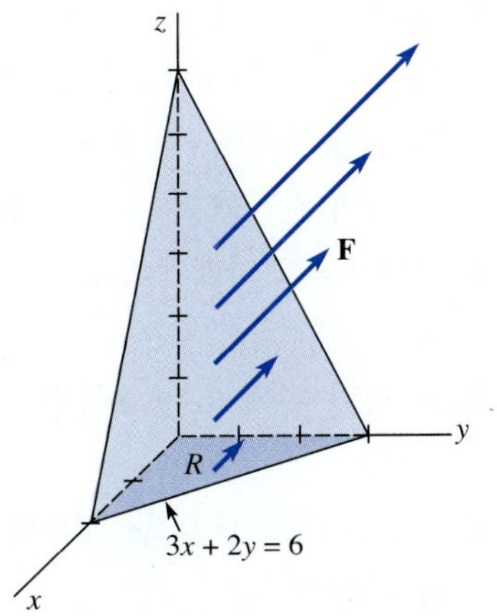

그림 9.13.10 예제 5의 곡면 S

벡터장의 성질에 따라, 식 (10)의 적분은 다른 종류의 선다발을 나타낸다. 예를 들면 식 (10)은 전기선다발(electric flux), 자기선다발(magnetic flux), 열선다발(heat flux) 등이 된다.

참고

만약 곡면 S가 영역별로 정의되면 S에 대한 면적분은 여러 면에 대한 면적분의 합이다. 예를 들어 S가 포물면 $z = x^2 + y^2(S_1)$과 평면 $z = 1(S_2)$로 이루어진 방향성이 있는 영역별 매끄러운 폐곡면이라고 가정하자. 그러면 곡면 S로부터 유출되는 벡터장 $\mathbf{F}$의 선다발은

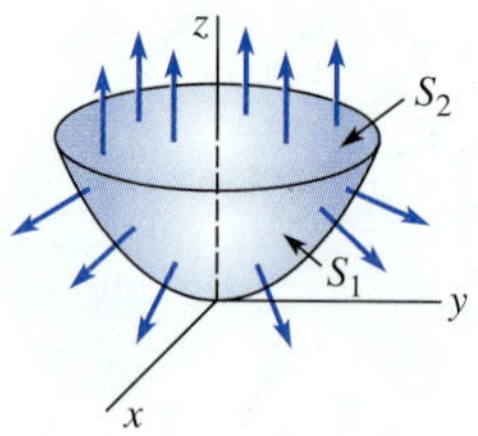

그림 9.13.11 영역별로 정의된 곡면

$$\iint_S \mathbf{F}\cdot\mathbf{n}\,dS = \iint_{S_1} \mathbf{F}\cdot\mathbf{n}\,dS + \iint_{S_2} \mathbf{F}\cdot\mathbf{n}\,dS$$

이고, 여기서 S_1은 아래 방향, S_2는 위 방향이다. **그림 9.13.11**과 연습문제 9.13의 문제 35를 보자.

9.13 연습문제

부록에 선택된 홀수 문제의 답이 있다.

1. 제1팔분공간에서 평면 $2x + 3y + 4z = 12$의 넓이를 구하라.
2. 제1사분면에서 $r = \sin 2\theta$로 둘러싸인 영역 위의 평면 $2x + 3y + 4z = 12$의 넓이를 구하라.
3. 제1사분면에서 $x = 0$, $x = 2$, $y = 0$, $y = 5$로 둘러싸인 영역 위의 원기둥 $x^2 + z^2 = 16$의 넓이를 구하라.
4. 평면 $z = 2$ 아래에 있는 포물면 $z = x^2 + y^2$의 넓이를 구하라.
5. xy 평면 위에 있는 포물면 $z = 4 - x^2 - y^2$의 넓이를 구하라.
6. 원추면 $z^2 = x^2 + y^2$ 내부의 구 $x^2 + y^2 + z^2 = 2$의 넓이를 구하라.
7. 제1사분면에서 $x = 0$, $y = 0$, $4x^2 + y^2 = 25$로 둘러싸인 영역 위의 구 $x^2 + y^2 + z^2 = 25$의 넓이를 구하라. [힌트: x에 대해 먼저 적분하라.]
8. 제1팔분공간에서 원기둥 $x^2 + y^2 = 4$ 내부의 $z = x^2 - y^2$의 넓이를 구하라.
9. 원기둥 $x^2 + y^2 = ay$ 내부의 구 $x^2 + y^2 + z^2 = a^2$의 넓이를 구하라.
10. 원기둥 $(x - 1)^2 + y^2 = 1$ 내부의 원추 $z^2 = \frac{1}{4}(x^2 + y^2)$의 넓이를 구하라.
11. 원기둥 $x^2 + y^2 = a^2$ 내부의 원기둥 $y^2 + z^2 = a^2$의 넓이를 구하라. [힌트: 그림 9.10.12를 보라.]
12. 예제 1의 결과를 이용하여 반지름 a인 구의 넓이가 $4\pi a^2$임을 보여라. [힌트: $b \to a$일 때 극한을 생각하라.]
13. $y = c_1$과 $y = c_2$, $0 < c_1 < c_2 < a$ 사이에서 구 $x^2 + y^2 + z^2 = a^2$의 넓이를 구하라. [힌트: xz 평면에서 극좌표를 사용하라.]
14. 문제 13에서 구한 넓이가 $y = c_1$과 $y = c_2$ 사이의 원기둥 $x^2 + z^2 = a^2$의 넓이와 같음을 보여라.

문제 15~24에서는 면적분 $\iint_S G(x, y, z)\, dS$를 계산하라.

15. $G(x, y, z) = x$; S는 $x = 0$, $y = 0$, $y = 4$, $z = 0$으로 제한되는 제1팔분공간의 포물기둥 $z = 2 - x^2$
16. $G(x, y, z) = xy(9 - 4z)$; 문제 15의 곡면
17. $G(x, y, z) = xz^3$; S는 원기둥 $x^2 + y^2 = 1$ 내부의 원추 $z = \sqrt{x^2 + y^2}$
18. $G(x, y, z) = x + y + z$; S는 $z = 1$과 $z = 4$ 사이의 원추 $z = \sqrt{x^2 + y^2}$
19. $G(x, y, z) = (x^2 + y^2)\, z$; S는 제1팔분공간의 구 $x^2 + y^2 + z^2 = 36$
20. $G(x, y, z) = z^2$; S는 포물기둥 $y = 1 - x^2$, $0 \le y \le 1$ 내부의 평면 $z = x + 1$
21. $G(x, y, z) = xy$; S는 $0 \le x \le 1$, $0 \le y \le 1$ 안에 있는 포물면 $2z = 4 - x^2 - y^2$의 부분
22. $G(x, y, z) = 2z$; S는 제1팔분공간에서 $x = 0$, $y = \sqrt{3}x$, $z = 1$에 의하여 제한되는 포물면 $2z = 1 + x^2 + y^2$
23. $G(x, y, z) = 24\sqrt{y}z$; S는 제1팔분공간에서 $y = 0$, $y = 4$, $z = 0$, $z = 3$에 의하여 제한되는 포물기둥 $y = x^2$
24. $G(x, y, z) = (1 + 4y^2 + 4z^2)^{1/2}$; S는 제1팔분공간에서 원기둥 $y^2 + z^2 = 1$의 밖에 있는 포물면 $x = 4 - y^2 - z^2$

문제 25, 26에서는 $\iint_S (3z^2 + 4yz)\, dS$를 계산하라. 여기서 S는 제1팔분공간에 있는 평면 $x + 2y + 3z = 6$이다. 그림에 나타난 평면에 대해 S를 사영하라.

25.

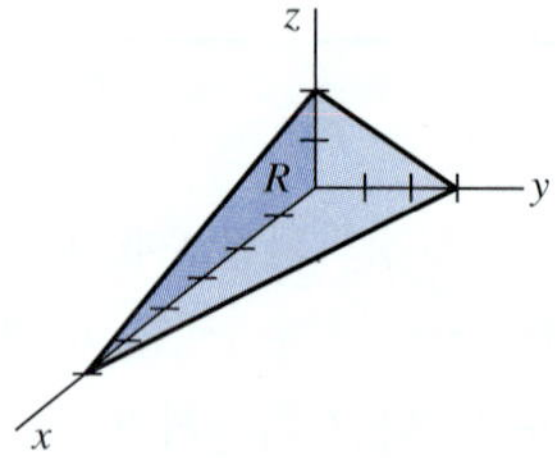

그림 9.13.12 문제 25의 영역 R

26.

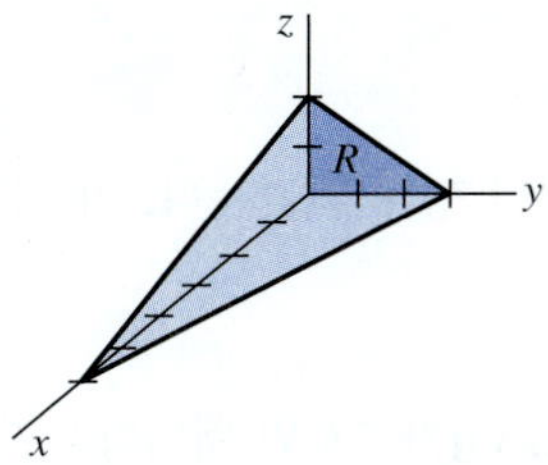

그림 9.13.13 문제 26의 영역 R

문제 27, 28에서는 주어진 밀도함수를 갖는 곡면의 질량을 구하라.

27. S는 제1팔분공간의 평면 $x + y + z = 1$, 점 P에서의 밀도는 yz 평면으로부터의 거리의 제곱에 비례

28. S는 반구 $z = \sqrt{4 - x^2 - y^2}$; $\rho(x, y, z) = |xy|$

문제 29~34에서는 벡터장 $\mathbf{F}$에 대해 곡면을 통과하는 $\mathbf{F}$의 선다발을 구하라. 곡면 S는 위 방향으로 가정한다.

29. $\mathbf{F} = x\mathbf{i} + 2z\mathbf{j} + y\mathbf{k}$; S는 제1팔분공간에서 $x = 0$, $x = 3$, $y = 0$, $z = 0$으로 구분되는 원기둥 $y^2 + z^2 = 4$

30. $\mathbf{F} = z\mathbf{k}$; S는 원기둥 $x^2 + y^2 = 4$ 내부의 포물면 $z = 5 - x^2 - y^2$

31. $\mathbf{F} = x\mathbf{i} + y\mathbf{j} + z\mathbf{k}$; 문제 30의 곡면

32. $\mathbf{F} = -x^3y\mathbf{i} + yz^3\mathbf{j} + xy^3\mathbf{k}$; S는 제1사분면에서 원기둥 $x^2 + y^2 = 2x$ 내부의 평면 $z = x + 3$

33. $\mathbf{F} = \frac{1}{2}x^2\mathbf{i} + \frac{1}{2}y^2\mathbf{j} + z\mathbf{k}$; S는 $0 \le z \le 4$에서 포물면 $z = 4 - x^2 - y^2$

34. $\mathbf{F} = e^y\mathbf{i} + e^x\mathbf{j} + 18y\mathbf{k}$; S는 제1팔분공간의 평면 $x + y + z = 6$

35. 그림 9.13.11의 폐곡면으로 유출되는 $\mathbf{F} = y^2\mathbf{i} + x^2\mathbf{j} + 5z\mathbf{k}$의 선다발을 구하라.

36. 포물면 $z = 4 - x^2 - y^2$과 $z = x^2 + y^2$로 이루어진 폐곡면 S로부터 유출되는 $\mathbf{F} = -y\mathbf{i} + x\mathbf{j} + 6z^2\mathbf{k}$의 선다발을 구하라.

37. 온도 $T(x, y, z) = x^2 + y^2 + z^2$에 대한 열의 '흐름'이 벡터장 $\mathbf{F} = -\nabla T$로 주어진다. 구 $x^2 + y^2 + z^2 = a^2$에서 유출되는 열선다발을 구하라. [힌트: 반지름 a인 구의 넓이는 $4\pi a^2$이다.]

38. 그림 9.13.14의 단위 정육면체 $0 \le x \le 1$, $0 \le y \le 1$, $0 \le z \le 1$로부터 유출되는 $\mathbf{F} = x\mathbf{i} + y\mathbf{j} + z\mathbf{k}$의 선다발을 구하라. 정육면체에서 유출되는 속은 각 면에서 유출되는 선다발의 합이다.

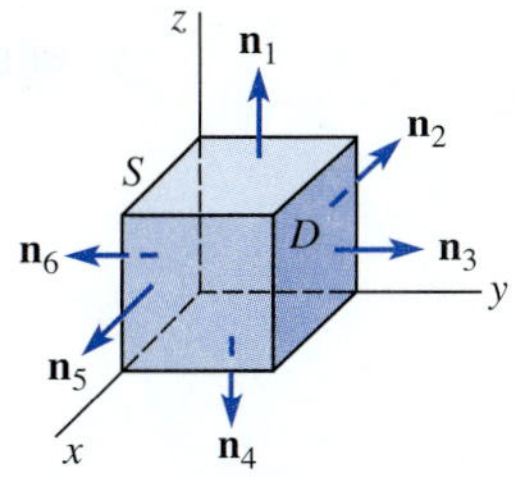

그림 9.13.14 문제 38의 정육면체

39. Coulomb의 법칙에 의하면 원점에 위치하는 점전하 q에 의해 발생하는 전기장 $\mathbf{E}$는 $\mathbf{E} = kq\mathbf{r}/\|\mathbf{r}\|^3$이다. 여기서 k는 상수이고 $\mathbf{r} = x\mathbf{i} + y\mathbf{j} + z\mathbf{k}$이다. 구 $x^2 + y^2 + z^2 = a^2$에서 유출되는 전기선다발을 구하라.

40. 전하밀도(charge density)가 $\sigma(x, y, z)$일 때 곡면 S의 총 전하량은 $Q = \iint_S \sigma(x, y, z)\, dS$이다. 원기둥 $x^2 + y^2 = 9$ 내부의 반구 $z = \sqrt{16 - x^2 - y^2}$의 총 전하량을 구하라. 단 곡면의 점 P에서의 전하밀도는 xy 평면으로부터의 거리에 비례한다.

41. 곡면의 중심(centroid) 좌표가

$$\bar{x} = \frac{\iint_S x\, dS}{A(S)}, \quad \bar{y} = \frac{\iint_S y\, dS}{A(S)}, \quad \bar{z} = \frac{\iint_S z\, dS}{A(S)}$$

로 주어지고, 여기서 $A(S)$는 곡면의 넓이이다. 제1팔분공간에 있는 평면 $2x + 3y + z = 6$의 중심 좌표를 구하라.

42. 문제 41을 이용하여 반구 $z = \sqrt{a^2 - x^2 - y^2}$.의 중심 좌표를 구하라.

43. 곡면 S는 $z = f(x, y)$이고 벡터장 $\mathbf{F}$는 $\mathbf{F}(x, y, z) = P(x, y, z)\mathbf{i} + Q(x, y, z)\mathbf{j} + R(x, y, z)\mathbf{k}$일 때, $\iint_S (\mathbf{F} \cdot \mathbf{n})\, dS$가

$$\iint_R \left[-P(x, y, z)\frac{\partial z}{\partial x} - Q(x, y, z)\frac{\partial z}{\partial y} + R(x, y, z)\right] dA$$

와 같음을 보여라.

9.14 Stokes 정리

소개 앞 절에서 소개한 Green 정리는 두 가지 벡터 형태를 갖는다. 이 절과 9.16절에서는 Green 정리를 3차원 형태로 일반화한다.

벡터형 Green정리 $\mathbf{F}(x, y) = P(x, y)\mathbf{i} + Q(x, y)\mathbf{j}$가 2차원 벡터장이면

$$\text{curl } \mathbf{F} = \nabla \times \mathbf{F} = \begin{vmatrix} \mathbf{i} & \mathbf{j} & \mathbf{k} \\ \dfrac{\partial}{\partial x} & \dfrac{\partial}{\partial y} & \dfrac{\partial}{\partial z} \\ P & Q & 0 \end{vmatrix} = \left(\frac{\partial Q}{\partial x} - \frac{\partial P}{\partial y}\right)\mathbf{k}$$

이다. 9.8절의 식 (12)와 (13)에 의하면 Green 정리는 벡터 형태로

$$\oint_C \mathbf{F} \cdot d\mathbf{r} = \oint_C \mathbf{F} \cdot \mathbf{T}\, ds = \iint_R (\text{curl } \mathbf{F}) \cdot \mathbf{k}\, dA \tag{1}$$

로 쓸 수 있다. 즉 **F**의 접선성분에 대한 선적분이 curl **F**의 법선성분에 대한 이중적분과 같다.

3차원 공간에서 Green 정리 식 (1)의 벡터형 Green 정리는 평면의 구간별 매끄러운 단순 폐곡선 C에 대한 선적분과 C가 경계를 이루는 평면 영역 R에 대한 이중적분의 관계를 나타낸다. 마찬가지로 3차원 Green 정리는 공간의 구간별로 매끄러운 단순 폐곡선 C에 대한 선적분과 C가 경계를 이루는 공간 곡면 S에 대한 면적분의 관계를 나타낸다. $z = f(x, y)$가 xy 평면의 영역 R 위에 위치하는 영역별 매끄러운 방향성 곡면 S를 나타내는 연속함수라고 가정하자. C는 S의 경계이고, C의 xy 평면에 대한 정사영은 R의 경계가 된다. C의 방향은 곡면의 방향성에 의해 결정되는데, C의 양의 방향은 사람이 머리를 곡면의 방향(법선 방향)으로 두며 C를 따라 이동할 때 곡면이 사람의 왼쪽에 위치하는 방향이다. 그림 9.14.1을 보자. 이를 좀 더 정확히 말하면 C의 양의 방향은 오른손 법칙(right-hand rule)으로 알 수 있는데, 오른손의 엄지손가락이 곡면의 방향을 가리킬 때 나머지 네 손가락이 C의 양의 방향이 된다. C의 양의 방향 단위접선벡터를 **T**라고 할 때 Green 정리의 3차원 형태의 정리를 아일랜드 수학자 겸 물리학자 **George G. Stokes** (1819~1903)의 이름을 따서 **Stokes 정리**라고 한다.

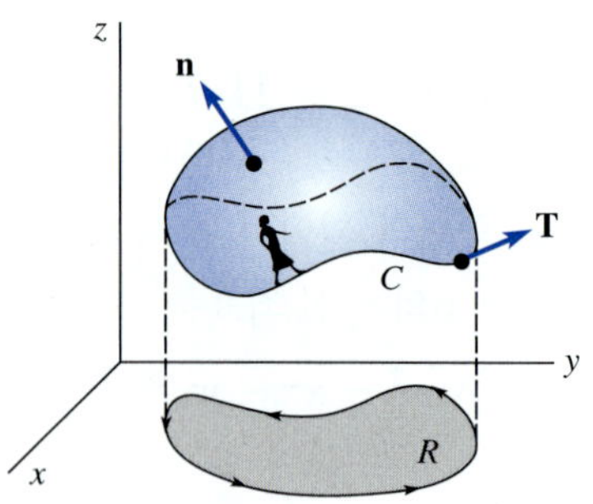

그림 9.14.1 곡면 S의 경계 C는 양의 방향을 가짐

정리 9.14.1 Stokes 정리

양의 방향을 갖는 구간별 매끄러운 단순 폐곡선 C를 경계로 하는 영역별 매끄러운 방향성 곡면을 S라 하자. S를 포함하는 3차원 공간 영역에서 P, Q, R 및 이의 1계 편도함수가 연속인 벡터장 $\mathbf{F}(x, y, z) = P(x, y, z)\mathbf{i} + Q(x, y, z)\mathbf{j} + R(x, y, z)\mathbf{k}$에 대하여

$$\oint_C \mathbf{F} \cdot d\mathbf{r} = \oint_C (\mathbf{F} \cdot \mathbf{T})\, ds = \iint_S (\text{curl } \mathbf{F}) \cdot \mathbf{n}\, dS \tag{2}$$

이고, 여기서 **n**은 S의 방향을 가리키는 단위법선벡터이다.

부분 증명 곡면 S는 위 방향이고, 연속인 2계 편도함수를 갖는 함수 $z = f(x, y)$에 의하여 정의된다고 가정하자. 정의 9.7.1에서

$$\text{curl}\,\mathbf{F} = \left(\frac{\partial R}{\partial y} - \frac{\partial Q}{\partial z}\right)\mathbf{i} + \left(\frac{\partial P}{\partial z} - \frac{\partial R}{\partial x}\right)\mathbf{j} + \left(\frac{\partial Q}{\partial x} - \frac{\partial P}{\partial y}\right)\mathbf{k}$$

이고, $g(x, y, z) = z - f(x, y) = 0$으로 놓으면

$$\mathbf{n} = \frac{\nabla g}{\|\nabla g\|} = \frac{-\dfrac{\partial f}{\partial x}\mathbf{i} - \dfrac{\partial f}{\partial y}\mathbf{j} + \mathbf{k}}{\sqrt{1 + \left(\dfrac{\partial f}{\partial x}\right)^2 + \left(\dfrac{\partial f}{\partial y}\right)^2}}$$

이다. 따라서 식 (2)의 우변은

$$\iint_S (\text{curl}\,\mathbf{F})\cdot\mathbf{n}\,dS = \iint_R \left[-\left(\frac{\partial R}{\partial y} - \frac{\partial Q}{\partial z}\right)\frac{\partial f}{\partial x} - \left(\frac{\partial P}{\partial z} - \frac{\partial R}{\partial x}\right)\frac{\partial f}{\partial y} + \left(\frac{\partial Q}{\partial x} - \frac{\partial P}{\partial y}\right)\right]dA \quad (3)$$

이 된다. 이제 식 (2)의 좌변 $\oint_C \mathbf{F}\cdot d\mathbf{r}$이 식 (3)이 됨을 보이면 된다.

C의 xy 평면에 대한 사영 C_{xy}가 매개방정식 $x = x(t)$, $y = y(t)$, $a \le t \le b$로 표현된다면 C의 매개방정식은 $x = x(t)$, $y = y(t)$, $z = f(x(t), y(t))$, $a \le t \le b$이다. 따라서

$$\begin{aligned}
\oint_C \mathbf{F}\cdot d\mathbf{r} &= \oint_C P\,dx + Q\,dy + R\,dz \\
&= \int_a^b \left[P\frac{dx}{dt} + Q\frac{dy}{dt} + R\left(\frac{\partial f}{\partial x}\frac{dx}{dt} + \frac{\partial f}{\partial y}\frac{dy}{dt}\right)\right]dt \quad \leftarrow \text{연쇄법칙} \\
&= \oint_{C_{xy}} \left(P + R\frac{\partial f}{\partial x}\right)dx + \left(Q + R\frac{\partial f}{\partial y}\right)dy \\
&= \iint_R \left[\frac{\partial}{\partial x}\left(Q + R\frac{\partial f}{\partial y}\right) - \frac{\partial}{\partial y}\left(P + R\frac{\partial f}{\partial x}\right)\right]dA \quad \leftarrow \text{Green 정리}
\end{aligned} \quad (4)$$

이다. 여기서

$$\begin{aligned}
\frac{\partial}{\partial x}\left(Q + R\frac{\partial f}{\partial y}\right) &= \frac{\partial}{\partial x}\left[Q(x, y, f(x, y)) + R(x, y, f(x, y))\frac{\partial f}{\partial y}\right] \\
&= \frac{\partial Q}{\partial x} + \frac{\partial Q}{\partial z}\frac{\partial f}{\partial x} + R\frac{\partial^2 f}{\partial x\,\partial y} + \frac{\partial f}{\partial y}\left(\frac{\partial R}{\partial x} + \frac{\partial R}{\partial z}\frac{\partial f}{\partial x}\right) \quad \leftarrow \text{연쇄법칙과 곱규칙} \\
&= \frac{\partial Q}{\partial x} + \frac{\partial Q}{\partial z}\frac{\partial f}{\partial x} + R\frac{\partial^2 f}{\partial x\,\partial y} + \frac{\partial R}{\partial x}\frac{\partial f}{\partial y} + \frac{\partial R}{\partial z}\frac{\partial f}{\partial y}\frac{\partial f}{\partial x}
\end{aligned} \quad (5)$$

이고, 이와 유사하게

$$\frac{\partial}{\partial y}\left(P + R\frac{\partial f}{\partial x}\right) = \frac{\partial P}{\partial y} + \frac{\partial P}{\partial z}\frac{\partial f}{\partial y} + R\frac{\partial^2 f}{\partial y\,\partial x} + \frac{\partial R}{\partial y}\frac{\partial f}{\partial x} + \frac{\partial R}{\partial z}\frac{\partial f}{\partial x}\frac{\partial f}{\partial y} \quad (6)$$

이다. 식 (5)에서 식 (6)을 빼고, $\partial^2 f/\partial x\partial y = \partial^2 f/\partial y\partial x$임을 이용하여 정리하면, 식 (4)는

$$\iint_R \left[-\left(\frac{\partial R}{\partial y} - \frac{\partial Q}{\partial z}\right)\frac{\partial f}{\partial x} - \left(\frac{\partial P}{\partial z} - \frac{\partial R}{\partial x}\right)\frac{\partial f}{\partial y} + \left(\frac{\partial Q}{\partial x} - \frac{\partial P}{\partial y}\right)\right] dA$$

가 되는데. 이 식은 우리가 보이려고 했던 식 (3)의 우변과 같다. ≡

예제 1 Stokes 정리의 확인

S는 $0 \le x \le 1$, $-2 \le y \le 2$에 해당하는 포물기둥 $z = 1 - x^2$이다. $\mathbf{F} = xy\mathbf{i} + yz\mathbf{j} + xz\mathbf{k}$에 대하여 Stokes 정리가 성립함을 확인하라.

풀이 곡면 S, 곡선 $C(C_1, C_2, C_3$와 C_4의 합), 영역 R은 그림 9.14.2와 같다.

면적분: $\mathbf{F} = xy\mathbf{i} + yz\mathbf{j} + xz\mathbf{k}$에서

$$\text{curl}\,\mathbf{F} = \begin{vmatrix} \mathbf{i} & \mathbf{j} & \mathbf{k} \\ \dfrac{\partial}{\partial x} & \dfrac{\partial}{\partial y} & \dfrac{\partial}{\partial z} \\ xy & yz & xz \end{vmatrix} = -y\,\mathbf{i} - z\,\mathbf{j} - x\,\mathbf{k}$$

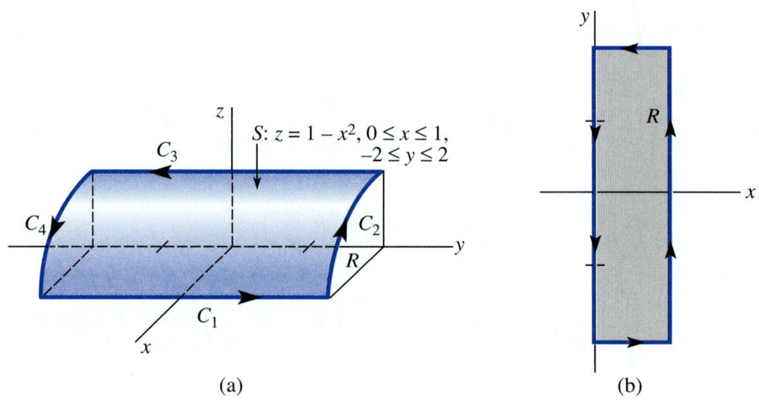

그림 9.14.2 예제 1의 곡면 S와 영역 R

이다. $g(x, y, z) = z + x^2 - 1 = 0$으로 포물기둥을 정의하면, 위 방향 법선벡터는

$$\mathbf{n} = \frac{\nabla g}{\|\nabla g\|} = \frac{2x\mathbf{i} + \mathbf{k}}{\sqrt{4x^2 + 1}}$$

이다. 그러므로

$$\iint_S (\text{curl}\,\mathbf{F}\cdot\mathbf{n})\,dS = \iint_S \frac{-2xy - x}{\sqrt{4x^2 + 1}}\,dS$$

이고, 우변의 면적분을 계산하기 위하여, 9.13절의 식 (5)를 사용하면

$$\iint_S \frac{-2xy - x}{\sqrt{4x^2 + 1}}\, dS = \iint_R (-2xy - x)\, dA$$
$$= \int_0^1 \int_{-2}^2 (-2xy - x)\, dy\, dx$$
$$= \int_0^1 \left[-xy^2 - xy \right]_{-2}^2 dx \tag{7}$$
$$= \int_0^1 (-4x)\, dx = -2$$

이다.

선적분: 선적분은 $\oint_C = \int_{C_1} + \int_{C_2} + \int_{C_3} + \int_{C_4}$로 계산한다.

$\boldsymbol{C_1}$: $x = 1,\ z = 0,\ dx = 0,\ dz = 0$이므로

$$\int_{C_1} y(0) + y(0)\, dy + 0 = 0$$

$\boldsymbol{C_2}$: $y = 2,\ z = 1 - x^2,\ dy = 0,\ dz = -2x\, dx$이므로

$$\int_{C_2} 2x\, dx + 2(1 - x^2)0 + x(1 - x^2)(-2x\, dx) = \int_1^0 (2x - 2x^2 + 2x^4)\, dx = -\frac{11}{15}.$$

$\boldsymbol{C_3}$: $x = 0,\ z = 1,\ dx = 0,\ dz = 0$이므로

$$\int_{C_3} 0 + y\, dy + 0 = \int_2^{-2} y\, dy = 0.$$

$\boldsymbol{C_4}$: $y = -2,\ z = 1 - x^2,\ dy = 0,\ dz = -2x\, dx$이므로

$$\int_{C_4} -2x\, dx - 2(1 - x^2)0 + x(1 - x^2)(-2x\, dx) = \int_0^1 (-2x - 2x^2 + 2x^4)\, dx = -\frac{19}{15}.$$

따라서

$$\oint_C xy\, dx + yz\, dy + xz\, dz = 0 - \frac{11}{15} + 0 - \frac{19}{15} = -2$$

이고, 이 결과는 식 (7)과 일치한다. ≡

예제 2 Stokes 정리의 사용

$\oint_C z\,dx + x\,dy + y\,dz$를 계산하라. C는 원기둥 $x^2 + y^2 = 1$과 평면 $y + z = 2$의 교선이고 C의 방향은 위에서 보아 반시계 방향이다. 그림 9.14.3을 보라.

풀이 $\mathbf{F} = z\mathbf{i} + x\mathbf{j} + y\mathbf{k}$이면

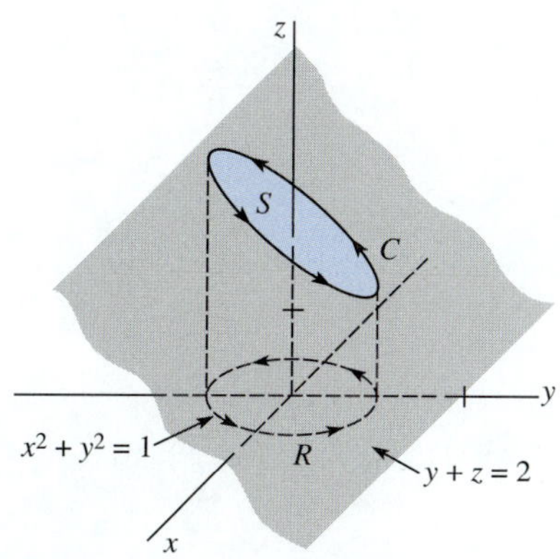

그림 9.14.3 예제 2의 곡선 C

$$\text{curl}\,\mathbf{F} = \begin{vmatrix} \mathbf{i} & \mathbf{j} & \mathbf{k} \\ \dfrac{\partial}{\partial x} & \dfrac{\partial}{\partial y} & \dfrac{\partial}{\partial z} \\ z & x & y \end{vmatrix} = \mathbf{i} + \mathbf{j} + \mathbf{k}$$

이다. C의 방향에 의해 곡면 S는 위 방향이다. 따라서 $g(x, y, z) = y + z - 2 = 0$으로 평면을 정의하면 위 방향 법선벡터는

$$\mathbf{n} = \frac{\nabla g}{\|\nabla g\|} = \frac{1}{\sqrt{2}}\mathbf{j} + \frac{1}{\sqrt{2}}\mathbf{k}$$

이다. 따라서 식 (2)에서

$$\oint_C \mathbf{F}\cdot d\mathbf{r} = \iint_S \left[(\mathbf{i}+\mathbf{j}+\mathbf{k})\cdot\left(\frac{1}{\sqrt{2}}\mathbf{j} + \frac{1}{\sqrt{2}}\mathbf{k}\right)\right] dS$$

$$= \sqrt{2}\iint_S dS = \sqrt{2}\iint_R \sqrt{2}\,dA = 2\pi$$

이다. ≡

$\mathbf{F}$가 스칼라 함수의 기울기(gradient)이면, 9.7절 식 (5)에 의하여 식 (2)는 순환 $\oint_C \mathbf{F}\cdot d\mathbf{r}$이 0이 됨을 의미한다. 역으로 모든 단순 폐곡선에 대하여 순환이 0이면, $\mathbf{F}$는 스칼라 함수의 기울기이다. 다시 말하면 $\mathbf{F}$가 비회전적이기 위한 필요충분조건은 $\mathbf{F} = \nabla\phi$, 즉 ϕ가 $\mathbf{F}$의 포텐셜이 되는 경우이다. 한편 이것이 보존 벡터장(conservative vector field)의 검증이 되기도 하는데 **$\mathbf{F}$가 보존 벡터장이 될 필요충분조건은 curl $\mathbf{F} = \mathbf{0}$이다.**

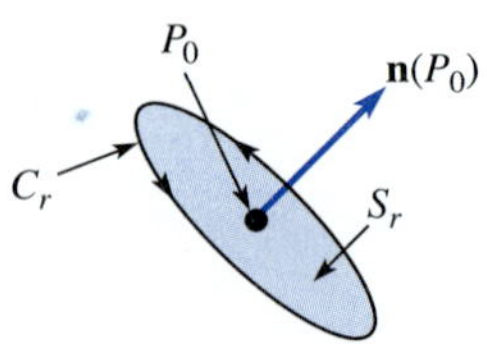

그림 9.14.4 (8)의 곡선 C_r과 곡면 S_r

Curl의 물리적 의미 9.8절에서 $\mathbf{F}$가 유체의 속도 벡터장이면 C에서 $\mathbf{F}$의 순환 $\oint_C \mathbf{F}\cdot d\mathbf{r}$은 유체가 C 주위를 순환하여 C를 회전시키는 정도를 나타낸다고 하였다. $\mathbf{F}$의 순환은 $\mathbf{F}$의 curl과 밀접한 관계를 갖는다. 점 $P_0(x_0, y_0, z_0)$를 유체 내의 임의의 점, C_r은 중심이 P_0, 반지름이 r인 작은 원이라고 하자. 그림 9.14.4를 보자. 그러면 Stokes 정리에서

$$\oint_{C_r} \mathbf{F}\cdot d\mathbf{r} = \iint_{S_r} (\text{curl}\,\mathbf{F})\cdot\mathbf{n}\,dS \tag{8}$$

이다. 이제 작은 원 C_r 안의 모든 점 $P(x, y, z)$에서 curl $\mathbf{F}(P) \approx$ curl $\mathbf{F}(P_0)$로 가정하면 식 (8)은 근사적으로

$$\begin{aligned} \oint_{C_r} \mathbf{F}\cdot d\mathbf{r} &\approx \iint_{S_r} (\text{curl}\,\mathbf{F}(P_0))\cdot\mathbf{n}(P_0)\,dS \\ &= (\text{curl}\,\mathbf{F}(P_0))\cdot\mathbf{n}(P_0)\iint_{S_r} dS \\ &= (\text{curl}\,\mathbf{F}(P_0))\cdot\mathbf{n}(P_0)\,A_r \end{aligned} \tag{9}$$

이 되는데, 여기서 A_r은 원판 S_r의 넓이(πr^2)이다. $r \to 0$일 때 curl $\mathbf{F}(P) \approx$ curl $\mathbf{F}(P_0)$은 더

욱 정확한 가정이며, 따라서 식 (9)는

$$(\text{curl } \mathbf{F}(P_0)) \cdot \mathbf{n}(P_0) = \lim_{r \to 0} \frac{1}{A_r} \oint_{C_r} \mathbf{F} \cdot d\mathbf{r} \tag{10}$$

이 된다. 즉 curl **F**의 법선성분은 **F**의 순환과 원판의 넓이의 비의 극한인 것이다. 작지만 고정된 r에 대해서는

$$(\text{curl } \mathbf{F}(P_0)) \cdot \mathbf{n}(P_0) \approx \frac{1}{A_r} \oint_{C_r} \mathbf{F} \cdot d\mathbf{r} \tag{11}$$

이며, 이는 **F**의 curl이 단위면적당 **F**의 순환임을 의미한다. 만약 curl $\mathbf{F}(P_0) \neq \mathbf{0}$이면 $\mathbf{n}(P_0)$가 curl $\mathbf{F}(P_0)$와 같은 방향이 되도록 원 C_r이 놓여 있을 때 식 (11)의 좌변이 최대가 되고, 또한 이때 식 (11) 우변의 순환도 최대가 될 것이다. 그러므로 점 P_0에서 유체에 넣어진 패들(paddle)은 회전축이 curl $\mathbf{F}(P_0)$의 방향을 가리킬 때 가장 빨리 돌 것이다. **그림 9.14.5**를 보라. 또한 패들은 회전축이 curl $\mathbf{F}(P_0)$와 수직일 때는 돌지 않을 것이다.

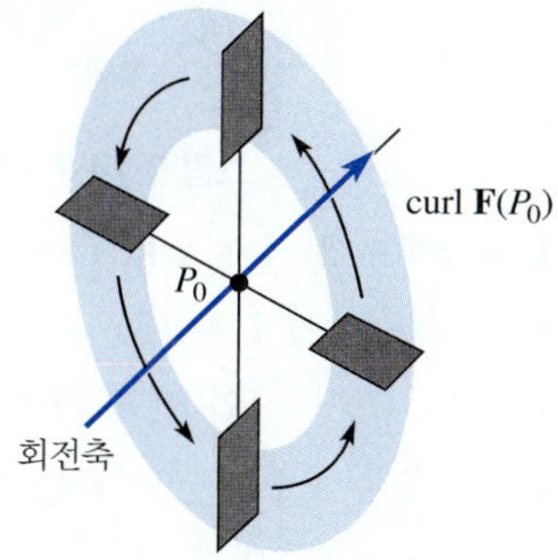

그림 9.14.5 패들의 회전

참고

식 (2)에서 면적분 값은 전적으로 경계 C에 대한 선적분에 의하여 결정되므로 면 S의 모양과는 무관하다. 정리 9.14의 모든 가정을 만족시키고 같은 방향과 같은 경계 C를 갖는 두 개의 서로 다른 면 S_1과 S_2에 대하여

$$\oint_C \mathbf{F} \cdot d\mathbf{r} = \iint_{S_1} (\text{curl } \mathbf{F}) \cdot \mathbf{n} \, dS = \iint_{S_2} (\text{curl } \mathbf{F}) \cdot \mathbf{n} \, dS$$

가 성립한다. **그림 9.14.6**과 연습문제 9.14의 문제 17과 18을 참조하라.

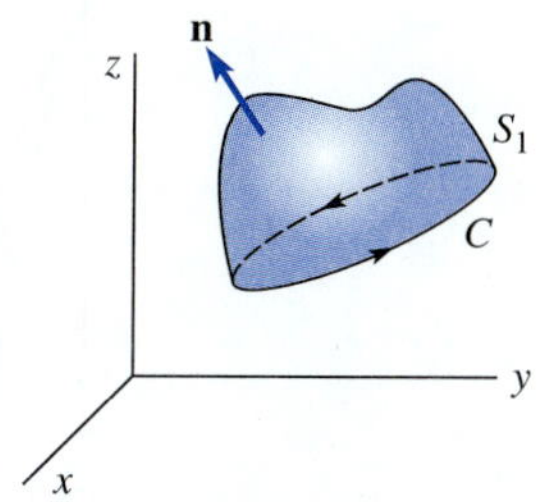

(a)

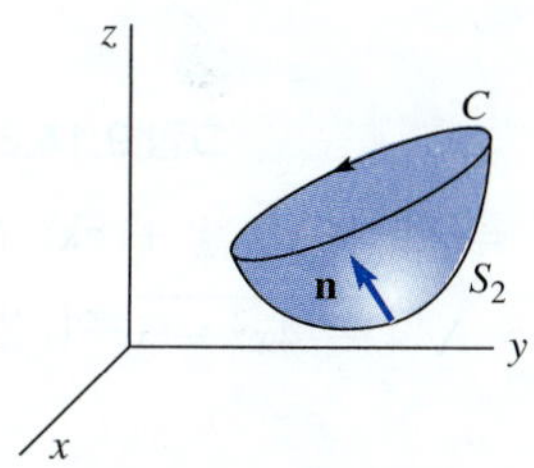

(b)

그림 9.14.6 동일한 경계 C를 갖는 두 개의 다른 면

9.14 연습문제

부록에 선택된 홀수 문제의 답이 있다.

문제 1~4에서는 Stokes 정리를 확인하라. 곡면 S는 위 방향이다.

1. $\mathbf{F} = 5y\mathbf{i} - 5x\mathbf{j} + 3\mathbf{k}$; S는 원기둥 $x^2 + y^2 = 4$ 내부의 평면 $z = 1$

2. $\mathbf{F} = 2z\mathbf{i} - 3x\mathbf{j} + 4y\mathbf{k}$; S는 $z \geq 0$인 포물면 $z = 16 - x^2 - y^2$

3. $\mathbf{F} = z\mathbf{i} + x\mathbf{j} + y\mathbf{k}$; S는 제1팔분공간의 평면 $2x + y + 2z = 6$

4. $\mathbf{F} = x\mathbf{i} + y\mathbf{j} + z\mathbf{k}$; S는 $z \geq 0$인 구 $x^2 + y^2 + z^2 = 1$

문제 5~12에서는 Stokes정리를 사용하여 $\oint_C \mathbf{F} \cdot d\mathbf{r}$을 계산하라. C는 위에서 볼 때 반시계 방향이다.

5. $\mathbf{F} = (2z + x)\mathbf{i} + (y - z)\mathbf{j} + (x + y)\mathbf{k}$; C는 꼭지점이 (1, 0, 0), (0, 1, 0), (0, 0, 1)인 삼각형

6. $\mathbf{F} = z^2y \cos xy\mathbf{i} + z^2x(1 + \cos xy)\mathbf{j} + 2z \sin xy\mathbf{k}$; C는

그림 9.14.7의 평면 $z = 1 - y$의 경계

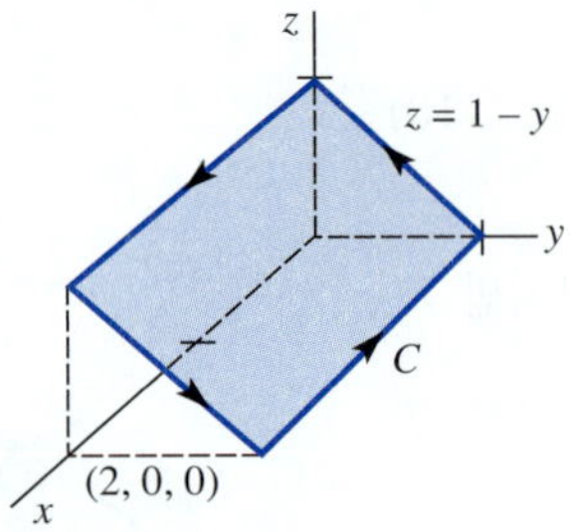

그림 9.14.7 문제 6의 곡선 C

7. $\mathbf{F} = xy\mathbf{i} + 2yz\mathbf{j} + xz\mathbf{k}$; C는 문제 6의 경계

8. $\mathbf{F} = (x + 2z)\mathbf{i} + (3x + y)\mathbf{j} + (2y - z)\mathbf{k}$; C는 평면 $x + 2y + z = 4$와 좌표 평면과의 교선

9. $\mathbf{F} = y^3\mathbf{i} - x^3\mathbf{j} + z^3\mathbf{k}$; C는 원기둥 $x^2 + y^2 = 1$과 평면 $x + y + z = 1$의 교선

10. $\mathbf{F} = x^2y\mathbf{i} + (x + y^2)\mathbf{j} + xy^2z\mathbf{k}$; C는 그림 9.14.8의 곡면의 경계

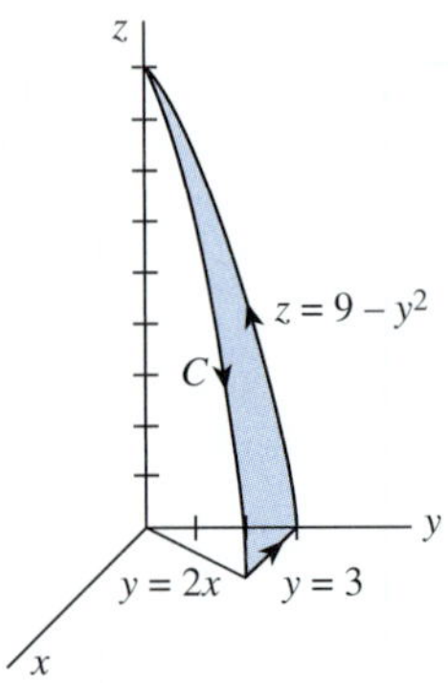

그림 9.14.8 문제 10의 곡선 C

11. $\mathbf{F} = x\mathbf{i} + x^3y^2\mathbf{j} + z\mathbf{k}$; C는 평면 $z = 0$에서 반타원면 $z = \sqrt{4 - 4x^2 - y^2}$의 경계

12. $\mathbf{F} = z\mathbf{i} + x\mathbf{j} + y\mathbf{k}$; C는 평면 $x + y + z = 0$과 구 $x^2 + y^2 + z^2 = 1$의 교선 [힌트: 타원 $x^2/a^2 + y^2/b^2 = 1$의 넓이는 πab이다.]

문제 13~16에서는 Stokes 정리를 사용하여 $\iint_S (\text{curl } \mathbf{F}) \cdot \mathbf{n}dS$를 계산하라. 곡면 S를 위 방향으로 가정하라.

13. $\mathbf{F} = 6yz\mathbf{i} + 5x\mathbf{j} + yze^{x^2}\mathbf{k}$; S는 $0 \le z \le 4$인 포물면 $z = \frac{1}{4}x^2 + y^2$

14. $\mathbf{F} = y\mathbf{i} + (y - x)\mathbf{j} + z^2\mathbf{k}$; S는 $z \ge 0$인 구 $x^2 + y^2 + (z - 4)^2 = 25$

15. $\mathbf{F} = 3x^2\mathbf{i} + 8x^3y\mathbf{j} + 3x^2y\mathbf{k}$; S는 직사각기둥 $x = 0$, $y = 0$, $x = 2$, $y = 2$ 내부의 평면 $z = x$

16. $\mathbf{F} = 2xy^2z\mathbf{i} + 2x^2yz\mathbf{j} + (x^2y^2 - 6x)\mathbf{k}$; S는 원기둥 $x^2 + y^2 = 1$ 내부의 평면 $z = y$

17. Stokes정리를 사용하여

$$\oint_C z^2e^{x^2}dx + xy^2\,dy + \tan^{-1}y\,dz$$

을 계산하라. C는 원 $x^2 + y^2 = 9$이고 곡면 S의 경계 C는 위에서 보아 반시계 방향이다.

18. 면적분 $\iint_S (\text{curl } \mathbf{F}) \cdot \mathbf{n}dS$를 생각하자. $\mathbf{F} = xyz\mathbf{k}$이고 S는 위 방향으로 $z \ge 0$인 포물면 $z = 1 - x^2 - y^2$이다.

(a) 9.13절의 방법으로, 즉 Stokes 정리를 사용하지 않고 면적분을 계산하라.

(b) 위 방향이고 포물면과 같은 경계를 가지면서도 더욱 간단한 곡면을 이용하여 면적분을 계산하라.

(c) Stokes 정리를 사용하여 (b)의 결과를 증명하라.

9.15 삼중적분

소개 3차원 정적분 또는 **삼중적분**(triple integral)의 정의에 도달하기까지의 단계는 이중적분의 경우와 아주 비슷하다. 명백한 차이는 2변수 함수가 아닌 3변수 함수를 평면 영역 R이 아니라 3차원 공간 영역 D에 대해 적분하는 것이다.

1. $w = F(x, y, z)$는 공간의 닫힌 유계 영역(closed and bounded region) D에서 정의된다.

2. 좌표 평면에 평행한 수평면과 수직면의 3차원 격자에 의하여, 영역 D의 분할(partition) P는 D 안에 완전히 포함되는 부피 ΔV_k인 n개의 부분영역(상자) D_k를 형성한다.

3. $\|P\|$는 분할의 놈(norm), 즉 D_k들의 가장 긴 대각선 길이이다.
4. 각 부분영역 D_k에서 점 (x_k^*, y_k^*, z_k^*)를 선택한다(그림 9.15.1).
5. 합 $\sum_{k=1}^{n} F(x_k^*, y_k^*, z_k^*)\,\Delta V_k$를 구성한다.

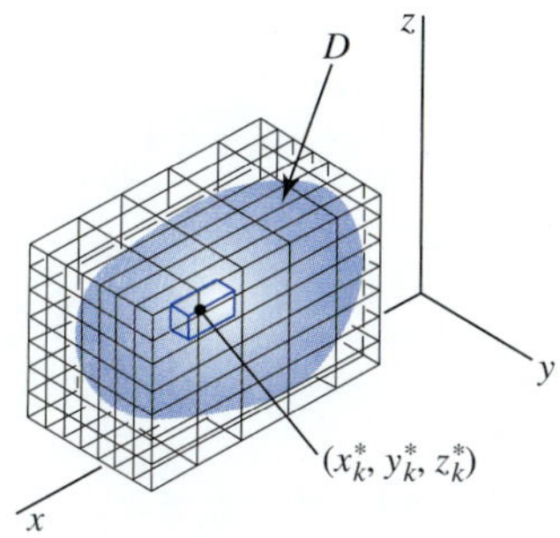

그림 9.15.1 k번째 부분 영역 안의 점 (x_k^*, y_k^*, z_k^*)

점 (x_k^*, y_k^*, z_k^*)는 D_k 안의 임의의 점을 나타내고 ΔV_k는 D_k의 부피를 나타낼 때 합 $\sum_{k=1}^{n} F(x_k^*, y_k^*, z_k^*)\,\Delta V_k$를 **Riemann 합**(Riemann sum)이라 한다. **Riemann 합**은 독일 수학자 **Georg Friedrich Bernhard Riemann** (1826~1866)의 이름을 따서 명명하였다. 위의 2단계에서 사용한 것처럼 모든 D_k가 D 속에 완전히 포함되는 분할의 형태를 D의 **내부분할**(inner partition)이라고 한다.

정의 9.15.1 삼중적분

함수 F가 공간의 닫힌 영역 D에서 정의된 3변수 함수이면 **D에 대한 F의 삼중적분**은

$$\iiint_D F(x, y, z)\,dV = \lim_{\|P\|\to 0} \sum_{k=1}^{n} F(x_k^*, y_k^*, z_k^*)\,\Delta V_k \tag{1}$$

이다.

적분에 대해 앞에서 이미 논의한 것처럼 F가 D에서 연속이면 식 (1)이 존재한다. 즉 F가 D에서 **적분 가능**(integrable)하다.

반복적분에 의한 계산 영역 D가 $z = f_2(x, y)$의 위와 $z = f_1(x, y)$의 아래로 구분되면 삼중적분 식 (1)은 부분적분 $\int_{f_1(x, y)}^{f_2(x, y)} F(x, y, z)\,dz$의 이중적분으로 표시될 수 있다. 즉

$$\iiint_D F(x, y, z)\,dV = \iint_R \left[\int_{f_1(x, y)}^{f_2(x, y)} F(x, y, z)\,dz\right] dA$$

이고, R은 D의 xy 평면 위로의 정사영이다. 특히 R이 I형이면, 그림 9.15.2에 나와 있는 바와 같이 D에 대한 F의 삼중적분은 반복적분

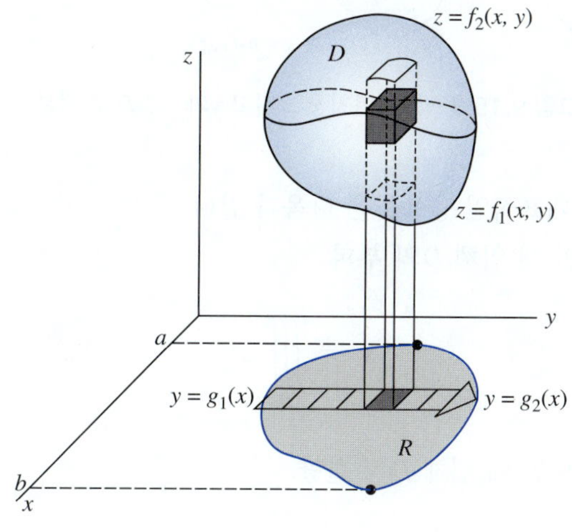

그림 9.15.2 식 (2)의 기하적 해석

$$\iiint_D F(x, y, z)\, dV = \int_a^b \int_{g_1(x)}^{g_2(x)} \int_{f_1(x, y)}^{f_2(x, y)} F(x, y, z)\, dz\, dy\, dx \tag{2}$$

로 나타난다. 식 (2)의 반복적분은 x와 y **모두**를 고정시키고 부분적분

$$\int_{f_1(x, y)}^{f_2(x, y)} F(x, y, z)\, dz$$

을 계산함으로써 시작한다.

이중적분에서는 $dy\, dx$와 $dx\, dy$의 두 가지 가능한 적분 순서가 있었다. 식 (2)의 삼중적분은 여섯 가지 가능한 적분 순서

$$dz\, dy\, dx, \quad dz\, dx\, dy, \quad dy\, dx\, dz,$$
$$dx\, dy\, dz, \quad dx\, dz\, dy, \quad dy\, dz\, dx$$

중 하나이다. 각 적분 순서의 마지막 두 미분은 영역 R의 좌표 평면에 대한 것으로, 예를 들면 적분 순서 $dx\, dz\, dy$에 해당하는 반복적분은

$$\iiint_D F(x, y, z)\, dV = \int_c^d \int_{k_1(y)}^{k_2(y)} \int_{h_1(y, z)}^{h_2(y, z)} F(x, y, z)\, dx\, dz\, dy$$

의 형태를 가져야 한다. 이 적분의 기하적인 해석과 yz 평면의 영역 R이 **그림 9.15.3**에 나와 있다.

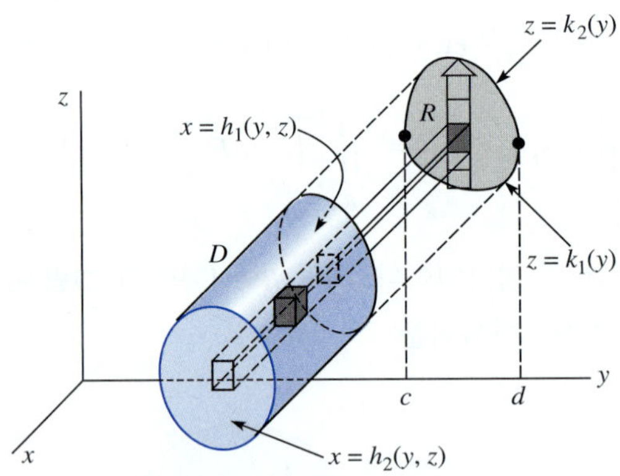

그림 9.15.3 적분: 먼저 x 그리고 y와 z 순으로 적분

■ **응용** 삼중적분의 대표적인 응용들은 다음과 같다.

부피: $F(x, y, z) = 1$일 때 입체 D의 **부피**

$$V = \iiint_D dV.$$

질량: $\rho(x, y, z)$가 밀도일 때 입체 D의 **질량**

$$m = \iiint_D \rho(x, y, z)\, dV.$$

1차 모멘트: 하첨자로 나타낸 좌표 평면에 대한 입체의 **1차 모멘트**

$$M_{xy} = \iiint_D z\rho(x, y, z)\, dV, \qquad M_{xz} = \iiint_D y\rho(x, y, z)\, dV,$$

$$M_{yz} = \iiint_D x\rho(x, y, z)\, dV.$$

질량중심: 입체 D의 **질량중심**의 좌표

$$\bar{x} = \frac{M_{yz}}{m}, \quad \bar{y} = \frac{M_{xz}}{m}, \quad \bar{z} = \frac{M_{xy}}{m}.$$

중심: $\rho(x, y, z) =$ 상수이면 질량중심은 입체의 **중심**이 된다.

2차 모멘트: 하첨자로 표시된 좌표축에 대한 D의 **2차 모멘트** 또는 **관성모멘트**

$$I_x = \iiint_D (y^2 + z^2)\rho(x, y, z)\, dV, \quad I_y = \iiint_D (x^2 + z^2)\rho(x, y, z)\, dV, \quad I_z = \iiint_D (x^2 + y^2)\rho(x, y, z)\, dV$$

회전반지름: 9.10절에서와 같이 I가 주어진 축에 대한 관성모멘트이면 **회전반지름**은

$$R_g = \sqrt{\frac{I}{m}}$$

이다.

예제 1 입체의 부피

제1팔분공간에서 $z = 1 - y^2$, $y = 2x$, $x = 3$으로 둘러싸인 입체의 부피를 구하라.

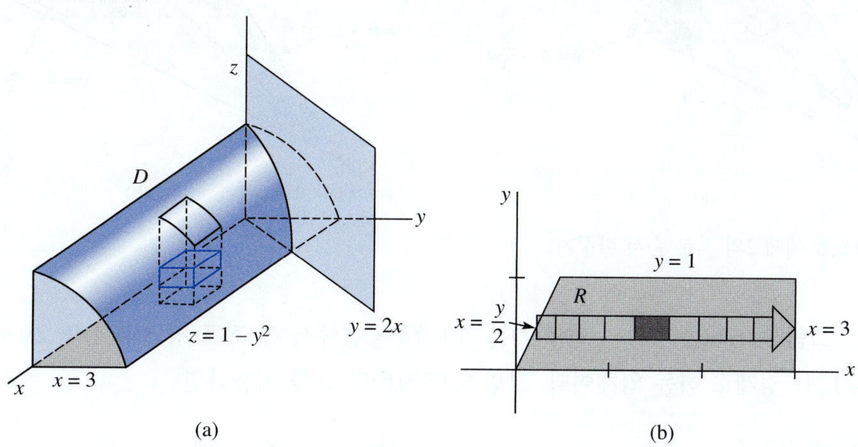

그림 9.15.4 예제 1의 입체 D와 영역 R

풀이 그림 9.15.4(a)에 나와 있는 바와 같이, z에 관한 첫 번째 적분은 0에서부터 $1 - y^2$

까지이다. 그림 9.15.4(b)에 나와 있듯이 입체 D의 xy 평면의 사영은 II형 영역이고, 따라서 두 번째는 x에 관하여 $y/2$에서부터 3까지 적분한다. 마지막으로 y에 관하여 0에서 1까지 적분한다.

$$\begin{aligned}
V = \iiint_D dV &= \int_0^1 \int_{y/2}^3 \int_0^{1-y^2} dz\, dx\, dy \\
&= \int_0^1 \int_{y/2}^3 (1 - y^2)\, dx\, dy \\
&= \int_0^1 \Big[x - xy^2 \Big]_{y/2}^3 dy \\
&= \int_0^1 \left(3 - 3y^2 - \frac{1}{2}y + \frac{1}{2}y^3 \right) dy \\
&= \left[3y - y^3 - \frac{1}{4}y^2 + \frac{1}{8}y^4 \right]_0^1 = \frac{15}{8}
\end{aligned}$$

≡

예제 2 적분 순서 바꾸기

$$\int_0^6 \int_0^{4-2x/3} \int_0^{3-x/2-3y/4} F(x, y, z)\, dz\, dy\, dx$$

의 적분순서를 $dy\, dx\, dz$로 바꾸라.

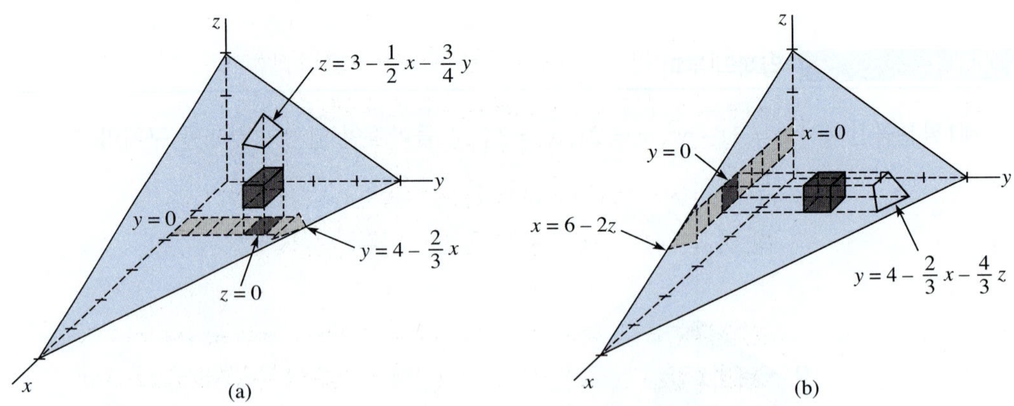

그림 9.15.5 예제 2의 적분 순서 바꾸기

풀이 **그림 9.15.5(a)**와 같이 영역 D는 제1팔분공간에서 세 좌표 평면과 평면 $2x + 3y + 4z = 12$을 경계로 하는 입체이다. 그림 9.15.5(b)와 표를 이용하면

$$\int_0^6 \int_0^{4-2x/3} \int_0^{3-x/2-3y/4} F(x, y, z)\, dz\, dy\, dx = \int_0^3 \int_0^{6-2z} \int_0^{4-2x/3-4z/3} F(x, y, z)\, dy\, dx\, dz$$

적분 순서	첫 번째 적분	두 번째 적분	세 번째 적분
$dz\,dy\,dx$	0 to $3 - x/2 - 3y/4$	0 to $4 - 2x/3$	0 to 6
$dy\,dx\,dz$	0 to $4 - 2x/3 - 4z/3$	0 to $6 - 2z$	0 to 3

이다. ≡

3차원 공간의 영역의 형태에 따라 새로운 좌표계를 이용한 삼중적분이 더 쉬워질 수 있다.

원기둥좌표계 **원기둥좌표계**(cylindrical coordinate system)는 평면의 점에 대한 극좌표(polar coordinate) 표시에 직교좌표(rectangular coordinate)의 z 성분에 대한 표시를 더한 것이다. 그림 9.15.6(a)에서와 같이 점 P의 원기둥좌표는 순서쌍 (r, θ, z)로 나타낸다. **원기둥**이라는 표현은 공간의 점 P가 $z =$ 상수와 $\theta =$ 상수인 평면, 그리고 $r =$ 상수인 원기둥의 교점으로 결정된다는 사실에 기인한다. 그림 9.15.6(b)를 보라.

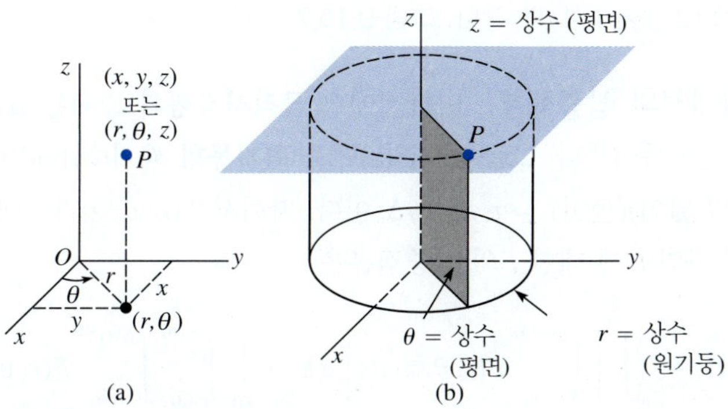

그림 9.15.6 원기둥좌표계

원기둥좌표를 직교좌표로 변환 그림 9.15.6(a)에서 점의 원기둥좌표 (r, θ, z)로부터 점의 직교좌표 (x, y, z), 즉

$$x = r\cos\theta, \qquad y = r\sin\theta, \qquad z = z \tag{3}$$

를 구할 수 있다.

예제 3 **원기둥좌표를 직교좌표로 변환**

원기둥좌표 $(8, \pi/3, 7)$을 직교좌표로 바꾸라.

풀이 식 (3)에서

$$x = 8\cos\frac{\pi}{3} = 4, \quad y = 8\sin\frac{\pi}{3} = 4\sqrt{3}, \quad z = 7$$

이다. 그러므로 $(8, \pi/3, 7)$은 직교좌표로 $(4, 4\sqrt{3}, 7)$과 같다. ≡

직교좌표를 원기둥좌표로 변환 직교좌표 (x, y, z)를 원기둥좌표로 나타내려면

$$r^2 = x^2 + y^2, \qquad \tan\theta = \frac{y}{x}, \qquad z = z \tag{4}$$

를 사용한다.

예제 4 직교좌표를 원기둥좌표로 변환

직교좌표 $(-\sqrt{2}, \sqrt{2}, 1)$을 원기둥좌표로 변환하라.

풀이 식 (4)에서

$$r^2 = (-\sqrt{2})^2 + (\sqrt{2})^2 = 4, \quad \tan\theta = \frac{\sqrt{2}}{-\sqrt{2}} = -1, \quad z = 1$$

이다. 만약 $r = 2$를 택하면, $x < 0$과 $y > 0$이므로 $\theta = 3\pi/4$*이다. 따라서 $(-\sqrt{2}, \sqrt{2}, 1)$은 원기둥좌표로 $(2, 3\pi/4, 1)$과 같다. **그림 9.15.7**을 보라. ≡

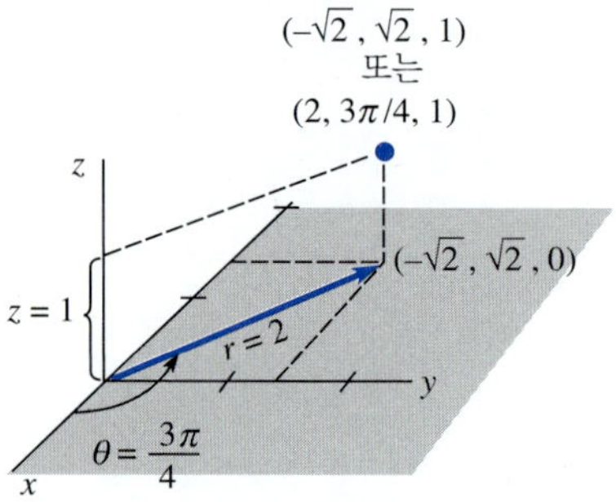

그림 9.15.7 예제 4의 직교좌표를 원기둥좌표로 변환하는 그림

원기둥좌표계에서의 삼중적분 9.11절에서 **극직사각형**의 넓이는 $\Delta A = r^*\Delta r\Delta\theta$이고 여기서 r^*는 평균 반지름이었다. **그림 9.15.8(a)**에서 **원기둥형 쐐기**(cylindrical wedge)의 부피는 $\Delta V =$ (밑면의 넓이)(높이) $= r^*\Delta r\Delta\theta\Delta z$이다. 따라서 $F(r, \theta, z)$가 그림 9.15.8(b)의 영역 D에서 연속함수이면 D에 대한 F의 삼중적분은

$$\iiint_D F(r, \theta, z)\, dV = \iint_R \left[\int_{f_1(r,\theta)}^{f_2(r,\theta)} F(r, \theta, z)\, dz\right] dA = \int_\alpha^\beta \int_{g_1(\theta)}^{g_2(\theta)} \int_{f_1(r,\theta)}^{f_2(r,\theta)} F(r, \theta, z)\, r\, dz\, dr\, d\theta$$

이다.

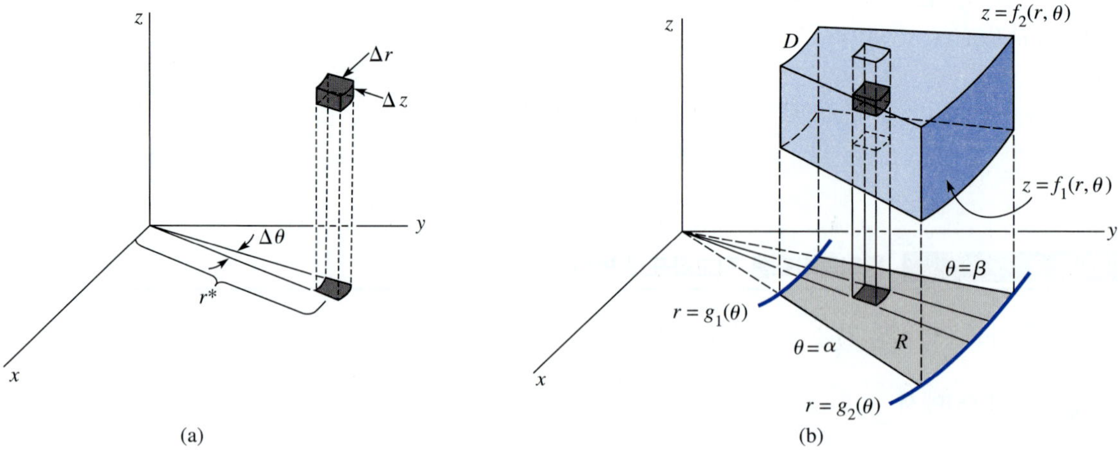

그림 9.15.8 (a) 원기둥형 쐐기 (b) 영역 D

---

* 만약 $\theta = \tan^{-1}(-1) = -\pi/4$를 사용하면 $r = -2$를 사용한다. 조합 $r = 2$, $\theta = -\pi/4$와 $r = -2$, $\theta = 3\pi/4$는 사용할 수 없다.

예제 5 **질량중심**

제1팔분공간에서 원추 $z = \sqrt{x^2 + y^2}$과 평면 $z = 1$, $x = 0$, $y = 0$으로 둘러싸인 입체가 있다. 입체의 밀도가 $\rho(r, \theta, z) = r$일 때, 질량중심을 구하라.

풀이 식 (4)에 의하여 원추의 방정식은 $z = r$이다. 따라서 **그림 9.15.9**에서

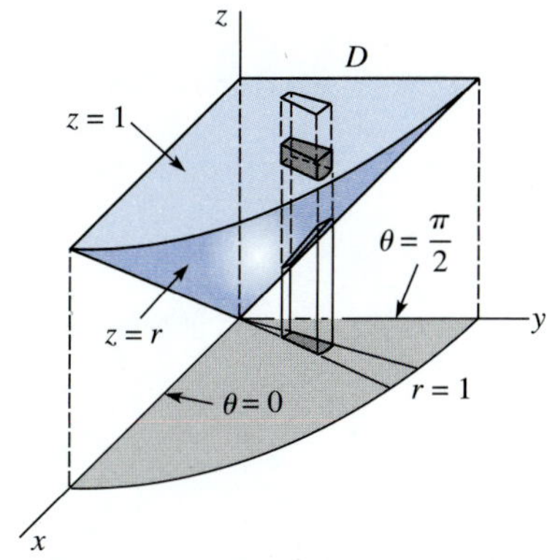

그림 9.15.9 예제 5의 입체

$$m = \iiint_D r\,dV = \int_0^{\pi/2}\int_0^1\int_r^1 r(r\,dz\,dr\,d\theta)$$

$$= \int_0^{\pi/2}\int_0^1 r^2 z\Big]_r^1 dr\,d\theta$$

$$= \int_0^{\pi/2}\int_0^1 (r^2 - r^3)\,dr\,d\theta = \frac{\pi}{24}$$

$$M_{xy} = \iiint_D zr\,dV = \int_0^{\pi/2}\int_0^1\int_r^1 zr^2\,dz\,dr\,d\theta$$

$$= \int_0^{\pi/2}\int_0^1 \frac{z^2}{2}r^2\Big]_r^1 dr\,d\theta$$

$$= \frac{1}{2}\int_0^{\pi/2}\int_0^1 (r^2 - r^4)\,dr\,d\theta = \frac{\pi}{30}$$

이다. M_{xz}와 M_{yz}를 구하는 적분에서는 $y = r\sin\theta$와 $x = r\cos\theta$를 사용하면

$$M_{xz} = \iiint_D r^2\sin\theta\,dV = \int_0^{\pi/2}\int_0^1\int_r^1 r^3\sin\theta\,dz\,dr\,d\theta$$

$$= \int_0^{\pi/2}\int_0^1 r^3 z\sin\theta\Big]_r^1 dr\,d\theta$$

$$= \int_0^{\pi/2}\int_0^1 (r^3 - r^4)\sin\theta\,dr\,d\theta = \frac{1}{20}$$

$$M_{yz} = \iiint_D r^2\cos\theta\,dV = \int_0^{\pi/2}\int_0^1\int_r^1 r^3\cos\theta\,dz\,dr\,d\theta = \frac{1}{20}$$

이다. 따라서

$$\bar{x} = \frac{M_{yz}}{m} = \frac{1/20}{\pi/24} \approx 0.38, \quad \bar{y} = \frac{M_{xz}}{m} = \frac{1/20}{\pi/24} \approx 0.38, \quad \bar{z} = \frac{M_{xy}}{m} = \frac{\pi/30}{\pi/24} \approx 0.8$$

이고, 질량중심은 근사적으로 (0.38, 0.38, 0.8)이다. ≡

구좌표계 그림 9.15.10(a)와 같이 점 P의 **구좌표**(spherical coordinate)는 순서쌍 (ρ, ϕ, θ)이다. 여기서 ρ는 원점으로부터 점 P까지의 거리이고, ϕ는 양의 z축과 벡터 $\overrightarrow{OP}$ 사이의 각이며, θ는 양의 x축에서 $\overrightarrow{OP}$의 사영인 $\overrightarrow{OQ}$까지의 각이다.* 그림 9.15.10(b)는 공간의 점 P가 $\phi =$ 상수인 원추, $\theta =$ 상수인 평면, $\rho =$ 상수인 구의 교점으로 결정되며 '구'좌표라는 이름

* 구좌표계의 θ는 극좌표계와 원기둥좌표계의 θ와 같은 각이다.

이 생긴 이유이기도 하다.

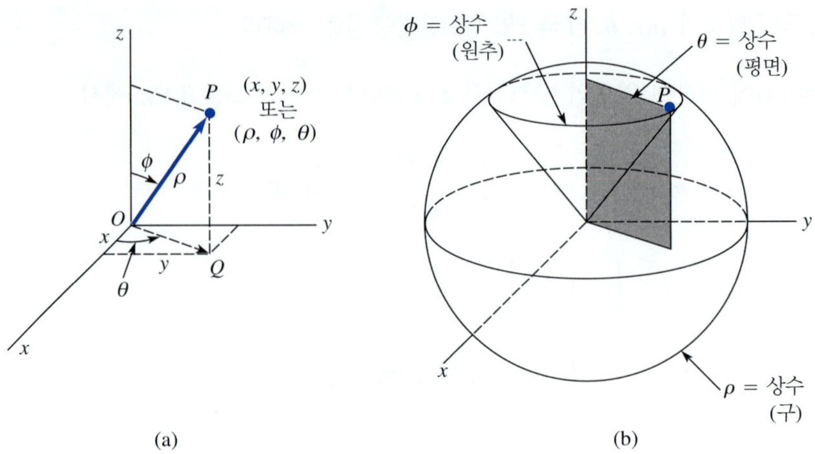

그림 9.15.10 구좌표계

구좌표를 직교좌표와 원기둥좌표로 변환 구좌표 (ρ, ϕ, θ)를 직교좌표 (x, y, z)로 변환해 보자. 그림 9.15.10(a)에서

$$x = \|\overrightarrow{OQ}\| \cos\theta, \qquad y = \|\overrightarrow{OQ}\| \sin\theta, \qquad z = \|\overrightarrow{OP}\| \cos\phi$$

이고, $|\overrightarrow{OQ}| = \rho\sin\phi$, $|\overrightarrow{OP}| = \rho$이므로

$$x = \rho\sin\phi\cos\theta, \qquad y = \rho\sin\phi\sin\theta, \qquad z = \rho\cos\phi \tag{5}$$

이다. 여기서 $\rho \ge 0$, $0 \le \phi \le \pi$로 택한다. 또한 $|\overrightarrow{OQ}| = \rho\sin\phi = r$이므로

$$r = \rho\sin\phi, \qquad \theta = \theta, \qquad z = \rho\cos\phi \tag{6}$$

는 구좌표 (ρ, ϕ, θ)를 원기둥좌표 (r, θ, z)로 변환한다.

예제 6 구좌표를 직교좌표와 원기둥좌표로 변환

구좌표 $(6, \pi/4, \pi/3)$를 직교좌표와 원기둥좌표로 바꾸라.

풀이 $\rho = 6$, $\phi = \pi/4$, $\theta = \pi/3$이므로 식 (5)에서

$$x = 6\sin\frac{\pi}{4}\cos\frac{\pi}{3} = \frac{3\sqrt{2}}{2}, \quad y = 6\sin\frac{\pi}{4}\sin\frac{\pi}{3} = \frac{3\sqrt{6}}{2}, \quad z = 6\cos\frac{\pi}{4} = 3\sqrt{2}$$

이다. 즉, 점의 직교좌표는 $(3\sqrt{2}/2, 3\sqrt{6}/2, 3\sqrt{2})$이다.

한편 식 (6)에서

$$r = 6\sin\frac{\pi}{4} = 3\sqrt{2}, \quad \theta = \frac{\pi}{3}, \quad z = 6\cos\frac{\pi}{4} = 3\sqrt{2}$$

이므로 이 점의 원기둥좌표는 $(3\sqrt{2}, \pi/3, 3\sqrt{2})$이다. ≡

직교좌표를 구좌표로 변환 직교좌표를 구좌표로 변환하려면

$$\rho^2 = x^2 + y^2 + z^2, \qquad \tan\theta = \frac{y}{x}, \qquad \cos\phi = \frac{z}{\sqrt{x^2+y^2+z^2}} \tag{7}$$

을 사용한다.

구좌표계에서의 삼중적분 그림 9.15.11에 나와 있듯이 **구형 쐐기**(spherical wedge)의 부피는 근사적으로

$$\Delta V \approx \rho^2 \sin\phi\, \Delta\rho\, \Delta\phi\, \Delta\theta$$

이다. 따라서 연속인 구좌표 함수 $F(\rho, \phi, \theta)$의 삼중적분에서 부피 미분 dV는

$$dV = \rho^2 \sin\phi\, d\rho\, d\phi\, d\theta$$

이고, 구좌표계에서의 삼중적분은

$$\iiint_D F(\rho, \phi, \theta)\, dV = \int_\alpha^\beta \int_{g_1(\theta)}^{g_2(\theta)} \int_{f_1(\phi,\theta)}^{f_2(\phi,\theta)} F(\rho, \phi, \theta)\, \rho^2 \sin\phi\, d\rho\, d\phi\, d\theta$$

의 형태를 갖는다.

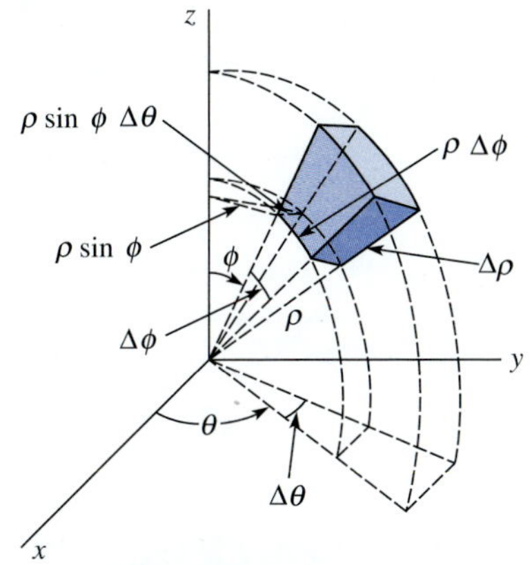

그림 9.15.11 구형 쐐기

예제 7 관성모멘트

두 개의 구

$$x^2 + y^2 + z^2 = a^2 \quad \text{그리고} \quad x^2 + y^2 + z^2 = b^2, \quad a < b$$

로 둘러싸인 균질성 입체의 z축에 대한 관성모멘트를 구하라.

풀이 밀도를 $\delta(\rho, \phi, \theta) = k$(상수)로 놓으면*

$$I_z = \iiint_D (x^2 + y^2)\, k\, dV$$

이다. 식 (5)에서 $x^2 + y^2 = \rho^2 \sin^2\phi$, $x^2 + y^2 + z^2 = \rho^2$이다. 그러므로 구의 방정식은 단순히 $\rho = a$와 $\rho = b$이다. 그림 9.15.12를 보라. 결과적으로 구좌표계를 사용하면

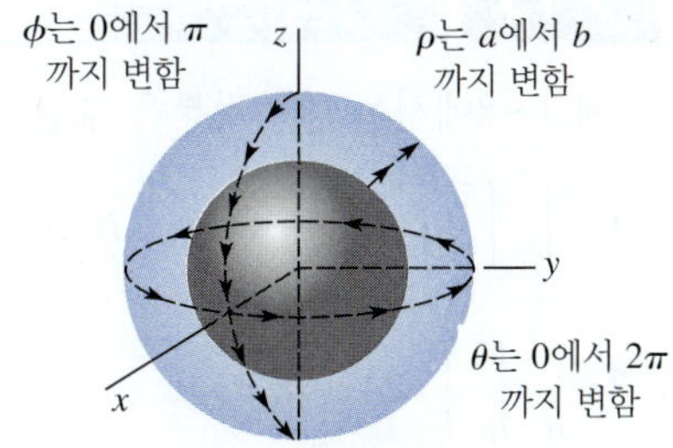

그림 9.15.12 예제 7의 적분 구간

$$\begin{aligned} I_z &= k \int_0^{2\pi} \int_0^{\pi} \int_a^b \rho^2 \sin^2\phi (\rho^2 \sin\phi\, d\rho\, d\phi\, d\theta) \\ &= k \int_0^{2\pi} \int_0^{\pi} \int_a^b \rho^4 \sin^3\phi\, d\rho\, d\phi\, d\theta \\ &= k \int_0^{2\pi} \int_0^{\pi} \frac{\rho^5}{5} \sin^3\phi \bigg]_a^b d\phi\, d\theta \end{aligned}$$

* 구좌표계의 기호 ρ와 혼동되지 않도록 이제는 다른 기호를 사용하여 밀도를 나타낸다.

$$= \frac{k}{5}(b^5 - a^5)\int_0^{2\pi}\int_0^{\pi}(1 - \cos^2\phi)\sin\phi\, d\phi\, d\theta$$

$$= \frac{k}{5}(b^5 - a^5)\int_0^{2\pi}\left[-\cos\phi + \frac{1}{3}\cos^3\phi\right]_0^{\pi} d\theta$$

$$= \frac{4k}{15}(b^5 - a^5)\int_0^{2\pi} d\theta = \frac{8\pi k}{15}(b^5 - a^5).$$

이다. ≡

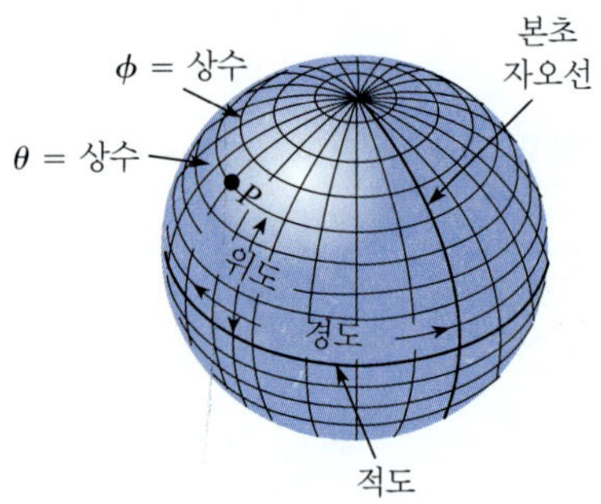

그림 9.15.13 위선과 대원

참고

구좌표계는 항해에 많이 사용된다. 지구를 원점이 중심인 고정된 반지름을 갖는 구로 생각하면, 점 P의 위치는 두 개의 각 θ와 ϕ에 의해 결정된다. **그림 9.15.13**과 같이 ϕ를 상수로 고정할 때 생기는 곡선을 **위선**(parallel)이라 부른다. θ를 고정시킬 때 생기는 원을 **대원**(great circle)이라 하는데, 북극과 남극을 잇는 대원의 반을 **자오선**(meridian)이라 한다. 위선과 자오선의 교점으로 점 P의 위치를 결정하는데, $0° \le \phi \le 180°$, $-180° \le \theta \le 180°$로 변할 때, 각 $90° - \phi$와 θ를 각각 점 P의 **위도**(latitude)와 **경도**(longitude)라고 한다. **본초 자오선**(prime meridian)은 경도가 0°인 자오선이다. 적도의 위도는 0°이고 북극과 남극의 위도는 각각 +90°(또는 북위 90°)와 −90°(또는 남위 90°)이다.

9.15 연습문제

부록에 선택된 홀수 문제의 답이 있다.

문제 1~8에서는 반복적분을 계산하라.

1. $\int_2^4\int_{-2}^2\int_{-1}^1 (x + y + z)\, dx\, dy\, dz$

2. $\int_1^3\int_1^x\int_2^{xy} 24xy\, dz\, dy\, dx$

3. $\int_0^6\int_0^{6-x}\int_0^{6-x-z} dy\, dz\, dx$

4. $\int_0^1\int_0^{1-x}\int_0^{\sqrt{y}} 4x^2z^3\, dz\, dy\, dx$

5. $\int_0^{\pi/2}\int_0^{y^2}\int_0^y \cos\left(\frac{x}{y}\right) dz\, dx\, dy$

6. $\int_0^{\sqrt{2}}\int_{\sqrt{y}}^2\int_0^{e^{x^2}} x\, dz\, dx\, dy$

7. $\int_0^1\int_0^1\int_0^{2-x^2-y^2} xye^z\, dz\, dx\, dy$

8. $\int_0^4\int_0^{1/2}\int_0^{x^2} \frac{1}{\sqrt{x^2 - y^2}}\, dy\, dx\, dz$

9. $\iiint_D z\, dV$를 계산하라. 여기서 D는 제1팔분공간에서 $y = x$, $y = x - 2$, $y = 1$, $y = 3$, $z = 0$, $z = 5$로 결정되는 영역이다.

10. $\iiint_D (x^2 + y^2)\, dV$를 계산하라. 여기서 D는 $y = x^2$, $z = 4 - y$, $z = 0$으로 결정되는 영역이다.

문제 11, 12에서 적분 순서를 나머지 다른 다섯 가지의 적분 순서로 바꾸라.

11. $\int_0^2\int_0^{4-2y}\int_{x+2y}^4 F(x, y, z)\, dz\, dx\, dy$

12. $\int_0^2\int_0^{\sqrt{36-9x^2}/2}\int_1^3 F(x, y, z)\, dz\, dy\, dx$

문제 13, 14에서 그림과 같은 입체에 대하여 주어진 적분 순서를 사용하여 입체의 부피를 구하는 식을 세워라. 계산은 하지 않는다.

13.

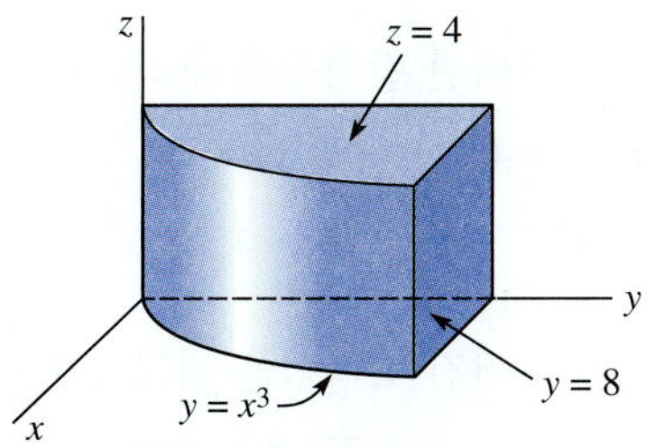

그림 9.15.14 문제 13의 입체

(a) $dz\,dy\,dx$ **(b)** $dx\,dz\,dy$ **(c)** $dy\,dx\,dz$

14.

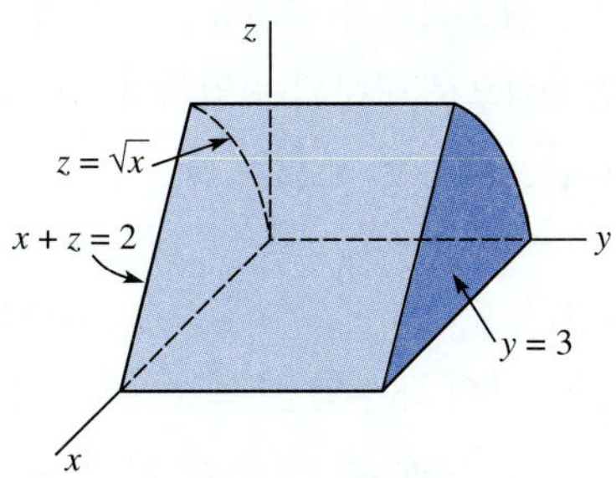

그림 9.15.15 문제 14의 입체

(a) $dx\,dz\,dy$ **(b)** $dy\,dx\,dz$ **(c)** $dz\,dx\,dy$

[힌트: (c)는 두 개의 적분을 필요로 한다.]

문제 15~20에서 주어진 반복적분에 의하여 부피 V가 계산되는 영역 D를 그려라.

15. $\displaystyle\int_0^4\int_0^3\int_0^{2-2z/3} dx\,dz\,dy$

16. $\displaystyle 4\int_0^3\int_0^{\sqrt{9-y^2}}\int_4^{\sqrt{25-x^2-y^2}} dz\,dx\,dy$

17. $\displaystyle\int_{-1}^1\int_{-\sqrt{1-x^2}}^{\sqrt{1-x^2}}\int_0^5 dz\,dy\,dx$

18. $\displaystyle\int_0^2\int_0^{\sqrt{4-x^2}}\int_{x^2+y^2}^4 dz\,dy\,dx$

19. $\displaystyle\int_0^2\int_0^{2-y}\int_{-\sqrt{y}}^{\sqrt{y}} dx\,dz\,dy$

20. $\displaystyle\int_1^3\int_0^{1/x}\int_0^3 dy\,dz\,dx$

문제 21~24에서 다음 입체의 부피를 구하라.

21. $x = y^2$; $4 - x = y^2$, $z = 0$, $z = 3$

22. $x^2 + y^2 = 4$, $z = x + y$, 좌표 평면, 제1팔분공간

23. $y = x^2 + z^2$, $y = 8 - x^2 - z^2$

24. $x = 2$, $y = x$, $y = 0$, $z = x^2 + y^2$, $z = 0$

25. 그림 9.15.14와 같은 입체의 질량중심을 구하라. 점 P의 밀도는 xy 평면으로부터의 거리에 비례한다.

26. 밀도가 일정할 때, 그림 9.15.15와 같은 입체의 중심(centroid)을 구하라.

27. $x^2 + z^2 = 4$, $y = 0$, $y = 3$인 입체의 질량중심을 구하라. 점 P의 밀도는 xz 평면으로부터의 거리에 비례한다.

28. $y = x^2$, $y = x$, $z = y + 2$, $z = 0$인 입체의 질량중심을 구하라. 점 P의 밀도는 xy 평면으로부터의 거리에 비례한다.

문제 29, 30에서 주어진 모양과 밀도를 갖는 입체의 질량을 구하는 반복적분식을 쓰라. 계산은 하지 않는다.

29. $x^2 + y^2 = 1$, $z + y = 8$, $z - 2y = 2$; $\rho(x, y, z) = x + y + 4$

30. $x^2 + y^2 - z^2 = 1$, $z = -1$, $z = 2$; $\rho(x, y, z) = z^2$
[힌트: $dzdydx$를 사용하지 말아라.]

31. 그림 9.15.14와 같은 입체의 y축에 대한 관성모멘트를 구하라. 밀도는 문제 25와 같다. 회전반지름도 구하라.

32. 그림 9.15.15과 같은 입체의 x축에 대한 관성모멘트를 구하라. 밀도는 일정하다. 회전반지름도 구하라.

33. 제1팔분공간에서 좌표 평면과 $x + y + z = 1$로 결정되는 입체의 z축에 대한 관성모멘트를 구하라. 밀도는 일정하다.

34. $z = y$, $z = 4 - y$, $z = 1$, $z = 0$, $x = 2$, $x = 0$으로 결정되는 입체의 y축에 대한 관성모멘트를 구하라. 점 P의 밀도는 yz 평면으로부터의 거리에 비례한다.

문제 35~38에서 원기둥좌표로 주어진 점을 직교좌표로 바꾸라.

35. $\left(10, \dfrac{3\pi}{4}, 5\right)$ **36.** $\left(2, \dfrac{5\pi}{6}, -3\right)$

37. $\left(\sqrt{3}, \dfrac{\pi}{3}, -4\right)$ **38.** $\left(4, \dfrac{7\pi}{4}, 0\right)$

문제 39~42에서 직교좌표로 주어진 점을 원기둥좌표로 바꾸라.

39. $(1, -1, -9)$ **40.** $(2\sqrt{3}, 2, 17)$

41. $(-\sqrt{2}, \sqrt{6}, 2)$ **42.** $(1, 2, 7)$

문제 43~46에서 주어진 방정식을 원기둥좌표로 바꾸라.

43. $x^2 + y^2 + z^2 = 25$ **44.** $x + y - z = 1$

45. $x^2 + y^2 - z^2 = 1$ **46.** $x^2 + z^2 = 16$

문제 47~ 50에서 주어진 방정식을 직교좌표로 바꾸라.

47. $z = r^2$

48. $z = 2r \sin \theta$

49. $r = 5 \sec \theta$

50. $\theta = \pi/6$

문제 51~58에서 삼중적분과 원기둥좌표를 사용하라. 문제 51~54에서는 주어진 방정식들로 결정되는 입체의 부피를 구하라.

51. $x^2 + y^2 = 4, x^2 + y^2 + z^2 = 16, z = 0$

52. $z = 10 - x^2 - y^2, z = 1$

53. $z = x^2 + y^2, x^2 + y^2 = 25, z = 0$

54. $y = x^2 + z^2, 2y = x^2 + z^2 + 4$

55. 반구 $z = \sqrt{a^2 - x^2 - y^2}$과 평면 $z = 0$으로 결정되는 균질성 입체의 중심(centroid)을 구하라.

56. $y^2 + z^2 = 16, x = 0, x = 5$로 결정되는 입체의 질량중심을 구하라. 점 P의 밀도는 yz 평면으로부터의 거리에 비례한다.

57. 반구 $z = \sqrt{9 - x^2 - y^2}$의 위와 평면 $z = 2$의 아래로 구분되는 입체의 z축에 대한 관성모멘트를 구하라. 점 P의 밀도는 z축으로부터 거리의 제곱에 반비례한다.

58. 원추 $z = \sqrt{x^2 - y^2}$와 평면 $z = 1$로 결정되는 입체의 x축에 대한 관성모멘트를 구하라. 점 P의 밀도는 z축으로부터의 거리에 비례한다.

문제 59~62에서는 구좌표로 주어진 점을 (a) 직교좌표와 (b) 원기둥좌표로 바꾸라.

59. $\left(\frac{2}{3}, \frac{\pi}{2}, \frac{\pi}{6}\right)$

60. $\left(5, \frac{5\pi}{4}, \frac{2\pi}{3}\right)$

61. $\left(8, \frac{\pi}{4}, \frac{3\pi}{4}\right)$

62. $\left(\frac{1}{3}, \frac{5\pi}{3}, \frac{\pi}{6}\right)$

문제 63~66에서는 직교좌표로 주어진 점을 구좌표로 바꾸라.

63. $(-5, -5, 0)$

64. $(1, -\sqrt{3}, 1)$

65. $\left(\frac{\sqrt{3}}{2}, \frac{1}{2}, 1\right)$

66. $\left(-\frac{\sqrt{3}}{2}, 0, -\frac{1}{2}\right)$

문제 67~70에서는 주어진 방정식을 구좌표로 바꾸라.

67. $x^2 + y^2 + z^2 = 64$

68. $x^2 + y^2 + z^2 = 4z$

69. $z^2 = 3x^2 + 3y^2$

70. $-x^2 - y^2 + z^2 = 1$

문제 71~74에서는 주어진 방정식을 직교좌표로 바꾸라.

71. $\rho = 10$

72. $\phi = \pi/3$

73. $\rho = 2 \sec \phi$

74. $\rho \sin^2 \phi = \cos \phi$

문제 75~82에서는 삼중적분과 구좌표를 사용하라. 문제 75~78에서는 주어진 방정식으로 구분되는 입체의 부피를 구하라.

75. $z = \sqrt{x^2 + y^2}, x^2 + y^2 + z^2 = 9$

76. $x^2 + y^2 + z^2 = 4, y = x, y = \sqrt{3}x, z = 0$, 제1팔분공간

77. $z^2 = 3x^2 + 3y^2, x = 0, y = 0, z = 2$, 제1팔분공간

78. $x^2 + y^2 + z^2 = 1$의 내부와 $z^2 = x^2 + y^2$의 외부

79. 원추 $z = \sqrt{x^2 + y^2}$과 구 $x^2 + y^2 + z^2 = 2z$으로 결정되는 균질성 입체의 중심을 구하라.

80. 반구 $z = \sqrt{1 - x^2 - y^2}$과 평면 $z = 0$으로 결정되는 입체의 질량중심을 구하라. 점 P의 밀도는 xy 평면으로부터의 거리에 비례한다.

81. 반구 $z = \sqrt{25 - x^2 - y^2}$의 위와 평면 $z = 4$의 아래로 결정되는 입체의 질량을 구하라. 점 P의 밀도는 원점으로부터의 거리에 반비례한다. [힌트: ϕ의 적분 상한을 역코사인(inverse cosine)으로 나타내라.]

82. 구 $x^2 + y^2 + z^2 = a^2$로 나타나는 입체의 z축에 대한 관성모멘트를 구하라. 점 P의 밀도는 원점으로부터의 거리에 비례한다.

9.16 발산정리

소개 9.14절에서 Stokes 정리는 벡터형 Green 정리를 3차원으로 일반화한 것이라고 하였다. 이 절에서는 또 다른 벡터형 Green 정리를 소개하며 이를 3차원으로 일반화하겠다.

Green 정리의 또 다른 벡터형 2차원 벡터장을 $\mathbf{F}(x, y) = P(x, y)\mathbf{i} + Q(x, y)\mathbf{j}$라 하고 $\mathbf{T} = (dx/ds)\mathbf{i} + (dy/ds)\mathbf{j}$를 평면의 단순 폐곡선의 단위접선벡터라고 하자. 9.14절의 식 (1)에서 $\oint_C (\mathbf{F} \cdot \mathbf{T})\, ds$를 curl $\mathbf{F}$의 이중적분으로 계산할 수 있었다. 유사한 방법으로, 만약 $\mathbf{n} = (dy/ds)\mathbf{i} - (dx/ds)\mathbf{j}$가 C의 단위법선벡터이면($\mathbf{T} \cdot \mathbf{n}$을 확인하라), $\oint_C (\mathbf{F} \cdot \mathbf{n})\, ds$ 를 div $\mathbf{F}$

의 이중적분으로 계산할 수 있다. Green 정리에서

$$\oint_C (\mathbf{F}\cdot\mathbf{n})\,ds = \oint_C P\,dy - Q\,dx = \iint_R \left[\frac{\partial P}{\partial x} - \left(-\frac{\partial Q}{\partial y}\right)\right] dA = \iint_R \left[\frac{\partial P}{\partial x} + \frac{\partial Q}{\partial y}\right] dA$$

즉

$$\oint_C (\mathbf{F}\cdot\mathbf{n})\,ds = \iint_R \operatorname{div}\mathbf{F}\,dA \tag{1}$$

이다. 식 (1)은 **발산정리**(divergence theorem) 또는 **Gauss 정리**(Gauss' theorem)의 특별한 경우이다. 다음은 식 (1)을 3차원 공간으로 일반화한 것이다.

정리 9.16.1 발산정리

D는 바깥 방향의 영역별 매끄러운 곡면 S를 경계로 갖는 3차원 공간의 닫힌 유계 영역이다. D를 포함하는 3차원 영역에서 P, Q, R이 연속이고, 연속인 1계 편도함수를 가지면 벡터장 $\mathbf{F}(x, y, z) = P(x, y, z)\mathbf{i} + Q(x, y, z)\mathbf{j} + R(x, y, z)\mathbf{k}$에 대해

$$\iint_S (\mathbf{F}\cdot\mathbf{n})\,dS = \iiint_D \operatorname{div}\mathbf{F}\,dV \tag{2}$$

이 성립한다.

부분 증명 **그림 9.16.1**에서와 같은 특별한 영역 D에 대하여 식 (2)를 증명하겠다. 영역 D를 이루는 곡면 S는 다음과 같은 세 부분으로 이루어져 있다.

(밑면)	S_1: $z = f_1(x, y)$,	(x, y)는 R의 점
(윗면)	S_2: $z = f_2(x, y)$,	(x, y)는 R의 점
(옆면)	S_3: $f_1(x, y) \le z \le f_2(x, y)$,	(x, y)는 C 위의 점

여기서 R은 D를 xy 평면에 사영한 영역이고, C는 R의 경계이다.

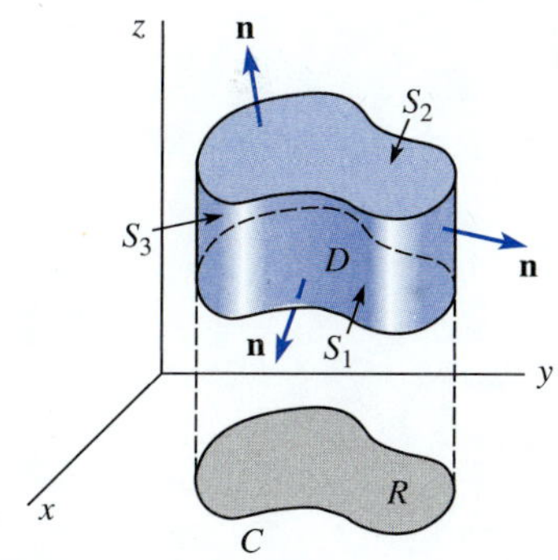

그림 9.16.1 정리 9.16.1의 증명에 사용된 영역 D

$$\operatorname{div}\mathbf{F} = \frac{\partial P}{\partial x} + \frac{\partial Q}{\partial y} + \frac{\partial R}{\partial z} \qquad \text{그리고} \qquad \mathbf{F}\cdot\mathbf{n} = P(\mathbf{i}\cdot\mathbf{n}) + Q(\mathbf{j}\cdot\mathbf{n}) + R(\mathbf{k}\cdot\mathbf{n})$$

이므로

$$\iint_S (\mathbf{F}\cdot\mathbf{n})\,dS = \iint_S P(\mathbf{i}\cdot\mathbf{n})\,dS + \iint_S Q(\mathbf{j}\cdot\mathbf{n})\,dS + \iint_S R(\mathbf{k}\cdot\mathbf{n})\,dS$$

와

$$\iiint_D \operatorname{div}\mathbf{F}\,dV = \iiint_D \frac{\partial P}{\partial x}\,dV + \iiint_D \frac{\partial Q}{\partial y}\,dV + \iiint_D \frac{\partial R}{\partial z}\,dV$$

이다. 따라서 식 (2)를 증명하기 위하여

$$\iint_S P(\mathbf{i}\cdot\mathbf{n})\,dS = \iiint_D \frac{\partial P}{\partial x}\,dV \tag{3}$$

$$\iint_S Q(\mathbf{j}\cdot\mathbf{n})\,dS = \iiint_D \frac{\partial Q}{\partial y}\,dV \tag{4}$$

$$\iint_S R(\mathbf{k}\cdot\mathbf{n})\,dS = \iiint_D \frac{\partial R}{\partial z}\,dV \tag{5}$$

임을 보여야 한다. 여기서는 식 (5)만을 증명한다. 식 (3)과 (4)는 유사한 방법으로 증명할 수 있을 것이다. 먼저 식 (5)의 우변은

$$\iiint_D \frac{\partial R}{\partial z}\,dV = \iint_R \left[\int_{f_1(x,y)}^{f_2(x,y)} \frac{\partial R}{\partial z}\,dz\right] dA = \iint_R [R(x,y,f_2(x,y)) - R(x,y,f_1(x,y))]\,dA \tag{6}$$

가 된다. 식 (5)의 좌변을

$$\iint_S R(\mathbf{k}\cdot\mathbf{n})\,dS = \iint_{S_1} R(\mathbf{k}\cdot\mathbf{n})\,dS + \iint_{S_2} R(\mathbf{k}\cdot\mathbf{n})\,dS + \iint_{S_3} R(\mathbf{k}\cdot\mathbf{n})\,dS$$

로 나타내자.

$\boldsymbol{S_1}$: 바깥 방향 법선벡터가 아래로 향하므로 곡면을 $g(x, y, z) = f_1(x, y) - z = 0$으로 나타내면

$$\mathbf{n} = \frac{\dfrac{\partial f_1}{\partial x}\mathbf{i} + \dfrac{\partial f_1}{\partial y}\mathbf{j} - \mathbf{k}}{\sqrt{1 + \left(\dfrac{\partial f_1}{\partial x}\right)^2 + \left(\dfrac{\partial f_1}{\partial y}\right)^2}} \qquad \text{따라서} \qquad \mathbf{k}\cdot\mathbf{n} = \frac{-1}{\sqrt{1 + \left(\dfrac{\partial f_1}{\partial x}\right)^2 + \left(\dfrac{\partial f_1}{\partial y}\right)^2}}$$

이다. dS의 정의로부터

$$\iint_{S_1} R(\mathbf{k}\cdot\mathbf{n})\,dS = -\iint_R R(x,y,f_1(x,y))\,dA \tag{7}$$

이다.

$\boldsymbol{S_2}$: 바깥 방향 법선벡터가 위로 향하므로

$$\mathbf{n} = \frac{\dfrac{\partial f_2}{\partial x}\mathbf{i} - \dfrac{\partial f_2}{\partial y}\mathbf{j} + \mathbf{k}}{\sqrt{1 + \left(\dfrac{\partial f_2}{\partial x}\right)^2 + \left(\dfrac{\partial f_2}{\partial y}\right)^2}} \qquad \text{따라서} \qquad \mathbf{k}\cdot\mathbf{n} = \frac{1}{\sqrt{1 + \left(\dfrac{\partial f_2}{\partial x}\right)^2 + \left(\dfrac{\partial f_2}{\partial y}\right)^2}}$$

이다. 따라서

$$\iint_{S_2} R(\mathbf{k}\cdot\mathbf{n})\ dS = \iint_R R(x, y, f_2(x, y))\ dA \tag{8}$$

이다.

$\mathbf{S_3}$: 이 면은 수직면이므로 **k**는 n에 수직, 즉 $\mathbf{k}\cdot\mathbf{n} = 0$이므로

$$\iint_{S_3} R(\mathbf{k}\cdot\mathbf{n})\ dS = 0 \tag{9}$$

이다. 마지막으로 식 (7), (8)과 (9)를 더하면

$$\iint_R [R(x, y, f_2(x, y)) - R(x, y, f_1(x, y))]\ dA$$

가 되고 이는 식 (6)과 같다. ≡

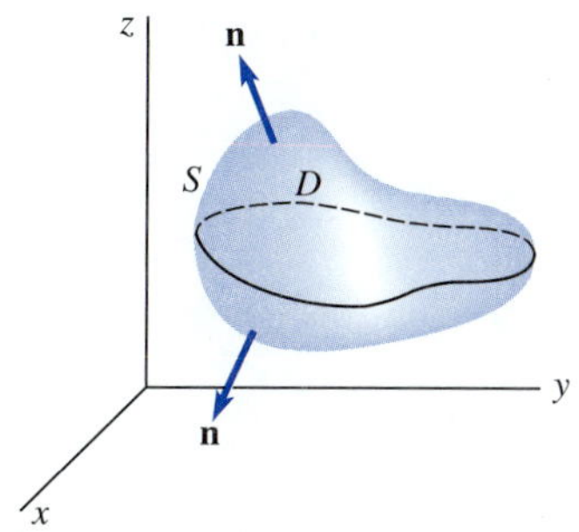

그림 9.16.2 수직 옆면을 갖지 않는 영역 D

수직인 옆면을 갖는 특별한 영역에 대하여 식 (2)를 증명하였지만, 정리 9.16.1이 이러한 형태의 영역에 대해서만 성립하는 것은 아니다. 수직 옆면을 갖지 않는 영역 D가 **그림 9.16.2**에 나와 있다. 구 또는 타원체로 둘러싸인 영역 또한 수직 옆면을 갖지 않는다. 발산정리는 **그림 9.16.3**과 같이 두 개의 동심구 S_a와 S_b 사이의 영역인 두 개의 폐곡면 사이의 영역 D에 대해서도 성립한다. D의 경계면 S는 S_a와 S_b의 합이다. 이러한 경우 $\iint_S (\mathbf{F}\cdot\mathbf{n})\ dS = \iiint_D \operatorname{div}\mathbf{F}\ dV$는

$$\iint_{S_b} (\mathbf{F}\cdot\mathbf{n})\ dS + \iint_{S_a} (\mathbf{F}\cdot\mathbf{n})\ dS = \iiint_D \operatorname{div}\mathbf{F}\,dV$$

가 되고, 여기서 **n**은 D의 바깥 방향이다. 즉 S_b에서 **n**은 원점에서 멀어지는 쪽을 향하고, S_a에서 **n**은 원점을 향한다.

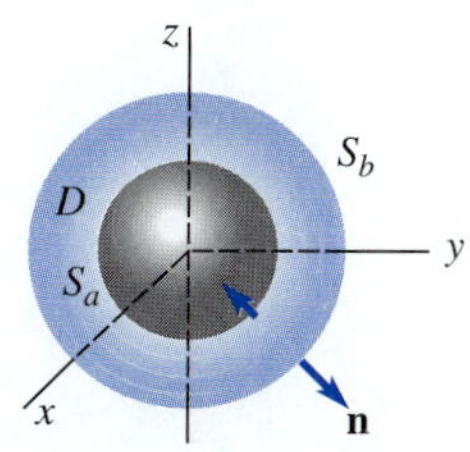

그림 9.16.3 영역 D는 두 개의 동심구 사이의 영역

예제 1 발산정리의 확인

D는 반구 $x^2 + y^2 + (z - 1)^2 = 9$, $1 \le z \le 4$와 평면 $z = 1$로 둘러싸인 영역이다. $\mathbf{F} = x\mathbf{i} + y\mathbf{j} + (z - 1)\mathbf{k}$일 때, 발산정리가 성립함을 확인하라.

풀이 닫힌 영역은 **그림 9.16.4**와 같다.

삼중적분: $\mathbf{F} = x\mathbf{i} + y\mathbf{j} + (z - 1)\mathbf{k}$이므로, $\operatorname{div}\mathbf{F} = 3$이다. 따라서

$$\iiint_D \operatorname{div}\mathbf{F}\,dV = \iiint_D 3\ dV = 3\iiint_D dV = 54\pi \tag{10}$$

이다. 마지막 계산에서 $\iiint_D dV$가 반구의 부피 $(\frac{2}{3}\pi 3^3)$라는 사실을 사용했다.

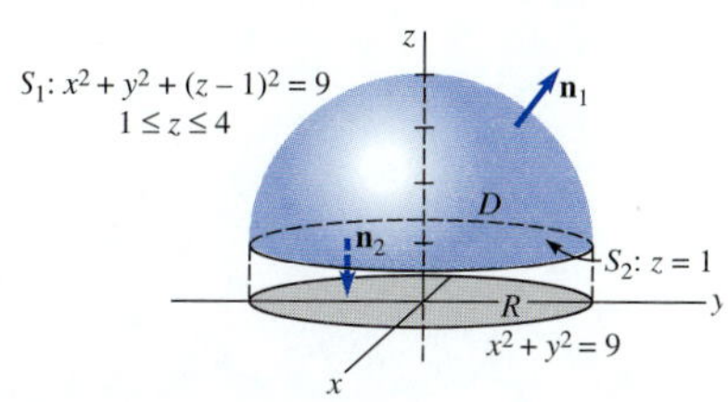

그림 9.16.4 영역 D는 두 개의 동심구 사이의 영역

면적분: 먼저 $\iint_S = \iint_{S_1} + \iint_{S_2}$라 쓴다. 여기서 S_1은 반구이고 S_2는 평면 $z = 1$이다. S_1이 $g(x, y, z) = x^2 + y^2 + (z - 1)^2$의 등위곡면이므로, 바깥 방향 단위법선벡터는

$$\mathbf{n} = \frac{\nabla g}{\|\nabla g\|} = \frac{x\mathbf{i} + y\mathbf{j} + (z-1)\mathbf{k}}{\sqrt{x^2 + y^2 + (z-1)^2}} = \frac{x}{3}\mathbf{i} + \frac{y}{3}\mathbf{j} + \frac{z-1}{3}\mathbf{k}$$

이다. 이제

$$\mathbf{F} \cdot \mathbf{n} = \frac{x^2}{3} + \frac{y^2}{3} + \frac{(z-1)^2}{3} = \frac{1}{3}(x^2 + y^2 + (z-1)^2) = \frac{1}{3} \cdot 9 = 3$$

이고, 따라서

$$\iint_{S_1} (\mathbf{F} \cdot \mathbf{n})\, dS = \iint_R (3)\left(\frac{3}{\sqrt{9 - x^2 - y^2}}\, dA\right)$$

$$= 9\int_0^{2\pi}\int_0^3 (9 - r^2)^{-1/2} r\, dr\, d\theta = 54\pi \quad \leftarrow \text{극좌표}$$

이다. S_2에서는 $\mathbf{n} = -\mathbf{k}$이므로 $\mathbf{F} \cdot \mathbf{n} = -z + 1$이다.

그러나 $z = 1$이므로 $\iint_{S_2}(-z+1)\, dS = 0$이다. 따라서 $\iint_S (\mathbf{F} \cdot \mathbf{n})\, dS = 54\pi + 0 = 54\pi$이고, 이는 식 (10)과 일치한다. ≡

예제 2 발산정리의 이용

$\mathbf{F} = xy\mathbf{i} + y^2z\mathbf{j} + z^3\mathbf{k}$이고 S가 $0 \le x \le 1$, $0 \le y \le 1$, $0 \le z \le 1$인 단위 정육면체일 때, $\iint_S (\mathbf{F} \cdot \mathbf{n})\, dS$를 계산하라.

풀이 그림 9.13.14와 연습문제 9.13의 문제 38을 보자. 여기에서는 여섯 개의 면적분을 계산하기보다는 발산정리를 사용하겠다. $\text{div}\,\mathbf{F} = \nabla \cdot \mathbf{F} = y + 2yz + 3z^2$이므로 식 (2)에서

$$\iint_S (\mathbf{F} \cdot \mathbf{n})\, dS = \iiint_D (y + 2yz + 3z^2)\, dV$$

$$= \int_0^1\int_0^1\int_0^1 (y + 2yz + 3z^2)\, dx\, dy\, dz$$

$$= \int_0^1\int_0^1 (y + 2yz + 3z^2)\, dy\, dz$$

$$= \int_0^1 \left(\frac{y^2}{2} + y^2z + 3yz^2\right)\Big]_0^1 dz$$

$$= \int_0^1 \left(\frac{1}{2} + z + 3z^2\right) dz = \left(\frac{1}{2}z + \frac{1}{2}z^2 + z^3\right)\Big]_0^1 = 2$$

이다. ≡

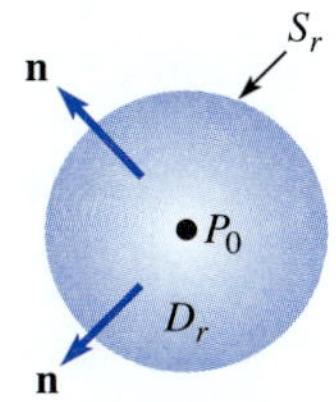

그림 9.16.5 (11)의 영역 D_r

발산의 물리적 의미 9.14절에서 한 점에서 벡터장 **F**의 curl의 법선성분이 **F**의 순환(circulation)의 극한이라고 하였다. 식 (2)를 보면 한 점에서 **F**의 발산은 **F**의 선다발(flux)에 연관된 극한이라고 생각하는 것이 가능하다. 9.7절에서 유체의 속도장 **F**의 선다발은 유체의 유량, 즉 단위시간당 곡면을 통과하는 액체의 부피이다. 9.7절에서 우리는 **F**의 발산이 단위부피당 유량임을 알았다. $P_0(x_0, y_0, z_0)$를 유체 내의 임의의 점, S_r을 중심이 P_0이고 반지름이 r인 작은 구라고 가정하자. **그림 9.16.5**를 보자. D_r이 구면 S_r과 이의 내부이면, 발산정리는

$$\iint_{S_r} (\mathbf{F}\cdot\mathbf{n})\, dS = \iint_{D_r} \operatorname{div} \mathbf{F}\, dV \tag{11}$$

이다. 작은 구 안의 모든 점 $P(x, y, z)$에서 $\operatorname{div} \mathbf{F}(P) \approx \operatorname{div} \mathbf{F}(P_0)$로 근사화하면 식 (11)은

$$\begin{aligned}\iint_{S_r} (\mathbf{F}\cdot\mathbf{n})\, dS &\approx \iiint_{D_r} \operatorname{div} \mathbf{F}(P_0)\, dV \\ &= \operatorname{div} \mathbf{F}(P_0) \iiint_{D_r} dV \\ &= \operatorname{div} \mathbf{F}(P_0) V_r\end{aligned} \tag{12}$$

이 되고, 여기서 V_r은 구형 영역 D_r의 부피 $(\frac{4}{3}\pi r^3)$이다. $r \to 0$일 때 식 (12)는 **F**의 발산이 **F**의 속과 구의 부피의 비의 극한값, 즉

$$\operatorname{div} \mathbf{F}(P_0) = \lim_{r\to 0} \frac{1}{V_r} \iint_{S_r} (\mathbf{F}\cdot\mathbf{n})\, dS$$

임을 보인다. 따라서 div **F**는 단위부피당 선다발을 의미한다.

발산정리는 전기학, 자기학, 유체역학 등에서 중요한 방정식을 유도하는 데 매우 유용하게 사용된다. 다음에서 유체역학 분야의 한 예를 생각해 보자.

연속방정식 9.7절의 뒷부분에서 div **F**는 한 점에서 유체의 밀도 변화율의 척도라고 하였다. **F**는 유체의 속도장, $\rho(x, y, z, t)$는 시간 t, 점 $P(x, y, z)$에서 유체의 밀도라고 가정하자. D를 구면 S와 그 내부를 포함하는 닫힌 영역이라 할 때 9.15절에서 영역 D의 유체의 전체 질량은 $m = \iiint_D \rho(x, y, z, t)\, dV$이고, 질량 증가율은

$$\frac{dm}{dt} = \frac{d}{dt}\iiint_D \rho(x, y, z, t)\, dV = \iiint_D \frac{\partial \rho}{\partial t}\, dV \tag{13}$$

이다.

그림 9.7.3에 의하면 단위시간당 곡면의 작은 넓이 ΔS를 통과하는 유체의 부피는 $(\mathbf{F}\cdot\mathbf{n})\Delta S$이고, 단위시간당 ΔS를 통과하는 유체의 질량은 $(\rho\mathbf{F}\cdot\mathbf{n})\Delta S$이다. 만약 D의 질량 변화가 D를 통해 유입되거나 유출되는 유체의 흐름에만 의존한다면 단위시간당 D에서 유출되는 유체의 부피는 9.13절의 식 (10)에서 $\iint_S (\mathbf{F}\cdot\mathbf{n})\, dS$로 주어지고, 단위시간당 D에서 유출되는 유체의 질량은 $\iint_S (\rho\mathbf{F}\cdot\mathbf{n})\, dS$이다. 그러므로 D의 질량 증가율의 또 다른 식은

$$-\iint_S (\rho\mathbf{F}\cdot\mathbf{n})\,dS \tag{14}$$

이다. 발산정리에 의하여 식 (14)는

$$-\iiint_D \operatorname{div}(\rho\mathbf{F})\,dV \tag{15}$$

와 같고, 식 (13)과 (15)를 같게 놓으면

$$\iiint_D \frac{\partial\rho}{\partial t}\,dV = -\iiint_D \operatorname{div}(\rho\mathbf{F})\,dV \qquad \text{또는} \qquad \iiint_D \left(\frac{\partial\rho}{\partial t} + \operatorname{div}(\rho\mathbf{F})\right) dV = 0$$

이다. 마지막 결과는 유체 내의 모든 구에 대하여 성립하므로 유체의 **연속방정식**(equation of continuity)을

$$\frac{\partial\rho}{\partial t} + \operatorname{div}(\rho\mathbf{F}) = 0 \tag{16}$$

으로 표현한다.

9.7절 뒷부분에서 div $\mathbf{F} = \nabla\cdot\mathbf{F} = 0$이면 유체는 비압축성(incompressible)이라고 하였다. 이 사실을 식 (16)으로도 설명할 수 있다. 만약 유체가 비압축성(물과 같은)이면, ρ는 일정하고 따라서 $\nabla\cdot(\rho\mathbf{F}) = \rho\nabla\cdot\mathbf{F}$이고 $\partial\rho/\partial t = 0$이므로 식 (16)은 $\nabla\cdot\mathbf{F} = 0$이 된다.

9.16 연습문제

부록에 선택된 홀수 문제의 답이 있다.

문제 1, 2에서는 발산정리를 확인하라.

1. $\mathbf{F} = xy\mathbf{i} + yz\mathbf{j} + xz\mathbf{k}$; D는 $0 \le x \le 1$, $0 \le y \le 1$, $0 \le z \le 1$인 단위 정육면체
2. $\mathbf{F} = 6xy\mathbf{i} + 4yz\mathbf{j} + xe^{-y}\mathbf{k}$; D는 세 개의 좌표 평면과 평면 $x + y + z = 1$로 둘러싸인 영역

문제 3~14에서는 발산정리를 사용하여 벡터장 $\mathbf{F}$의 바깥 방향 선다발 $\iint_S (\mathbf{F}\cdot\mathbf{n})\,dS$를 구하라.

3. $\mathbf{F} = x^3\mathbf{i} + y^3\mathbf{j} + z^3\mathbf{k}$; D는 구 $x^2 + y^2 + z^2 = a^2$로 둘러싸인 영역
4. $\mathbf{F} = 4x\mathbf{i} + y\mathbf{j} + 4z\mathbf{k}$; D는 구 $x^2 + y^2 + z^2 = 4$로 둘러싸인 영역
5. $\mathbf{F} = y^2\mathbf{i} + xz^3\mathbf{j} + (z-1)^2\mathbf{k}$; D는 원기둥 $x^2 + y^2 = 16$과 평면 $z = 1$, $z = 5$로 둘러싸인 영역
6. $\mathbf{F} = x^2\mathbf{i} + 2yz\mathbf{j} + 4z^3\mathbf{k}$; D는 $0 \le x \le 1$, $0 \le y \le 2$, $0 \le z \le 3$인 평행육면체
7. $\mathbf{F} = y^3\mathbf{i} + x^3\mathbf{j} + z^3\mathbf{k}$; D는 $z = \sqrt{4 - x^2 - y^2}$, $x^2 + y^2 = 3$, $z = 0$인 영역
8. $\mathbf{F} = (x^2 + \sin y)\mathbf{i} + z^2\mathbf{j} + xy^3\mathbf{k}$; D는 $y = x^2$, $z = 9 - y$, $z = 0$인 영역
9. $\mathbf{F} = (x\mathbf{i} + y\mathbf{j} + z\mathbf{k})/(x^2 + y^2 + z^2)$; D는 동심구 $x^2 + y^2 + z^2 = a^2$, $x^2 + y^2 + z^2 = b^2$, $b > a$ 사이 영역
10. $\mathbf{F} = 2yz\mathbf{i} + x^3\mathbf{j} + xy^2\mathbf{k}$; D는 타원체 $x^2/a^2 + y^2/b^2 + z^2/c^2 = 1$
11. $\mathbf{F} = 2xz\mathbf{i} + 5y^2\mathbf{j} + z^2\mathbf{k}$; D는 $z = y$, $z = 4 - y$, $z = 2 - \frac{1}{2}x^2$, $x = 0$, $z = 0$인 영역. 그림 9.16.6을 보라.

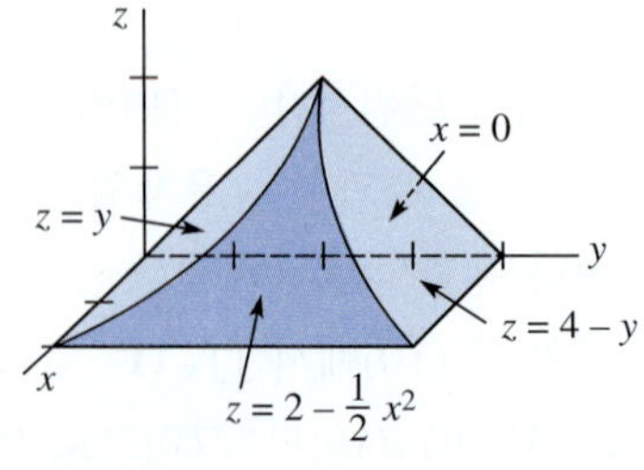

그림 9.16.6 문제 11의 영역 D

12. $\mathbf{F} = 15x^2y\mathbf{i} + x^2z\mathbf{j} + y^4\mathbf{k}$; D는 $x + y = 2$, $z = x + y$, $z = 3$, $x = 0$, $y = 0$으로 둘러싸인 영역

13. $\mathbf{F} = 3x^2y^2\mathbf{i} + y\mathbf{j} - 6zxy^2\mathbf{k}$; D는 포물면 $z = x^2 + y^2$과 평면 $z = 2y$로 둘러싸인 영역

14. $\mathbf{F} = xy^2\mathbf{i} + x^2y\mathbf{j} + 6 \sin x\mathbf{k}$; D는 원추 $z = \sqrt{x^2 + y^2}$과 평면 $z = 2$, $z = 4$로 둘러싸인 영역

15. 원점에 위치하는 점전하 q에 의한 점 $P(x, y, z)$에서의 전기장은 역제곱장

$$E = q\frac{\mathbf{r}}{\|\mathbf{r}\|^3}$$

로 주어지고, 여기서 $\mathbf{r} = x\mathbf{i} + y\mathbf{j} + z\mathbf{k}$이다.

(a) S는 닫힌 곡면이고 S_a는 S 안에 전체가 놓이는 구 $x^2 + y^2 + z^2 = a^2$, D는 S와 S_a 사이의 영역이다. 그림 9.16.7을 보라. 영역 D에서 $\mathbf{E}$의 바깥 방향 선다발이 0임을 보여라.

(b) (a)의 결과를 사용하여 **Gauss의 법칙**

$$\iint_S (\mathbf{E}\cdot\mathbf{n})\,dS = 4\pi q$$

을 증명하라. 즉 원점을 포함하는 임의의 닫힌 곡면(발산정리가 적용되는)을 통과하는 전기장 $\mathbf{E}$의 바깥 방향 선다발은 $4\pi q$이다.

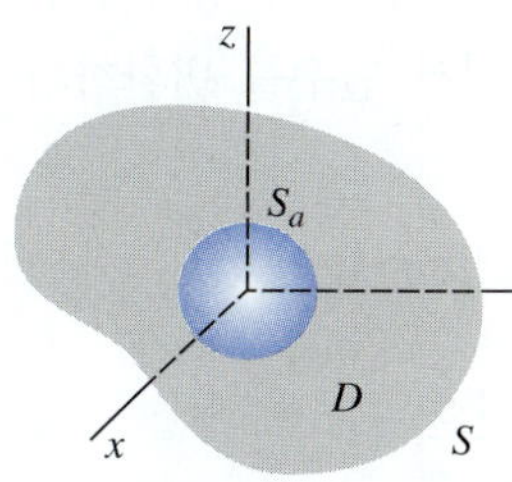

그림 9.16.7 문제 15(a)의 영역 D

16. 곡면 S로 둘러싸인 닫힌 유계 영역 D에 전하가 연속적으로 분포된다고 가정하자. 그러면 Gauss의 법칙의 자연스런 확장은

$$\iint_S (\mathbf{E}\cdot\mathbf{n})\,dS = \iiint_D 4\pi\rho\,dV$$

이고, 여기서 $\rho(x, y, z)$는 전하밀도 또는 단위부피당 전하이다.

(a) 연속방정식 (16)을 유도하는 방법을 이용하여 $\text{div}\,\mathbf{E} = 4\pi\rho$임을 보여라.

(b) $\mathbf{E}$가 비회전성 벡터장일 때, $\mathbf{E}$의 포텐셜 ϕ는 Poisson 방정식 $\nabla^2\phi = 4\pi\rho$를 만족시킴을 보여라.

문제 17~21에서는 S가 닫힌 유계 영역 D의 경계라고 가정한다.

17. $\mathbf{a}$가 상수벡터일 때, $\iint_S (\mathbf{a}\cdot\mathbf{n})\,dS = 0$임을 보여라.

18. $\mathbf{F} = P\mathbf{i} + Q\mathbf{j} + R\mathbf{k}$이고, P, Q, R은 연속인 2계 편도함수를 갖는다.

$$\iint_S (\text{curl}\,\mathbf{F}\cdot\mathbf{n})\,dS = 0$$

임을 보여라.

문제 19, 20에서 f와 g는 연속인 2계 편도함수를 갖는 스칼라 함수이다. 발산정리를 사용하여 다음 **Green 공식**을 증명하라.

19. $$\iint_S (f\nabla g)\cdot\mathbf{n}\,dS = \iiint_D (f\nabla^2 g + \nabla f\cdot\nabla g)\,dV$$

20. $$\iint_S (f\nabla g - g\nabla f)\cdot\mathbf{n}\,dS = \iiint_D (f\nabla^2 g - g\nabla^2 f)\,dV$$

21. f가 연속인 1계 편도함수를 갖는 스칼라 함수일 때

$$\iint_S f\mathbf{n}\,dS = \iiint_D \nabla f\,dV$$

를 증명하라. [힌트: $\mathbf{a}$가 상수벡터일 때 $f\,\mathbf{a}$에 식 (2)와 연습문제 9.7의 문제 27을 사용하라.]

22. 유체에 떠 있는 물체의 부력은 $\mathbf{B} = -\iint_S p\mathbf{n}\,dS$이고, 여기서 p는 유체의 압력이다. 압력 p는 정역학의 법칙에 의하여 액체의 밀도 $\rho(x, y, z)$와 $\nabla p = \rho(x, y, z)\mathbf{g}$로 주어지고, 여기서 $\mathbf{g}$는 중력가속도이다. 물체의 무게가 $\mathbf{W} = m\mathbf{g}$일 때 문제 21의 결과를 사용하여 Archimedes의 원리 $\mathbf{B} + \mathbf{W} = \mathbf{0}$을 증명하라. 그림 9.16.8을 보라.

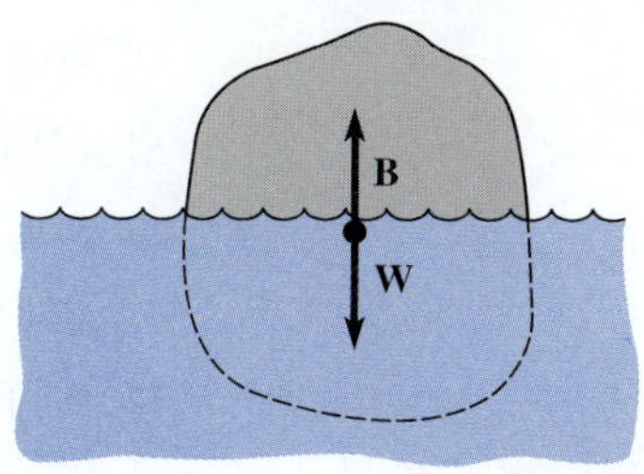

그림 9.16.8 문제 22의 떠 있는 물체

9.17 중적분에서의 변수변환

소개 많은 경우 정적분 $\int_a^b f(x)\,dx$를 계산하기 위하여 치환 또는 변수변환을 사용한다. f가 $[a, b]$에서 연속이고, $x = g(u)$가 연속인 도함수를 가지면 $dx = g'(u)\,du$에서

$$\int_a^b f(x)\,dx = \int_c^d f(g(u))\,g'(u)\,du \tag{1}$$

만약 함수 g가 일대일 대응이면 역함수가 존재하고 $c = g^{-1}(a)$, $d = g^{-1}(b)$이다. ▶

이고, 이때 $a = g(c)$, $b = g(d)$이다. 식 (1)에서 기억해야 할 내용 세 가지가 있다. 정적분에서 변수를 변환하기 위하여, 피적분함수의 x를 $g(u)$로 대체하고, x축 위의 적분 구간 $[a, b]$를 u축 위에 대응하는 구간 $[c, d]$로 바꾸고, dx를 du의 함수배(즉 g의 도함수 배)로 대체한다. 만약 $J(u) = dx/du$로 쓰면, 식 (1)은

$$\int_a^b f(x)\,dx = \int_c^d f(g(u))J(u)\,du \tag{2}$$

가 된다. 예를 들어 $x = 2\sin\theta$, $-\pi/2 \le \theta \le \pi/2$일 때

$$\underset{\downarrow\, x\text{ 극한}}{\int_0^2} \overbrace{\sqrt{4 - x^2}}^{f(x)}\,dx = \underset{\downarrow\, \theta\text{ 극한}}{\int_0^{\pi/2}} \overbrace{2\cos\theta}^{f(2\sin\theta)}\,\overbrace{(2\cos\theta)}^{J(\theta)}\,d\theta = 4\int_0^{\pi/2} \cos^2\theta\,d\theta = \pi$$

인 것이다.

이중적분 중적분에 대한 변수변환이 식 (1)에서와 같이 명확하지는 않지만 식 (2)에 나와 있는 기본 개념은 여전히 유지된다. 이중적분에서 변수를 변환하기 위해서는 두 개의 방정식

$$x = f(u, v), \qquad y = g(u, v) \tag{3}$$

이 필요하다. 식 (2)와 유사하게 이중적분에서 변수변환은

$$\iint_R F(x, y)\,dA = \iint_S F(f(u, v), g(u, v))\,J(u, v)\,dA' \tag{4}$$

의 형태가 되는데, 여기서 S는 xy 평면의 영역 R에 대응하는 uv 평면의 영역이고 $J(u, v)$는 방정식 (3)의 편도함수에 의존하는 어떤 함수이다. 식 (4)의 우변의 기호 dA'은 $du\,dv$ 또는 $dv\,du$를 나타낸다.

9.11절에서 직교좌표계의 이중적분 $\iint_R F(x, y)\,dA$를 극좌표계로 바꾸는 방법을 공부했다. 9.11절의 예제 2에서는 치환

$$x = r\cos\theta, \qquad y = r\sin\theta \tag{5}$$

를 사용하여

$$\int_0^2 \int_x^{\sqrt{8-x^2}} \frac{1}{5 + x^2 + y^2}\,dy\,dx = \int_{\pi/4}^{\pi/2} \int_0^{\sqrt{8}} \frac{1}{5 + r^2}\,r\,dr\,d\theta \tag{6}$$

를 얻은 바 있다. **그림 9.17.1**에 나와 있듯이 극좌표계를 사용함으로써 xy 평면의 본래의 적분 영역 R을 $r\theta$ 평면에서 더욱 편리한 직사각형 모양의 적분 영역인 S로 바꾼다. 식 (4)와 식 (6)을 비교하면 $J(r, \theta) = r$이고 $dA' = dr\, d\theta$임을 알 수 있다.

식 (3)의 변수변환식은 uv 평면에서 xy 평면으로의 **변환**(transformation) 또는 **사상**(mapping) T를 정의한다. $x_0 = f(u_0, v_0)$, $y_0 = g(u_0, v_0)$에 의해 xy 평면에서 결정되는 점 (x_0, y_0)를 점 (u_0, v_0)의 **상**(image)이라 부른다.

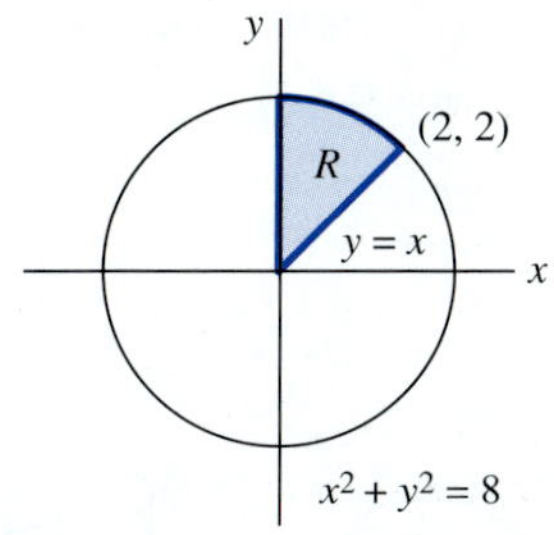

(a) xy 평면의 영역 R

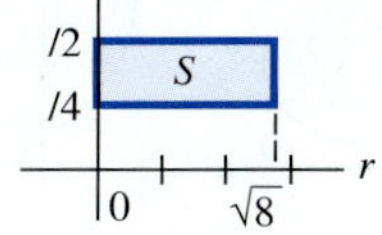

(b) $r\theta$ 평면의 영역 S

그림 9.17.1 식 (6)을 계산하기 위한 영역 S

예제 1 영역의 상

변환 $x = u^2 + v^2$, $y = u^2 - v^2$에 의해 **그림 9.17.2(a)**의 영역 S의 상을 구하라.

풀이 영역 S를 이루는 변 S_1, S_2, S_3의 상을 먼저 구해 보자.

S_1: 이 경계곡선에서 $v = 0$이므로 $x = u^2$, $y = u^2$이고 u를 소거하면 $y = x$이다. 경계를 따라 $(1, 0)$에서 $(2, 0)$으로(즉 $1 \le u \le 2$) 이동한다고 생각해 보자. 식 $x = u^2$, $y = u^2$에 의해 x는 $x = 1$에서 $x = 4$로, 동시에 y는 $y = 1$에서 $y = 4$로 이동한다. 다시 말해서 xy 평면에서 S_1의 상은 $(1, 1)$에서 $(4, 4)$까지의 선분 $y = x$이다.

S_2: 이 선에서 $u^2 + v^2 = 4$이므로 $x = 4$이다. 점 $(2, 0)$에서 $(\sqrt{\frac{5}{2}}, \sqrt{\frac{3}{2}})$으로 이동할 때, 식 $y = u^2 - v^2$에 의해 $y = 2^2 - 0^2 = 4$에서 $y = (\sqrt{\frac{5}{2}})^2 - (\sqrt{\frac{3}{2}})^2 = 1$로 이동한다. 이 경우 S_2의 상은 $(4, 4)$에서 $(4, 1)$로 내려오는 수직 선분 $x = 4$이다.

S_3: $u^2 - v^2 = 1$이므로, $y = 1$이다. 그러나 $(\sqrt{\frac{5}{2}}, \sqrt{\frac{3}{2}})$에서 $(1, 0)$으로 경계를 따라 이동할 때, 식 $x = u^2 + v^2$에 의해 x는 $x = 4$에서 $x = 1$로 이동한다. 따라서 S_3의 상은 $(4, 1)$에서 $(1, 1)$로 이동하는 수평선 $y = 1$이다.

결과적으로 S의 상은 그림 9.17.2(b)에 나와 있는 영역 R이다. ≡

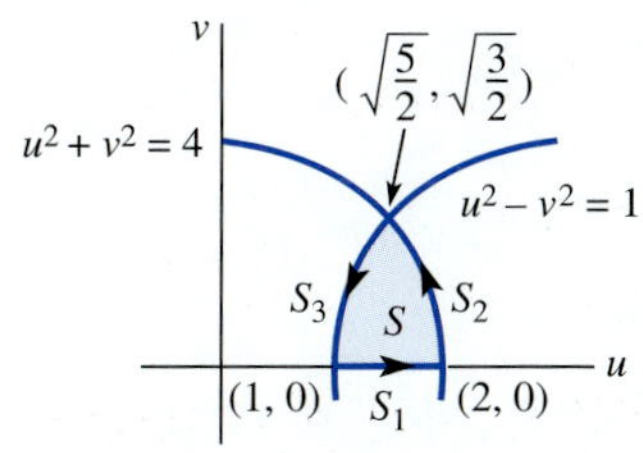

(a)

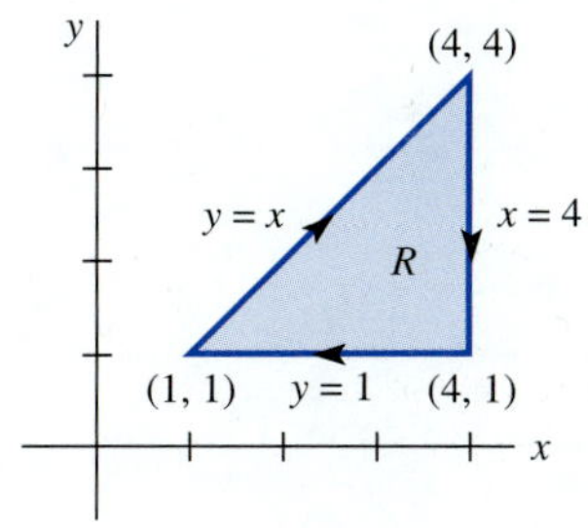

(b)

그림 9.17.2 영역 R은 예제 1의 영역 S의 상임

예제 1에서 S의 경계를 반시계 방향으로 이동할 때, R의 경계는 시계 방향으로 이동하였다. 이는 S의 경계에 대한 변환이 R의 경계의 방향을 결정하기 때문이다.

중적분의 변수변환 공식을 증명하는 것은 이 책의 수준을 넘는다. 여기서는 식 (3)과 영역 R과 S에 대한 몇 가지 가정만을 소개하겠다.

- 함수 f와 g는 S에서 연속인 1계 편도함수를 갖는다.
- 변환은 일대일이다.
- 영역 R과 S는 구간별 매끄러운 단순 폐곡선과 그 내부로 이루어진다.
- 행렬식

$$\begin{vmatrix} \dfrac{\partial x}{\partial u} & \dfrac{\partial x}{\partial v} \\ \dfrac{\partial y}{\partial u} & \dfrac{\partial y}{\partial v} \end{vmatrix} = \frac{\partial x}{\partial u}\frac{\partial y}{\partial v} - \frac{\partial x}{\partial v}\frac{\partial y}{\partial u} \tag{7}$$

는 S에서 0이 아니다.

11.3절에서 또 다른 Jacobian을 보게 될 것이다. ▶

R의 각 점 (x_0, y_0)가 변환 T에 의하여 S의 유일한 점 (u_0, v_0)의 상이 되면 변환 T가 **일대일**(one-to-one)이라고 한다. 다시 말해서 S의 어떤 두 점도 R에서 같은 상을 갖지 않는다. $r \geq 0$과 $0 \leq \theta \leq 2\pi$로 제한하면 식 (5)는 $r\theta$ 평면에서 xy 평면으로의 일대일 변환을 정의한다. 식 (7)의 행렬식을 변환 T의 **Jacobian**이라 부르며 이는 중적분의 변수변환에서 매우 중요한 개념이다. 식 (3)으로 정의되는 변환의 Jacobian을

$$\frac{\partial(x, y)}{\partial(u, v)}$$

로 표시한다.

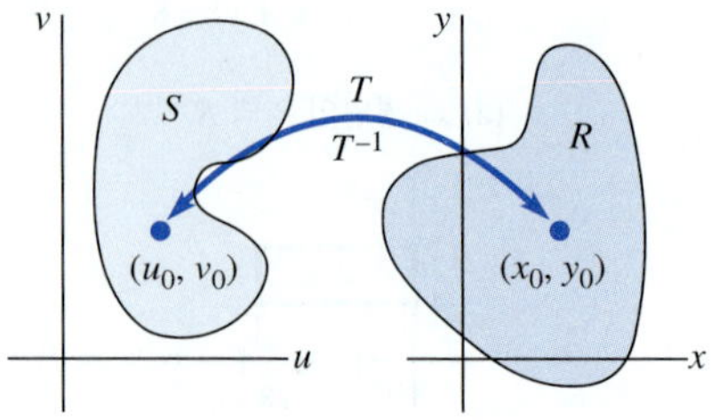

그림 9.17.3 변환 T와 역변환

일대일 함수의 개념과 유사하게, 일대일 변환 T는 T^{-1}에 의해 (u_0, v_0)가 (x_0, y_0)의 상이 되는 **역변환**(inverse transformation) T^{-1}을 갖는다. 그림 9.17.3을 보라. 만약 식 (3)에서 u와 v를 x와 y로 나타낼 수 있으면, 역변환을

$$u = h(x, y), \qquad v = k(x, y) \tag{8}$$

로 정의한다. 역변환 T^{-1}의 Jacobian은

$$\frac{\partial(u, v)}{\partial(x, y)} = \begin{vmatrix} \dfrac{\partial u}{\partial x} & \dfrac{\partial u}{\partial y} \\ \dfrac{\partial v}{\partial x} & \dfrac{\partial v}{\partial y} \end{vmatrix} \tag{9}$$

이고 원래의 변환 T의 Jacobian과

$$\frac{\partial(x, y)}{\partial(u, v)} \frac{\partial(u, v)}{\partial(x, y)} = 1 \tag{10}$$

의 관계를 갖는다.

예제 2 Jacobian

변환 $x = r\cos\theta$, $y = r\sin\theta$의 Jacobian은

$$\frac{\partial(x, y)}{\partial(r, \theta)} = \begin{vmatrix} \dfrac{\partial x}{\partial r} & \dfrac{\partial x}{\partial \theta} \\ \dfrac{\partial y}{\partial r} & \dfrac{\partial y}{\partial \theta} \end{vmatrix} = \begin{vmatrix} \cos\theta & -r\sin\theta \\ \sin\theta & r\cos\theta \end{vmatrix} = r(\cos^2\theta + \sin^2\theta) = r$$

이다. ≡

중적분에서 어떻게 변수를 변환하는지에 대해 다시 정리해 보자. 식 (4)의 표현은 정확하며, 여기서 함수 $J(u, v)$는 $|\partial(x, y)/\partial(u, v)|$이다. 위에서 설명한 가정 아래 다음 결과를 얻는다.

정리 9.17.1 이중적분의 변수변환

F가 R에서 연속이면

$$\iint_R F(x, y)\, dA = \iint_S F(f(u, v), g(u, v)) \left|\frac{\partial(x, y)}{\partial(u, v)}\right| dA' \tag{11}$$

이다.

이중적분을 극좌표로 변환하는 9.11절의 공식 (3)은 식 (11)의 특별한 경우로

$$\left|\frac{\partial(x, y)}{\partial(r, \theta)}\right| = |r| = r$$

이다. 여기서 $r \geq 0$을 사용하였다. 식 (6)에서도 $J(r, \theta) = |\partial(x, y)/\partial(u, v)| = r$이 된 것이다.

중적분에서 피적분 함수를 간단히 하거나 적분 영역을 간단히 하기 위하여 변수변환을 사용한다. 변수변환의 구체적인 형태는 피적분 함수 $F(x, y)$의 구조 또는 영역 R을 정의하는 식에 의하여 결정된다. 결과적으로 변환은 식 (8)과 같이 주어지는 방정식에 의하여 정의되며 이의 역변환을 다루기도 한다. 다음 두 예제를 보자.

예제 3 이중적분의 변수변환

그림 9.17.4(a)의 영역 R에 대해 $\iint_R \sin(x + 2y)\cos(x - 2y)\, dA$를 계산하라.

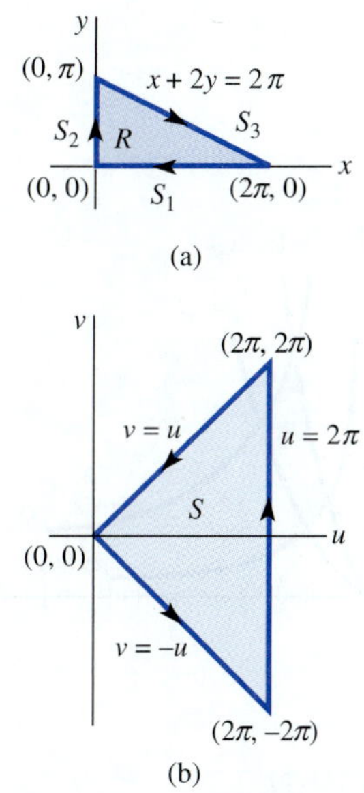

그림 9.17.4 영역 S는 예제 3의 영역 R의 상임

풀이 주어진 이중적분을 계산할 때의 어려움은 피적분 함수에 있다. 피적분 함수에 $x + 2y$와 $x - 2y$가 포함되어 있으므로 변수변환을 $u = x + 2y$, $v = x - 2y$로 정의하자. 이러한 변환은 영역 R을 uv 평면의 영역 S로 변환할 것이다. 예제 1에서와 같이 영역의 변을 변환하자.

S_1: $y = 0$이므로 $u = x$와 $v = x$에서 $v = u$이다. 점 $(2\pi, 0)$에서 점 $(0, 0)$으로 이동할 때, uv 평면에 대응하는 상은 $(2\pi, 2\pi)$에서 $(0, 0)$까지 선분 $v = u$ 위에 위치한다.

S_2: $x = 0$이므로 $u = 2y$와 $v = -2y$에서 $v = -u$이다. 점 $(0, 0)$에서 점 $(0, \pi)$까지 이동할 때, uv 평면에 대응하는 상은 $(0, 0)$에서 $(2\pi, -2\pi)$까지 선분 $v = -u$ 위에 위치한다.

S_3: $x + 2y = 2\pi$이므로 $u = 2\pi$이다. 점 $(0, \pi)$에서 점 $(2\pi, 0)$까지 이동할 때, $v = x - 2y$에 의해 v는 $v = -2\pi$에서 $v = 2\pi$까지 이동한다. 그러므로 S_3의 상은 $(-2\pi, -2\pi)$에서 $(2\pi, 2\pi)$를 잇는 수직 선분 $u = 2\pi$이다. 그림 9.17.4(b)를 보라.

이제 x와 y를 u와 v에 관하여 풀면

$$x = \frac{1}{2}(u + v), \quad y = \frac{1}{4}(u - v)$$

이고, 따라서

$$\frac{\partial(x, y)}{\partial(u, v)} = \begin{vmatrix} \dfrac{\partial x}{\partial u} & \dfrac{\partial x}{\partial v} \\ \dfrac{\partial y}{\partial u} & \dfrac{\partial y}{\partial v} \end{vmatrix} = \begin{vmatrix} \dfrac{1}{2} & \dfrac{1}{2} \\ \dfrac{1}{4} & -\dfrac{1}{4} \end{vmatrix} = -\frac{1}{4}$$

이다. 결과적으로 식 (11)에서

$$\iint_R \sin(x+2y)\cos(x-2y)\,dA = \iint_S \sin u \cos v \left|-\frac{1}{4}\right| dA'$$

$$= \frac{1}{4}\int_0^{2\pi}\int_{-u}^{u} \sin u \cos v \, dv\, du$$

$$= \frac{1}{4}\int_0^{2\pi} \sin u \sin v \Big]_{-u}^{u} du$$

$$= \frac{1}{2}\int_0^{2\pi} \sin^2 u\, du$$

$$= \frac{1}{4}\int_0^{2\pi} (1-\cos 2u)\, du$$

$$= \frac{1}{4}\left[u - \frac{1}{2}\sin 2u\right]_0^{2\pi} = \frac{\pi}{2}$$

가 된다. ≡

예제 4 이중적분의 변수변환

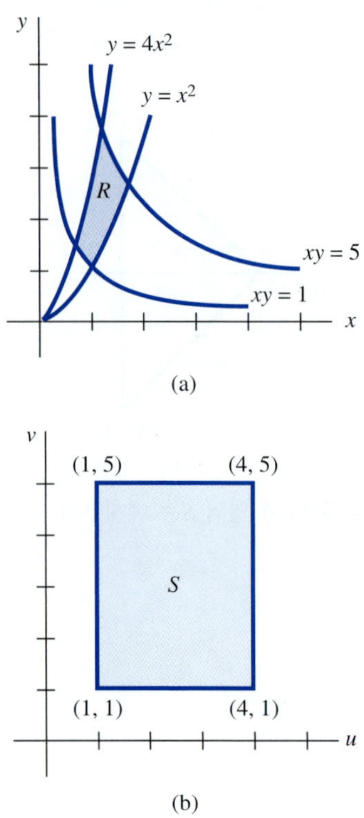

그림 9.17.5 영역 S는 예제 4의 영역 R의 상임

그림 9.17.5(a)의 영역 R에 대해 $\iint_R xy\, dA$를 계산하라.

풀이 이 경우 피적분 함수는 매우 간단하지만, 영역 R에 대한 이중적분 $\iint_R xy\, dA$를 세 영역에 대한 이중적분의 합으로 나타내야 하기 때문에 계산이 매우 복잡해진다(확인하라).

여기서는 R의 경계를 나타내는 함수의 공통점을 이용하여 변수변환

$$u = \frac{y}{x^2}, \quad v = xy \tag{12}$$

를 사용하겠다. R의 상을 구하는 것은 매우 간단한데, 이는 원래 네 경계를 이루는 곡선의 상이 단순히 $u=1$, $u=4$, $v=1$, $v=5$이기 때문이다. 다시 말해서 영역 R의 상은 uv 평면에서 간단한 직사각형 영역 S: $1 \le u \le 4$, $1 \le v \le 5$이다. 그림 9.17.5(b)를 보라.

이제 식 (12)를 x와 y에 관하여 푸는 대신에 $\partial(u, v)/\partial(x, y)$를 먼저 계산하고 식 (10)을 사용하여 Jacobian $\partial(x, y)/\partial(u, v)$를 구하겠다.

$$\frac{\partial(u,v)}{\partial(x,y)} = \begin{vmatrix} \frac{\partial u}{\partial x} & \frac{\partial u}{\partial y} \\ \frac{\partial v}{\partial x} & \frac{\partial v}{\partial y} \end{vmatrix} = \begin{vmatrix} -\frac{2y}{x^3} & \frac{1}{x^2} \\ y & x \end{vmatrix} = -\frac{3y}{x^2}$$

이므로, 식 (10)에서

$$\frac{\partial(x, y)}{\partial(u, v)} = \frac{1}{\dfrac{\partial(u, v)}{\partial(x, y)}} = -\frac{x^2}{3y} = -\frac{1}{3u}$$

이다. 그러므로

$$\begin{aligned}\iint_R xy\, dA &= \iint_S v\left|-\frac{1}{3u}\right| dA' \\ &= \frac{1}{3}\int_1^4\int_1^5 \frac{v}{u}\, dv\, du \\ &= \frac{1}{3}\int_1^4 \frac{v^2}{2u}\bigg]_1^5 du \\ &= 4\int_1^4 \frac{1}{u}\, du = 4\ln u\bigg]_1^4 = 4\ln 4\end{aligned}$$

이다. ≡

삼중적분 삼중적분의 변수변환을 위해

$$x = f(u, v, w), \qquad y = g(u, v, w), \qquad z = h(u, v, w)$$

를 uvw 공간의 영역 E에서 xyz 공간의 영역 D로의 일대일 변환 T라고 하자. F가 D에서 연속이면

$$\iiint_D F(x, y, z)\, dV = \iiint_E F(f(u, v, w), g(u, v, w), h(u, v, w))\left|\frac{\partial(x, y, z)}{\partial(u, v, w)}\right| dV'$$

이고, 여기서

$$\frac{\partial(x, y, z)}{\partial(u, v, w)} = \begin{vmatrix} \dfrac{\partial x}{\partial u} & \dfrac{\partial x}{\partial v} & \dfrac{\partial x}{\partial w} \\ \dfrac{\partial y}{\partial u} & \dfrac{\partial y}{\partial v} & \dfrac{\partial y}{\partial w} \\ \dfrac{\partial z}{\partial u} & \dfrac{\partial z}{\partial v} & \dfrac{\partial z}{\partial w} \end{vmatrix}$$

이다. T가 구좌표계에서 직교좌표계로의 변수변환

$$x = \rho \sin\phi\cos\theta, \qquad y = \rho\sin\phi\sin\theta, \qquad z = \rho\cos\phi \tag{13}$$

이면

$$\frac{\partial(x, y, z)}{\partial(\rho, \phi, \theta)} = \rho^2\sin\phi$$

임을 보이는 것은 독자에게 맡기겠다.

9.17 연습문제

부록에 선택된 홀수 문제의 답이 있다.

1. $x = 4u - v$, $y = 5u + 4v$로 정의되는 변환 T를 생각하자. uv 평면의 점 $(0, 0)$, $(0, 2)$, $(4, 0)$, $(4, 2)$에 대해 T에 의한 상을 구하라.

2. $x = \sqrt{v - u}$, $y = v + u$로 정의되는 변환 T를 생각하자. xy 평면의 점 $(1, 1)$, $(1, 3)$, $(\sqrt{2}, 2)$에 대해 T^{-1}에 의한 상을 구하라.

문제 3~6에서는 주어진 변환에 의한 집합 S의 상을 구하라.

3. S: $0 \le u \le 2$, $0 \le v \le u$; $x = 2u + v$, $y = u - 3v$

4. S: $-1 \le u \le 4$, $1 \le v \le 5$; $u = x - y$, $v = x + 2y$

5. S: $0 \le u \le 1$, $0 \le v \le 2$; $x = u^2 - v^2$, $y = uv$

6. S: $1 \le u \le 2$, $1 \le v \le 2$; $x = uv$, $y = v^2$

문제 7~10에서는 uv 평면에서 xy 평면으로의 변환 T의 Jacobian을 구하라.

7. $x = ve^{-u}$, $y = ve^{u}$

8. $x = e^{3u} \sin v$, $y = e^{3u} \cos v$

9. $u = \dfrac{y}{x^2}$, $v = \dfrac{y^2}{x}$

10. $u = \dfrac{2x}{x^2 + y^2}$, $v = \dfrac{-2y}{x^2 + y^2}$

11. **(a)** 영역 S: $0 \le u \le 1$, $0 \le v \le 1$의 변환 $x = u - uv$, $y = uv$에 의한 상을 구하라.

(b) 변환이 S의 경계에서 일대일이 아닌 이유를 설명하라.

12. 문제 11에 대해 어디에서 변환의 Jacobian $\partial(x, y)/\partial(u, v)$가 0이 되는지 결정하라.

문제 13~22에서는 적분을 주어진 변수변환에 의해 계산하라.

13. $\iint_R (x + y)\, dA$; R은 $x - 2y = -6$, $x - 2y = 6$, $x + y = -1$, $x + y = 3$으로 둘러싸인 영역; $u = x - 2y$, $v = x + y$

14. $\displaystyle\iint_R \frac{\cos\frac{1}{2}(x - y)}{3x + y}$; R은 $y = x$, $y = x - \pi$, $y = -3x + 3$, $y = -3x + 6$으로 둘러싸인 영역; $u = x - y$, $v = 3x + y$

15. $\displaystyle\iint_R \frac{y^2}{x}\, dA$; R은 $y = x^2$, $y = \frac{1}{2}x^2$, $x = y^2$, $x = \frac{1}{2}y^2$으로 둘러싸인 영역; $u = \dfrac{x^2}{y}$, $v = \dfrac{y^2}{x}$

16. $\iint_R (x^2 + y^2)^{-3}\, dA$; R은 원 $x^2 + y^2 = 2x$, $x^2 + y^2 = 4x$, $x^2 + y^2 = 2y$, $x^2 + y^2 = 6y$로 둘러싸인 영역; $u = \dfrac{2x}{x^2 + y^2}$, $v = \dfrac{2y}{x^2 + y^2}$ [힌트: $u^2 + v^2$의 형태를 만들라.]

17. $\iint_R (x^2 + y^2)\, dA$; R은 제1사분면에서 $x^2 - y^2 = a$, $x^2 - y^2 = b$, $2xy = c$, $2xy = d$, $0 < a < b$, $0 < c < d$; $u = x^2 - y^2$, $v = 2xy$

18. $\iint_R (x^2 + y^2) \sin xy\, dA$; R은 $x^2 - y^2 = 1$, $x^2 - y^2 = 9$, $xy = 2$, $xy = -2$로 둘러싸인 영역 ; $u = x^2 - y^2$, $v = xy$

19. $\displaystyle\iint_R \frac{x}{y + x^2}\, dA$; R은 제1사분면에서 $x = 1$, $y = x^2$, $y = 4 - x^2$로 둘러싸인 영역; $x = \sqrt{v - u}$, $y = v + u$

20. $\iint_R y\, dA$; R은 꼭지점이 $(0, 0)$, $(2, 3)$, $(-4, 1)$인 삼각형; $x = 2u - 4v$, $y = 3u + v$

21. $\iint_R y^4\, dA$; R은 제1사분면에서 $xy = 1$, $xy = 4$, $y = x$, $y = 4x$로 둘러싸인 영역; $u = xy$, $v = y/x$

22. $\iiint_D (4z + 2x - 2y)\, dV$; D는 평행육면체 $1 \le y + z \le 3$, $-1 \le -y + z \le 1$, $0 \le x - y \le 3$; $u = y + z$, $v = -y + z$, $w = x - y$

문제 23~26에서는 적당한 변수변환에 의해 이중적분을 계산하라.

23. $\int_0^1 \int_0^{1-x} e^{(y-x)/(y+x)}\, dy\, dx$

24. $\int_{-2}^0 \int_0^{x+2} e^{y^2 - 2xy + x^2}\, dy\, dx$

25. $\iint_R (6x + 3y)\, dA$; R은 꼭지점이 $(1, 0)$, $(4, 0)$, $(2, 4)$, $(\frac{1}{2}, 1)$인 제1사분면의 사다리꼴

26. $\iint_R (x + y)^4 e^{x-y}\, dA$; R은 꼭지점이 $(1, 0)$, $(0, 1)$, $(1, 2)$, $(2, 1)$인 정사각형

27. 열역학에서 이상적인 Carnot 엔진이 한 일을 구하는 문제가 있다. 이 일은 제1사분면에서 등온선(isothermal) $xy = a$, $xy = b$, $0 < a < b$와 단열선(adiabatic) $xy^{1.4} = c$, $xy^{1.4} = d$, $0 < c < d$로 둘러싸인 영역 R의 넓이로 정의된다. $A = \iint_R dA$와 적당한 치환을 사용하여 **그림 9.17.6**에 나타나는 넓이를 구하라.

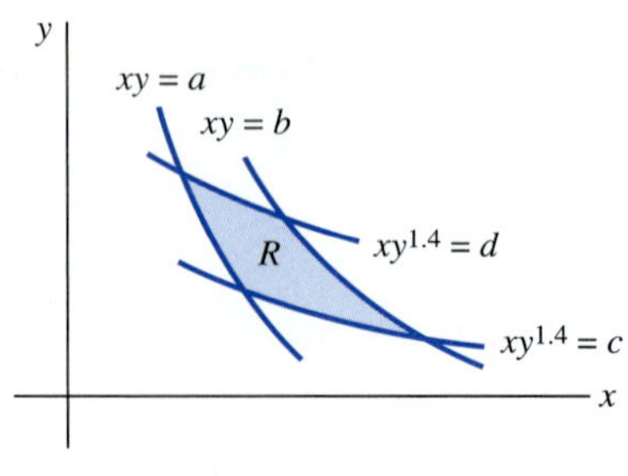

그림 9.17.6 문제 27의 영역 R

28. $V = \iiint_D dV$와 치환 $u = x/a$, $v = y/b$, $w = z/c$를 사용하여, 타원체 $x^2/a^2 + y^2/b^2 + z^2/c^2 = 1$의 부피가 $V = \frac{4}{3}\pi abc$임을 보여라.

29. 이중적분 $\iint_R \left(\dfrac{x^2}{25} + \dfrac{y^2}{9}\right) dA$를 계산하라. R은 경계가 $x^2/25 + y^2/9 = 1$인 타원 영역이다. 변환 $u = x/5$, $v = y/3$와 극좌표를 사용하라.

30. 식 (13)으로 주어지는 변환의 Jacobian이 $\partial(x, y, z)/\partial(\rho, \phi, \theta) = \rho^2 \sin \phi$임을 보여라.

9 복습문제

부록에 선택된 홀수 문제의 답이 있다.

문제 1~20에서는 교재를 참조하지 말고 답하라. 빈 칸을 채우거나 참/거짓을 결정하라. 필요하면 P, Q와 이의 1계 편도함수가 연속이라고 가정하라.

1. 위치벡터가 $\mathbf{r}(t) = \cos t\mathbf{i} + \cos t\mathbf{j} + \sqrt{2}\sin t\mathbf{k}$인 물체는 일정한 속력으로 움직인다._____

2. 위치벡터가 $\mathbf{r}(t) = (t^2 + 1)\mathbf{i} + 4\mathbf{j} + t^4\mathbf{k}$인 물체의 경로는 평면 위에 있다._____

3. 종법선벡터(binormal vector)는 접촉평면(osculating plane)에 수직이다._____

4. $\mathbf{r}(t)$가 움직이는 물체의 위치벡터이면 속도벡터 $\mathbf{v}(t) = \mathbf{r}'(t)$와 가속도벡터 $\mathbf{a}(t) = \mathbf{r}''(t)$는 서로 수직이다._____

5. ∇z는 $z = f(x, y)$의 그래프에 수직이다._____

6. $\nabla f = \mathbf{0}$이면 $f =$ 일정._____

7. 적분 $\int_C (x^2 + y^2)\,dx + 2xy\,dy$는 C가 (0, 0)에서 (1, 1)까지 $y = x^3$이거나 (0, 0)에서 (1, 1)까지 $y = x^6$이거나 같은 값을 갖는다._____

8. 두 점 A와 B 사이에서 적분 $\int_C 2xy\,dx - x^2\,dy$의 값은 적분 경로 C에 의존한다._____

9. C_1과 C_2가 $\int_{C_1} P\,dx + Q\,dy = \int_{C_2} P\,dx + Q\,dy$인 매끄러운 두 곡선이면, $\int_C P\,dx + Q\,dy$는 적분 경로에 무관하다._____

10. 일 $\int_C \mathbf{F} \cdot d\mathbf{r}$이 곡선 C에 의존하면, $\mathbf{F}$는 비보존적이다._____

11. $\partial P/\partial x = \partial Q/\partial y$이면, $\int_C P\,dx + Q\,dy$는 적분 경로에 무관하다._____

12. 보존적 힘장 $\mathbf{F}$에서 단순 폐곡선을 따라 $\mathbf{F}$가 한 일은 0이다._____

13. 모든 편도함수의 연속성을 가정하면, $\nabla \times \nabla f = \mathbf{0}$이다._____

14. 곡면 S에서 보존적 벡터장 $\mathbf{F}$의 curl의 법선성분에 대한 면적분은 0이다._____

15. 곡선 C를 따라 힘 $\mathbf{F}$가 한 일은 전적으로 $\mathbf{F}$의 접선성분에 기인한다._____

16. 평면 $z = 0$의 2차원 벡터장 $\mathbf{F}$에 대하여 Stokes정리는 Green정리와 같다._____

17. $\mathbf{F}$가 보존적 힘장이면, 물체의 위치에너지와 운동에너지의 합은 일정하다._____

18. $\int_C P\,dx + Q\,dy$가 적분 경로에 무관하면, $\mathbf{F} = P\mathbf{i} + Q\mathbf{j}$는 어떤 함수 ϕ의 기울기 벡터이다._____

19. $\phi = 1/\sqrt{x^2 + y^2}$이 보존적 힘장 $\mathbf{F}$의 포텐셜 함수이면 $\mathbf{F} =$ _____.

20. $\mathbf{F} = f(x)\mathbf{i} + g(y)\mathbf{j} + h(z)\mathbf{k}$이면 curl $\mathbf{F} =$ _____.

21. 위치벡터가 $\mathbf{r}(t) = 6t\mathbf{i} + t\mathbf{j} + t^2\mathbf{k}$인 물체가 평면 $-x + y + z = -4$를 지날 때 속도와 가속도를 구하라.

22. 움직이는 물체의 속도는 $\mathbf{v}(t) = -10t\mathbf{i} + (3t^2 - 4t)\mathbf{j} + \mathbf{k}$이다. 물체가 $t = 0$일 때 (1, 2, 3)에서 출발하면 $t = 2$일 때 위치는 어디인가?

23. 움직이는 물체의 가속도는 $\mathbf{a}(t) = \sqrt{2}\sin t\mathbf{i} + \sqrt{2}\cos t\mathbf{j}$이다. $t = \pi/4$에서 물체의 속도와 위치가 각각

$$\mathbf{v}(\pi/4) = -\mathbf{i} + \mathbf{j} + \mathbf{k}\text{와 } \mathbf{r}(\pi/4) = \mathbf{i} + 2\mathbf{j} + (\pi/4)\mathbf{k}$$

로 주어졌을 때, $t = 3\pi/4$에서 물체의 위치는 어디인가?

24. $\mathbf{r}(t) = \frac{1}{2}t^2\mathbf{i} + \frac{1}{3}t^3\mathbf{j} - \frac{1}{2}t^2\mathbf{k}$가 움직이는 물체의 위치벡터일 때, 임의의 t에 대하여 가속도의 법선성분과 접선성분을 구하라. 곡률을 구하라.

25. $\mathbf{r}(t) = \cosh t\mathbf{i} + \sinh t\mathbf{j} + t\mathbf{k}$에 의하여 그려지는 곡선을 그려라.

26. 문제 25의 벡터함수가 움직이는 물체의 위치벡터라고 가정하자. $t = 1$일 때 벡터 $\mathbf{T}$, $\mathbf{N}$, $\mathbf{B}$를 구하라. 이 점에서 곡률을 구하라.

문제 27, 28에서는 주어진 방향으로 주어진 함수의 방향도함수를 구하라.

27. $f(x, y) = x^2y - y^2x$; $2\mathbf{i} + 6\mathbf{j}$ 방향의 $D_{\mathbf{u}} f$

28. $F(x, y, z) = \ln(x^2 + y^2 + z^2)$; $-2\mathbf{i} + \mathbf{j} + 2\mathbf{k}$ 방향의 $D_{\mathbf{u}}F$

29. 함수 $f(x, y) = x^2y^4$을 생각하라. (1, 1)에서 다음을 구하라.

(a) $\mathbf{i}$ 방향의 f의 변화율

(b) $\mathbf{i} - \mathbf{j}$ 방향의 f의 변화율

(c) $\mathbf{j}$ 방향의 f의 변화율

30. $w = \sqrt{x^2 + y^2 + z^2}$이다.

(a) $x = 3 \sin 2t$, $y = 4 \cos 2t$, $z = 5t^3$일 때 dw/dt를 구하라.

(b) $x = 3 \sin 2\dfrac{t}{r}$이고 $y = 4 \cos 2\dfrac{t}{r}$, $z = 5t^3r^3$일 때, $\partial w/\partial t$를 구하라.

31. 다음 그래프의 접평면의 방정식을 구하라.

$$(\tfrac{1}{2}, \tfrac{2}{3}\pi, \tfrac{1}{2}\sqrt{3})\text{에서 } z = \sin(xy)$$

32. 접평면이 $z = 2$에 평행이 되는 점들이 곡면 $z^2 + xy - 2x - y^2 = 1$의 위에 있는지를 결정하라.

33. 적분 순서 **(a)** $dy\,dx$, **(b)** $dx\,dy$를 사용하는 반복적분으로 그림 9.R.1의 입체의 부피를 나타내라. **(a)** 또는 **(b)**를 선택하여 부피를 계산하라.

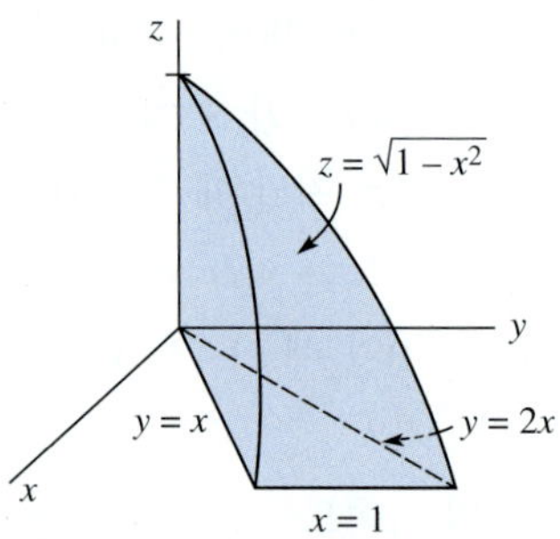

그림 9.R.1 문제 33의 입체

34. 얇은 판은 제1사분면에서 $y = x^2$과 $y = x^3$로 둘러싸인 영역이다. 점 P의 밀도는 원점으로부터의 거리의 제곱에 비례할 때, 질량중심을 구하라.

35. 문제 34에서 기술한 물체의 y축에 대한 관성모멘트를 구하라.

36. **(a)** 직교좌표, **(b)** 원기둥좌표, **(c)** 구좌표의 삼중적분을 사용하여 구 $x^2 + y^2 + z^2 = a^2$의 부피를 구하라.

37. 원추 $z = \sqrt{x^2 + y^2}$, $z = \sqrt{9x^2 + 9y^2}$, 평면 $z = 3$으로 둘러싸인 입체의 부피를 구하라.

38. 그림 9.R.2의 입체의 부피를 구하라.

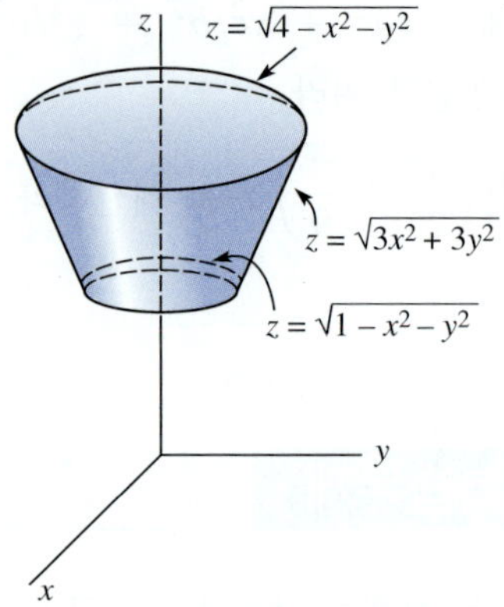

그림 9.R.2 문제 38의 입체

문제 39~42에서는 벡터장 $\mathbf{F} = x^2y\mathbf{i} + xy^2\mathbf{j} + 2xyz\mathbf{k}$에 대해 다음을 구하라.

39. $\nabla \cdot \mathbf{F}$

40. $\nabla \times \mathbf{F}$

41. $\nabla \cdot (\nabla \times \mathbf{F})$

42. $\nabla(\nabla \cdot \mathbf{F})$

43. $\displaystyle\int_C \frac{z^2}{x^2 + y^2}$를 계산하라. C는

$$x = \cos 2t, \quad y = \sin 2t, \quad z = 2t, \quad \pi \le t \le 2\pi$$

이다.

44. $\int_C (xy + 4x)\, ds$를 계산하라. C는 (1, 0)에서 (0, 2)까지 $2x + y = 2$로 주어진다.

45. $\int_C 3x^2y^2\, dx + (2x^3y - 3y^2)\, dy$를 계산하라. C는 (0, 0)에서 (1, −2)까지 $y = 5x^4 + 7x^2 - 14x$로 주어진다.

46. $\displaystyle\oint_C \frac{-y\, dx + x\, dy}{x^2 + y^2} = 2\pi$임을 보여라. C는 원 $x^2 + y^2 = a^2$이다.

47. $\int_C y \sin \pi z\, dx + x^2e^y\, dy + 3xyz\, dz$을 계산하라. C는 (0, 0, 0)에서 (1, 1, 1)까지 $x = t$, $y = t^2$, $z = t^3$으로 주어진다.

48. $\mathbf{F} = 4y\mathbf{i} + 6x\mathbf{j}$이고 C는 $x^2 + y^2 = 1$로 주어질 때, 두 가지 다른 방법으로 $\oint_C \mathbf{F} \cdot d\mathbf{r}$을 계산하라.

49. 힘 $\mathbf{F} = x \sin y\, \mathbf{i} + y \sin x\, \mathbf{j}$가 (0, 0)에서 ($\pi$/2, 0)까지의 선분과 ($\pi$/2, 0)에서 ($\pi$/2, π)까지의 선분을 따라 작용하여 한 일을 구하라.

50. 힘 $\mathbf{F} = \dfrac{2}{x^2 + y^2}\mathbf{i} + \dfrac{1}{x^2 + y^2}\mathbf{j}$가 $(-\tfrac{1}{2}, \tfrac{1}{2})$에서 $(1, \sqrt{3})$까지 그림 9.R.3과 같은 경로를 따라 작용하여 한 일을 구하라.

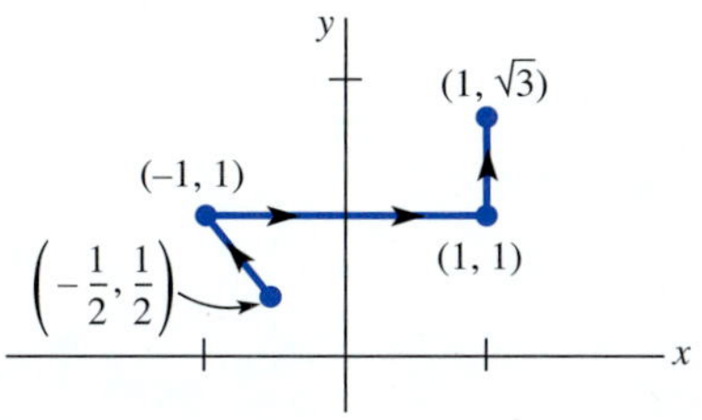

그림 9.R.3 문제 50의 경로

51. $\iint_S (z/xy)\, dS$를 계산하라. S는 $y = 1$, $y = 3$, $z = 1$, $z = 4$로 제한되는 제1팔분공간의 원기둥 $z = x^2$이다.

52. $\mathbf{F} = \mathbf{i} + 2\mathbf{j} + 3\mathbf{k}$일 때, 정사각형 $0 \le x \le 1$, $0 \le y \le 1$, $z = 2$를 통과하는 $\mathbf{F}$의 선다발(flux)을 구하라.

53. c가 상수이고 $\|\mathbf{r}\| = r$, $\mathbf{r} = x\mathbf{i} + y\mathbf{j} + z\mathbf{k}$일 때 $\mathbf{F} = c\nabla(1/r)$이다. 구 $x^2 + y^2 + z^2 = a^2$을 통과하는 $\mathbf{F}$의 선다발을 구하라.

54. 발산정리를 문제 53에 적용할 수 없는 이유를 설명하라.

55. 원점을 포함하지 않는 공간의 닫힌 유계 영역의 경계를 이루는 곡면 S를 통과하는 $\mathbf{F} = c\nabla(1/r)$의 선다발을 구하라.

56. $\mathbf{F} = 6x\mathbf{i} + 7z\mathbf{j} + 8y\mathbf{k}$일 때, Stokes정리를 사용하여 $\iint_S (\text{curl } \mathbf{F} \cdot \mathbf{n})\, dS$를 계산하라. 여기서 S는 원기둥 $x^2 + y^2 = 4$ 내부의 포물면 $z = 9 - x^2 - y^2$이다.

57. Stokes 정리를 사용하여 $\oint_C -2y\,dx + 3x\,dy + 10z\,dz$를 계산하라. C는 $(x-1)^2 + (y-3)^2 = 25$, $z = 3$인 원이다.

58. 평면 $z = 2 - y$와 구 $x^2 + y^2 + z^2 = 4z$의 교선으로 형성된 곡선 C를 따라 힘 $\mathbf{F} = x^2\mathbf{i} + y^2\mathbf{j} + z^2\mathbf{k}$가 한 일 $\oint_C \mathbf{F} \cdot d\mathbf{r}$을 구하라.

59. $\mathbf{F} = x\mathbf{i} + y\mathbf{j} + z\mathbf{k}$이고 S는 $x^2 + y^2 = 1$, $z = 0$, $z = 1$로 둘러싸인 영역일 때, 발산정리를 사용하여 $\iint_S (\mathbf{F} \cdot \mathbf{n})\, dS$를 계산하라.

60. $\mathbf{F} = \frac{1}{3}x^3\mathbf{i} + \frac{1}{3}y^3\mathbf{j} + \frac{1}{3}z^3\mathbf{k}$에 대하여 문제 59를 반복하라.

61. $\mathbf{F} = (x^2 - e^y \tan^{-1} z)\mathbf{i} + (x + y)^2\mathbf{j} - (2yz + x^{10})\mathbf{k}$일 때, 발산정리를 사용하여 $\iint_S (\mathbf{F} \cdot \mathbf{n})\, dS$를 계산하라. S는 제1팔분공간에서 $z = 1 - x^2$, $z = 0$, $z = 2 - y$, $y = 0$으로 둘러싸인 영역이다.

62. $\mathbf{F} = x\mathbf{i} + y\mathbf{j} + (z^2 + 1)\mathbf{k}$이고 S는 $x^2 + y^2 = a^2$, $z = 0$, $z = c$로 둘러싸인 제1팔분공간의 영역이다. 발산정리를 사용하지 않고 $\iint_S (\mathbf{F} \cdot \mathbf{n})\, dS$를 계산하라. [힌트: 원기둥의 옆 면적은 $2\pi ac$이다.]

63. 적분 $\iint_S (x^2 + y^2)\sqrt[3]{x^2 - y^2}\, dA$를 계산하라. R은 $x = 0$, $x = 1$, $y = 0$, $y = 1$로 둘러싸인 영역이고 변수변환 $u = 2xy$, $v = x^2 - y^2$을 사용하라.

64. 적분 $\iint_R \frac{1}{\sqrt{(x - y)^2 + 2(x + y) + 1}}\, dA$를 계산하라. R은 $y = x$, $x = 2$, $y = 0$으로 둘러싸인 영역이고 변수변환 $x = u + uv$, $y = v + uv$를 사용하라.

65. 그림 9.R.4와 같이 반지름 1인 구가 반지름 $a > 1$인 구의 표면 위에 중심을 갖는다. 작은 구에 의하여 잘려 나가는 큰 원의 곡면의 넓이를 구하라.

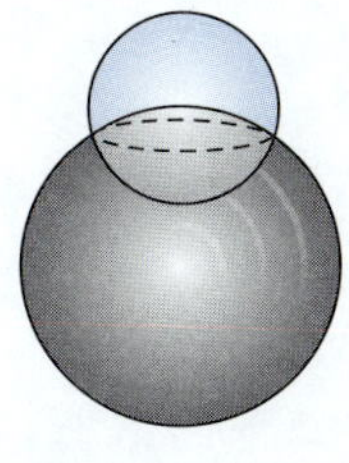

그림 9.R.4 문제 65의 구

66. 지구의 표면에서 콜로라도 주와 와이오밍 주의 경계들은 둘 다 '구면 직사각형(spherical rectangle)'을 이룬다(이 문제에서는 지구가 완전한 구라고 가정한다). 콜로라도 주는 경도 102°W와 109°W, 위도 37°N과 41°N의 선들로 둘러싸인다. 와이오밍 주는 경도 104°W와 111°W, 위도 41°N과 45°N에 의하여 둘러싸인다. 그림 9.R.5를 보라.

(a) 정확한 계산을 하지 않고 어느 주가 더 넓은지를 결정하고 이유를 설명하라.

(b) 와이오밍은 콜로라도보다 몇 퍼센트 더 큰가(더 작은가)? [힌트: 지구의 반지름을 R이라고 가정하자. 위도 θ_1과 θ_2, 경도 ϕ_1과 ϕ_2에 의하여 둘러싸인 북반구의 구면 직사각형을 xy 평면에 사영하라.]

(c) 두 주의 넓이가 각각 104,247과 97,914 mi^{2}이라고 주어졌다. 이 해와 (b)의 해를 어떻게 비교하는가?

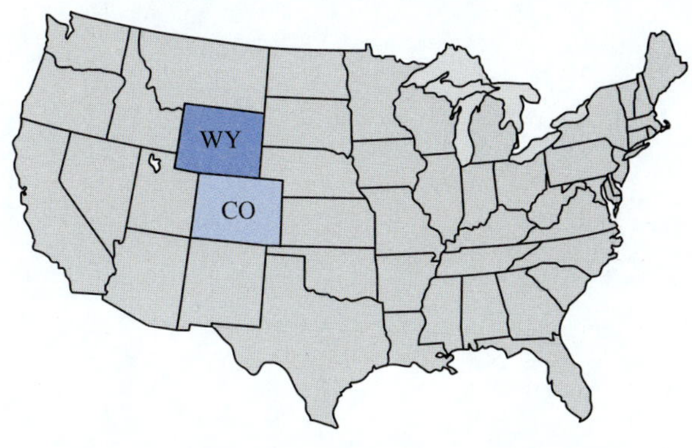

그림 9.R.5 문제 66에서 와이오밍 주와 콜로라도 주는 구면 직사각형을 이룸

PART 3

연립 미분방정식

Systems of Differential Equations

CHAPTER 10

연립 선형 미분방정식

Systems of Linear Differential Equations

우리는 2.9절, 3.12절 그리고 4.6절에서 상미분방정식계를 만났다. 그리고 몇몇 상미분방정식계 문제에 대해 체계적인 소거방법을 이용하거나 혹은 라플라스 변환법을 이용하여 이들의 해를 구했다. 이 장에서 우리는 선형 1계 미분방정식계에 대해서만 초점을 맞추고자 한다. 우리는 선형 미분방정식계의 일반이론과 3장에서 다루었던 선형 고차방정식의 해법과 유사한 해를 구하는 과정을 알아보고자 한다. 여기서 제시하는 내용은 11장에서 다룰 비선형 1계방정식 분석의 기초가 된다. 행렬의 표기법과 성질은 이 장 전체에 결쳐 광범위하게 이용된다. 만약 이 개념에 익숙하지 않다면 8장을 복습하기 바란다.

10.1 기본 개념

소개 3.12절에서 P_{ij}가 미분연산자 D의 다항식일 때

$$\begin{aligned} P_{11}(D)x_1 + P_{12}(D)x_2 + \cdots + P_{1n}(D)x_n &= b_1(t) \\ P_{21}(D)x_1 + P_{22}(D)x_2 + \cdots + P_{2n}(D)x_n &= b_2(t) \\ \vdots \qquad\qquad\qquad & \quad \vdots \\ P_{n1}(D)x_1 + P_{n2}(D)x_2 + \cdots + P_{nn}(D)x_n &= b_n(t) \end{aligned} \tag{1}$$

와 같은 형의 n개의 미지함수에 대한 n개의 연립 선형 미분방정식을 푸는 법을 예를 들어 설명하였다. 이 장에서는 정규형

$$\begin{aligned} \frac{dx_1}{dt} &= g_1(t, x_1, x_2, \ldots, x_n) \\ \frac{dx_2}{dt} &= g_2(t, x_1, x_2, \ldots, x_n) \\ \vdots \quad & \qquad \vdots \\ \frac{dx_n}{dt} &= g_n(t, x_1, x_2, \ldots, x_n) \end{aligned} \tag{2}$$

의 연립 1계 미분방정식 중 특수한 경우들에 관심을 국한한다. 식 (2)와 같은 n개의 1계 방정식의 연립 형태를 **1차 (방정식)계**(first-order system)라 부른다.

선형계 식 (2)에서 함수 $g_1, g_2, \ldots, g_n$ 각각이 종속변수 $x_1, x_2, \ldots, x_n$에 관하여 선형일 때 연립 선형 1계 방정식의 **정규형**(normal form)

$$\begin{aligned} \frac{dx_1}{dt} &= a_{11}(t)x_1 + a_{12}(t)x_2 + \cdots + a_{1n}(t)x_n + f_1(t) \\ \frac{dx_2}{dt} &= a_{21}(t)x_1 + a_{22}(t)x_2 + \cdots + a_{2n}(t)x_n + f_2(t) \\ \vdots \quad & \qquad\qquad \vdots \\ \frac{dx_n}{dt} &= a_{n1}(t)x_1 + a_{n2}(t)x_2 + \cdots + a_{nn}(t)x_n + f_n(t) \end{aligned} \tag{3}$$

을 얻는다.

식 (3)에 주어진 방정식계를 간단히 **선형계**(linear system)라 부른다. 계수 $a_{ij}(t)$와 함수 $f_i(t)$는 공통구간 I에서 연속함수라고 가정한다. $i = 1, 2, \ldots, n$에 대하여 함수 $f_i(t) = 0$이면 선형계는 **제차**(homogeneous)라고 부르고, 그렇지 않으면 **비제차**(nonhomogeneous)라고 부른다.

선형계의 행렬형 $\mathbf{X}, \mathbf{X}', \mathbf{A}(t)$와 $\mathbf{F}(t)$가 각 행렬 함수들

$$\mathbf{X} = \begin{pmatrix} x_1(t) \\ x_2(t) \\ \vdots \\ x_n(t) \end{pmatrix}, \quad \mathbf{X}' = \frac{d}{dt}\begin{pmatrix} x_1(t) \\ x_2(t) \\ \vdots \\ x_n(t) \end{pmatrix} = \begin{pmatrix} x_1'(t) \\ x_2'(t) \\ \vdots \\ x_n'(t) \end{pmatrix}, \quad \mathbf{A}(t) = \begin{pmatrix} a_{11}(t) & a_{12}(t) & \cdots & a_{1n}(t) \\ a_{21}(t) & a_{22}(t) & \cdots & a_{2n}(t) \\ \vdots & & & \vdots \\ a_{n1}(t) & a_{n2}(t) & \cdots & a_{nn}(t) \end{pmatrix}, \quad \mathbf{F}(t) = \begin{pmatrix} f_1(t) \\ f_2(t) \\ \vdots \\ f_n(t) \end{pmatrix},$$

를 나타내면, 연립 선형 1계 미분방정식 (3)은

$$\begin{pmatrix} x_1'(t) \\ x_2'(t) \\ \vdots \\ x_n'(t) \end{pmatrix} = \begin{pmatrix} a_{11}(t) & a_{12}(t) & \cdots & a_{1n}(t) \\ a_{21}(t) & a_{22}(t) & \cdots & a_{2n}(t) \\ \vdots & & & \vdots \\ a_{n1}(t) & a_{n2}(t) & \cdots & a_{nn}(t) \end{pmatrix} \begin{pmatrix} x_1(t) \\ x_2(t) \\ \vdots \\ x_n(t) \end{pmatrix} + \begin{pmatrix} f_1(t) \\ f_2(t) \\ \vdots \\ f_n(t) \end{pmatrix}$$

또는 간단히

$$\mathbf{X}' = \mathbf{AX} + \mathbf{F} \tag{4}$$

로 쓸 수 있다. 만약 선형계가 제차이면 그 선형계의 행렬형은

$$\mathbf{X}' = \mathbf{AX} \tag{5}$$

이다.

예제 1 선형계의 행렬형

(a) $\mathbf{X} = \begin{pmatrix} x \\ y \end{pmatrix}$이면 제차계

$$\frac{dx}{dt} = 3x + 4y$$
$$\frac{dy}{dt} = 5x - 7y$$

의 행렬형은 $\mathbf{X}' = \begin{pmatrix} 3 & 4 \\ 5 & -7 \end{pmatrix}\mathbf{X}$이다.

(b) $\mathbf{X} = \begin{pmatrix} x \\ y \\ z \end{pmatrix}$이면 비제차계

$$\frac{dx}{dt} = 6x + y + z + t$$
$$\frac{dy}{dt} = 8x + 7y - z + 10t$$
$$\frac{dz}{dt} = 2x + 9y - z + 6t$$

의 행렬형은

$$\mathbf{X}' = \begin{pmatrix} 6 & 1 & 1 \\ 8 & 7 & -1 \\ 2 & 9 & -1 \end{pmatrix}\mathbf{X} + \begin{pmatrix} t \\ 10t \\ 6t \end{pmatrix}$$

이다. ≡

예제 2 행렬 없이 선형계 쓰기

행렬 없이 선형계를 써라.

$$\mathbf{X}' = \begin{pmatrix} 1 & 7 \\ 2 & -9 \end{pmatrix}\mathbf{X} + \begin{pmatrix} -4 \\ 1 \end{pmatrix}\cos t + \begin{pmatrix} 1 \\ -1 \end{pmatrix}$$

풀이 우선, $\mathbf{X} = \begin{pmatrix} x \\ y \end{pmatrix}$라 놓으면, 주어진 계의 좌변은

$$\mathbf{X}' = \begin{pmatrix} \dfrac{dx}{dt} \\ \dfrac{dy}{dt} \end{pmatrix}$$

이다.

그리고, 행렬의 곱셈과 덧셈을 사용하면, 주어진 선형계의 좌변항들은 하나의 행렬로 쓸 수 있다:

$$\begin{aligned} \begin{pmatrix} 1 & 7 \\ 2 & -9 \end{pmatrix}\mathbf{X} + \begin{pmatrix} -4 \\ 1 \end{pmatrix}\cos t + \begin{pmatrix} 1 \\ -1 \end{pmatrix} &= \begin{pmatrix} 1 & 7 \\ 2 & -9 \end{pmatrix}\begin{pmatrix} x \\ y \end{pmatrix} + \begin{pmatrix} -4 \\ 1 \end{pmatrix}\cos t + \begin{pmatrix} 1 \\ -1 \end{pmatrix} \\ &= \begin{pmatrix} x + 7y \\ 2x - 9y \end{pmatrix} + \begin{pmatrix} -4\cos t \\ \cos t \end{pmatrix} + \begin{pmatrix} 1 \\ -1 \end{pmatrix} \\ &= \begin{pmatrix} x + 7y - 4\cos t + 1 \\ 2x - 9y + \cos t - 1 \end{pmatrix} \end{aligned}$$

두 행렬은 같은 위치의 원소가 동일하면 같다고 하므로

$$\begin{pmatrix} \dfrac{dx}{dt} \\ \dfrac{dy}{dt} \end{pmatrix} = \begin{pmatrix} x + 7y - 4\cos t + 1 \\ 2x - 9y + \cos t - 1 \end{pmatrix} \quad \rightarrow \quad \begin{aligned} \frac{dx}{dt} &= x + 7y - 4\cos t + 1 \\ \frac{dy}{dt} &= 2x - 9y + \cos t - 1 \end{aligned}$$

≡

계로 쓰여진 방정식 때때로 하나의 미분방정식보다는 방정식 계를 다루는 것이 유리하다. 예를 들면

$$y^{(n)} = f(t, y, y', \ldots, y^{(n-1)}) \tag{6}$$

은 선형 n계 미분방정식이다. 우선

$$y = x_1,\ y' = x_2,\ y'' = x_3, \ldots,\ y^{(n-2)} = x_{n-1},\ y^{(n-1)} = x_n \tag{7}$$

로 놓고 식 (7)의 각 항에 미분을 취하면,

$$y' = x_1' = x_2,\ y'' = x_2' = x_3, \ldots,\ y^{(n-1)} = x_{n-1}' = x_n,\ y^{(n)} = x_n' = f(t, x_1, x_2, \ldots, x_n)$$

이 얻어진다. 따라서 다음과 같은 n개의 1계 방정식의 계를 얻는다.

$$\begin{aligned} x_1' &= x_2 \\ x_2' &= x_3 \\ &\vdots \\ x_{n-1}' &= x_n \\ x_n' &= f(t, x_1, x_2, \ldots, x_n) \end{aligned} \tag{8}$$

예제 3 일계 연립방정식으로 방정식 쓰기

행렬표기법을 사용해서 일계방정식 계로 3계 미분방정식을 써라.

$$y''' - 3y'' + 5y' - y = 2e^{-2t}$$

풀이 우선 식 (6)에 주어진 형식과 일치하게 $y''' = y - 5y' + 3y'' + 2e^{-2t}$처럼 미분방정식을 쓴다. 그리고 $y = x_1$, $y' = x_2$, $y'' = x_3$을 사용하면, 다음을 얻을 수 있다.

$$y' = x_1' = x_2, \quad y'' = x_2' = x_3, \quad y''' = x_3' = x_1 - 5x_2 + 3x_3 + 2e^{-2t}.$$

그 결과는 다음의 비제차 선형계이다.

$$\begin{aligned} x_1' &= x_2 \\ x_2' &= x_3 \\ x_3' &= x_1 - 5x_2 + 3x_3 + 2e^{-2t} \end{aligned}$$

행렬을 사용하면 이 방정식 계는 $\mathbf{X}' = \mathbf{AX} + \mathbf{F}(t)$의 형태가 된다. 즉

$$\begin{pmatrix} x_1' \\ x_2' \\ x_3' \end{pmatrix} = \begin{pmatrix} 0 & 1 & 0 \\ 0 & 0 & 1 \\ 1 & -5 & 3 \end{pmatrix} \begin{pmatrix} x_1 \\ x_2 \\ x_3 \end{pmatrix} + \begin{pmatrix} 0 \\ 0 \\ 2e^{-2t} \end{pmatrix}$$ ≡

선형계의 해 선형계 (4)의 **해**는 식 (3)에 있는 각 미분방정식을 만족하며 공통구간에서 정의된 n개의 미분가능한 함수 $x_1(t)$, $x_2(t)$, $\cdots$, $x_n(t)$의 집합이다. 이것은 행렬을 이용하여 아래와 같이 다시 정의할 수 있다.

정의 10.1.1 해벡터

구간 I에서 **해벡터**(solution vector)는 이 구간에서 선형계 식 (4)를 만족하는 미분가능한 함수들을 성분으로 갖는 임의의 열행렬

$$\mathbf{X} = \begin{pmatrix} x_1(t) \\ x_2(t) \\ \vdots \\ x_n(t) \end{pmatrix}$$

이다.

물론 식 (4)의 해벡터는 n개의 스칼라 방정식 $x_1 = \phi_1(t), x_2 = \phi_2(t), \ldots, x_n = \phi_n(t)$과 동등하며 기하적으로 공간곡선의 매개방정식으로 이해할 수 있다. $n = 2$와 $n = 3$인 경우 방정식 $x_1 = \phi_1(t), x_2 = \phi_2(t)$와 $x_1 = \phi_1(t), x_2 = \phi_2(t), x_3 = \phi_3(t)$는 각각 2-공간과 3-공간에서 곡선을 나타낸다. 그와 같은 해곡선을 보통 **궤적**(trajectory)이라 부른다. 그리고 2-공간에서 궤적이 놓인 평면을 **위상평면**(phase plane)이라 부른다. 11장과 다음 절에서 이들 개념의 실례를 보여 주겠다.

예제 4 해의 증명

$$\mathbf{X}_1 = \begin{pmatrix} 1 \\ -1 \end{pmatrix} e^{-2t} = \begin{pmatrix} e^{-2t} \\ -e^{-2t} \end{pmatrix} \text{ 그리고 } \mathbf{X}_2 = \begin{pmatrix} 3 \\ 5 \end{pmatrix} e^{6t} = \begin{pmatrix} 3e^{6t} \\ 5e^{6t} \end{pmatrix}$$

는 구간 $(-\infty, \infty)$에서

$$\mathbf{X}' = \begin{pmatrix} 1 & 3 \\ 5 & 3 \end{pmatrix} \mathbf{X} \tag{9}$$

의 해임을 증명하라.

풀이 $\mathbf{X}_1' = \begin{pmatrix} -2e^{-2t} \\ 2e^{-2t} \end{pmatrix}$와 $\mathbf{X}_2' = \begin{pmatrix} 18e^{6t} \\ 30e^{6t} \end{pmatrix}$으로부터

$$\mathbf{AX}_1 = \begin{pmatrix} 1 & 3 \\ 5 & 3 \end{pmatrix} \begin{pmatrix} e^{-2t} \\ -e^{-2t} \end{pmatrix} = \begin{pmatrix} e^{-2t} - 3e^{-2t} \\ 5e^{-2t} - 3e^{-2t} \end{pmatrix} = \begin{pmatrix} -2e^{-2t} \\ 2e^{-2t} \end{pmatrix} = \mathbf{X}_1'$$

와

$$\mathbf{AX}_2 = \begin{pmatrix} 1 & 3 \\ 5 & 3 \end{pmatrix} \begin{pmatrix} 3e^{6t} \\ 5e^{6t} \end{pmatrix} = \begin{pmatrix} 3e^{6t} + 15e^{6t} \\ 15e^{6t} + 15e^{6t} \end{pmatrix} = \begin{pmatrix} 18e^{6t} \\ 30e^{6t} \end{pmatrix} = \mathbf{X}_2'$$

를 얻는다. ≡

n개의 선형 1계 미분방정식의 계의 이론의 많은 부분이 선형 n계 미분방정식의 이론과 유사하다.

초기값 문제 상수 γ_i가 주어지고$(i = 1, 2, \ldots, n)$ 구간 I 위의 한 점 t_0에 대하여

$$\mathbf{X}(t_0) = \begin{pmatrix} x_1(t_0) \\ x_2(t_0) \\ \vdots \\ x_n(t_0) \end{pmatrix}, \qquad \mathbf{X}_0 = \begin{pmatrix} \gamma_1 \\ \gamma_2 \\ \vdots \\ \gamma_n \end{pmatrix}$$

이라 하자. 그러면 다음 문제

$$\begin{aligned} &\text{풀어라:} \quad && \mathbf{X}' = \mathbf{A}(t)\mathbf{X} + \mathbf{F}(t) \\ &\text{전제조건:} \quad && \mathbf{X}(t_0) = \mathbf{X}_0 \end{aligned} \tag{10}$$

를 주어진 구간에서 **초기값 문제**(initial-value problem)라 한다.

정리 10.1.1 유일해의 존재

행렬 $\mathbf{A}(t)$의 성분들과 $\mathbf{F}(t)$가 점 t_0를 포함하는 구간 I에서 연속이면 그 구간에서 초기값 문제 식 (10)의 해는 유일하게 존재한다.

제차계 다음의 정의와 정리들에서는 제차계에만 관심을 두겠다. 그리고 구체적인 언급이 없이 어떤 공통구간 I에서 a_{ij}와 f_i는 t에 대한 연속함수라고 가정한다.

중첩의 원리 다음 결과는 선형계의 해에 대한 **중첩의 원리**(superposition principle)이다.

정리 10.1.2 중첩의 원리

$\mathbf{X}_1, \mathbf{X}_2, \ldots, \mathbf{X}_k$가 구간 I에서의 제차계 식 (5)의 해벡터이면 임의의 상수 c_i, $i = 1, 2, \ldots, k$에 대하여 일차결합

$$\mathbf{X} = c_1\mathbf{X}_1 + c_2\mathbf{X}_2 + \cdots + c_k\mathbf{X}_k$$

는 그 구간에서 역시 해이다.

선형 1계 미분방정식들의 제차계의 임의의 해벡터의 상수 배도 또한 해가 된다는 것은 정리 10.1.2에서 알 수 있다.

예제 5 중첩의 원리 이용

두 벡터

$$\mathbf{X}_1 = \begin{pmatrix} \cos t \\ -\frac{1}{2}\cos t + \frac{1}{2}\sin t \\ -\cos t - \sin t \end{pmatrix} \text{ 그리고 } \mathbf{X}_2 = \begin{pmatrix} 0 \\ e^t \\ 0 \end{pmatrix}$$

가 제차계

$$\mathbf{X}' = \begin{pmatrix} 1 & 0 & 1 \\ 1 & 1 & 0 \\ -2 & 0 & -1 \end{pmatrix}\mathbf{X} \tag{11}$$

의 해가 된다는 것을 확인해보라. 중첩의 원리에 의하여 일차결합

$$\mathbf{X} = c_1\mathbf{X}_1 + c_2\mathbf{X}_2 = c_1\begin{pmatrix} \cos t \\ -\frac{1}{2}\cos t + \frac{1}{2}\sin t \\ -\cos t - \sin t \end{pmatrix} + c_2\begin{pmatrix} 0 \\ e^t \\ 0 \end{pmatrix}$$

도 역시 제차계의 또 다른 해이다. ≡

일차종속과 일차독립 우선 제차계 (5)의 일차독립인 해들에 관심을 갖자.

정의 10.1.2 일차종속/독립

$\mathbf{X}_1, \mathbf{X}_2, \ldots, \mathbf{X}_k$를 구간 I에서 제차계 (5)의 해벡터들이라 하자. 구간 I의 모든 t에 대하여

$$c_1\mathbf{X}_1 + c_2\mathbf{X}_2 + \cdots + c_k\mathbf{X}_k = \mathbf{0}$$

을 만족하는 모두가 0이 아닌 상수 $c_1, c_2, \ldots, c_k$가 존재하면 해벡터들이 구간 I에서 **일차종속**(linearly dependent)이라 한다. 해벡터들이 일차종속이 아니면 **일차독립**(linearly independent)이라 한다.

$k = 2$인 경우는 명백하다. 두 해벡터 $\mathbf{X}_1$과 $\mathbf{X}_2$ 중 하나가 다른 하나의 상수 배이면 두 벡터는 일차종속이고, 그 역도 성립한다. $k > 2$인 경우에 대해서 해벡터들의 집합은 이들 중 적어도 한 개의 벡터가 나머지 벡터들의 일차결합으로 나타낼 수 있으면 일차종속이다.

Wronskian 앞에서 상미분방정식 이론을 고찰할 때와 같이 일차독립을 검증하기 위하여 **Wronskian** 행렬식의 개념을 소개한다. 증명 없이 다음 정리를 소개한다.

정리 10.1.3 일차독립해들의 판정법

$$\mathbf{X}_1 = \begin{pmatrix} x_{11} \\ x_{21} \\ \vdots \\ x_{n1} \end{pmatrix}, \quad \mathbf{X}_2 = \begin{pmatrix} x_{12} \\ x_{22} \\ \vdots \\ x_{n2} \end{pmatrix}, \quad \ldots, \quad \mathbf{X}_n = \begin{pmatrix} x_{1n} \\ x_{2n} \\ \vdots \\ x_{nn} \end{pmatrix}$$

이 구간 I에서 제차계 (5)의 n개의 해벡터들이라 하자. 이 해벡터들이 구간 I에서 일차독립이기 위한 필요충분조건은 구간 I에 있는 모든 t에 대하여 **Wronskian**

$$W(\mathbf{X}_1, \mathbf{X}_2, \ldots, \mathbf{X}_n) = \begin{vmatrix} x_{11} & x_{12} & \cdots & x_{1n} \\ x_{21} & x_{22} & \cdots & x_{2n} \\ \vdots & & & \vdots \\ x_{n1} & x_{n2} & \cdots & x_{nn} \end{vmatrix} \neq 0 \tag{12}$$

이다.

$\mathbf{X}_1, \mathbf{X}_2, \ldots, \mathbf{X}_n$이 식 (5)의 해벡터일 때, 임의의 $t \in I$에 대해서 $W(\mathbf{X}_1, \mathbf{X}_2, \ldots, \mathbf{X}_n) \neq 0$ 또는 $W(\mathbf{X}_1, \mathbf{X}_2, \ldots, \mathbf{X}_n) = 0$임을 보일 수 있다. 그러므로 I의 적당한 t_0에 대하여 $W \neq 0$임을 보일 수 있다면 모든 t에 대해서 $W \neq 0$이고 따라서 해들의 집합은 이 구간에서 일차독립이다.

3.1절에서 다룬 Wronskian 정의와는 달리 여기서 행렬식 (12)의 정의는 도함수를 포함하지 않고 있다.

예제 6 일차독립 해

예제 4에서 $\mathbf{X}_1 = \begin{pmatrix} 1 \\ -1 \end{pmatrix} e^{-2t}$와 $\mathbf{X}_2 = \begin{pmatrix} 3 \\ 5 \end{pmatrix} e^{6t}$는 선형계 (9)의 해임을 보았다. 분명히 $\mathbf{X}_1$과 $\mathbf{X}_2$의 어느 벡터도 다른 벡터의 상수 배가 아니므로 $(-\infty, \infty)$에서 $\mathbf{X}_1$과 $\mathbf{X}_2$는 일차독립이다. 또한 t의 모든 실수값에 대하여

$$W(\mathbf{X}_1, \mathbf{X}_2) = \begin{vmatrix} e^{-2t} & 3e^{6t} \\ -e^{-2t} & 5e^{6t} \end{vmatrix} = 8e^{4t} \neq 0$$

이다. ≡

정의 10.1.3 기본해집합

구간 I에서 제차계 (5)의 n개의 일차독립인 임의의 해벡터 $\mathbf{X}_1, \mathbf{X}_2, \ldots, \mathbf{X}_n$을 그 구간에서 **기본해집합**(fundamental set of solutions)이라 한다.

정리 10.1.4 기본해집합의 존재

구간 I에서 제차계 식 (5)의 기본해집합은 존재한다.

다음 두 정리는 정리 3.1.5와 3.1.6의 선형계에 대한 동등 형이다.

정리 10.1.5 제차계의 일반해

$\mathbf{X}_1, \mathbf{X}_2, \ldots, \mathbf{X}_n$을 구간 I에서 제차계 (5)의 기본해집합이라 하자. 임의의 상수 c_i, $i = 1, 2, \ldots, n$에 대하여

$$\mathbf{X} = c_1\mathbf{X}_1 + c_2\mathbf{X}_2 + \cdots + c_n\mathbf{X}_n$$

은 그 구간에서 제차계의 **일반해**(general solution)이다.

예제 7 제차계 (9)의 일반해

예제 4로부터 $\mathbf{X}_1 = \begin{pmatrix} 1 \\ -1 \end{pmatrix} e^{-2t}$와 $\mathbf{X}_2 = \begin{pmatrix} 3 \\ 5 \end{pmatrix} e^{6t}$가 구간 $(-\infty, \infty)$에서 식 (9)의 일차독립 해라는 것을 알았다. 따라서 $\mathbf{X}_1$과 $\mathbf{X}_2$는 그 구간에서 기본해집합이다. 이 구간에서 제차계의 일반해는

$$\mathbf{X} = c_1\mathbf{X}_1 + c_2\mathbf{X}_2 = c_1\begin{pmatrix} 1 \\ -1 \end{pmatrix} e^{-2t} + c_2\begin{pmatrix} 3 \\ 5 \end{pmatrix} e^{6t} \tag{13}$$

이다. ≡

예제 8 제차계 (11)의 일반해

벡터

$$\mathbf{X}_1 = \begin{pmatrix} \cos t \\ -\frac{1}{2}\cos t + \frac{1}{2}\sin t \\ -\cos t - \sin t \end{pmatrix}, \quad \mathbf{X}_2 = \begin{pmatrix} 0 \\ 1 \\ 0 \end{pmatrix} e^t, \quad \mathbf{X}_3 = \begin{pmatrix} \sin t \\ -\frac{1}{2}\sin t - \frac{1}{2}\cos t \\ -\sin t + \cos t \end{pmatrix}$$

는 예제 5에서 제차계 (11)의 해이다(연습문제 10.1의 문제 22를 보라). t의 모든 값에 대하여

$$W(\mathbf{X}_1, \mathbf{X}_2, \mathbf{X}_3) = \begin{vmatrix} \cos t & 0 & \sin t \\ -\frac{1}{2}\cos t + \frac{1}{2}\sin t & e^t & -\frac{1}{2}\sin t - \frac{1}{2}\cos t \\ -\cos t - \sin t & 0 & -\sin t + \cos t \end{vmatrix} = e^t \neq 0$$

이므로, $\mathbf{X}_1$, $\mathbf{X}_2$, $\mathbf{X}_3$는 $(-\infty, \infty)$에서 기본해집합이다. 따라서 이 구간에서 제차계의 일반해는 일차결합 $\mathbf{X} = c_1\mathbf{X}_1 + c_2\mathbf{X}_2 + c_3\mathbf{X}_3$, 즉

$$\mathbf{X} = c_1\begin{pmatrix} \cos t \\ -\frac{1}{2}\cos t + \frac{1}{2}\sin t \\ -\cos t - \sin t \end{pmatrix} + c_2\begin{pmatrix} 0 \\ 1 \\ 0 \end{pmatrix} e^t + c_3\begin{pmatrix} \sin t \\ -\frac{1}{2}\sin t - \frac{1}{2}\cos t \\ -\sin t + \cos t \end{pmatrix}$$

이다. ≡

비제차계 구간 I에서 비제차계의 **특수해**(particular solution) $\mathbf{X}_p$는 성분들이 선형계 (4)를 만족하는 함수들로 이루어진 매개변수가 없는 벡터이다.

정리 10.1.6 일반해—비제차계

$\mathbf{X}_p$가 구간 I에서 비제차계 (4)의 주어진 해이고

$$\mathbf{X}_c = c_1\mathbf{X}_1 + c_2\mathbf{X}_2 + \cdots + c_n\mathbf{X}_n$$

은 같은 구간에서 연계된 제차계 식 (5)의 일반해라고 하자. 그 구간에서 비제차계의 **일반해**는

$$\mathbf{X} = \mathbf{X}_c + \mathbf{X}_p$$

이다. 제차계 (5)의 일반해 $\mathbf{X}_c$는 비제차계 (4)의 **여함수**(complementary function)라 한다.

예제 9 일반해—비제차계

벡터 $\mathbf{X}_p = \begin{pmatrix} 3t - 4 \\ -5t + 6 \end{pmatrix}$은 구간 $(-\infty, \infty)$에서 비제차계

$$\mathbf{X}' = \begin{pmatrix} 1 & 3 \\ 5 & 3 \end{pmatrix}\mathbf{X} + \begin{pmatrix} 12t - 11 \\ -3 \end{pmatrix} \tag{14}$$

의 특수해이다.(이를 보여라.) 같은 구간에서 식 (14)의 여함수, 즉 $\mathbf{X}' = \begin{pmatrix} 1 & 3 \\ 5 & 3 \end{pmatrix}\mathbf{X}$의 일반해는 예제 7의 식 (13)에서 $\mathbf{X}_c = c_1\begin{pmatrix} 1 \\ -1 \end{pmatrix}e^{-2t} + c_2\begin{pmatrix} 3 \\ 5 \end{pmatrix}e^{6t}$임을 보았다. 따라서 정리 10.1.6에 의하여

$$\mathbf{X} = \mathbf{X}_c + \mathbf{X}_p = c_1\begin{pmatrix} 1 \\ -1 \end{pmatrix}e^{-2t} + c_2\begin{pmatrix} 3 \\ 5 \end{pmatrix}e^{6t} + \begin{pmatrix} 3t - 4 \\ -5t + 6 \end{pmatrix}$$

는 $(-\infty, \infty)$에서 식 (14)의 일반해이다. ≡

10.1 연습문제

부록에 선택된 홀수 문제의 답이 있다.

문제 1~8에서는 선형계를 행렬 형태로 써라.

1. $\dfrac{dx}{dt} = 3x - 5y$

$\dfrac{dy}{dt} = 4x + 8y$

2. $\dfrac{dx}{dt} = 4x - 7y$

$\dfrac{dy}{dt} = 5x$

3. $2\dfrac{dx}{dt} = 5x - 14y + 9t$

$4\dfrac{dy}{dt} = -x + 6y - 2$

4. $6\dfrac{dx}{dt} = -2x + 12y - 3\sin 4t$

$\dfrac{dy}{dt} = 8x - 3y + 10\cos 4t$

5. $\dfrac{dx}{dt} = -3x + 4y - 9z$

$\dfrac{dy}{dt} = 6x - y$

$\dfrac{dz}{dt} = 10x + 4y + 3z$

6. $\dfrac{dx}{dt} = x - y$

$\dfrac{dy}{dt} = x + 2z$

$\dfrac{dz}{dt} = -x + z$

7. $\dfrac{dx}{dt} = x - y + z + t - 1$

$\dfrac{dy}{dt} = 2x + y - z - 3t^2$

$\dfrac{dz}{dt} = x + y + z + t^2 - t + 2$

8. $\dfrac{dx}{dt} = -3x + 4y + e^{-t}\sin 2t$

$\dfrac{dy}{dt} = 5x + 9z + 4e^{-t}\cos 2t$

$\dfrac{dz}{dt} = y + 6z - e^{-t}$

문제 9~12에서는 주어진 방정식계를 행렬을 사용하지 않고 써라.

9. $\mathbf{X}' = \begin{pmatrix} 4 & 2 \\ -1 & 3 \end{pmatrix}\mathbf{X} + \begin{pmatrix} 1 \\ -1 \end{pmatrix}e^t$

10. $\mathbf{X}' = \begin{pmatrix} 7 & 5 & -9 \\ 4 & 1 & 1 \\ 0 & -2 & 3 \end{pmatrix}\mathbf{X} + \begin{pmatrix} 0 \\ 2 \\ 1 \end{pmatrix}e^{5t} - \begin{pmatrix} 8 \\ 0 \\ 3 \end{pmatrix}e^{-2t}$

11. $\begin{pmatrix} x' \\ y' \\ z' \end{pmatrix} = \begin{pmatrix} 1 & -1 & 2 \\ 3 & -4 & 1 \\ -2 & 5 & 6 \end{pmatrix}\begin{pmatrix} x \\ y \\ z \end{pmatrix} + \begin{pmatrix} 1 \\ 2 \\ 2 \end{pmatrix}e^{-t} - \begin{pmatrix} 3 \\ -1 \\ 1 \end{pmatrix}t$

12. $\begin{pmatrix} x' \\ y' \end{pmatrix} = \begin{pmatrix} 3 & -7 \\ 1 & 1 \end{pmatrix}\begin{pmatrix} x \\ y \end{pmatrix} + \begin{pmatrix} 4 \\ 8 \end{pmatrix}\sin t + \begin{pmatrix} t - 4 \\ 2t + 1 \end{pmatrix}e^{4t}$

문제 13~16에서는 주어진 미분방정식을 행렬기호를 사용하여 1계 시스템으로 써라.

13. $y'' + 4y = t\cos t$

14. $y'' + 2y' - 2y = 3t - 9$

15. $y''' + 6y'' + 10y' - y = t^2$

16. $y^{(4)} + 2y'' + y = e^t$

문제 17~22에서는 벡터 $\mathbf{X}$가 주어진 방정식계의 해임을 보여라.

17. $\dfrac{dx}{dt} = 3x - 4y$

$\dfrac{dy}{dt} = 4x - 7y;\quad \mathbf{X} = \begin{pmatrix} 1 \\ 2 \end{pmatrix}e^{-5t}$

18. $\dfrac{dx}{dt} = -2x + 5y$

$\dfrac{dy}{dt} = -2x + 4y;\quad \mathbf{X} = \begin{pmatrix} 5\cos t \\ 3\cos t - \sin t \end{pmatrix}e^t$

19. $\mathbf{X}' = \begin{pmatrix} -1 & \frac{1}{4} \\ 1 & -1 \end{pmatrix}\mathbf{X};\quad \mathbf{X} = \begin{pmatrix} -1 \\ 2 \end{pmatrix}e^{-3t/2}$

20. $\mathbf{X}' = \begin{pmatrix} 2 & 1 \\ -1 & 0 \end{pmatrix}\mathbf{X};\quad \mathbf{X} = \begin{pmatrix} 1 \\ 3 \end{pmatrix}e^t + \begin{pmatrix} 4 \\ -4 \end{pmatrix}te^t$

21. $\mathbf{X}' = \begin{pmatrix} 1 & 2 & 1 \\ 6 & -1 & 0 \\ -1 & -2 & -1 \end{pmatrix}\mathbf{X}$; $\mathbf{X} = \begin{pmatrix} 1 \\ 6 \\ -13 \end{pmatrix}$

22. $\mathbf{X}' = \begin{pmatrix} 1 & 0 & 1 \\ 1 & 1 & 0 \\ -2 & 0 & -1 \end{pmatrix}\mathbf{X}$; $\mathbf{X} = \begin{pmatrix} \sin t \\ -\frac{1}{2}\sin t - \frac{1}{2}\cos t \\ -\sin t + \cos t \end{pmatrix}$

문제 23~26에서는 주어진 벡터가 방정식계 $\mathbf{X}' = \mathbf{AX}$의 해이다. 주어진 벡터가 구간 $(-\infty, \infty)$에서 기본해인지를 판단하라.

23. $\mathbf{X}_1 = \begin{pmatrix} 1 \\ 1 \end{pmatrix} e^{-2t}, \mathbf{X}_2 = \begin{pmatrix} 1 \\ -1 \end{pmatrix} e^{-6t}$

24. $\mathbf{X}_1 = \begin{pmatrix} 1 \\ -1 \end{pmatrix} e^{t}, \mathbf{X}_2 = \begin{pmatrix} 2 \\ 6 \end{pmatrix} e^{t} + \begin{pmatrix} 8 \\ -8 \end{pmatrix} te^{t}$

25. $\mathbf{X}_1 = \begin{pmatrix} 1 \\ -2 \\ 4 \end{pmatrix} + t\begin{pmatrix} 1 \\ 2 \\ 2 \end{pmatrix}, \mathbf{X}_2 = \begin{pmatrix} 1 \\ -2 \\ 4 \end{pmatrix},$

$\mathbf{X}_3 = \begin{pmatrix} 3 \\ -6 \\ 12 \end{pmatrix} + t\begin{pmatrix} 2 \\ 4 \\ 4 \end{pmatrix}$

26. $\mathbf{X}_1 = \begin{pmatrix} 1 \\ 6 \\ -13 \end{pmatrix}, \mathbf{X}_2 = \begin{pmatrix} 1 \\ -2 \\ -1 \end{pmatrix} e^{-4t}, \mathbf{X}_3 = \begin{pmatrix} 2 \\ 3 \\ -2 \end{pmatrix} e^{3t}$

문제 27~30에서는 $\mathbf{X}_p$가 주어진 방정식계의 특수해임을 보여라.

27. $\dfrac{dx}{dt} = x + 4y + 2t - 7$

$\dfrac{dy}{dt} = 3x + 2y - 4t - 18$; $\mathbf{X}_p = \begin{pmatrix} 2 \\ -1 \end{pmatrix} t + \begin{pmatrix} 5 \\ 1 \end{pmatrix}$

28. $\mathbf{X}' = \begin{pmatrix} 2 & 1 \\ 1 & -1 \end{pmatrix}\mathbf{X} + \begin{pmatrix} -5 \\ 2 \end{pmatrix}$; $\mathbf{X}_p = \begin{pmatrix} 1 \\ 3 \end{pmatrix}$

29. $\mathbf{X}' = \begin{pmatrix} 2 & 1 \\ 3 & 4 \end{pmatrix}\mathbf{X} - \begin{pmatrix} 1 \\ 7 \end{pmatrix} e^{t}$;

$\mathbf{X}_p = \begin{pmatrix} 1 \\ 1 \end{pmatrix} e^{t} + \begin{pmatrix} 1 \\ -1 \end{pmatrix} te^{t}$

30. $\mathbf{X}' = \begin{pmatrix} 1 & 2 & 3 \\ -4 & 2 & 0 \\ -6 & 1 & 0 \end{pmatrix}\mathbf{X} + \begin{pmatrix} -1 \\ 4 \\ 3 \end{pmatrix} \sin 3t$;

$\mathbf{X}_p = \begin{pmatrix} \sin 3t \\ 0 \\ \cos 3t \end{pmatrix}$

31. 구간 $(-\infty, \infty)$에서

$$\mathbf{X}' = \begin{pmatrix} 0 & 6 & 0 \\ 1 & 0 & 1 \\ 1 & 1 & 0 \end{pmatrix}\mathbf{X}$$

의 일반해는

$$\mathbf{X} = c_1\begin{pmatrix} 6 \\ -1 \\ -5 \end{pmatrix} e^{-t} + c_2\begin{pmatrix} -3 \\ 1 \\ 1 \end{pmatrix} e^{-2t} + c_3\begin{pmatrix} 2 \\ 1 \\ 1 \end{pmatrix} e^{3t}$$

임을 보여라.

32. 구간 $(-\infty, \infty)$에서

$$\mathbf{X}' = \begin{pmatrix} -1 & -1 \\ -1 & 1 \end{pmatrix}\mathbf{X} + \begin{pmatrix} 1 \\ 1 \end{pmatrix} t^2 + \begin{pmatrix} 4 \\ -6 \end{pmatrix} t + \begin{pmatrix} -1 \\ 5 \end{pmatrix}$$

의 일반해는

$$\mathbf{X} = c_1\begin{pmatrix} 1 \\ -1 - \sqrt{2} \end{pmatrix} e^{\sqrt{2}t} + c_2\begin{pmatrix} 1 \\ -1 + \sqrt{2} \end{pmatrix} e^{-\sqrt{2}t} + \begin{pmatrix} 1 \\ 0 \end{pmatrix} t^2 + \begin{pmatrix} -2 \\ 4 \end{pmatrix} t + \begin{pmatrix} 1 \\ 0 \end{pmatrix}$$

임을 보여라.

10.2 제차 선형계

소개 10.1절의 예제 7에서 제차계 $\mathbf{X}' = \begin{pmatrix} 1 & 3 \\ 5 & 3 \end{pmatrix}\mathbf{X}$의 일반해는 $\mathbf{X} = c_1\mathbf{X}_1 + c_2\mathbf{X}_2 = c_1\begin{pmatrix} 1 \\ -1 \end{pmatrix} e^{-2t} + c_2\begin{pmatrix} 3 \\ 5 \end{pmatrix} e^{6t}$임을 보았다. 두 해벡터는 $\mathbf{X}_i = \begin{pmatrix} k_1 \\ k_2 \end{pmatrix} e^{\lambda_i t}$($i = 1, 2$ 그리고 k_1, k_2, λ_1, λ_2는 상수)의 형태이므로 계수행렬 $\mathbf{A}$가 상수들의 $n \times n$ 행렬일 때, 일반적인 1계 제차 선형계

$$\mathbf{X} = \begin{pmatrix} k_1 \\ k_2 \\ \vdots \\ k_n \end{pmatrix} e^{\lambda t} = \mathbf{K}e^{\lambda t} \tag{1}$$

에 대하여

상수계수를 갖는 선형계만 다루겠다. ▶

$$\mathbf{X}' = \mathbf{AX} \tag{2}$$

형태의 해를 구할 수 있는가 하는 문제가 제기된다.

고유값과 고유벡터 식 (2)가 선형계 식 (1)의 해벡터이면, $\mathbf{X}' = \mathbf{K}\lambda e^{\lambda t}$이므로 $\mathbf{K}\lambda e^{\lambda t} = \mathbf{AK}e^{\lambda t}$이다. $e^{\lambda t}$로 나누고 정리하면 $\mathbf{AK} = \lambda\mathbf{K}$ 또는 $\mathbf{AK} - \lambda\mathbf{K} = \mathbf{0}$이다. $\mathbf{K} = \mathbf{IK}$ 이므로 방정식은

$$(\mathbf{A} - \lambda\mathbf{I})\mathbf{K} = \mathbf{0} \tag{3}$$

과 같다. 행렬식 (3)은 연립 대수방정식

$$\begin{aligned}(a_{11} - \lambda)k_1 + \quad a_{12}k_2 + \cdots + \quad a_{1n}k_n &= 0\\ a_{21}k_1 + (a_{22} - \lambda)k_2 + \cdots + \quad a_{2n}k_n &= 0\\ \vdots \qquad\qquad\qquad &\vdots\\ a_{n1}k_1 + \quad a_{n2}k_2 + \cdots + (a_{nn} - \lambda)k_n &= 0\end{aligned}$$

과 같다. 식 (2)의 비자명해 $\mathbf{X}$를 구하기 위해서는 먼저 앞의 연립방정식의 비자명해를 구해야만 한다. 다시 말해서 식 (3)을 만족시키는 자명하지 않은 벡터 $\mathbf{K}$를 구해야만 한다. 그러나 식 (3)이 자명해 $k_1 = k_2 = \cdots = k_n = 0$ 이외의 해를 갖기 위해서는

정리 8.6.6을 보라. ▶

$$\det(\mathbf{A} - \lambda\mathbf{I}) = 0$$

이어야 한다. λ에 관한 이 다항 방정식을 행렬 $\mathbf{A}$의 **특성방정식**이라 부르고, 그것의 근을 $\mathbf{A}$의 **고유값**이라 한다. 고유값 λ에 대응하는 식 (3)의 해 $\mathbf{K} \neq \mathbf{0}$을 $\mathbf{A}$의 **고유벡터**라 부른다. 그러면 제차계 식 (2)의 해는 $\mathbf{X} = \mathbf{K}e^{\lambda t}$이 된다.

다음에서는 모든 고유값들이 서로 다른 실수, 중복된 실수, 그리고 복소수인 경우를 살펴본다.

10.2.1 서로 다른 실수 고유값

$n \times n$ 행렬 $\mathbf{A}$가 n개의 서로 다른 실수 고유값 $\lambda_1, \lambda_2, \ldots, \lambda_n$을 가지면 n개의 일차독립인 고유벡터 $\mathbf{K}_1, \mathbf{K}_2, \ldots, \mathbf{K}_n$을 항상 구할 수 있고

$$\mathbf{X}_1 = \mathbf{K}_1e^{\lambda_1 t}, \quad \mathbf{X}_2 = \mathbf{K}_2e^{\lambda_2 t}, \quad \ldots, \quad \mathbf{X}_n = \mathbf{K}_ne^{\lambda_n t}$$

는 $(-\infty, \infty)$에서 식 (2)의 기본해집합이다.

정리 10.2.1 일반해—제차계

$\lambda_1, \lambda_2, \ldots, \lambda_n$이 제차계 (2)의 계수행렬 $\mathbf{A}$의 서로 다른 실수 고유값이고 $\mathbf{K}_1, \mathbf{K}_2, \ldots, \mathbf{K}_n$이 그에 대응하는 고유벡터이면, 구간 $(-\infty, \infty)$에서 식 (2)의 **일반해**는

$$\mathbf{X} = c_1\mathbf{K}_1e^{\lambda_1 t} + c_2\mathbf{K}_2e^{\lambda_2 t} + \cdots + c_n\mathbf{K}_ne^{\lambda_n t}$$

이다.

예제 1 서로 다른 고유값

$$\frac{dx}{dt} = 2x + 3y$$
$$\frac{dy}{dt} = 2x + y \tag{4}$$

를 풀어라.

풀이 우선 계수행렬의 고유값들과 고유벡터들을 구한다.

특성방정식

$$\det(\mathbf{A} - \lambda\mathbf{I}) = \begin{vmatrix} 2-\lambda & 3 \\ 2 & 1-\lambda \end{vmatrix} = \lambda^2 - 3\lambda - 4 = (\lambda+1)(\lambda-4) = 0$$

으로부터 고유값은 $\lambda_1 = -1$과 $\lambda_2 = 4$임을 알 수 있다.

이제 $\lambda_1 = -1$에 대하여 식 (3)은

$$3k_1 + 3k_2 = 0$$
$$2k_1 + 2k_2 = 0$$

과 같다. 따라서 $k_1 = -k_2$이다. $k_2 = -1$을 취하면 그에 대응하는 고유벡터는

$$\mathbf{K}_1 = \begin{pmatrix} 1 \\ -1 \end{pmatrix}$$

이다. $\lambda_2 = 4$에 대해서는

$$-2k_1 + 3k_2 = 0$$
$$2k_1 - 3k_2 = 0$$

을 얻는다. 따라서 $k_1 = \frac{3}{2}k_2$이며, $k_2 = 2$를 취하면 그에 대응하는 고유벡터는

$$\mathbf{K}_2 = \begin{pmatrix} 3 \\ 2 \end{pmatrix}$$

이다. 계수행렬 $\mathbf{A}$는 2×2 행렬이고, 식 (4)의 2개의 일차독립인 해

$$\mathbf{X}_1 = \begin{pmatrix} 1 \\ -1 \end{pmatrix} e^{-t} \quad \text{그리고} \quad \mathbf{X}_2 = \begin{pmatrix} 3 \\ 2 \end{pmatrix} e^{4t}$$

를 구하였으므로 선형계의 일반해는

$$\mathbf{X} = c_1\mathbf{X}_1 + c_2\mathbf{X}_2 = c_1\begin{pmatrix} 1 \\ -1 \end{pmatrix} e^{-t} + c_2\begin{pmatrix} 3 \\ 2 \end{pmatrix} e^{4t} \tag{5}$$

이다. ≡

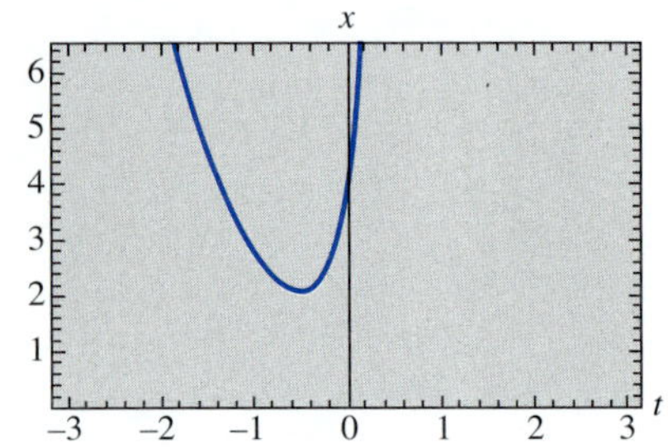

(a) $x = e^{-t}+3e^{4t}$의 그래프

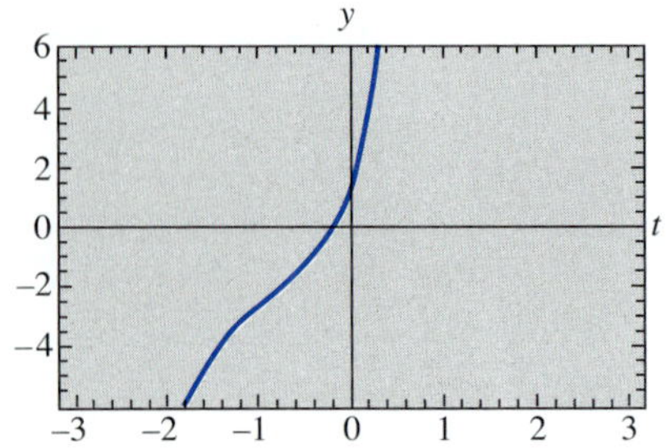

(b) $y = -e^{-t}+2e^{4t}$의 그래프

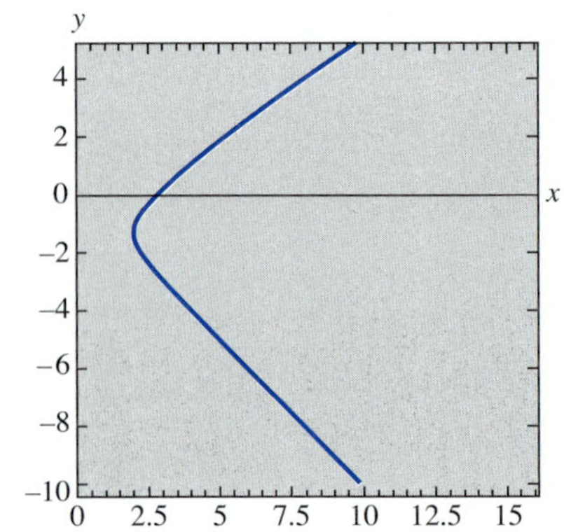

(c) 위상평면에서 $x = e^{-t}+3e^{4t}$, $y = -e^{-t}+2e^{4t}$에 의해정의된 궤적

그림 10.2.1 식 (5)의 특수해는 세 개의 다른 좌표평면에 세 개의 다른 곡선을 이룸

위상도 지난 내용의 복습으로서, 행렬 형태로 쓴 연립 선형1계 미분방정식의 해는 3.12절에서 사용한 방법, 즉 개개의 함수와 상수들 간의 관계를 나열하는 방법의 다른 형태임을 명심해야 한다. 식 (5)의 오른쪽 벡터를 더해서 왼쪽 벡터의 대응하는 성분들과 같게 놓으면 보다 익숙한 식

$$x = c_1e^{-t} + 3c_2e^{4t}, \qquad y = -c_1e^{-t} + 2c_2e^{4t}$$

를 얻는다. 10.1절에서 지적했던 것처럼 이 방정식은 xy 평면, 즉 **위상평면**에서의 **궤적** 또는 곡선의 매개방정식으로 이해할 수 있다. **그림 10.2.1**에 나와 있는 세 그래프인 tx 평면에서의 $x(t)$, ty 평면에서의 $y(t)$, 그리고 위상평면에서의 궤적은 해에서 상수 $c_1 = c_2 = 1$을 택한 경우와 대응된다. **그림 10.2.2**에 나와 있는 바와 같이 위상평면에서 궤적들의 모임을 주어진 선형계의 **위상도**(phase portait)라고 한다. 그림 10.2.2에서 두 개의 검은 선으로 나타난 것은 실제로는 1, 2, 3, 4분면에서 각각 해들 $\mathbf{X}_2$, $-\mathbf{X}_1$, $-\mathbf{X}_2$와 $\mathbf{X}_1$에 의하여 매개변수로 정의된 네 개의 반직선들이다. 예를 들면 1, 4사분면에서 반직선들의 데카르트 방정식들 $y = \frac{2}{3}x$, $x > 0$와 $y = -x$, $x > 0$은 각각 해들 $x = 3e^{4t}$, $y = 2e^{4t}$와 $x = e^{-t}$, $y = -e^{-t}$에서 매개변수 t를 소거해 얻어졌다. 더욱이 각각의 고유벡터는 이들 중 한 개의 반직선 위에 놓인 2차원 벡터로 상상할 수 있다. 고유벡터 $\mathbf{K}_2 = \begin{pmatrix} 3 \\ 2 \end{pmatrix}$는 1사분면의 $y = \frac{2}{3}x$ 위에 놓여 있고, $\mathbf{K}_1 = \begin{pmatrix} 1 \\ -1 \end{pmatrix}$은 4사분면의 $y = -x$ 위에 놓여 있다. 각 벡터의 시점은 원점이고 $\mathbf{K}_2$의 종점은 (2, 3)이며 $\mathbf{K}_1$의 종점은 (1, −1)이다.

원점은 모든 2 × 2 제차 선형계 $\mathbf{X}' = \mathbf{AX}$의 상수해 $x = 0$, $y = 0$일 뿐만 아니라 그와 같은 선형계의 질적인 연구에서 중요한 점이다. 물리적 용어로 생각하면, 그림 10.2.2에서 궤적 위의 화살촉들은 시간 t일 때 궤적 위의 좌표가 $(x(t), y(t))$인 입자가 시간이 증가함에 따라 움직일 방향을 가리킨다. 2와 4사분면의 반직선 위의 화살촉을 제외한 모든 화살촉은 시간이 증가함에 따라 입자가 원점에서 멀어져 갈 것을 나타내고 있음을 주목하라. 만일 시간이 $-\infty$에서 ∞까지 변한다고 할 때 해 $x = c_1e^{-t} + 3c_2e^{4t}$, $y = -c_1e^{-t} + 2c_2e^{4t}$, $c_1 \neq 0$, $c_2 \neq 0$을 조사하면 궤적, 즉 움직이는 입자는 ($t \to -\infty$에 대하여 e^{4t}는 무시할 수 있는 항이므로) $\mathbf{X}_1$ 또는 $-\mathbf{X}_1$에 의해 정의된 반직선들 중 하나에서 점근적으로 '출발'하여 ($t \to \infty$에 대하여 e^{-t}는 무시할 수 있는 항이므로) $\mathbf{X}_2$ 또는 $-\mathbf{X}_2$에 대하여 정의된 반직선들 중 하나에서 점근적으로 '끝이 난다'는 것을 보여 준다.

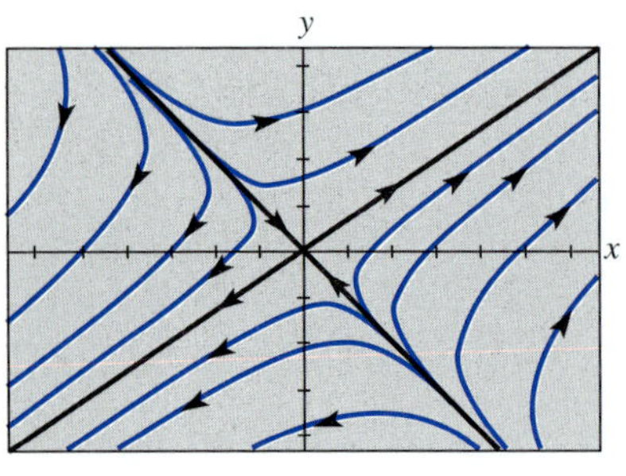

그림 10.2.2 선형계 식 (4)의 위상도

실제로 그림 10.2.2는 반대 부호의 실수 고유값을 갖는 모든 2 × 2 제차 선형계 $\mathbf{X}' = \mathbf{AX}$의 전형적인 위상도를 보여 준다. 연습문제 10.2의 문제 19를 보라. 또한 서로 다른 실수 고유값이 같은 대수적 부호를 갖는 두 경우의 위상도도 모두 그와 같은 2 × 2 선형계의 전형적인 위상도가 된다. 유일한 차이점은 화살촉들이 λ_1과 λ_2 둘 다 양수이면 $t \to \infty$일 때 입자는 어떤 궤적 위에서도 원점으로부터 멀어져 가고, λ_1과 λ_2가 둘 다 음수이면 원점을 향하여 다가오는 것을 나타낼 것이라는 점이다. 따라서 원점을 $\lambda_1 > 0$, $\lambda_2 > 0$인 경우에는 **밀개**(repeller), 그리고 $\lambda_1 < 0$, $\lambda_2 < 0$인 경우에는 **끌개**(attractor)라 부른다. 연습문제 10.2의 문제 20을 보라. 그림 10.2.2에서 원점은 밀개도 끌개도 아니다. 2 × 2 제차 선형계의 고유값이 $\lambda = 0$인 경우에 대해서는 연습문제로 남겨 놓았다. 연습문제 10.2의 문제 52를 보라.

예제 2 서로 다른 고유값

$$\frac{dx}{dt} = -4x + y + z$$
$$\frac{dy}{dt} = x + 5y - z \tag{6}$$
$$\frac{dz}{dt} = y - 3z$$

을 풀어라.

풀이 세 번째 행의 여인수를 사용하여

$$\det(\mathbf{A} - \lambda\mathbf{I}) = \begin{vmatrix} -4-\lambda & 1 & 1 \\ 1 & 5-\lambda & -1 \\ 0 & 1 & -3-\lambda \end{vmatrix} = -(\lambda+3)(\lambda+4)(\lambda-5) = 0$$

을 얻고 이것을 풀면 고유값 $\lambda_1 = -3$, $\lambda_2 = -4$, $\lambda_3 = 5$를 얻는다.

$\lambda_1 = -3$에 대하여 Gauss-Jordan 소거법을 이용하면

$$(\mathbf{A} + 3\mathbf{I}|\mathbf{0}) = \left(\begin{array}{ccc|c} -1 & 1 & 1 & 0 \\ 1 & 8 & -1 & 0 \\ 0 & 1 & 0 & 0 \end{array}\right) \overset{\text{행 연산}}{\Longrightarrow} \left(\begin{array}{ccc|c} 1 & 0 & -1 & 0 \\ 0 & 1 & 0 & 0 \\ 0 & 0 & 0 & 0 \end{array}\right)$$

을 얻는다. 그러므로 $k_1 = k_3$, $k_2 = 0$이다. $k_3 = 1$을 선택하면 고유벡터와 그에 대응하는 해벡터

$$\mathbf{K}_1 = \begin{pmatrix} 1 \\ 0 \\ 1 \end{pmatrix}, \quad \mathbf{X}_1 = \begin{pmatrix} 1 \\ 0 \\ 1 \end{pmatrix} e^{-3t} \tag{7}$$

을 얻는다. 같은 방법으로, $\lambda_2 = -4$에 대하여

$$(\mathbf{A} + 4\mathbf{I}|\mathbf{0}) = \left(\begin{array}{ccc|c} 0 & 1 & 1 & 0 \\ 1 & 9 & -1 & 0 \\ 0 & 1 & 1 & 0 \end{array}\right) \overset{\text{행 연산}}{\Longrightarrow} \left(\begin{array}{ccc|c} 1 & 0 & -10 & 0 \\ 0 & 1 & 1 & 0 \\ 0 & 0 & 0 & 0 \end{array}\right)$$

은 $k_1 = 10k_3$, $k_2 = -k_3$을 뜻한다. $k_3 = 1$을 선택하면 두 번째 고유벡터와 해벡터

$$\mathbf{K}_2 = \begin{pmatrix} 10 \\ -1 \\ 1 \end{pmatrix}, \quad \mathbf{X}_2 = \begin{pmatrix} 10 \\ -1 \\ 1 \end{pmatrix} e^{-4t} \tag{8}$$

을 얻는다. 마지막으로 $\lambda_3 = 5$일 때 첨가행렬

$$(\mathbf{A} - 5\mathbf{I}|\mathbf{0}) = \left(\begin{array}{ccc|c} -9 & 1 & 1 & 0 \\ 1 & 0 & -1 & 0 \\ 0 & 1 & -8 & 0 \end{array}\right) \overset{\text{행 연산}}{\Longrightarrow} \left(\begin{array}{ccc|c} 1 & 0 & -1 & 0 \\ 0 & 1 & -8 & 0 \\ 0 & 0 & 0 & 0 \end{array}\right)$$

로부터

$$\mathbf{K}_3 = \begin{pmatrix} 1 \\ 8 \\ 1 \end{pmatrix}, \quad \mathbf{X}_3 = \begin{pmatrix} 1 \\ 8 \\ 1 \end{pmatrix} e^{5t} \tag{9}$$

을 얻을 수 있다.

식 (6)의 일반해는 다음과 같이 해벡터 식 (7), (8), (9)의 일차결합이다.

$$\mathbf{X} = c_1 \begin{pmatrix} 1 \\ 0 \\ 1 \end{pmatrix} e^{-3t} + c_2 \begin{pmatrix} 10 \\ -1 \\ 1 \end{pmatrix} e^{-4t} + c_3 \begin{pmatrix} 1 \\ 8 \\ 1 \end{pmatrix} e^{5t}$$

≡

컴퓨터 이용 MATLAB, *Mathematica* 그리고 *Maple*과 같은 소프트웨어 패키지들은 행렬의 고유값과 고유벡터를 찾을 때 시간을 절약해 준다. 예를 들어 *Mathematica*를 이용하여 식 (6)에서 계수행렬의 고유값과 고유벡터를 찾으려면 먼저 행으로 행렬의 정의를 입력한다.

m = { {−4, 1, 1}, { 1, 5, −1}, { 0, 1, −3} }

명령어 **Eigenvalues[m]**과 **Eigenvectors[m]**을 차례로 입력하면 각각

{5, −4, −3}과 { { 1, 8, 1}, { 10, −1, 1}, { 1, 0, 1} }

이 출력되어 나타난다. *Mathematica*에서 고유값과 고유벡터는 명령어 **Eigensystem[m]**을 이용하여 동시에 얻을 수도 있다.

10.2.2 중복 고유값

물론 $n \times n$ 행렬 $\mathbf{A}$의 n개의 고유값 $\lambda_1, \lambda_2, \ldots, \lambda_n$ 모두가 서로 다를 필요는 없다. 즉, 몇 개가 중복될 수도 있다. 예를 들면 선형계

$$\mathbf{X}' = \begin{pmatrix} 3 & -18 \\ 2 & -9 \end{pmatrix} \mathbf{X} \tag{10}$$

의 계수행렬의 특성방정식은 $(\lambda + 3)^2 = 0$임을 이미 보았고, 따라서 $\lambda_1 = \lambda_2 = -3$은 **중복도 2**인 근이다. 이 값에 대하여 한 개의 고유벡터와 식 (10)의 하나의 해

$$\mathbf{K}_1 = \begin{pmatrix} 3 \\ 1 \end{pmatrix}, \text{ 따라서 } \mathbf{X}_1 = \begin{pmatrix} 3 \\ 1 \end{pmatrix} e^{-3t} \tag{11}$$

를 얻는다. 그러나 이 선형계의 일반해를 구하는 것이 우리의 관심사이므로, 두 번째 해를 구하는 문제를 추구해 볼 필요가 있다.

일반적으로 m이 양의 정수이고 $(\lambda - \lambda_1)^m$은 특성방정식의 인수이지만, $(\lambda - \lambda_1)^{m+1}$이 인수가 아닐 때 λ_1을 **중복도 m의 고유값**이라 한다. 아래의 세 예제에 다음의 경우들을 예시하겠다.

(*i*) 어떤 $n \times n$ 행렬 $\mathbf{A}$에 대하여 중복도 $m \le n$인 고유값 λ_1에 대응하는 m개의 일차독립인 고유벡터 $\mathbf{K}_1, \mathbf{K}_2, \ldots, \mathbf{K}_m$을 구하는 것이 가능할 수 있다. 이 경우 그 선형계의 일반해는 다음의 일차결합을 포함한다.

$$c_1\mathbf{K}_1e^{\lambda_1 t} + c_2\mathbf{K}_2e^{\lambda_1 t} + \cdots + c_m\mathbf{K}_me^{\lambda_1 t}$$

(*ii*) 만약 중복도 m인 고유값 λ_1에 대응하는 고유벡터가 단 하나만 있으면, 열벡터 $\mathbf{K}_{ij}$에 대하여 m개의 일차독립인 해

$$\begin{aligned}
\mathbf{X}_1 &= \mathbf{K}_{11}e^{\lambda_1 t}\\
\mathbf{X}_2 &= \mathbf{K}_{21}te^{\lambda_1 t} + \mathbf{K}_{22}e^{\lambda_1 t}\\
&\vdots\\
\mathbf{X}_m &= \mathbf{K}_{m1}\frac{t^{m-1}}{(m-1)!}e^{\lambda_1 t} + \mathbf{K}_{m2}\frac{t^{m-2}}{(m-2)!}e^{\lambda_1 t} + \cdots + \mathbf{K}_{mm}e^{\lambda_1 t}
\end{aligned}$$

를 항상 구할 수 있다.

중복도 2인 고유값 중복도 2인 고유값들로 논의를 시작하자. 첫 번째 예제에서는 중복도 2인 고유값에 대응하는 2개의 다른 고유벡터를 찾을 수 있는 행렬을 예로 들겠다.

예제 3 중복 고유값

$$\mathbf{X}' = \begin{pmatrix} 1 & -2 & 2\\ -2 & 1 & -2\\ 2 & -2 & 1\end{pmatrix}\mathbf{X}$$

를 풀어라.

풀이 특성방정식

$$\det(\mathbf{A} - \lambda\mathbf{I}) = \begin{vmatrix} 1-\lambda & -2 & 2\\ -2 & 1-\lambda & -2\\ 2 & -2 & 1-\lambda\end{vmatrix} = 0$$

의 행렬식을 전개하면 $-(\lambda+1)^2(\lambda-5) = 0$을 얻으므로 $\lambda_1 = \lambda_2 = -1$, $\lambda_3 = 5$이다.

$\lambda_1 = -1$에 대하여 Gauss-Jordan 소거법을 이용하면

$$(\mathbf{A} + \mathbf{I}|\mathbf{0}) = \left(\begin{array}{ccc|c} 2 & -2 & 2 & 0\\ -2 & 2 & -2 & 0\\ 2 & -2 & 2 & 0\end{array}\right) \overset{\text{행 연산}}{\Longrightarrow} \left(\begin{array}{ccc|c} 1 & -1 & 1 & 0\\ 0 & 0 & 0 & 0\\ 0 & 0 & 0 & 0\end{array}\right)$$

을 얻는다. 마지막 행렬의 첫째 행은 $k_1 - k_2 + k_3 = 0$, 즉 $k_1 = k_2 - k_3$을 뜻한다. $k_2 = 1$, $k_3 = 0$과 $k_2 = 1$, $k_3 = 1$을 선택하면 각각 $k_1 = 1$과 $k_1 = 0$을 얻어서, $\lambda_1 = -1$에 대응하는 두 고유벡터는

$$\mathbf{K}_1 = \begin{pmatrix}1\\1\\0\end{pmatrix} \quad \text{그리고} \quad \mathbf{K}_2 = \begin{pmatrix}0\\1\\1\end{pmatrix}$$

이다. 어느 고유벡터도 다른 것의 상수 배가 아니므로, 같은 고유값에 대응하는 두 개의 일차독립인 해

$$\mathbf{X}_1 = \begin{pmatrix} 1 \\ 1 \\ 0 \end{pmatrix} e^{-t} \qquad \text{그리고} \qquad \mathbf{X}_2 = \begin{pmatrix} 0 \\ 1 \\ 1 \end{pmatrix} e^{-t}$$

을 구했다. 마지막으로 $\lambda_3 = 5$에 대하여 행연산을 이용한 축약

$$(\mathbf{A} - 5\mathbf{I}|\mathbf{0}) = \left(\begin{array}{ccc|c} -4 & -2 & 2 & 0 \\ -2 & -4 & -2 & 0 \\ 2 & -2 & -4 & 0 \end{array}\right) \overset{\text{행 연산}}{\Longrightarrow} \left(\begin{array}{ccc|c} 1 & 0 & -1 & 0 \\ 0 & 1 & 1 & 0 \\ 0 & 0 & 0 & 0 \end{array}\right)$$

은 $k_1 = k_3$과 $k_2 = -k_3$을 준다. $k_3 = 1$을 선택하면 $k_1 = 1$, $k_2 = -1$이고 세 번째 고유벡터는

$$\mathbf{K}_3 = \begin{pmatrix} 1 \\ -1 \\ 1 \end{pmatrix}$$

이다. 따라서 선형계의 일반해는

$$\mathbf{X} = c_1 \begin{pmatrix} 1 \\ 1 \\ 0 \end{pmatrix} e^{-t} + c_2 \begin{pmatrix} 0 \\ 1 \\ 1 \end{pmatrix} e^{-t} + c_3 \begin{pmatrix} 1 \\ -1 \\ 1 \end{pmatrix} e^{5t}$$

이다. ≡

예제 3의 계수행렬 **A**는 대칭행렬인 특수행렬이다. $n \times n$ 행렬 **A**가 그것의 전치행렬(행과 열들이 서로 바뀐 행렬) $\mathbf{A}^T$와 같을 때, 즉 $\mathbf{A}^T = \mathbf{A}$이면 **A**를 **대칭행렬**(symmetric matrix)이라 한다. 선형계 $\mathbf{X}' = \mathbf{AX}$에서 행렬 **A**가 대칭행렬로서 실수 성분들로 이루어졌다면 항상 n개의 일차독립인 고유벡터 $\mathbf{K}_1, \mathbf{K}_2, \ldots, \mathbf{K}_n$을 구할 수 있으며 그 선형계의 일반해는 정리 10.2.1에서와 같이 주어진다는 것을 증명할 수 있다. 예제 3에서 본 것처럼, 이 결과는 몇 개의 고유값들이 중복되어도 성립한다.

두 번째 해 λ_1이 중복도 2인 고유값이고 이 값에 대응하는 고유벡터는 단 하나뿐이라고 가정하자. 그러면

$$\mathbf{K} = \begin{pmatrix} k_1 \\ k_2 \\ \vdots \\ k_n \end{pmatrix} \text{이고} \qquad \mathbf{P} = \begin{pmatrix} p_1 \\ p_2 \\ \vdots \\ p_n \end{pmatrix} \text{일 때}$$

두 번째 해는

$$\mathbf{X}_2 = \mathbf{K}te^{\lambda_1 t} + \mathbf{P}e^{\lambda_1 t} \tag{12}$$

형식으로 주어진다. 이를 확인하기 위해서 식 (12)를 선형계 $\mathbf{X}' = \mathbf{AX}$에 대입하고 간단히 하면

$$(\mathbf{AK} - \lambda_1\mathbf{K})te^{\lambda_1 t} + (\mathbf{AP} - \lambda_1\mathbf{P} - \mathbf{K})e^{\lambda_1 t} = \mathbf{0}$$

이 된다. 이 방정식은 모든 실수값 t에 대하여 성립하므로

$$(\mathbf{A} - \lambda_1\mathbf{I})\mathbf{K} = \mathbf{0} \tag{13}$$

$$(\mathbf{A} - \lambda_1\mathbf{I})\mathbf{P} = \mathbf{K} \tag{14}$$

를 얻는다. 방정식 (13)은 단순히 $\mathbf{K}$가 λ_1에 대응하는 $\mathbf{A}$의 고유벡터라는 것을 의미한다. 식 (13)을 풀면 하나의 해 $\mathbf{X}_1 = \mathbf{K}e^{\lambda_1 t}$를 얻는다. 두 번째 해 $\mathbf{X}_2$를 구하기 위해서는 방정식 (14)를 벡터 $\mathbf{P}$에 관하여 풀어야 한다.

예제 4 중복 고유값

식 (10)에 주어진 선형계의 일반해를 구하라.

풀이 식 (11)로부터 $\lambda_1 = -3$이고 하나의 해는 $\mathbf{X}_1 = \begin{pmatrix} 3 \\ 1 \end{pmatrix} e^{-3t}$인 것을 알고 있다. $\mathbf{K} = \begin{pmatrix} 3 \\ 1 \end{pmatrix}$과 $\mathbf{P} = \begin{pmatrix} p_1 \\ p_2 \end{pmatrix}$라 하면, 식 (14)로부터

$$(\mathbf{A} + 3\mathbf{I})\mathbf{P} = \mathbf{K} \quad \text{또는} \quad \begin{aligned} 6p_1 - 18p_2 &= 3 \\ 2p_1 - 6p_2 &= 1 \end{aligned}$$

을 풀어야 한다. 이 연립방정식은 한 개의 방정식과 같으므로 p_1과 p_2에 대하여 무한히 많이 선택할 수 있다. 예를 들어 $p_1 = 1$을 선택하면 $p_2 = \frac{1}{6}$이 된다. 그러나 간단히 하기 위하여 $p_1 = \frac{1}{2}$을 선택하면 $p_2 = 0$이 된다. 그러므로 $\mathbf{P} = \begin{pmatrix} \frac{1}{2} \\ 0 \end{pmatrix}$이다. 따라서 식 (12)로부터

$$\mathbf{X}_2 = \begin{pmatrix} 3 \\ 1 \end{pmatrix} te^{-3t} + \begin{pmatrix} \frac{1}{2} \\ 0 \end{pmatrix} e^{-3t}$$

를 얻는다. 그러면 식 (10)의 일반해는

$$\mathbf{X} = c_1\begin{pmatrix} 3 \\ 1 \end{pmatrix} e^{-3t} + c_2\left[\begin{pmatrix} 3 \\ 1 \end{pmatrix} te^{-3t} + \begin{pmatrix} \frac{1}{2} \\ 0 \end{pmatrix} e^{-3t}\right]$$

이다. ≡

예제 4의 해에서 c_1과 c_2에 여러 가지 값들을 정해 줌으로써 식 (10)의 선형계의 궤적을 그릴 수 있다. 식 (10)의 위상도가 **그림 10.2.3**에 주어졌다. 해 $\mathbf{X}_1$과 $-\mathbf{X}_1$은 그림 10.2.3에 검정색으로 나타낸 두 반직선 $y = \frac{1}{3}x,\ x > 0$과 $y = \frac{1}{3}x,\ x < 0$을 각각 결정한다. 단일 고유값이 음수이고 모든 궤적 위에서 $t \to \infty$일 때 $e^{-3t} \to 0$이므로 $t \to \infty$일 때 $(x(t), y(t)) \to (0, 0)$이다. 이는 그림 10.2.3에서 화살촉들은 시간이 증가함에 따라 임의의 궤적 위의 입자는 원점을 향하여 움직이게 될 것이라는 사실을 가리키고, 이 경우에 원점이 끌개인 이유이다. 더구나 $t \to \infty$일 때 궤적 $x = 3c_1e^{-3t} + c_2(te^{-3t} + \frac{1}{2}e^{-3t}),\ y = c_1e^{-3t} + c_2te^{-3t},\ c_2 \neq 0$ 위에 움직이는 입자는 반직선 중 하나에 접하여 (0, 0)에 접근한다. 반면에 중복 고유값이 양수이면 상황은 그 반대이고, 원점은 밀개이다. 연습문제 10.2의 문제 23을 보라. 그림 10.2.2와 유사하게 그림 10.2.3은 두 음수의 중복 고유값을 갖는 모든 2×2 제차 선형계 $\mathbf{X}' = \mathbf{AX}$의 전형

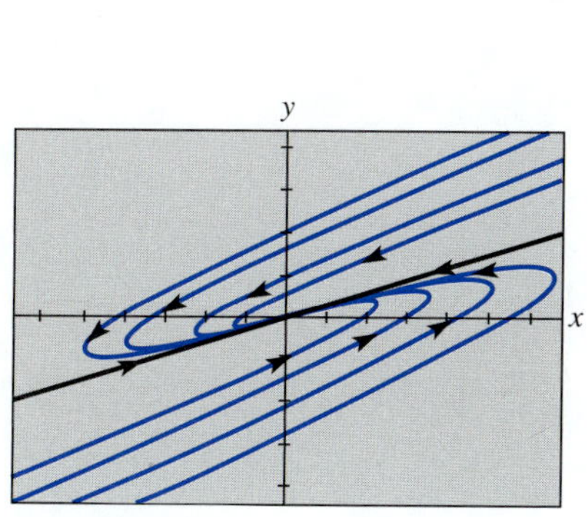

그림 10.2.3 선형계 (10)의 위상도

적인 위상도이다. 연습문제 10.2의 문제 34를 보라.

중복도 3인 고유값 계수행렬 **A**가 중복도 3인 고유값 λ_1에 대응하는 단 하나의 고유벡터를 가질 때, 식 (12) 형식의 해와

$$\mathbf{K} = \begin{pmatrix} k_1 \\ k_2 \\ \vdots \\ k_n \end{pmatrix}, \quad \mathbf{P} = \begin{pmatrix} p_1 \\ p_2 \\ \vdots \\ p_n \end{pmatrix} \quad \text{그리고} \quad \mathbf{Q} = \begin{pmatrix} q_1 \\ q_2 \\ \vdots \\ q_n \end{pmatrix}$$

에 대하여

$$\mathbf{X}_3 = \mathbf{K}\frac{t^2}{2}e^{\lambda_1 t} + \mathbf{P}te^{\lambda_1 t} + \mathbf{Q}e^{\lambda_1 t} \tag{15}$$

형식의 제3의 해를 구할 수 있다. (15)를 선형계 $\mathbf{X}' = \mathbf{AX}$에 대입하면 열벡터 **K**, **P**, **Q**가

$$(\mathbf{A} - \lambda_1\mathbf{I})\mathbf{K} = \mathbf{0} \tag{16}$$

$$(\mathbf{A} - \lambda_1\mathbf{I})\mathbf{P} = \mathbf{K} \tag{17}$$

$$(\mathbf{A} - \lambda_1\mathbf{I})\mathbf{Q} = \mathbf{P} \tag{18}$$

를 만족해야 한다. 물론 식 (16)과 (17)의 해들은 해 $\mathbf{X}_1$과 $\mathbf{X}_2$를 구하는 데 이용할 수 있다.

예제 5 중복 고유값

$\mathbf{X}' = \begin{pmatrix} 2 & 1 & 6 \\ 0 & 2 & 5 \\ 0 & 0 & 2 \end{pmatrix}\mathbf{X}$를 풀어라.

풀이 특성방정식 $(\lambda - 2)^3 = 0$은 $\lambda_1 = 2$가 중복도 3인 고유값인 것을 보여 준다. $(\mathbf{A} - 2\mathbf{I})\mathbf{K} = \mathbf{0}$을 풀어서 유일한 고유벡터

$$\mathbf{K} = \begin{pmatrix} 1 \\ 0 \\ 0 \end{pmatrix}$$

을 구하고, 계속하여 $\mathbf{A} - 2\mathbf{I})\mathbf{P} = \mathbf{K}$와 $\mathbf{A} - 2\mathbf{I})\mathbf{Q} = \mathbf{P}$를 풀어서

$$\mathbf{P} = \begin{pmatrix} 0 \\ 1 \\ 0 \end{pmatrix} \quad \text{그리고} \quad \mathbf{Q} = \begin{pmatrix} 0 \\ -\frac{6}{5} \\ \frac{1}{5} \end{pmatrix}$$

를 구한다. 식 (12)와 (15)를 이용하면 선형계의 일반해는

$$\mathbf{X} = c_1\begin{pmatrix} 1 \\ 0 \\ 0 \end{pmatrix}e^{2t} + c_2\left[\begin{pmatrix} 1 \\ 0 \\ 0 \end{pmatrix}te^{2t} + \begin{pmatrix} 0 \\ 1 \\ 0 \end{pmatrix}e^{2t}\right] + c_3\left[\begin{pmatrix} 1 \\ 0 \\ 0 \end{pmatrix}\frac{t^2}{2}e^{2t} + \begin{pmatrix} 0 \\ 1 \\ 0 \end{pmatrix}te^{2t} + \begin{pmatrix} 0 \\ -\frac{6}{5} \\ \frac{1}{5} \end{pmatrix}e^{2t}\right]$$

이다. ≡

참고

고유값 λ_1이 중복도 m이면, m개의 일차독립인 고유벡터를 찾을 수 있거나 또는 대응하는 고유벡터들의 수는 m보다 작다. 따라서 이 절 도입부의 두 경우는 중복되는 고유값이 생길 수 있는 모든 경우를 보여 준 것이 아니다. 이를테면 5×5 행렬이 중복도 5인 고유값을 갖고 3개의 대응하는 일차독립인 고유벡터가 존재할 수도 있다. 연습문제 10.2의 문제 33과 53을 보라.

10.2.3 복소 고유값

$\lambda_1 = \alpha + i\beta$와 $\lambda_2 = \alpha - i\beta$, $\beta > 0$, $i^2 = -1$이 계수행렬 $\mathbf{A}$의 복소 고유값이면 이에 대응하는 고유벡터들은 복소 성분을 가질 것이라고 예상할 수 있다.*

예를 들면 선형계

$$\begin{aligned}\frac{dx}{dt} &= 6x - y\\ \frac{dy}{dt} &= 5x + 4y\end{aligned} \tag{19}$$

의 특성방정식은

$$\det(\mathbf{A} - \lambda\mathbf{I}) = \begin{vmatrix} 6-\lambda & -1 \\ 5 & 4-\lambda \end{vmatrix} = \lambda^2 - 10\lambda + 29 = 0$$

이다. 근의 공식으로부터 $\lambda_1 = 5 + 2i$, $\lambda_2 = 5 - 2i$를 얻는다.

이제 $\lambda_1 = 5 + 2i$에 대하여

$$\begin{aligned}(1-2i)k_1 - \qquad\quad k_2 &= 0\\ 5k_1 - (1+2i)k_2 &= 0\end{aligned}$$

을 풀어야 한다. $k_2 = (1-2i)k_1$이므로† $k_1 = 1$로 택하면 다음의 고유벡터와 해벡터

$$\mathbf{K}_1 = \begin{pmatrix} 1 \\ 1-2i \end{pmatrix}, \quad \mathbf{X}_1 = \begin{pmatrix} 1 \\ 1-2i \end{pmatrix} e^{(5+2i)t}$$

를 얻는다. 같은 방법으로 $\lambda_2 = 5 - 2i$에 대해서도

$$\mathbf{K}_2 = \begin{pmatrix} 1 \\ 1+2i \end{pmatrix}, \quad \mathbf{X}_2 = \begin{pmatrix} 1 \\ 1+2i \end{pmatrix} e^{(5-2i)t}$$

를 얻는다. Wronskian을 이용하면 이 두 해벡터는 일차독립임을 증명할 수 있다. 따라서 식 (19)의 일반해는

$$\mathbf{X} = c_1\begin{pmatrix} 1 \\ 1-2i \end{pmatrix} e^{(5+2i)t} + c_2\begin{pmatrix} 1 \\ 1+2i \end{pmatrix} e^{(5-2i)t} \tag{20}$$

* 특성방정식이 실계수를 가질 때 복소 고유값은 언제나 켤레쌍으로 나타난다.

† 두 번째 식은 첫 번째 식에 단순히 $(1 + 2i)$를 곱한 것임을 주의하라.

이다.

λ_2에 대응하는 $\mathbf{K}_2$의 성분들은 λ_1에 대응하는 $\mathbf{K}_1$의 성분들의 켤레임을 주목하라. λ_1의 켤레는 물론 λ_2이다. 이것을 $\lambda_2 = \overline{\lambda}_1$와 $\mathbf{K}_2 = \overline{\mathbf{K}}_1$로 쓴다. 이것은 다음의 일반적인 결과를 예를 들어 설명한 것이다.

정리 10.2.2 복소 고유값에 대응하는 해

$\mathbf{A}$는 제차계 식 (2)의 실수 성분들로 이루어진 계수행렬이고, $\mathbf{K}_1$은 복소 고유값 $\lambda_1 = \alpha + i\beta$($\alpha$와 β는 실수)에 대응하는 고유벡터이면

$$\mathbf{K}_1 e^{\lambda_1 t}, \qquad \overline{\mathbf{K}}_1 e^{\overline{\lambda}_1 t}$$

는 식 (2)의 해이다.

식 (20)과 같은 해를 실함수로 다시 쓰는 것이 바람직하며 비교적 쉽다. 그러기 위해서 Euler 공식을 이용하여

$$e^{(5+2i)t} = e^{5t}e^{2ti} = e^{5t}(\cos 2t + i \sin 2t)$$
$$e^{(5-2i)t} = e^{5t}e^{-2ti} = e^{5t}(\cos 2t - i \sin 2t)$$

로 쓴다. 그러면 식 (20)은

$$\begin{aligned}
\mathbf{X} &= c_1 e^{5t}\begin{pmatrix} 1 \\ 1 - 2i \end{pmatrix}(\cos 2t + i\sin 2t) + c_2 e^{5t}\begin{pmatrix} 1 \\ 1 + 2i \end{pmatrix}(\cos 2t - i \sin 2t) \\
&= c_1 e^{5t}\begin{pmatrix} \cos 2t + i \sin 2t \\ (1 - 2i)(\cos 2t + i \sin 2t) \end{pmatrix} + c_2 e^{5t}\begin{pmatrix} \cos 2t - i \sin 2t \\ (1 + 2i)(\cos 2t - i \sin 2t) \end{pmatrix} \\
&= c_1 e^{5t}\begin{pmatrix} \cos 2t + i \sin 2t \\ \cos 2t + 2 \sin 2t \ + i(-2 \cos 2t + \sin 2t) \end{pmatrix} + c_2 e^{5t}\begin{pmatrix} \cos 2t - i \sin 2t \\ \cos 2t + 2 \sin 2t \ + i(2 \cos 2t - \sin 2t) \end{pmatrix} \\
&= (c_1 + c_2)\begin{pmatrix} \cos 2t \\ \cos 2t + 2 \sin 2t \end{pmatrix}e^{5t} + (c_1 - c_2)i\begin{pmatrix} \sin 2t \\ -2 \cos 2t + \sin 2t \end{pmatrix}e^{5t}
\end{aligned}$$

이제 $C_1 = c_1 + c_2$, $C_2 = (c_1 - c_2)i$로 놓으면 마지막 줄은

$$\mathbf{X} = C_1\mathbf{X}_1 + C_2\mathbf{X}_2 \tag{21}$$

가 된다. 여기서

$$\mathbf{X}_1 = \begin{pmatrix} \cos 2t \\ \cos 2t + 2 \sin 2t \end{pmatrix}e^{5t} = \left[\begin{pmatrix} 1 \\ 1 \end{pmatrix}\cos 2t - \begin{pmatrix} 0 \\ -2 \end{pmatrix}\sin 2t\right]e^{5t}$$
$$\mathbf{X}_2 = \begin{pmatrix} \sin 2t \\ -2 \cos 2t + \sin 2t \end{pmatrix}e^{5t} = \left[\begin{pmatrix} 0 \\ -2 \end{pmatrix}\cos 2t + \begin{pmatrix} 1 \\ 1 \end{pmatrix}\sin 2t\right]e^{5t}$$

이다. 이제 식 (21)의 두 벡터 $\mathbf{X}_1$과 $\mathbf{X}_2$는 원래 선형계의 일차독립인 실수해들임을 인식하는 것이 중요하다. 결과적으로 C_1, C_2와 c_1, c_2 사이의 관계를 무시해도 정당하고, C_1과 C_2는 완

전히 임의의 실수라고 가정할 수 있다. 다시 말하면 일차결합 식 (21)은 식 (19)의 또 다른 모양의 일반해이다.

앞의 과정은 일반화될 수 있다. $\mathbf{K}_1$을 복소 고유값 $\lambda_1 = \alpha + i\beta$에 대응하는(실수 성분으로 이루어진) 계수행렬의 고유벡터라 하자. 그러면 정리 10.2.2의 두 해벡터를

$$\mathbf{K}_1 e^{\lambda_1 t} = \mathbf{K}_1 e^{\alpha t} e^{i\beta t} = \mathbf{K}_1 e^{\alpha t}(\cos\beta t + i\sin\beta t)$$

$$\overline{\mathbf{K}}_1 e^{\overline{\lambda}_1 t} = \overline{\mathbf{K}}_1 e^{\alpha t} e^{-i\beta t} = \overline{\mathbf{K}}_1 e^{\alpha t}(\cos\beta t - i\sin\beta t)$$

로 쓸 수 있다. 중첩의 원리와 정리 10.1.2에 의하여 다음 벡터들도 해이다.

$$\mathbf{X}_1 = \frac{1}{2}(\mathbf{K}_1 e^{\lambda_1 t} + \overline{\mathbf{K}}_1 e^{\overline{\lambda}_1 t}) = \frac{1}{2}(\mathbf{K}_1 + \overline{\mathbf{K}}_1)\, e^{\alpha t}\cos\beta t - \frac{i}{2}(-\mathbf{K}_1 + \overline{\mathbf{K}}_1)e^{\alpha t}\sin\beta t$$

$$\mathbf{X}_2 = \frac{i}{2}(-\mathbf{K}_1 e^{\lambda_1 t} + \overline{\mathbf{K}}_1 e^{\overline{\lambda}_1 t}) = \frac{i}{2}(-\mathbf{K}_1 + \overline{\mathbf{K}}_1)e^{\alpha t}\cos\beta t + \frac{1}{2}(\mathbf{K}_1 + \overline{\mathbf{K}}_1)e^{\alpha t}\sin\beta t$$

임의의 복소수 $z = a + ib$에 대하여 $\frac{1}{2}(z + \bar{z}) = a$와 $\frac{i}{2}(-z + \bar{z}) = b$는 실수이다. 그러므로 열벡터 $\frac{1}{2}(\mathbf{K}_1 + \overline{\mathbf{K}}_1)$와 $\frac{i}{2}(-\mathbf{K}_1 + \overline{\mathbf{K}}_1)$의 성분들은 실수이다.

$$\mathbf{B}_1 = \frac{1}{2}(\mathbf{K}_1 + \overline{\mathbf{K}}_1), \quad \mathbf{B}_2 = \frac{i}{2}(-\mathbf{K}_1 + \overline{\mathbf{K}}_1) \tag{22}$$

을 정의하면 다음 정리를 얻는다.

정리 10.2.3 복소 고유값에 대응하는 실수해

$\lambda_1 = \alpha + i\beta$가 제차계 (2)의 계수행렬 **A**의 복소 고유값이고, $\mathbf{B}_1$과 $\mathbf{B}_2$는 식 (22)에서 정의된 열벡터이다. 그러면

$$\begin{aligned}\mathbf{X}_1 &= [\mathbf{B}_1\cos\beta t - \mathbf{B}_2\sin\beta t]e^{\alpha t}\\ \mathbf{X}_2 &= [\mathbf{B}_2\cos\beta t + \mathbf{B}_1\sin\beta t]e^{\alpha t}\end{aligned} \tag{23}$$

는 $(-\infty, \infty)$에서 식 (2)의 일차독립인 해이다.

식 (22)에서 행렬 $\mathbf{B}_1$과 $\mathbf{B}_2$는 각각 고유벡터 $\mathbf{K}_1$의 **실수부**와 **허수부**이므로, 이들을

$$\mathbf{B}_1 = \mathrm{Re}(\mathbf{K}_1) \qquad \text{그리고} \qquad \mathbf{B}_2 = \mathrm{Im}(\mathbf{K}_1) \tag{24}$$

로 표시한다. 예를 들면 식 (21)은

$$\mathbf{K}_1 = \begin{pmatrix} 1 \\ 1 - 2i \end{pmatrix} = \begin{pmatrix} 1 \\ 1 \end{pmatrix} + i\begin{pmatrix} 0 \\ -2 \end{pmatrix}$$

$$\mathbf{B}_1 = \mathrm{Re}(\mathbf{K}_1) = \begin{pmatrix} 1 \\ 1 \end{pmatrix} \text{ 그리고 } \mathbf{B}_2 = \mathrm{Im}(\mathbf{K}_1) = \begin{pmatrix} 0 \\ -2 \end{pmatrix}$$

일 때 식 (23)으로부터 얻어진다.

예제 6 복소 고유값

초기값 문제

$$\mathbf{X}' = \begin{pmatrix} 2 & 8 \\ -1 & -2 \end{pmatrix}\mathbf{X}, \quad \mathbf{X}(0) = \begin{pmatrix} 2 \\ -1 \end{pmatrix} \tag{25}$$

을 풀어라.

풀이 먼저

$$\det(\mathbf{A} - \lambda\mathbf{I}) = \begin{vmatrix} 2-\lambda & 8 \\ -1 & -2-\lambda \end{vmatrix} = \lambda^2 + 4 = 0$$

으로부터 고유값 $\lambda_1 = 2i$와 $\lambda_2 = \overline{\lambda}_1 = -2i$를 얻는다. λ_1에 대하여 선형계

$$\begin{aligned} (2-2i)k_1 + \qquad 8k_2 &= 0 \\ -k_1 + (-2-2i)k_2 &= 0 \end{aligned}$$

은 $k_1 = -(2+2i)k_2$를 준다. $k_2 = -1$을 택하면

$$\mathbf{K}_1 = \begin{pmatrix} 2+2i \\ -1 \end{pmatrix} = \begin{pmatrix} 2 \\ -1 \end{pmatrix} + i\begin{pmatrix} 2 \\ 0 \end{pmatrix}$$

을 얻는다. 이제 식 (24)로부터

$$\mathbf{B}_1 = \text{Re}(\mathbf{K}_1) = \begin{pmatrix} 2 \\ -1 \end{pmatrix} \quad \text{그리고} \quad \mathbf{B}_2 = \text{Im}(\mathbf{K}_1) = \begin{pmatrix} 2 \\ 0 \end{pmatrix}$$

을 구한다. $\alpha = 0$이므로, 이 선형계의 일반해는

$$\begin{aligned} \mathbf{X} &= c_1\left[\begin{pmatrix} 2 \\ -1 \end{pmatrix}\cos 2t - \begin{pmatrix} 2 \\ 0 \end{pmatrix}\sin 2t\right] + c_2\left[\begin{pmatrix} 2 \\ 0 \end{pmatrix}\cos 2t + \begin{pmatrix} 2 \\ -1 \end{pmatrix}\sin 2t\right] \\ &= c_1\begin{pmatrix} 2\cos 2t - 2\sin 2t \\ -\cos 2t \end{pmatrix} + c_2\begin{pmatrix} 2\cos 2t + 2\sin 2t \\ -\sin 2t \end{pmatrix} \end{aligned} \tag{26}$$

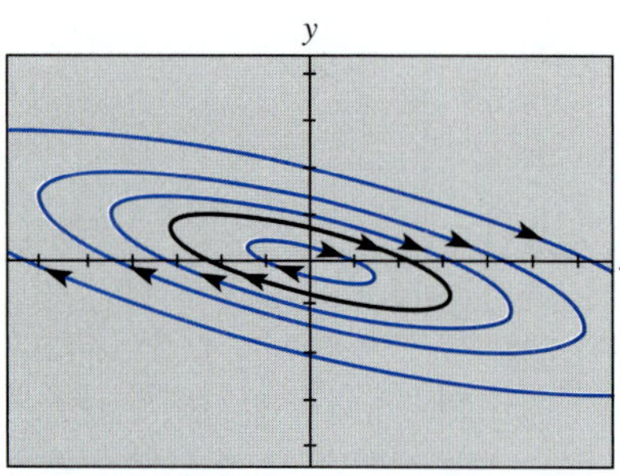

그림 10.2.4 예제 6의 (25)에서 선형계의 위상도

임이 식 (23)으로부터 나온다. 선형계의 해 식 (26)에 의하여 정의된 궤적들 또는 곡선들의 그래프 몇 개가 **그림 10.2.4**의 위상도에 예시되어 있다. 이제 초기조건 $\mathbf{X}(0) = \begin{pmatrix} 2 \\ -1 \end{pmatrix}$, 즉 $x(0) = 2$와 $y(0) = -1$은 방정식 $2c_1 + 2c_2 = 2$, $-c_1 = -1$을 주고 해는 $c_1 = 1$, $c_2 = 0$이다. 따라서 문제에 대한 해는 $\mathbf{X} = \begin{pmatrix} 2\cos 2t - 2\sin 2t \\ -\cos 2t \end{pmatrix}$이다. 특수해 $x = 2\cos 2t - 2\sin 2t$, $y = -\cos 2t$에 의해서 매개함수로 정의된 특정한 궤적은 그림 10.2.4에서 검정색 곡선이다. 이 곡선은 $(2, -1)$을 지나고 있음을 주목하라. ≡

10.2 연습문제

부록에 선택된 홀수 문제의 답이 있다.

10.2.1 서로 다른 실수 고유값

문제 1~12에서는 주어진 선형계의 일반해를 구하라.

1. $\dfrac{dx}{dt} = x + 2y$, $\dfrac{dy}{dt} = 4x + 3y$

2. $\dfrac{dx}{dt} = 2x + 2y$, $\dfrac{dy}{dt} = x + 3y$

3. $\dfrac{dx}{dt} = -4x + 2y$, $\dfrac{dy}{dt} = -\frac{5}{2}x + 2y$

4. $\dfrac{dx}{dt} = -\frac{5}{2}x + 2y$, $\dfrac{dy}{dt} = \frac{3}{4}x - 2y$

5. $\mathbf{X}' = \begin{pmatrix} 10 & -5 \\ 8 & -12 \end{pmatrix}\mathbf{X}$

6. $\mathbf{X}' = \begin{pmatrix} -6 & 2 \\ -3 & 1 \end{pmatrix}\mathbf{X}$

7. $\dfrac{dx}{dt} = x + y - z$, $\dfrac{dy}{dt} = 2y$, $\dfrac{dz}{dt} = y - z$

8. $\dfrac{dx}{dt} = 2x - 7y$, $\dfrac{dy}{dt} = 5x + 10y + 4z$, $\dfrac{dz}{dt} = 5y + 2z$

9. $\mathbf{X}' = \begin{pmatrix} -1 & 1 & 0 \\ 1 & 2 & 1 \\ 0 & 3 & -1 \end{pmatrix}\mathbf{X}$

10. $\mathbf{X}' = \begin{pmatrix} 1 & 0 & 1 \\ 0 & 1 & 0 \\ 1 & 0 & 1 \end{pmatrix}\mathbf{X}$

11. $\mathbf{X}' = \begin{pmatrix} -1 & -1 & 0 \\ \frac{3}{4} & -\frac{3}{2} & 3 \\ \frac{1}{8} & \frac{1}{4} & -\frac{1}{2} \end{pmatrix}\mathbf{X}$

12. $\mathbf{X}' = \begin{pmatrix} -1 & 5 & 2 \\ 4 & -1 & -2 \\ 0 & 0 & 6 \end{pmatrix}\mathbf{X}$

문제 13과 14에서는 주어진 초기값 문제를 풀어라.

13. $\mathbf{X}' = \begin{pmatrix} \frac{1}{2} & 0 \\ 1 & -\frac{1}{2} \end{pmatrix}\mathbf{X}, \quad \mathbf{X}(0) = \begin{pmatrix} 3 \\ 5 \end{pmatrix}$

14. $\mathbf{X}' = \begin{pmatrix} 1 & 1 & 4 \\ 0 & 2 & 0 \\ 1 & 1 & 1 \end{pmatrix}\mathbf{X}, \quad \mathbf{X}(0) = \begin{pmatrix} 1 \\ 3 \\ 0 \end{pmatrix}$

15. 그림 10.2.5에 있는 큰 혼합탱크를 생각하자. 초기에 두 탱크 A, B에 100갤런의 소금물이 들어있고, 액체가 그림에 표시되어 있는 것처럼 탱크에서 유입, 유출한다. 이때 탱크사이를 지나가거나 탱크에서 유출되는 액체는 잘 혼합된 것으로 가정한다.

(a) 시간 t일 때 탱크 A, B에 각각 들어있는 소금의 파운드 수 $x_1(t)$와 $x_2(t)$에 대한 일차 연립미분방정식을 구하라. 이 연립방정식을 행렬 형태로 써라. [힌트: 2.9절과 2장의 복습문제 52번을 보라.]

(b) 초기조건 $x_1(0) = 20$, $x_2(0) = 5$을 만족하는 위 연립방정식의 해를 고유값 방법으로 구하라.

(c) 동일한 좌표평면 위에 그래픽 유틸리티 혹은 CAS를 사용하여 $x_1(t)$와 $x_2(t)$를 그려라.

(d) 만약 혼합탱크 시스템이 탱크 A와 탱크 B에 들어있는 소금의 파운드 수가 같을 때 정지한다면 그 시간에 대한 근사해를 CAS 혹은 계산기의 근찾기 기능을 사용하여 구하라.

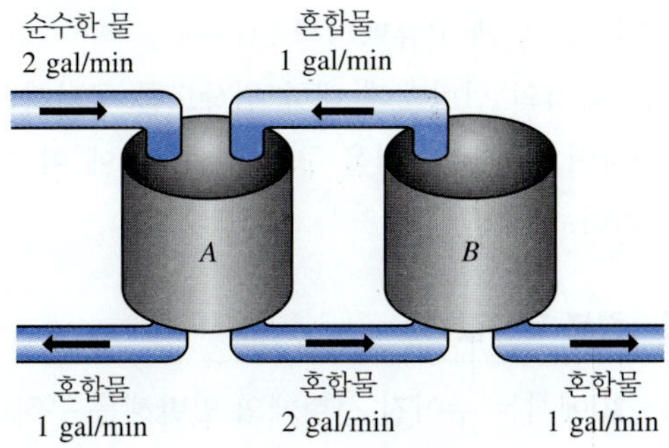

그림 10.2.5 문제 15의 혼합탱크

16. 연습문제 3.12의 26번 문제에서 다음의 선형연립방정식을 소거법을 통해 풀었다.

$$\frac{dx_1}{dt} = -\frac{1}{50}x_1$$
$$\frac{dx_2}{dt} = \frac{1}{50}x_1 - \frac{2}{75}x_2$$
$$\frac{dx_3}{dt} = \frac{2}{75}x_2 - \frac{1}{25}x_3$$

이 선형시스템이 그림 2.9.7에 나와 있는 연결된 혼합탱크 A, B, C가 가진 각각의 소금의 파운드 수 $x_1(t)$, $x_2(t)$, $x_3(t)$에 대한 것이라는 것을 상기하라.

(a) 이 절의 고유값 방법을 사용해 초기조건 $x_1(0) = 15$, $x_2(0) = 10$, $x_3(0) = 5$를 만족하는 위 방정식의 해를 구하라.

(b) 정상상태, 즉 $\lim_{t\to\infty} x_1(t)$, $\lim_{t\to\infty} x_2(t)$, $\lim_{t\to\infty} x_3(t)$의 값을 구하고, 그 의미를 논하라.

컴퓨터 실습 과제

문제 17과 18에서는 CAS나 선형대수 소프트웨어를 보조기구로 이용하여 주어진 선형계의 일반해를 구하라.

17. $\mathbf{X}' = \begin{pmatrix} 0.9 & 2.1 & 3.2 \\ 0.7 & 6.5 & 4.2 \\ 1.1 & 1.7 & 3.4 \end{pmatrix}\mathbf{X}$

18. $\mathbf{X}' = \begin{pmatrix} 1 & 0 & 2 & -1.8 & 0 \\ 0 & 5.1 & 0 & -1 & 3 \\ 1 & 2 & -3 & 0 & 0 \\ 0 & 1 & -3.1 & 4 & 0 \\ -2.8 & 0 & 0 & 1.5 & 1 \end{pmatrix}\mathbf{X}$

19. **(a)** 컴퓨터 소프트웨어를 이용하여 문제 5의 선형계의 위상도를 구하라. 가능하면 그림 10.2.2에서와 같이 화살촉과 위상도에 4개의 반직선을 표시하라.

(b) (a)에서 4개의 반직선들 각각의 데카르트 방정식을 구하라.

(c) 위상도 위에 고유벡터를 그려라.

20. 문제 2와 4의 선형계에 대한 위상도를 구하라. 각 선형계에 대하여 반직선 궤적을 구하고 위상도에 이 직선들을 포함시키라.

10.2.2 중복 고유값

문제 21~30에서는 주어진 선형계의 일반해를 구하라.

21. $\dfrac{dx}{dt} = 3x - y$, $\dfrac{dy}{dt} = 9x - 3y$

22. $\dfrac{dx}{dt} = -6x + 5y$, $\dfrac{dy}{dt} = -5x + 4y$

23. $\mathbf{X}' = \begin{pmatrix} -1 & 3 \\ -3 & 5 \end{pmatrix}\mathbf{X}$

24. $\mathbf{X}' = \begin{pmatrix} 12 & -9 \\ 4 & 0 \end{pmatrix}\mathbf{X}$

25. $\dfrac{dx}{dt} = 3x - y - z$, $\dfrac{dy}{dt} = x + y - z$, $\dfrac{dz}{dt} = x - y + z$

26. $\dfrac{dx}{dt} = 3x + 2y + 4z$, $\dfrac{dy}{dt} = 2x + 2z$, $\dfrac{dz}{dt} = 4x + 2y + 3z$

27. $\mathbf{X}' = \begin{pmatrix} 5 & -4 & 0 \\ 1 & 0 & 2 \\ 0 & 2 & 5 \end{pmatrix}\mathbf{X}$

28. $\mathbf{X}' = \begin{pmatrix} 1 & 0 & 0 \\ 0 & 3 & 1 \\ 0 & -1 & 1 \end{pmatrix}\mathbf{X}$

29. $\mathbf{X}' = \begin{pmatrix} 1 & 0 & 0 \\ 2 & 2 & -1 \\ 0 & 1 & 0 \end{pmatrix}\mathbf{X}$

30. $\mathbf{X}' = \begin{pmatrix} 4 & 1 & 0 \\ 0 & 4 & 1 \\ 0 & 0 & 4 \end{pmatrix}\mathbf{X}$

문제 31과 32에서는 주어진 초기값 문제를 풀어라.

31. $\mathbf{X}' = \begin{pmatrix} 2 & 4 \\ -1 & 6 \end{pmatrix}\mathbf{X}, \quad \mathbf{X}(0) = \begin{pmatrix} -1 \\ 6 \end{pmatrix}$

32. $\mathbf{X}' = \begin{pmatrix} 0 & 0 & 1 \\ 0 & 1 & 0 \\ 1 & 0 & 0 \end{pmatrix}\mathbf{X}, \quad \mathbf{X}(0) = \begin{pmatrix} 1 \\ 2 \\ 5 \end{pmatrix}$

33. 5×5 행렬

$$\mathbf{A} = \begin{pmatrix} 2 & 1 & 0 & 0 & 0 \\ 0 & 2 & 0 & 0 & 0 \\ 0 & 0 & 2 & 0 & 0 \\ 0 & 0 & 0 & 2 & 1 \\ 0 & 0 & 0 & 0 & 2 \end{pmatrix}$$

는 중복도 5인 고유값 λ_1을 가짐을 보여라. 그리고 λ_1에 대응하여 3개의 일차독립인 고유벡터를 구할 수 있음을 보여라.

컴퓨터 실습 과제

34. 문제 22와 23에서 선형계에 대한 위상도를 구하라. 각 선형계에 대하여 반직선 궤적들을 구하고 위상도에 이 직선들을 포함시키라.

10.2.3 복소 고유값

문제 35~46에서는 주어진 선형계의 일반해를 구하라.

35. $\dfrac{dx}{dt} = 6x - y$, $\dfrac{dy}{dt} = 5x + 2y$

36. $\dfrac{dx}{dt} = x + y$, $\dfrac{dy}{dt} = -2x - y$

37. $\dfrac{dx}{dt} = 5x + y$, $\dfrac{dy}{dt} = -2x + 3y$

38. $\dfrac{dx}{dt} = 4x + 5y$, $\dfrac{dy}{dt} = -2x + 6y$

39. $\mathbf{X}' = \begin{pmatrix} 4 & -5 \\ 5 & -4 \end{pmatrix}\mathbf{X}$

40. $\mathbf{X}' = \begin{pmatrix} 1 & -8 \\ 1 & -3 \end{pmatrix}\mathbf{X}$

41. $\dfrac{dx}{dt} = z$, $\dfrac{dy}{dt} = -z$, $\dfrac{dz}{dt} = y$

42. $\dfrac{dx}{dt} = 2x + y + 2z$, $\dfrac{dy}{dt} = 3x + 6z$, $\dfrac{dz}{dt} = -4x - 3z$

43. $\mathbf{X}' = \begin{pmatrix} 1 & -1 & 2 \\ -1 & 1 & 0 \\ -1 & 0 & 1 \end{pmatrix}\mathbf{X}$

44. $\mathbf{X}' = \begin{pmatrix} 4 & 0 & 1 \\ 0 & 6 & 0 \\ -4 & 0 & 4 \end{pmatrix}\mathbf{X}$

45. $\mathbf{X}' = \begin{pmatrix} 2 & 5 & 1 \\ -5 & -6 & 4 \\ 0 & 0 & 2 \end{pmatrix}\mathbf{X}$

46. $\mathbf{X}' = \begin{pmatrix} 2 & 4 & 4 \\ -1 & -2 & 0 \\ -1 & 0 & -2 \end{pmatrix}\mathbf{X}$

문제 47과 48에서는 주어진 초기값 문제를 풀어라.

47. $\mathbf{X}' = \begin{pmatrix} 1 & -12 & -14 \\ 1 & 2 & -3 \\ 1 & 1 & -2 \end{pmatrix}\mathbf{X}, \quad \mathbf{X}(0) = \begin{pmatrix} 4 \\ 6 \\ -7 \end{pmatrix}$

48. $\mathbf{X}' = \begin{pmatrix} 6 & -1 \\ 5 & 4 \end{pmatrix}\mathbf{X}, \quad \mathbf{X}(0) = \begin{pmatrix} -2 \\ 8 \end{pmatrix}$

49. **(a)** 그림 10.2.6에 있는 밀폐계는 초기에 수 갤런의 소금물을 그림에 표시된 것처럼 탱크 A, B, C가 각각 담고 있다. 시간 t일 때 탱크 A, B, C에 들어있는 소금의 파운드 수 $x_1(t)$, $x_2(t)$, $x_3(t)$에 대한 지배방정식을 구하라.

(b) 이 절에서 배운 고유값 방법을 이용하여 초기조건 $x_1(0) = 30$, $x_2(0) = 20$, $x_3(0) = 5$를 만족하는 해를 구하라.

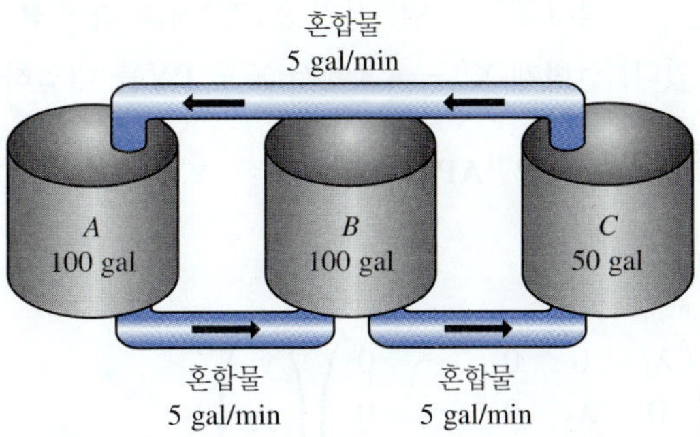

그림 10.2.6 문제 49의 혼합탱크

50. 문제 49의 시스템에 대해서:

(a) $x_1(t) + x_2(t) + x_3(t) = 55$임을 보이고, 그 의미를 해석하라.

(b) 정상상태, 즉 $\lim_{t\to\infty} x_1(t)$, $\lim_{t\to\infty} x_2(t)$, $\lim_{t\to\infty} x_3(t)$의 값을 구하고, 그 의미를 논하라.

컴퓨터 실습 과제

51. 문제 38~40의 선형계에 대한 위상도를 구하라.

52. 다음 선형계를 풀어라.

(a) $\mathbf{X}' = \begin{pmatrix} 1 & 1 \\ 1 & 1 \end{pmatrix}\mathbf{X}$

(b) $\mathbf{X}' = \begin{pmatrix} 1 & 1 \\ -1 & -1 \end{pmatrix}\mathbf{X}$

각 선형계의 위상도를 구하라. 각 위상도에서 직선 $y = -x$의 기하적 의미는 무엇인가?

토의문제

53. 문제 33에 주어진 5 × 5 행렬에 대하여 행렬 방법의 도움 없이 선형계 $\mathbf{X}' = \mathbf{AX}$를 풀고, 행렬 기호를 이용하여 일반해를 나타내라. 이 절의 행렬 이론을 이용하여 선형계를 어떻게 풀 수 있는지에 대한 논의의 토대로 일반해를 이용하여 여러분의 아이디어를 실행하라.

54. 예제 6에서 선형계의 해에 의하여 매개방정식으로 정의된 곡선의 데카르트 방정식을 구하라. 그림 10.2.4에서 $(2, -1)$을 지나는 곡선을 규명하라. [힌트: x^2, y^2, xy를 계산하라.]

55. 문제 51의 위상도를 조사하라. 어떤 조건 아래서 복소 고유값을 갖는 2 × 2 제차 선형계의 위상도가 폐곡선들로 구성되는가? 나선들로 구성되려면? 어떤 조건 아래서 원점(0, 0)이 밀개인가? 끌개가 되려면?

56. 연립 선형 2계 미분방정식

$$\begin{aligned} m_1x_1'' &= -k_1x_1 + k_2(x_2 - x_1) \\ m_2x_2'' &= -k_2(x_2 - x_1) \end{aligned} \tag{27}$$

은 두 개의 연동 스프링/질량계의 운동을 기술한다(그림 3.12.1을 보라). 3.12절과 4.6절에서 이 선형계의 특수한 경우를 이미 풀었다. 여기서는 이 선형계를 풀 수 있는 또 다른 방법을 기술한다.

(a) (27)을 행렬 방정식 $\mathbf{X}'' = \mathbf{AX}$로 쓸 수 있음을 보여라. 여기서

$$\mathbf{X} = \begin{pmatrix} x_1 \\ x_2 \end{pmatrix} \text{ 그리고 } \mathbf{A} = \begin{pmatrix} -\dfrac{k_1 + k_2}{m_1} & \dfrac{k_2}{m_1} \\ \dfrac{k_2}{m_2} & -\dfrac{k_2}{m_2} \end{pmatrix}$$

이다.

(b) 하나의 해를 $\mathbf{X} = \mathbf{K}e^{\omega t}$라고 가정하면, $\mathbf{X}'' = \mathbf{AX}$는

$$(\mathbf{A} - \lambda\mathbf{I})\mathbf{K} = \mathbf{0}$$

을 유도할 수 있음을 보여라. 여기서 $\lambda = \omega^2$이다.

(c) $m_1 = 1$, $m_2 = 1$, $k_1 = 3$, $k_2 = 2$이면 이 선형계의 해는

$$\mathbf{X} = c_1\begin{pmatrix} 1 \\ 2 \end{pmatrix}e^{it} + c_2\begin{pmatrix} 1 \\ 2 \end{pmatrix}e^{-it} + c_3\begin{pmatrix} -2 \\ 1 \end{pmatrix}e^{\sqrt{6}it} + c_4\begin{pmatrix} -2 \\ 1 \end{pmatrix}e^{-\sqrt{6}it}$$

임을 보여라.

(d) (c)에서 해를

$$\mathbf{X} = b_1\begin{pmatrix} 1 \\ 2 \end{pmatrix}\cos t + b_2\begin{pmatrix} 1 \\ 2 \end{pmatrix}\sin t + b_3\begin{pmatrix} -2 \\ 1 \end{pmatrix}\cos \sqrt{6}t + b_4\begin{pmatrix} -2 \\ 1 \end{pmatrix}\sin \sqrt{6}t$$

로 쓸 수 있음을 보여라.

10.3 대각화에 의한 해

8.12절을 보라.

소개 이 절에서는 선형1계 미분방정식들의 제차계 $\mathbf{X}' = \mathbf{A}\mathbf{X}$를 푸는 다른 방법을 생각하려고 한다. 이 방법은 계수행렬 $\mathbf{A}$가 대각화 가능할 때만 적용할 수 있다.

결합계 각각의 x_i'이 $x_1, x_2, \ldots, x_n$의 일차결합인 제차 선형계 $\mathbf{X}' = \mathbf{A}\mathbf{X}$

$$\begin{pmatrix} x_1' \\ x_2' \\ \vdots \\ x_n' \end{pmatrix} = \begin{pmatrix} a_{11} & a_{12} & \cdots & a_{1n} \\ a_{21} & a_{22} & \cdots & a_{2n} \\ \vdots & & & \vdots \\ a_{n1} & a_{n2} & \cdots & a_{nn} \end{pmatrix} \begin{pmatrix} x_1 \\ x_2 \\ \vdots \\ x_n \end{pmatrix} \tag{1}$$

을 **결합계**(coupled system)라고 한다. 만약 계수행렬 $\mathbf{A}$가 대각화 가능하면 이 제차 선형계는 각각의 x_i'이 x_i항만으로 표현되므로 **비결합**(uncoupled) 선형계라 한다.

만약 행렬 $\mathbf{A}$가 n개의 일차독립인 고유벡터를 가지면, 정리 8.12.2에 의하여 $\mathbf{P}^{-1}\mathbf{A}\mathbf{P}$가 대각행렬 $\mathbf{D}$가 되는 행렬 $\mathbf{P}$를 구할 수 있다. 선형계 $\mathbf{X}' = \mathbf{A}\mathbf{X}$에서 $\mathbf{X} = \mathbf{P}\mathbf{Y}$를 대입하면

$$\mathbf{P}\mathbf{Y}' = \mathbf{A}\mathbf{P}\mathbf{Y} \quad \text{또는} \quad \mathbf{Y}' = \mathbf{P}^{-1}\mathbf{A}\mathbf{P}\mathbf{Y} \quad \text{또는} \quad \mathbf{Y}' = \mathbf{D}\mathbf{Y} \tag{2}$$

가 된다. 식 (2)의 마지막 방정식은 다음과 같다.

$$\begin{pmatrix} y_1' \\ y_2' \\ \vdots \\ y_n' \end{pmatrix} = \begin{pmatrix} \lambda_1 & 0 & 0 & \cdots & 0 \\ 0 & \lambda_2 & 0 & \cdots & 0 \\ \vdots & & & & \vdots \\ 0 & 0 & 0 & \cdots & \lambda_n \end{pmatrix} \begin{pmatrix} y_1 \\ y_2 \\ \vdots \\ y_n \end{pmatrix} \tag{3}$$

$\mathbf{D}$가 대각행렬이므로 식 (3)으로부터 이 새로운 선형계는 비결합계임을 알 수 있다. 이 선형계의 각 미분방정식은 $y_i' = \lambda_i y_i$ 형태이다. 여기서 $i = 1, 2, \ldots, n$이다. 각 선형 미분방정식의 해는 $y_i = c_i e^{\lambda_i t}$이며, 여기서 $i = 1, 2, \ldots, n$이다. 따라서 식 (3)의 일반해를 열벡터

$$\mathbf{Y} = \begin{pmatrix} c_1 e^{\lambda_1 t} \\ c_2 e^{\lambda_2 t} \\ \vdots \\ c_n e^{\lambda_n t} \end{pmatrix} \tag{4}$$

로 쓸 수 있다. 이제 $\mathbf{Y}$를 알고 행렬 $\mathbf{P}$는 $\mathbf{A}$의 고유벡터로 만들어지기 때문에 원래 선형계 $\mathbf{X}' = \mathbf{A}\mathbf{X}$의 일반해는 $\mathbf{X} = \mathbf{P}\mathbf{Y}$로부터 얻는다.

예제 1 선형계의 비결합화

대각화하여 다음을 풀어라.

$$\mathbf{X}' = \begin{pmatrix} -2 & -1 & 8 \\ 0 & -3 & 8 \\ 0 & -4 & 9 \end{pmatrix} \mathbf{X}$$

풀이 계수행렬의 고유값과 이에 대응하는 고유벡터를 구하자.

$\det(\mathbf{A} - \lambda\mathbf{I}) = -(\lambda + 2)(\lambda - 1)(\lambda - 5)$로부터 $\lambda_1 = -2$, $\lambda_2 = 1$, $\lambda_3 = 5$를 얻는다. 고유값들이 서로 다르므로 고유벡터들은 일차독립이다. $i = 1, 2, 3$에 대하여 $(\mathbf{A} - \lambda_i\mathbf{I})\mathbf{K} = \mathbf{0}$을 풀면 각각

$$\mathbf{K}_1 = \begin{pmatrix} 1 \\ 0 \\ 0 \end{pmatrix}, \quad \mathbf{K}_2 = \begin{pmatrix} 2 \\ 2 \\ 1 \end{pmatrix}, \quad \mathbf{K}_3 = \begin{pmatrix} 1 \\ 1 \\ 1 \end{pmatrix} \tag{5}$$

을 얻는다. 그러므로 계수행렬을 대각화하는 행렬은

$$\mathbf{P} = \begin{pmatrix} 1 & 2 & 1 \\ 0 & 2 & 1 \\ 0 & 1 & 1 \end{pmatrix}$$

이다. $\mathbf{D}$의 주대각의 성분들은 $\mathbf{A}$의 고유값들로 $\mathbf{P}$를 만든 고유벡터들 순서로 대응하여 이루어진다.

$$\mathbf{D} = \begin{pmatrix} -2 & 0 & 0 \\ 0 & 1 & 0 \\ 0 & 0 & 5 \end{pmatrix}$$

위에서 이미 보았듯이 $\mathbf{X}' = \mathbf{AX}$에서 $\mathbf{X} = \mathbf{PY}$를 대입하면 비결합계 $\mathbf{Y}' = \mathbf{DY}$를 얻는다. 이 방정식의 일반해는 바로 나온다. 즉

$$\mathbf{Y} = \begin{pmatrix} c_1 e^{-2t} \\ c_2 e^{t} \\ c_3 e^{5t} \end{pmatrix}$$

따라서 주어진 연립방정식의 해는 다음과 같다.

$$\mathbf{X} = \mathbf{PY} = \begin{pmatrix} 1 & 2 & 1 \\ 0 & 2 & 1 \\ 0 & 1 & 1 \end{pmatrix}\begin{pmatrix} c_1 e^{-2t} \\ c_2 e^{t} \\ c_3 e^{5t} \end{pmatrix} = \begin{pmatrix} c_1 e^{-2t} + 2c_2 e^{t} + c_3 e^{5t} \\ 2c_2 e^{t} + c_3 e^{5t} \\ c_2 e^{t} + c_3 e^{5t} \end{pmatrix} \tag{6}$$ ≡

식 (6)의 마지막 행렬을 열행렬들의 합

$$\mathbf{X} = c_1\begin{pmatrix} 1 \\ 0 \\ 0 \end{pmatrix}e^{-2t} + c_2\begin{pmatrix} 2 \\ 2 \\ 1 \end{pmatrix}e^{t} + c_3\begin{pmatrix} 1 \\ 1 \\ 1 \end{pmatrix}e^{5t}$$

으로 쓰면 일반적인 표현이 됨을 주목하라.

$n \times n$ 행렬 $\mathbf{A}$가 n개의 일차독립인 벡터를 가지면 항상 대각화에 의한 해법으로 풀 수 있다. $\mathbf{A}$의 고유값은 서로 다른 실수이거나 복소수이거나 또는 중복된다. $\mathbf{A}$가 중복 고유값을 갖고 n개의 일차독립인 고유벡터를 구할 수 없다면 대각화에 의한 해법을 사용할 수 없다. 물론 이런 경우에 $\mathbf{A}$는 대각화가 가능하지도 않다.

$\mathbf{A}$의 고유값과 고유벡터를 어차피 구해야 하므로 이 방법은 앞절에서 다룬 과정과 근본적으로 같다.

다음 절에서는 비제차 선형계 $\mathbf{X}' = \mathbf{AX} + \mathbf{F}(t)$를 푸는 데 대각화 방법을 이용할 것이다.

10.3 연습문제

부록에 선택된 홀수 문제의 답이 있다.

문제 1~10에서는 대각화를 이용하여 주어진 선형계를 풀어라.

1. $\mathbf{X}' = \begin{pmatrix} 5 & 6 \\ 3 & -2 \end{pmatrix}\mathbf{X}$

2. $\mathbf{X}' = \begin{pmatrix} \frac{1}{2} & \frac{1}{2} \\ \frac{1}{2} & \frac{1}{2} \end{pmatrix}\mathbf{X}$

3. $\mathbf{X}' = \begin{pmatrix} 1 & \frac{1}{4} \\ 1 & 1 \end{pmatrix}\mathbf{X}$

4. $\mathbf{X}' = \begin{pmatrix} 1 & 1 \\ 1 & -1 \end{pmatrix}\mathbf{X}$

5. $\mathbf{X}' = \begin{pmatrix} -1 & 3 & 0 \\ 3 & -1 & 0 \\ -2 & -2 & 6 \end{pmatrix}\mathbf{X}$

6. $\mathbf{X}' = \begin{pmatrix} 1 & 1 & 2 \\ 1 & 2 & 1 \\ 2 & 1 & 1 \end{pmatrix}\mathbf{X}$

7. $\mathbf{X}' = \begin{pmatrix} 1 & -1 & -1 \\ -1 & 1 & -1 \\ -1 & -1 & 1 \end{pmatrix}\mathbf{X}$

8. $\mathbf{X}' = \begin{pmatrix} 1 & 1 & 1 & 1 \\ 1 & 1 & 1 & 1 \\ 1 & 1 & 1 & 1 \\ 1 & 1 & 1 & 1 \end{pmatrix}\mathbf{X}$

9. $\mathbf{X}' = \begin{pmatrix} -3 & 2 & 2 \\ -6 & 5 & 2 \\ -7 & 4 & 4 \end{pmatrix}\mathbf{X}$

10. $\mathbf{X}' = \begin{pmatrix} 0 & 2 & 0 \\ 2 & 0 & 2 \\ 0 & 2 & 0 \end{pmatrix}\mathbf{X}$

11. 그림 3.12.1에서 연동 스프링/질량계의 운동을 묘사하는 선형 2계 미분방정식

$$\begin{aligned} m_1x_1'' &= -k_1x_1 + k_2(x_2 - x_1) \\ m_2x_2'' &= -k_2(x_2 - x_1) \end{aligned} \tag{7}$$

을 3가지 다른 방법(3.12절의 예제 4, 연습문제 10.2의 문제 56, 4.6절의 예제 1)으로 어떻게 푸는지를 보았다. 이 문제는 대각화를 이용하여 (7)을 풀 수 있는 단계를 유도한다.

(a) $\mathbf{X} = \begin{pmatrix} x_1 \\ x_2 \end{pmatrix}$일 때 (7)을 $\mathbf{MX}'' + \mathbf{KX} = 0$으로 쓰라. 2×2 행렬 $\mathbf{M}$과 $\mathbf{K}$를 구하라. 행렬 $\mathbf{M}$이 가역인지 설명하라.

(b) (a)에서 선형계를

$$\mathbf{X}'' + \mathbf{BX} = \mathbf{0} \tag{8}$$

으로 표현하라. 행렬 $\mathbf{B}$를 구하라.

(c) 대각화 방법을 사용하여 (8)을 풀어 $m_1 = 1$, $m_2 = 1$, $k_1 = 3$, $k_2 = 2$인 경우에 (7)을 풀어라. $\mathbf{B}$의 고유벡터를 열로 하는 행렬 $\mathbf{P}$에 대하여 $\mathbf{X} = \mathbf{PY}$로 두라.

(d) (c)에서 해 $\mathbf{X}$는 연습문제 10.2의 문제 56의 (d)에 주어진 것과 같음을 보여라.

10.4 비제차 선형계

소개 비제차 선형 상미분방정식의 특수해를 구할 때 3장에서 사용한 **매개변수의 변화**(variation of parameters)와 **미정계수법**(method of undetermined coefficients) 둘 다 비제차 선형계의 해에도 적용될 수 있다. 두 방법 중에 매개변수 변화법이 보다 강력하다. 그렇지만 미정계수법이 특수해를 구하는 데 빠른 경우들이 있다.

10.1절에서 구간 I에서 비제차 선형계 $\mathbf{X}' = \mathbf{AX} + \mathbf{F}(t)$의 일반해는 연계 제차 선형계 $\mathbf{X}' = \mathbf{AX}$의 일반해인 여함수 $\mathbf{X}_c = c_1\mathbf{X}_1 + c_2\mathbf{X}_2 + \cdots + c_n\mathbf{X}_n$와 비제차계의 임의의 특수해 $\mathbf{X}_p$의 합 $\mathbf{X} = \mathbf{X}_c + \mathbf{X}_p$임을 알았다. $\mathbf{A}$가 $n \times n$ 상수 행렬일 때는 10.2절에서 $\mathbf{X}_c$를 어떻게 구하는지도 보았다. 이제 $\mathbf{X}_p$를 구하는 세 가지 방법을 생각하자.

10.4.1 미정계수법

가정 3.4절에서처럼 **미정계수법**은 특수해 벡터 $\mathbf{X}_p$의 형태를 현명하게 추측하는 것으로

이루어진다. 추측은 열행렬 $\mathbf{F}(t)$의 성분을 이루는 함수의 유형에서 일어난다. 놀라지 않겠지만, 미정계수법의 행렬판(version)은 $\mathbf{A}$의 성분이 상수이고 $\mathbf{F}(t)$의 성분은 상수, 다항식, 지수함수, 사인, 코사인, 또는 이들 함수의 유한합과 곱일 때 $\mathbf{X}' = \mathbf{AX} + \mathbf{F}(t)$에 적용될 뿐이다.

예제 1 미정계수법

$(-\infty, \infty)$에서 선형계 $\mathbf{X}' = \begin{pmatrix} -1 & 2 \\ -1 & 1 \end{pmatrix}\mathbf{X} + \begin{pmatrix} -8 \\ 3 \end{pmatrix}$을 풀어라.

풀이 먼저 연계 제차계

$$\mathbf{X}' = \begin{pmatrix} -1 & 2 \\ -1 & 1 \end{pmatrix}\mathbf{X}$$

를 풀자. 계수행렬 $\mathbf{A}$의 특성방정식

$$\det(\mathbf{A} - \lambda\mathbf{I}) = \begin{vmatrix} -1-\lambda & 2 \\ -1 & 1-\lambda \end{vmatrix} = \lambda^2 + 1 = 0$$

은 복소 고유값 $\lambda_1 = i$, $\lambda_2 = \bar{\lambda}_1 = -i$을 준다. 10.2절에서 했던 절차에 따라

$$\mathbf{X}_c = c_1\begin{pmatrix} \cos t + \sin t \\ \cos t \end{pmatrix} + c_2\begin{pmatrix} \cos t - \sin t \\ -\sin t \end{pmatrix}$$

을 구한다. $\mathbf{F}(t)$는 상수 벡터이므로 상수 특수해 벡터로 $\mathbf{X}_p = \begin{pmatrix} a_1 \\ b_1 \end{pmatrix}$를 취한다. 이 벡터를 주어진 선형계에 대입하여 성분들을 같게 놓으면

$$\begin{aligned} 0 &= -a_1 + 2b_1 - 8 \\ 0 &= -a_1 + b_1 + 3 \end{aligned}$$

이 되고, 이를 풀면 $a_1 = 14$, $b_1 = 11$이므로 특수해는 $\mathbf{X}_p = \begin{pmatrix} 14 \\ 11 \end{pmatrix}$이다. 따라서 구간 $(-\infty, \infty)$에서 원래 주어진 연립 미분방정식의 일반해는 $\mathbf{X} = \mathbf{X}_c + \mathbf{X}_p$ 또는

$$\mathbf{X} = c_1\begin{pmatrix} \cos t + \sin t \\ \cos t \end{pmatrix} + c_2\begin{pmatrix} \cos t - \sin t \\ -\sin t \end{pmatrix} + \begin{pmatrix} 14 \\ 11 \end{pmatrix}$$

이다. ≡

예제 2 미정계수법

구간 $(-\infty, \infty)$에서 선형계 $\mathbf{X}' = \begin{pmatrix} 6 & 1 \\ 4 & 3 \end{pmatrix}\mathbf{X} + \begin{pmatrix} 6t \\ -10t + 4 \end{pmatrix}$를 풀어라.

풀이 연계 제차계 $\mathbf{X}' = \begin{pmatrix} 6 & 1 \\ 4 & 3 \end{pmatrix}\mathbf{X}$의 고유값과 대응하는 고유벡터는 $\lambda_1 = 2$, $\lambda_2 = 7$, $\mathbf{K}_1 = \begin{pmatrix} 1 \\ -4 \end{pmatrix}$, $\mathbf{K}_2 = \begin{pmatrix} 1 \\ 1 \end{pmatrix}$이다. 따라서 여함수는

$$\mathbf{X}_c = c_1\begin{pmatrix} 1 \\ -4 \end{pmatrix} e^{2t} + c_2\begin{pmatrix} 1 \\ 1 \end{pmatrix} e^{7t}$$

이다. $\mathbf{F}(t) = \begin{pmatrix} 6 \\ -10 \end{pmatrix} t + \begin{pmatrix} 0 \\ 4 \end{pmatrix}$이므로 같은 형태의 특수해

$$\mathbf{X}_p = \begin{pmatrix} a_2 \\ b_2 \end{pmatrix} t + \begin{pmatrix} a_1 \\ b_1 \end{pmatrix}$$

를 구하자. 이를 주어진 선형계에 대입하여

$$\begin{pmatrix} a_2 \\ b_2 \end{pmatrix} = \begin{pmatrix} 6 & 1 \\ 4 & 3 \end{pmatrix}\left[\begin{pmatrix} a_2 \\ b_2 \end{pmatrix} t + \begin{pmatrix} a_1 \\ b_1 \end{pmatrix}\right] + \begin{pmatrix} 6 \\ -10 \end{pmatrix} t + \begin{pmatrix} 0 \\ 4 \end{pmatrix}$$

또는

$$\begin{pmatrix} 0 \\ 0 \end{pmatrix} = \begin{pmatrix} (6a_2 + b_2 + 6)t + 6a_1 + b_1 - a_2 \\ (4a_2 + 3b_2 - 10)t + 4a_1 + 3b_1 - b_2 + 4 \end{pmatrix}$$

을 얻는다. 이 항등식으로부터 미지수가 네 개인 방정식을 얻는다.

$$\begin{aligned} 6a_2 + b_2 + 6 &= 0 \\ 4a_2 + 3b_2 - 10 &= 0 \end{aligned} \quad \text{그리고} \quad \begin{aligned} 6a_1 + b_1 - a_2 &= 0 \\ 4a_1 + 3b_1 - b_2 + 4 &= 0 \end{aligned}$$

처음 두 방정식을 연립하여 풀면 $a_2 = -2$, $b_2 = 6$이다. 이를 위의 두 방정식에 대입하여 풀면 $a_1 = -\frac{4}{7}$, $b_1 = \frac{10}{7}$을 얻는다. 따라서 특수해 벡터는

$$\mathbf{X}_p = \begin{pmatrix} -2 \\ 6 \end{pmatrix} t + \begin{pmatrix} -\frac{4}{7} \\ \frac{10}{7} \end{pmatrix}$$

이다. 구간 $(-\infty, \infty)$에서 선형계의 일반해는 $\mathbf{X} = \mathbf{X}_c + \mathbf{X}_p$ 또는

$$\mathbf{X} = c_1\begin{pmatrix} 1 \\ -4 \end{pmatrix} e^{2t} + c_2\begin{pmatrix} 1 \\ 1 \end{pmatrix} e^{7t} + \begin{pmatrix} -2 \\ 6 \end{pmatrix} t + \begin{pmatrix} -\frac{4}{7} \\ \frac{10}{7} \end{pmatrix}$$

이다. ≡

예제 3 $\mathbf{X}_p$의 형태

선형계

$$\frac{dx}{dt} = 5x + 3y - 2e^{-t} + 1$$

$$\frac{dy}{dt} = -x + y + e^{-t} - 5t + 7$$

의 특수해 벡터 $\mathbf{X}_p$의 형태를 결정하라.

풀이 $\mathbf{F}(t)$는 행렬들의 항

$$\mathbf{F}(t) = \begin{pmatrix} -2 \\ 1 \end{pmatrix} e^{-t} + \begin{pmatrix} 0 \\ -5 \end{pmatrix} t + \begin{pmatrix} 1 \\ 7 \end{pmatrix}$$

으로 쓸 수 있으므로 특수해에 대한 가정은 자연스럽게

$$\mathbf{X}_p = \begin{pmatrix} a_3 \\ b_3 \end{pmatrix} e^{-t} + \begin{pmatrix} a_2 \\ b_2 \end{pmatrix} t + \begin{pmatrix} a_1 \\ b_1 \end{pmatrix}$$

이 될 것이다. ≡

참고

선형계의 미정계수법은 위의 세 예제에서 보여 주는 것처럼 간단하지는 않다. 3.4절에서 특수해 y_p의 형태는 여함수 y_c에 대한 사전지식에 근거하고 있다. $\mathbf{X}_p$의 형태도 마찬가지이다. 그러나 어려운 점도 있다. 3.4절에서 y_p의 형태를 지배하는 특별한 규칙이 $\mathbf{X}_p$를 구성하는 데 아주 잘 적용되지는 않는다. 예를 들면 $\mathbf{F}(t)$가 예제 1에서와 같이 상수 벡터이고 $\lambda = 0$은 중복도 1의 고유값이면 $\mathbf{X}_c$는 상수 벡터를 포함한다. 3.4절의 '곱셈규칙'에 따르면 $\mathbf{X}_p = \begin{pmatrix} a_1 \\ b_1 \end{pmatrix} t$ 형태의 특수해가 보통이겠지만, 이는 선형계에 대한 올바른 가정이 아니다. $\mathbf{X}_p = \begin{pmatrix} a_2 \\ b_2 \end{pmatrix} t + \begin{pmatrix} a_1 \\ b_1 \end{pmatrix}$이어야 한다. 예제 3에서와 비슷하게 $\mathbf{F}(t)$의 e^{-t}를 $e^{2t}(\lambda = 2$는 고유값이다)로 바꾸어 놓으면 특수해 벡터의 올바른 형태는

$$\mathbf{X}_p = \begin{pmatrix} a_4 \\ b_4 \end{pmatrix} te^{2t} + \begin{pmatrix} a_3 \\ b_3 \end{pmatrix} e^{2t} + \begin{pmatrix} a_2 \\ b_2 \end{pmatrix} t + \begin{pmatrix} a_1 \\ b_1 \end{pmatrix}$$

가 된다. 이와 같은 어려움을 해결하며 풀기보다는 매개변수 변화법으로 방법을 바꾸자.

10.4.2 매개변수 변화법

근본행렬 $\mathbf{X}_1, \mathbf{X}_2, \ldots, \mathbf{X}_n$이 구간 I에서 제차계 $\mathbf{X}' = \mathbf{AX}$의 기본해집합이면 그 구간에서 일반해는 일차결합 $\mathbf{X} = c_1\mathbf{X}_1 + c_2\mathbf{X}_2 + \cdots + c_n\mathbf{X}_n$ 또는

$$\mathbf{X} = c_1 \begin{pmatrix} x_{11} \\ x_{21} \\ \vdots \\ x_{n1} \end{pmatrix} + c_2 \begin{pmatrix} x_{12} \\ x_{22} \\ \vdots \\ x_{n2} \end{pmatrix} + \cdots + c_n \begin{pmatrix} x_{1n} \\ x_{2n} \\ \vdots \\ x_{nn} \end{pmatrix} = \begin{pmatrix} c_1x_{11} + c_2x_{12} + \cdots + c_nx_{1n} \\ c_1x_{21} + c_2x_{22} + \cdots + c_nx_{2n} \\ \vdots \\ c_1x_{n1} + c_2x_{n2} + \cdots + c_nx_{nn} \end{pmatrix} \tag{1}$$

이다. 식 (1)의 마지막 행렬은 $n \times n$ 행렬과 $n \times 1$ 행렬의 곱이다. 다시 말하면, 일반해 식 (1)은 곱

$$\mathbf{X} = \mathbf{\Phi}(t)\mathbf{C} \tag{2}$$

로 쓸 수 있다. 여기서 $\mathbf{C}$는 임의의 상수들 $c_1, c_2, \ldots, c_n$으로 이루어진 $n \times 1$ 열벡터이고, 열들이 선형계 $\mathbf{X}' = \mathbf{AX}$의 해벡터인 $n \times n$ 행렬

$$\mathbf{\Phi}(t) = \begin{pmatrix} x_{11} & x_{12} & \cdots & x_{1n} \\ x_{21} & x_{22} & \cdots & x_{2n} \\ \vdots & & & \vdots \\ x_{n1} & x_{n2} & \cdots & x_{nn} \end{pmatrix}$$

를 구간에서 선형계의 **근본행렬**(fundamental matrix)이라 한다.

다음의 논의에서는 근본행렬의 두 가지 성질을 이용할 필요가 있다.

- 근본행렬 $\mathbf{\Phi}(t)$는 정칙이다.
- $\mathbf{\Phi}(t)$가 선형계 $\mathbf{X}' = \mathbf{AX}$의 근본행렬이면

$$\mathbf{\Phi}'(t) = \mathbf{A\Phi}(t) \tag{3}$$

이다. 정리 10.1.3의 식 (12)를 다시 살펴보면 det $\mathbf{\Phi}(t)$는 Wronskian $W(\mathbf{X}_1, \mathbf{X}_2, \ldots, \mathbf{X}_n)$과 같음을 알 수 있다. 따라서 구간 I에서 $\mathbf{\Phi}(t)$의 열들의 일차독립성은 그 구간의 모든 t에 대하여 det $\mathbf{\Phi}(t) \neq 0$을 보장하여 준다. $\mathbf{\Phi}(t)$는 정칙행렬이므로 곱셈에 관한 역행렬 $\mathbf{\Phi}^{-1}(t)$는 그 구간의 모든 t에 대하여 존재한다. 식 (3)에 주어진 결과는 $\mathbf{\Phi}(t)$의 임의의 열이 $\mathbf{X}' = \mathbf{AX}$의 해벡터라는 사실로부터 곧바로 나온다.

매개변수의 변화 3.5절에서 실행된 절차와 비슷하게 식 (2)에서 상수 행렬 $\mathbf{C}$를 함수들의 열벡터

$$\mathbf{U}(t) = \begin{pmatrix} u_1(t) \\ u_2(t) \\ \vdots \\ u_n(t) \end{pmatrix}$$

로 바꾸어 놓아

$$\mathbf{X}_p = \mathbf{\Phi}(t)\mathbf{U}(t) \tag{4}$$

가 비제차계

$$\mathbf{X}' = \mathbf{AX} + \mathbf{F}(t) \tag{5}$$

의 특수해가 되는지 확인해 본다.

곱의 법칙에 의하여 식 (4)의 도함수는

$$\mathbf{X}_p' = \mathbf{\Phi}(t)\mathbf{U}'(t) + \mathbf{\Phi}'(t)\mathbf{U}(t) \tag{6}$$

이다. 식 (6)에서 곱의 순서는 매우 중요하다. $\mathbf{U}(t)$는 열행렬이므로, 곱 $\mathbf{U}'(t)\mathbf{\Phi}(t)$와 $\mathbf{U}(t)\mathbf{\Phi}'(t)$는 정의되지 않는다. 식 (4)와 (6)을 식 (5)에 대입하면

$$\mathbf{\Phi}(t)\mathbf{U}'(t) + \mathbf{\Phi}'(t)\mathbf{U}(t) = \mathbf{A\Phi}(t)\mathbf{U}(t) + \mathbf{F}(t) \tag{7}$$

를 얻는다. 이제 식 (3)을 이용하여 $\mathbf{\Phi}'(t)$를 바꾸어 놓으면, 식 (7)은

$$\mathbf{\Phi}(t)\mathbf{U}'(t) + \mathbf{A\Phi}(t)\mathbf{U}(t) = \mathbf{A\Phi}(t)\mathbf{U}(t) + \mathbf{F}(t)$$

또는

$$\mathbf{\Phi}(t)\mathbf{U}'(t) = \mathbf{F}(t) \tag{8}$$

가 된다. 방정식 (8)의 양변에 $\mathbf{\Phi}^{-1}(t)$를 곱하면

$$\mathbf{U}'(t) = \mathbf{\Phi}^{-1}(t)\mathbf{F}(t) \qquad \text{따라서} \qquad \mathbf{U}(t) = \int \mathbf{\Phi}^{-1}(t)\mathbf{F}(t)\,dt$$

를 얻는다. $\mathbf{X}_p = \mathbf{\Phi}(t)\mathbf{U}(t)$이므로 식 (5)의 특수해는

$$\mathbf{X}_p = \mathbf{\Phi}(t)\int \mathbf{\Phi}^{-1}(t)\mathbf{F}(t)\,dt \tag{9}$$

라는 결론을 얻는다. 식 (9)의 열행렬 $\mathbf{\Phi}^{-1}(t)\mathbf{F}(t)$의 부정적분을 계산하기 위하여 각 성분을 적분한다. 따라서 비제차계 식 (5)의 일반해는 $\mathbf{X} = \mathbf{X}_c + \mathbf{X}_p$ 또는

$$\mathbf{X} = \mathbf{\Phi}(t)\mathbf{C} + \mathbf{\Phi}(t)\int \mathbf{\Phi}^{-1}(t)\mathbf{F}(t)\,dt \tag{10}$$

이다.

예제 4 매개변수의 변화

구간 $(-\infty, \infty)$에서 다음 비제차계의 일반해를 구하라.

$$\mathbf{X}' = \begin{pmatrix} -3 & 1 \\ 2 & -4 \end{pmatrix}\mathbf{X} + \begin{pmatrix} 3t \\ e^{-t} \end{pmatrix} \tag{11}$$

풀이 우선 제차계

$$\mathbf{X}' = \begin{pmatrix} -3 & 1 \\ 2 & -4 \end{pmatrix}\mathbf{X} \tag{12}$$

를 풀자. 계수행렬의 특성방정식은

$$\det(\mathbf{A} - \lambda\mathbf{I}) = \begin{vmatrix} -3-\lambda & 1 \\ 2 & -4-\lambda \end{vmatrix} = (\lambda + 2)(\lambda + 5) = 0$$

이므로, 고유값은 $\lambda_1 = -2$와 $\lambda_2 = -5$이다. 늘 하던 방법으로 계산하여 λ_1과 λ_2에 대응하는 고유벡터

$$\begin{pmatrix} 1 \\ 1 \end{pmatrix} \qquad \text{그리고} \qquad \begin{pmatrix} 1 \\ -2 \end{pmatrix}$$

을 구한다. 그러면 비제차계 식 (12)의 해벡터는

$$\mathbf{X}_1 = \begin{pmatrix}1\\1\end{pmatrix}e^{-2t} = \begin{pmatrix}e^{-2t}\\e^{-2t}\end{pmatrix} \quad \text{그리고} \quad \mathbf{X}_2 = \begin{pmatrix}1\\-2\end{pmatrix}e^{-5t} = \begin{pmatrix}e^{-5t}\\-2e^{-5t}\end{pmatrix}$$

이다. $\mathbf{X}_1$의 성분은 $\mathbf{\Phi}(t)$의 첫째 열 그리고 $\mathbf{X}_2$의 성분은 $\mathbf{\Phi}(t)$의 둘째 열을 이룬다. 따라서

$$\mathbf{\Phi}(t) = \begin{pmatrix}e^{-2t} & e^{-5t}\\e^{-2t} & -2e^{-5t}\end{pmatrix} \quad \text{그리고} \quad \mathbf{\Phi}^{-1}(t) = \begin{pmatrix}\frac{2}{3}e^{2t} & \frac{1}{3}e^{2t}\\\frac{1}{3}e^{5t} & -\frac{1}{3}e^{5t}\end{pmatrix}$$

이다. 따라서 식 (9)로부터

$$\begin{aligned}\mathbf{X}_p = \mathbf{\Phi}(t)\int \mathbf{\Phi}^{-1}(t)\mathbf{F}(t)\,dt &= \begin{pmatrix}e^{-2t} & e^{-5t}\\e^{-2t} & -2e^{-5t}\end{pmatrix}\int\begin{pmatrix}\frac{2}{3}e^{2t} & \frac{1}{3}e^{2t}\\\frac{1}{3}e^{5t} & -\frac{1}{3}e^{5t}\end{pmatrix}\begin{pmatrix}3t\\e^{-t}\end{pmatrix}dt\\
&= \begin{pmatrix}e^{-2t} & e^{-5t}\\e^{-2t} & -2e^{-5t}\end{pmatrix}\int\begin{pmatrix}2te^{2t} + \frac{1}{3}e^{t}\\te^{5t} - \frac{1}{3}e^{4t}\end{pmatrix}dt\\
&= \begin{pmatrix}e^{-2t} & e^{-5t}\\e^{-2t} & -2e^{-5t}\end{pmatrix}\begin{pmatrix}te^{2t} - \frac{1}{2}e^{2t} + \frac{1}{3}e^{t}\\\frac{1}{5}te^{5t} - \frac{1}{25}e^{5t} - \frac{1}{12}e^{4t}\end{pmatrix}\\
&= \begin{pmatrix}\frac{6}{5}t - \frac{27}{50} + \frac{1}{4}e^{-t}\\\frac{3}{5}t - \frac{21}{50} + \frac{1}{2}e^{-t}\end{pmatrix}\end{aligned}$$

이다. 따라서 식 (10)으로부터 구간에서 식 (11)의 일반해는

$$\begin{aligned}\mathbf{X} &= \begin{pmatrix}e^{-2t} & e^{-5t}\\e^{-2t} & -2e^{-5t}\end{pmatrix}\begin{pmatrix}c_1\\c_2\end{pmatrix} + \begin{pmatrix}\frac{6}{5}t - \frac{27}{50} + \frac{1}{4}e^{-t}\\\frac{3}{5}t - \frac{21}{50} + \frac{1}{2}e^{-t}\end{pmatrix}\\
&= c_1\begin{pmatrix}1\\1\end{pmatrix}e^{-2t} + c_2\begin{pmatrix}1\\-2\end{pmatrix}e^{-5t} + \begin{pmatrix}\frac{6}{5}\\\frac{3}{5}\end{pmatrix}t - \begin{pmatrix}\frac{27}{50}\\\frac{21}{50}\end{pmatrix} + \begin{pmatrix}\frac{1}{4}\\\frac{1}{2}\end{pmatrix}e^{-t}\end{aligned}$$

이다. ≡

초기값 문제 비제차계 식 (5)의 일반해는 구간의 두 점 t와 t_0에 대하여 다른 형태

$$\mathbf{X} = \mathbf{\Phi}(t)\mathbf{C} + \mathbf{\Phi}(t)\int_{t_0}^{t}\mathbf{\Phi}^{-1}(s)\mathbf{F}(s)\,ds \tag{13}$$

로 쓸 수 있다. 이 형태는 초기조건 $\mathbf{X}(t_0) = \mathbf{X}_0$을 조건으로 할 때, 특이해가 $t = t_0$에서 소멸되도록 적분 한계를 선택할 수 있으므로 식 (5)를 푸는 데 유용하다. 식 (13)에 $t = t_0$를 대입하면 $\mathbf{X}_0 = \mathbf{\Phi}(t_0)\mathbf{C}$를 얻고, 이 식으로부터 $\mathbf{C} = \mathbf{\Phi}^{-1}(t_0)\mathbf{X}_0$을 얻는다. 이 마지막 결과를 식 (13)에 대입하면 초기값 문제의 해

$$\mathbf{X} = \mathbf{\Phi}(t)\mathbf{\Phi}^{-1}(t_0)\mathbf{X}_0 + \mathbf{\Phi}(t)\int_{t_0}^{t}\mathbf{\Phi}^{-1}(s)\mathbf{F}(s)\,ds \tag{14}$$

를 얻는다.

10.4.3 대각화

가정 10.3절에서와 같이, 계수행렬 $\mathbf{A}$가 n개의 일차독립인 고유벡터를 가지면 대각화를 이용하여 비제차계 $\mathbf{X}' = \mathbf{AX} + \mathbf{F}(t)$를 비결합계로 만들 수 있다. $\mathbf{P}$가 $\mathbf{A}$를 대각화 ($\mathbf{P}^{-1}\mathbf{AP} = \mathbf{D}$, $\mathbf{D}$는 대각행렬)시킨다고 하자. $\mathbf{X} = \mathbf{PY}$를 비제차계 $\mathbf{X}' = \mathbf{AX} + \mathbf{F}(t)$에 대입하면

$$\mathbf{PY}' = \mathbf{APY} + \mathbf{F} \quad \text{또는} \quad \mathbf{Y}' = \mathbf{P}^{-1}\mathbf{APY} + \mathbf{P}^{-1}\mathbf{F} \quad \text{또는} \quad \mathbf{Y}' = \mathbf{DY} + \mathbf{G} \tag{15}$$

를 얻는다. 식 (15)의 마지막 방정식에서 $\mathbf{G} = \mathbf{P}^{-1}\mathbf{F}$는 열벡터이다. 그러므로 이 새로 얻은 비제차계에서 각 미분방정식은 $y_i' = \lambda_i y_i + g_i(t)$, $i = 1, 2, \ldots, n$이다. 그러나 제차계 $\mathbf{X}' = \mathbf{AX}$를 푸는 과정과는 달리, $\mathbf{P}$의 역행렬을 계산할 필요가 있다.

예제 5 **대각화**

대각화에 의하여 다음을 풀어라.

$$\mathbf{X}' = \begin{pmatrix} 4 & 2 \\ 2 & 1 \end{pmatrix}\mathbf{X} + \begin{pmatrix} 3e^t \\ e^t \end{pmatrix}$$

풀이 계수행렬의 고유값과 그에 대응하는 고유벡터는 $\lambda_1 = 0$, $\lambda_2 = 5$, $\mathbf{K}_1 = \begin{pmatrix} 1 \\ -2 \end{pmatrix}$, $\mathbf{K}_2 = \begin{pmatrix} 2 \\ 1 \end{pmatrix}$이다. 따라서 $\mathbf{P} = \begin{pmatrix} 1 & 2 \\ -2 & 1 \end{pmatrix}$과 $\mathbf{P}^{-1} = \begin{pmatrix} \frac{1}{5} & -\frac{2}{5} \\ \frac{2}{5} & \frac{1}{5} \end{pmatrix}$을 얻는다. $\mathbf{X} = \mathbf{PY}$와

$$\mathbf{P}^{-1}\mathbf{F} = \begin{pmatrix} \frac{1}{5} & -\frac{2}{5} \\ \frac{2}{5} & \frac{1}{5} \end{pmatrix}\begin{pmatrix} 3e^t \\ e^t \end{pmatrix} = \begin{pmatrix} \frac{1}{5}e^t \\ \frac{7}{5}e^t \end{pmatrix}$$

를 대입하면 비결합 선형계는

$$\mathbf{Y}' = \begin{pmatrix} 0 & 0 \\ 0 & 5 \end{pmatrix}\mathbf{Y} + \begin{pmatrix} \frac{1}{5}e^t \\ \frac{7}{5}e^t \end{pmatrix}$$

이다. 두 미분방정식

$$y_1' = \tfrac{1}{5}e^t \qquad \text{그리고} \qquad y_2' = 5y_2 + \tfrac{7}{5}e^t$$

의 해는 각각 $y_1 = \frac{1}{5}e^t + c_1$, $y_2 = -\frac{7}{20}e^t + c_2e^{5t}$이다. 따라서 주어진 비제차계의 해는

$$\mathbf{X} = \mathbf{PY} = \begin{pmatrix} 1 & 2 \\ -2 & 1 \end{pmatrix}\begin{pmatrix} \frac{1}{5}e^t + c_1 \\ -\frac{7}{20}e^t + c_2e^{5t} \end{pmatrix} = \begin{pmatrix} -\frac{1}{2}e^t + c_1 + 2c_2e^{5t} \\ -\frac{3}{4}e^t - 2c_1 + c_2e^{5t} \end{pmatrix} \tag{16}$$

이다. 보통은 열벡터를 이용하여 식 (16)을 아래와 같이 쓴다.

$$\mathbf{X} = c_1\begin{pmatrix} 1 \\ -2 \end{pmatrix} + c_2\begin{pmatrix} 2 \\ 1 \end{pmatrix}e^{5t} - \begin{pmatrix} \frac{1}{2} \\ \frac{3}{4} \end{pmatrix}e^t$$

≡

10.4 연습문제

부록에 선택된 홀수 문제의 답이 있다.

10.4.1 미정계수법

문제 1~8에서는 미정계수법을 이용하여 주어진 선형계를 풀어라.

1. $\dfrac{dx}{dt} = 2x + 3y - 7$, $\dfrac{dy}{dt} = -x - 2y + 5$

2. $\dfrac{dx}{dt} = 5x + 9y + 2$, $\dfrac{dy}{dt} = -x + 11y + 6$

3. $\mathbf{X}' = \begin{pmatrix} 1 & 3 \\ 3 & 1 \end{pmatrix}\mathbf{X} + \begin{pmatrix} -2t^2 \\ t + 5 \end{pmatrix}$

4. $\mathbf{X}' = \begin{pmatrix} 1 & -4 \\ 4 & 1 \end{pmatrix}\mathbf{X} + \begin{pmatrix} 4t + 9e^{6t} \\ -t + e^{6t} \end{pmatrix}$

5. $\mathbf{X}' = \begin{pmatrix} 4 & \frac{1}{3} \\ 9 & 6 \end{pmatrix}\mathbf{X} + \begin{pmatrix} -3 \\ 10 \end{pmatrix}e^t$

6. $\mathbf{X}' = \begin{pmatrix} -1 & 5 \\ -1 & 1 \end{pmatrix}\mathbf{X} + \begin{pmatrix} \sin t \\ -2\cos t \end{pmatrix}$

7. $\mathbf{X}' = \begin{pmatrix} 1 & 1 & 1 \\ 0 & 2 & 3 \\ 0 & 0 & 5 \end{pmatrix}\mathbf{X} + \begin{pmatrix} 1 \\ -1 \\ 2 \end{pmatrix}e^{4t}$

8. $\mathbf{X}' = \begin{pmatrix} 0 & 0 & 5 \\ 0 & 5 & 0 \\ 5 & 0 & 0 \end{pmatrix}\mathbf{X} + \begin{pmatrix} 5 \\ -10 \\ 40 \end{pmatrix}$

문제 9와 10에 대해 주어진 초기조건을 만족하는 해를 구하라.

9. $\mathbf{X}' = \begin{pmatrix} -1 & -2 \\ 3 & 4 \end{pmatrix}\mathbf{X} + \begin{pmatrix} 3 \\ 3 \end{pmatrix}$, $\mathbf{X}(0) = \begin{pmatrix} -4 \\ 5 \end{pmatrix}$

10. $\mathbf{X}' = \begin{pmatrix} 1 & -1 \\ 1 & 3 \end{pmatrix}\mathbf{X} + \begin{pmatrix} t \\ t + 1 \end{pmatrix}$, $\mathbf{X}(0) = \begin{pmatrix} 0 \\ 2 \end{pmatrix}$

11. 그림 10.4.1의 혼합탱크 A, B가 초기에 소금물 100갤런을 담고 있다. 액체는 그림에 표시된 것처럼 이송되고 있고, 탱크 사이에서 이송되거나 탱크 밖으로 유출되는 소금물은 잘 혼합된 것으로 가정한다.

(a) 시간 t일 때 탱크 A, B의 소금의 파운드 수 $x_1(t)$, $x_2(t)$에 대한 선형일계 연립방정식을 구하고, 행렬식 형태로 쓰라. [힌트: 2장의 2.9절과 문제 52를 참고하라.]

(b) 초기조건 $x_1(0) = 60$, $x_2(0) = 10$을 만족하는 상기방정식의 해를 미정계수법으로 구하라.

(c) 정상상태, 즉 $\lim_{t\to\infty} x_1(t)$, $\lim_{t\to\infty} x_2(t)$의 값을 구하고, 그 의미를 논하라.

(d) 동일한 좌표평면 위에 그래픽 유틸리티 혹은 CAS를 사용하여 $x_1(t)$와 $x_2(t)$를 그려라.

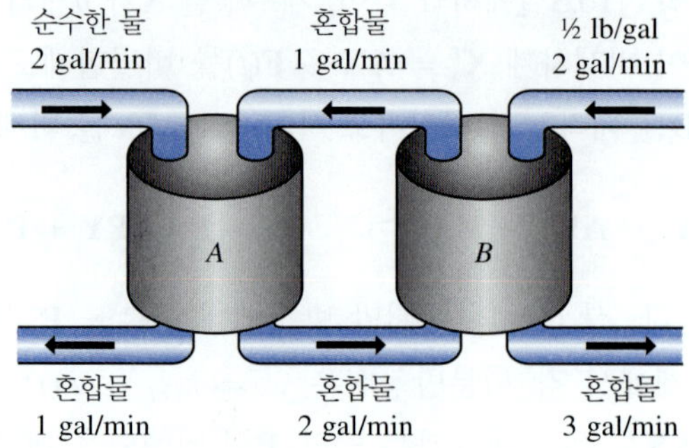

그림 10.4.1 문제 11의 혼합탱크

12. **(a)** 그림 10.4.2의 전기 회로망에서 전류 $i_2(t)$와 $i_3(t)$에 대한 연립 미분방정식이

$$\frac{d}{dt}\begin{pmatrix} i_2 \\ i_3 \end{pmatrix} = \begin{pmatrix} -R_1/L_1 & -R_1/L_1 \\ -R_1/L_2 & -(R_1 + R_2)/L_2 \end{pmatrix}\begin{pmatrix} i_2 \\ i_3 \end{pmatrix} + \begin{pmatrix} E/L_1 \\ E/L_2 \end{pmatrix}$$

이다. $R_1 = 2\ \Omega$, $R_2 = 3\ \Omega$, $L_1 = 1$ h, $L_2 = 1$ h, $E = 60$ V, $i_2(0) = 0$, $i_3(0) = 0$일 때, 미정계수법을 이용하여 연립 미분방정식을 풀어라.

(b) 전류 $i_1(t)$를 정하라.

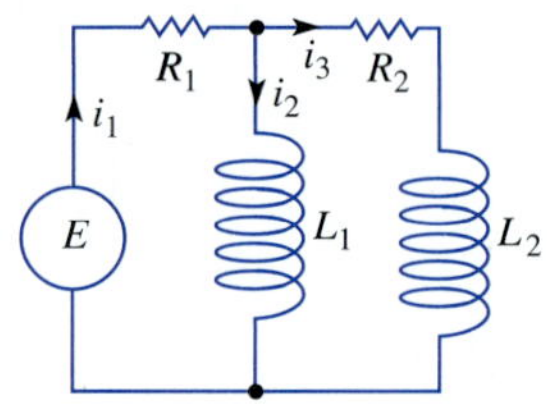

그림 10.4.2 문제 12의 회로망

10.4.2 매개변수 변화법

문제 13~32에서는 매개변수 변화를 이용하여 주어진 선형계를 풀어라.

13. $\dfrac{dx}{dt} = 3x - 3y + 4$, $\dfrac{dy}{dt} = 2x - 2y - 1$

14. $\dfrac{dx}{dt} = 2x - y$, $\dfrac{dy}{dt} = 3x - 2y + 4t$

15. $\mathbf{X}' = \begin{pmatrix} 3 & -5 \\ \frac{3}{4} & -1 \end{pmatrix}\mathbf{X} + \begin{pmatrix} 1 \\ -1 \end{pmatrix}e^{t/2}$

16. $\mathbf{X}' = \begin{pmatrix} 2 & -1 \\ 4 & 2 \end{pmatrix}\mathbf{X} + \begin{pmatrix} \sin 2t \\ 2\cos 2t \end{pmatrix}e^{2t}$

17. $\mathbf{X}' = \begin{pmatrix} 0 & 2 \\ -1 & 3 \end{pmatrix}\mathbf{X} + \begin{pmatrix} 1 \\ -1 \end{pmatrix}e^t$

18. $\mathbf{X}' = \begin{pmatrix} 0 & 2 \\ -1 & 3 \end{pmatrix}\mathbf{X} + \begin{pmatrix} 2 \\ e^{-3t} \end{pmatrix}$

19. $\mathbf{X}' = \begin{pmatrix} 1 & 8 \\ 1 & -1 \end{pmatrix}\mathbf{X} + \begin{pmatrix} 12 \\ 12 \end{pmatrix}t$

20. $\mathbf{X}' = \begin{pmatrix} 1 & 8 \\ 1 & -1 \end{pmatrix}\mathbf{X} + \begin{pmatrix} e^{-t} \\ te^{t} \end{pmatrix}$

21. $\mathbf{X}' = \begin{pmatrix} 3 & 2 \\ -2 & -1 \end{pmatrix}\mathbf{X} + \begin{pmatrix} 2e^{-t} \\ e^{-t} \end{pmatrix}$

22. $\mathbf{X}' = \begin{pmatrix} 3 & 2 \\ -2 & -1 \end{pmatrix}\mathbf{X} + \begin{pmatrix} 1 \\ 1 \end{pmatrix}$

23. $\mathbf{X}' = \begin{pmatrix} 0 & -1 \\ 1 & 0 \end{pmatrix}\mathbf{X} + \begin{pmatrix} \sec t \\ 0 \end{pmatrix}$

24. $\mathbf{X}' = \begin{pmatrix} 1 & -1 \\ 1 & 1 \end{pmatrix}\mathbf{X} + \begin{pmatrix} 3 \\ 3 \end{pmatrix}e^{t}$

25. $\mathbf{X}' = \begin{pmatrix} 1 & -1 \\ 1 & 1 \end{pmatrix}\mathbf{X} + \begin{pmatrix} \cos t \\ \sin t \end{pmatrix}e^{t}$

26. $\mathbf{X}' = \begin{pmatrix} 2 & -2 \\ 8 & -6 \end{pmatrix}\mathbf{X} + \begin{pmatrix} 1 \\ 3 \end{pmatrix}\dfrac{e^{-2t}}{t}$

27. $\mathbf{X}' = \begin{pmatrix} 0 & 1 \\ -1 & 0 \end{pmatrix}\mathbf{X} + \begin{pmatrix} 0 \\ \sec t \tan t \end{pmatrix}$

28. $\mathbf{X}' = \begin{pmatrix} 0 & 1 \\ -1 & 0 \end{pmatrix}\mathbf{X} + \begin{pmatrix} 1 \\ \cot t \end{pmatrix}$

29. $\mathbf{X}' = \begin{pmatrix} 1 & 2 \\ -\frac{1}{2} & 1 \end{pmatrix}\mathbf{X} + \begin{pmatrix} \csc t \\ \sec t \end{pmatrix}e^{t}$

30. $\mathbf{X}' = \begin{pmatrix} 1 & -2 \\ 1 & -1 \end{pmatrix}\mathbf{X} + \begin{pmatrix} \tan t \\ 1 \end{pmatrix}$

31. $\mathbf{X}' = \begin{pmatrix} 1 & 1 & 0 \\ 1 & 1 & 0 \\ 0 & 0 & 3 \end{pmatrix}\mathbf{X} + \begin{pmatrix} e^{t} \\ e^{2t} \\ te^{3t} \end{pmatrix}$

32. $\mathbf{X}' = \begin{pmatrix} 3 & -1 & -1 \\ 1 & 1 & -1 \\ 1 & -1 & 1 \end{pmatrix}\mathbf{X} + \begin{pmatrix} 0 \\ t \\ 2e^{t} \end{pmatrix}$

문제 33과 34에서는 식 (14)를 이용하여 초기값 문제를 풀어라.

33. $\mathbf{X}' = \begin{pmatrix} 3 & -1 \\ -1 & 3 \end{pmatrix}\mathbf{X} + \begin{pmatrix} 4e^{2t} \\ 4e^{4t} \end{pmatrix}, \quad \mathbf{X}(0) = \begin{pmatrix} 1 \\ 1 \end{pmatrix}$

34. $\mathbf{X}' = \begin{pmatrix} 1 & -1 \\ 1 & -1 \end{pmatrix}\mathbf{X} + \begin{pmatrix} 1/t \\ 1/t \end{pmatrix}, \quad \mathbf{X}(1) = \begin{pmatrix} 2 \\ -1 \end{pmatrix}$

35. 그림 10.4.3의 전기 회로망에서 전류 $i_1(t)$와 $i_2(t)$에 대한 연립 미분방정식은

$$\frac{d}{dt}\begin{pmatrix} i_1 \\ i_2 \end{pmatrix} = \begin{pmatrix} -(R_1 + R_2)/L_2 & R_2/L_2 \\ R_2/L_1 & -R_2/L_1 \end{pmatrix}\begin{pmatrix} i_1 \\ i_2 \end{pmatrix} + \begin{pmatrix} E/L_2 \\ 0 \end{pmatrix}$$

이다. $R_1 = 8\ \Omega$, $R_2 = 3\ \Omega$, $L_1 = 1$ h, $L_2 = 1$ h, $E(t) = 100 \sin t$ V, $i_1(0) = 0$, $i_2(0) = 0$일 때, 매개변수의 변화를 이용하여 연립 미분방정식을 풀어라.

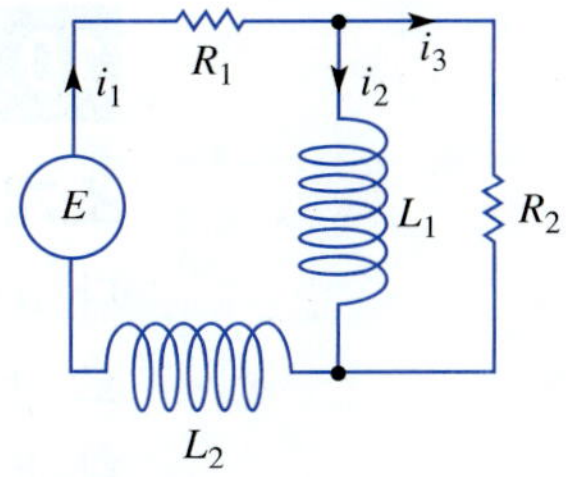

그림 10.4.3 문제 35의 회로망

컴퓨터 실습 과제

36. **A**가 3 × 3(또는 더 큰) 행렬일 때 매개변수의 변화에 의하여 비제차 선형계 $\mathbf{X}' = \mathbf{AX} + \mathbf{F}(t)$를 손으로 계산하여 푸는 것은 거의 불가능한 과제이다. 선형계

$$\mathbf{X}' = \begin{pmatrix} 2 & -2 & 2 & 1 \\ -1 & 3 & 0 & 3 \\ 0 & 0 & 4 & -2 \\ 0 & 0 & 2 & -1 \end{pmatrix}\mathbf{X} + \begin{pmatrix} te^{t} \\ e^{-t} \\ e^{2t} \\ 1 \end{pmatrix}$$

을 생각하자.

(a) CAS 또는 선형대수 소프트웨어를 이용하여 계수행렬의 고유값과 고유벡터를 구하라.

(b) 근본행렬 $\mathbf{\Phi}(t)$를 구하고 컴퓨터를 이용하여 $\mathbf{\Phi}^{-1}(t)$를 구하라.

(c) 컴퓨터를 이용하여 다음 계산을 수행하라.

$$\mathbf{\Phi}^{-1}(t)\mathbf{F}(t),\ \int \mathbf{\Phi}^{-1}(t)\mathbf{F}(t)\,dt,\ \mathbf{\Phi}(t)\int \mathbf{\Phi}^{-1}(t)\mathbf{F}(t)\,dt,\ \mathbf{\Phi}(t)\mathbf{C},$$

$$\text{그리고 } \mathbf{\Phi}(t)\mathbf{C} + \int \mathbf{\Phi}^{-1}(t)\mathbf{F}(t)\,dt$$

여기서 **C**는 상수 c_1, c_2, c_3, c_4의 열행렬이다.

(d) 선형계의 일반해에 대한 컴퓨터 출력을 $\mathbf{X} = \mathbf{X}_c + \mathbf{X}_p$ 형태로 다시 쓰라. 여기서 $\mathbf{X}_c = c_1\mathbf{X}_1 + c_2\mathbf{X}_2 + c_3\mathbf{X}_3 + c_4\mathbf{X}_4$이다.

10.4.3 대각화

문제 37~40에서는 대각화를 이용하여 주어진 선형계를 풀어라.

37. $\mathbf{X}' = \begin{pmatrix} 5 & -2 \\ 21 & -8 \end{pmatrix}\mathbf{X} + \begin{pmatrix} 6 \\ 4 \end{pmatrix}$

38. $\mathbf{X}' = \begin{pmatrix} 1 & 3 \\ 2 & 2 \end{pmatrix}\mathbf{X} + \begin{pmatrix} e^{t} \\ e^{t} \end{pmatrix}$

39. $\mathbf{X}' = \begin{pmatrix} 5 & 5 \\ 5 & 5 \end{pmatrix}\mathbf{X} + \begin{pmatrix} 2t \\ 8 \end{pmatrix}$

40. $\mathbf{X}' = \begin{pmatrix} 0 & 1 \\ 1 & 0 \end{pmatrix}\mathbf{X} + \begin{pmatrix} 4 \\ 8e^{-2t} \end{pmatrix}$

10.5 행렬 지수함수

소개 연립 선형 1계 미분방정식을 푸는 데 행렬들을 완전히 다른 방법으로 이용할 수 있다. a가 상수일 때 간단한 선형 1계 미분방정식 $x' = ax$는 일반해 $x = ce^{at}$를 갖는다. 그러므로 상수 행렬 $\mathbf{A}$에 대하여 선형계 $\mathbf{X}' = \mathbf{AX}$의 해가 $e^{\mathbf{A}t}$가 되도록 행렬 지수함수 $e^{\mathbf{A}t}$를 정의할 수 있는가라는 질문은 당연해 보인다.

제차계 $n \times n$ 상수 행렬 $\mathbf{A}$에 대하여 제차계 $\mathbf{X}' = \mathbf{AX}$가 해

$$\mathbf{X} = e^{\mathbf{A}t}\mathbf{C} \tag{1}$$

를 갖도록 **행렬 지수함수**(matrix exponential) $e^{\mathbf{A}t}$를 정의할 수 있다. $\mathbf{C}$는 임의의 상수들의 $n \times 1$ 열행렬이므로 $e^{\mathbf{A}t}$는 $n \times n$ 행렬이어야 한다. 행렬 지수함수의 의미와 이론의 완전한 전개는 행렬 대수의 철저한 배경을 필요로 하지만, $e^{\mathbf{A}t}$를 정의하는 한 가지 방법은 상수지수 함수 e^{at}의 거듭제곱 급수 표현

$$e^{at} = 1 + at + a^2\frac{t^2}{2!} + \cdots + a^m\frac{t^m}{m!} + \cdots = \sum_{k=0}^{\infty} a^k \frac{t^k}{k!} \tag{2}$$

을 이용하는 것이다. 급수 식 (2)는 t의 모든 값에 대하여 수렴한다. 이 거듭제곱 급수에서 1을 단위행렬 $\mathbf{I}$로, 그리고 상수 a를 $n \times n$ 상수 행렬 $\mathbf{A}$로 바꾸어 놓아 $n \times n$ 행렬 $e^{\mathbf{A}t}$를 정의한다.

정의 10.5.1 행렬 지수함수

임의의 $n \times n$ 행렬 $\mathbf{A}$에 대하여

$$e^{\mathbf{A}t} = \mathbf{I} + \mathbf{A}t + \mathbf{A}^2\frac{t^2}{2!} + \cdots + \mathbf{A}^m\frac{t^m}{m!} + \cdots = \sum_{k=0}^{\infty} \mathbf{A}^k \frac{t^k}{k!} \tag{3}$$

식 (3)에 주어진 급수는 t의 모든 값에 대하여 하나의 $n \times n$ 행렬에 수렴함을 보일 수 있다. 또한 식 (3)에서 $\mathbf{A}^0 = \mathbf{I}$, $\mathbf{A}^2 = \mathbf{AA}$, $\mathbf{A}^3 = \mathbf{A}(\mathbf{A}^2)$ 등이다.

예제 1 식 (3)을 이용한 행렬지수함수

다음 행렬에 대해서 행렬지수함수 $e^{\mathbf{A}t}$를 계산하라.

$$\mathbf{A} = \begin{pmatrix} 2 & 0 \\ 0 & 3 \end{pmatrix}$$

풀이 다음의 여러 거듭제곱

$$\mathbf{A}^2 = \begin{pmatrix} 2^2 & 0 \\ 0 & 3^2 \end{pmatrix}, \mathbf{A}^3 = \begin{pmatrix} 2^3 & 0 \\ 0 & 3^3 \end{pmatrix}, \mathbf{A}^4 = \begin{pmatrix} 2^4 & 0 \\ 0 & 3^4 \end{pmatrix}, \ldots, \mathbf{A}^n = \begin{pmatrix} 2^n & 0 \\ 0 & 3^n \end{pmatrix}, \ldots,$$

을 식 (3)에 대입하면

$$e^{\mathbf{A}t} = \mathbf{I} + \mathbf{A}t + \mathbf{A}^2\frac{t^2}{2!} + \cdots$$

$$= \begin{pmatrix} 1 & 0 \\ 0 & 1 \end{pmatrix} + \begin{pmatrix} 2 & 0 \\ 0 & 3 \end{pmatrix}t + \begin{pmatrix} 2^2 & 0 \\ 0 & 3^2 \end{pmatrix}\frac{t^2}{2!} + \cdots + \begin{pmatrix} 2^n & 0 \\ 0 & 3^n \end{pmatrix}\frac{t^2}{n!} + \cdots$$

$$= \begin{pmatrix} 1 + 2t + 2^2\frac{t^2}{2!} + \cdots & 0 \\ 0 & 1 + 3t + 3^2\frac{t^2}{2!} + \cdots \end{pmatrix}$$

의 결과를 얻을 수 있다. 식 (2)를 이용하여 상수 $a = 2$와 $a = 3$을 대입하면, 위 식 1행과 2행의 e^{2t}와 e^{3t}에 대한 행렬표기 거듭제곱급수 식을 다음과 같이 얻을 수 있다.

$$e^{\mathbf{A}t} = \begin{pmatrix} e^{2t} & 0 \\ 0 & e^{3t} \end{pmatrix}$$ ≡

예제 1의 행렬은 2×2 대각행렬의 예이다. 일반적으로 $n \times n$ 행렬 $\mathbf{A}$가 아래와 같이 주대각 요소를 제외한 모든 요소를 0으로 가질 때 이 행렬은 **대각행렬**(diagonal matrix)이라 부른다.

$$\mathbf{A} = \begin{pmatrix} a_{11} & 0 & \ldots & 0 \\ 0 & a_{22} & \ldots & 0 \\ \vdots & \vdots & & \vdots \\ 0 & 0 & \ldots & a_{nn} \end{pmatrix}$$

따라서 $\mathbf{A}$가 임의의 $n \times n$ 대각행렬이면 예제 1로부터 다음을 얻는다.

$$e^{\mathbf{A}t} = \begin{pmatrix} e^{a_{11}t} & 0 & \ldots & 0 \\ 0 & e^{a_{22}t} & \ldots & 0 \\ \vdots & \vdots & & \vdots \\ 0 & 0 & \ldots & e^{a_{nn}t} \end{pmatrix}$$

$e^{\mathbf{A}t}$의 도함수 행렬 지수함수 $e^{\mathbf{A}t}$의 도함수는 지수함수의 도함수 $d/dt\ e^{at} = ae^{at}$와 비슷하다.

$$\frac{d}{dt}e^{\mathbf{A}t} = \mathbf{A}e^{\mathbf{A}t} \tag{4}$$

를 증명하기 위하여 식 (3)을 항별로 미분한다.

$$\frac{d}{dt}e^{\mathbf{A}t} = \frac{d}{dt}\left[\mathbf{I} + \mathbf{A}t + \mathbf{A}^2\frac{t^2}{2!} + \cdots + \mathbf{A}^m\frac{t^m}{m!} + \cdots\right] = \mathbf{A} + \mathbf{A}^2t + \mathbf{A}^3\frac{t^2}{2!} + \cdots$$

$$= \mathbf{A}\left[\mathbf{I} + \mathbf{A}t + \mathbf{A}^2\frac{t^2}{2!} + \cdots\right] = \mathbf{A}e^{\mathbf{A}t}$$

식 (4)를 이용하면 임의의 $n \times 1$ 상수 벡터 $\mathbf{C}$에 대하여 식 (1)은 $\mathbf{X}' = \mathbf{AX}$의 해임을 보일 수 있다.

$$\mathbf{X}' = \frac{d}{dt} e^{\mathbf{A}t}\mathbf{C} = \mathbf{A}e^{\mathbf{A}t}\mathbf{C} = \mathbf{A}(e^{\mathbf{A}t}\mathbf{C}) = \mathbf{A}\mathbf{X} \tag{5}$$

$e^{\mathbf{A}t}$는 근본행렬 행렬 지수함수 $e^{\mathbf{A}t}$를 기호 $\mathbf{\Psi}(t)$로 나타내면 식 (4)는 행렬 미분방정식 $\mathbf{\Psi}'(t) = \mathbf{A}\mathbf{\Psi}$와 동치이다[10.4절의 식 (3)(을) 보라]. 더구나 정의 10.5.1로부터 $\mathbf{\Psi}(0) = e^{\mathbf{A}0} = \mathbf{I}$이므로 $\det \mathbf{\Psi}(0) \neq 0$이다. 이 두 성질은 $\mathbf{\Psi}(t)$가 제차계 $\mathbf{X}' = \mathbf{A}\mathbf{X}$의 근본행렬이기에 충분하다.

비제차계 2.3절의 식 (4)에서 상수 a에 대해 한 개의 선형 1계 미분방정식 $x' = ax + f(t)$의 일반해는

$$x = x_c + x_p = ce^{at} + e^{at}\int_{t_0}^{t} e^{-as} f(s)\, ds$$

로 나타낼 수 있었다. 선형1계 미분방정식들의 비제차계에 대하여 $\mathbf{A}$가 $n \times n$ 상수 행렬일 때, $\mathbf{X}' = \mathbf{A}\mathbf{X} + \mathbf{F}(t)$의 일반해는

$$\mathbf{X} = \mathbf{X}_c + \mathbf{X}_p = e^{\mathbf{A}t}\mathbf{C} + e^{\mathbf{A}t}\int_{t_0}^{t} e^{-\mathbf{A}s}\, \mathbf{F}(s)\, ds \tag{6}$$

임을 보일 수 있다. 행렬 지수함수 $e^{\mathbf{A}t}$는 근본행렬이므로 항상 정칙이고 $e^{-\mathbf{A}s} = (e^{\mathbf{A}s})^{-1}$이다. $e^{-\mathbf{A}s}$는 $e^{\mathbf{A}t}$에서 t를 $-s$로 바꾸어 얻어질 수 있음에 주목하라.

$e^{\mathbf{A}t}$의 계산 식 (3)에 주어진 $e^{\mathbf{A}t}$의 정의를 이용하여 $e^{\mathbf{A}t}$를 물론 계산할 수 있으나, 식 (3)을 실질적으로 이용하는 데는 $e^{\mathbf{A}t}$의 성분들이 t에 관한 거듭제곱 급수라는 사실 때문에 제한을 받는다. 간단하고 친숙한 것들을 다루고 싶기 때문에 이 급수도 닫힌 형의 함수를 정의하는지 알아보자. 연습문제 10.5의 문제 1~4를 보라. 다행스럽게도 $e^{\mathbf{A}t}$를 계산하는 여러 가지 방법이 있다. 이들 중에 두 가지 방법을 아래에서 간단히 기술하겠다.

Laplace 변환 이용 식 (5)에서 $\mathbf{X} = e^{\mathbf{A}t}$는 $\mathbf{X}' = \mathbf{A}\mathbf{X}$의 해임을 보았다. 사실 $e^{\mathbf{A}0} = \mathbf{I}$이므로 $\mathbf{X} = e^{\mathbf{A}t}$는 초기값 문제

$$\mathbf{X}' = \mathbf{A}\mathbf{X}, \quad \mathbf{X}(0) = \mathbf{I} \tag{7}$$

의 해이다. 만일 $\mathbf{x}(s) = \mathscr{L}\{\mathbf{X}(t)\} = \mathscr{L}\{e^{\mathbf{A}t}\}$이면 식 (7)의 Laplace 변환은

$$s\mathbf{x}(s) - \mathbf{X}(0) = \mathbf{A}\mathbf{x}(s) \qquad \text{또는} \qquad (s\mathbf{I} - \mathbf{A})\mathbf{x}(s) = \mathbf{I}$$

이다. 이 방정식에 $(s\mathbf{I} - \mathbf{A})^{-1}$을 곱하면 $\mathbf{x}(s) = (s\mathbf{I} - \mathbf{A})^{-1}\mathbf{I} = (s\mathbf{I} - \mathbf{A})^{-1}$이다. 다시 말해서, $\mathscr{L}\{e^{\mathbf{A}t}\} = (s\mathbf{I} - \mathbf{A})^{-1}$ 또는

$$e^{\mathbf{A}t} = \mathscr{L}^{-1}\{(s\mathbf{I} - \mathbf{A})^{-1}\} \tag{8}$$

이다.

예제 2 **행렬 지수함수**

$\mathbf{A} = \begin{pmatrix} 1 & -1 \\ 2 & -2 \end{pmatrix}$에 대하여 Laplace 변환을 이용하여 $e^{\mathbf{A}t}$를 계산하라.

풀이 우선 행렬 $s\mathbf{I} - \mathbf{A}$를 계산하고 그 역행렬을 구한다.

$$s\mathbf{I} - \mathbf{A} = \begin{pmatrix} s-1 & 1 \\ -2 & s+2 \end{pmatrix}$$

$$(s\mathbf{I} - \mathbf{A})^{-1} = \begin{pmatrix} s-1 & 1 \\ -2 & s+2 \end{pmatrix}^{-1} = \begin{pmatrix} \dfrac{s+2}{s(s+1)} & \dfrac{-1}{s(s+1)} \\ \dfrac{2}{s(s+1)} & \dfrac{s-1}{s(s+1)} \end{pmatrix}$$

그 다음 마지막 행렬의 성분들을 부분분수로 분해한다.

$$(s\mathbf{I} - \mathbf{A})^{-1} = \begin{pmatrix} \dfrac{2}{s} - \dfrac{1}{s+1} & -\dfrac{1}{s} + \dfrac{1}{s+1} \\ \dfrac{2}{s} - \dfrac{2}{s+1} & -\dfrac{1}{s} + \dfrac{2}{s+1} \end{pmatrix} \tag{9}$$

식 (9)의 역 Laplace 변환을 취하면 원하는 결과를 얻는다.

$$e^{\mathbf{A}t} = \begin{pmatrix} 2 - e^{-t} & -1 + e^{-t} \\ 2 - 2e^{-t} & -1 + 2e^{-t} \end{pmatrix}$$ ≡

거듭제곱 $\mathbf{A}^m$ 이용 음 아닌 정수 k에 대하여 $n \times n$ 행렬 $\mathbf{A}$의 거듭제곱 $\mathbf{A}^k$을 계산하는 방법을 8.9절에서 전개하였다. 8.9절에서

$$\mathbf{A}^k = \sum_{j=0}^{n-1} c_j \mathbf{A}^j \quad \text{그리고} \quad \lambda^k = \sum_{j=0}^{n-1} c_j \lambda^j \tag{10}$$

으로 쓸 수 있었다. 여기서 c_j는 두 식에서 같은 계수이며 뒤의 식은 $\mathbf{A}$의 고유값 $\lambda_1, \lambda_2, \ldots, \lambda_n$에 대하여 성립한다. 여기서 $\mathbf{A}$의 고유값들이 서로 다르다고 가정하자. 식 (10)의 둘째 식에서 $\lambda = \lambda_1, \lambda_2, \ldots, \lambda_n$을 대입하여 미지수가 n개인 n개의 방정식을 풀면 첫째 식에 있는 계수 c_j들을 구할 수 있다. 식 (10)의 계수 c_j들을 $c_j(k)$로 바꾸어 놓음으로써 거듭제곱 k에 의존한다는 사실을 강조하는 것이 앞으로의 전개에 편리할 것이다. 식 (3)과 (2)로부터

$$e^{\mathbf{A}t} = \sum_{k=0}^{\infty} \mathbf{A}^k \frac{t^k}{k!} \quad \text{그리고} \quad e^{\lambda t} = \sum_{k=0}^{\infty} \lambda^k \frac{t^k}{k!} \tag{11}$$

이다. 다음으로 식 (11)에서 식 (10)을 이용하여 $\mathbf{A}^k$과 λ^k을 유한합으로 바꾼 다음 합의 순서를 바꾸면 다음을 얻는다.

$$e^{\mathbf{A}t} = \sum_{k=0}^{\infty} \frac{t^k}{k!} \left(\sum_{j=0}^{n-1} c_j(k) \mathbf{A}^j \right) = \sum_{j=0}^{n-1} \mathbf{A}^j \left(\sum_{k=0}^{\infty} \frac{t^k}{k!} c_j(k) \right) = \sum_{j=0}^{n-1} \mathbf{A}^j b_j(t) \tag{12}$$

$$e^{\lambda t} = \sum_{k=0}^{\infty} \frac{t^k}{k!} \left(\sum_{j=0}^{n-1} c_j(k) \lambda^j \right) = \sum_{j=0}^{n-1} \lambda^j \left(\sum_{k=0}^{\infty} \frac{t^k}{k!} c_j(k) \right) = \sum_{j=0}^{n-1} \lambda^j b_j(t) \tag{13}$$

여기서 $b_j(t) = \sum_{k=0}^{\infty}(t^k/k!)c_j(k)$이다. c_j들을 결정하기 위하여 식 (10)에서 $\mathbf{A}$의 고유값들을 이용했던 방법과 비슷하게 유한합 식 (13)에서 고유값들을 사용하여 연립방정식을 만들어 b_j들을 구한다. 다음으로 이들 계수 b_j는 식 (12)로부터 $e^{\mathbf{A}t}$를 결정하는 데 이용한다.

예제 3 행렬 지수함수

$\mathbf{A} = \begin{pmatrix} -2 & 4 \\ -1 & 3 \end{pmatrix}$에 대하여 $e^{\mathbf{A}t}$를 계산하라.

풀이 8.9절에서 이미 행렬 $\mathbf{A}$를 보았으며 고유값 $\lambda_1 = -1$과 $\lambda_2 = 2$도 구하였다. $\mathbf{A}$는 2×2행렬이므로 식 (12)와 (13)으로부터

$$e^{\mathbf{A}t} = b_0\mathbf{I} + b_1\mathbf{A} \qquad \text{그리고} \qquad e^{\lambda t} = b_0 + b_1\lambda \tag{14}$$

이다. 식 (14)의 두 번째 방정식에 $\lambda = -1$과 $\lambda = 2$를 대입하면 두 미지수 b_0와 b_1에 관한 두 개의 방정식을 얻는다. 이 방정식계

$$e^{-t} = b_0 - b_1$$
$$e^{2t} = b_0 + 2b_1$$

를 풀면, $b_0 = \frac{1}{3}[e^{2t} + 2e^{-t}]$, $b_1 = \frac{1}{3}[e^{2t} - e^{-t}]$이다. 이 값들을 식 (14)의 첫 번째 방정식에 대입하고 성분들을 간단히 하여 다음을 얻는다.

$$e^{\mathbf{A}t} = \begin{pmatrix} -\frac{1}{3}e^{2t} + \frac{4}{3}e^{-t} & \frac{4}{3}e^{2t} - \frac{4}{3}e^{-t} \\ -\frac{1}{3}e^{2t} + \frac{1}{3}e^{-t} & \frac{4}{3}e^{2t} - \frac{1}{3}e^{-t} \end{pmatrix} \tag{15}$$ ≡

연습문제 10.5의 문제 23~26에서는 행렬 $\mathbf{A}$가 대각화 가능할 때(8.12절을 보라) 행렬 지수 $e^{\mathbf{A}t}$를 어떻게 계산하는지 보여 준다.

컴퓨터 이용 이해하려 하기보다는 당장 해를 원하는 사람들을 위하여 컴퓨터 소프트웨어의 도움으로 $e^{\mathbf{A}t}$를 기계적으로 계산해 낼 수 있다. 예를 들면 *Mathematica*에서 함수 **MatrixExp[A t]**는 정방행렬 $\mathbf{A}$에 대하여 행렬 지수를 계산한다. *Maple*에서는 명령어가 **exponential(A, t)**이다. MATLAB에서는 함수가 `expm(At)`이다. 연습문제 10.5의 문제 27과 28을 보라.

10.5 연습문제

부록에 선택된 홀수 문제의 답이 있다.

문제 1과 2에서는 식 (3)을 이용하여 $e^{\mathbf{A}t}$와 $e^{-\mathbf{A}t}$를 계산하라.

1. $\mathbf{A} = \begin{pmatrix} 1 & 0 \\ 0 & 2 \end{pmatrix}$ **2.** $\mathbf{A} = \begin{pmatrix} 0 & 1 \\ 1 & 0 \end{pmatrix}$

문제 3과 4에서는 식 (3)을 이용하여 $e^{\mathbf{A}t}$를 계산하라.

3. $\mathbf{A} = \begin{pmatrix} 1 & 1 & 1 \\ 1 & 1 & 1 \\ -2 & -2 & -2 \end{pmatrix}$ **4.** $\mathbf{A} = \begin{pmatrix} 0 & 0 & 0 \\ 3 & 0 & 0 \\ 5 & 1 & 0 \end{pmatrix}$

문제 5~8에서는 식 (1)과 문제 1~4의 결과를 이용하여 주어진 제차계의 일반해를 구하라.

5. $\mathbf{X}' = \begin{pmatrix} 1 & 0 \\ 0 & 2 \end{pmatrix}\mathbf{X}$ **6.** $\mathbf{X}' = \begin{pmatrix} 0 & 1 \\ 1 & 0 \end{pmatrix}\mathbf{X}$

7. $\mathbf{X}' = \begin{pmatrix} 1 & 1 & 1 \\ 1 & 1 & 1 \\ -2 & -2 & -2 \end{pmatrix}\mathbf{X}$ **8.** $\mathbf{X}' = \begin{pmatrix} 0 & 0 & 0 \\ 3 & 0 & 0 \\ 5 & 1 & 0 \end{pmatrix}\mathbf{X}$

문제 9~12에서는 식 (6)을 이용하여 비제차계의 일반해를 구하라.

9. $\mathbf{X}' = \begin{pmatrix} 1 & 0 \\ 0 & 2 \end{pmatrix}\mathbf{X} + \begin{pmatrix} 3 \\ -1 \end{pmatrix}$

10. $\mathbf{X}' = \begin{pmatrix} 1 & 0 \\ 0 & 2 \end{pmatrix}\mathbf{X} + \begin{pmatrix} t \\ e^{4t} \end{pmatrix}$

11. $\mathbf{X}' = \begin{pmatrix} 0 & 1 \\ 1 & 0 \end{pmatrix}\mathbf{X} + \begin{pmatrix} 1 \\ 1 \end{pmatrix}$

12. $\mathbf{X}' = \begin{pmatrix} 0 & 1 \\ 1 & 0 \end{pmatrix}\mathbf{X} + \begin{pmatrix} \cosh t \\ \sinh t \end{pmatrix}$

13. $\mathbf{X}(0) = \begin{pmatrix} 1 \\ -4 \\ 6 \end{pmatrix}$을 초기조건으로 놓고 문제 7의 제차계를 풀어라.

14. $\mathbf{X}(0) = \begin{pmatrix} 4 \\ 3 \end{pmatrix}$을 초기조건으로 놓고 문제 9의 비제차계를 풀어라.

문제 15~18에서는 예제 2의 방법을 이용하여 $e^{\mathbf{A}t}$를 계산하라. 식 (1)을 이용하여 주어진 제차계의 일반해를 구하라.

15. $\mathbf{X}' = \begin{pmatrix} 4 & 3 \\ -4 & -4 \end{pmatrix}\mathbf{X}$ **16.** $\mathbf{X}' = \begin{pmatrix} 4 & -2 \\ 1 & 1 \end{pmatrix}\mathbf{X}$

17. $\mathbf{X}' = \begin{pmatrix} 5 & -9 \\ 1 & -1 \end{pmatrix}\mathbf{X}$ **18.** $\mathbf{X}' = \begin{pmatrix} 0 & 1 \\ -2 & -2 \end{pmatrix}\mathbf{X}$

문제 19~22에서는 예제 3의 방법을 이용하여 $e^{\mathbf{A}t}$를 계산하라. 식 (1)을 이용하여 주어진 제차계의 일반해를 구하라.

19. $\mathbf{X}' = \begin{pmatrix} 2 & -2 \\ -2 & 5 \end{pmatrix}\mathbf{X}$ **20.** $\mathbf{X}' = \begin{pmatrix} 1 & 2 \\ -1 & 4 \end{pmatrix}\mathbf{X}$

21. $\mathbf{X}' = \begin{pmatrix} 3 & 8 \\ 0 & -1 \end{pmatrix}\mathbf{X}$ **22.** $\mathbf{X}' = \begin{pmatrix} 1 & -\frac{3}{2} \\ \frac{1}{4} & -\frac{1}{4} \end{pmatrix}\mathbf{X}$

23. $\mathbf{A}$가 대각화 가능하면 $\mathbf{P}^{-1}\mathbf{AP} = \mathbf{D}$ 또는 $\mathbf{A} = \mathbf{PDP}^{-1}$이다. 이 결과와 식 (3)을 이용하여 $e^{\mathbf{A}t} = \mathbf{P}e^{\mathbf{D}t}\mathbf{P}^{-1}$임을 보여라.

24. 식 (3)과 $\mathbf{D} = \begin{pmatrix} \lambda_1 & 0 & \cdots & 0 \\ 0 & \lambda_2 & \cdots & 0 \\ \vdots & & & \vdots \\ 0 & 0 & \cdots & \lambda_n \end{pmatrix}$을 이용하여

$$e^{\mathbf{D}t} = \begin{pmatrix} e^{\lambda_1 t} & 0 & \cdots & 0 \\ 0 & e^{\lambda_2 t} & \cdots & 0 \\ \vdots & & & \vdots \\ 0 & 0 & \cdots & e^{\lambda_n t} \end{pmatrix}$$

임을 보여라.

문제 25와 26에서는 문제 23과 24의 결과를 이용하여 주어진 제차계를 풀어라.

25. $\mathbf{X}' = \begin{pmatrix} 2 & 1 \\ -3 & 6 \end{pmatrix}\mathbf{X}$ **26.** $\mathbf{X}' = \begin{pmatrix} 2 & 1 \\ 1 & 2 \end{pmatrix}\mathbf{X}$

컴퓨터 실습 과제

27. **(a)** 식 (1)을 이용하여 $\mathbf{X}' = \begin{pmatrix} 4 & 2 \\ 3 & 3 \end{pmatrix}\mathbf{X}$의 일반해를 구하라. CAS를 이용하여 $e^{\mathbf{A}t}$를 구하라. 컴퓨터를 이용하여 계수행렬 $\mathbf{A} = \begin{pmatrix} 4 & 2 \\ 3 & 3 \end{pmatrix}$의 고유값과 고유벡터를 구하고 10.2절의 방법으로 일반해를 구성하라. 끝으로 제차계의 일반해의 두 형태가 일치함을 보여라.

(b) 식 (1)을 이용하여 $\mathbf{X}' = \begin{pmatrix} -3 & -1 \\ 2 & -1 \end{pmatrix}\mathbf{X}$의 일반해를 구하라. CAS를 이용하여 $e^{\mathbf{A}t}$를 구하라. 복소수가 나올 경우에는 소프트웨어를 이용하여 간단하게 하라. 예를 들어 *Mathematica*에서 **m = MatrixExp[A t]**가 복소수 성분을 가지면 명령어

Simplify[ComplexExpand[m]]

을 시행하라.

28. 식 (1)을 이용하여

$$\mathbf{X}' = \begin{pmatrix} -4 & 0 & 6 & 0 \\ 0 & -5 & 0 & -4 \\ -1 & 0 & 1 & 0 \\ 0 & 3 & 0 & 2 \end{pmatrix}\mathbf{X}$$

의 일반해를 구하라. CAS를 이용하여 $e^{\mathbf{A}t}$를 구하라.

토의문제

29. 식 (8)에 주어진 결과에 이르는 과정을 다시 읽으라. 행렬 $s\mathbf{I} - \mathbf{A}$는 항상 역행렬을 갖는가? 논의하라.

30. 연습문제 8.9에서 영이 아닌 $n \times n$ 행렬 $\mathbf{A}$가 $\mathbf{A}^m = \mathbf{0}$이 되는 가장 작은 양의 정수 m이 존재하면 **거듭제곱영 행렬**(nilpotent)이라는 것을 보았다. $\mathbf{A} = \begin{pmatrix} -1 & 1 & 1 \\ -1 & 0 & 1 \\ -1 & 1 & 1 \end{pmatrix}$은 거듭제곱영 행렬임을 보여라. $\mathbf{A}$가 거듭제곱영 행렬일 때 $e^{\mathbf{A}t}$를 계산하기가 상대적으로 왜 쉬운지 논의하라. 주어진 행렬에 대하여 $e^{\mathbf{A}t}$를 계산하고 식 (2)를 이용하여 제차계 $\mathbf{X}' = \mathbf{AX}$를 풀어라.

10 복습문제

부록에 선택된 홀수 문제의 답이 있다.

문제 1과 2에서는 빈 칸을 채우라.

1. $k =$ _____에 대하여 벡터 $\mathbf{X} = k\begin{pmatrix} 4 \\ 5 \end{pmatrix}$는 $\mathbf{X}' = \begin{pmatrix} 1 & 4 \\ 2 & -1 \end{pmatrix}$ $\mathbf{X} - \begin{pmatrix} 8 \\ 1 \end{pmatrix}$의 해이다.

2. $c_1 =$ _____과 $c_2 =$ _____에 대하여 벡터 $\mathbf{X} = c_1\begin{pmatrix} -1 \\ 1 \end{pmatrix}e^{-9t} + c_2\begin{pmatrix} 5 \\ 3 \end{pmatrix}e^{7t}$는 초기값 문제 $\mathbf{X}' = \begin{pmatrix} 1 & 10 \\ 6 & -3 \end{pmatrix}\mathbf{X}$, $\mathbf{X}(0) = \begin{pmatrix} 2 \\ 0 \end{pmatrix}$의 해이다.

3. 선형계 $\mathbf{X}' = \begin{pmatrix} 4 & 6 & 6 \\ 1 & 3 & 2 \\ -1 & -4 & -3 \end{pmatrix}\mathbf{X}$를 생각하자. 이 선형계를 풀지 말고 다음 중 어느 벡터가 계수행렬의 고유벡터인지 알아보라.

$$\mathbf{K}_1 = \begin{pmatrix} 0 \\ 1 \\ 1 \end{pmatrix}, \quad \mathbf{K}_2 = \begin{pmatrix} 1 \\ 1 \\ -1 \end{pmatrix}, \quad \mathbf{K}_3 = \begin{pmatrix} 3 \\ 1 \\ -1 \end{pmatrix}, \quad \mathbf{K}_4 = \begin{pmatrix} 6 \\ 2 \\ -5 \end{pmatrix}$$

그 고유벡터에 대응하는 선형계의 해는 무엇인가?

4. 실계수행렬 $\mathbf{A}$에 대하여 두 미분방정식들의 선형계 $\mathbf{X}' = \mathbf{AX}$를 생각하자. $\lambda_1 = 1 + 2i$가 고유값이고 $\mathbf{K}_1 = \begin{pmatrix} 1 \\ i \end{pmatrix}$이 대응하는 고유벡터이면 이 선형계의 일반해는 무엇인가?

문제 5~14에서는 이 장에서 다룬 방법을 이용하여 주어진 선형계를 풀어라.

5. $\dfrac{dx}{dt} = 2x + y$
$\dfrac{dy}{dt} = -x$

6. $\dfrac{dx}{dt} = -4x + 2y$
$\dfrac{dy}{dt} = 2x - 4y$

7. $\mathbf{X}' = \begin{pmatrix} 1 & 2 \\ -2 & 1 \end{pmatrix}\mathbf{X}$

8. $\mathbf{X}' = \begin{pmatrix} -2 & 5 \\ -2 & 4 \end{pmatrix}\mathbf{X}$

9. $\mathbf{X}' = \begin{pmatrix} 1 & -1 & 1 \\ 0 & 1 & 3 \\ 4 & 3 & 1 \end{pmatrix}\mathbf{X}$

10. $\mathbf{X}' = \begin{pmatrix} 0 & 2 & 1 \\ 1 & 1 & -2 \\ 2 & 2 & -1 \end{pmatrix}\mathbf{X}$

11. $\mathbf{X}' = \begin{pmatrix} 2 & 8 \\ 0 & 4 \end{pmatrix}\mathbf{X} + \begin{pmatrix} 2 \\ 16t \end{pmatrix}$

12. $\mathbf{X}' = \begin{pmatrix} 1 & 2 \\ -\frac{1}{2} & 1 \end{pmatrix}\mathbf{X} + \begin{pmatrix} 0 \\ e^t \tan t \end{pmatrix}$

13. $\mathbf{X}' = \begin{pmatrix} -1 & 1 \\ -2 & 1 \end{pmatrix}\mathbf{X} + \begin{pmatrix} 1 \\ \cot t \end{pmatrix}$

14. $\mathbf{X}' = \begin{pmatrix} 3 & 1 \\ -1 & 1 \end{pmatrix}\mathbf{X} + \begin{pmatrix} -2 \\ 1 \end{pmatrix}e^{2t}$

15. **(a)** 세 개의 1계 미분방정식들의 선형계 $\mathbf{X}' = \mathbf{AX}$를 생각하자. 계수행렬은

$$\mathbf{A} = \begin{pmatrix} 5 & 3 & 3 \\ 3 & 5 & 3 \\ -5 & -5 & -3 \end{pmatrix}$$

이고 $\lambda = 2$는 중복도 2인 고유값으로 알려졌 있다. [10.2절의 식 (12)와 같은] 어떤 특별한 공식을 사용하지 말고 이 고유값에 대응하는 선형계의 두 개의 다른 해를 구하라.

(b) (a)에서의 과정을 이용하여

$$\mathbf{X}' = \begin{pmatrix} 1 & 1 & 1 \\ 1 & 1 & 1 \\ 1 & 1 & 1 \end{pmatrix}\mathbf{X}$$

를 풀어라.

16. 임의의 상수 c_1과 c_2에 대하여 $\mathbf{X} = \begin{pmatrix} c_1 \\ c_2 \end{pmatrix}e^t$는 선형계 $\mathbf{X}' = \begin{pmatrix} 1 & 0 \\ 0 & 1 \end{pmatrix}\mathbf{X}$의 해임을 증명하라. 이 선형계의 위상도를 직접 그려라.

연립 비선형 미분방정식

Systems of Nonlinear Differential Equations

10장에서 연립 선형 미분방정식을 풀기위해 행렬 기법을 사용하였다. 연립 비선형 미분방정식에 대해서는 기본 함수 형태로 표현되는 해를 구하기가 보통 불가능하다. 이 장에서는 먼저 연립방정식의 특수한 상수해를 분석하고 그 다음에 주기해를 찾음으로써 해의 기하학적 특성에 관한 정보를 얻는 접근 방식을 보여 줄 것이다. **안정성**의 개념이 소개되고 물리학 및 생태학에서의 수학 모형의 예를 통해 설명될 것이다.

11.1 자율계

소개 2.1절에서는 1계 자율 미분방정식, 임계점, 그리고 임계점의 안정성을 소개하였다. 앞절에서는 안정성이라는 개념을 의도적으로 상당히 직관적인 수준에서 소개하였지만 여기서는 이 개념을 정확하게 정의하고자 한다. 이를 위해 1계 미분방정식 **자율계**를 살펴볼 필요가 있다. 이 절에서 선형 또는 비선형인 두 개의 1계 미분방정식으로 구성된 자율계의 임계점을 정의한다.

자율계 1계 연립 미분방정식이 다음과 같이 표현될 때 **자율적**(autonomous)이라 한다.

$$\begin{aligned}\frac{dx_1}{dt} &= g_1(x_1, x_2, \ldots, x_n)\\ \frac{dx_2}{dt} &= g_2(x_1, x_2, \ldots, x_n)\\ &\vdots\\ \frac{dx_n}{dt} &= g_n(x_1, x_2, \ldots, x_n)\end{aligned} \tag{1}$$

여기서 독립변수 t는 우변에서 명시적으로 나타나지 않음을 주목하자. 10.1절의 식 (2)에 주어진 일반적인 계와 식 (1)을 비교하자.

예제 1 비자율계

1계 비선형 미분방정식계

$$\begin{aligned}\frac{dx_1}{dt} &= x_1 - 3x_2 + \underbrace{t^2}_{t\text{에 종속}}\\ \frac{dx_2}{dt} &= \underbrace{t}_{t\text{에 종속}}x_1 (\sin x_2 t)\end{aligned}$$

는 두 미분방정식의 우변에 t가 있기 때문에 자율적이지 않다. ≡

식 (1)에서 $n = 1$일 때 1계 미분방정식은 $dx/dt = g(x)$의 형태를 갖는다. 이 식은 x와 t를 y와 x로 바꾸면 2.1절의 식 (1)과 같으며 분리 가능하므로 명시적으로 해를 구할 수 있다. 따라서 이 장에서는 이 사실을 이용하여 새롭게 소개된 개념을 설명하고자 한다.

2계 미분방정식을 연립방정식으로 바꾸기 임의의 $x'' = g(x, x')$ 형태의 2계 비선형 미분방정식은 자율계로 표현될 수 있다. 3.7절에서와 같이 $y = x'$와 $x'' = g(x, x')$이라 할 때, $y' = g(x, y)$가 된다. 따라서 이 2계 미분방정식은 다음과 같이 주어진다.

◀ 3.7절을 보라.

$$\begin{aligned}x' &= y\\ y' &= g(x, y)\end{aligned}$$

예제 2 자율계로서의 진자 미분방정식

3.11절의 식 (6)에서 진자의 각변위 θ는 다음의 2계 비선형 미분방정식을 만족시킨다는 사실을 보았다.

$$\frac{d^2\theta}{dt^2} + \frac{g}{l}\sin\theta = 0$$

만약 $x = \theta$이고 $y = \theta'$이라면 이 2계 미분방정식은 다음과 같이 자율계로 표현할 수 있다.

$$x' = y$$
$$y' = -\frac{g}{l}\sin x$$

≡

식 (1)의 행렬 형태 만약에 $\mathbf{X}(t)$와 $\mathbf{g}(\mathbf{X})$가 각각 열벡터

$$\mathbf{X}(t) = \begin{pmatrix} x_1(t) \\ x_2(t) \\ \vdots \\ x_n(t) \end{pmatrix}, \quad \mathbf{g}(\mathbf{X}) = \begin{pmatrix} g_1(x_1, x_2, \ldots, x_n) \\ g_2(x_1, x_2, \ldots, x_n) \\ \vdots \\ g_n(x_1, x_2, \ldots, x_n) \end{pmatrix}$$

라 하면 자율계 식 (1)은 간단히 **열벡터 형태**(column vector form) $\mathbf{X}' = \mathbf{g}(\mathbf{X})$로 표기될 수 있다. 10.2절에서 공부한 $\mathbf{X}' = \mathbf{AX}$ 형태의 제차 선형계도 이의 중요한 특수한 경우이다.

이 장에서는 행벡터를 사용하여 식 (1)을 표현하는 것도 편리하다. 만약

$$\mathbf{X}(t) = (x_1(t), x_2(t), \ldots, x_n(t))$$

그리고

$$\mathbf{g}(\mathbf{X}) = (g_1(x_1, x_2, \ldots, x_n), g_2(x_1, x_2, \ldots, x_n), \ldots, g_n(x_1, x_2, \ldots, x_n))$$

이라 하면 자율계 식 (1)은 간단히 **행벡터 형태**(row vector form) $\mathbf{X}' = \mathbf{g}(\mathbf{X})$로 표현될 수 있다. 열벡터 형태를 사용하고 있는지 아니면 행벡터 형태를 사용하고 있는 것인지는 문맥에서 분명하기 때문에 $\mathbf{X}$와 $\mathbf{X}$의 전치인 $\mathbf{X}^T$을 구별하지 않고 사용한다. 특히 $n = 2$일 때, 행벡터 형태를 사용하여 초기조건을 $\mathbf{X}(0) = (x_0, y_0)$로 표현하면 편리하다.

변수 t가 시간이라면 식 (1)의 미분방정식계를 **동적 계**(dynamical system)라 하고 해 $\mathbf{X}(t)$를 시간 t의 **계의 상태**(state of the system) 또는 **계의 응답**(response of the system)이라고 말할 수 있다. 이러한 용어를 이용하면 계의 변화율 $\mathbf{X}'(t)$가 계의 현재 상태 $\mathbf{X}(t)$에만 의존할 때 동적 계는 자율적이 된다. 10장에서 공부한 선형계 $\mathbf{X}' = \mathbf{AX} + \mathbf{F}(t)$는 $\mathbf{F}(t)$가 상수일 때 자율적이 된다. $n = 2$ 또는 3인 경우에는 $x = x_1(t)$, $y = x_2(t)$, $z = x_3(t)$를 곡선의 매개방정식으로 생각할 수 있으므로 해를 **경로**(path) 또는 **궤적**(trajectory)이라 부른다.

벡터장으로서의 해석 $n = 2$일 때 식 (1)의 계는 **평면자율계**(plane autonomous system)라 불리고 이 계는

$$\frac{dx}{dt} = P(x, y)$$

$$\frac{dy}{dt} = Q(x, y)$$

로 표현된다. 벡터 $\mathbf{V}(x, y) = (P(x, y), Q(x, y))$는 평면 영역에서 **벡터장**(vector field)을 정의하고 이 계의 해는 입자가 영역 내에서 움직이는 결과적인 경로로 해석될 수 있다. 좀더 정확히 표현하기 위해, $\mathbf{V}(x, y) = (P(x, y), Q(x, y))$를 위치 (x, y)에서의 흐름의 속도라고 할 때 (코르크와 같은) 작은 입자가 위치 (x_0, y_0)에서 흐름 속에 놓여진다고 가정해 보자. 만약 $\mathbf{X}(t) = (x(t), y(t))$가 시간 t에서 입자의 위치를 나타낸다면 $\mathbf{X}'(t) = (x'(t), y'(t))$는 속도벡터 $\mathbf{v}$가 된다. 만약 외력이 존재하지 않고 마찰력이 무시된다면 시간 t에서 입자의 속도는 위치 $\mathbf{X}(t)$에서 흐름의 속도 $\mathbf{X}'(t) = \mathbf{V}(x(t), y(t))$가 된다. 즉

$$\frac{dx}{dt} = P(x(t), y(t))$$
$$\frac{dy}{dt} = Q(x(t), y(t))$$

이다. 따라서 입자의 경로는 초기조건 $\mathbf{X}(0) = (x_0, y_0)$을 만족시키는 계의 해가 된다. 이 같은 간단한 평면자율계의 해석은 새로운 개념을 설명하기 위해 종종 이용된다.

예제 3 벡터장에서의 평면자율계

반지름이 1인 원통 둘레를 흐르는 유체의 정상상태 유동에 대한 벡터장은

$$\mathbf{V}(x, y) = V_0\left(1 - \frac{x^2 - y^2}{(x^2 + y^2)^2}, \frac{-2xy}{(x^2 + y^2)^2}\right)$$

로 주어진다. 여기서 V_0는 원통으로부터 멀리 떨어진 곳에서의 유체의 속력을 나타낸다. 만약에 작은 코르크가 $(-3, 1)$에 놓여진다면 코르크의 경로 $\mathbf{X}(t) = (x(t), y(t))$는 초기조건 $\mathbf{X}(0) = (-3, 1)$을 가지는 다음의 평면자율계를 만족시킨다.

$$\frac{dx}{dt} = V_0\left(1 - \frac{x^2 - y^2}{(x^2 + y^2)^2}\right)$$
$$\frac{dy}{dt} = V_0 \frac{-2xy}{(x^2 + y^2)^2}$$

그림 11.1.1을 보라. ≡

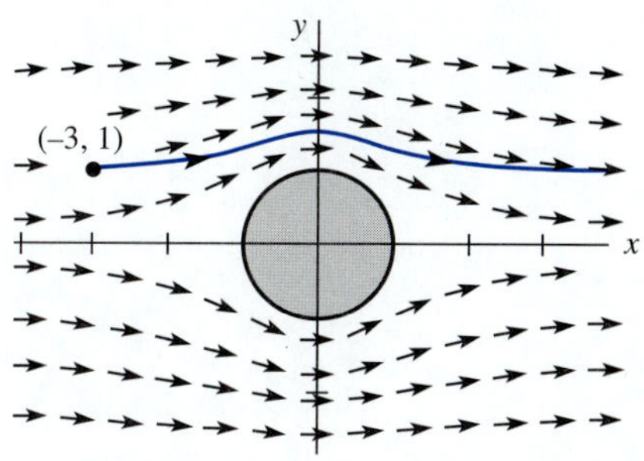

그림 11.1.1 예제 3의 통 둘레를 흐르는 유체의 벡터장

해의 형태 $P(x, y)$와 $Q(x, y)$ 그리고 1계 편도함수 $\partial P/\partial x$, $\partial P/\partial y$, $\partial Q/\partial x$, $\partial Q/\partial y$가 평면의 영역 R에서 연속이라면 $\mathbf{X}(0) = \mathbf{X}_0$을 만족시키는 평면자율계

$$\frac{dx}{dt} = P(x, y)$$
$$\frac{dy}{dt} = Q(x, y)$$

의 해는 유일하고 다음 세 가지 기본 형태에 속한다.

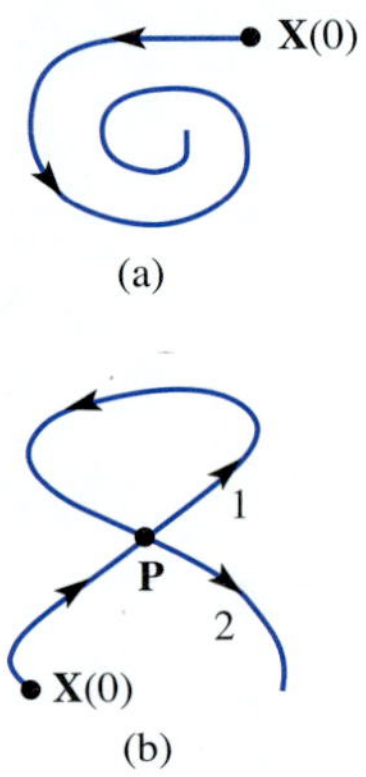

그림 11.1.2 (a)의 곡선을 호라고 함

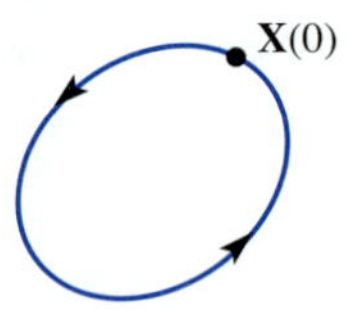

그림 11.1.3 주기해 또는 순환

(*i*) **상수해**(constant solution) $x(t) = x_0$, $y(t) = y_0$[또는 모든 t에 대해 $\mathbf{X}(t) = \mathbf{X}_0$]. 상수해는 **임계점**(critical point) 또는 **정지점**(stationary point)이라 한다. 입자가 임계점 $\mathbf{X}_0$에 위치하면[즉 $\mathbf{X}(0) = \mathbf{X}_0$] 입자는 영원히 그 곳에 머물게 된다. 이런 이유 때문에 상수해를 **평형해**(equilibrium solution)라고도 한다. $\mathbf{X}'(t) = 0$이므로 임계점은 다음과 같은 연립 대수방정식의 해가 된다.

$$\begin{aligned} P(x, y) &= 0 \\ Q(x, y) &= 0 \end{aligned}$$

(*ii*) 자신과 교차하지 않는 평면곡선인 **호**(arc)를 정의하는 해 $x = x(t)$, $y = y(t)$. 따라서 **그림 11.1.2(a)**의 곡선은 평면자율계의 해가 될 수 있지만 그림 11.1.2(b)에 있는 곡선은 해가 될 수 없다. 그 이유는 11.1.2(b)의 곡선이 해가 된다면 교차점 **P**에서 출발하는 두 개의 해가 존재하기 때문이다.

(*iii*) **주기해**(periodic solution) $x = x(t)$, $y = y(t)$. 주기해는 **순환**(cycle)이라고 불린다. p가 해의 주기라면 $\mathbf{X}(t + p) = \mathbf{X}(t)$을 만족시키고 $\mathbf{X}_0$에 놓여졌던 입자는 곡선 주위를 순환하여 p단위의 시간 후에 $\mathbf{X}_0$로 되돌아온다. **그림 11.1.3**을 보라.

예제 4 임계점 찾기

다음 각각의 평면자율계에서 모든 임계점을 구하라.

(a) $x' = -x + y$, $y' = x - y$ **(b)** $x' = x^2 + y^2 - 6$, $y' = x^2 - y$ **(c)** $x' = 0.01x(100 - x - y)$, $y' = 0.05y(60 - y - 0.2x)$

풀이 미분방정식의 우변을 0으로 놓음으로써 임계점을 구할 수 있다.

(a) 다음 계

$$\begin{aligned} -x + y &= 0 \\ x - y &= 0 \end{aligned}$$

의 해는 직선 $y = x$ 상의 모든 점이다. 따라서 무한히 많은 임계점이 존재한다.

(b) 다음 계

$$\begin{aligned} x^2 + y^2 - 6 &= 0 \\ x^2 - y &= 0 \end{aligned}$$

을 풀기 위해 두 번째 식 $x^2 = y$를 첫 번째 식에 대입하여 $y^2 + y - 6 = (y + 3)(y - 2) = 0$을 구한다. 여기서 $y = -3$이면 $x^2 = -3$이고 이 경우 실수해는 존재하지 않는다. 만약 $y = 2$라면 $x = \pm\sqrt{2}$이고 임계점은 $(\sqrt{2}, 2)$와 $(-\sqrt{2}, 2)$가 된다.

(c) 이 문제의 경우 방정식에서 임계점을 찾기 위해서는 여러 경우를 고려해야 한다. 방정식 $0.01x(100 - x - y) = 0$에서 $x = 0$ 또는 $x + y = 100$이다.

만약 $x = 0$이면 $0.05y(60 - y - 0.2x) = 0$에 대입하여 $y(60 - y) = 0$을 얻는다. 따라서 $y = 0$ 또는 60이 되고 $(0, 0)$과 $(0, 60)$은 임계점이 된다.

만약 $x + y = 100$이라면 $0 = y(60 - y - 0.2(100 - y)) = y(40 - 0.8y)$이다. 이것으로부터 $y = 0$ 또는 50이고 따라서 $(100, 0)$과 $(50, 50)$이 임계점이 된다. ≡

평면자율계가 선형일 때는 10장에서 소개된 방법을 이용하여 해를 조사할 수 있다.

예제 5 주기해 찾기

주어진 선형 동적 계가 주기해를 갖는지 판별하라.

(a) $x' = 2x + 8y$ **(b)** $x' = x + 2y$
$y' = -x - 2y$ $y' = -\frac{1}{2}x + y$

각각의 경우에 $\mathbf{X}(0) = (2, 0)$을 만족시키는 해의 그래프를 그려라.

풀이

(a) 10.2절의 예제 6에서

$$x = c_1(2\cos 2t - 2\sin 2t) + c_2(2\cos 2t + 2\sin 2t)$$
$$y = c_1(-\cos 2t) - c_2\sin 2t$$

임을 보이기 위해 고유값-고유벡터 방법을 사용하였다. 따라서 모든 해는 주기 $p = \pi$를 갖는 주기해이다. $\mathbf{X}(0) = (2, 0)$을 만족시키는 해는

$$x = 2\cos 2t + 2\sin 2t,\ y = -\sin 2t$$

이다. 이 해는 **그림 11.1.4(a)**에서와 같이 타원을 생성한다.

(b) 고유값-고유벡터 방법을 사용하여

$$x = c_1(2e^t\cos t) + c_2(2e^t\sin t), \quad y = c_1(-e^t\sin t) + c_2(e^t\cos t)$$

임을 보일 수 있다. 일반해에 e^t가 있기 때문에 주기해(즉 순환해)는 있을 수 없다. $\mathbf{X}(0) = (2, 0)$을 만족시키는 해는

$$x = 2e^t\cos t,\ y = -e^t\sin t$$

이며, 결과적인 곡선은 그림 11.1.4(b)와 같이 그려진다. ≡

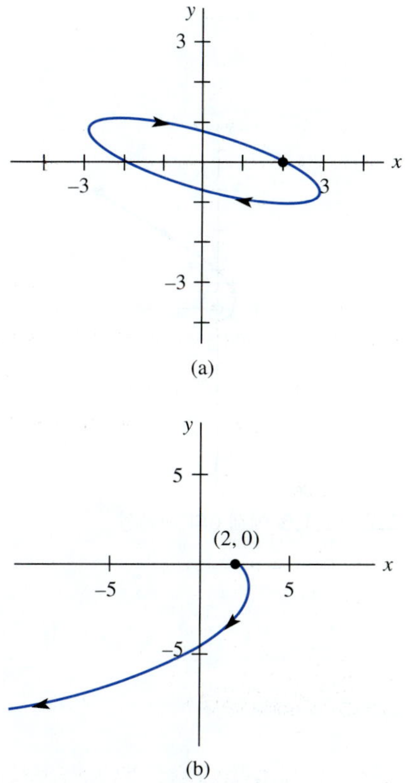

그림 11.1.4 예제 5의 해곡선

극좌표로의 변환 상수해의 경우를 제외하고는 비선형 자율계의 해에 대한 명시적 표현을 구하는 것은 보통의 경우 가능하지 않다. 그러나 어떤 비선형계는 극좌표로 변환함으로써 해를 구할 수 있다. 공식 $r^2 = x^2 + y^2$과 $\theta = \tan^{-1}(y/x)$을 이용하여

$$\frac{dr}{dt} = \frac{1}{r}\left(x\frac{dx}{dt} + y\frac{dy}{dt}\right), \quad \frac{d\theta}{dt} = \frac{1}{r^2}\left(-y\frac{dx}{dt} + x\frac{dy}{dt}\right) \tag{2}$$

을 얻는다. 직교좌표계로 주어진 평면자율계를 극좌표계로 표현된 간단한 계로 변환시키기 위해 종종 식 (2)를 사용한다.

예제 6 극좌표로의 변환

다음의 비선형 평면자율계에 대하여 초기조건 $\mathbf{X}(0) = (3, 3)$을 만족시키는 해를 구하라.

$$x' = -y - x\sqrt{x^2 + y^2}$$
$$y' = x - y\sqrt{x^2 + y^2}$$

풀이 식 (2)의 dr/dt과 $d\theta/dt$에서 dx/dt와 dy/dt를 주어진 식을 이용하여 바꾸면

$$\frac{dr}{dt} = \frac{1}{r}[x(-y - xr) + y(x - yr)] = -r^2$$

$$\frac{d\theta}{dt} = \frac{1}{r^2}[-y(-y - xr) + x(x - yr)] = 1$$

을 얻는다. (3, 3)은 극좌표로 표현하면 $(3\sqrt{2}, \pi/4)$이므로 초기조건 $\mathbf{X}(0) = (3, 3)$은 $r(0) = \sqrt{2}$이고 $\theta(0) = \pi/4$가 된다. 변수분리의 방법을 사용하면 계의 해는 $r \neq 0$일 때

$$r = \frac{1}{t + c_1}, \quad \theta = t + c_2$$

이다.(이것을 확인하라!) 그런 다음 주어진 초기조건을 적용하면

$$r = \frac{1}{t + \sqrt{2}/6}, \quad \theta = t + \frac{\pi}{4}$$

이다. 나선 $r = \dfrac{1}{\theta + \sqrt{2}/6 - \pi/4}$은 **그림 11.1.5**에 그려져 있다. ≡

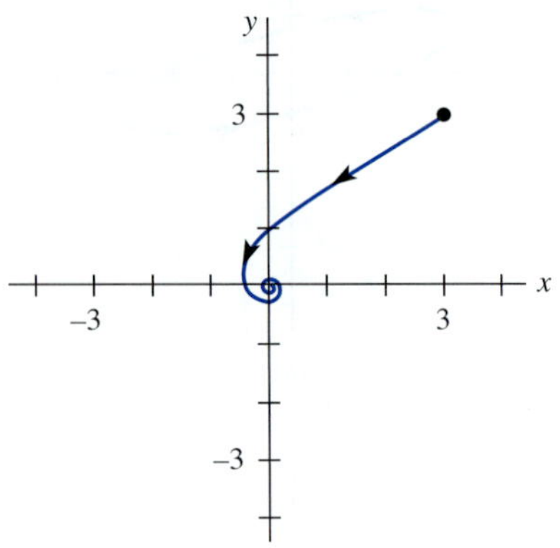

그림 11.1.5 예제 6의 해곡선

예제 7 극좌표에서의 해

극좌표로 표현할 때, 평면자율계는 다음과 같은 형태가 된다.

$$\frac{dr}{dt} = 0.5(3 - r)$$

$$\frac{d\theta}{dt} = 1$$

직교좌표계로 $\mathbf{X}(0) = (0, 1)$과 $\mathbf{X}(0) = (3, 0)$로 주어진 초기조건을 만족시키는 해를 구하고 또한 그려라.

풀이 $dr/dt = 0.5(3 - r)$에 변수분리를 적용하고 $d\theta/dt$를 적분함으로써 해

$$r = 3 + c_1 e^{-0.5t}, \quad \theta = t + c_2$$

를 구할 수 있다.

만약 $\mathbf{X}(0) = (0, 1)$이면 $r(0) = 1$이고 $\theta(0) = \pi/2$이다. 따라서 $c_1 = -2$이고 $c_2 = \pi/2$가 된다. 해곡선은 나선 $r = 3 - 2e^{-0.5(\theta - \pi/2)}$이다. $t \to \infty$가 되면 θ는 무한히 증가하고 r은 3에 접근한다.

만약 $\mathbf{X}(0) = (3, 0)$이면 $r(0) = 3$과 $\theta(0) = 0$이므로 $c_1 = c_2 = 0$이 되고 따라서 $r = 3$과 $\theta = t$가 된다. 따라서 $x = r\cos\theta = 3\cos t$이고 $y = r\sin\theta = 3\sin t$이며 해는 주기적이다. 해는 (0, 0)에 대하여 반경이 3인 원을 생성한다. 이들 두 해를 **그림 11.1.6**에서 보여 주고 있다. ≡

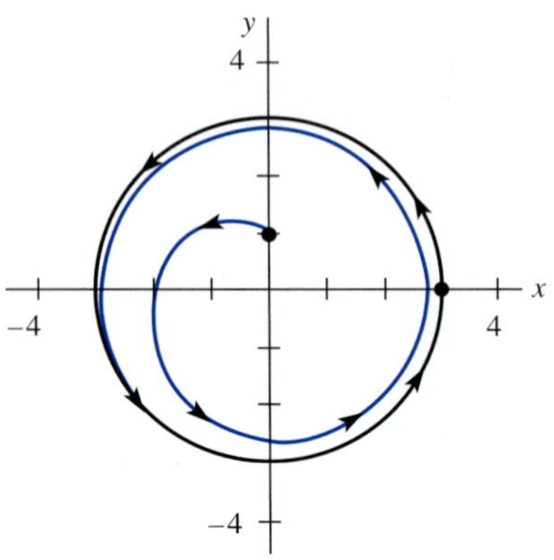

그림 11.1.6 예제 7의 해곡선

11.1 연습문제

부록에 선택된 홀수 문제의 답이 있다.

문제 1~6에서는 주어진 비선형 2계 미분방정식을 평면자율계를 이용하여 쓰고 계의 모든 임계점을 찾아라.

1. $x'' + 9\sin x = 0$

2. $x'' + (x')^2 + 2x = 0$

3. $x'' + x'(1 - x^3) - x^2 = 0$

4. $x'' + 4\dfrac{x}{1 + x^2} + 2x' = 0$

5. $x'' + x = \epsilon x^3,\ \epsilon > 0$

6. $x'' + x - \epsilon x|x| = 0,\ \epsilon > 0$

문제 7~16에서는 주어진 평면자율계의 모든 임계점을 찾아라.

7. $x' = x + xy$
$y' = -y - xy$

8. $x' = y^2 - x$
$y' = x^2 - y$

9. $x' = 3x^2 - 4y$
$y' = x - y$

10. $x' = x^3 - y$
$y' = x - y^3$

11. $x' = x\left(10 - x - \frac{1}{2}y\right)$
$y' = y(16 - y - x)$

12. $x' = -2x + y + 10$
$y' = 2x - y - 15\dfrac{y}{y + 5}$

13. $x' = x^2e^y$
$y' = y(e^x - 1)$

14. $x' = \sin y$
$y' = e^{x-y} - 1$

15. $x' = x(1 - x^2 - 3y^2)$
$y' = y(3 - x^2 - 3y^2)$

16. $x' = -x(4 - y^2)$
$y' = 4y(1 - x^2)$

문제 17~22에서는 주어진 선형 동적 계에 대해(연습문제 10.2로부터 가져온 문제)

(a) 일반해를 구하고 주기해가 존재하는지 결정하라.

(b) 주어진 초기조건을 만족시키는 해를 구하라.

(c) 그래프 도구를 이용하여 (b)의 해를 그리고 그 곡선이 이동하는 방향을 표시하라.

17. $x' = x + 2y$
$y' = 4x + 3y,\ \mathbf{X}(0) = (2, -2)$(연습문제 10.2 문제 1)

18. $x' = -6x + 2y$
$y' = -3x + y,\ \mathbf{X}(0) = (3, 4)$(연습문제 10.2 문제 6)

19. $x' = 4x - 5y$
$y' = 5x - 4y,\ \mathbf{X}(0) = (4, 5)$(연습문제 10.2 문제 39)

20. $x' = x + y$
$y' = -2x - y,\ \mathbf{X}(0) = (-2, 2)$ (연습문제 10.2 문제 36)

21. $x' = 5x + y$
$y' = -2x + 3y,\ \mathbf{X}(0) = (-1, 2)$ (연습문제 10.2 문제 37)

22. $x' = x - 8y$
$y' = x - 3y,\ \mathbf{X}(0) = (2, 1)$ (연습문제 10.2 문제 40)

문제 23~26에서는 극좌표로의 변환을 이용하여 주어진 비선형 평면자율계를 풀어라. 또한 주어진 초기조건을 만족시키는 해의 기하적 움직임을 묘사하라.

23. $x' = -y - x(x^2 + y^2)^2$
$y' = x - y(x^2 + y^2)^2,\ \mathbf{X}(0) = (4, 0)$

24. $x' = y + x(x^2 + y^2)$
$y' = -x + y(x^2 + y^2),\ \mathbf{X}(0) = (4, 0)$

25. $x' = -y + x(1 - x^2 - y^2)$
$y' = x + y(1 - x^2 - y^2),\ \mathbf{X}(0) = (1, 0),\ \mathbf{X}(0) = (2, 0)$
[힌트: 결과적으로 나타나는 미분방정식은 r에 대한 Bernoulli 미분방정식이다. 2.5절을 보라.]

26. $x' = y - \dfrac{x}{\sqrt{x^2 + y^2}}(4 - x^2 - y^2)$
$y' = -x - \dfrac{x}{\sqrt{x^2 + y^2}}(4 - x^2 - y^2),$
$\mathbf{X}(0) = (1, 0);\ \mathbf{X}(0) = (2, 0)$
[힌트: 2.2절의 예제 4를 보라.]

만약 평면자율계가 주기해를 가진다면 해에 의해 생성된 곡선 내부에는 적어도 하나의 임계점이 존재하게 된다. 문제 27~30에서는 이러한 사실과 수치해석 프로그램을 이용하여 주기해가 존재할 수 있는 가능성에 대해 조사하라.

27. $x' = -x + 6y$
$y' = xy + 12$

28. $x' = -x + 6xy$
$y' = -8xy + 2y$

29. $x' = y$
$y' = y(1 - 3x^2 - 2y^2) - x$

30. $x' = xy$
$y' = -1 - x^2 - y^2$

31. 만약 $z = f(x, y)$가 영역 R에서 연속 1계 편도함수를 갖는 함수라면 영역 R에서 흐름 $\mathbf{V}(x, y) = (P(x, y), Q(x, y))$는 $P(x, y) = -\dfrac{\partial f}{\partial y}(x, y)$와 $Q(x, y) = \dfrac{\partial f}{\partial x}(x, y)$에 의해 정의될 수 있다. 만약 $\mathbf{X}(t) = (x(t), y(t))$가 평면자율계

$$x' = P(x, y)$$
$$y' = Q(x, y)$$

의 해라면 적당한 상수 c에 대해 $f(x(t), y(t)) = c$임을 증명하라. 따라서 해곡선은 f의 등고선 상에 있게 된다.

[힌트: $\dfrac{d}{dt}f(x(t), y(t))$을 계산하기 위해서는 연쇄법칙을 이용하라.]

11.2 선형계의 안정성

소개 평면자율계

$$\frac{dx}{dt} = P(x, y)$$
$$\frac{dy}{dt} = Q(x, y)$$

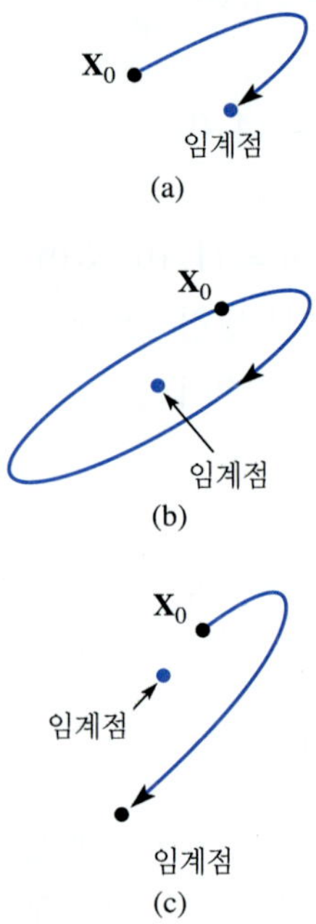

그림 11.2.1 임계점

로부터 벡터장 $\mathbf{V}(x, y) = (P(x, y), Q(x, y))$을 만들 수 있고 그 해 $\mathbf{X} = \mathbf{X}(t)$는 초기에 $\mathbf{X}(0) = \mathbf{X}_0$에 위치한 입자의 결과적인 경로로 해석될 수도 있음을 보았다. 만약 $\mathbf{X}_0$가 주어진 계의 임계점이라면 입자는 정지 상태를 유지한다. 이 절에서는 $\mathbf{X}_0$가 주어진 계의 임계점에 가까이 놓인 경우에 해의 움직임을 조사한다.

몇 가지 기본적인 질문 $\mathbf{X}_1$이 평면자율계의 임계점이고 $\mathbf{X} = \mathbf{X}(t)$가 $\mathbf{X}(0) = \mathbf{X}_0$를 만족시키는 계의 해라고 가정하자. 해를 움직이는 입자의 경로로 해석할 때, $\mathbf{X}_0$가 임계점 $\mathbf{X}_1$ 근처에 놓인 경우 다음 질문을 할 수 있다.

(*i*) 입자는 임계점으로 돌아올 것인가? 좀 더 자세히 말하면, $\mathbf{X} = \mathbf{X}(t)$가 $\mathbf{X}(0) = \mathbf{X}_0$를 만족시키는 해라면 $\lim_{t\to\infty}\mathbf{X}(t) = \mathbf{X}_1$일까?

(*ii*) 만약 입자가 임계점으로 돌아오지 **않는다면** 계속해서 임계점 가까이에 있게 될까? 아니면 임계점으로부터 멀어지게 될까? 예를 들어 입자가 단순히 임계점 주위를 돌거나 다른 임계점으로 가거나 아니면 어떤 임계점으로도 접근하지 않을 수 있다. **그림 11.2.1**을 보라.

임계점의 근방에서 그림 11.2.1의 (a) 또는 (b)와 같은 경우가 항상 발생한다면 임계점은 **국소적으로 안정하다**(locally stable)라 말한다. 하지만 (c)의 경우와 유사한 움직임을 가진 초기값 $\mathbf{X}_0$를 임의의 주어진 근방에서 찾을 수 있다면 그 임계점을 **불안정하다**(unstable)고 한다. 11.3절에서 비선형계에 대해 질문 (*i*)과 (*ii*)를 조사할 때 이런 개념을 좀더 자세히 설명할 것이다.

안정성에 대한 분석 안정성에 관한 위의 두 가지 질문을 **선형** 평면자율계에 대해 먼저 살펴봄으로써 11.3절에 대한 기초를 확립하고자 한다. 10장의 해를 구하는 방법은 계수행렬

$$\begin{aligned} x' &= ax + by \\ y' &= cx + dy \end{aligned} \tag{1}$$

의 고유값과 고유벡터를 통해

$$\mathbf{A} = \begin{pmatrix} a & b \\ c & d \end{pmatrix}$$

의 해에 대한 자세한 기하적 분석을 가능하게 한다. 여기서 a, b, c, d는 상수이다. $\mathbf{X}_0 = (0, 0)$이 유일한 임계점임을 보장하기 위해 행렬식이 $\Delta = ad - bc \neq 0$임을 가정하자. 만약

$\tau = a + d$가 행렬 $\mathbf{A}$의 대각합(trace)*이라면 특성방정식 $\det(\mathbf{A} - \lambda\mathbf{I}) = 0$은

$$\lambda^2 - \tau\lambda + \Delta = 0$$

으로 다시 쓸 수 있다. 따라서 $\mathbf{A}$의 고유값은 $\lambda = (\tau \pm \sqrt{\tau^2 - 4\Delta})/2$이고 $\tau^2 - 4\Delta$가 양수인지, 음수인지, 또는 0인지에 따라 근에 대하여 세 가지 경우를 고려할 수 있다. 다음 예제에서는 수치해석 프로그램을 통해 각 경우에 대해 해의 성질을 연구한다.

예제 1 고유값과 해의 모양

선형계

$$x' = -x + y$$
$$y' = cx - y$$

의 고유값을 c를 이용하여 구하고 수치해석 프로그램을 이용하여 $c = \frac{1}{4}, 4, 0, -9$에 대응하는 해의 모양을 찾아라.

풀이 대각합 τ는 계수행렬 $\begin{pmatrix} -1 & 1 \\ c & -1 \end{pmatrix}$로부터 -2이고 행렬식은 $\Delta = 1 - c$이며 고유값은

$$\lambda = \frac{\tau \pm \sqrt{\tau^2 - 4\Delta}}{2} = \frac{-2 \pm \sqrt{4 - 4(1 - c)}}{2} = -1 \pm \sqrt{c}$$

이고, 고유값의 성질은 c의 부호에 의해서 결정된다.

만약 $c = \frac{1}{4}$이면 고유값은 부호가 음이고 서로 다른 값인 $\lambda = -\frac{1}{2}$과 $-\frac{3}{2}$이다. **그림 11.2.2(a)**에서 여러 가지 초기조건에 대응하는 해곡선 또는 궤적을 수치해석 프로그램을 이용하여 그렸다. 그림에서 검게 그려진 궤적을 제외한 모든 궤적은 일정한 방향으로부터 $\mathbf{0}$에 접근함을 주목하라. 10장에서는 xy 평면 또는 **위상평면**(phase plane)에 있는 궤적의 집합을 계의 **위상도**(phase portrait)라고 불렀다.

$c = 4$일 때 고유값은 $\lambda = 1, -3$으로 정반대의 부호를 가지며 흥미있는 현상이 발생한다. 그림 11.2.2(b)의 검게 그려진 단일 선을 따라 시작되는 해를 제외한 모든 궤적은 고정된 방향으로 원점으로부터 멀어진다. 그림 10.2.2에 주어진 위상도에서 이미 이와 비슷한 움직임을 보았다. 수치해석 프로그램을 이용하여 이를 실험해 보고 이러한 관찰을 증명해 보라.

$c = 0$으로 택하면 단일 실수 고유값 $\lambda = -1$이 된다. 이 경우는 한 가지 주목할 만한 예외를 제외하고는 $c = \frac{1}{4}$의 경우와 매우 유사하다. 그림 11.2.2(c)에서 모든 해곡선은 t가 증가함에 따라 고정된 방향으로부터 $\mathbf{0}$에 접근하는 것처럼 보인다.

마지막으로 $c = -9$일 때, $\lambda = -1 \pm \sqrt{-9} = -1 \pm 3i$이다. 따라서 고유값은 음의 실수부 -1을 갖는 공액 복소수이다. 그림 11.2.2(d)는 t가 증가함에 따라 원점 $\mathbf{0}$으로 접근하는 나선형의 해곡선을 보여 주고 있다. ≡

* 일반적으로 $\mathbf{A}$가 $n \times n$ 행렬인 경우 $\mathbf{A}$의 **대각합**은 주대각선에 있는 원소들의 합이다.

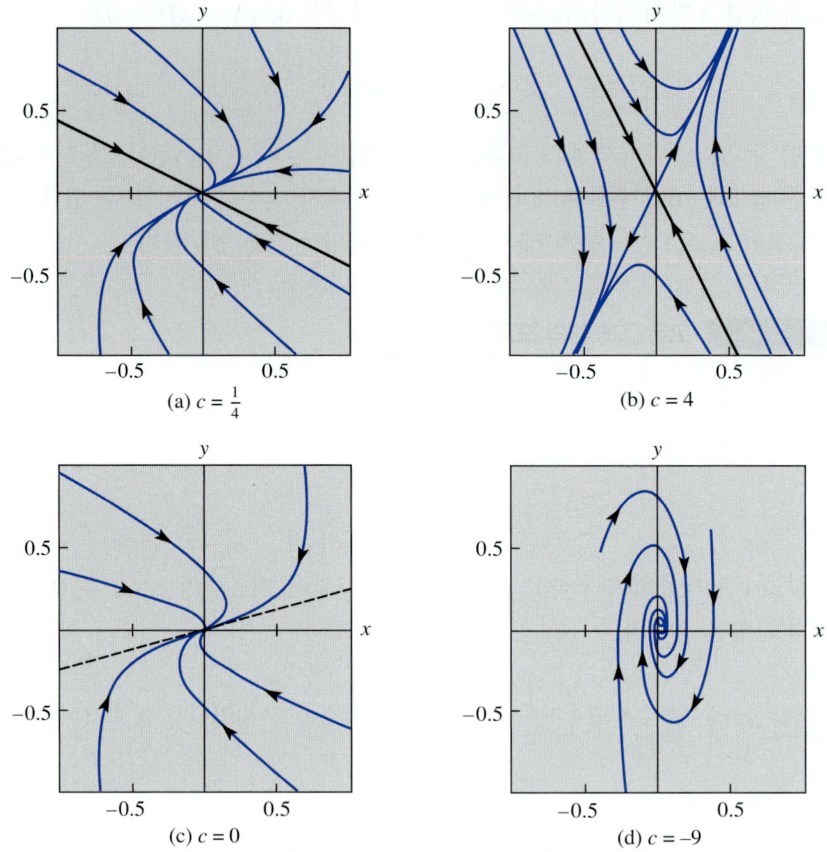

그림 11.2.2 예제 1의 선형계의 위상도

예제 1의 그림 11.2.2에 있는 4개의 위상단면에서 관찰된 궤적의 움직임을 10장에서 소개된 고유값-고유벡터의 해 결과를 이용하여 설명할 수 있다.

경우 I: 서로 다른 실수 고유값($\tau^2 - 4\Delta > 0$)

10.2절의 정리 10.2.1에 의해 식 (1)의 일반해는 λ_1과 λ_2가 고유값이고 $\mathbf{K}_1$과 $\mathbf{K}_2$가 그에 대응하는 고유벡터일 때

$$\mathbf{X}(t) = c_1\mathbf{K}_1e^{\lambda_1 t} + c_2\mathbf{K}_2e^{\lambda_2 t} \tag{2}$$

로 주어진다. 또한 $\mathbf{X}(t)$는 다음과 같이 쓸 수 있다.

$$\mathbf{X}(t) = e^{\lambda_1 t}[c_1\mathbf{K}_1 + c_2\mathbf{K}_2e^{(\lambda_2-\lambda_1)t}] \tag{3}$$

(a) 두 고유값이 모두 음인 경우($\tau^2 - 4\Delta > 0,\ \tau < 0,\ \Delta > 0$)

안정 마디점($\lambda_2 < \lambda_1 < 0$): 고유값이 모두 음이므로 식 (2)로부터 $\lim_{t\to\infty} \mathbf{X}(t) = 0$이다. 만약 $\lambda_2 < \lambda_1$ 이라면 $\lambda_2 - \lambda_1 < 0$이고 따라서 $e^{(\lambda_2-\lambda_1)t}$는 지수적으로 퇴화하는 함수이다. 따라서 식 (3)으로부터 t가 큰 값을 갖는 경우에 $\mathbf{X}(t) \approx c_1\mathbf{K}_1e^{\lambda_1 t}$이라는 결론을 내릴 수 있다. $c_1 \neq 0$일 때는 $\mathbf{X}(t)$가 λ_1에 대응하는 고유벡터 $\mathbf{K}_1$에 의해 결정된 두 방향 중 하나로부터 $\mathbf{0}$에 접근하게 된다. 만약 $c_1 = 0$이면 $\mathbf{X}(t) = c_2\mathbf{K}_2e^{\lambda_2 t}$이고 $\mathbf{X}(t)$는 고유벡터 $\mathbf{K}_2$에 의해 결정된 선을 따라 $\mathbf{0}$에 접근한다. 그림 11.2.3은 원점 주위의 해곡선의 집합을 보여 준다. 두 고유값이 음일 때 임계

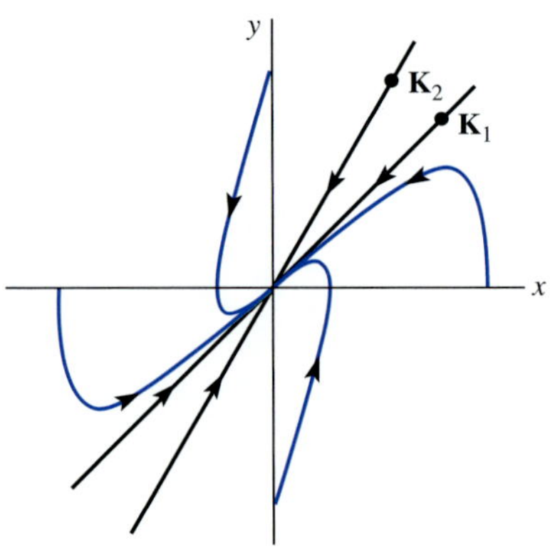

그림 11.2.3 안정 마디점

점은 **안정 마디점**(stable node)이라 부른다.

(b) 두 고유값이 모두 양인 경우($\tau^2 - 4\Delta > 0, \tau > 0, \Delta > 0$)

불안정 마디점($0 < \lambda_2 < \lambda_1$): 이 경우의 분석은 (a)와 비슷하다. 식 (2)로부터 다시 $\mathbf{X}(t)$는 t가 증가하면 무한히 커진다. 그 뿐만 아니라 여기에 다시 $\lambda_2 < \lambda_1$를 가정하고 식 (3)을 이용하면 $\mathbf{X}(t)$는 고유벡터 $\mathbf{K}_1$에 의해 결정된 방향 중 하나 ($c_1 \neq 0$일 때) 또는 고유벡터 $\mathbf{K}_2$에 의해 결정된 선($c_1 = 0$일 때)을 따라서 무한히 커진다. 그림 11.2.4는 전형적인 해곡선의 집합을 보여 주고 있다. 두 고유값이 양인 경우에 대응하는 임계점은 **불안정 마디점**(unstable node)이라 부른다.

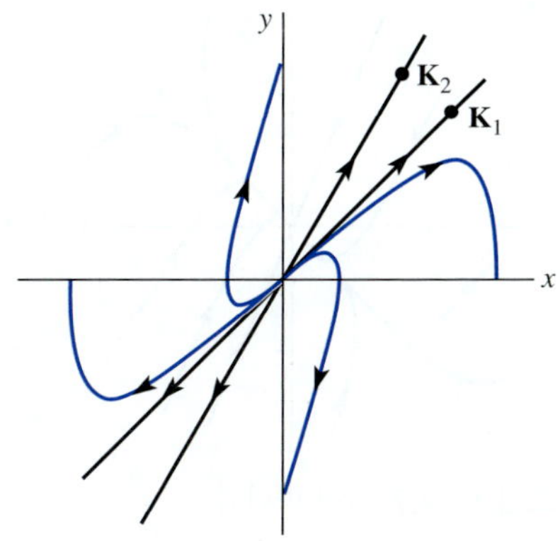

그림 11.2.4 불안정 마디점

(c) 두 고유값이 서로 다른 부호를 갖는 경우($\tau^2 - 4\Delta > 0, \Delta < 0$)

안장점($\lambda_2 < 0 < \lambda_1$): 해에 대한 분석은 하나의 경우만 제외하면 (b)와 동일하다. $c_1 = 0$일 때 $\mathbf{X}(t) = c_2\mathbf{K}_2e^{\lambda_2 t}$이고 $\lambda_2 < 0$이므로 $\mathbf{X}(t)$는 고유벡터 $\mathbf{K}_2$에 의해 결정된 선을 따라 $\mathbf{0}$에 접근하게 된다. 만약 $\mathbf{X}(0)$가 $\mathbf{K}_2$에 의해 결정된 선에 놓여 있지 않다면 $\mathbf{K}_1$에 의해 결정된 선은 $\mathbf{X}(t)$의 점근선의 역할을 한다. 따라서 임계점은 t가 증가함에 따라 $\mathbf{0}$에 접근하기는 하지만 불안정하다. 이 같은 방식으로 불안정한 임계점을 **안장점**(saddle point)이라 부른다. 그림 11.2.5를 보라.

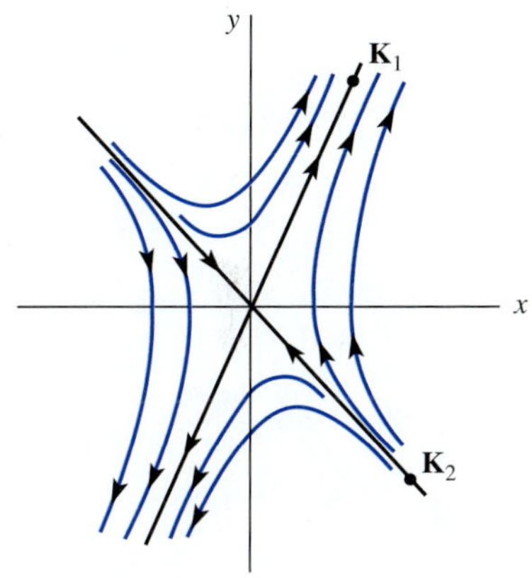

그림 11.2.5 안장점

예제 2 서로 다른 실수의 고유값

다음 각 선형계 $\mathbf{X}' = \mathbf{AX}$의 임계점 (0, 0)을 안정 마디점, 불안정 마디점, 또는 안장점으로 분류하라.

(a) $\mathbf{A} = \begin{pmatrix} 2 & 3 \\ 2 & 1 \end{pmatrix}$ **(b)** $\mathbf{A} = \begin{pmatrix} -10 & 6 \\ 15 & -19 \end{pmatrix}$

각 경우에 (0, 0) 근방에서 해의 성질을 논의하라.

풀이 **(a)** 대각합이 $\tau = 3$이고 행렬식이 $\Delta = -4$이므로 고유값은

$$\lambda = \frac{\tau \pm \sqrt{\tau^2 - 4\Delta}}{2} = \frac{3 \pm \sqrt{3^2 - 4(-4)}}{2} = \frac{3 \pm 5}{2} = 4, -1$$

이다. 고유값들의 부호는 반대이므로 (0, 0)은 안장점이다. $\lambda_1 = 4$와 $\lambda_2 = -1$에 대응하는 고유벡터가 각각

$$\mathbf{K}_1 = \begin{pmatrix} 3 \\ 2 \end{pmatrix} \quad \text{그리고} \quad \mathbf{K}_2 = \begin{pmatrix} 1 \\ -1 \end{pmatrix}$$

이라는 사실은 쉽게 보일 수 있다(10.2절의 예제 1을 보라). 만약 $\mathbf{X}(0) = \mathbf{X}_0$이 직선 $y = -x$ 상에 있다면 $\mathbf{X}(t)$는 $\mathbf{0}$에 접근한다. 임의의 다른 초기조건에 대하여 $\mathbf{X}(t)$는 $\mathbf{K}_1$에 의해 결정된 방향으로 무한히 커질 것이다. 다시 말해서 직선 $y = \frac{2}{3}x$는 이들 해곡선에 대한 점근선의 역할을 한다. 그림 11.2.6을 보라.

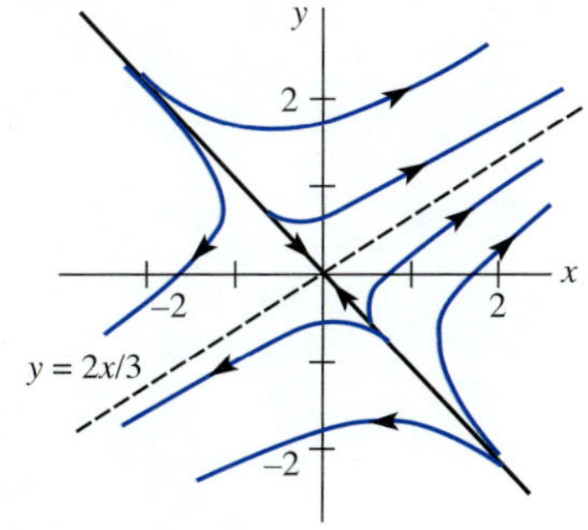

그림 11.2.6 안장점

(b) $\tau = -29$와 $\Delta = 100$으로부터 $\mathbf{A}$의 고유값은 $\lambda_1 = -4$와 $\lambda_2 = -25$이다. 두 고유값은 모두 음이고 따라서 이 경우에 (0, 0)은 안정 마디점이 된다. $\lambda_1 = -4$와 $\lambda_2 = -25$에 대응하는 고유벡터들은 각각

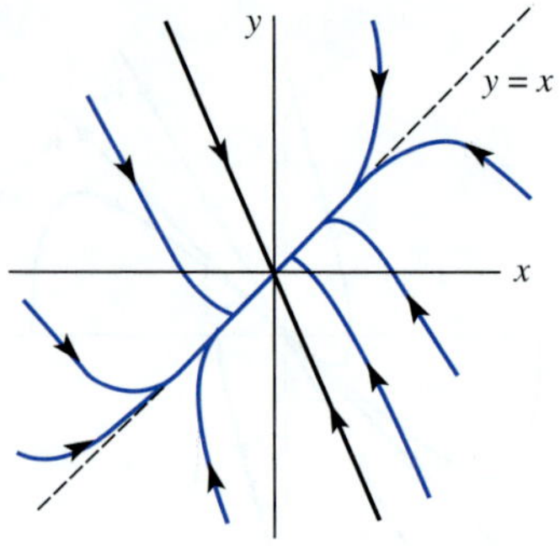

그림 11.2.7 안정 마디점

$$\mathbf{K}_1 = \begin{pmatrix} 1 \\ 1 \end{pmatrix} \quad \text{그리고} \quad \mathbf{K}_2 = \begin{pmatrix} 2 \\ -5 \end{pmatrix}$$

이므로 $\mathbf{X}(0) = \mathbf{X}_0$이 $\mathbf{K}_2$에 의해 결정된 직선 $y = -\frac{5}{2}x$에 놓여 있는 것을 제외한 나머지 모든 해들은 $\mathbf{K}_1$에 의해 결정된 방향을 따라 $\mathbf{0}$에 접근한다. 이 해들은 $y = -\frac{5}{2}x$를 따라 $\mathbf{0}$에 접근한다. 그림 11.2.7을 보라. ≡

경우 II: 실수 중근인 고유값($\tau^2 - 4\Delta = 0$)

퇴화 마디점: 10.2절에서 중근인 고유값에 대하여 하나 또는 두 개의 일차독립인 고유벡터가 하나 존재하는가 또는 두 개가 존재하는가에 따라 일반해는 두 가지 다른 형태 중 하나가 됨을 알았다.

(a) 두 개의 일차독립인 고유벡터

만약 $\mathbf{K}_1$과 $\mathbf{K}_2$가 λ_1에 대응하는 두 개의 일차독립인 고유벡터라면 일반해는

$$\mathbf{X}(t) = c_1\mathbf{K}_1e^{\lambda_1 t} + c_2\mathbf{K}_2e^{\lambda_1 t} = (c_1\mathbf{K}_1 + c_2\mathbf{K}_2)e^{\lambda_1 t}$$

으로 주어진다. 만약에 $\lambda_1 < 0$이면 $\mathbf{X}(t)$는 벡터 $c_1\mathbf{K}_1 + c_2\mathbf{K}_2$에 의해 결정되는 선을 따라서 $\mathbf{0}$에 접근하고 이 임계점을 **퇴화 안정 마디점**(degenerate stable node)이라고 한다[그림 11.2.8(a)를 보라.]. 그림 11.2.8(a)에서 $\lambda_1 > 0$일 때는 화살표의 방향이 반대가 되는데 이때는 **퇴화 불안정 마디점**(degenerate unstable node)을 얻게 된다.

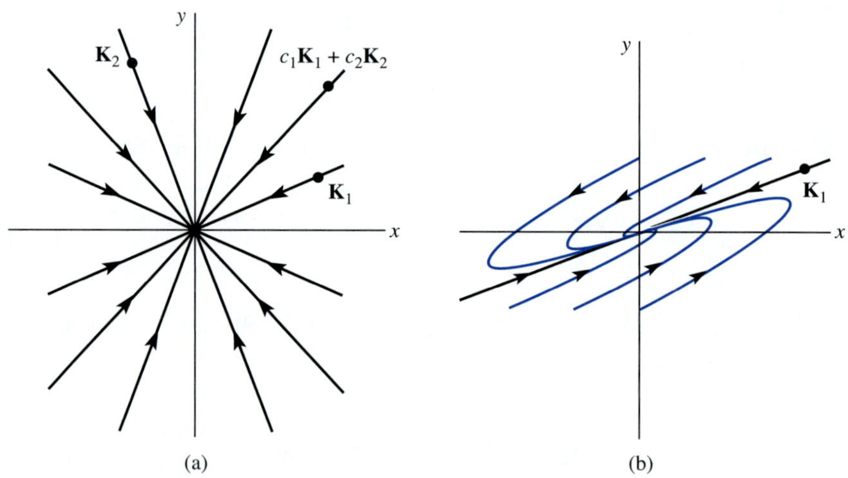

그림 11.2.8 퇴화 안정 마디점

(b) 하나의 일차독립인 고유벡터

단 하나의 일차독립인 고유벡터 $\mathbf{K}_1$이 존재할 때, 일반해는

$$\mathbf{X}(t) = c_1\mathbf{K}_1e^{\lambda_1 t} + c_2(\mathbf{K}_1te^{\lambda_1 t} + \mathbf{P}e^{\lambda_1 t})$$

이다. 여기서 $(\mathbf{A} - \lambda_1\mathbf{I})\mathbf{P} = \mathbf{K}_1$이다[10.2절 식 (12)~(14)를 보라]. 또한 그 해는 다음과 같이 다시 쓸 수 있다.

$$\mathbf{X}(t) = te^{\lambda_1 t}\left[c_2\mathbf{K}_1 + \frac{c_1}{t}\mathbf{K}_1 + \frac{c_2}{t}\mathbf{P}\right]$$

만약 $\lambda_1 < 0$이면 $\lim_{t\to\infty} te^{\lambda_1 t} = 0$이고 $\mathbf{X}(t)$는 벡터 $\mathbf{K}_1$에 의해 결정된 방향 중 하나를 따라 $\mathbf{0}$에 접근한다[그림 11.2.8(b)를 보라]. 이 임계점도 **퇴화 안정 마디점**이라 부른다. $\lambda_1 > 0$일 때의 해는 화살표가 반대로 향하는 그림 11.2.8(b)와 같은 그림이 된다. $\mathbf{K}_1$에 의해 결정된 선은 모든 해에 대한 점근선이다. 이 임계점 또한 **퇴화 불안정 마디점**이라 부른다.

경우 III: 복소 고유값($\tau^2 - 4\Delta < 0$)

$\lambda_1 = \alpha + i\beta$와 $\overline{\lambda}_1 = \alpha - i\beta$가 복소 고유값이고 $\mathbf{K}_1 = \mathbf{B}_1 + i\mathbf{B}_2$는 λ_1에 대응하는 복소 고유벡터라면 일반해는 $\mathbf{X}(t) = c_1\mathbf{X}_1(t) + c_2\mathbf{X}_2(t)$로 쓸 수 있다. 여기서

$$\mathbf{X}_1(t) = (\mathbf{B}_1 \cos\beta t - \mathbf{B}_2 \sin\beta t)e^{\alpha t} \quad \text{그리고} \quad \mathbf{X}_2(t) = (\mathbf{B}_2 \cos\beta t + \mathbf{B}_1 \sin\beta t)e^{\alpha t}$$

이다. 10.2절의 식 (23)과 (24)를 보라. 따라서 해는 다음의 형태로 쓸 수 있다.

$$x(t) = e^{\alpha t}(c_{11}\cos\beta t + c_{12}\sin\beta t), \qquad y(t) = e^{\alpha t}(c_{21}\cos\beta t + c_{22}\sin\beta t) \tag{4}$$

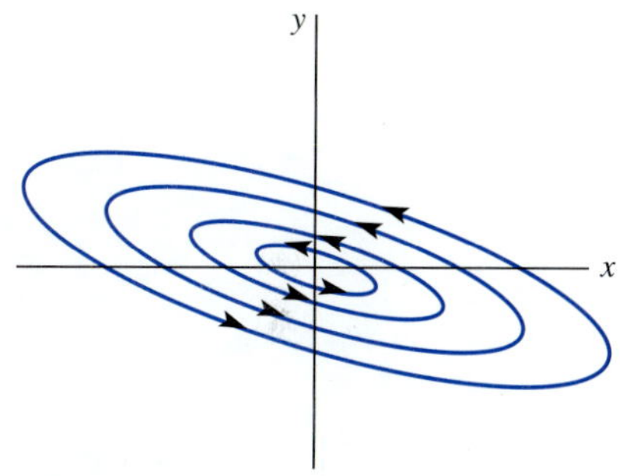

그림 11.2.9 중심

그리고 $\alpha = 0$일 때는

$$x(t) = c_{11}\cos\beta t + c_{12}\sin\beta t, \qquad y(t) = c_{21}\cos\beta t + c_{22}\sin\beta t \tag{5}$$

이다.

(a) 순허수 근($\tau^2 - 4\Delta < 0,\ \tau = 0$)

중심: $\alpha = 0$일 때 고유값은 순허수이고 식 (5)로부터 모든 해는 주기 $p = 2\pi/\beta$의 주기성을 가진다. c_{12}와 c_{21}이 모두 0인 경우라면 식 (5)는

$$x(t) = c_{11}\cos\beta t, \qquad y(t) = c_{22}\sin\beta t$$

로 간단한 형태가 되는데 이것은 타원 $x^2/c_{11}^2 + y^2/c_{22}^2 = 1$의 전형적인 매개변수 표현방식이다. 식 (4)의 방정식계를 $\cos\beta t$와 $\sin\beta t$에 대하여 풀고 $\cos^2\beta t + \sin^2\beta t = 1$의 관계를 이용하여 모든 해들이 원점에 중심을 둔 타원임을 보일 수 있다. 임계점 (0, 0)은 **중심**(center)이라 불리고 그림 11.2.9는 전형적인 해곡선의 집합을 보여 주고 있다. 타원은 모두 시계 방향으로 이동하거나 모두 시계 반대 방향으로 진행한다.

(b) 0이 아닌 실수부($\tau^2 - 4\Delta < 0,\ \tau \neq 0$)

나선점: $\alpha \neq 0$일 때, 식 (4)에 있는 항 $e^{\alpha t}$의 효과는 3.8절에 주어진 감쇠운동에 대한 분석에서 나온 지수항의 효과와 유사하다. $\alpha < 0$일 때 $e^{\alpha t} \to 0$이고 타원과 같은 해는 원점에 점점 가깝게 나선으로 움직인다. 그 임계점을 **안정 나선점**(stable spiral point)이라 부른다. $\alpha > 0$일 때는 그 효과가 반대로 나타난다. 즉 타원과 같은 해는 원점으로부터 점점 멀어지는데 그 임계점은 **불안정 나선점**(unstable spiral point)이라 부른다. 그림 11.2.10을 보라.

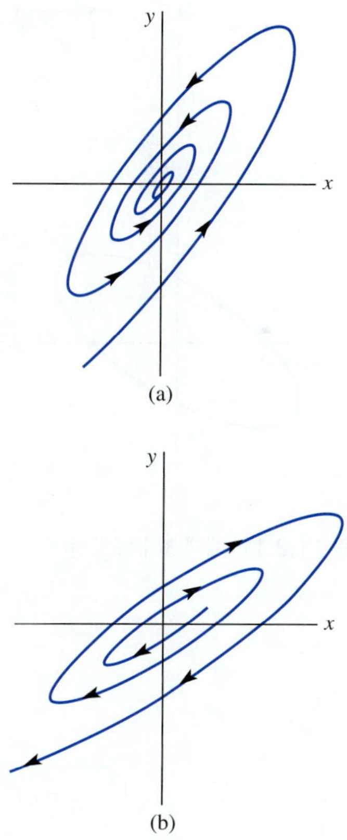

그림 11.2.10 안정 및 불안정 나선점

예제 3 중근과 복소 고유값

다음 각 선형계 $\mathbf{X}' = \mathbf{AX}$의 임계점 (0, 0)을 분류하라.

(a) $\mathbf{A} = \begin{pmatrix} 3 & -18 \\ 2 & -9 \end{pmatrix}$ **(b)** $\mathbf{A} = \begin{pmatrix} -1 & 2 \\ -1 & 1 \end{pmatrix}$

각 경우에 $\mathbf{X}(0) = (1, 0)$을 만족시키는 해의 성질을 논하고 각 해의 매개방정식을 결정하라.

풀이 **(a)** $\tau = -6$이고 $\Delta = 9$이므로 특성다항식은 $\lambda^2 + 6\lambda + 9 = (\lambda + 3)^2$이다. 따라서 (0, 0)은 퇴화 안정 절점이 된다. 중근 고유값 $\lambda = -3$에 대해서는 하나의 고유벡터 $\mathbf{K}_1 = \begin{pmatrix} 3 \\ 1 \end{pmatrix}$을 찾을 수 있다. 따라서 $\mathbf{X}(0) = (1, 0)$을 만족시키는 해는 직선 $y = x/3$으로 정의된 방향을 따라 (0, 0)에 접근한다.

(b) $\tau = 0$, $\Delta = 1$이므로 고유값은 $\lambda = \pm i$이다. 따라서 (0, 0)은 중심이다. $\mathbf{X}(0) = (1, 0)$을 만족시키는 해 $\mathbf{X}(t)$는 2π 단위 시간마다 원점을 선회하는 타원이다.

10.2절의 예제 4로부터 (a)의 계의 일반해는

$$\mathbf{X}(t) = c_1\begin{pmatrix} 3 \\ 1 \end{pmatrix}e^{-3t} + c_2\left[\begin{pmatrix} 3 \\ 1 \end{pmatrix}te^{-3t} + \begin{pmatrix} \frac{1}{2} \\ 0 \end{pmatrix}e^{-3t}\right]$$

이다. 초기조건에서 $c_1 = 0$과 $c_2 = 2$가 되고 따라서

$$x = (6t + 1)e^{-3t}, \ y = 2te^{-3t}$$

는 해의 매개방정식이다.

(b)의 계의 일반해는

$$\mathbf{X}(t) = c_1\begin{pmatrix} \cos t + \sin t \\ \cos t \end{pmatrix} + c_2\begin{pmatrix} \cos t - \sin t \\ -\sin t \end{pmatrix}$$

이다. 초기조건에서 $c_1 = 0$과 $c_2 = 1$이므로

$$x = \cos t - \sin t, \ y = -\sin t$$

는 타원의 매개방정식이다. t의 작은 양의 값에 대해 $y < 0$임을 유의하라. 따라서 타원은 시계 방향으로 움직인다.

(a)와 (b)의 해는 **그림 11.2.11**의 (a)와 (b)에 각각 그려져 있다. ≡

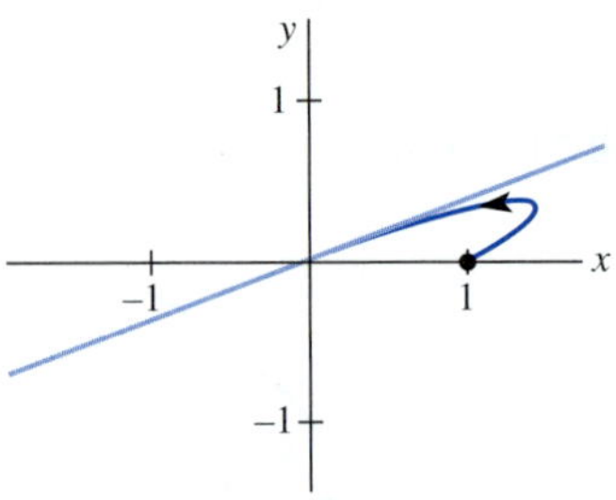

(a)

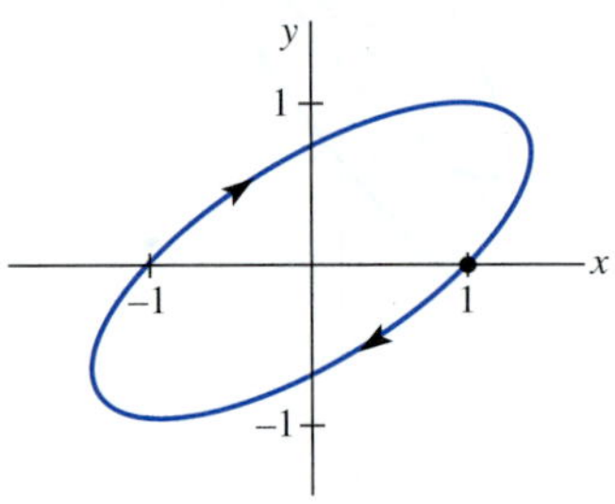

(b)

그림 11.2.11 예제 3의 해곡선

임계점의 분류 **그림 11.2.12**는 이 절의 결과를 간단하고 편리하게 요약하고 있다. $\mathbf{A}$의 대각합과 행렬식을 계산함으로써 해의 일반적인 기하적 특성을 결정할 수 있다. 실제로 해의 그래프는 고유값-고유벡터를 통해 해를 구체적으로 구하지 않고 1계 방정식계에 대한 수치해석 프로그램이나 Runge-Kutta와 같은 기법(6.4절)을 통해 수치적으로 해를 생성함으로써 얻어진다.

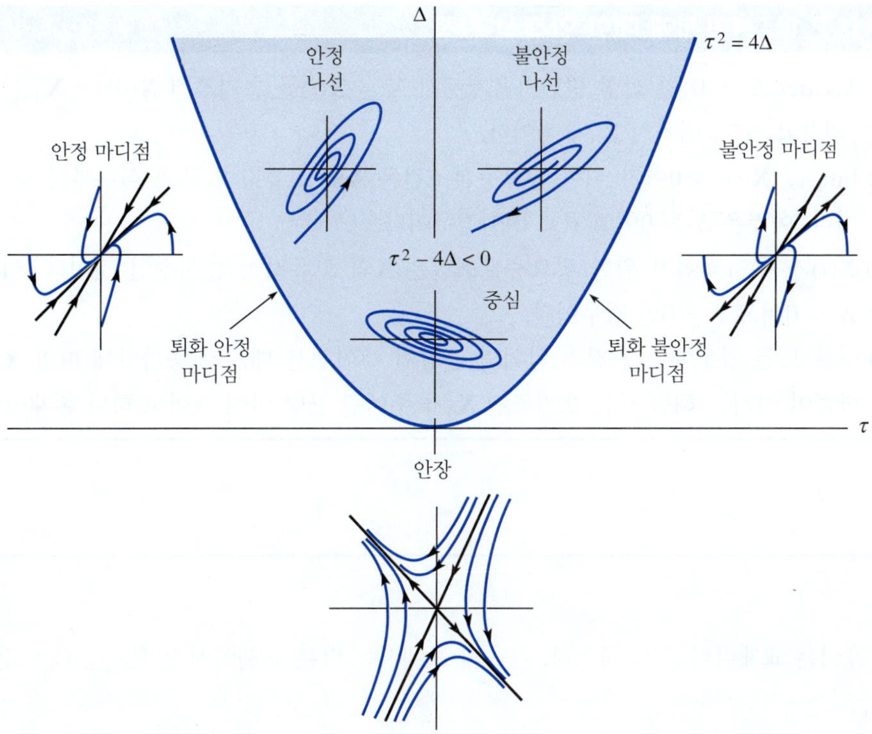

그림 11.2.12 경우 I, II, III의 기하적 요약

예제 4 임계점의 분류

다음 각 선형계 $\mathbf{X}' = \mathbf{AX}$의 임계점 (0, 0)을 분류하라.

(a) $\mathbf{A} = \begin{pmatrix} 1.01 & 3.10 \\ -1.10 & -1.02 \end{pmatrix}$ **(b)** $\mathbf{A} = \begin{pmatrix} -a\hat{x} & -ab\hat{x} \\ -cd\hat{y} & -d\hat{y} \end{pmatrix}$

여기서 a, b, c, d, $\hat{x}$, $\hat{y}$는 양의 상수이다.

풀이 **(a)** 행렬에서 $\tau = -0.01$, $\Delta = 2.3798$이다. 따라서 $\tau^2 - 4\Delta < 0$을 얻는다. 그림 11.2.12를 이용하여 (0, 0)이 안정 나선점임을 알 수 있다.

(b) 이 행렬은 11.4절에서 공부할 Lotka-Volterra 생존경쟁 모형에서 나온다. $\tau = -(a\hat{x} + d\hat{y})$이고 행렬에서 모든 상수가 양수이므로 $\tau < 0$이다. 행렬식은 $\Delta = ad\hat{x}\hat{y}(1 - bc)$로 쓸 수 있다. 만약 $bc > 1$이면 $\Delta < 0$이 되고 임계점은 안장점이 된다. 만약 $bc < 1$이면 $\Delta > 0$이고 임계점은 안정 마디점이거나 퇴화 안정 마디점 또는 안정 나선점이 된다. 위의 모든 세 경우에 대하여 $\lim_{t\to\infty} \mathbf{X}(t) = \mathbf{0}$이다. ≡

이제 이 절의 처음에 제기했던 질문에 대한 답을 선형 평면자율계

$$x' = ax + by$$
$$y' = cx + dy$$

에 대하여 제시할 수 있다. 여기서 $ad - bc \neq 0$이다. 답은 아래의 정리로 요약된다.

정리 11.2.1 선형계에 대한 안정성 판정

$\mathbf{X}' = \mathbf{AX}(\det \mathbf{A} \neq 0)$인 선형 평면자율계에서 $\mathbf{X} = \mathbf{X}(t)$를 초기조건 $\mathbf{X}(0) = \mathbf{X}_0$을 만족시키는 해라고 하자. 여기서 $\mathbf{X}_0 \neq 0$이다.

(a) $\lim_{t\to\infty} \mathbf{X}(t) = \mathbf{0}$이기 위한 필요충분조건은 $\mathbf{A}$의 고유값이 음의 실수부를 갖는 것이다. 이것은 $\Delta > 0$이고 $\tau < 0$인 경우이다.

(b) $\mathbf{X}(t)$가 주기적이기 위한 필요충분조건은 $\mathbf{A}$의 고유값이 순허수인 것이다. 이것은 $\Delta > 0$이고 $\tau = 0$인 경우이다.

(c) 다른 모든 경우에는 원점의 임의의 근방이 주어졌을 때, t가 증가함에 따라 $\mathbf{X}(t)$가 한없이 커지는 해를 갖는 초기조건 $\mathbf{X}_0$가 주어진 근방 안에 적어도 하나 존재한다.

참고

임계점의 형태를 묘사하기 위해 사용되는 용어는 교재마다 서로 다르다. 다음의 표에서는 다른 교재에서 발견되는 대체 용어를 정리하였다.

용어	대체 용어
임계점	평형점(equilibrium point), 특이점(singular point), 정상점(stationary point), 정지점(rest point)
나선점	초점(focus, focal point), 소용돌이점(vortex point)
안정 마디점 또는 나선점	끌개(attractor), 흡입(sink)
불안정 마디점 또는 나선점	밀개(repeller), 원천(source)

11.2 연습문제

부록에 선택된 홀수 문제의 답이 있다.

문제 1~8에서는 선형계 $\mathbf{X}' = \mathbf{AX}$의 일반해가 주어져 있다.

(a) 각 경우에 (0, 0)의 근방에서 해의 성질을 논의하라.

(b) 그래프 도구를 활용하여 초기조건 $\mathbf{X}(0) = (1, 1)$을 만족시키는 해를 그려라.

1. $\mathbf{A} = \begin{pmatrix} -2 & -2 \\ -2 & -5 \end{pmatrix}$, $\mathbf{X}(t) = c_1\begin{pmatrix} 2 \\ -1 \end{pmatrix}e^{-t} + c_2\begin{pmatrix} 1 \\ 2 \end{pmatrix}e^{-6t}$

2. $\mathbf{A} = \begin{pmatrix} -1 & -2 \\ 3 & 4 \end{pmatrix}$, $\mathbf{X}(t) = c_1\begin{pmatrix} 1 \\ -1 \end{pmatrix}e^{t} + c_2\begin{pmatrix} -4 \\ 6 \end{pmatrix}e^{2t}$

3. $\mathbf{A} = \begin{pmatrix} 1 & -1 \\ 1 & 1 \end{pmatrix}$, $\mathbf{X}(t) = e^t\left[c_1\begin{pmatrix} -\sin t \\ \cos t \end{pmatrix} + c_2\begin{pmatrix} \cos t \\ \sin t \end{pmatrix}\right]$

4. $\mathbf{A} = \begin{pmatrix} -1 & -4 \\ 1 & -1 \end{pmatrix}$,

$\mathbf{X}(t) = e^{-t}\left[c_1\begin{pmatrix} 2\cos 2t \\ \sin 2t \end{pmatrix} + c_2\begin{pmatrix} -2\sin 2t \\ \cos 2t \end{pmatrix}\right]$

5. $\mathbf{A} = \begin{pmatrix} -6 & 5 \\ -5 & 4 \end{pmatrix}$,

$\mathbf{X}(t) = c_1\begin{pmatrix} 1 \\ 1 \end{pmatrix}e^{-t} + c_2\left[\begin{pmatrix} 1 \\ 1 \end{pmatrix}te^{-t} + \begin{pmatrix} 0 \\ \frac{1}{5} \end{pmatrix}e^{-t}\right]$

6. $\mathbf{A} = \begin{pmatrix} 2 & 4 \\ -1 & 6 \end{pmatrix}$,

$\mathbf{X}(t) = c_1\begin{pmatrix} 2 \\ 1 \end{pmatrix}e^{4t} + c_2\left[\begin{pmatrix} 2 \\ 1 \end{pmatrix}te^{4t} + \begin{pmatrix} 1 \\ 1 \end{pmatrix}e^{4t}\right]$

7. $\mathbf{A} = \begin{pmatrix} 2 & -1 \\ 3 & -2 \end{pmatrix}$, $\mathbf{X}(t) = c_1\begin{pmatrix} 1 \\ 1 \end{pmatrix}e^{t} + c_2\begin{pmatrix} 1 \\ 3 \end{pmatrix}e^{-t}$

8. $\mathbf{A} = \begin{pmatrix} -1 & 5 \\ -1 & 1 \end{pmatrix}$,

$\mathbf{X}(t) = c_1\begin{pmatrix} 5\cos 2t \\ \cos 2t - 2\sin 2t \end{pmatrix} + c_2\begin{pmatrix} 5\sin 2t \\ 2\cos 2t + \sin 2t \end{pmatrix}$

문제 9~16에서는 대각합 τ와 행렬식 Δ를 계산하고 그림 11.2.12를 이용해 주어진 선형계의 임계점 (0, 0)을 분류하라.

9. $x' = -5x + 3y$
$y' = 2x + 7y$

10. $x' = -5x + 3y$
$y' = 2x - 7y$

11. $x' = -5x + 3y$
$y' = -2x + 5y$

12. $x' = -5x + 3y$
$y' = -7x + 4y$

13. $x' = -\frac{3}{2}x + \frac{1}{4}y$
$y' = -x - \frac{1}{2}y$

14. $x' = \frac{3}{2}x + \frac{1}{4}y$
$y' = -x + \frac{1}{2}y$

15. $x' = 0.02x - 0.11y$
$y' = 0.10x - 0.05y$

16. $x' = 0.03x + 0.01y$
$y' = -0.01x + 0.05y$

17. (0, 0)이 다음 선형계의 중심이 되도록 실수 상수 μ의 조건을 결정하라.

$$x' = -\mu x + y$$
$$y' = -x + \mu y$$

18. (0, 0)이 다음 선형계의 안정 나선점이 되도록 실수 상수 μ의 조건을 결정하라.

$$x' = y$$
$$y' = -x + \mu y$$

19. (0, 0)이 항상 다음 선형계의 불안정 임계점임을 보여라.

$$x' = \mu x + y$$
$$y' = -x + y$$

여기서 μ는 실수이고 $\mu \neq -1$이다. (0, 0)이 불안정 안장점일 때는 언제인가? (0, 0)이 불안정 나선점일 때는 언제인가?

20. $\mathbf{X} = \mathbf{X}(t)$가 초기조건 $\mathbf{X}(0) = \mathbf{X}_0$을 만족시키는 선형 동적계

$$x' = \alpha x - \beta y$$
$$y' = \beta x + \alpha y$$

의 해라고 하자. $\lim_{t\to\infty} \mathbf{X}(t) = (0, 0)$을 보장할 수 있는 실수 α와 β의 조건을 결정하라. (0, 0)은 마디점 또는 안장점일 수 있을까?

21. $\Delta = \det \mathbf{A} \neq 0$일 때 비제차 선형계 $\mathbf{X}' = \mathbf{AX} + \mathbf{F}$가 유일한 임계점 $\mathbf{X}_1$을 가짐을 보여라. 만약 $\mathbf{X} = \mathbf{X}(t)$가 비제차계의 해이고 $\tau < 0$이고 $\Delta > 0$이면 $\lim_{t\to\infty} \mathbf{X}(t) = \mathbf{X}_1$임을 보여라. [힌트: $\mathbf{X}(t) = \mathbf{X}_c(t) + \mathbf{X}_1$]

22. 예제 4(b)에서 $bc < 1$일 때 (0, 0)이 안정 마디점임을 보여라.

문제 23~26에서는 비제차 선형계 $\mathbf{X}' = \mathbf{AX} + \mathbf{F}$가 주어져 있다.

(a) 각 경우에 유일한 임계점 $\mathbf{X}_1$을 결정하라.

(b) 수치해석 프로그램을 사용하여 (a)에서의 임계점의 성질을 결정하라.

(c) $\mathbf{X}_1$과 제차 선형계 $\mathbf{X}' = \mathbf{AX}$의 임계점 (0, 0)의 관계를 조사하라.

23. $x' = 2x + 3y - 6$
$y' = -x - 2y + 5$

24. $x' = -5x + 9y + 13$
$y' = -x - 11y - 23$

25. $x' = 0.1x - 0.2y + 0.35$
$y' = 0.1x + 0.1y - 0.25$

26. $x' = 3x - 2y - 1$
$y' = 5x - 3y - 2$

11.3 선형화와 국소 안정성

소개 이 절에서 가장 중요한 요점은 **선형화**이다. 미적분과 2.6절로부터 상기해 보면, 임의의 점 x_1에서 미분 가능한 함수 $f(x)$의 선형화는 그 점에서 f의 그래프에 대한 **접선**의 방정식

$$y = f(x_1) + f'(x_1)(x - x_1)$$

이다. x가 x_1과 가까운 경우, f의 그래프 상에 있는 점들은 접선 상에 있는 점들과 가까우므로 접선의 방정식으로부터 얻어진 값 $y(x)$는 대응하는 함수값 $f(x)$의 **국소 선형근사**라고 불린다. 마찬가지로 임의의 점 (x_1, y_1)에서 미분 가능한 이변수 함수 $f(x, y)$의 선형화는 그 점에서 f의 그래프에 대한 **접평면**의 방정식

$$z = f(x_1, y_1) + f_x(x_1, y_1)(x - x_1) + f_y(x_1, y_1)(y - y_1)$$

이다. 여기서 f_x와 f_y는 각각 x와 y에 대한 편도함수이다. 이 절에서는 비선형 미분방정식과 비선형 시스템들을 분석하는 수단으로 선형화를 이용한다. 요점은 비선형 미분방정식과 비선형 시스템들을 선형 미분방정식과 선형 시스템들로 대체하는 것이다.

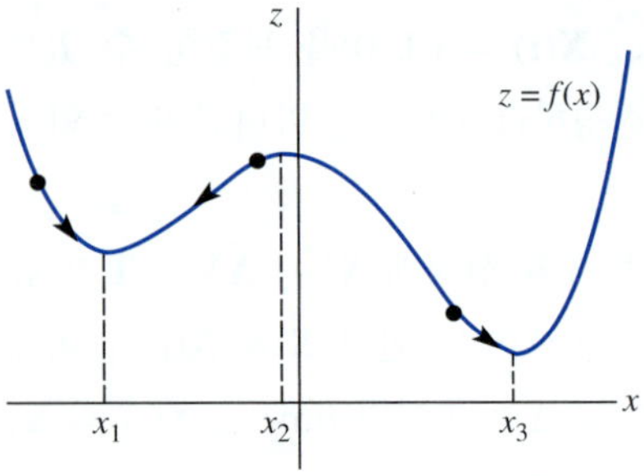

그림 11.3.1 $z = f(x)$의 그래프를 따라 미끄러지는 구슬

미끄러지는 구슬 11.2절에 소개된 안정성 개념을 비선형 자율계에도 적용할 수 있도록 이론을 좀더 세밀하게 전개함으로써 이 절을 시작한다. $\det \mathbf{A} \neq 0$일 때, 선형계 $\mathbf{X}' = \mathbf{AX}$는 유일한 하나의 임계점을 갖지만 비선형계는 많은 임계점을 가질 수 있음을 11.1절에서 보았다. 따라서 $\mathbf{X}_0$가 $\mathbf{X}_1$에 충분히 가까운 점에서 시작하지 않는다면 처음에 $\mathbf{X}_0$에 놓인 입자가 주어진 임계점 $\mathbf{X}_1$ 근처에 남아 있을 것이라고 기대할 수 없다. 입자는 다른 임계점 $\mathbf{X}_2$로 갈 수도 있다. 이 개념을 강조하기 위해 중력만의 영향으로 구슬이 곡선 $z = f(x)$를 따라 미끄러지는 **그림 11.3.1**의 물리계를 고려하자. 구슬의 x 좌표는 2계 비선형 미분방정식 $x'' = g(x, x')$를 만족시키고 따라서 $y = x'$일 때 다음의 비선형 자율계

$$\begin{aligned} x' &= y \\ y' &= g(x, y) \end{aligned}$$

를 만족시킴을 11.4절에서 보게 된다.

만약 구슬이 $P = (x, f(x))$에 위치하고 초기 속도가 0이라면 $f'(x) = 0$일 때 구슬은 P에 머문다. 만약 구슬이 $x = x_1$에 위치한 임계점 근처에 놓여있다면 구슬의 초기 속도가 $x = x_2$에 있는 언덕을 넘겨 $x = x_3$에 있는 임계점 쪽으로 가지 않을 정도일 때에만 구슬은 $x = x_1$ 근처에 남아 있을 것이다. 따라서 $\mathbf{X}(0) = (x(0), x'(0))$은 $(x_1, 0)$ 근처에 있다.

다음 정의에서 두 점 $\mathbf{X}$와 $\mathbf{Y}$의 거리를 $|\mathbf{X} - \mathbf{Y}|$로 표기하자. 만약 $\mathbf{X} = (x_1, x_2, \ldots, x_n)$이고 $\mathbf{Y} = (y_1, y_2, \ldots, y_n)$이면

$$|\mathbf{X} - \mathbf{Y}| = \sqrt{(x_1 - y_1)^2 + (x_2 - y_2)^2 + \cdots + (x_n - y_n)^2}$$

이 된다.

정의 11.3.1 안정 임계점

$\mathbf{X}_1$을 자율계의 임계점이라 하고 $\mathbf{X} = \mathbf{X}(t)$를 초기조건 $\mathbf{X}(0) = \mathbf{X}_0(\mathbf{X}_0 \neq \mathbf{X}_1)$를 만족시키는 해라고 하자. 임의의 반경 $\rho > 0$가 주어질 때, 초기 위치 $\mathbf{X}_0$가 $|\mathbf{X}_0 - \mathbf{X}_1| < r$을 만족시키고 그에 대응하는 해 $\mathbf{X}(t)$가 모든 t에 대해 $|\mathbf{X}(t) - \mathbf{X}_1| < \rho$를 만족시키도록 하는 반경 $r > 0$이 존재할 때, $\mathbf{X}_1$을 **안정 임계점**(stable critical point)이라 한다. 또한 $|\mathbf{X}_0 - \mathbf{X}_1| < r$일 때 항상 $\lim_{t\to\infty} \mathbf{X}(t) = \mathbf{X}_1$이면 $\mathbf{X}_1$을 **점근 안정 임계점**(asymptotically stable critical point)이라 한다.

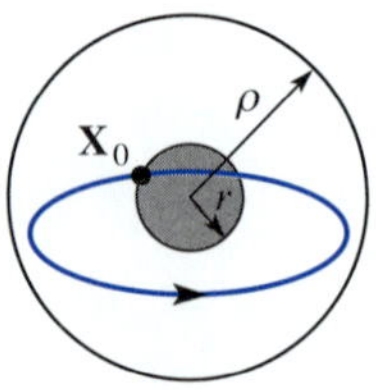

(a) 안정적

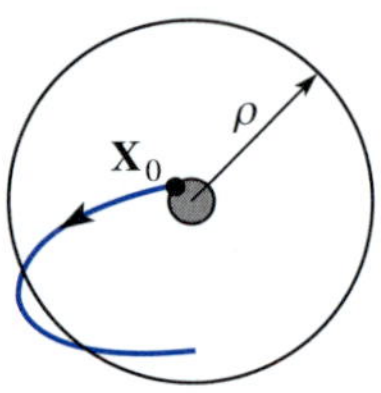

(b) 불안정적

그림 11.3.2 임계점

이 정의는 **그림 11.3.2(a)**에 설명되어 있다. 임계점 $\mathbf{X}_1$주위에 반경이 ρ인 원판이 주어졌을 때, $\mathbf{X}(0) = \mathbf{X}_0$이 $\mathbf{X}_1$에 충분히 가깝게 선택된다면 해는 이 원판 안에 머물러 있게 된다. $\mathbf{X}_1$이 안정적이기 위해 해가 임계점으로 접근할 필요는 없다. 안정 마디점, 안정 나선점 및 중심 등은 선형계의 안정된 임계점의 예이다. $\mathbf{X}_0$가 $\mathbf{X}_1$에 가깝게 택해져야 한다는 점을 강조하기 위해 **국소 안정 임계점**(locally stable critical point)이란 용어도 사용된다.

정의 11.3.1을 부정함으로써 불안정한 임계점에 대한 정의를 얻는다.

정의 11.3.2 불안정 임계점

$\mathbf{X}_1$을 자율계의 임계점이라 하고, $\mathbf{X} = \mathbf{X}(t)$를 초기조건 $\mathbf{X}(0) = \mathbf{X}_0(\mathbf{X}_0 \neq \mathbf{X}_1)$를 만족시키는 해라고 하자. 임의의 $r > 0$에 대해 $|\mathbf{X}_0 - \mathbf{X}_1| < r$을 만족시키는 초기 위치 $\mathbf{X}_0$가 적어도 하나 존재하는 성질을 갖는 반경 $\rho > 0$인 원판이 있고, 그에 대응하는 해 $\mathbf{X}(t)$가 적어도 하나의 $t > 0$에 대해 $|\mathbf{X}(t) - \mathbf{X}_1| \geq \rho$을 만족시킬 때, $\mathbf{X}_1$을 **불안정 임계점**(unstable critical point)이라 한다.

만약 임계점 $\mathbf{X}_1$이 불안정하다면 $\mathbf{X}_1$의 근방을 아무리 작게 택해도 적절한 초기 위치 $\mathbf{X}_0$는 항상 존재하여 적당한 시간 t에 대해 반경 ρ인 원판을 벗어나는 해를 발견할 수 있다. 그림 11.3.2(b)를 보라. 따라서 불안정 마디점, 불안정 나선점 및 안장점은 선형계에 대한 불안정 임계점의 예이다. 그림 11.3.1에서 임계점 $(x_2, 0)$은 불안정하다. 아주 작은 변위나 초기 속도도 점 $(x_2, f(x_2))$로부터 구슬이 미끄러지게 만든다.

예제 1 안정 임계점

11.1절의 예제 6에서 고려했던 비선형 평면자율계

$$x' = -y - x\sqrt{x^2 + y^2}$$
$$y' = x - y\sqrt{x^2 + y^2}$$

에 대해 (0, 0)이 안정 임계점임을 보여라.

풀이 11.1절의 예제 6에서 극좌표로 표현할 때

$$r = \frac{1}{t + c_1}, \qquad \theta = t + c_2$$

은 계의 해임을 보았다. $\mathbf{X}(0) = (r_0, \theta_0)$가 극좌표에서 초기조건이라면

$$r = \frac{r_0}{r_0 t + 1}, \qquad \theta = t + \theta_0$$

이다. $t \geq 0$에서 $r \leq r_0$이고 t가 증가함에 따라 r은 (0, 0)으로 접근함을 주목하라. 따라서 주어진 $\rho > 0$에 대해 (0, 0)으로부터 ρ 단위보다 작은 곳에서 시작한 해는 모든 $t \geq 0$에 대하여 원점의 ρ 단위 내에 머문다. 따라서 임계점 (0, 0)은 안정적인데 실제로 점근적으로 안정적이다. 전형적인 해를 그림 11.3.3에서 보여 주고 있다. ≡

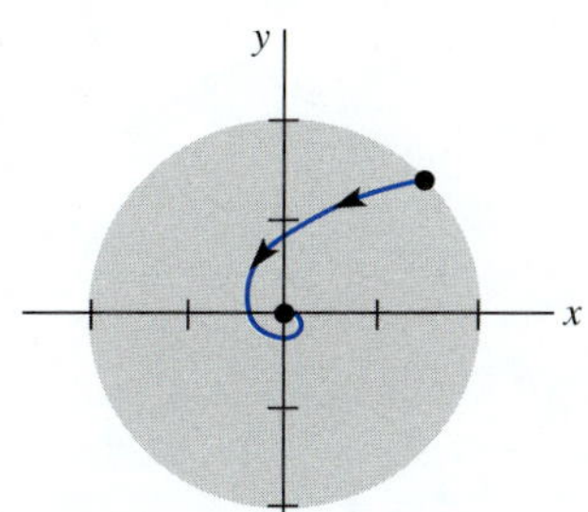

그림 11.3.3 예제 1의 점근 안정 임계점

예제 2 불안정 임계점

극좌표로 표현할 때 다음과 같은 형태를 가지는 평면자율계가 있다.

$$\frac{dr}{dt} = 0.05r(3 - r)$$

$$\frac{d\theta}{dt} = -1$$

$(x, y) = (0, 0)$이 불안정 임계점임을 보여라.

풀이 $x = r\cos\theta$이고 $y = r\sin\theta$이므로

$$\frac{dx}{dt} = -r\sin\theta\frac{d\theta}{dt} + \frac{dr}{dt}\cos\theta$$

$$\frac{dy}{dt} = r\cos\theta\frac{d\theta}{dt} + \frac{dr}{dt}\sin\theta$$

이다. $dr/dt = 0.05\,r(3 - r)$로부터 $r = 0$일 때, $dr/dt = 0$임을 알 수 있고 $r = 0$을 이 새로운 계에 대입함으로써 $(x, y) = (0, 0)$이 임계점이라고 결론지을 수 있다.

미분방정식 $dr/dt = 0.05r(3 - r)$은 변수분리에 의해 풀 수 있는 로지스틱 방정식이다. 만약 $r(0) = r_0$이고 $r_0 \neq 0$이면

$$r = \frac{3}{1 + c_0 e^{-0.15t}}$$

이다. 여기서 $c_0 = (3 - r_0)/r_0$이다.

$$\lim_{t\to\infty} \frac{3}{1 + c_0 e^{-0.15t}} = 3$$

이므로 해의 출발점을 (0, 0)에 아무리 가깝게 잡아도 해는 원점으로부터 반경이 1인 원판을 벗어난다. 따라서 (0, 0)은 불안정 임계점이다. (0, 0) 근처에서 출발하는 전형적인 해를 **그림 11.3.4**에서 보여 주고 있다. ≡

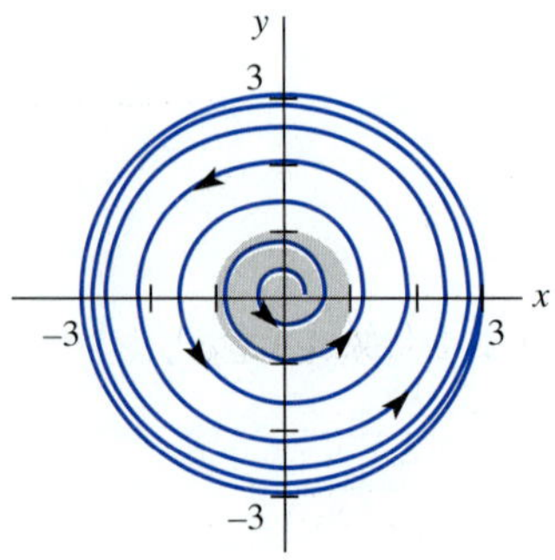

그림 11.3.4 예제 2의 불안정 임계점

선형화 예제 1과 2와 같이 해를 구체적으로 구함으로써 비선형 임계점의 안정성을 결정할 수 있는 경우는 아주 드물다. 그 대신 원래의 자율계 $x' = g(x)$에서 $\mathbf{g}(\mathbf{X})$ 항을 $\mathbf{X}_1$ 근방에서 가장 근사적으로 표현하는 선형항 $\mathbf{A}(\mathbf{X} - \mathbf{X}_1)$으로 대체한다. 이러한 대체과정인 **선형화**를 1계 미분방정식 $x' = g(x)$에 대해 먼저 설명한다.

$x = x_1$에서 곡선 $y = g(x)$에 대한 접선의 방정식은 $y = g(x_1) + g'(x_1)(x - x_1)$이다. 만약 x_1이 $x' = g(x)$의 임계점이라면

$$x' = g(x) \approx g'(x_1)(x - x_1)$$

이다. 선형 미분방정식

$$x' = g'(x_1)(x - x_1)$$

의 일반해는 $x = x_1 + ce^{\lambda_1 t}$이다. 여기서 $\lambda_1 = g'(x_1)$이다. 따라서 만약 $g'(x_1) < 0$이면 $x(t)$는 x_1으로 접근하게 된다. 정리 11.3.1은 $x(0) = x_0$가 x_1에 충분히 가깝게 택해진 경우에 원래의 미분방정식에서도 같은 움직임을 갖게 됨을 말해 주고 있다.

정리 11.3.1 $x' = g(x)$에 대한 안정성 판단

g가 x_1에서 미분가능이고 x_1이 1계 자율 미분방정식 $x' = g(x)$의 임계점이라 하자.

(a) 만약 $g'(x_1) < 0$이면, x_1은 점근안정 임계점이다.

(b) 만약 $g'(x_1) < 0$이면, x_1은 불안정 임계점이다.

◀ 자율 1계 미분방정식에 대해서는 2.1절에서 논의하였다.

예제 3 1계 비선형 미분방정식의 안정성

$x = \pi/4$와 $x = 5\pi/4$는 자율 미분방정식 $x' = \cos x - \sin x$의 임계점이다. 이 미분방정식의 해를 구체적으로 구하기는 어렵지만 두 개의 임계점 근처에 있는 해의 움직임을 예측하기 위해 정리 11.3.1을 이용할 수 있다.

$g'(x) = -\sin x - \cos x$이므로, $g'(\pi/4) = -\sqrt{2} < 0$이고 $g'(5\pi/4) = \sqrt{2} > 0$이다. 따라서 $x = \pi/4$는 점근 안정 임계점이지만 $x = 5\pi/4$는 불안정 임계점이다. **그림 11.3.5**에서는 $(0, \pi/4)$와 $(0, 5\pi/4)$ 근처에서 출발하는 해를 조사하기 위해 수치해석 프로그램을 이용하였다. 예측한 대로 $(0, 5\pi/4)$의 근처에서 출발한 해곡선은 직선 $x = 5\pi/4$로부터 빠르게 멀어짐을 관찰하기 바란다. ≡

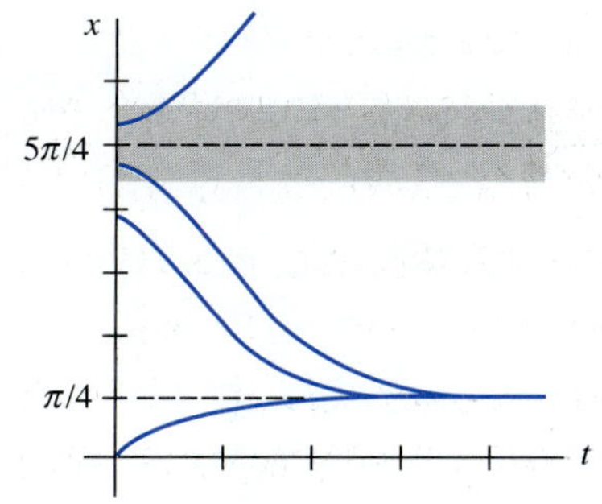

그림 11.3.5 예제 3에서 $\pi/4$는 점근적으로 안정하고 $5\pi/4$는 불안정함

예제 4 로지스틱 미분방정식의 안정성 분석

구체적으로 해를 구하지 않고 로지스틱 미분방정식 $x' = \dfrac{r}{K}x(K - x)$의 임계점을 분석하라(2.8절 참고). 여기서 r과 K는 양의 상수이다.

풀이 두 임계점은 $x = 0$과 $x = K$이다.

$$g'(x) = \frac{r}{K}(K - 2x)$$

이므로 $g'(0) = r$이고 $g'(K) = -r$이다. 정리 11.3.1에 따라서 $x = 0$은 불안정 임계점이고 $x = K$는 점근 안정 임계점이다. ≡

Jacobian 행렬 평면자율계에 대해서도 비슷한 분석을 수행할 수 있다. $\mathbf{X}_1 = (x_1, y_1)$에서 곡면 $z = g(x, y)$에 대한 접평면의 방정식은

$$z = g(x_1, y_1) + \left.\frac{\partial g}{\partial x}\right|_{(x_1, y_1)}(x - x_1) + \left.\frac{\partial g}{\partial y}\right|_{(x_1, y_1)}(y - y_1)$$

이고, $g(x, y)$는 $\mathbf{X}_1$ 근방에서 접평면에 의해 근사화될 수 있다.

$\mathbf{X}_1$이 평면자율계의 임계점일 때, $P(x_1, y_1) = Q(x_1, y_1) = 0$이고

$$x' = P(x, y) \approx \left.\frac{\partial P}{\partial x}\right|_{(x_1, y_1)}(x - x_1) + \left.\frac{\partial P}{\partial y}\right|_{(x_1, y_1)}(y - y_1)$$

$$y' = Q(x, y) \approx \left.\frac{\partial Q}{\partial x}\right|_{(x_1, y_1)}(x - x_1) + \left.\frac{\partial Q}{\partial y}\right|_{(x_1, y_1)}(y - y_1)$$

이 된다. 원래의 계 $\mathbf{X}' = \mathbf{g}(\mathbf{X})$는 임계점 $\mathbf{X}_1$ 근방에서 선형계 $\mathbf{X}' = \mathbf{A}(\mathbf{X} - \mathbf{X}_1)$로 근사화될 수 있다. 여기서

$$\mathbf{A} = \begin{pmatrix} \left.\dfrac{\partial P}{\partial x}\right|_{(x_1, y_1)} & \left.\dfrac{\partial P}{\partial y}\right|_{(x_1, y_1)} \\ \left.\dfrac{\partial Q}{\partial x}\right|_{(x_1, y_1)} & \left.\dfrac{\partial Q}{\partial y}\right|_{(x_1, y_1)} \end{pmatrix}$$

이다.

이 행렬은 $\mathbf{X}_1$에서 **Jacobian 행렬**이라 부르며 $\mathbf{g}'(\mathbf{X}_1)$으로 표시한다. 만약 $\mathbf{H} = \mathbf{X} - \mathbf{X}_1$이라면 선형계 $\mathbf{X}' = \mathbf{A}(\mathbf{X} - \mathbf{X}_1)$은 11.2절에서 분석된 선형계의 형태인 $\mathbf{H}' = \mathbf{A}\mathbf{H}$가 된다. 이제 $\mathbf{X}' = \mathbf{A}(\mathbf{X} - \mathbf{X}_1)$에 대한 임계점 $\mathbf{X} = \mathbf{X}_1$은 $\mathbf{H}' = \mathbf{A}\mathbf{H}$에 대한 임계점 $\mathbf{H} = \mathbf{0}$에 대응한다. 만약 $\mathbf{A}$의 고유값이 음의 실수부를 가진다면 정리 11.2.1에 의해 $\mathbf{0}$은 $\mathbf{H}' = \mathbf{A}\mathbf{H}$에 대하여 점근 안정 임계점이다. 만약 양의 실수부를 갖는 고유값이 있다면 $\mathbf{H} = \mathbf{0}$은 불안정 임계점이다. 정리 11.3.2는 원래 계의 임계점 $\mathbf{X}_1$에 대해서도 같은 결론을 얻을 수 있음을 주장하고 있다.

정리 11.3.2 평면자율계에서의 안정성 판정

$\mathbf{X}_1$이 평면자율계 $\mathbf{X}' = \mathbf{g}(\mathbf{X})$의 임계점이라고 하자. 여기서 $P(x, y)$와 $Q(x, y)$는 $\mathbf{X}_1$의 근방에서 연속 1계 편도함수를 가진다.

(a) 만약 $\mathbf{A} = \mathbf{g}'(\mathbf{X}_1)$의 고유값이 음의 실수부를 가지면 $\mathbf{X}_1$은 점근 안정 임계점이다.

(b) 만약 $\mathbf{A} = \mathbf{g}'(\mathbf{X}_1)$이 양의 실수부를 갖는 고유값을 가진다면 $\mathbf{X}_1$은 불안정 임계점이다.

예제 5 비선형계의 안정성 분석

다음 평면자율계의 임계점을 (가능하다면) 안정 또는 불안정으로 분류하라.

(a) $x' = x^2 + y^2 - 6$
$\quad y' = x^2 - y$

(b) $x' = 0.01x(100 - x - y)$
$\quad y' = 0.05y(60 - y - 0.2x)$

풀이 각 계의 임계점을 11.1절의 예제 4에서 이미 알았다.

(a) 임계점은 $(\sqrt{2}, 2)$와 $(-\sqrt{2}, 2)$이고 Jacobian 행렬은

$$\mathbf{g}'(\mathbf{X}) = \begin{pmatrix} 2x & 2y \\ 2x & -1 \end{pmatrix}$$

이다. 따라서

$$\mathbf{A}_1 = \mathbf{g}'((\sqrt{2}, 2)) = \begin{pmatrix} 2\sqrt{2} & 4 \\ 2\sqrt{2} & -1 \end{pmatrix} \text{ 그리고 } \mathbf{A}_2 = \mathbf{g}'((-\sqrt{2}, 2)) = \begin{pmatrix} -2\sqrt{2} & 4 \\ -2\sqrt{2} & -1 \end{pmatrix}$$

이다. $\mathbf{A}_1$의 행렬식이 음이므로 $\mathbf{A}_1$은 양의 실수 고유값을 가진다. 따라서 $(\sqrt{2}, 2)$는 불안정 임계점이다. 행렬 $\mathbf{A}_2$는 양의 행렬식과 음의 대각합을 갖고 두 고유값 모두 음의 실수부를 가진다. 따라서 $(-\sqrt{2}, 2)$는 안정 임계점이다.

(b) 임계점이 (0, 0), (0, 60), (100, 0), (50, 50)이고 Jacobian 행렬은

$$\mathbf{g}'(\mathbf{X}) = \begin{pmatrix} 0.01(100 - 2x - y) & -0.01x \\ -0.01y & 0.05(60 - 2y - 0.2x) \end{pmatrix}$$

이다. 따라서

$$\mathbf{A}_1 = \mathbf{g}'((0, 0)) = \begin{pmatrix} 1 & 0 \\ 0 & 3 \end{pmatrix} \qquad \mathbf{A}_2 = \mathbf{g}'((0, 60)) = \begin{pmatrix} 0.4 & 0 \\ -0.6 & -3 \end{pmatrix}$$

$$\mathbf{A}_3 = \mathbf{g}'((100, 0)) = \begin{pmatrix} -1 & -1 \\ 0 & 2 \end{pmatrix} \qquad \mathbf{A}_4 = \mathbf{g}'((50, 50)) = \begin{pmatrix} -0.5 & -0.5 \\ -0.5 & -2.5 \end{pmatrix}$$

이다. 행렬 $\mathbf{A}_1$은 양의 행렬식과 음의 대각합을 가지므로 두 고유값은 양의 실수부를 가진다. 따라서 (0, 0)은 불안정 임계점이다. 행렬 $\mathbf{A}_2$와 $\mathbf{A}_3$는 행렬식이 음이므로 각 경우에 대한 고유값 중 하나는 양이다. 따라서 (0, 60)과 (100, 0)은 모두 불안정 임계점이다. 행렬 $\mathbf{A}_4$는 양의 행렬식과 음의 대각합을 가지므로 (50, 50)은 안정 임계점이다. ≡

예제 5에서는 $\tau^2 - 4\Delta$를 계산하지 않았고(11.2절에서와 같이) 따라서 임계점을 안정 마디점, 안정 나선점 및 안장점 등으로 더 자세히 분류하는 것을 시도하지 않았다. 예를 들어 예제 4(a)에서 $\mathbf{X}_1 = (-\sqrt{2}, 2)$는 $\tau^2 - 4\Delta < 0$이기 때문에 만약 계가 선형이었다면 $\mathbf{X}_1$은 안정 나선점이라고 결론을 내릴 수 있었을 것이다. 그림 11.3.6은 수치해석 프로그램을 이용하여 구한 $\mathbf{X}_1$ 근처의 몇 개의 해곡선을 보여 주고 있으며 각 해는 정말로 임계점을 향하여 나선 모양으로 나타난다.

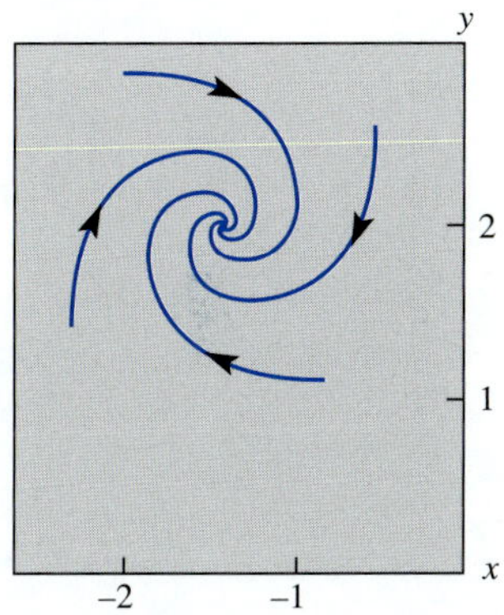

그림 11.3.6 점은 안정 나선점처럼 보임

임계점의 분류 대응하는 선형계의 임계점을 분석함으로써 비선형 자율계의 임계점 $\mathbf{X}_1$근처에 있는 해에 대한 더 많은 기하적인 정보를 추론할 수 있는가에 대한 의문을 제기하는 것은 당연하다. 그 답은 그림 11.3.7에 요약되어 있지만 다음 사항에 주의해야 한다.

(*i*) 다섯 가지 각각의 경우(안정 마디점, 안정 나선점, 불안정 나선점, 불안정 마디점 및 안장점)에서 임계점은 그에 대응하는 선형계의 임계점과 같이 분류될 수 있다. 해는 선형계의 해와 같은 일반적인 기하적인 특성을 가진다. 그리고 $\mathbf{X}_1$의 근방이 작으면 작을수록 유사성은 점점 가까워진다.

(*ii*) $\tau^2 = 4\Delta$이고 $\tau > 0$이면 임계점 $\mathbf{X}_1$은 불안정하지만 이 경계선의 경우 $\mathbf{X}_1$이 불안정 나선인지 불안정 마디점인지 아니면 퇴화 불안정 마디점인지 결정할 수 없다. 비슷한 이유로, $\tau^2 = 4\Delta$이고 $\tau < 0$이면 임계점은 안정이지만 안정 나선점, 안정 마디점, 또는 퇴화 마디점일 수도 있다.

(*iii*) $\tau = 0$이고 $\Delta > 0$이면 $\mathbf{A} = \mathbf{g}'(\mathbf{X})$의 고유값은 순허수이고 이 경계선의 경우 $\mathbf{X}_1$은 안정 나선, 불안정 나선, 또는 중심이 될 수 있다. 따라서 $\mathbf{X}_1$이 안정인지 불안정인지 결정하는 것은 가능하지 않다.

예제 6 비선형계의 임계점의 분류

예제 5(b)에서 평면자율계의 임계점을 안정 마디점, 안정 나선점, 불안정 나선점, 불안정 마디점, 또는 안장점으로 분류하라.

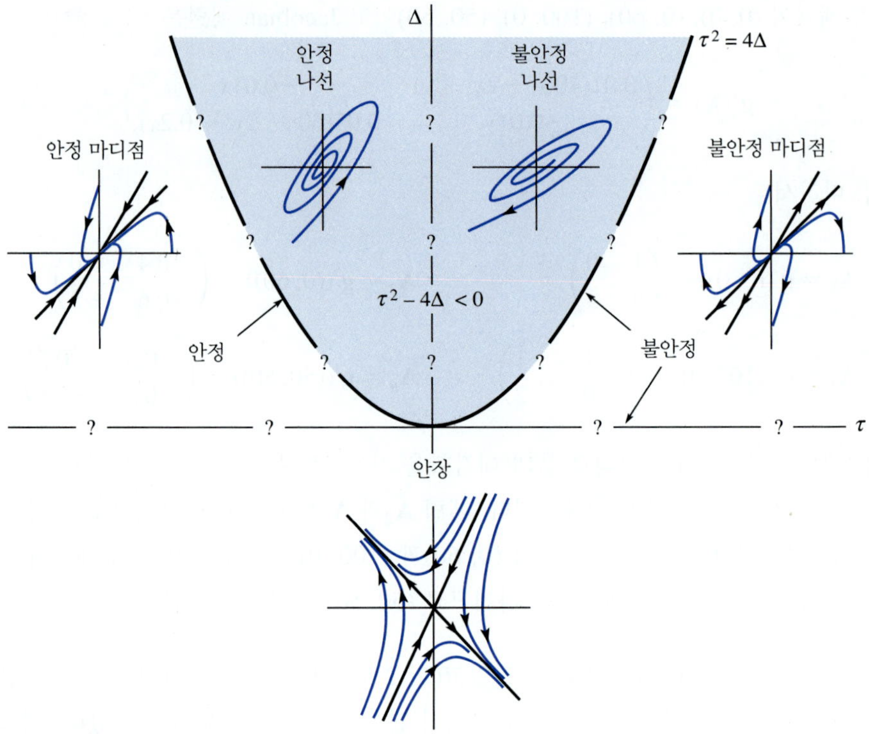

그림 11.3.7 기하적인 요약

풀이 (0, 0)에 대응하는 행렬 $\mathbf{A}_1$에 대하여 $\Delta = 3$, $\tau = 4$이므로 $\tau^2 - 4\Delta = 4$이다. 따라서 (0, 0)은 불안정 마디점이다. 임계점 (0, 60)과 (100, 0)은 두 경우 모두 $\Delta < 0$이므로 안장점이다. 행렬 $\mathbf{A}_4$에 대하여 $\Delta > 0$, $\tau < 0$이고 따라서 $\tau^2 - 4\Delta > 0$이다. 따라서 (50, 50)은 안정 마디점이다. 수치해석 프로그램으로 이 결과를 실험해 보라. ≡

예제 7 연화스프링의 안정성 분석

3.11절로부터 2계 비선형 미분방정식 $mx'' + kx + k_1x^3 = 0$은 $k > 0$일 때 비선형 스프링에 달려 있는 질량 m의 비감쇠 자유진동에 대한 일반적인 모형을 표현함을 상기하자. 만약 $k = 1$이고 $k_1 = -1$이면 스프링은 연(*soft*)스프링이라고 불리고 2계 비선형 미분방정식 $x'' + x - x^3 = 0$에 대응하는 평면자율계는

$$x' = y$$
$$y' = x^3 - x$$

이다. 이때 임계점을 (가능하다면) 찾고 분류하라.

풀이 $x^3 - x = x(x^2 - 1)$이므로 임계점은 (0, 0), (1, 0), (−1, 0)이다. 그에 대응하는 Jacobian 행렬은

$$\mathbf{A}_1 = \mathbf{g}'((0, 0)) = \begin{pmatrix} 0 & 1 \\ -1 & 0 \end{pmatrix}, \quad \mathbf{A}_2 = \mathbf{g}'((1, 0)) = \mathbf{g}'((-1, 0)) = \begin{pmatrix} 0 & 1 \\ 2 & 0 \end{pmatrix}$$

이다. $\det \mathbf{A}_2 < 0$이므로 임계점 (1, 0)과 (−1, 0)은 모두 안장점이다. 행렬 $\mathbf{A}_1$의 고유값

은 $\pm i$이고 앞의 설명 (*iii*)에서와 같이 (0, 0)에서의 임계점의 성질은 불분명하다. 그것은 안정 나선, 불안정 나선, 또는 중심이 될 수 있다. ≡

위상평면법 선형화 방법은 성공적인 경우에는 임계점 근처에서 해의 국소적인 움직임에 대한 유용한 정보를 제공해 줄 수 있다. 하지만 초기 위치 $\mathbf{X}(0) = \mathbf{X}_0$이 임계점에 가까이 있지 않은 해에 관심이 있거나 해곡선 집합의 대역적 관점을 얻고자 한다면 선형화 방법은 거의 도움이 되지 않는다. **위상평면법**(phase-plane method)은

$$\frac{dy}{dx} = \frac{dy/dt}{dx/dt} = \frac{Q(x, y)}{P(x, y)}$$

라는 사실에 근거하며 1계 미분방정식을 푸는 데 적용 가능한 방법을 이용하여 y를 x의 함수로 구하는 것이다(2장). 예제 8과 9에서 보겠지만 이 방법은 때때로 예제 7에서의 (0, 0)과 같은 임계점이 안정 나선, 불안정 나선, 또는 중심인지를 결정하는 데 이용되기도 한다.

예제 8 위상평면법

다음 평면자율계의 유일한 임계점 (0, 0)을 분류하기 위해 위상평면법을 사용하라.

$$x' = y^2$$
$$y' = x^2$$

풀이 Jacobian 행렬의 행렬식

$$\mathbf{g}'(\mathbf{X}) = \begin{pmatrix} 0 & 2y \\ 2x & 0 \end{pmatrix}$$

은 (0, 0)에서 0이고 임계점 (0, 0)의 성질을 완벽하게 결정할 수 없는 상황이다. 위상평면법을 이용하여 1계 미분방정식

$$\frac{dy}{dx} = \frac{dy/dt}{dx/dt} = \frac{x^2}{y^2}$$

을 얻을 수 있다. 이 식은 변수분리에 의해 다음과 같이 쉽게 풀 수 있다.

$$\int y^2\, dy = \int x^2\, dx \qquad \text{또는} \qquad y^3 = x^3 + c$$

만약 $\mathbf{X}(0) = (0, y_0)$이면 $y^3 = x^3 + y_0^3$ 또는 $y = \sqrt[3]{x^3 + y_0^3}$이다. **그림 11.3.8**은 y_0를 여러 가지로 택하여 만든 해곡선의 집합을 보여 주고 있는데, 임계점의 성질이 분명하게 나타나 있다. 해가 (0, 0)에 아무리 가깝게 출발한다고 해도 t가 증가함에 따라 $\mathbf{X}(t)$는 원점으로부터 멀어진다. 따라서 (0, 0)에서의 임계점은 불안정하다. ≡

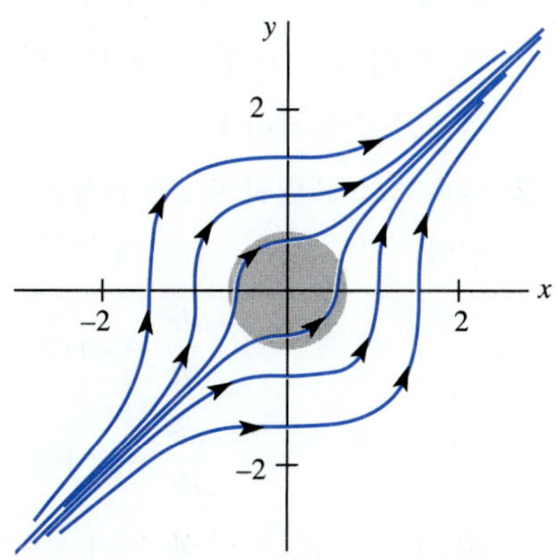

그림 11.3.8 예제 8의 비선형계의 위상도

예제 9 연화스프링의 위상평면 분석

위상평면법을 이용하여 (0, 0) 근방에서 $x'' + x - x^3 = 0$에 대한 해의 성질을 결정하라.

풀이 $dx/dt = y$라면 $dy/dt = x^3 - x$이다. 이것으로부터 다음의 1계 미분방정식을 얻는다.

$$\frac{dy}{dx} = \frac{dy/dt}{dx/dt} = \frac{x^3 - x}{y}$$

이것은 변수분리에 의해 풀 수 있는데, 적분을 통해

$$\int y\,dy = \int (x^3 - x)\,dx$$

로부터 $\frac{y^2}{2} = \frac{x^4}{4} - \frac{x^2}{2} + c$를 얻는다. 완전제곱식을 이용해 해는 $y^2 = (x^2 - 1)^2/2 + c_0$로 쓸 수 있다. 만약 $\mathbf{X}(0) = (x_0, 0)(0 < x_0 < 1)$이면 $c_0 = -(x_0^2 - 1)^2/2$이다. 따라서

$$y^2 = \frac{(x^2 - 1)^2}{2} - \frac{(x_0^2 - 1)^2}{2} = \frac{(2 - x^2 - x_0^2)(x_0^2 - x^2)}{2}$$

이다. $x = -x_0$일 때 $y = 0$임을 주목하라. 또한 $-x_0 < x < x_0$일 때, 우변은 양이고 따라서 각각의 x는 그에 대응하는 두 개의 y 값을 가진다. 그러므로 $\mathbf{X}(0) = (x_0, 0)$을 만족시키는 해 $\mathbf{X} = \mathbf{X}(t)$는 주기적이고 (0, 0)은 중심이다.

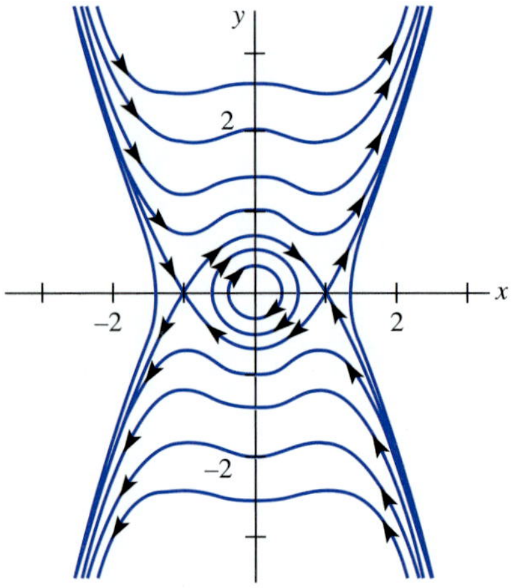

그림 11.3.9 예제 9의 비선형계의 위상도

그림 11.3.9는 해곡선 집합 또는 원래 계의 위상도를 보여 주고 있다. 각 궤적에서 지시된 방향을 결정하기 위해 원래의 평면자율계를 사용하였다. ≡

11.3 연습문제

부록에 선택된 홀수 문제의 답이 있다.

1. 다음의 비선형 자율계

$$x' = \alpha x - \beta y + y^2$$
$$y' = \beta x + \alpha y - xy$$

에 대해 $\alpha < 0$일 때, (0, 0)이 점근 안정 임계점임을 보여라. 또한 $\alpha > 0$일 때 불안정 임계점임을 보여라. [힌트: 극좌표로 변환하라.]

2. 극좌표로 표현할 때, 평면자율계는 다음과 같은 형태를 가진다.

$$\frac{dr}{dt} = \alpha r(5 - r)$$
$$\frac{d\theta}{dt} = -1$$

(0, 0)이 점근 안정 임계점이기 위한 필요충분조건이 $\alpha < 0$임을 보여라.

문제 3~10에서는 식을 구체적으로 풀지 않고 주어진 1계 자율 미분방정식의 임계점이 점근적으로 안정인지 불안정인지 분류하라. 모든 상수는 양수로 가정한다.

3. $\frac{dx}{dt} = kx(n + 1 - x)$

4. $\frac{dx}{dt} = -kx \ln \frac{x}{k},\ x > 0$

5. $\frac{dT}{dt} = k(T - T_0)$

6. $m\frac{dv}{dt} = mg - kv$

7. $\frac{dx}{dt} = k(\alpha - x)(\beta - x),\ \alpha > \beta$

8. $\frac{dx}{dt} = k(\alpha - x)(\beta - x)(\gamma - x),\ \alpha > \beta > \gamma$

9. $\frac{dP}{dt} = P(a - bP)(1 - cP^{-1}),\ P > 0, a < bc$

10. $\frac{dA}{dt} = k\sqrt{A}(K - \sqrt{A}),\ A > 0$

문제 11~20에서는 (가능하다면) 주어진 평면자율계의 각 임계점을 안정 마디점, 안정 나선점, 불안정 나선점, 불안정 마디점, 또는 안장점으로 분류하라.

11. $x' = 1 - 2xy$
$y' = 2xy - y$

12. $x' = x^2 - y^2 - 1$
$y' = 2y$

13. $x' = y - x^2 + 2$
$y' = 2xy - y$

14. $x' = 2x - y^2$
$y' = -y + xy$

15. $x' = -3x + y^2 + 2$
$y' = x^2 - y^2$

16. $x' = xy - 3y - 4$
$y' = y^2 - x^2$

17. $x' = -2xy$
$y' = y - x + xy - y^3$

18. $x' = x(1 - x^2 - 3y^2)$
$y' = y(3 - x^2 - 3y^2)$

19. $x' = x(10 - x - \frac{1}{2}y)$
$y' = y(16 - y - x)$

20. $x' = -2x + y + 10$
$y' = 2x - y - 15\dfrac{y}{y + 5}$

문제 21~26에서는 (가능하다면) 주어진 2계 미분방정식의 각 임계점을 안정 마디점, 안정 나선점, 불안정 나선점, 불안정 마디점, 또는 안장점으로 분류하라.

21. $\theta'' = (\cos\theta - 0.5)\sin\theta,\ |\theta| < \pi$

22. $x'' + x = (\frac{1}{2} - 3(x')^2)x' - x^2$

23. $x'' + x'(1 - x^3) - x^2 = 0$

24. $x'' + 4\dfrac{x}{1 + x^2} + 2x' = 0$

25. $x'' + x = \epsilon x^3,\ \epsilon > 0$

26. $x'' + x - \epsilon x|x| = 0,\ \epsilon > 0$ [힌트: $\dfrac{d}{dx}x|x| = 2|x|$]

27. 2계 비선형 미분방정식

$$(1 + \alpha^2x^2)x'' + (\beta + \alpha^2(x')^2)x = 0$$

이 $\beta < 0$일 때, (0, 0)에서 안장점을 가짐을 보여라.

28. 동적 계

$$x' = -\alpha x + xy$$
$$y' = 1 - \beta y - x^2$$

은 $\alpha\beta > 1$일 때 유일한 임계점을 갖고, $\beta > 0$일 때 이 임계점이 안정함을 보여라.

29. **(a)** $-x + y - x^3 = 0$과 $-x - y + y^2 = 0$의 그래프를 그려서 평면자율계

$$x' = -x + y - x^3$$
$$y' = -x - y + y^2$$

이 두 개의 임계점을 가짐을 보여라. (0, 0)에서 임계점을 분류하라.

(b) 두 번째 임계점 $\mathbf{X}_1 = (0.88054, 1.56327)$이 안장점임을 보여라.

30. **(a)** (0, 0)이 **Rayleigh 미분방정식**

$$x'' + \epsilon\left(\frac{1}{3}(x')^3 - x'\right) + x = 0$$

의 유일한 임계점임을 보여라. **John William Strutt, 3rd Baron Rayleigh** (1842~1919)는 영국의 물리학자로 아르곤 가스의 공동발견자였고 1904년에 노벨물리학상을 수상하였다. (0,0)이 이 미분방정식에서 유일한 임계점임을 보여라.

(b) $\epsilon > 0$일 때, (0, 0)이 불안정함을 보여라. (0, 0)이 불안정 나선점일 때는 언제인가?

(c) $\epsilon < 0$일 때, (0, 0)이 안정적임을 보여라. (0, 0)이 안정 나선점일 때는 언제인가?

(d) $\epsilon = 0$일 때, (0, 0)이 중심임을 보여라.

31. 위상평면법을 이용하여 (0, 0)이 비선형 2계 미분방정식 $x'' + 2x^3 = 0$의 중심임을 보여라.

32. 위상평면법을 이용하여 $x(0) = 1$과 $x'(0) = 0$을 만족시키는 비선형 2계 미분방정식 $x'' + 2x - x^2 = 0$의 해가 주기적임을 보여라.

33. **(a)** 평면자율계의

$$x' = 2xy$$
$$y' = 1 - x^2 + y^2$$

의 임계점을 구하고 선형화가 이들 임계점의 성질에 대해 아무런 정보도 주지 못함을 보여라.

(b) 위상평면법을 이용하여 (a)의 임계점이 모두 중심임을 보여라. [힌트: $u = y^2/x$로 하고 $(x - c)^2 + y^2 = c^2 - 1$임을 보여라.]

34. 원점은 비선형 2계 미분방정식 $x'' + (x')^2 + x = 0$의 유일한 임계점이다.

(a) 위상평면법을 통해 Bernoulli 미분방정식 $dy/dx = -y - xy^{-1}$을 유도하라.

(b) $x(0) = \frac{1}{2}$과 $x'(0) = 0$을 만족시키는 해가 주기적이지 않음을 보여라.

35. 비선형 2계 미분방정식 $x'' + x - x^3 = 0$의 해가 $x(0) = 0$과 $x'(0) = v_0$을 만족시킨다. 위상평면법을 이용하여 결과적인 해가 주기적일 때를 결정하라. [힌트: 예제 9를 보라.]

36. 비선형 미분방정식 $x'' + x = 1 + \epsilon x^2$은 상대성이론을 이용한 위성 운동의 분석에서 나온다. 그에 대응하는 평면자율계의 모든 임계점을 (가능하다면) 분류하라.

37. 비선형 축전기가 LRC 회로에 있을 때, 전압강하는 더 이상 q/C로부터 주어지지 않고 보다 정확히 $\alpha q + \beta q^3$로 표현된다. 여기서 α와 β는 상수이고 $\alpha > 0$이다. 이때 자유 회로에 대한 3.8절의 미분방정식 (34)는

$$L\frac{d^2q}{dt^2} + R\frac{dq}{dt} + \alpha q + \beta q^3 = 0$$

으로 대체된다. 이 비선형 미분방정식의 모든 임계점을 구하고 분류하라. [힌트: $\beta > 0$과 $\beta < 0$의 두 경우로 나누어 생각하라.]

38. $k > 0$일 때, 비선형 2계 미분방정식

$$mx'' + kx + k_1x^3 = 0$$

은 스프링에 매달려 있는 질량 m의 비감쇠 자유진동의 일반적인 모형을 묘사한다. 만약 $k_1 > 0$이면 스프링은 경(hard)스프링이라 말한다(3.11절의 예제 1을 보라). (0, 0)의 근방에서 $x'' + x + x^3 = 0$의 해의 성질을 결정하라.

39. 비선형 미분방정식

$$\frac{d^2\theta}{dt^2} + \sin\theta = \frac{1}{2}$$

은 일정한 구동함수를 갖는 어떤 진자의 모형으로서 해석될 수 있다.

(a) $(\pi/6, 0)$과 $(5\pi/6, 0)$은 대응하는 평면자율계의 임계점임을 보여라.

(b) 선형화를 이용하여 임계점 $(5\pi/6, 0)$을 분류하라.

(c) 위상평면법을 이용하여 임계점 $(\pi/6, 0)$을 분류하라.

40. **(a)** (0, 0)이 평면자율계

$$x' = x^4 - 2xy^3$$
$$y' = 2x^3y - y^4$$

의 고립된 임계점이지만 선형화를 통해서는 그 임계점의 성질에 대한 유용한 정보를 얻을 수 없음을 보여라.

(b) 위상평면법을 이용하여 $x^3 + y^3 = 3cxy$임을 보여라. 이 고전적인 곡선은 **데카르트엽선**(folium of Descartes)이라 불린다. [힌트: x와 y에 관한 미분방정식은 제차이다.]

(c) 엽선에 대한 매개방정식은

$$x = \frac{3ct}{1 + t^3}, \quad y = \frac{3ct^2}{1 + t^3}$$

이다.

그래프 도구나 수치해석 프로그램을 이용하여 해곡선을 구하라. 위상단면을 기초로 하여 임계점이 안정인지 불안정인지 분류할 수 있는가? 임계점을 마디점, 안장점, 중심 및 나선점으로 분류할 수 있는가? 설명하라.

11.4 수학적 모형으로서의 자율계

소개 물리학의 많은 응용에서 $x'' = g(x, x')$ 형태의 2계 비선형 미분방정식이 얻어진다. 예를 들어 3.8절의 스프링/질량계의 자유 감쇠운동의 해석에서 감쇠력이 속도 x'에 비례한다고 가정하였고 이때 결과적인 모형 $mx'' = -\beta x' - kx$는 선형 미분방정식이다. 하지만 만약 감쇠력의 크기가 속도의 제곱에 비례한다면 새로운 미분방정식 $mx'' = -\beta x'|x'| - kx$는 비선형이 된다. 그러므로 이에 대응하는 평면자율계는

$$x' = y$$
$$y' = -\frac{\beta}{m}y|y| - \frac{k}{m}x$$

이다. 이 절에서는 비선형 진자, 곡선 위를 미끄러지는 구슬의 운동, Lotka-Volterra 포식자-먹이 모형도 분석한다. 그 밖의 모형은 연습문제에서 제시된다.

비선형 진자 3.11절의 식 (6)에서 단순 진자에 대한 각변위 θ는 비선형 2계 미분방정식

$$\frac{d^2\theta}{dt^2} + \frac{g}{l}\sin\theta = 0$$

을 만족시킴을 보았다. $x = \theta$이고 $y = \theta'$이라 할 때, 이 2계 미분방정식은 다음의 동적 계로 쓸 수 있다.

$$x' = y$$
$$y' = -\frac{g}{l}\sin x$$

임계점은 $(\pm k\pi, 0)$이고, Jacobian 행렬이

$$\mathbf{g}'((\pm k\pi, 0)) = \begin{pmatrix} 0 & 1 \\ (-1)^{k+1}\dfrac{g}{l} & 0 \end{pmatrix}$$

임을 쉽게 알 수가 있다. 만약 $k = 2n + 1$이면 $\Delta < 0$이고 따라서 모든 임계점 $(\pm(2n + 1)\pi, 0)$은 안장점이다. 특히 $(\pi, 0)$에서 임계점은 예측한 대로 불안정하다. **그림 11.4.1**을 보라. $k = 2n$일 때 고유값은 순허수이고 따라서 이 임계점들의 성질은 불분명하다. 진자에 작용하는 감쇠력이 없다고 가정했기 때문에 모든 임계점 $(\pm 2n\pi, 0)$은 중심일 것으로 기대된다. 이는 위상평면법을 이용하여 증명할 수 있다.

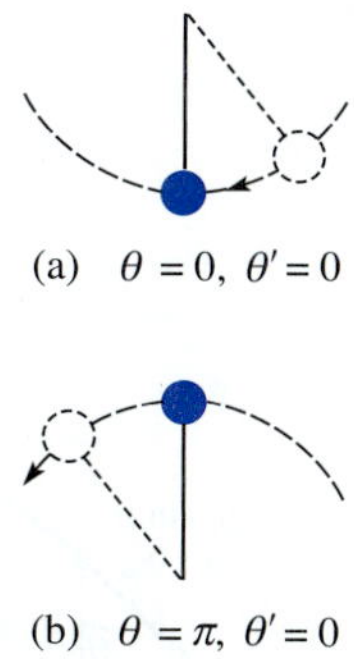

그림 11.4.1 (0, 0)은 안정; $(\pi, 0)$은 불안정

$$\frac{dy}{dx} = \frac{dy/dt}{dx/dt} = -\frac{g}{l}\frac{\sin x}{y}$$

로부터

$$y^2 = \frac{2g}{l}\cos x + c$$

이다. 만약 $\mathbf{X}(0) = (x_0, 0)$이면

$$y^2 = \frac{2g}{l}(\cos x - \cos x_0)$$

이다. $x = -x_0$일 때 $y = 0$이고 $|x| < |x_0| < \pi$일 때는 $(2g/l)(\cos x - \cos x_0) > 0$임에 주목하라. 따라서 각각의 그와 같은 x는 두 개의 대응하는 y 값을 가지고 $\mathbf{X}(0) = (x_0, 0)$을 만족시키는 해 $\mathbf{X} = \mathbf{X}(t)$는 주기적이다. 따라서 (0, 0)은 중심이라고 결론지을 수 있다. **그림 11.4.2**에서 검은 선으로 그려진 것처럼 큰 초기 속도에 대한 해에 대하여 $x = \theta$가 증가함을 관찰하라. 이 경우 진자는 축을 중심으로 완전한 원형으로 회전한다.

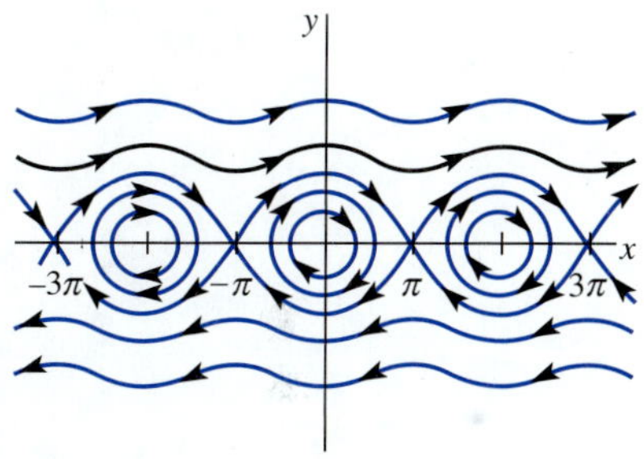

그림 11.4.2 비선형 진자의 위상도

예제 1 진자 미분방정식의 주기해

$\theta = 0$에서 평형 위치인 진자에 초기 각속도 ω_0 rad/s가 주어져 있다. 어떤 조건하에서 결과적인 운동이 주기적이 되는지를 결정하라.

풀이 $\mathbf{X}(0) = (0, \omega_0)$을 만족시키는 평면자율계의 해를 조사해야 한다. $y^2 = (2g/l)\cos x + c$로부터

$$y^2 = \frac{2g}{l}\left(\cos x - 1 + \frac{l}{2g}\omega_0^2\right)$$

이다. 해 $\mathbf{X}(t)$가 주기적임을 입증하기 위해서는 $-\pi$와 π 사이에 두 개의 x 절편 $x = \pm x_0$이 존재함을 보이고 $|x| < |x_0|$에 대하여 우변이 양임을 보이면 충분하다. 이때 각각의 x에 대하여 그에 대응하는 두 개의 y 값을 가지게 된다.

만약 $y = 0$이면 $\cos x = 1 - (l/2g)\omega_0^2$이고 이 방정식은 $1 - (l/2g)\omega_0^2 > -1$일 때, $-\pi$와 π 사이에 두 개의 해 $x = \pm x_0$을 가진다. 그런 다음 $|x| < |x_0|$에 대하여

$(2g/l)(\cos x - \cos x_0)$은 양이 됨을 주목하라. 초기 각속도에 대한 이러한 제한점은

$$|\omega_0| < 2\sqrt{\frac{g}{l}}$$

≡

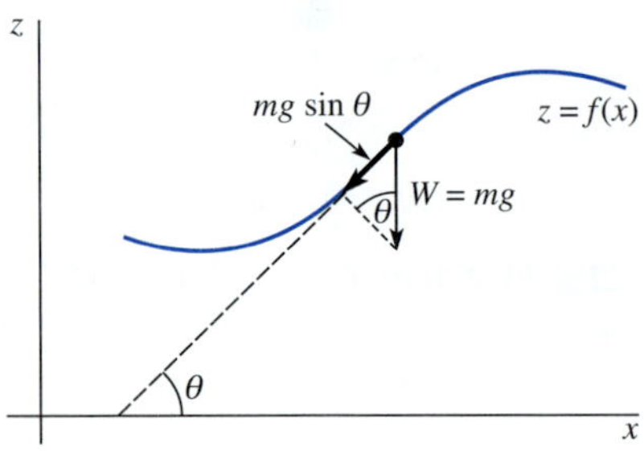

그림 11.4.3 미끄러지는 구슬에 작용하는 힘

비선형 진동: 미끄러지는 구슬 **그림 11.4.3**에 나와 있는 것처럼, 질량 m을 가진 구슬이 그 모양이 함수 $z = f(x)$로 표현되는 가느다란 줄을 따라 미끄러진다. 줄의 모양을 변경하거나 구슬에 작용하는 힘에 대한 가정을 달리함으로써 비선형 진동에 대한 폭넓은 다양성을 표현할 수 있다.

무게 $W = mg$에 의한 접선력 $\mathbf{F}$는 크기 $mg \sin\theta$를 갖고, 따라서 $\mathbf{F}$의 x 성분은 $F_x = -mg \sin\theta \cos\theta$이다. $\tan\theta = f'(x)$이므로 항등식 $1 + \tan^2\theta = \sec^2\theta$과 $\sin^2\theta = 1 - \cos^2\theta$를 이용하여

$$F_x = -mg\sin\theta\cos\theta = -mg\frac{f'(x)}{1 + [f'(x)]^2}$$

임을 결론지을 수 있다. 주어진 운동에 반대 방향으로 작용하는 감쇠력 $\mathbf{D}$는 (3.8절에서처럼) 구슬 속도의 상수배라고 가정한다. 따라서 $\mathbf{D}$의 x 성분은

$$D_x = -\beta\frac{dx}{dt}$$

이다. 만약 줄과 구슬 사이의 마찰력을 무시하고 계에 가해지는 다른 외력이 없다고 가정하면 Newton의 제2법칙으로부터

$$mx'' = -mg\frac{f'(x)}{1 + [f'(x)]^2} - \beta x'$$

가 되고, 그에 대응하는 평면자율계는

$$\begin{aligned} x' &= y \\ y' &= -g\frac{f'(x)}{1 + [f'(x)]^2} - \frac{\beta}{m}y \end{aligned}$$

가 된다. $\mathbf{X}_1 = (x_1, y_1)$이 계의 임계점이라면 $y_1 = 0$이고 $f'(x_1) = 0$이다. 따라서 구슬은 접선이 수평이 되는 줄 위의 한 점에 정지해 있어야만 한다. f가 두 번 미분 가능할 때 $\mathbf{X}_1$에서 Jacobian 행렬은

$$\mathbf{g}'(\mathbf{X}_1) = \begin{pmatrix} 0 & 1 \\ -gf''(x_1) & -\beta/m \end{pmatrix}$$

이고 따라서 $\tau = -\beta/m$, $\Delta = gf''(x_1)$이고 $\tau^2 - 4\Delta = \beta^2/m^2 - 4gf''(x_1)$이다. 11.3절의 결과를 이용하여 다음과 같은 결론을 내릴 수 있다.

(*i*) $f''(x_1) < 0$:
따라서 국소적 최대값이 $x = x_1$에서 생기고 $\Delta < 0$이므로 불안정 안장점이

$\mathbf{X}_1 = (x_1, 0)$에서 생긴다.

(*ii*) $f''(x_1) > 0$이고 $\beta > 0$:

따라서 국소적 최소값은 $x = x_1$에서 생긴다. 그리고 $\tau < 0$이고 $\Delta > 0$이므로 $\mathbf{X}_1 = (x_1, 0)$은 **안정 임계점**이다. 만약 $\beta^2 > 4gm^2 f''(x_1)$이면 이 계는 **과감쇠**(overdamped)이고 임계점은 **안정 마디점**이다. 만약 $\beta^2 < 4gm^2 f''(x_1)$이면 이 계는 **저감쇠**(underdamped)이고 임계점은 **안정 나선점**이다. $\beta^2 = 4gm^2 f''(x_1)$인 경우에는 안정적인 임계점의 정확한 성질은 분명하지 않다.

(*iii*) $f''(x_1) > 0$이고 이 계가 비감쇠($\beta = 0$):

이 경우 고유값은 순허수이다. 그러나 위상평면법을 사용하여 임계점이 **중심**임을 보일 수 있다. 그러므로 $\mathbf{X}_1 = (x_1, 0)$ 근처에서 $\mathbf{X}(0) = (x(0), x'(0))$을 갖는 해는 주기적이다.

예제 2 사인파를 따라 미끄러지는 구슬

10 g의 구슬이 $z = \sin x$ 그래프를 따라 미끄러진다. 앞의 결론 (*ii*)에 따라 $x_1 = -\pi/2$와 $3\pi/2$에 위치한 국소적 최소점들은 안정적인 임계점이 된다(**그림 11.4.4**를 보라). $f''(-\pi/2) = f''(3\pi/2) = 1$이므로 $\beta^2 < 4gm^2$이면 이 계는 저감쇠가 될 것이다. 만약 SI 단위를 사용하면 $m = 0.01$ kg이고 $g = 9.8$ m/s^{2}이며 따라서 저감쇠계가 되기 위한 조건은 $\beta^2 < 3.92 \times 10^{-3}$이 된다.

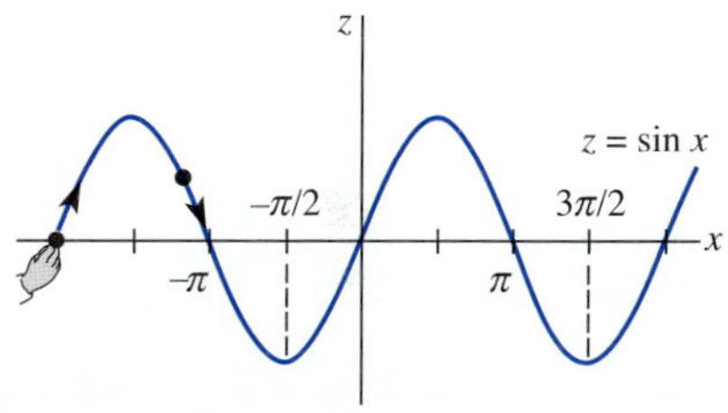

그림 11.4.4 예제 2의 $-\pi/2$와 $3\pi/2$는 안정적임

$\beta = 0.01$이 감쇠계수라면 이들 임계점은 모두 안정 나선점이다. 초기조건 $\mathbf{X}(0) = (x(0), x'(0)) = (-2\pi, 10)$과 $\mathbf{X}(0) = (-2\pi, 15)$에 대응하는 두 해는 각각 수치해석 프로그램을 사용하여 구해졌으며 **그림 11.4.5**에 나와 있다. $x'(0) = 10$일 때는 구슬이 $x = -3\pi/2$에 있는 언덕을 넘기에 충분한 운동량을 가지고 있지만 $x = \pi/2$에 있는 언덕을 넘을 정도는 아니다. 그러면 구슬은 $x = -\pi/2$에 위치한 국소적인 최소점에 접근한다. $x'(0) = 15$이면 구슬은 두 언덕을 모두 넘을 정도의 운동량을 가지겠지만 $x = 3\pi/2$에 위치한 계곡에서 앞뒤로 흔들리다가 줄 위의 점 $(3\pi/2, -1)$에 접근한다. 수치해석 프로그램을 이용하여 다른 초기조건에 대해서도 실험해 보자.

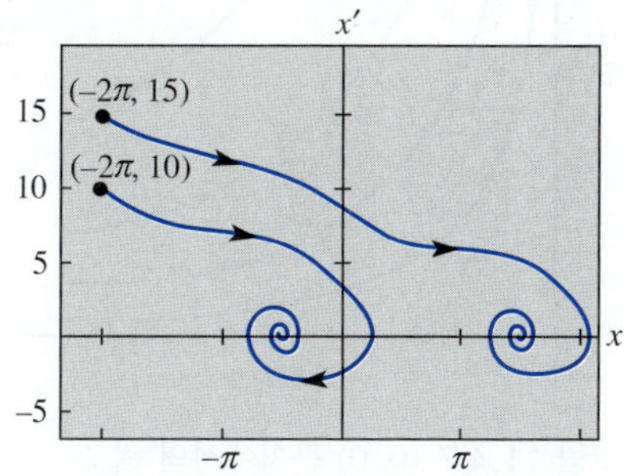

그림 11.4.5 예제 2에서 $\beta = 0.01$

그림 11.4.6은 비감쇠인 경우에 대해 수치해석 프로그램을 이용하여 얻어진 해곡선의 모임을 보여 준다. $\beta = 0$이므로 $x_1 = -\pi/2$와 $3\pi/2$에 대응하는 임계점은 이제 중심이다. $\mathbf{X}(0) = (-2\pi, 10)$일 때 구슬은 모든 언덕을 넘기에 충분한 운동량을 가진다. 그림은 $x = -3\pi/2$와 $x = \pi/2$ 사이의 줄 위의 위치에서 구슬이 놓일 때 그 결과로 발생한 운동이 주기적임도 나타내고 있다. ≡

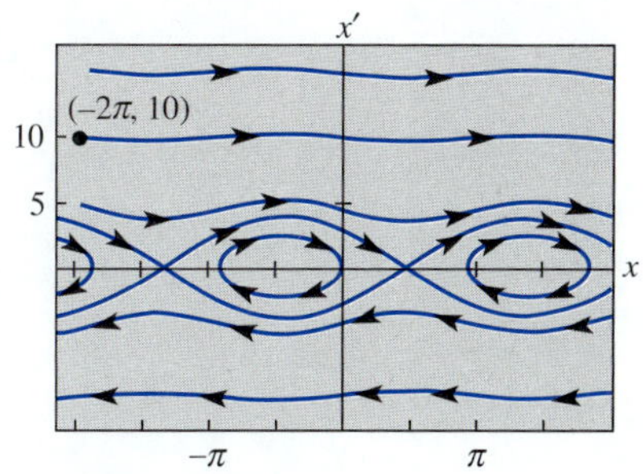

그림 11.4.6 예제 2에서 $\beta = 0$

Lotka-Volterra 포식자-먹이 모형 두 종 사이의 **포식자-먹이 상호작용**(predator-prey interaction)은 한 종(포식자)이 다른 종을 먹이로 삼을 때 발생한다. 예를 들어 흰올빼미는 거의 유일하게 나그네쥐라는 북극 설치류를 먹이로 삼고 있는 반면에 나그네쥐는 북극 툰드라 지역에서 나는 식물을 먹이로 한다. 포식자-먹이 상호작용을 설명하는 데 있어서 수학을 이용하게 된 것은 많은 북극 포유동물의 개체수 순환의 관찰에 의해 자극받았기 때문이다. 예를 들어 캐나다의 매켄지 강 지역에서 스라소니의 주된 먹이는 흰발토끼이고 두 개체수는 약 10년을 주기로 순환한다.

적어도 하나의 주기해를 갖는 평면자율계로 유도되는 포식자-먹이 모형은 많이 있다. 그

러한 모형들 중 첫 번째는 선구자적 생물수학자인 **Alfred Lotka** (1880~1949)와 **Vito Volterra** (1860~1940)에 의하여 독립적으로 만들어졌다. 만약 x가 포식자의 수이고 y가 먹이의 수라고 하면, Lotka-Volterra 모형은

$$x' = -ax + bxy = x(-a + by)$$
$$y' = -cxy + dy = y(-cx + d)$$

의 형태를 가진다. 여기서 a, b, c, d는 양의 정수이다.

포식자가 없다면($x = 0$), $y' = dy$이고, 따라서 먹이의 수는 지수적으로 증가한다. 먹이가 없다면 $x' = -ax$이 되고 따라서 포식자의 개체군은 멸종된다. $-cxy$ 항은 포식에 의한 사망률을 나타낸다. 따라서 모형은 사망률이 특정 시간 t에서 포식자와 먹이 사이의 가능한 만남 xy의 수와 직접 비례한다고 가정하고, bxy 항은 포식자 개체수에 대한 결과적으로 나타나는 긍정적인 기여도를 나타낸다.

이 평면자율계의 임계점은 (0, 0)과 $(d/c, a/b)$이고 그에 대응하는 Jacobian 행렬은

$$\mathbf{A}_1 = \mathbf{g}'((0, 0)) = \begin{pmatrix} -a & 0 \\ 0 & d \end{pmatrix} \quad \text{그리고} \quad \mathbf{A}_2 = \mathbf{g}'((d/c, a/b)) = \begin{pmatrix} 0 & bd/c \\ -ac/b & 0 \end{pmatrix}$$

이다.

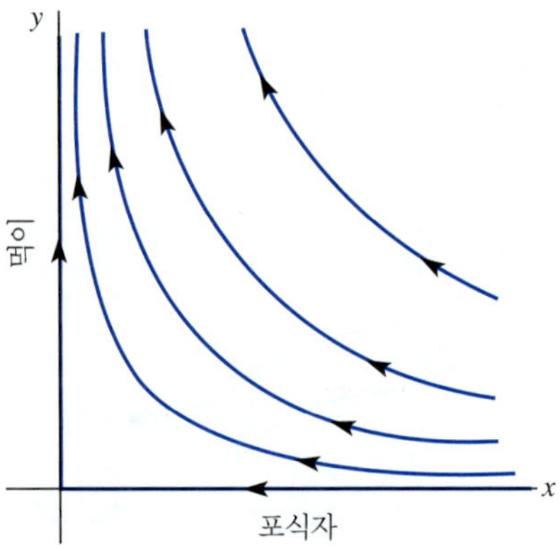

그림 11.4.7 (0, 0) 근처에서의 해

(0, 0)에서의 임계점은 안장점이고 **그림 11.4.7**은 제 1사분면에 있고 (0, 0) 근방에 있는 해의 전형적인 모습을 보여 주고 있다.

행렬 $\mathbf{A}_2$가 순허수 고유값 $\lambda = \pm\sqrt{ad}i$를 가지므로 임계점 $(d/c, a/b)$는 **중심일 수 있다**. 이 가능성은 위상평면법을 사용하여 조사할 수 있다.

$$\frac{dy}{dx} = \frac{y(-cx + d)}{x(-a + by)}$$

이므로 변수분리를 통해

$$\int \frac{-a + by}{y}\,dy = \int \frac{-cx + d}{x}\,dx$$

를 얻는다. 따라서

$$-a \ln y + by = -cx + d \ln x + c_1 \quad \text{또는} \quad (x^d e^{-cx})(y^a e^{-by}) = c_0$$

이다. 다음 논의는 제 1사분면에서 출발하는 모든 해곡선이 주기해임을 입증한다.

음이 아닌 함수 $F(x) = x^d e^{-cx}$와 $G(y) = y^a e^{-by}$의 전형적인 그래프가 **그림 11.4.8**에 나와 있다. $F(x)$가 $x = d/c$에서 절대 최대값을 가지며 $G(y)$가 $y = a/b$에서 절대 최대값을 가짐을 증명하는 것은 어렵지 않다. 0과 절대 최대값을 제외하면, F와 G는 모두 그들의 치역 내의 모든 값을 정확히 두 번 가진다.

이 그래프를 이용하여 제 1사분면에 있는 임계점이 아닌 점 (x_0, y_0)에서 출발하는 해곡선에 대하여 다음의 성질들을 확립할 수 있다.

1. 만약 $y = a/b$이면 방정식 $F(x)G(y) = c_0$은 정확히 $x_m < d/c < x_M$을 만족시키는 두 개의 해 x_m과 x_M을 가진다.

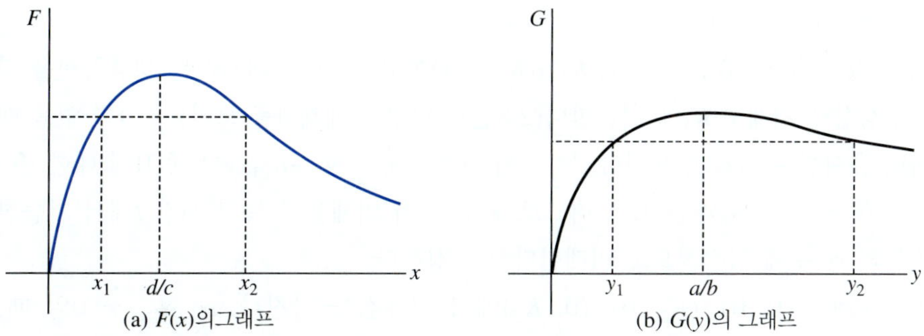

그림 11.4.8 성질 1~3을 입증하기 위한 F와 G의 그래프

2. 만약 $x_m < x_1 < x_M$이고 $x = x_1$이면 $F(x)G(y) = c_0$은 정확히 $y_1 < a/b < y_2$를 만족시키는 두 개의 해 y_1과 y_2를 가진다.

3. 만약 x가 구간 $[x_m, x_M]$의 바깥에 있다면 $F(x)G(y) = c_0$은 해를 갖지 않는다.

위의 주장 1을 증명하고 2와 3은 연습문제에서 개략적으로 설명하겠다. $(x_0, y_0) \neq (d/c, a/b)$이므로 $F(x_0)G(y_0) < F(d/c)G(a/b)$이다. 만약 $y = a/b$이면

$$0 < \frac{c_0}{G(a/b)} = \frac{F(x_0)G(y_0)}{G(a/b)} < \frac{F(d/c)G(a/b)}{G(a/b)} = F(d/c)$$

이다. 따라서 $F(x) = c_0/G(a/b)$은 정확히 $x_m < d/c < x_M$을 만족시키는 두 개의 해 x_m과 x_M을 가진다. 전형적인 주기해의 그래프를 **그림 11.4.9**에 나타내었다.

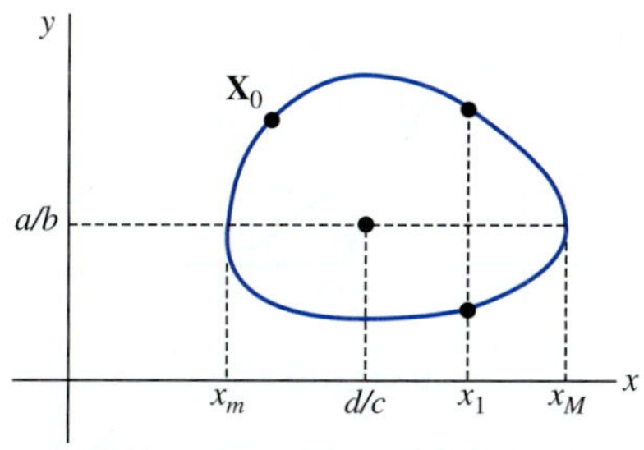

그림 11.4.9 Lotka-Volterra 모형의 주기해

예제 3 포식자-먹이 개체수 순환

Lotka-Volterra 포식자-먹이 모형에서 $a = 0.1$, $b = 0.002$, $c = 0.0025$, 그리고 $d = 0.2$라면 제 1사분면에서의 임계점은 $(d/c, a/b) = (80, 50)$이고 이 임계점은 중심이 됨을 알고 있다. 이 그래프를 그리기 위해 수치해석 프로그램을 이용한 **그림 11.4.10**을 보라. 초기 조건 $\mathbf{X}_0$가(80, 50)에 가까워질수록 주기해는 그에 대응하는 선형계에 대한 타원형의 해를 닮아 간다. $\mathbf{g}'((80, 50))$의 고유값은 $\lambda = \pm\sqrt{ad}i = \pm(\sqrt{2}/10)i$이고 따라서 임계점 근처의 해는 주기 $p \approx 10\sqrt{2}\pi$, 즉 약 44.4를 가진다. ≡

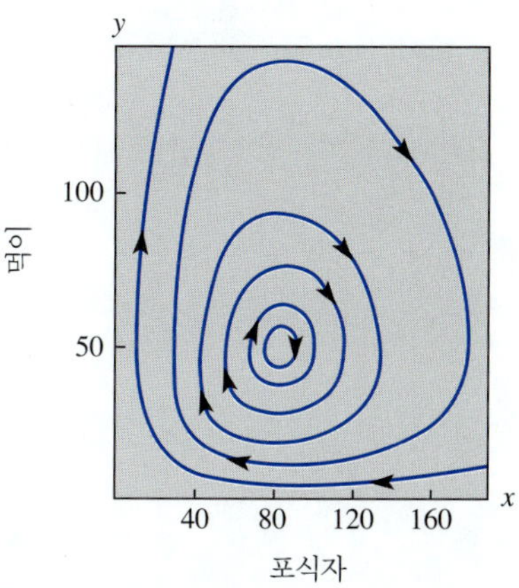

그림 11.4.10 예제 3의 임계점 (80, 50) 근처의 Lotka-Volterra 모형의 위상도

Lotka-Volterra 경쟁 모형 **경쟁의 상호작용**(competitive interaction)은 둘 또는 그 이상의 종들이 생태계의 먹이, 물, 빛, 공간 자원을 두고서 경쟁할 때 발생한다. 그러므로 한 개체군에 의한 이들 자원들 중 하나의 소비는 다른 개체군의 생존과 성장을 저해한다. 어떤 환경하에서 두 경쟁 종이 동시에 공존할 수 있을까? 공존을 허용하는 조건에 대하여 통찰할 수 있는 많은 수학적 모형들이 개발되어 왔다. x가 종 I의 수이고 y가 종 II의 수라 하면, Lotka-Volterra 모형은

$$\begin{aligned} x' &= \frac{r_1}{K_1}x(K_1 - x - \alpha_{12}y) \\ y' &= \frac{r_2}{K_2}y(K_2 - y - \alpha_{21}x) \end{aligned} \qquad (1)$$

의 형태를 가진다.

종 II가 없다면($y = 0$), $x' = (r_1/K_1)x(K_1 - x)$이고 첫 번째 개체수는 생장곡선을 따라 성장하고 정상상태 개체수 K_1에 접근한다(2.8절과 11.3절 예제 4를 보라). 종 I이 없을 때 종 II에 대하여 유사한 논리가 적용된다. 두 번째 방정식에서 항 $-\alpha_{21}xy$는 종 II에 대한 종 I의 생존경쟁의 결과로부터 유래한다. 그러므로 모형은 이 억제율이 특정 시간 t에서 가능한 생존경쟁 쌍들의 xy 수에 직접적으로 비례한다고 가정한다.

평면자율계는 (0, 0), $(K_1, 0)$, $(0, K_2)$에서 임계점을 가진다. $\alpha_{12}\alpha_{21} \neq 0$일 때, 직선 $K_1 - x - \alpha_{12}y = 0$과 $K_2 - y - \alpha_{21}x = 0$은 교차하여 네 번째 임계점 $\hat{\mathbf{X}} = (\hat{x}, \hat{y})$를 생성한다. **그림 11.4.11**은 $(\hat{x}, \hat{y})$가 제 1사분면에 있을 때의 두 조건을 보여 준다.

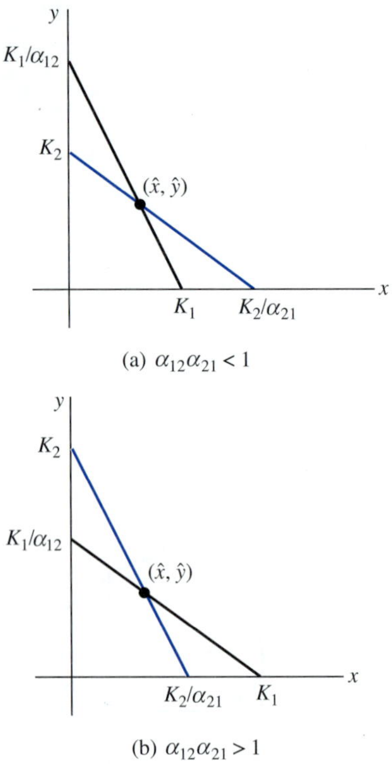

그림 11.4.11 임계점이 제 1사분면에 존재할 두 조건

$(\hat{x}, \hat{y})$에서 Jacobian 행렬의 대각합과 행렬식은 각각

$$\tau = -\hat{x}\frac{r_1}{K_1} - \hat{y}\frac{r_2}{K_2}, \quad \Delta = (1 - \alpha_{12}\alpha_{21})\hat{x}\hat{y}\frac{r_1r_2}{K_1K_2}$$

이다. 경우 (a)에서 $K_1/\alpha_{12} > K_2$이고 $K_2/\alpha_{21} > K_1$이다. 따라서 $\alpha_{12}\alpha_{21} < 1$, $\tau < 0$이고 $\Delta > 0$이다.

$$\begin{aligned}
\tau^2 - 4\Delta &= \left(\hat{x}\frac{r_1}{K_1} + \hat{y}\frac{r_2}{K_2}\right)^2 + 4(\alpha_{12}\alpha_{21} - 1)\hat{x}\hat{y}\frac{r_1r_2}{K_1K_2} \\
&= \left[\left(\hat{x}\frac{r_1}{K_1} - \hat{y}\frac{r_2}{K_2}\right)^2 - 4\hat{x}\hat{y}\frac{r_1r_2}{K_1K_2}\right] + 4\alpha_{12}\alpha_{21}\hat{x}\hat{y}\frac{r_1r_2}{K_1K_2} \\
&= \left(\hat{x}\frac{r_1}{K_1} - \hat{y}\frac{r_2}{K_2}\right)^2 + 4\alpha_{12}\alpha_{21}\hat{x}\hat{y}\frac{r_1r_2}{K_1K_2}
\end{aligned}$$

이고 $\tau^2 - 4\Delta > 0$이므로 $(\hat{x}, \hat{y})$는 안정 절점이다. 따라서 $\mathbf{X}(0) = \mathbf{X}_0$이 $\hat{\mathbf{X}} = (\hat{x}, \hat{y})$에 충분히 가깝다면 $\lim_{t\to\infty}\mathbf{X}(t) = \hat{\mathbf{X}}$이고 공존이 가능한 것으로 결론 내릴 수 있다. 경우 (b)가 안장점임을 유도하는 증명과 (0, 0), $(K_1, 0)$, 그리고 $(0, K_2)$에서의 임계점의 성질에 대한 고찰은 연습문제로 남긴다.

두 종 사이에 경쟁 상호작용이 약할 때 계수 α_{12}와 α_{21}은 둘 다 작은 값이고, 따라서 조건 $K_1/\alpha_{12} > K_2$와 $K_2/\alpha_{21} > K_1$이 충족될 수도 있다. 이것은 공통적인 먹이를 사냥하는 두 포식 동물 종 사이의 영역이 거의 중첩되지 않을 때 발생할 수 있다.

예제 4 Lotka-Volterra 생존경쟁 모형

경쟁의 상호작용은 Lotka-Volterra 생존경쟁 모형

$$\begin{aligned}
x' &= 0.004x(50 - x - 0.75y) \\
y' &= 0.001y(100 - y - 3.0x)
\end{aligned}$$

으로 기술된다. 계의 모든 임계점을 구하고 분류하라.

풀이 계의 임계점은 연립방정식

$$\begin{aligned}
x + 0.75y &= 50 \\
3.0x + y &= 100
\end{aligned}$$

의 해로 (0, 0), (50, 0), (0, 100)과 (20, 40)에서 생긴다. $\alpha_{12}\alpha_{21} = 2.25 > 1$이므로 그림 11.4.11에서의 경우 (b)에 해당한다. 따라서 (20, 40)은 안장점이다. Jacobian 행렬은

$$\mathbf{g}'(\mathbf{X}) = \begin{pmatrix} 0.2 - 0.008x - 0.003y & -0.003x \\ -0.003y & 0.1 - 0.002y - 0.003x \end{pmatrix}$$

이고

$$\mathbf{A}_1 = \mathbf{g}'((0, 0)) = \begin{pmatrix} 0.2 & 0 \\ 0 & 0.1 \end{pmatrix} \qquad \mathbf{A}_2 = \mathbf{g}'((50, 0)) = \begin{pmatrix} -0.2 & -0.15 \\ 0 & -0.05 \end{pmatrix}$$

$$\mathbf{A}_3 = \mathbf{g}'((20, 40)) = \begin{pmatrix} -0.08 & -0.12 \\ -0.06 & -0.04 \end{pmatrix} \qquad \mathbf{A}_4 = \mathbf{g}'((0, 100)) = \begin{pmatrix} -0.1 & 0 \\ -0.3 & -0.1 \end{pmatrix}$$

을 얻는다. 따라서 (0, 0)은 불안정 절점인 반면에 (50, 0)과 (0, 100)은 모두 안정 절점이다(확인해 보라!). $\det \mathbf{A}_3 < 0$으로부터 (20, 40)이 안장점임을 다시 증명할 수 있다. ≡

Lotka-Volterra 생존경쟁 모형에서는 제1사분면에서만 존재하는 적어도 하나의 주기해가 있다면 공존이 가능하다. 그러나 이러한 모형이 비주기해를 갖는 것을 증명할 수 있다.

11.4 연습문제

부록에 선택된 홀수 문제의 답이 있다.

비선형 진자

1. 진자가 $\theta = \pi/3$에서 초기 각속도 ω_0 rad/s로 놓인다. 결과적인 운동이 주기적이 되도록 하는 조건을 결정하라.

2. **(a)** 진자가 $\theta = \theta_0$의 정지 상태에서 움직인다면 $\theta = -\theta_0$일 때 각속도가 다시 0이 됨을 보여라.

   (b) 진자의 주기 T는 θ가 θ_0로부터 $-\theta_0$까지 그리고 다시 θ_0로 되돌아오는 데 필요한 시간이다.

$$T = \sqrt{\frac{2L}{g}} \int_{-\theta_0}^{\theta_0} \frac{1}{\sqrt{\cos\theta - \cos\theta_0}}\, d\theta$$

   임을 보여라.

미끄러지는 구슬

3. 모양이 함수 $z = f(x)$로 표현된 가는 줄을 따라 질량 m의 구슬이 미끄러진다. 만약 $\mathbf{X}_1 = (x_1, y_1)$이 미끄러지는 구슬에 대응하는 평면자율계의 임계점이라면 $\mathbf{X}_1$에서의 Jacobian 행렬이

$$\mathbf{g}'(\mathbf{X}_1) = \begin{pmatrix} 0 & 1 \\ -gf''(x_1) & -\beta/m \end{pmatrix}$$

   임을 증명하라.

4. 모양이 함수 $z = f(x)$로 표현된 가는 줄을 따라 질량 m의 구슬이 미끄러진다. $f'(x_1) = 0$, $f''(x_1) > 0$이고 계의 감쇠가 없을 때 임계점 $\mathbf{X}_1 = (x_1, 0)$은 중심이다. $x(0)$가 x_1 근처에 있고 $x'(0) = 0$일 때 구슬의 주기를 구하라.

5. 구슬이 초기 속도 $x'(0) = v_0$ cm/s로 곡선 $z = \frac{1}{2}x^2$을 따라 $x(0) = x_0$ 위치에서 출발한다.

   (a) 위상평면법을 사용하여 계에 감쇠가 없을 때 결과적인 해가 주기적임을 보여라.

   (b) 구슬이 올라갈 수 있는 최대의 높이 $z_{\max}$는

$$z_{\max} = \frac{1}{2}\left[e^{v_0^2/g}(1 + x_0^2) - 1\right]$$

   임을 보여라.

6. $z = \cosh x$일 때, 문제 5를 다시 풀어라.

상호작용 모형

7. (그림 11.4.9를 참고하라.) 만약 $x_m < x_1 < x_M$이고 $x = x_1$이면 $F(x)G(y) = c_0$이 정확히 $y_1 < a/b < y_2$를 만족시키는 두 해 y_1과 y_2를 가짐을 보여라.[힌트: 먼저 $G(y) = c_0/F(x_1) < G(a/b)$임을 보여라.]

8. 그림 11.4.8 그래프의 성질 1과 3으로부터 포식동물의 최대 수가 $y = a/b$일 때 발생하는 것을 결론지어라.

9. 많은 수산업 과학 모형에서는 한 종이 포획되는 비율은 그

종의 양과 직접적으로 비례한다고 가정한다. 포식자와 먹이가 모두 이러한 방식으로 전개된다면 Lotka-Volterra 미분방정식은 다음의 형태를 가진다.

$$x' = -ax + bxy - \varepsilon_1 x$$
$$y' = -cxy + dy - \varepsilon_2 y$$

여기서 ε_1과 ε_2는 양의 상수이다.

(a) $\varepsilon_2 < d$일 때 제 1사분면에서 중심인 새로운 임계점이 있는 것을 보여라.

(b) **Volterra의 원리**에 의하면 적당한 양의 포획은 먹이의 평균 수를 증가시키고 포식자의 평균 수를 감소시킨다. 이 수산업 과학 모형이 Volterra의 원리와 부합하는가?

10. 포식자-먹이 상호작용은 Lotka-Volterra 모형

$$x' = -0.1x + 0.02xy$$
$$y' = 0.2y - 0.025xy$$

로 표현될 수 있다.

(a) 제 1사분면에서 임계점을 찾고 수치해석 프로그램을 사용하여 개체수의 순환을 그려라.

(b) (a)에서 임계점 가까이에 있는 주기해의 주기를 결정하라.

11. 경쟁적 상호작용은 Lotka-Volterra 경쟁 모형에 의하여

$$x' = 0.08x(20 - 0.4x - 0.3y)$$
$$y' = 0.06y(10 - 0.1y - 0.3x)$$

와 같이 표현된다. 이 계의 모든 임계점을 찾고 분류하라.

12. 식 (1)에서 (0, 0)이 항상 불안정 마디점임을 보여라.

13. 식 (1)에서 $(K_1, 0)$이 $K_1 > K_2/\alpha_{21}$일 때 안정 마디점이고 $K_1 < K_2/\alpha_{21}$일 때는 안장점임을 보여라.

14. 문제 12와 13을 이용하여 $\hat{\mathbf{X}} = (\hat{x}, \hat{y})$가 안정 마디점일 때 (0, 0), $(K_1, 0)$, 그리고 $(0, K_2)$가 불안정함을 보여라.

15. 식 (1)에서

$$\frac{K_1}{\alpha_{12}} < K_2 \quad \text{그리고} \quad \frac{K_2}{\alpha_{21}} < K_1$$

일 때 $\hat{\mathbf{X}} = (\hat{x}, \hat{y})$가 안장점임을 보여라.

그 외 다른 형태의 비선형 모형

16. 만약 감쇠력이 진자 운동에 대해 반대 방향으로 작용하고 그 크기가 각속도 $d\theta/dt$에 직접 비례한다고 가정하면 진자의 각변위 θ는 2계 비선형 미분방정식

$$ml\frac{d^2\theta}{dt^2} = -mg\sin\theta - \beta\frac{d\theta}{dt}$$

를 만족시킨다.

(a) 2계 미분방정식을 평면자율계로 표현하고 모든 임계점을 구하라.

(b) (0, 0)이 안정 나선점이 되는 m, l, 그리고 β에 대한 조건을 구하라.

17. 3.8절의 감쇠 자유진동에 관한 분석에서 감쇠력이 속도 x'에 비례한다고 가정하였다. 이 감쇠력의 크기는 종종 속도의 제곱에 비례하기도 한다. 이 경우 새로운 미분방정식은

$$x'' = -\frac{\beta}{m}x'|x'| - \frac{k}{m}x$$

가 된다.

(a) 2계 미분방정식을 평면자율계로 표현하고 임계점을 구하라.

(b) (0, 0)이 안정 절점일 때 이 계는 **과감쇠**라고 한다. 그리고 (0, 0)이 안정 나선점일 때는 **저감쇠**라고 한다. 물리적으로 분석해 보면 (0, 0)은 점근적으로 안정적인 임계점이 되어야 함을 알 수 있다. 이 계가 반드시 저감쇠임을 보여라. [힌트: $d/dy(y|y|) = 2|y|$]

18. 모양이 함수 $z = f(x)$로 표현된 가는 줄을 따라 질량 m의 구슬이 미끄러진다. 줄을 조금 당기면 경사면처럼 작용하게 되는데, 역학에서는 구슬과 줄 사이의 마찰력의 크기가 $mg\cos\theta$에 직접 비례한다고 가정한다. 그림 11.4.3을 보라.

(a) 구슬의 x 좌표에 대한 새로운 미분방정식이 μ가 양의 상수일 때

$$x'' = g\frac{\mu - f'(x)}{1 + [f'(x)]^2} - \frac{\beta}{m}x'$$

로 표현되는 이유를 설명하라.

(b) 대응하는 평면자율계의 임계점을 조사하라. 어떤 조건하에서 임계점이 안장점이 되는가? 안정 나선점이 되는 조건은?

19. 비감쇠 진동은 $x'' + f(x) = 0$ 형태의 2계 비선형 미분방정식을 만족시킨다. 여기서 $f(0) = 0$이고 $x \neq 0$와 $-d < x < d$에 대해 $xf(x) > 0$이다. 위상평면법을 이용하여 임계점 (0, 0)이 안정 나선점일 수 있는지 조사하라. [힌트: $F(x) = \int_0^x f(u)\,du$라 할 때, $y^2 + 2F(x) = c$임을 보여라.]

20. Lotka-Volterra 포식동물-먹이 모형은 포식동물이 없을 때 먹이들의 수가 지수적으로 증가한다고 가정한다. 먹이의 개체수가 생장곡선을 따라 증가한다고 가정하면, 새로운 계는

$$x' = -ax + bxy$$
$$y' = -cxy + \frac{r}{K}y(K - y)$$

가 된다. 여기서 a, b, c, r과 K는 양이고 $K > a/b$이다.

(a) 이 계가 (0, 0), (0, K), 그리고 $(\hat{x}, \hat{y})$에서 임계점을 가짐을 보여라. 여기서 $\hat{y} = a/b$ 이고 $c\hat{x} = \frac{r}{K}(K - \hat{y})$이다.

(b) (0, 0)과 (0, K)에서는 임계점이 안장점인 반면에 $(\hat{x}, \hat{y})$에서는 임계점이 안정 마디점이거나 안정 나선점임을 보여라.

(c) $\hat{y} < \frac{4bK^2}{r + 4bK}$ 일 때 $(\hat{x}, \hat{y})$는 안정 나선점임을 보여라. 이 경우가 먹이들의 수용능력 K가 클 때 발생하는 이유를 설명하라.

21. 비선형계

$$x' = \alpha\frac{y}{1 + y}x - x$$
$$y' = -\frac{y}{1 + y}x - y + \beta$$

는 공급원으로부터 영양분이 배양실로 흘러 들어가게 하는 간단한 실험 장치인 항성분 배양조(chemostat)에서 미생물의 성장에 대한 모형으로 나타난다. 이 계에서 x는 배양실에 있는 미생물의 농도를 나타내고 y는 영양분의 농도를 의미한다. $\alpha > 1$과 $\beta > 0$은 실험자에 의하여 조절될 수 있는 상수이다. 제 1사분면에서 이 계가 하나의 임계점 $(\hat{x}, \hat{y})$를 가지도록 하는 α와 β의 조건을 구하고 이 임계점의 안정성을 조사하라.

22. 이 장에서 사용한 방법과 수치해석 프로그램을 이용하여 비선형 스프링/질량계 모형

$$x'' + 8x - 6x^3 + x^5 = 0$$

의 안정성을 조사하라. 연습문제 3.11의 문제 8을 보라.

11.5 주기해, 극한순환 및 전체 안정성

소개 이 절에서는 비선형 평면자율계에 대한 주기해의 존재성을 고찰하고, 극한순환이라는 특별한 주기해를 소개하고자 한다.

선형화를 이용한 임계점의 분석은 임계점 근처에서 해의 움직임에 대한 중요한 정보와 생물학과 물리학의 다양한 현상들에 대한 통찰력을 제공하고 있음을 11.3절과 11.4절에서 보았다. 하지만 이 방법에는 근본적인 한계가 있다. Jacobian 행렬의 고유값이 순허수일 때, 임계점 근처에 주기해가 존재한다는 결론을 내릴 수가 없다. 몇몇 경우에는 $dy/dx = Q(x, y)/P(x, y)$를 풀어서 해곡선의 음함수 표현인 $f(x, y) = c$를 구할 수 있었고, 이들 해 중 어떤 것이 닫힌곡선을 형성하는지도 조사할 수 있었다. 대부분의 경우에, 미분방정식은 닫힌 형식의 해(closed form solution)를 갖지 않는다. 예를 들어 Lotka-Volterra의 생존경쟁 모형은 이와 같은 방식으로 닫힌 형식의 해를 구할 수 없다. 이 절의 첫 번째 목적은 주기해의 가능성을 배제할 수 있거나 그들의 존재를 보장하는 조건을 결정하는 것이다.

11.3절에서 모형을 연구할 때, 여러 가지 추가 문제를 풀어 보았다. **그림 11.5.1**은 영역 R이 하나의 점근적으로 안정적인 임계점 $\mathbf{X}_1$을 갖는 일반적 상황을 보여 주고 있다. 초기 위치 $\mathbf{X}(0) = \mathbf{X}_0$가 $\mathbf{X}_1$ '근방'일 때, $\lim_{t\to\infty} \mathbf{X}(t) = \mathbf{X}_1$임을 주장할 수 있지만 R 내부에서 택해진 임의의 초기 위치에 대하여 $\lim_{t\to\infty} \mathbf{X}(t) = \mathbf{X}_1$이 되는 조건은 무엇인가? 그러한 임계점은 영역 R에서 **전체적으로 안정하다**(globally stable)고 한다. 이 절의 두 번째 목적은 어떤 조건에서 점근 안정 임계점이 전체적으로 안정한가를 결정하는 것이다.

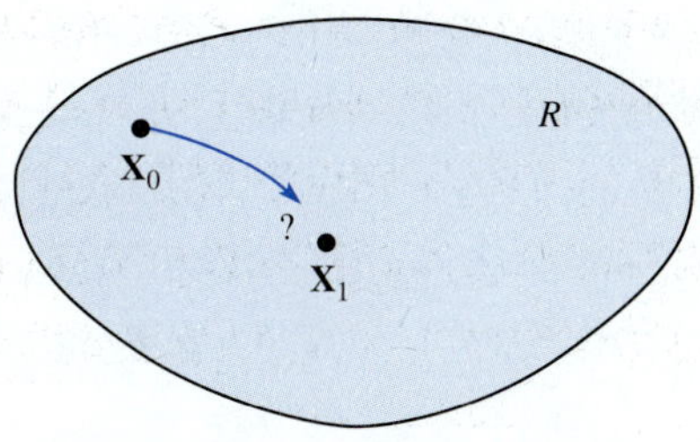

그림 11.5.1 R의 임의의 $\mathbf{X}_0$에 대하여 $t \to \infty$에 따라 $\mathbf{X}$는 $\mathbf{X}_1$에 접근하는가?

이 절에서 그 방법들에 대해 동기를 부여하고 논의할 때, 벡터장 $\mathbf{V}(x, y) = (P(x, y), Q(x, y))$를 주어진 평면의 영역 내에서 유체 흐름을 정의하는 것으로 해석할 수 있고, 자율계에 대한 해는 입자가 영역 안에서 움직이면서 그리는 결과적 경로로 해석될 수 있다는 사실을 이용한다.

음의 판정기준 평면의 주어진 영역 R에서 주기해가 존재하지 않는다는 것을 보이기 위하여 많은 결과들을 종종 이용할 수 있다. $P(x, y)$와 $Q(x, y)$는 R에서 연속 1계 편도함수를 갖고, R은 단순연결(simply connected)되어 있다고 가정하자. 단순연결된 영역에서 R 내의 임의의 단순 닫힌곡선 C는 R 내의 점들만을 포함하고 있음을 상기하라. 따라서 R 내부에 주기해 $\mathbf{X} = \mathbf{X}(t)$가 있다면 R은 주기해로부터 만들어지는 곡선 내부의 모든 점을 포함한다.

정리 11.5.1 순환과 임계점

평면자율계가 단순연결 영역 R에서 주기해 $\mathbf{X} = \mathbf{X}(t)$를 가진다면, 계는 그에 대응하는 단순 닫힌곡선 C 내부에서 적어도 하나의 임계점을 가진다. 만약 C의 내부에 임계점이 하나 있다면, 그 임계점은 안장점이 될 수 없다.

정리 11.5.1의 따름정리

단순연결 영역 R이 평면자율계의 임계점을 포함하고 있지 않거나 하나의 안장점만을 포함한다면 R 내부에는 주기해가 없다.

예제 1 주기해가 없는 경우

평면자율계

$$x' = xy$$
$$y' = -1 - x^2 - y^2$$

이 주기해를 갖지 않음을 보여라.

풀이 (x, y)가 임계점이라면 첫 번째 방정식으로부터 $x = 0$이거나 $y = 0$이다. $x = 0$이면 $-1 - y^2 = 0$, 즉 $y^2 = -1$이다. 마찬가지로 $y = 0$은 $x^2 = -1$을 의미한다. 따라서 이 평면자율계는 임계점을 가지고 있지 않다. 그리고 따름정리에 의해 주기해는 평면에 없다. ≡

예제 2 Lotka-Volterra 생존경쟁 모형

Lotka-Volterra 생존경쟁 모형

$$x' = 0.004x(50 - x - 0.75y)$$
$$y' = 0.001y(100 - y - 3.0x)$$

가 제 1사분면에서 주기해를 갖지 않음을 보여라.

풀이 11.4절의 예제 4에서 이 계가 (0, 0), (50, 0), (0, 100), 그리고 (20, 40)에서 임계점을 갖고 그중 (20, 40)이 안장점임을 보았다. (20, 40)만이 제 1사분면에 있으므로 따름정리에 의해 제 1사분면 내에는 주기해가 존재하지 않는다. ≡

다른 유용한 결과가 벡터장 $\mathbf{V}(x, y) = (P(x, y), Q(x, y))$의 발산항을 이용하여 서술될 수 있다.

정리 11.5.2 Bendixson의 음의 판정기준

단순연결 영역 R 내에서 div $\mathbf{V} = \partial P/\partial x + \partial Q/\partial y$의 부호 변화가 없다면 평면자율계는 R 내에서 주기해를 갖지 않는다.

증명 이와 반대로 R 내에서 주기해 $\mathbf{X} = \mathbf{X}(t)$가 존재한다고 가정하고 결과적으로 생기는 단순 닫힌곡선을 C라 하고 C로 둘러싸인 영역을 R_1이라 하자. Green의 정리에 의해 $M(x, y)$와 $N(x, y)$가 R 내에서 연속 1계 편도함수를 가지면

$$\int_C M(x, y)\, dx + N(x, y)\, dy = \iint_{R_1} \left(\frac{\partial N}{\partial x} - \frac{\partial M}{\partial y} \right) dx\, dy$$

이다. 만약 $N = P$이고 $M = -Q$라면

$$\int_C -Q(x, y)\, dx + P(x, y)\, dy = \iint_{R_1} \left(\frac{\partial P}{\partial x} - \frac{\partial Q}{\partial y} \right) dx\, dy$$

가 된다. $\mathbf{X} = \mathbf{X}(t)$가 주기 p를 갖는 해이기 때문에 $x'(t) = P(x(t), y(t))$이고 $y'(t) = Q(x(t), y(t))$이다. 따라서

$$\begin{aligned} \int_C -Q(x, y)\, dx + P(x, y)\, dy &= \int_0^P [-Q(x(t), y(t))\, x'(t) + P(x(t), y(t))\, y'(t)]\, dt \\ &= \int_0^P [-QP + PQ]\, dt = 0 \end{aligned}$$

이다. div $\mathbf{V} = \partial P/\partial x + \partial Q/\partial y$가 연속이고 R 내에서 부호의 변화가 없기 때문에 R 내에서 div $\mathbf{V} \geq 0$이거나 div $\mathbf{V} \leq 0$이다. 따라서

$$\iint_{R_1} \left(\frac{\partial P}{\partial x} + \frac{\partial Q}{\partial y} \right) dx\, dy \neq 0$$

이다. 이와 같은 모순은 R 내에서 주기해가 존재하지 않음을 입증한다. ≡

예제 3 Bendixson의 음의 판정기준

다음의 각 계의 가능한 주기해를 조사하라.

(a) $x' = x + 2y + 4x^3 - y^2$
$y' = -x + 2y + yx^2 + y^3$

(b) $x' = y + x(2 - x^2 - y^2)$
$y' = -x + y(2 - x^2 - y^2)$

풀이 **(a)** div $\mathbf{V} = \partial P/\partial x + \partial Q/\partial y = 1 + 12x^2 + 2 + x^2 + 3y^2 \geq 3$이다. 따라서 평면에서는 주기해가 존재하지 않는다.

(b) 이 계에 대해서는 div $\mathbf{V} = (2 - 3x^2 - y^2) + (2 - x^2 - 3y^2) = 4 - 4(x^2 + y^2)$이다. 따라서 R이 원 $x^2 + y^2 = 1$의 내부점이라면 div $\mathbf{V} > 0$이고 이 원판 내에 주기해는 없다. 원의 바깥에서는 div $\mathbf{V} < 0$임을 유의하라. 만약 R이 외부의 단순연결된 부분집합이라면 R 내에 주기해가 없다. 만약 외부에 주기해가 있다면 원 $x^2 + y^2 = 1$을 둘러싸야만 한다.

구체적으로 독자는 $\mathbf{X}(t) = (\sqrt{2}\sin t, \sqrt{2}\cos t)$가 원 $x^2 + y^2 = 2$를 생성하는 주기해임을 증명할 수 있다. ≡

예제 4 미끄러지는 구슬과 주기해

11.4절에서 논의된 미끄러지는 구슬은 미분방정식

$$mx'' = -mg\frac{f'(x)}{1 + [f'(x)]^2} - \beta x'$$

를 만족시킨다. 이때 주기해가 없음을 보여라.

풀이 대응하는 평면자율계는

$$x' = y$$
$$y' = -g\frac{f'(x)}{1 + [f'(x)]^2} - \frac{\beta}{m}y$$

이고 따라서 $\operatorname{div}\mathbf{V} = \dfrac{\partial P}{\partial x} + \dfrac{\partial Q}{\partial y} = -\dfrac{\beta}{m} < 0$이다. 정리 11.5.2에 따라서 이 시스템은 주기해를 갖지 않는다. ≡

다음 정리는 Bendixson의 음의 판정기준을 일반화한 것으로 적절한 함수 $\delta(x, y)$를 구성하는 것은 독자에게 맡긴다.

정리 11.5.3 Dulac의 음의 판정기준

$\delta(x, y)$가 단순연결 영역에서 연속 1계 편도함수를 가지고 R에서 $\dfrac{\partial(\delta P)}{\partial x} + \dfrac{\partial(\delta Q)}{\partial y}$의 부호 변화가 없다면 평면자율계는 R에서 주기해를 갖지 않는다.

적절한 함수 $\delta(x, y)$를 구성하는 일반적인 방법은 없다. 대신에 $ax^2 + by^2$, e^{ax+by}, $x^a y^b$등의 형태의 간단한 함수로 시험해 본 뒤 $\partial(\delta P)/\partial x + \partial(\delta Q)/\partial y$가 주어진 영역에서 0이 아니도록 상수를 결정한다.

예제 5 Dulac의 음의 판정기준

다음 2계 비선형 미분방정식

$$x'' = x^2 + (x')^2 - x - x'$$

가 주기해를 갖지 않음을 보여라.

풀이 대응하는 평면자율계는

$$x' = y$$
$$y' = x^2 + y^2 - x - y$$

이다. $\delta(x, y) = e^{ax+by}$라 하면

$$\frac{\partial(\delta P)}{\partial x} + \frac{\partial(\delta Q)}{\partial y} = e^{ax+by}(ay + 2y - 1) + e^{ax+by}b(x^2 + y^2 - x - y)$$

이다. $a = -2$이고 $b = 0$이라 하면 $\partial(\delta P)/\partial x + \partial(\delta Q)/\partial y = -e^{ax+by}$이다. 이것은 항상 음의 부호를 갖는다. 따라서 Dulac의 음의 판정기준에 의하여 2계 미분방정식은 주기해를 갖지 않는다. ≡

예제 6 Dulac의 음의 판정기준

$\delta(x, y) = 1/(xy)$임을 이용하여 Lotka-Volterra 생존경쟁 방정식

$$x' = \frac{r_1}{K_1}x(K_1 - x - \alpha_{12}y)$$

$$y' = \frac{r_2}{K_2}y(K_2 - y - \alpha_{21}x)$$

가 제 1사분면에서 주기해를 갖지 않음을 보여라.

풀이 $\delta(x, y) = 1/(xy)$이면

$$\delta P = \frac{r_1}{K_1}\left[\frac{K_1}{y} - \frac{x}{y} - \alpha_{12}\right] \quad \text{그리고} \quad \delta Q = \frac{r_2}{K_2}\left[\frac{K_2}{x} - \frac{y}{x} - \alpha_{21}\right]$$

이다. 따라서

$$\frac{\partial(\delta P)}{\partial x} + \frac{\partial(\delta Q)}{\partial y} = \frac{r_1}{K_1}\left(-\frac{1}{y}\right) + \frac{r_2}{K_2}\left(-\frac{1}{x}\right)$$

이다. 제 1사분면에 있는 모든 (x, y)에 대하여 후자의 표현은 항상 음의 부호를 갖는다. 따라서 주기해는 없다. ≡

양의 판정기준: Poincaré-Bendixson 이론

Poincaré-Bendixson 정리는 평면자율계에 대해 유계의 해의 전체적인 움직임을 묘사하는 수준 높은 결과이다. 여기서는 완전히 일반적인 결과를 제시하기보다는 응용에서 자주 나타나는 특수한 경우에 중점을 둘 것이다. 이들 경우 중 하나로 **극한순환**(limit cycle)이라는 새로운 형태의 주기해를 유도한다.

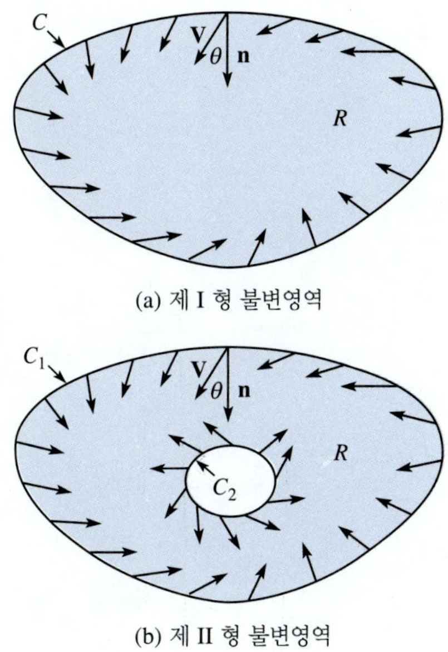

(a) 제 I 형 불변영역

(b) 제 II 형 불변영역

그림 11.5.2 불변영역의 두 형태

정의 11.5.1 불변영역

$\mathbf{X}_0$이 영역 R 내에 있을 때 $\mathbf{X}(0) = \mathbf{X}_0$을 만족시키는 해 $\mathbf{X} = \mathbf{X}(t)$가 항상 R에 남아 있다면 영역 R을 평면자율계의 **불변영역**(invariant region)이라고 한다.

그림 11.5.2는 불변영역의 두 표준 형태를 보여 주고 있다. **제I형 불변영역** R은 단순 닫힌 곡선 C로 둘러싸여 있고 벡터장 $\mathbf{V}(x, y) = (P(x, y), Q(x, y))$로 정의된 흐름은 경계에서 항상 영역 안쪽을 향한다. 이것은 입자가 경계를 넘어가지 못하게 한다. **제II형 불변영역**은 단

순 닫힌곡선 C_1과 C_2를 경계로 가지고 있는 원환 영역(annular region)이다. 여기서 경계에서의 흐름은 R의 안쪽을 향한다. 다음 정리는 주어진 영역이 불변임을 증명하기 위한 방법을 말해 준다.

정리 11.5.4 법선벡터와 불변영역

$\mathbf{n}(x, y)$가 영역 내부로 향하는 경계에서 정의된 법선벡터라 하자. R의 경계 상의 모든 점 (x, y)에 대하여 $\mathbf{V}(x, y) \cdot \mathbf{n}(x, y) \geq 0$이라면 R은 평면자율계에 대한 불변영역이다.

증명 θ가 $\mathbf{V}(x, y)$와 $\mathbf{n}(x, y)$ 사이의 각이라면 $\mathbf{V} \cdot \mathbf{n} = \|\mathbf{V}\|\,\|\mathbf{n}\| \cos\theta$로부터 $\cos\theta \geq 0$이고 따라서 θ는 $0°$와 $90°$ 사이에 있게 된다. 따라서 흐름은 모든 경계점 (x, y)에 대하여 영역 안쪽(또는 최악의 경우에 경계선을 따라서)으로 향한다. 이것은 R에서 출발한 해가 R을 벗어나지 못하도록 한다. 따라서 R은 평면자율계의 불변영역이다. ≡

주어진 비선형계에 대하여 불변영역을 구하는 것은 아주 어려운 문제이다. 제일 좋은 첫 단계는 소프트웨어를 사용하여 곡선 $P(x, y) = 0$[이 곡선을 따라 벡터 $\mathbf{V}(x, y)$는 수직이다]과 $Q(x, y) = 0$[이 곡선을 따라 벡터 $\mathbf{V}(x, y)$는 수평이다]뿐만 아니라 벡터장 $\mathbf{V}(x, y) = (P(x, y), Q(x, y))$도 더불어 그려 보는 것이다. 이와 같은 단계를 통해 R을 결정할 수 있다. 다음 예제에서 선과 원으로 된 경계를 가진 불변영역을 구성할 것이다. 좀더 복잡한 경우에는 불변영역이 존재한다는 실험적 증거를 제시하는 것에 만족할 것이다.

예제 7 원형 불변영역

평면자율계

$$\begin{aligned} x' &= -y - x^3 \\ y' &= x - y^3 \end{aligned}$$

에 대하여 불변영역으로 역할을 하는 $(0, 0)$을 중심으로 가진 원형 영역을 구하라.

풀이 원 $x^2 + y^2 = r^2$에 대하여 $\mathbf{n} = (-2x, -2y)$는 원의 내부로 향하는 법선벡터이다.

$$\mathbf{V} \cdot \mathbf{n} = (-y - x^3, x - y^3) \cdot (-2x, -2y) = 2(x^4 + y^4)$$

이므로 원 $x^2 + y^2 = r^2$ 상에서 $\mathbf{V} \cdot \mathbf{n} \geq 0$이다. 그러므로 정리 11.5.4에 의해 $x^2 + y^2 \leq r^2$로 정의되는 원형 영역은 임의의 $r > 0$에 대하여 계에 대한 불변영역이 된다. ≡

예제 8 원환 불변영역

평면자율계

$$\begin{aligned} x' &= x - y - 5x(x^2 + y^2) + x^5 \\ y' &= x + y - 5y(x^2 + y^2) + y^5 \end{aligned}$$

에 대하여 불변영역으로 역할을 하는 원으로 둘러싸인 원환 영역을 구하라.

풀이 예제 7에서와 같은 법선벡터 $\mathbf{n}_1 = (-2x, -2y)$는 원 $x^2 + y^2 = r^2$의 내부를 향하지만 법선벡터 $\mathbf{n}_2 = -\mathbf{n}_1$은 바깥쪽을 향한다. $\mathbf{V} \cdot \mathbf{n}_1$을 계산한 뒤 단순화하여

$$\mathbf{V} \cdot \mathbf{n}_1 = -2(r^2 - 5r^4 + x^6 + y^6)$$

을 얻는다. $r^2 - 5r^4 = r^2(1 - 5r^2)$은 양과 음의 값을 모두 가짐에 주목하라.

만약 $r = 1$이면 원 $x^2 + y^2 = 1$ 상에서 $x^6 + y^6$의 최대값이 1이므로 $\mathbf{V} \cdot \mathbf{n}_1 = 8 - 2(x^6 + y^6) \geq 0$이다. 따라서 흐름은 원형 영역 $x^2 + y^2 \leq 1$의 내부로 향한다.

만약 $r = \frac{1}{4}$이면 $\mathbf{V} \cdot \mathbf{n}_1 \leq -2(r^2 - 5r^4) < 0$이고 따라서 $\mathbf{V} \cdot \mathbf{n}_2 = -\mathbf{V} \cdot \mathbf{n}_1 > 0$이다. 따라서 흐름은 원 $x^2 + y^2 = \frac{1}{16}$의 바깥으로 향하고 $\frac{1}{16} \leq x^2 + y^2 \leq 1$로 정의된 원환 영역 R은 계의 불변영역이다. ≡

예제 9 Van der Pol 방정식

Van der Pol 방정식은 전자공학에서 등장하는 비선형 2계 미분방정식이며 평면자율계로는

$$x' = y$$
$$y' = -\mu(x^2 - 1)y - x$$

의 형태를 가진다. **그림 11.5.3**은 $\mu = 1$에 대하여 곡선을 따라 벡터가 각각 수직이고 수평인 곡선 $y = 0$과 $(x^2 - 1)y = -x$와 함께 대응하는 벡터장을 보여 준다(편의상 정규화된 벡터장 $\mathbf{V}/\|\mathbf{V}\|$을 그렸다). 경계가 직선 또는 원으로 구성된 단순한 불변영역을 구하는 것은 가능하지 않다. 그림은 그 내부에 (0, 0)을 갖는 불변영역 R이 존재한다는 실험적 증거를 제시한다. 이것을 수학적으로 입증하기 위해서는 고등수학의 방법이 요구된다.* ≡

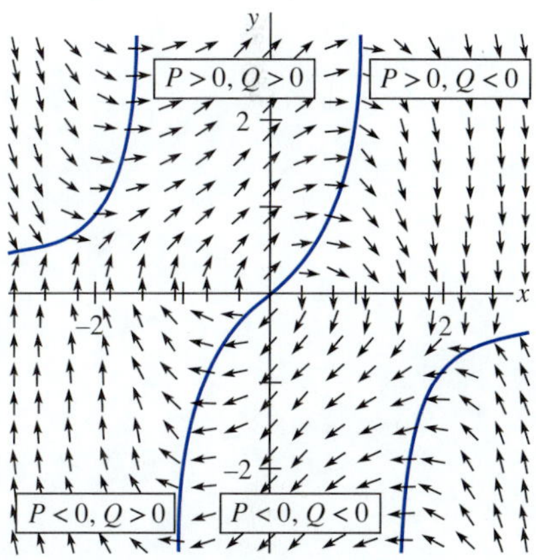

그림 11.5.3 예제 9의 Van der Pol 방정식의 벡터장

다음에 주기해의 존재성을 보장하는 Poincaré-Bendixson 정리의 두 가지 중요하고 특별한 경우를 제시한다.

정리 11.5.5 Poincaré-Bendixson I

R이 평면자율계의 불변영역이라 하고 R은 그 경계 상에서 임계점을 갖지 않는다고 가정한다.

(a) R이 그 내부에 하나의 불안정 절점을 갖거나 불안정 나선점을 갖는 형태 I 영역이라면 R 내에는 적어도 하나의 주기해가 존재한다.

(b) R이 계 내에 임계점이 없는 형태 II 영역이라면 R 내에는 적어도 하나의 주기해가 존재한다.

위의 두 경우 중 어떤 것에 대해서도 $\mathbf{X} = \mathbf{X}(t)$가 R에서 비주기해라면 $\mathbf{X}(t)$는 계에 대한 해인 원을 향해 나선으로 선회하면서 접근한다. 이 주기해를 **극한순환**(limit cycle)이라 한다.

* M. Hirsch와 S. Smale의 *Differential Equations, Dynamical Systems, and Linear Algebra* (New York: Academic Press, 1974)를 보라.

그림 11.5.2에 표현된 흐름의 모습은 결과를 그럴듯하게 만드는 데 이용될 수 있다. 만약 입자가 형태 II 불변영역 R 내의 한 점 $\mathbf{X}_0$에 놓인다면 그 입자는 그 영역으로부터 이탈하지도 않고 정지점도 가지고 있지 않으며 경계 주위 C_2를 회전하기 시작하여 주기 궤도에 안착할 것이다. 해 자체가 주기적이지 않은 한 입자가 이전의 위치로 돌아가는 것은 가능하지 않다.

예제 10 주기해의 존재

정리 11.5.5를 이용하여

$$x' = -y + x(1 - x^2 - y^2) - y(x^2 + y^2)$$
$$y' = x + y(1 - x^2 - y^2) + x(x^2 + y^2)$$

이 적어도 하나의 주기해를 가짐을 보여라.

풀이 먼저 원들로 둘러싸인 불변영역을 구성한다. 만약 $\mathbf{n}_1 = (-2x, -2y)$라면 $\mathbf{V} \cdot \mathbf{n}_1 = -2r^2(1 - r^2)$이다. 만약 $r = 2$와 $r = \frac{1}{2}$이라면 $\frac{1}{4} \le x^2 + y^2 \le 4$로 정의된 원환 영역 R이 불변임을 결론 내릴 수 있다. (x_1, y_1)이 계의 임계점이라면 $\mathbf{V} \cdot \mathbf{n}_1 = (0, 0) \cdot \mathbf{n}_1 = 0$이다. 따라서 $r = 0$ 또는 $r = 1$이 된다. 만약 $r = 0$이면 $(x_1, y_1) = (0, 0)$은 임계점이다. $r = 1$이면 이 계는 $-2y = 0$, $2x = 0$가 되는데 이것은 모순임을 알 수 있다. 따라서 $(0, 0)$은 유일한 임계점이고 이 임계점은 R 내에 존재하지 않는다. 정리 11.5.5의 (b)에 의해 이 계는 R 내에서 적어도 하나의 주기해를 가진다.

독자는 $\mathbf{X}(t) = (\cos 2t, \sin 2t)$가 주기해임을 증명할 수 있다. ≡

예제 11 Van der Pol 방정식에서의 극한순환

Van der Pol 미분방정식

$$x'' + \mu(x^2 - 1)x' + x = 0$$

이 $\mu > 0$일 때 주기해를 가짐을 보여라.

풀이 대응하는 평면자율계에 대하여 형태 I 불변영역 R이 존재하고 이 영역은 그 내부에 $(0, 0)$을 포함한다고 가정한다(예제 9와 그림 11.5.3을 보라). 유일한 임계점은 $(0, 0)$이고 Jacobian 행렬은

$$\mathbf{g}'((0, 0)) = \begin{pmatrix} 0 & 1 \\ -1 & \mu \end{pmatrix}$$

으로 주어진다. 따라서 $\tau = \mu$, $\Delta = 1$이고 $\tau^2 - 4\Delta = \mu^2 - 4$이다. $\mu > 0$이므로 임계점은 불안정 나선점이거나 불안정 절점이다. 정리 11.5.5의 (a)에 의해 계는 R 내에서 적어도 하나의 주기해를 가진다. 그림 11.5.4는 $\mu = 1$일 때, $\mathbf{X}(0) = (0.5, 0.5)$와 $\mathbf{X}(0) = (3, 3)$에 대응하는 해를 보여 준다. 이 해들은 각각 원점 주위를 나선형으로 선회하고 극한순환으로 접근한다. Van der Pol 미분방정식이 모든 매개변수 μ 값에 대하여 유일한 극한순환을 가진다는 것을 증명할 수 있다. ≡

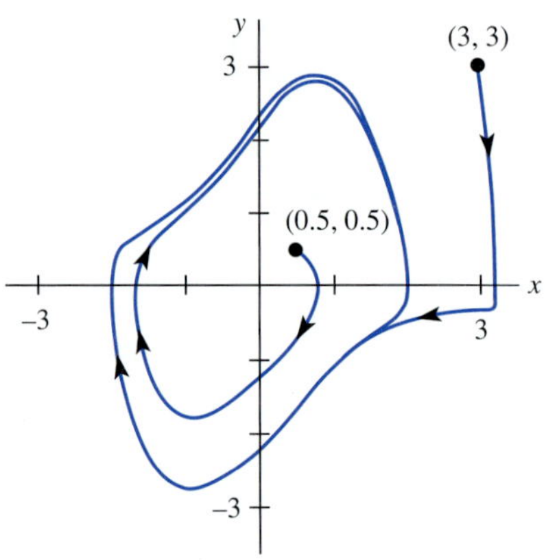

그림 11.5.4 예제 11의 같은 극한순환에 접근하는 Van der Pol 방정식의 두 해

전체 안정성 Poincaré-Bendixson 정리의 또 다른 형태는 국소적으로 안정적인 임계점이 전체적으로 안정적임을 보이기 위해 이용될 수 있다.

정리 11.5.6 Poincaré-Bendixson II

R을 내부에 주기해가 없는 평면자율계에 대한 형태 I의 불변영역이라고 하자.

(a) R이 유한 개의 절점이나 나선점을 가진다면 R 내에 임의의 초기점 $\mathbf{X}_0$가 주어질 때 적당한 임계점 $\mathbf{X}_1$이 존재하고 $\lim_{t\to\infty} \mathbf{X}(t) = \mathbf{X}_1$이다.

(b) R이 내부에 하나의 안정 절점이나 안정 나선점 $\mathbf{X}_1$을 갖고 경계에서 임계점이 없다면 R 내의 모든 초기 위치 $\mathbf{X}_0$에 대하여 $\lim_{t\to\infty} \mathbf{X}(t) = \mathbf{X}_1$이다.

정리 11.5.6에서 입자는 R을 벗어날 수 없고 처음의 위치 중 어디라도 되돌아갈 수 없다. 따라서 순환이 없다면 입자는 어떤 안정 임계점 $\mathbf{X}_1$으로 끌어당겨져야만 한다.

예제 12 전체적으로 안정된 임계점

예제 7에 나온 계

$$x' = -y - x^3$$
$$y' = x - y^3$$

에 대한 전체 안정성을 조사하라.

풀이 예제 7에서 $x^2 + y^2 \le r^2$으로 정의된 원형 영역이 임의의 $r > 0$에 대하여 이 계에 대한 불변영역이 됨을 보았다. $\partial P/\partial x + \partial Q/\partial y = -3x^2 - 3y^2$은 부호 변화가 없으므로 Bendixson의 음의 판정기준에 의하여 주기해는 없다. $(0, 0)$이 유일한 임계점이고 Jacobian 행렬이

$$\mathbf{g}'((0, 0)) = \begin{pmatrix} 0 & -1 \\ 1 & 0 \end{pmatrix}$$

임을 증명하는 것은 어렵지 않다. $\tau = 0$이고 $\Delta = 1$이므로 $(0, 0)$는 안정 또는 불안정 나선점일 수 있다(중심일 수는 없다). 그러나 정리 11.5.6은 적당한 임계점 $\mathbf{X}_1$에 대하여 $\lim_{t\to\infty} \mathbf{X}(t) = \mathbf{X}_1$을 보장한다. $(0, 0)$이 유일한 임계점이므로 평면에서 임의의 초기 위치 $\mathbf{X}_0$에 대하여 $\lim_{t\to\infty} \mathbf{X}(t) = (0, 0)$이어야만 한다. 따라서 임계점은 전체 안정 나선점이다. 그림 11.5.5는 $\mathbf{X}(0) = (4, 4)$를 만족시키는 해의 두 모습을 보여 준다. 그림 11.5.5(b)는 $(0, 0)$ 주위에서 곡선을 확대한 모습이다. 해가 $(0, 0)$ 쪽으로 얼마나 천천히 나선경로로 선회하는가에 주목하라. ≡

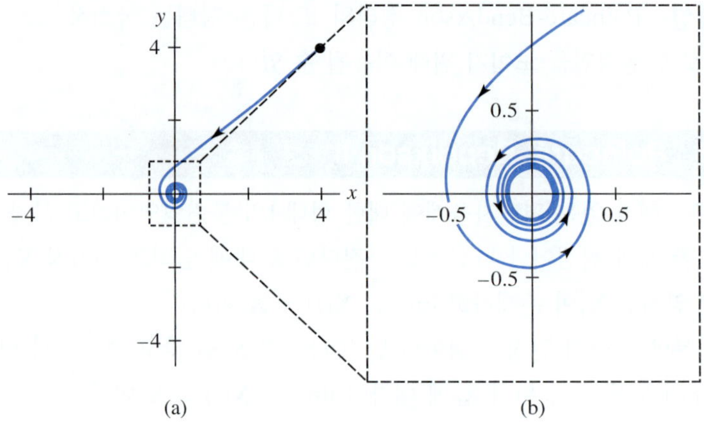

그림 11.5.5 예제 12의 (0, 0) 근처에 있는 영역의 확대

11.5 연습문제

부록에 선택된 홀수 문제의 답이 있다.

문제 1~8에서는 주어진 평면자율계(또는 2계 미분방정식)가 주기해를 갖지 않음을 보여라.

1. $x' = 2 + xy$, $y' = x - y$

2. $x' = 2x - xy$, $y' = -1 - x^2 + 2x - y^2$

3. $x' = -x + y^2$, $y' = x - y$

4. $x' = xy^2 - x^2y$, $y' = x^2y - 1$

5. $x' = -\mu x - y$, $y' = x + y^3$ ($\mu < 0$일 때)

6. $x' = 2x + y^2$, $y' = xy - y$

7. $x'' - 2x + (x')^4 = 0$

8. $x'' + x = [\frac{1}{2} + 3(x')^2]x' - x^2$

문제 9와 10에서는 Dulac의 음의 판단기준을 이용해 주어진 평면자율계가 주기해를 갖지 않음을 보여라. $\delta(x, y) = ax^2 + by^2$, e^{ax+by}, 또는 x^ay^b 형태의 간단한 함수를 사용하여 실험해 보라.

9. $x' = -2x + xy$, $y' = 2y - x^2$

10. $x' = -x^3 + 4xy$, $y' = -5x^2 - y^2$

11. 평면자율계

$$x' = x(1 - x^2 - 3y^2)$$
$$y' = y(3 - x^2 - 3y^2)$$

이 원점 주위의 타원 영역에서 주기해를 갖지 않음을 보여라.

12. 영역 내에서 $\partial g/\partial x' \neq 0$이면 $x'' = g(x, x')$는 R에서 주기해를 갖지 않음을 증명하라.

13. 연습문제 11.4의 문제 20에 주어진 포식자–먹이 모형

$$x' = -ax + bxy$$
$$y' = -cxy + \frac{r}{K}y(K - y)$$

가 제1사분면에서 주기해를 갖지 않음을 보여라.

문제 14와 15에서는 주어진 평면자율계에 대한 원형 불변영역을 구하라.

14. $x' = -y - xe^{x+y}$, $y' = x - ye^{x+y}$

15. $x' = -x + y + xy$, $y' = x - y - x^2 - y^3$

16. 닫힌곡선 $x^6 + 3y^2 = 1$로 둘러싸인 영역이 2계 미분방정식 $x'' + x' = -(x')^3 - x^5$에 대한 불변영역임을 증명하라. 그림 11.5.6을 보라.

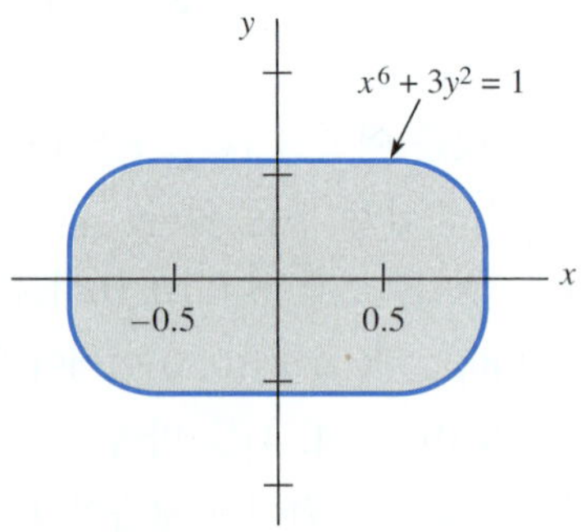

그림 11.5.6 문제 16의 불변영역

17. 예제 8의 평면자율계는 오직 하나의 임계점을 가진다. 이 계가 적어도 하나의 주기해를 가진다고 결론지을 수 있을까?

18. Poincaré-Bendixson 정리를 이용하여 2계 비선형 미분방정식

$$x'' = x'[1 - 3x^2 - 2(x')^2] - x$$

가 적어도 하나의 주기해를 갖는 것을 보여라. [힌트: 대응하는 평면자율계에 대한 원환 불변영역을 구하라.]

19. $\mathbf{X} = \mathbf{X}(t)$를 $\mathbf{X}(0) = (x_0, y_0)$을 만족시키는 평면자율계

$$x' = y$$
$$y' = -x - (1 - x^2)y$$

의 해라고 하자. $x_0^2 + y_0^2 < 1$이면 $\lim_{t\to\infty} \mathbf{X}(t) = (0, 0)$임을 보여라. [힌트: $x_0^2 + y_0^2 < r^2$이 되도록 $r < 1$을 선택한 뒤 먼저 $x^2 + y^2 \le r^2$으로 정의된 원형 영역이 불변영역임을 보여라.]

20. 다음 계

$$x' = y - x$$
$$y' = -x - y^3$$

에 대한 전체 안정성을 조사하라.

21. 실험적인 증거에 의하면 평면자율계

$$x' = x^2y - x + 1$$
$$y' = -x^2y + \tfrac{1}{2}$$

이 사각형 $0 \le x \le 2$, $0 \le y \le 1$ 내부에 형태 I 불변영역을 가진다.

(a) Bendixson의 음의 판정기준을 이용하여 R 내에서 주기해가 없음을 보여라.

(b) $\mathbf{X}_0$가 R 내에 있고 $\mathbf{X} = \mathbf{X}(t)$가 $\mathbf{X}(t) = \mathbf{X}_0$을 만족시키는 해라면 정리 11.5.6을 이용하여 $\lim_{t\to\infty} \mathbf{X}(t)$를 구하라.

22. **(a)** 다음 평면자율계의 모든 임계점을 구하고 분류하라.

$$x' = x\left(\frac{2y}{y+2} - 1\right)$$
$$y' = y\left(1 - \frac{2x}{y+2} - \frac{y}{8}\right)$$

(b) 그림 11.5.7은 벡터장 $\mathbf{V}/\|\mathbf{V}\|$을 보여 주고 또한 내부에 임계점을 갖는 제 1사분면에서 불변영역 R이 있다는 실험적 증거를 보여 주고 있다. 그러한 영역이 존재한다고 가정하고 적어도 하나의 주기해가 있음을 증명하라.

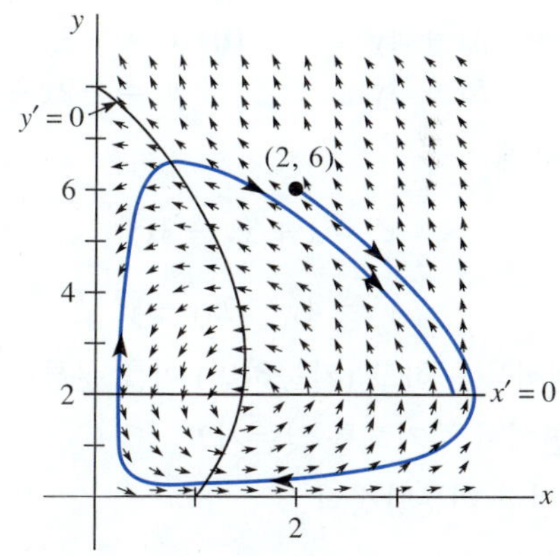

그림 11.5.7 문제 22의 벡터장

11 복습문제

부록에 선택된 홀수 문제의 답이 있다.

교재를 참고하지 말고 문제 1~10에 대하여 답하라. 빈 칸을 채우거나 참 또는 거짓으로 답하라.

1. 2계 미분방정식 $x'' + f(x') + g(x) = 0$은 평면자율계로 쓸 수 있다._____

2. $\mathbf{X} = \mathbf{X}(t)$가 평면자율계의 해이고 $t_1 \ne t_2$에 대하여 $\mathbf{X}(t_1) = \mathbf{X}(t_2)$라면 $X(t)$는 주기해이다._____

3. 행렬 $\mathbf{A}$의 대각합이 0이고 $\det \mathbf{A} \ne 0$이면 선형계 $\mathbf{X}' = \mathbf{AX}$의 임계점 (0, 0)은 _____(으)로 분류될 수 있다.

4. 선형계 $\mathbf{X}' = \mathbf{AX}$의 임계점 (0, 0)이 안정 나선점이라면 $\mathbf{A}$의 고유값은 _____이다.

5. 선형계 $\mathbf{X}' = \mathbf{AX}$의 임계점 (0, 0)이 안장점이고 $\mathbf{X} = \mathbf{X}(t)$가 해라면 $\lim_{t\to\infty} \mathbf{X}(t)$은 존재하지 않는다._____

6. 평면자율계의 임계점에서 Jacobian 행렬 $\mathbf{A} = \mathbf{g}'(\mathbf{X}_1)$이 양의 대각합과 행렬식을 갖는다면 임계점 $\mathbf{X}_1$은 불안정하다._____

7. 선형화를 이용하여 비선형 평면자율계가 주기해를 가진다는 것을 증명하는 것이 가능하다._____

8. 진자 방정식 $\dfrac{d^2\theta}{dt^2} + \dfrac{g}{l}\sin\theta = 0$의 모든 해는 주기적이다._____

9. 단순연결 영역 R이 평면자율계의 임계점을 포함하지 않는다면 R 내에서 주기해는 없다._____

10. 평면자율계가 원환 불변영역 R에서 임계점을 갖지 않는다면 R 내에서 적어도 하나의 주기해가 존재한다._____

11. 극좌표로 변환하여 다음의 비선형 평면자율계를 풀고 주

어진 초기조건을 만족시키는 해의 기하적인 움직임을 설명하라.

$$x' = -y - x\left(\sqrt{x^2 + y^2}\right)^3$$

$$y' = x - y\left(\sqrt{x^2 + y^2}\right)^3, \quad \mathbf{X}(0) = (1, 0)$$

12. 일반해가 다음과 같이 주어진 선형계 $\mathbf{X}' = \mathbf{A}\mathbf{X}$에 대한 해의 기하적 성질을 논의하라.

(a) $\mathbf{X}(t) = c_1\begin{pmatrix}1\\1\end{pmatrix}e^{-t} + c_2\begin{pmatrix}1\\-2\end{pmatrix}e^{-2t}$

(b) $\mathbf{X}(t) = c_1\begin{pmatrix}1\\-1\end{pmatrix}e^{-t} + c_2\begin{pmatrix}1\\2\end{pmatrix}e^{2t}$

13. 대각합 τ와 행렬식 Δ를 계산함으로써 주어진 선형계의 임계점 (0, 0)을 분류하라.

(a) $x' = -3x + 4y$, $y' = -5x + 3y$ **(b)** $x' = -3x + 2y$, $y' = -2x + y$

14. 평면자율계

$$x' = x + xy - 3x^2$$

$$y' = 4y - 2xy - y^2$$

의 임계점을 구하고 (가능하면) 이를 분류하라. 이 계는 제 1사분면에서 주기해를 갖는가?

15. 2계 비선형 미분방정식

$$x'' + \mu(x^2 - 1)x' + x = 0$$

에 대응하는 평면자율계의 임계점 (0, 0)을 분류하라. 여기서 μ는 실수이다.

16. 구체적으로 식을 풀지 말고, 자율적 1계 미분방정식 $x' = (x^2 - 1)e^{-x/2}$의 임계점이 점근 안정인지 불안정인지 (가능하면) 분류하라.

17. 위상평면법을 사용하여 초기조건 $x(0) = x_0$과 $x'(0) = 0$을 만족시키는 2계 비선형 미분방정식

$$x'' = -2x\sqrt{(x')^2 + 1}$$

의 해가 주기적임을 보여라.

18. 3.8절에서 스프링의 복원력 F는 Hooke의 법칙 $F = ks$를 만족시킨다고 가정하였다. 여기서 s는 스프링의 신장량이고 k는 양의 비례상수이다. 만약 이 가정을 비선형 법칙 $F = ks^3$로 바꾼다면 감쇠 운동에 대한 새로운 미분방정식은 $mx'' = -\beta x' - k(s + x)^3 + mg$가 된다. 여기서 $ks^3 = mg$이다. 이 계는 (0, 0)이 안정 마디점일 때 과감쇠라고 불리고 (0, 0)가 안정 나선일 때 계는 저감쇠라고 불린다. 과감쇠와 저감쇠를 일으키는 m, k, β의 새로운 조건을 구하라.

19. 평면자율계

$$x' = 4x + 2y - 2x^2$$

$$y' = 4x - 3y + 4xy$$

가 주기해를 갖지 않음을 보여라.

20. Poincaré–Bendixson 이론을 사용하여 평면자율계

$$x' = \epsilon x + y - x(x^2 + y^2)$$

$$y' = -x + \epsilon y - y(x^2 + y^2)$$

이 $\epsilon > 0$일 때 적어도 하나의 주기해를 가짐을 보여라. $\epsilon < 0$일 때는 어떻게 되는가?

21. 진자의 막대가 점에서 움직이는 조인트에 붙어 있고 막대에 수직인 평면에서 ω(라디안/초)의 각속도로 회전한다(**그림 11.R.1**을 보라). 결과적으로 진자의 추는 부가적인 구심력을 받게 되고 θ에 대한 새로운 미분방정식은

$$ml\frac{d^2\theta}{dt^2} = \omega^2 ml \sin\theta\cos\theta - mg\sin\theta - \beta\frac{d\theta}{dt}$$

가 된다.

(a) 주기해가 존재하지 않음을 확인하라.

(b) $\omega^2 < g/l$이면 (0, 0)이 안정 임계점이면서 $-\pi < \theta < \pi$에서 유일한 임계점임을 보여라. $\theta(0) = \theta_0$, $\theta'(0) = 0$이고 θ_0가 작은 값일 때 발생하는 물리적인 현상을 설명하라.

(c) $\omega^2 > g/l$이면, (0, 0)이 불안정하고 또한 $-\pi < \theta < \pi$ 영역에서 2개의 안정 임계점 $(\pm\hat{\theta}, 0)$이 추가로 존재함을 보여라. $\theta(0) = \theta_0$, $\theta'(0) = 0$이고 θ_0이 작은 값일 때 발생하는 물리적인 현상을 설명하라.

(d) (a)와 (b)에서 임계점이 안정 나선점이기 위한 조건을 구하라.

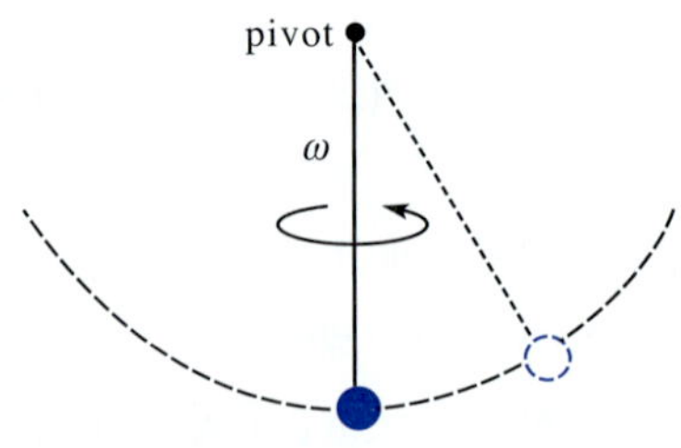

그림 11.R.1 문제 21의 회전하는 진자

22. 비선형 2계 미분방정식

$$x'' - 2kx' + c(x')^3 + \omega^2 x = 0$$

은 전기적으로 구동되는 조절 갈퀴의 운동을 모형화할 때 사용된다. **그림 11.R.2**를 보라. 여기서 $k = c = 0.1$이고

$\omega = 1$이다. 이 미분방정식이 (0, 0)을 포함하는 제 I형 불변영역을 가진다고 가정할 때 적어도 하나의 주기해를 가짐을 보여라.

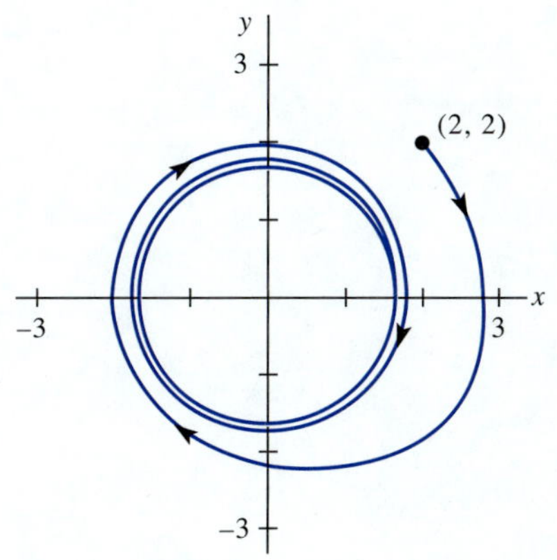

그림 11.R.2 문제 22의 해곡선

부록
APPENDICES

APPENDIX A

적분을 통해 정의된 함수

Integral-Defined Functions

서론 응용수학에서 접하게 되는 중요한 함수들 중에는 적분을 통하여 정의되는 것들이 있다. 여기에는 다양한 방법들이 존재한다. 우리는 1.1절, 2.3절, 그리고 3.2절에서 미분 방정식의 해가

$$F(x) = \int_a^x g(t)\, dt \tag{1}$$

형태의 함수로 유도되는 것을 보았다.

미적분학에서 자연로그에 대한 한 가지 정의는 다음과 같이 (1)의 형태로 주어진 적분으로 주어진다.

$$\ln x = \int_1^x \frac{1}{t}\, dt$$

적분을 통해 정의되는 함수 중에는

$$F(x) = \int_a^b g(x, t)\, dt \tag{2}$$

형태도 존재하는데, 여기서 x는 매개변수다. 즉, x는 t-적분에서는 상수로 취급된다. 많은 경우에, 특히 명칭이 붙은 함수들의 경우에는 이 함수를 정의하는 적분은 기초적이지 않다. (2)에 나타나는 피적분 함수 g 역시 여러 개의 매개변수에 의존할 수 있는데, 예를 들면 $g(x, y, t)$의 형태일 수도 있다. 그런 경우에 적분 (2)는 2변수(x, y) 함수를 정의한다. 더욱이 적분 (1)과 (2)는 이상 적분(improper integral)일 가능성도 있다. 예를 들면, (1)에서 적분의 하한 a가 $-\infty$이거나 적분 구간이 $[x, \infty)$으로 선택될 수도 있다. (2)에서는 적분의 상한이나 하한(혹은 둘 다)에 무한이 포함될 수도 있고, 피적분 함수 $g(x, t)$가 적분구간 $[a, b]$의 내부에서 무한대의 불연속점(infinite discontinuity)을 가질 수도 있다. 일반적으로 이상 적분의 수렴성은 매개변수 x의 값에 의존한다. 이 사실에 대해서는 4.1절의 예제 1, 2, 3을 참고하면 된다.

오차 함수(The Error Function) 2.3 절과 15.1절에서 **오차함수와 여오차 함수**(complementary error funcion)

$$\text{erf}(x) = \frac{2}{\sqrt{\pi}}\int_0^x e^{-t^2}\, dt, \quad \text{erfc}(x) = \frac{2}{\sqrt{\pi}}\int_x^\infty e^{-t^2}\, dt \tag{3}$$

는 둘 다 (1)의 형태의 함수들이며 이 경우

$$g(t) = (2/\sqrt{\pi})e^{-t^2}$$

인 것을 살펴보았다. 4장에서 본 것처럼 함수 $f(t)$의 Laplace 변환은 $F(s) = \int_0^\infty e^{-st}f(t)\,dt$다. 이 적분은 유형 (2)에 해당하며, 기호 s가 x의 역할을 하므로 $g(s, t) = e^{-st}f(t)$가 된다. 15장에서 다룬 Fourier 변환 $F(\alpha) = \int_{-\infty}^{\infty} f(x)e^{i\alpha x}\,dx$ 역시 유형 (2)에 해당하고, 여기서는 기호 x와 α가 각각 t와 x에 대응하게 되는데, $g(a, x) = f(x)e^{i\alpha x}$다.

이제 유형 (2)의 적분을 통해 정의되는 특수한 함수에 대한 논의를 시작해 보자.

감마함수(The Gamma Function) 특수한 함수(이를 테면 Bessel 함수)들에 대한 목록에서 **감마함수**는 가장 먼저 등장한다. 이 함수에 대한 정의

$$\Gamma(x) = \int_0^\infty t^{x-1}e^{-t}\,dt \tag{4}$$

는 스위스의 수학자 Leonhard Euler의 저서 *Institutiones Calculi Integralis* (1768)에서 처음 등장한다.

그래프와 성질 이상 적분 (4)의 수렴성은 $x - 1 > -1$ 혹은 $x > 0$을 요구한다. 비록 적분 (4)는 $x \le 0$에서 수렴하지 않지만 감마 함수에 대한 또 다른 정의에 따르면 감마 함수의 정의역은 $x = -n$, $n = 0, 1, 2, \ldots$(양이 아닌 정수)를 제외한 실수 집합으로 확장될 수 있다. 부록 A의 연습문제 28을 참조하라. 실변수 x의 함수로 간주했을 때, $\Gamma(x)$의 그래프는 [그림 A.1]에 있다. 그림에서 보듯이 점선 $x = -1$, $x = -2$, $x = -3$, … 등은 그래프의 수직 점근선이다.

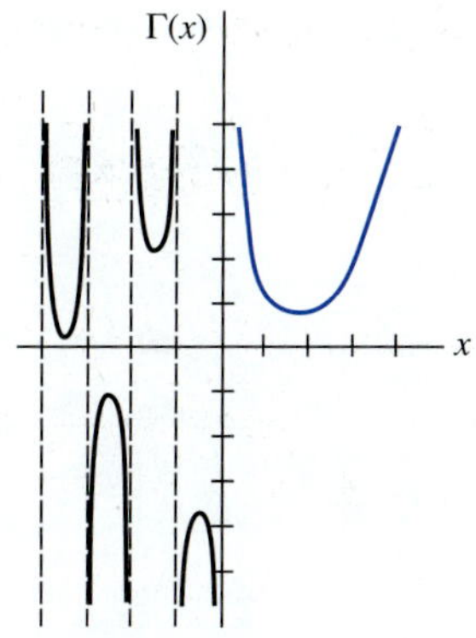

그림 A.1 감마함수의 그래프

x와 $x + 1$에서의 감마 함수의 값들 사이에는 놀랄 만큼 단순하고도 매우 유용한 관계가 존재한다. 이 관계를 보기 위하여 (4)에서 x 대신에 $x + 1$을 넣고 부분적분을 수행하자.

$$\Gamma(x+1) = \int_0^\infty t^{(x+1)-1}e^{-t}\,dt = \int_0^\infty t^x e^{-t}\,dt$$

$$= \lim_{b\to\infty}\left[-t^x e^{-t}\Big|_0^b + x\int_0^b t^{x-1}e^{-t}\,dt\right] \tag{5}$$

$$= x\lim_{b\to\infty}\int_0^b t^{x-1}e^{-t}\,dt \tag{6}$$

(5)에서

$$\lim_{b\to\infty} t^x e^{-t}\Big|_0^b = 0$$

은 $x > 0$이라는 사실과 L'Hôpital의 규칙을 반복적으로 적용하면 구해진다. (6)에서 극한값

$$\lim_{b\to\infty}\int_0^b t^{x-1}e^{-t}dt$$

은 이상 적분 (4)의 정의이다. 따라서

$$\Gamma(x+1) = x\Gamma(x) \tag{7}$$

를 얻는다. 식 (7)은 **재귀공식**(recursion formula) 이라고 불린다. x가 양의 정수일 때 $\Gamma(x)$의 값을 구하는 것은 비교적 쉽다. 예를 들면, $x = 1$인 경우에 (4)는 간단한 적분이다.

$$\Gamma(1) = \int_0^\infty e^{-t}\,dt = \lim_{b\to\infty}\int_0^b e^{-t}\,dt = \lim_{b\to\infty}(-e^{-b}+1) = 1$$

이 값으로부터 공식 (7)을 반복적으로 적용하면

$$\begin{aligned}
\Gamma(2) &= \Gamma(1+1) = 1\cdot\Gamma(1) = 1\\
\Gamma(3) &= \Gamma(2+1) = 2\cdot\Gamma(2) = 2\cdot 1\\
\Gamma(4) &= \Gamma(3+1) = 3\cdot\Gamma(3) = 3\cdot 2\cdot 1\\
\Gamma(5) &= \Gamma(4+1) = 4\cdot\Gamma(4) = 4\cdot 3\cdot 2\cdot 1
\end{aligned} \tag{8}$$

이 얻어진다. 이 방식으로, n이 양의 정수일 때

$$\Gamma(n+1) = n! \tag{9}$$

임을 알 수 있다.

$$n! = n(n-1)\cdots 3\cdot 2\cdot 1$$

이라는 사실을 기억하자. 이것을 **계승함수**(factorial function)이라고 부른다. $n!$은 (4)의 특수한 형태이므로, 감마 함수를 때로는 **일반화된 계승함수**(generalized factorial function)로 부르기도 한다.

5장 3절의 Bessel 함수에 대한 논의에서 $\Gamma(\frac{1}{2}) = \sqrt{\pi}$라는 사실을 사용하였다. $x = \frac{1}{2}$이면 (4)는

$$\Gamma(\tfrac{1}{2}) = \int_0^\infty t^{-1/2}e^{-t}\,dt \tag{10}$$

이 된다. 이 적분은 두 가지 이유에서 이상 적분이다. 첫 번째는 적분의 상한에 무한이 포함되어 있기 때문이고 두 번째는 피적분 함수가 0에서 발산하기 때문(infinite discontinuity)이다. 그럼에도 (10)을 명확하게 계산할 수 있다. 이것을 위해서 $t = u^2$, $dt = 2u\,du$으로 치환해 보자. 그러면

$$\Gamma(\tfrac{1}{2}) = \int_0^\infty u^{-1}e^{-u^2}(2u\,du) = 2\int_0^\infty e^{-u^2}\,du \tag{11}$$

이 된다. 그런데

$$\textstyle\int_0^\infty e^{-u^2}du = \int_0^\infty e^{-v^2}dv$$

이므로,

$$[\Gamma(\tfrac{1}{2})]^2 = \left(2\int_0^\infty e^{-u^2}du\right)\left(2\int_0^\infty e^{-v^2}dv\right) = 4\int_0^\infty\int_0^\infty e^{-(u^2+v^2)}\,du\,dv$$

이 성립한다. 이제 극좌표 $u = r\cos u$, $v = r\sin\theta$로 바꾸면 이중적분이

$$4\int_0^\infty\int_0^\infty e^{-(u^2+v^2)}\,du\,dv = 4\int_0^{\pi/2}\int_0^\infty e^{-r^2}r\,dr\,d\theta = \pi$$

와 같이 계산된다, 따라서

$$[\Gamma(\tfrac{1}{2})]^2 = \pi \quad \text{또는} \quad \Gamma(\tfrac{1}{2}) = \sqrt{\pi} \tag{12}$$

우리는 오차함수와 여오차함수를 연관지어주는 기본 등식인 $\text{erf}(x) + \text{erfc}(x) = 1$을 유도하기 위해서 식 (11)을

$$(2/\sqrt{\pi})\textstyle\int_0^\infty e^{-u^2}\,du = 1$$

형태로 사용하였다. 2.3절의 (16)을 보라.

식 (7)과 (12)에 의해서 $x = n + \frac{1}{2}$, $n = 0, \pm1, \pm2, \ldots$인 x에서의 감마함수의 값은 $\Gamma(\frac{1}{2}) = \sqrt{\pi}$을 이용하여 표현할 수 있다. 식 (7)을 다시 쓴

$$\Gamma(x) = \frac{\Gamma(x+1)}{x} \tag{13}$$

이 감마함수의 정의를 음의 실수집합으로 확장할 수 있는 한 가지 방법인데, 물론 음의 정수에서는 예외가 된다. 다음 예제에서 (b)가 이 아이디어를 알려줄 것이다.

예제 1 (7), (12), (13)의 사용

(a) $\Gamma(\frac{3}{2})$ **(b)** $\Gamma(-\frac{1}{2})$의 값을 구하라.

풀이 **(a)** $\Gamma(-\frac{1}{2}) = \sqrt{\pi}$과 (12)의 결과, 그리고 (7)의 재귀공식에 의해서

$$\Gamma(\tfrac{3}{2}) = \Gamma(\tfrac{1}{2}+1) = \tfrac{1}{2}\Gamma(\tfrac{1}{2}) = \tfrac{1}{2}\sqrt{\pi}$$

(b) $x = -\frac{1}{2}$을 선택하면, (13)에 의해서

$$\Gamma(-\tfrac{1}{2}) = \frac{\Gamma(-\frac{1}{2}+1)}{-\frac{1}{2}} = -2\Gamma(\tfrac{1}{2}) = -2\sqrt{\pi}$$

≡

■ **베타함수(The Beta Function)** (2)와 유사한 방식으로, $\int_a^b g(x, y, t)\,dt$ 유형의 적분은 x와 y의 2변수 함수를 나타낸다. 여기 해당하는 한 예가

$$B(x, y) = \int_0^1 t^{x-1}(1-t)^{y-1}\,dt. \tag{14}$$

이다. (14)에 등장하는 적분을 **베타함수**라고 부르는데, 이것은 감마함수와 밀접한 관련이 있다. (14)의 피적분 함수는 특수한 x와 y의 선택에 따라 0 또는 1에서 불연속이 될 수 있지만 $x > 0$, $y > 0$인 경우에 적분 값이 존재함을 보일 수 있다. 여기서는 그 사실을 증명하지는 않을 것이지만 베타함수는 감마함수를 이용해서 표현할 수 있다.

$$B(x, y) = \frac{\Gamma(x)\Gamma(y)}{\Gamma(x+y)}, \quad x > 0, y > 0. \tag{15}$$

예제 2 (12)와 (15)의 사용

피적분 함수가 $t = 1$에서 무한 불연속점(infinite discontinuity)을 가짐을 관찰하라. ▶

$$\int_0^1 \sqrt{\frac{t}{1-t}}\, dt$$

의 값을 구하라.

풀이 위의 적분이 이상적분이기는 하지만 (15)를 사용하여 직접 계산할 수 있다. 적분을 다시 써보면

$$\int_0^1 t^{1/2}(1-t)^{-1/2}\, dt$$

이 되고, 이 식은 (14)에서 $x = \frac{3}{2}$, $y = \frac{1}{2}$에 해당함을 알 수 있다. (15)로부터

$$\int_0^1 t^{1/2}(1-t)^{-1/2}\, dt = B(\tfrac{3}{2}, \tfrac{1}{2}) = \frac{\Gamma(\frac{3}{2})\Gamma(\frac{1}{2})}{\Gamma(2)} = \frac{\pi}{2},$$

이 유도되는데, 여기서 재귀공식 $\Gamma(2) = 1$, $\Gamma(\frac{3}{2}) = \frac{1}{2}\sqrt{\pi}$, $\Gamma(\frac{1}{2}) = \sqrt{\pi}$를 사용하였다. ≡

적분으로 정의된 다른 함수들 우리는 아직 적분을 통해 정의된 함수들을 충분히 다루지는 못하였다. 다음은 수학, 물리, 공학에서 등장하는 몇 가지 함수들이다.

Sine과 cosine 적분 함수:

$$\mathrm{Si}(x) = \int_0^x \frac{\sin t}{t}\, dt, \quad \mathrm{Ci}(x) = -\int_x^\infty \frac{\cos t}{t}\, dt \tag{16}$$

Fresnel sine과 cosine 적분 함수:

$$S(x) = \int_0^x \sin(\tfrac{1}{2}\pi t^2)\, dt, \quad C(x) = \int_0^x \cos(\tfrac{1}{2}\pi t^2)\, dt \tag{17}$$

지수 적분함수(exponential integral function)

$$\mathrm{Ei}(x) = \int_{-\infty}^x \frac{e^t}{t}\, dt \tag{18}$$

로그 적분함수(Logarithmic integral function)

$$\mathrm{Li}(x) = \int_2^x \frac{1}{\ln t}\, dt \tag{19}$$

제1유형과 제2유형의 Airy 함수(Airy functions of first and second kind)

$$\mathrm{Ai}(x) = \frac{1}{\pi}\int_0^\infty \cos\left(xt + \tfrac{1}{3}t^3\right) dt, \quad \mathrm{Bi}(x) = \frac{1}{\pi}\int_0^\infty \left[e^{xt - \frac{1}{3}t^3} + \sin\left(xt + \tfrac{1}{3}t^3\right)\right] dt \tag{20}$$

(16) – (20) 의 함수들은 교재나 웹사이트들에 따라 조금씩 다르게 정의되기도 한다. 예를 들면, Fresnel 적분은 광학에서 처음 연구되었는데, 이 분야에서는 $\frac{\pi}{2}$값은 생략된 채로 정의되기도 한다. 계산용 소프트웨어인 *Mathematica*에서 지수 적분(exponential integral)은

$$\mathrm{Ei}(x) = -\textstyle\int_{-x}^{\infty} (e^{-t}/t)\, dt$$

로 사용된다. 이 경우 $t = -u$라는 치환을 통해서 나중 식이 (18)과 동등함을 보일 수 있다. 마지막으로, sine 적분 함수

$$\mathrm{Si}(x) = \int_0^x \frac{\sin t}{t}\, dt$$

는 $t = 0$에서 제거 가능한 불연속점을 가지기 때문에 이상 적분으로 간주되지 않는다는 점을 언급하고자 한다. 부연하면, 피적분함수는

$$f(t) = \begin{cases} \dfrac{\sin t}{t}, & t > 0 \\ 1, & t = 0 \end{cases}$$

로 해석해야 한다.

(16)~(20)의 함수들의 그래프는 **그림 A.2**에 주어진다.

적분으로 정의된 함수의 도함수 적분 (1)과 그것의 도함수는 미적분학 첫 학기에 다루었다. 미적분학의 기본 정리의 한 가지 형태에 따르면 만약 g가 어떤 구간에서 연속인 함수이고 a가 구간 상의 점이면, $F(x) = \int_a^x g(t)\, dt$는 미분 가능한 함수이며, 그것의 도함수는

$$F'(x) = \frac{d}{dx}\int_a^x g(t)\, dt = g(x) \tag{21}$$

적분의 극한이 다음과 같이 x의 함수인, (2)의 가장 일반적인 경우 경우에,

$$F(x) = \int_{u(x)}^{v(x)} g(x, t)\, dt$$

이 함수의 도함수는 **Leibniz의 규칙**에 의해서 주어진다.

$$F'(x) = \frac{d}{dx}\int_{u(x)}^{v(x)} g(x, t)\, dt = g(x, v(x))\frac{dv}{dx} - g(x, u(x))\frac{du}{dx} + \int_{u(x)}^{v(x)} \frac{\partial}{\partial x} g(x, t)\, dt \tag{22}$$

상세한 설명은 생략하지만, (22)에서 $u(x)$, $v(x)$, $u'(x)$, $v'(x)$ 등은 주어진 구간에서 연속이고 $g(x, t)$와 $g_x(x, t)$는 xt 평면의 어떤 영역에서 연속이라고 가정한다.

(22)의 특별한 두 경우가 특히 주목을 끈다. 첫 번째는, 피적분 함수 $g(x, t)$가 $g(t)$로 대체되는 경우라면, $\frac{\partial}{\partial x}g(t) = 0$이 되고, (22)는

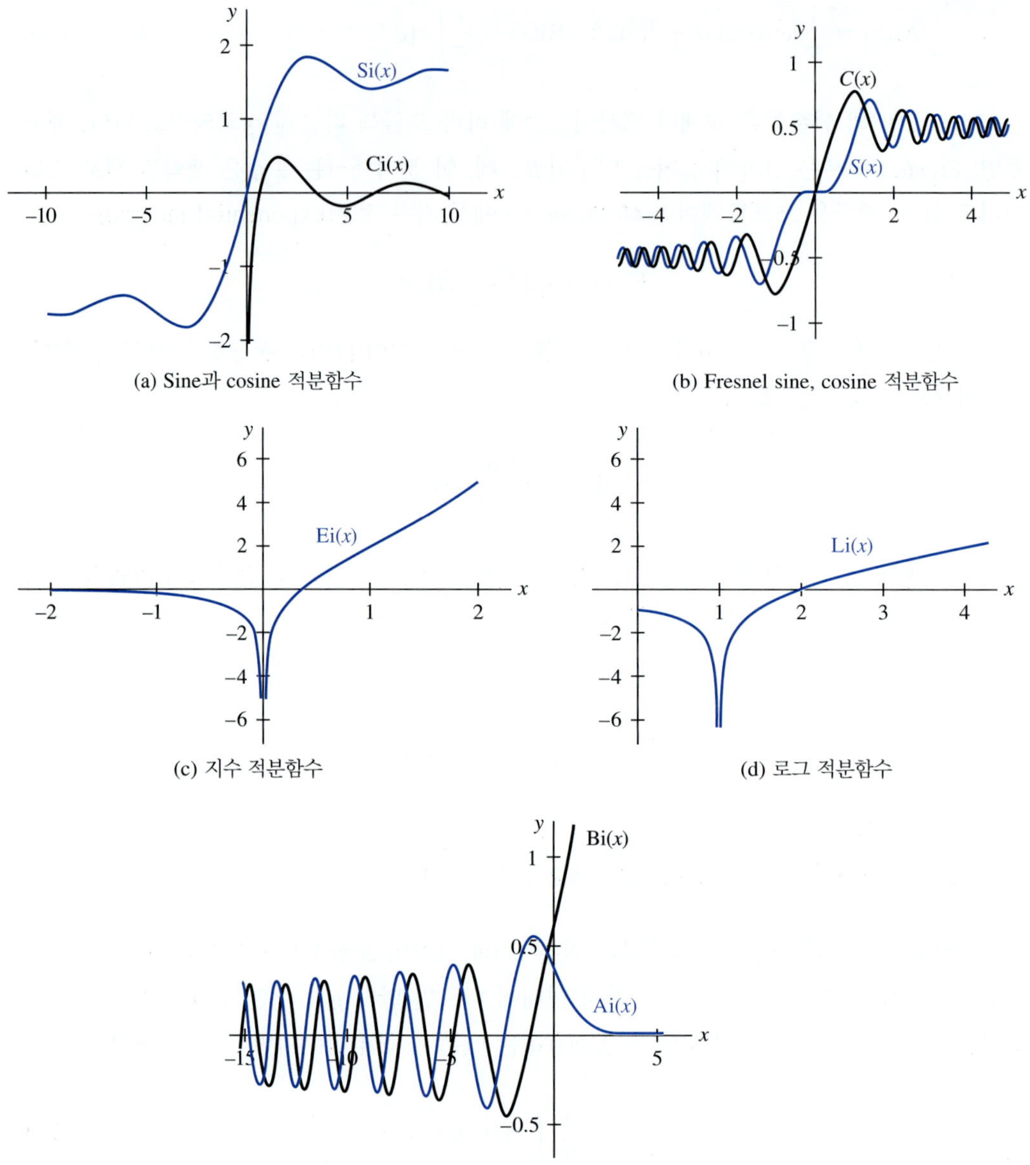

(a) Sine과 cosine 적분함수

(b) Fresnel sine, cosine 적분함수

(c) 지수 적분함수

(d) 로그 적분함수

(e) Airy 적분함수

그림 A.2 Si(x), Ci(x), S(x), C(x), Ei(x), Li(x), Ai(x), Bi(x)의 그래프

이 결과는 (21)과 연쇄율로 부터 직접 유도될 수도 있다. ▶

$$F'(x) = \frac{d}{dx}\int_{u(x)}^{v(x)} g(t)\,dt = g(v(x))\frac{dv}{dx} - g(u(x))\frac{du}{dx}. \tag{23}$$

으로 축소된다.

두 번째는, $u = a$, $v = b$로 상수인 경우에는, $u' = 0$, $v' = 0$이고, (22)는 적분기호 안에서 미분하는 다음 공식으로 바뀌게 된다.

$$F'(x) = \frac{d}{dx}\int_a^b g(x, t)\,dt = \int_a^b \frac{\partial}{\partial x} g(x, t)\,dt. \tag{24}$$

좀 더 엄밀한 조건 하에서 적분 구간이 $[a, \infty)$라도 (24)의 결과는 성립한다. 이 마지막 결과는 우리를 미분방정식의 문제로 안내할 것이다. 부록 A의 연습문제 49~52를 참고하라.

예제 3 **(22), (23), (24)의 사용**

다음 함수들을 미분하라.

(a) $F(x)=\int_{x^2}^{x^3}\sin(4xt^2)\,dt$ **(b)** $F(x)=\int_{x^2}^{x^3}\sin(4t^2)\,dt$ **(c)** $F(x)=\int_0^1\sin(4xt^2)\,dt.$

풀이 **(a)** (22)에서 $u=x^2$, $v=x^3$으로 놓으면,

$$\begin{aligned}F'(x)&=\frac{d}{dx}\int_{x^2}^{x^3}\sin(4xt^2)\,dt\\&=\sin(4x(x^3)^2)\cdot 3x^2-\sin(4x(x^2)^2)\cdot 2x+4\int_{x^2}^{x^3}t^2\cos(4xt^2)\,dt\\&=3x^2\sin(4x^7)-2x\sin(4x^5)+4\int_{x^2}^{x^3}t^2\cos(4xt^2)\,dt.\end{aligned}$$

(b) (23)에서

$$\begin{aligned}F'(x)&=\frac{d}{dx}\int_{x^2}^{x^3}\sin(4t^2)\,dt\\&=\sin(4(x^3)^2)\cdot 3x^2-\sin(4(x^2)^2)\cdot 2x\\&=3x^2\sin(4x^6)-2x\sin(4x^4).\end{aligned}$$

(c) (24) 로부터

$$F'(x)=\frac{d}{dx}\int_0^1\sin(4xt^2)\,dt=\int_0^1\frac{\partial}{\partial x}\sin(4xt^2)\,dt=4\int_0^1t^2\cos(4xt^2)\,dt.$$ ≡

(24)의 결과는 처음에는 다루기 힘들게 보이는 적분을 계산하는 데 도움이 될 수 있다. 그러나 이를 실행하는 절차는 형식적인 조작과 두뇌를 요구하는데, 이것들은 쉽게 터득할 수 있는 것이 아니다. 부록 A의 연습문제 53~56에서 이런 아이디어에 대한 몇몇 예를 소개할 것이다.

부록 A의 연습문제

홀수 번 문제의 해답은 ANS-51에서 시작한다.

감마함수

문제 1과 2에서는 주어진 값(quantity)을 구하라.

1. $\Gamma(6)$ **2.** $\Gamma(8)$

문제 3~6에서는 (7)과 알려진 값 $\Gamma(\frac{1}{2})=\sqrt{\pi}$를 이용하여 주어진 값을 구하라.

3. $\Gamma(\frac{5}{2})$ **4.** $\Gamma(\frac{7}{2})$

5. $\Gamma(\frac{9}{2})$ **6.** $\Gamma(\frac{11}{2})$

문제 7~10에서는 (13)과 $\Gamma(-\frac{1}{2})=-2\sqrt{\pi}$를 이용하여 주어진 값을 계산하라.

7. $\Gamma(-\frac{3}{2})$ **8.** $\Gamma(-\frac{5}{2})$

9. $\Gamma(-\frac{7}{2})$ **10.** $\Gamma(-\frac{9}{2})$

문제 11~14에서는 (7)과 제시된 수치를 사용해서 주어진 값을 계산하라.

11. $\Gamma(0.2)=4.5908$; $\Gamma(1.2)$

12. $\Gamma(-0.1)=-10.6863$; $\Gamma(0.9)$

13. $\Gamma(20.3) = -4.3269$; $\Gamma(1.7)$

14. $\Gamma(1.5) = 0.8862$; $\Gamma(3.5)$

15. $\Gamma(x+4)$를 $\Gamma(x)$로 표현하라.

16. $c > 0$, $x > 0$에 대하여 치환을 통해서

$$\int_0^\infty t^{x-1}e^{-ct}\,dt = c^{-x}\Gamma(x)$$

이 성립함을 보여라.

문제 17~20에서는 문제 16의 결과를 이용해서 주어진 이상 적분을 감마함수를 사용해서 표현하라. 그리고 적분 값을 구하라.

17. $\displaystyle\int_0^\infty \frac{e^{-2t}}{\sqrt{t}}\,dt$ **18.** $\displaystyle\int_0^\infty t^{3/2}e^{-4t}\,dt$

19. $\displaystyle\int_0^\infty t^4e^{-6t}\,dt$ **20.** $\displaystyle\int_0^\infty t^3e^{-t/3}\,dt$

문제 21~24에서는, 치환 $t = -\ln x$과 문제 16의 결과를 사용해서 주어진 이상 적분을 감마함수를 사용해서 표현하라. 그리고 적분 값을 구하라.

21. $\displaystyle\int_0^1 x^3\left(\ln\frac{1}{x}\right)^3 dx$ **22.** $\displaystyle\int_0^1 x^4\left(\ln\frac{1}{x}\right)^2 dx$

23. $\displaystyle\int_0^1 \left(\frac{1}{x}\ln\frac{1}{x}\right)^{1/2} dx$ **24.** $\displaystyle\int_0^1 x^{1/2}\left(\ln\frac{1}{x}\right)^{-1/2} dx$

문제 25, 26에서는 주어진 치환을 사용해서 주어진 이상 적분을 감마함수를 사용해서 표현하라. 그리고 제시된 수치를 사용해서 주어진 적분을 계산하라.

25. $\displaystyle\int_0^\infty x^5e^{-x^5}\,dx$; $t = x^5$, $\Gamma(\frac{6}{5}) = 0.9182$

26. $\displaystyle\int_0^\infty x^4e^{-x^3}\,dx$; $t = x^3$, $\Gamma(\frac{5}{3}) = 0.9027$

27. **(a)** $x > 0$인 경우에 감마함수에는 모든 계(order)의 도함수가 존재한다. (24)에서 주어진 형태의 Leibniz의 규칙을 사용해서 다음을 보여라.

$$\Gamma'(x) = \int_0^\infty t^{x-1}e^{-t}\ln t\,dt$$

$$\Gamma''(x) = \int_0^\infty t^{x-1}e^{-t}(\ln t)^2\,dt$$

(b) $x > 0$인 경우에 $\Gamma(x) > 0$이고 $\Gamma''(x) > 0$이다. 그림 A.1를 참조하지 않았을 때, 이것은 $\Gamma(x)$의 그래프에 대해서 무엇을 말하는가?

28. 1811년 Carl Friedrich Gauss에 의해서 정의된 감마 함수는

$$\Gamma(x) = \lim_{n\to\infty}\frac{n!\,n^x}{x(x+1)(x+2)\cdots(x+n)}$$

이다. 이것은 $x = 0, x = -1, x = -2, \ldots$을 제외한 모든 실수에서 성립한다. 이 정의를 사용해서 재귀공식 (7)에 대한 또 다른 식을 유도하라.

베타함수

문제 29와 30에서는 주어진 이상 적분을 베타함수를 이용해서 표현하라. 그리고 (15)와 감마함수에 대해 알려진 결과들을 이용해서 주어진 적분 값을 구하라.

29. $\displaystyle\int_0^1 \frac{1}{\sqrt{t(1-t)}}\,dt$ **30.** $\displaystyle\int_0^1 \sqrt{t}\sqrt{(1-t)^3}\,dt$

문제 31과 32에서는 제시된 치환을 사용해서 주어진 이상 적분을 베타함수를 사용해서 표현하라. 그리고 (15)와 감마함수에 대하여 알려진 결과들을 사용해서 적분을 구하라.

31. $\displaystyle\int_0^1 \frac{x^2}{\sqrt{1-x^2}}\,dx$; $t = x^2$ **32.** $\displaystyle\int_0^1 \frac{x^5}{\sqrt{1-x^4}}\,dx$; $t = x^4$

문제 33과 34에서는, 치환 $t = x/2$를 사용해서 주어진 이상 적분을 베타 함수를 사용해서 표현하라. 그리고 (15)와 감마함수에 대하여 알려진 결과들을 사용해서 적분을 구하라.

33. $\displaystyle\int_0^2 x^{-1/2}(2-x)^{5/2}\,dx$ **34.** $\displaystyle\int_0^2 \frac{x^2}{\sqrt{2-x}}\,dx$

35. 베타 함수가 x와 y에 대하여 대칭이 됨을 보여라. 즉 $B(x, y) = B(y, x)$가 성립한다.

36. $m+1$과 $n+1$이 양수인 경우에 (15)는

$$B(m+1, n+1) = \frac{m!n!}{(m+n+1)!}$$

이 됨을 보여라.

37. 치환 $t = \sin^2\theta$를 사용하여 (14)의 베타함수는

$$B(x, y) = 2\int_0^{\pi/2} \sin^{2x-1}\theta\ \cos^{2y-1}\theta\,d\theta$$

으로 표현될 수 있음을 보여라.

38. $m = 2x-1$, $n = 2y-1$이라면 문제 37의 적분은

$$\int_0^{\pi/2} \sin^m\theta\cos^n d\theta = \frac{\Gamma\left(\frac{m+1}{2}\right)\Gamma\left(\frac{n+1}{2}\right)}{2\Gamma\left(\frac{m+n+2}{2}\right)},\quad m > -1, n > -1$$

로 표현될 수 있음을 보여라.

문제 39~42에서는 문제 38의 결과를 사용해서 주어진 적분을 구하라.

39. $\int_0^{\pi/2} \sin^3\theta\cos^3\theta\,d\theta$ **40.** $\int_0^{\pi/2} \sin^6\theta\cos^5\theta\,d\theta$

41. $\int_0^{\pi/2} \cos^5\theta\,d\theta$ **42.** $\int_0^{\pi/2} \sin^7\theta\,d\theta$

Leibniz의 규칙

문제 43~48에서는 (22)와 (23)에서 주어진 Leibniz의 규칙을 사용해서 주어진 함수의 도함수를 구하라.

43. $F(x) = \int_x^{2x^3} e^{-x^3t^2}\,dt$

44. $F(x) = \int_0^{x^2} \frac{\sin(x\sqrt{t})}{t}\,dt$

45. $F(x) = \int_{x^2}^{\cos x} (x^2+t^2)^{10}\,dt$

46. $F(x) = \int_{\sqrt{3x}}^{\sin 2x} \ln(x^2+t^2)\,dt$

47. $F(x) = \int_{\pi/2}^{\pi-x} e^{\sin t}\sin(\cos t)\,dt$

48. $F(x) = \int_{\sqrt{x}}^{4\sqrt{x}} e^{t^2}\,dt$

문제 49와 50에서는 (24)에서 주어진 Leibniz의 규칙을 사용해서, 아래에서 적분을 통해 정의된 제시된 함수가 주어진 2계 미분방정식의 해가 됨을 보여라. [힌트: 1계 도함수와 2계 도함수를 구한 후에, y'에 포함되는 부분적분을 사용해서 구할 수 있는 항을 구하라.]

49. $xy'' + y' + xy = 0;\ y = \int_0^{\pi} \cos(x\cos t)\,dt$

50. $xy'' + y' - xy = 0;\ y = \int_0^{\pi} e^{x\cos t}\,dt$

51. (24)의 Leibniz 규칙이 다음의 이상 적분

$$y = e^{x^2}\int_0^{\infty} t^2 e^{-t^2}\cos 2xt\,dt$$

에 대해서도 성립한다고 가정하자. 이 적분을 통해 정의된 함수가 2계 미분방정식 $y'' + 2xy' + 4y = 0$의 해가 됨을 보여라. [힌트: 1계 도함수와 2계도함수를 구한 후에 y''에 포함되는 부분적분을 통해 구할 수 있는 항을 구하라.]

52. **(a)** 오차 함수 erf(x)의 도함수를 구하라. 그리고 erf(x) + erfc(x) = 1을 사용해서 erfc(x)의 도함수를 구하라.

(b) (a)에서 구한 결과를 사용해서

$$y = e^{-x^2} - 2x\int_x^{\infty} e^{-t^2}\,dt$$

가 미분방정식 $y'' + 2xy' - 2y = 0$의 해가 됨을 보여라.

53. **(a)** 실수 x에 대하여

$$\int_0^{\infty} \frac{1}{x^2+t^2}\,dt = \frac{\pi}{2x}$$

이 성립함을 보여라. [힌트: 부록 B 적분공식 36을 보라.]

(b) 위의 결과와 (24)를 사용하여

$$\int_0^{\infty} \frac{1}{(x^2+t^2)^2}\,dt = \frac{\pi}{4x^3}$$

임을 보여라.

54. 다음 함수

$$F(x) = \int_0^1 \frac{t^x - 1}{\ln t}\,dt,\quad x \ge 0$$

을 생각해 보자.

(a) (24)를 사용하여 $F'(x)$를 적분 식으로 구하고 계산하라.

(b) (a)의 결과를 사용하여 $F(x) = \int F'(x)dx + C$ (C는 상수)가 됨을 보여라.

(c) (b)의 결과와 $F(0) = 0$을 이용하여 $F(x)$를 구하라.

55. 다음 함수

$$F(x) = \int_0^{\infty} \frac{1 - e^{-xt^2}}{t^2}\,dt,\ x \ge 0$$

를 생각해 보자.

(a) (24)를 사용하여 $F'(x)$를 적분 식으로 구하라. 적분 식을 계산할 때는 치환을 사용하고, 알려진 다음의 결과

$$\int_0^{\infty} e^{-u^2}du = \sqrt{\pi}/2$$

를 사용하라(부록 A를 참고하라).

(b) (a)의 결과를 사용하여 $F(x) = \int F'(x)dx + C$ (C는 상수)가 됨을 보여라.

(c) (b)의 결과와 $F(0) = 0$을 이용하여 $F(x)$를 구하라.

56. 다음 함수를 고려하자.

$$F(x) = \int_0^{\infty} e^{-tx}\frac{\sin t}{t}\,dt,\ x \ge 0$$

(a) (24)를 사용하여 $F'(x)$를 적분 식으로 구하라. 적분 식을 계산할 때는 부분적분을 사용하라.

(b) (a)의 결과를 사용하여 $F(x) = \int F'(x)dx + C$ (C는 상

수)가 됨을 보여라.

(c) (b)의 결과와 $F(0) = \pi/2$을 이용하여 $F(x)$를 구하라.

57. 다음 함수

$$F(x) = \sqrt{\frac{2}{\pi}}\int_0^x e^{-t^2/2}\,dt$$

를 erf(x)를 사용해서 표현하라.

58. 다음 함수

$$\sqrt{\frac{2}{\pi}}\int_{x_0}^{x_1} e^{-t^2/2}\,dt$$

를 erf(x)를 사용해서 표현하라.

APPENDIX **B**

도함수 및 적분공식

Derivative and Integral Formulas

미분 규칙

1. 상수: $\dfrac{d}{dx}c = 0$
2. 상수배: $\dfrac{d}{dx}cf(x) = cf'(x)$
3. 합: $\dfrac{d}{dx}[f(x) \pm g(x)] = f'(x) \pm g'(x)$
4. 곱: $\dfrac{d}{dx}f(x)g(x) = f(x)g'(x) + g(x)f'(x)$
5. 나누기: $\dfrac{d}{dx}\dfrac{f(x)}{g(x)} = \dfrac{g(x)f'(x) - f(x)g'(x)}{[g(x)]^2}$
6. 연쇄: $\dfrac{d}{dx}f(g(x)) = f'(g(x))g'(x)$
7. 거듭제곱: $\dfrac{d}{dx}x^n = nx^{n-1}$
8. 거듭제곱: $\dfrac{d}{dx}[g(x)]^n = n[g(x)]^{n-1}g'(x)$

함수의 도함수

삼각함수:

9. $\dfrac{d}{dx}\sin x = \cos x$
10. $\dfrac{d}{dx}\cos x = -\sin x$
11. $\dfrac{d}{dx}\tan x = \sec^2 x$
12. $\dfrac{d}{dx}\cot x = -\csc^2 x$
13. $\dfrac{d}{dx}\sec x = \sec x \tan x$
14. $\dfrac{d}{dx}\csc x = -\csc x \cot x$

역삼각함수:

15. $\dfrac{d}{dx}\sin^{-1}x = \dfrac{1}{\sqrt{1 - x^2}}$
16. $\dfrac{d}{dx}\cos^{-1}x = -\dfrac{1}{\sqrt{1 - x^2}}$
17. $\dfrac{d}{dx}\tan^{-1}x = \dfrac{1}{1 + x^2}$
18. $\dfrac{d}{dx}\cot^{-1}x = -\dfrac{1}{1 + x^2}$
19. $\dfrac{d}{dx}\sec^{-1}x = \dfrac{1}{|x|\sqrt{x^2 - 1}}$
20. $\dfrac{d}{dx}\csc^{-1}x = -\dfrac{1}{|x|\sqrt{x^2 - 1}}$

쌍곡선함수:

21. $\dfrac{d}{dx}\sinh x = \cosh x$
22. $\dfrac{d}{dx}\cosh x = \sinh x$
23. $\dfrac{d}{dx}\tanh x = \operatorname{sech}^2 x$
24. $\dfrac{d}{dx}\coth x = -\operatorname{csch}^2 x$
25. $\dfrac{d}{dx}\operatorname{sech} x = -\operatorname{sech} x \tanh x$
26. $\dfrac{d}{dx}\operatorname{csch} x = -\operatorname{csch} x \coth x$

역쌍곡선함수:

27. $\frac{d}{dx}\sinh^{-1}x = \frac{1}{\sqrt{x^2+1}}$

28. $\frac{d}{dx}\cosh^{-1}x = \frac{1}{\sqrt{x^2-1}}$

29. $\frac{d}{dx}\tanh^{-1}x = \frac{1}{1-x^2}, |x|<1$

30. $\frac{d}{dx}\coth^{-1}x = \frac{1}{1-x^2}, |x|>1$

31. $\frac{d}{dx}\text{sech}^{-1}x = -\frac{1}{x\sqrt{1-x^2}}$

32. $\frac{d}{dx}\text{csch}^{-1}x = -\frac{1}{|x|\sqrt{x^2+1}}$

지수함수:

33. $\frac{d}{dx}e^x = e^x$

34. $\frac{d}{dx}b^x = b^x(\ln b)$

로그함수:

35. $\frac{d}{dx}\ln|x| = \frac{1}{x}$

36. $\frac{d}{dx}\log_b x = \frac{1}{x(\ln b)}$

적분함수:

37. $\frac{d}{dx}\int_a^x g(t)\,dt = g(x)$

38. $\frac{d}{dx}\int_a^b g(x,t)\,dt = \int_a^b \frac{\partial}{\partial x}g(x,t)\,dt$

적분공식

1. $\int u^n du = \frac{u^{n+1}}{n+1} + C, n \neq -1$

2. $\int \frac{1}{u}du = \ln|u| + C$

3. $\int e^u du = e^u + C$

4. $\int b^u du = \frac{1}{\ln b}b^u + C$

5. $\int \sin u\,du = -\cos u + C$

6. $\int \cos u\,du = \sin u + C$

7. $\int \sec^2 u\,du = \tan u + C$

8. $\int \csc^2 u\,du = -\cot u + C$

9. $\int \sec u \tan u\,du = \sec u + C$

10. $\int \csc u \cot u\,du = -\csc u + C$

11. $\int \tan u\,du = -\ln|\cos u| + C$

12. $\int \cot u\,du = \ln|\sin u| + C$

13. $\int \sec u\,du = \ln|\sec u + \tan u| + C$

14. $\int \csc u\,du = \ln|\csc u - \cot u| + C$

15. $\int u \sin u\,du = \sin u - u\cos u + C$

16. $\int u\cos u\,du = \cos u + u\sin u + C$

17. $\int \sin^2 u\,du = \frac{1}{2}u - \frac{1}{4}\sin 2u + C$

18. $\int \cos^2 u\,du = \frac{1}{2}u + \frac{1}{4}\sin 2u + C$

19. $\int \sin au \sin bu\,du = \frac{\sin(a-b)u}{2(a-b)} - \frac{\sin(a+b)u}{2(a+b)} + C$

20. $\int \cos au \cos bu\,du = \frac{\sin(a-b)u}{2(a-b)} + \frac{\sin(a+b)u}{2(a+b)} + C$

21. $\int e^{au}\sin bu\,du = \frac{e^{au}}{a^2+b^2}(a\sin bu - b\cos bu) + C$

22. $\int e^{au}\cos bu\,du = \frac{e^{au}}{a^2+b^2}(a\cos bu + b\sin bu) + C$

23. $\int \sinh u\,du = \cosh u + C$

24. $\int \cosh u\,du = \sinh u + C$

25. $\int \text{sech}^2 u\,du = \tanh u + C$

26. $\int \text{csch}^2 u\,du = -\coth u + C$

27. $\int \tanh u\,du = \ln(\cosh u) + C$

28. $\int \coth u\,du = \ln|\sinh u| + C$

29. $\int \ln u\,du = u\ln u - u + C$

30. $\int u\ln u\,du = \frac{1}{2}u^2\ln u - \frac{1}{4}u^2 + C$

31. $\int \frac{1}{\sqrt{a^2-u^2}}du = \sin^{-1}\frac{u}{a} + C$

32. $\int \frac{1}{\sqrt{a^2+u^2}}du = \ln\left|u + \sqrt{a^2+u^2}\right| + C$

33. $\int \sqrt{a^2-u^2}\,du = \frac{u}{2}\sqrt{a^2-u^2} + \frac{a^2}{2}\sin^{-1}\frac{u}{a} + C$

34. $\int \sqrt{a^2+u^2}\,du = \frac{u}{2}\sqrt{a^2+u^2} + \frac{a^2}{2}\ln\left|u + \sqrt{a^2+u^2}\right| + C$

35. $\int \frac{1}{a^2-u^2}du = \frac{1}{a}\ln\left|\frac{a+u}{a-u}\right| + C$

36. $\int \frac{1}{a^2+u^2}du = \frac{1}{a}\tan^{-1}\frac{u}{a} + C$

37. $\int \frac{1}{\sqrt{u^2-a^2}}du = \ln\left|u + \sqrt{u^2-a^2}\right| + C$

38. $\int \sqrt{u^2-a^2}\,du = \frac{u}{2}\sqrt{u^2-a^2} - \frac{a^2}{2}\ln\left|u + \sqrt{u^2-a^2}\right| + C$

APPENDIX **C**

Laplace 변환표

Table o f Laplace Transforms

$f(t)$	$\mathscr{L}\{f(t)\} = F(t)$
1. 1	$\dfrac{1}{s}$
2. t	$\dfrac{1}{s^2}$
3. t^n	$\dfrac{n!}{s^{n+1}}$, n은 양의 정수
4. $t^{-1/2}$	$\sqrt{\dfrac{\pi}{s}}$
5. $t^{1/2}$	$\dfrac{\sqrt{\pi}}{2s^{3/2}}$
6. t^{α}	$\dfrac{\Gamma(\alpha + 1)}{s^{\alpha+1}}, \quad \alpha > -1$
7. $\sin kt$	$\dfrac{k}{s^2 + k^2}$
8. $\cos kt$	$\dfrac{s}{s^2 + k^2}$
9. $\sin^2 kt$	$\dfrac{2k^2}{s(s^2 + 4k^2)}$
10. $\cos^2 kt$	$\dfrac{s^2 + 2k^2}{s(s^2 + 4k^2)}$
11. e^{at}	$\dfrac{1}{s - a}$
12. $\sinh kt$	$\dfrac{k}{s^2 - k^2}$
13. $\cosh kt$	$\dfrac{s}{s^2 - k^2}$
14. $\sinh^2 kt$	$\dfrac{2k^2}{s(s^2 - 4k^2)}$
15. $\cosh^2 kt$	$\dfrac{s^2 - 2k^2}{s(s^2 - 4k^2)}$
16. $e^{at}t$	$\dfrac{1}{(s - a)^2}$

17. $e^{at}t^n$	$\dfrac{n!}{(s-a)^{n+1}}$, n은 양의 정수
18. $e^{at}\sin kt$	$\dfrac{k}{(s-a)^2+k^2}$
19. $e^{at}\cos kt$	$\dfrac{s-a}{(s-a)^2+k^2}$
20. $e^{at}\sinh kt$	$\dfrac{k}{(s-a)^2-k^2}$
21. $e^{at}\cosh kt$	$\dfrac{s-a}{(s-a)^2-k^2}$
22. $t\sin kt$	$\dfrac{2ks}{(s^2+k^2)^2}$
23. $t\cos kt$	$\dfrac{s^2-k^2}{(s^2+k^2)^2}$
24. $\sin kt + kt\cos kt$	$\dfrac{2ks^2}{(s^2+k^2)^2}$
25. $\sin kt - kt\cos kt$	$\dfrac{2k^3}{(s^2+k^2)^2}$
26. $t\sinh kt$	$\dfrac{2ks}{(s^2-k^2)^2}$
27. $t\cosh kt$	$\dfrac{s^2+k^2}{(s^2-k^2)^2}$
28. $\dfrac{e^{at}-e^{bt}}{a-b}$	$\dfrac{1}{(s-a)(s-b)}$
29. $\dfrac{ae^{at}-be^{bt}}{a-b}$	$\dfrac{s}{(s-a)(s-b)}$
30. $1-\cos kt$	$\dfrac{k^2}{s(s^2+k^2)}$
31. $\cosh kt - 1$	$\dfrac{k^2}{s(s^2-k^2)}$
32. $kt-\sin kt$	$\dfrac{k^3}{s^2(s^2+k^2)}$
33. $a\sin bt - b\sin at$	$\dfrac{ab(a^2-b^2)}{(s^2+a^2)(s^2+b^2)}$
34. $\cos at - \cos bt$	$\dfrac{s(b^2-a^2)}{(s^2+a^2)(s^2+b^2)}$
35. $\sin kt\sinh kt$	$\dfrac{2k^2s}{s^4+4k^4}$
36. $\sin kt\cosh kt$	$\dfrac{k(s^2+2k^2)}{s^4+4k^4}$
37. $\cos kt\sinh kt$	$\dfrac{k(s^2-2k^2)}{s^4+4k^4}$
38. $\cos kt\cosh kt$	$\dfrac{s^3}{s^4+4k^4}$
39. $\sin kt\cosh kt + \cos kt\sinh kt$	$\dfrac{2ks^2}{s^4+4k^4}$

$f(t)$	$\mathcal{L}\{f(t)\} = F(s)$
40. $\sin kt \cosh kt - \cos kt \sinh kt$	$\dfrac{4k^3}{s^4 + 4k^4}$
41. $\sinh kt + \sin kt$	$\dfrac{2ks^2}{s^4 - k^4}$
42. $\sinh kt - \sin kt$	$\dfrac{2k^3}{s^4 - k^4}$
43. $\cosh kt + \cos kt$	$\dfrac{2s^3}{s^4 - k^4}$
44. $\cosh kt - \cos kt$	$\dfrac{2k^2 s}{s^4 - k^4}$
45. $J_0(kt)$	$\dfrac{1}{\sqrt{s^2 + k^2}}$
46. $I_0(kt)$	$\dfrac{1}{\sqrt{s^2 - k^2}}$
47. $\dfrac{e^{bt} - e^{at}}{t}$	$\ln\left(\dfrac{s - a}{s - b}\right)$
48. $\dfrac{2(1 - \cos kt)}{t}$	$\ln\left(\dfrac{s^2 + k^2}{s^2}\right)$
49. $\dfrac{2(1 - \cosh kt)}{t}$	$\ln\left(\dfrac{s^2 - k^2}{s^2}\right)$
50. $\dfrac{\sin at}{t}$	$\arctan\left(\dfrac{a}{s}\right)$
51. $\dfrac{\sin at \cos bt}{t}$	$\dfrac{1}{2}\arctan\left(\dfrac{a + b}{s}\right) + \dfrac{1}{2}\arctan\left(\dfrac{a - b}{s}\right)$
52. $\dfrac{\sin(2\sqrt{kt})}{\sqrt{\pi k}}$	$\dfrac{e^{-k/s}}{s\sqrt{s}}$
53. $\dfrac{\cos(2\sqrt{kt})}{\sqrt{\pi t}}$	$\dfrac{e^{-k/s}}{\sqrt{s}}$
54. $\dfrac{\sinh(2\sqrt{kt})}{\sqrt{\pi k}}$	$\dfrac{e^{k/s}}{s\sqrt{s}}$
55. $\dfrac{\cosh(2\sqrt{kt})}{\sqrt{\pi t}}$	$\dfrac{e^{k/s}}{\sqrt{s}}$
56. $\dfrac{1}{\sqrt{\pi t}} e^{-a^2/4t}$	$\dfrac{e^{-a\sqrt{s}}}{\sqrt{s}}$
57. $\dfrac{a}{2\sqrt{\pi t^3}} e^{-a^2/4t}$	$e^{-a\sqrt{s}}$
58. $\operatorname{erfc}\left(\dfrac{a}{2\sqrt{t}}\right)$	$\dfrac{e^{-a\sqrt{s}}}{s}$
59. $\operatorname{erf}(at)$	$\dfrac{e^{s^2/4a^2}}{s}\operatorname{erfc}\left(\dfrac{s}{2a}\right)$
60. $\operatorname{erf}(\sqrt{at})$	$\dfrac{\sqrt{a}}{s\sqrt{s + a}}$
61. $e^{a^2 t}\operatorname{erf}(a\sqrt{t})$	$\dfrac{a}{\sqrt{s}(s - a^2)}$

$f(t)$	$F(s)$
62. $\operatorname{erfc}(\sqrt{at})$	$\dfrac{\sqrt{s+a}-\sqrt{a}}{s\sqrt{s+a}}$
63. $e^{a^2t}\operatorname{erfc}(a\sqrt{t})$	$\dfrac{1}{s+a\sqrt{s}}$
64. $\dfrac{1}{\sqrt{\pi t}}+ae^{a^2t}\operatorname{erf}(a\sqrt{t})$	$\dfrac{\sqrt{s}}{s-a^2}$
65. $\dfrac{1}{\sqrt{\pi t}}-ae^{a^2t}\operatorname{erfc}(a\sqrt{t})$	$\dfrac{1}{\sqrt{s}+a}$
66. $2\sqrt{\dfrac{t}{\pi}}e^{-a^2/4t}-a\operatorname{erfc}\left(\dfrac{a}{2\sqrt{t}}\right)$	$\dfrac{e^{-a\sqrt{s}}}{s\sqrt{s}}$
67. $-e^{ab}e^{b^2t}\operatorname{erfc}\left(b\sqrt{t}+\dfrac{a}{2\sqrt{t}}\right)+\operatorname{erfc}\left(\dfrac{a}{2\sqrt{t}}\right)$	$\dfrac{be^{-\sqrt{s}}}{s(\sqrt{s}+b)}$
68. $e^{ab}e^{b^2t}\operatorname{erfc}\left(b\sqrt{t}+\dfrac{a}{2\sqrt{t}}\right)$	$\dfrac{e^{-a\sqrt{s}}}{s+b\sqrt{s}}$
69. $f(at)$	$\dfrac{1}{a}F\left(\dfrac{s}{a}\right)$
70. $e^{at}f(t)$	$F(s-a)$
71. $\mathcal{U}(t-a)$	$\dfrac{e^{-as}}{s}$
72. $f(t-a)\mathcal{U}(t-a)$	$e^{-as}F(s)$
73. $g(t)\mathcal{U}(t-a)$	$e^{-as}\mathcal{L}\{g(t+a)\}$
74. $f^{(n)}(t)$	$s^nF(s)-s^{(n-1)}f(0)-\cdots-f^{(n-1)}(0)$
75. $t^nf(t)$	$(-1)^n\dfrac{d^n}{ds^n}F(s)$
76. $\displaystyle\int_0^t f(\tau)g(t-\tau)\,d\tau$	$F(s)G(s)$
77. $\displaystyle\int_0^t f(\tau)\,d\tau$	$\dfrac{F(s)}{s}$
78. $\dfrac{f(t)}{t}$	$\displaystyle\int_s^\infty F(s)\,ds$
79. $f(t)=f(t+T)$	$\dfrac{1}{1-e^{-sT}}\displaystyle\int_0^T e^{-st}f(t)\,dt$
80. $\delta(t-t_0)$	e^{-st_0}

APPENDIX D

등각사상들

Conformal Mappings

기본적인 사상들

E-1

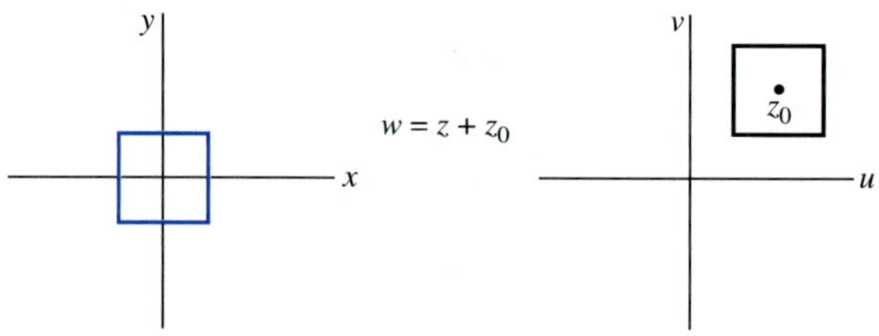

E-2

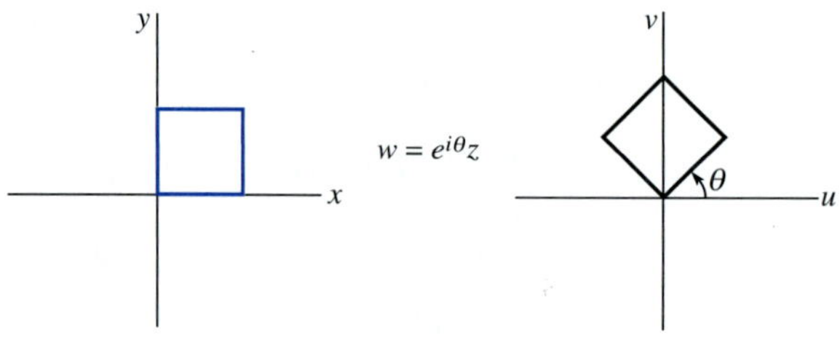

E-3

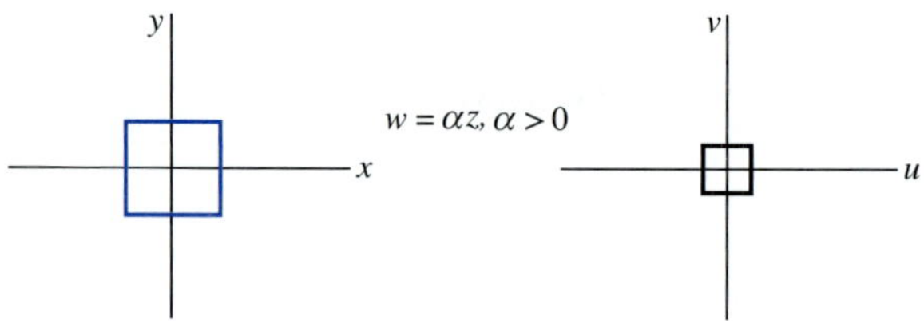

E-4

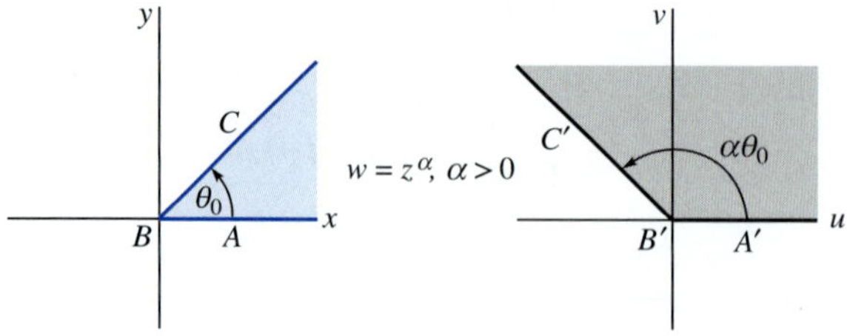

E-5

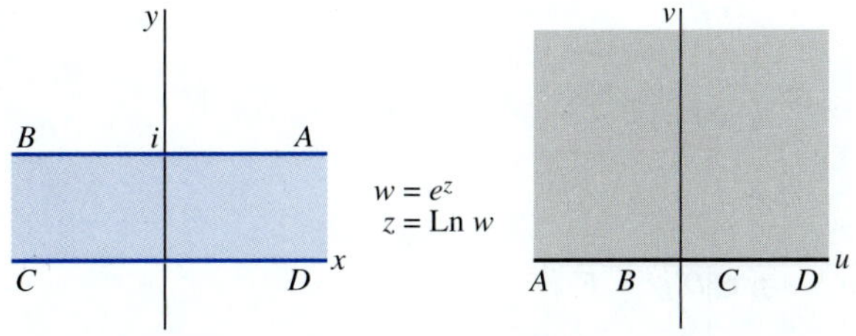

E-6

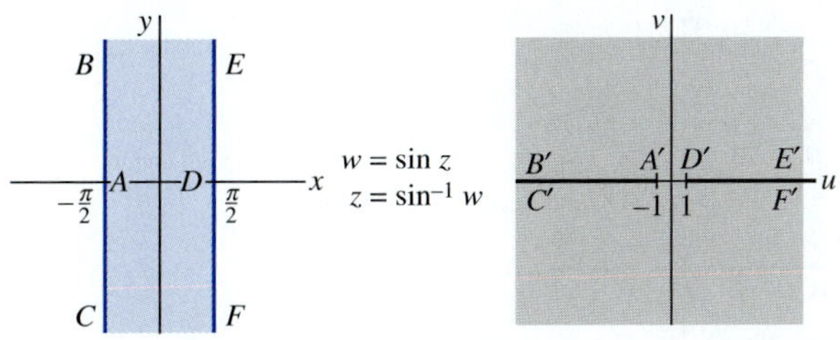

E-7

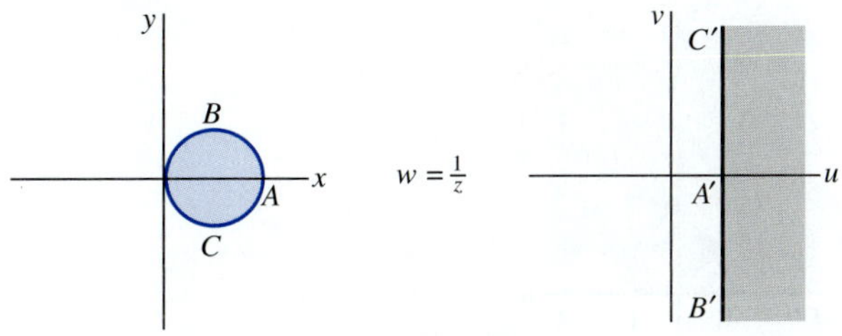

E-8

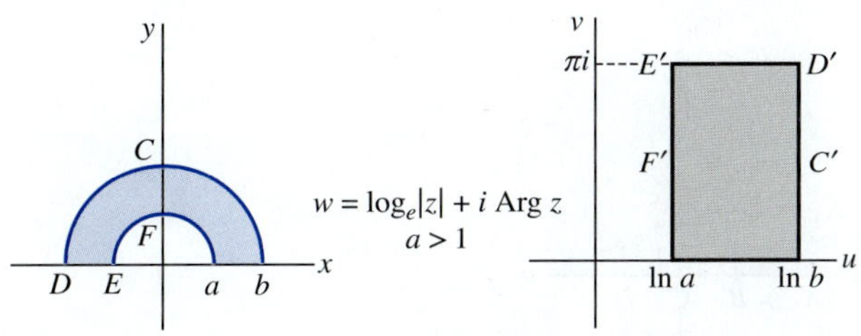

E-9

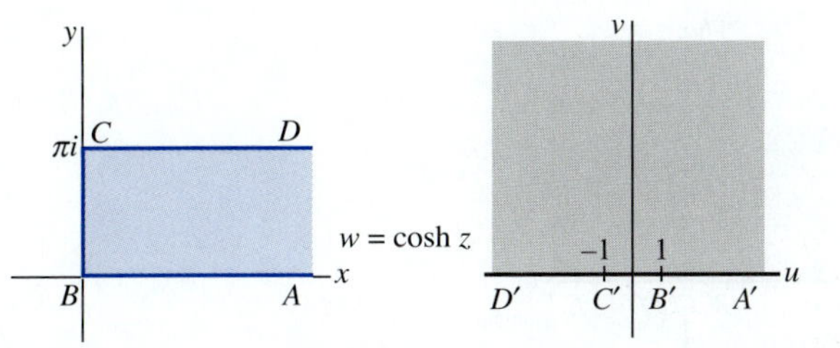

반평면으로의 사상들

H-1

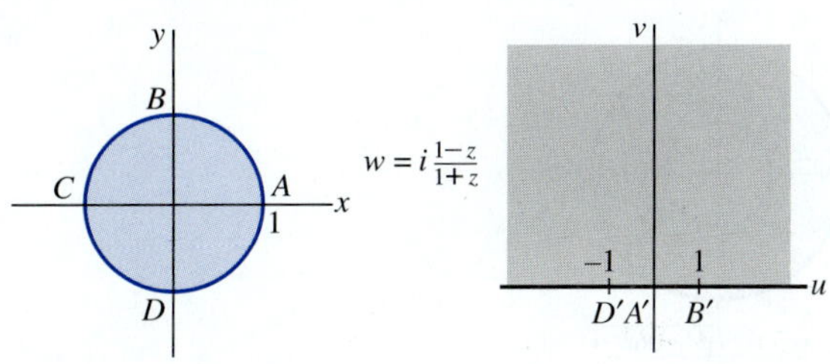

H-2

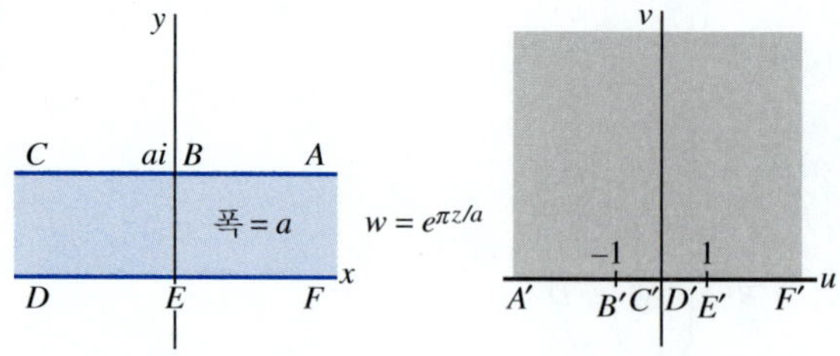

H-3

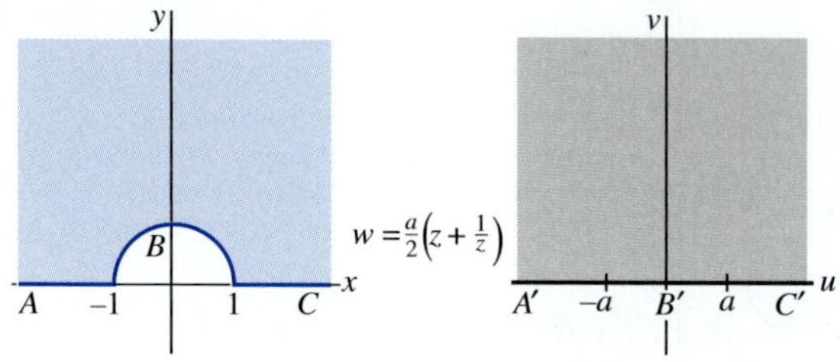

H-4

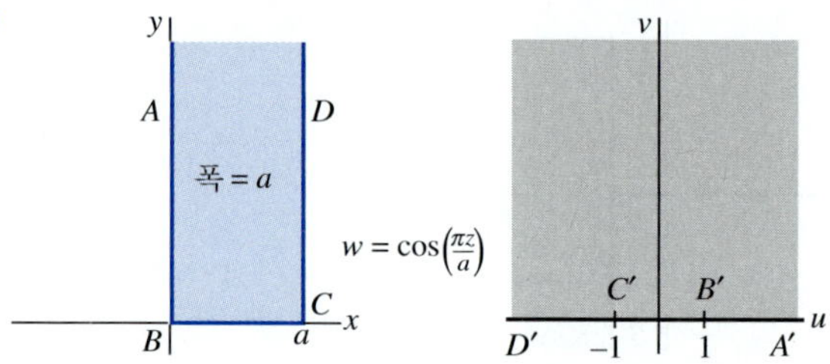

H-5

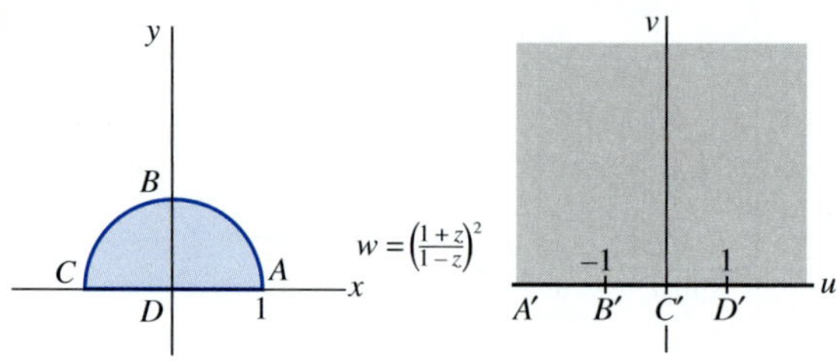

H-6

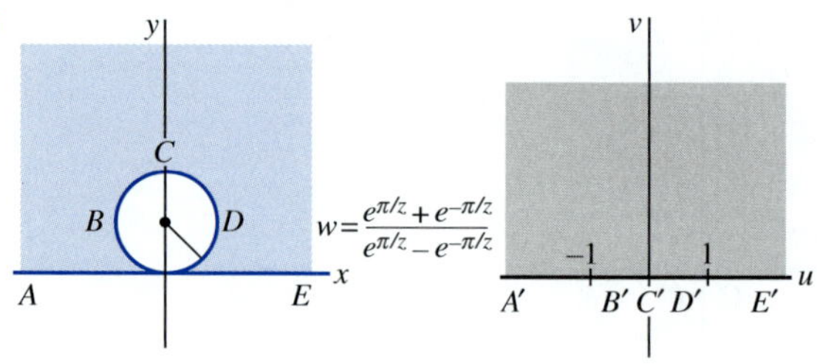

원형 영역으로의 사상들

C-1

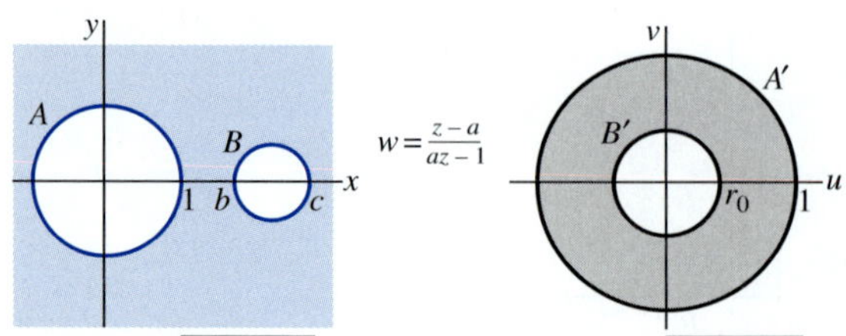

$a = \frac{bc + 1 + \sqrt{(b^2-1)(c^2-1)}}{b+c}$ $\qquad$ $r_0 = \frac{bc - 1 - \sqrt{(b^2-1)(c^2-1)}}{c-b}$

C-2

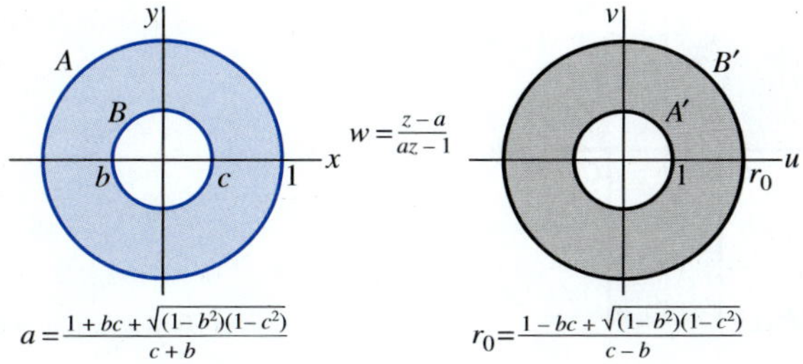

C-3

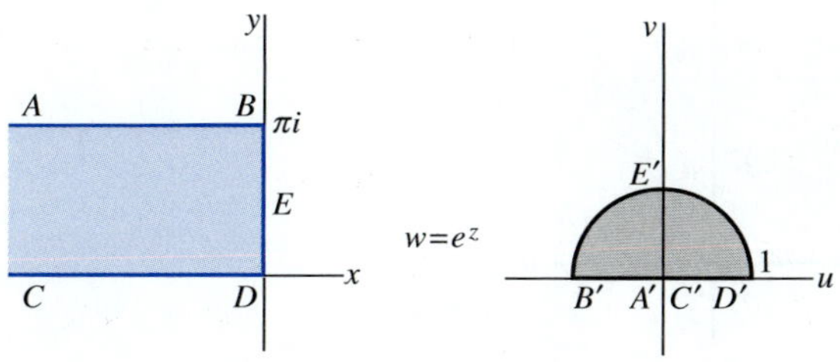

C-4

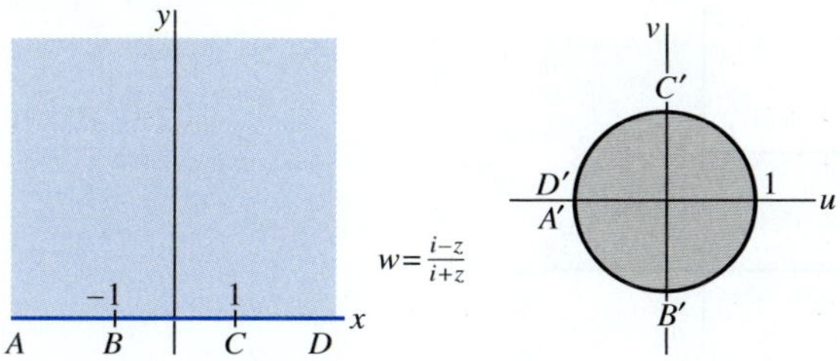

C-5

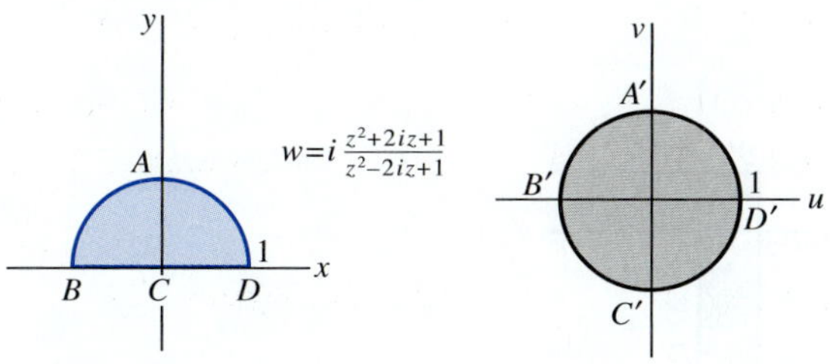

기타 사상들

M-1

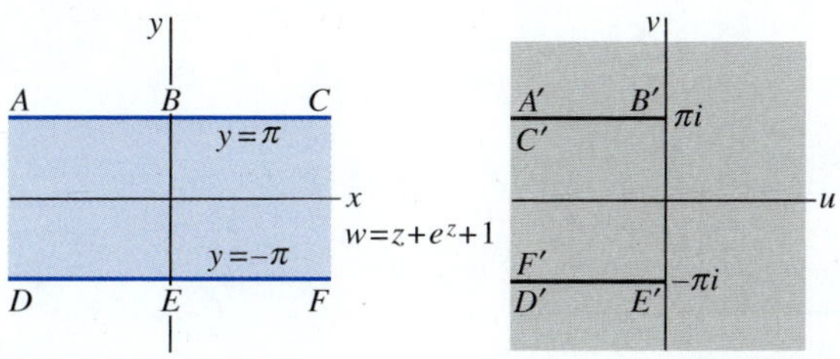

M-2

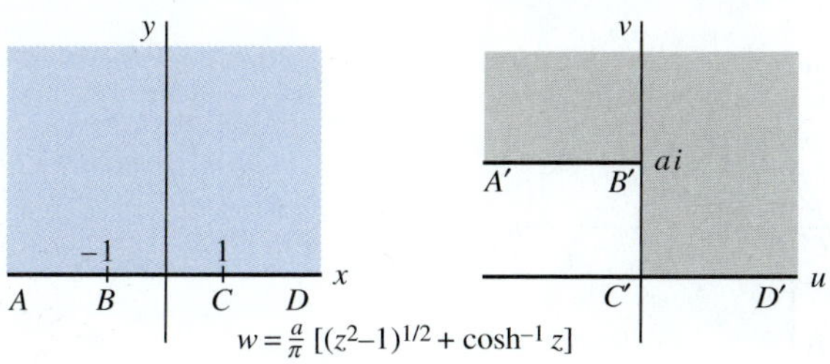

M-3

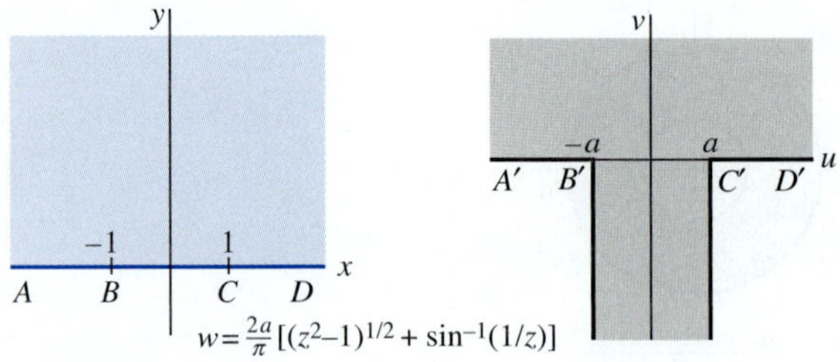

$$w=\frac{2a}{\pi}[(z^2-1)^{1/2}+\sin^{-1}(1/z)]$$

M-4

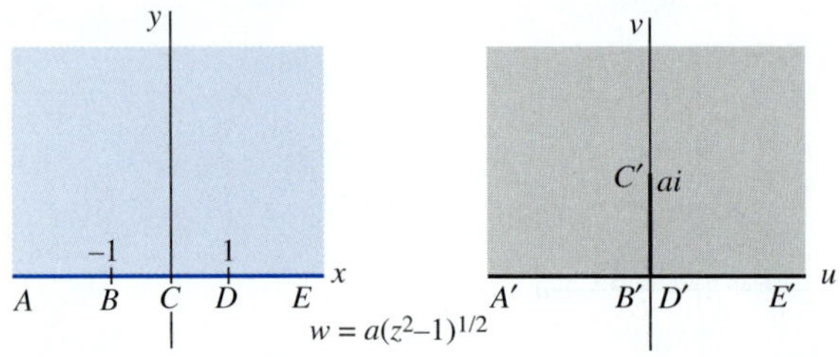

$$w=a(z^2-1)^{1/2}$$

M-5

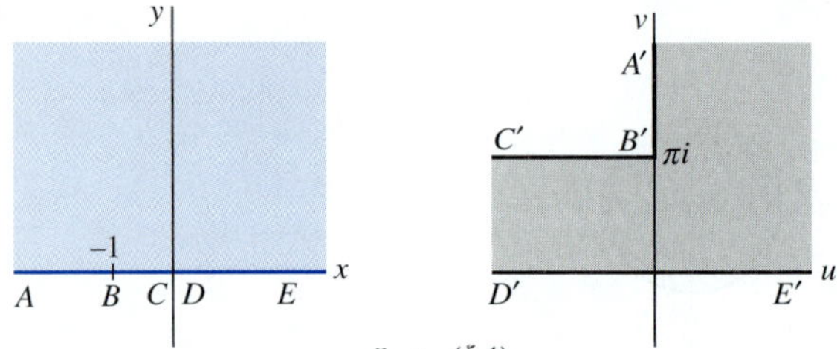

$$w=2\zeta+\mathrm{Ln}\left(\frac{\zeta-1}{\zeta+1}\right)$$
$$\zeta=(z+1)^{1/2}$$

M-6

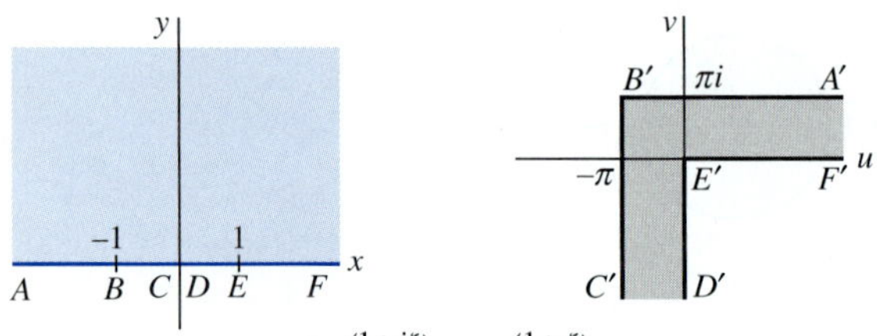

$$w=i\,\mathrm{Ln}\left(\frac{1+i\zeta}{1-i\zeta}\right)+\mathrm{Ln}\left(\frac{1+\zeta}{1-\zeta}\right)$$
$$\zeta=\left(\frac{z-1}{z+1}\right)^{1/2}$$

M-7

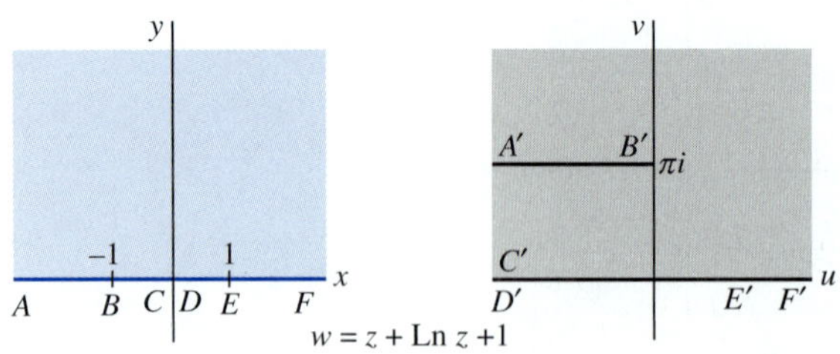

$$w=z+\mathrm{Ln}\,z+1$$

M-8

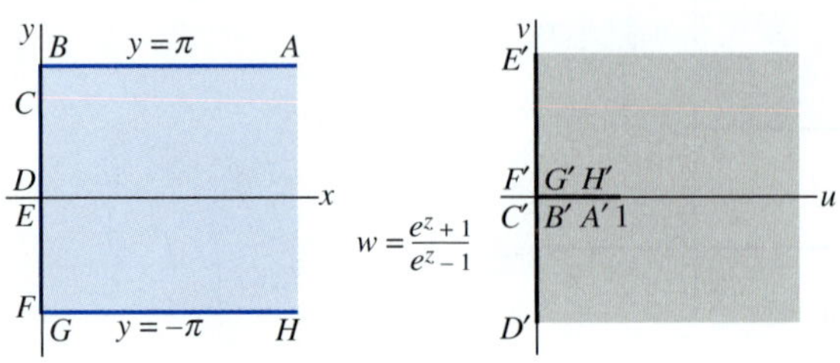

$$w=\frac{e^z+1}{e^z-1}$$

M-9

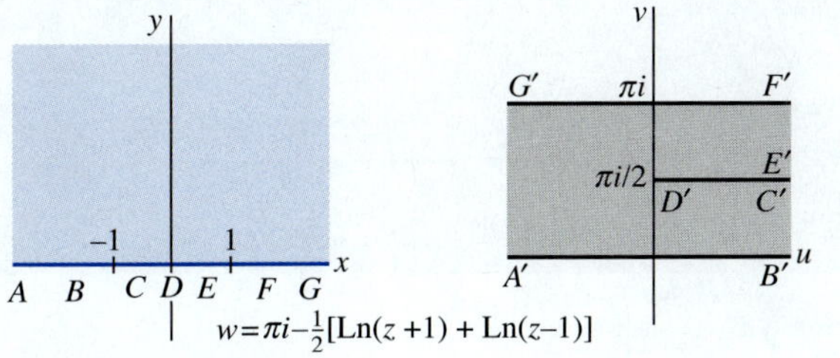
y
x
−1
1
A B C D E F G
w=πi−½[Ln(z+1) + Ln(z−1)]
v
u
G′ πi F′
πi/2 E′
D′ C′
A′ B′

M-10

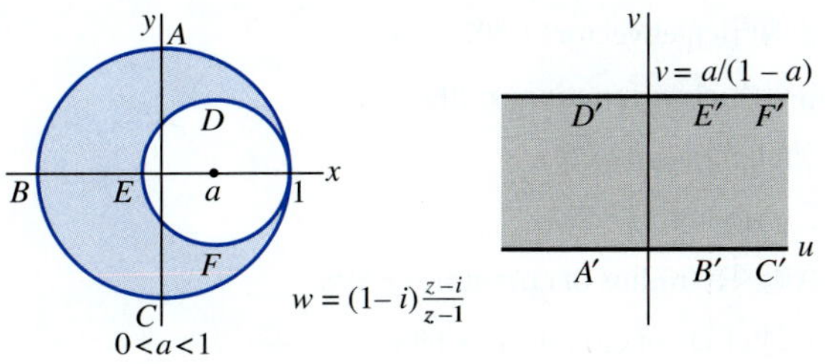
y A
D
B E a 1
x
F
C
0<a<1
w = (1− i) (z−i)/(z−1)
v
v = a/(1 − a)
D′ E′ F′
A′ B′ C′
u

찾아보기
INDEX

ㅂ

ㅅ

ㅇ

ㅈ

ㅊ

ㅋ

ㅌ

ㅍ

ㅎ

기타

선택된 홀수 번 문제에 대한 정답

연습문제 1.1

1. linear, second order
3. linear, fourth order
5. nonlinear, second order
7. linear, third order
9. nonlinear, first order
11. linear in x but nonlinear in y
17. Domain of function is $[-2, \infty)$; largest interval of definition for solution is $(-2, \infty)$.
19. Domain of function is the set of real numbers except $x = 2$ and $x = -2$; largest intervals of definition for solution are $(-\infty, -2)$ $(-2, 2)$ or $(2, \infty)$.
21. $X = \dfrac{e^t - 1}{e^t - 2}$ defined on $(-\infty, \ln 2)$ or on $(\ln 2, \infty)$
33. $m = -2$
35. $m = 2, m = 3$
37. $m = 0, m = -1$
39. $m = 3, m = 5$
41. $y = 2$
43. no constant solutions
45. $y = 0$
47. $y = -4, y = 4$

연습문제 1.2

1. $y = 1/(1 - 4e^{-x})$
3. $y = 1/(x^2 - 1)$; $(1, \infty)$
5. $y = 1/(x^2 + 1)$; $(-\infty, \infty)$
7. $x = -\cos t + 8 \sin t$
9. $x = \frac{\sqrt{3}}{4} \cos t + \frac{1}{4} \sin t$
11. $y = \frac{3}{2}e^x - \frac{1}{2}e^{-x}$
13. $y = 5e^{-x-1}$
15. $y = 0, y = x^3$
17. half-planes defined by either $y > 0$ or $y < 0$
19. half-planes defined by either $x > 0$ or $x < 0$
21. the regions defined by $y > 2$, $y < -2$, or $-2 < y < 2$
23. any region not containing $(0, 0)$
25. yes
27. no
29. **(a)** $y = cx$
    (b) any rectangular region not touching the y-axis
    (c) No, the function is not differentiable at $x = 0$.
31. **(b)** $y = 1/(1 - x)$ on $(-\infty, 1)$;
    $y = -1/(x + 1)$ on $(-1, \infty)$
39. $y = -\sin 3x$
41. $y = 0$
43. no solution

연습문제 1.3

1. $\dfrac{dP}{dt} = kP + r$; $\dfrac{dP}{dt} = kP - r$
3. $\dfrac{dP}{dt} = k_1 P - k_2 P^2$
7. $\dfrac{dx}{dt} = kx(1000 - x)$
9. $\dfrac{dA}{dt} + \dfrac{1}{100}A = 0$; $A(0) = 50$
11. $\dfrac{dA}{dt} + \dfrac{7}{600 - t}A = 6$
13. $\dfrac{dh}{dt} = -\dfrac{c\pi}{450}\sqrt{h}$
15. $L\dfrac{di}{dt} + Ri = E(t)$
17. $m\dfrac{dv}{dt} = mg - kv^2$
19. $m\dfrac{d^2x}{dt^2} = -kx$
21. $m\dfrac{dv}{dt} + v\dfrac{dm}{dt} + kv = -mg + R$
23. $\dfrac{d^2r}{dt^2} + \dfrac{gR^2}{r^2} = 0$
25. $\dfrac{dA}{dt} = k(M - A), k > 0$
27. $\dfrac{dx}{dt} + kx = r, k > 0$
29. $\dfrac{dy}{dx} = \dfrac{-x + \sqrt{x^2 + y^2}}{y}$

1장 복습문제

1. $\dfrac{dy}{dx} = ky$
3. $y'' + k^2 y = 0$
5. $y'' - 2y' + y = 0$
7. (a), (d)
9. (b)
11. (b)
13. $y = c_1$ and $y = c_2 e^x$, c_1 and c_2 constants

15. $y' = x^2 + y^2$

17. **(a)** The domain is the set of all real numbers.
(b) either $(-\infty, 0)$ or $(0, \infty)$

19. For $x_0 = -1$, the interval is $(-\infty, 0)$, and for $x_0 = 2$, the interval is $(0, \infty)$.

21. **(c)** $y = \begin{cases} -x^2, & x < 0 \\ x^2, & x \geq 0 \end{cases}$

23. $(-\infty, \infty)$

25. $(0, \infty)$

35. $y = \frac{5}{9} + \cos 3x$

37. $y' + y = 4x - 2$

39. $y = e^{-3x} - e^x + 4x$

41. $y = -\frac{3}{2}e^{-3x+3} - \frac{9}{2}e^{x-1} + 4x$

45. $y_0 = -3, y_1 = 0$

47. $x\dfrac{d^2x}{dt^2} + \left(\dfrac{dx}{dt}\right)^2 + 32x = 160$

연습문제 2.1

21. 0 is asymptotically stable (attractor); 3 is unstable (repeller).

23. 2 is semi-stable.

25. -2 is unstable (repeller); 0 is semi-stable; 2 is asymptotically stable (attractor).

27. -1 is asymptotically stable (attractor); 0 is unstable (repeller).

39. $0 < P_0 < h/k$

41. $\sqrt{mg/k}$

연습문제 2.2

1. $y = -\frac{1}{5}\cos 5x + c$

3. $y = \frac{1}{3}e^{-3x} + c$

5. $y = cx^4$

7. $-3e^{-2y} = 2e^{3x} + c$

9. $\frac{1}{3}x^3 \ln x - \frac{1}{9}x^3 = \frac{1}{2}y^2 + 2y + \ln|y| + c$

11. $4\cos y = 2x + \sin 2x + c$

13. $(e^x + 1)^{-2} + 2(e^y + 1)^{-1} = c$

15. $S = ce^{kr}$

17. $P = \dfrac{ce^t}{1 + ce^t}$

19. $(y + 3)^5 e^x = c(x + 4)^5 e^y$

21. $y = \sin(\frac{1}{2}x^2 + c)$

23. $x = \tan(4t - \frac{3}{4}\pi)$

25. $y = \dfrac{e^{-(1+1/x)}}{x}$

27. $y = \frac{1}{2}x + \frac{1}{2}\sqrt{3}\sqrt{1 - x^2}$

29. $y = e^{e^{-x}}$

31. $y(x) = e^{\int_4^x e^{-t^2} dt}$

33. $y(x) = \tan\left(\pi/4 + \displaystyle\int_1^x \sqrt{1 + \cos t^3}\, dt\right)$

35. $y = -\sqrt{x^2 + x - 1}, \left(-\infty, -\frac{1}{2} - \frac{\sqrt{5}}{2}\right)$

37. $y = -\ln(2 - e^x), (-\infty, \ln 2)$

39. **(a)** $y = 2, y = -2, y = 2\dfrac{3 - e^{4x-1}}{3 + e^{4x-1}}$

43. $y = 1$

45. $y = 1 + \frac{1}{10}\tan\left(\frac{1}{10}x\right)$

49. $y = \tan x - \sec x + c$

51. $y = [c(1 + \sqrt{x}) - 1]^2$

53. $y = 2\sqrt{\sqrt{x}e^{\sqrt{x}} - e^{\sqrt{x}} + 4}$

61. $m(t) = \sqrt[3]{m_0^3 - 3kt}$

63. $x = \dfrac{a}{2}(2\phi + \sin 2\phi), y = \dfrac{a}{2}(1 - \cos 2\phi)$

65. $y(x) = (4h/L^2)x^2 + a$

연습문제 2.3

1. $y = ce^{5x}, (-\infty, \infty)$

3. $y = \frac{1}{4}e^{3x} + ce^{-x}, (-\infty, \infty)$

5. $y = \frac{1}{3} + ce^{-x^3}, (-\infty, \infty)$

7. $y = x^{-1}\ln x + cx^{-1}, (0, \infty)$

9. $y = cx - x\cos x, (0, \infty)$

11. $y = \frac{1}{7}x^3 - \frac{1}{5}x + cx^{-4}, (0, \infty)$

13. $y = \frac{1}{2}x^{-2}e^x + cx^{-2}e^{-x}, (0, \infty)$

15. $x = 2y^6 + cy^4, (0, \infty)$

17. $y = \sin x + c\cos x, (-\pi/2, \pi/2)$

19. $(x + 1)e^x y = x^2 + c, (-1, \infty)$

21. $(\sec\theta + \tan\theta)r = \theta - \cos\theta + c, (-\pi/2, \pi/2)$

23. $y = e^{-3x} + cx^{-1}e^{-3x}, (0, \infty)$

25. $y = x^{-1}e^x + (2 - e)x^{-1}, (0, \infty)$

27. $i = \dfrac{E}{R} + \left(i_0 - \dfrac{E}{R}\right)e^{-Rt/L}, (-\infty, \infty)$

29. $(x + 1)y = x\ln x - x + 21, (0, \infty)$

31. $y = (2\sqrt{x} + e^2 - 2)e^{-2\sqrt{x}}, (0, \infty)$

33. $y = \begin{cases} \frac{1}{2}(1 - e^{-2x}), & 0 \leq x \leq 3 \\ \frac{1}{2}(e^6 - 1)e^{-2x}, & x > 3 \end{cases}$

35. $y = \begin{cases} \frac{1}{2} + \frac{3}{2}e^{-x^2}, & 0 \leq x < 1 \\ \left(\frac{1}{2}e + \frac{3}{2}\right)e^{-x^2}, & x \geq 1 \end{cases}$

37. $y = \begin{cases} 2x - 1 + 4e^{-2x}, & 0 \leq x \leq 1 \\ 4x^2\ln x + (1 + 4e^{-2})x^2, & x > 1 \end{cases}$

39. $x = -y^2 - 2y - 2 + ce^y$

41. $y = e^{x^2-1} + \frac{1}{2}\sqrt{\pi}e^{x^2}[\text{erf}(x) - \text{erf}(1)]$

43. $y = e^{1-e^x} + e^{-e^x}\displaystyle\int_0^x e^{e^t}\, dt$

45. $y = 2e^{-x^2/2} + e^{-x^2/2}\displaystyle\int_0^x e^{t^2/2}\cos t\, dt$

47. $y = 10x^{-2}[\text{Si}(x) - \text{Si}(1)]$

57. $E(t) = E_0 e^{-(t-4)/RC}$

연습문제 2.4

1. $x^2 - x + \frac{3}{2}y^2 + 7y = c$

3. $\frac{5}{2}x^2 + 4xy - 2y^4 = c$

5. $x^2y^2 - 3x + 4y = c$

7. not exact

9. $xy^3 + y^2\cos x - \frac{1}{2}x^2 = c$

11. not exact

13. $xy - 2xe^x + 2e^x - 2x^3 = c$

15. $x^3y^3 - \tan^{-1} 3x = c$

17. $-\ln|\cos x| + \cos x \sin y = c$

19. $t^4y - 5t^3 - ty + y^3 = c$

21. $\frac{1}{3}x^3 + x^2y + xy^2 - y = \frac{4}{3}$

23. $4ty + t^2 - 5t + 3y^2 - y = 8$

25. $y^2 \sin x - x^3y - x^2 + y \ln y - y = 0$

27. $k = 10$ **29.** $x^2y^2 \cos x = c$

31. $\frac{1}{2}x^2 - 1/(xy) = c$

33. $x^2y^2 + x^3 = c$ **35.** $3x^2y^3 + y^4 = c$

37. $-2ye^{3x} + \frac{10}{3}e^{3x} + x = c$ **39.** $e^{y^2}(x^2 + 4) = 20$

41. **(c)** $y_1(x) = -x^2 - \sqrt{x^4 - x^3 + 4}$,
$y_2(x) = -x^2 + \sqrt{x^4 - x^3 + 4}$

47. **(a)** $v(x) = 8\sqrt{\dfrac{x}{3} - \dfrac{9}{x^2}}$ **(b)** 12.7 ft/s

연습문제 2.5

1. $y + x \ln|x| = cx$

3. $(x - y) \ln|x - y| = y + c(x - y)$

5. $x + y \ln|x| = cy$

7. $\ln(x^2 + y^2) + 2 \tan^{-1}(y/x) = c$

9. $4x = y(\ln|y| - c)^2$ **11.** $y^3 + 3x^3 \ln|x| = 8x^3$

13. $\ln|x| = e^{y/x} - 1$ **15.** $y^3 = 1 + cx^{-3}$

17. $y^{-3} = x + \frac{1}{3} + ce^{3x}$ **19.** $e^{t/y} = ct$

21. $y^{-3} = -\frac{9}{5}x^{-1} + \frac{49}{5}x^{-6}$

23. $y = -x - 1 + \tan(x + c)$

25. $2y - 2x + \sin 2(x + y) = c$

27. $4(y - 2x + 3) = (x + c)^2$

29. $-\cot(x + y) + \csc(x + y) = x + \sqrt{2} - 1$

37. **(b)** $y = \dfrac{2}{x} + (-\frac{1}{4}x + cx^{-3})^{-1}$

39. $P = \dfrac{a}{b + c_1e^{-at}}$

연습문제 2.6

1. $y_2 = 2.9800$, $y_4 = 3.1151$

3. $y_{10} = 2.5937$, $y_{20} = 2.6533$; $y = e^x$

5. $y_5 = 0.4198$, $y_{10} = 0.4124$

7. $y_5 = 0.5639$, $y_{10} = 0.5565$

9. $y_5 = 1.2194$, $y_{10} = 1.2696$

13. Euler: $y_{10} = 3.8191$, $y_{20} = 5.9363$
RK4: $y_{10} = 42.9931$, $y_{20} = 84.0132$

연습문제 2.7

1. 7.9 years; 10 years

3. 760; approximately 11 persons/yr

5. 11 h **7.** 136.5 h

11. $I(15) = 0.00098I_0$ or approximately 0.1% of I_0

13. 15,963 years

15. $T(1) = 36.76°$F; approximately 3.06 min

17. approximately 82.1 s; approximately 145.7 s

19. 390°F **21.** approximately 1.6 h

23. $A(t) = 200 - 170e^{-t/50}$

25. $A(t) = 1000 - 1000e^{-t/100}$

27. $A(t) = 1000 - 10t - \frac{1}{10}(100 - t)^2$; 100 min

29. 64.38 lb

31. $i(t) = \frac{3}{5} - \frac{3}{5}e^{-500t}$; $i \to \frac{3}{5}$ as $t \to \infty$

33. $q(t) = \frac{1}{100} - \frac{1}{100}e^{-50t}$; $i(t) = \frac{1}{2}e^{-50t}$

35. $i(t) = \begin{cases} 60 - 60e^{-t/10}, & 0 \le t \le 20 \\ 60(e^2 - 1)e^{-t/10}, & t > 20 \end{cases}$

37. **(a)** $v(t) = \dfrac{mg}{k} + \left(v_0 - \dfrac{mg}{k}\right)e^{-kt/m}$

(b) $v(t) \to \dfrac{mg}{k}$ as $t \to \infty$

(c)
$$s(t) = \frac{mg}{k}t - \frac{m}{k}\left(v_0 - \frac{mg}{k}\right)e^{-kt/m} + \frac{m}{k}\left(v_0 - \frac{mg}{k}\right) + s_0$$

41. **(a)** $v(t) = \dfrac{\rho g}{4k}\left(\dfrac{k}{\rho}t + r_0\right) - \dfrac{\rho g r_0}{4k}\left(\dfrac{r_0}{\dfrac{k}{\rho}t + r_0}\right)^3$

(b) $33\frac{1}{3}$ min

43. **(a)** $P(t) = P_0e^{(k_1 - k_2)t}$

45. **(a)** As $t \to \infty$, $x(t) \to r/k$.

(b) $x(t) = r/k - (r/k)e^{-kt}$; $(\ln 2)/k$

47. **(a)** $t_b = 50$ s **(b)** 70 m/s

(c) 1250 m **(e)** $\dfrac{dv}{dt} + \dfrac{1}{50}v = -9.8$

51. **(a)** $v(0) = 5$ m^3, $v(t) = 0.8 + 4.2e^{-0.2t}$, approximately 0.117%

(b) in approximately 11.757 min or at approximately 9:12 A.M.

(c) approximately 829.114 m^3/min

연습문제 2.8

1. **(a)** $N = 2000$

(b) $N(t) = \dfrac{2000e^t}{1999 + e^t}$; $N(10) = 1834$

3. 1,000,000; 52.9 mo

7. For $0 < P_0 < 1$, time of extinction is
$$t = -\frac{1}{3}\ln\frac{4(P_0 - 1)}{P_0 - 4}.$$

9. $P(t) = \dfrac{5}{2} + \dfrac{\sqrt{3}}{2}\tan\left[-\dfrac{\sqrt{3}}{2}t + \tan^{-1}\left(\dfrac{2P_0 - 5}{\sqrt{3}}\right)\right]$;
time of extinction is
$$t = \frac{2}{\sqrt{3}}\left[\tan^{-1}\frac{5}{\sqrt{3}} + \tan^{-1}\left(\frac{2P_0 - 5}{\sqrt{3}}\right)\right]$$

11. $P(t) = e^{a/b}e^{-ce^{-bt}}$, where $c = (a/b) - \ln P_0$

13. 29.3 g; $X \to 60$ as $t \to \infty$; 0 g of A and 30 g of B

15. **(a)** $h(t) = \left(\sqrt{H} - \dfrac{4A_h}{A_w}t\right)^2$; I is $[0, \sqrt{H}A_w/4A_h]$

(b) $576\sqrt{10}$ s or 30.36 min

17. **(a)** approximately 858.65 s or 14.31 min

(b) 243 s or 4.05 min

19. **(a)** $v(t) = \sqrt{\dfrac{mg}{k}}\tanh\left(\sqrt{\dfrac{kg}{m}}t + c_1\right)$

where $c_1 = \tanh^{-1}\left(\sqrt{\dfrac{k}{mg}}v_0\right)$

(b) $\sqrt{\dfrac{mg}{k}}$

(c) $s(t) = \dfrac{m}{k}\ln\cosh\left(\sqrt{\dfrac{kg}{m}}t + c_1\right) + c_2$

where $c_2 = -(m/k)\ln(\cosh c_1)$

21. **(a)** $m\dfrac{dv}{dt} = mg - kv^2 - \rho V$, where ρ is the weight density of water

(b) $v(t) = \sqrt{\dfrac{mg - \rho V}{k}}\tanh\left(\dfrac{\sqrt{kmg - k\rho V}}{m}t + c_1\right)$

(c) $\sqrt{\dfrac{mg - \rho V}{k}}$

23. **(a)** $W = 0$ and $W = 2$

(b) $W(x) = 2\,\text{sech}^2(x - c_1)$

(c) $W(x) = 2\,\text{sech}^2 x$

25. $x(t) = \sqrt{2t}$, $t = \frac{1}{2}$

27. $x(t) = \begin{cases} \sqrt{2t}, & 0 \le t \le \frac{1}{4} \\ \sqrt{2} - \sqrt{1 - 2t}, & \frac{1}{4} < t \le \frac{1}{2} \end{cases}$, $t = \frac{1}{2}$

연습문제 2.9

1. $x(t) = x_0 e^{-\lambda_1 t}$

$y(t) = \dfrac{x_0\lambda_1}{\lambda_2 - \lambda_1}(e^{-\lambda_1 t} - e^{-\lambda_2 t})$

$z(t) = x_0\left(1 - \dfrac{\lambda_2}{\lambda_2 - \lambda_1}e^{-\lambda_1 t} + \dfrac{\lambda_1}{\lambda_2 - \lambda_1}e^{-\lambda_2 t}\right)$

3. 5, 20, 147 days. The time when $y(t)$ and $z(t)$ are the same makes sense because most of A and half of B are gone, so half of C should have been formed.

5. **(a)** $P(t) = P_0 e^{-(\lambda_A + \lambda_C)t}$

(b) approximately 1.25×10^9 years

(c) $A(t) = \dfrac{\lambda_A}{\lambda_A + \lambda_C}P_0[1 - e^{-(\lambda_A + \lambda_C)t}]$

$C(t) = \dfrac{\lambda_C}{\lambda_A + \lambda_C}P_0[1 - e^{-(\lambda_A + \lambda_C)t}]$

(d) 10.5% of P_0, 89.5% of P_0

7. $\dfrac{dx_1}{dt} = 6 - \frac{2}{25}x_1 + \frac{1}{50}x_2$

$\dfrac{dx_2}{dt} = \frac{2}{25}x_1 - \frac{2}{25}x_2$

9. **(a)** $\dfrac{dx_1}{dt} = 3\dfrac{x_2}{100 - t} - 2\dfrac{x_1}{100 + t}$

$\dfrac{dx_2}{dt} = 2\dfrac{x_1}{100 + t} - 3\dfrac{x_2}{100 - t}$

(b) $x_1(t) + x_2(t) = 150$; $x_2(30) \approx 47.4$ lb

15. $L_1\dfrac{di_2}{dt} + (R_1 + R_2)i_2 + R_1 i_3 = E(t)$

$L_2\dfrac{di_3}{dt} + R_1 i_2 + (R_1 + R_3)i_3 = E(t)$

17. $i(0) = i_0$, $s(0) = n - i_0$, $r(0) = 0$; because the population is assumed to be constant

2장 복습문제

1. $-A/k$, a repeller for $k > 0$, an attractor for $k < 0$

3. $y = 5$, $y = -5$

5. true

7. $y = c_1 e^{e^x}$

9. false

11. $\dfrac{dy}{dx} = (y - 1)^2(y - 3)^2$

13. semi-stable for n even and unstable for n odd; semi-stable for n even and asymptotically stable for n odd

17. $2x + \sin 2x = 2\ln(y^2 + 1) + c$

19. $(6x + 1)y^3 = -3x^3 + c$

21. $Q = ct^{-1} + \frac{1}{25}t^4(-1 + 5\ln t)$

23. $y = \frac{1}{4} + c(x^2 + 4)^{-4}$

25. $y = e^{-2\sin x} + \frac{1}{2}e^{-2\sin x}\displaystyle\int_0^x te^{2\sin t}\,dt$

27. $y = \dfrac{3}{x^2} + \dfrac{1}{x^2}\displaystyle\int_1^x t^2 e^{t^2}\,dt$

29. $y = \begin{cases} xe^{-x} + 5e^{-x}, & 0 \le x < 1 \\ 6e^{-x}, & x \ge 1 \end{cases}$

31. $y = \csc x$, $(\pi, 2\pi)$

33. **(b)** $y = \frac{1}{4}(x + 2\sqrt{y_0} - x_0)^2$, $[x_0 - 2\sqrt{y_0}, \infty]$

37. $P(45) = 8.99$ billion

39. **(b)** approximately 3257 BC

41. $x = 10\ln\left(\dfrac{10 + \sqrt{100 - y^2}}{y}\right) - \sqrt{100 - y^2}$

43. **(a)** $\dfrac{BT_1 + T_2}{1 + B}, \dfrac{BT_1 + T_2}{1 + B}$

(b) $T(t) = \dfrac{BT_1 + T_2}{1 + B} + \dfrac{T_1 - T_2}{1 + B}e^{k(1+B)t}$

45. $q = E_0 C + (q_0 - E_0 C)\left(\dfrac{k_1}{k_1 + k_2 t}\right)^{1/Ck_2}$

47. $h(t) = (\sqrt{2} - 0.00000163t)^2$

49. no

51. $x(t) = \dfrac{\alpha c_1 e^{\alpha k_1 t}}{1 + c_1 e^{\alpha k_1 t}}, y(t) = c_2(1 + c_1 e^{\alpha k_1 t})^{k_2/k_1}$

53. $P(t) = 450e^{-2.4204e^{-0.02948t}}$; 166

55. $x^2 + y^2 = c_2$

57. $x = -y + 1 + c_2 e^{-y}$

59. $(q - p, 2\sqrt{pq}), (q - p, -2\sqrt{pq})$

61. **(a)** $k = 0.083$ seems to work well; $k = 0.1063$ and $k = 0.0823$

연습문제 3.1

1. $y = \frac{1}{2}e^x - \frac{1}{2}e^{-x}$ **3.** $y = 3x - 4x \ln x$

9. $(-\infty, 2)$

11. **(a)** $y = \dfrac{e}{e^2 - 1}(e^x - e^{-x})$ **(b)** $y = \dfrac{\sinh x}{\sinh 1}$

13. **(a)** $y = e^x \cos x - e^x \sin x$
(b) no solution
(c) $y = e^x \cos x + e^{-\pi/2} e^x \sin x$
(d) $y = c_2 e^x \sin x$, where c_2 is arbitrary

15. dependent **17.** dependent

19. dependent **21.** independent

23. The functions satisfy the DE and are linearly independent on the interval since $W(e^{-3x}, e^{4x}) = 7e^x \neq 0$; $y = c_1 e^{-3x} + c_2 e^{4x}$.

25. The functions satisfy the DE and are linearly independent on the interval since $W(e^x \cos 2x, e^x \sin 2x) = 2e^{2x} \neq 0$; $y = c_1 e^x \cos 2x + c_2 e^x \sin 2x$.

27. The functions satisfy the DE and are linearly independent on the interval since $W(x^3, x^4) = x^6 \neq 0$; $y = c_1 x^3 + c_2 x^4$.

29. The functions satisfy the DE and are linearly independent on the interval since $W(x, x^{-2}, x^{-2} \ln x) = 9x^{-6} \neq 0$; $y = c_1 x + c_2 x^{-2} + c_3 x^{-2} \ln x$.

35. **(b)** $y_p = x^2 + 3x + 3e^{2x}$; $y_p = -2x^2 - 6x - \frac{1}{3}e^{2x}$

연습문제 3.2

1. $y_2 = xe^{2x}$ **3.** $y_2 = \sin 4x$

5. $y_2 = \sinh x$ **7.** $y_2 = xe^{2x/3}$

9. $y_2 = x^4 \ln |x|$ **11.** $y_2 = 1$

13. $y_2 = x \cos(\ln x)$ **15.** $y_2 = x^2 + x + 2$

17. $y_2 = x^2 e^x$ **19.** $y_2 = e^{2x}, y_p = -\frac{1}{2}$

21. $y_2 = e^{2x}, y_p = \frac{5}{2}e^{3x}$ **23.** $y_2 = x\displaystyle\int_{x_0}^{x} \frac{e^{-t}}{t}\,dt, x_0 > 0$

연습문제 3.3

1. $y = c_1 + c_2 e^{-x/4}$ **3.** $y = c_1 e^{3x} + c_2 e^{-2x}$

5. $y = c_1 e^{-4x} + c_2 x e^{-4x}$ **7.** $y = c_1 e^{2x/3} + c_2 e^{-x/4}$

9. $y = c_1 \cos 3x + c_2 \sin 3x$

11. $y = e^{2x}(c_1 \cos x + c_2 \sin x)$

13. $y = e^{-x/3}(c_1 \cos \frac{1}{3}\sqrt{2}x + c_2 \sin \frac{1}{3}\sqrt{2}x)$

15. $y = c_1 + c_2 e^{-x} + c_3 e^{5x}$

17. $y = c_1 e^{-x} + c_2 e^{3x} + c_3 x e^{3x}$

19. $u = c_1 e^t + e^{-t}(c_2 \cos t + c_3 \sin t)$

21. $y = c_1 e^{-x} + c_2 x e^{-x} + c_3 x^2 e^{-x}$

23. $y = c_1 + c_2 x + e^{-x/2}(c_3 \cos \frac{1}{2}\sqrt{3}x + c_4 \sin \frac{1}{2}\sqrt{3}x)$

25. $y = c_1 \cos \frac{1}{2}\sqrt{3}x + c_2 \sin \frac{1}{2}\sqrt{3}x + c_3 x \cos \frac{1}{2}\sqrt{3}x + c_4 x \sin \frac{1}{2}\sqrt{3}x$

27. $u = c_1 e^r + c_2 r e^r + c_3 e^{-r} + c_4 r e^{-r} + c_5 e^{-5r}$

29. $y = c_1 + c_2 x + c_3 x^2 + c_4 x^3 + c_5 e^x \cos 2x + c_6 e^x \sin 2x$

31. $y = 2 \cos 4x - \frac{1}{2} \sin 4x$

33. $y = -\frac{1}{3}e^{-(t-1)} + \frac{1}{3}e^{5(t-1)}$

35. $y = 0$

37. $y = \frac{5}{36} - \frac{5}{36}e^{-6x} + \frac{1}{6}xe^{-6x}$

39. $y = e^{5x} - xe^{5x}$ **41.** $y = 0$

43. $y = \frac{1}{2}(1 - \frac{5}{\sqrt{3}})e^{-\sqrt{3}x} + \frac{1}{2}(1 + \frac{5}{\sqrt{3}})e^{\sqrt{3}x}$;
$y = \cosh \sqrt{3}x + \frac{5}{\sqrt{3}} \sinh \sqrt{3}x$

45. $\alpha = n\pi/2, n = 1, 2, 3, \ldots$

53. $y'' - 7y' + 6y = 0$ **55.** $y'' - 3y' = 0$

57. $y'' + 64y = 0$ **59.** $y'' - 2y' + 2y = 0$

61. $y''' - 7y'' = 0$

연습문제 3.4

1. $y = c_1 e^{-x} + c_2 e^{-2x} + 3$

3. $y = c_1 e^{5x} + c_2 x e^{5x} + \frac{6}{5}x + \frac{3}{5}$

5. $y = c_1 e^{-2x} + c_2 x e^{-2x} + x^2 - 4x + \frac{7}{2}$

7. $y = c_1 \cos \sqrt{3}x + c_2 \sin \sqrt{3}x + (-4x^2 + 4x - \frac{4}{3})e^{3x}$

9. $y = c_1 + c_2 e^x + 3x$

11. $y = c_1 e^{x/2} + c_2 x e^{x/2} + 12 + \frac{1}{2}x^2 e^{x/2}$

13. $y = c_1 \cos 2x + c_2 \sin 2x - \frac{3}{4}x \cos 2x$

15. $y = c_1 \cos x + c_2 \sin x - \frac{1}{2}x^2 \cos x + \frac{1}{2}x \sin x$

17. $y = c_1 e^x \cos 2x + c_2 e^x \sin 2x + \frac{1}{4}xe^x \sin 2x$

19. $y = c_1 e^{-x} + c_2 x e^{-x} - \frac{1}{2} \cos x + \frac{12}{25} \sin 2x - \frac{9}{25} \cos 2x$

21. $y = c_1 + c_2 x + c_3 e^{6x} - \frac{1}{4}x^2 - \frac{6}{37} \cos x + \frac{1}{37} \sin x$

23. $y = c_1 e^x + c_2 x e^x + c_3 x^2 e^x - x - 3 - \frac{2}{3}x^3 e^x$

25. $y = c_1 \cos x + c_2 \sin x + c_3 x \cos x + c_4 x \sin x + x^2 - 2x - 3$

27. $y = \sqrt{2} \sin 2x - \frac{1}{2}$

29. $y = -200 + 200e^{-x/5} - 3x^2 + 30x$

31. $y = -10e^{-2x} \cos x + 9e^{-2x} \sin x + 7e^{-4x}$

33. $x = \dfrac{F_0}{2\omega^2} \sin \omega t - \dfrac{F_0}{2\omega} t \cos \omega t$

35. $y = 11 - 11e^x + 9xe^x + 2x - 12x^2 e^x + \frac{1}{2}e^{5x}$

37. $y = 6 \cos x - 6(\cot 1) \sin x + x^2 - 1$

39. $y = \dfrac{-4 \sin \sqrt{3}x}{\sin \sqrt{3} + \sqrt{3} \cos \sqrt{3}} + 2x$

41. $y = \begin{cases} \cos 2x + \frac{5}{6}\sin 2x + \frac{1}{3}\sin x, & 0 \le x \le \pi/2 \\ \frac{2}{3}\cos 2x + \frac{5}{6}\sin 2x, & x > \pi/2 \end{cases}$

연습문제 3.5

1. $y = c_1 \cos x + c_2 \sin x + x \sin x + \cos x \ln|\cos x|$

3. $y = c_1 \cos x + c_2 \sin x - \frac{1}{2}x \cos x$

5. $y = c_1 \cos x + c_2 \sin x + \frac{1}{2} - \frac{1}{6}\cos 2x$

7. $y = c_1 e^x + c_2 e^{-x} + \frac{1}{2}x \sinh x$

9. $y = c_1 e^{-3x} + c_3 e^{3x} - \frac{1}{4}xe^{-3x}(1 + 3x)$

11. $y = c_3 + c_2 e^{-x} + 3x$

13. $y = c_1 e^{-x} + c_2 e^{-2x} + (e^{-x} + e^{-2x})\ln(1 + e^x)$

15. $y = c_1 e^{-2x} + c_2 e^{-x} - e^{-2x}\sin e^x$

17. $y = c_1 e^{-t} + c_2 te^{-t} + \frac{1}{2}t^2 e^{-t}\ln t - \frac{3}{4}t^2 e^{-t}$

19. $y = c_1 e^x \sin x + c_2 e^x \cos x + \frac{1}{3}xe^x \sin x + \frac{1}{3}e^x \cos x \ln|\cos x|$

21. $y = \frac{1}{4}e^{-x/2} + \frac{3}{4}e^{x/2} + \frac{1}{8}x^2 e^{x/2} - \frac{1}{4}xe^{x/2}$

23. $y = e^x - xe^x - e^x \ln|\cos x|$

25. $y = \frac{4}{9}e^{-4x} + \frac{25}{36}e^{2x} - \frac{1}{4}e^{-2x} + \frac{1}{9}e^{-x}$

27. $y = c_1 \cos x + c_2 \sin x - \cos x \int_{x_0}^{x} e^{t^2} \sin t\, dt + \sin x \int_{x_0}^{x} e^{t^2} \cos t\, dt$

29. $y = c_1 e^{-2x} + c_2 e^x - \frac{1}{3}e^{-2x}\int_{x_0}^{x} e^{2t}\ln t\, dt + \frac{1}{3}e^x \int_{x_0}^{x} e^{-t}\ln t\, dt,\ x_0 > 0$

31. $y = c_1 x^{-1/2}\cos x + c_2 x^{-1/2}\sin x + x^{-1/2}$

33. $y = c_1 + c_2 \cos x + c_3 \sin x - \ln|\cos x| - \sin x \ln|\sec x + \tan x|$

35. $y = c_1 e^x + c_2 e^{-x} + c_3 e^{2x} + \frac{1}{30}e^{4x}$

연습문제 3.6

1. $y = c_1 x^{-1} + c_2 x^2$

3. $y = c_1 + c_2 \ln x$

5. $y = c_1 \cos(2\ln x) + c_2 \sin(2\ln x)$

7. $y = c_1 x^{(2-\sqrt{6})} + c_2 x^{(2+\sqrt{6})}$

9. $y = c_1 \cos(\frac{1}{5}\ln x) + c_2 \sin(\frac{1}{5}\ln x)$

11. $y = c_1 x^{-2} + c_2 x^{-2}\ln x$

13. $y = x^{-1/2}[c_1 \cos(\frac{1}{6}\sqrt{3}\ln x) + c_2 \sin(\frac{1}{6}\sqrt{3}\ln x)]$

15. $y = c_1 x^3 + c_2 \cos(\sqrt{2}\ln x) + c_3 \sin(\sqrt{2}\ln x)$

17. $y = c_1 + c_2 x + c_3 x^2 + c_4 x^{-3}$

19. $y = c_1 + c_2 x^5 + \frac{1}{5}x^5 \ln x$

21. $y = c_1 x + c_2 x \ln x + x(\ln x)^2$

23. $y = c_1 x^{-1} + c_2 x - \ln x$

25. $y = 2 - 2x^{-2}$ **27.** $y = \cos(\ln x) + 2\sin(\ln x)$

29. $y = \frac{3}{4} - \ln x + \frac{1}{4}x^2$

31. $y = c_1(x^2 - x^6)$, c_1 any real constant

33. $x^2y'' - xy' - 8y = 0$ **35.** $x^2y'' + 7xy' + 9y = 0$

37. $x^2y'' + xy' + y = 0$

39. $y = c_1(x + 3)^2 + c_2(x + 3)^7$

41. $y = c_1(x + 2) + c_2(x + 2)\ln(x + 2)$

43. $y = c_1 x^{-10} + c_2 x^2$

45. $y = c_1 x^{-1} + c_2 x^{-8} + \frac{1}{30}x^2$

47. $y = x^2[c_1 \cos(3\ln x) + c_2 \sin(3\ln x)] + \frac{4}{13} + \frac{3}{10}x$

49. $y = 2(-x)^{1/2} - 5(-x)^{1/2}\ln(-x),\ x < 0$

51. $T(r) = \frac{2}{5}T_0(r + r^{-1})$

53. **(a)** $w(r) = c_1 + c_2 \ln r + c_3 r^2 + \dfrac{q}{64D}r^4$

(b) $w(r) = \dfrac{q}{64D}(a^2 - r^2)^2$

연습문제 3.7

3. $y = \ln|\cos(c_1 - x)| + c_2$

5. $y = \dfrac{1}{c_1^2}\ln|c_1 x + 1| - \dfrac{1}{c_1}x + c_2$

7. $(x + c_2)^2 + y^2 = c_1^2$ **9.** $\frac{1}{3}y^3 - c_1 y = x + c_2$

11. $y = \frac{2}{3}(x + 1)^{3/2} + \frac{4}{3}$

13. **(b)** $y = \tan(\frac{1}{4}\pi - \frac{1}{2}x)$ **(c)** $(-\pi/2, 3\pi/2)$

15. $y = -\dfrac{1}{c_1}\sqrt{1 - c_1^2 x^2} + c_2$

17. $y = 1 + x + \frac{1}{2}x^2 + \frac{1}{2}x^3 + \frac{1}{6}x^4 + \frac{1}{10}x^5 + \cdots$

19. $y = 1 + x - \frac{1}{2}x^2 + \frac{2}{3}x^3 - \frac{1}{4}x^4 + \frac{7}{60}x^5 + \cdots$

21. $y = -\sqrt{1 - x^2}$

연습문제 3.8

1. $\dfrac{\sqrt{2}\pi}{8}$ **3.** $x(t) = -\frac{1}{4}\cos 4\sqrt{6}t$

5. **(a)** $x(\pi/12) = -\frac{1}{4}$; $x(\pi/8) = -\frac{1}{2}$; $x(\pi/6) = -\frac{1}{4}$; $x(\pi/4) = \frac{1}{2}$; $x(9\pi/32) = \frac{\sqrt{2}}{4}$

(b) 4 ft/s; downward

(c) $t = \dfrac{(2n + 1)\pi}{16}$, $n = 0, 1, 2, \ldots$

7. **(a)** the 20-kg mass

(b) the 20-kg mass; the 50-kg mass

(c) $t = n\pi$, $n = 0, 1, 2, \ldots$; at the equilibrium position; the 50-kg mass is moving upward whereas the 20-kg mass is moving upward when n is even and downward when n is odd.

9. **(a)** $x(t) = \frac{1}{2}\cos 2t + \frac{3}{4}\sin 2t$

(b) $x(t) = \frac{\sqrt{13}}{4}\sin(2t + 0.588)$

(c) $x(t) = \frac{\sqrt{13}}{4}\cos(2t - 0.983)$

11. **(a)** $x(t) = -\frac{2}{3}\cos 10t + \frac{1}{2}\sin 10t = \frac{5}{6}\sin(10t - 0.927)$

(b) $\frac{5}{6}$ ft; $\frac{\pi}{5}$

(c) 15 cycles

(d) 0.721 s

(e) $\dfrac{(2n+1)\pi}{20} + 0.0927,\ n = 0, 1, 2, \ldots$

(f) $x(3) = -0.597$ ft

(g) $x'(3) = -5.814$ ft/s

(h) $x''(3) = 59.702$ ft/s^2

(i) $\pm 8\frac{1}{3}$ ft/s

(j) $0.1451 + \dfrac{n\pi}{5};\ 0.3545 + \dfrac{n\pi}{5},\ n = 0, 1, 2, \ldots$

(k) $0.3545 + \dfrac{n\pi}{5},\ n = 0, 1, 2, \ldots$

13. $k_{\text{eff}} = 160$ lb/ft; $x(t) = \frac{1}{8}\sin 16t$

15. $k_{\text{eff}} = 30$ lb/ft; $x(t) = \frac{\sqrt{3}}{6}\sin 4\sqrt{3}t$

17. Compared to a single-spring system with spring constant k, the parallel-spring system is more stiff.

21. (a) above (b) heading upward

23. (a) below (b) heading upward

25. $\frac{1}{4}$ s; $\frac{1}{2}$ s, $x(\frac{1}{2}) = e^{-2}$; that is, the weight is approximately 0.14 ft below the equilibrium position.

27. (a) $x(t) = \frac{4}{3}e^{-2t} - \frac{1}{3}e^{-8t}$

(b) $x(t) = -\frac{2}{3}e^{-2t} + \frac{5}{3}e^{-8t}$

29. (a) $x(t) = e^{-2t}(-\cos 4t - \frac{1}{2}\sin 4t)$

(b) $x(t) = \frac{\sqrt{5}}{2}e^{-2t}\sin(4t + 4.249)$

(c) $t = 1.294$ s

31. (a) $\beta > \frac{5}{2}$ (b) $\beta = \frac{5}{2}$ (c) $0 < \beta < \frac{5}{2}$

33. $x(t) = e^{-t/2}\left(-\frac{4}{3}\cos\frac{\sqrt{47}}{2}t - \frac{64}{3\sqrt{47}}\sin\frac{\sqrt{47}}{2}t\right) + \frac{10}{3}(\cos 3t + \sin 3t)$

35. $x(t) = \frac{1}{4}e^{-4t} + te^{-4t} - \frac{1}{4}\cos 4t$

37. $x(t) = -\frac{1}{2}\cos 4t + \frac{9}{4}\sin 4t + \frac{1}{2}e^{-2t}\cos 4t - 2e^{-2t}\sin 4t$

39. (a) $m\dfrac{d^2x}{dt^2} = -k(x-h) - \beta\dfrac{dx}{dt}$ or

$$\frac{d^2x}{dt^2} + 2\lambda\frac{dx}{dt} + \omega^2 x = \omega^2 h(t),$$

where $2\lambda = \beta/m$ and $\omega^2 = k/m$

(b) $x(t) = e^{-2t}\left(-\frac{56}{13}\cos 2t - \frac{72}{13}\sin 2t\right) + \frac{56}{13}\cos t + \frac{32}{13}\sin t$

43. $x(t) = -\cos 2t - \frac{1}{8}\sin 2t + \frac{3}{4}t\sin 2t + \frac{5}{4}t\cos 2t$

45. (b) $\dfrac{F_0}{2\omega}t\sin\omega t$

51. 4.568 C; 0.0509 s

53. $q(t) = 10 - 10e^{-3t}(\cos 3t + \sin 3t)$

$i(t) = 60e^{-3t}\sin 3t$; 10.432 C

55. $q_p = \frac{100}{13}\sin t + \frac{150}{13}\cos t,\ i_p = \frac{100}{13}\cos t - \frac{150}{13}\sin t$

59. $q(t) = -\frac{1}{2}e^{-10t}(\cos 10t + \sin 10t) + \frac{3}{2}$; $\frac{3}{2}$ C

63. $$q(t) = \left(q_0 - \frac{E_0C}{1-\gamma^2LC}\right)\cos\frac{t}{\sqrt{LC}} + \sqrt{LC}i_0\sin\frac{t}{\sqrt{LC}} + \frac{E_0C}{1-\gamma^2LC}\cos\gamma t$$

$$i(t) = i_0\cos\frac{t}{\sqrt{LC}} - \frac{1}{\sqrt{LC}}\left(q_0 - \frac{E_0C}{1-\gamma^2LC}\right)\sin\frac{t}{\sqrt{LC}} - \frac{E_0C\gamma}{1-\gamma^2LC}\sin\gamma t$$

연습문제 3.9

1. (a) $y(x) = \dfrac{w_0}{24EI}(6L^2x^2 - 4Lx^3 + x^4)$

3. (a) $y(x) = \dfrac{w_0}{48EI}(3L^2x^2 - 5Lx^3 + 2x^4)$

5. (a) $y(x) = \dfrac{w_0}{360EI}(7L^4x - 10L^2x^3 + 3x^5)$

(c) $x \approx 0.51933,\ y_{\max} \approx 0.234799$

7. $$y(x) = -\frac{w_0EI}{P^2}\cosh\sqrt{\frac{P}{EI}}x + \left(\frac{w_0EI}{P^2}\sinh\sqrt{\frac{P}{EI}}L - \frac{w_0L\sqrt{EI}}{P\sqrt{P}}\right)\frac{\sinh\sqrt{\frac{P}{EI}}x}{\cosh\sqrt{\frac{P}{EI}}L} + \frac{w_0}{2P}x^2 + \frac{w_0EI}{P^2}$$

9. (a) $EIy'''(x) = \begin{cases} -\frac{1}{2}w_0L, & 0 \le x < L/2 \\ w_0(x-L), & L/2 \le x \le L \end{cases}$

(b)

$$y(x) = \begin{cases} \dfrac{w_0}{48EI}(-4Lx^3 + 9L^2x^2), & 0 \le x < L/2 \\ \dfrac{w_0}{384EI}(16x^4 - 64Lx^3 + 96L^2x^2 - 8L^3x + L^4), & L/2 \le x \le L \end{cases}$$

(c) $y(L) = \dfrac{41w_0L^4}{384EI}$

11. $\lambda_n = n^2,\ n = 1, 2, 3, \ldots;\ y_n = \sin nx$

13. $\lambda_n = \dfrac{(2n-1)^2\pi^2}{4L^2},\ n = 1, 2, 3, \ldots;$

$y = \cos\dfrac{(2n-1)\pi x}{2L}$

15. $\lambda_n = n^2,\ n = 0, 1, 2, \ldots;\ y_n = \cos nx$

17. $\lambda_n = \dfrac{n^2\pi^2}{25},\ n = 1, 2, 3, \ldots;\ y_n = e^{-x}\sin\dfrac{n\pi x}{5}$

19. $\lambda_n = n^2,\ n = 1, 2, 3, \ldots;\ y_n = \sin(n\ln x)$

21. $\lambda_n = n^4\pi^4,\ n = 1, 2, 3, \ldots;\ y_n = \sin n\pi x$

23. $x = L/4,\ x = L/2,\ x = 3L/4$

27. $\omega_n = \dfrac{n\pi\sqrt{T}}{L\sqrt{\rho}}$, $n = 1, 2, 3, \ldots$; $y_n = \sin\dfrac{n\pi x}{L}$

29. $u(r) = \left(\dfrac{u_0 - u_1}{b - a}\right)\dfrac{ab}{r} + \dfrac{u_1 b - u_0 a}{b - a}$

31. **(a)** $\lambda_n = \dfrac{n^4\pi^4}{L^4}$, $n = 1, 2, 3, \ldots$; $y_n(x) = \sin\left(\dfrac{n\pi x}{L}\right)$

(b) $\omega_n = \dfrac{n^2\pi^2}{L^2}\sqrt{\dfrac{EI}{\rho}}$, $n = 1, 2, 3, \ldots$

연습문제 3.10

1. $y_p(x) = \frac{1}{4}\int_{x_0}^{x}\sinh 4(x - t)f(t)\,dt$

3. $y_p(x) = \int_{x_0}^{x}(x - t)e^{-(x-t)}f(t)\,dt$

5. $y_p(x) = \frac{1}{3}\int_{x_0}^{x}\sin 3(x - t)f(t)\,dt$

7. $y = c_1e^{-4x} + c_2e^{4x} + \frac{1}{4}\int_{x_0}^{x}\sinh 4(x - t)te^{-2t}\,dt$

9. $y = c_1e^{-x} + c_2xe^{-x} + \int_{x_0}^{x}(x - t)e^{-(x-t)}e^{-t}\,dt$

11. $y = c_1\cos 3x + c_2\sin 3x + \frac{1}{3}\int_{x_0}^{x}\sin 3(x - t)(t + \sin t)\,dt$

13. $y_p(x) = \frac{1}{4}xe^{2x} - \frac{1}{16}e^{2x} + \frac{1}{16}e^{-2x}$

15. $y_p(x) = \frac{1}{2}x^2e^{5x}$

17. $y_p(x) = -\cos x + \dfrac{\pi}{2}\sin x - x\sin x - \cos x\ln|\sin x|$

19. $y = \frac{25}{16}e^{-2x} - \frac{9}{16}e^{2x} + \frac{1}{4}xe^{2x}$

21. $y = -e^{5x} + 6xe^{5x} + \frac{1}{2}x^2e^{5x}$

23. $y = -x\sin x - \cos x\ln|\sin x|$

25. $y = (\cos 1 - 2)e^{-x} + (1 + \sin 1 - \cos 1)e^{-2x}$
$- e^{-2x}\sin e^{x}$

27. $y = 4x - 2x^2 - x\ln x$

29. $y = \frac{46}{45}x^3 - \frac{1}{20}x^{-2} + \frac{1}{36} - \frac{1}{6}\ln x$

31. $y(x) = 5e^x + 3e^{-x} + y_p(x)$,

where $y_p(x) = \begin{cases} 1 - \cosh x, & x < 0 \\ -1 + \cosh x, & x \geq 0 \end{cases}$

33. $y = \cos x - \sin x + y_p(x)$,

where $y_p(x) = \begin{cases} 0, & x < 0 \\ 10 - 10\cos x, & 0 \leq x \leq 3\pi \\ -20\cos x, & x > 3\pi \end{cases}$

35. $y_p(x) = (x - 1)\int_0^x tf(t)\,dt + x\int_x^1(t - 1)f(t)\,dt$

37. $y_p(x) = \frac{1}{2}x^2 - \frac{1}{2}x$

39. $y_p(x) = \dfrac{\sin(x - 1)}{\sin 1} - \dfrac{\sin x}{\sin 1} + 1$

41. $y_p(x) = -e^x\cos x - e^x\sin x + e^x$

43. $y_p(x) = \frac{1}{2}(\ln x)^2 + \frac{1}{2}\ln x$

연습문제 3.11

7. $\dfrac{d^2x}{dt^2} + x = 0$

15. **(a)** $x(t) = 5$ **(c)** $4\sqrt{10} \approx 12.65$ ft/s

17. **(a)** $\theta(t) = \omega_0\sqrt{l/g}\sin\sqrt{g/l}\,t$

19. **(a)** $xy'' = r\sqrt{1 + (y')^2}$. When $t = 0$, $x = a$, $y = 0$, $dy/dx = 0$.

(b) When $r \neq 1$,

$$y(x) = \frac{a}{2}\left[\frac{1}{1 + r}\left(\frac{x}{a}\right)^{1+r} - \frac{1}{1 - r}\left(\frac{x}{a}\right)^{1-r}\right] + \frac{ar}{1 - r^2}.$$

When $r = 1$,

$$y(x) = \frac{1}{2}\left[\frac{1}{2a}(x^2 - a^2) + \frac{1}{a}\ln\frac{a}{x}\right].$$

(c) The paths intersect when $r < 1$.

연습문제 3.12

1. $x = c_1e^t + c_2te^t$
$y = (c_1 - c_2)e^t + c_2te^t$

3. $x = c_1\cos t + c_2\sin t + t + 1$
$y = c_1\sin t - c_2\cos t + t - 1$

5. $x = \frac{1}{2}c_1\sin t + \frac{1}{2}c_2\cos t - 2c_3\sin\sqrt{6}t - 2c_4\cos\sqrt{6}t$
$y = c_1\sin t + c_2\cos t + c_3\sin\sqrt{6}t + c_4\cos\sqrt{6}t$

7. $x = c_1e^{2t} + c_2e^{-2t} + c_3\sin 2t + c_4\cos 2t + \frac{1}{5}e^t$
$y = c_1e^{2t} + c_2e^{-2t} - c_3\sin 2t - c_4\cos 2t - \frac{1}{5}e^t$

9. $x = c_1 - c_2\cos t + c_3\sin t + \frac{17}{15}e^{3t}$
$y = c_1 + c_2\sin t + c_3\cos t - \frac{4}{15}e^{3t}$

11. $x = c_1e^t + c_2e^{-t/2}\cos\frac{1}{2}\sqrt{3}t + c_3e^{-t/2}\sin\frac{1}{2}\sqrt{3}t$
$y = (-\frac{3}{2}c_2 - \frac{1}{2}\sqrt{3}c_3)e^{-t/2}\cos\frac{1}{2}\sqrt{3}t$
$+ (\frac{1}{2}\sqrt{3}c_2 - \frac{3}{2}c_3)e^{-t/2}\sin\frac{1}{2}\sqrt{3}t$

13. $x = c_1e^{4t} + \frac{4}{3}e^t$
$y = -\frac{3}{4}c_1e^{4t} + c_2 + 5e^t$

15. $x = c_1 + c_2t + c_3e^t + c_4e^{-t} - \frac{1}{2}t^2$
$y = (c_1 - c_2 + 2) + (c_2 + 1)t + c_4e^{-t} - \frac{1}{2}t^2$

17. $x = c_1e^t + c_2e^{-t/2}\sin\frac{1}{2}\sqrt{3}t + c_3e^{-t/2}\cos\frac{1}{2}\sqrt{3}t$
$y = c_1e^t + (-\frac{1}{2}c_2 - \frac{1}{2}\sqrt{3}c_3)\,e^{-t/2}\sin\frac{1}{2}\sqrt{3}t$
$+ (\frac{1}{2}\sqrt{3}c_2 - \frac{1}{2}c_3)\,e^{-t/2}\cos\frac{1}{2}\sqrt{3}t$
$z = c_1e^t + (-\frac{1}{2}c_2 + \frac{1}{2}\sqrt{3}c_3)\,e^{-t/2}\sin\frac{1}{2}\sqrt{3}t$
$+ (-\frac{1}{2}\sqrt{3}c_2 - \frac{1}{2}c_3)\,e^{-t/2}\cos\frac{1}{2}\sqrt{3}t$

19. $x = -6c_1e^{-t} - 3c_2e^{-2t} + 2c_3e^{3t}$
$y = c_1e^{-t} + c_2e^{-2t} + c_3e^{3t}$
$z = 5c_1e^{-t} + c_2e^{-2t} + c_3e^{3t}$

21. $x = e^{-3t+3} - te^{-3t+3}$
$y = -e^{-3t+3} + 2te^{-3t+3}$

23. $mx'' = 0$
$my'' = -mg;$
$x = c_1t + c_2$
$y = -\frac{1}{2}gt^2 + c_3t + c_4$

3장 복습문제

1. $y = 0$ **3.** false **5.** 8 ft

7. $\frac{5}{4}$ **9.** $(-\infty, \infty)$; $(0, \infty)$

11. $y = c_1e^{3x} + c_2e^{-5x} + c_3xe^{-5x} + c_4e^x + c_5xe^x + c_6x^2e^x$,
$y = c_1x^3 + c_2x^{-5} + c_3x^{-5}\ln x + c_4x + c_5x\ln x + c_6x(\ln x)^2$

13. $y = c_1x + c_2x\int \frac{e^{x^2}}{x^2}\,dx$

15. $y = c_1e^{(1+\sqrt{3})x} + c_2e^{(1-\sqrt{3})x}$

17. $y = c_1 + c_2e^{-5x} + c_3xe^{-5x}$

19. $y = c_1e^{-x/3} + e^{-3x/2}(c_2\cos\frac{\sqrt{7}}{2}x + c_3\sin\frac{\sqrt{7}}{2}x)$

21. $y = e^{3x/2}(c_2\cos\frac{\sqrt{11}}{2}x + c_3\sin\frac{\sqrt{11}}{2}x) + \frac{4}{5}x^3 + \frac{36}{25}x^2 + \frac{46}{125}x - \frac{222}{625}$

23. $y = c_1 + c_2e^{2x} + c_3e^{3x} + \frac{1}{5}\sin x - \frac{1}{5}\cos x + \frac{4}{3}x$

25. $y = e^x(c_1\cos x + c_2\sin x) - e^x\cos x\ln|\sec x + \tan x|$

27. $y = c_1x^{-1/3} + c_2x^{1/2}$

29. $y = c_1x^2 + c_2x^3 + x^4 - x^2\ln x$

31. (a) $y = c_1\cos\omega x + c_2\sin\omega x + A\cos\alpha x + B\sin\alpha x$, $\omega \ne \alpha$, $y = c_1\cos\omega x + c_2\sin\omega x + Ax\cos\omega x + Bx\sin\omega x$, $\omega = \alpha$

(b) $y = c_1e^{-\omega x} + c_2e^{\omega x} + Ae^{\alpha x}$, $\omega \ne \alpha$,
$y = c_1e^{-\omega x} + c_2e^{\omega x} + Axe^{\omega x}$, $\omega = \alpha$

33. (a) $y = c_1\cosh x + c_2\sinh x + c_3x\cosh x + c_4x\sinh x$

(b) $y_p = Ax^2\cosh x + Bx^2\sinh x$

35. $y = e^{x-\pi}\cos x$

37. $y = \frac{13}{4}e^x - \frac{5}{4}e^{-x} - x - \frac{1}{2}\sin x$

39. $y = x^2 + 4$

43. $x = -c_1e^t - \frac{3}{2}c_2e^{2t} + \frac{5}{2}$
$y = c_1e^t + c_2e^{2t} - 3$

45. $x = c_1e^t + c_2e^{5t} + te^t$
$y = -c_1e^t + 3c_2e^{5t} - te^t + 2e^t$

47. 14.4 lb **49.** $0 < m \le 2$

51. (a) $q(t) = -\frac{1}{150}\sin 100t + \frac{1}{75}\sin 50t$

(b) $i(t) = -\frac{2}{3}\cos 100t + \frac{2}{3}\cos 50t$

(c) $t = \frac{n\pi}{50}$, $n = 0, 1, 2, \ldots$

55. $m\frac{d^2x}{dt^2} + kx = 0$

57. $y(x) = 2\cos x - 5\sin x + \int_0^x \sin(x-t)\tan t\,dt$
$= 2\cos x - 4\sin x - \cos x\ln|\sec x + \tan x|$

59. (a) $\theta_1(t) = \theta_0\cos\omega_1 t$, $\omega_1 = \sqrt{g/l}$

(b) $T = \pi/2\omega_1 = (\pi/2)\sqrt{l/g}$

(c) $\theta_2(t) = \frac{1}{2}\theta_0\sin\omega_2 t$, $\omega_2 = 2\sqrt{g/l}$; the amplitude and period of the shorter pendulum are half that of the longer pendulum

63. (a) $x = (v_0\cos\theta)t$, $y = -\frac{1}{2}gt^2 + (v_0\sin\theta)t$;
$y = -\frac{1}{2}\frac{g}{v_0^2\cos^2\theta}x^2 + \frac{\sin\theta}{\cos\theta}x$

연습문제 4.1

1. $\frac{2}{s}e^{-s} - \frac{1}{s}$ **3.** $\frac{1}{s^2} - \frac{1}{s^2}e^{-s}$

5. $\frac{1 + e^{-\pi s}}{s^2 + 1}$ **7.** $\frac{1}{s}e^{-s} + \frac{1}{s^2}e^{-s}$

9. $\frac{1}{s} - \frac{1}{s^2} + \frac{1}{s^2}e^{-s}$ **11.** $\frac{e^7}{s-1}$

13. $\frac{1}{(s-4)^2}$ **15.** $\frac{1}{s^2 + 2s + 2}$

17. $\frac{s^2 - 1}{(s^2+1)^2}$ **19.** $\frac{48}{s^5}$

21. $\frac{4}{s^2} - \frac{10}{s}$ **23.** $\frac{2}{s^3} + \frac{6}{s^2} - \frac{3}{s}$

25. $\frac{6}{s^4} + \frac{6}{s^3} + \frac{3}{s^2} + \frac{1}{s}$ **27.** $\frac{1}{s} + \frac{1}{s-4}$

29. $\frac{1}{s} + \frac{2}{s-2} + \frac{1}{s-4}$ **31.** $\frac{8}{s^3} - \frac{15}{s^2+9}$

33. Use $\sinh kt = \frac{e^{kt} - e^{-kt}}{2}$ to show that

$$\mathscr{L}\{\sinh kt\} = \frac{k}{s^2 - k^2}.$$

35. $\frac{1}{2(s-2)} - \frac{1}{2s}$ **37.** $\frac{s^2 - 2k^2}{s(s^2 - 4k^2)}$

39. $\frac{s}{s^2+4}$ **41.** $\frac{3}{s^2+36}$

43. $\frac{s+2}{s^2+4}$ **47.** $\frac{\sqrt{\pi}}{s^{1/2}}$

49. $\frac{3\sqrt{\pi}}{4s^{5/2}}$

연습문제 4.2

1. $\frac{1}{2}t^2$ **3.** $t - 2t^4$

5. $1 + 3t + \frac{3}{2}t^2 + \frac{1}{6}t^3$ **7.** $t - 1 + e^{2t}$

9. $\frac{1}{4}e^{-t/4}$ **11.** $\frac{5}{7}\sin 7t$

13. $\cos\frac{t}{2}$ **15.** $2\cos 3t - 2\sin 3t$

17. $\frac{1}{3} - \frac{1}{3}e^{-3t}$ **19.** $\frac{3}{4}e^{-3t} + \frac{1}{4}e^t$

21. $0.3e^{0.1t} + 0.6e^{-0.2t}$ **23.** $\frac{1}{2}e^{2t} - e^{3t} + \frac{1}{2}e^{6t}$

25. $\frac{1}{5} - \frac{1}{5}\cos\sqrt{5}t$

27. $-4 + 3e^{-t} + \cos t + 3\sin t$

29. $\frac{1}{3}\sin t - \frac{1}{6}\sin 2t$ **31.** $\frac{a\sin bt - b\sin at}{ab(a^2 - b^2)}$

33. $y = -1 + e^t$

35. $y = \frac{1}{10}e^{4t} + \frac{19}{10}e^{-6t}$ **37.** $y = \frac{4}{3}e^{-t} - \frac{1}{3}e^{-4t}$

39. $y = 10\cos t + 2\sin t - \sqrt{2}\sin\sqrt{2}t$

41. $y = -\frac{8}{9}e^{-t/2} + \frac{1}{9}e^{-2t} + \frac{5}{18}e^t + \frac{1}{2}e^{-t}$

43. $y = \sinh t - \sin t$

45. $y(t) = \frac{1}{2}\cos t + \frac{1}{2}\cosh t$

47. $y(t) = \frac{10}{21}\cos 2t - \frac{10}{21}\cos 5t$

49. $y = \frac{1}{4}e^{-t} - \frac{1}{4}e^{-3t}\cos 2t + \frac{1}{4}e^{-3t}\sin 2t$

연습문제 4.3

1. $\dfrac{1}{(s-10)^2}$

3. $\dfrac{6}{(s+2)^4}$

5. $\dfrac{1}{(s-2)^2} + \dfrac{2}{(s-3)^2} + \dfrac{1}{(s-4)^2}$

7. $\dfrac{3}{(s-1)^2+9}$

9. $\dfrac{s}{s^2+25} - \dfrac{s-1}{(s-1)^2+25} + 3\dfrac{s+4}{(s+4)^2+25}$

11. $\frac{1}{2}t^2e^{-2t}$

13. $e^{3t}\sin t$

15. $e^{-2t}\cos t - 2e^{-2t}\sin t$

17. $e^{-t} - te^{-t}$

19. $5 - t - 5e^{-t} - 4te^{-t} - \frac{3}{2}t^2e^{-t}$

21. $\dfrac{2k^2s}{s^4+4k^4}$

23. $\dfrac{k(s^2-2k^2)}{s^4+4k^4}$

25. $y = te^{-4t} + 2e^{-4t}$

27. $y = e^{-t} + 2te^{-t}$

29. $y = \frac{1}{9}t + \frac{2}{27} - \frac{2}{27}e^{3t} + \frac{10}{9}te^{3t}$

31. $y = -\frac{3}{2}e^{3t}\sin 2t$

33. $y = \frac{1}{2} - \frac{1}{2}e^{t}\cos t + \frac{1}{2}e^{t}\sin t$

35. $y = (e+1)te^{-t} + (e-1)e^{-t}$

37. $x(t) = -\frac{3}{2}e^{-7t/2}\cos\frac{\sqrt{15}}{2}t - \frac{7\sqrt{15}}{10}e^{-7t/2}\sin\frac{\sqrt{15}}{2}t$

41. $\dfrac{e^{-s}}{s^2}$

43. $\dfrac{e^{-2s}}{s^2} + 2\dfrac{e^{-2s}}{s}$

45. $\dfrac{s}{s^2+4}e^{-\pi s}$

47. $\frac{1}{2}(t-2)^2\,\mathscr{U}(t-2)$

49. $-\sin t\,\mathscr{U}(t-\pi)$

51. $\mathscr{U}(t-1) - e^{-(t-1)}\,\mathscr{U}(t-1)$

53. (c)

55. (f)

57. (a)

59. $f(t) = 2 - 4\,\mathscr{U}(t-3);\ \mathscr{L}\{f(t)\} = \dfrac{2}{s} - \dfrac{4}{s}e^{-3s}$

61. $f(t) = t^2\,\mathscr{U}(t-1);\ \mathscr{L}\{f(t)\} = 2\dfrac{e^{-s}}{s^3} + 2\dfrac{e^{-s}}{s^2} + \dfrac{e^{-s}}{s}$

63. $f(t) = t - t\,\mathscr{U}(t-2);\ \mathscr{L}\{f(t)\} = \dfrac{1}{s^2} - \dfrac{e^{-2s}}{s^2} - 2\dfrac{e^{-2s}}{s}$

65. $\dfrac{1}{s^2} - \dfrac{e^{-s}}{s^2} - \dfrac{e^{-s}}{s} + \dfrac{\pi e^{-2s}}{s^2+\pi^2}$

67. $f(t) = \mathscr{U}(t-a) - \mathscr{U}(t-b);\ \mathscr{L}\{f(t)\} = \dfrac{e^{-as}}{s} - \dfrac{e^{-bs}}{s}$

69. $-\dfrac{1}{s^2} + \dfrac{2}{s} + \dfrac{e^{-s}}{s^2} - \dfrac{e^{-2s}}{s}$

71. $y = [5 - 5e^{-(t-1)}]\,\mathscr{U}(t-1)$

73. $y = -\frac{1}{4} + \frac{1}{2}t + \frac{1}{4}e^{-2t} - \frac{1}{4}\,\mathscr{U}(t-1)$
$\quad - \frac{1}{2}(t-1)\,\mathscr{U}(t-1) + \frac{1}{4}e^{-2(t-1)}\,\mathscr{U}(t-1)$

75. $y = \cos 2t - \frac{1}{6}\sin 2(t-2\pi)\,\mathscr{U}(t-2\pi)$
$\quad + \frac{1}{3}\sin(t-2\pi)\,\mathscr{U}(t-2\pi)$

77. $y = \sin t + [1-\cos(t-\pi)]\,\mathscr{U}(t-\pi)$
$\quad - [1-\cos(t-2\pi)]\,\mathscr{U}(t-2\pi)$

79. $x(t) = \frac{5}{4}t - \frac{5}{16}\sin 4t - \frac{5}{4}(t-5)\,\mathscr{U}(t-5)$
$\quad + \frac{5}{16}\sin 4(t-5)\,\mathscr{U}(t-5) - \frac{25}{4}\,\mathscr{U}(t-5)$
$\quad + \frac{25}{4}\cos 4(t-5)\,\mathscr{U}(t-5)$

81. $q(t) = \frac{2}{5}\,\mathscr{U}(t-3) - \frac{2}{5}e^{-5(t-3)}\,\mathscr{U}(t-3)$

83. (a) $i(t) = \frac{1}{101}e^{-10t} - \frac{1}{101}\cos t + \frac{10}{101}\sin t$
$\quad - \frac{1}{101}e^{-10(t-3\pi/2)}\,\mathscr{U}(t-3\pi/2)$
$\quad + \frac{10}{101}\cos(t-3\pi/2)\,\mathscr{U}(t-3\pi/2)$
$\quad + \frac{1}{101}\sin(t-3\pi/2)$

(b) $i_{\max} \approx 0.1$ at $t \approx 1.6$, $i_{\min} \approx -0.1$ at $t \approx 4.7$

85. $y(x) = \dfrac{w_0L^2}{16EI}x^2 - \dfrac{w_0L}{12EI}x^3$
$\quad + \dfrac{w_0}{24EI}x^4 - \dfrac{w_0}{24EI}(x-\frac{1}{2}L)^4\,\mathscr{U}(x-\frac{1}{2}L)$

87. $y(x) = \dfrac{w_0L^2}{48EI}x^2 - \dfrac{w_0L}{24EI}x^3$
$\quad + \dfrac{w_0}{60EI}[\frac{5}{2}Lx^4 - x^5 + (x-\frac{1}{2}L)^5\,\mathscr{U}(x-\frac{1}{2}L)]$

89. (a) $\dfrac{dT}{dt} = k(T - 70 - 57.5t - (230 - 57.5t)\,\mathscr{U}(t-4))$

연습문제 4.4

1. $\dfrac{1}{(s+10)^2}$

3. $\dfrac{s^2-4}{(s^2+4)^2}$

5. $\dfrac{6s^2+2}{(s^2-1)^3}$

7. $\dfrac{12s-24}{[(s-2)^2+36]^2}$

9. $y = -\frac{1}{2}e^{-t} + \frac{1}{2}\cos t - \frac{1}{2}t\cos t + \frac{1}{2}t\sin t$

11. $y = 2\cos 3t + \frac{5}{3}\sin 3t + \frac{1}{6}t\sin 3t$

13. $y = \frac{1}{4}\sin 4t + \frac{1}{8}t\sin 4t$
$\quad - \frac{1}{8}(t-\pi)\sin 4(t-\pi)\,\mathscr{U}(t-\pi)$

17. $y = \frac{2}{3}t^3 + ct^2$

19. $y = c(\sin t - t\cos t)$

21. $y = \frac{5}{2}t^2$

23. $\dfrac{24}{s^5}$

25. $\dfrac{1}{s^2-1}$

27. $\dfrac{6}{s^5}$

29. $\dfrac{s-1}{(s+1)[(s-1)^2+1]}$

31. $\dfrac{1}{s(s-1)}$

33. $\dfrac{s+1}{s[(s+1)^2+1]}$

35. $\dfrac{1}{s^2(s-1)}$

37. $\dfrac{3s^2+1}{s^2(s^2+1)^2}$

39. $e^{t} - 1$

41. $e^{t} - \frac{1}{2}t^2 - t - 1$

43. $y(t) = \cos t + \sin t + \displaystyle\int_0^t f(\tau)\sin(t-\tau)\,d\tau$

47. $f(t) = \sin t$

49. $f(t) = -\frac{1}{8}e^{-t} + \frac{1}{8}e^{t} + \frac{3}{4}te^{t} + \frac{1}{4}t^2e^{t}$

51. $f(t) = e^{-t}$

53. $f(t) = \frac{3}{8}e^{2t} + \frac{1}{8}e^{-2t} + \frac{1}{2}\cos 2t + \frac{1}{4}\sin 2t$

55. $y(t) = \sin t - \frac{1}{2}t \sin t$ **57.** $y(t) = 10 - 5e^{-2t}$

59. $i(t) = 2e^{-2(t-1)}\mathcal{U}(t-1) - 2e^{-2(t-3)}\mathcal{U}(t-3)$

61. $i(t) = 100[e^{-10(t-1)} - e^{-20(t-1)}]\mathcal{U}(t-1)$
$- 100[e^{-10(t-2)} - e^{-20(t-2)}]\mathcal{U}(t-2)$

63. $y(t) = \displaystyle\int_0^t e^{-\tau^2} \sin 3(t-\tau)\, d\tau$

65. $\dfrac{1 - e^{-as}}{s(1 + e^{-as})}$ **67.** $\dfrac{a}{s}\left(\dfrac{1}{bs} - \dfrac{1}{e^{bs} - 1}\right)$

69. $\dfrac{\coth(\pi s/2)}{s^2 + 1}$

71. $i(t) = \dfrac{1}{R}(1 - e^{-Rt/L})$
$+ \dfrac{2}{R}\displaystyle\sum_{n=1}^{\infty}(-1)^n(1 - e^{-R(t-n)/L})\mathcal{U}(t-n)$

73. $x(t) = 2(1 - e^{-t}\cos 3t - \frac{1}{3}e^{-t}\sin 3t)$
$+ 4\displaystyle\sum_{n=1}^{\infty}(-1)^n[1 - e^{-(t-n\pi)}\cos 3(t-n\pi)$
$- \frac{1}{3}e^{-(t-n\pi)}\sin 3(t-n\pi)]\mathcal{U}(t-n\pi)$

연습문제 4.5

1. $y = e^{3(t-2)}\mathcal{U}(t-2)$

3. $y = \sin t + \sin t\,\mathcal{U}(t-2\pi)$

5. $y = -\cos t\,\mathcal{U}(t-\pi/2) + \cos t\,\mathcal{U}(t-3\pi/2)$

7. $y = \frac{1}{2} - \frac{1}{2}e^{-2t} + [\frac{1}{2} - \frac{1}{2}e^{-2(t-1)}]\mathcal{U}(t-1)$

9. $y = e^{-2(t-2\pi)}\sin t\,\mathcal{U}(t-2\pi)$

11. $y = e^{-2t}\cos 3t + \frac{2}{3}e^{-2t}\sin 3t$
$+ \frac{1}{3}e^{-2(t-\pi)}\sin 3(t-\pi)\mathcal{U}(t-\pi)$
$+ \frac{1}{3}e^{-2(t-3\pi)}\sin 3(t-3\pi)\mathcal{U}(t-3\pi)$

13. $y(t) = \mathcal{U}(t-1) - \cos(t-1)\mathcal{U}(t-1)$
$+ \sin(t-2)\mathcal{U}(t-2)$
$- \mathcal{U}(t-3) + \cos(t-3)\mathcal{U}(t-3)$

15. $y = \sin t + \sin t\displaystyle\sum_{k=1}^{\infty}(-1)^k\mathcal{U}(t-k\pi)$

17. $y(x) = \begin{cases} \dfrac{w_0}{EI}\left(\frac{1}{4}Lx^2 - \frac{1}{6}x^3\right), & 0 \le x < L/2 \\ \dfrac{w_0L^2}{4EI}\left(\frac{1}{2}x - \frac{1}{12}L\right), & L/2 \le x \le L \end{cases}$

19. $y(t) = \cos t + 2\sin t\,\mathcal{U}(t-\pi) + 6\sin t\,\mathcal{U}(t-2\pi)$

연습문제 4.6

1. $x = -\frac{1}{3}e^{-2t} + \frac{1}{3}e^t$
$y = \frac{1}{3}e^{-2t} + \frac{2}{3}e^t$

3. $x = -\cos 3t - \frac{5}{3}\sin 3t$
$y = 2\cos 3t - \frac{7}{3}\sin 3t$

5. $x = -2e^{3t} + \frac{5}{2}e^{2t} - \frac{1}{2}$
$y = \frac{8}{3}e^{3t} - \frac{5}{2}e^{2t} - \frac{1}{6}$

7. $x = -\frac{1}{2}t - \frac{3}{4}\sqrt{2}\sin\sqrt{2}t$
$y = -\frac{1}{2}t + \frac{3}{4}\sqrt{2}\sin\sqrt{2}t$

9. $x = 8 + \dfrac{2}{3!}t^3 + \dfrac{1}{4!}t^4$
$y = -\dfrac{2}{3!}t^3 + \dfrac{1}{4!}t^4$

11. $x = \frac{1}{2}t^2 + t + 1 - e^{-t}$
$y = -\frac{1}{3} + \frac{1}{3}e^{-t} + \frac{1}{3}te^{-t}$

13. $x_1 = \frac{1}{5}\sin t + \frac{2\sqrt{6}}{15}\sin\sqrt{6}t + \frac{2}{5}\cos t - \frac{2}{5}\cos\sqrt{6}t$
$x_2 = \frac{2}{5}\sin t - \frac{\sqrt{6}}{15}\sin\sqrt{6}t + \frac{4}{5}\cos t + \frac{1}{5}\cos\sqrt{6}t$

15. **(b)** $i_2 = \frac{100}{9} - \frac{100}{9}e^{-900t}$
$i_3 = \frac{80}{9} - \frac{80}{9}e^{-900t}$
(c) $i_1 = 20 - 20e^{-900t}$

17. $i_2 = -\frac{20}{13}e^{-2t} + \frac{375}{1469}e^{-15t} + \frac{145}{113}\cos t + \frac{85}{113}\sin t$
$i_3 = \frac{30}{13}e^{-2t} + \frac{250}{1469}e^{-15t} - \frac{280}{113}\cos t + \frac{810}{113}\sin t$

19. $i_1 = \frac{6}{5} - \frac{6}{5}e^{-100t}\cosh 50\sqrt{2}t - \frac{9\sqrt{2}}{5}e^{-100t}\sinh 50\sqrt{2}t$
$i_2 = \frac{6}{5} - \frac{6}{5}e^{-100t}\cosh 50\sqrt{2}t - \frac{6\sqrt{2}}{5}e^{-100t}\sinh 50\sqrt{2}t$

21. **(a)** $x(t) = (v_0\cos\theta)t$, $y(t) = -\frac{1}{2}gt^2 + (v_0\sin\theta)t$

(b) $y(x) = -\dfrac{g}{2v_0^2\cos^2\theta}x^2 + (\tan\theta)x$ is a quadratic function, for a fixed value of θ its graph is a parabola.

(c) Solve $y(x) = 0$ to find the range R. To prove the complementary-angle property, show that $R(\theta) = R(\pi/2 - \theta)$.

(d) Solve $y'(x) = 0$ and find the corresponding value of $y(x)$.

(e) For $\theta = 38°$: range is 2728.96 ft, max. height is 533.02 ft
For $\theta = 52°$: range is 2728.96 ft, max. height is 873.23 ft

(f) For $\theta = 38°$: time to hit the ground is $t \approx 11.5437$ s, max. height occurs at $t \approx 5.7718$ s
For $\theta = 52°$: time to hit the ground is $t \approx 14.7752$ s, max. height occurs at $t \approx 7.3876$ s

(g)

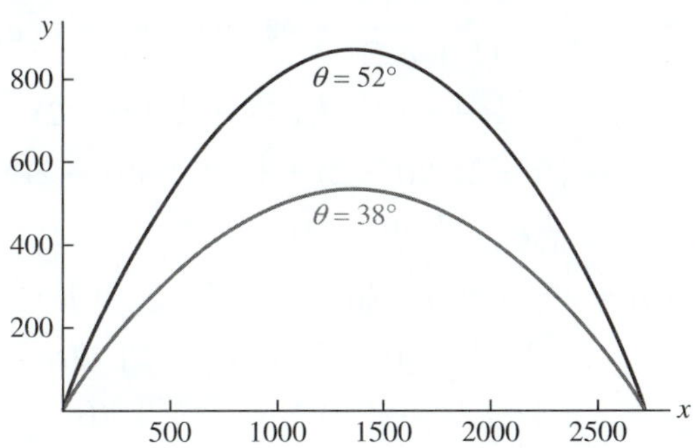

23. **(a)** $\theta_1(t) = \dfrac{\theta_0 + \psi_0}{2}\cos\omega t + \dfrac{\theta_0 - \psi_0}{2}\cos\sqrt{\omega^2 + 2Kt}$

$\theta_2(t) = \dfrac{\theta_0 + \psi_0}{2}\cos\omega t - \dfrac{\theta_0 - \psi_0}{2}\cos\sqrt{\omega^2 + 2Kt}$

4장 복습문제

1. $\dfrac{1}{s^2} - \dfrac{2}{s^2}e^{-s}$ **3.** false

5. true **7.** $\dfrac{1}{s+7}$

9. $\dfrac{2}{s^2+4}$ **11.** $\dfrac{4s}{(s^2+4)^2}$

13. $\dfrac{2}{s(s^2+4)}$ **15.** $\dfrac{1}{(s-1)(s^2+1)}$

17. $\dfrac{e^{-4s}}{s-3}$ **19.** $\frac{1}{6}t^5$

21. $\frac{1}{2}t^2e^{5t}$ **23.** $1-e^{-t}$

25. $e^{5t}\cos 2t+\frac{5}{2}e^{5t}\sin 2t$

27. $4e^{-t}\cos 10t - 9e^{-t}\sin 10t$

29. $\cos\pi(t-1)\,\mathcal{U}(t-1)+\sin\pi(t-1)\,\mathcal{U}(t-1)$

31. -5 **33.** $e^{-k(s-a)}F(s-a)$

35. t

37. $e^{-3t/2}\left(\cos\dfrac{t}{2}-3\sin\dfrac{t}{2}\right)$

39. $f(t)\,\mathcal{U}(t-t_0)$ **41.** $f(t-t_0)\,\mathcal{U}(t-t_0)$

43. $f(t)=t-(t-1)\,\mathcal{U}(t-1)-\mathcal{U}(t-4)$;

$$\mathcal{L}\{f(t)\}=\frac{1}{s^2}-\frac{1}{s^2}e^{-s}-\frac{1}{s}e^{-4s};$$

$$\mathcal{L}\{e^tf(t)\}=\frac{1}{(s-1)^2}-\frac{1}{(s-1)^2}e^{-(s-1)}-\frac{1}{s-1}e^{-4(s-1)}$$

45. $f(t)=2+(t-2)\,\mathcal{U}(t-2)$;

$$\mathcal{L}\{f(t)\}=\frac{2}{s}+\frac{1}{s^2}e^{-2s};$$

$$\mathcal{L}\{e^tf(t)\}=\frac{2}{s-1}+\frac{1}{(s-1)^2}e^{-2(s-1)}$$

47. $\mathcal{L}\{f(t)\}=\dfrac{e^{-s}-1}{s(1+e^{-s})}$ **49.** $y=5te^t+\frac{1}{2}t^2e^t$

51. $y=-\frac{6}{25}+\frac{1}{5}t+\frac{3}{2}e^{-t}-\frac{13}{50}e^{-5t}-\frac{4}{25}\,\mathcal{U}(t-2)$
$-\frac{1}{5}(t-2)\,\mathcal{U}(t-2)+\frac{1}{4}e^{-(t-2)}\,\mathcal{U}(t-2)$
$-\frac{9}{100}e^{-5(t-2)}\,\mathcal{U}(t-2)$

53. $y(t)=e^{-2t}+[-\frac{1}{4}+\frac{1}{2}(t-1)+\frac{1}{4}e^{-2(t-1)}]\,\mathcal{U}(t-1)$
$-2[-\frac{1}{4}+\frac{1}{2}(t-2)+\frac{1}{4}e^{-2(t-2)}]\,\mathcal{U}(t-2)$
$+[-\frac{1}{4}+\frac{1}{2}(t-3)+\frac{1}{4}e^{-2(t-3)}]\,\mathcal{U}(t-3)$

55. $y=1+t+\frac{1}{2}t^2$

57. $y(t)=-\frac{1}{4}-\frac{1}{2}t+\frac{5}{4}e^{2t}$

59. $x=-\frac{1}{4}+\frac{9}{8}e^{-2t}+\frac{1}{8}e^{2t}$
$y=t+\frac{9}{4}e^{-2t}-\frac{1}{4}e^{2t}$

61. $i(t)=-9+2t+9e^{-t/5}$

63. $y(x)=\dfrac{w_0}{12EIL}[-\frac{1}{5}x^5+\frac{1}{2}Lx^4-\frac{1}{2}L^2x^3+\frac{1}{4}L^3x^2$
$+\frac{1}{5}(x-\frac{1}{2}L)^5\,\mathcal{U}(x-\frac{1}{2}L)]$

65.
$$y(x)=\frac{w_0}{2EI}\frac{\sinh\frac{\pi}{2}}{\sinh\pi}\sin x\sinh x-\frac{w_0}{4EI}\frac{\cosh\frac{\pi}{2}}{\sinh\pi}(\sin x\cosh x-\cos x\sinh x)$$
$$+\frac{w_0}{4EI}\left[\sin\left(x-\frac{\pi}{2}\right)\cosh\left(x-\frac{\pi}{2}\right)-\cos\left(x-\frac{\pi}{2}\right)\sinh\left(x-\frac{\pi}{2}\right)\right]\mathcal{U}\left(x-\frac{\pi}{2}\right)$$

연습문제 5.1

1. $R=\frac{1}{2},\ [-\frac{1}{2},\frac{1}{2})$ **3.** $R=10,\ (-5,15)$

5. $x-\frac{2}{3}x^3+\frac{2}{15}x^5-\frac{4}{315}x^7+\cdots$

7. $1+\frac{1}{2}x^2+\frac{5}{24}x^4+\frac{61}{720}x^6+\cdots,\ (-\pi/2,\pi/2)$

9. $\displaystyle\sum_{k=3}^{\infty}(k-2)c_{k-2}x^k$

11. $\displaystyle 2c_1+\sum_{k=1}^{\infty}[2(k+1)c_{k+1}+6c_{k-1}]x^k$

17. 5; 4

19.
$$y_1(x)=c_0\left[1+\frac{3}{2\cdot3}x^3+\frac{3^2}{2\cdot3\cdot5\cdot6}x^6+\frac{3^3}{2\cdot3\cdot5\cdot6\cdot8\cdot9}x^9+\cdots\right]$$
$$y_2(x)=c_1\left[x+\frac{3}{3\cdot4}x^4+\frac{3^2}{3\cdot4\cdot6\cdot7}x^7+\frac{3^3}{3\cdot4\cdot6\cdot7\cdot9\cdot10}x^{10}+\cdots\right]$$

21.
$$y_1(x)=c_0\left[1-\frac{1}{2!}x^2-\frac{3}{4!}x^4-\frac{21}{6!}x^6-\cdots\right]$$
$$y_2(x)=c_1\left[x+\frac{1}{3!}x^3+\frac{5}{5!}x^5+\frac{45}{7!}x^7+\cdots\right]$$

23.
$$y_1(x)=c_0\left[1-\frac{1}{3!}x^3+\frac{4^2}{6!}x^6-\frac{7^2\cdot4^2}{9!}x^9+\cdots\right]$$
$$y_2(x)=c_1\left[x-\frac{2^2}{4!}x^4+\frac{5^2\cdot2^2}{7!}x^7-\frac{8^2\cdot5^2\cdot2^2}{10!}x^{10}+\cdots\right]$$

25. $y_1(x)=c_0;\ y_2(x)=c_1\displaystyle\sum_{n=1}^{\infty}\frac{1}{n}x^n$

27.
$$y_1(x)=c_0\left[1+\frac{1}{2}x^2+\frac{1}{6}x^3+\frac{1}{6}x^4+\cdots\right]$$
$$y_2(x)=c_1\left[x+\frac{1}{2}x^2+\frac{1}{2}x^3+\frac{1}{4}x^4+\cdots\right]$$

29.
$$y_1(x)=c_0\left[1+\frac{1}{4}x^2-\frac{7}{4\cdot4!}x^4+\frac{23\cdot7}{8\cdot6!}x^6-\cdots\right]$$
$$y_2(x)=c_1\left[x-\frac{1}{6}x^3+\frac{14}{2\cdot5!}x^5+\frac{34\cdot14}{4\cdot7!}x^7-\cdots\right]$$

31. $y(x) = -2\left[1 + \frac{1}{2!}x^2 + \frac{1}{3!}x^3 + \frac{1}{4!}x^4 + \cdots\right] + 6x$
$= 8x - 2e^x$

33. $y(x) = 3 - 12x^2 + 4x^4$

35. $y_1(x) = c_0\left[1 - \frac{1}{6}x^3 + \frac{1}{120}x^5 + \cdots\right]$
$y_2(x) = c_1\left[x - \frac{1}{12}x^4 + \frac{1}{180}x^6 + \cdots\right]$

연습문제 5.2

1. $x = 0$, irregular singular point

3. $x = -3$, regular singular point; $x = 3$, irregular singular point

5. $x = 0, 2i, -2i$, regular singular points

7. $x = -3, 2$, regular singular points

9. $x = 0$, irregular singular point; $x = -5, 5, 2$, regular singular points

11. for $x = 1$: $p(x) = 5$, $q(x) = \frac{x(x-1)^2}{x+1}$
for $x = -1$: $p(x) = \frac{5(x+1)}{x-1}$, $q(x) = x^2 + x$

13. $r_1 = \frac{1}{3}$, $r_2 = -1$

15. $r_1 = \frac{3}{2}$, $r_2 = 0$
$y(x) = C_1 x^{3/2}\left[1 - \frac{2}{5}x + \frac{2^2}{7\cdot 5\cdot 2}x^2 - \frac{2^3}{9\cdot 7\cdot 5\cdot 3!}x^3 + \cdots\right] + C_2\left[1 + 2x - 2x^2 + \frac{2^3}{3\cdot 3!}x^3 - \cdots\right]$

17. $r_1 = \frac{7}{8}$, $r_2 = 0$
$y(x) = C_1 x^{7/8}\left[1 - \frac{2}{15}x + \frac{2^2}{23\cdot 15\cdot 2}x^2 - \frac{2^3}{31\cdot 23\cdot 15\cdot 3!}x^3 + \cdots\right] + C_2\left[1 - 2x + \frac{2^2}{9\cdot 2}x^2 - \frac{2^3}{17\cdot 9\cdot 3!}x^3 + \cdots\right]$

19. $r_1 = \frac{1}{3}$, $r_2 = 0$
$y(x) = C_1 x^{1/3}\left[1 + \frac{1}{3}x + \frac{1}{3^2\cdot 2}x^2 + \frac{1}{3^3\cdot 3!}x^3 + \cdots\right] + C_2\left[1 + \frac{1}{2}x + \frac{1}{5\cdot 2}x^2 + \frac{1}{8\cdot 5\cdot 2}x^3 + \cdots\right]$

21. $r_1 = \frac{5}{2}$, $r_2 = 0$
$y(x) = C_1 x^{5/2}\left[1 + \frac{2\cdot 2}{7}x + \frac{2^2\cdot 3}{9\cdot 7}x^2 + \frac{2^3\cdot 4}{11\cdot 9\cdot 7}x^3 + \cdots\right]$

23. $r_1 = \frac{2}{3}$, $r_2 = \frac{1}{3}$
$y(x) = C_1 x^{2/3}\left[1 - \frac{1}{2}x + \frac{5}{28}x^2 - \frac{1}{21}x^3 + \cdots\right] + C_2 x^{1/3}\left[1 - \frac{1}{2}x + \frac{1}{5}x^2 - \frac{7}{120}x^3 + \cdots\right]$

25. $r_1 = 0$, $r_2 = -1$
$y(x) = C_1\sum_{n=0}^{\infty}\frac{1}{(2n+1)!}x^{2n} + C_2 x^{-1}\sum_{n=0}^{\infty}\frac{1}{(2n)!}x^{2n}$
$= C_1 x^{-1}\sum_{n=0}^{\infty}\frac{1}{(2n+1)!}x^{2n+1} + C_2 x^{-1}\sum_{n=0}^{\infty}\frac{1}{(2n)!}x^{2n}$
$= \frac{1}{x}[C_1 \sinh x + C_2 \cosh x]$

27. $r_1 = 1$, $r_2 = 0$
$y(x) = C_1 x + C_2[x\ln x - 1 + \frac{1}{2}x^2 + \frac{1}{12}x^3 + \frac{1}{72}x^4 + \cdots]$

29. $r_1 = r_2 = 0$
$y(x) = C_1 y(x) + C_2\left[y_1(x)\ln x + y_1(x)\left(-x + \frac{1}{4}x^2 - \frac{1}{3\cdot 3!}x^3 + \frac{1}{4\cdot 4!}x^4 - \cdots\right)\right]$
where $y_1(x) = \sum_{n=0}^{\infty}\frac{1}{n!}x^n = e^x$

33. **(b)** $y_1(t) = \sum_{n=0}^{\infty}\frac{(-1)^n}{(2n+1)!}(\sqrt{\lambda}t)^{2n} = \frac{\sin(\sqrt{\lambda}t)}{\sqrt{\lambda}t}$
$y_2(t) = t^{-1}\sum_{n=0}^{\infty}\frac{(-1)^n}{(2n)!}(\sqrt{\lambda}t)^{2n} = \frac{\cos(\sqrt{\lambda}t)}{t}$
(c) $y = c_1 x\sin\left(\frac{\sqrt{\lambda}}{x}\right) + c_2 x\cos\left(\frac{\sqrt{\lambda}}{x}\right)$

연습문제 5.3

1. $y = c_1 J_{1/3}(x) + c_2 J_{-1/3}(x)$

3. $y = c_1 J_{5/2}(x) + c_2 J_{-5/2}(x)$

5. $y = c_1 J_0(x) + c_2 Y_0(x)$

7. $y = c_1 J_2(3x) + c_2 Y_2(3x)$

9. $y = c_1 I_{2/3}(4x) + c_2 K_{2/3}(4x)$

11. $y = c_1 x^{-1/2}J_{1/2}(\alpha x) + c_2 x^{-1/2}J_{-1/2}(\alpha x)$

13. $y = x^{-1/2}[c_1 J_1(4x^{1/2}) + c_2 Y_1(4x^{1/2})]$

15. $y = x[c_1 J_1(x) + c_2 Y_1(x)]$

17. $y = x^{1/2}[c_1 J_{3/2}(x) + c_2 Y_{3/2}(x)]$

19. $y = x^{-1}[c_1 J_{1/2}(\frac{1}{2}x^2) + c_2 J_{-1/2}(\frac{1}{2}x^2)]$

23. $y = x^{1/2}[c_1 J_{1/2}(x) + c_2 J_{-1/2}(x)]$
$= C_1 \sin x + C_2 \cos x$

25. $y = x^{-1/2}[c_1 J_{1/2}(\frac{1}{8}x^2) + c_2 J_{-1/2}(\frac{1}{8}x^2)]$
$= C_1 x^{-3/2}\sin(\frac{1}{8}x^2) + C_2 x^{-3/2}\cos(\frac{1}{8}x^2)$

31. **(b)** $J_{-3/2}(x) = -\sqrt{\frac{2}{\pi x}}\left(\frac{\cos x}{x} + \sin x\right)$

35. $y = c_1 x^{1/2} J_{1/3}(\frac{2}{3}\alpha x^{3/2}) + c_2 x^{1/2} Y_{1/3}(\frac{2}{3}\alpha x^{3/2})$;
$y = c_1 x^{1/2} I_{1/3}(\frac{2}{3}\alpha x^{3/2}) + c_2 x^{1/2} K_{1/3}(\frac{2}{3}\alpha x^{3/2})$

39. **(a)** $j_1(x) = \frac{\sin x}{x^2} - \frac{\cos x}{x}$

$$j_2(x) = \left(\frac{3}{x^3} - \frac{1}{x}\right)\sin x - \frac{3\cos x}{x^2}$$

$$j_3(x) = \left(\frac{15}{x^4} - \frac{6}{x^2}\right)\sin x - \left(\frac{15}{x^3} - \frac{1}{x}\right)\cos x$$

51. $P_2(x)$, $P_3(x)$, $P_4(x)$, and $P_5(x)$ are given in the text,
$P_6(x) = \frac{1}{16}(231x^6 - 315x^4 + 105x^2 - 5)$,
$P_7(x) = \frac{1}{16}(429x^7 - 693x^5 + 315x^3 - 35x)$

53. $\lambda_1 = 2$, $\lambda_2 = 12$, $\lambda_3 = 30$

5장 복습문제

1. false

3. $[-\frac{1}{2}, \frac{1}{2}]$

7. $x^2(x-1)y'' + y' + y = 0$

9. $r_1 = \frac{1}{2}$, $r_2 = 0$
$y_1(x) = C_1 x^{1/2}\,[1 - \frac{1}{3}x + \frac{1}{30}x^2 - \frac{1}{630}x^3 + \cdots]$
$y_2(x) = C_2\,[1 - x + \frac{1}{6}x^2 - \frac{1}{90}x^3 + \cdots]$

11. $y_1(x) = c_0\,[1 + \frac{3}{2}x^2 + \frac{1}{2}x^3 + \frac{5}{8}x^4 + \cdots]$
$y_2(x) = c_1\,[x + \frac{1}{2}x^3 + \frac{1}{4}x^4 + \cdots]$

13. $r_1 = 3$, $r_2 = 0$
$y_1(x) = C_1 x^3[1 + \frac{1}{4}x + \frac{1}{20}x^2 + \frac{1}{120}x^3 + \cdots]$
$y_2(x) = C_2[1 + x + \frac{1}{2}x^2]$

15. $y(x) = 3[1 - x^2 + \frac{1}{3}x^4 - \frac{1}{15}x^6 + \cdots] - 2[x - \frac{1}{2}x^3 + \frac{1}{8}x^5 - \frac{1}{48}x^7 + \cdots]$

17. $\frac{1}{6}\pi$

19. $x = 0$ is an ordinary point

21.
$$y(x) = c_0\left[1 - \frac{1}{3}x^3 + \frac{1}{3^2\cdot 2!}x^6 - \frac{1}{3^3\cdot 3!}x^9 + \cdots\right] + c_1\left[x - \frac{1}{4}x^4 + \frac{1}{4\cdot 7}x^7 - \frac{1}{4\cdot 7\cdot 10}x^{10} + \cdots\right] + \left[\frac{5}{2}x^2 - \frac{1}{3}x^3 + \frac{1}{3^2\cdot 2!}x^6 - \frac{1}{3^3\cdot 3!}x^9 + \cdots\right]$$

23. **(a)** $y = c_1 J_{3/2}(4x) + c_2 Y_{3/2}(4x)$
(b) $y = c_1 I_3(6x) + c_2 K_3(6x)$

31. $y(x) = c_0 y_1(x) + c_1 y_2(x)$, where

$$y_1(x) = 1 - \frac{\alpha^2}{2!}x^2 - \frac{(2^2-\alpha^2)\alpha^2}{4!}x^4 - \frac{(4^2-\alpha^2)(2^2-\alpha^2)\alpha^2}{6!}x^6 - \cdots$$

$$y_2(x) = x + \frac{1-\alpha^2}{3!}x^3 + \frac{(3^2-\alpha^2)(1-\alpha^2)}{5!}x^5 + \frac{(5^2-\alpha^2)(3^2-\alpha^2)(1-\alpha^2)}{7!}x^7 + \cdots$$

연습문제 6.1

1. for $h = 0.1$, $y_5 = 2.0801$; for $h = 0.05$, $y_{10} = 2.0592$

3. for $h = 0.1$, $y_5 = 0.5470$; for $h = 0.05$, $y_{10} = 0.5465$

5. for $h = 0.1$, $y_5 = 0.4053$; for $h = 0.05$, $y_{10} = 0.4054$

7. for $h = 0.1$, $y_5 = 0.5503$; for $h = 0.05$, $y_{10} = 0.5495$

9. for $h = 0.1$, $y_5 = 1.3260$; for $h = 0.05$, $y_{10} = 1.3315$

11. for $h = 0.1$, $y_5 = 3.8254$; for $h = 0.05$, $y_{10} = 3.8840$; at $x = 0.5$ the actual value is $y(0.5) = 3.9082$

13. **(a)** $y_1 = 1.2$
(b) $y''(c)\frac{1}{2}h^2 = 4e^{2c}\frac{1}{2}(0.1)^2 = 0.02e^{2c} \le 0.02e^{0.2} = 0.0244$
(c) Actual value is $y(0.1) = 1.2214$. Error is 0.0214.
(d) If $h = 0.05$, $y_2 = 1.21$.
(e) Error with $h = 0.1$ is 0.0214. Error with $h = 0.05$ is 0.0114.

15. **(a)** $y_1 = 0.8$
(b) $y''(c)\frac{1}{2}h^2 = 5e^{-2c}\frac{1}{2}(0.1)^2 = 0.025e^{-2c} \le 0.025$ for $0 \le c \le 0.1$
(c) Actual value is $y(0.1) = 0.8234$. Error is 0.0234.
(d) If $h = 0.05$, $y_2 = 0.8125$.
(e) Error with $h = 0.1$ is 0.0234. Error with $h = 0.05$ is 0.0109.

17. **(a)** Error is $19h^2e^{-3(c-1)}$.
(b) $y''(c)\frac{1}{2}h^2 \le 19(0.1)^2(1) = 0.19$
(c) If $h = 0.1$, $y_5 = 1.8207$. If $h = 0.05$, $y_{10} = 1.9424$.
(d) Error with $h = 0.1$ is 0.2325. Error with $h = 0.05$ is 0.1109.

19. **(a)** Error is $\frac{1}{(c+1)^2}\frac{1}{2}h^2$.
(b) $|y''(c)\frac{1}{2}h^2| \le (1)\frac{1}{2}(0.1)^2 = 0.005$
(c) If $h = 0.1$, $y_5 = 0.4198$. If $h = 0.05$, $y_{10} = 0.4124$.
(d) Error with $h = 0.1$ is 0.0143. Error with $h = 0.05$ is 0.0069.

연습문제 6.2

1. $y_5 = 3.9078$; actual value is $y(0.5) = 3.9082$

3. $y_5 = 2.0533$

5. $y_5 = 0.5463$

7. $y_5 = 0.4055$

9. $y_5 = 0.5493$

11. $y_5 = 1.3333$

13. **(a)** 35.7678
(c) $v(t) = \sqrt{\frac{mg}{k}}\tanh\sqrt{\frac{kg}{m}}\,t$; $v(5) = 35.7678$

15. **(a)** $h = 0.1, y_4 = 903.0282;$
$h = 0.05, y_8 = 1.1 \times 10^{15}$

17. **(a)** $y_1 = 0.82341667$

(b) $y^{(5)}(c)\frac{h^5}{5!} = 40e^{-2c}\frac{h^5}{5!} \le 40e^{2(0)}\frac{(0.1)^5}{5!}$
$= 3.333 \times 10^{-6}$

(c) Actual value is $y(0.1) = 0.8234134413$. Error is $3.225 \times 10^{-6} \le 3.333 \times 10^{-6}$.

(d) If $h = 0.05$, $y_2 = 0.82341363$.

(e) Error with $h = 0.1$ is 3.225×10^{-6}. Error with $h = 0.05$ is 1.854×10^{-7}.

19. **(a)** $y^{(5)}(c)\frac{h^5}{5!} = \frac{24}{(c+1)^5}\frac{h^5}{5!}$

(b) $\frac{24}{(c+1)^5}\frac{h^5}{5!} \le 24\frac{(0.1)^5}{5!} = 2.0000 \times 10^{-6}$

(c) From calculation with $h = 0.1$, $y_5 = 0.40546517$.
From calculation with $h = 0.05$, $y_{10} = 0.40546511$.

연습문제 6.3

1. $y(x) = -x + e^x$; actual values are $y(0.2) = 1.0214$, $y(0.4) = 1.0918$, $y(0.6) = 1.2221$, $y(0.8) = 1.4255$; approximations are given in Example 1

3. $y_4 = 0.7232$

5. for $h = 0.2$, $y_5 = 1.5569$; for $h = 0.1$, $y_{10} = 1.5576$

7. for $h = 0.2$, $y_5 = 0.2385$; for $h = 0.1$, $y_{10} = 0.2384$

연습문제 6.4

1. $y(x) = -2e^{2x} + 5xe^{2x}$; $y(0.2) = -1.4918$, $y_2 = -1.6800$

3. $y_1 = -1.4928$, $y_2 = -1.4919$

5. $y_1 = 1.4640$, $y_2 = 1.4640$

7. $x_1 = 8.3055$, $y_1 = 3.4199$; $x_2 = 8.3055$, $y_2 = 3.4199$

9. $x_1 = -3.9123$, $y_1 = 4.2857$; $x_2 = -3.9123$, $y_2 = 4.2857$

11. $x_1 = 0.4179$, $y_1 = -2.1824$; $x_2 = 0.4173$, $y_2 = -2.1821$

연습문제 6.5

1. $y_1 = -5.6774$, $y_2 = -2.5807$, $y_3 = 6.3226$

3. $y_1 = -0.2259$, $y_2 = -0.3356$, $y_3 = -0.3308$, $y_4 = -0.2167$

5. $y_1 = 3.3751$, $y_2 = 3.6306$, $y_3 = 3.6448$, $y_4 = 3.2355$, $y_5 = 2.1411$

7. $y_1 = 3.8842$, $y_2 = 2.9640$, $y_3 = 2.2064$, $y_4 = 1.5826$, $y_5 = 1.0681$, $y_6 = 0.6430$, $y_7 = 0.2913$

9. $y_1 = 0.2660$, $y_2 = 0.5097$, $y_3 = 0.7357$, $y_4 = 0.9471$, $y_5 = 1.1465$, $y_6 = 1.3353$, $y_7 = 1.5149$, $y_8 = 1.6855$, $y_9 = 1.8474$

11. $y_1 = 0.3492$, $y_2 = 0.7202$, $y_3 = 1.1363$, $y_4 = 1.6233$, $y_5 = 2.2118$, $y_6 = 2.9386$, $y_7 = 3.8490$

13. **(c)** $y_0 = -2.2755$, $y_1 = -2.0755$, $y_2 = -1.8589$, $y_3 = -1.6126$, $y_4 = -1.3275$

6장 복습문제

1. Comparison of Numerical Methods with $h = 0.1$

x_n	Euler	Improved Euler	RK4
1.10	2.1386	2.1549	2.1556
1.20	2.3097	2.3439	2.3454
1.30	2.5136	2.5672	2.5695
1.40	2.7504	2.8246	2.8278
1.50	3.0201	3.1157	3.1197

Comparison of Numerical Methods with $h = 0.05$

x_n	Euler	Improved Euler	RK4
1.10	2.1469	2.1554	2.1556
1.20	2.3272	2.3450	2.3454
1.30	2.5410	2.5689	2.5695
1.40	2.7883	2.8269	2.8278
1.50	3.0690	3.1187	3.1197

3. Comparison of Numerical Methods with $h = 0.1$

x_n	Euler	Improved Euler	RK4
0.60	0.6000	0.6048	0.6049
0.70	0.7095	0.7191	0.7194
0.80	0.8283	0.8427	0.8431
0.90	0.9559	0.9752	0.9757
1.00	1.0921	1.1163	1.1169

Comparison of Numerical Methods with $h = 0.05$

x_n	Euler	Improved Euler	RK4
0.60	0.6024	0.6049	0.6049
0.70	0.7144	0.7194	0.7194
0.80	0.8356	0.8431	0.8431
0.90	0.9657	0.9757	0.9757
1.00	1.1044	1.1170	1.1169

5. $h = 0.2$: $y(0.2) \approx 3.2$; $h = 0.1$: $y(0.2) \approx 3.23$

7. $x(0.2) \approx 1.62$, $y(0.2) \approx 1.84$

연습문제 7.1

1. $6\mathbf{i} + 12\mathbf{j}$; $\mathbf{i} + 8\mathbf{j}$; $3\mathbf{i}$; $\sqrt{65}$; 3

3. $\langle 12, 0\rangle$; $\langle 4, -5\rangle$; $\langle 4, 5\rangle$; $\sqrt{41}$; $\sqrt{41}$

5. $-9\mathbf{i} + 6\mathbf{j}$; $-3\mathbf{i} + 9\mathbf{j}$; $-3\mathbf{i} - 5\mathbf{j}$; $3\sqrt{10}$; $\sqrt{34}$

7. $-6\mathbf{i} + 27\mathbf{j}$; $\mathbf{0}$; $-4\mathbf{i} + 18\mathbf{j}$; 0; $2\sqrt{85}$

9. $\langle 6, -14\rangle$; $\langle 2, 4\rangle$

11. $10\mathbf{i} - 12\mathbf{j}$; $12\mathbf{i} - 17\mathbf{j}$

13. $\langle 20, 52\rangle$; $\langle -2, 0\rangle$

15. $2\mathbf{i} + 5\mathbf{j}$

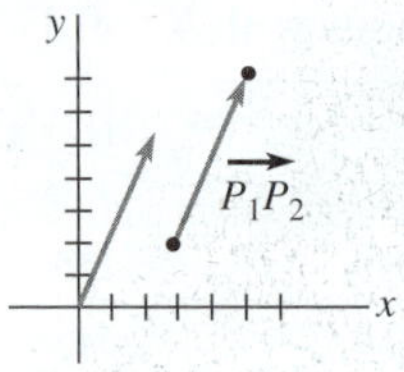

17. $2\mathbf{i} + 2\mathbf{j}$

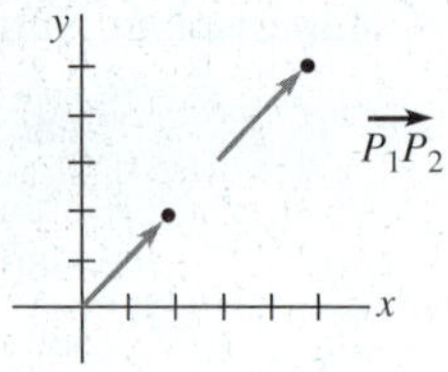

19. $(1, 18)$

21. (a), (b), (c), (e), (f)

23. $\langle 6, 15\rangle$

25. $\langle \frac{1}{\sqrt{2}}, \frac{1}{\sqrt{2}}\rangle; \langle -\frac{1}{\sqrt{2}}, -\frac{1}{\sqrt{2}}\rangle$

27. $\langle 0, -1\rangle; \langle 0, 1\rangle$

29. $\langle \frac{5}{13}, \frac{12}{13}\rangle$

31. $\frac{6}{\sqrt{58}}\mathbf{i} + \frac{14}{\sqrt{58}}\mathbf{j}$

33. $\langle -3, -\frac{15}{2}\rangle$

35.

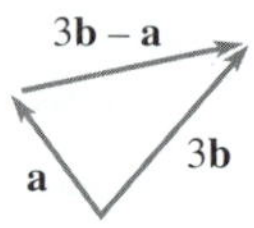

37. $-(\mathbf{a} + \mathbf{b})$

41. $\mathbf{a} = \frac{5}{2}\mathbf{b} - \frac{1}{2}\mathbf{c}$

43. $\pm\frac{1}{\sqrt{2}}(\mathbf{i} + \mathbf{j})$

45. **(b)** approximately 31°

47. $\mathbf{F} = \dfrac{qQ}{4\pi\epsilon_0}\dfrac{1}{L\sqrt{L^2 + a^2}}\mathbf{i}$

연습문제 7.2

1. -5

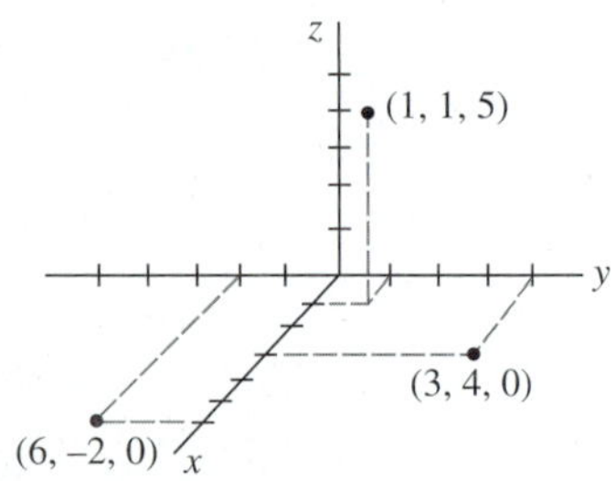

7. The set $\{(x, y, 5) | x, y \text{ real numbers}\}$ is a plane perpendicular to the z-axis, 5 units above the xy-plane.

9. The set $\{(2, 3, z) | z \text{ a real number}\}$ is a line perpendicular to the xy-plane at $(2, 3, 0)$.

11. $(0, 0, 0), (2, 0, 0), (2, 5, 0), (0, 5, 0), (0, 0, 8), (2, 0, 8), (2, 5, 8), (0, 5, 8)$

13. $(-2, 5, 0), (-2, 0, 4), (0, 5, 4); (-2, 5, -2); (3, 5, 4)$

15. the union of the coordinate planes

17. the point $(-1, 2, -3)$

19. the union of the planes $z = -5$ and $z = 5$

21. $\sqrt{70}$ **23.** 7; 5 **25.** right triangle

27. isosceles **29.** $d(P_1, P_2) + d(P_1, P_3) = d(P_2, P_3)$

31. 6 or -2 **33.** $(4, \frac{1}{2}, \frac{3}{2})$

35. $P_1(-4, -11, 10)$ **37.** $\langle -3, -6, 1\rangle$ **39.** $\langle 2, 1, 1\rangle$

41. $\langle 2, 4, 12\rangle$ **43.** $\langle -11, -41, -49\rangle$ **45.** $\sqrt{139}$

47. 6 **49.** $\langle -\frac{2}{3}, \frac{1}{3}, -\frac{2}{3}\rangle$ **51.** $4\mathbf{i} - 4\mathbf{j} + 4\mathbf{k}$

53.

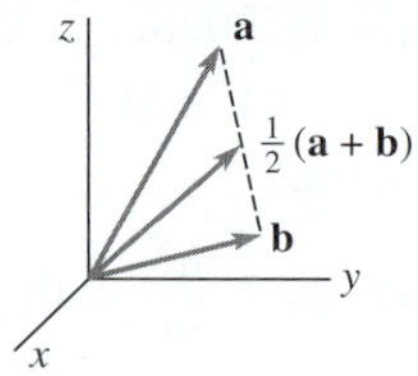

연습문제 7.3

1. 12 **3.** -16 **5.** 48 **7.** 29

9. 25 **11.** $\langle -\frac{2}{5}, \frac{4}{5}, 2\rangle$ **13.** $25\sqrt{2}$

15. (a) and (f), (c) and (d), (b) and (e)

17. $\langle \frac{4}{9}, -\frac{1}{3}, 1\rangle$ **21.** 1.11 radians or 63.43°

23. 1.89 radians or 108.43°

25. $\cos\alpha = 1/\sqrt{14}, \cos\beta = 2/\sqrt{14}, \cos\gamma = 3/\sqrt{14};$ $\alpha = 74.5°, \beta = 57.69°, \gamma = 36.7°$

27. $\cos\alpha = \frac{1}{2}, \cos\beta = 0, \cos\gamma = -\sqrt{3}/2; \alpha = 60°,$ $\beta = 90°, \gamma = 150°$

29. 0.955 radian or 54.74°; 0.616 radian or 35.26°

31. $\alpha = 58.19°, \beta = 42.45°, \gamma = 65.06°$ **33.** $\frac{5}{7}$

35. $-6\sqrt{11}/11$ **37.** $72\sqrt{109}/109$

39. $\langle -\frac{21}{5}, \frac{28}{5}\rangle$

41. $\langle -\frac{12}{7}, \frac{6}{7}, \frac{4}{7}\rangle$ **43.** $\langle \frac{72}{25}, \frac{96}{25}\rangle$

45. 1000 ft-lb **47.** 0; 150 N-m

49. approximately 1.80 angstroms

연습문제 7.4

1. $-5\mathbf{i} - 5\mathbf{j} + 3\mathbf{k}$ **3.** $\langle -12, -2, 6\rangle$

5. $-5\mathbf{i} + 5\mathbf{k}$ **7.** $\langle -3, 2, 3\rangle$ **9.** $\mathbf{0}$

11. $6\mathbf{i} + 14\mathbf{j} + 4\mathbf{k}$ **13.** $-3\mathbf{i} - 2\mathbf{j} - 5\mathbf{k}$

17. $-\mathbf{i} + \mathbf{j} + \mathbf{k}$ **19.** $2\mathbf{k}$ **21.** $\mathbf{i} + 2\mathbf{j}$

23. $-24\mathbf{k}$ **25.** $5\mathbf{i} - 5\mathbf{j} - \mathbf{k}$ **27.** $\mathbf{0}$

29. $\sqrt{41}$ **31.** $-\mathbf{j}$ **33.** $\mathbf{0}$ **35.** 6

37. $12\mathbf{i} - 9\mathbf{j} + 18\mathbf{k}$ **39.** $-4\mathbf{i} + 3\mathbf{j} - 6\mathbf{k}$

41. $-21\mathbf{i} + 16\mathbf{j} + 22\mathbf{k}$ **43.** -10

45. 14 square units **47.** $\frac{1}{2}$ square unit

49. $\frac{7}{2}$ square units **51.** 10 cubic units

53. coplanar

55. 32; in the xy-plane, 30° from the positive x-axis in the direction of the negative y-axis; $16\sqrt{3}\mathbf{i} - 16\mathbf{j}$

57. $\mathbf{A} = \mathbf{i} - \mathbf{k}, \mathbf{B} = \mathbf{j} - \mathbf{k}, \mathbf{C} = 2\mathbf{k}$

연습문제 7.5

1. $\langle x, y, z\rangle = \langle 1, 2, 1\rangle + t\langle 2, 3, -3\rangle$

3. $\langle x, y, z\rangle = \langle \frac{1}{2}, -\frac{1}{2}, 1\rangle + t\langle -2, 3, -\frac{3}{2}\rangle$

5. $\langle x, y, z\rangle = \langle 1, 1, -1\rangle + t\langle 5, 0, 0\rangle$

7. $x = 2 + 4t, y = 3 - 4t, z = 5 + 3t$

9. $x = 1 + 2t, y = -2t, z = -7t$

11. $x = 4 + 10t,\ y = \frac{1}{2} + \frac{3}{4}t,\ z = \frac{1}{3} + \frac{1}{6}t$

13. $\dfrac{x-1}{9} = \dfrac{y-4}{10} = \dfrac{z+9}{7}$

15. $\dfrac{x+7}{11} = \dfrac{z-5}{-4},\ y = 2$

17. $x = 5,\ \dfrac{y-10}{9} = \dfrac{z+2}{12}$

19. $x = 4 + 3t,\ y = 6 + \frac{1}{2}t,\ z = -7 - \frac{3}{2}t$;
$\dfrac{x-4}{3} = 2y - 12 = \dfrac{2z+14}{-3}$

21. $x = 5t,\ y = 9t,\ z = 4t;\ \dfrac{x}{5} = \dfrac{y}{9} = \dfrac{z}{4}$

23. $x = 6 + 2t,\ y = 4 - 3t,\ z = -2 + 6t$

25. $x = 2 + t,\ y = -2,\ z = 15$

27. Both lines pass through the origin and have parallel direction vectors.

29. $(0, 5, 15), (5, 0, \frac{15}{2}), (10, -5, 0)$

31. $(2, 3, -5)$ **33.** Lines do not intersect.

35. $40.37°$ **37.** $x = 4 - 6t,\ y = 1 + 3t,\ z = 6 + 3t$

39. $2x - 3y + 4z = 19$ **41.** $5x - 3z = 51$

43. $6x + 8y - 4z = 11$ **45.** $5x - 3y + z = 2$

47. $3x - 4y + z = 0$ **49.** The points are collinear.

51. $x + y - 4z = 25$ **53.** $z = 12$

55. $-3x + y + 10z = 18$ **57.** $9x - 7y + 5z = 17$

59. $6x - 2y + z = 12$

61. orthogonal: (a) and (d), (b) and (c), (d) and (f), (b) and (e); parallel: (a) and (f), (c) and (e)

63. (c) and (d) **65.** $x = 2 + t,\ y = \frac{1}{2} - t,\ z = t$

67. $x = \frac{1}{2} - \frac{1}{2}t,\ y = \frac{1}{2} - \frac{3}{2}t,\ z = t$

69. $(-5, 5, 9)$ **71.** $(1, 2, -5)$

73. $x = 5 + t,\ y = 6 + 3t,\ z = -12 + t$

75. $3x - y - 2z = 10$

77.

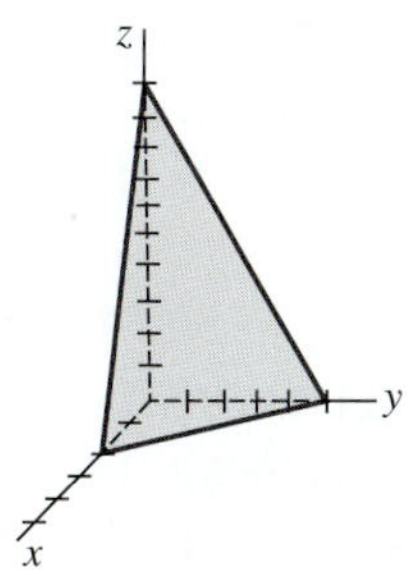

79.

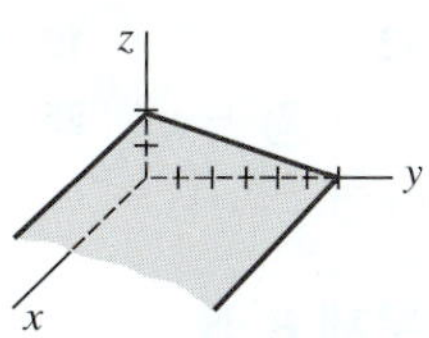

81.

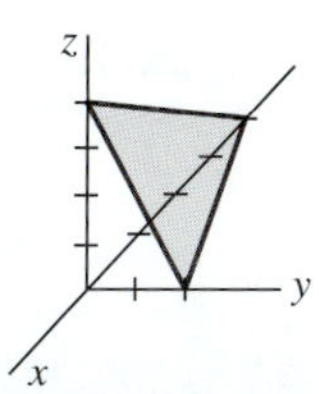

연습문제 7.6

1. not a vector space, axiom (*vi*) is not satisfied

3. not a vector space, axiom (*x*) is not satisfied

5. vector space

7. not a vector space, axiom (*ii*) is not satisfied

9. vector space **11.** a subspace

13. not a subspace **15.** a subspace

17. a subspace **19.** not a subspace

23. **(b)** $\mathbf{a} = 7\mathbf{u}_1 - 12\mathbf{u}_2 + 8\mathbf{u}_3$

25. linearly dependent

27. linearly independent

29. f is discontinuous at $x = -1$ and at $x = -3$.

31. $2\sqrt{\frac{2}{3}}\,\pi^{2/3},\ \sqrt{\pi}$

연습문제 7.7

1. $\mathbf{u} = \frac{58}{13}\mathbf{w}_1 - \frac{4}{13}\mathbf{w}_2$, where
$\mathbf{w}_1 = \langle \frac{12}{13}, \frac{5}{13} \rangle,\ \mathbf{w}_2 = \langle \frac{5}{13}, -\frac{12}{13} \rangle$

3. $\mathbf{u} = -\frac{3}{2}\mathbf{v}_1 + 7\mathbf{v}_2 - \frac{23}{2}\mathbf{v}_3$, where
$\mathbf{v}_1 = \langle 1, 0, 1 \rangle,\ \mathbf{v}_2 = \langle 0, 1, 0 \rangle,\ \mathbf{v}_3 = \langle -1, 0, 1 \rangle$

5. **(a)** $B'' = \{\langle -\frac{3}{\sqrt{13}}, \frac{2}{\sqrt{13}} \rangle, \langle -\frac{2}{\sqrt{13}}, -\frac{3}{\sqrt{13}} \rangle\}$
(b) $B'' = \{\langle -\frac{1}{\sqrt{2}}, -\frac{1}{\sqrt{2}} \rangle, \langle -\frac{1}{\sqrt{2}}, \frac{1}{\sqrt{2}} \rangle\}$

7. **(a)** $B'' = \{\langle \frac{1}{\sqrt{2}}, \frac{1}{\sqrt{2}} \rangle, \langle -\frac{1}{\sqrt{2}}, \frac{1}{\sqrt{2}} \rangle\}$
(b) $B'' = \{\langle 1, 0 \rangle, \langle 0, 1 \rangle\}$

9. $B'' = \{\langle \frac{1}{\sqrt{2}}, \frac{1}{\sqrt{2}}, 0 \rangle, \langle -\frac{1}{3\sqrt{2}}, \frac{1}{3\sqrt{2}}, \frac{4}{3\sqrt{2}} \rangle, \langle \frac{2}{3}, -\frac{2}{3}, \frac{1}{3} \rangle\}$

11. $B'' = \{\langle \frac{1}{\sqrt{6}}, \frac{1}{\sqrt{6}}, \frac{2}{\sqrt{6}} \rangle, \langle -\frac{1}{\sqrt{3}}, \frac{7}{5\sqrt{3}}, -\frac{1}{5\sqrt{3}} \rangle,$
$\langle -\frac{1}{\sqrt{2}}, -\frac{3}{5\sqrt{2}}, \frac{4}{5\sqrt{2}} \rangle\}$

13. $B'' = \{\langle \frac{1}{\sqrt{30}}, \frac{5}{\sqrt{30}}, \frac{2}{\sqrt{30}} \rangle, \langle -\frac{13}{\sqrt{186}}, \frac{1}{\sqrt{186}}, \frac{4}{\sqrt{186}} \rangle\}$

15. $B'' = \{\langle \frac{1}{2}, -\frac{1}{2}, \frac{1}{2}, -\frac{1}{2} \rangle, \langle \frac{7}{2\sqrt{35}}, \frac{9}{2\sqrt{35}}, \frac{3}{2\sqrt{35}}, \frac{1}{2\sqrt{35}} \rangle\}$

17. $B' = \{1, x, \frac{1}{2}(-1 + 3x^2)\}$

19. $B'' = \{\frac{1}{\sqrt{2}}, \frac{3}{\sqrt{6}}x, \frac{5}{2\sqrt{10}}(3x^2 - 1)\}$

21. $p(x) = \frac{41}{\sqrt{15}}q_1(x) + 3\sqrt{6}\,q_2(x) + \frac{1}{\sqrt{3}}q_3(x)$, where
$q_1(x) = \frac{1}{\sqrt{2}},\ q_2(x) = \frac{3}{\sqrt{6}}x,\ q_2(x) = \frac{5}{2\sqrt{10}}(3x^2 - 1)$

7장 복습문제

1. true **3.** false **5.** true **7.** true

9. true **11.** $9\mathbf{i} + 2\mathbf{j} + 2\mathbf{k}$ **13.** $5\mathbf{i}$

15. 14 **17.** $-6\mathbf{i} + \mathbf{j} - 7\mathbf{k}$ **19.** $(4, 7, 5)$

21. $(5, 6, 3)$ **23.** $-36\sqrt{2}$ **25.** 12, −8, and 6

27. $3\sqrt{10}/2$ **29.** 2 units

31. $(\mathbf{i} - \mathbf{j} - 3\mathbf{k})/\sqrt{11}$ **33.** 2

35. $\frac{26}{9}\mathbf{i} + \frac{7}{9}\mathbf{j} + \frac{20}{9}\mathbf{k}$ **37.** sphere; plane

39. $\dfrac{x-7}{4} = \dfrac{y-3}{-2} = \dfrac{z+5}{6}$

41. The direction vectors are orthogonal and the point of intersection is $(3, -3, 0)$.

43. $14x - 5y - 3z = 0$ **45.** $30\sqrt{2}$ N-m

47. approximately 153 lb

49. not a vector space **51.** a subspace; $1, x$

연습문제 8.1

1. 2×4 **3.** 3×3 **5.** 3×4

7. not equal **9.** not equal

11. $x = 2, y = 4$ **13.** $c_{23} = 9, c_{12} = 12$

15. $\begin{pmatrix} 2 & 11 \\ 2 & -1 \end{pmatrix}; \begin{pmatrix} -6 & 1 \\ 14 & -19 \end{pmatrix}; \begin{pmatrix} 2 & 28 \\ 12 & -12 \end{pmatrix}$

17. $\begin{pmatrix} -11 & 6 \\ 17 & -22 \end{pmatrix}; \begin{pmatrix} -32 & 27 \\ -4 & -1 \end{pmatrix};$
$\begin{pmatrix} 19 & -18 \\ -30 & 31 \end{pmatrix}; \begin{pmatrix} 19 & 6 \\ 3 & 22 \end{pmatrix}$

19. $\begin{pmatrix} 9 & 24 \\ 3 & 8 \end{pmatrix}; \begin{pmatrix} 3 & 8 \\ -6 & -16 \end{pmatrix}; \begin{pmatrix} 0 & 0 \\ 0 & 0 \end{pmatrix}; \begin{pmatrix} -4 & -5 \\ 8 & 10 \end{pmatrix}$

21. $180; \begin{pmatrix} 4 & 8 & 10 \\ 8 & 16 & 20 \\ 10 & 20 & 25 \end{pmatrix}; \begin{pmatrix} 6 \\ 12 \\ -5 \end{pmatrix}$

23. $\begin{pmatrix} 7 & 38 \\ 10 & 75 \end{pmatrix}; \begin{pmatrix} 7 & 38 \\ 10 & 75 \end{pmatrix}$ **25.** $\begin{pmatrix} -14 \\ 1 \end{pmatrix}$

27. $\begin{pmatrix} -38 \\ -2 \end{pmatrix}$ **29.** 4×5

37. $\mathbf{A} = \begin{pmatrix} 1 & 2 \\ 0 & 0 \end{pmatrix}, \mathbf{B} = \begin{pmatrix} 2 & -4 \\ -1 & 2 \end{pmatrix}$

39. **AB** is not necessarily the same as **BA**.

41. $a_{11}x_1 + a_{12}x_2 = b_1$
$a_{21}x_1 + a_{22}x_2 = b_2$

45. $\mathbf{b} = \langle -1, 1 \rangle$ **47.** $\mathbf{b} = \langle -2, 0 \rangle$

49. $\mathbf{M} = \begin{pmatrix} 1 & 0 \\ 0 & -1 \end{pmatrix}$

51. **(b)** $\mathbf{M}_R = \begin{pmatrix} \cos\beta & 0 & -\sin\beta \\ 0 & 1 & 0 \\ \sin\beta & 0 & \cos\beta \end{pmatrix},$

$\mathbf{M}_P = \begin{pmatrix} 1 & 0 & 0 \\ 0 & \cos\alpha & \sin\alpha \\ 0 & -\sin\alpha & \cos\alpha \end{pmatrix}$

(c) $x_S = \dfrac{3\sqrt{2} + 2\sqrt{3} - \sqrt{6} + 6}{8} \approx 1.4072,$

$y_S = \dfrac{3\sqrt{2} + 2\sqrt{3} - 3\sqrt{6} + 2}{8} \approx 0.2948,$

$z_S = \dfrac{\sqrt{2} + \sqrt{6}}{8} \approx 0.9659$

연습문제 8.2

1. $x_1 = 4, x_2 = -7$ **3.** $x_1 = -\frac{2}{3}, x_2 = \frac{1}{3}$

5. $x_1 = 0, x_2 = 4, x_3 = -1$ **7.** $x_1 = -t, x_2 = t, x_3 = 0$

9. inconsistent **11.** $x_1 = 0, x_2 = 0, x_3 = 0$

13. $x_1 = -2, x_2 = -2, x_3 = 4$ **15.** $x_1 = 1, x_2 = 2 - t, x_3 = t$

17. $x_1 = 0, x_2 = 1, x_3 = 1, x_4 = 0$

19. inconsistent

21. $x_1 = 0.3, x_2 = -0.12, x_3 = 4.1$

23. $2Na + 2H_2O \rightarrow 2NaOH + H_2$

25. $Fe_3O_4 + 4C \rightarrow 3Fe + 4CO$

27. $3Cu + 8NHO_3 \rightarrow 3Cu(NO_3)_2 + 4H_2O + 2NO$

29. $i_1 = \frac{35}{9}, i_2 = \frac{38}{9}, i_3 = \frac{1}{3}$

31. $\begin{pmatrix} 1 & 1 & 1 \\ 5 & -2 & 2 \\ 8 & 1 & 5 \end{pmatrix}\begin{pmatrix} x_1 \\ x_2 \\ x_3 \end{pmatrix} = \begin{pmatrix} 0 \\ 0 \\ 0 \end{pmatrix}$

33. $\begin{pmatrix} 2 & -3 & 1 \\ 1 & 1 & -1 \\ 4 & -1 & -1 \end{pmatrix}\begin{pmatrix} x_1 \\ x_2 \\ x_3 \end{pmatrix} = \begin{pmatrix} -12 \\ 1 \\ -10 \end{pmatrix}$

35. Interchange row 1 and row 2 in $\mathbf{I}_3$.

37. Multiply the second row of $\mathbf{I}_3$ by c and add to the third row.

39. $\mathbf{EA} = \begin{pmatrix} a_{21} & a_{22} & a_{23} \\ a_{11} & a_{12} & a_{13} \\ a_{31} & a_{32} & a_{33} \end{pmatrix}$

41. $\mathbf{EA} = \begin{pmatrix} a_{11} & a_{12} & a_{13} \\ a_{21} & a_{22} & a_{23} \\ ca_{21} + a_{31} & ca_{22} + a_{32} & ca_{23} + a_{33} \end{pmatrix}$

연습문제 8.3

1. 2 **3.** 1 **5.** 3

7. 2 **9.** 3 **11.** linearly independent

13. linearly independent **15.** 5

17. $\text{rank}(\mathbf{A}) = 2$

연습문제 8.4

1. 9 **3.** 1 **5.** 2 **7.** 10 **9.** -7

11. 17 **13.** $\lambda^2 - 3\lambda - 4$ **15.** -48

17. 62 **19.** 0 **21.** -85

23. $-x + 2y - z$ **25.** -104 **27.** 48

29. $\lambda_1 = -5, \lambda_2 = 7$

연습문제 8.5

1. Theorem 8.5.4 **3.** Theorem 8.5.7

5. Theorem 8.5.5 **7.** Theorem 8.5.3

9. Theorem 8.5.1 **11.** -5 **13.** -5

15. 5 **17.** 80 **19.** -105 **27.** 0

29. -15 **31.** -9 **33.** 0 **35.** 16

연습문제 8.6

3. $\begin{pmatrix} \frac{1}{9} & \frac{1}{9} \\ -\frac{4}{9} & \frac{5}{9} \end{pmatrix}$ **5.** $\begin{pmatrix} \frac{1}{6} & 0 \\ \frac{1}{4} & \frac{1}{2} \end{pmatrix}$

7. $\begin{pmatrix} -\frac{1}{2} & \frac{1}{2} & \frac{1}{2} \\ -\frac{1}{8} & \frac{1}{4} & -\frac{3}{8} \\ \frac{3}{8} & -\frac{1}{4} & \frac{1}{8} \end{pmatrix}$ **9.** $\begin{pmatrix} \frac{7}{15} & -\frac{13}{30} & -\frac{8}{15} \\ \frac{1}{15} & -\frac{2}{15} & \frac{1}{15} \\ \frac{2}{15} & \frac{7}{30} & \frac{2}{15} \end{pmatrix}$

11. $\begin{pmatrix} \frac{1}{3} & 0 & 0 \\ 0 & \frac{1}{6} & 0 \\ 0 & 0 & -\frac{1}{2} \end{pmatrix}$

13. $\begin{pmatrix} \frac{2}{9} & \frac{7}{9} & -\frac{1}{3} & -\frac{4}{3} \\ -\frac{1}{27} & \frac{1}{27} & \frac{2}{9} & -\frac{1}{9} \\ \frac{10}{27} & \frac{17}{27} & -\frac{2}{9} & -\frac{17}{9} \\ \frac{4}{27} & -\frac{4}{27} & \frac{1}{9} & \frac{4}{9} \end{pmatrix}$

15. $\begin{pmatrix} \frac{1}{6} & \frac{1}{12} \\ 0 & \frac{1}{4} \end{pmatrix}$ **17.** $\begin{pmatrix} -\frac{1}{4} & \frac{1}{4} \\ \frac{5}{12} & -\frac{1}{12} \end{pmatrix}$

19. singular matrix **21.** $\begin{pmatrix} 0 & \frac{2}{3} & \frac{1}{3} \\ 0 & -\frac{1}{3} & -\frac{2}{3} \\ \frac{1}{3} & -\frac{2}{3} & 0 \end{pmatrix}$

23. $\begin{pmatrix} 5 & 6 & -3 \\ 2 & 2 & -1 \\ -1 & -1 & 1 \end{pmatrix}$ **25.** $\begin{pmatrix} -\frac{1}{2} & -\frac{2}{3} & -\frac{1}{6} & \frac{7}{6} \\ 1 & \frac{1}{3} & \frac{1}{3} & -\frac{4}{3} \\ 0 & -\frac{1}{3} & -\frac{1}{3} & \frac{1}{3} \\ -\frac{1}{2} & 1 & \frac{1}{2} & \frac{1}{2} \end{pmatrix}$

27. $\begin{pmatrix} -\frac{1}{3} & \frac{1}{3} \\ -1 & \frac{10}{3} \end{pmatrix}$ **29.** $\begin{pmatrix} -2 & 3 \\ 3 & 4 \end{pmatrix}$ **31.** $x = 5$

45. $x_1 = 6, x_2 = -2$ **47.** $x_1 = \frac{3}{4}, x_2 = -\frac{1}{2}$

49. $x_1 = 2, x_2 = 4, x_3 = -6$ **51.** $x_1 = 21, x_2 = 1, x_3 = -11$

53. $x_1 = \frac{9}{10}, x_2 = \frac{13}{20}; x_1 = 6, x_2 = 16; x_1 = -2, x_2 = -7$

55. System has only the trivial solution.

57. System has nontrivial solutions.

59. **(c)** $i_1 = \dfrac{-R_3E_2 + R_3E_1 + R_2E_1 - R_2E_3}{R_3R_1 + R_3R_2 + R_1R_2}$,

$i_2 = \dfrac{R_3E_2 - R_3E_1 - R_1E_3 + R_1E_2}{R_3R_1 + R_3R_2 + R_1R_2}$,

$i_3 = \dfrac{-R_2E_1 + R_1E_3 + R_2E_3 - R_1E_2}{R_3R_1 + R_3R_2 + R_1R_2}$

연습문제 8.7

1. $x_1 = -\frac{3}{5}, x_2 = \frac{6}{5}$ **3.** $x_1 = 0.1, x_2 = -0.3$

5. $x = 4, y = -7$ **7.** $x_1 = -4, x_2 = 4, x_3 = -5$

9. $u = 4, v = \frac{3}{2}, w = 1$ **11.** $k = \frac{6}{5}$

13. $T_1 \approx 450.8$ lb, $T_2 \approx 423$ lb

연습문제 8.8

1. $\mathbf{K}_3, \lambda = -1$

3. $\mathbf{K}_3, \lambda = 0$

5. $\mathbf{K}_2, \lambda = 3; \mathbf{K}_3, \lambda = 1$

7. $\lambda_1 = 6, \lambda_2 = 1, \mathbf{K}_1 = \begin{pmatrix} 2 \\ 7 \end{pmatrix}, \mathbf{K}_2 = \begin{pmatrix} 1 \\ 1 \end{pmatrix}$; nonsingular

9. $\lambda_1 = \lambda_2 = -4, \mathbf{K}_1 = \begin{pmatrix} 1 \\ -4 \end{pmatrix}$; nonsingular

11. $\lambda_1 = 3i, \lambda_2 = -3i$

$\mathbf{K}_1 = \begin{pmatrix} 1 - 3i \\ 5 \end{pmatrix}, \mathbf{K}_2 = \begin{pmatrix} 1 + 3i \\ 5 \end{pmatrix}$; nonsingular

13. $\lambda_1 = 4, \lambda_2 = -5$,

$\mathbf{K}_1 = \begin{pmatrix} 1 \\ 0 \end{pmatrix}, \mathbf{K}_2 = \begin{pmatrix} -8 \\ 9 \end{pmatrix}$; nonsingular

15. $\lambda_1 = 0, \lambda_2 = 4, \lambda_3 = -4$,

$\mathbf{K}_1 = \begin{pmatrix} 9 \\ 45 \\ 25 \end{pmatrix}, \mathbf{K}_2 = \begin{pmatrix} 1 \\ 1 \\ 1 \end{pmatrix}, \mathbf{K}_3 = \begin{pmatrix} 1 \\ 9 \\ 1 \end{pmatrix}$; singular

17. $\lambda_1 = \lambda_2 = \lambda_3 = -2$,

$\mathbf{K}_1 = \begin{pmatrix} 2 \\ -1 \\ 0 \end{pmatrix}, \mathbf{K}_2 = \begin{pmatrix} 0 \\ 0 \\ 1 \end{pmatrix}$; nonsingular

19. $\lambda_1 = -1, \lambda_2 = i, \lambda_3 = -i$,

$\mathbf{K}_1 = \begin{pmatrix} 1 \\ -1 \\ 1 \end{pmatrix}, \mathbf{K}_2 = \begin{pmatrix} -1 \\ i \\ i \end{pmatrix}, \mathbf{K}_3 = \begin{pmatrix} -1 \\ -i \\ -i \end{pmatrix}$; nonsingular

21. $\lambda_1 = 1, \lambda_2 = 5, \lambda_3 = -7$,

$\mathbf{K}_1 = \begin{pmatrix} 1 \\ 0 \\ 0 \end{pmatrix}, \mathbf{K}_2 = \begin{pmatrix} 1 \\ 2 \\ 0 \end{pmatrix}, \mathbf{K}_3 = \begin{pmatrix} -1 \\ -2 \\ 4 \end{pmatrix}$; nonsingular

23. Eigenvalues of $\mathbf{A}$ are $\lambda_1 = 6, \lambda_2 = 4$; eigenvalues of $\mathbf{A}^{-1}$ are $\lambda_1 = \frac{1}{6}, \lambda_2 = \frac{1}{4}$; corresponding eigenvectors for both $\mathbf{A}$ and $\mathbf{A}^{-1}$ are $\mathbf{K}_1 = \begin{pmatrix} 1 \\ 1 \end{pmatrix}, \mathbf{K}_2 = \begin{pmatrix} -1 \\ 1 \end{pmatrix}$.

25. Eigenvalues of $\mathbf{A}$ are $\lambda_1 = 5, \lambda_2 = 4, \lambda_3 = 3$, eigenvalues of $\mathbf{A}^{-1}$ are $\lambda_1 = \frac{1}{5}, \lambda_2 = \frac{1}{4}, \lambda_3 = \frac{1}{3}$; corresponding eigenvectors for both $\mathbf{A}$ and $\mathbf{A}^{-1}$ are $\mathbf{K}_1 = \begin{pmatrix} -3 \\ -1 \\ 1 \end{pmatrix}$, $\mathbf{K}_2 = \begin{pmatrix} 1 \\ 0 \\ 0 \end{pmatrix}, \mathbf{K}_3 = \begin{pmatrix} -2 \\ 1 \\ 0 \end{pmatrix}$.

연습문제 8.9

3. $\begin{pmatrix} \frac{1}{7}[3(-1)^m 2^{m+1} + 5^m] & -\frac{3}{7}[(-2)^m - 5^m] \\ -\frac{2}{7}[(-2)^m - 5^m] & \frac{1}{7}[(-2)^m - 6(5)^m] \end{pmatrix}$;

$\begin{pmatrix} 11 & 57 \\ 38 & 106 \end{pmatrix}$

5. $\begin{pmatrix} \frac{1}{3}2^{m-1}[5^m + (-1)^m] & \frac{5}{3}2^{m-2}[5^m - (-1)^m] \\ \frac{1}{3}[10^m - (-2)^m] & \frac{1}{3}2^{m-1}[5^m + 5(-1)^m] \end{pmatrix}$;

$\begin{pmatrix} 83328 & 41680 \\ 33344 & 16640 \end{pmatrix}$

7. $\begin{pmatrix} 1 & 2^m - 1 & 2^m - 1 \\ 0 & \frac{1}{3}[2^{m+1} + (-1)^m] & \frac{2}{3}[2^m - (-1)^m] \\ 0 & \frac{1}{3}[2^m - (-1)^m] & \frac{1}{3}[2^m + 2(-1)^m] \end{pmatrix}$;

$\begin{pmatrix} 1 & 1023 & 1023 \\ 0 & 683 & 682 \\ 0 & 341 & 342 \end{pmatrix}$

9. $\begin{pmatrix} \frac{1}{3}[2^{2m+1} + (-2)^m] & \frac{1}{3}[4^m - (-2)^m] & 0 \\ \frac{1}{3}[2^{2m+1} - (-1)^m 2^{m+1}] & \frac{1}{3}[4^m + (-1)^m 2^{m+1}] & 0 \\ \frac{1}{3}[2^{2m+1} + (-2)^m - 3] & \frac{1}{3}[4^m - (-2)^m] & 1 \end{pmatrix}$;

$\begin{pmatrix} 699392 & 349184 & 0 \\ 698368 & 350208 & 0 \\ 699391 & 349184 & 1 \end{pmatrix}$

11. $\begin{pmatrix} 7m4^{m+1} + (1-m)4^m & 3m4^{m-1} \\ -3m4^{m-1} & m4^{m-1} + (1-m)4^m \end{pmatrix}$;

$\begin{pmatrix} 22528 & 18432 \\ -18432 & -14336 \end{pmatrix}$

13. **(a)** $4^m \begin{pmatrix} 1 & 1 \\ 3 & 3 \end{pmatrix}, m > 1$

(b) $\mathbf{A}^m = \mathbf{0}, m > 1$

(c)

$\begin{pmatrix} 2(3)^{m-1} & 3^{m-1} & 3^{m-1} \\ \frac{1}{6}[9(2)^m - 4(3)^m] & \frac{1}{6}[3(2)^m - 2(3)^m] & \frac{1}{6}[-3(2)^m - 2(3)^m] \\ \frac{1}{6}[-9(2)^m + 8(3)^m] & \frac{1}{6}[-3(2)^m + 4(3)^m] & \frac{1}{6}[3(2)^m + 4(3)^m] \end{pmatrix}$

15. $\begin{pmatrix} \frac{3}{10} & \frac{2}{5} \\ -\frac{1}{10} & \frac{1}{5} \end{pmatrix}$ **17.** (b), (c), (d), (e), (f)

연습문제 8.10

1. **(b)** $\lambda_1 = -4, \lambda_2 = -1, \lambda_3 = 16$

3. **(b)** $\lambda_1 = 18, \lambda_2 = \lambda_3 = -8$ **5.** orthogonal

7. orthogonal **9.** not orthogonal

11. $\begin{pmatrix} \frac{1}{\sqrt{2}} & \frac{1}{\sqrt{2}} \\ -\frac{1}{\sqrt{2}} & \frac{1}{\sqrt{2}} \end{pmatrix}$ **13.** $\begin{pmatrix} \frac{3}{\sqrt{10}} & \frac{1}{\sqrt{10}} \\ -\frac{1}{\sqrt{10}} & -\frac{3}{\sqrt{10}} \end{pmatrix}$

15. $\begin{pmatrix} -\frac{1}{\sqrt{2}} & \frac{1}{\sqrt{2}} & 0 \\ 0 & 0 & 1 \\ \frac{1}{\sqrt{2}} & \frac{1}{\sqrt{2}} & 0 \end{pmatrix}$

17. $\begin{pmatrix} -\frac{3}{\sqrt{11}} & \frac{1}{\sqrt{66}} & \frac{1}{\sqrt{6}} \\ \frac{1}{\sqrt{11}} & -\frac{4}{\sqrt{66}} & \frac{2}{\sqrt{6}} \\ \frac{1}{\sqrt{11}} & \frac{7}{\sqrt{66}} & \frac{1}{\sqrt{6}} \end{pmatrix}$

19. $a = -\frac{4}{5}, b = \frac{3}{5}$

21. **(b)** $\lambda_1 = \lambda_2 = 2, \lambda_3 = 4$

(c) $\mathbf{P} = \begin{pmatrix} \frac{1}{\sqrt{2}} & \frac{1}{\sqrt{6}} & \frac{1}{\sqrt{3}} \\ -\frac{1}{\sqrt{2}} & \frac{1}{\sqrt{6}} & \frac{1}{\sqrt{3}} \\ 0 & -\frac{2}{\sqrt{6}} & \frac{1}{\sqrt{3}} \end{pmatrix}$

연습문제 8.11

1. $2, \begin{pmatrix} 1 \\ 1 \end{pmatrix}$ **3.** $14, \begin{pmatrix} 1 \\ 3 \end{pmatrix}$ **5.** $10, \begin{pmatrix} 1 \\ 1 \\ 0.5 \end{pmatrix}$

7. 7 and 2 **9.** 4, 3, and 1

11. approximately 0.2087

13. **(c)** $\frac{1}{4}\begin{pmatrix} 3 & 2 & 1 \\ 2 & 4 & 2 \\ 1 & 2 & 3 \end{pmatrix}$

(d) 0.59

(e) approximately $9.44EI/L^2$

연습문제 8.12

1. $\mathbf{P} = \begin{pmatrix} -3 & 1 \\ 1 & 1 \end{pmatrix}, \mathbf{D} = \begin{pmatrix} 1 & 0 \\ 0 & 5 \end{pmatrix}$

3. not diagonalizable

5. $\mathbf{P} = \begin{pmatrix} 13 & 1 \\ 2 & 1 \end{pmatrix}, \mathbf{D} = \begin{pmatrix} -7 & 0 \\ 0 & 4 \end{pmatrix}$

7. $\mathbf{P} = \begin{pmatrix} 1 & 1 \\ -1 & 1 \end{pmatrix}, \mathbf{D} = \begin{pmatrix} \frac{1}{3} & 0 \\ 0 & \frac{2}{3} \end{pmatrix}$

9. $\mathbf{P} = \begin{pmatrix} 1 & 1 \\ -i & i \end{pmatrix}, \mathbf{D} = \begin{pmatrix} -i & 0 \\ 0 & i \end{pmatrix}$

11. $\mathbf{P} = \begin{pmatrix} 1 & 0 & 1 \\ 0 & 1 & 1 \\ 0 & 0 & 1 \end{pmatrix}, \mathbf{D} = \begin{pmatrix} 1 & 0 & 0 \\ 0 & -1 & 0 \\ 0 & 0 & 2 \end{pmatrix}$

13. $\mathbf{P} = \begin{pmatrix} 1 & 1 & 1 \\ 0 & 1 & 0 \\ -1 & 1 & 1 \end{pmatrix}, \mathbf{D} = \begin{pmatrix} 0 & 0 & 0 \\ 0 & 1 & 0 \\ 0 & 0 & 2 \end{pmatrix}$

15. not diagonalizable

17. $\mathbf{P} = \begin{pmatrix} 0 & 1+\sqrt{5} & 1-\sqrt{5} \\ 0 & 2 & 2 \\ 1 & 0 & 0 \end{pmatrix}$,

$\mathbf{D} = \begin{pmatrix} 1 & 0 & 0 \\ 0 & \sqrt{5} & 0 \\ 0 & 0 & -\sqrt{5} \end{pmatrix}$

19. $\mathbf{P} = \begin{pmatrix} -3 & -1 & -1 & 1 \\ 0 & 1 & 0 & 0 \\ -3 & 0 & 0 & 1 \\ 1 & 0 & 1 & 0 \end{pmatrix}$,

$\mathbf{D} = \begin{pmatrix} 2 & 0 & 0 & 0 \\ 0 & 2 & 0 & 0 \\ 0 & 0 & 1 & 0 \\ 0 & 0 & 0 & -1 \end{pmatrix}$

21. $\mathbf{P} = \begin{pmatrix} \frac{1}{\sqrt{2}} & \frac{1}{\sqrt{2}} \\ -\frac{1}{\sqrt{2}} & \frac{1}{\sqrt{2}} \end{pmatrix}, \mathbf{D} = \begin{pmatrix} 0 & 0 \\ 0 & 2 \end{pmatrix}$

23. $\mathbf{P} = \begin{pmatrix} -\frac{\sqrt{10}}{\sqrt{14}} & \frac{\sqrt{10}}{\sqrt{35}} \\ \frac{2}{\sqrt{14}} & \frac{5}{\sqrt{35}} \end{pmatrix}, \mathbf{D} = \begin{pmatrix} 3 & 0 \\ 0 & 10 \end{pmatrix}$

25. $\mathbf{P} = \begin{pmatrix} -\frac{1}{\sqrt{2}} & \frac{1}{\sqrt{2}} & 0 \\ \frac{1}{\sqrt{2}} & \frac{1}{\sqrt{2}} & 0 \\ 0 & 0 & 1 \end{pmatrix}, \mathbf{D} = \begin{pmatrix} -1 & 0 & 0 \\ 0 & 1 & 0 \\ 0 & 0 & 1 \end{pmatrix}$

27. $\mathbf{P} = \begin{pmatrix} \frac{2}{3} & \frac{2}{3} & \frac{1}{3} \\ \frac{2}{3} & -\frac{1}{3} & -\frac{2}{3} \\ \frac{1}{3} & -\frac{2}{3} & \frac{2}{3} \end{pmatrix}, \mathbf{D} = \begin{pmatrix} 3 & 0 & 0 \\ 0 & 6 & 0 \\ 0 & 0 & 9 \end{pmatrix}$

29. $\mathbf{P} = \begin{pmatrix} 0 & \frac{1}{\sqrt{2}} & \frac{1}{\sqrt{2}} \\ 1 & 0 & 0 \\ 0 & -\frac{1}{\sqrt{2}} & \frac{1}{\sqrt{2}} \end{pmatrix}, \mathbf{D} = \begin{pmatrix} 1 & 0 & 0 \\ 0 & -6 & 0 \\ 0 & 0 & 8 \end{pmatrix}$

31. Ellipse; using

$\mathbf{X} = \begin{pmatrix} \frac{1}{\sqrt{2}} & \frac{1}{\sqrt{2}} \\ -\frac{1}{\sqrt{2}} & \frac{1}{\sqrt{2}} \end{pmatrix}\mathbf{X}'$

we get $X^2/4 + Y^2/6 = 1$.

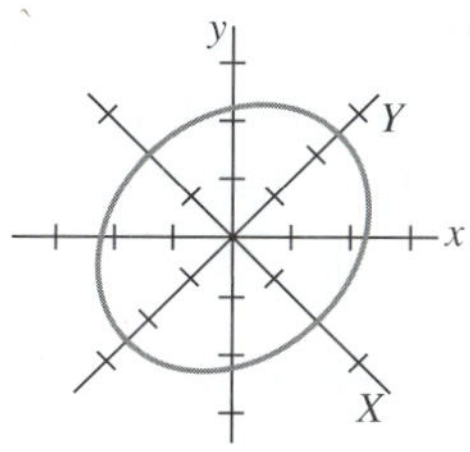

33. Hyperbola; using

$\mathbf{X} = \begin{pmatrix} \frac{1}{\sqrt{5}} & -\frac{2}{\sqrt{5}} \\ \frac{2}{\sqrt{5}} & \frac{1}{\sqrt{5}} \end{pmatrix}\mathbf{X}'$

we get $X^2/4 - Y^2/4 = 1$.

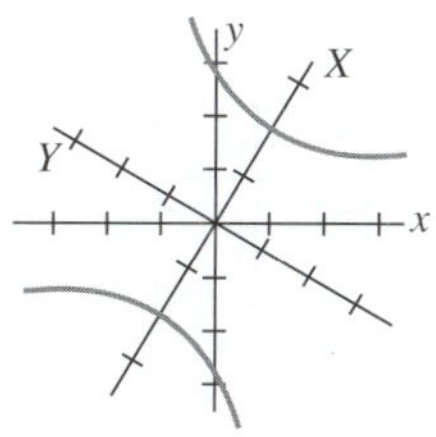

35. $\mathbf{A} = \begin{pmatrix} 4 & -1 \\ 2 & 1 \end{pmatrix}$ **39.** $\mathbf{A}^5 = \begin{pmatrix} 21 & 11 \\ 22 & 10 \end{pmatrix}$

연습문제 8.13

1. $\mathbf{LU} = \begin{pmatrix} 1 & 0 \\ \frac{1}{2} & 1 \end{pmatrix}\begin{pmatrix} 2 & -2 \\ 0 & 3 \end{pmatrix}$

3. $\mathbf{LU} = \begin{pmatrix} 1 & 0 \\ -2 & 1 \end{pmatrix}\begin{pmatrix} -1 & 4 \\ 0 & 10 \end{pmatrix}$

5. $\mathbf{LU} = \begin{pmatrix} 1 & 0 & 0 \\ -1 & 1 & 0 \\ 3 & -7 & 1 \end{pmatrix}\begin{pmatrix} 4 & -2 & 1 \\ 0 & -1 & 3 \\ 0 & 0 & 21 \end{pmatrix}$

7. $\mathbf{LU} = \begin{pmatrix} 1 & 0 & 0 \\ 2 & 1 & 0 \\ 7 & -8 & 1 \end{pmatrix}\begin{pmatrix} 1 & 2 & 7 \\ 0 & 1 & -8 \\ 0 & 0 & -109 \end{pmatrix}$

9. $\mathbf{LU} = \begin{pmatrix} 1 & 0 & 0 \\ 0 & 1 & 0 \\ 2 & 10 & 1 \end{pmatrix}\begin{pmatrix} 1 & -2 & 1 \\ 0 & 1 & 2 \\ 0 & 0 & -21 \end{pmatrix}$

11. $\mathbf{LU} = \begin{pmatrix} 1 & 0 \\ \frac{1}{3} & 1 \end{pmatrix}\begin{pmatrix} 3 & 9 \\ 0 & 8 \end{pmatrix}$

13. $\mathbf{LU} = \begin{pmatrix} 1 & 0 \\ \frac{1}{4} & 1 \end{pmatrix}\begin{pmatrix} -4 & -2 \\ 0 & -\frac{5}{2} \end{pmatrix}$

15. $\mathbf{LU} = \begin{pmatrix} 1 & 0 & 0 \\ 3 & 1 & 0 \\ 1 & 1 & 1 \end{pmatrix}\begin{pmatrix} 1 & 1 & 1 \\ 0 & -2 & -1 \\ 0 & 0 & 1 \end{pmatrix}$

17. $\mathbf{LU} = \begin{pmatrix} 1 & 0 & 0 \\ \frac{1}{2} & 1 & 0 \\ 3 & -\frac{2}{5} & 1 \end{pmatrix}\begin{pmatrix} 4 & 2 & 12 \\ 0 & 25 & -10 \\ 0 & 0 & 16 \end{pmatrix}$

19. $\mathbf{LU} = \begin{pmatrix} 1 & 0 & 0 & 0 \\ -2 & 1 & 0 & 0 \\ 1 & -4 & 1 & 0 \\ 5 & -11 & -2 & 1 \end{pmatrix}\begin{pmatrix} 1 & -2 & 1 & 0 \\ 0 & -1 & 0 & 1 \\ 0 & 0 & 3 & 7 \\ 0 & 0 & 0 & 26 \end{pmatrix}$

21. $x_1 = -\frac{1}{3}, x_2 = -\frac{5}{6}$ **23.** $x_1 = -1, x_2 = \frac{7}{2}$

25. $x_1 = 1, x_2 = 1, x_3 = 5$

27. $x_1 = 28, x_2 = -5, x_3 = 13$

29. $x_1 = 25, x_2 = -4, x_3 = -19$

31. $\mathbf{X} = \begin{pmatrix} 0 \\ 5 \\ -3 \end{pmatrix}$ **33.** $\mathbf{X} = \begin{pmatrix} \frac{1}{4} \\ \frac{3}{2} \\ -\frac{5}{4} \end{pmatrix}$

35. -2 **37.** 1600 **39.** -78

41. $\mathbf{LU} = \begin{pmatrix} 1 & 0 & 0 \\ 3 & -2 & 0 \\ 1 & -2 & 1 \end{pmatrix}\begin{pmatrix} 1 & 1 & 1 \\ 0 & 1 & \frac{1}{2} \\ 0 & 0 & 1 \end{pmatrix}$

43. $\mathbf{LL}^T = \begin{pmatrix} 2 & 0 & 0 \\ 1 & 5 & 0 \\ 6 & -2 & 4 \end{pmatrix}\begin{pmatrix} 2 & 1 & 6 \\ 0 & 5 & -2 \\ 0 & 0 & 4 \end{pmatrix}$

연습문제 8.14

1. (a) $\begin{pmatrix} 35 & 15 & 38 & 36 & 0 \\ 27 & 10 & 26 & 20 & 0 \end{pmatrix}$

3. (a) $\begin{pmatrix} 48 & 64 & 120 & 107 & 40 \\ 32 & 40 & 75 & 67 & 25 \end{pmatrix}$

5. (a) $\begin{pmatrix} 31 & 44 & 15 & 61 & 50 & 49 & 41 \\ 24 & 29 & 15 & 47 & 35 & 31 & 21 \\ 1 & -15 & 15 & 0 & -15 & -5 & -19 \end{pmatrix}$

7. STUDY_HARD

9. MATH_IS_IMPORTANT_

11. DAD_I_NEED_MONEY_TODAY

13. (a) $\mathbf{B}' = \begin{pmatrix} 15 & 22 & 20 & 8 & 23 & 6 & 21 & 22 \\ 10 & 22 & 18 & 23 & 25 & 2 & 23 & 25 \\ 3 & 26 & 26 & 14 & 23 & 16 & 26 & 12 \end{pmatrix}$

연습문제 8.15

1. (0 1 1 0) **3.** (0 0 0 1 1)

5. (1 0 1 0 1 0 0 1) **7.** (1 0 0)

9. parity error **11.** (1 0 0 1 1)

13. (0 0 1 0 1 1 0) **15.** (0 1 0 0 1 0 1)

17. (1 1 0 0 1 1 0) **19.** code word; (0 0 0 0)

21. (0 0 0 1) **23.** code word; (1 1 1 1)

25. (1 0 0 1) **27.** (1 0 1 0)

29. **(a)** $2^7 = 128$ **(b)** $2^4 = 16$

(c) (0 0 0 0 0 0 0), (0 1 0 0 1 0 1), (0 1 1 0 0 1 1), (0 1 0 1 0 1 0), (0 1 1 1 1 0 0), (0 0 1 0 1 1 0), (0 0 1 1 0 0 1), (0 0 0 1 1 1 1), (1 0 0 0 0 1 1), (1 1 0 0 1 1 0), (1 0 1 0 1 0 1), (1 0 0 1 1 0 0), (1 1 1 0 0 0 0), (1 1 0 1 0 0 1), (1 0 1 1 0 1 0), (1 1 1 1 1 1 1)

연습문제 8.16

1. $y = 0.4x + 0.6$ **3.** $y = 1.1x - 0.3$

5. $y = 1.3571x + 1.9286$

7. $v = -0.84T + 234$, 116.4, 99.6

9. $f(x) = 0.75x^2 - 2.45x + 2.75$

연습문제 8.17

1. **(a)** $\mathbf{T} = \begin{pmatrix} 0.8 & 0.4 \\ 0.2 & 0.6 \end{pmatrix}, \mathbf{X}_0 = \begin{pmatrix} 90 \\ 60 \end{pmatrix}$

(b) $\begin{pmatrix} 96 \\ 54 \end{pmatrix}, \begin{pmatrix} 98.4 \\ 51.6 \end{pmatrix}$ **(c)** $\hat{\mathbf{X}} = \begin{pmatrix} 100 \\ 50 \end{pmatrix}$

3. **(a)** $\mathbf{T} = \begin{pmatrix} 0.2 & 0.5 & 0 \\ 0.3 & 0.1 & 0 \\ 0.5 & 0.4 & 1 \end{pmatrix}, \mathbf{X}_0 = \begin{pmatrix} 100 \\ 0 \\ 0 \end{pmatrix}$

(b) $\begin{pmatrix} 20 \\ 30 \\ 50 \end{pmatrix}, \begin{pmatrix} 19 \\ 9 \\ 72 \end{pmatrix}$ **(c)** $\hat{\mathbf{X}} = \begin{pmatrix} 0 \\ 0 \\ 100 \end{pmatrix}$

8장 복습문제

1. $\begin{pmatrix} 2 & 3 & 4 \\ 3 & 4 & 5 \\ 4 & 5 & 6 \\ 5 & 6 & 7 \end{pmatrix}$ **3.** $\begin{pmatrix} 3 & 4 \\ 6 & 8 \end{pmatrix}, (11)$ **5.** false

7. $\frac{5}{8}, -5$ **9.** 0 **11.** false **13.** true

15. false **17.** true **19.** false

23. **(a)** $\begin{pmatrix} 1 & 1 \\ -1 & -1 \end{pmatrix}$ **25.** $x_1 = -\frac{1}{2}, x_2 = 7, x_3 = \frac{1}{2}$

29. 240 **31.** trivial solution only

33. $I_2 + 10HNO_3 \rightarrow 2HIO_3 + 10NO_2 + 4H_2O$

35. $x_1 = -\frac{1}{2}, x_2 = \frac{1}{4}, x_3 = \frac{2}{3}$

37. $x = X\cos\theta - Y\sin\theta$,

$y = X\sin\theta + Y\cos\theta$

39. $x_1 = 7, x_2 = 5, x_3 = 23$

41. $\lambda_1 = 5, \lambda_2 = -1, \mathbf{K}_1 = \begin{pmatrix} 1 \\ 2 \end{pmatrix}, \mathbf{K}_2 = \begin{pmatrix} 1 \\ -1 \end{pmatrix}$

43. $\lambda_1 = \lambda_2 = -1, \lambda_3 = 8$,

$\mathbf{K}_1 = \begin{pmatrix} 1 \\ -2 \\ 0 \end{pmatrix}, \mathbf{K}_2 = \begin{pmatrix} 1 \\ 0 \\ -1 \end{pmatrix}, \mathbf{K}_3 = \begin{pmatrix} 2 \\ 1 \\ 2 \end{pmatrix}$

45. $\lambda_1 = \lambda_2 = -3, \lambda_3 = 5$,

$\mathbf{K}_1 = \begin{pmatrix} -2 \\ 1 \\ 0 \end{pmatrix}, \mathbf{K}_2 = \begin{pmatrix} 3 \\ 0 \\ 1 \end{pmatrix}, \mathbf{K}_3 = \begin{pmatrix} 1 \\ 2 \\ -1 \end{pmatrix}$

47. $\begin{pmatrix} \frac{1}{\sqrt{6}} \\ -\frac{2}{\sqrt{6}} \\ \frac{1}{\sqrt{6}} \end{pmatrix}$ **49.** hyperbola

51.

$\begin{pmatrix} 204 & 13 & 208 & 55 & 124 & 120 & 105 & 214 & 50 & 6 & 138 & 19 & 210 \\ 185 & 12 & 188 & 50 & 112 & 108 & 96 & 194 & 45 & 6 & 126 & 18 & 189 \end{pmatrix}$

53. HELP_IS_ON_THE_WAY

55. **(a)** (1 1 0 0 1) **(b)** parity error

57. $x_1 = 3, x_2 = 2, x_3 = 1$

59. $f(x) = \frac{4}{5}x - \frac{3}{2}$

연습문제 9.1

1.

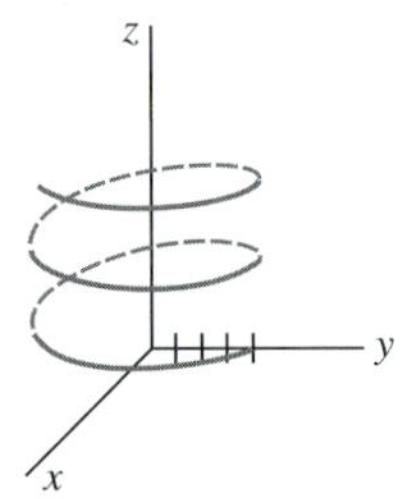

3.

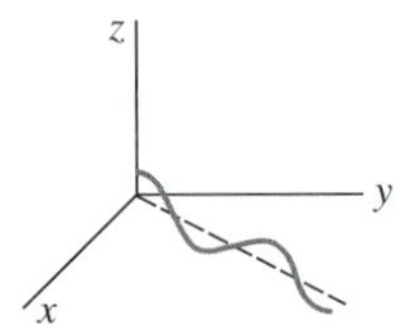

5.

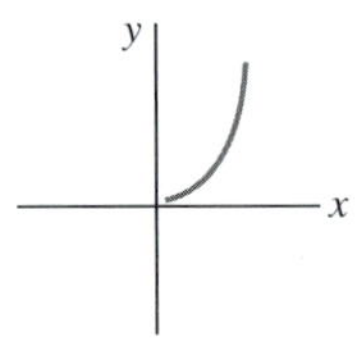

7.

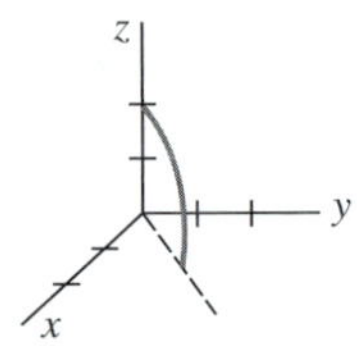

9.

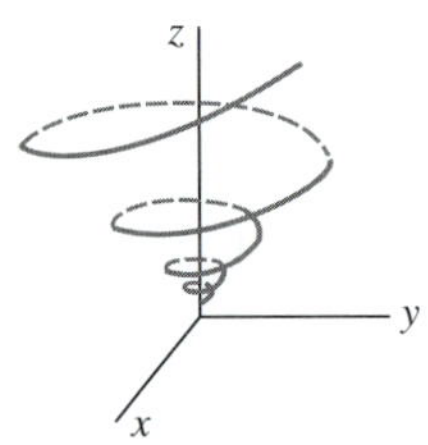

11.

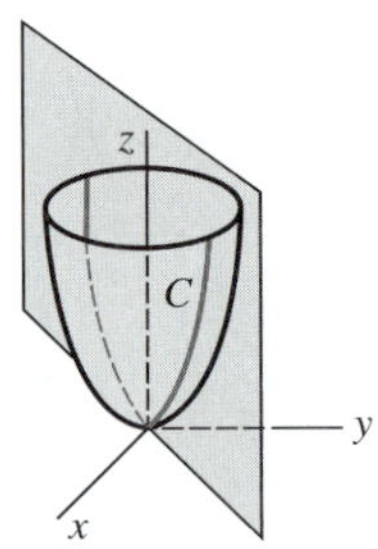

$\mathbf{r}(t) = t\mathbf{i} + t\mathbf{j} + 2t^2\mathbf{k}$

13.

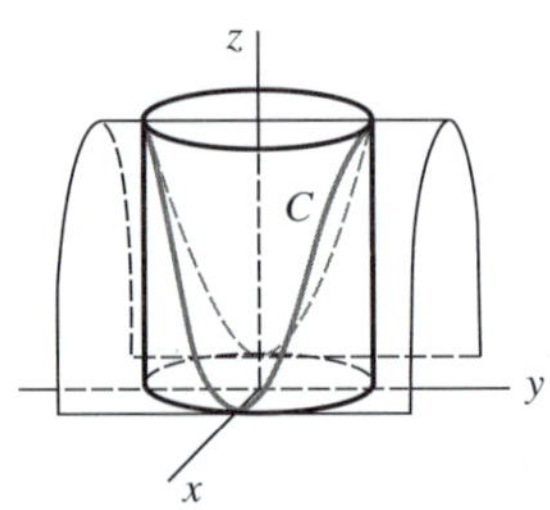

$\mathbf{r}(t) = 3\cos t\mathbf{i} + 3\sin t\mathbf{j} + 9\sin^2 t\mathbf{k}$

15. $2\mathbf{i} - 32\mathbf{j}$

17. $(1/t)\mathbf{i} - (1/t^2)\mathbf{j}$; $-(1/t^2)\mathbf{i} + (2/t^3)\mathbf{j}$

19. $\langle e^{2t}(2t+1), 3t^2, 8t-1\rangle$; $\langle 4e^{2t}(t+1), 6t, 8\rangle$

21.

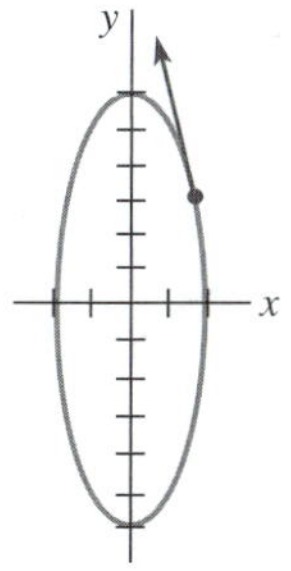

23.

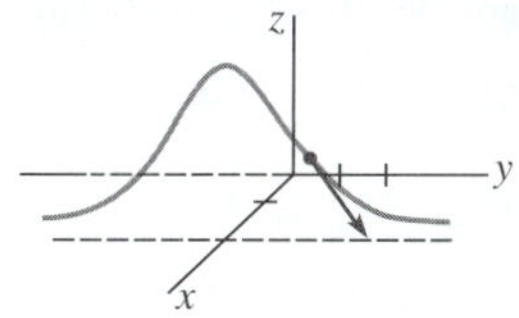

25. $x = 2 + t,\ y = 2 + 2t,\ z = \frac{8}{3} + 4t$

27. $\mathbf{r}(t) \times \mathbf{r}''(t)$

29. $\mathbf{r}(t) \cdot [\mathbf{r}'(t) \times \mathbf{r}'''(t)]$

31. $2\mathbf{r}_1'(2t) - (1/t^2)\mathbf{r}_2'(1/t)$

33. $\frac{3}{2}\mathbf{i} + 9\mathbf{j} + 15\mathbf{k}$

35. $e^t(t-1)\mathbf{i} + \frac{1}{2}e^{-2t}\mathbf{j} + \frac{1}{2}e^{t^2}\mathbf{k} + \mathbf{c}$

37. $(6t+1)\mathbf{i} + (3t^2 - 2)\mathbf{j} + (t^3 + 1)\mathbf{k}$

39. $(2t^3 - 6t + 6)\mathbf{i} + (7t - 4t^{3/2} - 3)\mathbf{j} + (t^2 - 2t)\mathbf{k}$

41. $2\sqrt{a^2 + c^2}\pi$

43. $6(e^{3\pi} - 1)$

45. $a\cos(s/a)\mathbf{i} + a\sin(s/a)\mathbf{j}$

47. Differentiate $\mathbf{r}(t) \cdot \mathbf{r}(t) = c^2$.

연습문제 9.2

1. Speed is $\sqrt{5}$.

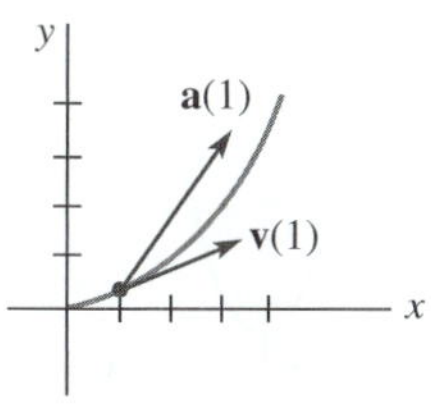

3. Speed is 2.

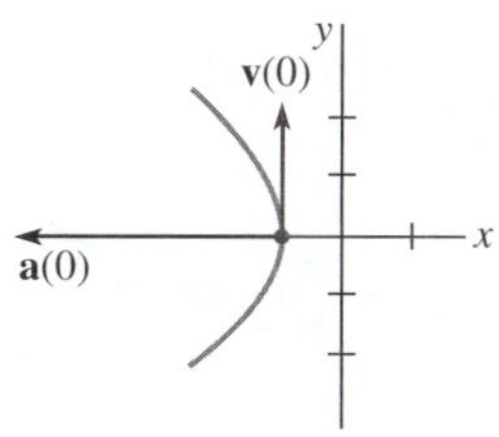

5. Speed is $\sqrt{5}$.

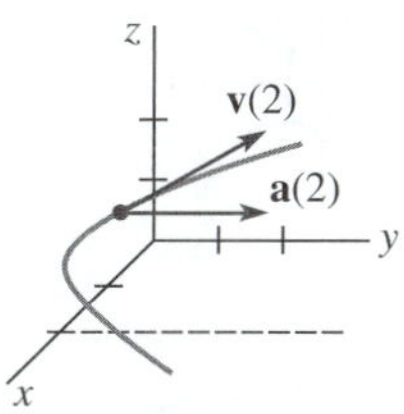

7. Speed is $\sqrt{14}$.

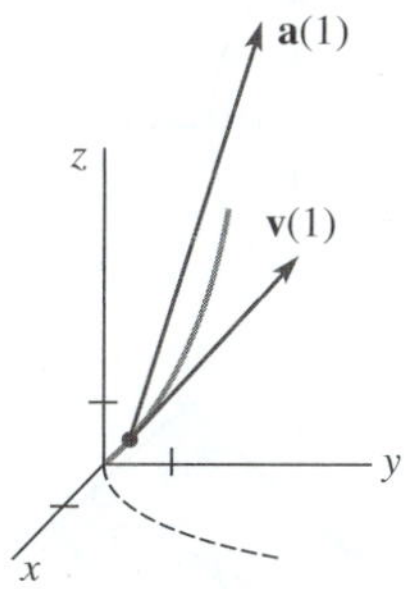

9. (0, 0, 0) and (25, 115, 0);
$\mathbf{v}(0) = -2\mathbf{j} - 5\mathbf{k},\ \mathbf{a}(0) = 2\mathbf{i} + 2\mathbf{k}$,
$\mathbf{v}(5) = 10\mathbf{i} + 73\mathbf{j} + 5\mathbf{k},\ \mathbf{a}(5) = 2\mathbf{i} + 30\mathbf{j} + 2\mathbf{k}$

11. **(a)** $\mathbf{r}(t) = (-16t^2 + 240t)\mathbf{j} + 240\sqrt{3}\,t\mathbf{i}$ and
$x(t) = 240\sqrt{3}\,t,\ y(t) = -16t^2 + 240t$
(b) 900 ft **(c)** 6235 ft **(d)** 480 ft/s

13. 72.11 ft/s

15. 97.98 ft/s

17. **(a)** 4300 ft, approximately 7052.15 ft, approximately 576.89 ft/s

(b)

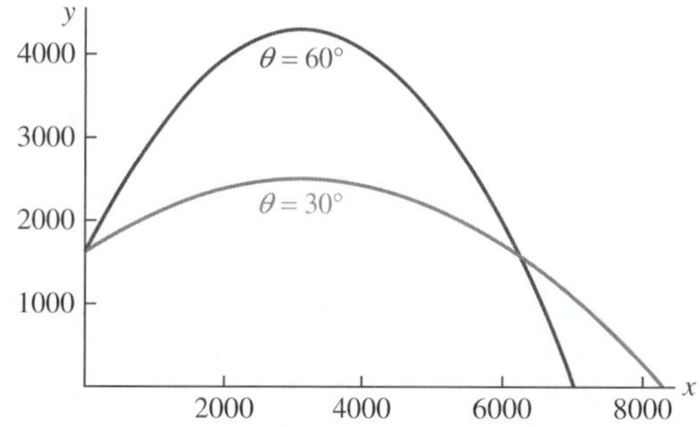

19. approximately 175.62 ft/s

21. Assume that (x_0, y_0) are the coordinates of the center of the target at $t = 0$. Then $\mathbf{r}_p = \mathbf{r}_t$ when $t = x_0/(v_0\cos\theta) = y_0/(v_0\sin\theta)$. This implies $\tan\theta = y_0/x_0$. In other words, aim directly at the target at $t = 0$.

25. 191.33 lb

27. $\mathbf{r}(t) = k_1 e^{2t^3}\mathbf{i} + \dfrac{1}{2t^2 + k_2}\mathbf{j} + (k_3 e^{t^2} - 1)\mathbf{k}$

29. **(b)** Since $\mathbf{F}$ is directed along $\mathbf{r}$, we must have $\mathbf{F} = c\mathbf{r}$ for some constant c. Hence $\boldsymbol{\tau} = \mathbf{r} \times (c\mathbf{r}) = c(\mathbf{r} \times \mathbf{r}) = \mathbf{0}$. If $\boldsymbol{\tau} = \mathbf{0}$, then $d\mathbf{L}/dt = \mathbf{0}$. This implies that $\mathbf{L}$ is a constant.

연습문제 9.3

1. $\mathbf{T} = (\sqrt{5}/5)(-\sin t\mathbf{i} + \cos t\mathbf{j} + 2\mathbf{k})$

3. $\mathbf{T} = (a^2 + c^2)^{-1/2}(-a\sin t\mathbf{i} + a\cos t\mathbf{j} + c\mathbf{k})$,
$\mathbf{N} = -\cos t\mathbf{i} - \sin t\mathbf{j}$,
$\mathbf{B} = (a^2 + c^2)^{-1/2}(c\sin t\mathbf{i} - c\cos t\mathbf{j} + a\mathbf{k})$,
$\kappa = a/(a^2 + c^2)$

5. $3\sqrt{2}x - 3\sqrt{2}y + 4z = 3\pi$

7. $4t/\sqrt{1 + 4t^2},\quad 2/\sqrt{1 + 4t^2}$

9. $2\sqrt{6},\ 0,\ t > 0$ **11.** $2t/\sqrt{1 + t^2},\quad 2/\sqrt{1 + t^2}$

13. 0, 5 **15.** $-\sqrt{3}e^{-t},\ 0$

17. $\kappa = \dfrac{\sqrt{b^2c^2\sin^2 t + a^2c^2\cos^2 t + a^2b^2}}{(a^2\sin^2 t + b^2\cos^2 t + c^2)^{3/2}}$

23. $\kappa = 2,\ \rho = \frac{1}{2};\ \kappa = 2/\sqrt{125} \approx 0.18$,
$\rho = \sqrt{125}/2 \approx 5.59$; the curve is sharper at (0, 0).

연습문제 9.4

1.

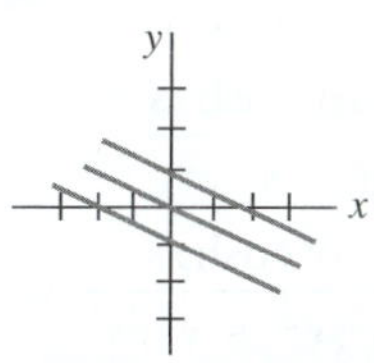

3.

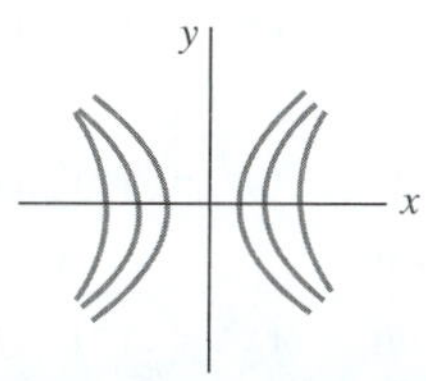

5.

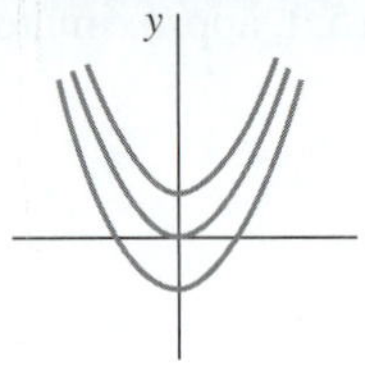

7. elliptical cylinders **9.** ellipsoids

11.

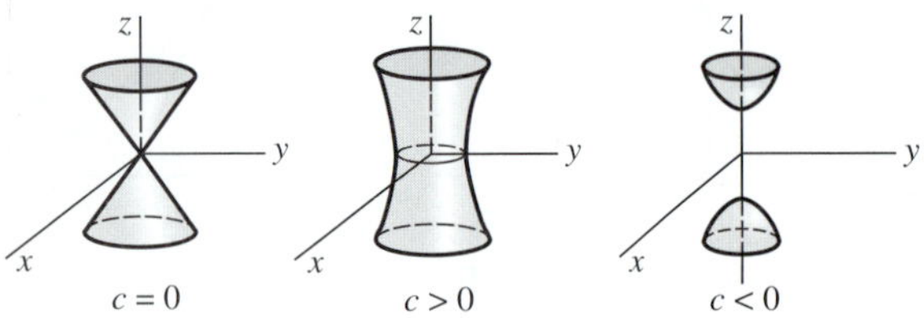

13. $\partial z/\partial x = 2x - y^2$, $\partial z/\partial y = -2xy + 20y^4$

15. $\partial z/\partial x = 20x^3y^3 - 2xy^6 + 30x^4$,
$\partial z/\partial y = 15x^4y^2 - 6x^2y^5 - 4$

17. $\partial z/\partial x = 2x^{-1/2}/(3y^2 + 1)$,
$\partial z/\partial y = -24\sqrt{xy}\,/(3y^2 + 1)^2$

19. $\partial z/\partial x = -3x^2(x^3 - y^2)^{-2}$,
$\partial z/\partial y = 2y(x^3 - y^2)^{-2}$

21. $\partial z/\partial x = -10 \cos 5x \sin 5x$,
$\partial z/\partial y = 10 \sin 5y \cos 5y$

23. $f_x = e^{x^3y}(3x^3y + 1)$, $f_y = x^4e^{x^3y}$

25. $f_x = 7y/(x + 2y)^2$, $f_y = -7x/(x + 2y)^2$

27. $g_u = 8u/(4u^2 + 5v^3)$, $g_v = 15v^2/(4u^2 + 5v^3)$

29. $w_x = x^{-1/2}y$, $w_y = 2\sqrt{x} - (y/z)e^{y/z} - e^{y/z}$,
$w_z = (y^2/z^2)e^{y/z}$

31. $F_u = 2uw^2 - v^3 - vwt^2 \sin(ut^2)$,
$F_v = -3uv^2 + w \cos(ut^2)$, $F_x = 128x^7t^4$,
$F_t = -2uvwt \sin(ut^2) + 64x^8t^3$

39. $\partial z/\partial x = 3x^2v^2e^{uv^2} + 2uve^{uv^2}$, $\partial z/\partial y = -4yuve^{uv^2}$

41. $\partial z/\partial u = 16u^3 - 40y(2u - v)$,
$\partial z/\partial v = -96v^2 + 20y(2u - v)$

43. $\partial w/\partial t = -3u(u^2 + v^2)^{1/2}e^{-t} \sin\theta$
$-3v(u^2 + v^2)^{1/2}e^{-t} \cos\theta$,
$\partial w/\partial\theta = 3u(u^2 + v^2)^{1/2}e^{-t} \cos\theta$
$-3v(u^2 + v^2)^{1/2}e^{-t} \sin\theta$

45. $\partial R/\partial u = s^2t^4e^{v^2} - 4rst^4uve^{-u^2} + 8rs^2t^3uv^2e^{u^2v^2}$,
$\partial R/\partial v = 2s^2t^4uve^{v^2} + 2rst^4e^{-u^2} + 8rs^2t^3u^2ve^{u^2v^2}$

47. $\dfrac{\partial w}{\partial t} = \dfrac{xu}{(x^2 + y^2)^{1/2}(rs + tu)} + \dfrac{y \cosh rs}{u(x^2 + y^2)^{1/2}}$,
$\dfrac{\partial w}{\partial r} = \dfrac{xs}{(x^2 + y^2)^{1/2}(rs + tu)} + \dfrac{sty \cosh rs}{u(x^2 + y^2)^{1/2}}$,
$\dfrac{\partial w}{\partial u} = \dfrac{xt}{(x^2 + y^2)^{1/2}(rs + tu)} + \dfrac{ty \cosh rs}{u^2(x^2 + y^2)^{1/2}}$

49. $dz/dt = (4ut - 4vt^{-3})/(u^2 + v^2)$

51. $dw/dt|_{t=\pi} = -2$ **57.** $5.31\ \text{cm}^2/\text{s}$

연습문제 9.5

1. $(2x - 3x^2y^2)\mathbf{i} + (-2x^3y + 4y^3)\mathbf{j}$

3. $(y^2/z^3)\mathbf{i} + (2xy/z^3)\mathbf{j} - (3xy^2/z^4)\mathbf{k}$

5. $4\mathbf{i} - 32\mathbf{j}$ **7.** $2\sqrt{3}\mathbf{i} - 8\mathbf{j} - 4\sqrt{3}\mathbf{k}$

9. $\sqrt{3}x + y$ **11.** $\frac{15}{2}(\sqrt{3} - 2)$

13. $-\frac{1}{2}\sqrt{10}$ **15.** $98/\sqrt{5}$ **17.** $-3\sqrt{2}$

19. -1 **21.** $-12/\sqrt{17}$

23. $\sqrt{2}\mathbf{i} + (\sqrt{2}/2)\mathbf{j}$, $\sqrt{5/2}$

25. $-2\mathbf{i} + 2\mathbf{j} - 4\mathbf{k}$, $2\sqrt{6}$

27. $-8\sqrt{\pi/6}\mathbf{i} - 8\sqrt{\pi/6}\mathbf{j}$, $-8\sqrt{\pi/3}$

29. $-\frac{3}{8}\mathbf{i} - 12\mathbf{j} - \frac{2}{3}\mathbf{k}$, $-\sqrt{83{,}281}/24$

31. $\pm 31\sqrt{17}$

33. $\mathbf{u} = \frac{3}{5}\mathbf{i} - \frac{4}{5}\mathbf{j}$; $\mathbf{u} = \frac{4}{5}\mathbf{i} + \frac{3}{5}\mathbf{j}$; $\mathbf{u} = -\frac{4}{5}\mathbf{i} - \frac{3}{5}\mathbf{j}$

35. $D_{\mathbf{u}}f = (9x^2 + 3y^2 - 18xy^2 - 6x^2y)/\sqrt{10}$;
$D_{\mathbf{u}}F = (-6x^2 - 54y^2 + 54x + 6y - 72xy)/10$

37. $(2, 5)$, $(-2, 5)$

39. $-16\mathbf{i} - 4\mathbf{j}$

41. $x = 3e^{-4t}$, $y = 4e^{-2t}$

43. One possible function is $f(x, y) = x^3 - \frac{2}{3}y^3 + xy^3 + e^{xy}$.

연습문제 9.6

1.

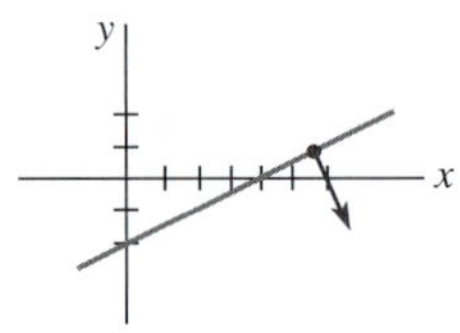

3.

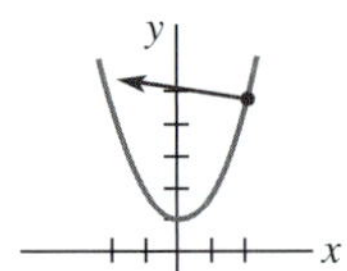

5.

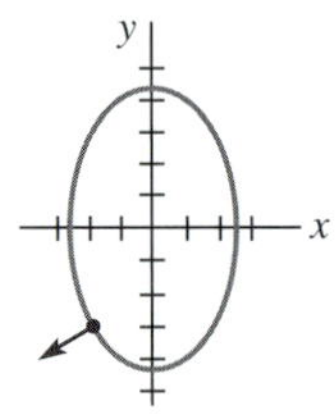

7.

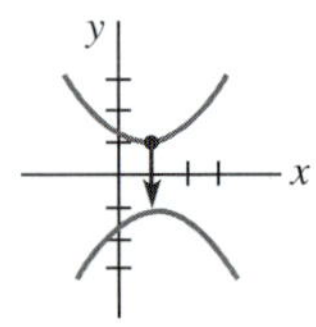

9.

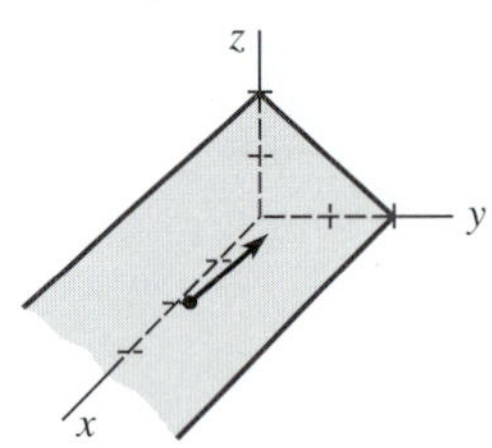

11.

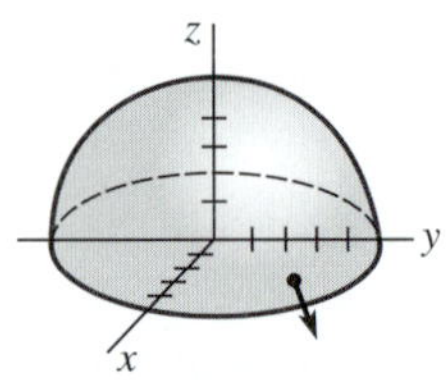

13. $(-4, -1, 17)$

15. $-2x + 2y + z = 9$

17. $6x - 2y - 9z = 5$

19. $6x - 8y + z = 50$

21. $2x + y - \sqrt{2}z = (4 + 5\pi)/4$

23. $\sqrt{2}x + \sqrt{2}y - z = 2$

25. $(1/\sqrt{2}, \sqrt{2}, 3/\sqrt{2}), (-1/\sqrt{2}, -\sqrt{2}, -3/\sqrt{2})$

27. $(-2, 0, 5), (-2, 0, -3)$

33. $x = 1 + 2t, y = -1 - 4t, z = 1 + 2t$

35. $(x - \frac{1}{2})/4 = (y - \frac{1}{3})/6 = -(z - 3)$

연습문제 9.7

1.

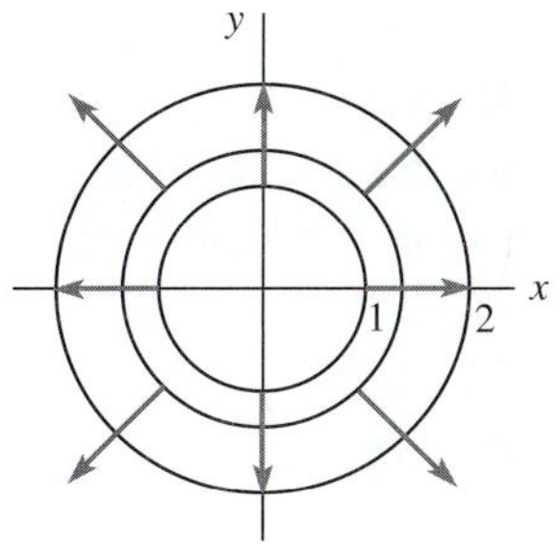

3.

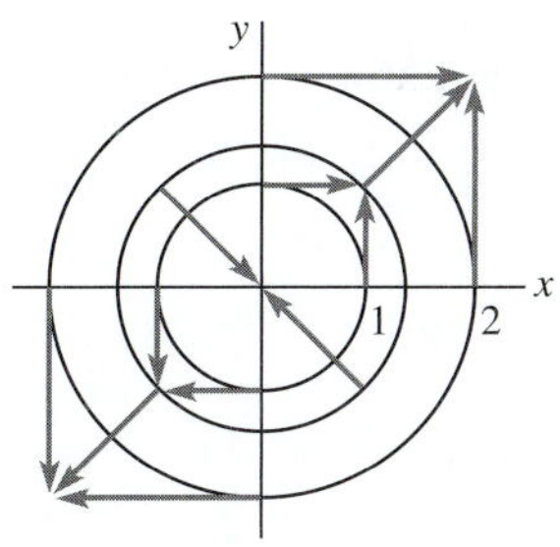

5.

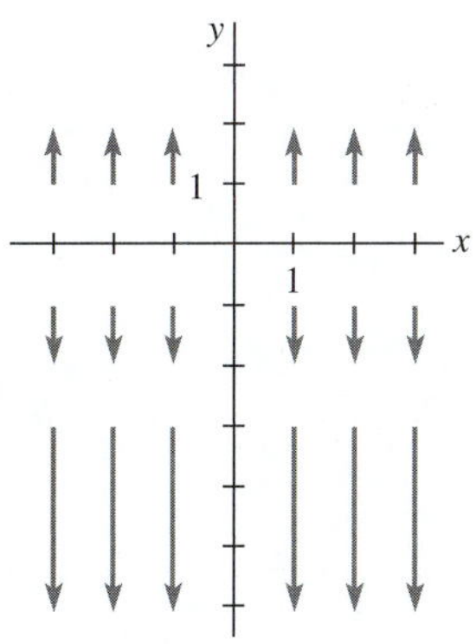

7. $(x - y)\mathbf{i} + (x - y)\mathbf{j}; 2z$ 9. $\mathbf{0}; 4y + 8z$

11. $(4y^3 - 6xz^2)\mathbf{i} + (2z^3 - 3x^2)\mathbf{k}; 6xy$

13. $(3e^{-z} - 8yz)\mathbf{i} - xe^{-z}\mathbf{j}; e^{-z} + 4z^2 - 3ye^{-z}$

15. $(xy^2e^y + 2xye^y + x^3yze^z + x^3ye^z)\mathbf{i} - y^2e^y\mathbf{j} + (-3x^2yze^z - xe^x)\mathbf{k}; xye^x + ye^x - x^3ze^z$

35. $2\mathbf{i} + (1 - 8y)\mathbf{j} + 8z\mathbf{k}$

45. div $\mathbf{F} = 1 \neq 0$. If there existed a vector field $\mathbf{G}$ such that $\mathbf{F} =$ curl $\mathbf{G}$, then necessarily div $\mathbf{F} =$ div (curl $\mathbf{G}$) $= 0$.

연습문제 9.8

1. $-125/3\sqrt{2}; -250(\sqrt{2} - 4)/12; \frac{125}{2}$

3. $3; 6; 3\sqrt{5}$ 5. $-1; (\pi - 2)/2; \pi^2/8; \sqrt{2}\pi^2/8$

7. 21 9. 30 11. 1 13. 1

15. 460 17. $\frac{26}{9}$ 19. $-\frac{64}{3}$ 21. $-\frac{8}{3}$

23. 0 25. $\frac{123}{2}$ 27. 70 29. $-\frac{19}{8}$

31. e 33. -4 35. 0

37. On each curve the line integral has the value $\frac{208}{3}$.

41. $\bar{x} = \frac{3}{2}, \bar{y} = 2/\pi$

연습문제 9.9

1. $\frac{16}{3}$ 3. 14 5. 3 7. 330

9. 1096 11. $\phi = x^4y^3 + 3x + y$

13. not a conservative field 15. $\phi = \frac{1}{4}x^4 + xy + \frac{1}{4}y^4$

17. $3 + e^{-1}$ 19. 63 21. $8 + 2e^3$

23. 16 25. $\pi - 4$ 27. $\phi = (Gm_1m_2)/|\mathbf{r}|$

연습문제 9.10

1. $24y - 20e^y$ 3. $x^2e^{3x^2} - x^2e^x$ 5. $\dfrac{x}{2}\ln 5$

7. $2 - \sin y$

9.

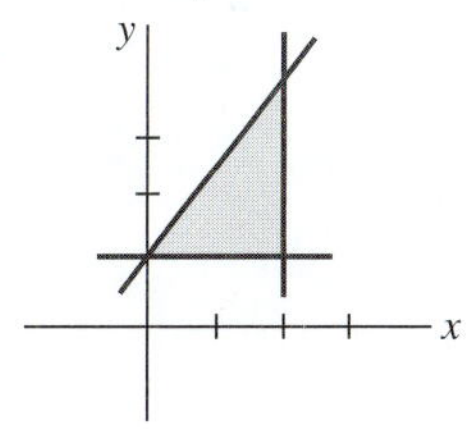

11.

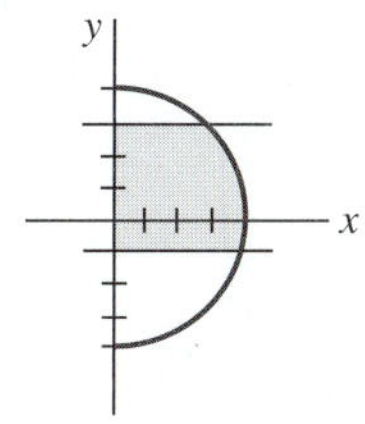

13. $\frac{1}{21}$ 15. $\frac{25}{84}$ 17. 96

19. $2 \ln 2 - 1$ 21. $\frac{14}{3}$ 23. (c), 16π

25. 18 27. 2π 29. 4 31. $30 \ln 6$

33. $15\pi/4$ 35. $(2^{3/2} - 1)/18$ 37. $\frac{2}{3}\sin 8$

39. $\pi/8$ 41. $\bar{x} = \frac{8}{3}, \bar{y} = 2$ 43. $\bar{x} = 3, \bar{y} = \frac{3}{2}$

45. $\bar{x} = \frac{17}{21}, \bar{y} = \frac{55}{147}$ 47. $\bar{x} = 0, \bar{y} = \frac{4}{7}$

49. $\bar{x} = (3e^4 + 1)/[4(e^4 - 1)]$, $\bar{y} = 16(e^5 - 1)/[25(e^4 - 1)]$

51. $\frac{1}{105}$ 53. $4k/9$ 55. $\frac{256}{21}$ 57. $\frac{941}{10}$

59. $a\sqrt{10}/5$ 61. $ab^3\pi/4; a^3b\pi/4; b/2; a/2$

63. $ka^4/6$ 65. $16\sqrt{2}k/3$ 67. $a\sqrt{3}/3$

연습문제 9.11

1. $27\pi/2$ 3. $(4\pi - 3\sqrt{3})/6$ 5. $25\pi/3$

7. $(2\pi/3)(15^{3/2} - 7^{3/2})$ 9. $\frac{5}{4}$

11. $\bar{x} = 13/3\pi, \bar{y} = 13/3\pi$ 13. $\bar{x} = \frac{12}{5}, \bar{y} = 3\sqrt{3}/2$

15. $\bar{x} = (4 + 3\pi)/6, \bar{y} = \frac{4}{3}$ 17. $\pi a^4k/4$

19. $(ka/12)(15\sqrt{3} - 4\pi)$ 21. $\pi a^4k/2$

23. $4k$ 25. 9π 27. $(\pi/4)(e - 1)$

29. $3\pi/8$ 31. 250

33. approximately 1450 m^3

연습문제 9.12

1. 3 3. 0 5. 75π 7. 48π

9. $\frac{56}{3}$ 11. $\frac{2}{3}$ 13. $\frac{1}{8}$

15. $(b - a) \times$ (area of region bounded by C)

19. $3a^2\pi/8$ 23. $45\pi/2$ 25. π

27. $27\pi/2$ 29. $3\pi/2$ 33. 3π

연습문제 9.13

1. $3\sqrt{29}$ **3.** $10\pi/3$ **5.** $(\pi/6)(17^{3/2}-1)$
7. $25\pi/6$ **9.** $2a^2(\pi-2)$ **11.** $8a^2$
13. $2\pi a(c_2-c_1)$ **15.** $\frac{26}{3}$ **17.** 0
19. 972π **21.** $(3^{5/2}-2^{7/2}+1)/15$
23. $9(17^{3/2}-1)$ **25.** $12\sqrt{14}$ **27.** $k\sqrt{3}/12$
29. 18 **31.** 28π **33.** 8π **35.** $5\pi/2$
37. $-8\pi a^3$ **39.** $4\pi kq$ **41.** $(1, \frac{2}{3}, 2)$

연습문제 9.14

1. -40π **3.** $\frac{45}{2}$ **5.** $\frac{3}{2}$ **7.** -3
9. $-3\pi/2$ **11.** π **13.** -152π
15. 112 **17.** Take the surface to be $z=0$; $81\pi/4$.

연습문제 9.15

1. 48 **3.** 36 **5.** $\pi-2$
7. $\frac{1}{4}e^2-\frac{1}{2}e$ **9.** 50

11. $\int_0^4\int_0^{2-(x/2)}\int_{x+2y}^4 F(x,y,z)\,dz\,dy\,dx;$

$\int_0^2\int_{2y}^4\int_0^{z-2y} F(x,y,z)\,dx\,dz\,dy;$

$\int_0^4\int_0^{z/2}\int_0^{z-2y} F(x,y,z)\,dx\,dy\,dz;$

$\int_0^4\int_x^4\int_0^{(z-x)/2} F(x,y,z)\,dy\,dz\,dx;$

$\int_0^4\int_0^z\int_0^{(z-x)/2} F(x,y,z)\,dy\,dx\,dz$

13. **(a)** $\int_0^2\int_{x^3}^8\int_0^4 dz\,dy\,dx$ **(b)** $\int_0^8\int_0^4\int_0^{\sqrt[3]{y}} dx\,dz\,dy$

(c) $\int_0^4\int_0^2\int_{x^3}^8 dy\,dx\,dz$

15.

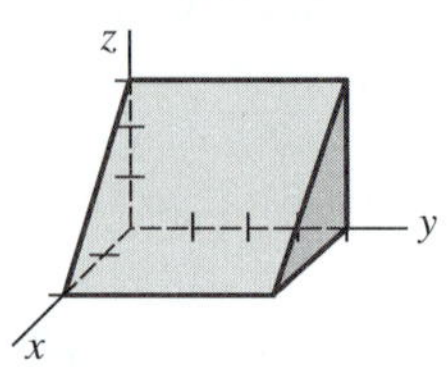

17.

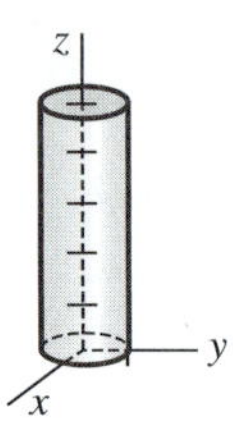

19.

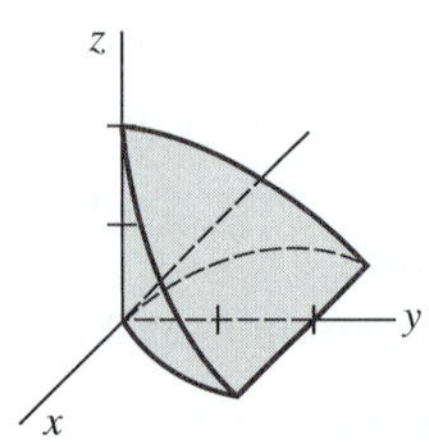

21. $16\sqrt{2}$ **23.** 16π
25. $\bar{x}=\frac{4}{5}, \bar{y}=\frac{32}{7}, \bar{z}=\frac{8}{3}$ **27.** $\bar{x}=0, \bar{y}=2, \bar{z}=0$

29. $\int_{-1}^1\int_{-\sqrt{1-x^2}}^{\sqrt{1-x^2}}\int_{2y+2}^{8-y}(x+y+4)\,dz\,dy\,dx$

31. $2560k/3$; $\sqrt{80/9}$ **33.** $k/30$

35. $(-10/\sqrt{2}, 10/\sqrt{2}, 5)$ **37.** $(\sqrt{3}/2, \frac{3}{2}, -4)$
39. $(\sqrt{2}, -\pi/4, -9)$ **41.** $(2\sqrt{2}, 2\pi/3, 2)$
43. $r^2+z^2=25$ **45.** $r^2-z^2=1$
47. $z=x^2+y^2$ **49.** $x=5$
51. $(2\pi/3)(64-12^{3/2})$ **53.** $625\pi/2$
55. $(0, 0, 3a/8)$ **57.** $8\pi k/3$
59. $(\sqrt{3}/3, \frac{1}{3}, 0)$; $(\frac{2}{3}, \pi/6, 0)$
61. $(-4, 4, 4\sqrt{2})$; $(4\sqrt{2}, 3\pi/4, 4\sqrt{2})$
63. $(5\sqrt{2}, \pi/2, 5\pi/4)$ **65.** $(\sqrt{2}, \pi/4, \pi/6)$
67. $\rho=8$ **69.** $\phi=\pi/6, \phi=5\pi/6$
71. $x^2+y^2+z^2=100$ **73.** $z=2$
75. $9\pi(2-\sqrt{2})$ **77.** $2\pi/9$
79. $(0, 0, \frac{7}{6})$ **81.** πk

연습문제 9.16

1. $\frac{3}{2}$ **3.** $12a^5\pi/5$ **5.** 256π **7.** $62\pi/5$
9. $4\pi(b-a)$ **11.** 128 **13.** $\pi/2$

연습문제 9.17

1. $(0, 0), (-2, 8), (16, 20), (14, 28)$

3.

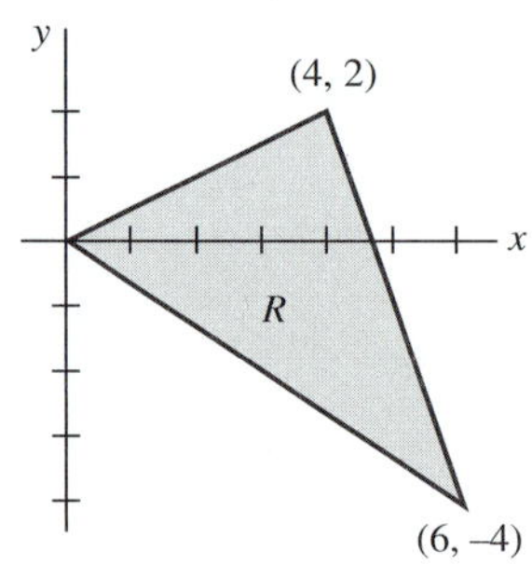

5.

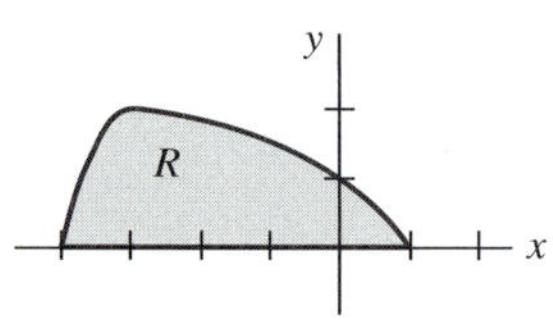

7. $-2v$ **9.** $-\frac{1}{3}u^{-2}$

11.

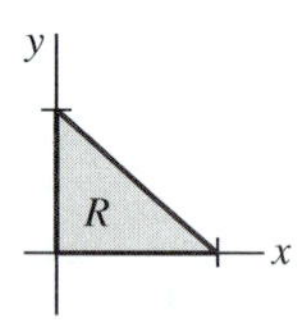

$(0, 0)$ is the image of every point on the boundary $u=0$.

13. 16 **15.** $\frac{1}{2}$ **17.** $\frac{1}{4}(b-a)(d-c)$
19. $\frac{1}{2}(1-\ln 2)$ **21.** $\frac{315}{4}$ **23.** $\frac{1}{4}(e-e^{-1})$
25. 126 **27.** $\frac{5}{2}(b-a)\ln\frac{d}{c}$ **29.** $15\pi/2$

9장 복습문제

1. true **3.** true **5.** false **7.** true
9. false **11.** false **13.** true
15. true **17.** true

19. $\nabla\phi=-\frac{x}{(x^2+y^2)^{3/2}}\mathbf{i}-\frac{y}{(x^2+y^2)^{3/2}}\mathbf{j}$

21. $\mathbf{v}(1) = 6\mathbf{i} + \mathbf{j} + 2\mathbf{k}$, $\mathbf{v}(4) = 6\mathbf{i} + \mathbf{j} + 8\mathbf{k}$, $\mathbf{a}(t) = 2\mathbf{k}$ for all t

23. $\mathbf{i} + 4\mathbf{j} + (3\pi/4)\mathbf{k}$

25.

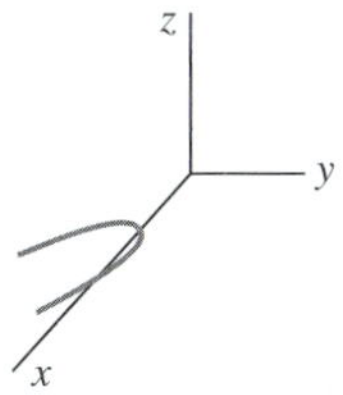

27. $(6x^2 - 2y^2 - 8xy)/\sqrt{40}$ **29.** $2;\ -2/\sqrt{2};\ 4$

31. $4\pi x + 3y - 12z = 4\pi - 6\sqrt{3}$

33. $\int_0^1 \int_x^{2x} \sqrt{1 - x^2}\, dy\, dx;$

$\int_0^1 \int_{y/2}^{y} \sqrt{1 - x^2}\, dx\, dy + \int_1^2 \int_{y/2}^{1} \sqrt{1 - x^2}\, dx\, dy;\ \frac{1}{3}$

35. $41k/1512$ **37.** 8π

39. $6xy$ **41.** 0

43. $56\sqrt{2}\,\pi^3/3$ **45.** 12

47. $2 + 2/3\pi$ **49.** $\pi^2/2$

51. $(\ln 3)(17^{3/2} - 5^{3/2})/12$

53. $-4\pi c$ **55.** 0

57. 125π **59.** 3π

61. $\frac{5}{3}$ **63.** 0

65. π

연습문제 10.1

1. $\mathbf{X}' = \begin{pmatrix} 3 & -5 \\ 4 & 8 \end{pmatrix}\mathbf{X}$, where $\mathbf{X} = \begin{pmatrix} x \\ y \end{pmatrix}$

3. $\mathbf{X}' = \begin{pmatrix} \frac{5}{2} & -7 \\ -\frac{1}{4} & \frac{3}{2} \end{pmatrix}\mathbf{X} + \begin{pmatrix} \frac{9}{2}t \\ -\frac{1}{2} \end{pmatrix}$

5. $\mathbf{X}' = \begin{pmatrix} -3 & 4 & -9 \\ 6 & -1 & 0 \\ 10 & 4 & 3 \end{pmatrix}\mathbf{X}$, where $\mathbf{X} = \begin{pmatrix} x \\ y \\ z \end{pmatrix}$

7. $\mathbf{X}' = \begin{pmatrix} 1 & -1 & 1 \\ 2 & 1 & -1 \\ 1 & 1 & 1 \end{pmatrix}\mathbf{X} + \begin{pmatrix} 0 \\ -3t^2 \\ t^2 \end{pmatrix} + \begin{pmatrix} t \\ 0 \\ -t \end{pmatrix} + \begin{pmatrix} -1 \\ 0 \\ 2 \end{pmatrix}$

9. $\dfrac{dx}{dt} = 4x + 2y + e^t$

$\dfrac{dy}{dt} = -x + 3y - e^t$

11. $\dfrac{dx}{dt} = x - y + 2z + e^{-t} - 3t$

$\dfrac{dy}{dt} = 3x - 4y + z + 2e^{-t} + t$

$\dfrac{dz}{dt} = -2x + 5y + 6z + 2e^{-t} - t$

13. $\begin{pmatrix} x_1' \\ x_2' \end{pmatrix} = \begin{pmatrix} 0 & 1 \\ -4 & 0 \end{pmatrix}\begin{pmatrix} x_1 \\ x_2 \end{pmatrix} + \begin{pmatrix} 0 \\ t\cos t \end{pmatrix}$

15. $\begin{pmatrix} x_1' \\ x_2' \\ x_3' \end{pmatrix} = \begin{pmatrix} 0 & 1 & 0 \\ 0 & 0 & 1 \\ 1 & -10 & -6 \end{pmatrix}\begin{pmatrix} x_1 \\ x_2 \\ x_3 \end{pmatrix} + \begin{pmatrix} 0 \\ 0 \\ t^2 \end{pmatrix}$

23. Yes; $W(\mathbf{X}_1, \mathbf{X}_2) = -2e^{-8t} \neq 0$ implies that $\mathbf{X}_1$ and $\mathbf{X}_2$ are linearly independent on $(-\infty, \infty)$.

25. No; $W(\mathbf{X}_1, \mathbf{X}_2, \mathbf{X}_3) = 0$ for every t. The solution vectors are linearly dependent on $(-\infty, \infty)$. Note that $\mathbf{X}_3 = 2\mathbf{X}_1 + \mathbf{X}_2$.

연습문제 10.2

1. $\mathbf{X} = c_1\begin{pmatrix} 1 \\ 2 \end{pmatrix}e^{5t} + c_2\begin{pmatrix} 1 \\ -1 \end{pmatrix}e^{-t}$

3. $\mathbf{X} = c_1\begin{pmatrix} 2 \\ 1 \end{pmatrix}e^{-3t} + c_2\begin{pmatrix} 2 \\ 5 \end{pmatrix}e^{t}$

5. $\mathbf{X} = c_1\begin{pmatrix} 5 \\ 2 \end{pmatrix}e^{8t} + c_2\begin{pmatrix} 1 \\ 4 \end{pmatrix}e^{-10t}$

7. $\mathbf{X} = c_1\begin{pmatrix} 1 \\ 0 \\ 0 \end{pmatrix}e^{t} + c_2\begin{pmatrix} 2 \\ 3 \\ 1 \end{pmatrix}e^{2t} + c_3\begin{pmatrix} 1 \\ 0 \\ 2 \end{pmatrix}e^{-t}$

9. $\mathbf{X} = c_1\begin{pmatrix} -1 \\ 0 \\ 1 \end{pmatrix}e^{-t} + c_2\begin{pmatrix} 1 \\ 4 \\ 3 \end{pmatrix}e^{3t} + c_3\begin{pmatrix} 1 \\ -1 \\ 3 \end{pmatrix}e^{-2t}$

11. $\mathbf{X} = c_1\begin{pmatrix} 4 \\ 0 \\ -1 \end{pmatrix}e^{-t} + c_2\begin{pmatrix} -12 \\ 6 \\ 5 \end{pmatrix}e^{-t/2} + c_3\begin{pmatrix} 4 \\ 2 \\ -1 \end{pmatrix}e^{-3t/2}$

13. $\mathbf{X} = 3\begin{pmatrix} 1 \\ 1 \end{pmatrix}e^{t/2} + 2\begin{pmatrix} 0 \\ 1 \end{pmatrix}e^{-t/2}$

15. **(a)** $\mathbf{X}' = \begin{pmatrix} -\frac{3}{100} & \frac{1}{100} \\ \frac{1}{50} & -\frac{1}{50} \end{pmatrix}\mathbf{X}$

(b) $\mathbf{X} = -\dfrac{35}{3}\begin{pmatrix} -1 \\ 1 \end{pmatrix}e^{-t/25} + \dfrac{25}{3}\begin{pmatrix} 1 \\ 2 \end{pmatrix}e^{-t/100}$

(d) approximately 34.3 minutes

21. $\mathbf{X} = c_1\begin{pmatrix} 1 \\ 3 \end{pmatrix} + c_2\left[\begin{pmatrix} 1 \\ 3 \end{pmatrix}t + \begin{pmatrix} \frac{1}{4} \\ -\frac{1}{4} \end{pmatrix}\right]$

23. $\mathbf{X} = c_1\begin{pmatrix} 1 \\ 1 \end{pmatrix}e^{2t} + c_2\left[\begin{pmatrix} 1 \\ 1 \end{pmatrix}te^{2t} + \begin{pmatrix} -\frac{1}{3} \\ 0 \end{pmatrix}e^{2t}\right]$

25. $\mathbf{X} = c_1\begin{pmatrix} 1 \\ 1 \\ 1 \end{pmatrix}e^{t} + c_2\begin{pmatrix} 1 \\ 1 \\ 0 \end{pmatrix}e^{2t} + c_3\begin{pmatrix} 1 \\ 0 \\ 1 \end{pmatrix}e^{2t}$

27. $\mathbf{X} = c_1\begin{pmatrix} -4 \\ -5 \\ 2 \end{pmatrix} + c_2\begin{pmatrix} 2 \\ 0 \\ -1 \end{pmatrix}e^{5t} + c_3\left[\begin{pmatrix} 2 \\ 0 \\ -1 \end{pmatrix}te^{5t} + \begin{pmatrix} -\frac{1}{2} \\ -\frac{1}{2} \\ -1 \end{pmatrix}e^{5t}\right]$

29. $\mathbf{X} = c_1\begin{pmatrix} 0 \\ 1 \\ 1 \end{pmatrix}e^{t} + c_2\left[\begin{pmatrix} 0 \\ 1 \\ 1 \end{pmatrix}te^{t} + \begin{pmatrix} 0 \\ 1 \\ 0 \end{pmatrix}e^{t}\right] + c_3\left[\begin{pmatrix} 0 \\ 1 \\ 1 \end{pmatrix}\frac{t^2}{2}e^{t} + \begin{pmatrix} 0 \\ 1 \\ 0 \end{pmatrix}te^{t} + \begin{pmatrix} \frac{1}{2} \\ 0 \\ 0 \end{pmatrix}e^{t}\right]$

31. $\mathbf{X} = -7\begin{pmatrix} 2 \\ 1 \end{pmatrix}e^{4t} + 13\begin{pmatrix} 2t+1 \\ t+1 \end{pmatrix}e^{4t}$

33. Corresponding to the eigenvalue $\lambda_1 = 2$ of multiplicity five, eigenvectors are

$$\mathbf{K}_1 = \begin{pmatrix} 1 \\ 0 \\ 0 \\ 0 \\ 0 \end{pmatrix}, \mathbf{K}_2 = \begin{pmatrix} 0 \\ 0 \\ 1 \\ 0 \\ 0 \end{pmatrix}, \mathbf{K}_3 = \begin{pmatrix} 0 \\ 0 \\ 0 \\ 1 \\ 0 \end{pmatrix}.$$

35. $\mathbf{X} = c_1\begin{pmatrix} \cos t \\ 2\cos t + \sin t \end{pmatrix}e^{4t} + c_2\begin{pmatrix} \sin t \\ 2\sin t - \cos t \end{pmatrix}e^{4t}$

37. $\mathbf{X} = c_1\begin{pmatrix} \cos t \\ -\cos t - \sin t \end{pmatrix}e^{4t} + c_2\begin{pmatrix} \sin t \\ -\sin t + \cos t \end{pmatrix}e^{4t}$

39. $\mathbf{X} = c_1\begin{pmatrix} 5\cos 3t \\ 4\cos 3t + 3\sin 3t \end{pmatrix} + c_2\begin{pmatrix} 5\sin 3t \\ 4\sin 3t - 3\cos 3t \end{pmatrix}$

41. $\mathbf{X} = c_1\begin{pmatrix} 1 \\ 0 \\ 0 \end{pmatrix} + c_2\begin{pmatrix} -\cos t \\ \cos t \\ \sin t \end{pmatrix} + c_3\begin{pmatrix} \sin t \\ -\sin t \\ \cos t \end{pmatrix}$

43. $\mathbf{X} = c_1\begin{pmatrix} 0 \\ 2 \\ 1 \end{pmatrix}e^{t} + c_2\begin{pmatrix} \sin t \\ \cos t \\ \cos t \end{pmatrix}e^{t} + c_3\begin{pmatrix} \cos t \\ -\sin t \\ -\sin t \end{pmatrix}e^{t}$

45. $\mathbf{X} = \begin{pmatrix} 28 \\ -5 \\ 25 \end{pmatrix}e^{2t} + c_2\begin{pmatrix} 5\cos 3t \\ -4\cos 3t - 3\sin 3t \\ 0 \end{pmatrix}e^{-2t} + c_3\begin{pmatrix} 5\sin 3t \\ -4\sin 3t + 3\cos 3t \\ 0 \end{pmatrix}e^{-2t}$

47. $\mathbf{X} = -\begin{pmatrix} 25 \\ -7 \\ 6 \end{pmatrix}e^{t} - \begin{pmatrix} \cos 5t - 5\sin 5t \\ \cos 5t \\ \cos 5t \end{pmatrix} + 6\begin{pmatrix} 5\cos 5t + \sin 5t \\ \sin 5t \\ \sin 5t \end{pmatrix}$

49. **(a)** $\dfrac{dx_1}{dt} = -\dfrac{1}{20}x_1 + \dfrac{1}{10}x_3$

$\dfrac{dx_2}{dt} = \dfrac{1}{20}x_1 - \dfrac{1}{20}x_2$

$\dfrac{dx_3}{dt} = \dfrac{1}{20}x_2 - \dfrac{1}{10}x_3$

(b) $\mathbf{X} = -6\begin{pmatrix} -\cos\frac{1}{20}t + \sin\frac{1}{20}t \\ -\sin\frac{1}{20}t \\ \cos\frac{1}{20}t \end{pmatrix}e^{-t/10} - 2\begin{pmatrix} -\cos\frac{1}{20}t - \sin\frac{1}{20}t \\ \cos\frac{1}{20}t \\ \sin\frac{1}{20}t \end{pmatrix}e^{-t/10} + 11\begin{pmatrix} 2 \\ 2 \\ 1 \end{pmatrix}$

연습문제 10.3

1. $\mathbf{X} = \begin{pmatrix} 3c_1e^{7t} - 2c_2e^{-4t} \\ c_1e^{7t} + 3c_2e^{-4t} \end{pmatrix}$

3. $\mathbf{X} = \begin{pmatrix} c_1e^{t/2} + c_2e^{3t/2} \\ -2c_1e^{t/2} + 2c_2e^{3t/2} \end{pmatrix}$

5. $\mathbf{X} = \begin{pmatrix} -c_1e^{-4t} + c_2e^{2t} \\ c_1e^{-4t} + c_2e^{2t} \\ c_2e^{2t} + c_3e^{6t} \end{pmatrix}$

7. $\mathbf{X} = \begin{pmatrix} c_1e^{-t} - c_2e^{2t} - c_3e^{2t} \\ c_1e^{-t} + c_2e^{2t} \\ c_1e^{-t} + c_3e^{2t} \end{pmatrix}$

9. $\mathbf{X} = \begin{pmatrix} c_1e^{t} + 2c_2e^{2t} + 3c_3e^{3t} \\ c_1e^{t} + 2c_2e^{2t} + 4c_3e^{3t} \\ c_1e^{t} + 2c_2e^{2t} + 5c_3e^{3t} \end{pmatrix}$

11. **(a)** $\mathbf{M} = \begin{pmatrix} m_1 & 0 \\ 0 & m_2 \end{pmatrix}$ and $\mathbf{K} = \begin{pmatrix} k_1 + k_2 & -k_2 \\ -k_2 & k_2 \end{pmatrix}$

Since $\mathbf{M}$ is a diagonal matrix with m_1 and m_2 nonzero, it has an inverse.

(b) $\mathbf{B} = \mathbf{M}^{-1}\mathbf{K} = \begin{pmatrix} \dfrac{k_1 + k_2}{m_1} & -\dfrac{k_2}{m_1} \\ -\dfrac{k_2}{m_2} & \dfrac{k_2}{m_2} \end{pmatrix}$

(c) $\mathbf{X} = c_1\begin{pmatrix} 1 \\ 2 \end{pmatrix}\cos t + c_2\begin{pmatrix} 1 \\ 2 \end{pmatrix}\sin t + c_3\begin{pmatrix} -2 \\ 1 \end{pmatrix}\cos\sqrt{6}t + c_4\begin{pmatrix} -2 \\ 1 \end{pmatrix}\sin\sqrt{6}t$

연습문제 10.4

1. $\mathbf{X} = c_1\begin{pmatrix} -1 \\ 1 \end{pmatrix}e^{-t} + c_2\begin{pmatrix} -3 \\ 1 \end{pmatrix}e^{t} + \begin{pmatrix} -1 \\ 3 \end{pmatrix}$

3. $\mathbf{X} = c_1\begin{pmatrix} 1 \\ -1 \end{pmatrix}e^{-2t} + c_2\begin{pmatrix} 1 \\ 1 \end{pmatrix}e^{4t} + \begin{pmatrix} -\frac{1}{4} \\ \frac{3}{4} \end{pmatrix}t^2 + \begin{pmatrix} \frac{1}{4} \\ -\frac{1}{4} \end{pmatrix}t + \begin{pmatrix} -2 \\ \frac{3}{4} \end{pmatrix}$

5. $\mathbf{X} = c_1\begin{pmatrix}1\\-3\end{pmatrix}e^{3t} + c_2\begin{pmatrix}1\\9\end{pmatrix}e^{7t} + \begin{pmatrix}\frac{55}{36}\\-\frac{19}{4}\end{pmatrix}e^{t}$

7. $\mathbf{X} = c_1\begin{pmatrix}1\\0\\0\end{pmatrix}e^{t} + c_2\begin{pmatrix}1\\1\\0\end{pmatrix}e^{2t} + c_3\begin{pmatrix}1\\2\\2\end{pmatrix}e^{5t} - \begin{pmatrix}\frac{3}{2}\\\frac{7}{2}\\2\end{pmatrix}e^{4t}$

9. $\mathbf{X} = 13\begin{pmatrix}1\\-1\end{pmatrix}e^{t} + 2\begin{pmatrix}-4\\6\end{pmatrix}e^{2t} + \begin{pmatrix}-9\\6\end{pmatrix}$

11. **(a)** $\mathbf{X}' = \begin{pmatrix}-\frac{3}{100} & \frac{1}{100}\\\frac{1}{50} & -\frac{1}{25}\end{pmatrix}\mathbf{X} + \begin{pmatrix}0\\1\end{pmatrix}$

(b) $\mathbf{X} = -\frac{70}{3}\begin{pmatrix}-1\\2\end{pmatrix}e^{-t/20} + \frac{80}{3}\begin{pmatrix}1\\1\end{pmatrix}e^{-t/50} + \begin{pmatrix}10\\30\end{pmatrix}$

(c) 10; 30; as $t \to \infty$ the total amount of salt in the system of mixing tanks approaches a constant 40 lb

13. $\mathbf{X} = c_1\begin{pmatrix}1\\1\end{pmatrix} + c_2\begin{pmatrix}3\\2\end{pmatrix}e^{t} - \begin{pmatrix}11\\11\end{pmatrix}t - \begin{pmatrix}15\\10\end{pmatrix}$

15. $\mathbf{X} = c_1\begin{pmatrix}2\\1\end{pmatrix}e^{t/2} + c_2\begin{pmatrix}10\\3\end{pmatrix}e^{3t/2} - \begin{pmatrix}\frac{13}{2}\\\frac{13}{4}\end{pmatrix}te^{t/2} - \begin{pmatrix}\frac{15}{2}\\\frac{9}{4}\end{pmatrix}e^{t/2}$

17. $\mathbf{X} = c_1\begin{pmatrix}2\\1\end{pmatrix}e^{t} + c_2\begin{pmatrix}1\\1\end{pmatrix}e^{2t} + \begin{pmatrix}3\\3\end{pmatrix}e^{t} + \begin{pmatrix}4\\2\end{pmatrix}te^{t}$

19. $\mathbf{X} = c_1\begin{pmatrix}4\\1\end{pmatrix}e^{3t} + c_2\begin{pmatrix}-2\\1\end{pmatrix}e^{-3t} + \begin{pmatrix}-12\\0\end{pmatrix}t - \begin{pmatrix}\frac{4}{3}\\\frac{4}{3}\end{pmatrix}$

21. $\mathbf{X} = c_1\begin{pmatrix}1\\-1\end{pmatrix}e^{t} + c_2\begin{pmatrix}-t\\\frac{1}{2}-t\end{pmatrix}e^{t} + \begin{pmatrix}\frac{1}{2}\\-2\end{pmatrix}e^{-t}$

23. $\mathbf{X} = c_1\begin{pmatrix}\cos t\\\sin t\end{pmatrix} + c_2\begin{pmatrix}\sin t\\-\cos t\end{pmatrix} + \begin{pmatrix}\cos t\\\sin t\end{pmatrix}t + \begin{pmatrix}-\sin t\\\cos t\end{pmatrix}\ln|\cos t|$

25. $\mathbf{X} = c_1\begin{pmatrix}\cos t\\\sin t\end{pmatrix}e^{t} + c_2\begin{pmatrix}\sin t\\-\cos t\end{pmatrix}e^{t} + \begin{pmatrix}\cos t\\\sin t\end{pmatrix}te^{t}$

27. $\mathbf{X} = c_1\begin{pmatrix}\cos t\\-\sin t\end{pmatrix} + c_2\begin{pmatrix}\sin t\\\cos t\end{pmatrix} + \begin{pmatrix}\cos t\\-\sin t\end{pmatrix}t + \begin{pmatrix}-\sin t\\\sin t\tan t\end{pmatrix} - \begin{pmatrix}\sin t\\\cos t\end{pmatrix}\ln|\cos t|$

29. $\mathbf{X} = c_1\begin{pmatrix}2\sin t\\\cos t\end{pmatrix}e^{t} + c_2\begin{pmatrix}2\cos t\\-\sin t\end{pmatrix}e^{t} + \begin{pmatrix}3\sin t\\\frac{3}{2}\cos t\end{pmatrix}te^{t} + \begin{pmatrix}\cos t\\-\frac{1}{2}\sin t\end{pmatrix}e^{t}\ln|\sin t| + \begin{pmatrix}2\cos t\\-\sin t\end{pmatrix}e^{t}\ln|\cos t|$

31. $\mathbf{X} = c_1\begin{pmatrix}1\\-1\\0\end{pmatrix} + c_2\begin{pmatrix}1\\1\\0\end{pmatrix}e^{2t} + c_3\begin{pmatrix}0\\0\\1\end{pmatrix}e^{3t} + \begin{pmatrix}-\frac{1}{4}e^{2t} + \frac{1}{2}te^{2t}\\-e^{t} + \frac{1}{4}e^{2t} + \frac{1}{2}te^{2t}\\\frac{1}{2}t^2e^{3t}\end{pmatrix}$

33. $\mathbf{X} = \begin{pmatrix}2\\2\end{pmatrix}te^{2t} + \begin{pmatrix}-1\\1\end{pmatrix}e^{2t} + \begin{pmatrix}-2\\2\end{pmatrix}te^{4t} + \begin{pmatrix}2\\0\end{pmatrix}e^{4t}$

35. $\begin{pmatrix}i_1\\i_2\end{pmatrix} = 2\begin{pmatrix}1\\3\end{pmatrix}e^{-2t} + \frac{6}{29}\begin{pmatrix}3\\-1\end{pmatrix}e^{-12t} - \frac{4}{29}\begin{pmatrix}19\\42\end{pmatrix}\cos t + \frac{4}{29}\begin{pmatrix}83\\69\end{pmatrix}\sin t$

37. $\mathbf{X} = c_1\begin{pmatrix}1\\3\end{pmatrix}e^{-t} + c_2\begin{pmatrix}2\\7\end{pmatrix}e^{-2t} + \begin{pmatrix}20\\53\end{pmatrix}$

39. $\mathbf{X} = c_1\begin{pmatrix}1\\-1\end{pmatrix} + c_2\begin{pmatrix}1\\1\end{pmatrix}e^{10t} + \frac{1}{2}\begin{pmatrix}1\\-1\end{pmatrix}t^2 + \frac{1}{10}\begin{pmatrix}-41\\39\end{pmatrix}t - \frac{41}{100}\begin{pmatrix}1\\1\end{pmatrix}$

연습문제 10.5

1. $e^{\mathbf{A}t} = \begin{pmatrix}e^{t} & 0\\0 & e^{2t}\end{pmatrix}$; $e^{-\mathbf{A}t} = \begin{pmatrix}e^{-t} & 0\\0 & e^{-2t}\end{pmatrix}$

3. $e^{\mathbf{A}t} = \begin{pmatrix}t+1 & t & t\\t & t+1 & t\\-2t & -2t & -2t+1\end{pmatrix}$

5. $\mathbf{X} = c_1\begin{pmatrix}1\\0\end{pmatrix}e^{t} + c_2\begin{pmatrix}0\\1\end{pmatrix}e^{2t}$

7. $\mathbf{X} = c_1\begin{pmatrix}t+1\\t\\-2t\end{pmatrix} + c_2\begin{pmatrix}t\\t+1\\-2t\end{pmatrix} + c_3\begin{pmatrix}t\\t\\-2t+1\end{pmatrix}$

9. $\mathbf{X} = c_3\begin{pmatrix}1\\0\end{pmatrix}e^{t} + c_4\begin{pmatrix}0\\1\end{pmatrix}e^{2t} + \begin{pmatrix}-3\\\frac{1}{2}\end{pmatrix}$

11. $\mathbf{X} = c_1\begin{pmatrix}\cosh t\\\sinh t\end{pmatrix} + c_2\begin{pmatrix}\sinh t\\\cosh t\end{pmatrix} - \begin{pmatrix}1\\1\end{pmatrix}$

13. $\mathbf{X} = \begin{pmatrix}t+1\\t\\-2t\end{pmatrix} - 4\begin{pmatrix}t\\t+1\\-2t\end{pmatrix} + 6\begin{pmatrix}t\\t\\-2t+1\end{pmatrix}$

15. $e^{\mathbf{A}t} = \begin{pmatrix}\frac{3}{2}e^{2t} - \frac{1}{2}e^{-2t} & \frac{3}{4}e^{2t} - \frac{3}{4}e^{-2t}\\-e^{2t} + e^{-2t} & -\frac{1}{2}e^{2t} + \frac{3}{2}e^{-2t}\end{pmatrix}$;

$\mathbf{X} = c_1\begin{pmatrix}\frac{3}{2}e^{2t} - \frac{1}{2}e^{-2t}\\-e^{2t} + e^{-2t}\end{pmatrix} + c_2\begin{pmatrix}\frac{3}{4}e^{2t} - \frac{3}{4}e^{-2t}\\-\frac{1}{2}e^{2t} + \frac{3}{2}e^{-2t}\end{pmatrix}$ or

$\mathbf{X} = c_3\begin{pmatrix}3\\-2\end{pmatrix}e^{2t} + c_4\begin{pmatrix}1\\-2\end{pmatrix}e^{-2t}$

17. $e^{\mathbf{A}t} = \begin{pmatrix}e^{2t} + 3te^{2t} & -9te^{2t}\\te^{2t} & e^{2t} - 3te^{2t}\end{pmatrix}$;

$\mathbf{X} = c_1\begin{pmatrix}1+3t\\t\end{pmatrix}e^{2t} + c_2\begin{pmatrix}-9t\\1-3t\end{pmatrix}e^{2t}$

19. $e^{\mathbf{A}t} = \begin{pmatrix}\frac{4}{5}e^{t} + \frac{1}{5}e^{6t} & \frac{2}{5}e^{t} - \frac{2}{5}e^{6t}\\\frac{2}{5}e^{t} - \frac{2}{5}e^{6t} & \frac{1}{5}e^{t} + \frac{4}{5}e^{6t}\end{pmatrix}$;

$\mathbf{X} = c_1\begin{pmatrix}\frac{4}{5}e^{t} + \frac{1}{5}e^{6t}\\\frac{2}{5}e^{t} - \frac{2}{5}e^{6t}\end{pmatrix} + c_2\begin{pmatrix}\frac{2}{5}e^{t} - \frac{2}{5}e^{6t}\\\frac{1}{5}e^{t} + \frac{4}{5}e^{6t}\end{pmatrix}$ or

$\mathbf{X} = c_3\begin{pmatrix}2\\1\end{pmatrix}e^{t} + c_4\begin{pmatrix}1\\-2\end{pmatrix}e^{6t}$

21. $e^{\mathbf{A}t} = \begin{pmatrix} e^{3t} & -2e^{-t} + 2e^{3t} \\ 0 & e^{-t} \end{pmatrix}$;

$\mathbf{X} = c_1\begin{pmatrix}1\\0\end{pmatrix}e^{3t} + c_2\begin{pmatrix}-2e^{-t} + 2e^{3t}\\ e^{-t}\end{pmatrix}$ or

$\mathbf{X} = c_2\begin{pmatrix}-2\\1\end{pmatrix}e^{-t} + c_4\begin{pmatrix}1\\0\end{pmatrix}e^{3t}$

25. $\mathbf{X} = c_1\begin{pmatrix}\frac{3}{2}e^{3t} - \frac{1}{2}e^{5t}\\ \frac{3}{2}e^{3t} - \frac{3}{2}e^{5t}\end{pmatrix} + c_2\begin{pmatrix}-\frac{1}{2}e^{3t} + \frac{1}{2}e^{5t}\\ -\frac{1}{2}e^{3t} + \frac{3}{2}e^{5t}\end{pmatrix}$ or

$\mathbf{X} = c_3\begin{pmatrix}1\\1\end{pmatrix}e^{3t} + c_4\begin{pmatrix}1\\3\end{pmatrix}e^{5t}$

10장 복습문제

1. $k = \frac{1}{3}$ **5.** $\mathbf{X} = c_1\begin{pmatrix}1\\-1\end{pmatrix}e^t + c_2\left[\begin{pmatrix}1\\-1\end{pmatrix}te^t + \begin{pmatrix}0\\1\end{pmatrix}e^t\right]$

7. $\mathbf{X} = c_1\begin{pmatrix}\cos 2t\\ -\sin 2t\end{pmatrix}e^t + c_2\begin{pmatrix}\sin 2t\\ \cos 2t\end{pmatrix}e^t$

9. $\mathbf{X} = c_1\begin{pmatrix}-2\\3\\1\end{pmatrix}e^{2t} + c_2\begin{pmatrix}0\\1\\1\end{pmatrix}e^{4t} + c_3\begin{pmatrix}7\\12\\-16\end{pmatrix}e^{-3t}$

11. $\mathbf{X} = c_1\begin{pmatrix}1\\0\end{pmatrix}e^{2t} + c_2\begin{pmatrix}4\\1\end{pmatrix}e^{4t} + \begin{pmatrix}16\\-4\end{pmatrix}t + \begin{pmatrix}11\\-1\end{pmatrix}$

13. $\mathbf{X} = c_1\begin{pmatrix}\cos t + \sin t\\ 2\cos t\end{pmatrix} + c_2\begin{pmatrix}\sin t - \cos t\\ 2\sin t\end{pmatrix}$

$-\begin{pmatrix}1\\1\end{pmatrix} + \begin{pmatrix}\sin t\\ \sin t + \cos t\end{pmatrix}\ln|\csc t - \cot t|$

15. **(b)** $\mathbf{X} = c_1\begin{pmatrix}-1\\1\\0\end{pmatrix} + c_2\begin{pmatrix}-1\\0\\1\end{pmatrix} + c_3\begin{pmatrix}1\\1\\1\end{pmatrix}e^{3t}$

연습문제 11.1

1. $x' = y$
$y' = -9\sin x$; critical points at $(\pm n\pi, 0)$

3. $x' = y$
$y' = x^2 + y(x^3 - 1)$; critical point at $(0, 0)$

5. $x' = y$
$y' = \epsilon x^3 - x$;
critical points at $(0, 0)$, $\left(\frac{1}{\sqrt{\epsilon}}, 0\right)$, $\left(-\frac{1}{\sqrt{\epsilon}}, 0\right)$

7. $(0, 0)$ and $(-1, -1)$

9. $(0, 0)$ and $(\frac{4}{3}, \frac{4}{3})$

11. $(0, 0)$, $(10, 0)$, $(0, 16)$, and $(4, 12)$

13. $(0, y)$, y arbitrary

15. $(0, 0)$, $(0, 1)$, $(0, -1)$, $(1, 0)$, $(-1, 0)$

17. **(a)** $x = c_1e^{5t} - c_2e^{-t}$
$y = 2c_1e^{5t} + c_2e^{-t}$
(b) $x = -2e^{-t}$
$y = 2e^{-t}$

19. **(a)** $x = c_1(4\cos 3t - 3\sin 3t) + c_2(4\sin 3t + 3\cos 3t)$
$y = c_1(5\cos 3t) + c_2(5\sin 3t)$
(b) $x = 4\cos 3t - 3\sin 3t$
$y = 5\cos 3t$

21. **(a)** $x = c_1(\sin t - \cos t)e^{4t} + c_2(-\sin t - \cos t)e^{4t}$
$y = 2c_1(\cos t)e^{4t} + 2c_2(\sin t)e^{4t}$
(b) $x = (\sin t - \cos t)e^{4t}$
$y = 2(\cos t)e^{4t}$

23. $r = \dfrac{1}{\sqrt[4]{4t + c_1}}$, $\theta = t + c_2$; $r = 4\dfrac{1}{\sqrt[4]{1024t + 1}}$, $\theta = t$; the solution spirals toward the origin as t increases.

25. $r = \dfrac{1}{\sqrt{1 + c_1e^{-2t}}}$, $\theta = t + c_2$; $r = 1$, $\theta = t$ (or $x = \cos t$ and $y = \sin t$) is the solution that satisfies $\mathbf{X}(0) = (1, 0)$; $r = \dfrac{1}{\sqrt{1 - \frac{3}{4}e^{-2t}}}$, $\theta = t$ is the solution that satisfies $\mathbf{X}(0) = (2, 0)$. This solution spirals toward the circle $r = 1$ as t increases.

27. There are no critical points and therefore no periodic solutions.

29. There appears to be a periodic solution enclosing the critical point $(0, 0)$.

연습문제 11.2

1. **(a)** If $\mathbf{X}(0) = \mathbf{X}_0$ lies on the line $y = 2x$, then $\mathbf{X}(t)$ approaches $(0, 0)$ along this line. For all other initial conditions, $\mathbf{X}(t)$ approaches $(0, 0)$ from the direction determined by the line $y = -x/2$.

3. **(a)** All solutions are unstable spirals that become unbounded as t increases.

5. **(a)** All solutions approach $(0, 0)$ from the direction specified by the line $y = x$.

7. **(a)** If $\mathbf{X}(0) = \mathbf{X}_0$ lies on the line $y = 3x$, then $\mathbf{X}(t)$ approaches $(0, 0)$ along this line. For all other initial conditions, $\mathbf{X}(t)$ becomes unbounded and $y = x$ serves as the asymptote.

9. saddle point **11.** saddle point

13. degenerate stable node **15.** stable spiral

17. $|\mu| < 1$

19. $\mu < -1$ for a saddle point; $-1 < \mu < 3$ for an unstable spiral point

23. **(a)** $(-3, 4)$
(b) unstable node or saddle point
(c) $(0, 0)$ is a saddle point.

25. **(a)** $(\frac{1}{2}, 2)$
(b) unstable spiral point
(c) $(0, 0)$ is an unstable spiral point.

연습문제 11.3

1. $r = r_0e^{\alpha t}$

3. $x = 0$ is unstable; $x = n + 1$ is asymptotically stable.

5. $T = T_0$ is unstable.

7. $x = \alpha$ is unstable; $x = \beta$ is asymptotically stable.

9. $P = a/b$ is asymptotically stable; $P = c$ is unstable.

11. $(\frac{1}{2}, 1)$ is a stable spiral point.

13. $(\sqrt{2}, 0)$ and $(-\sqrt{2}, 0)$ are saddle points; $(\frac{1}{2}, -\frac{7}{4})$ is a stable spiral point.

15. $(1, 1)$ is a stable node; $(1, -1)$ is a saddle point; $(2, 2)$ is a saddle point; $(2, -2)$ is an unstable spiral point.

17. $(0, -1)$ is a saddle point; $(0, 0)$ is unclassified; $(0, 1)$ is stable but we are unable to classify further.

19. $(0, 0)$ is an unstable node; $(10, 0)$ is a saddle point; $(0, 16)$ is a saddle point; $(4, 12)$ is a stable node.

21. $\theta = 0$ is a saddle point. It is not possible to classify either $\theta = \pi/3$ or $\theta = -\pi/3$.

23. It is not possible to classify $x = 0$.

25. It is not possible to classify $x = 0$, but $x = 1/\sqrt{\epsilon}$ and $x = -1/\sqrt{\epsilon}$ are each saddle points.

29. **(a)** $(0, 0)$ is a stable spiral point.

33. **(a)** $(1, 0), (-1, 0)$ **35.** $|v_0| < \frac{1}{2}\sqrt{2}$

37. If $\beta > 0$, $(0, 0)$ is the only critical point and is stable. If $\beta < 0$, $(0, 0)$, $(\hat{x}, 0)$, and $(-\hat{x}, 0)$, where $\hat{x}^2 = -\alpha/\beta$, are critical points. $(0, 0)$ is stable, while $(\hat{x}, 0)$ and $(-\hat{x}, 0)$ are each saddle points.

39. **(b)** $(5\pi/6, 0)$ is a saddle point.
(c) $(\pi/6, 0)$ is a center.

연습문제 11.4

1. $|\omega_0| < \sqrt{3g/L}$

5. **(a)** First show that $y^2 = v_0^2 + g\ln\left(\dfrac{1 + x^2}{1 + x_0^2}\right)$.

9. **(a)** The new critical point is $(d/c - \epsilon_2/c, a/b + \epsilon_1/b)$.
(b) yes

11. $(0, 0)$ is an unstable node, $(0, 100)$ is a stable node, $(50, 0)$ is a stable node, and $(20, 40)$ is a saddle point.

17. **(a)** $(0, 0)$ is the only critical point.

연습문제 11.5

1. The system has no critical points.

3. $\dfrac{\partial P}{\partial x} + \dfrac{\partial Q}{\partial y} = -2 < 0$

5. $\dfrac{\partial P}{\partial x} + \dfrac{\partial Q}{\partial y} = -\mu + 9y^2 > 0$ if $\mu < 0$

7. The single critical point $(0, 0)$ is a saddle point.

9. $\delta(x, y) = e^{-y/2}$

11. $\dfrac{\partial P}{\partial x} + \dfrac{\partial Q}{\partial y} = 4(1 - x^2 - 3y^2) > 0$ for $x^2 + 3y^2 < 1$

13. Use $\delta(x, y) = 1/(xy)$ and show that

$$\frac{\partial(\delta P)}{\partial x} + \frac{\partial(\delta Q)}{\partial y} = -\frac{r}{Kx}.$$

15. If $\mathbf{n} = (-2x, -2y)$, show that $\mathbf{V}\cdot\mathbf{n} = 2(x - y)^2 + 2y^4$.

17. Yes; the sole critical point $(0, 0)$ lies outside the invariant region $\frac{1}{16} \le x^2 + y^2 \le 1$, and so Theorem 11.5.5(*ii*) applies.

19. $\mathbf{V}\cdot\mathbf{n} = 2y^2(1 - x^2) \ge 2y^2(1 - r^2)$ and $\partial P/\partial x + \partial Q/\partial y = x^2 - 1 < 0$. The sole critical point is $(0, 0)$ and this critical point is a stable spiral point. Therefore, Theorem 11.5.6(*ii*) applies.

21. **(a)**
$$\frac{\partial P}{\partial x} + \frac{\partial Q}{\partial y} = 2xy - 1 - x^2 \le 2x - 1 - x^2 = -(x - 1)^2 \le 0$$
(b) $\lim_{t\to\infty} \mathbf{X}(t) = (\frac{3}{2}, \frac{2}{9})$, a stable spiral point

11장 복습문제

1. true **3.** a center or a saddle point

5. false **7.** false **9.** true

11. $r = \dfrac{1}{\sqrt[3]{3t + 1}}$, $\theta = t$; the solution curve spirals toward the origin.

13. center; degenerate stable node

15. stable node for $\mu < -2$; stable spiral point for $-2 < \mu < 0$; unstable spiral point for $0 < \mu < 2$; unstable node for $\mu > 2$

17. Show that $y^2 = (1 + x_0^2 - x^2)^2 - 1$.

19. $\dfrac{\partial P}{\partial x} + \dfrac{\partial Q}{\partial y} = 1$

21. **(a)** *Hint*: Use the Bendixson negative criterion.
(d) In (b), $(0, 0)$ is a stable spiral point when $\beta < 2ml \times \sqrt{g/l - \omega^2}$. In (c), $(\hat{x}, 0)$ and $(-\hat{x}, 0)$ are stable spiral points when $\beta < 2ml\sqrt{\omega^2 - g^2/(\omega^2 l^2)}$.

부록 A

1. 120 **3.** $\frac{3}{4}\sqrt{\pi}$

5. $\frac{105}{16}\sqrt{\pi}$ **7.** $\frac{4}{3}\sqrt{\pi}$

9. $\frac{16}{105}\sqrt{\pi}$ **11.** 0.9182

13. 0.9086 **15.** $(x + 3)(x + 2)(x + 1)x\Gamma(x)$

17. $\sqrt{\pi/2}$ **19.** $\frac{1}{324}$

21. $\frac{3}{128}$ **23.** $\sqrt{2\pi}$

25. 0.1836 **29.** π

31. $\frac{1}{4}\pi$ **33.** $\frac{5}{2}\pi$

39. $\frac{1}{12}$ **41.** $\frac{8}{15}$

43. $F'(x) = 6x^2e^{-4x^9} - e^{-x^5} - 3x^2\displaystyle\int_x^{2x^3} t^2e^{-x^3t^2}\,dt$

45.
$$F'(x) = -\sin x(x^2 + \cos^2 x)^{10} - 2x(x^2 + x^4)^{10} + 20x\int_{x^2}^{\cos x}(x^2 + t^2)^9\,dt$$

47. $F'(x) = e^{\sin x} \sin(\cos x)$

55. **(a)** $\dfrac{\sqrt{\pi}}{2\sqrt{x}}$ **(b)** $\sqrt{\pi x} + C$ **(c)** $\sqrt{\pi x}$

57. $\operatorname{erf}(x/\sqrt{2})$